THE LIVER

Sixth Edition

BIOLOGY AND PATHOBIOLOGY

肝脏 | 生物学与病理生物学

原书第 6 版

原著 　[美] Irwin M. Arias 　　[美] Harvey J. Alter

　　　[美] James L. Boyer 　　　[美] David E. Cohen

　　　[美] David A. Shafritz 　　[美] Snorri S. Thorgeirsson

　　　[美] Allan W. Wolkoff

主译 　董家鸿 　王韬芳

中国科学技术出版社

·北 京·

图书在版编目（CIP）数据

肝脏：生物学与病理生物学：原书第 6 版 /（美）欧文·M.阿里亚斯 (Irwin M. Arias) 等原著；董家鸿，王韫芳主译 . — 北京：中国科学技术出版社，2024.3
ISBN 978-7-5236-0458-8

Ⅰ . ①肝… Ⅱ . ①欧… ②董… ③王… Ⅲ . ①肝—生物学②肝—病理生理学 Ⅳ . ① Q485 ② R322.4

中国国家版本馆 CIP 数据核字 (2024) 第 039821 号

著作权合同登记号：01-2024-0484

策划编辑　宗俊琳　郭仕薪
责任编辑　方金林
装帧设计　佳木水轩
责任印制　李晓霖

出　　版　中国科学技术出版社
发　　行　中国科学技术出版社有限公司发行部
地　　址　北京市海淀区中关村南大街 16 号
邮　　编　100081
发行电话　010-62173865
传　　真　010-62179148
网　　址　http://www.cspbooks.com.cn

开　　本　889mm×1194mm　1/16
字　　数　1593 千字
印　　张　61.25
版　　次　2024 年 3 月第 1 版
印　　次　2024 年 3 月第 1 次印刷
印　　刷　北京盛通印刷股份有限公司
书　　号　ISBN 978-7-5236-0458-8/Q·263
定　　价　688.00 元

版权声明

内容提要

本书引进自 Wiley 出版社，是一部被誉为业内"黄金标准"的肝脏及肝病相关知识综合教科书。全书共七篇 86 章，全新第 6 版在前一版的基础上优化和更新了许多内容，同时还补充了最新基础研究和临床研究进展，内容涉及化学和物理结构分析、工程药物设计、信号网络、免疫机制和耐受性、大脑及代谢 / 消化功能之间的跨学科建设对于多种肝病的诊断、治疗及改善临床结果等方面，涵盖了多领域的专业知识，以期最大限度地为医学专业人员提供学科发展现状和未来研究方向的参考，从而更好地了解肝脏功能与疾病。此外，书中还分享了国际标准、最新共识及先进的研究方法，可作为专业医务人员有价值的案头参考书。

补充说明 书中参考文献条目众多，为方便读者查阅，已将本书参考文献更新至网络，读者可扫描右侧二维码，关注出版社医学官方微信"焦点医学"，后台回复"9787523604588"，即可获取。

译者名单

主　译　董家鸿　王韫芳

译　者　（以姓氏笔画为序）

于奕凡　清华大学生命科学学院

马　雄　上海交通大学医学院附属仁济医院

马小龙　中国科学院分子细胞科学卓越创新中心

马少林　同济大学附属东方医院

马志涛　首都医科大学中医药学院

马鸿倩　上海交通大学医学院附属仁济医院

王　振　中国科学院分子细胞科学卓越创新中心

王　麟　北京大学基础医学院

王　鑫　深圳市第三人民医院

王小娟　清华大学附属北京清华长庚医院

王立扬　清华大学

王伽伯　首都医科大学中医药学院

王珊珊　中国科学院分子细胞科学卓越创新中心

王昭月　清华大学附属北京清华长庚医院

王莉琳　首都医科大学附属北京佑安医院

王晓晓　首都医科大学附属北京佑安医院

王资隆　北京大学人民医院，北京大学肝病研究所

王梦遥　中国科学院分子细胞科学卓越创新中心

王晨华　中国科学院分子细胞科学卓越创新中心

王韫芳　清华大学附属北京清华长庚医院

尤征瑞　上海交通大学医学院附属仁济医院

毛成志　浙江大学生命科学研究院

方　婷　上海市东方医院 / 同济大学附属东方医院

方渝珊　浙江大学生命科学研究院

尹　航　清华大学药学院

玉苏甫卡迪尔·麦麦提尼加提　清华大学

石东燕　浙江大学医学院附属第一医院

卢　倩　清华大学附属北京清华长庚医院

冯晓彬　清华大学附属北京清华长庚医院

冯雪春　深圳湾实验室传染病研究所

向宽辉　北京大学医学部病原生物学系

庄　敏　上海科技大学生命科学与技术学院

刘　峰　北京大学人民医院，北京大学肝病研究所

刘　薇　上海市东方医院／同济大学附属东方医院

刘立会　中国医学科学院生物医学工程研究所

刘冰玥　苏州大学苏州医学院公共卫生学院

刘建英　深圳湾实验室传染病研究所

刘春艳　南京大学医学院

闫　军　清华大学附属北京清华长庚医院

汤丽丽　中国科学院上海药物研究所

安　妮　清华大学附属北京清华长庚医院

安亚春　山东大学基础医学院

许　刚　安徽医科大学

许志锰　清华大学自动化系

孙　婧　同济大学附属东方医院

孙鼎程　北京航空航天大学

纪　元　复旦大学附属中山医院

苏日嘎　清华大学附属北京清华长庚医院

李　彤　北京大学医学部病原生物学系

李　君　浙江大学医学院附属第一医院

李　昂　清华大学附属北京清华长庚医院

李　朋　浙江大学医学院附属第一医院

李　春　中国科学院分子细胞科学卓越创新中心

李　颜　南京大学医学院模式动物研究所

李双燕　军事科学院军事医学研究院生命组学研究所

李玉婷　上海市东方医院／同济大学附属东方医院

李佳琪　浙江大学医学院附属第一医院

李梦圆　苏州大学苏州医学院公共卫生学院

李雪莹　北京航空航天大学

杨　李　北京大学基础医学院

杨　丽　清华大学生命科学学院

杨　明　清华大学附属北京清华长庚医院

杨心悦　北京大学基础医学院

杨世忠　清华大学附属北京清华长庚医院

杨雪瑞　清华大学生命科学学院

吴　昱　北京大学基础医学院

吴柏华　中国科学院分子细胞科学卓越创新中心

何志颖　上海市东方医院／同济大学附属东方医院

何启瑜　北京大学基础医学院

余　倩　南京大学医学院模式动物研究所

应育峰　清华大学药学院

辛莹莹　中国科学院上海药物研究所
汪辰靓　浙江大学生命科学研究院
沈　弢　北京大学医学部病原生物学系
张　伟　首都医科大学附属北京友谊医院
张　坤　中国科学院分子细胞科学卓越创新中心
张　政　南方科技大学第二附属医院/深圳市第三人民医院
张文成　上海市东方医院/同济大学附属东方医院
张心怡　中国科学院分子细胞科学卓越创新中心
张予超　浙江大学生命科学研究院
张英杰　上海科技大学生命科学与技术学院
张雨露　浙江大学生命科学研究院
张振宇　清华大学附属北京清华长庚医院
阿卜杜萨拉木·艾尼　清华大学附属北京清华长庚医院
陈子叶　北京清华长庚医院
陈飞鸿　中国科学院上海药物研究所
陈立功　清华大学药学院
陈昱安　清华大学附属北京清华长庚医院
陈晁耀　中国科学院广州生物医药与健康研究院
陈梦琪　中国科学院广州生物医药与健康研究院
范小寒　复旦大学附属中山医院
林　媛　南方医科大学南方医院
林雨婷　浙江大学生命科学研究院
林梦佳　浙江大学癌症研究院，浙江大学绍兴研究院生命科学分中心
林盛达　浙江大学生命科学研究院
尚玉龙　空军军医大学第一附属医院
岳蜀华　北京航空航天大学
金　悦　中国科学院分子细胞科学卓越创新中心
金建平　浙江大学医学院附属第一医院，浙江大学生命科学研究院
周　军　北京大学肿瘤医院，清华大学附属北京清华长庚医院
周　波　中国科学院分子细胞科学卓越创新中心
周　斌　中国科学院分子细胞科学卓越创新中心
周伟杰　南方医科大学南方医院
周璧琛　北京大学基础医学院
郑秋敏　浙江大学生命科学研究院
郑素军　首都医科大学附属北京佑安医院
房霆赫　北京航空航天大学
项灿宏　清华大学附属北京清华长庚医院
赵　扬　北京大学未来技术学院
赵　斌　浙江大学生命科学研究院
赵永芝　浙江大学生命科学研究院

胡　旺　清华大学附属北京清华长庚医院
胡慧丽　山东大学基础医学院
南海涛　中国科学院分子细胞科学卓越创新中心
钟国轩　浙江大学生命科学研究院
段　翔　南京大学医学院模式动物研究所
饶慧瑛　北京大学人民医院，北京大学肝病研究所
姜　颖　军事科学院军事医学研究院生命组学研究所
栗　楠　中国科学院广州生物医药与健康研究院
贾　浩　北京航空航天大学
贾继东　首都医科大学附属北京友谊医院
党　昕　北京大学医学人文学院
钱新烨　清华大学附属北京清华长庚医院
徐　广　首都医科大学中医药学院
徐成冉　北京大学基础医学院
徐光勋　清华大学附属北京清华长庚医院
徐晓军　浙江大学医学院附属第四医院
姬付博　浙江大学生命科学研究院
姬峻芳　浙江大学生命科学研究院
黄　缘　清华大学附属北京清华长庚医院
黄鹏羽　中国医学科学院生物医学工程研究所
曹　颖　清华大学附属北京清华长庚医院
曹明君　中国科学院遗传与发育生物学研究所
曹景和　北京大学未来技术学院
崔　磊　中国科学院分子细胞科学卓越创新中心
麻晨晖　中国科学院上海药物研究所
章树业　复旦大学
阎新龙　北京工业大学环境与生命学部
梁雪莹　上海交通大学医学院附属仁济医院
谌　琦　清华大学附属北京清华长庚医院
董　晨　苏州大学苏州医学院公共卫生学院
董　磊　南京大学生命科学学院
董家鸿　清华大学附属北京清华长庚医院
韩　英　空军军医大学第一附属医院
韩　晶　复旦大学附属中山医院
韩世勋　浙江大学绍兴研究院
韩丛薇　南京大学生命科学学院
惠利健　中国科学院分子细胞科学卓越创新中心
程　功　清华大学医学院
程春雨　南京大学医学院模式动物研究所
税光厚　中国科学院遗传与发育生物学研究所

傅恺怡　浙江大学生命科学学院

鲁凤民　北京大学基础医学院

谢　震　清华大学自动化系

鄢丽珊　军事科学院军事医学研究院生命组学研究所

鄢秀敏　上海交通大学医学院附属新华医院，环境与儿童健康重点实验室

鄢和新　上海交通大学医学院附属仁济医院

蒲文娟　中国科学院分子细胞科学卓越创新中心

蒲熙婷　上海交通大学医学院附属仁济医院

赖良学　中国科学院广州生物医药与健康研究院

管清华　清华大学附属北京清华长庚医院

谭雅琪　浙江大学生命科学研究院

黎成权　清华大学临床医学院数智健康创新中心

潘文婷　北京工业大学环境与生命学部

潘丽丽　上海市东方医院 / 同济大学附属东方医院

潘国宇　中国科学院上海药物研究所

潘金昌　浙江大学生命科学研究院

戴　祯　中国科学院广州生物医药与健康研究院

魏　来　清华大学附属北京清华长庚医院

魏霞飞　深圳市第三人民医院

译者前言

　　肝脏是人体最大、最重要的实体器官之一。现代科学证明，肝脏包括四组复杂的管腔结构，肝组织由多种类型的实质细胞和非实质细胞构成，它们以非常复杂的方式协同作用。肝脏有强大的合成、代谢和解毒功能，在人的一生中，容易受到多种内因和外因的影响，导致肝病的总体发病率很高。此外，由于肝病很难预防和管理，我们非常有必要进行集中研究，以克服这些困难。鉴于肝脏具有复杂的宏观/微观结构、多样的功能特征和不甚明晰的发病机制，对我们而言，从不同的角度进行肝脏研究是非常有吸引力的工作。

　　基础科学、临床科学、转化科学和交叉学科的不断发展，使从事肝胆系统研究的多学科临床医生能够获得较为精确的常见肝病诊疗方案，其特点是在临床实践中具有确定性、可预测性和可控性。然而，即使有了最先进的科学概念和现代技术，我们仍不能完全破译肝脏的复杂功能，也不能完全了解肝病的本质。因此，肝病的预防和管理作为全球主要的健康和经济问题之一，仍然充满挑战。只有在重大理论和技术突破的推动下，将医学的发展与最新的科学发现和技术充分融合，肝病的整体医疗保健才能得到重大变革。据此，我们预测，许多关键发现、颠覆性发明和聚焦肝脏的相关研究生产力将在这个新时代爆发式增长和发展。

　　正如原文前言所述，在化学和物理结构分析、工程药物设计、信号网络、免疫机制和耐受性、大脑及代谢/消化功能之间正在进行的跨学科建设中，肯定会出现意想不到的发现。毫无疑问，这些学科的发现已经促进了多种肝病诊断、治疗的发展，并改善了临床结果。未来还有更多问题等待我们去探究。科学正以前所未有的速度向前推进，这对肝病学领域的影响相当大。原著者撰写本书的目的是希望读者能够从中发现肝脏相关学科的现状和未来研究方向，从而更好地了解肝脏功能与疾病。

　　我们翻译本书的初衷主要是让更多目前在国内研究肝病的学生和科学家能够了解全球肝病流行、预防与管理的现状和趋势，以及更多地意识到全球卫生和研究合作中的问题。本书作为一个整体，被公认为是肝脏和肝病相关科学知识的综合储备库，被誉为"黄金标准"。我们很荣幸能与一群杰出的临床医生和科学家合作，使本书中文版成为现实。我们希望借助这次翻译契机，打造一个新的学术平台，与中国临床和基础研究学会的读者分享国际标准、最新共识和最先进的方法。

　　我们十分感谢各位优秀的编译人员，感谢他们的专业、热情的参与。衷心感谢中国科学技术出版社编辑人员的耐心和专业支持。此外，我们也非常感谢各位专家对本书翻译工作的推动与管理，以及陈昱安在语言校对方面的专业支持。

董家鸿　王韬芳

原书前言

基础生物医学科学和工程的发现及其在肝病诊断和治疗中的应用速度继续加快，远超1982 年、1988 年、1994 年、1999 年和 2009 年出版的前几版前言中所表达的期望。与此同时，本书提出的挑战自 30 多年前首次出现在初版前言中至今，一直没有改变。

在过去 20 年里，基础生物学取得了令人惊异的进步，将肝病学和其他学科带入了新的未知和令人兴奋的领域。生物学的动态变化将深刻地影响我们诊断、治疗和预防肝病的能力。一个研究肝脏及其疾病的学生如何能与这些令人兴奋的进展保持联系？大多数医生没有时间学习基础生物学的研究生课程，大多数基础研究人员缺乏对肝脏生理和疾病的了解。本书致力于弥合基础生物学的进步与其在肝脏结构、功能和疾病中的应用之间不断增加的差距。

分子生物学不是当代科学中唯一的大浪潮，也肯定不是最后一次。遗传学和各种组学的显著进步越来越多地与动态超分辨率光学显微镜联系在一起，这使得在纳米水平上研究细胞、分子和基于器官的生理学成为可能。

RNA 结构和功能、CRISPR 类型的基因编辑及染色质生物学与单细胞和单分子基因组分析相结合的不断扩展，正在促进器官生理学和医学领域的重大发现，包括个性化诊断和治疗。在化学和物理结构分析、工程药物设计、信号网络、免疫机制和耐受性、大脑及代谢 / 消化功能之间正在进行的桥梁建设中，肯定会出现意想不到的发现。这些学科的发现已经促进了许多肝病的诊断、治疗和临床结局的改善。毫无疑问，更多的事情还在后面。

全新第 6 版包含新的篇章，介绍了在世界各地的研究型实验室和医学中心已经取得的重大进展。所有其他篇章均已完全修订和更新。在我们的同事 Nelson Fausto 去世后，Snorri S. Thorgeirsson 成了副主编。

之前的版本都会设置一篇"新进展"（Horizons），专门介绍对肝脏具有潜在重要意义的领域取得的非凡进展。这些领域基本都迅速发展，并成为后面篇章的主题。本版的"新进展"篇介绍了 16 个新主题。人们可以有把握地预测，它们对肝病学领域的影响将是相当大的。

正如前几版前言所述：科学领域的惊人进步正以前所未有的速度向前推进。这对肝病学学生的启示是相当大的。如果读者在本书中发现我们学科的当前状态和未来方向，进而更好地理解了肝脏功能和疾病，作者和编辑就实现了我们的目标。

Irwin M. Arias

Harvey J. Alter

James L. Boyer

David E. Cohen

David A. Shafritz

Snorri S. Thorgeirsson

Allan W. Wolkoff

致 谢

我们非常感谢杰出的各位著者，感谢他们专业、热情的参与，以及对主编建议的耐心回应。我们也对 Wiley 出版社的工作人员和项目经理 Gillian Whitley 表示感谢。

献 词

谨以本书献给 Win Arias。他的热情、洞察力和科学严谨性激励了几代研究人员，他为基础和临床肝病学家在共同阐明健康和疾病中肝功能的奥秘时提供了建立桥梁所必需的基础和工具。

目　录

Part D　非肝细胞

第三篇　肝脏功能

Part A　代谢功能

Part B　肝脏生长与再生

第四篇　肝病的病理生物学

第一篇 总 论

INTRODUCTION

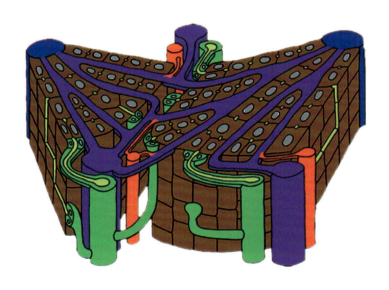

第1章 肝脏结构的组织规则
Organizational Principles of the Liver

Peter Nagy　Snorri S. Thorgeirsson　Joe W. Grisham　著
安　妮　陈子叶　陈昱安　王韫芳　译

一、肝脏的结构与功能原理

肝脏是哺乳动物体内最大的器官，具备高度多样且复杂的生理功能。尽管科学家做出诸多尝试，肝脏的生物活性至今仍然无法被人工肝完全替代，这也正是肝脏的特殊之处。肝脏作为一个活跃的双向生物过滤器参与维持机体稳态，其双向性体现于：一方面，肝脏滤过门静脉血液中来自胃肠道环境中的营养成分和有毒物质；另一方面，肝脏可滤过体循环中的部分产物（如胆红素），具备去除机体非水溶性物质的唯一通道——胆道系统。肝脏作为活性过滤器，能够迅速代谢大多数营养物质，中和并清除外源性毒物（异源物质）和内源性代谢废物。正是基于这些重要的生理功能，肝脏经常暴露于病原微生物和抗原物质的强烈刺激下，需要机体先天性和适应性免疫功能。这些多样化的功能由结构复杂、具有独特血管结构的多细胞组织和机体的综合活动共同执行。

肝脏中存在两种主要的细胞类型，即肝细胞和胆管细胞（胆管上皮细胞）。肝细胞是肝脏组织中最有价值的实质细胞，它们并非同质的细胞群体，而是一群高度极化的细胞（多种细胞膜表面分子发生特化，包括受体、分子泵、运输通道和载体蛋白），其功能与形态一定程度上取决于它们在肝脏中实际所处的空间位置。细胞极性的建立和维持使得肝细胞成为肝脏的逻辑中心。此外，肝细胞也是哺乳动物体内复杂代谢活动的主要场所。

胆管细胞衬覆于胆管内，构成胆道系统，胆道系统自肝脏实质引流胆汁，并保证了毒性胆汁溶液的持续性流动。在不利条件下，胆管细胞通过改变胆汁的组成参与机体的损伤修复。当然，多种高度适应肝脏特殊功能和结构的"公共"细胞类型对肝脏细胞特定功能的执行同样重要。内皮细胞具备独特的窗孔结构并可区分不同的细胞亚群。肝肌成纤维细胞同样拥有多种细胞亚群；除机械功能外，肌成纤维细胞还可储存特殊物质（如肝星状细胞产生的维生素 A），并且是生长因子和细胞因子的主要来源。肝巨噬细胞是肝脏中的常驻巨噬细胞。除滤过血液外，它们还履行传统的免疫调节功能。肝脏几乎具备淋巴细胞和树突状细胞的全部亚型，是免疫系统最大的器官。Glisson 囊的间皮细胞除具有机械功能外，还是淋巴液生成的重要来源，并能促进其他肝细胞类型的生成。肝脏的细胞外基质较为特殊，缺乏内皮下完整的基底膜结构，虽然无法通过电子显微镜检测到，但它们仍然可以执行某些功能。

肝脏组织的另一基本特征是其独特的血管形态，具备门静脉和肝固有动脉组成的双重血供系统。门静脉汇入胃、肠道、胰腺和脾脏静脉的血液，具备较低氧分压，并富含从消化道吸收的营养物质和有毒物质，以及内脏产生的激素和生长因子。肝动脉的动脉血具有全身水平的氧气、压力和成分，主要供应胆周血管丛、门静脉间质、肝包膜和肝内的主要血管。在某些物种中，肝动脉与门静脉会形成侧支吻合，但血流最终同样汇入肝窦。肝脏血液的唯一一个传出系统为肝静脉或中央静脉，系下腔静脉属支，收集肝脏实质的静脉血注入下腔静脉，最终汇入体循环。肝窦由一种特化的血管系统形成，位于入肝血管和出肝血管之间。肝窦数量多，容量大，供血血管排列特殊，通过高顺应性和大容量的血管系统以高流速提供大量的血液；肝窦内的血流灌注则具备较低压力和流速。肝窦低血流量、内皮细胞的窗孔结构、缺乏连续的基底膜等结构特点保证了肝细胞与血液之间有效的信号传递。当血流动力学发生改变导致肝窦"毛细血管化"，破坏血液与肝细胞之间的通信作用，将导致肝硬化等严重的肝脏功能障碍。

胆汁酸及其肠肝循环是肝脏功能延伸的又一经典实例。胆汁酸经 16 种酶类参与的复杂酶促反应在肝细胞中合成，并经肠道微生物进一步修饰。其主要生理功能是将脂质双分子层转化为胶束，促进血液中重要的废物排出。胆汁酸还可促进膳食成分在肠道中的乳化和吸收。此外，胆汁酸充当信号分子，促进肝脏和肠道的协同作用。

肝小叶作为肝脏形态和功能的基本单位，确保了不同类型的细胞和血管规律排布及有序运转。上述不同类型的细胞和血管只有当它们被组织在一个良好"设计"的结构中时，它们才能运作。最广泛研究和分析的肝脏形态和功能单位或模块是肝小叶。某些物种（猪、骆驼、熊）在组织学切片二维水平上可观察到小叶结构以结缔组织分隔，分界明显并易于识别，因此小叶在肝脏结构研究中被广为接受。理想的小叶形态呈多边形（通常为六角形）。肝小叶中央为肝静脉的终末分支（中央静脉），小叶周围的角缘处被"门三联管"占据。门三联管由小叶间胆管和门静脉及肝动脉末端分支组成。入肝血管携带的血液由入口小静脉和动脉沿虚拟的"血管间隔"分布。该血管支架由肝细胞组成的条索结构（三维空间为片状结构）填充，构成放射状排列的肝板。肝

板由相似分布的肝窦分隔，血液沿向心方向经肝窦构成的血管间隔流向中央静脉。血管间隔可确保小叶间静脉和小叶间动脉血液的充分混合，使得肝窦内的供血大致相等。肝细胞产生的胆汁在相邻肝细胞形成的胆小管中沿离心方向流动，并由门三联管中的小叶间胆管收集。因此，在肝小叶水平上的血液和胆汁的流动方向是相反的。

二、肝脏的功能解剖

（一）宏观解剖学

肝脏是一连续的海绵状实体组织，由包含入肝血管和出肝血管的交错网络形成的腔隙贯穿[1]。成人肝脏重量因性别和体型不同，为 1300～1700g，肝体重比为 2%，相较于其他物种而言，如大鼠、小鼠肝体重比为 4%～5%，成人肝脏相对较小。

大多数哺乳动物的肝脏通常分为多个肝叶，每个独立肝叶具备入肝血管和出肝血管的主要分支。相比之下，人体肝脏为一融合的实质组织块，具备左右两个主叶，入肝血管和出肝血管分别为门静脉和肝静脉的一级、二级分支。在空间结构上，肝右叶和肝左叶由胚胎脐静脉残迹（镰状韧带）分隔，然而并不能据此确定肝脏真正的解剖分区。解剖学上，肝左叶内侧段位于镰状韧带右侧，以左门静脉前支为中心。门静脉和肝静脉的一级、二级分支交叉分隔将肝脏划分为八大肝段，以门静脉主干为中心，由肝静脉主干分隔[2]。利用肝静脉和门静脉大血管走行和血流动力学规律分隔肝脏有助于外科手术进行单个肝段或相邻肝段的规则性切除。

然而，随着肝移植和外科手术日趋精细复杂，传统的肝段八分法已远远不能满足临床需求。组织学和影像研究表明，自左、右门静脉发出的二级分支的数量高达 20 个，据此提出基于门静脉分段的"1-2-20"概念[3]。在临床上，术中成像技术可辅助识别可变肝段之间的实际分隔。

（二）微观解剖学

正常肝脏功能的执行对肝脏组织结构中门静脉、肝动脉、胆管、肝静脉和肝细胞等基本要素

的特定排布提出要求，并在二维水平形成了肝小叶结构（Kiernan 经典学说）。其中，门静脉和肝静脉管径不一是肝脏组织学的一个典型特征 [4-6]。在肝脏外周和被膜下组织切片中，流入和流出血管（连同周围基质）多为较小分支，而肝门近端区域组织切片则含有较大的血管结构 [6]。这些血管 / 基质成分包裹在贯穿肝脏实质的腔隙中 [4]。门静脉和肝静脉之间由呈放射板状排列的单层肝细胞填充（图 1–1）。肝板的第一排肝细胞在门管区周围结缔组织与肝实质之间形成一虚拟屏障，称为界板。

血管及其结缔组织为质地柔软的海绵状肝脏组织提供主要的结构支撑，形成肝脏的骨架结构。较大的入肝血管、门静脉和肝动脉与胆管包裹于结缔组织中形成门管区，与肝脏外覆的结缔组织被膜 Glisson 囊相连。门管区内还包含淋巴管、神经和其他不同种类的细胞，如巨噬细胞、免疫细胞、肌成纤维细胞，可能还含有造血干细胞 [7]。出肝血管被覆的结缔组织较为薄弱，缺乏大量周细胞。

肝动脉分布于门管区、肝脏被膜和大血管壁 [4-6]。在门管区内，动脉分支形成了伴行胆管的毛细血管网（胆周血管丛）[8, 9]。大鼠和小鼠胆道周围血管丛的输出分支汇入相邻的门静脉，而人和仓鼠 [10] 则不汇入门静脉。门静脉通过所谓的入口小静脉向肝脏实质供血 [9, 11]。

在哺乳动物肝脏的多重组织切片中，每个肝静脉剖面的入肝和出肝血管以 5～6 个门管区脉管束的大约比例规则交错，形成一种门管束和肝静脉的横截面模式 [5, 6]。大部分横截面的门管区含终末小静脉，通常在大型哺乳动物（如人类）当中属门静脉的第 7～10 级分支。这些小的门管区和中央静脉以几乎平行的方向穿透肝实质，相距 0.5～1.0mm。门静脉的入口小静脉是非常短的血管，管壁平滑肌缺如。它们在肝小叶角缘处以大约 120° 从终末小静脉分支（三径向分支），并与终末小动脉分支一起贯穿肝脏实质，大致垂直于两支相邻终末肝静脉并位于其间 [5, 6]。在穿透实质的过程中，门静脉的入口小静脉完全分裂成肝窦，并与静脉垂直走行。由于入口小静脉大小

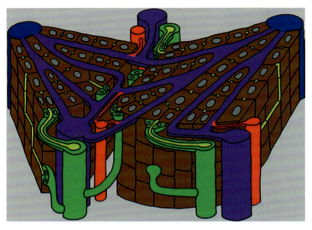

▲ 图 1–1　人类肝脏两相邻小叶中血管组织模式图

在右侧可见 1/6 的小叶，在左侧可见 1/3 的小叶。小叶之间的血管隔膜中存在终末门静脉、小动脉和胆小管（Hering 管）。小动脉直接汇入肝窦或进入入口小静脉。胆汁从小叶表面排出。啮齿动物的血管隔膜中不存在小动脉和胆小管。胆汁通过与界板肝细胞相连的 Hering 管排出。小动脉也与较高水平的门静脉系统吻合 [动脉为红色；门静脉为紫色；中央静脉为蓝色；胆管为绿色；胆管管腔（包括胆管）为黄色]（图片由 Sandor Paku, Semmelweis University, Budapest, Hungary 提供）

近乎窦状静脉，并且其周围缺乏结缔组织包裹，因此在人类和其他哺乳动物中结构并不明显。然而，在成年猪中，结缔组织的存在使其在肝脏中走行较为明显。

肝窦大小近乎毛细血管，占据肝脏实质中最小且数量最多的窦周隙 [4]。与其他地方的毛细血管不同，肝窦由含有窗孔的内皮细胞组成，基膜缺如 [12]，因此肝窦内皮具有很高通透性，允许血液成分和溶质自由进出。例如，在其他组织中毛细血管空间和白蛋白空间几乎相同，与此相比，标记白蛋白可进入肝脏中比肝窦体积大约 48% 的空间 [13]。在最理想情况下的组织切片中，肝窦的纵向走行近似平行于肝板 [14]。肝板之间的狭窄缝隙将肝窦与相邻肝板的肝细胞分隔 [12, 15]。在其近端（门静脉）部分，肝窦狭窄且弯曲，而其中端和远端（肝静脉）部分则更大更直 [9, 16, 17]。肝窦和肝板沿径向分布于肝静脉周围，并直接延伸至入肝静脉 [17]。

小叶间区三维重建显示，该平面上存在一条小血管，即小叶间隔膜，它是小叶内肝窦的起始

点，作为血流动力学屏障，是两个相邻小叶之间的"分水岭"。猪、骆驼、熊等物种包含小叶间隔膜的结缔组织基质，并能明显提示小叶轮廓，而在人体肝脏中，仍以原始形式存在[18]。

胆汁由肝细胞产生，在胆小管中收集和运输，胆小管由肝板中两个相邻肝细胞的顶端形成。胆小管形成的网络通过 Hering 管区域排入小叶间胆管。Hering 管为肝细胞或胆管细胞构建的中间结构（图 1-2）。有观点认为，Hering 管上皮细胞是肝脏干细胞的主要存在区域，因此一直被深入研究[19]。Hering 管的分布同样显示出物种差异，它们的特点是具有明显的免疫表型（EMA⁻/CD56⁺/CD133⁺），自肝小叶中央流向周边，沿原始小叶间隔汇入小叶间胆管，因此未进入肝小叶[18]。小叶间胆管由单层立方胆管细胞排列组成（图 1-3）。它们吻合并合并较大的中隔和肝门分支。最大胆道分支周围的结缔组织包含胆周腺，这些腺体分泌物也分泌到胆道中（图 1-4）。

Teutsch 及其同事[20, 21] 分析大鼠和人体肝脏的连续切片以重建肝脏组织的三维结构，发现尽管存在物种差异，但肝脏结构的基本组织排列是相似的。重构揭示了主要模块，构建了更复杂的次要模块。整合基于肝静脉分支和门静脉走行，模块由连续的血管间隔覆盖。主要模块对应于二维肝小叶，研究人员发现模块形状和大小有很大

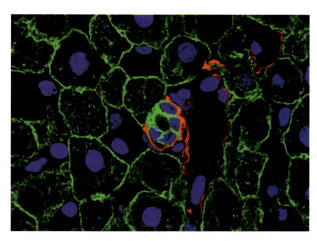

▲ 图 1-3　正常大鼠肝脏角蛋白（绿色）和层粘连蛋白（红色）染色情况，胞核用 TOTO（蓝色）标记

小门静脉旁的 Hering 管横截面。胆管细胞的细胞质角蛋白呈强阳性，这些细胞由层粘连蛋白（基底膜）勾勒细胞轮廓，但在胆小管连接至相邻肝细胞的极部基底膜缺如（图片由 Sandor Paku, Semmelweis University, Budapest, Hungary 提供）

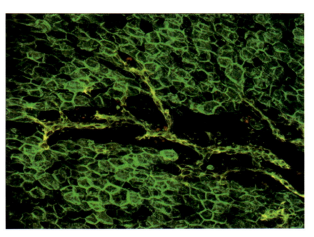

▲ 图 1-4　正常人肝细胞全角蛋白（绿色）和 CK7（红色）染色情况

中间的暗带代表小叶间血管隔膜。双阳性（黄色）胆小管与有限肝细胞有若干连接，但不伸入肝小叶（图片由 Sandor Paku, Semmelweis University, Budapest, Hungary 提供）

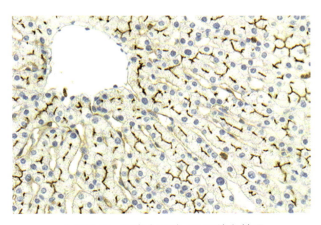

▲ 图 1-2　正常人肝脏 CD10 染色情况

肝细胞形成 1～2 层细胞厚度，自中央静脉呈放射状排列的小梁结构，CD10 在肝细胞胆小管面表达，提示细胞极性的存在（图片由 Sandor Paku, Semmelweis University, Budapest, Hungaryu 提供）

差异，为构建整个器官提供了形态可塑性。这种模块化排布有助于阐明肝脏病变的发病机制，但将二维观点推论三维空间结构仍有很大挑战。

（三）肝脏的功能单位

自从 1664 年 Wepfler 提出肝脏主要功能单位的概念，350 多年来肝脏的功能单位一直是争论的主题[22]。第一个也是最广泛接受的传统肝

脏单位是"Kiernan 小叶"[23]。肝小叶是由单个终末肝静脉排出血液的最小实质单位。肝小叶易于识别，尤其在有结缔组织包裹的物种当中。这一概念的主要争议在于，通过血管间隔的终末入肝血管可保障相邻肝小叶的血液供应，因此小叶这一概念不能成为肝脏的"基本功能单位"。Rappaport 将肝脏的基本单位定义为由终末微静脉供血的肝脏实质间隔，称为"肝腺泡"[24]。目前已明确肝腺泡同样接收肝动脉末端分支的血液供应。单个腺泡是门静脉周围的实质组织，大部分由终末小静脉供血。肝腺泡理论根据与门静脉的距离分为三个区，这些区域的分布符合肝实质的功能分区。肝脏病理性改变（如脂肪变性或坏死）也常遵循这种带状模式，使得肝腺泡理论十分具有吸引力。然而，这种空间分区并不完全符合酶活性的分布，此外，Teutsch[20, 21] 描述的肝模块也不支持腺泡理论。

Matsumoto 及其同事[6] 使用数千个肝脏连续切片研究了人类肝脏的血管结构，区分了门静脉分支的传导部分和实质部分，定义了由终末门静脉供应的初级小叶。该循环网络称为肝微循环亚单位（ hepatic microcirculatory subunit，HMS ）。Ekataksin 和 Wake[25] 证明，传入微血管段也是终末胆管排出胆汁的最小实质单位[25]，表明该血流动力学段也是最小的实质排出单位。与 HMS 相关的肝实质隔室包含肝组织的所有基本结构，并可代表肝脏的基本功能和形态单位，它被命名为胆肝细胞。胆肝细胞也是最小的胆汁 – 血液单位，符合双向流动原理。胆肝细胞没有解剖或结构边界，在组织切片上无法识别。它由其功能定义，主要对应于 Matsumoto 的初级小叶。Matsumoto 的 6 个初级小叶组成了次级小叶，与经典的 Kiernan 小叶几乎相同。这一漫长而复杂的迂回使我们回到了经典的肝小叶理论，至今被广泛用于分析肝组织的结构功能。

然而，值得记住的是，还有其他类型的肝功能单位学说，有观点认为肝组织是一个不可分割的整体，没有可定义的功能单位[26]。

（四）肝脏血流动力学

肝脏血管系统的特点是高容量、高顺应性和低阻力[27]。血管约占肝脏质量 / 体积的 22%[13]，在生理条件下，肝脏血容量约占人体总血容量的 12%[27]，通过刺激交感神经收缩血管主干可排出大量血液。换句话说，肝脏是血液的贮存器。门静脉压力随着入肝血管主干在肝脏的分支而降低，麻醉大鼠外周门静脉压高达 130mmH_2O，而外周肝脏门静脉末端压力仅为 60mmH_2O，约占总经肝压力梯度的 60%[13]。在人类中同样存在类似的门静脉压力梯度[27]。成人体内流经肝脏的血流量为 1500~2000ml/min，占据约 25% 的静息心输出量[27]。普遍情况下，肝动脉约供应肝脏总血流量的 25%，门静脉供应肝脏总血流量的 75%，并且因流经腹腔内脏，到达肝脏后压力降低。

肝窦容量约占肝脏血管总容量的 60%，约占总肝脏质量 / 体积 13%[13]。肝窦血压降低显著（约为经肝压力梯度的 40%），麻醉大鼠体外肝末梢肝静脉的压力下降至约 25mmH_2O[28]，肝窦内压力梯度变化显著，下腔静脉的血压与肝终末静脉的血压接近[27]。因此，尽管流经肝窦的血流几乎没有阻力，但流速缓慢并伴间歇性，并且受到呼气产生的负压的影响[27]。肝窦血流的调节机制仍存在争议。肝窦循环由终末小动脉的括约肌调节[29]。此外，肝星状细胞是肝窦的周细胞，是肝窦血流的主要调节者。它们具有调控收缩因子的受体，并与神经末梢密切相关，提示肝窦血流可能受神经源性影响[30]。肝窦收缩能力有限，可能由环绕肝星状细胞（周细胞）的收缩产生[29, 31]。啮齿类动物体内研究表明，肝窦可以在入口和出口水平上进行调节[32]，尽管未能证实在相应部位括约肌的存在[28]。肝窦血流受到后肝窦阻力的强烈影响[27]。

三、肝脏细胞

（一）肝细胞

肝细胞通常被称为"实质细胞"，肝脏基质的其他细胞被称为"非实质细胞"。此种惯例是人为制订的，因为肝细胞本身不能执行肝脏全部的必需功能，而是由肝脏基质中的多种细胞类型作为整体共同实现肝脏功能的多样性。肝脏多种细胞亚群的功能整合有赖于多种通信机制，包括多种细胞因子和趋化因子信号网络，以及通过间隙连接小分子直接传递[33]。肝细胞负责肝脏的大部分合成功能和多种代谢功能（见第 23 章和第 24 章），外形为大型多边形细胞（横截面直径平均 25～30μm，体积 5000～6000μm³[34]）。它们是肝实质中数量最多的细胞，成人肝脏约含 10¹¹ 个肝细胞，数量占比约 60%，质量 / 体积占比约 80%[15]。肝细胞为复杂的菱形，有多个不同的表面[34]。它们通过受体、泵、转运通道和载体蛋白（见第 5 章和第 6 章）形式的各种表面膜分子特化而极化，包含三个功能不同的分区（见第 6 章），即基底侧面、肝细胞面和胆小管面。

• 基底侧面：基底侧（或窦状）面构成面向窦周隙的总肝细胞表面的约 35%。该表面积通过质膜的折叠而大大扩展，形成无数延伸到 Disse 间隙的微绒毛[34]。基底膜可吸收血液中的多种分子，并将肝细胞修饰或合成的其他分子分泌到血液中。细胞基质黏附分子也位于该侧。尽管肝细胞和肝窦内皮细胞之间没有结构化的基底膜，但研究证实 Ilk1 的缺乏可导致正常结构的破坏[35]，由此证实肝细胞 – 基质相互作用的必要性。约 50% 的总肝细胞表面面向邻近的肝细胞[34]。

• 肝细胞面：肝细胞面细胞间表面质膜通常平坦且并不复杂。该表面包含细胞间黏附复合物（紧密连接、中间连接和桥粒），将相邻肝细胞固定在一起，在窦周隙与胆管之间形成通透性屏障，并包含间隙连接，允许相邻肝细胞之间通过小分子转移进行通信。

• 胆小管面：相邻肝细胞质膜局部凹陷形成胆管，约占肝细胞总表面积的 13%，称为胆小管面[34]。该侧肝细胞表面形成许多微绒毛，极大增加了表面积并可随胆汁排泄发生结构改变。胆小管周围的细胞间隙被连接复合体封闭，胆小管形成带状的细胞外间隙（直径约 1μm），沿肝板走行延续，在入口端与胆管连接。胆小管面极性分子调控机制已得到明确表征，Hnf4α 是肝细胞形态学和功能性分化的主要调节因子[36]，其他几个因子，如 Lkb1[37]、Vps33b[38] 和紧密连接蛋

白 –15[39]，也是肝细胞极化所必需的。

与多样代谢功能相适应，肝细胞包含一系列复杂的线粒体（平均每个细胞约 1700 个）、过氧化物酶体（每个细胞约 370 个）、溶酶体（每个细胞约 250 个）、高尔基复合体（每个细胞约 50 个）、粗面内质网和滑面内质网聚（约占细胞体积的 15%），以及大量微管 / 微丝[34]。

多倍体化是肝细胞的另一个独特特征，是胞质缺陷分裂的结果，部分证实受胰岛素 Akt 信号通路调控[40]。倍性程度随着年龄的增长而增加。非整倍体肝细胞也已证实存在于正常肝脏中[41]。尽管确切功能仍然未知，但它被认为有助于适应肝脏慢性损伤。

肝板及其相邻的窦周隙在肝脏中具备相似关联。肝脏细胞处于肝板和肝窦输入 – 输出轴的位置不同，在数量、结构和功能上表现出一定异质性。结构差异包括肝细胞中的倍体变化，在成年哺乳动物中，位于肝板入口端的肝细胞是二倍体，下游肝细胞则表现为高倍体[42]。包含 Cx26 的间隙连接在门静脉肝细胞上数量更多，而包含 Cx32 的连接分布在肝板所有位置的肝细胞上[43]。这些结构和细胞组成的变化与位于沿肝板和肝窦输入 – 输出轴不同点的肝细胞之间的功能差异有关。Rappaport 将肝门（输入 – 输出）长度的肝板分为三个任意区域（称为 1 区、2 区和 3 区）。位于不同区域的肝细胞在功能和病理损伤的易感性方面有所不同[24]，并且执行相反功能的路径遵循沿门静脉 – 中央轴的反向分布。在物质代谢方面同样显示出突出差异：糖类代谢（门静脉周围肝细胞的糖异生和糖原储存；肝周静脉肝细胞的糖酵解）、氨和脂肪酸代谢也呈带状分布。1 区肝细胞参与尿素生成和脂肪酸的 β 氧化，而 3 区肝细胞通过谷氨酰胺合成酶去除氮并进行脂肪生成。异生物质的代谢在中央周围肝细胞中更为显著。最近的研究表明，许多肝功能分布并不均匀，均一的肝功能通常用于整合协调代谢活动[44]。

肝功能的分区被认为与肝窦血流动力学有关，以保障肝实质细胞和其他细胞可利用的血液物质的浓度梯度[44]。一项基因工程小鼠实验证明 Wnt/β-catenin 通路是肝细胞分区的主要调节者，

但与 Lef4 和 HNF4α 的相互作用也同样关键[45]。肝细胞及位于肝板输入端和输出端的其他细胞处于不同的微环境下。某些分子大部分被流经的第一批肝细胞提取，降低了其在下游的浓度。例如，血窦输入端和输出端血液中的氧分压水平差异很大，这是由于氧气被位于肝板输入端的肝细胞有效提取，下游肝细胞暴露于相对缺氧的条件下，氧浓度梯度本身即可解释许多肝板位置相关肝细胞的功能异质性[46]。上游肝细胞修饰或产生的其他分子被排泄到肝窦中，并可能被位于下游的肝细胞清除。血液中代谢物浓度的复杂作用，以及提取、修饰、分泌、再提取和进一步修饰的过程，不仅影响单个细胞的代谢活动，还定义了不同的实质区域，从而导致生理功能和病理易感性的区域差异[44]。代谢分区的破坏会造成严重的病理后果。

肝细胞的生理更新发生缓慢。在成人稳态肝细胞群中，它们的寿命约为 400 天，其中约 0.025% 通常处于分裂期[32]，其余处于 G_0 期。尽管肝细胞损伤后可重新进入细胞周期，但这种能力会随年龄的增长而下降。然而，对于失去稳态的肝细胞的代偿调控目前仍然存在争议。造血细胞维持肝脏稳态是 20 年前非常流行的观点。肝移植受者中可明显观察到骨髓衍生细胞（巨噬细胞、肌成纤维细胞）的再生，其中肝细胞被宿主基因型的细胞取代[47]。相比之下，无论任何情况下，肝细胞都不是从骨髓细胞大量产生的[47]。

然而，由 Zajicek 及其同事[48]最初提出的"流动肝"学说又引起了人们的兴趣。门静脉周围肝细胞具有增强的复制潜力，新生肝细胞在稳态条件下由门静脉周围移行至中央静脉区。虽然一些研究应用谱系示踪支持这一观点，但大多数研究排除了这一假说。最近研究证实，邻接肝静脉的 Axin2+ 肝细胞[49]、混合门静脉周围肝细胞[50]具有选择性生长优势。基于上述结果，有人提出双向流动假说，"就像涨潮时海水进入亚马孙河三角洲一样"[51]。这一问题相信将在不久的将来得到解决。

（二）胆管细胞

胆管细胞（胆管上皮细胞）大部分位于门静

脉的胆管中[52]，因此在肝实质细胞总数中的占比远低于 1%。只有小胆管伴行终末门静脉贯穿肝实质，与肝板上的胆小管相连。小胆管与肝板的连接点由称为 Hering 管的管状结构确定，该管状结构由胆管细胞和肝细胞组成[53]。Hering 管被认为是能够分化为成熟肝细胞和胆管细胞的肝干细胞所在区域[54, 55]。较大的胆管包含位于基底膜上的胆管细胞，其数量和大小与胆管大小成比例变化[56]。胆管细胞也是极化细胞，具有顶端（管腔）和基底侧区。管腔表面膜由微绒毛和单一初级纤毛扩展，初级纤毛是机械、渗透压和化学应力的传感器[57]。尽管与肝细胞相比，肝内胆管中的胆管细胞包含的线粒体和内质网更少，但它们与围绕它们的毛细血管网（胆管周围血管丛）一起，形成了代谢单位，改变了胆小管胆汁的组成[58]。

胆道树不仅仅是引流胆汁的管道，胆汁的 70%～90% 是由胆管细胞产生的。它们通过分泌和吸收改变胆汁的成分。其主要的分泌产物是碳酸氢盐，同时吸收了胆汁酸、葡萄糖和谷氨酸。胆管细胞也起着重要的免疫调节作用。它们是抵御胆道微生物成分、外来生物和外来抗原的第一道防线。胆管细胞通过维持免疫耐受来处理这些胆碱。它们具备病原体识别受体（pathogen recognition receptor，PRR）、Toll 样受体（Toll-like receptor，TLR）全部成员（TLR1～10）及相关的信号分子。胆管细胞产生抗菌产物（如防御素、乳铁蛋白、溶菌酶和转运 IgA）分泌进入管腔，并表达 MHC Ⅰ类分子、MHC Ⅱ类分子和抗原提呈细胞[59]。因此，胆道树经常受到免疫紊乱的影响也就不足为奇了，如原发性硬化性胆管炎、原发性胆汁性胆管炎和移植物抗宿主病。胆管细胞是再生缓慢的细胞，但在特殊条件下，它们也可以参与肝实质的再生。

（三）肝窦内皮细胞

肝窦内皮细胞约占肝实质质量 / 体积的 3%[15]，在成人肝脏中的数量约为 3×10^{10}。肝窦内皮细胞是高度特化的内皮细胞，具有特殊的形态和功能。在正常肝脏中，它们非常薄，直径为 150～170nm，并含窗孔结构。这些"窗孔"的直径为 50～200nm，它们聚集在一起形成"筛板"[60]。窗孔作为动态结构，其实际直径受血压、细胞外基质成分、激素等因素的影响，肝窦内皮细胞的孔隙度被极化，位于小叶中心区的窗孔较多。窗孔的维持需要旁分泌和自分泌信号，这些信号主要由肝细胞和肝星状细胞提供[61]。令人惊讶的是，这些内皮细胞主要是无氧代谢，并为邻近的肝细胞提供乳酸。

高分辨率活体显微成像显示肝窦内皮细胞对血管活性物质表现出舒张和收缩，这表明它们参与了血流的调节[62]。肝窦内皮细胞的一个独特功能特征是其高吞噬能力。这一过程是由各种清道夫受体介导的，为从循环中清除减弱的分子提供了主要途径[63, 64]（见第 26 章至第 28 章）。肝窦内皮皮细胞还表达多种类型的 PRR（如甘露糖受体、多种 TLR），并能产生炎性细胞因子（如 TNF 和 IL-6），在天然免疫中发挥重要作用。然而，尽管已有诸多研究，但它们在适应性免疫反应中的作用仍然存在争议[52]。

肝窦内皮细胞的寿命尚不清楚；它们很少分裂，祖细胞似乎对其生命周期的维持很重要。可以区分出两种祖细胞[65]：居住在肝脏的祖细胞被认为调控正常的细胞周期，而骨髓来源的祖细胞在必要时负责补充新生肝窦内皮细胞。

（四）肝脏免疫细胞

人类肝脏每分钟暴露在 1.5L 血液和大量健康膳食和共生抗原中，它必须保持对这些抗原的耐受性。肝脏免疫系统的耐受作用众所周知，但肝脏同样暴露在各种病毒、细菌、寄生虫和转移的肿瘤细胞中，因此需要特定机制来超越免疫耐受性。此外，肝脏的天然免疫系统在细胞损伤和凋亡后的肝脏修复中起着重要的调节作用。以肝脏为中心的免疫系统在很大程度上与身体的其他免疫系统隔离[66, 67]。据估计，人的肝脏含有大约 10^{10} 个不同表型的淋巴细胞，分布在肝窦和门管区[66]，它包含大部分人体先天（天然）免疫功能的大部分，以及小部分后天（获得性）免疫功能[66, 67]。肝脏免疫系统的主要组成部分是天然淋巴细胞，包括能够对保守的配体快速反应的各种 T 细胞和非 T 细胞。这些细胞不表达 TCR 抗原，主要为 NK 细胞、CD56[+] T 细胞、自然杀伤 T 细胞、

γ/δT 细胞和黏膜相关恒定 T（mucosal associated invariant T，MAIT）细胞。肝脏含有多种类型的抗原提呈细胞，如肝髓系树突状细胞、浆细胞样树突状细胞、CD11[+] 树突状细胞和 NK1.1[+] 细胞毒性树突状细胞[68]。在以肝脏为中心的免疫系统中，除专有淋巴细胞和树突状细胞外，几类肝细胞（如肝巨噬细胞、肝窦内皮细胞、星形细胞和胆管细胞）也是肝脏免疫功能的重要和活跃的参与者。

（五）巨噬细胞

巨噬细胞是广泛分布于哺乳动物组织中的髓系细胞。肝脏具备人体内 80% 的巨噬细胞。此外，它们受循环单核细胞监视[69]。肝巨噬细胞可根据其来源分为两类，即常驻巨噬细胞和骨髓源性巨噬细胞。肝脏的常驻巨噬细胞传统上被称为肝巨噬细胞，在胚胎发育过程中从卵黄囊发育而来，并独立于单核细胞存活。这些细胞在动态平衡条件下会自我更新。骨髓来源的血源性单核细胞可产生单核细胞来源的肝巨噬细胞，而单核细胞来源的肝巨噬细胞更具肝损伤的特征。肝巨噬细胞不适合迁移，因此肝脏损伤会将大量单核细胞招募到肝脏。这些细胞与肝巨噬细胞的表型相似，但在功能上仍然不同。巨噬细胞是一种高度多功能的细胞，在肝脏内稳态、促炎抑炎过程和纤维化方面发挥潜在作用[69]。

肝巨噬细胞通过 C3 和 Fc 受体吞噬细胞，清除肝窦血液中相对较大的颗粒物质，包括细菌和衰老细胞（老化的红细胞、死亡或受损的肝细胞等）[63, 64]。它们与肝窦内皮细胞一起构成了生物体的主要系统，用于清除血液中衰老的细胞和蛋白。激活的巨噬细胞产生许多趋化因子和细胞因子，它们在肝脏急性时相反应的实现中起着基础性作用，协调所有实质细胞对损伤的反应[67]。

（六）肌成纤维细胞

正常肝脏中不存在肌成纤维细胞，但生理上存在的几种细胞类型可以转化、激活或分化为相应表型，这是细胞外基质成分的主要来源，在肝脏的病理过程中发挥基础作用[71]。

肝星状细胞（hepatic stellate cell，HSC）[72]是驻留在肝脏的间充质细胞，在肝脏生理和病理

中发挥重要作用。它们位于肝窦内皮细胞和肝细胞之间的 Disse 间隙。这种特殊的位置使它们能够对各种伤害做出反应。此外，通过包绕肝窦，它们可以作为周细胞发挥作用，被认为是肝窦直径和血流量最重要的调节器。肝星状细胞约占实质体积 / 质量的 1.5%[15]，是一种多功能细胞（见第 28 章和第 29 章）。肝星状细胞的胚胎起源仍不确定，最有可能起源于原始横隔间皮细胞，但尚无法排除其他可能。在健康肝脏中，它们是最大的维生素 A 储存库，因此它们以前的名字是"贮脂细胞"。当肝脏受损时，肝星状细胞转分化为肌成纤维细胞，是细胞外基质（extracellular matrix，ECM）的主要制造者。肝星状细胞是细胞因子和生长因子的重要来源，在肝脏发育和再生过程中，对其他类型肝细胞的增殖、分化和形态产生影响[72]。

门静脉成纤维细胞是门静脉周围结缔组织中的梭形间充质细胞[73]。它们在分布和表型上都不同于 HSC。它们不储存维生素 A，但表达弹性蛋白和 Thy-1。门静脉成纤维细胞参与生理性 ECM 的周转，有助于胆汁淤积性肝损伤中肌成纤维细胞群的形成。

骨髓间充质干细胞也可以分化为肌成纤维细胞。在肾脏和肺的纤维化过程中，骨髓细胞的作用已得到很好的证实，但在肝脏中的作用仍然有待研究。肝细胞和胆管细胞在组织培养中均会经历上皮 – 间充质转化（epithelial-mesenchymal transition，EMT），最近的研究应用小鼠谱系追踪实验证明，EMT 在体内肝组织中肌成纤维细胞的生成中发挥作用[74, 75]。

四、肝脏的发育过程

使哺乳动物肝脏及其多种功能细胞出现的进化步骤尚不清楚。在某种程度上，肝脏的个体发育反映了其系统发育，哺乳动物肝脏的胚胎发育暗示了多种类型细胞聚集成肝实质的进化方式（见第 2 章）。

鱼、鸟和哺乳动物的肝脏发育序列相似[74-76]，但在斑马鱼肝脏发育过程中，内皮细胞似乎并不指导肠道内皮细胞的出现[76]。此外，具有清道夫活性的内皮细胞存在于软骨和硬骨鱼的鳃和肾中，而未像所有陆地动物存在于肝脏中[77]。清道夫内皮细胞在肝脏中的位置反映了哺乳动物处于肝脏进化的晚期。然而，参与肝脏发育的转录因子和基因一般表达模式在所有这些物种中都是保守的[78]，这表明了肝脏的发育组装具备相同的转录方式。关于这一策略何时首次出现依然有待对脊椎动物脊索祖先的肠道附属物进行进一步的遗传分析。

肝脏实质细胞修复

目前机体可通过三种途径产生新生肝细胞，以满足增加的生理功能需求及取代因创伤和（或）毒性而丢失的肝细胞。这些过程包括完全分化肝细胞或有丝分裂静止肝细胞的细胞周期重激活，以及由成人肝干细胞产生全新肝细胞谱系（见第 36 章和第 38 章）。

最直接和最迅速的肝脏修复过程是在肝细胞持续死亡之前诱导肝细胞复制，这通常与生理需要导致的肝脏功能需求增加相关[78, 79]。通过这种机制可使肝细胞增殖，肝脏体积增大，肝细胞功能增强。这一过程受配体与肝细胞核受体结合的调节，其中已鉴定得到近 50 个核受体[79, 80]。核受体是一种转录因子，当与配体结合时，直接上调启动肝细胞细胞周期所需的基因组合[79, 80]。几种核受体的配体（称为"初级肝细胞有丝分裂原"）包括肾上腺皮质激素、胆汁酸、性激素、甲状腺激素、过氧化体增殖物和 9– 顺式维 A 酸，在与核受体结合后，直接刺激肝细胞增殖，增加肝脏质量[80]。虽然似乎需要内皮细胞支持新生肝细胞生长，但目前尚缺乏内皮细胞增殖参与其中的文献报道，新生内皮细胞可能从骨髓中衍生而来。

上述过程的复杂性和限速步骤在于通过所有组成细胞（肝细胞、胆管细胞、内皮细胞、巨噬细胞、星形细胞和免疫细胞）的顺序增殖来取代不同的肝实质，并将新生细胞组装成与未受损肝脏功能单位非常相似的组织[78]。这一过程可以取代哺乳动物体内高达 70% 的肝脏实质，通常被称为"肝脏再生"。当然部分情况下，这一用词并不十分准确，因为在哺乳动物中，手术切除的部分肝脏不会像某些低等物种中"再生"。相反，切除后肝脏通过扩张残肝单位（叶）而增大，这一生物学过程被定义为"代偿性增生"。与哺乳动物的肝脏修复不同，鱼类部分肝切除后切除边缘细胞的肝脏修复最为强烈[81, 82]，并可能最终导致切除组织的再生[81]。

哺乳动物这种修复过程的细胞增殖阶段受到精细的动力学调控（见第 45 章）。在组织丢失后，剩余的肝细胞在几小时内被激活增殖。肝细胞增殖始于肝板的门静脉末端[83]，持续的增殖过程最终涉及几乎所有的残肝细胞[83]。肝细胞置换后，肝窦内皮细胞和肝巨噬细胞[83, 84]及其他实质基质细胞依次增殖。目前的研究已阐明（见第 45 章），肝细胞增殖是由细胞因子和生长因子复杂混合物调节的[85]。大多数调节分子由不同的肝细胞产生或从肝脏内的储存位置释放[85]，许多是急性期反应[86]的组成部分和肝脏天然免疫系统的其他元素[87-89]。关于内皮细胞及其他实质细胞的重塑研究较少。例如，增殖的肝细胞最初形成局灶性多细胞团块[90, 91]，它们通过内皮细胞和肝星状细胞的信号传递和分离被裂解成肝板结构[90, 91]。最终，当新的小叶形成时，剩余的小叶通过已经存在的肝小叶发生代偿性扩增，这与幼年动物的生理性肝生长相反[92]。

尽管已知的调节机制推动了修复过程，但肝脏修复的"触发"机制仍不清楚。由于肝血管系统须接受整个门静脉的血容量，长期以来，人们一直怀疑触发因素可能是肝组织丢失后单位残肝门静脉血流大幅增加[93]。门静脉血流和压力的增加引起肝窦切应力增大[94]，从而由肝窦内皮细胞产生大量 NO 和前列腺素，可能提供了分子触发机制[95, 96]。或者（或同时），肝细胞增殖的核受体机制的早期激活可能起到触发作用[96]，组织丢失后，剩余肝脏生理状态的多种变化可能会聚在一起，产生"大规模作用"触发修复。

肝细胞受损还存在其他的肝再生机制。肝细胞的增大或肥大可以弥补失去的实质[97]，但这种代偿反应通常只是暂时性的。

关于干细胞或祖细胞在肝脏再生中的作用一直存在很大争议。在啮齿类动物的肝癌诱发实验中，观察到一种特殊的细胞群，根据其细胞核的形状被命名为"卵圆细胞"。类似的细胞在其他物种中也被描述过，它们的出现被称为"胆管反应"。有令人信服的证据表明，这些细胞可以取代丧失的肝实质[98]，并充当肝干细胞的储存库。目前已知几种肝脏干细胞类型，但大多数数据表明，胆道系统末端的 Hering 管可能存在着成体肝干细胞。

大鼠[54, 55, 57, 99, 100]和斑马鱼[101]谱系追踪实验证实胆道干细胞可以再生肝细胞。小鼠 cre/lox 谱系示踪实验并不支持这一模型，尽管证明了肝细胞来源的胆管细胞和胆管细胞癌[102]，但并未观察到胆管细胞来源的肝细胞。然而，当肝细胞增殖被完全阻断后，最终在小鼠中显示出具有肝脏再生能力的胆源性肝祖细胞[103]。目前人们似乎普遍认为，肝细胞和胆管细胞（或其亚群）均有干细胞表型，并且特定条件下能够再生肝脏实质的两种上皮细胞[104]。这些高度分化细胞的能力被称为"可塑性"[105]，但具体应如何称呼这一特殊的生物反应仍然有待探讨。初步观察表明，这些支持大鼠和人类再生过程的潜在干细胞沿门静脉分支[106, 107]被有序组织，并受到以急性时相反应为中心的肝脏免疫因子调控[98, 138]，类似于胚胎发育期间肝脏结构的组织形式。

虽然造血干细胞与肝脏的间质成分最近受到了密切关注，但其是否是人类或实验动物肝细胞、胆管上皮细胞生成的重要来源，目前仍缺乏实质性证据加以证明[47]。这与造血系统补充其他肝实质细胞形成了对比[47]。

第 2 章　胚胎时期的肝脏发育
Embryonic Development of the Liver

Kenneth S. Zaret　Roque Bort　Stephen A. Duncan **著**

徐成冉　杨　李　周璧琛　陈昱安 **译**

　　肝脏是胚胎中最早发育的器官之一，并迅速发育成为胎儿最大的器官之一。造血是哺乳动物胎肝最重要的功能。由于胎儿早期对自体供血的依赖，胎肝的生长和活力是基因失活研究的敏感表型。从实验的角度来看，发育中的肝脏体积大，细胞类型少，易于研究。最近，在转基因小鼠、胚胎组织外植体、多能干细胞分化及其他脊椎动物模型（如斑马鱼和蛙类）等研究中，肝脏发育也取得了新的进展。我们已经对基因调控肝脏形态发生的机制有了深入了解，因此，可以将肝脏发育作为研究其他肠管来源组织发生的范例。对肝脏发育机制的认识也为肝病的治疗带来了新的曙光，包括成体肝脏干细胞激活的肝再生，诱导分化多能干细胞来源的病肝修复，其他器官来源细胞转分化，以及肝脏形态重塑和功能重建。

　　本章回顾了肝脏发育的早期阶段，从肝脏最初的分化到造血干细胞迁移，包括前体细胞分化为肝细胞的潜能、肝芽的生成，以及肝脏的早期形态发生和分化等。本章也展示了肝实质细胞成熟过程中的关键因子，并讨论了胚胎和成体时期对肝脏大小和再生的控制。如果想要进一步了解中后期肝脏发育过程，可参考其他综述[1-9]。

一、内胚层获得分化成肝脏的能力

　　内胚层是原肠形成期间产生的三个胚层之一，肝脏、肺、胰腺、甲状腺和胃肠道均起源于前 – 腹侧定形内胚层。内胚层最初是排列在胚胎腹侧的一层上皮组织，这层组织在胚胎前端和后端卷折分别生成前肠和后肠（图 2-1）。当这些形态结构发生运动到达胚胎的中部时，肠管就会闭合。在肠管形成过程中，不同的组织沿着胚胎的前后轴和背腹轴特化，而肝脏则起源于前肠的腹侧内胚层区域（图 2-1）。这些内胚层的"预模式"或者特定的区域是否有分化成为肝脏的能力呢？Le Douarin 将部分鹌鹑胚胎移植到鸡的胚胎中，证明了只有内胚层前腹侧区域才有发育成肝脏的能力[10, 11]。高分辨率谱系追踪研究揭示了小鼠内胚层的多个区域均对肝脏有贡献，大部分细胞来源于外侧内胚层的双侧，另外还有一小群细胞来源于前内胚层腹侧中线[12]。这些细胞群在形态发生运动过程中会聚并形成肝芽。

　　最近有研究采用了更加灵敏的基因表达测序方法，发现在小鼠胚胎中，虽然背侧内胚层（图 2-1）中肝脏相关的基因通常不会激活也不会朝肝脏分化，但是在组织外植体实验中，当背侧内胚层细胞从其邻近的中胚层组织中分离出来后，可以启动肝脏基因的表达[13]。我们已经在非洲爪蟾（蛙类）的胚胎中破译了在移植实验中起作用的分子机制，而哺乳动物的胚胎也可能采用了类似的机制。研究发现在前侧内胚层中，由于 Dkk、sFrp-1 和 sFrp-5 等 Wnt 抑制信号的表达，Wnt/β-catenin 信号通路在原肠胚形成时被抑制[14]，但在没有 Wnt 抑制信号表达的后侧内胚层中被激

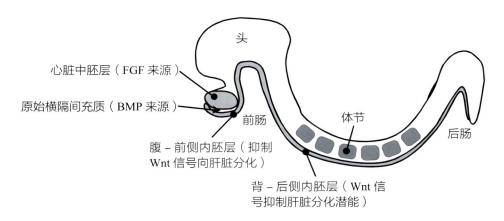

▲ 图 2-1　哺乳动物胚胎肝脏特化时期的矢状图

显示了相关组织和信号分子。发育时期为小鼠妊娠第 8.25 天，人妊娠第 3 周。FGF. 成纤维细胞生长因子；BMP. 骨形态发生蛋白

活。研究证明，Wnt 在前侧内胚层的下调对肝脏和胰腺特化起到关键作用，而激活了 GSK-3β（Wnt 抑制信号）的后侧内胚层具有生成肝脏的能力[15]。Wnt 信号启动内胚层 Vent 转录因子表达，进而抑制肝脏和胰腺发育所需的同源盒基因 Hex 的表达[16-21]。总之，前侧内胚层中 Wnt 信号通路受到抑制，使其向肝脏和胰腺发育，而后侧内胚层中活化的 Wnt 信号抑制了向肝脏和胰腺发育。以上研究对内胚层模式化发育的分子基础进行了解释。

　　研究内胚层向肝脏发育的另一种方法是确定直接调控这一过程的转录因子。调控肝脏分化的转录因子在发生肝脏分化之前就已经在内胚层中表达。这些因子的作用可能是打开染色质结构，帮助肝脏分化相关基因的转录[22]。在发生肝脏分化前的腹侧前肠区域及后来的肝脏中表达的转录因子包括 FOXA1、FOXA2[23-26]、GATA4 和 GATA6[27-30]。我们可以通过研究这些转录因子在染色质水平上的作用来分析其功能。alb1（编码血清白蛋白的基因）是肝脏发育中最早被激活的基因之一，转录因子 FOXA 和 GATA 与 DNA 的结合是启动 alb1 增强子所必需的[31, 32]。研究表明，在 alb1 激活转录或肝脏特化发生之前，内胚层中 FOXA2 和 GATA[34] 结合在 alb1 的增强子上[13, 33]（图 2-2）。当肝脏特化发生时，其他转录因子结合在增强子上的邻近位点，使 alb1 活化[13, 31]（图 2-2）。

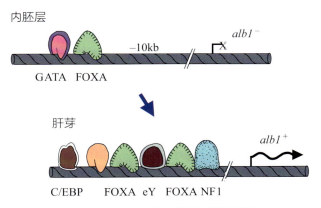

▲ 图 2-2　内胚层中的关键转录因子

在 alb1 表达或者肝脏命运决定之前，转录因子 GATA 和 FOXA 结合在 alb1 基因位点。在肝脏特化时期，其他转录因子结合在附近的位点，激活了 alb1 的表达

　　遗传学研究证实了 FOXA 和 GATA 在肝脏发育过程中的重要作用。在小鼠前肠内胚层特异性敲除 FOXA1 和 FOXA2 以后，小鼠彻底缺失了肝脏特化的标志基因的表达，如 alb1、afp 和 ttr[35]。同样，虽然肝脏在 GATA6−/− 和 GATA4−/− 小鼠胚胎中仍然发生了特化（之后的发育过程仍然受阻），但在这两个基因双敲除的斑马鱼中没有分化出肝脏[36]。GATA 对于内胚层命运的调控在人类中仍是保守的。一些研究表明，敲除 GATA6 会影响人类诱导多能干细胞（induced pluripotent stem cell，iPSC）向内胚层分化[37-39]。这些研究结果从遗传学的角度证明了 FOXA 和 GATA 是内

胚层中的"先锋因子"，它们在发育过程中，在信号的调控下最先结合并激活目标基因。

二、定形内胚层中的肝脏特化

在定形内胚层获得发育成肝脏的能力之后，又是什么决定了肝脏特化发生在腹侧前肠内胚层呢？中胚层通过分泌信号去指导内胚层的模式分化。一系列研究表明，鸡和小鼠的心脏中胚层起到了指导腹侧前肠内胚层向肝脏特化的作用（图 2-1）。小鼠胚胎的体外培养、斑马鱼和非洲爪蟾胚胎的研究已经确定了一些相关的分子信号。

编码成纤维细胞生长因子（fibroblast growth factor，FGF）的基因超过 20 个，编码 FGF 受体的基因有 4 个 [40, 41]。每种 FGF 受体均特异性结合 FGF，并且存在多种亚型，导致受体和配体之间的关系更加复杂。在诱导内胚层向肝脏特化之前，心脏中胚层表达 FGF1、FGF2、FGF8 和 FGF10。在胚胎组织移植系统中，移除了心脏中胚层后，纯化的 FGF1 或 FGF2 能有效地在腹侧前肠外植体中激活肝脏基因表达，而 FGF 抑制物能在保留了心脏中胚层的前肠外植体中抑制肝脏基因表达 [42]。FGF 与其受体的结合诱导细胞质受体结构域的酪氨酸磷酸化，从而激活 MAPK 信号通路。结合体内遗传学、全胚胎培养和组织移植的方法研究发现，前肠内胚层的 FGF 信号对 MAPK 通路的短暂激活是启动和调控肝脏发育的必要条件 [41, 43]。尽管 PI3K/AKT 通路在 MAPK 通路激活之后不久也在内胚层中被激活，但其并非 FGF 信号的下游，并且这两条通路在肝脏内胚层中并没有交叉调控 [44]。最终，FGF 信号必须激活决定肝脏命运的基因表达。人类诱导多能干细胞向肝脏命运的分化使研究人员能够确定 FGF 信号的靶基因 [44]。在内胚层向肝脏分化的过程中，一些转录因子、生长因子和信号分子的基因被直接激活 [45]。有趣的是 FGF 的靶基因之一编码 Wnt 信号通路的抑制物 NKD1，当敲除 NKD1 后，内胚层向肝脏命运的分化受到抑制 [45]。这些研究结果表明，FGF 通过短暂抑制 Wnt 信号通路的方式来驱动肝脏命运。

BMP4 是 TGF-β 超家族的成员之一，BMP2、BMP4、BMP5 和 BMP7 在原始横隔间充质中高表达 [46-50]。原始横隔间充质由围绕心脏和腹侧内胚层区域的疏松间质细胞组成。BMP 受体 BMPR1A、BMPR2 和 ActR2A 在内胚层中表达 [51, 52]。在小鼠前肠移植系统中，来自原始横隔间充质细胞的 BMP 信号被证明对内胚层的肝脏基因诱导至关重要 [53]。因此，肝脏诱导需要来自两类细胞（心脏中胚层和原始横隔间充质）的正信号（FGF 和 BMP），证明了信号组合的重要性。斑马鱼的遗传实验研究也证明了 FGF、BMP 与肝脏诱导之间的关系在物种间的保守性 [54]。

斑马鱼的肝脏诱导研究巧妙地追踪了单个内胚层细胞的命运 [54]，证实了对从小鼠胚胎中分离出来的内胚层细胞群做出的初步观察 [54]。也就是说，在 FGF 和 BMP 信号的调控下，前肠内胚层做出了肝脏或胰腺的细胞命运选择，即在无 FGF 和 BMP 信号的条件下分化成胰腺，而在这两种信号分子水平升高的条件下分化成为肝脏 [55]。之后的研究发现，信号网络处于动态变化，在心脏中胚层和原始横隔间充质信号中心的调控下，细胞内的 FGF 和 BMP 会随之发生变化 [56]。在此期间，内胚层的肝源性 BMP 信号通过转录因子 SMAD4 传递到靶基因，招募转录共激活因子 P300 [57]。P300 是一种组蛋白乙酰转移酶，负责调控内胚层肝脏基因的活化，使细胞向肝脏而不是胰腺命运分化 [57]。

在肝脏诱导过程中，Wnt 信号的作用动态变化。在 FGF-BMP 诱导肝脏发生时，Wnt 信号在前肠受到抑制。不过在内胚层启动肝脏发生程序后不久，在内胚层进一步发育成为肝芽的过程中似乎需要 Wnt 信号的表达 [15]。Wnt2b 在斑马鱼侧板中胚层中表达，通过 β-catenin 典型通路发挥作用，似乎对内胚层中肝脏特化和肝芽诱导至关重要 [58]。

鱼类与脊椎动物在肝脏发育方面的差异可能解释了 Wnt 信号在肝脏发育过程中的早期积极作用 [5]。

与大多数器官一样，肝脏在胚胎中是不对称的。在异位综合征的患者中，器官的不对称性被破坏，通常会表现出与肝功能相关的缺陷，如胆道闭锁 [59]。对于肝脏不对称性的分子基础的研究最近才开始出现，我们对这个领域的理解仍然很粗浅。然而，斑马鱼的研究发现，EphrinB1 与 EphB3 之间的相互作用对于协调肝脏内胚层与邻近的侧板中胚层的运动至关重要[60]。EphrinB1 调控肝母细胞的迁移，而 EphB3 调控肝母细胞移出中胚层。这些蛋白的共同作用调控了肝母细胞的定向迁移，对肝脏的定位至关重要。

三、从肝脏内胚层到肝芽

从肝脏内胚层到肝芽的形态发生过程被分为三个阶段[17]：第一阶段形成增厚的肝脏柱状上皮；第二阶段形成假复层上皮（图 2-3C）；第三阶段层粘连蛋白水解，肝母细胞从上皮迁移到原始横隔间充质[61]。在肝母细胞迁移的过程中，肝细胞周围的细胞外基质出现重大转变。在这一时期，整个腹侧前肠向中肠延伸，将肝区带入其中（图 2-3A 和 B）。在内胚层上皮形成的集中在原始横隔的细胞团被称为肝芽，而肝芽内的细胞被称为肝母细胞，随后分化为肝实质细胞和胆管细胞。

在哺乳动物肝芽形成的第一阶段，内皮细胞与肝母细胞上皮相邻，尚未形成血管[62]。在这一阶段缺失内皮细胞之后发现，内皮细胞是进一步刺激肝芽发育的重要成分，内皮细胞的缺失使得肝芽发育停滞在第二阶段，肝母细胞留在上皮基膜。内皮细胞在胰腺发育中也起到了类似的刺激作用[63]，由 β 细胞分泌的 VEGF-A 将内皮细胞吸引到处于发育阶段的胰岛中[64]。内皮细胞形成了富含层粘连蛋白、胶原蛋白Ⅳ和纤连蛋白的基

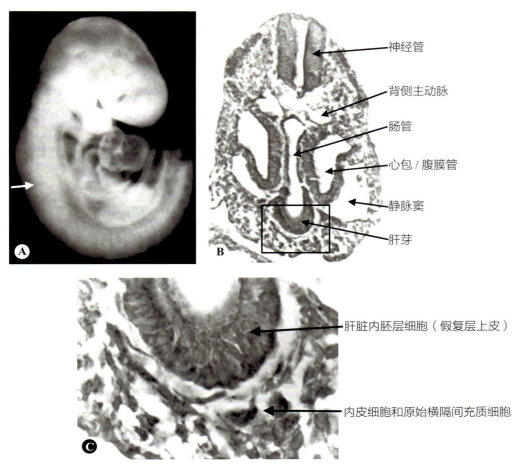

▲ 图 2-3　肝脏发育之初

A. 小鼠胚胎，妊娠第 9 天。已去尾；箭标记 B 所示截面。B. 放大 100 倍后的横截面，请注意肠管内胚层肝芽区域的上皮厚度。C. B 的框内区域放大了 400 倍。箭示肝芽及胚胎的其他部位（图片由 J. Rossi 提供）

膜，这些物质都是 β 细胞发挥正常功能所需的。然而，这些由内皮细胞释放的、负责刺激肝芽形态发生和细胞分化的信号的性质尚不清楚。

肝芽的形成需要肝母细胞在基膜分解后迁移到原始横隔间充质中，*Prox1* 基因在这一过程中起调控作用[61]。*Prox1*−/− 小鼠胚胎的肝脏内胚层上皮基膜无法分解，导致肝细胞聚集成一个较小的肝脏，目前还不清楚其原因是分解速度缓慢还是生成了额外的基膜成分。*Prox1* 的表达部分受转录因子 Tbx3 的调节。与 *Prox1*−/− 胚胎一样，肝芽的生长在 *Tbx3*−/− 胚胎中也受到严重抑制。然而，有人认为 Tbx3 不只是通过调控 *Prox1* 发挥作用，而是通过调节多种转录因子和细胞周期因子的表达来控制肝脏前体细胞的命运及增殖[65, 66]。

同源结构域因子 Hex 对肝脏的发育至关重要[20]，在肝芽从第一阶段向第二阶段的转变中起着重要作用[17]。Hex 可能从多个层面调控肝芽形成，包括肝脏内胚层细胞的增殖、假复层上皮的形成和肝细胞类型的维持[16-18]。Hex 发挥作用的机制尚不清楚，但有人认为它在腹侧前肠内胚层抑制 shh 信号，从而抑制其向肠道命运的转变[17]。

四、肝芽之后：肝内胆管细胞的分化

肝芽在生成后受另外的信号调控发育成为肝脏。肝母细胞在小鼠胚胎 13.5 天左右分化为肝实质细胞和肝内胆管细胞，人类则在胚胎 7 周左右[67-71]。通过对小鼠胚胎条件性基因敲除的研究和 Cre 介导的谱系追踪方法，我们对控制肝内胆管形成的机制有了更加深入的理解[72]。肝内胆管由胆管细胞组成，来源于门静脉周围肝母细胞，形成胆管板结构。门静脉间充质细胞分泌高水平的 TGF-β，促进胆管细胞的分化并抑制实质胞的命运。TGF-β 的作用受到严格调控，只有门静脉周围单层肝母细胞才会分化为胆管细胞[73]。参与命运决定的分子包括 ONECUT 转录因子 HNF6（OC1）和 OC2。OC1/2 双纯合突变的胚胎呈现出 TGF-β 从门静脉到肝实质浓度梯度的紊乱。TGF-β 信号水平升高会导致位于门静脉远端的肝母细胞同时表达肝实质细胞和胆管细胞的标志基因[73]（图 2-4）。TGF-β 信号受多种方式调控，包括门静脉周围肝母细胞表面 TBR II 浓度的调节[74]。Hippo-YAP 信号通路也被认为通过直接促进 TGF-β₂ 的表达和抑制关键肝实质细胞转录因子（如 HNF4）的表达来调控 TGF-β 梯度[75]。

与 TGF-β 一样，Notch 信号也是正常胆管形态发生所必需的。Alagille 综合征是一种表现为肝内胆管（intrahepatic bile duct，IHBD）稀疏的发育障碍，主要由 Jagged1（*JAG1*）基因的突变引起，该基因编码一种 Notch 家族受体的配体[76]。利用 Notch 功能缺失的小鼠和斑马鱼模型，研究发现 Notch 信号对胆管的数量起调控作用，而不是细胞命运特化[77-79]。然而，过表达 Notch 的胞内结构域，驱动 Notch 靶基因的表达后，胆管细胞转录因子的表达升高，肝实质细胞转录因子的表达降低[80]。这些发现表明，Notch 能够直接促进胆管细胞的分化。因为 Notch 与其配体 Jagged1 和 Jaggedδ 的结合可以同时在细胞外和细胞内发挥作用，所以胆管细胞形成的调控机制十

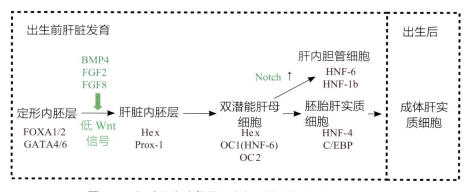

▲ 图 2-4 肝脏发育流程图及参与调控的相关信号和转录因子

分复杂[81]。

尽管在发育过程中，胆管细胞来源于胆管板内的肝母细胞，但最近已有研究证明，在肝内胆管系统缺失的成年小鼠肝脏中，肝实质细胞仍有完全分化成胆管细胞的能力[82]。与肝母细胞分化为胆管细胞不同，成体肝实质细胞的转分化与Notch信号通路无关，而是由TGF-β信号驱动。这些发现为治疗Alagille综合征和胆汁淤积提出了新的可能。

此外，最近一项研究表明，肝外胆道系统（胆囊、肝管、胆囊管和胆总管）的细胞与靠近或处于肝芽尾部的腹侧胰腺细胞有着共同的起源[82A]。这个推测将通过谱系追踪实验来进行验证。

五、肝实质细胞分化中间充质细胞的作用

肝实质细胞的分化和肝脏形态发生依赖于细胞所处的微环境。早期肝芽发育的微环境包括原始横隔间充质中的内皮细胞和间充质细胞。在小鼠E10.5之后，当肝脏成为造血器官时，造血干细胞也成了微环境的一部分。通过小鼠的基因功能缺失研究，这些间充质细胞类型的意义得到了确认。研究发现，有的基因在新生肝脏周围的间充质细胞中表达，但不在肝母细胞中表达，这些基因对肝脏的正常形成至关重要。例如，LIM同源盒基因Lhx2在原始横隔间充质及成体肝脏间充质细胞（可能是肝星状细胞）中表达。Lhx2[-/-]肝脏细胞组织被破坏，细胞外基质沉积增加，早期肝实质细胞的基因表达发生变化。胚胎时期肝实质细胞的增殖也需要间充质细胞的参与[83]。在胚胎期肝脏间充质细胞中特异性敲除Gata4后，肝脏生长、肝实质细胞增殖及存活率和胎儿造血表现出严重缺陷[84]。

血管内皮细胞在早期发挥促进肝芽生长的作用，而肝芽内也会生成新的血管（图2–3B），形成毛细血管床，分布在增殖中的肝母细胞群中[85]。在这个过程中，肝窦结构逐渐建成，这对肝脏功能至关重要，并为胎肝的造血功能创造了条件。造血细胞从卵黄囊先迁移到主动脉–性腺–脾脏区域，再迁移到早期肝脏[86, 87]。由于红细胞在

keratin8突变的胎肝中过度聚集，中间丝的适当生成对于血细胞迁移至关重要[88]。重金属响应转录因子MTF-1缺失的胚胎表现出组胞角蛋白表达减少、肝窦增大、上皮细胞分离的现象，但不会出现贫血[89]。MTF-1缺失的胚胎在妊娠中期的离子平衡和肝实质细胞的氧化还原状态上表现出明显缺陷。

造血细胞和内皮细胞都向肝母细胞传递了分化信号。研究发现，肝脏基因表达的异质性与胎肝血管结构有关[90]。具体而言，小鼠的基因缺失研究表明，造血细胞向新生肝实质细胞传递的OSM信号对肝脏生长起重要作用[51]。在造血细胞增殖受损的c-myb突变体胚胎[92]或红细胞增殖受损的Rb突变体胚胎中[93, 94]，肝脏生长亦受到损害。在β1整合素缺失的胚胎中，由于造血细胞无法迁移到肝脏，出现了肝脏发育缺陷[95, 96]。

随着胎肝的成熟和生长，间皮细胞逐渐形成肝脏外包膜。尽管间皮细胞在肝脏发育过程中发挥的作用尚不清楚，但越来越多的证据支持其在促进胎肝细胞增殖方面的作用。肝脏包膜中表达的N-myc基因和肝脏基质细胞中表达的jumonji基因促进妊娠中期的肝脏生长[97-99]。间皮细胞组成的包膜提供了丰富的生长因子，可能作用于胚胎时期的肝实质细胞[100]。另外，在肝脏包膜中高表达的锌指转录因子Wt1的缺失会抑制胚胎肝实质细胞的增殖，阻碍肝脏的生长，并影响肝小叶的形成[100, 101]。尽管许多调控肝母细胞增殖的基因在从肝芽至器官的发育时期起到了至关重要的作用，但这些基因失活导致的造血缺陷通常在器官形成后很久才表现出来。在这些情况下，肝脏包膜逐渐形成，造血细胞迁移到肝脏，但肝母细胞的缺乏造成造血环境的缺陷，从而导致胚胎死亡。此外，某些肝脏调节因子的突变会通过导致肝母细胞凋亡而造成胎肝生长缺陷，如c-jun[102, 103]、IKK2[104]、RelA和XBP-1蛋白[106]。

六、胚胎对肝脏再生的调控

肝脏是为数不多的在成体切除后能迅速再生的内脏之一。最近的研究表明，肝脏早在胚胎的肝母细胞时期就获得了再生能力。在将Hex[-/-]小

鼠胚胎干细胞（embryonic stem cells，ES）注射到 Hex[+/+] 囊胚中的组织互补实验中，在肝脏形态发生的初期（E9.0），野生型肝脏前体细胞自身的增殖比例升高，以补充在肝芽中凋亡的 Hex[-/-] 细胞[17]。一项独立的研究中发现，在 E9.5～13.5 杀死 2/3 的肝脏前体细胞后，剩余的细胞仍能进行补偿性生长，并在 4 天内生成一个正常大小的胎肝[107]。胰腺同样也起源于内胚层，却并不具备这种再生能力，杀死胚胎的部分胰腺前体细胞将造成大量胰腺组织损失。与胰腺不同，肝脏在几乎所有的发育时期都具备充分的再生潜能[107]。肝脏的生长极限由其所需的器官大小决定，而胰腺的生长极限则由细胞分裂数决定。值得注意的是，虽然在切除 50% 后胰腺不能恢复到原来的大小，但 β 细胞的数量却能在 4 周后几乎恢复到原来的 100%，这表明内分泌和外分泌胰腺具备不同的再生能力[108]。此外，人类与动物之间也存在差异。与啮齿动物不同，人类在切除部分胰腺后，β 细胞的增殖没有明显增加[109]。了解胚胎时期肝脏和胰腺再生能力差异的遗传机制可能会为成体肝脏再生提供更多的线索。

七、肝实质细胞分化

肝实质细胞的分化从腹侧前肠内胚层的肝脏特化开始，直至出生后肝实质细胞的成熟（图 2-4）。诱导肝脏分化的信号分子下游是对肝脏起调控作用的转录因子，包括 HNF1、HNF4、HNF6、FOXA 和 C/EBP[4-6]。这些在肝脏中特异表达的基因互相激活彼此的启动子，通过建立正反馈和负反馈循环的方式形成稳定的基因调控网络，确保与肝功能相关的关键基因的表达[72, 110]。虽然 HNF4 是小鼠肝实质细胞基因表达的中心调节因子，但其在肝脏的早期形成过程中不起作用[111]。然而，在人类诱导多能干细胞分化过程中，HNF4 是启动肝实质细胞基因表达所必需的[112]。人类细胞对于 HNF4α 的需求究竟是由于物种特异性还是模型系统的特异性，这一点仍有待确认。通过逆转录聚合酶链式反应（reverse transcription polymerase chain reaction，RT-PCR）研究发现，在 HNF4[-/-] 肝脏中，除 PXR 和 HNF1α 外，其他在肝脏中富集

的转录因子在 E12 时的表达没有变化[111]。然而，在 HNF4[-/-] 胚胎中，很多在肝脏中特异性参与肝母细胞 – 肝实质细胞成熟过程的基因未能被表达。为了解释这一现象，全基因组染色质分析利用微阵列技术同时研究了 HNF4 蛋白与近 10 000 个基因的启动子序列结合情况[113]。同种方法也分别分析了 HNF6 和 HNF1α 的结合情况[113]。在人肝实质细胞中，HNF1α 结合了 1.6% 的基因，HNF6 结合了 1.7% 的基因，而 HNF4α 结合了 12% 的基因。与 HNF4α 结合的基因约占结合 RNA 聚合酶 II 基因的 42%。也就是说，肝脏中近 50% 的活化基因与 HNF4α 结合。分析 HNF4α 在整个基因组的结合位点也得到了类似的结论[114]。随后的研究发现，HNF4 调控的基因参与发育中肝脏的细胞连接组装和黏附[115]，从而促进了肝实质上皮细胞的成熟[116]。

动物体内的基因失活研究发现，HNF1α 等转录因子在肝脏发育中的作用显然是有限的。然而，在体外培养的肝实质细胞系中的异位和过表达的研究表明，HNF1α 对多种肝脏特异性基因的表达至关重要[117]。这种差异表明，基因调控机制不仅是简单的基因冗余，还在很大程度上受到了整个动物生理的影响[118, 119]。因此，了解信号通路和表观遗传修饰通过调控转录因子而协同促进早期肝脏分化和形态发生的机制至关重要。

八、未来与展望

在过去的 25 年中，我们对肝脏发育的理解有了极大的进展。研究也成功利用调控肝脏发育的分子诱导胚胎干细胞和其他类型细胞向肝脏细胞分化，包括将各种类型的细胞共培养形成类器官[120-122]。鉴于在成体肝脏研究中发现的大量蛋白质在小鼠胎肝中敲除后会产生表型，所以研究者认为，这些蛋白在成体时发挥的作用与胚胎期保持一致。因此，研究胚胎期的肝脏发育会帮助我们理解成体肝脏的功能、再生和损伤修复，并且指导肝病的细胞和分子治疗[123]。为了推动我们对于肝脏发育的理解，我们需要进一步完善在早期肝脏中敲除基因的效率和胚胎组织培养方法，可以参考其他内胚层

来源器官系统的研究方法[124]。此外，通过在模式生物中结合基因筛查、基因组序列和蛋白质功能，我们也将发现新的、在这个过程中起重要作用的基因。新的高分辨率方法也帮助我们进一步了解细胞分化的分子基础[125]。人胚胎干细胞和诱导多能干细胞向肝脏命运的分化似乎已经准确模仿了肝脏的发育过程，肝实质细胞分化的组织培养模型可以对传统动物模型的研究进行补充[126]。诱导多能干细胞在培养中的分化与体内是相对同步的，这使得研究人员能够研究在生长因子信号作用下的分子动态变化[45, 127]。

此外，通过组织培养模型，研究人员可以应用高通量方法和全基因组测序技术来发现调控细胞命运的信号通路和机制[127-129]。肝脏发育机制的理解才刚刚起步，因此，在未来将对肝病治疗有更深入的了解和新的应用。

致 谢　感谢 Melanie Song 对写作的帮助。Roque Bort 受到了西班牙科技部的资助（SAF-51991R），Kenneth S. Zaret 在肝脏发育方面的研究受到了美国国立卫生研究院（National Institutes of Health，NIH）的资助（GM36477）。

第二篇　细　胞

THE CELLS

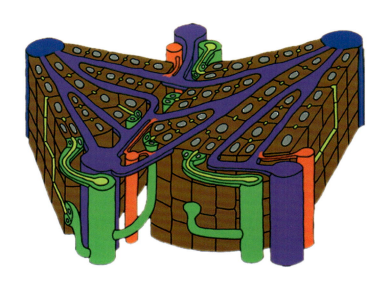

Part A 肝脏的细胞生物学
CELL BIOLOGY OF THE LIVER

第3章 细胞骨架马达：肝细胞的结构与功能
Cytoskeletal Motors: Structure and Function in Hepatocytes

Mukesh Kumar Arnab Gupta Roop Mallik 著

董 晨 刘冰玥 李梦圆 陈昱安 译

肝细胞是肝脏的主要细胞，占肝脏体积的70%～80%。肝细胞一方面能够产生和分泌胆汁，另一方面能够从血液中提取特定物质，也能将其他物质分泌到血流中。这种"筛选"功能使得肝脏成为一个关键的稳态器官，并且肝细胞需要将大量的脂质/蛋白质在细胞内运输到多个明显极化的表面。为了做到这一点，肝细胞必须具有不同的分区，并能同时连接血液和胆汁两个不同的环境。为了发挥这一功能，肝细胞排列成索状，而且单个肝细胞呈多边形，至少面对2个肝窦（基底区）。相邻肝细胞间的分支网络形成胆管，代表了胆管的顶端区域。这种多边形的形状意味着肝细胞没有一个单一的基底－顶端轴，而基底和顶端膜之间的胞外通路比其他单一的顶端－基底轴极化的上皮细胞（如肠细胞、肾上皮细胞等）更为复杂 [1]。大多数新合成的膜蛋白和分泌蛋白都是通过基底膜从反面高尔基体网络（trans-Golgi network，TGN）出发，而很少有 TGN 是从顶端出发（图 3–1A）。同样，胞吞的"货物"包括在基底侧（血液）内化的质膜（plasma membrane，PM）片段，可通过胞吞途径运输到溶酶体、顶端 PM 或胆汁。由于生物合成和经胞吞途径"货

物"复杂、不同的分选步骤依赖于微管、微丝（肌动蛋白）和它们各自的马达蛋白质，因此，在肝细胞中细胞骨架系统在顶端和基底区域之间发挥着协调器的作用 [2]。

一、肝细胞极性与肌动蛋白网络

虽然在解剖学水平已经对肝细胞极性进行了很好的描述，但对于启动、建立和维持这种极性的分子及其机制却知之甚少。在小鼠发育过程中，胚胎早在第 9.5 天时就能检测到由非极化肝细胞组成的肝芽。Feracci 等研究表明，在小鼠肝脏发育早期（第 15 天）肝细胞就开始发生极化，从胚胎第 17 天开始肝细胞聚集在一起，形似腺泡。腺泡表现出单一的极性表型，其顶端表面对着中心腔 [3]。出生后，单一极性逐渐地转为多极性，在 WIF-B 细胞中可以很好地模拟这一现象。肝细胞及 WIF-B 细胞极化的整个过程严重依赖于细胞骨架蛋白的时空位置和功能。Ishii 等 [4] 对极化肝细胞的微丝解剖结构进行了非常详细的研究，发现 WIF-B 细胞维持 PM 蛋白被局限在顶端（胆管）或基底区域，并通过紧密连接划定顶端－基底边界。如图 3–1A 所示，鬼笔环肽染

色显示在胆小管 / 顶端膜（bile canaliculus/apical membrane，BC）周围有一个狭窄但强度高的环状肌动蛋白丝网络，而靠近基底膜有一个稀疏的网络。在胆小管周围发现密集的肌动蛋白丝形成微绒毛的内芯丝和管周网的微丝。微绒毛的内芯丝生长在它们的顶端，而管周网的微丝与细胞表面平行，没有固定的极性。有趣的是，相邻的微丝对通常表现出相反的极性，这也是微丝滑动所需要的对齐方式。一组散在的、极性不一致的肌动蛋白微丝在胆小管膜与包被囊泡之间起着连接作用[4]。肌动蛋白微丝的这种空间结构与维持微绒毛长度、促进微管收缩分泌胆汁和顶端膜（胆小管的膜）中包被囊泡的运送有关。采用靶向肌动蛋白的细胞松弛素 D 处理肝细胞，能完全抑制大鼠肝细胞自我组装成球体。由此可见，肝细胞需要一个完整的肌动蛋白网络来有效地自我组装成功能性组织结构[5]。

如图 3-1B 所示，在所有与肌动蛋白相关的马达中，大部分工作都是在肌球蛋白 V 上完成的。肌球蛋白 Vb 是一种非常规的肌球蛋白，在肝脏及 WIF-B 细胞中最为丰富[6]，它通过结合

Rab11a 调节囊泡运输[7, 8]。肌球蛋白 Vb 抑制将导致细胞极性无法完全形成，以及各种顶端靶向物质的运输缺陷，其标志是代谢产物累积导致疾病状态。研究与肌球蛋白 Vb 及其效应蛋白突变相关的人类遗传疾病对于理解肝细胞极性及极化蛋白的转运有很大帮助。研究发现，肌球蛋白 Vb 突变可导致微绒毛包涵体病（microvillus inclusion disease，MVID），其特征是肠道细胞缺乏顶端微绒毛和含有微绒毛的细胞内结构，导致严重的先天性腹泻[9]。在了解 MVID 的表型机制以前，Wakabayashi 等在研究顶端靶向机制时意外发现极化前敲低 Rab11 可以阻止 WIF-B9 细胞中微管的形成，过表达 Rab11a-GDP 或肌球蛋白 Vb 尾端 DN 结构也可以阻止细胞的极化。在缺乏胆小管的 WIF-B9 细胞中，顶部 ABC 转运蛋白与包含 Rab11a 核内体的胞外膜蛋白共定位，而不是分布到 PM[10]。因此，该研究说明肝细胞的极化需要募集 Rab11a 和肌球蛋白 Vb 到含有顶端 ABC 转运蛋白的细胞内膜，并允许它们靶向到 PM。

在 CaCo-2 细胞中，稳定敲低 MYO5（MY05B-

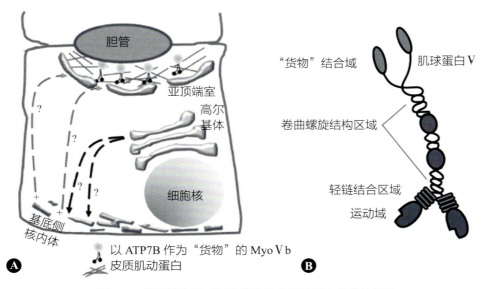

▲ 图 3-1　肝细胞和肌球蛋白 V 马达中肌动蛋白依赖的转运

A. 大多数顶部靶向蛋白（铜转运 ATP 酶，主要是 ATP7B）通过基底外侧核内体到达目的部位。目前尚未确定驱动"货物"从反面高尔基体网络（TGN）到基底侧核内体并到达亚顶端室（SAC）的基于微管的马达蛋白质。一旦运载"货物"的囊泡到达 SAC，肌球蛋白 Vb 会驱动其在 SAC 和胆管 / 顶端膜之间循环。肌球蛋白 Vb 仍然固定在肌动蛋白微丝上，并在顶端膜下形成致密的网络。B. 肌球蛋白 V 的一般结构，该结构在所有肌球蛋白 V（MyoVa、Vb 和 Vc）中均是保守的

KD）会导致微绒毛缺失、紧密连接蛋白改变、极化转运中断[9, 11, 12]。尽管由于预期寿命短，通常不能被检测到 MVID 患者的肝脏表型[13]，但是 MVID 患者表现出类似于进行性家族性肝内胆汁淤积（progressive familial intrahepatic cholestasis，PFIC）和良性复发性胆汁淤积（benign recurrent cholestasis，BRC）的胆汁淤积性肝病[14]。PFIC 和 BRC 分别与 *ABCB11*（编码 BSEP）和 *ATP8B1*（编码 FIC1 蛋白）基因突变有关[15, 16]。然而，在 MVID 患者中没有一例检测到这 2 个基因的致病突变。免疫组化研究表明，与对照组相比，BSEP 在细胞质小泡中发生定位错误，由于肝细胞中 MY05B/RAB11A 顶端循环内体通路受损，BSEP 主要定位于顶端膜[14]。利用极化的 WIF-B 细胞，研究发现铜转运 ATP 酶 ATP7B（也被称为肝豆状核变性蛋白）是肝脏中肌球蛋白 Vb 的主要转运物质，*ATP7B* 突变将导致该蛋白无法发挥转运功能，从而引起肝脏中铜的累积和代谢紊乱，即出现肝豆状核变性[6]。当使用 DN 突变体急性敲除肌球蛋白 Vb 时，在极化的 WIF-B 细胞中也能够表现出类似的铜累积表型。更深入的分析发现，在缺乏功能性肌球蛋白 Vb 的情况下，含有 ATP7B 的囊泡在顶端膜下堆积，并且不能与之融合，因此进一步表明了微管和细胞皮质肌动蛋白在顶端物质转运方面的物理和功能定位。在利用微管网络将顶端的“货物”转移到囊泡之前，这些“货物”从 TGN 出发并向基底侧运输[17]。然后，这些囊泡将被转移到锚定在顶端膜下皮质肌动蛋白的肌球蛋白 Vb 马达上（图 3-1A）。这种物质转运发生在靠近微管组织中心（microtubule organizing center，MTOC）的被称为 SAC 的特殊内体腔中。关于肌球蛋白 Vb 在顶端靶向蛋白运输中作用的研究揭示了 WIF-B 细胞极化状态的时空相关性。如图 3-1A 所示，在完全极化的 WIF-B 细胞中，肌球蛋白 Vb 主要呈环状围绕在胆小管 F- 肌动蛋白周围。然而，在预极化的细胞中，肌球蛋白 Vb 及肌球蛋白 Vb 末端 DN 蛋白位于一个紧密的近核的胞内位点，这个位点被称为“顶室”[18]，它是一种聚集在微管负端附近的胞内膜结构，以 γ- 微管蛋白为标志，有选择

地将“货物”聚集在顶端。

二、微管：历史、结构和动力学

如图 3-2A 所示，微管（microtubules，MT）是微管依赖性马达（如动力蛋白和驱动蛋白）运输细胞内物质的轨道。在沙鼠精子和纤毛上皮中观察到 MT 为杆状结构[19, 20]，并推测这些杆状结构可为纤毛的跳跃运动提供动力。结构保存技术的进步使得人们发现 MT 包含多个以环状排列的亚基（如 13 个）[21, 22]。由于这些原纤维围绕着一个中空的组织排列，看起来像一个管状的结构，因此 Ledbetter 和 Porter 将这种结构命名为“微管”。Taylor 及其同事从 MT 中鉴定了一种 ^{3}H- 秋水仙碱结合蛋白，其沉降系数为 6S，M_r 为 110 000～120 000[23]。6S 蛋白变性后产生 α 和 β 单体亚基（M_r=55 000）。这两个非常相似的亚基在 MT 中以 1 : 1 的摩尔比存在，形成 αβ 异质二聚体[24]。“微管蛋白”这个词是 Mohri 在 1968 年提出的[25]。从脑匀浆中纯化的微管蛋白在 GTP、Mg^{2+} 和 EGTA 存在条件下的体外聚合能力，大大提高了对 MT 组装和动力学的理解[26]。第三种类型的微管蛋白是 γ- 微管蛋白，它与靠近中心体的 MT 负端相关。尽管 γ- 微管蛋白不是 MT 的主要组成部分，但是在真核细胞中它对于 MT 阵列的组装和表达非常重要[27]。

如图 3-2B 所示，MT 经历的快速随机增长和收缩被称为“动态不稳定”[28, 29]，这一现象取决于各种内在和外在因素，包括微管蛋白的浓度。微管蛋白亚基在原纤维的正端和负端以不同的速率结合和分离。微管蛋白二聚体的最低浓度是微管蛋白聚合物增长的临界浓度。在此浓度以上，微管蛋白聚合物会出现增长。微管蛋白 N 位点的核苷酸不能进行交换，而 E 位点的核苷酸可以进行交换[30]。微管蛋白二聚体在 β- 微管蛋白末端的优先聚合决定了 MT 极性，快速聚合的 β- 微管蛋白端被称为正端，而缓慢聚合的带有 α- 微管蛋白端的被称为负端。在正端聚合物内 GTP 的水解要慢于 GTP 的加入，因此在正端“GTP 帽”的合成积累有利于二聚体的增加[28, 30]。当微管蛋白二聚体浓度降到临界值以下时，与 GTP

水解相比，在正端二聚体内 GTP 的加入量减少，导致 MT 的迅速萎缩，也称为"灾变"，而加入 GTP- 微管蛋白则可以拯救"灾变"[28]。聚合和"灾变"可由细胞内 MT 相关蛋白和 MT 分裂蛋白调控[31, 32]。尽管是动态的，但 MT 仍然共同维持坚硬的细胞骨架，以赋予细胞形状并支持细胞内的物质转运。

三、微管马达

如图 3-2A 所示，MT 可以充当轨道，而分子马达可以为其产生动力。分子马达利用腺苷作为燃料，为细胞内物质转运、细胞分裂等产生动力。Gibbons 和 Rowe 从四膜虫纤毛中纯化出了动力蛋白（dynein）ATP 酶[33]，首次报道了基于 MT 马达的一种 ATP 酶活性。动力蛋白一词"dynein"来源于希腊语 dyne，意思是"力量"。人们认为这个马达为纤毛的跳跃提供力量。在海胆精子鞭毛中也发现了动力蛋白，进一步证实其参与了鞭毛和纤毛的跳跃[34]。尽管 MT 马达蛋白质也被推测能够为有丝分裂和细胞器转运提供动力，但由于它们在细胞质中浓度低，其分子特征尚难以确定，不过鱿鱼巨轴突提取物的应用为体外研究细胞内转运奠定了基础[35, 36]。在随后的研究中，通过对动力蛋白和驱动蛋白两个细胞器相关的细胞质马达进行纯化，发现它们通常沿 MT 反向运输物质[37, 38]。

（一）细胞质动力蛋白

如图 3-2C 所示，动力蛋白是一个分子量约为 2000kDa 的多亚基蛋白复合体，由 2 条重链（DHC，每个约 530kDa）、可变数量的轻链（light chains，LC）和中间链（intermediate chains，IC）组成。IC 与 DHC 绑定，而多个 LC 分别绑定在 IC 上的不同位点[39]。DHC 是一种单一的多肽，它是六聚体 AAA+ 超家族（一种与多种细胞活性相关的 ATP 酶）中一个不寻常的成员。DHC 的 2 个马达结构域与 MT 相互作用，每个马达结构域都包含 6 个 AAA+ 子结构域，其中 2 个（AAA1 和 AAA3）可以结合并水解 ATP[40, 41]。动力是由连接动力蛋白尾部和 AAA1 连接蛋白结构域的位移产生的[42]。中间链能够将动力蛋白与许多物质结合在一起，如囊泡、高尔基体、脂滴、着丝点和 mRNA[43]。最近的研究发现，不同的接头蛋白也能介导动力蛋白的物质结合和运动。JIP、Rab7 作用溶酶体蛋白 RILP/p150Glued 和分选 nexins 均是动力蛋白的接头蛋白[39, 42, 44, 45]。有趣的是，虽然动力蛋白马达产生的动力比驱动蛋白小，但它能够利用内置的"齿轮机构原理"工作，并能够在高对抗负载下抓住 MT[46, 47]。进一步研

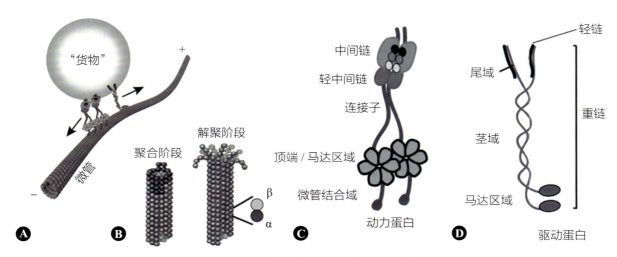

▲ 图 3-2　微管及其相关的马达蛋白质

A. 微管通常从微管的负端（锚定在微管组织中心）延伸到正端（快速生长）；B. 由 αβ- 微管蛋白二聚体组成的微管保持动态模式，在聚合和解聚之间交替；C 和 D. 动力蛋白（逆行马达）（C）和常规驱动蛋白（顺行马达）（D）的分子结构

究发现，在内体 / 吞噬体膜上富含胆固醇的脂筏可作为许多动力蛋白马达聚集的平台。这种几何聚集能使一大群动力蛋白同时接触一个 MT，从而产生一种合力将吞噬小体快速转运到降解溶酶体 [48, 49]。因为细胞质动力蛋白是向 MT 负端转运"货物"，所以也被称为逆行马达 [50]。不同来源的上皮细胞中 MT 的定位不同，因此动力蛋白驱动的移动可以根据细胞类型将"货物"运输至顶端膜或基底膜，在肝细胞中动力蛋白可能是驱动"货物"向核周区域移动 [51, 52]。

（二）驱动蛋白

自 1985 年 Brady 和 Vale 发现驱动蛋白以来 [36, 53]，大量的 ATP 酶被归类为驱动蛋白超家族 [53, 54]。驱动蛋白可分为 14 类（驱动蛋白 –1 至驱动蛋白 –14），所有这些驱动蛋白马达都包含一个同源性显著的 ATP 结合域 [55]。驱动蛋白是一个分子量大约为 380kDa 的蛋白质复合体，由 2 条重链（每条 120kDa）和 2 条轻链（每条 64kDa）组成 [56]。如图 3–2D 所示，重链 N 端球状的头部结构域是"马达结构域"，它与 MT 结合并水解 ATP 为运动提供能量 [57, 58]。传统驱动蛋白的连续运动可以用它们的"手对手"方式来解释 [59]，灵活的柄状结构域有助于驱动蛋白形成二聚体，而颈部连接子可充当杠杆促进这一步骤的完成 [60]。重链 C 端的尾部结构域与轻链结合，形成驱动蛋白的"货物"结合结构域（图 3–2D）。驱动蛋白尾端结构域又与 Miro/Milton、syntabulin、DENN/MADD 等接头蛋白形成复合物 [55]，这些组合实现了"货物"识别的高度特异性。"货物"运输的时空调控是通过驱动蛋白磷酸化、Rab GTP 酶激活和 Ca^{2+} 信号实现的 [55]。大多数的驱动蛋白在 N 端都有一个运动域（称为 N–驱动蛋白），驱动"货物"向微管的正端移动（被称为"顺行马达"）。另外一些驱动蛋白在 C 端有运动结构域（被称为 C– 驱动蛋白，如驱动蛋白 –14）。少数的驱动蛋白在中间有催化结构域（M– 驱动蛋白，如驱动蛋白 –13）。C– 驱动蛋白驱动负端导向的"货物"转运，而 M– 驱动蛋白的功能是将 MT 二聚体解聚 [55, 61]。与动力蛋白类似，驱动蛋白驱动"货物"移动的方向取决于特定细胞类型中 MT 的方向。

四、肝细胞中的微管组织、极化和"货物"运输

像其他上皮细胞一样，肝细胞必须在外部环境和内部环境之间进行大分子的交换。为此，肝细胞需要被极化并通过紧密连接形成明显的顶端（或胆管）和基底（或窦状）区。肝细胞的侧面形成细胞 – 细胞接触，而基底表面与细胞外基质发生相互作用。与典型的上皮细胞不同，肝细胞是多极组织，每个肝细胞与多个狭窄的管腔、胆小管及邻近细胞面对内皮的基底结构域共享一个边界。以这种方式被夹在中间的肝细胞必须维持两个逆流系统，即分别位于顶端和基底的胆汁合成 / 分泌系统和血液成分摄取 / 分泌系统 [1]，这两个表面结构域由不同的蛋白质和脂质组成 [62]，可能需要肝细胞内沿 MT 和肌动蛋白的囊泡运输来维持它们复杂的极性。

Novikoff 等利用微管蛋白免疫荧光标记技术对培养的原代大鼠肝细胞 MT 组织进行了成像研究 [63]，他们观察到一种"星爆"模式。通常认为这是由放射状排列的 MT 组成。MT 的一端集中在中心体的中央，而另一端像伞一样散发出来，排列在肝细胞的细胞周质区。与这种几何结构相一致的是，极化后的微管组织中心（micro-tubule organizing center，MTOC）位于核周区域附近，而且 MT 从胆小管区域延伸至肝窦区域 [64]。胞质动力蛋白与肝细胞中心体的中心区域相关，并可能驱动含配体的内体朝向这一区域 [51, 65]。图 3–3 是肝细胞中微管走向与顶端膜和基底膜关系的简化视图。由于这种几何结构，在肝细胞中基于 MT 的向顶端 PM 的运动可能需要一个正端指向的马达（如驱动蛋白 –1）。马达的 MT 取向和方向性也与脂质转运有关。例如，包装并分泌脂质的平滑内质网（smooth endoplasmic reticulum，sER）位于肝细胞外围，并可能通过脂滴驱动转运提供脂质 [66]。

肝脏是一个非常重要的新陈代谢器官。它参与胆汁酸、胆固醇、血浆蛋白的生成、极低密度脂蛋白（very low-density lipoprotein，VLDL）颗粒的合成 / 分泌、解毒、一些激素和细胞因子的

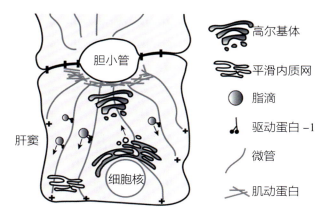

▲ 图 3-3　肝细胞中的微管组织

微管从胆小管周区向肝窦区延伸。脂滴被常规驱动蛋白驱动，向微管正端附近的平滑内质网运动。胞吞泡主要由动力蛋白驱动，而胞吐囊泡主要由驱动蛋白马达驱动（马达未显示）

图例：高尔基体　平滑内质网　脂滴　驱动蛋白 -1　微管　肌动蛋白

图中标注：胆小管　肝窦　细胞核

合成[1]。显然，所有这些过程都涉及肝细胞的亚细胞单元和膜间的定向胞内转运，其中 ER- 高尔基体网络是蛋白质分选和内体靶向的中心通路。内质网生成的新生蛋白通过高尔基池运送到 TGN，在 TGN 处被主动地分选并包装成囊泡，进一步运输到顶端膜或内体[67]。MT 马达对于 TGN 衍生的转运载体的生成和转运至关重要[68, 69]，MT 的破坏将导致靶向至顶端的蛋白发生错误分选[70]。有研究报道，针对驱动蛋白的功能性阻断抗体能够抑制顶端报告蛋白 NTRp75 从 TGN 的输出，并导致囊泡在高尔基体周围堆积[71]。秋水仙碱处理后的肝细胞会减少内体和溶酶体融合，表明动力蛋白能够将内化囊泡转运到顶端膜表面[72]。对大鼠肝脏中分离的早期内化囊泡进行荧光标记，发现它们在驱动蛋白 -1 和 KIFC2 马达驱动下沿 MT 运动[73]。与早期的内化囊泡相比，动力蛋白和 KIF3A 驱动晚期内体运动不表现出显著的裂变[74]。

五、甘油三酯分泌中的微管马达

　　肝脏被认为是身体的"脂质管理者"。大部分脂质以脂滴（lipid droplet，LD）形式储存在细胞内的细胞器中。LD 含有甘油三酯（triglyceride，TG）分子，这些分子由脂肪酸链酯化成的甘油组成。关于 LD 是由细胞中闲置的脂肪合成的观点现在已发生了巨大变化。蛋白质组学和影像学研

究提示，LD 与线粒体、过氧化物酶体和 ER 的作用取决于细胞 / 组织类型和代谢需求[75-77]。这种与不同细胞单元间的作用需要在细胞内进行长距离的传输。实时成像显示从藻类到肝细胞，LD 在许多类型的细胞中都以定向方式移动[66, 78]。细胞质中的动力蛋白和驱动蛋白与 LD 相关，并驱动其在细胞内的运动[66, 79]。

　　肝细胞 LD 中的 TG 可以产生能量，也能够以 VLDL 的形式分泌。VLDL 中的大部分 TG（约 70%）来自细胞质中的 LD[80]。最早关于 MT 参与肝脏脂蛋白分泌的报道发表于 1973 年[81]。Reaven 等证实微管解聚可显著降低肝细胞中 VLDL 的脂化[82]。最近的研究发现，从大鼠肝脏中纯化的 LD 沿着 MT 向正端呈现快速移动[83]。此外，驱动蛋白 -1 驱动 LD 将甘油三酯输送到肝细胞 sER 中组装成 VLDL，而在 McA-RH7777 细胞中，敲除驱动蛋白 -1 可抑制 LD 的外周定位[66, 84]。有趣的是，驱动蛋白 -1 与一种小 GTP 酶和脂解关键调节因子 ARF1 复合物被招募到 LD 中[66]。由于 ARF1 诱导膜产生弯曲，驱动蛋白产生的额外动力可能导致 LD 膜上 ARF1 富集区域产生囊泡。在 LD 膜上 ARF1 和驱动蛋白以胰岛素依赖的方式被激活，并使该通路对动物的代谢状态做出响应。在供食状态下，驱动蛋白 -1 在 LD 上更加活跃，它们将 LD 运输到肝细胞中的 sER，sER 中的脂肪酶可以分解 TG，生成 DAG[85]。DAG 含有 2 条脂肪酸链，因此可以在 sER 膜上达到平衡，然后在 sER 腔内重新转化为 TG 并合成成熟的 VLDL 颗粒[86]。

　　LD-TG 的分解代谢对于 VLDL 的脂化非常有效[80]。在进食状态下，该过程可能需要驱动蛋白、ARF1 和特定 LD/sER 相关脂质之间的协同作用。相反，在禁食状态下，胰岛素信号通路活性降低会导致 LD 上驱动蛋白 -1 减少，从而限制 sER-LD 的接触，并调节 TG 的供给以促进 VLDL 脂化[66]。因此，调节肝细胞中驱动蛋白依赖的 LD 运输可以使肝脏在禁食后保护性地隔离大量 TG（禁食导致的脂肪变性），防止 TG 对周围组织的脂毒性作用。明确肝脏中控制 TG 分泌的细胞机制，以及日常代谢周期中全身的 TG 稳

态，有助于理解因 TG 失衡导致的脂肪肝和糖尿病等脂质营养不良性疾病[87]。事实上，目前已经注意到在进食 - 禁食周期中脂质 / 蛋白质转运到 LD 的显著变化[66, 88]。然而令人惊讶的是，采用动物模型及简单的禁食反应进行相关的研究仍然相对较少。因此希望基于动物模型中的疾病相关突变研究，能够回答在代谢状态下肝细胞中马达蛋白质运输 LD 是如何控制物质转运的。

MT 依赖的转运对于丙型肝炎病毒（hepatitis C virus，HCV）在宿主肝细胞中的复制也非常重要。HCV 在 ER 衍生膜上复制其基因组，并利用 ER 上的结构蛋白组装成新的感染颗粒[89]。新合成的病毒蛋白（如 HCV 核心蛋白）从 ER 转移到 LD 是 HCV 增殖所必需的。在驱动蛋白 -1 敲除后，这种转移和 HCV 的组装都会减弱[66]。HCV-core 以 MT- 依赖和动力蛋白 - 依赖的方式诱导 LD 的再分配[90]。此外，HCV 还能够切割与 Rab 相互作用的溶酶体蛋白，将包含 Rab7 囊泡的转运从动力蛋白依赖改成驱动蛋白依赖，并以此促进病毒颗粒的分泌[91]。由此可见，MT- 依赖的转运在肝细胞中影响 HCV 生命周期的多个方面，是一个值得进一步研究的丰富的科学领域。

六、微管修饰和肝脏病理

MT 及其相关功能由微管蛋白的翻译后修饰（post-translational modification，PTM）调节。PTM 和各种微管作用蛋白对细胞内 MT 的异质性非常重要。乙酰化是微管蛋白上最常见且进化保守的修饰。α- 微管蛋白的 K40ε 氨基残基主要被 αTAT1 乙酰化修饰[92, 93]，并被去乙酰化酶 Sirt2[94] 或组蛋白去乙酰化酶（HDAC6）[95] 去乙酰化。乙酰化 - 诱导的原丝弱横向作用增加了 MT 的灵活性，使 MT 能够抵抗轻度低温、诺考达唑和秋水仙碱的暴露[96, 97]。除乙酰化外，K40 位点还容易发生三甲基化修饰[98]。在有丝分裂细胞中，中心纺锤体的 α- 微管蛋白在 K40 位点被三甲基化，并在中期时富集于 MT 的正端。尽管有许多关于 α- 微管蛋白和 β- 微管蛋白丝氨酸残基、苏氨酸残基和酪氨酸残基磷酸化的报道，但这些修饰的

生理意义仍不清楚。α- 微管蛋白和 β- 微管蛋白的非结构化 C- 末端尾部（C-terminal tail，CTT）结构域是酪氨酸化、Δ2 修饰（从去酪氨酸微管蛋白去除倒数第二位谷氨酸）和去酪氨酸化的常见靶点。α- 微管蛋白通过微管蛋白酪氨酸酶连接酶和羧肽酶的活性改变进行酪氨酸 - 去酪氨酸循环。一项体外研究表明，微管蛋白的 PTM 调节 MT 的解聚速率。此外，微管蛋白的 CTT 修饰能够被分子马达识别，并控制马达的速度和持续性[99]。体内 MT 的去酪氨酸化可以持续数小时，但 MT 的酪氨酸化只需要几分钟[100]。在体内和体外解聚 MT 的 KIF2C 驱动蛋白对 MT 的酪氨酸化具有优先活性。KIF5 激酶与 MT 的结合也受多种 PTM 的调控。酪氨酸化微管蛋白的存在有利于 MT 与含有保守 CAP-Gly 结构的加末端追踪蛋白（plus end-tracking protein，+TIP）之间的相互作用[101]。此外，最近还发现了一些微管蛋白新的修饰方式，如谷氨酰化、琥珀酰化和 O-Glc-N- 酰化，但其具体的生理影响尚有待探索。

酒精肝可能是肝细胞内发生异常 PTM 的结果。肝细胞中 MT 乙酰化增加了微管蛋白的稳定性[102]。用一种特异性解聚动态 MT 的药物处理肝癌来源的 WIF-B 细胞，会损害 MT 依赖的 3 条不同细胞通路的转运[103, 104]。在乙醇喂养的大鼠中微管蛋白被过度乙酰化，这增加了 MT 的稳定性，但也改变了细胞内的运动性[105]。乙酰化 MT 是脂肪形成所必需的，而这种乙酰化又受 AMPK 介导的 αTAT1 磷酸化所调控[106]。AMPK 是脂质稳态的主要调节因子，在非肝源性 VERO 细胞中，它也能促进 LD 和线粒体在去酪氨酸 MT 上的迁移，促进脂肪酸的氧化[107]。尽管可能存在潜在的生理性后果，但乙醇诱导的乙酰化对肝细胞中 LD 动力学的影响尚不清楚。

七、结论

沿着肌动蛋白和 MT 的马达依赖运动维持许多类型细胞的细胞内装配，特别是与极化的上皮细胞（如肝细胞）密切相关。在肝细胞中，MT 从中心体开始呈放射状排列，并且向外周肝窦区扩散[108, 109]。这种排列方式的 MT 与细胞质动力

蛋白和驱动蛋白马达的方向性一起，决定了肝细胞的胞吞/胞吐及蛋白质的转运[63]。例如，驱动蛋白依赖的 LD 转运在代谢转变期维持脂质的稳态。病毒（如 HCV）在肝细胞中的组装同样需要 MT 依赖的转运，并与 VLDL 颗粒结合分泌到血浆中[90, 110]。微管蛋白的 PTM 影响 MT 的动力和装配，也影响 MT 上马达驱动的转运[99]。PTM 调节细胞内物质转运和细胞器间的接触，而 PTM 异常则可能阻碍物质转运，导致生理异常（如脂肪性肝病）的发生。总之，肝细胞中 MT 细胞骨架为进一步研究提供了丰富且与疾病密切相关的内容。特别有趣的是，最近发现 MT 马达在整个代谢周期中控制肝脏的脂质通量[66]。然而，对于在肝细胞中"货物"是如何在肌动蛋白和 MT 系统之间进行传递还知之甚少，需要进行更多的研究。

第4章 肝细胞表面极性
Hepatocyte Surface Polarity

Anne Müsch　Irwin M. Arias　著
董　晨　刘冰玥　李梦圆　陈昱安　译

除红细胞和其他一些少量的细胞外，所有哺乳动物细胞都是极化的。肝脏、胃肠道和肾脏上皮细胞的极性发生在前寒武纪时期，这些细胞的极性对于多细胞器官和物种的形成至关重要。此外，细胞的极化对细胞选择性吸收和分泌功能亦不可或缺。尽管肝细胞极化在目前的研究中很少被涉及，但是肝细胞极化具有独特的、复杂的特点，并在许多遗传性和后天获得性肝病中具有重要作用。

然而，令人惊讶的是，目前肝病或病理学研究中只有一篇文章提到肝细胞极性[1]，而且大量的肝脏研究者或病理学家也不记得该份关于肝细胞极化状态的病理报道。一个可能的解释是肝病学发展于 19 世纪晚期，当时人们大多聚焦于病理与临床体征、症状和疾病结局的联系，而且当时研究主要使用的材料是苏木精和伊红（hematoxylin and eosin，HE）染色的肝脏切片。直到 20 世纪 40 年代透射电镜和扫描电镜技术问世，科学家才认识到胆小管是通过紧密连接和占肝细胞质膜 13% 的微绒毛实现其封闭功能[1]。由于小胆管位于肝细胞顶端极化区域，HE染色并不能显示。尽管目前发现了许多胆小管蛋白及其相关抗体，如 5' 核苷酸酶、cCAM105、ABC B1、ABC B11 等，但它们也很少被应用于肝脏的组织病理学研究。这可能也是由于病理学家很少描述细胞极性，容易被临床医生忽略的原因。

本章将讨论肝细胞极性的机制，包括胆小管网络的形成和肝细胞极性所需的关键分子的表达，如细胞外基质、黏附和紧密连接、细胞内蛋白转运、细胞骨架和能量产生等关键机制。关于导致去极化或极化失败的遗传和后天缺陷的机制将在第 29 章中介绍。

一、肝细胞独特的极性表型

肝脏是一个细胞形态如何服务于其功能的典型例子。肝脏中两种类型的上皮细胞分别为肝细胞和胆管细胞，它们采用完全不同的极性表型以实现其独特的生理功能。胆管细胞是单极细胞，其主要的功能是形成简单的胆汁导管。像其他形成小管的上皮细胞一样，胆管细胞具有一个垂直于细胞 – 细胞黏附域并对着基底表面的管腔结构域。然而与胆管细胞不同，肝细胞需要介导与血液间广泛的双向分子交换，因此肝细胞需要通过建立第二个基面取代胆管细胞的顶端面，以实现最大限度地与血管接触。如图 4-1 所示，肝细胞的顶端结构域在细胞间接触位点聚集，中断了细胞与细胞间黏附部位，这样每个肝细胞就与相邻的几个肝细胞形成 2 个或多个管腔，进而形成网络，称为胆小管。因此，胆管细胞与大多数上皮细胞相似，是单极的；而肝细胞的极性表型是独特的，是多极的。

免疫组化、电子显微镜和基因表达分析共同表明，肝细胞形成功能性细胞 – 细胞间黏附和紧

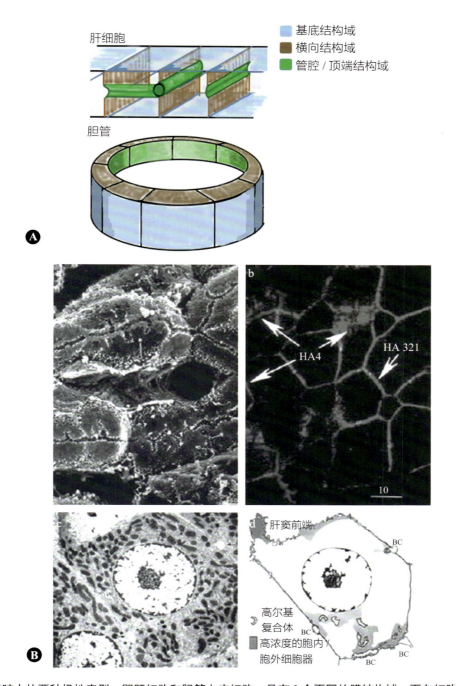

▲ 图 4-1　**A.** 肝脏中的两种极性表型，即肝细胞和胆管上皮细胞，具有 3 个不同的膜结构域：面向细胞外基质和底部血管的基底结构域、参与细胞－细胞黏附的横向结构域和面向外界的管腔结构域（它们位于单极细胞中的细胞顶端，因此也称为顶端结构域）。肝细胞具有多个管腔表面，它们可中断细胞－细胞黏附结构域，并且大多数具有 2 个面向 Disse 区域的基底面。胆管上皮细胞侧面各有一个管腔和基底结构域。**B.** 肝脏的独特结构。**a.** 一部分肝小叶的扫描电子显微照片，一个连续的胆小管网沿着肝板暴露的细胞表面延伸。**b.** 免疫荧光检测显示的基底侧质膜（**pm**）蛋白的两个不同的结构域：**HA321/BEN** 和顶端 **PM** 蛋白 **HA4/cell-CAM105/ecto ATP** 酶。**c** 和 **d.** 电子显微镜下的肝细胞（**c**）和相应的示意图（**d**）突出了囊泡运输中的"活跃区"。主要的分选细胞器（反面高尔基体网和核内体）和转运囊泡集中在小的"透明"区，这些区域可能是囊泡运输中最活跃的。这些区域位于高尔基体和顶端 **PM** 蛋白之间，靠近基底侧 **PM** 蛋白（**d**，阴影区域）。**BC.** 胆小管（A 经 Elsevier 许可转载，改编自 Müsch, Curr Opin Cell Biol, 2018; 54: 18-23；B 引自 Braiterman and Hubbard, The Liver, 5th edn, Fig.6.1.）

密连接，并且表达和定位进化保守的极性复合物成分，说明肝细胞具有与单极上皮细胞类似的表面特性。然而，这些结果同样说明，不同的极性表型可能是由相同的、细胞极化的关键机制受到不同调控引起，而定义两种极性表型调节机制的识别工作现在才刚刚开始。关于肝细胞表达的极性相关蛋白及其功能的列表，请参考 Braiterman and Hubbard, *The Liver*, 5th edn, Table 6.2。

二、肝脏发育中胆管和胆小管连接网络的建立

两种肝脏上皮细胞来源于共同的前体细胞，即肝母细胞。肝母细胞分层于单层上皮管（前肠），增殖并侵入周围的间充质 [2, 3]（见第 2 章）。门静脉周围的肝母细胞首先形成单层上皮，即胆管板 [4]。胆管板部位肝母细胞基底膜层粘连蛋白阳性，并且细胞 – 细胞接触部位有强烈的 E- 钙黏蛋白标记，这是它们与其他肝母细胞的显著区别。部分胆管板将发育为胆管，而其余的则被认为变成肝脏干细胞 [5, 6]。当胆管板的肝母细胞向邻近的肝母细胞发出信号使其进行类似的分化增殖时就形成了胆管，而胆小管管腔则是由两个细胞层形成的包围它们的基板所构成。门静脉范围外的肝母细胞将发育成肝细胞。只有在妊娠后期肝细胞才能够获得极性（即形成胆小管），而胆小管网络在产后将继续延长 [7, 8]，肝细胞极化突增与胆汁酸合成的开始相一致 [8-10]。值得注意的是，在细胞培养中发现主要的胆酸（牛磺胆酸）能够刺激肝细胞极化，说明牛磺胆酸可能是肝细胞极化的触发器 [11]。

为了将胆汁从肝细胞胆小管排泄到胆管，两种肝脏上皮组织需要将它们各自形成的管腔网络连接成一个相通的、连续的管道。这个连接过程是通过主胆管分支成更小的胆管，然后这些小胆管连接到胆小管网络完成。采用厚切片免疫荧光技术，将墨汁注入胆总管发现，来自大胆管的小胆管分支与肝脏胆小管形成的喷射平行，而且首次出现均是在 E18 的小鼠小肠中 [12]。肝细胞胆汁酸转运蛋白 Mrp2 的功能是将胆汁酸泵入胆小管，药理学研究发现抑制其作用可阻止胆管分叉。当胆汁酸从这些新生的胆小管到达胆管时，将发出信号促使胆管分支为更狭窄的胆管，然后这些胆管进一步连接到胆小管。胆小管形成中牛磺胆酸信号转导包括 LKB1 及其效应因子 AMPK 的激活 [11]，这一级联信号也与肺分支的形态发生有关 [13]。未来的研究有望确定牛磺胆酸 –AMPK 这一级联信号是否也与胆管分支生成有关。

三、肝脏上皮细胞极化的实验系统

由于缺乏稳定可靠的原代肝细胞培养系统，我们对肝细胞极化的了解大多来自于极化的肝细胞系，特别是来自癌症来源的 Hep G2 和 WIF-B 细胞 [14-17]，不过这两种肝细胞都是在相邻的细胞间形成球形管腔，不能形成管状网络。最近新建立的 Can10 细胞系与 WIF-B 一样来源于大鼠肝癌，是第一个能够把单个管腔连接起来形成胆小管的肝细胞系，不过对其特征尚不清楚 [18]。HepG2 和 WIF-B 细胞能够再现原代培养或体内培养中观察到的肝细胞极性表型的一些关键特征，如在细胞 – 细胞接触位点逐渐地、不同步地形成管腔表面，这与单极上皮细胞培养中形成的快速同步极化不同。另外，还有随后讨论的不对称细胞分裂、间接靶向顶端单跨膜蛋白和 GPI 锚定蛋白在两者间也不相同。HepG2 极化对肿瘤抑制素 M 敏感，而肿瘤抑制素 M 是体内肝细胞分化的关键细胞因子 [19]。此外，尽管牛磺胆酸被推测是体内胆小管形成的触发器，但是两种细胞系对牛磺胆酸都没有反应，这对肝细胞胆小管腔形成的信号转导机制研究是一个严重的限制。此外，人们发现 WIF-B 和 HepG2 细胞中 ABC 转运蛋白的转运机制和调控等方面也与其他肝细胞中观察到的有所不同 [20]。

通过在肝脏中灌注胶原酶分离出的原代肝细胞，在胶原三明治培养时能够重新建立极性和致密的胆小管网络。这些原代肝细胞培养物不仅能以可预测的方式恢复极性，而且还能维持成熟肝细胞的功能和基因表达长达 2 周 [21-24]。该培养系统虽然不像其他细胞系那样易于操作，但随后的基因敲除实验证实它能够提供与肝细胞相关过程的直接信息 [25]。

除了肝细胞极性模型，既往的研究也建立了一些来源于正常胆道的细胞系[26, 27]。将这些细胞在可渗透的过滤基质上进行二维培养，能够获得高的跨上皮电阻（衡量上皮屏障功能指标）和以单极性组织形成极化[28]。例如，LaRusso 研究小组[27] 建立的正常大鼠胆管细胞系（normal rat cholangiocyte line，NRC）能够发育出初级纤毛，这是胆道分化的标志[29]，此外，NRC 细胞还能在细胞表面重现胆道的水及离子通道，以及其在体内的调节方式[30-32]。

在发育和损伤恢复过程中，肝细胞和胆管细胞都由共同的祖细胞进化而来。祖细胞包括干细胞和转运扩增细胞，也被称为肝母细胞[33]。肝脏干细胞库被认为位于 Hering 管（胆管和肝细胞的连接处）、胆道周腺和胆囊中，并存在于整个生命过程[5, 34]。另外，在肝脏发育过程中肝母细胞大量存在，但在成人中只有在肝损伤时才能被检测到。这两种类型的祖细胞已经能够被分离、培养、扩增并分化为两种上皮细胞系[7, 35-37]，但是这些研究很少能令人信服地证明肝细胞或胆管细胞的极性。在那些实现了适当极化的研究中，祖细胞只产生了 1 个而不是 2 个细胞系[38, 39]。因此，目前仍然没有能够再现两种类型肝脏上皮细胞是如何形成的体外模型。人肝癌细胞 HepaRG 具有肝母细胞特征[40]，在球形或在 3D 基质细胞中作为单层中空囊腔（即具有胆管极性）培养时可形成肝细胞极性[41, 42]。其来源于人类，以及在球形培养时其功能分化相对较高，尽管它们尚未被用于肝脏的细胞极性研究，但它们已成为毒理学研究的热门。

两个技术的进步为研究体内整体肝脏细胞的极性化机制打开了大门。第一个是采用尾静脉注射腺病毒方法或亲水性注射 DNA 方法在肝细胞中表达[43, 44] 或降解某些蛋白[45, 46]。与基因敲除和转基因动物相比，这种"穷人的遗传学"方法相对容易，也能够对肝细胞进行短暂的在体研究。第二个是活体成像技术，目前已经可以对肝小叶中的细胞过程进行活体细胞成像[47]。例如，最近的分析表明，缺乏 LKB1 激酶的肝细胞其紧密连接会出现渗漏[48]。

这些新技术的发展不仅补充了肝脏的传统生物化学、组织化学和电镜研究，而且对在细胞中进行的动态活细胞成像也具有帮助。

四、极化机制

（一）极性复合体

当细胞局部或随机波动产生的信号通过反馈机制被放大，产生相互隔离的不同的膜结构域时，细胞表面的极性就建立了。采用无脊椎动物结合理论建模研究，科学家发现了一套能够产生细胞自主极性的核心信号机制。它们包括几个保守的上皮信号复合体，这些复合体通过正反馈和相互拮抗的信号定义细胞表面不同的结构域[49-51]。如图 4-2 所示，跨膜蛋白 Crumbs 通过与 Cdc42-aPKC-Par6-Par3 信号网络结合，在一定程度上聚集和稳定 Crumbs 来产生顶端极性；Dlg-Lgl-Scribble 网络通过阻止 Crumbs 的聚集，促进包括 E-cadherin 在内的侧膜蛋白的积累来促进基底侧表面的一致性。在哺乳动物细胞中，以 Pals/Patj 和 aPKC-Par3 蛋白为中心的第三个复合体作用于顶端复合物和侧面复合物的交叉点，在紧密连接的形成中发挥重要作用。现有证据表明，在于单极上皮细胞和肝脏细胞中均存在 Par 复合体、Crumbs 复合体和 Scribble 复合体。因此，在成人肝脏中，免疫组化分析发现 aPKC iota、zeta 和 Par3 是与紧密连接共定位的。特别是在胆小管和窦膜交界处发现的 ZO-1、occludin 和 claudin-3，提示它们具有与其他上皮细胞一样的在顶端连接复合物中的功能[52]。基底侧极性的决定因子 Scribble 和 Lgl-2 被定位在极化的 WIF-B 细胞的肝窦结构域，而 Scribble 已被证明在 WIF-B 细胞系和单极 MDCK 细胞（肾源性）中介导类似的蛋白 - 蛋白间的相互作用[53]。

（二）细胞基质黏附

在组织环境中，这些"极性复合体"可能是由外部信号定位的，其中包括扩散信号和来自细胞外基质和细胞间黏附的信号。因此，在胆管形成过程中，来自门静脉间充质的信号介导间充质细胞和胆管细胞之间基底膜的沉积[54, 55]。基底膜是由上皮细胞和底层结缔组织分泌的二维基质

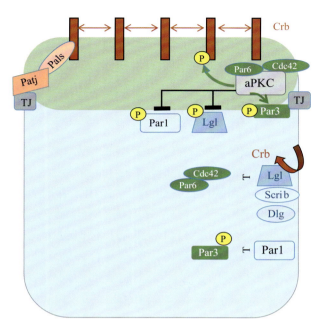

▲ 图 4-2　极性复合物通过自募集、正反馈和相互抑制形成两个不同的膜结构域（顶端和基底侧）

跨膜蛋白 Crumbs（Crb）通过其胞外结构域与相邻的同类型细胞相互作用，同时其胞质内的结构域在 aPKC 作用下发生磷酸化。这两件事不仅稳定了蛋白 Crb，而且也决定了顶端结构域。Crb 与 Pals/Patj 复合物相互作用，将顶端结构域与细胞间紧密连接（TJ）连接起来。aPKC 由具有活性的 Cdc42 和 Par6 支架激活，将其底物 Par3 引导至紧密连接，并阻止基底侧表面决定簇 Lg1 和 Par1 附着到顶端结构域。相反，在遗传上与 Scribble 和 Dlg 相互作用的 Lgl 是促进基底侧结构域的 Crb 内吞作用，并抑制 Cdc42/Par6 复合物在侧膜上发挥功能。Par1 介导的 Par3 磷酸化能够将 Par3 从外侧结构域中移除

薄片，主要由层粘连蛋白和Ⅳ型胶原纤维通过巢蛋白（nidogen）和蛋白质多糖聚合物相互连接形成的网络组织组成。基底膜通过捕获生长因子和细胞因子激活细胞表面受体（主要是整合素）。ECM- 细胞信号被胆管细胞基底膜激活后，将产生与基底膜相对的膜结构域上的顶端形成信号。与层粘连蛋白在胆管形成中的作用一致，体外肝母细胞来源的胆管细胞 3D 极化成中空单层囊腔需要富含层粘连蛋白的培养基质，并且依赖于层粘连蛋白受体 β1 整合素 [38, 56]。值得注意的是，与其他上皮细胞不同，肝细胞并不组装基膜 [57]。虽然Ⅳ型胶原蛋白和层粘连蛋白的表达在沿着胆管谱系的肝母细胞分化过程中被激活，但这些 ECM 蛋白的表达在肝细胞分化过程中不受影

响 [58]。成熟的肝细胞完全缺乏关键的基膜成分层粘连蛋白和巢蛋白的表达 [59]。这种独特的上皮特征在体内是否与肝细胞独特的极性表型有关尚不清楚，但一些间接证据支持这种关联：①肝纤维化的形成中肝细胞和内皮细胞之间出现广泛的基质沉积，这些可导致肝细胞极性丧失 [60, 61]；②在一个单极性和多极性可以切换的实验模型中发现，ECM 沉积的缺失对于肝细胞的极性至关重要。这个模型依赖于肾源性细胞系 MDCK，MDCK 通常表现为单极性组织，但在过度表达激酶 Par1b 时会转变为肝细胞组织 [62]。Par1b 过度表达后的肝细胞极化与 ECM 沉积和黏着斑减少一致，重要的是，当这些细胞被放在Ⅳ型胶原基质上时，这种肝细胞极性表型会发生逆转 [63]。进一步研究表明，ECM 信号缺失引起下游 RhoA 活性的降低是其关键的极性机制：RhoA 缺失足以诱导 MDCK 细胞的肝细胞极性，而在肝细胞系 WIF-B 中，药理性激活 RhoA 则能够促进它们单极性的形成 [64, 65]。这些发现说明细胞黏附信号下游的 AhoA 信号是极性表型的关键调节因子。

（三）细胞 - 细胞连接

在极化上皮中，接触膜形成三种类型的细胞间连接，即紧密连接、锚定连接和间隙连接。紧密连接为大分子和溶质的胞旁流动提供了屏障，并加强了它们在上皮细胞中的载体转运，同时它们还限制膜蛋白在顶端膜和基底膜间的扩散，维持细胞表面的极性。锚定连接包括黏附连接和桥粒，通过将细胞骨架成分耦合到质膜上，提供其机械完整性并允许细胞间的机械耦合。间隙连接通过允许小分子量溶质（最大为 1kDa）在相邻细胞间的直接交换来介导细胞间的通信。细胞间连接不仅是细胞结构的组织者，而且还是调节基因表达、分化、增殖和形态发生的信号平台。正是这种作用使它们能够很好地将外部信号（即细胞 - 细胞接触）转化为极化序列。

与该观点一致的是，肝细胞间的管腔结构域是在细胞与细胞接触部位形成的。同样，在单个非极化的 MDCK 细胞实验模型中发现，MDCK 细胞分裂产生 2 个子细胞后首先建立极性，而新的细胞 - 细胞接触位点就作为 2 个细胞之间建立

管腔的补丁（图 4-3）。在这个实验系统中，当被内吞的顶端蛋白在单个细胞内体和整个（非极化）质膜之间构成性地循环时，管腔就会形成，这个过程常常发生并聚集在新的细胞-细胞接触位点。通过这种方式，顶端蛋白逐渐从细胞-细胞接触区外的质膜中被清除，并被运输到新生的管腔结构域中[66, 67]，这个过程被称为基底侧-顶端胞吞途径。然而，一旦 MDCK 细胞建立了它们的第一个管腔表面，其他细胞分裂后产生的新的细胞-细胞接触将不再支持管腔的重新形成，而是支持形成具有单一管腔结构域特征的单极组织。肝细胞与单极细胞的不同之处在于它的每一个细胞-细胞接触都可触发形成一个新的管腔，人们认为导致这种差异的原因主要是与细胞间黏附信号和顶端蛋白运输的性质有关。

正如在 MDCK 细胞中确定的那样，当新的细胞-细胞连接成为顶端定向物质的转运目标位点时，基底侧到顶端的跨细胞增生就成了顶端区域重新形成的机制。同样，基底侧到顶端的跨细胞增生也是新合成的单跨膜蛋白和糖基磷脂酰肌醇（glycosylphosphatidy-linositol，GPI）锚定的顶端蛋白被靶向到肝细胞管腔结构域的机制[68]。相比之下，与肝细胞不同，MDCK 细胞和其他单极上皮细胞主要是将新合成的顶端蛋白直接靶向到细胞的顶端表面[69]。综上所述，这两项研究结果说明，在肝细胞中向顶端细胞靶向能够确保有大量的顶端蛋白在每个新的肝细胞接触区域形成新的管腔。相反，在单极上皮中是直接靶向已经形成的顶端结构域，并且顶端表面的内吞循环率低[70, 71]，那么顶端物质就无法被内吞并靶向到新的细胞-细胞接触位点，这就可以防止在单极上皮（如胆管）细胞-细胞间连接处形成新的顶端结构域。

细胞与细胞的黏附是由 nectin 启动的，nectin 是一个由 4 个 IgG 样非 Ca²⁺ 依赖性黏附分子组成的家族，它们激活 GTP，形成小 GTP 酶 Cdc42、Rac1 和 Rap1。这些 GTP 酶发出的信号促使钙黏着蛋白（主要是 E- 钙黏着蛋白）建立 Ca²⁺ 依赖的黏附。钙黏着蛋白在成熟的黏附连接簇中附着在紧密连接附近，并与环肌动蛋白带相连[72, 73]。

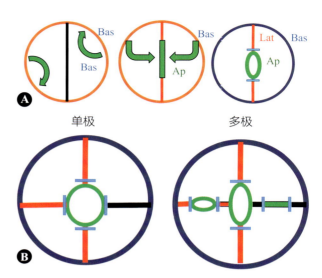

▲ 图 4-3　单极（胆管细胞）与多极（肝细胞）上皮细胞的管腔形成模型

A. 单极细胞和肝细胞都从细胞-细胞黏附区域开始形成管腔。在包埋于 3D 基质的单极 MDCK 细胞双联体中，细胞-细胞接触结构域充当再循环顶端膜（Ap）"货物"的靶向补丁，在细胞-细胞接触形成之前以非极化方式进行再循环。当顶端靶向补丁与周围的侧膜（Lat）通过紧密连接密封时，水运输及由此产生的膨胀能够使管腔扩大。这种假设机制也被用于解释肝细胞中的现象，因为肝细胞同样是在细胞-细胞接触位点开始形成管腔。B. 单极和多极上皮细胞在次级管腔区域的形成方面不同：肝细胞可以在它们的每个细胞-细胞接触位点形成管腔。相比之下，单极上皮细胞不会在新的细胞-细胞接触位点形成额外的管腔，而是通过细胞分裂扩大了现有的管腔
Bas. 基底侧

肝细胞能够表达与 E- 钙黏着蛋白同一类的 N- 钙黏着蛋白[74, 75]，但在其他上皮细胞中，N- 钙黏着蛋白在上皮-间充质转化过程中取代 E- 钙黏着蛋白。表达 N- 钙黏着蛋白的肝细胞如何避免上皮-间充质转化（EMT）的机制尚不清楚[76]。JAM-A 是被研究得最清楚的分子，它与 claudin 和 occludin 都是紧密连接的黏附分子。它们首先与 nectin 和 E- 钙黏着蛋白在未成熟连接的细胞-细胞接触中融合，然后分离为独立的黏附和紧密连接[77, 78]。在这些紧密连接的蛋白中，JAM-A 对于肝细胞系（WIF-B）[79] 和单极细胞系（MDCK）[80] 的管腔形成都是绝对必要的，而 claudin 成分似乎决定了单极或多极性肝细胞的形成。claudin 是一种跨膜蛋白，它在细胞外的环状部分被认为是细胞旁流动的屏障。在不同的细胞类型-特

定组合中，其 23 个成员的不同表达决定了渗透屏障的"紧密性"及其离子选择性。奇怪的是，siRNA 介导的 WIF-B 细胞的 claudin-2 沉默[81] 和 Can10 细胞的 claudin-3[82] 沉默能够导致肝细胞向单极组织的转变，这就意味着 claudin 除调节细胞旁通道外还发挥着其他特殊信号作用。

E- 钙黏着蛋白被认为是单极细胞上皮极化的关键触发器[83]，这个结论是在被称为"Ca²⁺ 开关实验"中建立的。这个实验利用了 E- 钙黏着蛋白对 Ca²⁺ 的依赖性。在没有 Ca²⁺ 的介质中，单极上皮细胞（如 MDCK 细胞）即使在融合处也不发生极化（即仅存在连接蛋白介导的细胞 – 细胞间黏附）。而 Ca²⁺ 的加入触发了快速、同步的紧密连接的建立和管腔的形成[84, 85]。这是以前没有想到的。因为无法将 E- 钙黏着蛋白和 β-catenin 靶向到细胞表面的肝细胞系（HepG2）中，仍然能够建立功能性紧密连接和胆管样管腔结构域（尽管有延迟现象），表明 E- 钙黏着蛋白对肝极性的建立并非绝对必要[86]。相反，在 HepG2 中 E- 钙黏着蛋白水平的增加会导致单极细胞特有的水平紧密连接带的形成[87]。在 MDCK 细胞中，E- 钙黏着蛋白取代黏附 – 缺失突变体可至少暂时地促进细胞 – 细胞接触部位（如肝细胞）管腔的建立[88]。因此，总结上述研究结果可认为，E- 钙黏着蛋白介导的黏附信号通路促进单极组织形成并拮抗肝细胞极性。与此观点一致，肝组织切片的免疫组化显示胆管的 E- 钙黏着蛋白染色明显高于邻近的肝细胞[4]。这可能是由于肝细胞中 E- 钙黏着蛋白 mRNA 水平较低，这个结果也和最近 RNA 测序数据显示的结果一致[89]。

此外，即使肝细胞内管腔的形成不需要 E- 钙黏着蛋白的黏附，它也可能依赖于其他细胞 – 细胞间黏附分子，这可以从一些细胞培养研究中得出结论。在这些研究中，机械性的细胞压实[90] 或球形形成[91] 都能最大限度地促进细胞与细胞间的接触，并显著刺激管腔的形成。

（四）牛磺胆酸信号转导机制

对原代培养肝细胞中牛磺胆酸信号（假定的肝细胞极化触发器）的研究表明，牛磺胆酸增加了肝细胞 cAMP 水平，并导致 EPAC 的激活。

EPAC 是 Rap 家族小 GTP 酶 GEF，Rap 信号通路随后通过其在肝脏中的主要激活激酶 LKB1 激活 AMPK[11]（见第 38 章）。

LKB1 是在人类 Peutz-Jegher 综合征中发现的一种抑癌基因突变体，Peutz-Jegher 综合征的特征表现是胃肠道错构瘤和息肉，以及癌症风险增加。LKB1 的活性依赖于假激酶和支架蛋白之间的关联[92]。在某些组织中，多种生长因子可激活 LKB1，提示肝细胞的极性和其他功能可能受到激素和（或）生长因子的调节。值得注意的是，在单个肠细胞中 LKB1 的激活可诱导细胞自主性的细胞表面极化，提示 LKB1 可能通过上述自身组织的极性复合体启动信号通路[93]。此外，在 MDCK 细胞中细胞间黏附下游紧密连接的形成需要 AMPK 的参与[94, 95]。紧密连接蛋白似乎是 AMPK 作为极性激酶的主要靶点，它们包括底物 Gα- 相互作用的囊泡相关蛋白（又名 Girdin），当它被 AMPK 磷酸化后，在能量应激下紧密连接可重新加强[96]。此外还有带蛋白，LKB1 敲除肝脏的活体成像显示，带蛋白作为 AMPK 底物与紧密连接的泄露有关[48, 97]。除紧密连接缺陷外，敲除 LKB1 的肝脏还存在胆汁酸转运蛋白靶向管腔表面的缺陷，但这可通过激活 cAMP 得到恢复[25]。从极性缺陷的机制可以推测，肝脏中条件性敲除 LKB1 的小鼠可表现出胆汁淤积和肝损伤[98]。

五、极化的能量需要

肝细胞极化及其所有成分都是能量依赖的，并且越来越多的研究认为它们与蛋白激酶 LKB1 和 AMPK 相关（见第 38 章）。AMPK 和 LKB1 通过控制 ATP 合成和能量代谢促进肝细胞的极化。AMPK 是一种丝氨酸苏氨酸激酶，含有催化亚基 α 与调节亚基 β 和 γ，通过感应细胞内 AMP 和 ATP 的比例来控制细胞内的能量代谢。在细胞缺氧、葡萄糖剥夺和缺血等应激过程中，AMPK 通过磷酸化 α 亚基 Thr172 激活，降低能量消耗，增加能量生产，并通过影响葡萄糖、脂质和蛋白质的稳态及线粒体生成在肝脏代谢中发挥重要作用，在长期效应中该过程还涉及糖酵解和脂肪生成途径的调控。

在"胶原蛋白三明治"培养的肝细胞中，分离的压力可导致细胞的去极化、ATP 耗尽和线粒体断裂[99]。线粒体融合在 ATP 合成增加的 2 天内就可发生，而 ATP 合成增加与氧化磷酸化和胆小管网络形成有关。随后 AMPK 的激活上调了葡萄糖摄取和糖酵解，并进一步增加了 ATP 水平。这些研究表明在应激后，即使在低 ATP 水平情况下，肝细胞也会优先恢复极性，提示极性是细胞活性的首要条件[100]。

六、肝细胞极性与分化标志物的表达有关

当肝细胞在刚性二维基质上培养时，它们会迅速失去白蛋白和各种转运蛋白等分化标志物的表达。如果不考虑其性质，去分化程度与 ECM 浓度成正比。基质浓度增加会导致细胞扩散增加，而细胞扩散与肝细胞极化是不相容的[101-103]。相反，在软基质特别是三明治结构上培养的肝细胞，可以保持分化标志物的表达并可获得极性[21, 22]。当肝细胞或肝细胞系（如 HepaRG）在没有外源基质但细胞与细胞间呈球形广泛接触的情况下培养时，也可以观察到肝细胞功能标志物表达的增加与较好的极性化之间的相关性[91]，其中关键的机制是细胞骨架张力通过整合素信号转导引起 FAK → RhoA/RhoK → ERK1/2 的激活，继而促进细胞增殖并诱导 EMT[104, 105]。重要的是，该通路中 RhoA/RhoK 的激活可抑制肝细胞转录因子 HNF4α 的表达，而 HNF4α 控制着肝细胞特异性的转录网络，包括功能蛋白和极性决定因子的转录[106]。在刚性基质上提高 HNF4α 的表达，尽管不能全部弥补但可部分弥补一些功能标志物缺乏造成的损害。在细胞培养模型中，低 RhoA 活性也是肝细胞极化的先决条件。因此，RhoA-HNF4α 轴也可能在肝细胞极性与功能间的联系中发挥作用。

七、极化蛋白的转运

如图 4-4 和图 4-5 所示，上皮细胞的载体活性需要每个转运体 / 通道都有明确定义的顶端 – 基底极性，这是在 TGN、共同循环内体（common recycling endosomes，CRE）和顶端的再循环内体（apical recycling endosomes，ARE）上生物合成和回收途径中分选事件的结果[107]。通过体内脉冲追踪技术和细胞分离技术，研究者已经确定了肝细胞内生物合成蛋白的运输途径[108]。该方法是将 35S– 蛋氨酸经尾静脉注射，35S– 蛋氨酸将首先到达肝脏并主要被掺入新合成的肝细胞蛋白，由此可以观察细胞内蛋白质的转运过程。这种方法实际上也是目前在体研究哺乳动物上皮细胞蛋白质转运的唯一方法。研究表明，肝细胞将多角体膜蛋白（如 ABC 转运蛋白）从 TGN 直接靶向到胆管结构域，其中一些蛋白首先积聚在 Rab11a- 阳性 ARE 池中，然后从该池循环到胆管膜[109]。相比之下，所有单跨膜和 GPI 锚定的胆管膜蛋白都是从 TGN 到基底侧的质膜，然后经核内体跨细胞转运到达管膜[108, 110, 111]。这与迄今为止研究的所有单极上皮不同，单极上皮都是利用基底侧到顶端的胞转途径进行顶端靶向，因此其程度低于肝细胞。与单极上皮最明显的不同是，肝细胞缺乏通过囊泡运输将可溶性蛋白从 TGN 靶向到胆管结构域的途径，所有通过分泌途径的可溶性物质都被主要导向 Disse 间隙[112, 113]。

在上皮细胞系 MDCK 模型中，针对分离的顶端和基底侧蛋白及介导其表面结构域的特异性 TGN 靶向机制已进行了大量的研究。30 多年来，许多研究小组使用顶端和基底侧模型蛋白，得出了以下在直接生物合成途径中极化蛋白传递的模型（图 4-4）：TGN 上的分选机制识别顶端和基底侧的分选信号，将顶端和基底侧蛋白打包成不同的 TGN 衍生转运载体[107]。基底侧蛋白中的分选信号与网格蛋白接头有亲和力，而网格蛋白接头介导其依赖于基底侧表面的靶向；在没有网格蛋白存在的情况下，基底侧蛋白仍然可以到达质膜，但它们将被错误地导向顶端区域[114]。根据它们与不同接头的相互作用，基底侧的物质至少通过 2 种不同的途径从 TGN 出发，如果没有被 TGN 定位的网格蛋白接头（如 AP1A）捕获，它们会被靶向到转铁蛋白阳性的再循环内体，在这种内体中基底侧蛋白与内体网格蛋白接头 AP1B 相互作用，实现基底侧表面的传递。相比之下，

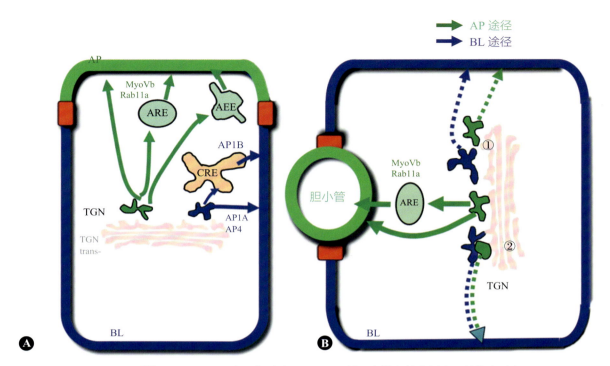

▲ 图 4-4　MDCK 和肝细胞中 TGN 至顶端 / 小管和基底侧表面的靶向途径

A. 犬肾（MDCK）细胞中的已知途径。顶端（AP）途径（绿箭）：根据在洗涤剂中不溶性微结构存在的情况，对脂筏依赖性和脂筏非依赖性顶端途径进行区分。几种膜蛋白和分泌蛋白已被证明可穿过顶端的再循环内体（以 MyoVb 和 Rab11 依赖性方式）或到达顶端区域之前的顶端早期内体（AEE）。基底侧（BL）途径（蓝箭）：从反面高尔基体网络（TGN）出来的基底侧蛋白由网格蛋白介导。目前已经区分了多个途径。一些基底侧蛋白在没有中间体的情况下到达基底侧结构域（依赖于 TGN 定位的网格蛋白接头 AP1A 和 AP4），另一些则穿过共同循环内体（CRE），它们的基底侧靶向由网格蛋白接头 AP1B 介导。B. 肝细胞中已知及假设的途径。已区分出两类顶端蛋白：多角体膜蛋白，如胆汁酸转运蛋白，从 TGN 直接靶向到顶端结构域（至少一部分通过 Rab11 区室）；GPI 锚定和单跨膜膜蛋白首先从 TGN 到达基底侧结构域。目前还没有解决的是：①顶端和基底侧蛋白是否是被不同的 TGN 衍生的运输载体转运并都能到达基底侧结构域；②顶端和基底侧蛋白是否在共同的载体中移动到基底侧结构域。由于肝细胞缺乏 AP1B，因此肝细胞不太可能通过 CRE 靶向其生物合成的"货物"。ARE. 再循环内体；BC. 胆小管；BL. 基底侧；GPI. 糖基磷脂酰肌醇（经 John Wiley & Sons 许可转载，改编自 Treyer and Müsch, Compr Physiol, 2013; 3: 243-87. ）

AP1A 相互作用的物质不需要通过回收池就能被传送到基底侧表面。尽管已知一些基底侧蛋白可以同时通过这两种途径转运，但其他的蛋白都是主要通过其中的一种途径转运 [115, 116]。另外，顶端分选信号是多维的，它由 N- 聚糖、GPI 锚定和与脂筏有亲和力的特殊跨膜蛋白结构域组成。脂筏由鞘脂和胆固醇组成，鞘脂和胆固醇聚集在顶端区域，形成膜区域的边界分隔顶端区和基底区 [117]，在微管依赖的管状载体中，TGN 靶向于顶端蛋白与网格蛋白无关 [69]。顶端和基底侧的转运载体在其裂变和聚变机制上也有所不同，基底侧载体的断裂依赖于 PKD 的活性，以及 CtBP1-S/BARS– 诱导的溶血磷脂酰基转移

酶 δ 的激活 [118-120]，而顶端载体需要断裂因子发动蛋白 2，该因子与在断裂位点围绕顶端载体聚集的分支肌动蛋白丝一起共同发挥作用 [121, 122]。基底侧融合是由含有 VAMP3 和突触融合蛋白 4 的 SNARE 介导，而顶端载体融合则是由与突触融合蛋白 3 配对的具有破伤风抗性的 V-SNARE（VAMP7 和 8）介导 [44, 123-127]。

尽管肝细胞可以利用一些相同的靶向机制，但是也必然存在不同的机制来解释肝细胞中 TGN 到基底侧再到顶端靶向蛋白的过程，因为在 MDCK 细胞中这些分子被观察到能够直接靶向到顶端表面。目前为止只有一种机制被确认：肝细胞中缺乏 MAL1（这是一种蛋白脂质四聚体筏相

关膜蛋白，在 MDCK 细胞中对 TGN 衍生蛋白的顶端运输至关重要），这些蛋白均依赖于与脂筏的关联来极化靶向[128, 129]。在肝细胞系 WIF-B 中 MAL1 的表达（通常缺乏）能促进 GPI– 顶端蛋白和从 TGN 到顶端表面的单跨膜蛋白通道的物质传递[130]。尽管具体的调节机制尚不清楚，但也有人提出（对于 HepG2 细胞系而言），跨细胞机制受细胞表面 E-cadherin 水平的调节[86]。

肝细胞也缺乏基底侧"货物"的适配器 AP1B。在所有其他自然不能表达 AP1B 的上皮细胞中，AP1B 依赖性基底侧蛋白（如转铁蛋白）受体均定位于顶端结构域[116]，这是因为它们在外周细胞和再循环通路中的内体排序受到损害。然而，在肝细胞或肝细胞系中未观察到这种极性逆转，意味着肝细胞的内体循环通路与 MDCK 细胞有所不同（图4-5）。在 MDCK 细胞模型中，内吞物质可以快速回收到其早期的内体膜或从 CRE 回收，其中来自两个表面的"货物"混合并被分类到顶端或基底侧定向回收载体[131-133]。CRE 也是将基底侧再循环物质分离成基底侧 – 顶端区域转运物质的场所[132, 134]。离开 CRE 的顶端携带载体，要么在顶端表面下方的 ARE 中成熟，要么与顶端表面下方的 ARE 融合，而基底侧的"货物"则直接返回表面[135, 136]。对肝细胞系 WIF-B 和 HepG2 的研究，以及肝细胞内体系统的电子显微镜 3D 重建结果表明，与 MDCK 细胞相比，WIF-B 和 HepG2 的内体组织存在差异。特别是已经发现的一个亚顶端室（SAC），根据不同的学者观点，SAC 要么介导相当于 MDCK CRE 的顶端和基底侧"货物"的分选，要么代表基底至顶端跨细胞途径的一个独特的结构区域[16, 111, 137-139]。无论模型和细胞类型如何，所有的上皮细胞都聚集在顶端下方的膜区域，而这些膜似乎是蛋白质输送到顶端表面的瓶颈。它们富含 Rab GTP 酶，包括 Rab11a 及其效应因子、肌动蛋白相关分子运动肌球蛋白 Vb、Rab11 衔接蛋白 Fip1 和 Fip2[140-143]。研究发现，Rab11a 或肌球蛋白 Vb 的抑制确实能够阻止 WIF-B 细胞和原代肝细胞的极化[144]，并且当将它们引入极化细胞时，能够促进顶端蛋白的去极化和内化[145]，说明顶端膜的转运机制对于细胞极性的建立和维持非常重要。

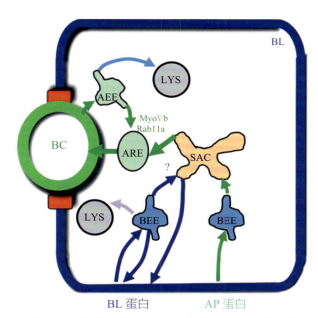

▲ 图 4-5 肝细胞顶端（AP）和基底侧（BL）质膜的靶向途径

顶端蛋白的途径（绿箭）：小管结构域中的内吞蛋白在顶端早期内体（AEE）中被分选到晚期内体 / 溶酶体途径或再循环到顶端再循环内体（ARE）。从反面高尔基体网络（TGN）到达基底侧表面的顶端蛋白通过网格蛋白包被的囊泡（非脂筏）或以网格蛋白非依赖性、脂筏蛋白依赖性方式（脂筏）内化，通过基底侧早期内体（BEE）到达亚顶端室（SAC），并通过 ARE 靶向到顶端表面。基底侧驻留蛋白（蓝箭）直接或通过再循环内体从 BEE 进行快速再循环。它们是否像犬肾（MDCK）细胞中所述的那样，在共同循环内体（CRE）中与顶端靶向"货物"一起运输仍有争议。虽然有些人将 SAC 描述为相当于 MDCK CRE，但也有人认为 BL 和 AP 蛋白在顶端靶向"货物"到达 SAC 之前是分离的。与 AEE 类似，BEE 也对蛋白质进行分类，从而使得其能在溶酶体中降解（经 John Wiley & Sons 许可转载，改编自 Treyer and Müsch, Compr Physiol, 2013; 3: 243-87. ）

Rab11 阳性内体同样可作为肝细胞 ABC 转运蛋白的"保持细胞"，大部分转运蛋白是在细胞内而不是在胆管膜上发挥功能[25, 146]。这种细胞内池受肠肝回路中循环的胆汁酸和餐后分泌的肽激素动员，肽激素能够增加肝细胞中 cAMP 的生成以应对胆汁酸分泌需求的增加。牛磺胆酸和 cAMP 通过激活不同的信号通路，将 ABC 转运蛋白动员到胆小管结构域。这两种反应的调节方式有所不同，cAMP 浓度的增加将导致 PKA 介导的 PI3K 的激活，而牛磺胆酸是刺激 ABCB11 并入胆小管膜[147-150]。

大部分极化上皮顶端表面的内吞发生率远

低于基底侧的内吞发生率[70]，这可能是由于顶端膜蛋白与肌动蛋白丝广泛的直接和间接联系导致由膜变形参与的内吞机制难以形成。另外，当通过肌动蛋白和肌动蛋白结合蛋白 cortactin 与断裂因子发动蛋白连接时，新生内吞囊泡底部的分支肌动蛋白网络促进了网格蛋白介导的内吞作用[151, 152]。顶端胆汁酸转运体 BSEP、MDR1 和 MDR2 在其细胞质结构域中含有 HAX-1 的结合位点，该结合位点也能与 cortactin 结合，并将这些 ABC 转运体招募到内吞凹中。与该假设一致，HAX-1 缺失增加了 BSEP 在顶端结构域的积累[153]。因此，它们共同促进的内吞作用和源自内吞池的调节再进入作用使得 ABC 转运蛋白在胆小管结构域具有高度动态的行为特征。

八、转运中的细胞骨架微丝和微管系统（见第 3 章）

到所有质膜的内体运输和蛋白质循环均需要一个完整的肌动蛋白和微管细胞骨架系统，尤其是以 CLIP170 和 EB1 标记正末端的动态微管介导的分泌蛋白和管状蛋白的运输。新合成的胆管胆汁酸转运体 ABCB11 和其他胆管 ABC 转运体从 TGN 沿微管在高尔基体囊泡内转运。然而，动态微管不附着在管膜上，而且它们的载货内体被转移到管周肌动蛋白系统（图 4-5）。尽管"货物"转运的复杂机制尚不清楚，但已经知晓微管通过包含 IQ Gap、APC、Hax-1 和 cortactin 蛋白的囊周肌动蛋白结合复合物与肌动蛋白结合。活细胞成像研究表明，转运蛋白的选择性质膜定位主要是由特定的对接蛋白定位。在极化的 WIF-B 细胞中，ABCB11 和 ABCB1 沿着整个细胞的微管运输，但它们只附着在胆小管膜上的特定位置，syntaxin3 被认为是对接位点，它促进蛋白质分选小泡与胆小管膜内小叶的融合，并从这里扩散直至紧密连接，从而使其限制于胆小管结构域。肌动蛋白结合蛋白 radixin 能够将一些分子（如 ABCC2 和 ABCB11）连接到囊周肌动蛋白系统，radixin 基因敲除的小鼠 ABCC2 和 ABCB11 定位受损，并逐渐失去微绒毛，继而引起肝细胞的损伤。

Formin 控制短肌动蛋白丝的组装和拆卸并与内体运输有关。在 HepG2 肝癌细胞系 INF2 中发现，CDC42 和跨膜蛋白 MAL2 都是管膜蛋白跨细胞转运所必需的。

九、肝细胞极性与细胞分裂

尽管成熟极化的肝细胞处于静止状态，但在严重损伤的情况下，它们可以重新进入细胞周期并进行增殖[154]。随着肝细胞胆管网络的成熟，肝细胞在出生后的发育过程中也会主动分裂。由于在细胞分裂过程中分裂沟总是垂直于纺锤体极轴，增殖的上皮细胞如何定位有丝分裂纺锤体和分裂沟，对于上皮组织和细胞组织都至关重要[155]。单极上皮细胞在增殖过程中将其中期纺锤体平行于基底膜[156, 157]，这就确保了分裂沟能够将它们的管腔结构域一分为二，产生两个相同的子细胞，而且它们都留在上皮平面，从而确保上皮保持单层。对于这一结果，其重要之处是位于与基底表面相等距离的相对外侧结构域的皮质信号。这些信号由一个进化保守的蛋白复合物组成，其中三聚体 G 蛋白的 α 亚基提供皮质锚定，负端定向的微管运动动力蛋白结合在星状微管的正端。在分裂中期，这些在相对的膜结构域上的复合物捕获每组星状纺锤体微管中的一个，使中期纺锤体平行于基底膜结构域[158, 159]。与单极细胞不同，为了保护管腔组织，防止腺泡的产生，肝细胞在细胞质分裂中很少把管腔结构域一分为二[160]。值得注意的是，基于 WIF-B 和 HepG2 培养模型的分析表明，尽管单极上皮细胞和肝细胞都使用类似的纺锤体定向机制，即都将其皮质纺锤体捕获信号放置在管腔表面附近[66, 161]，但两种细胞的细胞分裂结果不同（图 4-6）。由于肝细胞管腔的几何形状，以及每个肝细胞至少存在 2 个管腔结构域，每个星状微管可能附着在不同的管腔上，这就可以防止任何一个管腔出现分叉。相反，在单极细胞中两个星状微管附着位点位于同一（单一）管腔结构域的侧面，因此导致其一分为二。与单极细胞的另一个不同之处在于，在 HepG2 和 WIF-B 细胞培养中观察到，肝细胞中只能在准对角线位置容纳中期纺锤体，形成相对

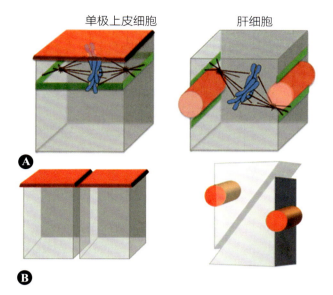

单极上皮细胞　　　　　肝细胞

Ⓐ

Ⓑ

▲ 图 4-6　培养的单极上皮细胞和肝细胞中的中期纺锤体方向（A）和分裂结果（B）

当星状微管与顶端表面（红色）下方的皮质信号（绿色）结合时，单极上皮细胞的中期纺锤体与其基底面平行（A）。垂直于纺锤体极轴建立的分裂沟将顶端表面平分并产生两个相同的子代，每个子代都与基质相连（B）。在肝细胞中纺锤体与两个不同的管腔相邻，因此，分裂沟不平分管腔结构域。在培养的 WIF-B 细胞和 HepG2 细胞中，相对于基底结构域的典型的纺锤体倾斜会导致一个子细胞从基质中移除，不过在体内这一过程仍有待确定（改编自参考文献 [64]）

于基底结构域的典型的纺锤体倾斜，因此产生单层膜的分裂和双层膜的分化[65]。哺乳动物肝组织的活细胞成像技术使得在体分析这种分化方式的相关性成为可能 [48, 162]。

十、肝病与极性

如第 29 章所述，编码肌球蛋白 Vb 和 Rab11b、Rab25 和 Rab8 的 *MYO5B* 突变可引起微绒毛包涵体病，这种疾病是由小肠刷状边界缺失导致的吸收不良，一些患者还可表现为胆汁淤积和进行性肝病。条件敲除 *Rab8* 的小鼠具有 MVID 的特征，这种突变将影响 syntaxin3，syntaxin3 属于一种能够保证相对的膜间融合的膜蛋白家族 SNARE，提示肌球蛋白 5b、Rab8 和 syntaxin3 都可能参与了相同运输过程。对于 MVID 中的肌球蛋白 5b，以及关节畸形、肾功能不全和胆汁积淤综合征（arthrogryposis,renal dysfunction,and cholestasis syndrome，ARC）中的 VPS33B 和 VIPAR 等循环内体相关蛋白，其编码基因的功能缺失性突变研究同样支持 RE 在肝细胞极性建立和维持方面具有重要作用。

第 5 章　初级纤毛
Primary Cilia

Carolyn M. Ott　著

鄢秀敏　陈昱安　译

一、背景

每个多细胞生物都有在时空上协调多种生物过程的需求。在发育过程中，不同谱系的细胞需要同时迁移和分化。每个器官虽然拥有物理上的独立组成和结构，但是它们必须与其他器官协同工作才能发挥功能。同样，每个特化的细胞也需要与相邻细胞协同合作。这种协同是通过接收来自其他细胞和环境的信号，并根据自己的状态和需求转化这些信号来实现的。在这一过程中，细胞必须分辨出在嘈杂环境中哪些是无关信号，哪些是相关信号。纤毛突出并远离于细胞表面，是一个可调的信号感知细胞器。特殊的纤毛屏障将纤毛和与之相连的细胞质及细胞膜分隔开，并控制纤毛物质的进出，从而使得细胞能通过建立和调控纤毛组分，来感知和响应信号。

"纤毛"一词涵盖所有类型的纤毛化结构，包括鞭毛、动纤毛和静纤毛。人体内大部分的静纤毛也称为初级纤毛。纤毛和鞭毛广泛存在于真核生物，无论是结构还是组成都与原核生物的鞭毛不同。在真核生物的纤毛内，微管不但是纤毛结构的支撑，还是纤毛内物质运输的轨道。单细胞真核生物利用纤毛感知和响应来自环境、交配和食物的信号。在小鼠和其他哺乳动物中，通过遗传操作去除初级纤毛会造成发育停滞。而在成年期，纤毛丢失会导致疾病的发生[1]。初级纤毛通常是以单根形式突出于细胞表面，缺少动纤毛和鞭毛中与摆动相关的组分。不过，初级纤毛并不是完全静止不动的，而是会随着胞外环境或细胞内微丝骨架产生的力而运动[2]。

初级纤毛存在于部分的肝脏细胞亚群中，胆管细胞有初级纤毛，而肝细胞则没有。纤毛缺失对细胞特化来说可能是一个必要条件。除造血干细胞外，体内所有的前体细胞都有初级纤毛，因此，分化细胞没有纤毛就失去了与前体细胞一样的感知信号的能力，进而变得对这些信号绝缘。肝细胞、脂肪细胞和肌肉细胞都缺乏纤毛，却都来源于有纤毛的前体细胞。肝脏是体内的一个重要信号源，其产生的信号可以被身体其他部位的初级纤毛感知。例如，肝脏产生 IGF1，IGF1 受体则表达在多个不同组织中，并定位在纤毛上。通过纤毛，IGF1 信号通路可以在细胞进入有丝分裂期时启动纤毛吸收[3]。

细胞有许多感知细胞外环境的模式，纤毛在信号的感知和转导上有什么优势呢？纤毛在细胞中的位置、结构、屏障/区隔、尺寸造就了初级纤毛的独特环境。

（一）纤毛位置

初级纤毛像个探头或天线一样，从细胞表面突出并延伸出去，浸润在胞外环境中，检测并报告细胞外的情况。细胞可以通过指定纤毛在细胞的位置，实现对特定环境的监测。例如，极化的细胞通常将纤毛定位在细胞顶端表面。

（二）纤毛结构

初级纤毛的两个结构特性对它们的功能至关

重要。首先，纤毛是一个细长的结构，具有非常高的表面积－体积比。纤毛膜提供了胞外环境的检测平台。其次，具有极性的微管不仅是纤毛的结构支撑，还是纤毛内物质运输的轨道。通过调控沿着这些微管的运输，可以调节信号通路。微管蛋白本身也可能直接对一些膜蛋白有影响[4]。

（三）纤毛屏障/区隔

虽然小分子量蛋白质可以自由进入纤毛，但是大分子量蛋白质进入纤毛受到纤毛屏障的限制，只有带有纤毛定位靶向序列或通过相互作用，蛋白质才能进入纤毛。细胞可以通过调控纤毛基质和纤毛膜的组成，使纤毛检测特定的配体。另外，纤毛屏障还可以保护纤毛内的下游信号分子免于细胞质中酶的修饰。虽然离子可以在纤毛和细胞质之间穿梭，但纤毛膜上的离子通道仍然创造了纤毛独特的离子环境，这可能会影响蛋白质活性[5]。

（四）纤毛尺寸

一根 5μm 长的纤毛的体积大约为 0.35μm³，只占细胞体积的不到 0.05%[6]。因此，单个分子在纤毛中的浓度会比在细胞质中高得多。此外，由于纤毛的长度变化会改变纤毛的体积，分子在纤毛内的浓度还被各种影响纤毛生长的生物过程调控。

二、纤毛组成与组织方式

在细胞质中，大多数微管都由 13 条原纤维形成中空管状结构，每条原纤维由 α- 微管蛋白和 β- 微管蛋白异源二聚体组装而成。纤毛微管是二联体微管，由一根完整的、含有 13 条原纤维的 A 管和一根含有 10 条原纤维的 B 管组成。B 管在 A 管的 3 条原纤维外壁处闭合，与 A 管一起形成了纤毛二联体微管（图 5-1）。纤毛微管存在多种翻译后修饰形式，即乙酰化、去酪氨酸化、谷氨酰化和甘氨酸化（图 5-2A）[7]。纤毛的二联体微管是直接从中心粒微管延伸而成的，因此初级纤毛始终锚定在细胞质中。纤毛微管合起来被叫作轴丝。虽然纤毛微管具有极性，但其与中心粒微管相连的负端不存在微管解聚，因此，纤毛微管不像细胞质微管一样运动。轴丝的长度

是通过在纤毛顶部的微管正端添加或去除微管蛋白来调控的。鞭毛和动纤毛通过它们的内部结构可以维持微管在整根纤毛中的辐射对称，但初级纤毛与它们不同，初级纤毛的微管在向顶端延伸时可能会发生重排，也可能随着纤毛变细而以单根二联体微管形式结束（图 5-1）[8]。

纤毛内没有蛋白质合成，因此纤毛生长所需的微管蛋白单体必须要进入纤毛并运输到纤毛顶部。沿着轴丝微管的双向纤毛内物质运输由鞭毛内运输（intraflagllar transport，IFT）蛋白质复合物介导[9]。鞭毛内运输最初是在单细胞莱茵衣藻中发现的[10]。IFT 蛋白质复合物先组装成"货物"列车（衣藻鞭毛中的 IFT 列车长约为 200nm），然后结合上微管分子马达、微管蛋白等"货物"，以及可溶性蛋白和膜蛋白的"货物"适配器。IFT 复合物是由 20 多个蛋白质组成的大型复合物，大小与核糖体 16S 小亚基类似，可以分成两个亚复合物，即 IFT-A 和 IFT-B[11]。其中，IFT-B 复合物与驱动蛋白 kinesin-2 结合，沿着二联体微管的 B 管运动，负责 IFT 的正向运输。反向运输所需的分子马达动力蛋白 dynein，通过与 IFT-A 复合物结合被运输到纤毛的顶端。在纤毛顶端，kinesin-2 与 IFT 复合物解离，反向列车形成，IFT-A 复合物结合的 dynein 驱使沿着二联体微管 A 管的反向运输（图 5-1）[12]。有两个 kinesin-2 家族成员，即 Kif3 和 Kif17，参与纤毛的 IFT 运输。其中，Kif3 是纤毛发生所必需的，Kif17 则可能参与更为特化的运输。目前认为，纤毛中的一些特殊微管蛋白亚型和微管蛋白的翻译后修饰会影响 IFT 运输。

纤毛微管从中心粒（也称作基体）延伸出来后就一直被膜所包裹。虽然一些细胞的中心粒锚定在细胞表面，但是许多细胞的中心粒凹陷在细胞内部，并且有一个纤毛口袋：一个有活跃胞吞和胞吐的特化膜结构[13]。靠近中心粒的纤毛基部是分子进入纤毛的门控。纤毛的组分决定了纤毛的敏感性和反应能力。虽然纤毛膜与细胞膜是连续的，但是分子进入纤毛和纤毛膜受到位于中心粒上方过渡区的管控。过渡区蛋白质和调控纤毛组成的蛋白质突变会导致多种纤毛相关的疾病，

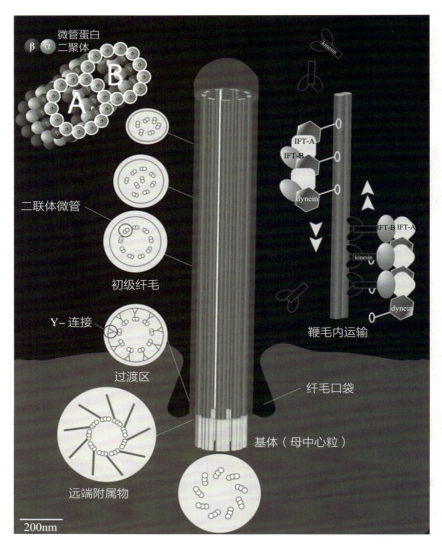

▲ 图 5-1 初级纤毛的结构和鞭毛内运输

横截面图显示纤毛微管从中心粒延伸出来后的变化情况（从下到上）。这些图基于文献中的电镜图像绘制[8]。在中心粒处是九组三联体微管。远端附属物看起来像是一个从中心粒微管发出的风车。在过渡区，Y- 连接清晰可见。纤毛轴丝的二联体微管是中心粒三联体微管中两根微管的延伸。在向顶端延伸过程中，轴丝的二联体微管可以重新排列并终止。二联体微管由 α- 微管蛋白和 β- 微管蛋白二聚体组成，包括一个封闭完整的 A 管和一个闭合在 A 管外壁上的 B 管。右侧展示的是鞭毛内运输。鞭毛内运输（IFT）复合物是一个大型的由多个亚基组成的复合物，可分为 IFT-A 和 IFT-B 两个亚复合物。IFT-A 亚复合物与动力蛋白（dynein）结合，负责沿着 A 管的反向运输。IFT-B 亚复合物与驱动蛋白 2（kinesin-2）结合，负责向纤毛顶端的正向运输。IFT 复合物在双向运输中都与"货物"结合。反向运输的分子马达 dynein 是正向运输的"货物"，但是 kinesin 在纤毛顶端与 IFT 解离后通过扩散回到基底部。kinesin-2 回到基底部是纤毛长度依赖的，因此 kinesin-2 的浓度被认为可以调控纤毛长度（改编自 Chien 2017 和 Hendel 2018[109, 110]）

称为纤毛病。虽然小分子可以自由通过过渡区，但是蛋白质通过过渡区是有选择性的，多种主动运输过程保障并维持了纤毛的独特环境。

大多数纤毛病都是多效性疾病，也就是说一种疾病会同时影响多个器官，并且同一种疾病在

不同患者中受影响的器官也会有所不同。纤毛病影响的器官包括肝脏、肾脏、视网膜、心脏和骨骼等[1]。纤毛病包括肾消耗病（nephronophthisis，NPHP）、Meckel 综合征（Meckel syndrome，MKS）、Joubert 综合征，都由过渡区蛋白质基因突变引

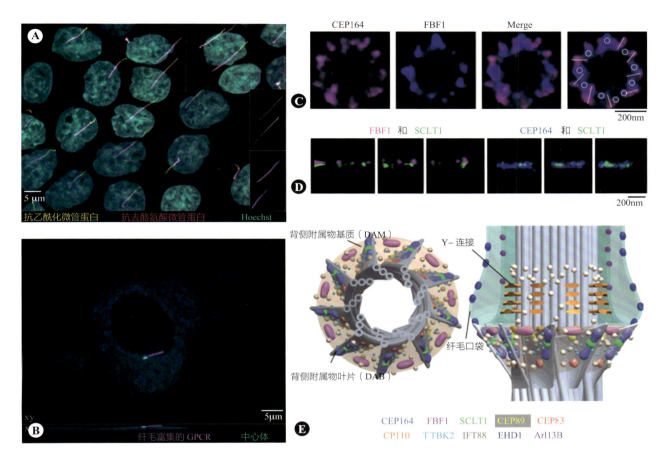

▲ 图 5-2　初级纤毛的常规和超高分辨率显微镜图像

A. 纤毛微管受到翻译后修饰。用乙酰化微管和去酪氨酸化微管蛋白抗体对犬肾（MDCK）细胞纤毛进行免疫荧光染色后，进行共聚焦显微镜成像。该图像是 z 轴多层图像的最大强度投影。插图显示乙酰化和去酪氨酸化微管蛋白在整根纤毛轴丝均有分布，但两者的空间占位不同。Hoechst 标记细胞核。B. 纤毛富集的 G 蛋白偶联受体（GPCR）的定位。在 NIH3T3 成纤维细胞中表达带 tdTomato 标记的 MCHR1，实时成像显示 MCHR1 定位在纤毛上。中心体位置用带蓝色荧光蛋白（BFP）标记的 pericentrin 蛋白的中心体定位序列 PACT 指示。上图是 xy 轴的投影图，狭窄的下图是同一细胞的 xz 轴的投影图。C 至 E. 超高分辨率成像展示纤毛基部蛋白质的定位和结构，揭示其组织方式。C. 远端附属物蛋白（FBF1 和 CEP164）的双色 dSTORM 横截面图像。这个方法用于计算不同的远端附属物蛋白质的相对角位置（最右图）[92]。D. FBF1、SCLT1 和 CEP164 的双色 dSTORM 纵截面图像（每个组合分别有三张代表性图像）。最左侧的箭头指示 FBF1 和 SCLT1 的相对高度[92]。E. 根据远端附属物蛋白质和多个纤毛蛋白质的相对横截面和纵截面位置信息创建的纤毛基部的计算机模式图（引自 Yang 2018 https://www. nature. com/articles/s41467-018-04469-1#rightslink.Licensed under CCBY 4.0[92]. ）

起[14]。虽然过渡区常被认为是一个单一结构，但在不同细胞类型中，过渡区的组织方式和长度有所不同[15]。不同过渡区蛋白质的缺失或基因突变常常表现出不同疾病，这可能与过渡区的组织特异性相关。

利用遗传学、生物化学和蛋白质质谱等技术，已经鉴定出多种过渡区组分[16-18]。电镜观察发现过渡区是一个 Y 形桥，其中的两个短枝与纤毛膜相连，而另一个长枝则锚定到每个二联

体微管上（图 5-1）。突破衍射极限的高分辨率成像技术被用来检测过渡区的精细结构，并由此推测过渡区各组分的功能。纤毛过渡区包含 3 个主要的过渡区蛋白质复合物（MKS、NPHP 和 CEP290 蛋白质复合物），其中 MKS 和 NPHP 是以复合物蛋白突变引起的疾病命名的。MKS 和 NPHP 蛋白质复合物构成了 Y- 连接，而 CEP290 蛋白质复合物则定位在靠近基体的 Y- 连接附近[19, 20]。Y- 连接稳定性如何？衣藻的交配实验

显示，NPHP4 在过渡区上的定位是静态的，而 CEP290 可以在不同鞭毛的过渡区之间交换[21, 22]。研究人员发现，带 GFP 标签的 MKS 复合物蛋白质在光漂白之后的 30min 内，荧光都不能恢复，提示过渡区的 MKS 蛋白质与未漂白的蛋白质之间不存在交换[23]。这些结果显示 MKS 和 NPHP 蛋白质复合物形成稳定的结构，而 CEp290 则更具动态性。

过渡区的结构还不足以解释其作为选择性运输屏障的功能。不过，已有研究证明敲除疾病相关的过渡区蛋白质会导致通常应该被排除在纤毛之外的蛋白质进入纤毛[22]。除了限制进入，过渡区还控制纤毛分子的运出，并可能充当运出的暂存平台。目前发现，多种高动态性的纤毛蛋白会累积在过渡区之上[24, 25]。为了通过屏障，许多蛋白质利用了核输入受体、BBSome 复合物和 tubby 家族蛋白质等蛋白质复合物的护送。

虽然机制仍有待厘清，但多个证据表明纤毛基质蛋白的进出纤毛与核孔复合物的门控相关。小的可溶性蛋白质可以自由进入纤毛，但是过渡区像核孔一样阻止大于 50kDa 的蛋白质自由进出，大蛋白质需要主动转运才能进入初级纤毛[26]。多个带荧光蛋白标签的核孔蛋白（nucleoporin，NUP）定位在初级纤毛的基部，破坏其功能会改变蛋白质进出纤毛的转运[27, 28]。这些有纤毛定位的核孔蛋白并不是核孔内部形成核篮的跨膜核孔蛋白，而是含有苯丙氨酸 - 甘氨酸重复的核孔蛋白。目前认为这些核孔蛋白的苯丙氨酸 - 甘氨酸重复形成了渗透屏障。为了通过核孔，带有出核或入核信号的"货物"需要与输入蛋白 β 等核转运受体蛋白结合。"货物"和受体蛋白在核膜内侧的结合和解离受到细胞核内高浓度的 RanGTP 及细胞质中高浓度的 RanGDP 梯度调控。与细胞核一样，纤毛内也富含 RanGTP，核转运受体蛋白输入蛋白 β 通过结合纤毛定位序列，帮助可溶性蛋白质通过纤毛基部的屏障[29]。由于初级纤毛缺乏类似核孔的结构，目前尚不清楚 NUP 蛋白质在哪里组装，以及它们如何形成渗透屏障。

虽然纤毛脂类的成分和种类还不完全清楚，但是多个证据表明，就像蛋白质组成一样，纤毛的脂类环境也具有独特性并受到主动调控。早期研究发现纤毛膜富含胆固醇，而过渡区胆固醇较少[30, 31]。纤毛膜和纤毛发生都需要 FAPP2[32]。肌醇代谢通路中的关键调控酶 INPP5E 的突变是纤毛病 Joubert 综合征的致病原因之一。INPP5E 分布在整根纤毛上，可将 $PI(4,5)P_2$ 催化成 PI4P[33-36]。纤毛相邻的细胞膜富含 $PI(4,5)P_2$，而定位在纤毛上的 INPP5E 使纤毛膜富含 PI4P。在纤毛上，Arl3 通过调控 INPP5E 和其他法尼基化蛋白从 PDE6δ 亚基上解离，进而介导了这些蛋白质的纤毛定位[37]。破坏过渡区会导致 $PI(4,5)P_2$ 进入纤毛[38]。

纤毛除其基部与细胞其他部分相连外，剩余部分都被纤毛膜包被。虽然离子可以自由进出纤毛基部，但纤毛膜上的离子通道介导的离子转运可以帮助形成并保持纤毛内部独特的离子环境。在体外培养的人视网膜色素上皮细胞中，纤毛膜的静息膜电位比细胞膜的高约 30mV。纤毛内的 Ca^{2+} 浓度大约为细胞质中 Ca^{2+} 浓度的 7 倍[39]。虽然细胞质和细胞器可作为钙池，但是纤毛膜上的离子通道可能还需要从胞外泵入足量的 Ca^{2+} 以保持纤毛内高于 500nmol/L 的 Ca^{2+} 浓度。

纤毛离子通道是视觉和嗅觉信号转导通路的重要组成部分。其他的几种纤毛离子通道包括 PKD2 和 PKD2-L1，都是阳离子通道，属于瞬时受体电位（transient receptor potential, TRP）通道家族成员。PKD2 可渗透 Na^+ 和 K^+，但不渗透 Ca^{2+}，而 PKD2-L1 则对 Na^+、K^+ 和 Ca^{2+} 都可渗透[40,41]。离子通道决定了离子环境，进而决定了细胞和机体的健康。PKD2 突变导致常染色体显性遗传多囊肾病（autosomal dominant polycystic kidney disease，ADPKD），并且 PKD2 敲除小鼠胚胎致死。PKD2-L1 敲除会降低对 Hedgehog 信号的应答，小鼠表现出轻度 Hedgehog 信号通路相关的发育异常[39]。目前还不清楚哪些纤毛蛋白受到纤毛独特的离子环境的影响。

代谢物通常可以在纤毛和细胞质之间穿梭，但有证据表明，纤毛通过主动转运维持了与细胞质不同的代谢物浓度。腺苷酸环化酶能将 ATP

转化成 cAMP，这个家族的多个亚型都定位在纤毛上[39, 40]。初级纤毛中的 cAMP 浓度比胞体中高 5 倍，而且它的浓度会受到纤毛信号通路的调控[42]。纤毛的 Ca^{2+} 浓度也会调控腺苷酸环化酶的活性，进而调节纤毛相关信号的应答。

三、纤毛介导的信号

初级纤毛突出于细胞表面，对细胞周围环境进行采样检测。检测特定的分子并将这些信号传递给细胞的其他部分是初级纤毛、动纤毛及鞭毛的共同特性。在进化早期生物体中，纤毛的感知功能很可能是与运动功能共同进化的，有一项研究在几个与现代动物具有共同原始祖先的生物体中都发现了多种纤毛相关信号通路的组分[43]。

嗅觉和视觉的感知都是由初级纤毛介导的[44]。视杆细胞的外段是特化的纤毛，其内部充满了膜盘，膜盘上定位着视紫红质，它是一种 G 蛋白偶联受体（G protein-coupled receptor，GPCR）。嗅觉神经元纤毛上的嗅觉 GPCR 与气味分子结合，产生动作电位传递至嗅觉中枢，形成嗅觉。参与听觉的耳蜗毛细胞上的"stereocilia"❶是声音的感知细胞器，它是以微丝为骨架的结构，因此并不是真正的纤毛。不过，耳蜗毛细胞确实有一根真正的纤毛，叫作"kinocilium"。虽然，耳蜗毛细胞的 kinocilium 并不直接感知声音，但是其发生异常会导致在耳蜗毛细胞发育过程中不能感知极性信号，从而破坏 stereocilia 的正确组织排列[45]。

初级纤毛的感知和信号转导功能对发育过程中的细胞分化和组织的形态发生至关重要。造成初级纤毛系统性缺失的基因突变，通常会导致伴随有左右不对称等缺陷的胚胎致死[46, 47]。在成年动物中纤毛缺失会引起多囊肾和食欲信号异常导致的肥胖[48]。在特定细胞中条件性敲除纤毛，可造成许多额外的表型[49-51]。一些纤毛蛋白质可能参与了癌症相关的信号转导[52]，

纤毛信号还与损伤应答相关[52, 53]。初级纤毛在不同组织中参与的信号通路不是一成不变的。纤毛相关的受体及其下游效应蛋白的表达和定位都会随着细胞类型和细胞所处时期的不同而有所改变。越来越多的基因被发现与纤毛病相关，许多这些基因的突变会改变信号的感知和转导[1]。

纤毛信号传递的一个重要模式是通过 GPCR 的信号转导。图 5-3 总结了一些纤毛相关 GPCR 信号转导的潜在作用机制。与视紫红质和嗅觉 GPCR 一样，纤毛相关的其他 GPCR 被高效地转运到纤毛并富集，在纤毛中的浓度要远远超过细胞其他部分的浓度（图 5-2B）。GPCR 胞内段的序列特征与它们的纤毛定位相关[53-55]。这些序列特征会被 tubby 家族蛋白质（如 Tub 和 TULP3）等识别。Tub 和 TULP3 通过 PI(4,5)P$_2$ 结合到细胞膜，在细胞膜上识别纤毛定位序列并捕获 GPCR。Tub 和 TULP3 进 一 步 与 IFT-A 结合将 GPCR 运入纤毛。纤毛膜只含有很少量的 PI(4,5)P$_2$，因此 Tub 和 TULP3 进入纤毛后就从膜上解离，GPCR"货物"被释放[56]。Tub 主要在脑中高表达，Tub 突变使得调控食欲的 GPCR 不能定位到纤毛上，导致肥胖[57]。

GPCR 和离子通道等膜蛋白转运到纤毛基部有多种运输方式，可通过细胞质膜向纤毛膜的侧向扩散，也可通过来源于高尔基体或内体的囊泡运输[58]。Bardet-Biedl 综合征（Bardet-Biedl syndrome，BBS）是一种因组成或影响 BBSome 蛋白质复合物的基因突变导致的纤毛病[59, 60]。多项研究表明，BBS 基因敲除的原代培养细胞中多个 GPCR 都不能定位在纤毛上[61]。BBSome 蛋白质复合物形成被膜囊泡结构，可以直接结合 GPCR 和 Rab8 等分泌调控因子，促进 GPCR 转运到纤毛。

纤毛 GPCR 结合多种配体，包括胆汁酸、核苷酸、神经肽和蛋白质[62]。当与配体结合时，受体促进 Gα 与 GDP 解离，与 GTP 结合。G 蛋白异源三聚体（Gα 和 Gβγ）从受体解离，启动下

---

❶ stereocilia 常常被翻译成静纤毛，为了防止与 primary cilia 和 non-motile cilia 混淆，故著者在文中使用其英文名称表述。

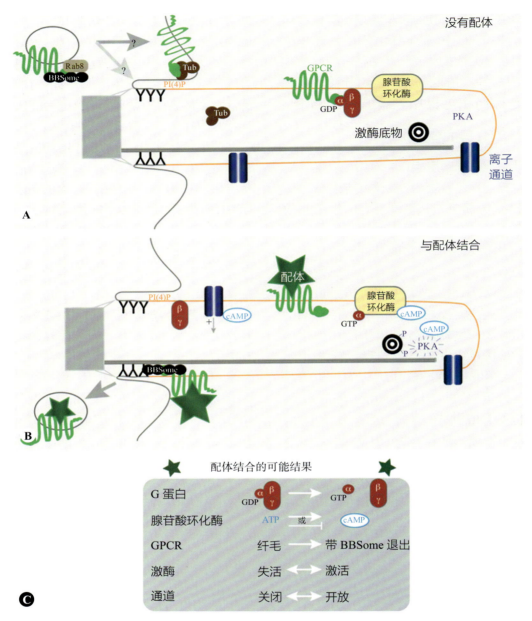

▲ 图 5-3　初级纤毛相关信号的概况

A. G 蛋白偶联受体（GPCR）定位在初级纤毛。Rab8 和 BBSome 介导 GPCR 的纤毛运输。Tub 家族蛋白帮助 GPCR 进入纤毛，在到达富含 PI(4)P 的纤毛膜（橙色）时，与 GPCR 解离。在没有配体的情况下，GPCR 与 G 蛋白结合。B 和 C. 配体与 GPCR 结合后可产生多种可能的结局。激活的受体促使 GTP 取代 GDP 与 Gα 亚基结合，结合 GTP 的 Gα 亚基与 Gβ/γ 二聚体解离，两者都会启动信号级联反应。这里展示的是其中的一种可能性，Gα 通过激活腺苷酸环化酶，促使其产生环腺苷酸（cAMP）。cAMP 进一步激活蛋白激酶 A（PKA）等激酶并影响离子通道活性。受体的激活也会导致 BBSome 依赖的 GPCR 受体内化，进而重置信号通路。信号级联反应也可能产生相反的效果（C），如减少 cAMP 产生，抑制激酶或关闭离子通道

游信号。G 蛋白有很多种亚型，不同的 GPCR 被认为招募特定亚型的 G 蛋白。不过，GPCR TGR5 在纤毛细胞和非纤毛细胞中招募不同的 Gα[63]。纤毛 G 蛋白可以激活不同的，有时甚至是相反的下游效应通路。例如，一旦释放，激活型 Gα（stimulatory Gα, Gα_s）增强腺苷酸环化酶活性，升高 cAMP 水平，而抑制型 Gα（inhibitory Gα, Gα_i）则降低 cAMP 水平。cAMP 充当第二信

使，增强 PKA 等下游激酶的活性。配体结合会促使细胞从纤毛回收激活的 GPCR[64-67]。尽管有研究显示在其他情况下内化的 GPCR 会启动额外的信号[68]，但在纤毛中还没有相关报道。

激活受体内化可以帮助信号通路重置。BBSome 不但帮助蛋白质进入纤毛，而且与小 G 蛋白 Arl6 一起帮助激活的 GPCR 通过过渡区离开纤毛[65]。受体激活后，Gα$_i$ 信号通路降低腺苷酸环化酶活性，抑制 PKA 激酶活性，引起 BBSome 蛋白、Arl6 和反向 IFT 蛋白质在纤毛顶端聚集并形成大型 IFT 列车，IFT 列车与激活的 GPCR 结合，将 GPCR 运输到纤毛基部并将其护送通过过渡区[69]。

另一种去除 GPCR 进而重置信号通路的机制是以纤毛胞外囊泡（extracellular vesicles，EV）的形式将 GPCR 直接释放出去[70]。感光细胞的视紫红质和膜盘就是逐步从外节段的顶端去除的[71]。从尿液中收集到的胞外囊泡也被发现含有初级纤毛的蛋白质[72]。微丝通常并不在纤毛中聚合，但是当 INPP5E 失活或者被移出纤毛而造成 PI(4,5)P$_2$ 增加时，微丝会驱动纤毛膜的释放[73, 74]。

初级纤毛是许多重要信号通路的中枢[75]。下丘脑纤毛 GPCR 通过结合神经肽介导饱腹感信号通路，纤毛病造成的肥胖就是因为该信号通路被破坏。Hedgehog 信号通路不但对发育至关重要，而且还与癌症相关。在慢性肝脏疾病中，肝脏前体细胞的 Hedgehog 信号通路参与肝脏再生[76]。大部分 Hedgehog 信号通路的组分和效应因子都需要在纤毛上才能发挥功能。在纤毛中，Hedgehog 受体 Patched 的活性影响 GPCR Smoothened 的纤毛定位。Smoothened 在纤毛中的活性进一步影响 Gli 转录因子的加工。另一个 GPCR（Gpr161）也定位在纤毛上，调控 Hedgehog 信号通路[77]。

虽然我们已经知道在独特的纤毛环境中配体和受体的结合会启动信号的级联反应，但是这些级联反应的生理功能及对细胞其他部分造成的影响却知之甚少。Hedgehog 信号通路是一个例外：转录因子 Gli 家族成员定位在纤毛上，在信号通路激活时 Gli 经过加工后运出纤毛[78, 79]。除了转录的改变，还存在许多其他可能的结局，但所有的这些都会遇到与 Delling 及其同事揭示的 Ca^{2+} 信号同样的问题：在离开纤毛后，可溶性分子在细胞质中将被显著稀释[5]。纤毛过渡区和核孔有部分相同的组分，因此纤毛相关效应分子的出入核方式可能会简化。此外，中心粒既是纤毛基体又是微管组织中心，因此运出纤毛的信号分子有可能在中心粒附近形成瞬时的局部高浓度，这一高浓度足以将信号传递给被招募到中心粒的下游蛋白质。与载体分子或囊泡结合也可能是另一种策略。

信号的级联反应生成的 cAMP 和 cGMP 可以激活离子通道并改变纤毛内 Ca^{2+} 浓度，这是嗅觉和视觉信号转导过程中的关键步骤[80, 81]。纤毛离子通道可能对信号转导有多种影响。腺苷酸环化酶 3 活性受 Ca^{2+} 影响，纤毛内 Ca^{2+} 浓度改变被认为有可能改变腺苷酸环化酶等下游信号分子[82, 83]。在多囊肾动物模型中，组织中 cAMP 水平升高[84]。如果目前的理论正确，离子通路的激活可以影响任何对离子浓度变化敏感的纤毛蛋白质。这可以解释为什么 PKD2-L1 缺陷小鼠对 Shh 的应答减弱[39]。

目前尚不清楚纤毛是否可充当机械力感受器。之前主流认知的初级纤毛受到外部液体流动的机械力的作用弯曲，激活 Ca^{2+} 通路的观点有可能需要修正。研究人员利用在纤毛上定位的 Ca^{2+} 荧光探针发现，虽然微量移液管液体流机械力可以造成纤毛弯曲，但是纤毛内的 Ca^{2+} 浓度并没有改变[5]。如果纤毛确实对机械力敏感，那么这一信号转导可能不是由纤毛内 Ca^{2+} 改变来介导的。在软骨中，软骨细胞纤毛参与机械力的传导，不过它不是作为机械力感受器，而是作为化学信号感受器。软骨细胞纤毛膜上的受体可以结合细胞受挤压时释放的 ATP[85]。

虽然纤毛对信号的接收常常被比喻为天线对无线电信号的接收，但纤毛可能不仅仅是一个被动的接收器。纤毛来源的胞外囊泡有可能与其他的胞外囊泡一样具有生物活性。在繁殖时，衣藻从鞭毛释放出囊泡，帮助降解包裹着子细胞的细胞壁[86]。除释放囊泡外，初级纤毛还可能通过直接接触参与信号转导。胆管内的胆管上皮细胞纤毛与其他伸到管腔内的纤毛可以互相黏附[87]，这可能帮助直接的细胞间通信。还有一些组织的初级纤毛不在管腔内，而是位于细胞层之间，浸在胞外基质中，与其他胞外活动交织在一起（包括软骨细胞、乳腺肌上皮细胞和神经元的纤毛）[88, 89]。在深层组织中，初级纤毛也有可能是通过直接接触传递信号的。

四、纤毛的形成、维持和解聚

随着细胞进入细胞周期或进行分化，初级纤毛会解聚和重构。当纤毛维持的时候，纤毛长度在不同类型的细胞中会有所不同（从 2μm 到 20μm），但在同一类型的细胞中纤毛长度通常保持一致。纤毛的有无和长度决定了一个细胞对胞外信号的检测和反应能力，因此以下问题与了解纤毛在健康和发育中的功能密切相关：纤毛是如何形成的？纤毛形成过程是如何被调控的？纤毛长度是如何被决定并维持的？纤毛是何时以及如何从细胞表面被去除的？下面将对这些问题的部分答案进行讨论。

（一）纤毛的形成

重要且独特的纤毛环境是如何建立的？初级纤毛既可以从位于细胞内部的中心粒，也可以从锚定在细胞膜上的中心粒生长出来（图 5-4A 和 B）[90]。在这两种方式中，二联体微管都是从中心粒的三联体微管延伸出来，添加膜，随着过渡区建立最终形成纤毛。在细胞内纤毛形成方式中，小囊泡被招募到母中心粒，融合形成一个巨大的纤毛囊泡被锚定在母中心粒。随着微管的延伸，新的膜被不断添加到纤毛囊泡，纤毛囊泡变形，包裹着新生的纤毛。细胞内纤毛形成过程的最后步骤是生长中的纤毛顶部的膜与细胞膜相遇并融合。在细胞膜上的纤毛形成方式是从中心粒锚定到细胞膜上开始的。新的膜被不断添加到细胞膜上，随着微管延伸，包裹着纤毛。膜相关的小 GTP 酶 Rab11 和 Rab8 将囊泡运输到新生纤毛处，提供脂类和重要的纤毛膜蛋白[91]。

并不是每个中心粒都能成为纤毛基体。中心

粒的九组三联体微管必须装配有远端附属物或过渡纤维，用于招募囊泡和锚定到细胞膜上。远端附属物由多个组件组装而成，最近的超高分辨率成像研究工作揭示了许多重要的远端附属物蛋白质的组织方式（图 5-2）[92]。CEP164 和 SCLT1 是远端附属物中电镜下可见的叶片结构（dorsal appendage blades，DAB）的关键组分，而 FBF1 则定位在电镜下电子密度较低的远端附属物基质（dorsal appendage matrix，DAM）中。

远端附属物蛋白质参与纤毛形成的多个方面。在细胞内部纤毛形成方式中，招募到远端附属物的小囊泡的融合需要膜蛋白 EHD1 和 EHD3[93]。随后，定位在远端附属叶片的 CEP164 参与微管生长和膜扩增[94]。CEP164 通过招募 TTBK2 将定位在中心粒远端的 CP110 去除。虽然在纤毛形成之前 CP110 需要被去除，但是没有 CP110 的小鼠却只有少量的纤毛。这提示中心粒向纤毛基体转化之初可能需要 CP110，而在纤毛微管延伸之前 CP110 又要被移除[95]。在细胞内部纤毛形成方式中，CEP164 与 Rab8a 及其 GTP 交换因子 Rabin8 的结合，被认为会促进早期纤毛膜的锚定[96]。

纤毛组分的运输和定位对于纤毛形成也至关重要。IFT-B 复合物是负责鞭毛内正向运输的蛋白质复合物，IFT-B 复合物成员的突变或缺失会破坏纤毛形成。远端附属物基质蛋白质 FBF1 与 IFT88 共定位，帮助 IFT 复合物进入纤毛[92, 97]。IFT-B 复合物成员结合并帮助微管蛋白通过纤毛屏障，使其在纤毛中富集[28, 98]。中心粒卫星结构被认为是蛋白质复合物组装平台，干扰其形成也会阻止纤毛形成。多个纤毛蛋白质包括 BBS4 和 CEP290 都在中心粒卫星结构中与重要的支架蛋白质 PCM-1 结合。破坏自噬会导致 OFD1 蛋白质不能被降解，而是积聚在中心粒卫星结构中，阻止纤毛形成[99]。

同一个细胞中的两个中心粒并不相同，只有其中的一个可以转化成纤毛基体。在每个细胞分裂周期中，两个中心粒首先经过复制，随后分开并形成纺锤体的两极。细胞分裂后，每个子细胞各自继承一对中心粒，新复制的中心粒被称为子

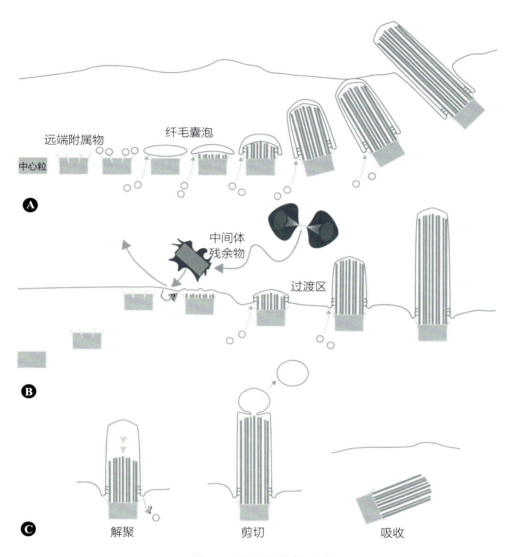

▲ 图 5-4　纤毛的形成与去除

A. 细胞内纤毛形成过程起始于母中心粒成熟。虽然初始囊泡募集与轴丝延伸经常被描述为不同的纤毛形成阶段，但是它们很有可能是同时发生的。随着轴丝的延伸，过渡区形成，额外的膜也逐步添加。当包裹着纤毛的膜接触到细胞膜时，磷脂双分子层融合，两种膜相连。纤毛囊泡的外膜可能成为纤毛口袋膜的一部分。B. 细胞膜上的纤毛形成过程需要母中心粒形成远端附属物，并锚定到细胞膜上。目前尚不清楚中间体残余物是如何在细胞表面促进纤毛组装的。与细胞内纤毛形成方式一样，在细胞膜上的纤毛形成方式中，过渡区形成、微管生长和膜的添加一起共同促进了新生纤毛的延伸。C. 三种可能的纤毛去除策略。去乙酰化酶 HDAC6 的激活刺激微管解聚。通过内吞作用去除膜成分也可能参与纤毛的去除。在纤毛去除过程中，还会发生纤毛膜的剪切。第三个策略是降解分隔纤毛和细胞其他部分的纤毛屏障。目前这些策略都得到了一些证据的支持

中心粒，而原来的则被称为母中心粒。只有母中心粒才能成为纤毛基体。此外，由于继承的母中心粒不同，两个子细胞的纤毛形成也有所不同。在前一个细胞周期中，其中一个母中心粒曾经是子中心粒。继承了更老的母中心粒的子细胞会更早形成纤毛，而这会影响细胞对胞外发育信号的

接收和接下来的分化[100]。老的母中心粒可以更快地形成纤毛，是因为它已经拥有了远端附属物，并且保留了与纤毛膜的结合[101]。

　　许多极性细胞在顶端质膜形成纤毛，并且多个证据表明细胞的极化可以促进纤毛形成[102]。在极化的上皮细胞中，一些定位于顶端质膜和基

底侧质膜边界的蛋白质也定位在初级纤毛的基部。虽然极性蛋白影响纤毛形成和维持的机制还不清楚，但是它们的重要性已经被发现。缺失、突变或使用药物破坏极性蛋白可以阻止纤毛形成。PAR 复合物蛋白质 PAR3、PAR6 和非典型 PKC（aPKC）都与纤毛正向运输驱动蛋白 kinesin-2 中的 Kif3a 结合。神经酰胺影响纤毛发生，并且调控 aPKC 和其他 PAR 蛋白质的结合[103]。另一个 PAR 复合物成员 Cdc42 结合并帮助胞吐蛋白定位到纤毛。在极性细胞中，胞吐复合物可以和 Rab8 结合，帮助招募后高尔基体囊泡[104]。

胞质分裂的中间体残余物有可能通过某种方式参与了细胞膜上的纤毛形成（图 5-4B）。在细胞分裂末期细胞间桥被切断，部分构成中间体的微管束和膜与其中一个子细胞的细胞膜保持相连。这些残留物沿着细胞膜运动，在纤毛生长之前来到锚定的中心粒处。虽然纤毛和中间体有许多共同的分子组成，但是目前还不清楚这些组分是否直接参与纤毛生长[105]。

（二）纤毛长度的维持和调控

纤毛长度通常在同一类型的细胞中保持一致，但是在不同类型的细胞中则有所不同。这说明包括蛋白质表达水平和转换率等在内的各种细胞因素都会影响细胞纤毛长度的设定值。目前研究已经明确了多种纤毛长度的决定因素。例如，微管蛋白浓度和修饰可以影响纤毛长度[28, 106, 107]。此外，参与 IFT 的蛋白质也会影响纤毛长度，增加 IFT-B 组分的表达会使纤毛变长[108]。IFT-B 将微管蛋白运输到纤毛顶部，可能会增加纤毛顶部的微管蛋白浓度并促进微管聚合。kinesin-2 将 IFT 列车运到纤毛顶部后，通过扩散回到纤毛基部重新组装成新的 IFT 列车。kinesin-2 的扩散速率是纤毛长度依赖的，因此 kinesin-2 的浓度被认为是纤毛长度的关键调节因素[109, 110]。

微丝骨架也会影响纤毛长度[111]。用 cytochalasin D 解聚微丝会增加纤毛长度。同样，敲低参与调控微丝成核和分枝的基因 Arp3 或者表达一个下调 4 个分枝状微丝调控因子的 miRNA，也会增加纤毛长度[112]。cytochalasin D 处理造成的纤毛变长伴随着大量膜相关的微丝结合蛋白在纤毛积聚[113]。PAR 复合物成员 Cdc42 和 aPKC 也通过微丝调控纤毛[114]。破坏分枝状微丝是如何影响纤毛长度的还不太清楚。肌球蛋白 Va 可以结合 Rab8，并且定位在过渡区[115]，可能参与了微丝调控纤毛长度。

信号通路和疾病也会改变纤毛长度。对细胞进行锂处理，会抑制腺苷酸环化酶，促进纤毛变长[116]。在生理条件下，激活纤毛 GPCR 可以通过 Gα 增加或抑制腺苷酸环化酶的活性。目前还不清楚 cAMP 作为第二信使是否直接影响了上述的纤毛长度调控途径，或者通过其他的结合蛋白促进了纤毛延伸。另一个潜在的纤毛长度调控通路的下游可能是蛋白酶体，它与纤毛过渡区蛋白结合，并且剪切 Gli 转录因子[117]。

（三）纤毛的去除

虽然有些生物体仍然保留纤毛或鞭毛，但是哺乳动物细胞在细胞周期的 G_1 期或有丝分裂早期会将纤毛解聚。纤毛的去除可通过以下方式实现：①剪切；②解聚；③通过废弃纤毛屏障或边界吸收纤毛（图 5-4C）。有证据表明这三种机制可能同时存在并协同工作[93]。上皮细胞的电镜研究结果提供了纤毛被吸收到胞质的早期证据[118]。纤毛顶端的囊泡分泌参与了纤毛的去组装[74]。参与调控细胞周期的重要激酶 Aurora A，可以磷酸化 INPP5E 和去乙酰化酶 HDAC6。HDAC6 激活后催化微管蛋白去乙酰化，使得纤毛轴丝解聚。具有微管解聚活性并有轴丝定位的驱动蛋白可能也参与了轴丝的解聚。目前还不清楚内吞作用是否参与了纤毛膜的回收。受细胞周期调控的激酶 PLK1 可能通过磷酸化过渡区组分，破坏纤毛门控的完整性，进而促进纤毛解聚[119]。

五、结论

在 20 世纪，由于纤毛在电镜下具有独特的结构，纤毛在许多细胞类型中不断被发现。一小部分研究人员奠定了初级纤毛结构和功能的认知基础。随着研究发现蛋白质可以沿着纤毛运动，以及初级纤毛的功能与健康息息相关，纤毛研究人员的队伍迅速壮大。不同领域的研究人员发现纤毛生物学是细胞信号转导和发育等许多方面的核心。反过来，这些研究也为纤毛生物学提供了新见解，包括超高分辨率显微镜在内的技术进步，为纤毛的运动和分子构造研究提供了巨大的帮助。然而，仍有许多令人兴奋的问题有待回答。未来的研究将要回答为什么纤毛形成或功能缺陷会导致疾病，并有望找到缓解纤毛病症状的新干预措施。

致 谢 感 谢 Christine Kettenhofen、Corey Valinsky 和 Shu-Hsien Sheu 对本章的建议和意见。

第6章　胞吞在肝脏功能与病理中的作用
Endocytosis in Liver Function and Pathology

Micah B. Schott　Barbara Schroeder　Mark A. McNiven　著
姜　颖　李双燕　陈昱安　鄢丽珊　译

肝细胞的一种重要功能是调节细胞外物质的摄取，用于随后的加工和（或）转运到胆汁中。这个过程被称为胞吞作用，依赖于精细的囊泡运输机制，该机制与特定的脂质膜亚结构域和细胞骨架基质相关。胞吞作用提供了一种隔离和内化跨膜受体/配体复合物（如 EGF、HGF 和铁结合转铁蛋白），以及通过 LDL 的胞吞作用帮助维持正常的血清脂质水平的机制。同样重要的是，这种高度进化的机器可以被许多病原体"劫持"，包括细菌、病毒和寄生虫，从而感染肝脏，导致炎症和肝炎。本章将概述肝脏胞吞作用的分子和细胞生物学机制，包括胞吞泡在细胞质中的不同作用，以及这些途径在肝脏疾病中是如何改变的。

外环境或被晚期内体和溶酶体降解。

在受体介导的胞吞过程中，细胞外配体（如 LDL、转铁蛋白、EGF、激素等）以高亲和力与质膜上的特定受体结合，以引起细胞内信号级联反应，从而导致基因转录和其他过程。除信号转导之外，受体 – 配体结合还启动胞吞摄取，这一事件通过降低细胞表面的受体可用性来"脱敏"信号转导。最近，已经观察到原来被认为在细胞信号转导中不发挥重要作用的"管家"营养受体（如转铁蛋白受体和 LDL 受体）能激活特定的信号级联反应。

胞吞泡的形成需要多种衔接蛋白的协调，这些衔接蛋白将"货物"与胞吞蛋白分子机制和细胞骨架连接起来。

一、胞吞泡在质膜的形成

胞吞时质膜内陷向内出芽形成胞吞泡。这些膜结构形成的囊泡包含各种类型的"货物"，如完整的膜蛋白、受体 – 配体复合物、脂质、液体和营养物质。不同类型胞吞作用形成的胞吞泡中的"货物"含量存在很大差异。例如，非选择性胞吞作用中的大型胞饮作用介导富含营养物的细胞外液的摄取，而选择性胞吞作用，如受体介导的胞吞作用，则摄取特定的可溶性配体和跨膜受体。无论内化机制如何，胞吞泡将"货物"运送到早期内体（early endosome，EE）以分拣到不同的目的地，包括循环回细胞表面、分泌到细胞

二、网格蛋白依赖的胞吞作用

网格蛋白依赖的胞吞作用是被了解最多的过程，大多数表面受体通过该过程被内化。该事件的初始步骤需要质膜中的受体 – 配体相互作用，募集衔接蛋白，协调网格蛋白包被的组装（图 6-1）。

网格蛋白包被囊泡尺寸相对均匀（直径 100～150nm），存在于所有细胞类型中。它们首先由 Roth 和 Porter 观察到，他们发现卵黄蛋白胞吞到蚊子的卵母细胞中与卵母细胞膜内陷显著增加有关，其中内陷小窝胞质侧被他们称为刷毛外套的蛋白包被[3]。此后不久，网格蛋白被确定

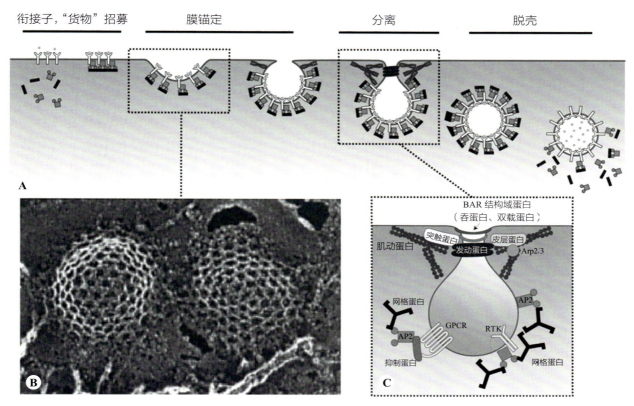

▲ 图 6-1　网格蛋白介导的内吞作用模型

A. 内吞作用发生在受体 – 配体"货物"的质膜位点，在那里招募了网格蛋白和网格蛋白接头。内陷膜通过与细胞骨架协作的切割机制与质膜分离。囊泡脱壳参与下游内吞转运途径。B. 网格蛋白包被囊泡的扫描电子显微照片显示了网格蛋白包被囊泡的细胞内视图。C. 网格蛋白包被囊泡的组成部分包括分裂机制和相关肌动蛋白细胞骨架。这些成分共同完成"货物"隔离、囊泡形成和膜断裂的过程。GPCR. G 蛋白偶联受体；RTK. 酪氨酸激酶；AP2. 衔接蛋白 2（A 经许可转载，改编自 Springer Nature[1]；B 经许可转载，引自 Rockefeller University Press[2]）

为外壳的主要蛋白质成分[4]。

　　网格蛋白依赖的胞吞作用是一个高度协调的过程，目前仍然是一个备受研究关注的话题。质膜亚结构域先在囊泡形成部位经历磷脂重塑，这一步骤对于募集连接表面受体与网格蛋白和其他胞吞蛋白的接头蛋白至关重要。再通过肌动蛋白细胞骨架和曲率感应胆汁酸受体（bile acid receptor，BAR）结构域蛋白实现向内的膜曲率。从胞质溶胶中募集网格蛋白以稳定形成囊泡并帮助其从质膜上移位。发动蛋白寡聚体在囊泡颈部周围产生收缩力引起囊泡断裂，最终与细胞表面分离。一旦内化，网格蛋白涂层就会脱离包被小泡，以允许脱包被的囊泡与下游目标内体融合。所有这些步骤都在 1～5min 快速发生，并且需要超过 50 种不同接头蛋白的时空协调[1]。这些事件的模型见图 6-1。

（一）包被小窝 / 囊泡的形成及其影响因素

　　与其他细胞区室相比，质膜明显富含 PI(4,5)P$_2$，这有助于在囊泡形成的初始阶段募集接头蛋白。在这些位点启动受体隔离和膜弯曲的机制尚不清楚。至少，这些早期步骤似乎只需要 PI(4,5)P$_2$ 结合蛋白 FCHO1 和 FCHO2，以及接头 Eps15 及交叉蛋白 1 和交叉蛋白 2[1]。FCHO 蛋白还含有曲率感应 BAR 结构域，可能有助于它们在早期出芽囊泡中的定位。Eps15 与其他"货物"特异性接头蛋白一起，有助于募集一种称为衔接蛋白 2（adaptin2，AP$_2$）的胞吞关键性蛋白，它是表面受体和网格蛋白之间的主要连接。受体 – 配体相互作用在网格蛋白包被小窝形成中的作用尚不清楚，但一些研究表明受体可能直接招募特定的胞吞接头蛋白。例如，转铁蛋白受体含有酪氨酸识别序列，激活 AP2 以募集网格蛋白并诱导胞吞作用[5]。另一个例子是 β- 肾上腺素受体，它发出网格蛋白接头蛋白 β- 抑制素募集的信号[6]。

网格蛋白从胞质溶胶中募集以结合 AP2 或其他"货物"特异性衔接蛋白，这些衔接蛋白直接连接内化的表面受体。网格蛋白由重链和轻链组成，形成异二聚体，进一步组装成三腿结构。网格蛋白组装可以发生在新生的囊泡小窝周围，也可发生在囊泡形成之前的质膜处组装为扁平的平面网格结构[7, 8]。网格蛋白重链能够与衔接蛋白及其他辅助蛋白结合，轻链可防止胞质溶胶中网格过早组装，并受钙结合和磷酸化的调控[8-13]。

网格蛋白不能为膜向内弯曲提供足够的力。因此，质膜上的向内弯曲被认为需要肌动蛋白聚合，并与网格蛋白涂层和囊泡断裂蛋白分子机器协同作用。在酵母中，肌动蛋白结合网格蛋白接头蛋白（如 Sla2 和 Ent1）向内"拉"包被小窝，而质膜上的肌动蛋白聚合和肌球蛋白有助于胞吞泡颈部的收缩[1]。BAR 结构域蛋白（如 endophilin 和 amphiphysin）也能感知膜曲率，并在囊泡断裂前促进胞吞颈部收缩[14, 15]。其他接头蛋白将肌动蛋白细胞骨架连接到胞吞泡，包括肌动蛋白结合蛋白 profilin、突触蛋白、syndapin 和 cortactin，其中一些与驱动囊泡断裂的分子机器相互作用。

网格蛋白包被囊泡的断裂标志着它们与质膜的分离。这是由被称为发动蛋白的大型 GTP 酶家族完成的。发动蛋白在其 N 端附近与 GTP 结合，而膜附着由 PH 域介导。发动蛋白还通过 C 端 PRD[16-18]结合多种效应物，包括含有 BAR 结构域的蛋白质和细胞骨架接头。发动蛋白被称为 pinchase，因为它能够将内陷的包被小窝脱离质膜。发动蛋白可以沿着脂质囊泡[19]和膜小管[20]自动组装成寡聚环，其突变体的体外研究表明，GTP 水解产生了囊泡断裂的收缩力[21]。

囊泡断裂后，网格蛋白脱包被，新生囊泡与内体融合。网格蛋白脱包被需要 ATP 酶 HSC70 和突触结合蛋白将膜 PI(4,5)P$_2$ 磷脂重塑为 PI(4)P。HSC70 与其共同伴侣 GAK/auxilin 一起协作，后

者部分由 PI(4)P 磷脂募集[22, 23]。在 GAK/auxilin 募集后，网格蛋白包被从囊泡中释放出来。值得注意的是，GAK/auxilin 活性不仅是网格蛋白脱包被所必需的，对于发动蛋白依赖的包被小窝的收缩也是必需的[24]。

（二）非网格蛋白依赖的胞吞作用

非网格蛋白依赖的胞吞作用是一类广泛的内化途径，可以是发动蛋白依赖性和非依赖性的[25]。这包括液相内吞作用非选择性地摄取细胞外液和营养物质，吞噬作用摄取细胞外病原体，以及窖蛋白介导的内吞作用。尽管与网格蛋白介导的内吞作用相比，对这些机制知之甚少，但最广为人知的可能是胞膜窖的形成，胞膜窖是质膜上富含鞘脂和胆固醇的小瓶状囊泡。与网格蛋白介导的胞吞作用相比，胞膜窖是质膜上相对稳定的结构，并且以非常缓慢的速度内化[26, 27]。这导致了关于胞膜窖在肝细胞胞吞作用中的一些争议，特别是考虑到胞膜窖的主要结构成分窖蛋白在肝脏中的适度表达。尽管如此，肝细胞胞膜窖被发动蛋白断裂分子机器内化[28, 29]，并且窖蛋白已被证明对肝脏具有多种重要的功能，包括脂质代谢和肝再生[30]。

三、肝细胞中的胞吞泡运输

胞吞泡一旦被网格蛋白依赖或非依赖的胞吞作用内化后就会与 EE 融合，EE 是胞吞"货物"分拣和运输的中心枢纽。从这里，"货物"可以通过多种分选途径，例如，再循环回质膜，逆向运输到高尔基体，被溶酶体和晚期内体降解，或与质膜融合从溶酶体囊泡中分泌出去（图 6-2）。回收需要沿着从内体囊泡延伸的膜小管对"货物"进行分类和浓缩。未回收的"货物"可以直接内化在小腔内囊泡（intraluminal vesicles，ILV）中，形成被称为多泡体（multivesicular bodies，MVB）的独特内体结构。这些富含"货物"的 ILV 被晚期内体途径降解，其标志是 MVB 通过与溶酶体融合而酸化。当这些囊泡与顶端质膜融合时，肝细胞也可能将 MVB、晚期内体和溶酶体的内容物分泌到胆汁中。这些不同的事件是由各种蛋白质复合物、翻译后修饰、磷脂动力学和细胞骨架

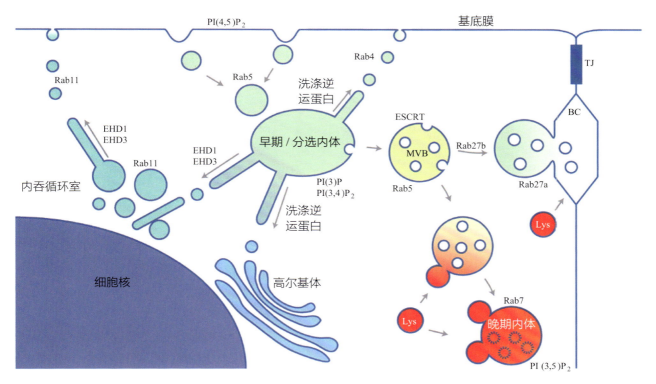

▲ 图 6-2　肝细胞胞吞转运途径及 **Rab-GTP** 酶和磷脂酰肌醇在细胞内隔室的分布
Rab-GTP 酶介导从包被囊泡到早期 / 分选内体（Rab5）或晚期内体的转运，以及直接（Rab4）或间接通过胞吞循环室（Rab11）循环回质膜。请注意，质膜和内体途径富含磷脂酰肌醇亚群，有助于 Rab 靶向性和不同隔室的额外特异性。TJ. 紧密连接；BC. 胆小管；MVB. 多泡体

调节因子的时空调控决定的。此外，人们越来越认识到，除了"货物"运输[31]，内体囊泡在细胞稳态中发挥着不同的作用。

（一）早期内体的"货物"分选

新形成的胞吞泡聚集在早期内体处，也称为"分选内体"，它决定了胞吞"货物"的命运。这种分选过程的重要性怎么强调都不为过，因为它对肝细胞功能至关重要，并确保营养和生长因子受体、胆汁酸转运蛋白和其他整合膜蛋白的适当降解、循环或跨细胞转运[32]。EE 包含多个亚结构域，这些亚结构域被认为可以调节不同的分选途径[33]。例如，由特定胞内体亚结构域引起的管状膜延伸注定要循环回收利用，而大的囊泡亚结构域被认为在晚期内体途径中"成熟"。即使在单个 EE 中，不同区域的 pH 和磷脂成分也存在差异，这有助于在循环回收、分泌和降解途径之间进行分类。

内体囊泡的运输途径主要由 Rab 蛋白的小 GTP 酶家族促进。大约 60 种不同的 Rab 蛋白在人囊泡运输途径中发挥重要作用，其中大部分在肝细胞中表达[34, 35]。Rab 蛋白通过与调节胞吞泡功能的效应蛋白结合来指导胞吞泡运输。对于 EE 的功能，Rab5 与 PI3K/VPS34、EEA1、rabencsyn-5 等结合效应蛋白一起占主导地位[36]。PI3K/VPS34 将 EE 的磷脂组成改变为 PI(3)P，使这些囊泡具有独特的膜特征，有助于募集其他 Rab5 效应蛋白。EEA1 结合 Rab5 和 PI(3)P，并通过协调 SNARE 蛋白（如 syntaxin6 和 syntaxin13）介导胞吞泡的融合。rabenosyn-5 被认为可以调节转铁蛋白受体等"货物"的"快速回收"，并将"货物"运送到回收中心进行"缓慢回收"[37]。

"货物"分选由从 EE 亚结构域延伸的动态膜小管驱动[38]。尽管形成这些小管的机制尚不清楚，但有几条证据表明，"货物"首先集中在特定的 EE 亚结构域，然后是肌动蛋白聚合，产生小管起始和延伸的力。膜小管进一步沿着微管轨道延

伸，执行断裂步骤的分子机器将小管与 EE 分开，释放管状囊泡载体，将分拣的"货物"运送到质膜、胞吞循环室（endocytic recycling compartment，ERC）或高尔基体。最近的工作极大地促进了我们对这些步骤背后的分子机制的理解。

为了进行胞吞分选，内体必须能够识别和隔离特定的"货物"蛋白。这种"货物"识别过程似乎依赖于被称为 Snx 的多种蛋白质[39]。Snx 蛋白包含一个保守的 PX 结构域 [该结构域与富含 PI(3)P 磷脂的 EE 结合]，以及在 Snx 家族成员之间变化的"货物"特异性结合结构域。Snx 蛋白还包含其他基序，如感知膜曲率的 BAR 结构域、有助于"货物"识别的 FERM 结构域等[40]。分选连接蛋白与逆转录酶协同工作，逆转录酶是一种由 Vps26、Vps35 和 Vps29 组成的三聚蛋白复合物，对胞吞分选至关重要。最近，一种新的类似逆转录酶的复合体被称为 retriever（由 DSCR3、C160rf62 和 VPS29 组成），也被确定与 Snx17[41] 协同工作。retriever/Snx17 促进了与逆转录酶依赖性分选不同的"货物"分子的回收。因此，EE 能够准确破译不同类型的"货物"的能力，以及在内体亚域组织"货物"的能力，对于肝细胞囊泡运输来说绝对至关重要，并且涉及"货物"接头蛋白、蛋白复合体和细胞骨架之间的同步。

除了在内体亚结构域对"货物"进行分类外，Snx-retromer/retriever 复合物通过招募 WASH 复合物[40, 42] 来协调这些位点的肌动蛋白动力学，该复合物由 5 种蛋白质（WASH1、Fam21、Strumpellin、SWIP 和 CCDC53）组成。WASH 刺激 Arp2/3 在膜小管发生的 EE 位点进行肌动蛋白成核。人们认为肌动蛋白产生小管形成、延伸和（或）断裂可能所需的力。WASH 复合体的 Fam21 似乎是与其他途径的主要束缚连接。例如，Fam21 可以结合逆转录复合体的 Vps35[43]。Fam21 还通过结合另一种最近描述的被称为 CCC 的蛋白质复合物（COMMD1、CCDC22、CCDC93）将 WASH 复合物与 retriever 联系起来[41]。

早期内体小管延伸并沿着微管移动。这需要结合分子马达蛋白质，这些马达蛋白质朝向（负端动力蛋白）或远离（正端驱动蛋白）微管组织中心。小 GTP 酶 Rab7 与 Snx-BAR 蛋白合作，促进 EE 小管与分子马达蛋白质的束缚。EE 小管与动力蛋白和驱动蛋白的结合在决定"货物"目的地方面起着重要作用。例如，动力蛋白拴系小管被有效地运输回核周胞吞循环室和（或）高尔基体，而驱动蛋白拴系小管被运输到质膜。目前尚不清楚将新生小管与 EE 分开的断裂机制，但可能涉及肌动蛋白、ATP 酶 EHD1 和（或）动力蛋白 GTP 酶。

（二）"货物"分选的翻译后修饰调控

循环、降解和分泌途径之间的"货物"分类依赖于结合特定"货物"的各种胞内体接头蛋白。这些"货物"- 接头蛋白的相互作用及"货物"的命运，由指导下游分选途径的翻译后修饰（如泛素化和磷酸化）指导。

泛素是一种 8kDa、高度保守的蛋白质，可与靶蛋白上的赖氨酸残基共价连接。这可作为多聚泛素链或作为连接到一个或多个赖氨酸残基的单个单泛素出现。虽然可溶性蛋白质的泛素化导致它们被蛋白酶体降解[44, 45]，但胞吞"货物"的泛素化是 MVB 内化和晚期内体途径降解的信号。这个过程的一个典型例子是 EGFR 在配体刺激后泛素化，阻止了 EGFR 再循环，并促进其分类到降解途径[46, 47]。

非受体酪氨酸激酶（nonreceptor tyrosine kinases，NRTK）和丝氨酸 - 苏氨酸激酶的磷酸化在胞吞"货物"运输中也起着重要作用。例如，NRTK Src 显示磷酸化 EGFR 接头 CIN85 通过晚期内体途径调节 EGFR 泛素化和降解[48]。此外，转铁蛋白受体（TfR）由 NRTK c-Abl 激酶调节。尽管 TfR 通常会循环回质膜，但 c-Abl 激酶的抑制会将 TfR 重定向到晚期内体进行降解[49]。丝氨酸 - 苏氨酸激酶（如 cAMP 依赖性 PKA），已被充分描述为调节 GPCR 分选。例如，β- 肾上腺素受体的激活会导致其 C 末端胞质尾部发生多个 PKA 磷酸化事件，从而募集 β- 抑制素，诱导 GPCR 内化和脱敏[6]。此外，β- 肾上腺素能接头蛋白 gravin 的 PKA 磷酸化对于受体再循环和重新敏化回质膜至关重要[50-53]。因此，很明显，NRTK 和丝氨酸 - 苏氨酸激酶对"货物"的特异性磷酸化驱动了胞吞调节的许多重要方面，包括"货物"内化，以及降解和回收途径之间的分类。

（三）再循环内体与胞吞循环室

虽然早期内体"货物"可以直接回收回质膜（快速回收），但也存在"慢速回收"途径，即"货物"通过位于细胞外围或成簇的管状再循环内体（recycling endosomes，RE）分流在核周内胞吞循环室内。RE富含Rab11，将这些囊泡与Rab5阳性EE区分开来。

从Rab5阳性EE到Rab11阳性RE的"货物"运输似乎依赖于Eps15同源结构域（Eps15 homology domain，EHD）蛋白家族，这些蛋白在内体分选和回收的不同阶段发挥不同的作用[54,55]。EHD1被认为会导致由ERC产生的管状RE断裂，也可能导致EE小管断裂[56]。事实上，EHD1耗尽的细胞显示出TfR的异常循环[57]，EHD3和EHD4也是如此，这也有助于TfR从EE向RE的转变[58,59]。除在RE中充分描述的作用外，EHD蛋白还通过调节Rab5及其效应物rabenosyn-5和rabakyrin-5影响EE的分选[58-60]。

核周ERC产生的管状RE将"货物"送回质膜。这些结构的产生仍在研究中，可能涉及多种机制。有趣的是，在基于肌动蛋白的EE小管出芽中很重要的WASH复合物也存在于RE上，并表明它在从ERC生成管状载体中的作用[61]。然而，EHD蛋白也促进ERC衍生的管状载体（EHD1）的断裂和这些结构（EHD3）的稳定。EHD1似乎在内体转运接头蛋白MICAL-L1和syndapin2的蛋白质复合物中起作用，两者都可在体外富含磷脂酰丝氨酸（phosphatidylserine，PS）的脂质体中生成小管[62]。EHD1-MICAL-L1-syndapin2复合物也可能对EE衍生的管状载体起作用，甚至可能与逆转录复合物的Vps26亚基结合[60,63,64]。因此，小管的生成对于直接从EE囊泡和通过ERC回收"货物"至关重要，但早期内体和RE上不同分子机制之间的协同作用仍不清楚。

（四）多泡体与晚期内体途径

未回收的肝细胞"货物"将沿着晚期内体途径进行降解或分泌到顶端胆小管中。由于晚期内体的酸性pH及其在蛋白质和脂质降解中的作用，晚期内体比EE更类似于溶酶体。晚期内体可通过其酸性管腔pH、PI(3,5)P$_2$磷脂的富集，以及与Rab7和其他蛋白质标志物的结合在实验上与EE区分开来。虽然从Rab5阳性EE到Rab7阳性晚期内体的转变尚不完全清楚，但普遍的模型是EE本身"成熟"，通过与较小的溶酶体融合而逐渐变得酸性，这些溶酶体提供负责蛋白质分解的酸性水解酶、脂质和低pH下的核酸[65]。同时，注定要降解的内体"货物"将内陷在小于100nm的小ILV内。由于其独特的形态，含有ILV的早期和晚期内体被鉴定为多泡体。与EGFR一样，富含"货物"的ILV通过晚期内体途径被溶酶体酸化降解，但MVB也可能与质膜融合，以胞外囊泡/外泌体的形式分泌ILV[66]。

内体"货物"的泛素化是将其分选到MVB ILV中的主要信号[67]。要进行MVB内化的"货物"依赖于运输所需的胞内体分选复合物（ESCRT-0、ESCRT-Ⅰ、ESCRT-Ⅱ和ESCRT-Ⅲ），这些复合物识别泛素标记的膜"货物"以分选到内体亚结构域。泛素识别是通过ESCRT-0、ESCRT-Ⅰ和ESCRT-Ⅱ组件实现的，这些组件包含泛素结合基序和簇"货物"，与内体网格蛋白晶格和肌动蛋白细胞骨架合作。ESCRT-Ⅲ不包含泛素识别，而是作为围绕成簇"货物"的同心螺旋寡聚化，并被认为会产生力，就像弹簧的作用一样，将"货物"向内推入MVB的内腔[67,68]。ESCRT-Ⅲ细丝随后在ATP酶Vps4的作用下被分解，这一步骤被认为介导了内陷的ILV最终断裂到MVB腔中。应该注意的是，虽然泛素修饰对于"货物"内化到MVB中很重要，但最近的研究表明，ESCRT也参与了与泛素无关的"货物"分拣。这可能涉及"货物"与ESCRT、ESCRT接头和（或）内体磷脂的直接结合[69]。

富含"货物"的ILV可通过晚期内体途径降解，但如果MVB与质膜融合，则可能免于降解。这种非常规的分泌方法将ILV作为胞外囊泡（EV）或外泌体释放到细胞外环境中。事实上，已在血液、胆汁和尿液中检测到EV，这表明该途径可能具有广泛性，可将细胞信息传递到全身。各种EV分析研究表明，这些囊泡不仅包含完整的膜

"货物"，还包含特定类别的脂质和可溶性细胞溶质物质，如 microRNA 和各种蛋白质酶。在肝脏病理学中，EV 被认为在非酒精性脂肪性肝炎（non-alcoholic steatohepatitis，NASH）和其他肝脏损伤期间的组织信号细胞应激中发挥作用[70, 71]。尽管 EV 很明显在组织稳态和疾病进展中发挥着重要作用，关于将可溶性胞质材料包装到 ILV 中的机制、EV 在细胞通信中的作用，以及它们在药物输送系统中的潜在合成用途，仍然存在许多问题。

（五）溶酶体 / 晚期内体

溶酶体和晚期内体在肝细胞中具有一些重叠的功能。结合它们在降解蛋白质和脂质中的作用，溶酶体还充当营养传感器和信号转导平台。溶酶体营养感应主要由调节 mTOR 的氨基酸的存在介导，mTOR 是一种营养感应激酶，对非酒精性脂肪性肝病（non-alcoholic fatty liver disease，NAFLD）、NASH 等代谢性肝病和肝细胞癌至关重要[72]。mTOR 有两个不同复合体的组成部分，即 mTORC1 和 mTORC2。虽然这两种复合物都调节细胞生长和增殖，但 mTORC1 在功能上与溶酶体 / 晚期内体的营养感应有关。氨基酸刺激 mTORC1 的溶酶体募集调节参与蛋白质合成（核糖体 p70 S6 激酶和 4-EBP1）、脂质合成（SREBP1）等的酶。活性 mTORC1 还通过 Ulk1 和 TFEB 的抑制性磷酸化来抑制"饥饿"途径，如自噬。一般来说，活跃的 mTORC1 表示营养丰富的"进食"状态，从而激活与细胞生长和增殖相关的途径，同时抑制在营养供应有限的"饥饿"状态下重要的途径。

溶酶体和晚期内体通过储存作为信号转导第二信使的细胞内 Ca^{2+}，在细胞信号转导中发挥重要作用。由于细胞质中的 Ca^{2+} 浓度非常低，溶酶体钙通道释放的溶酶体钙会触发附近的底物。例如，溶酶体 Ca^{2+} 释放可以激活 TFEB，这是溶酶体生物发生、脂质分解代谢、自噬和线粒体 β 氧化的主要转录调节因子[73]。在基础条件下，TFEB 被 mTORC1 磷酸化并被隔离在细胞质中。然而，溶酶体 Ca^{2+} 释放激活钙调神经磷酸酶，导致 TFEB 去磷酸化和易位进入细胞核。后来的研究描述了 TFE3 也在调节溶酶体生物发生和能量代谢方面具有类似 TFEB 的途径[74]。因此，溶酶体 / 晚期内体转导的信号事件与其在能量代谢和自噬中作为营养传感器的重要作用密切相关。

（六）胞吞运输中的肝细胞极性

肝细胞具有独特的上皮极性，有助于胞吞泡运输途径[75]。在上皮细胞中，细胞具有面向管腔间隙的顶端质膜、与相邻上皮细胞接触的横向结构域和锚定于基底侧的基底结构域。对于肝细胞中，顶端（小管）结构域面向胆小管腔，该结构域与基底侧和外侧通过紧密连接分开。基底侧（窦状）结构域与相邻的肝细胞和包含血浆、有孔内皮细胞和肝星状细胞的 Disse 间隙连接。

胞吞"货物"的一个子集经历了一种独特的肝细胞特异性转胞吞模式（图 6-2），由此在基底侧结构域形成的胞吞泡最终通过专门的、顶端下内体将其内容物沉积在顶端胆小管中[32]。溶酶体还通过被称为自噬的上游途径将胞质物质分泌到胆汁中[76]。这些囊泡与晚期内体一起将胆汁酸、EV、磷脂、胆固醇、pIgA（黏膜系统的一部分）和其他物质输送到胆汁中[31]。

四、自噬与胞吞机器

除了"货物"内化和分选外，胞吞泡在细胞生理学中还发挥着别的作用[31]。一个突出的例子是晚期内体与自噬过程的交互，这是一种"自食"途径，可降解细胞溶质物质（整个细胞器、脂质、蛋白质和其他物质）以满足营养缺乏时期的能量需求[77, 78]。自噬还通过清除诱导细胞应激的受损蛋白质和细胞器在肝功能中发挥关键作用。自噬失调会导致多种肝脏疾病，包括脂肪变性、脂肪性肝炎、肝硬化、癌症、药物性肝损伤等[79]。

自噬介导胞质物质转运到溶酶体进行降解。虽然存在不同的自噬类型，但我们一般所指的自噬为巨自噬。这个过程可以通过长时间禁食和胰高血糖素刺激在肝脏中激活，并被氨基酸和（或）胰岛素抑制。这些途径被认为在调节 mTOR 活性时汇聚。mTOR 通过抑制驱动双膜自噬泡形成的 Atg 结合系统来减弱自噬[80]。自噬泡是源自内质网和多种其他细胞来源（如高尔基体、质膜和内体囊泡）的管状膜[81-83]。这些膜结构（以及自噬体和自溶酶体）被称为微管相关蛋白 1 LC3 的关键自噬蛋白修饰，该蛋白在自噬启动期间被 Atg 偶联系统"激活"，并连接胞质自噬膜的材料。LC3 通过与识别细胞质中泛素化"货物"的自噬受体家族（p62/SQSTM1、NBR1、OPTN 等）相互作用来完成这项任务，但 LC3 也可能直接与含有 LIR 的自噬"货物"蛋白结合。LC3 与自噬受体的结合有助于将胞质物质捕获到自噬泡上，该膜延伸包裹自噬"货物"。当完全被包裹时，自噬泡关闭成为双膜自噬体。自噬体隔离自噬"货物"与溶酶体 / 晚期内体融合之前的细胞质。这种融合产生了一种酸性"自噬溶酶体"，自噬"货物"在其中被降解。

胞内体囊泡参与自噬的几个阶段[77]。最关键的是来自胞吞途径的酸性囊泡（即溶酶体、晚期胞内体）的贡献，它们与自噬体融合形成降解自噬"货物"的自噬溶酶体。在肝细胞中，晚期胞内体 Rab7 及膜断裂蛋白发动蛋白 2 是必不可少的自噬蛋白，它们介导称为自溶酶体重组（autophagic lysosomal reformation，ALR）的过程，其中新生溶酶体是从自噬溶酶体和晚期胞内体延伸的循环小管[84]。Rab7 还涉及自噬体与溶酶体 / 晚期内体的融合[85]。除了晚期胞内体，其他胞内体囊泡也在自噬过程中发挥重要作用。例如，EE 作为自噬泡形成的膜源之一[86]。已知 Rab11 阳性 RE 含有自噬机器的各种成分，并且 Rab11 本身与自噬体与 MVB 的融合有关，形成了一种称为两性体的结构[87, 88]。

胞内体囊泡还促进其他形式的自噬，这些自噬不依赖于自噬体的形成[89]。一个突出的例子是伴侣介导的自噬，其中溶酶体直接靶向含有与伴侣蛋白 HSC70 结合的五肽（KFERQ）基序的胞质蛋白。这种相互作用促进了底物蛋白通过溶酶体相关膜蛋白 2A 型转移到溶酶体腔中[90]。小鼠肝脏中这一过程的失调会导致严重的代谢失调，尤其是肝细胞脂质的积累和糖原储存的消耗[91]。

（一）线粒体自噬可防止肝损伤

肝脏的一个重要功能是通过代谢血液中的酒精、药物和其他营养物质从血液中清除毒素。因此，肝损伤是药物开发中的一个突出问题，占急性肝衰竭的 50% 以上[79]。已经发现自噬在这一过程中的重要性，特别是在对乙酰氨基酚（acetaminophen, APAP）过量的情况下，这会导致严重的肝损伤[92]。过量的 APAP 激活自噬以清除产生 ROS 的受损线粒体，从而导致肝细胞死亡。自噬对线粒体的降解是一种保护机制，因为自噬的药理学刺激可以保护小鼠免受 APAP 诱导的肝损伤[93]。

受损线粒体的选择性自噬，称为"线粒体自噬"，同时利用了自噬和胞内体机制。该过程由线粒体裂变驱动，该裂变产生更容易被自噬吞噬的更小尺寸的线粒体[94]。在典型的线粒体自噬中，受损的线粒体积累 PINK1，该激酶将 E3 泛素连接酶 parkin 募集到线粒体外膜[95]。这会在线粒体表面产生泛素标记，这些标记被募集 LC3 阳性自噬泡的自噬受体识别，进而被包裹到自噬体内[95, 96]。最近的报道表明，即使在没有经典的基于自噬体的线粒体自噬的情况下，这种吞噬也可能由胞内体囊泡直接介导[97, 98]。在这个被称为"胞内体线粒体自噬"的模型中，parkin 将受损的线粒体募集到 Rab5 阳性 EE，后者利用 ESCRT 结合泛素化的线粒体。ESCRT 对泛素化线粒体的识别导致 MVB 样线粒体被晚期胞内体途径吞噬和降解。

除了线粒体自噬，最近报道了内体囊泡在线粒体裂变和融合中发挥新的作用。这些发现表明溶酶体与线粒体密切相关，尤其是在线粒体裂变部位[99]。线粒体与溶酶体的束缚需要溶酶体上活性的、与 GTP 结合的 Rab7，而解除束缚则需要一种称为 TBC1D15 的蛋白质，它通过促进 GTP 水解和解离使 Rab7 失活。有趣的是，TBC1D15 被募集到线粒体以调节 Rab7 活性，这表明线粒体通过 Rab7 失活调节溶酶体定位、溶酶体作用于线粒体以介导裂变的双向机制。

（二）自噬与脂滴稳态

肝脏是储存和调节中性脂质（如甘油三酯和胆固醇酯）的中心枢纽。这些脂质由从头合成或从细胞外来源（即膳食脂肪、脂肪组织释放的脂质）的游离脂肪酸（free fatty acids, FFA）组装而成，并储存在称为脂滴的特殊细胞器中[32]。这些重要肝细胞功能的失调会导致严重的脂质调节紊乱，从而影响肝功能和全身脂质稳态。最常见的是影响世界人口 20%～30% 的脂肪肝疾病，并且与其他代谢疾病（肥胖、糖尿病、代谢综合征）和（或）慢性酒精摄取同时发生[100, 101]。LD 是肝脏脂肪储存和能量利用的核心，储存细胞内的中性脂质，磷脂单层与参与脂质储存、分解和融合的蛋白质相关联[102-104]。此外，一些蛋白质组学研究表明，LD 与许多 Rab GTP 酶及在胞内体、多泡体和溶酶体上发现的胞内体囊泡机制相关[105-109]。

LD 由两种不同类型的脂肪酶分解代谢：存在于细胞质中的中性脂肪酶和存在于溶酶体 / 晚期胞内体中的酸性脂肪酶。中性脂肪酶，如脂肪甘油三酯脂肪酶（adipose triglyceride lipase，ATGL）和激素敏感性脂肪酶（hormone sensitive lipase，HSL），在 cAMP/PKA 通路的 β– 肾上腺素能受体激活后从细胞质中募集到 LD。人们曾经认为这些中性脂肪酶在脂肪组织和骨骼肌中发挥着更突出的作用，但现在许多研究证明了它们在肝功能和代谢疾病病理学中的重要性[110-114]。溶酶体酸性脂肪酶（lysosomal acid lipase，LAL）等酸性脂肪酶在溶酶体 / 晚期胞内体的低 pH 环境中具有活性，因此不能以与细胞溶质脂肪酶相同的方式被募集到 LD 表面。LAL 通过脂肪吞噬（图 6-3）接触 LD，这是一种选择性 LD 分解的自噬机制[115-117]。尽管将肝细胞 LD 从细胞质运输到溶酶体和晚期胞内体腔的机制尚不完全清楚，但很明显，许多 Rab 蛋白和其他胞吞机制在此过程中起着重要作用。例如，在营养供应不足的时期，Rab7 和 Rab10 都会在 LD 表面被激活。Rab10 与 LD 表面的效应子 EHBP1 和 EHD2 形成三聚体复合物，这种复合物对于 LD 周围的自噬泡的募集和延伸很重要[118]。Rab7 驱动 LD 与以四次跨膜蛋白 CD63 为标志的多泡体和晚期胞内体相互作用[119]。LD 与 MVB/ 内体的直接相互作用增加了"微脂噬"的替代形式可能与传统的基于自噬体的"巨脂噬"同时存在的可能性（图 6-3）。有趣的是，Rab7 也被证明受

到慢性乙醇暴露的抑制，这会改变溶酶体的形态和运动，从而在酒精性脂肪肝进展过程中扰乱 LD 的脂肪分解代谢[120]。其他胞吞蛋白似乎也参与肝细胞脂噬，包括网格蛋白、发动蛋白 2 和 Vps4[84, 119]。

除了脂噬之外，现在有几项研究表明自噬和细胞溶质脂肪酶之间存在双向协同作用。首先，已知各种自噬途径可促进肝细胞中的 ATGL 活性以防止脂肪肝进展。例如，分子伴侣介导的自噬最近被证明可以降解抑制 ATGL 介导的脂解作用的 LD 蛋白[121]。巨自噬似乎也促进肝细胞脂肪分解，因为 HSL 和 ATGL 都包含几个 LC3 相互作用区域，这些区域将这些细胞溶质脂肪酶与自噬体连接起来，自噬体可将 HSL 和 ATGL 传递到 LD 表面[122]。相反，ATGL 介导的脂解作用已被证明可在转录水平上诱导自噬。在该模型中，ATGL 活性释放 FFA，作为 PGC-1α 和 PPARα 的信号配体。其机制依赖于 NAD 依赖性去乙酰化酶 sirtuin1 的激活，它促进 PPARα 与去乙酰化 PGC-1α 的相互作用，从而促进自噬基因转录和其他代谢程序[123, 124]。

五、病毒感染与肝细胞胞吞作用

乙型肝炎病毒（hepatitis B virus, HBV）和丙型肝炎病毒等人类病原体是导致脂肪性肝炎、肝硬化和肝细胞癌等肝脏疾病的主要原因。这些病毒劫持了正常的肝细胞过程，特别是宿主胞吞途径，这些途径被用于感染、传播和分泌到邻近的细胞和组织[125]。已有报道 5 种肝炎病毒劫持不同的胞吞途径进行复制和分泌：HBV（肝炎病毒科）、HDV（三角病毒科）、HCV（黄病毒科）、HAV（小核糖核酸病毒科）和 HEV（肝炎病毒科）。尽管这些肝病毒的遗传和分子成分各不相同，但重要的是，每种病毒都由 ssRNA（D、C、A、E）或 dsDNA（B）的核苷酸基因组组成，它们被蛋白质核心包裹，并被由蛋白质和宿主衍生的脂质组成的外壳包围。图 6-4 描述了每种病毒在通过肝细胞胞吞途径时如何组装的模型。

（一）病毒附着与胞吞作用

肝炎病毒附着在细胞表面，可以在胞吞之前

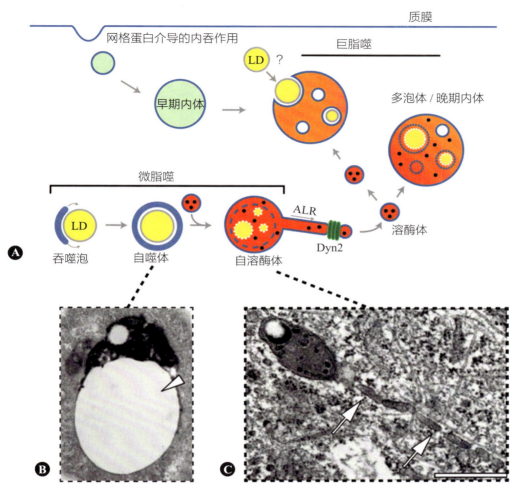

▲ 图 6-3　肝细胞的脂肪吞噬

A. 两种不同脂肪吞噬途径的工作模型。微脂噬被认为是通过内体囊泡（如多泡体）和晚期内体直接摄取脂滴以被溶酶体酶降解而发生的。巨脂噬利用传统的自噬机制，其中脂滴（LD）被吞噬体靶向，完全吞噬在自噬体内，自噬体与溶酶体融合成降解性自溶酶体。巨脂噬的终末阶段包括自溶酶体重组（ALR），由此自溶酶体内延伸的膜小管受到发动蛋白 2（Dyn2）的破坏。这产生了有助于自噬和晚期内体降解的新生溶酶体。B. 透射电子显微图显示了包裹在 Hhuh7 人肝癌细胞自噬膜内的 LD（白箭头）。C. siRNA Dyn2 缺失的 Hep3B 人肝癌细胞的电子显微照片显示，在没有小管断裂机制的情况下，自溶酶体小管（白箭头）伸长（B 经许可转载，引自 American Association for the Advancement of Science[118]；C 经许可转载，引自 Rockefeller University Press[84].）

沿着质膜横向移动。对于 HBV，肝细胞硫酸乙酰肝素蛋白聚糖（heparin sulfate proteoglycans，HSPG）和牛磺胆酸钠共转运多肽（sodium taurocholate cotransporting polypeptide，NTCP）促进了这种相互作用，两者都与 HBV 包膜蛋白结合。HSPG 促进 HCV 的附着，也有报道与载脂蛋白、连接蛋白、表面受体和其他有助于促进膜附着的蛋白的相互作用也能促进 HCV 的附着。HAV 或 HEV 对肝细胞的附着尚不清楚，似乎需要 HSPG、

ASPGR 等[125]。

肝病毒利用网格蛋白介导的胞吞作用进行肝细胞摄取，但不能排除其他胞吞途径的贡献，如窖蛋白介导的内吞作用、胞饮作用和吞噬作用[125]。内化后，这些病毒在基因组通过细胞质释放到细胞核之前穿过肝细胞胞吞途径。对于 HBV，基因组释放到细胞核中是 pH 依赖性的，并且需要由 Rab5 和 Rab7 介导的早期到晚期的内体转变[126]。支持这些重要步骤的机制，包括这些病毒如何逃

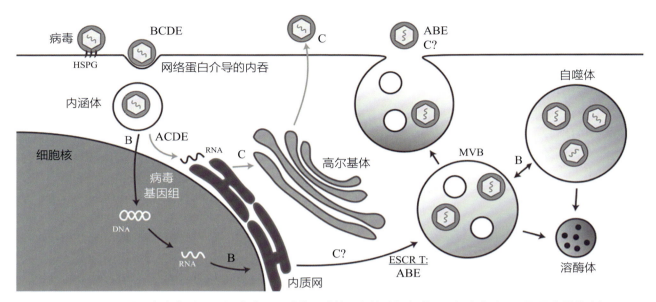

▲ 图 6-4 不同肝炎病毒（**A 至 E**）在内化、感染、成熟和释放过程中利用肝细胞中共同和不同内吞的途径

HSPG. 肝细胞硫酸乙酰肝素蛋白聚糖；ESCRT. 运输所需的胞内体分选复合物；MVB. 多泡体（经许可转载，改编自 John Wiley & Sons[125]. ）

避晚期胞内体降解，仍不清楚。与 HBV 和其他肝病毒相比，HCV 基因组在从 EE 以 pH 依赖性方式释放后在细胞质中翻译[127]。

（二）病毒组装、复制与肝细胞分泌途径

HBV 感染的细胞会分泌感染性病毒粒子和非感染性亚病毒颗粒（subviral particle，SVP），这些颗粒由可能充当对抗宿主免疫系统的"诱饵"的包膜蛋白组成。SVP 组装在 ER 中，并包装在内质网 – 高尔基体中间区室（ER-Golgi intermediate compartment，ERGIC）[128] 内。对于 HCV，组装发生在响应病毒感染而构建的 ER 衍生的双膜囊泡（直径约 150nm）内。有趣的是，HCV 还刺激了这些囊泡中 LD 的形成[129]。LD 被认为有助于 HCV 复制，因为在 LD 表面上发现了核心和非结构蛋白。LD 也可能含有病毒双链 RNA，这表明 LD 也是基因组复制的位点。其他工作表明，LD 相关蛋白，如 Rab18[130] 和 Plin3/Tip47[131]，也有助于促进 HCV 复制。

肝炎病毒利用不同的内膜囊泡途径进行分泌。例如，HCV 分泌需要反高尔基体和 Rab11，这表明高尔基体和 RE 隔室之间存在相互作用[132]。其他病毒，如 HBV，通过需要 ESCRT 的机制利用 MVB 进行摄取和分泌。最近发现，HBV 通过调节 Rab7 活性诱导 MVB 和自噬体的管状形成，从而刺激溶酶体融合和 pH 依赖性分泌[133]。

最近的研究表明，肝病毒利用晚期胞吞区室进行病毒成熟和释放。其中一些病毒（HAV、HEV）利用 MVB 衍生的膜包裹新生病毒粒子，因为它们的基因组不编码包膜蛋白。除了作为膜源之外，MVB 还产生 ILV，支持肝病毒的外泌体样脱落。将病毒贩运到 MVB，以及 MVB 与质膜融合，似乎需要几种 Rab 蛋白的参与，包括 Rab2b、Rab5a、Rab9b、Rab27a 和 Rab27b。这些后来的 Rab 在基于 MVB 的分泌中特别重要，因为 Rab27a 被认为介导 MVB 与质膜的对接 / 融合，而 Rab27b 参与 MVB 从微管转移到细胞外围富含肌动蛋白的区域[134]。

总之，肝炎病毒利用肝细胞膜运输机制进行感染和传播。尽管在了解宿主肝细胞胞吞途径如何被这些病毒挟持方面取得了实质性进展，但未来的工作需要进一步确定胞内体区室、细胞核、内质网、高尔基体和自噬机制在病毒生命周期中的协同作用。

六、展望

新的成像和生化技术为囊泡形成和胞吞后运输的机制提供了详细的见解。然而，囊泡形成机制的蛋白质和脂质成分的清单继续扩大，而许多胞吞成分在特定运输过程中的功能尚未确定。了解肝细胞如何协调和控制支持囊泡运输事件的大量蛋白质和脂质网络非常重要。在这种情况下，未来的挑战将是了解不同的胞吞"货物"如何被隔离和分类，如何在单个囊泡内维持膜亚结构域，以及激酶信号级联以控制胞吞运输事件为目标的磷酸底物。同样令人兴奋的是阐明胞吞泡在线粒体自噬和LD等过程中的替代作用。深入了解这些过程将为了解肝细胞在健康和疾病中的功能奠定基础。

第 7 章　肝脏细胞分泌途径

The Hepatocellular Secretory Pathway

Catherine L. Jackson　Mark A. McNiven　著

姜　颖　李双燕　陈昱安　鄢丽珊　译

众所周知，肝细胞可以分泌大量蛋白质和脂质颗粒进入到窦状隙，同时其在机体内的脂质稳态调控中也发挥着重要作用。近年来的研究表明，膜转运过程与脂质代谢具有极其紧密的联系，而这种关联对于肝细胞的正常功能也十分重要。细胞的分泌途径可以保证蛋白正确加工并被运送至胞内合适的位置发挥功能，这一重要的过程离不开高度组织化的囊泡转运系统，其中包括大量的酶、细胞骨架蛋白、分子马达蛋白质和包被蛋白等。囊泡转运系统在进化上高度保守，被发现几乎存在于所有的真核细胞中。对于特化的细胞类型，如肝细胞，其往往具有更多种特定的分泌途径。VLDL 颗粒仅由肝脏细胞生成，除了一些该颗粒所具有的特殊成分外，其产生过程也依赖于前面提到的囊泡转运系统。通过传统的生物化学和分子生物学手段与生物遗传学模型，结合近期活体细胞成像技术的进展，我们对于肝细胞和其他上皮细胞内的转运途径有了更为清楚的认识。本章将关注肝细胞分泌过程中初生蛋白质和大型"货物"分子经分隔、包裹进入囊泡载体乃至最终转运至正确目的地等细胞活动背后的分子机制。

一、分泌途径

细胞分泌途径起始于内质网中的蛋白质合成[1]。之后合成完的蛋白质将被运输到该途径中加工与分选的"中心枢纽"，即高尔基体（图 7-1）[2]。

内质网是细胞内由相互连接的膜结构组成的网，其包含膜形成的管状结构和潴泡[3, 4]。与内质网不同，哺乳动物细胞的高尔基体定位于细胞核附近区域，同时形成连续的带状结构。带状结构是由有序的扁平膜囊组成[5]。同时，扁平膜囊之间通过更为复杂的管 – 泡区域连接[5]。高尔基体的顺面侧与反面侧均由管状的膜结构组成，分别对应于高尔基体的输入端和输出端。

早期对于分泌途径的研究主要是采用大鼠的肝脏（图 7-1）和胰腺外分泌细胞作为研究对象，因为它们的分泌水平很高[6]。这些研究揭示出，在分泌蛋白的合成与运输过程中，内质网与高尔基体是依次发挥功能的，之后分泌蛋白将会被包裹进入分泌颗粒或者囊泡。

在真核细胞中，蛋白质从供体处运输至特定位置依赖于囊泡载体的出芽和融合过程[7]（图 7-2）。囊泡形成的第一步是 ADP 核糖基化因子（ADP ribosylation factor，Arf）家族成员小 GTP 酶蛋白在核苷酸交换因子（nucleotide exchange factor，NEF）作用下发生活化，从而招募下游的效应蛋白至膜上[10-12]。对于分别在内质网和高尔基体中发挥功能的小 GTP 酶蛋白 Sar1 和 Arf1 来说，其下游主要的一类效应蛋白就是"货物"接头蛋白，这类蛋白与囊泡包被处相连。Sar 和 Arf 蛋白都包含 N 端的两性螺旋结构域，该结构域插入膜结构中，可以促进弧状出芽结构的形成[13]。各种不同的接头蛋白可以结合相应的"货物"分

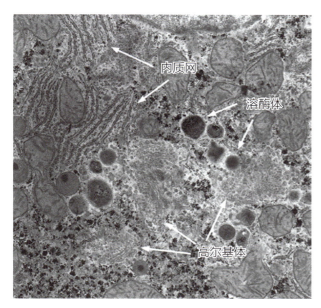

▲ 图 7-1 肝细胞中精细的囊泡过程

约 1962 年，Keith Porter 博士最初收集的大鼠肝脏肝细胞的薄层电子显微照片。在细胞质深处，内质网的平行池似乎产生了高尔基体的扁平、堆叠的扁平膜囊。在高尔基体区可以看到许多小的囊泡，以及从高尔基体的反面侧出芽的较大的充满脂蛋白的分泌囊泡。这些囊泡中许多具有特定的涂层、辅助蛋白和定位标志

子，包括跨膜蛋白和管腔蛋白等，从而将它们在即将形成的囊泡内集中起来[14]。Sar1 和 Arf1 的其他下游效应蛋白还包括多种可以修饰脂质分子的酶，这些酶可以改变出芽结构处的膜成分的组成，促进出芽过程[15-17]。此外，囊泡包被外层的多聚化也有助于膜形成弧状的出芽结构。

一旦芽结构形成并与供体处的膜分离后，紧接着是囊泡的去包被过程。该过程的第一步是 Arf 家族成员小 GTP 酶结合的 GTP 水解，这一步甚至在囊泡发生膜分离前就已经开始[18]。在去包被过程发生前，囊泡"货物"分子与包被蛋白的相互作用可以维持包被蛋白保留在囊泡膜上。去包被过程结束后，囊泡才能与其相应的目标处膜发生融合。

从内质网向高尔基体的正向转运过程是由 COP Ⅱ 包被的囊泡介导的（图 7-2）。在内质网膜上，COP Ⅱ 包被蛋白的亚基在 Sec12 激活，Sar1 会被招募过来，形成芽结构并最终产生囊泡。COP Ⅱ 囊泡形成于内质网的特化区域，

该区域被称为内质网输出位点（ER exit sites，ERES）。在哺乳动物细胞中，COP Ⅱ 囊泡可以与同型囊泡发生融合，形成的结构将进一步招募核苷酸交换因子 GBF1 和底物 Arf1，以及 COP Ⅰ 包被蛋白等，最终形成 COP Ⅰ 囊泡（图 7-2）。这种经过 GBF1-Arf1-COP Ⅰ 招募后形成的分选结构也被称作是内质网-高尔基体中间区室，由复杂的管状网络组成[19]。COP Ⅰ 包被的囊泡通常也被认为参与介导内质网常驻蛋白和高尔基体酶从高尔基体向内质网-高尔基体中间区室乃至内质网的反向转运[20, 21]。除了分泌蛋白，膜蛋白和溶酶体酶也可以通过这种高尔基体分泌途径到达其功能所需的目的位置，提示高尔基体在蛋白分选的功能中发挥重要作用。

对于高尔基体来说，特别活跃的分选区域位于其反面侧，包含特定"货物"蛋白和具有特定包被蛋白的多种不同类型的囊泡将从这里产生[22-24]。其中一些囊泡的包被外壳包含经由 Afr1 或 Arf3 招募至膜上的"货物"衔接蛋白（adaptor protein,AP）。"货物"衔接蛋白是由两个大亚基和两个小亚基组成的四元复合物。AP-1 结合在膜上后可以进一步招募网格蛋白，从而形成网格蛋白-衔接蛋白组成的囊泡包被外壳，而 AP-3 也很可能发挥类似功能。但是对于 AP-4 来说，其与 AP-1/3 不同，形成的是不包含网格蛋白的囊泡包被外壳。另一类位于高尔基体反面侧的重要衔接蛋白是 GGA 蛋白，其包含 GGA1～3 三个成员，可以结合网格蛋白并将不同的"货物"分子从高尔基体反面转运到细胞内体。一般来说，从高尔基体反面携带组成型分泌蛋白到细胞表面的分泌囊泡被认为是无包被外壳的，因为目前还未在哺乳动物细胞中鉴定到相关的包被结构[23]。

二、囊泡包被外壳的进化起源

分别包含 COP Ⅰ、COP Ⅱ 和衔接蛋白-网格蛋白的三种囊泡包被外壳被发现全都具有共同的起源，即来自于原始的包被外壳复合物。这三种包被外壳都具有包含 β-螺旋奖-α-螺线管结构域（该结构域也被称作螺旋-拐角-螺旋结构域）的亚基[8]（图 7-2）。值得注意的是，只有真

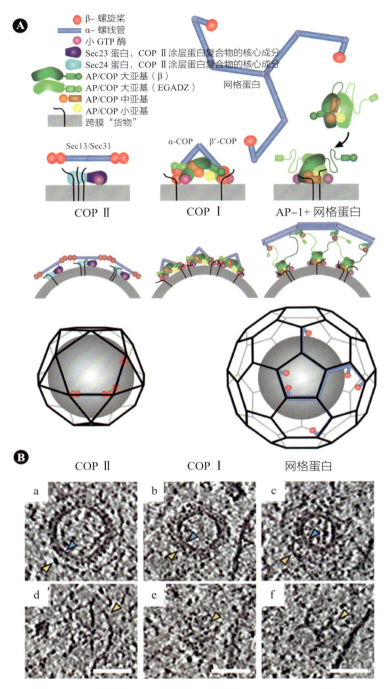

图例：
- β- 螺旋桨
- α- 螺线管
- 小 GTP 酶
- Sec23 蛋白，COP Ⅱ涂层蛋白复合物的核心成分
- Sec24 蛋白，COP Ⅱ涂层蛋白复合物的核心成分
- AP/COP 大亚基（β）
- AP/COP 大亚基（EGADZ）
- AP/COP 中亚基
- AP/COP 小亚基
- 跨膜 "货物"

网格蛋白

Sec13/Sec31

α-COP β′-COP

COP Ⅱ   COP Ⅰ   AP–1+ 网格蛋白

COP Ⅱ   COP Ⅰ   网格蛋白

a   b   c
d   e   f

▲ 图 7-2　COP Ⅱ、COP Ⅰ 和 AP– 网格蛋白深层的比较

A. 所有三层涂层都包含 **β-** 螺旋桨 **-α-** 螺线管组件（红色球体和蓝色杆），但它们在每层涂层中的排列方式不同。在 COP Ⅱ 和衔接蛋白（AP）– 网格蛋白涂层中，这些亚基形成外部多面体层。另外，在 COP Ⅰ 中，含有 β- 螺旋桨 –α– 螺线管的亚基与膜及其他 COP Ⅰ 亚基直接接触。COP Ⅰ 的其他亚基和衔接子亚基共享序列和结构同源性。所有三种涂层均由 Arf 小 GTP 酶家族的一个成员招募到膜上：对于 COP Ⅱ，为 Sar1；对于 COP Ⅰ 和衔接蛋白 – 网格蛋白涂层，为 Arf1。B. 通过冷冻电子断层扫描在其自然细胞环境中显示 COP Ⅱ（a 和 d）、COP Ⅰ（b 和 e）和衔接蛋白 – 网格蛋白（c 和 f）包被的囊泡。对莱茵衣藻细胞进行成像。a 至 c 显示了每个囊泡的横截面，d 至 f 是在相同囊泡顶部的涂层上掠过的切片。注意，在 d 至 f 中可以看到 COP Ⅱ 和网格蛋白涂层的几何结构，显示了三角形的 Sec13/31 COP Ⅱ 晶格（d）和网格蛋白三基带（f）。比例尺 =50nm（A 经 Elsevier 许可转载，引自参考文献 [8]；B 引自 Bykov 2017[9]，https://cdn. elifesciences.org/articles/32493/elife-32493-v2. pdf. Licensed under CCBY 4.0. ）

核细胞及一些罕见的具有初级囊泡转运途径的原核细胞才具有包含类似上述结构域的蛋白[8]。因此，这一类蛋白在进化上与膜变形的功能需求紧密相关，其中就包括囊泡的形成。而这种β-螺旋桨-α螺线管的结构也存在于核孔复合物相关蛋白上，从而促进其结合核孔处高度弯曲的膜结构[25]。相关的发现让研究者提出了protocoatomer猜想，也就是上述三种囊泡外壳复合物，以及一些核孔蛋白拥有共同的原始祖先[25]。另一个支持这一猜想的证据来自于COPⅠ的β-COP亚基和γ-COP亚基与衔接蛋白AP-1和AP-2的大亚基存在明显的序列同源性[8, 26, 27]，而且其中包含β-螺旋桨-α-螺线管结构域的亚基都可以通过α-螺线管结构域介导的相互作用发生多聚化。但是，尽管存在同源性，COPⅠ与衔接蛋白-网格蛋白这两类包被外壳的结构具有显著的差异(图7-2)。对于COPⅠ，其相应亚基也与膜结构具有直接的相互作用，整体位置位于COPⅠ复合物其他蛋白的外侧；而对于衔接蛋白-网格蛋白型包被外壳，网格蛋白会在囊泡外围形成一个不直接接触膜的笼状结构（图7-2A）。同样，COPⅡ型也会通过Sec31和Sec13亚基形成相应的不直接接触囊泡膜的笼状结构（图7-2A）。不过，根据体外的结构数据和细胞内的囊泡成像结果，COPⅡ与衔接蛋白-网格蛋白型包被外壳的几何形状是明显不同的（图7-2B）。

除了β-螺旋桨-α螺线管亚基外，这三种类型的包被外壳也还有其他相似的特点，如都需要Arf家族成员小GTP酶介导的下游效应蛋白向膜上的招募。此外，其他所有囊泡包被外壳复合物均包含的祖先基序还有longin结构域（存在于COPⅠ和AP复合物中的中等亚基和小亚基上）和coiled-coils结构域。以上这些保留下来的保守特征提示可能最早存在一个原始包被外壳复合物，之后该祖先蛋白在进化上发生分叉，最终形成现在发现的这三种分泌途径的关键包被外壳，即COPⅠ、COPⅡ和衔接蛋白-网格蛋白三型。

三、COPⅠ包被囊泡

COPⅠ包被囊泡对于高尔基体内转运过程及从高尔基体返回内质网的循环过程是必需的。

COPⅠ包被外壳由七种亚基（α、β、β'、γ、δ、ε、ζ）组成，共同结合形成分子量约为680kDa的蛋白复合物，同时还与GTP结合蛋白Arf1相结合。COPⅠ可以诱导膜结构弯曲，进而将"货物"蛋白分选进入正在形成的囊泡中[28]（图7-2）。COPⅠ包被的囊泡最为人所熟知的功能便是介导内质网常驻蛋白从高尔基体返回内质网。一部分COPⅠ亚基被发现可以结合内质网常驻蛋白的胞质结构域中的二重赖氨酸基序[20]。此外，关于在酵母细胞中发现的一些COPⅠ温度敏感型突变体的研究表明，其在特定温度下会发生内质网与高尔基体之间转运过程缺陷的表型[21]。不仅如此，COPⅠ包被的囊泡还可以通过KDEL受体来介导内质网常驻蛋白的转运[29]。这些都表明，COPⅠ包被蛋白在反向转运过程中具有重要作用。

Arf蛋白与GTP的结合及相应GTP的水解受到上游调控蛋白的影响，进而控制着Arf蛋白在时空上的激活及其下游的信号转导过程。在相应鸟苷酸交换因子（guanine nucleotide exchange factors，GEF）的作用下，Arf蛋白结合的GDP被释放出来，进而得以结合GTP。这种核苷酸交换活性包含于Sec7结构域，该结构域序列在进化上十分保守，最早发现于酵母的Sec7p蛋白[30-32]。到目前为止，所有已发现的Arf鸟苷酸交换因子均具有Sec7结构域，该结构域的功能最早是从酵母细胞的Gea1p蛋白上鉴定得到的[33]。有意思的是，Gea1p蛋白的人源同系物正是前面提到的GBF1蛋白，该蛋白是由P. Melançon及其同事鉴定出来的[34]。GBF1是一个定位于高尔基体的蛋白，当其过表达后可以使细胞获得对于真菌毒素布雷非德菌素A的抗性，而该毒素在通常情况下可以完全阻止细胞的分泌过程，诱导高尔基体的解体，乃至最终与内质网融合[10]。促进Arf家族蛋白结合的GTP水解为GDP的蛋白是相应的GTP酶活化蛋白（GTPase-activating protein，GAP），其发挥功能依赖于包含锌指结构的保守GAP结构域[10]。鉴于蛋白一级序列的同源性，多种Arf的GEF与GAP蛋白被快速鉴定出来，同时相应的蛋白进化研究也得以进行。通过对 Arf 的 GAP 蛋白进行系统发生分析，研究人员发现这些蛋白很可能与相应 Arf 底物蛋白发生共同进化 [35]，类似的结论对于 Arf 的 GEF 蛋白也很可能成立 [36]。因此，我们可以推断 Arf 蛋白及其相应的调控蛋白在功能上具有十分紧密且协调的联系。

目前在真核细胞中已发现七个调控 Arf 的 GEF 蛋白亚家族 [30]。其中包含 Sec7 结构域的 GBF/Gea 与 BIG/Sec7 亚家族成员是以一类 Arf 蛋白作为底物 [10]，此外，GBF1 也有可能作用于二类 Arf 蛋白 [34, 37]。在人中，GBF/Gea 亚家族成员只有一个，即 GBF1；BIG/Sec7 亚家族成员只有两个，即 BIG1/2。这两个亚家族成员具有相似的结构，提示其可能来源于同一个祖蛋白，但是需要指出的是，它们的稳态定位及胞内功能并不相同 [10, 30, 31]。在动物细胞中，包括肝细胞和酵母细胞，GBF/Gea 亚家族成员的主要稳态定位是在早期高尔基体，而 BIG/Sec7 亚家族成员则主要定位在晚期高尔基体，如高尔基体反面侧等 [10, 31]。

COP Ⅰ 囊泡可以介导逆向转运过程，将需要循环回收的相应"货物"分子从高尔基体和内质网 – 高尔基体中间区室中重新运回内质网。位于高尔基体反面的 Arf 蛋白（主要是 Arf1/3）可以招募异源四聚体网格蛋白衔接蛋白、AP-1、AP-3 和 AP-4，以及三个单体蛋白 GGA1/2/3 [24, 38]。那么仅仅 1~2 个 Arf 蛋白分子是如何招募如此多不同种的包被蛋白至不一样的膜位点上的呢？研究人员发现，GEF 介导的 Arf 在不同位点处的活化可以决定下游招募的包被蛋白类型。位于内质网 – 高尔基体中间区室和高尔基体顺面的 GBF1 负责介导 CPO Ⅰ 的招募，而位于高尔基体反面的 BIG1/2 蛋白则负责介导衔接蛋白 – 网格蛋白型包被蛋白的招募 [10]。进一步地，GBF1 与 COP Ⅰ 亚基的相互作用解释了其对于 COP Ⅰ 招募的特异性 [39]。不仅如此，在 Arf1 激活之前，GBF1 蛋白就已经与 COP Ⅰ 结合，这就保证了 GBF1 激活 Arf1 时，COP Ⅰ 已经稳定在膜上 [39]。

将囊泡的包被外壳去除，即去包被过程，对于囊泡与受体膜融合是必需的。囊泡去包被过程的第一步为 Arf 家族蛋白结合的 GTP 水解为 GDP。但是仅仅是 Sar1 或者 Arf1 蛋白的 GTP 水解还不足以完全去包被，因为包被蛋白还可以通过与其他囊泡蛋白（如"货物"蛋白等）的相互作用而维持在囊泡外侧 [40, 42]。对于 COP Ⅰ 包被的囊泡，Arf1 的 GTP 水解由相应的 GTP 酶活化蛋白介导 [28, 43, 44]。Arf 的 GTP 酶活化蛋白 GAP1 通过其 ALPS 基序招募至高度弯曲的膜结构处，从而保证在囊泡形成完全之前包被外壳仍然保留在出芽囊泡外侧 [45, 46]。早期的观点认为，在出芽过程之后，包被外壳将会迅速脱落。但是近期的研究表明，多种类型的囊泡包被蛋白存在与受体膜处拴系复合物的相互作用 [47, 48]。对于转运至内质网的 COP Ⅰ 囊泡，内质网膜上的 Ds11 复合物通过与 COP Ⅰ 包被外壳的相互作用而发挥囊泡对接点的功能 [49-51]。不仅如此，这种相互作用还会进一步促进囊泡去包被过程 [51]。除了可以与内质网融合，COP Ⅰ 囊泡还可以介导高尔基体内的逆向转运。COP Ⅰ 亚基与高尔基体 COG 拴系复合物 [52, 53] 的相互作用及其与高尔基体顺面拴系蛋白 p115 [54] 的结合也很有可能参与介导囊泡靶向转运至高尔基体内相应受体膜处的过程。

GBF1 被发现在多种病毒的复制过程中发挥关键功能，包括丙型肝炎病毒 [55] 和戊型肝炎病毒等 [56]。甲型、乙型、丙型、丁型和戊型肝炎病毒等的感染是导致全球范围内大多数肝脏疾病发生的原因，也是一个世界性的健康难题。对于研究得十分详尽的丙型肝炎病毒，脂质代谢是病毒感染中的关键一环，病毒通过劫持细胞的脂质代谢途径来促进自身的扩增与传播 [57]。GBF1 的催化结构域是丙型肝炎病毒形成具有功能的病毒复制复合物所必需的 [58]。不仅如此，丙型肝炎病毒的复制还需要借用 Arf4 和 Arf5 在肝细胞脂质稳态调控中的功能 [58]。因此，对于肝炎病毒感染肝细胞的分子机制的深入理解不仅可以帮助我们更好地研制出针对相应病原体的治疗药物，更将大大加深我们对于细胞分泌途径与脂质稳态协同调控机制的认识。

四、COP Ⅱ 包被囊泡

（一）COP Ⅱ 包被囊泡介导内质网向高尔基体的正向转运

从内质网向高尔基体的蛋白转运过程是由囊泡载体介导的，这些囊泡形成于内质网上形态界限明确且特化的无核糖体区域，即内质网输出位点。在胰腺腺泡细胞电子显微镜照片中，研究人员可以清楚地看到内质网上的芽结构和大量的小囊泡状突起轮廓，这些结构与滑面内质网有明显区别[60]。利用活细胞成像技术，研究人员还发现这些来自于内质网的过渡区域是短时且随机形成的[61]。

对于介导内质网向高尔基体转运蛋白的"货物"载体研究已经较为详尽。关于蛋白转运及相应分泌途径的多个步骤，其中被发现的第一个重要分子就是来自于多篇以酿酒酵母为模式系统的研究报道。酵母细胞可以作为遗传学、分子生物学及生物化学等多方面综合性的研究材料，对于我们揭示相应体内和体外的功能机制意义重大。通过将酵母条件性分泌突变株分离出来，研究人员利用这些突变体鉴定并发现了大量参与转运途径的分子及其功能，其中就包括 COP Ⅱ 包被外壳的所用必需亚基[32]。通过利用酵母细胞的膜结构，研究人员可以在体外非细胞体系下将囊泡的出芽和融合过程重现出来。利用这一实验体系，研究人员得以分离出了来源于内质网的转运囊泡，该类囊泡直径 60～65nm，同时电镜照片提示其表面具有与囊泡膜不同电子密度的外壳结构，此即为 COP Ⅱ[62]。利用纯化得到的囊泡结构，COP Ⅱ 包被外壳的组成蛋白被一一鉴定出来，这些研究也揭示出其与 COP Ⅰ 包被[62]成分具有显著差别。

早期对于包括肝癌 HepG2 细胞等在内的多种不同类型细胞的研究表明，当即将从内质网输出时，分泌的"货物"蛋白位于出芽处，其包含在直径 40～80nm 的载体囊泡和管腔中，这一结构也被称作囊泡 – 管腔簇（vesicular-tubular clusters，VTC）。在胰腺细胞中，相似的结构也被鉴定到，同时实验结果表明其为 COP Ⅱ 阳性。在内质网上靠近囊泡 – 管腔簇的潴泡往往

也会形成出芽状的轮廓，其外侧包裹有电子密度大且蜂窝状的外壳（图 7-2B），而这些外壳正是 COP Ⅱ[64]。

（二）COP Ⅱ 包被囊泡的蛋白组成与囊泡形成

COP Ⅱ 包被外壳的组成成分与 COP Ⅰ 包被体不同，其被认为可以促进内质网来源的转运囊泡的出芽过程，因为只有 GTP 酶 Sar1、Sec13/31 和 Sec23/24 被发现是 COP Ⅱ 包被囊泡形成所必需的[62]。Sec12 是一个 Sar1 蛋白的鸟苷酸交换因子，而 Sar1 定位于内质网上，介导 COP Ⅱ 囊泡生物合成的起始过程。Sar1 经 Sec12 激活后，衔接蛋白 – 包被蛋白复合物组分中的 Sec23/24 被招募过来，同时结合相应"货物"分子。包含 β– 螺旋桨 –α– 螺线管结构域的 Sec13/31 包被蛋白也被招募过来形成相应的包被外壳，同时也促进膜结构的变形过程。Sec23/24 可以通过其上的三个不同区域来识别从内质网向高尔基体转运的 v-SNARE，从而对于"货物"分子进行选择。而它们之间的相互作用受到 SNARE 装配状态的调控，这就表明 COP Ⅱ 蛋白在内质网向高尔基体转运过程中的囊泡融合选择性上也发挥重要功能[12]。

在 COP Ⅱ 囊泡形成的晚期，囊泡形成过程中需要的 GTP 在 Sar1 特异性的 GTP 酶活化蛋白 Sec23 的促进下水解为 GDP。当 Sar1 结合 GTP 时，它插入膜的 N 端 α– 螺旋结构可以促进脂质体变形为狭形管腔状结构。如果该螺旋结构发生突变，尽管包被蛋白的招募似乎并不受到影响，但是仍然会导致内质网上膜弯曲和囊泡形成的缺陷[13]。另外，如果抑制 Sar1 结合的 GTP 的水解，那么将会导致形成的 COP Ⅱ 包被囊泡无法从内质网上分离，这就提示受到 GTP 结合与 GTP 水解调控的 Sar1 的 N 端区域对于 COP Ⅱ 囊泡的分离过程十分重要[65]。

尽管体外实验表明，上述提到的五个蛋白是囊泡形成所需的最少组分，但是研究人员也发现，在不同类型的细胞中仍然还有存在其他对于 COP Ⅱ 囊泡形成所必需的分子。Sec16 最早在酵母细胞中发现，之后体内实验表明其对于

COP Ⅱ 囊泡形成是不可或缺的 [12]。Sec16 发现存在于所有真核细胞中，其被认为在可以作为脚手架蛋白结合其他 COP Ⅱ 包被蛋白，同时还可以通过其与内质网输出位点分子的相互作用来调控内质网输出过程 [14]。不仅如此，Sec16 对于包含 COP Ⅱ 组分的应激颗粒的形成也是必需的，而应激颗粒则是在细胞饥饿后相应分泌途径被关闭后形成的 [66]。因此，在细胞不同的生理状态下，包括生长和饥饿条件下，Sec16 对于 COP Ⅱ 组分具有十分广泛的调控功能。

TFK、TANGO1 和 cTAGE5 蛋白是后来发现的内质网输出位点相关组分，参与相应过程的调控 [67, 68]。TFK 可以结合 Sec23/24 内部的包被蛋白，促进 COP Ⅱ 囊泡的去包被过程 [67]。类似于 COP Ⅰ 囊泡，COP Ⅱ 囊泡的去包被过程也是发生在转运过程的后期，即当囊泡靶向至受体区室之后 [47, 48]。有意思的是，TFK 的 N 端除了 COP Ⅱ 结合位点外还包含一个不规则结构域，体外实验表明这一区域使得其具有液滴相分离的功能。当 TFK 缺失时，COP Ⅱ 囊泡会散开，提示其可能通过促进囊泡形成液滴状结构来促进其接近相应受体区室 [67]。除了 TRK，COP Ⅱ 囊泡包被蛋白 Sec23 也可以在 COP Ⅱ 去包被过程和囊泡融合前结合位于受体区室膜上的 TRAPP [69]。

TANGO1 是研究人员在果蝇中筛选影响分泌过程的基因中被发现的，之后研究表明其对于角质细胞和成纤维细胞的胶原分泌过程是必需的 [68]。TANGO1 定位于内质网输出位点，与 TFK 类似，其可以结合 COP Ⅱ 包被外壳的内部组分，包括 Sec23 和 Sec24 等，但是却不能结合外部的笼状组分 [68]。此外，TANGO1 还在肝脏细胞中表达 [70]，参与介导特定 "货物" 分子的输出。

利用体外纯化得到的 GST-hSec23 蛋白，研究人员通过相互作用鉴定到了约 125kDa 大小的蛋白 p125，该蛋白在肝脏中表达，并且与磷脂酸偏好型 PLA1（该蛋白可以介导溶血磷脂的生成）具有序列同源性 [71]。近期，细胞内和体外实验表明，溶血磷脂可以在 COP Ⅱ 囊泡出芽过程中降低内质网膜结构的刚性 [72]。这些结果表明膜的组成及膜的生物物理性质在囊泡形成中十分重要。

五、COP Ⅱ 载体介导的 VLDL 颗粒从内质网向高尔基体转运

已有研究表明，在分泌途径中，对于较大的 "货物" 分子，当其大小已经无法包裹进入经典的 60nm COP Ⅱ 囊泡时，细胞还是会利用 COP Ⅱ 复合物来介导其从内质网向高尔基体的转运 [73, 74]。在肝细胞中，VLDL 颗粒形成于内质网膜的管腔侧，之后会被转运到高尔基体 [70, 75]。但是每个 VLDL 颗粒直径长达 90nm，而且尤其是当多个颗粒同时进入一个载体中，那么此时 "货物" 体积太大必然无法整合进经典的 COP Ⅱ 囊泡。但是，实验结果表明 COP Ⅱ 组分参与了 VLDL 从内质网向高尔基体的转运 [76, 77]。不仅如此，TANGO 蛋白在这一过程中也很重要，其作为脚手架蛋白可以促进这些更大的 COP Ⅱ 型囊泡状结构的形成。TANGO1 最开始是作为管腔内胶原前体的跨膜 "货物" 受体蛋白被发现的，而胶原前体对于经典的 COP Ⅱ 囊泡转运来说也太大了。TANGO1 可以将管腔内的胶原与内质网膜另一侧的 COP Ⅱ 包被蛋白联结起来，从而发挥 "货物" 受体蛋白的功能 [68]。

TANGO1 及其相互作用蛋白 TALI 对于肝癌 HepG2 细胞中 VLDL 颗粒的正常分泌都是必需的 [70]。TANGO1 和 TALI 不仅自身具有相互作用，两者形成的复合物也可以结合 apoB100，而后者可以与甘油三酯结合，对于 VLDL 颗粒的形成至关重要 [70]。在 HepG2 细胞中，这三个蛋白存在共定位，并且三者在 VLDL 颗粒上的相互作用可以促进它们招募至内质网输出位点，在这里它们将被包裹进入 COP Ⅱ 型载体 [70]。有意思的是，ERGIC 膜的标志物 ERGIC53 蛋白也与包含 apoB 的结构在内质网输出位点具有共定位 [70]。这一系列的结果支持 ERGIC 参与 VLDL 颗粒形成过程的观点，就像其也参与 COP Ⅱ 型载体介导的胶原转运过程 [78]。

六、来源于反面高尔基体的囊泡

（一）反面高尔基体网络处的蛋白分选与转运过程

反面高尔基体网络是管腔 – 囊泡状网络，其

主要功能是将蛋白分选至其胞内的相应目的位置。在这一膜状的网络中,"货物"蛋白被有效地分隔进入到不同的囊泡之中,之后将会被转运到细胞的不同位置,包括内体/溶酶体系统、极性细胞的顶端或底端区域、分泌性颗粒池等。在受到调控的分泌细胞中,这些分泌性颗粒池受到相应的胞外刺激之后便会将相应内容物释放到胞外。

反面高尔基体网络已被发现与内体具有动态且紧密的关联,尤其是在受体循环过程、内体成熟过程、溶酶体相关酶类递送过程等相关活动中[23]。

在反面高尔基体网络处可以形成大量不同类型的囊泡,提示在高尔基体的输出面具有高度的分选活性。其中研究得最为详尽的是网格蛋白包被的囊泡。其他的非网格蛋白包被的囊泡则是由与AP-1同源的衔接蛋白介导,它们转运不同的"货物"蛋白。

(二)反面高尔基体网络处网格蛋白依赖和非依赖囊泡的形成

网格蛋白是第一个在哺乳动物细胞高尔基体区域被发现的包被蛋白。在肝细胞的反面高尔基体网络膜处,研究人员可以清楚地通过电镜照片看到电子密度高且有刺突的包被复合物[80](图7-3A)。

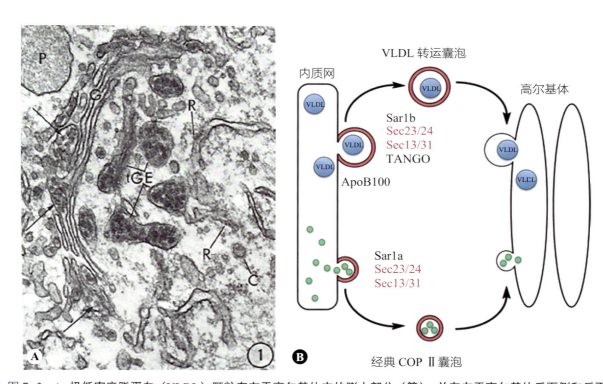

▲ 图7-3　A. 极低密度脂蛋白(VLDL)颗粒存在于高尔基体内的膨大部分(箭),并存在于高尔基体反面侧和反面高尔基体内形成的分泌囊泡中。粗内质网因为核糖体的存在而明显。G. 高尔基体;箭. 包含VLDL颗粒的高尔基体部分;tGE. 含VLDL颗粒的反面高尔基体部分;C. 网格蛋白涂层囊泡;R. 核糖体;P. 过氧化物酶体。放大倍数:44 000×。B. 描述肝细胞中VLDL从内质网到高尔基体转运的示意图。VLDL颗粒由管腔侧的内质网膜形成,需要载脂蛋白B100(apoB100)。颗粒进入内腔,然后使用COP Ⅱ装置(Sec23/24、Sec13/31)和TANGO包装成VLDL运输囊泡。VLDL转运囊泡的直径约为110nm[79],足以包裹VLDL大小的颗粒,并且大于经典的COP Ⅱ囊泡(平均直径为60~70nm)。后者包含在内质网定位的核糖体上合成的新生分泌和跨膜"货物"蛋白,并转移到内质网管腔。VLDL转运囊泡和经典的COP Ⅱ囊泡都需要COP Ⅱ蛋白才能从内质网膜上出芽,但使用不同的Sar1小G蛋白:Sar1b用于VLDL运输囊泡,Sar1a用于经典的COP Ⅰ囊泡。从内质网分裂囊泡后,两种类型的囊泡都靶向受体隔室,脱壳,然后与受体隔室膜融合(A经许可转载,引自参考文献[80],©1978 P.M. Novikoff and A.Yam.Originally published in Journal of Cell Biology. https://doi.org/10.1083/jcb.76.1.1)

最先被鉴定出来同时也是研究得最清楚的"货物"衔接蛋白是异源三聚体衔接蛋白复合物 AP1～5，其中有三种参与介导反面高尔基体网络处的蛋白分选过程，即 AP-1、AP-3 和 AP-4。这三种包被蛋白复合物经由 Arf1 和 Arf3 招募到膜上，其中 AP-1 还需要 PI4P（图 7-4）。反面高尔基体网络来源的网格蛋白包被的囊泡目前已知具有由网格蛋白三角复合体和衔接蛋白复合物 AP-1[22] 和 AP-3[81] 组成的包被外壳。AP-4 不结合网格蛋白。AP-1 的 μ_1 亚基负责结合"货物"蛋白的 YXXΦ 基序，而 β_1 亚基则与"货物"蛋白上基于二重亮氨酸形式的信号区域相互作用。γ 衔接蛋白亚基则负责招募辅助蛋白至囊泡形成位点[23]。

对于 AP-1 的 μ_1 亚基有两种形式，即 μ_1A 和 μ_1B。μ_1A 是广泛存在的，而 μ_1B 则仅发现于极性的上皮细胞中[22, 23]。相对应的衔接蛋白复合物 AP-1A 和 AP-1B 在极性细胞中均存在，参与底端蛋白的分选。AP-1B 负责分选上皮细胞中一小部分特定的"货物"蛋白从反面高尔基体网络向底

端细胞质膜的转运，包括 LDL 受体和 IL-6 受体的 β 链[82]。

第二类包被复合物由单体衔接蛋白组成，即 GGA 蛋白，其通过 Arf1 和 PI4P 招募至反面高尔基体网络处。目前在哺乳动物细胞中已发现三种 GGA 蛋白，即 GGA1/2/3[23]。每种 GGA 蛋白均包含三个结构域，包括 VHS、GAT 和 GAE 结构域。通过 VHS 结构域，GGA 蛋白可以识别 teding–"货物"上的 DXXLL 基序，例如，甘露糖 –6– 磷酸受体 MPR 尾部就具有该基序，从而参与反面高尔基体网络与内体之间的蛋白分选过程[83]。而 GAT 结构域可以与 Arf 相互作用，将该区域突变后则会使得 GGA 蛋白不能结合 Arf，同时也无法被招募至反面高尔基体网络处[84]。GAE 结构域与 AP-1 复合物招募的辅助蛋白上的 GAE 结构域同源[85]。

从反面高尔基体网络处形成的网格蛋白包被的囊泡还参与新合成的溶酶体相关酶类的转运。新合成的可溶性溶酶体相关酶类在高尔基体顺面

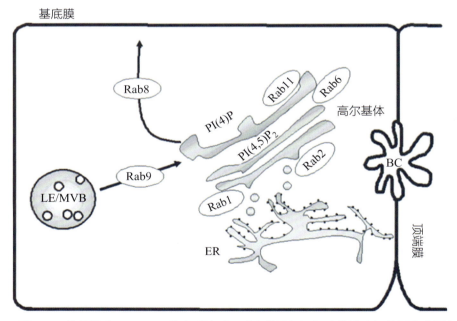

▲ 图 7-4 特异性小 Rab GTP 酶和磷脂酰肌醇定位于沿肝细胞分泌途径的不同膜隔室

Rab1 和 Rab2 被认为介导新生蛋白从内质网到顺面高尔基体的运输。Rab6 是一种与驱动蛋白相关的 Rab，可介导高尔基体内的转运，Rab11 调节反面高尔基体网络（TGN）的出口，而 Rab8 的作用是将分泌囊泡从高尔基体定向到质膜。Rab9 在晚期内体到 TGN 转运中起作用。PI(4)P 在高尔基体中显著富集，被认为介导支持 TGN 处囊泡形成的多种蛋白质的募集。高尔基体的 PI(4,5)P$_2$ 与 Arf1 和 PLD 一起发挥作用，并参与囊泡形成。LE/MVB. 晚期内体 / 多泡体；ER. 内质网；BC. 胆小管膜；PI(4,5)P$_2$. 磷酸肌醇 –4, 5– 二磷酸

获得甘露糖 –6– 磷酸标签，之后该标签可以被反面高尔基体网络处的 MPR 蛋白识别[23]。GGA 蛋白对于 MPR 蛋白包装进入囊泡及其向内体的转运是必需的[86]。另一个衔接蛋白复合物 AP-3 则在机体内广泛表达，其定位在与芽结构或囊泡相连的反面高尔基体网络处，并且可以与网格蛋白和溶酶体膜蛋白的胞质尾部的分选信号区域相互作用[23]。LAMP-1 和 LIMP-2 蛋白的正确分选过程都由 AP-3 复合物介导[81]。除了异源四聚体和 GGA 衔接蛋白复合物，研究人员还发现了其他衔接蛋白，如 epsin 相关蛋白等[23]。

除了小 GTP 酶蛋白的 Arf 家族成员，Rab 家族成员也被发现参与分泌途径中转运的每一个步骤[87]。Rab1 及 Rab2 在内质网向 ERGIC 的"货物"转运中发挥功能[59, 87]。其他的 Rab 蛋白，包括 Rab6、Rab19、Rab33、Rab36、Rab40、Rab41 和 Rab43，在高尔基体处发挥功能，而 Rab8（酵母细胞中 Sec4 的同系物）则对于胞吐途径中"货物"分子从晚期高尔基体向细胞膜的转运十分关键。Rab3、Rab26、Rab27、Rab37 和 Rab2 也参与反面高尔基体网络向细胞膜的转运[87]。Rab8 和 Rab11、Arf4 和 Arf 的调控蛋白还参与感光细胞中"货物"分子从反面高尔基体网络向纤毛的转运过程[88]（图 7–4）。

（三）反面高尔基体网络来源囊泡的分离

发动蛋白分子量较大，具有 GTP 酶活性，除了被发现定位于细胞表面，还定位于高尔基体上，因此也有报道提示其可能通过分子挤压的模式参与高尔基体处囊泡的分离过程。利用特异性抗体进行实验，研究人员发现发动蛋白可以结合在高尔基体的膜上[89]。皮层蛋白作为一个肌动蛋白结合蛋白，与发动蛋白在同一个复合物中，参与肝脏细胞中晚期高尔基体相关的转运过程。利用体外和细胞实验，研究人员证实 Arf1 激活后可以招募肌动蛋白、皮层蛋白和发动蛋白到高尔基体膜上，而破坏皮层蛋白与发动蛋白的相互作用则会减少发动蛋白向高尔基体的招募，并抑制新合成的蛋白从反面高尔基体网络处转移，这些结果表明皮层蛋白 – 发动蛋白复合物在其中发挥了重要的功能[90]。

发动蛋白被认为可以形成大型的螺旋状多聚体，同时可以向外部伸出多个可以与其他分子相互作用的富含脯氨酸残基的尾部。这一结构域可以结合多种包含 SH3 结构域的蛋白，而这些蛋白很多都是肌动蛋白结合蛋白，如 Abp1 和 syndapin。这些发现提示发动蛋白可以在肌动蛋白纤维和生物膜之间形成多聚体型的脚手架结构，并且具有收缩功能（图 7–4）。

除此之外，细胞中还存在许多非发动蛋白介导的囊泡分离机制，如在反面高尔基体网络处就存在[91]。包含 Rab6 的囊泡在反面高尔基体网络处形成后，细胞骨架马达蛋白质在其中起到关键作用。结合 GTP 的 Rab 蛋白处于激活状态，可以招募肌球蛋白 II 到膜上，之后肌球蛋白在肌动蛋白纤维上的马达活性可以产生相应所需的机械力来介导囊泡的分离[92]。

七、分泌途径与脂质代谢的协同调控

细胞分泌途径与脂质代谢通路具有极其紧密的联系[93]。内质网是细胞内脂质合成的主要场所，同时许多条通路都在此发挥功能将脂质输送到细胞内的不同地点。无论是组成细胞膜的磷脂成分还是中性的脂质储备（甘油三酯和胆固醇酯等）都是内质网膜上的酶介导合成的[94, 95]。除了合成以外，中性脂质成分也被发现是在内质网处被包裹进入脂滴中[95]。细胞中调控脂肪酸在膜磷脂的合成与脂滴内中性脂质的合成之间选择的关键蛋白首次在酵母细胞中被发现[96]。之后在哺乳动物细胞中也发现了类似的调控机制。其中最为关键的调控点则是磷脂酸（phosphatidic acid，PA）代谢，因为磷脂酸不仅是磷脂合成的前体，也可以用于合成甘油三酯[97]。在细胞内，磷脂酸一方面可以在磷脂酸磷酸酶的作用下将磷酸基团水解，从而生成 DAG，后者可以进一步通过酯化反应形成甘油三酯；另一方面也可以在 CDP-DAG 合成酶的作用下生成 CDP-DAG，后者是细胞内所有主要磷脂的合成前体。因此，磷脂酸磷酸酶的活性是调控磷脂酸流向储存型脂质合成的关键。在酵母细胞中只有一个磷脂酸磷酸酶 Pah1，而在哺乳动物细胞中则有三个，即

Lipin1/2/3。Lipin 敲除的小鼠具有脂肪代谢障碍的表型，而酵母中的实验也表明 Pah1 对于脂滴的形成是必需的，因此这些结果提示磷脂酸磷酸酶对于脂质的储存十分重要[97]。Pah1 和 Lipin 蛋白在细胞核与细胞质中均有分布，还同时参与脂质代谢基因的转录调控[97]。

除了普遍存在的分泌途径与脂质代谢协同调控途径，肝细胞中还会利用分泌途径转运 VLDL 颗粒（图 7–3A），这一功能在机体的脂质稳态调控中处于中心地位[75, 79, 98]。我们知道，肝脏在机体的脂质储存和脂质的全身运输中发挥关键作用。在肝脏中，来源于食物、甘油三酯水解和生物合成的脂肪酸可以被整合到脂滴中进行储存，也可以被包裹进 VLDL 颗粒中进行体内的运输。这些颗粒都具有一个由甘油三酯组成的疏水脂质核心，外周包裹着磷脂单分子层，这提示其是通过甘油三酯在内质网磷脂双分子层之间的累积形成的[75, 79]。脂滴开始时其外部包裹着内质网胞质侧的磷脂单分子层，随着向胞质侧的出芽过程，最终形成成熟的脂滴；而 VLDL 颗粒开始时外部则是包裹着内质网管腔侧的磷脂单分子层，随后向着内质网管腔内进行出芽过程。VLDL 颗粒之后可以进入分泌途径，最终从肝细胞中释放进入到血液循环中（图 7–3B）。

在肝细胞中，过表达 Lipin1 可以抑制 VLDL 的分泌[98, 99]。其中具体机制还没有完全揭示出来，目前较为接受的观点认为，Lipin1 的高表达可以促进磷脂酸流入甘油三酯合成途径而不是磷脂合成途径，而磷脂作为生物膜的重要组分对于分泌途径的活性是必需的。这一结果也提示相应效应在酒精性脂肪肝的病理发生过程中有重要意义，因为实验表明乙醇可以上调 Lipin1 的表达水平[99]。不仅如此，乙醇还能抑制小鼠肝脏中 VLDL 的分泌，并且这种乙醇诱导的 Lipin1 表达水平的升高依赖于 AMPK-SREBP1 通路[75, 99]。此外，在不同的营养信号条件下，肝细胞中的 mTORC1 能够相应地通过影响 Lipin 蛋白的核定位来调控其活性[100]。

八、展望

肝细胞的主要生理功能包括分泌特定蛋白质与 VLDL 颗粒进入循环系统与合成胆汁等，这些过程都依赖于蛋白和脂质分子的转运。本章介绍了指导新合成的蛋白质与复杂的 VLDL 颗粒从内质网向高尔基体乃至最终到达目的位置过程的主要关键分子。上述过程中的核心体系在进化上高度保守且存在于所有细胞中，但是在肝脏中，由于需要转运一些特定"货物"，如 VLDL 颗粒等，细胞也因此在相应核心体系的基础上发生了功能适应性的改变。更好地理解肝脏细胞在正常与病理生理条件下如何调控上述这些过程是我们当下与未来的研究目标与科学挑战。在这么多年的研究中，重要的进展之一就是揭示了膜转运途径与脂质运输和脂质代谢之间的密切联系。无论是胞质中脂滴的形成还是管腔内 VLDL 颗粒的产生，它们都与内质网向高尔基体的囊泡转运过程密不可分。今后研究的一个重要方向便是阐明肝脏细胞内类似上述这种囊泡转运途径与其他细胞活动偶联背后的分子机制。相应分子机制的揭示不仅可以为酒精性脂肪肝和非酒精性脂肪肝等肝病提供可能的医疗介入手段，还将大大有助于我们对依赖相关过程且具有复制和传播性的病毒进行特异高效防治药物的研发。

致谢　本章基于上一版 Susan Chi 和 Mark McNiven 的章节。CLJ 得到了法国 ANR（ANR-13-BSV2-0013）和"医学研究基金会"（DEQ20150934717）的资助。

第8章 线粒体功能、动力学和质量控制
Mitochondrial Function, Dynamics, and Quality Control

Marc Liesa　Ilan Benador　Nathanael Miller　Orian S. Shirihai　著

徐晓军　陈昱安　译

　　"线粒体"（mitochondrion）这个词起源于两个希腊词的融合：mitos（线）和 chondros（颗粒）[1]。该术语是 Benda 在目测这些细胞器后创造的。值得注意的是，线状和粒状是细菌最常见的形状：coccus 是指粒状细菌，bacillus 是指杆状细菌。后来，证明线粒体起源于真核细胞祖先吞噬的细菌。细胞内寄生的立克次体被广泛接受为线粒体起源的 α- 变形菌目，在形态学上被归类为球杆菌属。因此，内共生理论既有解剖学证据，也有 DNA 保守证据。在这方面，存在于所有真核物种中的线粒体的主要特征在细菌中是保守的，即：①线粒体消耗氧气来合成 ATP，这个过程称为氧化磷酸化（oxidative phosphorylation，OXPHOS），类似于细菌有氧 ATP 合成；②线粒体有自己的基因组，它编码呼吸复合体中执行氧化磷酸化的 13 个亚基及其翻译所需的 tRNA 和 rRNA；③线粒体是运动的细胞器，可以融合或分裂成更小的细胞器，类似于细菌。

　　在本章中，我们将总结线粒体的这三个保守特征，重点介绍肝细胞线粒体氧化磷酸化功能，以及线粒体动力学在肝细胞中决定氧化磷酸化功能的作用。

一、线粒体氧化磷酸化

　　线粒体是由具有不同脂质和蛋白质组成的两个膜层形成的细胞器，由膜间空间（intermembrane space，IMS）隔开。估计有超过 1500 种蛋白质存在于人类线粒体中，但只有 13 种由线粒体 DNA（mtDNA）编码，因此蛋白质通过线粒体膜层的输入是线粒体生物发生、功能和周转的核心过程。

　　线粒体外膜可双向渗透小溶质，包括小肽（<5kDa），这要归功于通道蛋白质 porin/VDAC 的存在。而外膜转位酶（translocase of the outer membrane，TOM）蛋白家族则负责跨线粒体外膜的蛋白质转运[2,3]。

　　线粒体内膜的通透性更严格，其限制了包括质子（H^+，1Da）在内的小分子的双向扩散。这种严格性意味着营养物质、动力、代谢物和极性辅助因子的内膜转运严格依赖于转运蛋白及其调节机制。内膜是执行氧化磷酸化的蛋白质的位置，该过程简要定义为一系列氧化还原反应，涉及多种跨膜蛋白质多聚体（复合物）的电子传递，当质子挤出到双层膜内空间后，质子通过 ATP 合成酶重新进入产生 ATP。对质子严格渗透及 IMS 内的高质子浓度限制了氧化磷酸化速率，允许 ATP 合酶通过 ATP 需求来控制氧化磷酸化速率（即有多少营养物质被氧化和多少氧气被消耗）。此外，通过内膜导入构建线粒体的蛋白质由内膜的转位酶蛋白家族（translocase of the inner membrane，TIM）执行，蛋白质的能量转运也由质子梯度在内膜上产生的电荷和 pH 的差异提供[4]。这两个关键过程对质子梯度的依赖性表明内膜的严格渗透性对于线粒体功能的正常发挥至

关重要。

在这种情况下，线粒体氧化磷酸化由三个协同作用并最终由 ATP 合酶活性决定的主要过程构成：①营养和燃料氧化；②电子传递链和细胞色素 C 氧化酶活性；③线粒体 ATP 合酶活性。

（一）营养和燃料氧化

人类呼吸并转化为水和 CO_2 的氧气中有 90% 被线粒体消耗。这可以解释为什么一些营养物质在线粒体内被完全氧化（一些氨基酸和脂肪酸）。此外，在线粒体内不发生氧化的营养物质可以提供燃料 / 中间体在线粒体内被氧化（例如葡萄糖衍生的甘油 –3– 磷酸和丙酮酸）。线粒体中的营养氧化反应主要发生在基质中，少数发生在双层膜之间（甘油 –3– 磷酸脱氢酶）。这些反应由脱氢酶催化，这些酶从养分中剥离电子，并将它们转移到烟酰胺腺嘌呤二核苷酸（NAD^+ 和 FAD^+）。这些腺嘌呤二核苷酸每个可以接受两个电子并携带它们转移到电子传输链。而在肝细胞的线粒体中，营养物质氧化极为复杂并受到高度调节。这种复杂性和高度调节意味着线粒体中的营养物氧化不仅取决于肝细胞内外养分的可用性，甚至还取决于氧化磷酸化复合物转移电子与 ATP 合成偶联的能力。这种复杂性有四个根本原因，如下所述。

1. 线粒体营养物质氧化可以维持肝细胞中的营养合成

在机体禁食和饥饿的情况下，肝细胞负责合成并向其他组织（主要是大脑）提供营养物质，主要是葡萄糖和酮体。在禁食期间，肝细胞线粒体不氧化葡萄糖，而是完成脂肪酸氧化以维持其 ATP 需求并产生酮体[5]。就氨基酸而言，它们在禁食期间的氧化可用于为糖异生提供 ATP 和碳中间体。在进食状态下，肝细胞线粒体营养氧化则会选择性发生变化，例如，线粒体中葡萄糖氧化产生的丙酮酸可促进脂肪酸合成的过程。因此，线粒体营养物质氧化和燃料 / 养分运输经过特定调整来维持肝细胞功能，这个过程对激素敏感（响应禁食和进食变化）。

2. 来源于不同营养物质的氧化产物在三羧酸循环中汇聚

线粒体中葡萄糖衍生的丙酮酸、氨基酸和脂肪酸氧化中间和最终代谢物均可进入三羧酸循环。该氧化还原循环由以下 8 个酶催化完成：① 4 种脱氢酶（其中两种是脱羧酶）；② 2 种合成酶；③ 1 种异构酶；④ 1 种与结构中有 4～6 个碳的羧酸相互连接的水合酶。该循环始于柠檬酸合成酶催化缩合草酰乙酸（4 个碳）和乙酰 CoA（2 个碳）成柠檬酸盐（6 个碳）。重要的是，在一轮循环中，2 个碳会以 2 个 CO_2 的形式损失，同时产生 3 个 NADH、1 个 FADH2、1 个 ATP 或 GTP。这意味着在每一轮中最少需要 2 个碳来取代作为 CO_2 损失的两个碳，因为羧化酶是构成三羧酸循环本身的核心酶的一部分。由于这 8 种 TCA 循环反应发生在线粒体基质内，并且 8 种 TCA 酸带负电荷，因此它们在基质中的浓度需要保持在一定范围内。这种维持不仅需要保持 TCA 循环"自旋"以提供可转移的电子和 ATP，而且还需要保持由跨内膜的质子梯度产生的电荷和 pH 差异所包含的能量。在改变基质中 TCA 循环代谢物浓度的能力有限的情况下，对碳供应的需求被广泛接受，以解释对代谢物回补和代谢物耗竭过程的要求。

3. 代谢物回补和代谢物耗竭是维持 TCA 循环率和线粒体功能所必需的

构成 TCA 循环的羧酸可用于从头合成多种分子，包括葡萄糖、脂肪酸和血红素等。在消耗后补充 TCA 循环中间体的过程称为代谢物回补。相比之下，代谢物耗竭是指消耗 TCA 循环中间体的过程，这可能与生物合成过程有关。肝细胞需要通过代谢物回补以维持受进食和禁食调节的代谢物耗竭过程，包括脂肪酸、葡萄糖和血红素的合成。因此，肝细胞中的代谢物回补和代谢物耗竭受到严格的激素调节。肝细胞中的代谢物回补过程的完美例子是线粒体丙酮酸羧化酶催化的反应。该酶使用 ATP 水解将碳酸氢盐（可能源自 CO_2）中的一个碳添加到丙酮酸中。在进食状态下，来自葡萄糖的丙酮酸被丙酮酸羧化酶和丙酮酸脱氢酶分别用于生成草酰乙酸和乙酰 CoA。通过这种方式，丙酮酸羧化酶活性补充了离开 TCA 循环的草酰乙酸，因为柠檬酸用于脂肪酸合成或作为葡萄糖合成的碳源（催化反应）。肝脏中另一个主要的分解过程是血红素合成，因为其合成的第一步涉及消耗琥珀酰 –CoA（8 种 TCA 中间体之一）。

4. 衍生于葡萄糖的丙酮酸和脂肪酸的竞争性线粒体氧化过程

这种竞争促进了在进食和禁食状态下，肝细胞线粒体在脂肪代谢中的执行相反功能的过渡。餐后状态下，葡萄糖衍生的丙酮酸在线粒体基质中氧化生成柠檬酸盐，用于从头合成脂肪酸，而在禁食期间，线粒体脂肪酸氧化为葡萄糖合成和酮体生成提供燃料。允许这种基于竞争的转变的关键分子机制可以概括为两点。

• TCA 脱氢酶和丙酮酸脱氢酶的产物抑制作用：高水平的 ATP、乙酰 CoA 和脂肪酸氧化基质中的 NADH 可以通过产物抑制减缓丙酮酸脱氢酶（pyruvate dehydrogenase，PDH）和 TCA 循环氧化速率，减少 CO_2 的释放[6, 7]。减缓 TCA 循环可以平衡由脂肪酸和氨基酸氧化而引起的回补，三羧酸旁路代谢伴随着消耗草酰乙酸和乙酰 CoA 用于葡萄糖和酮体的合成。在肝脏和肌肉等其他组织，这种竞争机制有助于在禁食或在脂肪酸作为主要被氧化的营养物质时降低有机 CO_2 产生速率。

• 抑制长链脂肪酸进入线粒体：当进食情况下，线粒体中来源于葡萄糖的丙酮酸氧化增加，通过三羧酸旁路代谢，高浓度的柠檬酸盐从线粒体排出。排出的柠檬酸是丙二酰 CoA 的前体，丙二酰 CoA 可以通过阻断转运蛋白 CPT1（位于外膜），来抑制活化脂肪酸向线粒体的转运[8]，即葡萄糖能通过阻断脂肪酸的进入来抑制脂肪酸氧化。这一事实支持了这样的结论：默认情况下，脂肪酸氧化将优先于线粒体基质中丙酮酸氧化。其原因有可能是转运蛋白 CPT1 使长链脂肪酸活跃且更快地进入线粒体，满足 ATP 需求和禁食下酮体的产生，而这可能无法通过扩散实现。

（二）电子传递链与细胞色素 C 氧化酶活性

电子传递链由四个多蛋白复合体组成，它们分别被称为复合体Ⅰ、Ⅱ、Ⅲ和Ⅳ。NADH 携带的电子通过复合体Ⅰ进入，复合体Ⅰ是一种多蛋白复合体，也被称为 NADH（泛醌氧化还原酶）。FADH2 携带的电子可以通过复合体Ⅱ进入，复合体Ⅱ也被称为三羧酸循环酶琥珀酸脱氢酶。FADH2 有两个额外的电子进入位点：内膜结合的甘油 –3– 磷酸脱氢酶、电子转移黄素蛋白（electron-transferring flavoprotein，ETF），以及 ETF：泛醌氧化还原酶（ETF：QO）。值得注意的是，甘油 –3– 磷酸是胞质中糖酵解产生的中间体，ETF 接受来自 FADH2 的电子，这些电子由 11 种不同的线粒体脱氢酶产生，主要参与线粒体脂肪酸和氨基酸氧化过程。从 NADH 和 FADH2 中剥离的电子的目的地是复合物Ⅳ，也被称为细胞色素 C 氧化酶。复合物Ⅳ利用这些电子，将 O_2 还原为水，因此它直接负责呼吸作用。

电子从进入位点转移到复合物Ⅳ的过程涉及四个步骤，这些步骤在所有不同组织的线粒体中都高度保守，并且是共享的。

• 泛醌还原：两个电子用于将泛醌还原为泛醇，泛醇被插入线粒体内膜上。泛醇将电子转移到复合物Ⅲ，并可在线粒体内膜内自由扩散。这种扩散使接受电子配合物向复合体Ⅲ转移。

• 复合物Ⅲ介导的细胞色素 C 还原：复合物Ⅲ也称为泛醇：细胞色素 C 氧化还原酶。它的作用是将电子从泛醇转移到细胞色素 C。细胞色素 C 是一种含有血红素基团并与内膜结合的小蛋白（104 个氨基酸）。电子被血红素基团内的 Fe^{3+} 接受，还原为 Fe^{2+}。Fe^{2+}– 细胞色素 C 分子中的电子被复合物Ⅳ剥离，以再生 Fe^{3+}– 细胞色素 C 并将电子转移到 O_2。

• 质子易位：复合物Ⅰ、Ⅲ和Ⅳ是多蛋白复合物。复合体Ⅰ由 44～45 个蛋白组成，复合体Ⅲ有 11 个蛋白，复合体Ⅳ有 13～14 个蛋白（最初被认为是复合体的一部分现在被认为是复合物Ⅳ的一部分）。多种蛋白的存在允许将电子传递过程和氧化还原事件耦合到质子泵送至 IMS。因此，转移电子和蛋白数量较少的复合物不会泵送质子。复合物Ⅱ包含 4 个蛋白，ETF/ETF：QO 包含 2 个蛋白，甘油 –3– 磷酸脱氢酶是一个单一的蛋白。虽然这些配合物本身不泵送质子，但当它们到达复合物Ⅲ和Ⅳ时，传递给泛素的电子仍然会诱导质子泵送。由于这些配合物提供电子的速度比复合物Ⅰ快得多，因此它们不泵送质子以防止膜电位的突然增加。这种增加甚至可能会阻止电子传递，增加了这些电子生成 ROS 的风险，而不是到达复合物Ⅳ以减少氧气并生成水。

• 超级复合物的形成：泵送质子（Ⅰ、Ⅲ和Ⅳ）的复合物可以被单独分离发现，但也可以形成名为"超级复合物"的单元。超级复合物组装背后的确切机制及其在线粒体中通过进食和禁食进行的生理调节最近才得到表征，它们仍有待于深入研究。有证据表明，来自不同组织的线粒体的超级复合物调控和组成可能不同（即心脏与肝脏不同）。然而，超级复合物的形成可以提高细胞色素 C 从复合物Ⅲ到复合物Ⅳ的电子转移效率是公认的。因为细胞色素 C 是一种与内膜松散结合的小蛋白，所以形成一个包含复合物Ⅲ和Ⅳ的单元使得细胞色素 C 池卡在它们之间，由于这个结构让电子转移更快。复合物Ⅰ和Ⅲ之间的相互作用也有类似的解释，它促进了泛醇介导的电子转移。

（三）ATP 合酶

线粒体 ATP 合酶是一种多蛋白复合体，由 13 种蛋白质组成，分为两个结构明确的区域：位于基质的亲水区 F_1 和插入内膜的疏水区域称为 F_0。ATP 合酶也被称为复合体Ⅴ，虽然它本身不能运输电子，但是具有连接 ATP 合成与电子传递链的功能，通常被称为"耦合"。这种耦合是通过需要 ATP 合酶来转移质子以利用将 ADP 磷酸化为 ATP 所需的能量来实现的。这种能量转移始于 F_0 区域，该区域形成穿过内膜的质子孔并构成质子易位时旋转的马达。F_0 马达直接与 F_1 区域蛋白相互作用，因此也旋转。F_1 蛋白的旋转导致其他 F_1 蛋白的构象变化，从而催化基质中 ADP 磷酸化为 ATP。

线粒体 ATP 合酶活性和细胞对 ATP 需求可以决定和控制营养物质的氧化和呼吸速率。电子传递链和 ATP 合酶的进化方式使得质子梯度的巨大差异减慢了电子传递，线粒体基质中的高 ATP 水平抑制了复合物Ⅴ介导的质子易位回基质。因此，如果基质中的 ATP/ADP 比值高，质子不能转移，电子传输将停止，这也将阻止复合物从 NADH 和 FADH2 中剥离电子。NADH 和 FADH2 的积累会减少营养物质的氧化速率。

但重要的是，线粒体质子梯度并不完全服务于 ATP 合成活动。与此一致，线粒体中的营养氧化并不专门用于质子梯度维持或 ATP 合成。事实上，线粒体营养 / 燃料氧化的中间产物或终产物用于合成其他营养物质或必需的辅助因子，如血红素，这可能在高 ATP/ADP 比率的条件下是必需的。因此，需要其他机制来满足质子梯度和线粒体营养氧化，它们与 ATP 需求的变化无关。其中一种是质子泄漏：当 ATP 合酶活性（即 ATP 需求）较低时，一些质子仍然可以穿过细胞膜，但 ATP 合酶仍然是质子重新进入线粒体的主要途径。这确实是它被称为质子泄漏的原因，因为高 ATP 水平仍然可以降低呼吸速率，而低呼吸和营养氧化速率可能是由于质子泄漏（数量较少）。当呼吸作用和营养物质氧化增加时，就会发生解偶联，因为另一种机制使质子以比 ATP 合酶本身更高的容量的方式重新进入。这种解偶联在生理学中并不常见。它用于在特殊组织中产生热量，如棕色脂肪组织。

反向 ATP 合酶活性

线粒体 ATP 合酶的反向活性揭示了质子梯度在促进 ATP 合成之外的重要性。反向活性是 ATP 合酶的"默认活性"，即在膜电位（质子梯度）不够大时，水解 ATP，挤出质子[10]。这意味着，如果电子传递链受损，不能维持质子梯度，ATP 合酶可以通过 ATP 水解向 IMS 挤出质子。通过这种方式，ATP 合酶替代了电子传递链在维持由质子梯度产生的电荷差异方面的作用。这种反向活性被认为允许蛋白质输入以取代电子传递链的功能障碍成分。此外，它仍然为三羧酸旁路代谢输入底物和动力。

二、线粒体动力学、周转及其与氧化磷酸化功能间的关系

1915 年，Lewis 等展示了细胞内的线粒体可以从一个位置移动到另一个位置，支持了线粒体融合和裂变 / 分裂的存在[11]。

线粒体动力学调节与质量控制

线粒体融合受融合蛋白调控：Mfn1 和 Mfn2 融合线粒体外膜,OPA1 融合线粒体内膜(图 8-1)。相反，Mff 和 Drp1 负责线粒体裂变。这些蛋白通过水解 GTP 来增强其活性，从而严格调节线粒体动力学和形态[12-14]。线粒体动力学控制线粒体结构。尽管融合和裂变是在细胞中每个线粒体的水平上控制的，但超控信号可能会导致细胞融合或裂变活性的降低。线粒体裂变增加和融合减少导致线粒体网络断裂。一个超控信号的例子是细胞周期对融合和裂变活动的影响（图 8-2 ）。

饮食诱导的肥胖导致不同组织中 Mfn2 的表达降低，并导致组织功能障碍[17-20]。除了在线粒体融合中的作用外，Mfn2 还参与了线粒体功能的调节。Mfn2 的敲低导致线粒体生物能功能的改变，在啮齿类动物原代肌肉和肌源性细胞系体现为葡萄糖氧化和氧消耗的减少[17]。敲除 Mfn2 会改变底物的偏好性，并损害棕色脂肪组织中的产热功能[21, 22]。这些结果共同表明线粒体形态和组织功能密切相关。

线粒体形态和动力学通过线粒体特异性自噬（或线粒体自噬）来控制线粒体降解[23, 24]，部分是通过不断混合和重组线粒体内含物的分布，也可通过产生可以被线粒体自噬消除的小裂变产物。裂变事件产生可以去极化的子线粒体，导致 PINK1 介导的 Mfn2 磷酸化[25-28]。PINK1 通常在功能性极化的线粒体中降解，而在去极化线粒体中因其蛋白酶受抑制而变得稳定[29]。稳定的 PINK1 磷酸化 Mfn2，并且成为 Parkin 的底物。经 Parkin 泛素化的 Mfn2 指定该线粒体注定要通过线粒体自噬被清除。

选择性消除缺陷线粒体或线粒体自噬是细胞内的一个关键的内部管理过程[25]。Mfn2 也是第二种冗余的 MUL1 泛素化的靶点，其缺失加剧了 Parkin 缺失的表型[28]。这是一个受严格调控的过程，其中，UCHL1 等去泛素酶的作用与 Mfn2 和其他蛋白质的泛素化相反[30, 31]。线粒体自噬被很好地控制，但在上述任何步骤中都可能失败。尽管上述机制描述了缺陷线粒体对线粒体自噬过程的靶向性，但线粒体自噬也需要适当的溶酶体功

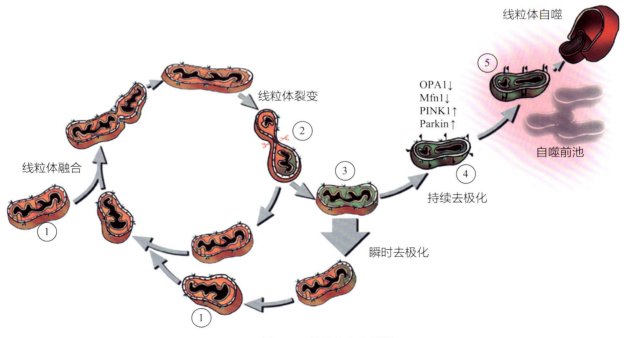

▲ 图 8-1　线粒体生命周期

线粒体经历连续的融合和分裂周期。融合是短暂的（①）。它在几秒钟到几分钟内触发裂变事件（②）。子线粒体可以保持完整的膜电位（橙色）或去极化（③）（绿色）。当去极化时，后续融合事件不太可能发生，除非线粒体复极化。去极化和孤立的线粒体（④）在通过自噬移除之前，在自噬前池（⑤）中保持数小时（经 Elsevier 许可转载，改编自参考文献 [15]）

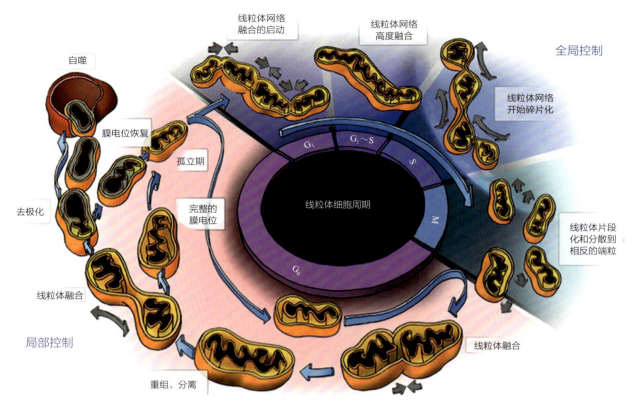

▲ 图 8-2　细胞周期中的线粒体寿命

该图描绘了细胞周期 G_0 期单个线粒体的正常生命周期。线粒体历经融合、裂变、去极化和经自噬的降解过程。这一过程被描述为局部控制，其中线粒体事件主要由局部能量状态和相关的局部信号决定。在细胞周期中，全局信号引起线粒体群体的协同变化，如 G_1～S 期的过度融合和 M 期的断裂。这些全面的群体效应由细胞分裂所需能量的细胞需求及分裂中期细胞组分的均匀化和分离需求决定。细胞周期是局部和全局控制平等性的一个简明的例子（经 Elsevier 许可转载，改编自参考文献 [16]）

能，然而溶酶体的功能在营养过剩的情况下通常会受损 [32]。

　　线粒体动力学蛋白的丢失导致线粒体功能的多种变化。例如，肝脏中 Drp1 的组织特异性敲除可防止饮食诱导的肥胖和葡萄糖不耐受，同时增加小鼠的能量消耗 [33]。同样，肝脏特异性 Mfn1 的丢失增加了线粒体质量，并将其营养物质偏好转变为脂肪酸燃烧，同时保护其免受饮食诱导肥胖的影响 [34]。相反，Mfn2 的缺失会导致糖代谢受损、脂质累积减少、肝脏和其他组织中的葡萄糖耐受性降低，并增加肝脏葡萄糖生成 [20, 35]。综上所述，这些数据表明线粒体形态在控制营养物质选择方面的作用。

三、线粒体亚群的功能差异性

　　每个细胞的线粒体总数因不同的组织和细胞类型而异，据报道估计，每个细胞有 88～2000 个线粒体。线粒体融合的发现，在某些细胞系中，细胞内结构看起来像一个相互连接的网络，氧化磷酸化相当于 88～2000 人的合唱团合唱一首歌。

　　然而，由于具有不同 ATP 需求的不同细胞过程可能发生在不同的细胞内位置，不同位置的线粒体可能功能不同或执行不同的合成代谢过程，这具有生理意义。一个典型的例子是肌肉中不同的线粒体亚群，位于肌纤维之间的线粒体与位于纤维膜下的线粒体相比，肌纤维之间的线粒体为维持收缩的能力，具有更高的合成 ATP 能力。在脂肪组织中，最近发现了一个独特的黏附在脂滴上的线粒体亚群（图 8-3）。这些被命名为围脂滴线粒体（peridroplet mitochondria，PDM）也在肝脏中被发现（图 8-4）。

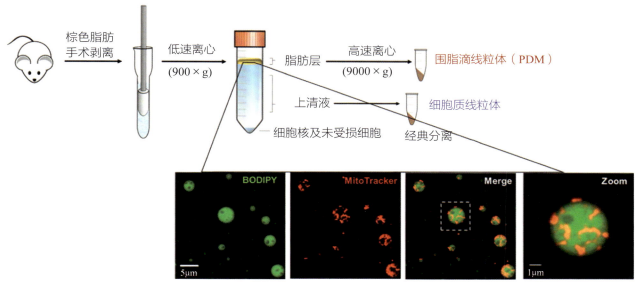

▲ 图 8-3　通过差速离心分离围脂滴线粒体

围脂滴（LD）线粒体分离技术的示意图。组织进行解剖分离后用玻璃 - 聚四氟乙烯 Dounce 匀浆器匀浆。低速离心分离含有 PDM 的脂肪层和含有细胞质线粒体（CM）的上清液。高速离心从脂滴中剥离 PDM，并从上清液中沉降 CM。注意，一些线粒体分离方案丢弃了脂肪层和（或）从高速离心步骤开始。LD 用中性 BODIPY 493/503 荧光染料标记，线粒体用 MitoTrack 深红色染料标记。注意 LD 上的管状结构 MitoTrack 染色阳性（经 Elsevier 许可转载，改编自参考文献 [36]）

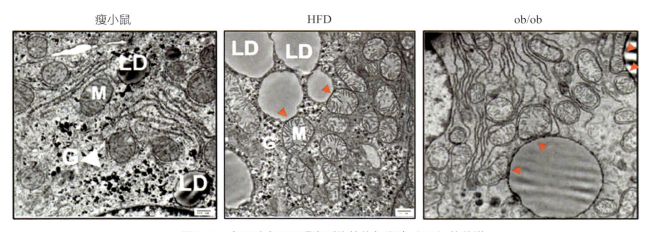

▲ 图 8-4　在肝脏中可以观察到线粒体与脂滴（LD）的关联

这种关联在高脂饮食（HFD）小鼠和 ob/ob 肥胖小鼠的肝脏中尤其明显，尽管尚未得到统计验证（经 Springer- Nature 许可转载，改编自参考文献 [37]）

（一）什么是围脂滴线粒体

PDM 是位于脂滴 0.5μm 范围内的线粒体。脂肪细胞的电子显微镜研究表明，PDM 的特征是形态延长，线粒体 -LD 接触位点的电子密度增加，嵴垂直于线粒体 -LD 接触部位轴。这种独特的形态支持了 PDM 在脂肪代谢中发挥特殊作用。然而，目前尚不清楚 PDM 是否促进脂肪氧化、脂肪储存或两者兼而有之。

最近的研究表明，PDM 相对静止，不与细胞质线粒体(cytoplasmic mitochondria，CM）融合，因此保持了独特的蛋白质组和生物能功能。与 CM 相比，PDM 具有较高的 ATP 合成酶和细胞色素 C 氧化酶蛋白水平及酶活能力。重要的是，与 CM 相比，PDM 具有较高的丙酮酸氧化能力，但脂肪酸氧化能力较低。此外，富含 PDM 的细胞具有更高的 LD 扩张和三酰甘油合成水平。目前的证据支持 PDM 通过 ATP 依赖性三酰甘油合成促进 LD 扩展，这可能在脂质过量期间保护线粒体免受脂质毒性。

（二）肝脏中的围脂滴线粒体

肝脏的任务是将脂质快速包装成脂蛋白，以分配给身体中的其他组织。然而，在营养过剩的情况下，脂肪在肝细胞内累积，导致慢性炎症和肝硬化。肝细胞中快速且高效的脂质合成的需求表明，PDM 在维持肝细胞脂质稳态中的具有潜在作用。

虽然 PDM 尚未在肝脏中进行专门研究，但有证据表明肝细胞中存在 PDM。例如，已发表的电子显微镜图像显示了遗传和高脂肪饮食引起的肥胖小鼠模型中的 PDM 水平[37]（图 8-4）。此外，高脂饮食的小鼠和人类的始终伴随着 Plin5 的表达增加，Plin5 是一种 LD 外壳蛋白，它强烈地将线粒体招募至 LD[38]。细胞和动物模型已经证实，肝脏中 Plin5 的高表达增加了 LD 的含量，并防止脂毒性引起的肝损伤。这进一步支持了 PDM 支持肝细胞脂质稳态的概念。

第9章 核孔复合物
Nuclear Pore Complex

Michelle A. Veronin　Joseph S. Glavy　著
董　晨　刘冰玥　李梦圆　陈昱安　译

在真核细胞中，细胞核 DNA 从细胞器和细胞质的分离受核膜（nuclear envelope，NE）控制。核膜是一种特殊的内质网（endoplasmic reticulum，ER）膜，它是一种包含内层和外层膜系统的双层结构。虽然这种分区结构保护了基因组，但它也需要保证物质能够在细胞核内外的进出（图 9-1）。核孔复合物（nuclear pore complex，NPC）是大分子进出细胞核的通道，它位于 NE 双膜的圆形开口之中[1, 2]，具有高效的调控途径控制一些物质（如转录因子、RNA、激酶和病毒颗粒）在核内外的出入。大致上来说，蛋白分子和它们的转运信号序列在细胞核内外的出入主要包括几个过程：①与转运受体结合；②通过 NE 中的 NPC 转运；③通过 NPC 转运到核内或细胞质中的靶位点[1, 3]。NPC 是由被称为核孔蛋白或 Nup 的蛋白质组成，一个 NPC 的形成大约需要 1000 个 Nup。Nup 在 NPC 的结构中及通过 NPC 的分子易位发挥转运调节作用[1, 3]，而且不同物种的 NPC 的组成不同[4-6]。包含编码 Nup 基因的染色体易位等异常与多种白血病有关[7]，此外，NPC 蛋白也与癌症、亨廷顿舞蹈病、微核形成、病毒感染、衰老、3A 综合征及原发性胆汁性肝硬化等疾病有关[7-10]。

一、核孔复合物

NPC 是一个大型的大分子组装体，在脊椎动物中 NPC 的分子量约为 110MDa，在酵母中 NPC

的分子量约 60MDa（图 9-1）[11-14]。NPC 有一个对称的核心，在核膜的双层膜上呈八面体排列，类似于自行车车轮的辐条。它们是由一种称为 nucleoporin 或 Nup 特殊的蛋白质组成。酵母和多细胞动物的蛋白质组学研究对 NPC 的 Nup 进行了分类[4, 5]，发现哺乳动物 NPC 包含至少 7 个额外的 Nup，包括 ALADIN、Nup358、Pom210、Pom121、NDC1、Nup43 和 Nup37（图 9-2）。因此总的来说大约有 30 种 Nup 存在于 NPC 中，但它们以多个重复单体出现，这使得这个大型传输器更加复杂且难以捉摸。如图 9-2 所示，Nup 可分为六组：① Y-complex（coat）Nup；②连接 Nup；③通道 Nup；④胞质细丝 Nup；⑤核花束 Nup；⑥运动 Nup98；⑦ POM（跨膜）Nup。Nup 通常是以连锁结构设计（线圈、β- 螺旋桨或无序区域），但是通道 Nup 包含灵活的苯丙氨酸甘氨酸（FG）重复序列（在 NPC 内形成海葵状手指参与主动核运输）[1, 15-17]。Nup 基本上以其分子量进行命名，并且被组织成称为亚复合物的大分子组合体。Nup 亚复合物是 NPC 的拆卸单元，在有丝分裂过程中从 NPC 释放[18]。在实验室中，亚复合物可以通过低比例的非离子或两性离子洗涤剂 [如 2% Triton X-100 和（或）1%CHAPS] 对 NE 进行生化提取、处理、分离得到[19-21]。NPC 的一个关键特征是这些模块化单元以多个复制单体形式出现，围绕 2~8 个对称轴排列，并在 NPC 中形成离散的结构[15]，整个 NPC 结构在酵

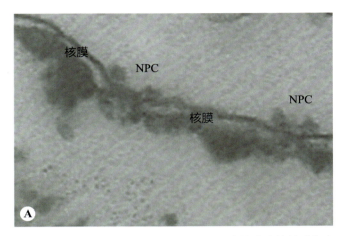

▲ 图 9-1　A. 薄片电子显微镜下的 **HeLa** 细胞核膜中的核孔复合体（**NPC**）；**B. NPC** 示意图
（图片 A 由 Dr. Samuel Dales 提供；图片 B 由 Grace Glavy 提供）

母和高等真核生物中保持八重对称结构[15, 22]。

图 9-3 是分辨率为 23Å 的三维重建的冷冻电子断层扫描技术（cryo-ET）对 NPC 的分析结果[11, 12]，从中可见核篮向细胞核内延伸近 60nm[11-13, 23, 24]（图 9-3）。中心的核内环（inner ring，IR）估计在 50nm 以下而其包膜层约为 50nm[23]。细胞质环（cytoplasmic rings，CR）被认为是充当蛋白质运输和与核环（nuclear rings，NR）结合的对接位点[11-13, 23, 24]。早期曾将蛋白质组学数据与计算机平台相结合对 NPC 大分子组装的结构进行分析[25, 26]，认为辐条样结构是 NPC 的基本对称单元[25, 26]，在环形结构内部是连接单元和灵活的重复单元，它们发挥稳定和参与运输的功能[1]。如图 9-3 所示，内环和外环对于膜结构具有促进作用。NPC 的完整结构还包括一些非 Nup 蛋白，即核膜蛋白和核层[15]，这些非 Nup 蛋白组成了 NPC 周围的区域，并对物质的运输功能具有支持作用。

二、核孔蛋白

（一）Y-Nup

如图 9-2 所示，Y-Nup 被包含在 Y- 复合物中（Nup107 亚复合体）。细胞质 Y- 复合物有 9 个成员：Nup160、Nup133、Nup107、Nup96、Nup75、Nup43、Nup37、Seh1 和 Sec13，而核 Nup107 亚复合体包含第 10 个成员 ELYS[11, 13, 21, 27-30]，这个亚复合体被称为 NPC 组装的基石[31]。实验证实，RNAi 敲除 Y- 复合物中单个成员可影响亚复合体的成员选择及其他的一些通道 Nup[20, 31]。这些发现表明了亚复合体成员与 NPC 整体间的相互依赖关系。如图 9-3 所示，Y- 复合物位于覆盖 NPC 膜的曲率处，其作用是稳定膜中的这些弯曲[32]。在 protocoatomer 假说中，Y- 复合物的组成部分作为膜弯曲模块，其作用类似于 COP I、COP II 和网格蛋白复合物的成员[33]。研究发现，Y- 复合物的一个组分 Sec13 也是 COP II 复合体的关键成员。此外，ALPS 结构域也被发现位于亚复合体的组分之中[25, 34]。ALPS 区域是膜结合的亲水亲脂性的 α- 螺旋区。Nup133 含有的一个 ALPS 区域可以与分离的膜结合[34]。另外包括 Nup107、Nup160 和 Nup188 在内的其他 Nup 均包含可预测的 ALPS 区域[25]。

在早期酵母中的重组实验中可以通过负染色电镜观察到 Y- 复合物的组装过程[35]。亚复合体的结构模块是 α- 螺旋重复单体和 β- 螺旋桨的集合。已有研究采用 X 线对亚复合物中一些组分的晶体结构进行了分析。对 Nup133 的分析显示其 N 端有一个 7- 桨叶的 β- 螺旋桨区域[36]。Nup107～133 的 α- 螺旋相互作用的晶体结构分析显示，一个细长的结构以尾对尾的方式形成一个紧凑的界面[36]。这种交互方式是 Nup133 的一个关键连接点[36]。另一个晶体结构分析发现 Nup96-Sec13 形成了异八聚体[37]。Nup96 的 N

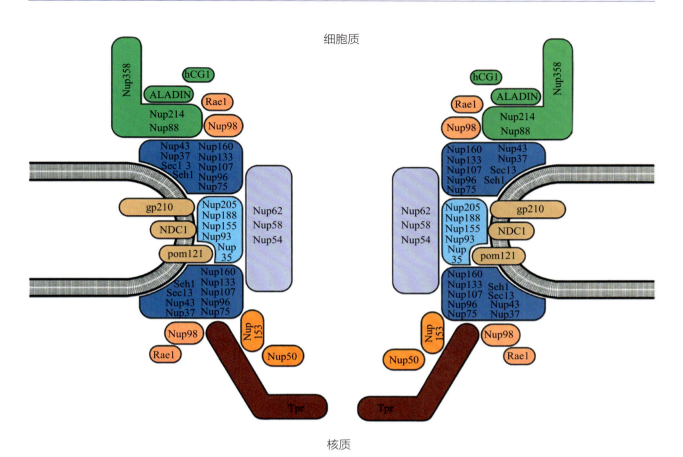

▲ 图 9-2　亚复合体和独特的非亚复合体蛋白的示意图

Y-Nup（深蓝色）、连接 Nup（浅蓝色）、通道 Nup（紫色）、胞质细丝 Nup（绿色）、跨膜（POM）Nup（浅棕色）、核花束 Nup（橙色和深棕色）、运动 Nup98/Rae1

端侵入 Sec13 的 6 片 β- 螺旋桨结构形成了第 7 片桨叶[37]，而 Nup96 的剩余部分则形成了一个反向平行的 α- 螺旋结构域。亚复合体形成潜在的连锁模块可能是整个大分子的网络，潜在的表面模块可形成附着在膜上的圆柱形层[37]。对 Nup75-Seh1 X 线结构分析表明，支架 Nup 形成膜边界晶格，为一些其他的 Nup（如通道 Nup、Nup98 和 Nup155 等）提供附着位点[38]。

通过 X 线分析结果，结晶学能够以 Y- 复合物为主要成分一点一点地拼凑出 NPC。较大晶体的研究法已经取得了很大的进展，目前利用单结构域合成抗体结晶伴侣可获得酵母六聚体 Y- 复合物[39]，并以此为基础进一步证明酵母 Y- 复合物是一个进化保守的环状结构。如图 9-3 所示，低温 ET（约 23Å）研究显示人源 Y- 复合物在细胞质侧形成了两个网状环，在核内侧也形成两个网状环[12-14]。包括酵母六聚体结构的 Y- 复合物的许多离散晶体结构可直接使用层析图进行分析[11-14]。结合电子断层扫描、单粒子电子显微镜和交联质谱，发现有 32 个 Y- 复合物被复制到两个网状环中，分别位于 NPC 的质面和核面[11]。Y- 复合物的双环结构为 NPC 的结构可塑性提供了解释[11]。这种灵活的弹簧形状的铰链提供了大范围重新装配的基础，这可能与大分子物质的转运有关（图 9-3）[11]。此外，科学家还将细胞质细丝 Nup 与 Y- 复合物进行了连接[11-14]。

（二）连接 Nup

适配器复合物（以前称为 Nup93 亚复合体）包括五个成员：Nup93、Nup205、Nup188、Nup155 和 Nup35[40]。Nup93 的 X 线晶体结构分析显示其呈细长的 α- 螺旋结构[41]。这种形式在进化上保守，因此可保持功能不变[41]。适配器复

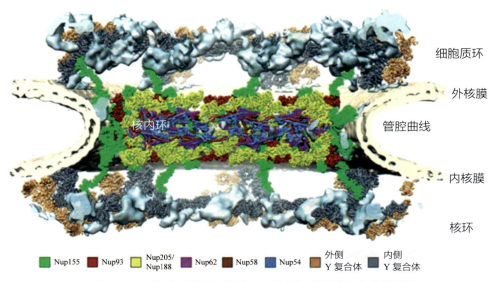

▲ 图 9-3　细胞质（顶部）到核质（底部）的核孔复合体横截面

该结构图片来自于低温电子断层扫描，图片显示的核膜曲率包括外核膜、管腔曲线和内核膜。核孔复合体中被标记的对象包括细胞质环和核环

合物的成员主要包含 α- 螺旋结构域[41]。就像 Y- 复合物一样，Nup93 是一种高度丰富的蛋白质，在 NPC 中有 32 个拷贝[30]。Nup93 亚复合体不仅有助于 IR 稳定[41]，而且也是 NPC 核孔正确组装和维持稳态所必需[41]。RNAi 实验表明，NE 的跨膜 NDC1、Nup93 和 Nup205 之间存在功能联系。综合这些结果提示，Nup93 亚复合体具有位点定位功能[42]。目前已经通过结构研究证实 Nup93 是 IR 的关键组成部分。此外，Nup62（通道 Nup）已经被证明与 Nup93 之间有交互作用，说明 IR Nup 和通道 Nup 之间存在相互依赖的关系[42]。如图 9-3 所示，Nup188 和 Nup205（黄色）、Nup93（红色）、Nup155（绿色）、Nup62、Nup58 和 Nup54（Nup155 蛋白）、Nup155 蛋白融入到 IR 中，并被连接到外环（绿色）。IR 是由类似于 Y- 复合物的环组成，说明它们存在进化上的关联[12]。这些研究将 Nup205 和 Nup188 的亚结构域及 Nup93 的不对称结构分解为 IR[12]，并将通道 Nup 和环状结构关联起来[12]。

（三）通道 Nup

如图 9-1B 所示，通道 Nup 含有 FG（Phe-Gly）重复序列延伸，这些延伸的残基被极性间隔区分隔成不同的长度[1, 16]。FG 重复序列形成非

结构区，它们与被称为核素的转运蛋白形成弱相互作用，进而产生微弱的联系[1]。通道 Nup（如 Nup62 亚复合体）位于内孔区或中央核 IR 区[23, 24]。如图 9-2 和图 9-3 所示，Nup62 亚复合体包括 Nup62、Nup58-Nup45 和 Nup54[15, 43]，它被称为 NPC 的中央插头区。虽然这些通道 Nup 排列在 NPC 内部，但它们形成一个动态的复杂转运结构区域，因此不太可能对物质转运形成堵塞。FG 重复序列呈触手状结构，从孔道发出并沿孔道排列。图 9-3 显示它们排列在 IR 区域中，但并没有显示它们是如何延伸到通道并如何准备接收被转运"货物"。

（四）核花束 Nup

Nup153 和 Nup50 与 Tpr（易位启动子区蛋白）一起组成核篮，并提供了利用结合区进行转运的表面。Tpr 是一种特殊的 Nup（核孔蛋白 Tpr）。与大多数跨越核膜的蛋白相比，它具有更多的纤维蛋白特性。Tpr 作为核段的框架组分，能够束缚染色质形成核周异染色质排斥区。此外，Tpr 被认为是担任了表达基因与选定 Nup 相互作用的对接位点。它参与有或无核输出序列（nuclear export sequences，NES）蛋白及 mRNA 的细胞核出入通道[44, 45]。Tpr 螺旋区域对于形成

和维持核篮的可靠支撑有帮助作用，在有丝分裂纺锤体检查点信号转导中，Tpr 同样具有重要作用[44, 45]。在核篮中，Nup153 与 Tpr 相关，它包含四个锌指，锌指能够增加局部 Ran 浓度来辅助核内外的物质转运[46]。如图 9-2 和图 9-4 所示，Nup153 与 Nup50 一起有助于终止核转运蛋白介导的转运过程[1]。

（五）胞质细丝 Nup

胞质细丝 Nup 和通道 Nup 的情况一样具有 FG 区域，它们松软的触角与晶体形成紧密结合。因此，目前为止这些 Nup 中只有非 FG 区被报道过。X 线晶体结构分析显示，Nup214 的非 FG 重复 N 端有一个七叶 β- 螺旋桨，而且其 C 端有一段与螺旋桨绑定[47]。对 Nup58/45 的 X 线分析显示，可能存在一种调节中心传输通道直径的周向滑动机制[43]。α- 螺旋区形成具有疏水界面的不同的四聚体，在多种四聚体中都确认这些残基被侧向置换，这使其结构能够滑动成为可能[43]。对 Nup214 进行选择性敲除后，低温冷冻 ET 分析发现该亚复合体突出到细胞质环状区域[11]，这个位置能够确保 FG 重复延伸至环的框架上，以方便核内外的物质转运[11]。进一步的基因沉默 / 冷冻 ET 发现 Nup358 可以单独稳定细胞质网状的双环结构[13]。这些发现改变了以往对于 Y-Nup 和细

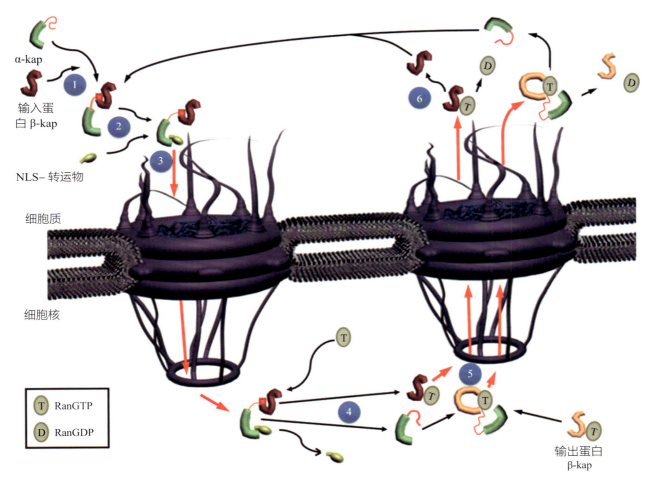

▲ 图 9-4 依赖核转运蛋白的转运循环

该循环的关键组分是 RanGTP、核定位序列 - 转运物、kap 和核孔复合体（NPC）。其中主要的机制是 RanGTP 在细胞核中的浓度远高于细胞质中的浓度。1. α-kap 和 β-kap 转运复合物的形成。2. β-kap 识别核定位序列（NLS）- 转运物的 α-kap。3. 通过 NPC 的选择性运输。4. 一旦进入细胞核内部，细胞核中高浓度的 RanGTP 会增加相互作用的可能性，从而促进运复合体的分解。5. GTP 结合的 β-kap 通过 NPC 转运至胞质，而 α-kap 与 GTP 结合并与输出的 β-kap 形成复合物，然后通过附近的 NPC 排出，留下 NLS- 转运物。6. 一旦回到胞质中，GTP 发生水解，kap 被循环用于下一轮运输

胞质丝 Nup[13] 之间边界的认识。

（六）运动 Nup：Nup98

Nup98 既存在于核孔复合物中，也存在于细胞核中[27]，它功能很多并能与多种分子结合[48]。Nup98 在核质转运、有丝分裂、基因表达、表观遗传改变、病毒感染等方面均具有重要作用[9, 48–52]。Nup98 是 Nup98-Nup96 前体通过自裂解结构区分裂产生，类似于在果蝇体节极性蛋白和黄杆菌葡糖苷酶中的过程[27, 53]。Nup98 被归类为非亚复合体 Nup，定位在 NPC 两侧位置（图 9–3）[27]。在调节发育和生长相关基因的转录时，Nup98 在核间区域向 NPC 转运[9, 54–57]。Nup98 的 N 端包含作为 kap 对接点的 FG 重复序列，但它不属于 FG Nup，而是属于移动 Nup[27, 58]。Nup98 可促进 mRNA 从细胞核输出[27, 59]。有丝分裂中磷酸化 Nup98 是 NPC 拆卸的决定因素[56, 57]。Rae1 是一个 Nup98 的互动分子，两者一起共同充当后期促进复合物的时间调节器[60]。疱疹性口炎病毒的 M 蛋白结合 Nup98 后可抑制 mRNA 的核输出[59]，有些研究认为这种抑制作用与 p53 的激活有关[61]。Nup98 基因易位与几种类型的白血病有关[9]，而且 Nup98 也与核膜破裂（nuclear envelope breakdown，NEBD）有关[56, 62]。

（七）孔膜 Nup

NE 被分为三个区域：外核膜（outer nuclear membrane，ONM）、孔膜（pore membrane，POM）和内核膜（inner nuclear membrane，INM）[2]。POM 区域是 NE 的一个部分，在这里 INM 和 ONM 发生融合。POM 弯曲的像环状一样排列，被认为是锚定 NPC 的膜蛋白。POM 蛋白参与 NPC 孔复合物的形成、稳定、释放和重组。迄今为止，通过蛋白质组学和遗传筛选，已经分离出 4 个 POM 蛋白：gp210、Pom121、NDC1 和 Pom33。最大的 POM 蛋白 gp210（Pom210）和其余的 POM 蛋白一样，都包含一个跨膜结构域。在有丝分裂过程中，POM 区域和纺锤体（spindle pole body，SPB）中均发现存在 NDC1，在酵母中它有助于将 SPB 锚定在 NE 上[63]，但在人类细胞中其作用仍不清楚。RNAi 实验表明，NE 膜上 NDC1 与两个适配器复合物 Nup93 和 Nup205 之间存在功能

联系[64]。这些结果表明，Nup93 亚复合体具有位点锚定功能[42]。Pom121 缺失将导致 NPC 组装失败并形成连续的核膜[65]，XL-MS 研究结果显示，在 POM 界面上 Nup133 和 Pom121 直接连接[11]。

尽管没有一个 POM 或 POM 组合对于细胞的生存是完全必不可少的，意味着不同的跨膜和可溶性 Nup 结构 / 功能冗余，但在缺乏 NDC1 和 Pom121 的细胞中核输入和可溶性 Nup 定位受到的干扰最大[64, 66, 67]。POM– 敲除研究发现需要额外的组件来恢复 POM 的整体功能。研究表明，NDC1 在 NE 和可溶性 Nup 之间形成连锁[64, 68, 69]，与 NDC1/ 对照 siRNA 处理组相比，NDC1 缺失可导致通道 Nup 染色显著减少[64, 69]。这些结果表明，NDC1 对于 Nup 结构、功能、NEBD 和组装都具有重要作用。研究发现，POM 蛋白 "put-back" 并不能恢复其功能，意味着除了 POM 蛋白本身外还需要其他组分的帮助[64, 69, 70]。既往已经认识到 Pom121 是分裂间期组装所必需并能够与形成气孔的 Nup 结合[71]，而且事实上 Pom121 的一个片段对孔隙组装具有显性的抑制作用[72]。因此认为，Pom121 在核孔的组装和生物发生中起着重要的作用。如图 9–2 所示，该蛋白的重复区包含 POM 结构域，并与孔复合物到孔膜的锚定成分有关，当其在细胞中过度表达时，会诱导细胞质形成环状片层[73, 74]。Pom121 与 Nup155 和 Nup160 的相互作用被认为有助于核孔的形成及 NPC 与孔膜的连接[67]。

最新的 POM 蛋白 Pom33 对于 NPC 的合理分布[75, 76]和组装都是必需的，但有一定比例的 Pom33 存在于 ER 之中[75, 76]。尽管 Pom33（TMEM33）是管状 ER 网络的一个组成部分，但它也在 NPC 上发挥 POM 蛋白的功能[75, 76]。Pom33 的 C 端包含几个亲水亲脂区域，它们与 Kap123 结合并作为附着点帮助 POM 区域定位，而 N 端的跨膜区域则用来锚定 POM[76]。

gp210 的磷酸化可能由周期蛋白 B-cdc2 介导，在秀丽隐杆线虫胚胎中周期蛋白 B 的缺失将导致核孪生表型[77]。研究发现 gp210 在 NPC 的有效拆卸中起重要作用，提示 gp210 的磷酸化是 NEBD 的早期事件[76]。然而，这组 POM 蛋白在

NPC 拆卸开始时的作用尚不清楚。

三、核纤层

基于核纤层的不同特征（包括其蛋白质结构和表达模式），通常可以将其分为 A 和 B 两种类型[78]。例如，A 型核纤层含有一个额外的 C 端结构域，该结构域是由 B 型核纤层中不存在的独特的 90 个氨基酸序列组成。此外，B 型核纤层蛋白在大多数细胞中表达，而 A 型核纤层蛋白主要在分化细胞中表达[78]。在哺乳动物中有三个核纤层蛋白，它们主要由基因 *LMNA*、*LMNB1* 和 *LMNB2* 编码，通过选择性剪接可至少产生 7 种蛋白质异构体。*LMNA* 表达的两种主要亚型是 Lamin A 和 C，它们普遍存在于大多数分化细胞中[78]。核纤层蛋白聚合成更高阶结构的过程涉及从 α- 螺旋结构域聚合形成二聚体，然后二聚体之间头 – 尾 – 平行结合[78]，这些高阶结构构成了核纤层的结构基础，有助于核的稳定[79]。哺乳动物细胞的 NE 内膜含有独特的完整膜蛋白阵列，包括 LAP1 和 LAP2、emerin、MAN1、nesprin1、nesprin2 和 LBR[2]。这些蛋白包含一个 LEM 结构域（LAP2、emerin 和 Man1 结构域），该结构域是一个 40 个残基基序，与层膜蛋白 A/C 能特异性相互作用[80]。

当 NE 在有丝分裂过程中被 PKC 磷酸化时，核纤层也会解体。在这一过程中，A 型核纤层蛋白分散在细胞质中，而 B 型核纤层蛋白仍然附着在核膜上。由于核纤层蛋白 A 没有被法尼基化，所以它比核纤层蛋白 B 具有更好的可溶性[78]。在 NE 重组过程中，核纤层蛋白通过 1 型蛋白磷酸酶去磷酸化，促进核纤层的重组，A 型和 B 型核纤层蛋白都会被运送到细胞核中[78]。

既往的研究也已证明核纤层蛋白在决定核的形态和稳定性方面发挥着重要作用。多项研究表明，功能性核纤层蛋白表达的降低会导致核更脆弱、更容易变形[78, 81]。在核内功能性多蛋白复合物形成中核纤层蛋白平台作用的证据受到与其相互作用的各种各样的分子支持，如视网膜母细胞瘤 1 和 c-Fos[78]。核纤层蛋白还参与通过含核纤层相互作用蛋白的 LINC 复合体促进核质之间的连接，以及参与通过与 NPC 接触将细胞骨架信号传递到细胞核的过程[78, 82]。

此外，核纤层还可能参与 DNA 的修复。一项研究表明，致病突变的核纤层蛋白表达会改变 DNA 修复调控因子 ATR 激酶的定位和表达，从而对需要 ATR 功能的 DNA 修复通路及修复调控因子 ATM 产生不利的影响[83]。另外，突变的核纤层蛋白可以减少 DNA 修复因子 53BP1 在 DNA 损伤时的招募[83]。53BP1 的抑制可能与 CTSL 的降解有关，而 CTSL 表达的上调又与核纤层蛋白 A/C 表达不足有关[79]。敲除 LMNA 的小鼠胚胎成纤维细胞中，可观察到大量的 DNA 损伤及基因组的改变，包括染色单体和染色体的断裂、非整倍体增多和端粒缺陷[79]。此外，A 型纤层蛋白也被证明能够通过非同源末端连接和同源定向修复参与 DNA 双链断裂的修复[79]。

四、核转运循环

如图 9-4 所示，小于 40kDa 的分子可以在 NPC 中被动扩散。对于较大分子量的蛋白质，则需要通过协调的受体介导的转运进入细胞核[1, 16, 84, 85]。这一过程效率很高，有证据表明每个 NPC 每秒可转运 1000 个分子进入核内[1, 86, 87]。大分子物质通过 NPC 进行核质转运，NPC 本身必须是动态的，并且在转运的不同阶段可能经历结构的变化[1, 86]。在细胞核和细胞质之间 NPC 还构成了选择性转运系统，该系统由包含 FG 重复序列的非结构化区域组成，这些区域也是蛋白质识别分子的停靠位点[88]。这些被称为核素的识别分子一方面与细胞质中的蛋白质"货物"结合将其携带到细胞核中；另一方面，它们也可与细胞核中的蛋白质"货物"结合将其运送到细胞质中。kap 通过结合蛋白质的短氨基酸序列片段来识别"货物"[89]。这些蛋白分子"货物"的核定位序列（nuclear localization sequence，NLS）通常富含进入核内所需的碱性氨基酸残基[1, 84, 89, 90]，核输出序列通常富含亮氨酸残基[1, 84]。NLS 或 NES 均可以通过屏蔽或修饰来调节蛋白质分子的定位[90]。"货物"可以通过和 β-kap 的直接作用结合，也可以通过接头蛋白 α-kap 和 β-kap 的间接作用结合[88]。

大部分的 NPC 转运是将 kap-cargo 结合到 GTP，然后通过结合和水解的循环中来实现，这一过程需要 Ran 蛋白的参与[91]。Ran 在维持正确的转运方向方面起着关键作用，而这又是由 RanGTP 的浓度梯度来决定[88]。kap 将 NLS"货物"运送到 NPC，是通过与延伸至 NPC 的通道 Nup 间的微弱的瞬态交互作用来实现。由于 Ran 是一个小的单体 G 蛋白，因此其 GDP-GTP 交换和 GTP 水解的固有速率较低[16, 84, 85, 89, 92]，需要依赖与其相互结合的蛋白分子来调节它的核苷酸状态。根据在循环中的不同作用可以将结合分子分成不同的种类。具体来说，Ran 的 GEF 集中在细胞核内，而 Ran 的 GAP 集中在细胞质中。因此，细胞核 Ran 为 GTP 结合形态，而细胞质中 Ran 主要为 GDP 结合形态（图 9-4）[85, 89]。这种建立的差异在随后的过程中通过核苷酸依赖的 Ran 与 kap 结合（其中 GTP 结合形成与 α-kap 的结合）耦合至核输入通道。对于核输入来说，RanGTP 分离其结合的物质并将其释放到细胞核中[92]。此外，RanGTP 还促进核内输出复合物的形成[88]。kap-RanGTP 复合物可以通过 NPC 返回到细胞质，在细胞质中 RanGTP 被水解并释放载体蛋白，与 NLS 结合的转运物质进入另一个循环[92]。对于核输出来说，这个过程则以相反的方式进行。

输出 kap 能够在绑定 RanGTP 时进行结合[92]。如图 9-4 所示，GTP 水解导致细胞质三元复合物的解离，使 kap 通过 NPC 返回进行另一个输出循环，并与 NLS- 转运物质结合以进行核输入[84, 85, 89]。其中的关键是 Ran 梯度。由于在细胞核中 RanGTP 的浓度很高，因此一旦复合物进入细胞核，高浓度的 RanGTP 就可以分解和释放这些组分（图 9-4）[84]。

内层核膜蛋白被认为使用类似的机制在 POM 上运动，并把"货物"靶向到最终位置[2, 93]。整合蛋白的 NLS 为基于"货物"的转运系统的运输提供信号[2]。这一机制意味着整合蛋白与通道 Nup 之间存在相互作用[93]。kap 与它的内层膜蛋白转运"货物"一起，与 Nup 相互作用通过支架 Nup 屏障，充分说明这种内膜转运方式是一个重大的挑战。此外，POM 膜的靶向运输可以通过这个以"货物"为基础的系统进行，其中可能需要对 NLS 进行修饰或需要其他的接头蛋白来中止转运。

在高等真核生物细胞的有丝分裂中，整合膜蛋白能够被靶向到内层核膜[94]。在分裂末期 NE 重新形成的过程中，整合的膜可能被困在内层核膜，因此不能完全穿过 NPC。靶向机制在间期和有丝分裂停止期的生物体内有所不同[94]。扩散 – 保留模型是被用来解释膜蛋白穿越 NPC 过程的一种机制。该模型强调了膜蛋白和细胞核成分间相互作用在膜蛋白定位中的重要性，这些在多种生物体中都能够重现。在转运过程中，跨膜结构域保留在孔膜内，而可溶性结构域跨越孔膜和 NPC 支架之间的横向通道区域[94-97]。已有研究表明，可溶性结构区域 60～75kDa 的膜蛋白无法通过 NPC 转运到内层核膜，其主要原因是由于 NPC 内横向通道狭窄[94, 96, 98]。另外的一种膜蛋白穿越 NPC 过程的模型认为转运是基于 NPC 的连续结构变化发生的，而这种结构变化依赖能量，支持这种模型的证据是发现 ATP 耗尽后内层核膜中的膜报告因子积累减少[94, 99]。

通过使用酵母蛋白 Heh1 和 Heh2 的研究表明，这些蛋白在涉及转运受体 Kap60 和 Kap95 的转运过程中被靶向到内层核膜。一旦"货物"、Kap60 和 Kap95 形成了复合物，就能够与通道 Nup 相互作用促进 NPC 的运输。复合物一旦进入细胞核，RanGTP 会促进转运受体释放"货物"[94]。人类的 Pom121、SUN2 及秀丽隐杆线虫的 Unc-84 是另外三个被发现含有一个 NLS 的膜蛋白[73, 94, 100-102]。然而这些发现还存在一些问题需要解答，如这些膜蛋白中 NLS 的频率与其染色质结合功能之间的联系、多重靶向信号的必要性、定位 Unc-84 和 SUN2 的其他因子[94, 102, 103]。另外，还有研究表明不同的跨膜蛋白对 ATP 和 Ran 水平的降低具有不同的反应[94, 102]。

Heh1 和 Heh2 已被证明是与 Kap60 具有高度亲和力的 NLS，分别被称为 h1NLS 和 h2NLS[94, 104]。这些 NLS 通过其包含的 180 个或 235 个氨基酸的内在无序连接序列与跨膜结构域分离[94]。目前已经证明，h2NLS 与该接头序列一起可作为跨膜片段合成的信号，以及 Sec61 在内层核膜聚集的信号。此外，接头序列的长度也与内层核膜的聚集有关[94, 105]。一项基于在通道 Nup 锚定域捕获报告蛋白 Nsp1 的研究提出了一个模型，该模型表明 h2NLS 与 Kap60/95 结合后，由于有足够长度的接头序列促进其与通道 Nup 的相互作用，h2NLS 将通过 NPC 的中央通道。此外，跨膜片段将通过孔膜扩散[94]。通过 Sec61 融合研究发现，膜报告分子被共翻译插入 ER 膜中，而不是作为可溶性蛋白通过 NPC 转运，而且这些报告基因在内层核膜上聚集与 NLS 和接头序列有关[94]。

五、基因、转运和核孔复合物

Günter Blobel 提出了"基因门控"假说，推测转录的基因位于 NPC 的附近，从而简化 mRNA 从细胞核输出[106]。由于这种邻近性，NPC 可能在基因组结构的调整中发挥作用，并与细胞的发育、分化和细胞周期的不同阶段相关。一个重要的假设是高等真核生物的基因组被组装成多个不同的三维结构，而且每一个结构都反映了细胞的特定分化状态。尽管 DNA 包含形成这些结构所必需的信息，但单凭 DNA 还不足以完成整个过程。因此，NPC 对于这些信息的解释和随后的结构组装都大有帮助。此外，核纤层被认为参与了基因组致密区域的组装[106]。NPC 被假设是能够与表达基因特异性相互作用的基因门控细胞器[106]。某一特定基因的所有转录本都被认为通过 NPC 到基因门控再离开细胞核[106]。NPC 的非随机分布可能反映了潜在的基因组组织构象。由于基因组的特定构象反映了不同分化状态的特征，因此 NPC 的分布状态应该是细胞每个分化状态所特有的，并且对于相同分化状态的细胞和相同细胞周期阶段的细胞来说也是独特的[106]。此外，由于 NPC 的结构呈对称八倍体，有研究认为 NPC 最多可以定位 8 个基因[106]。与所有 NPC 的特征相同，研究认为基因附着由 DNA 结合亚基介导[106]。

NPC 能够保护常染色质区域免受抑制因子的影响[107-110]。在细胞核内，核篮和参与 tRNA 和 mRNA 转运的蛋白分子相互作用[111, 112]。例如，核篮蛋白 Nup2p 与组蛋白突变体 H2AZ（常染色质边界的形成部分）相互作用，并使常染色质更接近 NPC[112-114]。此外，结合外周定位数据和定量 PCR 研究发现，mRNA 水平和一些与 NPC 偶联的基因表达相关[115-117]。在全基因组分析筛选研究中还发现，NPC 成分能够与 DNA 和 Nup 发生免疫沉淀[118, 119]。然而，目前尚不清楚是否每个基因都有门控，因此还需要进行更广泛的工作来充分证明这一假设[105, 109]。

六、核膜破裂

细胞分裂包括有丝分裂和细胞质分裂两个过程。有丝分裂是将遗传物质分成相等的两半，而细胞质分裂是细胞分裂成两个子细胞的过程。有丝分裂是通过压缩的染色体以双极方式连接到微管纺锤体，然后姐妹染色单体分开并移动到细胞的两极来实现。在细胞分裂间期，NE 包围着 DNA，但是在整个有丝分裂过程中这种多方面的屏障可能均不存在。因为在高等真核生物中，有丝分裂纺锤体形成于 NE 外，整个 NE 必须分解才能通过细胞周期[18]，这个过程被称为核膜破裂[18, 120]。在一些较低的真核生物中，如酵母，有丝分裂纺锤体嵌在内层 NE 中，而且这一过程是在完整的包膜中发生，因此是"封闭"的有丝分裂。而较高的真核生物 NEBD 产生的是"开放"的有丝分裂[18]。两种形式之间的差异对于触发两种不同分裂的发生过程具有重要意义。

"开放"的有丝分裂开始时，NEBD 伴随 G_2/M 时相改变发生，这是一个磷酸化依赖的过程[18, 45, 121, 122]。NEBD 导致 NE 开放和细胞成分混合的一个关键特征是 NPC 的解体。有证据表明，NE 和 NPC 在有丝分裂过程中解体是由蛋白质亚群的可逆磷酸化过程所驱动[21, 42, 45, 123, 124]，Nup、lamina 和 NE 膜蛋白也同时会有破坏结构主要互动的可能性。有研究表明，有丝分裂激活的 CDK1 活性是有丝分裂过程中 NPC 保持解体状态所必需的，而 NPC 重新装配时则依赖磷酸酶[125]。除了激酶活性外，基于微管的撕裂过程还有助于细胞内 NE 的分解 [126, 127]。在这一过程中动力蛋白是一个关键成分，它在分裂前期开始时被招募到 NE，并与纺锤体微管相互作用 [128]。这种相互作用和由此产生的 NE 上的张力将导致其产生破裂 [127, 128]。微管靶向药物可以干扰这种作用，从而延缓 NEBD 的发生 [127]。

磷酸化和基于微管的撕裂被认为是导致 NEBD 的原因 [122]，而几种激酶导致 Nup98 和 Nup35 的过度磷酸化可能是导致 NPC 解体的原因 [56, 62, 129]。此外，核篮蛋白 TPR 可能通过核分裂激酶磷酸化参与 NPC 的解体和定位 [45]。尽管目前有一些研究描述了关于 NEBD 的动态过程，但对其背后的分子机制还知之甚少，而且其最终的触发过程可能涉及多种信号通路。例如，有研究表明，高浓度 RanGTP 能够影响 NEBD 后期的动力学过程，并可能在有丝分裂过程中发挥关键作用 [120]，但是其中所需的全部分子成分目前还未完全了解。

七、核孔复合体与疾病

Nup 已被认为是与人类疾病相关的因素。已有充分的文献证明，涉及编码 Nup 基因的染色体易位与多种白血病的发生有关，包括急性髓系白血病（acute myelogenous leukemia，AML）、慢性髓系白血病（chronic myeloid leukemia，CML）、骨髓增生异常综合征（myelodysplastic syndrome，MDS）和 T 细胞急性淋巴细胞白血病（acute lymphoblastic leukemia，ALL）[7, 9, 10, 130–133]。

（一）癌症

NPC 参与细胞的有丝分裂，特别是参与包括动粒、有丝分裂纺锤体和中心体等结构的组装和功能、参与染色体的分离。这些发现表明，它们对于维持基因组的完整性非常重要。因此，影响 NPC 在有丝分裂中的功能将促进癌症的发展 [134]。已有研究表明，Nup358（也称为 RanBP2）是 NPC 细胞质丝的一个组分，在包括有丝分裂在内的多种细胞过程中发挥作用，并且与结肠癌的发展有关（结肠癌是全球第三大最常见的癌症）。具体而言，Nup358 是通过预防有丝分裂细胞的死亡促进结肠癌细胞的存活 [134, 135]。在 8%～10%

的结肠癌患者中观察到，BRAF（V600）突变通常与较差的疾病预后相关 [134-136]。而有研究表明，Nup358 可改善 BRAF 样结肠癌细胞系中存在的因有丝分裂缺陷产生的影响。此外，有研究发现，RANBP2 基因敲低将引起具有这种突变的结肠癌细胞有丝分裂发生缺陷，最终由于有丝分裂延长而导致细胞死亡 [134, 135, 137]。

通过 NPC 进行核质转运的一个重要特征是转运受体识别大分子蛋白上的 NLS 和 NES [9]。含有 NLS 和 NES 的蛋白质包含癌基因和抑癌基因（如 p53 和 FoxO）[9]，因此涉及这些蛋白质的核质转运中断常与肿瘤的发生有关 [9]。这些蛋白质与一种叫作 Crm1 的输出蛋白结合，已有研究证明 Crm1 在白血病、神经胶质瘤和骨肉瘤中均过度表达 [9]。现在认为，这种过度表达会促进肿瘤抑制因子从细胞核中过度输出，并导致它们功能下降 [9, 138]。此外，肿瘤抑制因子 BRCA2 突变形式与乳腺癌、卵巢癌和胰腺癌的发展有关，而且这些也与核质转运中断关联。已有研究显示，突变 BRCA2 和 26S 蛋白酶体复合物亚基 DSS1 的相互作用掩盖了 BRCA2 的 NES，继而允许 Crm1 识别并将其错误定位到细胞质中 [9, 139]。

几种类型的癌症与被称为染色体碎裂和 kataegis（基因组中发生多个基因突变，成簇形成热点区的现象）的复杂机制有关，它们发生在单一的事件中，并使基因组发生灾难性地改变 [140-143]。这些机制可能与 NE 破裂导致的 DNA 损伤有关。例如，作为基因组中的一种灾难性事件，染色体碎裂产生数百个重新排列的 DNA 片段，与微核和染色质桥中的 NE 断裂高度相关 [141, 144, 145]。这种重排还可能导致 DNA 环化，如果这些环状片段携带癌基因，那么它们可能会被复制扩增 [141, 146]。

微核和癌症

微核是一种小核，在错聚染色体周围形成 NE 后从初生核分离形成 [147]。一些微核在形成时保持完整的形态，但也有证据表明，相当大比例的微核经历了 NE 破裂，这种破裂比在初级核中发生的 NE 破裂更难被修复，随后将导致微核功能异常及广泛的 DNA 损伤，在培养的癌细胞和非小细胞肺癌（non-small cell lung cancer，NSCLS）肿瘤切片中都能观察到这些现象[147]。在未转化的细胞系中也能够观察到破坏的微核，提示微核检测可能有助于早期癌症的发现[147-149]。另外有证据表明，完整的微核内也存在缺陷，包括更容易产生 DNA 损伤[147-149]。微核的破坏也与一些自身炎症疾病的发生相联系，其机制与 cGAS 激活有关，cGAS 是一种 DNA 传感器，在 NE 断裂后会在含染色质的微核上发生积聚[141, 150-152]。

微核的破坏，特别是分离作用的丧失，似乎不是由 NPC 的丧失引起[147]。研究表明，通过单抗 mAb414 检测的核心 Nup 水平在完整的微核和破坏的微核之间没有太大差异。然而有证据表明，在破坏的微核中 Nup153 和 TPR 水平（均为核篮 Nup）较低，尽管这一发现并不能确定微核分离作用缺失与 NPC 的稳定性有关[147]。

（二）Nup98

Nup98 调控发育和细胞周期相关的基因转录[9, 54, 55]。因为 Nup98 和 Nup96 均由相同的 mRNA 编码[9, 27]，所以 Nup98 相关的染色体易位也会改变 Nup96 的表达。此外，由于 Nup96 能够调节免疫和细胞周期调控相关的 mRNA 从细胞核内的输出[9, 49, 153]，因此 Nup96 表达缺失可能是因 Nup98 与转录因子易位引起的疾病表型的另一个促进因素。Nup98 易位在 AML、慢性髓系白血病暴发危象（CML-bc）和骨髓增生异常综合征中非常常见[154]。目前已经提出了几种可能机制来解释 Nup98 融合蛋白在白血病转化中的作用，包括 HOXA 基因上调、细胞分化的抑制和自我更新的增加[154, 155]。一项聚焦于 Nup98-HOXA9 的研究发现，融合蛋白 Nup98-HOXA9 对 CD34⁺ 造血细胞的生长具有双相作用，在原始细胞持续长期的增殖之前其生长受到抑制[156]。这项研究提示 AML 发生于 MDS，在含有融合蛋白 Nup98-HOXD13 的转基因小鼠模型中也证实了这一发现。此外，Nup98-HOXA9 已被证明可以抑制造血分化并增加原始细胞的自我更新[156]。

Nup98 也被发现与流感病毒感染有关。流感病毒 NS1 下调 Nup98 的表达与病毒复制增加有关[9, 157]。这也与病毒以细胞核 mRNA 输出为作用靶点来增强自身复制的证据相关，其中就包括抑制编码抗病毒因子的 mRNA 输出。例如，Nup98 和 VSV 基质蛋白靶向的 mRNA 输出因子 Rae1 之间存在相互作用。而且有研究表明，通过 IFN 治疗可上调 Rae1 和 Nup96-Nup98，提示病毒蛋白对 mRNA 输出的抑制作用是可逆的[157]。此外，293T 和 MDCK 细胞感染流感病毒后 Nup98 被降解，这可能是抑制细胞核 mRNA 输出的一个原因[157]。研究还表明，Nup98 在感染脊髓灰质炎病毒的细胞中被靶向降解，其机制可能是由病毒 2A 蛋白酶促进的。此外，另外两个 Nup（Nup153 和 Nup62）也可作为脊髓灰质炎病毒的靶点，但 Nup98 的降解似乎发生得更快[158]。

（三）3A 综合征

3A 或 Allgrove 综合征是一种肾上腺功能不全疾病（贲门失弛缓症 – 艾迪生症 – 流泪症），这是一种罕见的常染色体隐性遗传疾病，具有贲门失弛缓症、艾迪生症和流泪症的三个特征[159, 160]，在大多数情况下都没有家族史。3A 综合征是由基因 AAAS 发生突变引起，AAAS 基因编码被称为 ALADIN 的 Nup[7, 161, 162]。ALADIN 核孔蛋白仅存在于高等真核生物中，失去 ALADIN 与 NPC 的整合就会导致疾病状态[163]。研究发现，如果没有 ALADIN，DNA 修复蛋白的转运可能会减少。在高等真核生物细胞尤其是在神经细胞中，缺乏 DNA 修复就会导致细胞不稳定并最终导致细胞死亡[164]。POM 蛋白 NDC1 有助于将 ALADIN 靶向 NPC[165-167]，因此 ALADIN 的突变将影响它们之间的相互作用和靶向，进而导致选择性胞核蛋白输入的改变。NDC1 的缺失将导致 ALADIN 的错误定位，并可能参与了 3A 综合征的发生发展[165-167]。

（四）早老和衰老加速

NPC 的功能也在衰老和与年龄相关的退化中发挥作用。随着时间的推移，细胞的分子损伤会导致机体的退化，而 Nup 是哺乳动物大脑中寿命最长的蛋白质之一[46, 168, 169]。Nup 损伤与胞核通透性增加有关，这将导致毒素和细胞质蛋白浸润的风险[46, 170]。在体外亨廷顿病（Huntington's disease，HD）模型中，一些研究观察到细胞质蛋白 MAP2 的泄漏。由于衰老是神经退行性疾病的重要危险因素，因此这也证明 NPC 在神经退行性疾病发生发展中具有重要的作用[46]。一项观察大鼠衰老大脑变化的分子水平研究显示，与外周 Nup 相比支架，Nup 的更新速率非常慢，并且在整个衰老过程中 NPC 相关的 Nup 组成也发生改变[155, 168-170]。这一发现提示随着时间的推移，缓慢的 Nup 更新速率可能会导致受损 NPC 的积累[155, 168]。

一种非常罕见和致命的名为 Hutchinson-Gilford 早衰症疾病与 lamin A 蛋白畸形有关[171-173]。具体来说，*LMNA* 基因的单碱基突变会导致一个隐蔽剪接位点的激活和随后的 lamin A 的法尼基化，产生一种名为 progerin 的蛋白质变体[172, 173]。持续的法尼基化可以使 progerin 插入内层核膜内并在其中积累，进而对老化的细胞造成损伤[173, 174]。

（五）亨廷顿舞蹈症

HD 是最常见的遗传性神经退行性疾病，与一些 Nup 的定位错误和聚集及核质转运的受损有关[46]。HD 是一组被称为 polyQ 神经退行性疾病之一，这些疾病的特征是都有重复的 CAG 序列，在相应的蛋白质中编码多聚谷氨酰胺（polyQ）[46, 175]。已有研究证明，Nup 在亨廷顿蛋白的突变体 Htt 部位发生聚集，而且这些聚集物的数量和大小随着 HD 的疾病进展而增加[46]。

核质转运的中断作为 HD 的一个促成因素已被 Ran 梯度干扰实验所证实。Ran 梯度为主动转运提供动力，并通过细胞核输入过程中 Ran-GTP 蛋白与转运受体间的相互作用，维持正确的转运方向和释放被转运物质。这种梯度是由位于 NPC 细胞质丝上的 RanGAP1 所维持的[46, 176]。RanGAP1 和含有六核苷酸重复扩增（hexanucleotide repeat expansion，HRE）的 RNA 之间的相互作用与 Ran 梯度的破坏有关。这些 HRE 突变又与 HD 的某些形式相关，并且也常见于肌萎缩侧索硬化症（amyotrophic lateral sclerosis，ALS）和额颞叶痴呆（frontotemporal dementia，FTD）等疾病[177-180]。此外，已经证明在 HD 的小鼠模型中 RanGAP1 和 Nup88 形成聚集物，而在 HD 纹状体组织中 Nup62 发生严重的定位错误[46]。

（六）原发性胆汁性肝硬化

原发性胆汁性肝硬化（primary biliary cirrhosis，PBC）是一种自身免疫性肝病[8, 10]。自身抗体的产生意味着自身耐受能力丧失和组织损伤[10]。在 PBC 的形成过程中，胆管的逐渐破坏导致肝硬化的发生。PBC 患者能够针对线粒体抗原（against mitochondrial antigens，AMA）产生一组自身抗体，以及针对核蛋白产生被称为抗核抗体（antinuclear antibodies，ANA）的自身抗体[10, 181, 182]。通过免疫荧光技术可以发现核边缘出现染色，证实 ANA 能够直接作用于 NPC[183, 184]。Pom210 和 Nup62 的 ANA 对 PBC 具有高度特异性[10]，因此结合 AMA 检测，α-gp210 和 α-Nup62 抗体检测有望为 PBC 的诊断和预后提供更多的标志[182, 185, 186]。PBC 中的抗 Pom210 ANA 特异性识别其 C 端内的 15 个氨基酸结构域[187]。据报道，抗 Pom210 ANA 增加与更严重的疾病和更差的预后相关[186]，患者更容易进展为终末期肝病[181, 188-190]。已有研究发现，在肝移植后 AMA 和 ANA 仍然持续表达[10, 181]，在一些患者中，Pom210 ANA 水平在移植后数年仍持续升高。一个没有被解答的问题是，在 PBC 中抗 NPC 抗体的临床相关性及其作为分子模拟物在自身免疫反应中是否升高[10, 181]。因此，了解 NE 和 NPC 的膜结构组织对于确定 PBC 中 ANA 的特异性至关重要，但是目前尚不清楚这些 Nup 在疾病形成阶段中的具体作用机制[7, 10, 185]。

八、展望

随着对 NPC 结构认识的深入，我们对转运蛋白有了许多有价值的发现。当未来我们能够进一步厘清目前面临的困惑时，我们希望能够阐明 NPC 在核功能异常状态下的改变及其意义。

第 10 章　发生在内质网中的蛋白成熟和加工
Protein Maturation and Processing at the Endoplasmic Reticulum

Ramanujan S. Hegde　著

何志颖　刘　薇　张文成　陈昱安　译

　　肝脏及由其分离出的肝实质细胞在我们获取细胞组织、蛋白质运输和分泌相关知识的过程中，发挥着核心作用。肝脏因其质量充裕、容易收集、具有高分泌能力和功能多样的特点，成为许多早期和开创性的细胞功能研究工作中的理想研究对象。人类史上第一次电子显微镜研究展示了肝细胞内部的显著区隔化，含有多种细胞器，其中包括高度丰富的膜结合细胞器内质网、高尔基体、线粒体、过氧化物酶体等。随着亚细胞成分分离方法的发展，这些细胞器中的每一个都可以通过经典的生物化学和酶学方法进行分离和研究[1]。肝脏和肝细胞中富含粗 ER 的膜组分的分离[2]，对于发现 ER 结合的核糖体合成分泌蛋白和膜蛋白非常有帮助[3]。这些蛋白被发现有选择性地输入到 ER 内部或插入到 ER 膜。事实上，ER 最终被证明是分泌蛋白和膜蛋白的主要合成和成熟场所。20 年之后，ER 被发现也是一个执行质控功能的主要场所。在这一功能执行过程中，不成熟的、有缺陷的或组装不完全的蛋白被筛选出来，进行选择性降解[4]。本章将介绍膜蛋白和分泌蛋白在 ER 中成熟和质控的基本原则。

一、分泌蛋白和膜蛋白被分泌到内质网

　　基本上，所有会被送往细胞表面、细胞外环境、高尔基体、溶酶体和内体的分泌性蛋白和膜蛋白，其生物合成都是从 ER 开始的。分泌蛋白整体完全穿过 ER 膜，进入腔内空间；而膜蛋白则交织在 ER 膜上，一些特定区域暴露于胞质，另外一些区域则暴露于管腔。在获得正确的拓扑结构（即相对于膜的方向）后，这些蛋白在 ER 中经历一系列成熟过程，以产生功能蛋白。这涉及折叠、各种修饰、与其他蛋白质或辅酶的组装。只有在成功成熟后，分泌蛋白和膜蛋白才能通过囊泡运输途径离开 ER 到达其各自的最终目的地。因此，ER 可以被认为是分泌蛋白和膜蛋白生物合成和成熟的细胞内工厂。这个工厂流水线上的关键步骤是选择性地将分泌蛋白和膜蛋白定位到 ER，使其跨越 ER 膜或进入 ER 腔，折叠成正确的构象，并组装成功能性产品。

（一）分泌蛋白和膜蛋白通过信号序列被识别

　　细胞蛋白质的合成发生在位于胞质中的核糖体上，但在高度分化的真核细胞内，超过一半的蛋白质最终驻留于非胞质区域。显而易见，细胞必须能够在众多胞内细胞器之间有效地分类和隔离各种蛋白质。理解这一过程的主要概念性进展之一是对细胞内蛋白质分离的基础提出了有力的假设：信号假说。该假说认为，新合成的多肽的特定区域（即信号序列）提供了独特的代码，指定了该蛋白质的最终目的地[5]。这一概念，最初的提出是用以解释为何分泌蛋白可以被选择性的分离至 ER 的，最终被证明具有广泛的普适性。目前已经鉴定出了可以将蛋白质定位于内质网、细胞核、线粒体、过氧化物酶体和其他位置的信

号序列。在每种情况下，定位信号都会被专有的机制选择性的识别出来，将正确的目标定向到预定的目的地。

对于分泌蛋白和膜蛋白，疏水性是其被选择性识别所必需信号序列的显著特征（图 10-1）。在许多膜蛋白中，第一个跨膜结构域（transmembrane domain，TMD）作为被选择性识别的信号序列，必须是疏水性的，以便最终稳定地驻留在脂质双层中。然而，分泌蛋白在成熟时是可溶的，因此在它们的最终初级序列中通常不包含长链的疏水残基。它们通常在蛋白合成时形成在 N 端含有可切割信号序列的前体。可切割信号通常为 15~40 个氨基酸长，包含一个对选择性识别和靶向 ER 至关重要的中心疏水区域。这一信号在 ER 中被一种叫作信号肽酶的酶移除，因此它不是最终成熟蛋白的组成部分。一些膜蛋白也使用可切割的 N 端信号来靶向 ER。因此，所有分泌蛋白和膜蛋白都通过疏水基序被识别，这使它们区别于其他非 ER 靶向蛋白 [6]。

（二）蛋白质靶向内质网膜的多种途径

在人类基因组编码的约 20 000 个蛋白质中，

约 7000 个靶向于内质网 [7]。这些蛋白质在其生物物理特性、跨膜结构域数量和位置、与 ER 膜有关的拓扑结构方面上具有高度多样性。这种多样性意味着不存在可以识别、靶向、转移和插入所有蛋白质的单一机制。因此，细胞进化出了不同的途径来处理不同类型的蛋白质。

蛋白质靶向 ER 的一般机制有两种。在共翻译靶向中，蛋白质在被翻译时被识别（图 10-2A）。进而整个核糖体被定位到 ER，新生的蛋白质在合成过程中跨膜或插入膜中。这种机制的优势在于，在能进入胞质折叠之前，未折叠的多肽就可以穿过或被插入膜中。而在翻译后靶向中，蛋白质在运送到 ER 膜进行转位或插入之前，需要在胞质中合成完全。这一机制通常适用于没有大结构域需要跨膜转位的蛋白。

在真核细胞中，大多数蛋白质使用共翻译靶向 [8]。然而，一些非常小的分泌蛋白（小于 100个氨基酸），由于其合成速度过快，无法在翻译过程中被有效识别。这些蛋白质（包括各种激素、细胞因子和抗菌肽），它们在翻译后靶向并转运到 ER 中。同样，一些膜蛋白含有一个位于靠近

蛋白	靶标序列
催乳素	MNIKGSPWKGSLLLLLVSNLLLCQS VAP
TGF-β2	MHYCVLS AFLILHIVTVAL...
生长因子	MATGSR TSLLLAFGLLCLPWLQEGS A...
骨桥蛋白	MRIAVICFCLLGITCA...
瘦素	MHWGTLCGFLWLWPYLFYVQA...
Apo-A1	MKAAVLTLAVLFLTGSQA...
EGF 受体	MRPSGT AGAALLALLAALCPRA...
胰高血糖素	MKSIYFVAGLFVMLVQG...
Inhibinβ	MPLLWLRGFLLASCWIiVRSSPTPGS ...
BiP	MKlSLVAAMLLLLS AARA...
绒毛膜促性腺激素	MEMFQGLLLLLLLSMGGTW A...
祝紫红质	...WQFSMLAAYMFLLIVLGFPINFITLYVTVQH...
CFTR	...FFWRLFMFYGIFL YLGEVTKAVQPLLLGRIIA...
ASGR Ⅰ	...KFRLSLLALAFNILLIVVICVVSSQSMQLQK...
突触结合蛋白 Ⅱ	...EINKIPLPPW ALIAMAVVAGLLLITCCFCIC ...
血型糖蛋白 C	...TIMDIVVIAGVIAAVAIVIVSLLFVMLRYMYR...
甘露糖苷酶 Ⅱ	...RRRF ALVICSGCLLVFLSLYIILNFAAPAATQ...

（图中左侧竖排文字：被切割的 N 端序列 / 跨膜结构域）

▲ 图 10-1　内质网靶向蛋白的信号序列示例

在许多情况下，信号序列位于 N 端，并在靶向完成后不久被酶信号肽酶切割。在其他情况下，蛋白的第一个跨膜区域用于靶向，它们不会被去除，是最终蛋白质产品的一部分。在所有情况下，信号序列的决定性的特征是一段约 10 个或更多的疏水残基

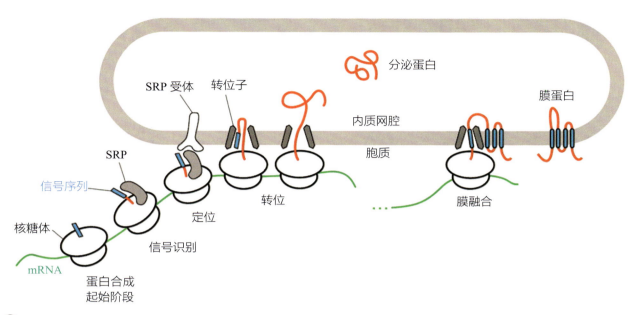

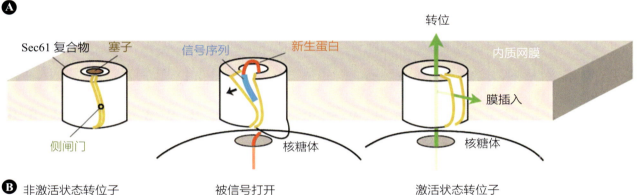

▲ 图 10-2　分泌蛋白和膜蛋白分离到内质网

A. 共翻译易位的关键步骤包括信号识别颗粒（SRP）识别信号序列，通过 SRP 受体（SR）靶向内质网（ER）膜，以及通过转位进行易位。膜蛋白利用相同的基本步骤和机制，但蛋白整合到膜中，而不是完全易位。B. Sec61 复合物在 ER 膜上形成蛋白质转导通道。在非激活状态，通道（侧闸门）的一道接缝被关闭，孔隙被一个塞子封住（左）。通过插入侧闸门，信号序列可以打开 Sec61 复合体（中）。在激活状态下，该通道可以向两个方向移动多肽，即跨膜（易位）或进入脂质双分子层（膜插入）（右）

C 端的 TMD[9]。这一 TMD 将作为"尾锚定"信号，把膜蛋白靶向到 ER。由于 C 端 TMD 在蛋白质完全合成后才会从核糖体中出现，所以这些蛋白质也是翻译后靶向。共翻译靶向和翻译后靶向涉及不同的因子。

（三）信号识别颗粒介导共翻译蛋白靶向

几乎所有的 N 端信号和 TMD 都是从核糖体上刚翻译出现时，就被共翻译靶向机制同时识别。一个被称为信号识别颗粒（signal recognition particle，SRP）的大型核糖体相关因子直接与疏

水性信号序列相互作用[10]。SRP 介导的共翻译识别有三个重要结果。第一，SRP 将疏水性的 TMD 或信号从广泛存在的水性环境中屏蔽，以防止其不适当的相互作用或聚集。从这个意义上说，SRP 可以被视为某种分子伴侣，在合成的最初阶段保护新生的分泌蛋白和膜蛋白。第二，SRP- 信号的相互作用可以调节核糖体功能以减缓翻译的速度。这种暂时性的减速为靶向 ER 膜提供了额外的时间。第三，SRP 作为一个关键性的区分特征，使一些核糖体被靶向到 ER，而其

他核糖体则滞留在细胞膜上。

SRP 结合的核糖体的选择性 ER 靶向是由 ER 膜上存在的 SRP 的特定受体介导的。SRP 和 SRP 受体（SRP receptor，SR）之间的相互作用不仅介导靶向，而且还介导新生多肽转移到由 Sec61 复合物形成的转位子上。新生链从 SRP 到转位子的这种单向转移是能量依赖的。SRP 和 SR 都是 GTP 酶。SRP 以其 GTP 形态与信号序列结合，而 SR 以其 GTP 结合形态与转位子结合。当 SRP 和 SR 的 GTP 结合形态相互作用时，它们会水解其 GTP。这诱导产生了一系列构象变化，最终导致 SRP 从信号序列、SR 蛋白和核糖体复合物中解离。之后，核糖体和被释放的信号序列得以参与到转位子中。通过这种方式，含有信号序列或 TMD 的新生蛋白质被选择性地输送到 ER 的转位子，在那里完成它们的合成。

（四）Sec61 复合物在 ER 上形成一个转位通道

被靶向到 ER 上的转位子后，分泌蛋白通过一个跨膜通道被转运，而膜蛋白则被插入脂质双分子层。这两个过程都是由一个转位通道介导的，该通道可以垂直地穿过膜开放以进行易位，也可以向膜的侧面开放进行插入 [11, 12]。这个转位通道是由三个蛋白组成的 Sec61 复合物形成的。

Sec61 复合物的结构 [13, 14] 显示它是一个环形通道，中心有一个沙漏形孔，沿侧面有一条缝隙（图 10-2B，左）。当 Sec61 复合体处于静息状态时，孔隙被堵塞，被称为侧闸门的缝隙前端被关闭。这样就防止了离子和其他小分子漏入或漏出 ER。

在 SRP 将一个正在翻译的核糖体靶向到转位子上后，Sec61 复合物紧密结合到一个位于核糖体通道附近的位点，新生成的蛋白质穿过这一核糖体通道出现。通过这一方式，Sec61 复合物的通道位置与核糖体通道的位置大致呈共线性。此时，分泌蛋白的信号序列仍需要打开 Sec61 通道以启动易位。当信号序列嵌入侧闸门时，这一情况就会发生（图 10-2B，中）。只有当真实的信号出现时，闸门打开的情况才会发生，从而提供了一个校对机制，阻止缺乏信号序列的蛋白质打开通道。

将信号序列嵌入到 Sec61 的侧闸门会扩大通道 [15]，从而导致通常占据中心孔的塞子移位。因此，对信号序列或 TMD 的识别导致 Sec61 复合物打开，并处于激活状态，使新生蛋白得以易位和膜插入（图 10-2B，右）。在这种活性状态下，Sec61 复合物能够通过中央通道将蛋白质转运穿过膜，或通过侧闸门将膜蛋白插入脂质双分子层。

对分泌蛋白来说，其信号序列下游的多肽片段进入 Sec61 复合物的通道，进而进入 ER 腔。结合了 Sec61 复合物的核糖体继续翻译，将不断增长的多肽排出到 ER 腔内，分子伴侣在腔内与新生的蛋白质结合，并确保其易位。一旦易位过程启动，新生蛋白的信号序列被一种称为信号肽酶的酶移除。易位过程一直持续到蛋白翻译结束。此时，新生蛋白的最后一部分进入 ER 腔内，核糖体与 Sec61 复合物解离，该 Sec61 通道再次回到静息状态。

（五）共翻译膜蛋白通过 Sec61 复合物插入

如果靶向 Sec61 转位子的蛋白含有 TMD，则该蛋白会被插入 ER 膜 [16]。Sec61 复合物的侧闸门提供了水性的细胞质和疏水的脂质双分子层之间的关键转换点。当一个 TMD 从核糖体中翻译出现时，它利用这个侧门进入膜（图 10-2B，右）。

TMD 的插入方向（或拓扑构象）受几个参数的影响。如果一个蛋白质已经通过其信号序列被靶向，并且蛋白质的一个大的可溶性结构域已经被转移到腔内，那么其拓扑结构就已经确定了。当 TMD 序列从合成这种类型蛋白质的核糖体中出现时，它将以其近 N 端侧结构域插入 ER 腔内，近 C 端侧结构域则面向细胞质。

对于通过其第一个 TMD 靶向的蛋白质，其拓扑结构的确定更为复杂 [17]。在这种情况下，TMD 之前的多肽的长度、TMD 两侧的带电残基、TMD 的长度及其整体的疏水性都会影响其最终拓扑结构。一般来说，如果 N 端较长且含有与 TMD 相邻的碱基残基，N 端更倾向于面对细胞质。否则，TMD 将以 N 端朝向 ER 腔的方向排列。

对于含有多个 TMD 的蛋白质，第一个 TMD

之后的每个 TMD 的插入方向都与其前一个 TMD 方向相反。这意味着对于多次穿膜的蛋白来说，第一个 TMD 的拓扑结构基本上固定了其余的拓扑结构[18]。所有 TMD 被认为是通过 Sec61 的侧闸门依次进入膜。可能存在辅助蛋白促进 TMD 的插入，也可能存在复杂的膜蛋白，其插入不是简单矢量性的[16]。关于多次穿膜的蛋白如何插入的这些方面还有待详细研究。

（六）分泌蛋白和膜蛋白的翻译后靶向

具有近 C 端唯一靶向信号的蛋白不能被共翻译靶向[9]。其原因是，生成新生蛋白的核糖体通道中容纳了约 40 个氨基酸。这意味着蛋白在靶向信号序列之外至少需要约 40 个残基，信号序列才能在合成过程中被识别。然而，进行共翻译定位所涉及的反应可能需要 5～10s。在每秒 6 个残基的翻译速度下，这意味着在靶向信号暴露后，还需要 30～60 个残基才能成功进行共翻译靶向。因此，靶向信号位于最后 90～120 个残基内的蛋白质必须在翻译后进行靶向。

对于分泌蛋白来说，其疏水性的 N 端信号序列必须被屏蔽，以防止其聚集；同时，多肽的其余部分必须被防止折叠。丰富的胞质蛋白钙调素被认为可以动态地结合靶向信号序列以防止其聚集的同时，仍然保留其可以参与 ER 转座子结合的可能性[19]。蛋白质剩余部分的折叠可能是由伴侣蛋白阻止，如典型的 Hsp70 家族的伴侣蛋白，它们在目标蛋白质转位前才将其释放。

负责翻译后易位的转位子包含 Sec61 复合物，以及附属蛋白 Sec62 和 Sec63[20]。该转位子可以识别翻译后转位的分泌蛋白的信号序列，其机制可能与上述共翻译蛋白的机制类似。这种识别导致小型分泌蛋白对 Sec61 易位通道的最初插入，并将一部分多肽暴露在腔内。ER 腔内伴侣蛋白 BiP 通过与 Sec63 互作将此转位因子招募到这一位置。这一因子可能与多肽的腔内裸露部分相互作用，以促进其转入 ER 腔[21]。

翻译后插入的膜蛋白则使用完全不同的一组因子进行靶向和插入[22]。其靶向因子是一种被称为 TRC40（酵母中称为 Get3）的胞质因子，它可以直接识别、结合和屏蔽 TMD[23]。TRC40 在 ER 膜上有一个特定的受体。该受体将 TMD 从 TRC40 中分离出来，并促进其插入膜内。TRC40 随即返回到细胞质中进行下一轮靶向。有些蛋白质的 TMD 疏水性不够，无法与 TRC40 结合。这些蛋白通过钙调素保持其在细胞质中的可溶状态，并通过另一个被称为 EMC 的复合物插入 ER[24]。在共翻译膜蛋白插入过程中，EMC 复合物可能还具有一些尚不清楚其他的功能。

（七）错误靶向的蛋白被细胞降解

尽管胞内具有大量专门作用于蛋白质靶向的机制，靶向失败的情况仍时有发生。未能到达 ER 的分泌蛋白或膜蛋白会对细胞质形成威胁。这种错误定位的蛋白容易聚集，在胞质环境中也不太可能发生折叠，还可能与其他蛋白发生不当的互作。信号序列的遗传突变可以导致人类[25]和转基因小鼠[26]的疾病，这些发现证明并强调了蛋白质错误靶向导致的不良后果。在正常情况下，这些后果可以通过质量控制通路来避免，这些通路可以识别错误定位的蛋白质，并及时将其降解[27]。

细胞质内含有一系列的质量控制因子，它们具有识别暴露的信号序列和 TMD 的能力[28, 29]。当蛋白质靶向正常进行时，这些疏水区要么被移除（在信号序列的情况下），要么被埋在膜中（在 TMD 的情况下）。因此，它们暴露在胞质中即提示靶向或膜插入的失败。识别了这些暴露的靶向元件的质量控制因子招募泛素连接酶，用多种泛素标记错误定位的蛋白质。随后，泛素化的蛋白质被送到蛋白酶体进行降解。通过这种方式，细胞质内保持了没有属于细胞其他部分蛋白质的状态。

二、分泌蛋白和膜蛋白的折叠和成熟

分泌蛋白或膜蛋白的正确靶向和易位只是其最终成熟为功能性产物的第一步。许多多肽在离开 ER 之前需要经过加工、修饰，并与辅酶组装。此外，线性多肽必须折叠成一个稳定的三维结构，在许多情况下，还需要与其他蛋白质结合组装。每种蛋白质都有其独特的需求；一些蛋白质的成熟是高度专业化的，而另一些则使用普适性的机制。尽管协调控制复杂蛋白质的多步骤成熟事件的机制仍然不甚明了，但许多单独的步骤已经被详细研究，并在此进行了讨论。

（一）伴随蛋白成熟的大量共翻译修饰和翻译后修饰

大多数分泌蛋白和膜蛋白在其成熟过程中被共价修饰。最常见的修饰是天冬酰胺连接（或 N- 连接）的糖基化[30]。这一修饰通常是共翻译修饰，发生在蛋白质正通过转位子进入 ER 腔内时。介导糖基化的酶，即低聚糖转移酶（oligosaccharyl transferase，OST），与转位子紧密相关[31]。当某些序列（Asn-Xxx-Ser 或 Asn-Xxx-Thr，其中 Xxx

是除脯氨酸外的任何氨基酸）通过转位子进入 ER 腔时，OST 将一个完全组装好的 14- 糖核多聚糖转移到天冬酰胺残基上（图 10-3）。

并非所有的相关序列位点都一定会被糖基化，糖基化也不是在所有细胞类型或所有条件下都一致有效。尽管这种异质性的原因尚不清楚，但它很可能以一种组织特异性的方式，微妙地影响蛋白质的功能和（或）运输。尽管存在这些微妙之处，糖基化作为一个整体，对多种蛋白的正确折叠和成熟至关重要。糖基化的失败或甚至只是部分缺陷，对细胞来说都是灾难性的。事实上，糖链加工受损会导致人类的多种严重遗传性

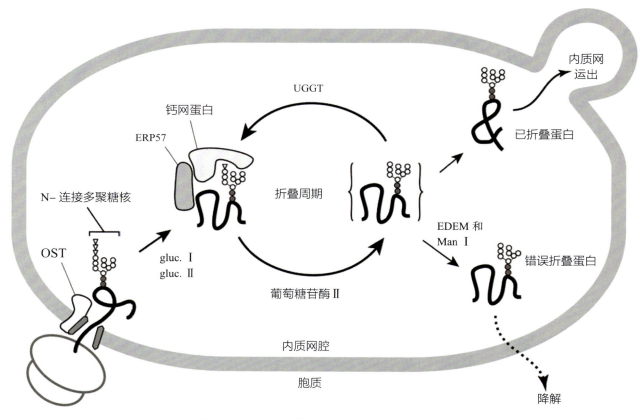

▲ 图 10-3 **ER 中凝集素伴侣对聚糖依赖蛋白的折叠**

许多进入内质网（ER）的新生蛋白质都被一个 14- 糖核多聚糖共翻译修饰，其中包含 2 个 N- 乙酰葡糖胺（灰圆圈）、9 个甘露糖（白圆圈）和 3 个葡萄糖（三角）。葡萄糖被葡萄糖苷酶（gluc. Ⅰ 和 gluc. Ⅱ）迅速修剪，使单糖基化聚糖能够招募凝集素伴侣（钙网蛋白），以及相关的因子（如蛋白质二硫异构体分子 ERP57）。蛋白的折叠是通过与钙网蛋白结合和释放的反复循环来介导的，由末端葡萄糖的去除和重新添加进行调节。UGGT 酶只将葡萄糖添加到非天然构象的蛋白上，确保钙网蛋白只有在蛋白未实现正确折叠的情况下才会重新结合。如果在反复结合钙网蛋白的重复循环中折叠依然失败，甘露聚糖会被进一步修剪（通过甘露糖苷酶，如 EDEM），此时糖链就会成为与另一种凝集素结合的目标，该凝集素将蛋白送入降解途径（图 10-4）。其他伴侣也采用同样的常规方案：它们在生物合成的早期被招募到底物上，经历结合和释放的循环，直到多肽达到其正确的折叠状态，或被转移到降解途径上。OST. 低聚糖转移酶；UGGT. 尿苷二磷酸 – 葡萄糖糖蛋白葡糖转移酶

疾病[32]。

另一种常见的修饰是信号序列的裂解切割。N端信号序列是临时性序列元件，用于分泌蛋白和膜蛋白的正确靶向和易位，这些序列不是最终成熟蛋白产物的一部分。在执行完成功能后，这些序列将被移除，这一过程通常以共翻译的方式发生在转位子上。一种被称为信号肽酶的蛋白水解酶与转位子相互作用，其活性位点位于内质网腔内转位通道的开口附近[33]。当一个新生多肽开始转位时，其信号序列和成熟结构域之间的边界就暴露在信号肽酶之前，信号肽酶会在一个精确的位置有效地切割多肽。

第三种广泛使用的修饰是在一些蛋白质的C端附着一个糖基磷脂酰肌醇（glycophosphatidylinositol，GPI）锚定物[34]。GPI锚定物本质上是含有聚糖的磷脂分子（即糖脂）。GPI锚定物附着在其他可溶蛋白上，从而将其固定在细胞膜上。这使得被GPI锚定的蛋白分子能够驻留在细胞表面的某些特定的微区域内，而这些微区域正是它们锚定的脂质所青睐的。此外，GPI锚可以被细胞外磷脂酶裂解，允许在特定条件下调节某些蛋白的释放（即分泌）[35]。

GPI锚点的添加发生在ER中，由GPI转氨酶复合物介导。哪些蛋白质将被转氨酶选中修饰，取决于目标蛋白C端的、用于添加GPI锚的疏水"信号序列"的存在。转氨酶识别这一信号，并在给目标蛋白加GPI锚（通过转酰胺化反应）的同时将这一信号序列水解去除掉。

除了这些相对普遍的ER特异性修饰外，还有大量底物特异性和细胞类型特异性修饰被发现。例如，胶原蛋白中的脯氨酸和赖氨酸残基被羟基化修饰，一些分泌的信号分子和形态因子被脂质修饰（如胆固醇），还有一些其他的蛋白水解加工事件。在每种情况下，修饰对蛋白质的成熟、稳定性和（或）最终功能都是至关重要的。

（二）协助蛋白成熟的分子伴侣蛋白

分子伴侣是重要的细胞因子，参与了几乎所有蛋白质的成熟[36]。伴侣蛋白通过直接结合帮助新生多肽的折叠和组装，从而防止在高度拥挤的细胞环境中与其他蛋白质发生不适当的相互作

用。理所当然，新生蛋白在与分子伴侣结合时无法折叠。因此，分子伴侣会周期性地释放新生的蛋白，为其提供短暂的折叠机会。如果折叠不成功，该伴侣蛋白会迅速与目标蛋白重新结合。通过这种重复的（通常是能量依赖的）结合与释放的循环，分子伴侣可以在新生蛋白发生不适当的相互作用进而导致非生产性聚集之前，促进其正确折叠。

分子伴侣至关重要的功能是，它们能够选择性地结合新生蛋白质未成熟且未正确折叠的构象。这种选择性被认为是通过几种方式实现的，但通常涉及对最终折叠结构中本应该被屏蔽的多肽片段的识别。例如，一个正确折叠的可溶性蛋白，其埋藏核心通常包含多肽的疏水部分。这种疏水斑块的暴露必然意味着蛋白质没有正确的折叠，即呈现出了分子伴侣结合的共同识别基序。同样，当多个TMD被正确组装时，一些TMD内包含的亲水残基会被埋藏起来。因此，如果在疏水脂质双分子层中暴露出这些残基，可能意味着插入蛋白的非天然构象。同样，暴露本应通过二硫键与其他半胱氨酸相结合的半胱氨酸，可以招募某些类型的分子伴侣。通过识别这些和其他一些序列元素，分子伴侣可以区分蛋白的天然和非天然的折叠状态。

伴侣几乎在新生的分泌或膜蛋白转位之后立即被招募。这是因为新生蛋白是以未折叠构象的状态易位，这为伴侣结合提供了理想的底物。在ER中有许多伴侣系统，哪些伴侣会被选择招募取决于被转运的特定蛋白所具有的具体序列元件[37]。伴侣通常在蛋白合成和转运完成后仍留存在成熟的多肽上，不同亚群的伴侣和成熟因子可能伴随关联着同一多肽的不同成熟阶段。如果一个蛋白的成熟过程很复杂，这种情况尤其可能发生，尽管对这类非模型蛋白的研究相对较少。由于这些伴侣存留于ER腔中，它们反复与未成熟分泌蛋白和膜蛋白的结合，还具有防止无功能的产物过早脱离ER的双重功能。

（三）ER腔内的多个伴侣系统

在各种内质网伴侣蛋白中，含量最丰富和研究最充分的可能是一种称为BiP的管腔蛋

白。BiP 是一个非常大且保守的伴侣家族（称为 Hsp70 家族）的成员，在所有已知的生物体和大多数细胞中都有同源物[38]。这些伴侣是 ATP 酶，利用 ATP 水解的能量结合和释放底物上暴露的疏水斑块。Hsp70 的 ADP 结合态对底物具有高亲和力，当 ATP 结合时，底物被释放，以便其尝试折叠。ATP 的结合、ATP 的水解和 ADP 与 ATP 的交换等步骤都受到其他因子的严格调控，这些因子被广泛称为辅酶。因此，BiP 和它的各种辅酶在 ER 腔内形成了一个普遍的、通用的伴侣系统，识别并屏蔽折叠和组装过程中暴露的分泌蛋白和膜蛋白疏水斑块。

虽然被研究得略少，但 ER 腔内另一种非常丰富的 ATP 酶 GRP94 也起到伴侣作用。与 BiP 一样，GRP94 也有一个胞质同源物（称为 Hsp90），这进一步说明了类似的保守的蛋白质折叠机制应用于细胞的不同部分。Hsp90 与其多种底物的相互作用受其 ATP 酶循环和共同伴侣分子的调节[39]。GRP94 的功能可能与 Hsp90 类似，对包括整合素（细胞表面黏附分子）、TLR（先天免疫系统的细胞表面受体）和免疫球蛋白在内的一组蛋白质的折叠和成熟至关重要[40]。

由于大多数经过 ER 的蛋白质会发生糖基化，真核细胞已经进化到利用这种修饰来实现多种目的，包括蛋白质的稳定性、溶解性、蛋白质折叠、质量控制、转运和蛋白质 – 蛋白质相互作用[41]。在 ER 中，N– 连接多聚糖的一个主要用途是招募一类被称为凝集素（一个通用术语，仅仅意味着结合糖类结合）的因子。ER 中两个基于凝集素的伴侣被称为钙连接蛋白（calnexin，CNX）（一种膜蛋白）和钙网蛋白（calreticulin，CRT）（一种可溶性腔内蛋白）。它们的作用机制非常相似（图 10-3），通过与具有 N– 连接多聚糖修饰的特定异构体相互作用而被招募到底物。添加到蛋白质上的初始聚糖由 14 个糖组成：2 个 N– 乙酰氨基葡萄糖、9 个甘露糖和 3 个末端葡萄糖。添加上核心聚糖后不久，葡萄糖苷酶的作用会将两个末端葡萄糖移除，形成可被 CNX 或 CRT 特异性识别的 N– 聚糖单糖基化形式。从 CNX/CRT 释放后，剩余的葡萄糖被葡萄糖苷酶去除，蛋白获

得折叠的机会。

如果蛋白正常折叠失败，一种被称为 UGGT 的酶会在蛋白的 N– 聚糖上添加一个葡萄糖，从而使其再次成为 CNX/CRT 结合的底物，并启动另一轮折叠尝试。因此，和之前讨论的通用性分子伴侣一样，伴侣的结合和释放的反复循环允许底物不断尝试折叠，同时对底物提供保护，避免其遭遇不适当的相互作用[42]。在这种情况下，一个可逆的葡萄糖标签被用来调节底物与伴侣的相互作用，而 UGGT 作为一个"折叠传感器"来确定底物何时折叠完成。如果底物通过了 UGGT 的检查，它就不会被重新糖基化，不含葡萄糖的 N– 糖基化蛋白会从 CNX/CRT 的折叠周期中被释放出来。这些蛋白被认为折叠完成，并从 ER 输出到高尔基体和细胞其他部位。

糖基化的蛋白的重复折叠时间不是无限的。ER 内还含有甘露糖苷酶，如 EDEM 家族和甘露糖苷酶 I。通常情况下，随着时间的推移，这些酶可以非常缓慢地从蛋白的 N– 聚糖中去除末端甘露糖残基。一旦某个特定的末端甘露糖被去除后，蛋白质就将不再被允许更多的折叠尝试，而是被送入降解途径。

ER 腔的一个独有的特征是其氧化环境[43]。这意味着新生蛋白中的半胱氨酸通常会被氧化，与其他半胱氨酸一起形成二硫键（两个半胱氨酸可以位于同一蛋白中，也可位于不同蛋白中）。二硫键可以极大地稳定蛋白或蛋白复合体的折叠状态，从而促进其在恶劣的细胞外环境中发挥作用。举例来说，抗体（如 IgG）由多个多肽链组成，这些多肽链由一系列分子内和分子间的二硫键连接在一起，使其在分泌后具有显著的稳定性和持续时间。

新生蛋白中二硫键的正确形成是由一类被称为氧化还原酶的分子伴侣酶介导的，其中最著名的是 PDI[44]。这些伴侣可以直接与底物相互作用（通常是通过底物暴露的疏水斑块）。在与底物相互作用时，PDI 内部的二硫键可以被还原，同时底物中的半胱氨酸被氧化。这样一来，二硫键便有效地从 PDI 转移到与之相互作用的底物上。然后，PDI 会被其他酶（如氧化酶 Ero1）再次氧化，

接着参与到另一轮底物氧化中。PDI 也可以反向作用，并具有还原底物内二硫键的能力。这意味着通过还原和重新氧化不同的半胱氨酸对，PDI 可以对蛋白的二硫键进行"洗牌"，直到实现正确的蛋白折叠（因此被称为二硫异构酶）。一些氧化还原酶通过与其他伴侣分子的相互作用被间接被招募到底物上。例如，氧化还原酶 ERP57 与 CRT 相互作用（图 10-3），从而使其能够作用于糖蛋白[45]。因此，ER 腔内氧化还原酶家族的不同成员可能对不同的目标底物亚群起作用。

尽管上述伴侣系统是 ER 内蛋白成熟机制中分布最丰富和研究最充分的组成部分，但它们并不是唯一的组成部分。由于被递送来的底物的庞大数量和多样性，内质网需要许多其他因子来确保蛋白的正确折叠和成熟。例如，肽基 - 脯氨酰 - 异构酶催化含脯氨酸的肽键在顺式和反式异构体之间的构象变化。其他伴侣蛋白，如 tapasin，有助于 MHC Ⅰ 类多肽的组装。然而，依旧可能存在其他的因子，专门负责多聚体蛋白复合物的组装，或专门参与膜蛋白的折叠和组装，我们对这两个复杂过程的了解都相当有限。最后，可能存在许多高度专业化的伴侣分子，专门负责具有独特要求的特定底物。例如，胶原蛋白的生物合成过程中利用了一种在成纤维细胞中特异性表达的、名为 Hsp47 的伴侣蛋白。在肝脏中，apoB 的生物合成需要一种被称为微粒体甘油三酯转移蛋白（microsomal triglyceride transfer protein，MTTP）的特有因子，该因子介导脂蛋白颗粒组装时所需的非共价脂质 - 蛋白相互作用。

（四）多种蛋白质被组装成多聚复合物

大量蛋白质作为多蛋白复合体的一部分发挥作用。分泌蛋白复合体和膜蛋白复合体多在 ER 中进行组装，对这一过程我们相对知之较少。事实上，一些经过分泌途径的、高表达的、最重要的蛋白质，包括免疫球蛋白、TCR、离子通道、MHC 复合物和许多其他的蛋白质在内，都是多蛋白复合体。目前认为，一个较大的复合体的未组装亚基会暂时与一些分子伴侣相结合，直到其找到正确的组分并与之互动。例如，BiP（IgG 结合蛋白）最初是通过与不完全组装的 IgG 重链结合而被发现的。在大多数情况下，复合物组装是如何协调进行的还不清楚，也不清楚这是一个亚基通过简单的扩散找到彼此的随机过程，还是存在更多的调控机制在促进组装。

通过这些讨论，可以明显看出 ER 腔是一个非常复杂的蛋白质折叠和成熟工厂。它有一些特征是普适性的，如高度丰富的、进化保守的分子伴侣系统，以保护新生蛋白质，避免错误的相互作用和聚集。另外，ER 还具有该细胞器所独有的一些特征，如它具有 N- 连接的糖基化，基于凝集素的分子伴侣系统，有利于二硫键形成的氧化环境，以及高通量的、需要适当折叠和成熟的膜蛋白。此外，在某些特定细胞类型中，还存在一些 ER 特有的对独特底物高度专一化的特异性过程。所有这些通路同时运作；有些可能是纯粹的并行过程，而大多数是部分重叠和协作的项目。因此，至少对许多底物来说，某些蛋白成熟途径的损失或能力降低很可能可以被其他成熟途径所补偿，至少暂时如此。事实上，细胞可以适应数量惊人的主要伴侣分子（如 CRT、CNX、GRP94、UGGT 和许多共伴侣分子）的丧失，并保存其生存能力。然而，在每一种情况下，复杂生物体或分化组织的功能都受到严重损害（通常导致胚胎致死），这说明了伴侣冗余的局限性。针对蛋白质成熟的相关过程，尽管其中许多基本原则已经通过模型系统进行了描绘，但我们的知识充其量也只能说是零散和不完整的。

三、质量控制和未成熟蛋白质的剔除

将分泌蛋白和膜蛋白的生物合成置于细胞器内（与原核生物的在质膜之内合成相反），这为真核细胞提供了许多优势。最明显和最大的好处也许是有机会更大程度地控制物质可否被递送至细胞表面。这种控制体现在许多方面。例如，细胞可以有效地调节分泌蛋白或膜蛋白释放到细胞表面的量而不依赖于蛋白的合成量。因此，关键的调控蛋白（如激素、表面受体或离子通道）可以在细胞内生成和储存，然后在瞬间被迅速动员到细胞表面。这可以在细胞面对环境条件变化

时，为其提供精确的瞬时控制和响应能力。

另一个主要调控优势是质量控制[46]。通过在细胞内制造和检查所有的分泌蛋白和膜蛋白，细胞可以确保只有正确折叠和功能性的产物才能到达表面。这是至关重要的，因为功能不足或错误折叠的蛋白通常比完全没有蛋白还要糟糕得多。因此，在高度复杂的多细胞生物中，通过分泌蛋白及其受体进行细胞间通信对生物整体健康至关重要，质量控制是 ER 的一个关键职能。

ER 质量控制的基本逻辑包括五个一般性步骤（图 10-4）。第一，细胞必须有识别折叠错误、组装错误或受损蛋白质的机制。这一任务被认为是由伴侣蛋白完成的，伴侣可以区分成熟的蛋白结构和非天然的蛋白结构。第二，一旦识别出潜在的错误折叠蛋白，它必须被定位到降解机制。

第三，错误折叠蛋白必须被逆转定位回细胞质。第四，一旦多肽暴露于细胞质中，它必须被泛素化，通常是由逆转定位的相同机制介导。最后，泛素被用作手柄，从 ER 中提取相关蛋白，并递送至蛋白酶体进行降解。这整个过程通常被称为 ER 相关的降解，或 ERAD[47]。这一系列的核心事件适用于未能在内质网中正常成熟的分泌蛋白和膜蛋白，尽管参与其识别和逆转易位的具体因子可能不同。

虽然不太常见，但在某些情况下，内质网中错误折叠蛋白可以通过其他途径在溶酶体中降解。有一类似乎利用溶酶体途径的蛋白是 GPI 锚定蛋白。这表明黏附 GPI 脂质锚后，目标蛋白不能有效逆转位，重回胞质。相反，这些蛋白通过囊泡运输途径进入溶酶体被降解[48]。

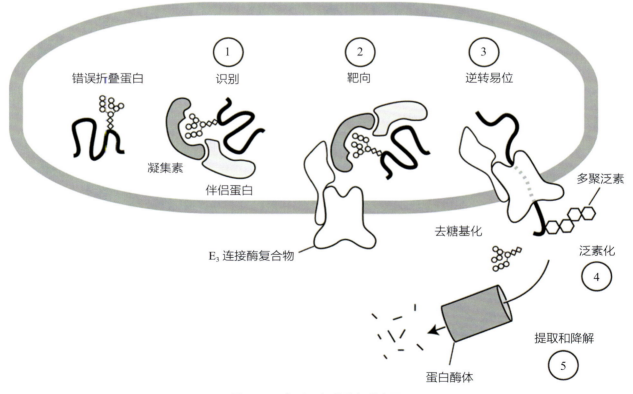

▲ 图 10-4　内质网相关降解的主要步骤

以一个错误折叠糖蛋白为例的内质网相关降解整体逻辑示意图。错误折叠蛋白通过凝集素（如 OS-9）和伴侣的组合被识别（步骤 1）。然后，识别复合物被靶向定位到由围绕内质网驻留的 E₃ 泛素连接酶复合物建立的逆转易位位点（步骤 2）。接下来，错误折叠蛋白与靶向复合物解离，并通过一个至少部分由 E₃ 连接酶复合物形成的通道进行逆转易位（步骤 3）。在胞质侧，暴露的错误折叠蛋白被泛素化（步骤 4）。多聚泛素作为手柄，被 p97 ATP 复合物从膜上提取（未描述），并被蛋白酶体降解（步骤 5）。非糖蛋白被认为使用相同的一般性步骤，但不利用凝集素进行识别

（一）错误折叠蛋白被伴侣分子识别

进入内质网的新生蛋白通常会经历被伴侣分子结合和释放的反复循环，尝试达到其最终的折叠和组装状态。如果蛋白成熟还是失败，细胞最终必须将错误折叠蛋白分流，以便降解。除了在折叠中起作用外，伴侣在降解中也发挥着重要作用。大多数突变或错误折叠蛋白通常被发现伴随着伴侣蛋白。这可能很重要，原因有三点。第一，伴侣分子可以阻止错误折叠蛋白与胞内其他因子不当互作。第二，伴侣分子维持蛋白在很大程度上处于未折叠状态（或在某些情况下，促进蛋白去折叠化），这可能对蛋白的逆转位出 ER 很重要。第三，伴侣分子可能与蛋白互作，或将蛋白运送到逆转易位相关细胞机器。

在糖蛋白中，糖修饰和 ER 凝集素除了在蛋白折叠周期中发挥作用外，还在蛋白降解中发挥着关键作用[49]。经过 CNX/CRT 系统的反复去糖基化和回糖基化循环后，甘露糖苷酶（包括被称为 EDEM 的蛋白）依次去除了糖链末端的甘露糖基，包括通常发生葡萄糖糖基化的那个甘露糖基。这使得底物可以退出 CNX/CRT 循环，并使甘露糖修饰的聚糖成为与另一种被称为 OS-9 的凝集素结合的底物。EDEM 的甘露糖修剪和 OS-9 的结合使底物通过 OS-9 与逆转易位机制的关联进入降解途径[50, 51]。

（二）胞质中错误折叠蛋白降解的逆转易位通路

将错误折叠分泌蛋白或膜蛋白输出到细胞质中进行降解称为逆转易位。这一过程涉及的相关成分分布于 ER 腔、细胞膜和细胞质中[47]。逆转易位反应的核心是一个多蛋白复合物，复合物的中心是几个膜嵌入 E_3 泛素连接酶之一[50, 51]。这些连接酶复合物被认为通过膜内的相互作用直接与错误折叠膜蛋白结合。对于内质网腔内的错误折叠蛋白，与错误折叠蛋白相关的伴侣和（或）凝集素将其递送到 E_3 连接酶复合体。然后，在一个尚不为人所知的步骤中，E_3 连接酶复合物提供了一个通道，错误折叠蛋白可以通过这个通道进入细胞质[52]。

一旦错误折叠蛋白在细胞质中暴露出来，它们就会被 E_3 连接酶复合物多聚泛素化。泛素是一种小蛋白，可以共价附着在底物上，对底物进行降解标记。除了提供标记外，泛素还可以防止错误折叠蛋白滑回 ER 腔。随后，泛素化的蛋白招募一个大的 ATP 酶复合体，其中包含一种名为 p97（也称为 VCP 或 Cdc48 的蛋白）[53]。与辅酶一起，p97 复合物似乎同时识别底物和泛素，并利用 ATP 水解的能量介导目标蛋白的提取。然后，p97 结合的多聚泛素化底物被递送到蛋白酶体，蛋白酶体是一种大型多催化功能酶，负责细胞质中大部分蛋白的降解。

虽然识别、逆转易位、泛素化和降解的一般性机制可能适用于所有错误折叠分泌蛋白和膜蛋白，但其中细节可能因底物的特定性而略有不同。例如，已经很清楚的是，糖蛋白和非糖蛋白利用不同（但重叠）的通路。同样，可溶性管腔蛋白和整合的膜蛋白的降解需求也不完全相同。此外，错误折叠区域所在的特定位置（无论是在管腔、TMD 还是细胞质中）都可能影响不同逆转位机制的选择和使用。因此，正如在不同类型的蛋白底物成熟过程中存在多种平行和部分重叠的通路起作用一样，质量控制和逆转易位通路也同样复杂。底物的庞大多样性，导致单一的统一机制无法处理所有可能的情况。然而，泛素化、依赖 p97 的提取和蛋白酶体降解的步骤似乎对所有底物都是普适的。

（三）质量控制的生理学用途

虽然质量控制和降解通常被认为是处理异常蛋白的途径，但在某些情况下，它们在生理学上也会被用于调控控制。两个对肝脏生理至关重要的例子是对 apoB 和 HMG-CoA 还原酶的调控。通过和错误折叠蛋白相同的质量控制和 ERAD 机制，这两种蛋白在 ER 中被广泛降解[54, 55]。然而，环境或细胞生理状态的变化可以迅速和选择性地改变这两种蛋白从降解到成熟的命运。对于 apoB 来说，甘油三酯的丰度对其与 ER 相关的降解有负向调节作用，导致脂蛋白颗粒的分泌量增加。同样，降低胆固醇水平可以阻止 HMG-CoA 还原酶的降解，从而增加其在胆固醇生物合成途径中的功能性表达。因此，在这里和其他一些情况下，一般性的质量控制通路已被利用来进行高度选择性的生理调节。

四、内质网内稳态和丰度的调节

ER 不是一个静态的细胞器。它的丰度、组成和功能都能为适应功能需求而发生变化。高分泌细胞和组织（如肝细胞、外分泌胰腺和抗体分泌 B 细胞）中含有大量的 ER，其数量远远超过非分泌细胞。事实上，这种 ER 丰度和分泌能力之间的相关性首先引发了内质网参与分泌的假说。因此，细胞有机制可以感知通过 ER 的分泌蛋白和膜蛋白负荷的变化，并为适应这些变化而做出相应的调整就不足为奇了。

这些通路是通过研究细胞如何对 ER 中过量的错误折叠蛋白做出反应而发现的。当分泌蛋白和膜蛋白的负荷超过 ER 正常成熟和（或）代谢它们的能力时，"未折叠蛋白反应"（unfolded protein response，UPR）就会被激活，这种情况通常被称为内质网应激[56]。UPR 激活的净结果是相关信号通路的启动，这些信号通路在缓解 ER 负荷（暂时）的同时，上调了蛋白生物合成和成熟机制的运行水平，以扩大 ER 的处理能力。如果这些反应不能有效地适应内质网应激，会导致 UPR 的慢性激活、细胞功能障碍，并在某些时候导致凋亡细胞的死亡[57]。人们越来越认识到慢性 ER 应激及其产生的后果在各种疾病中起着核心作用，其中包括许多影响肝脏的疾病。

（一）未折叠蛋白反应与 ER 应激的应答

非天然构象的蛋白，无论是在折叠过程中还是在准备降解过程中，通常是伴侣结合的。因此，负荷超过 ER 的蛋白处理能力会产生两种后果：未被占用的伴侣分子减少，以及至少一部分新生的多肽不会有伴侣与之结合。这两种结果似乎都被细胞用来感知 ER 应激和激活 UPR。

有三种已知的 ER 跨膜蛋白作为 UPR 传感器：Ire1、PERK 和 ATF6[56]。Ire1 和 PERK 的管状结构与 BiP 结合，使这些蛋白保持在对信号转导无效的单体状态。当未折叠蛋白水平增加时，BiP 分子与 Ire1 和 PERK 解离，而与未折叠蛋白结合。BiP 从 UPR 传感器的解离，导致 UPR 传

感器被激活。在 Ire1（可能还有 PERK）的例子中，错误折叠蛋白随后直接与 Ire1 的管状结构域结合，作为其激活的"配体"。在正常情况下，ATF6 也是未激活状态，在 ER 应激时被激活；然而，激活的机制尚不清楚。被激活后，每个 UPR 传感器会启动一组不同的下游反应，最终导致增加 ER 蛋白折叠能力的相关基因转录被激活（图 10-5）。在 ER 内稳态恢复和未折叠蛋白水平降低后，UPR 传感器会恢复到不活跃状态。

Ire1 的激活（通过自磷酸化）导致其胞质结构域作为内切酶，介导对编码 Xbp1 蛋白 mRNA 的剪接。通过 Ire1 介导的对 Xbp1 mRNA 中内含子移除，一个功能性转录因子就可以被翻译出来。

PERK 的激活导致其胞质激酶结构域磷酸化翻译起始因子 eIF2α。eIF2α 的磷酸化导致细胞内整体蛋白翻译水平的普遍性降低（从而减少需要 ER 功能的新蛋白的负担），同时允许增加少数选定信息的翻译，包括转录因子 ATF4。UPR 传感器 ATF6 传输到高尔基体，在高尔基体内，其跨膜域被进行蛋白水解处理。这一切割释放了作为转录因子的 ATF6 的胞质结构域。

因此，UPR 的激活至少导致了 3 个转录因子（Xbp1、ATF4 和 ATF6）的产生，它们共同启动了涉及数百个因子的基因表达的复杂变化[58, 59]。最明显的适应性变化是 ER 中蛋白成熟所需的伴侣蛋白（包括 BiP）的上调。此外，涉及蛋白转运、蛋白降解、脂合成、氧化还原稳态等的 ER 组分也增加了。最终的结果是 ER 蛋白处理能力的增加。根据这种增加的程度，ER 本身可能会扩大，以适应对其功能的更高要求。

除了这些转录变化外，其他适应也在更急性的时间框架内被诱导。最显著的急性适应是通过 PERK 磷酸化 eIF2α 导致翻译的普遍性降低。此外，在 ER 应激期间，由于 Ire1 的内切酶活性，某些 ER 相关的 mRNA 会被迅速降解[60]。此外，由于可用的易位所需伴侣蛋白减少，一些分泌蛋白或膜蛋白进入 ER 的能力可能会减弱[61]。这种易位调节具有底物选择性，可能有助于减少易发生错误折叠的非必需蛋白在急性应激期间的负

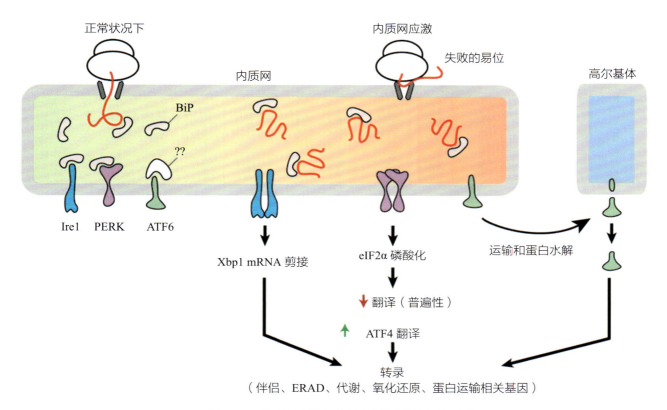

▲ 图 10−5 内质网应激启动多层次的未折叠蛋白反应

在无应激的正常状况下（左），信号转导因子 Ire1、PERK 和 ATF6 是非活性状态。Ire1 和 PERK 被认为是通过与内质网腔内伴侣蛋白 BiP 的结合而处于非活性状态，而 ATF6 的抑制机制尚不清楚。在内质网应激期间（右），伴侣蛋白 BiP 被过量的错误折叠蛋白所占据。这解除了对 Ire1、PERK 和 ATF6 的抑制，导致它们通过不同的机制被激活。Ire1 催化 Xbp1 编码 mRNA 的剪接，产生 Xbp1 蛋白。PERK 使 eIF2α 磷酸化，导致普遍性蛋白翻译的降低和 ATF4 翻译选择性的增加。解除对 ATF6 的抑制会导致其被运送到高尔基体，在高尔基体中，它被水解裂解，释放一个胞质结构域。Xbp1、ATF4 和 ATF6 都是转录因子，它们共同调节了数百个基因的表达，以提高内质网的蛋白质处理能力

担。因此，一般性反应和特异性反应的结合可以暂时降低进入 ER 的底物通量，直到转录反应有机会改善 ER 的内稳态。

（二）过度 ER 应激会导致程序性细胞死亡

如果细胞长时间经历 ER 应激，它们最终会发生凋亡（也称为程序性细胞死亡）[57]。值得注意的是，启动细胞凋亡的信号来自 Ire1 和 PERK，它们是负责缓解 ER 应激的相同分子。就 Ire1 而言，有两种机制被提出。第一种，Ire1 可能与信号转导因子 TRAF2 结合，而 TRAF2 的激活可以启动细胞凋亡的信号通路。第二种，Ire1 的内切酶活性被认为可以降解编码各种促生存因子的 mRNA，从而导致细胞死亡。这些 Ire 介导的信号通路的证据来自于体外细胞培养的实验，它们在体内的作用仍有待确定。

PERK 激活导致细胞死亡的下游是明确的。PERK 下游的转录因子是 ATF4，CHOP 是其转录靶点之一。CHOP 是另一个可以诱导大量基因的转录因子，包括介导细胞凋亡的基因。CHOP 被激活的时间越长，其蛋白水平越高，启动细胞死亡途径的可能性越大。相反，缺乏 CHOP 的细胞和动物在面对长时间 ER 应激诱发的细胞死亡程序是耐受的。

无论是 Ire1 还是 PERK，导致细胞死亡的信号响应的速度都比那些导致内质网内稳态改善的信号慢。这种时间上的差异意味着，在中度或短期压力下，ER 的内稳态会先恢复，来自 Ire1 和 PERK 的信号在它们引发细胞死亡前就被减弱。只有 UPR 延长激活才有会更倾向于导致细胞死亡。在多细胞生物中，似乎更倾向于失去一个长

期应激的细胞，而不是保留该细胞并承受不良后果的风险。这些风险包括长期的功能障碍，或可能诱发炎症的坏死机制导致的死亡在内等。

（三）发育过程中，UPR 被用来扩大 ER 的范围

UPR 传感器下游的转录反应增加了构成 ER 的因子的表达。这些因子包括脂质生物合成酶，内质网膜和腔内的各种蛋白，以及介导内质网蛋白输出的运输因子。这些因素提高了 ER 在应对应激时的蛋白加工能力。值得注意的是，同样的信号通路也被用来扩大专门用于高水平生产分泌性或膜蛋白的细胞类型的 ER。

最显著的 ER 扩张的例子是分泌抗体的浆细胞和分泌大量消化酶的外分泌胰腺。小鼠实验表明，Xbp1（Ire1 的下游靶点）对浆细胞[62]和外分泌组织[63]的发育至关重要。最初认为，在这些细胞类型的发育过程中，分泌蛋白的高表达导致 ER 应激，导致 Ire1 信号转导和内质网扩张。然而，后续实验表明，ER 的扩张并不依赖于先期诱导的分泌蛋白高负荷；相反，ER 会扩张，是在为大量分泌蛋白的到来做准备[64]。因此，除了作为应激传感器的作用外，Ire1 信号还被用作发育过程中调控 ER 丰度的细胞内信号通路。目前尚不清楚其他 UPR 传感器是否也受发育调节。

（四）UPR 在各种疾病中的作用

UPR 有能力保护细胞免受应激的影响，但如果应激延长，就会执行细胞死亡程序。在做出生死决定方面的这一关键作用意味着 UPR 可以对生物体的生理产生重大影响。因此，ER 应激和 UPR 信号通路在多种疾病的发病机制中起着重要作用。UPR 影响病理生理的方式一般有两种。首先，UPR 可能导致对生物体来说原本有用的应激细胞死亡。其次，UPR 的适应性特征可能使对生物体有不利影响的、功能失调的细胞存活和生长。

非正常 UPR 诱导的细胞死亡的例子包括遗传性的蛋白质折叠错误疾病和生活方式诱导的组织损伤。例如，Charcot-Marie-Tooth1B 神经病变可能是由施万细胞的 P0 糖蛋白突变引起的。这种突变蛋白的表达导致内质网应激、细胞死亡和脱髓鞘。值得注意的是，在这种疾病的小鼠模型中删除 CHOP 可缓解细胞死亡和神经病变[65]。另一个例子是，2 型糖尿病对胰腺细胞产生胰岛素的需求很高。这导致慢性 ER 应激和最终 B 细胞死亡，后者可通过 CHOP 的缺失部分逆转[66]。因此，过量 UPR 信号转导导致的 CHOP 表达可能会消除原本保留部分功能的细胞。

非正常的 UPR 介导保护的例子包括某些类型的癌症[67]和传染病[68]。例如，在多发性骨髓瘤中，活化的 UPR 通过不断改善 ER 功能促进高水平抗体的产生和细胞的快速生长。在病毒感染细胞中，UPR 介导的 ER 功能上调也促进了病毒糖蛋白的产生。在这两种情况下，细胞死亡是一个 UPR 介导的比细胞适应更理想的结果。最近开发出的调节 UPR 不同方向的小分子试剂[69, 70]可能为干预至少某些疾病带来希望，在这些疾病中，UPR 信号传递稍多或稍少是可取的。

五、结论和未知

ER 作为膜蛋白生物合成和分泌的部位被发现已有 50 多年的历史。在此期间，一个有说服力的分子框架已经发展起来，用以解释蛋白选择性分离到 ER，蛋白跨越或插入 ER 膜，以及蛋白通过各种伴侣和加工酶作用成熟的机制。基于 ER 的蛋白质量控制和 ER 稳态维持的主要通路已被阐明。虽然大多数通路的普适性概念和核心机制现在已经掌握，但我们的知识中依旧存在许多空白。蛋白，特别是复杂的蛋白或在不同条件下的蛋白，其靶向和转位到 ER 的过程是如何调控的？多跨膜蛋白是如何以精确的拓扑结构可靠地插入，然后折叠组装成具有功能的产品的？在不同的细胞类型中有什么样的专门化成熟和质量控制通路？它们与目前研究的通用通路有何不同？蛋白折叠和成熟的各个步骤是如何协调的？在细胞成熟的过程中，细胞如何区分折叠蛋白和错误折叠需要降解的蛋白？不同类型的细胞对 ER 应激的反应和适应与死亡之间的选择是如何不同的？ER 应激在观察到它被激活的各种疾病中的作用是什么？这些问题和许多其他问题的答案有待进一步研究，在可预见的未来，细胞生物学家们将对此进行研究。

第 11 章　蛋白质降解及溶酶体系统
Protein Degradation and the Lysosomal System

Susmita Kaushik　Ana Maria Cuervo　著
林梦佳　傅恺怡　金建平　陈昱安　译

一、细胞内蛋白质降解概述

细胞内蛋白质不断地被合成和降解[1, 2]。此种蛋白质组的不断更新确保了细胞内蛋白质组的稳定性及其功能调控。蛋白质降解系统负责清除蚀变或者受损的蛋白，以防它们在细胞内过度积累，从而影响正常的细胞功能[1, 3]。受损的蛋白首先被分子伴侣识别，尝试再次折叠 / 修复（图 11–1）。但是，如果损伤过于严重或者处于不利于修复的条件下，受损蛋白将被靶向降解。因此，蛋白质降解系统与细胞内分子伴侣一起构成细胞内蛋白质质量控制的基本监测系统。此外，蛋白质合成和降解之间的协调平衡也允许细胞快速调整胞内蛋白质组成，以适应胞外环境的变化或特定的胞内条件。蛋白质降解的增加可以加强蛋白合成减少的效果，从而减少细胞内特定蛋白质的数量。反过来，细胞也常常通过停止蛋白质降解来提高胞内蛋白质的表达水平。

除了在细胞内蛋白质质量控制和蛋白质稳态中发挥作用外，在营养缺乏时，蛋白质降解也经常被细胞用作额外的能量来源[2, 4]。因此，在饥饿状态下，胞内蛋白质降解产生的游离氨基酸，一方面被用来合成必需的蛋白质，另一方面通过尿素和肌酐循环，或者通过葡萄糖异生作用转化为葡萄糖，作为细胞内额外的能量来源。尽管分解细胞内产物也需要消耗额外的能量，但是这种基本组分的持续循环使蛋白质降解成为一个非常

保守且经济的过程，并伴有净能量的产出。最后，蛋白质降解对于重要的细胞重塑过程（如胚胎形成、形态发生、细胞分化）也至关重要，同时也是细胞抵抗有害物质和病原体的一种防御机制[5-7]。

蛋白质降解在所有细胞类型中都是一种最基本的细胞代谢过程，并且在演化进程中始终存在。由于肝脏代谢活跃的特点，以及该器官作为实验工具的独特性（实验材料容易获取、细胞的相对均质性和易于进行形态学分析），大多数蛋白质降解的早期研究都是在肝脏中进行的。事实上，主要的蛋白质降解系统、蛋白质降解的重要组成部分及其调控机制最早是在肝脏中被发现的[8-12]。最初对肝脏蛋白质降解的兴趣来自于这一过程可以作为能量的来源，尤其在饥饿期间。然而，近年来，在正常的肝脏生理和某些病理条件下，蛋白质降解系统在肝脏细胞内的蛋白质质量控制中的重要性越来越受到重视。

二、胞内蛋白质降解系统

跟大多数细胞一样，肝细胞在细胞质和胞内细胞器中均含有大量的蛋白酶。这些蛋白酶中的部分成员，如半胱氨酸蛋白酶、钙蛋白酶或不同的分泌酶，大部分是出于调控目的，负责胞内蛋白的部分切割[13]。同理，很多酶首先合成无活性的前体，需要被部分切除才得以活化。同样，某些蛋白特定区域的切除导致其细胞内定位发生改

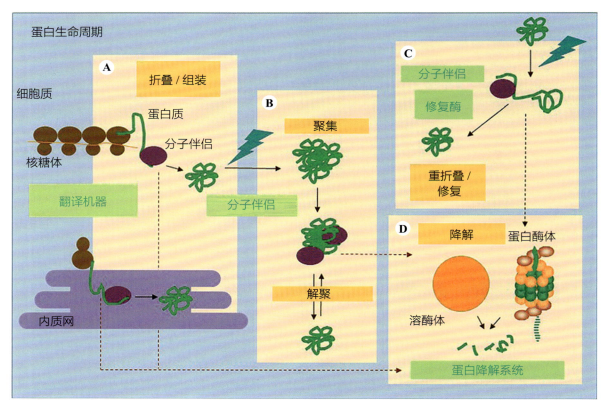

▲ 图 11-1　肝脏的质量控制机制

肝脏中有两种主要质量控制系统，即分子伴侣和蛋白水解系统。分子伴侣保证了所有蛋白质在合成后的正确折叠（A），并陪伴其整个生命周期，协助进入解折叠 / 重新折叠。蛋白质折叠（B 和 C）改变首先被分子伴侣发现，通常会帮助它们重新折叠成有功能的蛋白质。然而，当无法进行正确的重新折叠时，改变的蛋白质会通过蛋白水解系统（即泛素 – 蛋白酶体系统和溶酶体）降解，从细胞中清除（D）

变，但功能并无改变。然而，本章的主要焦点"蛋白质降解系统"，指的是一系列细胞内蛋白酶、辅助因子，以及参与靶蛋白质降解为氨基酸的胞内细胞器。有两种蛋白质降解系统负责细胞内大多数蛋白质的降解，它们是泛素 – 蛋白酶体系统（ubiquitin-proteasome system，UPS）和溶酶体[2]。虽然本章的主要重点是溶酶体系统，但也会简要介绍 UPS 的特点，并向感兴趣的读者介绍有关该主题的最新研究进展。

三、泛素化 – 蛋白酶体系统

蛋白酶体是一种含有多个亚基的酶复合体，含有一个蛋白质酶解中心称为 20S 蛋白酶体。在高等真核生物中，蛋白酶体是一个由 28 个亚基组成的四个环所堆叠成的圆柱形结构[3, 14-16]。20S 蛋白酶体中存在三种主要的蛋白酶，但是由于这个中心的部分亚基是可替换的，在所有细胞中同时存在含有不同催化活性的蛋白酶体。20S 蛋白酶体的活性被不同的调节亚基（19S 或者 11S）所调控，这些亚基结合在 20S 蛋白酶体的一侧或者两侧，形成不同的蛋白酶体，参与不同的胞内活动（图 11-2）[3, 15, 16]。调节亚基的成分主要是分子伴侣、腺苷三磷酸酶和从已经被送到蛋白酶体的底物蛋白上去除降解标记的酶[17, 18]。尽管有报道证明 20S 蛋白酶体本身可以直接降解底物蛋白，但是绝大多数底物的降解需要调节亚基的参与[19-21]。这个复合体的亚基介导底物蛋白的识别和解折叠，也提供推动力打开蛋白酶体并把底物蛋白推进酶活中心[22]。

蛋白酶体也可以降解没有被标记的蛋白，但是大多数底物都是通过共价连接泛素后被选择性地降解。泛素是一个 8kDa 的小分子热稳定蛋白，

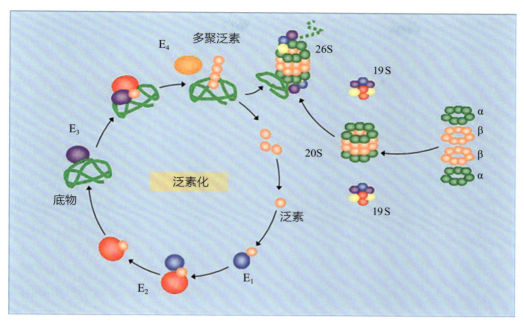

▲ 图 11-2　泛素 - 蛋白酶体系统

蛋白酶体是由催化核心亚基（20S）和调控亚基（19S 和 11S）组成的多聚催化复合体。4 个环状 α 亚基和 β 亚基组装成圆柱体结构，构成了催化核心。泛素通过被称为泛素连接酶（E₃）的调节酶连接到底物上。E₁ 激活泛素，E₂ 将激活的泛素转移到 E₃ 识别的底物上。酶联反应多轮循环，从而产生与目的蛋白共价连接的多聚泛素链。位于 19S 调控亚基的去泛素化酶去除泛素化标记，这一过程是将底物导入催化核心所必需的。19S 调控亚基还可以调节 20S 蛋白酶体圆柱体结构孔径，以促进底物的进入

可以发生自我偶联，产生多聚泛素链，并连接到底物的赖氨酸残基上 [14, 20, 21, 23]。泛素连接到底物蛋白的过程由一系列酶催化而成，通常被称为连接酶，它们依次活化泛素，把它递呈到底物，再催化偶联反应 [24]。重复的泛素偶联导致多聚泛素链的形成，然后被分子伴侣和蛋白酶体调节复合体的泛素结合亚基所识别。在很多情况下，底物蛋白被泛素化之前需要被磷酸化，这往往有利于赖氨酸残基的暴露，从而被特别的 E₃ 连接酶所识别并偶联泛素 [20, 21, 23]。泛素化是蛋白质修饰的一种普遍形式，不仅被用作标记蛋白质，并通过蛋白酶体降解，还被用于通过其他系统降解蛋白质，蛋白质在细胞内的定位、信号转导、酶激活和膜动力学调节等 [24, 25]。很长一段时间，相同的标记机制如何参与多种不同的胞内活动，一直是该领域亟待解决的问题之一。泛素与蛋白质偶联的方式决定了其功能 [26, 27]。泛素有 7 个不同的赖氨酸残基均可被用于偶联反应。通过特定赖氨酸残基偶联成的不同泛素链已经被证明可被功能不

同的辅助蛋白所识别，从而使底物蛋白走向不同的命运 [23]。

UPS 在细胞内蛋白质质量控制系统中起着至关重要的作用，包括胞质蛋白和分泌蛋白 [3, 14, 23, 25]。未折叠蛋白，主要是新合成的但又无法正确折叠的胞质蛋白，以及大量翻译后受损蛋白（氧化、糖基化等）通过 UPS 从胞质中清除 [28, 29]。

UPS 除了通过选择性清除受损蛋白，参与细胞内蛋白质稳态和质量控制外，这种蛋白酶解复合物还调控胞内关键蛋白的快速降解。这些关键蛋白的快速降解参与调节细胞周期、细胞分裂、转录及细胞信号转导，这也赋予 UPS 在多种基本的细胞活动中发挥关键的调控作用 [14, 30]。

UPS 的功能受损会严重影响细胞活性。在不同类型的退行性疾病中已经发现了该系统成员的主要缺陷，建立了 UPS 和细胞功能退化之间的联系 [23, 25, 31–35]。由于蛋白酶体在细胞周期和细胞分裂中起着重要作用，阻断蛋白酶体的功能已被广泛用于抗癌治疗 [36, 37]。

四、溶酶体系统

溶酶体是单膜细胞器，内含多种水解酶，包括蛋白酶、脂肪酶、糖苷酶和核苷酸酶，使其能够降解各种大分子。这种高浓度的酶体最初被发现的时候，被认为是具有高酸性磷酸酶活性的细胞组分[38]。在 de Duve 团队最初的生化发现后不久，Novikoff 及其同事进行了超微结构研究。他们对分离的组分进行了首次电子显微镜研究，证实了 0.1～0.5μm 直径的球形单膜囊泡的存在[39]。尽管对溶酶体的分子组成和相关功能的理解越来越深入，界定溶酶体的多数主要标准一直没有改变。通过区分溶酶体降解物到达溶酶体腔内的不同路径，可以对一系列溶酶体相关的载体进行分类，如内体、吞噬体和自噬体。

胞内囊泡被归为溶酶体，也被称为次级溶酶体。当它们接受了降解载体，并满足以下条件时，就与其他溶酶体相关的囊泡区别开来：单层膜，pH 在 4.5～5.5，激活的（剪切后的）水解酶，存在溶酶体膜蛋白，以及缺乏典型的内体标志物，如甘露糖 –6– 磷酸受体或和内体相结合的特定 Rab 蛋白[13, 38, 40, 41]。

（一）酶促机器

溶酶体水解酶以前体形式被合成，当 pH 降低时，通过剪切而被激活。所有溶酶体水解酶在内质网合成后，会被转运到高尔基体内，在其内被共价连接上甘露糖 –6– 磷酸残基，形成糖基化修饰。这类修饰被反面高尔基体网络中的甘露糖 –6– 磷酸受体选择性识别，有助于浓缩那些处于从高尔基体出芽且靶向内体的小囊泡中的溶酶体酶。高尔基体的囊泡分选需要接头蛋白（如 AP1）或 GGA（定位于高尔基体的 γ– 衔接蛋白耳状同源结构域蛋白）的参与[42, 43]。随着囊泡酸化、成熟，水解酶从受体解离并被递呈到溶酶体，而受体则被回收回高尔基体。尽管有修饰标记，仍有一部分溶酶体酶逃脱了这一分选步骤，并通过分泌途径释放到细胞外。尽管越来越多的证据表明，溶酶体酶在细胞外基质重塑、细胞防御和细胞外环境维护中发挥重要作用[44]，部分分泌的酶仍会通过细胞质膜上的甘露糖 –6– 磷酸受体被内吞回细胞内。同时敲除两个甘露糖 –6– 磷酸受体揭示了存在一种知晓甚少的不依赖于甘露糖 –6– 磷酸的分选途径[45]。

尽管溶酶体腔内有超过 50 种不同的溶酶体水解酶，但溶酶体蛋白酶（cathepsin）是本章介绍的重点。cathepsin 既可以作为内肽酶（直接切割目的蛋白内部氨基酸残基），也可以作为外肽酶（只切割 N 端残基或 C 端残基），属于丝氨酸、半胱氨酸和天冬氨酸蛋白酶家族[46-48]。一般认为底物蛋白的降解最开始是从内部被切割成多肽，产生的多肽再由外肽酶所降解。溶酶体酶在极酸性的溶酶体腔内达到最大活性，但是许多酶在中性 pH 下也有一定的活性。溶酶体腔内特殊的氧化还原条件和低 pH 有利于被内吞的胞质蛋白的解折叠，这使得蛋白酶能够接触到内部的残基。氧化还原电位和腔内 pH 的变化有助于调节溶酶体内的蛋白酶水解活性[49, 50]。

溶酶体水解活性的缺陷与严重的人类疾病有关，通常称为溶酶体储积症（lysosomal storage disorder，LSD）。这类疾病可以源自不同的水解酶出错，但它们都有相同的特点，即细胞内溶酶体相关的腔室肿胀，从而导致细胞和器官扩张（如肝大和脾大是许多 LSD 的共同特征）。病理症状的出现，一方面是由于每种 LSD 中受影响的水解酶无法降解底物，限制了一些必需成分的回收利用，另一方面是由于管腔内充满未降解产物，导致其异常增大及腔内条件改变。因此，这些产物在溶酶体内的累积改变了腔内的 pH 和氧化还原状态，从而改变溶酶体腔和膜之间的蛋白质动态，以及溶酶体与其他溶酶体融合（同型融合）或与细胞内其他囊泡融合的能力（异型融合）。不同的 LSD 疾病和目前的治疗进展见参考文献[51-54]。

（二）溶酶体膜蛋白

溶酶体膜不仅仅是一个静态的屏障，使得高度活跃的腔内水解酶远离细胞质。相反，溶酶体上的膜蛋白介导了这个细胞器的基本功能。因此，膜上转运蛋白允许胞质成分进出溶酶体，质子泵维持腔内低 pH，膜嵌入蛋白和膜上的相关组分促进溶酶体与其他囊泡结构的融合[42, 49, 55, 56]。

在溶酶体膜上，最多的膜嵌入蛋白是溶酶体相关膜蛋白（lysosome-associated membrane protein，LAMP）[55-58]。作为两种不同的但高度同源的蛋白，LAMP-1 和 LAMP-2 是这个家族最著名的成员。它们是单跨膜蛋白，具有高度糖基化的腔内肽段和非常短的胞质尾段。LAMP 质量的 60% 来自糖基化修饰，如此大量的糖基化修饰对保持其蛋白稳定性非常必要，可能是因为阻断了腔内水解酶接触到它的多肽核心。尽管它们之间有高度同源性，敲除 LAMP-1 或者 LAMP-2 的动物模型揭示了这两个蛋白的不同功能。LAMP-1 敲除的动物症状轻微，并且伴有 LAMP-2 表达增加[59]，这支持了 LAMP-1 缺失可被 LAMP-2 补偿的假说。相反，LAMP-2 表达缺失会产生显著的表型，主要体现在溶酶体生成的改变、自噬小体清除问题和囊泡转运的障碍[60]。产生这些不同表型的原因是在多数细胞中存在因 mRNA 可变剪接而产生的三种不同的 LAMP-2 亚型[61]。LAMP-2A、LAMP-2B 和 LAMP-2C 三个亚型有相同的腔内段，但有不同的跨膜区和胞质尾段。LAMP-2A 对于胞质蛋白的选择性自噬至关重要[62]，而 LAMP-2B 似乎在溶酶体与自噬小体的囊泡融合中发挥作用[60, 63]。最后，LAMP-2C 被认为是溶酶体摄取并降解 DNA 和 RNA 的受体[64]。

另一种丰度很高的溶酶体膜蛋白是溶酶体膜嵌入蛋白（lysosomal integral membrane protein，LIMP）。到目前为止，该家族已知的两个成员 LIMP1 和 LIMP2，以发夹的方式插入到溶酶体膜上，而它们的 N 端跟 C 端暴露在胞质中。LIMP1 已被证明在分泌细胞器的融合过程中发挥作用，而 LIMP2 通过与囊泡融合和分裂有关因子的相互作用参与溶酶体生成[65]。

虽然表达量不如 LAMP 和 LIMP，但进化保守的液泡质子泵（V 型 H+ ATP 酶）在维持溶酶体腔内酸性环境中的本质作用已被广泛研究[41]。该泵利用 ATP 水解获能，通过协调胞质区的 ATP 水解酶活性和跨膜区的质子转运体来促进质子的跨膜运输。

溶酶体膜上有不同的转运蛋白，介导水解产物从溶酶体腔到胞质的循环利用[66]。迄今为止，唯一克隆的氨基酸转运体是半胱氨酸转运体 cystinosin。这是一种 7 次跨膜蛋白，当它突变时，会导致 LSD 胱氨酸过多症[67]。溶酶体膜上也存在一种单糖转运蛋白，功能丧失的突变会导致 LSD Salla 病。实验表明，其他产物（如寡糖、小分子肽和游离脂肪酸）也可从溶酶体中转运出来，但对它们的相关转运蛋白知之甚少。溶酶体膜转运体在肝脏金属稳态中的作用，如铜稳态，也受到越来越多的关注[68]。

最后一点，一些溶酶体酶位于溶酶体膜上，而不是溶酶体腔内。典型例子是 70kDa 溶酶体腺苷三磷酸双磷酸酶样蛋白，它有助于三磷酸和二磷酸核苷酸的代谢，以及乙酰 CoA α- 氨基葡萄糖乙酰转移酶的代谢，后者可以将乙酰基转移到硫酸肝素。在 de Duve 的早期研究中，最初用于识别溶酶体腔的部分溶酶体酸性磷酸酶也定位在溶酶体膜上，以一种无活性的单跨膜蛋白形式存在，通过蛋白水解过程释放到溶酶体腔中。

随着对不同溶酶体膜蛋白功能的更多研究，与这些蛋白功能改变相关的疾病数量不断增加。除了转运体突变导致的 LSD，*lamp2* 基因的改变也与肌肉空泡病（即 Danon 病）有关[63]。Danon 病被归类为溶酶体糖原储存性疾病，其酸性麦芽糖酶活性正常，而自噬泡（autophagic vacuoles，AV）在包括肝脏在内的所有组织中累积。由于自噬泡阻碍了心肌的作用，患者往往会发生致命心脏病。LAMP-2 缺陷是该病最主要的原因，导致溶酶体生成障碍和自噬系统失常。

（三）蛋白质水解的溶酶体途径

溶酶体是常见的降解细胞内（自噬）和来自细胞质膜或细胞外（异噬）物质的最终场所。由于本章的重点是细胞内蛋白质降解，因此本部分只简要介绍异噬途径。有兴趣的读者可以参考最近关于内吞作用的综述，了解更多关于这一基本过程的细节[69-75]。

1. 异噬途径

肝细胞，像任何其他类型的细胞一样，需要不断感知其周围的环境，以适应细胞外环境的变化。这种持续的信息交换是通过内吞作用实现的，这通常会导致来自质膜或胞内小室（内体）膜上的复杂信号的激活[76, 77]。细胞外成分或载体可以通过不同的内吞机制进入细胞，主要是由于其被识别的方式不同（图 11-3）。细胞外基质的一小部分，主要包括可溶性大分子和微量营养物及小颗粒，持续不断地通过液相内吞或胞饮作用进入胞内囊泡。这一过程的效率是相对较低的，但由于其持续不断地发生，可以导致每分钟有高达 30% 的细胞质膜被内吞。这迫使内吞过程和肝细胞分泌机制之间协调平衡，后者使得大部分的细胞质膜返回到细胞表面。液相内吞作用是一个效率相对较低的不饱和过程，常用于蔗糖等分子的内吞[78, 79]。胞外物质内化过程的选择性和效率还可通过第二种被称为吸收性内吞的过程来完成[80]。在这种情况下，被内吞的分子会先跟细胞膜形成微弱的相互作用，导致在特定的质膜内陷区产生一定浓度。与液相内吞作用相反，吸收性内吞作用是一个饱和过程，因为它取决于可形成相互作用的细胞膜数量，但浓度梯度使其比液相内吞作用高效约 100 倍[81]。血液中的很多蛋白通过这种机制进入肝细胞内。载体内化的选择

性和效率的最典型例子发生在受体介导的内吞作用。载体分子首先与质膜上的特定受体蛋白直接结合，引起一系列的信号改变，导致受体在质膜的特定区域集中，通过组装接头蛋白复合体将胞外物质内吞，接着通过一系列受调控的囊泡融合和分裂，把载体分子递呈到溶酶体[75, 77, 82–85]。跟吸收内吞作用一样，受体介导的内吞是一个饱和过程，但是它的效率是前者的 $10^6 \sim 10^9$ 倍。

独立于内吞的机制，溶酶体是这些含有载体的囊泡的最终目的地。这些内吞囊泡或称内体，也作为分子的分选区，如受体，使其免于降解，并被运回质膜继续行使功能[75]。内体通过融合和分裂过程成熟为酸性溶酶体，这个过程经受体和供体囊泡膜上的一系列配体对蛋白质的调控[83]。一旦达到一定的酸性，分子就会被水解酶完全降解，不可能进入循环再次被利用。读者可以通过阅读相关综述以更全面了解内吞的分子机制[69, 70, 77, 83, 84]。

最后一点，肝脏中的巨噬细胞，如肝巨噬细胞，能够通过内吞的方式吞噬细胞外病原体和其

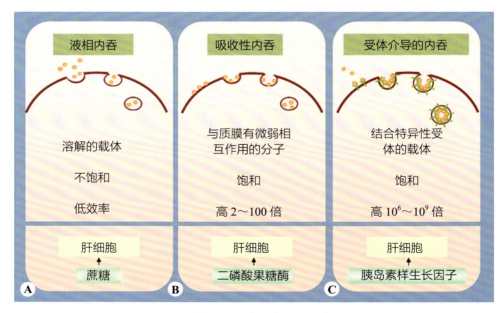

▲ 图 11-3　内吞作用的类型

肝细胞和生物体中大多数细胞一样，通过内吞作用持续不断地感知细胞外环境和信息。图示肝细胞中三种同时被激活的内吞作用。A. 细胞外分子以一种非常低效的、液相内吞的方式内化。B. 细胞外成分先与细胞膜形成相互作用，以一种效率更高的吸收性内吞作用内化。这种形式的内吞作用当细胞膜表面全部被形成相互作用的分子占据后，就会饱和。C. 受体介导的内吞作用是最具选择性的内吞方式。分子先跟细胞表面特定受体形成相互作用。这一途径的高效性是通过内吞过程中，受体蛋白在特定膜区域的量实现的。每条途径的最下列举了每个方式相应的细胞外分子

他大颗粒分子，这是一种特殊形式的异噬[83, 84]。与细胞内吞过程中的细胞膜凹陷断裂不同，吞噬过程中，负责防御的细胞膜会发生重大变形，细胞骨架进行重排，以确保可以吞下超大的物质。吞噬小泡或吞噬小体通过与内吞小泡类似的机制与次级溶酶体融合，以完全降解内部的分子。读者可以通过阅读相关综述或者本书其他章节来学习肝巨噬细胞的吞噬作用在慢性肝炎和先天性免疫响应中的重要性[85-87]。

2. 自噬途径

自噬通常指通过溶酶体降解细胞内成分的不同途径，包括所有可溶性蛋白、细胞器、细胞亚室和颗粒状蛋白沉积。自噬内容物并不总是源于细胞内部，也可以是通过吞噬作用内化的细胞外成分，这个过程称为外噬（指被降解物质的外源性）[88, 89]。

尽管自噬降解系统伴随着溶酶体的早期发现已为人所知，并以肝脏为研究模型对其形态特征和激素调节进行了广泛的研究，但最近15年才对自噬途径的分子调控有了完整的解析。自噬"重新发现"的主要驱动力是在酵母中进行了三种不同的突变体筛选，从而鉴定出了超过35个基因，称为自噬相关基因（autophagy-related genes，ATG）[90-92]。通过对这些基因的遗传操作（敲除、敲低和过表达），确定了自噬的新生理作用，并将溶酶体途径的功能障碍与癌症、神经退行性疾病、肌肉病变和不同的代谢紊乱等重大人类疾病联系起来[93-96]。

在肝脏和几乎所有类型的哺乳动物细胞中，自噬被分为三种主要类型：宏自噬、微自噬和分子伴侣介导的自噬（chaperone-mediated autophagy，CMA）[1, 93, 97]（图11-4）。由于每种自噬途径的分子机制和生理功能不同，以下部分将分别总结目前每种途径的主要进展。

（四）宏自噬

最初对这种非选择性降解的描述是，把一片细胞质圈在双膜囊泡中，然后在两种囊泡融合时传递到溶酶体，由此产生了术语叫"宏自噬"，以区别于溶酶体小的膜内陷导致的小规模降解，或称为"微自噬"[8, 9]（图11-4）。从数量上讲，宏自噬是最重要的自噬形式；由于ATG基因的鉴定发现，宏自噬研究得最清楚。这些基因编码的蛋白质分为四大类：两个共价级联体系，起始复合物和负调控复合物[1, 98]。共价级联反应是限界膜的形成所必需的，促使膜拉长并自我封闭，从而形成双层膜囊泡或称为自噬小体[99]（图11-5）。延伸过程基于Atg5和Atg12共价结合，以及Atg8（哺乳动物中为LC3）和脂质（磷脂酰乙醇胺）之间的共价偶联[100]。参与调控这一过程的分子和酶与泛素化过程中的酶很相似；在某种程度上，使得自噬过程中发生的共价级联反应和蛋白酶体的底物蛋白的泛素化过程很相似。复合体激活后，促使级联反应发生，从而形成自噬小体。该复合物的主要成员是Atg6/beclin-1，是PI3K-Ⅲ的成员之一，以及其他一些可替换的蛋白；这些蛋白使得该复合物同时具有调控自噬和内吞过程的能力[101]。

虽然起始复合物组分的表达水平最初被认为是自噬活性的良好标志物，但复合物组分比例的变化，以及这些复合物在胞内的定位，才实际决定了宏自噬的活性[102]。一旦自噬小体形成，并被隔离在细胞质载体中，将以微管依赖的方式被递呈到溶酶体。两种囊泡融合后，溶酶体酶就能接触到被降解的物质（图11-5）。虽然大多数自噬体直接与次级溶酶体融合形成自噬溶酶体，但几乎所有的细胞中都被发现自噬体能直接融合到晚期内体，而形成自噬内体[103-105]。这种自噬和内吞途径的相互作用通常对自噬降解途径的作用不大，但当自噬体-溶酶体融合受损时，它成为自噬体清除的主要途径。

第四类Atg蛋白属于宏自噬的负调控因子，其核心成员是mTOR，即一种感知细胞内营养状况的主要激酶[106-108]。mTOR通过整合胰岛素信号通路和氨基酸受体传导的信息，感知细胞内的能量状况信号。当营养充足或者能量过剩时，mTOR被激活，负调控宏自噬过程。然而当营养匮乏时，mTOR失活，因此激活宏自噬。在自噬过程中，mTOR的下游效应分子在酵母中已经被鉴定，但它们在哺乳动物中的同源蛋白尚未被确定。

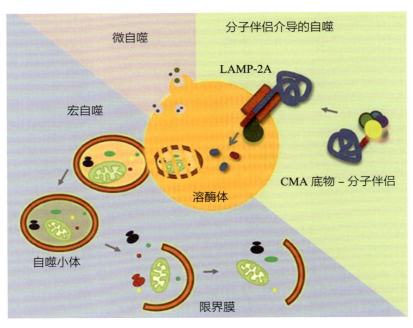

▲ 图 11-4 肝脏自噬途径

肝脏和几乎所有哺乳动物细胞中共存着三种主要类型的自噬途径，即宏自噬、微自噬和分子伴侣介导的自噬（CMA）。在宏自噬中，细胞质的整个区域包括细胞器和可溶性蛋白被封闭的限界膜隔离，形成自噬小体。该双层膜囊泡通过囊泡 – 囊泡融合作用，把分子送到溶酶体进行降解。在微自噬中，通过溶酶体膜内陷或者凸出，形成密封的单膜小管和囊泡，将胞质的整个区域内化到溶酶体腔内。CMA 可以选择性降解可溶性胞质蛋白。底物通过分子伴侣 / 辅助分子伴侣复合体识别，被送到溶酶体膜上，并与 LAMP-2A 形成相互作用。底物蛋白在分子伴侣的协助下，去折叠并被送到腔内

激素对肝脏中宏自噬的调节早在该途径的分子组分被鉴定前就已经研究得很清楚了。血液中胰岛素 / 胰高血糖素之间的平衡对肝脏中的宏自噬活性有直接影响[9, 11, 109]。餐后，血液循环中的高水平胰岛素抑制了宏自噬的活性；但是随着时间的推移，营养被消耗，血液循环中的胰高血糖素增加，宏自噬被激活，为在营养缺乏状况下蛋白质的合成提供能量及必需的组分。

除了作为细胞能量的替代来源，宏自噬也是细胞内质量控制系统的一个主要组成部分[1]。虽然可溶性蛋白的选择性降解和它无关，宏自噬可以促进细胞器及处于不可逆不可溶构象的蛋白质（如蛋白质包涵体和聚合体）的持续性降解，并且处于细胞对细胞器应激反应的最前沿，包括内质网应激、线粒体或高尔基体应激[110—112]。与对可溶性蛋白质缺乏选择性相反，宏自噬从细胞质中去除细胞器或者特定的结构是一个选择性过程。因此，只有那些被认定为无功能或者损伤的结构才会被自噬体隔离并递呈到溶酶体。

识别过程由一个可溶性自噬受体家族（如 p62、optineurin、NBR2、Nix）介导，它们可以识别底物上的特定标记（如泛素化、细胞器表面呈现特定的蛋白质等）[111, 113]。

尽管介导选择性识别的机制仍处于密集的研究中，但通过对不同组织中条件性敲除宏自噬相关基因的小鼠研究，已经明确了宏自噬在蛋白质质量控制中的重要性。肝脏中条件性敲除宏自噬的基本基因 *ATG7* 是第一个建立的该类型的动物模型[114]，结果如预期的那样，这些动物的肝脏在营养缺乏时，调节蛋白质水解速率以满足细胞能量需求的能力更低。意料之外的是，即使维持在正常营养条件下，受损的细胞器和蛋白质包涵体仍会在这些动物的肝脏中累积，更加肯定了宏自噬通过不断清除细胞内异常组分以维持细胞内稳态的关键作用[114]。在其他组织和器官中条件性阻断宏自噬也得到了相似的结论[115—117]。这些研究结果强调了细胞宏自噬基础活性的功能普遍性，而它以前往往被归类为应激诱导响应。至于

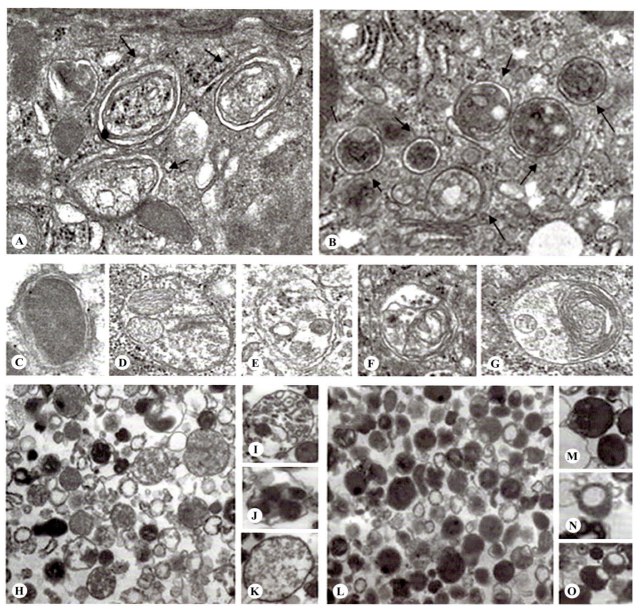

▲ 图 11-5　自噬系统的超微结构

A 至 G. 饥饿 6h 后小鼠肝脏切片的电子显微图，可见自噬小泡 – 自噬小体和自噬溶酶体（箭）。C 至 G. 展示了自噬小泡成熟的不同阶段，从早期或不成熟的小泡（C），其中的分子仍可识别，到晚期或成熟的小泡（G），在腔内只能观察到降解的分子和膜结构。H 至 O. 同一肝脏分离的溶酶体组分的电子显微图，展示了自噬小泡（H）和二级溶酶体（L），I 至 K 和 M 至 O 展示了自噬 / 溶酶体结构类型的代表性例子

基础水平和诱导产生的宏自噬是否有相似的分子和调控机制，目前仍处于密集的研究中。

宏自噬强大的降解能力是其参与胚胎发生、发育、细胞分化、创伤修复和组织再生等重要细胞重塑过程的基础 [93, 96, 118]。此外，当病原体逃离内吞系统游离于胞质中或者位于内吞和吞噬途径（异噬）产生的囊泡中，需要宏自噬来隔离病原体。因此宏自噬在细胞防御外源入侵者过程中同样发挥着重要作用 [119]。

宏自噬过程涉及多方面的功能，这也解释了其功能失常造成的不良后果，以及它与多种人类疾病的密切关系。之后的章节会总结宏自噬功能

衰竭和肝脏疾病相关性的最新研究。

（五）微自噬

微自噬最初被认为是肝脏胞质内含物被溶酶体降解的一种持续性机制。至今对这种形式的自噬仍知之甚少。对这一自噬途径的经典定义源于次级溶酶体的形态观察，其腔内含有多个泡状结构，并充满胞质内含物[8, 120]（图 11-4）。在酵母中的进一步研究证明，那些液泡相当于酵母中的溶酶体，可以通过内陷、管成和从质膜上突出捕获整个区域的细胞质，包括可溶性蛋白和细胞器。最近，利用分离的酵母液泡在体外重现了这种胞质摄取[121, 122]。这些研究表明细胞膜的变形需要细胞骨架的参与，并由一系列特定基因所调控。此外，在酵母中阻止特定 *ATG* 基因的表达也能抑制微自噬，这表明宏自噬与微自噬共用一些基因。基于降解物被隔离的机制，微自噬被认为是一种非选择性的自噬形式；但是，就像宏自噬一样，它们在清除细胞器时表现出一定的选择性。因此，在酵母中，当过氧化物酶体被增殖后，微自噬通过选择性清除过量的过氧化物酶体，以恢复细胞内过氧化物酶体数量的稳态[123]。在肝脏中，氯贝丁酯引起过氧化物酶体的增加会被溶酶体清除[124]。这一过程是否需要微自噬参与还需要进一步的研究。

近来，囊泡对整个核区域的微自噬被称为"核碎片微自噬"[125]。在这种情况下，核膜与囊泡膜上蛋白质产生特定的相互作用，产生一个被囊泡捕获、挤压、最后降解的核泡。有趣的是，遗传物质一直被排除在这个过程中。

大多数微自噬特异性基因在高等物种中似乎并不保守，最初限制了在哺乳动物中研究该过程。但是，最近首次在哺乳动物细胞中发现了类似微自噬的过程[126]，并且在果蝇中也得到了证实[127]。与酵母微自噬的一个重要区别是，该过程发生在内体中，通过 ESCRT 机制，形成腔室内的多泡体并把底物内化，因此该途径被称为内体微自噬。内体微自噬也可以通过捕获小部分细胞质或选择性靶向已经被基本胞质分子伴侣 HSC70 所识别的蛋白质，从而批量降解胞内物

质[126, 128]。尽管最近有研究报道称内体微自噬在对饥饿的快速应激反应中发挥作用，它的生理学相关性依然不清楚[129]。

（六）分子伴侣介导的自噬

与自噬途径相反，在 CMA 中，可溶性胞质蛋白选择性地穿过溶酶体膜，被运送到溶酶体腔内[97, 130]（图 11-4）。该途径的选择性依赖于胞质分子伴侣 HSC70。HSC70 是 hsp70 分子伴侣家族的基本成员，它识别底物蛋白上的 KFERQ 五肽基序，并将其靶向到溶酶体表面[131]。底物蛋白与单体形式的 LAMP-2A 结合，驱动该受体多聚化，形成大分子量复合体，再进行穿膜易位[132]。蛋白质底物被展开后，在溶酶体腔内分子伴侣的协助下，穿过溶酶体膜并迅速被降解[133, 134]。溶酶体膜上的受体水平限制了这一途径，也决定了特定溶酶体发挥 CMA 功能的能力[135]。

溶酶体上 LAMP-2A 的水平受转录、剪接和溶酶体受体蛋白膜亚区域定位的调控，进而调控胞内 CMA 的活性[136]。溶酶体膜上 TORC2/Akt/PHLPP 信号轴介导的磷酸化和去磷酸化事件之间的协调平衡调控这一过程[137]。其他细胞内调节 CMA 活性的信号通路包括 RARα、NRF2、NFAT 和一种称之为 humanin 的线粒体肽[138-141]。

几乎所有哺乳动物的细胞都可以检测到基础水平的 CMA，但是这一通路在应激条件下被最大限度地活化[97, 130]。CMA 的激活可以满足两种类型细胞水平的需求：在长时间饥饿条件下，维持蛋白质合成所需的氨基酸供应和选择性地清除细胞质中受损的蛋白质。在肝脏处于饥饿的最初几小时，宏自噬被激活，提供氨基酸和其他大分子以满足这种条件下的不同合成代谢过程；但随着饥饿持续，宏自噬活性下降，伴随着 CMA 活性逐渐增加。

CMA 在饥饿后期被激活，可能是为了选择性降解非必需的蛋白质，以提供在此种应激状态下合成必要蛋白质所需要的氨基酸。在轻度的氧化应激下，CMA 也被上调；细胞暴露在会导致蛋白质产生不可逆构象改变的有毒化合物中，CMA 活性也会被上调[142]。因此，受损的蛋白质可以被选择性地清除，而不影响邻近尚存有功能

的蛋白。

在正常培养条件下，阻断细胞内的 CMA 不会对细胞内稳态产生巨大影响，因为蛋白质降解可以通过代偿性激活宏自噬来维持[143]。尽管这些途径可以互相补偿，但是它们之间并不完全互补，因此在应激条件下，CMA 缺失能产生明显的影响。将 CMA 受损的细胞暴露在不同的胁迫条件下，尽管宏自噬功能正常，细胞对各种胁迫的敏感性更高，凋亡的细胞明显增加[143]。类似的宏自噬补偿现象在 CMA 肝脏缺失的小鼠中也可以观察到[144]。上述结果支持 CMA 的选择性在这些条件下可能起重要作用的理论。

五、肝脏疾病和衰老中的蛋白质降解

肝脏固有的高代谢活性使其可以快速适应营养条件的变化和严格的质量调控，以维持其正常的功能。因此，本章所述的主要蛋白质降解系统的紊乱不可避免地会导致肝功能障碍，并已被证实是肝脏疾病的常见发病原因之一（图 11-6）[95,96]。

蛋白酶体功能的异常至少部分促进了 Mallory 小体的形成。Mallory 小体是研究最透彻的肝蛋白包涵体之一，出现在各种慢性肝病，如酒精性和非酒精性脂肪性肝炎、慢性胆汁淤积、代谢性疾病和肝细胞肿瘤中[145]。不同药物，如导致酒精性脂肪性肝炎的乙醇，对蛋白酶体的直接抑制作用促使角蛋白、不同促凋亡因子和细胞因子信号负调控因子的累积，从而导致慢性肝病发生[146]。

在 α_1- 抗胰蛋白酶（α_1-AT）缺乏症中，存在蛋白酶体和自噬系统的功能障碍，这是一种由于

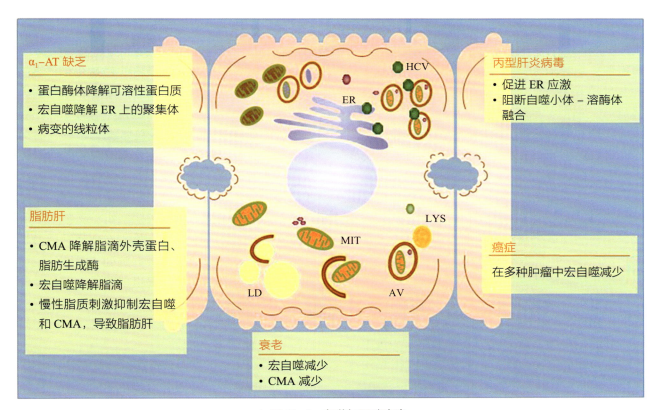

▲ 图 11-6　自噬与肝脏疾病

最近的研究已经解释了自噬功能失调与肝脏疾病之间的密切关系。本图展示了一些肝脏疾病的例子，以及病理状态下相应的自噬系统的变化。在某些病理情况下，如 α_1- 抗胰蛋白酶（α-AT）缺乏症，蛋白酶体降解可溶性蛋白质，而一旦蛋白质聚集在 ER 中，则由宏自噬负责降解。持续的脂肪刺激会阻断宏自噬和 CMA，导致脂肪肝，因为这两个途径正常情况下负责脂质的降解。蛋白质水解系统活性降低，是导致年老肝脏功能异常的部分原因，而它对肿瘤细胞有利。细菌和病毒通过破坏自噬系统来实现自身复制。AV. 自噬泡；CMA. 分子伴侣介导的自噬；ER. 内质网；HCV. 丙型肝炎病毒；LD. 脂滴；LYS. 溶酶体；MIT. 线粒体

分泌性肝蛋白点突变导致的蛋白质构象紊乱；该蛋白在肝细胞中累积，导致慢性肝炎和癌变[147]。突变蛋白的可溶性部分通常被蛋白酶体降解，而在 ER 中积累的半聚集体和聚集体形式则依赖于宏自噬清除[148]。此外，在 α_1-AT 缺失的肝脏中，宏自噬也参与移除大量受损的线粒体[149]。目前还没有直接证据证明癌变与该疾病和自噬有关系。但是，有大量证据证明自噬参与了肝癌的发生[150]。肝脏宏自噬被认为有抗肿瘤功能，因为在肝脏中减少自噬必要基因的表达会引起肿瘤发生，并且在肝癌患者中也经常检测到自噬相关蛋白表达量的减少，并与不良预后有关[151]。

由于蛋白质降解减少和合成增加有利于细胞的快速分裂，在癌症细胞中诱导宏自噬往往会减慢癌症细胞的复制速度。但是，这些细胞的宏自噬并没有完全被关闭，因为需要它们来对抗各种不利条件，如低血管化肿瘤中心的营养匮乏环境或抗肿瘤治疗引起的损伤[119]。此外，越来越多的证据表明，肝癌细胞可以利用宏自噬来促进肿瘤进展，自噬标志物的增加也与不良预后和术后高复发率相关[152]。目前认为宏自噬的调节因子可能可以增加抗癌治疗效果[153, 154]。

与在其他细胞内的功能一样，宏自噬也发挥着防御肝脏病原体的功能。细菌和病毒被内化并在溶酶体内降解。然而，一些病原体进化出逃脱溶酶体系统的机制。例如，丙型肝炎病毒可以阻断宏自噬，但不能阻断自噬小体的形成[155]。相反，这种病毒通过诱导内质网应激，促进大量自噬小体产生，但同时阻断它们与溶酶体融合。阻断自噬小体形成可以抑制病毒复制，这支持了病毒可能利用双膜囊泡进行组装的理论，就像其他病毒在其他类型的细胞中组装一样。

肝脏疾病和自噬之间的联系不仅限于该途径在质量控制方面的作用，也与其分解代谢功能在维持细胞能量平衡中的作用密切相关。研究表明，宏自噬的缺失可能是脂肪肝的病因之一[156-158]。因此，在所有细胞中基础宏自噬活性有助于调节脂质储存。脂滴的宏自噬或脂肪自噬作用在肝脏维持正常功能中尤其重要，因为肝脏是一个从脂肪组织中接受最多循环性脂滴的器官。然而，持续的脂肪生成挑战，如高脂饮食，对肝脏的宏自噬有负向调控作用[156]。在这种条件下，若肝脏无法通过宏自噬降解来减小脂滴的大小，会导致肝细胞内脂滴异常增大，促使向非酒精性脂肪肝发展。衰老等条件下，胰岛素拮抗导致的宏自噬缺陷也可能是与衰老代谢综合征相关的脂肪肝的发病基础。脂肪自噬的发生首先需要将脂滴外壳蛋白从脂滴表面移除。这种选择性移除由 CMA 来完成[159]。因此，肝脏特异性 CMA 缺陷小鼠出现明显的脂肪变性和脂质代谢紊乱。几种脂肪生成酶和脂质载体蛋白也是 CMA 的底物，这就解释了 CMA 缺陷小鼠的严重表型[144]。与宏自噬类似，急性脂质增加会激活 CMA，而高脂食物会抑制这一途径[160]，凸显了脂质对自噬的双重调节作用。而过多的脂肪能抑制自噬，模拟了衰老过程中观察到的现象。

几乎在所有被研究过的生物肝脏中，随着年龄的增加，蛋白质总降解率降低，这支持了衰老对细胞内蛋白质降解系统的负作用理论[161]。UPS 的主要底物，即短半衰期蛋白的降解通路在年老肝脏中保存较好，这表明该系统受损不如溶酶体系统明显。实际上，早期对啮齿类动物年轻和年老肝脏的研究表明，蛋白酶体依赖的降解没有显著的差异[162, 163]。此外，对 20S 蛋白酶体的三种蛋白酶水解活性研究发现，一些活性降低而另一些活性增加，这表明随着年龄的增加，蛋白酶体降解的改变是质变，而不是急剧的量变[162-164]。20S 蛋白酶体的活性随着年龄的改变可能是由于其亚基组成的变化[165]。蛋白质组学分析显示，随着细胞衰老，不同亚群的蛋白酶体共存。随着年龄增长，泛素化过程或者介导识别泛素化蛋白的复合体也可能发生缺陷，但目前对这些改变知之甚少。

与年龄相关的肝脏溶酶体系统的形态学变化已被广泛报道。溶酶体囊泡腔扩大和未消化产物以脂褐素形式堆积，通常被认为是衰老的典型生物标志物[166]。脂褐素的堆积源自蛋白质降解系统对细胞内物质降解敏感性的改变和自噬的缺陷[167]。两餐之间刺激产生的宏自噬减少，以及溶酶体清除已经形成的 AV 问题，似乎是随着年龄的增长，自噬途径产生障碍的原因。由于自噬通路在维持细胞器稳态方面的重要作用，一般认为随着年龄的增长，宏自噬减少可能是功能异常的线粒体数量增加的原因。线粒体这个细胞器与衰老密切相关[167]。在胰岛素缺乏情况下，胰岛素受体持续负向调控而导致宏自噬激活障碍是与年龄相关的代谢综合征的特点[168, 169]。这一缺陷的分子基础尚不清楚，因此阻止了任何靶向宏自噬恢复手段的产生，但是某些干预措施已被证明在预防年龄相关的宏自噬活性的下降中有一点好处。因此，能量限制（已知唯一可以延缓衰老的干预措施）、抗脂分解药物和间歇性禁食可以使老年啮齿动物肝脏中的宏自噬活性保持与年轻动物相当的水平[169-171]。

老年啮齿动物肝脏中的 CMA 活性下降的现象已经被研究透彻[135]。CMA 下降的主要原因是随着年龄的增长，溶酶体膜上的 LAMP-2A 受体水平降低。LAMP-2A 的减少不是由转录减少、翻译障碍或者运输到溶酶体改变引起的。相反，溶酶体中 LAMP-2A 的减少是由其到达溶酶体后的不稳定性增加导致的[172]。溶酶体膜脂质构成的变化是导致 LAMP-2A 稳定性降低的原因。最初，通过增加溶酶体分子伴侣的数量来促进跨膜转运可以补偿 LAMP-2A 的减少，但在后期这种补偿不足，CMA 活性因而严重受损。在 CMA 缺陷小鼠中，CMA 的缺失最初通过增加宏自噬来补偿，但是，随着年龄的增长，也不足以维持在不同胁迫条件下的蛋白质稳态[173]。在阻断肝脏中的 LAMP-2A 减少的转基因小鼠模型中，与野生型同窝老鼠相比，转基因小鼠维持了 CMA 活性，其肝脏中的氧化蛋白和聚集蛋白的水平也较低[174]。它们还表现出更强的胁迫应激能力，并在晚年保留较好的肝功能。这些研究表明，年龄增长相关的 CMA 活性下降至少可能是随着年龄增长，受损蛋白累积、应激抵抗能力变弱和该器官功能下降的部分原因[174]。从积极的角度来看，仅恢复不同的蛋白降解系统中的一个似乎就足以产生很大的改进，很可能是因为这些系统之间存在交互作用。随着对其他蛋白降解途径功能下降原因的深入研究，以及不断尝试纠正这些功能性的异常，可能有希望阻止其他和年龄相关的肝脏病变，并利用它们治疗肝脏衰老引起的疾病。

六、结论

蛋白质降解系统在维持肝脏稳态和能量平衡，以及对抗细胞内外入侵者中发挥着至关重要的作用。蛋白质降解的不同机制不再被认为是独立发生的。越来越多的研究表明，不同的自噬途径之间及与蛋白酶体系统之间存在着持续不断的交互作用。一个系统对另一个系统的补偿作用是不完全的，但至少在非胁迫状态下，足以维持细胞内的稳态。蛋白质降解系统障碍已被认为是不同肝脏疾病的发病基础。最近，对细胞内不同蛋白质降解系统、调控机制，以及功能受阻或改变对细胞影响的分子机制有了更深入的理解，将为开发新的肝病治疗手段奠定基础。

致谢　我们感谢自噬领域的诸多同事，他们通过生动的讨论塑造了这一章。我们的工作得到了 NIH/NIA（AG021904, AG031782）、NIH/NIDDK（DK098408），以及 Robert and Renée Belfer 的支持。

第12章 过氧化物酶体的组装、降解和相关疾病
Peroxisome Assembly, Degradation, and Disease

Rong Hua　Peter K. Kim　著
张英杰　庄　敏　陈昱安　译

过氧化物酶体是单层膜结构的细胞器，普遍存在于大多数真核细胞中（图12-1）。自从1954年J. Rhodin对它们进行了初步描述[1]，1966年C.de Duve和P. Baudhuin对其进行了生化表征[2]，人们对过氧化物酶体在各种生物体中的生理作用有了更多的了解。过氧化物酶体被单层膜包围的基质中，富含多种参与不同代谢反应的酶。在哺乳动物细胞中，过氧化物酶体的主要功能涉及超长链脂肪酸（very-long-chain fatty acids，VLCFA）的β氧化、过氧化氢的分解、许多脂质相关分子（如胆汁酸和缩醛磷脂）的生物合成。

过氧化物酶体在这些分解代谢和合成代谢反应中的重要性在一组统称为过氧化物酶体疾病的遗传疾病中得到了最好的说明。这些过氧化物酶体代谢疾病分为两大类：单一代谢酶疾病，由对过氧化物酶体功能必需的某一个酶的缺陷引起；过氧化物酶体生物发生疾病（peroxisomal biogenesis disorder，PBD），由过氧化物酶体形成缺陷引起[3]。PBD代表一系列疾病，包括脑肝肾综合征谱（PBD-ZSD）[脑肝肾综合征（Zellweger syndrom）、新生儿肾上腺脑白质营养不良和婴儿Refsum病]和1型根状软骨发育不良（rhizomelic chondrodysplasia punctate type 1，RCDP1）。这些疾病的命名仅基于临床描述，而不是生化或遗传分析。其中，脑肝肾综合征是PBD最严重的临床表现，而婴儿Refsum病则表现最轻微的症状[3]。然而，与PBD-ZSD相比，RCDP1却呈现

出不同的生化和临床表型[3]。14种PEX基因编码过氧化物酶体peroxin蛋白参与过氧化物酶体的组装和形成。PDB可以是这些PEX基因中的任何一种突变引起的。在酵母和过氧化物酶体数量缺陷的突变中国仓鼠卵巢（Chinese hamster ovary，CHO）细胞中的基因和蛋白质组学研究极大地帮助了过氧化物的表征[4, 5]。在哺乳动物细胞中，已鉴定出14种peroxin蛋白（表12-1），而酵母和植物中分别至少有32种和22种peroxin蛋白[6]。PEX7突变导致RCDP1，而其他13种过氧化物酶体peroxin蛋白的突变则会导致ZSD（表12-1）。

与其他细胞器一样，过氧化物酶体需要与其周围环境（包括其他细胞内区室）相互作用和交流，才能正常形成和维持，并具有代谢功能。细胞器之间进行细胞内通信的一种常用方法是通过膜接触位点（membrane contact site，MCS）实现的。在膜接触位点，两个细胞器相对的膜被物理性束缚。这种细胞器之间的紧密邻近可以允许两者之间交换生物小分子和信号[7]。长期以来，在电子显微照片中，过氧化物酶体看上去与其他细胞器相邻，尤其是内质网。然而，直到最近，这些过氧化物酶体接触位点的分子机制及其对过氧化物酶体生物发生和功能的影响才被展开研究[8]。

过氧化物酶体的半衰期为2～3天，这表明过氧化物酶体的生成与其降解之间的平衡对于维持过氧化物酶体稳态至关重要。我们对过氧化物

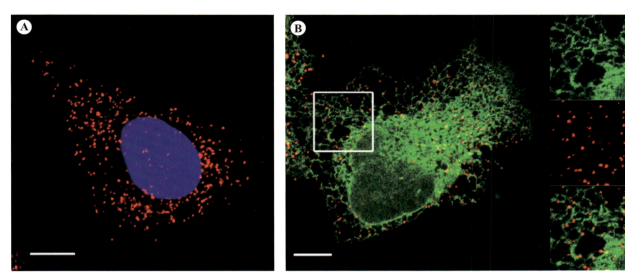

▲ 图 12-1 哺乳动物细胞中的过氧化物酶体

A. 表达过氧化物酶体标记 UB-RFP-SKL（红色）的 COS7 细胞的活细胞共聚焦图像。DAPI（蓝色）和细胞核。B. 表达内质网标记 ssGFP-KDEL（绿色）和过氧化物酶体标记 UB-RFP-SKL（红色）的 COS7 细胞的活细胞共聚焦图像。白色框表示右侧面板中显示的放大区域。比例尺 =10μm

基因	在生物合成中的作用	分子功能	疾病
	表 12-1 已鉴定的参与过氧化物酶体生物合成的哺乳动物 *PEX* 基因		
PEX1	基质蛋白导入	ATP 依赖性 PEX5 易位	ZS、NALD、IRD
PEX2	基质蛋白导入	用于过氧化物酶体自噬的 E₃ 泛素连接酶	ZS、IRD
PEX3	PMP 靶向；过氧化物酶体从头合成	PEX19 膜上锚定	ZS
PEX5	基质蛋白导入	PTS1 受体	ZS、NALD
PEX6	基质蛋白导入	ATP 依赖性 PEX5 易位	ZS、NALD
PEX7	基质蛋白导入	PTS2 受体	1 型 RCDP
PEX10	基质蛋白导入	PEX5 循环	ZS、NALD
PEX11	增殖	过氧化物酶体的延伸	ZS
PEX12	基质蛋白导入	PEX5 循环	ZS、NALD、IRD
PEX13	基质蛋白导入	对接复合体	ZS、NALD
PEX14	基质蛋白导入	对接复合体	ZS
PEX16	PMP 靶向；过氧化物酶体从头合成	内质网和过氧化物酶体的 PMP 受体	ZS
PEX19	PMP 靶向；过氧化物酶体从头合成	Ⅱ类 PMP 受体和分子伴侣	ZS
PEX26	基质蛋白导入	PEX1/PEX6 膜上锚定	ZS、NALD、IRD

IRD. 婴儿 Refsum 病；PMP. 过氧化物酶体膜蛋白；PTS. 过氧化物酶体靶向信号；NALD. 新生儿肾上腺脑白质营养不良；RCDP. 根状软骨发育不良；ZS. 脑肝肾综合征

酶体的生成已经有了初步的认知，但对其降解的机制知之甚少。目前认为，过氧化物酶体的降解主要是通过称为"过氧化物酶体自噬"的途径进行。过氧化物酶体自噬过程中，受损或冗余的过氧化物酶体被双层膜结构的自噬小体包裹，继而与溶酶体融合，被吞噬的过氧化物酶体最终被降解[9]。到目前为止，若干诱导和调节过氧化物酶体自噬的关键因子已被确定，NBR1 被认为是过氧化物酶体特异性的自噬衔接蛋白[10]。

本章将主要关注哺乳动物细胞中的过氧化物酶体。具体来说，本章内容将涵盖当前的过氧化物酶体生物发生模型、过氧化物酶体膜蛋白和基质蛋白的转运机制、过氧化物酶体与其他细胞器之间的相互作用及对脂质转运的影响、过氧化物酶体的降解。为充分了解过氧化物酶体调控（形成和降解）的重要性，本章也将讨论过氧化物酶体的代谢功能和相关疾病。

一、过氧化物酶体的生物生成

（一）生长与分裂模型

自首次发现以来，过氧化物酶体的起源一直是具有争议的话题。根据 20 世纪 60 年代早期肝细胞的电子显微照片，过氧化物酶体与 ER 并列相邻，这提示 ER 参与了过氧化物酶体的起源。因此，C. de Duve 和 P. Baudhuin 在他们的早期综述中提出过氧化物酶体是由 ER 出芽形成的[2]。这一观点后来在 20 世纪 80 年代中期受到 Paul B. Lazarrow 和 Yukio Fujiki 的挑战，他们在其权威综述中引入了"生长与分裂"模型[11]。这个模型的提出是基于一个开创性的发现，即过氧化物酶体蛋白，包括基质蛋白和膜蛋白，都是在细胞质游离的多聚核糖体上翻译合成，然后被转运到过氧化物酶体。因此，过氧化物酶体被认为和线粒体、叶绿体相似，是自主细胞器，通过先前存在的细胞器分裂进行增殖。

如今，我们知道过氧化物酶体可通过两种机制形成：①从头生成；②生长和分裂。"从头生成"机制涉及从 ER 中形成过氧化物酶体前体囊泡，然后通过融合形成成熟的过氧化物酶体。"生长和分裂"机制包含掌管延伸和分裂的两套功能

组分，由 PEX11 家族、DLP1/Drp1、MFF 和 FIS1 组成。PEX11 家族蛋白诱导过氧化物酶体膜的生长延伸，也同时协助招募掌管分裂的蛋白组分到作用位点，促进膜的最终分裂[12, 13]（图 12-2）。

（二）过氧化物酶体从头生成模型

由于以下的关键观察结果，将过氧化物酶体视为自主细胞器的观点受到了质疑。首先，在过氧化物酶缺失的细胞中，过氧化物酶体是能从头生成的，而不是单纯地通过生长和分裂来增殖。具体来说，当三个过氧化物酶体生成因子 PEX3、PEX16 和 PEX19 中的任何一个发生突变或缺失时，细胞中均无法检测到过氧化物酶体膜结构。在上述细胞中重新引入突变或缺失的过氧化物酶体生成因子的对应野生型之后，可以在短时间内检测到过氧化物酶体膜结构，以及基质蛋白转运的恢复[14-16]。这说明过氧化物酶体可能从尚未明确的过氧化物酶体前体结构形成，或者从其他细胞器衍生而来。事实上，这种小的过氧化物酶体前体结构 / 囊泡已经在多种酵母中被发现，包括解脂耶氏酵母（Yarrowia lipolytica）、酿酒酵母（Saccharomyces cerevisiae）和多形汉逊酵母（Hansenula Polymorpha）[17-19]。这些过氧化物酶体前体囊泡含有不同的膜蛋白组分，能通过异型融合形成新的过氧化物酶体。有趣的是，在 pex 突变细胞中，如果这些前体结构没有成熟变为功能完整的过氧化物酶体，它们会通过自噬迅速降解[19]。

虽然在哺乳动物细胞中还没有发现类似的过氧化物酶体前体结构，但最近的研究指出，ER 参与了哺乳动物过氧化物酶体的从头生成。电子显微镜下观察，小鼠树突状细胞的过氧化物酶体被一种与糙面内质网相连的双层膜结构所包围[20]。类似的结构也能在 PEX16 缺失的 CHO 细胞[21] 和 PEX5 敲除的小鼠肝细胞[22] 中观察到。此外，大多数哺乳动物过氧化物酶体膜蛋白（peroxisomal membrane protein，PMP）是通过 ER 被分选到过氧化物酶体的。过氧化物酶体膜蛋白一开始被 ER 招募及随后从 ER 到过氧化物酶体的运输似乎都依赖于 PEX16[23]。因此，尽管确切机制仍不清楚，但 ER 可能是酵母和哺乳

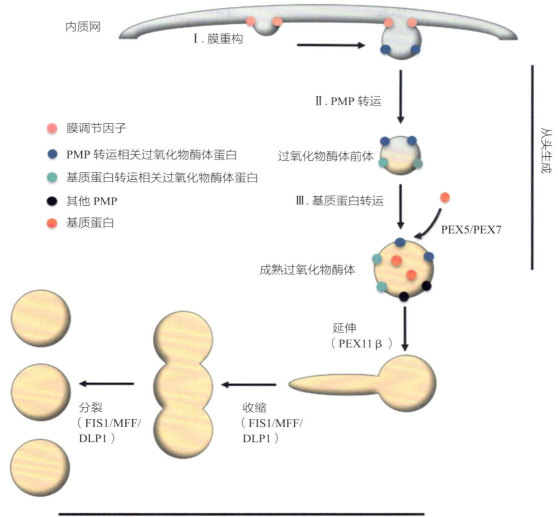

▲ 图 12-2 过氧化物酶体的生物合成

哺乳动物过氧化物酶体可以通过生长和分裂的方式从已经存在的过氧化物酶体增殖，也可以从其他细胞器 [如内质网（ER）] 从头生成。过氧化物酶体的从头生成始于膜调节因子被招募到 ER 上的特定子结构域（Ⅰ）。过氧化物酶体生物合成因子 PEX16 可能参与这一过程，在这一过程中，PEX16 将其他过氧化物酶体膜蛋白（PMP）招募到 ER，包括早期生物合成因子 PEX3 和已知的膜调节因子 PEX11 家族。这些 PMP 与 PEX16 在 ER 上的积累导致过氧化物酶体前体结构的形成，然后通过一种未知的机制释放。这些 ER 衍生结构将通过 PEX3 和 PEX19 的作用持续导入 PMP（Ⅱ），完成基质蛋白转运系统的组装（Ⅲ），并最终成熟为功能完备的过氧化物酶体。另外，过氧化物酶体也可以通过生长和分裂的方式从现有的过氧化物酶体增殖。过氧化物酶体的增殖是从膜延伸开始的，然后是膜收缩和最后的分裂。PEX11 家族诱导膜延伸，并将裂变相关蛋白（DLP1/Drp1、FIS1 和 MFF）招募到它们的作用位点，介导过氧化物酶体的分裂

动物细胞中过氧化物酶体从头合成前体结构的膜来源。

　　理论上，过氧化物酶体的从头生成需要三组过氧化物酶体蛋白的作用，分别涉及：①膜调节；②膜组装 / 膜蛋白转运；③基质蛋白转运（图 12-2）。过氧化物酶体的从头生成始于招募膜调

节蛋白到内质网来诱导膜弯曲和进行过氧化物酶体前体结构 / 囊泡的组装。PEX16 是最有可能参与这一过程的候选者之一，因为它能够招募各种 PMP 到 ER，包括过氧化物酶体生成的早期调控因子 PEX3 和能诱导过氧化物酶体膜延伸的膜调节 PEX11 家族蛋白[23]。这些 PMP 与 PEX16 一

起集中在内质网的特殊子域，从而介导了过氧化物酶体前体结构的形成。这些过氧化物酶体前体结构通过未知机制从 ER 中释放出来。值得注意的是，这些过氧化物酶体前体结构的释放不太可能通过分泌途径，因为在重新引入野生型 PEX3 时，pex3 缺陷细胞从头生成过氧化物酶体不需要 COP Ⅰ 或 COP Ⅱ [24]。这些 ER 衍生的结构将通过 PEX3 和 PEX19 的作用不断装载过氧化物酶体膜蛋白，介导基质蛋白转运复合物的组装，最终形成新的成熟过氧化物酶体。

（三）过氧化物酶体形成中"从头生成"与"生长和分裂"的贡献

现在，人们普遍认为内质网参与过氧化物酶体的从头生成，特别是在不存在过氧化物酶体的细胞中。然而，在正常哺乳动物细胞中，ER 衍生的从头生成机制与自身生长分裂机制各自发生的程度仍存在争议。一种假设认为这两种机制同时存在，但它们被不同的代谢信号激活。过氧化物酶体的基础性持续生成可能是通过从头生成途径，而快速的过氧化物酶体增殖则是通过生长和分裂实现的。啮齿类动物肝细胞对氯贝酸（Clofibric acid）的处理反应迅速，过氧化物酶体的数量会在几天内翻倍，某些情况下甚至达到原来的 4 倍。过氧化物酶体的这种快速增殖是由 PPARα 的激活介导的。PPARα 是一种核激素受体，能调节脂质代谢相关基因的表达 [25]。被 PPARα 激活上调的基因之一是具有肝脏组织特异性高表达的 PEX11α [26]。由于 PEX11 家族蛋白参与过氧化物酶体的延伸和分裂，因此很可能在过氧化物酶体快速增殖的条件下，过氧化物酶体数目主要通过生长和分裂增加。同时，从头生成途径是持续存在的细胞正常生长过程中维持过氧化物酶体数量的基本机制。

另外，这两种机制也有可能相互配合。哺乳动物的 PMP 可以直接从细胞质或通过内质网转运到过氧化物酶体，这表明内质网能向已经存在的过氧化物酶体持续提供 PMP 以维持它们的功能。尽管确切的机制仍不清楚，但靶向 ER 的 PMP 很可能通过两个细胞器之间的囊泡运输被分选到过氧化物酶体。因此，ER 衍生的过氧化物

酶体前体囊泡可以成熟为新生成的过氧化物酶体（即从头生成），或与已有过氧化物酶体融合，为它们的生长和分裂提供蛋白质和（或）脂质。在哺乳动物系统，也许也包含植物中，存在这种特殊的从内质网到过氧化物酶体转运通路的可能原因在于这些生物体需要维持比大多数酵母多很多的过氧化物酶体数目。哺乳动物细胞和植物细胞通常含有 100～1000 个过氧化物酶体，而大多数酵母中仅有 2～10 个过氧化物酶体。因此，为维持过氧化物酶体的数量稳定，哺乳动物和植物细胞中相对大量的过氧化物酶体数目意味着，它们对内质网提供蛋白质和脂质有更大的需求。

二、过氧化物酶体蛋白定位

（一）过氧化物酶体膜蛋白的定位

大多数过氧化物酶体膜蛋白靶向定位于过氧化物酶体膜上需要三个过氧化物酶体蛋白（PEX3、PEX16 和 PEX19）的作用 [23]。这三个蛋白中任何一个的突变都会导致任何可检测的过氧化物酶体膜结构的缺失；而其他过氧化物酶体膜蛋白要么在细胞质中被迅速降解，要么错误定位到其他细胞器，如线粒体 [14, 15, 27]。目前，过氧化物酶体膜蛋白被认为通过两种不同但不相互排斥的途径靶向定位到过氧化物酶体，即第 Ⅰ 组途径（间接通过 ER）和第 Ⅱ 组途径（直接从细胞质中）（图 12-3A）。

在直接的第 Ⅱ 组途径中，大多数过氧化物酶体膜蛋白被认为是在细胞质中游离的核糖体上合成的，翻译后靶向定位到过氧化物酶体。PEX19 作为一种辅助蛋白稳定的受体，与这些新合成的过氧化物酶体膜蛋白结合，并将它们稳定在细胞质中保持非聚焦状态 [28]。然后，新生膜蛋白 -PEX19 复合物通过 PEX19 和膜上对接因子 PEX3 之间的相互作用被引导至过氧化物酶体膜上。PEX3 自身的定位也取决于 PEX19 和膜上的 PEX16。然而，如何将新生过氧化物酶体膜蛋白插入过氧化物酶体脂质双分子层中仍是未知。

间接的第 Ⅰ 组途径被认为依赖于 PEX16，一个在过氧化物酶体和内质网中具有双重定位的膜蛋白 [23]。PEX16 只能通过内质网定位到过氧化

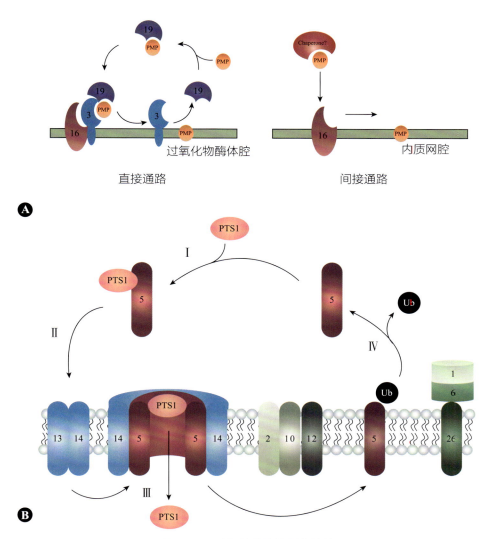

▲ 图 12-3　过氧化物酶体蛋白的转运

A. 过氧化物酶体膜蛋白（PMP）可以直接从细胞质（即直接第Ⅱ组通路）或通过内质网（ER）（即间接第Ⅰ组通路）靶向过氧化物酶体。新合成的 PMP 被游离受体 PEX19 识别，然后通过与对接因子 PEX3 的相互作用被引导至过氧化物酶体膜。PEX3本身通过 PEX16 靶向过氧化物酶体。在哺乳动物细胞中靶向 PMP 的 ER 被认为依赖于 PEX16。B. 过氧化物酶体基质蛋白的输入通过一个多步骤循环发生，该循环分为四个步骤：货物蛋白结合（Ⅰ）；对接（Ⅱ）；易位和货物蛋白释放（Ⅲ）；受体泛素化和循环（Ⅳ）。含有 PTS1 或 PTS2 信号的过氧化物酶体基质蛋白分别被游离受体 PEX5 或 PEX7 识别和结合。货物蛋白 – 受体复合物通过对接复合体（PEX13 和 PEX14）与过氧化物酶体膜对接。一个主要由 PEX5 构成的瞬时孔在货物 – 受体复合物对接时组装，从而允许货物蛋白跨膜易位并随后释放到过氧化物酶体基质中。货物蛋白释放后，受体在 RING 复合物（PEX2/PEX10/PEX12）和 AAA 型 ATP 酶复合物（PEX1/PEX6/PEX26）的作用下循环回胞质中

酶体，最近它翻译中定位内质网和随后从内质网到过氧化物酶体转运所需的结构域均已被鉴定[23]。在内质网膜上，PEX16 能够招募各种具有不同拓扑结构和功能的过氧化物酶体膜蛋白。有趣的是，PEX3 和 PEX19 对于 PEX16 介导的过氧化物酶体膜蛋白内质网定位并不是必需的，这意味着 PMP 定位到内质网和定位到过氧化物酶体的机制不同[23]。然而，定位到内质网的 PMP 随后如何被转运到现有的过氧化物酶体中仍不清楚。一种可能性是这种蛋白质定位途径是由两个细胞器之间的囊泡转运介导的，从内质网出芽生成的过氧化物酶体前体囊泡与现有的过氧化物酶体融合，从而为过氧化物酶体提供必需的蛋白质和（或）脂质。

（二）过氧化物酶体基质蛋白的转运

与内质网和线粒体的蛋白质转运途径截然不同，过氧化物酶体基质蛋白是以完全折叠蛋白的状态，甚至是多聚复合物的形式来实现在脂质双分子层上的转运[29, 30]。因此，过氧化物酶体基质蛋白的转运机制更类似于细胞核，然而这个过程并不涉及稳定的易位子（translocon）或通道。过氧化物体基质蛋白的转运过程可分为四个步骤：①受体结合目标蛋白；②受体与膜上蛋白对接；③转位和目标蛋白的释放；④受体泛素化和再循环[31]（图 12-3B）。

1. 目标蛋白（转运货物）的结合

过氧化物酶体基质蛋白包含称为过氧化物酶体靶向信号 1（peroxidmal targeting signal1，PTS1）或 PTS2 的两种过氧化物酶体靶向信号之一。大多数过氧化物酶体基质蛋白含有 PTS1，它由位于 C 末端的三肽序列（S/A/C）–（K/R/H）–（L/M）组成[32]。PTS1 信号被游离受体蛋白 PEX5 识别并结合，PEX5 的 N 端包含一个螺旋束结构，而 C 端是一系列短肽重复序列（tetratricopeptide repeats，TPR）。TPR 参与 PTS1 信号肽的结合，而螺旋束参与与过氧化物酶体膜上的对接复合体（PEX13 和 PEX14）的结合[33]。

不太常见的 PTS2 是位于蛋白质的 N 端含共通序列（R/K）–（L/V/I）–X_5–（H/Q）–（L/A）的九肽。PTS2 在细胞质中的受体蛋白是 PEX7，它含有六个参与 PTS2 结合的 WD40 重复序列[34]。与 PEX5 不同，PEX7 需要物种特异性辅助蛋白来发挥其功能。例如，在酿酒酵母中，PEX7 的辅助蛋白是同源冗余的 Pex18p 和 Pex21p；而在哺乳动物和植物细胞中，它是 PEX5 的较长的剪接异构体（即 PEX5L）[35]。此外，少数过氧化物酶体基质蛋白不包含 PTS1 或 PTS2 序列。这些蛋白质被认为是通过以独立于 PTS1 的方式与 PEX5 结合，或通过与其他含有 PTS 的蛋白结合的携带机制转运过氧化物酶体基质[29, 36]。

2. 对接

过氧化物酶体膜上的对接复合体由两种过氧化物酶体蛋白 PEX13 和 PEX14 组成。这两个蛋白质相互作用并能结合两种 PTS 受体。有趣的是，它们包含若干个 PEX5 的结合位点，表明其对货物受体的结合可能是动态分步进行的。此外，PEX14 被认为含有货物受体的起始结合位点，因为它具有比 PEX13 更高的货物受体结合亲和力[31, 37]。

3. 转位和货物蛋白释放

货物蛋白跨过氧化物酶体膜易位的确切机制尚不完全清晰。目前的结果支持过氧化物酶体基质蛋白通过一个蛋白质传输通道或易位子跨膜转运的模型。在该模型中，一个瞬时的孔 / 蛋白质通道在货物 – 受体复合物与过氧化物酶体膜对接时被组装出来，在货物跨膜转运后又解体[38]。一种可能参与这种瞬时孔形成的候选蛋白质是 PEX5，因为当从酵母过氧化物酶体膜纯化的含有 Pex5p 的复合物被组装进脂质体时，可以形成直径高达 9nm 的通水孔[39]。尚不清楚这种孔状结构是否存在于 PTS2 相关货物蛋白复合物中。

货物蛋白在跨膜转运之前需要与受体分离。然而，货物 – 受体解离的机制仍然存在争议。受体 PEX5 包含两个结构和功能自主的部分。N 末端部分在货物转运过程中与过氧化物酶体膜上的对接复合物相互作用，而 C 末端部分与 PTS1 货物结合。在其 N 末端部分与对接复合物结合后，PEX5 的 C 末端部分被认为会发生构象变化，从而诱导货物释放[40]。

4. 受体泛素化和循环

货物蛋白释放后，受体被回收到细胞质中，在那里它们要么进入另一个转运循环，要么被蛋白酶体降解。该过程需要 RING 复合物（PEX2/PEX10/PEX12）和 AAA 型 ATP 酶复合物（PEX1/PEX6/PEX26）的作用。在转运循环中，PTS1 受体 PEX5 受不同类型的泛素化调控[41]。PEX5 的 N 末端一个保守的半胱氨酸的单泛素化是其作为受体循环所必需的，而赖氨酸上的多泛素化则是蛋白酶体降解的信号。RING 复合物被认为介导受体泛素化。泛素化的 PEX5 被两种 AAA 型 ATP 酶 PEX1 和 PEX6 识别，它们通过与整合膜蛋白 PEX26 的相互作用锚定在过氧化物酶体膜上。PEX1 和 PEX6 水解 ATP 提供了受体从膜上分离所需的动力，使受体循环回到细胞质中[31, 38]。

三、过氧化物酶体的脂质运输

除了蛋白质，过氧化物酶体还需要与周围环境交换脂质分子以调节和平衡其增殖与功能。过氧化物酶体必须从另一个供体细胞器获得膜脂才能生长和增殖，因为它们缺乏磷脂合成所需的大部分酶。过氧化物酶体还需要与其他细胞器交换代谢产物以发挥其功能。例如，超长链脂肪酸 β 氧化的代谢物会在过氧化物酶体和线粒体之间转运。然而，脂质在过氧化物酶体和其他细胞器之间进行交换的确切机制尚不完全清楚。

一般来说，各种细胞区室之间的脂质交换可以通过囊泡运输机制或非囊泡运输机制发生。当从供体膜出芽的囊泡与受体膜融合时，就会发生大量脂质转移。在非囊泡运输途径中，特定的脂质分子通常在膜接触位点（membrane contact site，MCS）处转移，MCS 是两个细胞器的膜毗邻的区域（在 10～30nm 内）[42]。我们将讨论各种脂质分选机制对过氧化物酶体和其他细胞器之间脂质转移的影响。

（一）过氧化物酶体与内质网的相互作用

ER 有助于过氧化物酶体的从头生成，也有助于现有过氧化物酶体的生长和分裂，因为它为过氧化物酶体提供了一部分 PMP。此外，由于内质网是脂质合成的主要场所，内质网在过氧化物酶体生成中的另一个可能作用是为过氧化物酶体内膜系统的生成提供膜脂。我们关于过氧化物酶体和内质网之间脂质转移的大部分知识都是从酵母相关研究中获得的，并认为一个非囊泡运输途径确实参与了这个过程[43]。尽管这种非囊泡脂质转运的分子机制尚不清楚，但这种转运需要两个细胞器之间的紧密接触（如 MCS）。

到目前为止，酵母中已鉴定出两种蛋白质复合物能介导过氧化物酶体和内质网之间的连接。一个是在毕赤酵母中发现的，其包含过氧化物酶体膜整合蛋白 Pex30p 和内质网蛋白 Rnt1、Rnt2 和 Yop1。该复合物介导的内质网 – 过氧化物酶体接触位点与过氧化物酶体的增殖相关[44]。在出芽酿酒酵母中，一种由 Pex3p 和过氧化物酶体遗传因子 Inp1p 组成的连接复合物在过氧化物酶体

遗传中发挥作用。Inp1p 充当内质网定位的 Pex3p 和过氧化物酶体定位的 Pex3p 之间的分子铰链，从而将过氧化物酶体锚定在母细胞的内质网上。另外，富含 Inp2p 的过氧化物酶体通过 Myo2 沿微管转运至出芽的子细胞中。

虽然 Pex30p 或 Inp1p 并没有明确的哺乳动物同源蛋白，但最近哺乳动物组胞中发现了一种新的连接复合物，它是由内质网上的 VAPA 和 VAPB 与过氧化物酶体膜蛋白 ACBD5 直接相互作用形成的[45, 46]。研究发现，这两个 VAP 蛋白都集中在内质网靠近过氧化物酶体的特定位点，它们与过氧化物酶体膜上 ACBD5 蛋白含有的 FFAT 基序相互作用，促进内质网 – 过氧化物酶体接触位点的形成。这些接触位点使这两种细胞器彼此靠近，使它们之间的物质转移得以发生。在这些位点发生转移的脂质分子包括膜脂、胆固醇前体和缩醛磷脂前体等。破坏 VAP-ACBD5 介导的细胞器接触位点会干扰过氧化物酶体的生长，以及细胞内胆固醇和缩醛磷脂的稳态。然而，目前尚不清楚是 ACBD5 通过其酰基 CoA 结合域直接与脂质分子结合，还是其他脂质结合蛋白被招募到内质网 – 过氧化物酶体接触位点来帮助脂质在两个细胞器之间穿梭。

（二）过氧化物酶体与线粒体的相互作用

过氧化物酶体和线粒体有许多共同的特征和功能。例如，这两种细胞器的生成都受促进脂质代谢的核受体 / 转录因子 PPAR 的调控。它们还在哺乳动物细胞内超长链脂肪酸（very long-chain fatly acid，VLCFA）的 β 氧化过程中相互合作。两种细胞器之间的脂质交换可能发生在它们的膜接触位点上。在酵母中，一种由 Pex11p 和 ERMES 蛋白 Mdm34 组成的连接复合物使得代谢产物在过氧化物酶体和线粒体之间高效转移[47]。在哺乳动物细胞中，ABCD1 被认为是参与过氧化物酶体和线粒体相互作用的蛋白质之一。ABCD1 缺陷与过氧化物酶体紊乱疾病 X 连锁肾上腺脑白质营养不良（X-linked adrenoleukodystrophy，X-ALD）相关，其特征是 VLCFA 的累积[48]。

另外，过氧化物酶体和线粒体之间的脂质转运也可能通过囊泡转运发生，最近在哺乳动物系

统中报道了一种新的两者之间的囊泡转运途径。线粒体衍生囊泡（mitochondria-derived vesicles，MDV）已被证明与过氧化物酶体亚群（约占总数的 10%）融合[49]。然而，这些 MDV 的功能和生理意义尚不清晰。它们是否参与从线粒体来源的过氧化物酶体生成，或参与两个细胞器之间的脂质交换，有待进一步研究。

（三）过氧化物酶体与脂滴的相互作用

脂滴（lipid droplet，LD）是在所有生物体中发现的脂质储存细胞器，它们能够积累中性脂质，如甘油三酯（triacylglycerols，TAG）和胆固醇酯。脂质储存、分解或分泌的失衡会导致脂质在肝脏脂滴中异常积聚形成脂肪肝。脂肪肝可能是由脂肪酸摄取 / 合成的增加和 LD 生物合成的增加引起的；同时，LD 分解代谢的减少（如脂肪酸 β 氧化）和分泌受损也可导致脂肪肝[50]。越来越多的证据表明，LD 不仅是一种存储细胞器，还具有多功能性，它与蛋白质降解和病原体复制也有关联[51]。

过氧化物酶体和 LD 之间的紧密连接早已在电子显微照片中显示，并进一步在包括哺乳动物 COS7 细胞在内的多种生物体系中得到证实[52]。这两种代谢细胞器之间的关联被认为与 LD 中的脂肪分解和过氧化物酶体中脂肪酸的 β 氧化有关。在缺乏过氧化物酶体的小鼠肝细胞中能观察到 LD 的积累这一现象加强了这两个细胞器之间的联系[53]。虽然过氧化物酶体与脂滴之间交流的确切机制尚不清楚，但是有研究者提出脂滴和过氧化物酶体膜之间的半融合结构可以介导酵母中两个细胞器之间的直接相互作用，这有助于脂肪酸从脂滴转移到过氧化物酶体中进行 β 氧化[54]。然而，类似的机制是否存在于其他生物中尚不清楚。

值得注意的是，在内质网和脂滴双定位的发夹蛋白 UBXD8 定位到内质网的胞质侧时，依赖于 PEX3 和 PEX19。PMP 和 LD 发夹蛋白之间共享蛋白质转运机制提示过氧化物酶体和脂滴这两种细胞器之间的关联互作发生在内质网中[55]。这种对过氧化物酶体和脂滴生成的共同控制将允许细胞严格调节能量水平以应对代谢刺激，从而维持肝脏的脂质稳态。

（四）过氧化物酶体与溶酶体的相互作用

长期以来，过氧化物酶体和溶酶体之间的相互作用主要集中在过氧化物酶体自噬（pexophagy）上，即过氧化物酶体通过自噬途径在溶酶体中选择性降解的过程。然而，最近在哺乳动物细胞中报道了一种新的溶酶体 – 过氧化物酶体接触位点（lysosome-peroxisome contact site，LPMC），并讨论了它在胆固醇转运中的意义[56]。哺乳动物细胞可通过受体介导的内吞作用从血浆低密度脂蛋白（LDL）获得外源性胆固醇。由此产生的游离胆固醇出现在次级内吞体 / 溶酶体中，并进一步通过未知的机制被转运到内质网、质膜和线粒体等下游细胞器中[57]。新发现的 LPMC 是由 Syt7 和过氧化物酶体膜上的 PI(4,5)P$_2$ 相互作用形成的。这些 LPMC 被认为是溶酶体胆固醇输出的潜在机制，过氧化物酶体疾病患者来源的成纤维细胞中胆固醇的积累也验证了这一点。LDL 来源的胆固醇在到达过氧化物酶体后，是在过氧化物酶体中进一步加工还是直接转运到其他细胞结构，目前尚不明确。

四、过氧化物酶体降解：过氧化物酶体自噬

细胞内过氧化物酶体的内稳态是通过过氧化物酶体生物合成（即从头生成或通过生长和分裂形成新的过氧化物酶体）和对异常或功能失调过氧化物酶体降解之间的平衡来维持的。过氧化物酶体可以通过三种机制进行降解：①由 Lon 蛋白酶降解基质蛋白；②由 15-LOX 介导自溶；③自噬途径（即过氧化物酶体自噬）[58]。

Lon 蛋白酶是一种在真核细胞线粒体、叶绿体和过氧化物酶体中发现的 ATP 依赖性蛋白酶。大鼠肝脏过氧化物酶体中特异性表达的 pLon 能激活多个涉及 β 氧化的含有 PTS1 的酶，包含 ACOX[59]。pLon 蛋白酶也可能参与降解过氧化物酶体增殖时上调的 β 氧化相关的酶[60]。在酵母中，过氧化物酶体 Lon 蛋白酶促进对错误折叠或受损的过氧化物酶体基质蛋白的降解。有趣的是，在植物拟南芥中，缺乏 Lon 的细胞中，过氧化物酶体自噬增强了[61]。

在 15-LOX 介导的自溶中，过氧化物酶体膜被破坏，导致其基质内容物的释放。15-LOX 属于脂氧合酶家族，可将多不饱和脂肪酸转化为对应的过氧化物，导致细胞器膜的脂质过氧化和一些信号分子的合成[62]。由于膜脂的过氧化，过氧化物酶体基质蛋白被释放出来，从而被细胞质中的蛋白酶降解[63]。研究发现，15-LOX 定位于大鼠肝细胞中的部分而非全部的过氧化物酶体中，这表明 15-LOX 在这些细胞中过氧化物酶体的程序性降解中发挥作用[64]。此外，研究发现了 15-LOX 调节自噬这一新功能，因为缺乏 12/15-LOX（15-LOX 的同源物）的细胞表现出自噬缺陷[65]。LOX 介导生成的氧化磷脂可作为自噬所需的关键蛋白（如酵母 Atg8 和哺乳动物 LC3）的修饰底物，这意味着磷脂氧化与细胞自噬之间存在关联[65]。

过氧化物酶体降解的主要机制是自噬相关的过程，称为过氧化物酶体自噬。与自噬一样，过氧化物酶体自噬可以以两种模式发生：巨自噬和微自噬[66, 67]。在巨自噬过程中，过氧化物酶体被包裹在双层膜结构的自噬小体中，形成一种被称为"过氧化物酶体自噬体"的新结构。成熟的过氧化物酶体自噬体沿着微管移动，并与溶酶体融合以降解被包裹的过氧化物酶体。相反，在微自噬过程中，货物（即过氧化物酶体）的吞噬通过溶酶体的膜内陷，生成出芽的小泡进入溶酶体液泡腔，随后吞噬的内容物被降解。巨自噬发生在包括人类细胞在内的所有已检测的真核细胞中，而微自噬仅在毕赤酵母和构巢曲霉两种真菌中观察到。因此，本部分将仅讨论巨自噬。

（一）泛素化修饰介导自噬中过氧化物酶体识别

如何引发过氧化物酶体自噬及过氧化物酶体如何被识别和靶向自噬尚不完全清楚。最近的研究表明，选择性自噬需要特定细胞器的膜蛋白被泛素化修饰。与此一致的是，PMP 的泛素化被证明可诱导过氧化物酶体自噬。例如，在哺乳细胞中，过表达两个 PMP，即 PMP34 和 PEX3，并在它们的胞质端融合泛素蛋白模拟修饰，会显著诱导过氧化物酶体自噬[68]。有趣的是，在细胞

中过表达不能被泛素修饰的 PEX3 突变体也同样可以诱导过氧化物酶体泛素化和降解，这意味着 PEX3 的泛素化对于过氧化物酶体自噬不是必需的[69]。这个结果还表明有其他未鉴定的内源性 PMP 在 PEX3 过表达时被泛素化。

另一种可以被泛素化从而触发过氧化物酶体自噬的蛋白是哺乳动物 PEX5，它是含 PTS1 的过氧化物酶体基质蛋白的转运受体。在转运周期中，PTS1 受体 PEX5 被不同类型的泛素化修饰调控[41]。PEX5 在保守的 N 端半胱氨酸上的单泛素化修饰能被 AAA 型 ATP 酶复合物（PEX1/PEX6/PEX26）识别，该复合物将 PEX5 剥离过氧化物酶体膜，从而使其能循环回细胞质中以进行下一轮的基质蛋白输入。然而，当单泛素化介导的受体再循环途径被阻断时，PEX5 的赖氨酸残基上会发生多泛素化修饰，PEX5 从膜上分离后会被 26S 蛋白酶体快速降解。最近的研究提出了 PEX5 单泛素化是潜在的过氧化物酶体降解的质量控制机制。例如，在小鼠胚胎成纤维细胞中过表达具有转运缺陷的 PEX5 突变体会引发过氧化物酶体自噬[70]。这个 PEX5 突变体是通过将一个庞大的 C 端标签与 PEX5 融合表达产生的。这个庞大的 C 端标签不会干扰 PEX5 的单泛素化，但会抑制其从过氧化物酶体膜上的脱离，因此单泛素修饰的 PEX5 会被自噬机制识别[70]。此外，PEX5 的单泛素化也可以在 ROS 激活的条件下被诱导[71]。研究表明，响应于 ROS 激活，ATM 激酶会介导 PEX5 的 Ser141 磷酸化，磷酸化反过来又促进 PEX5 在 K209 的单泛素修饰，PEX5 进而被自噬衔接蛋白 p62 识别，从而诱导过氧化物酶体自噬[71]。然而，PMP 的泛素化是否在正常生理条件下发生尚不清楚。

（二）过氧化物酶体自噬中的 E3 泛素连接酶

过氧化物酶体具有四个潜在的 E3 泛素连接酶（PEX2、PEX10、PEX12 和 TRIM37），它们都能在基质蛋白转运过程中影响 PEX5 的泛素化及其在过氧化物酶体膜上的脱离[72, 73]。在这四种过氧化物酶体 E3 泛素连接酶中，只有具有 RING 结构域的 PEX2 被证明参与了过氧化物酶体自噬所需的泛素化反应。PEX2 通常会被迅速降解，

因此在正常生理条件下维持在较低水平。然而，在氨基酸饥饿等应激条件下，PEX2 能稳定存在[74]。PEX2 的稳定表达会诱导 PMP 泛素化的快速增加，而这是过氧化物酶体自噬的信号。

（三）AAA ATP 酶缺陷和过氧化物酶体自噬

PBD 中最常见的突变存在于过氧化物酶体 AAA ATP 酶中，包括 PEX1、PEX6 和 PEX26[75]。这些酶中的突变被认为通过影响过氧化物酶体的生物合成而导致过氧化物酶体数量的减少。然而，越来越多的证据表明，AAA ATP 酶也可能在过氧化物酶体质量控制中起作用。过氧化物酶体 AAA ATP 酶的主要功能是从过氧化物酶体膜上剥离泛素化的 PEX5。鉴于此，研究表明，无论是突变或者表达缺失引起的 AAA ATP 酶功能的丧失，都会导致过氧化物酶体自噬的增加和过氧化物酶体数目的减少[76]。抑制过氧化物酶体自噬不仅会增加过氧化物酶体的数量，还会增强过氧化物酶体的功能[76]。综上所述，这些研究表明，AAA ATP 酶突变的细胞中过氧化物酶体的丢失可能是由于过氧化物酶体降解增加，而不是生物合成过程受损。

（四）过氧化物酶体自噬的自噬受体

一旦过氧化物酶体的膜在细胞质一侧累积了泛素修饰，过氧化物酶体将被选择性自噬受体 / 衔接蛋白识别[77]。自噬衔接蛋白通过同时结合底物上的泛素和自噬体上的自噬效应子 LC3 将底物（即过氧化物酶体）连接到新生的自噬体上。目前，已被证明在过氧化物酶体自噬中发挥作用的哺乳动物自噬受体是 p62 和 NBR1[10]。这两个蛋白质具有相似的结构域组成，包括一个可以与其他 p62 分子相互作用的 N 端 PB1 结构域，一个位于 C 端的可以与过氧化物酶体上的泛素结合的 UBA 结构域，中间的一个 ZZ 型锌指结构，以及一个可与自噬因子 LC3 结合的 LIR 基序[58]。NBR1，而并非 p62，被证明对于本底的过氧化物酶体的降解是必要和充分的[10]。当 NBR1 充足时，p62 不是过氧化物酶体自噬所必需的，但它与 NBR1 协同可以提高 NBR1 介导的过氧化物酶体自噬的效率[10]。

这两个衔接蛋白之间的特异性差异可以通过

在 NBR1 中存在一个额外的 JUBA 结构域（UBA 结构域之前的一个能与膜结合的两亲性 α- 螺旋区域）来解释[10]。缺乏 JUBA 结构域的 NBR1 突变体（NBR1ΔJ 和 NBR1ΔJΔUBA）不能定位到过氧化物酶体，这表明 JUBA 结构域对于其正确的亚细胞定位具有重要作用。有趣的是，仅缺少 UBA 结构域（NBR1ΔUBA）的突变体仍然定位于过氧化物酶体，但与其他细胞器（如线粒体）的共定位增加。这些结果表明，虽然 JUBA 和 UBA 结构域对过氧化物酶体的特异性识别都是必需的，但 UBA 结构域才是 NBR1 与过氧化物酶体结合的调控者。

五、过氧化物酶体功能和肝脏疾病

（一）脂肪酸 β 氧化

β 氧化是将脂肪酸代谢为乙酰 CoA 以合成 ATP 的过程。虽然过氧化物酶体是植物和酵母中唯一的 β 氧化场所，但在哺乳动物细胞中，线粒体和过氧化物酶体中都存在 β 氧化。只能在过氧化物酶体中进行 β 氧化的部分脂质包括 VLCFA、长链二羧酸、白三烯、前列腺素、异戊二烯衍生的脂肪酸类和降植烷酸（α 氧化的副产物）。过氧化物酶体 β 氧化的四个步骤与在线粒体中类似；然而，所涉及的具体的酶是不同的。脂肪酸底物首先被激活为酰基 CoA，然后通过三种 ABC 转运蛋白（ABCD1～3）之一转运穿过过氧化物酶体膜[78]。过氧化物酶体 β 氧化通过脱氢（通过 ACOX1～3）、水合、脱氢（通过 MFP1 和 2，MFP）和硫解断裂（通过 SCPx）的顺序循环发生。由此产生的链缩短（2 个碳）的脂肪酸要么进入新一轮的 β 氧化循环，要么被转运出过氧化物酶体[79, 80]。

单一过氧化物酶体 β 氧化酶缺乏症患者常患肝功能障碍；然而，其临床表现多种多样。例如，ABCD1 基因突变的患者（也称为 X 连锁肾上腺脑白质营养不良，这是最常见的过氧化物酶体疾病）[81] 和 SCPx 基因突变的患者并不出现肝脏异常情况[82]。此外，MFP2 和 ACOX1 轻度缺乏且存活到成年期的患者也没有产生肝脏疾病[83, 84]。然而，MFP2 突变类型严重的患者同时存在肝脏和神经元异常，并在出生后 2 年内无法正常生长发育而死亡。显微分析肝脏活检样品或者逝者的肝脏细胞，发现这些患者过氧化物酶体体积增大，数量减少[85]。此外，据报道，1 例 *ABCD3* 缺陷的患者在 1.5 岁时出现肝脾肿大和严重的肝脏疾病。该患者出生时没有任何新生儿问题，发育正常。显微镜分析患者来源的原代皮肤成纤维细胞显示其过氧化物酶体数量减少，体积增大。随着疾病进展，患者发展为代偿失调性肝硬化并伴有肝肺综合征。患者 4 岁时因呼吸系统并发症在肝移植后不久死亡[86]。

（二）脂肪酸 α 氧化

烷基的 3 号位存在甲基支链的脂肪酸，包括植烷酸，不能通过 β 氧化途径代谢。它们需要首先在过氧化物酶体中被 α 氧化成降植烷酸，然后可以通过过氧化物酶体和线粒体中的 β 氧化途径进一步代谢。植烷酸几乎存在于包括人类在内的所有动物中；然而它并不能在动物体内合成，而是通过饮食获取。植烷酸以植烷酸本身或其前体（如植醇）的形式被动物高效吸收。植醇广泛存在于植物和树木的绿叶中，通过酯键与叶绿素的卟啉环相连。它不能被人类消化，只能通过反刍动物瘤胃中的细菌从叶绿素中释放出来。因此，人类主要从食用反刍动物的乳制品和肉类中获取植烷酸[80, 87]。

为启动 α 氧化途径，植烷酸首先被酰基辅酶 A 合成酶 ACSL1（存在于线粒体、内质网和细胞质中）和 ACSVL1（存在于内质网和过氧化物酶体中）激活为植烷酰 CoA。植烷酰 CoA 随后经历由 PHYH、HACL1 和 PrDH 催化的顺序反应，生成减少了一个碳的 2- 甲基脂肪酸，即降植烷酰 CoA。人类的 α 氧化缺陷会导致一种常染色体隐性遗传的神经系统疾病，称为 Refsume 病，其特征是植烷酸在血浆和组织（包括肝脏）中的累积[80, 87]。这种疾病是由编码 α 氧化第一步反应的 *PHYH* 基因突变或负责转运 PTS2 蛋白（如 PHYH）的 *PEX7* 基因突变引起的[88, 90]。与其他过氧化物酶体疾病相比，Refsume 病的发病发生在儿童期后期，具有渐进性过程。其临床表现包括视网膜色素变性、嗅觉丧失、耳聋、慢性多发性神经系统疾病和鱼鳞病。Refsume 病是少数已

开发出治疗方法的过氧化物酶体疾病之一。目前的疗法要求控制或消除饮食中的植烷酸[80, 87]。

（三）胆汁酸合成

除了脂肪酸的代谢，过氧化物酶体 β 氧化也在胆汁酸的合成中发挥重要作用，因为它是将 C27 胆汁酸中间体转化为成熟的 C24 胆汁酸所必需的。胆固醇经多种主要在肝脏中表达的酶催化一系列反应转化为胆汁酸。胆固醇经过环修饰、固醇侧链的氧化和缩短，生成 C27 胆汁酸中间体 DHCA 和 THCA。这些中间体首先被内质网和过氧化物酶体中都存在的 VLCS 或仅存在于肝脏内质网的 BACS 激活生成各自对应的辅酶 A 酯[91]。随后这些辅酶 A 酯可能通过 ABCD3 被转运到过氧化物酶体中，依据是 ABCD3 缺陷的患者伴有肝脾肿大和严重肝病，并且血浆中过氧化物酶体 C27 胆汁酸中间体水平显著增加[86]。在 Abcd3$^{-/-}$ 小鼠的肝脏、胆汁和肠道中也发现了 C24 胆汁酸的减少和 C27 胆汁酸中间体的积累，表明 ABCD3 在 C27 胆汁酸转运进过氧化物酶体过程中起作用[86]。在转运入过氧化物酶体后，辅酶 A 酯形式的 DHCA 和 THCA（即 DHC-CoA 和 THC-CoA）首先在 AMACR 的作用下，分别转化为氧胆酰 CoA（CDC CoA）[92] 和胆酰 CoA（CA CoA），随后这些底物被 β 氧化。C27 胆汁酸中间体的 CoA- 酯被支链酰基 -CoA 氧化酶（BCOX2）氧化[93]，随后的 β 氧化由 MFP2 和 SCPx 催化进行[82, 85, 94]。胆汁酸合成的最后一步由 BAAT 进行催化，使新形成的初级胆汁酸与牛磺酸和甘氨酸结合[95, 96]。随后，合成的胆汁酸从肝过氧化物酶体中被转运出来，并被分泌到胆汁中。

对患有过氧化物酶体疾病（包括 PBD 和过氧化物酶体 β 氧化紊乱）患者的血浆中胆汁酸水平进行分析，毫无例外地显示 C27 胆汁酸水平明显升高。由于 C27 胆汁酸仅部分被 BAAT 催化反应，因此与 C24 胆汁酸相比，其被分泌到胆汁中的含量较低[96]，因此这些患者常表现出脂肪吸收不良的临床特征。有趣的是，过氧化物酶体缺乏的程度与胆汁酸合成缺乏的程度有着明显的相关性，因为患病程度较轻的患者（如婴儿 Refsume 病和新生儿肾上腺脑白质营养不良）与程度最严重的

患者（如脑肝肾综合征）相比，其胆汁淤积更少，血清中胆汁酸前体水平更低[97]。胆汁酸异常被认为和患有过氧化物酶体疾病的患者次生的肝脏疾病有关。胆汁淤积情况下，生理浓度下的胆汁酸不会引起细胞凋亡或坏死[98]。相反，它们被认为可以直接激活肝细胞中的信号通路，诱导胆汁淤积下的肝脏炎症反应，从而导致肝损伤[99]。

（四）醚磷脂的生物合成

醚磷脂是一类特殊的磷脂，在甘油骨架的 sn-1 位处存在一个醚键。这个醚键可以是存在于烷基磷脂中的常规醚键或存在于烯基磷脂中的烯基醚键。最丰富的烯基磷脂形式是缩醛磷脂，它在甘油骨架的头部基团中含有乙醇胺或胆碱基团。它们主要富含在心脏、肾脏、肺和骨骼肌中。特别是在大脑中，它们占据了磷脂酰乙醇胺总量的 90%[100, 101]。缩醛磷脂 sn-1 位置的烯基醚键和 sn-2 位置的多不饱和脂肪酸使其具有独特的功能：①维持膜双分子层的物理性质；②作为中和性的氧化剂；③具有生物活性的脂质介质储备[100]。

缩醛磷脂是过氧化物酶体和内质网协同合成的。过氧化物酶基质酶 GNPAT 通过催化 DHAP 在 sn-1 位置的酰基化，然后通过 AGPS 将酰基交换为烷基，从而启动缩醛磷脂的生物合成途径。进一步的修饰在内质网中完成，从而形成成熟的缩醛磷脂[100]。缩醛磷脂合成的缺陷会导致过氧化物酶体疾病根状软骨发育不良（rhizomelic chondrodysplasia punctate，RCDP），这会损害身体多个器官的正常发育，包括骨骼、大脑、晶状体、肺、肾和心脏[100, 101]。取决于发生突变的基因，RCDP 有三种类型：RCDP1 型 [PEX7 突变，编码含有 PTS2 的蛋白质（如 APGS）的受体][102]、RCDP2 型（GNPAT 突变，编码参与缩醛磷脂生物合成第一步的酶）[103] 和 RCDP3 型（APGS 突变，编码参与缩醛磷脂生物合成第二步的酶）[104]。有趣的是，在阿尔茨海默病等非过氧化物酶体疾病中，缩醛磷脂水平也有所降低。然而，缩醛磷脂的减少是否是导致这些疾病的原因还是其下游的现象，还需要进一步的研究[105]。缩醛磷脂替代疗法可能是 RCDP 患者的潜在治疗方法。然而，由于哺乳喂养的低脂质转运效率和特定缩醛磷脂在大脑中的低掺入性限制了这种疗法在小鼠研究中的有效发挥[106, 107]。

六、抗病毒先天免疫中的过氧化物酶体

过氧化物酶体除了在各种代谢活动中发挥核心作用外，最近的研究还提出其参与先天免疫反应。细胞被感染后，模式识别受体（pattern recognition receptor，PRR）识别微生物，并激活多种信号转导通路，介导核因子 –κB（nuclear factor-κB，（NF-κB）、有丝分裂原激活蛋白激酶（mitogen-activated protein kinase，MARK）和 IFN 调节因子（interferon regulatory factors，IRF）的激活。这些转录因子随后会诱导各种促炎因子的表达，包括细胞因子 IL-1、TNF，以及 I 型和 III 型 IFN，从而在细胞内产生抗病毒状态[108]。

RIG- I 样受体（RIG- I -like receptor，RLR）家族的衔接蛋白，即线粒体抗病毒信号蛋白（mitochondrial antiviral signaling protein，MAVS），最近被发现存在于哺乳动物细胞（包括人类肝细胞）的线粒体和过氧化物酶体中[109]。在病毒感染过程中，过氧化物酶体定位的 MAVS 可以立即以 I 型干扰素非依赖性的方式诱导抗病毒基因的表达，从而提供一种短期的抗病毒作用。与之不同的是，线粒体定位的 MAVS 激活干扰素依赖性的信号通路，并且具有一定的延迟性，以便在感染过程中提供持续性保护[109]。过氧化物酶体和线粒体 MAVS 之间的协同作用被认为发生在内质网上一个称为线粒体相关膜（mitochondria-associated membrane，MAM）的亚结构域上[110]。在病毒感染过程中，过氧化物酶体和线粒体在 MAM 上相互作用，MAM 作为"先天免疫突触"协调过氧化物酶体和线粒体 MAVS 之间的作用。

七、癌症中的过氧化物酶体

到目前为止，过氧化物酶体在人类癌症发展中的作用了解得并不多。在多种肿瘤细胞中，包括肝癌[111]、结肠癌[112]、乳腺癌[113]和肾细胞癌[114]在内，都观察到过氧化物酶体丰度降低。然而，导致这些癌细胞中过氧化物酶体丢失的机制仍不清楚。此外，研究发现过氧化物酶体中参

与支链脂肪酸 β 氧化的酶、α- 甲基酰基 - 辅酶 A 消 旋 酶（α-methylacyl-CoA racemase，AMACR） 和过氧化物酶体多功能蛋白 2 的蛋白水平在人类 前列腺癌(human prostate cancer，PCa)中上调[115]。 AMACR 是 PCa 中已建立的生物标志物之一，也 被证明在体外条件下对某些 PCa 细胞系的增殖至 关重要[116]。单羧酸转运蛋白 2（monocarboxylate- transporter2，MCT2）是一种潜在的 PCa 生物标志 物，目前研究发现其主要定位于 PCa 细胞中的过 氧化物酶体。对比非恶性细胞，MCT2 的蛋白表 达量在恶性细胞中显著上调，并且这种蛋白质表 达的增加与其过氧化物酶体定位直接相关，这意 味着过氧化物酶体可能在前列腺癌恶性转化中发 挥作用[117]。然而，目前尚不清楚在 PCa 中过氧 化物酶体丰度是否也会增加。

第13章　细胞器－细胞器互作：起源和功能

Organelle-Organelle Contacts: Origins and Functions

Uri Manor　著

张英杰　庄　敏　陈昱安　译

亿万年前，在真核细胞出现之前，单细胞的原生细菌和古细菌在生物圈中占主导地位。Lynn Margulis 首先提出的革命性的内共生理论指出，我们今天所说的线粒体实际上是被更大的原核宿主细胞以共生关系吞噬的原核细胞（"原线粒体"）[1]。同样，细胞核被认为是被祖先宿主细胞吞噬的古老内共生体的进化后代。这些古老的内共生系统结合的确切顺序或机制尚不清楚：先出现线粒体还是细胞核？在吞噬／内吞机制进化出现之前，古细菌细胞是如何吞噬其他细胞的？无论如何，这些关键性事件目前被认为是多细胞生命体及其高度复杂性进化的先决条件和基础。不管怎样强调内共生系统对生命和地球的重要性都不为过。现在，所有真核生物都受到这些早期进化事件的塑造和约束是显而易见的。在本章中，我将首先解释为何最近的研究显示早期的传统理解上的内共生模型需要进行简单但深刻的修订；事实上，"外共生"提供了一个更简约可行的模型[2, 3]。我将解释这个现代细胞进化的新模型如何为我们目前所知道的关于细胞器生物学的一切奠定基础，尤其是内质网和其他有膜细胞器（即线粒体、溶酶体、过氧化物酶体、内体和高尔基体）之间的相互作用如何反映了祖先古细菌到现代真核细胞的进化。在此背景下，我们将探讨这一进化历史的意义，以及其在生理学和病理生理学中对细胞器－细胞器相互作用机制提供的见解。

一、内质网（细胞核的"首席运营官"）起源故事

直到现在，现代真核细胞的所有内共生起源理论都将细胞核和线粒体视为较小祖先细胞被较大祖先细胞吞噬的后代。这可以被描述为一种"由外而内"的模型，其中内共生体被宿主细胞吞噬并在宿主细胞内进化。最近的一项研究强烈建议将该模型概念反转为"由内而外"模型，其中"外共生"的原线粒体与较大的古细菌宿主细胞表面的膜突起结构密切相互作用并交换物质[2]。许多代之后，这两种细胞在互利的交换中不断交换物质，从而加强了共生的共同进化。古细菌宿主细胞与我们现在所说的细胞核（又名"原核"）同源，具有泡状突出位点，代表现在的核孔复合物。古细菌细胞祖先已经进化出蛋白水解、N 端糖基化、膜分裂和细胞骨架等相关的蛋白质机器，这些都对高尔基体和溶酶体隔室等的货物运输和修饰是必需的[2]。原核和原线粒体继续相互作用，原核上的小泡最终在原线粒体周围扩张融合，直到它们之间形成一个相互连接的网络，即我们现在熟知的内质网、线粒体、细胞质、内膜系统和质膜（图 13-1）[2]。简而言之，即现代真核细胞。

这个模型的优势是具有简单性和简约性。这是一个更加合理的模型，因为它不再需要通过高度复杂、能量高度消耗以至于不太可能发生的内

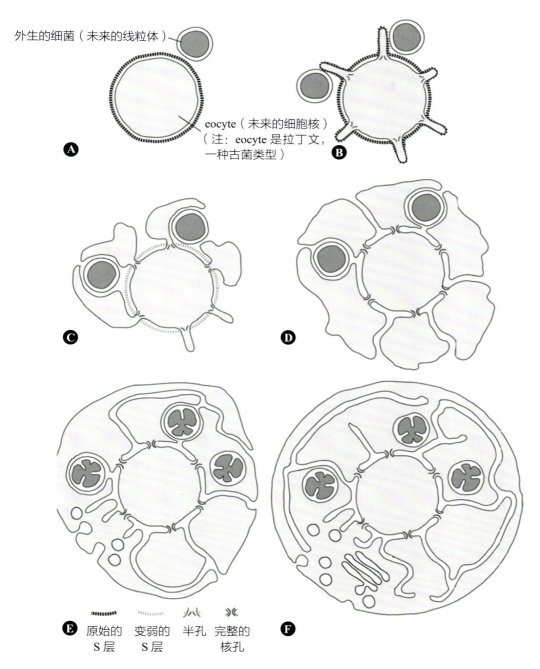

▲ 图 13-1　真核细胞进化的"由内向外"模型

A. 模型显示了真核细胞组织从具有单层膜和富含糖蛋白的细胞壁（S层）的 eocyte 与外生 α- 变形菌（原线粒体）相互作用逐步进化。B. 在突起颈部的蛋白质 - 膜相互作用的帮助下，eocyte 细胞形成突起。这些突起促进了与原线粒体的物质交换。C. 共生系统中对更大膜接触面积的选择将使突起的囊泡扩大，并最终导致S层从突起中丢失。D. 通过对称核孔外环复合体的形成（图 13-2）及 LINC 复合体的建立 [LINC 复合体在S层逐渐消失后，将原始细胞体（新生核室）与内层囊泡膜在物理上连接起来] 进一步稳定囊泡膜。E. 随着囊泡的扩大并包围原线粒体，这一过程将促进宿主获得细菌脂质生物合成机制，得益于受调控的核孔转运机制，细胞生长相关功能将逐渐转移到细胞质，同时，囊泡之间的空间将使经过糖基化和蛋白水解切割通过核周空间分泌到环境中的蛋白质逐渐成熟。F. 最后，囊泡融合可能通过类似于吞噬作用的过程将细胞质间室连接起来，形成完整的质膜，即一个囊泡包围整个质膜。这种简单的拓扑转变将内质网与外界隔离开来，推动了囊泡运输系统的全面发展，并建立了严格的线粒体跨代传递，从而形成了具有现代真核细胞结构的细胞（引自 Baum 2014[2], https://bmcbiol.biomedcentral. com/articles/10.1186/s12915-014-0076-2.Licensed under CCBY 4.0. ）

吞来获得一个单独的细胞作为原核。取而代之，宿主细胞就是细胞核，这意味着唯一需要解释的共生伙伴只有线粒体。从进化的角度来看，宿主细胞和原线粒体"由内而外"的共同进化的模型也更有意义：与外共生的线粒体原体在几代之间的物质交换可以促进进化时间尺度上的优势增加，这是自然选择牢固的共生关系所必需的。与本书和本章最为相关的是，"由内而外"的模型在现代细胞和细胞器生物学的背景中显得更为合理。

将古老的内质网概念化为宿主细胞与其环境相互作用的产物，不难看出它如何成为我们祖先宿主细胞（我们今天所说的细胞核）的主要运营官。事实上，核膜与内质网是连续相接的，几乎

所有细胞器都与内质网相接触（图 13-2），内质网在线粒体和内膜动力学中起着关键作用，这些都是进化的自然结果。同样，内质网 – 细胞器相互作用在自真核原始时代就存在，这更能说明这种相互作用的重要性。内质网作为细胞中最大的细胞器，比其他任何细胞器都占有更多空间，约占 35%。当考虑内质网的时空变化，5min 内，细胞里超过 90% 的空间将与内质网接触[4, 5]。因此，内质网与细胞中的所有其他细胞器之间相互作用也是意料之中。尽管如此，内质网与其他细胞器的并置给予了这些细胞器协同执行新功能的机会，以实现单独无法实现的功能。有了这个框架，接下来让我们探究这些内质网 – 细胞器接触的生理作用。

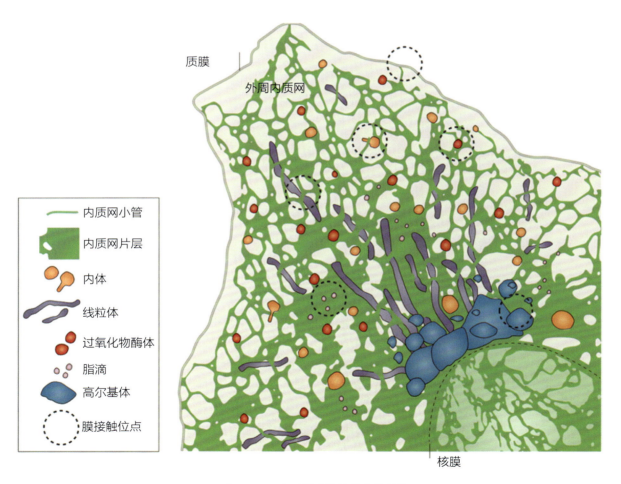

▲ 图 13-2　内质网膜接触位点的结构

内质网由核膜（用虚线勾勒）和外周内质网组成，外周内质网以片状和管状的形式散布细胞质中。外周内质网与质膜、线粒体、内体、过氧化物酶体、脂滴和高尔基体形成膜接触位点（经 Springer Nature 许可转载，引自参考文献 [16]）

二、内质网和线粒体：一种古老的联姻

或许并非是偶然事件，在细胞生物学中研究得最透彻的细胞器-细胞器互作是内质网-线粒体连接[通常称为内质网上的线粒体结合膜 mitochondria-associated membrane，MAM）]。当考虑真核细胞的由内而外的起源模型时，很明显可以得出，内质网-线粒体相互作用早在它们以目前的形式存在之前就已经预先决定了：原线粒体和宿主细胞（即原核，或者原内质网）早在真核细胞或细胞器存在之前就已经存在相互作用了。因此，这两个细胞器高度协调，共同控制关键的生理过程，如脂质合成、钙信号转导，甚至是细胞死亡。但直到最近的研究才发现，内质网在调节线粒体生物合成和迁移、决定新线粒体形成的时间和地点、它们的去向方面也发挥着关键的作用[6]。

在酵母和动物细胞中，MAM 已通过高分辨率显微镜进行了表征，数据显示其平均距离为 10～30nm，通常在这些连接处可以通过电子显微镜观察到蛋白质拴系[7]。活细胞显微成像显示内质网和线粒体通常会一起移动，这表明这两个细胞器在细胞内移动时依旧可以拴系在一起[4]。大多数 MAM 涉及延伸的膜并置区，其中两层膜（内质网膜和线粒体外膜）彼此平行。一小部分 MAM 涉及内质网小管，这些与线粒体长轴交叉的小管缠绕在线粒体周围（大多数线粒体采用管状形态）。MAM 的两个已被充分研究的功能，即脂质交换和钙信号转导，被认为主要是由膜平行并置类型的互作介导的，因为这种构象中可发挥作用的接触面积较大。交叉结合的 MAM 直到最近才被发现在线粒体动力学中发挥关键作用。

（一）磷脂合成

绝大多数脂质合成酶定位在内质网膜上，但有几个关键酶位于线粒体外膜上。一些磷脂的合成需要几种关键酶，其中一些在内质网上，另一些在线粒体上。早在显微镜能够对 MAM 进行实时成像之前，生化分析就揭示了 MAM 中存在磷脂酰丝氨酸合酶[8]。另外两种磷脂，即磷脂酰胆碱（phosphatidylcholine，PC）和磷脂酰乙醇胺（phos phatidylethanolamine，PE），也依赖于 MAM 并在 MAM 中合成。PE 和 PC 的合成展示了内质网和线粒体之间的紧密协作和物质交换。PS 首先在内质网中合成，然后转移到线粒体外膜，再从线粒体外膜转移到线粒体内膜，然后被酶转化为 PE。为合成 PC，PE 从线粒体内膜经外膜又转运到内质网，内质网驻留的酶催化 PE 转化为 PC。有趣的是，在线粒体外膜上也发现了 PC，这表明 PC 还能从内质网被转运回线粒体[8-12]。这种磷脂易位和修饰的乒乓球模式可能在真核细胞进化之前就开始出现了，并且可能是原线粒体和原核之间最终形成外共生关系的关键选择因素。事实上，有证据表明所有真核生物的磷脂都是从原线粒体遗传而来的[13]。因此，如今各个细胞器中关键磷脂的稳态都早已经被真核细胞祖先共生时构建的 MAM 机器清楚地界定了[2]。磷脂在许多人类疾病中的多种作用已经超出了本章的范围，但是要指出这在很大程度上是体现 MAM 功能的重要性，进一步也体现了这一进化过程的重要性。如果没有这一进化，我们所熟知的现代真核细胞将不复存在。

（二）钙信号

线粒体在多细胞生命进化中，最深刻的表现之一是细胞凋亡，其中线粒体可以控制细胞的生存或死亡。这对多细胞生命是必不可少的，一个典型的例子是在发育过程中，修剪去除生命后期不必要的一些结构。这种细胞凋亡表现在曾经完全不同的有机体上，引发了关于现代细胞本质的深刻哲学问题。谁才是真正的主导者？我们是否只是原始线粒体祖先的"奴隶"，唯一的作用就是收集资源并保护线粒体"主人"？尽管确切的机制超出了本章的范围，但细胞凋亡在健康和疾病中的重要作用突出了 MAM 的另一个关键作用，即调节钙从内质网到线粒体的转移，这将可以引发细胞凋亡。有趣的是，从内质网到线粒体的钙流似乎发生在特定的子域中，这强调了一个高度保守、高度组织化的分子间相互作用的存在[14, 15]。

钙从内质网转移到线粒体至少有三个已知的生理目的。内质网中的钙浓度通常介于 100～500μmol/L，而细胞质中钙浓度通常为 100nmol/L。

因此，MAM 可以作为高浓度钙的来源，这可能是激活钙依赖性线粒体蛋白和一些生物过程所必需的 [6, 16]。例如，线粒体基质中钙水平升高是激活三羧酸循环生产 ATP 所必需的，线粒体内膜上的高选择性钙单向通道几乎不太可能在除 MAM 附近以外的任何地方传递足够高浓度的钙，MAM 使得钙从内质网直接转移到线粒体更为容易 [6, 16-18]。

从内质网到线粒体的钙流也在细胞凋亡中起作用。钙刺激线粒体通透性转换孔的打开，从而导致细胞色素 C 的释放，然后导致促进凋亡的 caspase 信号级联反应。阻断内质网钙通道 Ins(1,4,5)P$_3$R 赋予了几种细胞系抗凋亡的能力 [19, 20]。阻断关键的内质网 – 线粒体拴系复合物，如线粒体外膜蛋白 FIS1（也参与线粒体分裂）和内质网蛋白 BAP31，也可以阻止细胞凋亡 [21]。最后，参与线粒体分裂的关键 GTP 酶蛋白 Drp1，在线粒体外膜通透（mitochondrial outer membrane permeabilization，MOMP）中也很重要，而细胞色素 C 的释放和随之发生的凋亡需要线粒体外膜通透 [22]。当钙从内质网释放到线粒体时，凋亡蛋白 BAX 和 BAK 促进了 MOMP 的发生，同时也促进了 Drp1 稳定定位于线粒体外膜 [23-25]。综上所述，这些发现说明了钙释放、细胞凋亡和线粒体分裂之间的密切联系。

（三）线粒体分裂

有趣的是，线粒体分裂（线粒体生物合成和降解的前导事件）也由钙介导 [26]。调节线粒体分裂的精确机制超出了本章的讨论范围，而且目前还没有完全厘清。然而，最近的研究揭示了内质网 – 线粒体相互作用在调节线粒体分裂中的全新作用。第一个关键发现是内质网小管几乎总是与线粒体分裂位点正交取向，这些交汇点代表线粒体缢缩 [27]。这些缢缩被认为是 Drp1 寡聚体限制线粒体所必需的，因为 Drp1 寡聚体环的直径约为 110nm，而未缢缩的线粒体的直径接近 350nm [27]。有趣的是，肌动蛋白细胞骨架很快被证明在这一过程中发挥了关键作用 [26, 28-31]，它提供收缩所需的力（不然 50nm 的内质网小管如何产生收缩双膜 350nm 线粒体所需的力？），并为 Drp1 GTP 酶活性提供支架并激活它 [32]。这些研

究还带来新的观察，在线粒体分裂之前，Drp1 蛋白并不像以前认为的那样在细胞质中弥散分布，而是定位于内质网小管的细胞质侧的表面 [33]。参与这一过程的肌动蛋白聚合受一种内质网定位的 formin 家族蛋白 IFN2（与腓骨肌萎缩症和局灶节段性肾小球硬化有关）和线粒体外膜定位蛋白 Spire1C 的调控 [26, 28, 30, 34]。

上述过程描述了一个（相对）清晰的外膜分裂机制，但在这种情况下，内膜裂变是如何受内质网调控的还不太清楚。直到我们考虑到钙后，后续研究很快表明，通过线粒体钙单向转运体（mitochondrial calcium uniporter，MCU）从内质网进入线粒体的钙流，能够在即使在没有外膜分裂的情况下驱动线粒体内膜分裂 [26]。有趣的是，这种钙交换似乎在某种程度上依赖于 INF2 的存在，这表明内外膜分裂可以由一组互为补充的蛋白质控制。通过一个尚不了解的过程，mtDNA 类核似乎也在内质网 – 线粒体分裂位点处分裂。这说明在 mtDNA 和线粒体生物合成的耦合过程中，或者，在需要线粒体自噬来降解部分功能失调的 mtDNA 和线粒体组分并保存正常功能的线粒体时，都存在着内质网调控的机制 [35]。总之，线粒体分裂是一个错综复杂的协调过程，需要互补但在每个步骤中又能独立行使功能的多个组件，并依赖于内质网、线粒体内外膜、mtDNA 及肌动蛋白细胞骨架之间的相互作用。

三、内质网和内体：暗示了一种通用机制

考虑到内质网与细胞中的每个细胞器都存在相互作用，因此内质网与内体在多种情况下相互作用也就不足为奇了。内体是膜囊泡结构，参与货物在质膜、胞外空间、高尔基体和溶酶体之间的双向运输。取决于环境和亚细胞定位，内质网和内体之间的互作在调节内体功能方面发挥着多种作用。内质网含有磷酸酶，可以使 EGFR 等重要货物蛋白去磷酸化 [36]。内质网 – 内体互作可以通过胆固醇依赖性的方式调节内体运动 [37]，胆固醇可能通过互作位点从内体转运到内质网 [38]。考虑到这些胞内过程特别是胆固醇的重要性，内质

网－内体互作蛋白的突变会引起多种疾病也在预期内[39-42]。与此一致，靶向内质网－内体互作位点是治疗代谢紊乱的潜在疗法。

最近有研究表明，与线粒体类似，内体分裂也由内质网小管介导，内质网小管在裂变位点缠绕和收缩内体[43]。内体运输的多目的地特性需要内体在分裂存在时空调控，以便具有不同命运的货物分离聚集在适当的地点和时间。当然，货物运输的具体目的地和方向是由许多分子部件调节的，但最近的研究表明，内体分裂的精确空间位置受内质网调控，其方式与观察到的线粒体分裂的方式非常相似：内质网小管在分裂位点包裹着内体，在此处，内体表面的肌动蛋白调节蛋白（包括 Spire 家族蛋白的内体亚型）和动力蛋白（与 Drp1 相关）协同驱动内体分裂[43]。目前尚未证实内质网锚定的 INF2 是否同样在 Spire 介导的内体分裂中发挥作用，但破坏这两种蛋白中的任何一种都可能导致内体分裂的减少（未发表的数据），这表明内质网介导的线粒体和内体分裂存在保守的分子机制。更复杂的是，研究表明，内体相关的 Rab GTP 酶蛋白也调节线粒体分裂[44, 45]，这使得内体溶酶体系统与线粒体分裂相关联。目前，我们有理由怀疑是"指挥大师"内质网将所有必要的组分聚集在一起来调控所有细胞器的分裂。

四、内质网和高尔基：亲近但神秘

高尔基复合体是细胞分泌通路的中心枢纽。高尔基体紧邻内质网，从内质网接收蛋白质和脂质货物，通过翻译后修饰进一步加工这些货物，然后将它们分类运输到最终目的地。高尔基体完全依赖于内质网的输入，抑制从内质网到高尔基体的运输会导致高尔基体的完全解体。运输是双向的，货物也可以从高尔基体运输到内质网[46-51]。高尔基体和内质网之间这些众所周知、特征明确的功能性相互作用是我们在了解细胞生物学时首先学到的东西之一。因此你们可能会认为高尔基体膜和内质网膜之间的物理相互作用已经研究得很透彻了，但并不是这样。

已知的内质网－高尔基膜相互作用的功能是

促进脂质交换。一个经过充分研究的例子是神经酰胺从内质网转移到高尔基体，这是高尔基体合成鞘糖脂和鞘磷脂的第一步[52]。尽管参与神经酰胺从高尔基体转移到内质网的蛋白质是已知的，但它们是否是维持内质网－高尔基互作的关键蛋白仍不清楚。我们也不知道内质网－高尔基互作是如何调节的。有趣的是，INF2 和内质网对细胞骨架的调节似乎对正常的高尔基体结构的调节也很重要[53]，再次让人们觉得内质网和肌动蛋白介导的细胞器结构和动力学调节是一种保守机制。

五、内质网和自噬体：另一种通用机制

自噬是细胞降解细胞内成分的主要机制。自噬体的组装至少部分是来自内质网，并且通常由应激触发。自噬体的组装依赖于膜蛋白被协调招募到内质网上的自噬体组装位点。有趣的是，内质网－线粒体互作位点最近被证明是招募这些蛋白质的首选位置，线粒体甚至为自噬体提供了膜[54-58]，这个过程很可能在维持肝细胞的稳态中发挥作用[59-61]。决定细胞死亡（即细胞凋亡）时机的细胞器同时也调控细胞的自噬，这似乎很合理。虽然自噬通常与细胞死亡有关，但它也可以促进生存，因此所谓的"自噬性死亡"实际上可能颠倒了因果关系，并将自噬这一拯救细胞的应对反应当作了细胞死亡的原因。内质网－线粒体的互作位点对于自噬体组装不是必需的：内质网－质膜互作位点已被证明也可以是自噬体生成的位点[62, 63]。有趣的是，作为介导内质网－自噬小体互作和自噬小体生物合成的关键蛋白家族之一，VAP 也介导内质网与其他多种细胞器的互作，包括质膜、线粒体、溶酶体、内体和高尔基体[64, 65]。

尽管内质网和自噬体的物理相互作用是明确的，它们实际上是自噬体生物合成的枢纽，但这种互作的功能目的（或起源）却不那么明显。答案可能在于内质网也许是细胞应激反应的核心细胞器。这一理论可以得到以下支持：抑制自噬会导致内质网应激增加和随后的细胞死亡。因此，我们认为内质网应激诱导的自噬可能是细胞在屈

服于应激凋亡之前试图生存的最后一道防线[66]。

六、内质网和脂滴：旧"芽"死了

脂滴一直被认为是被动的脂质储存装置，直到人们发现脂滴中多种蛋白质和脂滴的一些主动功能。虽然脂滴在电子显微镜下显示与内质网接触，和内质网–线粒体接触相似，但人们认为内质网–脂滴互作是独特的，主要原因在于脂滴是起源于内质网的。研究发现，当内质网脂双层中的酯达到临界浓度时，它们不再稳定，导致脂质膜膨胀并最终萌生出新的脂滴[67]。因此，推测内质网–脂滴接触点在脂滴生命周期的某个时间点应该是包含连续的膜，但这尚未被直接观察到。新的高分辨率细胞冷冻电子显微镜技术可能最终能够回答这个问题。

一个关键的内质网–脂滴拴系蛋白 seipen 的突变会导致 Berardinelli-Seip 先天性脂代谢障碍，这一现象突出了内质网–脂滴互作的重要性。该疾病导致脂肪组织的缺乏和肝脏内脂肪的沉积[68]。seipin 突变的细胞中，小脂滴或超大脂滴的细胞数量异常多[69]。有趣的是，有时在细胞核内能观察到脂滴，它与细胞核内膜接触[70]，这再次体现了内质网是细胞核的延伸这一进化理论。

为更深入地理解我们的进化理论，我们还需要参考最近关于脂滴和线粒体（LD-mitos）互作重要性的研究工作。虽然在棕色脂肪组织（brown adipose tissue，BAT）[71]、心脏[72] 和 I 型骨骼肌[73] 中均观察到脂滴–线粒体互作，但其功能尚不清楚。最近的两项研究揭示了脂滴–线粒体互作如何合作调节细胞内的代谢和能量流。首先，Rambold 等在 2015 年的研究表明，在饥饿状态下，脂肪酸从脂滴转运到线粒体，使细胞代谢从糖酵解转变为 β 氧化以产生 ATP[74]。最近，Shirihai 实验室的一项巧妙的研究表明，直接接触脂滴的线粒体具有促进脂滴生物合成和三酰甘油合成的独特特征[75]。尽管脂滴–线粒体互作到底是促进了脂滴的分解代谢还是生物合成还有些不确定（几乎可以肯定，这在很大程度上取决于细胞和组织类型和环境的变化），脂滴–线粒体互作在代谢中的作用是毋庸置疑的。

七、内质网和线粒体共同监管过氧化物酶体

虽然过氧化物酶体与内质网或线粒体之间的具体互作蛋白尚未被明确定义，但如果不讨论起源于内质网和线粒体的过氧化物酶体的生物合成，那么关于细胞器–细胞器相互作用的讨论将会是不完整的[76, 77]。内质网以高时空频率接触所有细胞器，这使内质网–细胞器互作的具体功能很难被识别。所有具膜细胞器都会包含一些曾经位于内质网上的蛋白质，这一现象进一步增加了研究的难度。被称为前过氧化物酶体的囊泡能将蛋白质从内质网运送到过氧化物酶体，这使得在没有任何直接接触或拴系的情况下，内质网促进过氧化物酶体的生物合成[76, 77]。然而，内质网–过氧化物酶体之间的拴系确有报道（由 VAP 家族中成员介导），而且现在已知这些拴系对于磷脂合成、胆固醇水平的调节和过氧化物酶体的生长十分重要[78]。

与此同时，有新的证据表明过氧化物酶体来源于内质网和线粒体两种细胞器。这一模型几乎完全由 McBride 实验室首创[76, 77]，这一模型的接受度不高是因为在酵母相关研究中线粒体并不参与过氧化物酶体生成。有趣的是，这既突出了高等真核生物进化的关键一步，也解释了过氧化物酶体的生理作用。具体而言，过氧化物酶体被认为对于调节线粒体脂肪酸代谢产生的 ROS 是不可或缺的。值得注意的是，酵母线粒体很久以前就放弃了 β 氧化脂肪酸的能力，因此存在差异。然而，在哺乳动物细胞中，目前所有证据都指向一个模型，即过氧化物酶体是为了控制线粒体 ROS 生成进化而来的。因此，过氧化物酶体的生物合成取材于内质网和线粒体膜这一现象，为整个共生理论（特别是我们倾向的"由内而外"模型）提供了强有力的证据。有关过氧化物酶体进化共生理论的有趣讨论，请参阅 D. Speijer 的 2017 年文章[79]。

八、最后的一些观点

考虑到细胞器类型的数量，跨细胞器接触的种类可能会很高，特别是考虑到 3 种甚至 4 种细

胞器互作（如脂滴、内质网和线粒体，或内体、内质网、自噬体和线粒体）。有新的证据表明细胞器之间通过"捎带"的方式协同转运[80, 81]，在不久的将来很可能会发现这种非典型转运的新实例。所以这一章绝不是全面的。内质网和质膜的互作基本没有提及，我们特意重点关注了哺乳动物的特定细胞器，也没有提及叶绿体。显而易见的是，跨细胞器互作研究领域广阔，目前还处于起步阶段。事实上，目前至少已经有一整本书专门讨论细胞器互作位点[82]。本章没有讨论涉及跨细胞器物理互作的所有已知蛋白质，但读者可以参考表 13–1[64] 及其中的参考文献以获取更多详细信息[21, 36–38, 52, 65, 83–99]。定期在 PubMed 或

Google Scholar 上搜索"细胞器接触"（organelle contacts）、"跨细胞器"（transorganelle）和"膜接触位点"（membrane contact site）可能每周都会发现新的文章。具有高时空分辨率的新型蛋白质组学方法有望在不同条件下（如细胞应激、疾病相关突变等）绘制细胞器 – 细胞器互作相关的新型蛋白质图谱[100]，对其进行分析将提供这些复合物在生理条件下如何调节和被调节的详细信息。坏消息是这意味着我们还有很多工作要做。好消息是这意味着新的药物靶点和疗法可能在未来几年成倍增加。凭借一些运气和努力，这个细胞器生物学研究的黄金时代将引发相应的医学革命。

表 13–1　后生动物中已知的细胞器膜接触蛋白列表

接触位点	蛋白质名称	描　述	参考文献
	VAP	许多含有 FFAT 基序的蛋白质的内质网受体	[65]
	STIM1、Orai	动态拴系：内质网 Ca^{2+} 浓度低时，质膜上的 Ca^{2+} 通道 Orai 结合内质网上的蛋白 STIM1	[83]
内质网 – 过氧化物酶体	E-Syt1/2/3	包含 SMP 结构域的拴系；E-Syt1 是一种 Ca^{2+} 依赖的动态拴系	[84]
	Junctophylin1/2/3/4	内质网定位的蛋白，通过 MORN 结构域结合质膜	[85]
	DHPR、RyR	质膜和内质网 Ca^{2+} 通道，互作和协同发挥作用	[86]
	ORP5、ORP8	LTP，动态拴系，包含 TMD 和 PH 结构域	[87]
	MFN1/2	线粒体融合 GTP 酶；内质网定位的 MFN2 亚群通过与线粒体 MFN1/2 相互作用介导拴系	[88]
内质网 – 线粒体	IP3R、VDAC、Grp75	内质网 Ca^{2+} 释放通道 IP3R 与线粒体代谢物通道 VDAC 相连，可能涉及 Grp75	[89]
	Fis1、BAP31	线粒体 Fis1 和内质网 BAP31 相互作用传递凋亡信号	[21]
	PTPIP51、VAP	PTPIP51 是一种线粒体 LTP，结构上通过结合 VAP 形成拴系	[90]
	VAP	许多含有 FFAT 基序的蛋白质的内质网受体	[65]
	StARD3、StARD3NL	内体膜蛋白，通过 FFAT 基序与内质网蛋白 VAP 相互作用	[91]
内质网 – 内体	ORP1L、ORP5	在内质网 – 内体互作界面的 LTP	[37, 38]
	PTP1B、EGFR、Annexin A1	介导内质网和多泡体之间相互作用的成分	[36, 92]
	Protrudin、Rab7	内质网 protrudin 与 Rab7 和 PI3K 在晚期内体上相互作用	[93]

（续表）

接触位点	蛋白质名称	描　述	参考文献
内质网 – 高尔基体	VAP	许多含有 FFAT 基序的蛋白质的内质网受体	[65]
	OSBP	LTP，是动态 PI4P 依赖性拴系，含有 FFAT 基序和 PH 结构域	[94]
	CERT	LTP，潜在的动态拴系，包含 FFAT 基序和 PH 结构域	[95]
	FAPP2	LTP，结构上用于拴系（FFAT 基序，PH 结构域）	[52]
	Nir2	磷脂酰肌醇转移蛋白，含有 FFAT 基序	[95]
溶酶体 – 过氧化物酶体	Synaptotagmin-7	介导溶酶体 – 过氧化物酶体互作对胆固醇转移很重要	[96]
内质网 – 脂滴	DGAT2、FATP1	脂滴上定位的 DGAT2 与内质网定位的 FATP1 相互作用，并协调脂滴的生物合成	[97]
线粒体 – 脂滴	Perilipin-5	与线粒体相互作用相关的脂滴支架蛋白	[98]
线粒体 IM-OM	Mic60/27/26/25/19/10、Qil1	线粒体接触位点和嵴组织系统（MICOS），一种线粒体内膜蛋白质复合物	[99]
	SAMM50、Metaxin1/2	线粒体外膜中和内膜 MICOS 相互作用的蛋白	

FFAT. 酸性溶液中的苯丙氨酸；SMP. 突触结合蛋白样线粒体脂质结合蛋白；MORN. 膜占据和识别关系；LTP. 脂质转移蛋白；TMD. 跨膜结构域；PH.pleckstrin 同源结构；IM. 线粒体内膜；OM. 线粒体外膜（经许可转载，引自 Elsevier[64].）

第14章 肝脏中的间隙连接和紧密连接：结构、功能和病理学

Gap and Tight Junctions in Liver: Structure, Function, and Pathology

John W. Murray　David C. Spray　著

阎新龙　潘文婷　陈昱安　译

一、肝脏中连接的结构

此章是一个更新版本，整合了上一版本的章节内容及随后产生的有关紧密连接和间隙连接的新进展[1]。有关连接更详细的历史背景，尤其是间隙连接的内容，请读者参考更早的版本[2]。

应用薄层电镜和冷冻蚀刻电镜分析，在肝脏中揭示了毗邻的肝细胞顶部结构域中存在精巧的连接复合体结构（图 14-1）。紧密连接围绕在胆小管周围，它们封闭肝细胞之间的细胞旁间隙，调节溶质、离子和水通过细胞外间隙的运动，并充当屏障来阻止膜嵌入分子在基底膜和顶端膜之间的侧向扩散，从而建立和维持细胞极性。在薄层电镜切片中，紧密连接在细胞表面之间表现为非常紧密的小的膜接触点或"吻合"点。在膜的冷冻蚀刻电镜复制品中，紧密连接的 P- 断裂面（原生质，即胞质面）呈现为连续、分支或网状的 10nm 颗粒链（图 14-1A），E- 断裂面（细胞质膜外面）有互补的沟槽[4]。紧密连接屏障的阻力与紧密连接链的数量成正比，在肝脏中紧密连接链的数量很高。

间隙连接定位在紧密连接附近的基底膜上，与形成紧密连接的线状膜内颗粒相比，间隙连接颗粒聚集形成盘状区域或间隙连接斑块（图 14-1）。间隙连接占肝细胞总表面积的很大部分，可

高达 3%[5]。在经染色的肝组织薄片（以及肝细胞对）中，间隙连接被认为是由细胞外间隙分隔的纤膜层排列（图 14-1B 和 D）。这七层纤膜由每个细胞的三层纤膜和夹在中间透明的细胞外间隙组成，三层纤膜由位于电子透明膜内部两侧的两个染色且电子不透明的脂质头簇组成。这种特化的膜整体厚度为 15～18nm，间隙连接接触区域的细胞外区域为 2～4nm。

在冷冻蚀刻电镜图像中，肝和肝细胞对的间隙连接可被识别为分布在 P- 断裂面上的约 9nm 的膜内颗粒阵列或斑块，在 E- 断裂面上有互补凹坑。这些斑块通常呈圆形或椭圆形，在肝细胞中相当大（图 14-1C 和 D），通常直径超过 1μm，可含超过 10 000 个颗粒。在冷冻蚀刻复制品中看到的颗粒，以及在薄片电镜中看到的跨越细胞外空间的桥连，被认为代表了从一个细胞的细胞质向另一个细胞延伸的亲水性壁的通道（图 14-1）。

使用 X 线衍射和低角散射技术分析离体肝间隙连接的高分辨率超微结构的研究，为间隙连接通道模型提供了早期的研究细节[6]。现在人们普遍认为，肝的间隙连接通道由 12 个亚基组成，每个细胞贡献 6 个亚基，形成所谓的半通道或连接子（图 14-2）。亚基围绕中心孔呈放射状对称排列，并且每个亚基相对于膜平面略微倾斜。冷

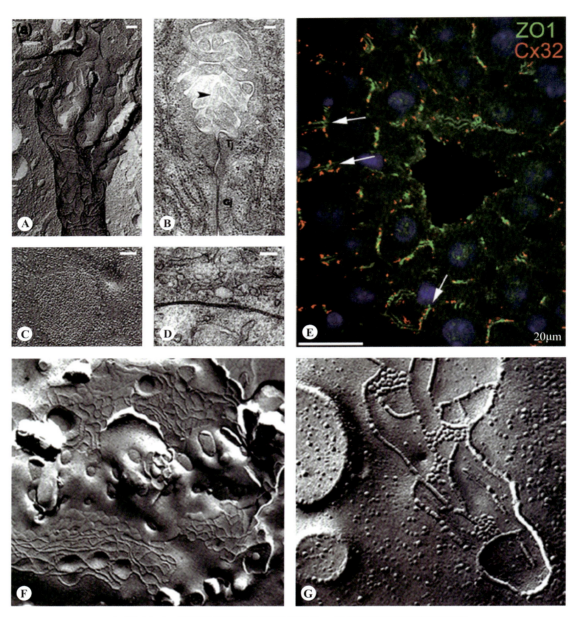

▲ 图 14-1　肝细胞间同位膜的精细结构，显示紧密连接和间隙连接

A. 在胆小管下方，可以看到致密的连接网将小管表面与并排的质膜相隔开，如冷冻蚀刻电子显微镜的照片所示。B. 薄片电镜照片显示了密封小管（箭头）的紧密连接和位于其下方的大间隙连接。C 和 D. 冷冻蚀刻电镜（C）和薄片电镜（D）显示较大的间隙连接斑块从紧密连接链中分离出来。E. 小鼠肝脏的免疫荧光显示 ZO-1（绿色）环绕在肝脏的胆小管上，间隙连接蛋白 Cx32 在胆小管外部但靠近胆管。白箭显示胆小管，细胞核以蓝色显示。F. 腔内质膜的冷冻蚀刻电镜显微照片。G. 冷冻刻蚀电镜示紧密连接形成的发达网络和小间隙连接斑块，在周边或紧密连接网络内能观察到。比例尺 =0.1nm，或如图所示（经 Rockefeller University Press 许可转载，引自参考文献 [3]）

冻电子显微镜和计算机模建提供的证据则表明，大鼠肝脏间隙连接的形成需要在半通道之间旋转 30° 才能正确对接 [7]。由 Cx26 构成的间隙连接通道结构在一个公开的验证实验中已测定到 0.35nm 的分辨率 [8]，Cx26 间隙连接接头被描述为带正电荷的六边形漏斗，该漏斗具有宽为 0.14nm 的中心孔，然后通过相互交叉的双层细胞外腔与邻近细胞的连接子相连通。

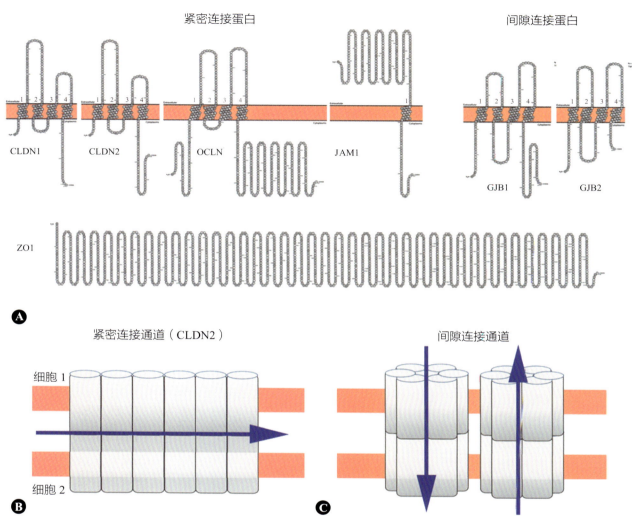

▲ 图 14-2　肝脏紧密连接和间隙连接的分子组成和拓扑结构

A. 紧密连接蛋白主要是四跨膜的紧密连接蛋白（ClDN1/2）和 OCLN，但 JAM1 等单跨膜蛋白也是紧密连接的成分。间隙连接蛋白在健康肝细胞之间主要是 Cx32（或 GJB1）和 Cx26（或 GJB2），Cx43（或 GJA1）也存在于一些细胞，并可能在损伤后被诱导产生。ZO-1 和 ZO-2/3 不含跨膜蛋白结构域，在肝脏中也很突出，并与紧密连接蛋白和间隙连接蛋白结合。图片代表了来自 Protter 软件的人类同种型的氨基酸序列。B 和 C. 紧密连接和间隙连接的二级结构揭示了这些蛋白质形成细胞间和细胞内通道的不同方式。B. 紧密连接蛋白 CLDN2 形成的紧密连接的示意图，说明了细胞之间的渗透通道可能由细胞外 β 桶中的亲水残基形成。C. 成对的六聚体连接子或半通道形成连接相邻细胞内部的双向渗透通道

二、紧密连接和间隙连接的分子构成及基因表达

（一）紧密连接

　　啮齿动物的肝细胞膜组分作为最初分离紧密连接相关蛋白的来源。最初发现了一种高分子量（约 225kDa）的 ZO-1（也称为 Tjp1），随后很快发现了其他家族成员 ZO-2 和 ZO-3（或 Tjp2 和 Tjp3）（见参考文献 [4]）。这些蛋白很快被意识到

是 MAGUK 超家族的成员，其中包含专门用于与其他蛋白质结合的结构域（称为 SH-2，GUK 和 PDZ）。虽然 ZO-1/2/3 通常与紧密连接相关，但实际上它们是支架蛋白，也与其他连接类型（包括间隙连接）的蛋白质成分结合。紧密连接的第一个真正核心成分是从鸡肝中纯化的膜连接组分的一种 65kDa 蛋白质，被称为 Ocln[9]。Ocln 被证明在转染细胞中形成膜内颗粒的紧密连接网样结

构，并且似乎满足通用的作为紧密连接跨膜蛋白的标准。非常令人惊讶的是，Ocln 敲除小鼠仍然具有类似的结构[10]。重新分析纯化的鸡膜组分，人们发现了另外两种稍小的蛋白质（约 23kDa），称为 claudin-1 和 claudin-2（Cldn1/2），它们是现在已知的人类基因组中 24 个成员大家族的创始成员。

虽然肝脏紧密连接主要由 Ocln 及紧密连接蛋白 Cldn 家族的成员组成，其他紧密连接的核心成分还包括 JAM、柯萨奇腺病毒受体（coxsackie adenovirus receptor，CAR）、三细胞紧密连接蛋白和其他一些已确定或未确定的分子[11]。不同组织中的紧密连接具有不同核心蛋白的补充，这样可以形成同源和异源蛋白的相互作用。这种多样性在一定程度上反映了组织的特异性，也达到了不同程度的"密封性"，这一主题将在后续分析正常和病理功能的章节中进行更详细的讨论。

主要的紧密连接成分 Occludin 和 claudin，是具有细胞内 N 端和 C 端及两个细胞外环状域的四跨膜蛋白（图 14-2）。相比之下，JAM 和 CAR 是单跨膜蛋白。紧密连接蛋白家族的第一个环长度是第二个环的 2 倍，其氨基酸序列影响细胞旁电荷的选择性，而第二个细胞外环可作为细菌毒素的受体，C 端通过 PDZ 基序结合胞质蛋白，包括细胞骨架元件等。肝脏中的 Cldn1 细胞外第一个环内的离散残基是丙型肝炎病毒进入的关键分子[12, 13]。像紧密连接蛋白一样，Ocln 拥有细胞内定位的 PDZ 结合域，用于结合支架蛋白（如 ZO-1），将其连接到细胞骨架。

在小鼠肝脏中表达大量紧密连接蛋白分子，包括 claudin-1、claudin-2、claudin-3、claudin-5、claudin-7、claudin-8、claudin-12、claudin-14、Occludin、JAM-A、CAR 和 tricellulin 等；claudin-1、claudin-2、claudin-3 在肝脏的胆管区域表达[14, 15]。claudin-2 的免疫定位显示从肝门静脉周围到肝中央静脉周围的肝细胞呈叶状梯度增加，而 claudin-1 和 claudin-3 在整个肝小叶中均有表达。此外，claudin-2 的表达在上皮细胞的紧密连接中可诱导阳离子选择性通道，claudin-7 和 claudin-15 也是如此[16]。

（二）间隙连接

从去污剂溶解的间隙连接组分中分离的第一个显著的间隙连接的分子量为 27kDa，尽管也存在 21kDa 的蛋白质（见参考文献 [4]）。对编码迁移较慢蛋白的 cDNA 进行克隆[2, 17]，其预测分子量约为 32 000，这种蛋白通常被称为 Cx32。在另一种命名方式中，这种间隙连接蛋白被称为 β1，其基因在啮齿类动物中被称为 Gjb1，在人类中被称为 GJB1[18]。人们随后克隆了编码 21kDa 蛋白的 cDNA，发现其编码蛋白的预测分子量为 26 000[19]。这种连接蛋白现在被称为 Cx26（或 β2），它的基因是 Gjb2 或 GJB2。

Cx32 和 Cx26 是肝细胞间隙连接的核心成分，在其他各种细胞类型中也有发现（见参考文献 [20]）。此外，另一种间隙连接蛋白 Cx43（或 α1；基因 Gja1 或 GJA1）在其他肝细胞类型（包括肝星状细胞、肝巨噬细胞和内皮细胞）之间也很突出（见参考文献 [21]）。现在连接蛋白家族在脊椎动物中至少包含 20 种蛋白质。在非脊椎动物基因组中不存在连接蛋白，在非脊椎动物基因组中，间隙连接通道是由编码无脊椎连接蛋白的独立基因家族形成[20]。尽管无脊椎连接蛋白的脊椎动物同源物曾经被发现，但只有一种被称为泛连接蛋白（Panx1/2/3）的蛋白质被证明可以形成通道，Panx1 形成的通道似乎只特异参与非连接通道的形成，而不是形成连接通道[22]。泛连接蛋白存在于肝脏中，在那里它们被认为在对乙酰氨基酚诱导的肝损伤和其他疾病中发挥作用[23]。

与 OCLN 和紧密连接蛋白家族一样，连接蛋白是四跨膜蛋白。它们在家族成员之间表现出非常高的同源性，特别是在细胞外结构域和跨膜结构域中。同源细胞外结构域被认为可解释许多连接蛋白形成异型通道的能力（即表达一种连接蛋白的细胞与表达不同连接蛋白的细胞形成间隙连接）。肝脏中存在异聚体化的连接子（即含有不同连接蛋白的六聚体连接子），这最初是由分离去污剂溶解的间隙连接的生物化学实验提出的[24]，这得到了从 Cx32 缺失型和野生型小鼠分离肝细胞的电生理特性的支持[25]，通过对重组囊泡的研究，当 Cx32 与 Cx26 的比率变化时，第二信使的通透性发生差异变化[26]。连接蛋白之间最大的差异发生在 C 末端的氨基酸序列中，该结构域被认为在间隙连接通道调节中起主要作用。正是在这些蛋白质的胞质结构域内发现了大部分潜在的磷酸化位点，并且针对这些位点研究出了大多数有用的连接蛋白的特异性抗体。此外，连接蛋白 C 末端包含许多蛋白质伴侣的结合位点，包括被称为 Nexus 的支架复合体中的激酶和结构蛋白[27]。ZO-1 利用其第二个 PDZ 结构域与 Cx43 的 C 末端直接相互作用，Cx32 与肝脏中 PDZ 支架蛋白圆盘大同源物 1（Dlgh1）的 SH-3 结构域相互作用[28, 29]。此外间隙连接的小斑块与一些细胞类型（包括肝细胞）中的紧密连接链相结合[5]，并且 Cx32 与肝细胞中的 Ocln 和 Cldn1 部分共定位[30]。这种蛋白质 - 蛋白质的相互作用可能提供了将细胞内信号转导及定位到细胞间接触的平台。除了细胞骨架蛋白与肝连接蛋白的结合外，免疫共沉淀研究已确定了许多与 Cx32 结合的线粒体蛋白，这表明间隙连接可能参与肝脏中线粒体的信号转导[31]。

三、肝脏中紧密连接的功能和调节

（一）屏障：渗透调节

肝细胞之间的紧密连接为水和溶质进出胆管提供了高阻力的屏障，称为血胆屏障。围绕胆管的紧密连接束的数量通常较高，表明这种渗透性较低，这通过插入胆管空间微电极的电阻测量得到验证[32]。因此该屏障的功能是维持胆管液的组成，允许高浓度的胆汁酸、磷脂和其他优先分泌的有机阴离子在该细胞腔室中积聚。

通常用于研究紧密连接屏障功能的方法包括测量细胞间通道对离子和不带电的亲水性大分子的渗透性。这种渗透性可使用电子致密染料（如钌红、镧）或荧光染料可视化，也可以量化为顶端和基底侧区室之间可测量的跨上皮电阻（transepithelial resistance，TER）[33]。Cldn15 晶体结构的测定揭示 β- 螺旋细胞外结构域形成一个二聚体，如果有亲水性氨基酸残基，则可以提供细胞间渗透途径，否则带电分子不能渗透[34]。与肝脏特别相关的是，Cldn2 在其细胞外结构域

中具有此类亲水性残基，而 Cldn1 则没有。因此 Cldn2 提供了穿过细胞间屏障的离子渗透途径，类似于由间隙连接提供的连接细胞内部的细胞 - 细胞通道（图 14-2B）。在肝脏中，Cldn2 显示了跨肝小叶分级的分布。这种表达谱被认为可产生从肝小叶中心到外围的定向胆汁流，Cldn2 敲除小鼠的胆汁流动不足也证明了这一点[35]。

（二）栅栏：建立和维持细胞极性

紧密连接也将顶端和基底侧细胞表面区域分开，从而将膜蛋白隔离到一个区域或另一个区域，并建立和维持细胞极性。这被称为紧密连接的"栅栏"功能，可通过测量两个结构域中蛋白质的比例来量化。一种简单的检测方法是使用荧光脂质或亲脂性探针（如 BODIPY- 鞘磷脂）。当特别添加到胆小管或基底侧表面的介质溶液中时，脂质插入质膜的外叶。在紧密连接存在或被 Ca^{2+} 螯合破坏的条件下，可以比较一个隔室或另一个隔室对染料的限制（图 14-3）[30]。

（三）紧密连接的调节

紧密连接的屏障和栅栏功能都非常依赖于细胞骨架的完整性。例如，在最佳培养条件下，原代大鼠的肝细胞显示出发达的紧密连接束网络，伴有紧密连接区域附近的环形肌动蛋白丝[30]（图 14-1）。通过免疫荧光在细胞边界可观察到紧密连接分子 OCLN、Cldn1、ZO-1 和 ZO-2，细胞内紧密连接的栅栏功能保持良好，所标记鞘磷脂的滞留证明了这一点（图 14-3B）。用肌动蛋白解聚药物（mycalolide B）处理细胞会导致环形肌动蛋白丝和 OCLN 消失，而紧密连接束则几乎完好无损。这些结果提供的证据表明，OCLN 可能在提供肝细胞肌动蛋白细胞骨架和紧密连接之间的强有力的联系方面特别重要[30]。

许多信号分子参与紧密连接的调节，包括酪氨酸激酶、cAMP、Ca^{2+}、PKC、异聚 G 蛋白和 PLC[36, 37]。在含 Ca^{2+} 和不含 Ca^{2+} 的溶液之间切换的方案表明，在低钙培养基中培养的单层细胞中，紧密连接蛋白被分解和去磷酸化，并且与肌动蛋白丝的结合疏松[30]。这表明紧密连接的功能可能受到紧密连接斑块内信号事件的局部调节，或者可能调节细胞内信号转导的某些方面。

胞内的信号通路被认为直接调控紧密连接的屏障功能。ATP 耗竭实验导致紧密连接结构改变，跨上皮电阻减少，紧密连接蛋白与肌动蛋白丝的结合增加[38]。激活 PKC 的佛波酯会导致紧密连接通透性迅速降低，并改变连接周围的肌动球蛋白[39]。病毒和细菌病原体可利用核心紧密连接蛋白及其接头进而破坏细胞间的屏障，这些策略在许多例子中都与周围肌动蛋白的重组有关[13]。

（四）紧密连接疾病

肝细胞紧密连接被认为是血窦和肝小管间隙之间主要的细胞间屏障。这种屏障通常被称为血-胆屏障，在小鼠实验性肝损伤中受到损害，伴有胆汁分泌受损和黄疸[40]。在组织薄层切片中，可以看到肝细胞紧密连接阻止实验施用的细胞外示踪剂（镧）进入胆小管腔（图 14-3C）。在实验小鼠模型中观察到紧密连接结构和分布的不规则，并且伴随着血-胆屏障通透性增加，包括胆总管结扎后的肝外胆汁淤积、炔雌醇治疗后的肝内胆汁淤积、部分肝切除术、胆碱缺乏饮食、服用肝毒性药物后的肝损伤和实验性结肠炎[30, 40]。间隙连接的缺失、紧密连接的渗漏和肌动蛋白束的紊乱被认为是足以导致胆汁淤积和最终发展为黄疸。随着紧密连接研究的发展，这三个因素很明显从来不是相互独立的。肌动蛋白丝的破坏显然会降低紧密连接的屏障功能，并且紧密连接蛋白之间的相互作用尚未完全阐明。紧密连接蛋白已被证明可介导许多嗜肝病毒的进入，并且紧密连接的功能和结构异常与肝癌有关。

有关人类紧密连接蛋白的遗传疾病，已在患者中发现 ZO-2 错义突变，伴随家族性高胆固醇血症（MIM 表型 607748）和 4 型进行性

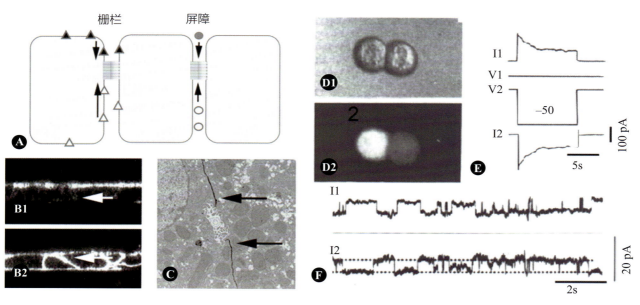

▲ 图 14-3　紧密连接和间隙连接的功能

A. 紧密连接的功能和分子组成。主要的紧密连接功能被称为"栅栏"和"屏障"功能，在"栅栏"中，膜包埋分子被分离到顶端和基底侧结构域。在"屏障"中，小管液中的水性分子被排除在血液之外。B. 肝脏紧密连接的栅栏功能图像。肝细胞用 BODIPY- 鞘磷脂标记，在流经顶端结构域时被有效保留（B1，箭）。在用 3mmol/L 乙二醇四乙酸酯处理肝细胞 5min 后，探针通过紧密连接扩散，标记基底侧面（B2，箭）。C. 用薄片图像显示的屏障关系。微绒毛两侧的紧密连接能排除镧元素，镧元素通过血管系统可进入并穿过细胞外间隙，但紧密连接可阻止镧元素进入小管腔（箭）。D. 间隙连接允许分子在细胞质间扩散，其大小限制约为 1kDa。光（D1）和落射荧光（D2）照片显示，对于通过离子束注入肝细胞对中的一个细胞的 Lucifer 黄 CH（5% 体重 / 体积），在 30s 内可检测到其通过耦合的相邻细胞。E. 稳定转染 Cx32 的肝癌细胞对的电压钳实验。一个细胞 50mV 超极化（V2）后在另一个细胞（I1）产生初始电流，该初始电流在几秒内下降。这种电压敏感性是肝间隙连接通道的特征。F. 在转染大鼠 Cx32 的偶联不良的 SKHep1 细胞对中，可以观察到单间隙连接通道的打开和关闭。在 50mV 的驱动力作用下，通道连续打开和关闭，在每个细胞的电压钳电路中记录的大小相等但极性相反的突变点表明了这一点

家族性肝内胆汁淤积症（615878）。在鱼鳞病和新生儿硬化性胆管炎相关综合征（NISCH 综合征：607626）中，也观察到 claudin-1 的突变，claudin-1 的缺乏可能导致胆管上皮细胞的细胞间通透性增加[41]。

丙型肝炎病毒通过与肝细胞的共受体结合而进入肝细胞，共受体包括 Cldn1 和 Ocln 的细胞外环状结构域和四跨膜蛋白 CD81[12, 13]。一份报道强调了靶向紧密连接蛋白可阻断 HCV 感染的潜在效用，即 Cldn1 单克隆抗体可以清除人源化小鼠中的 HCV 感染[42]。其他紧密连接成分也可结合病毒，并且 HCV 似乎靶向多个紧密连接蛋白家族成员。此外，呼肠孤病毒衣壳蛋白与细胞外 JAM-A 同源二聚化结构域结合，CAR 与免疫球蛋白 JAM 相关，并定位于连接结构域。

四、肝脏中间隙连接的功能

肝细胞表达高水平的 Cx32 和略低水平的 Cx26。肝巨噬细胞、肝星状细胞、Glisson 细胞、胆管细胞和血窦内皮细胞均表达 Cx43。有趣的是，慢性或急性肝损伤可诱导肝细胞中的 Cx43 表达，但其意义尚不清楚[43]。然而，门静脉和动脉的内皮细胞表达 Cx37 和 Cx40，它们通常在内皮细胞和平滑肌细胞中表达。肝细胞和肝巨噬细胞也表达形成半通道的 Panx1。这些与无脊椎动物间隙连接蛋白有关，但在脊索动物门（包括脊椎动物）中，间隙连接功能似乎已被连接蛋白接管，并且泛连接蛋白不形成细胞之间的通信通道[21, 22]。

间隙连接与肝细胞的功能结构密切相关，因而也与整个肝脏的功能结构密切相关。间隙连接与紧密连接和黏附连接也密切相关，这些连接共同构成肝的顶端膜结构，即胆管（图 14-1）。胆管呈狭窄小管的形式，穿过肝细胞的侧面。它们的管腔表面含有微绒毛，为拥挤的胆管内部提供高的表面积。荧光显微镜下观察肝腺泡上的胆管，呈典型的铁丝状（图 14-1 和图 14-4）。Cx32 和 Cx26 沿铁丝状排列，形成不规则的盘状斑块，而不是小管。由于间隙连接与肝细胞的顶端连接相关[5]，可导致肝细胞极性丧失，肝腺泡

功能组织丧失的损伤或疾病也会改变间隙连接的定位和表达[21]。

（一）肝脏分区

间隙连接通过允许离子在通道之间通过而电耦合细胞，使得细胞经历的膜电位变化可以通过离子流被其相邻细胞共享。在神经元中，间隙连接被称为电突触，它们的功能是传递脉冲和同步化细胞。在肝细胞中所观察到的高水平间隙连接表达的生理后果，不仅包括离子偶联，还包括细胞信号的传递，尤其是那些涉及生长控制和代谢的信号。代谢信号的传递很重要，不仅因为肝小叶的解剖排列，而且许多生理功能沿肝小叶呈渐变趋势，从门静脉周围区域（包含门静脉三联体）到中央周围区域（包含终末肝小静脉）。也就是说，肝脏包含功能性代谢区 1、2 和 3，它们反映了氧气和通过血窦从门静脉区域流向中央静脉的血流水平（图 14-4）。有趣的是，胆汁的流动方向则相反。许多代谢酶表现出不对称的分区分布。例如，具有较高糖异生性的肝细胞活性是在门静脉周围而不是在中央静脉周围发现的[44, 45]，并且从血液中去除氨的谷氨酰胺合成酶，严格定位于中央静脉周围的肝细胞（3 区）。连接蛋白 Cx26 也表现出不对称的分区分布，在门静脉周围区域（1 区）具有较强的染色，但其意义仍不清楚[46]。代谢酶的区域定位和间隙连接的活性呈现出概念上的困境；如果底物可以通过间隙连接在肝脏中自由扩散，那么为什么将酶定位于特定区域会有益处呢？这个问题可能有很多答案，并且具体取决于所检测的酶，但一种解释是底物和各种分子仍然可以在肝腺泡内形成梯度，即使它们可以在细胞之间扩散。研究表明，改变离体的肝脏灌注的流向将改变糖异生的区域位置[47]。然而，间隙连接介导的强电耦合用于平衡肝细胞间的膜电位。在分离的大鼠肝脏中，用胰高血糖素灌注导致整个肝腺泡中所有肝细胞的超极化。然而，在存在间隙连接阻滞药辛醇的情况下，胰高血糖素诱导的超极化在门静脉周围肝细胞中更高[48]。此外，已证明庚醇阻断间隙连接可消除肝脏内神经刺激的代谢和血流动力学效应[49]。

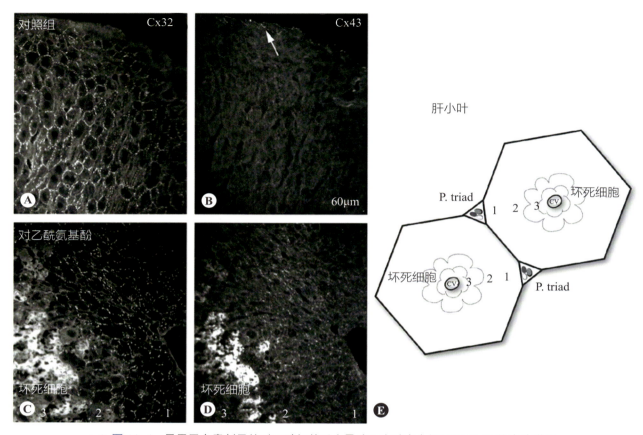

▲ 图 14-4　暴露于有毒剂量的对乙酰氨基酚会导致肝小叶中心坏死和 Cx43 的表达增加

经 500mg/kg 对乙酰氨基酚（APAP）或单独对照溶剂（Ctl）处理的 C57BL6 小鼠肝脏中 Cx32 和 Cx43 的免疫荧光显微镜图像。腹腔注射（IP）给药 APAP 24h 后，取出肝脏，冷冻，随后切片，并用 Cx32 和 Cx43 抗体共染，然后用荧光二抗染色，在相同的显微镜视野中观察这两种蛋白质。对照肝脏（A 和 B）显示 Cx32 的点状斑块（A），呈铁丝状格状点缀肝细胞的边缘，而 Cx43 除了 Glisson 包膜的成纤维细胞外（白箭），染色极少（B）。APAP 处理的肝脏（C 和 D）显示整个肝脏的自体荧光坏死细胞（nec）、Cx32 和 Cx43 的点状染色。E. 描绘了肝脏的小叶组织及其代谢梯度区（1、2、3）和门静脉三联体（P.triad）、中央静脉（CV）和小叶中心坏死（nec）区，这些都是 APAP 毒性引起的。肝脏这些区域的大致位置也显示在 C 和 D 中

（二）钙信号转导

钙是一种主要的细胞内信号分子，Ca^{2+} 和第二信使 IP3 的通透性在协调肝细胞对环境波动的反应中具有重要作用。对肝细胞的影像学研究表明，向一个细胞注入 Ca^{2+} 会导致邻近细胞的 Ca^{2+} 升高[50]。这种细胞间扩散可以通过间隙连接抑制药庚醇处理细胞进而被阻断，这表明 Ca^{2+} 运动是通过间隙连接通道进行的。虽然 IP3 和 Ca^{2+} 都可以通过间隙连接，但大多数模型表明 IP3 是主要的传播介质。当注入细胞时，IP3 会增加注射细胞及其偶联细胞内的 Ca^{2+}。因为 Ca^{2+} 在受体细胞中的上升可以发生在远离连接区域，并且由于波动非常快，Ca^{2+} 本身的扩散不能解释它的快速

传播。事实上，Ca^{2+} 被细胞内环境强烈缓冲，并不容易扩散。相反，该系统依赖于信号分子，如 IP3 及其代谢物[51]，可触发远端区域的快速释放。细胞间 Ca^{2+} 信号通常被细胞用来协调和调节广泛的细胞功能，包括细胞生长和分化[52]。Ca^{2+} 波还有助于血管加压素和去甲肾上腺素刺激的各种肝脏相关功能[53]，并且 Ca^{2+} 增加会诱导胆管收缩，肝细胞和胆管细胞分泌胆汁[54]。间隙连接介导的升高的 Ca^{2+} 再生波似乎为这些收缩的传播提供了远程信号。

除了通过间隙连接通道的传输，Ca^{2+} 波还可以通过相邻和非相邻细胞检测到的细胞外核苷酸的增加而传播。后一种机制利用 ATP 和相关核

苷酸对嘌呤受体的激活，所述 ATP 和相关核苷酸至少部分通过 Panx1 通道从受刺激的细胞中释放[55]。这种类型的信号可以被嘌呤受体拮抗药或腺苷三磷酸双磷酸酶抑制，肝细胞可以通过包含 ATP 本身对这种信号脱敏[56]。胆管细胞也利用嘌呤信号进行胆汁分泌，这似乎是由胆汁中释放的 ATP 所激活[54]。肝脏中的细胞内 Ca^{2+} 信号代表了对环境变化反应的综合，间隙连接及嘌呤信号参与了这些反应的传播。

（三）生长控制

长期以来，控制组织的生长一直被认为是间隙连接的一项重要功能。支持这种关联的证据包括：肝癌细胞中偶联功能的丧失，与相邻正常组织相比，肝癌中间隙连接蛋白的表达降低，转染连接蛋白的肿瘤细胞生长速度降低，以及对化学肿瘤诱导剂反应的间隙连接通信的丧失[57]。有助于理解肝脏间隙连接表达和生长控制之间关系的模型包括手术或化学损伤引起的肝脏再生。在行部分肝切除手术后，大约 2/3 的肝脏被手术切除，正在恢复的肝脏在 48h 的过程中，间隙连接经历了一个明显协调的消失和再现的循环（见参考文献 [5, 58]）。在最初的 20～24h 内，间隙连接没有变化，但到 26h，大多数肝细胞已经失去了这些连接。到 36h，间隙连接开始重新出现，然后在 48h 内完全恢复。这种消失与有丝分裂的一个高峰相对应。电测量表明，虽然增加的非结电阻有助于耦合测量，但结电导随着时间推移过程而减少或增加。利用免疫印迹技术，我们发现 Cx32 也经历了一个相似的减少和重现周期，其减少与最大 DNA 合成时间一致。然而，在部分肝切除术后及胆管结扎后 S 期开始前，Cx26 信使 RNA 被发现有选择性地增加。新分离的原代肝细胞，通常不进行细胞分裂，也发生间隙连接蛋白表达和电偶联的变化，与原位组织损伤后的变化类似；间隙连接最初消失，然后在一段时间内重新出现。cAMP、胰高血糖素或蛋白合成抑制药可以延缓肝细胞培养中间隙连接的消失，并在这些条件下提高连接蛋白 mRNA 的稳定性。这些发现表明间隙连接表达和功能的减少与细胞重编程有关，并且允许肝脏增殖，虽然不是绝对需要的。在这方面，间隙连接的缺失也可为癌前病变细胞发展为快速增殖的肿瘤细胞提供选择性优势。

（四）肝细胞之间偶联调节

信号在肝脏中传播的程度取决于开放的间隙连接通道的数量。肝细胞之间的间隙连接通道可被胞质酸化、细胞损伤、高细胞外 Ca^{2+}、CCl_4、某些醇类和大电压梯度等因素关闭（见参考文献 [2, 60]）。

（五）间隙连接磷酸化

间隙连接调节的另一个重要途径是磷酸化。除 Cx26 外，所有连接蛋白似乎都是磷酸化的底物，并且 Cx43 已被证明在 16 个不同的位点被磷酸化[57]。Cx32 在其胞质尾部的 Ser233 位点被 cAMP 依赖的 PKA 磷酸化，这与电导率增加相关[61]。钙调蛋白依赖的 PKⅡ 和 PKC 也可以磷酸化 Cx32，这些可以产生不同于 cAMP 依赖性蛋白激酶获得的胰蛋白酶消化模式。PKC 的磷酸化似乎抑制了某些类型的蛋白质水解[61]。尽管在其他类型的细胞中，连接通信的抑制与酪氨酸激酶的表达有关，但分离大鼠肝脏间隙连接的 Cx32，并没有被纯化的 pp60v-src 酪氨酸激酶或胰岛素受体磷酸化。

（六）间隙连接寡聚化

与其他跨膜蛋白一样，间隙连接蛋白共翻译插入内质网。新生的连接蛋白必须正确折叠，并与其他五个亚基寡聚化，形成一个六聚体复合物即连接子。连接蛋白的 N 端和 C 端都位于胞质面。最近人们发现了一种相容性基序，可以大致预测哪些连接蛋白可以异源寡聚化。通过氨基酸序列同源聚类，确定了这些兼容性基序，并允许根据存在的氨基酸将连接蛋白分为 R 型（精氨酸）、W 型（色氨酸）或其他类型。该基序位于胞质内环和第三个跨膜结构域之间的连接处。间隙连接蛋白 Cx26 和 Cx32 为 W 型，Cx43 为 R 型。Cx43 的不同寻常之处在于其单体形式稳定存在内质网中，而 Cx32 和 Cx26 似乎在内质网中寡聚化。正如它们的相容性基序所预测的那样，这些形成异源寡聚体。寡聚化和通过细胞内不同分区的运输似乎是由分子伴侣辅助的，而内质网和高尔基体中寡聚化的调控表明存在巡逻复合物，其阻止间隙连接蛋白之间的结合[62]。

（七）间隙连接的转运和细胞骨架相互作用

内质网和高尔基体区室之外的间隙连接运输途径尚未明确定义，由不同连接蛋白亚单位组成的连接子可能使用不同的途径。越来越多的证据证实微管在调节连接蛋白运输中发挥重要作用的观点[63]。间隙连接的调节对微管和微丝等细胞骨架成分的依赖性提供了一种在细胞内进行定向运输的机制。在大多数细胞类型中，微管沿着细胞的长度延伸并形成轨道，用于运输细胞器和大分子，否则这些细胞器和大分子可能会被细胞质的拥挤特性所困。在肝细胞中，与其他极化细胞类型一样，微管从微管组织中心及顶端区域延伸。因此在胆小管附近发现了生长缓慢的微管负端，在基底膜附近发现了快速生长的微管正端，尽管也有一些微管位于其他方向。我们团队的研究证实从肝脏和培养细胞中分离出的含 Cx32 的囊泡，使用微管运动驱动蛋白 –1 沿微管正端方向移动[64]。这表明连接蛋白被运输到基底膜，在那里它们形成了定位于顶端 – 基底侧结构域边界的大的间隙连接斑块（图 14–1）。连接蛋白，特别是 Cx43，不仅能结合微管，还能运输到含有 N– 钙黏蛋白和 – 连环蛋白的连接相关膜。研究表明，敲除 EB1 蛋白可以减少间隙连接斑块的形成，EB1 可能通过其微管正末端跟踪活性将连接蛋白和其他连接相关蛋白运输到质膜[63]。此外 Cx43 基因敲除小鼠的胚胎成纤维细胞显示出异常的细胞极性和减弱的伤口愈合能力，而转染缺乏微管结合域的显性负性突变体 Cx43 基因可以重构这种表型[65]。有趣的是，在肝细胞中，脂蛋白等生物合成成分的囊泡输送发生在肝窦表面，靠近微管的正端，而间隙连接斑块则发现在靠近微管负端丰富的顶端区域附近。肝损伤或其他破坏肝细胞极性的条件可诱导 Cx43 表达（图 14–4），上述结果表明，Cx43 可能在这种情况下用于细胞极性的改变。

微丝是连接蛋白的另一种重要的细胞骨架成分。丝状肌动蛋白网络对细胞连接的结构和细胞的形状、极性和收缩活性是不可或缺的。在肝细胞中，胆管经常被大量的肌动蛋白包围。对于连接蛋白的传输，肌动蛋白不太可能充当轨道，因为肌动蛋白丝比微管短得多，并且经常形成一个均匀的网络。然而，肌动蛋白可能参与将含有连接蛋白的小泡锚定到细胞的特定区域，它们可能提供一种定向偏差，允许小泡和各种大分子形成接触，如促进小泡与质膜的融合。此外，有相当多的文献将间隙连接蛋白表达与细胞运动、细胞黏附和迁移的调控联系起来。这些研究主要集中在具有异常长的 C 端尾部的 Cx43，但最近的研究也表明 Cx32 和 Cx26 参与细胞迁移[66]。来自发育中的小鼠大脑的神经元，以及来自 Cx43–KO 动物的胚胎成纤维细胞表现出细胞迁移的减少和无序，而 Cx43 过表达在伤口愈合和 Transwell 迁移实验中导致多种细胞类型的迁移增强。RNA 干涉（shRNA）介导的 Cx43 敲低也导致细胞极性紊乱和迁移减少。虽然间隙连接蛋白影响细胞极性和运动性的机制尚不清楚，但有研究认为 Cx43 和其他间隙连接蛋白可以作为动态支架蛋白，组织和吸引肌动蛋白修饰蛋白到细胞 – 细胞连接，以及细胞黏附和突出部位[67]。Cx43 也被证明可以结合微管，而肌动蛋白的组织和微管的结合活动可能共同作用来控制细胞的形状和运动。有趣的是，成人肝细胞通常是非迁移性的，并不表达 Cx43，可在组织损伤期间被诱导表达 Cx43，而迁移性的肝脏中的细胞，如肝巨噬细胞和肝星状细胞则表达 Cx43。

一旦进入质膜，连接子被认为采用横向扩散，并与来自其他细胞的相反连接子对接。肝细胞与所有邻近的肝细胞形成间隙连接，大约形成有 6 个细胞 – 细胞接触。目前尚不清楚这个过程是主动还是被动的，然而，已知细胞黏附分子在间隙连接的形成中发挥作用。使用四胱氨酸和绿色荧光蛋白标记的 Cx43 的研究表明，膜斑块的插入发生在膜斑块的边缘，而去除则发生在斑块的中心[68, 69]，这一过程可能涉及网格蛋白 / 肌动蛋白介导的内吞作用。由于对接的连接子在大多数生理条件下不能分离，连接子的去除似乎是一个吞噬的过程，包括双膜囊泡的形成，称为环状连接。目前尚不清楚这是否是间隙连接的唯一形式，因为环状膜在正常肝脏中并不常见[5]。

跨膜蛋白连接蛋白的半衰期异常短，小鼠肝脏间隙连接蛋白的半衰期为 3～6h[2]。已有研究表明，内化的间隙连接被溶酶体和蛋白酶体降解，并通过自噬过程降解[68]。间隙连接蛋白也被发现可以抑制自噬，而营养缺乏可以促进这种抑制的释放，从而导致间隙连接蛋白的降解和进一步上调自噬[70]。

五、肝脏间隙连接和紧密连接的病理学特征

肝脏内的连接蛋白对器官的正常发育、维持生物功能和整体健康至关重要。间隙连接蛋白的遗传缺陷可导致耳聋、神经病、白内障和其他眼部疾病，以及心脏、皮肤和结缔组织疾病[71]。然而，在成人肝脏中似乎并不完全需要通过间隙连接进行交流。尽管肝脏的肝细胞主要表达间隙连接蛋白 Cx32 和 Cx26，它们也表达泛连接蛋白[20]。泛连接蛋白被观察到只形成半通道，将胞质溶胶连接到细胞外部而不是另一个细胞，但它们仍然可以通过细胞外空间间接进行细胞间的交流。

（一）间隙连接蛋白缺失的遗传动物模型

GJB1 是引起 X 连锁 Charcot-Marie-Tooth 病（CMTX）突变的一个显著的遗传靶点。GJB1 编码 Cx32，已有超过 300 种不同的 Cx32 突变被发现导致 CMTX[72]。为了在啮齿类动物模型中模拟 CMTX 疾病，人们通过同源重组产生了 Cx32 敲除小鼠[73]。虽然这些小鼠表现出人类疾病典型的进行性脱髓鞘，但它们也表现出了在 CMTX 患者未观察到的缺陷，即肝功能受损，表现为交感神经刺激或激素刺激引起的肝脏葡萄糖释放减少[74]。Cx26 水平降低，间隙连接斑块面积减少；与野生型相比，IP3 的电生理电导和通透性也降低[75]。此外，Cx32-KO 肝细胞在体内的增殖率升高，自发和化学诱导的肝肿瘤更加普遍[76]，并且小鼠在 X 线照射后表现出更强的致癌作用[77]。我们实验室使用无血清培养基对 Cx32-KO 和野生型小鼠培养的肝细胞进行了比较，发现 Cx32-KO 肝细胞增殖率明显增高[78]。然而有趣的是，部分肝切除术后 Cx32-KO 肝细胞的增殖率显著降低[79]。对表达 Cx32 显性负性突变体的转基因

小鼠的实验发现，肝再生延迟对化学性肝癌的易感性增加[80]。尽管如此，CMTX 患者无功能的 Cx32 与肝脏异常无关。CMTX 患者缺乏肝脏并发症的报道，可能是由于与小鼠相比，人类肝脏的神经支配更强，这可能克服了间隙连接的一些功能，但也不清楚是否在这些患者中检测了肝癌发病率或其他特性。

（二）连接蛋白缺失与肝癌

使用 Cx32 敲除小鼠的研究支持完整的间隙连接细胞通信功能可能抑制肿瘤，而间隙连接通信的缺失会导致肿瘤[21]。年老的 Cx32 敲除小鼠在雄性动物中也有更多的自发性肝脏肿瘤[81]。肝细胞癌通常伴随着间隙连接活性的降低，Cx26 的丢失或 Cx32 在胞质溶胶而不是质膜上的积累可以增加肝细胞的致癌潜力[22]。间隙连接蛋白本身可以定位在细胞质中，而不是形成细胞 – 细胞连接，有证据表明，细胞质定位或下调可能促进肝细胞癌、侵袭和转移[82]。此外，在肝脏间隙连接功能的早期重要研究中，细胞间偶联的丧失被证明是癌细胞的一个标志[57]。许多癌细胞系中间隙连接蛋白的诱导表达已被证明可减少细胞生长和侵袭表型，并调节上皮 – 间充质转化[57]。然而，小鼠癌症模型则显示出不同的效果。在某些情况下，间隙连接似乎可以通过增加血管生长和分布趋化因子来促进肿瘤的发生[57]，而现在许多研究表明，晚期肿瘤中间隙连接表达的增加可以促进转移特征。

非间隙连接活动也被认为可能在促进肿瘤表型的连接蛋白中发挥作用。当不配对时，连接蛋白在细胞表面形成半通道，允许胞内容物分布到细胞外空间。在正常情况下，半通道被认为是关闭的。然而，在细胞外 Ca^{2+} 或胞内 pH（intracellular pH，pHi）减少的情况下，半通道可能会打开，并释放 ATP 和其他可以促进炎症的信号分子，这反过来可以促进癌变。

间隙连接在细胞之间交换小分子，预期有助于涉及小分子或任何可通过间隙连接的可溶性效应物（即分子量约为 1500Da 或更小）的癌症治疗。这包括离子、核苷酸、代谢物、胆汁酸，甚至肽和微小 RNA（microRNA，miRNA）。然而，间

隙连接对有毒小分子影响细胞存活的作用因"死亡之吻，生命之吻"的难题而复杂化，有时被称为"旁观者"与"闪人"效应[83]：间隙连接可能用于分配毒素而使所有细胞受到影响，或可能用于分配毒素而使得毒素不再具有致命的破坏性。此外，间隙连接可以分配保护性的抗氧化剂，如谷胱甘肽，用以细胞解毒。在肝脏中，一种有毒药物可能通过肝索分布，使细胞色素 P450 或结合酶修饰药物，使药物被排出或进一步代谢。一些研究表明，间隙连接阻滞可阻断癌细胞和非癌细胞之间的旁分泌信号，在间隙连接抑制药油酰胺结合抗 VEGF 抗体治疗后，小鼠的肝和肺转移减少，生存期延长[84]。

促进或抑制间隙连接功能的疗法，是否有益于治疗包括肝癌在内的癌症仍然是一个重要的问题。看起来这种治疗必须发挥间隙连接在癌症过程中所起的复杂作用。从历史上看，间隙连接一直被认为是肿瘤抑制因素。肝纤维化过程中间隙连接的变化也得到了很好的证明。在许多情况下，肝星状细胞（也称为 Ito 细胞）在肝纤维化中发挥重要作用，减少它们在肝脏中的激活和增殖是预防肝纤维化的主要目标。在肝星状细胞活化期间，这些细胞及肝细胞上的 Cx43 水平增加，间隙连接和半通道信号转导的阻断可以减少小鼠肝纤维化[85]。然而，肝细胞中 Cx43 的诱导表达在肝损伤期间似乎是有益的，而抑制可能是有害的[21]。同样有趣的是，连接蛋白与线粒体之间存在显著的相互作用。在心脏和大脑的缺血性损伤模型中，已发现 Cx43 与线粒体相关，并在再灌注期间提供保护。还发现 Cx32 与大鼠肝线粒体有关，并可能在肝细胞质膜和线粒体之间提供网络连接[31]。因此了解间隙连接在损伤过程中特定细胞和特定时间的精确功能，对于潜在减轻肝损伤至关重要。关于不受控制的细胞增殖和癌症，多年来间隙连接通信一直被视为限制和抑制肿瘤。这种观点现在被更复杂的模型所取代，在这些模型中，间隙连接可能在癌症的早期阶段是肿瘤抑制因素，但在后期可能成为肿瘤促进因素。

（三）间隙连接在药物诱导肝损伤中的作用

在美国，药物性肝损伤是急性肝衰竭的最常见诱因，其中很大一部分病例涉及广泛使用的止痛退烧药对乙酰氨基酚。肝损伤也是药物开发中主要关注的问题，也是将药物从临床中移除的主要原因。对肝脏造成损害的药物可被描述为固有毒性，具有可预测的剂量依赖性作用；或者特发毒性，具有罕见和不可预测的作用。特发性药物很难研究，可能依赖于多个聚合变量，而对固有毒性药物的研究对于揭示肝毒性如何发展至关重要。对啮齿类动物的固有毒性研究最多的药物，如 APAP、硫乙酰胺、CCl4、二甲基亚硝胺和 D- 半乳糖胺，其中 APAP 是最突出和与临床最直接相关的药物[86]。APAP 在中等剂量下无毒，但在高剂量下（如成人＞6g）会产生严重毒性并可能危及生命。像许多药物一样，APAP 在肝脏被代谢，与细胞色素反应，并与谷胱甘肽、硫酸盐和葡萄糖醛酸结合，进一步代谢和排泄。然而在高剂量下，谷胱甘肽会消耗殆尽，有毒的反应性代谢物 N- 乙酰基 - 对苯醌亚胺（N-acetyl-p-benzoquinone imine，NAPQI）积聚，并引发肝细胞坏死的连锁反应，该反应始于肝小叶的中央静脉周围（图 14-4）。值得注意的是，催化对乙酰氨基酚转化为 NAPQI 的细胞色素 CYP2E1 和 CYP3A4 也强烈定位在中央静脉周围。坏死的传播周期过程涉及 ROS、线粒体氧化应激和功能障碍、JNK 的激活和炎症反应等[21, 86]。

间隙连接和间隙连接蛋白有望以多种方式促进药物诱导肝损伤这一过程。例如，APAP 虽然可以通过扩散进入细胞，但间隙连接通道可以分配细胞信号、离子和关键分子，半通道可以排出炎症信号，如 ATP 和其他与损伤相关的模式分子。另外，间隙连接也可以将解毒化合物（如谷胱甘肽或 UDP- 葡萄糖醛酸）分配到肝细胞中，这些化合物在这里将可能被耗尽。毒性发展的关键步骤似乎是肝小叶中心坏死扩散到肝脏的其他部分。2004 年，Asamoto 及其同事描述了在白蛋白启动子控制下肝细胞特异性表达显性负性 Cx32 突变体转基因大鼠的产生[87]。这导致间隙连接活性降低，Cx32 和 Cx26 膜定位降低，并对肝毒素 CCl4 和 D- 半乳糖胺产生耐药性。第二项研究发现与野生型相比，这些大鼠对对乙酰氨基酚毒性具有抗性，血清转氨酶水平降低，肝脏组织学改善[88]。此外研究发现，APAP 在 Cx32 敲除小鼠分离的肝细胞中诱导的细胞死亡不再像在野生型中那样同步。雌性与雄性动物的肝细胞偶联的细胞间保护也需要连接蛋白的表达。另一项研究通过观察转氨酶水平、组织学和动物死亡情况，观察到 Cx32 敲除小鼠本身对 APAP 和硫乙酰胺毒性具有抗性。间隙连接阻滞药物 2–APB 也可降低毒性[89]。

尽管这些研究看起来令人信服，但也引起了一些疑问。Cx32 敲除小鼠表现出化学诱导的肝癌水平升高，这表明它们对药物的敏感性增加。另一项研究表明，Cx32 敲除小鼠的肝小叶中心谷胱甘肽水平降低，实际上它们更容易受到 APAP 的影响。Maes 及其同事们广泛研究了 APAP 的毒性，他们通过自己的研究对这些问题进行了讨论。他们发现 Cx32 基因敲除小鼠在 APAP 的反应中有相似水平的细胞死亡、炎症和氧化应激，但蛋白质络合物的形成水平较低[90]。间隙连接阻滞药 2–APB 也通过抑制 CYP_{450} 和 JNK 发挥保护作用。其中一些研究者的后续报道发现，连接蛋白和泛连接蛋白半通道可能也很重要，因为特异性抑制半通道可防止药物诱导的肝损伤[91]。总的来说，这些研究表明，有关 APAP 毒性的所有因素并没有得到很好的解决。许多技术细节可能会影响结果，如增溶剂二甲基亚砜，以及小鼠或啮齿动物的种类；例如，大鼠比小鼠更不易受到影响[92]。连接蛋白和间隙连接的活性（以及 Panx1）似乎在这些过程中都起着重要作用，但目前还不能假定在这种毒性中存在明显的保护或破坏作用，间隙连接阻断是否在临床环境中有用也还有待观察。

六、前景和展望

肝脏中两种最突出的连接类型是间隙连接和紧密连接，间隙连接提供细胞间的直接通信，紧密连接用于分隔单个细胞的膜结构域和封闭细胞外空间，限制细胞外扩散。间隙连接的整合膜蛋白，即间隙连接蛋白，已经在结构上得到了很好的表征，但是最近人们认识到它们在结合和组织胞质蛋白中的作用，表明它们可能形成胞内和胞外信号的核心位点。间隙连接蛋白与肌动蛋白和微管、线粒体相互作用，它们参与许多组织的损伤恢复，尽管它们作为间隙连接和半通道（其中 Panx1 也可能起作用）在药物性肝损伤中的确切作用仍然是个谜。相比之下，外周紧密连接蛋白在核心蛋白之前被鉴定出来，一个引起人们强烈兴趣的领域是由完整膜蛋白的大紧密连接蛋白家族提供的"紧密度"谱的多样性。尽管间隙连接和紧密连接执行不同的功能，但这些连接类型在许多地方有重叠。事实上传统的紧密连接相关蛋白 ZO-1 与连接蛋白结合，并且闭塞蛋白与 Cx32 共定位的发现表明，含有间隙连接和紧密连接蛋白的大分子复合物可能存在协同或相互调节。蛋白质 – 蛋白质相互作用，基因家族的协调和从属调节的研究可以阐明细胞间和细胞内信号的复杂性，这些信号与间隙连接控制生长和维持紧密连接形成的"血胆屏障"有关[30, 93]。与 HCV 受体 CD81 一样，主要间隙连接成分（连接蛋白）和主要紧密连接成分（OCLN 和紧密连接蛋白）是具有重要胞内和胞外结构域的四跨膜蛋白。将紧密连接蛋白作为病毒进入的入口表明了这些蛋白的特殊性质。由于紧密连接积极形成顶端 – 基底侧连接，该位置可能是病毒的保护微环境，或者病毒可以利用血胆屏障的暂时破坏进入。未来的研究可能会揭示连接蛋白、OCLN 和紧密连接蛋白的新功能，这些功能影响病毒进入过程和下游信号转导，最终诱发肝炎。

第 15 章　核糖体生物发生及其在肝脏细胞生长和增殖中的作用

Ribosome Biogenesis and its Role in Cell Growth and Proliferation in the Liver

Katherine I. Farley-Barnes　Susan J. Baserga　著

杨雪瑞　于奕凡　杨　丽　陈昱安　译

核糖体是负责合成所有蛋白质的细胞机制，对于细胞生长和分裂至关重要。因此，核糖体生物发生是一个高度受控的过程，协调若干细胞信号，而该过程尤其取决于营养物质供应。营养物质供应、细胞信号、核糖体生物发生之间的关系在肝脏中最为重要。大鼠和小鼠禁食后肝脏大小明显减小[1, 2]。但再喂食后，它们的肝脏大小在24h 内恢复[1, 2]。总肝蛋白和 RNA 的波动相同，表明肝脏通过下调核糖体的生成以应对有限的营养物质供应，一旦向有机体提供足够的食物，肝脏便会再次上调核糖体的生成[1-3]。

了解核糖体生物发生不仅对于了解基本细胞生物学至关重要，而且对于探究人类多种疾病的发病机制也至关重要。此类疾病包括癌症，其中细胞生长和增殖的增加与核糖体生物发生的增加同时发生[4]。神经退行性疾病也涉及核糖体功能障碍[5]。此外，核糖体生物发生异常会引发诸多称为核糖体病的组织特异性疾病[6, 7]。有趣的是，核糖体生物发生等重要过程的调节异常会生成一个能存活的有机体。实际上，核糖体生物发生是所有细胞类型均需要的过程，过程中的任何变化如何造成组织特异性病变是该领域的一个突出问题。

目前关于核糖体生物发生步骤的许多知识均来自出芽酵母（酿酒酵母）的相关研究。直到最近，科学家才在理解这一过程在人体内如何运作方面取得进展。此外，核糖体生物发生在不同组织间如何变化在很大程度上是未知的。然而，在组织层面理解核糖体生物发生的最佳模型之一是肝脏。对肝脏的基础研究提供了关于核糖体如何形成、细胞如何响应不同刺激来调节核糖体生成的理解。实际上，核仁是负责核糖体生成的非膜结合细胞器，于 1956 年首次从肝细胞中被生化分离[8]。在未来，肝脏可能会继续在我们理解核糖体生物发生及其与人类疾病的关系中发挥重要作用。

一、核糖体生物发生概述

核糖体生物发生始于细胞核内部称为核仁的非膜结合细胞器。该过程以 RNAP Ⅰ 对串联重复核糖体 DNA（rDNA）的转录开始。随着rDNA 的转录，核仁在其周围形成。因此，rDNA 在染色体上的重复称为核仁组织区（nucleolar organizing region，NOR）。NOR 位于人体中的五个不同染色体（13、14、15、21、22）。因此，尽管我们能经常观察到的核仁数远少于 10 个，但是人类细胞具有在每个细胞内形成 10 个核仁的潜力。二倍体小鼠肝细胞中的核仁数量为 3～6个（小鼠具有在每个细胞内形成多达 12 个核仁的潜力），每个细胞核中最常见的核仁数量为3 个[10]。

人类核仁由三个不同的部分组成：纤维中心（fibrillar center，FC）、致密纤维组分（dense fibrillar component，DFC）、颗粒组分（granular component，GC）（图 15-1）。在核糖体生成的过程中，每个组分都有其独特的功能。核仁在 FC 周围形成，也在 rDNA 转录发生的 FC 和 DFC 界面形成。在转录 rDNA 后，前核糖体 RNA（pre-rRNA）的修饰、加工、组装，从 DFC 向外进入第三个核仁组分 GC。在 GC 中，核糖体蛋白（r-protein）组装 pre-rRNA，以形成核糖体的前小亚基（pre-SSU）和前大亚基（pre-LSU）[11]。

对核仁由三部分组成的结构的一种解释是利用液 - 液相分离的物理原理。由于表面张力和疏水性的差异，核仁蛋白质分为多个部分，就像水中的油珠。例如，通过混合纤维蛋白（fibrillarin，FBL）和核仁磷酸蛋白（NPM1），可以在体外复制出和 DFC/GC 组分类似的结构，前者是一种富集在 DFC 中的 C/D 盒 snoRNP 甲基转移酶，后者是富集在 GC 中的具有多种功能的蛋白质[12]。

在 FC/DFC 界面，rDNA 被转录为 47S 多顺反子前体，包含 4 种 rRNA 中的 3 种，最终被纳入核糖体的小亚基（18S）和大亚基（5.8S 和28S）。为了形成成熟的 rRNA，pre-rRNA 必须经过修饰、裂解、加工。主要使用两类 RNA 修饰：2′-O- 甲基化和假尿苷化（见参考文献 [13]）。通常将修饰置于核糖体的功能重要区域（如 tRNA 结合位点）或者大小亚基的界面（见参考文献 [13]）。这些修饰帮助将 pre-rRNA 折叠到合适的二级和三级结构中。大多数此类修饰均由snoRNP 进行，snoRNP 将向导 RNA 引导至具有待修饰的相应位点的碱基对，并定位酶进行修饰。大多数 pre-rRNA 修饰由两类 snoRNP 进行，即 C/D 盒（进行 2′-O- 甲基化）和 H/ACA 盒（进行假尿苷化），两者都以保守的 snoRNA 序列命名。

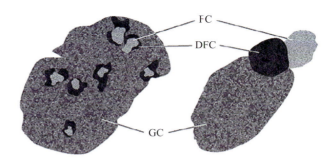

▲ 图 15-1 哺乳动物细胞核仁的形态
左边是积极参与核糖体生物发生的细胞的核仁。右边是在进行 rRNA 转录抑制细胞的核仁。图示为三个组分：纤维中心（FC）、致密纤维组分（DFC）、颗粒组分（GC）

除对 pre-rRNA 的修饰外，也对 pre-rRNA 进行广泛裂解和加工。在人体内，pre-rRNA 加工是通过多个通路进行的（图 15-2）。两个主要加工通路间的差异始于对位点 1 或位点 2 裂解处的选择。如果先在位点 1 处裂解，则首先形成 41S pre-rRNA，直到后来在位点 2 处分离 21S 和 32S pre-rRNA。如果先在位点 2 处裂解，则分别将大小亚基 pre-rRNA 分为 30S 和 32S pre-rRNA（图15-2）[14]。不管采用哪种通路，最终结果都是成熟的 18S、5.8S、28S rRNA。

除 snoRNA 和 r-protein 外，若干交易因子也对最佳 pre-rRNA 加工至关重要。这些因子在酵母中最有特点，包括内切酶、外切酶、解旋酶、AAA-ATP 酶、GTP 酶等[15]。这些酶的许多功能仍待明确。在酵母中，核糖体组装涉及超过 200个蛋白质[15]，人体内这一数量很可能会大幅增加。实际上，一系列研究目前都在努力确定人体内该过程所需的所有因子[16-19]。

在 RNAP Ⅲ 增加从 1 号染色体转录而来的5S rRNA 后，核糖体组装在细胞质中结束。pre-SSU 和 pre-LSU 均通过核孔复合物输出，各亚基的输出需要共有因子及亚基特异因子。XPO1（或酵母中的 Crm1）是大小亚基输出涉及的最有特点的蛋白质之一[20]。此外，pre-rRNA 加工的最后步骤在细胞质中发生，这些步骤包括在位点 3将 18SE 加工为成熟的 18S rRNA。总的来说，人类核糖体生物发生始于核仁，但也包括细胞核

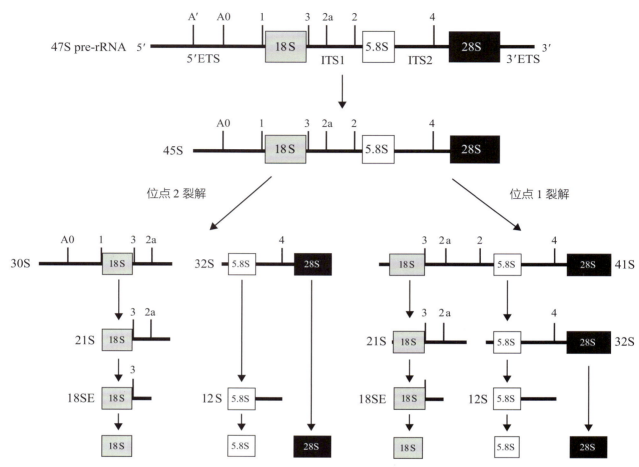

▲ 图 15-2 人体细胞中两个主要 pre-rRNA 加工通路的示意图

47S pre-rRNA 通过多个通路加工和裂解，形成成熟 18S rRNA、5.8S rRNA、28S rRNA，并整合到合成的核糖体中。ETS 和 ITS 分别表示外转录间隔区和内转录间隔区

和细胞质，使得该过程中的许多步骤都可以被调控。

二、核糖体生物发生的调控

人们对人类核糖体生物发生调控复杂性的理解在不断加深。调控始于 rDNA 水平，即选择 rDNA 重复序列的组织和沉默。rDNA 的 RNAP Ⅰ 转录也受诸多细胞信号的影响。对 pre-rRNA 的正确加工由若干分子控制，此类分子发出信号调节 r-protein、snoRNP 等组装和加工因子的转录。最后，细胞可监控和调节前核糖体亚基的核输出。总之，核糖体生物发生需要三个 RNA 聚合酶和数百个其他因子，因此细胞有许多方法来控制此过程中的步骤。

（一）mTOR 与核糖体蛋白翻译的调控

核糖体生物发生的一个关键调控因子是 mTOR 通路的机制靶点。mTOR 通路对于细胞生长至关重要，mTOR 通路响应各种细胞信号，以上调 r-protein 的转录并最终增加总蛋白质合成。有两个包含 mTOR 的不同胞质复合体，称为 mTORC1 和 mTORC2。mTORC1 复合体包含 mTOR、RPTOR、AKT1S1、DEPTOR、MLST8。mTORC2 复合体包含 mTOR、RICTOR、PRR5、MAPKAP1、DEPTOR、MLST8。虽然 mTORC1 和 mTORC2 有不同的复合体成员和基质，mTOR 在两种复合体中均充当丝氨酸 / 苏氨酸激酶。mTORC1 向 S6K1 和 S6K2 发信号，这对于核糖体生物发生至关重要。S6K1 使几种基质磷酸化，最终促进增加翻译起始与延伸，以及通过上调 rDNA 转录增加的核糖体生物发生[21]。mTORC1 也使 4EBP1 磷酸化。4EBP1 影响帽依赖翻译，其磷酸化作用阻止其与 EIF4E 结合。这使得 EIF4E 可以自由结合 EIF4G，然后此类蛋白结合 mRNA 的 5′ 帽，并吸收翻译所需的其他因子[22]。值得注意的是，mTORC1 的部分功能能被免疫抑制药雷帕霉素所抑制[23]。

mTOR 通过控制编码 r-protein 的 mRNA 的翻译在核糖体生物发生中发挥重要作用。在高等真核生物中，编码 r-protein 的 mRNA 用 5′ 端寡嘧啶（5′TOP）基序表示[24]。在人体中，该基序以 C 开头，平均包含 12.2 个核苷酸[25]。当细胞受到营养物质的刺激时，5′TOP mRNA 会被吸收到核糖体上以增加翻译[26]。雷帕霉素处理可阻止 5′TOP mRNA 的翻译，而 5′TOP 的突变使 mRNA 的翻译对雷帕霉素处理不敏感[27-29]。最新研究表明，mTORC1 通过其对 4E-BP 的磷酸化影响 5′TOP 翻译[30]。由活性 mTORC1 磷酸化让 EIF4E 能够结合 EIF4G1[30]。5′TOP mRNA 需要此 EIF4E-EIF4G1 相互作用，用于其帽结合和翻译，而其他 mRNA 则不需要，解释了 mTOR 在营养物质刺激后对 5′TOP 翻译的特定作用[30]。

关于喂养和营养物质刺激，肝脏在很大程度上依赖 mTORC1 信号。营养物质的摄取，以及亮氨酸等氨基酸的摄取，会刺激肝脏中的核糖体生物发生[31]。在给予亮氨酸的大鼠的肝脏中，mTOR 信号被上调，包含 5′TOP 的 mRNA 翻译增加[32]。这种反应可使用药物雷帕霉素来抑制[32]。在大鼠肝再生过程中，核糖体蛋白 mRNA 的翻译也会被上调，但是其确切作用机制不明[33, 34]。

此外，在肝脏中，mTOR 信号在身体对乙醇的反应中充当重要的调节机制。Chen 等发现，在长期过量乙醇喂养的小鼠酒精中毒模型和酒精性肝病患者中，蛋白 DEPTOR 的水平升高，蛋白 DEPTOR 是一种已知的 mTORC1 磷酸化抑制物[35]。DEPTOR 降低导致 4EBP1 和 S6K 磷酸化水平升高[35]。磷酸化的 S6K 转而使 SREBF1 磷酸化，SREBF1 移动至细胞核，上调脂肪酸生物合成所涉及蛋白质的表达[36, 37]。磷酸化的 mTORC1 也

能够使 Lipin1 磷酸化，促进 SREBF1 的转录，这有助于酒精性脂肪变性中脂质的堆积[38]。总的来说，mTOR 信号强调了调控核糖体生物发生对于肝脏健康的重要性。

（二）RNAP Ⅰ转录的调控

由于肝脏对营养物质供应的反应非常显著，因此，RNAP Ⅰ 的转录调控在肝脏中至关重要。喂养后，RNAP Ⅰ 的活性迅速增加[2]。同理，除前述的 r-protein 翻译增加外，RNAP Ⅰ 的活性在肝再生过程中也会增加（见参考文献 [39, 40]）。

RNAP Ⅰ 将串联重复的 rDNA 转录为一个大（47S）多顺反子前体，包含 18S、5.8S 和 28S 成熟 rRNA。只有大约一半的 rDNA 重复序列在任何给定时间均活跃，而且 RNAP Ⅰ 转录受到严格调控，以确保生成足够数量的核糖体，用于细胞生长或维持。RNAP Ⅰ 转录起始于 UBTF（通常称为 UBF）与 UCE 结合（图 15–3）。UBF 结合有助于吸收 SL1，人体内的一种包含 TBP 和三个 TAF 的物种特异性复合体[41]。当 SL1 与 rRNA 基因的核心启动子（core promoter, CP）连同 RNAP Ⅰ 结合时，形成前起始复合体。SL1 和 RNAP Ⅰ 之间的相互作用由 TIF1A 介导（酿酒酵母中的 Rrn3）[42]。

多个信号通路调节 rDNA 转录。其中也包括通过多种机制改变 RNAP Ⅰ 转录的 mTOR 信号。这些机制包括 S6K 磷酸化，该机制转而使 UBF 的 C 端尾部磷酸化，有助于它吸收 SL1 和 RNAP Ⅰ 转录机制的其余部分[43]。mTOR 也通过促进残基 S44 的磷酸化和减少 S199 的磷酸化来激活 TIF1A，最终增加 TIF1A 与 SL1 的相互作用[44]。此外，mTOR 可能直接与 RNAP Ⅰ 启动子结合[45]。

已证明 MAPK 信号通路通过多种机制在

▲ 图 15–3 rRNA 基因启动子处的转录起始复合体

rRNA 转录调控中发挥作用。在 MAPK 通路中，EGF 等因子的细胞外刺激触发一系列蛋白激酶，进而促进生长发育所需因子。和 mTOR 信号一样，TIF1A 上两个残基的 MAPK 磷酸化增加 RNAP Ⅰ 起始[46]。此外，UBF 通过 MAPK 信号级联使 UBF 磷酸化。UBF 磷酸化可能加强 UBF 与 SL1 的相互作用，和（或）中断 UBF 促进的增强体的形成，并减缓 RNAP Ⅰ[43, 47]。两种选项均增加 RNAP Ⅰ 活性。

通过 pRB 的信号也可能通过调控 RNAP Ⅰ 转录影响核糖体生物发生，pRB 是一种袋状蛋白家族蛋白和肿瘤抑制物。这直接通过 RNAP Ⅰ 转录机制和直接通过 pRB 与其他因子的相互作用发生。pRB 及袋状蛋白家族蛋白 p130 通过中断 SL1 和 UBF 间的相互作用影响 rDNA 转录[48, 49]。pRB 通过其与 E2F 的相互作用间接调节 rDNA 转录。当 pRB 磷酸化后，它无法与 E2F 转录因子结合。这些 E2F 可自由启动成功将细胞周期由 G_1 期转移到 S 期的几个目标基因的转录。相反，当细胞受到应激时，pRB 发生低磷酸化，能够结合并抑制 E2F，细胞周期停止，最终反作用于核糖体生物发生[50]。此外，E2F1 低表达时，E2F1 能够直接与 rDNA 启动子结合，启动 RNAP Ⅰ 转录[51]。E2F1 高表达时，p14^ARF 得到表达，p14^ARF 与 E2F1 结合，并抑制其转录活性，从而减少 rDNA 转录[52]。减少的 rDNA 转录转而反作用于 E2F1 表达，以降低 E2F1 表达[53]。

（三）通过 MYC 调控核糖体生物发生

MYC 充当调控核糖体生物发生所需大量蛋白质的表达的转录因子。已就肝细胞增殖和生长对 MYC 进行了研究，但是 MYC 也在其他许多组织中发挥作用，并且在癌症中尤为重要[54]。虽然 MYC 转录因子家族包含多种 MYC 蛋白（包括 c-MYC、n-MYC、l-MYC），就核糖体生物发生而言，对 c-MYC 的研究最多。c-MYC 调节由所有三个 RNA 聚合酶介导的转录。为了提高 RNAP Ⅰ 活性，c-MYC 能调控 UBF 和 TIF1A 表达[55, 56]。c-MYC 也位于核仁中，并且可与 SL1 直接关联，以模拟 RNAP Ⅰ 转录[57, 58]。此外，c-MYC 和 n-MYC 调控 r-protein 的 RNAP Ⅱ 转录[59-61]。c-MYC 通过与 RNAP Ⅲ 转录机制相互作用调控 5S rRNA 的转录[62]。

MYC 在核糖体生物发生中的作用对于适当的肝功能至关重要。c-MYC 在干细胞中的过表达导致核仁增大，以及核糖体生物发生所需的几种蛋白质的表达增加[63]。此外，c-MYC 在几种肝病中发挥作用[54]。例如，酒精性肝病（alcoholic liver disease，ALD）患者肝脏中和在模拟 ALD 早期的小鼠模型中乙醇喂养后 c-MYC 表达上调[64]。有趣的是，结合的 c-MYC 过表达和乙醇喂养会导致 p53 水平下降[64]，这表明 ALD 患者的肝发育不良可能是一种机制。

（四）通过 p53 调节核仁应激

在称为核仁应激的过程中，核糖体生物发生的调控也受肿瘤抑制物 p53 控制（见参考文献 [65, 66]）。在功能正常的细胞中，r-protein 和核糖体的组分一样，参与翻译过程。在该场景中，MDM2 使 p53 蛋白质泛素化，靶向 p53 降解（图 15-4）。但是当核糖体生物发生存在扰动时，r-protein 脱离。这些 r-protein 中的两个，uL18（RPL5）和 uL5（RPL11）连同 5S rRNA，形成 5S RNP。5S RNP 与 MDM2 结合，阻断 MDM2 泛素化 p53 的能力，最终导致 p53 水平稳定（图 15-4）[67, 68]。p53 稳定通过几种已知蛋白的转录导致细胞衰老和凋亡[69]。

p53 也在许多肝病中起关键作用（见参考文献 [70]）。很明显，p53 在肝再生过程中至关重要，在肝再生过程中，必须在受伤后首先稳定 p53，以去除受影响的组织，然后将 p53 下调，以允许新组织增殖[71]。p53 稳定也在营养缺乏过程中在小鼠肝脏中发生[72]。虽然科学家已提出独立于 AMPK 的 p53 稳定机制，AMPK 耗尽的细胞仍能够稳定 p53，这使得肝脏在饥饿时核仁应激反应的另一个方面成为可能[72]。

（五）核糖体生物发生的调控与生物周期节律相协调

已证明，小鼠、人类、鸟类的肝脏大小随着每日节律波动[73-76]。这些每日节律由有机体的内部生物钟控制，每日节律控制着导致肝脏大小变化的细胞信号。例如，小鼠在晚上最活

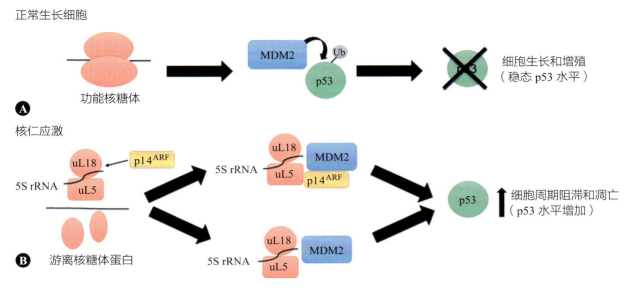

正常生长细胞

功能核糖体

A

核仁应激

B 游离核糖体蛋白

细胞生长和增殖
（稳态 p53 水平）

细胞周期阻滞和凋亡
（p53 水平增加）

▲ 图 15-4　人类细胞核仁应激反应

在正常生长条件下，MDM2 将 p53 泛素化，使其降解并允许细胞生长和增殖（A）。在核仁应激条件下，r-protein 不再参与功能性核糖体。无论有无 p14[ARF]，包含 uL18、uL5、5S rRNA 的 5S 核蛋白均会与 MDM2 结合，以防止 MDM2 使 p53 泛素化。因此，p53 水平稳定，触发细胞周期停滞和凋亡（B）（经 Portland Press Limited 许可转载，引自参考文献 [65]）

跃，也通常在晚上进食。因此，小鼠肝脏大小整晚增加，相反，肝脏大小在白天不进食时（静止期）会减小 [75]。有趣的是，Sinturel 等的发现表明，有机体何时进食对于调节肝脏质量循环至关重要，自从白天（而不是晚上的正常喂养时间）喂养小鼠后，小鼠的肝脏尺寸便未发生这些变化 [75]。

在生物化学层面，肝脏大小的波动与在肝细胞中由核糖体数量控制的蛋白质翻译的变化相关（即更多的核糖体导致更大的细胞大小，从而更大的肝脏质量）[75]。有趣的是，核糖体数量增加不是由于 RNAP Ⅰ 转录增加生成更多核糖体，而是由于消除多余核糖体的能力减弱。在小鼠的活跃期，很可能通过上述增加的 mTOR 信号翻译更多的小亚基 r-protein [75, 77-79]。在静止期，这些 r-protein 未形成，导致过多的 pre-18S rRNA。为了减少细胞中核糖体的数量，将 pre-18S rRNA 磷酸化 [80]。在静息肝细胞中，该多聚腺苷酸化然后通过外泌体 3′ → 5′ 外切酶的催化成分来靶向这些 RNA 进行降解，总体生成的核糖体更少 [75, 80]。此控制核糖体生物发生的策略可能对于理解下述肝病组织特异的复杂性特别有用。

三、核糖体生物发生在肝病中的作用

（一）北美印度儿童肝硬化

北美印度儿童肝硬化（North American Indian childhood cirrhosis，NAIC）（OMIM604901） 是肝脏特异性核糖体病，起因于核糖体生物发生因子 UTP4（以前的 Cirhin）的突变 [81, 82]。在来自加拿大魁北克的 Ojibway-Cree 原住民儿童中发现，NAIC 的特点是进展为胆汁性肝硬化的短暂性新生儿黄疸 [81, 83]。迄今，该疾病唯一有效的疗法是肝移植 [83]。

在该常染色体隐性遗传病中，所有患者 UTP4 基因的 16 号染色体（16q22）均出现纯合错义突变 [81, 84]。UTP4 蛋白是 pre-rRNA 转录和加工所需的 t-Utp 子复合体的一个成员 [85, 86]。具体来说，人类 UTP4 在 A′、A0、1、2a 位点的小亚基 pre-rRNA 加工中是必需的（图 15-2）[87]。因此，这种普遍存在且必不可少的蛋白质的功能缺陷会导致肝脏特异性病理。

已建立几个用于研究 NAIC 的模型。尽管 UTP4 在酵母和人类 pre-rRNA 加工中发挥既定作用 [85-87]，但是在 NAIC 的斑马鱼模型中，使用吗啉基靶向起始位点或外显子 14 和 15 之间的剪接受体位点，在耗尽 UTP4 的斑马鱼中未观察到 pre-rRNA 加工缺陷[88]。然而，在 UTP4 斑马鱼模型中观察到 p53 水平的适度增加，所见的胆道缺陷在 p53 突变背景中消除[88]。虽然 NAIC 是核糖体生物发生的唯一障碍，或者已知会特定影响肝功能的核糖体病，p53 稳定机制也发生在其他核糖体病中[65]。据报道，*Utp4* 纯合子基因敲除小鼠胚胎致死，而杂合小鼠发育正常[89]，但是这些结果尚未完全描述。因此，需要进一步确定 UTP4 在肝脏病机中的作用。

（二）Shwachman-Diamond 综合征

Shwachman-Diamond 综合征（SDS）（OMIM 260400）是一种核糖体病，通常在儿童早期表现为骨髓衰竭（中性粒细胞减少症）和（或）胰腺不足，表现为发育不良[90, 91]。90% 的患者的 *SBDS*（酵母中的 *SDO1*）发生突变，但是最近发现 *DNAC21* 和 *EFL!* 也发生突变[90, 92]。这些基因编码的所有蛋白质都参与了核糖体 LSU（60S）亚基细胞质成熟的后期步骤。随着患者年龄的增长，SDS 可进展为骨髓增生异常综合征和急性髓系白血病[90, 91, 93]。最近发现一组 SDS 患者的中位生存期只有 41 年[93]。

SDS 患者通常有肝脏异常，如肝大、转氨酶升高、胆汁酸水平轻度升高，尤其是在儿童早期[94]。大多数情况下，转氨酶水平在婴儿期后恢复正常，但胆汁酸水平经常保持升高。可以通过 MRI 在一些 30 岁以上患者中观察到肝微囊肿，但不是脂肪肝或肝硬化。综上所述，这些发现表明肝脏和 SDS 之间存在联系。这是一个使用新的肝脏成像技术进行进一步随访的成熟课题。此外，儿童肠道菌群的发育也可能起重要作用[95]。

（三）乙型 / 丙型肝炎和肝细胞癌

数百年来，病理学家一直使用核仁来预测癌症，但未真正了解它们之间的联系[96]。已知的是，许多不同癌细胞中核仁数量和大小均增加，这些发现与较差的癌症预后相关（见参考文献 [97]）。

在肝细胞癌（hepatocellular carcinoma，HCC）中，核仁大小增加经证明可以预测慢性肝病患者 HCC 的发展[98-100]。这一关联在感染乙型肝炎病毒的患者中尤为强烈。有趣的是，已知 HBV 的 HBx 癌蛋白通过与 NPM1 蛋白结合直接影响核仁功能，NPM1 蛋白帮助 HBx 进入核仁[101]。一旦在核仁中，HBx-NPM1 可增加 rDNA 转录，导致细胞增殖和转化增加[101]。

HCV 的作用也与核糖体生物发生相关。在感染 HCV 的细胞[102, 103]中，rDNA 转录通过 UBF 上调，其中 UBF 在 HCV 激活 CCND1 和 CDK4 后磷酸化。此外，HCV 复制所需的 RNA 聚合酶，也与 NCL 相互作用[104]。因此，核仁和造成慢性肝病和 HCC 的病毒间存在强烈关联。

（四）脆性 X 综合征

脆性 X 综合征由 X 染色体上 *FMR1* 基因突变引起，X 染色体导致 CGG 重复序列频率更高，导致 *FMR1* 基因表达的转录沉默[105]。FMRP 丢失导致一系列综合征，包括智力障碍和肥胖[106]。通过增加 mTOR 和 ERK 信号的 FMRP 丢失，mTOR 和 ERK 信号对于核糖体生物发生和蛋白质合成至关重要[107, 108]。EIF4E 磷酸化减少导致对于神经功能重要的蛋白质 MMP-9 的翻译同时增加。因此，脆性 X 染色体中的 FMRP 丧失导致 MMP-9 增加，转而导致智力障碍。

虽然脆性 X 综合征不是肝脏特异性疾病，但是最新研究表明，脆性 X 综合征可用影响肝功能的药物二甲双胍进行治疗[109, 110]。二甲双胍用于治疗 2 型糖尿病患者的高血糖[111]。由于二甲双胍抑制 mTORC1 和 MAPK/ERK 通路，这些通路在脆性 X 综合征患者中激活，并且对于肝脏发育至关重要，因此，将二甲双胍作为脆性 X 综合征的药物进行测试[112]。有趣的是，Frm1$^{-/y}$ 小鼠通过二甲双胍疗法确实恢复了诸多认知缺陷，包括增加社会偏好和减少重复行为。此外，在脆弱 X 综合征果蝇模型中，二甲双胍疗法也恢复了胰岛素信号转导和昼夜节律的缺陷[113]。

有趣的是，尽管二甲双胍疗法恢复了大脑中的 ERK 磷酸化水平，但二甲双胍疗法未恢复 Frm1$^{-/y}$ 小鼠肝脏中的 ERK 磷酸化水平[109]。此外，二甲双胍疗法可能正在影响受 FMRP 丢失影响的其他通路，如糖异生和肠道微生物群，对这些其他途径的恢复，这些途径有助于二甲双胍对脆性 X 染色体综合征的体征和症状的影响[109]。最近表明，在肝癌细胞中，药物二甲双胍通过 DEPTOR-mTOR 通路具有抗癌效果[114]，提示二甲双胍作用与 FMRP 丢失相关的机制尚未探索。

四、结论

人类的多种肝脏特异性疾病直接受核糖体生物发生影响。因此，理解人类核糖体生物发生的细胞生物学对肝病治疗有深远影响。但是，人们对人体内核糖体生物发生的复杂过程了解甚少，而且只是刚刚开始了解在组织层面上调节核糖体生物发生所需的调控层次。实际上，仍有许多问题，包括像核糖体生物发生这样普遍存在的过程是如何导致肝脏特异性缺陷的。尽管核糖体生成过程很明确，这一过程的调控对肝脏代谢和疾病的发生有重要意义。因此，针对核仁进行治疗干预可能是未来治疗肝脏相关疾病的一种可行选择。

第 16 章 微小 RNA 和肝细胞癌
miRNAs and Hepatocellular Carcinoma

Yusuke Yamamoto Isaku Kohama Takahiro Ochiya **著**

姬峻芳 潘金昌 赵永芝 陈昱安 **译**

在真核细胞中，已鉴定出几种类型小非编码 RNA，包括微小 RNA、干扰小 RNA（small interfering RNA，siRNA）和 Piwi 相互作用 RNA（Piwi-interacting RNA，piRNA）[1, 2]。二代测序技术的革命性进展为发现新的小 RNA 类别和鉴定大量此类核酸分子做出了重大贡献。miRNA 的长度为 18～24 个核苷酸，其在几乎所有类型的真核细胞中都有内源性表达，主要功能为在转录后水平沉默目的基因。通常情况下，miRNA 经整合入 RNA 诱导沉默复合体（RNA-induced silencing complex，RISC）发挥作用。RISC 位于细胞质中，具有 RNA 沉默子功能[3]。基于计算机预测模型，基因组中约 30% 基因的表达受 miRNA 介导的沉默调节[4]。同时，miRNA 在几乎所有细胞生理过程中都发挥着重要的作用，它们的失调与包括癌症在内的各种疾病密切相关[3]。

在发育过程中，不同类型细胞中 miRNA 的表达模式和水平会受到严格调控；例如，miR-122 的表达主要限于肝细胞[5]。已经发现许多 miRNA 在生理条件下可调节细胞分化和增殖[6, 7]；同样，很多 miRNA 也在癌症的发生和发展、侵袭和转移过程中发挥关键作用[8-10]。本章旨在概述 miRNA 在肝细胞癌中的功能，以及其在 HCC 诊断和治疗中的临床应用。

一、miRNA 生物学和 miRNA 生物合成的基础

同一 miRNA 的核酸序列在各个物种之间高度保守[11]。初级 miRNA 基因（pri-miRNA）在 RNA 聚合酶 Ⅱ（Pol Ⅱ）的作用下形成初级 miRNA 转录本，称为 pri-miRNA（图 16-1）。与蛋白编码基因相似，pri-miRNA 在序列结构上也有一个帽子和一个多聚腺苷酸（poly-A）尾；大小通常超过 1000 个碱基，具有一个包含成熟 miRNA 序列在内的 RNA 发夹状茎环结构[12]。多数情况下，一个 pri-miRNA 表达一个成熟 miRNA；然而也有部分 pri-miRNA 表达几个成熟 miRNA，如 miR-17–92 簇和 miR-106a-363 簇[13]。部分 miRNA 家族，如 let-7 家族，在许多物种中广泛保守且在人类中表达多达 10 多种的成熟 miRNA[14]。此外，还有一些 miRNA 位于蛋白质编码基因的内含子区域，内含子 RNA 在剪接过程中成为 pri-miRNA，这一类型 miRNA 的表达水平也因此与其亲本基因息息相关[15]。

在 miRNA 的生物合成过程中，由 RNA 聚合酶 Ⅱ 转录形成的 pri-miRNA 包含发夹茎环结构（约 70 个核苷酸），这些结构可被细胞核中的 DGCR8 所识别[16]。DGCR8 与 RNase Ⅲ 核酸内切酶 Drosha 相互作用，形成微处理器复合体。该复合体的 Drosha 在 pri-miRNA 的茎环结构基部将其切割，产生一个含 60～70 个核苷酸的茎环中间体，称为前体 miRNA（pre-miRNA）[17]。细胞核中的 pre-miRNA 通过核质穿梭 Exp-5 被转运到细胞质[18]。在细胞质中，pre-miRNA 的发夹结构进一步为 RNase Ⅲ 核酸内切酶 Dicer 切割，产生长度约为 22 个核苷酸的不完美匹配

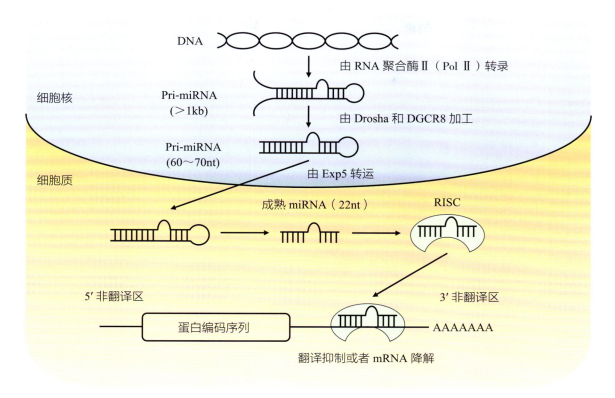

▲ 图 16-1 miRNA 的生物合成和功能通路

初级微小 RNA（miRNA）基因由 Pol Ⅱ 转录，形成的转录本为具有帽子结构和 poly-A 结构的 pri-miRNA。在 miRNA 生物合成过程中，初级 miRNA（pri-miRNA）被细胞核中的 DGCR8 核蛋白识别。DGCR8 与 Drosha（一种 RNase Ⅲ 核酸内切酶）相互作用，在 pri-miRNA 茎环结构的基部切割并产生前体 miRNA（pre-miRNA）。细胞核中的 pre-miRNA 由 Exp-5 转运至细胞质。在细胞质中，RNase Ⅲ 内切酶 Dicer 切割 pre-miRNA，产生长度约 22 个碱基的不完美匹配的 miRNA 双链体。双链体中的"引导链"载入 RNA 诱导沉默复合体（RISC）中。基于 miRNA 中的"种子"序列，靶基因的翻译受到抑制（部分互补）或其 mRNA 发生降解（完全互补）

miRNA 双链体[17]。miRNA 双链体包含一个"引导链"，即目标基因序列的反义链，以及一个"过客链"。通常，双链体的"引导链"结合到 RNA 诱导沉默复合体中，发挥活性 miRNA 作用；而"过客链"仅在某些情况下通过 RISC 发挥活性 miRNA 作用。RISC 中包含 pri-miRNA 结合蛋白，即 argonaute 蛋白家族成员。在小鼠和人类中，四种 Ago 蛋白（Ago Ⅰ～Ⅳ）均非常保守[19]。Ago 蛋白具有一个 PAZ 结构域，负责结合单链和双链 RNA；而 Ago Ⅱ 蛋白是 RISC 中的主要组分之一，具有解旋酶和核酸内切酶活性[20]。在 RISC 组装过程中，miRNA 双链体中的"过客链"为 Dicer 切割、移除，并最终被降解，而"引导链"则选择性地结合到 RISC 中并充当基因沉默子。miRNA"引导链"与 RISC 中的 Ago 蛋白紧

密结合，通过其 5′ 端的核苷酸序列（"种子"序列，一般为 6～8 个核苷酸）碱基互补识别靶基因[18]；miRNA"种子"序列主要与靶基因的 3′ 非翻译区（3′UTR）之间的相互作用，由此负调控靶基因的表达。基于"种子"序列与靶基因序列的互补性，成熟 miRNA 会导致 mRNA 翻译抑制（若部分互补）或降解（若完全互补）（图 16-1）。单个 miRNA 可调节数百个靶基因和影响许多信号通路，miRNA 的这一特性意味着，在几乎所有生理和病理事件发生发展中，miRNA 均为潜在的关键调节因子。因此，miRNA 生物学中的关键问题之一即为 miRNA 靶基因的识别。靶基因的预测方法最初是观察靶基因 3′UTR 序列与 miRNA"种子"序列的匹配情况，该"种子"区即为 miRNA 的 5′ 端第 2～8 个核苷酸。目前，已经开发出多

种用来预测 miRNA 靶基因的在线生物信息学工具：TargetScan7.1（http://www.targetscan.org/vert_72/），miRD（http://mirdb.org/），miRBase（http://www.mirbase.org/help/targets.shtml），以及 miRWalk2.0（http://zmf.umm.uni-heidelberg.de/apps/zmf/mirwalk2/）。这些网站可同时预测：①特定 miRNA 可能靶向的基因；②与特定靶基因结合的 miRNA。

二、肝细胞癌中的 miRNA

（一）肝细胞癌

肝脏的原发性恶性肿瘤主要有肝细胞癌、胆管细胞癌和肝血管瘤。其中 HCC 占比超过90%，它经常发生在乙型肝炎病毒感染、丙型肝炎病毒感染和肝硬化的患者中（占 HCC 病例的80%～90%）[21]。尽管 HCC 的治疗效果在不断提高，其仍是全球第三大癌症相关死亡原因。在亚洲和非洲地区，由于 HBV 和 HCV 的感染率较高，HCC 发病率亦高于其他地区；在全球范围内，预计未来几年 HCC 病例总数也将增加。在日本和西方国家，HCV 是 HCC 的最常见原因，但在其他亚洲国家和非洲，HBV 则是 HCC 发生的最常见原因。

肝炎的主要原因是病毒感染，而酗酒（酒精性肝病）和肝脂肪变性（非酒精性脂肪性肝炎）也可引发肝炎。HBV 和 HCV 感染会导致慢性肝炎，使肝细胞异常增殖和死亡，肝炎也会逐渐引发肝细胞内的基因变异。还有很多感染者为隐性感染；部分肝炎患者转变为无症状的 HBV 或 HCV 长期携带者并发展为肝纤维化，在随后的20年内逐步形成肝硬化。在疾病的最后阶段，肝硬化最终发展为 HCC。大约80%的 HCC 病例由肝硬化发展而来。在从肝炎到肝硬化最终发展为 HCC 的过程中，肝细胞反复增殖、死亡，致使包括点突变、基因缺失和扩增等在内的基因畸变大量累积，而这些成为引发 HCC 的主要原因[22]。

当患者有足够的肝功能储备时，HCC 的最佳治疗方法是肝肿瘤切除术。尽管在过去的几十年里，患者在接受肿瘤切除术后的5年生存率有了很大的提高，但复发率仍高达70%。HCC 的另一种治疗方法是肝移植。一般而言，肝移植条件适应证为患者有多种肝功能异常。此外，由于许多 HCC 患者确诊时已处于晚期，因此只有不到40%的患者符合肿瘤切除术和肝移植的手术条件。

超声检查和 CT 常用于诊断和监测 HCC。然而这些方法对于检测肝脏中的小病灶，效果欠佳。其他 HCC 筛查方法还包括肿瘤生物标志物的血清学检测，如甲胎蛋白（α-fetoprotein，AFP）、PIVKA-Ⅱ。血清学检测侵入性小，易于 HCC 筛查使用；然而其敏感性和特异性均相对较低，特别是对于早期 HCC 的检测[23, 24]。最近，miRNA 表达谱被认为是一种检测癌症的新型生物标志物。早期使用 miRNA 微阵列技术的研究，在 miRNA 生物学和癌症生物学领域贡献了举足轻重的发现。这些研究揭示，相较于正常对照组织，在患者的癌组织中表达降低的 miRNA，可靶向调节癌基因，发挥肿瘤抑制因子作用；而在癌组织中表达水平增加的 miRNA 则靶向调节肿瘤抑制基因，进而作为癌基因发挥作用。重要的是，这些 miRNA 的差异表达谱与包括 HCC 在内的多种癌症患者的临床预后密切相关。

早期的 miRNA 研究主要是基于芯片平台，而近年来新一代测序技术的发展也为 miRNA 在癌症生物学领域的研究做出了长足的贡献。运用这两种高通量全面检测方法，在 HCC 中一些 miRNA 已被鉴定为致癌或抑癌 miRNA，部分 miRNA 还可作为诊断和预后的生物标志物。这些 miRNA 可能通过抑制数百个基因来影响各种信号通路。已经有许多研究探究了 miRNA 在多种癌症中的功能及其标靶基因。虽然有些研究不是针对 HCC，但理论上而言，在其他癌症中鉴定出的 miRNA 靶基因可能与其在 HCC 中的靶基因相同，因此受 miRNA 影响的途径也相似。综上所述，在 HCC 领域的 miRNA 研究不仅有助于提高我们对 HCC 中 miRNA 功能的理解，而且有助于为 HCC 患者开发创新可行的治疗方法和诊断策略，尤其是早期检测 HCC 和精准检测 HCC 方案的研发。

（二）miRNA 在 HCC 中的致癌作用

对 HCC 组织 miRNA 表达谱的全面分析已

清晰揭示，miR-21是HCC发生中的重要癌基因。值得注意的是，miR-21不仅是原发性HCC中表达最高的miRNA之一，它的高丰度表达也是各种癌症的主要特征之一。由于miR-21的表达在各种类型的癌症中显著增加，因此被称为"oncomiR"。miRNA-21在HCC中的主要功能之一是抑制作为肿瘤抑制基因PTEN（10号染色体缺失磷酸酶和张力蛋白同源物）的表达，其表达与肿瘤细胞的恶性分化密切相关。PTEN基因作为miR-21的直接靶标，这一点已被充分验证。PTEN是一种磷酸酶，可将黏着斑激酶（focal adhesion kinase，FAK）去磷酸化。磷酸化的FAK呈激活状态，与HCC肿瘤的侵袭性行为相关联[25]。因此，miR-21介导PTEN下调，导致FAK磷酸化增加，进而增强HCC的侵袭性表型。抑制miR-21会降低HCC细胞在软琼脂中的生长速度并促进细胞凋亡[26]。与之一致，miR-21过表达促进了HCC细胞的生长、迁移和侵袭[27]。STAT3是IL-6信号转导的主要介质，可与miR-21初级转录本启动子区域结合，诱导miR-21转录水平。通过抑制凋亡信号和直接诱导miR-21转录，STAT3参与肿瘤转化[28]。

HCC中另一个众所周知的致癌miRNA是miR-17-92多顺反子簇。该miRNA簇包含6种miRNA，即miR-17、miR-18a、miR-19a、miR-20a、miR-19b和miR-92a，它们也被认为是"oncomiR"。在100%的人类HCC病例中，miR-17-92簇均过表达；其中部分miRNA，如miR-20a，在肝硬化组织中也高水平表达，这表明它们可能参与到HCC发生的早期阶段[29]。而癌基因c-Myc与miR-17-92多顺反子簇基因的启动子区域存在直接结合，可诱导miR-17-92多顺反子簇的表达[30]。为研究miR-17-92簇在体内的功能，研究者运用了肝脏特异性miR-17-92转基因小鼠，并联合使用了肝脏致癌物二乙基亚硝胺（diethylnitrosamine，DEN）[31]。在该转基因小鼠中，二乙基亚硝胺处理组与对照组小鼠相比，肝脏特异性miR-17-92转基因小鼠产生的HCC病灶数量显著增加。体外实验中也获得了类似的数据，miR-17-92簇的表达增加明显促进了人源

HCC细胞系的生长、克隆形成和侵袭[31]。

对比源自HBV和HCV慢性携带者的HCC细胞系和非病毒相关HCC细胞系的miRNA表达谱，检测诸多miRNA的差异表达，如miR-222、miR-221和miR-31上调，miR-223、miR-126和miR-122a表达下调。上调的miRNA可能作为癌基因发挥作用，反之，下调的miRNA可能作为肿瘤抑制因子发挥作用。进一步的分析表明，无论患者病毒感染状态如何，miR-223和miR-222的失调表达模式都能清楚地区分HCC肿瘤组织和非肿瘤肝组织[32]。在另一项针对HCV-HCC的研究中，运用实时定量聚合酶链式反应（quantitative real-time polymerase chain reaction，qRT-PCR）技术，对52个原发性肝肿瘤进行miRNA分析，其中包括癌前不典型增生结节和HCC。研究发现，相较正常肝脏组织，10个miRNA表达上调和19个miRNA表达下调[33]。对这些miRNA的进一步分析证实，在HCV感染的HCC病例中，miR-122、miR-100和miR-10a的表达水平显著增加，可能以致癌miRNA发挥作用。同样，使用连接介导的扩增方法对89个HCC样本进行miRNA分析，通过无监督聚类分析确定了三个HCC亚型（无翅型MMTV整合位点型、IFN相关型、增殖型）。在增殖亚型的一个子集中，来自chr19q13.42中研究较少的几个miRNA呈现高表达。在这些miRNA中，miR-517a和miR-520c过表达，在体外促进了HCC细胞的生长、迁移和侵袭；在体内模型中，miR-517也增强了肿瘤发生和转移。由此，它们也被认为是致癌miRNA[34]。

肿瘤起始细胞（tumor-initiating cells，TIC）或癌症干细胞（cancer stem cells，CSC）为癌症生物学的新范式，许多研究人员在该领域做了长足的研究，这些CSC细胞被认为具有更高的自我更新能力，以及更强的药物和放疗抗性。Ma等鉴定了CD133阳性HCC细胞群为肝脏CSC（占肿瘤块中细胞比例的1.3%~13.6%），并且还发现CD133阳性CSC群中miR-130b的表达水平高于CD133阴性细胞群。重要的是，当使用慢病毒载体在CD133阴性的HCC细胞中过表达

miR-130b 时，这些细胞对化疗药物表现出更高的抗性，在体内的致瘤性显著增加。在这一研究中，TP53INP1 被鉴定为 miR-130b 靶基因之一。因此，miR-130b 是调节癌症干性包括自我更新能力和耐药性的关键 miRNA 之一，也是一种致癌miRNA[35]。

癌症的转移和复发是癌症治疗面临的主要问题，对这一病理进程的分子机制研究将为 HCC 患者临床治疗提供新的见解。在 miRNA 生物学领域，几种 miRNA 已被报道为调节 HCC 迁移、侵袭和转移关键分子的上游调节因子，在决定肝癌预后方面具有重要作用。一些致癌 miRNA 被发现为促转移 miRNA。例如，致癌 miRNA miR-17-5p 的过表达通过激活 p38 MAPK 途径和增加 HSP27 的磷酸化来促进 HCC 细胞在体外和体内的迁移[36]。Ding 等在 HCC 中鉴定到 22 个miRNA 位于基因组扩增或缺失 DNA 区域[37]。其中，在 8q24.3 染色体上频繁扩增并与其宿主基因FAK 共表达的 miR-151 与 HCC 的肝内转移密切相关。miR-151 的过表达通过抑制 HCC 潜在转移抑制因子 RhoGDIA 的表达，在体外和体内诱导 HCC 细胞的迁移和侵袭[37]。另一个已被报道的促转移 miRNA 为 miR-143，其直接靶基因之一为 FNDC3B[38]。在这项研究中，miR-143 的瘤内给药显著增强了 HCC 细胞异种移植小鼠模型中的 HCC 转移。此外，另一使用 p21–HBx 转基因小鼠的研究表明，抑制 miR-143 可显著阻断局部肝转移和远端肺转移[38]。致癌 miR-517 也被发现为一种促转移 miRNA，其过表达导致体内转移灶的进一步扩散[34]。一项对 HCC 患者组织中156 种 miRNA 表达的分析研究表明，在 HCC 队列中观察到 miR-222 的普遍上调，抑制 miR-222表达可负调节 AKT 信号转导，致使细胞运动性降低。在这项研究中，使用计算机分析和荧光素酶报告基因分析证实 PPP2R2A 为 miR-222 靶基因之一。基于这些数据，miR-222 也是一种促进转移 miRNA[39]。

致癌 miRNA 也是肝内胆管细胞癌（intrahepatic cholangiocarcinoma，ICC）的关键调节因子，如miR-191 在 ICC 肿瘤发生中起重要作用。5 对ICC 和与其匹配的正常胆管组织的 RNA 测序结果发现，ICC 中 miR-191 的表达水平高于邻近的正常胆管组织。miR-191 的过表达促进 ICC 细胞在体外和体内的生长、侵袭和迁移；TET1 被确定为 miR-191 的直接靶基因，TET1 的表达减少可导致 p53 基因启动子甲基化，从而抑制 p53 转录。另外，miR-191 的表达与 ICC 患者的不良预后相关[40]。

（三）miRNA 在 HCC 中的肿瘤抑制作用

在癌症的发生发展过程中，许多癌基因和抑癌基因都是细胞周期调控机制中的重要组分。而在 miRNA 生物学中，许多 miRNA 可负向调节细胞周期，并作为肿瘤抑制因子发挥作用。细胞周期蛋白 – 细胞周期蛋白依赖性激酶（cyclin-CDK）复合物为一类关键的细胞周期正向调节因子，而大多数肿瘤抑制性 miRNA 可靶向该类复合物。这些细胞周期负调节 miRNA 包括 miR-1、miR-22、miR-34a、miR-122、miR-375 和 let-7。这些miRNA 中最有趣的是 miR-122，因为它在肝脏中表达丰度非常高，占肝脏 miRNA 总量的 70%以上。

Tsai 等的研究发现，与邻近的正常肝组织相比，人 HCC 组织中 miR-122 的表达特异性显著下调；miR-122 在 HCC 中起到肿瘤抑制因子的作用，作者通过实验鉴定了 32 个与细胞运动、细胞形态、细胞间信号转导和转录相关的 miR-122的靶基因[41]。另一研究也发现，在大多数 HCC组织中，miR-122 表达下调；周期蛋白 G1 是miR-122 的靶基因之一，其表达水平与 miR-122的表达呈负相关[42]。周期蛋白 G1 作为细胞周期进程的正调节因子，可下调 p53 进而诱发肝癌，而 miR-122 通过抑制周期蛋白 G1，在 HCC 中起到肿瘤抑制子的作用。与这些不同的是，在 HCV相关的 HCC 患者中，miR-122 在 HCC 组织中的表达较邻近正常组织异常增加[33]，这可能是因为肝细胞中 miR-122 的表达对于 HCV RNA 的积累至关重要[43]。在肝脏发育过程中，miR-122 的表达与四种肝脏选择性转录因子相关，即 HNF1α、HNF3β、HNF4α 和 C/EBPα；miR-122 通过直接靶向抑制 CUTL1 来调节肝细胞增殖和分化之间的平衡，在多个细胞谱系中，CUTL1 均为一种特化细胞终末分化的转录抑制因子[44]。因此，通常情况下 miR-122 在 HCC 中发挥肿瘤抑制因子的作用，但其在特定情况下的作用仍有待深入解析。

原发性 HCC 表现出多种基因组异常，如染色体不稳定性、CpG 高甲基化、与 HBV 整合相关的 DNA 重排、DNA 低甲基化、在较小程度上的微卫星不稳定性等[45]。肿瘤抑制性 miRNA 的启动子区域高甲基化可导致其在癌细胞中的表达减少和（或）沉默。与匹配的邻近肝组织相比，miR-1 的表达在 HCC 组织中下调，并且 miR-1 也是众所周知的肿瘤抑制 miRNA。在 HCC 中，miR-1 最初被鉴定为受甲基化调节而表达下降的 miRNA。5- 氮杂胞苷（DNA 低甲基化剂）和（或）曲古抑菌素 A（组蛋白去乙酰化酶抑制药）处理后，HCC 细胞中 miR-1 表达恢复。miR-1 的过表达可直接靶向 *FoxP1*、*MET* 和 *HDAC4* 基因，从而抑制细胞生长并诱导细胞凋亡[46]。miR-148 是另一个最初被鉴定的肝特异性 miRNA，它在成熟肝脏中高水平表达，并通过直接靶向负责表观遗传沉默的 DNMT1 来控制胚胎肝母细胞的分化[47]。作者还发现 miR-148a 作为抑癌 miRNA，可助益 HCC 肿瘤抑制；除调节 DNMT1 之外，miR-148a 还通过非依赖 DNMT1 的方式负向调节 c-Met 癌基因，从而发挥肿瘤抑制作用[47]。

与来自 HCC 患者的肝脏非肿瘤组织相比，HCC 组织中的 miR-375 表达水平下调。YAP 是一种有效的致癌驱动因子，miR-375 过表达通过降低 YAP 的转录活性，而对 HCC 细胞发挥抑癌作用[48]。运用 3'UTR 的荧光素报告基因分析，研究者揭示 stathmin1 为 miR-223 的下游靶标，并且 stathmin1 的表达与 HCC 细胞中 miR-223 的表达呈负相关[32]。miR-34a 是最著名的肿瘤抑制 miRNA 之一，其转录受基因组守护者 p53 直接诱导调节。对 83 个 HCC 福尔马林固定石蜡包埋（formalin-fixed paraffin-embedded，FFPE）组织样本的 qRT-PCR 分析显示，与匹配的肝组织相比，HCC 样本中 miR-34a 的表达降低；同时外源过表达 miR-34a 可影响磷酸化 ERK1/2 和磷酸

化 STAT5 的信号转导，从而抑制细胞增殖并诱导 HCC 细胞凋亡。因此，miR-34a 在 HCC 中也可作为肿瘤抑制因子[49]。

肿瘤抑制 miRNA 在一定程度上也起到抗转移作用，这些 miRNA 主要调节上皮 - 间充质转化。miR-200 家族成员为典型的 EMT 相关 miRNA，其转录表达受到 p53 的正向诱导，可抑制肿瘤进展和转移。通过对 92 个原发性 HCC 和 9 个 HCC 细胞系的分析，p53 对 miR-200 家族的转录诱导被证实；而 miR-200 家族主要靶向 EMT 的关键调节因子 ZEB1 和 ZEB2。由此，p53 通过诱导 miR-200 家族成员，从而抑制 ZEB1 和 ZEB2 的表达，进而负调控 EMT。此外，p53 还可以诱导 miR-192 家族转录，进而抑制 miR-192 的靶基因 ZEB2 的表达。这两个 miRNA 通过抑制 EMT 表型发挥抗转移作用[50]。据报道，其他肿瘤抑制 miRNA 也具有抗转移功能，如 miR-34a 和 miR-23b。在 HepG2 细胞中，miR-34a 通过直接靶向 c-Met（一种跨膜酪氨酸激酶受体和 EMT 的诱导剂）来抑制肿瘤侵袭和迁移[51]；miR-23b 通过靶向下调尿激酶型纤溶酶原激活物（urokinase plasminogen activator，uPA）和 c-Met，减少肿瘤细胞癌症侵袭和转移[52]。值得注意的是，含有 ADAM 家族基因与癌症转移密切相关。据报道，miR-122 可直接抑制 ADAM10[53] 和 ADAM17[41]，从而发挥抗转移 miRNA 的作用。最近，Su 等证实了 miR-217 在高侵袭性 MHCC-97H 肝癌细胞和转移性 HCC 组织中的表达水平降低。miR-217 的异位表达可直接抑制 E2F3，进而降低 MHCC-97H 细胞的侵袭[54]。近期的一项发现，miR-501-3p 也参与了 HCC 的转移调节。在转移性 HCC 细胞系、复发性和转移性 HCC 组织样本中，miR-501-3p 的表达均显著降低；与其他抗转移性 miRNA 的研究类似，外源过表达 miR-501-3p 抑制了转移性 HCC 细胞的生长、迁移、侵袭和 EMT；在这一进程中，miR-501-3p 的直接靶标为 LIN7A，并且敲降 LIN7A 亦可抑制 HCC 细胞的转移[55]。

这些肿瘤抑制和（或）抗转移 miRNA 的研究表明，miRNA 有潜力成为 HCC 有效的预后生

物标志物和新的治疗策略。

三、miRNA 在肝炎病毒感染中的作用

miRNA 不仅参与了 HCC 的发生和发展，它们也与肝炎病毒 HBV 和 HCV 的感染密切相关。HBV 是一种 DNA 病毒，通过计算机预测发现，HBV 基因组中存在一个 miRNA 基因序列，但该预测并未得到证实，目前未发现 HBV 基因组编码 miRNA[56]；然而，HBV 会影响宿主细胞中 miRNA 的表达，从而为 HBV 复制和免疫逃逸创造有利环境。HBV 感染基本上分为两个阶段：急性期和慢性期。在急性期，HBV 在逃避宿主免疫攻击的同时进行高效复制。在慢性期，HBV 感染进入休眠状态，病毒开始稳定复制并可逃离免疫系统。在这两个感染阶段中，宿主细胞中的 miRNA 都不可或缺地调节着宿主与病毒之间的相互作用。在 HBV 感染的相关研究中，miR-122 是被研究得最充分的 miRNA。作为一种在肝细胞中大量表达的肝脏特异性 miRNA，miR-122 对 HCV 感染至关重要，而 miR-122 的缺失却可促进 HBV 的复制[57, 58]。通过直接与高度保守的 HBV 基因组序列结合，miR-122 可抑制 HBV 病毒基因的表达。此外，对 HBV 基因组转录至关重要的 HBx 会与 PPARγ 结合，进而抑制 miR-122 的转录，诱导 HBV 的复制[59]。

通过转染 miRNA 模拟物，发现 miR-1 的过表达增强了 HBV 复制，并上调了 HBV 核心启动子转录、抗原表达及分泌。生物信息学和荧光素酶报告基因分析揭示，miR-1 对 HBV 复制的这些影响并不是直接通过靶向 HBV 基因组来介导的，miR-1 很可能通过调节几种宿主基因的表达来增强 HBV 的复制及癌细胞表型[60]。此外，通过检测细胞内外 HBV DNA 和 HBsAg 的水平对一个含有 2048 个 miRNA 的 miRNA 文库进行筛选，鉴定出 39 个可抑制 HBV 复制的 miRNA。其中，miR-204 显著降低了 HCC 细胞中的 HBV DNA 和 HBsAg 水平；而作为 miR-204 的靶基因之一，Rab22a 缺失也抑制了细胞内外 HBV DNA 的水平[61]。另外，HBx 也参与调节宿主细胞中的 miRNA 水平。已证实 let-7a 可受 HBx 的负调控，并且两者间的表达水平呈负相关；同时由于 let-7a 可以直接靶向 STAT3，因此由 HBx 介导的 let-7a 下调和 STAT3 上调增强了细胞增殖能力，从而参与肝癌发生[62]。此外，在 HBV 稳定表达细胞系（HepG2.2.15）与其对照细胞系（HepG2）之间，miRNA 微阵列分析揭示了 10 个存在差异表达的 miRNA。其中，在 HBV 稳定表达细胞系中观察到了 miR-501 的高表达；miR-501 的表达缺失可抑制 HBV 复制，但不影响 HBV 稳定表达细胞的生长。荧光素酶报告基因检测结果显示，HBV 复制抑制剂 HBXIP 是 miR-501 的潜在靶标。因此，miR-501 或将是调节宿主细胞中 HBV 复制的重要 miRNA[63]。

miRNA 参与免疫系统的生理组成调节和功能调节。宿主先天性抗病毒免疫是抵御肝炎病毒感染的第一道防线，该防御机制由多个阶段的多个基因精确控制。miRNA 在宿主细胞中的表达被证明在 HBV 感染及其防御过程中起着关键的调节作用。例如，miR-155 在 HBV 感染期间发生上调并影响着宿主免疫反应，在 TLR 识别病毒病原体后，miR-155 参与调节急性炎症反应。miR-155 的上调诱导几种 IFN 诱导型抗病毒基因的表达，并下调 SOCS1，从而导致人肝癌细胞中的 STAT1 和 STAT3 发生磷酸化介导炎症反应。此外，miR-155 的过表达在体外也可抑制 HBx 基因表达[64]。另外，在一项对 98 名 HBV 相关 HCC 患者的研究中发现，miR-200c 的高表达通过直接结合 PD-L1 的 3'UTR，进而阻断由 HBV 介导的 PD-L1 的表达，其高表达与患者的良好预后相关联；在这些患者中，PD-L1 与 miR-200c 表达呈负相关[65]。

在幼儿 HBV 感染的天然过程中，随着病毒在宿主细胞（受感染的肝细胞）中休眠，经常表现出从急性感染到慢性感染的转变。当 HBV 在宿主细胞核中形成共价闭合环状 DNA（covalently closed circular DNA，cccDNA）时，它会稳定存在直到其生命周期重新激活，进而进入慢性感染阶段[66]。据报道，一些 miRNA 为慢性 HBV 感染所必需。由 DNMT1 介导的 cccDNA 中 CpG 岛甲基化可以阻止病毒基因表达。DNMT1 也被证

实为 miR-152 的靶基因，其在 HBV 相关 HCC 中的表达经常下调[67]。miR-152 的抑制会导致细胞整体 DNA 高甲基化，由此增加了两个肿瘤抑制基因 *GSTP1* 和 *CDH1* 的甲基化水平，因此 miR-152 可以在 HBV-HCC 中作为调节细胞表观遗传学的肿瘤抑制因子来发挥作用[67]。此外，一项计算分析已经确定 HBV 基因组上有 7 个人类肝脏 miRNA 的潜在作用靶点。这些 miRNA 靶位点位于病毒聚合酶开放阅读框（open reading frame，ORF）和重叠表面抗原 ORF 内的 995bp 片段簇中，并且在最常见的 HBV 亚型中较为保守；荧光素酶报告基因实验证实 miR-125a-5p 和 HBV 序列之间存在直接相互作用，而这种相互作用显著抑制了表面抗原的报告基因活性[68]。

肝脏特异性 miRNA 也参与了 HCV 的感染过程。HCV 是一种单链 RNA 病毒，其可感染肝细胞并发展为持续性感染。miR-122 作为肝脏中的主要 miRNA，对 HCV 的复制至关重要。HCV RNA 基因组包含一个 5′UTR 区域、一个编码多个蛋白的长 ORF 和一个 3′UTR 区域。基于对 miRNA 结合位点的生物信息学预测分析，发现 miR-122 和病毒 RNA 基因组的 5′UTR 之间可互补结合；实验发现 HCV RNA 在表达 miR-122 的 Huh-7 细胞中复制，但在不表达 miR-122 的 HepG2 细胞中则不复制[57]。当 miR-122 受到 2′-O– 甲基化 RNA 寡核苷酸调控失活后，HCV 复制子和核心蛋白的表达被显著抑制[57]。因此，miR-122 成为了抗病毒治疗研发中的一个极具吸引力的靶标。

四、miRNA 可作为 HCC 治疗策略

miRNA 在 HCC 发生发展、在 HBV 和 HCV 病毒复制中的生物学意义，为开发 HCC 治疗靶点提供了新的契机。在考虑 HCC 治疗策略时，肝硬化为肿瘤治疗提供了一个较理想的窗口期，因为肝硬化的恢复可能会阻止 HCC 的发生。miR-29 家族的所有三个成员在肝硬化中均显著下调，并且与 TGF-β 介导的纤维化有关[69]。miR-29b 在小鼠肝星状细胞中的过表达会降低 α-SMA、胶原蛋白 1 和 TIMP-1 的表达。miR-29b 在活化

的 HSC 中过表达可以抑制细胞增殖和克隆形成能力，通过下调周期蛋白 D1 和 p21cip1 导致细胞周期阻滞在 G_1 期。因此，给予 miR-29 可能会通过靶向肝脏中活化的 HSC 来预防肝纤维化[70]。另外，以 miRNA 为基础的疗法也可以靶向调节 HCV 复制进程。慢性感染 HCV 的黑猩猩在接受与 miR-122 互补的锁定核酸（locked nucleic acid，LNA）修饰的寡核苷酸 SPC3649 治疗后，表现出 HCV 病毒血症的长期抑制，并且没有出现不良反应或病毒抗性。SPC3649 的这一长效作用使得它有望成为 HCV 感染的抗病毒疗法[43]。

关于 HCC 的 miRNA 治疗方案，目前已在实验中和临床前研究中提出了不少 miRNA 靶标。靶标选择基本为两种：抑癌 miRNA 和致癌 miRNA。当一种 miRNA 是肿瘤抑制因子时，其表达水平在 HCC 组织中通常会降低，而在正常肝组织中会较高，因此将该种 miRNA 施用到 HCC 组织中可能会起到治疗效果。相反，当一种 miRNA 是癌基因时，其在 HCC 中的表达水平则会上升，而对此类 miRNA 的抑制也代表了一种潜在的 HCC 治疗策略。

以抑癌 miRNA 为靶标的疗法中，Kota 及其同事使用 miR-26a 作为 HCC 治疗的靶点，报道了使用 miR-26a 在 HCC 中的疗效。miR-26a 的表达通常在 HCC 中降低，而 miR-26a 的过表达则通过直接靶向细胞周期蛋白 D2 和 E2 诱导细胞周期阻滞。在 HCC 小鼠模型中，利用腺相关病毒（adeno-associated virus，AAV）进行 miR-26a 全身给药可抑制肿瘤生长，并诱导肿瘤特异性细胞凋亡。因此，miRNA 的递送为 HCC 治疗提供了一种新的策略[71]。以致癌 miRNA 为靶标的疗法中，miR-191 已被报道为 HCC 治疗中的候选靶标 miRNA。已知的肝癌致癌物 TCDD 会增加 miR-191 的表达，并调节许多与癌症相关的途径；在原位 HCC 异种移植物中加入抗 miR-191 寡核苷酸可抑制肿瘤细胞的生长并减少肿瘤形成[72]。另一个靶标是 miR-21，它在 HCC 中过表达，并被认为是致癌 miRNA。Wagenaar 及其同事开发了有效且特异的 miR-21 单链寡核苷酸抑制药（抗 miR-21），抗 miR-21 治疗通过诱导细胞凋亡

和坏死显著降低了大多数 HCC 细胞系的细胞活力。与体外实验结果相似，抗 miR-21 的作用在 HCC 肿瘤异种移植模型中也得到了证实[73]。此外，miR-17 家族致癌 miRNA 也被用于 HCC 模型中的药物学靶标。在 HCC 细胞系中，体外设计的强诱饵抑制药可阻断 miR-17 功能，从而导致 miR-17 的直接靶基因不再受到抑制。脂质纳米颗粒作为将寡核苷酸全身递送至体内肿瘤组织的最先进平台之一，用于包封有效的抗 miR-17 家族寡核苷酸，包封的寡核苷酸被命名为 RL01-17(5)；在原位 HCC 异种移植物模型中，RL01-17(5) 的全身给药可以显著抑制肿瘤。该发现为靶向 miR-17 家族作为一种新 HCC 疗法提供了理论依据[26]。

由于 miRNA 靶向调节大量基因和信号通路的独特能力，基于 miRNA 或抗 miRNA 的治疗策略具有很大的前景。应该注意的是，在临床使用 miRNA 或抗 miRNA 之前，靶点的鉴定和进一步的验证应充分进行。体内递送技术的进步，如纳米颗粒、病毒载体和外泌体的使用，则为在 HCC 中实现高效和安全的基于 miRNA 或抗 miRNA 的基因治疗提供了保障。

五、HCC 中的外泌体 miRNA

2007 年，Valadi 及其同事进行的一项示范性研究称，miRNA 和 mRNA 可以被包装进胞外囊泡中[74]。根据它们的大小、密度和分泌机制，这些 EV 被分类命名为外泌体、微泡、凋亡小体和其他细胞外颗粒。分泌的 EV 含有细胞质成分，它们可以在质膜上形成，通过直接出芽到细胞外环境中，从而产生大的（100～1000nm）不规则形状的微泡。相比之下，另一种类型的颗粒外泌体，则被认为是从大小为 30～100nm 的多泡体中释放出来的。几乎所有类型的细胞均可以分泌 EV，它们从一个细胞分泌出来，并可以转移到另一个细胞[74]，从而通过转运其中的 RNA 分子和蛋白质在细胞间通信中发挥着关键作用（图16-2）。因此，EV 是一种用于在细胞之间交换遗传信息（如 miRNA）的新工具。

值得注意的是，目前已在体液包括血液、唾液、尿液和母乳中检测到 EV。尽管 RNase 大量存在于体液（如血液）中，但这些循环的胞外 RNA 可以受到 EV 的双层脂质膜的保护而不被降解。在这些研究之前，miRNA 被认为主要在细胞内发挥作用；现在知道它们同样可以通过 EV 在细胞外空间发挥作用。事实上，已发现肿瘤细胞来源的含 miRNA 的 EV 可以被转移到内皮细胞中并调节血管生成[75]。目前，许多研究提出包括 miRNA 在内的 RNA，可以在细胞间通信中作为新的体液因子发挥作用，一些研究开始专注于由 EV 携带的 miRNA 在癌症生物学中的作用[76]。

癌细胞中，致癌 miRNA 通常高表达，而抑癌 miRNA 通常低表达，来自癌细胞的 EV 基本上可以反映细胞本身的 miRNA 表达谱。例如，p53 突变的结肠癌细胞通过 EV 分泌致癌 miR-1246，携带 miR-1246 的 EV 被运送到邻近的巨噬细胞使得其被重编程为促癌状态，从而为癌细胞创造了有利的微环境[77]。相反，作为肿瘤抑制因子的 miR-143 在正常前列腺细胞中高表达，并且来自正常前列腺细胞的 EV 中含有 miR-143，该 EV 可以被转移运至癌细胞中最终抑制癌细胞生长[78]。迄今为止，大量研究报道 EV 是循环 miRNA 的重要来源，这表明 EV 携带的 miRNA 在 HCC 的发生发展中也起着关键作用。

根据 Kogure 及其同事的研究，HCC 细胞分泌的 EV 与 HCC 细胞相比，具有不同的 RNA 和蛋白质分子谱。与源自其他癌细胞的 EV 类似，HCC 细胞来源的 EV 被证实可被其他细胞内化并调节受体细胞中的基因表达[79]。作为肝脏特异性 miRNA，miR-122 是一种肿瘤抑制 miRNA，也可以通过 EV 在人肝癌细胞 Huh7 和 HepG2 之间转移。在细胞培养模型中，Huh7 细胞来源的 EV 携带 miR-122，可被 miR-122 表达缺失的 HepG2 细胞内化，从而在 HepG2 细胞中使得 miR-122 的靶基因下调，这表明相邻细胞之间的细胞间通信可以通过 EV 得以实现[80]。

HCC 细胞分泌的 EV 也会转移到周围的成纤维细胞中。众所周知，癌症相关成纤维细胞（cancer-associated fibroblasts，CAF）在肿瘤微环境中发挥关键的调节作用。对来自 HCC 患者的

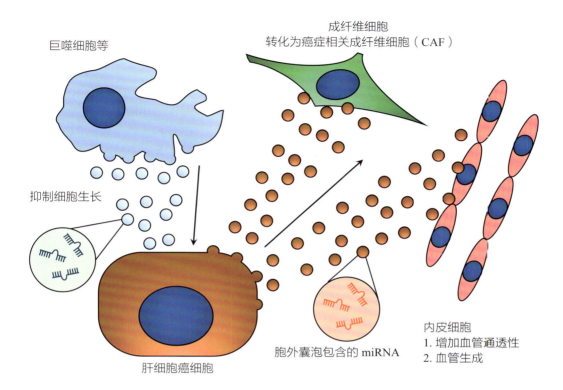

▲ 图 16-2 肝细胞癌中胞外囊泡介导的细胞间通信

来源于肝细胞癌（HCC）的胞外囊泡（EV）可以调节微环境细胞的特性，这些细胞包括免疫细胞、内皮细胞、成纤维细胞、上皮细胞和间充质干细胞。癌细胞利用胞外囊泡来构建有利的肿瘤微环境。例如，含有 miRNA 的 HCC 来源的 EV 以内分泌方式控制 CAF 转化[82]，以旁分泌方式增加血管通透性[83]并诱导血管生成[84]。相反，HCC 细胞也接收来自周围细胞的 EV。含有 miRNA 的巨噬细胞来源的 EV 可阻断 HCC 细胞的增殖。EV 可以自分泌方式作为相邻细胞之间的细胞间通信工具[80]

CAF 细胞产生的外泌体进行 miRNA 测序，发现来自 CAF 的外泌体中 miR-320a 显著缺失[81]。外源性 miRNA 转染实验表明，CAF 会将 miRNA 转移到 HCC 细胞中。重要的是，miR-320a 是一种肿瘤抑制 miRNA，可以通过直接靶向 *PBX3* 同源框基因来抑制 HCC 细胞增殖、迁移和转移，因此通过 EV 转运来自正常基质细胞的 miR-320a 至 HCC 细胞中，可能对预防 HCC 发展很重要。而 CAF 介导的 HCC 肿瘤进展，则至少部分是由其外泌体中 miR-320a 的缺失所引起[81]。由于外泌体可以在局部和全身都发挥作用，已证实来自高转移性 HCC 细胞的 EV 携带的 miR-1247-3p，可以将正常成纤维细胞转化为 CAF，进而调节肺中的肿瘤转移微环境形成[82]。作用机制主要为，EV 携带的 miR-1247-3p 可抑制 B4GALT3 的表达，从而导致成纤维细胞中 β_1-integrin-NF-κB 信号通路的激活。与这些研究结果一致，HCC 患者血液中 EV 的 miR-1247-3p 水平也与其肺转移相关[82]。

此外，研究发现 EV 携带的 miR-103 与转移所需的血管通透性增加相关。通过深度测序和 qRT-PCR 验证，确定高水平的血清 miR-103 与 HCC 患者高转移能力之间存在相关性。运用含高丰度 miR-103 的肝癌细胞来源的 EV，对内皮细胞进行再处理，发现内皮细胞的通透性显著增加，并促进了肿瘤细胞的跨血管内皮侵袭[83]。通过直接靶向 VE-Cad、p120 和胞质紧密粘连蛋白1，癌细胞来源的 miR-103 降低了内皮细胞连接的完整性[83]。此外，对血清 miRNA 水平的评估显示，从 HCC 患者血清中分离出的外泌体中存在高水平的 miR-210-3p，并且 miR-210 水平与 HCC 组织中的微血管密度呈正相关[84]。通过使用内皮细胞进行体外小管生成测定实验，证实外泌体 miR-

210 通过直接靶向 *SMAD4* 和 *STAT6* 基因而增强血管生成[84]。另外，巨噬细胞来源的 EV 可以被 HCC 细胞内化，EV 中 miR-142 和 miR-223 两种 miRNA 的转运会抑制 HCC 细胞中 stathmin-1 和 IGF1R 的表达，导致 HCC 细胞增殖被抑制。由此，来源于免疫细胞的携带特定 miRNA 的 EV，代表了一种潜在的可防止 HCC 发生发展的新防御系统[85]。

六、miRNA 作为 HCC 的诊断标志物

在使用 miRNA 表达谱进行癌症诊断之初，全转录组分析主要用于通过确定肿瘤的临床和遗传特性来研究 HCC 组织的分子分型[34]。在过去 10 年中，大量研究清楚地表明，依据肿瘤恶性程度、危险因素和癌基因 / 肿瘤抑制基因的改变，miRNA 表达谱可以提供组织特定的 miRNA 指纹，从而显示 HCC 起始和进展的临床和病理特征。因此，miRNA 谱可被用作潜在的癌症生物标志物[86]。由于 miRNA 特征谱很可能代表 HCC 的状态，因此深入理解 miRNA 表达谱将有助于建立新的 HCC 诊断和（或）预后工具。尽管肿瘤的分子图谱最初是使用手术或活检标本建立的，但最近一种循环核酸分析（液体活检）作为实体瘤的诊断工具受到了越来越多的关注。液体活检具备自己的优点，包括侵入性较小、可在多种方法平台检测使用，如检测细胞游离 DNA（cell-free DNA，cfDNA）和 miRNA。一次组织活检只能提供有限的肿瘤组织的空间和既定时间点的分子信息，然而，由于液体活检提供的信息可来自不同空间位置的细胞，其或能反映患者体内肿瘤细胞的异质性[87, 88]。

肿瘤相关基因组 DNA 突变的检测诊断有助于临床治疗决策的制定，如分子靶向药物的选择，因此检测 cfDNA 的方法已被建立起来以供临床前使用（例如，CancerSEEK 可区分 8 种癌症类型，甚至是在肿瘤早期阶段）[89]。除 cfDNA 外，液体活检方法在检测体液 EV 中的 miRNA、蛋白质和脂质方面也非常有效。一项对 HCC 患者血液样本中检测到的 miRNA 的早期分析表明，miR-500 存在高水平表达[90]。因此，使用液体活检和（或）血清 miRNA 水平的定量成了诊断 HCC、评估预后、监测复发性肿瘤和预测药物反应的潜在方法。

深度 RNA 测序加 qRT-PCR 验证被用来鉴定 HCC 的血清生物标志物，三种 miRNA（miR-25、miR-375 和 let-7f）被确定为 HCC 的生物标志物。这些 miRNA 的感受型曲线（receiver operating characteristic，ROC）分析显示，ROC 曲线下面积（area under the ROC curve，AUC）为 0.997，区分 HCC 病例与对照组的敏感性为 97.9%，特异性为 99.1%[91]。通过将患者样本随机分成训练队列和验证队列，一种包含 7 种 miRNA（miR-122、miR-192、miR-21、miR-223、miR-26a、miR-27a 和 miR-801）的逻辑回归模型发现，患者血清中该组合可鉴定 HBV 相关 HCC 病例。该 miRNA 组合可以将 HCC 病例与健康个体（AUC=0.941）、慢性乙型肝炎患者（AUC=0.842）和肝硬化患者（AUC=0.884）有效区分开来[92]。另外，在 HCC 患者中观察到单个 miRNA（miR-21）的血浆水平显著高于慢性肝炎患者和健康个体。有趣的是，血浆 miR-21 水平的 ROC 分析显示，其区分 HCC 与慢性肝炎的 AUC 为 0.773，敏感性为 61.1%，特异性为 83.3%；区分 HCC 与健康个体的 AUC 为 0.953，敏感性为 87.3%，特异性为 92.0%[93]。这些参数均优于传统的 HCC 血浆生物标志物 AFP，表明 miR-21 是一种有前景的 miRNA 生物标志物[93]。

2015 年，Lin 及其同事报道了一项在五个群组（HCC 患者、HBV 相关肝硬化患者、慢性 HBV 肝炎患者、非活动性 HBsAg 携带者和健康个体）中针对 HCC 诊断 miRNA 血清学谱的综合研究。他们使用来自 HCC 患者的 6 个血清样本和来自慢性肝炎患者（对照）的 8 个血清样本，用 miRNA 微阵列检测了 19 个 HCC 中高表达的 miRNA。研究者使用线性支持向量机、非线性支持向量机、线性判别分析和逻辑回归等四种模型的组合，开发了一个 miRNA 分类模型（7 种 miRNA：miR-29a、miR-29c、miR-133a、miR-143、miR-145、miR-192 和 miR-505）用于检测 HCC[94]。该 miRNA 分类模型显示出比传统 AFP

检测更高的准确度，并在高危患者中检测到了肿瘤较小、发展早期、AFP 阴性的 HCC 病例。此外，循环 miRNA 表达谱也被用于评估肝硬化患者发展为 HCC 的风险[95]。通过比较 330 份肝硬化样本和 42 份早期 HCC 样本的血清学 miRNA 表达谱，利用血清中 5 种 miRNA 表达水平的得分计算，可预测肝硬化患者发生 HCC 的风险，后续研究（中位随访时间：752 天）显示出良好的预测准确性（AUC=0.725，$P<0.001$）[95]。

血液样本中的 miRNA 水平对于 HCC 的临床前检测是很有价值的，为患者提供了接受肿瘤根治性切除术并获得更好预后的机会[94]。最近，基于血清学 miRNA 水平的诊断模型，可成功地从多种癌症类型中区分特定癌症[96]，区分恶性肿瘤与良性组织，并预测癌症的转移[97]。因此，液体活检方法是一种非常有前景的方法和技术，在不久的将来可能会从前期实验发展至最终在临床成熟应用。

七、结论与展望

这一章聚焦于 miRNA 在肝癌中的功能，以及其潜在的在肝癌诊断和治疗中的临床应用，同时还简要概述了研究人员在解析 miRNA 在肝癌发生中的功能方面取得的进展。目前，miRNA 生物学在 HCC 领域的发展已经迅速而广泛地从基础研究转向临床应用。在基础生物学中，miRNA 对促进和抑制 HCC 发展的重要性，主要是基于 miRNA 独特特征，即一个 miRNA 影响数千个基因并调节多种信号途径。例如，肝脏特异性 miRNA miR-122，约占肝脏中所有 miRNA 分子的 70%。其对肝脏发育至关重要，对 HCV 的复制也至关重要；而在 HCC 发展过程中，miR-122 又充当肿瘤抑制因子。因此在不同情况下，一个 miRNA 可依据其所在空间和时间维度而发挥多种功能。由于其复杂的调节基因网络的能力，miRNA 成为了 HCC 的潜在治疗靶点，过表达 miR-26 和抑制 miR-17 的研究结果已证明这一点[71, 73]。另外，miRNA 研究领域最新和最关键的突破是发现了胞外 RNA，如 EV 包装的 miRNA。使用微阵列或深度测序检测血液中的循环 miRNA 可以用于诊断 HCC，并且在很多研究中，大量的患者队列分析已确定了 HCC 的 miRNA 生物标志物。尽管如此，目前发表的数据仍然存在一些不一致的现象。这一现象可能由多种原因造成，如不同的检测平台的使用、标准化方法、样品制备方法和样品类型（血清或血浆），以及队列规模的差异等。因此，标准化的操作流程和方法对于建立可靠的 HCC 液体活检测试方案十分重要和必要。此外，EV 还有潜力成为一种天然载体，它们可将特定的 miRNA 分子、蛋白质或药物递送到疾病部位。在接下来的 10 年中，我们期待 miRNA 研究获得长足发展，循环 miRNA 可成为 HCC 临床诊断、预后和治疗的可选方案。

致谢 这项工作得到了日本医学研究与发展机构（Agency for Medical Research and Development, AMED）的部分支持：P-CREATE；17cm0106217 h0002，Development and New Energy and Industrial Technology Development Organization；16ae0101011 h0003，Uehara Memorial Foundation 和 Naito Foundation 的研究资助。

第 17 章　肝细胞凋亡：机制及其与肝脏疾病的相关性

Hepatocyte Apoptosis: Mechanisms and Relevance in Liver Diseases

Harmeet Malhi　Gregory J. Gores　著

黄鹏羽　刘立会　陈昱安　译

细胞凋亡是人肝脏疾病过程中广泛存在的一种细胞死亡形式（图 17-1）。早期，细胞凋亡的鉴定主要依赖其形态学特征，包括细胞皱缩、染色质凝集、细胞核碎裂，以及存在胞膜起泡形成的完整的膜包裹的凋亡小体。其实，凋亡小体最早就是在黄热病患者的肝脏中被发现，被称为康氏小体。近年来，细胞凋亡被认为是一种 caspase 依赖的细胞死亡方式[1]。caspase 是一种天冬氨酸蛋白水解酶，可以在肽链的天冬氨酸残基之后裂解蛋白质。上述细胞凋亡的形态学变化就是由 caspase 激活所引起。caspase 激活进而引发细胞凋亡是高度程序化的细胞死亡过程。其过程中存在多个检查点和分子介导蛋白参与，并通过外源途径和内源途径两种不同的信号通路调控。其中，外源途径是通过激活死亡受体而启动，而内源途径是由细胞内源信号激活 caspase 所启动（图 17-2）。在肝细胞中，这两种信号调控通路最终在线粒体汇合。

细胞中有多种凋亡信号分子通过调节线粒体上游和下游的信号通路传递凋亡信号[2]。其中，线粒体膜通透性增加不仅是细胞凋亡的必要条件，也是细胞凋亡的充分条件。因此，线粒体透化的下游细胞内调节因子（如 caspase 抑制）并不能抑制细胞死亡[3]。发育过程中的细胞凋亡通常受到严格的时空调控，并不会引起继发事件。而病理性凋亡通常会激活继发信号（有可能是大规模的），并最终可以导致器官衰竭。继发信号事件包括病理性凋亡诱导的组织炎症、损伤和纤维化。例如，在急性肝损伤中会发生大量的细胞凋亡，并与其最终的病情密切相关[4]。在慢性肝损伤过程中，持续的细胞凋亡会引起炎症反应并促进纤维化，最终导致肝硬化[5, 6]。大量的证据也表明，肝细胞凋亡与病毒性肝炎、代谢性疾病、酒精性脂肪性肝炎、自身免疫性肝炎和药物诱导的肝损伤密切相关[7-9]，说明在不同的急性和慢性肝损伤过程中，都有类似的肝细胞凋亡依赖的致病机制。肝脏当中其他细胞（如肝窦内皮细胞和肝星状细胞）的凋亡，也参与到肝损伤过程中。在本章中，我们主要讨论肝细胞凋亡的信号转导和调控因子，以及在不同的凋亡机制中的特异性损伤刺激信号。

一、外源途径

死亡受体是一类分布在细胞表面的跨膜蛋白，属于 TNF/NGF 受体超家族。死亡受体的分类主要依据其配体特异性的不同[10][如其对 TNF-α、FasL 或 TNF 相关凋亡诱导配体（tumor necrosis factor-related apoptosis-inducing ligand,

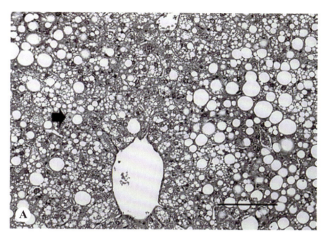
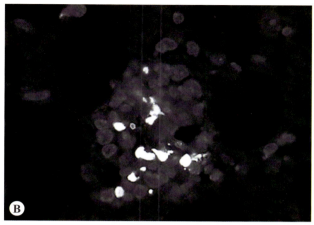

▲ 图 17-1 非酒精性脂肪性肝炎中的肝细胞凋亡

A. 饮食构建肥胖相关非酒精性脂肪性肝炎小鼠模型的 HE 染色肝脏切片的显微照片，证明存在肝细胞凋亡。黑箭示凋亡的肝细胞。B. TUNEL 染色检测该非酒精性脂肪性肝炎小鼠模型肝脏切片中的 DNA 链断裂（细胞死亡的特征）

TRAIL）的亲和力]。死亡受体蛋白包括位于细胞膜外侧、可结合其相应配体的 N 末端结构域，一个跨膜结构区，以及位于细胞膜侧的 C 末端结构域。其 C 末端包含一段保守序列，称之为死亡结构域（death domain，DD）。一旦死亡受体与相应的配体结合，将聚合形成三聚体，促使死亡结构域寡集化，并通过招募其他接头蛋白形成死亡诱导信号复合物（death-inducing signaling complex，DISC）。对于死亡信号传递，DISC 必须招募到具有死亡结构域的 Fas 相关蛋白（Fas-associated protein with death domain，FADD）[10]。FADD 包含一个死亡效应域（death effector domain，DED），并结合非活性（酶原形式）的 caspase-8 和 caspase-10。procaspase 形成同源二聚体，并可通过自我蛋白酶解活化为 caspase-8 或 caspase-10[11]。这种启动子 caspase 的激活过程被称为 caspase 激活的诱导邻近模型。启动子 caspase-8 的激活对于从死亡受体向线粒体传递凋亡信号至关重要。这个过程是通过 Bcl-2 家族蛋白 Bid 发生的。

在肝细胞中，线粒体透化和凋亡级联放大发生在死亡受体启动的凋亡中。这涉及释放凋亡的线粒体介导物，最终激活效应子 caspase-3 和 caspase-7，并对 caspase-8 激活进行正反馈放大。依赖线粒体放大细胞死亡信号的肝实质细胞被分

类为 II 型细胞，而 caspase-8 或 caspase-10 直接激活 caspase-3 和 caspase-7，过程中不依赖线粒体参与的细胞被分类为 I 型细胞[12]。caspase-8 水解 Bid（Bcl-2 家族的促凋亡蛋白，仅含 BH3 结构域）为 tBid，从而激活 Bax 和 Bak（Bcl-2 家族的促凋亡多结构域成员），并在线粒体外膜形成孔道[13]。各种层次的信号转导和级联放大为在不同层面上调控死亡受体介导的细胞凋亡提供了可能。细胞表面受体和配体的可用性是一个层面，如 HGF 受体 Met 可与 Fas 结合，从而调节 Fas 的可用性，调控其与其配体的结合[14]。此外，死亡受体在肝细胞中的基础表达水平较低，但在急性和慢性肝病条件下表达水平都会增加。cFLIP 可以通过死亡受体抑制细胞毒性信号[15]。cFLIP 是 caspase-8 的一种缺少酶活性的同源蛋白。其具有结合 DED 的保守结构域，能够与 FADD 结合。这种结合避免了细胞中 caspase-8 被完全激活。Bcl-2 家族的促凋亡和抗凋亡成员通过调节 tBid 激活 Bax 和 Bak 的能力来调节外源性通路[15]。

（一）TNF-α

TNF-α 是一种循环细胞因子，主要由免疫系统细胞（包括肝巨噬细胞）产生，但也可由其他细胞类型（如肝细胞）产生。肝细胞同时表达 55kDa 的 TNFR1 和 75kDa 的 TNFR2，但其功能明显不同[16]。TNFR1 被认为介导 TNF-α 的大部

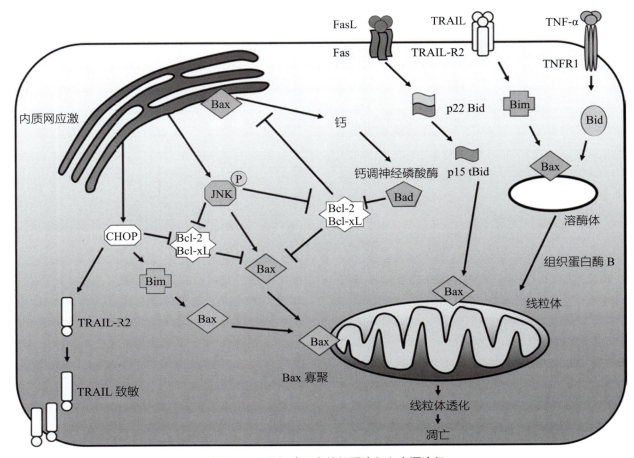

▲ 图 17-2　肝细胞凋亡的外源途径和内源途径

肝细胞凋亡需要线粒体透化。外源途径由死亡受体介导。Fas 或 TRAIL 与其同源受体结合后激活，导致线粒体透化。同源三聚体受体的细胞内结构域与衔接蛋白结合形成死亡诱导信号复合物，导致 caspase-8 激活、Bid 裂解、Bax 和 Bak 的激活。TNF-α 信号通路可以通过 Bid 诱导溶酶体透化，促进细胞凋亡。细胞内扰动，如内质网应激、溶酶体透化或 JNK 激活细胞死亡等内源途径。内质网应激诱导的细胞凋亡部分由转录因子 CHOP 介导，CHOP 可以上调 TRAIL-R2 或 Bim 表达。JNK 激活可 TNF-α、内质网应激或 ROS 诱导。这些途径受 Bcl-2 家族的促凋亡和抗凋亡蛋白调控

分生物效应。它包含一个细胞质死亡结构域，并通过与衔接蛋白相互作用执行凋亡程序[17]（图 17-3）。配体激活 TNFR1，能够产生称为复合物Ⅰ和复合物Ⅱ的连续信号事件。TNFR1 在结合 TNF-α 时，招募衔接蛋白 TRADD。然后，信号分两步进行转导。第一步（复合物Ⅰ），涉及 TRAF2 和 RIP1 的募集，引起 NF-κB 的快速激活[18]。NF-κB 转录激活促生存基因（如 Bcl-xL、A1、XIAP 和 cFLIP）和促炎症基因（如 IL-6）的表达。复合物Ⅰ还激活 JNK 途径。TRAF2、RIP1 和 TRADD 与连接受体分离，使得复合物Ⅰ内部化。TRADD 然后招募 FADD 和 procaspase-8 启动凋亡信号，这个信号通路被称为复合物Ⅱ。

TRADD 不与 TNFR2 相互作用，FADD 也不直接与 TNFR1 相互作用。因此，TNF-α/TNFR1 信号首先导致 NF-κB 介导的促生存和促炎基因转录激活，然后再激活凋亡信号。在对 NF-κB 抵抗的细胞中，或在存在转录抑制剂（如放线菌素 D）的情况下（抑制促生存蛋白的合成），揭示了 TNF-α 在凋亡中的作用。

坏死性凋亡是一种由激酶调节、不依赖 caspase 的细胞死亡方式，通常是由 TNF-α 激活 TNFR1 后发生，但其形态特征类似于坏死，因此而得名[19]。已知坏死性凋亡仅在 caspase-8 缺失或抑制的情况下发生，并由受体相互作用蛋白（receptor-interacting protein，RIP）家族激酶

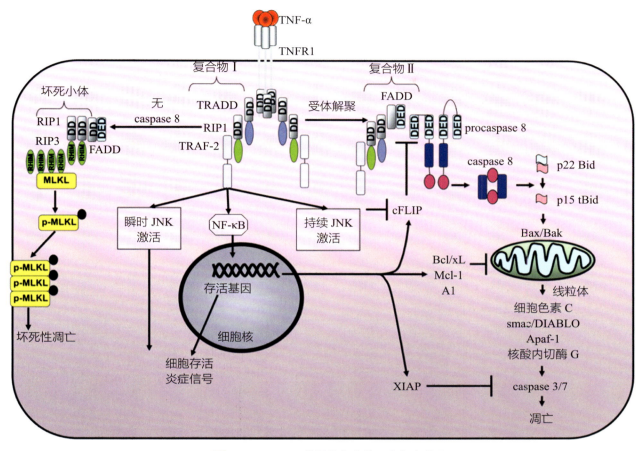

▲ 图 17-3　TNF-α 信号的复合物 Ⅰ 和复合物 Ⅱ

TNFR1 在其细胞外结构域结合 TNF-α 后，激活复合物 Ⅰ 和复合物 Ⅱ。复合物 Ⅰ 由衔接蛋白 TRADD 和 RIP 组成，它们通过死亡结构域识别和结合，TRAF2 通过其激酶结构域或中间结构域识别和结合。复合物 Ⅰ 介导 NF-κB 激活和瞬时 JNK 激活。NF-κB 转录移位到细胞核，激活抗凋亡和炎症基因（如 cFLIP、Bcl-xL、Mcl-1、A1 和 XIAP），这些基因在多个水平调节凋亡。持续 JNK 激活需要衔接蛋白 RIP，这一过程部分由氧化应激介导。复合物 Ⅱ 由与受体解离的 TRADD、RIP 和 TRAF2 通过其 DD 配体非依赖性募集具有死亡结构域的 Fas 相关蛋白（FADD）。FADD 包含死亡效应域，可以募集和激活 procaspase-8。在缺乏或抑制 caspase-8 信号的特定条件下，RIP1 与 RIP3 相互作用，导致混合谱系激酶结构域样蛋白（MLKL）的募集和磷酸化，后者通过移位到细胞膜而导致坏死性凋亡

介导，具体来说是 RIP1 和 RIP3。RIP1 具有 DD 和 caspase 募集结构域，允许其与 DISC 和衔接蛋白 TRADD 相互作用。这就是为什么 RIP1 存在于复合物 Ⅰ 中。当 caspase-8 缺失或被抑制时，RIP1 被脱泛素化，可以与 RIP3 相互作用形成坏死小体，也可以招募混合谱系激酶结构域样蛋白（mixed-lineage kinase domain-like pseudokinase，MLKL），该酶被 RIP3 磷酸化，转移到质膜上，形成三聚体形式，从而介导钙内流和坏死性凋亡[20]。当 RIP1 被多泛素化时，它可促进细胞存活和炎症。由于正常肝细胞缺乏 RIP3，坏死性凋亡对肝脏的生理病理作用存在争议。肝脏非实质

细胞和浸润性免疫细胞表达 RIP3，这可能解释了小鼠模型中一些不一致的观察结果。然而，RIP1 具有多种作用，包括激酶活性相关和支架功能相关作用，可促进细胞凋亡或炎症。

TNF-α 在体内具有多效性作用，包括肝细胞增殖、肝脏炎症和调节肝细胞凋亡。在 TNF-α 诱导肝损伤（TNF-α+D- 半乳糖胺）的小鼠模型中，肝损伤是 Bax 依赖性的[21]。TNF-α 相关的 caspase-8 激活也可导致溶酶体透化，并将溶酶体内组织蛋白酶 B 释放到细胞质中，从而导致线粒体功能障碍[22]。组织蛋白酶 B 缺乏的小鼠可免受 TNF-α 的损伤作用[23]。JNK 是一种应激激活激

酶，由 TNF-α 激活。JNK 的持续激活可通过调节 Bcl-2 蛋白家族导致细胞凋亡。JNK 还可以转录激活死亡受体表达（即 TRAIL 受体 2/ 死亡受体 5）。此外，JNK 可以通过促进 cFLIP 的降解，促进 TNF-α 诱导的复合物 II 凋亡信号，从而拮抗抗凋亡（TNF-α 诱导 NF-κB 靶基因）。同样，缺失凋亡蛋白 1 和 2 的细胞抑制剂（也是抗凋亡蛋白 NF-κB 的靶基因），使癌细胞对 TNF-α 介导的细胞毒性敏感[24]。TNF-α 可通过 TRADD 和 RIP1 介导的 Nox1 和 NADPH 氧化酶激活导致 ROS 形成，从而引起超氧物形成和 caspase 非依赖性细胞死亡[25]。该过程独立于 FADD 和 caspase-8 激活。因此，TNF-α 的细胞毒性有许多复杂的过程。

在肝损伤的实验模型中，已经阐明了 TNF-α 对细胞死亡的作用。在部分肝切除术后，大量肝实质细胞在完成细胞周期后发生死亡，这是由于缺少 TIMP3 导致的 TNF-α 信号持续激活所引起。TNF-α 活性异常地缓慢提高也是这个模型的一个特征[26]。TNFR1 缺陷的乙醇喂养小鼠与野生型乙醇喂养小鼠相比，肝细胞凋亡、血清 ALT 水平和炎症灶减少；TNFR2 缺陷小鼠发生的肝损伤和凋亡与野生型对照组相当[27]。在缺乏 TNFR1 小鼠的缺血再灌注损伤模型中，经己酮可可碱（一种药理 TNF-α 抑制剂）治疗后，肝损伤和细胞凋亡显著减少[28]。酒精性脂肪性肝炎或非酒精性脂肪性肝炎患者的肝脏样本 TNFR1 表达增强[29]。酒精性肝炎患者血清 TNFR1 水平可预测 3 个月生存率[30]。因此，TNF-α 级联在许多肝病患者中被激活，包括暴发性肝衰竭、酒精性脂肪性肝炎、非酒精性脂肪性肝炎、慢性丙型肝炎和慢性乙型肝炎[29, 31, 32]；它确实是这些情况下炎症变化的标志，可能促进体内肝细胞凋亡。在这些疾病中，TNFR1 不能启动的 NF-κB 细胞存活途径，我们对其原因的理解仍处于初级阶段。

（二）Fas

Fas（也称为 Apo1，CD95）在肝细胞中广泛表达。肝细胞对 Fas 诱导的凋亡极为敏感，外源性给予 Fas 激动性抗体可导致小鼠暴发性肝衰竭[33]。Fas 信号通常导致肝细胞凋亡。尽管有报道称小鼠部分肝切除后 Fas 诱导 T 细胞和成纤维

细胞增殖、巨噬细胞分泌趋化因子，以及 Fas 介导的肝再生加速[34]。Fas-Fas 配体（Fas ligand，FasL）结合导致受体寡聚，细胞内 DD 结构域结合、募集 FADD、procaspase-8 或 procaspase-10 形成 DISC（图 17-4）。这也将导致 procaspase-8 或 procaspase-10 蛋白自我酶解激活，产生 tBid，激活 Bax 和 Bak，从而引起线粒体透化，最终激活 caspase-3 和 caspase-7。Fas 可以通过可溶性、循环或膜结合 FasL 激活。FasL 由免疫系统细胞表达，如细胞毒性 T 淋巴细胞（cytotoxic T lymphocytes，CTL）和自然杀伤（natural killer，NK）细胞[35]。肝脏富含这两种细胞群，因此处于持续的"Fas 攻击"状态。然而，Fas 诱导的信号在许多水平上受到调控。细胞表面的 Fas 表达、FasL 水平和 DISC 中 cFLIP 对 caspase-8 激活的抑制都是潜在调控位点。肝细胞中令人感兴趣的是 HGF 受体 Met 对 Fas 的隔离[14]。Met-Fas 复合体抑制 FasL 与 Fas 结合；然而，Fas 并不影响 HGF 与其 Met 受体的结合。用 HGF 预处理细胞可从该复合物中释放 Fas，并在较低浓度 FasL 下增强 FasL 结合和毒性。即使在没有 HGF 的情况下，高浓度的 FasL 也具有很大的毒性。因此，Met-Fas 复合物微调肝细胞中 Fas 的生物利用率。在胚胎肝细胞中，Met 抑制 Fas 诱导的 cFLIP 降解，从而抑制细胞凋亡。

在成年小鼠中，Fas 基因缺陷会导致肝脏增生、淋巴结和脾脏肿大[36]。外源性给予 Fas 激动性抗体诱导小鼠暴发性肝衰竭，进一步受到 Bcl-2 家族蛋白的调控。可以通过 Bcl-2 的过表达而消除，并通过基因抑制 Bcl-xL 而增强[37]。基因抑制 Fas 本身或 Bid 能够减轻由 Fas 激动引起的肝损伤[38]。中和 Fas 能够减少热缺血 / 再灌注相关肝损伤[39]。

暴发性肝衰竭患者循环血清 Fas 水平升高[40]。血清 Fas 水平因病因而异，药物性肝损伤患者血清 Fas 水平最高。慢性丙型肝炎患者肝脏样本中，Fas 表达和凋亡均增强[41]。循环可溶性 Fas 的水平与组织学活性相关，并且可以与 caspase-3 活性水平结合，预测对治疗的反应[42]。同样，在慢性乙型肝炎患者中，肝细胞 Fas 水平和循环可溶

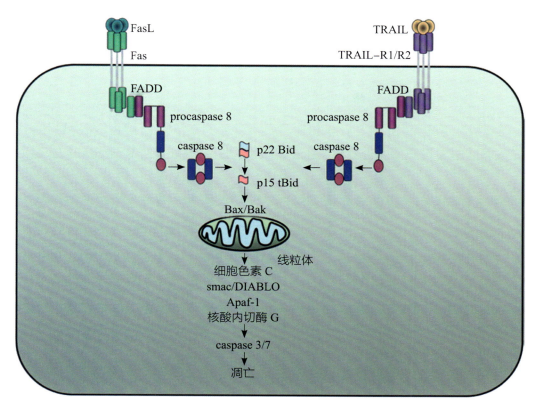

▲ 图 17-4 **Fas 和 TRAIL 受体信号转导：Fas 和 TRAIL 受体通过配体结合被激活，从而导致受体寡聚、保守死亡结构域结合在一起**

衔接蛋白具有死亡结构域的 Fas 相关蛋白（FADD）与三聚化的细胞内死亡结构域（DD）结合，并通过其死亡效应域激活 procaspase-8。激活的 caspase-8 通过激活 Bax 和 Bak 导致 Bid 蛋白水解为 tBid，并使下游线粒体透化。线粒体透化导致膜间隙内容物释放，包括细胞色素 C、smac/DIABLO、Apaf1 和核酸内切酶 G，最终导致 caspase-3/7 激活和细胞蛋白质裂解

性 Fas 水平均升高 [41, 43]。非酒精性脂肪肝患者肝脏样本中 Fas 表达提高 [7]。在饮食和遗传性脂肪肝的实验模型中，脂肪肝对外源性 Fas 给药敏感。事实上，在非酒精性脂肪肝患者中，Met 对 Fas 的抑制作用减弱，这为解释 Fas 诱导的肝细胞凋亡敏感性增强提供了另一种机制。此外，在体外脂肪肝细胞模型中，游离脂肪酸处理可以增加 Fas 的表达，使细胞对 Fas 诱导的凋亡敏感。在胆管结扎小鼠胆汁淤积性肝损伤模型中，肝细胞凋亡由 Fas 介导，Fas 诱导的凋亡促进肝纤维化 [44]。有毒胆汁酸促进细胞表面 Fas 的表达，并可导致配体非依赖性 Fas 寡聚，诱导肝细胞凋亡 [45, 46]。在胆盐介导的配体非依赖性肝细胞凋亡中，Fas 磷酸化是其转移到细胞表面所必需的，可能以 Yes 激酶 /EGF 受体依赖和 JNK 依赖的方式发生 [47]。

（三）TNF 相关凋亡诱导配体

TRAIL（也称为 Apo2 配体）及其受体在肝脏疾病中的作用是一个最近取得显著进展的领域。TRAIL 与多个受体结合 [48]。TRAIL-R1（DR4）和 TRAIL-R2（DR5/killer/TRICK2）是完整的受体，可以通过 caspase 激活诱导细胞凋亡，类似于 Fas[49]。通过衔接蛋白 FADD 招募 procaspase-8 和 procaspase-10 到 TRAIL 受体 DISC，这一过程受到 cFLIP 调节（图 17-4）。TRAIL-R3（Apo3/TRAMP/WSL-1/LARD，DcR1）和 TRAIL-R4（DR6，DcR2）是不完整的细胞表面受体，不能刺激凋亡信号。体内原位正常人肝细胞被认为对 TRAIL 诱导的凋亡具有抵抗力，尽管偶尔有关于体外 TRAIL 诱导肝细胞凋亡的报道 [50]。这种对细胞死亡的抵抗，可能继发于 cFLIP 诱导的 caspase-8 激活的抑制，可能发生在 DISC 或

由于细胞表面 TRAIL-R1 或 TRAIL-R2 在表面表达/可用性的改变。然而，病态肝细胞对 TRAIL 诱导的凋亡敏感[51]。TRAIL 还通过激活 JNK 和 Bim（仅含 BH3 结构域的促凋亡蛋白）对 Fas 诱导的肝细胞凋亡敏感。

TRAIL 诱导的肝细胞凋亡已在胆汁淤积性、病毒性和代谢性肝病中得到证实。有毒胆汁酸可转录调节 Fas 缺陷肝细胞表面 TRAIL-R2 的表达，并通过磷酸化使 cFLIP 失活，从而使细胞对 TRAIL 诱导的凋亡双重敏感[52]。在胆管结扎的胆汁淤积小鼠模型中，肝细胞 TRAIL-R2 表达增强，肝细胞对外源性 TRAIL 敏感[53]。由此推论，胆管结扎后 TRAIL 缺陷小鼠的肝损伤和肝细胞凋亡显著减少。脂肪变性还与肝细胞 TRAIL-R2 和 TRAIL-R1 表达增加有关，这使其对 TRAIL 毒性敏感。TRAIL 或 TRAIL 受体缺失小鼠，由于肝细胞凋亡减少而改善了饮食性肥胖相关脂肪肝[54, 55]。游离脂肪酸（代谢综合征中升高）可转录增强培养细胞中 TRAIL-R2 的表达，并使脂肪变性细胞对 TRAIL 毒性敏感[51]。在人类急性乙型肝炎诱导的肝衰竭和小鼠实验性腺病毒急性肝炎中，TRAIL-R2 表达增强，对 TRAIL 的敏感性也增强。这与肝巨噬细胞和 NK 细胞无关，表明肝细胞生成的旁分泌环可消除病毒感染细胞[56]。慢性乙型病毒性肝炎患者的循环可溶性 TRAIL 水平升高。在细胞培养实验中，乙型肝炎 X 抗原提高 TRAIL-R1 表达，提高对 TRAIL 的敏感性。在慢性丙型肝炎患者的肝脏样本中，TRAIL-R1 和 TRAIL-R2 的表达、TRAIL 诱导的细胞凋亡增强[50]。丙型肝炎病毒核心蛋白还通过促进 TRAIL 诱导的 Bid 裂解，来选择性调节细胞对 TRAIL 的反应性[57]。

二、内源途径

细胞内应激导致细胞凋亡内源途径的激活。应激可以被细胞中任何膜性细胞器感知和传递。例如，溶酶体可以介导脂肪变性肝细胞死亡，内质网也可以介导脂肪变性肝细胞死亡。DNA 损伤可导致基因毒性应激，脂肪变性可激活 JNK，JNK 也是细胞凋亡为源途径的传递者。这些过程集中在线粒体上，并由 Bcl-2 蛋白家族转导，因此通常被称为 Bcl-2 调节或线粒体凋亡途径。Bcl-2 家族由促凋亡蛋白和抗凋亡蛋白组成，根据含有的共享 Bcl-2 同源（Bcl-2 homology，BH）结构域的数量分类。促凋亡蛋白根据共享 BH 结构域的数量在结构上分为多结构域（Bak 和 Bax，含有 BH1、BH2 和 BH3 结构域）和仅 BH3 结构域蛋白质（Bid、Noxa、Puma、Bim、Bmf、Bik、Hrk 和 Bad）。抗凋亡蛋白包括 Bcl-2、Bcl-xL、Bcl-w、A1、Mcl-1 和 Boo 共享四个 BH 域，Mcl-1 除外。Mcl-1 与其他抗凋亡 Bcl-2 家族成员共享三个 BH 域。肝脏表达 Bcl-xL 和 Mcl-1，肝细胞不表达 Bcl-2。Bax 和 Bak 均在肝细胞中大量表达。该家族的抗凋亡成员位于膜结合细胞器的细胞质方向，主要位于线粒体，也位于其他细胞器，如内质网。通过阻止 Bax 和 Bak 的自发寡聚来保护细胞免受死亡，可能是某些类型细胞生存所必需的。鉴于这种预防凋亡的构成作用可以预见，肝细胞特异性 Bcl-xL 或 Mcl-1 基因敲除小鼠模型自发性肝细胞凋亡、肝损伤和纤维化增加[58, 59]。Bax 和 Bak 是线粒体透化所必需的，而 Bax 位于细胞质中，在激活时转移到线粒体；Bak 是一种常驻线粒体外膜蛋白。Bax 和 Bak 的激活受抗凋亡 Bcl-2 蛋白和仅 BH3 结构域促凋亡蛋白之间的相互作用调节。已经提出几种模型来解释仅 BH3 结构域促凋亡蛋白对 Bax 或 Bak 的生物化学激活。以 Bim 为例，激活后 Bim 从动力蛋白马达复合体中释放，可以直接接合和激活 Bax 和 Bak。或者，Bim 可以结合并使 Bcl-2 或 Bcl-xL 的抑制作用失效，从这些抑制蛋白中释放 Bax 和 Bak（去抑制模型）。

尽管大量仅 BH3 结构域蛋白具有冗余性，但其主要作用是刺激特异性。例如，游离脂肪酸激活 Bim 和 Puma[60]；*Puma* 和 *Noxa* 是肿瘤抑制基因 p53 的靶基因[61]。细胞质 Bid 必须被活性 caspase-8 或 caspase-10 切割以产生 tBid，易位到线粒体以激活 Bak 或 Bax。Bim 被微管相关动力蛋白运动复合体隔离在细胞质中，促凋亡刺激使其分离。例如，JNK 介导的 Bim 磷酸化促进其线粒体易位。Bim 也受到转录调控，已知在内质网应激诱导的凋亡中表达增加。细胞质 Bad 与死亡抑制蛋白 14-3-3 结合。Bim 和 Bad 的激活和磷酸化抑制已经都有描述。

（一）线粒体

线粒体除了代谢功能外，肝细胞还需要通过线粒体死亡。线粒体膜间隙空间隔离了许多促凋亡蛋白，包括细胞色素 C、SMAC/DIABLO（第二个线粒体衍生的 caspase 激活剂 / 低等电点 IAP 直接结合蛋白）、HtrA2/Omi、AIF 和核酸内切酶 G[2, 15]。目前的模型表明，活性 Bax 或 Bak 在线粒体外膜形成孔隙，导致线粒体外膜透化，并将这些介质释放到细胞质中[62]。缺失 Bak 和 Bax，细胞对凋亡刺激具有抵抗力；因此，Bak 和 Bax 是 MOMP 的关键效应因子。以前认为这是一种快速而完整的现象，细胞内的所有线粒体在几分钟内都会经历 MOMP。但最近的凋亡应激细胞部分 MOMP 研究挑战这一范式。由于部分 MOMP 不会导致细胞凋亡，这种细胞应激被称为亚致死应激。非活性 Bak 和 Bax 促进线粒体融合，而活性 Bak 和 Bax 促进线粒体分裂。MOMP 也可以继发于线粒体内膜（inner mitochondrial membrane，IMM）通透性转换孔（PT pore，PTP）引起的通透性转换（permeability transition，PT）。PTP 的鉴定受到了广泛关注，并对几种候选蛋白进行了评估，包括腺嘌呤核苷酸转运蛋白和电压依赖性阴离子通道。目前的证据表明，PTP 是由 IMM 上的 F_0F_1–ATP– 合成酶二聚体形成的[63]，尽管有些证据表明 SPG7 也可能形成 PTP。通透性转换孔打开导致离子和水的快速流动、线粒体内跨膜电位耗散、线粒体肿胀、线粒体外膜破裂，使得内容物释放到膜间隙。MOMP 将线粒体膜间隙内容物释放到细胞质中，使细胞发生凋亡。SMAC 失活线粒体后 IAP。细胞质细胞色素 C、Apaf 和 ATP 形成一种称为凋亡体的复合物，导致 procaspase-9 和效应 caspase-3 和 caspase-7 激活[64]。这些效应 caspase 切割 500 多个底物，导致细胞破坏。

CK18 是一种在大多数上皮细胞中表达的结构蛋白，其 238 位和 396 位天冬氨酸可以被 caspase-3 切割。切割产生的片段，CK18-asp396 形成一个新的表位，可以被 M30 抗体识别。这种新表位可以通过市售 ELISA 试剂盒在凋亡组织和血清中检测到。事实上，肝损伤患者的循环 CK18-asp396 水平升高，并可能与预后相关[4]。因此，该生物标志物提供了一种无创、简单和机械的工具，用于监测肝损伤治疗的进展和反应。

（二）溶酶体

溶酶体是具有酸性 pH 的细胞内细胞器，其中含有溶酶体蛋白酶，也称为组织蛋白酶[65]。组织蛋白酶 B 和 D 是 11 种已知的人类组织蛋白酶中的两种，在中性 pH 下稳定且活跃。对介导细胞内死亡信号途径的系统解剖表明，溶酶体可以参与细胞死亡的内源途径。通常，溶酶体透化介导选择性和部分凋亡，在线粒体透化的上游。组织蛋白酶 B 诱导的线粒体透化可以通过 caspase-2（在小鼠中）和 Bid 蛋白裂解激活（类似于死亡受体诱导的 Bid 激活）发生[66, 67]。Bid 还将死亡受体与溶酶体透化联系起来，提供死亡受体之间及其与溶酶体和线粒体通路的交互[66]。细胞内应激激活 Bax 也可导致溶酶体透化[68]。暴发性肝衰竭和慢性肝炎患者血清组织蛋白酶 D 水平升高[69, 70]。组织蛋白酶 B 缺乏小鼠对 TNF-α 诱导的肝细胞凋亡具有抵抗力[23]。在细胞脂肪变性模型中，抑制组织蛋白酶 B 可预防线粒体透化和凋亡。在组织蛋白酶 B 缺陷小鼠中，胆管结扎后肝细胞凋亡、损伤和纤维化减少[71]；缺血再灌注损伤中，肝细胞凋亡和损伤也被消除[72]。

（三）内质网

内质网有一个内在机制来处理过量或改变的未折叠蛋白质，以纠正煽动性的不平衡。这个过程被称为未折叠蛋白反应。UPR 也可以通过影响内质网功能的刺激物激活，如钙消耗、糖基化抑制（衣霉素）、紫外线辐射和胰岛素抵抗。内质网应激反应包括一系列补偿过程，以纠正未折叠蛋白质的过量和应激。全局翻译减弱可以减少内质网的功能性蛋白质负荷。UPR 靶基因的选择性翻译也可以保护内质网[73, 74]。内质网应激的传感器是膜蛋白，具有内质网腔结构域和胞质结构域。当从内质网伴侣 BiP/Grp78 释放时，IRE1α 和 PERK 自磷酸化。IRE1α 具有核糖核酸内切酶活性，切除 XBP1 mRNA 的内含子，生成 sXBP1，这是一种激活 UPR 靶基因的转录因子。IRE1α 也招募 TRAF2，导致 JNK 激活。PERK 磷酸化并失活 eIF2α，导致整体翻译衰减。同时选择性翻译 ATF4，从而导致 CHOP 和内质网分子伴侣 BiP/Grp78 转录。ATF6 在内质网膜内裂解，产生 ATF6 片段，该片段易位到细胞核并激活 UPR 靶基因。目前尚不清楚 ATF6 是否也调节凋亡信号。

内质网应激还激活负反馈调节回路，终止 UPR；而在持续内质网应激的情况下产生促凋亡信号[75]。Bax 和 Bak 均与 IRE1α 的细胞质结构域结合，在缺乏 Bax 和 Bak 的细胞中，IRE1 应产生的 JNK 激活和 XBP1 剪接减少[76]，从而将核心凋亡机制与内质网应激反应联系起来。Bax 和 Bak 定位于内质网膜，以及线粒体膜。在缺乏 Bax 和 Bak 的细胞中，内质网缺乏钙，无法对某些死亡刺激做出反应[77]。促凋亡转录因子 CHOP 可以通过转录和抑制其蛋白酶体降解增加 Bim 的表达，导致 Bim 依赖性内质网应激诱导的凋亡[78]。CHOP 还可以上调 TRAIL-R2 的表达，使癌细胞对 TRAIL 诱导的凋亡敏感[79]。

内质网应激诱导的凋亡途径在肝脏疾病中的作用是一个新兴的研究领域。在胆管结扎的胆汁淤积小鼠模型中，观察到诱导 CHOP 早期瞬时表达[80]。CHOP 缺陷小鼠可保护其免受肝细胞凋亡、肝损伤和肝纤维化的影响。在培养离体大鼠肝细胞中，有毒的胆汁酸乙二醇脱氧胆酸也会诱导内质网应激和 CHOP 的表达[81]。在表达丙型肝炎病毒核心蛋白和 E2 蛋白的转基因小鼠中，肝细胞凋亡与 CHOP 表达相关[82]。放线菌酮是一种蛋白质合成抑制剂，可诱导内质网应激，诱导 CHOP 表达和大鼠肝细胞凋亡[83]。在非酒精性脂肪肝中，内质网应激标志物被不确定地激活[84]。毒性饱和脂肪酸也会诱导肝细胞系内质网应激和凋亡[85]。在酒精诱导的肝损伤小鼠模型中，CHOP 缺陷小鼠能够产生内质网应激反应，却不受肝细胞凋亡的影响[86]。

（四）JNK

鉴于 JNK 在多种细胞死亡模型都有作用，它可以作为细胞死亡介质最后的共同点进行单独讨论。JNK1 和 JNK 2 广泛表达（包括肝脏），而 JNK3 在肝脏中不表达[87]。JNK 激活发生在激酶级联的下游，激酶级联可以被多种刺激物激活，包括 TNF-α、IRE1α、ROS、游离脂肪酸和胆汁酸[88, 89]。JNK 对细胞凋亡的参与是时间调节和刺激特异性的[90]。相同的刺激（如 TNF-α）可以诱导由不同的细胞内途径介导的双相 JNK 激活。短暂和早期 JNK 激活促进生存，持续和晚期 JNK 激活促进细胞凋亡[91]。TNF-α 刺激 ROS 的产生，介导 JNK 的延迟和持续激活。其他刺激（如有毒的游离脂肪酸）导致 JNK 的早期和持续激活，最终导致凋亡信号[92]。JNK 刺激的促凋亡信号通过激活线粒体上的 Bax 和 Bak。在缺乏 Bax 和 Bak 的情况下，JNK 诱导的细胞死亡得到缓解。此外，在来自缺乏 Jnk1 和 Jnk2 基因小鼠的细胞中，细胞内应激刺激不能使线粒体透化和细胞色素 C 释放[90]。JNK 介导的线粒体上游促凋亡和抗凋亡蛋白的磷酸化也调节凋亡敏感性。JNK 可以磷酸化并激活仅 BH3 结构域蛋白；例如，Bim 磷酸化将其从动力蛋白运动复合体中释放出来，促进细胞凋亡[93]。持续 JNK 激活，通过激活 E3 泛素连接酶 Itch，促进 DISC caspase-8 的形成。泛素连接酶 Itch 泛素化并降解 cFLIP，促进肝细胞死亡[94]。JNK 可以磷酸化抗凋亡蛋白 Bcl-2、Bxl-xL 和 Mcl-1，以及促凋亡蛋白 Bmf 和 Bad。

JNK1 和 JNK2 均可通过刺激特异性方式介导肝损伤。在蛋氨酸和胆碱缺乏饮食诱导的小鼠脂肪性肝炎模型中，JNK1 发挥主导作用。在高脂肪饮食诱导的肥胖和遗传性肥胖小鼠模型中，JNK 被激活；以 JNK1 激活为主，虽然在缺乏 JNK1 的情况下 JNK2 发挥作用[95]。在基于游离脂肪酸的肝细胞脂肪变性细胞模型中，JNK2 是介导凋亡的主要亚型[92]。油酸是一种毒性最低的游离脂肪酸，通过 JNK 依赖性转录上调死亡受体 TRAIL-R2，使脂肪变性肝细胞对 TRAIL 诱导的凋亡敏感[51]。这种机制与毒性胆汁酸相同，毒性胆汁酸也通过 JNK 依赖性转录激活 TRAIL-R2 表达，使肝细胞对 TRAIL 诱导的凋亡敏感[53, 96]。缺血再灌注诱导的肝损伤也由 JNK 介导，对供体肝脏 JNK 的药理学抑制能够提高移植物存活率，减少原位肝移植后的细胞凋亡[97]。在对乙酰氨基酚诱导的急性肝损伤中，JNK 激活强烈且持续，导致 Bax 移位至线粒体，动物存活率低。JNK 的药理抑制能够降低肝损伤和肝细胞死亡，提高存活率；利用 *Jnk1* 或 *Jnk2* 的基因缺陷模型，证明两者均介导肝损伤，尽管 JNK2 起主要作用。在对乙酰氨基酚诱导的急性肝衰竭患者的人肝样本中观察到 JNK 激活。在对乙酰氨基酚诱导的小鼠肝损伤模型中，JNK 抑制在减少肝细胞死亡方面比 N– 乙酰半胱氨酸更有效。在利用半乳糖胺和脂多糖的 TNF-α 诱导的小鼠肝损伤模型中，JNK2 介导 caspase-8 激活和线粒体透化。

三、肝细胞凋亡的后果

细胞凋亡、炎症和损伤在某些方面是不可分割的，有时很难对原发事件进行区分。然而，基于刺激，凋亡或炎症的原发事件可能是信号，凋亡和炎症相互刺激。肝脏有大量肝巨噬细胞、NK 细胞和 NK T 细胞。这些细胞是 TNF-α 和其他介导炎症的细胞因子的现成来源，如 Fas、TRAIL 和 TNF-α，它们介导肝细胞凋亡和 TGF-β 激活星形细胞。凋亡的肝细胞可被肝巨噬细胞吞噬，导致细胞因子的产生[6]。与此一致的是，药理抑制凋亡可以阻止肝巨噬细胞的激活。此外，在胆管结扎小鼠中，肝巨噬细胞缺失可减少肝细胞凋亡、肝损伤和肝脏炎症。此外，应激肝细胞增加 NKG2D 配体的表达，从而引起 NK 和 NKT 细胞介导的破坏。

纤维化是持续性肝损伤的标志。肝星状细胞介导肝纤维化。在正常肝脏中，肝星状细胞保持静止。激活后，它们会变形为肌成纤维细胞，分泌胶原蛋白，导致肝纤维化。体外肝星状细胞可以吞噬凋亡的肝细胞，导致其活化，并增加 TGF-β、α-SMA 和胶原 α₁ 的表达[98]。同样，体内肝细胞凋亡也是一种纤维化刺激。一些实验研究表明，抑制肝细胞凋亡可以消除肝纤维化[5, 71, 99]。由此推论，活化肝星状细胞的凋亡应减少肝纤维

化，并分离正在进行的肝细胞凋亡与随后的纤维化反应。事实上，活化的肝星状细胞对凋亡信号敏感。这可以通过抑制 NF-κB、TRAIL 介导的肝星状细胞凋亡和 NK 细胞介导的肝星状细胞凋亡来实现。事实上，纤维化的消除需要活化的肝星状细胞凋亡。

最后，在本章的结论中讨论了细胞凋亡的临床应用。肝细胞中丰富的 CK18 衍生的 M30 新抗原反映上皮细胞凋亡，与各种肝病中的肝细胞凋亡相关。可以通过市售 ELISA 试剂盒轻松检测血清中的 M30 新抗原。在一项针对少数慢性丙型肝炎患者的研究中，干预前 M30 水平可预测治疗反应。由此推断，肝细胞对病毒感染有凋亡反应的患者更有可能对治疗有反应。在另一项针对转氨酶正常的慢性丙型肝炎患者的研究中，血清 M30 水平与纤维化相关。在非酒精性脂肪性肝病患者中，血清 M30 水平可作为脂肪性肝炎患者和单纯脂肪变性患者的可靠区分标志，并且血清 M30 水平的升高预示着炎症发生的可能性更高。在实验性肝损伤模型中，已证明 caspase 抑制剂能有效预防肝细胞凋亡和损伤[99, 100]。在慢性丙型肝炎患者中，口服 caspase 抑制剂是安全的，并且可以降低转氨酶。caspase 抑制剂 Emricasan（IDUN-6556）目前正在进行非酒精性脂肪性肝炎的临床试验。

总之，在大多数形式的肝病中，肝细胞凋亡是肝损伤和炎症的关键介质。在脆弱的肝细胞中，特定的伤害性刺激可以激活多种凋亡途径。导致特定细胞的线粒体功能障碍的主要信号通路难以识别；然而，多种途径可能相互协调或拮抗，最终导致线粒体透化。一旦线粒体透化发生，肝细胞就会死亡。血清标志物可以作为肝细胞凋亡的证据，早期研究表明凋亡标志物具有预后意义。最后，细胞凋亡的治疗性操作有利于预防肝损伤和纤维化。

致谢　这项工作由 NIH grant DK 41876（GJG），DK 111378（HM），and the Mayo Foundation 提供支持。

Part B 肝细胞
THE HEPATOCYTE

第 18 章 铜代谢与肝脏
Copper Metabolism and the Liver

Cynthia Abou Zeid Ling Yi Stephen G. Kaler 著

潘国宇 麻晨晖 陈飞鸿 汤丽丽 辛莹莹 陈昱安 译

肝脏在人体中发挥了多种作用，是各种有毒物质的代谢和胆汁排泄的关键器官。其中一个重要功能是负责对微量元素的清除，如铜元素的清除。微量元素是人体生理过程中的必需成分，但过量将产生毒性。铜是一种从饮食中获得的微量营养元素，对人类的生长发育起到至关重要的作用。铜是一种二价态金属离子，在体内以亚铜（Cu^+）和铜（Cu^{2+}）两种价态存在。其易得失电子的能力使得铜离子在各种代谢途径中发挥重要作用。作为多种酶的辅因子，铜参与线粒体电子传递、ROS 清除、铁转运、结缔组织代谢、黑色素生成、酰胺化神经肽的合成和儿茶酚胺代谢等过程[1-5]。然而，当体内稳态调节机制受损时，铜的化学特性也将使机体面临氧化损伤的风险。因此，组织中铜离子水平需要严格调控，而这一过程主要由参与机体铜代谢的转运蛋白和伴侣蛋白负责[3, 6]。目前认为，体内铜稳态调节的主要方式是利用铜的胆汁排泄。此外，近期的研究发现肠吸收过程可能也参与调节铜水平，但相关机制尚未完全阐明[7-9]。无论何种情况，肝脏仍被认为是铜代谢的主要器官，肝脏不仅负责消除过量的铜，也负责调节肠吸收的铜离子在组织中的分布。

一、肝脏：铜代谢的主要器官

十二指肠是饮食中铜的主要吸收部位。该过程始于小肠细胞顶端膜处铜转运蛋白（Ctr1）对还原性铜的摄取[10, 11]。此外，二价金属转运体（DMT1）是一种低特异性的二价金属转运蛋白，负责铁、锰和镍的吸收，也在铜的吸收中起到了部分作用[12]。一旦进入肠上皮细胞，铜将与伴侣蛋白 ATOX1 结合、转运至 ATP7A，后者转移至肠基底侧，并将铜离子外排至门静脉（图 18-1）。ATP7A 在多种细胞中广泛分布并发挥重要作用[13]，但在肝细胞中，其表达水平在新生儿期达到最高，随后逐渐降低[14]。肝脏中主要的铜转运 ATP 酶是 ATP7B，其与 ATP7A 具有相似的结构和功能[15]。这些铜离子泵的具体作用一般取决于细胞内铜含量。在铜含量处于正常生理水平时，ATP7A 和 ATP7B 定位于高尔基体反面网状结构，并负责将铜转运至分泌途径，用于含铜酶的金属化。但当细胞铜水平升高时，这些转运蛋白会转移到细胞质膜并将铜泵出细胞，这也是 ATP7A 将铜从肠上皮输送到门静脉循环中从而促进肠道铜吸收的机制[16, 17]。

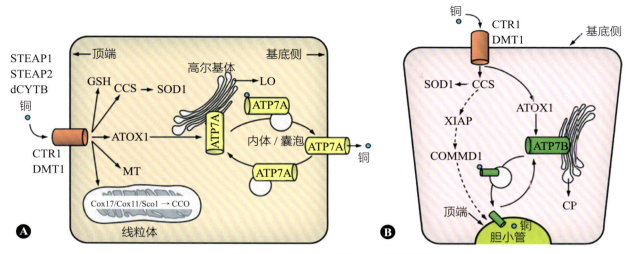

▲ 图 18-1　肠细胞和肝细胞中的铜代谢

A. 在肠细胞中，铜（Cu）的摄取由 CTR1 介导，金属还原酶 STEAP1、STEAP2 和 dCYTB 协同参与。在此过程中 CTR2（未显示）和 DMT1 的作用尚不明确。谷胱甘肽（GSH）和微管（MT）在铜螯合和储存过程中起作用，而铜伴侣蛋白 CCS、ATOX1、Cox17、Cox11 和 Sco1 将铜运送到特定蛋白或细胞器中。随着铜水平的增加，ATP7A 首先将铜转运到肠基底膜后，再泵入血液。B. 在肝细胞中，ATOX1 为 ATP7B 提供铜，用于结合铜蓝蛋白，ATP7B 转移到顶端膜侧并将铜排入胆汁，这是人体排出过量铜的主要机制。有研究认为 CCS 将铜转运给 XIAP 并与 COMMD1 相互作用，而 COMMD1 是一种潜在的 ATP7B 活性调节因子，其突变与贝灵顿犬肝铜中毒相关。该假定途径用虚线表示（经 Springer Nature 许可转载，改编自参考文献 [3]）

随后，血液中铜将结合血清蛋白（如白蛋白、α₂- 巨球蛋白）[18]，进而被肝脏摄取利用，而该作用由肝细胞基底膜上的 Ctr1 和 DMT1 介导（图 18-1）[3]。肝细胞中铜离子需要与蛋白结合后才能被释放入血液中，而血液中最主要的铜结合蛋白是铜蓝蛋白。铜蓝蛋白是一种肝脏合成分泌的糖蛋白，也作为一种铁氧化酶参与全身铁代谢[19]。铜蓝蛋白最初合成时为不含铜的原血浆铜蓝蛋白[20]，在高尔基体的反面网状结构中，经 ATP7B 作用与铜离子结合形成铜蓝蛋白后进入血液循环。当肝铜水平增加时，ATP7B 离开高尔基体转移至肝细胞的顶端膜，将多余的铜泵至胆管进行排泄，因此肝脏通过控制铜的胆汁排泄，成了调节机体铜水平的主要器官。铜也可经肾脏排泄，但此途径仅在代谢紊乱引起的铜过量[3]或胆道梗阻[21-24]等情况下具有临床意义。

因此，肝脏是铜代谢的主要器官，这也解释了肝功能障碍如何影响其他器官。我们将讨论在临床和实验研究中铜代谢紊乱时肝功能障碍的具体表现及病理特征。

二、铜：肝脏与疾病

（一）肝脏相关的铜代谢紊乱

1. 肝豆状核变性

肝豆状核变性由 Samuel Alexander Kinnier Wilson 在 1912 年首次报道，他将其描述为一种与肝硬化和神经症状相关的家族性疾病，也称为 Wilson[25]。直到 30 年后，研究者才观察到患者铜水平异常升高并在大脑和肝脏中积累，因此也将该疾病归为铜代谢紊乱病[26]。这种生化分型有助于进一步研究发现 ATP7B 在肝豆状核变性中的可能作用，而证明了结构相似的 ATP7A 在肝豆状核变性中起到重要作用的研究也支持这一点[27]。

肝豆状核变性是一种由铜转运蛋白 ATP7B 功能障碍引起的常染色体隐性遗传病，迄今为止已经发现了超过 600 种致病突变[27, 28]。特定突变的分布和频率因地理位置、人群而异[29-32]。其中最常见的氨基酸突变类型包括错义突变、小片段插入或缺失、剪接位点突变[33]。ATP7B 序列的病理性变化导致肝细胞铜超载及损伤，而过量的铜最终溢出到血液循环并沉积到其他肝外组织（如大脑、肾脏和角膜等）处，这提示了这种疾病可能出现的体征和症状 [34]。

　　肝豆状核变性患者通常在 3—50 岁出现症状，临床表现相当复杂，具有肝脏、神经或精神症状的任意组合 [35, 36]。即使一个家庭的不同个体之间，其临床体征和症状差异也很大 [30]。肝豆状核变性患者在童年到成年早期通常可诊断出肝病症状，而在年长患者中神经精神症状更为常见，肝病症状反而可能并不明显 [37]。此外，也有研究报道了迟发（超过 70 岁）和早发（9 月龄）的病例 [38, 39]。肝脏可出现急性或慢性发病。急性肝豆状核变性表现为肝炎样损伤或 Coombs（−）溶血性贫血引起的暴发型黄疸，并进展为暴发性肝衰竭。肝豆状核变性也可能表现为伴有或不伴有肝硬化的慢性肝病。因此，在任何不明原因的慢性肝病或新发神经精神症状的鉴别诊断中可考虑患有肝豆状核变性的可能，并给予适当治疗。

　　肝豆状核变性的精神病学表现包括情绪和人格障碍，有时还出现认知退化。神经系统症状以锥体外系症状为主，包括震颤、舞蹈样动作、手足徐动症、办调和精细运动控制困难，以及僵硬和步态障碍。而眼部角膜因铜沉积可能会形成一个特征性的棕色色素环，即 Kayser–Fleischer 环，用裂隙灯检查即可辨别 [30]（图 18–2）。如果有明确的病历资料，这一症状可以对疑似肝豆状核变性的患者进行确诊。

　　肝豆状核变性的实验室验证检查包括血清铜、铜蓝蛋白水平降低（突变的 ATP7B 无法将铜转运到原血浆铜蓝蛋白），以及 24h 尿铜排泄量增加。如果在对不明原因的肝病进行诊断检查时采用肝活检，可发现肝铜水平通常会显著升高。基于临床和实验室标准的肝豆状核变性诊断评分系统可用于指导临床医生如何应对疑似病例 [40]。而对 *ATP7B* 进行基因检测可获得明确诊断。

　　肝豆状核变性确诊后应立即开展治疗，以免发展为暴发性肝病、肝硬化或不可逆的神经精神损伤。对有症状患者，采用铜螯合剂（如 d– 青霉胺或曲恩汀）治疗，以防铜在器官沉积。锌盐也可用于抑制肠道中的铜吸收。口服锌盐诱导金

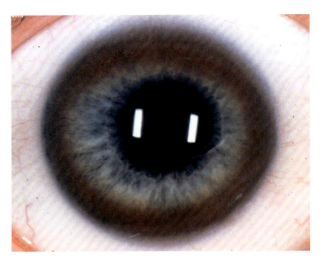

▲ 图 18–2　成年肝豆状核变性患者角膜内的 Kayser–Fleischer 环，由铜沉积于角膜的后弹力层所致

[经 Elsevier 许可转载，引自 Kaler, Wilson disease, in Cecil's Textbook of Medicine, 23rd edn. (eds. L. Goldman and D. Ausiello), Saunders, Philadelphia, 2008, ch.230, pp.1593-5.]

属硫蛋白的合成，而金属硫蛋白是一种细胞内金属离子螯合剂，与铜的亲和力高于锌，从而抑制铜的吸收。理想情况下，铜螯合剂药物可以作为终身治疗方案。然而，铜螯合剂引起的皮肤病学改变、超敏反应、自身免疫性疾病、骨髓抑制和肾毒性等不良反应，可能会降低用药依从性。对药物治疗耐受和病情严重的病例可采用肝移植治疗。肝移植能替换已有严重功能障碍的肝脏，因此通常可以治愈疾病 [41, 42]。

　　目前也有多种新型疗法正在进行临床前研究，治疗靶点主要是通过抑制 ATP7B 突变体在内质网中的储存和降解，从而促进铜排泄 [43, 44]，以及引入工程化肝细胞以期望肝脏再生 [45]。以病毒为载体的基因疗法旨在通过将正常的 ATP7B 互补 DNA（complementary DNA，cDNA）递送至肝细胞来引入 ATP7B 拷贝发挥作用。而这一疗法首先需要将正常基因的 cDNA 整合到靶向肝脏的非致病性病毒中 [46-48]。在肝豆状核变性晚期的小鼠模型中，基因疗法能促进肝酶、铜排泄恢复正常 [49]，具有未来应用于临床试验的潜力。

2. Huppke-Brendel 综合征

　　近些年将 Huppke-Brendel 综合征定义为一种常染色体隐性遗传的铜代谢紊乱病，其生化表

型与肝豆状核变性相似，但病因和临床表现不同。Huppke-Brendel 综合征的患者通常是婴儿和儿童，患者血清铜和铜蓝蛋白水平偏低，并伴有先天性白内障、听力丧失和严重发育迟缓等特征[50]。脑部成像可观察到明显的小脑萎缩、蛛网膜下腔增宽和髓鞘发育不良。这种疾病出现在儿童早期通常是致命的，研究报道原始队列中患者在22 月龄至 6 岁发生死亡。而最初在探索该综合征的发病机制时，对几种已知的铜转运体和蛋白进行了研究，但均没有成功[51]。后来，研究人员利用纯合子定位法和深度测序，确定了该综合征的遗传基础为 *SLC33A1* 基因突变。*SLC33A1* 基因负责编码乙酰 CoA 转运蛋白 AT-1[52]，AT-1 被认为是内质网和（或）高尔基体中糖蛋白和神经节苷脂乙酰化机制的关键蛋白[53]。Huppke-Brendel患者的铜代谢异常可能继发于 AT-1 缺陷引起的ATP7A 和 ATP7B 铜泵功能紊乱，因为这两种蛋白序列上的特定赖氨酸残基通常需要进行乙酰化（L.Yi,S.G.Kaler，未发表的数据）。

3. MEDNIK 综合征

MEDNIK 是一种常染色体隐性遗传的神经皮肤综合征，最初在具有共同祖先的法裔加拿大家庭中发现[54]。MEDNIK 是智力低下（mental retardation）、肠病（enteropathy）、失聪（deafness）、周围神经病（neuropathy）、鱼鳞病（ichthyosis）和角化病（keratodermia）的首字母缩写。除了这些临床症状和体征外，铜代谢功能障碍也在一个典型 MEDINK 患者中发现，并且随后也在原始队列患者中得到证实[55]。MEDNIK患者呈现出一种混合生化表型，其中既有铜缺乏也有铜过量。MEDNIK 患者中可出现发育迟缓和脑萎缩，类似于 Menkes 病，后者是一种继发于 *ATP7A* 突变的神经退行性疾病[3]。同时，MEDNIK 患者表现出铜过载和肝脏疾病的特征，伴有低铜蓝蛋白血症、肝铜积累和肝内胆汁淤积[55]。这些变化类似于因 *ATP7B* 突变引起的肝豆状核变性。

MEDNIK 综合征发病的分子基础是编码 AP-1σ1A 亚基的 *AP1S1* 基因发生突变，AP-1 通常介导某些跨膜蛋白在高尔基体反面网状结构、内体与细胞质膜之间的细胞内运输。铜 ATP 酶 ATP7A 和 ATP7B 结构相似，都是跨膜蛋白，它们的功能取决于感应细胞铜水平变化，并在不同细胞区室发生转运的能力。研究发现，AP-1 复合物通过与 ATP7A 蛋白 C 端附近的二亮氨酸基序相互作用，从而调节 ATP7A 的细胞内转运[56, 57]。由于 ATP7B 与 ATP7A 结构包括二亮氨酸基序高度相似，可以推测 AP-1 可能也参与对 ATP7B 的调控。由于 AP-1σ1A 亚基缺陷，ATP7A/B 在正常或低铜状态下可能无法稳定定位于高尔基体反面网状结构[57]。这种铜 ATP 酶定位和转运缺陷可能解释了 AP1S1 突变与 MEDNIK 患者铜代谢紊乱之间的联系。同时由于 σ1 亚基的两种亚型σ1B 和 σ1C 可能可以替代 σ1A（具体取决于它们的表达水平），因此肝脏表达的 ATP7B 可能比其他组织表达的 ATP7A 更易受到 *AP1S1* 突变的影响（L.Yi, S.G.Kaler，未发表的数据）。MEDNIK的皮肤和其他临床特征可能与其他跨膜蛋白的转运功能受损有关。

临床上，建议采用醋酸锌治疗以减轻MEDNIK 患者的肝脏铜过载[55]。通过研究铜 ATP 酶转运在 MEDNIK 患者中的变化可以进一步阐明该疾病的病理生理学机制，有助于开发更精确的靶向治疗手段。

（二）肝脏原发性疾病和铜代谢紊乱

由于肝脏是铜代谢的主要调节器官，因此可以推测肝细胞中金属水平失衡与肝脏疾病密切相关，如肝豆状核变性和 MEDNIK 等疾病。此外，铜水平失衡也在原发性肝病中有相关报道。

1. 非酒精性脂肪肝病

非酒精性脂肪肝病是指在未过度饮酒的情况下肝脏出现脂质沉积、结构紊乱。NAFLD 患者肝脏中脂肪变性的严重程度和组织学变化各不相同，从轻度脂肪变性到伴有肝细胞炎症和坏死的脂肪过度沉积，即非酒精性脂肪性肝炎。后者可能进展为纤维化、肝硬化、终末期肝病和肝细胞癌[58]。NAFLD 与代谢综合征密切相关，包括腹部肥胖、高血压、血脂异常、糖耐量受损或糖尿病[59]。NAFLD 的病理机制目前尚未阐明，一些研究认为铜代谢紊乱可能在其中发挥了作用。有趣的是，一项在 124 名 NAFLD 病患中的研究结果表明，相比于对照组和其他类型肝病患者，NAFLD 患者具有更低的肝铜水平。这种相关性在重度脂肪肝、NASH 和具有其他代谢综合征的患者中更为明显 [60]。之前的研究认为铜缺乏与动脉粥样硬化性血脂异常有关，而最近一项关于 ATP7B 的研究则表明肠道铜水平也与脂质代谢密切相关 [7, 61, 62]。通过给予大鼠铜缺乏饮食可诱导肝脂肪变性和胰岛素抵抗，进一步表明低铜水平在 NAFLD 发病机制中的潜在作用 [60-62]。此外，铜缺乏可以下调过氧化物酶体和线粒体的 β 氧化 [63]。正常的线粒体功能依赖于铜作为细胞色素 C 氧化酶的辅因子，细胞色素 C 氧化酶是线粒体电子传递链中的最后一个酶复合物。因此，铜缺乏的小鼠可表现出线粒体功能障碍 [64]，而在 NAFLD 患者中也能看到类似变化。最后，铜也是 SOD1 的辅因子，而 SOD1 是一种参与调控氧化应激的关键酶，与 NAFLD 和 NASH 的肝损伤密切相关 [4, 60]。

2. 肝细胞癌

铜在癌症发生进展中的作用已被广泛研究，一些研究显示多种癌症患者的血清和肿瘤中铜水平较高 [65-67]。高铜水平促进血管生成和氧化应激，这些过程为肿瘤生长创造了合适的环境，而通过降低铜水平可以缓解 [67-70]。这些发现促进了以铜螯合为策略的潜在抗癌疗法的研究 [71, 72]，以及在肝细胞癌中的应用。

HCC 被证明是具有较高铜水平的肿瘤之一 [73-75]。研究发现，HCC 患者的血清铜和血浆铜蓝蛋白水平升高，并且较高的铜水平与较差的预后直接相关 [76]。有趣的是，其他类型的肝癌（如胆管癌）和转移性肝病并没有表现出显著的铜水平升高，这种特性也有利于将它们与 HCC 区分开来 [77, 78]。降低铜水平在 HCC 治疗上取得一定进展，如可以抑制血管生成和肿瘤生长 [72, 79]。因此，有必要进一步探索降铜疗法对于其他癌症的治疗作用。

三、结论

肝脏是机体铜水平的主要调节器官，负责调节铜的分布和排泄。根据实际需要和细胞铜水平，肝脏引导铜进入不同途径以供机体利用。铜在肝细胞转运蛋白 ATP7B 作用下穿梭进入分泌区，并与血清铜蓝蛋白结合。在胞内铜过量的情况下，铜离子自肝细胞小管（顶端膜侧）随胆汁排泄。ATP7B 功能或转运缺陷可导致铜在肝脏沉积，引起毒性和肝细胞损伤。这些发现解释了肝豆状核变性、Huppke-Brendel 综合征和 MEDNIK 综合征中的肝脏症状表现的机制。此外，在 HCC 和 NAFLD 中也观察到铜稳态异常，影响脂质代谢，但具体机制尚不完全清楚。因此，探索细胞层面铜代谢相关机制，开展新型铜螯合剂、非病毒载体基因治疗相关的临床试验，有助于了解这些肝脏疾病的发病机制，并开发潜在的治疗手段。

第 19 章　肝脏在铁储存和调节全身铁稳态中的核心作用

The Central Role of the Liver in Iron Storage and Regulation of Systemic Iron Homeostasis

Tracey A. Rouault　Victor R. Gordeuk　Gregory J. Anderson　著

郑素军　王莉琳　陈昱安　译

一、肝脏是主要的铁储存库

据估计，健康成年人的肝脏中可存储 0.07～0.4g 铁。对先前使用定量采血的研究进行的综合分析表明，39 名正常男性（主要是 30—40 岁的男性）的体内总储存铁中位数约为 0.8g，20 名年龄相近的正常女性的体内总储存铁中位数约为 0.4g[1-5]。基于 1/3 的铁通常储存在肝脏的假设，这意味着正常的肝脏铁含量中位值，男性为 0.27g，女性为 0.13g。铁被隔离在铁储存蛋白铁蛋白中，铁蛋白是一种由铁蛋白 L 链和 H 链组成的 24 个亚基大蛋白（图 19-1）。铁蛋白亚基结合形成一个包含许多通道的球形蛋白壳。在球形蛋白的内部，铁通过铁蛋白 H 链的亚铁氧化酶从亚铁（Fe^{2+}）形式氧化为三价铁（Fe^{3+}）形式，不溶性三价铁沉积物从铁蛋白 L 亚基侧链上的初始沉积位点生长[6,7]。随着铁蛋白对铁的吸收和氧化的继续，成千上万的三价铁原子积聚在铁蛋白球内，铁蛋白球能够存储多达 4500 个铁原子。由于铁蛋白中所含的铁生物利用率不高，因此铁蛋白会隔离铁，降低胞质铁与氧相互作用并产生有害的 ROS 物质的可用性。铁蛋白也是细胞代谢所需铁的来源。铁可以从单泛素化的完整铁蛋白中释放出来，并最终被蛋白酶体降解[8]。或者，铁蛋白多聚体可以在溶酶体中降解释放铁。该过程由铁蛋白与 NCOA4 的相互作用引导，NCOA4 与铁蛋白结合并将其传递至溶酶体（图 19-1）[9]。

二、血清转铁蛋白是组织铁的主要来源

转铁蛋白（transferrin，TF）是一种高亲和力的三价铁结合蛋白，在血浆中循环，浓度为 9～28nmol/L。它主要由肝细胞合成并分泌进入循环中。血浆中通常含有过量的 TF，因此 TF 上不到 1/3 的铁结合位点被铁占据。TF 包含两叶，每叶包含一个铁（Fe^{3+}）结合位点[11]。全身组织中的细胞可通过增加转铁蛋白受体（transferrin receptor，TFR）的表达，从循环 TF 中获取铁。TFR1 是 TF 的主要受体，在生理 pH 下以高亲和力（10^{7}～10^{9}/M）结合二铁 TF。单铁和脱铁转铁蛋白的结合亲和力要低得多（分别为 10^{6}/M 和 ＜10^{5}/M）。结合二铁 TF 后，TF-TFR 复合物形成，然后在内涵体内内化。随着内涵体经历酸化，铁从 TFR-TF 复合物中释放出来。释放的铁仍然以氧化铁的形式（Fe^{3+}）存在，必须经过 STEAP 家族蛋白[13]的还原酶还原，然后通过二价金属离子转运蛋白（divalent metal-ion transporter，DMT）DMT1[14]从内涵体运输到细胞质。当铁进

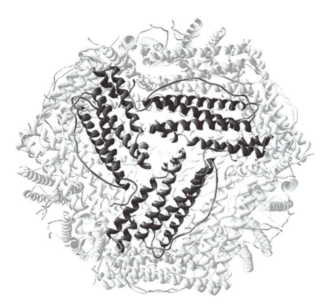

▲ 图 19-1　铁蛋白是一种 24 个亚基的蛋白质，其中 H 链或 L 链的亚基共司组装形成具有中心空腔的球形蛋白质结构

这幅图是根据报道的铁蛋白晶体结构[10]的坐标生成的，在球形蛋白前面的三个独立亚基用深灰色表示，以显示单个亚基的排列。结构中的孔隙允许铁进入，铁以铁沉淀物的形式在空心内积聚。每个铁蛋白多聚体可以隔离多达 4500 个铁原子

入细胞质时，它可以与许多需要铁才能发挥作用的酶和蛋白质结合。铁还可以被运输到亚细胞位置，如线粒体，线粒体使用一种名为线粒体铁蛋白的铁导入物来促进线粒体对铁的摄取[15]。

三、肝细胞高度表达的第二个转铁蛋白受体 TFR2 的作用

在大多数组织中，TFR1 是主要的细胞铁摄取途径的首要组成部分，而肝脏表达大量的第二种同源 TFR，即 TFR2[16]。事实上，TFR2 在肝脏中的含量似乎比 TFR1 丰富得多[17]。尽管它们具有同源性，但最近的数据表明，这两种 TFR 结合 TF 的方式存在差异[18]。TFR2 对二铁 TF 的亲和力比 TFR1 低 25 倍[16, 19]，这一发现导致了 TFR2 对铁摄取不重要的假设。然而，血浆中二铁 TF 的浓度估计为 8～12μmol/L[20]，这一浓度可能足以使两种 TFR 饱和，这表明两者可能都在肝脏铁摄取中发挥作用。尽管如此，在特定条件下对肝癌细胞的研究表明，TFR1 介导的 TF 结合铁的摄取是迄今为止主要的铁摄取途径[21]。此外，TFR2 突变的患者或缺乏 TFR2 的小鼠的肝脏容易富含铁，这表明 TFR2 对肝脏铁摄取是必不可少的[22]。TFR2 在肝脏中的主要作用是作为铁调素的调节剂，因此它在体内铁稳态中起着关键作用。

四、TFR2 的表达受不同于 TFR1 的机制调节

除了 TFR2 主要在肝细胞中表达，而 TFR1 在红系祖细胞中高度表达，以及在大多数其他组织中也有不同程度的表达之外，这两种受体之间的主要区别在于其表达的调节机制不同。TFR1 在转录水平受到缺氧的调节[23, 24]，但它也受到由铁调节蛋白（iron-regula-tory protein，IRP）组成的转录后调控系统的有效调控，IRP 与转录本中被称为铁反应元件（iron responsive elements，IRE）的 RNA 茎环结合，如铁蛋白和 TFR1（图 19-2）[25]。在细胞质缺铁的细胞中，IRP 与 IRE 结合，而 IRP 的结合阻止转录本的翻译，如编码铁蛋白 H 和 L 链的转录本，这些转录本的 IRE 位于其 5′ 非翻译区内（图 19-3A）。相反，IRP 与 TFR1 3′ 非翻译区上的 IRE 结合可以稳定转录本，导致 mRNA 水平升高，同时 TFR1 蛋白水平增加（图 19-3B）。在大多数铁过载的细胞中，IRP 不与 IRE 结合，铁蛋白合成增加，而 TFR1 表达减少。因此，大多数细胞中的铁过载会导致铁螯合量的增加和 TFR1 介导的铁吸收的减少[25, 26]。

肝细胞不同于其他细胞，因为它们表达高水平的 TFR2，并且随着铁负荷的增加，TFR2 mRNA 水平仍然很高[27]。事实上，二铁 TF 的结合通过改变 TFR2 的运输来提高 TFR2 的稳定性[28]。因此，肝细胞是重要的铁储存库的一个原因可能是，即使 TFR1 的表达因全身其他细胞的铁过载而减少，依赖于 TFR2 的铁摄取也仍然在继续。通过非 IRP 调节的 TFR 表达维持铁摄取的倾向对肝细胞作为全身性铁调节物的作用也很有价值。虽然 TFR2 参与了对铁状态做出反应的信号通路，但肝脏也有很强的吸收非转铁蛋白结合铁（non-transferrin-bound iron，NTBI）的能力。

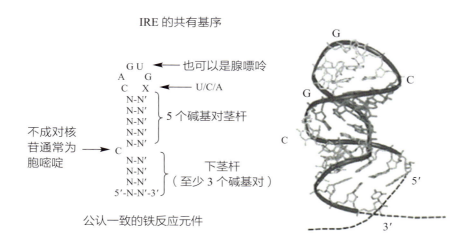

IRE 的共有基序

GU ← 也可以是腺嘌呤
C X ← U/C/A

5 个碱基对茎杆

不成对核苷通常为胞嘧啶 → C

下茎杆（至少 3 个碱基对）

5′-N-N′-3′

公认一致的铁反应元件

5′ 非翻译区内的功能性铁反应元件：铁蛋白、线粒体乌头酸酶、琥珀酸脱氢酶 D、eALAS 合成酶、铁转运蛋白 – 基底侧铁转出物、缺氧诱导因子 2α

3′ 非翻译区内的功能性铁反应元件：转铁蛋白受体、二价金属转运蛋白（非共识）、细胞周期调控因子 14A

▲ 图 19-2　铁反应元件的公认一致的模体

铁反应元件（IRE）是在 mRNA 中发现的 RNA 茎环，编码许多对铁稳态很重要的蛋白质。IRE 由一个碱基配对的茎杆、一个将上下茎杆分开的未配对的胞嘧啶和一个包含 6 个碱基的 CAGUGX 环组成，其中 X 可以是除 G 以外的任何残基，在该环的 A2 和 G5 之间有一个碱基对（经 Elsevier 许可转载，引自参考文献 [25]）

五、非转铁蛋白结合的铁摄取和肝脏铁过载

除了摄取 TF 结合的铁外，肝脏还可以有效地摄取未被 TF 隔离的铁（即 NTBI）。NTBI 主要在 TF 铁结合位点完全饱和时在血浆中可检测到，就像在各种全身性铁过载疾病中发生的那样。NTBI 的血浆半衰期小于 30s，而 TF 结合铁的半衰期约为 50min[29, 30]。因此，离体的灌注肝脏在首次通过时可以从血浆中去除 60%～75% 的 NTBI，但 TF 结合铁的去除率只有不到 2%[29, 31, 32]。此外，如果血浆 TF 首先被铁饱和，则后续口服或静脉注射的放射性铁清除非常迅速，而肝脏是铁沉积的主要部位[30]。也许肝脏获得 NTBI 能力的最佳证明来自对先天性低转铁蛋白血症的研究，其中小鼠模型[33] 或人类患者[34] 合成的 TF 很少。在这种情况下，肝脏和其他一些器官在很小的时候就会产生大量的铁负荷。这些研究表明，TF 的作用不仅仅是将铁传递到组织，而是允许金属的有序传递。在正常生理条件下，TF 对

铁具有很高的结合亲和力（亲和力常数 10^{23}/M）[35]，因此循环 NTBI 的量非常少，基本上检测不到。NTBI 在各种病理状态下确实变得重要，特别是那些超过血浆 TF 结合铁的能力的铁负荷紊乱。例如，在 HFE 相关的血色病中，NTBI 可达到 10～15μmol/L[36]。事实证明，很难精确定义 NTBI 的化学性质，但其中大部分可能被柠檬酸盐和氨基酸等小有机酸螯合，部分还可以被白蛋白等蛋白质结合[37]。

直到最近，NTBI 的摄取途径一直是铁稳态中一个尚未解决的重大问题。早期研究表明，NTBI 摄取可能是由 DMT1 介导的[38, 39]，但当 DMT1 被破坏时，肝脏仍能积累 NTBI，这表明其他摄取途径也参与其中[40, 41]。另一个候选蛋白是 ZIP14 或 SLC39A14[42]。这种质膜转运蛋白在肝脏中表达，并被证明在肝癌细胞中介导 NTBI 摄取[43]。随后对 ZIP14 基因敲除小鼠的研究表明，ZIP14 为肝脏和胰腺摄取 NTBI 提供了主要途径[43]。事实上，同样的研究表明，小鼠体内

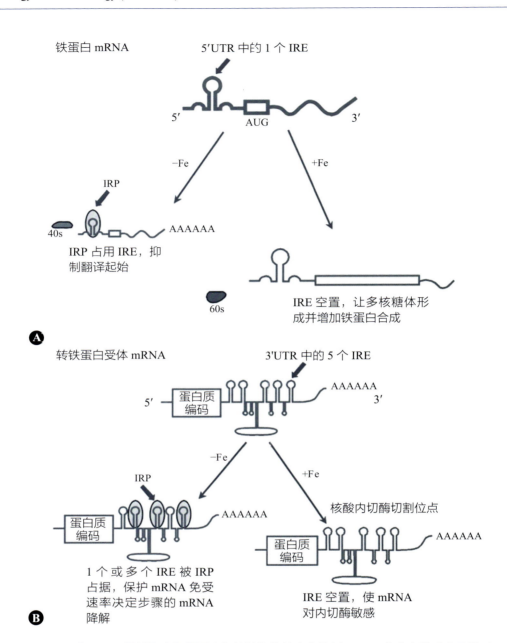

铁蛋白 mRNA

5′UTR 中的 1 个 IRE

AUG

−Fe

+Fe

IRP

40s

IRP 占用 IRE，抑制翻译起始

60s

IRE 空置，让多核糖体形成并增加铁蛋白合成

A

转铁蛋白受体 mRNA

3′UTR 中的 5 个 IRE

蛋白质编码

AAAAAA

−Fe

+Fe

IRP

核酸内切酶切割位点

蛋白质编码

AAAAAA

1 个或多个 IRE 被 IRP 占据，保护 mRNA 免受速率决定步骤的 mRNA 降解

蛋白质编码

AAAAAA

IRE 空置，使 mRNA 对内切酶敏感

B

▲ 图 19-3 **A. IRP1 和 IRP 2 通过阻止翻译因子与核糖体的结合来抑制 5′UTR 中含有铁反应元件（IRE）的转录本的翻译；B. 铁调节蛋白（IRP）与 3′ UTR 上的 IRE 结合可保护 TFR1 转录不被降解，并可能通过类似的机制保护其他包含 3′ IRE 的转录本**

ZIP14 的缺失可以完全阻止血色病小鼠模型中的肝铁负荷。有趣的是，在肝脏 ZIP14 利用三价铁之前，似乎需要三价铁的还原，而这种活性可以由朊病毒蛋白 Pr（C）提供 [44]。对 NTBI 摄取动力学的早期研究表明，在铁过载条件下，NTBI 摄取过程增加，这表明通过从循环中清除潜在有毒的"游离"铁发挥保护作用 [45]。与这一发现相一致的是，最近的观察发现，ZIP14 水平因铁过载而上调 [46]。

六、肝细胞中铁的释放

尽管人们对铁的摄取有很多了解，但肝脏在需要时释放储存的铁的机制却鲜为人知。在对原发性铁负荷疾病（如 HFE 相关的血色病）进行放血治疗期间，肝脏释放储存的铁的能力得到特别充分的证明[47]。在这类疾病中，肝脏可能含有20g或更多的储存铁，但所有这些在放血后都可被动员用于血红蛋白的合成。在 HFE 相关的血色病中，肝脏中大部分的铁储存在肝细胞中，在输血性铁过载时，常驻的肝巨噬细胞也可以储存大量的铁，而且可以通过放血从肝巨噬细胞和肝细胞中动员铁。此外，肝巨噬细胞在从衰老的红细胞中回收血红蛋白来源的铁方面发挥着重要作用，这些铁也必须被释放到循环中[48]。

大多数体细胞中负责铁释放的蛋白质是铁转运铁蛋白（ferroportin，FPN）[49-51]，它是一种高度保守的亚铁输出蛋白，包含 9 个或 10 个跨膜结构域。虽然 FPN 在输出大量铁的细胞类型中表达最高，如肠细胞和巨噬细胞[52]，但它也在迄今研究的所有细胞中发挥铁输出的作用，包括肝细胞[53]。与铁蛋白基因一样，FPN mRNA 的 5′UTR 中含有一个 IRE，其在肝脏中的表达随着铁负荷的增加而增加，这表明它通过 IRE/IRP 系统受铁依赖的翻译控制[51]。由于 FPN 水平随着铁负荷的增加而增加，这种增加代表了一种帮助肝脏限制铁积累的保护机制是可行的。

除 FPN 外，从组织中有效输出铁还需要铁氧化酶。对于大多数组织来说，氧化酶活性由循环铜蓝蛋白（circulating ceruloplasmin，CP）提供[54]。CP 是血浆中主要的含铜蛋白，但它是一种铁代谢蛋白，而不是铜代谢蛋白。在没有 CP 的情况下（如罕见的血浆铜蓝蛋白缺乏症），血浆铁水平降低，铁在组织中积聚，而铜的稳态不受影响[55, 56]。最近的数据表明膜结合的 CP 同系物亚铁氧化酶（homolog hephaestin，HEPH）也可促进肝铁外排[57]。CP 如何促进铁外排尚不清楚，但有一些证据表明，胶质瘤细胞上的 GPI 连接形式的 CP 可以通过氧化运输的亚铁来稳定细胞表面的 FPN，HEPH 有稳定海马神经元中 FPN 的报道[59]。更多的质膜 FPN 意味着细胞铁释放增加。这是否是也适用于肝脏的 CP/HEPH 作用的一般机制，仍有待确定。肝脏是合成 CP 的主要部位，因此在促进铁外排中发挥着重要的系统作用。

七、肝细胞合成和分泌调节性肽类激素铁调素

在全身铁调节中，肽类激素铁调素的分泌在决定巨噬细胞和可能的其他体细胞释放多少铁，以及通过十二指肠吸收多少铁方面具有重要作用[60]。铁调素与其他被称为防御素的肽类激素有关，这些激素在防御细菌感染方面发挥作用。它被合成为 84 个氨基酸的前体，经过剪切并作为含有 25 个氨基酸的活性肽激素释放到循环中[61]。在 N 末端截短并含有 22 个或 20 个氨基酸的铁调素形式也存在于血清中，但这些形式没有活性[61]（图 19-4 显示了铁调素序列和二硫键的位置）。

作为一种循环肽，铁调素可以与全身的组织和细胞相互作用。铁调素与铁输出蛋白 FPN 结合，在靶细胞膜上形成复合物，内化并经历泛素化和溶酶体降解[62, 63]。这反过来又减少了铁进入循环。目前尚不清楚这种作用机制是否可以解释铁调素的所有作用。

当存在全身性铁耗竭时，铁调素的转录低，而当存在全身铁超载时，其转录高。当红细胞生成受到刺激时，铁调素的水平也会降低，而在炎症条件下则会升高。肝细胞将有关全身铁状态的信息转化为铁调素启动子的转录活性的机制已被广泛研究[65]，但调控系统仍未被完全了解。

一般而言，肽类激素（如铁调素）通过与靶细胞群中的特定受体结合而发生变化。配体与受体的结合通常会激活信号转导过程，这是细胞内级联事件，会改变靶细胞群中各种基因的转录。铁调素信号转导不符合这一一般途径，因为铁调素与铁输出蛋白 FPN 结合，而不是与先前公认的受体家族的成员结合。结合铁调素后，FPN 被内化并随后在溶酶体中降解[61-63]，这导致铁的输出减少，因为 FPN 是唯一已知的铁输出蛋白[66, 67]。

▲ 图 19-4　肽类激素铁调素的序列

该肽含有 8 个半胱氨酸，含有 4 个二硫键。弧线表示半胱氨酸对，它们形成二硫键，在铁调素结构中形成发夹（经Elsevier 许可转载，引自参考文献 [64]）

这就是铁调素减少巨噬细胞、十二指肠肠上皮细胞、肝细胞和其他靶细胞的铁流出的机制。

尽管 FPN 的铁调素依赖性降解被认为是铁调素过表达导致肠道铁吸收减少的主要机制，但也存在其他水平的调节。例如，在缺铁条件下，编码 FPN、DMT1 和 DCYTB 的 mRNA 在肠细胞中的表达增加[68]，这不能通过铁调素的直接作用来解释。这些变化可能继发于肠细胞中铁水平的降低，这可能通过 IRE/IRP 系统影响 DMT1 水平，并通过缺氧诱导因子 HIF2 影响 FPN 和 DCYTB 的表达[69]。这也可以解释为什么铁调素对巨噬细胞的影响发生在十二指肠黏膜受到影响之前[70]。FPN 和 DMT1 亚细胞定位的变化也可能发生在肠细胞中，随着铁水平的变化，在缺铁条件下，质膜上的水平更高，进一步增加了复杂性[71, 72]。

八、铁调素表达的转录调节是系统铁稳态的主要决定因素

铁调素是系统铁稳态的主要调节剂，因为它协调铁从巨噬细胞、肠细胞和其他体细胞释放到血清中。尽管曾经认为系统性铁稳态的感应发生在十二指肠黏膜细胞中，但现在许多研究表明，最重要的感应部位是肝细胞内[65, 73]，信号信息在铁调素启动子处汇聚。在过去的 15 年中，人们对调节 HAMP 基因（编码铁调素）表达的机制有了很多了解。BMP-SMAD 信号通路已被证实对 HAMP 的基础转录和调节转录都必不可少[74]，但也涉及许多其他通路。这些解释了铁调素表达如何对铁水平、炎症、红细胞生成和其他几种刺激的变化做出反应（图 19-5）。目前关于铁调素调节的大量知识来自对人类铁稳态紊乱的分析，特别是各种形式的铁负荷疾病，即遗传性血色素沉着症。

BMP-SMAD 途径在铁调素调节中的重要作用已在对血幼素（hemojuvelin gene，HJV）突变而发生严重青少年型血色素沉着症的患者的家族研究中得到确定[75]。HJV 是 BMPR 家族的成员，这些受体的信号通路在其他生理环境中已被广泛研究。一般来说，BMP 受体通过激活 SMAD 蛋白发挥功能，SMAD 蛋白是一个转录激活物 / 抑

制物家族，在多种途径中发挥作用，将受体结合事件与靶基因的核转录变化联系起来[74]。值得注意的是，缺乏肝细胞 SMAD4（一种与 SMAD 家族其他成员结合以调节靶基因转录的蛋白质）的动物会出现显著的铁过载，并与铁调素表达的显著降低相关[76]。多项研究表明，功能性 BMP-SMAD 途径对 HAMP 转录至关重要，但该途径对铁调素的铁依赖性调节也很重要。当体内铁水平升高时，两种 BMPR 配体 BMP2 和 BMP6 的水平会增加，而这些配体又可以通过 BMP-SMAD 途径发出信号，以增加 HAMP 转录[77-79]。

BMP-SMAD 通路和铁调素表达之间的另一个联系是由跨膜丝氨酸蛋白酶 TMPRSS6 提供的。TMPRSS6 作用于抑制 BMP-SMAD 信号转导，因此当 TMPRSS6 在小鼠或人类中存在缺陷时[80, 81]，这种抑制被解除，铁调素水平构成性升高，进而导致全身性铁缺乏，这是因为膳食中铁的吸收减少，在人类中被称为铁难治性缺铁性贫血[81]。原本认为 TMPRSS6 的主要底物是 HJV[82, 83]，但最近的数据表明该系统要复杂得多，除 HJV 外，该酶还可以切割铁调素调控通路的多种成分，包括多种 BMPR（ALK2、ALK3、ACTR2A、BMPR2），以及 HFE 和 TFR2[84]。与此一致的是，TMPRSS6 已被证明可以独立于 HJV 抑制铁调素表达[84]。

第一个突变时被确定为引起遗传性血色病的基因是 HFE[85]，它是铁调素表达的上游调控因子。HFE 影响 HAMP 表达的机制尚不完全清楚，尽管早期研究表明它可以调节 BMP-SMAD 信号转导[86, 87]。HFE 相关的血色病患者铁调素表达降低，进而增加膳食铁吸收，从而导致铁过载[88]。TFR2 基因的突变比 HFE 更罕见，但它们也会导致铁调素表达减少和血色病[89]，而且 TFR2 似乎也会影响 BMP-SMAD 信号通路[90]。HFE 和 TFR2 如何调控铁调素表达，目前还不清楚。HFE 可以与 TFR1 相互作用，HFE 和 TF 可以竞争与 TFR1 结合[91, 92]。完整的 HFE/TFR1 复合物似乎可以降低铁调素的表达[93]，因此有人提出，当二铁 TF 水平很高时，复合物解离，铁调素水平增加[65]。其他研究表明，当两种蛋白均过

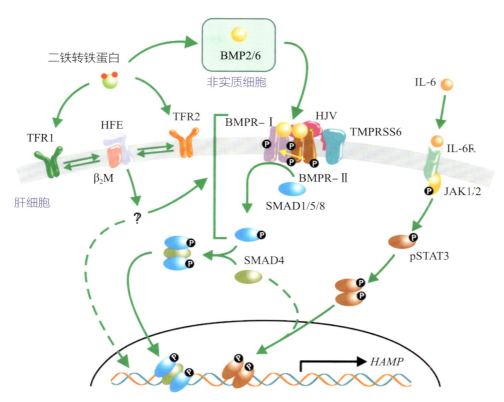

▲ 图 19-5　肝细胞中铁调素信号通路对铁和炎症的反应

响应身体铁需求改变的、铁调素表达的变化通过至少两种途径发生。一种是通过铁依赖的 BMP6 和 BMP2 在肝非实质细胞中的调控，随后通过肝细胞上的 BMPR/SMAD 通路改变 *HAMP* 转录。另一种是通过二铁转铁蛋白的影响，它可能调节了 HFE 与 TFR1 和 TFR2 之间的相互作用。这又如何改变 *HAMP* 的表达尚不清楚，但可能涉及 BMP/SMAD 信号通路的影响。IL-6 通过单独的表面受体转导信号。该通路激活的转录因子通过与 STAT3 结合位点结合来激活铁调素的转录。最终，*HAMP* 在肝细胞中转录增加，从而感知全身高水平的铁或炎症信号

表达时，TFR2 会与 HFE 结合[94]，而与 HFE 结合似乎会增加 TFR2 对二铁 TF 的亲和力[95]。因此，依赖于 TFR2 的 TF 结合可能在肝细胞铁感知和系统铁稳态中发挥重要作用。HFE 和 TFR2 如何共同作用改变铁调素的表达尚不清楚。一种可能性是，在低铁条件下，HFE 与 TFR1 结合，但当二铁 TF 水平升高时，它会取代 TFR1 中的 HFE，然后 HFE 与 TFR2 结合并改变铁调素的转录，可能是通过调控 BMP/SMAD 信号通路实现的[94, 96]。有趣的是，在小鼠中同时敲除 HFE 和 TFR2 时，其表型比单个敲除更为严重，表明这两种蛋白质可能至少有一些独立的作用[97]。最近的数据表明，HFE 还可以稳定一些 BMP 受体[98]，进一步增加了这一调控系统的复杂性。

血浆中二铁铁转运蛋白水平与铁调素信号通路密切相关[99]。血浆 TF 饱和度将多种组织来源的铁的去除和回流入循环整合为一个共同的值。因此，TF 饱和度可能是铁状态的主要临床测量指标，可以向多个组织传递身体铁状态的详细信息[65, 100-102]。这样的值可以输入 HFE/TFR2 介导的铁调素调控途径，但也可以影响 BMP2 和 BMP6 的表达。很可能涉及多个路径。最近，二铁 TF 水平也被认为介导（至少部分）抑制 *HAMP* 表达，以响应受刺激的红细胞生成[103]。

除了通过 BMP-SMAD 通路响应信号外，铁调素的表达受到炎症的强烈诱导（图 19-5）[104]。铁调素的这种反应被认为是导致与慢性炎症相关的贫血的主要决定因素（尽管可能不是唯一的决定因素）[105, 106]。LPS 及促炎细胞因子 IL-6、IL-1、IL-22 和 IFN-α 都能够通过 JAK-STAT 信号通路和 *HAMP* 启动子中转录因子 STAT3 的结合位点激活铁调素的表达[100, 107-109]。然而，炎症反

应中对 *HAMP* 表达的刺激也需要 BMP/SMAD 通路发挥作用，因为 IL-6 不能增强 Smad4 敲除小鼠或 Ⅰ 型 BMPR ALK3 缺失时铁调素的表达[110]。

最后一点应该指出的是铁调素调控机制的细胞位置。大多数研究都集中在肝细胞上，因为这是铁调素合成的主要部位。HFE、TFR2 和 HJV 在肝细胞中也比在其他类型的肝细胞（如肝巨噬细胞、内皮细胞和肝星状细胞）中表达更强。然而，另一种关键成分 BMP6 主要由内皮细胞合成，少量由肝巨噬细胞和肝星状细胞合成[111, 112]。这表明肝脏中不同类型的细胞之间存在重要的肝内串扰，为铁调素调控网络增加了另一层复杂性。

九、肝细胞感知全身铁水平的基因突变导致血色病

"血色病" 是一组以血清铁水平升高，肝脏、心脏和内分泌器官实质铁过载为特征的遗传性疾病的术语[113]。巨噬细胞和十二指肠黏膜在血色病相关的铁稳态紊乱中起着特别重要的作用。巨噬细胞通常是体内铁的主要储存库，因为它们代谢衰老的红细胞，并储存来自血红素分解代谢但未释放到血浆转铁蛋白中的铁。普鲁士蓝铁染色显示，非血色病患者的骨髓巨噬细胞通常富含储存的铁，而血色病患者的巨噬细胞保留从噬红细胞作用获得的铁的能力较低，因此肝和脾巨噬细胞中几乎不含可染色的铁。此外，尽管血清铁水平较高，但在血色病患者的十二指肠铁吸收仍然相对较高。随着病情的发展，血清铁水平的升高会导致肝脏、心脏和内分泌器官的实质性铁过载。

现在有 5 种不同的基因，其产物被发现可以引起各种形式的遗传性血色病。这些基因是 *HFE*、*TFR2*、*HJV*、*FPN*（部分）和 *HAMP*，随着研究的继续，疾病基因的列表很可能会增加（图 19-6）。所有这些疾病的特征都是铁调素的产生异常减少，同时血浆转铁蛋白饱和度升高，实质而非巨噬细胞铁储量增加。幸运的是，这些基因的功能受损不会对造血功能产生不利影响。因此，通过定期放血去除富含血红蛋白铁的红细胞，可以恢复铁平衡；这些红细胞很容易被增加的红细胞生成所取代。

十、*HFE* 的发现，首次确定了遗传性血色病的原因

虽然早期研究表明，最常见的遗传性血色病是由与 HLA 区域连锁的第 6 号染色体突变引起的[114]，但直到 1996 年才发现受影响的基因 *HFE*，部分原因是该疾病基因位于染色体的一个区域，该区域不易发生便于位置克隆的信息性重组事件[85]。最初，在 *HFE* 编码区发现了一个导致密码子 C282Y 的单一突变，对 C282Y 突变的 PCR 检测证实该突变在北欧后裔人群中广泛存在[115]。*HFE* 不属于已知的基因家族，对其潜在功能的最初的认识来自于观察到它可以与 TFR1 结合[116]，并干扰异二铁转铁蛋白的结合[116a]。然而，动物模型表明 HFE 不会通过与 TFR1 结合直接对表型产生影响[93]，随后的研究表明 HFE 主要作为铁调素表达的调节剂发挥作用[47]。它可能与 TFR2 共同作用，TFR2 在发生全身铁感应的肝脏中高度表达[28, 95]。

HFE 中 *C282Y* 突变纯合子的存在易导致铁过载，但并不一定。许多 *C282Y* 纯合子几乎没有铁过载的证据和症状[117]。一项大型研究得出结论，28% 的 *C282Y* 男性纯合子突变发生明显的血色病，但只有 1% 的女性纯合子发生[118]。环境和遗传因素都可以在改善铁负荷表型中发挥作用。环境因素，如低膳食铁摄入量、生理和病理性失血、献血，可能是限制铁积累的最重要因素。然而，也有一些遗传修饰因子会影响 *HFE* 突变是否会导致疾病。这些例子包括 *HAMP*[119]、*DCYTB*[120] 和 *GNPAT*[121] 基因中的突变。

许多测试已用于诊断血色病，包括 TF 饱和度、血清铁蛋白水平、具有实质铁过载和肝硬化证据的肝活检，以及 *C282Y* 突变的基因检测。然而，单次血清铁蛋白测定和后续突变检测可能是发现 *HFE* 相关血色病患者最具成本效益的方法，连续血清铁蛋白测量可用于监测铁过载[117, 122]。

十一、TFR2 和血色病

TFR2 最初被发现是与 TFR1 具有 45% 同源性的第二个 TFR，其不同之处在于，它主要在肝

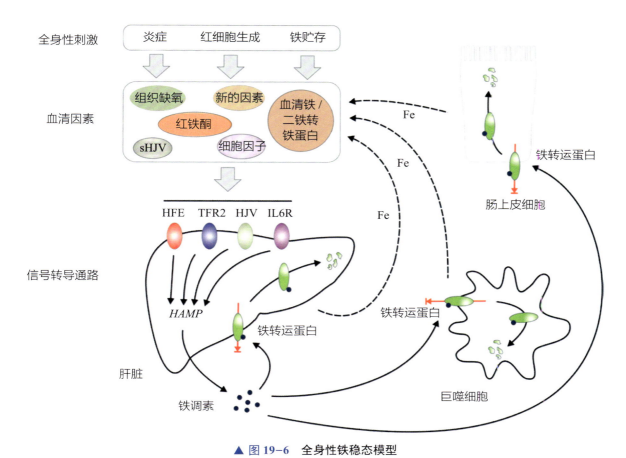

▲ 图 19-6　全身性铁稳态模型

反映铁（Fe）储存、红细胞生成和炎症的血清信号由受体转导，信息集中在铁调素启动子上，它决定了铁调素的合成
量。铁调素与巨噬细胞、肠细胞和其他靶细胞膜表面的铁转运蛋白结合，导致铁转运蛋白表达减少，从而增加铁流入
血浆。与此同时，更多的铁被隔离在巨噬细胞和其他体细胞中，十二指肠铁的吸收减少

脏中表达，在脑、心脏和脾脏中也有一些表达，
而在其他组织中表达很少[16]。在最初发现 TFR2
后不久，发现 TFR2 突变在铁过载（实质负荷但
巨噬细胞不受影响）的组织学模式和疾病严重程
度方面都导致类似于 HFE 血色病。TFR2 相关血
色病比 HFE 相关疾病更严重，但不如青少年血
色病严重。该病通常出现在成人身上[123, 124]，但
有时也出现在青少年身上[125]。在小鼠模型中重
现该疾病的基本特征证实 TFR2 是经典血色病的
另一个原因[126]。有趣的是，由于溶酶体中 TFR2
的降解减少，TFR2 水平随着 TF 的结合而增加，
而 TF 的结合导致更多的 TFR2 再循环[28]。

十二、青少年血色病的原因

　　在血色病患者中，疾病的严重程度可能有很

大差异。多年来，研究人员发现了一种独特的血
色病类型，其中严重的铁过载和器官损伤在患者
达到 30 岁之前发生（即青少年血色病）。这种异
常严重的临床表现与编码对身体铁稳态至关重要
的蛋白质的基因突变相关：编码铁调素的 HAMP
基因和编码铁调素调节蛋白的 HJV 基因。

（一）铁调素突变导致严重的早发性血色病

　　铁调素通过其调节巨噬细胞、十二指肠细胞
和其他细胞释放铁的能力，现在被公认为是全身
铁稳态最重要的调节剂，因此铁调素本身的突变
会引起非常严重的铁过载表型并不奇怪[127]。

（二）铁调素调节蛋白突变导致严重的早发
性血色病

　　使用定位克隆方法调查患有青少年血色病的
家庭，发现以前不被认为在铁稳态中重要的基因

含有导致疾病的突变 [75, 128]。该基因产物被命名为"铁调素调节蛋白"，因为它在青少年血色病中具有致病作用，在这种病中，患者通常在 30 岁之前发展为促性腺激素性性腺功能减退症、肝纤维化或肝硬化和心肌病。通过序列同源性，HJV 属于排斥性指导家族分子（repulsive guidance molecules，RGM），是一种与 Ⅰ 型和 Ⅱ 型丝氨酸 / 苏氨酸激酶受体对结合的蛋白质，这些受体对于转导 TGF-β 超家族中的蛋白质信号很重要。配体结合后，这些 Ⅰ 型和 Ⅱ 型受体对激活 SMAD 蛋白，SMAD 蛋白在经历受体依赖性磷酸化后转移到细胞核以调节各种靶基因的转录。BMP 是 TGF-β 超家族中的信号分子，与一组特定的 Ⅰ 型和 Ⅱ 型受体对相互作用，称为 BMP 受体（见参考文献 [129]）。对于 BMP 信号通路中的某些受体，RGM 与受体 – 配体复合物结合并增强信号转导 [130]。HJV 似乎是增加铁调素转录所必需的，这种转录是响应铁过载发生的 [131]，它是一种促进肝细胞中 BMP 信号转导的辅助受体 [132]。HJV 通过 GPI 膜链与膜连接，特别促进 BMP2 和 BMP4 配体的信号转导 [133]。铁调素调节蛋白基因缺失（$Hjv^{-/-}$）的小鼠模型发展为典型的血色病的实质铁过载，但与人类不同的是，它们发展的器官损伤相对较小 [131, 134]，这一观察结果仍未得到解释。

十三、铁输出蛋白铁转运蛋白的突变导致一组不同的铁过载综合征

编码铁输出蛋白 FPN（SLC40A1）的基因突变也可导致铁负载 [135]。SLC40A1 突变的患者分为两类，不同的表型取决于他们拥有的特定突变 [136]。一种类型的突变是常染色体显性遗传，由此产生的综合征被一些专家称为铁转运蛋白病。这种类型的突变导致质膜上 FPN 水平降低或铁转运能力降低。铁输出减少意味着更少的铁进入血浆，并且铁在组织巨噬细胞中积累，因为内部铁循环被破坏。因此，这种类型的铁转运蛋白相关疾病的特征是在面对网状细胞内皮细胞铁积累时血浆铁减少。在肝脏中，铁的积累主要见于肝巨噬细胞，这与在 HFE 相关血色病早期观察

到的以门静脉周围肝细胞为主的分布不同。血浆铁含量降低也可能意味着容易出现轻度贫血，尤其是在放血治疗时。这反过来又可以刺激铁的吸收并增加身体的铁负荷。在铁转运蛋白疾病中，由于功能性 FPN 缺乏，铁的吸收效率较低，但身体似乎仍会净增加铁。第二种类型的铁转运蛋白突变是常染色体隐性遗传，一些专家将其称为铁转运蛋白相关的血色病。该病症的特征在于 SLC401 中的错义突变，其产生的 FPN 蛋白对铁调素的反应性降低。在这种情况下，铁负荷与 HFE、TFR2、铁调素调节蛋白和铁调素相关的铁负荷非常相似，肝脏的肝细胞中转铁蛋白饱和度和门静脉周围铁沉积升高。FPN 未能对铁调素做出适当反应意味着身体限制铁负荷的正常反馈机制功能失调。

十四、红铁酮抑制铁调素的表达在铁负荷性贫血中很重要

以无效红细胞生成为特征的贫血患者，如重型和中间型地中海贫血综合征，由于肠道铁吸收增强，在没有输血的情况下会出现全身性铁过载 [137]。铁过载的程度与贫血程度无关 [138]，铁负荷主要来自实质，类似于由于 HFE、TFR2、HJV 和 HAMP 突变导致的遗传性血色病。这些观察结果表明，贫血中的铁负荷存在一个共同的病理生理途径，其特征是无效的红细胞生成和遗传性血色病的铁负荷 [139]。事实上，现在有充分的证据表明，铁调素相对于身体铁负荷的缺乏是遗传性血色病和红细胞生成无效贫血症中铁负荷的基础 [140]。研究人员最近发现，红铁酮是骨髓中红系祖细胞分泌的一种因子，是抑制肝铁调素表达的重要介质，随着红细胞生成增加，尤其是无效的红细胞生成中可以观察到 [141, 142]。通过 SMAD 蛋白磷酸化的 BMP 信号转导是调节铁调素转录的中心途径 [132, 143]。促红细胞生成素强烈诱导骨髓红铁酮 mRNA，而红铁酮似乎通过肝细胞 SMAD1 和 SMAD5 信号转导来抑制铁调素的产生 [144]，但确切地说，红铁酮如何与肝细胞相互作用以调节 SMAD 信号转导尚不清楚。最近的其他证据表明，二铁 TF 水平的降低有助于降低与受刺激

的红细胞生成相关的 *HAMP* 表达[103]。

十五、升高的铁调素表达解释了慢性疾病的贫血

慢性疾病性贫血（称为慢性炎症性贫血更好）特征是骨髓产生的红细胞减少，没有潜在的营养或激素缺乏，也没有骨髓的内在异常。这种低增殖性贫血的特征是存在几种慢性潜在炎症疾病之一，其可以是感染性、恶性、炎症性或创伤性起源。通常贫血为轻度或中度特征，平均红细胞体积轻度减少，血清铁和转铁蛋白浓度降低，血清铁蛋白浓度处于正常范围的上端或明显升高。十二指肠铁吸收减少，巨噬细胞中铁的储存增加。慢性炎症性贫血中铁代谢的变化可能归因于肝细胞分泌铁调素的增加。

一些实验表明，铁调素的外源性递送或铁调素的过表达可导致慢性贫血。在小鼠体内注射铁调素会迅速导致长期低铁血症[145]。在肝脏特异性启动子控制下过度表达铁调素的小鼠出生后依赖肠外铁注射，这表明铁调素是小肠中铁转运的负调节剂，它会诱导巨噬细胞中铁的滞留，而巨噬细胞通常从体内衰老的红细胞回收铁[146]。小鼠中人铁调素的慢性过度表达会导致低铁血症、肝铁增加和贫血[147]。产生异常高水平铁调素 mRNA 的大肝腺瘤患者出现与慢性病贫血相似的铁难治性贫血，这种贫血在腺瘤切除或肝移植后会自发消退[148]。

除肝细胞外，单核细胞还产生低水平的铁调素，这种自分泌产生可能导致巨噬细胞铁负荷和慢性炎症性贫血[149]。铁代谢的变化可能并不能完全解释慢性病的贫血。其他因素可能包括炎性细胞因子对红细胞前体的抑制，以及对红细胞生成素的产生或对红细胞生成素的反应的一些限制。

十六、肝脏对于清除循环中的反应性血红素很重要

肝细胞是血红素结合蛋白合成的主要部位，血红素结合蛋白是一种丰富的血清蛋白，能以高亲和力结合游离血红素[150]。血红素结合蛋白的结构使其能够以非反应性形式隔离血红素[151]，然后血红素 – 血红素结合蛋白复合物被具有血红素结合蛋白受体的细胞代谢，包括肝细胞、巨噬细胞、神经元和合胞体滋养细胞[152]。肝对血红素结合蛋白的摄取增加会触发肝血红素加氧酶 –1 表达的增加，这使肝细胞能够充分代谢新吸收的血红素。血红素结合蛋白系统是抵抗游离血红素造成的组织损伤的主要防御机制，在缺血再灌注和创伤性损伤的发病机制中具有重要意义。缺乏血红素结合蛋白的小鼠比野生型小鼠更容易在溶血后发生肾衰竭，这表明血红素结合蛋白对于保护动物免受循环中游离血红素的毒性作用很重要[153]。

结合珠蛋白是一种由肝脏表达的四聚体蛋白，它与游离血浆血红蛋白结合，保护组织，特别是保护肾脏免受血红蛋白依赖性损伤[154]。血红蛋白 – 结合珠蛋白复合物被肝脏和脾脏巨噬细胞从循环中清除，这些巨噬细胞表达血红蛋白 – 结合珠蛋白受体 CD163[155]。肝脏通过合成和分泌血红素结合蛋白和结合珠蛋白，以及吸收血红素 – 血红素结合蛋白和血红蛋白 – 结合珠蛋白复合物，并使用血红素加氧酶分解通过这些途径获得的血红素，从而保护其他器官免受溶血和创伤的损害。

十七、肝脏铁过载和铁过载与酒精性肝病的关系

与对照组相比，1/3 或更多的酗酒者肝铁含量增加[156, 157]。在非洲农村，饮用具有高离子铁浓度的传统发酵饮料、体内铁储存增加、肝毒性和肝硬化之间存在密切关联[158-162]。在实验大鼠中，膳食补铁会加剧酒精引起的肝细胞损伤并促进肝纤维化[163]。同样，在高加索人的 *HFE* 血色病中，铁储备升高会加剧酒精的肝毒性[164]。与酒精摄入相关的铁吸收增加可能与肝细胞抑制铁调素产生有关[165-167]。

致谢　我们感谢 Helge Uhrigshardt 创建铁蛋白结构。

第 20 章　胆红素代谢障碍
Disorders of Bilirubin Metabolism

Namita Roy Chowdhury　Yanfeng Li　Jayanta Roy Chowdhury　著

郑素军　王莉琳　陈昱安　译

胆红素是血红素蛋白中血红素降解的最终产物。来自衰老红细胞的血红素蛋白是胆红素的主要来源。胆红素的另一个重要来源是肝脏和其他器官的其他血红素蛋白。过去，高胆红素血症作为肝损害的标志，引起了临床医生的关注。随后，对胆红素化学成分、合成、运输、代谢、分布和排泄进行的研究，为生物学上重要有机阴离子（尤其是水溶性有限的有机阴离子）的运输、代谢和排泄等方面提供了重要的认识。

胆红素在浓度相对较低时具有细胞保护作用，但较高水平的胆红素具有潜在毒性。循环中的胆红素通过以下步骤可变为无害：在循环中与白蛋白紧密结合、被肝细胞有效摄取并储存、酶催化的解毒作用、随后的主动胆汁排泄。高水平的非结合型高胆红素血症患者存在胆红素脑病（核黄疸）的风险。核黄疸发生于一些严重的新生儿黄疸和非结合型高胆红素血症相关遗传性疾病的病例。本章将简要介绍胆红素代谢及其相关的遗传性疾病，并着重介绍一些重要的最新进展。

一、胆红素代谢

胆红素来源于衰老红细胞和其他血红素蛋白所释放血红蛋白的降解，尤其是细胞色素和一些酶类。正常成年人每天产生 250～400mg 胆红素，其中约 80% 来源于血红蛋白，其余部分来源于快速分解的血红素蛋白，其主要存在于肝脏。微粒体血红素氧化酶（heme oxygenase，HO）通过需氧的与还原剂（如 NADPH）的反应，在 α 亚甲基桥裂解血红素。HO 是胆红素产生的限速酶，其活性可受非代谢性"终端"抑制剂（如锡原卟啉、锡中卟啉）所抑制，抑制后可降低新生儿血清胆红素水平 [1, 2]。该反应可打开血红素的四吡咯环，产生线性的四吡咯即胆绿素，并释放 CO 和铁各 1mol。正常情况下，机体内源性 CO 产物中，很大一部分为血红素 α 链上的碳原子经氧化反应产生，仅有一小部分来自于肠道细菌 [3]。因此，通过呼气试验测定 CO 产物可定量检测胆红素产物和血红素的降解，在稳定状态下与血红素的合成是相当的。

HO 存在两种亚型，由 *HMOX1* 基因表达的 HO-1 广泛存在，并可通过正铁血红素Ⅸ和多种应激信号诱导。KEAP1-Nrf2 通路可调节 HO-1 的表达。在静息状态下，KEAP1 可降解 NRF2。KEAP1 的氧化 / 亲电性修饰或其在自噬体中的隔离可使 NRF2 稳定并易位至细胞核，在细胞核中激活包括 HO-1 在内的靶基因 [4]。

在应激情况下，HO-1 及其产物胆绿素和胆红素可使组织抵御 ROS 自由基，化学反应释放的 CO 可调节肝脏和其他器官（如心脏）的血管张力。胃肠道诱导产生的 HO-1 可防止缺血再灌注损伤、内毒素相关败血症，以及吲哚美辛、三硝基苯磺酸和硫酸葡聚糖引起的组织损伤 [5]。遗传性 HO-1 缺陷与广泛的内皮损伤相关，可引起消耗性凝血功能障碍和微血管病性溶血性贫血。另外，这些患者存在生长迟缓和高脂血症[6]。诱导产生的 HO-1 具有细胞保护功能，该功能对于肾血管内皮和小管上皮也很重要。诱导产生的 HO-1 还具有一些其他作用，如诱导调节性 T 淋巴细胞，这可能与其产物 CO 和胆红素无关[7]。

释放的铁可被再利用，但是可能通过线粒体非转铁蛋白铁的螯合而变得有害，导致生物能衰竭，如阿尔茨海默病。HO-2 主要在大脑组成性表达，缺氧引起的 HO-2 表达上调可能在脑缺血发作过程中具有保护作用[8]。

在大多数脊椎动物中，包括早期的脊椎动物（如早期的硬骨鱼和板鳃鱼）[9]，胆绿素可通过两种胆绿素还原酶 BVRA 和 BVRB 还原为胆红素。BVRB 表达于胚胎形成早期，催化胎儿血红素 IXβ 产物胆绿素 IXβ 的还原反应，而 BVRA 介导成人血红素 IX α 产物胆绿素 IX α 的还原反应[10]。编码 BVRA 的基因位于 7 号染色体（pter＞q22）[11]，而编码 BVRB 的基因位于 19 号染色体。胆绿素还原反应的催化位点位于两种同工酶的 N 端区域内[12]。BVRA 的 C 端区域包含作为转录因子的碱性亮氨酸拉链（bZiP）结构域，而在 BVRB 中没有该区域。BVRA 的 C 端区域还包含一个核定位序列和一个核输出序列，使 BVRA 能够与抗氧化反应元件（antioxidant response element，ARE）和缺氧反应元件（hypoxia response elements，HRE）等 DNA 序列结合，募集 Nrf2。Nrf2 诱导产生 HO-1，从而避免氧化损伤。此外，BVRA 是胰岛素受体底物家族的成员，具有丝氨酸 / 苏氨酸 / 酪氨酸激酶活性，可通过其 C 端区域与主要的两个胰岛素信号通路相互作用，即 PI3K/Akt 通路和 IRK/IRS/PI3K/MAPK 通路[10]。

非极性胆红素的产生和排泄这一能耗过程存在进化保守性，表明胆红素较强的抗氧化活性可能在新生儿时期尤其重要，此时体液中其他细胞内可得的抗氧化物浓度较低。胆红素产生的另一个潜在优点可能是，由于胆红素的非极性较强，出生前可被胎盘更有效地吸收，但胎盘从胎儿血液循环中吸收胆红素的机制尚未充分阐明。由于胆红素葡萄糖醛酸化作用缺乏导致非结合型高胆红素血症的母亲，所生胎儿的脐带血胆红素浓度与母体血清胆红素水平相似，说明胎盘对于母体和胎儿血清非结合胆红素的平衡并不构成障碍[13]。

血红素氧化酶特异性地作用于血红素 α 桥，生理产生的胆绿素和胆红素分别被称为胆绿素 IXα 和胆红素 IXα。两部分的二吡咯通过中心甲烷桥连接。每部分均含有丙酸侧链。X 线晶体衍射和 MRI 研究表明，胆红素的丙酸侧链内部通过氢键与分子对侧的吡咯和内酰胺位点结合[14]。内部的氢键连接了所有的极性基团，并隐藏了连接分子两部分二吡咯的中心甲烷桥。生理上，酶催化的单侧或双侧丙酸侧链的结合作用可破坏氢键，分别形成胆红素单葡萄糖醛酸酯和胆红素双葡萄糖醛酸酯。

van den Bergh 反应[15] 通常用于临床分析血清胆红素水平，重氮试剂可通过攻击中心甲烷桥迅速作用于非氢键结合的胆红素（"直接"反应胆红素），而非结合胆红素只有当氢键被化学催化剂破坏后才能发生迅速反应（"总"胆红素）。暴露于光照时，胆红素的构型异构化作用也可暂时破坏氢键。这些胆红素的光照产物可不经结合排泄至胆汁，这就解释了光照疗法在降低血清非结合胆红素水平方面的有效性。

二、胆红素的潜在有益作用

虽然临床医生通常将血清胆红素水平作为肝损伤和肝脏疾病的标志，并关注胆红素的毒性作用，但是在接近生理范围内的血浆浓度时，胆红素的抗氧化作用可能提供有益作用。研究发现，血清胆红素的水平与中年男性发生肥胖 / 代谢综合征[16] 和缺血性冠状动脉疾病的风险呈负相关[17]。据报道，血清胆红素水平与肿瘤死亡率呈负相关[18]。美国进行的一项大样本研究显示，血清胆红素浓度每增加 1mg/dl，男性和女性结直肠癌的比值比分别降低 0.295 和 0.186[19]。研究发现，血浆胆红素水平浓度轻度升高的受试者腹型肥胖的程度较低，并且代谢综合征的风险降低。与此一致的是，高胰岛素和内脏肥胖的患者血浆胆红素水平较低[20]。

应注意，这些有力的统计学相关性并没有确定胆红素是降低许多常见疾病发病率的原因。用原卟啉钴治疗瘦素缺乏型 ob/ob 小鼠，可诱导产生 HO-1，随后引起 FGF21、PPARα 和 Glut1 的募集，从而减少肝脏血红素、体重增长、血糖、脂肪酸合酶和肝脏脂肪变性[21]。用胆红素治疗饮食诱导的肥胖小鼠或瘦素受体缺乏（db/db）小鼠，也可出现上述的许多作用[22]。

三、肝脏胆红素的代谢和清除

血浆中循环的胆红素与白蛋白结合。与白蛋白的结合使非结合胆红素保持水溶性，并防止其扩散至组织而产生毒性作用。与结合胆红素相比，非结合胆红素与白蛋白的结合更紧密。因此，在没有蛋白尿的情况下，非结合胆红素不能经肾小球有效滤过。白蛋白的摩尔数通常比胆红素大约多 3 倍，因此与胆红素结合的储备能力相当大，可缓冲血清胆红素水平的波动。然而，许多代谢产物和药物可影响白蛋白与胆红素的结合，从而产生神经毒性的风险。因此，测定游离的血浆胆红素和与胆红素结合的储备能力可更精确地估计胆红素诱导的神经系统损伤（bilirubin-induced neurological damage，BIND）的风险。这对于早产儿尤其重要，将足月儿光照治疗和（或）换血疗法的血浆总胆红素浓度阈值用于早产儿可能会产生误导。听力缺陷的发病率研究证实，与总的血清胆红素或胆红素与白蛋白的比值相比，直接测定游离（未结合）血清胆红素水平（bilirubin levels，Bf）是 BIND 更敏感和特异的预测因素[23]。氧化酶法、凝胶色谱法、电泳成像分析和直接荧光测定法已被用于 Bf 测定[24]，然而，除了日本常规应用氧化酶法测定 Bf[24]，其他方法均未用于临床[25]。

非结合胆红素与白蛋白紧密结合，因此如果不存在蛋白尿，胆红素不会被排泄至尿液中。结合胆红素不与白蛋白紧密结合。因此，当获得性或遗传性肝脏疾病导致血浆中结合胆红素蓄积时，大量结合胆红素通过尿液排出。当血浆中结合胆红素长期蓄积时，部分结合胆红素可与白蛋白共价结合。共价结合的这部分的叫 δ- 胆红素，

不通过胆汁或尿液排出，即使在胆道梗阻或肝内胆汁淤积缓解后仍可能持续存在于血浆中。

在肝脏中，胆红素与白蛋白分离，并通过易化扩散被肝细胞摄取。尽管转运蛋白 SLC21A6（OATP-2）与胆红素摄取相关，但是在后续的研究中未得到证实[26]。在肝细胞内，胆红素与 GST 结合可抑制其外排，从而增加净摄取。微粒体 UGT1A1 催化葡萄糖醛酸从 UDP- 葡萄糖醛酸转移至胆红素，形成单葡萄糖醛酸酯或双葡萄糖醛酸酯。葡萄糖醛酸化作用使胆红素呈水溶性，可降低其毒性作用并促进其排泄至胆汁。与葡萄糖醛酸的结合对于胆红素排泄至胆汁很关键。肝脏胆红素葡萄糖醛酸化作用的活性显著降低可导致血浆中非结合胆红素的蓄积。最后，通过 ABCC2（也叫 MRP2）介导的耗能过程，胆红素葡萄糖醛酸酯被转运至胆小管（图 20–1）。

尿苷二磷酸葡萄糖醛酸转移酶（uridinediphosphoglucuronate glucuronosyltransferase，UGT）的多种亚型中，UGT1A1 是唯一能显著催化胆红素葡萄糖醛酸化作用的。UGT1A1[27] 也可将雌二醇和一些药物作为底物。UGT1A1 由一个不同寻常的组织基因表达，该基因通过 8 种不同的启动子表达为 8 种 UGT1 亚型，每个启动子与编码特定亚型 N 端部分的独特外显子相邻。每个启动子启动的转录本被拼接到编码所有 UGT1A 亚型 C 端部分的 4 个共同区域外显子（外显子 2～5）上[28]。各亚型的启动子不同，保证了其独立的调节作用。编码 UGT1A1 的 5 个外显子（1A1～5）中，任何一个外显子的突变均可导致胆红素葡萄糖醛酸化作用的完全或部分缺乏，导致 Crigler-Najjar 综合征 1 型（Crigler-Najjar syndrome type 1，CN1）或 Crigler-Najjar 综合征 2 型（Crigler-Najjar syndrome type 2，CN2），特征为伴有脑损伤风险的高胆红素血症[29, 30]。Gilbert 综合征是一种病情较轻且更常见的遗传性高胆红素血症，其原因是 UGT1A1 启动子内 TATA 元件变异导致正常结构 UGT1A1 蛋白的合成减少[31]。

最后，通过 ATP- 水解毛细胆管泵 ABCC2（也称为 MRP2），胆红素葡萄糖醛酸酯逆着较大的浓度梯度转运至毛细胆管，这个过程可限制胆

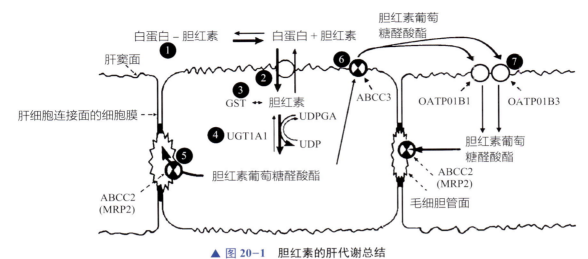

▲ 图 20-1　胆红素的肝代谢总结

胆红素在血液循环中与白蛋白紧密结合（1）。该复合物在肝细胞的肝窦面分离，胆红素通过易化扩散进入肝细胞（2）。此过程是非 ATP 依赖的，并且是双向的。在肝细胞内，胆红素与一组细胞质蛋白结合，主要是 GST（3）。与 GST 的结合可抑制细胞中胆红素的外排，从而增加净摄取。一种特殊形式的尿苷二磷酸葡萄糖醛酸转移酶 UGT1A1 位于内质网，可催化 UDPGA 上的葡萄糖醛酸转移至胆红素，形成胆红素葡萄糖醛酸酯（双葡萄糖醛酸酯和单葡萄糖醛酸酯）（4）。葡萄糖醛酸化作用对于胆红素经胆汁有效排泄是必不可少的。毛细胆管排泄胆红素和其他有机阴离子（除了大多数胆汁酸）主要是一个能量依赖的过程，通过利用 ATP 的转运体 ABCC2 介导，ABCC2 也被称为 MRP2（5）。过多的胆红素葡萄糖醛酸酯通过位于肝窦面肝细胞膜上的 ABCC3 泵回血浆（6），并由位于门静脉血流下游的肝细胞通过肝窦面的有机阴离子转运蛋白 OATP01B1 和 OATP01B3 进行重吸收（7）。GST. 谷胱甘肽 S 转移酶；UGTIAI. 尿苷二磷酸葡萄糖醛酸转移酶 1；UDPGA. 尿苷二磷酸葡萄糖醛酸；UDP. 尿苷二磷酸；MRP2. 多药耐药相关蛋白 2；OATP. 有机阴离子转运多肽

红素产生的速度。门静脉周围（1 区）的肝细胞首先接触门静脉血液中的胆红素，因此，这些细胞有效摄取并结合胆红素可使其储存能力达到饱和。这些细胞产生的胆红素葡萄糖醛酸酯，一部分通过多特异性肝窦输出泵 MRP3（ABCC3）分泌至肝窦的血浆中。流向中央静脉的结合胆红素通过位于肝窦面肝细胞膜上的 OATP1B1（SLC01B1）和 OATP1B3（SLC01B3）进行重吸收。该过程募集了其他的肝细胞，因此增加了肝脏排泄胆红素的能力[32]。

胆红素由肠道细菌分解为一系列尿胆素原及相关产物。大部分从肠道重吸收的尿胆素原通过胆汁排出，而小部分通过尿液排出。尿液和粪便中不含尿胆素原则提示胆道完全梗阻。在肝脏疾病和胆红素产生增加的状态下，尿液排出的尿胆素原增加。尿胆素原是无色透明的，其氧化产物尿胆素的颜色即为正常尿液和粪便的颜色。

正常情况下，肝脏摄取、结合和排泄胆红素的能力是基本平衡的，因此，其中任一过程能力的降低均可限制肝脏代谢胆红素的速度。另外，

肝脏处理胆红素能力的增强（如对胆红素负荷增加做出应答）需要上述所有通路能力的协同上调。一些核受体蛋白（如 CAR 和 PXR）可能调控这些协同调节作用[33-35]。

四、胆红素代谢障碍

非结合胆红素在浓度较高时，对许多细胞和细胞器存在毒性。虽然与白蛋白的结合可消除胆红素的毒性作用，但是当非结合胆红素的摩尔数超过白蛋白时，仍会产生有害影响。这种情况通常仅见于非结合型高胆红素血症的新生儿和存在遗传性胆红素结合障碍的患者。

新生儿高胆红素血症

正常情况下，新生儿的血清胆红素水平高于成人。80% 的足月儿在出生后 5 天内可表现出显性黄疸。对于临床管理来说，需要根据婴儿的年龄（以小时为单位）来分析新生儿的血清胆红素水平。出生后最初几天，胆红素水平升高，通常在 96h 达到高峰，西方国家新生儿胆红素正常值的中位数为 8～9mg/dl，第 95 百分位数为

$15\sim17.5mg/dl$[36]。上述水平的胆红素被认为是无害的。此后，血清胆红素的水平在 $7\sim10$ 天内降至 $1mg/dl$ 以下。生理性黄疸的加重可增加 BIND 的风险。

新生儿高胆红素血症的原因包括两方面，即胆红素生成增加和肝脏排泄胆红素能力降低。这些因素的加重伴或不伴其他并发症可增加 BIND 的风险。除了早产儿，妊娠 35 周后出生的婴儿发生严重高胆红素血症的常见危险因素包括纯母乳喂养（尤其合并体重过度下降）、出生后 24h 内出现显性黄疸、溶血性疾病（如 G6PD 缺乏）、生产过程中发生的胎头血肿或严重挫伤[37]。东亚裔婴儿和哥哥姐姐有新生儿黄疸病史的婴儿高胆红素血症的发生率增加，提示了遗传因素的作用。

1. 胆红素生成增加

通过 CO 呼气试验测定证实，新生儿时期胆红素的生成量增加[39]。过量的胆红素来源于半衰期较短的红细胞，也来自于非红细胞来源[40]。抗 Rh 免疫球蛋白的可及性使母胎 Rh 不相容的发生变得不常见[41]，但是 ABO 血型不相容仍然是加剧新生儿高胆红素血症的常见原因。其他常见的溶血性疾病包括镰状细胞病、G6PD 缺乏症、遗传性球形红细胞增多症、中毒性或过敏性药物反应。无效造血（如珠蛋白生成障碍性贫血、维生素 B_{12} 缺乏和先天性红细胞生成异常性贫血）也可导致胆红素的生成过度。

2. 肝脏摄取胆红素减少

出生后的最初几天，肝脏的胆红素摄取率较低，可能的原因是静脉导管延迟闭合和细胞质 GST 的水平低（细胞质 GST 可通过减少胆红素外排增加胆红素净摄取）[42]。

3. 胆红素葡萄糖醛酸化作用下降

不管出生的孕周是多少，足月儿和早产儿出生时肝脏 UGT1A1 的活性均约为成人的 1%，14 周可上升至成人水平[43]。UGT1A1 的抑制可加重新生儿黄疸并延长其时间。

4. 母乳性黄疸

通常，母乳喂养婴儿血清胆红素的水平高于配方奶喂养的婴儿[44]。轻度的母乳性黄疸即使继续母乳喂养，黄疸可能减轻，较严重的患者中止母乳喂养可迅速缓解母乳性黄疸。如果继续母乳喂养，高胆红素血症可持续数周，某些情况下，胆红素在出生后 $10\sim19$ 天可升至 $15\sim24mg/dl$。虽然母乳性黄疸通常是良性的[45]，但是少数患者可发生核黄疸[46]。母乳性黄疸的机制尚不明确。母乳储存后对胆红素葡萄糖醛酸化的抑制作用增强，加热至 56℃ 后该抑制作用减弱，提示一些母乳样本中脂解酶催化产生的多不饱和游离脂肪酸可能是抑制胆红素葡萄糖醛酸化作用的原因[47]。

5. 母体血清性黄疸

Lucey 等[48]描述了一类综合征，表现为出生后 4 天内出现中重度的非结合型高胆红素血症（$8.9\sim65mg/dl$），这被认为是由母体血清中不明的 UGT1A1 抑制剂导致的。黄疸可持续数周，有时与核黄疸相关。

6. 毛细胆管胆红素排泄功能的延迟成熟

毛细胆管排泄功能的成熟可能晚于摄取和结合能力的成熟，因此在新生儿后期，毛细胆管排泄可限制肝脏生成胆红素的速度。在这种情况下，结合胆红素可能在血清中蓄积[49]。

7. 肠道重吸收增加

肠道 β– 葡萄糖醛酸酶使胆红素去结合，释放出非结合胆红素，由于新生儿尚无健全的肠道菌群，因此非结合胆红素不能被进一步分解。这就引起了胆红素吸收的增加[50]，母乳喂养可能会加重该情况。

五、非结合型高胆红素血症相关疾病

大多数非结合型高胆红素血症的原因是溶血性疾病或无效造血引起的胆红素生成增加。肝功能正常时，胆红素生成增加不会导致血浆胆红素水平超过 $5mg/dl$。

与 UGT1A1 缺乏及随后的胆红素葡萄糖醛酸化作用降低相关的三种遗传性疾病已被描述。UGT1A1 活性接近完全缺乏可引起 Crigler-Najjar 综合征 1 型；UGT1A1 活性严重但不完全缺乏可引起 Crigler-Najjar 综合征 2 型，又称 Arias 综合征；UGT1A1 活性轻度降低可引起一种常见的良性疾病，称为 Gilbert 综合征，其特征是轻度、波动性、间歇性的非结合型高胆红素血症。

（一）Crigler-Najjar 综合征 1 型

1952 年，Crigler 和 Najjar 在 3 个不相关家庭的 6 个婴儿中描述了这种罕见的常染色体隐性遗传综合征[51]，随后发现是由 UGT1A1 活性缺乏引起的[52]。最初报道的 6 例患者中，5 例终身存在严重的非溶血性非结合型高胆红素血症，导致胆红素诱导的脑病并在 15 个月内死亡。仅存的 1 例患者在 15 岁首次出现核黄疸，并在此后 6 个月死亡[52]。同一家族的 1 例患者直至 18 岁才出现脑损伤，并于 24 岁死亡[53]。Crigler 和 Najjar 最初报道的家族由于存在高度的血缘关系，因此也存在其他几种隐性遗传疾病，包括黏多糖贮积症Ⅳ型、高胱氨酸尿症、异染性脑白质营养不良和鸟头侏儒症。然而，另外一些家族中 CN1 与其他遗传性疾病无关。随后，在所有种族中发现了数百例的 CN1 患者。

在 Arias 报道了该疾病较轻的一种变异类型（Crigler-Najjar 综合征 2 型）后，最初报道的具有潜在致死性的 Crigler-Najjar 综合征被命名为 Crigler-Najjar 综合征 1 型，而该病较轻的变异类型被命名为 Crigler-Najjar 综合征 2 型。黄疸常常是唯一的临床表现，然而一些患者可能在既往发作胆红素脑病后遗留神经系统异常。在急性胆红素脑病时，通过常规应用光照疗法和血浆置换，使如今许多 CN1 患者可存活至幼年时期以后，但是许多幸存者在青春期前后或成年早期可发生核黄疸[54]。原位或辅助性肝移植可使血清胆红素恢复正常。由于光照治疗后排泄至胆汁的非结合胆红素浓度相对较高，因此色素胆结石常见。

1. 实验室检查

血清胆红素水平通常在 20～25mg/dl，可高达 50mg/dl[51, 52]。血清胆红素都是非结合型的，并与白蛋白紧密结合，因此不存在胆红素尿。胆汁中只含有少量的非结合胆红素[55]。虽然粪便中尿胆素原的排泄减少，但是粪便的颜色仍正常[51]。四溴酚酞磺酸钠和吲哚菁绿的血浆清除率正常，通过胆道对比剂可显示胆道系统，说明胆汁的毛细胆管运输正常[51]。

2. 肝脏组织学

以往报道显示，除了毛细胆管和胆管可见胆栓形成，其他方面的肝脏组织学是正常的[51, 55]。然而，近期在一个单中心研究中系统分析了 22 例接受肝移植的 CN1 患者，结果显示 41% 的移植肝存在不同程度的肝纤维化[56]。肝纤维化与门静脉高压不相关，与胆囊结石无显著相关性。存在肝纤维化的移植受体年龄较大，提示纤维化的风险随年龄增长而增加。

3. 肝脏 UGT 异常

在所有 CN1 患者中，肝脏 UGT 对于胆红素几乎完全没有活性。另外，许多这类患者酚类底物的葡萄糖醛酸化作用降低[57]，这可以用 UGT1A1 外显子突变的位点来解释。免疫学分析显示，不同 CN1 患者肝脏中 UGT 亚型的表达可能存在差异[58]。

4. CN1 和 CN2 的分子基础

Ritter 等在 1992 年阐明了 UGT1A 位点的分布[59]，Bosma 等[60] 阐明了 UGT1A 家族各亚型的结构特点和不同的底物特异性。每个亚型均有一个独特的 N 端结构域，而 C 端结构域是完全相同的。经过处理的 UGT1 mRNA 包含 5 个外显子。UGT1A 位点包含编码所有 UGT1A 亚型相同 C 端结构域的 4 个外显子，C 端结构域包含葡萄糖醛酸供体底物尿苷二磷酸葡萄糖醛酸和该蛋白独立跨膜区域的结合位点。12 种独特的外显子 1 序列位于这些相同区域外显子的 5' 端，其中只有一种可决定 UGT1A 亚型，编码独特的 N 端结构域，赋予糖苷配基底物对不同亚型 UGT1A 的特异性。每个独特的外显子 1 都有独立的近端上游启动子，因此由不同转录启动子可产生不同长度的 RNA 转录本。每个转录本中，只有位于转录本 5' 端的外显子 1 被拼接至外显子 2 的共同区域，所有其他的外显子 1 被当作插入序列并被删除。因此可翻译出 9 种 UGT1 亚型，其中只有 UGT1A1 能有效促进胆红素葡萄糖醛酸化作用[61]。因此，构成 UGT1A1 基因的 5 个外显子中任何一个发生遗传病变，均可能导致肝脏胆红素葡萄糖醛酸化作用的完全或接近完全丧失。

这种遗传病变可能包括拼接供体或受体位点

编码区域或内含子的点突变、缺失或插入 [29, 54]。遗传病变可能导致单个关键性氨基酸突变或酶片段缺失。文献中报道了多种基因病变 [29, 62]。外显子 2～5 存在遗传病变的患者，UGT1A 位点表达的所有亚型均受影响，而 UGT1A1 独特外显子 1 的突变只影响该亚型的底物葡萄糖醛酸化作用。

CN1 或 CN2 可由多种突变、缺失或插入中的任意一种引起，所以在不同种族或地区没有特定的突变。一种例外的情况可见奠基者效应和高度的血缘关系，如在 Amish-Mennonite 人群，CN1 的发病率高，并且所有 CN1 患者携带的 *UGT1A1* 外显子 1 存在特异性的无义突变 [63]。在几乎所有病例中，可通过对 5 种 *UGT1A1* 外显子及其剪接位点的聚合酶链式反应（polymerase chain reaction，PCR）扩增产物进行序列测定，做出 CN1 和 CN2 的分子诊断。用相同的方法分析羊膜细胞或绒毛膜绒毛样本中提取的 DNA，可用于产前诊断 [64]。正如其他隐性遗传疾病，在几乎所有 CN1 和 CN2 患者中，每个突变的等位基因分别来自于杂合子父母，导致纯合或复合纯合状态。然而，也报道过单亲同二体的 1 例 CN1 患者，该患者两个突变的等位基因均遗传自其父亲 [57]。其母亲的 *UGT1A1* 基因型正常。这种情况强调了父母双方基因型分析对于决定 CN 综合征遗传模式的必要性。

5. CN1 动物模型

1938 年，Gunn 报道了一种常染色体隐性遗传的 Wistar 大鼠变异株，表现为终身存在的非溶血性非结合型高胆红素血症 [65]。随后，发现其黄疸的原因是 UGT 介导的胆红素葡萄糖醛酸化作用的缺乏。发生黄疸的 Gunn 大鼠是共同区域外显子 4 缺失一个鸟嘌呤核苷残基的纯合子，引起移码和提前终止密码子，从而导致 C 端区域表达缺少 150 个氨基酸的截短蛋白。因此造成从 UGT1 位点表达的所有亚型 UGT 活性丧失，而从其他位点（如 UGT2）表达的 UGT 亚型不受影响 [66]。用 Gunn 大鼠进行的试验为胆红素毒性提供了重要信息，并有助于开展基于细胞和基因的新型 CN1 治疗 [67-69]。

通过破坏小鼠 UGT1 位点的外显子 4 来治疗基因敲除的 CN1 小鼠模型 [70]。基因敲除小鼠的胆红素水平高于 Gunn 大鼠，除非应用强光治疗，否则自发死亡率很高。UGT1 敲除小鼠使 BIND 的病理生理学研究和新型治疗策略的开展成为可行。

6. CN1 的治疗

CN1 治疗的重点在于将血清胆红素浓度维持在神经毒性水平以下。全肝或部分肝移植可治愈该病，但要求患者长期应用免疫抑制治疗。肝细胞移植和基因治疗仍是试验性的。

(1) 光照疗法：常规应用光照疗法来降低血浆非结合胆红素的水平 [55]。应用荧光灯或新近的 LED 灯照射时需遮挡眼睛。已设计出 LED "光毯" 或 "光外套"。光照可将胆红素 IX α-ZZ 转变为光异构体，从而排泄至胆汁并被部分降解。在新生儿期，光照疗法的应用取决于年龄相关的血清胆红素浓度：24～48h 的婴儿为 15mg/dl（260μmol/L），49～72h 的婴儿为 18mg/dl（310μmol/L），72h 以上的婴儿为 20mg/dl（340μmol/L）[24]。如果血清胆红素持续高于上述水平，并且强光治疗 4～6h 内未下降 1～2mg/dl 以上，需考虑血浆置换。年龄 3—4 岁时，由于皮肤变厚、色素沉着和相对于体重的表面积减少，光照疗法的效果降低，需要重新调整光照的强度和持续时间。

(2) 血浆置换：发生神经系统急症时，可通过血浆置换迅速降低血清胆红素浓度 [55]。如果血清胆红素水平超过目标水平 5mg/dl，即使给予强光疗法，也需要序贯联合应用血浆置换，因为在去除血液中与白蛋白结合的胆红素后，胆红素可从组织储存库中被动员至血浆，导致胆红素水平的继发性升高。

(3) 原位肝移植：目前，全肝或部分肝移植是治愈 CN1 的唯一方法 [71]。虽然该治疗方法要求患者长期应用免疫抑制治疗，但是肝移植可显著改善 CN1 患者的预后。

7. 降低血清胆红素水平的试验性方法

(1) 抑制血红素氧化酶活性：非铁金属卟啉是微粒体血红素氧化酶的终端抑制剂 [72]。注射锡 – 原卟啉可抑制恒河猴新生儿高胆红素血症 [73]。对 2 例 17 岁的男性 CN1 患者注射锡 – 中卟啉

（0.5μmol/kg，每周 3 次，治疗 13～23 周）可适当地降低血浆胆红素浓度。然而，用这种方法治疗 CN1 的疗程和安全性尚未确定。

(2) 肝细胞移植：由于正常肝脏中 UGT1A1 的活性是过度的，所以 CN1 患者肝脏中该酶活性的部分替代应该可将血清胆红素降低至无毒性的水平。在 Gunn 大鼠中充分验证后[68]，将分离的异基因人肝细胞通过经皮穿刺置入门静脉的导管移植入 1 例成年 CN1 患者的肝脏中[74]。移植 7.5×10^9 个肝细胞可将胆红素水平降低约 50%，并能缩短光照疗法的持续时间[74]。然而，尽管胆红素葡萄糖醛酸酯在胆汁中可检测到的时间长达两年半，但是血清胆红素水平将逐渐升高至移植前的水平。该患者接受了辅助性肝移植，血清胆红素水平迅速降至正常（J. Roy Chowdhury, 个人交流）。该病例和一些其他 CN1 病例及遗传性肝病病例进行肝细胞移植的经验表明，单次治疗所移植的成年肝细胞的数量不足以完全治愈遗传性肝脏代谢性疾病[75]。由于存在这个原因，而且用于肝细胞分离的高质量供肝越来越短缺，因此正在探索新策略，以诱导移植的正常肝细胞优先于突变的宿主细胞进行增殖。由于成年肝细胞保持有显著的增殖能力，并且可通过生理机制严格调控肝脏重量与体重的比值，所以移植的肝细胞必须与宿主肝细胞竞争优先增殖。肝脏的限定区域照射联合多种有丝分裂刺激可提高 Gunn 大鼠最初的肝细胞移植成活率和随后供体细胞的增殖，引起血清胆红素水平正常化[76]。在对非人类灵长类进行初步评估后[77]，已启动了一项临床试验，以评估遗传代谢性肝病患者肝细胞移植前的预先性肝脏照射[78]。通过分化来源于重编程体细胞（如皮肤成纤维细胞、骨髓细胞、外周血单个核细胞或尿液中脱落的上皮细胞）的人 iPSC，可产生肝细胞样细胞（iHep），进而将其移植入实验动物的肝脏。将人 iHep 细胞移植入预先用 X 线照射过的免疫抑制 Gunn 大鼠，可显著降低血清胆红素的水平[69]。

(3) 基因治疗：基因治疗的目标是重建缺失的 UGT1A1 活性，包括以下方法：①体外基因治疗，即用病毒载体转导原代肝细胞，随后移植入肝脏；②全身应用病毒或非病毒载体，在体内将表达 UGT1A1 的转录单位转导至肝细胞；③通过同源性重组进行靶基因编辑，以纠正 *UGT1A1* 基因的特定突变，或在基因组的选择安全港位点插入 UGT1A1 转录单位，或在高表达基因（如白蛋白）的下游靶向插入 UGT1A1 开放读码框，从而利用强大的内源性启动子。在临床前实验验证后，已经在 CN1 患者启动了应用重组腺病毒相关载体的临床试验。

（二）CN2（Arias 综合征）

1992 年，Arias 描述了 Crigler-Najjar 综合征一种病情较轻的变异类型[79]，该病血清胆红素（主要是非结合胆红素）的范围通常为 8～18mg/dl。在并发疾病、全身麻醉或长期禁食期间，血清胆红素可上升至 40mg/dl[80]。核黄疸不常见，但是在高胆红素血症加重时也有报道[79-81]。与 CN1 一样，CN2 没有溶血或其他肝损害的证据。通过药物（如苯巴比妥）诱导残存的 UGT1A1 活性可使胆红素降低 25% 以上，在临床上可根据这一点可鉴别 CN2 与 CN1。与 CN1 相反，CN2 时胆汁中含有大量的胆红素葡萄糖醛酸酯。与 Gilbert 综合征一样，在 CN2 中，胆红素单葡萄糖醛酸酯超过总结合胆红素的 30%（正常约 10%），反映肝脏 UGT1A1 活性是降低的。肝脏组织学正常，UGT1A1 活性通常降低至正常的 10%[82]。

遗传病变

分子学遗传研究符合常染色体隐性遗传[83]。CN2 中，*UGT1A1* 编码区域的突变常常导致单个氨基酸的转变，从而显著降低 UGT1A1 的活性，但不是使其完全失活。已证明突变在某些情况下可增加胆红素的 *Km* 值[54]。已总结出多种导致 CN2 的病变[29]。

（三）Gilbert 综合征

1901 年，Gilbert 和 Lereboullet 首次描述了这种常见的疾病，该病与轻度波动性的非结合型高胆红素血症相关[84]。1 个多世纪后，Bosma 等发现该综合征是由可降低 UGT1A1 表达的近端启动子区域多态性所致[85]。Gilbert 综合征通常在青壮年进行常规体检、筛查或研究其他不相关疾病的血液检测时被诊断。在许多情况下，高胆红素血症是间歇性的，通常低于 3mg/dl。在并发疾病、应激、禁食或月经期间，胆红素水平升高[86]。轻度黄疸是唯一的阳性体征，以非结合型高胆红素血症为主是常规血液检测中唯一的异常发现。一些患者诉疲乏和腹部不适，这可能是焦虑或重叠疾病的临床表现。口服胆囊造影术可正常显示胆囊，但胆囊结石的发生率可能较高。肝脏活检对诊断不是必需的，但如果进行肝脏活检可以发现，除了在小叶中心区可见到一些非特异性的脂褐素沉积，其余肝脏组织学正常。

1. 发病率

Gilbert 综合征是人类最常见的遗传性疾病之一，大多数人群中报道的发病率为 3%～7%[87]。男性血清胆红素的平均水平高于女性，因此 Gilbert 综合征在男性中更常被诊断[87]。Gilbert 综合征通常在青春期前后被发现，可能与红细胞总量增加和随后出现的胆红素生成增加、内源性类固醇激素抑制胆红素葡萄糖醛酸化作用相关。

2. 诊断

肝脏血清学异常表现为轻度非结合型高胆红素血症且无溶血证据者，可诊断为 Gilbert 综合征。Gilbert 综合征时，肝脏 UGT1A1 活性始终较低（大概为正常水平的 30%）[88]。虽然溶血不是 Gilbert 综合征的特点，但是如果合并溶血性疾病（如 G6PD 缺乏），临床上可出现明显的黄疸，从而引起医生关注。UGT1A1 近端启动子区域内 TATAA 元件的序列测定是简易的诊断方法。如果需要确诊，可使用胆汁色谱分析以测定胆红素单葡萄糖醛酸酯与双葡萄糖醛酸酯的比例。与 CN2 相同，Gilbert 综合征时胆汁中胆红素单葡萄糖醛酸酯的比例增加（超过 10%）[82]，提示该综合征时肝脏 UGT1A1 活性降低。Gilbert 综合征患者与正常人一样，热量摄取减少至 400kcal/d 连续 2 天或烟碱酸治疗[89]可升高血清胆红素水平，因此这些检测不能用于明确诊断。不推荐用肝穿刺活检进行诊断。

3. Gilbert 综合征的遗传基础

Gilbert 综合征与 *UGT1A1* 外显子 1 上游启动子中变异的 TATAA 盒相关。正常的 TATAA 元件序列为 A[TA]$_6$TAA，而 Gilbert 综合征患者是由两个核苷酸插入导致的纯合子突变，将序列变成 T[TA]$_7$TAA，使 UGT1A1 的表达降低至正常的 30% 左右[85]。Gilbert 型 TATAA 元件被命名为 UGT1A1*28[90]。大多数人群中，约 9% 为 UGT1A1*28 纯合子，约 42% 为杂合子携带者。然而，所有 UGT1A1*28 等位基因的纯合子患者并非都表现出临床表型，说明其他因素，尤其是胆红素产生的速度可能对于高胆红素血症的发生是必要的。因此，虽然是常染色体（染色体 2q37）遗传，但是黄疸在女性较少见，可能的原因是其每天产生的胆红素较少。日本 UGT1A1*28 的基因频率可能较低。一些 UGT1A1 编码区域的突变可引起轻度的高胆红素血症，符合 Gilbert 综合征的临床诊断[91, 92]。这些突变仅在东亚人群中被报道。据报道，这些突变中有一些是显性负性突变，说明其降低了正常等位基因的活性[93]。

一些结构突变的杂合子携带者（CN1 或 CN2）也可能在结构正常的等位基因上携带 Gilbert 型启动子，从而降低了仅有的正常结构等位基因的表达。这种组合可造成中等水平的高胆红素血症[94, 95]，解释了为何在 CN1 或 CN2 患者的亲属中常常可观察到长期存在的中等水平高胆红素血症。由于 CN1 和 CN2 突变是罕见的，而 UGT1A1*28 等位基因的频率很高，所以与两个 UGT1A1 等位基因的编码区均突变相比，这种组合类型是引起中等水平高胆红素血症更常见的原因。

4. Gilbert 综合征的健康意义

Gilbert 综合征是无害的，但识别该病对于确保不存在导致轻度高胆红素血症的潜在肝脏疾病，消除患者和医生的疑虑具有重要意义。实际上，血清胆红素的轻度升高可能对健康有益。但是，UGT1A1 活性的降低可影响某些药物的解毒作用[96]。在应用抗肿瘤药物伊立替康治疗的患者，Gilbert 综合征与腹泻的高发生率相关[97]。对乙酰氨基酚的氧化代谢与药物毒性相关。文献中对于具有 UGT1A1*28 等位基因的患者对乙酰氨基酚的氧化代谢增强、葡萄糖醛酸化作用减弱的观点是有争议的[98, 99]。用于治疗白血病的尼罗替尼和可能用到的其他酪氨酸激酶抑制药不通过

UGT1A1 代谢，但可能抑制酶的活性，从而加重 Gilbert 综合征和 CN2 患者的高胆红素血症[100]。

5. 动物模型

与相近家系的巴西松鼠猴相比，玻利维亚松鼠猴的血清非结合胆红素水平较高，并且禁食后可更大程度地加重高胆红素血症[101, 102]。在玻利维亚松鼠猴中，静脉注射胆红素的血浆清除率较低。与 Gilbert 综合征患者一样，玻利维亚松鼠肝脏 UGT 对于胆红素的活性、胆汁中胆红素双葡萄糖醛酸酯与单葡萄糖醛酸酯的比值均较低。空腹高胆红素血症可通过口服或静脉给予糖类迅速纠正，而不能通过给予脂类纠正[101]。

六、主要与结合型高胆红素血症相关的疾病

通过色谱法测定证实，正常情况下血浆中大约 4% 的胆红素为结合型。当胆道梗阻、肝脏炎症或缺血损伤、遗传性毛细胆管胆汁排泄障碍或肝细胞转运至血窦的胆红素葡萄糖醛酸酯重吸收障碍时，可导致肝细胞中形成的胆红素葡萄糖醛酸酯转移回血浆，使血浆中结合胆红素的比例增加。另外，有一类统称为进行性家族性肝内胆汁淤积的疾病，是由遗传性毛细胆管转运蛋白或紧密连接蛋白异常所引起的。在另一种遗传状态时，胆管减少可导致结合型高胆红素血症。

（一）Dubin-Johnson 综合征

Dubin 和 Johnson[103]、Sprinz 和 Nelson[104] 描述了一种综合征，其特征是长期的结合型高胆红素血症，以及肝脏组织学仅表现为明显的色素沉着。轻度黄疸是唯一持续的临床表现，而肝脾肿大罕见[105, 106]。患者通常无症状，但是偶尔会主诉乏力和腹部隐痛。血清胆汁酸水平接近正常[105]，无皮肤瘙痒。在并发疾病、口服避孕药和妊娠期间可出现血清胆红素水平升高[105]。该病通常在青春期之后被诊断，有些病例可在妊娠或应用避孕药期间被诊断[105, 107]。

1. 实验室检查

包括血清胆汁酸水平在内的肝功能检测是正常的[107]。血清胆红素水平通常在 2～5mg/dl，但在少数情况下可高达 20～25mg/dl。超过 50% 的血清总胆红素是直接反应型，可随尿液排出。除了胆汁酸，许多有机阴离子的肝细胞毛细胆管排泄是异常的，因此，即使应用双倍对比剂进行口服胆囊造影术，胆囊仍不显影。静脉给予胆影葡胺 4～6h 后可使胆囊显影[108]。肉眼观察肝脏呈黑色，光学显微镜下可见致密的色素。突变的考力代羊（Dubin-Johnson 综合征的动物模型）被静脉注射 $^3H-$ 肾上腺素后，放射性可整合进深棕色的色素，提示这些色素不是真正的黑色素，而可能由肾上腺素代谢产物的聚合物构成[109, 110]。肝细胞凋亡（如急性病毒性肝炎）后发生肝细胞再生之后，色素可从肝脏清除，并在病情恢复后重新缓慢沉积。

2. 有机阴离子转运

除了胆汁酸外，有机阴离子逆着浓度梯度，由最初命名为 cMOAT 的蛋白质（现在命名为 MRP2 或 ABCC2）介导，通过 ATP 依赖的耗能过程，从肝细胞转运至毛细胆管[111-114]。这些阴离子包括胆红素葡萄糖醛酸酯、白三烯 LTC4、氧化还原型谷胱甘肽及多种葡萄糖苷酸与谷胱甘肽的复合物。相反，除个别情况外，分泌的胆汁酸是正常的。MRP2 是 ABC 转运体之一[112]。其参与毛细胆管转运的直接证据来自 TR 大鼠中编码 Mrp2 的基因发生移码突变的研究[115]。TR 小鼠的研究表明，一些硫酸化或葡萄糖醛酸化的胆汁酸需要通过 Mrp2 进行胆汁排泄[116]。与此一致的是，在日本进行的一项多中心研究发现，Dubin-Johnson 综合征新生儿的血清总胆汁酸水平显著升高[117]。

尽管存在 MRP2 功能缺乏，但是 Dubin-Johnson 综合征的血清胆红素水平仅轻度升高，说明结合胆红素胆汁的排泄存在其他机制。另外，MRP2 缺陷引起有机阴离子在肝细胞内蓄积，可导致基底侧肝细胞表面 MRP1 和 MRP3 的表达上调。这些转运体和其他可能消耗 ATP 的泵可将肝细胞内的非结合胆红素和结合胆红素经窦周隙主动运输转运至血浆[118]。

静脉注射有机阴离子磺溴酞钠（bromosulfophthalein，BSP）后，45min 时的血浆 BSP 浓度

降低至接近正常，说明肝窦面的肝细胞表面可正常摄取且肝细胞的储存能力正常。然而，90%患者的血浆 BSP 浓度会出现继发性升高，因此 90min 时的血浆 BSP 浓度高于 45min 时的血浆 BSP 浓度。继发性升高的原因是肝细胞中与谷胱甘肽结合的 BSP 回流进入循环[119]。静脉注射胆红素后可发生类似的继发性升高。然而，血浆 BSP 的这种继发性升高也可发生在一些其他的肝胆疾病[120]，因此，这种现象不是 Dubin-Johnson 综合征的特征性表现。

3. 尿液粪卟啉排泄

尿液中排泄的粪卟啉包括两种异构体，即 I 型粪卟啉和 III 型粪卟啉。正常情况下，成人尿液中约 75% 的粪卟啉为 III 型，即血红素的前体。Dubin-Johnson 综合征时，尿液粪卟啉的排泄总量是正常的，其中超过 80% 为 I 型[121]。新生儿尿液中 I 型粪卟啉的比例高于成人，但是这一比例低于 Dubin-Johnson 综合征。尿液卟啉排泄的异常模式与有机阴离子转运缺陷的相关性尚未完全明确。当与病史和体格检查相关联时，尿液粪卟啉的排泄模式可用于诊断 Dubin-Johnson 综合征。

4. 遗传基础和遗传特征

Dubin-Johnson 综合征是一种常染色体隐性遗传疾病，在所有种族和性别中均已报道。除了伊朗、伊拉克和居住在以色列的摩洛哥人，在其他种族较少见，发病率为 1/1300[106]，发病与凝血因子 VII 缺乏相关[122]。Dubin-Johnson 综合征在一些地区（如日本）可能相对常见，这些地区的血亲关系频繁。

Dubin-Johnson 综合征的原因包括：MRP2（*ABCC2*）基因的插入、缺失和无义突变；异常拼接的 RNA 转录本导致 MRP2 表达缺失；基因错义突变干扰肝细胞胆小管面细胞膜 MRP2 的正常定位[115, 117, 123, 124]。人类 MRP2 基因位于染色体 10q23～q24[125]。单个氨基酸的转变通常涉及关键性的 ATP 结合区域。一些突变可能导致 MRP2 糖基化功能受损，从而将蛋白酶体依赖的降解提前[126]。

5. 动物模型

在突变的考力代羊中，结合胆红素、谷胱甘肽结合 BSP、碘番酸和吲哚菁绿的胆汁排泄是下降的，而牛磺胆酸[127]和非结合 BSP[128] 的转运是正常的。有机阳离子（如乙溴化普鲁卡因胺）的排泄不受影响。血清胆红素轻度升高，其中 60% 为结合型胆红素。除了可见深棕色色素沉着，其他肝脏组织学是正常的[109]。与人类 Dubin-Johnson 综合征一样，尿液粪卟啉排泄总量是正常的，但 I 型粪卟啉的比例增加。因此，突变的考力代羊是人类 Dubin-Johnson 综合征的模型。

与人类 Dubin-Johnson 综合征相同，Eisai 高胆红素血症大鼠（Eisai hyperbilirubinemic rat，EHBR）和 *TR*– 大鼠缺乏 Mrp2，并表现出结合型胆红素、白三烯 LTC4 和谷胱甘肽的胆汁排泄减少，这与葡萄糖醛酸和谷胱甘肽复合物[129] 及许多其他有机阴离子[130] 是一样的，尿液中分泌的主要卟啉异构体为 I 型粪卟啉[131]。肝脏通常没有色素沉着，但在喂养富含色氨酸、酪氨酸和苯丙氨酸的食物后，会发生细胞内色素沉积。这些氨基酸的阴离子代谢产物排泄受损，可能导致其在肝细胞中潴留、氧化、聚合，随后在溶酶体蓄积[132]。在这些大鼠模型中进行的试验表明，胆红素复合物和许多其他有机阴离子排泄至毛细胆管的途径不同于大多数胆汁酸的排泄途径。含有游离 3-OH 基团的胆汁酸通过胆盐输出泵（bile salt export pump，BSEP）转运，但硫酸化或与葡萄糖醛酸结合的胆汁酸通过 Mrp2 转运[133]。

金狮狨猴表现出血清结合胆红素水平升高，是 Dubin-Johnson 综合征的一种非人类灵长类动物的模型[134]。

（二）Rotor 综合征

Rotor、Manahan 和 Florentin 在 2 个家庭中报道，一些家庭成员终身存在非溶血性的以结合型胆红素为主的高胆红素血症[135]。其他常规的血液生化学和血液学检测是正常的，与 Dubin-Johnson 综合征相反，该病时肝脏无色素沉着。肝脏组织学正常。Rotor 综合征是无害的[135]。虽然罕见，但是在不同种族中均有报道。

1. 有机阴离子排泄

Rotor 综合征的有机阴离子排泄缺陷不同于 Dubin-Johnson 综合征。正如许多获得性肝脏疾病，注射的 BSP 在 45min 时有 25% 以上保留在血清中，并且血浆 BSP 水平不出现继发性升高[136]。静脉注射的非结合胆红素和吲哚菁绿的血浆清除也会发生延迟。与 Dubin-Johnson 综合征的研究结果相反，Rotor 综合征时毛细胆管外排泵是正常的，因此，口服胆囊造影术时胆囊可显影[137, 137A]。

2. 尿液粪卟啉排泄

Rotor 综合征时，尿液粪卟啉总量的增加超过正常值的 2~5 倍，其中大约 65% 为 I 型[138]。这与其他许多肝胆疾病类似，可鉴别 Rotor 综合征与 Dubin-Johnson 综合征。然而，以往曾报道，具有 Rotor 综合征临床特点的两兄弟尿液粪卟啉中 80% 以上为 I 型[139]，这对使用尿液粪卟啉来鉴别这两种疾病的有效性提出了怀疑。最近，Rotor 综合征遗传基础的相关研究阐明，该病时肝细胞在有机阴离子的处理方面存在缺陷。

3. Rotor 综合征的分子基础

van de Steeg 等在 6 个家庭中发现，*SLCO1B1* 和 *SLCO1B3* 基因的同时突变与 Rotor 综合征存在紧密联系[140]。这些突变可分别导致 OATP1B1 和 OATP1B3 的缺乏。van de Steeg 等利用多特异性肝窦外排泵 Abcc3 和 Oatp1a/1b 缺失大鼠证明，Abcc3 将胆红素葡萄糖醛酸酯从肝细胞分泌至血液中，而 Oatp1a/1b 介导了其重吸收。由于 1 区肝细胞可有效摄取和结合进入肝窦血液中的胆红素，所以这些细胞中形成的胆红素葡萄糖醛酸酯可能超过毛细胆管的排泄能力。1 区肝细胞中形成的一部分胆红素葡萄糖醛酸酯被转运回肝窦血液中，随后被位于血流下游（朝向 3 区）的肝细胞通过 Oatp1b1/3 吸收。通过招募其他肝细胞，该机制可增加肝脏处理胆红素负荷的能力。

在人类，OATP1B1 和 OATP1B3 属于 OATP 家族，OATP 家族共有 11 个成员，含有 12 个跨膜结构域，介导多种复合物的吸收。它们几乎仅位于肝窦侧的肝细胞膜上。OATP1B1 和 OATP1B3 运输是有区别的，但底物部分重叠。除了胆红素葡萄糖醛酸酯，这两种转运蛋白的底物还包括药物：HMG-CoA 还原酶抑制剂（他汀类）、血管紧张素 II 受体阻滞药（沙坦类）、血管

紧张素转换酶（angiotensin-converting enzyme，ACE）抑制剂和降糖药（格列奈类）[141]。除了有机阴离子，OATP1B1 和 OATP1B3 可将中性复合物（如地高辛、毒毛旋花苷、洛匹那韦）和两性离子药物（如非索非那定）作为底物。OATP1B1 优先识别雌酮 3- 硫酸盐，而 CCK-8、替米沙坦、紫杉醇和多烯紫杉醇仅由 OATP1B3 进行特异性转运。OATP 在结构上与位于胆小管面肝细胞膜的 ABCC2（MRP2）无关，但它们的许多底物是相同的，包括胆红素葡萄糖醛酸酯，因此可协同肝细胞摄取和毛细胆管排泄。对于某些底物，OATP1B1 和 OATP1B3 无法互相代偿彼此的缺乏。例如，辛伐他汀相关的肌病与 *SLCO1B1* 的单核苷酸多态性密切相关[142]。另外，对于胆红素葡萄糖醛酸酯的重吸收，OATP1B1 和 OATP1B3 可互相代偿彼此的缺乏，因此两者的同时突变对于 Rotor 综合征的出现是必需的。

4. 动物模型

无角短毛羊中有一群表现出轻度的结合型高胆红素血症和光敏性[143]。研究发现，具有这种临床特点的无角短毛羊存在 *Slco1b3* 的一种错义突变（甘氨酸 - 精氨酸）[144]。这种甘氨酸残基在其他七种哺乳类动物中是保守的，并被认为在功能上是关键的。

七、遗传性胆汁淤积综合征

进行性家族性肝内胆汁淤积

统称为进行性家族性肝内胆汁淤积的四种威胁生命的疾病（PFIC1、PFIC2、PFIC3 和 PFIC4），可影响胆汁酸或其他胆汁成分通过肝细胞胆小管的分泌而引起不同程度的胆汁淤积[145]。良性复发性肝内胆汁淤积（benign recurrent intrahepatic cholestasis，BRIC）在遗传上与 PFIC1 或 PFIC2 相关。PFIC 综合征通常发生于婴儿期或儿童期，并经常导致生长迟缓和进展性肝脏疾病。近几年还发现了其他的一些遗传性胆汁淤积性疾病。最近回顾了 PFIC 综合征和其他遗传性胆汁淤积性疾病，在此简要讨论[146]。

1. 进行性家族性肝内胆汁淤积 1 型

PFIC1 最初在 Amish-Mennonite 家族中发现，

根据第一个患者的姓氏被命名为 Byler 病[147]。PFIC1 与威胁生命的严重胆汁淤积相关。该病由位于染色体 18q21 的 P 型 ATP 酶基因 *FIC1*（也叫 *ATP8B1*）突变引起[148]。FIC1 介导的 ATP 水解伴随酸性磷脂的易位。*FIC1* 突变如何引起胆汁淤积尚未完全明确[149]。FIC1 缺陷可能干扰核受体 FXR 的细胞核易位[150]，从而下调 BSEP 的表达。

2. 良性复发性肝内胆汁淤积

BRIC 在 1959 年首次被报道[151]。该病在青春期或成年早期起病，表现为反复发作的胆汁淤积，以结合型高胆红素血症为特征，伴有不适、厌食、皮肤瘙痒、体重减轻和吸收不良。疾病发作可持续数周至数月，实验室检查可发现胆汁淤积的生化学证据，但无严重的肝细胞损伤[152-154]。发作后可出现完全的临床、生化学和组织学缓解。患者每次发作的临床特点和持续时间类似。不管发作的次数和严重性如何，肝活检提示非炎症性的肝内胆汁淤积，不伴纤维化。缓解期肝组织的光学显微镜或电子显微镜表现恢复正常[155]。与 PFIC1 类似，该病在遗传上表现为常染色体隐性遗传模式。有趣的是，这种相对良性的疾病也由 *FIC1* 基因的某些错义突变导致，该基因的其他突变可导致更严重的疾病 PFIC1。

对于 BRIC，尚无特异性的治疗。一些病例与导致 PFIC2 的 *ABCB11* 突变相关。因此，一些作者将 BRIC 分为 BRIC-Ⅰ 和 BRIC-Ⅱ 两种类型。

3. 进行性家族性肝内胆汁淤积 2 型

该病在临床上类似于 Byler 病，主要发生于中东和欧洲人群。该病由编码胆盐输出泵（过去命名为姐妹 P 糖蛋白）的 *ABCB11* 基因缺陷引起。BSEP 是毛细胆管 ATP 依赖的转运体，将肝细胞中的胆汁酸转运至胆汁中[156]。*ABCB11* 基因位于染色体 2q24[157]。在 PFIC2 患者中已经发现了 *ABCB11* 许多不同的点突变。

虽然 PFIC1 和 PFIC2 均与威胁生命的胆汁淤积相关，但是两种疾病的血清 GGT 水平正常或接近正常，可根据这一点与 PFIC3 鉴别[145, 157]。

BSEP 在肝脏中特异性表达，正如预期的那样，肝移植可改善 PFIC2 的所有症状。然而，一些病例在肝移植后会产生 BSEP 的 G 型免疫球蛋白抗体，从而再次出现 PFIC 样症状。虽然抗体同时针对该蛋白的 N 端和 C 端区域，但只有识别第一个细胞外环（ECL1）的免疫血清可抑制牛磺胆酸盐的经上皮转运[158]。

4. 进行性家族性肝内胆汁淤积 3 型

PFIC3 涉及 *ABCB4* 突变，这是一种利用 ATP 的毛细胆管泵，又称 MDR3（PGY3）。毛细胆管外层膜的磷脂在与胆汁酸接触的过程中被不断去除，ABCB4 将毛细胆管内层膜磷脂中的磷脂酰胆碱转运至外层膜，从而补充外层膜的磷脂。磷脂酰胆碱易位失败时，胆盐可使毛细胆管膜和小胆管发生慢性损伤[158, 159]。PFIC1 和 PFIC2 疾病时可通过减少胆盐排泄至毛细胆管来保护毛细胆管膜，与此相反，PFIC3 时血清 GGT 的活性是升高的[145]。人类 ABCB4 缺乏可表现为多种肝胆疾病，包括小胆管原发性硬化性胆管炎[160] 和胆固醇结石[161]。有报道称，*ABCB4* 基因无义突变或错义突变的无症状女性杂合子携带者可表现为妊娠期家族性肝内胆汁淤积[162, 163]，迄今为止原因尚不明确。

肝移植是 PFIC3 目前唯一可行的治疗选择。在基因敲除的 PFIC3 小鼠模型进行正常肝细胞的移植可引起移植肝细胞自发的大量再生，长期改善磷脂转运缺陷[164, 165]。

5. 进行性家族性肝内胆汁淤积 4 型

PFIC 综合征可根据血清 GGT 水平进行临床分类，GGT 的水平反映了胆盐诱导的毛细胆管或小胆管损伤。PFIC1 和 PFIC2 时血清 GGT 正常，而 PFIC3 时 GGT 升高。2014 年，Sambrota 等[166] 报道了一项多机构协作研究，纳入来自 29 个家庭的 33 例患有严重慢性胆汁淤积性肝病的儿童患者，相对于胆汁淤积的程度，这些患者的 GGT 水平较低。然而，这些儿童并没有发生可分别导致 PFIC1 和 PFIC2 的 *ABCB11* 和 *ATP8B1* 突变。在这 29 个家庭中，18 对父母存在血缘关系。通过靶向重测序（targeted resequencing，TR）、全外显子测序（whole-exome sequencing，WES）或联合应用两种方法进行遗传分析，结果显示 *TJP2* 基因存在蛋白截短突变，从而导致连接毛细胆管的桥粒中 TJP2 蛋白结合失败。由于 TJP2 突变引起的 PFIC 被命名为 PFIC4。据报道，患有该病的婴儿中有 2 例发生肝细胞癌[167]。

八、其他遗传性胆汁淤积性疾病

CIRH1A 是编码线粒体支架蛋白的基因，据报道，其突变可表现为北美印第安儿童肝硬化的胆管病变。临床上，该疾病与肝外胆管闭锁类似，但无胆道梗阻的证据[168]。

（一）GRACILE 综合征

另一个线粒体支架基因 *BCS1L* 的遗传病变可引起潜在致死性的肝内胆汁淤积（GRACILE），与胎儿生长迟缓、氨基酸尿、铁过载和乳酸酸中毒相关[169]。有趣的是，北美印第安儿童肝硬化和 GRACILE 均未表现出线粒体病的常见特点，如中枢神经系统（central nervous system，CNS）病变或肝细胞脂肪变性。

（二）Alagille 综合征

Alagille 综合征影响多个器官系统的发育，包括肝脏、心脏、肾脏、眼、椎体（矢状面前弓分裂）及 CNS[170]。发现 89% 患者存在胆管缺乏[171]。许多患者可表现出特征性面容。虽然 CNS 病变可由营养不良造成，但即使经过细致的均衡营养治疗，颅内出血仍是最常见的 CNS 并发症[171]。Alagille 综合征是一种常染色体显性遗传病，特征为显著的可变外显率。位于染色体 20p12 的 Jagged1（*JAG1*）基因病变[172] 是造成该病的原因。Jagged1 是 Notch 的配体，对 Notch 信号通路很重要，该通路在器官发育方面是关键的。大约 70% 的 Alagille 综合征患者中发现了 *JAG1* 编码区突变。令人惊讶的是，这些突变中 50%～70% 是新发的，而在父母中未发现。在幼年表现出肝脏症状的 Alagille 综合征患者，21%～50% 最终需要通过肝移植来治疗。

（三）Villin 病

Villin 是一种组织特异性的肌动蛋白修饰蛋白，在肌动蛋白微丝的成束、成核、封端和切割过程中是关键的[173]。脊椎动物中，villin 表达在上皮细胞的顶端表面，是刷状缘细胞骨架的主要结构成分。一些存在胆汁淤积特点并在后来发生肝硬化需要肝移植的儿童，被发现存在 *VILLIN1* 基因病变[174]。

致谢 这项工作得到了 NIH RO1-DK-092469、RO1-DK 100490、P30-DK-41296 的部分支持。

第 21 章　肝脂滴与肝功能和疾病
Hepatic Lipid Droplets in Liver Function and Disease

Douglas G. Mashek　Wenqi Cui　Linshan Shang　Charles P. Najt　著
徐晓军　陈昱安　译

脂滴积聚是非酒精性和酒精性脂肪肝疾病的标志性特征。之前脂滴被认为是惰性的，只是疾病产生的标志。然而，现在越来越多的学者认为脂滴是许多肝病的病因，并且在细胞信号转导和功能中具有重要的非病理作用。脂滴的动态特性受到数百种蛋白质的高度调节，这些蛋白质覆盖在脂滴表面并控制脂质运输和脂质代谢流。在本章中，我们将重点介绍影响脂滴积累的主要脂质代谢途径，探索调节脂滴周转，以及将脂滴与细胞功能障碍和肝病联系起来的关键蛋白质。

一、脂质摄取和合成

脂肪酸（fatty acids，FA）是甘油三酯、磷脂和胆固醇酯等一系列复杂脂质生物合成的基础。而肝脏主要从以下三个来源获得脂肪酸：从血液中直接摄取、残余脂蛋白的摄取和降解、脂肪从头合成（de novo lipogenesis，DNL）。在禁食条件下，几乎所有进入肝脏的脂肪酸都来源于脂肪组织脂肪分解后的直接摄取[1]。而在进食后，机体对脂肪来源的脂肪酸的依赖减少，同时 DNL 和残余脂蛋白摄取的贡献增加，这两者都受到饮食成分的高度影响。有趣的是，来自 DNL 的脂肪酸的贡献在非酒精性脂肪性肝病患者中显著增加，可占肝脏脂肪酸含量的近 30%[2]。通过 DNL 途径增加的脂质代谢流可能促进非酒精性脂肪性肝病的发展及其并发症的发生。膳食蔗糖或其单

糖成分果糖在 DNL 增加的脂质代谢流中的作用也同样值得注意。许多研究已将蔗糖和（或）果糖与 NAFLD 病因联系起来，这是由于果糖具有相对于葡萄糖的独特代谢途径：果糖碳代谢流可大量进入肝脏[3]。

在进入下游代谢途径之前，细胞内脂肪酸必须首先被各自的酰基 CoA 激活。这发生在由 ACSL 催化的 ATP 依赖反应中。此外，FATP 家族也具有酰基 CoA 合成酶活性，有助于脂肪酸的摄取。重要的是，ACSL 和 FATP 蛋白家族均由多种亚型组成，具有不同细胞内定位及底物特异性[4]。例如，包括 ACSL3 和 ACSL5、FATP2 和 FATP5 在内的几种亚型促进肝脏中的甘油三酯合成[5-8]，突出了将脂肪酸转运到合成代谢途径中的重要作用。ACSL1 在心脏和脂肪组织中可激活脂肪酸，并将其引导至线粒体进行氧化[9, 10]，但对肝脏中的脂肪酸的氧化影响很小[11]。而在肝脏中负责脂肪酸 β 氧化这一初始步骤的亚型尚未被鉴定。

二、甘油三酯生物合成和脂滴生物合成

处理脂肪酸的主要途径是将其酯化为甘油三酯，并随后储存于脂滴中。甘油三酯的合成需要多种酰基转移酶和一种磷脂酸磷酸酶（Lipin）的协调[12]。这一途径中的每一种酶都有许多不同的底物特异性的亚型，这些亚型影响甘油三酯的组成。例如，合成甘油三酯的经典 Kennedy 途径中

的起始酶（GPAT）和末端酶（DGAT）。GPAT1显示出对饱和脂肪酸的底物特异性，这说明饱和脂肪酸在甘油三酯的 sn-1 位的百分比很高[13]。此外，DGAT1 引导外源性脂肪酸进入甘油三酯，而 DGAT2 对于 DNL 途径生成的脂肪酸更具敏感性[14-16]。因此，这些蛋白异构体的相对活性水平决定了甘油三酯的酰基组成。还应注意的是，单酰基甘油乙酰转移酶（MGAT）曾被认为仅存在于肠道中，最近的工作已确定其在肝脏中存在，并在肝脂肪变性模型中表达增加[17]。尽管对这些酶作用的有限研究尚未得到确切结论[18, 19]，但单酰基甘油合成途径对肝脏甘油三酯合成的贡献可能是未来研究的一个重点。

脂滴被认为在内质网中生成，其中中性脂质积聚在膜双层的小叶内。随着甘油三酯的积累，它会形成一个中性的脂质核心，被一层嵌入蛋白质的磷脂单层所包围。该核心和相关的磷脂单层最终从 ER 中萌芽，从而形成细胞质脂滴[20, 21]。在 ER 处形成的新生脂滴的直径很小，并包裹有 DGAT1[22]。脂滴要增大尺寸，既可以与其他脂滴融合，也可以在脂滴表面合成甘油三酯。细胞死亡诱导 DFF45 样效应子 C（CIDEC）是参与脂滴融合的关键蛋白[23, 24]。CIDEC 响应脂肪酸诱导信号，从 ER 易位到脂滴，并在此处启动脂滴融合[25]。脂滴单层膜含有许多参与甘油三酯合成的酶。例如，脂滴表面存在多个 ACSL 亚型、GPAT4 和 DGAT2，这些酶能一同促进甘油三酯的合成和原有脂滴的扩展。

随着脂滴与甘油三酯一起生长，磷脂单层也必须扩展。因此，含量最丰富的磷脂（磷脂酰胆碱）的合成，是调节脂滴生长和动力学的关键成分[26]。脂滴核心中的甘油三酯沉积增加了液滴的大小，从而稀释了磷脂单层中磷脂酰胆碱的相对含量。随着 DAG 和磷脂酸在脂滴表面富集，PC 合成中的限速酶磷酸胆碱胞苷酰转移酶（CCTα）从细胞核移位并结合于脂滴单层膜上。一旦结合于脂滴单层膜，CCTα 就会被激活并促进 CDP-胆碱合成。有趣的是，其他对 PC 合成至关重要的酶并不定位于脂滴，这表明 CCTα 在控制脂滴 PC 代谢方面具有独特的作用[26]。

三、脂类分解

储存在脂滴中的甘油三酯的分解代谢是脂滴大小和数量的主要决定因素。许多蛋白质直接或间接地影响这一过程，进而响应肝脂肪变性的发生发展与转归。其中脂肪甘油三酯酶因其最高表达于脂肪而命名，但它也参与肝脏甘油三酯周转。ATGL 于 2004 年首次被发现，目前已证明敲除肝脏中的 ATGL 可导致甘油三酯聚集和脂肪酸氧化减少，而 ATGL 过表达可减轻肝脏脂肪变性[27]；ATGL 不影响 VLDL 的分泌[28-30]。增加的脂肪酸氧化是通过增强 PGC-1α/PPARα 信号来驱动的。研究发现，ATGL 通过蛋白质去乙酰化酶 sirtuin1（SIRT1）来驱动这一转录网络，而 SIRT1 是 ATGL 介导的氧化代谢的诱导所必需的[31]。因此，ATGL 似乎是连接脂滴分解代谢和细胞信号转导的重要信号节点，作为协调控制代谢的下游转录网络的手段。在经典脂肪分解途径中，下一个酶是激素敏感性脂肪酶，然而，肝细胞 HSL 对肝脏甘油三酯分解代谢的贡献尚不清楚。在肝细胞中，HSL 可以催化胆固醇酯的水解[32]。单酰基甘油脂肪酶（monoacylglycerol lipase，MAGL）是催化肝细胞中甘油三酯分解的最后一步，目前尚未在肝脏中进行过特定的研究。然而，在缺乏 MAGL 或使用 MAGL 抑制剂的小鼠中进行的研究表明，MAGL 通过减少内源性大麻素，从而促进炎症，在肝损伤中发挥关键作用[33]。

由于 ATGL 在催化细胞溶质内甘油三酯水解的初始步骤中的重要性，其活性受到高度调控，目前已鉴定出许多与 ATGL 直接相互作用从而影响其活性的蛋白质，其中 CGI-58 被广泛认为是 ATGL 的主要共激活因子[34]。虽然 ATGL 活性是 CGI-58 发挥作用的重要机制，但它显然具有除 ATGL 以外的功能。例如，CGI-58 敲除导致肝脏甘油三酯随年龄增长而强劲增加（8～52 倍），而 ATGL 敲除仅使肝脏甘油三酯增加 3 倍[29, 35]。此外，CGI-58 敲除对肝脏甘油三酯水解的调节不依赖于 ATGL，这表明至少在肝脏中，这些蛋白在脂滴周转中发挥着更复杂的作用[36]。

脂滴包被蛋白（perilipin，PLIN）家族是第一个被鉴定的脂滴蛋白。它们由 5 个具有不同结构同源性的家族成员组成，其作用是拮抗 ATGL 的功能 [37]。PLIN2 是在肝脏中表达最高的亚型，细胞中的脂肪酸负荷及在人类和啮齿类动物的 NAFLD 中均被诱导表达 [38]。肝脏特异性敲除 PLIN2 可防止肝脏脂肪变性和炎症 [39, 40]。与 PLIN2 相似，肝脏中 PLIN3 的敲除也可减轻脂肪变性，但不影响炎症标志物 [41]。PLIN5 在包括肝脏在内的氧化组织中高表达，随响应禁食强度增长 [42]。肝脏特异性 PLIN5 的敲除减少了脂肪变性，而其过表达促进了脂肪变性，这可能是由于其拮抗脂肪分解作用 [43, 44]。

除了上述讨论的脂滴包被蛋白外，许多其他蛋白已被证明可直接与 ATGL 相互作用并拮抗 ATGL。G_0/G_1 开关基因（G0S2）是一种有效的 ATGL 抑制剂，可影响肝脏的能量代谢。肝脏中 G0S2 的过表达促进脂肪变性并减少脂肪酸氧化，而敲除肝脏 G0S2 则起到相反的作用 [45-47]。其他相互作用的蛋白包括色素上皮衍生因子 [48]、缺氧诱导蛋白 2[49] 和 CIDEC[50]，可直接抑制 ATGL 活性，而 UBXD8 则靶向 ATGL 促使其降解 [51]。

VLDL 的分泌

用于 VLDL-甘油三酯的肝脏脂肪酸中，约 70% 在脂蛋白组装之前首先通过细胞溶质脂滴池 [52, 53]。Ces 家族蛋白酶有助于细胞溶质脂滴的周转，并将其运输到用于 VLDL 分泌的脂滴。值得注意的是，敲除与 ER 腔面脂滴共定位的肝脏 Ces1d（也称为 TGH）会减少 VLDL 的分泌，增加胞质脂滴的大小，但会减少其数量 [54, 55]。Ces1d 似乎减少了脂质向现有的细胞质脂滴的转移，这可能是由于内质网脂质转移到 VLDL 进行包装。虽然已经对其他 CES 蛋白进行了研究，但它们在肝脏和 VLDL 分泌中的具体作用尚未明确。除了羧酸酯酶，脂滴蛋白 CIDEB 在 VLDL 脂化中也起着重要作用。具体来说，CIDEB 敲除后，通过 apoB 依赖的机制减少 VLDL-甘油三酯的分泌 [56]。相反，部分共定位于脂滴的原始广泛存在蛋白 1 通过拮抗 apoB 介导的 VLDL 脂化，从而抑制 VLDL 的生成。这些研究也强调了 apoB 作为脂滴和 VLDL 脂质化之间连接纽带的

重要性。事实上，apoB 与 ER 延伸部分的脂滴共定位，可能是脂质向发育中的 VLDL 颗粒胞内转移的关键 [58]。

四、脂质自噬

自噬是一种高度保守和特征明确的机制，在营养不足时，细胞器、蛋白质聚集体和宏量营养素通过自噬降解。尽管有大量的文献描述了许多细胞器的自噬，但脂滴的自噬降解，称为脂噬，是最近才被发现的 [59, 60]。在这一过程中，多个自噬臂参与了脂质降解。巨脂噬是经典的过程，自噬体从脂滴的一部分萌芽，接着通过自噬体与溶酶体融合形成自噬溶酶体，然后降解脂质。微脂噬描述了脂质在脂滴和溶酶体之间的直接相互作用和转移。最后，分子伴侣介导的自噬以特定蛋白降解为特征，这也可能间接影响脂噬。例如，通过分子伴侣介导的自噬降解特定的脂滴蛋白（如 PLIN2），促进脂滴的后续降解 [61]。尽管巨自噬和微自噬受到精确调控，并被认为是应对氧化应激和营养限制的一种促生存机制，但伴侣蛋白介导的自噬在清除和回收错误折叠蛋白聚集物以维持细胞完整性方面发挥着重要作用。通过巨脂噬和微脂噬的过程，自噬体和溶酶体分别靶向降解脂滴。一旦脂质被内化，就会被 LAL 水解，该脂肪酶是唯一已知的对中性脂质（如甘油三酯和胆固醇酯）有活性的溶酶体脂肪酶。由甘油三酯和胆固醇酯水解产生的脂肪酸随后可用于 β 氧化或其他下游途径。

自从最初被发现以来，越来越多的文献描述了自噬/脂噬在肝脏中的特征。迄今为止，大多数研究都是在全局自噬诱导或抑制的大背景下评估脂噬。与自噬相似，脂噬受到广泛调控；营养素、胰岛素和 mTOR 可拮抗自噬/脂噬，而营养素的消耗或低能量传感器（SIRT1、AMPK 等）活性的增加可促进自噬/脂噬。在转录水平上，自噬受一系列转录因子的调控，这些转录因子与已知的营养/能量感知的作用一致 [60]。与营养调节一致，许多小分子（咖啡因、人参皂苷和槲皮素等）通过改变脂噬来减少肝脂肪变性 [62-64]。图 21-1 提供了上述涉及脂滴的主要通路和每个通路

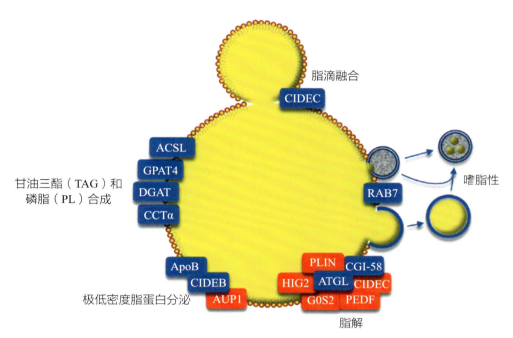

▲ 图 21-1　图示影响脂滴特定脂质代谢途径的关键脂滴蛋白调节因子，拮抗特定途径的蛋白质以红色突出显示

的关键蛋白介质的概述。

细胞溶质脂肪酶介导的甘油三酯脂解和脂噬被认为是导致肝脏脂滴降解的两条途径。我们最近探索了这两种途径之间的相互关系。这些研究发现，ATGL 通过 SIRT1 信号通路作为自噬 / 脂噬的上游驱动因子发挥作用[65]。此外，自噬 / 脂噬是 ATGL 驱动脂滴降解所必需的。与这些研究一致，PLIN2 的敲除也以脂噬依赖的方式促进脂滴的降解[66]。因此，这些研究指出了脂噬在肝脏脂滴降解中的主导作用。随着我们对脂噬过程及其对肝脏脂滴转换意义的理解不断深入，这一途径无疑将通过小分子或转录物 / 蛋白靶向来作为缓解肝脏脂肪变性的手段。

五、脂滴与肝脏疾病

（一）非酒精性脂肪性肝病

脂质沉积于脂滴是 NAFLD 的标志之一。脂质合成代谢和分解代谢平衡的改变对 NAFLD 的发生和消退是不可或缺的。因此，数十项研究表明，减少甘油三酯合成的底物、抑制参与甘油三酯合成的酶或增加甘油三酯水解可预防或减轻肝脂肪变性。事实上，目前临床试验正在研究这些

通路，特别是与甘油三酯合成相关的通路。

PNPLA3 是一种脂滴蛋白，与 ATGL 属于同一酶家族（即 PNPLA2）。PNPLA3 的一个核苷酸替换（rs738409，I148M）被广泛认为是 NAFLD 最大的单一遗传预测因子[67]。在大多数人群中，这种突变的流行率为 15%～25%，但在西班牙裔中可增加到约 50%[67]。PNPLA3 响应高糖类饮食而高度上调，而 I148M 单核苷酸多态性（single-nucleotide polymorphism，SNP）是脂肪变性的预测因子，尤其是当携带者摄入高糖类或糖饮食时[68]。同样，在高蔗糖饮食的小鼠中，PNPLA3 变异体表现出脂滴的明显增加[69]。PNPLA3 表达其表型的机制目前仍存在争论。虽然大量研究表明 I148M 变异体可减弱脂滴的分解代谢[70]，但其他研究表明 I148M 通过其磷脂酸酰基转移酶活性发挥成脂作用[71]。无论作用机制如何，I148M 变异体的存在也会使 NAFLD 在许多肝病模型中进展为肝损伤[72]。

除 PNPLA3 外，其他几种脂滴蛋白在 NAFLD 中也发生改变，并且似乎与疾病的病因学有关。第一个发现的可能也是研究最多的脂滴包被蛋白亚型是 PLIN1。在脂肪组织中，PLIN1 在基础条

件下与 CGI-58 结合，但响应脂肪分解刺激的蛋白磷酸化破坏了这种相互作用，从而允许 CGI-58 与 ATGL 结合以促进脂肪分解[73]。虽然 PLIN1 在肝脏中的正常表达水平很低或检测不到，但它在 NAFLD 患者的肝脏中表达上调[38, 74]。目前尚不清楚这种增加是否仅仅是脂滴增加的结果，还是 PLIN1 在 NAFLD 的病因学中起作用。在 NAFLD 患者中，PLIN2 和 PLIN3 也增加[38]。与它们的抗脂解作用一致，肝脏特异性敲除 PLIN2 或 PLIN3 可预防肝脂肪变性[39-41]。

脂滴的表面覆盖着数百种蛋白质，它们的存在和丰度是动态变化的。虽然已经在许多细胞类型中进行了脂滴蛋白质组学研究，但一些研究已经确定了肝脏脂滴蛋白质组的特征，以及它们在响应禁食 / 再进食[75] 或 NAFLD[76-78] 时的变化。从这些研究中，我们可以收集到脂滴与许多细胞器相互作用以协调代谢的证据，这是由脂滴蛋白质组中大量存在的细胞器特异性蛋白质证明的。此外，这些研究加速了在肝脏疾病中具有病理作用的新蛋白的发现。其中一个例子是 17β-HSD13，在 NAFLD 患者肝活检的脂滴蛋白质组学筛查中，与非脂肪变性对照相比，17β-HSD13 被发现并表征为增加[77]。小鼠肝脏中17β-HSD13 的过度表达增加了脂肪变性，证实了其对疾病的病因学的直接影响[77]。虽然潜在的作用机制仍在研究中，但肝细胞中 17β-HSD13 的过表达会增加脂肪生成，这表明增加的脂肪酸供应和随后的甘油三酯合成可能是其促进脂肪变性能力的驱动因素[77]。由于 17β-HSD13 被认为参与雌激素和雄激素代谢，有人提出它可能改变局部激素库，导致下游脂肪生成的变化[79]。

全基因组关联研究还发现，包含 *MBOAT7* 基因（或 *LPIAT1*）和 *TMC4* 基因的多态性（rs641738 C＞T）与磷脂酰肌醇酰基链重塑改变介导的肝脏脂肪含量增加相关[80, 81]。MBOAT7 定位于胞内膜，如 ER、线粒体和脂滴，并作为磷脂酰肌醇转移酶发挥作用[80]。另一个显著的 NAFLD 相关多态性（rs58542926，E167K）被鉴定在 *TM6SF2* 中[82]。尽管 TM6SF2 定位于内质网和内质网 – 高尔基体中间隔室，而不是在脂滴上，但它调节胆固

醇代谢和多不饱和脂肪酸进入肝甘油三酯[83, 84]。TM6SF2 缺乏导致脂滴蓄积，至少部分原因是甘油三酯分泌减少[84]。

（二）酒精性脂肪性肝病

相对于 NAFLD，我们对酒精性脂肪性肝病（alcoholic fatty liver disease，AFLD）中的脂滴了解较少。PNPLA3 的 I148M 多态性与 AFLD 全基因组关联研究呈正相关[85, 86]，这与 PNPLA3 在促进肝脏疾病中的广泛作用一致。此外，TM6SF2（rs58542926）和 MBOAT7（rs641738）基因也被确定为酒精相关性肝硬化的风险位点[87]，这表明脂质代谢在 AFLD 发病机制中的重要性。在酒精暴露后，PLIN2 的表达水平与脂滴库的扩大相一致[88]，这表明脂肪分解减少可能是导致脂滴增加的一个因素。乙醇极大地抑制了脂噬和脂噬所需的 RAG GTPase Rab7 的表达，进一步支持脂滴分解代谢减少是促进 AFLD 的因素之一[83]。此外，乙醇暴露抑制 β 肾上腺素能诱导的 HSL 磷酸化和 ATGL 募集到脂滴表面，导致脂肪分解减少[89]。最近，CerS6 的一种新作用被发现。先前的研究表明，神经酰胺合成和积累的增加与 AFLD 相关[90]。参与神经酰胺合成的 CerS6 的表达在酒精作用下增加[91]，而抑制神经酰胺合成可减轻酒精介导的脂肪变性和肝功能障碍[92, 93]。此外，CerS6 可驱动 PLIN2 的表达，敲低 PLIN2 可减少乙醇暴露后神经酰胺的产生[91]。最后，CerS6 定位于脂滴并与 ACSL5 相互作用，这表明神经酰胺是在脂滴表面产生的[91, 94]。虽然长期以来，人们一直认为过量的乙醇碳外排到 DNL 是 AFLD 的驱动因素，但这些最新但有限的研究提示，AFLD 的病因更为复杂。

（三）非酒精性脂肪性肝炎

从单纯性脂肪变性到非酒精性脂肪性肝炎的转变是疾病病理学的一个关键点。炎症和 ROS 是促进 NASH 进展的关键因素。由于脂滴直接与线粒体相互作用，并可在脂滴表面产生炎性类花生酸样物质[95]，因此许多脂滴蛋白与 NAFLD 进展相关可能并不奇怪。*PNPLA3* 的 I148M 突变除了促进脂肪变性外，也是成人和儿童人群从脂肪变性进展为 NASH 的主要驱动因素[96, 97]。在

小鼠中，CGI-58 的敲除导致 NASH[35]，而 ATGL 敲除对肝纤维化没有影响[29]，这表明 CGI-58 对 NAFLD 进展的作用不依赖于脂肪分解。在蛋氨酸胆碱缺乏（methionine choline-deficient，MCD）的 NASH 模型中，肝脏特异性敲除 PLIN2 可减轻 NASH 病理[40]。虽然其在 NASH 病因学中的作用尚不清楚，但 PLIN1 在成人和儿童 NASH 患者中高表达[98]。与参与甘油三酯分解的蛋白质不同，DGAT 酶似乎对 NASH 具有相反的作用。用靶向 DGAT1 的反义寡核苷酸（antisense oligonucleotides，ASO）治疗小鼠可减轻 MCD 饮食诱导的纤维化，并减少肝星状细胞活化，但不影响肝脂肪变性[99]。相反，在同一模型中，DGAT2 敲除减轻了脂肪变性，但增加了肝脏炎症、脂质过氧化和纤维化[100]。因此，甘油三酯合成途径中的这一终末步骤似乎在 NASH 前的肝功能障碍与脂肪变性的偶联 / 解偶联中发挥了重要作用。

丝氨酸 / 苏氨酸激酶 25（STK25）是已知驻留在肝细胞脂滴上的少数激酶之一[101]。在小鼠中，STK25 过表达可促进脂肪变性、肝脏炎症和纤维化[84]。此外，STK25 蛋白丰度与人类脂肪变性相关[101]。虽然 STK25 下游的蛋白仍有待阐明，但这些初步研究表明，STK25 可能通过其对脂滴蛋白的磷酸化在肝脏脂滴生物学和疾病进展中发挥重要作用。

在 NASH 发展过程中，脂滴的另一个重要方面是其脂质组成。具体地说，Ioannou 等在患有 NASH 的脂滴受试者中观察到胆固醇结晶的存在，而不是单纯的脂肪变性[102]。啮齿类动物膳食胆固醇摄入的增加也会增加脂滴胆固醇晶体，并促进炎症和纤维化[103, 104]。这些研究与人类研究结果一致，即膳食胆固醇增加是 NASH 和肝硬化的独立危险因素[105]。活化的肝巨噬细胞包围着充满胆固醇晶体的死亡肝细胞，这表明细胞死亡和向免疫细胞发送信号可能直接参与了胆固醇晶体促进炎症的过程[102]。此外，非酒精性脂肪性肝病和非酒精性脂肪性肝炎患者的 PC 表达水平降低，这表明脂滴单层分子组成的改变也可能影响疾病进展[106]。图 21-2 强调了参与 NASH 和

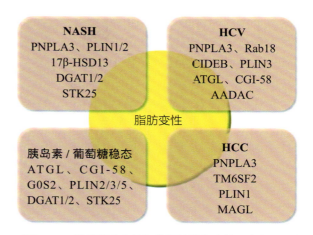

▲ 图 21-2　联系脂肪变性与非酒精性脂肪性肝炎（NASH）、丙型肝炎病毒（HCV）感染、肝细胞癌（HCC）和胰岛素 / 葡萄糖稳态的脂滴蛋白

脂肪变性下游其他并发症发展的关键脂滴蛋白。

（四）胰岛素抵抗和葡萄糖失调

在包括肝脏在内的许多组织中，异位脂滴蓄积与胰岛素抵抗相关。肝脏胰岛素抵抗的后果包括肝脏葡萄糖生成过多和 VLDL 分泌过多，分别导致糖尿病前期和 2 型糖尿病中常见的高血糖和高甘油三酯血症。虽然胰岛素抵抗的发生存在多种机制，但脂质代谢的改变是一个共同的主题。脂质代谢途径中中间体的累积被认为是肝脏胰岛素抵抗的关键驱动因素，而非甘油三酯本身。脂质生物合成途径的中间产物包括磷脂酸、DAG 和神经酰胺，可能直接拮抗胰岛素信号转导。ROS 簇可能是由脂肪酸过度供给线粒体或线粒体功能障碍导致的，从而导致胰岛素抵抗。最后，肝细胞或肝脏免疫细胞内炎症信号分子的产生也可能干扰正常肝细胞功能和胰岛素信号转导。

脂滴动力学似乎在上述促进胰岛素抵抗的过程中发挥主要作用。PLIN 蛋白对肝脏胰岛素敏感性有显著但不同的影响。例如，敲除肝脏中的 PLIN2 或 PLIN3 可改善胰岛素敏感性，同时减少脂肪变性[39-41]。PLIN2 基因内的一个 SNP 减少 VLDL 组装，并与 2 型糖尿病相关[107]。相反，肝脏中 PLIN5 的过表达增加了脂肪变性，但提高了胰岛素敏感性[43]。这些效应与其他组织（包括肌肉和心脏）中对 PLIN5 的研究一致，在这些组织中，脂滴蓄积与胰岛素抵抗无关[108, 109]。虽然

脂滴包被蛋白的确切作用和功能仍然是一个活跃的研究领域，但它们的大部分效应被认为是通过与其他脂滴蛋白的直接相互作用来影响甘油三酯周转的。

脂滴包被蛋白发挥作用的机制之一可能是它们与脂肪酶（如 ATGL）相互作用，从而在基础条件下抑制脂肪分解[37]。肝脏中 ATGL 的过表达在不改变葡萄糖耐量的情况下改善肝脏胰岛素信号转导，减少对高脂响应的 DAG 和神经酰胺[30]。在高脂喂养的小鼠中敲低肝脏 ATGL 不影响胰岛素信号，但减少糖异生并改善葡萄糖耐量而不改变 DAG 水平[110]。目前认为 ATGL 与 FoxO1 形成一个调节环，其中 ATGL 驱动 FoxO1 活性，FoxO1 反过来驱动 ATGL 表达[111]。这一调节回路促进脂肪分解和脂肪酸氧化，从而支持肝脏糖异生[111]。敲低 ATGL 共激活因子 CGI-58 可增加肝脏甘油三酯、DAG 和神经酰胺，但可改善葡萄糖耐量和胰岛素抵抗[112]。ATGL 的抑制剂 G0S2 也会影响胰岛素抵抗。G0S2 过表达可提高小鼠的葡萄糖耐量，增加肝脏葡萄糖摄取[45]，而在肝脏中敲除 G0S2 后，尽管肝脏糖异生增加了，但脂肪变性下调，全身胰岛素敏感性和葡萄糖耐量改善[46]。ATGL 抑制剂缺氧诱导因子 2 的敲除在改善葡萄糖耐量的同时也促进甘油三酯分解代谢和脂肪酸氧化[113]。总体而言，抑制脂肪分解导致肝细胞优先摄取和燃烧葡萄糖，这可能解释了在肝脏脂肪分解减少的模型中葡萄糖耐量普遍改善的原因。相反，促进脂肪分解可通过增强脂肪酸氧化减少脂肪变性，但也会增加糖异生，而糖异生对全身葡萄糖稳态的反应不同，这取决于受调节的脂解相关蛋白质。同样，DGAT 家族蛋白也会影响胰岛素敏感性。DGAT2 过表达增加了甘油三酯、DAG 和神经酰胺，但维持了胰岛素敏感性[114]。因此，尽管情况复杂，但这些研究提示，肝脏中甘油三酯和其他信号脂质的累积可能与胰岛素抵抗或葡萄糖耐受不良分离，这提示可能有许多机制将 NAFLD 与胰岛素 / 葡萄糖稳态联系起来。

与 *PNPLA3* I148M 多态性对肝脏疾病的影响不同，*PNPLA3* I148M 多态性似乎使 NAFLD 与其通常相关的代谢并发症分离。I148M 携带者没有血清甘油三酯升高，而血清甘油三酯升高在 NAFLD 患者中很常见[67]。大多数研究报道 I148M 携带者虽然存在 NAFLD，但并不增加胰岛素抵抗或 2 型糖尿病的风险[115-117]。后一项研究的结论是，与非携带脂肪变性对照相比，携带 I148M SNP 的个体肝脏饱和（或）单饱和脂质增加，多不饱和脂质种类减少，这可能可以解释为什么这些脂质毒性较低[89, 90]。与 *PNPLA3* I148M 相似，*TM6SF2* E167K 变异也不会增加 2 型糖尿病的风险[118]。未来的研究将有兴趣进一步阐明 PNPLA3 和 TM6SF2 多态性在 NAFLD 相关并发症中的作用，并确定与其他饮食、遗传或环境调节因素之间的关系。

（五）丙型肝炎病毒

大多数丙型肝炎病毒感染患者存在脂肪变性，在基因 3A 型的患者中更为明显[119]。脂肪变性的增加可能是由于 HCV 的生命周期与脂肪变性的代谢密切相关。几种 HCV 蛋白可直接与脂滴结合，通过抑制 DGAT1 阻断脂滴从头形成，阻止了这些蛋白从内质网转位到脂滴并阻断了病毒复制[120, 121]。同样，脂滴蛋白 PLIN3 和 Rab18 也是与 HCV 蛋白直接相互作用和病毒复制所必需的[122, 123]。HCV 本身可以促进肝脂肪变性，而且似乎是通过直接抑制脂滴分解代谢来实现这一作用。HCV 感染减少甘油三酯水解，部分通过间接抑制 ATGL 介导的甘油三酯水解来实现[124]。同样，在感染的早期阶段，HCV 抑制了假定的甘油三酯酶 AADAC 的表达，以减少脂解[125]。虽然脂滴是病毒复制所必需的，但 VLDL 的分泌对于新形成的病毒的组装和释放是必不可少的。在这些过程中，同时抑制 VLDL 分泌的 AADAC 的敲除也阻止了病毒的产生，这表明在病毒的后期组装和释放过程中可能需要脂肪分解[125]。与这一逻辑相一致的是，ATGL 共激活因子 CGI-58 对病毒复制也是必不可少的[126]。这些效应可能是由 CGI-58 介导的 VLDL 生成增加所致。考虑到其在 VLDL 分泌中的作用，CIDEB 对于 HCV 的释放也是必需的也许就不足为奇了[127]。尽管如此，CIDEB 也直接与 HCV 的核心蛋白相互作用，并对病毒的进入和复制至关重要[127]，这表明 CIDEB 在 HCV 的整个生命周期中发挥重要作用。尽管这些数据清楚地强调了脂滴蛋白和脂滴代谢在调节 HCV 生命周期中的重要作用，但关于这种关系的分子基础仍有许多问题有待阐明。

（六）肝细胞肝癌

虽然脂滴在肝肿瘤样本中聚集是常见的现象，但脂滴和脂滴蛋白在肝细胞癌发生发展中的具体作用尚未被广泛研究。鉴于其高外显率，*PNPLA3* 的 I148M 多态性也可能是 HCC 的主要驱动因素，因为它与 HCC 的发展呈正相关[128, 129]。基于 I148M SNP 对 NASH（HCC 的已知危险因素）发展的稳健影响，这些影响是可预期的[130]。除了 *PNPLA3*（rs738409）外，*TM6SF2*（rs58542926）也是酒精性肝硬化发展为 HCC 的危险因素[131]。与人类 NAFLD 中 PLIN1 的存在类似，PLIN1 在肿瘤肝细胞中的表达也增加，但尚不清楚这仅仅反映了更多的脂滴还是具有病理作用[132]。最后，MAGL 已被证明通过增加炎症促进 HCC，并已被用作 HCC 的预后指标[133, 134]。显然，关于脂滴在 HCC 和相关肝脏恶性肿瘤中的作用仍有很多需要了解。

（七）脂肪肝（脂滴）个体差异性

随着我们对 NAFLD 的了解不断深入，人们越来越认识到 NAFLD 是一种异质性的疾病。包括饮食、遗传、易感疾病（肥胖、糖尿病等）和 HCV 在内的诸多因素可通过不同的病因途径导致 NAFLD。因此，疾病本身的表现及其并发症在个体之间存在很大差异，而这些则是导致 NAFLD 有效治疗方案难以制定的原因之一。显然，研究和诊断医学向前发展的一个重点应该是确定这些不同形式的 NAFLD 的特征，并针对每个病例制定针对性治疗。

与 NAFLD 类似，整个肝脏和细胞内的脂滴也有巨大的变异性。通常观察到脂滴蛋白在单个细胞内的脂滴间分布不均。同样，脂滴的脂质组成也有很大差异；NAFLD 个体脂滴的拉曼光谱揭示了其组成的显著异质性[35]。此外，肝脏由门静脉周围和静脉周围的肝细胞形成的不同分区也具有独特的基因标签和代谢功能[136]。然而，除了 PLIN 蛋白的差异表达外[132]，关于这些不同细胞群之间脂滴的差异几乎一无所知。在肝细胞之间和肝细胞内，脂滴的代谢和信号转导存在很大差异是合乎逻辑的，这是一个有待进一步研究的领域。

（八）展望

脂滴是 NAFLD 的显著特征，在 NAFLD（目前尚无有效获批的治疗方法）的发生和发展中起着重要作用。了解脂滴蛋白质组和脂质组的改变如何影响疾病的发展和严重程度，并定义脂滴独特的 NAFLD 亚型将是未来研究的关键领域。包括 ASO 和 CRISPR/Cas9 技术在内的新的治疗策略在肝脏特异性靶向蛋白质来逆转或减轻疾病病理方面具有巨大的潜力。毫无疑问，脂滴将可能成为帮助减轻 NAFLD 及其并发症负担的关键靶点。

第22章　脂蛋白代谢和胆固醇平衡
Lipoprotein Metabolism and Cholesterol Balance

Mariana Acuña-Aravena　David E. Cohen　著

税光厚　曹明君　陈昱安　译

脂类是不溶或微溶于水的分子，是膜的生物发生和维持膜完整性的必要条件。它们也是能量来源、激素前体和信号分子。为了促进非极性脂质，如胆固醇酯或甘油三酯，它们被包装在脂蛋白中，通过相对含水的血液运输。

血液循环中某些脂蛋白浓度的增加与动脉粥样硬化密切相关。心血管疾病是美国和大多数西方国家死亡的主要原因，其发病率在很大程度上可归因于血浆中富含胆固醇的 LDL 颗粒和富含甘油三酯的脂蛋白浓度升高。从流行病学角度看，LDL 胆固醇浓度的降低也容易导致动脉粥样硬化性疾病。本章重点介绍胆固醇和脂蛋白的生物化学和生理学。由于大量的临床数据已证明，使用降脂药物可以降低心血管疾病的发病率和死亡率，因此我们将讨论改善高脂血症的药物干预机制。

一、胆固醇和脂蛋白代谢生物化学及生理学

脂蛋白是一种能够通过血液运输甘油三酯和胆固醇的大分子聚合物。循环脂蛋白可以根据密度、大小和蛋白质含量进行区分（表 22-1）。一般来说，较大、密度较低的脂蛋白具有较大的脂质组成；乳糜微粒是最大、密度最小的脂蛋白亚类，而 HDL 含有最低的脂质含量和最高的蛋白质比例的最小脂蛋白。

从结构上看，脂蛋白是直径为 7~100nm 的微小球状颗粒。脂蛋白颗粒由一层极性、两亲性脂质围绕疏水核心组成。每一种脂蛋白颗粒还含有一种或多种载脂蛋白（表 22-1）。构成表面层的极性脂质是单层排列的未酯化的胆固醇和磷脂分子。脂蛋白的疏水核心包含胆固醇酯（胆固醇分子通过酯键与脂肪酸连接）和甘油三酯（三种脂肪酸酯化成甘油分子）。载脂蛋白（也称为脱脂蛋白质）是两亲性蛋白，插在脂蛋白的脂膜上。载脂蛋白除了稳定脂蛋白的结构外，还具有生物功能。它们可以作为脂蛋白颗粒的受体配体，也可以激活血浆中的酶活性。载脂蛋白的组成决定脂蛋白的代谢命运。

从代谢的角度来看，脂蛋白颗粒可以分为参与将甘油三酯分子传递到肌肉和脂肪组织的脂蛋白（含脂蛋白的 apoB：乳糜微粒和 VLDL）和主要参与胆固醇运输的脂蛋白（HDL 和含有脂蛋白的 apoB 残余物）。HDL 还充当血浆中可交换载脂蛋白的储存库，包括 apoA- I 、apoC- II 和 apoE。

（一）含 apoB 脂蛋白的代谢

含有 apoB 脂蛋白的主要功能是将脂肪酸以甘油三酯的形式运送到肌肉组织中，用于 ATP 的生物合成，并将脂肪酸运送到脂肪组织中长期储存。乳糜微粒在肠道中形成并运输膳食甘油三酯，而 VLDL 颗粒由肝脏形成并运输内源性合成的甘油三酯。从概念上讲，含 apoB 的载脂蛋白代谢寿命可分为三个阶段：组装、血管内代谢和

表 22-1 血浆脂蛋白的特征					
	CM	**VLDL**	**IDL**	**LDL**	**HDL**
密度（g/ml）	<0.95	0.95～1.006	1.006～1.019	1.019～1.063	1.063～1.210
直径（nm）	75～1200	30～80	25～35	18～25	5～12
总脂类（重量%）	98	90	82	75	40
蛋白质	2	10	18	25	33
甘油三酯	83	50	31	9	8
未酯化胆固醇 + 胆固醇酯	8	22	19	45	30
磷脂（脂质重量%）	7	18	22	21	29
电泳迁移率[a]	无	前β	β	β	α 或前β
主要载脂蛋白	B48、A-Ⅰ、A-Ⅳ、B100、E、C-Ⅰ、E、C-Ⅰ、C-Ⅱ、C-Ⅲ	B100、E、C-Ⅰ、C-Ⅱ、C-Ⅲ	B100、E、C-Ⅰ、C-Ⅱ、C-Ⅲ	B100	A-Ⅰ、A-Ⅱ、C-Ⅰ、C-Ⅱ、C-Ⅲ、E

组成（干重%）

CM. 乳糜微粒；VLDL. 极低密度脂蛋白；IDL. 中密度脂蛋白；LDL. 低密度脂蛋白；HDL. 高密度脂蛋白
a. 脂蛋白颗粒的电泳迁移率与血浆 α 球蛋白和 β 球蛋白的迁移率有关

受体介导的清除。这种分类方式也恰当，因为有药物可以影响这些不同的阶段。

1. 组装含 apoB 的脂蛋白

乳糜微粒和 VLDL 组装的细胞机制非常相似。组装过程的调控取决于 apoB 和甘油三酯的可用性，以及微粒体甘油三酯转移蛋白（triglyceride transfer protein，MTP）的活性[1]。

编码 apoB 的基因主要在肠和肝中转录。除了这些组织特异性表达外，apoB 基因几乎没有转录调控。相比之下，区分乳糜微粒和 VLDL 代谢的一个关键调控事件是 apoB mRNA 的编辑。在肠细胞而非肝细胞中表达一种名为 apobec-1 的蛋白。该蛋白构成了 apoB 编辑复合物的催化亚基，该复合物在 apoB mRNA 分子的第 6666 位脱氨胞嘧啶[2]。将胞嘧啶转化为尿苷碱。因此，包含这个核苷酸的密码子从谷氨酰胺转化为终止密码子导致翻译提前终止。当翻译时，肠道中形成的 apoB48 的长度是在肝脏中表达的全长蛋白 apoB100 的 48%。因此，由肠道产生的含有 apoB 的脂蛋白（乳糜微粒）中含有 apoB48。相反，肝脏产生的 VLDL 颗粒含有 apoB100。

图 22-1A 说明了包含 apoB 脂蛋白的组装和分泌的细胞机制。apoB 蛋白经核糖体翻译后进入内质网[3, 4]。在 ER 中，甘油三酯分子通过 MTP 协同翻译添加到延长的 apoB 蛋白上（即 apoB 被脂化）[3]。一旦 apoB 被完全翻译，初生脂蛋白在高尔基体中增大，在此期间，MTP 向颗粒的核心添加额外的甘油三酯[4]。MTP 还通过将胆固醇酯从内质网的合成位点移除并转移到新生的 apoB 脂蛋白中来提高胆固醇酯化率[5]。这个组装过程产生脂蛋白颗粒，每个脂蛋白颗粒都包含一个 apoB 分子。

饮食是乳糜微粒中甘油三酯的主要来源（图 22-1B），因此它们的组装、分泌和代谢统称为脂蛋白代谢的外源性途径。相比之下，乳糜微粒中的胆固醇酯主要来自胆道胆固醇（约 75%），其余来自膳食来源。在消化过程中，食物中的胆固醇酯和甘油三酯被胰腺分泌的脂肪酶水解，形成未酯化的胆固醇、游离脂肪酸和甘油单酯[3]。胆盐、磷脂和胆固醇由肝脏分泌到胆汁中，并在空腹时以微粒和囊泡的形式储存在胆囊中，这是由于胆盐分子的洗涤剂特性而形成的大分子脂质聚

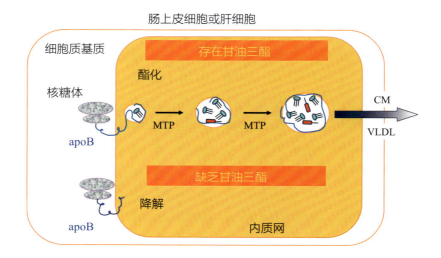

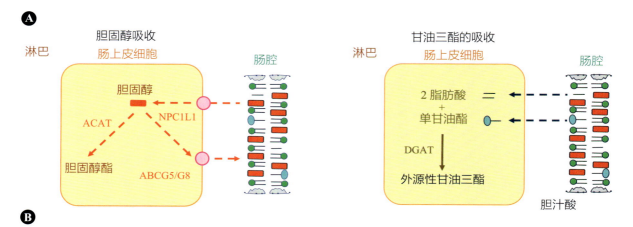

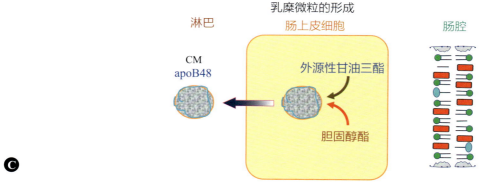

▲ 图 22-1 含 apoB 脂蛋白的组装和分泌

A. 乳糜微粒（CM）和极低密度脂蛋白（VLDL）颗粒分别在肠细胞和肝细胞中通过类似的机制组装和分泌。apoB 蛋白（即 apoB48 或 apoB100）经核糖体翻译后进入内质网腔。如果甘油三酯可用，apoB 蛋白通过微粒体甘油三酯转移蛋白（MTP）在两个不同的步骤中被酯化，积累甘油三酯和胆固醇酯分子。由此产生的 CM 或 VLDL 颗粒经胞外作用通过肠细胞分泌到淋巴管或通过肝细胞分泌到血浆中。在缺乏甘油三酯的情况下，apoB 蛋白被降解。B. 外源性甘油三酯和胆固醇通过不同的机制同时从肠腔吸收。胆固醇通过一个名为 NPC1L1 的调节通道从微粒中被摄取。一部分胆固醇通过 ABCG5/G8 泵入管腔，ABCG5/G8 是一种依赖 ATP 的异二聚体质膜蛋白。其余的胆固醇被 ACAT 转化为胆固醇酯。C. 外源性甘油三酯和胆固醇酯在肠细胞内组装成 CM（A 经 JohnWiley & Sons 许可转载，引自参考文献 [101]；B 经 Wolters kluwer 许可转载，引自参考文献 [102]）

合物。进食的刺激促进胆囊胆汁排空进入小肠，在那里微粒和囊泡溶解消化的脂质。脂质吸收主要通过微粒进入十二指肠和空肠的肠上皮细胞[6]。长链脂肪酸和单甘油单酯分别通过载体转运进入肠细胞，然后通过 DGAT 重新酯化形成甘油三酯[3]。相反，中链脂肪酸则直接由门静脉血液吸收，并在肝脏中代谢。胆固醇吸收的步骤是由机制决定的[7]。来自微粒的膳食胆固醇和胆道胆醇通过一种名为 NPC1L1 的蛋白通道进入肠细胞。在肠细胞和肝细胞中表达的 ABCG5/ABCG8 的异二聚体蛋白在 ATP 依赖作用下，一部分胆固醇被立即泵回肠腔[8]。剩下的胆固醇部分通过 ACAT 酯化为一个长链脂肪酸。一旦甘油三酯和胆固醇酯与 apoB48 包装在一起，就加入 apoA-Ⅳ 来稳定表面，允许额外的核心脂化，随后附着 apoA-Ⅰ[9]。组装好的乳糜微粒分泌到淋巴管中，然后通过胸导管进入循环中（图 22-1C）。血浆中富含甘油三酯的乳糜微粒浓度与膳食脂肪摄入量成正比。

VLDL 颗粒由甘油三酯组成，这些甘油三酯由肝脏利用血浆脂肪酸组装而成，这些血浆脂肪酸来源于脂肪组织或由脂肪从头合成。因此，VLDL 颗粒的组装、分泌和代谢常被称为脂蛋白代谢的内源性途径。肝细胞合成甘油三酯以提高肝脏的游离脂肪酸通量。这种情况通常发生在禁食时，从而确保在饮食中没有甘油三酯的情况下，脂肪酸能持续供给肌肉。饮食中的饱和脂肪和糖类也会刺激肝脏中甘油三酯的合成[10, 11]。通过类似于产生乳糜微粒的细胞机制，肝细胞中的 MTP 脂化 apoB100 形成新生的 VLDL 颗粒。在 MTP 的持续影响下，新生的 VLDL 颗粒与较大的甘油三酯液滴结合，并直接分泌进入循环。VLDL 颗粒也可能在分泌前在肝细胞内获得 apoE、apoC-Ⅰ、apoC-Ⅱ 和 apoC-Ⅲ。然而，这些载脂蛋白也可能在血液循环过程中从 HDL 转移到 VLDL。

apoB48 在肠道的翻译和 apoB100 在肝脏的翻译是自发的。当甘油三酯分子可用时，这允许立即产生乳糜微粒和 VLDL 颗粒。在甘油三酯缺乏的情况下，如在禁食期间的肠细胞中，apoB 被

多种细胞机制降解[12]。

最近来自全外显子组测序、外显子组芯片和全基因组关联研究（genome wide association studies，GWAS）的证据发现了调节含脂蛋白代谢的 apoB 的新基因[13]。其中一个是 SORT1，它编码溶酶体运输蛋白 sortilin-1。一种单核苷酸多态性增加了肝脏中 sortilin-1 的表达，这与血浆中 LDL 胆固醇水平的降低有关。这部分是因为 sortilin-1 通过溶酶体依赖途径促进 apoB 转录后降解，导致 VLDL 分泌减少[14]。在编码 TM6SF2 的基因中发现的另一个 SNP 降低了蛋白水平，与低血浆甘油三酯和胆固醇浓度有关，但也与非酒精性脂肪肝病有关。这是因为 TM6SF2 降低了血浆中 VLDL 的浓度，从而增加了肝脏甘油三酯的含量[15, 16]。另有研究表明，TM6SF2 蛋白水平降低会影响 apoB 的脂化和 VLDL 组装，但不会影响其分泌[17]。与 TM6SF2 类似，含有 PNPLA3 功能 SNP 的缺失也与 NAFLD 相关，并损害 VLDL 分泌[18]。

2. apoB 的血管内代谢

在循环中，乳糜微粒和 VLDL 颗粒必须被激活，以便将甘油三酯输送到肌肉和脂肪组织（图 22-2A）。这需要添加 apoC-Ⅱ 分子的最佳补体，这至少部分地通过 apoC-Ⅱ 从 HDL 颗粒的水转移来实现[19]。由于 apoC-Ⅱ 转移到乳糜微粒和 VLDL 颗粒的内在延迟，这为富含甘油三酯的颗粒在全身的广泛循环留出了时间。

脂蛋白脂肪酶（lipoprotein lipase，LPL）是一种脂质分解酶，主要由多种实质细胞合成和分泌，包括肌细胞、脂肪细胞、骨骼肌细胞、巨噬细胞和乳腺细胞[20, 21]。在肌肉和脂肪组织中，该糖蛋白通过 GPIHBP1 从间隙运输到管腔毛细血管的内皮细胞表面[22]。GPIHBP1 还可以将 LPL 锚定在内皮细胞的质膜上。一旦乳糜微粒和 VLDL 颗粒获得 apoC-Ⅱ，它们就可以与 LPL 结合，LPL 从脂蛋白的核心水解甘油三酯（图 22-2B）。LPL 介导的脂肪分解释放出游离脂肪酸和甘油，然后被邻近的实质细胞吸收。由于 LPL 在肌肉与脂肪组织中的表达水平和内在活性是根据进食/禁食状态调节的，这允许身体在禁食期间优

先向肌肉和餐后向脂肪输送脂肪酸[21]。乳糜微粒和 VLDL 甘油三酯的脂解率也受到 apoC-Ⅲ的控制，它是 LPL 活性的抑制剂[23]。apoC-Ⅲ对 LPL 活性的拮抗可能是促进富含甘油三酯颗粒在循环中广泛分布的额外机制。

3. 受体介导含 apoB 的载脂蛋白清除

随着 LPL 继续从乳糜微粒和 VLDL 中水解甘油三酯，这些微粒中的甘油三酯逐渐耗尽，而胆固醇相对富集。一旦大约 50% 的甘油三酯被去除，颗粒就会失去对 LPL 的亲和力并游离。然后，可交换的 apoA-Ⅰ和 apoC-Ⅱ（以及 apoC-Ⅰ和 apoC-Ⅲ）随后被转移到 HDL 以交换 apoE（图 22-3A）[24]，apoE 作为受体介导的高亲和力配体清除[25]。在获得 apoE 后，这些颗粒

被称为乳糜微粒或 VLDL 残体[26]。IDL 也是残留颗粒。

乳糜微粒和 VLDL 颗粒的残余物，以及一些 IDL 颗粒，通过三步过程被肝脏吸收（图 22-3B）[26]。第一步是将颗粒隔离在肝窦有孔的内皮和肝细胞窦（基底侧）质膜之间的窦周隙空间内。分离需要在脂肪分解过程中，残余颗粒变得足够小，以适应内皮细胞之间。一旦进入窦周隙的空间，残余物就会被大的 HSPG 结合和隔离。下一步是通过肝脂肪酶（一种由肝细胞表达的类似于 LPL 的脂解酶）的作用在窦周隙空间内进行重构。肝脂肪酶似乎优化残余颗粒的甘油三酯含量，因此它们被受体介导的机制有效地清除。残体清除的最后阶段是受体介导的摄取[27]。这是通过四种途

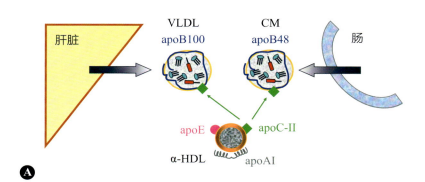

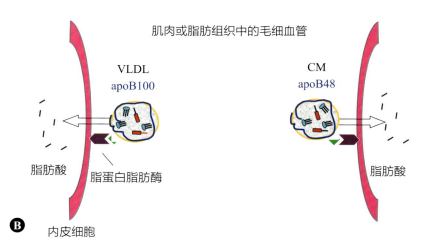

▲ 图 22-2　含 apoB 脂蛋白的血管内代谢

A. 分泌后，乳糜微粒（CM）和极低密度脂蛋白（VLDL）颗粒在血浆中遇到高密度脂蛋白（HDL）颗粒并获得可交换 apoC-Ⅱ时被激活进行脂质分解；B. 当 CM 和 VLDL 颗粒循环进入肌肉或脂肪组织的毛细血管时，apoC-Ⅱ促进颗粒与脂蛋白脂肪酶的结合，脂蛋白脂肪酶结合在内皮细胞表面。脂蛋白脂肪酶介导从脂蛋白颗粒的核心水解甘油三酯而不是胆固醇酯。产生的脂肪酸被吸收到肌肉或脂肪组织中（经 John Wiley & Sons 许可转载，引自参考文献 [101]）

径之一完成的。在肝窦细胞质膜上，残留的颗粒可能被 LDL 受体、LRP 或 HSPG 结合并吸收。LRP 和 HSPG 的联合作用介导了一个单独的途径。这些高效和冗余的机制允许有效的粒子清除，因此等离子体中残留物的半衰期约为 30min。

4. LDL 颗粒的形成和清除

虽然含有 apoB48 的乳糜微粒残余物已完全从血浆中清除，但 apoB100 的存在改变了 VLDL 残余物的代谢，因此只有大约 50% 的颗粒被残余颗粒的途径清除。当剩下的 50% 在更大程度上被 LPL 代谢时，变得更小，甘油三酯相对缺乏，而胆固醇酯富集时，差异就开始了。当载脂蛋白与

HDL 交换后转化为残体时，这些更致密的颗粒就变成 IDL。由于 IDL 颗粒含有 apoE，其中一些可能通过残体受体通路被清除到肝脏（图 22-3B）[28]。然而，其余的被肝脂肪酶转化为 LDL，进一步水解 IDL 核心的甘油三酯。颗粒尺寸的进一步减小导致 apoE 向 HDL 转移。因此，LDL 是独特的，富含胆固醇酯的脂蛋白，其中 apoB100 是其唯一的载脂蛋白[29]。

LDL 受体是能够从血浆中清除大量 LDL 的主要受体[30]。它集中于肝细胞、巨噬细胞、淋巴细胞、肾上腺皮质细胞、性腺细胞和平滑肌细胞的表面。由于缺乏 apoE，LDL 蛋白颗粒是 LDL

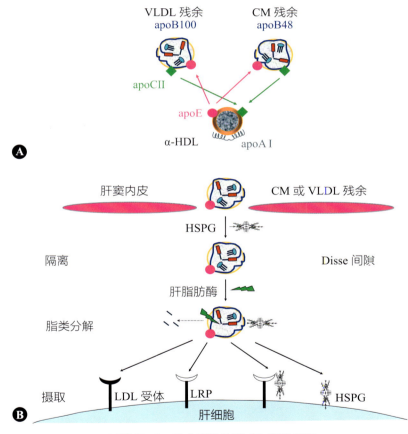

▲ 图 22-3　残余颗粒的形成和肝脏摄取

A. 水解完成后，乳糜微粒（CM）和极低密度脂蛋白（VLDL）颗粒对脂蛋白脂肪酶失去亲和力。当遇到高密度脂蛋白（HDL）粒子时，apoC-Ⅱ被转移回 HDL 粒子以交换 apoE。产生的颗粒是 CM 和 VLDL 残余物及中间密度脂蛋白（IDL），这些是 VLDL 颗粒，它们与脂蛋白脂肪酶（LPL）相互作用较长时间，从而变得更加致密。B. 脂蛋白脂肪酶的活性导致残余脂蛋白颗粒小到足以进入 Disse 间隙。残余的脂蛋白通过与高分子量的 HSPG 分子结合而被隔离在 Disse 间隙中。接下来是与肝脂肪酶结合，促进残余脂蛋白核心部分剩余甘油三酯的脂解和脂肪酸的释放（虚箭）。残余脂蛋白颗粒被肝细胞摄取是由低密度脂蛋白（LDL）受体和 LDL 受体相关蛋白（LRP）介导的，LRP 和硫酸乙酰肝素蛋白聚糖（HSPG）或 HSPG 之间形成复合物（经 John Wiley & Sons 许可转载，引自参考文献 [101]）

受体相对较弱的配体[30]。因此，LDL 在循环中的半衰期明显延长（2～4 天）。这就解释了为什么 LDL 胆固醇占血浆总胆固醇的 65%～75%。

apoB100 与 LDL 受体的相互作用促进受体介导的 LDL 颗粒内吞作用，以及随后与溶酶体的囊泡融合[30]。LDL 受体被循环到细胞表面，而 LDL 颗粒在溶酶体内被溶酶体酸性脂肪酶水解，释放未酯化的胆固醇和游离脂肪酸。LDL 衍生的胆固醇通过两种蛋白的作用从溶酶体中释放出来，即膜结合的 NPC1 和可溶性的 NPC2[31]。最近的研究表明，为了保持胆固醇最佳水平，胆固醇首先被运输到质膜上补充，然后多余的胆固醇被运输到内质网，在那里它影响三个主要的稳态通路[32]。第一，细胞内胆固醇抑制 HMG-CoA 还原酶，这种酶是催化胆固醇重新合成的限速步骤。第二，胆固醇激活 ACAT，增加胆固醇在细胞中的酯化和储存。第三，LDL 受体表达下调，降低了细胞对胆固醇的进一步吸收。大多数 LDL 受体（约 70%）表达于肝细胞表面。因此，肝脏主要负责清除循环中的 LDL 颗粒。细胞内胆固醇水平的降低，如在使用他汀类药物治疗期间，会导致 LDL 受体上调。这是由于 SREBP2 的蛋白水解过程和活性[33]。

sortilin-1 也通过 LDL 受体依赖和独立途径促进 LDL 的摄取。在独立通路中，sortilin-1 作为 LDL 的细胞表面受体，促进其细胞摄取和溶酶体降解[14]。LDL 受体清除的另一个重要调节因子是 PCSK9。PCSK9 是一种丝氨酸蛋白酶，通过一种既不需要泛素化也不需要自噬的机制，结合 LDL 受体并诱导其在溶酶体中的降解[34]。PCSK9 功能突变的丧失导致血浆 LDL 胆固醇浓度显著降低。

当糖蛋白 apo（a）通过二硫键共价连接到 apoB100 上，产生脂蛋白（a）或 Lp（a）时，就会产生 LDL 的一个变体[35]。apo（a）包含 3～50 多个纤溶酶原样结构域，这产生了 Lp（a）颗粒的异质群体。Lp（a）的生理功能和分解代谢仍在研究中[36]。

高血浆浓度的 LDL 和 Lp（a）颗粒构成了动脉粥样硬化性心血管疾病的发展危险因素[37]。

未被 LDL 受体吸收的 LDL 颗粒可穿透血管内膜与蛋白多糖结合。在那里，它们会被氧化，导致脂质过氧化，并可能产生分裂 apoB100 的活性醛中间体。经过修饰的 LDL 可被清除受体（如 SR-A）内化，清除受体主要由单核吞噬细胞表达[38]。与 LDL 受体不同，当吞噬免疫细胞开始积累胆固醇时，清道夫受体不会下调。因此，氧化 LDL 在巨噬细胞内的持续积累可导致泡沫细胞的形成（富含胆固醇的巨噬细胞）。氧化 LDL 还会导致细胞因子产生上调，损害内皮功能，增加内皮黏附分子的表达。所有这些影响都增加了局部炎症反应并促进动脉粥样硬化。泡沫细胞是动脉粥样硬化病变的主要组成部分，泡沫细胞的过度死亡可以破坏动脉粥样硬化斑块的稳定，部分原因是 MMP 的释放可能会以心肌梗死和脑卒中的形式引发急性缺血性心血管事件。此外，Lp（a）具有促血栓形成 / 抗纤溶作用，可加速动脉粥样硬化，导致 Lp（a）胆固醇的内膜沉积[39]。

（二）HDL 代谢和反向胆固醇运输

实际上，体内所有的细胞都能合成它们所需的所有胆固醇。然而，只有肝脏有能力通过将胆固醇以未酯化的形式分泌到胆汁或转化为胆盐来消除胆固醇。除了作为交换载脂蛋白的脂蛋白，HDL 通过清除细胞中多余的胆固醇，并通过血浆运输到肝脏，在胆固醇稳态中发挥关键作用。这个过程通常被称为反向胆固醇转运（reverse cholesterol transport，RCT）（图 22–4A）。RCT 过程通过清除斑块巨噬细胞中多余的胆固醇来防止动脉粥样硬化的发展[41]。炎症和氧化损伤在动脉粥样硬化发生中也起着关键作用，某些 HDL 颗粒群已被证明具有保护作用，可防止 LDL 颗粒的氧化和抑制内皮细胞黏附分子的表达[42]。此外，流行病学研究表明，血浆中 HDL 胆固醇低浓度与心血管疾病风险增加有关。因此，血浆中高浓度的 HDL 胆固醇被认为对动脉粥样硬化有保护作用[43]。

HDL 颗粒在结构和生物活性上是异质的，并根据物理性质被分类为各种亚类[44]。这些颗粒含有 14 种不同的载脂蛋白，主要是 apoA-Ⅰ和

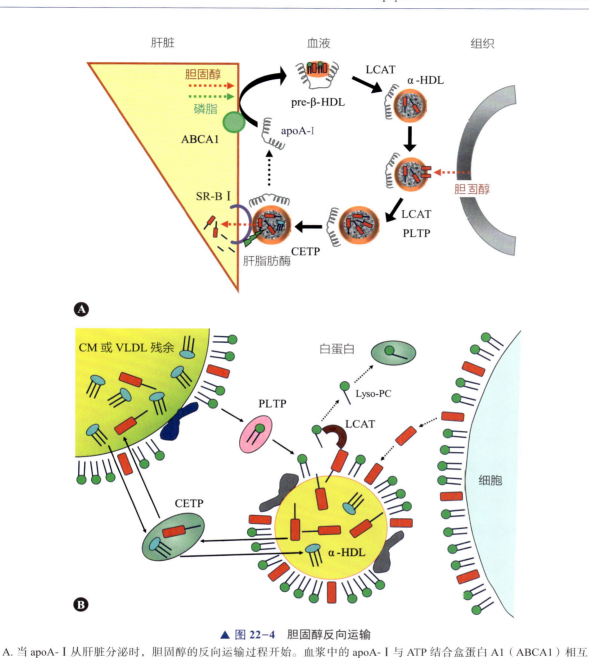

▲ 图 22-4 胆固醇反向运输

A. 当 apoA-Ⅰ 从肝脏分泌时，胆固醇的反向运输过程开始。血浆中的 apoA-Ⅰ 与 ATP 结合盒蛋白 A1（ABCA1）相互作用，该蛋白结合了肝细胞细胞膜上的少量磷脂和未酯化的胆固醇，形成一个盘状的前 β-HDL 颗粒。由于卵磷脂 - 胆固醇酰基转移酶（LCAT）在血浆中的活性，前 β-HDL 颗粒成熟形成球形 α-HDL。球形 α– 运移 HDL 颗粒的功能是从各种各样的组织细胞质膜接受过量的未酯化胆固醇。未酯化胆固醇通过血浆扩散从细胞转移到附近的 HDL 颗粒。实箭表示 HDL 代谢中的代谢事件，而虚箭表示分子转移。B. LCAT 和磷脂转运蛋白（PLTP）通过允许颗粒核心和表面涂层的扩张，增加了 HDL 接受细胞中未酯化胆固醇分子的能力。胆固醇酯转移蛋白（CETP）将 HDL 核心的一些胆固醇酯分子交换为残余颗粒核心的甘油三酯。HDL 颗粒与 SR-B Ⅰ 相互作用，后者介导肝脏选择性摄取胆固醇酯，但不介导 apoA-Ⅰ。当肝脂肪酶从颗粒的核心水解甘油三酯时，这一过程更容易进行。剩余的 apoA-Ⅰ 分子可能再次开始胆固醇反向运输的循环。CETP 通过将 α-HDL 核心的胆固醇酯分子交换为残余颗粒核心的甘油三酯，从而提高胆固醇向肝脏移动的效率。B. LCAT、PLTP 和 CETP 促进细胞质膜中过量胆固醇的清除。LCAT 从 α-HDL（或前 β-HDL）表面涂层的磷脂酰胆碱分子中去除脂肪酸，并在颗粒表面使未酯化的胆固醇分子酯化。由此产生的溶血磷脂酰胆碱在血浆中与白蛋白结合，而胆固醇酯则自发地迁移到脂蛋白颗粒的核心。LCAT 消耗的未酯化胆固醇分子来自细胞的未酯化胆固醇所取代。LCAT 作用所消耗的 HDL 磷脂被 PLTP 活性所取代，而剩余颗粒中多余的磷脂则被 PLTP 活性所取代。实箭表示蛋白质介导的脂质转移，而虚箭表示脂质在血浆中扩散移动。HDL. 高密度脂蛋白；CM. 乳糜微粒；VLDL. 极低密度脂蛋白（经 John Wiley & Sons 许可转载，引自参考文献 [101]）

apoA-Ⅱ[45]。apoA-Ⅰ是 HDL 的主要结构决定因素，参与了颗粒及其受体 SR-BⅠ的形成及其相互作用[40, 46]。apoA-Ⅰ对 HDL 的抗氧化特性也很重要[47]。apoA-Ⅱ比 apoA-Ⅰ更疏水，这有助于在 HDL 成熟过程中赋予脂质表面曲率，并稳定颗粒[48]。

1. HDL 的形成

HDL 的形成主要发生在肝脏，尽管有一部分是由小肠贡献的[43]。与其他脂蛋白不同，HDL 颗粒不会在细胞中组装；相反，它们在细胞外空间形成，并在重塑过程中在血浆中成熟。最早的事件发生在由肝脏或肠道分泌的脂质贫乏的 apoA-Ⅰ[49]，或从血浆中分离脂蛋白颗粒时[50]。这些两亲性 apoA-Ⅰ分子与 ABCA1 相互作用，ABCA1 嵌入肝细胞的窦膜或肠细胞的基底膜[51, 52]。ABCA1 将少量的膜磷脂和未酯化的胆固醇加入到 apoA-Ⅰ分子中[52]。由此产生的小圆盘状 HDL 颗粒主要由磷脂和 apoA-Ⅰ组成。由于其在琼脂糖凝胶上的迁移特性，形成的颗粒称为新生或前 β-HDL。

2. HDL 血管内成熟

由于圆盘状的前 β-HDL 颗粒在去除细胞膜上多余的胆固醇方面效率相对较低，它们必须在血浆中成熟成球形颗粒。这是由两种不同的循环蛋白的活性引起的（图 22-4B）。LCAT 优先结合到盘状 HDL 颗粒，并将颗粒内的胆固醇分子转化为胆固醇酯[53]。这是通过脂肪酸从 HDL 表面的磷脂酰胆碱分子到胆固醇分子的羟基的酯交换反应来完成的。这两步反应也产生了溶血磷脂酰胆碱分子，溶血磷脂酰胆碱分子与血清白蛋白结合后脱离颗粒[53]。因为它们是高度不溶性的，LCAT 产生的胆固醇酯会自发迁移到 HDL 颗粒的核心。疏水核心的发展将前 β-HDL 转化为球形 HDL 粒子，在琼脂糖凝胶上表现出 α 迁移[45]。

第二个在血浆中促进 HDL 成熟的重要蛋白是 PLTP，主要表达于脂肪组织、肺和肝[54]。PLTP 通过穿透两种脂蛋白的表面形成三元复合物，将磷脂从含有残粒的 apoB 表面转移到 HDL 表面[55]。在 LPL 介导的 apoB 脂解过程中，随着甘油三酯从核心去除，颗粒变小。这就在颗粒表面留下了相对过量的磷脂。由于磷脂是不溶性的，不能从颗粒中分离出来，PLTP 去除多余的磷脂，从而保持收缩核心的适当表面浓度。通过将磷脂转移到 HDL 的表面，PLTP 也取代了 LCAT 反应所消耗的分子。这使得 HDL 的核心可以继续扩大。基于对缺乏 PLTP 的小鼠的研究，已经证明大多数 HDL 磷脂是从残余颗粒的表面转移的[54]。

3. HDL 介导胆固醇从细胞外排

细胞内胆固醇外排是细胞内去除过量不溶性胆固醇分子的机制。当未酯化的胆固醇从细胞的质膜转移到 HDL 颗粒时，就会发生这种情况。胆固醇外排的机制因细胞类型和 HDL 颗粒类型而异[56]。脂质贫乏的前 β-HDL 颗粒可以通过与 ABCA1 相互作用促进胆固醇外排。除了启动肝脏形成 HDL 的过程外，这也是一种从细胞中清除过量胆固醇的积极机制，保护内皮下空间内的巨噬细胞免受胆固醇诱导的细胞毒性。除了 ABCA1 介导的胆固醇外排外，球形 HDL 颗粒还可以通过其他三种途径有效地刺激胆固醇外排[56]。首先，一种被动机制包括在没有与特定细胞表面蛋白结合的情况下通过水相的简单扩散。虽然胆固醇的单体溶解度很低，但它可以以相当数量的形式游离，并通过血浆短距离到达其表面富含磷脂的受体颗粒。第二种是 SR-BⅠ介导的扩散，HDL 粒子与 SR-BⅠ在质膜上相互作用，促进胆固醇外排。最后，在巨噬细胞中表达的 ABCG1 介导了胆固醇向球形 HDL 颗粒的主动外排。从数量上讲，流出到球形 HDL 颗粒是细胞清除过量胆固醇的主要过程。HDL 清除细胞胆固醇的能力通过 LCAT 和 PLTP 的活性得到增强，从而防止颗粒的表面被来自细胞的未酯化胆固醇饱和。

4. 将 HDL 胆固醇输送到肝脏

当成熟的 HDL 颗粒循环到肝脏时，它们与在肝细胞的窦状质膜上表达 HDL 的主要受体 SR-BⅠ相互作用[57]。尽管肝脏中的 SR-BⅠ可以介导过量胆固醇从细胞流出，但它促进了脂质的选择性摄取，即 HDL 颗粒中的胆固醇和胆固醇酯在没有载脂蛋白摄取的情况下被吸收到细胞中[46]。在 SR-BⅠ介导的选择性脂质摄取过程中，apoA-Ⅰ被释放参与前 β-HDL 的形成。因此，一个 HDL 粒子的寿命为 2.5 天，这表明每个 apoA-Ⅰ分子可以参与多个 RCT 周期。在肾上腺和性腺组织中高水平表达 SR-BⅠ，这可能反映了它们为了支持类固醇生成而需求胆固醇[58]。

将胆固醇从肝外组织输送到肝脏是通过另外两种蛋白质（即 CETP 和肝脂肪酶）来优化的。CETP 是一种血浆蛋白，它将胆固醇酯从成熟的球形 HDL 颗粒转移到剩余脂蛋白的核心，以交换插入 HDL 颗粒核心的甘油三酯分子（图 22-4B）[59]。这一过程使身体能够利用已完成甘油三酯运输功能的残余颗粒，将胆固醇运输到肝脏。从 HDL 中去除胆固醇酯分子似乎有两种功能。一是它进一步增加了 HDL 从细胞中吸收额外胆固醇分子的能力；二是使 SR-BⅠ选择性摄取的过程更加高效[59]。这是因为肝细胞表面的肝脂肪酶水解甘油三酯有助于 SR-BⅠ的活性（图 22-4A）。

关于 CETP 对脂质代谢的净影响，有相互矛盾的数据。对人类的研究表明，CETP 可能通过增加 HDL 颗粒从巨噬细胞吸收胆固醇的能力来改善胆固醇外排，防止脂质在这些细胞中积聚[60]。另外，没有证据表明在过早动脉粥样硬化的人类中，观察到 CETP 基因的有害基因突变会增加血浆 HDL 胆固醇和 apoA-Ⅰ浓度，提示抑制 CETP 可能是治疗心血管疾病的一种有前景的方法[43]。在 CETP 自然缺乏的啮齿动物身上观察到的某些降血脂药物的选择性有益作用支持了这一观点[61]。虽然 CETP 抑制剂已进入 3 期临床试验，但明显缺乏疗效，加上对毒性的担忧，阻止了任何候选药物进入市场。

（三）胆汁脂质分泌

胆固醇一旦被输送到肝脏，就由胆汁分泌排出。当一部分胆固醇转化为胆盐时，这是一个关键的步骤。CYP7A1 催化的胆盐分子转化被称为经典途径；另一种途径是由 CYP27A 启动，随后是 CYP7B1[62]。在正常情况下，人类的替代途径只贡献了一小部分胆盐，而在啮齿类动物中，经典途径和替代途径对胆汁酸合成的贡献大致相

同[63]。胆盐与胆固醇不同，它极易溶于水。此外，胆盐是促进微粒形成的生物洗涤剂。这些大分子聚合物富含磷脂，磷脂来源于肝细胞膜，可溶解胆汁中的胆固醇，从肝脏运输到小肠，其功能与血浆中的 HDL 颗粒类似[64]。

当 ATP 驱动的管膜转运蛋白 ABCB11 发挥将胆盐泵入胆汁的作用时，胆汁就开始形成[65]。胆汁中的胆盐然后激活肝细胞管膜上的另外两种 ATP 依赖转运蛋白：ABCB4 和异源二聚体 ABCG5/G8[66]。这些转运体分别促进磷脂和胆固醇分子的分泌，并与胆盐形成混合微粒。胆汁脂质在禁食时储存在胆囊中。脂肪餐的刺激会导致胆囊收缩，胆囊收缩会将其内容物推进小肠。胆汁除了促进内源性胆固醇的消除外，还能促进脂肪的消化吸收。肝脏胆固醇向胆汁分泌过多、胆囊运动减退等遗传和环境因素促进了胆固醇胆石症的发展[67]。

虽然传统上认为胆汁分泌进入肠腔是消除胆固醇的唯一重要途径，但最近的证据显示，经肠胆固醇排泄（transintestinal cholesterol excretion, TICE）占 35%[68, 69]。TICE 反映了肠细胞内四种胆固醇通量的净效应：胆固醇通过顶端质膜上的 NPC1L1 的作用从肠道吸收，胆固醇主要通过顶端膜上的 ABCG5/8 排泄到肠腔，基底膜上摄取血浆脂蛋白，以及基底侧乳脂微粒中的胆固醇排泄到淋巴管中[70]。

（四）胆固醇平衡

因为胆固醇被肝脏转化为胆盐，并以不加修饰的方式分泌到胆汁中，所以总的胆固醇平衡取决于这两种分子的配置。大部分胆盐分子在参与胆固醇运输和脂肪消化后不会在粪便中丢失，而是在回肠远端被高亲和力运输蛋白吸收后被循环利用。胆盐进入门静脉循环并被运送回肝脏，在那里它们被肝细胞以较高的首次通过效率从血液中清除。然后胆盐被重新分泌到胆汁中。这种胆盐在肝和肠之间循环的过程称为肠肝循环[71]。

肠肝循环是高效的，允许<5% 的分泌胆盐在粪便中丢失。然而，由于胆盐分泌量之大，胆盐的少量损失约为每天 0.4g[71]。考虑到胆固醇是

胆盐合成的底物，粪便胆盐是体内胆固醇流失的一个来源。肝脏内敏感的核激素受体能够检测胆盐进入粪便的损失率[63]。这些受体严格调控胆盐合成基因的转录。因此，肝脏精确地合成一定量的胆盐，足以取代在粪便中丢失的胆盐。肠道菌群还调节胆汁酸的合成、胆汁酸池的大小组成、胆汁酸的肠肝循环[72]。

每天平均分泌 24g 胆盐[71]、11g 磷脂[73] 和约 0.9g 胆固醇。TICE 约占 0.7g 胆固醇，而美国人平均每天的饮食约贡献 0.4g 肠道胆固醇。因此，与通过肠道的内源性（即胆道）胆固醇相比，膳食胆固醇只占很小的一部分（20%）[74]。肠内胆固醇的吸收程度似乎受到基因的调控。每个人吸收一定比例的肠道胆固醇。在人群中，百分比从低至 20% 到超过 80%[75, 76]。例如，当一个人平均吸收 50% 时，这将相当于 2.0g 的一半（即 0.9g 胆道胆固醇 +0.7g TICE 胆固醇 +0.4g 膳食胆固醇）。另一半（1.0g）随粪便排出。再加上每天 0.4g 胆固醇以粪便胆盐的形式流失，每天从身体流失的总胆固醇为 1.4g。考虑膳食胆固醇的肠道吸收和胆道胆固醇的再吸收，人体总胆固醇合成为 1.0g（即胆固醇合成 = 粪便中胆固醇的损失 + 膳食中胆固醇的胆盐摄入量）[74]。这相当于平均饮食摄入量的 2 倍多。

二、药理学分类和药剂

治疗血脂异常的决定很大程度上取决于计算出的心血管风险。有许多临床算法来确定治疗的起始。2001 年国家胆固醇教育计划成人治疗小组 Ⅲ（Adult Treatment Panel Ⅲ，ATP Ⅲ）指南中确立了降脂目标[77]，该指南在 2004 年根据几个额外的大型随机临床试验的结果进行了更新[78]。这些指南根据 10 年心血管疾病死亡风险提供目标 LDL 水平。美国心脏协会（American Heart Association，AHA）最近发布的血脂异常管理指南不再以目标 LDL 水平为基础。重要的是，该指南强调，第一项干预措施应该是治疗性生活方式的改变，包括减少膳食饱和脂肪和胆固醇的摄入，减轻体重，增加体育活动，可能还包括减轻压力。

然而，成功的饮食疗法可以降低总胆固醇 5%～25%，这取决于坚持和胆固醇浓度升高的代谢基础。如果这种方法不成功或不足以使血脂水平正常化，一般建议药物治疗。8 类药物，包括药理学药物和膳食补充剂，可用于改变脂质代谢，更多的药物正在研究中。其中三类（即胆固醇合成抑制药、胆盐螯合抑制药和胆固醇吸收抑制药）对脂质代谢具有相对明确的影响。虽然其他五种类型的总体影响是明确的，但它们的分子作用机制是多样的，仍是积极研究的对象。

（一）胆固醇合成抑制药

胆固醇合成抑制药，俗称他汀类药物，竞争性地抑制 HMG-CoA 还原酶的活性，HMG-CoA 还原酶是胆固醇合成中的限速酶[30]。这激活了细胞信号级联，最终激活 SREBP2，这是一种转录因子，可以上调编码 LDL 受体的基因表达。LDL 受体表达增加导致血浆 LDL 摄取增加，从而降低血浆 LDL 胆固醇浓度[79]。

（二）胆盐吸收抑制药

胆盐隔离剂是一种阳离子聚合物，它可以非共价地结合到小肠中带负电荷的胆盐分子上。树脂 – 胆盐复合物不能在回肠远端再吸收，并被排泄到粪便中。回肠对胆盐重吸收的减少部分中断了肠 – 肝胆盐循环，导致肝细胞上调胆固醇合成胆盐的限速酶 CYP7A1[80]。胆盐合成增加降低肝细胞胆固醇浓度，导致 LDL 受体表达增加，并增强对 LDL 的循环清除[30]。胆盐隔离剂从血浆中清除 LDL 的有效性部分被肝脏胆固醇和甘油三酯合成的同时上调所抵消，这刺激了肝脏产生 VLDL 颗粒[80]。因此，胆盐隔离剂也可能提高甘油三酯水平，对于甘油三酯过高的患者应谨慎使用。

（三）胆固醇吸收抑制药

胆固醇吸收抑制药可减少小肠对胆固醇的吸收。这包括膳食胆固醇，但更重要的是，它们能减少对胆道胆固醇的再吸收，而胆道胆固醇是肠内胆固醇的主要组成部分[74]。与他汀类药物和胆盐结合树脂一样，胆固醇吸收抑制药通过增加 LDL 受体的清除率来降低 LDL 胆固醇。在此过程中，它们增强了 VLDL 和 LDL apoB100 的分解代谢，而不影响这些脂蛋白的生成速率[80]。

目前有两种胆固醇吸收抑制药：植物固醇和依折麦布。植物固醇和甾醇天然存在于蔬菜和水果中。它们的分子结构与胆固醇相似，但疏水性更强[81]。因此，植物甾醇和甾醇会取代微粒中的胆固醇，增加胆固醇从粪便中流失[82]。植物固醇和甾醇本身很难被吸收。根据它们的作用机制，需要克量的植物甾醇和甾醇才能将血浆 LDL 胆固醇浓度降低约 15%。由于平均饮食中含有 200～400mg 的植物甾醇和甾醇，因此必须在膳食补充剂中富集这些分子（约 2g）才能发挥作用[83]。

很低浓度的依折麦布会减少约 50% 的肠道对胆固醇的吸收，但不会减少甘油三酯或脂溶性维生素的吸收。它通过抑制刷状边界蛋白 NPC1L1 的摄取来减少胆固醇从微粒进入肠细胞（图 22-1B）[84]。使用依折麦布抑制 NPC1L1 可显著增加 TICE[69]，这表明通过其他机制调控 TICE 可提供一种降低动脉粥样硬化性心血管疾病风险的额外策略[68]。

通过植物甾醇和甾醇或依折麦布减少胆固醇的吸收，预计会减少乳糜微粒中的胆固醇含量，从而减少胆固醇从肠道到肝脏的移动。这是因为乳糜微粒在被肝脏代谢成残余物后，保留了最初并入颗粒的肠道胆固醇。在肝脏中，来自乳糜微粒残余物的胆固醇有助于胆固醇被包装成 VLDL 颗粒。因此，抑制胆固醇的吸收可以减少胆固醇进入 VLDL 颗粒，降低血浆中的 LDL 胆固醇浓度。肝脏胆固醇含量降低导致 LDL 受体上调，这也参与了胆固醇吸收抑制药降低 LDL 的机制[80]。

（四）贝特类

贝特类结合并激活 PPARα，PPARα 是一种在肝细胞、骨骼肌、巨噬细胞和心脏中表达的核受体[85,86]。在贝特类结合后，PPARα 与 RXR 结合形成异二聚体。这种异源二聚体与存在于特定基因启动子区域的 PPRE 结合，激活靶基因的转录[85]。

贝特类对 PPARα 的激活会导致大量的脂质代谢变化，从而降低血浆甘油三酯水平，增加血浆 HDL 水平[87]。血浆甘油三酯水平下降是由于 LPL 的肌细胞表达增加、apoC-Ⅲ 的肝脏表达降低和脂肪酸的肝脏氧化增加。LPL 在肌肉中的表达增加导致甘油三酯富脂蛋白的摄取增加，从而导致血浆甘油三酯水平下降。由于 apoC-Ⅲ 的正常功能是抑制甘油三酯富脂蛋白与其受体的相互作用，肝脏产生 apoC-Ⅲ 的减少可能会增强 LPL 活性的增加[23]。

贝特类提高血浆 HDL 水平的机制是复杂的[88]。PPARα 降低小鼠肝细胞 apoA-Ⅰ 的产生，而人类的情况则相反。这直接增加了血浆 HDL。巨噬细胞中 SR-BⅠ 和 ABCA1 的上调可能促进体内这些细胞的胆固醇外排。肝细胞也降低 SR-BⅠ 的表达以响应 PPARα，这提供了另一种增加血浆中 HDL 水平的机制。

贝特类也能适度降低 LDL 水平。低水平 LDL 是由于 PPARα 介导的肝细胞代谢向脂肪酸氧化转移。PPARα 可增加与脂肪酸运输和氧化相关的多种酶的表达[85]。这增加了脂肪酸分解代谢，导致甘油三酯合成和 VLDL 的产生减少。PPARα 的激活也会导致 LDL 颗粒变大，LDL 受体似乎能更有效地吸收这些颗粒。PPARα 对脂代谢的许多影响仍然是基础和临床研究的主题，以开发更有选择性的 PPARα 激动药，能够靶向脂代谢的选择性方面[89]。

（五）烟酸

烟酸（维生素 B_3）是一种水溶性维生素。在生理浓度下，它是合成 NAD 和 NADP 的底物，这是中间代谢的重要辅助因子。

烟酸的药理作用需要大剂量（1500～3000mg/d），并且与烟酸转化为 NAD 或 NADP 无关。烟酸增加 HDL 胆固醇，降低血浆 LDL 胆固醇和甘油三酯浓度，以及 Lp（a）水平[90]。烟酸的作用部分通过 GPCR 介导，降低了脂肪组织激素敏感性脂肪酶的活性。激素敏感性脂肪酶的下降降低了外周组织甘油三酯分解代谢，因此减少了游离脂肪酸到肝脏的流量。这与烟酸在肝脏中的局部作用一起，降低了肝脏甘油三酯合成和 VLDL 产生的速度。烟酸还能降低 apoA-Ⅰ 的分解代谢率[90]。血浆增加的 apoA-Ⅰ 增加了血浆 HDL 浓度，可能增加了反向胆固醇运输。

（六）ω-3 脂肪酸

ω-3 脂肪酸二十碳五烯酸（eicosopantaenoic acid，EPA）和二十二碳六烯酸（docosahexaenoic acid，DHA），也被称为鱼油，能有效降低血浆甘油三酯[91]。虽然其分子机制尚不完全清楚，但其影响是减少肝脏甘油三酯的生物合成和增加肝脏脂肪酸氧化[92]。

（七）PCSK9 抑制药

PCSK9 通过促进 LDL 受体的降解而增加 LDL 胆固醇浓度，与 LDL 受体和 apoB 一起被定位为与常染色体显性高胆固醇血症相关的第三个位点，这表明功能突变的获得导致血浆中 LDL 胆固醇水平的增加[93]。单克隆抗体、基因敲除和基因修复技术已被用于抑制 PCSK9[94]。市售的单克隆抗体阿莫罗布单抗和依洛尤单抗将 LDL 胆固醇水平从 30% 调整到 70%，即使在严重的家族性高胆固醇血症和他汀类药物耐药患者中也是如此[95]，并且可能产生不依赖于 LDL 降低的其他多效抗动脉粥样硬化作用[96]。

（八）抑制 VLDL 分泌

治疗血脂异常的方法包括降低 LDL 胆固醇和甘油三酯水平，使用减少 VLDL 从肝脏分泌到血浆的药物。米波莫森是 apoB 的反义寡核苷酸，而洛米他吡特是 MTP 抑制药[97]。这两种方法都能有效降低血浆 LDL 浓度，即使是在 LDL 受体两种等位基因都缺失的纯合子型家族性高胆固醇血症患者中也是如此。然而，一个基于机制的不良反应是肝脂肪变性，在使用洛米他吡特的情况下会出现脂溢。

（九）药剂的发展

目前处于三期临床试验的苯培多酸是 HMG-CoA 还原酶上游的一种胞质酶 ACLY 的抑制药，ACLY 催化柠檬酸生成乙酰 CoA，抑制胆固醇合成，最终导致 LDL 受体上调[98]。其他增加 LPL 活性从而降低血浆甘油三酯浓度的药物目前正在研究中，包括 apoC-Ⅲ 的反义寡核苷酸，以及吉卡苯（这是一种降低 apoC-Ⅲ 表达的小分子，也抑制脂质合成，以及增强 VLDL 清除）[97, 99]。其他提高 LPL 活性的方法还有反义寡核苷酸和抗血管生成素样蛋白 3 的单克隆抗体，该蛋白由肝脏分泌可抑制 LPL[100]。

三、结论

现有的降低 LDL 的降脂药物的疗效是降低心血管疾病死亡率的重要进展。未来的进展将建立在丰富的脂蛋白代谢知识基础上，以确定新的生化靶点来管理血脂，以及相关疾病，如 2 型糖尿病和非酒精性脂肪肝。

致谢　这项研究得到了美国 NIH DK056626、DK048873 和 DK103046 的部分资助。MAA 是美国肝脏基金会 2017 年 NASH 脂肪肝博士后研究奖学金的获得者。

Part C 转运蛋白、胆汁酸及胆汁淤积
TRANSPORTERS, BILE ACIDS, AND CHOLESTASIS

第23章 健康、疾病与胆汁酸代谢最新进展
Bile Acid Metabolism in Health and Disease: An Update

Tiangang Li　John Y. L. Chiang　著
税光厚　曹明君　陈昱安　译

肝的主要功能之一是产生胆汁。胆汁由约95%的水及有机溶质、无机电解质和蛋白质组成。胆汁酸由肝细胞内的胆固醇合成，是胆汁的主要有机溶质。胆汁酸合成在肝脏胆固醇周转中占很大比例，而肝脏分泌胆汁酸是产生胆汁流动的主要动力。在与甘氨酸或牛磺酸结合后，胆汁酸在小肠中被有效地重新吸收，并在胆汁酸的肠-肝循环过程中循环回肝脏。胆汁酸的许多生理功能依赖于其作为两亲性洗涤分子的物理化学性质，而其他功能则与其信号特性有关。在胆汁中，胆汁酸通过与磷脂形成混合微粒来防止胆固醇沉淀。在小肠中，胆汁酸通过胰脂肪酶和脂肪酶促进膳食脂肪的消化，与脂肪酸和单酰甘油形成混合微粒。这些化合物被肠细胞吸收，重新酯化形成甘油三酯，然后组装成乳糜微粒，通过淋巴系统运输进入循环。在肝和肠中，胆汁酸作为核受体和细胞表面G蛋白偶联胆汁酸受体的内源性配体，调节代谢稳态和免疫反应。

由于胆道阻塞、胆汁酸转运体的遗传缺陷或获得性自身免疫破坏胆管导致胆汁淤积。针对胆汁酸代谢、转运和信号转导的药理学方法已被开发用于治疗肝胆疾病。在本章中，我们将总结胆汁酸化学和生物学的基础知识，胆汁酸稳态调节机制的新认识，与胆汁酸代谢改变相关的人类疾病，以及基于胆汁酸的治疗的最新进展。

一、胆汁酸的合成、功能和调节

（一）胆汁酸合成

胆固醇转化为胆汁酸是一个多步骤反应，涉及位于内质网、线粒体、胞质和肝细胞过氧化物酶体中的酶[1]。如图23-1A所示，胆固醇转化为胆汁酸（以胆酸为例）包括羟基化、3-羟基氧化、C5到C4的双键异构化、C4双键的立体特异性还原、侧链的氧化裂解、将胆固醇的异辛烷侧链转化为C24胆汁酸分子的异戊酸。在哺乳动物中，大多数胆汁酸在类固醇核平面上有一个5β-氢基和一个顺式构型。胆固醇的空间填充模型（图23-1A，右）显示，胆固醇的碳骨架（黑色）为平面结构，在3β位置有一个羟基，在C5～6位置有一个双键。在胆酸中，A环和B环沿着C5～10键打结，所有三个α-羟基和一个羧基基团都位于甾体核的一边，与疏水的另一边相对，这使胆汁酸成为具有生理洗涤特性的两亲分子。图23-1B显示了人类和啮齿类动物中的主要胆汁

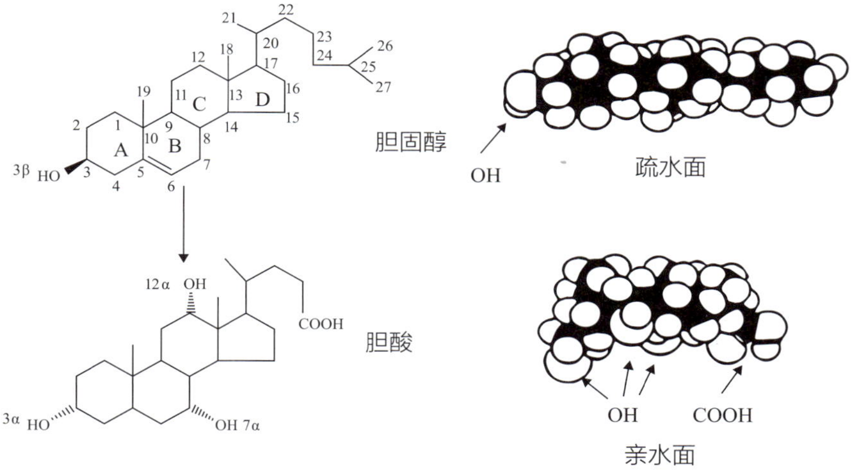

人类和小鼠的主要胆汁酸种类

胆汁酸	C3	C7	C12	C6
鹅脱氧胆酸	α-OH	α-OH	H	H
胆酸	α-OH	α-OH	α-OH	H
脱氧胆酸	α-OH	H	α-OH	H
石胆酸	α-OH	H	H	H
α- 鼠胆酸	α-OH	α-OH	H	β-OH
β- 鼠胆酸	α-OH	β-OH	H	β-OH
ω- 鼠胆酸	α-OH	β-OH	H	α-OH
熊脱氧胆酸	α-OH	β-OH	H	H

▲ 图 23-1 胆汁酸结构

A. 举例说明胆固醇和胆酸的结构。胆汁酸是两亲性分子。3α- 羟基、7α- 羟基和 12α- 羟基的胆酸面向甾体环的一侧形成亲水面，碳骨架则在另一侧形成疏水面。饱和的 C5~6 双键在 A/B 环上产生扭结。B. 人类和啮齿动物体内的主要胆汁酸都有羟基，具体位于 C3、C7、C12 和 C6 的位置

酸，其中 1~3 个羟基分别位于 C3、C7、C12 和 C6 的立体位置。鹅脱氧胆酸（chenodeoxycholic acid，CDCA）（3α，7α- 二羟基胆汁酸）和胆酸（cholic acid，CA）（3α，7α，12α- 三羟基胆汁酸）是人类的主要胆汁酸，而胆酸和 α- 胆酸（α-MCA）（3α，6β，7α- 三羟基胆汁酸）和 β- 胆酸（β-MCA）（3α，6β，7β- 三羟基胆汁酸）是啮齿动物的主要胆汁酸。肠道细菌 7α- 脱羟酶将 CA 和 CDCA 中的 7α- 羟基去除，分别形成二级胆汁酸、脱氧胆酸（deoxycholic acid，DCA）（3α，12α- 二羟基胆汁酸）和石胆酸（lithocholic acids，LCA）（3α- 一羟基胆汁酸）。肠道微生物还通过向外异构化将 α- 胆酸和 β- 胆酸转化为 ω- 胆酸（ω-MCA）（3α，6α，7β- 三羟基胆汁酸），用于粪便排泄。熊脱氧胆酸（ursodeoxycholic acid，UDCA）（3α，7β 二羟基胆汁酸）是啮齿动物的次要产物，是人的次要胆汁酸，由 CDCA 上的 7α 羟基异构化到 7β 位置形成。结合胆汁酸在生理 pH 下电离。合成后，胆汁酸侧链与甘氨酸（G）或牛磺酸（T）有效连接，形成 N- 酰基酰胺酸酯，这一过程被称为"共轭"或"酰胺化"。甘氨酸偶联物和牛磺酸偶联物的侧链的 pKa 值分别约为 4.0 和 2.0。共轭胆汁酸具有可溶性，膜不渗透，在生理 pH 条件下不会沉淀。酰胺键可以抵抗胰腺羧肽酶的裂解，共轭胆汁酸在肠腔内高度稳定。

在人类中，胆汁酸池由两种初级胆汁酸 CA 和 CDCA，以及二级胆汁酸 DCA 和极低浓度的

LCA 组成。初级胆汁酸是肝细胞中胆汁酸生物合成的直接终产物，而次级胆汁酸是由初级胆汁酸在小肠和大肠中通过细菌酶形成的。人类胆汁酸池中含有约 80% 的 CDCA 和 CA，约 20% 的 DCA，微量的 LCA 和 UDCA，其他次级胆汁酸的含量几乎可以忽略不计。在人类中，CDCA 和 CA 的含量大致相同，但个体不同。TCA、Tα-MCA 和 Tβ-MCA 是小鼠的主要胆汁酸。

（二）肝细胞胆汁酸生物合成

在肝细胞中，主要有两种胆汁酸生物合成途径，即经典途径和替代途径合成初级胆汁酸（图 23-2A）。在正常生理条件下，胆汁酸合成在中心周肝细胞中更为活跃，而在门静脉周围肝细胞中合成较低。这是因为门静脉周围肝细胞吸收更多的胆汁酸抑制了胆汁酸的合成。在不同的物种中，经典途径和替代途径对肝脏胆汁酸产生的相对贡献是不同的。在人类中，经典的胆汁酸合成途径是主要的途径，约占肝脏总胆汁酸产生的 90%，而替代途径仅占不到 10%。在啮齿类动物中，经典途径和替代途径对初级胆汁酸的合成贡献大致相同。经典的胆汁酸合成途径是由限速酶 CYP7A1 启动的，这是一种位于内质网的 CYP 酶。CYP7A1 催化胆固醇的 C-7α 位立体特异性羟基化生成 7α-羟基化胆固醇[2]。HSD3B7 将 7α-羟基胆固醇转化为 7α-羟基-4-胆烯酮（C4），它已被用作人类肝脏胆汁酸合成速率的替代血清标志物[3, 4]。如果 C4 上的 C12 位置不改变，就会产生 CDCA。或者，CYP8B1 使 C4 上的 C12 位置羟基化，导致 CA 的产生。因此，C4 是 CA 和 CDCA 的共同前体，而 CYP8B1 的活性是影响胆汁酸池中 CA：CDCA 比值的因素之一。在 Δ^4-3-氧甾体-5β-还原酶（醛酮还原酶，AKR1D1）和 3α-羟基甾体脱氢酶（AKR1C4）催化的一系列酶促反应中，甾体核上的 3β-羟基转变为 3α-羟基，甾体核上的 $\Delta^{5, 6}$ 双键已饱和，甾体核上的 A 环和 B 环呈顺式构型。经过甾体环修饰后，CYP27A1 催化甾体侧链羟化，并氧化甾醇中间体的 C27（或 C26），生成 3α，7α，12α-三羟基胆甾酸（THCA），导致胆酸合成，以及 3α，7α-二羟基胆甾酸（DHCA），导致

CDCA 合成。过氧化物酶体 VLACS（SLC27A5）将 THCA 和 DHCA 转化为酰基 CoA 硫酯，通过胆汁酸酰基转运蛋白 ABCD3 转运至过氧化物酶体[5]。在过氧化物酶体中，AMACR、EHHADH（双功能酶）和 ACOX2 催化一系列外消旋、水合和脱氢（β 氧化反应），然后硫醇酶/SCPx 从 THCA 和 DHCA 切割丙酰 CoA，分别产生 C24-CoA 硫酯、胆碱 CoA 和鹅去氧胆碱-CA。胆酰 CoA 和鹅脱氧胆酰 CoA 随后通过 BAAT 与牛磺酸或甘氨酸结合[6, 7]。未结合的胆汁酸通过门脉循环返回肝细胞，可被微粒体 BACS 转化为 CoA 硫酯，然后通过 BAAT 重新结合到牛磺酸或甘氨酸。

替代途径是由线粒体 CYP27A1 启动的，在类固醇核的酶修饰之前，它将胆固醇侧链羟基化和氧化生成 27-羟基胆固醇，然后生成 3β-羟基-5-胆固醇烯酸。在替代途径中，C-7 位的羟化作用由 CYP7B1 催化。CYP7B1 表达在肝脏中作用于合成胆汁酸，在类固醇生成组织中作用于合成类固醇，在巨噬细胞中作用于合成氧甾醇。在大脑中，CYP46A1 将胆固醇转化为 24-羟化胆固醇，而 24-羟化胆固醇又被肝脏 CYP39A1 在 7α 位置羟基化。在肝脏中，甾醇 25-羟化酶（非 CYP 酶）可以将胆固醇转化为 25-羟化胆固醇，这是循环中的一种主要的氧甾醇。肝外组织产生的氧甾醇可运输到肝脏转化为胆汁酸。从羟甾醇合成胆汁酸的酶级联尚未被确定。

1. 经典和替代胆汁酸合成途径

经典途径也被称为"中性途径"，因为甾体核修饰发生在侧链氧化之前，因此该途径中的大多数中间产物不含羧酸基团。相反，另一种途径被称为"酸性途径"，因为该途径中的胆汁酸合成是由胆固醇侧链氧化生成 C27-羧酸基团开始的。人们认为，肝细胞是唯一表达从头合成胆汁酸所需的整套酶的细胞。经典的胆汁酸合成途径是严格调控的，而替代途径是组成活性的，不受胆汁酸反馈的调节。在成人肝脏中，经典的胆汁酸合成途径是胆汁酸合成的主要途径，而在新生儿中，在断奶时 CYP7A1 表达之前，替代途径产生胆汁酸。有一种误解，认为替代途径只产生

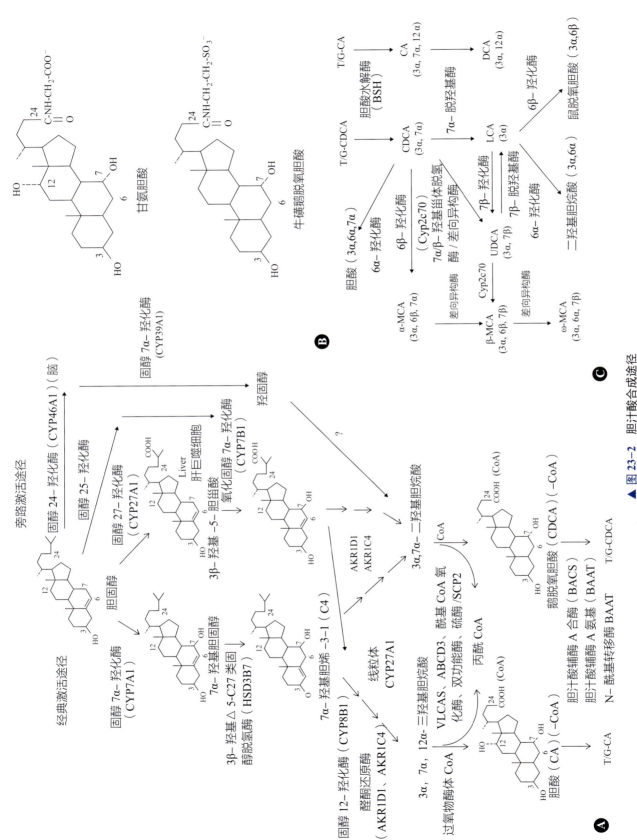

▲ 图 23-2 胆汁酸合成途径

A. 显示了经典的和替代的胆汁酸合成途径。B. 甘氨酸和牛磺酸结合胆汁酸的结构，以甘氨胆酸和牛磺脱氧胆酸为例。C. 肠道细菌对胆汁酸的生物转化。细菌酶参与羟基化和二羟基化产生各种二级胆汁酸。正文中介绍了胆汁酸转化的物种差异

CDCA。在缺乏 Cyp7a1 的小鼠中，Cyp8b1 表达增加，替代途径中的 Cyp7b1 增加 1 倍，产生更小的胆汁酸池，但胆囊胆汁中仍含有大量的 TCA（约 30%，而野生型小鼠的 TCA 为 45%）[8]。人类患者中 CYP7A1 基因突变只导致轻度高胆固醇血症和过早胆结石病，这表明替代胆汁酸合成途径被激活，产生胆汁酸[9]。据报道，先天性胆汁酸代谢异常中，C27- 酸性胆汁酸中间产物积累，表明替代胆汁酸合成途径可能受到刺激。因此，胆汁酸的合成可以从经典途径切换到替代途径，同时合成 CA 和 CDCA。合成完成后，胆汁酸在肝细胞内立即与 C24-COOH 基团的氨基酸甘氨酸或牛磺酸结合形成氨基化胆汁酸（图 23-2B）。

2. 胆汁酸合成的物种差异

人类和其他哺乳动物之间的胆汁酸合成途径非常相似。在小鼠和大鼠中，大部分 CDCA 转化为 α-MCA 和 β-MCA（图 23-1B）。α-MCA 和 β-MCA 在 6β- 位都有一个羟基，这增加了溶解性。最近的一项研究报道，Cyp2c 簇缺失小鼠同时缺乏 α-MCA 和 β-MCA，并具有较高的 CDCA 和 UDCA 含量[10]。进一步分析表明，重组 Cyp2c70 分别以 CDCA 和 UDCA 作为底物产生 α-MCA 和 β-MCA（图 23-2C）。CDCA 在肝脏和肠道细菌中异构化为 UDCA，这可能是 Cyp2c70 在啮齿类动物肝脏中合成 β-MCA 的主要底物。胆汁酸池组成的物种依赖性差异的另一个方面是，偏好使用甘氨酸（G）或牛磺酸（T）结合胆汁酸。许多哺乳动物物种（如小鼠、大鼠和狗）的胆汁酸库主要包含牛磺酸结合物，而人类、仓鼠和兔子的胆汁酸库包含约 2/3 或更多的甘氨酸结合物，其余为牛磺酸结合物[11, 12]。牛磺酸结合胆汁酸比相应的甘氨酸结合和非结合胆汁酸毒性更小。从进化的角度来看，甘氨酸用于胆汁酸结合似乎是一个较新的事件。使用甘氨酸或牛磺酸结合胆汁酸的物种依赖偏好被认为是由 BAAT 底物特异性决定的，也可能是由牛磺酸和甘氨酸在过氧化物酶体中的可用性决定的[6, 13, 14]。

（三）细菌修饰胆汁酸：次生胆汁酸的合成

当胆汁被释放到小肠时，部分胆汁酸可在回肠和大肠中的细菌酶进一步进行复杂的修饰[15]。细菌胆盐水解酶（bile salt hydrolase，BSH）解溶 T/G 共轭胆汁酸形成非共轭胆汁酸（图 23-2C）。在结肠中，细菌 7α- 脱羟酶将 CA 转化为 DCA，将 CDCA 转化为 LCA[15-17]。DCA 是结肠中主要的胆汁酸。未结合的初级和二级胆汁酸是疏水的，在回肠和大肠被动吸收。DCA 被运送到肝脏，在那里它被重新结合并加入循环的胆汁酸[18]。细菌 3α、7α 和 12α-HSDH 将胆汁酸的 α- 羟基以羰基的形式分别形成 3- 氧、7- 氧和 12- 氧胆汁酸。然后羰基在氧化 - 胆汁酸中被 3β、7β 和 12β-HSDH 转化为 β 外旋异构体：异胆汁酸和外胆汁酸。7α- 羟基 - 胆汁酸的杀菌活性高于氧 - 胆汁酸和 β- 差向异构体。在人类和小鼠中，细菌 7β-HSDH 将 CDCA（3α，7α）的 7α- 羟基向外聚为 7β，形成 UDCA。7β- 外聚体化可将高度疏水的 CDCA 转化为亲水无毒的 UDCA。

LCA 是最疏水性和毒性最大的胆汁酸，在人类胆汁酸池中存在微量的胆汁酸。在人肝细胞中，LCA 主要通过一个亚砜转移酶家族（SULT2A1、SULT2B8 等）在 C3 位置的磺化来解毒。硫酸化的 LCA 在小肠中很难被再吸收，并被排泄到粪便中。在小鼠中，LCA 在 C7 位置被硫酸化，但磺化不是主要的解毒途径。小鼠肠道细菌主要通过将单羟基和双羟基胆汁酸羟基化为多羟基胆汁酸来重新吸收或分泌来解毒胆汁酸。

在猪体内，CDCA 被 6α- 羟基化为猪胆酸（3α，6α，7α），LCA 被转化为猪脱氧胆酸（3α，6α）。只有啮齿动物可以通过 7β- 羟化酶将 LCA 转化为 UDCA，并通过细菌 6α 和 6β- 羟化酶将 LCA 转化为二羟基胆酸（3α，6β）（图 23-2C）。β-MCA 向 ω-MCA 的差向异构化增加了 MCA 的溶解度，导致粪便排泄或在门静脉血液中循环。粪便中的胆汁酸主要由未结合的胆汁酸组成。一些二级胆汁酸在肠内被重新吸收，并通过门静脉循环运输到肝和胆汁。循环到肝细胞的次级胆汁酸可以通过磺化来解毒，用于肾脏分泌，再结合到甘氨酸或牛磺酸，或糖醛酸化，用于分泌到胆汁。

二、胆汁酸的肠肝循环

（一）胆汁酸循环与内稳态综述

胆汁酸通过肝细胞小管膜转运，在促进水和其他胆汁脂质的分泌中发挥重要作用，并为依赖胆盐的胆汁流动提供主要渗透力。正常情况下，由于胆道树的压力相对较低，胆汁在肝内胆管内自由流动。在禁食条件下，由于 Oddi 括约肌张力高，少量胆汁进入十二指肠，促使胆汁经胆囊管进入胆囊。在胆囊中，水和电解质被重新吸收，胆汁被浓缩 5～10 倍。进食后，饮食中的脂肪和氨基酸刺激十二指肠的神经内分泌细胞分泌一种名为胆囊收缩素（cholecystokinin，CCK）的肽激素，CCK 刺激胆囊收缩和 Oddi 括约肌松弛，将浓缩的胆汁释放到十二指肠[19]。CCK 也刺激胰腺腺泡细胞同时分泌消化液进入十二指肠。胆汁酸在小肠腔内与膳食脂质、胆固醇形成混合微粒，促进胰脂肪酶和脂肪酶的消化。胆汁酸在回肠中被有效地重新吸收，并通过门静脉循环运回肝脏。在人体中，胆汁酸池每天在肝脏和肠道之间循环几次（图 23-3）。由于胆汁酸在小肠内的再吸收效率约为 95%，胆汁酸池在很大程度上是保守的。人类的胆汁酸池中含有 2～4g 胆汁酸。肝细胞每天合成 0.2～0.6g 胆汁酸，以替代随粪便流失的胆汁酸。胆汁酸的肠肝循环是由肝细胞、胆管细胞和肠细胞中表达的胆汁酸流出和摄取转运蛋白网络驱动的（图 23-3）。

（二）胆汁分泌胆汁酸

肝细胞是极化细胞。两个相邻肝细胞的顶端膜形成一个被紧密连接包围的胆管。胆管网络收集由肝细胞产生的胆汁，并将胆汁排入由胆道上皮胆管细胞在门静脉三联部形成的小胆管。胆管细胞可以通过调节分泌（如水、HCO_3^-）和再吸收（如胆汁酸、葡萄糖和其他溶质）来进一步修饰胆道树中的胆汁。胆汁酸、磷脂和胆固醇是胆汁中的主要有机溶质。一旦由肝细胞分泌进入胆汁，它们就会形成混合微粒，增加胆固醇的溶解度。胆汁酸分泌或磷脂分泌的遗传缺陷可导致一水胆固醇沉淀和儿童胆结石疾病。此外，混合微粒的形成降低了单羟基胆汁酸在胆汁中的浓度，

高浓度的单羟基胆汁酸长期暴露可能会损伤胆道。在胆汁形成过程中，沿浓度梯度向胆汁分泌小管胆汁酸是限速步骤[20]。ABC 转运蛋白 BSEP（ABCB11）是肝细胞中主要的胆汁酸流出转运蛋白[21]。ATP 水解为胆汁酸对抗胆汁中高胆汁酸浓度梯度的主动运输提供动力。BSEP 的表达是肝细胞特异性的，而且 BSEP 对结合胆汁酸具有很高的底物特异性。MRP2（ABCC2）介导胆红素葡糖苷、谷胱甘肽及一些硫酸和结合胆汁酸进入胆汁的分泌。ABCG5 和 ABCG8 转运体形成异源二聚体，介导游离胆固醇分泌到胆汁[22]。*ABCG5* 和 *ABCG8* 基因变异与人类胆结石相关，因为胆道胆固醇高分泌是胆结石形成的主要危险因素。*ABCG5* 和 *ABCG8* 在小肠中也有高表达，在小肠中异源二聚体介导胆固醇和其他植物甾醇的分泌回到腔内。这一过程的重要意义在于，它可以防止有毒的膳食谷甾醇在血液和组织中积累，并将肠道胆固醇的吸收效率限制在 50% 左右。MDR3（ABCB4）介导磷脂酰胆碱的分泌，磷脂酰胆碱是胆汁中的主要磷脂[23]。胆汁酸转运体的详细描述见第 26 章和第 27 章。

（三）胆汁酸的肠道再吸收

肠道胆汁酸的再吸收是通过非共轭胆汁酸的被动扩散和共轭胆汁酸的主动转运被重吸收的，而后者在定量上是主要的转运机制（图 23-3）。胆汁酸的再吸收主要发生在回肠末端，在这里，依赖于 ASBT（SLC10A2）高表达[24]。缺乏功能性 ASBT 的人类和小鼠存在胆汁酸吸收障碍[25, 26]。一旦被肠细胞吸收，胆汁酸与胆汁酸结合蛋白（I-BABP）结合，该蛋白将胆汁酸转运到基底膜，由有机溶质转运蛋白 OSTα（SLC51A）和 OSTβ（SLC51B）分泌[27]。OSTα 和 OSTβ 形成功能性异源二聚体，使胆汁酸通过基底膜进入门静脉循环[28]。缺乏功能性 OSTα/OSTβ 异二聚体的小鼠肠道胆汁酸吸收显著降低，血浆胆汁酸浓度降低，胆汁酸池[29]较小。ASBT 和 OSTα/β 也分别表达于胆管细胞和肾近端小管细胞的顶端侧和基底侧[28]。在胆道中，ASBT 和 OSTα/β 依次起作用，将少量胆汁酸通过胆道上皮转运到胆道周围神经丛。胆汁酸从这里进一步运输到肝窦

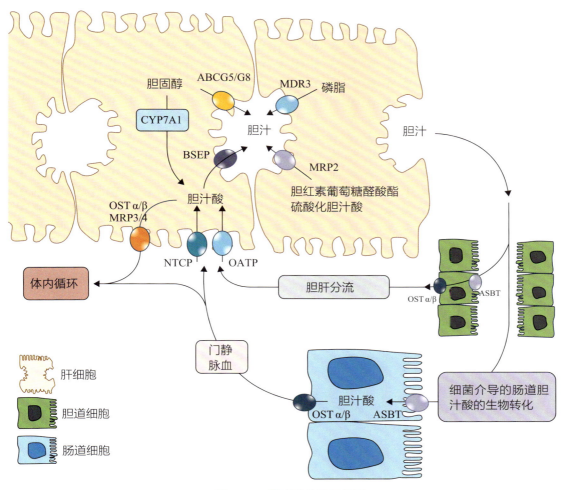

▲ 图 23-3　胆汁酸的肠肝循环
参与胆汁形成和肠 – 肝循环的主要转运蛋白可见于肝细胞、胆管细胞和肠细胞

细胞，并被肝细胞重新吸收。

如果非共轭的二羟基胆汁酸分泌到胆管中，它们可能是被动吸收的。这一过程称为肝胆分流，是通过循环胆汁酸用于肝根尖切除而产生胆汁过多的效应[30]。在肾近端小管细胞中，ASBT 和 OSTα/β 协调胆汁酸从肾脏回流到体循环。ASBT 抑制有望增加尿胆汁酸排泄[31]。

（四）胆汁酸的肝脏摄取

肝基底侧摄取胆汁酸在门静脉周肝细胞中比在中心周肝细胞中更活跃。第一遍提取率为 60%～90%，这取决于胆汁酸的含量，门静脉胆汁酸极少外溢进入体循环[32]。NTCP（SLC10A1）是肝细胞中主要的基底侧共轭胆酸摄取转运蛋白[33-35]。结合胆汁酸转运到 Na^+ 梯度为血清胆汁酸通过窦膜转运到肝细胞提供能量。结合胆汁酸转运到 Na^+ 梯度为血清胆汁酸通过窦膜转运到肝细胞提供能量。到目前为止，只有 1 例报道的人类 NTCP 功能丧失突变导致高胆酸表型，循环胆酸显著升高约 1500μmol/L（通常小于 10μmol/L），而没有胆汁淤积的临床症状[37]。在小鼠体内进行的实验表明，在缺乏 NTCP[38] 的小鼠静脉给药后，牛磺胆酸的血浆清除率延迟而不消除。只有一小部分 Ntcp 敲除小鼠血浆胆汁酸浓度显著升高，而大部分 Ntcp 敲除小鼠血浆胆汁酸浓度正常[38]。最近的一项研究表明，在缺乏 OATP1A/1B 的小鼠中，对 NTCP 的药理抑制接近于完全抑制血浆牛磺胆酸清除和血浆胆酸的显著升高[39]。这些结果表明，在小鼠中，NTCP 和 OATP 都介导肝细胞定量摄取基底侧胆汁酸。在人类中，NTCP 可能是主要的基底侧胆汁酸摄取转运体，其功能的丧失不能通过 OATP 的存在得到显著补偿。

（五）血浆胆汁酸

胆汁酸在体循环中存在的主要原因是肝对门静脉胆汁酸的不完全摄取。在正常生理条件下，全身血中的胆汁酸浓度很低。目前还不全身血液中低浓度的胆汁酸是否能会影响外周器官的正常生理功能。此外，由于不同种类的胆汁酸通过主动转运或被动沿窦状隙扩散的方式提取率不同，在全体血中的胆汁酸组成可能与胆汁存在显著差异。胆汁淤积时，胆汁酸基侧外排增加，引起体循环胆汁酸浓度明显升高 [28, 40, 41]。包括 OSTα/β、MRP3 和 MRP4 在内的多种转运蛋白介导肝细胞胆汁酸的基底侧外排 [18, 28, 42]。胆汁淤积时增加的血浆胆汁酸被硫酸化，主要通过肾脏排泄排出。血清和胆汁酸浓度及组成的种属差异已有报道 [43]。

三、胆汁酸合成、运输和体内稳态的调节

胆汁酸池的大小通常保持在一个相对恒定的水平，因为每天的胆汁酸合成量大致等于每天随粪便排出的胆汁酸量。这种平衡由胆汁酸感应机制维持，调节肝胆汁酸合成和肠胆汁酸再吸收。当肠肝系统胆汁酸浓度升高时，胆汁酸抑制胆汁酸合成和肠胆汁酸运输基因的转录，导致肝脏输出减少，粪便丢失增加。当胆汁酸浓度降低时，这两条通路上调。胆汁酸激活的 FXR 在介导胆汁酸在肠肝系统中的作用中起关键作用。FXR 属于核受体超家族，由一组配体激活的转录因子组成 [44]。FXR 与配体结合后，与靶基因启动子结合，激活基因转录。共轭和未共轭的 CDCA 和 CA 都是 FXR 的内源性配体，但 CA（EC$_{50}$=586μmol/L）是比 CDCA（EC$_{50}$=17μmol/L）弱得多的 FXR 激动剂。亲水胆汁酸 T-UDCA 和 T-MCA 不激活 FXR，但为 FXR 拮抗剂 [45]。FXR 在常规暴露于高浓度胆汁酸的肝细胞和肠细胞中表达。共轭和非共轭二级胆汁酸 LCA 和 DCA 激活 Gpbar-1 [46]，又称 TGR5 [47]。本文就 FXR 和 TGR5 在肝脏生理中的作用作一综述（见第 24 章和第 25 章），以下部分将只重点介绍胆汁酸受体在胆汁酸合成和转运调控中的作用。

（一）胆汁酸合成的调节

支持胆汁酸反馈抑制胆汁酸合成的早期证据来自于实验观察，当大鼠饲喂含胆汁酸的饲料时，肝 CYP7A1 酶活性显著降低，当胆汁酸螯合物破坏肠胆汁酸吸收时，肝 CYP7A1 酶活性被诱导。肝脏 CYP7A1 功能主要受转录水平的控制，有证据表明其直接调控 CYP7A1 蛋白稳定性或酶活性较低。*CYP7A1* 基因启动子已被很好地表征。它包含一个或两个胆汁酸反应元件（BARE-1 和 BARE-2）。人、小鼠和大鼠 *CYP7A1* 基因近端启动子包含一个 BARE-1，该 BARE-1 结合两个核受体，HNF4α 和 LRH-1。假设 HNF4α 和 LRH-1 的内源性配体是磷脂，它们被认为在肝细胞中具有组成性活性。这两种核受体在很大程度上负责肝脏 CYP7A1 的基础表达，因为突变消除它们的结合会导致 CYP7A1 启动子活性的显著降低。此外，胆汁酸主要通过 BARE-2 抑制 HNF4α 和 LRH-1 对 CYP7A1 的反式激活来抑制胆汁酸的合成。

两种主要机制介导胆汁酸抑制 CYP7A1（以及 CYP8B1）（图 23-4）。一种是由肝细胞中 FXR 介导的，另一种是由小肠中 FXR 的激活引发的。当肝细胞内胆汁酸浓度升高时，如胆汁淤积性肝损伤，胆汁酸可激活 FXR 诱导核受体 SHP。SHP 是一种不具有 DNA 结合活性的非典型核受体，通常通过蛋白 - 蛋白相互作用作为辅助抑制因子抑制其他转录因子。在这种情况下，SHP 会抑制 HNF4α 和 LRH-1 的反式激活活性，从而抑制 *CYP7A1* 基因转录 [48, 49]。1995 年有报道 TCA 经十二指肠内输注而非静脉输注可抑制胆瘘大鼠 *CYP7A1* 的表达，提示可能需要肠道因子介导胆汁酸反馈抑制胆汁酸合成 [50]。肠道暴露在高浓度的胆汁酸中。经过肠细胞的胆汁酸流量不仅受到高度调控，而且与胆囊和肝脏相比，肠道储存了更大的胆汁酸池（70%～80%）。胆汁酸激活肠道 FXR 诱导 FGF15 转录，FGF15 随后被释放到门静脉循环中，作为内分泌信号分子抑制肝细

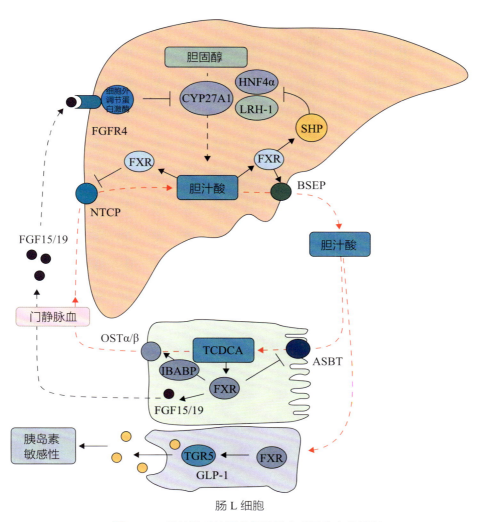

▲ 图 23-4 胆汁酸反馈调节胆汁酸合成及稳态的机制

胆汁酸激活的 FXR 调节胆汁酸合成和胆汁酸在肝细胞和肠细胞中的运输。FXR 和 TGR5 在肠 L 细胞中共表达

胞中 *CYP7A1* 基因的转录[52]。FGF15 结合并激活 FGFR4，这是肝细胞中主要表达的 FGF 受体。FGFR4 与 β-Klotho 形成复合物，激活 ERK1/2 抑制 *CYP7A1* 基因表达。FGF15 信号的下游靶点尚不完全清楚，但 FGF15– 激活的 ERK1/2 可能磷酸化 HNF4α 以抑制其与 *CYP7A1* 基因的结合[53]。FGF15 也是胆囊灌注所必需的[54]，并且是不依赖胰岛素的餐后肝脏蛋白和葡萄糖代谢的调节剂[55]。

FGF19 是 FGF15 的人源同源物，与小鼠 FGF15 有 51% 的相同氨基酸序列。FXR 也能诱导 FGF19 的转录[53, 56]。在功能上，FGF19 激活 FGFR4 和 ERK1/2，并强烈抑制人肝细胞 *CYP7A1*

基因转录[53, 56]。人原代肝细胞表达 FGF19，而小鼠肝细胞不表达 FGF15[53, 57]。人肝外梗阻性胆汁淤积症患者肝脏 FGF19 mRNA 和血浆 FGF19 浓度升高[57]，而胆管结扎小鼠梗阻性胆汁淤积症模型中小鼠肠道 FGF15 表达明显降低[52]。人肝外梗阻性胆汁淤积症患者肝脏 FGF19 mRNA 和血浆 FGF19 浓度[57] 升高，而胆管结扎小鼠梗阻性胆汁淤积症模型[52] 中小鼠肠道 FGF15 表达明显降低。

在 FXR、SHP 或 FGF15 紊乱的转基因小鼠中，FXR 介导的肝胆汁酸合成调节的生理作用得到了最好的证明[58-62]。另一条信息线来自肠肝胆汁酸运输中断的小鼠。在缺乏 OSTα 的小鼠中，尽管返回肝脏的胆汁酸减少，胆汁酸池的大小明显变小，但肝脏 CYP7A1 水平升高[29, 63]。这些观察结果表明，肠细胞中胆汁酸池的扩大对肝胆汁酸合成的抑制起主导作用，而通过 FXR/FGF15 信号通路的肠 – 肝轴在胆汁酸反馈调节中起着关键作用。

几项研究表明，在 FGF15 或 FGFG19 给药后 3～6h，肝细胞和小鼠的 CYP7A1 mRNA 被强烈抑制[58, 64, 65]。CYP7A1 的这种快速下调与报道的 CYP7A1 mRNA 在培养细胞中大约 30min 的半衰期相一致[66]。最近的一项研究显示，FXR 的激活可诱导 RNA 结合蛋白 ZFP36L1 降低 CYP7A1 mRNA 的稳定性[67]。胆管结扎小鼠肝脏 CYP7A1 mRNA 水平显著降低[68, 69]。预计在梗阻性胆汁淤积症的作用下，肠道 FGF15 的产生会显著减少。肝脏 FXR 激活和促炎细胞因子均可导致梗阻性胆汁淤积症中 CYP7A1 的抑制[70]。这些结果表明，在生理和病理条件下，胆汁酸反馈抑制胆汁酸合成存在明显的冗余。

胆汁酸合成是肝细胞内胆固醇分解代谢的主要途径。在小鼠和大鼠中，而不是在人类中，胆固醇积累通过激活核受体 LXR 诱导 CYP7A1[71, 72]。LXRα 在小鼠和大鼠 Cyp7a1 基因启动子中结合 BARE-1，但由于序列差异，在人类 Cyp7a1 基因启动子中不结合 BARE-1[76, 77]。

（二）调节胆汁酸运输

胆汁酸分泌和回肠胆汁酸摄取是推动胆汁酸肠肝循环的两个关键机制[78]。在基底侧，FXR 激活可抑制 NTCP 表达[79]。同样，在肠细胞中，FXR 激活可诱导 IBABP、OSTα 和 OSTβ，并抑制 ASBT[80-82]。FXR 通过直接结合 BSEP、I-BABP、OSTα 和 OSTβ 基因启动子来诱导 BSEP、I-BABP、OSTα 和 OSTβ 基因转录。FXR 抑制 ASBT 可能是 SHP 介导的。因此，FXR 介导的胆汁酸转运蛋白表达调控并不促进跨肝细胞或跨肠细胞胆汁酸通量。相反，其主要目的似乎是降低细胞内胆汁酸浓度。这种 FXR– 调节的胆汁酸转运可能是一种适应性反应，以防止胆汁淤积期间胆汁酸在肝细胞内积聚。在小鼠胆汁淤积模型中，NTCP 的药理抑制具有肝保护作用[83]。胆汁淤积期间，基底侧转运蛋白 OSTα/β 和 MRP3/4 的异构体被诱导将胆汁酸外排到体循环中[28, 40, 41]。

（三）肠道菌群与胆汁酸代谢

高脂肪饮食、昼夜节律紊乱、进食 / 禁食时间、药物、酒精和激素都可以塑造肠道菌群，从而改变胆汁酸代谢、内稳态和宿主代谢[84]。初级胆汁酸转化为次级胆汁酸发生在小肠和结肠。小肠的细菌数量较低（粪便中梯度为 10^3～10^8/g 湿重），但它是胆汁酸重吸收和营养物质消化吸收的主要部位。结肠有较高的细菌数量（10^{11}/g 湿重）。DCA 是一种有效的抗菌剂，可控制细菌过度生长，维持肠道屏障功能。BSH 和 7α-HSDH 活性决定了二级胆汁酸合成的程度、存在的胆汁酸种类、胆汁酸在肠肝循环中的疏水性。与常规培养的[45]小鼠相比，抗生素处理的小鼠和无菌小鼠胆汁酸合成增加，胆汁酸池大小增加（约 30%）。因此，肠道菌群决定了肝脏、胆囊、胆汁和肠道中总胆汁酸池的大小。肠道细菌利用胆汁酸、多糖、纤维素和淀粉产生乙酸、丁酸和丙酸等短链脂肪酸，以及用于能量代谢和生长的氨基酸。在小肠和结肠中，革兰阳性菌属、梭状芽孢杆菌属、肠球菌属、双歧杆菌属、乳酸杆菌属和革兰阴性拟杆菌属的 BSH 活性较高。这些厌氧菌具有较高的 HSDH 活性，在肠道细菌合成二级胆汁酸的过程中参与了 7α– 去羟基化的多个步骤。梭状芽孢杆菌中胆汁酸诱导操纵子（bai）已得到证实[15]。baiE 基因编码胆汁酸 7α-HSDH，baiI 基因可能编码 7β-HSDH。在医院暴发的耐抗生素艰难梭菌疫情是一个日益关注感染和患者死亡率的问题。研究表明，梭状芽孢杆菌中的 7α-HSDH 可以保护 C.dif 感染[85]。

最近通过 16S 核糖体 RNA 测序对人类和小鼠肠道微生物群的研究已经确定了肠道微生物相关疾病，如非酒精性脂肪肝、2 型糖尿病和肝细胞癌。在人类粪便中，90% 的细菌属于两个门：厚壁菌门和拟杆菌门。在小鼠模型和人类志愿者中，厚壁菌门和拟杆菌门的相对丰度与肥胖有关[86]。厚壁菌门与拟杆菌门的比例越高，肠道菌群越能有效地从高脂肪饮食中摄取能量，从而增加肥胖。已知胆酸喂养可增加小鼠中厚壁菌门与拟杆菌门的比例。以动物为基础的饮食通过增加耐胆汁细菌的丰度和减少代谢植物多糖的厚壁菌门来促进生态失调[87]。高脂肪饮食显著诱导了三羧酸，并由此扩张拟杆菌门和拟杆菌种群促进 IL-10−/− 小鼠的结肠炎[88]。另外，抗氧化剂 tempol 通过减少乳酸菌和降低 BSH 活性来增加 Tβ-MCA，从而拮抗肠道 FXR，导致胆汁酸合成增加，改善饮食诱导的肥胖和糖尿病[89]。有趣的是，最近的一项研究报道称，在热中性小鼠中，胆汁酸诱导棕色脂肪组织中的 UCP-1 刺激能量代谢，而降低环境温度会增加饮食诱导的肥胖小鼠的棕色脂肪组织产热，从而减轻体重[90]。研究发现，在冷诱导产热过程中，肝脏胆固醇升高，通过诱导替代胆汁酸合成途径的 Cyp7b1 刺激胆汁酸合成。通过替代途径增加胆汁酸合成，使小鼠肠道菌群形成，刺激棕色脂肪组织的适应性产热[91]。目前还不清楚为什么在冷诱导的生热过程中会优先刺激替代途径。刺激替代胆汁酸合成途径通过减少牛磺胆酸合成和增加 CDCA 来改变胆汁酸的组成，CDCA 可能被肠道菌群转化为 LCA，从而刺激 TGR5 介导的 GLP-1 分泌，促进脂肪细胞褐变[92]。

（四）昼夜节律和营养相互作用控制胆汁酸稳态

昼夜节律代谢稳态是由位于下丘脑视交叉上核（suprachiasmatic nucleus，SCN）的哺乳动物生物钟维持的。SCN 的中央时钟受日常环境的光 / 暗周期控制，并指导几乎所有器官和组织的外周时钟的生理时间。在肝脏中，脂类、葡萄糖、胆固醇和胆汁酸的代谢受到昼夜节律的控制。昼夜节律时间的中断（如睡眠剥夺、时差、轮班工作）使中枢和外周时钟解偶而引起生物失调，并可改变代谢稳态，促进心血管疾病、代谢综合征、胃肠道疾病、非酒精性脂肪性肝炎和 HCC 的发病机制[93-98]。Cyp7a1 基因表达和胆汁酸合成表现出独特的昼夜节律，人类在白天达到峰值，而啮齿类动物在夜间达到峰值[99, 100]。这种节律会因高脂肪饮食、饮酒和睡眠中断而改变。喂养快速刺激 Cyp7a1 基因表达，抑制 Cyp8b1 基因表达，而禁食抑制 Cyp7a1，刺激 Cyp8b1 基因表达[101]。

肠道微生物组在组成上也表现出昼夜节律，被 HFD 和昼夜节律中断所抑制，导致生态失调和屏障功能受损（漏肠），并与炎症性肠病、糖尿病和肥胖的发病相关[102]。进食和禁食周期调节昼夜节律和胆汁酸代谢。有趣的是，间歇性禁食通过增加肠道厚壁菌门和拟杆菌门的比例来塑造肠道微生物群，这反过来又增加了醋酸和乳酸。它还能促进小鼠白色脂肪组织褐变，减少肥胖[103]。

四、胆汁酸代谢疾病及治疗

（一）胆汁酸合成缺陷

通过对血清和尿液胆汁酸中间体的分析，已经鉴定出 13 个人类胆汁酸合成先天异常的基因[104]。原发性胆汁酸合成不足会导致脂肪、类固醇和脂溶性维生素吸收不良，导致脂溢和生长迟缓。减少胆汁酸合成和反馈抑制导致 CYP7A1 和 CYP8B1 的表达受到刺激，胆汁酸中间产物在代谢阻滞点积累[104]。CYP7A1 缺乏不会导致人类严重的代谢紊乱。人类 CYP7A1 纯合突变导致胆汁酸水平下降、高胆固醇血症和过早胆结石疾病，支持胆汁酸合成在胆固醇代谢中的关键作用[9]。杂合的 CYP7A1 突变个体也表现为高血脂表型。CYP7A1 多态性也与胆结石、高脂血症和心血管事件的风险相关[105-107]。相反，婴儿 CYP7B1 基因突变可导致新生儿胆汁淤积和纤维化[108, 109]，以及进行性痉挛性截瘫[110]。在 CYP7B1 缺乏的患者中，3β-单羟基 -Δ5 胆汁酸积累，这是有毒的，可导致胆汁淤积性肝损伤、巨细胞肝炎、严重纤维化和肝硬化。在人类中发现的大量 CYP27A1 突变导致罕见的脂质储存障碍脑腱黄瘤病（cerebrotendinous xanthomatosis，CTX），其特征是黄瘤和大脑中胆固醇和胆甾烷醇的积累[111]。CTX 患者有黄色瘤病、过早动脉粥样硬化和进行性神经系统疾病。CYP27A1 的缺乏阻止了经典胆汁酸和替代胆汁酸的合成，5β- 胆甾醇 -3α，7α，12α- 三醇转化为胆汁醇和胆甾醇，在组织中积累形成黄瘤。CDCA 治疗可以有效地控制 CTX，CDCA 通过抑制 CYP7A1 来缓解 7α- 羟基化胆固醇代谢物的积累。3β- 羟基 -Δ5-C27- 类固醇氧化还原酶（HSD3B7）和 Δ4-3- 氧化还原酶（AKR1D1）的几个突变已被鉴定。过氧化物酶体极长链酰基 CoA 合成酶（SLC27A5）、胆汁酸酰基转运蛋白（ABCD3）、AMACR、ACOX2、D- 双功能蛋白（HSD17B4）、BAAT 和 SCPx 的突变导致脑肝肾 – 过氧物酶体相关的疾病。脑肝肾综合征是由参与过氧化物酶体生物发生的 *PEX* 基因缺乏引起的，血清中会积累异常的 C27– 胆汁酸中间体和 C29– 二羧酸。

（二）胆汁淤积性肝病

胆汁淤积症是由于肝胆汁流动受阻，导致胆汁酸在肝内积聚，使体循环胆汁酸增多而引起的一种慢性肝病。慢性胆汁淤积会导致纤维化、肝硬化、肝衰竭，并增加肝细胞或胆管细胞癌的风险。胆汁酸转运蛋白基因突变和小胆管自身免疫破坏导致肝内胆汁淤积，而肝外胆管被胆总管结石或胆管或胰腺肿瘤阻塞可导致肝外胆汁淤积[112, 113]。

先天性胆汁淤积症通常为早期发病，并伴有黄疸、瘙痒和生长衰竭。进行性家族性肝内胆汁淤积症（PFIC）和良性复发性肝内胆汁淤积症（BRIC）是常染色体隐性遗传病，与 *ATP8B1*（1 型，PFIC1）、*BSEP*（2 型，PFIC2）和 *MDR3*（3 型，PFIC3）基因突变相关[112]。*ATP8B1* 基因编码一个 P 型阳离子转运体和磷脂翻转酶，将磷脂酰丝氨酸从外叶运输到内叶，以维持膜外层磷脂酰胆碱含量较高的不对称。目前的假设是 ATP8B1 功能缺失改变了膜结构，导致胆汁酸转运体功能受损。在 PFIC2 中，肝细胞膜顶端膜缺乏功能性 BSEP 导致肝胆汁酸积累、巨细胞肝炎和肝细胞坏死[114]。PFIC2 也与较高的胆结石发生率有关。PFIC3 与顶端磷脂转运体 *MDR3* 的突变有关。胆汁损伤是由于慢性暴露于高浓度的非微粒胆汁酸。磷脂分泌减少也导致不稳定的微粒，导致胆固醇结晶和小胆管阻塞。血清中 GGT 的高水平是导管损伤的标志，是 PFIC3 的一个特征，并将其与 PFIC1 和 PFIC2 区分开来。*TJP2* 基因编码位于肝紧密连接部位的紧密连接蛋白 2，该基因突变可导致人类进行性胆汁淤积，被称为 PFIC4[115]。最近，也有报道称新生儿胆汁淤积与 *FXR* 突变相关[116]。这些患者在肝脏中检测不到 BSEP 的表达，血清

GGT 正常或接近正常，并迅速进展到终末期肝病。

在获得性胆汁淤积症中，妊娠肝内胆汁淤积症（intrahepatic cholestasis of pregnancy，ICP）是一种常见的妊娠相关肝病，约 1% 的孕妇受其影响。ICP 主要在妊娠晚期诊断，瘙痒是 ICP 的主要临床表现。颅内压是可逆的，分娩后迅速消退。环境、激素和遗传因素被认为与发病有关。*BSEP* 基因的遗传变异可能与 ICP 有关[117, 118]。

原发性胆汁性胆管炎（primary biliary cholangitis，PBC）以前被称为原发性胆汁性肝硬化，是获得性慢性胆汁淤积的另一种形式，与自身免疫破坏小胆管引起门静脉浸润和纤维化有关。大约 95% 的 PBC 患者为中年女性。原发性硬化性胆管炎（primary sclerosing cholangitis，PSC）与肝内和肝外胆管损伤和纤维化有关，导致胆道狭窄和胆汁流动受阻。PSC 是一种男性为主的疾病，男女比例约为 2∶1。

（三）胆汁酸作为治疗药物

1. 非酒精性脂肪肝

糖尿病和脂肪肝是与血脂异常和肝胰岛素抵抗相关的炎症性疾病。NAFLD 是美国最常见的慢性肝病，患病率约为 30%，是 2 型糖尿病、肥胖和心血管疾病的危险因素[119-121]。NASH 是一种进行性 NAFLD，可能导致肝硬化和肝癌。NASH 从单纯性脂肪变性到纤维化的分子机制尚不完全清楚，目前尚无有效的药物治疗。近期研究表明 NASH 患者循环中结合的初级胆汁酸（尤其是 G/TCA 和 TCDCA）增加，结合的 CA 与 CDCA 的比值增加，二级胆汁酸减少[122]。NASH 中血清胆汁酸成分改变的原因尚不清楚。在 NASH 和 2 型糖尿病中，肠道菌群可能在胆汁酸生物转化、胆汁酸池大小和胆汁酸反馈调节等方面起着至关重要的作用。

2. UDCA

UDCA（商品名熊二醇）是 CDCA 的一种 7β 外聚体，是一种亲水性胆汁酸，在人类胆汁中少量存在。药理剂量的 UDCA 对人体不产生毒性作用。UDCA 已用于胆固醇胆结石溶解[123]。UDCA 对较小的结石更有效，完全溶解可能需要 6～24 个月。在某些高危情况下，如妊娠期间或

减肥手术后，UDCA 对预防胆结石症是有益的。目前，UDCA 是 PBC 的一线治疗方法[124]。它明显提高了对 PBC 患者的肝功能检测，并降低了患者对肝移植的需求性。UDCA 也可以在 ICP 和 PFIC3 中提供有益的影响。UDCA 可增加胆汁酸池的亲水性，降低胆汁酸毒性[125]。它刺激胆汁流动，促进胆汁 HCO_3^- 分泌[126, 127]。此外，它还具有抗炎症和抗凋亡作用[127, 128]。然而，约 40% 的 PBC 患者对 UDCA 治疗没有药物反应[129]。

许多临床试验已经对 UDCA 治疗 PSC 进行了测试，但由于没有长期的疗效反馈，在临床实践指南中并未推荐使用 UDCA 治疗 PSC[130, 131]。norUDCA 是 UDCA 的一个侧链缩短的 C23 同源物[132, 133]。在肠肝循环中，norUDCA 不发生明显的酰胺化，而部分被葡萄糖醛酸化。norUDCA 经历胆总管分流，促进 HCO_3^- 分泌[127]，并在实验模型中表现出强大的抗胆汁淤积和抗炎作用[134]。最近的一项随机对照 2 期试验显示，在为期 12 周的治疗中，norUDCA 显著且剂量依赖性地降低了 PSC 患者的 ALP，这值得进一步的临床研究[135]。最近的一项随机对照 2 期试验显示，在为期 12 周的治疗中，norUDCA 显著且剂量依赖性地降低了 PSC 患者的 ALP，这值得进一步的临床研究[135]。

3. FXR 激动药

目前已经开发了几种有效的 FXR 激动药，其中包括奥贝胆酸（OCA），这是一种 6α- 乙基 CDCA 衍生物，可选择性激活 FXR，EC_{50} 约为 100nmol/L3[136]。激活 FXR 会减少胆汁酸合成，增加细胞内胆汁酸积累，减轻炎症，这是 OCA 在实验性胆汁淤积[136]和人 PBC 中发挥有益作用的基础[137-139]。最近，OCA 被美国食品药品管理局（Food and Drug Administration，FDA）批准用于治疗对 UDCA 无反应或不能耐受的 PBC 患者。在 2 期临床试验中，OCA 也改善了 NASH 评分，并正在进一步测试其在治疗脂肪肝方面的作用[140]。

4. 胆汁酸螯合剂

胆汁酸隔离剂是一类在肠道中结合带负电荷的胆汁酸并防止胆汁酸再吸收的药物。这一作用导致刺激肝胆汁酸合成，增加肝 LDL 摄取，并降低血浆 LDL 胆固醇。考来烯胺和降脂树脂二号是经典的胆汁酸隔离剂，用于降低人体血浆胆固醇，但考虑到其他降脂药物的可用性，它们的使用不太常见。胆汁酸隔离剂用于治疗胆汁淤积引起的瘙痒。盐酸考来维仑[141]是第二代胆囊酸隔离剂，可改善 2 型糖尿病的血糖控制。胆汁酸螯合物的作用机制尚不完全清楚，但可能与 GLP-1 分泌增加[142]和肝脏葡萄糖分泌减少有关[143]。

5. 肥胖外科手术

减肥手术导致血清结合胆汁酸增加，这与肥胖患者在减肥手术后不久改善胰岛素抵抗正相关[144, 145]。Roux-en-Y 胃旁路术后早期血清胆汁酸和胰岛素敏感性升高可能与二级胆汁酸和 GLP-1 升高有关[146]。垂直套筒胃切除术改善了高脂肪饮食喂养的野生型小鼠的胰岛素敏感性，但对 $Fxr^{-/-}$ 小鼠或 $Tgr5^{-/-}$ 小鼠没有影响[147, 148]，这表明 Fxr 和 Tgr5 可能与此有关。然而，胆汁酸受体信号转导在减肥手术后改善糖尿病中的潜在分子机制尚不清楚。

五、结论

本章概述了胆汁酸的理化性质，并对胆汁酸的合成、运输和内稳态调节机制进行了综述。胆汁酸在消化系统中的主要生理功能取决于胆汁酸的洗涤和信号特性。核受体、肠道菌群、营养物质和昼夜节律控制胆汁酸代谢和内稳态。这些领域的新发现表明胆汁酸在生理和疾病中的代谢、调节和功能高度复杂。胆汁酸代谢的先天异常是罕见的，但通常与严重的肝脏并发症有关。当前在胆汁酸生物学功能探究上及基础研究成果临床转化应用方面都取得了重大进展。目前的研究支持以胆汁酸肠肝循环的不同步骤为目标的概念，以实现对各种肝脏和代谢性疾病的治疗效益。胆汁酸治疗的进一步发展预计发生在未来几年。

致谢 这项研究得到了 NIH grants, DK44442 and DK58379 to JYLC, and 1R01DK102487-01 to TL 的支持。感谢 Dr.Alan Hofmann 对稿件的严格审查。

第24章　肝脏胆汁酸受体 TGR5

TGR5 (GPBAR1) in the Liver

Verena Keitel　Christoph G. W. Gertzen　Lina Spomer　Holger Gohlke　Dieter Häussinger　著

韩　英　尚玉龙　陈昱安　译

人体肝细胞将胆固醇合成为胆酸和鹅脱氧胆酸等初级胆汁酸,而小鼠体内的 CDCA 主要由 α-鼠胆酸和 β- 鼠胆酸转化而来[1, 2]。初级胆汁酸与牛磺酸或甘氨酸结合后分泌入胆汁,与磷脂和胆固醇混合形成微胶粒。当食物进入小肠时,胆汁随即释放并促进脂质的吸收和胆固醇的排泄[1-3]。在肠道中,胆汁酸在胆盐水解酶作用下转化为非结合状态,继而通过 7α- 脱羟基反应转化为脱氧胆酸和石胆酸等次级胆汁酸[4, 5]。回肠末端通过主动重吸收作用将胆汁酸经门静脉转运回肝脏[6]。肝细胞将之与牛磺酸或甘氨酸重新结合,并再次通过肝细胞胆管侧细胞膜分泌到胆汁中[6]。以上即胆汁酸的肠肝循环,每天发生 6～10 次[3, 6]。只有少量次级胆汁酸会随粪便排出,这部分胆汁酸也将由肝脏中重新合成的胆汁酸所取代[2]。

过往数十年的研究发现,胆汁酸作为可激活不同受体的重要信号分子,在不同类型的细胞中发挥特异性的生物调节功能[7-11]。胆汁酸于 1999年被首次鉴定为核受体 FXR（NR1H4）的配体[12-14]。肝脏和肠道的 FXR 激活后可调节胆汁酸、葡萄糖和脂代谢过程中关键基因的转录[15-20]。FXR 的配体奥贝胆酸（6α- 乙基 -CDCA）已被批准用于治疗原发性胆汁性胆管炎,同时 1 项 Ⅱ 期临床试验也表明奥贝胆酸可显著改善非酒精性脂肪性肝炎的组织学特征[21, 22]。胆汁酸还可激活包括 PXR（NR1I2）和 VDR（NR1I1）在内的其他核受体[23-25]。除此之外,胆汁酸还可激活 GPCR,

包括不同类型的毒蕈碱（乙酰胆碱）受体（如 M_2 和 M_3 受体）[26-29]、FPR[11, 30, 31]、S1PR2[32-37] 和 TGR5[38-40]。其中,TGR5 也称为 GPBAR1 或 M-BAR,是被发现的首个 GPCR 类胆汁酸受体[38, 40]。

一、TGR5 在肝脏中的表达和定位

人类 TGR5 基因位于染色体 2q35,包含 2 个外显子[41]。第 2 个外显子的编码区有 993 个碱基对序列,可翻译为 330 个氨基酸[40, 41]。相比之下,大鼠和小鼠的 Tgr5 基因分别定位于染色体 9q33 和 1qC3,其编码区包含 990 个碱基对并最终翻译成 329 个氨基酸[42]。人、牛、兔、大鼠和小鼠的 TGR5 蛋白质序列高度保守,其中 82%～91%的氨基酸序列是一致的[38, 40]。

TGR5 基因广泛表达于啮齿类动物和人体组织中[10, 39-40, 43, 44]。TGR5 在肝脏、胆囊、小肠、大肠和肾脏等参与肝肠循环和胆汁酸排泄的器官中的表达水平尤为升高[38, 40, 42, 44-46]。此外,TGR5在心脏、肺、脾脏、CD14+ 单核细胞、胎盘、生殖器官、肾上腺、大脑和脂肪组织中也有不同程度的表达[38, 40, 42, 44-46]。肝脏中 TGR5 的表达水平在小鼠、大鼠和人类中逐渐升高[39]。

在人类和啮齿动物肝脏的不同非实质细胞中均可检测到 TGR5,如 LSEC、肝巨噬细胞、胆管上皮细胞（biliary epithelial cell, BEC）和活化的 HSC（图 24-1）[10, 39, 47-52]。在肝细胞和静息期的 HSC 中几乎检测不到 TGR5 的表达（图 24-1）[10, 39, 48, 53]。

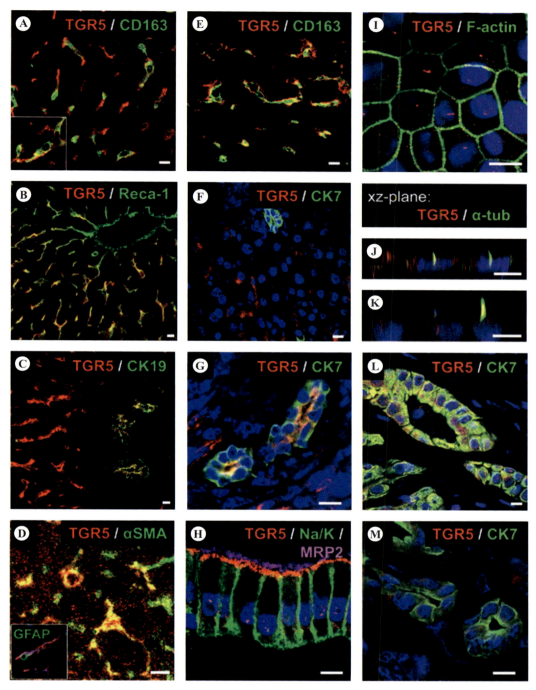

▲ 图 24-1　TGR5 在不同肝脏细胞中的定位

TGR5 表达于肝窦内皮细胞（LSEC）、肝巨噬细胞（KC）、胆管上皮细胞（BEC）和活化的肝星状细胞（HSC）。在肝实质细胞（肝细胞）和静息状态下的 HSC 中几乎观察不到 TGR5 的免疫荧光染色信号。A 至 D. 红色荧光标记大鼠肝脏中的 TGR5。CD163、Reca-1、CK19、α-SMA 和 GFAP 分别作为 KC、LSEC、BEC、活化 HSC 和静息 HSC 的标记。A 至 C. 对照组大鼠的肝脏；D. 四氯化碳(CCl_4)处理的大鼠肝脏。A. 胆总管结扎 3 天后，KC 中的 TGR5 染色增加。D. 静止的 HSC（GFAP，绿色）没有检测到 TGR5（红色）染色，而 TGR（红色）可在 LSEC（蓝色）中检测到。E 至 H. 人肝脏（E 至 G）和胆囊（H）中 TGR5 的免疫荧光染色。CD163 是 KC 的标记蛋白，而 CK7 用于标记 BEC。MRP2 和 Na/K-ATP 酶分别用于胆囊上皮细胞的顶端膜和基底膜的染色（H）。I 至 M.BEC 中 TGR5 的染色。TGR5 定位于鼠胆管细胞（I 和 J）和人胆管癌细胞系 [TFK-1（K）] 的初级纤毛结构中。使用鬼笔环肽标记 F- 肌动蛋白丝（I），使用乙酰化 α- 微管蛋白作为初级纤毛的标记蛋白（J 和 K）。L 和 M. TGR5 在原发性硬化性胆管炎肝脏（L）BEC 中荧光染色强度降低，在胆管癌（M）细胞中荧光染色强度增加在胆囊的上皮细胞和固有肌层的平滑肌细胞中也有 TGR5 的表达[54, 55]。

在亚细胞水平上，TGR5 主要定位在质膜结构上[38, 40]。在极化细胞中，如胆囊上皮细胞和胆管细胞，TGR5 定位于顶端膜和初级纤毛上，其中初级纤毛是由顶端膜延伸到胆管腔内所形成的感觉细胞器[47, 49, 51, 54, 56-58]。虽然在胆管细胞的核膜中也检测到了 TGR5，但目前尚不清楚 TGR5 是否可以在细胞内被激活[56]。

二、TGR5 的天然配体及人工合成配体

（一）TGR5 的内源性配体

TGR5 可被内源性疏水性配体激活[59]，这些配体包括胆汁酸和疏水性神经类固醇分子，如孕醇酮、别孕醇酮、孕二醇和雌二醇等[45, 59, 60]。胆汁酸结合状态不影响自身与 TGR5 的结合，但不同的结合状态及胆烷骨架疏水性的变化会直接影响激活 TGR5 的效能[59]。例如，牛磺石胆酸（taurolithocholic acid，TLCA）（图 24-2）是一种次级胆汁酸，其胆烷骨架的第 3 位上仅有一个羟基并与牛磺酸结合，是 TGR5 最有效的天然激动药（$EC_{50}=0.29\mu mol/L$）（图 24-2）；其非结合衍生物石胆酸的 $EC_{50}=0.58\mu mol/L$（图 24-2）[59]。与 TLCA 相比，在脱氧胆酸的第 12 位或 CDCA 的第 7 位添加 1 个羟基可使 EC_{50} 分别增加 4 倍和 23 倍[59]（图 24-2）。TGR5 对胆烷骨架第 7 位具有 α- 羟基的胆汁酸分子具有一定的差向异构选择性，如 CDCA 的结合效力比 UDCA 高 5 倍（图 24-2）[59]。胆汁酸分子结构的修饰变化可能通过改变自身与 TGR5 的结合模式影响其与 TGR5 的结合效能。

（二）TGR5 结合模式的模型

据预测，胆汁酸会与 TGR5 的正性结合位点结合[61]。与 GPCR 激动药常见的作用模式一致，胆汁酸通过桥接第 3 个和第 6 个跨膜螺旋结构（TM）激活受体[62]（图 24-3A 和 B）。胆汁酸与牛磺酸结合后分子变大，这使得 TGR5 中的残基 R79（细胞外环 EL1）和 Y240（TM6）得以相互作用[61]。带负电荷的磺酸结构和带正电荷的 R79 之间产生相互作用，进一步增加了胆汁酸与

TGR5 的亲和力。与牛磺酸结合的胆汁酸，其磺酸基在与 TGR5 的结合袋中处于较高的位置，这也解释了为何 TGR5 可被与考来烯胺结合的胆汁酸所激活[63]。所有胆汁酸分子都通过其胆烷骨架的 3- 羟基与 Y240 形成氢键，与 E169 形成的氢键进一步提高了 Y240 氢键的稳定性（TM5）（图 24-3A 和 B）[61]。研究发现，Y240F 突变体中苯丙氨酸环上缺乏羟基结构，并且该突变体无法被胆汁酸激活，由此推测 Y240 的氢键对于 TGR5 的激活至关重要[61]。神经类固醇分子也可通过其羟基或羰基与 TGR5 的 Y240 发生相互作用[61]。由于缺乏酸性基团，它们主要与第 3 个 TM 结构中的 Y89 形成额外的疏水结构 [例如，孕二醇 $EC_{50}=0.58\mu mol/L$[59]（图 24-2）]，从而允许它们在大脑中激活 TGR5。TRG5 对胆汁酸分子的差向异构选择性主要取决于 CDCA 的 7α- 羟基与 TGR5 第 3 个 TM 结构中的 Y89 所形成的氢键。相反，由于 β- 构型，UDCA 不能与其 7- 羟基形成这样的氢键。

（三）TGR5 的激动药和拮抗药

在目前已知的具有非甾体核心的 TGR5 激动药中[64-68]（图 24-2），酸性或酰胺结构通常与 3~4 个可变互连的芳环和脂环结构相连。距离酸性或酰胺部分最远的环状结构中总是含有一个杂原子。尽管非甾体激动药与 TGR5 的结合模式尚不清楚，但杂原子可能是与 Y240（TM6）形成氢键所必需的结构，而这种结构对于 TGR5 的活化至关重要[69]。在合成的 TGR5 激动药中添加季铵（26a）（图 24-2），或通过聚乙二醇连接两种不同的激动药（15c）（图 24-2）均可使 TGR5 激动药具有更高的肠道特异性。具有季铵结构的配体由于带有永久电荷，通常无法被吸收，而相互连接的激动药由于分子过大，无法通过肠道屏障进入血液。

尽管 TGR5 可识别的配体范围很广，但到目前为止只发现了一种拮抗药（SBI-115）（图 24-2）[70]。它由两个相互连接的芳香环和一个乙基磺基取代基组成，其分子比已知的激动药略小。由于缺乏酸性结构和甾体核心，这种拮抗药的结合模式可能与激动药的结合模式存在明显的差异。

胆汁酸	R_1	R_2	R_3	$EC_{50}[\mu mol/L]$
TLCA	H	H	Taurine	0.29
DCA	H	α-OH	OH	1.25
CDCA	α-OH	H	OH	6.71
UCDA	β-OH	H	OH	36.40
TC	α-OH	α-OH	Taurine	4.95
LCA	H	H	OH	0.58

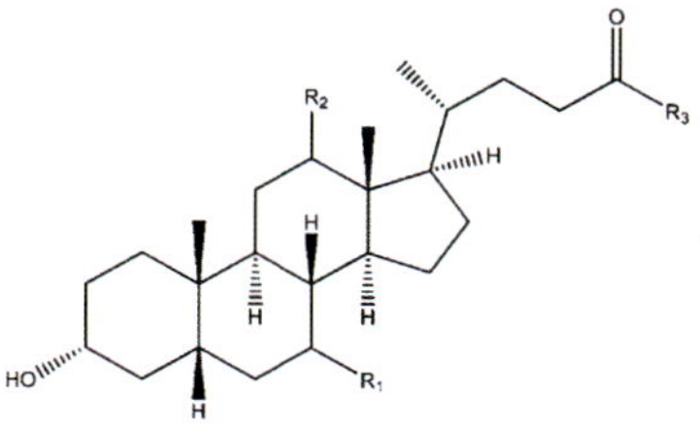

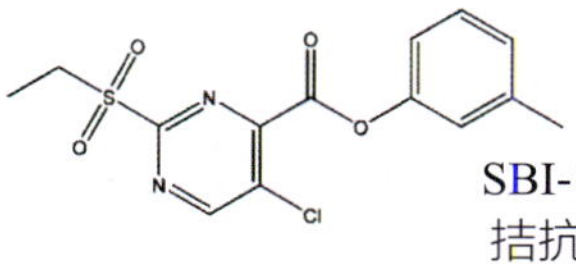

SBI-115
拮抗药

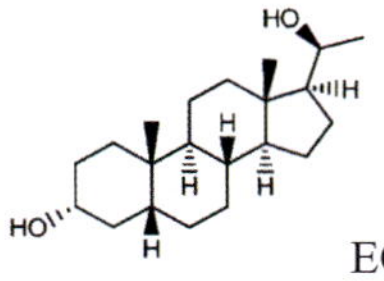

孕二醇
EC_{50}: 0.58μmol/L

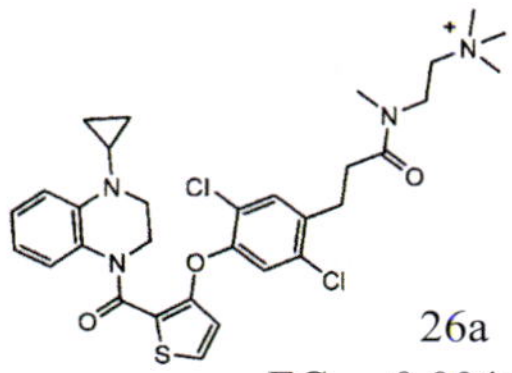

26a
EC_{50}: 0.004μmol/L

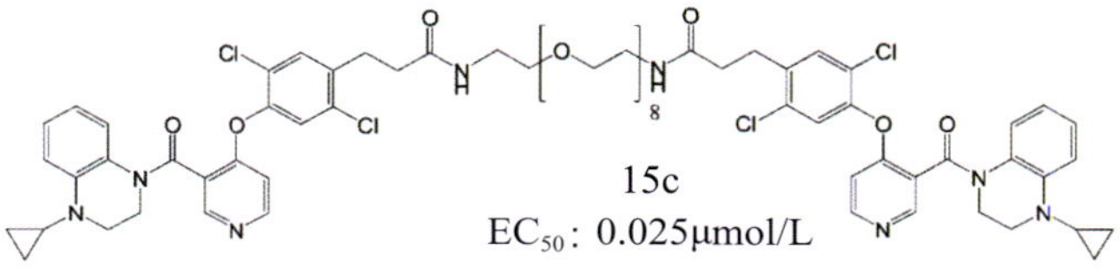

15c
EC_{50}: 0.025μmol/L

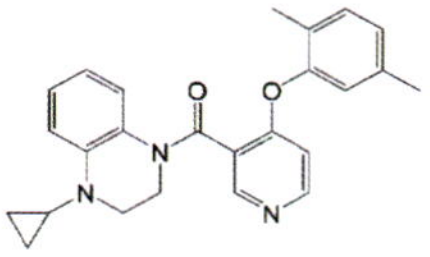

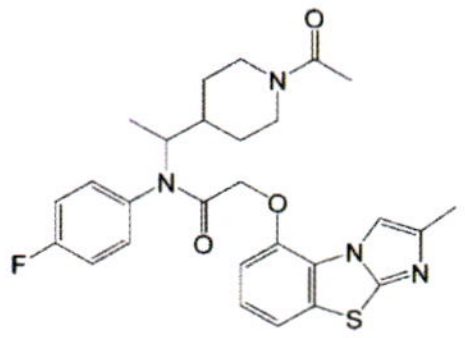

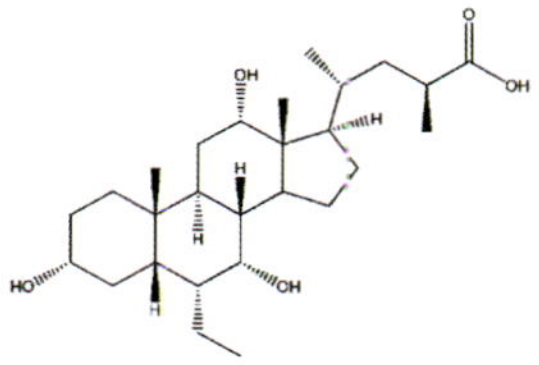

25g
EC_{50}: 0.72μmol/L

18
EC_{50}: 24.7nmol/L

INT-777
EC_{50}: 0.82μmol/L

▲ 图 24-2 **TGR5 的主要配体**

该图显示了天然胆汁酸激动药的基团替代模式及其 EC_{50} 值[59]。此外，还展示了神经类固醇激动药孕二醇、拮抗药 SBI-115、两种肠道激动药 26a 和 15c，以及三种合成激动药 23g、18 和 INT-777[64-68, 70]。TLCA. 牛磺石胆酸；DCA. 脱氧胆酸；CDCA. 鹅脱氧胆酸；UDCA. 熊脱氧胆酸；TC. 牛磺胆酸；LCA. 石胆酸；EC_{50}. 半最大效应浓度

三、TGR5 相关信号通路及其表达和定位的调控

（一）TGR5 下游信号通路

胆汁酸与 TGR5 结合后可激活由 $G\alpha_s$ 介导的 cAMP 信号通路[38]。此外，其他细胞特异性信号通路也可以被激活[10, 52, 57, 58]。在食管腺癌细胞系 FLO 中，牛磺脱氧胆酸（taurodeoxycholic acid，TDCA）激动 TGR5 后可引起 $G\alpha_q$ 和 $G\alpha_{13}$ 的偶联[71]。在胆管细胞中，不同的 TGR5 激动药对细胞增殖

的影响各异，但这均与 TGR5 和 $G\alpha_s$ 或 $G\alpha_i$ 的偶联相关[56]。因此，不同的活性构象和亚细胞定位决定了 TGR5 的功能[56, 72]。然而，体外培养的细胞中 TGR5 被内源性激动药激活后，既不与 GPCR 激酶 2、5 或 6 相互作用，也不与 β- 抑制素 1 或 2 相互作用。因此，即使予以反复刺激，TGR5 仍不会出现内体转运或脱敏效应[73]。

TGR5 与配体结合后，细胞内 cAMP 和 Ca^{2+} 浓度升高，促进不同离子通道的激活，调节基因

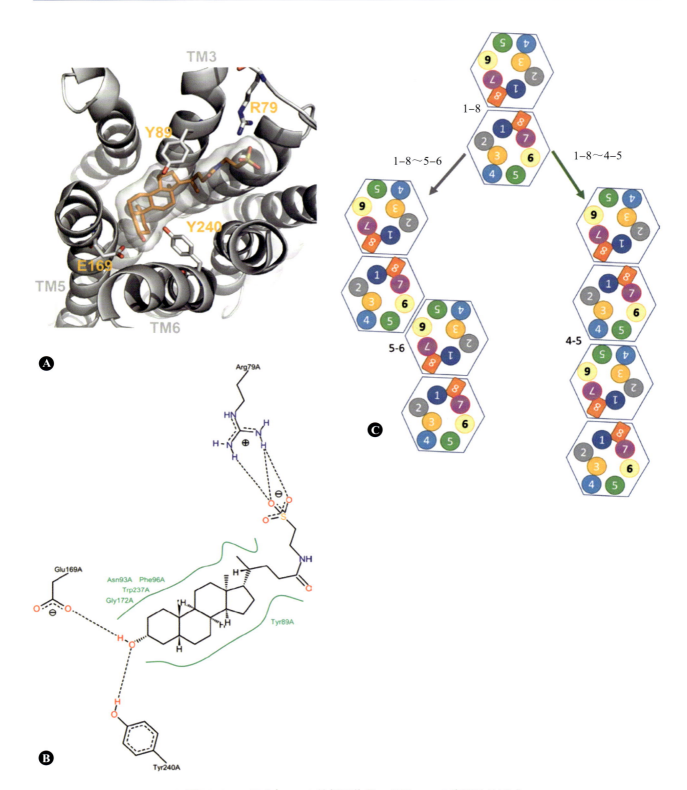

▲ 图 24–3 **TGR5 与 TLC 的相互作用，以及 TGR5 寡聚体的形成**

A. TGR5（灰色）中牛磺石胆酸钠（TLC）（橙色）的结合模式[61]。短棒状图形代表重要的相互作用残基。TLC 通过促进 Y240 和 Y89 相互作用来桥接 TM3 和 TM6，这是 TGR5 激活的重要步骤。E169 和 R79 决定了 TLC 的作用效能。B. TGR5 与 TLC 相互作用的二维图。虚线表示氢键和盐桥效应，绿色表示疏水相互作用。C. TGR5 寡聚效应示意图[80]。TGR5 通过 TM1 和螺旋 8 形成二聚体。通过二聚体的 TM4-TM5 界面（4–5）或 TM5-TM6 界面（5–6）发生寡聚化表达，并诱导线粒体分裂[38, 45, 48, 50, 55, 74-77]。此外，胆汁酸通过 TGR5 激活多种激酶信号通路，如 PKA、AKT、EGFR、mTOR、Rho 激酶和 ERK 通路等[38, 52, 55, 56, 76, 78]。

（二）TGR5 的二聚及寡聚调节

GPCR 可以形成同源和异源寡聚体，寡聚体的形成是影响 TGR5 发挥不同生物学功能的重要环节[79]。目前，通过细胞生物学、多参数荧光图像光谱法（multiparameter fluorescence image spectroscopy，MFIS）、定量荧光共振能量转移（fluorescence resonance energy transfer，FRET）分析等研究，获得了 TGR5 发生二聚化和寡聚化的重要结构学信息[80]。野生型 TGR5 形成高阶寡聚体，但其 Y111A 变异体无法形成类似的结构。野生型 TGR5 的高阶寡聚体是由其他二聚体之间的相互作用形成的。相比之下，TGR5 的 Y111A 变异体仅可形成二聚体。高阶寡聚体可能具有线性排列的特点，其相互作用位点与第 1 个跨膜螺旋结构、第 8 个螺旋结构和第 5 个跨膜螺旋结构有关（图 24-3C）。其中，第 8 个螺旋结构对 TGR5 的二聚化具有重要意义，并且有报道提示 GPCR 的二聚化可维持内质网的膜运输功能，这也在一定程度上说明膜近端的 C 端螺旋结构是决定 TGR5 定位和功能的关键结构[69]。采用 MFIS-FRET 分析 TCA（图 24-2）刺激 TGR5 前后的变化，发现 TCA 及其引起的 G 蛋白偶联过程并不影响野生型 TGR5 和其 Y111A 变异体的寡聚状态[80-81]。

（三）TGR5 表达和定位的调节

目前，调节 TGR5 表达、定位和功能的机制尚不完全清楚。以 NH_4Cl 刺激大鼠星形胶质细胞，可以观察到 TGR5 的 mRNA 和蛋白的表达均降低[45]。此外，与无肝性脑病（hepatic encephalopathy，HE）的患者相比，HE 患者脑皮质中 TGR5 的 mRNA 表达显著降低[45]。以异孕酮等多种 TGR5 配体刺激大鼠星形胶质细胞或人巨噬细胞，均可下调 TGR5 mRNA[45, 46]。这表明持续的配体刺激和由此产生的 TGR5 表达下调是 TGR5 受体脱敏的重要机制[45, 46, 73]。

相比之下，在药物诱导的肝衰竭小鼠模型中，其额叶大脑皮质中 TGR5 的 mRNA 升高[82]。

此外，在胆总管结扎模型中，大鼠肝巨噬细胞中 TGR5 荧光染色信号增强[48]。但调节 TGR5 mRNA 水平的分子机制尚不清楚。

四、TGR5 在不同肝脏细胞中的功能

（一）肝窦内皮细胞

刺激大鼠肝脏肝窦内皮细胞（liver sinusoidal endothelial cells，LSEC）中的 TGR5 可激活腺苷酸环化酶，提高细胞内 cAMP 水平，促进 eNOS 发生 PKA 介导的磷酸化，增加 NO 的释放[10, 39, 50]。此外，TGR5 的激活触发了 CSE 发生 AKT 依赖的丝氨酸磷酸化，而 CSE 是产生血管舒张分子 H_2S 所必需的酶[39, 83, 84]。TGR5 与其配体结合后促进了 eNOS 和 CSE mRNA 水平的上调，同时抑制了 ET-1 的表达（图 24-4）[50, 83-85]。因此，LSEC 内 TGR5 的激活有利于血管舒张分子的产生和释放，同时抑制 ET-1 的表达，从而降低 HSC 收缩性和门静脉压力（图 24-4）[39, 83]。

（二）肝星状细胞

在新鲜分离的大鼠静息期 HSC 中几乎检测不到 TGR5 的表达[53]。啮齿动物肝脏中，胶质纤维酸性蛋白（glial fibrillary acidic protein，GFAP）阳性的静息期 HSC 上也无法检测到 TGR5 的免疫荧光染色信号[48, 53]。然而，随着 HSC 活化水平的提高和肝脏受损时间的延长，TGR5 mRNA 和蛋白水平逐渐增加（图 24-1 和图 24-4）[39, 48, 53]。在活化的 HSC 中，cAMP 通过促进 ET_A 受体发生内化而降低对 ET-1 的敏感性[86]。因此，TGR5 的激活可能会降低 HSC 的细胞收缩活性并改善门静脉高压症。

（三）肝巨噬细胞

TGR5 的激活可抑制促炎细胞因子的表达和分泌，从而在肝巨噬细胞和骨髓来源巨噬细胞（bone marrow-derived macrophages，BMDM）中发挥强大的抗炎作用[48, 87, 88]。TGR5 激活后可抑制 IκBα 的磷酸化，从而阻断 NF-κB p65 的核转位[39, 89]。此外，通过调节 NB 和 NLRP3 的磷酸化状态，TGR5 可抑制 IL-1β 和 IL-18 等 caspase-1 依赖性促炎细胞因子的成熟[39, 88]。TGR5 激活后还可通过 AKT-mTOR 信号通路抑制趋化因子的

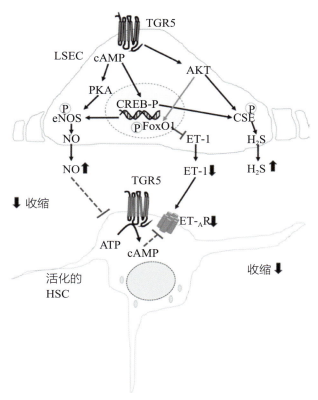

▲ 图 24-4　TGR5 在肝窦内皮细胞（LSEC）和活化的肝星状细胞（HSC）中的功能

TGR5 与配体结合后刺激腺苷酸环化酶和 cAMP 的产生，进而促进下游靶标的激活，包括 CREB 和 PKA。CREB 促进内皮型一氧化氮合酶（eNOS）和胱硫醚 -γ- 裂解酶（CSE）的表达，产生 NO 和 H₂S。PKA 和 AKT 通过激活 eNOS 和 CSE 进一步增强上述效应。此外，TGR5 抑制内皮素 -1（ET-1）的表达。在活化的 HSC 中，TGR5 抑制 ET-1 信号转导，通过 cAMP 依赖的 ET 受体内化作用而抑制细胞收缩。总之，TGR5 的激活促进血管扩张剂的分泌并抑制血管收缩剂的释放，导致门静脉压力降低（经 Georg Thieme Verlag KG Stuttgart 许可转载，引自参考文献 [39]）

表达，促进肝抑制蛋白（liver inhibitory protein, LIP）C/EBPβ 亚型的表达 [39, 76, 90]。TGR5 的激活还可触发其他的抗炎机制，包括减少巨噬细胞迁移和吞噬作用，促进单核细胞优先分化为抗炎表型等（图 24-5）[76, 89, 91-94]。与 FXR 相似，TGR5 促进多种抗炎作用 [39]。

（四）胆管上皮和胆囊

　　TGR5 在肝内大、小胆管和肝外胆管的胆管细胞中均有表达，多定位于顶端膜和初级纤毛结构上 [39, 45, 47-49, 51, 52, 56-58]。TGR5 与其配体结合可激活腺苷酸环化酶，提高 cAMP 水平，随后刺激 CFTR

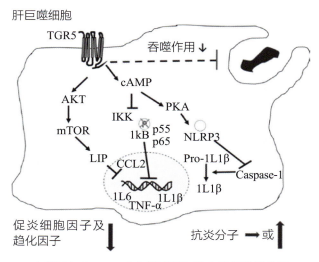

▲ 图 24-5　TGR5 在肝巨噬细胞中发挥抗炎作用

TGR5 导致 cAMP 升高抑制了 IκB 激酶活性及其磷酸化，稳定了细胞质内的 IκB 和 NF-κB p65 的水平，最终导致 NF-κB 转录活性的降低，从而降低了促炎细胞因子的表达。TGR5 激活通过影响 NLRP3 的 PKA 依赖性磷酸化，阻断了促炎细胞因子发生 caspase-1 依赖性的剪切。此外，TGR5 的激活通过 AKT-mTOR-LIP 信号通路抑制趋化因子的表达和分泌。总之，TGR5 减弱了促炎细胞因子和趋化因子的表达，稳定或增加了抗炎分子的转录（经 Georg Thieme Verlag KG Stuttgart 许可转载，引自参考文献 [39]）

（ABCC7）并促进氯化物的分泌（图 24-6）[39, 49, 54, 57]。随后 Cl⁻ 通过 AE2（SLC4A2）与碳酸氢盐交换，导致富含碳酸氢盐的胆汁分泌并形成保护性碳酸氢盐层 [39, 47, 49, 54, 58, 67, 95-97]。TGR5 的缺失增加了胆管细胞对胆汁酸诱导细胞毒性的敏感性 [43, 47, 52, 96]。TGR5 还促进了 JAM-A 的表达和磷酸化修饰，从而降低细胞旁通透性（图 24-6）[98]。TGR5 对胆管细胞增殖的调节作用取决于受体激活时所处的亚细胞定位 [39, 47]。人胆管细胞（H69 细胞）初级纤毛结构上的 TGR5 与配体结合后，可导致其与抑制性 Gαi 蛋白的偶联，降低细胞内 cAMP 浓度并抑制细胞增殖 [39, 47, 56]。刺激非纤毛结构上的 TGR5 则通过升高 cAMP 促进细胞增殖 [47, 56]。将小鼠胆管细胞与胆汁酸或 TGR5 激动药共孵育可促进 ROS 的产生，激活 Src 激酶和 MMP，转录激活 EGFR，提高 ERK1/2 的磷酸化水平，最终促进细胞增殖 [39, 43, 47, 52]。这个过程并不依赖于腺苷酸环化酶的激活 [52]。相反，TGR5 通过刺激腺苷酸环化酶，提高 cAMP 浓度和激活 PKA 来削弱 CD95 配体诱导的细胞

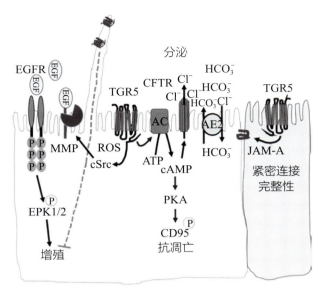

▲ 图 24-6　TGR5 在胆管上皮细胞中的功能

TGR5 与配体结合后激活 G 蛋白和腺苷酸环化酶（AC）。TGR5 通过升高细胞内 cAMP 水平，激活 CFTR 和 AE2，并促进氯化物和碳酸氢盐排泄，从而形成碳酸氢盐伞。此外，PKA 的 cAMP 依赖性激活促进了 CD95 受体丝氨酸 / 苏氨酸的磷酸化水平并抑制细胞凋亡。TGR5 诱导 JAM-A 的表达和磷酸化，并调节紧密连接的完整性和细胞旁通透性。TGR5 与配体结合后可以增加 ROS 的水平，导致 Src 激酶激活、MMP 依赖性的 EGF 脱落、EGFR 的转录激活、ERK1/2 的磷酸化和更为活跃的细胞增殖。靶向激活初级纤毛中的 TGR5 抑制了细胞增殖（改编自参考文献 [47, 49, 52]）

凋亡效应（图 24-6）[47, 52]。

在胆囊上皮细胞中，TGR5 激活也会增强 CFTR 介导的 Cl- 分泌，而在胆囊平滑肌细胞中，TGR5 的激活通过 cAMP-PKA 途径刺激 K-ATP 的开放和肌肉细胞的松弛 [54, 55]。将全层胆囊组织制备的研究样本和上皮细胞层暴露于胆汁酸的刺激，也可以观察到平滑肌细胞松弛 [55]。因此，经上皮吸收的胆汁酸对胆囊平滑肌细胞 TGR5 的激活是导致胆囊充盈的重要机制 [55, 66]。此外，胆汁酸还可通过回肠中 FXR 下游效应分子 FGF19（在小鼠中为 FGF15）调节胆囊充盈 [55, 95, 99]。

五、TGR5 敲除小鼠的研究发现和 TGR5 配体在啮齿动物中的应用

靶向敲除 TGR5 并不能诱导产生明显的异常表型或自发性肝脏疾病 [42, 44]。TGR5 敲除小鼠的胆汁酸池较小，FXR 的拮抗性胆汁酸 Tβ-MCA

水平降低，TCA 和 TDCA 比例增加，这可能是由于 Cyp7b1 表达水平降低，并且其他旁路途径抑制了胆汁酸的合成 [43, 55, 100, 101]。Tβ-MCA 浓度的降低可在没有 TGR5 的情况下抑制 FXR 的信号转导，该现象进一步说明 TGR5 和 FXR 功能上具有一定的重叠性 [43, 101]。

（一）TGR5 在胆囊和胆道疾病中的作用：来自于小鼠模型研究的启示

TGR5 敲除小鼠不仅胆汁流量减少，而且胆囊体积也非常小，这可能与平滑肌细胞松弛能力的受损有关 [43, 55, 95]。野生型小鼠摄入 TGR5 配体或小分子化合物（图 24-2）可诱导胆流并促进胆囊充盈，胆囊容量可增加 1.3 倍 [43, 66, 67, 95]。这里提到的小分子化合物是一种 4- 苯氧基 - 烟酰胺衍生物，是 TGR5 的非胆汁酸类配体。它通常蓄积在小鼠血浆、胆汁和胆囊组织中，可直接作用于胆囊局部的平滑肌细胞 [67]。然而，肠道特异性的 TGR5 配体并不能增加胆囊体积 [65]，这表明 TGR5 配体需要通过局部直接刺激或在血浆中的积累到一定浓度后才有促进胆囊充盈的作用。

靶向敲除 TGR5 可减少致石饮食喂养小鼠产生胆固醇结石 [42, 43]。TGR5 的缺失可阻断胆汁酸诱导的平滑肌细胞收缩，而过表达 TGR5 则会导致胆囊动力不足，这种现象也在胆结石患者的临床样本中得到了印证 [54, 55]。由此可知，开展 TGR5 激动药临床研究时须密切监测胆囊功能 [39]。

TGR5 的靶向敲除增加了小鼠对不同类型胆汁淤积性肝损伤的易感性 [39, 43, 47, 52]。敲除 TGR5 加重胆酸饮食或胆总管结扎导致的肝损伤 [39, 43, 47, 52, 63]。TGR5 的基因缺失会阻断胆汁淤积情况下胆管细胞和肝细胞的增殖 [47, 52, 63]。在体外分离培养的小鼠胆管细胞中，TGR5 通过 ROS-Src-MMP-EGFR-ERK1/2 信号通路对胆汁酸诱导的胆管细胞增殖反应发挥至关重要的调控作用（图 24-6）[52]。相比之下，导致 TGR5 敲除小鼠体内肝细胞增殖抑制的机制尚不清楚 [43]。在 TGR5 敲除小鼠的部分肝切除样本中也可观察到肝细胞的增殖能力受到抑制，部分原因可能与 TGR5 敲除后引起的肝内高胆汁酸浓度和胆汁酸池疏水化等变化有关 [43, 63]。考来烯胺可通过消耗胆汁酸而减

轻 TGR5 敲除小鼠部分肝切除后发生的肝损伤，这也进一步强调了胆汁酸水平升高及胆汁酸池组成成分的改变是产生上述表型的重要机制 [43, 63]。

（二）TGR5 在炎症性和代谢性肝脏疾病中的作用：来自于小鼠模型研究的启示

TGR5 是一种重要的炎症负性调控分子，对全身或肝脏局部的炎症反应都发挥了重要的调节作用。与野生型小鼠相比，接受腹腔脂多糖（lipopolysaccharide，LPS）注射处理的 TGR5 敲除小鼠更易出现血清转氨酶和炎性细胞因子（如 IL-1β）的升高，同时肝脏的炎症浸润程度及肝细胞凋亡活性也显著增强 [39, 43, 87]。TLCA 或 TGR5 配体 INT-777 可抑制 LPS 诱导的 IL-1β 和 IL-18 升高，但在 TGR5 敲除或 NLRP3 炎症小体缺陷的小鼠中无法观察到这种现象 [39, 88]。

在不同动物模型中均已发现，TGR5 的激活可改善代谢综合征 [11, 43, 65-67, 74, 89, 102]。因此，TGR5 是肥胖、胰岛素抵抗、动脉粥样硬化和非酒精性脂肪性肝病等代谢性疾病的重要潜在药物靶点，也涌现出了大量人工合成的 TGR5 激动药 [11, 43, 65-68, 90, 103, 104]。

炎症和 Ly-6C[high] 单核细胞的浸润是脂肪性肝炎的重要特征，同时巨噬细胞向促炎表型的转化也是疾病发生发展的典型表现 [39, 105]。将 FXR 和 TGR5 双重激动药（INT-767）应用于 db/db 肥胖小鼠，6 周后可观察到 Ly-6C[high] 单核细胞的减少和 Ly-6C[low] 单核细胞的增多，同时肝脏炎症、脂肪变性、肝细胞气球样变及纤维化程度均有显著的改善 [39, 106]。TGR5 的合成激动药 INT-777 可减少高脂饮食小鼠的体内脂肪和肥胖程度，还可通过促进肠道分泌 GLP-1 提高糖耐量 [43, 74, 75]。其他非胆汁酸类的 TGR5 激动药也有上述类似的效果 [66, 67, 103]。此外，INT-777 通过降低脂肪酸和甘油三酯浓度来减轻肝脏的脂肪变性 [43, 74]。抑制肝脏和脂肪组织的炎症提高了胰岛素敏感性，增加了棕色脂肪组织和骨骼肌的能量消耗，促进了脂肪分解、线粒体的生物合成和分裂。提高白色脂肪组织的产热效能可能是 TGR5 激动药治疗肥胖和脂肪性肝炎的基础 [74-76, 90, 102]。

FXR 和 TGR5 对代谢综合征的改善作用可形成有益的互补。FXR 激动药可直接调节肝脏的糖脂代谢，也可通过诱导肠道分泌 FGF15/19 发挥间接的调节作用。而 TGR5 激动药则促进肝脏和脂肪组织的抗炎作用，提高能量消耗，促进脂肪分解和白色脂肪组织产热，促进肠道分泌 GLP-1 [75, 107]。

（三）TGR5 在进展期肝病中的作用：来自于啮齿动物模型研究的启示

门静脉高压症是晚期肝纤维化和肝硬化的常见并发症，并且与 LSEC 和 HSC 的解剖学和生化变化有关 [39, 108, 109]。门静脉高压症中 LSEC 功能障碍表现为 Disse 间隙细胞外基质沉积增加、血管舒张介质分泌减少、TGF-β 和 PDGF-C 等促纤维化分子的增加 [39, 109]。HSC 活化及其向肌成纤维细胞样细胞的转化过程通常与维生素 A 缺乏、细胞外基质的大量产生，以及 α-SMA 和 TGR5 的表达增加有关 [39, 53, 109]。TGR5 参与门静脉压力和肝脏微循环的生理调节 [39, 50]。以 TGR5 激动药 BAR501 刺激 CCl₄ 诱导的肝纤维小鼠，可观察到门静脉高压的情况得到了显著的改善 [43, 85]。这个过程与 TGR5 激活后 ET-1 的表达减少和 CSE 的活性增加有关 [39, 85]。此外，cAMP 介导的 ETA 受体内化可降低活化的 HSC 对 ET-1 的反应性，这也有助于门静脉压力的降低 [86]。尽管 BAR501 可以改善门静脉高压症，但它并不能完全阻断促纤维化基因（如 TGF-β₁、胶原蛋白 1α₁ 和 α-SMA）的表达 [85]。目前仍不清楚 TGR5 激动药是否可以改善其他动物模型中的肝纤维化和肝硬化。

六、人类肝脏疾病

（一）TGR5 在胆道疾病中的作用

全基因组关联研究表明，TGR5 的特殊基因位点与溃疡性结肠炎和原发性硬化性胆管炎相关 [110, 111]。对 PSC 患者和健康志愿者的血样进行测序并未发现 TGR5 编码序列（coding sequence，CDS）的变异与 PSC 发病有关 [41, 47, 49, 112]。TGR5 基因 CDS 中的非同义变体很少见，并且在任何患者或对照人群中均未发现两个等位基因上的变体 [41, 47, 49, 112]。然而，在 TGR5 非编码区第一个外显子中发现了一个常见的 rs11554825 多态性，并且与 5′ 非翻译区内的 rs3731859 呈现出完全连锁不平衡的状态，这可能会影响 TGR5 的启动子活性和 mRNA 表达 [41, 47, 49]。TGR5 mRNA 水平在 rs3731859 基因纯合体中最低 [41]。此外，在四个 PSC 队列中均发现 rs11554825 的风险等位基因与 PSC 的发生显著相关 [39, 41]。抑制 TGR5 会削弱其介导的细胞保护作用，使胆管细胞更容易受到胆汁酸诱导的细胞损伤，从而导致 PSC 和 PBC 等胆道疾病的发生或进展 [39, 47, 52]。与对照肝脏相比，PSC 患者胆管细胞的 TGR5 免疫荧光染色强度降低，这与 TGR5 是否存在常见的 rs11554825 多态性无关（图 24-1L）[39, 47, 49]。此外，在 PSC 模型动物 Mdr2（Abcb4）敲除小鼠中，肝脏胆管细胞的 TGR5 荧光染色强度也有所降低 [39, 43, 47, 49, 113]。关于 PSC 中 TGR5 表达下调的机制仍需进一步研究。

与硬化性胆管炎不同，TGR5 在肝内胆管细胞癌（intrahepatic cholangiocarcinoma，iCCA）及肝外肝门周围 CCA 中的表达水平显著升高 [47, 52, 114]。与癌旁组织中的胆管细胞相比，iCCA 细胞中 TGR5 的免疫荧光染色强度增加了大约 3 倍（图 24-1M），但 CK19 的染色强度没有变化 [39, 47, 52]。将 CCA 细胞系（EGI-1 和 TFK-1）与不同的 TGR5 激动药（TLCA 或合成配体）共孵育可激活 EGFR 并促进 ERK1/2 发生磷酸化，进而增强细胞的增殖活性，而这种现象可被 TGR5 的 siRNA 所阻断 [39, 47, 52]。TGR5 激活也可促进 CCA 细胞发生迁移和侵袭，TGR5 的靶向敲除也可阻断这一过程 [47, 52, 114]。

在多囊性肝病（polycystic liver disease，PLD）的囊性胆管细胞中也可检测到 TGR5 表达的增加 [39, 43, 47, 70, 113]。胆管细胞中 TGR5 的激活通过提高 cAMP 的浓度促进细胞增殖和囊肿生长，TGR5 的新型抑制剂（SBI-115）（图 24-2）或 TGR5 的靶向敲除可有效阻断上述现象 [39, 70]。因此，抑制 TGR5 的信号转导可为 PLD 和 CCA 等难治性疾病提供新的治疗选择 [39, 43, 47, 70]。

（二）TGR5 在慢性肝病肝外并发症中的作用：肝性脑病

在中枢神经系统的所有细胞类型中几乎都可以检测到 TGR5 的表达 [45, 115]。中枢神经系统中的 TGR5 发挥神经类固醇受体的作用，其激活可

活化腺苷酸环化酶，导致细胞内 Ca^{2+} 水平升高，并诱导 ROS 的产生 [45]。肝性脑病中可出现轻度脑水肿并伴有活跃的氧化应激反应 [116]，其 TGR5 水平的下调可视为机体对氧化应激的代偿反应 [45]。在小胶质细胞中，用孕烯醇酮刺激 TGR5 后抑制了促炎细胞因子的表达，从而在肝性脑病中发挥抗炎和神经保护的作用 [82, 117]。

七、结论与展望

肝脏中胆汁酸的作用是通过不同的胆汁酸受体介导的，包括核受体和 GPCR。肝脏中不同的非实质细胞均有 TGR5（GPBAR1）的表达，TGR5 调节肝脏微循环、炎症反应和胆管功能。TGR5 的缺失可能会导致 PBC 或 PSC 等胆管疾病的快速进展，但 TGR5 在胆管癌和多囊性肝病的胆管细胞中表达是升高的。在胆管癌和多囊性肝病中，TGR5 的激活可能加速疾病进展，故抑制 TGR5 信号通路有可能使患者从中获益。靶向敲除 TGR5 的小鼠对胆汁酸、部分肝切除术、胆总管结扎或脂多糖等因素所诱导的肝损伤更为敏感，表现为肝实质和胆管的损伤，以及肝细胞和胆管细胞增殖活性的抑制。此外，TGR5 激活可改善代谢综合征的多种表现，包括脂肪性肝炎、糖代谢紊乱、脂肪组织炎症、动脉粥样硬化和肾损伤等。TGR5 激动药还可增加棕色脂肪组织和骨骼肌中的能量消耗，增强白色脂肪组织中的脂肪分解和线粒体生物合成，从而改善肥胖。此外，TGR5 的配体可引起胆囊平滑肌松弛并促进胆囊的充盈，这可能会引起腹部不适、胆结石病及其他并发症的出现，这也在一定程度上限制了全身使用 TGR5 激动药的可行性。肠道特异性的 TGR5 配体可促进 GLP-1 分泌，改善葡萄糖代谢，并且对胆囊功能没有明显的不良反应。但 TGR5 激动药的局部应用并不能完全替代其全身使用时所产生的有益作用。因此，仍需进一步探索肠道 TGR5 靶向激活的临床应用潜力及其对肝 – 肠轴和微生物 – 宿主相互作用的影响。

致谢 我们的研究得到了 Deutsche Forschungs-gemeinschaft（DFG）SFB 974 和 KFO 217 等研究项目的支持。

第 25 章　胆汁酸是一种信号分子
Bile Acids as Signaling Molecules

Thierry Claudel　Michael Trauner　著

马　雄　尤征瑞　梁雪莹　陈昱安　译

初级胆汁酸的合成酶属于 CYP 家族。在人体中，胆汁酸合成"经典途径"的限速酶是 CYP7A1，能够产生胆酸和鹅脱氧胆酸，而涉及 CYP27A1 的"替代途径"则只产生 CDCA[1, 2]（表 25-1）。在啮齿动物中，CDCA 在 Cyp2c70 的催化下生成 α- 鼠胆酸并在肠道中转化为相应的差向异构体 β- 鼠胆酸[3]（表 25-1）。这些初级胆汁酸在啮齿动物体内与牛磺酸结合（TCA 和 Tβ-MCA），而在人体中则与甘氨酸结合（GCA 和 GCDCA）。肠道细菌能进一步将这些初级胆汁酸分解为次级胆汁；其中 β-MCA 在第 6 位碳原子被差向异构化，形成 ω-MCA（表 25-1）；而 CA、CDCA 和 ω-MCA 经历 7α 脱羟基后分别形成脱氧胆酸、石胆酸和猪脱氧胆酸（hyodeoxycholic acid，HDCA）（表 25-1）[4, 5]。CDCA 还可以在羟类固醇脱氢酶的催化下成为 UDCA，随后 UDCA 在肠道细菌的 7α 脱羟基作用下代谢为 LCA 或在肝脏中被 Cyp2c70 酶氧化成 β-MCA（表 25-1）。DCA、LCA、UDCA、HDCA 和 ω-MCA 都是次级胆汁酸，和它们的初级胆汁酸前体相比具有更高的疏水性和毒性（LCA、DCA）或亲水性（UDCA、HDCA）。因此胆汁酸的组成取决于肠道微生物的组成，胆汁酸也能反过来影响肠菌谱[6]。

胆汁酸是一种双亲性分子，能够破坏细胞膜，诱导细胞凋亡，并且在较高浓度时可能具有促炎作用[7]。因此，必须要有各类感应机制来协调胆汁酸的代谢和运输才能避免机体胆汁酸负荷过重，暴露水平过高，达到保护不同器官中通过调控转运蛋白和酶类来代谢胆汁酸的细胞的目的。这些感受器包括一系列核蛋白、细胞内蛋白和膜蛋白，能够通过调节包括胆汁酸稳态在内的一系列代谢和免疫通路来整合器官内部和器官之间的信号交流（图 25-1）[1]。

一、胆汁酸活化的核受体：FXR、PXR、CAR、VDR 和 GR

核受体是一类转录因子，能够通过配受体结合、翻译后修饰和辅因子招募等一系列手段来调节 RNA 聚合酶 II 的活性和基因表达。这些 NR 中有一部分能直接被胆汁酸激活。

（一）FXR

FXR（NR1H4）[8, 9] 最初被单纯认为是法尼醇激活的受体[8]，但几年后，其作为一种主要的胆汁酸 NR 这一关键角色被人们所熟知[10-12]。CDCA 能最大限度地激活人体内的 FXR（表 25-1 和图 25-1），其次是 DCA、CA、LCA，UDCA 的激活能力很弱。CDCA 在啮齿动物体内是一种 MCA 合成过程中的产物，对小鼠 Fxr 的刺激能力不强[13]（表 25-1）。FXR 的 LBD 能够结合游离型胆汁酸和结合型次级胆汁酸[14]。除胆汁酸外，花生四烯酸、二十二碳六烯酸和亚油酸等脂肪酸也可激活 FXR[15, 16]。此外，许多半合成胆汁酸，如 OCA/6- 乙基 -CDCA[17] 和 GW4064 这类异噁唑

胆汁酸	名　称	来　源	生物学活性
CA	胆汁酸	肝脏（Cyp7a1）	FXR 激动剂
CDCA	鹅脱氧胆酸	肝脏（Cyp27a1 和 Cyp7a1）	人体内最强的 FXR 激动剂，但在鼠类不是；FPR 受体拮抗剂
α-MCA	α- 鼠胆酸	肝脏：仅存在小鼠体内，Cyp2c70 氧化 CDCA	FXR 拮抗剂
β-MCA	β- 鼠胆酸	肝脏：仅存在小鼠体内，Cyp2c70 氧化 UDCA 小肠：α-MCA 差向异构化产物	FXR 拮抗剂
LCA	石胆酸	小肠：梭菌属和优杆菌属细菌对 CDCA 和（或）UDCA 进行 7α 脱羟	FXR、PXR、VDR、TGR5 激动剂
UDCA	熊脱氧胆酸	小肠：CDCA 羟类固醇脱氢	FXR 部分激活剂 GRα 激动剂
HDCA	猪脱氧胆酸	小肠：梭菌属和优杆菌属细菌对 ω-MCA 进行 7α 脱氢	降低 FXR 拮抗剂 ω-MCA 的浓度
DCA	脱氧胆酸	小肠：梭菌属和优杆菌属细菌对 CA 进行 7α 脱氢	FXR、TGR5、S1PR2、CHMR3 激动剂；FPR 受体拮抗剂
ω-MCA	ω- 鼠胆酸	小肠：拟杆菌属、埃希菌属、梭菌属和优杆菌属细菌对 β-MCA C6 进行差向异构化	FXR 拮抗剂？

表 25-1　胆汁酸的命名、特点和生物学活性

衍生物[18] 也是 FXR 的配体。这些分子可以是临床前研究（GW4064）的筛选对象[19, 20]，有可能被进一步开发用于治疗原发性胆汁性胆管炎[21] 和非酒精性脂肪肝（OCA）[22]。除了胆汁酸衍生物，人们还研发了 FXR 的非甾体激动药，两种配体的药代动力学和药效学相互作用特征可能不尽相同（见第 30 章）[23]。FXR 可与 RXRα（NR2B1）形成异二聚体，与 FXRE 结合并刺激基因转录[8, 9, 24]，但 FXR 也可以单体形式直接与配体结合，进而抑制[25] 或增加基因表达[26]。根据基因组结合分析，FXRE 和肝受体同源物 1（LRH-1、NR5A2）共享位于与脂质、脂肪酸、类固醇代谢、糖酵解和转运蛋白相关的基因和基因簇附近[27]。全身敲除[28] 或组织特异性敲除 Fxr[29] 的小鼠揭示了 FXR 信号在脂质和胆汁酸稳态中的核心作用。人和小鼠中至少有四种同工型 FXR，这是由于 FXR 基因表达时会利用不同的第一外显子，并且 DBD 和 LBD 之间的铰链结构域存在一段插入氨基酸所

致[30]。FXR 遗传缺陷会导致重症的进行性家族性肝内胆汁淤积症[31]，而其基因多态性则令妊娠期肝内胆汁淤积症的易感性增加[32]，并且影响空腹血糖和游离脂肪酸水平[33]。Fxrβ（NR1H5）是 FXR 的第二个基因座，最初在啮齿动物的基因中被发现，能够编码对羊毛甾醇有反应的功能蛋白，但对胆汁酸没有反应，而在灵长类动物中只是一段假基因[34]。

（二）PXR/CAR

除了 FXR，其他 NR，如 PXR（NRI2）[35, 36] 和 CAR（NRI3）[37] 都能够结合胆汁酸这一信号分子（图 25-1 和表 25-1）。在 Fxr 缺陷小鼠体内，参与胆汁酸转运和解毒的酶表达大幅上调，这些酶作为 PXR 和 CAR[38] 的靶基因，使得这些受体及其下游靶标的信号传递能够弥补一部分 FXR 缺失带来的效应。此外，PXR 和 CAR 的联合缺陷会增加小鼠对胆汁酸毒性的敏感性[39]。

最初研究表明，PXR 能够被 21 碳类固醇，

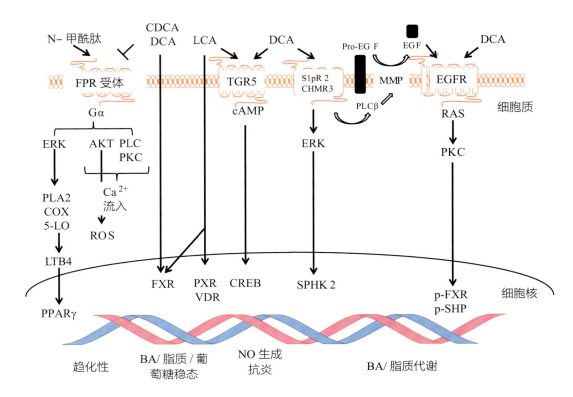

▲ 图 25-1 胆汁酸激活的信号通路

鹅脱氧胆酸（CDCA）、石胆酸（LCA）、脱氧胆酸（DCA）是核受体 FXR 的主要配体，是调控胆汁酸稳态和糖脂代谢的重要因子（中部）。LCA 能够激活核受体 PXR 和 VDR，调节炎症和胆汁酸解毒的过程（中央）。LCA 和 DCA 还是膜结合 G 偶联受体 TGR5 的配体，能够激活 cAMP，进而激活转录因子 CREB，升高 NO 的水平并抑制炎症（中央）。胆汁酸，如 DCA，能够激活细胞膜表面的 S1PR2、CHMR3 和 EGFR（右侧）。S1PR2 和 CHMR3 能够激活 PLCβ，进而激活膜 MMP。MMP 从膜结合的前体上释放 EFG，后者能够和相应的受体结合，激活小 GTP 酶 RAS，从而激活 PKCζ，磷酸化 FXR 和 NR 小异二聚体伴侣（NR0B2）。S1PR2 还可以直接激活 ERK 信号，导致 SPHK2 的活性增加，催化鞘氨醇的磷酸化并调控血管生成、肿瘤发生和脂质代谢。N- 甲酰肽是激活 G 偶联受体 FPR 的细菌成分，CDCA 能够阻断其配受体结合（左侧）。FPR 激活 PLC 和 PKC 的信号转导，协同 AKT 信号促进钙内流和 ROS 形成。钙流入也能负反馈调节 FPR/FPRL1，使其敏感性降低。FPR/FPRL1 还激活 ERK，从而增加 PLA2、花生四烯酸、5-LO 和 COX 的活性，增加 LTB4 合成，进而有效激活核受体 PPARγ

即孕烷激活，因此得名孕烷 X 受体[40]。PXR 可与 RXR 形成异二聚体并刺激 CYP3A4 的表达，CYP3A4 是药物解毒和药物 / 药物相互作用的关键酶[41-43]。PXR 主要表达于肝脏和肠道[40-43]，是一种混杂受体，由于其配体结合域异常大，可容纳多种配体，所以能被近 60% 的现有药物激活[44]，其中包括胆汁酸，如 LCA。

CAR 在肠道和肝脏中高度表达，可与 RXR 形成异二聚体，即使在没有配体的情况下也具有持续性活性[45]。

尽管 PXR 和 CAR 的 LBD 存在物种差异，但仍然能接受胆汁酸的刺激和调节胆汁酸解毒的过程。因此，小鼠体内的 PXR 激活后能在不影响 Cyp27、Cyp8b1 和 Cyp7b1 的情况下降低 Cyp7a1 的活性（图 25-2）[46]。此外，在胆汁淤积时，LCA（表 25-1）及其代谢物 3-keto-LCA 的含量足以和 LBD 结合并激活 PXR[46]。PXR 还能反过来抑制 Cyp7a1 并诱导胆汁酸转运蛋白 Oatp2 的表达，从而促进肝脏摄取 LCA，随后通过协同诱导 Cyp3a1 对 LCA 进行解毒[46]。CAR 存在于细胞质时不能影响基因转录，但当其磷酸化后可易位至细胞核，上调 Cyp2b 基因表达[47]。小鼠肝脏中，CAR 激活的信号会诱导 Fxr、Cyp8b1、Cy27a1、Cyp39a1 和 Ugt1a1 的表达增加，

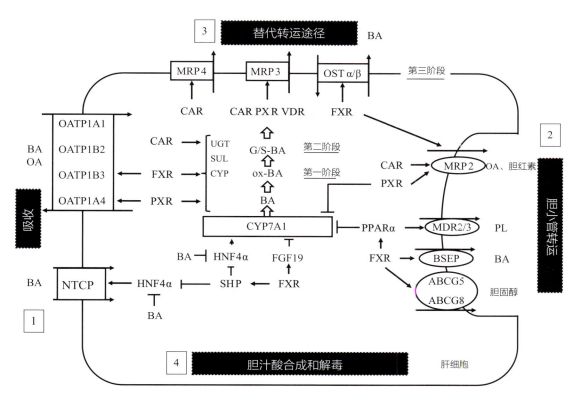

▲ 图 25–2　核受体与肝细胞胆汁酸转运和代谢的转录调控

1. 胆汁酸（BA）摄取：HNF4α调节基底侧的NTCP，被胆汁酸直接抑制或通过FXR/SHP间接抑制。FXR激活能够上调人类OATP1B3表达，而PXR则相应上调OATP1A4表达。2. 胆汁酸经胆小管输出到胆汁：所有参与胆汁形成的小管转运蛋白（BSEP转运BA，MDR3/Mdr2转运磷脂，MRP2转运BA，结合胆红素和GSH，而ABCG5/8转运胆固醇）都能被FXR上调。CAR和PXR正向调节MRP2，而PPARα激活能够上调MDR3/Mdr2的表达。FXR还能上调人类中PPARα的表达。3. 选择性输出到血液中以通过肾脏排泄：CAR能够正向调节MRP3和MRP4，而PXR和VDR激活上调MRP3的表达。FXR激活能诱导OSTα/β的表达。4. 胆汁酸合成与解毒：CYP7A1是BA合成的限速步骤。FXR通过诱导人的肝和肠FGF19来抑制CYP7A1的表达，小鼠中的Fgf15仅在回肠末端产生（未显示）。FXR还通过诱导SHP抑制CYP7A1的表达，从而降低HNF4α活性。BA也可以直接降低HNF4α的活性。胆汁酸可以在第一阶段被细胞色素P450家族（CYP）酶催化氧化解毒。氧化后的胆汁酸可以在SULT和UGT的催化下与硫酸基团或葡萄糖醛酸结合。FXR/CAR/PXR激活后能够上调CYP、SULT和UGT的表达。葡萄糖醛酸化胆汁酸（G-BA）和硫酸化胆汁酸（S-BA）可以通过MRP2排泄到胆汁中，也可以通过替代转运蛋白MRP3、MRP4和OSTα/β排泄到血液中。箭．上调或代谢物传递；被阻断的箭．转录抑制

这不仅能减少胆汁酸的总量，而且还降低胆汁酸池的毒性[48]。总的来说，CAR和PXR可以作为FXR信号的补充，形成对抗毒性胆汁酸的第二道防线。

（三）VDR

VDR（NR1I1）能够与RXR形成异二聚体，主要被维生素 D_3 激活，能够调节钙稳态和炎症[49]。此外，VDR被认为是肠道中一种额外的胆汁酸反应性NR，它能被LCA激活（表25-1和图25-1）[50]并诱导CYP3A4，代谢LCA并抵消其促癌特性[50]。对小鼠进行维生素 D_3 灌胃能

够激活VDR，促进小鼠尿液排泄胆汁酸，从而减少肝内和循环中胆汁酸的水平[51]。由于LCA是一种细菌修饰后的次级胆汁酸（表25-1），因此VDR对肠道微生物群和胆汁酸代谢的影响将是未来的关注点。

（四）GR

糖皮质激素能够激活GR（NR3C1）[52]。GR的基因外显子9剪接后能产生2种亚型受体GRα和GRβ：GRα是由糖皮质激素激活的经典NR，而GRβ主要是一种负调节受体[53]。重要的是，GRα能被UDCA而不是其他胆汁酸激活（表25-1）[54]，

但 UDCA 与 GRα 的结合弱于其他糖皮质激素，如地塞米松[55]。GRα 的激活可能介导了 UDCA 的免疫抑制特性，如降低 PBC 中Ⅰ类和Ⅱ类主要组织相容性复合物（major histocompatibility complex，MHC）的肝脏表达[56, 57]。GRα 还可能介导 UDCA 的其他免疫调节作用，如分别抑制肝巨噬细胞和 NKT 细胞产生的 IL-18 和 IFNγ[58]。人们已经研发了新的 UDCA 衍生物，它可以作为新的 GR 调节剂，在不干扰葡萄糖代谢的情况下保留抗炎的特性[59]。

（五）FGF19

FXR 能够诱导回肠末端 FGF15（小鼠）[60]/FGF19（人类）[61] 的表达。与小鼠 Fgf15 不同，FGF19 也表达在肝细胞中[61]。肠道 FGF19/Fgf15 通过门静脉到达肝脏，并与酪氨酸激酶受体 FGFR4 结合，或者与巨噬细胞、脂肪细胞和大脑中的 FGFR1c 结合（图 25-3）[62]。FGF19/Fgf15 和 FGFR4 或 FGFR1c 之间的相互作用只能在膜结合蛋白 β-Klotho 的介导下进行，它能够对配体 - 受体相互作用进行组织特异性微调，这是由于它的表达比 FGFR4 或 FGFR1c 更受限制[62]。除此以外，PXR 和 VDR 也可以激活 FGF19/Fgf15 在肠道的表达[62]。FGF19/Fgf15 能够抑制胆汁酸合成（通过抑制 CYP7A1）、糖异生和脂肪生成，并不依赖于胰岛素通路增强肝糖原和蛋白质合成（图 25-2 和图 25-3）[63]。此外，FGF19/Fgf1 能够控制胆囊填充（通过 FGFR4），降低生物的食物摄入并增加大脑对胰岛素的敏感性（通过 FGFR1c），激活白色脂肪组织中脂肪细胞的代谢（通过 FGFR1c），并通过减少 CD36 表达，减少巨噬细胞对氧化 LDL 的摄取（通过 FGFR1c）（图 25-3）[62]。因此，FGF19/Fgf15 是胆汁酸诱导的中间代谢中的关键调控分子。

（六）核受体介导的胆汁酸信号转导

1. 胆汁酸合成

CYP7A1 是胆汁酸合成中的限速酶，其转录受到胆汁酸的负反馈调节[64]。与 FXR 结合的胆汁酸能够诱导 SHP 的表达，SHP 与 LRH-1 相互作用能反过来抑制 CYP7A1 转录（图 25-2）[65, 66]。通过结合特定的启动子序列[67] 和 SHP 逆转组蛋

白修饰的功能[68]，Lrh-1 和 Hnf4α（NR2A1）能维持 Cyp7a1 的基础表达。然而，和仍然能表达 Cyp7a1 的 Lrh-1 缺陷小鼠[71, 72] 相比，Shp 缺陷小鼠胆汁酸表型较弱[69, 70]，而且 Cyp8b1 水平显著降低，这提示肠道有可能参与调节 Cyp7a1 的表达[29]。

事实上，对肝脏和回肠特异性敲除 Fxr 的小鼠进行实验，研究人员证明 FGF19/Fgf15 通路抑制回肠 Cyp7a1 优于肝负反馈途径，这表明正常的肠 - 肝信号转导是维持胆汁酸稳态的先决条件[29]（图 25-3）。FGF19/Fgf15 与 FGFR4/β-Klotho 结合后，Fgfr4 的酪氨酸激酶功能被激活，进而通过 JNK 和 Shp 依赖性途径抑制 Cyp7a1 的表达[60]。除了通过 Fxr/Shp 和 FXR/FGF19 介导的信号通路，胆汁酸还可以直接抑制 Hnf4α 的基因表达[73] 或减少 Hnf4α 共激活分子 PPARγ 共激活剂（Pgc-1α）和 cAMP 反应元件结合蛋白（CBP）的募集，以减少 Hnf4α 对 Cyp7a1 启动子的激活[74]。此外，PXR（在被疏水性胆汁酸激活的情况下）通过抑制 PGC-1α 与 HNF4α 的相互作用来减少 HNF4α 与 CYP7A1 启动子的结合[75]（图 25-2）。在人体内，FXR 能够诱导 PPARα（NR1C1）的表达[76]，产物 PPARα 能反过来减少 HNF4α 和启动子的结合，从而减少 CYP7A1 转录，使用包括贝特类药物在内的 PPARα 激动药治疗有可能增加胆结石形成的风险，但 PPARα 激动药也可能具有抗胆汁性淤积的效果[1, 77]（图 25-2）。

另一种酶 CYP8B1 通过调控 CDCA 的合成来维持胆汁酸池的相对疏水性，Cyp8b1 缺陷小鼠体内缺乏对 Cyp7a1[78] 的负反馈调节，这是由于包括 α-MCA、β-MCA 和 UDCA 在内的一系列 FXR 拮抗剂的水平升高（表 25-1）[79, 80]。Lrh-1 缺陷小鼠的 Cyp8b1 表达降低，胆汁酸组成中 CA 水平降低，因此 Lrh-1 被认为是调控 Cyp8b1 表达的主要分子[71, 72]，并且能通过诱导 FXR 拮抗剂的产生间接调控 Cyp7a1 的表达。

2. 胆汁酸核受体对胆汁酸Ⅰ期和Ⅱ期代谢的调节

胆汁酸羟化（Ⅰ期）和与甘氨酸 / 牛磺酸结合（Ⅱ期）的过程使它们更具亲水性，并促使它

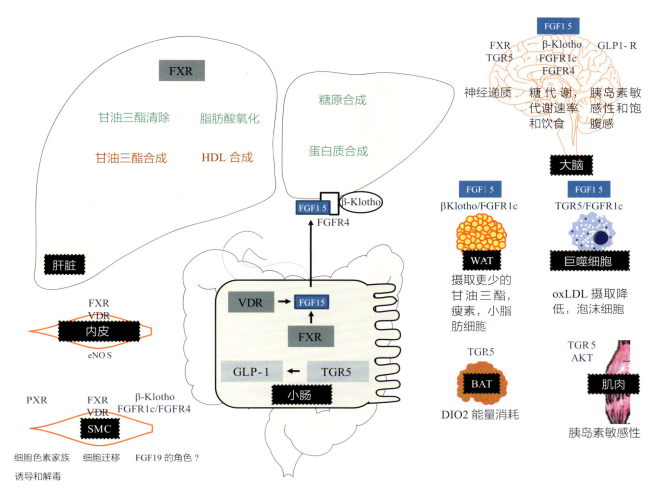

▲ 图 25-3 FXR 和 TGR5 调控脂质和葡萄糖稳态

肝脏中的 FXR 激活促进甘油三酯（TG）清除（绿色），减少 TG 合成（红色）。同时，FXR 激活会增加糖原和蛋白质合成（绿色），有利于血糖控制。人类肠道中的 FXR 和 VDR 后激活会释放 FGF19（小鼠中是 Fgf15），FGF19 通过门静脉循环到肝脏，在那里它与 FGFR4、β-Klotho 结合并抑制胆汁酸合成。L 细胞中的 TGR5 活化产生 GLP-1，它能调节葡萄糖敏感性和胰岛素抵抗的现象。内皮中的 FXR 激活增加了体外平滑肌细胞的迁移能力和 eNOS 的表达。FGFR4、β-Klotho 和 FGFR1c 都在平滑肌细胞中表达，但 FGF15/19 的作用尚不清楚。FGF15/19 在白色脂肪组织（WAT）中发出信号，降低 TG 摄取和脂肪细胞大小并增加瘦素表达。棕色脂肪组织（BAT）中的 TGR5 激活通过诱导 DIO2 的表达来增加能量消耗。在肌肉中，TGR5 激活会增强 AKT 信号转导并增加 DIO2 表达、能量消耗和胰岛素敏感性。在巨噬细胞中，通过 FGFR1c/β-Klotho 激活 TGR5 和 FGF15/19 信号会降低 CD36 表达，减少氧化低密度脂蛋白（LDL）的摄入，从而减少泡沫细胞的形成。在大脑中，FXR 和 TGR5 能够调节神经递质的生成。肠道中 TGR5 激活产生的 GLP-1 增加了胰岛素敏感性，而 FGF15/19 信号转导增加了代谢率并改善了葡萄糖代谢

们在胆汁淤积条件下通过尿液排出，这是一种减少胆汁酸水平的附加 / 替代途径[81]。CYP3A4 和 Cyp3a11 分别是人类和啮齿动物的胆汁酸氧化的关键酶，都属于 CYP450。FXR、PXR、VDR 和 CAR 可以诱导 CYP3A4 的表达，并协同 CYP3A4 的硫酸化或葡萄糖醛酸化以限制胆汁酸的水平，保护肝细胞（图 25-2）。

FXR、PXR、VDR 和 CAR 能够诱导脱氢表

雄酮磺基转移酶 SULT2A 表达[1]，后者催化胆汁酸和磺基结合（人类胆汁淤积期间的重要胆汁酸解毒途径）。UDP- 葡萄糖醛酸基转移酶 UGT2B4 和 UGT2B7 能催化胆汁酸葡萄糖醛酸化[26, 82]。胆汁酸通过激活 FXR[26] 诱导人 UGT2B4 的表达，但 UGT2B4 也能被 PPARα 激动剂激活[82]。由于 FXR 能够上调 PPARα 及其靶基因表达[76]，胆汁酸可直接通过 FXR 或间接通过 FXR-PPAR 诱导

UGT2B4 进而诱导 PPARα 的表达。

3. 核受体调节胆汁酸转运

（1）基底侧肝细胞胆汁酸摄取：肝胆汁酸摄取由高亲和力 Na+ 依赖转运蛋白 NTCP（SLC10A1）和一系列多特异性 OATP（SLC21A）介导，这类 OATP 可以介导结合或游离胆汁酸的 Na+ 非依赖性摄取，这种转运方式较为少见，主要是通过与细胞内阴离子的交换实现的[83]（图 25-2）。

胆汁酸对 NTCP 的调节效应在人类、小鼠和大鼠之间存在很大差异[84]。NTCP 的负反馈抑制能够限制胆汁酸的摄取，机制上依赖或不依赖 Fxr-Shp 轴[85, 86]。胆汁酸激活的 FXR 能够诱导 Shp 的表达，进而抑制 HNF4α 的活性[87]（图 25-2）。在人体中，NTCP 启动子序列上缺乏 HNF4α 响应元件[84]，而 SHP 则主要通过抑制 GRα 介导的 NTCP 激活起作用[88]。与 NTCP 类似，人类非钠依赖性胆汁酸摄取系统 OATP1B1 的抑制也由 FXR 介导，同时涉及 SHP、HNF4α 和 HNF1α 的调控[89]。

（2）小管胆汁酸排泄：胆汁酸的小管排泄是形成胆汁的限速步骤。CA、CDCA 和 UDCA 等胆汁酸及其与牛磺酸 / 甘氨酸结合的产物通过胆盐输出泵 BSEP（ABCB11）排泄到胆小管中（图 25-2）。FXR 能够与人类、大鼠和小鼠 BSEP 基因上的启动子结合，诱导其转录激活[1, 90]。在 Fxr 敲除小鼠[28] 和 FXR 功能丧失的人体内，Bsep 的基线表达有所降低[31]。人们猜想 VDR 能够在体外通过 VDR-FXR 相互作用来抑制 BSEP 蛋白[91]。

硫酸化牛磺或糖基 LCA 等具有两个负电荷的胆汁酸主要由 MRP2（ABCC2）进行转运[92]。MRP2 受到多个 NR 的调控，这反映了其底物的多样性。FXR、CAR 和 PXR 都能够与启动子序列中的 FXRE 结合[93]（图 25-2）。

小管膜上的其他胆汁转运系统包括促进磷脂酰胆碱易位的磷脂翻转酶（啮齿动物中的 MDR3/Mdr2）、运输谷甾醇和胆固醇的两个半转运蛋白 ABCG5/8、底物和功能尚不明确的 P 型 ATP 酶（Fic1/FIC1；ATP8B1）和 Cl-/HCO3- 阴离子交换剂 2（SLC4A2/AE2），它们都参与了胆汁生成的过程[1, 81]。FXR 信号激活促进人类 MDR3 基因的转录，而 PPARα 信号则促进啮齿动物 MDR2 和 MDR3 基因的表达；由于 FXR 也能在体内诱导 PPARα 表达，所以 FXR 也能间接激活 MDR3（图 25-2）[1]。FXR 还能诱导 ABCG5/G8 表达，增加胆汁中胆固醇的排泄[1]。

因此，小管胆汁酸流出主要由胆汁酸调节，并且需要 FXR/CAR/PXR/VDR 一系列协调平衡胆汁成分的关键转录因子。

（3）基底侧胆汁酸运输的替代途径：（当小管排泄受阻时）基底侧胆汁酸分泌进入门静脉血是胆汁淤积期间减少肝内胆汁酸的替代途径。这一过程由 MRP3 和 MRP4、有机溶质转运蛋白 OSTα 和 OSTβ 介导[89]（图 25-2）。这些转运蛋白在生理情况下低水平表达，但在胆汁淤积时会显著上调[89]。由于 MRP3、MRP4 和 OSTα/OSTβ 能够转运硫酸化和葡萄糖醛酸化胆汁酸，诱导这些转运蛋白的表达可能有助于慢性胆汁淤积患者通过肾脏排泄胆汁酸[89]。

在胆汁淤积的啮齿动物模型中，Fxr 不能诱导 Mrp3 和 Mrp4 基因的表达[94, 95]（图 25-2）。而 PXR 和 VDR 能够诱导人和啮齿动物 MRP3 的表达[96, 97]，而 CAR 配体诱导人和啮齿动物 MRP3 和 MRP4 的表达[81]。胆汁酸转运蛋白 OSTα/β 由 FXR 诱导，并且 Fxr 基因敲除小鼠的 Ostα/Ostβ 基线水平降低[1]。总之，多种 NR（FXR、PXR、VDR 和 CAR）能够和小管转运蛋白一样协调基底侧胆汁酸流出。

（七）胆汁酸激活核受体信号在脂质 / 葡萄糖代谢、内皮功能和炎症中的作用

1. HDL 代谢

HDL 是一类包含磷脂、胆固醇、S1P 等脂质，以 apoA-Ⅰ 作为其主要结构蛋白的异质性颗粒。HDL 将胆固醇从外周转运回肝脏，胆固醇可以以游离形式排出，或者转化胆汁酸后进入胆汁，通过粪便排出，这一过程称为"胆固醇逆向转运"（图 25-1）。树脂（如考来烯胺）能够与肠道中的胆汁酸结合，降低胆汁酸的吸收并增加 HDL 胆固醇水平，而食物中的胆汁酸补充剂可降低 HDL 胆固醇含量[98]。这是由于 FXR 能够抑制 apoA-Ⅰ 基因表达，导致肝脏 HDL 合成减少（图 25-3）[25]。

体外 FXR 激活后可以提高胆固醇酯转移蛋白（CETP）和磷脂转移蛋白（PLTP）[98] 的数量和活性 [99]。PLTP 将磷脂从甘油三酯转移到 HDL，而 CETP 催化 HDL 和 apoB 脂蛋白之间甘油三酯和胆甾醇酯的交换，CETP 的活性与心血管疾病风险相关。这些与 HDL 胆固醇降低，LDL 胆固醇增加（图 25-3）一起都可能是 FXR 激动药长期使用的情况下威胁心血管安全的因素 [98]。

2. 甘油三酯和 LDL 代谢

向患者补充胆汁酸可降低血清甘油三酯的水平 [98]，而 Fxr 缺陷小鼠则由于体内脂蛋白脂肪酶活性抑制剂 apoC-Ⅲ增加，LPL 激活剂 apoC-Ⅱ降低，故而发生高甘油三酯血症 [28, 100]。FXR（通过诱导 SHP）还能够抑制转录因子 Srebp1c 的表达 [101]，从而减少脂肪的从头合成，并通过抑制 MTTP 启动子上的 HNF4α 转录活性来减少 VLDL 合成 [102]。相反，FXR 会增加 VLDLR[103] 和 PPARα 的表达，提高 β 氧化的强度 [76]（图 25-3）。Lp（a）是一种脂蛋白，通过 apoA 与 LDL 中的 apoB-100 共价结合形成，高血浆 Lp（a）水平增加了动脉粥样硬化的风险 [104]。FXR 能直接或间接降低 Lp（a）基因表达，后者是经由 FGF19 的信号转导实现的 [105, 106]。由于 SREBP2 受到抑制，具有嵌合肝的人源化小鼠中的 FXR 激活也会导致 LDL 胆固醇水平升高，进而降低肝细胞中 LDL 受体的表达和肝脏对 LDL 的摄取 [107]。总之，胆汁酸通过降低甘油三酯的产生和增加清除率来降低甘油三酯，但反而会增加 LDL 中胆固醇的含量（图 25-3）。

3. 葡萄糖代谢

FXR 敲除小鼠会出现胰岛素抵抗和葡萄糖不耐受的情况；给予 FXR 激动药治疗后，肝糖异生被抑制，糖原合成和储存增强，血糖降低（图 25-3）[108]，这些效应部分由 FGF19 介导 [63, 109]。此外，缺乏 FXR 会导致血浆游离脂肪酸水平增加和肝脏中葡萄糖的产生，从而损害小鼠的外周葡萄糖处理 [110]。FXR 还可以增强胰腺 B 细胞在葡萄糖刺激下胰岛素的分泌水平 [111]。总之，FXR 激活抵消了胰岛素抵抗和葡萄糖耐受不良的效应，这可能对治疗 2 型糖尿病及其相关疾病具有重大意义（图 25-3）。

4. 内皮和平滑肌细胞中的信号转导

血管平滑肌细胞能表达 FXR 分子 [112]，FXR 信号激活能够诱导 SHP 进而调控 PLTP、细胞凋亡和减轻炎症，这同时也会干扰 NF-κB 的信号转导 [113]（图 25-3）。此外，FXR 激活能够抑制凝血酶和胶原蛋白引起的血小板激活或聚集 [114]。FGFR4 和 FGFR1c 也在人体动脉的平滑肌细胞中表达 [115]，与 β-Klotho 一同介导 FGF21 信号转导 [116]，而 FGF19 信号转导在血管壁中的重要性仍不明确（图 25-3）。FXR 还通过控制 eNOS 来调节血管张力（图 25-3）[117]。在慢性肝病中，门静脉高压和肝硬化会激活肝窦内皮细胞中的 FXR，随之 eNOS 增加，ET-1 减少，肝内血管阻力降低，最终门静脉压力有所下降 [118]。VDR 也在内皮细胞（肝外）中表达，其信号转导异常会诱导细胞的促炎表型，即 IL-6 和 VCAM-1 表达增加，促进白细胞的滚动和斑块生长，最终导致动脉粥样硬化 [119]。与 FXR 一样，VDR 信号激活也会在内皮细胞中诱导 eNOS 的表达 [120]（图 25-3）。

5. 炎症

FXR、CAR、PXR 和 VDR 都是急性期阴性基因（即它们的表达和信号强度在急性反应期间减少）[121-123]。胆汁酸对 FXR 的刺激（如脓毒症导致的胆汁淤积）能够拮抗 NF-κB 信号转导发挥抗炎作用 [124]。此外，FXR 通过诱导 SOD3 拮抗炎症过程中 JNK 的信号转导 [125]。相反，NF-κB 能够结合 FXR 靶基因启动子中保守位点，抑制 BSEP、ABCG5/G8 和 MRP2 的表达，却能出乎意料地激活 OSTα 和 OSTβ 的启动子。这表明 NF-κB 的激活可能通过 OSTα/β 的信号转导维持炎症/胆汁淤积期间胆汁酸向血液中的排泄 [126]。在小肠和结肠中激活 FXR 会减弱 IL 效应（IL-6、IL-1β），稳定微生物群，维持肠道完整性，并从整体上缓解炎症 [127, 128]。VDR 和 FXR 能够上调肝脏、胆管和肠道中导管素表达以控制细菌生长 [129]。肠道微生物群能反过来通过调节 FXR 拮抗剂 β-MCA 的释放来控制肠道中的 FXR 活化程度 [79, 130]。

二、胆汁酸 G 蛋白偶联受体 TGR5

（一）发现和属性

除了 NR，胆汁酸还能够激活 GPCR，如 TGR5（见第 25 章）。两组实验人员克隆了一种膜受体，该受体能被胆汁酸激活，因此被命名为 BG37 或 TGR5[131, 132]。TGR5 主要由 LCA 或 DCA 激活，与 FXR[131, 132]（图 25-1 和表 25-1）的激活效应不同，TGR5 也可以被餐后的胆汁酸水平、胆汁淤积、门体分流或治疗性给予胆汁酸时胆汁酸的浓度所激活。值得注意的是，TGR5 表达在 FXR 缺失的组织中，如肺、脾、白细胞、白色脂肪组织和棕色脂肪组织[131, 132]，其中在结肠和胆囊中表达量最高[133]（见第 24 章）。

（二）代谢和能量稳态

食用含有胆汁酸的高脂饮食的小鼠能量消耗有所增加，所以尽管摄入相当的食物量却能够避免肥胖[134]。胆汁酸激活 TGR5 受体后诱导 cAMP 产生，导致 D_2 表达上调，从而将非活性甲状腺激素 T_4 转化为活性形式 T_3。T_3 能够激活 $TR\alpha_1$（NR1A1），诱导 UCP1 表达，从而增加 BAT 和骨骼肌的能量消耗[134]（图 25-3），这种效应主要发生在人类体内[135]。TGR5 还刺激肠内分泌细胞中 GLP-1 的产生，因此有助于控制葡萄糖稳态[136]。胆汁酸结合树脂（考来烯胺、考来替泊、考来维仑）能够抑制回肠吸收胆汁，使得胆汁酸的信号转导转移到结肠，从而激活肠道 TGR5，这有助于改善糖尿病患者的血糖控制和高胆固醇血症[98]，并减少小鼠的肝糖原分解和葡萄糖产生[137]（图 25-3）。胆汁酸结合树脂通过刺激胆汁酸合成或 CYP7A1 活性来消耗肝胆甾醇，并通过 TGR5 诱导 GLP-1 调控葡萄糖。因此，激活 TGR5 可能可以有效治疗糖尿病、脂肪肝或血脂异常等代谢疾病。

（三）TGR5 的抗炎作用

Tgr5 缺陷小鼠对 LPS 诱导的肝脏炎症的抵抗性降低[138]。TGR5 通过巨噬细胞中 c-FOS/p65 的表达来抑制炎性细胞因子的产生[139]，使用药物激活 TGR5 能够抑制髓系细胞并缓解自身免疫性脑炎[140]，还能降低斑块中巨噬细胞的含量

和炎性细胞因子的产生，以此预防动脉粥样硬化[141, 142]。此外，TGR5 能够抑制巨噬细胞 CD36 和 SR-A 的表达，从而减少 ox-LDL 的摄取[141]（图 25-3）。FXR/TGR5 共激活还增强了 NAFLD 小鼠体内替代性活化的巨噬细胞和抗炎单核细胞的数量[143]。这种抗炎效应有可能是药物激活 TGR5 后胆汁淤积和代谢紊乱有所改善的原因（见第 24 章）。

（四）TGR5 在胆道树中的作用

在人类胆管细胞中，TGR5 与胆囊上皮细胞顶端膜中的 Cl^- 通道 CFTR 和顶端 ASBT 共定位，TGR5 通过 CFTR 介导 Cl^- 分泌[144]。TGR5 也定位于胆管细胞的初级纤毛上，通过增加胆汁酸重吸收和水分泌来调节胆管胆汁的形成[145]。因此，在炎症性胆道疾病中靶向 TGR5 是一种有前景的治疗手段，但最近 TGR5 还被发现与瘙痒的发病机制有关[146]。

此外，在腺癌中，TGR5 受到胆汁酸的刺激后能促进细胞增殖[147]并诱导心肌细胞肥大[148]，TGR5 还是一种神经类固醇受体，参与大脑内 ROS 的生成[149]。因此，寻求用于治疗胆汁淤积和代谢紊乱的安全的 TGR5 调节剂可能颇具挑战性（见第 24 章）。

三、FPR

FPR 是一种能被趋化细菌的甲酰化肽激活的 GPCR，在识别细菌和趋化白细胞到感染部位中发挥着关键作用。fMLP 是激活高亲和力 FPR 和 FPRL1 的最强大配体之一（图 25-1）[150]。胆汁淤积患者体内 FPR 和 FPRL1 活性受损[151]，这是由于 CDCA 和 CA 这类胆汁酸是 FPR 和 FPRL1 拮抗剂，其中 UDCA 的效应相对较弱[151]。胆汁酸能从空间上阻碍 FPR 和 FPRL1 与 fMLP 结合，其中糖结合的 CDCA 是阻断效应最强的分子[151, 152]。由于胆汁酸能竞争性拮抗 FPR/FPRL1，因此可能具有一定的免疫抑制作用[153, 154]。在急性反应期间，25% 的肝脏产生的蛋白质是由 SAA 刺激产生的，它还能结合并激活 FPRL1。而 FPRL1 诱导 COX2 和前列腺素的合成，激活 $PPAR\gamma$（NR1C3）（图 25-1）[155]。胆汁淤积

时胆汁酸与 SAA/FPRL1 的相互作用和如何参与 PPARγ 激动剂的合成仍然未知（图 25-1）[150]。

四、S1PR2、CHRM3 和 EGF 受体

几种胆汁酸激活的 GPCR 共享一条信号通路并激活 EGFR 信号，因此在本部分中进行了总结。DCA 等胆汁酸可激活细胞膜上的 S1PR2、CHRM3 或 EGFR（图 25-1）。此外，S1PR2 和 CHRM3 能激活 PLCβ，进而激活膜 MMP，分解膜结合的前体 pro-EGF 释放出 EGF，使 EGF 与 EGFR 结合（图 25-1）。

（一）S1PR2

鞘氨醇可被鞘氨醇激酶 1 和鞘氨醇激酶 2（SPHK1 和 SPHK2）磷酸化并产生具有生物活性的 S1P。S1P 反过来激活特定 G 蛋白偶联受体 S1PR1～5。S1PR1 广泛表达在各种组织中，S1PR2 则主要存在于肝脏、肾脏、心脏、大脑、肺和血管平滑肌细胞中[156]。

S1PR 能够激活 ERK、AKT、JNK 和 SPHK 通路[156]。S1PR2 激活能增加促炎细胞因子（IL-1β、TNF-α）的分泌，而 S1pr2 缺陷小鼠体内 TNF-α 和 IL-1β 水平有所降低[157]。餐后肝内 S1pr2 的胆汁酸激活令 S1P 在细胞积聚，通过激活 SphK2 抑制组蛋白脱乙酰酶调节酶和 NR 参与营养调节和新陈代谢。与该发现一致的是，给 S1pr2 基因敲除小鼠喂养高脂饮食后，小鼠会患上脂肪肝[158]。S1pr2 信号还刺激 PLCβ，进而激活 MMP，从膜上释放 EGF，激活其受体 EGFR（图 25-1）[156, 159]。HDL 含有促炎鞘脂 S1P[160]。有趣的是，胆汁酸信号能（通过 FXR）减少 apoA-Ⅰ 的产生，从而降低循环中携带 S1P 的 HDL 含量，这可能是通过抑制 S1PR2 途径来发挥了胆汁酸的抗炎作用。目前研究人员正在开发用于治疗自身免疫性疾病的 S1PR 调节剂，如可能用于治疗溃疡性结肠炎的 Ozanimod；尽管这些药物不直接拮抗 S1PR2[161]，但可能通过与胆汁酸相互作用来拮抗 S1PR2。

（二）CHRM3

胆汁酸可以激活 CHRM3，这是一种由乙酰胆碱自然激活的 G 偶联受体[162]。与 S1PR2 类似，CHRM3 和 CHRM1 激活 PLC[163]，从而激活 EGFR（图 25-1）。研究人员发现 TCA 可激活大鼠心肌细胞中的 CHRM2，可能导致胆汁酸诱导的心律失常[164]。此外，CHRM3 信号转导影响胆汁形成和胆汁淤积：Chrm3 敲除的小鼠胆汁和胆汁中碳酸氢盐分泌有轻度减少，而 Chm3 的缺失则增强了 DDC 模型小鼠对胆汁淤积损伤的易感性。此外，CHRM3 激动药治疗 Mdr2-/- 敲除小鼠可以减少肝损伤，表明 CHRM3 信号通路可能是胆管疾病的一个治疗靶点[165]。

（三）EGF

EGF 能够结合并激活 EGFR，促进细胞生长和分化；因此，EGFR 信号转导也参与了肝癌的发生[166]。DCA 等疏水性胆汁酸通过 EGFR 诱导死亡受体 CD95 的磷酸化来促进肝细胞凋亡[167]。DCA 能够直接激活 EGFR 的下游信号，可能是通过影响能导致 EGFR 激活的细胞膜变化[168]（图 25-1），而 UDCA 能抵消这种作用[169]。胆汁酸能够活化大鼠静息肝星状细胞内的 EGFR 信号，引起 HSC 增殖和凋亡。原代大鼠静息的 HSC 受到 EGF 刺激后，迁移的能力增加但没有发生增殖[170]，而疏水胆汁酸刺激 EGFR 会导致 NADPH 氧化酶介导的 ROS 生成增加，以及 Yes 介导的 EGFR 激活。如果有 JNK 作为共刺激信号时，促增殖信号就会转变为凋亡信号[171]。这些现象可能对于了解胆汁酸在胆管纤维化发展中的作用至关重要。

（四）整合素

TUDCA 也通过 α₅β₁- 整合素传导信号，具体是通过改变其 β₁ 亚基构象以激活黏着斑激酶，随后通过在细胞膜上插入 BSEP 和 NTCP 来增加胆汁分泌[172]。

TUDCA 还能够提高 cAMP 水平，从而激活 PKA，通过内化 CD95 避免肝细胞发生凋亡，从而防止肝细胞与促凋亡胆汁酸（如糖化 CDCA）发生相互作用和活化[173]。

五、激酶：磷脂酰肌醇 3- 激酶和 PKC

TCA 等胆汁酸能够激活 PI3K，促进大鼠 Mrp2 和 Bsep 等转运蛋白插入小管膜，从而增加胆汁酸排泄[174, 175]。由于 TCA 能够激活 FXR

进而影响 MRP2 的转录调节，因此探索 FXR 和 PI3K 在调节 MRP2 和 Bsep 时发生的相互作用十分重要。

TUDCA 通过钙依赖性胞吐进入胆汁，有部分效应是通过激活 PKCα[176]，以及促使 Mrp2 插入小管膜[177] 并增强胆汁排泄来实现的，这在机制上也与 PKCα 和 PKA 激活有所联系[178]。

六、胆汁酸的细胞毒性

胆汁酸的细胞毒性不仅取决于它们的浓度，还取决于它们的疏水程度[7]。胆汁酸可以激活 TRAIL 来诱导细胞凋亡和损伤。GCDCA 能够激活包括 caspase-3、caspase-8 和 caspase-10 在内的 TRAIL 下游信号，还能刺激 PKC 磷酸化 cFLIP，然后与 FADD 结合并启动细胞凋亡程序[179]。

次级胆汁酸，如 DCA，能够激活跨膜受体 FASR，导致线粒体损伤和 ROS 产生[180, 181]。

DCA 激活的 PLA2 促进花生四烯酸的产生，这是一种能够产生 ROS 的促炎脂肪酸，而 DCA 刺激 NADPH 氧化酶后也会导致 ROS 的生成[180, 181]。DCA 对细胞膜的激活导致 IP3 和 DAG 的产生，这可以进一步导致内质网应激、BAK 释放和线粒体损伤（图 25-4）[180, 181]。胆汁酸积聚也会提高 ERK 活性，激活 EGR1，导致促炎细胞因子的产生、黏附分子的表达和氨基酸合成，这些效应最终都会促进肝损伤（图 25-4）[182]。

最后，胆汁酸也可诱发细胞坏死。人肝细胞如果暴露于胆汁淤积患者血清浓度中的 G-CDCA 会发生坏死，而凋亡相关因子（如裂解的 CK18）不增加。胆汁淤积患者的血清中全长 CK18、HMGB1 和乙酰化 HMGB1 水平升高，这些都是坏死性炎症的标志[183]。因此，与小鼠肝细胞相比，人类肝细胞对胆汁酸的抵抗力更强，并且可能更倾向于发生坏死。

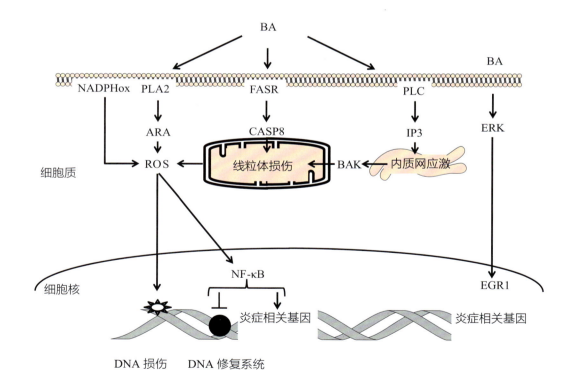

▲ 图 25-4　胆汁酸诱导内质网应激、线粒体损伤和炎症

胆汁酸（BA）（如 DCA）介导的 NADPH 氧化酶或 PLA2 激活能促进 ROS 的产生。BA 激活受体 FASR 后能促进 caspase-8（CASP8）的释放，导致线粒体损伤并产生 ROS。ROS 能够促进 DNA 损伤并激活 NF-κB，抑制 DNA 修复并促进炎症。PLC 在受到 BA 刺激后能促进 IP3 的释放，驱动内质网应激，释放 BAK 和导致线粒体损伤。BA 还能激活 ERK 信号通路，后者能够提高 EGR1 转录活性，从而诱导促炎细胞因子分泌、黏附分子和花生四烯酸合成

七、结论

　　胆汁酸通过广泛的膜和核受体进行信号转导的新发现加深了我们对肝脏生理学和肝病病理生理学的理解。胆汁酸信号转导之所以至关重要，不仅仅是因为提供了胆汁酸转运、合成和代谢的反馈和前馈的信号，维持了胆汁酸稳态，而且是作为一种"肠肝激素"，协调脂质和葡萄糖代谢，以及肠道微生物群，甚至炎症和免疫的一些关键部分。广泛存在的胆汁酸信号转导也对治疗胆汁淤积和代谢性肝病具有重要的提示意义。然而，

我们必须记住，许多研究结果来源于体外或小鼠研究，来源于人体内数据仍然很少。因此，下一个挑战将会是阐明和整合各个胆汁酸信号通路在人类生理学和病理生理学中的作用。胆汁酸激活的 G 蛋白偶联受体和 NR 为调节肝脏代谢、炎症和肝纤维化提供了可能的靶点，一些配体已经在临床前或临床研究展现出不错的效果。此外，胆汁酸成分和信号转导的改变正在成为肝脏疾病中宿主和微生物代谢相互作用的重要生物标志物。因此，了解胆汁酸信号转导很可能有助于认识肝脏及相关疾病的病理生理学和疾病管理。

第 26 章　肝脏 ABC 转运体及其生理作用

Hepatic Adenosine Triphosphate-Binding Cassette Transport Proteins and Their Role in Physiology

Peter L. M. Jansen　著

潘国宇　麻晨晖　陈飞鸿　汤丽丽　辛莹莹　陈昱安　译

一、历史

肝脏中的胆汁流动由有机离子主动转运穿过肝细胞胆小管膜驱动，伴随水在胆管处分泌形成胆汁流[1]。在啮齿动物上的研究表明，胆汁酸盐（或称胆盐）是胆汁分泌的主要驱动因素[2]。由胆盐主动分泌驱动产生的胆汁流称为"胆盐依赖性"胆汁流[3]。一些研究人员基于线性回归分析，提出了胆汁流中的"胆盐非依赖性"部分，指当胆汁流量和胆盐分泌外推至胆盐分泌量为 0 时，仍有相当量的胆汁流，这部分即为"胆盐非依赖性"胆汁流。这提示了一部分胆汁的流动[3]是由谷胱甘肽和其他非胆盐有机阴离子通过胆小管膜的分泌、肝内小胆管中碳酸氢盐和水的分泌驱动的[4]。胆汁流量中的"胆盐非依赖性"比例的大小取决于物种，在人类中约占总胆汁流量的 1/3[5]。然而，"胆盐非依赖性胆汁流量"的概念受到了质疑，因为胆汁流量和胆汁酸分泌的外推可能不是线性的，并且无法解释水通道蛋白的作用[6]。早期研究认为肝内的水分分泌是因为在紧密连接处水的渗漏作用，但之后水通道蛋白的发现则揭示了水分子进入胆管的过程是被水通道蛋白借助渗透压差驱动[7]。

将梯度浓度的胆盐静脉注射到完整动物或离体灌注肝脏中，研究结果显示，胆盐分泌和胆汁流量会逐渐增加达到一个最大值，即"胆汁分泌最大值"或表观 T_m（转运最大值），这表明胆盐分泌是限速的，并且可能涉及特定的转运蛋白[8]。数学建模表明，这些转运过程类似于酶介导的过程，并且遵循 Michaelis-Menten 动力学，具有特定的 K_m 和 V_{max}（K_m 为最大转运速率一半时的底物亲和力，V_{max} 为底物的最大转运速率）。

直到 1989 年之前，主流观点认为胆汁酸分泌是由肝细胞基底侧区域的 Na^+-K^+-ATP 酶产生的电化学梯度（–35mV）驱动的。在证明 ATP 水解直接驱动有机阴离子从小管膜囊泡向外运输[9]后，这一观点发生了变化。对小管膜囊泡的研究表明，胆汁酸和有机阴离子的转运直接依赖于 ATP 水解[10-11]。而在野生型和突变型绵羊、猴子和大鼠上的研究证实，胆汁酸和非胆汁酸有机阴离子存在不同的 ATP 依赖性转运过程[12-14]。

在具有自然或实验诱导突变的动物的研究证明了多种小管运输蛋白具有功能活性。例如，在负责分泌胆红素结合物的胆小管基因缺陷的绵羊、大鼠和猴子中，动物依然保留了胆盐和有机阳离子分泌的能力[11, 12, 14, 15]。此外，需要对受影响的转运体进行克隆实验以验证其功能，如参与非胆盐有机阴离子转运的 ABCC2/MRP2，参与胆盐转运的 ABCB11/BSEP（类似 Pgp），参与有机阳离子和一些有机阴离子转运的 ABCB1（Pgp，MDR1）[16-18]。而通过分别靶向敲除编码小鼠胆红素、胆汁酸盐和磷脂酰胆碱转运体的基因，为多种转运蛋白的功能研究提供了额外证据[19-21]。

二、胆汁流的生理学

鉴于目前对称为肝脏"小叶"三维重建过程的最新认识，有机离子转运驱动胆汁流动的观点也需要进一步完善。肝小叶由许多肝腺泡组成。肝腺泡是肝脏最小的功能单位。肝腺泡由肝细胞、肝窦和胆小管组成。血液从肝门静脉区流向肝腺泡中央静脉区，胆汁从肝小叶中央流向门静脉区。胆汁是否真的在胆小管中流动仍然是一个假设，需等到动态活体显微镜等技术能达到活组织亚细胞检测水平时方能证实。

肝动脉和门静脉将血液输送到肝窦。肝窦内的血液从门静脉到中央静脉流动过程中，每经过1个肝腺泡，大约经过15个肝细胞。这些肝细胞通过一层有孔的内皮细胞与血流分离，这也是肝窦不同于一般毛细血管之处。一项单细胞RNAseq的研究结果表明，沿着肝腺泡轴的肝细胞有其独特的基因表达谱和代谢程序。研究显示，鹅脱氧胆酸的内源性合成主要发生在位于中央区的肝细胞中，用于合成胆酸的12α-羟化酶CYP8B1主要位于中间区的肝细胞，而BAAT则主要位于门静脉周围的肝细胞[22]。相关功能性结果显示，未结合的胆盐必须重新进入门静脉周围的肝细胞后，才能作为结合物分泌。目前这些仅是一个基于酶分布的假设。最终的证据有待基于在亚细胞水平的原位代谢产物鉴定的详细分子研究。

胆管位于两个肝细胞之间的间隙，它们在肝细胞板内形成相互连接的网状结构。胆小管被相邻肝细胞的细胞膜结构包围。胆小管可以利用特异性抗体的免疫荧光染色在显微镜下观察（DPP Ⅳ、MDR1/ABCB1、BSEP/ABCB11、MRP2/ABCC2），或使用与胆汁成分亲和力高的荧光探针（如胆盐示踪探针胆酰赖氨酰荧光素，有机阴离子探针6-CFDA）在动态活体显微镜中观察[23-28]。到目前为止，还没有比较理想的可标记BSEP/ABCB11转运体的荧光探针。虽然BSEP的特殊结构可以允许结合了大分子量荧

光素的胆汁酸类似物通过，然而，这些荧光标记分子也可经非胆盐有机阴离子转运蛋白MRP2转运体转运。而拉曼成像可以在不适用荧光标记的情况下，对天然胆酸盐的转运和流动情况进行研究。

目前，对胆管内胆汁流动进行可视化分析仍具有挑战性。活体显微镜研究表明，胆汁经胆小管从肝小叶的中央流向门静脉周围，再汇入胆管和肝管[23]。也有其他研究表明，胆汁在胆小管并非真正流动，而是提供一个溶质扩散的场所。在该模型中，胆汁仅在胆管和肝管中流动（Vartak，Hengstler，2019，个人交流）。建模结果表明，水主要在胆道压力较低的门静脉周围或胆管处流入胆汁。胆小管胆汁中高浓度有机溶质形成渗透压梯度，而低胆道压力下水分子利用渗透压梯度经水通道汇入胆汁[23]。

为了充分理解该模型，须考虑肝肠循环的作用。胆盐在肠内被重新吸收，并通过门静脉血进入肝脏。使用示踪剂量的放射性元素对牛磺胆酸进行标记，结果显示，胆盐的摄取主要发生在肝腺泡的门静脉周围。当胆盐浓度较高时，肝小叶中央处的肝细胞也可摄取胆汁酸[29]。在正常生理状态下，微摩尔级别浓度的胆盐进入肝脏。而该浓度的胆盐摄取过程将动员肝腺泡中的大部分肝细胞。ABC转运体介导的转运过程依赖于ATP供能，而相比于氧含量偏低的肝小叶中央区，门静脉周围区域氧含量比较充足，能够保证ATP的供应。因此，ABC转运体主要在肝小叶门静脉周围富氧区域发挥作用。因此，如果认同胆小管流动模型，则应注意到肝小叶中央至门静脉的压差不能完全解释管状流动的速度，尤其是在肝小叶的中间区域。但蠕动收缩的实验证据可能可以支持胆管中胆汁流动[23]（图26-1）。

三、ABC转运体

（一）发现、命名和结构

Victor Ling实验室于1976年在中国仓鼠卵巢细胞中发现了一种转运体，其介导柔红霉素和其他一些药物的外排及多药耐药性。这种170kDa的蛋白质被命名为P糖蛋白（Pgp）[18, 30, 31]。P糖

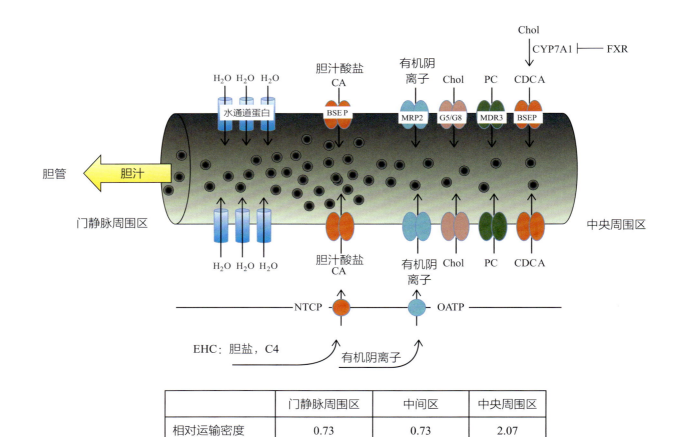

	门静脉周围区	中间区	中央周围区
相对运输密度	0.73	0.73	2.07
腔内压力（Pa）	约 100		约 2500
胆汁流速 μm/s	1.86	0.39	0.11

▲ 图 26-1　ABC 转运体和水通道参与胆汁分泌过程

单个胆小管从肝小叶中心区域延伸至门静脉周围。根据 Meyer 等的建模结果，中央周围区转运蛋白的相对密度大约是门静脉周围区的 2.8 倍，计算得出的中央周围区的腔内压力大约是门静脉周围区的 25 倍，而门静脉的胆汁流速是中央周围区的 17 倍[23]。OATP. 有机阴离子转运多肽 OATP1B1 和 OATP1B3；NTCP. 牛磺胆酸钠共转运多肽；EHC. 肠肝循环；Chol. 胆固醇；PC. 磷脂酰胆碱；CDCA. 鹅脱氧胆酸；CA. 胆酸

蛋白属于 ABC 转运蛋白超家族。ABC 转运蛋白这个名称表明 ATP 结合域和转运功能在进化上高度保守[32, 33]。P 糖蛋白现在被称为 ABCB1 或 MDR1。

　　ABC 转运蛋白在原核生物和真核生物中均有表达，这也表明 ABC 转运蛋白是进化十分保守的分子，参与维持细胞自身内部稳态。有关概述见表 26-1。

　　人类 ABC 转运蛋白超家族由 48 个基因和蛋白质组成，分为 7 个亚家族[34]。ABC 转运蛋白超家族成员在肝脏、胰腺、肾脏、肠道、睾丸

和大脑中均有表达，这些组织也位于内部环境和外部环境的交界处。ABC 转运蛋白是 ATP 依赖性药物转运泵，负责多种有机和无机阴离子、金属、多肽、氨基酸和糖的主动转运。在肝脏，这些 ATP 依赖性药物转运泵将溶质从肝脏转运到胆汁。而肠道的 ABC 转运蛋白主要将溶质从黏膜细胞向肠腔转运。通过这种特殊机制，ABC 转运蛋白构成了一种有效的屏障以限制肠道吸收溶质、毒素、某些食物添加剂和某些抗癌药物（如拓扑替康）。此外，在血脑屏障中 ABC 转运蛋白将药物外排出大脑，从而形成控制药物和毒性

基 因	蛋白质	染色体	典型底物	NHR 调控	临床表现	参考文献
ABCB1	MDR1	7q21.12	药物、化疗药物	PXR	神经毒性（小鼠和犬）	[77, 78]
ABCB4	MDR3	7q21.12	磷脂酰胆碱	FXR、PPARα	进行性家族性肝内胆汁淤积3型、低磷脂相关性胆石症综合征、肝内妊娠期胆汁淤积（ICP）	[21, 57]
ABCB11	BSEP	2q31.1	胆盐	FXR	进行性家族性肝内胆汁淤积2型、良性复发性肝内胆汁淤积、ICP	[20, 25, 65, 165]
ABCC1	MRP1	16p13.11	LTC4、环核苷酸、药物	PXR	化学敏感性增加（小鼠）	[109]
ABCC2	MRP2、cMOAT	10q24.2	胆红素葡糖苷酸、谷胱甘肽、谷胱甘肽结合物、LTC4、抗HIV药物	FXR、PXR、CAR	Dubin-Johnson 综合征	[16, 90]
ABCC3	MRP3	7q21.33	胆红素葡糖苷酸、胆汁酸盐、雌二醇-17β葡糖苷酸	PXR、CAR	化学敏感性增加（小鼠）	[109, 169]
ABCC4	MRP4	13q32.1	胆汁酸盐、胆盐硫共轭物、环核苷酸（cAMP、cGMP）、硫酸去氢表雄酮	PXR、CAR	化学敏感性增加（小鼠）	[109, 111]
ABCC6	MRP6	16p13.11	ATP	HNF4α	弹性假黄瘤	[116, 117]
ABCC7	CFTR	7q31.2	氯化物	—	囊性纤维化	[118]
ABCG2	BCRP	4q22.1	抗癌药物、原卟啉IX	—	饮食诱导的光毒性（小鼠）	[119]
ABCG5/G8	—	2p21	胆固醇	—	谷甾醇血症、胆结石	[41]

物质摄入的屏障，即血脑屏障。大多数ABC转运蛋白允许溶质跨膜转运，但也有例外。例如，CFTR在结构上属于ABC转运蛋白家族，但在功能上作为Cl⁻通道。而CFTR突变是囊性纤维化的病因。

（二）结构

MDR蛋白（ABCB1、ABCB4、ABCB11）的分子结构由2个跨膜结构域（TMD1和TMD2）组成，每个结构域都有6个跨膜螺旋，与细胞内的核苷酸结合域（NBD1和NBD2）结合，形成ATP结合和水解位点（Walker A、B，以及ABC标记序列）。TMD1和TMD2一起，形成了包含配体结合和转运位点的通道。在ATP水解和配体结合后，通道发生构象变化，其中细胞内配体-受体模式转变为细胞外排模式[35]。

ABC转运蛋白C家族由9个190kDa的MRP糖蛋白成员组成，它们的分子结构与B家族蛋白质相似，但包含一个额外的N末端TMD

（TMD0），该 TMD 具有五个跨膜螺旋，通过连接区域连接到 TMD1。ABC C 家族成员在 TMD0 的结构上存在差异。

"白色"蛋白 ABC 转运蛋白 G 家族的蛋白质只有一个由 6 个跨膜螺旋组成的 TMD。这些蛋白质以同源（ABCG2）或异源（ABCG5/G8）二聚体的形式存在，转运功能与 B 家族蛋白质相似。ABCB1（MDR1）的小鼠同源物为 Abcb1a 和 Abcb2（Mdr1a 和 Mdr1b），ABCB4（MDR3）的小鼠同源物则为 Abcb4（Mdr2）。

（三）命名

在本章中，我们将遵循国际文献，使用大写字母表示人类 ABC 蛋白质，使用大写字母斜体表示 ABC 蛋白质编码基因，使用小写字母表示啮齿动物的 ABC 蛋白质和基因。

（四）从多药耐药性到肝功能

B−、C− 和 G− 家族 ABC 蛋白最初被发现介导癌细胞的多药耐药性[18, 36]。20 世纪 80 年代末的研究发现，当癌细胞暴露于化疗药物后，这些蛋白的表达量增加，从而产生耐药性。这些发现最初受到很多关注，因为这被认为是处理癌症多药耐药性的一种手段。但是后续研究发现癌症的多药耐药性实际上非常复杂，不仅仅依赖于单个蛋白的过度表达[37]。不过，对于肝脏研究而言，这一新兴领域对于鉴定介导肝脏分泌功能的转运蛋白有相当重要的意义。

MDR1、BSEP、MDR3、MRP2 和 ABCG5/G8 位于肝细胞的顶端膜或胆小管膜。细胞生物学研究了涉及这些蛋白翻译后调控及细胞定位的复杂通路（见第 4 章）。ABCC3（MRP3）和 ABCC4（MRP4）位于肝细胞的基底膜，这些蛋白在胆汁出现淤积时大量表达，并通过主动转运将胆汁从细胞转运到血液中，以保护肝细胞免受高浓度有毒代谢物的侵袭。从生理学上讲，这属于"反向"运输。经此途径离开肝脏的药物由肾脏排泄。

四、ABC 介导的肝脏转运

ABCB1（P 糖蛋白、MDR1）、ABCB4（MDR3）、ABCB11（BSEP）、ABCG2（BCRP）、ABCG5/G8（胆固醇转运蛋白）和 ABCC2（MRP2，以前称为 cMOAT）主要位于肝细胞顶端膜或胆小管膜。

MDR3、BSEP、MRP2 和 ABCG5/G8 与正常的肝功能最相关，它们介导胆汁主要成分的运输：磷脂酰胆碱（MDR3）、胆盐（BSEP）、结合胆红素、谷胱甘肽和谷胱甘肽结合物（MRP2）、胆固醇（ABCG5/G8）。BSEP 介导单价胆盐的运输，通过胆盐在胆管膜上的增溶作用，间接促进胆固醇和 PC 的分泌[38]。

MDR3 介导 PC 从胆小管膜内小叶到外小叶的转运[39]。ABCG5/G8 介导胆固醇的转运，MRP2 介导带至少两个负电荷的阴离子包括胆红素结合物的转运[40-42]。BSEP、MDR3 和 ABCG5/G8 的功能是相互关联的。任何一种转运蛋白的扰动都会导致胆汁不稳定，引起胆结石的形成。尽管 ABCG5/G8 被认为是一种"胆结石基因"（Lith9），但对于"低磷脂相关性胆石症"（low phospholipid-associated cholelithiasis，LPAC），MDR3 功能缺陷在胆结石形成中也同样重要[43-45]。LPAC 的特征是肝内小结石、肝纤维化和胆结石。

胆小管膜中 ABC 转运体的功能取决于这些转运蛋白所在微区或"脂筏"的胆固醇含量。当磷脂转运受损（如 MDR3 和 ATP8B1 缺乏）时，这些脂筏的稳定性会受到干扰。因此，胆固醇脂筏微结构对于 BSEP、MRP2 和 ABCG2 的正常功能至关重要[46-49]。

（一）ATP8B1

ATP8B1（FIC1）虽然不属于 ABC 转运蛋白家族，但由于它对了解肝脏分泌功能很重要，在此我们也进行讨论。ATP8B1 是一种 P 型 ATP 酶，由 FIC1 基因编码。ATP8B1 介导磷脂酰丝氨酸和磷脂酰乙醇胺从胆小管膜结构的外小叶到内小叶的反向转运[50]。FIC1 基因突变对 BSEP 和 MRP2 功能具有显著影响（见第 29 章）。ATP8B1 缺乏的儿童患有严重的胆汁淤积性肝病，称为进行性家族性肝内胆汁淤积症（非阿米什人中为散发性 PFIC1 型，阿米什人中为地方性 Byler 病），这些患者的特点是血清中 GGT 活性较低。而 FIC1 突变的成年患者病情较轻，称为良性复发性肝内胆汁淤积症（BRIC1 型）[51, 52]。

ATP8B1$^{-/-}$小鼠中胆汁酸盐诱导的胆汁中胆固醇含量增加，导致胆小管膜中的胆固醇/磷脂酰胆碱比值减小，BSEP和MRP2功能受损[46]。胆道外引流手术将部分胆汁外引流可以暂时缓解PFIC1患儿的病情，但大多数患者最终需要肝移植。然而，肝移植并不能完全解决该病的所有临床症状，患者会出现肝脏脂肪变性、腹泻、胰腺疾病等症状，并继续恶化[53]。胆道外引流的作用提示了次级胆盐（脱氧胆酸和石胆酸）在ATP8B1功能缺陷中发挥了作用。胆道外引流可引起胆盐池与初级胆盐的富集，这可能帮助稳定胆小管膜并改善转运蛋白的功能。

（二）ABCB4（MDR3、Mdr2）

*ABCB4/MDR3*基因编码170kDa的MDR3（人类）和Mdr2（小鼠）蛋白。利用*Mdr2*$^{-/-}$小鼠可以研究这种肝细胞顶端蛋白的功能[21]。这些*Mdr2*$^{-/-}$小鼠胆盐分泌正常，但胆汁中缺乏PC，这将严重影响肝脏和胆管的功能。在正常胆汁中，毒性胆盐被包在含有磷脂和胆固醇的胶束或囊泡中，这可以保护肝细胞和胆管细胞免受毒性作用。没有磷脂的胆汁具有毒性，这可能是*Mdr2*$^{-/-}$小鼠和儿童MDR3缺乏症（PFIC3型）发生胆管炎和纤维化的病理基础。*Mdr2*$^{-/-}$小鼠中的组织病理学与原发性硬化性胆管炎的病理有一定相似性。PSC的特征包括同心性导管周纤维化、胆汁性肝硬化和胆管细胞癌风险增加。然而，除了单核苷酸多态性外，在PSC患者中未检测到功能性*ABCB4/MDR3*基因缺陷[54,55]。

*ABCB4/MDR3*基因突变是儿童PFIC3型、低磷脂相关性胆石症和成人妊娠期肝内胆汁淤积症的基础[43,56-60]。PFIC3型是一种以肝硬化、胆管异常、严重瘙痒和血清GGT升高为特征的儿科疾病。与*Mdr2*$^{-/-}$小鼠相比，人类PFIC3型与更严重的组织病理学相关。这可能是由于相对于含有更多亲水性胆盐（如α-鼠胆酸和β-鼠胆酸）的小鼠胆汁而言，人胆汁更具细胞毒性。虽然UDCA治疗后可暂时缓解部分患者的症状，但大多数患者最终需要肝移植。

MDR3蛋白在胆汁生理学中起着重要作用。它与BSEP和ABCG5/G8共同作用，促进胆管膜的外小叶处包裹PC、胆盐和胆固醇的囊泡的产生。*Mdr2*$^{-/-}$小鼠产生的胆汁中含有正常浓度的胆盐，但这些胆盐中不含PC和还原性的胆固醇。这表明，不仅正常的MDR3功能需要PC的分泌，而且胆固醇的分泌也间接依赖于PC的分泌[38]。胆盐和PC是溶解胆固醇所必需的，因此，胆汁中PC浓度的降低提示了胆结石和胆汁淤积的风险。

PPARα激动药可增加小鼠Mdr2的表达[61]。因此，PPARα激动药有望帮助增加胆汁中PC的分泌，这可能是一种具有治疗价值的"胆汁解毒"疗法。此外，去甲氧胆酸也是潜在的药物，其通过增加碳酸氢盐的分泌，从而保护胆管上皮细胞免受胆盐毒性[62]。

（三）胆汁酸盐输出泵，ABCB11（BSEP）

一种最初被称为SPGP的蛋白被确定为甘氨酸和牛磺酸结合胆盐的主要转运体。SPGP或BSEP位于肝细胞的胆小管膜[17]。SPGP现在通常被称为BSEP，其正式命名为ABCB11。由*ABCB11*突变引起的BSEP缺乏的儿童患有一种严重的胆汁淤积性肝病，称为PFIC2型。在小鼠中，*Abcb11*基因的靶向敲除将导致胆汁淤积，但不如人类严重[63]。这是由于小鼠体内的胆盐广泛发生四羟基化，以及通过上调Mdr1a和Mrp2表达，从而增加肾脏和胆汁排泄。小鼠体内的胆盐具有四羟基化通路，但人类没有[64]。Gerloff等将小鼠*Abcb11*基因表达于爪蟾卵母细胞和Sf9细胞后，细胞出现了胆盐转运，从而明确证明了BSEP是一种胆汁酸盐转运体[17]。

儿童PFIC2型和成人良性复发性肝内胆汁淤积症（BRIC2型）中的BSEP突变是一种*ABCB11/BSEP*基因的杂合突变[25,65,66]（见第29章）。在PFIC2中，胆盐的积累会导致肝脏炎症和纤维化，并与肝细胞癌的风险增加有关[67]。典型的PFIC2患儿会出现低血清GGT活性的胆汁淤积。部分胆道外引流手术可暂时缓解PFIC患儿的症状，尤其是仍有BSEP部分表达的患者，但大多数患者最终需要肝移植。肝移植后，患者通常表现良好，并呈现快速恢复[53]。但也有报道称，由于BSEP靶向抗体的产生，肝移植后患者出现复发性 PFIC2[68, 69]。残留有 BSEP 活性的患者可能对 UDCA 治疗有反应。未来的一种治疗选择可能是利用伴侣分子帮助修复错误折叠的 BSEP 蛋白，并将其插入肝细胞顶端膜[70]，这将有助于一小部分患者的治疗。

BSEP 介导牛磺酸和甘氨酸结合胆盐、非结合胆盐和 UDCA 的转运。去甲熊脱氧胆酸和奥贝胆酸也可能是 BSEP 的底物，但尚未验证。BSEP 倾向于转运胆盐，但以普伐他汀为底物时胆盐转运活性较低[71]。环孢素、曲格列酮、波生坦、格列本脲和利福平是 BSEP 抑制药，可能导致药物性肝病[72-74]。

（四）ABCB1（MDR1）

MDR1/ABCB1 介导肿瘤多药耐药性。在肝脏中，ABCB1 位于肝细胞胆小管膜，介导胆汁中有机阳离子、激素和药物的分泌[75, 76]。ABCB1 在胆管、小肠、肾脏、血脑屏障和胎盘的上皮细胞中也有表达。ABCB1 和 ABCB11 结构相似，但功能差异很大。ABCB1 介导多种底物（镇痛药、抗心律失常药、抗生素、抗癌药、抗组胺药、抗癫痫药、免疫抑制剂、降血脂药）的转运，而 ABCB11 优先选择结合胆盐并介导其转运[35]。ABCB1 在正常肝脏生理中的作用尚不清楚。犬体内 Abcb1 基因的自然突变或小鼠体内 Abcb1a 基因的靶向缺失会导致健康犬和小鼠的大脑对药物（如伊维菌素）敏感，这表明这种转运蛋白在血脑屏障中发挥了作用[77, 78]。

MDR1 可能作为一种备用的转运系统。例如，在 Abcb11/Bsep−/− 小鼠中，Mdr1a 表达增加，并促进四羟基化胆盐的转运[20]。由于这种解毒途径，Abcb11/Bsep−/− 小鼠没有真正的胆汁淤积表型。因此，进行性家族性肝内胆汁淤积症（PFIC2型）患者的不同表型可能与 MDR1 的表达水平有关[79]。在肝细胞癌中，MDR1 的表达是可变的，并且与无病生存率和化疗响应率呈负相关[80]。

（五）ABCC2（MRP2）

MRP 是分子量为 190kDa 的糖蛋白，表达于包括肝脏在内的多个器官，MRP2 由 ABCC2 基因编码。与 ABCB 家族的蛋白质（MDR）相比，ABCC 家族的蛋白质（MRP）具有一个额外的跨膜结构域，该结构域由五个螺旋组成并通过连接区连接到蛋白的其余部分。这个额外的跨膜结构的功能尚不清楚，因为没有这个结构域时，MRP1 仍然是完全活跃的，并能保留其膜定位[81]。

MRP2 是两亲性"多价"有机阴离子的顶端膜转运体，这些有机阴离子主要带有一个以上负电荷。因此，结合胆红素（单糖和二糖醛酸化）、GSSG 和 GSH、多种药物结合物、四羟基化、硫酸化和二价葡萄糖醛酸化胆盐、白三烯 C4、结合激素、ET-1 和血管加压素都是 MRP2/mrp2 的转运底物[15, 82-86]。带正电的离子（如金属）则通过 MRP2 复合物转运到谷胱甘肽[87]。

在胆汁中，胆盐和谷胱甘肽是浓度最高的溶质（毫摩尔范围）。因此，谷胱甘肽作为渗透剂可促进"胆盐非依赖性"胆汁流动。在 TR− 大鼠中，mrp2 基因缺失后胆汁流量可减少至约 50%[13, 15]。

MRP2 蛋白表达于肝、肠、肾近端小管、胆囊和胎盘[88, 89]。在 TR− 大鼠、猴子和绵羊中，自然突变导致 mrp2 缺失与结合型高胆红素血症有关，其表型类似于人类 Dubin-Johnson 综合征。与患有 DJS 的人类一样，TR− 大鼠在喂食富含酪氨酸、色氨酸和苯丙氨酸的饲料后，肝脏中有棕黑色溶酶体色素[13, 16, 90, 91]。Abcc2 在小鼠体内的靶向敲除会导致轻度的结合型高胆红素血症，并伴有谷胱甘肽和有机阴离子的胆汁分泌缺陷[92]。MRP2 在大多数 HCC 中表达[80, 93, 94]。

（六）黄疸

黄疸是胆汁淤积性肝病的临床特征。在分子水平上，无论是遗传性或者获得性黄疸，都可能由 MRP2 功能异常引起。脓毒症黄疸是 MRP2 表达降低导致获得性黄疸的典型例子。炎症细胞因子抑制 MRP2 的表达，从而阻碍结合型高胆红素血症的肝胆转运[95, 96]。因此，MRP2 下调可能是多种肝病中黄疸发生的潜在机制[97, 98]。

（七）ABCC1、ABCC3 和 ABCC4（MRP1、MRP3 和 MRP4）

MRP1 由 ABCC1 基因编码。MRP1 表达于大多数上皮细胞的基底膜，并介导 LTC4、还原型和氧化型谷胱甘肽、多种药物、谷胱甘肽和葡萄糖醛酸结合物的跨膜转运。MRP1 在正常肝脏中的表达很少，但在严重肝衰竭、肝祖细胞和反应性肝导管中表达增加[99, 100]。因此，MRP1 的缺失与特定的肝脏疾病无关。MRP1 在癌症的自然病程中起作用，并介导部分患者的多药耐药。在MRP 中，MRP1/ABCC1 与 CFTR/ABCC7 的同源性最高，因此，MRP1/ABCC1 可能是囊性纤维化的修饰基因[101]。MRP2 特异表达于肝细胞的胆小管膜，以及肠黏膜和肾小管上皮细胞的顶端膜，而 MRP1 则位于基底膜。这种细胞定位上的差异是因为 MRP2 蛋白 C 末端有一个 PDZ 基序，而 MRP1 中没有该基序[81, 102]。该基序与其他含有 PDZ 的蛋白质相互作用，将 MRP2 靶向细胞顶端膜。此外，在 HCC 中，MRP1 的表达与肿瘤侵袭性相关[103]。

MRP3 是一种可诱导的 ATP 依赖性的有机阴离子转运体，表达于肝细胞、胆管和肠上皮细胞、肾上腺、胰腺、肾脏和前列腺的基底膜[100, 104-106]。当小管 MRP2 在 Dubin-Johnson 综合征中没有或很少表达，或当胆管膜的运输受阻如胆汁淤积症时，MRP3 的表达上调[104, 105, 107]。MRP3 的底物谱与 MRP2 相似但不完全相同[108]。MRP3 转运胆红素单葡萄糖醛酸和二葡萄糖醛酸、雌二醇 –17β 葡萄糖醛酸、谷胱甘肽结合物、胆盐及其结合物。与 MRP2 相比，MRP3 介导还原型或氧化型谷胱甘肽的转运，对 LTC4 的亲和力较低[109]。此外，MRP3 和（或）MRP4 在肝祖细胞中高度表达[99, 100]。

与 MRP3 一样，MRP4 是肝细胞基底膜中可诱导的 ATP 依赖性转运体。MRP4 在肝脏和肾脏近端小管中表达。MRP4 介导结合型、硫酸化和非结合型胆盐、LTC4、DHEA、雌二醇 –17β 葡萄糖醛酸和 cAMP 的转运[110, 111]。在啮齿动物和人类肝脏中，MRP4 的表达受胆汁淤积的诱导[112-114]。当这些小管转运体的功能受损如胆汁淤积时，基底膜上的 MRP3 和 MRP4 接管 MRP2 和 BSEP 的功能。它们促进底物从肝细胞到血液的"反向"转运，引起血清结合胆红素和胆盐水平升高。

（八）ABCC6（MRP6）

ABCC6 的 300 多种基因突变被证明与弹性假黄瘤（一种罕见的皮肤、视网膜、心血管系统和胃肠道系统异常的疾病）之间存在着强烈的遗传相关性[115]。ABCC6/MRP6 是在肝脏和肾脏表达的 ABCC 家族跨膜转运体。弹性假黄瘤以结缔组织和动脉的明显矿化为特征。长期以来，该病的临床表现与基因缺陷之间的关系一直不清楚，尤其是肝脏中的基因产物与在几乎所有组织中出现显著矿化之间的关系令人费解。近期的文献表明，ABCC6/MRP6 促进 ATP 的转运[116, 117]。ATP 被降解为无机焦磷酸盐 PPi，而 PPi 是一种有效的矿化抑制剂。因此，血液循环中 PPi 的降低导致动脉、皮肤和视网膜中的磷酸钙沉淀。NASH 中的氧化应激可能抑制 HNF4α 介导的 MRP6 表达，从而减少 ATP 释放并刺激动脉的晚期矿化，导致冠状动脉粥样硬化，这是 NASH 死亡的主要原因之一[115]。

（九）ABCC7

特别值得一提的是 ABCC7。ABCC7 也称 CFTR，ABCC7 突变是囊性纤维化的基础[118]。这种蛋白非常特殊，因为它不是 ATP 依赖性转运泵，而是允许氯化物和碳酸氢盐外排的通道。CFTR 表达于肺、胰腺、胆管、肠和输精管。分子结构显示其具有两个跨膜结构域，每个跨膜结构域包含 6 个跨膜螺旋、2 个核苷酸结合结构域和 1 个由 cAMP 激活的调节性"R"结构域。细胞内为负的电化学梯度促使氯化物外排出细胞。CFTR 构成门控通道，可与 ATP 结合时打开或关闭。

（十）ABCG2

ABCG2 介导许多化疗药物（因此命名为 BCRP1）、雌二醇、孕酮和叶绿素代谢物的转运。当 ABCG2$^{-/-}$ 小鼠喂食含苜蓿的饲料时，光毒性叶绿素代谢物在小鼠体内将发生蓄积[119]。

在口服抗癌药物拓扑替康后，Bcrp1$^{-/-}$ 小鼠具有更高的血药浓度，这表明在正常小鼠肠道中的 Bcrp1 可作为口服药物的屏障（将药物从机体输送到肠道）。此外，在肝脏中，ABCG2、MRP3 和 MRP4 在祖细胞中表达，可能具有细胞保护

作用 [99, 100, 120]。

（十一）ABCG5/G8

肝脏和肠道中 ABCG5/G8 的表达对胆固醇的转运很重要。在肝脏中，ABCG5/G8 促进胆固醇的胆汁分泌；在小肠中，该蛋白介导胆固醇和植物甾醇的外排，从而抑制其吸收。ABCG5/G8 是半转运蛋白，两者都是转运功能所必需的蛋白。ABCG8 基因突变的患者会出现高胆固醇血症、过早的冠状动脉粥样硬化和植物固醇血症，但 Meta 分析中发现，ABCG8 基因突变与高胆固醇血症的相关性不强 [41, 121]。小鼠体内 Abcg5 和 Abcg8 基因的靶向缺失会导致胆汁中胆固醇的分泌受损，并增加对饮食中胆固醇含量变化的敏感性。另外，ABCG5/G8 的转基因表达则诱导胆汁中胆固醇的大量分泌，降低肠道中胆固醇吸收 [122]。

血脑屏障的功能在很大程度上取决于 ABC 转运体的作用。ABC 转运体主动泵出神经毒性化合物（如伊维菌素）以防止其在大脑中积聚。这表明 ABC 转运体的突变会影响内源性和外源性药物的清除，并且该作用与底物相关，使得在正常野生动物中不能被吸收或穿过血脑屏障的物质，在基因突变动物通过血脑屏障。

ABCG5/G8 也被称为胆结石易感基因（小鼠中的 Lith9 基因）。在人类中，ABCG5-R50C 和 ABCG8-D19H 基因突变与胆结石相关 [123]。在氚标记胆固醇外排检测中，ABCG8-D19H 突变后转运活性增加。在德国、智利、中国和印度人群中，D19H 突变与胆结石风险增加之间的相关性（OR=2.2，$P=1.4 \times 10^{-14}$）已得到证实 [124]。

五、ABC 转运蛋白表达的调控

（一）转录调控

ABC 转运体在顶端膜的表达可以迅速改变也可以逐渐改变。转录和转录后机制参与这些转运蛋白的表达调控。大量研究表明，ABC 转运体的表达受 HNF4α、核激素受体（如 FXR 和 PXR、PPARα 和 CAR[125-127]）的调控（图 26-2）。NHR 是胆盐、内源性代谢产物和外源性物质的细胞内传感器。这些因子和受体驻留在细胞质中，当与各自的配体结合时与靶基因的 DNA 结合。一般

而言，它们通过增加外排和减少摄取来维持细胞内稳态，胆盐是一个显著的例子。当胆汁淤积导致细胞内胆盐浓度增加时，FXR 依赖的胆盐转运体 OSTαβ、基底侧区的 MRP3 和 MRP4 的表达增加 [104, 107, 112, 114, 128]。MRP3 介导结合胆红素从肝细胞外排至血液，从而导致血清中结合胆红素水平升高和临床黄疸 [129]。MRP4 介导结合和非结合胆盐、胆盐–硫酸盐结合物的细胞外排。因此，MRP4$^{-/-}$ 小鼠对胆汁淤积更为脆弱和敏感 [130]。

FXR 作为胆汁酸感受器，与胆盐结合后被激活 [131, 132]。这导致 SHP 的上调，该蛋白阻断 LRH-1 和 HNF4α 对胆盐合成酶 CYP7A1 的调控 [133]。此外，FXR 激活导致 BSEP、MRP3 和 MRP4 上调，NTCP 下调 [134]。另外，OSTαβ 是一种非 ATP 依赖性基底侧转运体，在胆汁淤积患者中表达增加 [135]。

在研究遗传性 FXR 缺陷的患者的表型时，FXR 对胆道转运的重要性显而易见。编码 FXR 的 NR1H4 基因的纯合子突变可导致严重的新生儿胆汁淤积症，在这些患者中未检测到 BSEP，而 MDR3 的表达保持不变。这些患儿的症状包括血清 GGT 活性低、严重黄疸、维生素 K 依赖性凝血障碍和 α– 甲胎蛋白升高 [136]。这表明 FXR 不仅在胆盐水平升高时调节 BSEP 的表达，而且在其他情况下也参与了调控 BSEP。

当细胞内有毒物质的外排受到干扰时，细胞会启动自我保护机制，如进行性家族性肝内胆汁淤积症（PFIC2）患者的调节适应。在 PFIC2 中，BSEP 功能降低或缺失，因此无法通过胆小管膜正常分泌胆盐，细胞内胆盐浓度升高。此时，胆盐会结合 FXR，从而激活 ABCC4 基因的转录，使基底膜的 MRP4 和 OSTαβ 上调，促进胆盐从肝脏流出到血液，从而降低细胞内的胆盐水平。

FXR 主要受初级胆盐调控，而 PXR 则受非胆盐配体（如利福平、皮质类固醇）和疏水次级胆盐调控。CAR 结合胆红素和苯巴比妥，而 VDR 结合疏水胆盐和 1,25– 二羟维生素 D_3[125, 137-140]。这些知识被应用于临床医学中。例如，苯巴比妥通过增加结合酶 UGT1A1 和转运体 MRP2 的活

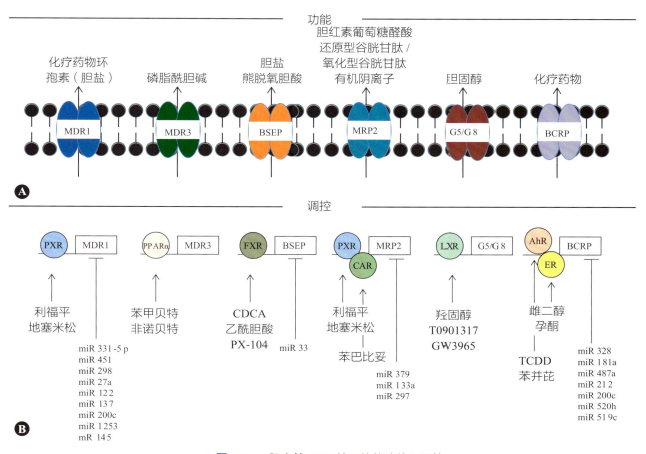

▲ 图 26-2 胆小管 ABC 转运体的功能和调控

A. 以主要基质描绘的胆小管 ABC 转运体的功能；B. 核激素受体对 ABC 转运体的调控和 miRNA 的抑制活性 [35, 144, 170-172]

性来降低血清胆红素水平；利福平可在"持续性肝细胞分泌衰竭"中增强 MRP2 介导的转运，但在这种临床症状中，即使清除了胆管阻塞或胆汁淤积诱导物，肝内胆汁淤积仍持续存在 [141]。

（二）microRNA

microRNA 是一种小的非编码 RNA 分子，起源于数百个核苷酸的小转录本。这些单链 RNA 干扰基因转录。有研究将 microRNA 作为对抗癌症化疗中 ABC 转运体介导的多药耐药性的治疗靶点 [93]。然而，单个 microRNA 可能靶向多个基因。因此，microRNA 的应用（如基因沉默）可能会因旁观者效应而变得复杂 [142]。

Haenisch 等报道，microRNA 379 可以通过转录后调控抑制利福平诱导的 MRP2 表达 [143]。此外，ABCB1、BCRP/ABCG2 和 MRP1/ABCC1 的表达受 microRNA 的影响 [144]。虽然这项研究工

作仍处在早期阶段，但最终 microRNA 可能成为治疗胆汁淤积性肝病的靶点。例如，miR-155$^{-/-}$ 小鼠中的研究实验表明，miR-155 可保护小鼠免受对乙酰氨基酚诱导的肝损伤 [145]。然而，在药物性胆汁淤积和妊娠期肝内胆汁淤积症中，microRNA 作为相关生物标志物存在争议 [146-148]。

（三）转录后调节

转录调控通常需要几分钟甚至更长时间，而转录后调控则发生得更快一些。在肝细胞中，BSEP 蛋白位于一个顶端膜下的囊泡中，并从那里往返于顶端膜 [149]。这一过程受到 UDCA、激素、氧化应激和细胞水肿等因素的刺激 [150-153]。将 ABC 转运体与细胞骨架结合的蛋白可以为这些蛋白提供锚定物，从而决定它们在胆管膜中的位置 [154]。Ortiz 等对大鼠肝脏和 Madin-Darby 犬肾细胞的研究表明，HAX-1 和肌动蛋白皮质激

素参与了 BSEP、MDR1 和 MDR2 从质膜到细胞内部（可能是顶端膜下隔室）的转位。其中，HAX-1 与 BSEP 的连接域结合[155]。HAX-1 和皮质激素参与网格蛋白介导的内吞作用，这表明该机制在 BSEP 细胞定位中发挥作用。

在胆管结扎或 E₂ 17βG 诱导的大鼠胆汁淤积过程中，ABC 转运体 BSEP 和 MRP2 通过网格蛋白介导的内吞作用从顶端定位转移至肝内区室[156, 157]。而胆汁淤积中 BSEP 和 MRP2 再定位的潜在机制不同，这是由于 Mrp2 在顶端膜的定位需要与一种 radixin 的蛋白质交联。Radixin 属于 ERM 蛋白组（ezrin、radixin、moesin），这些蛋白质将完整的膜蛋白与细胞骨架中的肌动蛋白丝交联。由于 Mrp2 定位紊乱，radixin⁻/⁻ 小鼠可出现结合型高胆红素血症[158]。有趣的是，在这些 radixin⁻/⁻ 小鼠中，BSEP 和 MDR1 的定位并没有被破坏。在大鼠和人的研究数据表明，在胆汁淤积中 MRP2 和 radixin 并不出现共定位。由于 radixin 无法与细胞骨架蛋白结合，MRP2 无法定位于胆小管膜[159, 160]。在胆汁淤积中，MRP2 与 ezrin 结合，导致 MRP2 被重新定向到细胞内囊泡中，而在囊泡中 MRP2 蛋白发生泛素化并被蛋白酶体降解。PKCα、δ 和 ε 对 ezrin 的关键结构域（T567）的磷酸化是这一机制的关键[161]。

MDR1、MDR3 和 BSEP 蛋白不同于 MRP2，MRP2 在 C 末端包含了一个 PDZ 结构域，该结构域通过与其他含 PDZ 结构域的蛋白相互作用来确定其在顶端膜的定位。MDR/ABCB 蛋白没有这种 PDZ 结构域。MDR1 和 BSEP 在类似的亚顶端和顶端隔室之间循环，如果 BSEP 缺乏，MDR1 通常也会被错误定位，导致表型发生变化。

六、ABC 转运体与药物性肝病

许多药物都会引起胆汁淤积和胆汁淤积性肝炎，常见的包括阿莫西林 – 克拉维酸、氟氯西林、利福平、口服避孕药和双氯芬酸。其中，口服避孕药和合成代谢类固醇可引起轻度胆汁淤积，而克拉维酸、氟喹诺酮、酮康唑、伊曲康唑、双氯芬酸和三环类抗抑郁药会导致胆汁淤积性肝炎。MRP2 抑制药包括抗癌药物索拉非尼和抗病毒药

物沙奎那韦、利托那韦、替诺福韦、恩曲他滨和拉米夫定，会引起"轻度黄疸"（伴有或不伴有轻度 AST/ALT 升高的结合型高胆红素血症）。但是对于药物性胆汁淤积是由于小管 ABC 转运体、药物代谢酶水平的相互作用，还是由于免疫介导的作用引起的，目前仍不清楚。这限制了体外药物毒性模型的预测能力，使得药物诱导胆汁淤积难以预测，存在药物安全问题，也对药物研发造成了相当大的经济风险。

在体内和动物实验中，药物与 ABC 转运体的相互作用呈现出复杂的模式。例如，对表达 BSEP 的 Sf9 细胞的研究表明，环孢素、利福霉素、利福平和格列本脲抑制 ATP 依赖性的胆盐转运，这被称为顺式抑制（作用于细胞内部的药物）。当 MRP2 也表达时，E₂ 17βG 仅抑制 BSEP 介导的胆盐转运。E₂ 17βG 首先必须由 MRP2 转运，然后才能抑制 BSEP，这被称为转运抑制（通过与小管侧的转运蛋白相互作用产生抑制作用）[162]。环孢素、曲格列酮和波生坦是 BSEP 抑制药，可导致人胆汁淤积性损伤[163]。这些药物引起的肝损伤很可能是由于胆盐积聚的细胞毒性所致。通过比较 PFIC2 和 PFIC3 患者的严重临床表型和 Dubin-Johnson 综合征患者的轻度表型，可以预测干扰 BSEP 或 MDR3 的药物比干扰 MRP2 功能的药物更容易诱发肝损伤。

由于缺乏系统的研究，目前尚不清楚 ABCB11 和 ABCB4 基因突变在多大程度上导致药物性胆汁淤积。这两个基因已被证实与药物性胆汁淤积和妊娠期肝内胆汁淤积相关[164-167]。此外，胆管消失综合征是药物性肝损伤中最严重且潜在不可逆的一种，导致这种疾病的药物有阿莫西林 – 克拉维酸、氟氯西林、双氯芬酸和布洛芬[168]。然而，ABC 蛋白介导的转运抑制如何（长期）导致胆管消失尚不清楚。

七、结论

ATP 依赖性的 ABC 转运体促进肝脏的分泌功能。ABC 转运体活性的遗传或获得性障碍都会导致结合胆红素、胆盐和其他溶质在血液、肝脏和其他器官中蓄积。由于肝脏具有摄取胆盐、

有机阴离子和阳离子的转运蛋白，肝细胞最容易受到肝毒性药物的影响，无论这些药物是通过直接还是间接方式增加肝细胞内毒性胆盐含量。200μmol/L 及以上浓度的胆盐即具有毒性，可引起细胞凋亡和坏死。线粒体毒性则在较低的胆盐浓度下发生，并导致肝细胞极性丢失（见第 4 章和第 8 章）。

核激素受体（如 FXR、PXR、CAR、PPARα和δ）作为 ABC 转运体和胆盐合成的转录调控因子。这些受体的高亲和力配体是治疗胆汁淤积性肝病的候选药物（见第 30 章和第 31 章）。UDCA 和去甲氧胆酸在转录后水平通过促进转运蛋白插入胆小管膜发挥作用。值得注意的是，UDCA 已被证明在治疗胆汁淤积性肝病中的价值。

致 谢　感 谢 Drs Jan Hengstler and Nachiket Vartak（Department of Toxicology, Leibniz Research Centre for Working Environment and Human Factors, Dortmund, Germany）对手稿的审阅和关键性建议。

第27章 基底膜侧有机阴离子转运体
Basolateral Plasma Membrane Organic Anion Transporters

M. Sawkat Anwer　Allan W. Wolkoff　著

潘国宇　麻晨晖　陈飞鸿　汤丽丽　辛莹莹　陈昱安　译

肝脏在溶质从门静脉向肝小管的矢量转运中起核心作用，这涉及位于肝细胞基底膜和小管膜上的一系列转运体。肝细胞转运的溶质包括有机阴离子、有机阳离子、无机离子和中性化合物。尽管水溶性有限，许多有机溶质（如胆红素、胆汁酸）与白蛋白结合后能够在血液中循环。肝脏可以利用特定的转运体提取蛋白结合分子。除了将溶质从循环中清除以便后续的代谢和回流到循环外，溶质通过胆小管的矢量转运也为胆汁的形成提供了渗透驱动力。透过基底膜从循环中摄取有机阴离子和随后的胆汁排泄，对胆汁的形成有重要贡献。有机阴离子主要通过钠依赖性和非钠依赖性转运体转运，包括牛磺胆酸钠共转运多肽（sodium-taurocholate cotransporting polypetide，NTCP）和有机阴离子转运蛋白（organic anion transporting protein，OATP）家族中的几个成员。本章将讨论这些转运体的功能和调控。

一、NTCP

1978年首次报道了大鼠肝细胞中钠依赖性的胆盐转运[1]，使用功能表达克隆法从大鼠肝脏中克隆了NTCP[2, 3]。NTCP是 SLC10A 基因家族七个成员的初始成员[4, 5]，被命名为 Slc10a1[6]。NTCP是一种典型的次级主动转运蛋白，具有严格的钠依赖性，需要两个 Na^+ 与一个胆盐分子结合进行转运。对单阴离子胆盐而言，转运活性是致电性的，而对于双阴离子胆盐胆碱酯酶荧光素则是电中性的[7]。因此，摄取可以由钠的化学和（或）电化学梯度驱动。

肝细胞对胆盐的吸收主要是经 NTCP（SLC10A1）介导，其次是通过 OATP（SLCO）[8, 9]。最近一项基于两个 NTCP 缺乏症婴儿的临床研究（基于 SLC10A1 基因的 Sanger 测序）表明，NTCP 在肝脏胆汁酸清除中起到主要作用[10]。人 NTCP（hNTCP）和大鼠 NTCP（rNTCP）能够转运结合胆汁酸和非结合胆汁酸[9]，但 OATP 对非结合型胆汁酸表现出偏好性[11-13]。

（一）NTCP 的转运功能

NTCP 的转运底物已被广泛研究[4, 5, 9]。除胆盐外，类固醇激素、甲状腺激素、药物及与胆汁酸结合的药物都可以经 hNTCP/rNTCP（SLC10A1/Slc10a1）转运[5, 14]。除了内源性底物，他汀类药物、抗真菌药米卡芬净[15]等药物都是通过 NTCP 运输的[5]。有趣的是，瑞舒伐他汀由 hNTCP 运输，但不能通过 rNTCP 转运[16]。因此，尽管在大鼠、小鼠和人的 NTCP 之间存在大量的底物重叠[9]，跨物种间转运的数据外推时应特别谨慎。

NTCP 作为转运体可以将药物运送到肝细胞。表达 NTCP 的肝癌细胞可介导高亲和力的 Na^+ 依赖性的氯霉素 – 牛磺酸摄取[17]。因此，与 TC 结合的细胞毒性药物可以提供一种潜在的治疗策略，以将这些药物递送至肝癌细胞。转运体系在肝功能检测中的作用早已为人所知[18]，如今也越来越受到重视[19, 20]。血清胆盐浓度是 NTCP 功能的良好指标，也是反映肝功能的指标。一些用于评估人动态肝功能的外源性化合物会被 hNTCP 和其他转运体所吸收[21]。因此，NTCP 的功能状态是肝功能测试的重要决定因素，当患者接受干扰 NTCP 转运活性的药物进行治疗时，应该考虑可能影响。

药物可能通过两种主要方式抑制 NTCP 对溶质的转运：①药物可能被 NTCP 转运而产生竞争性抑制；②药物可能抑制 NTCP 对溶质的摄取但本身不作为底物。的确，有些药物会抑制 hNTCP/rNTCP 介导的胆盐摄取，但药物不被 NTCP 转运[5, 9, 22]。无论是否被转运体转运，抑制转运体的溶质转运的药物都会显著影响内源性底物和药物的处置过程。而这些影响是药物开发中的重要考虑因素，因为它们可能导致不良反应或者提供治疗策略。因此，抑制 NTCP 会影响胆盐的处置，导致全身胆盐浓度升高，从而产生不良反应[23, 24]。

药物 – 药物相互作用（drug-drug interaction，DDI）是药物安全性和有效性的重要决定因素。在药物处置过程中转运体经常与药物代谢酶共同作用。因此，转运体在药物处置、治疗疗效和药物不良反应中的作用日益得到认可[25]。一些转运体被认为在药物吸收和处置方面具有临床重要性，因此可以介导 DDI[26]。尽管许多 SLC 转运体被认为在药物的吸收和处置中具有临床重要性[26]，但并不包括 NTCP。这主要是因为这些转运体的临床重要性还没有很好的确定。由于药物可以被 NTCP 转运，同时也可以抑制 NTCP 的溶质转运，因此 NTCP 很可能在 DDI 中发挥潜在作用，并已有相关报道[15, 27]。

NTCP 作为乙型肝炎病毒和丁型肝炎病毒（hepatitis D virus，HDV）的受体和转运体的新功能已被证明[28]，人 NTCP 在病毒入侵和随后的感染中发挥重要作用[29]。HBV 和 HDV 都含有被称为小（S）、中（M）和大（L）的包膜蛋白。这三种蛋白具有相同的 C 端结构域，但在 N 端结构域上有所不同，M 蛋白中存在 pre-S2 结构域，L 蛋白中存在 pre-S1 和 pre-S2 结构域。HBV 和 HDV 的进入均由 L 蛋白上的 pre-S1 结构域与肝细胞上的受体相互作用决定[30-32]。Myrcludex B 是一种针对肉豆蔻酰化 pre-S1 结构域的药物，已进入临床试验[33]，初步报道显示前景良好[34]。然而，病毒入侵只是病毒在人类肝细胞中有效感染和复制的一个步骤，其他因素（如宿主成分）可能也参与其中[35-38]。

NTCP 的这种新颖作用对病毒的转运机制提出了有趣的问题。一种可能的机制是，这些病毒通过 NTCP 的转运方式与胆盐相同。在这种情况下，需要了解 HBV 和 HDV 向肝细胞的转运是否依赖于 Na^+，并且是否被 NTCP 的已知底物 / 抑制剂所抑制。另一种可能的是，NTCP 与病毒结合后通过内吞作用被内化，从而使病毒进入细胞[35, 36]。HBV/HDV 的内化可能是由病毒包膜蛋白和 NTCP 之间的蛋白 – 蛋白相互作用引发的，从而发生内吞。在这种情况下，内化的信号是什么？钙依赖 PKC 和 PKCα 最有可能诱导 rNTCP 的内吞[39, 40]。PKCα 或其他信号分子是否参与其中仍有待研究。由于 NTCP 通过细胞内囊泡与 EGF 受体进行转运[41]，HBV 和 HDV 可能利用此途径进入肝细胞。无论涉及的转运机制如何，NTCP 参与 HBV 和 HDV 感染的发现有望启发进一步的研究，从而更好地了解 NTCP 在 HBV/HDV 感染中的作用，以及开发抑制病毒入侵和感染的药物。

（二）转录调控

NTCP 既有转录调控，也有转录后调控。涉及各种核受体的转录调控先前已被其他学者总结[4, 42]。简而言之，NR 通过响应胞内胆汁酸浓度（BA_i）的变化来调节 NTCP 的表达。胆汁淤积时 BA_i 的增加激活了 SHP 启动子中的 FXR 反应元件，促进 SHP 的表达，进而抑制 RXR/RAR 对 NTCP 的激活（图 27–1）。此外，胆汁酸诱导的 HNF1α 通过激活 HNF4，参与胆汁淤积诱导的 NTCP 下调，而该下调被 HNF1α 转录激活。胆汁酸也可以通过 SHP 抑制 HNF1α。胆盐对 NTCP 的下调有助于降低 BA_i，从而限制或降低在胆汁淤积中胆汁酸引起的细胞毒性。促炎细胞因子抑制 RXR，并可能参与抑制胆管结扎大鼠中 RXR、RARα 和 SHP 表达[43]。妊娠期和内毒素对 NTCP 的下调可能也是由于抑制 HNF1α 和 RXR：RAR[44, 45]。

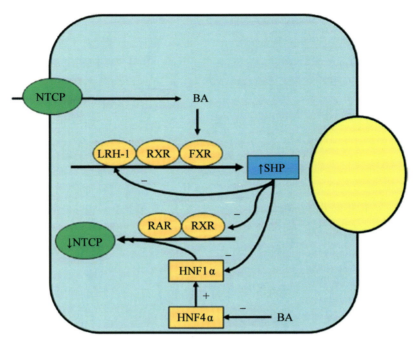

▲ 图 27-1　核受体对 NTCP 的转录调控

胆汁酸（BA）通过激活 SHP 启动子中的 FXR 反应元件刺激 SHP 的表达。SHP 干扰牛磺胆酸钠共转运多肽（NTCP）启动子的 RXR,RAR 反式激活，导致 NTCP 表达下降。HNF1α 可转录激活 NTCP。BA 还通过抑制 HNF4α 来抑制 HNF1α，从而降低 NTCP 的表达。SHP 还可以抑制 HNF4α 介导的 HNF1α 启动子的反式激活，并通过抑制 LRH-1 来自动调节自身的启动子

NTCP 的表达受到 GR、VDR、PPARα、STAT5 及各种转录因子和激素的刺激 [42, 46]。

（三）翻译后调控

质膜上的转运体在翻译后，需要易位到质膜上以执行其预期功能。质膜中转运体的水平可根据调节溶质转运活性的需要而增减。这是一个高度调控的翻译后事件，需要各种细胞信号通路的参与。翻译后事件还涉及蛋白的质量控制，通过泛素 - 蛋白酶体系统靶向降解功能失调的蛋白 [47]。NTCP 被内质网相关降解途径中的泛素 - 蛋白酶体降解。据推测，该通路的功能障碍可能导致胆汁淤积性肝细胞内 NTCP 积累 [48]。

NTCP 对胆盐的摄取受到动态调控。cAMP 促进 TC 的摄取 [49-52]，并增加大鼠肝细胞与稳定转染 hNTCP 的肝细胞质膜处 NTCP 的表达 [52-54]。相反，可引起胆汁淤积的胆盐（TCDC 和 TLC）可抑制牛磺胆酸盐（TC）摄取 [40, 55]，降低质膜 rNTCP 水平 [40, 56]。胰高血糖素增加 cAMP 的摄取，可能允许肝细胞在生理条件下高效吸收从肠道返回的胆盐，而摄取的减少可能会保护肝细胞，避免胆汁淤积中 BA_i 的进一步增加 [57]。NTCP 功能的多态性可能使得其质膜表达偏低。在欧洲、非洲、中国和西班牙裔美国人群体中，NTCP 具有多个单核苷酸多态性，而仅在非裔美国人存在 Ile223 向 Thr 变异的转运活性改变，至少部分是由质膜表达降低所致 [58]。然而，携带这些突变的人的最终表型尚不清楚。

迄今为止的研究表明，NTCP 的翻译后调控包括质膜易位 / 回收。许多信号通路，包括 cAMP、细胞内 Ca^{2+}、NO、PI3K、PKC 和蛋白磷酸酶参与了这一过程。其中一些途径已被总结 [21, 59-61]。

PI3K/Akt 通路在细胞存活和肝细胞转运体向质膜的易位中发挥重要作用，表明 PI3K 在肝细胞中发挥有益作用 [60, 62-64]。PI3K 是一类脂质激酶（Ⅰ 类、Ⅱ 类和 Ⅲ 类），可磷酸化 PI 肌醇环的位置 3，也称为 D3 磷酸化 [65]。由此产生的 PIP，与 PDK 协同作用，参与下游激酶的激活，如 PKC ζ / λ 、Akt/PKB 和 p70$^{S6K[66]}$。PI3K/Akt

通路参与细胞肿胀、cAMP 诱导的 TC 摄取增加和 rNTCP 向质膜的易位[67, 68]，cAMP 通过激活 PI3K 通路抑制 TLC 诱导的 TC 摄取抑制[56]。

NTCP 转位到质膜受磷酸化和去磷酸化调控，但参与 NTCP 磷酸化的激酶尚不清楚。NTCP 是一种丝氨酸 / 苏氨酸磷酸化蛋白[69]，cAMP 诱导的 TC 摄取和质膜 rNTCP 增加与 Ser^{226} 位点[71] 的去磷酸化相关[70]。cAMP 通过增加细胞内 Ca^{2+} 浓度激活 PP2B[50, 72]，而 PP2B 进而介导 rNTCP 去磷酸化，促进其向质膜转运（图 27-2）。有趣的是，抑制 PP2B 会逆转 TCDC 诱导的 rNTCP 回补[40]。TCDC 诱导的 rNTCP 回补是否涉及 PP2B 介导的 NTCP 去磷酸化还有待证实。

PKC 的亚型差异调节 NTCP 向质膜的易位和从质膜的回收（图 27-2）。PKCδ[51, 73] 和 PKCζ[74] 介导 cAMP 诱导的 rNTCP 易位，而传统的 PKC（很可能是 PKCα）介导 rNTCP 回收[39, 40]。cAMP 对 PKCδ 和 PKCζ 的激活依赖 PI3K[51, 74, 75]，而 TCDC 对 PKCα[40] 的激活不依赖 PI3K。此外，TLC 诱导 rNTCP 的回收[56]，但抑制 PKCα[76]。因此，胆汁酸淤积诱导 NTCP 的回收可能涉及

PKCα 以外的介质。

少量研究表明，小 G 蛋白 Rab4 和微管在 PKC 介导的 NTCP 易转位中发挥了作用。Rab4-GTP 的活性形式和 Rab4-GDP 的非活性形式之间循环[77]。PKCδ 通过激活 Rab4 促进 hNTCP 转位[51]，PKCζ 促进含 rNTCP 的囊泡沿微管的运动[78]。另有研究表明，Rab4 促进 cAMP 诱导的 NTCP 转位[52]，含 NTCP 的囊泡与 Rab4 共定位[78]，cAMP 诱导 rNTCP 的转位依赖 PI3K[79]，肌动蛋白细胞骨架和微管[53, 79]、PKCδ 和 PKCζ 的激活均依赖于 PI3K[80]。这些结果可能表明，cAMP 对 PI3K/PKCδ 的激活导致含 NTCP 和 Rab4 的囊泡中 Rab4 的激活，进而促进 PI3K/PKCζ 诱导含 NTCP/Rab4 的囊泡沿微管到质膜的移动（图 27-2）。

S- 亚硝基化也影响 NTCP 的质膜定位。用巯基结合剂处理可抑制离体大鼠肝细胞中 TC 的摄取[81, 82]，也抑制 hNTCP 功能，这证明了 NCTP 的半胱氨酸残基在转运功能中的作用[83]。NO 可抑制大鼠肝细胞[84]、稳定转染 hNTCP 的 HuH7 细胞[85] 和人肝细胞[86] 中 TC 的摄取。NO 发挥其细胞作用的方式之一是通过一种被称为 S- 亚

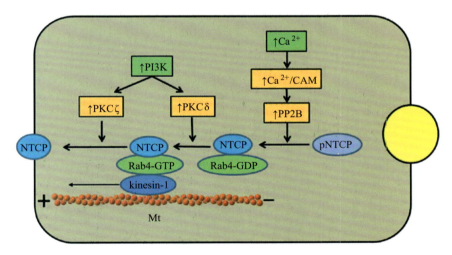

▲ 图 27-2　调节 NTCP 向质膜基底侧转位的信号通路

牛磺胆酸钠共转运多肽（NTCP）插入质膜主要通过两种途径：细胞内 Ca^{2+} 的增加和 PI3K 的活化。细胞内 Ca^{2+} 的增加通过 Ca^{2+}-CAM 激活钙依赖的 PP2B。PP2B 进一步诱导 NTCP 去磷酸化（pNTCP 至 NTCP），从而允许 NTCP 通过囊泡运输转位到质膜上。PI3K 的活化导致 PKCδ 和 PKCζ 的激活，进而通过刺激囊泡运输，以诱导 NTCP 从细胞内向质膜转移。含有 NTCP 的囊泡与 Rab4 共定位，在 GTP 结合的活性形式（Rab4-GTP）和 GDP 结合的非活性形式（Rab4-GDP）之间循环。PKCδ 的激活使非活性的 Rab4-GDP 转化为活性的 Rab4-GTP，后者通过与 kinesin-1 相互作用，将含有 NTCP 的囊泡移向微管正端。PKCζ 进一步促进 NTCP 的转位。另外，除抑制 PI3K 外，TCDC 激活 PKCα 可刺激 NTCP 从质膜上的回收，但相关机制未知（未显示）

硝基化的翻译后修饰，即 NO 与半胱氨酸残基上的活性硫基结合[87, 88]。事实上，NO 对 TC 摄取抑制涉及 NTCP-Cys[96] 的 S– 亚硝基化，这与质膜 hNTCP 的减少有关[85, 89]。这种机制可能与 LPS 诱导的胆汁淤积有关，后者与肝细胞中 iNOS 产生大量的 NO 有关[90]。NO 可以通过硝化酪氨酸残基产生效应[86]，增加 NTCP 的酪氨酸硝化[91]。位于大鼠 NTCP 细胞质末端的两个酪氨酸残基似乎参与了基底膜的靶向[92]。因此，NO 对 NTCP 酪氨酸的硝化作用可能导致向基底膜转运的减少，从而导致 TC 摄取减少。

hNTCP 和 rNTCP 质膜定位的调控存在物种差异。TLC 抑制 hNTCP 和 rNTCP 的 TC 摄取。但 TLC 降低质膜上 rNTCP 水平，而不影响 hNTCP[56]。与波生坦一样[93]，TLC 分别非竞争性[55] 和竞争性[56] 抑制 rNTCP 和 hNTCP 的 TC 摄取。NO 抑制 hNTCP/rNTCP 的 TC 摄取。然而，NO 降低 hNTCP 的质膜水平[85]，但不影响 rNTCP 的质膜水平[89]。相反，cAMP 诱导的 TC 摄取增加与 hNTCP 和 rNTCP 的转运都有关。因此，在以人类药物开发为目的的将调节 rNTCP 的机制外推到 hNTCP 时，应充分考虑这些种属差异，以了解人类疾病的机制相关性。

二、有机阴离子转运蛋白

与肝脏对胆汁酸的摄取相似，肝脏对有机阴离子（如胆红素和磺溴酞钠）的摄取也是迅速的，并且具有载体介导的动力学特征[94]。对过夜培养的大鼠肝细胞进行的研究显示，胆红素可抑制 BSP 的饱和摄取[95, 96]。配体被细胞吸收，而白蛋白则留在细胞外[96]。有趣的是，用蔗糖等渗替代培养基中的 NaCl 可使 BSP 的摄取减少 80% 以上[96]。这并不是因为细胞外需要 Na^+，事实上用 K^+、Li^+ 或胆碱取代 Na^+ 并没有产生影响。但用 HCO_3^- 或葡萄糖酸盐取代 Cl^-，BSP 的摄取减少了约 40%[96]。在大鼠肝细胞和离体灌注的大鼠肝脏对胆红素的摄取中也有类似的结果。这种氯依赖性的机制尚不清楚。用 ^{36}Cl 进行的研究表明，BSP 的摄取需要外部 Cl^- 的存在，并且不受单向 Cl^- 梯度的刺激，这说明 BSP 转运与 Cl^- 转运不耦合[95]。这些研究结果证明了肝细胞膜表面有机阴离子转运体的存在。随后有研究以培养的大鼠肝细胞中建立的转运实验作为基础，建立了非洲爪蟾卵母细胞表达克隆策略[97]。用大鼠肝的 poly(A)[+] RNA 注射卵母细胞可从白蛋白中获得氯依赖性 BSP 的功能性表达。采用亚克隆筛选，分离出单个 cDNA[98]，其编码的蛋白被命名为 oatp1，现在被称为 oatp1a1。该蛋白介导 BSP 的摄取，并以 Na^+ 非依赖的方式介导各种胆盐（如牛磺胆酸）的转运。自 oatp1a1 发现以来，已经陆续发现了超过 20 个 OATP 家族成员[99]。这些蛋白的氨基酸序列具有高度的同源性。在肝细胞中，OATP 分布在基底（窦状）膜上。这些蛋白的大小相似，具有相似的预测膜拓扑学结构和生化特性。

（一）OATP 的转运功能

OATP 家族的底物广泛且具有重叠[11, 100]。临床上使用的许多药物，如大环内酯类抗生素、抗组胺药和他汀类药物，以及各种外源性物质都可以被 oatp 家族成员转运。由于 OATP 的底物可能在家族成员间和其他转运体（如 NTCP）之间存在重叠，因此体外确定 oatp 家族单个成员转运活性的研究可能难以外推出体内的实际情况。在特定的 oatp 基因敲除小鼠模型中的研究促进了对其生理功能的一些了解，尽管由此产生的表型往往变化很小。例如，敲除 oatp1b2 导致利福平和洛伐他汀的清除率降低，但对普伐他汀、辛伐他汀、利福霉素 SV 或西伐他汀的清除率没有影响[101]。在 oatp1b2 敲除小鼠中，鬼笔环肽和微囊藻毒素的肝脏清除率降低，同时它们的毒性也降低，这可说明它们是该转运体的配体[102]。值得注意的是，这些小鼠循环中结合型胆红素略有增加，二溴酚磺酞（dibromosulfophthalein，DBSP）清除率降低[102, 103]。普伐他汀持续输注到稳定状态后，其肝血浆比值有所下降，这再次表明药物清除率的变化可能是微小的，需要专门的研究来证明[104]。在 Oatp1a1 或 Oatp1a4 敲除的两种小鼠品系制备的原代肝细胞中，肝细胞对雌二醇 –17β-D– 葡萄糖醛酸、雌酮 –3– 硫酸盐和牛磺胆酸的摄取减少[104]。

在没有器官特异性的情况下同时敲除 Oatp1a 和 Oatp1b 所有成员的小鼠中，甲氨蝶呤和非索非那定的血浆清除显著延迟[13]。另有研究表明，阿霉素在这些小鼠体内的清除率也降低了 40%[105]。有趣的是，这些小鼠的总胆汁酸水平升高，这是由血浆中非结合型而不是结合型胆汁酸升高所致[13]。然而，另一项研究发现，在小鼠单独敲除 oatp1a1 或 oatp1a4 后，对结合型胆酸牛磺胆酸的摄取减少[104]。其他有关大鼠 oatp1a1 的研究表明，oatp1a1 是几种结合型胆酸的有效转运体，包括牛磺酸和牛磺胆酸[106]，这些是小鼠中发现的主要胆汁酸[107]。这些发现似乎与 oatp 介导的胆汁酸转运不一致，但原因尚不清楚。Oatp1a/Oatp1b 双敲除小鼠的总胆红素水平也有所升高，这是由于结合型的增加而不是非结合型胆红素所致[13]。Oatp1a1 或 Oatp1a4 单敲除小鼠的总胆红素水平正常[104]，然而，单独敲除 Oatp1b2 导致雌性小鼠的结合型胆红素水平轻度升高[102]。双基因敲除小鼠中结合型胆红素水平升高，在表型上与 Rotor 综合征患者高结合胆红素血症相似，这是一种罕见病，以血浆结合胆红素升高为特征，患者的其他健康状况良好，并且常规肝功能检查正常[108, 109]。目前发现这类患者的 OATP1B1 和 OATP1B3 编码基因同时存在无效突变[110]。据推测，胆红素葡萄糖醛酸酯从肝细胞进入循环，随后在 OATP1B1 或 OATP1B3 的作用下进行再摄取[110]。在缺乏一种转运体时，另一种转运体也能介导结合型胆红素的摄取。但在这两种转运蛋白均缺失时，循环中的结合型胆红素水平上升，如在 Rotor 综合征患者和相应的基因敲除小鼠中。值得注意的是，介导非结合型胆红素摄取的转运蛋白尚未确定[111, 112]。

（二）非胆汁酸有机阴离子转运的调控

在许多生理状态下，有机阴离子转运可能会受到干扰。这些研究很多都是在动物模型中进行的。例如，在大鼠 2/3 部分肝切除后的肝再生实验中，排除肝脏大小减小的影响下，胆红素和 BSP 的内流在 6h 内下降约 50%，并在 4 天内恢复正常[113, 114]，这与 oatp1a1 的 mRNA 和蛋白水平的变化相关[115]。在生物发育过程中也可以观察到类似

的转运和转运体的调节。例如，与成年大鼠相比，3 周龄大鼠的肝细胞 BSP 的摄取要低 70%[116]，这与出生后第 1 个月肝脏中 oatp1a1 蛋白和 mRNA 表达减少一致[116, 117]。大鼠肝细胞的其他研究中发现，细胞外 ATP 的存在使 BSP 的摄取减少[118]。具体而言，细胞暴露于 ATP 的几分钟内，BSP 摄取减少了 80%[118, 119]。药代动力学分析显示，V_{max} 减小，K_m 不变，这种作用是由一个嘌呤能受体介导的，导致 oatp1a1 磷酸化[119, 120]。随后对转染细胞和大鼠原代肝细胞的研究表明，oatp1a1 的磷酸化导致其内化，从而失去转运活性[121]。

（三）药物基因组学研究

多项药物基因组学研究指出，OATP 的单核苷酸多态性与药物毒性或肝脏摄取的改变有关[122-124]。其中包括涉及 OATP 对他汀类药物在循环清除作用的研究。在一项研究中，1.2 万名服用辛伐他汀的患者中有 85 名患者发生肌病，该研究集中体现了 OATP 多态性对他汀类药物药代动力学的重要性[125]。而对这些个体的全基因组关联研究揭示了 OATP1B1 编码基因的多态性与辛伐他汀不良反应的发生密切相关。既往研究表明，缬氨酸到丙氨酸的多态性（Val174Ala）编码一种蛋白，该蛋白难以运输到质膜并在细胞内积累[126]。因此，可以合理假设，在这些患者中，肝细胞质膜处 OATP1B1 水平的降低促使肝摄取的辛伐他汀减少，血清辛伐他汀水平升高，从而导致肌肉细胞的摄取增加，由此产生毒性。这些数据指出了转运体的亚细胞运输对其转运活性的潜在重要性。重要的是，即使在转运体本身没有突变的情况下，使肝细胞表面转运体减少的其他因素也可能引起药物毒性。

（四）oatp 亚细胞分布的调控

在大鼠、小鼠或人类肝脏中已知的 11 个 OATP 中，有 7 个具有 PDZ 共识结合位点，由它们的 C 末端 4 个氨基酸序列区分（表 27-1）[127]。这些结合位点可以介导 OATP 与超过 150 个已知的含 PDZ 结构域的蛋白质相互作用[128]。这些含有 PDZ 结构域的蛋白可以有多个结合域，并与它们的蛋白配体形成功能上重要的复合物[128]。值得注意的是，在蛋白结构上有潜在的 PDZ 结合

物 种	原始名称	新名称	NCBI 登录号	C 末段序列	潜在的 PDZ 共识	质膜定位
大鼠	oatp1	oatp1a1	NM_017111	KTKL	是	是
大鼠	oatp2	oatp1a4	NM_131906	VTED	否	是
大鼠	oatp4	oatp1b2	NM_031650	ETPL	是	是
大鼠	oatp9	Oatp2b1	NM_080786	LQEL	否	ND
小鼠	Oatp1	Oatp1a1	NM_013797	KTKL	是	是
小鼠	Oatp2	Oatp1a4	NM_030687	KTKL	是	ND
小鼠	Oatp4	Oatp1b2	NM_020495	ETPL	是	是
人	OATP-A	OATP1A2	NM_021094	KTKL	是	是
人	OATP-C	OATP1B1	NM_006446	ETHC	否	是
人	OATP8	OATP1B3	NM_019844	AAAN	否	是
人	OATP-B	OATP2B1	NM_007256	DSRV	是	是

表 27-1 在大鼠、小鼠和人类肝脏中发现的 Oatp 家族成员

位点，例如 OATP 家族成员，并不意味着该蛋白一定会与含有 PDZ 结构域的蛋白结合，也不能帮助该蛋白识别潜在的结合蛋白。大鼠 oatp1a1 C 端 4 个氨基酸序列，即 KTKL，形成了一个潜在的 PDZ 共识结合序列 [121, 127, 129]。利用与 oatp1a1 C 端 16 个氨基酸相对应的合成肽进行亲和分离，可以从大鼠肝细胞质中纯化出相互作用的蛋白。蛋白质量指纹图谱鉴定出 PDZK1 是主要的发生相互作用的蛋白 [127]。使用其他方面相同、但缺少含 PDZ 共识结合序列的 C 端 KTKL 的合成肽，却不能解析出相互作用的蛋白 [127]。大鼠肝脏裂解液中的免疫共沉淀表明，PDZK1 和 oatp1a1 在体内相互结合。小鼠 oatp1a1 与大鼠 oatp1a1 有 82% 的氨基酸同源性，包括 C 端相同的 KTKL 氨基酸序列。通过对比野生型和 PDZK1 敲除小鼠中的免疫荧光发现，敲除小鼠中 oatp1a1 的质膜分布明显减少 [127]。Western blot 结果发现，PDZK1 敲除小鼠中 oatp1a1 的总表达量并未减少，但免疫荧光分析显示 oatp1a1 主要位于细胞内囊泡中 [127]。与 PDZK1 敲除小鼠中 oatp1a1 的质膜表达降低相对应，由 oatp1a1 转运的配体 ^{35}S- 溴磺酞钠的血浆清除率下降约 25%[127]。

为了证实 oatp1a1 与 PDZK1 的相互作用对其向质膜的定位是必需的，用瞬转染 GFP-oatp1a1，同时与 PDZK1 不共 / 共转染的 HEK293T 细胞进行研究 [121]，发现 oatp1a1 仅在 PDZK1 表达的情况下，才会定位于质膜。用不编码末端 4 个氨基酸的 oatp1a1 构建体进行转染，发现即使有 PDZK1 的存在，oatp1a1 也不在质膜表达 [121]。向细胞转染类似磷酸化的 oatp1a1，即用谷氨酸取代 oatp1a1 第 634 和 635 位的丝氨酸，也可减少 oatp1a1 向质膜的转运，并且与 PDZK1 的存在无关 [121]。这与类磷酸化 oatp1a1 内化增加有关 [121]。由于内吞囊泡已被证明可以通过微管在细胞内运输 [41, 130]，因此开展一些研究来验证以下假设：oatp1a1 的亚细胞运输需要含 oatp1a1 的囊泡在微管上移动（图 27-3）[129]。既往研究表明，肝细胞内微管的正端在细胞表面附近并快速生长，负端在细胞内的微管组织中心 [131]。

在培养小室中进行的免疫荧光研究表明，野生型小鼠肝脏中存在一个与 oatp1a1 相关的内吞囊泡群 [129]。这些囊泡很大程度上与 PDZK1 相关，它们在体外与聚合的微管结合，并在添加 50μmol/L ATP 后向正、负微管末端近似平

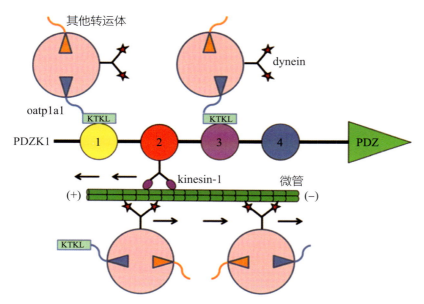

▲ 图 27-3　微管上运输内吞囊泡相关 **oatp1a1** 转运的模型

oatp1a1 的 C 端 4 个氨基酸（KTKL）代表了与 PDZK1 结合的 PDZ 共识结合序列。PDZK1 有 4 个独立的 PDZ 结合位点，oatp1a1 与位点 1 和位点 3 结合，留下位点 2 和位点 4 可以与其他蛋白结合[127]。PDZK1 自身 C 端区域也有一个 PDZ 共识结合序列，可以结合 PDZ 结构域 1 以及其他支架蛋白，如 EBP50[132]。在 PDZK1 存在的情况下，含有 oatp1a1 的内吞囊泡可以与微管相互作用，并利用分子马达 kinesin-1 的作用向微管的正端（细胞质膜）移动，缺乏 PDZK1 或有 oatp1a1 末端 4 个氨基酸缺陷的内吞囊泡，不能再与 PDZK1 结合，也不能与向微管负端（细胞内部）移动的分子马达 dynein 结合。含有 oatp1a1 的内吞囊泡也可以与其他货物蛋白结合，我们假设这其中可能包括缺乏 PDZ 共有结合位点且从质膜转运的有机阴离子转运蛋白（OATP）

移。从 *PDZK1* 基因敲除小鼠的肝脏中制备的囊泡也与 oatp1a1 相关。这些囊泡在体外与微管结合，但在添加 ATP 后，它们的运动高度偏向负端，与囊泡向细胞内部的运动一致。进一步分析表明，与 OATP 相关的囊泡也与微管马达蛋白质相关。与野生型小鼠和 *PDZK1* 基因敲除小鼠囊泡相关马达蛋白质的特性不同，kinesin-1 是一种基于微管正端的马达，与野生型囊泡高度相关，而与 *PDZK1* 敲除小鼠制备的囊泡相关性很小。dynein 是一种基于微管的负端马达，主要与 *PDZK1* 敲除小鼠的囊泡相关[129]。这些研究表明，含 oatp1a1 的囊泡上的 PDZK1 如果缺失则会募集与囊泡不相关的微管马达（图 27-3）。在 PDZK1 缺失的情况下，oatp1a1 本身或其他囊泡相关蛋白是否可以招募 dynein 等马达蛋白质，目前尚在研究中。

第28章　肝脏核受体
Hepatic Nuclear Receptors

Raymond E. Soccio　著

应育峰　徐晓军　陈昱安　陈立功　译

一、背景

核受体在机体发育与稳态中起着重要的调控作用，该受体家族的许多成员在肝脏中发挥着至关重要的功能。核受体作为转录调节因子，其二元结构体现了它们的功能：DNA 结合域直接与核受体所调控的 DNA 结合，而配体结合域则感知激素、代谢物或药物并调控附近基因的表达[1-3]。因此，核受体通过直接感知环境的变化来调控靶基因的表达。它们的配体是小分子，可以分成三大类：通过循环系统作用到远处器官的激素、正常代谢过程中局部产生的代谢分子或药物等外源分子。对激素、代谢物和药物的感知及反应是肝脏在面临外环境的变化时维持机体内环境稳态的基本功能。提供营养是外环境维持生命的一个关键方面，因此许多肝脏核受体直接或间接地调控进食或禁食状态下的能量代谢[2]。核受体的药理学性质也值得注意，凭借其"可成药"的配体结合域，在所有 FDA 批准的药物中，核受体靶向药物占到了 13%[1]。

人类的 48 种核受体已根据其序列同源性被划分为几个亚家族。这套分类系统在核受体命名委员会规定的核受体名称（如 NR1A1）中可以体现[4]，不过大多数核受体的名称及官方的基因命名依旧是与这些核受体早期的发现有关。核受体领域的研究起始于 20 世纪 80 年代，当时对几种激素受体的分子克隆揭示了一类常见的受体结构[1, 3]。对于传统的激素受体，其名称准确地描述

了作为配体的激素：甲状腺激素、类固醇激素、维生素 D。另外一些核受体在由于首次被发现时缺乏已知的配体，曾被定义为"孤儿受体"，不过目前很多已经确定其对应的配体[2]。由于历史因素，很多核受体的名称是无实际意义（如 LXR），甚至是具误导性的。例如，FXR 以高亲和力与胆汁酸结合而不是法尼醇衍生物，尽管尝试将其重命名为胆汁酸受体（BAR）[5]，但 FXR 这个名称仍然存在。本章提到的核受体通常是其常用名称，肝脏核受体根据其功能及配体可以大致分为 5 种类型：内分泌型、外源化合物型、代谢型、昼夜节律型及其他类型（表 28–1）。第六种类型的核受体在肝脏中基本没有表达，因此在此处并没有涵盖：GCNF 仅在生殖细胞中表达，TLX（无尾样受体）只在大脑中表达，PNR（光感受器特异性核受体）只在视网膜表达。同样，SF1 和 DAX1 只在类固醇生成组织中表达，尽管它们的"近亲"LRH1 和 SHP 在肝脏中发挥着关键的功能。

48 种人类核受体的大多数在肝脏中有表达（图 28–1）。多种组织的人类 mRNA 表达情况已经被包括人类蛋白质图谱[6]和基因型 – 组织表达（genotype-tissue expression，GTEx）[7]在内的几个研究项目报道。有些核受体，如 GR，在所有组织中广泛表达，这类核受体在肝脏的表达介导了相应配体在肝脏中的作用。另外一些核受体只在肝脏或其他配体起效组织中表达，如 FXR 的表达局限于肝脏，以及其他与胆汁酸肝肠循环相

种　类	受　体	配　体	二聚形式	DNA 应答元件	核受体类型	典型肝脏靶基因
内分泌型	THR	T_3（活化甲状腺激素）	RXR 异源二聚	DR-4	2	*THRSP*（甲状腺激素响应蛋白）
	GR	糖皮质激素	同源二聚	IR-3	1	*G6PC*（葡萄糖 –6– 磷酸酶催化亚基）
	AR	雄激素	同源二聚	IR-3	1	
	ER	雌激素	同源二聚	IR-3	1	
外源化合物型	VDR	骨化三醇（活化维生素 D）	RXR 异源二聚	DR-3	2	*CYP24A1*（维生素 D 24– 羟化酶）
	CAR	苯巴比妥等	RXR 异源二聚	DR-3 或 DR-4	1，2	*CYP2B1*（Ⅰ 相药物代谢）
	PXR	利福平等	RXR 异源二聚	DR-3 或 DR-4	1，2	*CYP3A4*（Ⅰ 相药物代谢）
	LXR	羟甾醇	RXR 异源二聚	DR-4	2	*ABCG5/ABCG8*（胆固醇外排）
	FXR	胆汁酸	RXR 异源二聚	IR-1、DR-5	2	*ABCB11*（胆汁酸盐输出泵）
代谢型	PPAR	脂肪酸衍生物	RXR 异源二聚	DR-1	2	*FGF21*（肝源激素）
	RAR	全反式维 A 酸（ATRA）	RXR 异源二聚	DR-5、DR-2、其他	2	*CRABP1/2*（细胞维 A 酸结合蛋白）
	RXR	9– 顺式维 A 酸	异源二聚、同源二聚	DR-1（同源二聚）	2，3	
昼夜节律型	LHR1	（磷脂）	单体、SHP 异源二聚	半位点	4	*CYP7A1*（胆汁酸合成）
	SHP	（孤儿受体）	LRH1、其他	无	无	
	Reverbs	（血红素）	单体或同源二聚	半位点或 DR-2	4	*BMAL1*（核心生物钟调控基因）
	ROR	（孤儿受体）	单体	半位点	4	*BMAL1*（核心生物钟调控基因）
	ERR	（孤儿受体）	单体或同源二聚	半位点	4	

表 28–1　肝脏核受体配体、二聚形式和 DNA 应答元件

（续表）

种　类	受　体	配　体	二聚形式	DNA 应答元件	核受体类型	典型肝脏靶基因
其他类型	NR2A/HNF4	（亚油酸）	同源二聚	DR-1	3	
	NR2C/TR	（孤儿受体）	同源二聚	多种 DR	3	
	NF2F/COUP-TF	（孤儿受体）	同源二聚	多种 DR	3	
	NR4A	（孤儿受体）	RXR 异源二聚、单体	DR-5 或半位点	2，4	

对于本章所定义的 5 种肝脏核受体，本表列出了每个核受体及其亚型集合的三个关键特征：配体、二聚形式及其 DNA 应答元件。这些特征决定了各核受体的类别（第一类到第四类核受体，图 28-2）。通常情况下，内分泌型、外源化合物型和代谢型核受体有明确的配体，它们分别受激素、各种药物、脂质代谢物的调控。大多数昼夜节律型和其他类型核受体仍被认为是孤儿受体（表中带有括号），这些核受体或是没有被广泛接受的配体，或是存在配体，但该配体并没有明确的基因调控作用。核受体可以形成单体、同源二聚体，或与 RXR 组成异源二聚体。核受体能与被称为应答元件的 DNA 序列结合，该序列包含一个长度为 6 个核苷酸的半位点，或者包含相同（正向重复序列）或相反（反向重复序列）朝向，其间由 1～5 个核苷酸隔开两个半位点。一些核受体的研究已经很充分，并在肝脏中找到了其特异性靶基因，表中列出了部分例子。然而，许多肝脏核受体直接或间接调控一系列互相有重叠的基因集合，在表中未给出特定例子

关的胃肠组织。另外，像外源化合物受体 CAR，主要在肝脏中表达，在其他组织的表达量低或不表达，这类核受体的主要功能也在肝脏中发挥。在很多核受体亚家族中，有一个成员主要在肝脏中表达。例如，THR 的 β 亚型是肝脏中的主要亚型，三种雌激素相关受体（ERRα）中只有一种在人类肝脏中有显著表达。最后，鉴于肝细胞占肝脏总质量的 90% 以上，本章主要讨论的是肝细胞中核受体的功能，不过也会涉及非实质肝细胞中核受体的某些重要功能。

核受体也根据其 DNA 应答元件类型、二聚形式、在没有配体时的亚细胞分布情况被分成几种机制类型（表 28-1 和图 28-2）。每个核受体单体与一段六个核苷酸的保守序列（AGGTCA 或相关序列）结合，因此核受体二聚体与由两个这种"半位点"构成的响应元件结合。对于不同的二聚体，这两个半位点的朝向（正向或反向）和相互的间隔（1～5 个核苷酸）是可变的，因此产生了 DR-1 和 IR-2 等名称。GR 这种类固醇激素受体是第一类核受体。在没有配体的情况下，第一类核受体主要位于细胞质中，与 HSP 相关联。配体与核受体的结合引发了核受体与 HSP 的

解离、同源二聚化、细胞核定位，进而与反向重复 DNA 响应序列结合并激活靶基因。其他内分泌型核受体和代谢型核受体都属于第二类，位于细胞核中，与 RXR 一起以异二聚体的形式与多种正向重复序列结合。在没有配体结合时，这些 RXR 异二聚体与共抑制蛋白结合，抑制靶基因的表达：经抑制后的表达量甚至要低于没有核受体时的基础表达量。配体的结合引发了二类核受体的构象变化，与共抑制蛋白解离并结合激活蛋白。这种简化的第二类核受体（如 THR）的"共调节因子转换模型"在体外实验中得到了充分的证实，但其体内相关性仍有待进一步确认[2]。以 NR2 家族成员（HNF4、COUP-TF 和 TR）为主的第三类核受体，是定位于细胞核的同源二聚体，与正向重复序列结合。最后，昼夜节律型核受体（Rev-erb、ROR、ERR）属于第四类，这类核受体能以单体形式与 DNA 半位点结合，或者也能以二聚体形式结合正向重复序列。

二、肝脏中的内分泌型核激素受体

（一）THR

甲状腺激素在全身都发挥作用，其主要功能

类型	组别	NRNC 命名	缩写	全称	基因	HPA（TPM）	GTEx（RPKM）
内分泌型	甲状腺激素受体	NR1A2	THRβ	甲状腺激素受体 β	THRB	11.6	2.7
		NR1A1	THRα	甲状腺激素受体 α	THRA	2.5	1.8
	3- 酮类固醇受体	NR3C1	GR	糖皮质激素受体	NR3C1	20.6	4.9
		NR3C2	MR	盐皮质激素受体	NR3C2	4.4	1.4
		NR3C3	PR	孕激素受体	PGR	0.1	0.0
		NR3C4	AR	雄激素受体	AR	21.6	8.3
	雌激素受体	NR3A1	ERα	雌激素受体 α	ESR1	8.8	1.9
		NR3A2	ERβ	雌激素受体 β	ESR2	0.0	0.1
外源化合物型	类维生素 D 受体	NR1I1	VDR	维生素 D 受体	VDR	0.5	0.2
		NR1I2	PXR	孕烷 X 受体	NR1I2	20.0	23.3
		NR1I3	CAR	组成型雄甾烷受体	NR1I3	82.5	52.3
代谢型	类肝脏 X 受体	NR1H3	LXRα	肝脏 X 受体 α	NR1H3	26.7	19.2
		NR1H2	LXRβ	肝脏 X 受体 β	NR1H2	11.0	14.3
		NR1H4	FXR	法尼醇 X 受体	NR1H4	66.6	22.3
	过氧化物酶体增殖物激活受体	NR1C1	PPARα	过氧化物酶体增殖物激活受体 α	PPARA	14.7	11.7
		NR1C2	PPARβ/δ	过氧化物酶体增殖物激活受体 δ	PPARD	2.9	8.4
		NR1C3	PPARγ	过氧化物酶体增殖物激活受体 γ	PPARG	8.6	2.0
	维 A 酸受体	NR1B1	RARα	维 A 酸受体 α	RARA	11.8	9.8
		NR1B2	RARβ	维 A 酸受体 β	RARB	3.3	0.8
		NR1B3	RARγ	维 A 酸受体 γ	RARG	0.9	0.8
	视黄醇类 X 受体	NR2B1	RXRα	视黄醇类 X 受体 α	RXRA	7.2	22.7
		NR2B2	RXRβ	视黄醇类 X 受体 β	RXR3	1.8	14.2
		NR2B3	RXRγ	视黄醇类 X 受体 γ	RXRG	0.0	0.1
	LHR1/SF1	NR5A2	LRH1	肝脏受体类似物 1	NR5A2	19.5	4.8
		NR5A1	SF1	类固醇生成因子 1	NR5A1	0.0	0.0
	SHP/DAX	NR0B2	SHP	小异源二聚体伴侣受体	NR0B2	48.8	46.9
		NR0B1	DAX1	X 染色体上的剂量敏感型性别逆转肾上腺发育缺陷决定性基因	NR0B1	0.0	0.0
昼夜节律型	Rev-erb	NR1D1	REVERBα	Rev-ErbAα	NR1D1	6.7	14.1
		NR1D2	REVERBβ	Rev-ErbAβ	NR1D2	15.4	4.9
	RAR 相关孤儿受体	NF1F1	RORα	RAR 相关孤儿受体 α	RORA	14.5	4.6
		NF1F2	RORβ	RAR 相关孤儿受体 β	RORB	0.0	0.0
		NF1F3	RORγ	RAR 相关孤儿受体 γ	RORC	43.0	18.4
	雌激素相关受体	NR3B1	ERRα	雌激素相关受体 α	ESRRA	11.3	24.3
		NR3B2	ERRβ	雌激素相关受体 β	ESRRB	0.0	0.0
		NR3B3	ERRγ	雌激素相关受体 γ	ESRRG	0.3	0.0
其他	肝细胞核因子 4	NR2A1	HNF4α	肝细胞核因子 4α	HNF4A	51.0	39.5
		NR2A2	HNF4γ	肝细胞核因子 4γ	HNF4G	6.5	2.1
	核受体 2C/ 睾丸受体	NR2C1	TR2	睾丸受体 2	NR2C1	2.9	4.7
		NR2C2	TR4	睾丸受体 4	NR2C2	3.2	1.0
	核受体 2F/ 鸡卵白蛋白上游启动子	NR2F1	COUP-TF1	鸡卵白蛋白上游启动子 - 转录因子 I	NR2F1	5.7	4.2
		NR2F2	COUP-TF2	鸡卵白蛋白上游启动子 - 转录因子 II	NR2F2	16.6	6.4
		NR2F6	EAR2	V-erbA 相关受体	NR2F6	12.2	33.9
	核受体 4A	NR4A1	NGF1B	神经生长因子 I B	NR4A1	20.7	16.9
		NR4A2	NURR1	核受体相关受体 1	NR4A2	5.3	6.2
		NR4A3	NOR1	神经元源孤儿受体 1	NR4A3	5.3	0.9
非肝脏型	生殖细胞核因子	NR6A1	GCNF	生殖细胞核因子	NR6A1	0.5	0.9
	TLX/PNR	NR2E1	TLX	果蝇无尾基因同源受体	NR2E1	0.0	0.0
		NR2E3	PNR	感光细胞特异性核受体	NR2E3	0.0	0.0

▲ 图 28-1 人类核受体超家族的 48 个成员

在本章中，48 个人类核受体根据它们在肝脏中的功能被划分为 6 种类型。基于序列同源性，核受体命名委员会（NRNC）将核受体划分为 19 个组别，并指定了每个受体的标准名称。不过，人们通常还是使用核受体的非官方名称，这些名称的缩写及全称在此都已列出。官方的基因命名反映了核受体的通用名或 NRNC 命名。包括 HPA 和 GTEx 在内的几个科研团体已经报道了核受体在不同人类组织中的基因表达谱[6]。因此，每个人类核受体在肝脏中的标准化表达量通过 RNA 测序被量化为每百万条读长转录本（TPM）或每百万读长中来自某基因每千碱基长度的读长数（RPKM）。每行的颜色表示核受体的肝脏表达水平（绿色：高表达；黄色：中表达；红色：低表达）。各核受体根据其在本章中出现的顺序列出，其中以黄色高亮标出了讨论最为广泛的 21 个核受体，这些受体或是在肝脏中有高表达，或是其功能已被充分的研究

第一类	第二类	第三类	第四类
配体依赖性核定位同源二聚体	配体依赖性转录激活 RXR 异源二聚体	配体效应尚不明确的核内完全同源二聚体	单体（或同源二聚体）

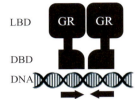   

LBD / DBD / DNA			
反向重复序列	正向重复序列	正向重复序列	半位点
内分泌型 / 类固醇型：GR、AR、ER	内分泌型：THR、VDR 代谢型：LXR、FXR、PPAR、RAR	其他（NR2 家族）：HNF4、COUP-TF、TR（RXR 同源二聚体）	昼夜节律型：Reverb、ROR、ERR
外源化合物型：CAR、PXR			

▲ 图 28-2　核受体的 4 种机制类型

根据其二聚形式、DNA 应答元件类型、配体依赖性，核受体被分成 4 种机制类型。值得注意的是，这 4 种机制类型大致对应了核受体在肝脏中的功能分类。第一类核受体是类固醇激素的内分泌型受体。第二类核受体包括甲状腺激素（TH）和维生素 D（VD）的内分泌型受体，以及 4 种在肝脏中发挥重要功能的代谢型受体（LXR、FXR、PPAR 及 RAR）。内分泌型 RXR 异源二聚体是"非许可"的，因为 RXR 配体通常是失活的，而代谢型 RXR 异源二聚体是"许可"的，因为它们也可以被 RXR 激动剂激活。外源化合物型受体同时具有第一类和第二类核受体的特征，昼夜节律型受体通常是第四类核受体，而 NR2 家族内的其他孤儿受体是第三类。LBD. 配体结合域；DBD.DNA 结合域（改编自参考文献 [3]）

与能量代谢和心血管系统相关。肝脏对于甲状腺激素发挥其生理功能起关键作用，既是局部效应的靶器官，也作为全身性效应的中介[8]。两个 THR 基因编码 THRα 和 THRβ 两种亚型。虽然这两种亚型在大多数组织中都有表达，但 THRβ 是肝脏（以及大脑）中的主要亚型，而 THRα 则是心血管系统及骨骼中的主要亚型。

在肝脏中，甲状腺激素调控了很多在脂代谢中起关键作用的基因的表达[9]。甲状腺激素的一些转录调控效应是直接通过 THR 发挥，而另一些是间接性的，因为 THR 还能调控脂代谢中其他关键的转录因子，如固醇调控序列结合蛋白（SREBP1c 与 SREBP2 分别调控脂肪酸及胆固醇的合成）、糖响应序列结合蛋白（ChREBP）、代谢型核受体（如 LXR、PPAR、FXR）。有些 THR 的靶标，如高度受调控的 THRSP（也被称为 Spot14），参与脂肪的从头合成，即从葡萄糖出发的脂肪酸合成过程。但是，甲状腺激素也会促进脂肪酸的氧化过程，这种分解代谢效应会在甲状腺功能亢进时占主导，以降低肝脏的脂肪比例。

甲状腺激素同样影响胆固醇的合成与清除，后者显然占主导地位，包括对 LDL 受体活性及通过 CYP7A1 的胆汁酸合成的影响。甲状腺功能衰退会增加血清中胆固醇（特别在 LDL 中）和甘油三酯含量，还会导致脂肪肝。相反，甲状腺激素是治疗血脂异常症的有效手段，但其应用受限于对心脏的不良反应（心动过速），以及骨量减少的不良反应。因此，通过 TRβ 特异性激动药或肝脏选择性递送以实现对肝脏 THR 的选择性激活，有望成为临床上治疗血脂异常症、非酒精性脂肪肝及非酒精性脂肪性肝炎的有效手段。

除了作为甲状腺激素的靶器官，肝脏还主要通过两种机制调节全身甲状腺激素的水平：脱碘化及结合蛋白的合成。甲状腺响应下丘脑 - 垂体轴，分泌激素 T_4（含 4 个碘原子）和 T_3（在其外环的 5 号位少 1 个碘原子）。THR 主要与 T_3 结合，因此 T_4 本质上其实是一种激素原，经过组织中的脱碘酶生成 T_3。重要的是，肝脏表达 DIO1，这种脱碘酶既可以在外环脱碘生成活性的 T_3 或者无活性的逆 T_3，也可以在内环脱碘以生成其他无活性衍生物[10]。虽然 DIO1 参与了活性 T_3 血液循环水平的形成，但它在肝脏中的主要功能似乎是甲状腺激素的失活。在小鼠模型中，DIO1 是甲状腺激素在肝脏中激活的靶基因，因此肝脏 TRβ 缺陷会导致一型脱氢酶水平的降低，而甲状腺功能亢进则会使其水平升高。因此，肝脏介导了该负反馈调节途径：过量的甲状腺激素通过 TRβ，促进由一型脱氢酶介导的自身失活过程。

肝脏也是循环系统中三种甲状腺激素结合蛋白的来源：甲状腺素结合球蛋白（thyroxine-binding globulin，TBG）、甲状腺素转运蛋白（transthyretin，TTR）（也被称为前白蛋白）、白蛋白[11]。只有游离的甲状腺激素是能被细胞摄取的活性形态，但是血液循环中超过 99% 的甲状腺激素是蛋白结合态，这两种形态处于一种平衡状态。众所周知，类固醇核受体配体可以通过调控最主要的结合蛋白 TBG，进而影响血清中游离 T_4 的占比：雄激素和糖皮质激素降低 TBG 的量，而雌激素则使其升高（通过影响糖基化间接作用）。通常，上述对结合蛋白的影响只会影响甲状腺激素的总体水平而非活性游离态的水平，因此临床上的患者可以保持甲状腺功能正常，尽管对甲状腺激素功能的选择性影响是合理的。因此，肝硬化或急性肝炎等肝脏疾病会影响 TBG 水平或脱碘化[8]。

（二）GR

GR 在几乎所有细胞类型上都有表达，糖皮质激素在免疫、心血管系统及机体代谢方面发挥多效功能。临床上糖皮质激素主要被用作抗炎和免疫抑制剂，但其代谢不良反应很常见。糖皮质激素这个名称来源于其对糖代谢的影响：主要通过促进肝细胞的糖异生过程以维持空腹状态下的血糖水平[12]。因此，肝脏中被 GR 直接靶向调控的基因包括糖异生限速酶 PCK1，以及释放游离葡萄糖所需的 G6pase。糖皮质激素还促进肝脏糖原、脂肪酸和胆固醇的合成，特别是当胰岛素存在的饱腹状态。实际上，使用糖皮质激素会观察到脂肪肝的症状，这可能是由于糖皮质激素通过 GR 对肝细胞的直接影响，以及对脂肪组织的间接影响：糖皮质激素促进脂肪分解释放游离脂肪酸以供肝细胞摄取[13]。总的来说，糖皮质激素过量（库欣综合征，源于医源性摄取过量或内源性分泌过量）与肥胖、胰岛素耐受、高血糖等代谢性疾病相关，其中一些与肝脏中 GR 的功能有关。

除了靶基因的激活，广泛的基因表达抑制同样也是 GR 响应糖皮质激素的作用方式，尤其是一些炎症相关基因。与 GR 直接与 DNA 结合激活靶基因相反的是，这类基因抑制被认为是通过"反式抑制"进行的，在这种抑制机制中 GR 通过系链分子间接与 DNA 作用，进而抑制 AP-1、NF-κB 等最主要的炎症相关转录因子。因此，在药学领域一个比较困难的目标是开发一类糖皮质激素类似物，该类似物能激活针对炎症相关基因的反式抑制，但不会由于激活肝脏、肌肉、脂肪组织的 GR 而产生代谢不良反应[14]。

皮质醇是人类主要的糖皮质激素，由肾上腺皮质束状带响应下丘脑 - 垂体轴的信号分泌。11β-HSD 可以相互转化活性的皮质醇与失活的可的松，11β-HSD2 主要使皮质醇失活（特别是在肾脏细胞中，以防止盐反质激素受体受皮质醇的影响），而 11β-HSD1 主要使可的松重新活化。肝脏是 11β-HSD1 的主要表达部位，将可的松激活转化为皮质醇，这种酶与 NAFLD 等代谢性疾病密切相关[13]。肝脏也表达包括 5α 还原酶、5β 还原酶与 3α-HSD 在内的使皮质醇失活的酶，甲状腺激素就通过激活这些通路以增加肝脏皮质醇的清除。皮质醇在循环系统也主要与一种肝脏来源的载体蛋白 CBG 结合存在。因此，与甲状腺激素类似，一方面肝脏是糖皮质激素通过 GR 影响葡萄糖、脂质代谢的直接靶器官，另一方面肝脏也通过皮质醇代谢与皮质醇结合球蛋白的合成在糖皮质激素发挥其全身性效应上起到核心的作用。

（三）MR

MR 在肝脏中有表达，但不确定是在肝细胞中还是在内皮细胞或巨噬细胞中，MR 在这些细胞中的表达也有报道[15]。MR 与 GR 密切相关，在 11β-HSD2 酶缺失无法使皮质醇失活的情况下，MR 同样可以被皮质醇或主要的盐皮质激素醛固酮激活。醛固酮由肾上腺皮质的肾小球状带产生，并且受到肾素－血管紧张素系统调控，醛固酮与肾脏中的 MR 结合，激活 *ENaC* 等基因以调控钠钾平衡与血压水平。MR 在心血管系统及肠道中也发挥功能，但目前对于其在肝脏中功能的认知还相当有限。

（四）ER 和 AR

性激素受体在全身广泛表达，并不局限于生殖组织。与糖皮质受体和盐皮质受体一样，性激素受体是配体诱导核定位的第一类核受体。AR 和 ERα 在两性的肝脏中都有表达，但是 ERβ 和 PR 在肝脏中表达很少或者不表达。很多肝脏疾病存在性别差异，男性脂肪肝、肝炎、肝硬化、肝癌的发病比例相较于女性更高[16]。当然，除了性激素外，其他一些因素也会带来很多差异，包括病毒感染及饮酒等相关的行为。肝脏的基因表达也存在性别二态性，包括一些编码药物代谢酶的基因在内的 1000 多个基因具有性别特异性的表达情况。其中的一些表达差异来源于肝脏中 ERα 与 AR 对细胞的直接效应，但最近的研究表明，大脑也通过生长激素性别特异性的释放时间模式控制了这种性别二态性[17]。

雌激素是女性主要的性激素，由卵巢中膜细胞与颗粒细胞的联合作用合成分泌，后者表达芳香化酶。在男性中，睾丸及包括脂肪在内的表达芳香化酶的外周组织会生成非常低含量的雌激素。临床观察表明，雌激素水平的改变，无论是升高（如绝经后女性的激素替代疗法）还是降低（如乳腺癌治疗中的激素抑制疗法），都会影响血脂水平，通常雌激素会使 LDL 水平降低，而使 HDL 及甘油三酯水平升高[18]。此外，有雌激素缺失的小鼠模型显示，脂肪肝症状可以通过回补雌激素治疗，但是这些研究还不能区分治疗效果是由于雌激素在肝脏的效应还是其全身性效应。最近的肝脏特异性敲除小鼠显示了肝脏 ERα 在葡萄糖和脂质代谢中的作用，此类小鼠呈现高血糖和脂肪肝的症状[19]。通过与 LXRα 的功能性相互作用，肝脏 ERα 也与胆固醇和脂蛋白代谢相关。实际上，雌激素可以通过一种肝脏 ERα 依赖性的模式缓解 LXR 激动药诱导的脂肪肝[20]。此外，ER 甚至可以与羟固醇这种典型的 LXR 激动药结合[21]。

雄激素在睾丸及肾上腺皮质网状带中合成，后者是女性中较低水平雄激素的主要来源。女性雄激素水平过高是多囊卵巢综合征（polycystic ovarian syndrome，PCOS）病理的一部分，其代谢表现包括肥胖、胰岛素耐受和 NAFLD，不过 AR 不太可能是在多囊卵巢综合征病理过程中发挥重要作用的一类肝脏性激素受体。雄激素在脂肪肝中的影响很复杂，在许多研究中呈现不一致甚至相反的效应[16]。肝脏特异性 AR 敲除导致了雄性小鼠发生脂肪肝，但雌性小鼠没有出现症状[22]，但相关机制尚不清楚。与 ER 类似，AR 也被提出能通过与 LXR 交叉作用以调节胆固醇代谢[23]。

与甲状腺激素和糖皮质激素一样，肝脏也是性激素代谢、清除，以及 SHBG 合成的场所。肝脏 SHBG 的表达量会受雌激素调节升高，而受雄激素调节下降。值得注意的是，与 TBG 和 CBG 相反，SHBG 可以改变血液中游离态性激素的水平，并且 SHBG 是代谢性疾病中一种新兴的生物标志物[24]。总的来说，性激素及其受体在肝脏能量稳态中的功能是一个复杂同时研究十分活跃的领域。

（五）VDR

不同于类固醇受体，VDR 是像 THR 一样的 RXR 异二聚体第二类核受体。VDR 由骨化三醇（1，25- 二羟基维生素 D）激活。前体维生素 D_3（胆钙化醇）可以从饮食中摄取或者在阳光暴露下的皮肤中合成。维生素 D_3 的 25- 羟基化过程在肝脏中发生，由 *CYP2R1* 基因编码的 P_{450} 酶催化介导。但是，*CYP2R1* 基因并不受 VDR 或其他因素调控，因此 P_{450} 酶在肝脏中的固有活性使得失活的 25- 羟基维生素 D 是循环系统中的主要存在形式，也反映了总体维生素 D 的水平。最后一步通过 1α- 羟基化过程活化为骨化三醇在肾脏进行，该过程受到甲状旁腺激素和磷酸盐水平的严格调控。相反，骨化三醇通过 24- 羟基化失活，而由 *CYP24A1* 基因编码的这种 24- 羟化酶受 VDR 的高度调控。因此，骨化三醇通过 VDR 激活 *CYP24A1* 基因对自身的水平实现负反馈调节。

VDR 在大多数组织中都有表达，但与甲状旁腺、肾脏和胃肠道相比，肝脏的总体表达水平极低[6]。实际上，肝细胞几乎不表达 VDR，但在肝脏非实质细胞，特别是肝星状细胞中，VDR 的表达量要高得多，并且在这些细胞中调控了 CYP24A1 及其他一些基因的表达[25]。重要的是，HSC 介导了肝脏损伤及病理状态下的纤维化过程，而 HSC 中 VDR 的抗纤维化作用正在显现[26]。VDR 活化抑制了由 TGF-β 介导的 HSC 中主要的促纤维化通路，并且 VDR 敲除小鼠出现了自发的肝纤维化现象。因此，VDR 靶向疗法对于肝纤维化疾病的治疗是很有潜力的，特别是如果能开发出肝脏特异性配体，就能避免由于骨骼、肠道和肾脏中 VDR 活性过高导致的高血钙症。

三、外源化合物感知受体：CAR 和 PXR

CAR 和 PXR 是感知药物和毒素等外源化合物的 VDR 核受体，这些外源化合物不是由机体天然产生，但是需要清除。这两类核受体的名称反映了最初发现的相应配体，但目前已经有非常多的化合物被证明与两种受体有不同程度的亲和力，作为激动药、拮抗药、部分激动药及反向激动药[27]。PXR 和 CAR 的结构显示了大量配体结合口袋，这些结合口袋可以容纳数量众多且多样化的配体，其中很多还是 CAR 和 PXR 的双重激动药。在研究中，CAR 和 PXR 的模式激动药分别是抗惊厥药物苯巴比妥和抗生素利福平。两种核受体都激活了解毒反应各个阶段的基因：一相修饰（CYP 酶）、二相偶联（GST、UGT 和 SULT）和三相转运/外排（OATP 和 MDR）。CAR 的经典靶标是 CYP2B 基因，PXR 是 CYP3A4 基因，该基因编码了人体肝脏中含量最丰富的、负责超过 1/3 临床使用药物代谢的 P_{450} 酶[28]。

CAR 几乎只在肝脏中表达，而 PXR 还在胃肠道中高度表达[6]。描述 CAR 作用机制的文献很复杂，同时展现了第一类和第二类核受体的性质。与第一类核受体一样，CAR 可以通过 HSP 和 CCRP 滞留在细胞质中[29]，并且据报道，CAR 不仅可以同源二聚，还能像与之联系紧密的第二类核受体 VDR 一样形成 RXR 异源二聚体。但是，

不同于其他 RXR 异源二聚体在不与配体结合的情况下抑制转录，CAR/RXR 具有非配体依赖性的激活活性[30]。PXR 也是一种 RXR 异源二聚体，有明显的核定位调控作用[31]。

除了在外源化合物反应与药物代谢中发挥主要调控作用，很明显的是，CAR 和 PXR 在结合内源性物质和正常生理功能方面也有作用[32]。已经报道的内源性配体包括胆汁酸、类固醇、胆红素和脂质的代谢物。CAR 可能间接地影响了机体代谢速率，因为二相代谢中的 SULT 和 UGT 酶也参与了甲状腺激素的失活。通过这种机制，CAR 拮抗似乎是合适的，但是也有其他研究表明 CAR 激活可以改善代谢健康。此外，关于 CAR 是否促进或抑制糖异生和脂肪从头合成等关键代谢通路也引发了很多争论。CAR 和 PXR 都被提出可以通过其他转录因子，如 CREB（cAMP 响应序列结合蛋白），以一种类似于反式抑制的间接性机制减少葡萄糖的激活及脂质的合成。总的来说，CAR 和 PXR 的调节（在相应配体的临床研究、敲除小鼠、细胞模型等中）一直被认为与能量代谢稳态的紊乱相关，但是相关研究工作的结果是多样化且有所冲突的，因此外源化合物受体准确的代谢功能（特别是在人类中）仍然很不明确。

四、代谢型核受体

（一）LXR 和 FXR：感知固醇和胆汁酸

LXR 和 FXR 对肝脏脂质和胆汁酸代谢的重要作用将会在本章进行总结。LXR 和 FXR 都是 RXR 异源二聚体第二类核受体，这两条通路被认为是在饱腹状态下的肝脏中被激活[2]。

LXR 有两个亚型，其中 LXRβ 在全身广泛表达，而 LXRα 在肝脏、脂肪、肠道及免疫细胞中表达量最高，不过两者的 mRNA 在包括肝脏在内的大多数组织中都存在[6]。LXR 的激动药是胆固醇的含氧衍生物羟固醇，包括几种由细胞羟化酶特异性产生的分子（如 24S、25 和 27- 羟基胆固醇），以及其他一些生理功能尚不明确的强效配体（如 24S、25- 环氧胆固醇，22R、20S- 羟基胆固醇）。LXR 通过 ABC1A1 介导的新生 HDL

外排（肝脏分泌的 APOA1）协同激活了从外周细胞（如动脉粥样硬化病变中的巨噬细胞）清除胆固醇的程序性基因表达过程，同时伴随着向肝脏的"胆固醇逆向转运"，在肝脏中胆固醇被吸收，然后直接被分泌到胆汁中，或经代谢转化为胆汁酸。因此，很多研究都显示 LXR 激动药具有抗动脉粥样硬化的效果，而且 LXR 还被提出有胰岛素增敏及抗炎功能[33]。LXR 在促进肝脏脂肪从头合成上也发挥重要作用，因此脂肪肝和高甘油三酯血症限制了 LXR 激动药的临床应用[34]。该效应是间接介导的，因为 LXR/RXR 能激活脂肪从头合成的关键调节蛋白 SREBP1c[35]。

FXR 的表达局限于肝脏、肠道、肾脏和类固醇生成组织中[6]。人体中只存在 FXRα，因为在灵长类动物中 FXRβ 是一个假基因（啮齿类动物有 49 个核受体基因，而人类只有 48 个）。多种胆汁酸是 FXR 的配体，其中最强效的天然激动药是疏水的鹅脱氧胆酸。稍弱效的激动药有脱氧胆酸和石胆酸，但是 UDCA 和莫罗胆酸等亲水性胆汁酸不能激活 FXR。其他一些固醇类衍生物也被报道是相关性尚不明确的 FXR 弱激动药。FXR 在肝脏中的典型靶基因包括非典型核受体 SHP 和管状胆盐输出泵（ABCB11）。在远端小肠中，FXR 的靶基因有 I-BABP，以及重要的激素 FGF19（啮齿动物中为 FGF15），该激素在肝脏胆汁酸合成过程中提供负反馈调节。也有研究发现了 FXR 在除了胆汁酸代谢之外的功能[36]。在肠道和肝脏中，FXR 的抗炎作用都有被报道，使得 FXR 成为炎症性肠病和肝炎治疗的潜在药物靶点。在肠道中，FXR 和胆汁酸与肠道微生物间有复杂的相互作用，而在肝脏中，FXR 对脂肪酸及葡萄糖代谢有影响。与 LXR 激活 SREBP1c 和脂质合成相反，FXR 通过 SHP 介导的抑制作用对上述过程产生负面效果。事实上，FXR 被认为参与建立了饱腹状态下的能量代谢平衡，而 PPARα 则是其在空腹状态下的对应受体[37]。胆汁酸及其衍生物可以激活 FXR 或 GPBAR1（TGR5），目前是临床治疗的有力候选药物。特别值得一提的是，FXR 激动药奥贝胆酸已被批准用于原发性胆管炎，同时针对 NASH 也已在 3 期临床试验中[38]。

（二）PPAR：感知脂质

三种 PPAR 核受体感知细胞脂质并调控脂质代谢中的关键转录过程。PPAR 的名称与 PPARα 激动药在啮齿类动物肝脏中产生的效果有关：诱导过氧化物酶体增殖、肝大、肝细胞癌。值得注意是，人类肝脏 PPARα 及其他两种 PPAR 的激活均未出现上述不良反应。三种 PPAR 都是第二类核受体，以 RXR 异源二聚体形式结合 DNA 应答元件 DR-1。PPAR 在各个组织中广泛表达，但 PPARα 在肝脏中表达量最高，PPARγ 在脂肪组织中表达量最高[6]。PPAR 准确的内源性配体尚不明确，但是人们公认的是这些配体是一些脂肪酸及其代谢物，如花生四烯酸和其他多元不饱和脂肪酸，或是 15-HETE 和前列腺素这样的类花生酸[39]。

作为肝脏中主要的 PPAR，PPARα 在肝脏脂质代谢中起主要调节作用[40]。在空腹状态下，肝脏摄取脂肪组织中由脂肪分解过程释放的游离脂肪酸，肝脏 PPARα 激活肝脏脂肪酸氧化及生酮作用所需的基因。脂肪酸氧化也是空腹状态下糖异生所需的，可以为细胞提供 ATP，进而为糖异生过程供能。另外，脂肪酸氧化还是线粒体中乙酰 CoA 的来源，乙酰 CoA 可以激活丙酮酸羧化酶（糖异生的第一步）。因此，PPARα 缺陷小鼠在正常情况下无异常，但在空腹状态下表现出严重不良反应：血清游离脂肪酸升高，严重的脂肪肝，生酮及糖异生过程缺陷。PPAR 靶向的基因也参与脂蛋白代谢，因此 PPARα 贝特类药物被用作降低血清甘油三酯水平。PPARα 靶向的另外一个重要靶点是 FGF21，这是一种肝源性激素，在空腹状态下水平上升并对全身产生影响[41]。

PPARγ 有两种蛋白亚型，这是由同个基因的选择性转录起始及剪接效应产生的：全身广泛表达的 PPARγ1 和脂肪组织特异性表达的 PPARγ2，后者在 N 端有额外的 30 个氨基酸。脂肪细胞同时表达 PPARγ1 和 PPARγ2，PPARγ 在脂肪细胞分化中起关键调控作用。PPARγ 激动药噻唑烷二酮（Thiazolidinediones，TZD）在临床 2 型糖尿病治疗中用于降低血糖，该类药物主要在脂肪组织中作为胰岛素增敏剂发挥效果[39]。PPARγ1 在巨噬细胞中表达，因此 PPARγ 在一些组织中普遍的低水平表达可能反映了该组织中常驻巨噬细胞的存在。虽然大多数 PPARγ1 存在于正常肝脏中，但多个脂肪肝的啮齿动物模型显示了 PPARγ2 亚型的选择性诱导，这与一个显示肝脏 PPARγ 具有和脂肪细胞中相同生脂作用的模型所得出的结论一致[42]。然而，虽然 PPARγ 对肝脏产生的效果可能会促进甘油三酯的贮存，但 PPARγ 激动药对动物的整体效果通常能够缓解脂肪肝。这可能说明噻唑烷二酮的主要作用是促进脂肪组织中的脂质贮存，进而使得肝脏及其他组织中的脂质水平降低[43]。值得注意的是，多项人体试验表明 PPARγ 激动药吡格列酮可以改善 NASH 患者的肝脏组织学状态，并且目前的治疗方针支持对经活检证实的 NASH 患者考虑使用吡格列酮，无论其是否同时患糖尿病[44]。

PPARδ（也被称作 PPARβ）在全身广泛表达，但在骨骼和心肌等处于高度氧化态的组织中研究最为充分。关于肝脏 PPARδ 的研究比较有限，而且常常互相矛盾，但是这些研究确切地显示了 PPARδ 在葡萄糖和脂质代谢中发挥一定的作用，与 PPARα 和 PPARγ 在功能上有部分重叠[42]。但是，从 PPARα 缺陷小鼠空腹状态下的表型中可以清楚看出，无论是 PPARδ 还是 PPARγ，都不能补偿 PPARα 在肝脏脂质代谢中发挥的关键作用。

因其代谢和抗炎作用，靶向 PPAR 的药物备受关注。PPARδ 激动药由于其对肌肉代谢的影响被提出可以作为运动模拟剂[45]。目前已经有 PPAR 的双重激动药和泛激动药，同时选择性和组织特异性药物也正在开发中[46]。PPARα/γ 双重激动药沙罗格列扎在印度被批准用于治疗糖尿病性血脂异常[47]，同时已处于开发后期，用于 NASH 的 PPARα/δ 双重激动药 Elafibrinor 也引发了大量关注[48]。上述讨论主要集中在肝细胞中的 PPAR，但它们也可能在其他类型的肝脏细胞中发挥作用，如与肝纤维化相关的 HSC[49]。

（三）RAR：感知维 A 酸

RAR 由维生素 A 的代谢物维 A 酸激活，其中最强效的是全反式维 A 酸（all-trans retinoic acid，ATRA）。维生素 A 是一种脂溶性维生素，在发育和正常生理过程中发挥多样的功能，体内约 90% 的维生素 A 在 HSC 的脂滴中以视黄酯的形式储存。维 A 酸的代谢过程很复杂。在肝脏中，RAR 的许多典型靶基因在维 A 酸代谢中发挥作用，包括结合蛋白和修饰酶等。

RARα 是整个肝脏中最丰富的 RAR 亚型[6]，但 RARβ、RARγ 也同样存在，并可以在 HSC 中富集。研究者目前已注意到维生素 A 和胆汁酸代谢之间的联系，其中涉及 RAR、FXR、RXR 及其配体，以及脂溶性维生素吸收过程所需的胆汁酸之间复杂的相互作用[50]。伴有胆汁淤积的肝脏疾病与维生素 A 缺乏及维 A 酸代谢紊乱相关，针对胆汁淤积的全反式维 A 酸和胆汁酸联合治疗方案在动物模型和人体初步试验中显示了一定的希望[51]。

在肝损伤与纤维化过程中，HSC 分化为具有成纤维细胞和平滑肌细胞特征的肌成纤维细胞，失去了存储维生素 A 的能力，导致了 NASH 中的维生素 A 代谢紊乱[52]。此外，与人类脂肪肝相关性最高的基因变体是 PNPLA3-I148M，虽然 PNPLA3 的确切功能未知，但该蛋白已知具有视黄酯水解酶活性（以及甘油三酯脂肪酶活性）[53]。因此，维生素 A 代谢物在代谢性肝脏疾病中有潜在的作用，RAR 激动药在 NASH 小鼠模型中已经显示出良好的效果[54]。

（四）RXR 和核受体异源二聚体

在三种 RXR 亚型中，在肝脏中主要表达的是 RXRα，RXRβ 表达水平较低，而 RXRγ 则几乎不表达[6]。RXR 配体中研究最充分的是 9- 顺式维 A 酸，但组织中（包括肝脏）该配体及其他潜在 RXR 配体的含量水平是一个争论的焦点。与 NR2 家族中的其他第三类核受体一样，三种 RXR 亚型都能以同源二聚体（或与其他亚型形成异源二聚体）的形式结合 DR-1 结构域。但是这些 RXR 同源二聚体的生理功能、每种亚型间的冗余及其特异功能都还不是特别清楚。

RXR 最广为人知的特性是与内分泌型、代谢型、外源化合物型核受体形成异源二聚体。关于异源二聚体潜在的好处，目前有许多基于目的论的推测，RXR 异源二聚体的出现被认为是核受体超家族演化进程中至关重要的事件，也是核受体研究中的重点 [2]。大多数 RXR 异源二聚体高度依赖于 RXR 伴侣受体的配体，而 RXR 配体具有可变效应。如果 RXR 配体通常处于活性形式，则这类 RXR 异源二聚体为"许可"的，若 RXR 配体通常为失活状态，则称为"非许可"的 [2]。值得注意的是，非许可型包括睾酮受体和 VDR 等主要响应同源激素的内分泌型激素受体，而许可型包括 LXR、FXR 及 PPAR 等脂质感知核受体。对于这些许可型异源二聚体，两种配体的结合相较于单独配体结合存在协同激活效应，能够同时激活二聚体整体的泛 RXR 激动药 Rexinoids 目前正处于药物开发进程中 [55]。通常来说，由于基因表达的多样性与组织特异性，单类核受体的配体会产生非预期的多效性影响，广泛式激活 RXR 异源二聚体则可以解决这个问题。

（五）LRH1 和 SHP

LRH1 在全身广泛表达，其中在肝脏、胰腺和肠道中表达水平最高 [6]。LRH1 最初是一类孤儿受体，但目前其晶体结构显示了可被磷脂占据的大的配体结合口袋。突变研究和其他研究工作支持了 LRH1 非配体依赖性的转录激活模型，并且该转录激活效应可通过磷脂结合增强 [56]。目前仍存在争议的是，磷脂配体是否仅仅起到组成型结构功能，或是在正常生理状态下积极调控 LRH1 的功能。与后者一致的是，最近的一项研究表明 LRH1 作为一种磷脂感受器，对肝脏脂质贮存和磷脂组成由关键作用 [57]。

肝脏中 LRH1 功能的一个重要方面是与 SHP 的结合，SHP 是一类与 LRH1 有类似组织表达模式的孤儿核受体。SHP 属于核受体超家族中特殊的缺乏 DNA 结合域的 0B 型核受体家族，因此它只能通过与其他核受体异源二聚的方式（甚至可以与除核受体外的其他转录因子结合）与 DNA 间接作用，进而产生转录抑制效应 [58]。SHP 的表达受到高度调控，并被许多核受体（特别是LXR）激活以介导潜在的负反馈环。LRH1 是研究最充分的 SHP 结合伴侣受体之一，两者联合作用形成了一种非传统的异源二聚体，其中 LRH1

提供 DNA 结合域，而 SHP 提供转录抑制活性。类似的情况也发生在类固醇生成组织（肾上腺皮质、睾丸、卵巢）中，LRH1 相关的 SF1 被 SHP 相关的 DAX1 抑制。

LRH1 调控胆汁酸合成酶CYP7A1 和 CYP8B1 的表达。原先认为，LRH1/SHP 对 *CYP7A1* 基因的表达抑制，以及胆汁酸通过 LXR 激活 SHP 是胆汁酸合成中负反馈调节的机制 [59]。但之后的研究表明，LRH1 或 SHP 都不是该负反馈调节过程必需的，这说明可能存在其他未知机制，不过肝脏中这两种核受体中任何一种的缺失都会显著改变胆汁酸稳态 [60, 61]。除了胆汁酸稳态，肝脏 LRH1 和 SHP 也被认为参与了许多涉及胆固醇、脂质和糖代谢基因的表达调控（类似于上述LXR、PPAR 及其他核受体）[56, 58]。

五、肝脏昼夜节律型核受体

（一）Rev-erb：血红素结合昼夜节律型核受体

在两种 Rev-erb 核受体中，关于 Rev-erbα 的研究更充分，该类核受体最初是孤儿受体，但是后来发现它们可以结合血红素并调节昼夜节律 [62]。24h 的昼夜节律是生物学中的基本规律，与之同步的是生物体的行为和生理状态。这个生物钟背后"优雅"的分子机制已经被揭示得非常细致 [63]。转录因子 CLOCK/BMAL1 是昼夜节律相关基因的关键激活因子，同时它还激活了周期和隐花色素（PER 和 CRY）因子，这些因子累积并对 CLOCK/BMAL1 产生负反馈。然后 PER 和 CRY（"负向臂"）下降，进而使 CLOCK/BMAL1（"正向臂"）在 24h 的周期内重新累积，上述过程就是生物钟的核心。Rev-erb 也会被 CLOCK/BMAL1 激活，因此它们的 mRNA 及蛋白水平呈现出明显的昼夜节律，这不仅是生物钟输出的结果，也是这个反馈调节系统中关键的输入信号 [64]。Rev-erb 的典型靶基因就是 *BMAL1* 本身，而这种转录抑制就作为对 CLOCK/BMAL1 系统的二级负反馈调节（"稳定回路"），以维持其 24h 的节律（图 28-3A）。下丘脑中的核心生物钟受光线的调控，而全身性 Rev-erbα 及 Rev-erbβ 缺失的小鼠表现出严重紊乱的昼夜节律行为[65]。在大部分组织及细胞中还存在自主的外周生物钟，已经有很多研究表明，Rev-erb 参与了肝脏生物钟的运转。Rev-erb 调控了肝脏代谢中许多关键基因的表达，而两种 Rev-erb 的肝脏特异性敲除会导致显著的脂肪肝症状[66]。

在核受体家族中比较特殊的是，Rev-erb 在 C 端缺少一段结合辅活化因子所必需的 α– 螺旋 –12，因此 Rev-erb 通过招募 NCoR/HDAC3 辅抑制因子复合体以实现其转录抑制因子功能。与配体诱导辅抑制因子释放的第二类核受体相反的是，血红素与 Rev-erb 结合可以稳定其与 NCoR 之间的相互作用，进而提高其抑制活性。目前尚不清楚血红素是否通过生理调控 Rev-erb 以调节血红素代谢，以及血红素结合是否具有组成性及结构性（类似于磷脂与 LRH1 的结合情况）。Rev-erb 是第四类核受体，以同源二聚体或单体的形式与 DNA 结合，但只有 Rev-erb 二聚体才能招募 NCoR 来抑制基因表达。但是，Rev-erb 单体可以通过与 RAR 相关 ROR 竞争结合同一 DNA 半位点来实现基因抑制，ROR 是后续会介绍的一类激活因子。在所有组织中，像 BMAL1 这样的昼夜节律相关基因的表达抑制似乎都涉及 Rev-erb 与 DNA 的直接结合及 ROR 的替代（图 28–3），而肝脏中代谢基因的表达抑制则往往是通过招募其他辅因子实现的间接结合[67]。

机体代谢的昼夜节律调控可能有助于一些关键基因的表达与预期的每天休息睡眠及活动进食时间段相同步。这是一个非常有趣的话题，因为昼夜节律紊乱（如轮班工作）往往会伴随代谢性疾病，而在一些脂肪肝病症中也发现有昼夜节律相关基因表达水平的改变[68]。在肝脏及其他组织中，Rev-erb 为昼夜节律调控与代谢通路之间提供了关键性的联系，因此靶向 Rev-erb 是能够同时干预这两种生理过程的候选治疗方式。

（二）RAR 相关孤儿受体

ROR 与 Rev-erb 密切相关，同样调控肝脏的昼夜节律，以及代谢相关基因。ROR 仅以单体形式与 DNA 结合，占据半位点而非重复序列，同时被认为即使在没有配体的情况下也仅作为转录激活因子发挥功能。实际上，配体结合甚至又可能降低 ROR 的基础活化活性（反向激动作用）[69]。目前关于天然 ROR 配体存在争议，有报道称 ROR 可与多种代谢物结合，包括羟甾醇（类似 LXR）、维生素 D 代谢物（类似 VDR）和类视黄醇（类似 RAR）。RORβ 仅在中枢神经系统中表达，而 RORα 和 RORγ 广泛表达，包括在肝脏中也有高表达。在与自身免疫性疾病相关的免疫细胞中也发现了这些 ROR 的重要功能，特别是在 T_H17 类 CD4 T 细胞中的 RORγt 剪接变异体[69]。

在肝脏中，RORα 和 RORγ 的表达水平都呈现昼夜节律。作为上述昼夜节律稳定回路中的一环，转录激活因子 ROR 与抑制因子 Rev-erb 竞争结合 BMAL1 上游片段，从而对核心生物钟调控

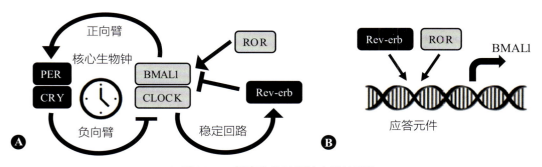

▲ 图 28–3　昼夜生物钟调控中的核受体

A. 机体 24h 昼夜节律通过一套已被研究描述得非常清晰的转录 – 翻译调控回路来维持。核心生物钟有通过 BMAL1/CLOCK 介导的正向臂，以及通过 PER/CRY 介导的负向臂。上述因子又通过两种对应的核受体，即 Rev-erb 和 ROR，对 BMAL1 的调控实现稳定效果。Rev-erb 被 BMAL1 激活，但激活后作为 BMAL1 的转录抑制因子以形成负反馈调节。B. 在 BMAL1 启动子的应答元件上，Rev-erb 抑制因子与 ROR 活化因子存在结合竞争（改编自参考文献 [69]）

基因的表达产生相反的影响（图 28-3B）[70]。在其他基因中也存在类似的结合竞争，因此 ROR 也调控肝脏中部分代谢基因的表达[71]，靶向 ROR 的药物也正在开发中，但距离临床应用还比较遥远。

（三）ERR 与线粒体

在小鼠肝脏中，三类 ERR 的表达都呈现明显的昼夜节律[64]。与 Rev-erb 和 ROR 相反的是，这似乎不是核心生物钟的输入信号，而是输出信号，因此 ERR 的靶标基因也同样呈现昼夜节律。ERR 是根据与 ER 的同源性命名的，但是它们不结合雌激素或其他类固醇，仍然是一类孤儿受体。ERR 是第四类核受体，能以单体或同源二聚体形式结合 DNA，甚至还能与两个不同的 ERR 亚型形成异源二聚体。ERRα 是第一个被报道的孤儿核受体，它在人体肝脏中丰富表达，而 ERRβ 和 ERRγ 的表达水平很低或不表达[6]。但是，ERRγ 在小鼠肝脏中更为丰富，在其中它与糖异生等代谢过程有关[72]。

ERR 已成为脂肪酸氧化和线粒体呼吸过程中的关键调控受体，其中许多调控功能是由 PCG1 辅激活因子的招募。实际上，PCG1α 普遍被认为能促进氧化磷酸化与线粒体生成，而这些活性都需要 ERRα 参与[73]。因此，ERR 活化是增加机体能量消耗的潜在途径。然而，目前关于此研究最充分的是骨骼和心肌等高度氧化态的组织，而在脂肪细胞中，ERRα 也能通过结合辅抑制因子 RIP-140 来促进脂质储存[74]。ERRα 缺陷小鼠体重降低，并对高脂饮食诱导的肥胖呈现抵抗性，但这些小鼠在所有组织都缺乏这种核受体[75]。ERR 在肝脏中的具体功能尚不确定，而虽然在其他组织中激活 ERR 可能是良性的，但就从小鼠模型来看，肝脏中 ERR 的抑制可以改善葡萄糖代谢[76]。ERR 显然在线粒体能量代谢中发挥重要作用，但其在肝脏中作为昼夜节律调控因子的作用才刚刚开始被研究关注。

六、其他肝脏核受体

（一）HNF4

HNF4 是 NR2A 类核受体，主要表达于肝脏、胃肠道、肾脏和胰腺 B 细胞。HNF4 的两种亚型由不同的基因编码，HNF4γ 主要在小肠中表达，因此在肝脏中的研究集中在 HNF4α 上。HNF 的命名反映了一组多样化且彼此不相关的转录因子的发现，这类转录因子是具有 DNA 结合活性的肝脏蛋白，但 HNF4 是其中唯一的核受体（HNF1 是 POU 同源结构域蛋白，HNF3 是翼状螺旋叉头盒蛋白，而 HNF6 是 ONECUT 蛋白）。HNF4 以同源二聚体的形式与 DR-1 应答元件结合[77]。HNF4 被认为是孤儿受体，尽管有报道其与亚油酸存在可逆结合，但这对转录活性没有明显影响[78]。

在成人肝脏中，HNF4α 被认为能维持肝细胞的分化基因表达模式。HNF4α 全身性缺失的小鼠呈现胚胎致死，可能是由于 HNF4α 在肝脏发育过程中的必需性[79]。成人肝脏 HNF4α 特异性缺失会导致脂肪肝，伴随有血液中胆汁酸含量升高，但胆固醇和甘油三酯含量降低，上述症状都源于肝脏中脂质及胆汁酸代谢关键基因的表达水平降低[80]。在 HNF4α 杂合子突变人群中开展的一项小型研究得到了类似的结果，由于对 B 细胞的影响，HNF4α 突变会导致 MODY1 型糖尿病。虽然 MODY1 型糖尿病没有明确的肝脏表型，但 MODY1 基因突变的受试者血清中几种肝源脂蛋白的水平降低，与维持肝细胞基因表达的 HNF4 一致[81]。尽管 HNF4 被认为主要维持这些基因的配体独立组成性表达，但它也可以与其他辅因子或核受体协同调控基因表达[82]。其中一个例子是最近有研究表明，HNF4α 和另一个转录因子（PROX1）共同将 HDAC3 辅抑制复合体招募到脂代谢相关基因[83]，另外一个例子是药物代谢基因 CYP3A4 需要 HNF4α 参与才能被外源化合物型核受体激活[84]。此外，在胆汁酸、类固醇、脂肪酸和糖代谢的基因表达调控中都有 HNF4 交叉作用的例子，这也增加了 HNF4 作为药物靶点的可能性[85]。

（二）TR NR2C 亚家族

与 HNF4 相关两个 NR2C 型核受体家族成员也被称为睾丸受体：TR2 是 NR2C1 型核受体，TR4（也被称为 TAK1）是 NR2C2 型核受体。虽然被称作睾丸受体，两者在全身包括肝脏中都有广泛表达[6]。NR2C1 缺失的小鼠睾丸和精子发生正常，NR2C2 缺失的小鼠出现精子数量减少等系统性问题，而两者都缺失的小鼠在胚胎发育早期死亡[86]。这两种受体都被认为是孤儿受体，尽管有报道称 NR2C2 可以结合类视黄醇或脂肪酸[87]，与 RXR 和 HNF4 同源性一致。两类 NR2C 可以通过同源二聚或相互异源二聚以抑制转录。NE2C2 在四种人类细胞系（包括 HepG2 肝癌细胞）中的全基因组结合图谱表明，NR2C2 在 RNA 代谢和蛋白质翻译等细胞基本生命过程中发挥作用，而非特定的代谢通路[88]。但是在小鼠肝脏中，NR2C2 被表明参与脂代谢调控，特别是 SCD1 的表达[89]。NR2C2 也被证明在饥饿状态下具有 cAMP 诱导性质，在肝脏糖异生过程中有潜在功能[90]。最后，NR2C2 缺陷小鼠对高脂饮食诱导的代谢性疾病具有抵抗性[91]。与 HNF4 类似，NR2C 与其他核受体间的交叉作用也被报道，尤其是那些 PPAR 等同样结合 DR-1 应答元件的核受体[92]。

（三）NR2F 型核受体 COUP-TF

与 HNF4、TR 和 RXR 相关的第二类核受体家族中还有三个 NR2F 型核受体或 COUP-TF 家族（COUP-TF Ⅰ、COUP-TF Ⅱ和 EAR2），它们在全身组织（包括肝脏）中都有广泛表达[6]。COUP 的名称有其历史缘由，因为这些蛋白质是基于与鸡调节 DNA 结合而进行纯化的。NR2F 型核受体家族成员可以形成同源二聚体，但也有报道表明其可以互相或与 RXR 形成异源二聚体[93]。这类核受体与不同间距的正向重复序列结合，主要起转录抑制因子的作用。尽管它们的配体结合域与 RAR 和 RXR 类似，并且维 A 酸被报道是 COUP-TF Ⅱ的配体，它们仍被认为是孤儿受体[94]。

COUP-TF Ⅱ是研究得最充分的 NR2F 型核受体，与许多发育过程密切相关。而对 COUP-TF Ⅰ和 EAR2 的研究主要分别在神经系统和免疫系统中，关于它们在肝脏中的作用的报道很少甚至没有。虽然 COUP-TF Ⅱ敲除的成年小鼠没有明显的表型，但其在能量代谢中的作用正在显现[95]。例如，最近的研究表明，肝脏 COUP-TF Ⅱ在饥饿状态下被上调，并在糖异生和脂肪酸氧化过程中发挥作用[96]。与此一致的是，COUP-TF Ⅱ和 HNF4α 和 PPARα 之间存在复杂的生理及功能性相互作用，特别是与 GR 作用以调节代谢相关基因的表达[95]。

（四）NR4A 型核受体亚家族

最后一组肝脏核受体是三类密切相关的 NR4A 型核受体，也被称为 NGF Ⅰ B（NuR77 或 NR4A1）、NuRR1（或 NR4A2）和 NOR1（或 NR4A3）。虽然其中有两个名称与神经元有关，但三种 NR4A 在全身（包括肝脏）都广泛表达[6]。三种受体都被报道能以单体形式与 DNA 结合，NR4A1 和 NR4A2 还能形成 RXR 异源二聚体[97]。目前还没有已知或者预期能发现的配体，因为 NR4A2 的晶体结构显示出本构性活性构象，并且配体结合袋被疏水侧链填充，它们被认为是配体独立的核受体。NR4A 型核受体家族成员受其基因表达水平的调控，而非配体。它们是机体环境变化时迅速做出反应的早期响应基因，并参与了多种细胞过程[98]。

在肝脏中，三种 NR4A 都由 cAMP 诱导，cAMP 时空腹状态下胰高血糖素和儿茶酚肽信号转导通路的下游响应信号分子[99]。这些激素能促进肝脏的糖异生过程，而 NR4A 家族成员在该过程中起到重要作用。在小鼠肝脏中过表达 NR4A1 可以模拟空腹状态并激活糖异生基因，而在糖尿病模型中，NR4A1 表达抑制（拮抗所有三种 NR4A）可以抑制糖异基因并降低血糖。除了在糖异生过程中发挥作用外，NR4A1 还参与了肝脏脂代谢，因此 NR4A1 及其家族成员可能成为临床治疗的药物靶点[100]。

七、肝脏核受体生物学中的其他问题

目前已知有 48 种核受体基因，而核受体蛋白质组甚至要更加多样化。由于选择性转录起始及 mRNA 剪接（在上述介绍 PPARγ 时有提及），大部分核受体基因会产生多种 mRNA，并且其所翻译的蛋白质后续还会经过多样化的翻译后修饰（磷酸化、乙酰化、糖酰化等）[101]。关于这些不同表达水平上的多样性在肝脏中的情况目前知之其少，也超出了本文的视野。

近期核受体研究领域一个重大的进展是新一代测序方法的出现，以定位核受体的全基因组 DNA 结合位点（顺反组），如染色质免疫沉淀 - 测序（ChIP-seq）。以往的研究只确定了几十个核受体结合位点，主要是在研究较充分的靶标基因启动子的响应序列上，而 ChIP-seq 通常能在整个基因组和大多数表达的基因序列附近确定数万个核受体结合位点。无论是直接结合还是间接结合都将被检测到。基因表达谱（转录组，如对核受体配体的响应，敲除或过表达）等其他广谱的方法也大大增加了潜在靶基因的数量，但也没有达到与 ChIP-seq 的水平。对顺反组与转录组的比较能清晰地表明，不是所有的 DNA 结合都会最终对基因表达水平产生明显的功能性影响。此外，受调控的转录事件本身就是直接和间接调控的复合结果，存在双向调控（例如，某种基因可以被激活核受体的配体间接性下调，也可以被抑制性核受体上调）。因此，基因组学和计算机方法的进展为核受体复杂的功能研究提供了新的视角[2]。

核受体所占据的大部分调控片段并不仅仅由单一的核受体响应序列组成，还包括与其他肝脏转录因子（包括其他核受体）结合的序列。这些顺式作用位点的复合性质在理论上使得针对不同序列的多蛋白复合体可以根据多个输入信号间的交叉作用实现对基因表达的精确调控。这种通过复合序列的交叉作用的复杂转录调控模式才刚刚开始被人们所了解。鉴于肝脏中存在大量重要的核受体，以及它们在靶基因上频繁的共同占据调控序列，肝脏是研究这些重要问题的理想生理体系模型。

本章重点介绍核受体本身，但还存在数百种核受体共调节因子，它们并不与 DNA 直接结合，而是通过被转录因子招募间接发挥作用。它们通过多种机制调节附近基因的转录速度，如改变染色质结构（SWI/SNF）、组蛋白修饰（调控 HAT 和 HDAC 酶活性）、利用 RNA 聚合酶 2 招募基础转录复合物、促进转录延伸等。在众多核受体靶基因的辅抑制因子中，研究较为充分

是 NCoR/HDAC3 复合体[102]，而主要的辅激活因子包括组蛋白乙酰转移酶 p300/CBP、SRC 家族和 PGC1[103]。像核受体一样，调控它们的共调控因子同样可以影响肝脏代谢稳态，但在临床治疗上，靶向共调控因子则更为复杂。这个领域的研究十分活跃，以揭示核受体及其共调控因子在基因组水平上对转录过程的调控。

八、肝脏疾病中涉及的核受体

核受体在肝脏疾病中有很多潜在的作用。靶向 HSC 中的 VDR 和 RAR 等核受体可能在肝硬化中具有抗纤维化作用，而靶向 FXR、LRH1 和 SHP 等胆汁酸相关的核受体可以治疗胆汁淤积性疾病。许多核受体发挥抗炎作用，可能与肝炎相关。然而，大多数肝脏核受体在能量代谢，特别是脂质稳态中发挥明确的功能。值得注意的是，虽然尚无获批的治疗 NAFLD 的药物，但 PPARγ 激动药吡格列酮是 NASH 治疗中推荐使用的超说明书药物[44]，而目前正在 3 期临床试验中的两种针对 NASH 的药物是其他代谢型核受体的配体：靶向 FXR 的奥贝胆酸[38] 和靶向 PPARα/δ 的 Elafibrinor[48]。

人类遗传学研究也表明了许多与疾病相关的核受体[104]。罕见的 PPARγ 突变导致伴有严重脂肪肝的家族性局部脂肪代谢障碍，而 FXR 突变导致进行性家族性肝内胆汁淤积症。然而，考虑到许多核受体对正常发育和内稳态的重要功能，预计核受体基因的编码突变导致功能丧失的情况较少。更常见的可能是核受体结合位点上影响特定靶基因调控的非编码遗传变异，而不是核受体整体活性受影响。这种非编码调控变异被预期会对复杂的疾病风险产生精细的影响，而非产生直接的孟德尔表型。实际上，在人类全基因组关联研究中，超过 95% 与表型相关的因果遗传变异位于非编码区，这些编译被认为是通过影响调控 DNA 而发挥作用的。如肝脏中的 HNF4[85] 和脂肪组织中的 PPARγ[105]，人类单核苷酸多态性可以改变核受体的响应序列，这就决定了个体之间的靶基因调控差异。个体化疾病预测和临床精准医疗方法将需要考虑这些基因变异。

九、结论

肝脏核受体在机体内稳态中发挥关键作用，介导许多重要的肝脏功能。核受体调控葡萄糖、脂肪酸、胆固醇和胆汁酸的代谢，以及外源性化合物的解毒和清除。通过感知激素、代谢物和药物水平，许多核受体使得肝脏能对环境变化做出适当的反应。其他昼夜节律调控核受体使得肝脏基于昼夜节律预测这些环境变化。靶向核受体的现有和新型药物将在肝脏疾病的治疗中发挥越来越重要的作用。

第 29 章　胆汁淤积分子机制
Molecular Cholestasis

Paul Gissen　Richard J. Thompson　著
韩　英　尚玉龙　陈昱安　译

基于患者人群和队列的基因组和分子生物学研究已经揭示了胆汁淤积的分子基础。研究技术的进步有助于阐明胆汁酸合成和分泌的机制，特别是基因组学研究方法的进一步改进使得人们能够发现并鉴定家族性胆汁淤积症患者的突变基因。随着重症胆汁淤积相关基因的发现，人们也愈加认识到胆汁淤积的临床表现与单基因的异常有关。最新的临床研究也致力于阐明儿童重症胆汁淤积中发生的突变基因是否通过多种因素导致迟发型的肝脏疾病。在本章中，我们将讨论遗传性胆汁淤积的分子和临床特征。

一、肝内胆汁淤积的遗传形式

胆酸、鹅脱氧胆酸、初级胆汁酸是在肝脏中由胆固醇合成的。初级 BA 合成障碍会导致有毒中间代谢产物的蓄积，并造成肝损伤和胆汁淤积[1]。由此推断，胆汁淤积可能是单一代谢酶缺陷和过氧化物酶体形成障碍的特征。胆固醇生物合成障碍，如 3β- 羟基类固醇 Δ7- 还原酶的缺乏，也可通过产生异常的 BA 引起胆汁淤积[2, 3]。

（一）婴儿胆汁淤积中的 BA 合成及结合障碍

一旦缺乏初级 BA 合成酶，部分新生儿就会出现胆汁淤积。这种情况下，尽管存在结合性胆红素的显著升高，但血清 GGT 水平通常仍在正常范围（表 29-1）。至少有 16 种酶参与胆固醇向初级 BA 的转化，因此初级 BA 合成障碍的情况并不少见[4]。胆汁酸合成障碍可以通过分析血清和尿液中 BA 成分的变化（缺乏初级 BA、高浓度的中间代谢物）来诊断。通过饮食补充初级 BA 可有效激活核受体 FCR，抑制 BA 的合成并减少有毒中间代谢产物的蓄积，从而减轻肝脏的损伤[5]。因此，准确的识别和诊断此类疾病对后续的规范治疗具有重要的意义。

（二）肝细胞功能异常引起的胆汁淤积

跨膜转运蛋白在维持胆汁正常分泌过程中发挥重要调节作用，因此转运蛋白的缺陷是胆汁淤积的核心发病机制。许多重要的转运蛋白属于 ABC 类转运蛋白家族。部分具有转运蛋白功能缺陷的人很早即可出现胆汁淤积的表现，也有部分人群仅在妊娠或服用特定药物成分等特殊情况下才会出现相应的临床表现。表 29-2 中总结了不同转运蛋白缺陷导致的临床表现及治疗预后等信息。

胆汁成分（BA、胆红素、胆固醇、磷脂和其他代谢产物）以能量依赖的方式分泌到胆小管中。跨膜转运蛋白调节肝细胞和胆管上皮细胞的分泌功能。进行性家族性肝内胆汁淤积症是一种表现为难以缓解的高结合性胆红素血症的临床综合征，患者的血清 GGT 值一般在正常范围以内，同时容易出现肝脏瘢痕的情况。PFIC 患者通常需要在成年前进行肝移植治疗，编码转运蛋白的基因发生突变是重要的发病原因。许多 PFIC 患者胆汁中初级 BA 浓度会显著降低[21, 22]。人们最早发现 ATP8B1 和 ABCB11 的突变可分别导致 FIC1

表 29–1　初级胆汁酸障碍合成障碍相关疾病			
酶缺陷情况	临床表现	对初级胆汁酸治疗的反应性	参考文献
CYP27A1 缺乏（脑腱黄瘤病）	部分患儿出现新生儿胆汁淤积；青少年白内障、腱鞘黄色瘤及神经精神体征（小脑性共济失调、痉挛性下肢轻瘫和痴呆）	治疗反应良好	[6, 7]
3β- 羟基 -C27- 类固醇氧化还原酶缺乏	最常见的胆汁酸合成障碍，可见婴儿期胆汁淤积和肝大	治疗反应良好	[8–12]
Δ⁴-3- 类固醇 -5β- 还原酶缺乏	新生儿早期胆汁淤积，进展迅速	治疗反应良好	[13]
氧化甾醇 7α- 羟化酶缺乏	婴儿期出现胆汁淤积并可进展为肝硬化和肝衰竭。与遗传性痉挛性截瘫具有相同的基因（SPG5A）突变	治疗反应差，需肝移植（单个已知患者，给予鹅脱氧胆酸）	[14, 15]
2- 甲基酰基 CoA 消旋酶缺乏	婴儿期出现轻度胆汁淤积；成人感觉运动神经障碍	治疗反应良好，需限制植烷和降植烷酸的摄入	[16–18]
胆汁酸 -CoA 连接酶缺乏	新生儿胆汁淤积、生长发育障碍、脂溶性维生素缺乏	可能需结合胆汁酸治疗	[1, 19]
胆汁酸 -CoA：氨基酸 N- 酰基转移酶缺乏（家族性高胆固醇血症）	生长发育障碍、脂溶性维生素缺乏导致的凝血障碍，无黄疸	可能需结合胆汁酸治疗	[20]

和 BSEP 缺陷。随后发现这两个基因的不同突变类型与疾病的严重程度存在密切的联系。部分 PFIC 患者的黄疸在发作间期内可完全消退，这种疾病表型有时也被称为"良性"复发性肝内胆汁淤积[23, 24]。然而，也有一部分良性黄疸的患者会进展成 PFIC[25, 26]。PFIC 的迟发或复发情况与疾病的长期预后并无直接的相关性。ATP8B1 和 ABCB11 杂合子突变的携带者易患妊娠期肝内胆汁淤积症[27, 28]。ICP 是一种常出现在妊娠晚期的疾病，其特征是皮肤瘙痒和血清 BA 浓度升高[29]，并有可能导致胎儿窘迫、早产和死产[29]。约 70% 的 ICP 患者具有正常的 GGT，这意味着 ICP 至少有两种不同的发病机制[30]。

1. FIC1 缺陷

FIC1 缺乏症曾称为 Byler 病，Byler 是最早被发现患有这类疾病的阿米什人家族的姓氏[31]。FIC1 的编码基因是 ATP8B1，它是 P 型 ATP 酶 4 型亚家族的成员[32]，而非 ABC 转运蛋白。FIC1 存在于肝细胞和肠细胞等多种上皮细胞的顶端膜上。近年来的研究揭示了 FIC1 在胆汁淤积中的作用[33–37]。FIC1 参与氨基磷脂从质膜双层结构的外侧向内转运的过程[36]。

在 Atp8b1 错义突变的纯合子小鼠（可模拟临床上严重的 FIC1 缺乏症）中，胆流的增加易造成磷脂酰丝氨酸、胆固醇和胞外酶的丢失[38]。缺乏 FIC1 使膜结构的稳定性受到破坏，可能会影响胆盐转运并增加肝细胞对胆盐诱导损伤的易感性。FIC1 还可通过 FXR 促进 ABCB11 的转录[37]。

患有严重 FIC1 缺乏症的患者在出生后的第 1 年就会出现瘙痒和胆汁淤积性黄疸[31, 35]。肝外表现包括腹泻、胰腺炎、脂溶性维生素吸收不良、感音神经性聋、生长发育迟缓、汗液内氯化物浓度升高等[39–43]。虽然胆汁淤积通常可以在肝移植有所消退，但移植的肝脏中仍可观察到明显的脂肪变性，同时严重腹泻和生长发育受限的情况并无改善[35]。上述肝外临床症状的病因尚不清楚。

表 29-2　肝细胞功能异常相关疾病	
疾病与相关基因	典型临床表现和特征
FIC1 缺陷，*ATP8B1* 基因突变	• 婴儿胆汁淤积、瘙痒、谷氨酰转移酶（GGT）正常；肝活检显示轻度胆小管胆汁淤积，可进展为肝硬化。透射电镜下胆汁颗粒粗大而松散。有腹泻、发作性胰腺炎、营养吸收不良、感觉神经性耳聋、生长发育迟缓、身材矮小、汗液中氯化物升高。存在 2 个等位基因的严重突变 • 周期性发作的胆汁淤积，发作间期可消退或加重，剧烈瘙痒。通常在 2 个等位基因上存在较温和的突变 • 妊娠期胆汁淤积，分娩后症状消失。与单等位基因突变有关
BSEP 缺陷，*ABCB11* 基因突变	• 婴儿胆汁淤积、瘙痒、GGT 正常。肝活检显示巨细胞肝炎，可进展为肝硬化。生长发育障碍。肝细胞癌和胆管癌的患病风险增加。存在 2 个等位基因的严重突变 • 周期性发作的胆汁淤积，发作间期可消退或加重，剧烈瘙痒。经典的胆汁淤积在复发之间消退，但可能会进展。通常在 2 个等位基因上存在较温和的突变 • 妊娠期胆汁淤积，通常情况下分娩后症状消失。与单等位基因突变有关 • 服用激素避孕药或其他药物引起的胆汁淤积。通常与单等位基因突变有关
Dubin-Johnson 综合征，*ABCC2* 基因突变	• 无肝病基础，反复发作的胆汁淤积性黄疸。存在 2 个等位基因的突变
MDR3 缺乏症，*ABCB4* 基因突变	• 发病早，胆汁淤积性黄疸伴高 GGT 升高。存在 2 个等位基因的严重突变 • 类似于小胆管型原发性硬化性胆管炎的胆管病变。疾病进展速度取决于基因功能丧失的程度。可能与 1 个等位基因的严重突变或 2 个等位基因的轻微突变有关 • 低磷脂相关性胆石症、胆管结石和胆囊结石。通常存在单等位基因突变 • 妊娠期胆汁淤积伴 GGT 升高。通常与单等位基因突变相关，但也可能是其他严重疾病的前驱表现 • 服用激素避孕药或其他药物引起的胆汁淤积。通常与单等位基因突变有关
TJP2 缺乏症，*TJP2* 基因突变	• 发病早，胆汁淤积但 GGT 正常。肝活检显示轻度胆小管胆汁淤积，可迅速发展为肝硬化。存在 2 个等位基因的严重突变 • 发作性出现的胆汁淤积，通常与药物有关。存在 2 个等位基因的轻度突变 • 高胆烷血症。无肝病基础。通常在 2 个等位基因上都有特定的错义变化
MYO5B 缺乏症，*MYO5B* 基因突变	• 微绒毛包涵体病，可引起肠功能衰竭，常伴有特别严重的胆汁淤积。存在 2 个等位基因的突变 • 孤立性的胆汁淤积表现，发病年龄和持续时间不定。存在 2 个等位基因的突变
新生儿硬化性胆管炎，25% 的患者存在 *DCDC2* 基因突变	• 在大多数情况下极早出现胆管病变并迅速进展。可见肾脏受累。存在 2 个等位基因的严重突变

患者的胰腺分泌功能亦未见异常[44]。

　　肝活检结果显示 FIC1 缺乏症患者肝脏表现为小叶中心的胆汁淤积。肝细胞肿胀和多核现象非常少见，门静脉周围胆汁淤积也不常见。随着疾病的进展，可出现纤维化和门静脉桥接样改变。与 BSEP 缺乏症患者的胆汁性状不同，FIC1 缺乏症患者的胆汁在透射电子显微镜下呈粗颗粒状[22]。这可能由胆小管管壁向管腔内移位，以及胆小管周围细胞外酶的缺乏所致[38]。

　　研究显示，在 30% 的 PFIC（39/130）患者

和 40%（20/50）的复发性胆汁淤积患者中可检测到 *ATP8B1* 突变。与 PFIC 相比，轻度胆汁淤积患者更易出现 *ATP8B1* 基因的错义突变，无义突变通常以杂合子形式出现。但也可观察到纯合移码突变的情况，即使有这种突变，大部分的 ATP8B1 蛋白序列和结构仍正常[45]。

2. BSEP 缺陷

胆盐输出泵由 *ABCB11* 基因编码合成，负责初级 BA 盐的跨膜转运，这个过程需要 ATP 供能[46]。BSEP 是 ABC 蛋白家族的成员，也是 P 糖蛋白 / 多药耐药（MDR/ABCB）转运蛋白亚家族的成员[47]。与 FIC1 缺乏症一样，*ABCB11* 突变患者可表现为轻度至重度的胆汁淤积性表现[24, 26, 48-50]。

严重的 BSEP 缺乏症患者肝活检通常会表现出新生儿肝炎的典型特征[22]。在超微结构显像下，患者胆汁呈现为或致密，或无定形，或细丝状，与 FIC1 缺乏症的胆汁颗粒形态完全不同[22, 51]。临床特征包括间歇性或持续性胆汁淤积性黄疸、瘙痒和生长发育障碍，但通常不存腹泻和胰腺炎等肝外表现[35]。即使是杂合状态的 BSEP 基因错义突变都可降低疾病的严重程度，而截短突变会增加发生肝胆恶性肿瘤的风险[50]。

BSEP 的不同突变可影响其细胞内定位、蛋白稳定性和牛磺胆酸盐转运功能，这可导致突变携带者出现不同程度的临床表现[52, 53]。BSEP 发生某些突变后仍可被运输到顶端膜并保留部分转运活性，此类突变携带者的临床表现通常较轻。而在重症患者体内，突变的 BSEP 无法被运输到顶端膜，并且几乎没有转运活性[52]。

与 *ATP8B1* 一样，*ABCB11* 突变的携带者容易发生 ICP[54, 55]。*ABCB11* 突变携带者口服避孕药等激素药物后也更易出现胆汁淤积的表现，这可能与雌激素和孕激素代谢物对 BSEP 的抑制作用有关[56, 57]。与 *ATP8B1* 突变不同，*ABCB11* 突变携带者易患胆结石，并且在轻症患者中多见。有报道称，在良性复发性肝内胆汁淤积症患者中胆结石的发病率高达 7/11[24]。但一项德国的研究比较了 810 名患者和 718 名对照人群，发现 *ABCB11* 的突变与胆石症之间并无关联[58]。

敲除小鼠的 *Abcb11* 仅会导致轻度胆汁淤积，但喂食 CA 后可加重胆汁淤积的表现[59]。由于 *Abcb1* 与 *Abcb11* 的互补作用可维持小鼠体内胆盐的转运，故其 BA 的排泄量高于预期[60]。

肝细胞癌在 BSEP 缺乏症中非常常见。BSEP 表达完全缺失的患者发生肝细胞癌的风险也最高。即使接受肝移植后，患者体内仍有很大风险出现抗 BSEP 抗体。这可能会严重影响疗效和预后，需要进一步探索研究。

3. Dubin-Johnson 综合征

MRP 由 *ABCC2* 基因编码而成，是 ABC 转运蛋白超家族的成员，也被称为 cMOAT。它参与阴离子谷胱甘肽、葡萄糖醛酸或硫酸盐结合物（包括胆红素）从肝细胞输出到胆小管的转运过程[61, 62]。MRP2 广泛表达于肝细胞以外的上皮细胞（近端肾小管、胆囊、小肠、支气管和胎盘）顶端膜[63, 64]。MRP2 是一种重要的外排泵，可将肝细胞中的毒素和致癌物转运到胆汁中，促进毒素等物质从近端肾小管上皮分泌到尿液，以及从肠上皮细胞排除到食物残渣和粪便中[65]。*ABCC2* 的突变会导致 Dubin-Johnson 综合征，该综合征主要表现为发作性胆汁淤积性黄疸，而无其他肝胆损伤的临床表现[66]。显微镜下通常仅可观察到肝细胞内棕褐色色素沉积。任何年龄的患者均有可能发病，但仅推荐特别严重的新生儿患者使用 UDCA 和苯巴比妥等药物治疗[67]。也有部分人群的 MRP2 完全缺失，但可以引起 MRP3 等其他转运蛋白的上调，并部分代偿了 MRP2 功能，故这类患者的临床表现也以轻症为主[68]。Abcc2 缺陷型大鼠和小鼠可作为研究各种药物药代动力学和药物清除机制的良好模型[69]。在缺乏根蛋白的小鼠中，Abcc2 不能正常锚定于胆小管膜上，从而影响了 Abcc2 的正常功能，因此在这种小鼠中也可观察到 Dubin-Johnson 综合征的部分表型[70]。

Rotor 综合征是一种与 Dubin-Johnson 综合征临床表现相似的综合征，也是一种常染色隐性遗传疾病。Rotor 综合征患者肝细胞内无明显的色素沉积，并且可通过溴磺酚酞和粪卟啉排泄试验与 Dubin-Johnson 综合征进行鉴别[71]。Rotor 综合征与 Dubin-Johnson 综合征不存在一致的等位基因[72]；相反，也有人认为 Rotor 综合征与肝细胞缺乏摄取转运蛋白有关[73]。

4. MDR3 缺陷

MDR3 是一种 P 糖蛋白，参与磷脂从小管膜的内侧向外侧的转运。MDR3 的编码基因是 *ABCB4*，该基因的突变可导致一系列 MDR3 缺乏症的表现[74, 75]。在小鼠中，*Abcb4* 编码直系同源蛋白 mdr2，其纯合突变体是研究人类 MDR3 缺乏症发病机制和探索治疗选择的良好模型[76, 77]。

MDR3 缺乏会导致磷脂酰胆碱成分分泌入胆汁发生障碍，从而导致一系列临床表型，包括新生儿胆汁淤积、成人胆汁性肝硬化等[38, 78–80]。胆盐在胆汁中的混合胶团中发生乳化，从而降低自身去污活性，而 PC 恰是维持胶团形成的重要成分。MDR3 的缺乏使大量胆汁酸不能通过与 PC 的相互作用去除自身毒性，从而造成肝细胞和胆管细胞的损伤[75, 78, 81]。MDR3 缺乏症通常以血清 GGT 升高为特征，并且在肝活检中可见胆管反应和纤维化改变，这与 *Abcb4*[-/-] 小鼠的肝脏表现相似[74]。该病可进展为纤维化和肝硬化，有时伴有胆管消失现象，部分患者需要肝移植治疗。UDCA 对部分患者，尤其是轻症患者具有一定的治疗效果[79, 80, 82]。*ABCB4* 突变的肯定携带者（*ABCB4* 突变致使 MDR3 失能并发生新生儿肝炎的患儿的父母）容易发生 ICP 和胆结石[81]。在发生 ICP 和 GGT 显著升高的部分人群中也可见类似的 *ABCB4* 突变，特别是 *ABCB4* 多态性的改变增加了 ICP 的发生概率[83–85]。某些特定的 *ABCB4* 基因多态性也有可能提示原发性胆汁性胆管炎的不良预后[86]。

低磷脂相关性胆石症是一种发生于年轻患者的胆石症，与 *ABCB4* 突变相关，在胆囊切除术后仍会复发，有时对 UDCA 治疗反应良好[87]。在 LPAC 患者的 *ABCB4* 可出现纯合错义突变、杂合无义突变或移码突变[88]。UDCA 可能通过上调胆小管膜上 MDR3 的表达，增加保护性亲水胆汁酸池，保护细胞免受内源性疏水胆汁酸的损伤作用[87]。部分顽固性胆管炎合并胆管结石的情况可能也与 MDR3 缺乏症有关[89, 90]。

与 BSEP 缺乏症一样，MDR3 缺乏症患者在服用阿莫西林、克拉维酸和利培酮等药物后会出现药物诱导的胆汁淤积（druginduced cholestasis, DIC）[91]。目前尚未发现 DIC 病理生理学机制与基因突变和多态性存在内在联系。尽管有发现提示 DIC 中 *ABCB4* 的表达受到了抑制，但其效应和机制尚不清楚[92]。

5. TJP 和 BAAT 缺陷

这是在阿米什人中发现的两种家族性高胆烷血症（familial hypercholanemia, FHCA），与 *TJP2* 的编码基因突变和 *BAAT* 的编码基因突变有关[20]。发病个体血清初级胆汁酸的浓度显著升高，同时伴有严重的瘙痒和脂肪吸收不良引起的凝血障碍及佝偻病，生长发育严重受限[93]。FHCA 患者血清中不存在异常的胆汁酸种类，但可出现胆汁酸结合障碍[20, 93]。这类患者通常会出现间歇性的肝炎，肝活检可能会观察到门静脉和小叶的非特异性炎症，伴有斑点状肝细胞坏死和轻度胆管增生[93]。UDCA 可降低血清胆汁酸浓度并缓解瘙痒[93]。疾病的临床发展过程通常难以预测，临床症状也可能会自发性消退[20]。

FHCA 的分子病理学机制非常复杂。一项研究对 17 名 FHCA 患者进行了研究，发现其中有 11 名患者存在 *TJP2* 的一个纯合错义突变，使 TJP2 发生 p.V48A 氨基酸残基替代[20]。TJP2 是一种紧密连接蛋白，p.V48A 突变可引起 TJP2 的蛋白质构象改变和细胞旁通透性增加，导致胆汁酸入血。在 FHCA 患者的肝组织中也可观察到紧密连接的形态异常[20]。在三个无任何临床表型的兄弟姐妹中也发现了这种突变的纯合性，这表明这种变异并无绝对的致病性。因此，研究人员进一步寻找了与胆汁淤积易感性相关的基因，并在 5 名患者中发现了 BAAT 纯合突变，这种突变会使 BAAT 发生 p.M76V 错义替代，影响胆汁酸与甘氨酸和牛磺酸的结合[20]。此外，在 16 名为 *TJP2* 或 *BAAT* 突变纯合子的患者中，有 6 人同时携带另一个基因的杂合子突变[20]，这表明 FHCA 存在单基因遗传的特征。

虽然 FHCA 与 *TJP2* 中看似轻微的错义突变相关，但 *TJP2* 其他的变异也可能引起完全不同的重症表型[94]。目前，在 PFIC 患者中已鉴定出 *TJP2* 两个等位基因上的截短突变。这类患者往往发病早，进展快，需接受肝移植治疗。部分患者还会并发肝细胞癌[95]。由于 TJP2 在其他上皮细胞中也有广泛的表达，因此 FHCA 肝外表现也较为常见，但是否合并肝外表现与 FHCA 的严重程度并无明确的相关性。

6. MYO5B 相关的胆汁淤积

MYO5B 是一种参与细胞内囊泡运输的非典型肌球蛋白，在顶端膜结构的组装中发挥了重要作用[96-99]。第一批被发现具有 MYO5B 基因突变的患者是那些患有微绒毛萎缩（microvillous atrophy，MVA）的患者，也称为微绒毛包涵体病[100-103]。MVA 可导致严重的肠功能衰竭，需要肠外营养（parenteral nutrition，PN）支持。虽然肠功能衰竭在患有肝病且接受 PN 的婴儿中是很常见的，但 MYO5B 突变者还会伴有胆汁淤积的特征[103]。在患有 MYO5B 相关 MVA 患者的肝细胞中已发现了 BSEP 在顶端膜中的表达降低。最近的研究也表明，部分 MYO5B 突变患者仅表现为胆汁淤积，而无肠道累及。目前，肠衰竭仅在部分病例中才会出现的原因仍不清楚。

7. 新生儿硬化性胆管炎

目前已有研究揭示了新生儿硬化性胆管炎（neonatal sclerosing cholangitis，NSC）发病的遗传病因。一项最近的研究发现，1/4 的此类患者存在 DCDC2 基因突变[104, 105]。该基因编码的蛋白是双皮质素家族中的成员，该基因曾被报道与阅读障碍有关，在肾消耗病中也发现过该基因突变的情况[106, 107]。DCDC2 在鞭毛运输体中很重要，而鞭毛运输体本身就是由纤毛组装而成。因此，DCDC2 相关疾病是一种纤毛相关的疾病。大多数 NSC 患者的肝病进展十分迅速，需要接受早期肝移植治疗。部分 NSC 患者疾病可累及肾脏，但多数患者的肾脏功能和形态都是正常的。部分患者肝移植后长期使用钙调磷酸酶抑制剂，可以显著减少术后并发症。

（三）遗传性胆汁淤积相关综合征

本部分将重点讨论以胆汁淤积为主要表现的多系统疾病，相关内容见表 29-3。

1. Alagille 综合征

Alagille 综合征（Alagille syndrome，ALGS）是一种常染色体显性遗传疾病，会影响心血管、肌肉骨骼、胃肠道、中枢神经和肾脏等多个器官系统的发育[108]。肝脏病理显示肝内胆管稀疏，同时伴有心脏疾病、椎体畸形、特征性颜面部和眼部异常等特征，即可临床诊断为 ALGS[109]。肝细胞癌是 ALGS 的重要并发症，在 4 岁的患儿中即可出现[110, 111]。ALGS 的发病率估计在 1/70 000～1/30 000[112]。超过 90% 的患者存在 JAG1 突变[113, 114]。JAG1 基因编码的细胞表面蛋白是 NOTCH 受体的配体。NOTCH 信号通路中的 JAGGED1 和 NOTCH2 是典型的具有进化保守性特点的分子，在形态发育中发挥重要的调控作用[115-119]。ALGS 的临床特征差异很大，即使同一患病家族内的不同人也常有不同的临床表型。研究表明，ALGS 患者亲属中携带 JAG1 突变者的肝脏和心脏病的外显率分别为 31% 和 41%[112]。这表明除了 JAG1 突变之外，其他遗传修饰等因素也参与了临床特征的发生发展过程。Jag1 的全敲可导致小鼠胚胎致死，而 Jag1 单倍体小鼠并无典型的 ALGS 样表型。Notch2 敲除的小鼠可作为 ALGS 疾病模型，同时在无 JAG1 突变的 ALGS 患者中也发现了 Notch2 的杂合突变[120-122]。后续针对 Notch2 和 Jag1 构建的系列敲除小鼠揭示了该信号通路在 ALGS 发病中的重要作用[123]。

2. 关节挛缩、肾功能不全和胆汁淤积综合征

关节挛缩、肾功能不全和胆汁淤积综合征是一种常染色体隐性遗传疾病，通常表现为新生儿肝炎。患者通常伴有神经源性关节挛缩和肾小管酸中毒；但由于这些症状可能非常轻微，很容易在疾病的早期评估中被遗漏。ARC 综合征是由编码 VPS33B 的 VPS33B 基因或编码 VIPAR 的 VIPAS39 基因发生突变引起的[124, 125]。VPS33B 和 VIPAR 可以形成一种稳定的蛋白质复合体，在细胞内蛋白质运输和各种溶酶体相关细胞器的生物合成中发挥作用[126-130]。

VPS33A 和 VPS16 是 HOPS 和 CORVET 复合物的组成部分，参与内吞途径中的膜融合过程，以及内体和自噬体的形成过程。VPS33B 和 VIPAR 分别是 VPS33A 和 VPS16 的同源蛋白，故推测 VPS33B 和 VIPAR 形成的复合物可能具

表 29–3 胆汁淤积相关的临床综合征			
临床综合征	肝脏表现	肝外表现	遗传缺陷
Alagille 综合征	部分患者出现新生儿巨细胞肝炎伴谷氨酰转移酶（GGT）升高。大多数具有完全外显性表型的患者会有慢性胆汁淤积和胆管消失。最早 4 岁时即可发现肝细胞肝癌	• 心血管：典型的外周肺动脉狭窄，各种先天性心脏畸形 • 肾脏：由 CITRIN 缺乏引起的新生儿肝内胆汁淤积症（NICCD）更常见。各种类型的肾脏异形、肾囊肿、肾小管功能不全（血尿、蛋白尿）、肾小管酸中毒等 • 眼部：角膜后胚胎环 • 面部：尖下颏、鼻梁挺直、眼睛深陷、额头宽阔 • 骨骼：蝴蝶椎	JAG1 或 NOTCH2 的单等位基因突变，大部分突变体完全丧失功能
新生儿鱼鳞病和硬化性胆管炎综合征	新生儿胆汁淤积伴 GGT 升高和肝大。肝活检显示广泛的纤维化，胆管造影显示硬化性胆管炎。5 岁后可出现门静脉高压症	干燥和鳞状皮肤。鱼鳞状皮损在腹部和四肢最为突出。少毛症和脱发，外周血嗜酸性粒细胞胞质内空泡，肝移植后症状明显改善	CLDN1，2 个等位基因的突变
NICCD 瓜氨酸血症 II 型（成人发病）	新生儿肝炎伴有 GGT 升高。肝活检显示肝细胞微泡性脂肪变性和胆汁淤积，可能发展为肝细胞癌	成人发病的 CITRIN 缺乏症中可见间歇性高氨血症、意识模糊、昏迷、脑水肿	SLC25A13（CITRIN），2 个等位基因的突变
GRACILE 综合征	肝细胞胆汁淤积和巨细胞样改变，可进展为小叶内纤维化；肝内铁质沉积，偶见胆管消失	生长迟缓、乳酸酸中毒、氨基酸尿、肝细胞和网状内皮系统中的铁沉积。胰腺纤维化。婴儿期死亡	BCSL1，2 个等位基因的突变
ARC 综合征	新生儿胆汁淤积伴 GGT 降低，TBIDA 扫描显示胆汁排泄异常，肝细胞中脂褐质颗粒积聚和小叶间胆管发育不良。患者通常有非常严重的生长发育障碍	• 神经肌肉：神经源性关节挛缩，可累及单侧足踝或多关节。至少 20% 患者的胼胝体发育不良 • 肾脏：肾 Fanconi 综合征和肾性尿崩症。严重程度不等 • 血液系统：α 颗粒缺乏导致血小板出现颗粒减少。血小板聚集异常 • 皮肤：鱼鳞病、皮肤松弛症 • 畸形：低位耳、多毛症、拇指畸形	VPS33B 或 VIPAS39，2 个等位基因的突变
淋巴水肿胆汁淤积综合征	一过性新生儿胆汁淤积伴 GGT 升高。大多数进展为肝硬化。成年期短暂性的胆汁淤积	外周淋巴水肿	染色体 15q26.1 上的 LCS1 基因座遗传连锁，非 LCS1 连锁遗传的患者存在 CCBE1 两个等位基因的突变
NAIC	一过性新生儿胆汁淤积，可进展为肝硬化。GGT 升高。儿童 / 成年早期需要肝移植。肝活检提示严重的胆管病变	未知	CIRH1A，2 个等位基因的突变

有与 HOPS 类似的功能，但其参与的细胞内运输途径可能不同。例如，整合素 β 亚基可直接与 VPS33B 相互作用，而 Vps33b 敲除的小鼠存在 αⅡbβ3 介导的纤维蛋白原内吞功能异常。

ARC 患者的肝活检特征包括胆管减少、脂褐质沉积和巨大肝细胞[131]。ARC 的另一个显著特征是特定顶端膜蛋白（如丙氨酰氨基肽酶 /CD13、二肽基肽酶 /CD26 和癌胚抗原 /CD66）在胆小管和肾小管上皮的异常定位[124, 132]。ARC 患者的血清 GGT 水平正常，但肝细胞中存在异常的 GGT 定位[124]。多种顶端膜蛋白无法到达其正常功能位，从而造成葡萄糖、氨基酸和碳酸氢盐等分子经肾小管发生渗漏，这可能也是患者虽有胆汁淤积但 GGT 值并未升高的原因。Vps33b 敲除小鼠的多种 ABC 转运蛋白存在定位的异常，包括 BSEP 和 ABCG8，但不包括 MDR2。这表明 VPS33B-VIPAR 复合物参与了肝细胞中 Rab11a 依赖的蛋白质运输过程[98, 103, 133]。有研究者发现，VPS33B 在人和小鼠肝细胞癌组织中表达下调，而肝脏特异性敲除 Vps33b 的小鼠则出现肝炎和肝纤维化，并会进展为肝细胞癌[134]。

除了轻度畸形、肌张力减退和发育迟缓外，大约 20% 患者存在胼胝体发育异常（发育不全或缺失）[135]。大多数 ARC 患者有感觉神经性耳聋。其他症状还包括甲状腺功能减退和先天性心脏病。大多数 ARC 患者可见鱼鳞病，而且相当一部分患者会反复出现不明原因的发热。VPS33B 与机体识别和清除微生物的过程有关[136]，而 VPS33B 缺乏会导致炎症介质的升高和炎症信号通路的激活，这可能是 ARC 患者反复发热的原因。

电子显微镜下可以检测到 ARC 患者的血小板 α 颗粒减少，约 25% 的 ARC 患者存在血小板颗粒减少和大血小板现象[127, 128, 137]。ARC 患者行肝脏或肾脏活检时出血风险很高，这与血小板聚集异常有关。严重的生长发育障碍是 ARC 综合征的突出特征。大多数患者在 1 周岁之前即因败血症、严重脱水和酸中毒等而死亡[135]。

3. CLAUDIN-1 缺乏（NISCH 综合征）

新生儿鱼鳞病和硬化性胆管炎综合征（neonatal ichthyosis and sclerosing cholangitis syndrome，NISCH）是一种罕见的单基因病，其发病与编码紧密连接蛋白 claudin-1 的 *CLDN1* 基因发生隐性突变相关[138, 139]。迄今为止，已经在摩洛哥和瑞士发现了 16 名患者和 3 种不同的基因突变[140]。NISCH 患者的临床表现异质性很强。虽然有些患者在疾病早期 GGT 可能正常，但患儿通常会出现以 GGT 升高和肝大为特征的胆汁淤积表现[141]。肝活检常提示广泛的纤维化伴胆汁淤积，而无脂肪变或胆管增生现象。患儿 5 岁后行胆管造影可见硬化性胆管炎和门静脉高压征象。部分患者接受对症治疗后，肝脏疾病也出现了明显的缓解[140]。NISCH 综合征有皮肤干燥和硬皮样改变的表现，腹部和四肢可见明显的大片状的鳞状皮疹[141]。患者还存在严重的脱发现象。其他的临床表现还包括外周血嗜酸性粒细胞胞内空泡和牙釉质发育不良。以上皮肤病变在肝移植后可明显消退。

在一种家族性高胆烷血症患者体内检测到了紧密连接蛋白的异常。在胆汁淤积疾病动物模型中也可观察到紧密连接蛋白的变化[142-146]。紧密连接对于组织分层和维持单层上皮细胞的电化学梯度具有重要的作用。因此，完整的紧密连接结构有助于防止胆汁从胆小管泄漏到血液中[147]。*claudin-1* 在小鼠肝脏和肾脏中的表达水平很高；然而，*claudin-1* 敲除的小鼠会出现严重的皮肤损害，导致出生第 1 天内就因严重脱水而死亡，因此该模型并不适合用于胆汁淤积的研究[148]。

4. GRACILE 综合征

数种影响线粒体呼吸链的基因遗传病可导致肝脏病变，部分患者可出现肾小管异常[149]。GRACILE 综合征 [生长迟缓(growth retardation)、氨基酸尿（aminoaciduria）、胆汁淤积（cholestasis）、铁超负荷（iron overload）、乳酸酸中毒（lactic acidosis）和过早死亡（early death）] 是一种隐性遗传的致死性疾病，目前仅在芬兰人群中有报道，并且仅在 *BSC1L* 的 232A＞G（S78G）突变纯合子中发病[150, 151]。*BCS1L* 基因编码一种线粒体内膜蛋白，是线粒体呼吸链复合物Ⅲ组装过程中所必需的蛋白。通常情况下，GRACILE

患者在出生后不久就会出现暴发性乳酸酸中毒，并伴有非特异性氨基酸尿和胆汁淤积表现。在 GRACILE 患者的肝细胞和网状内皮系统中可以见到明显的铁质沉积，但未发现微泡性脂肪变性等与线粒体功能障碍相关的典型组织病理学特征。GRACILE 综合征患者无神经系统异常或畸形，呼吸链功能及复合物 Ⅲ 的活性均正常。

BSC1L 的其他突变会引起神经系统疾病、全身性线粒体病、Bjørnstad 综合征等不同的临床表现[152-156]。*BSC1L* 突变影响的严重程度与 ROS 的过度产生相关[154]。虽然 GRACILE 综合征的临床症状主要与 232A＞G（S78G）突变有关，但 *BCS1L* 的其他突变也有致病性。有研究显示，生酮饮食可以显著改善 GRACILE 综合征的肝脏表现，因此疾病的早期诊断非常重要[157]。

5. SLC25A13 相关疾病（Ⅱ 型瓜氨酸血症，CITRIN 缺乏引起的新生儿肝内胆汁淤积）

SLC25A13（CITRIN）缺乏症最初发现 Ⅱ 型瓜氨酸血症（CTLN2）的成年患者，是一种常染色体隐性遗传病。疾病的发病年龄并不确定，间歇性脑病的发作和高血氨是其典型特征[158-160]。CTLN2 是由肝脏精氨琥珀酸合酶活性降低所致，可引起高氨血症、昏迷，并可能在发病后几年内因急性代谢紊乱而导致死亡[160]。最近，在患有遗传性新生儿肝炎的患者中也发现了 *SLC25A13* 的突变，现在又称之为由 CITRIN 缺乏引起的新生儿肝内胆汁淤积症（neonatal intrahepatic cholestasis caused by CITRIN deficiency，NICCD）。NICCD 最初是在日本人中发现的，但随后在中国、韩国等地也发现了 NICCD 患者。现在的观点认为，NICCD 可发生于任何种族的人群中。疾病一旦诊断，就应接受全程管理和治疗，这不仅可以改善临床症状，还可以预防成人型疾病的发作[161, 162]。一项研究总结了 75 例 NICCD 患者的临床特征，发现 NICCD 存在肝内胆汁淤积、血清 GGT 升高和白色陶土样大便，并且多数患者体重较轻。新生儿肝炎综合征与低凝状态、低血糖、肝脏合成功能障碍、半乳糖尿及罕见的高氨血症有关。短暂的血浆氨基酸浓度异常是 NICCD 的另一个典型特征[161]。大多数患者瓜氨酸、蛋

氨酸、精氨酸和苏氨酸 / 丝氨酸比值均有升高。在部分患者中也可观察到酪氨酸和赖氨酸的升高[163]。标准饮食会加重新生儿肝炎的肝脏损伤，甚至需要肝移植治疗，故 NICCD 诊断后应及时启动特殊的饮食治疗方案（增加蛋白质摄入、无半乳糖饮食和避免摄入过多糖类）[161]。尽管部分 NICCD 患者最后需要接受肝移植治疗，但绝大部分患者的病情通常并不十分严重[163]。由于 CITRIN 缺乏症会出现肝细胞癌和胆管细胞癌等并发症[164]，因此 NICCD 的准确诊断对后续进行肿瘤的规范监测和早期干预具有重要的意义。

Citrin 是一种肝脏特异性线粒体天冬氨酸 - 谷氨酸载体。*Slc25a13* 敲除（*Ctrn⁻ᐟ⁻*）小鼠的天冬氨酸转运活性和苹果酸 - 天冬氨酸线粒体穿梭的活性显著降低。该小鼠同时也有尿素代谢和乳酸糖异生的障碍[165]。*Ctrn⁻ᐟ⁻* 小鼠未表现出 CTLN2 样的症状，这表明仅有 citrin 的缺乏可能不足以产生该表型。

6. CIRH1A 缺乏（北美印第安儿童肝硬化）

NAIC 是一种可进展为肝硬化的新生儿胆汁淤积症。目前仅在魁北克西北部的 Ojibway-Cree 人群中发现了 NAIC[166, 167]。患儿最初可能仅出现短暂的新生儿黄疸，然后就发展为肝硬化。患者常需在儿童期或刚进入成年期的时候就接受肝移植治疗。患者的 GGT 水平升高，伴有门静脉纤维化或类似于肝外胆道闭锁的组织学表现。目前已在患儿中检测到 *CIRH1A* 基因（编码 CIRHIN）发生了错义突变[167]。CIRHIN 是核糖体 18S rRNA 成熟过程中所必需的核糖核蛋白。NAIC 中发生的基因突变可能通过破坏 CIRHIN 与 NOL11 的相互作用而影响了核糖体形成和前核糖体的组装[168, 169]。

7. 淋巴水肿 - 胆汁淤积综合征

淋巴水肿 - 胆汁淤积综合征（lymphoedema-cholestasis syndrome，LCS）（也称为 Aagenaes 综合征）是最初在挪威患者中所描述的一种常染色体隐性遗传疾病，其特征是严重的新生儿胆汁淤积伴血清 GGT 升高[170]。大多数患者会进展为肝硬化，部分患者甚至在儿童期即需肝移植治疗，但超过 50% 的患者可存活到成年[171, 172]。此

外，患者在出生时或在儿童时期会出现严重的淋巴水肿[173]。LCS 患者及其亲属存在 15 号染色体上 LCS1 基因座的连锁遗传[173]，但其致病性的突变类型尚不清楚。不同种族背景的 LCS 患者中可见 CCBE1 的基因突变[174, 175]。而 CCBE1 是胚胎淋巴管形成过程中的重要分子，在淋巴管发育不良和胎儿水肿的病例中也可见 CCBE1 的突变[176, 177]。

（四）与胆汁淤积相关的其他遗传性疾病

除上述疾病外，还有一系列疾病也会引起新生儿和婴儿胆汁淤积，包括 α_1-AT 缺乏症、C 型尼曼 – 皮克病、半乳糖血症、遗传性果糖缺乏症、脂肪酸氧化缺陷、囊性纤维化，以及其他由感染或免疫因素造成的胆汁酸代谢障碍[7, 178]。上述各类疾病均有其独特的疾病特征，对患者基线条件下代谢情况的监测评估有助于疾病的准确诊断。

二、无明显遗传因素的婴儿胆汁淤积综合征

胆汁淤积性黄疸是婴儿期最常见的肝病表现，大约每 2500 名婴儿中就有 1 名受其影响。胆汁淤积的病因众多，但临床表现的差异非常细微。无论是机械性因素（如肝外胆道闭锁）还是功能性因素（如 PFIC）引起的胆汁淤积，都会增加肝细胞内胆汁酸浓度并导致肝损伤，若不及时纠正，最终将导致细胞死亡。婴儿胆汁淤积会出现黄疸、陶土样大便、肝大和脂肪吸收不良等临床表现[179, 180]。

在出生后最初几个月内即出现胆汁淤积性黄疸的病例中，约 70% 是肝外胆道闭锁（extrahepatic biliary atresia，EHBA）和新生儿肝炎综合征患者[179, 180]。这其中的病因尚不清楚，但有研究表明可能与遗传、感染或其他环境因素有关[181, 182]。

新生儿胆汁淤积的最常见原因是 EHBA，大约每 10 000 名新生儿中就有 1 人发生 EHBA，并且在女孩中更为常见。EHBA 中血清 GGT 浓度升高。EHBA 患儿在出生后前 3 个月内会出现肝外胆管部分或完全的纤维化闭锁[183]，部分患者

也可以观察到肝内胆管的闭塞和纤维化[184]。大约 20% 的胆道闭锁患者还具有至少一种其他的先天性发育异常。这种现象表明基因功能的缺陷是该病发生的分子基础，而且胆道和其他器官的发育具有相同的调控基因[185, 186]。10% 的胆道闭锁患儿中同时存在多脾综合征（多脾、内脏转位、血管发育异常等）[187, 188]。胆管疾病可与器官发育异常同时存在，这提示参与胸腹部器官发育的基因也参与了胆管发育的调控。

有很多研究提示病毒诱导的相关因素参与了 EHBA 的发病[189, 190]。

EHBA 被认为是与原发性纤毛运动障碍相关联的罕见疾病[191]。在 INVS 缺陷小鼠中同时具有 EHBA 和内脏异位[192, 193]。肾消耗病是一种常染色体隐性遗传的囊性肾病综合征，通常与先天性肝纤维化和胆汁淤积有关，而 INVS 的突变是其病因之一[194, 195]。许多其他遗传性囊性肾病与肝纤维化有关，这表明肝脏和肾脏中管状结构的发育具有类似的特点[196, 197]。初级纤毛不仅起到黏液清除的作用，还参与了胚胎发育、左右轴方向确定和视网膜光感受等过程[197, 198]。初级纤毛在胆管和肾小管发育中可能具有重要的功能，因为大多数在肝肾囊性疾病中失活的基因均与纤毛功能有关[199]。

胆管发育过程中紧密连接蛋白复合物的形成和细胞间信号转导过程中的异常缺陷，也可能是 EHBA 的发病因素之一。参与上述过程中的蛋白分子如果有表达缺失或功能缺陷，则会导致特定形式的新生儿硬化性胆管炎（NISCH 综合征中的 claudin-1 缺失）和小叶间胆管缺乏（Alagille 综合征中 JAG1/NOTCH2 单倍不足）[113, 122, 138]。目前仍需进一步评估 EHBA 患者中这些功能有缺陷的蛋白质是如何合成的。EHBA 样疾病中存在有绒毛蛋白缺乏的情况，但其是否具有遗传性尚不可知[200]。

随着对上述疾病认识的不断加深，最终诊断为新生儿肝炎的患者群体规模正逐渐缩小。新生儿肝炎是一种综合征，如果不能确定胆汁淤积的根本原因，如感染、遗传及代谢缺陷或胆道梗阻等，并且肝脏病理检查发现大量巨肝细胞，则可

诊断为新生儿肝炎。然而，对于包括 EHBA 在内的许多新生儿胆汁淤积性疾病，肝脏中出现巨肝细胞又是非常常见的现象。大多数新生儿肝炎消退后并无后遗症产生，因此有一种假说认为围产期的压力可诱导胆汁代谢过程中出现功能性障碍，但这个观点仍需进一步评估验证。既往约 20% 的特发性新生儿肝炎患者具有家族性聚集、进行性加重和预后不良等特点[184]。随着基因检测技术的广泛应用，这类患者的诊断更为明确，其治疗预后情况也有所改善[201-203]。

第30章 胆汁淤积替代疗法的病理生理学基础

Pathophysiologic Basis for Alternative Therapies for Cholestasis

Claudia D. Fuchs　Emina Halilbasic　Michael Trauner　著
黄　缘　曹　颖　陈昱安　译

胆汁淤积的特点是胆汁形成受损，到达十二指肠的胆汁量不足，导致胆汁酸和其他潜在的有毒胆汁物质在肝内和全身蓄积[1]。重要原因包括肝细胞和（或）胆管细胞胆汁分泌紊乱，以及由于机械过程（如结石、肿瘤）或免疫介导的胆管纤维化疾病（如原发性胆汁性胆管炎和原发性硬化性胆管炎）导致的小胆管或大胆管的破坏或梗阻。理想情况下，胆汁淤积的病因治疗可以解决潜在的胆汁淤积损伤并促进组织恢复，这种情况目前仅在某些情况下是可能的（例如，去除结石、手术切除或肿瘤/狭窄支架置入术、妊娠期肝内胆汁淤积患者通过分娩去除病因、停用药物性肝损伤的致病药物）。即使根本原因已经解除，患者的恢复也可能很慢（如 DILI 后持续性肝细胞分泌衰竭）需要支持治疗。由于许多胆汁淤积性疾病（如 PBC 和 PSC）的病因尚未完全阐明，并且仍然缺乏针对病因的有效治疗药物，因此，无论胆汁淤积的原因如何，刺激胆汁分泌和摄取的机制都可能减轻肝损伤。值得注意的是，迄今为止，针对 PBC 和 PSC 潜在发病机制免疫机制的治疗药物研发一直相当令人失望。

UDCA 是许多胆汁淤积性肝病的一线治疗药物，它是一种亲水性 BA，可降低内源性 BA 池的毒性，并具有多种额外的有益治疗机制[2]。作为一种有效的细胞内信号分子，UDCA 刺激肝细胞胆汁分泌（主要通过促进转录后方式的转运蛋白），从而抵消胆汁淤积[2]。此外，UDCA 刺激胆汁碳酸氢盐（HCO_3^-）分泌，支持"胆汁 HCO_3^- 伞"[3]，通过在肝细胞和胆管细胞表面维持碱性 pH，对抗胆汁中高毒性的 BA 发挥一种重要的保护机制。此外，UDCA 还可以促进胆汁磷脂的分泌，从而促进混合胶束的形成，并限制游离、非胶束结合的 BA 的数量。由于分子伴侣 UDCA 还可以降低内质网应激，发挥抗凋亡作用，并且其对 GR（NR3C1）的激活可能是一些直接抗炎作用的原因，因此它进一步有助于 UDCA 在胆汁淤积肝脏疾病中发挥细胞保护作用[2]。

因此，UDCA 已在胆汁淤积疾病的治疗中得到广泛的应用，但它仅被批准作为 PBC 的一线治疗药物，因其可提高 PBC 患者的生存率[4]。在其他胆汁淤积性疾病（如 PSC）中，UDCA 通常可改善肝功能，但未证实对生存有益。增加其剂量（每天 28~30mg/kg）甚至对 PSC 有害[2]，尽管其机制仍不完全清楚。然而，（中等剂量）UDCA 治疗后肝酶的改善和 UDCA 撤药后的恶化可能表明潜在的有益效果。自引 UDCA[2] 以来，该领域取得了令人瞩目的进展。无论胆汁淤积的病因如何，特异性 BA 转运系统和专属 BA 受体[5] 的鉴定现在可以更具体地针对受损的 BA 稳态（包括适应性/替代转运、代谢途径和调节网络）开展研究。UDCA 是第一个可用于治疗胆汁淤积的药物，本章将重点介绍除 UDCA 之外的胆汁淤积替代疗法的病理生理学基础。

一、核受体

核受体是最大的转录因子家族，在人类中包含 48 个成员，在小鼠中包含 49 个成员，它们具有共同的组织结构并在与配体结合时被激活[6]。它们协调几个关键的肝功能，包括调节 BA 合成和肝胆排泄功能、葡萄糖和脂质代谢、炎症过程、纤维化、肝细胞再生和肿瘤的发生[7]。在与配体（如 BA）结合后，NR 会改变其构象，促进辅因子的募集和共受体的解离，实现 DNA 结合并刺激通常参与配体（如 BA）代谢和（或）转运的基因的转录，从而构成分子代谢反馈调节的基础[6]。由于它们在肝脏（病理）生理学中的核心作用，NR 已成为抗胆汁淤积药物作为这些受体配体的有吸引力的靶标。与 BA 信号转导和肝胆稳态最相关的 NR 包括 FXR（NR1H4）、PXR（NR1I2）、CAR（NR1I3）和 VDR（NR1I1）。此外，GR（NR3C1）和脂肪酸激活的 PPAR（PPARα、PPARγ 和 PPARδ）作为炎症、纤维化和能量代谢的调节剂也可能影响胆汁代谢的稳态，从而抵消胆汁淤积性肝损伤。值得注意的是，目前胆汁淤积的标准疗法 UDCA 不会激活 FXR（但甚至可以通过降低具有更强 FXR 配体功能的 BA 的相对浓度来抵消其激活[8]），并且对 GR 和 VDR 的亲和力低，介导其抗炎症作用，可能在代谢成石胆酸后间接激活 PXR[2]。

二、FXR

FXR 是 BA[8-10] 的主要 NR，调节 BA 的合成、肝脏摄取及从肝脏中的消除。它与 RXR（NR2B）形成异二聚体，与靶基因启动子序列内的 IR-1 结合。FXR 作为 BA 稳态、脂质、葡萄糖[11]和氨基酸代谢[12]，以及炎症[7]和肝脏再生[13]的中心调节剂，主要存在于肝脏、胃肠道、肾脏和肾上腺中。

FXR 通过调节经典（CyP7A1）和替代途径（CyP8B1 和 CyP27A1）的限速酶的表达，在控制 BA 合成中起关键作用。这是由两种关键调节因子的诱导表达介导的，即孤儿受体、SHP（NR0B2）[11]和肠道激素、FGF15/19[14, 15]。BA

激活的 FXR 诱导 SHP 的肝脏表达，SHP 是一种缺乏 DNA 结合结构域的非典型核受体，可作为有效的转录抑制因子，进而与转录因子 HNF4/NR2A1 和 LRH-1/NR5A2 相互作用抑制其功能并抑制 CyP7A1 表达[16]。回肠激素 FGF15/19 是 BA 激活肠上皮细胞的 FXR 后分泌的，并经门静脉循环到达肝脏，它与 FGFR4/β-Klotho 复合物结合并激活 JNK 依赖性途径，最终导致 CyP7A1 抑制[15]（图 30-1）。值得注意的是，SHP 是 FGF15/19 有效抑制 BA 合成所必需的，缺乏 SHP 的小鼠对 FXR 激动药或 FGF15/19 对 Cyp7a1 表达的抑制作用无效[7]。FXR 通过诱导其他靶基因进一步微调 BA 水平，包括转录因子 V-Maf MAFG、BA 合成的全局转录抑制因子、LSD1、关键抑制因子 SHP 复合物中的表观遗传成分和 FGF15/19 的特异性共同受体 β-Klotho[17]。

除了调节 BA 合成外，肝内 BA 浓度还受 FXR 介导的 NTCP（SLC10A1）的抑制和小管 BA 转运蛋白 BSEP（ABCB11）的上调控制。在肝细胞中（图 30-1），通过诱导胆汁流动促进 BA 消除。除了这种诱导 BA 依赖的胆汁流外，FXR 还通过促进糖苷酶 14 和 AE2 的复合物形成来增加不依赖 BA 的胆汁流，从而促进胆汁 HCO_3^- 转运[18]。FXR 还通过 OSTα/β（SLC51A/SLC51B）在肝细胞中诱导替代性基底侧 BA 转运，并通过 Cyp3a11/CyP3A4、Sult2a1/SULT2a1 和 Ugt2b4/UGT2b4 等酶进行解毒[7]，进一步防止 BA 在靶细胞内积累（图 30-1）。

在肝脏中，FXR 也存在于肝细胞以外的细胞中。在胆管细胞中，FXR 通过诱导 VPAC-1 通过碱化状态和流化状态调节胆管形成[7]。此外，胆管细胞中 FXR 活化诱导抗菌肽的表达，表明 BA/FXR 在维持胆道树的无菌性和防止胆管炎症方面具有重要作用[19]。

FXR 的激活具有抗纤维化作用[18]，其潜在机制和 FXR 在肝星状细胞中的表达存在争议。据报道，FXR 通过激活 HSC 中的 SHP 具有直接的抗纤维化作用[7]，但其他研究显示，人类 HSC 和小鼠导管周围肌成纤维细胞中 FXR 和 SHP 的表达非常低或甚至没有[20]，认为通过控制胆汁淤

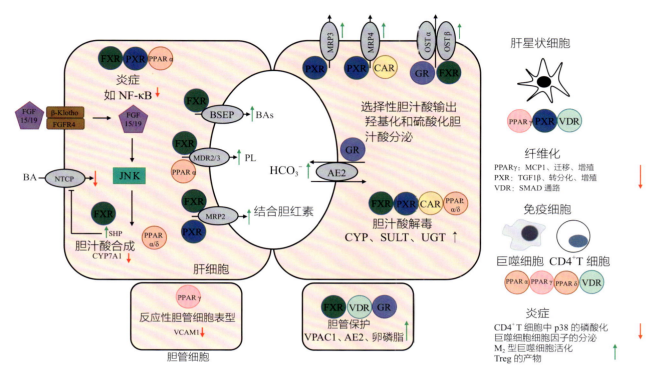

▲ 图 30-1 核受体作为胆汁淤积替代疗法的治疗靶点

肝细胞中的核受体激活通过调节肝胆转运蛋白和代谢途径的表达来维持 BA 合成、解毒、摄取和排泄之间的平衡。FXR（以 SHP 依赖性方式）抑制肝 BA 摄取（NTCP）和 BA 合成（CyP7A1）。此外，肠道衍生的 FGF15/19 与 FGFR4/β-Klotho 二聚体可抵消 CYP7A1 的表达。值得注意的是，人类肝细胞（除了肠细胞）也表达 FGF19。FXR 通过诱导小管转运蛋白（BSEP、MRP2 和 MDR2/3）促进 BA 分泌，并通过替代基底侧 BA 转运蛋白 OSTα/β 诱导 BA 消除。CAR 和 PXR 通过上调 MRP3 和 MRP4（替代 BA 输出）、诱导解毒 / 羟基化酶来调节对增加的细胞内 BA 浓度的适应。PPARα 刺激磷脂分泌（通过 MDR2/3），并且还参与解毒途径的调节。GR 激活 AE2 表达刺激胆汁碳酸氢盐分泌，从而降低胆汁毒性。除了调节 BA 稳态外，NR 还具有额外的抗炎和抗纤维化作用（右图）。它们的激活可能诱导胆管上皮细胞中的防御机制。胆管细胞中 PPARγ 的激活会降低 VCAM-1 的表达，从而抵消反应性胆管细胞表型。胆管细胞中 FXR、VDR 和 GR 的激活分别上调 vPAC1、AE2 和 Cathelicidin，发挥胆管保护作用。NR 的抗纤维化作用与其在肝星状细胞中的活化有关。PPARγ、PXR 和 VDR 分别降低促纤维化基因（如 MCP1、TGF-β1 和 SMAD）的表达。此外，它们减少了 HSC 迁移、扩散，HSC 转分化为肌成纤维细胞。NR 的抗炎作用与其在巨噬细胞和 CD4+ T 细胞等免疫细胞中的激活有关。绿箭表示刺激作用，红箭表示抑制作用。AE. 阴离子交换剂；BA. 胆汁酸；Biliglu. 胆红素葡糖苷酸；BSEP. 胆盐输出泵；CAR. 组成型雄甾烷受体；CYP7A1. 胆固醇 -7α- 羟化酶；CYP. 细胞色素 P450 酶；FGF. 成纤维细胞生长因子；FXR. 法尼醇 X 受体；GR. 糖皮质激素受体；HSC. 肝星状细胞；MDR3. 多药耐药蛋白 3；MRP2. 多药耐药相关蛋白 2；MRP3. 多药耐药相关蛋白 3；MRP4. 多药耐药相关蛋白 4；NTCP. 牛磺胆酸钠共转运多肽；OSTα/β. 有机溶质转运蛋白 α 和 β；PC. 磷脂酰胆碱；PXR. 孕烷 X 受体；PPARα. 过氧化物酶体增殖物激活受体 α；PPARγ. 过氧化物酶体增殖物激活受体 γ；SHP. 小异二聚体伴侣；SULT. 硫酸化酶；UGT. 葡萄糖醛酸化酶；VDR. 维生素 D 受体；MCP1. 单核细胞趋化蛋白 1；JNK. c-Jun 氨基末端激酶；VCAM1. 血管细胞黏附分子 -1；VPAC1. 血管活性肠肽受体 1；TGF1β. 转化生长因子 1β

积和炎症获得更间接的抗纤维化作用。

FXR 也存在于肝窦细胞中[21]，它不是通过靶向纤维化，而是通过直接干扰内皮功能来改善门静脉高压症。FXR 激活通过上调 eNOS、脱硫醚酶和二甲氨基水解酶 1 来降低肝内血管阻力，促进血管扩张剂（如 NO 和硫化氢）的产生，以及减少肝内血管收缩剂 ET-1 和 p moesin 蛋白[18]。

缺乏 FXR 的小鼠在基线时表现出肝脏炎症增

加，并且更容易受到 LPS 诱导的炎症的影响[18]。FXR 可能通过干扰 NF-κB 而具有直接的抗炎作用。最近，FXR 还与肝脏自然杀伤 T 细胞的激活和髓源性抑制细胞的肝脏积累有关，从而抵消啮齿动物的免疫介导的肝损伤[18]。FXR 的抗炎作用不仅在肝脏中被观察到，而且在肠道中也被观察到，因为药理学 FXR 激活改善了结肠炎模型中的肠道炎症和通透性[7]。由于 BA 受体 FXR 和

TGR5/GBAR-1 在巨噬细胞中表达，因此可能存在 BA 和免疫细胞之间的相互作用 [22]。BA 一方面被确定为 DAMP，通过结合炎性小体 [22]，另一方面特定的 BA 物种（LCA）已被证明可抑制炎性小体活化 [23]。

除了其直接的抗炎特性和免疫细胞的调节功能外，FXR 还代表了一个中央分子开关，通过保护肠道免受细菌过度生长和上皮屏障的破坏来控制肠道微生物群 [24]。相反，FXR 功能障碍增加肠道通透性和促进肠道炎症驱动细菌易位 [18]。FXR 的药理激活改善了紧密连接蛋白（如 claudin-1 和 occludin[25]）的基因表达，以及 iNOS 和 Ang1 的表达，这些基因通过产生抗菌肽参与抗菌防御 [26]。FXR 的激活（或肠道过表达 [24]）可减少胆管结扎（bile duct ligation，BDL）[24]，以及 ANIT 模型 [27] 中的细菌过度生长并改善肝损伤。与此一致，肠腔中几乎完全没有 BA 的阻塞性黄疸促进了患者的细菌易位 [28]。

FXR 的丧失导致 BA 稳态的严重破坏，这反映在 FXR 敲除小鼠中 BA 合成增加，以及 BA 摄取增加和肝胆 BA 分泌减少 [29]。尽管对胆汁淤积条件的代谢适应并不完全依赖于 FXR，而且至少在小鼠中可以通过 CAR/PXR 依赖性解毒酶和替代外排系统的过度表达来部分补偿 [18, 30]，但 FXR 基因突变导致功能丧失可导致严重的新生儿进行性家族性肝内胆汁淤积 5 型（PFIC5）疾病发生 [31]。虽然 FXR 的功能受损导致 BA 稳态的严重失调，但 FXR 的药理学激活在胆汁淤积的临床前模型中显示出多种有益作用。总的来说，FXR：①抑制肝脏 BA 合成，减少肠道和肝脏 BA 摄取，同时刺激小管和基底侧 BA 外流，从而导致毒性肝脏 BA 负荷减少；②通过增加磷脂和 HCO_3^- 分泌来改变胆汁成分，最终导致胆汁毒性降低；③介导肝细胞和非实质肝细胞中的直接抗炎作用，以及适应性免疫系统中的免疫调节作用；④通过诱导 FGF15/19（一种 BA 合成抑制剂）对肠 – 肝轴的影响；⑤减少细菌过度生长和肠道通透性；⑥改善晚期肝脏疾病的并发症，如门静脉高压症和可能的致癌作用。这些特征使 FXR 配体成为胆汁淤积和免疫介导疾病

（如 PBC 和 PSC），包括相关 / 潜在的炎症性肠病（inflammatory bowel disease，IBD）的替代疗法的有吸引力的化合物。

已开发出各种甾体（BA 衍生）和非甾体（非 BA 衍生）FXR 激活剂，并在胆汁淤积动物模型中显示出一系列有益效果。更具体地说，非甾体 FXR 激动药 GW4064 和甾体 FXR 激动药奥贝胆酸（INT747– 初级 BA 鹅脱氧胆酸的 6– 乙基衍生物 [18]）在化学诱导的胆汁淤积性肝损伤（ANIT 和雌二醇诱导的胆汁淤积）、胆管结扎动物及硬化性胆管炎的 Mdr2 基因敲除小鼠模型中显示出积极的效果 [18]。

基于这些令人鼓舞的临床前数据，FXR 配体已经进入临床开发阶段。对 UDCA 或 OCA 单药治疗的生化反应不充分的 PBC 患者使用 OCA 进行附加治疗可改善肝酶和炎症标志物 [7, 32, 33]。这些研究促使条件地批准 OCA 作为二线治疗，用于治疗生化反应不完全或对 UDCA 标准治疗不耐受的 PBC 患者，目前的指南已经反映了这一点 [4]。目前正在研究 OCA 治疗 PBC 患者的长期临床效果。由于 OCA 作为接受肠肝循环的全身 FXR 配体发挥作用，因此需要考虑肝硬化 PBC 患者用药过量的风险。OCA 在其他胆汁淤积性肝病（如 PSC）中的作用正在进行临床评价 [34]。

非甾体 FXR 激动药（如 LJN452/Tropifexor 和 GS-9674）具有不同的药代动力学特性，有利于肠道（而不是肝脏）FXR 活化，并且也不经历肠肝循环。FXR 在肝细胞、胆管细胞和（或）肠细胞中的不同靶向性可以关键地确定甾体与非甾体 FXR 配体的药理作用。非甾体 FXR 配体由于缺乏可能的 BA 结构是否会造成相关不良反应的减少，如瘙痒 [35]，还需进一步确认。肠道 FXR 的激活是否主要通过 FGF15/19 信号转导导致 BA 合成的抑制，从而抵消胆汁淤积性肝病，或是从而带来更多的系统性全身抗炎效果，仍然是一个悬而未决的问题。

另一种重要的 G 蛋白偶联 BA 受体 TGR5 在胆管细胞、胆囊上皮细胞、内皮细胞和肝巨噬细胞（但不在肝细胞）中表达，它调节胆汁 HCO_3^- 分泌并具有抗炎作用 [18]（见第 24 章）。与 FXR[18]

相比，TGR5 刺激肠道 GLP-1[7] 的产生。GLP-1 信号可以保护胆管细胞免于凋亡，从而调节它们对小鼠胆汁淤积的适应性反应[18]。然而，在硬化性胆管炎的 Mdr2 基因敲除模型中，TGR5 表达降低[36]，而单纯 TGR5 激动药在该模型中并未改善肝功能[18]。其他问题包括 TGR5 在瘙痒症治疗中的潜在作用[18]，在分离的人胆管细胞和胆管细胞癌细胞中的潜在增殖和抗凋亡作用[18]，以及 TGR5 在人胆管癌中的过表达[37]（见第 24 章）。

三、FGF19

FXR 的激活刺激回肠中内源性 FGF15/19 的产生，该 FGF15/19 被转运到肝脏，在那里它与肝细胞中的 FGFR4 及其辅助受体 β-Klotho 结合，有助于通过 JNK 和 SHP，以及对脂质和葡萄糖代谢的其他影响[15]。有趣的是，FGF19 还可以通过抵消 NF-κB 信号转导来发挥抗炎作用[38]。肠道 FXR 的选择性过表达通过诱导肠道 FGF15 表达和随后减少 BA 池大小来改善硬化性胆管炎 Mdr2 基因敲除小鼠模型中的肝损伤。与此一致，将 FGF19 应用于胆管结扎小鼠可减少总 BA 池大小[39]，改善血清中黄疸和转氨酶水平及肝细胞坏死。然而，内源性 FGF15/19 的刺激也可能产生不良反应，如增殖或致癌作用。内源性及其受体 FGFR4 与肝细胞癌的发展有关，FGFR4 相关信号转导的抑制剂甚至被开发为抗癌药物[18]。因此，FGF19 在人类 HCC 中被扩增，而在小鼠中，FGF19 的异位过表达加速了肿瘤的发展[18]。重要的是，FGF19 类似物（如 M70/NGM282）在 N 端具有氨基酸修饰，允许从增殖作用中分离代谢，从而保持 BA 的代谢调节特性，但缺乏增殖效应。与此一致，在 Mdr2 基因敲除小鼠硬化性胆管炎模型中，腺相关病毒介导的 M70 表达减少了肝脏炎症和胆道纤维化[40]。值得注意的是，延长 M70 治疗不会加速 Mdr2 基因敲除小鼠的 HCC 形成，甚至具有预防肿瘤的作用，而 FGF19 的应用促进了肝癌的发生[40]。在对 UDCA NGM282 反应不佳的 PBC 患者中，胆汁淤积性肝酶得到改善[40]。也观察到不良反应包括腹泻、头痛和恶心，这表明 FGF19 也可能影响肠道运动。值得

注意的是，NGM282 已被证明可改善肝纤维化标志物，而不会降低 PSC 患者的胆汁淤积性肝酶（如 ALP）[40]，这表明 FGF19 还可以介导潜在的直接抗炎和抗纤维化作用。要了解 FGF19 的全部（病理）生理学和治疗意义，必须牢记，与啮齿动物相比，人类 FGF19 也由肝细胞、胆管和胆囊上皮细胞产生[41]。有趣的是，血清 FGF19 与胆汁淤积的严重程度呈正相关[18]。内源性 FGF19 水平升高的患者可能在多大程度上受益于外源性 FGF19 模拟应用仍有待阐明。例如，FGF19 类似物还可以在 FGFR4 结合位点与内源性 FGF19 竞争[18]，从而可能抵消 HCC 的发展，同时保持对 BA 稳态的有益代谢作用。

四、PPAR

PPARα（NR1C1）、PPARγ（NR1C3） 和 PPARδ（NR1C2）是由内源性脂肪酸及其衍生物激活的结构同源物[7]。PPARδ 普遍表达，而 PPARα 主要存在于负责脂肪酸分解代谢的器官中，如肝脏、心脏、肾脏、棕色脂肪组织、小肠和大肠。PPARγ 在脂肪组织和免疫细胞中高度表达[42]。PPAR 的主要功能是调节脂质和能量稳态。除了代谢领域，PPAR 还发挥直接的抗炎作用。

除了作为肝脏脂质代谢的关键调节因子外，PPARα 还参与 BA 代谢，BA 可以通过 FXR 间接刺激人 PPARα[43]。通过苯扎贝特激活 PPAR 可抑制 BA 合成（通过减少 HNF4α 与 CYP7A1 启动子的结合）[7]，以及肝细胞 BA 摄取（通过直接机制减少 Ntcp 表达）[44]。苯扎贝特（具有更广泛的泛 PPAR 活性的 PPARα 配体）还诱导参与 BA 解毒的酶（Sult2a1、Ugt2b4 和 Ugt1a3）的表达[7]。在体外，PPARα 激动药环丙贝特还诱导人胆管细胞和 Caco2 细胞中的 BA 摄取转运蛋白 ASBT 表达[2]。PPARα 刺激 MDR3[44] 的表达，从而可能导致胆汁磷脂（biliary phospholipid，PL）分泌升高，并通过促进混合胶束的形成来抵消 BA 毒性。

此外，PPARα 通过诱导 IκBα（隔开 NF-κB）反式抑制 NF-κB 信号转导而发挥抗炎作用[45]。非诺贝特（一种更具选择性的 PPARα 配体）下调肝脏中的 IL-6 受体亚基 gp80 和 gp130[46]，从

而降低 STAT3 和 c-Jun[47] 磷酸化。

除了 PPARα，PPARγ 和 PPARδ 激活减少了各种免疫细胞包括单核细胞 / 巨噬细胞、树突状细胞、淋巴细胞、胆管细胞中炎症介质和细胞因子的产生[7]。

所有 PPAR 同种型的激活也具有抗纤维化作用。尽管 HSC 没有显示出明显的 PPARα 表达，但其激活导致 HSC 激活减少和纤维化标志物的抑制[48]。PPARγ 仅在静止的 HSC 中表达，并通过抑制其活化、增殖和迁移而具有抗纤维化作用[49]。因此，PPARγ 的丢失是 HSC 活化的典型特征[49]。用噻唑烷二酮（一种 PPARγ 激动药）治疗可改善胆管结扎大鼠的胆管增殖和肝纤维化[7]。植物提取物姜黄素（香料姜黄的黄色素）还能激活胆管细胞中的 PPARγ，减少炎症细胞的浸润，并改善 Mdr2 基因敲除小鼠模型中的门静脉炎症和纤维化[7]。与 PPARα 和 PPARγ 相比，PPARδ 活化具有促纤维化和抗纤维化作用。KD3010（但不是 GW501516，两种不同的 PPARδ 激动药）的应用在 BDL 和 CCl$_4$ 肝损伤模型的小鼠中具有肝保护和抗纤维化作用。在体外，与 GW501516 相比，KD3010 增加了几种 CYP 酶的表达，导致 ROS 的产生减少，可能抵消肝纤维化[50]。

接受苯扎贝特治疗的梗阻性黄疸患者经皮经肝胆道引流术显示胆汁 PL 分泌增加。然而，同一项研究表明，基线时 PBC 患者的 MDR3 表达已经增加，并且苯扎贝特治疗没有进一步上调其表达[51]，这表明苯扎贝特可能通过 PL 非依赖性机制诱导有益的临床效果。

苯扎贝特和非诺贝特等贝特类药物在 PBC 患者（对 UDCA 无反应）和在 PSC 患者（在较小程度上）[52] 中的几项小型、大多数不受控制的研究中显示出有益效果。最近，一项更大规模的随机对照试验表明，苯扎贝特可显著改善对 UDCA 反应不足的 PBC 患者的肝酶、肝硬度和瘙痒[53]，贝特类可被视为 PBC 的二线治疗[54]。未来的长期研究将不得不探索贝特类药物在 PBC 和其他胆汁淤积性疾病中的安全性和有效性。

在 PBC 的 Ⅱ 期概念验证研究中，选择性和有效的 PPARδ 激动药 MBX-8025 Seladelpar 降低了 ALP[55]，进一步的临床试验正在进行中。另一种有前景的 PPARα/δ 双重激动药 Elafibranor 对非酒精性脂肪性肝炎和糖尿病[56] 具有有益作用，目前也在 PBC 中进行测试。

五、GR

GR/NR3C1 普遍表达。除了众所周知的抗炎和免疫抑制功能外，GR 还调节多种代谢途径，不仅包括糖类和蛋白质，还包括 BA 稳态[2]。糖皮质激素（通过 GR）诱导 BA 摄取系统，如 NTCP、ASBT 和 OSTα/β[2]。配体激活的 GR 还上调 AE2 的表达，这将导致胆管细胞碳酸氢盐分泌增加并恢复碳酸氢盐伞[57]。这一观察结果特别令人感兴趣，因为 AE2 在 PBC 患者的肝脏和炎症细胞中的表达降低[2]，这可能是导致胆管细胞更容易受到自身免疫首次打击的原因。除了糖皮质激素，UDCA 还激活 GR。UDCA 和另一种 GR 配体地塞米松（但不是单独的 UDCA 或地塞米松）的组合通过与 AE2 替代启动子上的 HNF1 和 GR 相互作用增加了 AE2 的表达和功能[57]。UDCA 激活的 GR 还通过阻止 GR-p65 相互作用来抑制 NF-κB 依赖性转录发挥抗炎效应[2]，这是 NR 对代谢和炎症的二分效应的另一个例子。

糖皮质激素不仅通过 GR 发出信号，还通过 CAR 等其他 NR 发出信号，并且糖皮质激素增加 PXR 和 RXRα 的表达[43]。布地奈德还在小鼠和人类中激活 PXR，而地塞米松在小鼠中直接激活 PXR，但在人类中不激活[58]。临床上在 PBC 患者中测试了泼尼松龙和布地奈德联合 UDCA。虽然泼尼松龙与 UDCA 的组合并不优于 UDCA 单药治疗[2]，但与单独的 UDCA 相比，布地奈德 UDCA 组合显著改善了血清肝功能化验结果[2]。

六、异源生物转化调节剂 PXR 和 CAR

核受体 PXR（NR1I2）和 CAR（NR1I3）是参与 BA 羟基化 / 解毒[2] 和替代 BA 输出的酶的关键调节剂。这两种受体都是低亲和力、广泛特异性的异种传感器，被一系列结构上不相关的化合物激活，如抗生素，包括利福平、克霉唑、抗抑郁药圣约翰草，以及合成类固醇，如 PCN 和地塞米松[2, 59]。除了外源性物质外，还有潜在毒性的内源性胆碱物质，如二级 BA（如 LCA）和胆红素，也会激活这些受体[60]。

PXR 和 CAR 通过协同激活解毒途径，如羟基化（Cyp3a11/CYP3A4 和 CYP2B10）、硫酸化（SULT2a1/Sult2a1）、缀合（BACS/Bacs、BAT/Bat），以及随后通过基底侧输出泵 MRP3 和 MRP4（图 30-1）[43]。此外，它们调节肝脏中的胆红素代谢，诱导其葡萄糖醛酸化（UGT1A1/Ugt1a1）和小管排泄（MRP2）（图 30-1）[43]。PXR 被证明可以抑制 PGC1α 和 HNF4α 之间的相互作用，从而抑制 *CYP7A1* 基因转录和 BA 合成[7]。有趣的是，PXR 被确定为 FXR 靶基因[61]，表明潜在的 NR 交互对话可以防止 BA 毒性。

除了对 BA 的解毒和清除的有益作用外，PXR 还可能发挥直接的抗炎和抗纤维化作用。在小鼠中，PXR 的激活抑制炎症和纤维化，而 PXR 基因敲除小鼠更容易受到炎症刺激[7]。在人类 HSC 中，PXR 的激活会抑制主要的促纤维化细胞因子 TGF-1β 的表达，阻止它们转分化为成纤维化的肌成纤维细胞并减缓增殖[62]。

CAR 配体（如苯巴比妥）和 PXR 配体（如利福平）已用于治疗瘙痒症数十年[43]。这些止痒作用可以通过它们对上述 BA 解毒和 BA 的消除来解释。值得注意的是，目前的指南推荐利福平作为瘙痒的二线治疗[4]。此外，PXR 和 CAR 激活不仅可以缓解瘙痒，还具有抗胆汁淤积作用。因此，利福平（PXR 配体）改善 PBC 患者的肝功能[63]，苯巴比妥（CAR 配体）降低血清 BA 浓度[43]。有趣的是，通过增强胆红素清除来用于治疗新生儿黄疸的中药已被确定为 CAR 配体（如茵陈）[64]。

当根本原因无法改善时，刺激诱发对胆汁淤积的适应性反应可能特别有用。此外，PXR 配体（如利福平）可以克服 DILI 后持续的分泌失败和长期的机械性胆汁淤积[2]。刺激解毒（如通过 CAR 和 PXR 激动药）可以补充其他疗法（如 FXR 激动药），主要针对肝胆流量和 BA 及其他嗜胆菌的排泄。因此，更特异性和毒性更小的

CAR/PXR 激动药可能是胆汁淤积治疗手段的有价值的补充。

七、维生素 D 和维生素 A 受体

VDR（NR1I1）不仅参与钙稳态的调节，还参与细胞增殖和分化。VDR 在肠道中高表达，在肝脏中表达，主要存在于免疫系统的成分中，包括肝巨噬细胞、单核细胞、自然杀伤细胞、T 淋巴细胞和 B 淋巴细胞、树突状细胞、内皮细胞、胆管细胞和 HSC[43]。维生素 D 抑制 Th1 和 Th17 反应并增加调节性 T 细胞和 NK 细胞的分化，这意味着在自身免疫性疾病的发病机制中起关键作用[65]。实际上，VDR 多态性与几种免疫介导的肝病有关，如 PBC 和自身免疫性肝炎[7]。VDR 作为沿肠 – 肝轴的潜在 BA 传感器，也作为二级 BA LCA 的受体，其具有相当的疏水性 / 细胞毒性 LCA 对 VDR 的激活会刺激 Cyp3a11（以及其人类 CYP3A4 同源物）的表达，即一种在肝脏和肠道中解毒 LCA 的酶[7]。此外，SULT2A1/Sult2a1（一种催化 BA 硫酸化的酶）及基底侧输出泵 MRP3 因肠细胞中的维生素 D 应用而上调[7]。VDR 通路在 BA 解毒和消除中的作用也可能已经出现，以保护首过组织免受 BA 超载的细胞毒性影响。

值得注意的是，胆管细胞中的 VDR 激活也增加了抗菌肽的表达，这可能有助于 VDR 在免疫介导的胆管损伤中的抗炎特性[7]。抗菌肽能够中和 LPS 的有害作用，LPS 在纤维化胆管病中积聚在胆管树中[19]。此外，VDR 的激活可改善纤维化，可能是通过 HSC 中 SMAD 通路的表观遗传修饰[2]。然而，尽管改善了血清肝酶[2]，但向 Mdr2 基因敲除小鼠施用维生素 D 并未改善肝纤维化。维生素 D 水平低与包括胆汁淤积性肝损伤在内的各种肝病的纤维化进展有关[7]。低血清维生素 D 水平也是晚期疾病的指标，也是 PBC 患者 UDCA 无反应的预测因素[66]。（高剂量）补充维生素 D 是否也可以提高肝脏免疫耐受性，从而减少胆道损伤和随后的 PBC 纤维化仍有待评估。

维生素 A 是多种类视黄醇及其前体形式的总称。类视黄醇是细胞增殖和分化的重要调节

剂，可与两个 NR 家族结合，即 RAR（RARα、β 和 γ/NR1B1、B2 和 B3）和 RXR（RXRα、β 和 γ/NR2B1、B2 和 B3）[65]。维生素 A 的一种生物活性形式（全反式维 A 酸及其立体异构体 9- 顺式维 A 酸）可激活 RAR，而 RXR 主要由 9- 顺式维 A 酸激活 [67, 68]。众所周知，RAR 和 RXR 是 HSC 活化的关键调节剂，可将它们从储存维生素 A 的细胞转分化为具有增殖性、收缩性、炎症性和趋化性的肌成纤维细胞，并以增强基质产生为特征 [69]。与维生素 A 的损失一致，HSC 的激活伴随着 RAR 和 RXR 表达的下调 [70]。另外，RAR 和 RXR 的激活可能会减弱 HSC 的活化和增殖 [71]，并且已被证明可以抑制 TGF-β 和 IL-6 mRNA 的表达，从而减少纤维化 [72]。ATRA 还干扰先天免疫系统并抑制促炎巨噬细胞的细胞因子表达 [73]。

ATRA 还抑制了 CyP7a1 启动子活性 [74]，而 UDCA [75] 对此进行了补充，表明潜在的协同效应。与此一致，ATRA 与 UDCA 的组合可减轻 BDL 大鼠和 Mdr2 基因敲除小鼠的胆道纤维化、胆管增殖及肝脏炎症 [72, 76]。然而，在一项 PSC 联合 ATRA 和 UDCA 的临床试验研究中，尽管胆汁酸中间体 C4 和炎症减少了，但并未达到主要终点（ALP 减少）[77]。

八、转运体调制

由于 BA 的肠肝循环依赖于肝脏和肠道中活跃的 BA 转运系统，抑制或刺激其转运功能不仅会改变肝脏的 BA 负荷，还会改变 BA 信号转导。关键转运蛋白靶点包括用于肠道重吸收的顶端钠依赖性胆盐转运蛋白（ASBT/SLC10A2）、用于肝细胞再摄取结合 BA 的 NTCP（SLC10A1）和主要用于非结合的有机阴离子转运蛋白（OATP/SLCO/SCL21）BA，也许在某些情况下也有胆盐输出泵（BSEP/ABCB11）作为限速小管 BA 运输系统。

九、ASBT 抑制剂和 BA 螯合剂

BA 的肠肝循环中断，无论是在药理学上使用 ASBT 抑制剂还是使用 BA 螯合剂，可能不仅有利于治疗瘙痒，而且也有利于治疗潜在的胆汁

淤积性肝病，因为从肝肠循环消耗 BA 会减少肝脏和胆汁 BA 浓度 [18, 78]。手术中断肠肝 BA 循环一直是 PFIC 的长期治疗策略 [79]。此外，增加粪便 BA 浓度和肠道上皮细胞暴露于 BA 可以刺激潜在的有益结肠 BA 信号转导，如 TGR5 调节的肠内分泌 L 细胞分泌 GLP-1 [80]。GLP-1 具有保护这些细胞免于凋亡和减弱反应性胆管细胞表型的胆管保护作用 [18]。向 Mdr2 基因敲除小鼠应用高效和选择性 ASBT 抑制剂（Lopixipat 和 A4250）会增加粪便 BA 的损失，这不能通过增加的内源性 BA 合成来补偿。因此，尽管通过 ASBT 抑制增加 Cyp7a1 并抑制 Fgf15 表达，但肝脏和胆汁 BA 浓度和胆汁流量降低，导致有益的 BA/PL 比率，从而改善该胆道模型中的肝脏和胆管损伤毒性 [18, 78]。此外，ASBT 抑制剂治疗还减少了肝巨噬细胞和中性粒细胞向肝脏的募集，并促进了抗炎单核细胞的扩增 [18]。同样，BA 螯合药考来维仑的应用完全逆转了肝脏和胆管损伤 [78]，进一步表明 BA 的肠肝循环中断可能具有减轻胆汁淤积性肝病的治疗潜力，而不仅仅是治疗瘙痒的作用。尽管这两种治疗选择都会导致肝脏 BA 摄取减少，从而降低肝胆 BA 毒性，但它们的作用机制可能有很大不同，因为增强初级 BA 向次级 BA 的转化（在考来维仑下见，但在 ASBT 抑制剂治疗下没有）可能会改变肠道 BA 信号转导。在考来维仑治疗的 Mdr2 基因敲除小鼠中，肠内分泌 L 细胞中 GLP-1 的表达增加，表明 TGR5 活性升高 [78]。肠内分泌 L 细胞 FXR 活性和 TGR5 介导的 GLP-1 分泌似乎呈负相关 [18]。树脂结合的 BA 可能会激活结肠 TGR5，但不会激活细胞内的 FXR [80]，而非结合的 BA 通过 FXR [18] 在细胞内发出信号。这可能对 GLP-1 分泌（受 TGR5 刺激，但受 FXR 抑制）具有重要影响。除了 ASBT 抑制剂和 BA 螯合剂之间 GLP-1 信号转导的差异外，肝脏和胆汁 BA 的组成也不同。有趣的是，考来维仑（但不是 ASBT 抑制药）导致胆汁 BA 组合物"亲水化"（从而解毒）[18, 78]。这两种治疗策略之间潜在的机制差异可能值得进一步临床评估。

最近在早期临床试验中研究了几种 ASBT 抑

制剂，用于治疗 PBC 瘙痒和一系列小儿胆汁淤积综合征。虽然主要观察到药理学靶点参与，如降低血清 BA 水平、降低 FGF19 和增加 C4 水平（作为 BA 合成的标志物），但对瘙痒的临床影响相当多变（通常不优于安慰剂），并被 GI 混淆腹泻等不良反应[81, 82]。

十、NTCP 抑制剂

NTCP 功能的降低也可能降低肝内 BA 水平，从而改变肝胆 BA 的排泄，也降低肝胆毒性。BA 可通过刺激培养小鼠中炎性细胞因子的表达和分泌来诱导炎症性肝损伤肝细胞[83]，从而启动肝中性粒细胞募集，这有助于胆汁淤积性肝病的进展[84]。NTCP 的药理学抑制可能会减少 BA 的细胞内积累，从而改善胆汁淤积和随后的肝细胞驱动的炎症反应。小鼠和人类中 NTCP 的遗传缺失导致血液中未结合的 BA 水平升高，但耐受性良好，未观察到瘙痒、脂肪吸收不良或肝功能障碍[18]。Myrcludex B 是一种 NTCP 阻滞药，即一种旨在防止乙型肝炎病毒摄取的小肽抑制剂，它与 BA 一样，需要 NTCP 才能进入肝细胞[18]。在 DDC 喂养的小鼠中，作为硬化性胆管炎模型的 NTCP 抑制改善了血清生化及肝脏炎症和纤维化这种保护作用可能是基于增加的胆汁 PL/BA 比率，从而降低了胆汁的毒性。与这个假设一致，在缺乏胆道 PL 分泌的 Mdr2 基因敲除小鼠模型中没有观察到 NTCP 抑制的有益作用[85]。

基于这些临床前发现，Myrcludex B（以减少肝细胞 BA 摄取）和 PPARα 激动药（Mdr2/MDR3 上调）的联合治疗可能对抵消胆道毒性特别感兴趣（至少在具有残留 MDR2/3 功能的情况下）。除 Myrcludex B 外，已鉴定出几种药物可通过抑制 NTCP 来预防乙型肝炎病毒感染，然而，只有罗格列酮、扎鲁司特和柳氮磺胺吡啶等药物同时抑制 NTCP 介导的 BA 摄取，使其成为治疗胆汁淤积的有吸引力的方法[86, 87]。

十一、阻断 BSEP 对小鼠的潜在间接益处

尽管人类 BSEP 缺乏会导致非常严重的肝脏疾病，如进行性家族性肝内胆汁淤积症 2 型，但

缺乏 BSEP 的小鼠却意外地受到保护，不会发生严重的胆汁淤积性肝损伤[18]。此外，这些小鼠对胆管结扎或 DDC 喂养引起的获得性胆汁淤积也有抵抗力[18]。BSEP 基因敲除小鼠已经在基线时表现出增加肝酶 Cyp2b10 和 Cyp3a11 的表达，参与 BA 羟基化，导致非常亲水、毒性较低的 BA 池组合物，主要由四羟基化 BA 组成[18]。这种具有潜在无毒亲水 BA 池的代谢预处理可以保护这些动物免受胆汁淤积性肝损伤的发展。因此，四羟基化 BA 或参与这些 BA 形成的酶的活化可能具有治疗胆汁淤积性肝病的治疗潜力。这一假设与胆管结扎小鼠的肝损伤可以用 CAR 和 PXR（参与 BA 羟基化的活化酶）的激动药减轻这一事实一致[43]。

在极少数情况下，直接暂时阻断 BSEP 输出功能甚至可以直接保护胆管免受 BA 引起的损伤。这可能与肝移植的背景有关，其中 BSEP 表达恢复得比 MDR3 更快，导致胆道 BA/PL 比例失衡，尤其是当存在 MDR3 变异时[18]。肝移植后胆汁成分的改变与非吻合口胆管狭窄的发展有关[88]。在这种特殊情况下，BSEP 瞬时抑制 MDR3 的激活和碳酸氢盐的分泌，理论上有助于保护胆管在移植后立即免受有害浓度的 BA 影响[18]，尽管这一极具争议的假设仍有待检验。有趣的是，用于免疫抑制的药物（如环孢素）会抑制 BSEP 功能[89]。

十二、分子伴侣

胆汁淤积症中胆汁分泌功能受损不仅是由于基因表达/转录的变化，还可能是由于转录后变化引起的细胞极性紊乱、转运体靶向到小管（以及在较小程度上基底侧）膜、转运体功能的受损[5]。因此，刺激转运蛋白靶向和（或）功能也可能具有重要的治疗意义。伴侣主要用作遗传性运输缺陷的疗法，但也可能对抵消获得性胆汁淤积有益。它们可能直接与 ABC 转运蛋白的变体（如 ABCB11/BSEP 或 ABCC2/MRP2）相互作用，从而减少其降解并增加其折叠率（校正剂），或通过与内源性 ER 蛋白伴侣（增效剂）相互作用间接影响蛋白质合成[90]。有趣的是，已显示牛磺

UDCA 通过刺激胞吐作用和通过 PKC 依赖性机制将小管转运蛋白插入顶端膜来增强胆汁淤积肝细胞的分泌能力（图 30–2）[91]。在 MDCK Ⅱ 细胞中，4-PBA 被证明可以增加细胞表面表达和转运能力，不仅来自 BSEP 变体，而且来自野生型[91]。用 4-PBA 治疗大鼠可增强小管膜上野生型 ABCB11 的表达[93]。在 ABCB11 突变（PFIC2）的患者中，4-PBA 治疗增加了 ABCB11 的小管表达[94]。使用 Ivacaftor 进行了进一步有希望的观察，最初被称为 CFTR 增强剂[95]，它已被证明可以增加某些携带 MDR3 基因突变患者的磷脂酰浓度[95]。靶向 ABC 转运蛋白（如 ABCB11/BSEP 和 ABCB4/MDR2/3）的分子伴侣可能改善获得性胆汁淤积。

十三、紧密连接密封剂

肝细胞紧密连接对于维持胆小管的结构和功能，以及由主动转运最终驱动胆汁流动产生的渗透梯度至关重要，而胆管上皮紧密连接则需要维持上皮细胞极性并防止潜在有毒胆汁泄漏到门静脉周围空间[96]。紧密连接完整性的丧失可能导致胆汁反流和胆管损伤[96]。除了几个实验模型外，在 PBC、PSC 和胆道闭锁中也观察到了紧密连接的破坏[97]。值得注意的是，在接受 UDCA 治疗的 PBC 患者中观察到异常 ZO-1 染色的恢复[97]。柳氮磺胺吡啶是一种抗炎药，广泛用于慢性 IBD 的长期治疗，可增加体内（肠道）紧密连接的表达[98]，并防止 BA 诱导细胞凋亡[99]。因此，这种药物可能是治疗胆汁淤积性肝病的一种有吸引力的药物，特别是对于同时患有 IBD 的 PSC 患者，目前正在进行的临床试验也正在研究这一点。

十四、norUDCA（一种肝胆药物）

24– 去甲熊脱氧胆酸（24-norursodeoxycholic

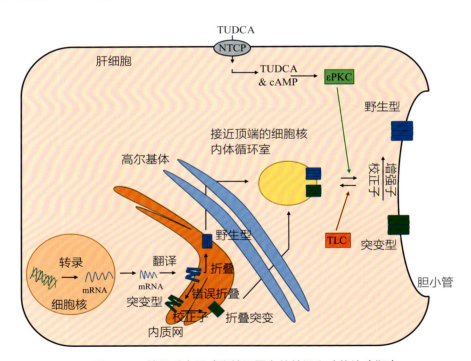

▲ 图 30–2 转录后水平磷脂转运蛋白的转运和功能治疗靶点

在高尔基体中进行翻译、修饰后，转运蛋白的野生型（蓝色框）和突变型（绿色框）被运送到接近顶端的细胞核内体循环室。通过 NTCP 进入肝细胞的 tauroUDCA，cAMP 通过刺激胞吐作用和通过 εPKC 依赖性机制将转运蛋白插入顶端膜（绿箭）来增强胆汁淤积肝细胞的分泌能力。相反，牛磺石胆酸（红箭）加速转运蛋白内化（返回到接近顶端的循环室）。校正子可以通过改善内质网的折叠和延迟向质膜的转换来部分挽救错误折叠蛋白，但目前机制尚不清楚。尽管保留了获救的突变体的部分功能，但它们的构象不稳定，可能会被泛素化消除。增强子（如 Ivacaftor）可以校正这种表型。TUDCA. 牛磺熊脱氧胆酸；NTCP. 牛磺胆酸钠共转运多肽；cAMP. 环腺苷 3′, 5′– 单磷酸；εPKC. ε 型蛋白激酶 C；TLC. 牛磺石胆酸

acid，norUDCA）是 UDCA 的一种侧链缩短衍生物，缺乏甲基基团，对牛磺酸和甘氨酸结合具有抗性，有助于其渗透到胆管细胞中[100]。这导致肝细胞和胆管细胞之间的胆肝分流（绕过经典的肝肠循环），并刺激胆汁碳酸氢盐分泌，导致胆汁碱化（图 30-3）。norUDCA 以其阴离子形式（norUDCA⁻）积极分泌到小管中。norUDCA 通过接受氢阳离子（由碳酸电离成氢和碳酸氢盐而产生）转化为质子化形式（norUDCA）（图 30-3）。然后质子化的 norUDCA 被被动吸收到胆管细胞中（在那里它再次去质子化），随后进入导管周毛细血管丛并返回血窦，以阴离子形式（norUDCA⁻）重新分泌到小管中。norUDCA⁻ 接受碳酸的质子导致通过生成碳酸氢盐增加胆汁的碱化[101]。通过富集碳酸氢盐碱化胆汁可能是防止 BA 对胆管细胞毒性的关键保护机制（"碳酸氢盐伞"）[3]，防止胆汁不受控制的膜渗透质

子化（特别是甘氨酸共轭 BA）[2]。与未结合的 norUDCA 相比，结合的牛磺酸和 bi-norUDCA（缺少两个甲基）不会发生胆肝分流，对胆汁碳酸氢盐分泌的影响较小（tauro-norUDCA）或没有（bi-norUDCA），强调了 norUDCA 在硬化性胆管炎的 Mdr2 基因敲除小鼠模型中的独特治疗特性[2]。在孤立的胆管细胞和巨噬细胞上观察到 norUDCA 的抗炎作用，它直接干扰 NF-κB 信号转导[102]。在几种小鼠模型（Mdr2 KO、BDL、NEMO KO、血吸虫病）中，ncrUDCA 治疗减少了肝脏炎症细胞的浸润[102]，这表明 norUDCA 甚至可能具有直接的抗炎作用。此外，norUDCA 还发挥抗纤维化和抗增殖作用[103]，包括下调细胞周期蛋白和通过诱导自噬抑制 mTOR 信号转导[18]。值得注意的是，最近的一项 2 期研究表明，胆汁淤积性肝酶的改善与之前的暴露和对 UDCA 的反应无关[104]，这鼓励了正在进行的 3 期研究。

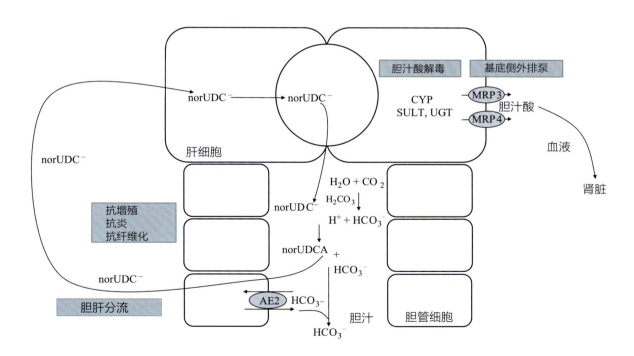

▲ 图 30-3　**norUDCA 的治疗机制**

norUDCA（norUDC⁻）以阴离子形式通过未知机制分泌到胆小管中。norUDC⁻ 接受源自碳酸电离的氢分子。H_2CO_3 的质子接受 norUDC⁻，在胆管腔中留下 HCO_3^-。norUDCA 被动吸收到胆管细胞中并被转运到胆管周围毛细血管丛，返回肝窦并重新分泌到胆小管中，从而完成胆肝分流，实现对损伤胆管具有抗炎、抗纤维化和抗增殖作用的"胆管靶向"。通过胆肝分流过程，norUDCA 还增加胆汁 HCO_3^- 浓度，从而稳定"碳酸氢盐伞"，并通过基底侧外排泵促进 BA 解毒和清除，促进其随后的肾脏排泄。BA. 胆汁酸；CYP. 细胞色素 P_{450} 酶；SVLT. 硫基转移酶；UGT. 葡萄糖醛酸化酶；MRP3. 多药耐药相关蛋白 3；MRP4. 多药耐药相关蛋白 4

十五、针对胆汁淤积性肝病的肠 - 肝轴

在健康条件下，大量肠道衍生分子通过门静脉血液到达肝脏，而不会引发任何炎症反应。在病理生理条件下，当肠道屏障功能有缺陷或肠道细菌稳态失衡时，肠道衍生产物甚至异常的肠源性淋巴细胞可以到达肝脏，在那里它可能引发或加剧肝脏炎症。PBC 和 PSC 是胆汁淤积性自身免疫性肝病，其最终结果是由免疫介导的胆管损伤引起的。这两种情况通常与肠道炎症、IBD 的 PSC 和乳糜泻的 PBC[105]、生态失调[106] 相关。这一临床观察激发了几个有趣的致病概念，特别是在 PSC 中，其中肠道共生体、病原体和肠道抗原与引起胆管损伤有关。最早将肠道炎症与肝损伤联系起来的理论之一是促炎微生物成分被动泄漏到门静脉循环，以及微生物来源的抗原触发的可能性。一项针对小肠细菌过度生长的大鼠的研究描述了由于毒素易位导致的严重肝脏炎症，导致纤维化[107]。另外，缺乏管腔内 BA 的梗阻性胆汁淤积会导致细菌过度生长，从而促进细菌易位[61]。这一观察结果可以用众所周知的 BA 的直接抗菌作用来解释。此外，最近表明，BA 还通过激活肠道 FXR 来间接影响微生物群，从而介导 Ang1、iNOS 和 IL-18 等抗炎基因的表达[24]。事实上，BA 能够通过抑制某些胆汁敏感细菌的生长[108]，以及通过 FXR 激活的抗炎作用来塑造微生物群落，这为基于 BA 的与肠道炎症相关的肝病的治疗开辟了机会。

除了肠道炎症相关的肝损伤外，微生物群的变化（生态失调）已在广泛的肝脏疾病领域中得到描述。几项使用高通量测序技术的研究报道了 PSC 患者肠道微生物群整体组成的多样性降低和显著变化，并且在没有 PSC 的情况下似乎与 IBD 不同[61]。最近关于 PBC 中微生物组发生变化的报道也强调了生态失调在胆管病发病机制中的作用[106]。一些动物模型表明，肠道菌群失调和（或）施用细菌抗原可导致肝胆炎症，其特征类似于 PSC[61]。有趣的是，最近的一项 GWAS 发现了几个与免疫调节相关的新 PSC 风险位点，包括已知会影响微生物群并影响微生物感染易感性的

岩藻糖基转移酶 -2[61]。肠道微生物群存在的重要性反映在无菌 Mdr2 基因敲除小鼠（作为 PSC 的既定模型）中胆汁淤积性肝表型和胆管细胞衰老的加剧[61]。然而，关键问题仍然是肠道微生物群的改变是否会导致肝脏和胆管疾病，或者似乎只是继发于胆汁淤积或疾病已经进展时。由于在多种炎症和代谢疾病中观察到多样性减少的失调，因此很容易假设这些观察方面是继发于疾病和与疾病相关的炎症。微生物组与肝脏疾病之间潜在因果关系的未来证据可能来自针对肠道微生物群的干预研究。

几种可吸收和不可吸收的抗生素调节微生物群已在 PSC[109] 中进行了测试，并显示生化改善，万古霉素是最有前途的药物之一[110]。此外，益生菌已被探索但迄今为止没有回忆起令人信服的临床结果[111]。最后，人们对粪菌移植的兴趣越来越大，目前正在测试其作为 PSC 的治疗疗效[112]。

鉴于 BA 在肠道微生物群稳态中的关键作用，可以怀疑 UDCA 对微生物群分布的影响。在 PBC 的一项介入试验中[106]，UDCA 治疗在 6 个月后部分缓解了微生物群失调[106]。有趣的是，还发现 PBC 患者和对 UDCA 反应不佳的患者与反应良好的患者相比，疾病相关属的丰度增加。与此一致，还显示 UDCA 可减轻结肠炎小鼠模型中的疾病，并使微生物群变化正常化[113]。

肠道引发的 T 细胞的归巢与 PSC 的发病机制有关[61]。在结肠炎期间激活的效应 T 细胞表达受体，如 MADCAM 的 $\alpha_4\beta_7$ 整合素和 CCL25 的 CCR9，促进 T 细胞归巢到肠道和从肠道到肝脏[61]。Vedolizumab 是一种肠道特异性 $\alpha_4\beta_7$ 整合素中和单克隆抗体，以及 CCX282-B 一种抑制 CCR9 的小分子，已被开发用于治疗 IBD。VAP-1 的激活刺激 MADCAM-1 和 CCL25 的肝脏表达，随后启动黏膜 T 细胞向肝脏的募集[61]。最近，VAP-1 的血清水平已被证明与 PSC 患者的疾病严重程度相关[61]。因此，可以调节活化的肠黏膜淋巴细胞向肝脏迁移的药物似乎是治疗 PSC 的一个有吸引力的选择。几项测试抗 TNF-α 药物减少胆道炎症的小型研究令人失望[114]。一项在接

受维多珠单抗治疗的 IBD 合并 PSC 患者的回顾性研究中，对肝酶没有任何有益作用[114]。鉴于其在介导 α₄β₇/MADCAM-1 相互作用中的作用，VAP-1 抑制也可能代表对抗胆汁淤积性肝病的治疗靶点[61]。VAP-1 抗体 BTT1023 目前正在 PSC 患者中进行临床测试[115]。

十六、针对肝脏炎症和纤维化

除了它们的清洁和促凋亡特性外，BA 通过刺激细胞因子介导的炎症反应和纤维化引起胆汁淤积中的肝损伤[83]。在此过程中，肝细胞 BA 水平增加通过释放促炎细胞因子（如通过激活 Egr-1）引发事件，随后吸引炎症细胞，然后导致组织损伤。总之，通过不同的治疗策略减少对肝脏的 BA 负荷和（或）炎症反应将减少胆汁淤积性肝损伤。

由于 PSC 和 PBC 被认为是免疫介导的胆管疾病，随着时间的推移，已经对几种经典的免疫抑制和更新的免疫调节方法进行了测试，但在疗效和（或）安全性方面的结果令人相当失望[116]。较新的方法针对 IL-12[117, 118] 和 IL-23[118]，它们都与 PBC[117] 的发展有关。然而，优特克单抗是一种靶向共享亚基 IL-12p40 的单克隆抗体，尽管有良好的科学基本原理（通过 PBC 和 IL-12A 和 IL-12RB2 基因座中的遗传变异的关联表明[117]），以及在其他疾病（如克罗恩病银屑病）中的良好疗效[118]，在 PBC 中显示出令人相当失望的效果[118]。

在包括对 UDCA 应答不佳的 PBC 患者在内的小型研究中，尽管观察到自身抗体产生显著减少，但使用利妥昔单抗选择性去除 B 细胞的生化功效有限[119]。此外，由于 PBC 的疲劳被认为是由肌肉生物能量学驱动的，因此与 AMA 相关的异常通过利妥昔单抗治疗得到减少；还测试了利妥昔单抗在 PBC 中的疲劳治疗疗效，但没有观察到效果[120]。此外，其他生物制品 [如阿巴西普（嵌合 CTLA4 蛋白）、FFP104（抗 CD40 抗体）、NI0801（抗 Cxcl10 抗体）、E6011（抗 Cxcl1 抗体）和 Etrasimod（S1P 受体调节剂）] 也在 PBC 中进行了测试。

Cenicriviroc（CvC）是一种新型 CCR2 和 CCR5 拮抗药，在许多炎症细胞中表达，包括中性粒细胞、T 细胞和单核细胞[121]。胆管周围募集的炎症细胞可能有助于胆管病的发病机制。CvC 治疗通过减少巨噬细胞向肝脏的募集来改善 Mdr2 基因敲除小鼠硬化性胆管炎模型中的胆汁淤积性肝损伤[122]。将减少 BA 池大小的治疗与阻止炎症的治疗相结合可能在治疗胆汁淤积方面具有更好的效果。在胆汁淤积模型（BDL 大鼠和 Mdr2 基因敲除小鼠）中结合 CvC 和 ATRA 可增强单一疗法的效果，表明多靶点疗法是治疗胆汁淤积性肝损伤的重要范例[123]。CvC 目前正在 PSC 患者中进行测试[124]。

在新兴的抗纤维化抑制剂中，αvβ₆ 和 LOXL2 是有吸引力的靶标。αvβ₆ 在胆汁淤积的肝细胞和胆管细胞的上皮修复过程中表达，在 TGF-β₁ 的激活中起关键作用。在硬化性胆管炎的 Mdr2 基因敲除小鼠模型及胆管结扎动物中观察到 αvβ₆ 抑制（STX100）的保护作用。人源化单克隆抗 αvβ₆ 抗体 STX100 正在针对特发性肺纤维化和慢性同种异体移植肾病进行临床研究[125]。LOXL2 促进胶原蛋白和弹性蛋白交联[126]、胆管细胞紧密连接通透性[127]，已被证明对纤维化的发展至关重要。然而，尽管临床前研究结果令人鼓舞，但 Simtuzumab（LOXL2 抑制药）治疗的 PSC 患者的临床结果为阴性[128]。

十七、结论与展望

我们在了解胆汁形成和胆汁淤积的分子病理生理学方面取得的进展，促进替代 UDCA 的药物及其他新的二线治疗的选择的开发。虽然 UDCA 主要在转录后水平发挥作用，但其中一些新的替代疗法针对关键的调节转录因子，如 FXR、GR 和 PPAR。其他候选药物包括适应性 BA 代谢和转运途径的关键调节剂，如转运体调节剂 CAR 和 PXR、FXR 下游靶标 FGF19、抑制肝肠循环内的 BA 摄取系统（如 ASBT）或新的 BA 衍生物（如 norUDCA），进行胆肝分流甚至绕过肝肠循环。迄今为止，使用免疫抑制剂或生物制剂的直接免疫学方法在治疗 PBC 和 PSC 等胆汁淤积性疾病方面相当令人失望，新方法是针对肠 – 肝轴、促炎单核细胞和纤维化中的整合素信号转导。此外，一些针对 BA 转运和代谢的新型替代治疗方法不仅发挥抗胆汁淤积作用，而且还具有显著的抗炎和免疫调节作用，无论其潜在病因如何，治疗主要针对继发于胆汁淤积的反应，这可能是治疗免疫介导的胆管病（如 PBC/PSC 和炎症 / 免疫）的关键。最后，肠 – 肝轴为（如在 PSC 和 IBD 中）微生物组的治疗调节提供了额外的机会。未来一个主要挑战将是临床测试和应用这些不断扩大的治疗机会及其组合，如何以个性化的精准医疗方式在临床中应用。

致谢　本工作得到了奥地利科学基金会 F3517-B20 和 I2755 的资助。

第 31 章　肝细胞转运蛋白在胆汁淤积中的适应性调节

Adaptive Regulation of Hepatocyte Transporters in Cholestasis

James L. Boyer　著

马　雄　尤征瑞　蒲熙婷　陈昱安　译

胆汁分泌是肝脏的一项独特而重要的功能。该过程将胆汁酸输送到肠道，用于溶解和吸收膳食脂肪，并为内源性代谢产物包括胆固醇、胆红素、卟啉及外源性化合物和异物提供排泄途径。许多肝脏疾病会破坏胆汁分泌过程，导致胆汁滞留和肝内胆汁淤积症。肝酶和膜转运蛋白用于合成并排泄胆汁酸、胆红素和其他溶质，而胆汁淤积性肝损伤会诱导这些蛋白表达的适应性改变，以减少这些产物在肝脏中的积聚，从而减轻肝组织损伤。最终，当这些适应性调节无法进一步代偿时，慢性胆汁淤积损伤会导致胆汁性肝硬化和进行性肝衰竭。开发可能增强这些内在调节的治疗策略仍需进一步探索。在这里，我们回顾了目前关于这些适应性反应机制的研究基础。

胆汁形成的主要膜运输系统见图 31-1。表 31-1 简要总结了它们的基因命名、膜位置和主要功能。参与胆盐合成和代谢调节的肝酶见表 31-2。更详细的参考文献可在较早的第 5 版第 23 章中找到。我向那些文章未能收录在第 6 版中的作者致歉。

肝脏胆汁分泌的整个过程从功能上可分为四个不同的阶段：0 阶段，肝摄取机制；Ⅰ 阶段，羟基酶反应；Ⅱ 阶段，结合酶反应，如硫酸盐化、葡糖化和酰胺化；Ⅲ 阶段，肝外排机制。这些过程中的每一步都受到一系列转运蛋白（0 和

Ⅲ 期）或酶反应（Ⅰ 期和 Ⅱ 期）的调节。

本章重点介绍这些肝细胞膜转运蛋白和酶反应中的分子适应性，这些反应有助于减轻淤胆性肝损伤及其全身影响。破坏信号转导途径、细胞骨架结构、紧密连接和间隙连接蛋白的细胞事件，以及细胞内囊泡对维持肝细胞分泌极性的顶端管状结构域的靶向作用，都可导致胆汁淤积表型 [1]，但在此不予考虑。

基于对胆汁淤积的动物模型和几种遗传性和获得性人类胆汁淤积症遗传基础的研究，我们对胆汁形成的过程已认知颇丰。人类肝细胞系和胆汁淤积性肝病及小鼠基因敲除模型的研究对这一领域的进展做出了重大贡献。

一、胆汁转运蛋白获得性缺陷

肝脏转运系统的分子特征影响它们对胆汁淤积性肝损伤的反应性，胆汁形成的决定因素适应于胆汁淤积性肝损伤，以便通过以下方式将肝损伤降至最低：①减少肝脏对胆盐和其他溶质的摄取；②减少胆汁酸的合成；③增强胆汁酸的解毒机制，以及增强促进肝细胞输出胆盐和其他有毒物质的机制 [2]。因此，在胆汁淤积性肝损伤过程中，负责清除门静脉血中胆盐和其他亲胆汁物质的肝窦基底膜上的转运蛋白受到转录和转录后下调 [3, 4]。相反，一些顶端膜转运蛋白，特别是

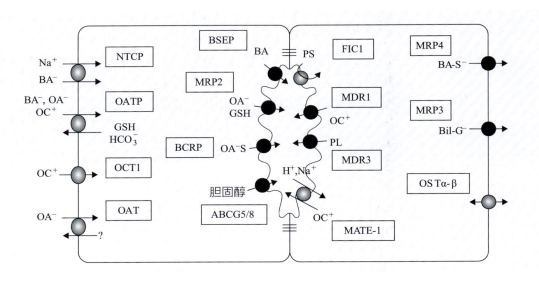

▲ 图 31-1 决定胆汁酸（**BA**）和其他有机溶质在肝细胞中的摄取和排泄的膜转运蛋白

MDR 同源物，要么没有严重受损，要么实际上可能上调；这些蛋白包括 MDR1/Mdr1、BSEP/Bsep 和 MDR3/Mdr2。这些发现表明，胆汁淤积型肝细胞试图维持小管输出功能。此外，在正常肝脏低水平表达于基侧肝窦膜上的转运蛋白，如 MRP3/Mrp3、MRP4/Mrp4（5～10）和 OSTα-OSTβ（有机溶质转运蛋白）[11] 在胆汁淤积型肝细胞中显著上调，促进疏水性胆盐和其他产物进入血液循环中，可能被肾脏部分清除[12]。因此，胆汁淤积导致胆汁分泌极性的部分逆转。关于胆汁淤积过程中胆管细胞的分子反应，我们知之甚少。然而，胆管增生是大多数胆汁淤积性疾病的特征。ASBT 最初发现于回肠，也表达于胆管细胞的管腔膜和肾脏近端小管，分别发挥从胆汁和肾小球滤液中排出胆盐的功能[13]。因为胆汁淤积型肝细胞继续排泄胆盐，尽管排泄速度减慢，ASBT 可以从阻塞的胆道树中清除胆盐。MRP3、MRP4、OSTα-β 和 OATP3A1 也位于胆管细胞的基侧肝窦膜，在胆汁淤积的肝脏中表达上调[5, 11, 14]。MRP3/Mrp3 对葡萄糖醛酸化结合物有很高的亲和力，可能是胆汁淤积肝脏中胆红素葡萄糖醛酸化物流回血液的途径。MRP4/Mrp4 对硫酸化结合物具有类似的作用[15, 16]。硫酸化胆盐结合物主要在人的胆汁淤积性肝脏中形

成，小鼠中较少。OSTα-OSTβ 反映了 ASBT 的组织表达，在人类肝脏胆汁淤积型肝细胞的胆汁酸外流中也起着重要作用[11]。肾近端小管 Asbt 的下调导致肾小球滤液对胆汁酸的吸收减少，从而促进了尿中胆盐的排出[17]。Mrp2 和 Mrp4（表达在近端小管的顶端管腔膜上）也可能促进胆汁酸和其他二价结合物在肾小管的排泄。尽管 ASBT 通常在回肠的管腔刷状缘下调，以减少胆汁酸在肠-肝循环中返回肝脏，但我们对胆汁淤积症中肠道胆汁酸转运蛋白的反应知之甚少[18]。在梗阻性胆汁淤积症患者中，肠道 MRP2/Mrp2 均降低[19]。决定胆汁酸合成和代谢的肝酶也会发生适应性变化。总体而言，尽管在组成和反应上存在显著的物种差异，但这些变化一致导致胆盐池变小，疏水性降低。例如，在胆汁淤积症小鼠中，胆汁酸池中富含高度亲水的胆汁酸，即鼠胆酸。调节胆汁酸和胆红素结合的酶在胆汁淤积症中也显著上调。表 31-1 总结了主要酶及其功能和适应性反应。

因此，在肝细胞、胆管细胞、肾脏和肠道中，转运蛋白的表达和代谢发生了一种复杂的适应性反应模式，试图减轻胆盐和其他有毒底物滞留对组织的损伤。

这种适应性调节反应中的大部分是由转录事

表 31–1　参与胆汁分泌的主要肝细胞质膜胆汁酸和有机溶质转运蛋白的命名、位置和功能（0 期和Ⅲ期）

名　　称	缩写（基因）	时　期	定　位	功　　能
牛磺胆酸钠共转运多肽	NTCP（*SLC10A1*）	0	肝细胞基底膜	从门静脉血中摄取结合胆盐的主要载体
有机阴离子转运多肽	OATP（*SLCO1B1*、*1B3*、*3A1*）	0 和Ⅲ	肝细胞基底膜	广泛的底物载体，用于从门静脉血中摄取胆盐、有机阴离子和其他两亲性有机溶质，与钠无关。OATP3A1 在胆汁淤积症中被诱导
有机溶质转运蛋白 α/β	OSTα/β（*SLC51A*、*SLC51B*）	Ⅲ	肝细胞、胆管细胞、回肠和肾近端小管基底膜	促进胆汁酸跨回肠基底膜转运的非均相溶质载体。在胆汁淤积症患者肝脏中表达上调
有机阳离子转运蛋白 –1	OCT-1（*SLC22A1*）	0	肝细胞基底膜	促进肝脏对小分子有机阳离子的非钠依赖摄取
有机阴离子转运蛋白 2	OAT-2（*SLC22A7*）	0	肝细胞基底膜	促进钠非依赖性肝脏对药物和前列腺素的摄取
多药耐药蛋白 1（P 糖蛋白）[a]	MDR1（*ABCB1*）	Ⅲ	胆小管和胆管细胞顶端膜	ATP 依赖的各种有机阳离子、异物和细胞毒素向胆汁中的排泄；胆管细胞的屏障功能
多药耐药蛋白 3（磷脂转运蛋白）[a]	MDR3（*ABCB4*）	Ⅲ	胆小管顶端膜	ATP 依赖的磷脂酰胆碱从膜双层内到外的转运（一种翻转酶）
胆盐输出泵[a]	BSEP（*ABCB11*）	Ⅲ	胆小管顶端膜	ATP 依赖的胆盐转运到胆汁中；刺激胆盐依赖的胆汁流动
多药耐药相关蛋白 2（顶端膜多特异性有机阴离子转运蛋白）[a]	MRP2（*ABCC2*）	Ⅲ	胆小管顶端膜	介导 ATP 依赖的多特异性有机阴离子（如胆红素二葡萄糖醛酸）转运到胆汁中；通过 GSH 转运子促进胆盐非依赖性胆汁流动
多药耐药相关蛋白 3[a]	MRP3（*ABCC3*）	Ⅲ	肝细胞和胆管细胞基底膜	在胆汁淤积症中诱导表达；转运胆红素和胆汁酸葡萄糖醛酸偶联物
多药耐药相关蛋白 4[a]	MRP4（*ABCC4*）	Ⅲ	肝细胞基底膜、肾近端小管顶端膜	在胆汁淤积症中诱导表达；转运硫酸胆汁酸结合物和环核苷酸
多药耐药相关蛋白 6[a]	MRP6（*ABCC6*）	Ⅲ	肝细胞基底膜	ATP 依赖的有机阴离子和短肽的转运。*MRP6* 基因突变导致弹性假性黄瘤
乳腺癌抗性蛋白[a]	BRCP（*ABCG2*）	Ⅲ	胆小管膜、肾近端小管	ATP 依赖的多特异性药物转运蛋白，特别是硫酸盐结合物；原卟啉是内源底物。底物与 MRP2 重叠
Sterolin-1 和 2[a]	ABCG5/G8	Ⅲ	胆小管膜和肠顶端膜	ATP 依赖的胆固醇和植物甾醇的异构体转运蛋白（己烯雌酚）
多药和毒素排出蛋白 1	MATE-1（*SLC47A1*）	Ⅲ	胆小管膜和肾小管刷状缘	有机阳离子 /H$^+$ 交换剂排出阳离子异物

a. 这些转运蛋白是 ATP 结合盒超家族的成员

表 31-2　参与胆盐合成和胆盐、胆红素代谢调节的肝酶（Ⅰ期、Ⅱ期）及其对胆汁淤积的适应性反应

名　称	缩写（基因）	功　能	胆汁淤积症的适应性反应 [a]
细胞色素 P450 7A1	（CYP7A1）	胆固醇 7α- 羟基酶，胆固醇合成胆汁酸的限速步骤	下调限制胆汁酸的合成
细胞色素 P450 8B1	（CYP8B1）	甾醇 12α- 羟基酶，胆酸合成途径。控制胆酸与鹅脱氧胆酸的比例	更有利的途径导致胆汁酸作为胆酸的百分比增加
细胞色素 P450 27A1	（CYP27A1）	胆汁酸侧链氧化的线粒体"酸性"替代途径，固醇 27- 羟基酶；促进鹅脱氧胆酸形成	无改变
细胞色素 P450 3A4	（CYP3A4）	介导Ⅰ期胆汁酸羟化	不变或刺激；可能促进胆汁酸Ⅱ期结合的能力
磺基转移酶	SULT2A1	介导Ⅱ期与硫酸盐的结合	不变或刺激；促进胆汁酸与 MRP2 和 MRP4 底物的结合
尿苷葡萄糖醛酸基转移酶	（UGT1A1/B4/B7）	介导Ⅱ期与葡萄糖醛酸的结合	不变或刺激；将胆汁酸和胆红素结合到 MRP2 和 MRP3 的底物上
胆汁酸 CoA 合成酶	BACS	形成胆汁酸 CoA- 硫代酯，BAAT 的底物	—[a]
胆汁酸 CoA：氨基酸 N- 酰基转移酶	BAAT/Bat	介导胆汁酸的牛磺酸和甘氨酸结合（酰胺化）	—[a]；败血症中减少

a. 胆汁淤积症的适应性反应尚不清楚

件介导的，这些转录事件受 HNF 和 NR[4, 2] 的调控。HNF 家族的成员倾向于调节基因的组成性表达，而 NR 则在基因表达中诱导适应性反应，并被特定的配体激活。在胆汁淤积症中，这些配体是胆汁酸、胆红素、氧化甾醇和药物或异生物质[21]。其中最主要的是胆汁酸，它主要通过 FXR 来调节基因的表达。当胆汁酸在胆汁淤积的肝脏中积累时，受 FXR 调控的基因的表达通常会增强。在基因表达调控中发挥重要作用的其他核受体有 PXR、CAR、LXR[22]、VDR 和 PPARα[23]。FXR、PXR、CAR 和 LXR 基因敲除动物都比它们各自的野生型更容易受到胆汁淤积损伤[4, 22-24]。参与胆汁淤积适应性反应的其他配体包括 RXRα 和 GR。RXRα 在这些反应中起着特别重要的作用，因为它是包括 FXR、PXR、LXR、CAR 和 PPARα 在内的Ⅱ类低亲和力 NR 的专有异二聚体组成物。胆汁淤积也会影响 NR

的表达。对胆汁淤积的炎症和纤维化模型的研究表明，RXRα 的表达减少，并可能从细胞核转移到细胞质中，在那里它可能被降解，从而影响依赖于其 NR 部分的基因的表达[25]。已有报道表明在 PFIC1 和 2、胆道闭锁的患者中[26, 27]，FXR 及其靶基因 SHP 的 mRNA 水平降低。PXR 和 CAR 的减少在晚期胆道闭锁的患者中也有报道[27]。PPAR 激动药（贝特类）刺激 MDR3，抑制胆汁酸的合成，具有抗炎作用，并改善原发性胆汁性胆管炎的肝功能[29, 30]。其他几种转录调节因子，包括 SHP-1、LRH-1 及 HNF4α，其特异性配体尚不清楚，但也会影响胆汁转运蛋白和酶的表达。HNF4α 是 HNF1α 表达的主要决定因素，它决定了编码 CYP7A、NTCP 和 OATP 基因的转录[31]。表 31-3 列出了这些核受体及其激活配体和主要转录因子，并说明了它们的主要靶基因，总结了胆汁淤积可能的调控反应。然而，由于物种间基

表 31-3　核受体、重要配体、转录因子和调控胆汁淤积症适应性反应的靶基因

核受体	配　体	主要靶基因	参与胆汁淤积过程的作用
FXR-NR1H4	胆汁酸、GW4064、6α-乙基-环糊精、芳香胺	BSEP、OATP1B3、MRP2、MDR3、OSTα/β、CYP3A4、UGT2B4 和 B7、SULT2A1、BACS 和 BAAT、SHP、I-BABP、FGF15/19、PXR	通过 SHP 和 FGF15/19 抑制胆汁酸合成和回肠胆汁酸摄取；上调 I 期、II 期胆汁酸羟化和结合，诱导胆汁酸顶端膜和基底膜转运
PXR-NR II	异生物质、LCA、UDCA、利福平	CYP3A4、OATP1B1*、SULT2A1、UGT1A1、MRP2、MRP3、MDR1、GST	诱导胆汁酸和胆红素的 I 期、II 期结合反应及胆汁酸和胆红素交替输出泵
CAR-NR3	异生物质、胆红素、苯巴比妥、银杏叶、TCPOBOP	CYP2B、CYP3A4、OATP1B1、MRP2、MRP4、UGT1A1、SULT2A1、GST	诱导胆汁酸和胆红素的 I 期、II 期结合反应及胆汁酸和胆红素交替输出泵
LXRα-NR1H3	氧化甾醇（胆固醇的代谢物）	CYP7A1、CYP8B、UGT1A3、ABC5/8*、SHP、OSTα/β*、LRH-1	抑制胆汁酸合成，同时刺激 II 期和 III 期步骤
RARα-NR1B1	全反式维 A 酸	NTCP*、MRP2*、ASBT、MRP3	*通过代谢诱导 RXR 伙伴生成 9-顺式维 A 酸；胆汁淤积症中缺失，上调 MRP3
VDR-NR III	维生素 D、石胆酸	CYP3A4、SULT*、MRP3*	诱导胆汁酸 I 期、II 期羟基化
GR	糖皮质激素	NTCP、ASBT、MRP2、BSEP、AE2	*AE2 的诱导（与 UDCA 同时）
RXRα-NR2B1	9-顺式维 A 酸	所有 II 类 NR 的专职异二聚体伙伴	降低 RXR 在胆汁淤积中的作用，因基因而异
SHP-1-NR0B2	无；可被 FXR 上调	与 LRH-1 相互作用，抑制 CYP7A1、CYP8B1、CYP27A1。还能抑制 NTCP* 和 ASBT*、OATP1B1	抑制胆汁酸合成及肝脏和回肠胆汁酸摄取
LRH-1（FTF）-NR5A2	*被 SHP 阻断	CYP7A1、CYP8B1、MRP3、ASBT*	通过 SHP 抑制胆汁酸合成（CYP8B1）和回肠摄取（ASBT*）；上调 MRP3
HNF4α-NR2A1	无	HNF1、CYP7A1、CYP8B1、CYP27A1、OATP1B1、NTCP*	三七总皂苷通过 FXR 抑制胆汁酸合成和摄取
PPARα-NR1C1	脂肪酸、二十烷类化合物、贝特类、他汀类	BACS 和 BAAT、SULT2A1、UGT2B4、MDR2/3、CYP7A	诱导 II 期胆汁酸和胆红素结合反应。抑制胆汁酸的合成

ASBT. 顶端钠依赖胆汁酸转运蛋白，SLC10A2；BAAT. 胆汁酸 CoA：氨基酸 N-酰基转移酶；BACS. 胆汁酸 CoA-合成酶；BSEP. 胆盐输出泵，ABCB11；CYP7A. 细胞色素 P450 7A；CYP8B. 细胞色素 P450 8B；CYP27A1. 细胞色素 P450 27A1；FGF. 成纤维细胞生长因子；GST. 谷胱甘肽 S 转移酶；I-BABP. 回肠胆汁酸结合蛋白；MDR. 多药耐药蛋白，ABCB1 或 4；MRP. 多药耐药相关蛋白，ABCC2、3 或 4；NTCP. 牛磺胆酸钠共转运多肽，SLC10A1；OATP-1B1、1B3. 有机阴离子转运多肽 C 或 8，SLC01B1 或 1B3；OSTα-OSTβ. 有机溶质转运蛋白 α 和 β；SHP-1. 小异二聚体伙伴 1；SULT. 硫基转移酶；UGU. 尿苷 5′-葡萄糖转移酶

*. 仅限于啮齿动物

因表达的差异，很难一概而论。有关胆汁淤积动物模型的适应性反应和 NRS 的作用的更多信息，读者也可以参考最近的几篇全面综述 [4, 32]。

（一）胆汁淤积型肝细胞转运蛋白基因的调控

离子转运蛋白：（Na^+/K^+-ATP 酶和 Na^+/H^+ 交换）

几种主要的离子转运蛋白位于基底膜上，调节肝细胞内重要的动态平衡维持功能，包括维持细胞的电位、细胞体积和细胞内的 pH。这些转运蛋白包括 Na^+/K^+-ATP 酶和 Na^+/H^+ 交换异构体 1（NHE-1）。虽然许多胆汁淤积因素已被证明在体外抑制钠泵，但从几种不同的胆汁淤积动物模型的研究中可以看出，钠泵的分子表达要么没有显著影响，要么略有上调 [33-35]。这种适应性反应可能是为了对抗残留胆盐的去垢作用引起的 Na^+ 内流增加和细胞肿胀。

在大鼠胆总管结扎后，Na^+/H^+ 交换在转录和转录后水平上调，导致细胞内 pH 升高。这种反应也可能导致 Na^+ 进入和胆汁淤积性肝脏细胞肿胀 [36]。

（二）肝细胞基侧膜上的转运蛋白（0 期）

1. NTCP/Ntcp（SLC10A1/SLc10a1）

NTCP 及其人类同系物 NCTP 是肝脏选择性从门静脉循环摄取结合胆盐的主要决定因素，在 PBC [27, 37]、胆道闭锁 [7]、PFIC 和胆汁淤积动物模型 [33, 35, 38] 中均显著下调。在酒精性肝炎 [37] 和其他炎症状态的患者中，NTCP mRNA 也会减少，提示有细胞因子的调节作用。NTCP/Ntcp 的转录调控因物种而异 [39]。在人体组织中，其机制是复杂的，因为胆汁酸通过 FXR 诱导 SHP，从而减少 HNF4α 与 NTCP 启动子中 BARE 的结合，进而抑制其对 HNF1α 的反式激活作用 [31]。HNF1α 的表达高度依赖于 HNF4α 的激活，HNF4α 是 NTCP 表达的主要调控因子 [31]。胆汁酸对 HNF4α 结合也有不依赖于 SHP 的作用。然而，SHP 对 NTCP/Ntcp 启动子活性无直接影响，可能参与胆汁酸通过 JNK 诱导的信号转导途径。其他研究表明，人的 NTCP 基因也被 GR 和 PPARγ 辅活化子 -1α 激活，并可被胆汁酸通过一种小的异二聚体部分依赖的机制抑制 [40]。

相反，大鼠 Ntcp 启动子区域包含反式激活子、HNF1 和 RAR（RARα/RXRα）的结合区 [41, 42]。胆汁酸通过依赖 FXR 的 Shp 表达和随后抑制 RARα/RXRα 的维 A 酸激活来下调大鼠 Ntcp [43]。其他几个上游区域参与了细胞因子的反应。内毒素引起的胆汁淤积导致 HNF1 和 RXRα：RARα 异源二聚体的丢失，从而降低 Ntcp 的表达 [42]。脂多糖还导致细胞因子（TNF-α 和 IL-1β）的释放，这可能是导致 Ntcp 表达减少的原因 [35]。在小鼠中，胆总管结扎和胆酸或牛磺胆酸盐饮食对 Ntcp 的抑制是由 FXR 介导的，不依赖于细胞因子，而脂多糖对 Ntcp 的抑制不依赖于 FXR。尽管啮齿类动物的 Ntcp 和人类 NTCP 的损伤可以解释为钠依赖的结合胆盐摄取减少的原因，但肝脏胆盐摄取的钠非依赖机制仍然存在，这是因为其他几种窦膜上有机阴离子转运蛋白的持续表达，如小鼠的 Oatp2/Oatp1a4 和 Oatp4/Oatp1b2，以及可能还有人类的 OATP1B3 表达 [44, 45]。

2. OATP/Oatp（SLCO/Slco）

OATP/Oatp 是一个庞大的超级转运蛋白家族的成员（SLCO 家族），具有广泛的底物特异性，能够转运大量有机阴离子，包括未结合和结合的胆盐、大体积有机阳离子，甚至某些不带电荷的有机底物 [46]。这些蛋白质似乎起到了阴离子交换器的作用，将细胞外的阴离子与细胞内的碳酸氢盐或谷胱甘肽 [41, 42] 交换，尽管确切的驱动力仍不清楚。人肝脏中的 OATP 由 OATP1B1（SLCO1B1，或称为 OATP-C）、OATP1B3（SLCO1B3，或称为 OATP8）、OATP1A2（SLCO1A2，或称 OATP-A）、OATP2B1（SLCO2B1，或称 OATP-B）和 OATP3A1 组成。人 OATP1B1 是研究最广泛的，也是主要的钠非依赖性胆汁酸摄取的转运蛋白。它在酒精性肝炎 [37] 和 PBC 中的表达减少，特别是在疾病的后期 [47]。虽然胆汁淤积症患者的大多数 OATP 的转录机制尚不清楚，但体外研究表明，OATP1B1 与 NTCP 一样，既受 FXR/SHP 依赖的机制调控，也受非依赖机制的调控，其中 HNF1α 也是主要的转录因子 [33]。与 OATP1B1 相反，对原发性硬化性胆管炎的研究表明，OATP1A2 的 mRNA 表达实际上增加 [44]。

然而，OATP1A2 在人类肝脏的胆管细胞中表达，而不是在肝细胞中表达[48]。胆汁酸还通过 FXR 刺激 OATP1B3 的表达，提示 OATP1B3 可能具有反向作用，并从胆汁淤积的人肝细胞中排出有机离子。最近，OATP3A1 被发现在梗阻性胆汁淤积患者的肝脏和人原代肝细胞中通过 FGF19 激活转录因子 SP1 和 NF-κB 上调，并作为胆汁酸外排转运体发挥作用[14]。

几种胆汁淤积动物模型已经被用来评估 Oatp1al（Slco1a1、Oatp1）、Oatp1a4（Slc1a4、Oatp2）、Oatp1b2（Slco1b2）和 Oatp4 的表达。CBDL、乙炔雌二醇（ethinylestradiol,EE）和脂多糖都导致 Oatp1al 表达下调，尽管 EE 治疗后 mRNA 水平保持不变，表明 EE 型胆汁淤积的机制主要涉及是转录后水平调节（见第 5 版第 23 章）。雌激素诱导的胆汁淤积导致所有基底侧 Oatp 的下调。细胞因子，特别是 IL-1β 和 TNF-α，在胆汁淤积症中对 OATP/Oatp 和其他胆汁酸转运蛋白的调节发挥主要作用[49]。基底和顶端膜侧转运蛋白系统也能被这两种细胞因子下调。核受体异二聚体结合活性降低的部分原因也可能是广泛的异源二聚体 RxRα 的减少。

3. OCT-1（SLC22a1）

OCT-1 是肝脏摄取小分子有机阳离子的主要转运蛋白。OCT-1 在人类胆汁淤积性肝脏中的表达尚未得到评估，但胆汁淤积症动物模型（CBDL 和 LPS）显示 rOct-1 在 mRNA 和蛋白水平下调，Oct-1 底物的摄取受损[50]。人类 OCT-1 基因被 HNF4α 反式激活，并且像其他的肝摄取转运蛋白一样，通过 SHP 被胆汁酸抑制[51]。因此，hOCT-1 在胆汁淤积症中也可能下调，影响对二甲双胍等底物的摄取。

4. OAT-2 和 OAT-3（Slc22a6 和 Slc22a8）

这两个 OAT 家族成员在肝脏和肾脏中表达，并运输包括胆汁酸在内的各种有机阴离子。然而，胆汁淤积对这些转运蛋白在肝脏中表达的影响还没有深入研究。

（三）胆汁酸合成

胆汁酸是肝脏中的胆固醇通过一系列酶途径形成的，包括经典（中性）途径或替代（酸性）途径[52]。前者是由 CYP7A1 介导的，是该过程的限速酶。经典途径还涉及 CYP8B1，产生 CA，并通过测定鹅脱氧胆酸与 CA 的比率来确定胆汁的相对疏水性，而 CDCA 与 CA 的比率通常大致相等。CYP27A1 介导的替代途径主要导致 CDCA 的形成。BACS 和 BAAT 将所有胆汁酸与甘氨酸或牛磺酸偶联（酰胺化）。这些胆汁酸结合物通过 BSEP 排泄到胆汁中，并可由肠道细菌进行脱氨和7α-脱羟基，产生脱氧胆酸和石胆酸。当未结合胆汁酸在肠-肝循环中循环至肝脏时，它们被重新酰胺化[52]。

在胆汁淤积过程中，肝脏胆汁酸水平升高会激活 FXR，从而引发 SHP，抑制 *CYP7A1* 基因转录和胆汁酸合成[53]。在肠道中，胆盐在肠腔中的浓度减少了 FGF15/19 的产生，FGF15/19 是回肠中一种由 FXR 调节的激素，它与肝细胞中的 FGFR4-β-Klotho 受体复合物结合[54]。FGF15/19 的降低导致 CYP7A1/Cyp7a1 的上调。FGF15/19 的下降也减少了胆囊充盈和收缩[55]。FGF19 在人的肝外梗阻性疾病中上调，并抑制胆汁酸的合成[56]。此外，促炎细胞因子（TNF-α 和 IL-1β）也通过 JNK/c-Jun 转录后信号转导途径发挥作用[57]。

因此存在多种转录和转录后机制，以减少胆汁中胆汁酸的形成。然而，总调控闸门似乎是在肠道中，在那里胆汁酸的动态平衡通过 FGF15/19 被精确地调节。

在 CBDL 和 ANIT 给药的大鼠模型中，Cyp8b1 的表达被显著抑制，但 Cyp7a1 没有[58]，而 17α-乙基雌二醇诱导的胆汁淤积通过 Cyp27a 非酸性途径减少了 Cyp7a1 表达。在 PBC 患者中，CYP7A1 的 mRNA 水平下降到对照水平的 10%～20%，而 CYP27A 或 CYP8B1 没有变化[9]。因此，在啮齿类动物和胆汁淤积症患者中都会发生有助于减少胆汁酸合成的适应性变化。

（四）胆汁酸羟基化（Ⅰ阶段）

对胆管结扎大鼠的研究表明，大多数由 CYP450 介导的反应被减弱。体外研究表明，非结合疏水胆汁酸比结合胆汁酸具有更强的抑制作用[59]。然而，在胆汁淤积期间，主要由 CYP3A4 介导的羟化反应试图降低胆酸池的疏水性，这是胆汁淤积动物和患者尿中（多）羟基胆汁酸显著变化的原因[60]。CYP3A4 由 NR、PXR、FXR[60]、VDR 和 CAR[61] 调节。胆汁酸也可以诱导小鼠 CBDL 后的 Cyp3a11 升高[60]。然而，在 PBC 患者中，CYP3A4 的 mRNA 水平只有轻微的改变[9]。

（五）胆汁酸的结合（Ⅱ阶段）

葡萄糖醛酸化、硫化和胆汁酸的酰胺化（主要是 Ⅱ 阶段）也降低了它们在胆汁淤积过程中的毒性，并促进它们通过 MRP3 和 MRP4 进入血液，随后被肾脏排出。人 UGT1A3 形成乙酰胆碱酯脱氧胆酸 24– 葡萄糖醛酸苷。SULT2A 在硫酸盐化反应中也起着重要作用，特别是在女性。这种酶可能被啮齿动物体内依赖 CAR 的机制上调[61]。与之相反，SULT2A 在小鼠和人类中通过 CDCA 介导的 FXR 激活而受到负面调节[62]。

胆汁酸的酰胺化反应由 BACS 和 BAAT 共同决定，两者都由 FXR 调节[63]。很少有研究探索这些酶在胆汁淤积性肝损伤的作用。BAAT 的突变在儿童高胆固醇血症中已被描述[64]。

（六）肝外排机制（Ⅲ阶段）

1. 肝细胞的基底膜（MRP/Mrp, ABCC）和有机溶质转运蛋白 OSTα-OSTβ

胆汁淤积性肝损伤导致肝细胞分泌极性逆转。这种现象与基底膜上转运蛋白的适应性上调有关，这有助于胆盐和其他有机溶质回溯至肝窦，在那里它们可以在尿液中被排除。

在正常肝脏中，Mrp1、Mrp3、Mrp 4 和 Ostα-β 通常表达水平较低[65, 66]，但在胆汁淤积期通常表达上调[5, 6, 11]。Mrp1、Mrp 5 和 Mrp 6 在胆汁淤积性肝脏中的功能不重要，而 Mrp3 和 Mrp 4 分别能够优先转运葡萄糖醛酸化胆汁酸和硫酸胆汁酸[15]，它们在胆汁淤积过程中的诱导可能解释了这些胆汁酸结合物在尿液中出现的原因[12]。小鼠 BDL 后 Mrp3 的诱导是由于依赖 TNF-α 上调 Lrh-1，增加了 Lrh-1 与 Mrp3 启动子的结合[67]。胆管结扎的 TNF 受体基因敲除小鼠的肝脏损伤更严重[67]。

在 HepG2 细胞中的研究表明，位于 MRP3 启动子 Sp1 激活位点的 RXRα：RARα 抑制了人 MRP3 的表达。由于 RXRα：RARα 的表达会因淤胆性肝损伤而减弱，RXRα：RARα 的缺失可能通过抑制胆汁淤积性疾病中 Sp1 的激活而导致 MRP3/Mrp3 的表达上调[68]。最近对 Mrp4 和 Mrp3 基因敲除小鼠的研究表明，在保护肝细胞免受胆汁酸毒性方面，Mrp4 可能比 Mrp3 更重要[8, 69]。在 Ⅲ 期和 Ⅳ 期 PBC[9]、PFIC1[7] 和晚期胆道闭锁[27] 的患者中，MRP4 蛋白水平（而不是 mRNA 水平）显著升高，提示转录后调控[9]。小鼠的 Mrp3 受 CAR、PXR 和 VDR 的调节，而 Mrp4 主要由 CAR 和 PPARα[70] 诱导。

CAR 和 AHR 反应元件都存在于 MRP4 启动子中，在 Car 基因敲除小鼠中的研究提示，胆红素（一种 CAR 激活剂）可以刺激 MRP4 的表达[70]。目前没有证据表明在肝脏中表达的其他基底侧 Mrp，包括 Mrp5 和 Mrp6，在胆汁淤积性肝损伤的适应性反应中发挥保护作用。

OSTα-β/Ostα-β 是胆汁酸和其他有机溶质的易化异构体转运蛋白，其转运方向取决于细胞和血液之间的电化学梯度。它在啮齿类动物的肝脏中弱表达，但在 PBC Ⅲ 和 Ⅳ 期患者、胆道闭锁患者，以及胆管结扎的小鼠和大鼠中，通过 FXR 调控机制，OSTα-β/Ostα-β 在 mRNA 和蛋白质水平上显著上调[11, 27]。Ostα-β 在小鼠体内也受到 Lxr 的调控，它与小鼠启动子中的 Fxr 共享一个 DR-1 结合位点[71]。矛盾的是，在 Ostα 基因敲除小鼠中，胆管阻塞后肝脏损伤减轻[72]。

2. 肝细胞顶端膜（毛细胆管面）（MDR1/mdr1a, b; MDR3/mdr2; MRP2/Mrp2; BSEP/bsep; BCRP/bcrp; ABCG5/G8; Abcg5/8）

尽管肝脏摄取机制下调，基侧外流转运蛋白上调，以延缓胆汁酸和其他有毒底物的积聚，但肝脏中胆汁酸和其他胆汁组分（是顶端膜外排泵的主要底物）仍积聚在胆汁淤积的肝脏中。这些转运蛋白都是 ABC 超家族的成员，由于其不能有效地将这些底物分泌到胆汁中，使其成为胆汁淤积表型的主要决定因素。

3. 顶端膜有机溶质转运蛋白

(1) MDR1/Mdr1a, b（ABCB1/Abcb1）：MDR1 编码药物外排泵，也称为 PGP-170。MDR1 转运多种药物、外源物质和脂类，但其在内源性底物排泄中的重要性尚不清楚。MDR1 能够运输胆汁酸，尽管其亲和力远低于 BSEP[73]。尚未发现导致 MDR1 突变的疾病。然而，基因多态性对药物吸收、排泄和毒性有显著影响[74]。大多数形式的胆汁淤积在动物模型和人类中都会导致 PGP-170 Mdr1a/b mRNA 的显著上调，其表达水平与胆汁淤积的严重程度相关[75]。MDR1 蛋白在晚期 PBC 和胆道闭锁中升高[9, 27]。MDR1/mdr1 的分子调控被认为是由 NF-κB 转录机制介导的[76]。CAR 和 PXR 激活剂也可以刺激 MDR1 的表达[77]。

（2）MDR3/Mdr2（ABCB4/Abcb4）：这种磷脂输出泵在胆汁淤积的发病机制中的重要性已被 MDR3/Mdr2 基因突变显著证明，这些突变导致了儿童的 PFIC3[78]，同时 Mdr2-/- 小鼠会发生胆汁性肝硬化[79]。MDR3/Mdr2 是一种膜结合磷脂翻转酶。在缺乏该酶的情况下，磷脂酰胆碱不能排泄到胆汁中，使胆盐不能形成混合胶束，从而对胆管上皮造成进行性损伤。小鼠的组织学表型与原发性硬化性胆管炎类似[80]。随着时间的推移，胆汁性肝硬化在某些情况下会发展为肝细胞癌。

PFIC3 的儿童也会出现胆汁中的磷脂缺陷，组织学检查胆管增殖和 GGT 升高，因此他们区别于 PFIC1 和 2，这两种患者的胆管没有增殖且 GGT 正常[81]。在正常没有胆汁淤积表型的杂合子中，磷脂分泌部分不足[78, 82]。然而，PFIC3 患者的母亲是专性杂合子（MDR3+/-），在妊娠晚期雌激素水平较高时有发生胆汁淤积的风险[83, 84]。MDR3 基因多态性和突变可使患者在暴露于其他潜在的胆汁淤积诱发因素时容易发生胆汁淤积性肝损伤，包括药物和环境毒素[85]。ABCB4 错义突变在成人胆汁淤积性肝病中已被描述。MDR3 缺陷患者临床表现为多种疾病，包括妊娠期肝内胆汁淤积症、低磷脂相关性胆石症、胆汁淤积性肝硬化及儿童或成人时期死亡[86]。

MDR3/mdr2 在大多数形式的胆汁淤积疾病中表达上调，包括胆管梗阻、ANIT[58] 及胆道闭锁患者[27]。在小鼠和人类中，MDR3/Mdr2 在很大程度上受到 Fxr/FXR 及 PPAR 介导机制的调节[87, 88]。PBC 患者中贝特类药物的临床试验则是基于这一发现。

（3）MRP2/Mrp2（ABCC2/Abcc2）：MRP2 编码结合药物输出泵，也称为 MDR2 或 cMOAT[65, 66]。这种 ABC 转运蛋白是胆红素二葡糖醛酸化物、谷胱甘肽结合物、与硫酸盐和葡萄糖醛酸化物结合的二价胆汁酸的主要输出泵。它是胆汁酸不依赖胆汁流和药物结合排泄的主要决定因素。其在人类肝脏中的表达差异很大[89]，单核苷酸多态影响药物清除。在突变的 TR/GY[90] 和 Eisai 高胆红素血症大鼠中，MRP2 基因突变导致终止密码子和蛋白质转位提前终止[91]。人类 MRP 基因的突变导致 Dubin-Johnson 综合征[92]，这是一种由基因决定的高结合胆红素血症的原因。从定义上说其不是胆汁淤积，因为其胆盐排泄是正常的，但这种突变会导致多种两亲性有机阴离子的排泄受损，包括白三烯、结合胆红素、二价胆汁酸结合物和共比例卟啉系列 1，以及其他各种化合物，包括 BSP、吲哚菁绿和口服胆囊对比剂[65]。抗生素，如氨苄西林和头孢曲松，以及重金属也由 MRP2 排泄。虽然尚不清楚 Dubin-Johnson 综合征患者的胆汁分泌是否受损，但由于谷胱甘肽排泄受损，大鼠模型中胆盐非依赖性胆汁流量减少[53]。谷胱甘肽是 Mrp2 的低亲和力底物，它是谷胱甘肽、氧化的 GSSG 和谷胱甘肽偶联物的主要排泄途径[94]。MRP2 基因的多态性可导致谷胱甘肽排泄减少，从而可能导致其他形式的毒性和胆汁淤积性肝损伤[89, 95]。事实上，在胆汁淤积的动物模型中，Mrp2 的 mRNA 和蛋白表达水平显著下调，包括 CBDL、EE，特别是在注射脂多糖之后[38]。后者解释了败血症所致黄疸的血清结合胆红素升高的原因[38, 96]。在胆汁淤积症早期的 mRNA 表达变化之前，转录后事件可以导致 Mrp2 从顶端膜内化定位至胞内。炎症性胆汁淤积症患者的肝活检组织中 MRP2 蛋白也显著减少[37]。

在大鼠胆管结扎后，Mrp2 启动子被 RXRα：RARα 激活，并被 IL-1β 抑制[42]。因此，梗阻性胆汁淤积症中 Mrp2 的表达与 RXRα：RARα NR 中细胞因子依赖性的改变有关。在 MRP2/Mrp2 启动子中也存在对 CAR、PXR、FXR 和 AHR 的反应元件，因此该转运蛋白在胆汁淤积中的分子调控仍然很复杂[4]。

由于胆红素和谷胱甘肽是抗氧化剂，它们在胆汁淤积时对肝脏的滞留可能具有细胞保护作用。

4. 胆盐输出泵（BSEP/Bsep, ABCB11/Abcb11）

该基因编码 SPGP。顶端膜胆盐输出泵是胆盐依赖胆汁流量的主要决定因素。*BSEP* 基因突变导致成人出现 PFIC2[97]、良性复发性肝内胆汁淤积症和妊娠期肝内胆汁淤积症。在患有这些疾病的家庭中已经描述了 100 多种不同的突变[97]。PFIC2 类似于 Byler 病（PFIC1）的表型，没有胆管增殖，血清 GGT 水平正常。Bsep 基因敲除小鼠也表现出胆盐向胆汁的转运受损。总之，研究证据表明，BSEP/Bsep 是决定胆盐依赖胆汁形成的顶端膜转运蛋白。

实验观察表明，BSEP/Bsep 在胆汁淤积性肝损伤过程中表达较正常。BSEP 仅在几种胆汁淤积大鼠模型中受到中度损害[96]。虽然多种胆汁淤积剂，包括内毒素、EE、环孢素和利福霉素，在体外都能显著抑制大鼠肝顶端膜囊泡的 ATP 依赖性胆盐转运[98]，但体内影响较小。CBDL 作用 3 天后，大鼠的 Bsep 的 mRNA 和蛋白表达量分别下降约 30% 和 50%，但在 7～14 天后分别恢复到对照组的 60% 和 80%。免疫荧光实验表明转运蛋白保留在顶端膜上[96]。此外，面对完全性胆管梗阻，尽管排泄率降低，胆盐排泄仍在继续[96]，并由 TNF-α 和 IL-1β 介导[99]。大鼠体内给予脂多糖和 EE 也只能部分抑制 Bsep 的表达[100]。虽然 BSEP 蛋白在炎性胆汁淤积症患者中的表达减少[37]，但在 PBC 患者中 BSEP 蛋白的表达保持不变[47]。在胆道闭锁的早期[7, 27]，BSEP 蛋白表达减少，但在晚期，BSEP 蛋白表达和分布位置正常[101]。BSEP/Bsep 在人、大鼠和小鼠中受到 FXR/Fxr 的强烈调控[102]，而胆汁酸诱导的 Bsep 在 FXR 基因敲除的小鼠中缺乏[103]。因此，胆汁淤积症中 BSEP/Bsep 表达水平的差异可能部分与该核受体表达水平的差异有关。例如，虽然最初降低了 FXR 和 BSEP 水平，但在胆道闭锁的晚期病例中，FXR 和 BSEP 水平恢复正常[27]。

LRH-1 还可以调节 BSEP 的表达，可能在 FXR 维持肝脏胆酸水平、协调 CYP7A1 和 BSEP 的表达及胆汁酸的合成和排泄方面发挥辅助作用[104]。NRF2 也通过与 MARE 结合来反式激活人 *BSEP* 启动子。NRF2 被氧化应激激活，氧化应激可源于"有毒"胆汁酸的积累[105]。

在表达大鼠 Bsep 的 Sf9 细胞中，牛磺胆酸转运受到多种胆汁淤积剂的竞争性抑制，包括环孢素、利福霉素、利福霉素 SV 和格列本脲[98]。总之，这些发现表明，这些化合物致胆汁淤积作用可能在一定程度上取决于顶端膜出输出泵继续发挥输出作用的程度。有趣的是，只有当 MRP2 在 Sf9 细胞中共表达时，胆汁淤积代谢物雌二醇 –17β– 葡萄糖醛酸才能抑制依赖于 ATP3 的牛磺胆酸盐转运，这表明这种化合物只有在 MRP2 排泄到胆小管后才能反式抑制 BSEP 介导的胆盐转运[98]。因此，一些药物只有在排泄到胆汁中后才可能通过抑制 BSEP 而产生胆汁淤积。BSEP 基因的多态性，特别是 V444A，也影响 BSEP 在人类肝脏中的表达水平[89]，以及与药物诱导性胆汁淤积和妊娠期胆汁淤积的易感性有关[85, 106]。BSEP 基因突变与不同严重程度的胆汁淤积性肝病有关，包括 PFIC2 和 BRIC2。基因多态性也与妊娠期肝内胆汁淤积症和药物性肝损伤有关[106]。

5. 其他顶端膜溶质和脂类转运蛋白 / 翻转酶（BCRP、ABCG2 和 ABCG5/8、MATE-1 和 FIC1）

BRCP（ABCG2）也表达在顶端膜上。BRCP 与 MRP2 具有广泛的底物特异性，并排泄硫酸盐药物结合物[107]。BCRP 在肝脏对胆汁淤积的适应性调节中似乎没有明显作用，但对肾脏和肠道的溶质输出可能更为重要。BRCP 在梗阻性胆汁淤积症患者的十二指肠中表达下调，但在胆管结扎大鼠中没有变化[108]。BRCP 基因的多态性被认为在硫酸曲格列酮的排泄中起作用，并可能导致该代谢物诱导的胆汁淤积。

Sterolin1 和 2（ABCg5/8）是两个 ABC 转运蛋白，在顶端膜上形成异二聚体，大部分的胆固醇和植物甾醇物质经此排出[109]。研究显示，其 mRNA 水平在雌激素诱导的胆汁淤积中减少，但关于其在胆汁淤积中的作用知之甚少[110]。ABCG5/8 的表达减少可能是导致胆汁淤积期间高胆固醇血症的原因之一。MATE-1 也在肝脏的顶端膜上表达。MATE 家族的成员是有机阳离子输出蛋白，通过 H^+ 或 Na^+ 交换机制从体内排泄代谢性或外源有机阳离子[111]。FIC1（ATP8B1）的基因产物是一种 P 型 ATP 酶，其功能是作为顶端膜的磷脂酰丝氨酸翻转酶[112]。FIC1 的突变导致了 PFIC1，也被称为 Byler 病[113]。PFLC-1 的表型与 PFLC-2 相似。FIC-1 的功能是否在其他形式的胆汁淤积中受损并进一步导致细胞损伤尚不清楚。

6. 顶端膜离子转运蛋白（AE2，也称 SLC4A2）

该转运蛋白编码顶端膜 Cl^-/HCO_3^- 交换蛋白，调节碳酸氢盐的排泄，后者是顶端膜胆盐非依赖性胆汁形成的重要决定因素之一。AE2 也表达在胆管细胞的管腔膜上，是该上皮细胞碳酸氢盐排泄的决定因素，提供了一个保护性的"胆道碳酸氢盐伞"[115]。

初步研究表明，PBC 患者中胆小管和胆管 *AE2* 基因表达和蛋白免疫反应性降低，而非其他胆汁淤积性和非胆汁淤积性肝病患者[116]。在 PBC 和 Sicca 综合征患者的唾液腺中也观察到 AE2 mRNA 的表达减少，提示该转运蛋白可能在该病中普遍缺乏。对分离的胆管细胞 Cl^-/HCO_3^- 阴离子交换蛋白的测定表明，与健康和疾病对照相比，PBC 的 cAMP 刺激的 AE 活性降低。miR-506 在 PBC 患者的胆管细胞中表达上调，AE2 可能是 miR-506 的靶点[117]。刺激 AE2 的活性可能是 UDCA 改善 PBC 患者预后的几种机制之一。

二、结论

本章重点介绍了肝细胞膜转运蛋白在遗传性和获得性胆汁淤积中所起的适应性调节作用，以及 NR 在这一过程中的作用。有关这些转录事件的机制研究正在快速进行中，并通过扩展网络的形式揭示了这些反应的复杂性和相互关联性。适应性机制也发生在胆管细胞、肾脏和肠道中，有助于细胞稳态调节，但不在本章探讨的范围内。未来新的治疗策略将取得进展，其中值得期待的是寻求触发这些保护途径的新型核受体配体的不同组合形式。

致谢　本实验室引用的文献由 USPHS DK 25636 和 DK P30-34989 支持。

Part D　非肝细胞
NON-HEPATOCYTE CELLS

第 32 章　胆管细胞生物学与病理生物学
Cholangiocyte Biology and Pathobiology

Massimiliano Cadamuro　Romina Fiorotto　Mario Strazzabosco　著
吴柏华　南海涛　惠利健　译

胆管细胞是排列在肝内和肝外胆道系统上的上皮细胞。在过去 20 年中，我们对这个重要的上皮细胞的正常功能和功能失调的理解有了很大的扩展。我们还认识到，胆管细胞在肝脏修复和肝纤维化进程中扮演着重要角色，并且胆管细胞在肝脏免疫生物学中发挥着基础性作用。在本章中，我们将重点放在与人类疾病在病理生理学上更相关的机制上，这些机制可能代表了未来几年基础研究和转化研究的潜在方向。

一、胆道系统的功能解剖

胆管系统是一个由上皮细胞或胆管细胞包绕的复杂的小管网络，它始于肝小叶中的 Hering 管（肝内胆道系统），连续到肝外（肝外胆道系统），终止于肝胰壶腹（Ampulla of Vader）。胆道系统最广为人知的功能是运输和修饰肝细胞分泌的初级胆汁，但现在人们普遍认为胆道系统实际上是一个功能复杂的结构，它具有许多不同的生物学功能，体现为胆管细胞形态和功能的特化[1, 2]。胆道系统的第一个代表性结构是 Hering 管，由各占 50% 的胆管细胞和肝细胞组成[3, 4]；Hering 管将携带初级胆汁的肝细胞小管网络与胆道系统的

门内分支连接起来。Hering 管也被认为是假定的肝干细胞存在的部位。肝内胆道系统由胆管、小叶间管、间隔管、面管和节段管逐渐合并，最后汇合为两个主肝管和肝总管。胆总管连接来自胆囊的胆囊管，并连接肝和胆囊到肠道。肝外胆管网络由毛细血管丛和胆管周腺包围，胆管周腺是不同于 Hering 管的肝祖细胞的干细胞部位。值得注意的是，肝内和肝外胆道系统具有不同的胚胎起源[5, 6]。

位于胆道系统的不同区室的胆管细胞有着特殊的形态，反映了其独特的生理功能。最小的胆管上皮细胞排列在 Hering 管和胆道系统远端分支上，呈立方体状，基底核呈圆形，对肝和（或）胆管损伤反应迅速。大的胆管细胞排列在直径较大的胆管中，通常是柱状的，并且由于其运输能力，介导胆汁的碱化、水合和修饰[1, 7]。实际上，胆管细胞同时具有分泌和吸收功能，参与胆汁酸、葡萄糖和水的循环。值得注意的是，大约 40% 的人类胆汁是由胆管上皮细胞在肝细胞的初级产物修饰后产生的。动物实验数据表明，虽然大胆管细胞的分泌功能主要由 cAMP 信号调节，但小胆管细胞中最重要的第二信使是 $[Ca^{2+}]i$[7, 8]。

然而，现在我们对第二信使信号微结构域的限制有了更好的理解，这些区别就不那么真实了。

二、胆道系统的发育

胆道系统的肝外分支和肝内分支起源于不同的胚胎区域，从而解释了它们的形态和生物学特性。肝外胆道系统起源于腹侧前肠尾部的 Hex⁻/Pdx1⁺/Sox17⁺ 细胞 [9, 10]。对 Alagille 综合征的研究表明，Notch 通路是参与从肝母细胞分化到胆管细胞特异性的信号通路之一，其扰动导致肝内胆管缺失，但不影响肝外胆管结构，提示不同的信号控制着肝内和肝外胆管结构的形成 [11]。

相反，肝内胆管来源于 Hex⁺/Pdx-1⁻/Sox17⁻/AFP⁺ 肝母细胞，存在于胚胎肝芽中的双潜能细胞。从妊娠第 8 周（gestational week，GW）开始，位于和新生门静脉的间充质细胞接触的肝母细胞，形成一个连续单层细胞 K8⁺/18⁺/19⁺，称为胆管板（ductal plate，DP）。在妊娠第 12～16 周，胆管板在离散区域复制，抑制肝细胞标志物的表达，并开始表达 K7 和 K19，即胆管表型的标志物。最近的谱系示踪实验表明，重复的胆管板逐渐形成管腔，而剩余的胆管单层细胞走向凋亡或向门静脉周肝细胞分化。重复的胆管板逐渐被纳入门静脉周围的间充质中，在那里它们被滋养新生胆道树的毛细血管周围丛连接起来，并通过将成为门静脉动脉的血管结构连接 [13]。

胆管上皮和血管结构的同时延伸和成熟需要不同类型细胞的配合，这些细胞具有几种特定的配体、受体和其他形态因子，其中包括血管生成生长因子，如 VEGF-A、PDGF，以及 Ang1、Ang2 及其特异性受体 VEGFR1、VEGFR2、PDGFRβ 和 Tie-2 [13, 14]。另外，一些形态发生信号和转录因子，包括 Notch 和 Wnt/β-catenin 通路、TGF-β 和 HNF 被激活 [9, 15]。此外，最近的研究概述了 miRNA 作为调控介质协调所有这些多肽之间的相互作用的重要性。对于实验和临床肝病专家来说，掌握这些机制的作用原理是非常重要的，因为胆管发育的改变会导致许多肝脏畸形疾病，其中胆管板畸形（ductal plate malformation，DPM）是特别值得关注的 [16-18]。

一个参与决定胆管命运的基本生长因子家族是 TGF-β 及其受体，特别是 TβR Ⅱ。所有 TGF-β 配体在新生的门静脉周围高度表达，并通过与单层胆管板细胞瞬时表达的 TβR Ⅱ 结合，诱导肝母细胞向胆管细胞过渡。这种效应至少部分是由 Jag1 的上调，以及 Notch 信号下游两种转录因子 Hes1 和 Hey1 的调控介导的。对不同动物模型（斑马鱼和小鼠）的研究证明 [19-21]，表达 Notch2 的门静脉周围肝母细胞被 Jag1⁺ 门静脉间充质细胞诱导获得胆管细胞样形态和表型（胆管板细胞）。Jag1 与其受体 Notch2 的相互作用诱导 NICD 的切割和入核，其与 TGF-β 一起，与核转录因子 RBP-Jk 结合，激活 Hes1，进而促进胆管上皮细胞特异性转录因子 Hnf1β、Sox4 和 Sox9 的表达。值得注意的是，Jag1 或 Notch2 突变可导致 Alagille 综合征，这是一种多器官疾病，其特征是肝内胆管结构消失，同时具有肝细胞和胆管细胞表型的细胞（中间肝胆细胞）的增加 [11, 22]，以及黄疸、瘙痒和高胆固醇血症。

Diehl 团队最近的工作阐明了 Hh 通路在胆管形态发生、修复和癌症中的重要作用。这种信号通常被 Ptc 和 Smo 之间的相互作用所抑制 [23-25]。一旦 Hh 配体（如 Sonic、SHh）与其受体 Ptc 结合，信号通路被解除抑制，Gli3A 诱导下游效应物 Ptc、Gli1 和 Gli2 的转录。最近的数据支持 Hh 在胆管形态发生中的重要作用；事实上，在胎鼠肝脏中，SHh 与 Gli1 的表达在妊娠早期（E11.5）增加，并随着时间的推移迅速降低。其与 Meckel 综合征（一种致命的胆管板畸形）的相关报道强调了 Hh 信号对形态发生的作用。Hh 也对另外两种基本转录因子有调节作用，即 YAP 和 Sox9。小鼠中 E15.5 时，聚集在新生的门静脉周围区域的一些细胞表达 YAP；在 E18.5，绝大多数 YAP⁺ 细胞共同表达胆管分化标志物 Sox9，它也是 Notch 信号的下游 [26]。Hippo 通路在部分肝切除（partial hepatectomy，PHx）再生过程中调节肝大小的重要作用也证实了 YAP 作为参与胆管细胞前体分化的重要作用 [27]。此外，最近的数据 [28] 显示，Sox9 和 Sox4 参与维持上皮的游离面 - 基底面极性，初级纤毛的正确发育，以及胆道系统的正常形成、伸长和分支。该机制被称为"平面细胞极性"（planar cell polarity，PCP），主要受非典型 Wnt/β-catenin 通路控制，在一些肾脏和肝脏纤毛疾病（由初级纤毛组装错误或纤毛中表达的蛋白故障引起的疾病）中发生改变[29]。

总之，现有的信息强调了在健康和肝损伤的修复/再生反应中，不同形态因子之间的相互作用，以及调控胆道系统结构的信号可能具有冗余性。最近，miRNA 被认为在胆道系统的分化和发育中发挥作用；Rogler 及其同事表明，将 miR-23b、miR-27b 和 miR-24 拮抗药处理 E16.5 的胎鼠会扰乱胚胎肝脏的正常发育，并刺激肝实质中 CK19 的表达，原因是 TGF-β 信号的上调[30]。事实上，这些 miRNA 靶向的是 TGF-β 通路的不同蛋白分子，尤其是 SMAD 的水平[31]。

三、胆道系统的生理功能

在胆道系统中，小胆管和大胆管在功能和形态上特化；主要的分泌功能由小叶间、间隔和大胆管内的胆管细胞维持，而对肝损伤的反应和可能作为双潜能祖细胞的功能分别位于小胆管和 Hering 管中[32-36]。

四、胆汁的产生和分泌

人们对胆管细胞最了解的功能是改变肝细胞分泌的初级胆汁的体积、流动性和碱性。此外，胆管上皮可以重新吸收水、葡萄糖、谷胱甘肽、胆汁酸和电解质[37]。实际上，胆管上皮细胞能够改变肝细胞分泌到胆管的初级胆汁的组成。在人类中，高达 40% 的胆汁是由胆管上皮产生的，这取决于消化阶段。初级胆汁通过 Hering 管流向胆管网络，在这里胆管细胞排列在较大胆管结构中对其进行修饰。胆汁体积和组成的变化受不同促分泌激素和旁分泌刺激的复杂相互作用的调节，其中分泌素和 ATP 起着重要的作用[38, 39]，以及抗分泌因子，如 ET-1[40]、胃泌素和生长激素抑制素[41]。这些分泌和抗分泌刺激主要通过增加或减少细胞 cAMP 水平发挥作用。

上述分泌介质由许多膜结合或可溶性腺苷酸环化酶（adenylyl cyclase，AC）整合，如 AC4、AC5、AC6、AC7、AC8、AC9，以及可溶性腺苷酸环化酶（soluble adenyl cyclase，SAC）导致产生一定水平的细胞内 cAMP，并激活 PKA 或 ENAC。最近的研究强调了微小结构域在 cAMP/PKA 激活中的重要性。其中一些微小结构域可能与特定的腺苷酸环化酶相关，其将 PKA 结合到选定的蛋白质上。PKA 的激活刺激 CFTR 通道[42]，该通道介导 Cl^- 的腔内分泌。分泌到管腔的 Cl^- 为位于胆管上皮细胞游离面不依赖 Na^+ 的 Cl^-/HCO_3^- 交换器（AE2）的激活提供动力，AE2 将 HCO_3^- 从胆管上皮细胞的游离面排出，以交换 Cl^-。进入胆管腔的阴离子浓度产生渗透梯度，通过 AQP1 和 AQP4 吸引水进入胆管。为了保持细胞内稳态，碳酸氢盐的分泌通过 Na^+ 依赖的 Cl^-/HCO_3^- 交换器（NCHE）和存在于胆管细胞基底侧的 Na^+/HCO_3^- 共转运体（NCB1）来平衡细胞内的阴离子流入。上皮细胞内和细胞外的电位差异由两个 Na^+ 转运系统维持：$Na^+/K^+/2Cl^-$ 共转运蛋白（NKCC1）和 Na^+/K^+-ATP 酶[8]。这些协调的机制对于增加胆汁的碱度和容量是必要的，它们的功能障碍可能导致病理状况。例如，在囊性纤维化（cystic fibrosis，CF）中，即一种由 CFTR 功能的遗传缺陷引起的遗传疾病，胆汁并发症越来越被人们认识。在囊性纤维化肝疾病（cystic fibrosis liver disease，CFLD）中，CFTR 功能的缺陷改变了 AE2 的协调激活，碳酸氢盐的分泌及胆汁的流入。胆汁组分的改变会引发一系列连锁反应，如胆汁堵塞的形成、毒性物质（如毒性胆汁酸、内毒素）的积聚，这些物质会损害上皮细胞，并导致局灶性胆管炎进展为硬化性胆管炎，最终导致肝硬化[43]。最近的研究结果强调了 CFTR 作为胆管细胞内毒素耐受调节剂的新功能，这是由于它与其他蛋白（如 Src 酪氨酸激酶）的相互作用，这将改变我们对囊性纤维化肝疾病作为典型的离子通道病转变为炎症性疾病的看法（图 32–1）。

碳酸氢盐分泌不仅是驱动胆汁分泌过程所必需的，而且也是胆管细胞进化出的一种重要防御机制，以保护自己免受胆汁中存在的几种有毒物质和多极质子化疏水胆汁酸的作用。绝大多数人

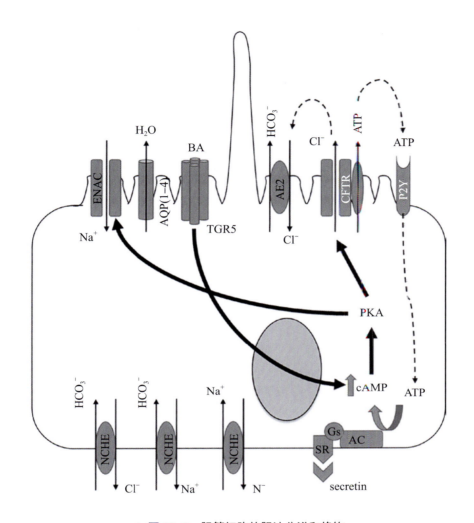

▲ 图 32-1　胆管细胞的胆汁分泌和修饰

胆管细胞通过一个复杂的泵、离子交换器和通道网络，能够改变胆汁的成分，改变其体积、pH 和水合作用。促分泌激素（即分泌素 secretin）结合各自的受体，由于 AC 的活性，刺激细胞内 cAMP 的增加，导致 CFTR 的激活。CFTR 与 ATP 一起在腔隙中转运出 Cl^-。Cl^- 被 AE2 转运进来的同时 HCO_3^- 被重新吸收，负责胆汁的碱化。通过激活胆管细胞顶端的 TGR5，cAMP 水平进一步维持。在胆管细胞游离面增加的渗透梯度通过 AQP（AQP1、AQP4）及细胞旁路途径被动地刺激 H_2O 的流动；ATP 也通过 CFTR 分泌到胆汁中，激活 P2Y 嘌呤能受体和 Cl^- 的分泌。在胆管细胞的基底侧存在多种离子转运体，如 NCHE、NCB1 和 Na^+/H^+ 泵。这一机制导致 HCO_3^- 分泌到胆汁中，并与糖萼一起构成一种熟知的防御机制，同时也是弱酸和胆汁酸胆道分流的基础[127]，被称为"碳酸氢盐伞"。cAMP. 环磷酸腺苷；AC. 腺苷酸环化酶；CFTR. 囊性纤维化跨膜电导调节剂；AE2. 不依赖 Na^+ 的 Cl^-/HCO_3^- 交换器；AQP. 水通道蛋白；ENAC. 上皮 Na^+ 通道；NCB1. Na^+/HCO_3^- 转运蛋白；NCHE. 依赖 Na^+ 的 Cl^-/HCO_3^- 交换器；NHE-1. 钠 – 氢反向转运体 1

胆汁酸盐是甘氨酸共轭的，通常部分质子化，具有极性，以及在 pH7.4 时具有膜透性[44]。因此，疏水性胆汁酸盐积累到细胞质中，可能导致细胞损伤，包括在微摩尔浓度下的凋亡。从这些结果出发，可推测 HCO_3^- 在胆管细胞游离面上的分泌提供了一种局部的碳酸氢盐屏障（或保护伞），能够保护上皮细胞。在生理条件下，多种机制发

挥作用来产生和维持这种富含碳酸氢盐的微环境[45]。在正常胆管细胞中，初级胆汁酸鹅脱氧胆酸与其受体 TGR5 相互作用，TGR5 是一种 G 蛋白偶联的膜结合胆汁酸受体，定位于游离面和初级纤毛上。TGR5 的激活被认为可以增加 cAMP 浓度，并通过 CFTR 与 ATP 一起激活 Cl^- 的排泄。释放到胆汁中的 ATP 结合特定的表面嘌呤能受体

P2Y2，增加细胞内 Ca^{2+} 水平，并通过自分泌循环刺激钙依赖的 Cl^- 通道（即 TMEM16A）的 Cl^- 分泌。Cl^- 通过 AE2 交换器运输到细胞质中。最后，位于顶端糖萼中靠近 P2Y 受体的 ALP 通过降解 ADP 和 AMP 中的 ATP 来确保正确的碳酸氢盐分泌量[46]。

据推测，胆管碳酸氢盐屏蔽层的"不稳定"可能导致管腔 pH 的改变，从而改变胆管内稳态和胆汁酸盐的物理化学状态，并对胆管上皮产生毒性作用，从而引发慢性胆管炎、瘢痕性和硬化性胆管炎，类似于 Mdr3 敲除小鼠中描述的病理状态[44, 45, 47]。

在慢性胆管炎中，AE2 的表达降低可能是由于 miR-506 通过结合其 3′ UTR 区域抑制 AE2 的翻译造成的。AE2 活性的降低具有双重作用，一方面破坏胆管保护伞的稳定和对胆盐的缓冲作用，另一方面导致 HCO_3^- 在细胞内积累，激活可溶性腺苷酸环化酶，使胆管细胞对凋亡敏感。UDCA 或其同源物 norUDCA 可以通过 Ca^{2+}/cPKCα/PKA 机制和 P2Y 依赖的信号通路部分激活 HCO_3^- 的腔内分泌，从而减少的坏死性炎症损伤[48]。

五、胆管初级纤毛和纤毛病

胆管细胞的游离面有一个不活动的初级纤毛。近年来的研究强调了它在胆管细胞生物学和病理生物学中的重要性。初级纤毛或感觉纤毛为非运动结构，固定在基底体上，其特征为 9+0 结构，其中有 9 个双重微管或轴丝[49]。初级纤毛表达多种蛋白，包括 PC1、PC2 和 FPC，这些蛋白可以参与细胞内的多种信号级联。初级纤毛在胆管结构中可作为渗透受体或机械受体。纤毛感知胆汁流动的方向，并通过弯曲激活钙通道，使细胞内 Ca^{2+} 离子流入。这些结构可能通过调节 Hh 和经典 Wnt 信号通路参与胆管细胞增殖和衰老、祖细胞室的激活、再生和发育。此外，位于纤毛的信号机制可能通过非经典 Wnt 信号来监督正确的细胞平面和极性[50, 51]。在胆管发育过程中，初级纤毛的存在和正常的形态对胆管结构的正确形成是必要的；事实上，在三种罕见但致命的婴儿综合征中，即 Meckel 综合征[52]、Joubert 综合征[53]

和 Jeune 综合征[54]，观察到初级纤毛的缺失。这是一种多器官疾病，肝脏的特征是囊肿样畸形的胆管结构被密集的纤维化间质包围，类似于先天性肝纤维化（congenital hepatic fibrosis，CHF）。几种被称为纤毛病的肝脏疾病可能与初级纤毛缺陷有关，包括 CHF、Caroli 病（Caroli's disease，CD）、常染色体显性遗传多囊肾病（autosomal dominaot polycystic kidney disease，ADPKD）。ADPKD 是一种由 PC1（80%）和 PC2（20%）编码基因突变引起的遗传性肝肾疾病，其特点是胆管上皮覆盖的囊肿进展性和大量增大；ADPKD 患者可能出现严重的并发症，如肿块效应、囊肿出血、破裂或感染，需要紧急肝移植。CHF、CD 和常染色体隐性遗传多囊肾病（autosomal recessive polycystic kidney disease,ARPKD）是罕见的肾小管和胆管上皮遗传性疾病，其特点是胆道系统扩大，伴有囊肿样特征、门静脉纤维化和炎症。这些疾病都是由编码 FPC 的 Pkhd1 基因突变引起的，可引起严重的门静脉高压，并可能并发急性胆管炎、肝内结石和胆管癌。在囊性肝病的发病机制中，包括纤毛蛋白功能障碍。有趣的是，携带编码纤毛极性蛋白的 Itf88 基因（也被称为 Tg737）突变的小鼠显示出几种肾脏畸形和胆管囊性扩张，并伴有类似 ARPKD 表型的囊周纤维化[55]。

六、胆管细胞的屏障功能

包括胆管细胞在内的上皮细胞的一个基本功能是选择性地控制离子和分子透过上皮屏障。胆管上皮细胞，由于其以极化方式分泌离子的能力和对溶质和水的选择性渗透性，积极维持肝脏稳态。此外，胆管上皮的作用是阻止外来生物、毒性代谢物和胆盐从胆汁向间质组织的反向扩散。已有报道称，上皮正确形成和极化的原发或继发性改变在包括原发性胆汁性胆管炎、原发性硬化性胆管炎和囊性纤维化肝疾病囊性纤维化肝疾病在内的几种肝脏疾病的发病机制中发挥作用[56-58]。

紧密连接是负责上皮屏障功能的主要结构之一，对胆管结构的正确形成至关重要；不幸的是，到目前为止，我们对其在胆小管和胆管水平上的功能控制机制知之甚少。总的来说，紧密连接的组装和去组装是由不同的信号机制调控的，包括蛋白激酶和 G 蛋白；益生素、谷氨酰胺和生长因子保护紧密连接的正确组装，而紧密连接的破坏是由病原体、毒素和炎症细胞因子诱导的。极化的胆管细胞单层的实验表明，TNF-α、LPS 和 NO 处理可增加细胞通透性。

在人和小鼠体外培养的携带 CFTR 突变的胆管细胞中，通过诱导正常的 F 肌动蛋白细胞骨架形状的紊乱和 E- 钙黏蛋白（一种典型的分化上皮细胞的细胞骨架结构蛋白）的移位，会增加细胞对右旋糖酐的通透性。在正常的胆管细胞中，CFTR 定位于游离面，在那里它作为通道蛋白发挥作用，但也在多蛋白复合体中发挥作用，并调节其他蛋白的功能。例如，负调控 SFK 活性的蛋白质。在膜上缺乏 CFTR 的胆管细胞中，Src 确实更活跃，并磷酸化 LPS 受体 TLR4。TLR4 在 LPS 作用下的异常激活，以及 NF-κB 的下游激活增加与炎症介质的产生，直接导致了 F 肌动蛋白细胞骨架的不正确重塑和随之增加的通透性 [58, 59]。值得注意的是，SFK 抑制剂 PP2 的处理可以防止细胞骨架的错误组装，并恢复 CF 基因敲除细胞的细胞旁通透性。与 Src 相反，TK 的激活，如 EGFR，对肝梗死后的紧密连接构象具有保护作用。EGFR 介导的通路的激活通过增加 PLCγ/PKC 轴的浓度和激活来抑制 Src 的磷酸化。紧密连接通透性的改变和胆汁酸的反向扩散可能在实验条件及在人类胆管疾病中发挥致病作用。

七、胆管细胞对胆管损伤的反应

胆管上皮细胞通常处于静息状态，然而，肝损伤后，胆管细胞激活和（或）增殖，作为所谓的"肝脏修复复合体"的一部分。肝脏修复对肝损伤反应的典型反应是"胆管反应"（ductular reaction，DR），这是胆道上皮的一种组织病理学病变，在肝纤维化的进展中起着重要作用。DR 的特点是胆管细胞明显增殖，细胞质少，排列在没有管腔的细胞索中，或分布在吻合丰富的小直径导管中（10μm）[51]。固有免疫细胞和适应性免疫细胞浸润是不可避免的。活化的胆管细胞

（reactive ductular cells，RDC）是一种被激活的上皮细胞，分泌大量的因子，包括细胞因子、趋化因子、生长因子和血管生成因子 [60]。人们提出了不同的理论（并非相互排斥）来解释 RDC 的发生：它们可能来自经历管状化生的肝细胞，或来自肝祖细胞（hepatic progenitor cells，HPC）的激活，和（或）来自先前存在的胆管细胞的增殖和去分化 [51]。HPC 是一个双潜能干细胞群体，其存在于 Hering 管，即连接肝细胞胆管和终末胆管的边界结构。尽管这一概念目前受到挑战，但人们认为 HPC 能够通过形成具有中间表型的细胞（中间肝胆细胞），或在胆管细胞中，或在 RDC 中，作为对未消退损伤的反应，扩大并分化为肝细胞 [51]。与正常的胆管细胞相比，RDC 表型分化程度较低，表达未成熟的分子标记物，如嗜铬粒蛋白 A、NCAM 和 Bcl-2。有趣的是，NCAM 在不同上皮组织发育过程中介导细胞与基质之间的相互作用，而 Bcl-2 在发育过程中抑制细胞凋亡和新上皮结构的生长 [61]。RDC 的增加与炎症浸润和门静脉纤维化的显著增加相关，如病毒性肝病 [62]、代谢紊乱 [63] 或胚胎发生障碍，如 Alagille 综合征和胆管闭锁 [22, 63]。纤维化的沉积是基于旁分泌的交叉作用，通过 RDC 分泌促纤维化和促炎症生长因子，包括 IL-6、TGF-β$_2$、ET-1、MCP-1、PDGF-B、TNF-α、NO、VEGF[8, 60] 和 CTGF，这些包含在招募炎症细胞和免疫细胞、间充质细胞和内皮细胞的许多因素和细胞 / 趋化因子之中。RDC 是这些动态相互作用的引发因素，因此被认为是门静脉纤维化的起搏器 [64]。除了炎性细胞，与间充质起源的细胞之间的相互作用，特别是与纤维化的主要效应细胞（即肝巨噬细胞和门静脉成纤维细胞）的相互作用，是细胞外基质沉积的刺激因子。此外，RDC 还与内皮细胞建立旁分泌通信，为胆管结构本身的生长和树枝化提供必要的血管支持。大多数这些因子在胎儿发育过程中也由胆管板短暂表达，这一观察结果与 DR 重现了肝脏个体发生期间观察到的形态发生信号模式的假设相一致 [13]（图 32-2）。

胆管周腺是一种重要的新型干细胞微环境。这些腺体位于开门的总肝管区域、胆囊管和肝

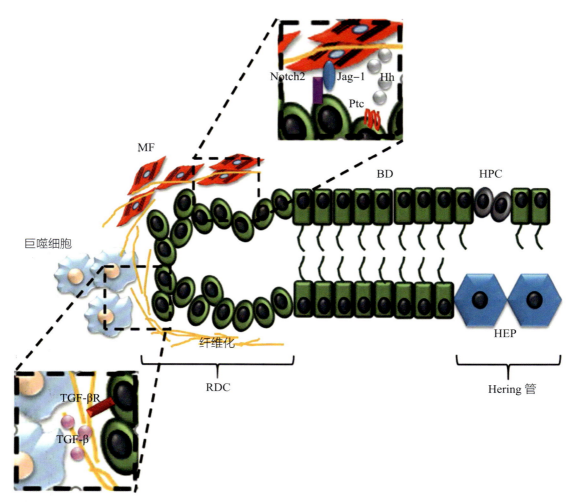

▲ 图 32-2　形态发生素参与胆管反应中的上皮间充质的相互作用

为应对肝损伤，HPC 和 RDC 区室开始增殖以恢复肝脏的正常结构；这些结构的异常增加是造成胆管周围纤维化和门静脉炎症浸润累积的原因，这反过来又进一步刺激了这一异常过程。RDC 周围的 MF 通过激活 Notch2/Jag1 信号转导和分泌与胆管细胞表面受体 Ptc 对接的 Hh 配体来刺激更多的畸形胆管床的发展。此外，TGF-β 通过结合其特异性受体 TGF-βR 发挥其对 RDC 的营养作用。HEP. 肝细胞；Hh.hedgehog；HPC. 肝祖细胞；BD. 胆管；RDC. 反应性胆管细胞；MF. 肌成纤维细胞；Ptc. 已修补

乳头内 [65]。这些腺体包含表达大量与其干细胞性质一致的标志物和转录因子的细胞，如 Pdx1、Sox9、Sox17 和 EpCAM，以及成熟上皮细胞标志物，如 CK7[66, 67]。值得注意的是，这些假定的干细胞可以通过磁免疫选择分离出来，当使用特定的基质和生长因子培养时，它们可以转变为肝细胞、胆管细胞和胰腺谱系。

八、胆管细胞增殖

胆管细胞的增殖不仅是维持胆道系统正常稳态的基础，也是应对肝损伤的基础。胆管上皮细胞的增殖是由自分泌和（或）旁分泌的几种生长因子和激素介导的，而这些因子由炎症细胞和间充质细胞或上皮细胞本身在局部微环境中释放。刺激胆管细胞增殖的关键细胞因子之一是 IL-6，以及 IL-6 家族的其他成员，如 OSM[68, 69]。其他显著参与胆管上皮细胞增殖的生长因子包括 HGF[70]、IGF1[71]、EGF[72] 和 VEGF-A[13, 14]。这种响应也由不同的激素维持，如促胰液素（一种细胞内 cAMP 的主要激活剂），或雌激素、睾酮、催乳素和 FSH。这种机制被抗增殖肽（如胃泌素、褪黑激素、生长抑素、血清素和 GABA）[73] 的作

用精细地平衡了。

胆管上皮的遗传性疾病（如ADPKD）可被视为用以研究一些生长因子在刺激胆管细胞增殖中所起的作用的模型。VEGF、血管生成素及其相关受体在ADPKD的胆管上皮中过度表达。ADPKD由编码PC1和PC2的 *PKD1* 或 *PKD2* 基因突变引起，其特征是在肾脏和90%的胆管源性囊肿病例中形成多个囊肿[74]。囊性上皮产生血管生成因子是胆道发育和去分化的特征。事实上，在胆管板阶段，发育中的上皮细胞分泌VEGF，作用于内皮细胞前体并促进胆管周围血管化。同样，在ADPKD中，生长的囊性上皮分泌VEGF以支持周围血管供应的扩张[14]。

在PC2缺陷小鼠中的研究证明了ADPKD中血管生成信号与胆管细胞增殖之间的关系。PC2存在于初级纤毛和功能不清楚的胆管细胞的不同细胞器的表面，但也参与内质网（ER）、纤毛和细胞质中的钙稳态。在生理条件下，胆汁流动通过IP3R介导的ER中快速释放Ca^{2+}来刺激Ca^{2+}信号的激活，随后Ca^{2+}从质膜持续进入。这种机制也称为钙池操纵性钙内流。当PC2有缺陷时，钙池激活的钙信号发生改变，细胞质Ca^{2+}水平降低。这会激活可抑制Ca^{2+}的腺苷酸环化酶5（AC5），其通过PKA磷酸化ERK1/2，从而上调HIF1α。HIF1α是BEC产生VEGF-A的强效诱导剂。VEGF-A反过来通过自分泌环结合存在于PC2缺陷胆管细胞表面的受体VEGFR2，进一步维持BEC的增殖，激活Raf/MEK/ERK1/2通路。此外，PKA的激活抑制结节蛋白，它是mTOR的阻遏物，也是IGF1R的下游效应分子。IGF1R在被配体IGF1激活后，刺激细胞周期蛋白以促进BEC增殖[75-77]。

一种控制胆管细胞增殖（以及肝脏大小）的新型转录因子是YAP，属于Hippo通路的转录因子。YAP在胆管细胞的胞质中以磷酸化和无活性状态存在。一旦受到细胞骨架损伤或其他刺激会被LATS1/2去磷酸化，它就入核并刺激几种下游效应分子（如CTGF）的转录，从而导致维持细胞增殖的MAPK的激活[78]。值得注意的是，YAP介导的信号的扰动导致E18.5小鼠胚胎胆道缺乏。而突变YAP在核内过表达会刺激小鼠肝切后的肝脏不受控制的生长[26]。

九、胆管细胞和免疫

胆管细胞是肝脏先天免疫的第一道防线，可以将抗原呈递给免疫细胞，可以是免疫介导攻击的靶点，也可以是炎症反应的发起者，然后进展为适应性免疫的激活。胆管上皮细胞对肝脏免疫反应的贡献被认为仅限于将免疫球蛋白（IgA）分泌到胆汁中[79-80]，但现在很清楚，胆管细胞在免疫反应中的作用要复杂得多[81, 82]。在肝脏中，IgA由位于胆道系统沿线的浆细胞合成，与存在于BEC基底膜表面的pIgR结合，然后被转运到胆管细胞的细胞质中，进而通过囊泡分泌入胆汁[83]。

胆管上皮通过分泌抗菌肽（如防御素和cathelicidin素）作为抵御细菌、真菌和其他病原体的第一道防线；事实上，正常胆管细胞表达高浓度的β-防御素hBD1和hBD3。hBD1在对革兰阴性菌和铜绿假单胞菌的抗菌作用方面特别有效，而hBD3对幽门螺杆菌和金黄色葡萄球菌具有显著的抵抗作用[84]。相比之下，hBD2是由炎症状态或暴露于炎症肽（如TNF-α和IL-1β）或感染因子（如小隐孢子虫），通过TLR2/TLR4依赖性NF-κB激活[85]。

toll样受体（TLR）[85]和核受体（NR）[86]在胆管细胞上皮先天免疫中起主要作用。TLR可以识别病原体相关分子模式（PAMP），即细菌结构元素，如LPS、DNA、RNA片段和鞭毛蛋白，也可以对内源性成分或损伤相关分子模式（DAMP）做出反应，如透明质酸和从受损细胞中释放出来HMGB1[87-89]。

TLR家族由9个（1~9）具有细胞内结构域的跨膜受体组成，TIR可以结合不同的接头，如MyD88、Mal、TRIF和TRAM，从而激活负责分泌许多炎症肽的NF-κB信号[87-89]。正常胆管细胞组成性地表达TLR2、3、4、5和9[90]；TLR2是细菌膜的组成部分LTA的受体，TLR3感知病毒dsRNA，TLR4是LPS和DAMP的主要响应分子，而TLR9是细菌入侵的标志CpG DNA的受体。

TLR4介导的信号在胆管细胞中更为人所知

和研究；一旦被 LPS 或其他配体激活，TLR4 会激活两种不同的途径，一种由 NF-κB 介导，另一种通过 MAPK/AP-1 介导。第一种刺激许多促炎细胞因子和趋化因子的表达，包括 TNF-α、IL-1、IL-6、IL-8、IL-12、G-CSF 和 LIX[89, 91]。第二种途径需要 AP-1 复合物的核化[92]。

在正常胆管细胞中，TLR4 信号转导受到旨在维持"LPS 耐受"水平的保护机制的抑制，如负调节因子（即 IRAK-M）和 PPARγ 的表达，或通过受体的翻译后调节（即 Src 介导的酪氨酸磷酸化）。此外，已有研究将 LPS 介导的 miR-146 的上调描述为部分控制 TLR4 诱导的 NF-κB 介导的细胞因子分泌激活的机制[93]。由于胆管上皮不断与来自肠道的细菌产物接触，因此一个或多个调节检查点的变化可能会在肝脏中引起过度的炎症反应。

胆管上皮通常是炎症或免疫介导损伤的靶点。在炎症性胆管疾病中，先天性和适应性免疫反应依次或同时参与。先天性免疫反应可以由胆管细胞的外源性或内源性损伤或附近肝细胞触发，如果炎症反应持续存在，它可以通过适应性免疫的机制持续存在。许多研究表明，由遗传缺陷引起的细胞功能障碍，导致细胞或组织功能障碍，会产生一种程度较低的慢性炎症，被定义为"副炎症"，这是对改变稳态的持续性细胞功能障碍的适应性反应，旨在恢复正常细胞/组织稳态的稳态[94]。正如 Medzihitov 所提出的，副炎症尽管具有稳态性质，但可能会变得适应不良并可能刺激纤维化反应。在这种情况下，上皮细胞分泌许多分子和因子，能够指导免疫细胞或产生炎症反应（表免疫组）。

一个例子是囊性纤维化肝疾病，其是主要由 LPS 耐受性降低引起的疾病。用硫酸葡聚糖钠（dextran sulfate sodium，DSS）治疗小鼠，这种化学物质通过诱导肠炎，增加肠道通透性和肠道内毒素向肝脏的移动，导致 CD45+ 细胞（主要是中性粒细胞和巨噬细胞）浸润的胆道炎症，损伤胆管上皮并促进 DR。这现象在 CFTR 基因敲除小鼠中发生，但在其野生型同窝小鼠中没有。从 CFTR 基因敲除小鼠中分离并暴露于 LPS 的胆管

细胞表现出 TLR4/NF-κB 信号的异常激活，导致促炎细胞因子（如 MCP-1、G-CSF、MIP-2、KC 和 LIX）的分泌增加[95]。在正常条件下，CFTR 充当一种停泊蛋白，它维护参与膜上 Src 酪氨酸激酶负调节的蛋白质（即 Cbp、Csk）。CFTR 突变阻止 CFTR 在顶端膜表达的导致复合物的解聚、磷酸化 TLR4 和增加其对 LPS 反应的激酶的激活。值得注意的是，用 Src 家族激酶抑制剂 PP2 治疗 DSS 处理的 CF 基因敲除小鼠可减少 CD45+ 细胞的积累和 DR 的程度。类似的机制在来自具有共同 ΔF508 CFTR 突变的囊性纤维化患者 iPSC 的胆管细胞中得到进一步证实[96]。人 CF 胆管细胞显示 Src 激活增加、NF-κB 异常激活、Mcp-1 和 IL-8 持续分泌、细胞骨架缺陷。PP2 治疗可改善这些病理特征，并显著提高 VX-770 和 VX-809（临床上用于纠正 ΔF508 缺陷的两种小化合物）恢复分泌功能的功效[96]（图 32–3）。

最近才被认识到参与胆管细胞免疫反应的一组因素是与 RXR 结合的核受体。这个超家族由几个成员组成，其中包括 GR、RAR、VDR、LXR 和 PPAR。NR 控制多种细胞功能，包括细胞增殖和凋亡、细胞代谢、细胞间相互作用、胆汁酸解毒（VDR、FXR）和胆汁分泌（GR、FXR）[86]。人们对它们在炎症和先天免疫中的作用的兴趣提高了，特别是对于 PPAR（即 PPARα、PPARβ/δ 和 PPARγ）。在不同的亚型中，PPARγ 已被证明可负调节 CF 胆管细胞中的 TLR4–NF-κB 信号。吡格列酮和罗格列酮激活 PPARγ 可抑制 LPS 诱导的 Cftr-KO 胆管细胞中 NF-κB 的激活和细胞因子分泌，并减少用 DSS 治疗的 Cftr 基因敲除小鼠的胆道损伤和炎症。PPARγ 可以通过两种不同的方式抑制 NF-κB 的转录活性，即通过抑制 p65 入核直接结合 p65/p50 复合物，或通过刺激 IκBα 的表达将 p65 保留在细胞质中来间接抑制[97]。

值得注意的是，自身免疫反应可能是先天免疫改变的结果。事实上，在没有正确调节 TLR 介导的反应的情况下，持续的压力可能是慢性炎症或自身免疫反应的触发因素。同样，通常被认为是一种具有自身免疫特征的疾病 PSC 实际上可能

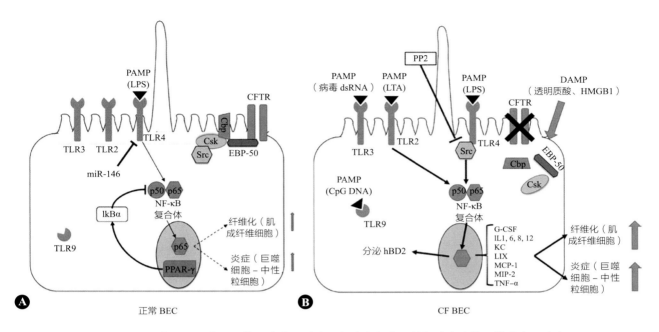

▲ 图 32-3　在囊性纤维化胆管细胞中，对先天免疫介导的胆管细胞炎症的调控发生了改变

健康的胆管细胞（A）一旦受到细菌降解产物等致病性毒物的刺激，就会激活 TLR4 介导的反应，从而暂时允许促纤维化和促炎介质的分泌。这种反应受到多种因素的负调控，其中包括抑制 TLR4 的 miR-146 和通过其效应子 IκBα 阻碍 NF-κB 复合物的 p65 亚基的入核 PPARγ。此外，极化的正常胆管细胞在顶端膜表达 CFTR，CFTR 能够与 EBP-50、Cbp 和 Csk 组装成一个大分子复合物，其能够阻止酪氨酸激酶 Src 形成磷酸化 TLR4。在囊性纤维化肝疾病（B）中，来自肠道或由附近细胞释放的 PAMP（即 LPS 或 LTA）和 DAMP（即 HMGB1），通过 TLR4/NF-κB 轴刺激促纤维化和促炎细胞的细胞因子和趋化因子的分泌。CFTR 的缺乏维持并放大了这种反应，允许 Src 的异常磷酸化，通过结合 TLR4，持续刺激纤维炎症介质和 hBD2 的分泌。与 TLR4 类似，TLR2 诱导 p65 的解聚、入核和转录活性。BEC. 胆管上皮细胞；CF. 囊性纤维化；TLR.Toll 样受体；DAMP. 损伤相关分子模式；PAMP. 病原体相关分子模式；LPS. 脂多糖；LTA. 脂磷壁酸；hBD2. 人 β- 防御素 2

是一种自身炎症性疾病，因为它增加了 NF-κB 转录因子的激活，以及其应对病原体时 Th17 应答的过度激活[98]。另一种以 Th17 应答增加为特征的坏死性炎症性疾病是胆道闭锁（biliary atresia，BA），这是一种严重的儿科疾病，特征是胆管纤维闭塞性消失和炎症，病因尚不清楚。在 BA 中，两种典型的 Th17 应答相关 IL-17α 和 IL-23 的血清学水平增加，伴随着 IL-17 转录因子 RORγt、IL-17α、IL-1β、IL-6 的表达[99]。与 Th17 应答一起，在 RRV 感染的情况下，BA 患者可以产生 Th2 适应性应答，理论上能够对病毒感染做出反应，但也能引起 BA。最近的数据表明，RRV 感染后胆管细胞分泌的 IL-33 刺激 ILC2 分泌一系列 IL 和生长因子，如 IL-13、骨桥蛋白（osteopontin，OPN）和 TGF-β。IL-13 和 IL-33 在旁分泌环中发挥作用，对胆管细胞发挥营养作用并增加疾病中胆管反应的进展[100, 101]，而 TGF-β 的局部释放刺激 MF 的增殖和分泌 ECM 蛋白导致胆管闭塞。

此外，DAMP 和 PAMP 的存在可促进细胞衰老。细胞衰老是由不同刺激，特别是致癌应激因子诱导的细胞不可逆细胞 G_1 期周期停滞导致的。导致细胞衰老的主要原因包括 DNA 损伤，特别是但不限于端粒、癌基因激活诱导的有丝分裂信号的激活、表观遗传修饰和肿瘤抑制因子的表达。所有这些信号都会导致不同的生理反应，通常会导致肿瘤抑制，但在其他情况下也可能促进癌症发展，诱导纤维化反应，并介导与年龄相关的退行性疾病。不管刺激如何，细胞衰老由两个主要信号通路介导，$p16^{INK4a}/pRB$ 和 $p53/p21^{CIP1/WAF1[102]}$。基因组或表观基因组损伤可诱导持续的 DNA 损伤反应（DNA damage response，DDR），该反应一方面导致 p53/p21 通路的直接激活，另一方面导致 p38 MAPK/PKC 信号的激活，进而导致 p16/pRB 的表达。一旦衰老，细胞不仅停止增殖，而

且呈现衰老相关分泌表型（senescence-associated secretory phenotype，SASP），其特征是分泌大量具有促纤维化、促炎和致瘤特性的肽，这表明衰老不仅是一种肿瘤生长的屏障，也能通过旁分泌介导异常修复 / 再生反应的激活[103, 104]。

胆管细胞可以充当抗原提呈细胞（antigen presenting cell，APC）。胆管细胞通常只表达低水平的 HLA Ⅰ 类，而 HLA Ⅱ 类抗原和膜共受体 CD80 和 CD86 是检测不到的。然而，当胆管细胞在体外受到促炎性细胞因子 IL-1、IFNγ 和 TNF-α 的刺激或被巨细胞病毒感染时，HLA Ⅰ 类抗原上调，HLA Ⅱ 类抗原而不是 CD80 和 CD86 可以从头表达，从而允许呈递抗原给 CD4$^+$ 和 CD8$^+$T 细胞。有趣的是，与体外细胞培养相反，来自 PBC 和 PSC 的人类标本显示 RDC 中 CD86 的新表达表明胆管细胞可以协调这两种疾病的坏死性炎症特征[105]。最近，两篇论文表明，来自 BA 的胆管细胞有 MHC Ⅰ 类和 Ⅱ 类、CD40、共刺激分子 B7-1 和 B7-2[106]、MHC Ⅰ 类分子 CD1d[107] 的表达。

十、门静脉和胆管周围纤维化

肝纤维化是对肝损伤的异常修复响应的结果，无论其病因是什么，只要是符合慢性肝病临床和组织病理学进展的机制都被诊断为肝纤维化。纤维化是一个复杂且高度整合的病理生理过程，它是通过多种细胞类型和各种分子因素的相互作用实现的，导致大量及变性的 ECM 蛋白的沉积[108]。

了解调节门静脉纤维产生的精细机制是确定胆道疾病新治疗靶点的关键步骤（图 32-4）。在慢性肝损伤的情况下，持续的坏死性炎症损伤影响由细胞凋亡或坏死引起的肝实质的逐渐丢失，并且也是纤维化的刺激物。坏死和凋亡细胞释放细胞因子、趋化因子和 DAMP，诱导炎症和间充质细胞的募集，进而分泌多种促纤维化和促炎因子，包括 TGF-β、CTGF 和 TNF-α[108, 109]。此外，坏死细胞将遗传物质和碎片直接释放到细胞间隙中，在那里它们激活增殖和分泌 ECM 蛋白的肝星状细胞和门静脉成纤维细胞[110]。有关胆道疾病中上皮 - 间质相互作用的更多信息见最近的综述[111, 112]。

在肝纤维化中，主要参与者是 TGF-β$_1$，它主要由成纤维细胞和巨噬细胞分泌，具有激活 HSC 的功能，负责约 80% 的基质蛋白沉积[109]。在生理条件下，ECM 主要由胶原蛋白（其中最重要的是 Ⅰ 型、Ⅲ 型、Ⅳ 型和Ⅵ型）和非胶原蛋白（如层粘连蛋白、纤连蛋白、血小板反应蛋白和肌腱蛋白）和各种类型的蛋白质核心与糖胺聚糖（glycosaminoglycan，GAG）共价连接的蛋白聚糖组成，如硫酸软骨素、皮肤素和角质素 - 硫酸盐、肝素和硫酸乙酰肝素、透明质酸（hyaluronic acid，HA）[113]。作为对损伤的响应，静止的 HSC 转分化为 MF，其特征在于 α-SMA 的新表达，对纤维化、趋化性和有丝分裂刺激的敏感度，以及主动分泌 ECM 蛋白的能力[109, 114]，特别是层粘连蛋白和纤维状胶原蛋白（Ⅰ 型和Ⅲ型）。这会导致基质正常组成的改变，对不同的组织功能很重要，包括细胞 - 基质相互作用和生长因子的沉积[113]。在 CCl$_4$ 或 DDC 处理后，肝脏 ECM 成分的组成发生了显著变化，类似于在人类疾病中观察到的情况。特别是胶原蛋白 Ⅰ、Ⅳ、Ⅴ 及纤连蛋白增加，而弹性蛋白含量减少[115]。由于激活的门静脉肌成纤维细胞、巨噬细胞（主要是 M$_2$ 型）和胆管细胞产生的纤维化分泌增加和异常[116, 117]，以及胆管上皮周围由胶原蛋白Ⅳ、层粘连蛋白和网状蛋白组成的基底膜的浸润[118]，人类 ARPKD/CHF/CD 也表现出 ECM 正常组成的紊乱。这些变化可能在晚期纤维化或肝硬化中持续存在，也可能短暂存在于酒精性肝病的早期阶段[119]。除了 ECM 蛋白外，MF 还能够产生广谱的参与基质降解的蛋白质，如 MMP（特别是 MMP-2 和 MMP-9）及其抑制剂（TIMP），具有精细调节的机制，导致慢性肝损伤期间基质的持续重塑。在肝损伤的早期阶段，MF 不表达 TIMP，因此允许正常基质降解，然后被改变的基质所取代[120]。

胆管细胞能够分泌 MMP，特别是 MMP2、3、13 和 MT1-MMP，以及参与修饰肝脏 3D 支架的其他酶，如 uPA；值得注意的是，在纤维多囊

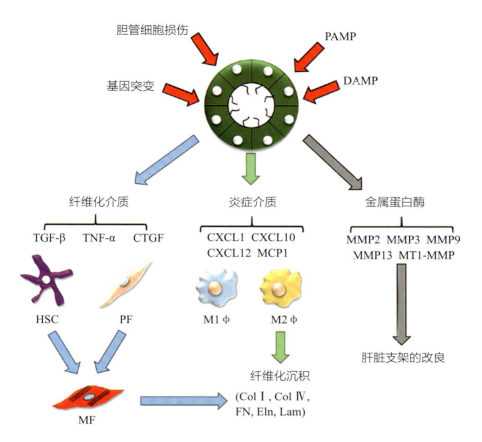

▲ 图 32-4　胆管疾病中胆管周围纤维化沉积和细胞外基质修饰的机制

胆管细胞损伤后，胆管上皮细胞分泌多种介质，以旁分泌方式刺激负责纤维化沉积的间充质细胞（即 HSC 和 PF）的增殖、转分化和活化。此外，胆管细胞分泌参与免疫细胞募集的趋化因子。胆管上皮细胞还能够通过分泌多种金属蛋白酶和蛋白水解酶来改变肝脏支架的结构。DAMP. 损伤相关分子模式；PAMP. 病原体相关分子模式；HSC. 肝星状细胞；PF. 门静脉成纤维细胞；MF. 肌成纤维细胞；Φ. 巨噬细胞

性肝病的啮齿动物模型中，用广谱 MMP 抑制剂 Marimastat 治疗 8 周龄 PCK 大鼠能够减少囊肿面积和 *col1a1* 表达[120]。在某一时刻，MMP 的生产受阻，重塑过程不再有利于过度沉积。此外，MF 进一步释放维持纤维生成的生长因子，并干预新血管生成的激活。然而，HSC 并不是唯一能够转化成 MF 的间充质细胞，其存在其他来源，如活化的门静脉成纤维细胞、髓质来源的循环间充前体（5%～7%）和纤维细胞（4%～6%）[114]。

上皮 - 间充质转化[121]在肝纤维化中的作用是否与肾脏等其他器官相似，一直备受争议。大多数证据表明，在肝脏修复过程中，胆管细胞失去了部分上皮特性，从而获得了间充质细胞的一些生物学和免疫表型特性，如运动性和沉积胶原

蛋白的能力，但没有过渡到完整的间充质细胞表型[122]，并且胆管细胞只是获得了一些有利于伤口修复的功能特性。

CTGF 是另一种能够通过与膜糖蛋白（整合素）、生长因子（TGF-β₁）及细胞外基质的不同成分（纤连蛋白）的相互作用来调节细胞外信号转导的生长因子。一旦分泌，CTGF 可以刺激不同细胞类型的增殖、黏附和募集[123]，包括巨噬细胞；CTGF 可以在支持巨噬细胞驱动的炎症反应中发挥重要作用。PBC 和 PSC 的特征是不同细胞环境中 CTGF 分泌增加，其中包括胆管细胞，它的表达维持 ECM 蛋白的沉积和纤维化。最近，Pi 及其同事[124]的一篇论文表明，在肝脏中，与整合素 αvβ₆ 相关的 CTGF 在实验性胆道损伤后

由 HPC 和 RDC 表达，它们通过与纤连蛋白和 TGF-β$_1$ 相互作用调节 HPC 的激活和纤维化的沉积。值得注意的是，在 CCl$_4$ 损伤的小鼠模型中，针对 CTGF 的 siRNA 治疗能够逆转纤维化并减少胶原蛋白沉积[125]。

在遗传性胆管病中，人们特别感兴趣的是纤维多囊性疾病，因为它们的特征是过度的胆管纤维化，但无胆管细胞坏死/凋亡。这是一组具有常染色体隐性遗传和可变表型的单基因疾病，包括常染色体隐性遗传多囊肾病、先天性肝纤维化和 CD，都是由于同一 FPC 基因的不同编码位点的突变。纤维多囊性肝病的特征是胆管发育异常，导致胆道微错构瘤和节段性扩张，有着不成熟（胆管板畸形）的表型。胆道发育不全通常与门静脉纤维化的逐渐积累有关，最终导致门静脉高压症。有趣的是，这些疾病有着"副炎症"的特征，这是一种缓慢的和未解决的炎症过程，表明对持续性组织功能障碍的不适应的响应[94]。β-catenin 核表达的增加负责几种趋化因子的分泌，其中包括 CXCL1、CXCL10 和 CXCL12。肝脏微环境中分泌的趋化因子负责募集囊肿周围的炎症细胞，尤其是 M$_1$ 和 M$_2$ 巨噬细胞。巨噬细胞局部分泌 TGF-β 和 TNF-α，刺激胆管结构表面 αVβ$_6$ 整合素的从头表达。这种整合素能够通过裂解 LAP 来激活非活化的 TGF-β。值得注意的是，用氯膦酸盐（一种抑制单核细胞-巨噬细胞分化的双膦酸盐）治疗 FPC 基因敲除小鼠，改善了该疾病的主要病理结果，即囊肿增大、纤维化积聚和门静脉高压的进展[116]。有趣的是，由于 NF-κB 依赖的 NLRP3 炎症小体复合物的激活，CXCL10 的分泌不仅受到 β-catenin 依赖的机制的诱导，还受到 IL-1β 的分泌的诱导[126]。此外，用 CXCL10 受体抑制剂 AMG-487 治疗 Pkhd1$^{del4/del4}$ 小鼠，能够以与氯膦酸盐类似的方式减少囊周巨噬细胞、囊性区域和胆管周围纤维化的程度，证明巨噬细胞积累是该疾病的主要驱动因素之一。

十一、结论

在本章中，我们总结了在理解胆管细胞生物学方面的一些最新进展。我们选择将讨论重点放在那些与理解遗传或获得性胆管病的病理生理学相关的机制上。我们相信读者将对肝脏上皮细胞的功能和功能障碍有一个有效的理解，并将他们的研究和兴趣集中在寻找迫切需要的新治疗靶点上。我们期望未来对这些疾病的病理生理学的研究将是有益的。

致谢　由 Fondazione Cariplo, grant number 2014–1099, to M.Cadamuro; NIH grant DK-034989 (Silvio O.Conte Digestive Diseases Research Core Centers) to M.Strazzabosco; NIH grants DK-079005 and DK-096096 授权，感谢 PSC Partners Seeking a Cure and Connecticut Innovations (16-RMA-YALE-26) to M.Strazzabosco。

第 33 章　多囊性肝病：遗传、机制和治疗
Polycystic Liver Diseases: Genetics, Mechanisms, and Therapies

Tatyana Masyuk　Anatoliy Masyuk　Nicholas LaRusso　著
杨世忠　王立扬　玉苏甫卡迪尔·麦麦提尼加提　译

多囊性肝病是一种遗传性胆管纤毛病，其特征是肝脏上面存在多个不同形状和大小的充满囊液的囊肿[1]。多囊性肝病常作为多囊性肾病的肾外表现存在，包括常染色体显性遗传多囊肾病和常染色体隐性遗传多囊肾病，有时也表现为孤立的常染色体显性遗传多囊肝病（autosomal dominant polycystic liver disease，ADPLD）。在与常染色体显性遗传多囊肾病和常染色体隐性遗传多囊肾病相关的多囊性肝病中，肝囊肿与肾囊肿同时存在。而在孤立的常染色体显性遗传多囊肝病中，大多数囊肿位于肝脏，肾脏中很少或没有囊肿。临床上，多囊性肝病通常通过超声检查、CT 或 MRI 检查发现，其肝囊肿数量主观定义需要超过 20 个[2]。另外，孤立的常染色体显性遗传多囊肝病患者的肝体积和肝囊肿数量通常多于常染色体显性遗传多囊肾病相关的多囊性肝病患者[2]。

家族研究表明，仅大约 20% 的多囊性肝病相关基因突变的患者无临床症状或患有轻度临床表现[2]。在其余 80% 的患者中，由于肝体积增大，可导致邻近器官受压，进而出现多囊性肝病相关症状。根据肝脏体积大小，多囊性肝病分为轻度（肝体积小于 1600ml）、中度（肝体积介于 1600~3200ml）和重度三个类型（肝体积大于 3200ml）[3]，并且疾病的严重程度与患者生活质量下降显著相关。轻度多囊性肝病患者很少出现

并发症。中度和重度患者会出现腹痛、腹胀、胃食管反流、恶心和呼吸困难等相关症状，严重者甚至可能会出现多种并发症，包括囊肿感染、出血和破裂等[2]。目前针对该病的治疗干预目标是减少肝脏体积和改善患者生活质量，主要方法包括肝囊肿抽吸、硬化疗法、囊肿切除术、囊肿开窗术和肝移植[4]。虽然这些方法可能会缓解症状并提高患者生活质量，但它们是有创的，仅部分患者有效，同时远期复发风险高，并不会阻止疾病的进展。

目前多囊性肝病唯一可用的药物是生长抑素类似物，它可以减少肝脏总体积并提升患者的生活质量。值得注意的是，尽管多项临床试验显示了生长抑素类似物具有一定疗效，但效果并不明显，并非所有患者都对治疗有反应，而且治疗成本非常高[5, 6]。例如，在 UDCA 的临床测试中并未发现患有孤立的常染色体显性遗传多囊肝病的受试者的总肝体积减小，但患有常染色体显性遗传多囊肾病相关多囊性肝病患者的肝囊肿体积减小了[7]。因此，未来仍需不断寻找新的更加有效的治疗方法和药物。

发现多囊性肝病的相关基因有利于明确囊肿的发病机制，让人们更好地认识这种疾病，从而为治疗干预带来新的视角。本章主要讨论目前与该病遗传相关的知识、所涉及的机制、潜在的治疗靶点。

一、遗传

目前为止，已发现的9种多囊性肝病的致病基因可归类为：①仅在常染色体显性遗传多囊肾病相关的多囊性肝病中突变（即 *PKD1* 和 *PKD2*）；②仅在孤立的常染色体显性遗传多囊肝病中突变（*PRKCSH*、*SEC63*、*ALG8*、*LRP5* 和 *SEC61B*）；③通常在多囊肾病相关的多囊性肝病和孤立的常染色体显性遗传多囊肝病中发生突变（即 *GANAB* 和 *PKHD1*）[2, 4, 8, 9]。虽然它们存在遗传上的异质性和复杂性，但临床表型上所有多囊性肝病的共同特征则是存在大量大小和形状不一的肝囊肿，并且往往占据了大部分肝实质（图33-1）。

（一）仅在常染色体显性遗传多囊肾病相关多囊性肝病中发生突变

最常见的多囊性肝病与常染色体显性遗传多囊肾病有关。该病的患病率为1∶400，其中高达90%的常染色体显性遗传多囊肾病患者将同时伴有多囊性肝病[2, 9, 10]。该疾病是三个基因（*PKD1*、*PKD2* 和 *GANAB*）突变的结果。*PKD1* 和 *PKD2* 基因分别编码 PC1 和 PC2（图33-1），其中 PC1 在质膜上和初级纤毛上表达（图33-2A），而

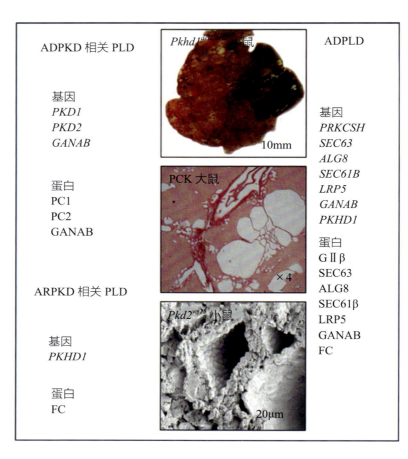

▲ 图33-1　多囊性肝病相关基因和蛋白质

多囊性肝病（PLD）包括常染色体显性遗传多囊肾病（ADPKD）和常染色体隐性遗传多囊肾病（ARPKD）相关的 PLD，以及孤立的常染色体显性遗传多囊肝病（ADPLD），其发生由9个基因突变触发。PKD1 和 PKD2 是导致 ADPKD 相关 PLD 的病因。GANAB 中的突变与 ADPKD 相关的 PLD 和孤立的 ADPLD 相关。PKHD1 与 ADPKD 和 ADPLD 的发展有关。5个基因（即 PRKCSH、SEC63、ALG8、LRP5 和 SEC61B）负责 ADPLD 中的肝囊肿发生。尽管存在遗传异质性，但在所有类型的 PLD 中，临床都表现为多个囊肿分布于肝实质。图中展示了在不同的多囊肝动物模型中存在肝囊肿，包括在 *Pkhd1^{del2/del2}* 小鼠多囊肝模型中切除的病变肝脏照片、PCK 多囊肝大鼠模型中病变肝脏切片的光学显微镜图像和 *Pkd2^{WS25/-}* 小鼠模型中病变肝脏的扫描电子显微照片

PC2 存在于内质网、质膜和初级纤毛中（图 33-2A）。目前 PC1 和 PC2 的确切功能还不清楚，仅已知 PC1 与 PC2 相互作用，调节细胞 / 细胞 – 基质相互作用、细胞增殖和 G 蛋白偶联信号转导途径 [4, 8, 9]。GANAB 编码具有 31 个蛋白质的糖基水解酶家族成员之一的 G Ⅱ（也称为 PKD3）α 亚基。该酶存在于内质网中，具有蛋白质折叠和质量控制作用（图 33-1 和图 33-2A）[4, 8, 9]。

（二）仅在常染色体隐性遗传多囊肾病相关多囊性肝病中发生突变

常染色体隐性遗传多囊肾病（患病率为 1 : 10 000～20 000）在儿童中易引起较高的肾脏和肝脏相关疾病和死亡风险。该病的特征是肾脏增大，同时伴有不同程度的肾功能不全、胆管扩张和先天性肝纤维化，可导致门静脉高压 [11]。该疾病是由编码 FC（图 33-1）的单个 PKHD1 基因突变引起的。FC 在质膜和初级纤毛上表达（图 33-2A）。虽然其功能仍不是很清楚，但已有实验数据表明，这种蛋白质可能作为一种膜结合受体参与调节细胞与细胞间的黏附和增殖 [11, 12]。

（三）仅在孤立的常染色体显性遗传多囊肝病中发生突变

孤立的常染色体显性遗传多囊肝病（患病率 1 : 100 000）的特点是单纯存在肝囊肿 [5, 13]。该病是至少 5 个基因（PRKCSH、SEC63、GANAB、ALG8 和 SEC61B）杂合功能缺失突变的结果（图 33-1）。有一些研究证据表明，PRKCSH（约 15% 的临床病例）和 SEC63 的突变与疾病的早期发作和严重的临床症状有关 [2]。

PRKCSH（G Ⅱ β）、SEC63（SEC63）、GANAB（G Ⅱ α）、ALG8 和 SEC61B 的蛋白质转运结构均存在于内质网膜上（图 33-2A），可促进包括 PC1 和 PC2 在内的多种糖蛋白的易位和跨膜插入 [8, 14-18]。此外，LRP5 也与此病的发展相关。然而，目前并没有在患者中发现明显的 LRP5 基因功能丧失变异体 [19]。LRP5 的蛋白质产物（即 LRP5）位于细胞膜上，它与经典 Wnt 信号通路中的卷曲蛋白相互作用（图 33-1 和图

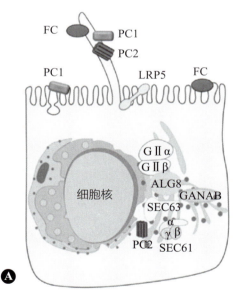

突变基因	PC1 水平	囊肿大小
ALG8	↓↓	小和大
GANAB	↓	小和大
SEC61B	↓↓	小
SEC63	↓	小和大
PRKCSH	↓	小和大
PKHD1	?	小

▲ 图 33-2　多囊性肝病中基因和蛋白质的相互作用

A. 示意图说明了多囊性肝病（PLD）相关蛋白的表达位点。PKD 相关 PLD 被称为胆管纤毛病，表明疾病起源（如胆管细胞）和所涉及的细胞器（如初级纤毛）。事实上，PKD 相关 PLD 中突变基因的蛋白质产物都定位于初级纤毛。孤立的 ADPLD 基因编码的蛋白质定位于内质网，但在将 PC1、PC2 和 FC 靶向质膜和纤毛的过程中发挥重要作用。B.ADPLD 相关基因的突变降低了 PC1 的功能剂量，导致肝囊肿形成。ADPLD. 常染色体显性遗传多囊肝病；FC. 纤维囊蛋白；PC1. 多囊蛋白 1；PC2. 多囊蛋白 2；LRP5. 低密度脂蛋白受体相关蛋白 5；G Ⅱ α. 葡萄糖苷酶Ⅱ亚基 α；G Ⅱ β. 葡萄糖苷酶Ⅱ亚基 β；ALG8.α-1,3– 葡糖基转移酶；GANAB. 葡萄糖苷酶Ⅱ α 亚基；SEC63. 蛋白质转运蛋白 SEC63；SEC61. 转位子亚基 SEC61；PRKCSH. 蛋白激酶 C 底物 80K-H；PKHD1.多囊肾肝病 1（经许可转载，引自参考文献 [9]）

33–2A）。Wnt 与卷曲蛋白 /LRP5 复合物结合后，经典的 Wnt/β-catenin 通路被激活，随后加快胆管细胞的增殖。最后，*PKHD1* 的突变不仅在常染色体隐性遗传多囊肾病中被证明是致病的，在孤立的常染色体显性遗传多囊肝病中也是如此（图 33–1）[20]。

与该病相关的 7 个基因约占临床病例中已鉴定致病基因的 50%；因此，孤立的常染色体显性遗传多囊肝病的致病基因数量未来可能会继续增加。最近在小鼠中进行的一项研究表明，Ucp2 基因的缺失导致肝囊肿的自发进展，其病理类似于人类的多囊性肝病[21]。

（四）多囊性肝病中的遗传互作网络

多囊性肝病的遗传调控包括九个致病基因。最近的研究表明了该病相关基因内的遗传互作网络[9, 22]。第一，*GANAB* 中的突变导致常染色体显性遗传多囊肾病和孤立的常染色体显性遗传多囊肝病，而 PKHD1 被发现在常染色体隐性遗传多囊肾病和孤立的常染色体显性遗传多囊肝病患者中突变（图 33–1）[8, 16, 23]。第二，动物模型研究表明，*PRKCSH*、*SEC63*、*GANAB*、*ALG8* 和 *SEC61B* 的功能丧失与 PC1 的功能剂量相结合可作为肝肾囊肿严重程度的预测因子（图 33–2B）[8, 16, 22, 23]。第三，GANAB 对 PC1 和 PC2 的成熟，以及定位到细胞表面和纤毛至关重要[16]。第四，PC1/PC2 功能复合物的形成需要 GⅡβ 和 SEC63，而 PC1 是该过程的限速因子[23]。第五，*ALG8*、*GANAB* 和 *SEC61B* 的突变降低了 PC1 的稳态水平；其中，最为明显的是 *SEC61B* 导致 PC1 的数量减少（图 33–2B）[8]。第六，*PKHD1* 基因的突变可能通过 PC1 与 FC 的异常相互作用促成肝囊肿，但不影响 PC1 的发生[8]。第七，*LRP5* 中的错义变体与 *PKHD1* 变体共存，这表明这两个基因的相互作用将导致 *PKHD1* 突变患者形成肝囊肿[8]。

二、机制

肝囊肿内的胆管细胞因基底膜增厚而增大[24-26]。虽然大多数肝囊肿由单层胆管细胞排列，但多囊肝病的动物模型（即 PCK 大鼠和 *Pkd2*^*WS25/-* 小鼠）中约有 10% 的囊肿和常染色体显性遗传多囊肾病患者中约有 20% 的囊肿是多层胆管细胞构成的[25]。

（一）胆管板畸形

胆管板畸形（即胆管板发育的胚胎停滞）促使多囊肝病中的肝囊肿形成[5, 27]。在常染色体隐性遗传多囊肾病相关的多囊肝病[28] 中，胆管板的不完全发育导致其残余物沿门静脉边缘存在。另外，孤立的常染色体显性遗传多囊肝病也与胆管板畸形有关；然而，上述所涉及的病理机制尚不清楚[5, 27]。此外，许多胆管板重塑的调节因子（如生长因子、转录因子和 miRNA）在囊性胆管细胞中异常表达，这进一步将胆管板畸形和肝囊肿形成联系起来[5, 27]。

（二）胆管细胞初级纤毛

多囊性肾病相关的多囊性肝病通常被称为胆管纤毛病[29, 30]。在胆管细胞中，初级纤毛（长约 7μm）从顶端膜延伸到胆管腔，并通过化学渗透和转导细胞外刺激进入细胞内部，以调节胆管细胞增殖、平面细胞极性、细胞内 cAMP 和钙信号转导等许多功能[29, 30]。

这将导致多囊肾病相关的多囊肝病基因的蛋白质产物（即 *PKD1*、*PKD2* 和 *PKHD1*）都在初级纤毛中表达，维持纤毛结构和功能完整性（图 33–2A）[31]。事实上，*PKD1*、*PKD2* 和 *PKHD1* 的突变与各种纤毛异常有关，包括体内和体外的异常形状、缩短和畸形的胆管细胞纤毛（图 33–3A 和 B）[12, 24, 25]。此外，从基体（即初级纤毛生长的成核位点）和中心体的异常定位和细长形状[26] 可以得出它们在多囊肝中也存在缺陷。肝囊肿内的胆管细胞中存在多余的中心体，导致多达 15% 的细胞形成额外纤毛[26]。平面细胞极性故障（即细胞分裂期间有丝分裂纺锤体的不正确对齐导致纵向而非水平方向细胞生长）也被牵连[32]。另外，虽然常染色体显性遗传多囊肝病基因的蛋白质产物不存在于纤毛中（图 33–2A）；但有研究表明，它们对于与多囊肾相关的多囊肝病（即 PC1、PC2 和 FC）有关的蛋白质形成及其正确易位至胆管细胞初级纤毛至关重要[8, 16, 23]。

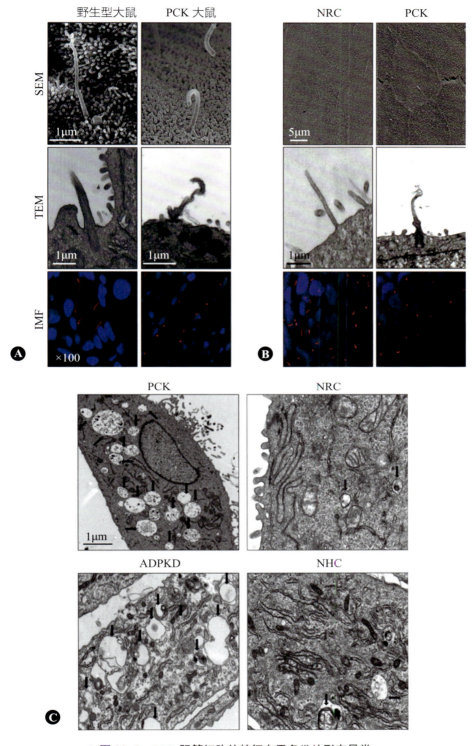

▲ 图 33-3　**PLD** 胆管细胞的特征在于多发的形态异常

A. 在多囊性肝病（PLD）动物模型的肝囊肿内衬的胆管细胞中，PCK 大鼠原发性纤毛较短且畸形，通过扫描电子显微镜、透射电子显微镜和免疫荧光共聚焦显微镜进行评估，与野生型大鼠沿胆管壁分布的胆管细胞相比较。B. 与体内研究数据一致，与来自野生型大鼠的胆管细胞相比，来自 PCK 大鼠的培养的胆管细胞中也存在较短和有缺陷的纤毛。C. 透射电子显微镜图像表明，分别与来自野生型大鼠（NRC）和健康人（NHC）的胆管细胞相比，来自 PCK 大鼠和人类常染色体显性遗传多囊肾病（ADPKD）患者的囊性胆管细胞中自噬体的数量更多和体积更大（黑箭）（B 经许可转载，引自参考文献 [101]）

原发性纤毛、基体和（或）中心体的形态异常、纤毛功能紊乱会加速胆管细胞增殖和囊肿扩张 [5, 9, 27, 31]。初级纤毛和中心体的特殊性还伴随着细胞周期机制的失调和细胞周期相关蛋白的异常表达 [26, 33, 34]。

（三）细胞内 cAMP 与 [Ca²⁺]ᵢ 的信号通路

多囊肝的胆管细胞中 cAMP 水平升高被认为是导致肝囊肿形成的主要机制之一 [5, 14, 31]。该第二信使通过其下游效应因子调节许多细胞功能，包括自噬、细胞周期、体液分泌和细胞增殖，这些下游的效应因子包括 Rap 鸟嘌呤核苷酸交换因子 3[即被 cAMP（EPAC）激活的交换因子]、PKA 和 MAPK/ERK[29, 35-38]。多囊肝的胆管细胞中 cAMP 升高背后的机制尚不清楚。然而，最近的研究表明，cAMP 连接的胆汁酸反应性 G 蛋白偶联受体 TGR5 的过表达，加上先前发表的观察结果，即内源性 TGR5 配体在囊性胆管细胞中的浓度增加，这些都可能导致多囊肝中 cAMP 的过度表达 [38, 39]。

多囊肝的胆管细胞特征还在于细胞内钙（[Ca²⁺]ᵢ）的浓度降低，这被认为是由功能失调的 PC1/PC2 睫状复合物引起的 [32]。PC2 中的突变缺陷会减少细胞外钙的进入，从而导致细胞质和内质网中钙储存的消耗，从而改变这种信号分子的稳态 [27, 32, 40]。降低的 [Ca²⁺] 可能通过激活可抑制钙的 AC5/6 和通过 PDe1 和 PDe3 阻止 cAMP 降解而导致 cAMP 升高 [41]。或者，由于这两种信号通路之间存在串扰，cAMP 可以通过 PKA 激活，从而影响钙信号转导 [10, 27]。

（四）胆管细胞自噬

最近我们发现自噬是一种保守的进化途径，它通过细胞质成分的降解和再循环参与调节细胞稳态，这点在多囊肝中是异常的 [37]。参与自噬的细胞器的形态学外观与胆管细胞中的细胞器明显不同。例如，与多囊肝动物模型和人类多囊肝病患者相比，培养的 PCK 大鼠、人的常染色体隐性遗传多囊肾的胆管细胞（图 33-3C）、肝囊肿的胆管细胞中自噬体的数量和大小是前者的 2~3 倍 [37]。自噬体形态随着溶酶体和自溶酶体的变化而变化（即数量和大小的增加），这些细胞器对

于自噬机制的正常运作至关重要 [37]。多囊肝的胆管细胞转录组的整体分析和功能通路聚类分析表明，自噬 - 溶酶体通路是多囊肝中改变最多的通路之一。囊性胆管细胞异常表达自噬相关蛋白并增强自噬通量。此外，多囊肝的胆管细胞中自噬的改变伴随着 cAMP-PKA-CREB 信号通路的激活和细胞增殖增强 [37]。也有报道称 PRKCSH 的突变会诱导自噬，但是涉及的机制不同（即 mToR 介导）[42]。另外根据观察，在体外实验系统中缺乏内源性肝囊素（即 PRKCSH 基因的蛋白质产物）或存在突变的肝囊素会诱导自噬 [42]。上述研究均强调了自噬在多囊肝发生中的重要贡献，并表明了自噬可作为多囊肝的治疗靶点。

（五）胆管细胞增殖

胆管细胞增殖被认为是肝囊肿疾病形成的重要机制之一，并且在许多临床前研究中被证明是疾病进展或消退的标志 [24, 29, 33-35, 39, 43-51]。在基础条件下，胆管细胞处于休眠状态，但在囊肿扩张期间变得过度增殖，如 PCNA 染色呈阳性 [48-50, 52]。然而，在充分进展的疾病中，囊性胆管细胞的增殖会放缓 [27, 53]。不同的细胞因子和生长因子（如 IL-6、EGF、VEGF 和 IGF）通过细胞外调节蛋白激酶和磷脂酰肌醇加速胆管细胞增殖，其信号通路包括 ERK、PI3K、AKT-mTOR 等。这些细胞因子和生长因子存在于囊液中，并由囊性胆管细胞分泌 [27, 32]。在与常染色体隐性遗传多囊肾病相关的多囊肝病中，一种不依赖于增殖的机制（即在胆管板重塑期间胆道前体的过度分化）有可能在囊肿发展的早期阶段发挥作用，随后在疾病后期发生胆管细胞增殖依赖性的囊肿扩张 [54]。

（六）体液分泌

肝囊肿腔的液体分泌增加也是多囊肝病进展的一个重要机制。在患有多囊肝的动物模型和人类的囊性胆管细胞中，CFTR（即 Cl⁻ 通道）、AE2（即 Cl⁻/HCO₃⁻ 交换剂）和 AQP1（即水通道）都被过度表达和错误定位。在培养的胆管细胞中，激活 cAMP 机制可加速这些蛋白质插入顶端膜，从而促进水流入 [43]。与这一观察结果相符，最近在多囊肝病患者中报道了 AQP1 的过表达 [55]。

PCK 大鼠肝脏和多囊肝患者的囊液中胆汁酸浓度增加[39]。鉴于这些分子种类在胆汁流量调节中的重要性，以及胆汁酸反应受体 TGR5 在囊性胆管细胞中的过表达，有人提出胆汁酸可能有助于增强多囊肝的液体分泌。然而，迄今为止还没有严格的实验证明这一理论。

（七）miRNA

近期，一项研究描述了 miRNA 在多囊肝发病中的作用[34]。研究表明，miR-15a 是大鼠的囊性胆管细胞中表达下调最明显的 miRNA 之一。囊性胆管细胞中上调 miR-15a 表达可降低 Cdc25A 的水平，抑制胆管细胞增殖，并减少了体外囊肿的生长。与之对应，对照组胆管细胞中下调 miR-15a，这增加了 Cdc25A 的表达，增强胆管的细胞增殖并加速培养物中的肝囊肿生长[34]。因此，上述研究表明，miR-15a/Cdc25A 的改变有助于解析多囊肝病的分子发病机制。

此外还发现，除了 miR-15a，多囊肝的胆管细胞中还有 67 种 miRNA 的表达失调[56]。这些 miRNA 的 mRNA 靶标与细胞周期、体液分泌、cAMP 通路和钙细胞内信号转导等相关，这提示 miRNA 可能是多囊肝中受影响的细胞内通路的特异性调节剂。

（八）肝囊肿性疾病发生的其他机制

除了上面所述的多囊肝发病机制外，还有另外一些机制已通过实验证明可促进肝囊肿发生（图 33-4A）。这些机制包括：①血管生成增强和囊壁新生血管形成；②细胞外基质重建；③ mRNA 和蛋白质表达的整体变化[10, 32, 49, 57]。

我们最近使用二代测序（NexGen sequencing，NGS）技术对来自健康个体、常染色体显性遗传多囊肾病和常染色体显性遗传多囊肝病患者的胆管细胞进行了 mRNA 分析。结果发现，mRNA 的表达模式在正常的和囊性的胆管细胞中显著不同，许多转录在多囊肝中发生上调或下调。另外，常染色体显性遗传多囊肾病和常染色体显性遗传多囊肝病患者的胆管细胞共享许多相同表达的基因（图 33-4B）。通过功能通路聚类分析对这些基因进行聚类，印证了先前确定的细胞通路，并发现了一些新的通路（图 33-4C）。

三、治疗

越来越多的证据表明，多囊肝致病基因的突变会引发肝囊肿的形成，由于细胞功能和信号通路的紊乱，肝囊肿会继续生长。已有研究在培养的囊性胆管细胞和多囊肝动物模型中测试了针对这些发病机制的潜在治疗策略的功效[2, 4, 9, 10, 27]，其中一些临床前研究已转化进入临床试验。具体而言，研究人员在常染色体显性遗传多囊肾病相关的多囊肝病和常染色体显性遗传多囊肝病的患者中测试了生长抑素类似物奥曲肽与帕瑞肽的作用，以及 UDCA 的作用[2, 4-7, 58]。在临床试验中，肝总体积是疾病的预后标志物，也是评估患者药物作用的主要终点。在临床前试验中，肝囊性区域和胆管细胞增殖率通常用于评估疾病进展/消退。尽管大多数临床前研究目前都集中在单一药物的评估上，但组合策略的研究也开始进行探索。本部分我们选择了在多囊性肝病治疗中比较有前景的单一疗法和联合疗法，表 33-1 对此进行了总结。

四、单一药物疗法

（一）生长抑素类似物

生长抑素的合成类似物目前是多囊肝患者的主要药物治疗选择[5, 27, 58]。在已知的存在于胆管细胞中的五种 SSTR 中，奥曲肽与 SSTR2、SSTR3 和 SSTR5 产生结合。而另一种生长抑素类似物帕瑞肽比奥曲肽更有效，结合范围更广（即与 SSTR1、SSTR2、SSTR3 和 SSTR5 结合），半衰期约为前者的 6 倍[33, 58]。目前的临床试验已经测试了三种生长抑素类似物（即奥曲肽、兰瑞肽和帕瑞肽），其中 120mg 兰瑞肽的剂量相当于 60mg 奥曲肽[59]。

1. 临床前研究

在培养的大鼠和人类囊性胆管细胞中，奥曲肽和帕瑞肽均降低了 cAMP 水平和胆管细胞增殖速率，但其中帕瑞肽更有效[33, 47]。与细胞试验相似，在多囊肝的动物模型（即 PCK 大鼠和 $Pkd2^{WS25/-}$ 小鼠）中，与奥曲肽相比，帕瑞肽治疗组的动物模型中观察到肝囊肿的发生显著减

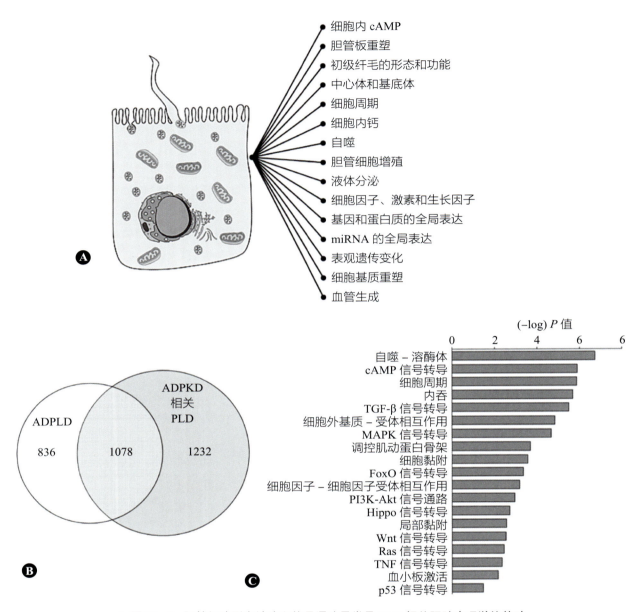

▲ 图 33-4　胆管细胞形态缺陷和信号通路异常是 PLD 相关肝脏病理学的基础

A. 囊性胆管细胞的特征是初级纤毛结构变形、自噬细胞器和线粒体数量增加、许多细胞功能失调。B. 使用二代测序技术，分别在来自 ADPKD 相关多囊性肝病（PLD）和孤立的 ADPLD 患者的胆管细胞中检测到 2310 个和 1914 个失调的转录产物。与来自健康个体的胆管细胞相比，这些基因在囊性胆管细胞中的表达存在差异（即上调和下调）（倍数变化大于 2.0，$P<0.05$）。使用维恩图分析，1078 个转录产物通常存在于囊性胆管细胞中。C. 通过对 1078 个基因的信号通路进行聚类分析，确定了与 PLD 发病机制相关的信号通路。ADPKD. 常染色体显性遗传多囊肾病；ADPLD. 常染色体显性遗传多囊肝病

少 [33, 47]，囊肿生长的减少与降低的 cAMP 水平和胆管细胞增殖率相吻合。这些研究为评估生长抑素类似物对人类的潜在益处提供了强有力的证据支持。

2. 临床试验

许多临床试验评估了生长抑素类似物对单纯的常染色体显性遗传多囊肝病和常染色体显性遗传多囊肾病相关的多囊肝病患者的疗效。对这些临床试验概述如下：首先，奥曲肽和兰瑞肽在给药 6～12 个月时会轻度（约 5%）减少总肝体积；这种肝体积的下降在治疗后的 12 个月内可以保持稳定。其次，随着奥曲肽的持续使用，肝脏体

表 33-1 多囊性肝病的治疗靶点

靶 点	研究类型	药 物	结 果	参考文献
			单一药物治疗	
cAMP	临床前	奥曲肽、帕瑞肽	体外实验提示胆管细胞增殖减少，PCK 大鼠和 $Pkd2^{WS25/-}$ 小鼠模型见肝囊肿发生减少	[33, 47]
	临床	奥曲肽、帕瑞肽	孤立的常染色体显性遗传多囊肝病（ADPLD）和常染色体显性遗传多囊肾病（ADPKD）相关多囊性肝病（PLD）患者的总肝体积减小，生活质量提高	[59, 62–69, 71, 73, 74]
		帕瑞肽	Mayo 医学中心正在进行一项涉及孤立的 ADPLD 和 ADPKD 相关 PLD 患者的临床试验（NCT01670110107）	
		帕瑞肽	抽吸硬化治疗后用药，囊肿减小没有进一步改善	[75]
细胞内钙	临床前	UDCA	体外实验见胆管细胞增殖减少，PCK 大鼠模型见肝囊肿形成减少	[39]
	临床	UDCA	肝总体积无变化；ADPKD 相关 PLD 患者的肝囊肿体积减小（但在 ADPLD 患者中没有减小）	[7]
			PLD 患者总肝体积呈减小的趋势	[80]
自噬	临床前	HCQ	体外实验见胆管细胞增殖减少，PCK 大鼠模型见肝囊肿形成减少	[37]
TGR5	临床前	SBI-115	体外实验见胆管细胞增殖和囊肿生长减少	[38]
AC5	临床前	SQ22536	体外实验见胆管细胞增殖减少，PC2 缺陷小鼠模型见囊肿生长减少	[83]
PKA、MEK	临床前	PKA&MEK 抑制药	体外实验见胆管细胞增殖和囊肿生长减少	[29, 84]
FSHR	临床前	shRNA 减少药	体外实验见胆管细胞增殖减少	[85, 100]
VR2	临床前	托伐普坦、oPC-31260	体外实验见胆管细胞增殖减少	[86]
	病例报道	托伐普坦	单发严重 PLD 患者的总肝体积减小	[88]
TRPV4	临床前	GSK1016790A	体外实验见胆管细胞增殖减少，PCK 大鼠模型见肝囊肿形成减少	[98]
BNP	临床前	BNP	体外实验见胆管细胞增殖减少，PCK 大鼠模型见肝囊肿形成减少	[89]
HSP90	临床前	STA-2842	体外实验见胆管细胞增殖减少，$Pkd1$ 基因敲除小鼠模型见肝囊肿形成减少	[90]

（续表）

靶 点	研究类型	药 物	结 果	参考文献
CDC25A	临床前	甲萘醌、PM-20	体外模型见胆管细胞增殖减少，PCK 大鼠及 $Pkd2^{WS25/-}$ 小鼠模型见肝囊肿形成减少	[48]
VEGF	临床前	SU5416	体外实验见胆管细胞增殖减少，PC2 缺陷小鼠模型见囊肿形成减少	[50, 92]
PPARγ	临床前	吡格列酮、替米沙坦	PCK 大鼠模型见肝囊肿发生减少	[93, 94]
HDAC6	临床前	Tubastatin-A、Tubacin、帕比司他、ACY-1215、ACY-738、ACY-241	体外实验见胆管细胞增殖减少，PCK 大鼠模型见肝囊肿形成减少	[35, 44]
MMP	临床前	马立马司他	体外实验见胆管细胞增殖减少，PCK 大鼠模型见肝囊肿形成减少	[95]
mTOR	临床前	雷帕霉素	体外实验见胆管细胞增殖减少，$Pkd2\ KO$ 基因敲除大鼠模型见肝囊肿形成减少	[49]
		西罗莫司	对 PCK 大鼠肝囊肿发生没有影响	[96]
		依维莫司	PCK 大鼠模型见肝囊肿发生减少	[97]
c-Src	临床前	SKI-606	PCK 大鼠模型见肝囊肿发生减少	[51]
联合药物疗法				
cAMP+mTOR	临床	依维莫司 + 奥曲肽	对总肝体积减小没有协同作用	[98]
cAMP+RAF	临床前	奥曲肽 + 索拉非尼	奥曲肽消除了索拉非尼对 PC2 缺陷小鼠的肝囊肿发生的反常促进作用	[84]
cAMP	临床前	奥曲肽 + 帕瑞肽	对 PCK 大鼠肝囊肿发生没有协同作用	[99]
cAMP	临床前	帕瑞肽 +SBI-115	体外实验中对胆管细胞增殖和囊肿生长具有协同作用	[38]
cAMP+ 自噬	临床前	帕瑞肽 +HCQ	体外实验对胆管细胞增殖和 PCK 大鼠模型肝囊肿形成均有协同作用	[37]
cAMP+HDAC6	临床前	帕瑞肽 +ACY-1215	体外实验对胆管细胞增殖和 PCK 大鼠模型肝囊肿形成均有协同作用	[35]

积减少可以维持；然而，当治疗停止时，肝脏体积开始向基线反弹。第三，严重患者对治疗的反应比轻度患者更有效。第四，在一些患者（约 15%）中，该治疗对肝脏总体积和生活质量没有影响。第五，生长抑素类似物耐受性良好，可提高生活质量。但生长抑素类似物非常昂贵，对于

通常必须逐一获得审批的医疗保险患者，每月需要 7000～11 000 美元[6, 59-74]。

美国 Mayo 医学中心医学院正在进行一项临床试验（NCT01670110107），用于测试更有效的生长抑素类似物帕瑞肽对多囊肝病的疗效。另外，对存在单一巨大囊肿、有症状的多囊肝患者

进行抽吸硬化治疗过程前后，配合使用的帕瑞肽并未缩小囊肿大小，其可能的原因包括帕瑞肽剂量不足或给药时间有限（在手术前 2 周和手术后 2 周给药）[75]。

（二）熊脱氧胆酸

胆汁酸已被认为是调节细胞增殖、凋亡和肝再生的信号分子[76]。熊脱氧胆酸（UDCA）是一种内源性亲水性胆汁酸，可刺激富含碳酸氢盐的胆汁分泌，通过增加细胞内钙的水平来保护肝细胞和胆管细胞免受疏水性胆汁酸的细胞毒性[77-79]。考虑到囊性胆管细胞的特征是细胞内钙水平降低，UDCA 作为多囊肝病治疗剂的潜在作用已在临床前和临床研究中进行了测试。

1. 临床前研究

在 PCK 大鼠（cAMP 增加、细胞内钙减少和有毒胆汁酸浓度升高）中，UDCA 抑制肝囊肿形成、纤维化和胆管细胞过度增殖并改善其体能。它还使胆汁中的胆汁酸浓度正常化。UDCA 的这些作用与通过 PI3K-AKT-MEK/ERK 依赖性机制恢复囊性胆管细胞中的细胞内钙的机制存在交叉[39]。

2. 临床试验

鉴于临床前研究的积极结果，研究人员进行了一项临床试验，以评估 UDCA 对单纯的常染色体显性遗传多囊肝病和常染色体显性遗传多囊肾病相关的多囊肝病患者的影响。UDCA 耐受性良好，没有严重的不良反应。虽然未观察到有反应的总肝体积变化，但发现了常染色体显性遗传多囊肾病相关的多囊肝病患者的肝囊肿体积有所减少。所有患者的 GGT 和 ALP 水平均降低[7]。在另一项小型试验中，UDCA 治疗还降低了胆道酶（即 GGT 和 ALP）的水平，并有降低总肝体积的趋势[80]。因此，UDCA 可能是常染色体显性遗传多囊肾病相关的多囊肝病患者的一种药理学选择[5, 7, 57, 80]。

（三）自噬

最近的研究表明，多囊肝的胆管细胞自噬有助于疾病进展，并可能作为潜在的治疗靶点[37, 42]。事实上，用自噬抑制剂、巴弗洛霉素 A1 和羟氯喹（hydroxychloroquine，HCQ）处理培养的大鼠和人胆管细胞，可减少其体外增殖和囊肿生长。然而，在多囊肝的胆管纽细胞中，一种主要的自噬相关蛋白 ATG7 的基因表达降低，从而消除了巴弗洛霉素 A1 和 HCQ 的作用。在 PCK 大鼠中，HCQ 治疗通过降低 cAMP 水平和肝囊肿内胆管细胞的增殖来减弱肝囊肿形成[37]。

（四）cAMP 连接的胆汁酸受体 TGR5

TGR5 在调节多种细胞过程的不同细胞类型中都有表达，最近被认为是代谢、炎症和消化疾病的潜在治疗靶点[38]。在基础条件下，TGR5 定位于不同的胆管细胞区室，包括初级纤毛和顶端膜[36, 81]。在多囊肝的胆管细胞中，TGR5 过度表达，并且 PCK 大鼠的肝脏和血清中内源性 TGR5 激动药（如石胆酸、鹅脱氧胆酸、脱氧胆酸和胆酸）的浓度增加[38, 39]。用 TGR5 天然或合成激动药激活培养的大鼠和人囊性胆管细胞可进一步增加 cAMP 水平、细胞增殖和囊肿生长。此外，TGR5 激动药异生齐墩果酸会加重 PCK 大鼠的肝囊肿，并增加体内囊性胆管细胞的增殖。通过 $TGR5^{-/-}$ 基因敲除可减少 TGR5 的体外表达或在体内完全消除这种 GPCR；$Pkhd1^{del2/del2}$ 双突变小鼠阻止了 TGR5 激活对囊肿生长的影响，并减少了 cAMP 的产生。总之，上述研究表明 TGR5 有助于多囊肝病中的 cAMP 升高和肝囊肿形成，它代表一个潜在的治疗靶点。事实上，一种新型小分子 TGR5 拮抗药 SBI-115 可显著降低培养的胆管细胞中的 cAMP 水平、细胞增殖率和囊肿生长，这表明 TGR5 可能是一个极具潜力的治疗靶点[38]。

（五）AC5

部分研究表明 AC5/6 与多囊肝的发病机制有关。胆管细胞初级纤毛具有由 AC5/6 和 AKAP150 组成的蛋白质复合物。激活这种复合物会触发细胞内钙和 cAMP 水平的变化[82]。在 PC2 缺陷细胞中，抑制 AC5 会降低 cAMP 的产生、cAMP 下游效应因子 ERK 的表达、VEGF 的分泌和胆道类器官的生长。另外，一种 AC5 抑制剂 SQ22536 减少了 PC2 缺陷小鼠的肝囊肿面积和胆管细胞增殖[83]。

（六）cAMP 下游效应器

cAMP 机制已被证明在多囊肝的发病机制中

发挥重要作用。PKA 调节亚基之一 PKA-RIb 在囊性胆管细胞中过度表达，其激活在体外诱导了胆管细胞增殖和囊肿生长[29]。这些 PKA 刺激的作用被 PKA 和 MEK 特异性抑制剂阻断，降低了 3D 培养物中的 ERK 磷酸化、胆管细胞增殖率和囊肿生长[29, 84]。鉴于最近认识到 PKA 靶向药物可能对癌症等其他增殖性疾病有益，因此在体内测试 PKA 抑制剂对肝囊肿形成的影响具有一定临床意义。

（七）FSHR

FSHR 是一种参与卵泡生长的 cAMP 相关受体。FSHR 存在于常染色体显性遗传多囊肾病相关的多囊肝病患者的囊性胆管细胞中，其以 cAMP-ERK 依赖性方式刺激和增加胆管细胞增殖，这些影响在 FSHR 基因减少表达后被消除。然而，FSHR 的治疗效果目前尚未在相关动物模型中进行检测[85]。

（八）加压素

1. 临床前研究

最近，VR2（三种已知的精氨酸加压素受体为 VR1A、VR1B 和 VR2）被发现存在于正常的胆管细胞中[86]。此外，在常染色体显性遗传多囊肾病患者的囊性胆管细胞中检测到过表达的 VR2。用其激动药加压素激活这种 cAMP 相关受体，增加了胆管细胞增殖和 cAMP 水平，胆管细胞与两种 VR2 拮抗药托伐普坦和 OPC-31260 共培养可阻断上述作用[86]。迄今为止，尚未在临床前测试 VR2 靶向药物对多囊肝形成的影响。

2. 临床个案病例

VR2 抑制剂托伐普坦在临床试验中显示可减少多囊肾病患者的肾脏体积，最近已被美国 FDA 批准用于治疗常染色体显性遗传多囊肾病患者的肾（但不是肝）囊肿形成[87]。一份临床病例报道还表明，托伐普坦在治疗 17 个月后可减少严重多囊肝患者的总肝体积[88]。截至今天，尚未报道托伐普坦对此患者疗效相关的其他数据。

（九）TRPV4

钙进入通道 TRPV4 在多囊肝的胆管细胞中的 mRNA 和蛋白水平上过度表达。这些细胞中，TRPV4 的激活增加了细胞内钙的水平，随后激活 AKT 和抑制 BRAF-ERK 信号通路而抑制体外细胞增殖和囊肿生长。TRPV4 激活剂 GSK1016790A 可减少 PCK 大鼠的肝囊肿发生[44]。

（十）BNP

BNP 是一种鸟苷酸环化酶 A 激动药，可触发 cGMP 的产生，具有抗纤维化、抗高血压和加压素抑制特性。BNP 在体外降低肾囊性上皮细胞增殖，抑制纤维化基因表达，并增加细胞内 Ca^{2+} 水平。PCK 大鼠中持续产生 BNP，对 AAV9 发生反应，AAV9 携带 CMV 驱动的密码子优化的 proBNPcDNA，最终 BNP 可抑制肝囊肿形成。因此，靶向 cGMP 可能会为多囊肝治疗提供一种新的策略[89]。

（十一）Hsp90

Hsp90 是一种伴侣蛋白，可控制蛋白伴侣的正确折叠并防止其降解。在条件性 *Pkd1* 基因敲除小鼠中，HSP90 STA-2842（间苯二酚三唑分子）抑制剂可阻止肝囊肿的生长并减少胆管细胞增殖。此外，当 Hsp90 表达和活化时，胆管细胞的 EGFR 蛋白和 ERK1/2 的表达和活性降低[90]。

（十二）CDC25A

在多囊肝的胆管细胞中，主细胞周期调节因子 Cdc25A 的过表达与细胞周期失调和多个中心体异常细胞数量增加有关[26, 34]。培养的胆管细胞中 Cdc25A 的遗传缺失或通过产生 *Cdc25A*[+/-] 完全消除该蛋白质，*Pkhd1*[del2/del2] 双突变小鼠使这些过程正常化[26, 48]。此外，通过增加其调节因子 miR-15A 的水平来抑制 Cdc25A，可在体外抑制胆管细胞增殖和囊肿生长[34]。这些观察结果为研究 Cdc25A 靶向 PCK 大鼠和 *Pkd2*[WS25/-] 小鼠的治疗潜力提供了依据。两种 Cdc25A 抑制剂（即甲萘醌和 PM-20）通过降低 Cdc25A 的活性和表达来减少上述模型的囊肿生长[48]。

（十三）VEGF

VEGF/VEGFR2 在肝囊肿形成中起重要作用。多囊肝的胆管细胞中细胞内钙水平的降低和 cAMP 的产生增加通过 PKA-RAS-RAF-ERK 通路刺激 mToR/HIFα 轴，导致 VEGF 过度产生[49, 50]。VEGFR1 和 VEGFR2 在肝囊肿中也上调，它们以 cAMP 依赖性方式激活，从而增强胆管细胞增殖[91]。研究表明，VEGFR2 抑制剂 SU5416 可减少 PC2 缺陷小鼠的肝囊肿形成[50,92]。

（十四）PPARγ

有研究表明，吡格列酮（一种 PPARγ 完全激动药）和替米沙坦（一种部分 PPARγ 激动药）可减少 PCK 大鼠的肝囊肿生长和血压升高，同时抑制囊性胆管细胞中 TGF-β 的表达[93,94]。

（十五）HDAC6

HDAC6（与表观遗传控制基因表达的 HDAC 家族的其他成员相反）主要位于细胞质中，并参与多种细胞过程的调节，包括细胞周期进程、自噬和纤毛分解。HDAC6 在多囊肝的胆管细胞中上调，并且其被 tubastatin-A、tubacin 和 ACY-1215 抑制，以剂量和时间依赖性方式在体外降低胆管细胞增殖。几种 HDAC6 抑制药（即帕比司他、ACY-1215、ACY-738 和 ACY-241）可减少 PCK 大鼠的肝囊肿形成，其中 ACY-1215 表现出更强的抑制作用[35,44]。

（十六）MMP

在多囊肝的胆管细胞中观察到不同 MMP 水平的增加。囊性胆管细胞的 IL-6、IL-8 和 17β-雌二醇表达增加，其以自分泌 / 旁分泌方式促进 MMP 的过度活跃，进而刺激细胞外基质的消化和重建[47]。当 IL-6 和（或）IL-8 的分泌被阻断时，囊性胆管细胞的增殖会放缓。值得注意的是，MMP 抑制剂 Marimastat 减弱了 PCK 大鼠的肝囊肿形成[95]。

（十七）mTOR

mTOR 与多种基本细胞过程的调节有关，包括细胞生长、代谢、蛋白质合成和自噬。在多囊肝病中，失调的 mTOR 信号网络通过影响一系列细胞内途径（包括生长因子信号）促进疾病进展[49]。囊性胆管细胞中 mTOR 的过表达伴随着 VEGF、IGF1、IGF1R 和 PKA 的上调。雷帕霉素（一种 mTOR 抑制药）通过减少胆管细胞增殖来减少 Pkd2 基因敲除小鼠的囊肿生长。雷帕霉素的作用与 HIF1α（VEGF 的主要转录因子）的积累和参与 MEK-ERK 途径的 VEGF 分泌抑制相结合[49]。另外，mTOR 抑制药西罗莫司对 PCK 大鼠的肝肾囊肿生成没有影响[96]。而另一种 mTOR

抑制药依维莫司通过 PI3K-AKT-mTOR 信号转导在 PCK 大鼠中可终止肝囊肿形成并减少肝纤维化[97]。上述研究通过 MRI 方法，使用肝体积作为终点，评估依维莫司治疗对疾病进展的影响，这与之前在薄层肝切片中测量囊性区域的研究形成对比。由于研究报道数量有限且结果存在争议，mTOR 抑制药作为多囊肝治疗的临床作用仍不明确。

（十八）原癌基因酪氨酸蛋白激酶 Src（c-Src）

c-Src 可磷酸化不同蛋白质的酪氨酸残基，并促进不同细胞类型的血管生成和增殖。PCK 大鼠的囊性胆管细胞 c-Src 活性增加，并且 c-Src 抑制剂 SKI-606 改善了多囊肝模型中的胆管异常[51]。

五、联合药物疗法

（一）cAMP 和 mTOR

常染色体显性遗传多囊肾病相关的多囊肝患者在肾移植后评估了生长抑素类似物兰瑞肽和 mTOR 抑制剂依维莫司对疾病发病机制的影响。虽然兰瑞肽减少了总肝体积[64]，但药物组合并未实现对疾病进展的协同作用[98]。

（二）cAMP 与 RAF

鉴于在 PC2 缺陷小鼠中，由于 cAMP 及其下游效应子 PKA 激活 RAS-RAF-MEK-ERK 通路，导致肝囊肿过度生长，已有研究开始测试索拉非尼抑制 RAF 的治疗潜力。结果发现，索拉非尼通过激活 PC2 缺陷小鼠的 RAF1，进一步加速了肝囊肿发生和 ERK 磷酸化。奥曲肽和索拉非尼的联合给药消除了后者的矛盾效应[84]。

（三）cAMP

1. 奥曲肽 + 帕瑞肽

在 PCK 大鼠实验中，研究人员测试了奥曲肽和帕瑞肽共同给药对肝囊肿产生的影响。与先前报道的一致[33,47]，两种生长抑素类似物均能减少肝囊肿的发生，但没有观察到药物组合反应在减少囊肿生长方面的协同作用[99]。

2. 帕瑞肽 +SBI-115

最近报道多囊肝的胆管细胞中 cAMP 升高可能是 cAMP 连接的 GPCR、TGR5 过度表达的结

果 [38]，同时还发现 TGR5 拮抗药 SBI-115 在体外可减少胆管细胞增殖和囊性结构的生长。因此，研究测试了生长抑素类似物帕西瑞肽和 TGR5 抑制剂 SBI-115 靶向 cAMP 机制如何影响这些过程。与单独使用每种药物相比，在体外同时给药对 cAMP 水平、胆管细胞增殖率和囊肿生长的抑制作用更大 [38]。培养的胆管细胞中 TGR5 的基因缺失消除了 SBI-115 的作用。虽然上述实验取得了满意的结果，但仍需要进一步开展动物模型的研究。

（四）cAMP 和自噬

与每种药物单独相比，帕瑞肽和 HCQ 联合使用时，在更大程度上降低了 cAMP 水平，并降低了培养的囊性胆管细胞的增殖。与此相同，用帕瑞肽和 HCQ 联合治疗 PCK 大鼠显示药物组合对减少肝脏重量、肝囊性和纤维化区域、肝囊肿内细胞增殖率的累加作用 [37]。

（五）cAMP 和 HDAC6

在 PCK 大鼠内测试的几种 HDAC6 抑制药（即帕比司他、ACY-1515、ACY-738 和 ACY-241）中，ACY-1215 最有效。因此，研究人员在体外和体内测试了 ACY-1215 和 HDAC6 组合对疾病进展的协同作用。在培养的囊性胆管细胞中，与单独使用每种药物相比，ACY-1215 和帕瑞肽的混合物更有效地降低了胆管细胞增殖并降低了 cAMP 水平。在 PCK 大鼠中，两种药物的共同给药可协同减弱肝囊肿发生并增加原发性纤毛的长度，这显示了联合治疗对这些过程的协同效应 [35]。

六、结论

目前，对多囊性肝病的遗传、相关机制、识别失调的信号通路、肝囊肿形成的异常细胞功能等方面取得了相当大的进展，这促进了治疗该病的多种潜在治疗靶点的发现。许多靶标已经过临床前测试，在不同的实验系统（如培养的囊性胆管细胞、囊性肝病遗传学体外模型和多囊肝动物模型）中，显示了抑制胆管细胞增殖和囊肿生长的有益作用。但这些结果仍需在未来的临床试验中进行深入评估。另外，越来越多的研究表明，药物组合在多囊肝病的治疗中可能比单一疗法更有效。临床上，生长抑素类似物和 UDCA 已在常染色体显性遗传多囊肾病相关的多囊肝病和单纯的常染色体显性遗传多囊肝病患者中进行了评估，但只有生长抑素类似物显示出有益效果并被用于临床治疗。

第34章 肝窦内皮细胞：基础生物学和病理生物学

The Liver Sinusoidal Endothelial Cell: Basic Biology and Pathobiology

Karen K. Sørensen　Bård Smedsrød　著

周伟杰　林　媛　陈昱安　译

内皮细胞根据组织类型的不同，形成具有不同的结构和功能特征的异质细胞群。与其他微血管内皮细胞相比，肝窦内皮细胞具有显著特征：细胞多穿孔，缺乏基底层[1]。LSEC 的这一特征性形态允许大分子（如脂蛋白）自由透过肝窦内皮细胞层，很容易实现肝细胞与循环系统进行大分子物质交换。LSEC 表面有大量活跃的内吞受体，赋予细胞极高的内吞能力[2]，成为人体最有效的清道夫细胞，可高效清除血液中的大分子和纳米化合物，从而对维持机体内稳态起到重要作用。LSEC 的一个特殊代谢特征是其乳酸产量非常高，表明其主要进行无氧代谢，这与其线粒体数量较少的特征相一致。LSEC 在免疫中也扮有重要角色：它们表达内吞免疫球蛋白 Fcγ 受体 Ⅱb2（CD32b，FcγRⅡb2）、数种 PRR，如各种 TLR、甘露糖受体（mannose receptor，MR）和数种清道夫受体（scavenger receptors，SR），其中清道夫受体 Stabilin-1 和 Stabilin-2 是最重要的 LSEC 受体。LSEC 还具备适应性免疫的特征，在肝脏免疫耐受中发挥作用[3]。

在肝脏病理生物学中，LSEC 在肝纤维化[4,5]、癌症转移[6,7]和肝脏毒理学[8]中发挥着核心作用。值得注意的是，LSEC 除了参与调控肝脏多种病理进程之外，在肝外部位并发症的进展中也被认为发挥重要作用，例如动脉粥样硬化、系统性红斑狼疮（systemic lupus erythematosus，SLE）和肾小球纤维化肾病等。

本章概述 LSEC 的核心基础生物学研究进展，描述 LSEC 在肝内和肝外特定疾病病理学进展中的重要性，以及 LSEC 介导的肝毒性研究进展。

一、结构与功能要点

肝细胞是肝脏的主要细胞类型（约占肝脏细胞总体积的 92.5%），LSEC、肝巨噬细胞和肝星状细胞分别占肝脏细胞总体积的 3.3%、2.5% 和 1.7%[9]。尽管肝细胞在体积上占优势，从肝的解剖结构和组织形态可以看到，次要细胞群发挥着关键的功能作用。肝脏血管丰富，接受约 1/4 的心输出量。进入肝脏的血液是一种混合物，其中 25% 来自肝动脉的富氧血液，75% 来自门静脉的贫氧血液。门静脉携带肠源性营养物质和潜在或明显有害的物质，这些物质将被肝脏监测，并在有需要的情况下被清除，以确保出肝血液与机体内稳态相兼容。肝脏的这种有效过滤能力主要归因于肝窦的以下三种结构与功能特征。

1. 面向流经肝窦血液的细胞主要包括构成肝窦壁的 LSEC（图 34-1A）和迄今为止体内最大的巨噬细胞群肝巨噬组胞。这两种细胞类型都具有强大的识别和内吞与机体内稳态不兼容的可溶和颗粒物质的能力。它们共同构成了体内最大的清道夫细胞系统[10, 11]（图 34-1B）。

2. LSEC 上分布约占其表面积 20%、孔径大小为 100~150nm 的穿孔，通常称为开窗[12]。肝窦缺乏基膜，仅依靠 LSEC 形成开窗的内皮结构形成管腔，在血液和实质组织之间提供大分子和纳米粒子的开放通道（图 34-2）。

3. 肝窦内皮细胞的总表面积巨大也是肝脏血液过滤能力高的原因。依据大鼠肝脏体视定量分析[13]的数据来计算平均正常成人肝脏的 LSEC 总表面积约为 210m² （网球场面积的 80%）。

二、LSEC 作为清道夫的功能与意义

（一）发现历史

直到 20 世纪 70 年代早期，Eddie Wisse 进行了详细的超微结构研究后，LSEC 才被区分为不同于肝巨噬细胞的细胞类型[1]。通过大鼠肝脏大规模分离 LSEC、肝巨噬细胞和肝细胞的方法的开发，得以建立纯化细胞的原代培养，发现细胞外基质多糖透明质酸主要被 LSEC 而非其他类型细胞特异性内吞和降解[14]。这个发现证明 LSEC 在生理学上是一种新型的重要的清道夫细胞[15]。在随后的几年中，主要由 LSEC 清除的大分子清单稳步增加。现在普遍认为，LSEC 在清除循环中的可溶性大分子和纳米颗粒方面远比肝巨噬细胞重要[2]（表 34-1）。这一观念纠正了之前认为网状内皮系统（reticuloendothelial system, RES）主要由巨噬细胞或单核吞噬细胞构成并且是肝脏血液清除的主要系统的观念。近 100 年前，

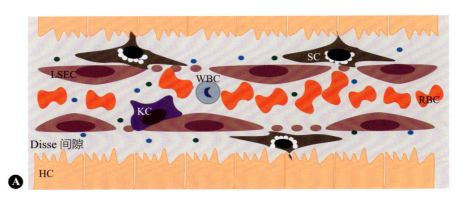

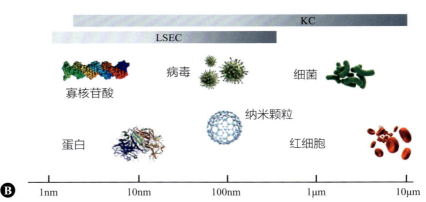

▲ 图 34-1　**A. 肝窦及其主要细胞类型。**该简图展示了肝细胞（**HC**）、肝窦内皮细胞（**LSEC**）、肝巨噬细胞（**KC**）和肝星状细胞（**SC**）的定位。肝巨噬细胞通常位于窦腔，肝星状细胞位于 LSEC 和肝细胞之间，在窦周隙空间。蓝点和绿点代表可溶性大分子。**B. LSEC 和肝巨噬细胞的清除任务分配。**LSEC 和肝巨噬细胞共同构成了体内最大的清道夫细胞群[10]。LSEC 主要通过网格蛋白介导的内吞作用高效内吞各种可溶性大分子和纳米粒子，其本质上是非吞噬性的。肝巨噬细胞通过吞噬作用清除较大的颗粒，如细菌和老化受损的红细胞。这就是"废物处理的双细胞原理"[11]

RBC. 红细胞；WBC. 白细胞（A 经许可转载，引自参考文献 [2]；图片 B 由 Dr Kjetil Elvevold, D'Liver AS Tromsø, Norway 提供）

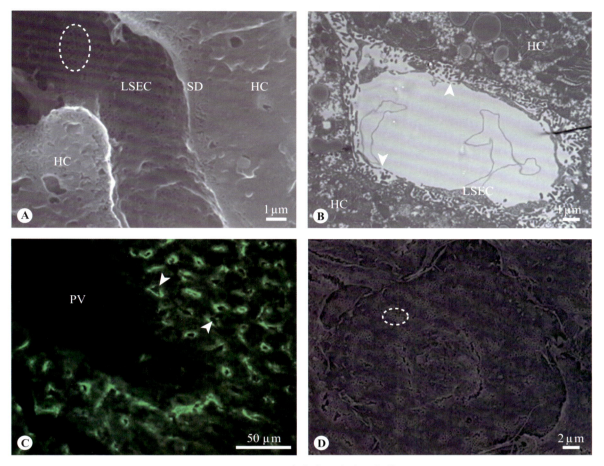

▲ 图 34-2 肝窦内皮细胞的形态学

A. 小鼠肝脏的扫描电子显微照片显示肝窦内皮的高孔隙率。肝窦内皮细胞（LSEC）的开窗通常按组排列，称为筛板（白色虚线圈住部分）。HC. 肝细胞；SD. 窦周隙空间。B. 大鼠肝窦的透射电子显微照片。LSEC 非常薄的细胞质包含许多开窗（箭头），内皮下没有组织基膜。开窗提供开放通道，允许血液和肝细胞之间液体、溶质和小颗粒的双向流动。C. 小鼠肝脏的免疫荧光显微照片，通过抗 BK 多瘤病毒抗体染色显示静脉注射后 15min 在 LSEC 中摄取 BK 多瘤病毒样颗粒（绿色荧光，箭头）。PV. 门静脉。该实验是参考文献 [69] 所述研究的一部分。D. 大鼠 LSEC 的扫描电子显微照片。新鲜分离的 LSEC 平铺在胶原涂层的组织培养皿上，在培养 1h 后固定。细胞高度开窗，白色虚线环绕筛板

Ludwig Aschoff[16] 基于不同类型的颗粒着色（胶体、纳米级化合物等）均沿着肝窦特异积聚的现象，提出了 RES 的名称和概念。虽然 Aschoff 本人并没有将 RES 与巨噬细胞或吞噬作用明确联系起来，但由于在 Aschoff 的发现发表前几年，Metchnikoff[17] 引入了巨噬细胞和吞噬作用这两个术语，科学家们逐渐将 RES 视为一个主要或仅由巨噬细胞负责吞噬血源性颗粒的细胞系统。至今也经常发现在最新发表的科学论文和更新的教科书中，仍将肝脏摄取仅描述为肝巨噬细胞主导的吞噬细胞摄取。为了澄清该问题，在 Aschoff 提出 RES 概念约 75 年后，使用与 Aschoff 及其同时代人所描述的完全相同方式来重复实验，并根据 100～140 年前使用的原始方案进行颗粒染色，发现最常用的锂胭脂红染色主要出现在 LSEC 中 [18]。

（二）废物清除的双细胞原理

肝脏清道夫系统由肝巨噬细胞和 LSEC 组成，肝巨噬细胞主要吞噬大于 200nm 的颗粒，LSEC 主要清除小于 200nm 的血源大分子和纳米粒子（图 34-1B）。当调控或预测肝脏中血源物质的摄取时，必须考虑这一废物清除的双细胞原理[11]。

表 34-1　主要通过肝窦内皮细胞清除的血液循环中的配体			
	配　体	受　体	文　献
组织周转废物	透明质酸	Stabilin-2	[14, 25]
	硫酸软骨素	Stabilin-2	[14, 139]
	巢蛋白	SR	[140]
	肝素	Stabilin-2	[139, 141]
	血清甘氨酸	SR	[142]
	前胶原 N 端前肽（Ⅰ、Ⅲ）	SR、Stabilin-2	[25, 143]
	胶原蛋白 α 链（Ⅰ、Ⅱ、Ⅲ、Ⅳ、Ⅴ）	甘露糖受体 [a]	[15, 39, 144]
	Ⅰ 型前胶原 C 末端前肽	甘露糖受体	[36]
	组织型纤溶酶原激活物	甘露糖受体	[37]
	溶酶体酶	甘露糖受体	[22]
	唾液淀粉酶	甘露糖受体	[145]
修饰蛋白质和脂蛋白	氧化 LDL	SR、Stabilin-1、Stabilin-2	[31, 146]
	AGE– 白蛋白	SR、Stabilin-2（Stabilin-1 [b]）	[132, 147]
免疫复合体	可溶性 IgG 免疫复合体	FcγR Ⅱ b2	[44]
	CpG 脱氧寡核苷酸	SR	[33]
非哺乳动物来源的配体	转化酶	甘露糖受体	[148]
	甘露聚糖	甘露糖受体	[41]
	卵清蛋白（Nidogen）	甘露糖受体	[21]
	蓖麻毒素	甘露糖受体	[68]
	辣根过氧化物酶	甘露糖受体	[149]
	胺化 β（1～3）葡聚糖	未知	[150]
	甲醛处理的白蛋白	SR、Stabilin-1、Stabilin-2	[31, 151]
	乙酰化 LDL	SR、（Stabilin-1/Stabilin-2 [b]）	[152]
非生理配体	乙酰葡萄糖胺	甘露糖受体	[149]
	甘露糖黏蛋白	甘露糖受体	[149]
	锂胭脂红	未知	[18]

SR. 清道夫受体；AGE. 晚期糖基化终产物；LDL. 低密度脂蛋白

Stabilin-1 同义词 .SR-H1、FEEL-1（束状 EGF 样、层粘连蛋白型 EGF 样和含有连接结构域的清除剂受体 1）[153]、CLEVER-1（常见淋巴管内皮和血管内皮受体 –1）[154]；Stabilin-2 同义词 .SR-H2、FEEL-2[155]、HA/SR（透明质酸 /SR）[25]、HARE（内吞作用的透明质酸受体）[106]

a. 报道的胶原 α 链在肝窦内皮细胞上的受体被证明是甘露糖受体[39]。胶原 α 链和甘露糖终端配体与受体上结合位点不重合[38]

b. AGE– 白蛋白对 Stabilin-1 的亲和力，以及乙酰化 LDL 对 Stabilin-1 和 Stabilin-2 的亲和性在转染细胞系中得到研究[153, 155]（经许可转载，改编自参考文献 [11]）

值得注意的是，这一原则适用于所有脊椎动物种类。在陆地脊椎动物（哺乳动物、鸟类、爬行动物和两栖动物）中，清道夫内皮细胞主要位于肝脏，而在种系演化上较古老的脊椎动物（软骨鱼、七鳃鳗和盲鳗）中，清道夫内皮细胞位于心脏心房和（或）肾（硬骨鱼）或鳃[10]。

（三）LSEC 能够有效吸收血液中的大分子和纳米材料的更多证据

LSEC 内充满了参与内吞、细胞内运输和内吞物进入溶酶体处理的细胞器。尽管 LSEC 在肝细胞总体积中所占比例很低（3.3%），但其包含器官总胞饮泡囊质量的 45% 和器官总溶酶体体积的 17%。此外，与肝细胞和肝巨噬细胞相比，LSEC 每个膜单元包含 2 倍多的网格蛋白小窝[19]。LSEC 含有大量参与膜运输的蛋白质（clathrin、α/β-adaptin、Rab4、Rab5、Rab7 和 rabaptin-5）[19, 20]，这非常有利于 LSEC 细胞进行网格蛋白介导的内吞。另一个很少被讨论但有助于 LSEC 超高效内吞的因素是，LSEC 中的受体循环时间（以秒为单位）比大多数其他细胞类型（以分钟为单位）要快得多[21]。这些特征及 LSEC 中的几种溶酶体酶的活性高于肝细胞和肝巨噬细胞[22, 23]等证据表明，LSEC 在肝脏血液清除功能中发挥着主要作用。

（四）LSEC 清道夫功能的重要受体

目前已知有多种 LSEC 受体可以与血液中的大分子结合。本部分将重点介绍已知在 LSEC 介导的血液清除中起主要作用的主要内分泌活性受体（表 34–1），末尾将简要介绍其他重要清道夫功能不明显的 LSEC 受体。

1. 清道夫受体

清道夫受体是重要的 LSEC 清除受体。自从乙酰化 LDL 受体在巨噬细胞中被发现并被称为"清道夫受体"以来，清道夫受体的概念有了很大的发展[24]。所有清道夫受体的共同点是它们对聚阴离子配体的高亲和力。LSEC 表达 A、B、E 和 H 型清道夫受体[11]。其中，SR-H1（Stabilin-1）和 SR-H2（Stabilin-2）在 LSEC 介导的清除中发挥重要作用[11]。在肝脏中，Stabilin-2 仅在 LSEC 上表达，可以用作 LSEC 标志物[25-28]。Stab2 基因高度保守，抗人 Stabilin-2 的抗体也可以识别鱼类（大西洋鳕鱼）中的相同蛋白[11]。此外，在敲除 Stab2 基因的斑马鱼中，清道夫内皮细胞丧失清除 Stabilin-2 配体的能力[29]。能够被 LSEC 上 Stabilin 家族蛋白清除的血源性配体包括多种结缔组织生理转换产物分子[2]（表 34–1）。生理修饰的蛋白质，如晚期糖基化终产物和氧化 LDL，也可以被 LSEC 的 Stabilin 家族蛋白清除[30, 31]。值得注意的是，轻度氧化 LDL（氧化 LDL 的主要循环形式）仅在 LSEC 中通过 Stabilin-1 被内吞，而非生理性重度氧化 LDL 可以被 LSEC 和肝巨噬细胞内吞[51]，这表明 LSEC 对防止胆固醇积聚非常重要。SR-B I 负责调节肝细胞中 HDL 胆固醇酯的选择性摄取，也已被发现在 LSEC 中表达，该受体可能负责细胞胆固醇外流到 HDL，将胆固醇从 LSEC 输送到肝细胞[32]。核苷酸是另一组可被清道夫受体清除的分子，如含有非甲基化 CpG 结构域的寡核苷酸[33]、反义寡核苷酸[34]和质粒 DNA 等[35]。

2. 甘露糖受体

甘露糖受体（CD206，Mrc1）是一种大小为 175～180kDa 的 I 型整合膜蛋白，属于 C 型凝集素家族，传统认为在巨噬细胞表达。目前发现其他几种细胞类型也表达该受体，其中 LSEC 是肝脏中表达甘露糖受体的主要细胞[2]。静脉注射的可溶性 / 大分子 MR 配体主要通过 LSEC 的摄取迅速从循环中清除，充分体现了 LSEC 上 MR 表达的重要性[11]。LSEC 具有高效的 MR 介导摄取能力的原因是其快速的受体循环时间（仅 10s）[21]。MR 作为清除受体的功能具有高度的多样性，受体蛋白的数个 C 型凝集素样结构域负责与甘露糖和 glcnAc 的结合，使 LSEC 能够清除一系列在糖基化末端携带甘露糖或乙酰氨基葡萄糖的不同大分子。MR 重要的生理配体包括胶原蛋白的 C 端前肽[36]和组织型纤溶酶原激活物[37]。有趣的是，MR 介导的血源溶酶体酶的摄取是维持 LSEC 中这些酶的超高活性的重要生理途径[22]。MR 还包含纤维连接蛋白 II 型结构域，该结构域介导血液中胶原蛋白 α 链的清除[38]，胶原蛋白 α 链主要由骨和其他结缔组织的生理转换过程产生（每天预估产量用克计算）[39]。MR 上的第三个配体结合位点是最外层富含半胱氨酸的 N 端结构域，它识别特定的硫酸化糖[40]。细胞因子和炎症刺激会影响 LSEC 上 MR 的表达，LSEC 在暴露于 IL-1[6, 41, 42]、IL-10 或 IL-4 与 IL-13 联合作用后，MR 表达上调[43]。在小鼠结肠癌肝转移模型中，可观察到 MR 表达在肝窦增加，被认为有利于 IL-1、环氧化酶 –2 和 ICAM-1 引起的促肝转移作用[6]。

3. FcγR Ⅱ b2

FcγR Ⅱ b2（CD32b）在肝脏 LSEC 中特异性高表达，能够有效地内吞可溶性 IgG 抗原复合物[44]。20 世纪 80 年代初，发现分离的 LSEC 能够与 IgG 包被的红细胞形成花饰样结构，证明除肝巨噬细胞外，LSEC 也可以结合 IgG 免疫复合物[45]。另一项研究表明，LSEC 可以高效结合，但不能吞噬 IgG 颗粒[46]。可溶性 IgG 免疫复合物可以与 IgG 包被的红细胞竞争结合 LSEC 进一步证明了 IgG 包被红细胞与 LSEC 的结合是由 Fcγ 受体所介导[47]。同时有报道显示，循环中小的 IgG 免疫复合物可被 LSEC 吸收，并注意到 IgG 免疫复合物的大小决定了其被肝巨噬细胞和 LSEC 摄取的相对比例：复合物越大被肝巨噬细胞清除的比例越高，复合物越小则被 LSEC 摄取的比例更高[48]。值得注意的是，LSEC 摄取的小 IgG 免疫复合物至少占小鼠肝窦总摄取量的 70%[49]。因此，Fcγ 受体介导的摄取符合废物清除的双细胞原则，即小的可溶性免疫复合物由 LSEC 清除，而较大的免疫复合物由肝巨噬细胞清除。研究表明，FcγR Ⅱ b2 是大鼠 LSEC 中通过网格蛋白介导的内吞作用有效摄取免疫复合物的主要受体[44]。作者报道该受体仅存在于 LSEC 上，而不存在于肝巨噬细胞或其他类型的肝脏细胞中。随后研究在小鼠中也发现 LSEC 中的 FcγR Ⅱ b2 负责清除可溶性免疫复合物，LSEC 中表达的 FcγR Ⅱ b2 占全身总表达量的 75%，占肝总表达量的 90%[50]。鉴于 FcγR Ⅱ b2 清除血源性可溶性免疫复合物的功能，一些研究表明，LSEC 在自身免疫性疾病的病因学中很重要，如系统性红斑狼疮。

4. LSEC 中的其他内吞受体

LSEC 内吞受体的研究主要集中在清道夫受体（Stabilin-1 和 Stabilin-2）、甘露糖受体和免疫复合物受体 FcγR Ⅱ b2 上，其他 LSEC 受体的功能研究较少，包括 LYVE-1[51]、C 型凝集素 L-SIGN（DC-SIGNR）和 LSECtin（DC-SIGN）[52, 53]。L-SIGN 参与 LSEC 中 HIV 和丙型肝炎病毒的识别和摄取[52, 54]，而 LSECtin 通过与 L-SIGN 相互作用来调节病毒免疫反应[55]，并在肝肿瘤转移的黏附中发挥作用[7]。LYVE-1 是一种透明质酸结合蛋白，在淋巴结、肝脏和脾脏的淋巴血管内皮细胞和肝窦内皮细胞中表达[28]。在成人肝脏中，LYVE-1 仅在 LSEC 中表达[51]，并沿肝窦分布[56]，是一种良好的 LSEC 标志物。LYVE-1 可清除淋巴中的透明质酸，但其在肝脏中的作用尚不清楚。Stabilin-2 在 LSEC 中显示出较高的透明质酸摄取能力，LYVE-1 和 Stabilin-2 对这种清除的相对贡献尚不清楚。

（五）LSEC 标志物

LSEC 标记的金标准是特征性的开窗，该结构直到最近只能在电子显微镜中被检测到[5]。常规光学显微镜和荧光显微镜都检测不到开窗，最近人们发展出专门配备的光学显微镜可以观察到开窗，如结构照明显微镜、直接随机光学重建显微镜、原子力显微镜、受激发射损耗显微镜等[57-59]。结构照明显微镜、原子力显微镜和受激发射损耗显微镜为研究开窗的打开和关闭的动力学提供了重要的可能性[57-59]。尽管有这些新的技术发展，量化开窗的数量、大小和膜组织的最可靠方法仍然是在电子显微镜下进行检测。除了使用开窗作为识别标志外，LSEC 还可以通过一组可以在光学/荧光显微镜中检测到的标志物进行区分。这些标志物包括在 LSEC 表面特异表达并可由特异性抗体标记识别的抗原。此外，LSEC 特征性内吞受体可通过特异性摄取已知大分子配体，从而在功能上用于确定 LSEC。然而，这些标志物都有各自的局限性，其中一些标记对 LSEC 的特异性非常高，而另一些特异性并不高[60]。此外，需要明确标准化分离 LSEC 的鉴定和纯度评估方法，以及在完整肝脏组织中鉴定 LSEC 的方法。最近发布的 LSEC 研究主张细胞鉴定应包括通过超微结构评估的分离细胞的身份验证，以及基于特定配体的高亲和力内吞证据的纯度验证[61]。

血管内皮细胞标志物 vWF 通常在年轻人的 LSEC 中不表达[15]，但可能在老年肝脏中表达[62]。CD31 在所有内皮细胞中均有表达，包括人[63]、小鼠[64] 和大鼠的 LSEC[27]。与其他内皮细胞不同的是，年轻人的 LSEC 细胞表面 CD31 的表达较低，但在肝纤维化中上调[65]。Stabilin-2、FcγRⅡb2 和 LYVE-1 在成人肝脏中仅在 LSEC 表达，是迄今为止 LSEC 免疫鉴定最可靠的表面标志物[2]。可用于 LSEC 鉴定的其他蛋白质有 VEGFR3（Flt-4）[66] 和由 LSEC 在肝脏中特异合成的凝血因子Ⅷ[67]。甘露糖受体在 LSEC 上高度表达，但在肝巨噬细胞中也因物种不同而有不同程度的表达。研究显示，与 LSEC 相比，MR 在人和小鼠肝巨噬细胞[22, 28] 中不表达，在大鼠肝巨噬细胞[68] 中有低水平表达。

由于 LSEC 的功能特征是其特征性清除受体的超活性和特异性内吞作用，因此确定细胞吞噬可被这些受体特异识别的已知配体的能力是鉴定细胞的一种有用方法。FITC 标记的甲醛修饰血清白蛋白（FITC-FSA）作为 Stabilin-1 和 Stabilin-2 的配体[31] 经常被用来鉴定 LSEC[60]。当静脉注射低剂量 FITC-FSA（<2μg/g 体重）时，在 10～15min 内其主要积聚在肝内 LSEC 中[69]。LSEC 具有完整的内吞和胞内处理结合配体的能力，探针可在细胞内累积并被染色。因此，通过任何 LSEC 特征受体特异内吞摄取 FSA 或其他配体都可被用来鉴定 LSEC。体外评估 LSEC 的特性和纯度必须在低浓度 FSA（<10μg/ml）短时间孵育（10～30min）条件下进行。如果在更高浓度或更长的孵育时间下使用 FITC-FSA 检测，很容易导致非特异性染色。有研究使用乙酰化 LDL 的摄取来鉴别 LSEC。然而，AcLDL 可被多种类型的内皮细胞吸收，不是一种完全可靠的 LSEC 特异性探针[5]。

（六）肝小叶中 LSEC 标记分子的异质性

LSEC 的细胞大小、数量、开窗大小、细胞内和表面标记物的表达、凝集素和 vWF 的表达、内吞作用、对乙酰氨基酚毒性易感性等特征，在肝小叶不同区域表现不同[61]。在人类或啮齿类动物模型中，LSEC 标志物 Stabilin-2 和 MR 的小叶分带表达尚未见报道，但 CD32/FcγRⅡb、ICAM-1 和 LYVE-1 在人类肝脏中沿肝窦表现出异质表达，这些标志物在肝小叶 1 区中的表达较低或不存在[70]。作者认为 1 区 CD32/FcγRⅡb 的低染色强度可能是门静脉内皮细胞延伸的影响。使用 LSEC 特异性标志物（如 CD32b）能否将 1 区中的内皮细胞排除在 LSEC 之外，以及该现象是否存在种属差异非常重要。在大鼠中，当使用 FcγRⅡb2 特异性 SE-1 抗体[72, 73] 染色时，FcγRⅡb2 表达沿着肝窦连续分布，与 Stabilin-2 分布类似[71]。在对小鼠进行的 IgG 免疫复合物结合以定位肝窦 FcγR 表达的研究表明，探针沿着肝窦壁连续分布，但不与中央区和门静脉区的血管内皮细胞结合。FcγRⅡb2 是目前已知 LSEC 上唯一存在的 FcγR，同时与 LSEC 结合的探针远多于与肝巨噬细胞结合的探针，这些证据表明，FcγRⅡb2 沿着肝窦[74, 75] 持续分布，但其在 1 区的受体密度可能不同。

当通过荧光或磁珠分选分离人和小鼠 LSEC 时，白细胞抗原 CD45 常被用来作为阴性选择标志物。然而，有研究显示大鼠 LSEC 呈 CD45 阳性[76-78]，其在 1 区高表达，在 2 区低表达，在 3 区阴性[76]。大鼠肝损伤后可募集 CD133+CD45+CD31+ 骨髓来源的祖细胞分化为 LSEC[79, 80]。因此，在分离 LSEC 时，使用 CD45 作为负选择标准可能会导致细胞的偏向选择。LSEC 中 CD45 的表达模式需要在不同物种中进一步研究。

（七）LSEC 代谢

LSEC 和肝巨噬细胞从外源底物生成的 ATP 中只有不到 20% 来自葡萄糖代谢，这些细胞中的主要能量来源是谷氨酰胺和棕榈酸的氧化[81]。对内吞大分子经 LSEC 内吞后的代谢命运的研究表明，乳酸和乙酸盐是其主要降解产物并可传送到细胞外。据推测，LSEC 释放的乳酸非常高，可促进肝细胞中 ATP 的生成[82]。单个肝细胞氧化的乳酸分别是单个 LSEC 和 KC 的 136 倍和 45 倍，这表明几乎所有肝脏中乳酸的氧化都是由肝细胞进行的。这与报道一致，即 98.8% 的肝线粒体位于肝细胞中，0.5% 位于 LSEC，0.4% 位于肝巨噬细胞[13]。

氧分压是代谢过程的重要调节剂，其范围为 60～70mmHg（门静脉区附近）到 25～35mmHg（中央区附近）。大多数培养 LSEC 的研究是在培养箱中进行的，使用 5% CO_2 和 95% 空气的标准气体混合物，相当于 150mmHg O_2（与肝动脉相近）。因此，在传统培养箱中培养的 LSEC 处于高氧环境。一项通过降低氧分压检测其对原代培养 LSEC 的影响的研究发现[83]：①细胞寿命延长；②内吞活性的维持时间延长；③促炎因子 IL-6 表达减少；④抗炎因子 IL-10 表达增加；⑤乳酸产量加倍；⑥ H_2O_2 的生成显著减少。基于这些结果，建议在常氧条件下（5% 或 52mmHg O_2）培养 LSEC。

（八）LSEC 在宿主防御和免疫调节功能中的作用

1. 先天免疫功能

识别 PAMP 或 DAMP 的 PRR 是参与先天免疫功能的细胞标志物[84]。LSEC 中的 PRR 包括甘露糖受体和 Stabilin-1 与 Stabilin-2，它们介导从循环中清除一系列 PAMP 和 DAMP。LSEC 表达的其他 PRR 为 TLR2、3、4、6/2、8 和 9[33, 85, 86]。值得注意的是，当用 TLR 激动药激发时，LSEC 产生细胞因子 TNF-α、IL-6 和 IL-1β。炎症小体分子 NLRP-1、NLRP-3 和 AIM2 在 LSEC 和肝巨噬细胞中高表达，在其他类型的肝细胞中表达较低或缺失[87]。

2. 适应性免疫功能

门静脉注射抗原不会引起肝脏的免疫反应，而是产生特异性耐受[88]。如果没有诱导肝脏耐受性反应的机制，来自肠道和体循环的众多废物分子很容易在器官中引起毁灭性的免疫反应。一些研究报道了 LSEC 在产生肝脏免疫耐受中的作用[3, 89–92]。有研究认为，LSEC 表达 MHC Ⅱ 分子，使其能够呈现外源性抗原，从而产生耐受性[92, 93]。然而，另外一些研究未能检测到 LSEC 中 MHC Ⅱ 的存在[47, 90]。另有研究认为，LSEC

可通过 MHC Ⅰ 向 CD8⁺T 辅助细胞交叉呈递外源性抗原[91]。

3. LSEC 作为血源性病毒蓄水池的作用

大量病毒颗粒进入机体血液循环[94]。仅从肠道来看，每天约有 31×10^9 个噬菌体颗粒穿过上皮细胞层[95]，却很少有病毒颗粒在循环中累积。因此，必须有一种非常有效的清除机制，从血液中清除这些病毒颗粒。据推测，血液传播病毒通过 LSEC 中的非吞噬性摄取清除，LSEC 适合于小于约 200nm 的物质的内吞。近期两项研究表明，静脉注射的腺病毒、BK 和 JC 多瘤病毒样颗粒在小鼠肝脏中被有效吸收，而 LSEC 正是主要的摄取细胞[69, 96]（图 34–2C）。如果能证明 LSEC 的血源性病毒的摄取能力是病毒消除的常规途径，这些细胞将在抗病毒防御体系中发挥重要的新作用。

鸭乙型肝炎病毒如何感染肝细胞的研究表明，病毒首先被 LSEC 内吞，一些病毒颗粒从内吞 – 溶酶体途径中脱离并转移到肝细胞[97]。未来应开展血源性病毒与 LSEC 早期相互作用的研究，以更深入了解关于某些病毒如何逃避 LSEC 代谢产生肝脏和其他器官感染。

（九）LSEC 的起源与更新

LSEC 拥有两个祖细胞群体：骨髓来源的祖细胞和常驻或肝内 LSEC 祖细胞[79, 80]。LSEC 的正常更新由肝脏常驻 LSEC 祖细胞维持；此外，肝脏能够在需要时募集骨髓来源的细胞，以帮助补充 LSEC 群体[98]。在诱导肝损伤或部分肝切除后，CD133⁺CD45⁺CD31⁺ 骨髓源性祖细胞迅速产生 LSEC[77, 79, 80]。肝脏 VEGF 调节骨髓细胞向肝脏的募集[80]。HGF 对肝再生至关重要。在正常肝脏中，肝星状细胞是 HGF 的主要产生者，在 LSEC 中很少表达。在肝损伤后，新产生的骨髓来源的 LSEC 富含 HGF，表明骨髓衍生细胞在肝再生中起着至关重要的作用[79]。

三、病理生物学

在这一部分中，主要关注已知涉及 LSEC 开窗的特征结构和清道夫活性功能的几种病理状况。

（一）LSEC 在炎症和肝纤维化中的作用

近期一篇优秀的综述详细概述了 LSEC 如何影响肝脏内的免疫微环境，并讨论了其对免疫介导的肝脏疾病、纤维化和致癌并发症的作用[99]。

纤维化是一种可逆的瘢痕形成过程，由慢性肝损伤引起，其特征是细胞外基质过度沉积[100]。肝星状细胞是正常和纤维化肝脏中 ECM 的主要来源，LSEC 和肝巨噬细胞则通过活化的 TGF-β 信号产生多种促炎分子促进纤维化进程[101, 102]。肝纤维化伴随着 LSEC 开窗减少，并在窦周隙出现有组织的基底层，这一过程称为毛细血管化。有研究认为 LSEC 的毛细血管化先于肝纤维化的发生，是纤维化进展的看门人事件[5]。正常分化的 LSEC 可阻止肝星状细胞激活并促进其恢复静止状态，而毛细血管化的 LSEC 则没有该功能[103]。

正常肝脏中，LSEC 是耐受性的[91]。在纤维化肝损伤后，LSEC 发展出一种促炎表型，能够诱导免疫原性 T 细胞表型，并增强细胞毒性 T 细胞反应[64]。在肝纤维化的进展过程中，LSEC 表达的黏附分子的分布发生变化[99, 104]。在肝脏炎症中，大多数白细胞黏附在肝窦中。与毛细血管后小静脉中白细胞募集的通用机制不同，白细胞与肝窦内皮细胞的黏附是非选择素依赖的[105]，黏附和转移通过整合素依赖和非整合素依赖机制发生，涉及 VCAM-1、ICAM-1、MADCAM、VAP-1、透明质酸、趋化因子配体，以及 Stabilin 介导的 LSEC 与白细胞结合[99, 104]。

关于炎症与体内 LSEC 内吞功能互相影响的研究很少。肝硬化大鼠肝脏[107]对 Stabilin-2 的配体透明质酸的摄取受损[25, 106]，纤维化小鼠肝脏的 LSEC 通过 MR 捕捉抗原（甘露糖基化白蛋白）的能力比正常肝脏的 LSEC 增强[64]。LSEC 的 MR 表达和功能都能够被参与炎症和纤维化进展的细胞因子上调，包括 IL-1、IL-10 或 IL-4 联合 IL-13[6, 41-43]。这些数据表明，慢性炎症对 LSEC 内吞的影响因所涉及的受体而异。

（二）LSEC 开窗改变：动脉粥样硬化的可能原因

开窗结构使得 LSEC 具有肝窦内血液和肝细胞之间的半透膜样功能，可透过尺寸小于窗孔直径的血源物质，阻止较大颗粒通过。这种过滤产生体内 50% 的淋巴液[108]。LSEC 孔隙率是了解血液和肝细胞之间脂蛋白运输的关键[12]。由肠上皮从含脂饮食中吸收生成的富含甘油三酯的球形脂蛋白的球形颗粒因其尺径太大（100～1000nm）无法通过窗孔[109]，从而留在循环中。肝外内皮细胞表面的脂蛋白脂肪酶使乳糜微粒尺寸减小，产生 30～80nm 的乳糜微粒残留颗粒，可穿过 LSEC 窗孔，被肝细胞内吞[110]。这可以解释肝硬化、糖尿病和衰老导致的 LSEC 孔隙率降低会导致餐后脂蛋白血症延长与循环胆固醇水平升高，从而增加动脉粥样硬化的发生风险[110]。由于 LSEC 孔隙率降低与动脉粥样硬化发生的可能性之间存在明显的相关性，LSEC 孔隙的动力学和分子结构研究成为研究重点。研究发现，胆碱能激动剂、血管活性肠肽、胰高血糖素和窦内血压升高可扩张窗孔，而 α-肾上腺素能激动剂和 5-羟色胺可收缩窗孔[12, 111]。这些研究也有助于控制药物向肝细胞传递。

（三）LSEC 在肝脏毒理学和药物积聚中的作用

虽然肝毒性通常与有毒化合物对肝细胞的影响有关，但 LSEC 在某些情况下被认为是初始损伤靶标，如肝窦阻塞综合征（sinusoidal obstruction syndrome，SOS）（以前称为肝静脉闭塞性疾病）。SOS 中肝窦的改变可能导致肝细胞缺氧、肝功能障碍和门静脉循环中断[112]。引起 SOS 的两个主要原因是饮食摄入吡咯利嗪生物碱和化学辐射诱导的损伤，对 LSEC 产生重大影响。一些化疗药物（如单抗奥佐米星、放线菌素 D、达卡巴嗪、阿糖胞苷、米特拉霉素、6-硫鸟嘌呤和氨基甲酸乙酯等）在常规剂量下即与 SOS 发生高度相关。此外，在通过造血干细胞移植治疗恶性肿瘤时需要进行清髓预处理，特别当使用环磷酰胺处理时更容易引起 SOS。SOS 的一个特征是，循环中断先于肝细胞衰竭。体外研究表明，与 SOS 有关的药物和毒素可以通过谷胱甘肽解毒，并且对 LSEC 的毒性比对肝细胞的毒性更高。对达卡巴嗪和野百合碱（一种吡咯利嗪生物碱）的研究表明，对 LSEC 的选择性毒性与药物的代谢活化有关。环磷酰胺是清髓性造血干细胞移植准备方案中常用的药物，是 SOS 发病率最高的药物之一。该药物必须被肝细胞 P450 激活，才能对 LSEC 产生毒性。

从服用野百合碱到暴发性 SOS 的事件顺序与对乙酰氨基酚引起的肝毒性事件顺序类似[98]。在这两种情况下，最初的 LSEC 损伤先于肝细胞坏死。两者最初的组织学表现为小叶中心出血性坏死，但在 SOS 中，晚期发生窦性纤维化病变，而对乙酰氨基酚毒性没有慢性组织学后遗症。SOS 和对乙酰氨基酚毒性具有以下重要的生化特征：保持 NO 水平具有保护作用，抑制 MMP-2 和 MMP-9 可减少循环损伤和随后的肝实质坏死。值得注意的是，SOS 损伤持续时间更长，死亡率可能更高。

高剂量对乙酰氨基酚引起肝毒性的机制在小鼠中得到研究[8]。服用对乙酰氨基酚后不久，用 Stabilin-1/2 的配体可检测到 LSEC 膨胀并开始失去其清道夫活性。2h 后，LSEC 的窗孔破坏，形成间隙。这些事件发生在肝实质细胞损伤之前。肝窦塌陷，血流减少。先灌注大量酒精再给予对乙酰氨基酚处理的动物表现出最严重的 LSEC 损伤。

骨髓移植[113]或野百合碱治疗[114]引起的 SOS 患者血清透明质酸水平升高，这提示发生了透明质酸清除率降低或生成增加。摄入乙酰氨基酚而导致的严重肝毒性与血清透明质酸的增加也表现出相关性[115]。此外，骨髓移植引起的 SOS 患者血清 tPA 显著增加[116]。由于循环中的透明质酸和 tPA 通常主要在 LSEC 中通过 Stabilin-1/2 和 MR 清除，因此很容易推测这些分子的血清水平升高主要由 LSEC 损伤导致的摄取减少而引起。对乙酰氨基酚给药后，小鼠静脉注射 Stabilin-1/2 配体的清除率降低，进一步验证了这一观点[8]。

许多治疗性 IgG 免疫球蛋白的共同点是其最终由 LSEC 上 FcγRⅡb2 介导清除。该途径可能导致高浓度的免疫结合物和细胞毒性剂直接输送到 LSEC，这可以解释使用这些化合物后可以观察到 LSEC 毒性的现象。新一代药物的组分很多

包括其他类型的大分子化合物和纳米制剂，其中许多必须通过血管内给药。由于 LSEC 能够主动摄取这些类型化合物[2]，因此很容易形成 LSEC 中毒，并导致随后的肝毒性[117]。因此，大分子药物和纳米制剂的开发人员及监管机构应充分考虑到这些化合物引起的肝毒性可能是由 LSEC 清除受体积聚了非常高浓度的药物引起的。

（四）LSEC 在自身免疫性疾病发病中的作用

Fc 受体功能降低及由此产生的可溶性免疫复合物的形成可能在自身免疫性疾病（如系统性红斑狼疮和干燥综合征）的病因中起重要作用[118]。免疫复合物的清除减少增加了它们在肾脏或其他脆弱的实质器官中沉积的可能性，对宿主造成损害。免疫复合物清除和炎症反应的异常是 SLE 的特征[119]。研究发现，小的可溶性 IgG 抗原免疫复合物在小鼠中主要通过 LSEC 的 FcγRⅡb2 清除[44]，该受体缺失导致小鼠自发产生自身免疫和 SLE 样疾病[120]，这些证据表明 LSEC 的 FcγRⅡb2 在 SLE 的发病机制中起着关键作用。此外，血源 DNA 的清除主要是由 LSEC 通过 SR 介导摄取[35]，同时 SLE 与抗 DNA 抗体的产生密切相关，这些研究为 LSEC 参与 SLE 发病的假设提供了更多支持。

（五）老年肝脏中 LSEC 的功能

自 2000 年初以来，一系列研究报道了人类、非人灵长类动物和啮齿动物肝脏微血管的形态和功能的明显年龄相关变化[62]。衰老与内皮厚度增加、LSEC 孔隙度降低、窦周隙空间中逐渐形成有组织的基底层有关[62, 121-128]。大多数研究还报道了 vWF[62] 在 LSEC 上调，这是一种在年轻肝脏 LSEC 中通常不表达的抗原[15]。一个常见的发现是，存在高脂肪填充的肝星状细胞[62]。重要的是，在原发性肝衰老中，肝星状细胞保持静止，而肝纤维化中这些细胞高度活化。高年龄引起的肝窦结构的特殊变化被称为年龄相关性假毛细血管化[123, 124]，以区别于与肝纤维化相关的毛细血管化。餐后高甘油三酯血症与 LSEC 孔隙率降低有关，LSEC 孔隙率降低是老年人的一种常见状况，易导致动脉粥样硬化的发展[110, 124]。

老化还影响 LSEC 的清道夫功能[128]。大多数研究表明，老年 LSEC 的内吞能力受损[127-130]，也有研究认为没有任何变化[131]。

值得注意的是，LSEC 通常清除的几种物质是促炎物质，必须有效清除，如 AGE 修饰蛋白[132, 133]和氧化 LDL[31, 134]。因此，随着年龄增长，LSEC 内吞作用减少，可能会增加肝内外血管病变的风险。

老年肝窦变化的潜在机制尚不清楚，肠源性毒素的长期影响，被认为是年龄相关性假毛细血管化的驱动因素，其中一些肠源性毒素已被证明可负调控 LSEC 的窗孔[62]。最近一项关于饮食中大量营养素对即食喂养小鼠肝脏微循环的影响的研究表明，饮食影响 LSEC 开窗，饮食和肠道微生物群可能对老年肝脏功能有调节作用[135]。肝脏老化也可能与年龄相关炎症标志物的普遍增加有关[136]，其影响包括肝窦[127]的各种器官的血管系统[137]，而热量限制可以减少氧化细胞应激，防止年龄相关 LSEC 损伤[138]。

致谢 感谢 Jaione Simon-Santamaria 对图片制作整理的帮助。

第 35 章　肝窦内皮细胞的开窗
Fenestrations in the Liver Sinusoidal Endothelial Cell

Victoria C. Cogger　Nicholas J. Hunt　David G. Le Couteur　著

周伟杰　林　媛　陈昱安　译

肝窦内皮细胞在肝脏中占据重要位置，它将肝窦中的血液与细胞外空间窦周隙及其周围的肝细胞分开。LSEC 的细胞质延伸非常薄，上有称为开窗的穿孔，这些孔缺乏隔膜或基底层。开窗是肝窦腔内血液和腔外细胞外液之间进行直接物质转移的通道，也允许循环免疫细胞，尤其是 T 淋巴细胞与肝细胞相互作用[1]。

一、历史背景

在 19 世纪末，通过将染料注射到肝血管后观察其在肝脏中的摄取研究中得出结论，在肝毛细血管和血管周围淋巴液之间必须存在小的通道[2]。1906 年，Herring 和 Simpson 对猫肝脏进行了光镜检查，注意到了"血管的窦状特征及其内皮结构的不完整性"[3]。20 世纪 50 年代，Fawcett 等使用电子显微镜检测 LSEC 中的孔隙或开窗[4]。后来，Wisse 建立了开窗及其在筛板中排列的超微结构[5]，同时，Fraser 发现开窗根据大小过滤脂蛋白等颗粒物质[6]。通过钙成像研究，Arias[7] 和 Oda[8] 继续报道，开窗是一种动态结构，可由内源性和外源性因子调节，如血清素、去甲肾上腺素和神经肽 Y[9]（图 35-1）。最近，新的成像技术（超分辨率显微镜和原子力显微镜）的发展通过揭示活细胞中的结构和行为加强了对开窗的研究。

（一）开窗结构

入肝门静脉血经肝窦注入中央静脉出肝，肝小动脉输送的动脉血在肝窦内与门静脉血混合，提供肝脏所需的有限氧气。肝窦的平均直径为 5~10μm，占肝脏总体积的 10%~30%[10]。LSEC 占肝脏总体积的 2.5%，占所有肝脏细胞的 15%~20%[7]，是一种高度特化的内皮细胞，排列成肝窦壁。LSEC 的细胞质延伸非常薄，分布直径 50~200nm 的圆形或多边形穿孔。开窗是连接 LSEC 窦内外表面的完整孔隙，没有相关隔膜。每平方微米内皮表面有 3~20 个开窗，LSEC 表面的 2%~10% 被开窗覆盖，称为"孔隙率"。开窗有的单独分散在内皮表面，有的 10 个或 10 个以上聚集在一起，称为肝筛板，60%~75% 的开窗位于筛板内。肝窦内可能存在开窗直径的带状梯度，门静脉周围（1 区）肝窦的开窗较小，中央静脉周围（3 区）肝窦的孔隙率较大[11, 12]（图 35-2）。

开窗的直径大小呈高斯分布，由于存在一些较大的孔隙而呈向右倾斜分布。非常小的非透穿孔称为凹坑，较大的孔（直径大于约 300nm，取决于固定和显微镜检查方法）称为间隙。细胞损伤、与生理或实验高压灌注相关的技术问题、缺氧、固定或病理状态都会导致间隙产生。开窗也会形成网格状迷宫状结构，类似囊泡-空泡细胞器和多孔圆顶[13]。在许多脊椎动物物种（人、大鼠、小鼠、豚鼠、绵羊、山羊、兔子、家禽、猴子、狒狒、蝙蝠、小猫、狗、海龟、金鱼）中均可观察到开窗，在这些物种中具有相似的外观，

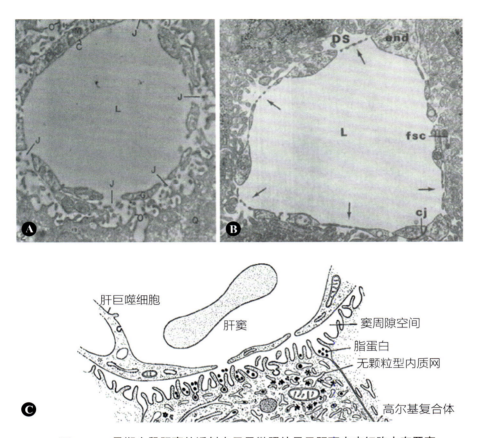

▲ 图 35-1　早期大鼠肝窦的透射电子显微照片显示肝窦内皮细胞中有开窗

A. Bennett 等于 1959 年拍摄的照片[91]。J. 开窗;G. 内皮细胞;S. 窦周隙空间;L. 窦腔。B. Wisse 于 1970 年拍摄的照片[5]。→. 开窗;end. 内皮细胞;DS. 窦周隙空间;L. 窦腔。C. 1968 年，开窗的概念已经进入教科书（Bloom 和 Fawcett，1968）[92]。该图显示了开窗和窦周隙空间中脂蛋白，但错误地认为肝巨噬细胞也参与形成肝窦壁（A 经许可转载，引自 American Physiological Society. J, fenestrations；G, endothelial cell；S, space of Disse；L, sinusoidal lumen；B 和 C 经许可转载，引自 Elsevier.）

也可形成筛板[12]。

　　开窗的直径小于标准光学显微镜的分辨率，因此过去大多数形态学研究都使用透射和扫描电子显微镜。然而，在准备电子显微镜（特别是扫描电子显微镜）观测组织样本时，会产生包括组织收缩在内的人为影响，这导致对开窗直径的大小低估了约 1/3。另一个重要的技术问题是，LSEC 在分离和培养数小时内就失去了开窗，从而限制了可以有效进行实验的持续时间[14]。此外，标本制备和统计方法存在巨大差异，这导致了有关开窗形态学及其对干预的反应的已发表结论难以互相解释。使用电子显微镜观测和报告 LSEC 窗孔的标准化方法已建立但尚未被广泛采用[15]。在检测时至少应提供以下信息：测量开窗的方法，测量的开窗数量、频率、直径和孔隙率值，以及用于定义开窗的直径标准。

　　最新发展的显微镜技术已应用于开窗研究[16, 17]。2010 年[18]使用结构照明显微镜对固定的 LSEC 中的开窗进行了第一次超分辨率光学显微镜检查，检测到一个开窗直径为 123nm，该研究显示了筛板的三维结构，并观察到开窗部位 LSEC 的厚度约为 165nm。此后，出现了许多其他技术，为我们理解开窗生物学提供了重大进展（图 35-3）。原子力显微镜是一种依靠探针沿固定或活细胞膜扫描的技术，可以观察膜拓扑结构。它于 2001 年首次应用于观察 LSEC，但当时无法区分开窗[19]；此后，它被成功地用于研究固定和培养的活 LSEC，并表明开窗直径为

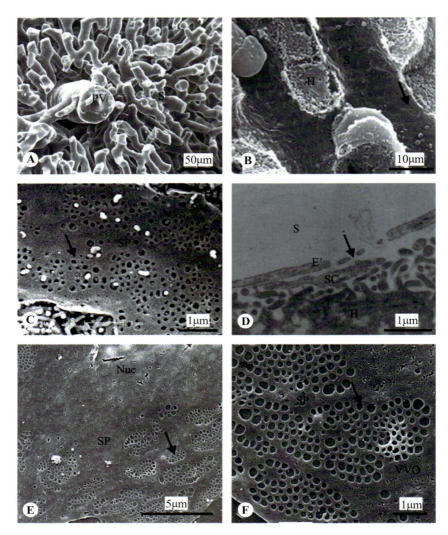

▲ 图 35-2　LSEC 和开窗的电子显微图

A. 血管铸型的扫描电镜显示门静脉（PV）分支进入肝窦（S）。B. 肝窦（S）的扫描电镜图片显示插板状嵌入的肝细胞（H），开窗（→）可见于内皮细胞壁。C. 肝窦内皮管腔的扫描电镜显示开窗聚集成筛板（SP）。D. 透射电镜显示肝窦管腔、肝窦内皮细胞（LESC）（E′）、肝星状细胞（SC）和含有微绒毛的窦周隙血管外间隙。E. 分离 LSEC 的扫描电镜显示开窗分布在远离细胞核（Nuc）的细胞质中。F. 扫描电镜显示筛板中聚集的开窗和类似囊泡 – 空泡细胞器（VVO）的开窗网络

140～220nm，孔隙率约为 4%[16, 20, 21]。此外，超分辨率显微镜在 LSEC 中的应用揭示了 LSEC 膜促进了开窗的形成的重要生物物理特性。SIM 分析表明，细胞厚度在开窗和筛板区域被"压扁"，这项工作导致了对开窗存在于缺乏经典脂筏结合脂质和蛋白质的细胞膜区域的理解[22]，并提出了调节开窗的筛筏假设[23]。另一种超分辨率方法，直接随机光学重建显微镜已用于分离的 LSEC 观测，测量得到 120nm 的开窗直径，并确定了开窗与细胞骨架之间的密切关系（图 35-3）[24]。从新的超分辨率方法得出的观察结果都证实了在没有因固定而造成人为影响的活 LSEC 中存在开窗，并且还表明开窗是对各种干预（如抗霉素 A）在几分钟内做出反应的动态结构[20]。涉及单分子定位的其他超分辨率技术，如光激活定位显微镜[25]及其相关技术荧光光激活定位显微镜[26]、受激发射损耗[27]为进一步揭示 LSEC 开窗生物学的未知方面提供新的希望，但尚未开始应用[17]。这主要由于缺乏直接定义、标记或可视化开窗的已知标记物或蛋白质导致的领域限制。

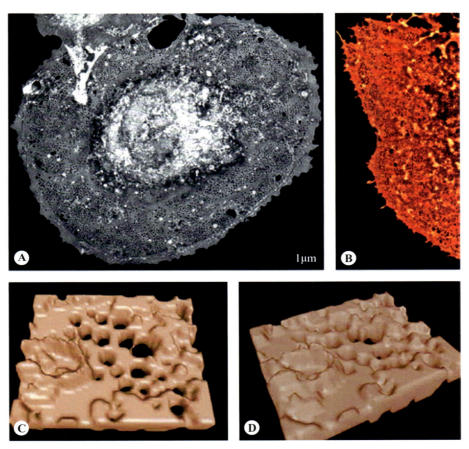

▲ 图 35-3　LSEC 及其开窗的超分辨率显微镜图片

A. 结构照明显微镜（OMX Deltavision）显示分离大鼠 LSEC。细胞膜用细胞膜红染色。用这种光学显微镜方法很容易看到开窗。
B. dSTORM 显微镜显示分离大鼠 LSEC，使用这种观察方法可以清楚地看到开窗。C 和 D. 结构照明显微镜（OMX Deltavision）
绘制分离大鼠 LSEC 表面三维结构。开窗和筛板区域的细胞厚度明显减少。LSEC. 肝窦内皮细胞 [引自 Mr. Hong Mao for
undertaking the microscopy for images (a) and (b).]

（二）开窗的生理作用

开窗有助于血液和肝细胞之间高效物质交换，同时防止血细胞和大颗粒物质（如血小板和乳糜微粒）进入细胞外空间。开窗内皮充当过滤器，因此有时被称为"肝筛"[6, 11]。开窗允许多种基质（血浆和血浆内基质、包括白蛋白在内的血浆蛋白、较小的脂蛋白）畅通无阻地流入细胞外空间窦周隙。肝内皮细胞的扁薄，以及窦周隙空间中缺乏基膜和胶原蛋白，确保了血液和肝细胞之间基质扩散的通透性障碍最小化。使用多种指示剂稀释法对底物转移进行的大量研究表明，在正常条件下，可溶性底物、白蛋白和白蛋白结合底物穿过 LSEC 没有障碍；肝窦毛细血管化和假毛细血管化则会阻碍各种物质的转移[28]。

开窗的直径和频率决定了 LSEC 的扩散和双向传输功能，而渗透选择性仅由开窗直径决定[29]。LSEC 可以被认为是一个典型的低压超滤系统，因为通常认为超滤膜的孔径为 2～100nm。在超滤中，体积通量（J）由哈根 – 泊肃叶公式描述：$J=\dfrac{fR^2\Delta P}{8\eta l}$。其中 f 代表膜的孔隙率，R 代表孔的直径，ΔP 代表穿过膜的压力梯度，η 代表黏度，l 代表膜的厚度。在肝脏疾病和衰老等与开窗缺失相关的情况下，孔隙率通常降低 30%～50%，开窗直径减少 10%，内皮厚度增加 50%。这种幅度的变化将导致 LSEC 中流体和溶解物质的通量大幅减少（超过 50%）。此外，流经最大孔隙的流量最大，因此渗透率对大孔隙的比例即 LSEC 中孔径分布敏感（图 35-4）。

开窗影响肝脏对脂蛋白的摄取，尤其是对乳糜微粒残体的摄取[30, 31]。脂蛋白代谢的第一阶段是乳糜微粒的产生，乳糜微粒是由饮食脂质在肠道中形成的富含甘油三酯的脂蛋白。乳糜微粒的直径为 100～1000nm，无法通过开窗；此外，大多数乳糜微粒通过胸导管进入循环而不经过肝脏。乳糜微粒通过全身毛细血管内皮上的脂蛋白脂肪酶代谢为乳糜微粒残体。乳糜微粒残体颗粒较小（30～80nm）可与 apoE 结合。乳糜微粒残体通过开窗进入窦间隙内，由受体介导的 LDL 受体和 LRP 摄取到肝细胞[31]。电子显微镜检测表明，乳糜微粒仅发现于肝窦内，而乳糜微粒残体则可见于窦间隙。肝脏对不同大小的放射性标记脂蛋白的捕获存在差异，对较小颗粒的捕获程度远大于对超过 100nm 的颗粒的捕获[6]。对于大小不同的脂质体和不同直径的胶体金颗粒[32, 33]也有类似的结果，表明了其基于大小的捕获作用。开窗数量或直径的减少（"去开窗化"）导致饭后乳糜微粒残体的清除受损，由于乳糜微粒残体仍然相对富含甘油三酯，在临床上表现为

餐后高甘油三酯血症[30, 31]。去开窗化与老年[34]、VEGF 受体敲除[35]、酒精性肝硬化[30]、泊洛沙姆 407[36]、PLVAP 敲除[37][脂蛋白摄取受损、高甘油三酯血症和（或）循环乳糜微粒残体增加] 有关。

开窗已被证明是转移其他几种物质的入口。研究发现，与泊洛沙姆 407 和老年有关的去开窗化可减少某些药物（对乙酰氨基酚、地西泮[38, 39]）和胰岛素[40]的肝脏摄取。去开窗化对肝脏胰岛素摄取的影响尤为显著，这为肝脏胰岛素抵抗和高胰岛素血症提供了一种新的机制。相反，PDGFβ 部分缺失导致的开窗增加与肝脏胰岛素敏感性增加和胰岛素循环水平降低有关[41]。开窗在基因治疗中可能很重要，因为它们允许转染病毒或其他基因载体进入肝细胞，有趣的是，许多提高基因治疗载体摄取的策略，如部分肝切除术、肝缺血和环磷酰胺，都会导致肝窦内皮细胞孔隙率和（或）缝隙形成增加[42]。

除了在物质转移中的作用外，开窗还允许肝窦管腔中的细胞与腔外表层肝细胞的细胞膜之间的相互作用。LSEC 表达多种可与白细胞和淋巴细胞相互作用的重要抗原，并可能在抗原呈递中发挥作用[43]。幼稚 T 细胞通过开窗插入丝状伪足直

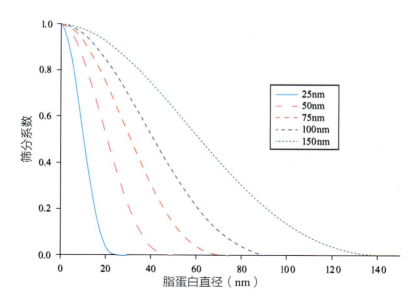

▲ 图 35-4　基于脂蛋白直径[80]，开窗直径对筛分系数（能够通过超滤孔的颗粒分数）的影响
经 Elsevier 许可转载

接与肝细胞相互作用（经内皮肝细胞－淋巴细胞相互作用），这可能是免疫耐受发展的第一步[1]。在自身免疫性肝炎的实验模型中，活化的淋巴细胞和其他白细胞通过开窗进入肝组织，相反，去开窗化几乎完全消除了肝炎[44]。细胞毒性T淋巴细胞扩展细胞质突起通过开窗识别肝细胞上的乙型肝炎病毒抗原，然后启动肝细胞杀伤，这一过程受到与肝纤维化相关的去开窗化作用的损害[45]。

开窗还有其他几个功能。开窗收缩可能会增加血管阻力，从而影响肝脏血流和压力[46]。例如，发现ET拮抗药可扩张开窗，导致门静脉灌注压降低约2.5cmH$_2$O[47]。开窗也参与了肝淋巴的形成。窦间隙的空间与在门静脉三联体中发现的淋巴管是连续的。这表明，血浆流经开窗，沿着窦间隙向上游流动，最后流入门静脉周围的淋巴管[28]。肝窦血流的流体动力学分析与沿窦间隙逆流的观念一致[48]。

（三）开窗的调节

开窗是一种动态结构，在体外随着多种刺激而改变频率和直径。在体内，开窗可能对各种刺激（如炎症、营养和禁食、循环血管活性细胞因子和激素、局部旁分泌和自分泌因子[7]）进行打开和关闭（表35-1）。开窗的胚胎发育取决于与隔膜形成相关的PLVAP[37]和VEGF[35]，而在成年人中，开窗的维持似乎取决于调节肌动蛋白细胞骨架及其对脂筏影响的通路[22,23]。药物对开窗直径和频率的影响通常呈反比关系。

1. 脂筏

最近提出了一种"筛筏"假设，即当细胞骨架和膜筏的膜稳定作用减弱时，缺乏脂筏的细胞膜中会形成开窗。细胞膜是由脂筏（液态有序微区，10～200nm）和非脂筏液态无序区组成的异质结构。脂筏是细胞膜上富含胆固醇、鞘脂和蛋白质的区域，为许多膜蛋白提供了一个平台。它们由多种蛋白质连接到细胞骨架，包括ezrin、radixin、moesin和stabilin。在筏之间是细胞膜的无筏、脂质紊乱区域。超分辨率显微镜显示，肝筛板分布在脂筏之间的无筏区。脂筏的消耗（使用7-酮胆固醇）增加了开窗，而无筏膜的消耗（使用Triton X）减少了开窗[22,23]。

2. 细胞骨架

肝筛板由肌动蛋白细胞骨架支撑[49,50]，目前已经确定了与维持开窗有关的多种肌动蛋白结构，如开窗相关细胞骨架环、筛板相关细胞骨架、开窗形成中心和去开窗相关中心。破坏肌动蛋白的药物，如细胞松弛素B、细胞松弛素D、米索尼列德和拉库春林，会增加开窗的数量，通常为2倍[51,52]。细胞松弛素D对开窗的影响可被Triton X阻断，而Triton X因消耗无筏膜而发挥作用，表明肌动蛋白细胞骨架通过其对脂筏的影响作用于开窗[22]。

大多数其他影响开窗的药物对细胞骨架有直接或间接作用。Gatmaitan和Arias首次报道了钙通过影响细胞骨架来调节开窗[53]。几种药物（5-羟色胺、甲氧氯普胺、普萘洛尔、吲哚美辛、Ca^{2+}载体）可使大鼠LSEC的开窗直径减小约20%，并与细胞内钙的增加有关。

VEGF是一种有效的开窗诱导剂。在肝脏中，肝细胞产生VEGF，通过受体VEGFR-1（Flt-1）和VEGFR-2（KDR/Flk-1）作用于肝内皮细胞，其中VEGFR-2最为重要[54]。缺氧是VEGF产生的主要刺激因素，因此VEGF在缺氧的中央周围区域表达较高，而其受体VEGFR-2在整个窦内皮细胞中均有表达[55]。LSEC的分化与开窗均需要VEGF和NO，VEGF可通过NO依赖和非依赖途径发挥作用[56]。肝脏VEFG表达降低可导致LSEC开窗减少并伴有乳糜微粒残体摄取受损[35]。VEGF与细胞内钙增加有关，并对细胞骨架有显著影响[57]，但与Gatmaitan和Arias研究的药物促进窗孔减少[58]不同，VEGF引起的这些细胞内变化促进窗孔增加。

GTP酶Rho家族包括调节肌动蛋白和细胞骨架的Rho、调节板状伪足的Rac和调节丝状伪足的Cdc42。Rho通路通过其对细胞骨架的作用也参与调节开窗。C3-转移酶通过抑制Rho途径引起肌球蛋白轻链磷酸化减少、肌动蛋白丝的丢失和收缩，导致孔隙率增加和大间隙的形成。ROCK抑制剂Y-2342也同样促进开窗增加[59]。反之，用溶血磷脂酸激活Rho可增加肌球蛋白轻链磷酸化和肌动蛋白丝，导致去开窗化[60]。ET-1

表 35-1	不同物种的开窗研究（开窗在动物和人类中广泛存在，并且非常相似）			
种　属	孔隙度（面积 %）	直径（nm）	频率（每平方微米）	参考文献
大鼠（1 区）	9.6	73 ± 0.13	5.7 ± 0.1	[78]
大鼠（3 区）	28.5	94 ± 0.11	10.2 ± 0.01	[78]
大鼠（1 区）	6.0 ± 0.2	111 ± 1	9.1 ± 0.3	[10]
大鼠（3 区）	7.9 ± 0.3	105 ± 0.2	13.3 ± 0.5	[10]
大鼠	4.1 ± 2.3	73 ± 1	2.7 ± 1.1	[66]
大鼠	12.0 ± 2.1	110 ± 7	12.4 ± 3.6	[79]
小鼠	4.1 ± 2.2	74 ± 4	—	[80]
兔	5.2 ± 0.9	60 ± 5	17.3 ± 3.8	[81]
兔	4.0 ± 1.5	69 ± 8	12.7 ± 2.5	[79]
鸡	3.6 ± 1.6	99 ± 15	3.9 ± 0.9	[81]
鸡	2.2 ± 0.6	90 ± 18	2.9 ± 0.3	[79]
虹鳟	—	123	—	[82]
金鱼	—	50～200	—	[83]
狗	6.7	118 ± 2	7.2	[84]
绵羊	—	60 ± 2	—	[85]
狒狒	2.6 ± 0.2	50 ± 1	12.1 ± 0.8	[86]
狒狒	4.2 ± 0.5	58 ± 1	9.4 ± 0.9	[87]
狒狒	1.8	82	3.3	[88]
人（1 区）	7.6	—	19	[89]
人（3 区）	9.1	—	23.5	[89]
人（1 区）	3.4 ± 0.2	170 ± 12	9.8 ± 1.8	[90]
人（3 区）	4.0 ± 0.4	160 ± 10	11.2 ± 2.6	[90]

是一种由内皮细胞产生的有效血管收缩剂，也是 Rho 激酶的上游因子。ET-1 可促进细胞内钙增加，减少开窗直径[61]。ETA-R 拮抗药可显著增加开窗直径和间隙形成[47]。ET-1 在肝硬化患者中升高，与门静脉压力升高和去开窗化相关[62]。

3. 营养因子

急性禁食增加了开窗的直径，同时减少了开窗的频率[63]。终身慢性食物摄入减少（热量限制）可扭转与年龄相关的开窗丧失[64]。在给小鼠喂食不同比例的大量营养素的长期喂养实验中，发现开窗孔隙率和频率与脂肪摄入呈负相关，而直径与蛋白质或糖类摄入呈负相关[65]。总的来说，较低的食物摄入量似乎与增加开窗有关。

（四）开窗的病理生理学

关于影响开窗的疾病和病理过程已有很多报道，包括原发性肝病（肝硬化、纤维化、脂肪变性、肝炎、肝血管疾病和窦性阻塞综合征、腔静脉阻塞）、肝毒素（对乙酰氨基酚、氧化剂、细菌毒素）、全身性疾病（糖尿病）和其他肝脏过程（老化、部分肝切除、缺氧、高压、缺血再灌注和移植）（见参考文献 [12]）。这些变化通常不是诊断性的，但总体趋势如下：①急性毒性损伤和急性医疗条件与以间隙形成为特征的内皮完整性丧失有关；②亚急性和慢性条件与去开窗化和孔隙率降低有关。以下描述了三个重要状况。

1. 衰老与假毛细血管化

老年与 LSEC 增厚和去开窗化、窦周纤维化、非激活的富集脂肪的肝星状细胞数量增加有关 [66, 67]。还有一些与年龄相关的分子表达变化，包括内皮细胞 vWF 和 ICAM-1 上调，小窝蛋白 -1 的表达减少。这些变化发生在没有肝脏疾病的情况下，被称为衰老相关假毛细血管化。在小鼠、大鼠、人类、狒狒和遗传性早衰小鼠模型中已记录到假毛细血管化。与衰老相关的开窗缺失与脂蛋白 [34]、胰岛素 [40] 和一些药物 [38, 39] 的转移受损有关，因此是循环脂蛋白、胰岛素敏感性和药物代谢随年龄变化的潜在机制。

2. 肝硬化和毛细血管化

Schaffner 和 Popper 于 1963 年首次使用"毛细血管化"一词来描述肝硬化患者肝窦内皮细胞的超微结构变化，包括内皮细胞增厚、基底膜增厚和窗孔缺失 [68]。在人类肝硬化和酒精性肝病 [69]、肝硬化动物模型 [62, 70, 71] 中经常观察到这些现象。由于饮酒与肝硬化之间的关系，已有几项关于急性和亚急性酒精损伤影响 LSEC 开窗的研究。结果不太一致，但总的来说，急性酒精损伤会导致开窗扩张 [72]。在肝硬化肝脏中多种物质（白蛋白、利多卡因、普萘洛尔、哌唑嗪、拉贝洛尔、地尔硫草、IgM）被发现跨毛细血管化窦

内皮的转移受到抑制 [28]。

3. 肝窦阻塞综合征

肝窦阻塞综合征可能是 LSEC 唯一公认的原发性疾病 [73]。该综合征的两个主要发病原因是饮食中的吡咯利嗪生物碱和化学辐射，尤其是与骨髓移植有关 [74, 75]。主要的实验模型是由野百合碱诱导的，野百合碱是一种吡咯利嗪生物碱，被 CYP 激活，可作为肌动蛋白干扰剂。服用野百合碱后，出现裂隙形成、内皮肿胀和去开窗化。随后出现大量肝窦内皮细胞损伤，并剥离进入窦间隙，最终形成窦状内皮碎片栓塞 [73, 76]。栓塞引起的灌注不足导致小叶中心坏死，临床上与黄疸、肝大和腹水有关，死亡率高。MMP（尤其是 MMP-9 和 MMP-2）是该综合征的关键介质，但似乎影响 LSEC 的裂隙而不是开窗。另外，早期出现的 NO 水平下降 [74, 77] 可能直接影响开窗。重要的是观察到，维持 LSEC 完整性的策略，如使用 MMP 抑制剂和保持 NO 水平，可完全消除肝细胞损伤 [74]。LSEC 形态的丧失似乎是某些肝毒性药物的起始步骤。

二、结论

开窗是健康肝脏的重要组成部分，是血液和肝细胞之间许多内源性和外源性物质的通道。因此，肝窦内开窗是整个肝脏健康的重要生物学指标。与肝功能减退或完全丧失相关的疾病，如衰老、纤维化和肝硬化，都与开窗的丢失和 LSEC 的改变有关。新显微镜技术的出现，如超分辨率显微镜，使人们对开窗生物学有了新的了解。进一步揭示开窗形成、维持和丢失的过程与调控机制对深入了解肝脏的生理和病理生理十分必要，并可为治疗肝脏疾病和与衰老相关的疾病（如胰岛素抵抗和糖尿病）提供潜在的治疗靶点。

第 36 章　肝星状细胞与纤维化

Stellate Cells and Fibrosis

Youngmin A. Lee　Scott L. Friedman　著

周　波　张心怡　王珊珊　陈昱安　译

在过去的 20 多年里，科学家们明确了肝星状细胞是肝脏中主要的成纤维细胞，并且成功地将其分离出来，建立了可以在实验室进行培养的 HSC 细胞系。这些研究成果使得我们对静息态的 HSC 向造成纤维化的肌成纤维细胞（myofibroblasts，MFB）转分化过程中的一些关键步骤有了更加深入的理解。随着一些直接抗病毒药物被应用于慢性病毒性肝炎的治疗，现在有明确的证据证明肝纤维化甚至肝硬化都可以被逆转。阐明 HSC 的生理特性和其对于损伤的反应机制为将来开发有效的抗纤维化治疗方法创造了条件。

一、流行病学与肝脏纤维化相关的基础疾病

慢性肝病（chronic liver disease，CLD）引发的肝脏纤维化是全球健康的一个重要威胁。据估计，全球超过 8.4 亿人受慢性肝病困扰，每年造成 200 万人死亡[1, 2]。人口调查预计，美国成年人中约有 63 万肝硬化患者，其中 2/3 没有意识到自己患有肝病[3]。慢性乙型肝炎和慢性丙型肝炎是最常见的潜在肝病，也是全球流行性疾病，在亚洲和撒哈拉以南的非洲发病率特别高（高达 8%）[4]，而酒精性肝病在欧洲和美国更为普遍（发病率约 12%）[5]。在西方国家，肥胖症的泛滥也导致非酒精性脂肪肝（高达 46%）和非酒精性脂肪性肝炎（在美国高达 16%）的患病率大幅升高。一些不太常见的疾病也会导致肝硬化，如自身免疫性肝炎、血色素沉着病、肝豆状核变性（即威尔逊病）、原发性和继发性胆管炎（表 36-1）[1, 2]。在过去，抗肝纤维化疗法的发展主要集中在基础肝病的治疗上。随着直接作用于丙型肝炎病毒的抗病毒药物的出现，以及对乙型肝炎病毒感染的疗法进行改进，再加上乙型肝炎疫苗接种等预防措施，预计这些疾病的发病率将会逐步下降（表 36-2）。与此相反的是，改善与肥胖和代谢综合征相关的 NAFLD 和 NASH 需要人们从生活方式上进行改变，而这很难实施。因此，在过去的几年中，针对 NASH 的抗纤维化治疗研究显著增加，许多药物正在研发和临床试验的过程中。

二、肝脏纤维化

肝脏具有很强的再生能力，但是反复且持续的上皮损伤会导致伤口愈合反应，过量的细胞外基质沉积在伤口处，最终损害肝脏的再生能力并导致纤维化发生。被激活的 HSC 是肝脏中主要的生成纤维的细胞类群，它们会沉积纤维状的 I 型胶原和 III 型胶原。这些胶原在正常肝脏中占肝脏重量的 3% 左右，但在硬变的肝脏中，I 型胶原和 III 型胶原的含量会增加 3～10 倍，硫酸化的蛋白多糖和（extracellular matrix，ECM）会沉积在损伤原发部位和窦周隙内皮下，即 HSC 所在的肝细胞和肝窦内皮细胞之间。虽然在不同器官和不同致病原因的纤维化疾病中，ECM 的分子组成都是相似的，但纤维化的模式差异显著，表

<table>
<tr><td colspan="1">表 36-1　纤维化肝病的病因</td></tr>
</table>

酒精性肝病

慢性感染

- 病毒
  - 乙型肝炎
  - 丙型肝炎
  - 丁型肝炎
- 细菌
  - 布鲁菌病
- 寄生虫
  - 棘球绦虫
  - 血吸虫病

自身免疫性肝炎

非酒精性脂肪性肝炎

胆汁性肝硬化

- 原发性胆汁性肝硬化
- 原发硬化性胆管炎
- 自身免疫性胆管病变
- 阻塞性胆汁淤积

遗传性代谢疾病

- α- 抗胰蛋白酶缺乏症
- 囊性纤维化
- 遗传性血色素沉着症
- 肝豆状核变性
- 糖原贮积病
- 果糖血症
- 半乳糖血症
- 溶酶体贮积病（如 Fabry 病、Gaucher 病）
- 卟啉病
- 尿素循环障碍

隐源性肝硬化

药物性肝损伤（如 MTX、α- 甲基多巴胺碘酮、异烟肼、抗生素）

小儿肝病

- 先天性肝纤维化
- 胆道闭锁
- 先天性胆管囊肿

血管疾病

- Budd-Chiari 综合征
- 充血性肝病（心源性肝硬化）
- 遗传性出血性毛细血管扩张症
- 肝窦阻塞综合征（旧称"肝小静脉闭塞病"）

明不同疾病中纤维发生的机制各不相同。在肝脏中，纤维化的模式包括：①形成门静脉 – 中央静脉的纤维间隔和结节（如自身免疫性肝炎，丙型肝炎）；②酒精性肝病和非酒精性脂肪性肝炎中很典型的窦周 / 细胞周纤维化（也被称为"鸡丝"纤维化）；③胆汁性肝硬化伴随着门静脉 – 门静脉纤维化和胆管增生，多见于胆汁淤积性肝病和小儿胆道闭锁；④慢性肝静脉淤滞（如心力衰竭）导致的肝小叶中心纤维化并形成中央静脉 – 中央静脉纤维间隔。

窦周隙通常包含着纤细的 III 型、IV 型和 VI 型胶原，而当损伤发生时，纤维状的胶原、层粘连蛋白和纤维粘连蛋白会沉积在窦间隙，形成一个阻碍肝细胞和血浆进行溶质交换的巨大屏障（表 36-3）。肝窦内皮细胞上具有允许物质交换的小孔，在"肝窦毛细血管化"的过程中，多余的基质沉积下来就会堵塞这些小孔。在鼠类的纤维化疾病模型中，ECM 的量增加了高达 25～40 倍。这些变化最终导致了伴有门静脉高压和动静脉分流的肝硬化的晚期肝病的发生，同时，肝脏的合成和代谢功能也受到了损伤。

大多数慢性肝病需要数十年的时间才会发展为晚期肝纤维化，由于没有症状和疼痛，患者往往在这数十年间都没有察觉。但一旦发展到晚期肝纤维化，肝细胞癌（hepatocellular carcinoma，HCC）的风险就将不断增加。目前，HCC 的发病率是癌症中上升最快的，已经是全球第三大癌症相关死亡原因。只有在病灶较小且数量较少的情况下，才可能通过消融或外科手术的方法对 HCC 进行治疗，而晚期的 HCC 则很少能够被治愈。尽管肝硬化是目前唯一的最大的危险因素，但除了定期筛查并对潜在的肝病进行治疗，还没有特异的化学预防疗法对其进行治疗（见第 16 章）。

三、肝硬化

"肝硬化"（cirrhosis）一词是在 1812 年由法国内科医生 Rene T. H. Lannaëc 首创的，来源于希腊语中的"kirrhos"，描述的是与该疾病相关的黄褐色结节[6]。之后经过改编成为国际通用的末期肝病的指代。肝硬化的特征是分布于肝脏中的纤

表 36-2	当前及预计未来全球肝病发病数和患病率			
疾　病	发病人数（百万）	患病率（%）	当前预计患病人数（百万）	2030 年预计患病 / 发病人数（百万）
HBV	4.5～6	3.6	240	120
HCV	3～4	2.5	170	85
ALD	16.6	4.5	N/A	19.3
NAFLD	13.6	5～8	570	16.2
NASH	2.5	＜ 4	145	3.8

HBV. 乙型肝炎；HCV. 丙型肝炎；ALD. 酒精性肝病；NAFLD. 非酒精性脂肪肝；NASH. 非酒精性脂肪性肝炎（改编自参考文献 [2]）

表 36-3	细胞外基质成分与其在肝脏中的正常定位（改编自参考文献 [105]）
细胞外基质	正常定位
胶 原	
Ⅰ 型	门管区 / 肝静脉
Ⅲ 型	门管区、窦周隙（Disse 间隙）
Ⅳ 型	门管区基底、窦周隙
Ⅴ 型	门管区、窦周隙
Ⅵ 型	门管区、窦周隙
糖蛋白	
层粘连蛋白	门管区基底膜、窦周隙
纤维粘连蛋白	门管区、窦周隙
弹性蛋白	门管区基质
巢蛋白	门管区基底膜
原纤蛋白	门管区基质
蛋白聚糖	
硫酸乙酰肝素	门管区基底膜

维间隔，将整个器官分割成许多实质结节，这些结节的尺寸在微小结节（3mm 以下）和巨大结节（3mm 至数厘米）间不等。纤维间隔可能以细带状或其他的模式出现，如门静脉 – 门静脉、中央静脉 – 中央静脉，以及通常来说更加严重且不规则的伴有门静脉束纤维化的门静脉 – 中央静脉纤维化模式。虽然人们一度认为肝硬化是一种不可逆的进行性疾病，但临床试验的证据表明，在治愈了包括乙型和丙型病毒性肝炎 [7-9]、血色素沉着症 [10, 11]、自身免疫性肝炎 [12]、肝豆状核变性 [13]、淤胆性肝纤维化（如胆汁性胆管炎）[14] 等基础疾病后，肝硬化是有可能被逆转的。根据基础肝病和纤维化程度的不同，纤维化的组织可能需要数年才能被吸收，肝功能和组织结构也会得到改善，但是肝脏的结构不会完全恢复，肝脏中仍可能保留一些不完整的纤维间隔。肝硬化导致的不可逆变化表现为血管畸变，如可能由血栓引起的静脉闭塞性病变及轻度的门静脉流出道梗阻。肝细胞死亡会导致肝实质坍塌，从而使门静脉和中央静脉变得狭窄，形成绕过肝实质灌注，从肝小动脉和门静脉直接流入肝静脉的快速通道。这些门静脉 – 肝静脉通路和动静脉分流的形成会使肝细胞无法正常摄取维持稳态所需要的营养物质和关键底物，进一步导致肝脏功能和再生能力的丧失。即便是在纤维化逆转的过程中，仍然可以观察到持续的血管变化，这可能也是导致在肝脏功能有所恢复后仍会出现持续性门静脉高压的一个因素。同样，目前尚不清楚在纤维化过程中被阻塞的肝窦内皮细胞的窗孔是否可以复原，这是完全恢复肝细胞代谢物交换和分泌功能的必要条件。

有些肝脏结构功能变化在纤维化消退后仍旧持续存在，并且不像血管畸变那样容易检测，例如产生纤维化的关键细胞群，HSC。肝细胞损伤停止后纤维化逆转的动物模型表明，被激活后产生纤维的 HSC 可以转变为失活的状态，同时重吸收并改善纤维化[15, 16]。然而，在肝损伤再次发生时，这些失活的 HSC 会比真正的静息态 HSC 更快地被激活并且更容易产生纤维。这就解释了为什么持续性肝损伤的患者肝纤维化发展会随着纤维化进程而不断加速。对经过病毒学治疗 [持续病毒学应答（sustained virological response，SVR）] 的丙型肝炎纤维化患者进行随访，通过肝脏标本评估表明，治愈基础肝病可以成功使大多数患者的纤维化消退。然而，根据肝活检结果，有一小部分（1%～14%，取决于不同的研究）患者的纤维化进一步发展，纤维化评分或胶原区域比例升高（见参考文献 [17]）。对 SVR 患者的肝脏活检组织进行谷氨酰胺合成酶（glutamine synthase，GS）和 CYP2E1 染色评估，结果显示肝小叶代谢区域化恢复正常；然而，MFB 标记物 α-SMA 的染色在 SVR 前后的 MFB 中持续存在。此外，相当一部分患者（31%）在 SVR 后 α-SMA 评分继续恶化[18]，说明病毒被清除之后 HSC 的重塑仍未停止。还有一项令人费解但惊人的研究显示，HSC 可能在经历实验性肝纤维化的大鼠（F_0）的后代（F_1 和 F_2）中保留跨代损伤记忆，降低其子代对肝毒素和肝纤维化的易感性[19]。在这项开创性研究中，作者检测到 F_1 和 F_2 大鼠肝脏中 MFB 的数量减少，抗纤维化介质 PPARγ 表达增加，促纤维化的细胞因子 TGF-β 的表达量减少。这些大鼠的精子中组蛋白变体 H2A.Z 和 H3K27me3 的含量都有显著升高，而这些表观遗传修饰是通过什么机制调控纤维化还需要进一步探究。

通过对丙型肝炎患者进行"重水"标记检测表明肝硬化是一个高度动态的过程，伴随着纤维化组织不断的代谢变化。"重水"是一种无放射性但可检测的氚化水（^2H_2O）标记，它可以掺入氨基酸和蛋白质中，通过"重水"代谢标记对肝功能进行评估。串联质谱显示，即便在晚期纤维化中，胶原重塑的比率仍旧很高，Ⅰ型胶原、Ⅲ型胶原和胶原相关的蛋白都以很高的速率进行更新换代[20]。

这些研究结果强调，肝硬化是对一系列末期

肝病的简化总称，对于不同的原发疾病，其预后和可逆性水平都有差异。因此，尽管"肝硬化"一词已经使用了 200 多年，但仍有国际肝脏病理学研究组建议放弃该术语，而采用包括活跃度、进展和消退的指征、恶性肿瘤的风险等因素的更精细的诊断方法[21]。

四、肝脏损伤导致肝脏纤维化的常见机制

氧化应激、硝化应激、炎症、血管生成和细胞凋亡是与不同病因的慢性肝病密切相关的几大过程。

（一）氧化应激

ROS 和活性氮（reactive nitrogen species，RNS）是在氧气消耗过程中产生的，两者还可以分别由 iNOS 和 NADPH 氧化酶（NADPH oxidases，NOX）催化 NO 和超氧化物反应得来。肝巨噬细胞和 HSC 中的内皮 NO、肝 CYP 单加氧酶、NADPH 氧化酶会促进 ROS/RNS 的生成。ROS/RNS 可与所有主要生物相关大分子（DNA、脂质、蛋白质、细胞骨架蛋白、线粒体）发生反应，导致 DNA 链的断裂和破坏、代谢通路失活，最终致使细胞死亡。ROS/RNS 作为趋化剂，通过诱导增殖、合成 Ⅰ 型胶原和生成 TGF-β 来直接激活 HSC，从而抑制实质再生，促进纤维生成和炎症反应[22]。ROS 直接激活肝巨噬细胞产生促炎细胞因子，如 TNF-α，并且通过刺激驻留和非驻留的肝脏细胞产生促炎和促纤维化介质来放大炎症反应[23]。MDA 和 HNE 等其他活性氧化物可以形成具备抗原特性的蛋白质加合物，从而诱导抗体，促进非酒精性脂肪性肝炎和酒精性脂肪性肝炎（alcoholic steatohepatitis，ASH）患者的免疫介导肝细胞损伤[24]。促使 ROS/RNS 增多的因素包括：内源性条件如肥胖、胰岛素抵抗、胆汁，以及外源性驱动因素，如酒精、药物、污染物、环境毒素、病毒和紫外线。GKT137831 是一种口服的 NOX1 和 NOX4 抑制剂，在啮齿动物模型中可以减轻肝纤维化和细胞凋亡[25]，目前研究者正在评估其对于治疗慢性肝病的疗效。

（二）缺氧 / 血管生成

肝脏损伤会导致 HSC 激活和 ECM 在内皮下的沉积，促进肝窦毛细血管化，进而增加血流阻

力并影响氧气输送。肝窦内皮细胞中窗孔的大小和数量上的损失会损害肝细胞和线粒体功能，并加剧炎症。缺氧诱导因子 HIF1α 和 HIF2α 会促进血管生成因子的转录和合成，其中包括 VEGF、Ang1 及其受体 VEGFR2 和 Tie2，以及 PAI-1、ADM1 和 ADM2。VEGF 除了对 HSC 有促纤维化的作用，还会促进内皮细胞的增殖[26-28]。并且，除了 PDGF，瘦素（可能上调 VEGF 和 Ang1）和 HGF 也具有促血管生成的功能[29, 30]。

（三）细胞凋亡

细胞凋亡，或称细胞程序性死亡，与许多慢性肝病相关。由死亡受体 Fas 和 TRAIL 部分介导的凋亡小体在体内外都是 HSC 的强促纤维化刺激物[31-33]。纤维化与凋亡之间的关系可能是双向的，因为纤维化可能通过诱导促凋亡基因的表达来刺激实质细胞凋亡，同时促进活化的 HSC 存活。因此，一些专注于抑制肝细胞凋亡的治疗方法也可以提高 HSC 的存活率。其他形式的程序性细胞死亡，例如，坏死性凋亡，也可能引发纤维化，它是由 RIPK1 与 RIPK3 和 MLKL 所构成的凋亡小体激活的。相比于其他肝脏疾病，这个通路在非酒精性脂肪肝中格外重要（见参考文献 [34]）。

五、肝纤维化的细胞基础

肝脏 MFB 是一个异质性的细胞群体，在纤维化过程中介导 ECM 的过度沉积。这些细胞具有收缩性和很强的分泌能力，通过 α-SMA 的表达可以粗略的识别这群细胞。肝脏 MFB 由静息的组织驻留间充质细胞（主要是 HSC）转分化而来，在与门静脉纤维化相关的胆汁性肝损伤中也可由门静脉周围的成纤维细胞转分化。

HSC 是在 1875 首先由 Kupffer 进行描述的，当时被称为"星形"细胞。在 Ito 描述含脂血窦周细胞（脂细胞或 Ito 细胞）之前的 75 年间，人们都对这群细胞的功能一无所知，直到 Wake 证明两者描述的是同一群细胞。静息态的 HSC 仅占健康肝脏中细胞的 4%～8%，其特点为在细胞质脂滴中储存有视黄醇，因此可以通过梯度离心分离和纯化 HSC。这项技术对于确定 HSC 是主要的纤维原细胞并阐述其功能至关重要。如

今，我们已经明确了 HSC 对于肝脏的发育、再生、免疫反应、血管生成都有重要的作用。同时，HSC 也是人体内维生素 A 的主要储存场所，高达 90% 的维生素 A 都储存在 HSC 中[35]。

在正常肝脏中，HSC 保持静息态，并且不发生增殖。肝损伤发生后，HSC 会转分化成为分泌能力很强的 MFB，获得趋化、炎症、高度增殖的表型，并在这个过程中失去维 A 酸液滴。被激活的 HSC 会产生纤维化肝脏中大部分的基质蛋白，包括纤维状和非纤维状的胶原、肝窦基底膜的成分（Ⅳ型胶原、层粘连蛋白和基底膜蛋白聚糖）及蛋白聚糖[36-38]。尽管 HSC 仍然是 MFB 的主要来源，但位于肝窦入口处门静脉周围的门静脉成纤维细胞也可能对胆汁淤积性肝纤维化中的 MFB 有所贡献[39-42]。这些成纤维细胞可能能够维持微小胆管的完整性并与胆管细胞进行相互作用。

HSC 可以从以下方面与门静脉成纤维细胞加以区分：在形态学上 HSC 含有维生素 A 液滴，并且表达结蛋白、胶质纤维酸性蛋白（图 36–1）、Lrat、HAND2、波形蛋白、PDGFRβ、细胞球蛋白、络丝蛋白。这些基因具体表达情况存在物种差异，例如，人类 HSC 并不表达结蛋白，但结蛋白对于小鼠 HSC 来说是非常可靠的标记物。门静脉成纤维细胞与 HSC 的区别在于其表达 NTPDase2、腓骨蛋白 2、弹性蛋白、Gremlin1、Msln 及 Creb1[43-45]。两者之间其他的差异还包括分泌的 ECM 的种类（表 36–4）。HSC 来源的 MFB 所分泌的 ECM 为原纤蛋白 1 阳性、弹性蛋白阴性，而门静脉成纤维细胞来源的 MFB 分泌的 ECM 为原纤蛋白 1 阳性、弹性蛋白阳性[46]。尽管两者的差异还需要进一步的深入研究来阐明，但相比于 HSC，针对门静脉成纤维细胞的研究工具比较有限，限制了相关研究的进行。今后需要对肝脏中的间充质细胞群体进行单细胞测序，以确定肝脏中纤维原细胞的类型。目前，研究者已经建立了大鼠门静脉 MFB 的永生细胞系[47]，但迄今为止还没有能够在小鼠体内示踪门静脉成纤维细胞的小鼠品系。此外，大鼠与小鼠的门静脉 MFB 的分离技术和标记物也有物种特异性的差异（个人观察）。

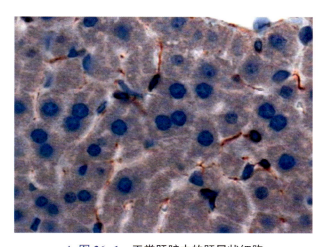

▲ 图 36-1 正常肝脏中的肝星状细胞

正常小鼠肝脏中的胶质纤维酸性蛋白（深红色）免疫组化染色。注意相较于肝细胞，其细胞突较长，细胞尺寸较小

表 36-4	肝星状细胞与门静脉肌成纤维细胞的细胞标志物
肝星状细胞	**门静脉肌成纤维细胞**
GFAP	胞外 ATP 酶核苷三磷酸
突触素	NTPDase2
CRBP1	腓骨蛋白（Fibulin 2 P100）
结蛋白	α_2- 巨球蛋白
Hand2	突触素
络丝蛋白	NCAM

近年来，许多技术工具和啮齿类动物模型的发展使得研究者对于 HSC 在体内的生理学特征有了更深入的理解，其中包括永生的人类（LX2、TWnt-4）和啮齿类 HSC 细胞系[48, 49]、在 HSC 中用 cre 重组酶介导的条件性基因敲除（Lrat）[40]、在啮齿类体内敲除 HSC 的动物模型[50, 51]。随着大数据分析能力的不断增强，如今可以对静息态的 HSC 和激活态的 HSC、HSC 和其他细胞群体的基因表达进行全面的分析比较，这有助于确定 HSC 特异的转录本和潜在治疗靶点[52]。通过斑马鱼的 bHLH 转录因子（转基因 Hand2-EGFP）对肝脏发育过程中的 HSC 进行荧光标记，进一步确定了肝窦内皮细胞是 HSC 迁移并定位到肝脏的关键[53]。

六、激活 HSC 的通路

研究者对于 HSC 从静息态的富维生素 A 细胞被激活成为能够产生纤维的 MFB 的整个过程已经有了比较充分的了解，从中获得了大量的抗纤维化靶点并正在进行临床试验。HSC 的激活理论上可以分为两个阶段，即起始阶段和持续阶段。如果潜在的疾病被治愈了，HSC 就可能出现凋亡、衰老或恢复成静息状态，进而有助于纤维化的分解。

在 HSC 激活的起始阶段，静息态的 HSC 通过上调生长因子受体并调节生长因子信号使其持续显示 MFB 的特性，对肝脏损伤的刺激及其环境产生反应。尽管在正常肝脏中，HSC 是均匀地分布在整个肝叶中的，但在肝损伤期间，HSC 在肝损伤[54]和炎症严重的区域最为活跃。HSC 激活的持续阶段则以其被激活后获得的表型的增强为特征，其中包括增殖、收缩、生成纤维、基质降解、趋化性、炎症信号转导和视黄醇的丢失，这些变化主要都是通过特定的细胞因子驱动的（图 36-2）。

1. TGF-β

TGF-β 是肝纤维化中的一个关键调节因子[55]。TGF-β 以前体的形式合成，在 ECM 中以生物非活性状态与 LTBP 和 LAP 结合。潜在的 TGF-β 可能会被 MMP、血纤维蛋白溶酶、血纤维蛋白溶酶原激活剂、整合素 $av\beta_6$、凝血酶敏感蛋白类、肝巨噬细胞和其他细胞群激活[56]。不同组织甚至不同类型的肝病中，TGF-β 的激活机制可能不同。在 HSC 中，TGF-β 通过其细胞表面的受体促进纤维化，通过 Smad3 来诱导下游信号转导，进而诱导 I 型胶原、III 型胶原和纤维连接蛋白的表达，并诱导趋化性。TGF-β 还可以不经过 Smad 诱导 MAPK 通路（ERK、p38 MAPK 和 JNK）[57, 58]。

全身抑制 TGF-β 会诱发炎症和肿瘤的生成，因此系统性扣制 TGF-β 可能在抑制纤维化的同时增加患肝细胞癌和胆管癌的风险，所以比较理想的方法是仅在肝脏中或是特定的细胞类型中抑制 TGF-β[59, 60]。

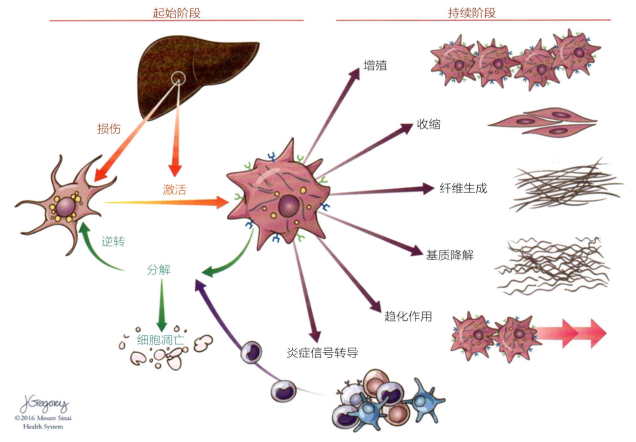

▲ 图 36-2　肝星状细胞在正常肝脏与病变肝脏中的功能与特性

静息状态下的肝星状细胞（HSC）在肝脏受到损伤后被激活，从初始激活阶段进入持续激活状态。在 HSC 向肌成纤维细胞转分化的过程中，伴随着增殖、细胞收缩、纤维生成、基质降解、趋化作用、炎症信号转导等特定表型方面的变化（经 BMJ Publishing Group Ltd 许可转载，引自参考文献 [106]）

2. PDGF-B

对于 HSC 来说，PDGF-B 是最有效的促细胞分裂剂和趋化因子。PDGF 通过酪氨酸激酶受体 β-PDGFR 传导信号。该受体的表达在人类和啮齿类动物 HSC 激活的起始阶段会快速上调 [61, 62]，从而在 HSC 中放大 PDGF-B 信号。PDGF-B 的主要来源是 HSC 本身、巨噬细胞和血小板 [61, 63]。在小鼠肝纤维化模型中，条件性敲除 HSC 中的 β-PDGFR 可以有效减轻肝损伤和纤维化 [64]。在基于动物实验的临床前研究中，通过结合 β-PDGFR 的纳米粒向 HSC 特异性递送厄洛替尼可以作为一种癌症化学预防的新方法。其他 HSC 的促细胞分裂剂包括 VEGF、bFGF、凝血酶、TGF-α 和角质化细胞生长因子 [66]。

3. CTGF（CCN2）

CTGF 是一个很有前景的抗纤维化靶点。

CTGF 是一种促纤维化的"CCN"蛋白，主要表达于受损肝脏中的 HSC 中，具有促进纤维生成、黏附、迁移和存活的功能 [67]。在临床试验中已使用人类抗 CTGF 抗体（FG-3019）抑制 CTGF 来治疗肺纤维化，但由于接受抗病毒治疗的患者在没有抗体治疗的情况下就有明显的纤维化减轻，在乙型肝炎患者中这项实验并没有继续推行（临床试验号 govID #NCT01217632）。

4. ET-1

ET-1 是 HSC 收缩的主要调节因子。HSC 位于纤维化肝脏结节之间的胶原带中，可能会限制单个血窦内的门静脉血流，从而导致门静脉高压 [68]。

5. VEGF

VEGF 是由损伤肝脏中的肝窦内皮细胞和 HSC 所释放的。它是一种有效的促细胞分裂剂，能够刺激 HSC 迁移并合成胶原。虽然血管生成是晚期肝病中的一个病理现象，但它同时也可能是肝脏再生的一个必要条件[69, 70]。因此，在理想情况下，肝脏疾病中阻碍血管生成的药物应该针对肿瘤相关的血管生成，而不阻碍伴随和支持肝脏再生的血管生成。

6. 免疫调节

HSC 能够产生多种免疫调节趋化因子，其中包括 MIP2[71, 72]、MCP-1、CCl2、RANTES（CCL5）及 CCR5，这些趋化因子可以激活并招募巨噬细胞和其他免疫细胞。其中，CC 趋化因子 RANTES（CCL5）、MPC-1 和 CCL21 还可能直接促进 HSC 的增殖和迁移。CCR2/CCR5 趋化因子双重受体拮抗药 Cenicriviroc 在肝损伤的临床前模型（NASH 和 TAA 诱导的肝纤维化）中具有抗纤维化作用[73]。对于 NASH 和纤维化患者进行的二期临床试验表明，与接受安慰剂治疗的患者相比，Cenicriviroc 治疗 1 年后具有显著的抗纤维化效果[74]。然而，这种纤维化减轻的现象持续时间不超过 2 年。HSC 本身还可能作为抗原提呈细胞发挥作用[75]。

7. TIMP 与 MMP

被激活的 HSC 会产生 TIMP1 和 TIMP2，其中 TIMP1 可以通过诱导 bcl-2 抑制 HSC 的凋亡，促使纤维生成细胞存活[76]。MMP2 和 MMP9 也是由 HSC 产生的，会破坏正常肝基质，这可能加速其被纤维化基质替代[77-79]。

七、对 HSC 功能和激活的代谢调节

（一）脂肪因子

脂肪因子信号已经成为代谢综合征中 HSC 激活的重要调节因子。脂肪组织分泌的瘦素和抵抗素等脂肪因子会促进肝脏的纤维化发展。瘦素已被证明与纤维化有关[80-82]，它会上调 α-SMA、胶原蛋白 $1\alpha_1$ 和 HSC 中 TGF-β 的表达，还会促进 HSC 分泌促炎症和促血管生成的细胞因子[83-85]。相反，脂联素可能通过减少脂肪酸氧化并抑制肝脏糖异生而具有抑制纤维化的作用。在人类和小鼠模型中，脂联素水平越低，肝脏炎症的严重程度就将会增加[83, 84]。

（二）自噬作用

HSC 高度依赖自噬产生能量底物，为细胞激活提供燃料。具体来说，这是通过自噬介导的视黄醇酯在细胞质液滴内裂解生成游离脂肪酸来实现的[86]。在小鼠肝纤维化模型和细胞培养的 HSC 中，HSC 特异性 Atg7 基因缺失会导致纤维化减少[86]。

八、导致 HSC 激活的细胞外事件

HSC 与所有类型的肝细胞都有复杂的相互作用，这些细胞都可能以病因学特异的或是普遍性的方式激活 HSC（图 36-3）。

（一）肝细胞

疾病特异性的机制可能导致肝细胞损伤并导致 ROS、Hh 配体、核苷酸、脂质过氧化物和细胞因子的释放，这些都有助于 HSC 的激活。死亡或垂死的肝细胞会释放 DAMP，从而放大炎症反应。IL-33[87] 能够激活常驻固有淋巴细胞（ILC2）释放 IL-13，通过 STAT6 经由 Ⅱ 型 IL-4 受体依赖性信号作用激活 HSC[88] 并促进纤维化。

（二）肝巨噬细胞

组织驻留的巨噬细胞、肝巨噬细胞会生成 ROS 和 TGF-β，不仅会促进 HSC 向 MFB 的转分化，同时 TGF-β 也是一种有效的促纤维化细胞因子，通过 Smad 转录调控子和 C/EBPβ 依赖途径刺激 HSC 中 Ⅰ 型胶原的生成[89]。TGF-β 还可以诱导 TIMP1 的合成，而 TIMP1 可抑制 HSC 的凋亡。肝巨噬细胞会释放大量 TNF-α，激活 HSC 释放其他细胞因子，包括 NOX、PDGF 和 MCP1。在小鼠中，单核细胞可分化为至少两个亚群：M2A/Gr1^{hi} 细胞群可能通过 TGF-β、PDGF、FGF2、半乳糖凝集素 3、CCL2、CCL18 和 IGFBP5 发挥促纤维化作用，而 Ly6-C^{lo} 的巨噬细胞（CD11b^{hi}/F4/80^{nt}/Ly6C^{lo}）通过释放 MMP9 和 MMP12 来促进纤维溶解。目前尚未确定人类体内是否有与这两群细胞对应的细胞群体。

（三）肝窦内皮细胞

LSEC 是肝脏内 A 亚型纤维粘连蛋白的主要来源，对 HSC 激活的启动及 TGF-β 的促有丝分裂和纤维化刺激至关重要[90, 91]，可以提高 HSC 的存活率[92]。由 LSEC 产生的 fibronectin EDA 是

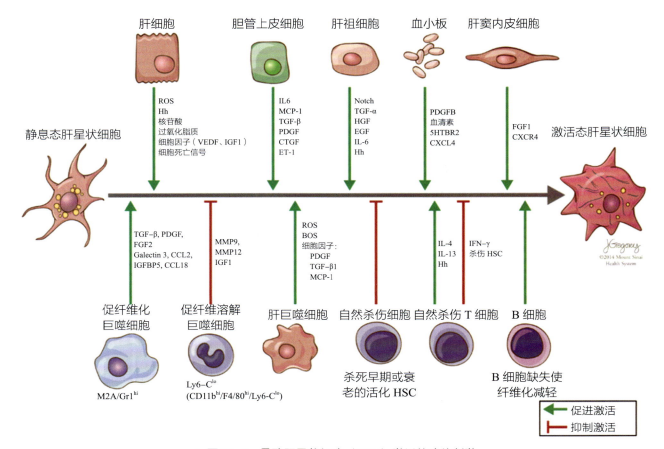

▲ 图 36-3　导致肝星状细胞（HSC）激活的胞外刺激

肝脏中的肝细胞、肝窦内皮细胞、巨噬细胞、自然杀伤细胞、自然杀伤 T 细胞都能通过分泌细胞因子、生长因子或信号分子来抑制或激活 HSC。绿色线条代表对 HSC 的激活起促进作用，红色线条代表抑制作用（经 BMJ Publishing Group Ltd 许可转载，引自参考文献 [106]）

fibronectin 的一种剪接异构体，主要在发育过程中和损伤反应中表达。虽然肝细胞和 HSC 也可能表达 fibronectin，但 LSEC 反应最快，最早释放 fibronectin[91, 93]。在不同情况下，LSEC 可能发挥不同的作用，可能通过 FGFR1 和 CXCR4 促进纤维化或是经由 CXCR7 调节促进再生。这些都在小鼠模型中得到了验证：LSEC 中 CXCR7 的缺失会影响肝脏再生功能，而 CXCR4 的缺失或在 LSEC 中条件性敲除 FGFR1 则会促进促再生途径[94]。

（四）血小板

血小板会向造血干细胞释放生长因子，如 PDGF 和 TGF-β，两者对 HSC 分别具有强大的促有丝分裂和促纤维化特性。血小板产生的 CXCL4 在体外能够促进 HSC 的增殖，并刺激趋化作用和趋化因子的表达。小鼠中 CXCL4 基因敲除可以显著减少损伤后的肝脏病变。许多促凝因子（如凝血酶、凝血因子 V）与纤维化进展密切相关[95, 96]。

（五）自然杀伤细胞

NK 细胞是肝脏固有免疫系统的重要组成部分。取决于不同的情境，NK 细胞可以起到完全不同的促纤维化或抗纤维化作用。依靠 TRAIL、NKG2D 或颗粒酶，NK 细胞可能通过杀伤活化的 HSC 来抑制肝纤维化。在释放 IFNγ 后，NK 细胞可以通过 STAT1 信号诱导 HSC 细胞周期停滞并凋亡，以此帮助清除衰老的激活态 HSC[97]。NKT 细胞是同样表达 TCR 的 NK 细胞亚群，可能同样通过表达促纤维化细胞因子（IL-4、IL-13）和 CXCL16 受体 CXCR6 在肝纤维化中发挥双重作用。表达 CXCL16 的 LSEC 和巨噬细胞可以影响 NKT 细胞的迁移，并促进 NKT 细胞介导的肝纤维化[98, 99]。

九、抗纤维化策略

在过去的 15 年里，对于纤维化通路和促进纤维分解的研究取得了巨大进展，改变了我们对肝硬化和晚期肝病的认识。我们对于纤维化消解的分子机制和细胞内关键因素有了进一步的理解，推动了许多抗纤维化药物进入临床试验[100-102]。这些药物主要采取以下几种策略：①控制或减轻肝脏的基础疾病；②抑制激活 HSC 的关键通路或细胞因子；③抑制关键的促纤维化通路；④通过清除 HSC（凋亡）或依靠临床试验中的药物促进纤维化的消解（图 36–4）。

对于核心纤维化通路的研究可能通用于其他组织，如肺纤维化和肾纤维化，这为晚期肝病的治疗提供了更多备选项[103]。大数据分析和大型转录组、基因组数据库的开发也为肝脏疾病的诊断和治疗带来了多种可能性[52, 104]。这些研究进展将会为未来几年的一系列抗纤维化治疗方法的开展铺平道路。

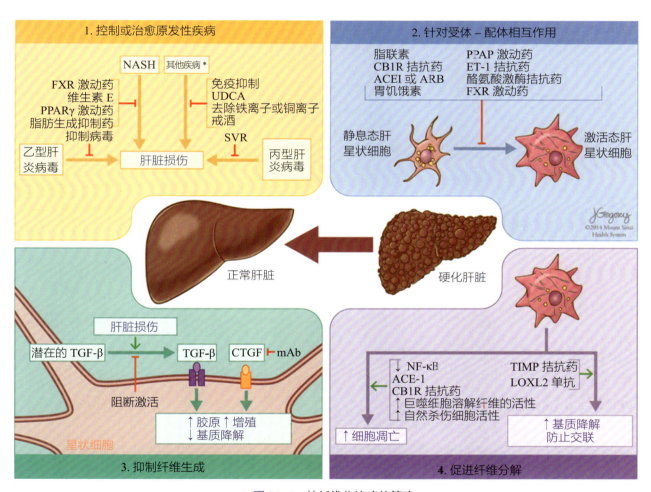

▲ 图 36-4 抗纤维化治疗的策略

1. 控制或治愈原发性疾病仍然是最有效的抗纤维化治疗方法。2. 应用已上市的或正在试验中的药物调控受体 - 配体相互作用，可以抑制肝星状细胞（HSC）的激活，减缓纤维化的发展进程。3. 抑制 HSC 中最显著的促纤维化通路，如阻断 CTGF 或抑制潜在的 TGF-β 的激活。4. 通过促进 HSC 的凋亡来加快纤维的分解；或者运用 TIMP1 拮抗药促进基质降解，同时使用 LOXL2 抑制药避免胶原的交联。FXR. 法尼醇 X 受体；PPAR. 过氧化物酶体增殖物激活受体；UDCA. 熊脱氧胆酸；SVR. 持续病毒学应答；CB1R. Ⅰ型大麻素受体；ARB. 血管紧张素 Ⅱ 受体阻滞药；ET-1. 内皮素 –1；TGF-β. 转化生长因子 β；CTGF. 结缔组织生长因子；mAb. 单抗；NF-κB. 核因子 κB；NK. 自然杀伤细胞；TIMP. 金属蛋白酶组织抑制剂；LOXL2. 赖氨酸氧化酶 2；NASH. 非酒精性脂肪性肝炎（经 BMJ Publishing Group Ltd 许可转载，引自参考文献 [106]）
*. 如肝豆状核变性、自身免疫性肝病、遗传性血色素沉着症、酒精性肝病

第三篇　肝脏功能

FUNCTIONS OF THE LIVER

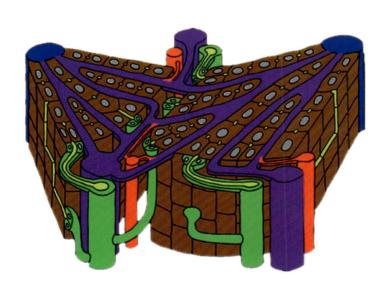

Part A　代谢功能
METABOLIC FUNCTIONS

第 37 章　非酒精性脂肪肝与胰岛素抵抗
Non-alcoholic Fatty Liver Disease and Insulin Resistance

Max C. Petersen　Varman T. Samuel　Kitt Falk Petersen　Gerald I. Shulman　著

吴柏华　金　悦　王晨华　王　振　王梦遥　南海涛　李　春　崔　磊　张　坤　马小龙　惠利健　译

在全球肥胖的流行趋势下，与肥胖相关的多种疾病如代谢综合征、2 型糖尿病（type 2 diabetes mellitus，T2D）和非酒精性脂肪性肝病等的患病率也随之上升。据国际糖尿病联合会估计，2017 年全球成人 T2D 患病人数超过 4 亿人[1]。糖尿病是导致成年人失明、终末期肾衰竭、非创伤性截肢的主要原因，也是缺血性心脏病的主要危险因素[2]。同样，非酒精性脂肪性肝病（non-alcoholic fatty liver disease，NAFLD）也逐渐被视作是对公共健康具有重大威胁的疾病。NAFLD 目前被认为是最常见的慢性肝病，在美国的患病率据估计约为 30%，是非酒精性脂肪性肝炎（non alcoholic steatohepatitis，NASH）、肝硬化和肝脏疾病死亡的主要危险因素[4]。随着病毒性肝炎肝硬化越来越罕见，NASH 有望成为美国肝移植的主要指征[5]。

肝脏胰岛素抵抗常伴随着 NAFLD 的发生[4]。简单来说，胰岛素抵抗是发生在外周组织（肌肉和脂肪组织）和肝脏的胰岛素效应降低现象。在外周组织中，胰岛素抵抗会降低由胰岛素刺激引起的葡萄糖摄取和肌糖原的合成效率。而在肝脏中，胰岛素抵抗会降低胰岛素抑制糖异生和刺激

肝糖原合成的能力。近年来，骨骼肌细胞和肝细胞内脂质积累导致胰岛素抵抗的独特机制已经部分被阐明。本章内容包括：①回顾目前骨骼肌胰岛素抵抗的疾病模型；②讨论骨骼肌胰岛素抵抗如何促进 NAFLD 的发展；③探索 NAFLD 导致肝脏胰岛素抵抗的机制；④回顾胰岛素增敏治疗在纠正肝脏胰岛素抵抗中的作用。

一、脂质诱导骨骼肌胰岛素抵抗的机制

回顾总结骨骼肌胰岛素抵抗的机制，可以为我们认识肝脏胰岛素抵抗机制提供重要的参考。在骨骼肌中，胰岛素与其受体结合，激活胰岛素受体酪氨酸激酶活性，随后磷酸化并激活胰岛素受体底物（如 IRS1）。IRS1 被磷酸化后激活磷脂酰肌醇 3- 激酶（phosphoinosi-tide3-kinase，PI3k），并通过一系列下游信号效应物，最终促进含有葡萄糖转运蛋白（glucose transport4，GLUT4）的囊泡向质膜的转运。目前肌肉胰岛素抵抗的概念是将肌细胞内脂质积累 [特别是甘油二酯（diacylglycerol，DAG）积累] 与胰岛素信号转导受损及由此导致的胰岛素刺激葡萄糖转运受损关联起来[6]。

该模型已经延续了几十年。20 世纪 60 年代，Randle 等首先提出了一个假说，他们认为肌肉中脂质的积累与葡萄糖代谢下降有关 [7]。Randle 推断，增加脂肪酸的转运应该可以促进脂肪酸氧化并抑制葡萄糖氧化。其机制如下：脂质氧化增加线粒体内的 [乙酰 CoA]/[CoA] 和 [NADH]/[NAD$^+$] 比值，进而导致丙酮酸脱氢酶失活，该酶负责将丙酮酸转化为乙酰 CoA。此外，细胞内柠檬酸的积累会抑制磷酸果糖激酶（phosphofructokinase，PFK），这是一种关键的糖酵解酶。PFK 的阻断会导致 6- 磷酸葡萄糖（glucose 6-phosphate，G6P）的积累，进而抑制己糖激酶的活性。己糖激酶活性受到抑制会导致细胞内葡萄糖水平增加，从而降低了葡萄糖摄取的化学驱动力。本质上，Randle 是假设了脂肪酸氧化可以通过抑制关键的糖酵解酶来阻止葡萄糖的氧化。这种模型被称为葡萄糖 – 脂肪酸循环，为氧化底物转换提供了合理的生化基础。在 20 世纪 80 年代和 90 年代的多个实验中，特别是在人和大鼠血浆中脂肪酸浓度急剧升高的情况下，都观察到了符合这一模型的现象 [8, 9]。

（一）肌细胞内脂质积累导致肌肉胰岛素抵抗

非侵入性磁共振波谱（magnetic resonance spectroscopy，MRS）检测体内代谢这一方法的发展引发了人们对重新评估细胞内脂质和葡萄糖代谢之间联系的兴趣。在不患糖尿病和肥胖症的年轻人群中，使用 ^{1}H-MRS 和高胰岛素 – 正葡萄糖钳夹法进行分析，发现肌细胞内脂质（intramyocellular lipid，IMCL）含量是胰岛素抵抗的一个强有力的预测因子 [10, 11]。Rothman 等利用 ^{13}C 和 ^{31}P-MRS，通过测量 T2D 患者和患者的非糖尿病一级亲属中胰岛素介导的肌糖原和 G6P 变化，研究了相关的生化机制 [12, 13]。与 Randle 的假设相反，G6P 的积累在糖尿病受试者和糖尿病患者的一级亲属中都减少了。随后在糖尿病患者受试者中进行的 MRS 实验显示，无论是肌细胞内 G6P 还是肌细胞内葡萄糖的水平，都没有上升到葡萄糖 – 脂肪酸循环模型中的水平，因此也解释不了胰岛素刺激的肌糖原合成对糖尿病损害 [14]。这些数据表明，人类糖尿病中的肌肉胰岛素抵抗是由于胰岛素刺激的葡萄糖转运受损，而不是糖酵解中间体的积累，并且这些变化在出现明显的 T2D 之前就存在于胰岛素抵抗的肌肉中。

尽管在急性脂质处理的情况下，可以观察到 Randle 提出的葡萄糖 – 脂肪酸循环现象，但它不能解释发生胰岛素抵抗的人体肌肉中由胰岛素介导的葡萄糖代谢受损的现象。在脂质注射超过 3h 后，骨骼肌中脂质抑制葡萄糖利用的另一种机制很明显。Roden 等向正常的胰岛素敏感受试者体内输注甘油或脂肪乳糜 / 肝素。随着脂蛋白脂肪酶水解脂肪乳糜中的甘油三酯并经肝素从内皮释放，血浆中非酯化脂肪酸（non-esterified fatty acid，NEFA）的浓度增加。使用 ^{13}C-MRS 测量肌糖原含量，并用高胰岛素 – 正葡萄糖钳夹法测量胰岛素刺激的肌糖原合成 [15]。结果显示，在输注脂肪乳糜 / 肝素 3h 后，胰岛素介导的糖原合成速率开始下降。根据 ^{31}P-MRS 检测到的结果，这种糖原合成的减少是发生在 G6P 浓度下降之后的。这一结果与葡萄糖 – 脂肪酸循环模型中预期的 G6P 积累不一致。相反，这一结果表明，脂质输注可能是通过抑制葡萄糖转运或磷酸化活性，从而导致肌肉中发生胰岛素抵抗。为了区分这两种可能性，Dresner 等研究了具有类似甘油与脂肪乳糜 / 肝素输注方案的正常受试者，并使用 ^{13}C-MRS 技术测量了受试者肌细胞内葡萄糖浓度 [16]。结果显示，输注脂肪乳 / 肝素的受试者相比于输注甘油的对照组受试者具有更低的肌细胞内葡萄糖和 G6P 浓度。这些数据表明，脂质输注通过损害胰岛素刺激的葡萄糖转运活性而诱导肌肉胰岛素抵抗，这与在糖尿病患者中观察到的缺陷一致 [14]。此外，从这些受试者的肌肉活检样本中，可以发现胰岛素刺激的葡萄糖摄取的明显缺陷与 IRS1 相关 PI3K 活化受损有关 [16]。

通过基因编辑敲除 Pdk2 和 4（Pdk2$^{-/-}$/Pdk4$^{-/-}$ 小鼠），构建具有组成性活性的丙酮酸脱氢酶（pyruvate dehydrogen-ase，PDH）的小鼠，很好地证明了葡萄糖 – 脂肪酸循环对于脂质诱导肌肉胰岛素抵抗这一过程并不是必要的。由于 PDH 的遗传激活，Pdk2$^{-/-}$/Pdk4$^{-/-}$ 小鼠在空腹和进食状态下都优先氧化葡萄糖。无法进行脂肪酸氧化的

Pdk2$^{-/-}$/Pdk4$^{-/-}$ 小鼠中，IMCL 积累，并且在高胰岛素 – 正葡萄糖钳夹法检测中显示出严重的肌肉胰岛素抵抗[17]。

总之，这些研究表明，脂质诱导的肌肉胰岛素抗性是通过独立于 Randle 提出的葡萄糖 – 脂肪酸循环的机制发生的。在这种机制中，肌细胞内脂质积累会诱导胰岛素信号通路缺陷，从而减弱胰岛素对肌细胞葡萄糖转运的刺激。

（二）脂质如何在肌肉中积累

简单来说，当肌细胞脂质摄取超过其利用水平时，IMCL 就会积累。在脂质代谢平衡等式的供给这一侧是肥胖和代谢综合征中常见的血浆脂质浓度增加。通过输注脂质增加向肌肉的脂肪输送，会诱导对胰岛素敏感的正常受试者出现胰岛素抵抗。脂蛋白脂肪酶（lipoprteinlipase，LPL）作用于内皮，并将循环甘油三酯中的脂肪酸释放出来。在肌肉组织中，肌细胞的脂质流入水平可能会受到脂蛋白脂肪酶作用的影响而升高。Pollare 等通过高胰岛素 – 正葡萄糖钳夹法检测各种胰岛素抵抗人群（肥胖但无糖尿病、肥胖且患糖尿病）和胰岛素敏感对照人群中的脂蛋白脂肪酶活性和胰岛素敏感性[18]。他们发现肌肉 LPL 活性与钳夹法检测期间的葡萄糖输注速率呈负相关，与空腹血浆胰岛素呈正相关。也就是说，LPL 活性越高，受试者对胰岛素的抵抗力越强。最近，缬氨酸分解产物 3– 羟基异丁酸（3-hydroxyisobutyrate，3HIB）被证明是肌细胞脂肪酸（fatty acid，FA）摄取的旁分泌激动药，由肌肉细胞产生并作用于内皮细胞[19]。向小鼠体内补充 3-HIB 可增加 IMCL 积累并降低肌肉胰岛素敏感性。糖尿病 db/db 小鼠和糖尿病患者受试者的肌肉 3-HIB 水平都增加。3-HIB 调节肌细胞 FA 转运的生理意义尚不清楚，但值得注意的是，血浆支链氨基酸（包括缬氨酸）水平升高与胰岛素抵抗有关[20]。这些研究都支持了增加 FA 的摄取和转运会促进 IMCL 的积累并诱导肌肉胰岛素抵抗的假设。

肌肉主要通过线粒体脂肪酸氧化来平衡脂质的摄取和利用。在两组有患 T2D 风险的人群（T2D 患者的后代和老年人）中，肌肉细胞的线粒体功能已被证明受到损伤[21, 22]。体内的线粒体功能可以使用 ^{13}C-MRS 和 ^{13}C– 乙酸盐输注共同测量三羧酸（tricarboxylic acid，TCA）循环的水平并使用 ^{31}P-MRS 测量 ATP 的合成来进行评估。这些技术可以用于研究 T2D 患者的非肥胖后代，这一人群有骨骼肌脂质积累和胰岛素抵抗的现象，并且具有很高的 T2D 患病风险[22]。结果发现这一人群的基础线粒体 ATP 合成率降低了约 40%[22]。衰老过程中线粒体活性降低可能是由多种机制介导的，而其中线粒体 DNA 的氧化自由基损伤是一个潜在的因素。在小鼠线粒体中特异性过表达清除氧化自由基的过氧化氢酶，可以防止与衰老相关的 mtDNA 损伤，这一保护作用与骨骼肌线粒体氧化能力和胰岛素敏感性的维持有关[23]。有趣的是，尽管检测的组织是肝脏和脂肪组织而非骨骼肌，最近对 T2D 人类遗传学的研究符合我们对线粒体功能在 T2D 发病机制中作用的认知。N– 乙酰基转移酶 2（N-acetyltransferase2，NAT2）的多态性与人类胰岛素抵抗相关，这种相关性不依赖于 BMI。在小鼠中敲除 NAT2 的同源蛋白，会降低线粒体功能和全身能量消耗，从而导致小鼠脂质诱导的胰岛素抵抗[24, 25]。SLC16A11 中的突变占墨西哥人 T2D 患病风险的 20% 左右，可以通过改变线粒体脂肪酸氧化从而促进肝细胞中的脂质储存[26]。

胰岛素抵抗的出现不仅限于那些对胰岛素抵抗具有遗传易感性的人。实际上，随着年龄的增长，大多数人都会表现出类似的变化。T2D 患病率随着年龄的增长而稳步增加[1]。在高胰岛素 – 正葡萄糖钳夹检测中，发现老年受试者更倾向具有外周和肝脏胰岛素抵抗[27, 28]。使用 ^{13}C 和 ^{31}P-MRS 技术，Petersen 等表明与年龄相关的线粒体氧化和磷酸化的减少，与肌细胞内甘油三酯含量增加和胰岛素敏感性的降低有关[21]。这些在老年受试者和 T2D 患者的胰岛素抵抗后代中观察到的结果表明，线粒体功能受损是导致肌细胞脂质积累和胰岛素抵抗的一种常见机制。

（三）肌肉中脂质积累如何导致肌肉胰岛素抵抗

上述讨论提供了 IMCL 与人类肌肉胰岛素抵

抗相关的证据。有很多研究都以啮齿类动物为模型研究了脂质代谢产物的积累与胰岛素作用受损相关联的机制，并在人类中进行了检测。DAG激活蛋白激酶 C（protein kinase C，PKC）亚型，肌细胞内 DAG 积累已经被多次报道与 PKC θ 的激活相关（图 37-1A 和 B）[6]。PKC θ 是一种新型 PKC，表现出依赖于 1,2-DAG 且不依赖于 Ca^{2+} 的激活。在急性脂质输注过程中，骨骼肌内先出现短暂的 DAG 积累随后激活 PKC 并诱导肌肉胰岛素抵抗的进展[29]。重要的是，利用高胰岛素–正葡萄糖钳夹法检测，发现 PKC θ 敲除的小鼠在脂质输注的情况下不会出现脂质诱导的胰岛素抵抗，但与该表型相关的 PKCθ 靶点仍不完全确定。IRS1 Ser1101 被鉴定为 PKCθ 的底物[31]，但将该残基处携带丝氨酸–丙氨酸突变的小鼠不发生脂质诱导的胰岛素抵抗[32]。

目前的数据也支持 PKCθ 激活在人类脂质诱导的肌肉胰岛素抵抗的发病机制中的作用。与非糖尿病对照组相比，在 T2D 患者的肌肉中观察到肌细胞 DAG 和 PKCθ 活性增加[33, 34]。口服或静脉注射脂质刺激后的肌肉胰岛素抵抗也与肌细胞内 DAG 积聚和 PKCθ 激活有关[34, 35]。总的来说，大量相关数据将 DAG-PKCθ 轴与脂质诱导的骨骼肌胰岛素抵抗联系起来，但激活的 PKCθ 损害胰岛素信号的机制仍未完全确定。

二、外周胰岛素抵抗促进肝脂肪变性发生

NAFLD 的发生与外周胰岛素抵抗密切相关。一个有趣的模型认为，餐后肌糖原合成受损导致的肌肉胰岛素抵抗[36]，会促进肝脏中脂质的从头合成和由此产生的肝内甘油三酯（intrahepatic triglyceride，IHTG）积累。这一假设符合几位研究人员收集的数据。IHTG 由脂质的从头合成产生或由脂肪组织释放及餐后吸收的 FA 再酯化而成。Donnelly 等测量了这些途径在 NAFLD 受试者中的相对贡献[37]。结果显示，尽管循环系统中的 NEFA 再酯化是 IHTG 合成的主要途径（贡献 IHTG 合成的一半以上），NAFLD 受试者的脂肪从头合成水平比在非肥胖的对照受试者中观察

到的要高出好几倍，约贡献 IHTG 合成的 1/4[37]。此外，这些 NAFLD 患者在空腹和进食状态下的脂肪从头合成都维持在高水平，缺乏在正常受试者中观察到的随进食而产生的波动[37]。Diraison 等还使用稳定同位素方法测量了 IHTG 的来源，并观察到与正常对照组相比，NAFLD 受试者的脂肪从头合成率增加了大约 3 倍[38]。最后，在一项对患有代谢综合征的成年受试者的研究中，Lambert 等还观察到与非 NAFLD 受试者相比，NAFLD 受试者的脂肪从头合成水平绝对值增加了 3 倍[39]。这些结果强烈表明，脂肪从头合成的增加是促进 NAFLD 的一个重要贡献因素。

然而，在 NAFLD 的高危人群（如非肥胖但有胰岛素抵抗的个体）患病之前，脂肪合成就已经增加了吗？ Petersen 等在非肥胖且健康、年轻的个体中，通过口服葡萄糖耐量试验将他们分为对胰岛素敏感和胰岛素抵抗两个群体，并分别测量了他们的脂肪生成水平[40]。将这些受试者与多个因素相匹配，包括年龄、BMI、肥胖、血压和活动水平。胰岛素抵抗群体的空腹血糖和胰岛素虽然仍在正常范围内，但是显著高于胰岛素敏感群体。此外，胰岛素抵抗群体的血浆中甘油三酯水平升高，高密度脂蛋白（high-density，lipoprotein，HDL）水平降低。^{1}H-MRS 检测显示受试者的肝脏内甘油三酯本底水平都在正常范围（小于 1.0%），并且两组之间的含量相似。但在葡萄糖负荷后，胰岛素抵抗组的血浆胰岛素水平显著升高，但肌糖原合成减少。有趣的是，胰岛素抵抗组表现出肝脏甘油三酯含量显著增加，脂肪从头合成增加了 2 倍。因此，在这些年轻的胰岛素抵抗个体中，葡萄糖非氧化成肌糖原的途径受损导致脂肪从头合成增加，从而增加了肝脏内甘油三酯含量[40]。这表明肌肉胰岛素敏感性缺陷，会增加摄入的糖类在肝脏进行脂质的从头合成，随着时间的推移可能发展为 NAFLD（图 37-2）。

脂质的从头合成是一个胰岛素调节的过程，胰岛素诱导 SREBP1c 转录因子及其下游的多种脂质合成基因表达上调。然而，胰岛素抵抗受试者通常表现出更高的脂肪从头合成。因此，有人提出，肝脏表现出"途径选择性的胰岛素抵抗"：

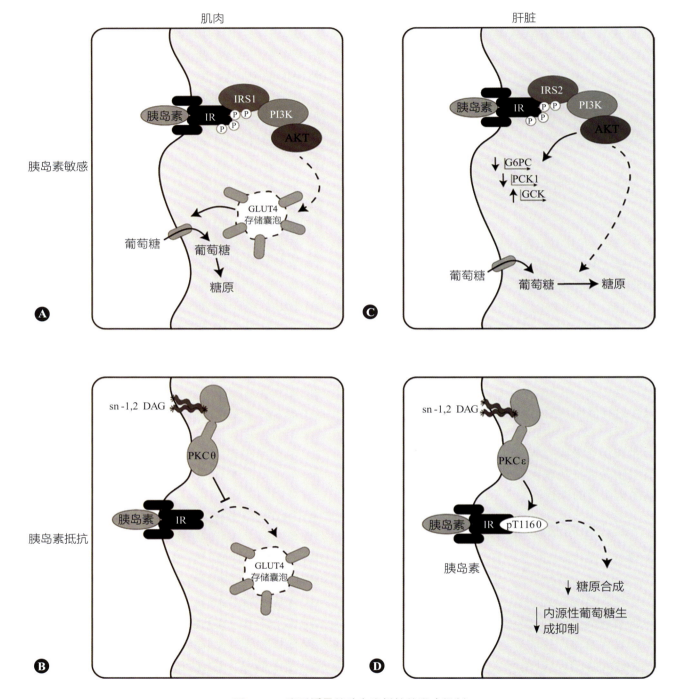

▲ 图 37-1　脂质诱导的胰岛素抵抗的发病机制

A. 正常胰岛素对骨骼肌中葡萄糖代谢的作用。在肌细胞中，胰岛素的作用是刺激含有 GLUT4 的囊泡易位至质膜，从而允许葡萄糖进入肌细胞。B. 骨骼肌中脂质诱导的胰岛素抵抗涉及 PKCθ 阻断近端胰岛素信号，而 PKCθ 是由生物活性脂质甘油二酯（DAG）激活的。这导致胰岛素刺激的 GLUT4 易位受到阻碍。C. 正常状态下，胰岛素对肝脏葡萄糖代谢的作用。在肝细胞中，胰岛素抑制糖异生并激活糖原合成，从而减少肝葡萄糖的产生。D. 肝细胞中脂质诱导的胰岛素抵抗。在脂肪肝中，DAG 激活的 PKCε 通过 Thr1160 的磷酸化抑制胰岛素受体酪氨酸激酶活性，从而抑制胰岛素作用的所有下游

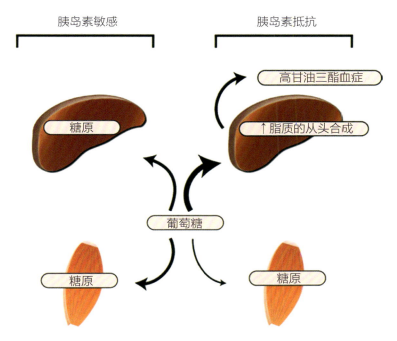

▲ 图 37-2　胰岛素敏感和胰岛素抵抗个体在高糖类饮食后的全身能量分布示意图

在胰岛素敏感状态下，葡萄糖以非氧化形式的糖原存在于肝脏和肌肉中。在胰岛素抵抗状态下，葡萄糖进入肌肉受到阻碍，导致其向肝脏的输送增加，肝脏中脂肪从头合成，导致肝脏甘油三酯的积累和分泌增加（经 National Academy of Sciences 许可转载，改编自参考文献 [40]）

只影响糖代谢对胰岛素的响应，但不影响脂质代谢[41]。然而，经过细致的研究发现，这种选择性肝脏胰岛素抵抗的"悖论"假设很可能是混淆的结果。一旦将肝细胞胰岛素抵抗与通常伴随胰岛素抵抗发生的糖类过量积累现象分开，通过短暂高脂喂养或胰岛素受体敲除在大鼠中诱导肝细胞的胰岛素抵抗，则会导致脂肪从头合成降低[42]。这一发现表明，脂质的从头合成途径也会对胰岛素产生抵抗，那么为什么患有 NAFLD 且胰岛素抵抗的患者具有较高的脂肪从头合成？因为胰岛素不是诱导新生脂肪生成的必要条件，脂质的从头合成实际上受多种营养输入的调节，包括葡萄糖和果糖（通过 ChREBP）和氨基酸（通过 mTORC1）。在伴随典型人类胰岛素抵抗的慢性营养（尤其是葡萄糖）过量的情况下，很可能营养输入可以绕过肝脏胰岛素抵抗，自行诱导脂质的从头合成途径。

最后，值得再次强调的是，肝脏甘油三酯合成的主要途径是循环脂肪酸的再酯化。再酯化是一个依赖底物但不依赖胰岛素的过程[42]。因此，

虽然脂肪从头合成可能是 NAFLD 发展的一个特别重要的途径，但 NAFLD 中 IHTG 的数量主要来源（即再酯化）不受肝脏胰岛素敏感或抵抗的影响。因此，根据目前的知识，没有必要提出途径选择性肝脏胰岛素抵抗这一"悖论"假说来解释 NAFLD 的发展或胰岛素抵抗受试者的脂肪新生率增加。

三、NAFLD 患者肝脏胰岛素抵抗的机制

外周胰岛素抵抗和 NAFLD 之间的密切关联可能会混淆 NAFLD 和肝脏胰岛素抵抗的研究。具体而言，在研究胰岛素在肝脏中的作用时，可能很难确定哪些变化是外周胰岛素抵抗导致的，以及哪些变化是由肝脏脂肪变性所导致的。因此，要了解肝内脂质如何使肝脏产生胰岛素抵抗，构建只出现肝脏脂肪变性而没有明显肥胖和外周胰岛素抵抗的模型才有利于科学研究的进行。

（一）肝脏特异性过表达 LPL 的小鼠

肝脏特异性 LPL 过表达小鼠是研究脂质诱导的肝脏胰岛素抵抗机制的一种模型。LPL 是从富

含甘油三酯的脂蛋白（如乳糜微粒和 VLDL）中水解甘油三酯的限速酶。通过将 apoA-Ⅰ 启动子（A-ⅠLPL）控制表达人源 LPL 的转基因小鼠与杂合子 LPL 敲除（hetKO）小鼠杂交，可以构建出肝脏特异性过表达 LPL 的小鼠[43]。这种肝脏 LPL 过表达小鼠表现出 IHTG 积累。通过高胰岛素 – 正葡萄糖钳夹法检测该小鼠的胰岛素敏感性[44]，虽然该小鼠模型的全身葡萄糖代谢和胰岛素刺激肌肉葡萄糖摄取都是正常的，但胰岛素抑制肝脏葡萄糖产生的能力显著降低。其中，肝脏胰岛素向 IRS2 和 PI3 激酶的信号转导受损。该模型表明，肝脏内脂质积累通过阻断胰岛素信号级联反应特异性地导致肝脏胰岛素抵抗。

（二）脂肪萎缩的小鼠

另一种肝脏脂肪积累和肝脏胰岛素抵抗的小鼠模型是 "无脂肪" 脂肪萎缩小鼠。Moitra 等[45]通过在脂肪细胞特异启动子 AP-1 的控制下表达显性失活蛋白 A-ZIP/F，构建了没有白色脂肪组织的小鼠模型。由于缺乏脂肪细胞，这些小鼠将脂质储存在肌肉和肝脏中。高胰岛素 – 正葡萄糖钳夹法检测结果显示，这些无脂肪小鼠都表现出严重的外周和肝脏胰岛素抵抗[46]。对肝脏中胰岛素信号转导的分析表明，胰岛素未能增加无脂肪小鼠的 IRS2 相关 PI3K 激酶活性。值得注意的是，这种表型可以通过移植野生型同窝小鼠的脂肪组织改善[46]。随着脂肪细胞的恢复，组织脂质浓度恢复正常，肌肉和肝脏胰岛素信号也恢复正常。因此，这些在无脂肪小鼠模型中的结果也支持这一假设，即肝脏脂肪积累通过胰岛素信号级联中的近端阻断导致胰岛素抵抗。

（三）急性高脂饲料喂养大鼠

正常雄性 Sprague-Dawley（SD）大鼠用高脂饲料喂饲 3 天（3dHFF）会造成 IHTG 的积累，而体重或肌肉脂质含量没有任何显著变化[47]。在 3dHFF 大鼠体内，血浆葡萄糖虽然没有变化，但血浆胰岛素浓度几乎翻了 1 倍，表明存在胰岛素抵抗。使用高胰岛素正糖钳夹技术评估 3dHFF 大鼠组织特异性胰岛素作用时，发现在胰岛素刺激、全身葡萄糖处理或肌肉和脂肪特异性葡萄糖摄取方面没有差异。相比之下，3dHFF 大鼠的肝脏完全是胰岛素抵抗的，胰岛素仅能抑制约 10% 的肝葡萄糖产生，而对照饲料喂养的大鼠肝葡萄糖产生（hepatic glucose production，HGP）的抑制率接近 80%。有趣的是，如果利用线粒体解偶联剂 2,4– 二硝基苯酚促进线粒体脂质氧化来防止肝脏脂肪堆积，肝脏的胰岛素敏感性得以保留。在 3dHFF 大鼠模型中，IHTG 积累与胰岛素信号转导的近端缺陷有关，胰岛素受体影响了 IRS1 和 IRS2 的酪氨酸磷酸化，最终损害了胰岛素激活肝糖原合成的能力。重要的是，在严格的胰岛素浓度匹配的条件下研究时，T2D 患者在胰岛素刺激的肝糖原合成和胰岛素介导的肝葡萄糖生成抑制方面也存在类似缺陷[48]。

为了探究 IHTG 积累对胰岛素信号转导的影响机制，研究人员检测了 DAG-PKC 轴可能的潜在作用。在 3dHFF 肝脏筛选中，PKC 激活的实验显示，肝脏脂肪变性和肝脏胰岛素抵抗与 PKCε 激活最为相关。PKCε 与 PKCθ 一样，是一种 DAG 依赖性、Ca^{2+} 独立性的新型 PKC 异构体（图 37-1）[47]。当肝脂肪变性被 2,4,二硝基苯酚抑制时，PKCε 活化也被抑制。此外，在多种啮齿动物模型中，也发现了 DAG 积累、PKCε 激活和肝脏胰岛素抵抗之间的关联性[49]。

迄今为止，已经有四项研究揭示了 DAG-PKCε 轴在人类肝脏胰岛素抵抗中的潜在作用。Kumashiro 等在一组肥胖、非糖尿病受试者的肝活检样本中，测量了可能导致肝胰岛素抵抗的介质[50]。他们发现肝 DAG 含量是通过稳态模型评估（homeostatic model assessment，HOMA）测量的胰岛素敏感性的最佳预测因子，并且与 PKCε 激活密切相关。Magkos 等利用高胰岛素正糖钳夹评估肝脏胰岛素敏感性，在抑制肝葡萄糖产生的肥胖非糖尿病受试者体内，观察到测量的几种脂质种类的肝脏 DAG 与肝脏胰岛素抵抗最密切相关[51]。Luukkonen 等报道了接受减肥手术的成年人，在测量的 5 种 DAG 中有 4 种与 HOMA 相关[52]。最近，TerHorst 等在测量肥胖非糖尿病受试者肝脏葡萄糖产生的胰岛素抑制后指出，与具有正常肝脏胰岛素敏感性的受试者相比，具有肝脏胰岛素抵抗的受试者表现出细胞质 / 脂滴部分中 DAG 的增加和 PKCε 活化增强 [53]。

在啮齿动物模型中，并非所有情况下肝脏总 DAG 含量总是与肝脏胰岛素抵抗程度相关 [49]。这种不相关的部分原因可能与未能测量单个 DAG 立体异构体相关。DAG 的三碳甘油骨架上的两条脂肪酰基链会产生三种可能的立体异构体：sn-1,2-DAG、sn-2,3-DAG 和 sn-1,3-DAG，但只有 sn-1,2-DAG [54] 激活 PKC。有趣的是，肝细胞中的主要脂肪 ATGL（或 PNPLA2）在单独工作时，优先生成 sn-1,3-DAG，而在与 DAG 辅因子 CGI-58 协同工作时，优先生成 sn-1,3-DAG 和 sn-2,3DAG [55]。因此，能够激活 PKC 酶（包括 PKCε）的 sn-1,2–DAG 分子，主要是通过水解质膜上的 PIP$_2$ 和内质网中的甘油酯合成，而不是通过脂肪分解产生。许多研究肝脏 DAG 总含量与肝脏胰岛素抵抗相关的啮齿动物模型，在脂肪合成或脂肪分解方面有遗传性的缺陷，因此不能假设这些肝细胞内 DAG 的立体异构体组成接近正常状态。这是一个值得未来研究的主题。

（四）PKCε 通过抑制胰岛素受体激酶将肝脏脂肪变性与肝脏胰岛素抵抗联系起来

为了评估 PKCε 在肝胰岛素抵抗发病机制中的特定作用，研究者使用了针对 PKCε 的反义寡核苷酸 [56]。反义寡核苷酸是一种合成的、经过修饰的寡核苷酸，在肝脏、脂肪组织和肾脏中被优先吸收，而在其他关键组织如肌肉、大脑或 B 细胞中不被吸收。它们提供了特异性抑制任何感兴趣的基因产物的机会，使目标验证和潜在的治疗效用成为可能。研究者将正常 SD 大鼠喂养了 3dHFF，并用生理盐水、对照（随机序列）ASO 或 PKCεASO 处理后，使用高胰岛素正糖钳夹技术评估胰岛素的作用。尽管所有组别中的肝脏脂质积累，特别是 DAG 的积累是相同的，但 PKCεASO 处理的大鼠的肝脏对胰岛素的敏感性和胰岛素的信号转导都得到了改善。从机制上讲，这与胰岛素受体本身的激活改善有关。与对照饲料喂养的大鼠相比，高脂喂养损害了 INSR 的激活，而用 PKCεASO 治疗的 HFF 大鼠的 INSR 酪氨酸激酶活性得以保留。这些研究表明，PKCε 通过抑制胰岛素受体来介导脂质诱导

的肝脏胰岛素抵抗。

为了确定这种抑制的分子机制，研究者通过采用磷酸肽质谱法，发现了胰岛素受体 Thr1160 是 PKCε 的一个底物 [57]。结构研究表明，由于其位于胰岛素受体激酶结构域的激活环中，Thr1160 磷酸化预计会破坏激酶的活性构型，从而削弱 INSR 活性。这些预测在对带有磷酸化 Thr1160Glu 突变的胰岛素受体的研究中得到证实，该突变具有严重的激酶缺陷。为了评估胰岛素受体 Thr1160 磷酸化对脂质诱导的肝胰岛素抵抗的意义，研究者选择了在同源残基处携带丙氨酸突变的小鼠（InsrT1150A 小鼠），经过 8~10 天的 HFF 处理，与大鼠 3 天 HFF 处理结果一样，在野生型小鼠中实现了肝脏特异性脂质积累和胰岛素抵抗。InsrT1150A 小鼠出现肝脏脂质积累，包括 DAG，并在这种饮食中表现出 PKCε 转位。然而，InsrT1150A 小鼠免受肝胰岛素抵抗，显示出对肝脏葡萄糖产生的抑制有所改善。刺激肝脏糖原的净合成和 INSR 活性的激活 [57]。这些研究证明了胰岛素受体 Thr1150 磷酸化对小鼠高脂肪、饮食诱导的肝脏胰岛素抵抗的必要性，并揭示了肝脏脂质积累导致肝脏胰岛素信号转导受损的分子机制（图 37-1C 和 D）。

INSRThr1160 在从苍蝇到人中都是保守的。脂质诱导的细胞胰岛素抵抗的保守分子机制的鉴定引出了其进化效用的问题。一种有趣的猜测是，脂质诱导的肝脏胰岛素抵抗是对饥饿的一种适应。大鼠长期禁食（48h）会诱导肝脏 DAG 和 TAG 的积累，并激活 PKCε [58]。诱导肝脏胰岛素抵抗会损害再进食时的糖原储存，从而为大脑等基本组织保存葡萄糖。

四、空腹高血糖和糖异生

空腹高血糖是 2 型糖尿病（T2D）的主要特征。空腹高血糖的发生需要增加内源性葡萄糖生成（endogenous glucose production，EGP），它由糖异生和净糖原分解组成。虽然确定这两种途径的相对贡献并非易事，但它对于理解 T2D 的发病机制非常重要。本部分将回顾目前关于糖异生在 T2D 发展中的检测、调节和意义的认识。

（一）进食和禁食状态下的肝脏糖异生

在正常人的进食和禁食状态下，糖异生对 EGP 有很大贡献。这一点已经通过使用 ^{13}C-MRS 测量肝糖原得到证实[59-61]。餐后，肝糖原浓度以近乎线性的方式增加，在 5h 左右达到峰值[59]。在这一时期，肝糖原合成抑制了 EGP，因为摄入的葡萄糖从肠道吸收。可以使用 ^{13}C-MRS 重复测量肝糖原来检测糖原分解的速率。通过从 EGP 的速率中减去糖原分解的速率，可以计算出糖异生的速率。餐后约 5h，肝糖原以线性速率被利用长达约 22h[60, 61]。在此期间，肝糖原分解仅占 EGP 总量的 40%～50%。在禁食的早期，糖异生占 EGP 的其余部分，即 50%～60%。在 22～46h，净肝糖原分解仍占 EGP 的 20% 左右，糖异生约占 EGP 的 80%[60]。随着持续禁食长达 46～64h，净肝糖原分解减少到 5% 以下，而剩余 95% 的 EGP 来自糖异生[60]。

（二）糖异生在 T2D 中增加

Magnusson 等使用 ^{13}C-MRS 技术确定了 T2D 患者糖异生的相对贡献[62]。在对照组和禁食超过 23h 的 T2D 受试者中测定糖原分解和 EGP 的速率。T2D 受试者的 EGP 率增加了大约 25%，而这一增加完全是由于糖异生对 EGP 的贡献增加了大约 60%[62]。这些发现也得到了其他技术的证实。Wajngot 等使用 ^{2}H$_2$O 方法测量了正常和 T2D 受试者在禁食 15～22h 的糖异生率[63]。他们发现，在正常人中糖异生的百分比从 57.6%±2.5% 增加到 70.6%±2.6%，而在 T2D 患者中则从 62.5%±2.8% 增至 75.6%±3.1%[63]。

（三）从胰岛素抵抗到空腹高血糖

单纯的肝脏脂肪变性不会增加肝糖异生。在啮齿动物中，肝脂肪变性虽然与肝脏胰岛素抵抗有关，但不足以导致空腹 EGP 或高血糖的增加[47, 56, 57]。同样，在人类中，肝脏脂肪变性的存在与肝脏胰岛素抵抗有关[50, 51, 53]，但与 T2D 中所见的空腹 EGP 率增加无关[64]。除了 NAFLD 的发展之外，显然还需要其他的变化来导致空腹的高血糖症。

目前已经提出了几个模型来描述从肝脏胰岛素抵抗到明显的 T2D 的进展情况。主流的模型认为，只有在胰岛 B 细胞功能障碍导致血浆胰岛素浓度减退后才会出现高血糖[65]。另一个模型，即关于高血糖发病机制的 Unger "双激素假说"，认为胰高血糖素与胰岛素同样具有重要作用[66]。胰高血糖素，即使在基础水平，也能有效维持肝脏葡萄糖的产生。在犬科动物中，在葡萄糖和胰岛素保持不变的情况下，抑制基础胰高血糖素会逆转净肝葡萄糖产生，而不是导致净肝葡萄糖摄取[67]。在人类中，基础胰高血糖素激活糖异生并减弱胰岛素刺激的糖原合成[68]。此外，T2D 患者的胰高血糖素水平相对于他们的血糖水平过高[69-71]。因此，在肝脏胰岛素作用受损的情况下，在出现肝脏胰岛素抵抗和 B 细胞功能障碍之后，胰高血糖素可能促进糖异生和空腹高血糖。

这两个模型共同强调了胰岛素和胰高血糖素对肝脏的直接作用。胰岛素通过慢性转录机制调节糖异生，而胰高血糖素利用慢性转录和急性翻译后调节模式[72]。胰岛素可以通过磷酸化和灭活 FOXO 家族的关键转录因子，尤其是 FOXO1 来抑制转录。胰岛素利用 AKT2 对 FOXO 转录因子的磷酸化将阻止其进入细胞核，并阻止它们与转录辅激活因子 PGC-1α 结合以激活糖异生酶 PCK1 和 G6PC 的转录[73]。FOXO 模块似乎对于在长时间禁食期间（小鼠约 18h）上调 G6PC 转录特别重要[74]。胰岛素对糖异生的转录调控的第二种主要模式涉及 CREB 及其调节因子 CBP 和 CREB 调节的 CRTC2[75]。CREB-CBP-CRTC2 模块上调 PCK1、G6PC 和 PGC-1α，并且似乎在禁食的早期阶段（小鼠 0～6h）起作用[74]。胰岛素磷酸化 CRTC2，导致其无法入核[76]。胰岛素对肝糖异生的总体直接影响集中在糖异生基因的转录失活这一缓慢的过程上。

胰高血糖素也通过转录调控发挥作用，但是此外，还通过磷酸化葡萄糖代谢的几个关键酶而迅速发挥作用。胰高血糖素增加腺苷酸环化酶活性并激活 PKA。PKA 然后磷酸化 L-PK 和 PFK-2/FBPase-2。其净效应是有利于糖异生而不是糖酵解[72]。PKA 还磷酸化 CREB 并导致 CRTC2 去磷酸化，激活 CREB-CBP-CRTC2 转录模块以促进糖异生基因表达[75]。

胰岛素和胰高血糖素对关键糖异生基因 PCK1 和 G6PC 的表达具有强大的影响。但这些影响的病理生理学意义是什么？为了测试导致 T2D 患者中观察到的糖异生和 EGP 增加的假设是糖异生酶转录增加，对两种 T2D 啮齿动物模型和 T2D 人类受试者进行了研究。第一个 T2D 大鼠模型是由 3dHFF 与烟酰胺和链脲霉素联合诱导 B 细胞功能障碍（STZ/HFF）。在这个 T2D 模型中，大鼠有适度的空腹高血糖和 EGP 的增加率。然而，PCK1 或 G6PC 的表达没有增加[77]。第二个 T2D 大鼠模型试图通过使用生长抑素暂停胰腺内分泌，将 3dHFF 诱导的肝胰岛素抵抗与代偿性高胰岛素血症分离。在这些条件下，与喂养的对照组相比，以基础替代率向门静脉输注胰岛素和胰高血糖素会导致 HFF 大鼠出现高血糖。虽然 HFF 大鼠的 EGP 和糖代谢明显增加，但与对照组肝脏相比，HFF 肝脏中 PCK1 和 G6PC 的表达相当[77]。最后，从接受减肥手术的正常血糖患者（对照组）和高血糖未治疗的 T2D 患者的肝脏活检样本中，对 PCK1 和 G6PCmRNA 进行了定量。在 T2D 受试者中，PCK1 和 G6PC 的表达没有增加[77]。其他研究也观察到胰岛素抵抗大鼠肝脏中 PCK1 和 G6PC 转录没有增加[78,79]。有趣的是，在 G6PC 敲除小鼠中，仅将 G6PC 重新表达至野生型水平的 20% 左右就足以挽救低血糖，这表明糖异生基因转录的适度变化可能对糖异生量的影响有限[80]。总之，这些研究提供了反对糖异生酶转录增加是导致在 T2D 患者中观察到的糖异生和 EGP 增加的假设的证据。相反。这些数据表明，其他机制是造成这些异常现象的原因。

如果转录效果不足以解释从肝胰岛素抵抗到空腹高血糖的转变，那么还有哪些其他机制可能起作用？在这种情况下，考虑 EGP 的其他调节因素，特别是底物的可利用性和糖异生的变构调节剂是很有意义的[72]。胰岛素调控的脂肪组织脂肪分解过程产生的代谢物通过两种机制发挥作用（底物推动和变构激活）来促进糖异生[78]。脂肪分解产生甘油，其转化为葡萄糖的速率与其可利用性成正比[81]。它还产生 FA，其在肝细胞线粒体中经过 β 氧化后会产生乙酰辅酶 A（CoA），这是

一种关键的糖异生酶丙酮酸羧化酶的有效变构激活剂[78]。在禁食的大鼠中，胰岛素输注抑制了脂肪分解，因此减少了甘油和 FA 的转换；这同时伴随着肝内乙酰 CoA 和 EGP 的减少[78]。值得注意的是，胰岛素可以通过以校准的速率共同输注甘油和醋酸酯来完全抑制 EGP，从而防止胰岛素诱导的甘油转换和肝内乙酰 CoA 浓度的抑制[78]。这些研究与 20 世纪 90 年代进行的多项狗和人的研究一致，这些研究指出，外周而不是门静脉中的胰岛素浓度是 EGP 的主要调控者[72]。事实上，他们指出，在几乎所有 EGP 依赖于糖异生的禁食啮齿动物中，肝细胞胰岛素信号转导对于制 EGP 的胰岛素抑制是可有可无的。多个肝细胞胰岛素信号严重紊乱的啮齿动物模型在使用胰岛素后仍有抑制 EGP 的能力，这为这一假设提供了重要的证据[78,82,83]。

EGP 的控制具有很大的间接作用的认识引发了两个有趣的问题：第一，增加的脂肪分解是否介导了向标志着明显 T2D 的空腹高血糖的转变；第二，肝细胞胰岛素抵抗是否有助于 T2D 的 EGP 增加。这些问题虽然未得到完全回答，但仍值得发表评论。关于第一个问题，一些证据支持脂肪分解在 T2D 病理生理学中的作用。控制不佳的糖尿病受试者（空腹血糖＞250mg/dl 时 EGP 增加）在一天中表现出比非糖尿病对照组更高的血浆 FA 浓度[84]。同样，与非糖尿病对照组相比，T2D 患者的甘油周转率和甘油糖异生率更高[85]。重要的是，血浆中 FA 浓度的增加是发生 T2D 的一个危险因素[86]。我们很容易推测，肥胖引起的脂肪组织炎症和胰岛素抵抗促进 T2D 的一个关键机制是通过驱动 EGP。但目前还缺乏直接针对脂肪分解在过渡到明显的 T2D 中的作用的研究。关于第二个问题，即肝细胞胰岛素抵抗和 DAG-PKCε-INSR 轴在空腹高血糖中可能起什么作用，谨慎的做法是注意到强调间接胰岛素作用对 EGP 抑制的重要性的啮齿动物研究的局限性。具体来说，在这些研究中使用隔夜禁食的啮齿动物，使糖原分解对 EGP 的贡献最小，并使糖异生的贡献最大化。然而，在禁食的前 24h 内，糖原分解是人类 EGP 的重要贡献者[60]。肝细胞胰岛素抵抗会强烈

影响肝糖原代谢[57]，而胰岛素刺激的肝糖原沉积在 T2D 中受损[48]。因此，对于 EGP 的两个主要组成部分，一个合理的简化解释是，肝细胞的直接作用主导了胰岛素对肝糖原代谢的调节，而间接作用主导了胰岛素对糖异生的调节（图 37-3）。

五、胰岛素增敏剂与肝脏胰岛素抵抗

（一）二甲双胍

二甲双胍是一种双胍类药物，用于治疗 T2D 患者已有 30 多年的历史，也能暂时改善部分 NAFLD 患者的肝功能异常。肝脏葡萄糖的产生是由糖异生和糖原分解两条途径共同决定的，因此了解二甲双胍对哪条途径受有影响很重要。Hundal 等使用 [6,6-^{2}H] 葡萄糖测量 EGP，结合 ^{13}C-MRS 测量肝脏糖原分解净值和 ^{2}H$_2$O 测量糖异生，研究了 9 名 T2D 患者在接受二甲双胍治疗 3 个月前后的情况，并将结果与 7 名年龄、性别和体重匹配的对照组进行比较[87]。在基线时，与非糖尿病对照受试者相比，T2D 组的 EGP 发生率增加。使用 ^{13}C-MRS 测量净肝糖原分解和 ^{2}H$_2$O 测量糖异生，发现增加的肝糖异生是 EGP 增加的主要原因，这与以前的研究结果一致[62]。

在二甲双胍治疗 3 个月后，T2D 组 EGP 的降低是由于肝糖异生减少了 36%[87]。

尽管二甲双胍明显降低了空腹血糖，并且人们普遍认为这是通过抑制糖异生而发生的，但二甲双胍作用的细胞机制仍然存在争议。Madiraju 等最近的一项创新性的研究，既确定了二甲双胍的特定分子靶点，又揭示了二甲双胍罕见的乳酸中毒不良反应的生理学基础[88]。Madiraju 等观察到二甲双胍在生理相关浓度下对线粒体甘油 -3- 磷酸脱氢酶（mGPD 或 GPD2）的非竞争性抑制，这种效应被预测为导致细胞质氧化还原状态的增加和肝细胞线粒体氧化还原状态的相互减少。在大鼠中用二甲双胍治疗确实观察到了这些氧化还原作用，并导致在培养的肝细胞中抑制氧化还原依赖性底物（即乳酸和甘油）而不是氧化还原非依赖性底物（即丙酮酸和丙氨酸）的糖异生。用靶向 mGPD 的 ASO 处理的大鼠及 mGPD 基因敲除的小鼠，在二甲双胍处理后没有进一步抑制 EGP。mGPD 抑制在二甲双胍治疗的人类中的作用仍有待研究。

其他关于二甲双胍作用的假设也在继续研究中。二甲双胍已被发现能抑制线粒体复合体 I[89]，

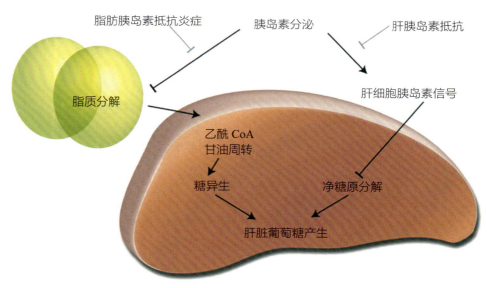

▲ 图 37-3 脂肪和肝脏胰岛素抵抗对肝脏葡萄糖生成的影响
肝脏葡萄糖的产生受到直接和间接两种机制的调控。直接机制是由肝细胞胰岛素受体介导的，在急性情况下，主要是由促进糖原储存来介导的。间接机制包括抑制脂肪细胞的脂质分解，从而降低全身甘油和脂肪酸的周转。这反过来又减少了肝线粒体乙酰 CoA 对糖异生的变构激活和以甘油为底物驱动的糖异生。该模型预测，肝细胞胰岛素抵抗主要影响糖原分解，而脂肪细胞胰岛素抵抗（通常与炎症相关）主要影响糖异生

尽管这可能仅在超生理浓度下发生[88]。预计抑制呼吸链会增加细胞 [AMP]：[ATP] 的比率，实际上，二甲双胍会刺激 AMPK[88]。然而，AMPK 基因敲除的小鼠对二甲双胍的治疗仍有反应[90]，药物激活 AMPK 的程度与二甲双胍相同，但不足以替代二甲双胍对 EGP 的抑制[88]。二甲双胍诱导的 [AMP]：[ATP] 比例的增加也被认为是通过拮抗 cAMP 介导的胰高血糖素作用来抑制 EGP[91]；然而，这一机制的生理相关性受到了一项人类研究的质疑，在这项研究中，二甲双胍并没有抑制胰高血糖素刺激的 EGP 的增加[92]。

（二）噻唑烷二酮类

噻唑烷二酮类（TZD）药物是通过激活过氧化物酶体增殖物激活受体 γ（PPARγ）来改善胰岛素敏感性的药物用于治疗 T2D。目前在美国被批准使用的两种 TZD，即罗格列酮和吡格列酮，已在人体研究中显示可改善肝脏胰岛素敏感性[93, 94]。

TZD 改善肝脏胰岛素作用的能力主要是由于其肝外效应。PPARγ 主要在脂肪细胞中表达，在肝脏和骨骼肌中表达较低，但存在物种差异。鉴于 PPARγ 表达的部位与药物作用的部位不一致，有人提出 T2D 可将脂肪从肝脏和肌肉重新分配到脂肪细胞[95]。Mayerson 等为了检测这一假设，给 9 名 T2D 患者服用罗格列酮，评估胰岛素敏感性（通过高胰岛素血症 – 血糖钳评估）和组织脂肪含量（通过 ^{1}H-MRS 测量）[96]。胰岛素介导的皮下脂肪分解抑制也通过微透析来测量甘油释放。经过 3 个月的治疗，罗格列酮治疗降低了肝脏甘油三酯含量约 40%，细胞外甘油三酯浓度增加约 40%，并改善了对脂肪细胞脂肪分解的抑制。尽管在这项研究中没有检测到肌细胞内甘油三酯的下降，但罗格列酮确实改善了胰岛素介导的全身葡萄糖清除。肌细胞内甘油三酯和外周胰岛素作用之间的这种差异强调了这样一个事实，即肌细胞内甘油三酯只是导致脂质诱导的胰岛素抵抗的活性代谢物（假定为 DAG）的粗略标志物[97]。总之，TZD 通过 PPARγ 介导的脂肪胰岛素敏感性改善将细胞内脂质从肝脏和肌肉转移到脂肪组织来发挥其有益作用。

（三）减肥

减肥可降低肝内脂肪含量并提高人体肝脏胰岛素敏感性。Petersen 等研究了 8 名肥胖受试者在低热量、低脂肪饮食引起的体重减轻前后的情况[98]。受试者一直保持饮食，直到他们的空腹血糖水平稳定。这需要 3～12 周，平均体重减轻约 8kg。这只导致了 BMI 的适度变化，受试者从 30kg/m^2 下降到 28kg/m^2。因此，即使在减重后，受试者仍然超重。与平均 BMI 为 24kg/m^2 的体格瘦、久坐的无糖尿病对照受试者进行了比较。减肥并没有改变肌细胞内脂肪（IMCL）的含量，与体格瘦的对照组相比，IMCL 仍然升高。然而，肝内甘油三酯含量从大约 12% 大幅下降至 2%，接近在体格瘦的对照中看到的不到 1% 的值。减重和肝内甘油三酯的减少降低了空腹 EGP 的速率，并改善了肝脏的胰岛素敏感性（通过高胰岛素血症 – 血糖钳评估），使其接近正常。因此，在这项研究和其他研究中[99-101]，适度减肥可以有效地纠正肝脏脂肪变性并恢复肝脏胰岛素敏感性。最后，DiRECT 试验比较了使用低热量代餐奶昔的强化减重干预与对照组的常规护理，在未使用胰岛素的 T2D 超重成人中扩展了这些发现[102]。该试验队列中的一部分人接受了肝脏脂肪含量的测量，在减重队列中观察到肝脏脂肪含量的大幅下降（从 16% 左右降至 3%）[103]。这些发现强调了 NAFLD 与体重减轻的可逆性。

截至目前，还没有任何报道确定，不伴随减肥的运动是否能改善肝脏脂肪变性和肝脏胰岛素敏感性。一些试验已经测试了不同强度和持续时间的运动方案，并证明了对肝内甘油三酯和代谢参数及体重的有益影响[104-106]。然而，在一项横断面研究中，体力活动与肝内甘油三酯含量呈负相关，即使在控制了其他关键变量（如年龄、性别、BMI、HOMA 和脂联素）之后也是如此[107]。可以假设运动通过逆转肌肉胰岛素抵抗[108]，将允许更多的葡萄糖被吸收到肌肉中，从而导致从头合成脂肪和肝脏脂肪含量的减少。然而，需要做更多的工作来确定这个假设是否有效，更重要的是，这种生活方式干预措施是否可以适用于越来越多的高危人群。

第38章　AMPK：糖脂代谢调控的核心与2型糖尿病的药物靶点

AMPK: Central Regulator of Glucose and Lipid Metabolism and Target of Type 2 Diabetes Therapeutics

Daniel Garcia　Maria M. Mihaylova　Reuben J. Shaw　著

应育峰　陈昱安　陈立功　译

一、AMPK 的结构及活化机制

所有类型的细胞都遵守一个基本原则，只有当营养物质的量充足，能够支持细胞成功分裂时，它们才会将营养物质的可及性与生长因子发出的信号结合起来，进而驱动细胞增殖。即使在不分裂的细胞中，环境中营养物质也是细胞的代谢与生存所必需的，这些营养物质还通过提供细胞内 ATP 生产的底物来为所有的细胞过程供能，满足细胞的生物能量需求。当环境中营养物质水平降低时，ATP 水平也会降低，此时除非消耗 ATP 的生物合成过程受到限制，否则 ATP 的严重短缺将导致灾难性的细胞死亡。真核细胞中普遍存在一个高度保守的代谢检查点，作为细胞中 ATP 水平传感器的 AMP 活化蛋白激酶（AMP-activated protein kinase，AMPK）。由于病理情况（如葡萄糖或氧气短缺、渗透压胁迫、糖酵解或线粒体氧化磷酸化的中断等），细胞内 ATP 水平下降，都将最终导致 ATP 整体水平降低。在低 ATP 水平环境下被活化后，AMPK 在细胞中发挥代谢检查点的作用，抑制消耗 ATP 的生物合成过程，同时刺激 ATP 合成过程以弥补 ATP 水平的下降[1]。AMPK 被活化后，通过调控代谢酶的转录过程，对代谢酶水平产生迅速的影响，并使得细胞内糖和脂代谢过程进行适应性调节。除了作为代谢检查点的普遍作用外，AMPK 另外也在哺乳动物和高等真核生物的特化代谢组织（如肝脏、肌肉和脂肪）的糖和脂代谢中也发挥着关键的作用[2]。因此，AMPK 不仅仅调控细胞的能量代谢，而是通过协调机体各组织之间对环境营养输入的响应来调控整个机体的生物能量代谢过程。

AMPK 最初被发现时被认为是一种哺乳动物蛋白激酶，可通过细胞内腺苷核苷酸水平的变化而活化[3]。但研究者之后又从酿酒酵母突变体筛选不能在非发酵碳源或蔗糖上生长的细胞的过程中发现了 AMPK 的酵母同源蛋白 SNF1（蔗糖非发酵复合体）[4, 5]。

AMPK 是一类专性异三聚体激酶复合物，由一个催化（α）亚基和两个调节（β 和 γ）亚基组成。AMPK 在能量胁迫环境下被活化，如营养剥夺或缺氧条件下，细胞内 ATP 水平下降，以及 AMP 水平上升[2]。在能量胁迫条件下，AMP 与 AMPKγ 亚基中 CBS 结构域的串联重复序列直接结合。AMP 的结合被认为可以阻止 α 亚基中关键活化环苏氨酸的去磷酸化[6]。活化环苏氨酸的磷酸化是 AMPK 活化所必需的。在哺乳动物中，有 7 个基因编码 α、β 及 γ 亚基，使得 AMPK 存在 12 种不同的异三聚体变异体（图 38-1）。其中

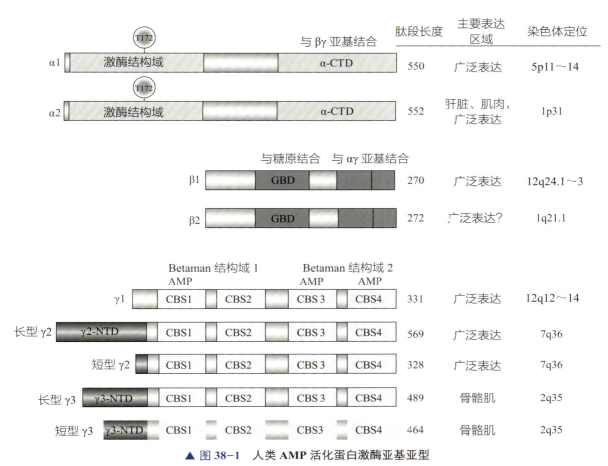

▲ 图 38-1 　人类 AMP 活化蛋白激酶亚基亚型

2 个催化激酶（α）亚型和 2 个包含糖原结合域（GBD）的 β 调节亚基的结构域结构、表达情况和选择性剪接亚型，以及编码 γ 亚基的 3 个基因，分别包含 4 个与 AMP 直接结合的 CBS 结构域

有 2 个基因编码催化亚基 α_1 和 α_2，另外有 2 种调节 β 亚基和 3 种 γ 亚基参与异三聚体的组合。其中，γ_3 呈现出骨骼肌特异性，而 α_2 在包括肌肉和肝脏在内的关键代谢组织中表达水平最高。催化亚基 α_1 和 α_2 在其 N 端包含一个激酶结构域，以及在其 C 端存在与 β 和 γ 亚基结合的结构域。所有的激酶都有一个活化环，它通常是上游激酶的作用靶点，活化环产生构象变化后使得底物可以进入到催化口袋中，而 AMPKα 亚基的活化环包含一个单独的苏氨酸残基（哺乳动物 AMPKα 中的 Thr172），这是所有物种中 AMPK 活化都必需的关键调控位点。目前研究已表明，催化亚型 α_1 主要存在于细胞质，而在某些细胞类型中 α_2 亚型似乎存在于细胞核中。在肝脏中，α_1 和 α_2 亚基的磷酸化均占 AMPK 总活性的一半，并且 α_1 和 α_2 亚基与不同的 β 或 γ 亚基之间似乎不存在结合优先级 [7]。酿酒酵母 Snf1 和人类 α_2 激酶结构域的晶体结构最先被揭示 [8, 9]，但在过去的 10 年中，通过阐明多种 AMPK 全酶的晶体结构，我们对 AMPK 调控及功能分子机制得认识显著提高 [10-16]。虽然其中有些细节信息存在差异，但这些结构研究共同呈现了 AMPK 复合物的详细结构。AMPK 三聚体复合物的结构由三个主要的片段或"模块"构成：催化模块、糖类结合模块（carbohydrate-binding module，CBM）和核苷酸结合模块（也称为"调控片段"）。α 亚基的活化环位于催化和核苷酸结合模块之间的界面上，靠近 β 亚基的 C 端和 γ 亚基的 CBS 重复序列。这种结构使得 Thr172 的磷酸化和去磷酸化对核苷酸结合引起的构象重排有着很高的敏感性。催化结构域呈现典型的真核丝氨酸 / 苏氨酸激酶结构域，具有小的 N 叶和大的 C 叶结构。CBM 与激

酶结构域的 N 叶直接接触，这两个模块之间的界面形成一个离散的口袋，这个口袋被认为是许多能直接活化 AMPK 的化合物的结合位点。据推测，天然代谢物可能通过结合该位点来调控 AMPK，但目前尚未发现该类代谢物。核苷酸结合模块主要由 γ 亚基组成，它形成一个扁平的磁盘状结构，CBS 序列在磁盘结构周围对称地重复，每个象限一个。

这些晶体学研究揭示了腺嘌呤核苷酸和小分子活化剂如何激活 AMPK 的分子机制细节。对于核苷酸，晶体结构表明，当 AMP 结合在位点 3 上时，γ 亚基与 α 连接子中的 α-RIM1 和 α-RIM2 结构域的几个氨基酸间建立稳定的相互作用，它们分别与未占据位点 2 和结合在位点 3 上的 AMP 分子之间产生相互作用 [12, 15, 16]。α-RIM 结构域与 γ 亚基的结合限制了 α 连接子的灵活性，导致催化模块和核苷酸结合模块间结合得更紧密，这就在物理层面保护了 Thr172 位点不被去磷酸化。有趣的是，当 ADP 结合位点 3 时也会产生同样的效应，这说明在某些情况下 ADP 也可能是相关的 AMPK 活化信号分子 [14]。此外，α-RIM 结构域与 γ 亚基结合会使得 α 亚基上的 AID 偏离 AMP 结合时的激酶结构域，从而去除 AID 对激酶结构域的抑制效果 [10, 12, 13]。AID 结构域的这种重排可能揭示了 AMP 变构激活效应的部分分子机制。根据该模型，AID 可以根据核苷酸结合情况在激酶结构域结合状态（AMPK 失活）和核苷酸模块结合状态（AMPK 活化）之间转换。总而言之，目前已发表的晶体结构解析工作一致认为，AMP 的结合，尤其是位点 3 的结合，会诱导 AMPK 构象变化，进而通过改变 α-RIM 结构域和 AID 与核苷酸结合模块之间的相互作用，最终作用至激酶结构域。这些与 ATP 作用相反的结构变化，导致了 AMPK 的变构活化以及催化模块和核苷酸结合模块之间界面的紧缩，从而保护了 Thr172 不被去磷酸化。然而，目前尚不清楚这些结构重排是否也促进了 Thr172 的磷酸化。

另外，A769662 等 AMPK 激动药可以通过不同的机制激活 AMPK。这些化合物结合及 β 亚基上 Ser108 的磷酸化可以稳定 CBM，并加强 CBM 与激酶结构域之间的相互作用 [10, 13, 15]。具体来说，激动药的结合诱导了 β 亚基中 α- 螺旋的形成，这种 α- 螺旋称为 C 相互作用螺旋，它能与激酶结构域的 C 螺旋（一个在多种激酶上出现的保守螺旋结构，对 ATP 结合很重要）发生相互作用。这种构象变化导致激酶结构域向紧缩、活化的构象状态转变，保护 Thr172 不受去磷酸化的影响，并增加了其与底物的亲和力。有趣的是，糖原会抑制 CBM-KD 的相互作用，这可能是糖原抑制 AMPK 的机制 [17]。

二、环境胁迫、激素以及药物激活 AMPK

动物凭借其多细胞复杂性和多器官协作，已经进化出了复杂的机制来感知能量需求或环境营养匮乏，并能立即对这些情况做出反应。多项研究表明，饥饿或运动引起的细胞胁迫可以激活 AMPK。在单细胞真核生物及哺乳动物细胞培养条件下，AMPK 在葡萄糖或氧气耗尽（缺氧）时会被激活。目前很显然的是，随着复杂生物体的发展，机体的各种激素具有作为整个生物体传感器的功能，能够在面对由于饥饿等情况导致的代谢胁迫时激活 AMPK。脂联素是一种广为人知的脂肪因子，它已被证明可以激活肝脏中的 AMPK，进而促进脂肪酸氧化过程并降低血糖水平，这与先前的研究结果一致，脂联素能够抑制肝脏中葡萄糖的生成 [18]。除了脂联素的影响，AMPK 的活性已被证明还由瘦素、抵抗素、胃饥饿素、肾上腺素和大麻素调控 [19]。运动是另一种形式的代谢胁迫，现已证明 AMPK 会在肌肉收缩时被激活。这种激活可能是由于运动和肌肉收缩引起的 AMP/ATP 比值上升，另一项在小鼠中进行的研究中，肌肉受到电刺激会使得 AMP 水平上升并激活 AMPK [20]。

治疗 2 型糖尿病的两种不同类型的药物，二甲双胍等双胍类药物 [21]、罗格列酮 [22] 和吡格列酮 [23] 等噻唑烷二酮类药物，已被证明可以激活肝脏 AMPK，这很可能是通过轻度抑制线粒体呼吸链复合物 I 而干扰了线粒体 ATP 的生成。二甲双胍是一种双胍类药物，它是由从法国丁香（学名山羊豆）中发现的一种天然化合物山羊豆碱经过化学修饰而得到的。虽然直到 1918 年才发现双胍类药物有降血糖的作用，但最早从中世纪开始，人们就一直在使用法国丁香来缓解各种疾病[24]。

与法国丁香在欧洲的情况类似，苦瓜已被中医用于治疗许多疾病数百年，但直到最近，科学家才从苦瓜中分离出三萜化合物，这类化合物在小鼠实验中能够激活 AMPK，促进脂肪酸氧化和葡萄糖利用过程[25]。在最近的一项研究中，AMPK 也被证明在白藜芦醇的作用下被激活，白藜芦醇是一种多酚，存在于红葡萄、某些坚果和浆果的皮中，并在酵母、线虫、果蝇、鱼和老鼠等模式生物中与长寿相关。此外，研究表明，白藜芦醇可以通过影响小鼠脂肪肝表型和增加高热量饮食动物的胰岛素敏感性[26]来模拟控制进食的好处。虽然在糖尿病患者中还没有发现 AMPK 的直接突变，但研究表明，AMPK 与这类代谢紊乱症中各种失调控的代谢通路有关，这使得其成为治疗这类疾病的一个非常有吸引力的靶点。

三、AMPK 上游调控：LKB1 和 CAMKK

早在 1978 年，就有证据表明上游激酶可以激活 AMPK[27]，在随后的几年里，科学家们集中寻找负责催化亚基 α_1 和 α_2 磷酸化及活化的激酶。然而直到 1996 年，才从大鼠肝脏中部分纯化出 AMPKK，并证明该激酶能在将 AMPK 的 Thr172 位点磷酸化[28]。在芽殖酵母基因组鉴定完全后，研究者通过全基因组筛选方法鉴定了三个上游激酶 Sak1（Pak1）、Elm1 和 Tos3，并证明它们作用于酵母 AMPK 同源蛋白 SNF1 复合体的上游。当这些激酶在酵母中被敲除后，产生了与 snf1 突变体相同的表型，这也进一步证明了它们处于 SNF1 复合体的上游[29, 30]。在人类基因组中，与酵母中发现的 AMPKK 最接近的激酶是钙调蛋白依赖蛋白激酶 CaMKKα 和 CaMKKβ、蛋白激酶 LKB1。多个研究同时表明，LKB1[1, 31, 32] 和 CAMKKβ[33, 35] 确实是哺乳动物中作用于 AMPK 的上游激酶，能够磷酸化 AMPKα1 和 AMPKα2 亚基上的 Thr172 位点。

有趣的是，LKB1 最先在人类中被鉴定为丝氨酸 / 苏氨酸肿瘤抑制激酶，在癌症诱发的黑斑息肉综合征中存在缺陷[36]。在哺乳动物细胞中，LKB1 与另外两个蛋白，即 STRAD 和 MO25，组合形成蛋白复合物[31]，当与这些附属蛋白结合时，LKB1 的构象被稳定并被组成性活化。最近的研究表明，当 AMP 与 AMPK 复合物 γ 亚基的贝特曼结构域变构结合时，会发生构象变化来保护 LKB1 介导的 α 亚基的 Thr172 磷酸化[6]，但是能量胁迫对 LKB1 和 AMPK 之间定位和复合物形成的影响仍有待进一步研究。2005 年，科学家发现 LKB1 确实是肝脏中主要的 AMPK 上游激酶[37]，肝脏 LKB1 基因的敲除几乎使肝脏 AMPK 完全失活。小鼠肝脏中缺乏 LKB1 会迅速导致高血糖，以及糖异生基因和脂质合成基因表达水平的上升。研究还表明在这些动物中，抗糖尿病治疗中二甲双胍对 AMPK 的激活依赖于 LKB1，而在肝脏 LKB1 缺失的情况下，二甲双胍无法降低血糖水平[37]。然而，需要注意的是，AMPK 并不是 LKB1 的唯一底物。LKB1 同样磷酸化了与 AMPK 相关的另外 11 个激酶的活化环，也最终导致了它们的激活[38]。重要的是，在这 14 种 LKB1 依赖性激酶中，只有 AMPKα1 和 AMPKα2 在 ATP 低水平条件下被激活，这可能是因为只有它们与包含 AMP 结合域的 AMPKγ 存在相互作用[39]。目前还不清楚什么刺激将会使 LKB1 导向这些 AMPK 相关激酶，现在的研究表明 LKB1 具有组成性活性，这些其他激酶可能通过其活化环外其他位点的磷酸化被调控。总的来说，这些研究发现将 AMPK 定位在主要的肿瘤抑制通路的轴线上，同时部分揭示了癌症和代谢之间有趣的联系。

除了 LKB1，钙调蛋白依赖蛋白激酶 CaMKKα 和 CaMKKβ 也能调控 AMPK 的活性，但它们只响应钙水平的变化，而不响应 AMP 水平变化，而且根据基因敲除和 RNAi 研究，该类激酶似乎完全通过 LKB1 发挥作用。LKB1 基因敲除显著降低了肝脏中 AMPK 的活性，这说明 CAMKK 在肝脏中的作用较小，不过在控制进食的下丘脑神经元中，CAMKKβ（CAMKK2）似乎是 AMPK 的主要上游激酶[40]。这与 CaMKKα 和 CaMKKβ 在神经元中表达水平最高的事实是相一致的，而 LKB1 在全身组织广泛表达。

四、下游靶点 I：急性代谢调控 – 脂质合成通路中的酶

在肝脏中，AMPK 磷酸化并调控多个脂质合成和稳态相关的下游靶点（图 38-2）。其中最早确定的 AMPK 下游靶点之一是乙酰 CoA 羧化酶（acetyl-coenzyme A carboxylase，ACC）[41]。ACC 参与了脂肪酸前体丙二酰 CoA 的生成，丙二酰 CoA 是能量稳态调控中的关键代谢物。在哺乳动物中发现了两个基因，分别编码两种不同的 ACC 亚型，即 ACC1 和 ACC2，这两种亚型具有不同的组织特异性。已有研究表明，ACC1 和 ACC2 控制了两种不同用途的丙二酰 CoA 的生产。ACC1 被认为会抑制用于脂肪酸合成的丙二酰 CoA 生成，而 ACC2 会促进脂肪酸氧化（见参考文献 [42]）。

AMPK 通过直接磷酸化 ACC1 和 ACC2 的同源残基 Ser79 和 Ser218 来抑制 ACC1 和 ACC2。ACC1 活性下调导致丙二酰 CoA 水平降低和脂质合成减少。AMPK 磷酸化 ACC2 抑制其酶活性，降低了细胞中丙二酰 CoA 的水平，从而直接抑制了线粒体的脂肪酸摄取，并通过 CPT-1 促进了脂肪酸氧化和 ATP 生成（见参考文献 [19]）。有趣的是，也有研究表明，限制热量摄入可以增强 AMPK 活性，从而抑制 ACC 活性，导致脂肪酸合成减少，以及促进脂肪酸氧化。在最近的一项研究中发现，多种多酚类 AMPK 激动药可以减

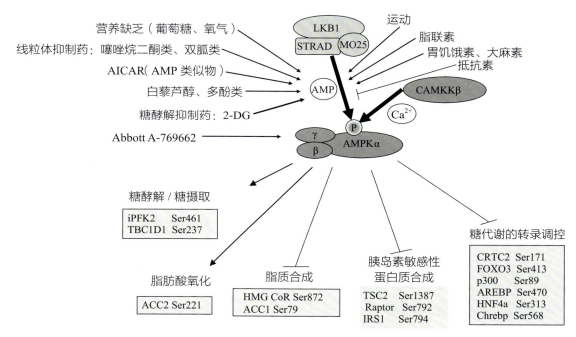

▲ 图 38-2 AMP 活化蛋白激酶（AMPK）信号通路

AMPK 活化环的苏氨酸被磷酸化，并在不同的环境刺激下被 2 个不同的上游激酶激活。LKB1 响应所有降低细胞内 ATP 水平和增加 AMP 水平的刺激以激活 AMPK。CAMKKb 响应钙水平变化，通过一种与 AMP 水平无关的方式激活 AMPK。AMPK 由运动、营养缺乏（如血糖或氧气水平降低）和激素（包括胃饥饿素、瘦素、脂联素和大麻素）激活。据报道，瘦素在外周组织中激活 AMPK，但在中枢神经系统中抑制 AMPK，其机制尚不清楚。此外，AMPK 可被通过抑制或毒害线粒体而干扰 ATP 生成的药物（包括解偶联剂）或抑制糖酵解的药物（如葡萄糖类似物 2– 脱氧葡萄糖，作为己糖激酶的竞争性抑制药）激活。其他激活 AMPK 的药物包括白藜芦醇和相关的多酚类化合物，以及细胞通透性 AMP 类似物 AICAR 和首个小分子直接激动药 Abbott A-769662。在激活后，AMPK 会抑制蛋白质、脂质和葡萄糖合成等合成代谢及消耗 ATP 的生物合成过程，同时促进分解代谢过程以生成 ATP，包括促进糖酵解、葡萄糖摄取和脂肪酸氧化。AMPK 还通过 mTOR 信号通路调控细胞生长和胰岛素敏感性。图中列出了目前在体内证明的最充分的 AMPK 直接底物及其 AMPK 磷酸化位点。所有列出的位点都符合理想 AMPK 底物的预期结构

缓高糖环境生长的 HepG2 细胞的脂质积累情况，并能抑制 LDL 受体敲除患糖尿病小鼠的动脉粥样硬化症状 [43]。

除了 ACC 作为 AMPK 的下游靶点外，HMG-CoA 还原酶也被发现是关键的下游底物 [41, 44]。科学家们知道 HMG-CoA 还原酶（或 HMGR）的活性受一个上游激酶调控 [27]，该认知已超 10 年，但是在很长一段时间内，该上游激酶都没有被发现。如今，我们知道 HMG-CoA 还原酶是一种参与胆固醇和其他异戊二烯类物质的合成中的限速酶，更具体的功能是将 HMG-CoA 转化为甲戊酸。通过磷酸化 HMGR，AMPK 抑制像胆固醇合成这样的合成代谢或 ATP 消耗过程，进而维持细胞内 ATP 的水平。值得注意的是，HMGR 中 AMPK 的磷酸化位点在包括植物在内的所有真核生物中都是非常保守的。

（一）下游靶点Ⅱ：代谢适应调控 – 转录控制

响应 AMP/ATP 比例的变化，AMPK 可以通过磷酸化迅速调控下游靶点。然而，除了这些快速的翻译后修饰之外，AMPK 还可以根据细胞状态使得某些基因发生长期的转录变化和重编程转录过程。这些效应被认为是通过序列特异性转录因子和转录辅激活因子被 AMPK 直接磷酸化介导的。肝脏里研究最为充分的两个受 AMPK 调控的转录过程中，即糖异生和脂质合成，糖异生过程中已经有一些 AMPK 的直接底物被确定。

有趣的是，组蛋白乙酰转移酶 p300 和 CREB 共激活因子 CRTC2（也被称为 TORC2 或 CREB 调节活性换能器 2）是两种不同的共激活因子，它们可以调控 CREB 依赖性转录过程，以响应饥饿状态下的胰高血糖素信号 [45-47]。CRTC2 是小鼠糖异生过程中一个关键的限速转录调控因子，它影响包括 PGC-1α 启动子等在内的肝脏 CREB 靶点。当 AMPK 被激活时，它可以使 CRTC2 在 Ser171 残基上发生磷酸化，从而使 CRCT2 与 14–3–3 蛋白结合，并从细胞核转移到细胞质，最后终止了糖异生相关酶的转录 [48, 49]。如果 AMPK 活性降低，低磷酸化水平的 CRTC2 又可以重新进入细胞核，在那里它与转录共激活因子 CREB 结合，促进 PGC1α 及下游糖异生靶点 PEPCK 和 G6Pase 的转录（图 38–3）。值得注意的是，p300 和 CRTC2 是在同一调控位点被 AMPK 或其相关家族成员 SIK1 磷酸化，这两者的磷酸化作用都依赖于 LKB1。在肝脏 LKB1 敲除的小鼠中，CRTC2 相较于野生型小鼠处于低磷酸化水平，并且主要定位于细胞核中 [37]。此外，肝脏 LKB1 敲除小鼠的空腹血糖水平显著升高，而在引入可以降低肝脏 CRTC2 水平的 shRNA（短发夹 RNA）后，小鼠空腹血糖水平大大降低，这进一步证明了肝脏的糖异生过程由 LKB1 依赖性激酶调控，而 CRTC2 是这些激酶的关键下游靶点。与 LKB1 肝脏特异性敲除小鼠的结果一致的是，肝脏特异性敲除 AMPKα2 亚型的动物也表现出肝脏葡萄糖产出量升高、葡萄糖不耐受、肝脏葡萄糖合成的瘦素及脂联素调控途径受损的表型 [50]（表 38–1）。未来的研究需要剖析 AMPKα2 或 SIK1 调控 CREB 和糖异生的关键调控因子的时间及空间模式。有趣的是，SIK1 本身也是 CREB 的靶点，这为机体提供了一种具延时性的减弱 CREB 依赖性长期转录的机制。AMPK 和 SIK 激酶磷酸化 p300 和 CRTC2 可能是二甲双胍调控 2 型糖尿病的关键效应因子。尽管肝脏特异性敲除 LKB1 或 AMPK 的小鼠为科学研究提供了理想的模型，但关于 AMPK 磷酸化 p300 是如何调控其他许多对肝脏代谢至关重要的下游相互作用转录因子的话题仍有待深入研究。

除了直接磷酸化辅激活因子外，AMPK 还磷酸化 HNF4α，HNF4α 是核受体超家族的关键转录因子，该超家族能与糖异生两个关键酶，PEPCK 和 G6Pase 的启动子结合。假说认为，AMPK 在 HNF4α 中 Ser304 残基上的磷酸化会通过影响其二聚和与 DNA 结合的能力来降低蛋白的稳定性，并可能进一步促进其降解 [51, 52]。除 PEPCK 和 G6Pase 外，HNF4α 还调控葡萄糖转运蛋白 GLUT2 和醛缩酶 B 及 L-PK 等糖酵解酶的基因表达，当肝细胞中 AMPK 被 AICAR 激活时，这些基因的表达水平将下降 [51]。研究还表明，部分青年型成熟型糖尿病（maturity onset diabetes of the young，MODY）患者存在 HNF4α 突变的情况。

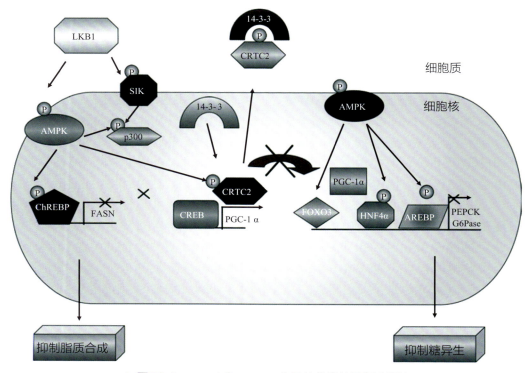

▲ 图 38-3　LKB1 和 AMPK 介导的代谢转录程序调控

AMPK 及其相关家族成员 SIK1 和 SIK2（未呈现）磷酸化包括 CREB 共激活因子 CRTC2（以前被称为 TORC2，CREB 调节活性换能器 2）和 p300 在内的一系列常见的底物。CRTC2 的磷酸化产生了一个 14-3-3 蛋白对接位点，进而诱导 14-3-3 蛋白介导的 CRTC2 向核外转移。这种由 AMPK 或 SIK 激酶导致的 CRTC2 核外转移过程抑制了包括 PGC-1α 共激活因子等糖异生关键调控因子等在内的 CREB 依赖性转录靶点。除了抑制 PGC-1α mRNA 的表达，AMPK 还直接磷酸化少量转录因子（FOXO3、HNF4α 和 AREBP），这些转录因子能与两种关键糖异生酶 PEPCK 和 G6Pase 的启动子直接结合。除这些糖异生调控因子外，据报道 AMPK 还能使 Chrebpd 蛋白磷酸化，这是一个关键的脂质合成转录因子，调控了 FASN、ACC1 和 L− 丙酮酸激酶 mRNA 的水平

表 38-1　AMPK/LKB1 肝脏功能研究的小鼠模型		
小鼠模型	代谢表型	参考文献
AMPKα1 敲除	无	[48]
AMPKα2 敲除	肌肉中葡萄糖摄入	[49]
	高血糖、低胰岛素水平	[48]
AMPKα2 肝脏特异性敲除	高血糖	[46]
	葡萄糖不耐受	
	高血脂	
LKB1 肝脏特异性敲除	高血糖	[30]
	葡萄糖不耐受	
	高血脂	

有趣的是，与 MODY 患者不同，HNF4α 肝特异性敲除小鼠不会出现高血糖，但确实会出现脂质积累的症状，这与 MODY 患者甘油三酯的变化水平一致 [54]。这些研究发现进一步揭示了 AMPK 通过调控下游转录因子（如 HNF4α）而在脂质及葡萄糖稳态维持中的潜在功能。

除了 HNF4α，2006 年的一项研究显示，AMPK 可直接磷酸化另一个名为 AREBP 的转录因子，该转录因子可直接结合 PEPCK 启动子 [55]。AMPK 磷酸化 AREBP 的 Ser470 位点会降低其结合 DNA 的能力，进而降低 PEPCK 的表达水平。因此，与 HNF4α 类似，AMPK 磷酸化 AREBP 调控了其与 DNA 的结合能力，并影响了下游靶基因的转录水平。

除了对糖异生的影响，AMPK 的激活也被

认为可以抑制肝脏脂质合成。该效应部分是由于 AMPK 对脂质合成酶产生的急性影响，另外，AMPK 的激活还会下调包括 FASN 和 ACC1 等的关键肝脏脂质合成酶的转录水平。已知有两个序列 – 序列转录因子共同调控这些脂质合成酶：SREBP1c 和 ChREBP。ChREBP 在肝脏中高表达，在葡萄糖诱导的 L-PK 转录中发挥重要作用，此外它对脂质合成酶的启动子也有作用。AMPK 磷酸化 ChREBP 的 Ser568 位点[56]，使得其与 DNA 结合程度下降，进而导致糖酵解及生脂基因转录水平降低。现在我们知道，葡萄糖代谢可以被脂肪酸抑制，当葡萄糖需要被贮存时，脂肪酸可以充当另一种能量来源。这种效应被命名为脂肪酸对葡萄糖的"保留效应"。

类似于 ChREBP，SREBP1 也被 AMPK 直接调控[21, 57, 61]。由于 SREBP1 对脂质合成酶表达的限速作用，它被认为与胰岛素抵抗、血脂异常和 2 型糖尿病有关[58, 59]。在一项研究中，用 AMPK 激动药（如二甲双胍或 AICAR）处理大鼠肝细胞可抑制 SREBP1 mRNA 表达，并降低了受 SREBP1 调控基因 FAS 及 S14 的肝脏 mRNA 水平[21]。这表明通过二甲双胍激活 AMPK 可以抑制生脂基因的表达。实际上，研究发现二甲双胍治疗或过表达活化的 AMPK 能够降低胰岛素抵抗型 HepG2 细胞中的甘油三酯含量[60]。由于肝脏特异性 LKB1 敲除而缺乏肝脏 AMPK 功能的小鼠模型显示 SREBP1 和 SREBP1 靶基因表达水平升高，进而导致脂质积累和脂肪肝[37]。Srebp1 蛋白在 2011 年被发现可以由 AMPK 及其高度相关的激酶 SIK1 直接磷酸化，这两者都抑制了内质网膜中全长 Srebp1a 蛋白的激活，进而阻止了 Srebp1c 的细胞核定位[61]。虽然 SREBP 蛋白的活性主要受细胞内不饱和脂肪酸和胆固醇浓度的调控，但 AMPK 对 SREBP1 上 Ser372 位点的磷酸化也可能通过阻止蛋白水解过程从而抑制其活性，进而抑制其转录活性。然而，还需要进一步的研究来清晰阐释 AMPK 依赖性 Srebp1 磷酸化在机体内的必需性及作用。从上述研究可以看出，AMPK 在通过 p300、CRTC2、HNF4α、AREBP、ChREBP 和 SREBP1 介导的脂质合成转录程序在糖异生转录程序中发挥着重要作用。

最后，有研究显示 AMPK 可能通过对转录抑制因子 II a 型 HDAC[62] 和转录激活因子 p300[45] 的直接磷酸化和调控，在机体转录过程中发挥更广谱的作用。研究表明，AMPK 可以磷酸化人原代肌管中 II a 型 HDAC5 的 Ser259 和 Ser498 位点，促进与 14-3-3 蛋白的结合，以及与 DNA 结合转录伴侣 MEF2 的分离，进而促进下游靶基因的表达[62]。虽然 AMPK 对 II a 型 HDAC5 的直接调控尚未在肝脏代谢中涉及，但这提供了一个很有吸引力的假设，即 AMPK 可以同时调控多个下游转录事件以响应上游的代谢胁迫。不过这样的分析是有挑战性的，因为已有研究表明另外存在多个上游激酶能够磷酸化 HDAC5 相同位点的关键残基[63]。实际上之前已经证明，LKB1 下游的 AMPK 相关激酶可以在小鼠肝脏中磷酸化 HDAC4、HDAC5 和 HDAC7，进而抑制了它们促进 FOXO 依赖性糖异生的活性[64]。

（二）下游靶点 III：mTOR 介导细胞生长及胰岛素信号调控

当环境条件不利生存时，环境信号能使得细胞停止生长和分裂。这些机制从最小、最简单到最复杂的真核生物中都是非常保守的。当营养匮乏时，细胞的能量感受器 AMPK 被激活，并抑制蛋白质合成和细胞生长等耗能过程。AMPK 实现这一目标的方式之一是负向调控 mTOR 信号通路。mTOR 是一种所有真核生物中高度保守的丝氨酸/苏氨酸激酶，是细胞生长的核心调控蛋白。AMPK 在营养匮乏的条件下被激活，而在营养充足的条件下失活，而 mTOR 则相反。在高等真核生物中，mTOR 的激活需要来自营养物质（葡萄糖、氨基酸）、生长因子的正向信号。与其芽殖酵母同源蛋白一样，mTOR 存在于两种生化及功能上都离散的信号转导复合体中[65]。在哺乳动物中，mTORC1 复合体由四个已知的亚基组成：raptor（mTOR 调控相关蛋白）、PPAS40、mlST8 及 mTOR。mTORC2 复合体包含 rictor（雷帕霉素不敏感的 mTOR 伴侣）、mSIN1、PRR5/Protor、mlST8 及 mTOR[66]。mTORC1 发出的信号是营养敏感性的，可被细菌大环内酯雷帕霉素急性抑制，调控细胞生长、血管生成和机体代谢。相较于 mTORC1，mTORC2 对营养物质不敏感，也不被雷帕霉素急性抑制，其已知底物有包括 Akt 和 PKC 家族成员在内的 AGC 激酶的疏水结构域磷酸化位点。

AMPK 和 mTORC1 的下游靶点是两个研究充分的底物：4EBP1 和 p70 核糖体 S6K。mTORC1 对 4EBP-1 的磷酸化抑制了其结合并抑制翻译起始因子 eIF4E 的活性。mTORC1 介导了 S6K 在激酶结构域 C 端的疏水结构域中一个苏氨酸残基的磷酸化。在 4EBP1 和 S6K 中发现的一个特殊结构域（TOS 结构域）被证明可以介导这些蛋白与 raptor 的直接结合，进而使它们在 mTORC1 复合体中被磷酸化。近期一项研究揭示了关于 mTORC1 如何通过一系列有序的磷酸化事件来调控翻译起始复合物组装的机制细节[67]。已知 mTORC1 依赖性翻译可控制细胞周期蛋白 D1、HIF1α 和 c-myc 等许多特定的细胞生长调控因子，进而促进了包括细胞周期发展、细胞生长、糖酵解和血管生成等在内利于肿瘤发生的过程[66]。

mTORC1 复合体的上游蛋白最初是通过经典的肿瘤遗传学方法发现的。TSC2 肿瘤抑制薯球蛋白及其专性结合伴侣错构瘤蛋白（TSC1），在名为结节性硬化症（tuberous sclerosis complex，TSC）的一种家族性肿瘤综合征中发生突变。TSC 患者易发生分布广泛的良性肿瘤，即肾、肺、脑和皮肤上的错构瘤。果蝇和哺乳动物细胞的遗传学研究发现，TSC 肿瘤抑制因子是 mTORC1 复合体的关键上游抑制剂。TSC2（也被称为薯球蛋白）在其 C 端含有一个 GAP 结构域，该结构域可以使小 Ras 样 GTP 酶 Rheb 蛋白失活，该蛋白在体外实验中已被证明能直接激活 mTORC1 复合物[68]。因此，TSC1 或 TSC2 的缺失会导致 mTORC1 的过度激活。TSC1 和 TSC2 的磷酸化是调控 mTORC1 的多种环境信号的信号整合点[69]。PI3 激酶是 mTORC1 通路的关键激活因子之一，在促进细胞生长和胰岛素介导的代谢作用中发挥关键作用。PI3 激酶激活丝氨酸/苏氨酸激酶 Akt，其后 Akt 直接磷酸化并使 TSC2 和 mTORC1 复合物的一种抑制剂 PRAS40 失活[68, 70]。

除了这些激活 mTORC1 的生长因子外，该复合体还会因为各种各样的细胞胁迫迅速失活，从而确保细胞不会在不利环境中继续生长。mTORC1 复合体与前面提到的许多生长因子激活的激酶所不同的一个独特之处在于，它的激酶活性依赖于营养物质的可及性。即使在生长因子充分存在的情况下，葡萄糖、氨基酸或氧气的缺乏也会导致 mTORC1 活性的快速下降[69]。在营养缺乏诱发的 LKB1 和 AMP 依赖性 AMPK 激活过程中，与其他激酶的磷酸化位点不同，AMPK 直接在 TSC2 肿瘤抑制因子保守的丝氨酸位点上磷酸化，这是葡萄糖和氧气调控 mTORC1 激活的其中一种机制[71-74]。有趣的是，在酿酒酵母和秀丽隐杆线虫等低等真核生物中没有 TSC2 的同源基因，而但缺乏 TSC2 的该类哺乳动物细胞仍然对 AMPK 的激活部分敏感，这表明可能存在另一种供替代的、更古老的后备机制，使得 AMPK 通过 mTORC1 通路抑制细胞生长和增殖过程。总的来说，这些研究结果发现了另一种全新的抑制机制。mTOR 激酶存在于由 mlST8/Gbl、PRAS40 和支架蛋白 Raptor 组成的复合体中。最近的一项研究表明，AMPK 能够直接磷酸化 Raptor 的两个保守残基 Ser722 和 Ser792，诱导其与 14-3-3 蛋白结合，进而使 mTORC1 复合体失活[75]。结合之前的研究，这些发现表明 AMPK 通过直接磷酸化 TSC2 和 raptor 这种双重机制以抑制 mTORC1 的活性（图 38-4）。重要的是，二甲双胍可使得小鼠肝脏中 raptor 的 Ser792 位点高度磷酸化，而该效应在 LKB1 肝脏特异性敲除小鼠中不明显[75]。缺乏肝脏 AMPK 活性的 LKB1 肝特异性敲除小鼠在肝脏中呈现出 mTORC1 信号的过度激活，包括在自由喂养条件下 S6K1 和 4EBP1 磷酸化水平的上升[37]。此外，胰高血糖素[76]和脂联素[77]等能激活肝脏 AMPK 的激素已被报道可以抑制 mTORC1 信号通路。最近，我们课题组与 Brendan Manning 课题组合作证明，在小鼠的原代肝细胞及肝脏中，AMPK 是二甲双胍抑制 mTORC1 信号通路所必需的[78]。通过肝脏特异性敲除 AMPKα1 和 AMPKα2，我们发现二甲双胍在敲除小鼠中完全不能抑制 mTORC1。

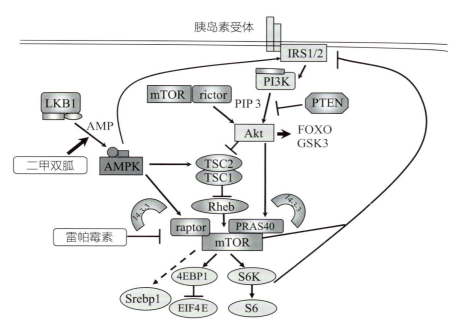

▲ 图 38-4　**AMPK 调控 mTOR 信号通路以调控细胞生长和胰岛素敏感性**

AMPK 直接磷酸化 TSC2 肿瘤抑制因子和 mTOR 关键支架亚基 raptor，进而抑制 mTORC1 复合体对其下游底物 4EBP1
和 S6K1 的活性。PI3K 通过 Akt 依赖性 TSC2 和 mTORC1 抑制剂 PRAS40 的磷酸化激活 mTORC1。在营养过剩的条件下，
过度激活的 mTORC1 及其底物 S6K 都会直接使胰岛素受体底物 1 和胰岛素受体底物 2 蛋白磷酸化，进而导致其降解。
因此，过度激活的 mTORC1 会减弱胰岛素信号转导，导致细胞胰岛素抵抗。AMPK 通过失活 mTORC1 来逆转这种抵
抗性，也可以直接使 IRS1 自身磷酸化。此外，mTORC1 最近也被证明通过调控 SREBP1 在脂质合成调控中发挥作用

然而在细胞培养情况下，二甲双胍能在更高的剂量及更晚的时间点诱导 mTORC1 信号通路的抑制，这可能是由于 mito ER 应激通路的激活，以及 ATF4 依赖性 REDD1 mRNA 和其他 mTORC1 抑制剂 mRNA 的活化[79]。

除了对细胞生长的影响，mTOR 对脂质代谢也有调控作用，该效应在肝脏中可能特别重要。脂质合成的一个关键调控因子是前面提到的 SREBP1 转录因子。最近，mTORC1 信号通路被证明是细胞核 SREBP1 累积和 SREBP1 靶基因激活所必需的[80]。与之前的二甲双胍研究结果一致的是，AMPK 激动药 AICAR 和 2DG，或 mTORC1 抑制剂雷帕霉素可以抑制细胞核 SREBP1 累积过程[80]。在未来的研究中，详细阐释 AMPK 降脂效应的输入信号将是非常重要的，即确定 AMPK 的降脂效应中有多少是由于 ACC 等脂质合成酶的直接磷酸化，有多少是由于 AMPK 通过 mTORC1 信号通路对 SREBP1 或 Chrebp 依赖性转录的影响，以及有多少是由于

AMPK 对 SREBP1 和 Chrebp 的直接磷酸化作用。

肝脏生理中受 AMPK-mTOR 轴调控的最后一个方面是胰岛素信号转导。mTORC1 复合体的过度激活是营养物质过剩下调胰岛素转导信号导致细胞胰岛素抵抗的一个主要途径。过量葡萄糖通过抑制 AMPK 导致 mTOR 过度激活，过量的脂肪和氨基酸也会导致 mTORC1 的过度激活[81]。mTOR/Raptor 复合体及其关键下游底物 S6K 已被证明可以直接磷酸化 IRS1 和 IRS2，进而诱导其蛋白酶体降解过程。在高胰岛素血症中也可以观察到同样的情况，胰岛素信号本身也会导致 mTORC1 活性的增加。其净效应是一个负反馈回路，mTOR/raptor 的过度激活导致 IRS1/IRS2 高度磷酸化，进而抑制 PI3 激酶及胰岛素受体下游 Akt 信号通路[81]。在细胞培养体系及高脂饮食小鼠模型的外周组织中可以观察到，营养物质能诱导 mTORC1 的过度激活和其后 Akt 信号通路的下调。该效应在 S6K1 敲除小鼠的外周组织中并不存在，这也显示了 IRS1/IRS2 抑制中

mTORC1 下游信号的重要性[82]。

由于 raptor 和 TSC2 是 AMPK 关键的直接底物之一，AMPK 的激活抑制了 mTORC1 及其对 IRS1 的 Ser636/639 位点磷酸化作用，以及 PI3 激酶/Akt 信号通路的负反馈回路。在 HEK293 细胞中表达外源性 LKB1，以及二甲双胍处理人肝癌 HepG2 细胞可以抑制 IRS1 在 Ser636/639 位点上的磷酸化，并促进 Akt 磷酸化[83]。除了通过 mTORC1 抑制 IRS1 磷酸化之外，AMPK 还被证明可以直接磷酸化 S789 上的 IRS1，但该磷酸化事件对 IRS 功能的后续影响尚不确定[83, 84]。总而言之，上述研究阐释了一种分子机制，即 AMPK 激活可以促进 PI3 激酶/Akt 活性，同时降低 mTORC1 活性。这为细胞提供了一个负反馈调控通路，该通路能整合来自营养物质和生长因子的上游输入信号，使得细胞可以维持能量稳态和合适的胰岛素敏感性。

（三）下游靶点Ⅳ：细胞与线粒体自噬

细胞自噬是细胞内蛋白质、细胞器和其他大分子被转运到溶酶体中降解的过程。这是一个细胞为了正常周转及应对能量短缺情况时产能的过程。AMPK 通过多种机制有效地促进细胞自噬过程。AMPK 磷酸化并激活 ULK1，该激酶诱发了自噬反应的启动过程[85-87]。重要的是，mTOR 通过直接磷酸化并抑制 ULK1 而对细胞自噬有高度抑制效应[86]。因此，AMPK 不仅通过直接激活 ULK1 而促进自噬，还通过负向调控 mTORC1 并阻止其对 ULK1 的抑制作用来实现，所以 ULK1 是 AMPK 和 mTOR 以对立模式调控特定代谢通路的另一个信号整合节点。AMPK 还通过对包含复合体的 VPS34 的差异调控来促进自噬起始[88]，VPS34 对自噬小体的起始和形成很重要。有报道称，AMPK 会直接磷酸化和抑制不含自噬适配蛋白的非自噬复合物中的 VPS34，而通过直接磷酸化 Beclin-1 蛋白，激活包含 Beclin-1 蛋白的前自噬复合物中的 VPS34[88]。通过这种方式，AMPK 可能会抑制非必需的囊泡运输过程，从而在营养缺乏情况下促进细胞内膜转运进入自噬程序。鉴于 AMPK 和 ULK1 都已被报道能直接磷酸化 Beclin-1 和 Vps34 的不同位点，关于自

噬起始响应不同环境胁迫的时间和空间调控模式仍有很多需要进一步研究的话题。此外，AMPK 和 ULK1 也被报道能磷酸化 Atg9 并调控其细胞定位，Atg9 是一类参与早期自噬体形成的跨膜蛋白[87, 89, 90]。

最近，AMPK 也被证明能通过转录调控机制促进细胞自噬，AMPK 可以调控溶酶体基因和自噬的主要转录调控因子 Tfeb。虽然目前还没有报道显示 AMPK 与 Tfeb 之间的直接联系，但 AMPK 可以通过抑制 mTORC1 激活 Tfeb，进而抑制 mTOR 磷酸化 Tfeb 及将 Tfeb 核外转移的活性[91]。此外，有报道称 AMPK 可以通过磷酸化和激活 FOXO3a[92]，以上调 Tfeb 转录的重要辅因子 CARM1 的表达水平[93]。

除了常规的细胞自噬，一些证据表明 AMPK 还能促进线粒体自噬，这是细胞降解损伤线粒体的过程。实际上，AMPK 激活 ULK1 的过程被证明是细胞通过线粒体自噬清除受损线粒体所必需的，但是 ULK1 调控线粒体自噬的机制细节尚未完全阐明[85]。在清除受损线粒体前的一个必要步骤是响应线粒体损伤的线粒体碎裂，以便分离和靶向受损的线粒体片段，进而通过线粒体自噬途径实现周转。这个高度保守的过程被称为线粒体分裂。近期有一种 AMPK 促进线粒体分裂的全新机制被报道[94]。在这项研究中，AMPK 被证明在细胞面临能量胁迫下通过直接磷酸化 MFF 诱导线粒体分裂，磷酸化的 MFF 随后作为线粒体分裂诱发酶 DRP1 的受体[94]。一旦到达线粒体，DRP1 就会将受损的线粒体裂解成更小的碎片，这些碎片能被自噬小体更有效地清除。此外，AMPK 可以激活 PGC1α，这是线粒体生物发生的主要调控因子，据报道，该激活过程可以通过直接磷酸化 PGC1α[95]，也可以通过促进 Sirt1 介导的 NAD$^+$ 依赖性 PGC1α 激活[96]。有趣的是，与其家庭成员 Tfe3 类似，Tfeb 最近被报道也可以促进线粒体生物发生[97, 98]，这说明 Tfeb 或 Tfe3 的激活可能是 AMPK 促进线粒体再生的另一种机制。总而言之，AMPK 在响应线粒体损伤的急性反应中调控线粒体裂变和线粒体自噬过程，而当持续性的能量胁迫解除后，AMPK 又促进了线粒

体生物发生的转录过程。通过这种方式，AMPK作为线粒体质量的核心介导者，保证了细胞和组织的代谢效率。

（四）下游靶点Ⅴ：肝细胞的极化

AMPK 的主要上游活化激酶 LKB1，是一个高度保守的细胞极性、转运和代谢的关键调控因子，其关键作用部分源于它能够磷酸化和激活 AMPK 相关激酶的 MARK/Par1 亚家族[37]。在培养的小肠细胞系中，LKB1 的激活在缺乏细胞 - 细胞或细胞 - 基质间信号的情况下诱导了细胞的顶端 - 基底侧极性[99]，但尚未确定在 14 个 AMPK 相关激酶中的有哪些参与该诱导过程。尽管如此，AMPK 本身就已被证明与细胞极化有关，特别是在肝细胞中，AMPK 的激活促进了胆管的形成，而抑制 AMPK 会导致极性丢失和顶端转运蛋白的错误定位[100-102]。在 MDCK 细胞中，AMPK 响应钙消耗，调控细胞间紧密连接结构的组装及拆卸[103, 104]。LKB1-AMPK 活化使核心紧密连接蛋白扣带蛋白的 Ser137 位点磷酸化[105]，同时通过磷酸化 Gα 作用囊泡相关蛋白（GIV/Girdin）的 Ser245 位点，进而稳定现有的细胞连接以维持细胞极性[106]。有趣的是，GIV/Girdin 此前被报道称是 Akt 的底物[107]，这进一步证实了 AMPK 和 mTORC1/Akt 的下游靶点共同集中在一系列在新陈代谢和生长中起关键作用的效应蛋白（ULK1、MFF、Srebp1、Foxo、Girdin）上[108]。还需要进一步的研究来阐明 AMPK 和 mTORC1/Akt 在体内肝细胞极性和肝脏分区中的作用。

（五）临床应用及未来展望

作为治疗代谢紊乱相关疾病的潜在靶点，AMPK 受到了广泛关注。这些疾病通常都与机体的代谢情况变化相关，包括糖尿病、肥胖、脂肪肝和癌症等。二甲双胍已被用于治疗 2 型糖尿病几十年，一项研究表明其作用机制涉及激活肝细胞中的 AMPK[21]。在机制上，二甲双胍通过抑制线粒体中呼吸链复合体Ⅰ来诱发细胞能量胁迫[109]。这导致 ATP/AMP 比例变化，以及 AMPK 的激活。已经有广泛的研究工作阐释二甲双胍对

血糖及血脂效应中 AMPK 的作用。AMPK 磷酸化 ACC 被认为是二甲双胍诱发的脂质合成水平改变的主要因素，而这又将调控胰岛素敏感性，以及肌肉的葡萄糖摄取情况。支持这一假设的一个关键研究证据基于 ACC1 和 ACC2 上突变敲除 AMPK 磷酸化位点的小鼠模型[110]。该小鼠模型揭示了上述磷酸化事件介导了二甲双胍的胰岛素增敏效应，进而证明了 AMPK 是二甲双胍作用的相关靶点。尽管仍存在争议[111]，但 AMPK 被普遍认为是二甲双胍在正常生理浓度下发挥作用的关键参与者[78, 112]。鉴于 AMPK-ACC 通路在调控脂肪酸合成中的作用，激活 AMPK 对于与脂肪酸过度合成相关的疾病（如 NAFLD）也是一个有吸引力的治疗选择[113]。除糖尿病外，还有研究显示服用二甲双胍的患者的癌症发病率降低[114]。然而，直到近期 AMPK 强效及特异性小分子激动药的研究取得最新进展，研究者都不确定直接激活 AMPK 是否足以模拟二甲双胍的效益。最值得注意的是近期的两项研究，研究证明在多种动物模型中，AMPK 的直接激活的确能改善 2 型糖尿病的症状。其中一项研究证明，一种泛特异性 AMPK 激动药可以在啮齿动物、猴子等多种动物模型中改善糖尿病症状[115]。而另外一项研究中，一种 AMPK 直接激动药能在 2 型糖尿病模型中增加肌肉的葡萄糖摄取水平，并降低了血糖[116]。有趣的是，肝脏中 AMPK 的失活对该激动药的效应没有影响，而肌肉特异性敲除 AMPK 则会使该激动药的治疗效果失效，这也表明肌肉 AMPK 可能是 2 型糖尿病的关键治疗靶点[116]。尽管肝脏 AMPK 在二甲双胍对 2 型糖尿病中糖稳态的作用中可能不像最初设想的那样重要，但在 NASH 和 NAFLD 的治疗中，肝脏 AMPK 仍然是一个非常有吸引力的药物靶点[113]。实际上，从秀丽隐杆线虫到哺乳动物模型的所有的研究都一致认为，AMPK 的激活会抑制脂质生物合成及脂肪积累过程。虽然目前我们对 AMPK 已有相当多的认知，但关于这个在进化上高度保守的核心细胞能量状态感受器与代谢调控因子，可能还有更多细节机制有待揭示。

第39章　胰岛素介导的 PI3K 和 AKT 信号转导

Insulin-Mediated PI3K and AKT Signaling

Hyokjoon Kwon　Jeffrey E. Pessin　著

黄鹏羽　刘立会　陈昱安　译

肥胖是现代社会的一种流行病，与多种代谢疾病密切相关，如心血管疾病、2 型糖尿病和非酒精性脂肪肝。因此，管理肥胖和相关代谢疾病是现代社会公共卫生保健系统的负担。T2D 是一种快速发展的全球代谢性疾病，其特征是胰腺 B 细胞的胰岛素分泌受损，以及肝、肌肉和脂肪组织等外周组织的胰岛素抵抗。胰岛素抵抗会减少肌肉中胰岛素刺激的葡萄糖摄取和肝脏中的糖原合成，也会损害胰岛素介导的对肝脏糖异生的抑制，从而导致高血糖和高胰岛素血症。由于胰岛素是调节葡萄糖稳态的关键内分泌激素，胰岛素信号转导在葡萄糖稳态中的分子机制一直是生物医学研究的中心主题。胰岛素信号通过胰岛素受体中酪氨酸残基的自磷酸化激活胰岛素受体（insulin receptor，IR），然后许多信号分子参与调节下游信号通路，包括 IRS1/2、PI3K 和 AKT/PKB。在本章中，我们将重点关注 PI3K 和 AKT/PKB 在 T2D、NAFLD 和肝癌病理生理学相关的胰岛素信号中的作用。

一、PI3K 和 AKT 的特性

PI3K 和 AKT/PKB 是关键的信号分子，在肝脏、肌肉和脂肪组织等多种组织中介导胰岛素信号。一般来说，细胞内对细胞外信号的反应是由第二信使小分子介导的，如 cAMP、Ca^{2+} 和脂质分子，它们负责在细胞外环境和细胞内之间传递信号。在该途径中，PI3K 激活诱导形成 $PI(3,4,5)P_3$，其作为第二信使激活胰岛素信号通路中的 AKT，导致葡萄糖处置、糖原合成和抑制脂肪分解。为了了解这些信号分子在胰岛素作用和葡萄糖稳态中的生理作用，我们综述 PI3K 和 AKT 激酶的生化特征。

（一）PI3K

磷脂酰肌醇具有游离羟基，这些羟基被多种激酶磷酸化，包括 PI3K，用于在细胞信号转导中生成关键的第二信使。早期研究表明，$PI(4,5)P_2$ 被膜结合 PLC 分解生成 DAG 和 IP3R。DAG 激活 PKC 和 IP3R 诱导细胞内钙库的钙内流。相反，在没有磷脂酶介导的裂解的情况下，PI3K 在 D3 位置介导磷脂酰肌醇的磷酸化，以生成各种 3- 磷酸肌醇，如 $PI(3,5)P_2$ 和 $PI(3,4,5)P_3$。在胰岛素信号转导中，PI3K 通过 AKT-PH 结构域与 $PI(3,4,5)P_3$ 结合，以及通过 PDK1 和 mTORC2 中 mTOR，产生质膜结合的 $PI(3,4,5)P_3$ 来激活 AKT。

PI3K 根据结构和脂质底物偏好分为三类（Ⅰ类、Ⅱ类和Ⅲ类）[1]。第二类 PI3K 包括 PI3K-C2α、PI3K-C2β 和 PI3K-C2γ，是在哺乳动物中发现的，基于与第一类和第三类 PI3K 的序列同源性，而不是功能性连接。因此，尽管Ⅱ类 PI3K

与细胞内膜相关，但其功能作用尚不清楚。Ⅱ类PI3K 由两个子类 α 和 β 组成，并包含一个 C 末端 C2 结构域，如在磷脂结合的 PKC 分子中观察到的。Vps34 最初是在酿酒酵母中鉴定用于胞内分选的，是第三类 PI3K 的唯一成员。Vps34 与 Vps15/p150 组成异源二聚体，定位在细胞膜上，Vps34 在哺乳动物中的生物学功能与调节囊泡运输有关，如自噬、内吞和吞噬。在哺乳动物中，Ⅰ 类 PI3K 存在于所有类型的细胞中，并介导胰岛素信号转导。Ⅰ 类 PI3K 由具有催化亚单位（110～120kDa）和调节亚单位的异二聚体组成，$PI(4,5)P_2$ 是体内首选底物。催化亚单位包含 C 末端催化和磷脂酰肌醇激酶域、N 末端 ABD 和 RBD（图 39-1A）。低浓度（纳摩尔）的 Wortmannin 通过与 C 末端激酶结构域中的赖氨酸形成 Schiff 碱，不可逆地抑制 Ⅰ 类 PI3K 的催化亚单位[2]。调控亚单位具有 C 末端 SH2 结构域，由 iSH2 区域分隔，为催化亚单位的 ABD 提供结合位点。SH2 结构域是一个由约 100 个氨基酸组成的模块，用于结合含磷酸酪氨酸的基序。调控亚单位还具有 N 末端脯氨酸结合 SH3 和 BH。Ⅰ 类 PI3K 催化 p110 亚单位分为 Ⅰ A 类，如 p110α、p110β 和 p110δ，它们结合调节性 p85 型亚单位，并进入 Ⅰ B 类 p110γ，与调节性 p101 和 p84 相互作用。p110α 和 p110β 广泛表达，而 p110γ 和 p110δ 在免疫细胞中表达。每个催化亚单位生成一个具有调节亚单位的二聚体，以调节催化活性和亚细胞定位。p110α 催化亚单位产生具有五个不同调节亚单位之一的异二聚体，包括 p85α、p85δ、p55α、p55γ 和 p50α。在 p85α/p110α 异二聚体中，p110α 催化亚单位的 ABD 与 p85α 调节亚单位的螺旋 – 环 iSH 结构域相互作用，以维持具有低激酶活性状态的稳定异二聚体[3]。因此，p85α 调节亚单位中的 SH2 结构域与 IRS1/2 中的磷酸酪氨酸残基（如磷酸酪氨酸）的结合，释放了 p85α 和 p110α 之间的抑制性相互作用，导致胰岛素信号转导中 PI3K 的激活[4, 5]。

（二）AKT/PKB

从 AKR 小鼠自发胸腺瘤转化逆转录病毒中发现了 v-AKT 致癌基因 AKT8，然后克隆并

鉴定了细胞同源丝氨酸和苏氨酸激酶 AKT（约 57kDa），也称为 PKB[6-9]。人类 AKT 有三个亚型（AKT1/PKBα、AKT2/PKBβ、AKT3/PKBγ），每种亚型均由单独的人类基因编码：AKT1/PKBα 位于 Chr14 q32.33，AKT2/PKBβ 位于 Chr19 q13.2，AKT3/PKBγ 位于 Chr1 q44（图 39-1B）。对于功能性研究，小鼠模型表明，每种 AKT 亚型都具有不同和重叠的信号功能。AKT1 缺陷小鼠的体型缩小，AKT2 缺乏会损害谷氨酸稳态，而 AKT3 缺乏小鼠大脑减小。相反，所有 AKT 亚型都有助于 3T3-L1 脂肪细胞中 GSK3α 和 GSK3β 的磷酸化，以及 H157 细胞中 FOXO1、TSC2 和 GSK3β 的调控。

AKT 激酶属于一类 AGC 激酶。AKT 有一个 PH 结构域、激酶结构域、具有 PH 的疏水结构域和 α– 螺旋连接。PH 结构域是 N 端被 PKC 磷酸化的主要位点，与 $PI(3,4,5)P_3$ 相互作用将 AKT 定位到质膜中，然后与 PDK1 相互作用（该激酶也具有一个可在质膜中富集的 PH 结构域）。PH 结构域是一个 100～120 个氨基酸的基序，有 7 个反平行的 β 折叠形成一个疏水口袋，与 C 端两亲性螺旋相互作用。PH 结构域是一个主要的脂质结合位点，尽管它也参与蛋白质 – 蛋白质相互作用。由于 PH 结构域具有不同的磷酸肌醇结合特异性，动力蛋白的 PH 结构域与 $PI(4)P_1$ 和 $PI(4,5)P_2$ 结合，而 AKT 和 PDK1 的 PH 结构域与 $PI(3,4)P_2$ 和 $PI(3,4,5)P_3$ 结合[10, 11]。AKT 的激酶结构域与其他 AGC 激酶成员具有较高的同源性，其中三个 AKT 激酶亚型的激酶结构域的序列同源性约为 87%。HD 是 AGC 激酶的一个特征，包括 PKA、PKC 和 PDK1，并含有一个 F-X-X-F/Y-S/T-Y/F 基序，其中 X 是任何氨基酸。在 AKT 的生物合成过程中，mTORC2 磷酸化核糖体上新生的 AKT 多肽 C 端旋转基序[12]，增强了细胞质中蛋白质稳定性。事实上，mTORC2 诱导的 AKT1 旋转基序中 Thr450 的磷酸化，将 AKT1 作为一种非活性构象定位到细胞质中，是通过 PH 和激酶结构域之间的相互作用实现的[13]。AKT 的活性通过 PDK1 磷酸化激酶结构域的 Thr308 和 mTORC2 磷酸化疏水结构域的 Ser473 来调控，

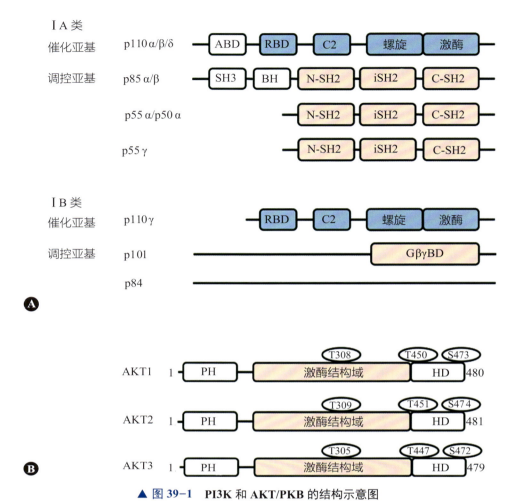

▲ 图 39-1　PI3K 和 AKT/PKB 的结构示意图

A. Ⅰ类 PI3K 催化和调控亚基的结构域结构。B. AKT 亚型结构域结构。ABD. 适配器结合域；RBD. Ras 结合域；SH2. Src 同源结构域 –2；BH. 断点簇区域同源结构域；iSH. 螺旋 – 环间 SH2；PH. pleckstrin 同源结构域；HD. 疏水结构域

这是完全诱导 AKT 底物激酶活性所必需的[14]。

二、胰岛素介导的 PI3K 和 AKT 信号与胰岛素抵抗

葡萄糖稳态是通过对胰腺外分泌和内分泌系统的精致调控来维持的。胰腺外分泌细胞由腺泡细胞和导管细胞组成，胰腺外分泌细胞分泌消化酶进入十二指肠进行营养消化。而胰岛中的胰腺内分泌细胞分泌内分泌激素进入血液循环，以调节营养代谢。胰岛包括一些内分泌细胞，如 A 细胞（胰高血糖素）、B 细胞（胰岛素）、D 细胞（生长抑素）、PP 细胞（胰多肽）和 E 细胞（饥饿素），用于特定的内分泌功能。胰高血糖素和胰岛素的分泌分别受到循环葡萄糖水平的严格调控，以维持禁食和进食期间的正常血糖。在外周组织中，胰岛素刺激葡萄糖摄取（骨骼肌和脂肪组织）和糖原合成（骨骼肌和肝脏），并抑制糖异生和糖原分解（肝脏）。胰岛素还能增加肝细胞和脂肪细胞的脂肪生成，减少脂肪细胞的脂解，以减少循环中的游离脂肪酸和甘油[15]。因此，胰岛素分泌调节和 IR 介导的信号通路受损导致 T2D。

（一）胰岛素介导的 PI3K 和 AKT 信号转导

在 IR 的鉴定和表征方面，人们付出了巨大的努力来理解胰岛素在葡萄糖稳态中作用的分子机制。在分子水平上，胰岛素与细胞表面 IR 结合，启动细胞内信号级联，最终导致特定的细胞生物学反应[16]。IR 是一种跨膜酪氨酸激酶受体，由人类的酪氨酸激酶编码基因位于 Chr19 p13.2,

有两个亚型，IR-A 和 IR-B（由第 11 外显子的选择性剪接产生）。IR-A 亚型不包括第 11 外显子，主要在胎儿组织和大脑中表达，对胰岛素和 IGF2 具有高亲和力，而 IR-B 包括第 11 外显子，在肝脏中高表达。为了与胰岛素相互作用，胰岛素受体由两个 α 亚基和两个 β 亚基组成，它们通过一个二硫键结合成一个 $\alpha_2\beta_2$ 异四聚体复合体。α 和 β 亚基是由一个大的蛋白前体，经过一次或多次裂解而来。细胞外 α 亚基直接结合胰岛素，使得跨膜构象变化，激活 IRβ 亚基的细胞内酪氨酸激酶结构域，导致 β 亚基分子内转磷酸化，磷酸化其特定酪氨酸残基[17, 18]。β 亚单位酪氨酸激酶结构域中的自磷酸化酪氨酸残基募集受体底物，如 IRS，是近端信号转导复合体的组织支架。活化的 IR 中的磷酸酪氨酸残基通过其 PTB 与 IRS 相互作用[19]。IRS 也有几个酪氨酸残基，这些残基被激活的 IR 酪氨酸激酶磷酸化，以与 PI3K 调控亚基的 SH2 结构域相互作用[5]。IRS 亚型（IRS1～4）在生理上表现出不同的功能。IRS1 敲除小鼠有生长迟缓和胰岛素抵抗，特别是在肌肉中，尽管全身葡萄糖耐量正常[20]，而 IRS2 敲除小鼠肝脏和胰腺 B 细胞受损，胰岛素作用受损，导致 T2D[21]。IRS1/2 特定的酪氨酸残基磷酸化激活了两个主要的信号通路：① PI3K-AKT/PKB 通路；② Ras/MAPK 通路。此外，还有胰岛素信号抑制分子，如 PTP1B、SOCS 和 Grb10，通过诱导 IR 去磷酸化、物理阻断底物磷酸化和 IR 和（或）IRS 底物降解来抑制胰岛素信号。DAG 等代谢物也介导了胰岛素信号转导的抑制（图 39-2）。

（二）胰岛素介导的 PI3K 激活

　　PI3K-AKT/PKB 信号通路调节胰岛素的大部分代谢功能。通过包括胰岛素在内的细胞外刺激激活 PI3K 可诱导 AKT 的激活。在基础状态下，p85α/p110α 异二聚体 PI3K 在 p110α 催化亚基的 ABD 与 p85α 调控亚基的螺旋 - 螺旋 iSH 结构域之间发生相互作用，以维持 PI3K 稳定的低激酶活性状态。然而，胰岛素诱导的 IRS1/2 中酪氨酸残基的磷酸化介导了 IRS1/2 的磷酸化酪氨酸与 p85α 调控亚基中的 SH2 结构域的相互作用，

从而释放 p85α 和 p110α 之间的抑制性相互作用[5, 22]。因此，PI3K 通过细胞膜从质膜上的 $PI(4,5)P_2$ 中产生 $PI(3,4,5)P_3$。虽然 p110α 或 p110β 敲除小鼠是胚胎致死的，但肝脏特异性 p110β 缺陷小鼠对胰岛素信号转导的影响不大。然而，肝特异性 p110α 缺陷小鼠存在葡萄糖耐受不良和胰岛素抵抗，这表明 p110α 在介导肝细胞中的胰岛素信号转导中至关重要[23]。在 p85α、p85β 或 p50α/p55α 杂合缺失中，p85 调控亚基的缺失显示出胰岛素敏感性增强，因为调节亚基对催化亚基的浓度过量，从而与 IRS 竞争形成 p85α/p110α 异二聚体[24]。胰岛素诱导的 PI3K 激活产生的 $PI(3,4,5)P_3$ 被脂质磷酸酶快速代谢为 $PI(4,5)P_2$，包括肿瘤抑制物 PTEN 和 SHIP2，以终止近端信号[25, 26]。染色体 10q23 编码的 PTEN 被鉴定为一种肿瘤抑制因子，在包括子宫内膜癌、前列腺癌和乳腺癌在内的多种肿瘤中失活。

（三）胰岛素介导的 AKT 激活

　　由 PI3K 生成的 $PI(3,4,5)P_3$ 触发 PDK1 的激活，PDK1 负责 AKT 的磷酸化和激活。PDK1 包含两个结构域，一个 N 端激酶结构域和一个 C 端 PH 结构域。PDK1 对激酶结构域的 Ser241 的自磷酸化是激酶活性所必需的，而小的 PH 结构域与膜结合的 $PI(3,4,5)P_3$ 和 $PI(3,4)P_2$ 结合。因为 AKT 还具有与膜结合 $PI(3,4,5)P_3$ 相互作用的 PH 结构域，AKT 随后通过其 PH 结构域与 $PI(3,4,5)P_3$ 结合，从胞质溶胶中募集到质膜，导致构象变化，非活性构象的 PH 和激酶结构域分离，暴露两个关键调控残基（其磷酸化是 AKT 激酶最大激活所必需的）。激活的 PKD1 与 AKT 紧密定位，通过 $PI(3,4,5)P_3$ 结合 AKT 激活环中磷酸化的 Thr308[13]。AKT 在 Ser473 上也被 mTORC2 磷酸化，这种双磷酸化导致 AKT 激酶活性的完全激活[14]。mTORC2 特异性亚基（如 Rictor 或 Sin1）的缺失，使得 AKT 在 C 端旋转基序（AKT1 的 Thr450）和 HD（AKT1 的 Ser473）的磷酸化消失，导致 AKT 近端信号通路受损[14, 27]。有趣的是，根据组织中不同的表达谱，AKT 亚型显示出不同的功能。AKT1 和 AKT2 广泛表达，而 AKT2 与代谢过程的关系更为密切。AKT1 缺陷小鼠

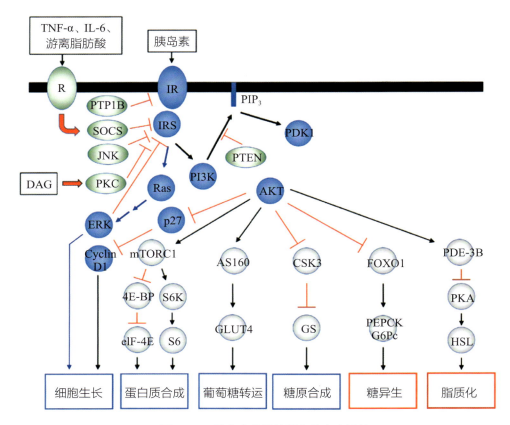

▲ 图 39-2　胰岛素信号转导和胰岛素抵抗

特定酪氨酸残基磷酸化的 IRS1/2 激活 PI3K-AKT/PKB 通路和 Ras/MAPK 通路。PI3K-AKT 信号通路调节代谢过程，如糖原合成（肌肉和肝脏）、葡萄糖摄取（肌肉和脂肪细胞）、蛋白质合成（肌肉和肝脏）和糖异生（肝脏）。炎症信号（如 TNF-α、饱和游离脂肪酸、IL-6、LPS 和 DAG 等）激活抑制 SOCS 和 JNK 等抑制分子，抑制胰岛素信号转导，导致胰岛素抵抗

生长迟缓，但没有代谢缺陷。相比之下，AKT2 缺陷小鼠由于胰岛素信号中断而表现出胰岛素抵抗[28]。

（四）胰岛素诱导 AKT 激活的近端信号转导

激活的 AKT/PKB 调节多种胰岛素介导的代谢途径，如葡萄糖转运、糖原合成、糖异生、蛋白质合成和细胞生长。通过 AKT 共有基序（R-X-R-X-X-S/T-B）鉴定了几种 AKT 底物，其中 X 是任何氨基酸，而 B 代表体积庞大的疏水氨基酸[29]。AKT 通过抑制 p27 激活细胞周期蛋白 D1，同时激活 MAPK 信号通路，从而促进细胞的生长和增殖（图 39-2）。AKT 磷酸化 160kDa 的 AKT 底物（AS160），激活小 GTP 酶 Rab 家族，启动 GLUT4 的易位，导致肌肉和脂肪细胞的葡萄糖摄取。AKT 还可以通过磷酸化 Ser21 或 Ser9 来

抑制 GSK3，从而激活肌肉和肝脏中的糖原合酶[30]。AKT 磷酸化 FOXO1，诱导 FOXO1 与核 14-3-3 蛋白关联，将 FOXO1 从细胞核排除到细胞质成为非活性状态。在肝脏中，这抑制了糖异生基因的表达，从而抑制了进食时肝脏葡萄糖的产生。AKT 磷酸化 TSC1/2 释放抑制 Rheb，激活 mTORC1 复合物[14]，反过来通过激活 4E-BP 和 p70S6K1 增强蛋白质合成。此外，mTORC1 的激活诱导 SREBP1c 激活 FAS 和 ACC 等脂肪生成基因的表达，从而诱导肝脏中的脂肪生成[31]。禁食诱导的 β- 肾上腺素能受体信号可以激活 PKA，从而磷酸化 PLIN1 和激素敏感性脂肪酶，促进脂肪细胞的脂解。然而，在喂食过程中，胰岛素诱导的 AKT 激活介导 PDE-3B 的磷酸化以降低 cAMP，从而抑制脂肪细胞中的 PKA 活性和 HSL

活性[32]。因此，胰岛素诱导的脂肪组织脂解抑制介导了肝脏中糖异生的急性抑制，因为被抑制的脂解降低了肝脏中的乙酰 CoA 水平[33, 34]。

（五）肝脏胰岛素抵抗

尽管我们对胰岛素信号转导的理解有了实质性的进展，但解释胰岛素抵抗的分子机制仍不清楚。胰岛素抵抗是胰腺 B 细胞胰岛素分泌、IR 表达、配体结合和下游 IR 信号改变的综合结果，导致多种代谢疾病，如 T2D、心血管疾病和 NAFLD 疾病。肝脏是调节葡萄糖稳态的主要

组织之一，以响应胰腺 B 细胞和 α 细胞分别产生的胰岛素和胰高血糖素等胰腺激素。胰岛素介导的 PI3K 和 AKT 激活调节肝脏葡萄糖和脂质代谢。对于胰岛素敏感的个体，规律饮食会增加血糖，进而释放胰腺胰岛素，分别通过肌肉和脂肪组织中的 IR 和 GLUT4 激活胰岛素信号转导和葡萄糖摄取。在肝脏中，PI3K 和 AKT 激活可增强糖原合成和脂肪从头合成，并通过 FOXO 失活抑制糖异生作用（图 39-3A）。因此，肝脏胰岛素信号可能通过转录抑制糖异生基因（如 PCK1 和

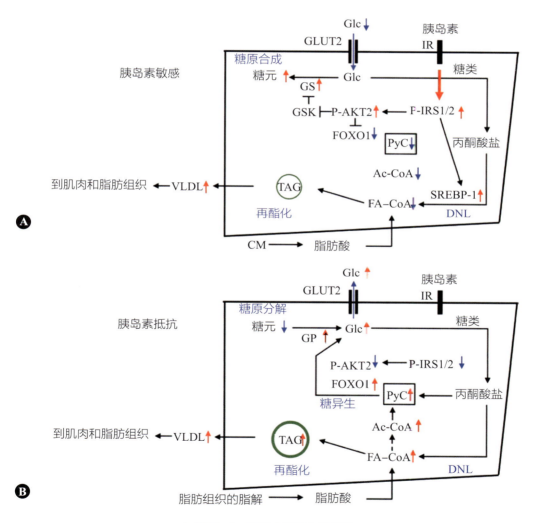

▲ 图 39-3　肝脏中的胰岛素抵抗

A. 在胰岛素敏感个体中，来自胰腺 B 细胞的胰岛素激活 AKT 以增强糖原合成、脂肪从头合成，并通过 FOXO1 降解抑制糖异生。B. 在胰岛素抵抗个体中，受损的胰岛素信号通路增加了糖原分解和糖异生，而脂肪组织和肠道中游离脂肪酸和甘油的变化导致了肝脏中葡萄糖的产生和脂肪的积累。DNL. 脂肪从头合成；GS. 糖原合酶；GP. 糖原磷酸化酶；PyC. 丙酮酸羧化酶；Ac-CoA. 乙酰 CoA；FA-CoA. 脂肪酰基 CoA；TAG. 甘油三酯；CM. 乳糜微粒；VLDL. 极低密度脂蛋白

G6PC）来长期调节糖异生。然而，胰岛素急性抑制糖异生的能力主要通过抑制脂肪组织脂解来介导 [34]。首先，胰岛素在 30min 内降低肝脏葡萄糖产量，但不降低糖异生蛋白水平 [35]。其次，胰岛素抑制脂肪组织的脂肪分解以调节肝糖异生，因为脂肪组织脂肪分解产生的乙酰 CoA 变构激活丙酮酸羧化酶（pyruvate carboxylase，PyC）活性以促进肝糖异生。因此，受抑制的脂肪组织脂解降低肝脏乙酰 CoA 和甘油含量，从而降低 PyC 活性和葡萄糖生成 [33, 34, 36]。相反，在胰岛素抵抗状态下，由于胰岛素信号转导功能失调，糖原分解和糖异生作用增强以产生肝葡萄糖（图 39-3B）。PI3K 和 AKT 的激活受损可诱导糖原磷酸化酶（glycogen phosphorylase，GP）的激活，从而诱导糖原分解，同时抑制糖原合酶（glycogen synthase，GS）的激活。受损的 AKT 介导的 FOXO1 磷酸化也产生具有核活性的 FOXO1，来介导肝糖异生。来自脂肪组织和肠道的游离脂肪酸和甘油通量为肝脏葡萄糖生产和脂肪积累提供底物，导致高血糖和高脂血症。

在 NAFLD 中显示，肝胰岛素抵抗与肝甘油三酯含量增加具有可重复性的相关性。由不完全合成甘油三酯或甘油三酯分解为 DAG 产生的高水平 DAG 已被提出通过 PKCε 激活抑制胰岛素信号转导，该激活使 IR 的 Thr1160（小鼠 1150）磷酸化，从而抑制 IR 的酪氨酸激酶活性 [37-41]。因此，干预肝脏中甘油三酯的积累可逆转 NAFLD 患者和啮齿动物模型的肝脏胰岛素抵抗。在这方面，ATGL 缺陷小鼠将甘油三酯转化为 DAG 的能力降低，表明糖耐量和胰岛素敏感性增强 [42]。最近，神经酰胺水平升高的替代模型也被证明与胰岛素抵抗相关 [43]。IRS 蛋白水平的降低也有助于啮齿动物和人类的胰岛素抵抗，尽管对 IRS 水平降低机制的完整分子理解仍在研究中 [44]。肥胖诱导的炎症细胞因子（如 TNF-α 和 IL-6）增加了 SOCS1/3 通过 E3 泛素连接酶的激活，增强了 IRS1/2 的降解，导致胰岛素抵抗 [45, 46]。IRS 丝氨酸残基的磷酸化是诱导胰岛素抵抗的另一种机制，因为 IRS 蛋白包含多个丝氨酸残基，这些丝氨酸残基可以被 ERK、JNK、PKCζ 和 p70S6K 等激酶磷酸化 [47]。IRS 在 Ser307 上的磷酸化是抑制胰岛素信号转导的典型抑制信号，因为 Ser307 位于 IRS 的 PTB 结构域 [48]。因此，肥胖个体的 TNF-α、饱和游离脂肪酸和内质网应激增加，激活 JNK 和 IKKβ 抑制剂，从而磷酸化 IRS 的 Ser307。此外，胰岛素激活的 ERK 也能磷酸化 IRS1 的 Ser612，以减弱 AKT 的激活 [49]。

三、PI3K 和 AKT 在糖原生成和脂肪生成中的作用

胰岛素和胰高血糖素的分泌受到严格调控，以调节肝细胞中的糖异生和脂肪生成，这些配体的近端信号通路的失调导致代谢性疾病中的高血糖和高脂血症。空腹时，胰高血糖素和儿茶酚胺通过激活 cAMP 依赖性 PKA 来调节糖异生。激活的 PKA 磷酸化 CREB-Ser133 以诱导糖异生基因如 Pck1 和 G6pc 的表达，也磷酸化 L-PK 以抑制糖酵解。胰高血糖素可以降低果糖 -2，6- 二磷酸（是一种 PFK 的变构激活剂和果糖 -1，6- 二磷酸酶的抑制剂），通过 PFK2 的磷酸化来抑制糖酵解 [50]。胰高血糖素诱导的 PKA 激活调控 CREB-CBP-CRTC2 复合物介导的基因表达，而 CRTC2 是 CREB-CBP-CRTC2 复合物调控的关键调控因子。胰高血糖素诱导 PKA 激活抑制，组成性激活丝氨酸 / 苏氨酸激酶 SIK2 来减少 CRTC2-Thr171 磷酸化，也磷酸化 IP3R，增加 Ca²⁺ 流入，激活 CRTC2- 钙调神经磷酸酶，导致细胞核中形成 CREB-CBP-CRTC2 复合物，诱导糖异生靶基因表达 [51, 52]。而胰岛素抑制胰腺 A 细胞分泌胰高血糖素，通过胰岛素信号转导，磷酸化的 CRTC2 与 14-3-3 蛋白相互作用，被隔离在细胞质中，从而抑制 CREB-CBP-CRTC2 复合物的形成 [53]。因此，胰岛素通过激活 PI3K 和 AKT 来调节进食后的葡萄糖稳态，从而抑制糖异生并增强肝细胞的脂肪生成。

（一）PI3K 和 AKT 介导的糖异生调节

肝脏中的糖异生约占人类夜间空腹期间肝脏葡萄糖产量的一半，也是 T2D 患者空腹血糖水平升高的主要机制。糖异生受到复杂的机制的调控：①糖异生底物如乳酸、丙氨酸和甘油的可用

性；②代谢中间产物诱导的代谢酶的变构调节；③胰岛素、胰高血糖素和儿茶酚胺等激素的平衡。由脂解产生的甘油和非酯化脂肪酸参与了糖异生的调控。甘油是糖异生的主要底物之一，通过甘油激酶转化为甘油 -3- 磷酸，然后通过二羟基丙酮 -3- 磷酸参与肝脏的葡萄糖生成。虽然线粒体中 NEFA 的 β 氧化产生的乙酰 CoA 不能促进产生葡萄糖的底物，但乙酰 CoA 变构激活丙酮酸羧化酶，增强糖异生 [33]。因此，胰岛素介导的胰高血糖素分泌抑制和脂肪组织脂解抑制在调节肝糖异生中起重要作用。实验结果表明，禁食大鼠输注胰岛素可降低甘油和乙酰 CoA 的浓度，同时抑制肝葡萄糖的产生。然而，当在胰岛素输注中加入甘油和醋酸酯时，随着甘油和乙酰 CoA 增加糖异生增加，肝葡萄糖生成恢复 [33-35]。这些结果表明，脂解也参与了糖异生的调控。

FOXO1 和转录共激活因子 PGC-1α 可增强糖异生基因的表达，从而介导肝脏中的糖异生。为了抑制餐后状态下的糖异生，胰岛素依赖的 PI3K 和 AKT 激活使 FOXO1（小鼠 FOXO1 的 Thr24、Ser253 和 Ser316）磷酸化，将 FOXO1 排除在细胞核之外，FOXO1 随后被蛋白酶体泛素化和降解，从而抑制糖异生 [54, 55]。然而，胰岛素通过 FOXO1-PGC1α 在糖异生中的作用尚不清楚，因为肝脏特异性 IR 和 FOXO1 基因双敲除小鼠显示正常的葡萄糖稳态，尽管肝脏特异性 IR 敲除小鼠存在葡萄糖耐受不良和胰岛素抵抗 [56, 57]。此外，T2D 患者和胰岛素抵抗高脂饮食喂养的啮齿动物模型没有显示糖异生基因包括 *PCK1* 和 *G6PC* 的差异表达 [58]。与高脂肪饮食相比，果糖喂养的啮齿动物表现出 *G6pc* 表达增加，这是 FOXO1（主要是糖异生基因转录激活因子）和 ChREBPβ（主要是脂肪生成基因转录调控因子）的转录靶点 [59]。由于胰岛素通过抑制 FOXO1 来抑制 *G6pc* 的表达，而果糖是胰岛素分泌的不良诱导剂，我们推测果糖增强糖异生的机制之一是由于 FOXO1 和 ChREBPβ 调控的不平衡。

（二）PI3K 和 AKT 介导的脂肪生成调节

膳食中过量糖类中的葡萄糖在肝脏中进行糖酵解，最终通过 DNL 转化为脂肪酸，然后酯

化为甘油三酯，通过 VLDL 分泌到血液循环中。NAFLD 中 DNL 异常增加，与 T2D 的发病机制密切相关。DNL 的调控是通过脂肪酸合成酶（fatty acid synthase，FAS）和 ACC 等酶的转录调控来进行脂肪酸合成和 ACC 的变构调控。DNL 中关键酶的转录调控由两个主要的转录调控因子调控，包括 SREBP1c 和 ChREBP，它们分别被增强的胰岛素信号和葡萄糖浓度激活 [60, 61]。因此，胰岛素诱导的 PI3K 和 AKT 的激活密切调节肝脏中的 DNL。由 AKT 激活的 mTORC1 抑制 Lipin1（一种磷脂酸磷酸酶），增加 ER 中新生 SREBP1c 的磷酸化，导致 SREBP1c 的激活，诱导肝脏中脂肪酸合成酶（如 FAS 和 ACC）的表达 [62, 63]。相反，ChREBP 的调节是由非胰岛素依赖性的 GLUT2 输入的葡萄糖介导的。因此，葡萄糖代谢物如 G6P、果糖 -2，6- 二磷酸和 ChREBP 中 Ser196 的去磷酸化，被认为可以调节 ChREBP 的活性 [64, 65]。ACC 也是肝脏中调节 DNL 的关键调控因子之一，因为 ACC 将乙酰 CoA 转化为丙二酰 CoA，为 DNL 中的脂肪酸的合成提供单体。ACC 有两种亚型：脂肪组织、乳腺和肝脏中的 ACC1，以及骨骼肌和心肌中的 ACC2。ACC1 的活性受到几个不同水平的调节。首先，胰岛素信号转导通过激活 SREBP1c，同时激活 ChREBP 和 LXR，从而增强 ACC 的表达 [61]。第二，ACC1 以一种低活性二聚体存在，柠檬酸和谷氨酸等变构激活物刺激 ACC1 聚合产生高活性多聚物增强 DNL [66]，而丙二酰 CoA 和脂肪酰基 CoA 则反馈抑制 ACC1 聚合。第三，胰岛素和胰高血糖素对 ACC1 的去磷酸化和磷酸化对调节 ACC1 的活性也很重要，尽管其分子机制尚不清楚 [67-69]。此外，ACC 的产物丙二酰 CoA 抑制 CPT1，调节长链脂肪酰基 CoA 进入线粒体进行 β 氧化。因此，抑制 ACC 对于减少肌肉和肝脏中的脂质存储，从而提高胰岛素敏感性非常重要。

四、PI3K 和 AKT 在肝病中的作用：NAFLD 和癌症

NAFLD 是一种常见的肝脏疾病，其特征是在没有过量酒精摄入的情况下，肝脏中的脂肪

堆积。脂肪变性（在肝脏中至少 5% 的肝细胞的细胞质内有良性脂肪积累）可发展为非酒精性脂肪性肝炎、纤维化、肝硬化和肝癌。对于 NASH 的诊断，肝细胞膨胀和炎症表现为脂肪变性。然而，NASH 对肝纤维化不是必需的，一般来说，NASH 和纤维化经常同时发生。肝纤维化的特征是通过活化的肝星状细胞沉积过多的细胞外基质，如胶原，从而发展为肝硬化，显示肝结构的丧失、门静脉高压和再生结节的形成。肝硬化是不可逆的，可引起肝器官衰竭和肝细胞癌。NAFLD 与肝脏和脂肪组织胰岛素抵抗密切相关，显示葡萄糖处理减少约 50%，内源性胰岛素介导的糖异生抑制受损，约 80% 的 T2D 患者表现为 NAFLD[70, 71]。因此，了解这些病理生理症状之间的分子机制是当前生物医学研究的主要目标之一。

（一）PI3K 和 AKT 信号在非酒精性脂肪肝中的作用

NAFLD 的发生是 T2D 发病机制的早期阶段，大多数肥胖的 T2D 患者都有 NAFLD。由于脂质积累诱导肝脏胰岛素抵抗，体重减轻会使 NAFLD 缓解和空腹血糖水平正常化[72]。因此，与肝胰岛素抵抗相关的高胰岛素血症是 NAFLD 的一个显著特征，特别是在 T2D 患者中。不同的组织特异性 IR 敲除小鼠表明，肌肉特异性 IR 敲除小鼠或肌肉 / 脂肪组织特异性 IR 敲除小鼠具有正常的葡萄糖水平。然而，肝脏特异性 IR 敲除小鼠导致高血糖伴外周胰岛素抵抗和 NASH，提示肝脏胰岛素抵抗在 NAFLD 的发病机制中至关重要[73]。外周血胰岛素抵抗诱导脂肪组织的脂解，增加进入肝脏的游离脂肪酸通量，肝脏胰岛素抵抗通过激活 SREBP1c 诱导 DNL，导致肝脏中脂肪积累。

人类肝癌中发现的突变催化亚单位 p110α（Pik3ca）在小鼠肝脏中特异性过表达，导致 6 个月内出现严重的肝脏脂肪变性，1 年内出现肝脏肿瘤[74]。相反，肝脏特异性 Pik3ca 缺陷小鼠在高脂饮食下显示出抑制肝脏脂肪变性[75]，表明 PI3K 参与 NAFLD。与 Pik3ca 不同，Pik3cb（编码 p110β）缺乏小鼠肝脏脂质水平正常，表

明 Pik3ca 特异性参与 NAFLD 和 HCC 的发展。PTEN 使 PI(3,4,5)P$_3$ 去磷酸化以抑制 PI3K-AKT 信号通路，PTEN 缺陷小鼠由于 DNL 提高和游离脂肪酸摄取增加而表现出肝微囊性脂肪变性的早期发病，并进展为 NASH、肝纤维化和癌症[76]。由于 Pik3ca 缺陷小鼠表现出无 NASH 和肝纤维化的脂肪变性，PTEN 缺陷小鼠是重现人类 NAFLD 发病机制的有效啮齿动物模型。AKT 是 PI3K 下游信号分子，也参与 NAFLD 的发展。通过腺病毒过表达 AKT，在 12 周内显著诱导微泡和大泡脂肪变性和 NASH，然后导致 HCC[77]。高脂饮食诱导的肝纤维化增强了 ECM 的沉积，导致 ECM 和 AKT 通过 ILK 相互作用[78]。因此，肝脏特异性 ILK 缺失可改善 HFD 诱导的肝脏脂肪变性和胰岛素抵抗。

（二）PI3K 和 AKT 信号在癌症中的作用

PDGF 刺激 PI3K 在平滑肌中产生 PI(3,4)P2 和 PI(3,4,5)P$_3$，这表明 PI3K 在细胞对生长因子响应和肿瘤发生中非常重要[79]，PI3K 通路是人类癌症中最常被激活的信号通路之一。因此，多种癌症中都发现了 PI3K 突变，目前正在开发 PI3K 抑制剂用于治疗各种癌症。对癌症的体细胞基因组突变的系统识别揭示了人类癌症中的不同突变，以帮助理解肿瘤发生的分子机制和开发靶向治疗。Ⅰ 类 PI3K（特别是 p110α/p85α 异源二聚体）激活与肿瘤发生密切相关[80, 81]。大多数报道的 p110α（由 PIK3CA 簇编码）突变都保守，位于螺旋区域（第 9 外显子，E542K 和 E545K）和激酶结构域（第 20 外显子，H1047R）[33]。这些 PIK3CA 的突变在没有上游生长因子刺激的情况下，持续激活 p110α 激酶活性，通过 AKT、S6K 和 4E-BP 的构成性激活促进不受控制的增殖信号，从而发生肿瘤。PIK3CA 在螺旋和激酶结构域的突变，在性别和组织特异性上也表现出不同的模式。在结直肠癌中，PIK3CA 突变在女性中更常见，而螺旋结构域突变（第 9 外显子）比激酶结构域突变（第 20 外显子）影响更大。PIK3CB 编码 p110β 亚基的 E633K（位于螺旋结构域）突变与激酶活性增加和细胞增殖增强有关。与 p110α H1047R 突变类似，p110β E633K

突变增强了膜靶向性，从而激活下游信号通路。已经有报道，在慢性髓系白血病、浸润性乳腺癌和胰腺导管腺癌中，p110γ 表达增加。最近，在癌症中也发现了编码 p85α 的 *PIK3R1* 的体细胞突变，这些突变聚集在 iSH2 区域（图 39–1A），释放 p110α 以增强激酶活性，导致 AKT 的 S473 磷酸化[82]。肿瘤抑制因子 PTEN 通过 PI(3,4,5)P$_3$ 和 PI(3,4)P2 的去磷酸化来抑制 PI3K 和 AKT，从而抑制肿瘤发生。除了 PI3K 的改变外，PI3K/AKT/mTORC 轴上的其他信号分子，如 PTEN、AKT、TSC1/2 和 mTOR，也存在突变。PTEN 经常在包括 HCC 在内的人类癌症中（约占 HCC 的 5%）中发生突变，而在人类肝脂肪变性中可观察到 PTEN 水平下降[83, 84]。因此，肝脏特异性 PTEN 基因缺失导致肝脏增生、肝脏脂肪变性和细胞增殖增加[76]。因此，对于 I 类 PI3K，p100α 似乎是药物开发的理想靶点，而对 II 类和 III 类 PI3K 在癌症中的基因修饰知之甚少。

AKT 调节细胞增殖和存活，是肿瘤发生过程中 PI3K 激活最活跃的下游效应因子之一。AKT 磷酸化 GSK3β，以防止细胞周期蛋白 D$_1$ 的降解，并激活 mTORC 通路，以增强细胞周期蛋白 D1 和 D3 的翻译，从而使细胞增殖。AKT 还阻止细胞程序性死亡，通过磷酸化 BAD 来抑制细胞色素 C 从线粒体释放，通过磷酸化 procaspase-9 来抑制 caspase 激活实现。AKT 促进其他过程（如血管生成），通过增加 NO 的产生和转移，增加 MMP 的分泌和上皮 – 间充质转化[85]。因此，AKT 与肿瘤的发生密切相关。事实上，在人类癌症中观察到，AKT 的激活是通过 AKT 激酶基因的扩增、过表达或点突变实现的。AKT1 扩增导致胃癌对顺铂治疗耐受。AKT1 的 E17K 体细胞突变导致 AKT1 定位在质膜上，增加 Ser473 和 Thr308 的磷酸化，在小鼠模型中导致白血病[86]。在 HCC 中，约 40% 的肿瘤中检测到 AKT2 蛋白的表达增强，而 AKT1 在所有病例中的表达相似。

由于 PI3K/AKT/mTORC 信号轴是肿瘤发生的主要决定因素，一些抑制该通路的分子已经被开发出来，并在临床试验中进行了评估[87]。

Buparrisib（BKM120）和 XL147 抑 制 等 Pan-PI3K 抑制剂所有 p110 亚型，而亚型特异性 PI3K 抑制剂的开发是为了最小化 Pan-PI3K 抑制剂的不良反应。p110α 特异性 Alpelisib 和 MLN1117 和 p110β 特 异 性 Taselisib（GDC-0032）对 *PIK3CA* 突变的肿瘤更有效。相比之下，p110α 特异性 GSK2636771 在 PTEN 缺陷的肿瘤中更有效。AZD-5363、GDC-0068 和 MK-2206 等 AKT 抑制剂正在临床试验中。MK-2206 是一种 pan-AKT 变构抑制剂，目前正在临床试验中，用于治疗乳腺癌和结肠直肠癌等癌症。MK-2206 抑制 AKT Thr308 和 Ser473 的磷酸化，从而抑制细胞系的细胞增殖，该细胞系具有 *PIK3CA* 激活突变、PTEN 失活和 AKT 扩增[88]。由于 MK-2206 治疗在 II 期临床试验中显示出的抗肿瘤活性有限，正在试验与化疗药物和小分子抑制剂的联合治疗。虽然 Rapalogs（抑制 mTOR 的雷帕霉素类似物）已被开发为免疫抑制剂，但它们也能抑制细胞增殖和血管生成来治疗癌症。Temsirolimus 是美国 FDA 批准用于治疗肾细胞癌的 Rapalogs，因为它可以使细胞周期停滞在 G$_1$ 期，并通过减少 VEGF 的合成来抑制血管生成。

五、结论

在过去 10 年中，许多研究已经开始揭示的正常肝功能调节肝葡萄糖和脂肪酸代谢的复杂分子细节和特定的信号通路。这些努力也已经开始阐明在胰岛素抵抗和 T2D 状态下发生的肝脏代谢失调的主要基础。我们现在知道，脂肪酸水平的升高可能是肝葡萄糖产生的一个重要因素。当与肝脏胰岛素抵抗结合时，这种组合成为无抑制的糖异生和高血糖的强烈驱动因素。另外，与胰岛素抵抗相关的高胰岛素血症激活了驱动脂肪生成基因表达和 DNL 的转录网络。当与其他饮食因素结合时，果糖通过 ChREBP 进一步增强了 DNL，同时通过 *G6PC* 的转录激活加剧了肝脏葡萄糖的产生。尽管仍存在一些挑战，但进一步了解肝脏糖异生和脂肪生成信号之间的网络和相互作用，将为开发代谢性肝病的特定治疗方法提供新的途径。

第 40 章　肝脏中的钙离子信号
Ca²⁺ Signaling in the Liver

Mateus T. Guerra　M. Fatima Leite　Michael H. Nathanson　著
钱新烨　胡　旺　陈昱安　闫　军　译

一、Ca²⁺ 信号的机制

（一）激素受体与 Ca²⁺ 信号的启动

激素、神经递质和生长因子通过多种机制启动胞质 Ca²⁺（Ca_i^{2+}）信号[1]。这些因子通过结合肝细胞表面的 GPCR 或 RTK 触发细胞内信号级联。肝脏中的 GPCR，包括 V_{1a} 加压素受体、α_{1B} 肾上腺素能受体、P2Y 类嘌呤能受体的若干亚型和血管紧张素受体，已经得到了充分的研究。一些生长因子型的酪氨酸激酶也在肝脏中表达，如胰岛素、EGF 和 HGF。这些受体激活后会启动信号事件，导致胞质和（或）核 Ca²⁺ 的增加。Ca²⁺ 动员激素和生长因子与其特定质膜受体的结合激活 PLC，该酶与细胞膜相关，分为 α、β 和 γ 亚型[2]。已鉴定出这些亚型还存在许多亚型；其中，PLCβ₁ 和 PLCβ₂ 是由 G 蛋白激活的亚型，而 PLCγ 是由酪氨酸激酶激活的[2]。GPCR 激活 PLC 可水解质膜内的 PIP₂。PIP₂ 的水解导致 DAG 和 InsP3 的形成。DAG 留在质膜上激活 PKC，而 InsP3 扩散到胞质溶胶中，通过与 InsP3R 的相互作用释放细胞内储存的 Ca²⁺。之前认为，酪氨酸激酶激活 PLC 后，胞质内的 PIP₂ 被水解[1]。但现在的证据表明，酪氨酸激酶激活 PLC 后水解了核 PIP₂；核 PIP₂ 在细胞核中生成 InsP3，以增加核质中的游离 Ca²⁺[3]。图 40-1 展示了 GPCR 和酪氨酸激酶与 Ca_i^{2+} 的信号图。

（二）肌醇 1,4,5- 三磷酸受体

InsP3R 是位于内质网上的 InsP3 电压门控钙通道，尽管在质膜上也可能存在活性通道。在肝细胞中，Ca_i^{2+} 的增加是通过 InsP3 与 InsP3R 的结合启动的。目前已经确定有三种不同 InsP3R 基因的全长序列，并且已经分别生产了这三种亚型的基因敲除小鼠[4]。这些亚型具有相当大的序列同源性，但每个亚型都以不同的方式表达和调节。在组织表达和亚细胞分布方面也存在亚型特异性差异，这表明亚型在 Ca_i^{2+} 信号转导中起着不同的作用。InsP3R 是由 313、307 或 304kDa 亚基组成的同型四聚体，分别对应于 Ⅰ 型、Ⅱ 型或 Ⅲ 型亚型，也可以形成异四聚体[5]。InsP3R 有 6 个跨膜结构域，并趋向于使蛋白质的 N 末端位于细胞质中。根据冷冻电子显微镜推断，该受体呈不均匀的钟形，更大的 N 端指向细胞质，更窄的端面向内质网腔。

对小鼠 InsP3R1 的缺失分析研究揭示了 InsP3R 中的三个功能区：N 端 InsP3 结合域、Ca²⁺ 通道形成 C 端域和两侧为 InsP3 连接域和通道区的调节域。沿着 InsP3R 的氨基酸序列发现了几个磷酸化位点。此外，调节域与负责调节通道活性的几个蛋白质伙伴相互作用。C 末端还与蛋白质伴侣相互作用，从而影响受体的亚细胞定位[6]。

InsP3 结合结构域包括散布在 N 末端区域的多个序列，负责 InsP3 与其受体之间相互作用的

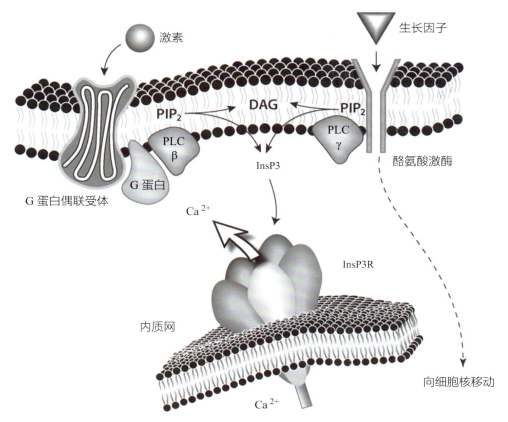

▲ 图 40-1　激素和生长因子诱导的肝细胞钙信号转导机制

在与特定的 G 蛋白偶联质膜受体结合后，激素诱导 PLCβ 水解 PIP₂，形成 DAG 和 InsP3。或者，生长激素与特定 RTK 结合后，诱导 PLCγ 水解 PIP₂ 形成 DAG 和 InsP3。然后 InsP3 与内质网中的四聚体受体（InsP3R）结合，该受体充当 Ca²⁺ 通道，允许 Ca²⁺ 进入胞质溶胶。RTK（如 c-Met 和胰岛素受体）也可能转移到肝细胞的细胞核，以激活核 PLC 并增加核质内的 Ca²⁺

关键残基已通过定点突变和 X 线晶体学鉴定[7]。与 InsP3 结合后，受体发生构象变化，打开 Ca²⁺ 通道，使内质网中的 Ca²⁺ 释放到细胞质中。尽管三种 InsP3R 亚型中的每一种都起到了 InsP3 门控钙通道的作用，但这些亚型对 InsP3 的敏感性并不一致。亲和力的相对顺序为 Ⅱ 型＞ Ⅰ 型＞ Ⅲ 型。InsP3R2 的 K_d 为 27nmol/L，是 InsP3R1 亲和力的 2 倍，是 InsP3R3 亲和力的 10 倍。InsP3 是通过 InsP3R 释放 Ca²⁺ 的绝对必需条件，但胞质中 Ca²⁺ 浓度调节 Ca²⁺ 通道的开放概率[8]。InsP3R 对胞质 Ca²⁺ 浓度的这种依赖性对于组织 Ca²⁺ᵢ 信号的空间和时间模式很重要。

InsP3R Ca²⁺ 通道的活性高度依赖于翻译后修饰，如磷酸化、蛋白质辅因子结合[6] 和 O-GlcNaylization[9]，其通过将 N- 乙酰基氨基葡萄糖单糖可逆加入丝氨酸 / 苏氨酸残基进行操作。据推测，肝脏中 InsP3R 的 O-GlcNaylization 可能在高营养素可用性状态下特别重要，如非酒精性脂肪性肝病或糖尿病。InsP3R 活性也可以通过蛋白酶体途径的蛋白质降解或选择性蛋白水解来调节，提供对该 Ca²⁺ 释放通道的又一水平的调节。

许多细胞类型表达一种以上的 InsP3R 亚型。肝细胞通常仅表达 InsP3R1 和 InsP3R2。InsP3R3 在肝细胞中未检测到，但在胆管上皮中是主要的亚型[10]。此外，InsP3R2 最集中在肝细胞的顶端区域，而 InsP3R1 分散在整个细胞中（图 40-2A）[11]。相反，在胆管上皮中，InsP3R3 最集中在顶端区域，而 InsP3R1 和 InsP3R2 分散在整个细胞中（图 40-2B）[12]。InsP3R2 在肝细胞中的顶端定位取决于小管膜中的脂筏[13]，但 InsP3R

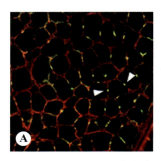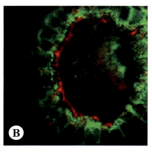

▲ 图 40-2　InsP3R 集中在肝细胞和胆管细胞的顶端区域

A. 大鼠肝脏的共聚焦免疫荧光图像显示了 InsP3R2（绿色）在肝细胞中的分布。细胞也被肌动蛋白染色鬼笔环肽（红色）标记，染色勾勒出单个肝细胞的轮廓，最强烈的标记在其顶端区域。InsP3R2 与根尖周肌动蛋白（箭头）共定位，因此最集中在根尖区域。B. 正常人肝活检胆管的共聚焦免疫荧光图像显示 InsP3R3（绿色）的分布。胆管细胞也被标记显示 CFTR（红色），位于顶端膜上。InsP3R3 最集中在顶端区域，就在 CFTR 下方（经 Elsevier 许可转载，引自参考文献 [105]）

与脂筏相关的机制尚不清楚。

（三）Ryanodine 受体

另一类主要的细胞内钙释放通道是 Ryanodine 受体（Ryanodine receptor，RyR）。与 InsP3R 一样，RyR 有三个家族成员（RyR1、RyR2 和 RyR3）。这些通道通过将 Ca^{2+} 从肌浆 / 内质网的内腔释放到胞质溶胶中来促进 Ca_i^{2+} 信号转导[1]。RyR 通过 Ca^{2+} 诱导的 Ca^{2+} 释放（Ca^{2+}-induced Ca^{2+} release，CICR）自动催化释放 Ca^{2+}。大鼠肝细胞仅表达截短的 RyR1 亚型，其本身不能诱导 Ca^{2+} 释放，但可增加 InsP3 诱导的 Ca^{2+} 振荡的频率[14]。这些发现表明存在一种新的 RyR 样蛋白，该蛋白有助于肝细胞中的钙信号转导。

NAADP 是第二信使，介导 Ca^{2+} 从细胞内酸性隔间释放，如溶酶体和分泌颗粒。NAADP 在肝细胞 Ca_i^{2+} 信号转导中的作用尚不清楚，尽管有体外证据表明 NAADP 依赖性 Ca^{2+} 从重组肝细胞溶酶体和微粒体中释放[15]。

（四）线粒体

线粒体因其在细胞中的代谢和呼吸作用而闻名。然而，线粒体也通过从胞质中吸收并释放 Ca^{2+} 而强烈影响 Ca_i^{2+} 信号。线粒体有自己的钙转运机制，包括通过单转运蛋白的钙内流和通过 Na^+ 交换剂和氢离子交换剂的钙外流[16]。单转运蛋白由线粒体膜上的电位梯度驱动，而 Ca^{2+} 外排机制是主动转运系统。CCDC109A 基因编码线粒体钙单向转运体，线粒体中的钙内流通过由成孔亚单位（MCU、MCUb 和 EMRE）组成的线粒体内基质上的大分子复合物发生，加上调节蛋白 MICU1/2，其根据单转运蛋白附近的胞质 Ca^{2+} 浓度调节单转运蛋白的活性[16]。线粒体的病理性 Ca^{2+} 外流也可通过通透性转换孔发生。该孔的形成导致线粒体内膜对离子和小分子的渗透性突然显著增加。PTP 的不可逆形成可以消除线粒体膜上的电位梯度，导致线粒体肿胀和不可逆的细胞损伤，包括凋亡和坏死。事实上，部分肝切除术后的肝再生由于肝细胞中缺乏 MICU1 的小鼠大量坏死细胞死亡而停止，肝细胞中线粒体 Ca^{2+} 持续升高[17]。线粒体和内质网一样，密集分布在肝细胞中。这两种细胞器之间有一些区域非常接近（图 40-3），聚集在这些区域的 InsP3R1 主要负责肝细胞中的线粒体 Ca^{2+} 信号[18]。

凋亡蛋白、InsP3R 和线粒体蛋白之间相互作用的发现有助于揭示 ER 和线粒体 Ca^{2+} 信号在程序性细胞死亡过程中的重要相互作用。目前的观点是，属于 Bcl-2 家族的抗凋亡蛋白，如 Bcl-X_L 和 Bcl-2 中，通过与 InsP3R1 直接相互作用诱导 ER Ca^{2+} 渗漏。然后，这种 Ca^{2+} 泄漏减少了可释放到胞质溶胶中的内质网 Ca^{2+}，从而减少了周围线粒体吸收的 Ca^{2+} 量。由于线粒体不太可能超负荷 Ca^{2+}，PTP 的形成受到阻碍，细胞对凋亡刺激的敏感性降低[19]。因此，缓冲线粒体基质 Ca^{2+} 可防止肝细胞凋亡死亡，并加速部分肝切除后的肝再生[20]。Mcl-1 是另一种抗凋亡蛋白，部分通过减少线粒体 Ca^{2+} 信号发挥作用。与其他 Bcl-2 家族成员不同，Mcl-1 在线粒体中表达，并直接抑制线粒体 Ca^{2+} 信号[21]。Mcl-1 是胆管细胞中主要的抗凋亡蛋白，其过表达可能促进胆管癌的发展。相反，促凋亡蛋白 Bax 和 Bak 的过度表达导致 ER Ca^{2+} 超载，并更容易发生 Ca^{2+} 介导的凋亡。

线粒体可以从胞质中分离出大量的 Ca^{2+}，线粒体 Ca^{2+} 可以与受体激活诱导的胞质 Ca^{2+} 增加密切平行。这种功能效应与电镜数据一致，电镜数据显示线粒体和内质网之间非常接近，这两种

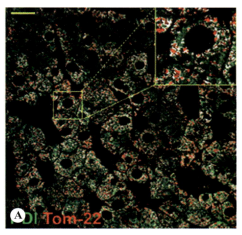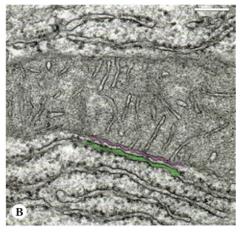

▲ 图 40-3　线粒体和内质网形成在肝细胞中非常接近的区域

A. 组织学上，用内质网（ER）蛋白（PDI，绿色）和线粒体蛋白（Tom-22，红色）标志物染色的正常人肝活检标本显示了肝细胞中这两种细胞器之间的密切联系。白色区域表示共定位区域，比例尺 =20μm。B. 小鼠肝细胞的线粒体显微照片，显示 ER（绿色）和线粒体（洋红）之间的紧密接触区域（小于 40nm）。线粒体 Ca²⁺ 信号来自聚集在这些区域的 InsP3R 释放的 Ca²⁺（经 John Wiley and Sons 许可转载，引自参考文献 [18]）

细胞器之间存在动态的物理相互作用[22]。还有功能证据表明线粒体和 InsP3R 紧密结合的微区，因此线粒体占据了 InsP3R 释放的 Ca²⁺ 的重要部分[23]。在肝细胞中，InsP3R1 是线粒体附近的亚型，负责线粒体 Ca²⁺ 信号[18]。

线粒体对 Ca²⁺ 的摄取影响细胞代谢中的多种因素，包括线粒体质子动力、电子传递和与 TCA 循环相关的脱氢酶活性、腺嘌呤核苷酸转位酶、F1-ATP 酶和 PDH 磷酸化酶。缓慢或小的 Ca_i^{2+} 升高不能有效地传递到线粒体，也不能激活线粒体代谢。相反，Ca_i^{2+} 振荡触发线粒体 Ca²⁺ 振荡和持续的 NAD（P）H 形成[24]。因此，Ca_i^{2+} 振荡的频率而不是振幅调节线粒体代谢[24]。

二、Ca²⁺ 信号的传导

（一）肝细胞内 Ca²⁺ 信号的检测

我们对 Ca_i^{2+} 信号复杂性的理解有了显著的发展，这主要归功于两项技术进步：①对 Ca²⁺ 敏感的荧光染料和蛋白质的发展使 Ca²⁺ 能够在活细胞中持续监测；②荧光成像技术的改进使得 Ca_i^{2+} 不仅可以在细胞群体中检测到，而且可以在单个细胞和单个细胞的不同亚细胞区域中检测到[25]。随着观察从细胞群体转移到单细胞到亚细胞区域，Ca_i^{2+} 信号模式的复杂性增加，信号事件的时

间尺度减小（图 40-4）。现在已经认识到 Ca_i^{2+} 信号在亚细胞水平上受到调节，并且这种调节水平对于 Ca_i^{2+} 反过来充当同时调节多个细胞功能的第二信使是必要的。

Ca²⁺ 信号最初是用荧光染料和生物发光蛋白 aequorin 研究的，但遗传编码的荧光 Ca²⁺ 指示剂（genetically encoded fluorescent Ca²⁺ indicators，GECI）现在被更广泛地使用。这些 GECI 基于循环置换（circularly permuted，cp）绿色荧光蛋白（green fluorescent protein，GFP）和其他荧光蛋白的修饰版本，如蓝色荧光蛋白和红色荧光蛋白（red fluorescent protein，RFP）[26]。这些 cp 蛋白与 CaM 和 M13 的钙调素结合区融合。Ca²⁺ 结合诱导构象变化，导致荧光增强。进一步的改进产生了比率 GECI 和对 Ca²⁺ 具有不同亲和力的传感器。基于荧光共振能量转移原理开发了其他 GECI。与水母发光蛋白报告子相比，这些指标具有更好的信噪比和光稳定性，但仍保留在不同组织和亚细胞位置表达的能力。

（二）肝细胞中的 Ca²⁺ 信号的模式

加压素或血管紧张素等肽激素通常诱导分离肝细胞群体中 Ca_i^{2+} 的双相增加（图 40-4）。这些增长通常由两部分组成。第一个成分是快速峰值，然后在 Ca_i^{2+} 中下降，这发生在几秒钟内。这

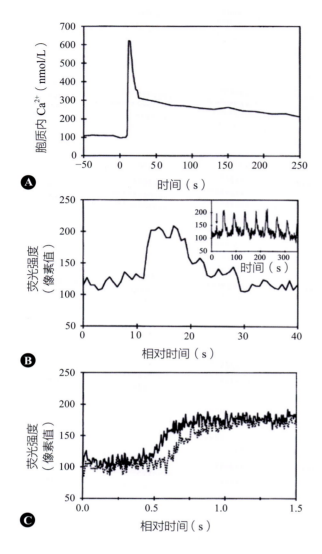

▲ **图 40-4　肝细胞胞质 Ca²⁺ 信号的不同观点**

在每种情况下，用 α₁ᵦ- 肾上腺素能激动药去氧肾上腺素刺激分离大鼠肝细胞。A. 在肝细胞群中，观察到单个瞬时峰值，随后持续升高；B. 在单个肝细胞中，观察到一系列重复峰（振荡）；C. 在同一肝细胞的不同区域，Ca²⁺ 的增加发生在不同的时间。这表示 Ca²⁺ 波。请注意，这些 Ca²⁺ 信号事件发生的时间间隔越来越短，因为焦点水平从群体移动到单细胞，再到亚细胞区域（经 Elsevier 许可转载，引自参考文献 [25]）

是由于 InsP3 敏感存储区释放出 Ca²⁺，甚至在无 Ca²⁺ 介质中也会发生。第二个成分是 Ca_i^{2+} 的持续平台，它跟随快速峰值。这仅发生在细胞外 Ca²⁺ 存在的情况下，主要是由于 Ca²⁺ 流入以补充耗尽的细胞内储存。尽管这种群体反应具有高度的可

重复性，但单个肝细胞的 Ca²⁺ 信号模式存在显著差异。不同的刺激引起不同的反应，在相同条件下刺激的肝细胞之间发生额外的变化 [27]。在单个肝细胞中观察到的信号模式范围包括单个瞬时或持续 Ca_i^{2+} 增加和重复 Ca²⁺ 峰值（即振荡）。例如，较低浓度的血管加压素可诱导 Ca_i^{2+} 振荡，而较高浓度的血管升压素可诱导持续增加 Ca_i^{2+} [28]，而去氧肾上腺素刺激肝细胞通常会引起 Ca_i^{2+} 振荡，但振荡频率与剂量相关 [28]。单个 Ca²⁺ 峰的持续时间也取决于激动药。例如，与血管加压素（约 10s）或血管紧张素（约 15s）诱导的 Ca_i^{2+} 峰值持续时间相比，去氧肾上腺素诱导的 Ca_i^{2+} 峰值较短（约 7s）。血管加压素诱导的 Ca²⁺ 振荡频率也往往大于去氧肾上腺素诱导的振荡频率。Ca_i^{2+} 振荡频率的差异调节某些细胞系统中的基因转录 [29]，尽管这尚未在肝细胞中得到证实。

目前认为 Ca_i^{2+} 振荡不依赖于 InsP3 振荡。相反，振荡被认为是由 InsP3R 的开放概率对 Ca_i^{2+} 的钟形依赖性引起的。细胞外 Ca²⁺ 有助于肝细胞中 Ca²⁺ 的振荡，因为 Ca²⁺ 振荡在无 Ca²⁺ 介质中逐渐消失。因此，细胞外 Ca²⁺ 用于维持内部 Ca²⁺ 储存，这是肝细胞中 Ca²⁺ 振荡的主要来源。从内质网释放 Ca²⁺ 触发 Ca²⁺ 通过质膜内流的机制已在许多细胞类型中描述，包括肝细胞 [30]。库容性钙内流（store-operated Ca²⁺ entry，SOCE）过程涉及完整的内质网膜蛋白 STIM1 及其在质膜上的结合伙伴，即 ORAI 钙释放激活钙调节剂通道的相互作用 [31]。STIM1 在 ER 中充当 Ca²⁺ 传感器；一旦 SERCA 泵的 InsP3 依赖性激活或药理学抑制导致 ER Ca²⁺ 减少，STIM1 形成与质膜上的 ORAI 通道相互作用的同型二聚体，导致 Ca²⁺ 流入胞质溶胶。这种 Ca²⁺ 流入最终有助于补充 ER Ca²⁺ 储存。

肝细胞中 Ca_i^{2+} 的增加通常始于根尖膜附近，InsP3R2 最集中 [32]。加压素和去氧肾上腺素诱导的 Ca_i^{2+} 波都从那里开始，然后以非递减的方式在细胞中传播。对大鼠肝脏、分离的大鼠肝细胞偶联物和胶原夹层培养中的肝细胞进行的免疫荧光研究表明，InsP3R2 在亚尖端聚集 [33, 34]，并且这种定位取决于完整的脂筏（富含胆固醇的专门膜

斑）[13]（图 40-2）。对分离肝细胞极化制剂中 Ca²⁺ 信号的检查表明，这是 Ca²⁺ 波起源的区域，取决于 InsP3R2 的局部聚集[13, 32]。

胆管细胞中的 Ca²⁺ 信号开始于心尖区，就像它们在肝细胞中一样，尽管 InsP3R3 而不是 InsP3R2 集中在其心尖表面附近，这是 Ca²⁺ 波的来源[12]。

（三）肝细胞中的 Ca²⁺ 信号的传递

Ca$_i$²⁺ 信号在分离的肝细胞中异步发生。例如，加压素刺激和 Ca²⁺ 信号启动之间的延迟时间在分离的肝细胞中最多可变化几秒，而去氧肾上腺素刺激的分离肝细胞中 Ca²⁺ 振荡的频率最多可变化 50%[27]。然而，通过间隙连接进行通信的肝细胞协调其 Ca²⁺ 信号。例如，用加压素刺激分离的肝细胞偶联物可诱导穿过两个细胞的单一 Ca$_i$²⁺ 波，而用去氧肾上腺素刺激可诱导两个细胞中同步的 Ca$_i$²⁺ 振荡[27]。在离体灌注的大鼠肝脏中，Ca$_i$²⁺ 信号显示出更高水平的组织，因为加压

素诱导 Ca$_i$²⁺ 波穿过整个小叶[35]（图 40-5）。Ca$_i$²⁺ 波以相同的速度穿过单个肝细胞，无论肝细胞是分离的还是在肝内。加压素诱导的 Ca$_i$²⁺ 波沿中央周围至门静脉周围方向穿过肝小叶[36]，可能由中央周围至门静脉周围区域的 V$_{1a}$ 加压素受体梯度所引导[36]。相反，ATP 在肝小叶上以随机方式诱导 Ca$_i$²⁺ 信号，这与小叶上缺乏 P2Y 受体梯度一致[37]。因此，完整肝脏中诱导了复杂的 Ca$_i$²⁺ 信号模式，这些模式具有激动药特异性。这可能允许不同的 Ca²⁺ 激动药在肝脏中具有不同的作用，即使这些激动药诱导的 Ca²⁺ 信号在分离的肝细胞中看起来相似。

已经在肝细胞的多细胞系统中研究了肝脏中 Ca$_i$²⁺ 信号的组织基础。对分离的大鼠肝细胞对的研究表明，肝细胞通过间隙连接进行通信，Ca²⁺ 和 InsP3 都可以穿过这些间隙连接[38]。激素诱导的 Ca$_i$²⁺ 信号在这种偶联中高度协调，这种协调也取决于间隙连接电导[27]。肝细胞表达两种间隙连

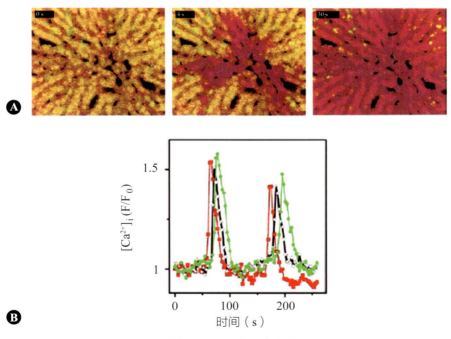

▲ 图 40-5 肝脏 Ca²⁺ 信号

A. 离体灌流大鼠肝脏中血管加压素诱导的 Ca²⁺ 波的序列共聚焦图像，表明 Ca²⁺ 的增加始于中央周围区域，然后以波的形式向门静脉周围区域扩散。在基线及加压素（20nmol/L）刺激 4s 和 30s 后获得图像。B. 加压素刺激的离体灌流大鼠肝脏内单个肝细胞中的 Ca²⁺ 信号。追踪显示在沿着肝小叶顺序排列的三个肝细胞中检测到 Ca²⁺ 振荡。第一个（红色追踪）和第三个（绿色追踪）细胞之间的距离为 40μm。细胞之间的相位差是由于 Ca²⁺ 波在肝小叶传播所需的时间（A 经 American Physiological Society 许可，引自参考文献 [35]；C 经 Elsevier 许可转载，引自参考文献 [106]）

接亚型，即 Cx32 和 Cx26[39]。胆管结扎后，两种亚型的表达显著降低，在这种情况下，Ca_i^{2+} 信号的协调也受损[39]。此外，在从 Cx32 基因敲除小鼠分离的肝细胞中，InsP3 和 Ca^{2+} 波的细胞间传播明显受损[40]。此外，肝细胞系中 Cx32 或 Cx43 的表达（通常未观察到细胞间 Ca^{2+} 信号）导致 Ca^{2+} 在细胞间传播[41]。因此，间隙连接在组织相邻肝细胞之间的 Ca_i^{2+} 信号中起着至关重要的作用。这对于相关的生理反应也很重要。例如，分离的灌流大鼠肝脏中的胆汁分泌因对连接蛋白功能的药理学抑制而减少[42]。另一个需要肝细胞间间隙连接通信的生理过程是葡萄糖输出[43]，在用胰高血糖素或去甲肾上腺素刺激的 Cx32 基因敲除小鼠中，葡萄糖输出受损[44]。Cx32 的功能也与药物诱导的肝损伤有关，因为 Cx32 缺陷的小鼠部分免受对乙酰氨基酚诱导的肝细胞死亡和肝衰竭[45]。

细胞间 Ca^{2+} 波的组织除间隙连接外还取决于其他因素。例如，在 Ca^{2+} 波传播的每个细胞中都需要增加 InsP3[46]。此外，InsP3 和 Ca^{2+} 本身都不足以支持 Ca^{2+} 波在肝细胞中的传播[47]。激动药结合到细胞表面的特异性受体的存在也需要支持 Ca^{2+} 波的传播。这在用去甲肾上腺素微灌注肝细胞对合体的一个或两个细胞的实验中得到证实。单个细胞的刺激仅在灌注的细胞中诱发 Ca^{2+} 振荡，而整个对体的灌注对于在两个细胞中诱发 Ca^{2+} 振荡是必要的[47]。因此，每个细胞中激素的存在确保产生足够水平的细胞内信使，以达到支持 Ca^{2+} 波传播所需的兴奋性水平。

其他研究集中于肝腺泡内细胞间 Ca^{2+} 波定向的机制。加压素诱导的波开始于中央小静脉区域[36]，而 ATP 诱导的 Ca^{2+} 波开始于肝腺泡区域[35]。对分离肝细胞的研究同样表明，中央周围肝细胞对加压素更敏感，但对 ATP 不敏感[37]。对用加压素或去甲肾上腺素刺激的分离肝细胞对和三胞胎的研究表明，其中一个细胞通常对特定激素具有更高的敏感性，并作为起搏器驱动相邻细胞中的 Ca^{2+} 振荡。这种敏感性的增加可能是由于激素受体表达的增加，而不是下游信号成分（如 G 蛋白或 InsP3R）的差异[48]。激素受体表达增加的

细胞产生更高浓度的 InsP3，因此它们比其他受到相同浓度激素刺激的细胞反应更快。因此，激素受体表达水平最高的细胞充当起搏器，不同的细胞可以充当不同激素的起搏器。因此，完整肝脏中 Ca^{2+} 波和振荡的模式取决于多个因素，包括：①通过增加激素受体的表达建立起搏细胞；②同时刺激起搏器和非起搏器细胞；③这些细胞之间的第二信使通过间隙连接进行通信[49]。

肝脏还具有产生和调节 Ca^{2+} 信号的旁分泌机制。肝细胞和胆管细胞各自分泌 ATP[50, 51]，两种细胞类型均表达 P2Y ATP 受体[52, 53]。由于 P2Y 受体是连接到 InsP3 介导的 Ca^{2+} 信号的 GPCR，肝细胞分泌 ATP 刺激邻近肝细胞和胆管细胞中的 Ca_i^{2+} 信号[50]。这种旁分泌信号机制因此允许 Ca^{2+} 的增加在相邻细胞之间扩散，而不依赖于通过间隙连接的通信。肝细胞和胆管细胞也表达 P2X 受体[54]，P2X 受体是质膜 ATP 门控钙通道，但这些受体在肝脏中的生理作用尚不清楚。肝脏中的 Ca_i^{2+} 信号也可以被修饰，而不是由旁分泌途径启动。例如，缓激肽在分离的肝细胞中不动员 Ca^{2+}，但在完整的肝脏中，它改变了血管加压素诱导的 Ca_i^{2+} 波的传播[55]，可能通过内皮细胞释放 NO，扩散到肝细胞，刺激 cGMP 的生成。

（四）核 Ca^{2+} 信号

细胞核通过核膜与细胞质分离，核膜是内质网的一个特化区域。与内质网一样，核膜能够储存和释放 Ca^{2+}。核膜通过 Ca^{2+}-ATP 酶泵积累 Ca^{2+}，并通过对 InsP3、cADPR 和 NAADP 敏感的通道释放 Ca^{2+}[57, 58]。这些 Ca^{2+} 储存泵和释放通道在核膜内具有明显的分布。Ca^{2+}-ATP 酶泵仅位于包膜的外小叶中，而 InsP3R 仅位于内膜中，核膜两侧存在 cADPR 敏感通道。InsP3R 和 RyR 均定位于核膜的内陷处，即核质网，作为细胞核内的调节性 Ca^{2+} 结构域[59]。发现表明不同的转录因子直接或间接依赖于细胞核中的 Ca^{2+}，这也突出了核 Ca^{2+} 的重要性[60]。

证据表明，InsP3 直接从核膜释放 Ca^{2+} 进入细胞核。InsP3 向分离的肝细胞核释放 $^{45}Ca^{2+}$，即使细胞核被 Ca^{2+} 螯合剂包围，InsP3 也会增加游离核 Ca^{2+}。此外，细胞外 ATP 通过 InsP3R 依赖

机制优先激活 HepG2 细胞的核 Ca²⁺ 释放[61]。核膜具有产生 InsP3 所需的机械装置，包括 PIP_2 和 $PLC^{[62]}$，该机械装置可通过 RTK 途径选择性激活。在一项研究中，IGF1 和整合素在细胞核中导致 PIP_2 分解，但在质膜上没有；G 蛋白连接受体的激活导致了细胞质中 PIP_2 分解，而在细胞核中没有。同样，肝细胞系中 HGF 受体 c-Met 的激活导致细胞核中 PIP_2 的分解，从而产生核 Ca²⁺ 信号。此外，这种高度定位级联的激活依赖于激活受体向细胞核的移位[3]。

核 Ca²⁺ 信号也通过 Ca_i^{2+} 信号进入细胞核而发生。核膜包含可渗透至 60kDa 大小分子的孔。在没有门控机制的情况下，这种大小的孔将允许细胞核和胞质溶胶之间的 Ca²⁺ 快速平衡。在某些情况下，确实会发生 Ca²⁺ 通过核孔的自由扩散。然而，在许多细胞类型中已经证明了核－胞质 Ca²⁺ 梯度[63]，这表明可以调节核孔的通透性。此外，电生理学研究表明，Ca²⁺ 通过核孔的渗透性受到限制。原子力显微镜研究同样表明，核孔的渗透性受到调节，核膜内 Ca²⁺ 的耗尽关闭了孔。其他使用荧光染料或水母发光蛋白的研究也表明，Ca²⁺ 的耗尽会减弱孔隙对缺乏核定位序列的中等大小分子的渗透性。监测光激活 GFP 在核膜上扩散的研究表明，核孔的通透性可能由胞质 Ca²⁺ 调节，而不是由核膜内的 Ca²⁺ 储存调节[64]。EF 介导的 Ca²⁺ 结合基序存在于核孔的蛋白质中，因此这些基序可能作为孔的 Ca²⁺ 门控传感器。还有其他证据表明，核 Ca²⁺ 有时被动地跟随 $Ca_i^{2+[65]}$。例如，用血管加压素刺激肝细胞导致 Ca²⁺ 波，该波似乎从细胞质扩散到细胞核。此外，对加压素刺激的肝细胞中 Ca²⁺ 波的数学分析表明，核 Ca²⁺ 信号可以简单地通过 Ca²⁺ 从核膜向内扩散来描述。

核 Ca²⁺ 也可参与胞质溶胶中的 Ca²⁺ 信号。例如，胞质溶胶中 Ca²⁺ 的局部增加（Ca²⁺ 团）可以通过扩散到细胞核而扩散到整个细胞。Ca²⁺ 喷发是高度瞬态和局部 Ca²⁺ 信号，由 InsP3R 小簇的协调开放产生。激动药的阈下浓度可触发气泡，由此产生的 Ca_i^{2+} 信号通过胞质溶胶中的扩散和 Ca²⁺ 进入细胞内储存库而迅速消散。然而，

Ca²⁺ 在细胞核中的扩散范围可能比在胞质溶胶中大得多，因此在核膜附近产生的 Ca²⁺ 气泡可以扩散到细胞核内并穿过细胞核，以便扩散到胞质溶胶的其他更遥远区域[65]。因此，细胞核可能起到隧道的作用，帮助将 Ca²⁺ 分配到细胞质中。

（五）胆管细胞的 Ca²⁺ 信号

与肝细胞相比，胆管上皮细胞中 Ca_i^{2+} 信号的检测程度较低。ATP 和 UTP 均增加了胆管上皮模型 Mz-ChA-1 胆管癌细胞系中的 Ca²⁺。ATP 和 UTP 还增加了大鼠胆管上皮原代培养物中的 Ca_i^{2+}，乙酰胆碱（acetylcholine，ACh）通过 M_3 毒蕈碱受体增加了这些细胞中的 $Ca_i^{2+[52]}$。与肝细胞和其他上皮细胞一样，激动药诱导的 Ca_i^{2+} 信号的模式范围包括持续和瞬时 Ca_i^{2+} 增加。与 ATP 诱导的 Ca_i^{2+} 峰相比，ACh 诱导的 Ca_i^{2+} 峰持续时间更长，频率更低[52]。胆管细胞中的 Ca_i^{2+} 信号由 InsP3 介导，因为 InsP3R 拮抗药可阻断 Ca_i^{2+}。所有三种 InsP3R 亚型都在这些细胞中表达[12]；Ca²⁺ 波从其顶端区域开始，InsP3R3 集中在该区域，然后通过 Ⅰ型和 Ⅱ型 InsP3R 向基底侧传播。胆管细胞通过 Cx43 间隙连接，Cx43 的表达使其钙振荡同步。此外，Cx43 通透性受激素控制，PKA 或 PKC 的激活降低通透性并损害细胞间通信[66]。

三、Ca²⁻ 信号在健康和疾病中的作用

Ca²⁺ 调节肝脏的多种功能。本部分旨在提供 Ca²⁺ 调节正常和异常肝功能的不同方式的说明性示例，而不是提供详尽的 Ca²⁺ 介导功能列表。

（一）能量代谢

葡萄糖的储存和释放是肝脏的首要功能之一，显示其受 Ca_i^{2+} 调节。糖原合成受糖原合成酶调节，而磷酸化酶是糖原分解的限速酶。这两种酶都受磷酸化和去磷酸化的调节，Ca_i^{2+} 的增加是调节这些事件的最重要信号之一[67]。例如，血管加压素和血管紧张素等激素会增加肝细胞中的 InsP3，从而调动 Ca²⁺，导致糖原磷酸化酶的磷酸化和激活，然后发生糖原分解。同样，细胞外核苷酸激活糖原磷酸化酶，从而通过结合 P2Y 核苷酸受体刺激糖原分解[68]。胰高血糖素和 β－肾

上腺素能激动药也刺激肝脏中的糖原磷酸化酶活性，但通过一种替代的、cAMP 依赖的途径。钙动员胆汁酸（如 UDCA、TLCA 和 LCA）激活磷酸化酶的程度与激素（如加压素）相同。这些胆汁酸通过钙依赖但不依赖 InsP3 的机制激活磷酸化酶，这与观察到它们以不依赖于 InsP3 的方式增加 Ca_i^{2+} 一致[69]。

糖异生酶优先位于门静脉周围区域[70]，尽管糖原分解能力的区域差异也可能涉及其他因素。ATP 主要从门静脉周围区动员葡萄糖，而去甲肾上腺素和加压素优先从中央周围肝细胞释放葡萄糖。这可能部分反映了中央周围肝细胞比门静脉周围肝细胞对加压素和去甲肾上腺素更敏感的事实[37]。当肝细胞对特定激素不一致敏感时，通过间隙连接的细胞间通信可增强葡萄糖释放。例如，在去甲肾上腺素或胰高血糖素刺激下，Cx32 缺陷小鼠灌流肝脏的葡萄糖释放受损[44]。同样，在用间隙连接阻滞药 18αGA 治疗的灌流大鼠肝脏中，加压素或胰高血糖素诱导的葡萄糖释放受损[42]。然而，在用二丁基 –cAMP或 2,5- 二（叔丁基）–1,4- 苯醌刺激的 α-GA 处理的肝脏中，葡萄糖释放没有改变，这两种药物均以非受体方式刺激葡萄糖释放[42]。如果隔离的大鼠肝细胞中的间隙连接被阻断，或者肝细胞分散，激素诱导的葡萄糖释放也会受损。因此，肝细胞对整个肝小叶的葡萄糖代谢可能有不同的贡献，尽管通过间隙连接存在一些代谢活动的整合。这种代谢功能的整合在应激时尤为重要，因为禁食会导致 Cx32 缺陷型小鼠的低血糖，但不会导致野生型小鼠的降糖，而内毒素诱导的低血糖在基因敲除小鼠中也会加剧[40]。同样，在Cx32 基因敲除小鼠中，胰高血糖素和去甲肾上腺素刺激后的肝脏葡萄糖生成减少[44]。肝脏的葡萄糖输出也受 CamKⅡγ 调节，Ca^{2+}-CamKⅡγ是细胞内 Ca^{2+} 信号转导的下游效应器[71]。在生理学背景下，该激酶在禁食期间由 InsP3R 依赖性 Ca^{2+} 释放激活，并促进转录因子 FoxO1 向肝细胞核的移位。这种易位进而控制转录程序，该转录程序增强糖原分解和糖异生，并导致肝脏葡萄糖输出增加。这一机制在实验性肥胖中得到加

强，并有助于肥胖小鼠的高血糖水平。因此，小鼠 CamKIIγ 基因缺失或 FoxO1 基因缺失与较低的血糖浓度相关。调节肝脏葡萄糖生成的第二个钙依赖性转录程序由 CRTC2[72] 操作。在这里，胰高血糖素激活肝细胞中的 cAMP 形成、PKA 激活和 InsP3R 磷酸化。这种磷酸化使受体更容易被 InsP3 激活，因此 Ca^{2+} 更容易在胞质溶胶中释放。游离 Ca^{2+}，然后可以结合钙调神经磷酸酶，钙调神经递质使 CRTC2 去磷酸化，使其移位至细胞核。最终结果是促进葡萄糖生成的基因被激活。这种机制的终止主要是通过胰岛素依赖性激活 Akt。在糖尿病患者中，胰岛素抵抗因此确保了 CRTC2 的长期激活和肝脏持续的葡萄糖输出。CREB 还增加了 InsP3R2 的转录和表达[73]。肝脏InsP3R2 表达在禁食期间也会增加，据推测，这是通过胰高血糖素和 cAMP 介导的 CREB 激活实现的[73]。

Ca^{2+} 信号在脂质代谢和非酒精性脂肪肝的发病机制中也起作用。相关研究主要描述了细胞内通道和泵等钙处理蛋白表达的变化及其对脂质代谢的影响。对肥胖小鼠的研究表明，Serca2b 基因的表达在肝脏中特异性下调[74]。这种肌（内）质网 Ca^{2+}-ATP 酶的生理功能是维持内质网内高水平的 Ca^{2+}，这是蛋白质正确折叠和分泌所必需的。这是通过游离 Ca^{2+} 从细胞质主动转运到内质网池来实现的。在实验性肥胖中，Serca2b 基因的下调导致内质网 Ca^{2+} 含量降低和内质网应激，这共同激活了葡萄糖的产生并触发了一个脂肪基因表达程序。相反，在肥胖小鼠中重新表达Serca2b 基因可恢复 ER 蛋白折叠并改善葡萄糖和脂肪酸代谢。

InsP3R 还与肝细胞的脂质加工和液滴形成有关。肝特异性 InsP3R1 基因敲除（LSKO1）小鼠对饮食诱导的肝脂肪变性具有抵抗力，这种效应是由于 Ca^{2+} 从内质网向线粒体转移受损[18]。同样，喂食高脂肪饮食的小鼠或遗传性肥胖小鼠显示出 ER– 线粒体接触位点的重组[75]。这些接触区域称为线粒体相关膜，促进磷脂交换和两个细胞器之间的 Ca^{2+} 传递。在肥胖患者中，MAM 的总体百分比增加，导致线粒体中 InsP3R1 依赖性

Ca²⁺超载，形成 ROS 和线粒体功能障碍。实验性脂肪肝中也存在 SOCE 缺陷。在肥胖小鼠中，STIM1 向质膜附近的易位受损，导致 SOCE 显著降低。这些 SOCE 的改变反过来又与肝细胞中的脂滴形成和脂质毒性相关[76]。总的来说，肝细胞中病理性脂质积聚和钙信号蛋白表达的改变是相互关联的，有证据表明这也发生在人类疾病中。从正常肝脏到单纯性脂肪变性再到非酒精性脂肪性肝炎，肝细胞中 ER 和线粒体之间的共定位逐渐增加。在 NASH 患者的肝活检中，负责线粒体 Ca²⁺信号的 InsP3R1 的表达也增加[18]。

（二）胆汁

Ca_i^{2+} 调节多种上皮细胞的液体和电解质分泌[25]。这在一定程度上是由极化 Ca_i^{2+} 波介导的，这种波也发生在肝细胞中[77]。Ca_i^{2+} 对胆汁流量有多重影响。对离体灌流大鼠肝脏的早期研究表明，Ca_i^{2+} 对胆汁酸非依赖性胆汁流量的净影响具有抑制作用[78]，但最近的研究表明，肝细胞中的 Ca²⁺信号增强了胆汁酸非独立性和胆汁酸依赖性流量[33, 34]。首先，主要的顶端胆汁酸非依赖性溶质转运蛋白，即 Mrp2 的膜定位和活性在体外系统中被 Ca²⁺激动药增强。此外，InsP3R2 基因敲除动物的胆汁流量减少，这表明顶端膜附近的 Ca²⁺释放对胆汁分泌很重要[33]。全内反射荧光显微镜研究进一步表明，根尖周 Ca²⁺信号诱导含 Mrp2 的囊泡与质膜融合[33]。依赖于 BSEP 活性的胆盐依赖性流量在 InsP3R2 表达减少的大鼠肝细胞或用细胞内 Ca²⁺缓冲剂处理的细胞中也同样减少[34]。此外，根尖膜脂筏的破坏诱导 InsP3R2 从根尖周区域迁移，损害 Ca²⁺信号，并减少分泌[13, 34]。最后，在雌激素和内毒素诱导的两个单独的胆汁淤积模型中，InsP3R2 表达降低，剩余受体从心尖区移动[34]。总的来说，这些研究表明，肝细胞中的亚尖端钙信号增强了胆汁溶质的分泌。

胆汁酸，如石胆酸、牛磺石胆酸、牛磺脱氧胆酸和牛磺脱氧胆酸，以及治疗性胆汁酸 UDCA 和 TUDCA 增加肝细胞内 Ca²⁺[69, 79]。LCA 和 TLCA 是胆汁淤积症，而 UDCA 和 TUDCA 是利胆症。事实上，TUDCA 可以逆转 TLCA 的胆汁淤积效应，这取决于 InsP3R2[33]。UDCA 和 TUDCA 还诱导肝细胞分泌 ATP，这可能与其治疗效果有关[80]。

（三）细胞增殖

Ca²⁺信号与细胞周期的进展相关[81]。在海胆胚胎中，有两种显著的细胞周期相关 Ca²⁺信号。第一次钙瞬变发生在进入有丝分裂之前，第二次发生在中期 – 后期转变期间。细胞内注射 Ca²⁺螯合剂（如 BAPTA）或 InsP3R 拮抗药（如肝素）可消除这些 Ca²⁺信号并阻止进入有丝分裂。在胞质溶胶中引入 InsP3 或 Ca²⁺具有相反的效果，以加速进入有丝分裂。

在体细胞的细胞周期进程中也观察到 Ca²⁺瞬变，尽管这些 Ca²⁺信号与细胞周期进程之间的关系还不太确定。在 Swiss 3T3 细胞中，血清提取抑制了这些钙瞬变，但不影响有丝分裂的进展。然而，通过注射 BAPTA 加上在无钙培养基中培养，特异性抑制 Ca²⁺瞬变，阻止有丝分裂。此外，笼状 Ca²⁺的光释放诱导过早进入有丝分裂。

Ca²⁺下游靶点也与细胞周期进程有关。钙调神经磷酸酶对非洲爪蟾胚胎发育至关重要[82]。此外，对 CaMK Ⅱ 的药理学抑制可阻止细胞发生 G₂/M 转换。此外，钙调素过度表达可加速小鼠 C127 细胞的细胞周期，其下调可延长细胞周期。

钙结合蛋白小白蛋白的异源表达也被用于研究细胞周期调节中的钙信号。这种蛋白通常在骨骼肌和神经元中表达；在肌细胞中，由于其钙缓冲能力，它调节快速抽搐肌纤维的松弛。第一份使用这种蛋白质作为分子工具的报道显示，缓冲 Ca²⁺可以减缓小鼠 C127 细胞的细胞周期进程。最近，以细胞核或细胞质为靶点的小白蛋白变体[60] 被用于研究这些细胞室中 Ca²⁺信号对肝细胞系中细胞周期调节的相对重要性。发现核质而非胞质 Ca²⁺对细胞增殖至关重要，尤其是对早期前期的进展至关重要[83]。最近的研究结果表明，HGF 和胰岛素是肝脏中两种有效的生长因子，它们在细胞核中选择性地形成 InsP3，以启动核 Ca²⁺信号[3, 84]。这些发现表明，某些生长因子可能通过选择性诱导细胞核中的 Ca²⁺信号来刺激肝细胞的增殖。

体内肝细胞增殖的一个常见模型是部分肝切除后的肝再生。在 70% 的肝切除术后，肝脏经历了一个涉及所有肝细胞类型的协调再生反应，但这被肝细胞的显著增殖所打断。在大鼠中，部分肝切除术后 24h，InsP3R2 表达降低，同时 Ca^{2+} 振荡频率降低。受体表达的这种减少在 4 天内恢复正常，然后与 Ca^{2+} 振荡频率的增加相关。这种 Ca^{2+} 信号机制的重塑被认为是初始再生反应的关键[85]。然而，InsP3R2 的完全缺失导致肝再生延迟，并损害肝细胞核中的 Ca^{2+} 信号[86]。脂肪肝导致 c-Jun 介导的肝细胞 InsP3R2 表达降低[86]，这可能部分导致 NAFLD 患者肝再生受损。至少有三种生长因子，即 HGF、EGF 和胰岛素，可动员肝细胞中的 Ca_i^{2+}，促进肝再生[87-89]。在肝细胞胞质中表达小白蛋白的大鼠中，部分肝切除后的肝再生显著延迟[90]。肝细胞核中 InsP3 的缓冲也延迟了肝再生[89]，表明细胞核中 RTK 介导的、InsP3 依赖的 Ca^{2+} 信号对于肝细胞的正常增殖至关重要。另外，肝再生通过线粒体中小白蛋白的表达而增强，因为这减轻了伴随增殖发生的凋亡[20]。因此，肝再生的速度取决于胞质溶胶、细胞核和线粒体中 Ca^{2+} 信号之间的仔细平衡。

钙依赖性过程与肝细胞癌的进展相关。例如，在肝癌中，CamKK II 的表达上调，其实验性下调或药理学抑制降低了 HCC 小鼠模型中的肿瘤生长[91]。此外，HBx 是一种已知的致癌病毒蛋白，其过度表达通过 Ca^{2+} 介导的 HMGB1 分泌增加促进肝癌细胞的侵袭和转移[92]。细胞内钙通道和钙信号下游靶点在肝癌发病机制中的作用是一个活跃的研究课题。

（四）输卵管分泌物

Ca_i^{2+} 直接调节胆管上皮细胞的液体和电解质分泌。胆管细胞表达顶端 Ca^{2+} 激活的 Cl^- 通道 TMEM16a[93]，这是这些细胞中 Ca^{2+} 刺激分泌的主要机制。调节胆管细胞分泌的另一个主要机制是通过顶端 cAMP 激活的 CFTR Cl^- 信道[51]。这两种机制共同创造了 Cl^- 负责驱动 AE2 介导的 HCO_3^-/Cl^- 负责将碳酸氢盐分泌到胆汁中的交

换。Ca^{2+} 通过钙调神经磷酸酶依赖性途径[94] 并通过 SOCE 诱导的 cAMP 形成间接增强胆管细胞中腺苷酸环化酶活性和 cAMP 的形成[95]。Ca^{2+} 和 cAMP 信号通路之间的这种串扰被认为是 Ca^{2+} 刺激分泌的次要间接机制。然而，cAMP 和 CFTR 介导的分泌也可能以更直接的方式依赖 Ca^{2+}[96]。胆管细胞中 CFTR 的激活与富含 ATP 的囊泡的胞吐有关[97]，该囊泡将 ATP 释放到胆汁中，从而刺激顶端 P2Y 受体[51, 96]。这些 P2Y 受体的激活与 GPCR 和 InsP3 的形成有关，然后从顶端 InsP3R3 释放 Ca^{2+}，进而驱动 Ca^{2+} 依赖性 Cl^- 促进 HCO_3^- 分泌[96]。相反，乙酰胆碱等神经递质刺激胆管细胞上的基底侧 M_3 毒蕈碱受体，导致 InsP3R1 和 InsP3R2 释放 Ca^{2+}。这种 Ca^{2+} 类似地激活顶端 Ca^{2+} 依赖性 Cl^- 并最终刺激胆汁 HCO_3^- 通道分泌物肽激素，如分泌素，刺激基底侧分泌素受体，诱导 cAMP 形成，因此该途径用于激活 CFTR，导致旁分泌、ATP 介导的 HCO_3^- 分泌物及 InsP3R 介导的 Ca^{2+} 信号在胆管分泌中的这一假定的普遍作用与 InsP3R3 缺失是胆汁淤积性疾病中常见的分子事件的观察结果一致，包括原发性胆汁性胆管炎、原发性硬化性胆管炎、肝外胆管梗阻和胆道闭锁[98]。导致胆道疾病中 InsP3R3 特异性缺失的因素包括转录因子 Nrf2 和 NF-κB，以及 microRNA miR-506。在氧化应激条件下，Nrf2 被激活，并在人胆管细胞系中特异性下调 InsP3R3。因此，在包括 PBC 和 PSC 在内的一系列胆管疾病中，它被转移到胆管细胞核[99]。NF-κB 途径被内毒素诱导的 TLR4 刺激激活，这种机制与脓毒症或酒精性肝炎患者胆管细胞的 InsP3R3 丢失有关[100]。PBC 中 InsP3R3 的特异性缺失也可能部分由 miR-506 介导，因为这种微 RNA 降低了人胆管细胞系中 InsP3 的表达，并在 PBC 患者肝活检的胆管中增加[101]。

胆管细胞在其顶端膜上表达初级纤毛，这种感觉细胞器也与 Ca^{2+} 信号和分泌有关。例如，初级纤毛可以感应和传递来自胆管内腔的机械刺激，因此胆汁流量的增加激活了 cAMP 的产生和 Ca^{2+} 的释放[102]。胆管细胞纤毛也感觉到胆管腔内渗透压的增加，这与 TRPV4 通道的激活有关，

TRPV4 允许细胞外 Ca²⁺ 进入细胞质[103]。纤毛和纤毛钙信号在胆汁淤积性疾病中的作用仍然是一个研究领域。

胆汁酸的 GPCR（TGR5）也在胆管细胞的顶端膜上表达，并在啮齿动物和人类胆管细胞的纤毛中富集[104]。TGR5 激活与胆管细胞中 cAMP 的形成相关，因此目前正在研究这种受体的药理激动药作为多种后天性和遗传性胆汁淤积症的利胆剂。

致 谢 这项工作得到了 NIH DK57751、DK34989、DK112797 和 DK114041，以及 CNPq 和 FAPEMIG 支持。

第41章 NAFLD 的临床基因组学
Clinical Genomics of NAFLD

Frank Lammert 著

魏 来 王晓晓 陈昱安 译

迄今为止，脂肪肝是世界范围内的常见肝病，应该纳入肝酶升高的鉴别诊断，尤其是在伴有代谢综合征的一系列表现时，如向心性肥胖、血脂异常、高血压或空腹血糖升高。非酒精性脂肪性肝病（non-alcoholic fatty liver disease, NAFLD）的患病率取决于它的定义，因为肝脏脂肪含量是一个连续的参数。在肝活检样本中，肝脏脂肪变超过 5% 时诊断为脂肪变性，非酒精性脂肪性肝炎（non-alcoholic steato hepatitis, NASH）则定义为至少存在 5% 的肝脏脂肪变性合并肝细胞损伤所致的炎症[1]。在 Dallas 心脏研究（一个基于达拉斯县居民的多种族人群的概率样本）中，健康受试者通过 ^{1}H-MRS 测量的肝脏脂肪的 95% CI 上线为 5.6%，对应于 15% 的组织学肝脏脂肪沉积，根据这一定义，31% 的队列人群诊断出肝脂肪变性[2]。当基于 MRI 技术（如质子密度脂肪分数）测量时，5% 的脂肪变性对应于 PDFF 的 6.0%～6.4%[3]。

目前或已有肝脂肪变性或 NASH 的肝组织病理学证据，并且存在肝硬化，即可被定义为 NASH- 肝硬化。脂肪性肝病的定义意味着，NAFLD 是包含从良性非酒精性脂肪肝（non-alcoholic fatty liver, NAFL）到晚期的疾病状态（如 NASH 或肝硬化）的一组疾病。鉴于目前缺乏可靠的非侵入性诊断标志物，仍然需要进行肝活检以检测或排除 NASH 的存在[4]。

基于成人肥胖和 2 型糖尿病患病率的历史和预测变化，在 Markov 模型中对 2030 年前 NAFLD 的流行进行建模，研究表明 NAFLD 的疾病负担呈指数增长[5]。在美国，预计 NAFLD 流行人数将从 2015 年的 8300 万增加到 2030 年的 1.01 亿，增长 21%，而 NASH 流行人数将从 1700 万增加到 2700 万，增长 63%。到 2030 年，15 岁以上人群中 NAFLD 的总患病率预计为 34%。2015 年，约 20% 的 NAFLD 病例转变为 NASH，到 2030 年增加到 27%。到 2030 年，失代偿性肝硬化的发病率将增加 170%，至 105 000 例，而肝细胞癌的发病率将增加 140%，至 12 000 例。2030 年，肝脏相关死亡人数将增加 180%，预计将达到 78 000 人，并且 2015—2030 年，预计将有近 800 000 人死于肝脏相关死亡[5]。

家庭数据研究表明，与普通人群相比，NAFLD 患者的一级亲属患 NAFLD 的风险明显升高，并且独立于肥胖这一因素。最近，对居住在南加州的 60 对双胞胎采用 MRI 量化肝脏脂肪变性（PDFF）和肝纤维化[6]，研究发现在单卵双胞胎中，肝脂肪变性的存在和肝纤维化的严重程度相关，而在双卵双胞胎无关。在调整了年龄、性别和种族的多因素模型中，肝脏脂肪变性（基于 PDFF）和肝纤维化的遗传概率为 50%。

一、*PNPLA3* 突变与脂肪性肝病

脂肪营养素是由 *PNPLA3* 基因编码的酶（又名钙非依赖性 PLA2ε），是 PNPLA 家族成员，由 481 个氨基酸组成。该结构域最初发现于马铃

薯的脂质水解酶中，并以马铃薯块茎中最丰富的蛋白质 patatin 命名。然而，由于几个家族成员不是磷脂酶，因此需要更合适的基因命名 [7]。*PNPLA3* 主要表达于肝脏、视网膜、皮肤和脂肪组织 [8]。在一系列大型遗传学研究中，*PNPLA3* 基因的常见非同义突变体 p.I148M（c.444C＞G，rs738409）已成为儿童和成人脂肪肝患者的关键遗传决定因素 [9]（表 41-1）。图 41-1 总结了 NAFLD 患者 *PNPLA3* p.I148M 基因型的地理分布。值得注意的是，欧洲人的风险等位基因频率为 25% [10]。不同种的患病率不同，这些差异通常与 NASH 及其后遗症的发病率并行存在。这种变异在西班牙裔人中最为普遍（49%），在非西班牙裔欧洲人中不太常见（23%），在非洲裔美国人中最不常见（17%）[2, 11]。

第一个全基因组关联研究在基于人群的 Dallas 心脏研究中进行，包括 2111 名具有不同种族背景的个体，证明 p.I148M 变异相关（$P=5.9 \times 10^{-10}$）与肝脏脂肪含量增加相关（通过 ^{1}H-MRI 测定）[2]。肝脏甘油三酯含量随着 p.I148M 风险等位基因数量的增加而逐步增加。这种相关性在西班牙裔患者中最为显著，并且与欧洲和非洲裔美国人相比，西班牙裔患者患脂肪肝的风险更大。

值得注意的是，*PNPLA3* 变体 p.I148M 也与血清肝酶活性也有关系。对两个大型人群队列的分析表明，*PNPLA3* 多态性与健康人群的 ALT 和 GGT 活性相关 [12, 13]。随后，*PNPLA3* 的 p.I148M 突变与脂肪肝之间的遗传关联也在许多研究中得到了证实 [14-17]。

进一步研究表明，*PNPLA3* 突变不仅增加了脂肪肝本身的发病率，而且还决定了 NAFLD 的肝损伤程度和全疾病谱组织病理学结局 [18]。Valenti 等 [19, 20] 报道，*PNPLA3* 突变不仅与肝脏脂肪变性有关，而且与肝活检证实的 NAFLD 严重程度有关，特别是 NASH 的存在、脂肪变性分级大于 S1、纤维化分期大于 F1，而与年龄、BMI 或糖尿病无关。Rotman 等 [21] 对 NAFLD 的组织病理学严重性进行了另一项详细分析，证明 *PNPLA3* 突变与脂肪变性、门管区和小叶炎症、NAFLD 活动评分（NAFLD activity score，NAS）和纤维化有关。Sookoian 和 Pirola [9] 的首次 Meta 分析包括 16 项研究的数据，并得出结论，*PNPLA3* p.I148M 变体与脂肪肝（纯合子携带者和杂合子携带者的 OR 值分别为 3.3 和 1.9）、NASH（OR 值分别为 3.3 和 2.7）、坏死性炎症（OR 值分别为 3.2 和 2.6）和纤维化（OR 值分别为 3.3 和 2.1）相关；坏死性炎症和纤维

表 41-1　与 *PNPLA3* 突变相关的重要肝病研究实例

疾　病	研　究	年　份	参考文献
非酒精性脂肪性肝病	Romeo 等	2008	[2]
酒精性肝硬化	Tian 等	2010	[98]
	Stickel 等	2011	[99]
肝纤维化	Krawczyk 等	2011	[24]
HBV 脂肪变	Vigano 等	2013	[100]
HCV 脂肪变	Cai 等	2011	[101]
酒精性和 HCV 肝硬化	Müller 等	2011	[102]
HCV 肝硬化	Valenti 和 Fargion	2011	[103]
肝细胞癌	Nischalke 等	2011	[104]

HBV. 乙型肝炎；HCV. 丙型肝炎；*PNPLA3*. patatin 样磷脂酶结构域蛋白 3 基因

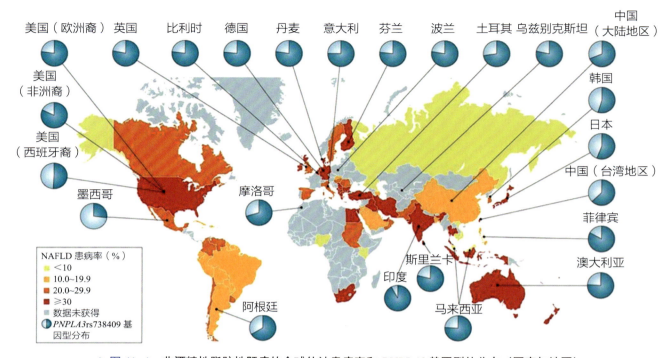

▲ 图 41-1　非酒精性脂肪性肝病的全球估计患病率和 *PNPLA3* 基因型的分布（国家与地区）

PNPLA3 基因型展示为次要风险等位基因频率（饼图的浅蓝色部分）（经 Springer Nature 许可转载，引自参考文献 [105]）

化与脂肪变性的严重程度无关。Xu 等 [22] 最近的 Meta 分析证实了这些结果，亚组和敏感性分析表明，结果既不受种族也不受受试者年龄或对照来源的影响。Liu 等 [23] 利用两个组织病理学特征队列，包括脂肪变性、脂肪性肝炎、纤维化和肝硬化（*n*=1074），证实 *PNPLA3* 变体与晚期纤维化 / 肝硬化相关，与年龄、BMI 和 2 型糖尿病等混杂因素无关（表 41-2）。利用瞬态弹性成像技术量化 899 例慢性肝病患者的肝纤维化，在一系列病毒性和非病毒性慢性肝病中发现 *PNPLA3* 突变与肝硬度增强之间的关联 [24]。敏感性分析表明，这种相关性存在于较广泛的硬度值范围内（12～40kPa）[24]，表明该突变不仅影响纤维化的形成，而且还影响肝硬化的严重程度。

非肥胖性 NAFLD 是指 BMI＜25kg/m² 的患者发生 NAFLD[25]。在非肥胖 NAFLD 患者中，*PNPLA3* p.I148M 等位基因的频率高于其他 NAFLD 患者 [11, 26-28]，并且与 NASH 和≥F2 的 NASH 纤维化独立相关 [29]。

肥胖 [30] 或存在 NASH[31] 的 *PNPLA3* 突变携带者易患肝癌。在调整了年龄、性别、BMI、糖尿病和肝硬化的多因素分析中，携带 *PNPLA3* 风险等位基因的每个拷贝都会增加 HCC 的风险（OR=2.3），纯合子的风险是野生型的 5 倍。与英国大众人群相比，风险效应更为显著（OR=12.2）[31]。进一步分析数据发现，p.I148M 的阳性预测值较弱，但 p.I148M 缺失的阴性预测值较强（97%）。因此，有必要进行前瞻性研究，以验证 *PNPLA3* 基因分型的临床实用性，以筛选肝癌发生风险最低的患者和监测不能受益的人群 [32]。在一系列新诊断的肝癌病例 [33] 中，p.I148M 基因型的纯合性是死亡的独立风险因素；与野生型等位基因携带者（25.9 个月）相比，具有这种 *PNPLA3* 基因型的肝癌患者的中位生存期（16.8 个月）降低。

总的来说，上述研究表明 *PNPLA3* 突变增加了全世界不同种族发生严重肝脂肪堆积、进展期炎症、晚期纤维化和肝癌的风险（图 41-2）。定量分析表明，肥胖可放大 *PNPLA3* 在 NAFLD 疾病谱中所赋予的遗传风险，包括从肝脏甘油三酯含量增加到肝硬化的过程（图 41-3）[34]。需要更多的研究来确定纳入 *PNPLA3* 基因型和其他肝癌风险因素的多因素风险分层的成本效益和效用。

表 41–2　*PNPLA3* 和 *TM6SF2* 基因型与纤维化 F0 ～ 1 级（轻度）与 F2 ～ 4 级（进展期）之间关联的多因素分析

变　量	训练队列（*n*=349）		验证队列（*n*=725）		组合队列（*n*=1047）	
	OR（95%CI）	*P* 值	OR（95%CI）	*P* 值	OR（95%CI）	*P* 值
TM6SF2 基因型	2.94（1.76～4.89）	3.44×10^{-5}	1.46（1.03～2.09）	0.0362	1.88（1.41～2.5）	1.63×10^{-5}
PNPLA3 基因型	1.57（1.21～2.19）	0.0086	1.32（1.05～1.66）	0.0183	1.40（1.16～1.69）	4.84×10^{-4}
年龄	1.03（1.01～1.06）	0.0045	1.02（1.01～1.04）	0.0041	1.03（1.01～1.04）	1.57×10^{-5}
性别（女性）	0.94（0.57～1.56）	0.8297	1.81（1.30～2.50）	4.50×10^{-4}	1.43（1.09～1.89）	0.0096
BMI	1.05（1.00～1.10）	0.0368	1.03（1.01～1.05）	9.80×10^{-4}	1.04（1.02～1.05）	3.78×10^{-5}
T2DM	2.39（1.49～3.84）	0.0003	2.73（1.93～3.88）	1.68×10^{-8}	2.57（1.95～3.39）	1.78×10^{-11}

BMI. 体重指数；CI. 置信区间；OR. 比值比；T2DM. 2 型糖尿病

附加模型包括年龄、性别、BMI、T2DM 和 *PNPLA3* rs738409 基因型作为协变量。训练 / 验证 / 组合队列：F0～1 级（轻度），*n*=198/439/637，F2～4 级（进展期），*n*=151/286/437

（一）*PNPLA3* 突变和代谢特征

一般来说，脂肪肝患者经常出现血脂异常和胰岛素抵抗 [35]。然而，*PNPLA3* 与人类代谢特征的关联更为复杂。一些研究并没有检测到 p.I148M 多态性与血糖或血脂浓度之间的关系 [17, 19, 36, 37]。相反，一项来自丹麦的研究对 4000 多名糖耐量正常个体的分析表明，风险等位基因与空腹血糖水平升高有关，但同一等位基因与糖耐量受损患者血清甘油三酯和胆固醇浓度降低有关 [38]。在携带风险突变的严重超重患者中也观察到空腹甘油三酯水平较低 [39]。与这些结果一致，Krawczyk 等 [10] 和其他研究组 [40, 41] 也确定了较高的空腹血糖水平与 *PNPLA3* p.I148M 突变之间的可能关联。但这些结果与一般认知相矛盾，即胰岛素抵抗是常见 NAFLD 的主要驱动因素。事实上，*PNPLA3* 风险突变体携带者中似乎存在脂肪肝和胰岛素抵抗之间的分离 [36]。在突变携带者中观察到了特定的循环甘油三酯特征，类似于患有 NAFLD 的肥胖受试者 [42]。*PNPLA3* 相关 NAFLD 与甘油三酯的相对缺乏有关，支持该突变体阻碍肝细胞内脂解而不是刺激脂质合成这一观点。肥胖患者的 NAFLD 与甘油三酯的多种变化有关，这可以归因于肥胖和胰岛素抵抗，但其本身并不增加肝脏脂肪含量。

（二）*PNPLA3* 突变的功能分析

与脂肪的甘油三酯脂肪酶极为相似，并且存在典型的结构基序（α-β-α 三明治结构、共识丝氨酸脂肪酶 GXSXG 基序、催化二元 S-D），表明 *PNPLA3* 具有脂肪酶功能 [7]。或者，具有溶血磷脂酰基转移酶活性 [43]。此外，Pirazzi 等 [44] 证明 PNPLA3 在肝星状细胞中具有视黄基 – 棕榈酸脂肪酶活性。人 *PNPLA3* 是由糖类和脂肪酸通过 SREBP1c（图 41–3）作为转录因子诱导生成 [43, 45–47]。

NAFLD 患者的肝脏以肝细胞内脂滴的数量和大小增加为特征。值得注意的是，*PNPLA3* 主要定位于内质网和脂滴表面 [48]（图 41–4）。*PNPLA3* 的 rs738409 突变体在氨基酸残基 148 处的异亮氨酸被甲硫氨酸取代。结构模拟表明，这种氨基酸取代阻碍了底物进入催化二元结构，导致功能丧失 [49, 50]。在 p.I148M 突变的携带者中，突变体 *PNPLA3* 逃避泛素化和蛋白酶体降解，但积聚在脂滴上，数量和大小增加，并导致甘油三酯动员受损 [49, 51–53]。

在肝脏中过度表达突变体 *PNPLA3*[148M] 而非

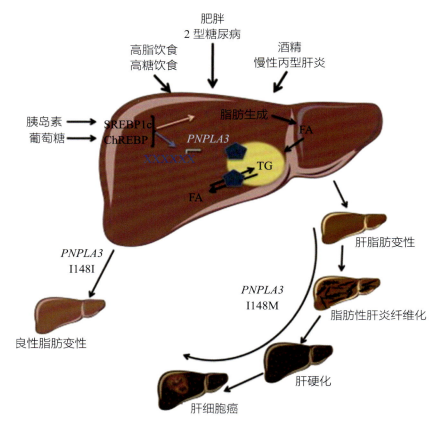

▲ 图 41-2　模型阐明肝脏中 **PNPLA3** 基因表达的调节及 **p. I148M** 突变与进展性肝病之间的联系

PNPLA3 突变体驱动从脂肪变性到脂肪性肝炎、纤维化、肝硬化和肝癌的全疾病谱。注意，ChREBP 控制小鼠肝细胞中 Pnpla3 mRNA 的水平，而人 **PNPLA3** 启动子中缺少特定的 ChREBP 应答元件。ChREBP. 糖类反应元件结合蛋白；SREBP1c. 固醇调节元件结合蛋白 1c（经 Elsevier 许可转载，引自参考文献 [106]）

野生型 **PNPLA3** 的转基因小鼠中进行的研究表明，这些动物由于甘油三酯的积累及肝脏脂质代谢的改变而发生脂肪变性，包括脂肪酸和甘油三酯的合成增加，甘油三酯的水解受损，甘油三酯长链多不饱和脂肪酸的消耗[54]。为了确定突变的 p.148M 等位基因在生理水平表达时是否会导致肝脏中的脂肪积聚，我们特异性敲入了 Pnpla3[148M] 基因，正常饮食情况下肝脏脂肪水平正常，但当用高糖饮食时，与野生型对照相比，肝脏脂肪含量增加了 2～3 倍，而葡萄糖稳态没有变化。基因敲入小鼠肝脏脂肪增加的同时伴随着肝脂滴上 **PNPLA3** 水平的 4 倍增加，而肝 **PNPLA3** mRNA 水平没有增加[55]。

（三）以基因型为主导的 NAFLD 治疗

体外和体内研究表明，抑制 **PNPLA3** 突变将对 NAFLD 产生有益影响，这代表了 NAFLD 的

一个新的治疗靶点。在此之前，改变生活方式是 NAFLD 治疗的基石。尽管迄今为止缺乏关于常见 **PNPLA3** p.I148M 突变体对肝脏表型的长期影响的大型前瞻性研究，但第一批试点研究表明，体重减轻对风险等位基因携带者有积极影响[56, 57]。为了探讨 **PNPLA3** 突体是否调节减重对肝脏脂肪和胰岛素敏感性的影响，给予 8 名纯合携带者 6 天低热量低糖类饮食[57]。在饮食前后测量肝脏脂肪含量（通过 PDFF 测量）、葡萄糖代谢的全身胰岛素敏感性（正常血糖钳夹技术）和脂肪分解（[^{2}H$_5$] 甘油输注）。在基线检查时，突变携带者的空腹血清胰岛素和 C 肽浓度较低。然而，在平均体重减轻 3.1kg 后，**PNPLA3**[148M] 患者的肝脏脂肪减少了 45%，而对照组仅减少了 18%。**PNPLA3** 突变体还调节了 154 名 NAFLD 患者的代谢谱和肝脏内甘油三酯（通过 ^{1}H-MRI 测量）的变

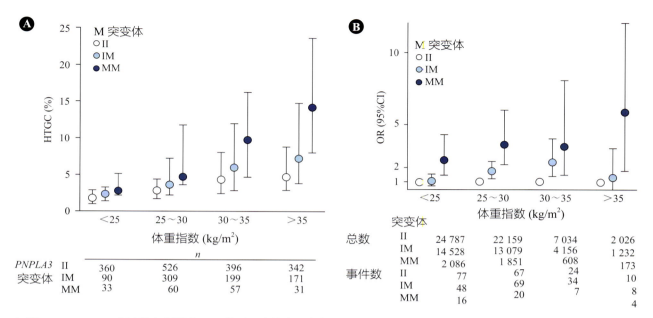

PNPLA3 突变体		<25	25~30	30~35	>35
	II	360	526	396	342
	IM	90	309	199	171
	MM	33	60	57	31

	突变体	<25	25~30	30~35	>35
总数	II	24 787	22 159	7 034	2 026
	IM	14 528	13 079	4 156	1 232
	MM	2 086	1 851	608	173
事件数	II	77	67	24	10
	IM	48	69	34	7
	MM	16	20	7	8
					4

▲ 图 41-3 A.Dallas 心脏研究中通过 MRI 检测肝脏甘油三酯含量（HTGC），并通过 *PNPLA3* 基因型和体重指数（BMI）分层展示。突变体对甘油三酯的增加效应随着肥胖加重而放大（$P_{交互作用}=4×10^{-5}$），数据以中值 ± 四分位数范围表示。B.Copenhagen 队列中 *PNPLA3* 基因型和 BMI 的肝硬化风险。突变体对肝硬化的风险增加效应因随肥胖加重而放大（$P_{相互作用}=0.026$）。数据以 OR±95%CI 表示

（经 Springer Nature 许可转载，引自参考文献 [34]）

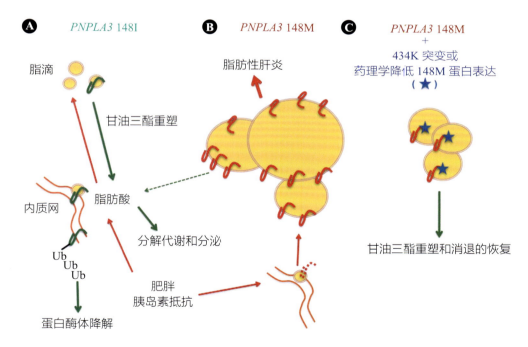

▲ 图 41-4 A. 胰岛素升高期间，随着游离脂肪酸可用性的增加，*PNPLA3* 被诱导增加，并且在内质网和脂滴表面表达，但在禁食时，它被迅速泛素化和降解。B. 脂滴上的 *PNPLA3* p.I148M 逃避降解，其聚集有利于甘油三酯积累和脂肪性肝炎。C. 由于 p.E434K 突变体的共同存在，*PNPLA3* p.I148M 的表达降低可以降低肝脏损伤。具有完整保护性酶活性的野生型 *PNPLA3*（p.148I）显示为绿色曲线，*PNPLA3* p.148M 突变体可导致脂滴形成，显示为红色曲线。曲线数量代表相对于蛋白质水平的比例。红箭表示损伤相关路径，绿色代表保护路径，虚线表示抑制通路。Ub. 泛素

（经 John Wiley and Sons 许可转载，引自参考文献 [48]）

化[58]。突变的存在和 BMI 与 IHTG 的显著降低独立相关（基因型 II 3.7% ± 5.2%，IM 6.5% ± 3.6%，MM 11.3% ± 8.8%）。虽然 PNPLA3 风险等位基因导致 NAFLD 风险较高，但这些患者对生活方式改变的有益影响更为敏感。同时，与 PNPLA3 野生型等位基因携带者相比，携带促进脂变的 PNPLA3[148M] 等位基因的肥胖患者在减肥手术后 1 年的体重和肝脂肪下降更多[59]。PNPLA3 基因型和脂肪变性初始分级是术后脂肪变性改善的独立预测因子。

在 WELCOME 试验中，103 名 NAFLD 患者随机接受 ω-3 脂肪酸或安慰剂治疗 15～18 个月。调整基线测量值和协变量后，PNPLA3 p.I148M 突变体与二十二碳六烯酸富集百分比和研究结束时肝脂肪百分比独立相关，但不影响血清甘油三酯浓度的变化[60]。据报道，PNPLA3 p.I148M 突变体也可降低他汀类药物对脂肪性肝炎的有益作用[61]。

二、TM6SF2：第二个 NAFLD 危险基因

具有更密集外显子多态性的 GWAS 在三个独立人群（N＞80 000）中鉴定出，除 PNPLA3 外，TM6SF2 突变体 p.E167K（c.449C＞T，rs58542926），也具有 NAFLD 易感性[23]。在所有种族群体中，TM6SF2 突变的频率（3%～7%）明显低于 PNPLA3 多态性。TM6SF2 编码一种由 351 个氨基酸组成的蛋白质，据估计有 7～10 个跨膜结构域。TM6SF2 定位于肝细胞和肠细胞的内质网和高尔基复合体中（图 41-5），其可以合成 apoB 这样的脂蛋白[52]。与 PNPLA3 相反，TM6SF2 的表达不受饮食的影响[52]。这种多态性与较高的肝脏脂肪含量，较低的血清总胆固醇、LDL 胆固醇和甘油三酯水平有关。TM6SF2 p.E167K 突变体不会通过引起肝脏胰岛素抵抗对肝脏脂肪含量或循环脂质谱产生影响[62]。在经组织学证实的 NAFLD 患者中，调整年龄、性别、BMI 和糖尿病后，观察到该突变体与肝脏脂肪变性、坏死性炎症、气球样变和晚期纤维化程度相关[23, 63]（表 41-2）。因此，当对 890 名个体通过肝脏瞬态弹性成像进行无创评估时，TM6SF2 变体与晚期纤维化独立相关[64]。

与对照组相比，NAFLD 患者肝脏中的 TM6SF2 蛋白表达显著降低[65]。在小鼠中用 siRNA 敲除 Tm6sf2 可减少 VLDL 的分泌，增加细胞甘油三酯浓度和脂滴含量，而过表达 Tm6sf2 可减少肝细胞脂肪变性[66, 67]。小鼠体内 Tm6sf2 的慢性失活与肝脏脂肪变性和炎症、血浆总胆固醇和 LDL 胆固醇水平下降有关，因此，这些现象也概括了在人类研究中观察到的表现[52, 68]。这些观察结果表明，正常 VLDL 组装需要 TM6SF2 活性，并且 TM6SF2 p.E167K 突变体的携带者由于 VLDL 脂质沉积减少而患有脂肪肝（图 41-5）。因此，这些患者的循环脂质较低，颈动脉斑块和心血管事件的风险降低[63]。此外，在携带 TM6SF2 p.E167K 突变体的患者中，胰岛素对葡萄糖生成和脂解的影响更大。因此，他们表现出一种独特的 NAFLD 亚型，其特征是在脂肪分解、肝脏葡萄糖生成方面保持胰岛素敏感性，尽管肝脏脂肪含量明显增加，但没有高甘油三酯血症[62]。

在对 10 项研究进行的 Meta 分析中，证实了 TM6SF2 突变体在预防心血管疾病和增加 NAFLD 风险方面的双重和相反作用。对 10 多万个体随机效应的汇总估计分析表明，较少的 T 等位基因的纯合或杂合携带者可免受心血管疾病的影响，显示总胆固醇和 LDL 胆固醇、甘油三酯水平较低，而肝脏脂肪含量约高 2%[69]。因此，这个基因突变对 NAFLD 风险有中度影响（OR=2.1）。该突变体以增加 NAFLD 风险为代价也增加了对心血管系统的保护。

有趣的是，PNPLA3 和 TM6SF2 突变不仅与临床表型相关，还与普通人群的医疗卫生服务利用率相关[70]。在 Pomerania 健康研究（study of health in Pomerania，SHIP）的 3759 名参与者中，与主要等位基因纯合受试者相比，PNPLA3 风险等位基因纯合携带者住院概率增加（OR=1.5），TM6SF2 风险等位基因携带者的门诊利用率（+68%）和住院天数高于主要等位基因纯合受试者。这些发现凸显了甚至可以在健康经济分析中检测到的强烈遗传效应。最近，在四个具有广

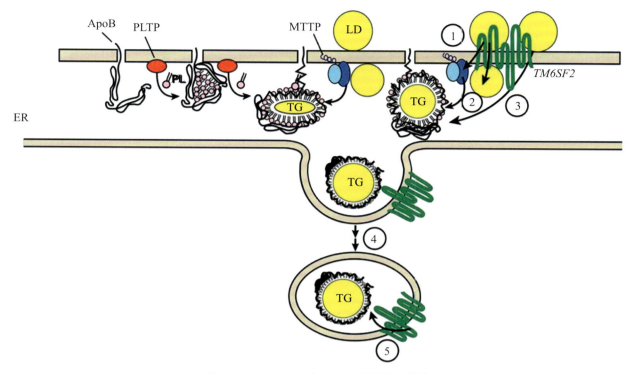

▲ 图 41-5 **TM6SF2 在 VLDL 脂类化中的作用**

VLDL 的合成是在内质网中通过磷脂加入 apoB 开始的。甘油三酯添加进入颗粒也是在内质网开始，这一过程需要 MTTP。部分脂化的 VLDL 颗粒被包装成囊泡并转运到高尔基体，在那里它们似乎经历进一步的体相脂质化。TM6SF2 促进体相脂质化，通过将中性脂质从脂滴转移到颗粒或将脂质转移到 MTTP（①），至内质网腔中性脂滴（②），直接连接到新生的 VLDL 颗粒（③）；或者 TM6SF2 可以在进入高尔基复合体或在高尔基复合体内的过程中参与脂质向颗粒的转移（④和⑤）。ER. 内质网；LD. 脂滴；MTTP. 微粒体甘油三酯转移蛋白；PL. 磷脂；PLTP. 磷脂转移蛋白；TG. 甘油三酯；VLDL. 极低密度脂蛋白（经 Smagris 许可转载，引自参考文献 [52]）

泛健康信息的大队列（23andMe、UK biobank、FINRISK、CHOP）中研究了 *PNPLA3* p.I148M 多态性，其与多达 700 000 个个体中的 1683 个二元终点相关[71]。该研究设计被称为全表型关联研究（phenome-wide association study，PheWAS），这是一种无偏倚方法，用于测试大样本队列中遗传变异与一系列表型之间的关联[72]。值得注意的是，*PNPLA3* 突变体（易患脂肪肝）与糖尿病和较低的血清胆固醇水平相关，同时也与胆结石、痤疮和痛风呈负相关。除此之外，分析还表明，当使用布洛芬或阿司匹林等非甾体抗炎药治疗时，风险等位基因携带者容易发生药物性肝损伤（OR=1.5）。在 UK biobank 队列的研究中也发现了这些相关性，并在调整升高的肝脏检测值时保持不变[71]。

三、*MBOAT7*：第三个 NAFLD 风险等位基因

在 GWAS 报告的编码 *MBOAT7*（又名 LPIAT1）基因的 3′ 非翻译区相连的 rs641738 C＞T 突变增加酒精性肝硬化的风险[73]，研究对来自 Dallas 心脏研究的 2736 名接受了 ¹H-MRI 测量 IHTG 的参与者、来自肝活检横断面队列的 1149 名欧洲个体进行了 rs641738 基因分型[74]。这种突变在 TMC4 中编码 p.G17E，与 *MBOAT7* mRNA 和蛋白质水平受到抑制有关。与无突变的受试者相比，它还与肝脂肪含量增加、肝损伤加重和纤维化增加有关。*MBOAT7* 将花生四烯酸等多不饱和脂肪酸（polyunsaturated fatty acid，PUFA）转移到溶血磷脂。*MBOAT7* rs641738 风险等位基因与血浆 PI 种类改变有关，并伴有 *MBOAT7* 功能降低。

代谢谱显示 PI 侧链重构的变化，特别是花生四烯酸 –CoA 缺乏向溶血素 –PI 的转移（Lands 循环）[75]。有趣的是，*PNPLA3* 促进多不饱和脂肪酸，特别是花生四烯酸从甘油三酯向脂滴中的磷脂转移 [76]。这些发现共同表明 NAFLD 发病过程中花生四烯酸在磷脂中的潜在作用。

四、其他风险相关基因

GWAS 及其 Meta 分析已确定了可能与 NAFLD 相关的其他突变。例如，Speliotes 团队 [17, 77] 报道，在 *GCKR*、*LYPLAL1* 和 *PPP1R3B* 或其附近的全基因组显著水平的相关突变可能与肝脂肪含量和（或）组织病理学的 NAFLD 表型有关。常见 GCKR 突变体 p.P446L（c.1337T＞c，rs1260326）导致的错误功能丧失降低了 GCKR 抑制葡萄糖激酶对 6– 磷酸果糖的反应能力，从而增加了葡萄糖激酶活性和肝脏葡萄糖摄取。无限制的肝糖酵解降低空腹血糖和胰岛素水平，但增加丙二酰 CoA 的生成，丙二酰 CoA 作为脂肪从头合成的底物，破坏线粒体脂肪酸 β 氧化，从而有利于肝脏脂肪的积累 [78, 79]。这些位点上的变异与血脂及血糖和人体测量特征的关系不尽相同，当然这也因种族而异。同样，NAFLD 相关突变与血脂或血糖和人体测量特征的异常并不一致，也表明影响这些特征的过程中存在遗传异质性。

五、具有保护作用的基因突变

Abul-Husn 等 [80] 报道，*HSD17B13* 的截短突变与慢性肝病和从脂肪变性进展为脂肪性肝炎的风险降低有关。必须注意的是，"保护"一词代表了"易感性"的另一面，因此它取决于等位基因的群体频率，次要等位基因定义了影响的方向（易感性与保护）。利用 DiscovEHR 人类遗传学研究中 46 544 名参与者的外显子序列数据和电子健康记录，确定了与转氨酶血清活性相关的基因突变。在 DiscovEHR 研究参与者及两个独立队列（*n*=37 173）中评估重复变异与慢性肝病临床诊断的相关性，并在 2391 例人类肝活检样本中评估其与肝病组织病理学严重程度的相关性。在该突变体的纯合和杂合携带者中，NAFLD 和 NASH 肝硬化的风险分别降低了 30% 和 17%，以及 49% 和 26%。值得注意的是，*HSD17B13* 突变体改善了与 *PNPLA3* p.I148M 风险等位基因相关的肝损伤。在对 356 例经肝穿证实的 NASH 患者进行的第二次详细的组织病理学研究中，该突变可预防小叶炎症、气球样变性和纤维化 [81]。

HSD17B 形成一个酶家族，其特征是能够催化类固醇和脂质代谢反应。最近，Ma 等 [82] 报道，*HSD17B13* 是一种针对脂滴的肝脏视黄醇脱氢酶。缺乏 *Hsd17b13* 的小鼠发生肝脂肪变性，而血清类固醇浓度正常 [83]。与这些变化一致，*Hsd17b3* 基因敲除小鼠肝脏中脂肪酸合成关键酶的表达增加，如脂肪酸合酶、ACC1 和硬脂酰 CoA 去饱和酶，而葡萄糖耐量没有差异 [83]。

（一）儿科队列研究

NAFLD 正在成为儿童人群中一个新出现的健康问题。与成年患者的研究一致，在 NAFLD 儿童中也观察到脂肪肝与 *PNPLA3* 突变 p.I148M 之间的关联。在 Valenti 等 [20] 的一项研究中，经活检证实的 149 名 NAFLD 儿童的 *PNPLA3* 突变与脂肪变性程度相关。在该队列中，所有 23 名 *PNPLA3* 突变纯合子携带者均被诊断为 NASH [20]。在非洲裔美国人 [84] 和中国儿童 [85] 中也检测到 *PNPLA3* 突变与儿童 NAFLD 之间的关联。有趣的是，携带 PNPLA3 风险等位基因的儿童似乎易患早期 NAFLD [21]。对 6—12 岁墨西哥儿童的分析表明，在这个年龄段，*PNPLA3* 突变已经与血清 ALT 活性增加相关 [86]，我们在一组 5—9 岁的德国儿童中也检测到同样的相关性 [87]。

TM6SF2 突变体 p.E167K 也被证明与肥胖儿童的肝脏脂肪变性和转氨酶活性增加有关，但血清胆固醇和甘油三酯浓度降低 [88, 89]。在多种族肥胖儿童和青少年队列 [90, 91] 中，*MBOAT7* 风险等位基因与肝脏脂肪含量（由 MRI 确定）、空腹胰岛素和血糖水平相关，并降低全身胰岛素敏感性，与年龄、性别和 BMI Z– 评分无关。此外，这些研究检测了 *TM6SF2* p.E167K、*PNPLA3* p.I148M、*MBOAT7* rs626283 和 GCKR rs1260326 多态性在

定义 IHTG 中的联合作用。这四种多态性结合起来解释了白人肥胖儿童中 20% 的肝脏脂肪变性。

实际来讲，体力活动和减肥可能会显著改善携带风险变体的儿童的肝脏状况，从而挽救其有害的肝脏表型[56]。这种可能性表明需要早期检测携带风险基因突变的儿童，这些儿童可能需要更仔细的随访和量身定制的治疗，以阻止 NAFLD 的进展。

（二）基因变异的综合效应

Mancina 等[74] 分析了 PNPLA3、TM6SF2 和 MBOAT7 对 NAFLD 组织病理学的联合遗传效应（表 41-3）。他们没有观察到相互作用，相反，这三个基因突变体似乎以相加的方式起作用，每增加一个风险等位基因，平均肝脏脂肪含量就逐步增加（图 41-6）。在一项德国多中心活检研究中，研究了 PNPLA3、TM6SF2 和 MBOAT7 突变体对 NAFLD 严重程度的联合影响，该研究招募了 515 名 NAFLD 患者[92]。在多因素模型中，PNPLA3 和 TM6SF2 突变与脂肪变性相关，纤维化阶段受 PNPLA3 和 MBOAT7 多态性的影响。值得注意的是，血清 AST 活性的显著增加与任一基因型的风险等位基因的增加有关，ALT 和 GGT 水平存在类似的趋势。在韩国也进行了同样的观察，发现即使调整了胰岛素抵抗，PNPLA3 和 TM6SF2 变体（但不是 MBOAT7 变体）与 NASH 和显著肝纤维化均相关（≥F2）[93]。

六、导致 NAFLD 的单基因疾病

与 NAFLD 相关的单基因疾病是罕见的，通常会导致以肝脏脂肪变为主的肝外表现。然而，它们提供了在病因不明的罕见病例中可以考虑的肝脏脂肪变性的发病机制。例如，无 β 脂蛋白血症（MTTP）、低 β 脂蛋白血症（apoB）、瓜氨酸血症 2 型（SLC25A13）、肝豆状核变性（ATP7B）、中性脂质贮积病（PNPLA2）和胆固醇酯贮积病（LIPA）。罕见的遗传性线粒体病也与 NASH 相关，并指出受损的脂肪酸氧化在 NASH 发病机制中的作用。如果怀疑有罕见的单基因遗传性脂质代谢疾病或线粒体功能疾病，基因检测很有帮助。最近，外显子和全基因组测序被应用于识别导致肝脏疾病的新基因突变，包括严重类型的 NAFLD。

七、PNPLA3 和 TM6SF2 相关脂肪性肝炎及未来研究方向

PNPLA3（TM6SF2 和 MBOAT7）基因分型可作为新的非侵入性指标，用于评估增加的进展性脂肪肝的风险，并可纳入 NAFLD 患者的临床决策。因为在携带 PNPLA3 风险变体的患者中，脂质含量增加和肝脏炎症主要由 PNPLA3 和环境风险因素共同驱动，PNPLA3-NAFLD 或 PASH（即 PNPLA3 相关脂肪性肝炎）可能被用作一种新的基于基因的肝病命名[94, 95]。PNPLA3-NAFLD/PASH 代表了在个性化医学时代如何根据分子途径和病理生理变化重新将疾病分类的示例[96]。遗传风险因素携带者可以受益于对进展性脂肪肝并发症（包括无肝硬化的肝细胞癌）进行更系统、早期和仔细的监测[97]。

表 41-3 非酒精性脂肪性肝病基因的群体归因分型 [a]

	脂肪变（CI）	非酒精性脂肪性肝炎	纤维化（F2～4）
PNPLA3	23%（11～36）	19%（12～26）	18%（10～26）
TM6SF2	4%（0～14）	4%（1～8）	3%（0～7）
MBOAT7	15%（3～28）	7%（0～14）	11%（2～23）

a. 使用 PAF 量化风险因素对疾病或死亡的贡献。PAF 是指如果将暴露于某一风险因素降低到另一种理想的暴露情景，则会发生人口疾病或死亡率降低

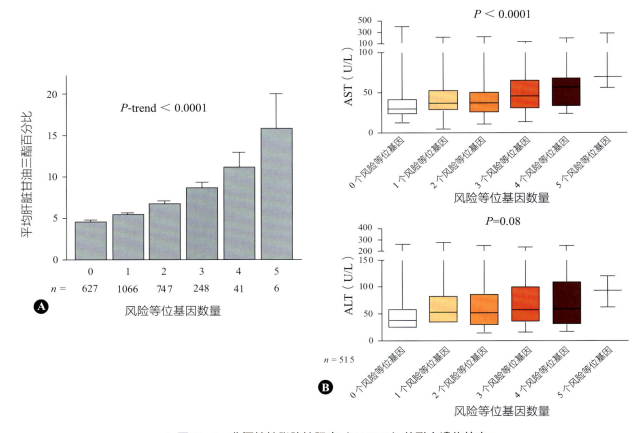

▲ 图 41-6　非酒精性脂肪性肝病（NAFLD）的联合遗传效应

A. 在 Dallas 心脏研究中，*PNPLA3*、*TM6SF2* 和 *MBOAT7* 风险等位基因数量与肝脏甘油三酯含量之间的相关性。该图显示不同风险等位基因的数量下平均肝脏甘油三酯含量（误差线：SEM）[74]。B. 在 NAFLD CSG 研究中 *PNPLA3*、*TM6SF2* 和 *MBOAT7* 风险等位基因数量与肝功能检测值之间的关系。这些图展示了不同风险等位基因的数量下 AST 和 ALT 活性的中位数（误差线：范围）。使用趋势检验进行分析。检测到的风险等位基因携带者频率如下：0 个风险等位基因，*n*=56；1 个风险等位基因，*n*=142；2 个风险等位基因，*n*=170；3 个风险等位基因，*n*=117；4 个风险等位基因，*n*=27；5 个风险等位基因，*n*=3（经 Elsevier 许可转载，引自参考文献 [92]）

Part B 肝脏生长与再生
LIVER GROWTH AND REGENERATION

第 42 章 干细胞驱动的肝脏和胰腺器官发生中的成熟谱系
Stem Cell-Fueled Maturational Lineages in Hepatic and Pancreatic Organogenesis

Wencheng Zhang   Amanda Allen   Eliane Wauthier   Xianwen Yi   Homayoun Hani   Praveen Sethupathy
David Gerber   Vincenzo Cardinale   Guido Carpino   Juan Dominguez-Bendala   Giacomo Lanzoni
Domenico Alvaro   Eugenio Gaudio   Lola Reid   著
张文成   何志颖   刘 薇   陈昱安   译

肝脏、胆道和胰腺是中肠内胚层器官，对糖原处理和脂质代谢、排毒和清除异源物、处理和高效利用营养物质、调节能量需求、合成从凝血蛋白到载体蛋白（如甲胎蛋白、白蛋白、转铁蛋白）等多种关键生理功能至关重要[1]，其中任意一种器官功能的失败都会导致机体快速死亡。

本章重点关注近期发现的多能干/祖细胞群网络相关的最新知识。该干细胞网络主要存在于胆管树中，并在整个生命周期中参与肝脏和胰腺的成熟细胞谱系形成。此外，本章也总结了在干细胞成熟过程中来自谱系依赖性的上皮-间质细胞相互作用的关键旁分泌信号的相关信息，这些信息可用于指导特定谱系阶段的肝/胆和胰腺细胞的体外维持和分化。在先前发表的综述中，我们已经提供了关于肝干细胞和肝祖细胞/成肝细胞、胆管树干细胞的早期研究，以及对细胞外基质化学和生物学方面的更多细节信息，这些信息

是细胞体外维持所需的关键[1-9]。

近期一些代表性的文章和综述已经阐述了胚胎干细胞或诱导多能干细胞的肝向或胰腺谱系定向分化的相关进展[10-13]，本章对这些进展将不赘述。

本章内容主要侧重于基于人体组织的研究，并参考了小鼠、大鼠和（或）猪的类似研究。目前我们发现，肝脏和胰腺器官发生中基于干/祖细胞成熟谱系相关的现象存在于所有研究的哺乳动物（小鼠、大鼠、猪和人类）中，某些物种中也存在特例。

本章中干细胞或祖细胞群由首字母缩略词表示，其前面有一个小字母表示物种：m 代表小鼠，r 代表大鼠，p 代表猪，h 代表人。

一、胚胎发育

在胚胎发育早期，胚胎干细胞通过一系列关

键转录因子的作用衍生为定型内胚层（definitive endoderm，DE），这些转录因子包括 Goosecoid、MIXL1、SMAD2/3、SOX7 和 SOX17 等[14]。随后，定型内胚层再通过特定转录因子的共同协同，形成前肠（肺、甲状腺）、中肠（胰腺、胆道和肝脏），以及包括部分前肠和后肠（肠）。已知的中肠器官形成指令转录因子包括 SOX9、SOX17、FOXA1/FOXA2、Onecut2/OC-2 等[15-18]。肝脏、胆道和胰腺是典型的来源于早期胚胎发育原肠胚的中肠内胚层的器官[19]。对其他内胚层器官，包括小肠、大肠[20]、胃[21]和肺[22, 23]中存在的内源性成体干细胞的研究已经较为成熟。

对于胰腺而言，谱系追踪实验表明出生后胰腺中干细胞的数量非常罕见[24-26]。而关于胆道系统的研究进一步澄清了这一悖论：胰腺干细胞并非存在于胰腺实质内，而是在胆道系统内，尤其是在肝胰壶腹的胆周腺内。这些胰腺干细胞在解剖学上是相连的，可在胰腺内胰管腺（pancreatic duct glands，PDG）中向祖细胞定向分化[27, 28]。

在胎儿发育过程中，肝脏和胰腺的形成伴随着十二指肠的形成在其两侧以芽生方式发生，这些突起的芽延伸并分支成一个分叉的胆道树结构，在其末端，受心脏间质的影响形成肝脏，并受腹膜后间质的影响形成胰腺[28]。胆囊是整个系统的一个主要分支点，通过胆囊管连接到胆总管[29]。胰腺来自两个独立的原基：背侧胰腺通过副胰管连接到十二指肠；腹侧胰腺从胆总管开始作为分支，更靠近十二指肠。随着肠的形成的扭转运动，可将腹侧胰腺原基摆动到另一侧，与背侧胰腺原基合并形成完整的胰腺器官。鉴于肝脏的大小及其由于形成肝脏组织的快速血管化产生的与心脏间质的连接，肝脏不能摆动到相反的一侧，因此导致肝脏和胰腺腹侧共用肝胰壶腹，将它们连接到十二指肠上。

二、胆管树是肝 / 胰器官发生的根系（大体解剖和原位研究）

过去 10 年的最新研究发现，整个生命周期中肝脏和胰腺都在进行器官发生，而且是由存在于连接肝脏和胰腺与十二指肠的分支胆管树内的干细胞网络来推动的[5, 9, 27, 30-33]（图 42-1）。长期以来，人们一直认为胆管树的主要功能是负责运输肝脏内产生的胆汁，以及胰腺中消化酶排出。但事实证明，它也是一个富集干细胞的"根系谱系"系统，可以产生成熟细胞谱系，有助于肝脏和胰腺器官发生及这些器官的再生。已知最原始的干细胞位于解剖内径＞300μm 的胆管外侧的壁外胆周腺（peribiliary gland，PBG）内[34]，但它们的功能尚不清楚。由于它们可以具有器官再生需求的情况下通过萌芽的形式进入胆管内，因此目前我们假设它们是整个基于胆管树干细胞网络再生相关器官发生的"种子"（Reid 及其合作团队，未发表的观察结果）。

胆管内壁干细胞龛网络始于十二指肠腺（Brunner's gland，BG），即仅存在于十二指肠中的黏膜下腺体[35, 36]（Carpino 等）。十二指肠腺位于十二指肠大乳头（Vater 乳头）和小乳头之间，大乳头是肝胰壶腹的开口，小乳头是连接十二指肠和背侧胰管开口。肠道其他段中无十二指肠腺的存在，而这一特点也经常被用作定义从十二指肠到小肠过渡的起点。

胆管内壁干细胞龛网络延伸到整个胆道，存在于连接胆囊和胆总管的胆囊管、肝内胆管，以及在肝胰壶腹等胆道分支点的胆周腺内[9, 30, 34, 37]。胆囊中虽然没有胆周腺，但在其黏膜底部的隐窝中同样存在干细胞[29]。肝胰壶腹是胆周腺最富集的部位，在胰腺中与胰腺腹侧的胰管腺直接相通[34]，在肝脏中与大的肝内胆管相同。大的肝内胆管是除了肝胰壶腹以外的第二大胆周腺富集的部位。从解剖结构上，肝内胆管的终末端是 Hering 管（canals of Hering，COH），毗邻肝窦和肝实质细胞组成的肝板[27, 34]。此外，虽然尚未得到明确的验证，但在目前正在进行的研究中我们同样在连接背侧胰腺的副胰管中发现了胆周腺的存在。

干细胞网络可以向具有双向分化潜能和短暂扩增细胞逐渐分化过渡，这些细胞虽然具有可观的增殖潜力，但自我复制能力却颇受争议。这些细胞包括位 Hering 管附近的肝祖细胞[38-41]和胰腺导管腺中的胰腺导管祖细胞[42-44]。这些细胞可

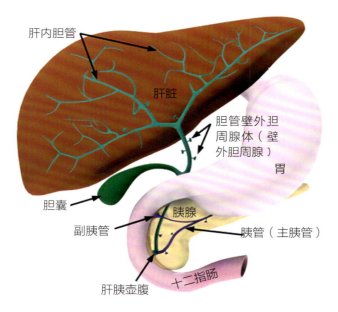

▲ 图 42-1　人十二指肠、胆道、胆囊、肝脏和胰腺之间连接的解剖结构
大多数解剖特征是不言而喻的。胆道与十二指肠的连接通过两个端口进行，即肝胰壶腹和连接胰腺背侧的副胰管的十二指肠小乳头

以进一步产生与成熟肝细胞或胰腺细胞群相关的单能定向前体细胞。

三、谱系依赖性的上皮 – 间充质细胞伴随关系

整个胆道、肝脏和胰腺的细胞都存在上皮 – 间充质细胞伴随模式。这些细胞相互协调，以一种谱系阶段依赖性的旁分泌信号决定的方式形成具有不同谱系阶段特性的细胞类型。对于这一谱系形成特性已经在先前的综述中进行了详尽的介绍 [1, 45, 46]。简而言之，器官发生最初阶段由上皮干细胞和成血管细胞（CD117[+]、CD133[+]、VEGFR[+]、vWF[+]、CD31[-]）组成 [47]。这些细胞会协调产生彼此的子代细胞，并分裂为两个分支：上皮细胞与内皮细胞分支（如肝细胞、胰岛的形成）；上皮细胞与肝星状细胞前体细胞及其后代间质细胞和肌成纤维细胞分支（如胆管胞、腺泡细胞的形成）。内皮细胞前体（CD133[+]、VEGFR[+]、vWF[+]、CD31[+]）和肝星状细胞前体（CD146[+]、ICAM-1[+]、Desmin[+]、α-SMA[+]、GFAP-）会产生具有不同表型特征子代细胞 [1]。谱系依赖性特征包括形态、细胞大小、DNA 含量（倍性）、

增殖潜能、扩原特性、基因表达谱、细胞外基质成分与基质结合信号的协同作用（生长因子和细胞因子主要与蛋白聚糖中的核心蛋白结合的 GAG 链相关），以及血液和组织间质液中存在的可溶性信号等。谱系依赖性的旁分泌信号细胞凋亡和细胞凋亡，通过细胞外基质成分、基质结合信号（主要与蛋白多糖中的核心蛋白结合的 GAG 链连接的生长因子和细胞因子）、血液和间质液中存在的可溶性信号的协同作用，实现基因表达和谱系依赖性旁分泌信号。细胞在连续成熟谱系阶段的活动的净总和产生复合组织的活性。这种谱系成熟不同阶段细胞综合调控网络是细胞构成组织的主要机制。

肝 / 胰器官发生中与干细胞网络相关的现象存在于所有哺乳动物中，但确实存在一些物种相关的差异。例如，包括肝脏中关于倍体特征的物种特异性差异（注意：这些差异尚未在胰腺中进行分析）。所有哺乳动物肝脏在胎儿和新生儿组织中几乎都是二倍体细胞，多倍体细胞数量比例会随着成年逐渐增加，特别是在老年肝脏中主要为多倍体细胞。在肝小叶内，二倍体细胞位于门管区，多倍体细胞位于中央静脉区，而不同物种

肝板中多倍体比例有所不同。在人类肝脏中，20 岁左右成人肝脏内肝细胞主要发生的变化是肝小叶 3 区的肝细胞会出现一小部分的四倍体；在大鼠中，到 4 周龄时，肝细胞中 80% 是四倍体，全部位于 2 区，并且在 3 区也具有一小部分（10%）的八倍体细胞；在小鼠中，这种转变发生在 3—4 周龄时，这一阶段的小鼠肝脏中 97% 的肝细胞都是由四倍体和八倍体组成的多倍体，主要分布在分布 1 区和整个 2 区，并且在 3 区中具有一小群的 16N 和 32N 的细胞。近几年发现的二倍体实质细胞是这种倍体特征的例外（这群细胞特指 Axin2⁺ 细胞）。这些细胞的侧缘与中央静脉的内皮细胞相连，是具肝细胞定向分化潜能的（单能）祖细胞的储存细胞池，用于取代中央静脉区凋亡或衰老的肝细胞[48]。

另一个值得注意的特例是猪和牛没有肝胰壶腹。由于肝胰壶腹是所有其他哺乳动物干细胞龛富集的位置，目前对于这些干细胞生态位在猪腹侧胰腺的可能存在的位置的研究正在进行。

四、干细胞和祖细胞龛及其微环境

干细胞和祖细胞位于散在的龛内，而目前对于肝/胆/胰干细胞网络的独特微环境还知之甚少（表 42-1 和图 42-2）。这些干细胞龛包括肝外和肝内胆管[4, 27, 30, 34]、连接胆囊和胆总管的胆囊管中的胆周腺[29]；胎儿和新生儿肝脏中的肝内胆管，进而过渡到儿童和成人肝脏中的 Hering 管[49-53]；遍布胰腺尤其在胰头更为集中的胰管腺[28, 54-56]。胆囊没有胆周腺，但在其黏膜层底部隐窝处，同样存在类似于后期胆管树干细胞（biliary tree stem cells，BTSC）的干细胞群。总的来说，这些干细胞龛形成了一个贯穿整个胆管树的连续网络，在解剖学上直接连接到 Hering 管、肝窦板和胰腺内的定向祖细胞池，然后连接到胰腺腺泡细胞和胰岛。

器官组织形成存在一种关键的"上皮 - 间充质细胞伴随"模式。在体外，这种模式可通过选择适合的间质类型作为饲养细胞，或通过使用特定基质成分和可溶性信号组分混合物来进行模拟[47]。目前干细胞和祖细胞龛中的基质和可溶性信号仅有部分已知[40, 41, 47, 57, 58]。这些信息可见表 42-1 和图 42-2 中的总结。已知的干细胞/祖细胞龛中的基质化学成分主要包括透明质酸[59]、非硫酸化修饰 GAG 和最低硫酸化修饰的 CS-PG[60]。与短暂扩增细胞相关的基质化学成分包括幼稚胶原（如 IV 型胶原）、幼稚黏附分子（如幼稚层粘连蛋白），以及多或高硫酸化修饰的糖胺聚糖及其相关蛋白多糖（如 HS-PG 和 CS-PG）等[61, 62]。表达一种或另一种已知透明质酸受体（如 CD44）是干细胞的共同特征[63]。在胆管树干细胞分化成为肝脏和胰腺的成熟细胞过程中，存在两个分支：与内皮细胞相关的谱系（肝细胞、胰岛）和与肝星状细胞相关的谱系（胆管细胞、腺泡细胞）。决定细胞谱系的基质化学组分的变化也存在平行分支："上皮 - 内皮细胞"关系中的基质化学主要是网络胶原（IV 型、VI 型），由层粘连蛋白和硫酸化修饰逐渐增加的 HS-PG 组成，最终产生与功能成熟细胞（多倍体肝细胞、成熟胰岛）相关的 HP-PG。"上皮 - 肝星状细胞"的分支产生胆管细胞和腺泡细胞，与其相关的基质化学成分由原纤维胶原蛋白（如 III 型、I 型）、黏附分子（以纤维连接蛋白、巢蛋白的形式）和在细胞后期转化为高度硫酸化形式的 CS-PG、DS-PG 组成。

五、胆周腺

胆管壁内的胆周腺存在于整个胆管树中，而以壁外腺则主要存在于大胆管外侧[64]。它们出现在胆道分支点的频率最高，最多出现在肝胰壶腹和肝内大胆管处[9, 34]。除了 Nakanuma 及其同事的开创性研究[64-66]的发现外，几乎尚未有明确阐述胆周腺可能的作用，直到最近十年的研究将其分析为含有干细胞池的"种子"。每个胆周腺在的周边包含一个细胞环，其中心充满黏液生成物（PAS 阳性物质）。环中的细胞在某些部位的 PBG 中表型相当均匀（如肝胰总管和肝内大胆管的纤维肌层附近），但在其他部位具有显著的异质性（如靠近所有导管的内腔，尤其是胆囊管、门、总管）。这种异质性模式涉及成熟谱系，存在两个成熟谱系轴[27, 34]。

表 42-1　肝脏和胰腺器官发育形成过程中主要谱系阶段的代表性标志

	肝小叶小叶门区	Hering 管	大肝内胆管内的胆周腺	肝外胆道内的胆周腺	肝胰胆总管内的胆周腺	胰腺内的胰腺导腺体
细胞谱系阶段	肝祖细胞；定向肝前体细胞	肝干细胞	第1~3阶段的胆管树干细胞；肝干细胞	胆管干细胞；肝干细胞（第1~2阶段胆管树干细胞）	胰腺干细胞	胰腺导管前体细胞
内胚层转录因子	SOX9	SOX9, SOX17	SOX9, SOX17, PDX1（第1~2阶段胆管树干细胞）	SOX9, SOX17（第3阶段胆管树干细胞）	SOX9, PDX1（第3阶段胆管树干细胞）	SOX9, PDX1
多能性基因	低表达或者不表达	中等程度表达	第1~2阶段胆管树干细胞中表达较高；第3阶段胆管树干细胞表达稍弱	OCT4, SOX2, NANOG, SALL4, BMi-1, KLF4/KLF5	中等程度表达	不表达
细胞黏附分子	EpCAM, ICAM-1	EpCAM, NCAM-1	第1~2阶段胆管树干细胞表达 NCAM-1 EpCAM；第3阶段胆管树干细胞表达 EpCAM, NCAM-1		第1~2阶段胆管树干细胞表达 NCAM-1（不表达或者低表达 EpCAM, NCAM-1）	EpCAM, ICAM-1
其他干细胞标志	低表达 CXCR4, CD133, LGR5	CD133, LGR5	第1~2阶段胆管树干细胞都表达 CD133；第2~3阶段胆管树干细胞表达 LGR5	第1~2阶段胆管树干细胞表达 CXCR4；第2~3阶段胆管树干细胞表达 CD133；第2~3阶段胆管树干细胞表达 LGR5	所有阶段胆管树干细胞表达 LGR5	CXCR4, CD133, CD24
Hedgehog 蛋白	低表达 Indian 和 Sonic	高表达 Indian 和 Sonic	尚未研究		低表达 Sonic	低表达 Sonic
基质蛋白	层粘连蛋白, IV型胶原蛋白	层粘连蛋白-5, III型胶原蛋白	尚未研究			胰岛细胞：网络胶原蛋白 胰腺外分泌腺细胞：纤维胶原蛋白
糖胺聚糖/多糖蛋白	HA, CD44, syndecans（HS-PG, CS-PG）	透明质酸, CD44, 地硫酸化修饰的 CS-PG	透明质酸、CD44，其他尚未研究			膜：syndecans 和 glypicans 胰腺外分泌腺细胞：CS-PG, DS-PG
多药耐药基因	MDR1 阴性；ABCG2 中度表达	MDR1 中度表达；ABCG2 高表达	尚未研究			无
肝系特异性标志	白蛋白（+），甲胎蛋白（+++），P450A7，糖原	白蛋白（+/-），甲胎蛋白（-），P450A7（-）	不表达肝系特异性标志			
胰腺特异性标志	不表达胰腺特异性标志				ISL1, PROX1, NeuroD, PAX4	NGN3, MAFA, MUC6, NKX6.1/NKX6.2, PTF1A, Glut2

大的肝内胆管、肝外胆道和肝胰胆总管处均存在于三个阶段的胆管树干细胞（BTSC），位于胆总管壁外的胆管周围腺和十二指肠黏膜下层的十二指肠腺是这些 BTSC 的前体

HA. 透明质酸；HS-PG. 硫酸乙酰肝素蛋白多糖；CS-PG. 硫酸软骨素蛋白多糖；DS-PG. 硫酸皮肤素蛋白多糖；syndecans. 一种具有跨膜核心蛋白的蛋白聚糖；glypians. 通过 PI 键连接到质膜的蛋白聚糖；MDR1. 多药耐药基因

A. 与肝脏和胰腺器官发生相关的干细胞龛
干细胞 = 自我复制、多潜能、均表达中等水平的多能性基因；它们都表达一种或多种 CD44（透明质酸受体）亚型，最原始的干细胞亚群也表达碘化钠同向转运体（NIS）。目前我们推测 NIS 可能是透明质酸生物合成途径中阴离子中间体的转运体

迄今明确鉴定的内胚层干细胞亚群
- 壁外胆周腺干细胞：非常原始，可根据器官再生需求，产生胆管树
- 壁内干细胞群
  - 十二指肠腺干细胞：十二指肠黏膜下层，非常原始
  - 胆管树干细胞（BTSC）：胆管壁内存在三个不同阶段表型的 BTSC
    - ➢ 阶段：① NIS+、LGR5 和 EpCAM 为阴性；② NIS+，LGR5+，EpCAM−；③ NIS−，LGR5+，EpCAM+
  - 胆囊干细胞——类似于第三阶段的 BTSC
  - 肝干细胞：主要存在于 Hering 管和胆管胆周腺中
  - 胰腺干细胞：主要位于肝胰壶腹处的胆周腺内
- 注：在胰腺实质中只发现了具有定向分化潜能的祖细胞（因此，胰腺内没有真正的干细胞）

上皮 – 间质细胞伴随关系。全部由上皮干细胞和间质细胞伴随组成；存在谱系阶段特异性旁分泌信号并协调成熟。干细胞阶段 = 上皮干细胞与成血管细胞相伴随

干细胞龛微环境 = 已知成分包括透明质酸、非硫酸化糖胺聚糖，以及最低硫酸化的硫酸软骨素蛋白聚糖（无硫酸乙酰肝素蛋白聚糖）

B. 肝和胰腺器官发生的中间阶段
过渡增殖细胞 = 高度增殖，但对其自我复制能力存在争议。其多能性基因表达水平非常低，甚至可以忽略

肝祖细胞（成肝细胞）：一种双潜能细胞（可以产生肝细胞和胆管上皮细胞），标志性特征 = 甲胎蛋白，位于 Hering 管附近，在解剖学上通过肝干细胞连接到大肝内胆管的胆周腺内的干 / 祖细胞网络

胰管祖细胞：双能（产生腺泡细胞和胰岛）；发现于胰腺内胰管腺，在解剖学上连接到胆管的肝胰共同管的胆管周围腺体（PBG）内的干细胞网络

定向祖细胞 = 不自我复制；高度增殖能力；定向分化能力；无多能性表达基因，在解剖学上与成熟细胞相连

上皮 – 间质细胞伴随关系
- 与内皮细胞谱系阶段偶联的肝细胞或胰岛祖细胞和后代
- 与肝星状细胞谱系阶段偶联的胆管细胞或腺泡祖细胞和后代；晚期谱系阶段与肌成纤维细胞相关

细胞龛微环境 = 已知成分包括透明质酸 + 最低硫酸化的硫酸软骨素蛋白聚糖和硫酸乙酰肝素蛋白聚糖 + 层粘连蛋白 + Ⅳ型胶原

C. 肝 / 胰腺干 / 祖细胞龛

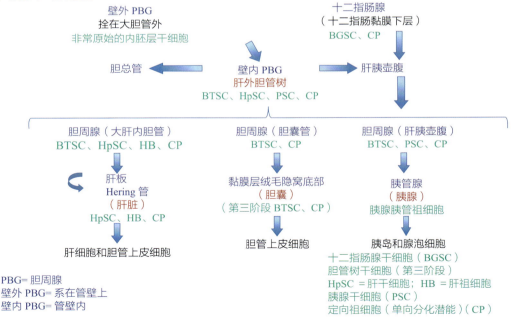

▲ 图 42-2　胆道、肝脏和胰腺中的干 / 祖细胞龛
A. 展示了整个胆道系统和各器官内已知的干细胞龛之间的连接；B. 总结了干细胞龛的特征；C. 总结了过渡扩增细胞的特征

六、径向成熟轴

在胆道壁（壁内胆周腺）内有明显的径向成熟轴，从纤维肌层（胆管壁中心）附近的胆周腺内细胞开始，到胆管内腔的细胞结束（图 42-3）。最原始的干细胞，即纤维肌层中的胆周腺干细胞不表达成年肝脏或胰腺的标志物，而表达中等水平多能性基因标志（如 SOX2、SALL4、BMI-1、NANOG、KLF4/5、OCT4）；共表达肝脏和胰腺转录因子（如 SOX17、PDX1）；表达指示细胞活性增殖的经典标志物，如 Ki-67；高表达 CD44（透明质酸受体），并且高表达 NIS。NIS 在细胞中很有可能是转运合成透明质酸所需的阴离子的关键中间体[67]。

随着向管腔的推进，胆周腺中的细胞失去了多能性特征的表达，增殖能力也有所减少，并获得了与干细胞相关的中间标志物，如 LGR5 和 EpCAM。在管腔最中心，所有干细胞特征和增殖特性均消失，并被心脏间质影响的成熟肝细胞或腹膜后间质决定的成熟胰腺细胞特征所取代。

我们推测胆周腺和胰管腺体应该重新命名，与其说它们有腺体的特征，不如他们的隐窝特征更为明确。这是与在含有干细胞的肠隐窝中观察到的类似的现象，干细胞沿黏膜的径向轴成熟，产生成熟的肠道上皮细胞（如肠细胞和杯状细胞）。但在本书的撰写中，我们暂时将避免进行新的命名法，以便对这一问题进行进一步的研究，进而为干细胞网络构成建立一个合乎逻辑的新命名法。

近端至远端成熟轴

成熟过程中的近端至远端轴始于十二指肠的十二指肠腺内的干细胞，连接到肝胰壶腹胆周腺内的干细胞，然后过渡到胰腺中以与胰管腺相连接；在肝脏内的分支中通过胆总管，一旦通过通向胆囊的胆囊管，就连接到大的肝内胆管的胆周腺。这些肝内胆管进而与 Hering 管相连，最终过渡到肝小叶中的肝窦板中。

细胞的成熟总是沿着胆管壁的径向轴内进行的，但肝脏内或肝脏附近的细胞需要在心脏间质的范围内，来诱导产生具有肝脏命运的成熟细胞。同样，胰腺附近胰管内的放射轴位于腹膜后间充质区域内，方可诱导胰腺成熟细胞的产生。位于肝脏和胰腺之间的细胞则产生具有成熟胆管标志物的细胞。这意味着，如果给予从肝胰壶腹处分离获得的最原始的胆管树干细胞，分化成熟所需的心脏间质或腹膜后间质旁分泌信号，BTSC 应该能够在体外分化产生肝脏和胰腺成熟细胞。而这一推测已经在诸多研究中被证实[27, 30]。同样，这也暗示了胆管树干细胞在肝脏和胰腺的细胞治疗中的应用潜力，对于这一猜测相关的研究正在进行中。该网络为肝脏、胆道和胰腺在整个生命周期中持续器官发生提供了生物学框架。

在胆管树系统中发现的这些干细胞谱系的现象，与已经研究较为成熟的肠道成熟谱系系统具有平行相似性。肠道的径向成熟轴从肠隐窝中的干细胞开始，逐渐成熟分化形成黏膜层顶部的完全成熟分化细胞。近端至远端轴跟随肠的长度，并根据径向轴，取决于其位于食管、胃、十二指肠、小肠还是大肠，产生不同的成熟细胞。

七、干/祖细胞的体外研究

以上总结的原位和解剖学发现得到了不同谱系阶段体外（单层和类器官）培养的补充，包括十二指肠腺（Carpino 等）、两个 BTSC 阶段[30]、肝干细胞（hepatic stem cell，HpSC）和肝祖细胞（hepatoblast，HB）[1, 39, 40, 68]、胰管祖细胞和胰岛[28]、成年肝细胞和成年胆管上皮细胞[47, 69]。

不同谱系阶段所需的培养条件不同。干细胞阶段培养，可溶性透明质酸可以用来培养干细胞类器官。基于透明质酸制备的水凝胶基质，不但可以用于干细胞的二维单层培养，同样也可以实现对类器官的嵌入式的培养。透明质酸水凝胶对干细胞干性的维持的关键在于其硬度（机械储能）需要非常柔软，需低于 100Pa[68]。其次，干细胞所需的培养基是为早期干细胞所定制的无血清的、不含生长因子和细胞因子的培养基。其中最理想的培养基是 Hiroshi Kubota 建立，因此命名为 Kubota 培养基[38]。该培养基低钙（约 0.3mmol/L），无铜；含硒（10^{-10}mmol/L）、锌（10^{-12}mmol/L）、

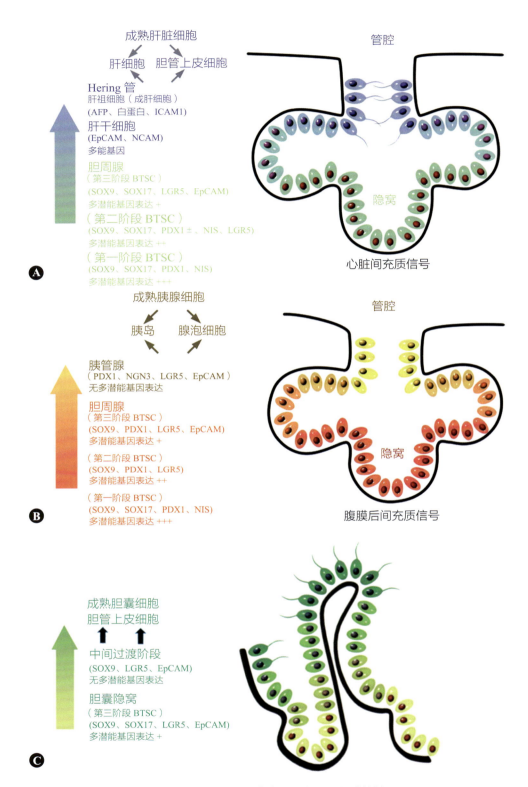

▲ 图 42-3　肝脏、胰腺和胆囊的径向成熟轴

靠近胆管壁内纤维肌层的胆周腺是含有最原始干细胞的隐窝，这些干细胞可以产生肝脏和胰腺。有迹象表明，细胞沿着胆周腺（PBG）的壁移动，并朝着管的内腔向上移动。随着进展，细胞表型特征从干细胞转变为成熟细胞。图中对径向轴成熟的细胞的一些特征进行了标注。胆囊没有 PBG，但在胆囊黏膜底部有晚期胆管树干细胞（BTSC）。这些细胞向黏膜绒毛顶部移动逐渐成熟

胰岛素（约 5μg/ml）、转铁蛋白 /Fe（约 5μg/ml）和 HDL（约 10μg/ml）。成熟细胞不能在 Kubota 培养基中存活，只有上皮干 / 祖细胞和间质细胞干细胞才能存活。当然，如果在 Kubota 培养基中添加 LIF 和 VEGF，可以有效促进间质干细胞（如成血管细胞）的快速增殖，进而实现间充质细胞干细胞伴随的上皮干 / 祖细胞快速增殖[30, 38, 41, 47, 69]。因此，该培养条件适合用于对任何真正的干细胞亚群及其伴随间充细胞、成血管细胞及其后代、肝星状细胞或内皮细胞的前体等的筛选和富集[38, 47]。

在以上建立的无血清培养条件下，我们可以稳定的获得具有处在干性第二阶段和第三阶段特征的胆管树干细胞克隆，而对于最为原始的处于干性第一阶段胆管树干细胞的条件还尚未建立。第二阶段胆管树干细胞由呈波动形态的细胞（"舞动细胞"）组成，增殖非常活跃，最初不表达 EpCAM（CD326），随着克隆向周边的扩增，可以看到克隆边缘 EpCAM 的表达。在胆管树干细胞谱系中，EpCAM 的表达对应着轻微的细胞分化[30]，这些表达 EpCAM 的胆管树干细胞是第三阶段胆管树干细胞的前体。第三阶段胆管树干细胞从一开始就均匀地表达 EpCAM，具有均匀形态的细胞构成的地毯状外观[30]。第三阶段胆管树干细胞存在于整个胆管树的各个位置中，也是胆囊中发现的唯一干细胞[29]。

第二阶段和第三阶段胆管树干细胞可在 Kubota 培养基中增殖：约 8 周内可生长形成具有超过 500 000 个细胞的干细胞克隆的能力[30]。这些细胞在后续培养的数月内可保持稳定的干细胞表型（即自我更新），也可以进行传代培养。最初，细胞的典型分裂时间为 1~2 天，但在 1 周内，它们会减缓到每 2~3 天分裂一次。8 周时，克隆中心含有形态均匀、体积小（7~9μm）且高表达干性标志物的细胞。大克隆边缘的细胞体积稍大（10~12μm），EpCAM 的表达也较弱，并且开始弱表达一些与分化成熟相关的一些中间标志物，表明其可能丧失了干细胞特性，并已经开始向更成熟的祖细胞过渡。

通过在透明质酸水凝胶构成的胆管树干细胞

的三维培养条件中添加适当的信号通路分子，可将胆管树干细胞诱导分化获得成熟的肝细胞、胆管上皮细胞或胰岛细胞[20]。目前，我们还尚未成功地通过诱导分化从胆管树干细胞获得胰腺外分泌腺的腺泡细胞。具体分化的关键，是通过将胆管树干细胞包埋至含有特定细胞外基质成分混合物水凝胶中（胆管上皮细胞诱导需要包埋至透明质酸和 I 型胶原的混合水凝胶中，肝细胞或胰岛需要包埋至透明质酸和 IV 型胶原和层粘连蛋白），并提供针对每种特定短暂增殖细胞或成熟细胞类型量身定制的无血清激素成熟确定的培养基（hormonally defined medium，HDM）来实现。

HDM 可通过向 Kubota 培养基中添加铜（10^{-12} mol/L）、高钙（0.6mmol/L）、bFGF（10ng/ml），然后添加谱系阶段对应的激素和生长因子来构成：对肝祖细胞相关激素和生长因子 [EGF、HGF、T3、可溶性（或基质）形式的 IV 型胶原和层粘连蛋白]，肝细胞（IV 型胶原和层粘连蛋白加胰高血糖素、半乳糖、T3、OSM、HGF、EGF、糖皮质激素的基质）、胆管上皮细胞（ I 型和 III 型胶原 +HGF、EGF、VEGF、糖皮质素的基质）；对于胰岛 [可溶性（或基质）形式的 IV 型胶原和层粘连蛋白] 加 B27、抗坏血酸、环胺、维 A 酸、HGF，4 天后用 Exendin-4 替代 bFGF[30]。

3D 水凝胶中细胞的基因表达谱可进一步补充形态学变化的观察数据。例如，在肝细胞条件下培养的胆管树干细胞表达白蛋白、转铁蛋白和 P450；胆管细胞条件下的胆管树干细胞表达 AE2、CFTR、GGT 和分泌素受体，而胰岛细胞条件下培养的胆管树干细胞可表达转录因子 PDX1 和胰高血糖素、生长抑素和胰岛素。人 C 肽的特异性染色进一步证实了前胰岛素的从头合成，其分泌水平可根据葡萄糖水平进行调节。对培养的胆管树干细胞进行移植的体内研究为胆管树干细胞的肝脏、胆道和胰腺的多向分化潜能提供了进一步证据[4, 27, 30, 70]。

为了证实胆管树干细胞向胰腺内分泌细胞的分化潜能，我们将体外预先诱导的新胰岛结构植入小鼠脂肪垫，用链脲佐菌素（streptozotocin，STZ）处理小鼠。我们对链脲佐菌素的剂量进行了调试，确保用药剂量足以破坏宿主小鼠的胰岛 B 细胞，但不能破坏移植的人 B 细胞。与没有接受细胞移植治疗的对照组相比，那些移植人类新胰岛的小鼠对高血糖表现出显著的抵抗力。而正是来源于胆管树干细胞的功能性 β 样细胞的存在产生了的人类 C 肽的血清水平，确保了移植宿主小鼠接受葡萄糖激发时获得血糖调节能力 [30]。随后进一步的研究证实并扩展了这些早期的发现，从而使我们得出结论：肝胰壶腹是胆管树干细胞的主要干细胞池，这些干细胞可以供应胰管腺中的胰腺内分泌定向祖细胞，并可在整个生命周期中形成胰岛 [27]。

八、肝干细胞

熟悉普罗米修斯神话的人都会记得，肝脏具有非凡的再生能力 [2, 3, 71]。然而，由于肝炎病毒、饮酒、饮食和代谢紊乱，以及其他肝病导致的肝脏功能和再生能力的衰竭，仍旧是目前全球的重大的医疗负担 [72-74]。

细胞治疗和组织工程为解决这些重大疾病治疗需求提供了可能方案 [1, 75-78]。为此类应用寻找合适的种子细胞来源是这些治疗手段面临的关键重大挑战。一些国家可以获得胎儿组织；而在其他国家，可以使用新生儿或成人组织。新发现的胆管树干细胞群可作为肝脏和胰腺细胞治疗的来源，可从一定程度上减少对供体肝脏或胰腺组织的需求。考虑到胆道组织更加容易获取，胆道组织很可能会成为肝脏和胰腺功能救治的临床项目的主要组织来源。

肝干细胞在肝脏稳态维持和各种损伤条件下的肝再生过程中的作用仍然是研究领域推陈出新和争论不断的热点 [52, 53, 71, 78-85]。虽然对于出生后肝干细胞的存在是较为公认的，但对于肝干细胞和肝实质细胞的可塑性在出生后肝脏稳态维持和肝脏损伤后修复中的作用和机制的争辩还尚无定论 [86]。

九、肝干细胞的分离与扩增

由于利用肝干细胞治疗各种肝病和疾病患者的临床试验已经在印度和意大利得到了开展，

因此对于肝干细胞相关研究认识和了解非常重要 [70, 87-89]。从胎儿、新生儿和成人肝脏中分离人肝干细胞（hHpSC）是通过使用表面标志物 EpCAM 的单克隆抗体进行免疫筛选实现的 [41]。从儿童早期开始，这些细胞占肝脏总数量的 1%（0.5%～1.5%）。与成熟肝细胞不同，它们在长时间的缺血中也可以存活，甚至在心脏骤停后几天后也可以收集获得 [90]。肝干细胞表达干 / 祖细胞特异的表面标志物，如 CD133（prominin）、CD56/NCAM 和 CD44（透明质酸受体）；它们还表达特征性内胚层转录因子 SOX9、SOX17 和 HES1。肝干细胞的体积较小（直径 7～9μm，是成熟实质肝细胞直径大小的一半），其成熟肝细胞功能相关标志，如白蛋白、CYP 和转铁蛋白等，表达微弱甚至不表达。与肝细胞或胆管上皮细胞相比，肝干细胞在培养基中显示出更大的增殖能力，并且可以以 36～40h 的倍增时间持续增殖数月。形成的干细胞克隆形态与胚胎干细胞或诱导多能干细胞非常相似 [5, 1, 47, 91]。

肝干细胞是肝祖细胞（hepatoblast，hHB）的直接前体细胞。肝祖细胞也称为成肝细胞，在大鼠中也被称为肝母细胞，表达 AFP 和 ICAM-1。这两个标志可用来有效区分肝干细胞，因为肝干细胞中这两个标志是完全阴性 [41, 47, 51]。同样，肝祖细胞是成熟肝细胞和胆管上皮细胞的定向单能祖细胞（肝细胞前体细胞和胆管上皮细胞前体细胞 / 小胆管细胞）的前体。当肝干细胞被移植入免疫缺陷小鼠的肝移植中，肝干细胞会分化产生表达人肝细胞和胆管上皮细胞特有的分泌蛋白和表型基因 [41]。

虽然目前对于人肝干细胞体外扩增还尚待进一步的完善，但肝干细胞在不含额外的生长因子或细胞因子的 Kubota 培养基中已经实现了持续增殖 [38]。Hedgehog 信号通路是肝干细胞体内存活所需的关键信号通路，往往通过自分泌环激活 [40]。体外扩增的肝干细胞可以保持稳定的标记表型并表达端粒酶。在肝干细胞和肝祖细胞中，编码端粒酶的 mRNA 及其蛋白质都定位于细胞核，而端粒酶活性与 mRNA 和蛋白质水平都密切相关 [92]。然而，晚期谱系阶段（定向分化潜能祖细胞分化为终末谱系成熟细胞）没有端粒酶合成的证据，但有大量端粒酶蛋白定位在细胞质中。端粒酶活性与总端粒酶蛋白水平无关；我们假设这与蛋白质的核水平有关。因此，我们进一步假设再生需求将导致少量的端粒酶细胞质储备重新定位到细胞核。如果我们是正确的，酶活性水平应该与细胞核中的端粒酶（蛋白质）数量相关[92]。

最近，我们观察到 SALL4 在胆管树干细胞和肝干细胞中强烈表达，但在肝脏或胰腺的定向分化祖细胞中不表达[93]。SALL4 是锌指转录因子家族的成员，是胚胎发生、器官发生和多能性的调节因子，可以诱导体细胞重新编程，是干细胞的标志物。

体外扩增肝干细胞的关键先决条件是模拟其适当的微环境。在基于 Kubota 培养基的二维培养条件下，肝干细胞呈克隆样生长，克隆周围有成血管细胞作为滋养层（CD117$^+$、VEGFR$^+$、CD133$^+$、vWF$^+$）[41, 47, 58]；滋养层细胞可用软的透明质酸凝胶（100Pa 以下）和 III 型胶原[47, 68, 91, 94]进行替代。肝干细胞在这种条件下可持续扩增数月。相比之下，肝祖细胞在相同条件下只能存活约 1 周。但如果将肝祖细胞与肝星状细胞前体（CD146$^+$、α-SMA$^+$、Desmin$^+$、VCAM$^+$、ICAM-1$^+$、GFAP$^-$）或间充质干细胞进行共培养，肝祖细胞也可以长期存活。星状[95]饲养细胞（或 MSC 饲养细胞）可以用透明质酸、IV 型胶原和（或）层粘连蛋白[47, 96, 97]代替。上述培养基和基质化学成分可实现通过流式细胞纯化的肝干细胞和肝祖细胞在培养基中存活和增殖，而无须滋养细胞。III 型胶原和透明质酸都是正常肝干细胞生态位（龛）的组成部分[47, 57, 91]。

使用不同硬度的透明质酸水凝胶对 3D 培养中的肝干细胞行为进行的系统研究表明，微环境的硬度是调节干细胞干性维持还是分化为定向祖细胞的重要参数[68]。这项研究以前在骨和其他硬组织的祖细胞分化中进行过，但在肝脏等内脏器官尚属首次。

肝干细胞与人类胚胎干细胞一样，呈紧密克隆样生长。消化解离这两种干细胞是实现其有效体外扩增和冷冻保存的关键技术和操作环

节[98]。这两类干细胞经酶处理产生单细胞悬液时，都会出现大量的细胞死亡。Ding 的实验室对能够使胚胎干细胞在酶消化过程中存活并保持多能性的化学物质（小分子化合物）进行了筛选。鉴定出两种符合这一要求的化合物，一种是 2,4- 二取代噻唑，即噻唑维生（2,4-disubstituted thiazole，Thiazovivin），另一种是 2,4- 二取代嘧啶，即酪氨酸整合素（2,4-disubstituted pyrimidine，Tyrintegin）[99]。他们发现 Thiazovivin 可以通过抑制 ROCK，控制细胞骨架重塑的途径的关键组成部分，实现对细胞外基质和细胞间相互作用的调节器的调节。Tyrintegin 可通过增强悬浮单个胚胎干细胞与 ECM 的附着并稳定 E- 钙黏蛋白。该研究指出，正常生态位和呈克隆培养维持的胚胎干细胞相互作用产生对生存至关重要的信号，调节这些信号的小分子则可有效维持经酶消化处理后的游离细胞的存活。

有趣的是，我们观察到，透明质酸是干细胞龛的正常成分，在分离和冷冻保存过程中对肝干细胞进行有效的保护[98]。因此，透明质酸作为一种天然分子，可以调节纽胞，以及提供上述小分子化合物相似的细胞保护作用。对透明质酸这一作用机制的进一步研究发现，添加透明质酸可保护细胞黏附机制，包括透明质酸受体、E- 钙黏蛋白和某些整合素，这是许多其他干细胞亚群共有的标志物[100]。

十、适合实体器官细胞移植的移植策略需求

迄今为止尝试的细胞治疗主要是通过血管途径递送细胞。这种细胞移植方式对于造血细胞类型是合乎逻辑的。长期存活的造血细胞已经进化到能够在基质分子（如纤维连接蛋白）的剪接形式之间切换，从没有细胞结合域的细胞（导致细胞在血液或间质液中自由漂浮）到有细胞结合域（导致附着，即一种称为"归巢"的过程）。相反，来自实体器官的细胞移植涉及细胞类型，其中其附着蛋白总是具有细胞结合域，因此它们（在几秒钟内）迅速聚集。当通过血管途径输送到靶器官/组织时，聚集物会导致植入所必需的细胞栓

的形成。但如果栓塞太大，则可能会对宿主造成致命后果。此外，即使移植成功，细胞定植效率也很低（通常为 10%～20%），剩余的细胞要么死亡，要么分散到其他部位 [94]。

我们和其他多个团队的研究发现，如果将成熟肝细胞注入肝门静脉，移植率仅约 20%[73, 101, 102]。而干细胞更具挑战性，如果通过门静脉（或通过直接连接门静脉的脾脏）移植，大约只有 3% 的细胞植入效率。如果将肝干细胞通过肝动脉进行移植，则可将其定植效率提高至 20%～25%[89]，剩下的大多数肝干细胞要么死亡，要么滞留在异位器官（大多是肺部）的血管床中可以存活数月 [100]。目前，对于这些异位定植的细胞存在的问题尚未有研究，但其造成的潜在的临床风险不容小觑。

我们设计了将肝干细胞包埋在干细胞龛特异的可溶性信号和细胞外基质生物材料（如透明质酸）的混合物中进行的移植手段 [100]。肝干细胞在移植条件下可保持稳定表型。通过注射移植将移植物移植到免疫缺陷小鼠宿主的肝脏中，对小鼠进行 CCl_4 处理或者不处理的情况下，以评估肝脏稳态与受损条件对肝干细胞内体成熟的影响。结果证实，移植细胞会停留在肝移植部位，稳态条件下移植细胞在宿主肝脏中产生较大的移植细胞团，而肝脏损伤时则表现出更快的整肝扩张增殖的特点。因此，我们提出比较常规的血液输注移植，移植应该是包括肝脏等实体器官细胞治疗的首选策略 [94, 100]。在此基础上，我们进一步建立了可以实现大量细胞向肝脏或者胰腺高效移植的补片移植技术，并且证实补片移植的胆管树干细胞可以对肝衰竭小鼠模型和糖尿病小鼠模型进行有效的功能性救治（Zhang 等，2021 和 2022）。

十一、细胞分化

干细胞分化体系包括可溶性信号 [即常规生物制剂和（或）药物] 和与细胞的 3D 微环境相对应的基质成分。肝脏发育和维持分化的肝细胞所需的细胞因子和其他可溶性因子已经为人所知 [46, 103, 104]。然而，体外将干细胞或祖细胞定向分化为完全成熟的肝细胞和胆管上皮细胞仍然是

尚未解决。事实上，这是许多干细胞生物学中的一个普遍问题，无论是该诱导成熟体系是从谱系限制的成人干细胞还是多能干细胞（胚胎干细胞和诱导多能干细胞）开始。最有希望的策略是利用复杂的细胞外基质支架，通过这一有效的固态信号构架来引导细胞分化成熟。

十二、细胞外基质支架

近年来，复合基质支架已被用于优化细胞分化体系 [5-8]。然而，所有报道生物支架类型由于其分离方法导致关键基质成分（如蛋白多糖）的损失，其作用有限且效率低下。目前唯一已知的可在脱细胞过程中有效保留基质支架中这些关键组分的方法由 Reid 实验室与胶原化学家合作开发 [105]。他们设计了一种适合特定胶原的已知溶解度常数的方法，使用一种具有一定浓度的盐缓冲液的策略分离基质复合物，以保持所有已知类型的胶原在给定组织中的不溶性。如此分离的不溶性复合物被称为"生物基质" [106]。通过冰冻切片或冻干粉的形式用于细胞培养，这些肝脏生物基质可有效维持具有功能活性的肝细胞的长期体外存活，其效果远远超过出细胞培养板或简单的 Ⅰ 型胶原凝胶所能达到的效果。最近，我们重新审视了该方法，并建立了一个改进的方案，其中包括了对灌注策略的改进和采用高盐策略的脱黏方法，以制备可称为"生物基质支架"的脱细胞器官 / 组织 [5]。生物基质支架具有组织特异性，但几乎不存在物种特异性，并且它们具有良好诱导细胞分化的特性 [5]。生物基质支架含有超过 98% 的胶原和已知的胶原结合基质成分，包括大多数纤维连接蛋白、层粘连蛋白、巢蛋白、内切蛋白、弹性蛋白等，以及基本上所有的蛋白多糖，因此保留了组织中已知细胞因子和生长因子的生理水平。在无血清 HDM 条件下，接种在生物基质支架上的成熟肝实质细胞能维持数周，并继续表达与新鲜分离的原代肝细胞相同的肝脏特异性功能 [107, 108]。

十三、肝再生

肝脏强大的再生能力激发了无数关于该过程

相关机制的研究[71]。在本章中我们不会总结大量文献，读者可以从最近发表的一些综述中获得相关的进展信息[3, 109, 110]。在这里，我们将只关注干细胞和祖细胞在两种不同形式肝损伤后肝再生过程中的参与：部分肝切除后和选择性肝小叶 3 区（中央静脉区）肝细胞损伤后的修复（我们假设胰腺再生过程中存在相平行的修复过程，但对其细节的研究比较肝脏中的要少得多）。

理解这些反应的关键是识别"反馈回路信号"，即由成熟肝细胞（位于肝小叶 3 区的肝细胞）产生并分泌到胆汁中的信号分子。胆汁从中央静脉区（3 区）流向门静脉周围的门管区（1 区），汇聚入胆道，最后进入肠道。这些信号分子包括：影响干细胞分化的胆汁酸和盐[111]；由成熟肝细胞产生，用于灭活门静脉周围细胞产生的乙酰胆碱的乙酰胆碱酯酶[112-114]；由成熟肝细胞产生的肝素[115]（J.Esko、A.Cadwallader 和 L.Reid，未发表的观察结果）与干细胞和组织特异性基因表达的控制相关[116, 117]。此外，胆汁的流动叶机械地影响着门静脉周围肝细胞和胆管上皮细胞上的原纤毛，从而影响由这些细胞器介导的信号转导过程[118-120]。在"反馈回路信号"激活的情况下，干细胞保持静息状态。而这些信号的减少或丢失则会导致干细胞和其他早期谱系阶段细胞的激活和增殖。目前已知的可能从正常反馈信号控制回路中释放和激活干细胞的因素包括病毒、毒素或辐射。这些因素可以选择性地杀死肝小叶中央静脉周围的 3 区中肝细胞，促进干细胞或者祖细胞增殖并向成熟肝细胞分化。而待由此产生的完全成熟的细胞一旦开始重新生成胆汁，反馈回路信号则会被恢复或增强，从而使细胞增殖反应失活。

部分肝切除术后的肝脏再生与上述[71, 110, 121]不同。手术切除一部分肝脏后剩余的组织（如其质量的 2/3）中仍旧存在反馈回路信号，即早期谱系阶段的细胞仍有能力来响应这些信号（处于静息状态）。这种情况下，由于各种肝功能和分泌产物的水平都低于阈值会造成肝脏功能和肝脏体积的耗竭，这种耗竭会触发整个肝板的肝细胞的 DNA 合成[110]。然而，大多数肝脏细胞（特别

是 2 区和 3 区细胞）中的 DNA 合成并不伴随胞质分裂[122]。因此，这些细胞出现了倍性水平（倍体）的增加，并表现出体积增大的生长特性[124]。多倍体可触发细胞凋亡率的增加，进而导致肝脏的更替。随着凋亡细胞的丢失，少量的干细胞和早期谱系细胞开始增殖，以取代在凋亡过程中被清除的细胞。在所研究的哺乳动物物种中，这种再生修复机制发生在肝大部分切除的数周之内。

十四、细胞可塑性问题和再生现象

Kopp 等[88]和其他人[3, 12, 4]提出可塑性是肝脏和胰腺再生的主要或唯一机制的假说。这种假说源于以下发现：体细胞可以通过人工方式重新编程，通过转染含有多种转录因子的细胞（如 Yamanaka 及其同事鉴定的转录因子）去分化或转分化为其他细胞类型[125]。尽管细胞重编程在体外条件下或在体内极端人工条件下（如带有自杀转基因的宿主）是可以实现的，但在针对常规疾病的肝细胞移植中是否发生还尚待证明。相比之下，对于移植后的干细胞/祖细胞可以发生支持组织再生的成熟细胞谱系已经得到了验证[2, 32]。

胆管树干细胞和肝干细胞的干细胞功能可以通过其遗传特征，以及在特定无血清、成分确定培养基条件下数月的体外克隆形成和自我复制能力得到体现。此外，这些细胞群具有分化多能性，这是干细胞所需的另一个特征，其在体外或体内都可以通过特定的谱系特异性诱导分化来获得肝细胞、胆管上皮细胞或胰岛的能力表明了这一点，而这种诱导分化取决于其在培养扩增之前或之后的微环境[30, 41]。这与 Dorrell 等[126]的数据一致，他们显示了小鼠胰腺和肝脏中类器官起始细胞的表型和功能的相似性。

另一个导致误解的原因在于小鼠和人类组织中的肝脏再生现象可能存在不同[2, 32]。对患有长期慢性肝病的患者，肝脏内肝细胞的增殖能力进行性损害极其严重且非常常见。事实上，针对肝细胞的长期损伤耗尽了肝细胞增殖能力，从而诱导细胞衰老和（或）阻止肝细胞进入细胞周期[32]。在肝病患者病理组织中，往往可以观察到由肝干

细胞激活后产生的所谓胆管反应，即通过肝细胞芽形成新生肝细胞来重新填充肝硬化后肝脏[2, 32]。相反，小鼠肝损伤模型通常不会导致肝细胞增殖耗竭及其细胞增殖的严重阻断[2]。在一种新的小鼠模型（Mdm2 敲除小鼠模型）[32]中，几乎所有肝细胞都诱导凋亡、坏死和衰老，在这种模型中可以看到肝干细胞的激活，并对小鼠的存活和肝脏的功能性肝重建至关重要。

对肝细胞可塑性理论进行支持和推广主要基于 Tarlow 等的研究发现[128]。这一研究使用了一种高度人为干预的肝脏再生模型：一种由 FAH 缺乏引起的 I 型酪氨酸血症小鼠模型。在此小鼠模型的基础上，Tarlow 等[128]对 FAH 小鼠进行了第二次攻击：施用 DDC 引起小鼠胆管病变，产生类似于原发硬化性胆管炎的小鼠表型；随后的继发性胆汁淤积严重影响肝脏谱系，导致胆管反应的过度激活[128]。这种极端模型中的发现不应用于对正常或典型疾病条件下的干细胞 / 祖细胞进行一般性陈述。

另外一个对可塑性支持证据基于肝细胞去分化成为胆管癌的实验发现。这一具有挑衅性的假设是基于遗传谱系追踪研究的观察，即胆管癌可能起源于表达白蛋白或转甲状腺素的细胞[129]，这些标志物被错误地认为仅属于成熟肝细胞。白蛋白和转甲状腺素在肝干细胞和肝祖细胞亚群中也同样表达[30]。同样，低水平的胰岛素在肝胰壶腹的胆管树肝细胞 BTSC 亚群和胰腺胰管腺体 PDG 内的多能祖细胞中也同样表达[32, 130]。因此，仅基于胰岛素的表达来定论新的 B 细胞仅来源于先前存在的 B 细胞的说法忽略了胰岛素谱系追踪也标记干 / 祖细胞的事实[24]。

对于成熟肝细胞具有增殖能力和可以进行完整的细胞分裂的说法也是不正确的，除非这些细胞被移植到具有 FAH 突变[131]或表达自杀转基因[132]的肝脏中，所有这些模型都具有高度人为造就的微环境，理论上可以导致移植肝细胞的体内重新编程。将成熟细胞移植到正常动物的肝脏中仅能产生几乎可忽略不计的细胞分裂。而移植到具有典型疾病或再生条件（如 CCl_4 或部分肝切除术）的宿主体内同样，也只能产生会导致短暂、中等数量的细胞分裂而已。

基础实验研究体系中的这些发现与成熟肝细胞移植到不同肝功能紊乱患者或胰岛移植到糖尿病患者的临床试验结果一致[321]。成人肝细胞移植的效果仅持续几个月，而移植的胰岛往往不足以维持长期的葡萄糖稳态，并且在体内仅表现出有限的增殖能力。相比之下，肝脏疾病干细胞疗法的早期发现表明，将胆管树肝干细胞或者肝干细胞移植到具有不同肝功能紊乱的患者的肝脏中，接受移植的患者的肝功能得到稳步改善，并且移植的干细胞具有长期有效性[31]。

总之，使用干细胞与成熟细胞进行细胞治疗的临床试验的报道提供了最实质和无可争议的证据，证明可塑性单独无法介导肝脏和胰腺的再生反应。我们倾向认为干 / 祖细胞及其成熟谱系的机制，以及部分表观遗传机制，是实现组织再生和修复的关键。

致谢

经费支持

北卡罗来纳大学医学院（北卡罗来纳州教堂山）资金来自 Toucan Capital Investments 的全资子公司 Vesta Therapeutics（马里兰州，贝塞斯达）和纤维板层癌基金会（CT 格林尼治）。同时，我们还受到由联邦经费支持的实验中心的服务折扣支持：其中包括病理学和实验医学核心的显微镜服务实验室（NIH P30DK34987）（中心主任：Victoria Madden）；胃肠道和胆道疾病生物学中心（CGIBD）通过 NIDDK 拨款（DK34987）资助的组织学服务中心；林伯格癌症中心拨款（NCI 拨款 #CA016086）；北卡罗来纳州基因组科学中心（主任：Katherine Hoadley）和 UNC 生物信息中心（主任：Hemant Kelkar）。

糖尿病研究所（佛罗里达州，迈阿密）研究由 NIH、青少年糖尿病研究基金会、ADA 和糖尿病研究所基金会资助。

罗马萨皮恩扎大学医学中心（意大利，罗马）Gaudio 教授获得了罗马 "Sapienza" 大学研究项目、FIRB#RBAP10Z7FS_001、PRIN#2009X84L84_001 研究项目的资助。Alvaro 教授获得 FIRB 基金项目 #RBAP10Z7FS_004 和 PRIN 基金项目

#2009X84L84_002 的资助。该研究还受到意大利罗马 Trapiantid' Organo 的 Consorzio Interuniversitario Trapiantid' Organo 的资助。

康奈尔大学（纽约州，伊萨卡）Sethupathy 教授的部分资金来自 UNC 遗传学和分子生物学课程 T32 培训补助金（T32-GM-007092-41）；Vesta Therapeutics 的研究经费（SRA-60486）（授予 L.M.R）；Vesta Therapeutics 的研究经费（A11-0552）（授予 PS）；以及来自纤维板层型肝癌癌症基金会的赠款（A16-0311）（授予 PS）。

知识产权

本综述中总结的研究结果已包含在一个或多个机构的专利申请中，这些机构包括：位于教堂山的北卡罗来纳大学（UNC）、意大利罗马萨皮恩扎大学和佛罗里达州迈阿密大学糖尿病研究所（DRI）。该 IP 已被授权给 Vesta Therapeutics（马里兰州，贝塞斯达）用于临床用途，并被授权给 PhoenixSongs Biologicals（康涅狄格州布兰福德市 PSB）用于非临床商业用途。虽然 LMR 获得了与 Vesta Therapeutics 投资组合相关的一项专利的单一援助付款，但作者均未在 Vesta Therapeutics 拥有股权或职位，也未获得该公司的顾问报酬。相比之下，LMR 是创始人之一，是科学总监，并在 PhoenixSongs Biologicals 持有股权；迄今为止，她没有收到这些工作的工资或咨询费。除了 LMR 与 PSB 的关系外，作者声明没有利益冲突。这篇综述是 Stewart Sell[45] 编辑的一本关于干细胞的书中一章的衍生和更新。

第 43 章　形态发育因子和成人肝脏修复
Developmental Morphogens and Adult Liver Repair

Mariana Verdelho Machado　Anna Mae Diehl　著

纪　元　范小寒　韩　晶　陈昱安　译

一、Hh 信号转导

（一）通路概述

经典的 Hh 通路是一个保守、高度复杂并拥有 4 个基本成分的信号级联通路：① Hh 配体；② Patch 受体；③ Smo 信号转导；④ Gli 效应转录因子（图 43-1）。经典的 Hh 信号转导发生于初级纤毛上，其通路成员集中于初级纤毛（primary cilium，PC）上，并且有一个复杂的 PC[1] 传输系统通过调节 Hh 通路成员之间的相互作用，以增强或阻断 Hh 初始信号[2]。

Hh 是作为一种分子量 45kDa 的前体在内质网经历过水解后而产生的蛋白质[3]，并在之后通过脂质修饰来获得胆固醇和棕榈酰基团[4, 5]。Hh 被分泌到细胞外，由产生配体的细胞扩散出去用以结合其他细胞，并根据暴露的浓度和时长来决定它们的命运[6]。细胞外基质蛋白，如蛋白多糖，可调节 Hh 在胞外空间的扩散，并因此可调节 Hh 对于暴露的靶向细胞的浓度[7]。哺乳动物有三种不同的 Hh 蛋白：Sonic（Shh）、Indian（Ihh）和 Dhh。这三种配体在 Hh 应答细胞中类似地激活 Hh 通路，但它们的表达受到不同的调控。Shh 和 Ihh 在全身广泛表达，而 Dhh 主要在神经系统和睾丸中表达[8]。

Patch（即 Hh 受体）是一种具有 12 个跨膜结构域的蛋白质。当 Hh 配体缺失时，Patch 定位于 PC，通过阻断信号转换蛋白 Smo 被激活并

进入 PC 的方式结构性抑制 Hh 通路。当 Hh 配体与 Patch 结合时，Patch 的这些抑制作用被解除，Smo 则变得活跃。Hh-Patch 相互作用是通过控制 Smo 的胆固醇修饰来调节 Smo 活性。Smo 通过与胆固醇结合而被直接激活。在没有 Hh 配体的情况下，Patch 抑制了 Smo 的这种胆固醇修饰，而当 Hh 与 Patch 结合时，这种抑制作用则被缓解[9]。Hh-Patch 复合物随后被内化并降解[10]。三种 Hh 共受体，包括由癌基因下调的 Cdo、Boc 和 GAS2，通过增强 Hh-Patch 相互作用来增强 Hh 信号[11]。相反，Hhip，即一种可溶性的 Hh 受体，通过阻止 Hh-Patch 结合而抑制 Hh 信号[12]。

Smo 是一种跨膜 GPCR，介导 Hh 应答细胞中 Gli 转录因子的激活。Gli 蛋白促进在再生 / 修复过程中一些重要基因的转录，包括 VEGF、Ang1 和 Ang2、snail、twist2、α-SMA、波形蛋白、nanog、sox2 和 sox9[8]。

在 Hh 缺失的情况下，Smo 活性被 Patch 抑制，Gli 与融合激酶（Fu），融合激酶抑制物（Sufu）及 Costal-2 结合，形成抑制蛋白复合物，这种复合物可阻止 Gli 进入细胞核[13]。Gli 被抑制蛋白复合物阻滞在细胞质中，依次被 PKA、GSK3 和 CK1 磷酸化。磷酸化的 Gli 蛋白与 βTrCp 结合，GliβTrCp 复合物靶向目标是蛋白酶体，在蛋白酶体中 Gli 蛋白可以完全降解或加工生成缩短的转录抑制因子（GliR）[14]。当 Hh 与 Patch 结合时，Smo 被去抑制，激活的 Smo 将 Gli 从抑制蛋白复

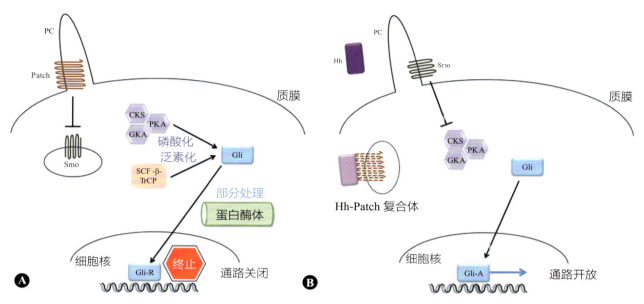

▲ 图 43-1　Hh 信号通路

A. 抑制通路：Patch 阻断 Smo 进入初级纤毛（PC），并通过几种激酶连续的 Gli 磷酸化抑制 Smo 活性，这些激酶包括 PKA、GSK3β 和 CK1。磷酸化的 Gli 被 Skp-Cullin-F-box 蛋白 /βTrCP 泛素化，这使 Gli 在蛋白酶体中进行有限的降解。降解后的 GliR 是一种基因转录的抑制因子。B. 激活通路：Hh 与 Patch 结合并将其从 PC 中移除，这允许 Smo 进入 PC 并激活 Smo。活性 Smo 可阻断 Gli 的磷酸化和随后的降解。未降解的 Gli 易位到细胞核，促进几个靶基因的转录

合物中分离出来，阻止 Gli 磷酸化及之后的降解。这使得完整长度的 Gli 可以进入核内，并作为一种转录因子发挥作用。

哺乳动物有三种已知的 Gli 蛋白：Gli1、2 和 3。Gli1 不发生蛋白质体降解，并因此仍然处于未被降解的状态，并持续促进转录。Gli1 对于 Gli2 来说是一种重要的靶向基因[15]。当 Smo 被激活时，未降解的 Gli2 将会积累，因为激活的 Smo 保护 Gli2 免于蛋白降解。当 Smo 没有活性时，Gli2 和 Gli3 都会被靶向降解。Gli2 一般会被完全降解，Gli3 则被频繁地部分加工形成一个缩短的形式用于抑制转录[16]。因此，Gli3 能作为一个转录抑制物（当 Smo 没有活性时）也能作为一个转录激活物（当激活的 Smo 保护它免于蛋白降解时）。相比之下，Gli1 和 Gli2 主要表现为转录促进物。近来证据显示，或许有一种名为 "Gli code" 的物质，这种物质与不同的 Gli 因子相互作用并控制它们的表达。根据这种模型，当 Gli2 含量很低时，Gli3 和 Gli1 相互促进彼此的表达；而当 Gli2 积累时，它们之间则互相抑制彼此的表达[17]。

除了经典的 Hh 通路，仍有两种已知的非经典 Hh 信号通路。第一种类型的非经典型 Hh 信号通路取决于 Patch，但与 Smo 无关，在缺乏 Hh 情况下，Patch 有直接的促凋亡和抗增殖效应，分别通过激活 caspase-3[18] 并阻止周期蛋白 D 入核[19] 的方式发挥效应。而当 Hh 与 Patch 结合时，Patch 的这两个效应都会消失。第二种类型的非经典型 Hh 信号通路依赖于 Smo，但是它并不需要 PC[20]。这类非经典型的信号通路依赖于 Smo 的 Gαi 活性，可直接调节代谢（例如，它促进一种 Warburg 样效应，这种效应可促进肌肉、脂肪组织和肌纤维母细胞的糖酵解[21, 22]）、增殖、钙流动及迁移（在肌纤维母细胞和内皮细胞中[23, 24]）。另外，Gli 信号通路能在 Hh 缺乏时，仍通过一种不依赖于 Patch 和 Smo 的方式发生，证据中显示 Gli 诱导是一种由 TGF-β 和 RAS 信号通路直接产生的下游结果[25, 26]。

（二）肝脏发育

Hh 通路在肝脏胚胎形成过程中的确切作用尚不明确，尽管已知这种通路对于从腹侧前肠内胚层而来的肝芽分化极其重要[27]。发育后

期，Hh 信号通路的激活物和抑制物调控肝母细胞的命运，通过激活物刺激一种增殖性的未分化表型，以及抑制物促进肝母细胞分化成为成熟的肝细胞 [28]。Hh 也在肌层和胆囊的正确发育中极其重要，在发育过程中，Hh 通路的异常会破坏胆囊对抗胆道系统中胆汁酸的毒性作用而产生的保护性效应，这可能会导致胆道闭锁的发生 [29]。

（三）肝瘤变

1. 原发性肝癌

Hh 通路激活已经在不同类型的原发性肝癌当中阐明，包括肝细胞肝癌 [30, 31]、肝内胆管细胞癌 [32] 及纤维层状肝细胞肝癌 [33]。在所有这些癌症当中，通路活性水平与较差的临床预后、无瘤生存和总生存率 [31] 降低有关。相对不常见的基因机制，以及更为普遍的表观遗传机制都会导致肝癌中的 Hh 调节异常。例如，肝癌细胞生长是可以通过 Smo 的某些突变持续性激活 [30]，Hh 信号通路抑制物的高甲基化作用下限制经典通路活性因子的表观抑制表达而增殖的 [34]。Hh 信号通路失调已经在肝癌的多种细胞类型中阐明，包括恶性上皮细胞本身、CAF、TAM。Hh 信号通路在 CAF 中促进纤维生成，以及产生能维持肿瘤类似干细胞的生长因子，这些反应可能促进肿瘤细胞生长 [35]。同样，在 TAM 中的 Hh 信号通路促进免疫耐受，这使得肿瘤细胞逃逸免疫监督机制 [36]。另外，Hh 信号通路也促进血管生成，并且可能提高了化疗药物的生物利用率 [37, 38]。Hh 信号通路的这些相反的作用使得很难预测在治疗原发性肝癌中抑制 Hh 信号通路是否有效。在治疗其他肿瘤过程中，Hh 信号通路被抑制时所观察到的不一致的疗效和一些相对普遍的毒性作用也打消了治疗者的信心 [39]。临床试验部门列举了用于肝细胞肝癌的一些正在进行的 Hh 抑制物临床试验。

2. 肝腺瘤

最近发现了肝腺瘤的一种亚型，它是由于一类肝细胞中染色体缺失所导致的 Gli1 结构性激活。因为 Gli1 既是 Hh 信号通路的下游靶点，又是它的近端效应点，故肿瘤形成是由于 Hh 信号通路失调。Hh 信号通路在发育过程中促进血管形成，所以这些腺瘤临床上易于发生显著出血 [40]。有趣的是，Hh 通路活性高的腺瘤亚型同样具有精氨酸代琥珀酸合成酶 I（一种参与尿素循环的酶）高表达的特征 [41]。这个发现支持现有的证据，其显示在肝细胞中的 Hh 信号通路活性可能会调节健康成人肝脏的代谢区域 [42]。根据这个模型，Hh 活性在门静脉周围肝细胞中的活性比在小叶中央静脉周围的肝细胞（尿素循环活性可忽略不计）中更高 [41]。相反，Wnt 信号通路已知在第三区肝细胞（合成谷氨酰胺用以清除氨）中比在第一区肝细胞（并不合成谷氨酰胺）中表达更高 [43]。不同的 Hh 和 Wnt 通路活性也在肠隐窝 - 绒毛轴上表达。在那种组织中，Hh 和 Wnt 表现为相互拮抗，Hh 限制 Wnt 信号的下传，并且因此也限制了干细胞腔室到隐窝的传导 [44]。

（四）肝脏修复

成人肝脏可以抵抗损伤。因此，肝细胞受损主要是因为自然衰老，并且肝实质很容易由肝细胞的小亚群所代偿，这类亚群比绝大多数肝细胞更容易增殖，这使其能表现出不同类型的肝脏特殊功能 [45]。相比之下，杀死肝细胞的肝脏损伤显著增长了肝细胞更新换代的需求，并且激发了多方面的损伤应答反应，导致功能性肝细胞实质重建 [46]。无论损伤病因是什么，Hh 信号通路的上调已在损伤的肝脏中被证实 [47]。此外，这个通路的活性水平与肝脏损伤和纤维化的严重程度呈正比 [48]。这个发现表明 Hh 充分调节成人肝脏对损伤的应答。所涉机制总结如下。

1. 肝细胞产生 Hh 配体

解释肝脏损伤如何与 Hh 通路活性紧密相关的一种机制是当成人肝细胞面临内质网应激和凋亡的情况时，其会产生并释放大量的 Shh 和 Ihh 配体 [49, 50]。在这种情况下，生物活性的 Hh 配体会定位于肝细胞源性的外泌体和微粒上 [51]。一旦 Hh 配体被释放进肝微环境、胆管及血液中，这些膜连接的 Hh 配体能够激活此处和远距离 Hh 应答细胞上的 Hh 信号，并因此能像肝细胞源性的激素一样发挥作用 [51]。在受损的肝脏中，增加 Hh 配体的暴露能触发此处不同类型的靶细胞有关增殖、活力及分化方面的改变，通过类似胚胎肝脏发育中的重建机制来协调重建成人肝组织[47]。肝源性 Hh 配体在肝外组织 Hh 信号转导上的影响较少被研究，但是这种影响可能非常重要，因为 Hh 信号转导抑制白色脂肪中的脂肪形成[52]，促进血管生成[53]，并且调节免疫功能[54, 55]，而且晚期肝脏疾病以恶病质、血管重建及免疫失调为特征。

2. 肝星状细胞表达 Hh 配体并对其应答

肝脏中主要的纤维化细胞类型是肝星状细胞，产生并高度应答 Hh 配体[56]。HSC 位于 Disse 间隙中，并且紧邻肝细胞和肝窦内皮细胞[可产生和（或）应答 Hh 配体的其他肝脏相关细胞类型]，与此事实相偶联的是，HSC 被认为是 Hh 调节再生反应中最关键的节点。HSC 也能参与非经典 Hh 信号通路，因为它们能表达不同的 GPCR，这些受体能调节 Smo，但并不依赖于 Hh-Patch 相互作用[22]。此外，它们能通过不需要 Smo 参与的形态驱动机制激活 Gli2[57]。这类信号转导的灵活性支持此概念，即为了确保最佳的肝脏修复，HSC 中的 Hh 通路活性必须受到严格调控。确实，Hh 通路活性对于静止的肝星状细胞成为并维持肌纤维母细胞形态至关重要，并且在小鼠中，有很多不同种抑制 Smo 和（或）抑制 Gli1/2 活性的方式可用于抑制肝纤维化[56, 58, 59]。相反，仅仅在肝细胞中过表达 Shh 配体就足以诱导小鼠中进行性肝纤维化[60]。

3. 肝窦细胞对 Hh 配体的应答

肝窦细胞对 Hh 配体的一系列反应可导致肝损伤过程中的血管形成和生长。在 LESC 中，增加 Hh 信号转导会诱使网孔（毛细血管化）[61]的丢失，并可促使门静脉高压/门静脉系统分流[62]。肝上皮细胞也可以通过内分泌和旁分泌机制产生 Hh 配体来调节肝脏修复[61]。

4. 先天免疫系统也是 Hh 高应答

T 细胞和 NKT 细胞需要 Hh 信号转导来维持活性[54]。Hh 信号转导也促进某些趋化因子的合成，如 NKT 细胞的 CXCL16 及巨噬细胞的 CCL2[63, 64]。此外，Hh 敏感性机制调节 T 细胞、

NKT 细胞和巨噬细胞的免疫极化：Hh 信号转导通常促进 Th2/M2 极化以增强免疫耐受[55]。免疫耐受部分通过细胞因子的产生增多而介导，在肝星状细胞中增强 Hh 信号转导而产生的一些细胞因子（如 IL-4、IL-13、TGF-β）也会导致纤维化[54]。

5. 胆管细胞表达 Hh 配体并对其产生应答

在胆管细胞和附近的肌纤维母细胞中的旁分泌 Hh 信号转导可诱导一种迁移性、更不成熟、增殖活性更强的胆管细胞表型，以及增强肌成纤维细胞的纤维化表型[65]。与之前提过的 Hh 应答免疫细胞中的效应一致的是，这些效应也促进胆管反应，这种胆管反应是一类针对严重急性或慢性肝脏损伤而产生的纤维增殖性炎症反应[66]。

（五）肝脏代谢

已知 Hh 通路调节脂肪细胞[67]、成纤维细胞[22, 68]、干细胞[69]、免疫细胞[70]和许多肿瘤细胞[35]的代谢。通路活动一般刺激糖酵解[22]和抑制脂肪合成[71]，但是这些涉及的机制一般是多方面的，并且还没有被完全解读。例如，Smo 能直接激活 AMP 激酶，即一种细胞能量平衡的主要调节物[21]。Hh 信号转导也可能控制线粒体质量[72]，并且已经证实它与其他控制代谢的途径相互作用，如 Notch[73] 和 Wnt[44]。因此，环境因素确切影响 Hh 信号转导在特定细胞中调节代谢的作用。直到近些年，人们仍认为 Hh 信号转导没有直接涉及肝细胞代谢。然而，最近的证据显示，Hh 可能是肝脏脂肪代谢中一种极其重要的调控途径[17]。这个活动似乎受到昼夜节律[17]的精确控制，并可能对机体健康有着系统性和局部性的影响。这项发现引发了对控制肝细胞中 Hh 信号转导机制的研究。

健康的肝细胞可能产生 Hh 配体，尽管这很难被完整肝组织的免疫染色所证明。未能在此类细胞中看到 Hh 配体可反映一个事实，即健康的肝细胞通常产生低水平的 Hh 配体和（或）有效地释放它们。最近的两个证据中支持了后者的可能性。首先，Hh 配体能沿着同类细胞间运输，这提供了一种机制，即不用将配体释放到细胞外环境中就可以把配体从配体源性的肝细胞定

向运输到需要配体的细胞中[74]。其次，VLDL 及其他的脂性蛋白颗粒在健康的成人体内含有具生物活性的 Hh 配体[75]。Hh 配体与含胆固醇的脂蛋白之间的联系特别有趣，因为胆固醇可以结合到 Smo 的胞外结构域并直接激活它[76]。而 Hh 配体激活 Smo 的方式仅仅是与其受体 Patch 结合后激活[77]。有趣的是，Smo 直接被某些脂蛋白相关的脂质抑制[78]，因此健康肝脏可通过区分不同的脂质颗粒成分来调节 Hh 信号转导。那些运输进出肝脏的 Hh 配体产生细胞（如免疫细胞、骨髓源性单核细胞）也许对于健康的肝细胞来说是 Hh 配体的另一种来源。Hh 配体也可能由那些可以具有 Hh 配体的肝细胞亚群所产生（如 HSC、LSEC、胆管细胞）。Hh-Patch 的信号转导下游也可被不依赖于 Patched 或 Smo 的非经典 Hh 信号转导所调节，为肝细胞提供多种方法检测通路活性。事实上，Hh 信号通路在大多数细胞中可能受到严格的调控，因为它的通路活性是通过调节一种碳代谢和氧化还原状态，从而影响 DNA 甲基化和染色质重塑，最终掌握决定细胞命运的表观遗传控制[79]。

（六）伴有 Hh 失调的肝脏疾病

Hh 通路活性与人类多种肝脏疾病中肝脏损伤和纤维化的严重程度呈正比，包括非酒精性脂肪肝[80]、酒精性肝病[81]、病毒性肝炎[82]、血吸虫病[55]、原发性胆汁性胆管炎[83]、原发性硬化性胆管炎[84]及胆道闭锁[85]。此外，在某些条件下（如 NAFLD[86, 87]、血吸虫病[88]、PSC[56]、胆道闭锁[89]），动物模型中肝脏损伤和纤维化可通过抑制 Hh 信号转导而得到改善。迄今为止，Hh 抑制物的临床试验还没有在这些疾病中得到应用。主要障碍似乎在于肝外组织抑制 Hh 活性，存在引起不良反应的风险。持续性地抑制 Hh 也可能对肝脏本身有一些不良影响，因为基因缺陷会完全妨碍 Smo 活性，从而导致人体内代谢综合征[90]和脂肪变性[91]的出现，并且抑制 Smo 会阻碍小鼠部分肝脏切除术后的肝脏再生[92]。总体数据显示，未来靶向治疗过多的 Hh 信号转导的方法必须着重把通路活性调整到生理水平，而不是完全沉默此类信号转导。

二、NOTCH 信号转导

（一）通路概述

Notch 信号转导通路与 Hh 通路有着根本上的不同，因为它需要细胞之间的连接，以及 Notch 靶细胞中的跨膜受体与配体源性细胞中的跨膜配体之间的相互作用[93]。这两种通路最终都激活转录因子。典型的 Notch 通路有三种基本成分：①配体（δ-like 配体及 jagged 配体）；②受体（Notch）；③效应器（转录因子 CSL 和 MAML）[94]（图 43-2）。

配体和受体在到达细胞膜之前都会经历复杂的翻译后加工过程。配体由传入细胞的 DSL 家族来源的跨膜蛋白进行表达。哺乳动物有三种 δ-like 配体（Dll1、Dll3 及 Dll4）和两条 Jagged 配体（Jag1 和 Jag2）[94]。在成熟之前，配体会经历一个吞噬作用的循环，即通过包括 E_3 泛素连接酶的泛素化、中和化和 Mindbomb 的过程，再循环到细胞表面[93]。两个细胞间（反式）的受体配体之间的相互作用将导致受体激活，或同一细胞内（顺式）的受体配体之间的相互作用将导致信号转导抑制[95]。存在四种受体同源物（Notch1～4），它们有着不同的信号强度，因此，配体也能依据结合的受体不同而发挥不同的效应[96]。Notch 的外部结构域由 EGF 样重复序列和负调控区（negative regulatory region，NRR）组成。Notch 的受体由 O-glycans 修饰，由 Pofut 酶产生的 O-fucose 复合物对于 Notch 发挥作用是不可缺少的。Rumi 酶的 O-fucose 修饰增强了 Notch 的裂解，边缘蛋白通过添加 GlcNac 和 O-xylose 复合物来延长 O-fucose。所有这些糖化的过程调节配体－受体相互作用[93]。其他的翻译后修饰也调节细胞信号转导。例如，甲基转移酶 CARM1 的甲基化增强 Notch 的活性[97]；通过蛋白因子抑制 HIF1 的 Notch 羟基化可调节缺氧反应[98]；PCAF 和 p300 对 Notch 的乙酰化增加了 Notch 的稳定性，而 SIRT1 的去乙酰化降低了 Notch 的稳定性[99]；泛素化靶向作用于 Notch 使其快速进行蛋白酶体降解；由 GSK3β 介导的 Notch1 的磷酸化增强 Notch1 的稳定性，但降低了 Notch2 的活性[100]。

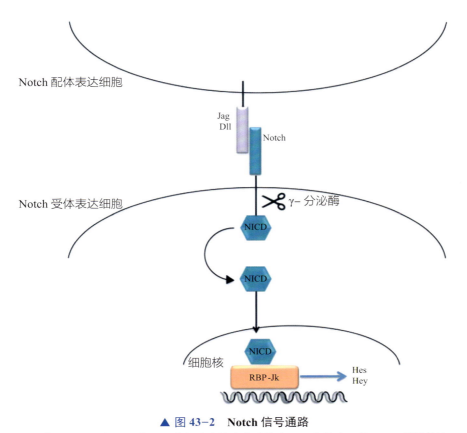

▲ 图 43-2　**Notch 信号通路**

一个细胞中的跨膜配体（Jagged 或 Dll）与另一个细胞中的跨膜受体（Notch）结合，使 Notch 暴露并被 γ- 分泌酶切割，导致 Notch 胞内结构域（NICD）的释放。NICD 进入细胞核并与转录因子 RBP-Jk 结合，促进 Hes 和 Hey 等多个靶基因的表达

Notch 中的 NRR 区域通过蛋白酶阻止裂解[101]。配体与 Notch 受体之间的相互作用改变了受体的结构，将裂解部位暴露于 ADAM 金属蛋白酶和 γ 分泌酶复合物并依次发挥作用[102]。这导致了 NICD 的释放，并由于它的核定位序列而易位到核内。NICD 通过核内体区域可直接易位进入核内或者直接运输到核内。后者的过程受到高度调节；例如，Numb 通过调节 NICD 的内涵体运输，从而可以负性调节 Notch[103]。相反，非典型 PKC 通过增强 NICD 从晚期核内体到核内的重定位，从而放大 Notch 信号转导[104]。除了易位到核内的方式，核内体 Norch 也可循环到细胞表面或者经历溶酶体降解过程[105]。

在核内的 NICD 与 DNA 结合蛋白 CSL（也称为 RBP-Jκ）相互作用，共同招募 MAML[106]。未结合的 CSL 在结合几种合作抑制因子之后，作为转录抑制因子发挥作用。相反，NICD/CSL/MAML 复合物与激活的合作因子相结合后，作为转录因子发挥作用[93]。来自于 Notch 通路的经典靶基因是 Hes 基因及 Hey 家族，但是 Notch 调节肝脏疾病中许多重要通路成分的表达，如 HNF、sox9、Hh、Wnt、PDGF、TGF 和 VEGF[93]。

Notch 信号转导也可通过三种非典型途径发生：第一种类型，不依赖配体途径；第二种类型，不依赖 CSL 途径；第三种类型，不依赖 Notch 途径。关于第一种类型的非典型通路，其他配体已被证实可以激活 Notch（如 MAGP1、2 和 DLK1），但是其作用结果尚未完全阐明[107, 108]。另外，第二种类型和第三种类型的非典型信号转导似乎可能具有功能效应：不依赖 CSL 但依赖 Notch 的信号转导通路可上调 IL-6[109]，以及一些病毒蛋白可以不依赖 Notch 直接激活 CSL 活性[110]。

（二）肝脏发育

Notch 在肝脏发育过程中极其重要，因为它协调胆道分化、肝内外胆管的形成和胆囊的形成[111]。Jag1 的突变[112]或者 Notch2 频率减少[113]都会导致 Alagille 综合征（一种常染色体疾病，其特征为肝内胆管缺乏和胆汁淤积，同时伴有心脏、眼部和椎体的发育缺陷）。Jag1 或 Notch2 突变的杂交小鼠也有类似的 Alagille 样表型[114, 115]。肝外胆管闭锁的严重病例也与 Jag1 的错义突变有关[116]。

大的肝外胆管来源于初始肠道源性憩室的分支，而小的肝内胆管则来源于胆管板内的管状结构。胆管板是一层围绕在门静脉分支的肝母细胞，以一种类似管状的环状结构排列，与距离门静脉较远的可分化为肝细胞的肝母细胞不同[117]。有趣的是，一些研究显示，肝母细胞表达 Notch2 受体，并且通过与表达 Jag1 的胆管和门管区周围肌纤维母细胞之间的相互作用可驱使胆管上皮细胞的分化[118]。Notch 诱导对胆道发育至关重要的转录因子（包括 Hes1、HNF1β 和 Sox9），并且下调 HNF1α 和 HNF4 的表达[119]。在胆道分化中 Notch 所起的作用受到高度调控，并且依赖于一个复杂的相互通信信号通路网络，如 TGF-β[120]、Wnt[121]和 Hippo[122]。

（三）肝脏肿瘤形成

肝脏癌变中 Notch 通路的效应是多种多样的，并且依赖于受体。肝癌的小鼠模型显示 Notch1 和 Notch2 促进肝细胞癌发生[123, 124]。然而，虽然 Notch2 似乎也能促进胆管细胞癌的发生，但是 Notch1 抑制胆管细胞癌的发生[123]。Notch 癌基因效应与 IGF2 和 sox9 的上调有关[124]。有趣的是，与成纤维细胞有关的肿瘤也通过表达作用于邻近肿瘤细胞的 Notch 配体，从而可以促进癌变[125]。然而，Notch 在肝细胞癌变中所起的作用很复杂。例如，其他作者证实在体外肿瘤细胞中，Notch 激活具有依赖 p53 促凋亡途径增敏及化疗增敏的效应[126]。

对于人肝细胞癌，1/3 的患者表现出 Notch 激活的基因特征，伴随着 Jag1、α-secretase ADAM17、Notch 效应器（如 MAML1）和靶基因（如 Sox9、Spp1 和 Hey1）的上调[124]。虽然 Notch 基因特征对于总体预后无关，但它也可以帮助选择对 Notch 靶向治疗敏感的患者，因为共享 Notch 活性特征的细胞系对于伴随增殖减少的 Notch 抑制/激活效应有反应[124]。肝细胞癌的一个亚群也在蛋白质水平上显示出 Notch 通路中表达增多[126]。这些肿瘤富含 CK19+ 和 Sox9+ 的细胞，这是拥有双表型潜能和（或）干细胞特征的胆管上皮细胞，以及祖细胞的标志物。此外，Notch 在肿瘤中的表达与患者生存率降低有关[127, 128]，并且 Notch 在肿瘤细胞中的多种表达变化与肿瘤术后复发的易感性增加有关[128]。临床前研究同样表明，Notch 可作为肿瘤治疗的靶点，因为在肝细胞癌变后的小鼠中抑制不同种 Notch 受体或 Jag1 的效应，可以抑制增殖，阻碍上皮细胞向间充质细胞转化，并且导致肿瘤负荷和迁移的减少[123]。

Notch 通路似乎也在肝内胆管癌的病理发展过程中起到关键性作用，这表明 Notch 通路在 ICC 中是第一过表达的通路[129]，并且几乎所有的 ICC 中都证实了 Jag1 过表达[130]。ICC 可以来源于胆管细胞的转化[131]或来源于完全成熟的肝细胞的转分化[132]，这两类过程都依赖于 Notch 激活[133]。有趣的是，Jag1 表达的肝巨噬细胞刺激肝细胞向胆管细胞转化，胆管癌由此发生[134]。在人 ICC 中，不同 Notch 受体的过表达已经证明与肿瘤负荷、肿瘤侵袭及预后生存率降低有关[135]。也有越来越多的证据显示，Notch 下调与肝外胆管癌和胆囊癌有关[136, 137]。

（四）肝脏修复

Notch 通路对肝脏再生/修复、调节胆管修复、祖细胞介导的肝脏修复、血管重建和纤维化极其重要。所有 Notch 受体都在肝脏中表达[138]。Notch1 和 Notch 2 主要在胆管细胞和肝祖细胞中表达，并在胆道损伤后表达增加，而 Notch3 和 Notch 4 在内皮细胞受损后表达增加[139]。有趣的是，静止的 HSC 表达 Notch1 但激活肌成纤维细胞下调 Notch1 和 Notch 抑制物 Numb，同时上调 Notch2 和 Notch 3[73, 140]。主要在肝脏中表达的 Notch 配体是 HPC、胆道细胞、HSC 上的 Jag1 及内皮细胞上的 Dll4[139]。

在肝部分切除术中肝再生的动物模型中，

Notch 通路受到上调并促进胆道和血管的再生。在肝部分切除术后，HPC 上的 Notch-RBP/Jk 激活刺激这些细胞成为胆管细胞，并阻止它们向肝细胞分化[141]。这种细胞命运的调节重现了胚胎时期形态发生，类似于由 RBP/Jk 介导的 YAP（一种已知促进肝细胞再生的因子[142]）下调，HNF1α 和 HNF4（促进肝细胞性分化的因子）抑制，以及促进胆道分化的因子（如 HNF1β 和 Sox9）上调[143]。Notch 通路也促进肝细胞再生，尽管不直接激活肝细胞中的 Notch 信号转导[144]。相反，Notch 在内皮细胞上的激活能诱导肝细胞去分化、增殖、血管重塑、肝细胞营养因子（如 Wnt2 和 HGF[145]）的释放，以及导致 HSC 激活的促纤维化因子[146]。此外，Notch 信号转导促进骨髓源性内皮祖细胞回巢，这同样是 HGF 类营养因子来源的主要途径，这类因子对肝脏增殖和肝重量恢复至关重要[146, 147]。

有关损伤 – 修复反应，HSC 以 Jag1 上调的方式对胆道受损产生应答，这促进了 HPC 上的 Notch 信号转导和向胆管细胞分化[148]。另外，在肝细胞受损后，巨噬细胞吞噬肝细胞碎片并上调 Wnt3，这会诱导 Numb 阻止 HPC 上的 Notch 信号转导并促进向肝细胞分化[148]。同样有证据显示，在胆道损伤过程中，肝细胞能通过依赖 Notch 的途径转分化为原始胆管细胞并再生胆道上皮[149]。

Notch 通路促进肝修复中的纤维化，与 Hh 通路一起发挥协调作用[73]。Notch 调节 PC 的内外运输，从而促进 Shh 信号转导[150]，并且 Shh 通过直接上调 Hes1 和 Jag2 来促进 Notch 信号转导[151]。在体内外的研究都显示 Notch 通路驱使上皮细胞向间充质样转化，这使得 HSC 转分化为肌纤维母细胞，同时促进纤维化[73, 152]。在慢性肝病患者中，Notch 激活与纤维化严重程度相关，与肝病的病因无关[153]。最后，Notch 也增强了巨噬细胞的炎症反应和形态发生过程中的 M_1 极化[153]。

（五）肝脏代谢

越来越多的证据显示，Notch 信号转导可重新配置细胞代谢通路[154]，这会对代谢综合征和癌症生物学产生影响。在脂肪代谢 / 功能中的 Notch 效应似乎根据受体不同有不同的效应。Notch 通路激活一般会阻碍脂肪组织的扩增，致使它处理能量过剩的能力减弱。Notch 同样损害脂肪功能，导致胰岛素抵抗，脂肪酸氧化减少，脂肪细胞中脂肪酸溢出，以及肝细胞中异位脂肪积累[155, 156]。矛盾的是，Notch1 激活通过上调 PPARδ 和 γ 来促进脂肪生成。有趣的是，Notch1 同样与 HSC 中生脂依赖 PPARγ 的静止表型有关[73]。超重 / 能量过剩，这两种情况与血清中游离脂肪酸的增长有关，可诱导肝细胞中 Notch 通路活性[157]。由于人 FOXO1 的 NCID 增强导致了肝葡萄糖产量的持续增长，伴随着糖异生关键酶（如 G6P 和 PCK1）的转录上调。同时，Notch 激活促进 mTORC1/raptor 脂肪生成通路，SREBP1 的上调表达调控了脂质生成的基因（如 ACC1 和脂肪酸合酶）。另外，Notch 抑制脂肪酸氧化。肝细胞中持续增长的 Notch 活性积累结果促进了胰岛素抵抗和肝脂肪变性[157]。Notch 通路也可以使代谢向癌症细胞样改变，调节线粒体功能，解除谷氨酰胺分解代谢，使细胞生长独立于外源性谷氨酰胺[154]。

（六）伴有 Notch 失调的肝脏疾病

Notch 失调在人类疾病中所起的作用一开始是在有关胆管板畸形的疾病（如 Alagille 综合征和胆道闭锁）中进行描述。然而，近来的证据显示，Notch 也与慢性肝病有关。成人原发性胆管疾病在有关 Notch 信号转导的方面存在差异。例如，PBC 相较于 PSC 有更为显著的 Notch 上调，以及更少的 Wnt 激活。胆管反应在这两类疾病中也存在差异：在 PBC 的早期过程中它反应强烈，并与胆管类标志物（Scx9 和 K-19）表达的增长而肝细胞标志物的表达减少有关[158]。NAFLD 动物模型显示，Notch 信号转导上调促使超重所致的肝脂肪变性发生[157]。在人体脂肪肝中，Notch 通路激活不仅与脂肪变的严重程度有关，而且还与肝脏疾病的严重程度相关（坏死炎症性活动和转氨酶水平）[159]。此外，Notch3 表达与胆管反应有关，Notch4 与肝窦新生毛细血管化和肝巨噬细胞激活有关[160]。

三、结论

Hh 和 Notch 是形态信号通路，这些信号通路在肝脏发育完全之后就会失活。这两种通路在成年后都会在肝脏损伤反应中被重新激活。这些通路有多种控制细胞命运的效应，因此它们被严格调控。这些调控机制的功能障碍会造成不充分或过度的通路活性，这都会导致进行性肝脏损伤。

例如，Notch 信号转导的激活不足能损伤胆道再生，从而促进进行性胆管减少和（或）胆管硬化，就像在某些原发性胆管疾病中一样。相反，Hh 通路的过度激活促进许多慢性肝病中的进行性肝纤维化，以及不同类型原发性肝癌中的侵袭性肿瘤生物学。因此，Hh 和 Notch 都渐渐作为成人肝病中的生物标志物和治疗发展的靶点。

第 44 章 细胞移植实现的肝再生和干细胞在肝脏生物学中的作用

Liver Repopulation by Cell Transplantation and the Role of Stem Cells in Liver Biology

David A. Shafritz Markus Grompe 著

何志颖 潘丽丽 李玉婷 方 婷 张文成 陈昱安 译

通过细胞移植实现肝脏再生主要基于该器官的强大再生能力。该技术相关的实验研究最早开展于 20 世纪初，主要进行了肝组织移植入眼前房内，然而移植的肝组织迅速退化并在几天内消失 [1]。20 世纪 70 年代，肝细胞移植取得了首次成功。通过将分离的肝细胞移植到 Crigler-Najjar 综合征 I 型 Gunn 大鼠模型中，移植的肝细胞可使大鼠模型的血清胆红素水平短暂降低 [2]。近年来，整个领域在确定具有再生肝脏和恢复肝脏功能潜能的细胞类型、可以实现有效再生的宿主肝脏条件方面取得了实质性进展。成人肝细胞和肝干细胞样祖细胞（干 / 祖细胞）、非肝脏来源的干细胞和祖细胞都已经探索性地应用于肝移植中。有关稳态和损伤期间肝细胞再生的研究，包括细胞可塑性（化生）、肝细胞与胆管上皮细胞之间的相互转化、临床上肝细胞移植的现状及对未来的展望，都将在本章中一一阐述。

一、肝细胞移植：基本原理和早期研究

目前，原位肝移植（orthotopic liver transplantation，OLT）是治疗获得性和遗传性肝病的唯一有效方法，尤其是当这些疾病达到终末期的时候 [3, 4]。然而，有幸接受肝移植的患者数量严重受到供体器官供应的限制。同时，肝移植手术昂贵，具有显著的发病率和死亡率，并且需要长期服用免疫抑制药。

肝细胞移植对急性肝衰竭的动物模型具有治疗作用，并且在为数不多的临床研究中已经展现出良好的应用前景 [5, 6]。此外，遗传性肝病也是细胞治疗的候选病症，该疾病往往由于单个肝细胞特异性基因（即单基因）的表达缺失或功能障碍所导致。通过用正常的肝细胞替换"病变"的肝细胞，可以发挥有效治疗效果。具体疾病包括 Crigler-Najjar 综合征 I 型、鸟氨酸转氨酶缺乏症和其他尿素循环障碍、家族性高胆固醇血症、凝血因子 VII 和 IX 缺乏症、苯丙酮尿症（无潜在肝损伤或损害的疾病）以及其他疾病，如肝豆状核变性、α_1–AT 缺乏症和血色素沉着病（该疾病存在广泛肝损伤）。在遗传性单基因肝病中，自体细胞移植极具可行性。事实上目前已经实现了通过对患者自体肝细胞进行体外基因编辑，然后在不需要免疫抑制的情况下重新移植到患者肝脏中实现肝脏功能救治 [7]。然而，为了防止门静脉高压和（或）肝梗死的发生，宿主肝细胞总量中仅有一小部分（最多 1%～2%）的肝细胞可以通过简单的肝细胞移植来取代。因此，大多数情况下，植入的治疗细胞在体内进行选择性的扩增是细胞移植的关键之一。虽然实现每种疾病治疗的阈值

有所不同，但大多数疾病通常需要至少整个肝脏 5%～10% 的细胞数量水平替代。

仅通过部分肝切除（partial hepatectomy，PH）或 CCl₄ 诱导的肝坏死刺激肝再生来尝试增加肝脏中移植肝细胞的比例，结果往往差强人意。事实上，肝细胞只需要进行 1～2 轮细胞分裂就可以取代 2/3 肝切除后的肝脏质量 [8, 9]。但重复进行 PH 或 CCl₄ 给药并不会显著提高供体肝细胞的再殖水平，这主要由于移植肝细胞和宿主肝细胞都能对这种再生刺激产生相似的反应。也有人进行了重复的细胞移植实验，然而并未显著提高移植细胞替代肝脏的效率 [10-12]。

二、肝细胞移植的临床试验

迄今为止，异体肝细胞移植的临床成效有限。1998 年，一名患有严重高胆红素血症的 Crigler-Najjar 综合征 I 型儿童通过门静脉导管输注接受了 7.5×10⁹ 个异体供体肝细胞，获得了血清胆红素的显著降低 [13]。2 年半后，虽然其胆汁中仍然可以检测到胆红素葡萄糖醛酸，但是血清胆红素已经逐渐攀升回治疗前水平（J. Roy Chowdhury，个人交流）。此外，针对患有慢性肝病和肝硬化患者进行的肝细胞移植研究，同样也成效甚微 [14]。

通过联合体外逆转录病毒基因疗法，肝细胞移植同样也被用于 5 名 LDL 受体缺陷患者的治疗 [7]。在该研究中，约有 1% 的宿主肝细胞被基因修饰的肝细胞所替换，其中几位患者的血浆胆固醇水平显示细微的下降。

最近几篇论述对全球人肝细胞移植的经验进行了总结更新 [15, 16]。虽然有些患者会进行多次成体肝细胞悬浮液注射移植，但通常情况下大多患者只进行一次注射。这些患者患有遗传性代谢紊乱疾病，包括家族性高胆固醇血症、Crigler-Najjar 综合征 I 型、凝血因子 VII 缺乏症、尿素循环缺陷、糖原储存疾病等 [14, 16]。在这些接受移植的患者中，往往可以观察到移植后早期代谢功能的改善。由于一些患者随后接受了肝移植，因此无法评估肝细胞移植的长期效果。但对于其他患者，移植肝细胞功能无法维持。宿主对移植肝细胞的免疫排斥，或是移植细胞缺乏增殖最终发生凋亡可能是导致这一结果的原因，但具体诱因还尚未确定。此外，尚无报道证实有患者随着时间的推移出现移植肝细胞的增殖或代谢功能的逐渐改善。

作为原位肝移植过渡的桥梁，肝细胞移植治疗急性肝衰竭已经取得了一些令人鼓舞的结果 [5, 6]。采用这种治疗方式的患者数量较少，疾病的病因各不相同，因此还不能对这种干预的疗效得出明确结论。从已经报道的来自几项试点研究的数据来看，许多接受肝移植的患者的血氨和脑病都有所减轻，成功地接受了器官移植 [5]。在几个案例中，患者在不需要移植的情况下恢复了健康，但也有患者死亡。

目前为止，我们认为人异体肝细胞移植是安全的，现有的数据也表明其对遗传性和获得性肝病都有部分疗效。

三、肝再生的基本要求

在正常成人肝脏中，肝细胞处于静息状态，更新非常缓慢（每年仅 2～3 次）。然而，在手术切除或广泛急性毒性肝损伤后，肝细胞会迅速进入细胞周期并增殖以恢复肝脏组织质量。在肝再生过程中，70%～90% 的残留成熟肝细胞会参与 DNA 合成和细胞分裂 [9]。肝再生是一个高度组织化的复杂过程，涉及生长因子、细胞因子、转录因子、细胞信号转导途径和细胞周期调节基因的表达（见第 45 章）[17]。许多研究表明，在没有干细胞参与的情况下，成体肝细胞的增殖活性足以在 2/3 肝切后再生肝脏 [18]。

四、肝脏大小的控制和 HIPPO 信号通路

多年来，已知肝脏大小（质量）与体重成比例，在不同哺乳动物物种中这一数值的范围在 3%～5%（见第 45 章）。在 2/3 肝切后，12～18h 内细胞开始增殖，1～2 周内啮齿动物的肝脏大小恢复正常，4～12 个月内人类的肝脏大小恢复正常。移植过小的肝脏时，它会长到宿主预期的完整大小，而当移植过大的肝脏时，与体重相比，它会减小到预期的大小（见第 45 章）。然而，

直到最近人们对如何控制这一过程还知之甚少。2007 年，Pan 及其同事发现，与果蝇 Hippo 激酶信号级联反应中的基因在发育过程中调节翅膀质量相似，哺乳动物中的相同基因控制着肝细胞的增殖[19]。果蝇 Hippo 激酶级联反应中的最后一个基因是 Yorki，其在哺乳动物中对应的基因是 YAP，当 YAP 在转基因小鼠模型中过表达时，肝细胞的增殖变得不受控制，发生肝脏过度增生，导致肝脏癌变。出生后 4~6 周内，如果关闭或阻断 YAP 的过度表达，肝脏大小就会恢复正常[19]。

YAP 在细胞质中合成并转运到细胞核，在那里它作为 TEADs、p73、RUNX2 和其他基因的转录共激活因子发挥作用。对 YAP 功能的调控通过 Hippo 信号通路中上游激酶的磷酸化实现，Mst1/2 使 Lats1/2 磷酸化，pLats1/2 使 YAP 在氨基酸 S127 处磷酸化，S127 处磷酸化的 pYAP 保留在细胞质中，随后被降解[19, 21]。YAP 是一个增殖基因，有大约 500 个已知的下游靶标，其中包括了许多影响细胞生长和细胞周期的靶标。YAP 还能激活两个抗凋亡基因 Birc2 和 Birc5，进而增加 YAP 核功能增强细胞的存活率（如通过减少 YAP 在 S127 的磷酸化）。大多数关于 YAP 在肝细胞中致瘤特性的研究都是在转基因小鼠或表达 YAP 非磷酸化突变体（YAP S127A）的肝细胞中进行的，其中 YAP 的表达或功能是组成型的，并受强启动子（如 tet 操纵子）的控制[20]。因此，目前尚不清楚 YAP 是否具有固有的致癌性，或者报道的这种表型是否是异常或不受控制的 YAP 过表达或功能的结果。

五、治疗性肝再生的动物模型

多年来，人们认为成熟的肝细胞只能经历两次或三次分裂，就会最终分化，无法进一步增殖。然而，最近一些啮齿动物模型体系研究显示，肝脏微环境的广泛改变使得肝细胞保持高增殖能力并实现有效重新再生肝脏。在这些条件下，细胞替代（再殖效率）可以达到 90% 甚至更高，为移植细胞的治疗性肝再生提供了理论依据。最初，Sandgren 等开发了一个转基因小鼠模型，在白蛋白（albumin，Alb）启动子的控制下，使得蛋白酶 uPA 仅在肝细胞中表达[22]。在该模型中，组织蛋白酶活性引起持续和广泛的肝损伤和亚急性肝衰竭，导致小鼠在 4~6 周龄时死亡。然而，有一些小鼠可以存活，存活的小鼠肝脏中有分布整个肝实质的、散在的正常肝组织结节（图 44-1A）。这些结节是通过个别肝细胞的 uPA 转基因被删除或失活所致。这些肝细胞会克隆性地成簇增殖，以取代受损组织。这些发现促使研究人员将含有 β- 半乳糖苷酶标记基因的正常肝细胞移植到 uPA 转基因小鼠体内，从而观察到了广泛的肝再生（图 44-1B）。据估计，每个移植到 uPA 转基因小鼠肝脏中的供体肝细胞，都经历了 12~14 次的细胞分裂[23]。

另一种肝再生的小鼠模型是通过靶向破坏酪氨酸分解代谢中的最后一个基因 *Fah* 生成的[24]。*Fah* 的缺失导致了酪氨酸分解过程中上游中间产物的积累，其中一些（即延胡索酰乙酰乙酸）是有毒的，会导致广泛和持续的肝损伤。*Fah* 缺失小鼠模拟了人遗传性酪氨酸血症 I 型（hereditary tyrosinemia type 1，HT1），该模型会导致广泛的肝损伤、肝细胞癌，并导致受影响个体的早期死亡。给予 2-（2- 硝基 -4- 三氟甲基苯甲酰基）环己烷 -1,3- 二酮（NTBC），即一种尿黑酸上游的酪氨酸分解代谢的药理学抑制剂，可以防止延胡索酰乙酰乙酸的积累，从而成功治疗 HT1 患者[25]。NTBC 还可以保证 *Fah* 缺失小鼠的存活，并且只有在停止给予 NTBC 时这些小鼠才会发生肝衰竭。

将同品系野生型（wild-type，wt）肝细胞移植到用 NTBC 维持的 *Fah* 缺失小鼠体内后，只能检测到零星小簇肝细胞定植（图 44-1C）。然而，如果在细胞移植后不久停止给予 NTBC，造成持续的肝脏损伤，移植的细胞就会发生广泛增殖，在 3 周内形成大的细胞簇（图 44-1D），并在 6 周内取代大部分的宿主肝脏（图 44-1E）。*Fah* 缺失小鼠在野生型肝组胞移植后数月内，肝脏保持健康，肝功能指标正常，并呈现相对正常的肝脏结构[24]。这些研究表明肝再生可有效地治疗如 HT1 这样的单基因肝病。

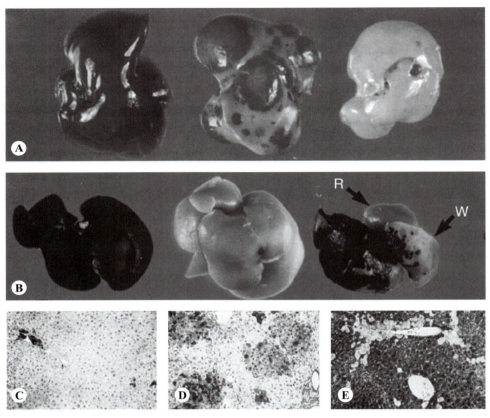

▲ 图 44-1　uPA 转基因小鼠的肝再生和肝细胞移植

A. 野生型小鼠肝脏（左），通过缺失 uPA 转基因再生 uPA 转基因小鼠肝脏（中），uPA 转基因小鼠肝脏（右）；B. LacZ 转基因小鼠肝脏（左）、uPA 转基因小鼠肝脏（中）、LacZ 肝细胞再生的 uPA 转基因小鼠肝脏（右）；C 至 E. 在 NTBC 控制下通过野生型肝细胞重新再生 Fah 缺失小鼠肝脏。FAH 免疫组织化学染色，放大 400 倍：细胞移植后 2 天（C）、3 周（D）和 6 周（E）

移植的再生肝细胞整合到宿主肝脏结构中，并表达正常健康动物所需的所有功能。在 Fah 缺失小鼠中，移植的野生型肝细胞不仅替代了 Fah 缺失的肝细胞，还可以在多达 12 只 Fah 缺失小鼠间进行连续移植，并保留完全的增殖和再殖宿主肝脏的能力 [26, 27]。在这些研究中，根据计算，连续移植的肝细胞至少经历了 69 次细胞分裂。因此，在肝脏存在严重和持续的肝损伤的情况下，小鼠肝细胞表现出无限增殖和修复肝脏功能的能力，而且较宿主肝细胞移植的肝细胞具有显著的选择生存优势。因此，在 Fah 缺失小鼠肝脏中存在的这种特殊环境下，肝细胞表现出许多干细胞的特性，但不具有超过一个谱系的分化能力，在这种情况下仅能分化成肝细胞而不能分化为胆管上皮（bile duct epithelial，BDE）细胞。

最近，又有几种小鼠肝再生模型被开发（见参考文献 [28]）。在 AFC8 和 TK-NOG 中，可以通过给予小分子药物来诱导转基因小鼠的选择 [29, 30]。野生型肝细胞也可以在表达人类 α_1-AT 突变形式的小鼠肝脏中重新增殖 [31]。同样，过表达 p53 调节因子 mdm2 的转基因小鼠可以通过移植的供体细胞进行再生 [32]。

在所有这些基于基因修饰的肝再生模型中，成体肝细胞成功实现肝再生需要两个实验条件：①肝脏处于严重的和持续的肝脏损伤中；②在宿主肝脏中，移植的肝细胞对生存具有强大的细胞自主选择优势。在 Fah 模型中，已经证明这种选择性优势是基于宿主肝细胞中 p21 依赖性的细胞周期停滞，这是由 DNA 损伤诱导 p21 表达造成的 [33]。因此，移植肝细胞获得高水平肝再生的另一个策略是利用外源性 DNA 损伤剂阻断内源性肝细胞的增殖，然后在肝再生刺激的同时移植正常的肝细胞。实现这种效果的第一种方法是使用倒千里光碱治疗大鼠。倒千里光碱是一种被肝细胞选择性吸收和代谢的植物生物碱，产生 DNA 烷基化剂，可交联细胞 DNA 并破坏肝细胞分裂[34]。当给大鼠或小鼠使用倒千里光碱或相关化合物野百合碱时，会长期抑制肝细胞的增殖。然而，DNA 受损肝细胞的基本代谢功能是可以维持的，所以动物得以存活。在倒千里光碱给药 2~4 周后，动物接受 2/3 肝切除或 CCl_4 给药，同时移植正常动物的肝细胞。这导致只有移植肝细胞能产生快速的再生反应，并在 3~6 个月内几乎完全再殖肝脏[34]。另一种促进移植肝细胞有效再生肝脏的方法是在肝细胞移植的同时，选择性地照射肝脏的某些部分并施加 2/3 肝切除、CCl_4 给药或缺血性肝损伤[35, 36]，诱发 DNA 损伤。在 X 线照射的啮齿动物中，利用 HGF 替代肝切作为肝再生刺激物[35]。类似于对宿主肝脏进行倒千里光碱或野百合碱处理，在受照射的肝小叶中，移植肝细胞在增殖上比宿主肝细胞更具优势。最近，这种方法也开始在患者体内进行探索[37]。然而，接受这种肝脏处理并在患者肝脏中实现选择性肝再生的明确数据还尚未公布。

六、异种再殖的模型

通过移植肝细胞实现广泛的肝脏再殖同样也适用于人肝细胞。由于人肝细胞会被其他动物排斥，这就需要选用免疫缺陷的受体或用药物实现免疫抑制。能够容纳人肝细胞的小型啮齿动物（肝脏人源化小动物）不仅可以作为细胞治疗的试验平台，而且还可以用于多种临床前药物的研究，包括药物代谢模型、感染性疾病（包括疟疾、乙型肝炎、丙型肝炎、基因治疗和毒理学等）[28]。目前已经报道了三种能够支持人肝细胞在小鼠肝脏中广泛再殖的小鼠模型（见参考文献 [28]）。这三种模型都已商品化，正在被制药行业和学术界用于临床前实验研究。2001 年，Dandri 等首次表明免疫缺陷的 uPA 转基因小鼠可以植入人肝细胞，并用作乙型肝炎研究的模型[38]。随后，该模型得以进一步开发以实现人肝细胞的广泛再生，再殖水平高达 90%[39]。*Fah* 基因敲除小鼠在与重度免疫缺陷背景小鼠杂交后，也可以广泛再殖各种来源的人体细胞（图 44-2）[40]。该模型的优点是肝损伤不是组成性的，而是可以通过药物 NTBC 控制来实现。最近，又出现了第三种异种再殖模型：TK-NOG 小鼠[30]。所有这些模型都具有评估移植细胞是否具有治疗潜力的用途，这些细胞包括原代人肝细胞及干细胞衍生物等。

七、干细胞：起源、特性和移植

从实验性细胞移植模型中观察到的前景性结果，对于临床上获得可使用的细胞来源具有相当大的意义。历史上曾经使用从成人供体分离的肝

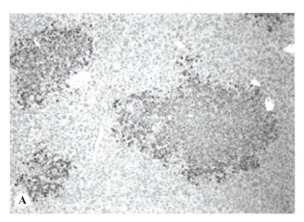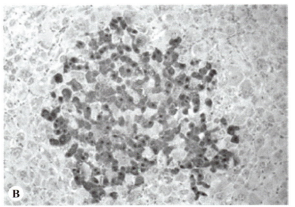

▲ 图 44-2 Fah$^{-/-}$/Rag2$^{-/-}$IL-2rg$^{-/-}$ 小鼠移植原代人肝细胞 6 周后的肝再生
A. 低倍；B. 高倍

细胞进行移植。然而，由于手术技术和围术期管理的改进，目前已经大大增加了可直接用于移植的采集肝脏的比例，在临床场景中来自尸体供体的肝细胞可用性甚至比整个器官的原位移植更受限。因此，人们对可再生和可扩增的细胞来源（如干细胞）开展重建肝脏的研究给予了广泛的关注。现已探索的几种干细胞作为移植的潜在肝细胞前体细胞，包括胎肝干细胞、多能干细胞来源的肝细胞和成体肝干 / 祖细胞。虽然在胎儿期能产生胆管上皮细胞和肝细胞的双潜能干细胞 – 肝母细胞（肝祖细胞或成肝母细胞）的存在已被广泛接受，但真正的成体肝干细胞的概念目前仍存在争议。现有的许多关于肝干 / 祖细胞的文献可以通过细胞可塑性来解释[41]。我们将回顾有关肝干细胞的文献，随后讨论细胞可塑性作为已发表数据的可能替代机制，以及近期使用基因修饰

的肝细胞促进增殖 / 再殖潜力的研究[21]。

在胚胎形成时期，最早的干细胞来源于囊胚的内细胞团，并且具有多能性（能够分化为哺乳动物种属中的所有细胞类型）；这些细胞通常被称为胚胎干细胞[42]。这些细胞产生成体干细胞，随后分化为组织特异性专能干细胞[42-44]。后者产生谱系定向祖细胞，其增殖并分化为成熟的表型，最终成为不同器官中具有组织特异性的功能细胞（图 44-3）。通过细胞移植重建造血系统的研究和其他经历快速且持续再生的组织（如皮肤和肠上皮）的细胞更新研究，干细胞已被证明表现出四种基本特性：①它们具有维持自身即自我更新的能力，同时分化为成熟细胞表型的子代，这被称为不对称细胞分裂[45, 46]；②它们具有多潜能性，即能够在至少两个谱系中产生分化细胞；③其子代细胞稳定，能重建器官，并在组织中长

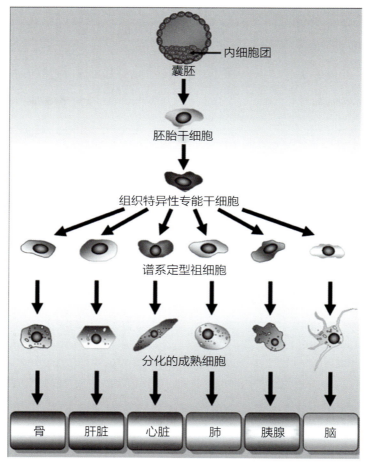

▲ 图 44-3　干细胞和组织分化

期保持功能；④由于其自我更新的能力，干细胞可以通过连续的宿主进行序贯移植。

八、胎肝干细胞/祖细胞的肝脏再生

在大鼠和小鼠胚胎发育的第11～15天，出现双潜能的肝上皮细胞，即肝祖细胞(见第2章)。这些肝祖细胞共表达成体肝细胞标志物（Alb）、胆管细胞标志物（CK19）和AFP。对假定干细胞的测试证明其在体内具有自我更新的能力和长期功能性再殖组织或器官的能力。Sandhu等报道2/3PH条件下移植野生型ED14胎肝上皮细胞在DPPIV⁻突变体F344大鼠肝脏中的再殖效率为5%～10%。移植细胞再殖肝脏的效率在6个多月中逐渐增加，并且大部分再殖簇中包含肝细胞和成熟胆管细胞。移植细胞整合到宿主肝实质中，与宿主肝细胞形成混合性胆小管。因此，移植的ED14大鼠胎肝上皮细胞表现出肝干细胞的三种

主要特性：①广泛增殖；②双向分化潜能；③体内长期再殖能力[47]。在非选择性宿主肝脏环境中，通过移植大鼠胎肝细胞实现了肝脏重建，但启动该过程需要肝大部分切除。这与造血干细胞的研究一致，除非宿主骨髓几乎完全清除，否则不会发生造血重建。

在ED14大鼠胎肝中存在三种不同的上皮细胞群，AFP和Alb阳性而CK19阴性，AFP、Alb和CK19均阳性，CK19阳性而AFP和Alb阴性[48]。ED16时，AFP⁺/Alb⁺/CK19⁺细胞数量急剧下降，之后大鼠胎肝细胞的肝脏再殖潜力也显著下降[47]。在非选择性条件下，即在正常肝脏中，通过简单增加ED14胎肝细胞的移植数量，其肝脏再殖水平也可增加至20%～25%（图44-4）[49]。再殖水平持续增加长达1年，达到整个肝脏平均30%左右，并在动物的整个生命周期中保持稳定[50]。这表明宿主器官中移植的胎肝上皮细胞出现数千

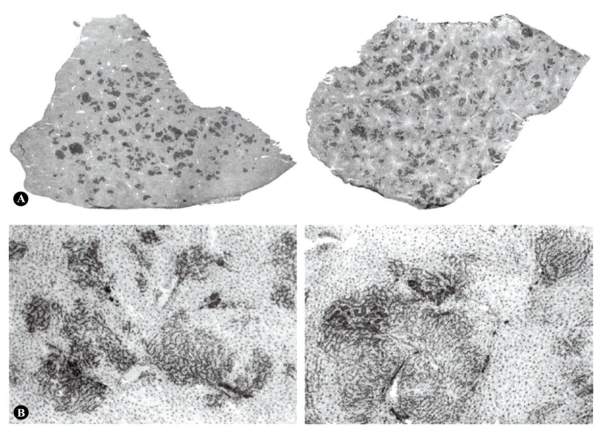

▲ 图 44-4 胎肝干/祖细胞对正常成年大鼠肝脏的再殖

A. ED14胎肝细胞再殖整个大鼠肝脏的2个示例；B. 在较高放大倍数下，再殖肝脏的选定区域显示肝细胞和成熟胆管结构

倍扩增。肝索和成熟胆管均由移植的胎肝细胞形成，移植细胞的后代在各自的细胞类型中表达正常水平的肝细胞和胆管细胞基因[49, 51]。由于目前尚未证明胎肝上皮细胞具有连续移植能力，它们被称为胎肝干 / 祖细胞，而不是干细胞。

大鼠 FLSPC 的肝脏再殖机制已被证明是移植细胞和宿主肝细胞之间的细胞竞争[49]，这一过程在果蝇的翅膀发育过程中得以描述[52, 53]。这些冷冻保存的细胞在复苏后具有完全再生正常成体肝脏的能力[54]，并且通过免疫磁珠的选择，大鼠 FLSPC 富集纯度达至 95%[51]。

九、成体肝脏干细胞

尽管许多研究声称已从成体肝脏中鉴定、分离和纯化了肝干细胞，但大部分证据是来自体外培养克隆形成的上皮细胞[55-60]。这些细胞是否代表真正的体内具有双向潜能的干细胞仍不确定。在小鼠中，所有报道的肝脏"干细胞"标志物也存在于胆管上皮细胞中，因此在成年小鼠肝脏中是否存在能区别于胆管上皮细胞的真实干细胞仍有待确定。目前，已发表的关于双潜能肝干细胞存在的数据都可以用细胞可塑性来解释，即肝细胞向胆管上皮细胞的命运转化，反之亦然[41]。然而，在大鼠中，经典实验提示了一种特殊的成体肝干细胞。与小鼠不同，肝损伤后 AFP 在导管源性细胞中表达[61]。结合 ^{3}H 胸苷脉冲标记和追踪，随着 ^{3}H 标记细胞分化为嗜碱性肝细胞（Alb 呈强

阳性），AFP 表达降低[62]。因此，AFP 可以被认为是大鼠干细胞 / 祖细胞的特异性标志物。

十、肝干细胞"龛"

假设双潜能干细胞确实存在，问题仍然是它们驻留在哪里[61]？干细胞"龛"的最初概念是从干细胞驻留在诱导其分化的"诱导微环境"的组织这一概念演变而来[63, 64]。最近，干细胞龛被进一步描述为"组织中干细胞可以无限期驻留并产生子代细胞同时自我更新的特定位置"[65]。局部的基质细胞和其他细胞外环境因素将干细胞吸引到这些生态位并影响其行为，即基因表达程序、增殖和（或）分化，并且已在骨髓、脑、皮肤和肠黏膜中发现了此类生态位[66-70]。

目前，肝干细胞龛最有可能的候选部位是 Hering 管（图 44-5）。Hering 管在 100 多年前就被确定为连接肝细胞小管系统和胆道系统的管腔通道[71]。这些通道含有小的未分化上皮细胞[72, 73]，它们的一个膜边界与肝细胞直接物理连续，另一边界与胆管细胞直接物理连续，形成导管样结构，包围管腔（即导管）（图 44-5B）。在大多数肝脏结构模型中，Hering 管被描述为仅限于门静脉空间的非常有限的结构。然而，在人体中进行的研究表明，Hering 管比以前认为的结构要复杂得多，并延伸到肝实质中[73, 74]。这些结构包含表达胆管和胎肝标志物（AFP、HepPar1、CK19）的上皮细胞，因此被认为代表"兼性肝

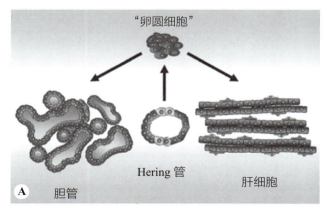
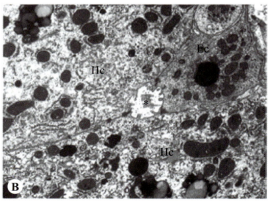

▲ 图 44-5　A. Hering 管作为拟定的肝干细胞"微环境"，导管内的"卵圆细胞"是肝细胞和胆管的前体；B. Hering 管的电子显微照片，Hering 管（*）由 2 个成熟的肝细胞（Hc）和 1 个未分化的上皮细胞（Ec）包围

干细胞"[73, 75]。

十一、"卵圆细胞"作为肝祖细胞

Farber 提出术语"卵圆细胞"一词，用于描述经致癌物乙硫氨酸、α- 乙酰氨基芴（2-AAF）和 3- 甲基 -4- 二乙氨基苯处理后大鼠门静脉周围区域出现的非实质细胞。诱导"卵圆细胞"增殖的其他方法是用 D- 半乳糖胺[77, 78]或烯丙醇[79]处理大鼠。在这些模型中，细胞在成体肝脏中被诱导出来，具有一个小的、椭圆形的、浅染的蓝色细胞核，以及非常少的轻度嗜碱性细胞质。Farber 不认为"卵圆细胞"是肝祖细胞，但 Thorgeirsson 及其同事[61]证明，用 2-AAF 处理大鼠，再进行 2/3PH 后，"卵圆细胞"在门静脉周围区域诱导增殖，随后分化为不同的嗜碱性肝细胞簇。通过使用 ^{3}H 胸腺嘧啶脉冲标记肝脏已经证实，随着时间的推移，标志物从门静脉周围的"卵圆细胞"发展到中间部位肝实质的肝细胞簇，其胆管（CK7 和 CK19）和肝细胞（AFP 和 ALB），标志物表达呈现时间动力学模式[61, 62]。其他间接证据表明，"卵圆细胞"是肝祖细胞，其表达 c-kit[80]、CD34[81]、flt3 受体[82]和 LIF[83]，所有这些都已知在造血干细胞或直接衍生物中表达。

在大鼠 2-AAF/PH 模型中的研究证明，增殖的"卵圆细胞"位于 Hering 管中[84]。Thorgeirsso 及其同事[85]进行了广泛的免疫组织化学和超微结构研究，他们证明了由 2-AAF/PH 诱导增殖的"卵圆细胞"来自 Hering 管中的未分化细胞。之后，它们穿过导管界板层状基底膜的不连续处，并在进入肝实质时与肝星状细胞结合，增殖和分化为肝细胞。

小鼠卵圆细胞诱导方法，包括胆碱缺乏（choline-deficient, CD）/ 乙硫氨酸替代饮食[86, 87]，双吖丙啶氧膦哌嗪[88]或 DDC 处理[89]。然而，它们的有效性一直存在争议，因为多个研究小组已经表明，这些模型中出现的"卵圆细胞"通常缺乏双潜能性[90]。

"卵圆细胞"在正常肝脏生理学和细胞更新中的作用尚未确定。然而，在肝细胞增殖受损情况下出现肝损伤时，"卵圆细胞"被诱导增殖。在大鼠中，这些细胞表现出祖细胞的许多特征，快速分裂并分化为肝细胞和 BDE 细胞。

众多研究一直试图为"卵圆细胞"建立特异性标志物以将其与成熟肝细胞和胆管上皮细胞进行区分，从而确定其谱系起源（中胚层或内胚层），但结果相互矛盾。研究者们普遍认为"卵圆细胞"表达常见的肝祖细胞标志物，如肝祖细胞的 AFP、Alb 和胆管祖细胞的 CK19（以及大鼠的 OV6）。最初认为它们表达造血干细胞标志物 c-kit、CD34 和 Thy1[80, 81, 84, 92]，但随后的研究中报道，胎肝祖细胞和"卵圆细胞"对这些标志物均呈阴性[75, 93, 94–96]。

如果"卵圆细胞"确实是干细胞或肝祖细胞，它们应该能够在移植后再生肝脏。约 30 年前，Faris 和 Hixson[97]报道，从饲养 CD、用 2-AAF 处理的大鼠肝脏中分离出"卵圆细胞"，然后移植到次级宿主肝脏，并在接受 CD 饲养的受体中产生具有肝细胞表型的"集落"或细胞簇，但在接受正常饮食的受体中则没有出现这种现象。然而，移植 CD/2-AAF"卵圆细胞"的肝脏再殖水平尚未确定。从 D- 半乳糖处理的大鼠肝脏中分离的"卵圆细胞"移植到 2/3PH 的大鼠肝脏后，也会增殖和分化为肝细胞[98]。从接受铜螯合剂处理的大鼠萎缩性胰腺中分离的导管样上皮细胞在移植到正常大鼠肝脏后也适度增殖并分化为肝细胞[99]。正常小鼠分离的胰腺细胞也再殖 Fah 缺失小鼠的肝脏[100]。从喂食 DDC 的小鼠肝脏中分离的"卵圆细胞"也能再生 Fah 缺失小鼠的肝脏，但再殖效率低于成熟肝细胞[101]。同样，DDC 饮食维持的 GFP 转基因小鼠的"卵圆细胞"也能再殖用野百合碱和 PH 联合处理的野生型小鼠的肝脏[102]。其他研究也表明，在接受倒千里光碱处理的大鼠[75]及 Fah 缺失的小鼠[60]中，纯化的"卵圆细胞"都能有效地实现肝脏再殖，但在肝脏正常的动物中则没有这一现象。大量研究报道，从小鼠、大鼠以及人类中分离出的"卵圆细胞"系具有克隆生长能力和双向分化潜能，还能在体外和体内表现出其他干细胞和祖细胞的特征（见参考文献 [18]）。这为这些细胞系的基本生物学特性提供了有价值的信息，但是一般来说，移植的

"卵圆细胞"系在体内的再殖效率很低。

十二、人类"卵圆细胞"和干细胞

广泛慢性肝损伤或次大面积肝坏死患者的肝组织中已经描述了"卵圆细胞"激活的人类细胞，即所谓的"胆管反应"（见参考文献 [103]）。"胆管反应"由胆管阵列中的细胞集合组成，其形态学外观和免疫组化标记与啮齿动物"卵圆细胞"中发现的细胞相似。这些细胞主要存在于门管区，并延伸至实质，表达肝细胞和胆管标志物，也表达某些神经内分泌基因 [103-106]。Zhou 等 [107] 使用双标记和三标记免疫组化技术表明，"胆管反应"由双极样结构特征的细胞组成，细胞的一极表现出肝细胞形态和基因表达特征（HepPar1 或 HepPar1/NCAM），另一极表现出胆道形态和基因表达特征（CK19 或 CK19/NCAM），而中心未分化的上皮细胞只表达 NCAM。在妊娠 4 周时，人类胎儿肝脏中也发现了具有类似形态和免疫组化特性的细胞 [108]。

许多研究者已经分离、培养和（或）传代了具有双向分化潜能的人胎肝细胞，其中一些研究已经证明移植到重度联合免疫缺陷（server combined immune-deficiency，SCID）小鼠或裸鼠中，这些细胞能分化为肝细胞 [109-111]。Schmelzer 等 [55] 已经从人类胎儿、新生儿和儿童肝脏中鉴定出了两种具有干细胞特性的克隆性肝上皮细胞群体。虽然这些细胞在体外是祖细胞样的，可以广泛扩增，但它们在体外或移植后高效生成功能性肝细胞的能力仍未得到证实。

在肠道中，一类自我更新的经典干细胞位于肠隐窝的底部，可以通过 Wnt 靶基因 Lgr5 的表达来定义 [112]。Clevers 及其同事开发了允许这些干细胞克隆扩增的组织培养条件，并能够从源于单个 Lgr5+ 细胞的"类器官"中获得所有成熟的肠道细胞类型 [113]。他们将类似的组织培养条件应用于其他的内胚层组织，包括肝脏、胃和胰腺，并且能基于小鼠和人类细胞培养出永生的 Lgr5+ 肝脏类器官 [56, 57]。起源细胞具有胆管表型，并且肝脏类器官在表型上一般为胆管细胞型。尽管如此，它们可以在培养中诱导表达肝细胞标志物 [56, 57]。移植后，它们可以产生真正的肝细胞，但效率很低。克隆来源的 Lgr5+ 细胞的未来潜力见第 77 章。

十三、成熟上皮细胞的可塑性、转分化和克隆亚群

在历史文献中，很多关于肝损伤反应的数据被解释为现有成熟上皮细胞（肝细胞或胆管细胞）的增殖或兼性干细胞的激活。然而，最近胆管上皮细胞和肝细胞之间的可塑性和转分化现象已经得到更多的重视和实验证明。一些研究表明，以前所认为的来自兼性干细胞的增殖性胆管细胞，实际上并不是小鼠卵圆细胞损伤的几个经典模型中肝实质再生的来源 [90, 114-116]。相反，已有研究明确表明成熟的肝细胞可以高效地转化为胆管细胞样细胞 [115]，甚至形成一个功能胆道树 [117]。肝细胞衍生的胆管可以广泛增殖，并保留在损伤消退后向原细胞（肝细胞）转化的能力 [115]。在损伤条件下，肝细胞分化为胆管上皮细胞的能力也在一些大鼠模型中得到了很好的证明 [118, 119]。这些研究利用最近发展的谱系追踪技术来确定不同生理和病理状态下肝组织细胞的来源（见第 85 章）。

综上所述，这些发现提出了一个问题，即之前报道的双潜能干/祖细胞和卵圆细胞是否也可能是转分化的肝细胞，而不是胆管起源的干细胞。最近的一些论文利用了肝细胞的这种可塑性。成熟肝细胞在培养中不能有效地扩增，而转分化的肝细胞可以广泛生长 [120]。令人兴奋的是，这些细胞保留了重新分化为成熟肝细胞的能力，并在移植中发挥作用。

虽然在大多数经典的小鼠卵圆细胞文献中，非肝细胞显然不是新肝细胞的来源，但涉及 p21 激活和成熟肝细胞衰老的新损伤模型表明，胆管上皮细胞可以转分化为肝细胞 [32, 121, 122]。因此，转分化现在被证明是双向的。如果胆管细胞可以产生肝细胞，反之亦然，那么问题来了：成人肝脏中是否存在典型的干/祖细胞，或者是否所有的再生都可以用成熟上皮细胞的可塑性来解释？

可塑性概念带来的一个重要问题是，是否所

有成熟的上皮细胞都具有同等的增殖能力和可塑性。最近，一些实验室已经证明了成年小鼠肝细胞的异质性[123, 124]，这再次提出了存在"肝干细胞"的声明。此外，各胆管细胞亚群的增殖能力也存在显著差异[125]。

十四、通过肝外和胚胎干细胞实现的有限肝脏再殖

各种研究报道了从骨髓（bone marrow，BM）释放进入循环的细胞，可迁移到肝脏并分化成肝细胞。然而，这种情况发生的程度和所涉及的机制仍然存在很大争议（见参考文献 [126-128]）。造血细胞再殖肝脏的估计值差异很大，范围为小于 0.01%～40%。最初，Petersen 等报道将来自DPPIV+ F344 大鼠的骨髓干细胞移植到亚致死辐照的 DPPIV- F344 大鼠体内，再殖骨髓后这些细胞迁移到肝脏，并通过肝脏"卵圆细胞"祖细胞途径"转分化"为肝细胞[129]。这一机制曾经被普遍接受，直到 Wang 等[101]应用 lacZ 标记的研究表明，骨髓细胞没有进入 DDC 处理的野生型小鼠的"卵圆细胞"池，或者说它们没有在继发的 Fah-/- 小鼠受体中通过"卵圆细胞"促进肝脏再生。Menthena 等[130]也表明，移植到 DPPIV- 大鼠中的 DPPIV+ 骨髓细胞对三种不同模型系统的"卵圆细胞"的贡献小于 1%：① 2-AAF/PH；②倒千里光碱/PH；③ D- 半乳糖诱导的肝损伤。

在 Fah-/- 小鼠及其他模型系统中，已经证明细胞融合和重编程（而不是转分化）是造血细胞获得肝细胞表型的机制。细胞培养的初步研究表明，骨髓细胞和神经元细胞可以与 ESC 融合[131, 132]。Wang 等[133]和 Vassilopoulos 等[134]随后发现，造血干细胞与 Fah 缺失小鼠的肝细胞融合，产生表达缺失酶的细胞，这些细胞之后大规模扩增去恢复肝脏的质量和功能[133, 134]。造血细胞与神经元或肌肉细胞之间也会发生融合[135, 136]，而且已有研究表明，骨髓单核细胞可以与肝细胞[137, 138]或肌肉细胞[139]融合，产生表达两种亲本细胞类型基因的体细胞杂交体。

其他研究报道，骨髓来源的细胞分化为肝细胞似乎不需要融合[140-142]。人脐带血中的未分

离或 CD34+ 富集组胞[143-146]、多潜能成体祖细胞（multipotent adult progenitor cells，MAPC）[147, 148]或间充质干细胞[149-153]已被移植到免疫缺陷小鼠的肝脏中。这些移植的细胞表现出分化的肝细胞表型[143, 154]，但肝脏再殖水平依然非常低。一些研究报道，从脂肪组织中分离的间充质干细胞在培养中沿着肝细胞谱系分化，也可以移植到肝实质中并促进肝脏再生[155, 156]。一项研究[156]报道了间充质干细胞分化的肝细胞移植后形成大的肝脏再殖簇，但这需要倒千里光碱处理。这些研究很有前景，但间充质干细胞在更常见的、临床可行的情况下再殖成体肝脏的能力尚未建立。

十五、多能干细胞（ES 和 iPSC）

由于其强大的增殖能力，多能干细胞是一个极具吸引力的潜在移植肝细胞来源。这些细胞不仅可以无限增殖，而且还能分化为多种不同的成熟细胞[42]。直到 2007 年，ESC 一直是人类多能细胞的唯一来源，而且在伦理上存在争议。然而，目前多能性干细胞可以从体细胞直接遗传重编程获得，如真皮成纤维细胞[157, 158]。通过添加特定的细胞因子和生长因子，培养的多能干细胞（包括 ES 和 iPSC）可以沿着内胚层和肝细胞谱系被诱导分化[159-166]。第一步通常涉及使用激活素 A 诱导定型内胚层形成。不同的实验室已经制定了许多略有不同的分步分化方案，以获得成熟肝细胞作为最终产品为目标[159, 166]。历史上，以这种方式产生的细胞表达典型的标志物，如 Alb，但通常也表达 AFP。近期的方案产生了不表达 AFP 但表达多种成熟肝细胞标志物的细胞。尽管如此，全基因组表达分析表明，这些肝细胞样细胞并非完全成熟，并且与人原代肝细胞有显著不同。这种细胞可以移植到免疫缺陷的受体肝脏中，能够分化成表达成熟肝细胞[165, 166]和胆管上皮细胞标志物[16]的细胞。然而，多能干细胞分化的肝细胞获得的肝脏再殖水平普遍较低，而且功能测试（如血液白蛋白测量）未能证明其与原代肝细胞具有等效性[167]。当细胞移植 MUPuPA/SCID 小鼠时，再殖水平略微提高[166]。到目前为止，所有的多能干细胞分化方案只产生"肝细

样"细胞，而不是功能完全的、成熟的、可移植的、等同于成体肝脏分离的肝细胞。即使使用表面标志物（如唾液糖蛋白受体）选择了更成熟的"肝细胞样"细胞进行纯化[167]，这种方法也不能产生完全成熟的供体细胞。在未来，希望开发谱系特异性多能衍生物的培养条件，使其治疗效果等效于原代肝细胞。

十六、直接重编程

由于真皮成纤维细胞可以通过多能的中间阶段生成肝细胞样细胞，一些研究小组报道了将体细胞直接重编程为肝细胞样细胞，并将其命名为 iHep，即诱导肝细胞[168-172]。使用细胞类型特异性转录因子混合物的直接重编程（转分化）概念，最初发展自神经元[173]。对于肝脏，Hnf4α 加上 Foxa1、Foxa2 或 Foxa3 的组合，成功地用于直接将成纤维细胞转化为可移植的肝细胞样细胞[171]。此后不久，就有研究报道了使用类似的因子组合（FOXA3、HNF1α 和 HNF4α）从人类细胞中生成 iHep 的工作[170]。虽然人类 iHep 在啮齿类动物和其他动物身上的移植相当成功，但是肝脏中的再殖细胞并没有完全分化[174]。尽管如此，这些细胞的功能可能已经足以用于体外生物人工肝装置（bioartificial liver device，BAL）（Lijian Hui，个人交流），也许进一步的发展最终会使它们在未来的人体移植中发挥作用。

十七、骨髓细胞在肝脏再生中的其他作用

已有多项研究报道，在小鼠慢性肝损伤过程中，注射骨髓来源的干细胞可以通过促进肝纤维化的降解来恢复肝功能[175, 176]。这与金属蛋白酶的诱导有关，尤其是 MMP-2、MMP-9 和 MMP-13[177]。有报道称，在肝损伤时将骨髓衍生的内皮祖细胞（endothelial progenitor cells，EPC）注入脾脏，细胞进入肝脏后形成新的血管，并分泌生长因子 HGF、TGF-α、EGF 和 VEGF 等刺激肝再生，大大提高肝损伤动物的存活率[178]。因此，骨髓干细胞在肝再生中的作用可能是为产生新的肝实质提供支持，在某些情况下，它们也有助于缓解

肝纤维化。

十八、在正常肝脏微环境中使用体外转基因肝细胞再殖肝脏

在正常的生理环境下，双潜能胎儿肝祖细胞可以再殖肝脏。出于伦理上的考虑，使用成体肝细胞达到这一目的可能更加合适。然而，到目前为止，成体肝细胞带来的显著肝脏再殖需要宿主肝脏广泛和持续的遗传、物理或化学损伤。如果移植细胞事先经过了基因修饰，能够提供与宿主肝细胞相比更强的增殖和（或）生存优势，那么大量没有潜在或持续肝损伤的单基因肝疾病可以通过移植正常成体肝细胞来治疗。

Shafritz 及其同事发现，Yap1 和抗凋亡的 BIRC5（生存素）基因在 ED14 大鼠胎肝细胞中高表达[21]。基于这些发现，他们将 hYap 基因连接改良的雌激素受体基因（ERT2），转导正常成体肝细胞，其功能可以通过他莫昔芬来控制。因此，hYapERT2 的表达 / 功能及肝脏再殖将会受到他莫昔芬的调控[21]。将 hYapERT2 序列整合到慢病毒载体中，转导入正常成体肝细胞后，产生稳定的 Yap 表达。在连续喂食他莫昔芬 6 个月后，DPPIV-Fischer（F）344 大鼠移植系统达到 8%～10% 的肝脏再殖（图 44-6）。再殖受到他莫昔芬的严格控制，移植的肝细胞扩增成大量形态正常的肝细胞簇，并融入宿主肝实质板，没有证据表明产生了异常增生、去分化或肿瘤发生。

使用 Yap 刺激细胞增殖的一个主要隐患是存在潜在的致瘤风险。Peterson 等最近的一项研究[180]显示，在 DPPIV 模型系统中，移植的 hYapERT2 转导肝细胞，在连续他莫昔芬喂养 1 年后，再殖效率为 10%～20%，没有证据表明有肿瘤发生，并且再殖存在细胞竞争机制，正如之前在 ED14 胎肝细胞中发现的那样[49]。将 hYapERT2 转导的 Wistar RHA 大鼠肝细胞移植到高胆红素血症的 Gunn 大鼠肝脏中，在连续 6 个月的他莫昔芬喂食中，血清胆红素逐渐下降 70%～80%，肝脏再殖效率与之相当。如果在肝细胞移植后 6 个月开始喂食他莫昔芬，血清胆红素水平在接下来的 6 个月里逐渐下降，其下降斜

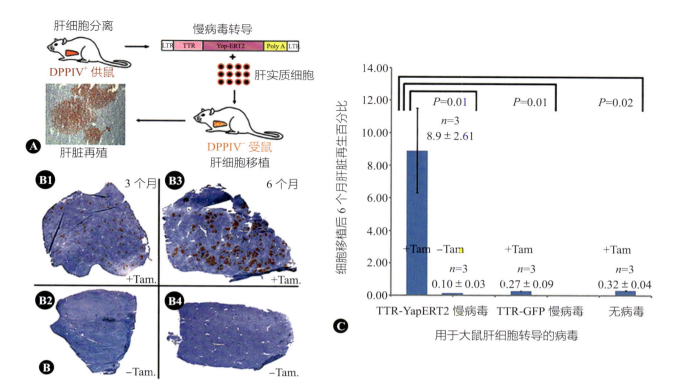

▲ 图 44-6 **A.** 肝细胞移植方案。**B.DPPIV** 酶组织化学染色检测 **DPPIV⁻** 受鼠肝脏中 **TTR-hYapERT2** 慢病毒转导的肝细胞。在他莫昔芬喂养的大鼠进行细胞移植后 **3** 个月，**DPPIV⁺** 细胞簇清晰可见（**B1**）。在没有他莫昔芬喂养的情况下，移植的细胞簇不明显（**B2**）。在移植 **TTR-hYapERT2** 慢病毒转导的肝细胞 **6** 个月后，他莫昔芬喂养的大鼠中 **DPPIV⁺** 细胞簇面积更大，在某些情况下占据了整个肝小叶（**B3**）。在没有他莫昔芬喂养的情况下，移植的 **DPPIV⁺** 细胞仍然不可见（**B4**）。**C.** 采用扫描数字图像技术对移植经 **TTR-hYapERT2** 慢病毒、**TTR-GFP** 慢病毒转导或未转导的肝细胞的 **DPPIV⁻** 大鼠进行肝脏再殖程度定量。大鼠均在他莫昔芬喂养（**+Tam**）下维持，或移植 **TTR-hYapERT2** 慢病毒转导肝细胞的大鼠采用正常饲料（**−Tam**）维持

率与细胞刚移植就开始喂食他莫昔芬观察到的斜率相同。如果 DPPIV⁻ 大鼠移植 hYapERT2 转导的肝细胞，在肝脏再生 6 个月后去除他莫昔芬，肝脏再殖水平在正常饮食 6 个月后没有下降。因此，移植的肝细胞能长期存留在肝脏中。这些研究为转基因肝细胞移植提供了希望，为特定的肝脏疾病提供了治疗途径。

十九、未来视野

肝脏中干细胞基础生物学的许多问题仍未解决，包括在成体肝脏中是否存在肝干细胞这一至关重要的问题。大多数的数据表明，除肝细胞本身外，其他细胞也有可能产生新的肝细胞，而且这些前体存在着肝内来源。然而，它们的确切性质和位置仍然不清楚，导致它们被激活的分子机制也不清楚。这种不确定性很大程度上与缺乏能够准确识别复杂的细胞异质性的标志物有关。然而，细胞表面标记和遗传谱系追踪工具现在可以解决这些问题。因此，当前对抗原定义和基因标记的细胞进行生物学研究是可行的，而且有可能解决其中一些难题。此外，目前多能干细胞提供了在培养皿中开展发育生物学研究的机会，为研究肝谱系发育的分子机制提供了诱人的模型。

尽管在过去的 10～15 年里，对于移植肝细胞再殖肝脏的可能性已经取得了实质性的进展，但仍有许多问题需要进一步研究。控制移植细胞进入肝脏并回归到正确生态位的因素，调控移植细胞增殖和分化为器官功能所需要的特定表型的

因素，以及能够实现有效肝脏替代的特定宿主条件，这些还都有待确定。

治疗性肝脏再殖的最佳起点可能是伴随持续肝损伤的遗传疾病，持续肝损伤有望诱导或增加移植细胞在宿主肝脏中的增殖。肝豆状核变性就是一个很好的例子，移植的细胞可能有一定的选择优势[179]，因为它们不会储存高水平的铜。另一个例子是 α₁-AT 缺乏症，在这种情况下，突变的 α₁-AT 不能从细胞中分泌出去而导致肝损伤，但损伤程度比 uPA 转基因小鼠要小得多。最令人鼓舞的是，最近的一项研究成功地实现了正常肝细胞对 α₁-AT 缺乏症小鼠模型的肝脏的再殖[31]。

到目前为止，很少有患者接受胎肝细胞的移植。对大鼠的研究表明，这些细胞有能力在宿主体内增殖，用功能肝细胞大量替换宿主肝细胞，而且分化细胞的肝功能能够长期维持[50]。这需要在移植细胞时有肝脏增殖刺激或肝脏损伤，但除了能够通过细胞竞争取代宿主肝细胞外，这些细胞没有其他的选择优势。使用儿童或成人尸体肝脏或其他来源（如骨髓、脐带血、ESC 或 iPSC）的干细胞成为一种可能，也可以使用经过培养的人胎儿细胞或经修饰的成体肝细胞以促进细胞在宿主中植入和增殖，但这将需要大量额外的研究。已经建立的细胞系，包括 ESC、iPSC、胎肝细胞和"卵圆（祖）细胞"，这些细胞也表现出干 / 祖细胞特性，在体外和体内分化为肝细胞和（或）胆管。然而，在目前的技术水平下，这些细胞系在正常肝脏中只显示出有限的再殖。为了进一步推进肝脏细胞治疗领域，有必要找到使来自 ESC、iPSC、胎儿肝脏或成人肝脏的细胞和细胞系在培养中扩增的条件，并在临床可接受的条件下成功地再殖肝脏。利用新兴的三维或"类器官"培养条件来维持和扩大肝源性细胞或肝系细胞将有助于推进这一领域的研究（见第 77 章）。虽然我们还没有做到这一点，但通过治疗性细胞移植来恢复肝功能未来可期。

致谢 作者要感谢 Anna Caponigro 协助准备手稿，以及阿尔伯特爱因斯坦医学院的前同事 Irmin Sternlieb 博士向 D.A.S. 提供了说明 Hering 管的电子显微照片。

第 45 章　肝再生
Liver Regeneration

George K. Michalopoulos　著

董　磊　刘春艳　韩丛薇　陈昱安　译

肝脏是人体内最大的器官，其功能是作为胃肠道吸收的各种物质进入机体及代谢加工的门户；同时也是维持机体稳态的主要生化传感器，对从肠道吸收的物质进行分类处理，以便进一步地储存、清除、转化为其他类型的有机化学物质，或包装输送到血液中供全身利用。一定程度上，肌肉主要利用脂肪酸供能，大脑主要利用葡萄糖供能，而肝脏则控制着这两种营养物质的可利用度。肝脏作为所有机体组织代谢的"供给者"所起的关键作用，可能是肝脏重量和体重之间建立密切关系的原因。而身体状况的变化（如恶病质、青春期、妊娠、慢性疾病等）通常会导致"肝脏 / 体重重量比"（liver to body weight ratio，LBWR）算法的改变。但无论 LBWR 的实际运行算法可能是什么，对于特定的个体来说，在任何时候 LBWR 数值都被严格地维持着，其机制尚未被完全理解。正常情况下，肝脏细胞的增殖率非常低（对于肝细胞来说，小于 0.2%），但超过 0。最近的研究表明，静息状态下，肝小叶不同区域的细胞缓慢增殖以维持肝细胞数量和肝脏重量的稳定。然而，控制这一过程的确切机制尚未完全明确。但出于可操作性的原因，我们需要接受机体存在一套由"肝稳定器"构成的调控程序，其可以确保将肝脏重量维持在所需要的大小[1]。类似的维持器官重量稳定的需求也存在于受垂体调控的内分泌腺中，相对于肝脏来说，相关稳态的反馈调节控制过程则被研究得更为清楚。而其他脏器（如胰腺、肾脏、肠、肺等），如果存在一大部分组织的缺失（如一侧肾、一叶肺、胰腺的一部分等），在之后的修复过程中，这个器官的剩余部分重量虽会略有增加，但无法达到缺失前的确切总重量。但肝脏却并非如此，若发生大部分肝组织急性缺失，肝脏将进入再生过程，受到"*hepatostat* 驱动"的 LWBR 能使肝脏精确地恢复到原来的状态。这一过程就是肝再生（liver regeneration，LR），将是本章主要讨论分析的内容。

在临床研究中，肝细胞严重损失的疾病情况下的肝再生已被证实。肝细胞慢性损失常见于感染性疾病（如丙型肝炎病毒和乙型肝炎病毒）、慢性毒性疾病（如酒精、代谢性疾病、非酒精性脂肪性肝炎、贮积病、血色素沉积病、α_1-AT 缺乏症）、缺血再灌注损伤（最常发生在肝移植后）或者慢性免疫发作（自身免疫性肝炎）。肝细胞的慢性损失伴随着存活肝细胞的代偿性增殖。肝细胞再生发生在潜在的遗传毒性环境中时，存活肝细胞的慢性代偿性增殖可能会导致肿瘤的发生。肝细胞的急性损失则较为罕见，通常由毒素的急性摄入（如服用对乙酰氨基苯酚企图自杀）、创伤或短期病程的急性肝炎引起。在上述所有情况下，肝细胞死亡和代偿性增殖与炎症过程相伴发生，其中炎症反应旨在清除死亡的肝细胞并提供组织修复所需的细胞因子。总体而言，在肝细胞急性损失的情况下，肝细胞的再生过程非常高效。对 Dubin-Johnson 综合征（一种类似黑色素的色素在正常肝细胞内沉积）患者的研究表明，90% 的肝细胞在急性肝炎过程中死亡，但在疾病结束时，肝细胞的数量会恢复到原有水平[2]。在临床情境下，炎症和再生事件极有可能协同进行。然而，很难通过实验将仅调节肝细胞代偿性增殖的调节信号从复杂的炎症事件中彻底剖析。而通过急性注射肝毒素（通常是 CCl_4 或对乙酰氨基苯酚）所获得的啮齿动物实验模型与上述临床疾病中的情形更相似。

对于不受炎症过程影响的肝脏再生调节相关信号的研究工作主要在啮齿动物的肝脏中进行。啮齿动物的肝脏由多个小叶组成，每个小叶具备独立的脉管系统（动脉和门静脉）和胆总管分支作为支撑。Higgins 和 Anderson 在 1933 年首次描述了一种简单的外科手术[3]，其可以将约占整个肝脏 2/3 的两片较大的肝叶完全切除。而未切除的小叶能够保持完好，并且没有损伤及相关的炎症反应。在大鼠中，该手术可以切除约 68% 的肝脏质量，而在小鼠中，由于胆囊的存在，通常约有 60% 的肝脏质量可以较容易地切除。这一手术过程被称为 "2/3 部分肝切除术"。通过上述手术模型所获得的实验结果是讨论肝再生相关调节信号的基础。再生过程结束时，未切除的肝叶变大，通过将之前的肝脏质量汇聚到了一个肝叶上，总体上可以恢复到 PHx 前肝脏的总质量。但再生的肝脏具有不同的形状：肝叶相较于之前较少（根据解剖学的结构特征，有两个或三个肝叶），被切除的肝叶将不会恢复。

一、调节肝再生的信号分子

通过研究触发体外培养肝细胞的增殖、在基因工程小鼠中屏蔽相关信号以延迟再生、观察肝脏对体内注射的特定信号物质的响应，人们已经识别出一些与肝再生过程相关的信号分子[4, 5]。其中许多不仅出现在再生肝脏中，外周血中也同样存在。表 45-1 列出了研究较多的与肝再生相关的有丝分裂信号。其中，EGFR 及其相关配体（EGF、TGF-α、HB-EGF、双调蛋白）和 HGF 及其受体（MET）能够在无血清培养条件下诱导

表 45-1 部分肝切除后与肝再生相关的有丝分裂信号

完全有丝分裂原
- 在化学成分确定的（无血清）培养基中，促进培养的肝细胞进行有丝分裂
- 注射到动物体内，可引起肝脏增大和肝细胞 DNA 合成
  - HGF 及其受体（c-Met）
  - EGFR 的配体（EGF、TGF-α、HB-EGF、双调蛋白）联合消除这两种信号受体可阻断肝再生

辅助有丝分裂原
- 阻断其信号通路会延迟但不会阻断肝再生
- 无法促进培养的肝细胞有丝分裂，并且体内注射不会导致肝细胞 DNA 合成和肝脏增大
  - 去甲肾上腺素和 α₁ 肾上腺素能受体
  - TNF 和 TNFR1
  - IL-6
  - Notch 和 Jagged（重组 Jagged 蛋白促进培养的肝细胞 DNA 合成）
  - VEGF 及其受体 I 和 II
  - 胆汁酸
  - 血清素
  - 补体蛋白
  - 瘦素
  - 胰岛素
  - PPARγ

非常重要但尚未确定其作用的信号分子
- 消除这些信号分子不会阻断肝再生。外源性添加这些分子对动物或培养的肝细胞的影响尚未得到充分测试
  - Hedgehog
  - Wnt/β-catenin
  - 调控 Hippo/Yap 通路的信号分子

肝细胞的增殖[6]。在被注射到正常啮齿动物的肝门静脉中，这些因子也能够诱导肝细胞的 DNA 合成。这些因子被称为 "直接有丝分裂原"。而另外一些信号分子对肝再生的相关性体现在这些分子或其受体被消除后，会导致肝再生的延迟。这类信号分子对体外培养或体内肝细胞的有丝分裂没有直接促进作用，应被称为 "间接有丝分裂原"。而近来发现的一些信号（如 Wnt 和 Hedgehog）虽然未经体内 / 外实验测试，但它们对肝再生和稳态具有很强的作用。在本章中，我

们将重点探讨这些信号分子对肝再生的影响。值得注意的是，肝再生总能绕过任何一个缺失的直接或间接的有丝分裂信号，找到替代途径来克服再生信号障碍，进一步完成再生过程。

（一）HGF 及其受体

HGF 最初是根据其在肝细胞原代培养物中诱导 DNA 合成的能力而分离出来的[7]。随后的克隆测序结果显示，HGF 是由四个 Kringle 结构域和一个假蛋白酶结构域共同组成的不同寻常的结构[8, 9]。然而，尽管 HGF 与纤维蛋白溶酶原具有很高的同源性，HGF 并不具有蛋白酶活性。HGF 是一个单链多肽，在 Kringle 结构域远端的 Arg-Val-Val 位点处被切割为活性的异二聚体（该位点与纤溶酶原水解活化的切割位点相同）。uPA 在游离或与其受体（uPAR）结合时，均可直接激活 HGF；组织型纤溶酶原激活物（tissue plasminogen activator，tPA）也可以激活 HGF，但效果不佳[10]。HGF 也可以被一种与凝血因子 XII 高度同源的可溶性蛋白 HGF 激活剂（HGF activator，HGFA）激活。肝素和蛋白裂解酶同样被证实可以激活 HGF。在正常肝脏中，HGF 由肝星状细胞产生，大量沉积在肝小叶门静脉周围区域的细胞外基质中，与糖胺聚糖和特定的胶原蛋白结合[11]，并且其产生受到神经营养因子受体（p75NTR）的调控[12]。在肝再生的后期阶段，肝窦内皮细胞和归巢入肝的骨髓源性内皮祖细胞也能够产生 HGF[13, 14]。在大多数外周组织中，HGF 由间充质细胞产生。大脑（海马体、额叶和顶叶）和脊髓中特定的神经元和神经胶质细胞群[15]、胎盘合体滋养层细胞[16]也能够产生 HGF。HGF 受体 MET 是由 c-Met 基因编码的长链多肽，在高尔基体中被激活为二聚体。MET 以跨膜蛋白的形式存在于大多数上皮细胞、特定的神经元和神经胶质细胞群、巨噬细胞和内皮细胞的质膜上。肝细胞和胆管细胞均表达 MET。MET 的激活通常是其与活性的 HGF 结合的结果。基于 HGF 存在二聚化结构域，因而，可与 MET 形成 HGF-MET 二聚体。HGF-MET 二聚体的形成与 1234 和 1235 位点酪氨酸的交叉磷酸化有关。随后，1349 位点的酪氨酸发生磷酸化而成为其他蛋白（包

括 GAB1、GAB2）的对接位点，负责多个下游信号的产生，最终导致 PIPK3、AKT（PKB）和 mTOR 激活、细胞极性重排、细胞运动性增强，并同时或单独刺激肝细胞增殖[17]。在 PHx 后的 30min 内，围绕 Gab1 的"信号转导体"已经组装完成[18]。肝脏中的 MET 通常呈现激活状态，可能是因为肝脏 ECM 中存在大量的 HGF[19]。只含有一个或两个 Kringles 结构域（NK1、NK2）的不完整形式的 HGF 也可以与 MET 结合。但由于缺乏二聚化结构域，这种结合物只有在糖胺聚糖存在的情况下才能形成 HGF-MET 二聚体，进而活化 MET。

（二）EGFR 及其配体

EGFR 在肝细胞和胆管细胞中均有表达，是 ErbB 受体家族的一员。成人肝细胞和胆管细胞表达 ERB1（EGFR）和 ERB3，而胚胎肝细胞除了表达上述两种受体外，还表达 ErbB2（Her2/Neu）[20]。ERB3 没有激酶结构域，ERbB4 在肝脏中不表达。与 HGF/MET 不同，EGFR 和 ERB3 可以在不与配体结合的情况下与自身或彼此形成异二聚体。EGFR 有多个配体，与肝脏和肝再生研究相关的配体主要包括 EGF、TGF-α、HB-EGF。EGF 存在于唾液腺等外分泌腺的分泌物中。十二指肠腺位于十二指肠黏膜下层，组织学上与唾液腺相似，能够在肠腔中分泌 EGF，其分泌的部分 EGF 被十二指肠的管腔重吸收，经门静脉循环输送到肝脏[21]。因此，肝细胞不断地暴露于 EGF 中，导致正常肝脏中的 EGFR 处于激活状态[19]。去甲肾上腺素能够促进十二指肠腺分泌 EGF[22]。TGF-α 在静息正常的肝脏中的表达水平较低，但 PHx 后其表达量显著提高[23]。EGFR 以跨膜蛋白的形式产生，经 TACE/ADAM17 蛋白酶水解释放出成熟的胞外结构域。胚系敲除 TGF-α 基因不会影响肝再生，可能是由于参与该过程的其他 EGFR 配体的补偿效应。双调蛋白是 Yap 蛋白的下游靶点，在正常肝脏中低表达，但 PHx 后在肝细胞中的表达量迅速增加。胚系敲除双调蛋白会延迟肝再生[24]。HB-EGF 由巨噬细胞和内皮细胞分泌，在肝细胞中不表达[25]。HB-EGF 也是一种跨膜蛋白，在金属蛋白酶的作用下释放胞外结

构域，形成成熟的 HB-EGF。PHx 后，HB-EGF 的表达量先于 TGF-α 迅速上升。胚系敲除 HB-EGF 会通过影响细胞周期延迟肝再生和细胞周期进程[26]。正常肝脏中，EGF 是与 EGFR 相互作用的主要配体。TGF-α、双调蛋白和 HB-EGF 在 PHx 后迅速动员起来，它们功能互补，虽然单独每一个都不是肝再生的关键因素，但都与大量表达 EGFR 的肝细胞、胆管细胞及内皮细胞的增殖有关。

（三）FGF 及其受体

FGF 是一个信号蛋白大家族，由 23 个具有不同结构和不同细胞或组织来源的成员组成。FGF 家族的共同特征是能够部分或全部激活四种受体（FGFR1～4）。成熟的肝细胞仅表达 FGFR4[27]，其他三种受体在非上皮肝脏细胞类型中表达。肝再生期间，FGF1/2 由肝细胞表达[5]，对培养的肝细胞有微弱的促有丝分裂效应（作用效应不到 HGF 或 EGF 的 20%）。目前尚不清楚肝再生过程中 FGF1/2 是否发挥自分泌或旁分泌的作用，尤其是对表达 FGFR1/2 的内皮细胞。FGFR4 与 β-Klotho 在肝细胞中共表达发挥功能。敲除 β-Klotho 或 FGFR4 基因不会影响肝细胞的增殖，但会扰乱肝脏的胆固醇、胆汁酸和脂质代谢[28]。然而，另一项研究显示 PHx 后非实质细胞坏死增加和 25% 的动物死亡率与敲低 FGFR4 有关，并且肝脏会通过肝细胞肥大来恢复肝重[29]。FGFR4 在肝细胞生物学中的作用至关重要，是 FGF15（人 FGF19）的受体。当胆汁酸与肠道中 FXR 结合后，会刺激肠道产生 FGF15[30]。作为一种内分泌信号，FGF15 经门静脉循环进入肝脏调节胆固醇代谢，与 FGFR4 结合后，能通过下调胆汁酸合成的限速酶 CYP7a1 的表达，进而抑制肝细胞胆汁酸的合成。敲除 FGF15 基因会导致胆汁酸合成大量增加，并增加 PHx 后的死亡率，延迟肝再生[31]。FGF21 是肝细胞产生的另一种内分泌信号，常被视为"肝脏因子"。其合成受 PPARα 和 PGC-1α 的调控，也在睾丸、胰腺和脂肪组织中产生。FGF21 具有类似胰岛素的作用，在包括脂肪组织在内的各种组织中发挥代谢调节作用[32]。肝星状细胞既能产生 FGF，也能对 FGF 做出响应。有证据表明，FGF 可通过肝星状细胞调节 ECM 成分的合成[33]。以上证据表明，在正常和再生肝脏中，FGF 及其受体在调节肝功能、非实质细胞的增殖和关键代谢功能方面起着至关重要的作用。

（四）TGF-β

TGF-β 有三种不同的结构形式，均存在于肝脏。三种不同形式的 TGF-β 对应的 TGF-β 受体是相同的。TGF-βR 由三种组分（TGF-βR Ⅰ、Ⅱ 和 Ⅲ）组成，存在于肝脏内的所有细胞类型中。TGF-βR Ⅱ 是 TGF-β 的直接结合位点。TGF-β1 是在肝脏中被研究得最多的 TGF-β 家族成员，由肝星状细胞和肝巨噬细胞产生。本部分所述 TGF-β 均指 TGF-β1。在正常肝脏中，TGF-β 与其受体结合的同时，也与饰胶蛋白聚糖（一种质膜上的 GPI 连接蛋白）结合。PHx 后，随着再生过程从门静脉周围区域向小叶中央周围区域进行，TGF-β 逐渐从肝细胞中移除[34]。TGF-β 在血浆中也会大量增加，可能是由于 PHx 后 ECM 的早期重塑导致其从饰胶蛋白聚糖中被释放出来[4]。血浆中的 α2- 球蛋白可与 TGF-β 结合并将其转运至肝细胞进行灭活[4, 5, 35]。TGF-β 对培养的肝细胞具有有丝分裂抑制效应，PHx 后将其从肝脏中清除是合理的预期，以利于肝细胞的增殖。若在 PHx 后立即给予外源性 TGF-β，则会延迟肝细胞 DNA 合成的启动。然而，令人惊讶的是，TGF-β 的表达在 PHx 后约 3h 增加，72h 后达到平台期，同时肝细胞处于最佳的增殖状态[36]。TGF-β 水平升高环境下的肝细胞增殖过程，是通过同一时间 TGF-βR 表达下调完成的[37]。与此同时，血浆中去甲肾上腺素的升高也可能导致肝细胞对 TGF-β 的"抵抗"。肝细胞的体外培养研究证明，去甲肾上腺素可减弱 TGF-β 对肝细胞的作用，并削弱其丝裂原抑制活性[38]。在肝脏类器官上的研究表明，PHx 后 TGF-β 的表达增加与 EGFR 和 MET 的激活有关[39]。TGF-β 还可能在肝再生后期起重要作用，但不影响肝再生的终止。TGF-β 还可诱导内皮细胞小管形成，而在血管生成中发挥重要作用[35]。TGF-β 还可能在肝再生后期阶段刺激肝星状细胞产生 ECM。PHx 会损伤和重塑 ECM，上述过程能够最终修复重建 ECM[40]。以上证据表明，TGF-β 在肝再生期间的表达是一个建设性事件，在恢复完整的组织学结构方面对肝再生的完成具有重要意义。这一点也得到了以下发现的支持：作为 TGF-β 信号通路中的一个组成部分，$β_2$- 血影蛋白的缺失与肝再生的抑制和延迟有关[41]。同样有趣的是，在先前的一项研究中，抑制正常大鼠 TGF-βR II 的表达，竟然导致了正常肝细胞 DNA 合成的启动。这些结果表明，在正常条件下，肝细胞受到 HGF、EGF 等有丝分裂原和 TGF-β 这个有丝分裂抑制剂相互制衡的共同作用，使肝细胞维持在 G_0 期和稳定的分化状态。TGF-β 信号的急性消除会导致这种平衡被打破，从而驱动肝细胞进行 DNA 合成[42]。

（五）IL-6

IL-6 作为触发"急性期反应"的主要配体在肝细胞上已被广泛研究。"急性期反应"能够迅速增加和分泌许多与天然免疫相关的蛋白质。血液中的 IL-6 与可溶性受体结合，该复合体与肝细胞受体 gp130 结合。gp130 也是 OSM、LIF、CNTF 等结合的受体。IL-6 与可溶性受体及 gp130 形成的三聚体复合物通过二聚化形成六聚体复合物，随后 gp130 的 Tyr 残基发生磷酸化，成为激活 JAK 酪氨酸激酶和 STAT 转录因子的对接位点。在肝再生情况下，IL-6 是激活 STAT3 转录因子的主要调节因子。胚系敲除 IL-6 导致的 STAT3 活化不足与肝再生延迟有关。然而，由于其他信号（MET、EGFR）也可以磷酸化并激活 STAT3[43-45]，肝再生过程仍能够正常进行和完成。IL-6 主要由肝巨噬细胞产生，但肝细胞也可以产生[46]。PHx 处理后会引起循环系统中 TNF 水平升高，后者作为 IL-6 分泌的主要刺激物，其升高导致血浆中 IL-6 的含量也随之升高[47]。

（六）TNF-α

TNF 主要在巨噬细胞中表达并与两种受体（TNFR1、TNFR2）结合。直接给予正常动物 TNF 会导致肝损伤。然而，PHx 后血浆中 TNF 含量迅速升高，对肝脏却无明显的损伤[48]。Fausto 等的研究表明，胚系敲除 TNFR1 或 TNFR2 基因会导致肝再生延迟，并减少 IL-6 的产生[47]。TNF

在肝再生中最重要的功能可能是激活转录因子 NF-κB，在 TNFR 基因敲除小鼠中发现肝再生延迟的现象[49]。TNF 还调节与 TGF 成熟（细胞外）形式分泌相关的质膜蛋白酶 TACE/ADAMS17 的表达[50]。有趣的是，TNFR1 或 Fas 激活均可导致完全的肝衰竭，与 TNFR 相似的是，胚系敲除 Fas 基因也会导致肝再生的延迟[51]。

（七）去甲肾上腺素

去甲肾上腺素（norepinephrine，NE）是在突触末端合成的一种神经递质，少部分由肾上腺髓质产生。肝星状细胞也能产生 NE，并对其做出响应[52]。向无血清培养的肝细胞中添加 NE 可显著增强 EGF 和 HGF 的促有丝分裂效应[53]。此外，它还能够削弱 TGF-β 的有丝分裂抑制效应[38]。当有丝分裂原 EGF 和丝裂原抑制物 TGF-β 处于"平衡"浓度时，添加 NE 会触发肝细胞 DNA 的合成[38]。NE 通过与 G 蛋白偶联的 A1AR 结合而发挥作用。它对肝细胞的促增殖作用至少部分是通过 A1AR 诱导 EGFR 磷酸化和 Src 激酶激活 STAT3 介导的[54]。PHx 后，血浆中 NE 的含量迅速升高，在 EGFR 和 MET 信号愈发活跃的同时，直接诱导肝细胞的增殖[55]。肝外部位产生的 NE 对肝再生也有影响。NE 可通过直接促进十二指肠腺分泌 EGF[52] 和间充质细胞产生 HGF[56] 来增加再生肝脏对 EGF 和 HGF 的利用率。PHx 后肝外部位（肺、肾）HGF 含量的增加可能是由血浆中较高水平的 NE 介导的[57]。给予 A1AR 的特异性抑制药哌唑嗪，对 PHx 后肝细胞 DNA 合成有持续的抑制作用（3d）。在 PHx 处理前，手术切除肝脏交感神经也观察到了类似的效果[55]。

（八）胆汁酸

循环血液中胆汁酸的含量在 PHx 后增加，而胆汁酸的耗竭则抑制肝再生[58]。然而，血浆中胆汁酸含量的升高发生在 PHx 后数小时内，表明胆汁酸在肝再生启动后才发挥作用。胆汁酸与转录因子 FXR 结合，通过下调参与胆汁酸合成的关键酶 CYP7a1，从而反馈抑制胆汁酸的合成。FXR 基因敲除小鼠表现为肝再生缺陷[59]。尽管有证据表明胆汁酸耗竭或胚系敲除 FXR 后肝再生受到抑制，佢其介导的途径尚不清楚。最初认为胆汁酸对肝再生的影响是通过肠道中产生的 FGF15 来实现的（由胆汁酸与肠道 FXR 结合介导）。FGF15 是一种内分泌的 FGF，通过受体 FGR4 调节脂代谢，包括胆汁酸的合成。然而，胚系敲除 FGF15 基因对肝再生的影响却很小。敲除 FXR 对肝再生的影响可能是在 FXR 基因敲除小鼠中观察到的胆汁酸的生物合成失控所引发的，并与肝组织的胆汁淤积性损伤有关。在 FXR 基因敲除小鼠中，胆汁酸的合成既不受 FXR 的抑制，也不受作用于 FGFR4 的 FGF15 的压制，这是因为 FGF15 的合成在 FXR 基因敲除小鼠中也受到了抑制。最近的证据表明，胆汁酸可能通过 G 蛋白偶联受体 TGR5 在胆管细胞增殖中发挥直接作用[60]。

（九）血清素

血小板减少症的小鼠伴有肝再生缺陷，而这可以通过给予血清素来部分纠正[61]。但是，血清素对正常肝脏或培养的肝细胞没有直接的促有丝分裂效应。血清素水平低（缺乏酪氨酸羟化酶）的小鼠也表现为肝再生缺陷[61]。另外，胚系敲除血清素转运体基因会导致血小板和外周血中血清素的含量严重下降，但并不会引起肝再生缺陷[62]。在临床研究中，血清素对肝脏具有多种有益的作用，其刺激 VEGF 的产生也许在其中扮演重要角色[63]。

（十）Wnt/β-catenin

Wnt 蛋白家族已成为大多数组织修复和再生的关键信号通路。它们通过 Frizzled 受体发挥作用。而 LRP5/6 是作用过程的辅助受体。Wnt 家族有多个成员，在所有的肝脏细胞类型中以不同的比例表达。β-catenin 是 Wnt 蛋白的信号载体（见第 46 章）。

（十一）Hedgehog 信号转导

越来越多的文献表明，Hh 信号通路在肝脏病理生物学中具有多重作用。与肝再生相关的，所有已知的肝脏细胞类型都能够产生 Hh 并对其信号做出响应。通过环巴胺对 Hh 信号转导的抑制将导致肝再生延迟 48h，抑制肝细胞和胆管细胞的增殖，并降低肝星状细胞的活性[64]。GPC3 是一种 GPI 连接蛋白，它在肝细胞膜上与四次穿膜蛋白 CD81 相结合，负责在正常肝脏中结合和保留 Hh 蛋白。在 PHx 后，GPC3 终止与 CD81 的结合，并释放 Hh 蛋白。受 Hh 调控的转录因子 Gli1 在 PHx 后第 2 天即在肝细胞核中显著表达[65]。Hh 信号还调节肝星状细胞 Yap 的表达，而 Yap 本身参与肝星状细胞的活化及 ECM 的产生[66]。敲除星状细胞中 Hh 的胞质信号介质 Smoothened 也显著降低 PHx 后肝细胞中 Yap 的表达[67]。这些结果表明，Hh 信号这一复杂且重要的信号调节系统对肝再生的调控还有待进一步探索。

（十二）胰岛素

胰岛素被认为是包括增殖和分化在内的所有肝细胞功能的促进剂。胰岛素由胰岛 B 细胞产生，通过门静脉首先直接供应给肝脏，随后才会进入机体的其他器官。在缺乏胰岛素的情况下，HGF 和 EGF 对培养肝细胞的促有丝分裂效应消失，肝细胞的活力严重降低[6]。门静脉循环直接转接到下腔静脉（门腔静脉分流）导致肝脏的萎缩。若给门腔静脉分流的动物注射胰岛素，由肝细胞增殖介导的肝再生可恢复肝脏重量[68]。然而，胰岛素本身对培养的肝细胞不具有直接的促有丝分裂效应[53]，对正常动物注射胰岛素也不会引起肝细胞的增殖。

（十三）生长激素

关于生长激素（growth hormone，GH）对肝再生的影响有一些分散的研究，但没有明确的证据表明 GH 是主要的调节因子。GH 调控肝细胞分泌 IGF1 和 IGF2，这两种因子在肝脏发育中发挥重要作用。GH 与肝细胞 DNA 合成的适当时机及 EGFR 的激活相关[69]，并能够促进老年动物的肝再生[70]。

（十四）嘌呤能信号与 NK 细胞

有证据表明，在 PHx 后，由于门静脉压升高，ATP 即刻迅速从肝细胞和巨噬细胞溶酶体中释放出来。这一现象持续的时间很短。随后，释放出的 ATP 被大多数细胞质膜上的胞外 ATP 酶快速水解。腺苷是 ATP 水解酶的最终衍生物，能够作用于嘌呤受体。用特定的抑制剂阻断 P2Y2 嘌呤受体可延缓肝细胞的增殖[71]。其他研究表明，嘌呤受体的激活主要影响肝脏中的 NK 细胞，干扰 NK 细胞的功能，延迟肝再生[72]。肝细胞表达两种主要类型的嘌呤受体和多个嘌呤受体亚型，相关受体的激活可以调节与肝细胞增殖相关的多个信号通路，包括 ERK1 的磷酸化[71]。

（十五）与启动肝再生相关的即时生化或物理信号

PHx 引起的直接后果有两个。

1. 流经剩余肝叶的门静脉血流量立即增加（增加量约为原始肝脏的 1/3）。

2. 外周血和组织成分的急剧变化，对 "hepatostat" 驱动的所需肝脏 / 体重重量比提出需求。

必须从这两个基本而迅速的变化中寻找触发肝再生早期反应的信号。Moolten 和 Bucher 的早期观察发现，对联体共生大鼠中的一员进行 PHx 处理，会刺激另一个未进行手术大鼠的肝再生[73]。这一现象引发了一系列后续的研究，包括 HGF 的分离，以及与 PHx 相关的血浆中 IL-6、TNF、NE、胆汁酸浓度的变化的研究等。

除了特定分子 / 生化信号的影响外，通过剩余肝脏的门静脉血流量增加所产生的物理作用力也可能发挥作用。阻止 PHx 后门静脉压力升高会导致肝再生早期事件减少和 HGF 活化不足[74]。由于流经内皮细胞单层的流量急剧增加产生的流体剪切应力与特定信号的产生有关。流体剪切应力会引起血管内皮细胞 uPA mRNA 的稳定和 uPA 蛋白含量的增加[75]。uPA 活性增强是目前检测到的第一个信号，在 PHx 后 1min 内出现[10]。由于内皮细胞和肝细胞都可产生 uPA，这两种细胞都可能是 uPA 早期升高的来源[76]。Wnt 蛋白也由内皮细胞释放，这可能与 PHx 后 5min 内肝细胞核中出现 β- 连环蛋白有关[77]。然而，目前尚无研究评估 PHx 对肝窦内皮细胞释放 Wnt 蛋白的直接影响。

（十六）PHx 后的即时和早期肝再生相关信号（表 45-2）

1. uPA 与 ECM 重塑

在 PHx 后的 1min 内，肝脏中 uPA 活性增加[10]。除了启动 ECM 重塑和将纤溶酶原激活为纤溶酶（引发金属蛋白酶的级联激活）的公认作用外，

表 45-2　部分肝切除后早期信号通路的激活和变化

- 尿激酶活性增加（前 5min）
- N（otch）ICD 转运入核（15min）
- β-catenin 转运入核（5～10min 至 6h）
- HGF 生物基质储存减少（30min 至 3h）
- HGF 受体激活（30～60min 内）
- EGF 受体激活（30～60min 内）
- 血浆中 HGF、去甲肾上腺素、IL-6、TNF、TGF-β₁、血清素、透明质酸含量升高（1～2h）
- AP1、NF-κB、STAT3 激活（2～3h 内）
- 肝细胞内大量的基因表达重编程（30min 内）
- 细胞外基质的重塑（2～3h 内）

uPA 还可将 ECM 中螯合的单肽 HGF 转化为异二聚体以激活 HGF。这一激活过程不需要其他成分的参与，因为抗 uPA 抗体能够抑制 PHx 后 5min 内肝组织匀浆中单肽 pro-HGF 的激活[78]。uPA 还与 PHx 后前 2h 内观察到的 ECM 重塑有关。在 PHx 后不久，一系列顺序步骤（纤溶酶原转化为纤溶酶，随后纤维蛋白原降解，以及纤溶酶激活 MMP2 和 MMP9）就会被启动，其活性最终在 6～18h 内被随后升高的 TIMP1 所下调[5, 35, 79]。ECM 中的多种组分蛋白会发生变化（PHx 后 5min 内门静脉周围区域纤连蛋白显著减少），接着其中一些蛋白的 mRNA 水平增加，这可能是旨在重新合成这些蛋白的一种补偿机制[80]。透明质酸也是一种 ECM 成分，会在 PHx 后被迅速释放到外周血液中。而 TGF-β₁ 存在于细胞外空间中，并与肝细胞饰胶蛋白聚糖相结合，在 PHx 后和透明质酸以相同的动力学方式快速释放[5, 35]。HGF 以 pro-HGF 的形式嵌入到 ECM 中，并在 PHx 后 1h 内，以活性 HGF 的形式被释放到血浆中，其含量迅速上升至 10 倍以上[81]。新的 HGF 蛋白和 mRNA 在 PHx 后 3h 开始合成，并在 24h 达到平台期。PHx 后肺、肾组织中 HGF mRNA 的表达也明显增加。血浆中 HGF 的上升先于 HGF mRNA 升高 3h，是储存在肝脏 ECM 中的 HGF 被释放的结果[4, 5, 35, 82, 83]。值得注意的是，ECM 中有大量螯合的 HGF。全身敲除 HGF 基因后，肝组织 ECM 中 HGF 的浓度可维持到连续两次

CCl₄ 触发肝再生后才降低[84]。肝再生中 ECM 重塑过程的整体变化相当复杂，涉及多种因素，包括 PAI、TIMP、HGF 的激活调节等[85]。作为许多与肝再生相关配体的辅助受体，ECM 蛋白和相关的糖胺聚糖也可通过整合素直接传递尚未被完全理解的变化信号[86-88]，这些内容将结合调控肝再生终止的信号来讨论。

2. Wnt/β-catenin 信号与 Notch 信号的动员

在 PHx 后 5min 内，肝细胞核中 β-catenin 的表达增加，并持续 6h 以上[89]。虽然两者在时序上还未直接建立连接，但这可能是源自血窦内皮细胞 Wnt 信号驱动的结果。Notch 在肝细胞、胆管细胞和内皮细胞中均有表达，其配体 Jagged-1 也表达于肝细胞和胆管细胞。NICD 在 PHx 后 15min 内即在肝细胞核中表达，随后引起 Notch 靶基因的表达[90]。这一事件可能与肝星状细胞在 PHx 后数分钟内即刻产生高水平的非经典 Notch 配体 DLK1 有关[91]。Notch 及其配体 Jagged-1 的表达至少至 PHx 后的第 4 天都保持持续上调。Notch 信号的变化与肝细胞的增殖明显相关。在培养的肝细胞中添加 Jagged-1 蛋白可诱导 DNA 合成，而使用干扰 RNA 沉默 Notch 或 Jagged 的表达会抑制 PHx 后 4 天内肝细胞的增殖[90]。

3. 外周血中肝再生相关信号的变化

Moolten 和 Bucher 的早期研究使用联体共生大鼠，证明了对其中一个成员进行 PHx 处理不仅能导致该手术大鼠的肝细胞 DNA 合成，还能诱导联体的非手术大鼠的肝细胞 DNA 合成[73]。而将正常肝细胞移植到 PHx 小鼠的脂肪组织中也发现了类似的现象[92]。这些发现清楚地表明 PHx 后外周血中再生信号的增强。经过几十年的研究，我们知道 PHx 后外周血中与肝再生相关的许多种信号都会增强。HGF 和 NE 的水平在不到 1h 内升高，IL-6、TNF、TGF-β、血清素等也随后升高[4, 5, 35, 82, 83]。一个经常被忽视的现象是，PHx 后外周血中葡萄糖的浓度急剧下降。这一过程对于肝再生的重要性已被清楚地证明：给予葡萄糖会暂时抑制 PHx 后第 2 天肝细胞 DNA 的合成。令人惊讶的是，这一过程中大多数肝细胞转录因子的变化、HGF 的激活等并未受到影响。但是，有

丝分裂抑制蛋白 p21 和 p27 的表达却有增加，而细胞周期蛋白 D1 的主要调节因子 FoxM1，以及与肝细胞 DNA 合成相关的许多蛋白受到抑制[93]。除此之外，在肝再生早期阶段，血小板会附着在血窦内皮细胞上并被激活[94]。而血小板内含有包括促增殖信号（如 HGF、血清素）和丝裂原抑制信号（如 TGF-β）在内的多种信号分子的混合物。

（十七）细胞增殖动力学与细胞间信号转导

1. 肝细胞

肝再生不依赖于干细胞。肝脏内绝大多数肝细胞都会参与肝再生并进行 DNA 合成。肝脏内参与 DNA 合成和增殖的肝细胞的比例随年龄发生变化。然而，肝再生在老年小鼠中绝没有受损。在 20 个月龄以下的大鼠中，超过 95% 的肝细胞参与肝再生，而在年龄更大的动物中，这一比例仅下降到 75%[95]。值得注意的是，肝再生在同一个体中可以重复发生多次（据报道可达 12 次），而且再生性能不受影响[96]。尽管肝再生期间肝细胞的基因表达发生了显著的变化，其基因表达模式不同于肝脏胚胎发育期间的基因表达模式[97]。肝细胞是 PHx 后第一个对有丝分裂信号做出快速变化和响应的细胞。在 PHx 后数分钟内，β-catenin 和 NICD 迅速迁移到肝细胞核中[89, 90]。Taub 等报道了 PHx 后 30min 内肝细胞的基因表达发生了迅速的变化[98]。在为有丝分裂做准备期间，小管结构会暂时简化。PHx 后 24～72h 内，间隙连接和紧密连接受 p38-MAP 激酶的调控发生变化[99]。MET 和 EGFR 在 30min 内被激活[100]。受 IL-6 和 JAK 激酶调节的 STAT3[101] 和受 TNF 调节的 NF-κB[102] 在最初的 3～5h 内被激活。IL-6 还能增强 C/EBPβ 的表达和效应，而对 C/EBPα 起到相反的作用[103]。肝再生过程会产生 LIP 和 LAP 这两种因子（两者互为拮抗药）N 末端截断的异构体，并调节成熟 C/EBP 亚型的生成过程[104]。肝细胞内的 FoxM1b 在调控细胞周期 S 期和有丝分裂进程中发挥重要作用，其表达在 24h 增加，先于 G₁/S 间期。在 FoxM1b 基因缺失的小鼠中，DNA 合成延迟与 p21 的表达增加有关[105, 106]。与 iPSC 生成相关的基因，包括 Oct3/4、Nanog 和 Myc，在 PHx 后表

达量显著增加[107]。影响肝细胞进入 S 期的关键信号受细胞周期蛋白 D1 和 D2 的调控，这两种蛋白启动了与细胞增殖相关的多个基因的表达。此外，细胞周期蛋白 D1 还可以调控糖类、脂肪和氨基酸代谢途径中酶的转录过程[108]。在翻译水平上，细胞周期蛋白 D1 的表达受 mir-21 的调控[109]。细胞周期蛋白 D1 和 D2 调节 CDK 的活性，而 CDK 介导细胞周期蛋白 D1/2 事件的发生。CDK 活性还受到 p53 调节蛋白 p21 的抑制[110]。然而，在 PHx 后的数小时内，p21 的表达迅速增加[111]，表明这些调控事件之间存在复杂的时间依赖性的相互作用关系，以确保肝细胞在 G1 期的多项细胞周期进程时序上的精确度。肝再生相关事件的发生顺序因物种而异，PHx 后 24h 大鼠肝细胞的 DNA 合成达到高峰，小鼠肝细胞 DNA 合成高峰则在 36～48h。然而，并不是所有的肝细胞都同时参与 DNA 合成。肝再生和 DNA 合成从门静脉周围蔓延到小叶中心周围区域，其时间动力学也因物种而异[112]。Klochendler 等分离出处于不同的细胞周期阶段的肝细胞，发现在 DNA 合成过程中成熟肝细胞特有的基因表达减少[113]，这种抑制作用在一定程度上是由于肝再生早期 HNF4α 的表达降低及活性受到了抑制[114]。肝细胞复制过程的波浪形切换模式可确保肝再生期间并非所有的肝细胞都经历必需基因的表达减少，以此来维持肝功能稳定。肝细胞基因表达模式改变的一个明显证据是在肝再生的第 2 天和第 3 天甘油三酯液滴的积累。这一现象依赖于血液来源相关的信号变化，因为 PHx 大鼠的血清能够诱导培养的肝细胞的脂滴累积[115]。G1 期肝细胞的脂质积累与脂肪合成酶的诱导有关，并受瘦素[116] 和 EGFR 的调节，但不受 MET[19] 的调节。小窝蛋白存在于脂滴和细胞质之间的界面，调节脂质的加工和再生的代谢组学[117]。在翻译水平上，肝细胞基因表达模式的改变也受到多个 miRNA 在细胞周期不同阶段表达的影响[118]。肝再生过程中，Hippo 通路激酶和 Yap 也会发生变化。Hippo 通路激酶 MST1/2 和 LATS1/2 磷酸化使核 Yap 失活，而 Yap 的核水平与肝脏大小的调节有关[119]。Yap 调控双调蛋白的表达，双调蛋

白是参与肝再生调节的 EGFR 配体。正常肝脏中，Yap 在胆管细胞中表达，而在肝细胞中其表达较少或未检测到[120]。PHx 后 24h 内，Yap 在肝细胞核中的表达增加，这与 Hippo 激酶活性降低有关。Yap 的水平及增强的 Hippo 通路活性在 7 天内恢复到正常水平[119]。肝再生期间肝细胞核 Yap 的表达受 Hedgehog 介导的肝星状细胞活动的调控，调控的通路目前尚不清楚[67]。自噬调节也是肝再生的重要组成部分，ATG5 是自噬途径的重要组成成分，ATG5 基因的敲除对 DNA 合成具有强烈的抑制作用。在 ATG5 基因敲除小鼠中，肝脏重量主要通过肝细胞肥大来恢复[121]。在细胞周期中，肝细胞产生并接收来自其他类型的肝脏细胞分泌的促有丝分裂信号。肝细胞产生和分泌的 TGF-α、FGF1/2、Ang1 和 Ang2、VEGF 及 GM-CSF 是已知的有丝分裂原，可能对肝星状细胞、内皮细胞和肝巨噬细胞具有旁分泌作用，并有助于正常小叶组织学微结构的形成[4, 5, 35, 82, 83]。肝细胞也接收来自整个肝再生期间肝星状细胞和内皮细胞新合成的 HGF[13]。最终的结果是新生的肝细胞以非常精确的方式沿着与其最近的肝窦的朝向精密排列[122]。虽然上述事件与肝再生期间肝细胞的增殖有关，但一些研究表明，在 2/3PHx 后，更确切地说，在肝切除少于 2/3 时，参与肝重恢复的途径不仅包括肝细胞增殖，还涉及肝细胞肥大。肝细胞肥大是整个肝再生策略的重要组成部分[123, 124]。目前尚不清楚调控肝细胞增殖与肝细胞肥大之间精确比例的信号转导途径。

2. 胆管细胞

门静脉胆管内胆管细胞的增殖与肝细胞遵循相同的时间框架。胆管系统的细胞与肝细胞会对同样的酪氨酸受体激酶（MET 和 EGFR）做出响应。肝再生通过扩大原有的小叶进行，在 PHx 后，没有新的门静脉三联体形成。TGR5 受体是一种 GPCR，可调节培养的胆管细胞对胆汁酸的响应。某些胆汁酸成分对胆管细胞的增殖具有刺激或抑制作用[60]。TGR5 在肝再生过程中具有复杂的作用，能保护肝细胞免受来自肠道的胆汁流量增加的影响[125]。胚系敲除 TGR5 的小鼠在 PHx 后出现严重黄疸、死亡率增加及肝细胞

坏死。褪黑素在整体上抑制胆管细胞的增殖[126]，而肥大细胞释放的组胺则有刺激作用[127]。虽然这些信号分子对胆管细胞的影响已被报道，但还没有关于它们对肝再生期间胆管细胞增殖影响的详细分析。胆管细胞还能够产生对肝星状细胞具有促有丝分裂效应的 PDGF[128]。应该注意的是，虽然术语"胆管细胞"被用来描述整个胆管上皮细胞室，但许多证据表明，胆管细胞具有多个亚型。这些亚型间的区别在于细胞大小、特异性受体的表达、总体上的再生生物学机制可能不同[129]。

3. 内皮细胞

相比于肝细胞和胆管细胞，肝窦内皮细胞进入增殖阶段的时间较晚，其 DNA 合成活性在 PHx 后 4～7 天达到高峰。肝窦内皮细胞的增殖与 VEGFR1、VEGFR2、血管生成素受体 Tie1 和 Tie2、PDGFRβ、EGFR 及 Met 的激活有关[130]。肝细胞是最先进入增殖阶段的细胞，它们会形成无血管结构的细胞簇并开始合成 VEGF，吸引并激活内皮细胞增殖。这些内皮细胞可穿越增殖的肝细胞簇，进而形成血窦[131]。该过程与 VEGFR2 的激活有关。VEGFR2 与 VEGFR1 的同时激活会诱导内皮细胞产生 HGF，而 HGF 有助于刺激肝细胞的增殖[13]。新生毛细血管中的内皮细胞通过一个复杂的过程逐渐转变为有窗孔的内皮细胞[132]。最新的研究表明，肝再生还与内皮祖细胞从骨髓迁移到肝脏有关。迁移到肝脏的内皮祖细胞从典型的内皮细胞转化为有窗孔的内皮细胞，并参与肝再生导致变大的肝小叶中的肝窦重建[14]。迁移来的血窦祖细胞中 HGF 的合成非常活跃。它的迁移受肝脏产生的循环 VEGF 的调控并由 SDF1 介导[133]。已知的 HGF 和 TGF-β$_1$ 可刺激内皮细胞的小管形成，并且很可能在血窦网络的重建中发挥作用[4, 5, 35]。尽管迁移途径复杂，但内皮细胞可通过产生有利于再生反应的细胞因子以多种方式调节肝再生。Ding 等最近对这种"血管分泌"的效应进行了描述[134]。

4. 肝星状细胞

肝星状细胞存在于内胚层起源的多个器官中（肺、胰腺等）。肝星状细胞会将维生素 A 储存在脂滴中，并表达许多与大脑神经胶质细胞相同的基因，尽管肝星状细胞来自心脏间充质的巢蛋白阳性细胞，而非神经嵴。有强有力的证据表明，肝星状细胞作为正常肝脏中神经内分泌控制的一部分，能对副交感神经和交感神经的支配做出响应[135]。肝星状细胞还是 NK 细胞的抗原提呈细胞[136]。大多数与肝星状细胞相关的研究都集中在慢性肝损伤期间导致其"活化"的通路，以及它们对肝纤维化和肝硬化的贡献[137]。肝星状细胞在 PHx 后对肝再生的参与也主要集中在它们产生的信号分子（包括 HGF、TGF-β、表皮形态发生素、促性腺激素等），以及在肝再生的不同阶段合成大多数的 ECM 蛋白方面。虽然肝星状细胞在正常和再生肝脏中都起着至关重要的作用，但目前还没有关于它们在肝再生期间增殖率的详细研究。在正常肝脏中，肝星状细胞通过很长的突起与肝细胞和肝窦内皮细胞接触（图 45–1）。这种关系表明，肝星状细胞与其接触的细胞之间存在直接通信的调控途径，而这些相互作用需进一步探索。组织学观察显示，随着血窦网络的重建恢复，肝星状细胞的数量增加。在肝再生的第 7 天，再生小叶中肝星状细胞的数量达到峰值，与血窦内皮细胞同步。而在肝再生的第 1 天可以看到肌间线蛋白阴性细胞增多，这一细胞被认为是未成熟的肝星状细胞[138]。

5. 肝巨噬细胞

多项研究表明，排列在肝窦内表面的肝巨噬细胞除了具有经典的巨噬细胞功能（吞噬颗粒、参与局部损伤后组织碎片的清除等）外，还具有一些与肝脏积极参与的免疫过程相关的独特性质。有证据表明，肝再生期间肝巨噬细胞会在原位增殖[139]。然而，也有证据表明，来自骨髓的单核细胞也会进入肝脏并成为典型的肝巨噬细胞[140]。肝巨噬细胞被认为是 F4/80$^+$ 细胞，分为两类。其中，CD11b$^+$ 肝巨噬细胞似乎来源于骨髓，其在肝细胞中的占比到第 3 天有所增加，这一现象出现在肝细胞增殖高峰之后。而 CD68$^+$ 肝巨噬细胞在肝再生期间的数量似乎没有变化[141]。增殖的肝细胞能够产生 GM-CSF，而 GM-CSF 是肝巨噬细胞的有丝分裂信号。肝星状细胞在肝再生期间产生 M-CSF，而肝巨噬细胞产生 IL-6、周结束时肝脏/体重重量就接近正常比例（取决于物种）。在肝细胞增殖方面，细胞核 DNA 的合成在 5～6 天内恢复到正常水平[4, 5, 35]。然而，肝脏转录组学分析则显示出一个较慢的基因表达恢复速度，基因表达在 PHx 的 14 天后才恢复到正常水平（图 45-2）[88]。一些信号分子被认为可能与肝再生的"终止"有关。虽然 TGF-β 对肝细胞具有有丝分裂抑制作用，但肝细胞特异性 TGF-β_1 转基因小鼠的肝再生却表现正常[142]。靶向敲除肝细胞 TGF-β 受体或激活素受体不会延长肝再生时间，而只有当两种受体都被剔除时，才能延长肝再生时间[143]。ECM 可能是与肝脏再生终止和正常肝功能恢复相关的一个重要调节因素。向培养的肝细胞中添加 ECM 制剂（胶原凝胶、Matrigel）可稳定肝细胞的分化，但会抑制肝细胞的增殖[6]。ECM 在肝再生开始时部分降解并重建，在肝再生结束时恢复至正常[40, 144, 145]。ECM 与肝细胞之间的信号转导由整合素 $\alpha_3\beta_1$ 介导，β_1 胞内结构域与整合素连接激酶（integrin linked kinase，ILK）相互作用发挥功能。ILK 通过多种途径传递生长抑制和分化增强信号[87]。肝细胞特异性敲除 ILK 可延长肝再生时间，使肝脏大小达到原来的 158%。肝再生期间，所有与 ILK 有关的蛋白都会增加，并维持到肝细胞增殖结束（PHx 后 6 天内）[88]。这些结果表明，ECM 信号分子对调控肝再生的终止至关重要，但其调节途径有待进一步了解。GPC3 是一种在肝癌中过度表达的 GPI 连接质膜蛋白[146]。但它是大多数器官的生长抑制因子，在患有 GPC3 功能丧失的 Simpson-Golabi-Bechmel 综合征人群中证实了这一点[147]。肝细胞特异性过表达 GPC3 能显著抑制肝再生[148]。GPC3 通常与四次穿膜蛋白 CD81 相互作用，参与肝再生过程中包括 Hedgehog、Wnt 和 Hippo 在内的不同信号通路的复杂相互作用。GPC3 在肝再生期间与 CD81 分离，但在第 6 天和第 7 天再次与其结合[65]。最近的证据表明，与 CD81 结合的 GPC3 可增强 Hippo 通路的活性，并导致核 Yap 水平降低。这可能是一个非常重要的调节信号，GPC3 通过 Yap 参与调节肝再生的终止[149]。另一种蛋白 LSP-1 在约 50% 的肝细胞癌中缺失，

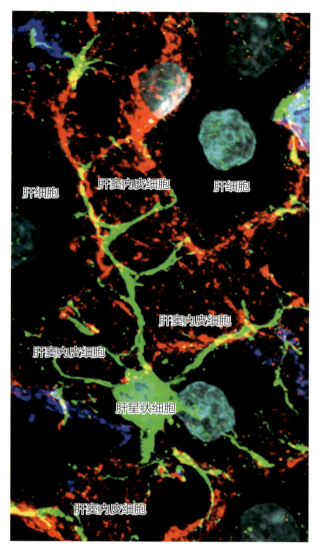

▲ 图 45-1　肝星状细胞、肝窦内皮细胞与肝细胞之间错综复杂的联系

单个肝星状细胞（绿色）正在与多个其他细胞接触，这些接触的性质和目的尚不完全清楚。然而，它们可能参与调节细胞外基质沉积和生长调节信号分子交换的双边通信（图片由 Dr. Donna Stolz, University of Pittsburgh 提供）

TNF、TGF-β 和 TGF-α[4, 5, 35]。总体而言，目前尚无精确地检测肝巨噬细胞在肝再生期间的数量变化，但它们的数量随着其参与血窦网络重建恢复的过程而发生变化。

（十八）肝再生的终止

肝再生的启动时间可以由 PHx 的实施来精确控制。然而，肝再生的终止却很难定义。如果以肝脏/体重的重量比率作为标准，在 PHx 后第 2

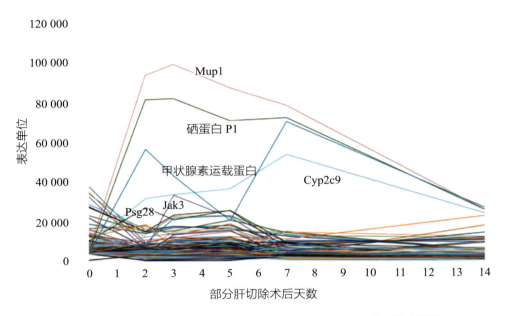

▲ 图 45-2　2/3PHx 后不同时间点正常小鼠肝脏中 Top250 基因的表达情况

部分肝切除术（PHx）后 1 天内，这 250 个基因中大部分基因的表达出现快速的上调和下调变化，这种双向变化一直持续到再生的 14 天后。因此，很难确定一个精确的时间点作为肝再生的"终止"。一些特定的基因在肝再生期间过量表达，超过了正常静息肝脏中任何一个基因的表达值。少数基因选择性过量表达的原因尚不清楚。Mup1 在人细胞中不表达。硒蛋白 P1 是肝脏将硒输送到外周组织的主要载体，对调节体内大多数细胞的氧化还原功能至关重要。甲状腺素运载蛋白是血浆中 T₄ 和结合在视黄醇结合蛋白上的视黄醇的主要转运载体。Cyp2c9 蛋白约占肝脏 Cyp 家族蛋白的 18%，与大多数外源物质和许多内源性化合物（包括花生四烯酸）的代谢有关。Jak3 基因编码 JAK3 激酶蛋白，与 IL-6 的受体 gp130 相关并激活 STAT3 转录因子。Psg28 是妊娠期肝脏产生的一种糖蛋白，目前尚不明确该蛋白在肝再生中的作用。Mup1. 主要尿蛋白 1；Cyp2c9. 细胞色素氧化酶 2C9；Psg28. 妊娠特异性糖蛋白 28；Jak3. Janus 激酶 3

并调节 RAF-MEK-Erk 信号通路。肝细胞 LSP-1 的缺失会延长肝再生时间，而人工转基因表达 LSP-1 则抑制肝再生 [150]。β-catenin 是参与肝再生的重要有丝分裂信号，其表达受 Wnt5a 的抑制。Wnt5a 的表达会增加，直至肝再生结束，从而限制 β-catenin 的信号转导 [151]。

（十九）细胞外信号缺陷的克服及受体酪氨酸激酶的关键作用

消除参与肝再生调节的单一细胞外信号（IL-6、TNF、Wnt/β-catenin、Hedgehog、胆汁酸等）会导致肝再生延迟，但并不会阻断肝再生过程。这种情况同样适用于消除单一的受体酪氨酸激酶（MET 和 EGFR）信号。肝细胞转录组在控制上的机动性能够克服这些信号缺陷障碍。MET 和 EGFR 可以纠正许多参与启动肝细胞 DNA 合成的细胞外信号的缺失（如 IL-6 和 STAT3、TNF 和 NF-κB）[45]。全身性和系统性敲除 HGF 基因不会影响肝再生，因为 ECM 中大量螯合的 HGF

总量在耗竭前足以支持多次肝再生的发生 [84]。唯一能完全阻断肝再生的细胞外信号干预是同时消除 MET 和 EGFR 的信号转导 [19]。在 PHx 前 5 天同时消除这两种受体信号时，PHx 后第 2 天会有少量的肝细胞增殖，但在此之后，肝细胞增殖会完全停止。随后肝细胞缩小至正常大小的 35%，并且肝叶减小。到第 14 天结束时，肝脏重量没有净增量。肝细胞特异性基因表达显著降低，尤其是涉及脂质和甾醇生物合成、糖原合成和尿素循环的相关基因。同时，mTOR 和 AKT 通路未被激活，PTEN 和 AMPKα 通路激活增强，与脂肪酸合成和氧化还原调节相关的酶失活。除了这些显著的变化，参与血浆蛋白合成的基因和 CYP 家族所有成员的基因（参与胆汁酸合成的第一种酶 Cyp7a1 除外）表达均显著上调。小鼠在 PHx 后 14 天内死亡，并伴有血糖低、腹水明显和血氨含量过高的症状。值得注意的是，肝细胞死亡没有增加，但非实质细胞的凋亡增加，尤其是星状细胞。小鼠死亡并非由于肝脏死亡，而是因为在 EGFR 和 MET 未激活的情况下肝脏无法发挥功能。在正常未切除肝脏的小鼠身上也观察到了同样的现象，即 EGFR 和 MET 的联合破坏会导致其死亡[152]。在这两项研究中，虽然全身性的 MET 和 EGFR 信号都被去除了，但在其他组织中未检测到异常。肠隐窝中干细胞的增殖不受影响。为什么肝脏如此依赖 EGFR 和 MET 的激活呢（图 45-3）？在正常静息的肝脏中，酪氨酸磷酸化可激活这两种受体[19]。MET 的激活可以用肝脏 ECM 中大量存在的 HGF 来解释[84]。但 EGFR 的情况要复杂得多。EGF 由位于十二指肠黏膜下的十二指肠腺合成[21]，被直接分泌到肠

腔中，一部分被肠腔重吸收经门静脉循环持续供应给肝细胞[21]。对 HGF 和 EGF 持续供应给肝细胞的观察表明，HGF 和 EGF 的联合信号产生了一个基本的控制平台，而该平台是肝细胞所特有的其他信号通路正常协同发挥作用所必需的。同时剔除这两种受体酪氨酸激酶（receptor tyrosine kinases，RTK）时，其他信号通路间的协同作用就会崩溃。这一发现可能对人类肝衰竭的发病机制有所启示。与 PHx 后血浆中释放的活性 HGF 不同，急性重型肝炎患者的血浆中 HGF 升高至很高的水平，但却未被激活[153]。在暴发性肝衰竭中，肝窦内皮细胞的窗孔也会关闭，潜在地干扰了 EGF 的可用性[155]。

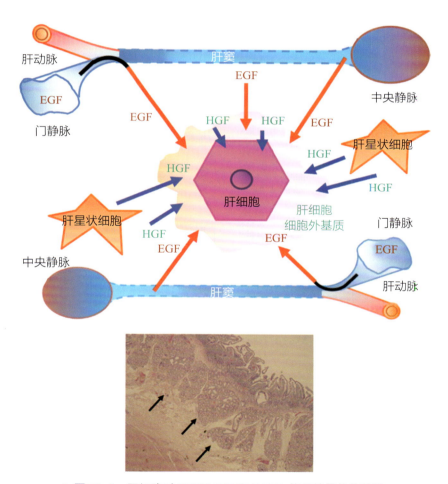

▲ 图 45-3　肝细胞对 HGF/MET 和 EGFR 信号转导的依赖性

肝细胞不断地暴露于肝细胞生长因子（HGF）和表皮生长因子（EGF）。HGF 由肝星状细胞产生，以无活性的单肽形式沉积在细胞外基质中。EGF 由十二指肠腺产生，在组织学图片中黑箭示十二指肠腺（HE 染色；放大倍数 100×）。十二指肠腺的组织学与唾液腺相似，唾液腺产生 EGF 并将其分泌到唾液中。EGF 在肠腔内产生和分泌，然后一部分被重吸收经门静脉循环进入肝脏。HGF 受体 MET 和 EGFR 在正常静息的肝脏中被激活

（二十）肝细胞与胆管细胞间的兼性干细胞关系

肝细胞和胆管细胞是肝脏中的两种上皮细胞。典型状态下，它们会进入增殖状态以修复其自身所在区域中正常的细胞数量。这一情形是维持正常肝功能所必需的，并且在没有干细胞参与的情况下完成。然而，在某些情况下，肝细胞或胆管细胞不能进入增殖状态以恢复其所在区域的细胞损失。在这种情况下，肝细胞和胆管细胞能够通过有步骤的转分化来实现彼此之间相互转化[156]。细胞表型的可塑性赋予了肝脏再生的优势，特别是在肝衰竭的情况下。通过一种细胞向另一种细胞的快速转分化来恢复肝细胞组分或胆管细胞组分，相比依赖干细胞组分的缓慢生长和扩增要快得多。有大量的研究已经证明，这两种细胞中的一种细胞都具有增殖、转分化和恢复另一种有增殖缺陷的细胞数量的能力[156]，并在大鼠和小鼠的多个实验模型中得到了证实。用对乙酰氨基酚（acetylaminofluorene，AAF）阻断大鼠肝再生，会导致肝细胞中 DNA 加合物和 p21 的表达[157]，并出现一群形态学特性介于肝细胞和胆管细胞之间的"椭圆形"细胞[158]，这些细胞最终发育为成熟的肝细胞[159]。AAF 联合部分肝切除（AAF-PHx）之后，大鼠胆管细胞立即表达肝细胞相关转录因子[160]。在 AAF-PHx 前用胆管细胞特异性毒素 DAPM 预处理，发现没有卵圆细胞的出现[161]。这些研究结果支持卵圆细胞来源于胆管细胞。由于小鼠肝细胞无法有效地响应 AAF，胆管细胞转化为肝细胞须利用更困难且会引起肝细胞 p21 的表达增强的路径。Forbes 等在肝细胞特异性缺失 MDM2 的小鼠中实现了这一点。MDM2 是一种特异性降解 p53 的 E_3 泛素蛋白连接酶。MDM2 的缺失会导致 p53 的表达增强，进而诱导 p21 的表达，使死亡和衰老的肝细胞增加，随后出现与卵圆形细胞具有相似特性的"祖细胞"。祖细胞转化为肝细胞并恢复肝细胞群。这些新出现的肝细胞携带胆管细胞的谱系标记，可确定这些祖细胞来源于胆管细胞[162]。大量的研究还记录了在胆管细胞无法增殖的情况下，肝细胞可向胆管细胞转化。例如，在 DAPM 预处理

并行胆管结扎术的大鼠模型中，高达 50% 的新生胆小管携带肝细胞特异性标志物[163]。在肝脏类器官上的研究表明，肝细胞向胆管细胞的转化依赖于 EGFR 和 MET[164]。在小鼠中也得到了类似的结果，在 DDC 喂食的小鼠中显示出肝细胞向胆管细胞的转化[165]。Huppert 和 Willenbring 最近提出了肝细胞转分化为胆管细胞的最新证据。他们证明了通过调控 TGF-β 控制的途径，可从肝细胞出发完全从头生成胆道系统[166]。介导这两种细胞相互转化的途径很复杂，除 TGF-β 外，还涉及 Hippo/Yap[120] 和 Notch[167]。目前尚不清楚是否肝小叶中任意位置的肝细胞都能参与相互转化的过程。Demetris 等发现，在 Hering 管的末端有同时表达肝细胞和胆管细胞转录因子的细胞，表明正常肝脏中预先存在具有祖细胞表型的细胞群[168]。令人惊讶的是，在 AAF 抑制的肝再生研究中，在 CCl_4 诱导的小叶中央损伤后出现的祖细胞比在 PHx 后肝再生过程中出现的祖细胞更多。在 AAF 诱导的肝小叶中央损伤模型中，祖细胞很可能来自深入肝小叶内部的胆小管（Hering 管）[169]。Lemaigre 追踪了胚胎发育期间胆管板形成的组织学，证明了大多数新形成的导管细胞迁移到门静脉和动脉分支旁的空间，形成门静脉三联体的小管。无法迁移的胆管板细胞转变为肝细胞，并定留在门静脉三联体的近端[170]。对大鼠的研究表明，肝细胞优先参与胆小管的形成[163]。在含有胰岛素、HGF 和 EGF 的滚筒瓶培养肝类器官中，上皮细胞保留了具有混合基因表达模式的肝胆表型。添加皮质类固醇可导致混合谱系的分离，成熟的胆管细胞出现在与培养基直接接触的位置，成熟的肝细胞铺在胆管细胞的下层。HGF 和 EGF 的同时缺失使该培养系统中的肝细胞无法向胆管细胞转化（两者中的任何一个均可维持这种转化）[39, 171]。HGF 或 EGF 都能够诱导 TGF-β 的表达。Schaub 等最近发现了 TGF-β 在此转分化过程中的作用[166]，在类器官培养中，除 HGF 和 EGF 之外，TGF-β 也可能参与肝细胞向胆管细胞的转化。值得注意的是，尽管混合肝胆表型的细胞在正常人肝脏中很少见，但在无论什么病因导致的急性重型肝炎状态下，它们会成为肝脏中的主要细胞类型[172]。

目前尚不清楚这是否是治愈急性重型肝炎和恢复肝脏正常结构的途径，因为在少数自愈的急性重型肝炎病例中，尚未追踪到肝胆细胞的演化。

（二十一）外源性化合物诱导肝小叶中央区损伤后的再生

位于肝小叶中央区的肝细胞表达 CYP 家族（Ⅰ相）和其他参与外源性化合物代谢和加工的酶（Ⅱ相）。在大多数情况下，外源性化合物通过血液（肾脏）或胆汁（粪便），经过适当加工处理后排出。然而，在极少数情况下，一些外源性化合物的加工处理会生成反应性亲电体，与蛋白质和核酸的亲核残基反应，导致小叶中央区的肝细胞死亡。研究这种损伤及其修复途径的大鼠和小鼠实验模型大多使用 CCl_4 或对乙酰氨基苯酚作为损伤剂[173, 174]。小叶中央区的坏死程度和致死率取决于外源性化合物的剂量，而剂量的致死率随动物的品系、饮食成分等发生变化，因为这些参数会影响小叶中央区域的基因表达模式[175]。总体而言，小叶中央区的肝损伤更能代表人类肝损伤的类型，特别是高剂量对乙酰氨基苯酚经常被用于自杀，会导致肝大面积坏死，通常只能采用肝移植来挽救。小叶中央区的肝细胞坏死是该类型损伤出现的第一个证据。其次是单核细胞的入侵，单核细胞在损伤部位非常活跃地增殖并转变为活化的巨噬细胞以清除坏死区域。在服用对乙酰氨基苯酚后的数分钟内，EGFR 被迅速激活[176]。至服药后第 1 天结束时，主要分布于坏死区周围的肝细胞进入细胞周期，呈增殖细胞核抗原（proliferating cell nuclear antigen，PCNA）阳性。然而，在第 2 天结束时，小叶其余部分的大多数细胞也会变为 PCNA 阳性细胞。同时，Ki-67（DNA 合成活跃的生物标志物）阳性肝细胞会在第 2 天出现并增加到覆盖整个肝小叶。肝脏和外周血中 HGF 的水平升高[81]。TGF-α 和 HGF 的 mRNA 表达在 12h 和 48h 出现两个高峰[177]。在肝再生中，巨噬细胞除了产生生长因子和刺激，还能分泌 HGF、TGF-α、TGF-β、PDGF、IL-6 和 TNF 等有丝分裂原。目前尚未检测出巨噬细胞在修复肝小叶中央损伤时产生的上述信号的时序性。而事实上，最早 PCNA 阳性细胞于损伤后第 1 天就出现在坏死区域周围，这表明向该区域活跃浸润并增殖的巨噬细胞，产生的有丝分裂原在肝损伤的极早期发挥作用，甚至可能是第一个发挥了作用。坏死肝细胞的去除率和正常肝脏组织学的恢复情况取决于损伤剂的使用剂量。使用中等的实验剂量，通常 1 周内即可观察到正常的组织学形态。肝小叶中央损伤的修复机制，虽然与临床相关，但与肝再生相比，被揭示得很不充分，这是因为炎症事件发生在损伤后的最早阶段，导致很难将严格意义上的细胞增殖信号与炎症相关的信号区分开。另一个问题是，肝损伤修复会根据不同的药物剂量做出不同的响应[175]。不过，应该指出的是，在肝再生研究中所鉴定的所有有丝分裂信号在上述类型的损伤中也能被识别到，尽管其来源和时间动力学有所不同。

（二十二）正常静息肝脏的稳定质量的维持

我们讨论了由肝脏实质大量丢失所触发的有丝分裂信号和复杂响应。诱导肝细胞的增殖是一种代偿性反应，目标是恢复肝脏的全部功能。肝细胞的丢失是驱动代偿反应信号通路出现的主要原因。然而，在正常静息的啮齿动物肝脏中，无论何时，死亡或增殖的肝细胞的比例通常不超过肝细胞总数的 0.2%。虽然涉及的细胞数量非常少，但在微观尺度上必须有触发代偿性增殖的途径，以达到随时间的推移，损失的总量不会导致肝脏质量减少的效果。目前关于"hepatostat"的机制还不是很清楚。不过可以合理地假设，调节这一过程的信号可能与肝细胞大量丢失触发的信号不同。由于 HGF（来自 ECM）和 EGF（来自十二指肠腺）的持续供应，MET 和 EGFR 在正常肝脏中一直处于激活的状态，尽管我们不知道这适用于全部还是仅部分肝细胞。对正常肝脏中肝细胞的连续 DNA 标记表明，增殖的肝细胞从门静脉周围区域缓慢流动到小叶中央周围区域[178]。然而，后续对 DNA 脉冲标记的肝细胞研究表明，增殖的肝细胞出现在肝小叶的所有区域，而不仅仅是在门静脉周围，而且肝细胞的"流动"并不是维持肝脏大小稳态的机制[179]。最近有几项研究提供了关于不同肝细胞亚群在维持"hepatostat"的新信息。Nusse 等报道了紧邻中央静脉周围一个独特的肝细胞群，这些细胞表达 Axin2，后者是 β-catenin 泛素化复合物的一部分。这些细胞还同时表达胎儿肝母细胞的生物标志物 TBX3，并且是二倍体。另外，这些细胞对 β-catenin 依赖性的谷氨酰胺合成酶的表达也是阳性的。Wang 等标记了 Axin2 细胞，发现随时间的推移，它们会产生一个细胞谱系，这些细胞在中央区域周围扩张，其后代细胞数量可达肝小叶内细胞的 40%[180]。这一结果令人印象深刻，尽管有人担心这些细胞中的 β-catenin 水平可能会升高。由于该模型中只有一个 Axin2 基因激活，潜在的 Axin2 单倍体不足可能导致 β-catenin 水平升高，从而提高受 β-catenin 调控的肝细胞的增殖率。Furuyama 等证明，在肝小叶另一端的门静脉周围区域，肝脏和胰腺中 Sox9+ 谱系祖细胞产生的后代细胞逐渐向小叶的其他区域扩展，分化为 Sox− 肝细胞和胰腺腺泡细胞[181]。胆管细胞表达 Sox9，该研究认为胆管细胞不断分化为肝细胞，以维持肝脏质量恒定。而其他研究表明，紧邻门静脉周围的肝细胞也表达低水平的 Sox9，也会增殖以建立向中间区域和小叶中央区域迁移的扩张子代，特别是在慢性肝损伤之后[182]。这些细胞与早先被鉴定的负责在胆道修复被抑制的情况下产生胆小管的肝细胞相同[163]，也与 Lemaigre 等鉴定的未能进入到门静脉三联体的胆管板细胞分化的肝细胞一样[170]。因此，Furuyama 等的发现可以用不同的方式来解释，即其所描述的细胞谱系并非源自胆管细胞，而是来自 Sox9+ 门静脉周围肝细胞。然而，早期的脉冲标记实验结果表明，小叶所有区域内进行 DNA 合成的肝细胞都可以被标记，因此，可以合理地认为小叶中央区和门静脉周围区域的肝细胞谱系都在运作，两者以相反的方向推进，来补充肝细胞。在这种情况下，DNA 脉冲标记倾向于标记小叶所有区域的肝细胞。另一项研究提供了全小叶肝细胞参与持续更新过程的证据。Tchorz 等证明肝脏分区的形成依赖于从门静脉周围到小叶中心区逐渐增加的 Wnt/β-catenin 梯度，该梯度的形成依赖 R− 响应蛋白（R-spondin，RSPO）配体及其受体（Lgr4/5）介导的血管分泌信号。肝再生期间，Lgr4+ 肝细胞的增殖能力增强，并分布于整个小叶[183]。Artandi 等在最近的研究中，对表达高水平端粒酶的肝细胞亚群进行了谱系标记，发现该细胞群存在于肝小叶的所有区域，而随着时间的推移，被标记的后代细胞可以覆盖整个小叶[184]。因此，这些再生途径（门静脉周围、中央周围、全小叶）很可能同时发挥作用，从而产生足够数量的肝细胞后代，维持肝功能正常发挥所需的肝重。然而，目前尚未确定的可能是 "hepatostat" 这一机制中最关键的部分，即是什么刺激信号调节这些过程并确保肝脏大小不超过机体所需大小？

（二十三）慢性肝病过程中的慢性肝再生

大多数慢性肝病都发生不同程度的肝细胞损耗。这与病因无关，病毒、毒素（包括酒精）、代谢、脂肪性肝炎等均会导致肝细胞的丢失。肝细胞的丢失会触发再生反应，这些再生反应可通过对肝细胞增殖相关的生物标志物（PCNA、Ki-67）及与肝细胞死亡相关的生物标志物（TUNEL 检测、活化的 caspase 表达）进行免疫组织化学分析来证实。触发再生反应的精确信号通路可能与前面讨论的急性肝损伤后肝再生过程中所发现的信号通路相似。但是，也可能存在与造成损伤的有害物质相关的属性，以不同的方式影响再生信号。肝细胞的损失是引起代偿性肝细胞增殖的最高"特权"，以维持机体所需的肝脏 / 体重重量比，这被认为是 "hepatostat"。与体内的其他器官不同，人体内稳态需要恒定基数的肝组织。根据这一调节原则，肝脏的"质量"损失是不被允许的。这种现象是肝脏特有的，而其他器官并非如此（受垂体调控的内分泌腺除外）。例如，一半胰腺丢失，残留的胰腺组织不会再生增加到整个胰腺的原始大小；一个肾脏丢失，残留的肾脏变得略大，但不会恢复到其重量的 2 倍[185]。由于 "hepatostat" 的存在，只要肝细胞持续丢失时，存活肝细胞的增殖能力就会增强。为了弥补慢性疾病导致的肝细胞丢失，存活肝细胞会慢性代偿性增殖，而这会导致一些不利的后果。一些研究表明，慢性肝病中肝细胞的倍性减少与其持续的增殖有关。人和啮齿动物的肝细胞通常是多倍体。人肝细胞的平均倍性为 4n 双核，小鼠肝细胞的倍性水平达到 8n 或 16n 的情况很常见。对啮齿动物的实验研究表明，在慢性肝细胞增殖过程中，"倍性传送器"会发生过程逆转，大多数多倍体肝细胞恢复到二倍体状态[186]。对人类肝脏的一些研究证明，在包括肝硬化在内的大多数慢性肝病中，二倍体肝细胞的比例都会增加[187]。多倍体逆转为二倍体这一过程及二倍体细胞本身并不会产生负面后果。然而，不幸的是，很大比例的人和啮齿动物的多倍体肝细胞是非整倍体的，即染色体单拷贝随机缺失[188]。在多倍体状态下，缺失的等位基因的功能可由多倍体状态下存在的单个缺失染色体的同源拷贝提供。然而，随着多倍体肝细胞逆转为二倍体，一些二倍体细胞可能随机拥有一些染色体的单拷贝。例如，缺失一个13号染色体拷贝的8n多倍体肝细胞，它产生的四个二倍体肝细胞中，有一个细胞只拥有单个13号染色体拷贝，这可能会导致肝癌的发生。在慢性肝病中，肝细胞的增殖发生在炎性环境中，并伴随相关的遗传毒性产物，包括反应性电活性物质、脂质过氧化产物、O_2^-自由基等。在二倍体细胞中，对单拷贝染色体造成的遗传毒性损伤，得不到缺失的姐妹染色体的基因平衡。在这种情况下，现有单拷贝染色体中的非显性突变可能起到显性（驱动）突变的作用，这就增加了发生肿瘤的风险。因此，所有类型的慢性肝病都会导致罹患肝细胞癌的风险增加，这也就不足为奇了[1]。在肝细胞增殖能力总体受损的情况下，发生肝癌的风险也会增加。Solt等的经典实验表明，当受到急性肝损伤（部分肝切除）的刺激时，对任何有丝分裂抑制剂具有抵抗力的"抵抗性肝细胞"将迅速发展为单克隆肝细胞生长结节，由此产生的结节将会恢复"hepatostat"[189]。这些"抵抗性肝细胞"由于增殖速度加快，更容易面临发展为非整倍体二倍体的风险。少数的"抵抗性肝细胞"是唯一能够通过增殖满足"hepatostat"需求的细胞。这种情况的一个典型例子是与慢性炎症相关的代谢异常导致的肝癌表型。大多数由血色素沉积症发展来的癌症中，肝癌细胞不储存过多的铁；由糖原贮积病、脂质贮积病等发展来的癌症中，大多数肝癌细胞不储存异常的代谢产物；在患有 α_1 抗胰蛋白酶缺乏症的癌症患者中发现，大多数癌细胞不携带错误折叠

的ATZ蛋白特有的PAS淀粉酶阳性小球[1]。在这些情况下，由于随机原因没有受异常代谢影响的肝细胞是Solt等提出的"抵抗性肝细胞"。在维持"hepatostat"的过程中，这些肝细胞的增殖速度比绝大多数受代谢疾病影响的肝细胞要快。同样的现象似乎也适用于与HCV感染相关的肝细胞癌。最近的一项研究发现，HCV通过与四次穿膜蛋白CD81相互作用激活Hippo途径使肝细胞增殖受损，从而导致核Yap水平表达降低[149]。大多数肝癌细胞的质膜不表达CD81，因此不会被HCV感染[190]，这使得它们能够抵抗正常肝细胞被HCV感染后引起的Hippo激活和Yap减少对有丝分裂的抑制作用。"抗HCV"CD81阴性的肝细胞能够更快地增殖，以维持肝脏稳态，并补偿由HCV感染造成的肝细胞损失。在这种情况下，HCV作为促进肝细胞癌发展的"促进剂"发挥作用，肝细胞癌大部分由"抗HCV"的肿瘤肝细胞组成。

二、结论

尽管肝部分切除后的肝再生并不代表肝脏疾病中最常见的肝损伤类型，但它已成为理解调控肝再生基本信号和机制的一个非常有用的模型。同时考虑与急性肝细胞坏死相关的炎症现象也并不复杂。与正常情况下肝脏质量维持相关的稳态事件的研究领域出现了许多新的认知。然而，调节"hepatostat"的信号通路仍然不是很清楚[1]。我们知道，核Yap在调节肝脏大小方面发挥作用，HGF/MET和EGF/EGFR的联合信号对维持"hepatostat"至关重要；联合消除这些RTK信号会导致肝脏代偿功能障碍和功能崩溃。在本章的末尾，我们不应忘记，肝细胞在肝再生模型中具有非常强且近乎无限的增殖能力。在Fah$^{-/-}$模型中，多倍体和二倍体肝细胞同等参与10次连续再克隆事件。通过数学计算表明，1个肝细胞可以产生50个小鼠肝脏[191]。从这个意义上讲，肝细胞是体内上皮细胞中独一无二的。我们不仅需要了解是什么启动了它们的增殖，而且还要了解是什么利用了肝细胞的无限增殖能力，并将其引导控制在有意义的、由"hepatostat界定"的边界之内，以维持肝脏的连续正常运作。

第 46 章　β-catenin 信号通路

β-catenin Signaling

Satdarshan P. S. Monga　著

林雨婷　毛成志　林盛达　陈昱安　郑秋敏　译

对爪蟾、果蝇、秀丽隐杆线虫等动物模型的研究极大地促进了我们对人类疾病的分子基础的理解。一个经典的例子便是 Wnt/β-catenin 信号通路的鉴定与表征，它对包括胚胎与器官发育在内的正常发育过程至关重要，同时，它的失调也与癌症等疾病相关[1-3]。Wnt/β-catenin 信号通路在进化过程中极为保守。在果蝇中，Wnt 或 Wingless（Wg）基因最初被鉴定为翅膀发育相关基因，但后来该基因被认为有多种功能，如调控体节极性与前后轴发育，这对胚胎存活是至关重要的[4-6]。随着 Wnt 重要性的显现，人们鉴定了该通路的几个关键成分。Armadillo 蛋白（或称为 β-catenin）是这个通路中的一个重要组分。尽管在此之前就有间接证据表明 β-catenin 与 Wg 通路相关，但人们花费了数年时间才确定 β-catenin 是经典 Wg 通路的核心组成部分[4, 7-9]。这些研究催生出了一个关于细胞黏附和信号转导的模型系统[10]。人们开始了解 Wnt/β-catenin 通路及其在复杂细胞进程中的作用，如细胞间黏附、有丝分裂、运动发生和脊椎动物的形态发生等过程。

之后人们将目光聚焦在寻找该通路的其他组成部分上，这有助于提升我们对正常生理状态和疾病状态下这一复杂信号通路的级联调控的理解。一些重要的组分，如 Wnt 受体 Fzd 蛋白、Zeste-white-3 激酶或 GSK3β、APC、轴蛋白、Dsh、TCF/LEF 转录因子家族等之间的相互作用

被确定受到 Wnt 信号通路的直接影响。许多新的组分及其相互作用和更多的靶标基因仍在研究当中。此外，它们在健康和疾病状态下调节该通路的功能也是目前研究的焦点。此外 Wnt 信号通路与 Hippo、Hedgehog、Jagged/Notch、HGF、EGF 和 TGF-β 等其他重要信号通路相互关联，并可能产生额外的影响。

当前，Wnt/β-catenin 通路在脊椎动物的发育、组织稳态和癌变过程中的作用已经较为明确[11, 12]。β-catenin 的敲除会导致小鼠因为原肠胚形成缺陷而在胚胎期死亡[13]。利用条件性敲除来研究导致胚胎致死基因的可行性是了解 β-catenin 和其他 Wnt 组分在肾脏、肺、大脑、四肢、肌肉和皮肤等众多器官发育中发挥普遍作用的关键[14-19]。在过去的 15～20 年里，Wnt/β-catenin 信号通路在肝脏病理学中的重要性已经凸显。因此，本章将重点介绍 Wnt/β-catenin 信号通路和独立于经典 Wnt 通路的 β-catenin 在肝脏生理学和病理学中的作用（表 46-1）。

一、Wnt 信号转导通路

胞外分泌的糖蛋白 Wnt 与其细胞表面受体 Fzd 或其他受体的结合可诱导具有特定生物学功能的下游级联反应。尽管经典 Wnt 通路依赖于 β-catenin-TCF 调控下游靶基因表达，但除此之外也存在其他效应物。在此，我们概述了 Wnt 下游激活的各种信号转导级联反应。

表 46-1　肝脏中 Wnt/β-catenin 通路的靶点

靶基因	背　景	变　化	参考文献
Axin-2	肝脏肿瘤	上调	[212]
Claudin-2	正常或受损肝脏（β-catenin 敲除）	下调	[109, 112, 132]
Cyclin-D1	肝脏肿瘤（肝母细胞瘤细胞） 肝再生	上调	[101, 216, 217]
Cyclooxygenase-2	肝脏肿瘤（细胞系）	上调	[218]
Cyp1a2	肝脏肿瘤	上调	[219]
Cyp2e1	肝脏肿瘤	上调	[219]
Cyp7a1	正常或受损肝脏（β-catenin 敲除）	下调	[112, 132, 133]
Cyp27	正常或受损肝脏（β-catenin 敲除）	下调	[112, 132, 133]
EGFR	转基因肝脏（β-catenin 过表达）	上调	[119]
Fibronectin	肝脏肿瘤（肝母细胞瘤细胞）	上调	[216]
Gpr49 或 Lgr5	肝细胞癌	上调	[220]
GLT-1	转基因肝脏（过表达突变的 β-catenin）	上调	[99]
GS、Glul	转基因肝脏（过表达突变的 β-catenin）	上调	[99]
Lect2	转基因肝脏（过表达突变的 β-catenin）	上调	[221]
Ornithine aminotransferase	转基因肝脏（过表达突变的 β-catenin）	上调	[99]
Regenerating iselet-derived-3α	肝脏肿瘤（肝细胞癌和肝母细胞癌）	上调	[222]
Regucalcin	正常肝脏和肝脏肿瘤（转基因和敲除 β-catenin）	上调（转基因） 下调（敲除）	[107]
Tbx3	肝脏肿瘤（肝母细胞瘤细胞）	上调	[223]
TGF-α	肝再生	上调	[217]
VEGF	肝脏肿瘤（细胞系）	上调	[224]

二、Wnt/β-catenin 信号通路

在正常没有 Wnt 信号的稳定状态下，细胞质中游离的单体形式的 β-catenin 被泛素化靶向降解。在这种"关闭"状态下，β-catenin 的 Ser45、Ser33、Ser37 和 Thr41 被 CKIα 和 GSK3β 磷 酸 化 [20, 21]。CK 和 GSK3β 是包括 Axin 和 APC 在内的更大的多蛋白降解复合体的一部分。一旦被磷酸化，这种较大的复合物就可以通过 βTrCP 识别，泛素化 β-catenin，并使其被蛋白酶体降解（图 46–1A）[22]。

Wnt 蛋白通常以旁分泌或自分泌的方式作用于细胞。然而，Wnt 蛋白需要经过特定的翻译后修饰才能具有生物活性。Porcupine 蛋白位于细胞内质网中，其对 Wnt 蛋白的糖基化和酰基化起重要作用（图 46–1B）[23]。Wnt 蛋白酰基化后具备疏水性，并通过特定的受体 Wls 或 Evi 将其从高

尔基体运输到细胞膜上来分泌（图 46–1B）[24]。

一旦分泌到胞外，Wnt 蛋白便与细胞表面受体 Fzd 及 LRP5/6 辅助受体相结合[25-27]。这导致了 LRP5/6 的磷酸化、Dvl 的募集，并将 Axin 募集到质膜（图 46–1B）[28, 29]。有趣的是，R-spondin 分泌蛋白家族通过与 LGR4 和 LGR5 的结合来增强 Wnt 信号，进而增加 Wnt 依赖的 LRP6 的磷酸化[30]。Axin 募集到质膜，从而扰乱了 β-catenin 降解复合体，导致 β-catenin 进入细胞核并在核内蓄积，与 TCF/LEF 转录因子家族结合并反式激活，从而影响靶基因的表达[31]。该通路几个已知的靶基因具有时期和组织特异性，其中存在与肝脏相关的靶基因。值得注意的是，一些 Wnt 通路组分，如 AXIN、DKK、dFzd7、Fzd2、FRP2、WISP、βTrCP 和 TCF 等自身就是靶基因，表明该通路中存在多个调控回路。

三、非经典 Wnt 信号通路

哺乳动物基因组包含 19 个 Wnt 基因，以及 10 个 Frizzled 受体。并非所有的 Wnt 信号通路都与 β-catenin 相关，所以我们将简单探讨各种 Wnt-Fzd 或 Wnt-non-Fzd 的相互作用对非经典 Wnt 信号通路的激活。需要注意的是，一些非经典的 Wnt 蛋白被认为可以与特定受体相互作用，以激活或抑制 β-catenin，而其最终结果则取决于所处场景。Wnt 信号通路通常激活 β-catenin-TCF 的反式激活活性，在少数情况下则是抑制。例如，Wnt5a 可以根据结合受体的不同来激活或者抑制 β-catenin[32]。研究表明，Wnt5a 在 Fz4 存在时激活 β-catenin，在 Ror2 存在的时则抑制 Wnt3a 依赖的 β-catenin 激活（图 46–1C）。

（一）Wnt/Ca^{2+} 通路

Wnt5a 等 Wnt 配体可以与 Fzd2、Fzd7 或 Ror2 结合来激活 Wnt/Ca^{2+} 通路[33]。Wnt 的结合导致 Fzd、Disheveld 和 G 蛋白之间形成复合物，促进 PLC 的激活，从而裂解 PIP$_2$，使其转化为 DAG 和 IP3。DAG 激活 PKC 和 IP3 来提高细胞内 Ca^{2+} 水平，进而激活 CaMK Ⅱ 和 CaN 来调节细胞迁移和增殖[34]。

（二）平面细胞极性通路

在平面细胞极性通路中，Wnt 配体与 Ror2/Fzd/Disheveld 复合物结合激活 Rho 家族小 GTP 酶，包括 RhoA 和 Rac，进而激活 ROCK 和 JNK，最终影响细胞极性和迁移[34, 35]。

（三）Wnt/STOP 通路

该通路导致 Wnt 依赖的蛋白质稳定[36]。GSK3β 是这一途径的核心因子，它可以磷酸化除 β-catenin 外的许多其他蛋白，从而使其被蛋白酶体靶向降解[37]。Wnt 与其协同受体的结合使得 GSK3β 留在多泡体中而被阻抑，GSK3β 的靶蛋白可以在细胞质中积累[38]。该通路的生物学效应包括影响细胞周期、细胞分裂、调控细胞骨架、细胞大小和 DNA 重塑等[39]。

（四）Wnt/TOR 通路

在该通路中，GSK3β 磷酸化并激活 TSC2，进而抑制 mTORC1 的功能。Wnt 配体的存在可以抑制 GSK3β 介导的 TSC2 磷酸化和降解，从而激活 mTORC1 信号通路，促进蛋白翻译[40]。

四、独立于 Wnt 的 β-catenin 功能

除了在经典 Wnt 通路中发挥核心作用外，β-catenin 还可以与细胞膜、细胞质或细胞核中的许多蛋白互作，以调节它们的信号转导和生物学功能。这些相互作用超出了本章讨论的范围，这里简要提及一些与肝脏病理生理学相关的关键相互作用。

五、β-catenin 与黏着连接

β-catenin 是黏着连接（adherens junctions，AJ）的组成部分，它的一个重要功能是充当钙黏素的细胞质结构域和包含肌动蛋白的细胞骨架之间的桥梁[41]。钙黏素由一个胞外结构域、一个跨膜结构域和一个在各种亚型中最保守的细胞质尾部组成。从结构上看，钙黏素的细胞质尾部呈二聚化，并通过 p120、β-catenin 及 α-catenin 连接到肌动蛋白骨架上。已经鉴定出钙黏素胞质结构域上特异性的 β-catenin 结合位点[42, 43]。AJ 中 β-catenin 与钙黏素的相互作用不仅对调节细胞黏附很重要，而且对 β-catenin 的转录激活也十分关

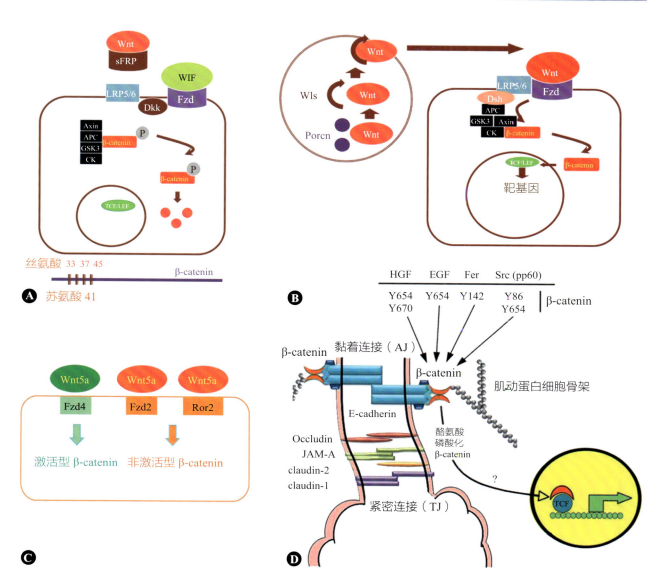

▲ 图 46-1 β-catenin 是 Wnt 通路和细胞连接的组成部分

A. 当 sFRP 隔离 Wnt、存在 WIF 或 Dkk 抑制 Fzd-LRP5/6 相互作用时，Wnt 无法与其受体 Fzd 和 LRP5/6 结合，此时细胞质中的 β-catenin 与由 Axin、APC、GSK3 和 CK 组成的降解复合物结合，导致其在 Ser45 和 Sr33、Ser37 和 Thr41 相继被磷酸化。磷酸化后，β-catenin 被 βTrCP 泛素化后降解。B. Wnt 在内质网中被 Porcn 糖基化和棕榈酰化，与高尔基体中的 Wls 结合后被转运到细胞膜上进行分泌。Wnt 与受体 Fzd 和协同受体 LRP5/6 结合，通过 Dsh 招募 β-catenin 降解复合体到磷酸化的 LRP5/6 上，使降解复合体失活，导致 β-catenin 的磷酸化水平下降，从而 β-catenin 被释放并最终转运到细胞核内与 TCF/LEF 家族的转录因子相互作用以诱导靶基因。C. 基于结合的受体，Wnt5a 可以激活或失活 β-catenin。如果与 Fzd4 结合便是激活 β-catenin，与 Ror2 或 Fzd2 结合则可通过 Wnt/calcium 通路或其他机制使 β-catenin 失活。D. β-catenin 是 AJ 的一个组成部分，它将 E-cadherin 的细胞质尾部连接到 α-catenin 和肌动蛋白细胞骨架上。肝脏内 AJ 靠近 TJ，TJ 以其屏障功能而闻名，靠近肝细胞顶端表面，防止胆汁沿肝细胞侧表面渗漏进血液。TJ 由闭合蛋白、JAMA 和密封蛋白等组成。claudin-2 也是 Wnt/β-catenin 的一个靶蛋白，它可能是 AJ 和 TJ 组分之间连接互作的基础之一。生长因子（如 HGF、EGF）、Fer 激酶和 Src 激酶可以磷酸化 β-catenin C 端的多个酪氨酸残基，破坏 β-catenin 与 E-cadherin 的相互作用，也可能诱导 β-catenin 核转位和激活

键，但这一点仍存在争议（图 46-1D）。β-catenin 和钙黏素之间的相互作用受到 β-catenin C 末端酪氨酸磷酸化调控[44]。β-catenin 的磷酸化会使得钙黏素与 β-catenin 的结合、α-catenin-β-catenin 复合物不稳定，并将钙黏素从肌动蛋白骨架上分离，从而促进细胞内黏附性下降[45, 46]。相反，β-catenin

上酪氨酸残基的去磷酸化会促进 E-cadherin、β-catenin 和 α-catenin 的重组[47]。β-catenin 的第 654 位酪氨酸残基磷酸化后，其胞质内含量大幅增加，与 TBP 结合并最终提高 β-catenin/TCF 复合物的转录活性[48]。β-catenin 的酪氨酸磷酸化和 β-catenin-E-cadherin 复合物的解离导致的另一个结果是 E-cadherin 的胞质结构域变得松散且更易降解[42]。

调控 β-catenin 酪氨酸磷酸化的几个因子包括：①非受体酪氨酸激酶 Src 和 Fer[49, 50]；②跨膜激酶 EGFR 和 Met（HGF 受体）[51-55]；③多种蛋白质酪氨酸磷酸酶（图 46-1D）。

我们报道了一种在肝细胞膜上全新的 Met-β-catenin 复合物[56]。HGF 诱导酪氨酸磷酸化依赖的 β-catenin 核转运。在一项后续研究中，我们发现第 654 和 670 位酪氨酸残基是 HGF 诱导 β-catenin 磷酸化的靶点（图 46-1D）[57]。其他研究也发现，HGF 通过其他机制在正向调节 β-catenin/TCF 反式激活方面有类似的作用[58-60]。这些研究与肝病患者中 HGF 高水平的结果相印证，说明 HGF 可能影响 β-catenin 的再分布并改变疾病进程。

同样，也有报道发现 β-catenin 与 EGFR 之间存在直接的相互作用（图 46-1D）[52]。事实上，ErbB2 也被证明与 β-catenin 有关联[53]。尽管在此背景下 β-catenin 的命运和核信号转导尚不明确，但可以肯定的是，β-catenin 对细胞黏附有所影响[63]。

六、β-catenin 与 PKA

不论在体外还是体内，β-catenin 的 Ser552 和 Ser675 都可以被 cAMP/PKA 磷酸化，导致不依赖于 GSK3β 的 β-catenin-TCF 活性增加[64]。这在肝脏病理生理学中也得到证实。在评估激活 Wnt/β-catenin 信号通路以促进肝切除术后肝再生的方法时，人们发现 T₃ 或另一种甲状腺激素受体 β 激动药 GC-1（Sobetirome）可以发挥作用[65, 66]。事实上，我们发现使用 T3/GC-1 后 β-catenin 被激活，至少部分是依赖于 PKA 介导的 Ser552 和 Ser675 磷酸化。

由于在与纤维囊功能丧失相关的各种遗传疾病（如先天性肝纤维化和 Caroli 病）等患者中观察到 cAMP 水平的提高，胆管细胞中 Ser675-β-catenin 有着显著增加[67]。这导致了 Pkhd1 缺乏的胆管细胞的运动性增加，因此 cAMP/PKA/β-catenin/TCF 这条通路可能在疾病的发病机制中发挥重要作用，有望成为治疗靶点[67]。

七、β-catenin 与 NF-κB

乳腺癌中存在 β-catenin 和 NF-κB 的 p65 亚基形成的复合物[68]。我们也同样在肝细胞中发现了这种复合物[69]。这种复合物可能抑制了肝细胞中 p65 的激活。事实上，由于 NF-κB 活化增加使得促进生存的基因表达，因此特异性敲除 β-catenin 的肝细胞可以免遭 LPS 的损伤。在缺乏 β-catenin 的情况下，肝脏的免疫细胞浸润也会增加，但其意义尚不清楚。最近我们还发现，虽然在部分肝切除术后 β-catenin 和 NF-κB 都被激活，但它们发生在不同的细胞之中，前者发生在肝细胞中，而后者发生在非实质细胞中[70]。

过表达 β-catenin 可以降低 NF-κB 报告基因的活性[71]。β-catenin 突变的癌细胞中 NF-κB 活性降低，而缺乏基本 β-catenin 活性的细胞中 NF-κB 活性则增强。免疫共沉淀实验也证实了 NF-κB 蛋白的 p65 和 p50 亚基与 β-catenin 会形成复合物。在肝细胞癌样本中，NF-κB 靶蛋白（如 iNOS 和 Fas）的表达也与 β-catenin 表达水平呈负相关。这些结果之间高度相关，因为大多数 HCC 发生在具有慢性损伤和炎症的肝脏中，至少在部分病例中可能是由 β-catenin 和 NF-κB 之间的复杂相互作用导致的。

八、β-catenin 与 FXR

最近，在肝细胞中也发现了 FXR 和 β-catenin 之间形成的复合物。与 β-catenin 和 NF-κB 的相互作用类似，β-catenin 与 FXR 形成复合物并抑制 FXR。与同窝出生的对照组小鼠相比，β-catenin 条件敲除性小鼠在胆管结扎后损伤较小[72]。这表明 β-catenin 通过与 FXR 形成复合物，来发挥核转位抑制剂和核辅阻遏物的双重作用。β-catenin

的缺失促进了 FXR 的核定位和 FXR/RXRα 的结合，最终结合 SHP 启动子并激活其表达以响应胆汁酸或 FXR 激动药。相反，过量的 β-catenin 会屏蔽 FXR，从而抑制其活化。β-catenin/FXR 复合物可能与胆汁淤积损伤的致病机制有关，并且可能在各种肝脏疾病中均具有潜在的治疗意义。

九、肝脏发育中的 Wnt/β-catenin 信号通路

在 2003 年的一项研究首次确定了 Wnt/β-catenin 信号通路在肝脏发育中的作用[73]。利用体外器官培养和对个体发育的全面分析证实了 β-catenin 在早期肝脏发育中的作用[73, 74]。一些研究团队已经补充并深入了解了在肝脏发育过程的多个步骤中 Wnt/β-catenin 信号通路的严格调控是必不可少的[75]。

Wnt 信号在原肠胚形成和早期体节发生过程中可促进后内胚层命运并抑制前内胚层命运[76]。同时，通过 sFRP5 来抑制 Wnt 信号通路被证明可以维持前内胚层的前肠命运，并使肝脏开始发育[76, 77]。然而一旦前后内胚层模式建立，Wnt 信号通路将正向调节肝脏特异性分化[76]。在斑马鱼的肝脏早期发育过程中也观察到了许多在不同时间点产生相反功能的 Wnt/β-catenin 信号通路作用的现象[78]。事实上，通过对斑马鱼进行正向遗传筛选发现了 wnt2bb 突变体的肝憩室非常小甚至没有[79]。在 wnt2bb 突变体中敲低 Wnt2 阻碍了肝脏恢复，重要的是导致 hhex 在肝脏形成区不表达[80]，这表明 Wnt 信号通路在肝脏特化中发挥重要作用。另外，wnt2[80] 和 wnt2bb[79] 均在临近肝脏形成区的侧板中胚层内表达。

Wnt/β-catenin 信号通路是肝脏特化的充分且必要条件。斑马鱼的功能获得性研究表明，在整个组织中过表达 Wnt2bb[80] 或 Wnt8a[81]，可使在正常情况下通常发育成肠的后内胚层诱导产生异位肝母细胞和肝细胞。在斑马鱼背侧内胚层的非肝定向区过表达 Wnt8a 也可诱导异位肝母细胞产生[82]。

在内胚层前后模式形成后、肝脏特化前的阶段，在前肠内胚层内激活或失活 Wnt/β-catenin 信

号通路的小鼠模型对于确定 Wnt/β-catenin 信号通路对肝脏特化的作用是必需的。研究人员利用 foxa3-cre 在胚胎期 9.5 天的小鼠肝母细胞中敲除了 β-catenin[83]，发现敲除并不影响肝母细胞分隔成室，并且在这些条件性敲除的胚胎中仍然存在着 HNF4α 阳性的肝母细胞。这可能意味着 Wnt/β-catenin 信号通路对小鼠肝诱导发育是可有可无的，而且在正确的时间和区域敲除 β-catenin 从技术层面上来说是一个挑战。

β-catenin 基因和蛋白的表达在小鼠胚胎期期第 10～14 天的胎肝中达到顶峰，在此期间，β-catenin 定位于不同上皮细胞的细胞核、细胞质和膜中，并与正在进行的细胞增殖相吻合[74]。对胚胎期第 9.5～10 天小鼠胎肝在含有 β-catenin 的反义寡核苷酸的情况下进行培养，发现增殖减少且凋亡增加，而这两个过程在肝脏特化诱导后对肝脏形态发生至关重要[73]。一项与之相关的研究发现在发育的鸡肝脏中，β-catenin 的过表达会导致肝脏大小增加 3 倍，部分原因是由于肝母细胞数量的增加[84]。

β-catenin 在胆管形态发生中的作用也十分有趣。在胎肝培养中添加 β-catenin 的反义寡核苷酸导致胆管分化减少，而补充 Wnt3a 可诱导胆道表型[85]。这些结果也得到了体内研究的支持，在条件性 β-catenin 敲除的肝脏中胆管分化并不理想[83]。反之，在 APC 缺失的肝脏中观察到肝母细胞的胆道分化增强，并且在产前发育过程中 β-catenin 增加并导致胚胎早亡[86]。最近的研究表明 β-catenin 对于胆管细胞向肝细胞分化而言不是必需的，当然 β-catenin 在发育过程中需要被严格控制[87]。Wnt/β-catenin 信号通路在胆道形态发生中的细胞非自主作用也有过报道，即通过降低肝细胞中 jag1ab 和 jag2b 的表达来特异性抑制其 Wnt/β-catenin 信号通路，能减少胆管细胞中的 Notch 活性[88]。研究显示，Wnt5a 能抑制肝母细胞的胆管分化[89]。妊娠中期肝的间充质细胞中 Wnt5a 的缺失会导致 Sox9 表达增加，并且 HNF1β 阳性的胆管前体细胞数量也会增加。在体外分化实验中发现这种作用依赖于 CaMK II。作者在这项研究中没有提到 β-catenin 信号通路的

状态。Wnt5a 处理可激活 NF-AT 以诱导 β-catenin 降解，这可能是调控胆道分化的机制之一 [90]。

β-catenin 在发育过程中对于肝细胞成熟十分重要。在胎肝培养过程中添加反义介导的 β-catenin 敲低会导致肝细胞中干细胞标志物的持续表达 [73]。肝母细胞中缺乏 β-catenin 会导致核富集转录因子 CEBPα 和 HNF4α 显著减少，损害肝细胞成熟和胚胎存活能力 [83]。

β-catenin 在发育过程中是如何被时空调控的呢?Wnt2bb 在肝形态发生的最早阶段作为 β-catenin 的上游效应物出现 [79]。据报道，在发育的肝脏中 Wnt9a 在胚胎窦壁内皮细胞和肝星状细胞中表达 [91]。该研究还提到，肝细胞上存在 Frizzled4、Frizzled7 和 Frizzled9。在肝脏发育过程中 Wnt5a 在间充质细胞中表达，但其对 β-catenin 的影响并没有被阐明 [89]。基于 Met 和 β-catenin 的相互作用，以及 HGF/Met 在肝脏发育中的作用，HGF/Met/β-catenin 信号通路可能存在关联的 [56, 92-94]。小鼠肝脏中 FGF10 的表达与 β-catenin 激活峰值相关；此外，肝星状细胞释放的 FGF10 可以刺激肝母细胞中 β-catenin 的表达 [95]。在胎肝培养过程中，FGF2、FGF4 和 FGF8 可以影响 β-catenin 的激活 [96]。

十、Wnt/β-catenin 对代谢分区的作用

肝脏在身体中占据重要地位，其通过门静脉循环接收富含营养和毒素的血液。在组织学上，血液通过位于门静脉三联管的门静脉进入肝小叶，并与来自肝动脉的血液在血窦中混合，最终流向中央静脉。肝细胞沿着门静脉到中央静脉轴血窦的两侧排列，这些细胞尽管看起来非常相似，但功能却有所不同。一个肝小叶内的这种特征被称为代谢分区，几十年前就已经为人所知 [97]。Wnt/β-catenin 信号通路现已被证明是中央静脉或三区肝细胞基因表达的关键调控因子 [98]。事实上，β-catenin 激活控制谷氨酰胺合成酶（glutamine synthetase，GS）、鸟氨酸转氨酶和谷氨酸转运蛋白 GLT-1 等参与谷氨酰胺代谢和外源物质代谢的多个基因的表达 [99-101]。

中央静脉的 Wnt/β-catenin 信号通路的基础是多个因素综合产生的结果。APC 负责 β-catenin 的降解，该蛋白在一区和二区肝细胞中表达最高，但在三区肝细胞中不表达。Wnt2 和 Wnt9b 由中央静脉内的内皮细胞分泌 [102]，它在 Wnt 协同受体 LRP5/6 的帮助下，通过某种尚未明确的 Fzd 受体激活中央静脉周围肝细胞中的 β-catenin（图 46-2）。这已经在各种基因敲除小鼠模型中得到验证。小鼠肝细胞缺乏 β-catenin [100, 101] 或 Wnt 协同受体 [103]，或是在中央静脉内的内皮细胞中缺乏 Wntless 都会阻断这些细胞的分泌 Wnt [102, 104, 105]，并且三区肝细胞都缺乏 Wnt/β-catenin 靶点。同样，R-Spondin/Lgr4/5 被证明可以提高 Wnt 信号通路，同时也有助于激活三区肝细胞中的 β-catenin [106]。

不同分区中 β-catenin-TCF4 复合物的核调控也值得探讨。当 β-catenin 存在时，TCF4 能够与靶基因启动子上的 Wnt 响应元件结合；而当 β-catenin 缺失时，TCF4 结合 HNF4α 响应元件。TCF4 的这种切换可能是调控中央静脉和门静脉基因表达的关键，但需要进一步确定。该研究揭示了肝脏中 β-catenin/TCF4 信号通路的几个已知靶点和新靶点，包括 Axin2、GS、CAR、CYP1A2、AhR、Mrp2、GST 和 Cyp27A1。肝脏中其他重要的 β-catenin 靶点包括衰老标记蛋白 -30（或 regucalcin）和 4- 葡萄糖酸内酯酶，它们都是小鼠肝脏合成抗坏血酸所必需的 [107]。Lect2 也是与肝肿瘤和炎症相关的 β-catenin 的重要靶标。

十一、Wnt/β-catenin 和细胞连接在血胆屏障中的作用

肝脏是一个高度血管化的器官。同时它也是最大的腺体，主要功能之一是分泌胆汁。由于肝细胞中紧密连接的作用，血液和胆汁在微观水平保持分离，胆汁从顶端分泌到胆小管中，从中央静脉区向门静脉区运输并最终进入胆管，而血液从肝细胞基底侧表面穿过血窦。据报道，在一些进行性家族性肝内胆汁淤积症患者中，由于 TJ 蛋白 -2 或 ZO-2 编码基因的功能丧失突变导致了血胆屏障被破坏 [108]。作为 AJ 的一部分的

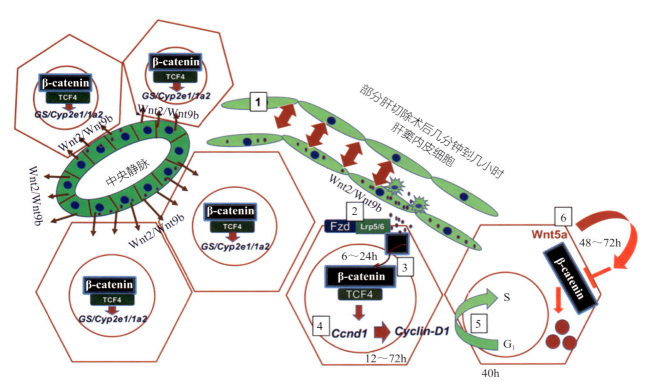

▲ 图 46-2 正常肝脏和部分肝切除术后 β-catenin 激活的细胞 - 分子回路

在正常状态，排列在中央静脉区的内皮细胞组成性释放 Wnt2 和 Wnt9b，并以旁分泌的方式作用于近端肝细胞，激活 β-catenin-TCF4 依赖的相关基因的表达，如 GS、Cyp2e1 和 Cyp1a2。在部分肝切除术后，肝窦内皮细胞（红双头箭）上的窦状血流增强了剪切力，可能诱发这些细胞释放 Wnt2 和 Wnt9b（1），并作用于邻近肝细胞上的 Fzd-LRP5/6 受体（2），促使 β-catenin 稳定表达和核转位，并与 TCF4 结合（3）。这会导致在部分肝切除术后 12h 时 Ccnd1 转录增加（4），并可持续至 72h。在 24h 时发现周期蛋白 D1 的表达增加，反过来使得肝细胞从 G1 期向 S 期转变，并在 40h 达到顶峰（5）。几乎在同时，肝细胞内 Wnt5a 的表达量开始增加（6），随后 Wnt5a 被释放，在 40～72h 通过自分泌信号使 β-catenin 信号失活，从而有助于终止有丝分裂信号，在部分肝切除术后，肝脏恢复到正常大小时使肝再生停止

β-catenin 或通常屏障功能意义上的 AJ 在肝脏中的作用尚不清楚。

　　肝脏特异性条件敲除 β-catenin 小鼠也显示 γ-catenin 蛋白水平升高，与 E-cadherin 代替 β-catenin 以维持细胞之间连接相关[109]。后续研究表明，AJ 处的 γ-catenin 通过与 E-cadherin 的相互作用实现代偿，并阻止了 E-cadherin 被泛素蛋白酶体降解。但在 β-catenin 敲除的肝脏中，尽管 γ-catenin 上调，但 E-cadherin 水平总体上仍然下降了[110]。此外，发现 β-catenin 敲除后 γ-catenin 的丝氨酸 / 苏氨酸磷酸化增加，并且部分是 PKA 依赖的[110]。尽管 γ-catenin 增加，但肝脏中所有中央静脉的 Wnt/β-catenin 靶点，如 GS、cyp2e1 和 cyp1a2 等都在 β-catenin 敲除后缺失，这表明

在 Wnt 通路中 γ-catenin 无法起到代偿作用[109, 110]。

　　为了确定在没有 β-catenin 的情况下 AJ 上 γ-catenin 的功能相关性，利用 Albumin-Cre 在肝细胞和胆管细胞中造成 β-catenin 和 γ-catenin 双重缺失。这导致了严重的表型，包括肝内胆汁淤积、胆汁血症、胆道纤维化、发育不良及死亡。80% 的双基因敲除小鼠在出生后不到 30 天内死亡，幸存下来的小鼠也会发展出严重的纤维化和 HCC 并在 2.5 月龄时死亡。这两种 catenin 的缺失导致了两种主要的分子扰动。由于 β-catenin 缺失及其在 Wnt 信号通路中的作用，TJ 蛋白（如 claudin-2）的表达减少，它是 Wnt 通路的已知靶点[111]。然而，在不具有双敲除表型的 β-catenin 单敲除中，claudin-2 表达减少的情况也很明显。

我们推测，在 β-catenin 缺失的基础上，γ-catenin 的缺失进一步造成连接不完整和代偿障碍。β-catenin 与 E-cadherin 相互作用，这种互作覆盖了 E-cadherin 的 PEST 结构域，从而防止其降解[42]。肝脏中 β-catenin 的缺失可以通过 E-cadherin 与 γ-catenin 的结合增加来代偿，γ-catenin 阻止了 E-cadherin 降解，不过不如 β-catenin 有效，因为虽然 γ-catenin 增加，但 β-catenin 的缺失还是使 E-cadherin 明显减少[109, 110]。虽然避免了主要的代偿障碍后小鼠能够存活下来，但是随着年龄增长，肝胆汁酸、血清胆红素仅稍稍增加并且胆汁流量减少[72, 112]。肝脏中 catenin 的双重损失导致 E-cadherin 显著减少，而且另一种 TJ 蛋白 occludin 也变得不稳定而丢失[113]。因此，catenin 的双重缺失导致 claudin2 和 occludin 的缺失，破坏了 TJ 并造成了血胆屏障的破坏和一种类似于 PFIC 的表型。虽然迄今为止在 PFIC 病例中尚未报道有 catenin 的双重缺失，但仍有一部分病例的发病机制未知[114]。此外，在其他各种肝脏疾病中，catenin 的改变导致胆汁淤积损伤和胆血症可能是一个普遍的现象，这还有待更深入的研究。

十二、β-catenin 在出生后肝脏生长中的作用

肝脏在新生儿阶段继续生长。事实上，小鼠在出生后的第 1 个月内肝脏生长激增。Wnt/β-catenin 信号通路在这些阶段十分活跃，并通过调控周期蛋白 D1 的表达来影响肝细胞增殖[115]。其他的一些模型也证实了 β-catenin 在肝脏生长中的积极作用。在过表达被 CaBP9K 启动子和肝脏特异性醛缩酶 B 基因增强子调控的稳定的 β-catenin 突变体的转基因小鼠中，由于细胞增殖增加使得肝脏增大了 3～4 倍[116]。有趣的是，并没有检测到该通路的任何常规靶基因（如 c-myc 或周期蛋白 D1）的任何变化。随后，通过对转基因肝脏的分析和消减杂交鉴定出谷氨酰胺代谢相关基因是 Wnt/β-catenin 通路的靶标。然而，在这些动物中没有报道有致瘤转化的迹象，尽管 APC 条件性敲除小鼠的 β-catenin 稳定表达会导致 HCC 发展[117]。其他转基因小鼠也展现出类似的

肝脏生长优势[118, 119]，并鉴定出了新的靶点，如 EGF 受体[119]。在白蛋白启动子驱动下表达 Ser45 突变型 β-catenin 的转基因小鼠的肝脏大小一开始也有增加，但随后通过 β-atenin 与膜上 E-cadherin 的相互作用增强而有所调整[120]。只有在肝切除术或化学致癌物刺激肝脏生长后，β-catenin 激活突变体与对照组相比才有明显的生长优势。

包括我们在内的两个研究小组独立报道了条件性敲除 β-catenin 会影响肝脏的大小[100, 101]。肝体比下降主要是由于出生后肝细胞增殖减弱，并在整个动物生命周期中持续导致肝脏重量下降。细胞增殖减弱的主要机制似乎是更低的周期蛋白 D1 表达，而周期蛋白 D1 是 β-catenin 在各种组织（如肝脏结肠）中的已知靶点[101, 121]。

十三、部分肝切除术及毒性损伤后肝再生中 β-catenin 的作用

Wnt/β-catenin 通路在部分肝切除术后的肝再生过程中的作用被广泛研究。最早在部分肝切除术大鼠模型中发现，由于翻译后修饰，β-catenin 在术后数分钟内发生核转位而暂时稳定[122]。有趣的是，因为 β-catenin 降解途径被激活导致其整体水平的提升只是暂时的，在肝细胞核中持续存在的时间大约为 24h。在大鼠部分肝切除术后，通过磷酸吗啉代反义寡核苷酸敲除 β-catenin 可肝细胞增殖下降和肝脏重量恢复减缓[123]。

在小鼠中，部分肝切除术后 3～6h 就能观察到 β-catenin 核转位的现象[70]。肝脏特异性 β-catenin 敲除的小鼠在受到部分肝切除术后肝细胞增殖峰值显著延迟，发生在术后 72h，而不是 40h[101, 124]。这主要是由于周期蛋白 D1 和其他细胞周期蛋白（如 A 和 E）的减少，敲除小鼠在部分肝切除术 40h 后的 S 期肝细胞数量至少减少 50%。虽然信号通路之间的冗余确保部分肝切除术后能成功进行肝再生，但在 β-catenin 缺失的情况下的驱动因素仍不清楚[125]。为了确定是什么调控了肝再生过程中的 β-catenin 激活，我们在肝脏中特异性敲除了 Wnt 协同受体 LRP5/6。肝细胞中这些冗余受体的双重缺失导致了部分肝切除术后的肝再生被推迟，这与 β-catenin 敲除的表型

非常相似[103]。这与缺乏 β-catenin 激活和肝细胞中周期蛋白 D1 表达减少有关,因此部分肝切除术 40h 后 S 期肝细胞数量减少。这些动物的肝再生情况在 72～96h 后得以改善。因此,β-catenin 在肝再生过程中受 Wnt 信号转导的控制。为了确定肝脏中的哪些细胞可能是肝再生过程中 Wnt 的来源,我们条件性敲除了肝细胞、胆管细胞、巨噬细胞和内皮细胞中的 Wntless。只有内皮细胞中敲除 Wntless 后导致其 Wnt 分泌能力丧失的表型与 β-catenin 敲除和 LRP5/6 双敲除的表型相似[105]。肝细胞和胆管细胞 Wntless 的敲除对肝细胞增殖峰值没有影响,而在巨噬细胞中敲除则使峰值略有下降,这表明这些细胞在肝再生期间是 Wnt 的次要来源[103, 105]。有趣的是,部分肝切除术 12h 后从再生肝脏中分离内皮细胞时,发现对中央静脉区 β-catenin 激活至关重要的两个 Wnt(Wnt2 和 Wnt9b)在内皮细胞中也成倍上调[105]。在部分肝切除术后,负责中央静脉内皮细胞中基础 Wnt2 和 Wnt9b 表达与肝窦内皮细胞中诱导 Wnt2 和 Wnt9b 表达的最上游效应器尚未明确。我们推测,部分肝切除术后肝窦内皮细胞剪切应力的增加可能是使 Wnt2 和 Wnt9b 表达增加和释放的上游因素。当原代或永生化肝窦内皮细胞受到剪切力时,Wnt2、Wnt9b 等几种 Wnt 的表达增加[105]。

最后,当从肝细胞中清除 Wntless 后,观察到在部分肝切除术后长时间的肝细胞增殖。由此发现 Wnt5a 是 Wnt/β-catenin 通路的终止信号,当不再需要 β-catenin 激活时,肝细胞分泌 Wnt5a[126]。

因此,Wnt2/9b-LRP5/6-β-catenin 轴是调节代谢分区中三区基因表达和周期蛋白 D1 表达的关键调节因子,并在部分肝切除术后驱动肝再生(图 46-2)。此外,在实现适当的肝细胞增殖和肝脏质量恢复后,Wnt5a 似乎可以终止 β-catenin 的激活。

肝再生中的 β-catenin 信号转导在斑马鱼中也存在。在肝细胞中表达显性失活 TCF 的转基因斑马鱼细胞增殖能力下降,导致肝切除术后的再生减缓[78]。同理,表达突变体 APC 或者过表达

Wnt8a 的斑马鱼则因为 β-catenin 增多而有更强的肝再生能力[78]。

研究人员在服用过量对乙酰氨基酚的患者中观察到 β-catenin 激活与肝细胞增殖之间呈正相关[127]。β-catenin 已经被证明与毒性诱导的肝损伤和修复相关。亚致死剂量的对乙酰氨基酚会引起肝小叶中心的坏死,随后邻近区域的肝细胞自发增殖,并开始修复过程。对 CD1 雄性小鼠单次腹腔注射 500mg/kg 的对乙酰氨基酚后,3～12h 内 ALT 水平升高而 24h 后恢复正常[127]。3～12h 内 PCNA 阳性的肝细胞也增多,并在 24h 后减少到正常肝脏水平。β-catenin 的稳定和激活在对乙酰氨基酚损伤后 1～6h 内十分明显,并且 3～12h 内周期蛋白 D1 表达也增多了。肝脏特异性敲除 β-catenin 会造成 cyp2e1 和 cyp1a2 缺乏,因此不能代谢对乙酰氨基酚并产生活性代谢物,所以不受对乙酰氨基酚过量的影响[100, 101]。在 β-catenin 敲除小鼠中诱导这两种 P_{450} 酶表达后,能够部分代谢对乙酰氨基酚,进而造成轻微肝损伤。当在相同毒性剂量的对乙酰氨基酚下,比较对照组和 β-catenin 敲除组小鼠的肝细胞增殖时发现 β-catenin 敲除组的增殖严重不足,这也表明了 β-catenin 在毒性诱导的肝再生中的作用[127]。在一项对患者的回顾性研究中发现,β-catenin 核/胞质的定位与高 PCNA 和自发的肝再生相关,而绝大多数没有任何核/胞质再分配的膜性 β-catenin 与增殖能力下降和需要肝移植相关[127]。因此,β-catenin 也与人类肝细胞增殖的调节有关。

为了研究 β-catenin 的激活是否能够促进肝再生,对稳定表达 S45 位点突变的 β-catenin 的转基因小鼠进行部分肝切除术发现,这些动物在再生动力学中表现出更明显的再生反应[120]。同样,在部分肝切除术后给小鼠每周注射 Wnt1 的 DNA,可以看到 β-catenin 激活和未成熟肝细胞增殖均有所增加[120]。最近,研究人员证实了三碘甲状腺氨酸及它的小分子激动药 GC-1(Sobetirome)在诱导 β-catenin 激活进而促进周期蛋白 D1 表达中的重要作用。这两种药物均对肝细胞增殖有着积极作用,并且促进部分肝切除术后的肝再生[65, 66]。有趣的是,它们在小鼠肝癌模

型中并没有提高致癌性 β-catenin 的促癌作用，而只是通过 β-catenin 激活来加强正常肝细胞的增殖[128]。因此，这两种药物与 β-catenin 激活是高度相关的，并且可能在多种场景下具有潜在的临床应用价值[129]。例如，在肝移植场景中，可以针对捐献者、小肝综合征或者在肝移植后促进肝再生，也可能有助于促进毒性肝损伤后的肝再生。

十四、Wnt/β-catenin 信号转导在肝胆汁酸稳态和肝内胆汁淤积中的作用

肝细胞负责把胆固醇转化为胆汁酸。胆汁酸是一种去污剂，并且对肝细胞有毒性，它们被肝细胞分泌并排到胆小管中，最终输送到肠腔去帮助消化脂质和胆固醇。负责胆汁酸合成的两种关键酶（Cyp7a1、Cyp27）主要在中央区肝细胞中表达，这表明它们可能受到 Wnt/β-catenin 信号转导的调节[130]。

肝内胆汁淤积包括肝内胆管和胆小管的胆汁流动缺陷，这样可能由于肝脏内留存的胆汁酸的去垢作用，造成局部肝细胞损伤，继发导管反应和相关的炎症和纤维化。也有研究表明，在具有 CTNNB1 突变和 β-catenin 激活的肝细胞癌中经常表现出瘤内胆汁淤积[131]。肝脏特异性敲除 β-catenin 的小鼠在缺乏甲硫氨酸和胆碱的饮食中对脂肪性肝炎的易感性有所增加[132]。这些小鼠的肝内胆汁酸水平较基础值也有所增加。这在某种程度上被认为是由于胆小管的缺陷，因为其胆小管有扩张、扭曲和微管微绒毛的缺失的表型，而造成这个的原因是缺乏紧密连接蛋白 claudin-2 和钙调素这两个 β-catenin 的靶点[112]。

最初人们认为，这些增加的胆汁酸可能是导致 Cyp7a1 和 Cyp27 表达降低的原因，因为在 β-catenin 敲除的情况下，作为反馈机制，它们参与了由胆固醇合成胆汁酸的过程[112, 132]。然而，染色质免疫沉淀实验表明这两个基因也是 Wnt 通路的直接靶标，因此它们能在胆汁酸代谢中发挥作用[133]。

当对肝脏特异性敲除 β-catenin 的小鼠进行胆管结扎后，发现了一个有趣的现象：敲除小鼠的肝损伤明显比对照组轻微，其胆汁酸水平较对照组而言也没有显著升高[72]。Cyp7a1 和 Cyp27 的表达降低导致肝脏胆汁酸的合成整体下降，部分原因是因为 FXR 的过度激活。事实上，研究人员发现，β-catenin 可以和 FXR 形成一个复合物来作为核易位抑制剂或者核辅阻遏物。β-catenin 的缺失促进了 FXR 的核定位及 FXR/RXRα 的结合，导致响应胆汁酸或 FXR 激动药的 SHP 启动子的激活。

因此，β-catenin 是胆汁酸代谢的重要调节剂，在特定情况下治疗性抑制 β-catenin，尤其是与 FXR 激动药一起使用，可能对降低总体肝内胆汁酸负荷和相关损伤有益。

十五、在肝纤维化中的作用

肝脏的慢性损伤会导致肝纤维化，这是一种伤口愈合反应，但如果持续性的损伤可能会导致肝硬化。由于缺乏有效的治疗方法，除了减轻损伤外，肝纤维化和肝硬化仍是亟待解决的主要临床问题。肝纤维化主要是肝星状细胞造成的，它是受损肝脏内细胞外基质沉积物质的来源[134]。

因此，人们开始研究 Wnt 信号转导在肝星状细胞中的作用。最初的研究是通过对原发性胆汁性胆管炎患者肝脏进行基因组分析，发现在肝纤维化中 Wnt 通路成分表达增加[135, 136]。这些研究确定了 Wnt13、Wnt5a、β-catenin 等表达的增加，但没有阐明其中的因果关系。而一项研究静息与活化状态下 HSC 的基因表达差异的工作直接证实了 Wnt5a 和 Fz2 的表达上调[137]。随后的研究进一步确定了肝纤维化中 Wnt5a 的异常表达，抑制 Wnt5a 后导致 HSC 活化减少[138, 139]。基于细胞中表达受体的不同，Wnt5a 对 β-catenin 信号转导具有截然相反的作用。Wnt5a 在促进肝纤维化中的作用是通过抑制或激活 β-catenin 还是独立于 β-catenin 需要进一步阐明。然而，目前这三个方面的证据都有文献报道。例如，在肝星状细胞激活过程中伴随着 Fzd2 上调，Wnt5a 的表达也增加，但 β-catenin 的核转位却没有改变[137]。

另一项研究表明，GSK3β 抑制剂激活原代大鼠 HSC 中的 Wnt/β-catenin 信号通路后会降低

α-SMA 和 Wnt5a 的合成，并诱导胶质纤维酸性蛋白的表达[140]。该研究进一步表明，Wnt 信号转导的激活抑制了 DNA 合成，并阻止 HSC 进入细胞周期，最终证实了 Wnt 信号转导在 β-catenin 维持 HSC 静息状态中的作用。然而，越来越多的文献支持在 HSC 激活和肝纤维化过程中 Wnt 信号转导可以激活 β-catenin[141-143]。事实上，已经在体内外实验上使用不同的分子直接或间接地阻断 Wnt 信号转导，均证明了抗纤维化的整体作用。

此外利用利福平激活 PXR 也可抑制 Wnt 信号转导，并减弱 HSC 增殖和转分化为活化的肌成纤维细胞[144]。另一项研究发现，一种黑色素瘤抗原家族蛋白 necdin 可促进神经元和肌原分化的同时在 HSC 中抑制脂肪生成。Necdin 在 HSC 激活期间被诱导，抑制 PPARγ 和 Wnt/β-catenin 信号转导可以将其逆转回静息状态[145]。还有一项研究表明，细胞骨架 septin 的一个亚基 SEPT4 在静息状态的 HSC 中特异性表达，当 HSC 转分化为活化的肌成纤维细胞时被下调。研究发现，HSC 中 SEPT4 的缺失与 Wnt 抑制剂 DKK2 的表达降低、通过 β-catenin 增强的 Wnt 信号转导和纤维化增加同时存在[146]。另一项研究基于对中胚层特异性转录本同源物的分析支持经典 Wnt 通路促进纤维化，它是 Wnt/β-catenin 信号转导的强负调节因子[147]。研究人员在体内和体外实验证实，表达在 HSC 中的中胚层特异性转录同源物通过降低 β-catenin、α-SMA 和 Smad3 的表达来减轻 CCl$_4$ 诱导的肝组织中的胶原沉积。

Wnt-β-catenin 信号转导可能通过负调控脂肪生成来导致 HSC 对肌成纤维细胞的活化[148]。一定程度上，在脂肪前体细胞中表达 Wnt11 或伴有 S33Y 突变的 β-catenin 能通过抑制 CEBPα 和 PPARγ 的表达来阻止其向脂肪细胞分化。相反，通过显性失活的 TCF4 或轴蛋白阻断 β-catenin 信号转导，促进了脂肪前体细胞的成脂分化。静息状态的 HSC 内含有脂滴，它们对肌成纤维细胞的激活涉及脂肪生成基因的失活，如 PPARG 和 CEBPA，这与脂肪细胞分化为脂肪前体细胞的过程类似。脂肪生成相关的转录因子（如 PPARG 和 SREBP1c）的功能获得型突变可以将培养诱导的肌成纤维细胞逆转为静息状态的 HSC。而另一项研究表明，HSC 通过 miR-132 和 miR-212 介导的 Wnt 通路激活肌成纤维细胞，它们对 MeCP2 的表观遗传抑制导致 PPARγ 的失活[149]。更有研究指出，在 HSC 中硬脂酰 CoA 去饱和酶的表达被 Wnt-β-catenin 信号转导所调节。由这种酶产生的单不饱和脂肪酸通过稳定编码 Wnt 共同受体的 Lrp5 和 Lrp6 的 mRNA，来提供一个前馈环路以增强 Wnt 信号，并最终通过 HSC 激活促进肝纤维化[150]。综上所述，这些研究表明，β-catenin 激活 Wnt 信号转导可能通过抑制脂肪生成来参与 HSC 激活，这一信号通路的抑制可能有助于静息状态 HSC 中脂肪合成相关基因的表达。因此，抑制靶向 β-catenin 的 Wnt 信号转导可能会阻断肝纤维化进程。

十六、Wnt/β-catenin 信号在肝母细胞瘤中的作用

肝母细胞瘤（hepatoblastoma，HB）是儿童最常见的恶性肝肿瘤。这些肿瘤通常是散发的，然而有家族性腺瘤结肠息肉病的患者发病率最高[151]。这导致在家族病例中发现的 HB 中往往有 APC 突变[152]。各种类型的 APC 突变频率的增加（57%）也在散发病例中有报道[153]。在高达 80%～90% 的 HB 中也发现了影响 CTNNB1 第三个外显子的 N 端突变（错义和缺失），并且与 β-catenin 的核质定位有关[154]。在不到 10% 的肿瘤患者中发现了 AXIN1 突变[155]。最近一项对 85 名 HB 患者进行的综合研究显示，有 65 例患者的 CTNNB1 基因存在错义突变和中间缺失[156]，还发现了 APC 和 AXIN! 基因的功能丧失突变，所以该队列中 82% 的 HB 表现出 Wnt/β-catenin 激活。因此，目前可以肯定的是，β-catenin 激活是 HB 发病机制中的一个必然事件，尽管它如何导致 HB 的确切机制尚不清楚[157]。

本章已经讨论了正常肝脏发育过程中 Wnt 信号转导的激活，它在肝母细胞增殖和肝细胞分化和成熟中也发挥作用[75, 158, 159]。虽然肝脏发育

中的 β-catenin 激活是受时空调节且有配体依赖性，但在 HB 中，由于 β-catenin 第三个外显子的突变，导致其激活是不受限制、持续且非配体依赖性的。尽管已经在 HB 的各种组织学亚型中报道了 Wnt 信号转导的各种靶基因，如 c-Myc、cyclin-D1、GS、EGFR/Axin-2 等，但 β-catenin 如何导致肿瘤仍不清楚[160]。与正常肝脏发育不同阶段的 β-catenin 非常相似，在胚胎型 HB 中明显有更多的核定位的 β-catenin 同时缺乏 GS，而在胎儿型 HB 中有更多的膜、胞质和核定位的 β-catenin 并伴随着 GS 的表达[161]。有趣的是，使用腺病毒在肝脏中过表达 β-catenin 的 N 端缺失突变体小鼠，或者肝脏特异性启动子下产生过表达 β-catenin 的转基因小鼠，它们都永远不会有 HB 的表型[116, 118]。此外，表达点突变 β-catenin 的转基因小鼠同样也不会产生 HB[120]。这表明致癌性 β-catenin 不足以诱导 HB。直到现在仍不清楚 β-catenin 激活是如何导致 HB。

最近的一项研究表明，β-catenin 突变经常与 YAP 的激活同时发生，Yap 是 Hippo 信号通路的一个组成部分。事实上，有 80% 的 HB 病例，无论组织学亚型如何都展示出由于突变导致 β-catenin 的核定位和未知机制导致 Yap 的核定位[162]。睡美人转座子 / 转座酶和流体动力尾静脉注射（sleeping beauty transposon/transposase and hydrodynamic tail vein injection，SB-HTVI）在小鼠肝脏内共表达 β-catenin 缺失型突变体和持续激活型 Yap，导致了 HB 的发展。Yap-TEAD 和 β-catenin-TCF 的作用似乎是调节可能导致 HB 发展的靶基因的关键，进一步研究对于表明机制至关重要。尽管 C-Myc 通过调节肿瘤代谢在促进 HB 发展中发挥作用，但在该模型中证明，C-Myc 对 HB 发展是可有可无的[163]。在小鼠 Yap-β-catenin HB 中上调多倍的基因之一的脂质运载蛋白 –2 同样被证明对 HB 的发展不重要，尽管在其启动子中还含有 TEAD 和 TCF 结合位点[164]。然而，血清中的 lipocalin-2 在小鼠模型中是 HB 肿瘤负荷的敏感标志物，并且可能在临床上也具有相关性。未来对于理解这些途径在肿瘤生物学中的作用的研究将是无价的。

十七、Wnt/β-catenin 信号转导在肝细胞腺瘤中的作用

肝细胞腺瘤（hepatocellular adenomas，HCA）的特征是分化良好的肝细胞的单克隆增殖，并且肝细胞通常排列成片状和条状。HCA 特征性的缺乏门静脉三联管和小叶间胆管。虽然最初 HCA 被认为是一个定义明确的同质实体，但现在已知这种肿瘤存在着几个分子分型，它们决定了肿瘤的起源、行为，最终决定了预后并且有助于确定治疗方案（见参考文献 [165]）。10%～15% 的 HCA 显示由于 CTNNB1 基因突变导致的 Wnt/β-catenin 激活[166]。HCA 中的 β-catenin 突变与 HNF1A 突变拮抗，但可能与 gp130 或 GNAS 突变同时发生。大约一半的 β-catenin 激活的 HCA 是炎症性的。GS 在 β-catenin 突变的 HCA 中表达上调。由于技术问题及染色的异质性，通过免疫染色检测核 β-catenin 通常具有挑战性，因此得出的结论可能不是确定的。GS 染色具有更高的敏感性，有助于诊断 β-catenin 突变的 HCA[167]。男性也可患有 β-catenin 突变的 HCA。CTNNB1 突变的 HCA 在组织学上表现出胆汁淤积和细胞发育不良。最重要的是，这些 HCA 亚群更容易发生恶性转化[166]。HCA 的另一个亚群激活了 JAK/STAT 通路并显示出多形态的炎症浸润。IL-6ST（编码 gp130）、STAT3 和 GNAS 的突变可以激活 JAK/STAT 信号转导。无论这种肿瘤类型的分子驱动是什么，它的一个亚群也表现出了 CTNNB1 突变，并且也增加了恶性转化的风险。

十八、Wnt/β-catenin 信号转导在肝细胞癌中的作用

Wnt/β-catenin 激活与 HCC 病例的一个主要亚型有关。最先通过免疫组织化学显示了肝癌中钙黏蛋白和连环蛋白的异常定位[168]。一项更全面的研究确定了大约 25% 的 HCC 病例和高达 50% 的转基因小鼠品系（如 c-myc 或 H-ras）中的所有肝肿瘤中存在异常的 β-catenin 表达和 CTNNB1 突变[169]。随后的几项针对人类的研究证实了这些结果，8%～44% 的 HCC 显示出

β-catenin 基因的突变（主要在第三个外显子），尽管最近的研究也发现 *CTNNB1* 的第七或第八个外显子中的一个区域是突变的热点[170, 171]（表 46-2）。事实上，*CTNNB1* 突变在影响 *TERT* 和 *p53* 的 HCC 样突变中起主要作用[172]。

据报道，β-catenin 降解复合物中的其他成分也发生了突变，包括 *AXIN1*（占所有 HCC 病例的 3%～16%）[155, 173, 174] 和 *AXIN2*（约占所有 HCC 病例的 3%）[155]。此外，还有其他机制，包括 *FRZ7* 的过表达[175, 176]、Wnt3 的上调[177]、GSK3β 的失活[178]、sFRP1 的甲基化[179]、几种 sFRP 的表观遗传失活[180]，以及 TGF-β 依赖性的

β-catenin 激活[181]。在 HCC 患者中，外显子组测序还揭示了 *ARID2*、*NFE2L2*、*TERT*、*APOB* 和 *MLL2* 与 *CTNNB1* 的协同突变。同样，在 HCC 发展过程中某些突变也总是与 *CTNNB1* 突变互斥，包括 *TP53* 和 *AXIN1*。

目前尚不清楚由这些不同机制引起的 Wnt 激活程度是否具有可比性。同时，在这些不同的 β-catenin 激活机制中，下游信号转导的靶基因表达形式是否不同也不清楚。一项研究表明，*CTNNB1* 突变与靶基因 GS、GPR49 和 GLT-1 的过表达之间存在显著相关性（$P=0.0001$），但与其他靶基因如鸟氨酸氨基转移酶、LECT2、c-myc

表 46-2 显示 *Ctnnb1* 基因突变谱的研究列表

参考文献	*CTNNB1* 第 3 个外显子突变的病例（%）	附加信息
[171]	36/194（18.5%）（TCGA）和 90/249（36%）（法国队列）	另有 194 例中 15 例 *CTNNB1* 第 7 个或第 8 个外显子突变 另有 249 例中 3 例 *CTNNB1* 第 7 个或第 8 个外显子突变
[170]	90/249（36%）	总体而言 52% 的肝细胞癌病例有 Wnt/β-catenin 的激活，包括 *AXIN1* 突变和 *CTNNB1* 第 7 个或第 8 个外显子突变
[225]	41/125（33%）	另有 15.2% 的病例存在 *AXIN1* 突变
[182]	9/32（28%）	在纤维板型肝细胞癌中观察到 Tyr-654 磷酸化的 β-catenin
[174]	20/45（44%）	另有 7 例患者有 *AXIN1* 突变
[226]	15/45（33%）	没有 *GSK3β* 突变
[220]	16/38（42%）	2 例患者有多个突变
[155]	14/73（19%）	在 S33 和 G34 之间有一个插入突变
[227]	5/62（8%）	黄曲霉毒素的研究
[228]	7/60（12%）	62% 的肿瘤有胞质 β-catenin 染色
[229]	57/434（13%）	第 34 例在 *GSK3β* 位点有突变。第 17 例在 32 位和 34 位密码子有突变
[230]	9/22（41%）	1 例患者有多个突变
[186]	12/35（34%）	2 例患者有多个突变
[231]	21/119（18%）	1 例患者有多个突变
[32]	9/38（24%）	39% 的病例在核、胞质和膜中有 β-catenin 的异常积累
[169]	8/31（26%）	2 例患者在 D32 位点有突变

删除通常涉及其中一个关键位点：S33、S37、S45 或 T41

或周期蛋白 D1 无关 [174]。这项研究表明，GS 是 HCC 中 β-catenin 激活的免疫组织化学标志物，这也得到了其他研究的证实 [182]。然而，由于 AXIN1 突变导致 Axin-1 功能丧失，GS、GPR49 或 GLT-1 的表达没有明显增加。因此，各种 β-catenin 激活模式的功效对等可能是不同的，并且可能对肿瘤表型产生不同的影响。事实上，在 β-catenin 激活的 HCC 中，不论是由于 CTNNB1、AXIN1 突变或其他模式导致的 β-catenin 激活，它们都在转录组学分类中具有不同的特征 [174, 181, 183]。此外，最近有研究甚至表明，基于 CTNNB1 第三个外显子内突变的差异，其 Wnt 信号转导的程度也不同 [184]。

β-catenin 突变对预后的影响仍存在争议。在一些研究中，β-catenin 突变与更好的预后和更加分化的肿瘤类型有关 [183, 185]。也有研究发现，在高增殖和低分化的 HCC 中存在高比例的核和胞质 β-catenin [181, 186, 187]。因此，将地理因素、病因、合并症和突变类型综合起来更仔细地分析可能对于澄清这种差异至关重要。

一些研究报道了纤维化减少但仍然具有 β-catenin 突变肿瘤标志的病例 [182, 188]。β-catenin 突变是独立于肝硬化的 HCC 发展的风险因素，还是仅仅降低了致瘤转化的阈值？值得注意的是，在最近的一项研究中，有一小部分但极其重要的 HCV 患者在没有晚期肝纤维化表征的情况下发展为 HCC [189]。同样，一小部分进展为 HCC 的肝腺瘤患者表现出 β-catenin 基因突变 [166]。这种腺瘤的致瘤转化发生在健康的肝脏中，没有任何纤维化的表征，进一步支持了 β-catenin 在纤维化非依赖性 HCC 中的作用。为了解释晚期纤维化、β-catenin 突变和 HCC 之间的关系，研究人员对含有 Ser45 突变的 β-catenin 转基因小鼠和对照组小鼠长期喂食硫代乙酰胺 [190]。两组小鼠产生的 HCC 没有差异，这一结果表明，β-catenin 基因突变不会促进肝硬化发展为 HCC，β-catenin 基因突变和肝硬化是肿瘤发生的两个独立因素。

值得一提的是，动物实验模型中 HCC 的 Wnt/β-catenin 通路。已经解决的第一个问题是 β-catenin 突变、激活或过表达本身是否足以引发 HCC。迄今为止，过表达 β-catenin 的野生型小鼠或表达稳定突变体的转基因小鼠都没有自发性的 HCC [116, 118-120]。然而，现在有几项研究表明，β-catenin 与其他信号通路协同作用导致肝癌发生。在 HCC 中 β-catenin 被证明与激活的 Ha-ras 有协同作用 [190]。Lkb1 缺失的杂合子小鼠与腺病毒诱导的 β-catenin 突变小鼠交配后会加速 HCC 的发展 [192]。化学致癌物 DEN 通常是通过 Ha-ras 激活来诱发 HCC，同样将 DEN 注射到 Ser45 突变的 β-catenin 转基因小鼠体内后，这些小鼠发生 HCC 的时间更早也更严重 [193]。这些研究表明，β-catenin 突变是可能 HCC 发展至关重要的因素之一，但是肿瘤发生需要更多的突变。这也与 CTNNB1 突变与 ARID2、NFE2L2、TERT、APOB 和 MLL2 突变显著共存的临床研究结果一致 [170, 194]。由于在大约 11% 的 HCC 病例中发现了 Met 的过表达 / 激活伴随着 CTNNB1 的突变，因此研究人员通过 SB-HTVI 将这两种原癌基因在小鼠肝脏中共表达。这些小鼠发展出的 HCC 的基因表达谱与具有 CTNNB1 突变和 Met 激活特征的人类 HCC 患者亚群的基因谱高度相关 [171]。为了探究 Met 下游的 Ras 激活是否可能导致 Met-β-catenin 型 HCC，研究者使用 SB-HTVI 在小鼠肝脏内表达 G12D-KRAS 和突变型 β-catenin，也产生了与 Met-β-catenin 型 HCC 有 90% 分子相似性的 HCC [195]。因此，利用 SB-HTVI 在小鼠中构建代表人类 HCC 亚群的相关模型并对其进行生物学和治疗研究的评估是非常有帮助的。

多项临床前研究证明了治疗性抑制 β-catenin 在治疗 HCC 方面的重要益处 [196]。各种 COX2 抑制药（如罗非考昔）有降低 β-catenin 水平连带着缩小肿瘤的功效 [197]。R- 依托度酸是 COX2 抑制药的对映异构体，对 COX2 缺乏抑制作用，但有抗 β-catenin 作用 [198]。另一组药物包括依昔舒林和 cGMP 磷酸二酯酶（phosphodiesterases, PDE）抑制药的类似物已被证明可激活 PKG，从而通过一种新的 GSK3β 非依赖性处理机制降低 β-catenin 水平 [199]。ICG-001 是一种已知可抑制 β-catenin 与 CBP 相互作用的小分子，也被证明可影响 β-catenin-TCF 依赖性靶基因的表达 [200]。其新一代类似物 PRI-724 正被用于各种表现出 β-catenin 激活的恶性肿瘤治疗的临床试验中[201]。研究人员使用计算化学信息学鉴定出另一个与 ICG-001 结构相似的小分子，并将其命名为 PMED-1[202]。该抑制药分别在体外的 HCC 细胞和斑马鱼体内表现出对 β-catenin 的抑制作用。这其中的一些抑制药可能在特定的 HCC 患者亚群中具有潜在的治疗效用。虽然 GS 作为 β-catenin 突变的生物标志物有助于识别该亚群，但在大多数 HCC 患者中，由于潜在的肝脏疾病和肝硬化，活检可能不可行。因此，需要分泌性生物标志物来检测 β-catenin 突变，以筛选符合条件的患者进行抗 β-catenin 治疗，因为 β-catenin 并不是通用的 HCC 治疗靶点[203]。由于这样需求未被满足，所以研究人员尝试在细胞培养和小鼠中证实 Lect2 可以作为鉴定激活 β-catenin 突变的有效生物标志物[204]。然而，血清 Lect2 水平与 HCC 患者的 β-catenin 突变之间并无关联，尽管血清中 Lect2 水平大于 50ng/ml 的患者在检测 HCC 时有 97% 的阳性预测值[204]。

利用 SB-HTVI 在小鼠肝脏内共表达突变型 β-catenin 和突变型 Kras，研究人员发现，这些小鼠的 HCC 发展与 Met-β-catenin 型 HCC 相似，而该类型与 11% 的人类 HCC 基因表达的相似度为 70%[171, 195]。利用这些模型来检验抑制 Met 对 HCC 发展的影响，然而两种不同的方法之间没有展现出任何显著的差异[128, 205]。另外，使用脂质纳米颗粒将 β-catenin 的 siRNA 递送进小鼠肝内，由于 β-catenin 抑制而表现出对细胞增殖和存活的影响[195]。先前的体内研究也表明，在化学致癌诱导的 HCC 模型中使用特定的反义核苷酸抑制 β-catenin 有着相似的结果[206]。因此，我们相信 β-catenin 在 HCC 中是一个可行的治疗靶点，只要仔细筛选患者，特别是验证 β-catenin 基因的突变。

尽管目前没有经 FDA 批准的抗 β-catenin 的药物，但最近的一项研究证明了 mTOR 抑制在 β-catenin 突变的肝癌中的作用[207]。该研究发现 p-mTOR-S2448（mTORC1 激活的标志物）与 GS 在正常成人肝脏中有着相同的细胞定位。GS 和 p-mTOR-S2448 在 3 区肝细胞的共定位在敲除了 β-catenin 或 Wnt 共同受体 LRP5/6 的肝细胞中不存在。重新表达 β-catenin 或 GS 导致 p-mTOR-S2448 也重新表达。更重要的是，β-catenin 突变的 HCC 中 GS 也一致呈阳性，在小鼠模型和患者中也表现出 p-mTOR-S2448 阳性。基于这些观察结果，Met-β-catenin 型 HCC 显示出对 mTOR 抑制剂雷帕霉素有显著反应。此外，有报道表明免疫检查点抑制剂对小部分 HCC 患者有疗效，而最近的一项研究发现，有 β-catenin 基因突变的 HCC 患者对免疫细胞排斥，使其不太可能成为这些药物的适用人群[208]。因此，评估 β-catenin 突变状态以对接受特定药物或将其排除的病例进行区分，这可以成为 HCC 患者个体化医疗的基础。

由于 β-catenin 与 E-cadherin 一起存在于细胞表面，所以人们担心 β-catenin 的抑制是否会导致 AJ 的不稳定，并可能无意中促进肿瘤细胞的迁移和转移。然而多项研究表明，β-catenin 的敲低可以通过增加的 γ-catenin 来代偿，γ-catenin 通过与 E-cadherin 和肌动蛋白细胞骨架的结合来维持 AJ[109, 110]。有趣的是，我们在 β-catenin 缺失的 Wnt 信号转导中没有任何 γ-catenin 的代偿。对 β-catenin 敲除小鼠进行部分肝切除术和体外通过 TopFlash（β-catenin-TCF）报告基因检测，都未能检测到核 γ-catenin。因此，令人放心的是，AJ 中连环蛋白的冗余与 Wnt 信号转导无关，这使得在 HCC 中 β-catenin 是一个可行的治疗靶点。进一步解决 β-catenin 抑制后，γ-catenin 在 AJ 稳定中的机制至关重要[110]。

十九、胆管和胆囊肿瘤中的 Wnt/β-catenin 信号转导

胆道系统中最常见的肿瘤是胆管癌，其可以起源于肝内部分（肝内胆管细胞癌）或肝门（肝门部胆管癌）（见参考文献 [206]）。在胆管癌中，与周围的非癌性导管相比，膜上的 β-catenin 和 E-cadherin 的表达降低[208]。根据肿瘤的组织学和定位，在部分肿瘤中可以看到 β-catenin 的核定位（见参考文献 [210]）。对于大多数 ICC，在大约

15% 的病例中观察到异常的 β-catenin 核定位，并且 β-catenin 膜定位的减少与较差的组织学分化相关 [211]。尽管这项研究并未评估 Wnt 通路其他成分的突变，但没有发现 CTNNB1 突变。在针对 62 例 ICC 患者中的研究表明，只有 2/62 的肿瘤具有核定位的 β-catenin[162]。另一项研究在 7.5% 的胆道癌和 57% 的胆囊腺瘤中检测到 β-catenin 第三个外显子的突变 [213]。壶腹癌和胆囊癌中 β-catenin 的突变频率高于胆管癌，还观察到 CTBNN1 突变与乳头状腺癌有着更高的相关性。在大约 25% 的没有任何 CTNNB1 第三个外显子突变的患者中，导管内乳头状肿瘤也有着异常的 β-catenin 核定位 [214]。因此，虽然 Wnt/β-catenin 通路可能在一部分胆道肿瘤中被激活，但仍需要更多的研究来理解观察到的失调机制。

第 47 章　染色体多倍性在肝脏功能、线粒体代谢和癌症中的作用

Polyploidy in Liver Function, Mitochondrial Metabolism, and Cancer

Evan R. Delgado　Elizabeth C. Stahl　Nairita Roy　Patrick D. Wilkinson　Andrew W. Duncan　著

郑秋敏　林盛达　林雨婷　陈昱安　译

一、染色体多样性与肝脏功能

多倍体细胞在组织和器官中受到严格调控。在肝脏中，当肝细胞不能完成有丝分裂的最后阶段胞质分裂时，复制后的细胞核成分将继续留在单个细胞中。肝脏中广泛存在不同程度的多倍体肝细胞，以及非整倍体肝细胞，即部分染色体缺失或具有多个拷贝，造成肝细胞的染色体倍性呈现复杂多样的动态特征，可称之为"倍性传送"。

（一）体细胞组织和肝脏中的染色体多倍性

绝大多数哺乳动物细胞的细胞核含有两组染色体，属于二倍体。特殊情况下动物体内也会出现具有多组染色体的多倍体细胞。包括人和啮齿类在内的众多哺乳动物中存在天然的多倍体细胞[1, 2]。这些细胞的产生过程和出现位置取决于所在的器官组织。例如，肌原纤维和破骨细胞通过细胞融合的方式转变为多核的多倍体细胞[3, 4]。巨核细胞和滋养细胞通过核内复制转变为多倍体细胞。当扩增的细胞进入有丝分裂细胞周期，但未能完成细胞核分裂时，也会形成单核的多倍体细胞[5, 6]。而多倍体心肌细胞和肝细胞通过进入细胞周期但不进行胞质分裂（即细胞分裂的最后阶段，亲代细胞的细胞质最终被分隔到两个子代细胞的过程）的方式，转变为多倍体细胞[2, 7, 8]。

肝脏的生长和成熟过程中染色体倍性发生显著变化。处于早期发育阶段的肝脏主要由小而均一的二倍体（2n）肝细胞组成[9, 10]。随着肝细胞扩增，部分二倍体细胞不完成胞质分裂，从而产生具有两个二倍体细胞核（2n×2n）的细胞，称之为双核四倍体细胞（图 47-1A）。后续阶段中，如果该四核细胞进入细胞周期复制 DNA 并完成胞质分裂，可产生两个单核四倍体细胞（4n）。单核四倍体细胞可继续进入细胞周期，通过完成胞质分裂产生单核八倍体细胞（8n），或不完成胞质分裂产生双核八倍体细胞（4n×4n）。这一过程的持续发生可以产生十六倍体（16n）等高染色体倍性的肝细胞[2]。不完成胞质分裂是肝细胞产生染色体多倍性的主要方式，但肝细胞和巨噬细胞融合产生多倍体细胞的小概率事件（约 1/100 000 肝细胞）也有报道[11]。一般而言，随着肝脏成熟，肝细胞在细胞体积、功能、细胞核物质（每个细胞的细胞核数量及每个核的染色体数量）等方面的异质性逐渐增加[2, 8, 12]。

肝脏染色体多倍性的程度和出现的速度具有物种差异[2]。出生时，大部分人类肝细胞是二倍体，多倍体细胞比例在 10% 以下[13]。四倍体肝细胞在出生后数周出现，八倍体细胞在出生后 2~3 个月出现[14]。成年前多倍体细胞增至 20%，60 岁成年人的肝脏约有 50% 的肝细胞是多倍体[13, 15]。小鼠肝脏在断奶时已有 50% 的肝细胞是多倍体，大鼠的肝细胞在断奶时通过胰岛素 AKT 相关的

信号通路阻止胞质分裂，从而开始多倍体化[16]。由于小鼠和大鼠的肝脏在 8～12 周已有 80% 的多倍体肝细胞，其染色体多倍性过程远快于人类，因此利用啮齿动物模型可在数周时间内研究染色体多倍性[17]。导致人类肝细胞多倍体化的信号尚不明了，但可能也与胰岛素 –AKT 通路相关。有趣的是，同龄同种动物的倍性状态往往较为一致，提示肝脏中存在某种感受染色体多倍性程度的机制。

（二）非整倍体肝细胞与倍性传送

肝细胞不仅在成套染色体的数量上具有异质性，具体到每条染色体的数量也有多样性。吉姆萨显带、荧光原位杂交和单细胞 DNA 测序研究都表明，在老鼠和人的健康肝脏中 4%～50%的肝细胞都是非整倍体（获得或者缺失单个染色体）（图 47–1B）。最近的研究表明，缺乏microRNA-122 的老鼠肝脏倍性水平降低，主要是二倍体的肝细胞，而且肝脏非整倍体水平异常低。除此之外，研究也表明多倍体和非整倍体水平遵循相同的趋势，两者都随着年龄增长而增加，并且在鼠和人类的肝脏中出现最多[2, 20]。在小鼠中，4～15 个月是非整倍体水平的平台期[17]。与此类似，人类肝细胞的非整倍体水平在 10—60岁维持稳定[13]。

在有丝分裂过程中，多倍体肝细胞可以形成多极纺锤体，并驱动"减少性的有丝分裂"或减少核含量，这一过程被称为"倍性逆转"（图47–1C 和 D）。倍性反转的一个例子是一个增殖的四倍体肝细胞，在有丝分裂期间形成一个三极纺锤体（图 47–1C）。分裂细胞的染色体被拉向三极，产生两个子细胞的细胞核约为二倍体，另一个子细胞其细胞核约为四倍体。此外，多倍体细胞可以通过两次有丝分裂实现倍性逆转（图47–1C）。这种情况下，增殖四倍体可产生多达四个二倍体子细胞，八倍体可产生多达八个二倍体子细胞[17, 21, 22]。染色体错误分离经常发生在多极细胞分裂期间[17, 21]。例如，与外极相关的微管在多极纺锤体构建过程中偶尔会连接到相同的着丝点。如果没被检查到，那么这个错误会阻止染色体在后期迁移到离散极点。因此，这些"落后"

的染色体经常被排除在子细胞核之外，形成所谓的微核。肝细胞的细胞遗传学分析表明，肝脏非整倍体广泛存在，染色体的增加和缺失以一种无偏差的方式发生[13, 23]。多倍体化、倍性逆转和非整倍性，统称为"倍性传送"，显著地导致了肝细胞的异质性（图 47–1C 和 D）[2]。

二、多倍体对基因表达和肝脏再生的影响

肝脏是一个极其重要的器官，它代谢数以百计的分子用于能量调节和抵抗药物毒性，以及产生重要的抗凝血蛋白、免疫复合物和消化性胆汁酸。这些过程需要协调复杂的基因网络，并需要维持肝功能以求生存。因此，肝脏具有强大的能力来适应损伤，并进行完整的再生过程。多倍体对基因表达和肝脏再生的影响才刚刚开始被了解。

（一）肝脏多倍体基因表达及功能

虽然多倍体肝细胞的产生机制已经被很好地阐明，但倍性和基因表达之间的关系仍不清楚。实验表明，在酵母中多倍体与特异性的基因表达模式相关[24]。在哺乳动物方面，研究表明核含量影响调节巨核细胞分化的基因的表达水平，而由于 X 染色体的不完全失活，巨型滋养细胞可能会表现出双等位基因的 X 染色体基因表达[26]。此外，一项大规模的基因组比较研究表明，心脏应激基因在二倍体和多倍体心肌细胞中有不同水平的表达[27]。

肝脏倍性状态可能影响基因的表达。一种假设是基因表达水平与倍性成比例增加。在这种情况下，四倍体和八倍体的基因表达量分别比二倍体高 2 倍和 4 倍。因此，四倍体和八倍体细胞的RNA 和蛋白质含量可能是二倍体细胞的 2 倍和 4倍[2]。另一个假设是二倍体和多倍体肝细胞表现出不同的基因表达。在这种情况下，基因表达水平会在不同倍性群体之间有所不同，多倍体表现出比二倍体更强的特定基因表达，反之亦然。Lu等在 2007 年的一项研究通过流式细胞术分离的静止二倍体、四倍体和八倍体，研究肝细胞群的基因表达。令人惊讶的是，研究发现倍性群体之间的基因表达大多是相等的，而这些表达水平不

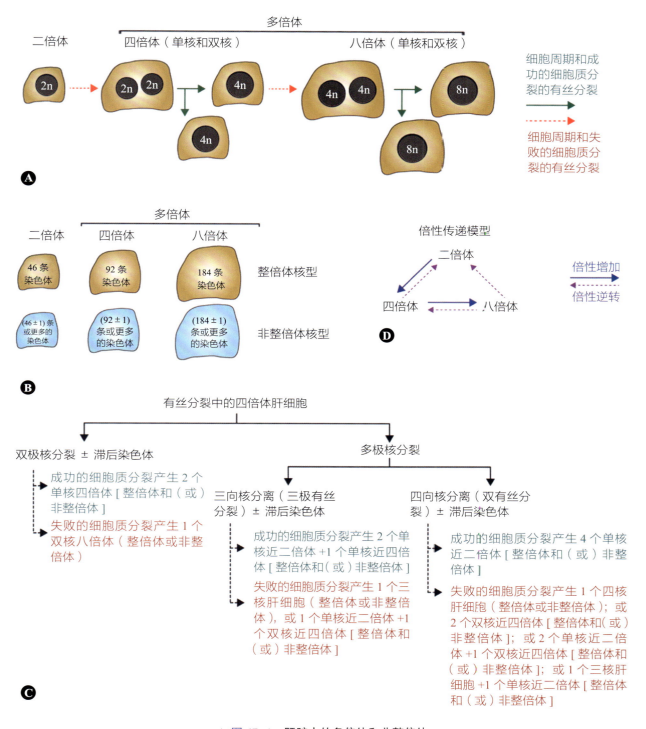

▲ 图 47-1　肝脏中的多倍体和非整倍体

A. 肝细胞可能单核或双核。染色体倍性由每个细胞的细胞核数量和每个细胞核的 DNA 量决定。无细胞质分裂的细胞分裂导致多倍体肝细胞的出现。示意图展示一个单核二倍体肝细胞产生单核、双核四倍体和八倍体的过程。B. 在人源组织中，二倍体、四倍体和八倍体肝细胞分别有 46 条、92 条和 184 条染色体（chr）。整倍体细胞具有完整的染色体组，而非整倍体细胞缺失或获得部分染色体。C. 多倍体肝细胞可发生染色体分离错误（如滞后染色体）和多级细胞分裂，产生具有较低染色体倍性的子代细胞。流程图展示了由分裂中的四倍体肝细胞发生双极（左）分裂或多极（中、右）分裂产生的不同类型的子代细胞。D. 倍性传送模型解释了肝脏细胞倍性在出生后及扩增期的变化。无细胞质分裂的细胞分裂过程频繁发生，导致染色体倍性增加。与此相对，伴随多极分裂的细胞分裂过程相对低频，导致倍性逆转的染色体倍性变化，产生二倍体或近二倍体的子代细胞同的基因，其差异的幅度很小[28]。这表明，至少在静止的肝细胞中，很少有基因表达的差异。进一步的研究需要来确定发生在疾病条件下或响应特定的刺激下基因的差异表达，因为分子水平上的变化可能最终赋予某些倍性亚群独特的功能[2, 29]。

（二）肝脏倍性支持肝脏适应

据推测，多倍体和非整倍体肝细胞的多样性使肝脏能够适应各种环境胁迫[23]。有趣的是，研究表明具有特定染色体数目的出芽酵母菌株能够在有害突变中生存[30, 31]。在肝脏中，已经证明非整倍体肝细胞可以保护抵抗慢性肝脏疾病。值得注意的是，一项研究表明，小鼠由于失去酪氨酸分解途径中的一种酶 FAH 而遭受酪氨酸血症，可通过肝脏非整倍体部分抵抗疾病[23]（图 47-2）。患有酪氨酸血症的小鼠可以通过使用药物 NTBC 或破坏均质酸双加氧酶（homogentisic acid dioxygenase，HGD）阻断酪氨酸分解代谢途径得到治疗并保持健康。在前面提到的研究中，与所有小鼠会死于肝衰竭的预期相反，*Fah*⁻/⁻*Hgd*⁺/⁻ 小鼠不喂 NTBC 后，一些小鼠在其肝脏中出现了许多小的健康的结节。染色体组分型和阵列比较基因组杂交分析显示，很多健康结节由缺失 16 号染色体的非整倍体肝细胞组成，该染色体包含野生型拷贝的 *Hgd*。因此，健康的肝结节中充斥着 *Hgd* 缺乏的肝细胞。假设慢性损伤对大多数肝细胞都是有毒的，除了那些先前丢失了带有 *Hgd* 野生型拷贝的染色体的肝细胞。这些具有疾病抵抗

性的肝细胞（染色体 16 的单体）在肝脏中增殖和再生，并恢复正常肝功能[23]。

（三）多倍体和肝脏再生

肝脏的再生能力已经得到了充分的证明，但多倍体在这一过程中的作用仍不清楚。二倍体和多倍体种群在这一过程中可能扮演着独特的角色。最初，人们从研究中提出多倍体肝细胞是成熟的终末分化细胞，增殖能力低。该研究表明，随着年龄的增长，小鼠和大鼠肝脏中的多倍体肝细胞变得越来越多，并且成熟肝脏中超过 99% 的肝细胞是静止的[34, 35]。然而，当手术切除高达 2/3 的肝脏时，多倍体细胞被观察到对部分肝切除术有反应[36]。虽然这些实验证实了多倍体肝细胞可以增殖，但目前尚不清楚二倍体和多倍体的增殖能力是否相等。一项研究表明，接受 PH 的大鼠的肝脏多倍体水平增加，并发生与细胞衰老和个体衰老相关的变化[37]。另一项研究表明，发生药物性坏死和肝硬化的小鼠发育出富含二倍体肝细胞的再生结节[38]。二倍体比多倍体肝细胞增殖能力更强的观点也得到了支持，即二倍体肝细胞在人类和啮齿类的肝细胞癌中富集[38-41]。相反，移植的八倍体和二倍体肝细胞在 *Fah*⁻/⁻ 的肝再生模型中增殖能力相等。然而，本研究的一个局限性是移植细胞的倍性状态发生了变化，即增殖过程中，八倍体细胞发生倍性逆转和二倍体多倍体化（图 47-1C）[17]。

（四）衰老和受损中肝再生的多倍体

众所周知，个体衰老会导致衰老细胞在多个

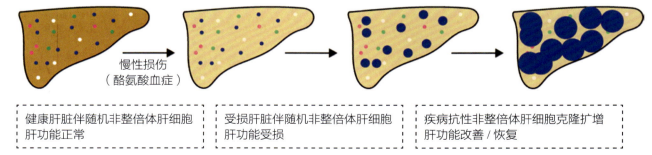

| 健康肝脏伴随机非整倍体肝细胞
肝功能正常 | 受损肝脏伴随机非整倍体肝细胞
肝功能受损 | 疾病抗性非整倍体肝细胞克隆扩增
肝功能改善 / 恢复 |

▲ 图 47-2　概念证据研究表明，疾病抗性非整倍体体肝细胞促进对慢性肝损伤的适应

健康小鼠肝脏含有随机的非整倍体肝细胞，如图所示为多色细胞。慢性损伤（*Fah*⁻/⁻*Hgd*⁺/⁻ 小鼠诱导酪氨酸血症）时肝脏功能严重受损。缺失 16 号染色体（蓝色）的肝细胞对损伤具有抗性和增殖能力。克隆扩增通过这些损伤抵抗肝细胞自发地重新填充肝脏，恢复肝功能

组织和器官系统中积累，包括肝脏[42]。衰老是细胞周期的不可逆退出，过度复制或其他应激源造成端粒（即染色体的保护帽）缩短驱动。许多假设认为衰老是一种对抗肿瘤发生的保护机制，这可能源于基因组不稳定，但衰老也限制组织再生，促进炎症介质的分泌而损害周围组织[43]。与四倍体和二倍体细胞相比，八倍体细胞表达衰老标志物（包括 p16、p21 和 p53）的比例更高，同时这些标志物也发挥着重要的肿瘤抑制作用[44]。耗尽衰老器官和组织中衰老细胞的方法，如 INK-ATTAC 小鼠，不能耗尽肝脏中的衰老细胞，但可以通过耗尽外周部位的衰老细胞，减少自发肝脏肿瘤，这证明衰老微环境在肝癌和其他衰老相关疾病的病因学中的作用[42, 43]。

与必须由免疫系统清除的衰老二倍体细胞不同，衰老多倍体细胞具有独特的能力，可以进行倍性逆转[44]。发生倍性逆转的衰老肝细胞同时下调衰老标志物的表达，作为一种细胞再生的类型[44]。倍性逆转可以部分解释老年肝脏再生的能力，尽管在年老的个体中再生仍是大大减少。在小鼠肝切手术后，年老肝脏的肝细胞的细胞周期延迟，肝脏增殖的肝细胞数量明显减少[45-47]。与年龄相关的肝细胞增殖能力下降归因于转录因子 C/EBPα 与 Brm 的结合，Brm 是一个仅在年老的肝脏中才能检测到的染色质重塑蛋白[48]，它抑制了 E2f 调节的基因表达[49]。值得注意的是，当幼龄和老年小鼠的循环系统通过异时异种共生连接时，老年肝脏中增殖的肝细胞数量增加。虽然没有记录到再生肝细胞的倍性，但观察到 C/EBPα-Brm 复合物的减少[48]。

当将年老的二倍体或八倍体肝细胞植入年轻的 *Fah*^{-/-} 小鼠时，八倍体肝细胞发生倍性逆转，导致肝脏倍性状态较低，不再表达衰老标志物[17, 44]。这项研究不仅表明年轻的系统环境能够恢复肝细胞增殖能力，而且还表明具有不同倍性状态的肝细胞在长期再增殖过程中具有相同的增殖动力学。未来的研究将需要破译细胞内在因素的作用，如倍性和基因稳定性，线粒体功能和自噬，与外部因素在局部或全局环境中在损伤后和衰老期间对于肝细胞功能和再生过程的作用。

三、肝脏疾病中的线粒体 – 倍性联结

肝脏再生和许多肝脏疾病与肝脏倍性改变和线粒体代谢功能障碍有关[50]。这些研究表明，能量消耗的调节或线粒体功能的破坏与倍性状态差异的发展有关。本部分描述了肝脏中连接线粒体代谢和多倍体代谢状态的分子调节因子。

（一）线粒体代谢与代谢性疾病

线粒体通过代谢脂质和其他分子产生 ATP，从而在肝脏的能量消耗中发挥重要作用，这对许多细胞功能至关重要。线粒体代谢异常在多种肝脏疾病（如药物性肝损伤、酒精性肝脏疾病、非酒精性脂肪肝、病毒性肝炎、肝癌和血色素沉着病）中都有报道[50, 51]。线粒体功能障碍有几种表现形式，包括线粒体膜破坏，氧化磷酸化失调，产生 ROS（超氧化物、NO 和脂质过氧化物），谷胱甘肽耗尽，从线粒体基质释放细胞色素 C，线粒体裂变和融合缺陷，线粒体自噬异常，以及线粒体与核之间逆行或顺行信号通路缺陷[50]。

胰岛素抵抗和高脂血症是 NAFLD 的主要代谢状态[52]。胰岛素信号通路通过抑制 FOXO1 和维持 NAD$^+$ 与 NADH 的比值来加强线粒体电子传递链的完整性[53]。NAD$^+$/NADH 值决定了 PGC1α 的活性，而 PGC1α 是线粒体生物合成的主要调节因子[54]。Desdouets 等最近发现，晚期脂肪性肝病即非酒精性脂肪性肝炎，与多倍体增强相关[55]。饲喂诱导 NAFLD 的饲料，如蛋氨酸 – 缺乏饲料或高脂肪饲料，使得小鼠的肝脏显著富含多倍体肝细胞。此外，在这些脂肪肝模型中，氧化应激是多倍体增加的主要驱动因素。因此，线粒体功能障碍与代谢性肝病和多倍体化之间似乎存在着复杂的联系。

（二）肝脏多倍体与线粒体代谢的关系

肝脏再生与线粒体代谢相关疾病有关，包括 NAFLD 和血色素沉着病都与倍性改变相关[37, 55-57]。此外，许多调节线粒体代谢的基因被报道与肝脏多倍体变化有关，如 *Mir122*、*E2F* 家族成员（*E2F1*、*E2F7* 和 *E2F8*）、*Birc5*、*Ercc1*、*Myc*、*p53*、*Rb* 和 *Skp2*[2, 19, 58, 59]。表 47–1 总结了调节线粒体代谢和影响肝脏多倍体的关键分子的双重作

表 47-1			肝脏多倍体与线粒体代谢的关系
基 因	模 型	肝倍性状态	与线粒体代谢的相关性
E2f7、*E2f8*	通过基因敲除缺失	多倍体减少 [60, 61]	E2F 家族调控细胞增殖基因，E2F7 和 E2F8 共同抑制 E2F1 的表达和功能 [62] 1. E2F1 调节肝脏、肌肉、胰腺和脂肪组织等决定代谢稳态的器官的代谢。E2F1 的靶基因负责脂质合成（FAS）、氧化代谢（TOP1MT、EVOVL2、NANOG）和糖酵解（PFKB、Sirt6、PDK）[63]
E2f1	通过基因敲除缺失	多倍体增加 [61]	2. E2F7 和 E2F8 介导的 E2F1 调控也发生在氧化应激诱导的 DNA 损伤反应等代谢场景中 [64]
Mir122	敲除	多倍体减少 [11]	Mir122 缺乏在线粒体代谢异常的疾病中有报道，如肝细胞癌（HCC）[65] 和非酒精性脂肪性肝病 1. 缺乏 miR-122 的小鼠在脂质代谢中存在严重缺陷 [66] 2. miR-122 调控 PGC1α 的表达，这是线粒体生物发生的主要调控因子 [67] 3. miR-122 的其他靶点，如 LCMT1、PPP1CC、ATF4、MEKK3 和 MAPKAP2，被认为可以调控 PGC1α 的表达 [67] 4. miR-122 的另一个直接靶点是丙酮酸激酶（PKM2）[68]，它是糖酵解的关键调节因子，因此可以影响线粒体代谢
Myc	转基因小鼠过表达	多倍体增加 [58]	Myc 提供了与细胞周期相关的线粒体内容程序化扩展的最清晰的例子 [69] 1. Myc 调节 TFAM 的表达 [70]（TFAM 是线粒体 DNA 复制和维持的主要决定因素），以及 PGC-1α 和 PGC-1β 的表达，后者是线粒体质量和能量代谢的主要调节因子 2. Myc 靶基因包括涉及双基因组和线粒体转录、线粒体翻译、蛋白质导入和 ETC 复合体组装的基因 [71]
	通过基因敲除缺失	多倍体减少 [58]	3. Myc 还通过抑制控制编码线粒体蛋白的核基因（如 miR-23a/b 和谷氨酰胺酶）的 micrRNA 间接调控线粒体基因表达 [72, 73]
Trp53	通过基因敲除缺失	多倍体增加 [58]	1. p53 通过转录抑制葡萄糖转运体 GLUT1 和 GLUT4 及胰岛素受体，抑制细胞内葡萄糖摄取进入细胞 [74] 2. 通过 TIGAR 的转录激活，p53 降低糖酵解率，并将糖酵解中间体重定向到戊糖磷酸途径（PPP）[74] 3. 糖酵解也被 p53 负调控 PGM 所抑制，p53 突变体转录激活 HK Ⅱ 刺激糖酵解 [74] 4. p53 通过转录激活复合体 Ⅳ 的调控因子 SCO2 的合成，以及直接作用于复合体 Ⅰ 的 AIF 来促进 OXPHOS。p53 通过调控核糖核苷酸还原酶亚基（p53R2）的转录和稳定性，维持线粒体稳态和线粒体基因组的完整性 [74] 5. p53 能够转录调控核编码的线粒体 TFAM，并与之相互作用，在线粒体 DNA 转录和调控 mtDNA 含量中发挥的作用 [74] 6. 基因毒性应激信号触发细胞质 p53 经历 MDM2 依赖的单泛素化，诱导 p53 易位到线粒体，从而触发线粒体依赖的凋亡 [74] 7. 线粒体 p53 已被证明可以阻断 MnSOD 的抗氧化功能，从而产生氧化应激状态 [74]
Rb1	通过基因敲除缺失	多倍体增加 [58]	1. Rb1 消融的蛋白质组学效应显示多种线粒体蛋白显著减少 [75] 2. Rb1 缺乏的细胞线粒体质量降低，OXPHOS 活性降低 [75]

（续表）

基　因	模　型	肝倍性状态	与线粒体代谢的相关性
Skp2	通过基因敲除缺失	多倍体增加[58]	Skp2 泛素化介导降解的主要靶点之一是线粒体 sirtuin3（SIRT3）[76]，一种组蛋白 NAD+ 脱乙酰基酶 1. SIRT3 控制线粒体氧化途径的流动，从而控制 ROS 的产生速率[77] 2. SIRT3 控制应激条件下的能量需求（禁食和运动），并具有抑制 ROS 的能力[77] 3. SIRT3 的靶点是参与能量代谢过程的酶，包括呼吸链、三羧酸循环、脂肪酸 β 氧化和生酮[77]
Birc5（Survivin）	通过基因敲除缺失	多倍体增加[58]	对 Birc5 缺失肝脏的蛋白质组学分析显示 mTOR 过表达[78]，mTOR 在线粒体代谢中起关键作用[79]。BIRC5 和 mTOR 的这个轴可能是倍性和线粒体代谢之间的一个节点 1. mTOR 对许多代谢刺激做出反应，如胰岛素、胰岛素生长因子、营养物质（氨基酸）、能量状态和氧水平，从而调节增殖[80] 2. mTOR 也可抑制线粒体自噬[81] 在神经母细胞瘤细胞系中，BIRC5 独立于 mTOR 调节线粒体裂变和复合物 I 的活性[82]，提示其可能也参与了肝脏中线粒体代谢
Ercc1	通过基因敲除缺失	多倍体增加[58]	Ercc1 缺乏导致肝脏中氧化损伤增加，以及负责氧化代谢的基因水平降低[83]

用。总之，这些研究强烈表明线粒体代谢和肝脏多倍体密切相关，并可能对肝脏疾病进展发挥作用。

（三）肝脏再生中的线粒体 – 倍体联结

据报道，肝脏多倍体在 PH 后短暂增加，在此期间线粒体代谢同时发生变化[37, 56]。首先，ATP 水平和呼吸控制率（OXPHOS 效率的一个指标）的增加证明肝脏再生能力和 OXPHOS 效率之间存在很强的正相关关系[84]。其次，参与糖类代谢和脂质代谢的蛋白表达，以及 OXPHOS 蛋白在 PH 后 24h 都增加[85]。第三，肝细胞线粒体群体之间存在异质性。在 PH 后 2～42 天范围内，这些线粒体亚型在铁摄取能力、铁代谢和复合物 IV 活性方面存在差异[86]。此外，氧化应激与肝脏再生有关，而这至少有部分可能是由再生相关的 OXPHOS 引起的[56]。总的来说，这些报道强调了肝脏再生过程中对能量的大量需求，这一过程中的线粒体代谢扮演着重要作用[87]。未来需要进一步的研究来阐明肝脏再生与线粒体代谢和倍性的关系机制。

四、倍性和肝癌

近 1 个世纪以来，多倍体一直被认为是癌症的标志[88-90]。然而有研究提出，在肝脏中多倍体是一种保护机制，在一个肿瘤抑制基因被破坏时，多倍体可以提供多个拷贝[91]。许多形式的癌症在早期和晚期都表现出多倍体（如肾癌、髓系白血病、胶质母细胞瘤、前食管癌和肺癌）[92]，但在 HCC 中却能观察到倍性的减少。尽管肝癌与染色体变异有关[93]，但多倍体、肝癌发生发展与肝癌药物耐药之间的关系尚不清楚。

（一）多倍体和肝癌

HCC 是最常见的肝癌形式，在世界范围内其发病率和死亡率高[94]。20 世纪 90 年代和 21 世纪初对肝癌患者进行的研究显示，肝癌肿瘤中二倍体细胞比多倍体细胞多[94]（图 47-3A）。与这些观察结果一致，暴露于 DEN 或 2-AAF 的患病大鼠的 HCC 组织内的细胞主要为二倍体[41, 95, 96]。目前尚不清楚恶性 HCC 转化后多倍体细胞向二倍体细胞的转变是否是导致发病的原因或是发病导致的结果，但二倍体肝细胞在 HCC 中富集的一个潜在解释是多倍体肝细胞保护了致瘤转化。然而，这个概念可能违反直觉，因为多倍体在传统上与其他癌症的疾病严重程度增加有关[92]。

最近的许多研究支持多倍体在肝脏中起保护作用这一观点。通过在体内利用可调系统改变肝脏倍性，Zhu 等表明在 DEN 肿瘤起始模型中，*Anln* 缺陷导致具有高度多倍体肝脏的小鼠免受 HCC 的影响，而主要为二倍体肝脏的 *E2f8* 缺陷小鼠易形成肝癌[97]。最重要的是，这些研究揭示了多倍体状态通过提供额外的肿瘤抑制等位基因来防止转化。每个细胞有两条同源染色体，二倍体肝细胞各有两个等位基因肿瘤抑制因子。如果一个肿瘤抑制等位基因发生突变或者失活，细胞就只受到一个功能性等位基因的保护。然而，如果第二个等位基因随后失活，该细胞对肿瘤的发生是高度敏感的。相比之下，多倍体肝细胞有四个或更多的同源染色体和相应数量的肿瘤抑制等位基因。当单个肿瘤抑制因子在多倍体肝细胞中失活时，细胞被三个或更多的功能性等位基因保护或"缓冲"。综上所述，在患者和啮齿动物模型中的研究强烈支持二倍体肝细胞更容易致癌的观点。而多倍体肝细胞提供了一种预防 HCC 形成的保护机制（图 47–3A）。

（二）癌症中的多倍体和耐药性

癌症中多倍体增加与自发耐药相导致的预后不良相关[92]。例如，在结肠癌细胞系中，多倍体对由喜树碱、顺铂、奥沙利铂、伽马照射和紫外线照射引起的 DNA 损伤的抗性增加[98, 99]。体内研究也支持肝脏倍性和药物敏感性之间的联系。例如，*Mir122* 肝脏特异性敲除小鼠的肝脏主要是二倍体，当对乙酰氨基酚攻击时，*Mir122* 敲除小鼠比具有多倍体肝细胞的野生型小鼠更易受到肝损伤[100]。然而，这些数据很难解释为何 *Mir122* 敲除小鼠中 CYP2E1 和 CYP1A2 的表达水平升高，这会导致对乙酰氨基酚代谢成毒性副产物 NAPQI[100]。这些结果表明，倍性与肝脏耐药的关系有待进一步研究。

化疗耐药是一个可能导致肝癌患者治疗不当、预后差、生活质量低的主要问题。在临床中，多酪氨酸激酶抑制药索拉非尼和拓扑异构酶 Ⅱ 抑制药阿霉素被用于治疗不能进行肿瘤切除

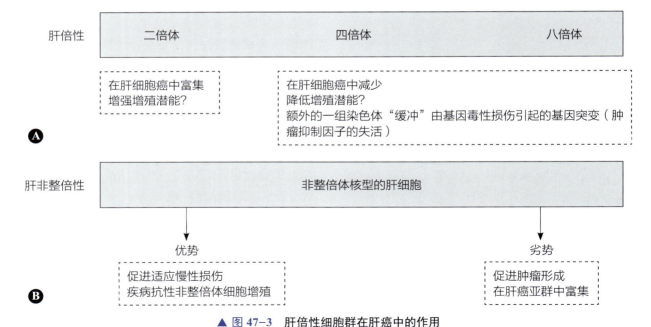

▲ 图 47–3 肝倍性细胞群在肝癌中的作用

二倍体肝细胞在人肝细胞癌（HCC）中富集，据推测增强了增殖潜能。多倍体肝细胞在 HCC 中减少，可能降低了增殖潜能。最近的研究表明，多倍体肝细胞对肿瘤抑制因子丢失 / 失活诱导的肿瘤发生具有保护作用；在额外的染色体上发现的肿瘤抑制基因的野生拷贝作为"备份"，能够限制致癌增殖

的 HCC[101]。不幸的是，化疗干预极少有效，并且经常导致肿瘤耐药，所给药物变得难以有效治疗[101]。肝癌耐药的机制尚不清楚，但在其他癌症中，多倍体与耐药相关[92]。人类 HCC 从多倍体到病变组织中二倍体细胞优势的转变表明，肝癌的化疗耐药可能不是来自多倍体，而是由其他机制产生的。总之，进一步的研究是必要的，需要确定多倍体如何影响疾病的严重程度或耐药性，这可能会促进全新、有创新性和有效的治疗方法的发展。

（三）非整倍体和肝癌

近 100 年以来，非整倍体和染色体错误分离与癌症和肿瘤转化有关[88]。疾病预后不良和自发耐药与非整倍体和染色体不稳定性密切相关，因为这些事件可以促进癌细胞的生存（图 47-3B）[92]。

尽管多倍体和非整倍体都涉及染色体的改变，但在考虑疾病时，了解两者之间的差异是至关重要的。多倍体是指整倍体细胞中完整染色体数目增加。非整倍体可以包括整个染色体获得和单个染色体的损失或结构变化。例如，这些变化可以包括完全的染色体重排，甚至是获得或丢失染色体片段。在人类和小鼠的健康成年肝脏中，全染色体的获得或者丢失是一种正常特征[13, 17, 18, 22]。

Michalopoulos 及其同事之前的工作发现，在 98 个人类 HCC 样本中发现 461 拷贝数变异，表明染色体变异在肝癌中很常见[93]。本研究中发现的拷贝数变异包含离散基因组扩增和缺失，但不包含整个染色体的增加或者缺失。虽然对 HCC 患者的非整倍体肿瘤的研究还不充分，但肝母细胞瘤肿瘤已被广泛鉴定出近二倍体或近四倍体细胞的存在，这些细胞获得或失去了整个染色体[102]。此外，肝细胞的基本病理癌变，如慢性乙型肝炎病毒感染、黄曲霉毒素暴露和氧化损伤也与染色体变异相关[103, 104]。

人们普遍认为，非整倍体或染色体不稳定性（chromosome instability，CIN）增加与疾病预后恶化相关[105]。出乎意料的是，肺癌、乳腺癌、卵巢癌和 CIN 程度最高的胃癌患者被报道其预后优于中度 CIN 患者[105]。可能的解释是，高程度

的 CIN 导致有丝分裂突变和细胞死亡，这有效地杀死具有最多 CIN 的非整倍体肿瘤。由于实验诱导的非整倍体和染色体重排产生了模棱两可和相互矛盾的结果，因此很难确定非整倍体是否促进了 HCC 癌细胞的生存[105]。为了在体内外研究非整倍体在 HCC 发展和进展中的作用，研究人员使用了基因毒性制剂或专门的量身定制的遗传模型[105]。最近的研究表明，可以通过调节体内外 miR-122 水平来研究非整倍体和 HCC 之间的关系，因为 *Mir122* 缺乏会导致单核肝细胞的增加，并伴随非整倍体的减少[19]。为了有效地研究非整倍性是否有助于 HCC 的发展，关键是如何在癌症模型中改变倍性。通过确定非整倍体、多倍体和癌细胞生存之间的关系，新的技术发展可以改变化疗耐药并消灭肿瘤。

五、结论

在成人中，肝脏中的大部分肝细胞是多倍体。这表明多倍体细胞对肝脏的功能和内稳态至关重要。

多倍体肝细胞随着年龄的增长而积累，表明它们可能在损伤的情况下扮演增殖和适应池的角色。最近的研究表明，多倍体肝细胞作为一个低倍性细胞的关键储备，其可以通过倍性逆转产生。此外，多倍体肝细胞似乎对中毒性肝损伤和癌症有更多的抗性，它们可能在肝脏代谢和再生中发挥离散的作用。影响二倍体和多倍体肝细胞活性差异的分子机制尚不清楚，一个关键问题是，肝细胞中的基因表达是否由倍性状态决定。通过发展疾病预防、刺激肝脏再生和人工气管构建等创新技术，对于肝脏多倍体的进一步理解将在未来对患者受益无穷。

致谢 这项工作得到了 NIH（R01 DK103645）、宾夕法尼亚州联邦和匹兹堡大学医师学术基金会的资助、NIH（F31 DK112633）和 NIBIB（T32 EB001026）题为"组织工程和再生的细胞方法"的培训资助。感谢 Frances Alencastro 对手稿的有益讨论和批判性阅读。本章作者向因篇幅限制而未被引用的作者道歉。

第四篇　肝病的病理生物学

PATHOBIOLOGY OF LIVER DISEASE

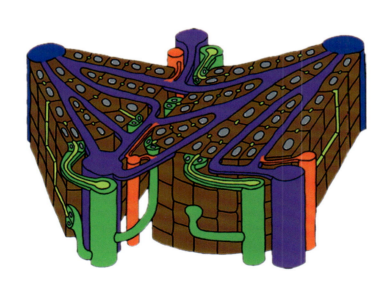

第 48 章　肝性脑病

Hepatic Encephalopathy

Roger F. Butterworth　著

张振宇　管清华　谌　琦　陈昱安　译

肝性脑病是一种由于肝脏疾病引起的严重中枢神经系统并发症，其主要特征是一系列神经及神经精神症状，主要包括精神运动、神经认知和精细运动功能的紊乱。除了运动速度和精确性之外，HE 的早期症状还包括注意力、视觉感知能力和视觉空间构建能力的缺陷[1]。目前认为，这些症状通常是可逆的。

经颈静脉肝内门体分流术（ans-jugular intrahepatic portosystemic shunt，TIPS）可有效预防和治疗门静脉高压症、上消化道（静脉曲张）出血、顽固性腹水等肝硬化并发症。然而，该手术可能导致多达 50% 的患者出现新发 HE 或原有 HE 发作加重[2]。

肝硬化和 HE 的负担是多方面的，而且在不断增加。一方面是与住院、医疗服务和药物相关的巨大的直接经济成本，另一方面是患者因收入损失而产生的间接成本。此外，认知功能障碍导致患者经济状况、就业前景和生活质量恶化，同时，生活质量的下降也给患者家庭成员及照护者带来负担[3]。

一、HE 的分型标准

目前的临床指南提供了一个根据基础疾病的性质进行分类的系统。据此，HE 被细分为三个主要类型。

A 型：由急性肝衰竭导致的 HE。

B 型：由门体旁路 / 分流导致的 HE。

C 型：由肝硬化导致的 HE。

根据 HE 的病程可进一步将 HE 分为偶发性 HE、复发性 HE（6 个月内发作 ≥2 次）及持续性 HE（患者在两次发作间未恢复至基线表现）（表 48-1）。

- 情节性 HE。
- 复发性 HE，其特征是在 6 个月或更短的时间。
- 症状持续的永久性 HE。

HE 严重程度的 West Haven 分级标准

在肝硬化患者中，显性 HE（overt HE，OHE）通常提示肝硬化进入失代偿期。根据一系列神经精神测试，West Haven 分级将 OHE 的严重程度分为 Ⅰ～Ⅳ级，各级特征如下。

Ⅰ级：注意力减弱、睡眠障碍。

Ⅱ级：定向力异常、人格改变、扑翼样震颤。

Ⅲ级：意识模糊、定向力障碍、浅昏迷。

Ⅳ级：深昏迷。

在必要情况下可应用格拉斯哥昏迷评分（Glasgow coma scale，GCS）评估患者的意识障碍程度。GCS 评分基于患者的睁眼反应、语言反应和肢体运动三个方面，昏迷程度以三者相加来评估，得分值越高提示意识状态越好。

轻微型 HE（minimal HE，MHE）是 C 型 HE 的一种亚型，其无明显临床症状，高达 80% 的肝硬化患者中可能发生 MHE，其对患者的健

表 48-1 肝性脑病（HE）的最新分型分级标准			
分　型	分　级		病　程
	极轻微 HE		偶发性
A	Ⅰ	隐匿性 HE	复发性
B	Ⅱ		
C	Ⅲ	显性 HE	持续性
	Ⅳ		

HE 病因学分型（A～C），HE 严重程度分级（Ⅰ～Ⅳ级），HE 分级可进一步细分为隐匿性（Ⅰ级）和显性（Ⅱ～Ⅳ级）。根据病程，HE 可分为偶发性、复发性、持续性，也可被分为自发性和诱发性中的一类

康相关生活质量（Health-related quality of life，HRQOL）有显著影响[3]。MHE 可通过一系列心理测试中的一项或多项进行诊断。HE 与患者跌倒和交通事故的增加相关[3, 4]。

近来，由于 West Haven 定义Ⅰ级 HE 的神经精神症状固有的主观性，人们对 HE 的命名和分类进行了修改。由此产生的 AASLD/EASL 指南将 MHE 及Ⅰ级 HE 定义为隐匿性 HE（covert HE,CHE）[4]。与此同时，OHE 诊断简化为Ⅱ、Ⅲ和Ⅳ级（表 48-1）。

二、HE 的临床表现与诊断

HE 是一种排除性诊断，其诊断需要对神经精神症状的病因进行系统性排查，如颅内占位性病变、脑卒中、感染性疾病或其他代谢紊乱综合征等，在排除上述可能的神经精神症状病因后，结合患者肝病病史，可诊断 HE[5]。CHE 可通过一系列心理测试进行诊断，其可能出现注意力、记忆、精神运动速度和视觉空间能力等心理测试表现的变化。扑翼样震颤是 OHE 的特征性临床表现，并可用于区分 OHE 的严重程度。明确 HE 的相关诱发因素，如感染、消化道出血及便秘等，有助于支持肝硬化相关 HE 的诊断。针对意识障碍的患者，临床中广泛应用 GCS 评分进行意识障碍程度的评估。

在发病机制方面，目前研究认为，氨在 HE 的发生发展中有重要作用，但静脉血氨浓度的测定对于肝硬化 HE 患者的诊断或预后几乎无任何

参考价值；另外，动脉血氨浓度对预测急性肝衰竭（acute liver failure，ALF）患者严重神经系统并发症的预后可能有一定价值[7]。

由于 West Haven 标准固有的主观性，检查者应用其对肝硬化患者进行分级时，有可能导致结果之间的高度差异，因此一直存在争议。临界闪烁频率（critical flicker frequency，CFF）的检测是一种新型的可量化的测量手段，其可基于大脑皮质处理视觉刺激的受损程度，进而量化 HE 的严重程度。CFF 被广泛应用于包括肝硬化低级别HE 在内的多种神经疾病的神经认知变化分级中。其中，39Hz 为区分低级别显性 HE 患者和非 HE 患者的 CFF 阈值。

三、神经病理学

（一）神经胶质病理学

在 ALF 和肝硬化相关的 HE 中，神经胶质细胞的形态学和功能变化与 HE 最为相关。然而，这些变化的性质和程度是由肝损伤的类型（急性和慢性）、门静脉系统分流的程度、HE 发作的次数和持续时间决定的。HE 的神经胶质病理改变涉及两种主要类型的细胞之一，即星形胶质细胞和小胶质细胞。

1. 星形胶质细胞

终末期 ALF 患者的脑组织病理切片显示明显的细胞毒性脑水肿，星形胶质细胞表现为其终足广泛水肿（图 48-1A）[9]，星形胶质细胞水肿可能导致颅压增高，进而导致脑疝的发生，这是

ALF 患者死亡的主要原因之一。

与 ALF 不同，失代偿期肝硬化的主要神经病理特征是星形胶质细胞核的特征性形态改变，称为阿尔茨海默 Ⅱ 型星形胶质细胞增生，该病理特征包括核苍白、细胞本身及细胞核的水肿。染色质边缘化和糖原的沉积也是该型变化的特征（图 48–1B）。这种改变在脑内分布不均，在大脑皮质、基底神经节和小脑中分布密度较高[11]。值得注意的是，肝硬化也有脑水肿的表现，但与 ALF 的情况相反，肝硬化患者脑水肿程度相对较低，很少导致颅内压的改变。MRI 常显示肝硬化患者基底神经节和皮质脊髓束存在轻度水肿，磁化转移率降低，水表观扩散系数增加[12]。

2. 小胶质细胞

小胶质细胞是脑组织中的免疫调节细胞，急性或慢性肝衰竭的动物模型研究结果及患者的研究结果证实，小胶质细胞的激活在 HE 中非常常见[13]。小胶质细胞的激活是神经炎症的特征，这一特征可在包括 HE 在内的多种神经退行性中枢神经系统疾病中观察到。目前认为，与小胶质细胞激活相关的神经炎症是急性和慢性肝病中 HE 的特征之一[13, 14]。

（二）神经元病理学

尽管神经胶质细胞的病理学改变是肝硬化 HE 的主要神经病理学变化，但神经元细胞的凋亡、神经元形态和功能特征的变化也经常发生[15]。这些变化发生在不同的大脑结构中，并归因于一系列不同的病理生理机制。以下部分总结了这些神经退行性疾病的神经病理学和临床特征。

1. 获得性非威尔逊肝脑变性

获得性非威尔逊肝脑变性（acquired non-Wilsonian hepatocerebral degeneration，ANHD）通常发生在病程较长的肝硬化患者中，这些患者常有多次肝昏迷或门静脉分流的病史。其神经病理学改变包括深部脑皮质、基底神经节、小脑和皮质下白质的海绵状变性。

2. Wernicke 脑病

多达 30% 的终末期酒精性肝硬化患者会发生丘脑的 Wernicke 型出血性病变[11]，病变可为急性或慢性（长期存在）。Wernicke 脑病（Wernicke's encephalopathy，WE）的病因是硫胺素缺乏，肝脏是人体硫胺素合成和储存的关键器官；因此，与非肝硬化的酗酒者相比，终末期酒精性肝硬化患者 WE 的发生率高可能与此相关。

3. 小脑退行性变

酒精性和非酒精性肝硬化患者均可出现以小脑蚓部病变和浦肯野细胞严重丢失为特征的轻至重度小脑退行性变，而酒精性肝硬化患者的神经病理改变更为严重。小脑退行性变、Wernicke 型丘脑病变或 2 型阿尔茨海默病星形细胞增多症的发生率和程度之间没有明确的相关性，这表明这

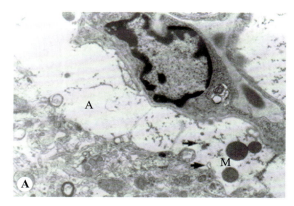
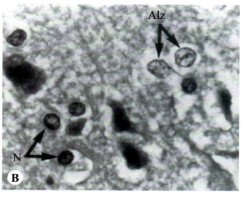

▲ 图 48–1　急性和慢性肝衰竭患者脑组织超微结构的特征性改变

A. 对乙酰氨基酚过量导致急性肝衰竭患者的脑组织透射电镜图片，显示明显细胞毒性脑水肿，血管周围星形胶质细胞明显肿胀（A），内质网（箭）和线粒体（M）扩张。B. 死于肝性脑病的 51 岁肝硬化患者的脑组织透射电镜图片，显示与染色质形态正常的星形胶质细胞（N）相比，阿尔兹海默 Ⅱ 型星形胶质细胞的细胞核大而苍白，染色质边缘化（Alz）

些神经病理学表型是由不同的机制支持的。

4. 分流术后肝性脊髓病

肝硬化患者在多次肝昏迷或 TIPS 分流治疗后可能发生脊髓病，这一情况相对罕见，患者通常表现为下肢痉挛性麻痹或瘫痪，其病因可能与皮质脊髓束脱髓鞘相关。

5. 肝硬化相关帕金森病

肝硬化相关帕金森病以锥体外系症状（运动迟缓、静止性震颤、肌强直）为特征，病情进展迅速，并且其发生可能与认知功能障碍的程度无关。据报道，其患病率可能高达 21%[16]。其发生可能与基底神经节中锰沉积相关导致多巴胺能神经元缺陷有关[17]。肝移植治疗可能对这些患者的锥体外系症状有效，在某些病例报道中左旋多巴治疗同样有效。在诊断方面，肝硬化相关帕金森病患者大脑 T_1 加权像中可观察到双侧苍白球和黑质高信号的表现。

6. 脑储备功能受损

脑储备是一个由结构成分 [脑储备（brain reserve, BR）] 和患者耐受变化的能力（认知储备）组成的新概念，而 BR 取决于疾病的病因、严重程度和进展。通过 MRI 检测，目前认为 BR 降低与大脑白质和灰质结构改变、脑水肿、脑代谢改变三个因素相关。

一项多模态 MRI 研究结果显示，酒精性肝硬化患者 BR 较差，但是非酒精性肝硬化患者在 HE 或 TIPS 后 BR 恶化的可能性更大。慢性酒精对大脑的直接作用增强（WE、小脑退行性变）或通过肝脏间接导致 ANHD，可能是 BR 结构变化特征的部分基础。酒精性肝硬化（尽管戒酒）导致的 BR 恶化有可能改变 HE 对疾病进展和移植适宜性的影响[18]。

四、病理生理学

（一）氨

肝脏主要通过两种途径清除体内多余的氨，一是通过门静脉周围肝细胞的尿素循环合成尿素，二是通过肝静脉周围肝细胞内的谷氨酰胺合成酶合成谷氨酰胺（图 48-2）。肝硬化患者通常会出现肝内和肝外的门体分流，同时伴有肝细胞代谢能力的下降，这两者共同作用，使机体清除血氨的能力受损，进而导致高氨血症。

肝硬化肝氨清除障碍会使骨骼肌中编码 GS 的基因激活[19]，骨骼肌中 GS 编码基因的激活使机体可经骨骼肌合成谷氨酰胺，进而清除体内的氨（图 48-2）。

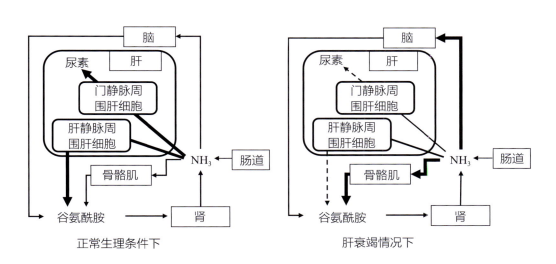

▲ 图 48-2　正常生理条件下和肝衰竭时氨及谷氨酰胺的器官间转运

肠源性氨通常以尿素（门静脉周围肝细胞）或谷氨酰胺（肝静脉周围肝细胞）的形式清除。在肝衰竭时，上述两种肝细胞对氨的清除均减少。脑氨摄取增加，但脑谷氨酰胺合成进一步增加的能力相对有限。相反，由于骨骼肌中谷氨酰胺合成酶合成增加，骨骼肌成为清除氨的主要途径肝硬化和 HE 患者的动脉血氨和脑氨水平会成倍增加，通过 $^{13}NH_3$-PET 动态示踪发现，脑氨和脑氨代谢率（cerebral metabolic rate for ammonia，CMRA）（指氨被大脑摄取并纳入代谢产物的速率）显著增加[20]。这些研究进一步证明，肝硬化患者脑氨的增加主要是由于动脉血氨浓度增加，而不是血 - 脑氨转移动力学的改变，这与早期研究结论相反。

静脉血氨浓度检测对预测肝硬化患者 HE 的发生及其严重程度几乎没有价值。而动脉血氨浓度检测是 ALF 患者发生严重脑水肿的有效预测指标，如颅内高压[21]和脑疝[7]，上述两种并发症也是 ALF 患者死亡的主要原因。

脑细胞中缺乏有效的尿素循环，因此，脑组织仅能通过合成谷氨酰胺清除脑氨。GS 在脑内主要由星形胶质细胞合成。对肝硬化患者的 ^{1}H-MRI 研究显示，患者脑谷氨酰胺浓度与 HE 严重程度相关[22]。因此，ALF 脑水肿的发病机制可能与谷氨酰胺在星形胶质细胞内的蓄积相关。然而，在因中毒性肝损伤致 ALF 的动物模型中，研究未能证实脑谷氨酰胺含量、合成及转化与 HE 或脑水肿的严重程度显著相关，这提示在脑内可能存在其他相关机制。氨对脑功能不利影响的相关机制如下。

1. NH_4^+ 对神经元细胞膜的直接影响

在急性和（或）慢性肝衰竭中，脑氨水平对脑内兴奋性和抑制性突触传递均有直接的不利影响[24]。这是因为在正常生理条件下，氨主要以其质子化形式（NH_4^+）存在，其离子半径与 K^+ 相当，而 K^+ 在神经元去极化过程中发挥重要作用。

2. 氨对脑能量代谢的影响

氨对三羧酸循环中的限速酶 α- 酮戊二酸脱氢酶有直接抑制作用[25]，其可能导致葡萄糖氧化过程受损，进而导致脑乳酸蓄积和脑细胞供能障碍。

3. 氨对大脑 GABA 系统的影响

最近的研究表明，氨是 TLP 激活剂。TLP 是一种位于胶质细胞（星形胶质细胞和小胶质细胞）线粒体膜上的蛋白质，起到转运胆固醇的作用。TLP 被激活后，一种名为神经类固醇（neurosteroids，NS）的新型化合物的摄取和转化增加，其中一种是异丙孕烷醇酮，其是 GABA 受体上调节位点的一种有效激动药。因此，氨作为 GABA 能神经元传导的间接激活剂，可导致神经元氯内流增加和神经抑制。

（二）锰

肝硬化患者的脑 MRI 的 T_1 加权像中一致显示双侧基底节亚结构对称性高信号，尤其是苍白球和黑质。在一项具有里程碑意义的研究中，51 名被列入肝移植名单的肝硬化患者进行了为期 1 年的前瞻性评估，其中 11 例（21.6%）患者表现出明显的帕金森症状，并伴有典型的 MRI 高信号。脑 MRI 高信号强度与其肝硬化病因、Child-Pugh 评分及空腹血氨均无相关性，并且行 MRI 检查时没有患者发生 OHE。患者的相关神经系统症状包括对称性少动 - 强直综合征、震颤、驼背及步态异常。上述症状均在数月内快速进展[16]。其中 9 位患者进行了血锰浓度的检测，其血锰浓度均上升 7 倍，而在 3 名行脑脊液（cerebrospinal fluid，CSF）锰浓度检测的患者中发现其 CSF 锰浓度均升高。肝移植后，上述患者脑 MRI 信号及循环锰浓度均恢复正常，同时，神经症状也有一定改善。其中 2 例患者经左旋多巴治疗后，运动功能明显改善[16]。肝硬化相关帕金森病的特征症状是患者的运动障碍，如少动 - 强直综合征，这可能导致 NCT-A 和 NCT-B 等使用纸笔进行测试的心理测试结果表现不佳。因此，单独应用这些测试评估患者认知功能和诊断肝硬化患者 MHE 或 CHE 可能存在一定偏倚，可应用对运动功能依赖较小的测验来进行测试。

在另一项尸检研究中发现，因肝昏迷死亡的肝硬化患者的基底神经节组织中，锰浓度增加了数倍[26]，而特发性（非肝硬化相关）帕金森病的特征是脑多巴胺能（dopamine，DA）神经递质系统相关的标记蛋白和代谢物模式的改变[17]。

（三）系统性炎症

由感染和（或）肝细胞损伤引起的系统性炎症在急性或慢性肝衰竭中很常见，而系统性炎症反应综合征（systemic inflammation response syndrome，SIRS）是肝硬化或 ALF 患者发生 HE

的主要预测因素之一。毒素（特别是乙醇）对肝细胞的直接损伤可能加重 SIRS，其程度与肝损伤的性质和严重程度成正比。SIRS 由循环中的促炎细胞因子引起，如 TNF-α、IL-1β 和 IL-6 等。在肝硬化患者中，循环中 TNF-α 的水平均升高，并且其升高幅度与 OHE 分级明显相关[28]。

在因中毒性肝损伤致 ALF 的小鼠动物模型中，脂多糖（内毒素）引起的系统性炎症可诱发 HE 并提高血脑屏障（blood-brain barrier，BBB）的通透性[29]。这些结果表明，细胞毒性（细胞肿胀）和血管源性（BBB 破坏）机制都可能参与 ALF 脑水肿及其中枢神经系统并发症的发病过程。

（四）协同作用机制

对协同机制作为肝硬化发病机制的一个组成部分的关注，始于 20 世纪 70 年代 Les Zieve 的开创性工作。在这项研究中，在实验动物体内使用已确定的肝源毒素（包括氨、甲硫醇和辛酸），其协同作用可导致 HE[30]。自此，有证据表明，在肝硬化 HE 发病机制中，氨、锰和促炎细胞因子三者之间存在协同作用。

在肝硬化伴感染的患者中，高氨血症与神经精神状态的恶化有关[31]；同时，有证据表明，氨、锰和促炎细胞因子之间的协同作用与一系列导致 HE 恶化的机制相关[32]。相关证据如下：谷氨酸是哺乳动物大脑中的主要兴奋性神经递质，其作用的终止依赖于通过特定的转运蛋白将其转运到周围的星形胶质细胞，氨和锰均可抑制这些转运蛋白，导致突触间隙中谷氨酸过量，进而导致突触后谷氨酸受体的过度兴奋和激活。这种级联反应通过蛋白质酪氨酸硝化（protein tyrosine nitration，PTN）导致关键蛋白硝化及失活[33]。GS 是其中一种酪氨酸硝化蛋白，其主要负责清除脑内的氨；在 PTN 条件下，脑氨水平不断升高，协同循环被逐渐放大。

（五）神经系统炎症

最近的研究证实，神经系统炎症（脑组织本身的炎症）在 ALF 患者 HE 发病机制中起重要作用[34]，ALF 患者神经系统炎症的特征是小胶质细胞的激活，以及脑内促炎细胞因子（如 TNF-α、

IL-1β 和 IL-6）的增加。HE 的严重程度与促炎细胞因子的产生密切相关，在 ALF 动物模型中，敲除相关编码促炎细胞因子的基因，可使 HE 进展延缓[35]。同时，在因 IV 级 HE 死亡的 ALF 患者尸检中同样发现脑组织中小胶质细胞激活[13]。在因肝昏迷死亡的肝硬化患者脑组织中也发现了小胶质细胞的活化[14]。

活化的小胶质细胞表达 TLP，应用 ^{11}C 标记的选择性 TLP 配体 ^{11}C-PK11195 并利用 PET 技术示踪，可在肝硬化和 MHE 患者中观察到小胶质细胞的激活，表明这些患者存在神经系统炎症。小胶质细胞的活化在失代偿期肝硬化患者中出现的时间相对较早，在前扣带回皮质可观察到强烈的信号，这是一个已知与 MHE 患者的注意力控制有关的大脑结构[36]。

肝脑促炎信号的相关机制被逐渐提出[34]。在细胞水平上，人脑血管内皮细胞暴露于 TNF-α 后，氨转运增加[37]；体外培养的神经细胞暴露于氨和重组促炎症细胞因子后，神经细胞中与 HE 细胞功能障碍相关的蛋白质合成增加，提示以上两者具有协同作用。除氨和锰外，肝衰竭时脑内增加的其他物质也有可能引起神经炎症反应。例如，乳酸可以显著增加小胶质细胞 TNF-α 和 IL-6 的表达和释放。

（六）脑能量代谢

目前没有明确生化或光谱研究证据表明脑能量衰竭是引起 HE 的主要病因，即脑内高能磷酸盐的减少。然而，在急性和慢性肝病时，葡萄糖作为脑内主要能量底物，其摄取和代谢过程均有一定改变。在肝硬化和轻度 HE 的患者中，应用 ^{18}F-FDG PET 研究显示，脑前扣带回皮质的葡萄糖摄取显著下降，而前扣带回皮质参与监测机体对视觉刺激的反应[39]。同时，这些患者的脑葡萄糖摄取下降与其心理测试表现不佳相关。目前认为，脑葡萄糖摄取的减少是 HE 时神经激活减少导致的脑能量需求降低的结果[39]。三羧酸循环是维持脑能量需求的重要代谢途径，但脑氨会抑制三羧酸循环[25]。三羧酸循环受抑制会使脑内糖无氧代谢增加，使脑内乳酸浓度上升，而脑脊液乳酸浓度与肝硬化 HE 的严重程度密切相关[40]，在

ALF 患者的脑微透析液中经常发现颅内压力的激增伴随乳酸浓度的增加[41]。在 ALF 肝昏迷的动物模型中，脑脊液乳酸浓度超过 12mmol/L[25]。这样的浓度超出了大脑缓冲乳酸的能力，可能导致酸中毒。

（七）脑血流量

尽管肝硬化患者整体脑血流量（cerebral blood flow，CBF）有所减少，但 PET 研究显示，轻度 HE 患者的脑血流变化具有区域选择性，即流向大脑皮质区域的血流减少，而流向基底节、小脑和丘脑结构的血流显著增加。由于 CBF 的这种变化模式与脑葡萄糖利用的区域性变化相一致，因此肝硬化患者似乎仍存在 CBF 的自动调节（指 CBF 与大脑活动相匹配的能力，而不依赖于全身动脉压的变化而变化）。

而与肝硬化的情况相反，ALF 患者通常丧失了 CBF 的自动调节功能，而 CBF 变异率受多种因素的影响，包括局部能量需求、氨神经毒性、全身动脉压和颅内高压（intracranial hypertension，ICH）之间的复杂相互作用等。基于对 ALF 患者颅内压（intracranial pressure，ICP）和 CBF 测量结果的回顾性分析，我们提出了一种五期分类系统[43]，具体如下。

Ⅰ期：神经元活性降低导致 CBF 减少的初始阶段。

Ⅱ期：CBF 逐渐升高。

Ⅲ期：ICP 逐渐增高。

Ⅳ期：ICP 进一步增高导致 CBF 减少。

Ⅴ期：脑死亡。

该分类系统充分利用了既往研究公布的数据，并具有一定的机制相关性，有望有助于 ALF 患者的预后评估。

（八）细胞容积调节和脑水肿

在肝硬化和 ALF 患者中均可能出现脑水肿，但两种情况下的脑水肿的性质和病理特征却截然不同。ALF 中，脑水肿的主要特征是细胞毒性脑水肿，如果不加控制，可能进一步发展为 ICH 和脑疝。ALF 相关脑水肿的病因复杂，包括脑乳酸的蓄积[25]、小胶质细胞激活及细胞因子释放相关的促炎机制[34]。

在肝硬化患者中，其脑水肿因肿胀程度低较少引起 ICH。但其有可能导致细胞间信号转导障碍及星形胶质细胞蛋白功能失调。肝硬化患者的 MRI 研究均一致显示，脑有机渗透物质紊乱，包括谷氨酸 / 谷氨酰胺增加及肌醇代偿性减少[44]。

（九）抑制性神经传递

GABA 是哺乳动物大脑中主要的抑制性神经递质系统，GABA 能神经传递的异常与包括 HE 在内的多种神经退行性疾病和代谢性脑病相关。

GABA 能神经传递是由 GABA 通过突触后 GABA 受体复合物（GABA-receptor complex，GRC）的激活介导的，GRC 是一种蛋白质复合物和配体门控离子通道，对 Cl⁻ 具有选择性。GABA 与 GRC 结合并激活后，会导致 Cl⁻ 通过其孔道进入细胞内，进而使突触后神经元超极化。其通过减少动作电位的发生来抑制中枢神经传递。

GABA 能神经传递的激活（也常被称为"GABA 能神经张力增加"）最初是在 20 世纪 80 年代提出的，其基于中毒性肝损伤和 HE 的实验动物模型的视觉诱发电位模式而提出，在正常动物中应用 GRC 激活剂也可观察到相同的视觉诱发电位模式[45]。这些发现引起了人们对 GRC 激活作为 HE 发病的主要因素的强烈兴趣，最初，研究集中在确定 GABA 系统的组成部分，包括 GABA 浓度和代谢物、负责 GABA 合成的酶的活性、突触后的 GABA 受体情况等。但在急性和慢性肝衰竭动物模型中，上述参数均正常，更重要的是，在因肝昏迷死亡的失代偿期肝硬化患者的脑组织中也同样未发现异常[46]。这些发现导致了该领域研究重点的改变，并重新引起了人们对 GRC 自身多个调控位点和相关亚基蛋白的兴趣。

GRC 由 GABA 的活性结合位点组成，其通常被称为 GABA 识别位点，它与变构位点一起调节 GRC 的活性。这些位点是一系列物质的靶点，包括苯二氮䓬类药物及 NS 等。

通过在因Ⅳ期 HE 死亡的肝硬化患者及轻度 HE 患者的脑组织中使用选择性苯二氮䓬受体拮抗药 PET 配体 Ro15-1788（氟马西尼），学者们对 GRC 上的苯二氮䓬调节位点进行了广泛研究。

研究发现，与年龄匹配的对照组相比，未观察到这些调节位点的密度及与配体的亲和力发生显著变化[46]。此外，后续的研究未发现 HE 患者中苯二氮䓬调节位点和 GABA 识别之间的变构偶联有任何显著的改变[47]。总之，上述发现表明，在肝硬化相关的 HE 患者中，与苯二氮䓬调节位点相关的 GRC 功能正常。

在 HE 中大脑 GABA 受体的表达或偶联没有显著变化，这引发了学者们对寻找 GABA 受体的"内源性配体"的新兴趣。在后续的研究中发现了几种这样的物质，经定量质谱分析，其被确定为苯二氮䓬类药物或其代谢物[48]。这些药物在之前的内镜检查中作为肌松药或镇静药应用。

相反，对 GRC 上的其他调控位点，即 NS 调控位点的研究获得了更多的积极结果。

图 48-3 以简化的示意图形式显示了大脑中 NS 合成所涉及的分子步骤，以及氨暴露与 NS 合成之间的关系。

该过程始于激活神经胶质细胞（星形胶质细胞及小胶质细胞）中线粒体膜上的 TLP，导致胆固醇进入线粒体。经一系列复杂的生物化学反应，胆固醇被转化为 NS，并被释放入突触间隙。

其中的两种 NS[四氢孕酮（allopregnanolone，ALLO）和四氢去氧皮质酮（tetrahydro-deoxy corticosterone，THDOC）] 是 GRC 的正变构调节剂，因此，其是 GABA 能神经传递的激活剂，可导致中枢神经抑制增强。

有直接证据显示，因Ⅳ期 HE（昏迷）死亡的失代偿期肝硬化患者尸检脑组织中 ALLO 明显增加[49]。而在对照组中，无肝功能障碍患者、肝硬化失代偿期但无 HE 的患者及 1 例因尿毒症昏迷去世的患者的脑中 ALLO 浓度均在正常范围

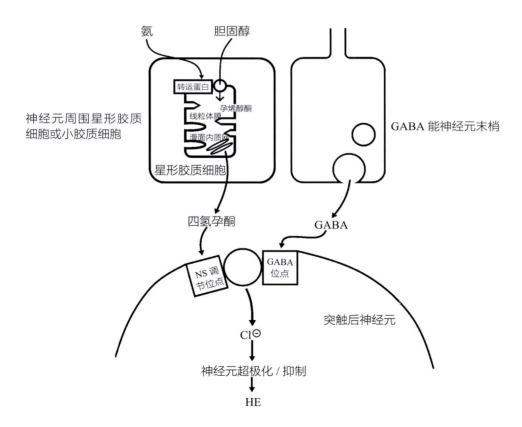

▲ 图 48-3　肝性脑病中氨毒性与"GABA 能神经张力增高"之间的病理生理联系

位于星形胶质细胞或小胶质细胞线粒体膜上的转运蛋白被激活的步骤示意图。这导致胆固醇进入细胞的转运增加，并转化为孕烯醇酮和四氢孕酮（NS），四氢孕酮可与突触后膜上 GABA-A 受体复合物中的 NS 调节位点相结合，作用于相邻的 γ- 氨基丁酸（GABA）受体，并放大神经递质（GABA）产生的信号，最终导致 Cl⁻ 内流增加，增强神经抑制。这是肝硬化肝性脑病（HE）的发病机制之一

中。此外，相关研究应用 ^{3}H 标记的 GABA 激动药配体 Muscimol，发现 HE 患者脑中的 ALLO 浓度可使其与受体结合增加 53%，这足以证明 HE 患者脑中的 ALLO 浓度足够使 GABA 能神经张力增高[50]。近年来，相关研究已合成了对 NS 调节位点具有拮抗作用的新型化合物。

五、HE 的管理和治疗策略

临床是最终检验 HE 的各种发病机制是否正确的唯一方法，根据本章中所述的各种营养、代谢及毒性因素，可在临床中采取适当的治疗措施。

（一）营养管理

肝病患者的营养不良状态是由多因素共同作用的结果，并且发病机制复杂。相关因素包括由于厌食和饮食限制导致的摄入减少、营养物质合成的改变、肠道吸收功能受损、底物利用障碍、蛋白质损耗增加、由于炎症状态导致的机体代谢异常。

肝脏功能的完整性对于人体必需营养物质的供应、器官间营养物质的转移和代谢至关重要。氨代谢异常在肝硬化和肝衰竭相关 HE 的发展中起重要作用，骨骼肌是人体清除氨的主要辅助器官。肝硬化患者通常伴有骨骼肌减少，这对患者的生存、HRQOL、肝移植的预后均有不利影响[51]。骨骼肌减少也可能导致肝硬化相关并发症的恶化，包括门静脉高压、腹水和 HE 等。一项前瞻性研究显示，肝硬化患者的骨骼肌减少增加了患者发生 MHE 和 OHE 的风险[52]。

在非酒精性脂肪性肝病的患者中，肥胖及其相关的营养摄入的变化非常常见，并且其在确定非酒精性脂肪性肝炎和肝硬化的进展速度中起重要作用。国际肝性脑病和氮代谢学会（International Society for Hepatic Encephalopathy and Nitrogen Metabolism，ISHEN）最近发表了一份关于肝硬化 HE 患者营养管理策略的指南[53]，肝硬化患者营养管理的目标包括纠正特定的营养素缺乏、预防和治疗肝硬化并发症和肝移植并发症、促进肝再生。

对于肝硬化患者，建议每天的能量供给控制在 35～45kcal/kg，少食多餐，并在夜间补充复合糖类，以尽量减少蛋白质的利用。在 20 世纪 90 年代末之前，肝硬化患者一直被限制进行低蛋白饮食[54]，但近来的研究发现，肝硬化患者可从正常的蛋白质摄入（每天 1.2～1.5g/kg）中获益[55]，故低蛋白饮食已广泛停用。现营养策略鼓励患者食用富含植物蛋白和乳制品蛋白质的饮食，针对膳食蛋白不耐受的患者，可应用支链氨基酸替代[53]。

关于肝硬化患者的维生素缺乏，其主要原因是肝功能受损、肝储备减少、饮食摄入不足及肠道吸收不良。一项关于因Ⅳ期 HE 死亡的肝硬化患者的脑组织神经病理学研究发现，这些患者具有 WE 特征性的丘脑和乳头体病变，并伴有与维生素 B_1 缺乏相一致的小脑退行性改变[11]。上述病变的发生率较非肝病对照组高 3 倍。维生素 B_1 缺乏的原因可能与肝内维生素贮存减少有关。因此目前推荐，对所有失代偿期肝硬化患者，尤其是酒精性肝硬化的患者，建议常规应用维生素 B_1 进行辅助治疗[51]。据报道，其他维生素（如维生素 B_2、维生素 B_6 和维生素 B_{12}）的缺乏同样与酒精性肝损伤和（或）肝储存减少有关，但其与肝硬化相关并发症的因果关系尚未确定。锌缺乏在肝硬化中也很常见，但目前无明确证据表明常规补充锌剂对 HE 有益[56]。

有学者提出，肝硬化患者营养不良是导致相关医疗成本增加和移植后并发症的因素之一[57]。肝移植后可能出现很多神经系统并发症，包括弥漫性脑病、癫痫、颅内出血、缺血性脑卒中、进行性神经功能恶化、脑桥中央髓鞘溶解症、共济失调、精神系统疾病、谵妄和周围神经病变等。其中一些并发症可能是由特定的营养和代谢缺陷导致的，但仍需进一步研究来确定，并给出具体的营养建议。

（二）降氨治疗策略

目前，有充分的生化、神经影像学和光谱研究证据表明，氨在 HE 的发病机制中起到核心作用，治疗高氨血症的策略，包括减少氨产生、增加氨的生物转化和排出等方法，也被反复验证有效。

1. 不可吸收的二糖类药物

乳果糖和乳糖醇是两种临床中常用的减少肠道氨产生和吸收的一线治疗药物，其可在结肠中被消化道菌群转化为乙酸和乳酸，进而使肠道内 pH 下降，抑制产氨细菌的生长，并使氨转变为离子状态（NH_4^+），同时其具有一定导泻作用，可使粪便氨排泄量增加 4 倍[58]。

尽管这类药物在临床中被广泛应用于肝硬化 HE 的一线治疗，但一些系统回顾和 Meta 分析的结论却不尽相同。在一项纳入 10 项研究的系统综述中得出结论，没有足够的临床证据证明其疗效优于安慰剂对照组[59]。随后，由于试验设计和方法的缺陷，上述分析结果受到一定质疑。进一步的研究，包括一项对乳果糖的 Meta 分析显示，乳果糖治疗可使 MHE 患者的认知功能及 HRQOL 明显改善[61]，同时其对肝硬化患者的 OHE 发生有一级预防作用[62]。后续的 Meta 分析结果显示，与安慰剂组/无干预组相比，这类药物可增加 HE 的总体获益[63]。

2. 抗生素

新霉素等氨基糖苷类抗生素目前仍被用于治疗肝硬化和 HE 患者，但这类药物可能被肠道部分吸收，它们具有潜在的耳毒性和肾毒性。利福昔明是一种肠道吸收率低的广谱抗生素，其可有效降低 MHE 及 OHE 患者的血氨水平，并改善其精神状态，目前已有研究证实其疗效较新霉素更佳。一项大型随机双盲安慰剂对照研究发现，利福昔明可降低 OHE 再次发作的风险，并缩短了患者的首次住院时间，同时在试验过程中没有严重的不良事件发生[64]。后续的一项系统回顾和 Meta 分析共纳入了 19 项临床试验，共涉及 1390 例患者，其结果显示，利福昔明对 HE 的严重程度、急性发作的治疗、患者的死亡率都有有益的影响[65]。同时，利福昔明可改善 MHE 患者的心理测验得分及其 HRQOL[66]。

3. 肠道益生菌

肠道中有大量产脲酶菌，其可将尿素分解为氨和氨基甲酸酯。因此，可通过引入与产脲酶菌相竞争的细菌（益生菌）来改变肠道微生态平衡，从而有效降氨。据研究报道，应用益生菌酸奶治疗非酒精性肝硬化和 MHE 患者可减慢 HE 的进展[67]；此外，在一项关于益生菌和安慰剂的随机对照临床试验中显示，益生菌治疗组 MHE 患者的动脉血氨浓度、心理测试分数和 HRQOL 均有所改善[68, 69]，并且改善程度与乳果糖治疗[68]或利福昔明治疗[69]相当。一项纳入 14 项研究共计 1152 例患者的 Meta 分析同样证实了益生菌和乳果糖的同等有益作用，并进一步证明了益生菌在降低住院率和 OHE 进展率方面的有效性。

4. L- 乌氨酸 L- 天冬氨酸

L- 乌氨酸 L- 天冬氨酸（L-ornithine L-aspartate，LOLA）是两种具有降氨特性的内源氨基酸的混合物。LOLA 的降氨作用有多种机制，包括促进肝脏尿素循环（L- 乌氨酸是尿素循环中的底物之一）和促进骨骼肌中谷氨酰胺的合成[70]。有证据表明，LOLA 对肝硬化和 HE 患者具有直接的肝保护作用[71]。

在过去 20 年间，有超过 20 项以上的随机临床试验报道 LOLA 对肝硬化 HE 的管理和治疗的有益作用，静脉注射 LOLA 对治疗低级别[72]和阵发性 OHE[73]非常有效。最近的一项 Meta 分析表明，LOLA 口服制剂治疗 MHE 非常有效[74]。

据报道，LOLA 治疗 MHE 的疗效较利福昔明[69]、益生菌[68, 69]和乳果糖[68]相近或更优，同时一项网络 Meta 分析证实了这些发现[75]。然而，在截至目前唯一一项关于 LOLA 治疗 ALF 相关 HE 的研究中，LOLA 治疗似乎无效[76]。

5. 支链氨基酸

一项关于支链氨基酸（branched chain amino acids,BCAA）对 HE 患者精神状态改善的疗效的 Cochrane 系统评价得出结论，与接受包括乳果糖和新霉素在内的对照方案的患者相比，接受 BCAA 治疗的患者更有可能从 HE 中恢复[77]。两项大型研究阐明了 BCAA 对患者营养和生存的有益影响，其影响可能超过 BCAA 对 HE 本身的任何影响[77, 78]。尽管 BCAA 的临床应用已超过 35 年，但其有益作用的机制目前尚未完全阐明。其作用机制主要包括充当肝脏蛋白质合成的底物、刺激肝脏再生和增加脑灌注等。

6. 苯甲酸盐及苯乙酸盐

苯甲酸盐和苯乙酸盐被广泛用于降低先天性

尿素循环障碍的儿童的血氨。苯乙酸盐通常以其前体形式苯丁酸盐口服治疗。苯乙酸盐与谷氨酰胺缩合形成苯乙酰谷氨酰胺，而苯甲酸盐与甘氨酸缩合形成苯酰胺基醋酸。以上两种缩合产物均经尿液排泄。这两种药物的降氨作用主要通过去除产氨底物及可用氨的转移并合成氨基酸。在一项关于肝硬化和急性 HE 患者的前瞻性研究中，苯甲酸钠显示出与乳果糖相当的疗效[79]。

苯乙酸酯与其他药物（如甘油或 L- 鸟氨酸的混合物）最近被用于肝硬化HE 的降氨治疗，在一项关注甘油本丁酸盐（glycerol phenylbutyrate，GBP）的多中心 Ⅱ 期临床试验中，与安慰剂组相比，GBP 组患者血氨更低，发生 HE 事件较少，同时 HE 住院率降低[80]。

鸟氨酸苯乙酸盐（ornithine phenylacetate，OP）是一种鸟氨酸和苯乙酸盐的混合物，已在 HE 动物模型中证实可降低血氨。考虑到 L- 鸟氨酸和苯乙酸均是可独立降氨的化合物，这一结果并不令人惊讶。在一项关于急性肝损伤或 ALF 患者口服 OP 的安全性、耐受性和药代动力学的研究显示，患者尿氨排泄明显，耐受性好且无明显安全隐患[81]。尚需随机对照研究确定其对 HE 患者的降氨效果。

7. 左旋肉碱

目前已有研究证明，左旋肉碱对肝硬化和 HE 患者具有显著的保护作用[82]，通过 NCT-A 评分的改善，可确定左旋肉碱对 OHE Ⅰ 级和 Ⅱ 级患者、MHE 患者具有显著的保护作用。实验性先天性高氨血症[83] 和门 - 体脑病[84] 的研究均显示左旋肉碱对脑能量代谢具有显著的保护作用，其机制可能为左旋肉碱可提高脑葡萄糖氧化能力和防止脑脊液乳酸蓄积[84]。肝衰竭时高氨血症导致脑内三羧酸循环受抑制，葡萄糖的氧化能力下降，导致乳酸蓄积[25]。

左旋肉碱的这些有益作用是通过抑制氨暴露的代谢影响来实现的，即减少脑葡萄糖氧化，而不是直接影响氨的产生或去除。

（三）神经药理学方法

1. GABA 受体调节药

在肝硬化和中度至重度 HE 患者中进行了一项关于氟马西尼（一种 GABA 受体复合物上苯二氮䓬类调节位点的强效拮抗药）疗效的临床试验。该试验表明，有相当一部分患者的 HE 得到了临床改善[85]，这一结果在后续的系统回顾和 Meta 分析中得到验证[86]。但由于氟马西尼的半衰期较短，因此其益处相对有限。

既往研究发现，HE 患者脑组织中 GABA-A 受体上 NS 调控位点的强效激动药 ALLO 浓度升高，这引起了人们对发明具有阻断 NS 调节位点作用的药物的兴趣[47]。这类药物被称作 GABA 受体调节类固醇拮抗药（GABA-receptor modulating steroid antagonists，GAMSA），目前已被合成并在动物模型中进行了实验。例如，3β-20- 二羟基 -5α- 孕烷（UC1011）在先前的研究中被证明可以抑制 ALLO 的作用，从而抑制 GABA 诱导的大脑皮质和海马组织氯摄取增加，该药由此成为进一步研究的理想选择[87]。近期，GAMSA 家族的第二个成员 GR3027 在慢性肝病的 HE 实验动物模型中被证明可以改善空间学习、运动协调和昼夜节律[88]，未来需针对其进行进一步的随机对照临床试验。

2. 抗炎治疗药物

由于认识到全身炎症反应和神经系统炎症在 ALF 和肝硬化相关 HE 发病机制中的关键作用，因此，学者们对应用抗炎药物作为 HE 的潜在治疗药物产生了一定兴趣。在动物模型中，布洛芬被证实可减轻 B 型 HE 的学习能力方面的神经功能缺损[89]。基于许多诱发因素均与循环细胞因子水平升高相关，如感染、胃肠道出血、便秘和肾衰竭等，TNF-α 目前被认为在肝硬化 HE 的发病中起重要作用。此外，许多降氨疗法均能有效地减少 TNF-α 的产生，如乳果糖、抗生素及益生菌等[28]。

相关研究发现，如果敲除编码 TNF-α 受体的基因，可延缓 HE 的发生并预防 ALF 时因中毒性肝损伤所致的脑水肿[35]。此外，最近的一项研究表明，通过给予小鼠一种可中和 TNF-α 的药物依那西普，可减少急性肝损伤小鼠的小胶质细胞活化，并延缓 HE 的进展[90]。

米诺环素是一种半合成的四环素类抗生素，

其可通过一种独立于其抗菌特性的机制限制小胶质细胞的激活。在 ALF 的肝缺血大鼠动物模型中，米诺环素可抑制脑内小胶质细胞的活化，减少包括 TNF-α 在内的促炎细胞因子合成，从而减缓 HE 的进展并预防脑水肿 [91]。

ALF 的亚低温治疗通过影响肝脏和大脑水平的抗炎机制，从而发挥其作用 [92]。

3. 其他 CNS 相关药物

由于在肝硬化 HE 的患者中也发现了帕金森病特有的多巴胺能神经元缺陷和相关神经系统症状，因此目前已开始尝试应用相关可重新激活多巴胺能神经元的药物来治疗这些患者。研究发现，应用左旋多巴替代治疗无法改善患者认知障碍 [93]，但在应用另一个更合理的帕金森病分级量表后，人们发现左旋多巴可改善患者运动功能 [16]。关于多巴胺受体激动药溴隐亭的临床试验产生了相互矛盾的结果 [94, 95]，随后，研究人员应用临床终点的不同解释了这些疑问，如门 - 体脑病（portal-systemic encephalopathy，PSE）指数，而不是旨在评估多巴胺能功能和运动协调的测试。目前已有相关综述详细叙述了关于肝硬化相关帕金森病的治疗方案选择 [96]。

（四）肝移植与 HE

肝移植（liver transplantation，LT）是治疗失代偿期肝硬化的最终手段，尽管 LT 在一定程度上可使某些 HE 症状逆转，但越来越多的证据表明，这种可逆性并不完全 [97]。有 OHE 病史的患者在 LT 后发生持续性神经认知功能障碍的概率比无 OHE 病史的患者高。那么究竟是 OHE 的发作还是 LT 导致了这些持续性的缺陷呢？随后，这一问题在一项前瞻性研究中得到了答案，该研究表明，即使是单次的 OHE 发作也会导致患者出现学习缺陷，而多次发作会导致反应时间、注意力、精神运动速度和工作记忆方面的缺陷 [98]。OHE 患者可能会出现"认知储备"受损，这可能对 LT 优先级的分配有重要意义。LT 后认知功能障碍的其他可能原因主要包括术中缺氧并发症、免疫抑制药物、患者并发症、锰神经毒性 [17] 和硫胺素缺乏 [11] 等。

在一项比较尸体供肝 LT 和活体供肝 LT 术后神经系统并发症的发生率和严重程度的临床研究中，活体供肝 LT 可显著降低术后脑病及癫痫发作的发生率，这可能与其冷缺血时间较短相关。LT 后神经系统并发症的发生率与术后应用的免疫抑制药的性质无关 [99]。

（五）HE 领域的未来发展方向

我们 40 年前开始进行 HE 相关的临床研究时，肝硬化 HE 的管理和治疗主要采用两种药物，分别是不可吸收的二糖类药物和氨基糖苷类抗生素，两者均作用于肠道，均可使血氨降低，但两者均有严重的不良反应。在目前的治疗中，二糖类依然在应用，但我们似乎发现了更好的抗生素，因此在未来的研究中，针对降低血氨的药物研究将会持续下去。

寻找更合理的 HE 疗法进展缓慢。尽管目前有相反的证据，但人们仍普遍认为，氨的神经毒性作用在 HE 的发生发展中起到关键作用。因此，对 HE 新疗法的探索的重点仍应关注于肠道。

HE 是一种脑部疾病，我们对细胞间信号转导机制的研究取得了一定进展，这些信号涉及大脑区域中与肝脏疾病中意识、认知和运动功能的维持有关的特定神经递质和神经调节剂，关于中枢抗炎分子的研究也取得了一定进展。然而，对这些发现的转化，甚至是新分子本身的应用的进展仍然很缓慢。但目前有一个特例，即 GAMSA。目前关于其有效性的相关临床试验正在进行中。

在未来的研究中，HE 治疗和护理的研究重点将越来越多地侧重于大脑本身。

致谢　作者研究单位的研究和相关出版物由加拿大卫生研究院（Canadian Institutes of Health Research，CIHR）和加拿大肝脏研究协会（Canadian Association for the study of the Liver，CASL）的运营拨款资助。作者非常感谢 Jonas Eric Pilling 先生设计了图 48-3。

第 49 章　肝脏疾病中的肾脏问题
The Kidney in Liver Disease

Moshe Levi　Shogo Takahashi　Xiaoxin X. Wang　Marilyn E. Levi　著

马少林　孙　婧　陈昱安　译

一、肝病时肾功能受损

肾功能损害在肝脏疾病中较为常见，可以是急性疾病中多器官受累的一部分，也可以继发于晚期肝脏疾病[1-4]。

二、肝病中的急性肾损伤

大约 20% 的肝硬化住院患者会出现急性肾损伤（acute kidney injury，AKI），以前称为急性肾衰竭（acute renal failure，ARF）或急性肾小管坏死（acute tubular necrosis，ATN）。相比之下，急性肝衰竭中 AKI 的发生率在 40%～80%，特别是在病毒性出血热、钩端螺旋体病、细菌性腹膜炎等感染，以及对乙酰氨基酚中毒、肾毒性抗生素（如氨基糖苷类抗生素）给药或高剂量非甾体抗炎药等毒素诱导损伤的情况下。

导致急性肾损伤的机制是多方面积累的作用，包括：①全身动脉循环的变化，包括全身动脉血管舒张，有时在某些酒精性肝病中伴有心肌病；②门静脉高压；③肾血管收缩激素的激活，包括肾素 - 血管紧张素系统、交感神经系统（sympathetic nervous system，SNS）、精氨酸加压素、ET、血栓烷 A_2 和白三烯，它们都额外减少肾血流；④抑制肾血管舒张因子，如前列环素，降低了肾脏平衡血管收缩药对肾循环影响的能；⑤导致细菌易位的肠道通透性增加；⑥释放细胞因子、损伤相关分子模式（damage-associated molecular patterns，DAMP）和 ROS 的全身炎症。

这些血流动力学因素在存在各种紊乱引起的固有肾病时可加速肾损伤。

三、肝肾综合征

肝肾综合征（hepatorenal syndrome，HRS）是一种独特的功能性肾衰竭，常常使晚期肝病、肝衰竭或门静脉高压症复杂化。国际腹水俱乐部最近更新了 AKI 和 HRS-AKI 的诊断标准[5, 6]（表49-1）。

在肝硬化腹水患者中，大多数急性肾衰竭病例是由以下因素介导的：①肾前衰竭；②急性肾损伤（急性肾小管坏死）。

HRS 约占肾衰竭的 20%。HRS 的特征为：①肝硬化严重循环功能障碍的极端表现，伴明显的内脏动脉和全身血管舒张，心输出量不足，有效血容量严重减少，血管活性系统稳态激活，肾血管强烈收缩，导致肾血流量和肾小球滤过率严重降低；②肾组织无病理改变（血管炎、肾小球肾炎或肾小管间质纤维化）；③肾小管功能保留[7]。

导致 HRS 发生的突发事件包括：①其他原因引起的细菌性腹膜炎和（或）脓毒症；②增加利尿药的剂量；③大量穿刺引流而不进行扩容；④胃肠道出血。所有这些都会进一步损害体循环和肾循环。

临床上，可区分两种不同形式的 HRS：1 型

表 49-1　HRS-AKI 的当前诊断和治疗标准

1. HRS-AKI 的诊断标准
- 肝硬化和腹水
- 根据 ICA-AKI 标准诊断 AKI：48h 内血清肌酐升高 ≥0.3mg/dl
- 无休克
- 对连续 2 天停用利尿药和白蛋白（1g/kg 体重）扩容无反应
- 当前或最近未使用过肾毒性药物（NSAID、氨基糖苷类、碘化对比剂等）
- 无肉眼可见的结构性肾损伤体征
  - 无蛋白尿（>500mg/d）
  - 无微量血尿（>50 个红细胞 / 高倍视野）
  - 肾脏超声检查正常

2. HRS-AKI 的治疗标准
- 符合 HRS-AKI 的所有诊断标准
- AKI 分期≥1B 期（血浆白蛋白扩容后）
- 无血管收缩药治疗禁忌证
- 个体化治疗标准

AKI. 急性肾损伤；HRS-AKI. 肝肾综合征相关急性肾损伤；ICA. 国际腹水俱乐部；NSAID. 非甾体抗炎药
（经 John Wiley & Sons 许可转载 [5]）

HRS（HRS-1）的特征是肾衰竭进展迅速，而 2 型 HRS（HRS-2）的特征是肾功能损害较轻且较稳定。

近年来，已有多种针对 1 型 HRS 患者的潜在救命和（或）延长生存期的治疗方法 [8-10]。

（一）肝移植

在可能的情况下，肝移植是治疗 HRS 和终末期肝病的理想形式。尽管 HRS 受试者在术前和术后确实有更频繁的并发症，包括需要透析的 AKI，但 3 年的总体生存率平均超过 50%。然而，由于持续的器官短缺，大多数终末期肝病和 HRS 患者在获得肝脏之前死亡。因此，替代的临时措施变得非常重要 [10]。

（二）血管收缩药和白蛋白的应用

越来越多的证据表明，血管收缩药（尤其是特利加压素）和血浆容量扩张药（如静脉注射白蛋白）联合使用可能通过减少内脏血管舒张和增加有效动脉血容量来逆转 HRS，从而导致内源性肾血管收缩药减少，以及肾灌注和肾小球滤过率增加。

最近，两项随机（3 期）研究（OT-0401 和 REVERSE）比较了特利加压素加白蛋白与安慰剂加白蛋白在 HRS-1 患者中的疗效 [8]。

对汇总的患者水平数据进行了 HRS 逆转（SCr≤133μmol/L）、90 天生存率、需要肾脏替代治疗、HRS 逆转的预测因子。患者每 6 小时接受 1～2mg 特利加压素 + 白蛋白或安慰剂 + 白蛋白静脉注射，最长持续 14 天。汇总分析包括 308 名患者（特利加压素 n=153，安慰剂 n=155）。与安慰剂组相比，特利加压素组 HRS 逆转明显更频繁（27% vs. 14%；P=0.004）。从基线到治疗结束，特利加压素与肾功能改善显著相关，组间 SCr 浓度平均差异为 53.0μmol/L（P<0.0001）。较低的 SCr、较低的平均动脉压、较低的总胆红素、不存在已知的 HRS 促发因素是特利加压素治疗患者 HRS 逆转和较长生存期的独立预测因素。

因此，特利加压素联合白蛋白治疗 HRS-1 患者逆转率明显高于单独白蛋白（ClinicalTrials.gov，注册号：OT-0401，NCT00089570；REVERSE，NCT01143246）。

虽然特利加压素在欧洲和亚洲广泛使用，但在美国尚不可用，而是改用静脉白蛋白输注联合去甲肾上腺素。米多君联合奥曲肽的联合缩血管疗法也被使用。然而，米多君联合奥曲肽的疗效不如特利加压素或去甲肾上腺素 [9, 11]。

四、病毒性感染

有几种同时影响肝脏和肾脏的病毒性感染，包括乙型肝炎和丙型肝炎。病毒性感染可通过多种机制导致肾损伤：①由病毒抗原和宿主抗病毒抗体组成的免疫复合物；②涉及与肾小球结构结合的病毒抗原的原位免疫介导机制；③病毒蛋白或致病性促炎因子（包括细胞因子、趋化因子和生长因子）在肾组织中的表达；和④对肾小球和肾小管间质细胞的直接细胞致病作用。

（一）乙型肝炎

除肝炎外，乙型肝炎还会引起多种肝外表现，包括反应性关节炎、皮疹、血管炎和肾小球肾炎。

三种形式的肾小球肾炎与乙型肝炎有关：膜性肾小球肾炎最常见于亚洲人群和儿童中，膜增殖性肾小球肾炎和 IgA 肾病最常见于成人。通过在肾小球免疫复合物沉积物和病毒特异性细胞毒性 T 淋巴细胞中发现病毒抗原，提示了乙型肝炎病毒感染在肾小球肾炎中的因果作用。这与肾移植受者尤其相关，因为移植肾功能可能受到影响。

乙型肝炎肾小球肾炎在儿童中的病程比成人更有利。患有肾病综合征和肝功能异常的成人预后最差，并与进展为终末期肾病（end-stage renal disease，ESRD）相关。拉米夫定、恩曲他滨、替诺福韦和恩替卡韦可抑制乙型肝炎病毒 DNA 聚合酶并用于治疗，但需注意可能产生耐药性，尤其是拉米夫定。因此，使用这些药物治疗乙型肝炎将需要监测突破性病毒血症。用于治疗乙型肝炎和 HIV 的核苷类逆转录酶抑制药拉米夫定和恩曲他滨需要的治疗乙型肝炎单感染的剂量较低。富马酸替诺福韦酯（tenofovir disoproxil fumarate，TDF）也用于治疗乙型肝炎和 HIV，具有潜在的肾毒性。药物前体 TDF 在肠道中迅速转化为替诺福韦，并仅在血浆中循环，在肾小球中过滤。TNF 还从间质液主动转运至近端肾小管细胞，导致线粒体毒性和近端肾小管损伤，从而导致 Fanconi 综合征。Fanconi 综合征的表现包括蛋白尿、低磷血症和磷酸盐尿、血糖正常的糖尿、尿酸性尿、高尿酸血症和氨基酸尿。相比之下，替诺福韦的较新药物前体富马酸丙酚替诺福韦（tenofovir alafenamide，TAF）具有更强的抗 HIV 活性，由于不会在近端肾小管细胞中蓄积，因此不被视为肾毒性药物[12]。恩替卡韦的肾毒性机制相似，但程度较轻。所有这些药物均经肾脏清除，可能需要调整剂量。

（二）丙型肝炎

超过 80% 的急性丙型肝炎的患者发展为慢性感染和慢性肝病。丙型肝炎病毒感染也与肾脏疾病的高患病率有关。与 HCV 阴性个体相比，HCV 阳性个体患慢性肾病的概率高 40%。

丙型肝炎通常与膜增生性肾小球肾炎、伴或不伴冷球蛋白血症、膜性肾小球肾炎、局灶节段性肾小球硬化（focal segmental glomerulosclerosis，FSGS）和结节性多动脉炎有关。丙型肝炎感染也与糖尿病相关肾病有关。丙型肝炎相关肾小球肾炎患者的常见实验室检查结果包括冷球蛋白血症（混合型 II 型）、单克隆类风湿因子（IgMκ）升高，早期补体 C4、C1q 和 CH50 降低，以及 C3 正常或轻微降低。

丙型肝炎的既往治疗包括使用 PEG-IFN 和利巴韦林，以及相关的不良反应，包括发热、贫血和疗效有限。最近，PEG-IFN 已被直接抗病毒药物所取代，这些药物彻底改变了丙型肝炎的治疗，治愈率达 95%～98%，定义为 12 周时的持续病毒学应答，或 SVR12。成功治疗 HCV 通常可缓解冷球蛋白血症性肾小球肾炎或混合冷球蛋白血症。在出现严重血管炎、快速进展性肾小球肾炎或肾病综合征时，应尽早启动免疫抑制以防止肾脏疾病的进展[13]，包括皮质类固醇、利妥昔单抗和血浆置换[13]。DAA 分为三类：① NS3/4 蛋白酶抑制药（protease inhibitor，PI）；② NS5B 聚合酶抑制药；③ NS5A 抑制药类。通常，使用一种或多种来自不同的类别的 DAA 联合治疗用于减少耐药性的产生和增强治疗方案的效力。治疗方案由 HCV 基因型决定，特别是基因 1 型、4 型、5 型或 6 型。一些 DAA（如索福布韦）具有潜在的肾毒性，不建议用于 eGFR＜30 的慢性肾脏疾病 4 期或 5 期患者或 ESRD 患者。

ESRD 患者的丙型肝炎感染患病率在 3%～70%，具体根据国家而异。因此，所有透析患者都需要进行初始 HCV 抗体筛查，如果结果为阴性，则每 6 个月重复一次。如果 HCV 抗体呈阳性，则应获取丙型肝炎病毒 RNA，以寻找病毒血症的证据和基因型。在出现 HCV 病毒血症时，应根据基因型采用不同的治疗方案开始治疗。

如果同时感染，感染丙型肝炎的患者将抑制乙型肝炎病毒血症。当这些患者接受 PEG-IFN 或直接抗病毒药物治疗丙型肝炎时，潜在的乙型肝炎可能重新激活并恶化[14]。曾有因乙型肝炎导致肝衰竭导致死亡和肝移植的报道。因此，美国 FDA 在 DAA 上设置了一个黑框警告，建议筛查所有丙型肝炎患者是否存在乙型肝炎血清学阳性。与活动性乙型肝炎一致的最常见阳性血清学是乙型肝炎表面抗原（HBsAg），如果检测到，则表明在成功治疗 HCV 后存在乙型肝炎进展的风险。因此，如果需要进行乙型肝炎治疗，应在 DAA 治疗丙型肝炎之前开始，以避免活动性乙型肝炎感染。在乙型肝炎核心抗体阳性和 HBsAg 阴性的情况下，乙型肝炎再激活的风险较低。在这种情况下，HBV DNA 监测每月进行一次，并在 DAA 完成后继续进行 3 个月[15]。

（三）HIV

虽然 HIV-1 可引起多种肾脏疾病，但 HIV-1 在原发性肝炎中的作用尚不十分明确。HIV-1 感染患者的肝功能异常与药物不良反应和相互作用、酗酒、HCV 或 HBV 病毒合并感染、HHV8 型（卡波西肉瘤相关）等机会性感染及霍奇金或非霍奇金淋巴瘤有关。随着抗逆转录病毒治疗（antiretroviral therapy，ART）的开始，自身免疫性肝炎和肝衰竭可能发展为免疫重建综合征（immune reconstitution syndrome，IRIS）的并发症，即开始 ART 时个体患者 HIV 相关疾病的反常恶化，可能对皮质类固醇有反应。IRIS 可能是对自身免疫性疾病相关的自身抗原产生反应，这些疾病可能在开始 ART 后出现，如系统性红斑狼疮、格雷夫斯病、结节病和类风湿关节炎。IRIS 也可能在对潜在病原体（如结核分枝杆菌）或机会性感染 [如肺孢子菌（原为卡氏肺孢子虫）、鸟分枝杆菌复合体、弓形虫、隐球菌属、荚膜组织胞浆菌、巨细胞病毒等疱疹病毒科和 JC 病毒] 产生反应[16]。据报道，在开始 ART 的 6 个月内，IRIS 还可揭示潜在的霍奇金和非霍奇金淋巴瘤的肝脏浸润。IRIS 的管理包括机会性感染、乙型或丙型肝炎或淋巴瘤的治疗，以及持续接受含或不含类固醇的 ART。

抗逆转录病毒药物肝毒性已得到充分描述。先前一项针对接受抗病毒治疗的 HIV-1 单感染患者中出现原因不明的转氨酶（ALT 和 AST）升高的受试者进行的研究发现，肝脏病变的发生率较高，这与非酒精性脂肪性肝炎基本一致。目前认为，包括 AZT、拉米夫定、替诺福韦和恩曲他滨在内的核苷逆转录酶抑制药（nucleoside reverse transcriptase inhibitors，NRTI）可能诱发肝脏脂肪变性。对于 HLA B5701 呈阳性且有肝衰竭和死亡风险的患者，NRTI 阿巴卡韦会引起独特的超敏反应。因此，在开始使用阿巴卡韦之前，应进行筛查血液测试，以确定是否存在 HLA B5701。非核苷类逆转录酶抑制药（non-nucleoside reverse transcriptase inhibitors，NNRTI）（如依法韦仑）可能与严重肝损伤有关。尽管有这些观察结果，但最近的一项在 2004—2010 年对美国 10 083 例 HIV 感染患者进行的队列研究显示，转移酶的升高并不常见。然而，这项研究还指出，在乙型或丙型肝炎合并感染的患者中，使用 HIV 蛋白酶抑制药的肝毒性风险更大[17]。

与 HIV 单感染个体相比，在同时感染乙型和（或）丙型肝炎的 HIV 阳性患者中，观察到肝功能代偿不全（包括药物性肝损伤）进展更快。ART 已显示可控制肝衰竭的进展，是 HBV 和 HCV 治疗的组成部分。合并感染患者的初始 ART 方案与 HIV 单感染患者相同，但需注意，由于药物可能与直接作用药物相互作用，因此可能需要调整药物选择。此外，当使用包含 PI 的 DAA 方案治疗 HCV 时，继续使用 HIV 蛋白酶抑制药的 HIV 合并感染患者应改用含 HIV 非 PI 方案。

肾脏疾病是 HIV 感染的常见并发症。HIV 相关肾脏疾病包括与感染直接相关的疾病、与对感染的全身反应相关的疾病、因重复感染而发生的疾病、与 HIV 感染治疗相关的疾病[12]。具体而言，AKI 可能由急性肾小管坏死、急性肾小管间质性肾炎、横纹肌溶解症、ART、HIV 相关肾病、HIV 免疫复合物疾病、血栓性微血管病和尿路梗阻引起。这些原因也可能导致慢性肾病（chronic kidney disease，CKD）。此外，还有几种潜在的肾实质机会性感染，包括 CMV 和 BK 等病毒、真菌、典型和非结核性杆菌感染，以及淋巴瘤和卡波西肉瘤可能导致的肾脏浸润性病变[12]。

目前的 ART 方案可能会导致慢性炎症、早衰和代谢综合征及其并发症，包括慢性肾脏疾病[18]。

由于编码 ApoL1 的基因的变异，非洲裔 HIV 患者更易患 HIV 相关肾病[19, 20]。除 HIV 相关肾病外，APOL1 风险变体还与局灶节段性肾小球硬化和高血压相关的动脉肾硬化相关[19, 21]。

HIV 相关肾病的治疗主要围绕使用高效 ART 和肾素血管紧张素醛固酮拮抗药开展。

（四）肾移植受者的病毒感染

预防肾移植排斥反应需要主要抑制 T 淋巴细胞功能的免疫抑制药。因此，这些患者存在病毒并发症的风险，因此应在移植前接种疫苗，包括活疫苗，如用于带状疱疹的疱疹病毒疫苗移植后，由于存在免疫抑制的情况下存在疫苗诱导感染的风险，禁用活疫苗。

与移植相关的具体问题

(1) 仍处于潜伏期的既往感染（如巨细胞病毒、单纯疱疹、带状疱疹和 EB 病毒）重新激活，均可能表现为急性肝炎。EB 病毒还与移植后淋巴增生性疾病（posttransplant lymphoproliferative disorder，PTLD）有关，可能累及肝脏并对免疫抑制降低有反应。CD20[+] 标志物的特定病例可能对利妥昔单抗 +/- 化疗有反应，包括环磷酰胺、阿霉素、长春新碱和泼尼松（CHOP）。使用抗胸腺细胞球蛋白（antithymocyte globulin，ATG）和胸腺球蛋白等抗淋巴细胞抗体时也可能发生再激活，需要使用缬更昔洛韦或更昔洛韦预防 CMV。再激活可以通过免疫抑制的净状态来预测，此时 T 细胞和 B 细胞功能的过度降低可能会损害控制潜伏感染的能力，从而导致急性再激活[22]。带状疱疹再激活疫苗接种。

BK 病毒（一种多瘤病毒）的再激活主要见于肾移植受者。这种病毒是在儿童期获得的，在泌尿生殖道中处于潜伏阶段。在免疫抑制期间，BK 病毒可能重新激活并导致多种并发症，包括输尿管狭窄、血尿、移植肾功能障碍和器官损伤。血浆和尿中 BK 的监测用于预测移植物功能障碍，并通过降低免疫抑制进行优先治疗。

(2) 供体来源的病毒感染传播：这通常与供体中存在病毒抗体（如 CMV IgG）及受体中不存在保护性抗体（称为错配）导致原发性感染有关。使用适当的抗病毒药物预防原发性感染可防止供体传播，如缬更昔洛韦或更昔洛韦治疗巨细胞病毒 6 个月，阿昔洛韦治疗单纯疱疹和带状疱疹。EBV 的预防存在争议，建议进行 EBV DNA 监测。

(3) 社区获得性感染：观察到的最常见病毒病原体包括疱疹病毒科，如巨细胞病毒、单纯疱疹、带状疱疹和 EB 病毒，所有这些病毒均可表现为原发性感染，并累及肝脏和肾脏。腺病毒是出血性膀胱炎、肾炎和移植物功能衰竭和肝炎的病因之一，尽管肾毒性是一个重要问题，其对降低免疫抑制和使用西多福韦有反应。西多福韦的药物前体布林西多福韦目前可用于治疗腺病毒感染，但未报道明显的肾毒性，尽管胃肠道不耐受是常见现象。流感感染是移植受者发病和死亡的重要原因，接种疫苗势在必行。

五、代谢综合征与肥胖

目前越来越多的人认识到，代谢综合征和肥胖既影响肾脏，也影响肝脏。全球肥胖成人的比例已上升至男性的 37%，女性的类似比例也上升至 38%。在美国，成年人的肥胖患病率也已类似地上升至 39.8%[23]。

六、肥胖与肾脏疾病

肥胖流行导致肥胖相关肾小球疾病（obesity-related glomerulopathy，ORG）发病率增加，是一种特异表现为蛋白尿、肾小球增大、进行性肾小球硬化和肾功能下降的疾病[24-26]。病理上肾小球肥大和适应性局灶节段性肾小球硬化是 ORG 的特征。

肥胖引起的肾小球滤过率、肾血浆流量、滤过分数和肾小管钠重吸收增加会导致肾小球肥大。

除血流动力学变化外，胰岛素抵抗、脂肪酸和胆固醇代谢改变、线粒体功能障碍、氧化应激、内质网应激、炎症、微生物群、胆汁酸代谢改变和促纤维化因子活性增加也在 ORG 发病机制中起作用。

大约 1/3 的患者出现进行性蛋白尿增加和肾功能下降，从而导致 ESRD。肾素血管紧张素醛固酮系统阻断，尤其是减肥和减肥手术可减少蛋白尿和肾脏疾病的进展。

饮食诱导的肥胖和肾病实验模型研究表明，激活胆汁酸调节的核受体 FXR 和（或）G 蛋白偶联受体 TGR5 可保护肾脏免受损伤。其作用机制包括预防脂质蓄积、氧化应激、炎症、ER 应激、线粒体功能障碍和纤维化等[27-30]。

七、肥胖与肝病

肥胖和代谢综合征，尤其是合并糖尿病的情况下，已成为非酒精性脂肪肝的主要病因，表现形式从单纯性脂肪变性到 NASH、肝硬化和肝细胞癌。预计 NAFLD 的患病率将从目前估计人口的 25% 有所增加。疾病患病率的上升预计将导致越来越多的肝硬化和终末期肝病患者需要肝移植，此外，肝癌的发病率也增加[31]。

八、NAFLD、NASH 和 CKD

现在有越来越多的证据表明，NAFLD 与 CKD 事件的长期风险增加近 40% 相关[1-4]。NAFLD 增加 CKD 风险的机制尚不完全清楚。然而，胰岛素抵抗、脂肪酸和胆固醇代谢改变、线粒体功能障碍、氧化应激、内质网应激、炎症、微生物群、胆汁酸代谢改变和促纤维化因子活性增加等多种因素可导致 NAFLD 进展，并在 CKD 发病率增加中发挥作用（图 49-1 和图 49-2）。

（一）胰岛素抵抗

胰岛素抵抗是 NAFLD 的共同特征，也是其发病机制之一。例如，脂肪组织中的胰岛素抵抗导致通过失调的甘油三酯脂解作用释放脂肪酸。胰岛素抵抗的脂肪细胞也分泌 IL-6 等细胞因子，在肝脏中具有促炎作用[32,33]。这导致胰岛素抵抗进一步增强。此外，脂肪细胞释放的脂肪酸被肝脏吸收，这有助于增加肝脏中的脂肪生成和脂滴形成[32,34]。

胰岛素抵抗也通过调节肾血流动力学、肾小球系膜细胞、足细胞及肾小管功能在 CKD 的发病中发挥重要作用[33,35]。在胰岛素抵抗中，尽管由于 NO 生成受损导致肾血管阻力增加、管球反馈减少，以及由于葡萄糖和钠重吸收增加导致的入球小动脉扩张导致肾小球超滤。系膜细胞中胰岛素信号减少导致系膜细胞肥大、过度生长和细胞外基质沉积。足细胞中的胰岛素抵抗是由肾素依赖机制通过胰岛素受体的溶酶体和蛋白酶体分解产生的[36]。这会导致足细胞凋亡、足突消失、蛋白尿、肾小球基底膜增厚和肾小球硬化增加。胰岛素抵抗的肾小管后果更为复杂，但包括近端小管的糖异生和远端小管的钠吸收增加[33,35]。

虽然胰岛素抵抗本身在通过 SGLT-2 调节近端小管葡萄糖重吸收中的作用是有争议的，但是 SGLT-2 在肥胖和糖尿病的人和动物模型中的表达和活性增加[37]。SGLT-2 抑制药（包括恩帕格列吡嗪和卡那格列吡嗪）对人类受试者具肾脏和心血管疾病有益。此外，在饮食诱导的肥胖和胰岛素抵抗动物模型中，SGLT2 抑制药可减少肾脏疾病和肝脏疾病[38]。

（二）类脂物代谢作用

非脂肪组织中可异位发生过度脂质蓄积，通过称为脂毒性的毒性过程导致其损伤。肝脏脂质蓄积是由脂质获取（循环脂肪酸的摄取和新生脂肪生成）和脂质去除（脂肪酸氧化，作为 VLDL 颗粒的一种成分输出，脂质液滴形成和脂肪分解）之间的不平衡引起的（图 49-3）。

肝脏脂质摄取在很大程度上依赖于脂肪酸转运体[39]，主要由 FATP、CD36 和位于肝细胞质膜中的小窝蛋白介导。在六种哺乳动物 FATP 亚型中，FATP2 和 FATP5 主要在肝脏中发现，在小鼠中敲除它们会降低脂肪酸的摄取并改善肝脂肪变性。CD36 促进长链脂肪酸的转运，并受 PPARγ、PXR 和 LXR 调节。在 NAFLD 患者中，肝脏中 CD36 的表达增加，被认为刺激了脂肪酸摄取的增加。小窝蛋白由三个膜蛋白家族组成，用于脂质转运和脂滴形成。小窝蛋白 1 在 NAFLD 小鼠的肝脏中增加，主要位于小叶中心第三区，脂肪变性在该区最为严重。摄取后，细胞溶胶中的脂肪酸需要特异性细胞内 FABP 来促进其运输、储存和利用。FABP1 也称为肝型 FABP，是肝脏中的主要亚型。在 NAFLD 中其表达增加，但随着疾病进展为 NASH 而降低。

DNL 是从主要通过糖酵解和糖类代谢产生的乙酰 CoA 亚单位合成新脂肪酸的结果。除了最

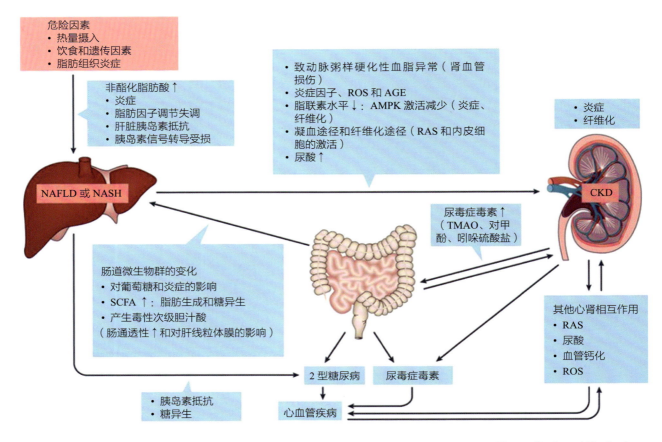

Nature Reviews | Nephrology

▲ 图 49-1　非酒精性脂肪性肝病（NAFLD）和慢性肾病（CKD）病理生理学中的器官相互作用

许多因素可增加个体患 NAFLD 的风险，如热量摄入、饮食因素（如高果糖摄入和低维生素 D 水平）、遗传因素和内脏脂肪组织炎症。腹内内脏脂肪组织扩张导致的非酯化脂肪酸（NEFA）量增加与 NF-κB 和炎性途径增加、脂肪因子产生失调导致脂联素水平降低、胰岛素信号受损有关。肝功能障碍的进展触发可能影响 CKD 进展的途径。例如，胰岛素抵抗和致动脉粥样硬化性血脂异常，以及促炎因子、血栓前因子和促纤溶分子会促进血管和肾脏损伤。由于脂联素水平降低，能量传感器 AMP 活化蛋白激酶（AMPK）激活减少进一步刺激了促炎和促纤维化机制。肾素 - 血管紧张素系统（RAS）和内皮细胞的激活也可能通过增加氧化应激、炎症和凝血途径导致肝肾功能障碍。在患有 CKD 时，肠道微生物群增加尿毒症毒素的产生可能通过炎症、氧化和纤维化途径，诱导进一步的肾、肝和心血管损伤。肠道微生物群的生物失调通常与肥胖发生有关，通过复杂的机制潜在地影响 NAFLD、CKD 和 2 型糖尿病（T2DM）。最后，CVD 的风险在 NAFLD、T2DM 病或肠道菌群失调的情况下会增加，可通过心肾相互作用影响肾功能障碍的发生（反之亦然）。AGE. 晚期糖基化终产物；NASH. 非酒精性脂肪性肝炎；ROS. 活性氧；SCFA. 短链脂肪酸；TMAO. 三甲胺氮氧化物（经 Springer Nature, Figure 2 许可转载，引自参考文献 [1]）

常为 DNL 提供碳单位的葡萄糖之外，果糖还会产生乙酰 CoA，乙酰 CoA 可进入脂肪生成途径，考虑到果糖作为甜味剂在玉米糖浆中的使用日益增多，这一点很重要。DNL 始于乙酰 CoA，其通过乙酰 CoA 羧化酶转化为丙二酰 CoA，并进一步通过脂肪酸合酶转化为 FASN。然后，新脂肪酸可能经过一系列去饱和、延长和酯化步骤，最终以甘油三酯形式储存在脂滴中或作为 VLDL 颗粒输出。DNL 失调是 NAFLD 患者肝脏脂质积聚的中心特征 [31]。生脂基因在转录水平上受到协调调控。转录因子，如由胰岛素和 LXRα 激活的 SREBP1c，和由糖类激活的 ChREBP 在这一过程中起着关键作用。NAFLD 患者的 SREBP1c 表达增强，而 SREBP1c 敲除小鼠的生脂酶表达降低。ChREBP 是真正的转录因子，主要对葡萄糖有反应。ChREBP 不仅调节葡萄糖代谢中的酶，还调节产脂酶。因此，在功能丧失和增益研究中，ChREBP 会引起复杂的代谢变化。当发现脂肪变

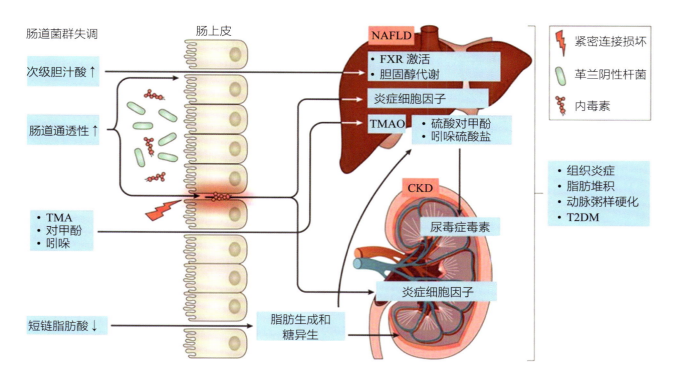

Nature Reviews | Nephrology

▲ 图 49-2　肠道菌群失调可能促进非酒精性脂肪性肝病（NAFLD）和慢性肾病（CKD）发展的潜在机制

肠道微生物群失衡导致革兰阴性菌增多，进而导致脂多糖（LPS）生成量增加，这可能会损伤肠上皮，造成肠道通透性增加。这种增加的肠道通透性使细菌内容物、LPS 和小分子进一步进入门静脉和体循环，引起炎症。微生物群失衡还会促进脱氧胆酸等次级胆汁酸的生成。次级胆汁酸作为肠肝循环的一部分返回肝脏后，通过其对法尼酯 X 受体（FXR）的作用（对胆固醇代谢具有下游效应），诱导细胞衰老并引起对线粒体和细胞膜的损伤，与慢性炎症、胆汁淤积和致癌有关。肠道微生物群还分别从饮食中的胆碱、苯丙氨酸 / 酪氨酸和色氨酸生成三甲胺（TMA）、对甲酚和吲哚等分子。TMA 在肝脏中被氧化为三甲胺氮氧化物（TMAO），从而促进动脉粥样硬化性血管疾病。吲哚和对甲酚在肝脏中代谢为吲哚硫酸盐和硫酸对甲酚，这两种物质被近端小管清除，具有潜在的肾毒性。微生物群代谢产生的其他分子，如苯乙酸和马尿酸，对肾脏也有潜在毒性。微生物群失调导致的短链脂肪酸水平降低也会造成脂肪生成减少和糖异生增加，从而引起胰岛素抵抗、肝和肾的进一步功能障碍，以及 2 型糖尿病（T2DM）的发生（经 Springer Nature, Figure 3 许可转载，引自参考文献 [1]）

性大于 50% 时，NASH 患者肝脏活检组织中的 ChREBP 表达增加，但在存在严重胰岛素抵抗时降低 [40]，表明 ChREBP 可能使肝脏脂肪变性与胰岛素抵抗分离。最近的研究进一步阐明了不同的翻译后修饰，如磷酸化、乙酰化、O- 乙酰葡糖胺糖基化或泛素化，是如何共同作用于调节促脂基因转录的。例如，SIRT1 对 SREBP1c 的脱乙酰作用会抑制其与靶致脂启动子的结合 [41]。胰岛素信号转导触发 PI3K 下游一系列激酶的激活，如 Akt 和 mTORC1/2，以调节 SREBP1c 活性 [42]。

FAO 受核受体 PPARα 控制，主要发生在线粒体中，为生成 ATP 提供能量来源，尤其是在循环葡萄糖浓度较低时 [31]。PPARα 的激活会诱

导一系列与 FAO 相关的基因转录，从而降低肝脏脂质水平。PPARα 的表达不仅调节脂质稳态，还调节炎症反应。与轻度脂肪变性或非脂肪变性对照组相比，重度脂肪变性的患者中与 FAO 相关的基因表达较高。与脂肪变性或正常对照组相比，NASH 患者的 FAO（间接测量为血浆 β- 羟基丁酸盐水平）较高。FAO 增加可能是 NAFLD 患者试图降低脂质超载和脂毒性的适应性反应，但也会产生 ROS，过多的 FAO 可能会耗尽抗氧化防御系统的能力，引发氧化应激。因此，在 NASH 患者中，肝氧化应激和线粒体超微结构随着 FAO 增加而增加。在 NAFLD 患者的肝脏活检和 NAFLD 动物模型的线粒体中，抗氧化标志物、

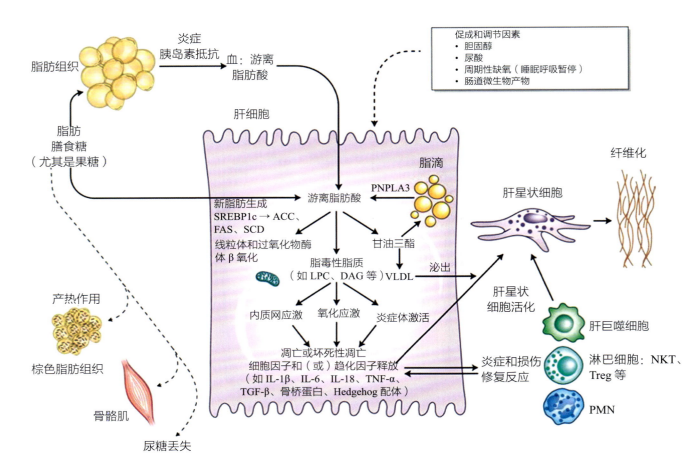

▲ **图 49-3** 非酒精性脂肪性肝炎（NASH）发病机制的底物超载肝损伤模型

游离脂肪酸是 NASH 发病机制的核心。来源于脂肪组织中甘油三酯脂解的游离脂肪酸通过血液输送到肝脏。游离脂肪酸流经肝脏的另一个主要贡献者是脂肪从头合成，肝细胞通过这一过程将过量的糖类，尤其是果糖，转化为脂肪酸。肝细胞中脂肪酸的两个主要结局是线粒体 β 氧化和再酯化形成甘油三酯。甘油三酯可以 VLDL 形式输出到血液中或储存于脂滴。脂滴甘油三酯经历调节性脂肪分解作用，将脂肪酸释放回肝细胞游离脂肪酸池。PNPLA3 参与这一脂肪分解过程，并且 PNPLA3 的单核苷酸变体与 NASH 进展密切相关，这强调了调节这一脂肪分解的重要性。当通过 β 氧化或甘油三酯的形成来处理脂肪酸时，脂肪酸会导致脂毒性物质的形成，从而导致内质网应激、氧化应激和炎症体激活。这些过程导致了 NASH 的表型，包括肝细胞损伤、炎症、肝星状细胞活化和过量细胞外基质的进行性积累。包括健康饮食习惯和定期锻炼在内的生活方式改变可通过减少摄入和代谢底物向代谢活性组织转移来减少底物超载，从而预防或逆转 NASH。SCD. 硬脂酰 CoA 去饱和酶；FAS. 脂肪酸合酶；LPC. 溶血磷脂酰胆碱；DAG. 甘油二酯；NKT. 自然杀伤 T 细胞；Treg. 调节性 T 细胞；PMN. 多核白细胞；VADL. 极低密度脂蛋白（经 Springer Nature 许可转载，引自参考文献 [31]，Figure 1）

谷胱甘肽、谷胱甘肽过氧化物酶和超氧化物歧化酶均减少 [43]。

肝脏脂质与胆固醇、磷脂和载脂蛋白一起被包装成水溶性 VLDL 颗粒后，可从肝脏输出到血液中 [44]。VLDL 颗粒的组装发生在 ER 中，其中 apoB100 被微粒体甘油三酯转移蛋白脂质化。apoB100 和 MTTP 是肝脏 VLDL 分泌的关键成分。在 apoB 或 MTTP 基因有遗传缺陷的患者中，由于甘油三酯输出受损，肝脏脂肪变性很常见。

未分泌至血液中的过量脂质可在肝细胞中形成脂滴，这是 NAFLD 的一个典型特征。储存在脂滴中的甘油三酯必须通过水解被动员以释放脂肪酸用于利用 [45]。甘油三酯水解包括 ATGL（注释为 patatin-like 磷脂酶结构域，含蛋白 2、PNPLA2 或脱营养蛋白）将甘油三酯水解为 DAG 和脂肪酸的连续反应，将激素敏感性脂肪酶 DG 分解为单酰基甘油（monoacylglycerol，MG）和脂肪酸，MAGL 完成 MG 分解甘油和脂肪酸的脂肪分解反应[45]。各种研究表明，细胞内脂滴稳态在调节肝脂肪含量中起关键作用。需要在脂质合成、水解、分泌和FAO之间进行严格调控，以防止肝脏脂质超载和随后的细胞内脂质累积导致脂肪变性、脂毒性和肝脏损伤，并促进疾病进展和纤维化。

促进NASH表型的特定脂毒性脂质包括DG、神经酰胺和溶血LPC类[31]。在NASH中，肝游离胆固醇也被认为是一种关键的脂毒性分子[46]。肝细胞获取胆固醇的主要途径包括：通过主调节剂SREBP2及其靶点HMGCR（限速酶）内源性合成胆固醇；通过LDL受体介导的内吞作用摄取LDL和乳糜微粒，随后通过内体/溶酶体室进行加工；通过SR-B Ⅰ直接摄取HDL胆固醇。从肝细胞中去除胆固醇的主要途径包括：通过限速酶CYP7A1和CYP27A1转化为胆汁酸，以及通过BSEP将胆汁酸排泄到胆汁中；通过ABCG5/G8将胆固醇排泄到胆汁中；并入VLDL，分泌到循环中；和胆固醇外排到循环apoA-Ⅰ和新生HDL颗粒上。已在NAFLD中记录了胆固醇稳态的广泛失调，导致胆固醇合成和摄取增加及胆固醇去除减少，并导致肝胆固醇水平增加。

在针对脂毒性的药物中[31, 47]，花生酰胺基胆酸是SCD-1的拮抗药，该酶对合成油酸等单不饱和脂肪酸的限速步骤进行催化。该药剂还通过刺激广泛表达的胆固醇输出泵ABCA1转运体激活胆固醇外排。针对NASH患者的多中心2b期试验（NCT02279524）正在进行中。对于DNL的另一种酶ACC，两种抑制药PF-05221304和GS-0976正在NAFLD和NASH患者中进行临床试验。

在肾脏，异常的脂质代谢促进甘油三酯增加和胆固醇积聚[24]。由于SREBP1c及其靶酶（包括ACC、FASN和SCD-1）介导的脂肪酸合成增加，可能发生肾甘油三酯蓄积，和（或）由ChREBP及其靶酶（包括L-PK）介导。在高脂肪饮食诱导的肥胖小鼠模型中，SREBP1的表达和活性会导致肾脂质累积增加和肾脏疾病[48-50]。在SREBP1c敲除小鼠中，高脂肪饮食对肾脏疾病的影响得到预防。在肥胖相关的肾小球疾病患者的肾小球中也发现了SREBP1表达增加[51]。在寻找SREBP1体内抑制药的过程中，已证明FXR激动药可抑制饮食诱导的肥胖和胰岛素抵抗动物模型中的SREBP1表达、脂质累积、炎症和纤维化[28, 52, 53]。肾脏甘油三酯蓄积也可通过CD36或FATP摄取增加而发生。CKD患者肾脏CD36表达上调，尤其是糖尿病肾病患者[54]。阻断或敲除CD36可预防实验动物肾损伤。由PPARα及其靶酶介导的FAO减少也是导致肾甘油三酯蓄积的原因，在ORG和糖尿病患者的肾活检样本中有报道[55]。对此，已有研究表明PPARα激动药非诺贝特可预防肾脏疾病的发生[24]。

在高脂肪诱导肥胖小鼠中进行的研究显示，胆固醇合成和累积增加及肾病的发生[49, 56]与SREBP2（胆固醇合成和胆固醇代谢的主要调节因子）的表达和活性增加有关。研究还显示，在高脂肪饮食喂养的小鼠中，他汀类治疗可减少近端小管中的脂质蓄积。胆固醇外流减少也可能导致胆固醇累积增加。核受体LXR在胆固醇外排中起主要作用，其表达和调节胆固醇外排的靶酶（包括ABCA1和ABCG1）在患有ORG糖尿病患者的肾活检样本[55]和糖尿病动物模型[57]中降低。使用LXR激动药治疗或使用环糊精诱导胆固醇外排可降低糖尿病小鼠的胆固醇蓄积并改善其肾脏疾病。

（三）线粒体功能障碍

脂毒性由不同的细胞机制介导，包括对线粒体的直接损伤[58]。线粒体是细胞的发电站，在脂肪酸和葡萄糖等代谢产物的最终氧化中起着关键作用。线粒体氧化磷酸化是产生大多数细胞总能量的原因。此外，还参与细胞凋亡内在信号通路的调节。自第一次对NAFLD进行研究以来，有大量证据指出其主要特征是存在线粒体功能障碍[59]。电镜分析显示，线粒体功能改变明显，出现巨线粒体、嵴缺失、基质中晶旁包涵体等超微结构改变。

当脂肪酸通过FAO的处理甘油三酯的形成在NAFLD中不堪重负时，脂肪酸会导致脂毒性物质的形成，从而导致氧化应激和炎症[31]。氧化应激可导致磷脂类的过氧化反应，如心磷脂（甘氨二磷酸基）等，它是线粒体内膜中的主要磷脂之一。由于心磷脂被认为可增强呼吸链活性，尤其是复合物 I 的活性，因此心磷脂的氧化会导致 OXPHOS 失衡。氧化应激诱导的线粒体 DNA 损伤也可能导致 OXPHOS 损伤，并进一步增加 ROS 的产生。线粒体损伤可能最终导致肝细胞凋亡性死亡。在脂肪肝的小鼠模型中发现凋亡蛋白和酶（如 Bcl-2）的表达增加。细胞凋亡、肝星状细胞和肝巨噬细胞产生的细胞因子进一步增强纤维化变化，从而致疾病恶化。

去乙酰化酶是一组烟酰胺腺嘌呤二核苷酸（nicotinamide adenine dinucleotide，NAD）依赖性脱乙酰基酶，在肝肾疾病中具有与线粒体能量稳态和抗氧化活性相关的多种细胞功能 [60, 61]。其中研究最多的 SIRT1 酶对氧化应激具有间接调节作用，激活叉头蛋白和 PGC-1α，这些转录因子参与线粒体生物合成基因和抗氧化酶基因的转录及 ROS 解毒能力。在 NAFLD 大鼠模型中，SIRT1 水平降低。SIRT3 位于线粒体基质中，可通过激活长链酰基 CoA 脱氢酶增加 FAO，在脂肪肝动物模型中发现其活性降低。NAD$^+$ 作为 SIRT1 和 SIRT3 的共底物，控制各种代谢改善。这样，NAD$^+$ 耗竭可能导致线粒体功能障碍，阻碍去乙酰化酶介导的对高肝脂质水平的适应性反应。

因此，减轻线粒体损伤，特别是在 NAFLD 的早期阶段，可能会阻止疾病的进展。在各种实验研究的线粒体靶向药物中，三苯基膦阳离子连接的泛醌 Q10 和维生素 E、Szeto-Scheller 肽、超氧化物歧化酶模拟物手性锰络合物（EUK-8 和 EUK-134）被发现是最有前景的 [47]。

线粒体功能障碍也是高脂饮食诱发肾脏病理的主要原因。鉴于肾脏是一个需要持续高能量供应（主要来自 FAO）的器官，脂质超载和 FAO 受损会导致脂肪酸摄取和利用的失衡，进一步加重肾细胞和组织中的脂质累积 [62]。这将形成一个恶性循环，脂质可损伤线粒体并产生 ROS，进一步限制线粒体 FAO 并引起更多细胞脂质积累，导致更多线粒体 ROS 水平。作为导致向线粒体

功能障碍的一种途径，膜胆汁酸受体 TGR5 的激活已被证明可减少肥胖和糖尿病肾病中线粒体 ROS 的产生，增加线粒体生物发生、线粒体抗氧化物的产生和线粒体 FAO [29]。

（四）氧化应激

摄入增加或胰岛素抵抗状态后，进入线粒体的脂肪酸超载可能导致线粒体内膜通透性增加。这种情况会导致膜电位消散和 ATP 合成能力丧失，从而导致线粒体功能受损和 ROS 生成增加。FAO 的增加导致电子传递链（electron transport chain，ETC）中的电子通量增加，由于 ETC 复合物的活性降低，可能产生"电子泄漏"，从而确保电子和氧之间的直接反应，导致 ROS 的形成，而不是细胞色素 C 氧化酶介导的正常反应，细胞色素 C 氧化酶结合氧和质子形成水 [63]。不完整或次优的 FAO 会导致长链酰基肉碱、神经酰胺和 DAG（可能作为 ROS 间接来源的脂毒性中间产物）的累积。除了促氧化机制外，在 NASH 的实验模型中，还观察到几种解毒酶活性下降。谷胱甘肽过氧化物酶（glutathione peroxidase，GPX）活性降低可能是 GSH 耗竭和胞质 GSH 向线粒体基质转运受损的结果 [64]。编码锰超氧化物歧化酶的 SOD2 基因的多态性 C47T 与该酶活性降低有关，导致 ROS 产生增加，并且在 NAFLD 中极易发展为 NASH 和晚期纤维化 [65]。

氧化应激诱导的线粒体通透性损伤可导致钙（Ca^{2+}）和铁流入线粒体。H$_2$O$_2$ 存在下的铁有利于 Fenton 反应生成更多的羟基自由基。此外，Ca^{2+} 可以刺激诱导型 NO 合酶介导的 NO 自由基的产生和凋亡细胞的死亡。严重肝细胞损伤过程中 NO 水平的显著升高，可诱导其进展为坏死细胞死亡 [66]。NO 与超氧自由基生成的过氧亚硝酸盐是自由基毒性的重要介质之一。

（五）内质网应激

ER 应激和未折叠蛋白反应在 NAFLD/NASH 及相关肾脏疾病中起重要作用。ER 应激的激活最初可能是保护性的，而慢性 ER 应激可能导致细胞凋亡和纤维化。ER 中的 UPR 激活由三种主要信号通路介导，包括 ATF6、IRE1α 和 PERK。当错误折叠蛋白在内质网中累积时，BiP（GRP78）

与传感器分离并与未折叠的蛋白结合，然后激活传感器。

在肝脏中，虽然肝细胞中的脂质积累可以引发内质网应激，但 ER 应激的激活也可以诱导脂肪生成，从而使脂肪变性的形成恶性循环。ER 应激诱导胰岛素诱导的基因（INSIG）降解和 SREBP 途径的激活 [32, 67]。此外，ER 应激还诱导 VLDL 受体表达增加，从而导致脂蛋白向肝脏的转运增加 [32]。肝细胞中脂质累积增加和慢性 ER 应激导致炎症增加并导致肝细胞凋亡。此外，ER 应激还刺激肝星状细胞 I 型胶原分泌，介导纤维化 [68]。CHOP 是 C/EBP 同源蛋白，在 ER 应激诱导的细胞凋亡和纤维化中起重要作用 [68]。

在肾脏，慢性 ER 应激和 UPR 激活 [69]，如同它发生在肥胖和代谢综合征的背景下 [30]，促成足细胞损伤、凋亡、蛋白尿和 CKD。此外，研究显示白蛋白可通过增加细胞内 Ca^{2+} 水平，诱导脂质运载蛋白 2 的 UPR 依赖性上调，从而导致细胞凋亡，从而在肾小管细胞中诱导 ER 应激。

（六）炎症

炎症是对组织损伤或感染的生理反应，导致细胞因子、趋化因子和类花生酸等多种炎性介质的分泌，协调细胞防御机制和组织修复。随着时间的推移，炎性活性的持续存在会导致慢性炎性变化，从而加重组织损伤，并可能导致异常的伤口愈合反应。就 NAFLD 而言，炎症有助于 NASH 和肝纤维化的发生。NAFLD 是指肝脏的一系列组织学异常，范围从无炎性活性或极低炎性活性且无细胞损伤证据的孤立性脂肪变性（NAFL）到 NASH，NASH 的特征是脂肪变性、炎症和肝细胞损伤，以肝细胞气球样变的存在为特征，伴有不同程度的纤维化 [70]。许多因素与慢性全身性免疫应答有关，这种表型在许多患有 NAFLD、CKD、T2DM 或 CVD 的个体中很常见。该领域的一个核心问题是识别那些触发炎症的因素，从而促进非酒精性脂肪肝向 NASH 的转变 [71]。这些肝脏炎症的诱因可能源自肝脏内外。

脂毒性是 NASH 中肝细胞功能障碍导致疾病进展的主要机制之一 [72]。肝细胞游离脂肪酸内流增加导致肝脏中形成作为 ROS 的脂毒性中间

体，如神经酰胺、DAG、LPC 及氧化脂肪酸和胆固醇代谢产物 [73]。近年研究发现，肝细胞炎性小体的激活可能是 NASH 初始代谢应激与随后肝细胞死亡及刺激纤维化之间的重要联系 [74]。肝巨噬细胞和肝星状细胞中游离胆固醇的积累也可激活 NLRP3 炎性小体 [75]。

虽然肝脏和肾脏是脂质代谢的重要器官，但脂肪毒性导致的促炎细胞因子生成增加（导致晚期 NAFLD 中发生异位脂质沉积）也可能在 CVD 和 CKD 等肝外并发症的发生中具有致病作用。

NASH 恶化会导致 NF-κB 通路、细胞因子 [76]、LPS 和 ROS 等多种炎性介质的产生或激活，从而导致胰岛素抵抗、内皮功能障碍和组织炎性浸润，进而加剧全身慢性炎症。在 T2DM 病患者[伴或不伴持续性肝脏炎症（由慢性 HBV 感染所致）]中进行的一项研究表明，肝脏炎症的存在是 CKD 风险增加的关键介质。尽管 T2DM 的存在无疑会增加 NAFLD 患者的 CVD 风险，但多项研究表明，无论 NAFLD 患者是否同时患有 T2DM 病，其血管和肾损害的潜在介质均更频繁出现 [77]。向啮齿动物或培养的脂肪细胞给予 CKD 或非肾切除患者的血清会诱导脂肪营养不良、脂肪组织向肝脏和肌肉的异位脂肪再分布、胰岛素抵抗和葡萄糖耐受不良 [78, 79]。

尽管肥胖和 NAFLD 会损伤肾脏，但越来越多的证据表明，CKD 也可能导致 NAFLD 和胰岛素抵抗。总之，脂质水平升高和炎性反应增加均被认为是重要的发病因素，不仅参与 NASH 的发生，也是 CKD 发生和发展的重要因素。

（七）微生物群

肝脏是通过胆道、门静脉和体循环中的紧密双向联系暴露于高水平肠产物的关键代谢器官。微生物群的改变（或"异常生物"）可能导致肠通透性增加，这会放大许多源自肠的效应 [80]。

微生物群的研究相对较新；然而，预计在将其作用与 NASH 联系起来方面会有相当大的进展。继发于肠道微生物组成改变的特定微生物产物的变化、肠道通透性和功能的变化会影响肝脏结构和功能，从而进一步增加 NAFLD 的风险。NAFLD 患者的微生物代谢失调患病率较高。人

类研究已经记录了 NASH 患者的肠道微生物群不如健康受试者复杂[81, 82]，并表明体重减轻也会改变微生物群。患 NAFLD 的成人显示血清三甲胺氮氧化物（TMAO）增加[83]，磷脂酰胆碱产生减少[84]。微生物群改变与脂肪肝之间似乎存在机制联系，包括细菌蛋白作为 GPCR 配体的潜力[85, 86]（图 49-4）。

肥胖患者[87] 或其他代谢综合征特征的患者[88]，以及已确定患有 NAFLD[89]、T2DM[90, 91]、CVD[92] 或 CKD 的患者中均存在生物代谢异常[93]。几种潜在的途径、因素和过程可能将生物失调或肠道微生物群的介质、NAFLD 与 CKD 风险因素、血管和肾脏疾病联系起来（图 49-2）[1]。生物失调可能通过多种复杂机制影响 NAFLD、CKD 和肥胖。有报道称，CKD 患者肠道微生物群的变化与双歧杆菌科和乳杆菌科的较低水平、肠杆菌科的较高水平有关[94]。双歧杆菌和乳酸杆菌等厌氧菌在肠道中对膳食纤维进行微生物发酵，导致形成短链脂肪酸（short-chain fatty acid，SFCA），包括乙酸酯、丙酸酯和丁酸酯，这些脂肪酸可能会影响肝脏脂肪生成和糖异生。因此，NAFLD 患者内环境中 SCFA 水平的降低可能有助于肝脏脂肪增多和肝脏胰岛素抵抗的发生[95]。肠道微生物群还分别从胆碱、苯丙氨酸 / 酪氨酸和色氨酸等膳食营养素中产生三甲胺、对甲酚和吲哚。肝脏中通过氧化或硫酸化进行的进一步代谢会产生带离子电荷的水溶性分子，如 TMAO、硫酸对甲酚和硫酸吲哚，这些分子可通过尿液排出体外。CKD 患者的血浆 TMAO 水平升高，预示着更差的长期生存率[96]。被近端小管清除的吲哚硫酸盐有促炎作用，因为它增加了肾小管间质纤维化的风险，对肾脏具有潜在毒性[97]。

目前普遍认为，肝脏和肾脏损伤可能是通过 TMA 等特殊分子与肠道微生物群广泛相互作用的结果。随着越来越多的人认识到微生物群在肝病进展、预后和治疗中的作用，有必要集中和有意识地研究微生物群的作用，以有效解决这类肝病的社会经济负担。越来越多的证据表明，肝脏和肾脏共享相互内在联系的途径，包括微生物群和生物失调。这些结果表明，NAFLD 患者

中 CKD 的患病率显著增加，NAFLD 的存在和严重程度与 CKD 的发病率增加相关，并且这种相关性可能与多种心肾风险因素无关。总之，需要对微生物群与肝肾疾病之间的联系进行更积极和系统的研究，以了解这些疾病之间的机制和因果联系。

（八）胆汁酸信号

胆汁酸在肝脏中由胆固醇产生，并通过源自肠道微生物群的酶进行代谢。证据表明，胆汁酸对维持健康的肠道微生物群至关重要[98]。胆汁酸的合成通过核受体 FXR 受到负反馈抑制的严密调控[99]，它是一种与启动子区结合，启动多种靶基因表达的转录因子[100]。FXR 在肝、肠、肾等多种组织中表达[101]。在肝脏中，胆汁酸活化的 FXR 诱导 SHP 的表达，其与 LRH-1 结合，从而抑制 Cyp7a1 基因的表达[102]。人产生的主要胆汁酸是鹅脱氧胆酸和胆酸，而啮齿动物产生 CA 和 MCA，主要是 β-MCA[103]。

FXR 最有效的内源性配体是 CDCA，其次是 CA、DCA 和 LCA[104]。UDCA、Tα-MCA、Tβ-MCA 和 Gβ-MCA 抑制 FXR 激活[98]。

由于在事先计划的中期分析中证明了疗效，因此提前终止了一项鹅脱氧胆酸（25mg/d）的 2b 期阳性临床试验[105]。然而，在一些个体中，按 25mg/d 剂量服用 OCA 会引起瘙痒和 LDL 胆固醇中度升高。基于不会增加 LDL 胆固醇或引起瘙痒的前提，已经开发了几种不具有胆汁酸结构骨架的 FXR 小分子激动药，但这尚未得到证实。

此外，在胆汁酸结合受体时，FXR 诱导生长因子 FGF19 从肠中释放[106]，尽管一些结果是相互矛盾的，但在动物模型中对 NASH 具有有益作用[107, 108]。在 2a 期研究中，FGF19 类似物显著降低了活检证实的 NASH 患者的肝脂肪和肝酶[107]。

TGR5 是另一种参与宿主代谢的胆汁酸反应性受体。TGR5 是质膜结合 GPCR，在胆囊、胎盘、肺、脾、肠、肝、棕白色脂肪组织、骨骼肌和骨中广泛存在且高表达[109]。TGR5 主要被次级胆汁酸 LCA 和 DCA 激活[110]。TGR5 信号通过增加棕色脂肪组织和肌肉中的能量消耗、增加肠 L

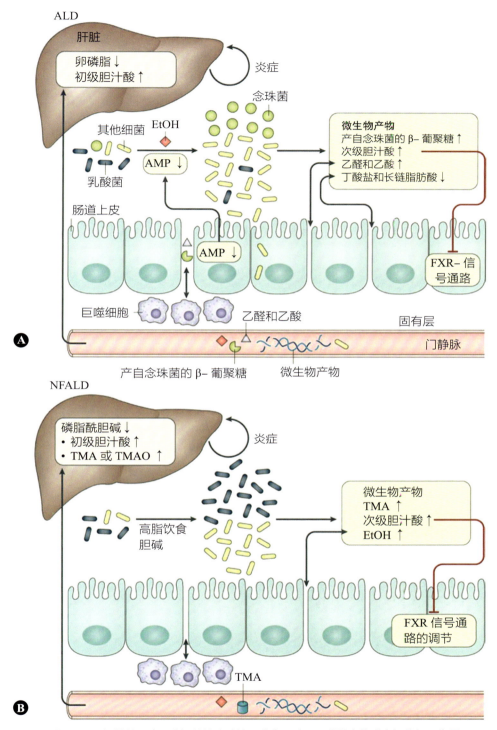

▲ 图 49-4　**酒精性肝病和非酒精性脂肪性肝病中肝脏及肠道微生物群之间的相互作用**

在酒精性肝病（ALD）（A）和非酒精性脂肪性肝病（NFALD）（B）中均观察到肠道微生物失调和细菌过度生长。细菌过度生长导致次级胆汁酸增加，从而调节 FXR 介导的胆汁酸肝合成，导致肝胆汁酸合成总体增加。在 ALD 和 NAFLD 中也观察到肝磷脂酰胆碱减少，导致肝（脂肪肝）中甘油三酯蓄积。虽然 ALD 相关的菌群失调以乳酸菌和念珠菌过度生长减少为特征，但 NAFLD 患者的乳酸菌丰度较高（对真菌种群的影响仍有待研究）。在 ALD 和 NAFLD 中，肠腔中乙醇及其代谢产物乙醛的增加介导了肠紧密连接的弱化。因此，病原相关分子模式（见于 ALD 和 NAFLD）和肠道代谢产物 [如乙醛、乙酸盐（见于 ALD）和 TMA（见于 NAFLD）] 易位增加会引发肠道和肝脏炎症反应，从而导致进行性肝损伤。AMP. 抗菌肽；EtOH. 乙醇；TMA. 三甲胺；TMAO. 三甲胺氮氧化物（经 Springer Nature 许可转载，引自参考文献 [86]，Figure 3 ）

细胞中的 GLP-1 释放来控制葡萄糖稳态 [111]。目前尚不清楚 FXR 和 TGR5 是否通过微生物群和胆汁酸代谢的改变直接或间接发出信号，从而通过彼此产生激动或拮抗信号。

GLP-1 是一种肠激素，通过胰高血糖素的蛋白水解过程产生，刺激胰岛素分泌并抑制胰高血糖素分泌。GLP-1 也是一种胰岛素增敏剂，具有额外的代谢效应，有助于其抗 NASH 活性 [112]。利拉鲁肽是一种需要每天注射的 GLP-1 型激动药，在一项小型试点研究中改善了 NASH 症状 [113]。有趣的是，L 细胞表达 FXR，FXR 也调控 GLP-1 的合成 [114]。

第50章 α₁-抗胰蛋白酶缺乏症

α₁-Antitrypsin Deficiency

David A. Rudnick David H. Perlmutter 著

张 伟 贾继东 陈昱安 译

α₁-抗胰蛋白酶（α₁-antitrypsin，α₁-AT）缺乏症的经典形式，即 α₁-ATZ 等位基因纯合突变，是一种相对常见的疾病。在大多数北欧血统人群中，本病可累及 1/2000～1/1600 的活产新生儿[1, 2]。虽然 α₁-AT 缺乏症患者中仅有一部分人发生肝脏疾病，但 α₁-AT 缺乏症是最常见的儿童代谢性肝病[3]，并且与成人慢性肝病、肝细胞癌相关[4]。α₁-AT 缺乏症也会引起成人早发性肺气肿。

α₁-AT 分子是一种单链分泌性糖蛋白，可抑制包括弹性蛋白酶、组织蛋白酶 G、蛋白酶 3 在内的中性粒细胞蛋白酶的降解。α₁-AT 常被认为是肝脏急性反应蛋白，主要在肝脏合成，在对组织损伤/炎症发生应答时其血浆水平可增高 3～5 倍。α₁-AT 是结构相关的 SERPIN 家族的典型代表。α₁-AT 缺乏症患者的血清 α₁-AT 浓度降低 85%～90%。单个氨基酸替换导致突变蛋白不能完成分泌过程。α₁-ATZ 蛋白积聚在内质网，不能分泌到血液和体液中。

作为一种遗传性疾病，经典的 α₁-AT 缺乏症颇具特征，即功能丧失引起一种靶器官损伤（肺损伤），而功能获得引起另一靶器官损伤（肝损伤）。文献报道的大部分数据显示，下呼吸道中 α₁-AT 分子数量减少使得弹性蛋白酶不受控制地攻击肺结缔组织基质，从而导致肺气肿[5]。吸烟导致残存的 α₁-AT 被氧化灭活，能进一步加速肺损伤[5]。此外，弹性蛋白酶–抗弹性蛋白酶理论作为肺气肿的发病机制是基于以下概念：吸烟所导致的 α₁-AT 氧化灭活在 α₁-AT 充足个体肺气肿（大多数肺气肿病例）的发生中起关键作用。但是，α₁-AT 缺乏症所致肝损伤的发病机制却难以解释。转基因动物实验结果提供的进一步证据显示，肝脏损伤并不是因为抗弹性蛋白酶活性缺乏[6, 7]。文献中的大多数证据支持 α₁-AT 缺乏症的肝损伤是由突变的 α₁-ATZ 积聚在肝细胞中所致。

虽然 α₁-AT 缺乏症是一种单基因缺乏病，但其经典表型表达存在很大的变异。例如，Sveger 完成的瑞典全国性前瞻性筛查研究显示，无偏倚队列中仅有 8% 的个体在 30—40 岁出现临床显著肝病[1, 8]。这些数据提示，其他遗传特征和（或）环境因素使某些 PIZZ（即纯合 α₁-ATZ 等位基因突变的个体）亚组更易发生肝损伤。α₁-AT 缺乏症个体的肺损伤发生率及严重性也存在变异。环境因素，如吸烟，显然发挥了重要作用[2, 5]。然而，许多案例报道显示，有严重肺气肿的 α₁-AT 缺乏症个体的兄弟姐妹及其他亲属，虽然有相同的基因型、重度吸烟史，但即使在年龄较大时也仅有轻度、亚临床肺功能异常[9]。

历史上，α₁-AT 缺乏症的诊断主要基于血清等电聚焦凝胶分析显示异常 α₁-ATZ 的分子迁移速度发生改变。但是，现代诊断策略可通过基因组分析发现特异性基因突变。α₁-AT 缺乏症相关肝病的主要治疗仍然是支持治疗。肝替代疗法已成功用于严重肝损伤。出现严重肺气肿的 α₁-AT 缺乏症患者可成功进行肺移植。基于生化学疗效研究，静脉补充纯化血浆 α_1-AT 疗法已被批准用于 α_1-AT 缺乏症所致的肺病 [10]。近期，一项随机安慰剂对照试验提供的初步证据显示（尽管证据有限），增补疗法可延缓 α_1-AT 缺乏症患者肺损伤的进展 [11]。

一、肝病临床表现

由于持续性黄疸、转氨酶增高、直接胆红素增高，肝脏受累常在婴儿早期阶段被注意到 [12, 13]。一些婴儿因为胆汁淤积伴皮肤瘙痒、高胆固醇血症被识别出来。临床表现类似于肝外胆道闭锁但肝脏组织学显示肝内胆管缺失 [14]。或者，肝病可能会在儿童晚期或者青春期早期才首次发现，此时受累个体可表现为肝脾肿大、腹水，或者食管胃静脉曲张破裂出血。部分（并非所有）病例在新生儿期存在无法解释的长时间梗阻性黄疸。

Svegar 开展的一项瑞典全国性新生儿筛查研究确立了 α_1-AT 缺乏症肝病的发生率及自然史 [1]。在 200 000 名新生儿中，127 名为 PIZZ，前瞻性随访至现在的 37—40 岁 [8]。该队列的初始分析显示 14 名 PIZZ 新生儿发生长时间的梗阻性黄疸，另外 8 名存在临床可疑肝病的其他病因，其他则无肝病的临床证据 [1]。5 名 PIZZ 新生儿在儿童早期死亡，2 名明确为肝硬化，另有 2 名在尸检时偶然发现肝病 [15]。在这个队列人群 37—40 岁时再评估，并未发现研究对象有活动性肝病的证据 [8]。然而，有关于肝脏相关化验和（或）影像检查异常的报告。Sveger 开展的这项研究未能解决的一个问题是，PIZZ 个体是否有可导致成人晚期出现进展性疾病的亚临床组织学异常。

目前有证据表明，α_1-AT 缺乏症所导致的肝病可以在成人期才作为首发表现。我们开展的美国肝移植数据库回顾性分析发现，过去 20 年接受肝移植的 α_1-AT 缺乏症患者有 77% 是成人，接受肝移植手术的高峰年龄为 50—64 岁 [16]。很多患者可能是杂合突变伴有其他潜在肝病，有一些可能是证据不足的诊断。不过，我们分析发现，在有 ZZ 或 SZ 表型、因严重肝病需接受肝移植的患者中，成人多于儿童。这个观察结果，与以下发现和理解相符：自噬在肝病的病理生物学中

起重要的作用，而中年时期自噬功能的生理性下降在年龄相关退行性疾病中起重要作用。

早期研究显示，在一些无已知肝病的老年 α_1-AT 缺乏症患者的尸检时，可偶然发现有明显的肝脏病理改变。一项瑞典的研究显示，这些患者发生肝硬化及原发性肝癌的风险较之前认为的更高 [4]。有鉴于此，对于不明原因肝炎、肝硬化、门静脉高压或肝细胞癌的患者，鉴别诊断应该考虑到 α_1-AT 缺乏症。总体来说，有关该病的大量临床经验显示，肝病表型差异很大，许多患者可"免于发生"肝病或者仅有缓慢进展的肝病。

目前尚不清楚 α_1-AT PIMZ 杂合突变（PI 野生型 M 与突变型 Z 杂合）是否可导致肝损伤。肝活检及移植数据库研究发现了一些有杂合突变同时存在严重肝病且无其他明显病因的患者 [3]。然而，这些研究不能排除肝病的环境因素。实际上，一项横断面研究对转诊于奥地利大学医院的 α_1-AT 缺乏症患者再次检查时发现，杂合子患者的肝脏疾病大部分是由乙型肝炎或丙型肝炎病毒、自身免疫性疾病或者酗酒引起的 [3]。而其他后续研究报道则提示，在其他慢性肝病患者中，MZ 状态与肝病发生、进展及肝移植存在显著相关性 [16, 17]。

肝病与 α_1-AT 的其他等位基因变异也存在相关性。例如，复合杂合突变 PISZ 儿童表现出与 PIZZ 儿童相似的肝损伤 [1]，α_1-AT 缺乏症 PIMmalton 类型具有肝病表型（表 50-1）。这些发现很有趣，因为 α_1-ATS 分子可与 α_1-ATZ 形成杂合多聚体，像 α_1-ATZ 一样，PIMmalton 分子也可形成多聚体并积聚在 ER [20]。在具有其他 α_1-AT 等位基因变异的个体中也检出了肝病 [3]，但是这些病例不能完全除外其他肝损伤的病因。

历史上，α_1-AT 缺乏症明确诊断需要进行等电聚焦或酸性凝胶电泳分析血清 α_1-AT 表型。现代基因检测方法可进行肝病相关 α_1-AT 基因突变特异性分析，而且可以分析 AT 基因编码区的基因重复、基因缺失及既往未识别的突变。本病的肝脏病理特征是肝细胞 ER 内 PAS 阳性、耐淀粉酶（D-PAS 阳性）的小体。这些小体主要沉积于门管区周围肝细胞，在肝巨噬细胞以及胆管细

表 50-1　α₁- 抗胰蛋白酶缺陷变异

变异	缺陷	位置	临床疾病 肝	临床疾病 肺	细胞水平缺陷
Z	单碱基替换 M1[Ala213]	Glu342-Lys	+	+	细胞内积聚
S	单碱基替换	Glu264-Val	−	−	细胞内积聚
M$_{Heerlen}$	单碱基替换	Pro369-Leu	−	+	细胞内积聚
M$_{Procida}$	单碱基替换	Leu41-Pro	−	+	细胞内积聚
M$_{Malton}$	单碱基缺失	Phe52	+	+	细胞内积聚
M$_{Duarte}$	未知	未知	+?	+	未知
M$_{Mineral\ Springs}$	单碱基替换	Gly57-Glu	−	+	无功能；细胞外降解？
Siiyama	单碱基替换	Ser53-Phe	−	+	细胞内积聚
P$_{Duarte}$	2 个碱基替换	Arg101-His Asp256-Val	+?	+	未知
P$_{Lowell}$	单碱基替换	Asp256-Val	−	+	细胞内降解？
W$_{Bethesda}$	单碱基替换	Ala336-Thre	−	+	分解加速？
Z$_{Wrexham}$	单碱基替换	Ser19-Leu	？	？	未知
F	单碱基替换	Arg223-Cys	−	−	未知
T	单碱基替换	Glu264-Val	−	−	未知
I	单碱基替换	Arg39-Cys	−	−	细胞内降解
M$_{Palermo}$	单碱基缺失	Phe51	−	−	未知
MN$_{ichinan}$	单碱基缺失 / 单碱基替换	Phe52 / Gly148-Arg	−	−	未知
Z$_{Ausburg}$	单碱基替换	Glu342-Lys	−	−	未知
King	单碱基替换	His334-Asp	+		细胞内积聚
M$_{pisa}$	单碱基替换	Lys259-Ile	−	+?	细胞内积聚
E$_{taurisano}$	单碱基替换	Lys368-Glu	−	+	细胞内积聚
Y$_{orzinuovi}$	单碱基替换	Pro391-His	+?	−	细胞内积聚
Pi$_{SDonosti}$	S 变异缺陷 + 单碱基替换	S 变异点 +Ser14-Phe	−	+?	细胞内聚合、降解；分泌减少
Pi$_{Tijarafe}$	单碱基替换	Ile50-Asn	−	−	细胞为聚合、稳定；分泌减少
Pi$_{Sevilla}$	单碱基替换	Ala58-Asp	−	+?	细胞为聚合、稳定；分泌减少
Pi$_{Cadiz}$	单碱基替换	Glu151-Lys	−	+?	无
Pi$_{Tarraona}$	单碱基替换	Phe227-Cys	−	+?	细胞内聚合、降解；分泌减少
Pi$_{Puerto\ Real}$	单碱基替换	Thr249-Ala	−	+?	细胞内聚合、稳定；改变糖基化
Pi$_{Valencia}$	单碱基替换	Lys328-Glu	−	−	细胞内稳定（酶活性降低）

面也可以见到[3]，还可见不同程度的肝细胞坏死、炎症细胞浸润、门管区周围纤维化和（或）肝硬化。通常有胆管上皮细胞破坏的证据，偶可见肝内胆管缺失。肝活检病理组织电镜检查可观察到强烈的自噬反应，可见初期以及降解中的自噬小体[21]。

二、结构、功能与生理

α_1-AT 的编码基因长 12.2kb，含有 7 个外显子和 6 个内含子，位于 14 号染色体 q31～32.3[3]。前 3 个外显子及第 4 个外显子的短 5′ 片段编码 α_1-AT mRNA 的可变区和组织特异性 5′ 非翻译区，此 mRNA 由转录后外显子选择性剪接而形成[22, 23]。α_1-AT 5′UTR 选择性剪接形成不同程度包含或不包含长上游 ORF，从而改变 α_1-AT 翻译的效率[24]，并由此潜在影响 PIZZ 个体的肝脏表型。第 4 个外显子的大部分及其余 3 个外显子编码 α_1-AT 蛋白序列。α_1-AT 蛋白是一条分子量为 55kDa 的单链多肽，含有 394 个氨基酸及通过 3 个天冬氨酸残基连接的复合糖基侧链。两种主要的血清同工异构型的差别在于糖基侧链的构型。

α_1-AT 是蛋白酶抑制剂 SERPIN 家族的典型代表[3]。大多数 SERPIN 是特异性靶蛋白酶的自杀式抑制剂；而其他 SERPIN 不是抑制性，而是与之形成复合物但不会灭活其激素配体。α_1-AT 的反应活性位点 "P1" 残基是决定每个 SERPIN 分子功能特异性的最重要因素[25]。α_1-AT Pittsburgh 的发现明确证实了这一概念，它是 α_1-AT 的一种变异体，即 P1 第 358 位残基蛋氨酸被精氨酸替代。这个 α_1-AT 变异体可作为一种凝血酶抑制剂，从而导致严重出血体质。总体来说 α_1-AT 是丝氨酸蛋白酶的抑制剂，但在生理条件下，它的靶点可能只是针对由活化的中性粒细胞释放的蛋白酶，如中性粒细胞弹性蛋白酶、组织蛋白酶 G 及蛋白酶 3，因为与这些酶的结合动力学优于其他丝氨酸蛋白酶[26]。

α_1-AT 允许靶酶直接结合到其自身的含有 P1 Met 残基的反应环，从而竞争性地发挥抑制作用。这样形成的复合物包含一分子的靶酶和一个分子的 α_1-AT。α_1-AT 和丝氨酸蛋白酶形成的复合物是一种共价稳定结构，可通过化合物变性抵抗解离。α_1-AT 和丝氨酸蛋白酶之间的相互作用是 "自杀性" 的，因为抑制剂被不可逆地修饰，不能再结合或灭活酶。研究还表明，靶酶的不可逆捕获是由 α_1-AT 的明显构象变化所介导的，Carrell 和 Lomas 将其比作 "捕鼠器，即有活性的抑制剂在循环中以亚稳态应力形式存在，然后突然活跃进入稳定、松弛的形式，从而锁住与其靶蛋白酶形成的复合物"[27]。

α_1-AT 在体内的功能活性可能受多种因素调节。举例来说，它作为弹性蛋白酶抑制剂的活性可以被 ROS 产物灭活，即活化的中性粒细胞和巨噬细胞的中间产物可以氧化 α_1-AT 的活性位点蛋氨酸[5]。这个效应被认为是吸烟者容易发生肺气肿的基础，无论是否有 α_1–AT 缺乏。在体内，α_1-AT 分子也可能被包括胶原酶、假单胞菌弹性蛋白酶在内的蛋白酶所灭活[26, 28]。多项研究显示，α_1-AT 可以保护实验动物免于 TNF 的致死作用[29]。这一保护效应被认为是由于抑制了中性粒细胞血小板活化因子的合成和释放[30]，推测可能是通过抑制中性粒细胞衍生的蛋白酶而实现的。除抑制中性粒细胞蛋白酶以外，α_1-AT 还有其他功能活性。α_1-AT 在与丝氨酸蛋白酶形成复合物的过程中或在被巯基蛋白酶或金属蛋白酶水解过程中所产生的 C 末端片段，就是强力的中性粒细胞趋化因子[31]。

肝脏是血浆 α_1-AT 的主要合成部位。α_1-AT 在人肝腺瘤细胞中组织特异性表达，是由包括 HNF1α、HNF1β、C-EBP、HNF4 及 HNF3 在内的核转录因子所识别的结构原件所引导（见参考文献 [3]）。炎症和（或）组织损伤应答过程中血浆 α_1-AT 浓度可增加 3～5 倍[3]。这一额外产生的 α_1-AT 的来源也被认为是来自肝脏；因此，α_1-AT 被归类为肝脏急性时相反应蛋白。人肝腺瘤细胞（HepG2、HepG3B）中 α_1-AT 的合成可由 IL-6 上调，但不能被 IL-1 或 TNF 上调[33]。口服避孕药或妊娠时，血浆 α_1–AT 浓度也会上升[34]。

α_1-AT 可在单核细胞和巨噬细胞中表达[35]，转基因小鼠的多种组织均可分离出其 mRNA，但是仅在某些情况下能分辨 mRNA 是来源于组织巨噬细胞或其他细胞类型。例如，小肠上皮细胞系研究、人肠道 RNA 的 RNA 酶保护分析、人肠道黏膜冰冻切片的原位杂交显示，$α_1$-AT 可在肠细胞、小肠潘氏细胞中合成[23, 28]。$α_1$-AT 也可在肺上皮细胞中合成，但其对 IL-6 的应答低于对相关细胞因子（如制瘤素 M）的应答[39]。

血浆 $α_1$-AT 的半衰期大约 5 天[40]。据估计，$α_1$-AT 的每天生成量为 34mg/kg 体重，其中每天有 33% 在血管池中降解。多种生理因素可影响 $α_1$-AT 的代谢率。第一，去唾液酸化的 $α_1$-AT 在数分钟内可从循环中被清除[3]，可能是通过肝脏 ASPGR 介导的细胞内吞作用而实现的。第二，与弹性蛋白酶组成复合物或被水解蛋白自修饰后的 $α_1$-AT，比天然 $α_1$-AT 清除更快[41]。因为其配体特异性与 SEC 在体内的清除所需相似，SEC 受体可能也参与 $α_1$-AT–弹性蛋白酶及其他 SEC 的清除和代谢[42]。低密度蛋白受体相关蛋白（LRP）也能介导 $α_1$-AT–弹性蛋白酶复合物的清除和代谢[43]。$α_1$-AT 可弥散至大多数组织，可在大多数体液中找到[5]。

三、$α_1$-AT 缺乏相关变异

人类 $α_1$-AT 变异根据蛋白酶抑制剂（见参考文献 [1, 2]）表型系统进行分类，而该表型系统采用酸性 pH 下琼脂电泳或聚丙烯酰胺凝胶等电聚焦分析来确定[44]。PI 分类根据主要变异体的电泳迁移率，从阳极到阴极或从低等电位点到高等电位点，以字母顺序为基因变异分配一个字母。最常见的正常变异，迁移到中间等电位点，被命名为 M，根据 PI 基因型命名法，该变异的纯合个体被命名为 PIMM。最常见的严重缺陷等位基因变异迁移到高等电位点，被命名为 Z，该变异的纯合个体被命名为 PIZZ。已经报道了几种无效和功能失调的变异，其血清 $α_1$-AT 水平或活性丧失或降低，其中一些与早发性肺气肿有关。

除 Z 外，还报道了其他导致血清 $α_1$-AT 浓度降低的变异（表 50-1）。其中一些与临床疾病无关，如 S 变异[45, 46]。有几个与早发性肺病有关（表 50-1）。关于与肝病相关的其他 AT 变异，有报道两名 MMalton 变异和一名 MDuarte 变异患者，表现为肝细胞 $α_1$-AT 包涵体及肝脏疾病[3, 18]。也

有报道一名为 Siiyama 变异的患者，表现为肺气肿、肝细胞包涵体，但并无肝脏疾病[47]。最近通过对血清 $α_1$-AT 浓度与目标变异 Z、S 的基因分型之间存在差异的受试者进行基因测序，发现了几种在细胞培养模型中具有积累和聚合倾向的新缺陷变异[48]。最近的另一项研究报道称，Z 变异是最常见的缺陷变异，也是与 $α_1$-AT 缺乏症肝病相关的最常见变异，能够在细胞培养模型中与 S、Mmalton 和 Mwurzburg 发生异聚化[49]。

四、缺陷的机制

点突变导致第 342 位谷氨酸被赖氨酸替换，致使突变的 $α_1$-ATZ 分子穿越分泌途径的能力受损。新合成的 $α_1$-ATZ 主要积聚在 ER 中，或其他尚未确定的不被 ER 常规标志物染色的部位[50]，到达细胞外液的比例相对有限[51]。在肝细胞、巨噬细胞、转染的细胞系及诱导多能干细胞衍生的肝细胞样细胞均可观察到这种损伤情况[3, 50]。定点突变研究显示单个氨基酸替代（E342K）足以产生分泌缺陷[50, 52]。突变的 $α_1$-ATZ 分子具有部分功能活性，其弹性蛋白酶抑制能力只有野生型 $α_1$-ATM 的 50%～80%[53]。将放射性标记的 $α_1$-ATZ 输注到正常个体，与野生型 $α_1$-ATM 相比，其体内清除 / 分解代谢率略有增加，但这种差异并不能解释缺陷个体血液 $α_1$-AT 水平下降[41]。

点突变还使 $α_1$-ATZ 分子易于聚合和聚集。Carrell 和 Lomas 已证实纯合 PIZZ $α_1$-AT 缺乏症患者的肝活检标本和血浆中存在聚合物和聚集物[27]。他们的研究证明"环 - 片插入"机制是多聚化的原因[54]。在 PISiiyama$α_1$-AT 变异及 PIMMalton$α_1$-AT 变异患者的血浆内，也发现了类似的多聚体[20, 55]。$α_1$-AT PISiiyama（第 53 位 Ser → Phe）[47] 和 $α_1$-AT PIMMalton（第 52 位 Phe 缺失）[18] 突变，影响到为打开 A 片层所需滑动提供支持点（或脊）的残基。因此，预计这些突变会干扰活性中心环插入到 A 片层的间隙中，使得此间隙可被用于自发性环 - 片聚合。有趣的是，在携带这两种变异体的部分患者的肝细胞内可见到 $α_1$-AT 小体。近期观察发现，$α_1$-ATS 变异也会发生环 - 片聚合[19]，由此可以解释该分子在 ER

中的贮留，尽管其程度略低于 α_1-ATZ[45]。α_1-ATS 似乎也可以与 α_1-ATZ 形成异聚合体[19]，这为 SZ 表型患者的肝脏疾病提供了一个潜在的解释[56]。

Huntington 及其同事近期开展的研究表明，ATZ 的聚合性和易聚集性有不同的机制，至少涉及两种不同的域交换现象[57-59]。这种机制似乎与最近对推定的 ATZ 单晶体结构的表征最为一致[60]。

然而，这些数据本身并不能证明 α_1-ATZ 的聚合导致其积聚在 ER。事实上，许多多肽必须组装成寡聚或多聚合物才能穿过 ER 并到达细胞内、质膜表面或细胞外液中的目的地[61]。有研究将额外突变引入 α_1-ATZ 后观察该分子的去向，为聚合导致 α_1-ATZ 在 ER 中积聚提供了最初的证据。例如，Kim 等在 α_1-ATZ 分子的第 51 位引入突变，即 F51L[62]。这一突变与 Z 突变 E342K 相距甚远，但能显著阻止聚合反应并妨碍合成肽插入到 A 片层的间隙中，提示这一突变导致该间隙的关闭。这种双突变 F51L α_1-ATZ 分子在体外较 α_1-ATZ 不易聚合，并且在体外发生折叠的效率更高。此外，引入 F51L 突变可部分纠正显微注射到爪蟾卵母细胞[63]和酵母菌[64]中的 α_1-ATZ 的细胞内积聚特性。

然而，几个方面的证据表明，错误折叠是导致 ATZ 分泌受损 / 细胞内积聚的主要原因。在这一概念中，聚合 / 聚集是主要缺陷的结果，而不是主要缺陷本身。首先，在真实地概括了 ATZ 的细胞内积聚 / 去向的哺乳动物细胞系模型中，在稳定状态下细胞内池只有 18% 的 ATZ 呈现为聚合物[65]。其次，ATZ 的天然变异体，具有与 ATZ 相同的 E342K 突变，并且还具有 C 末端截断，即使它不形成聚合物也会在 ER 中积聚，这表明错误折叠足以导致 ATZ 在细胞内积聚[66]。第三，Sidhar 等[63]和 Kang 等[64]的研究结果显示，并不排除 ATZ 分泌减少被第二个基因工程突变部分纠正的可能性，因为第二个突变也阻止了原发性错误折叠缺陷。此外，在一项非常有趣的研究中，一种在体外能防止 ATZ 聚合的小分子，并不能纠正其体内的分泌缺陷，而是导致其降解增强[67]。综上所述，数据表明，错误折叠是

主要缺陷，而聚合是错误折叠和积聚的时间依赖性效应。这个概念也与 Huntington[57-59]描述聚合的域 – 交换机制及 Yu 等对折叠动力学的早期研究[68]一致，其中聚合被视为 ATZ 单体延迟折叠的 "动力学" 结果，并且解释了一些 ATZ 是如何分泌的。在考虑潜在的治疗方法时，区分错误折叠或聚合是细胞内积累 / 分泌受损的主要诱发事件，非常重要。如果错误折叠是主要事件，则防止聚合但不能防止错误折叠的疗法，可能无法改变积聚和（或）分泌受损。

然而，不管是哪种情况，都有强有力的证据表明，α_1-ATZ 在分泌途径内错误折叠、聚合和异常积聚的倾向是其蛋白质毒性和致病潜力的关键。在对两个常染色体显性遗传性痴呆家族的研究中，独特的神经元包涵体被证明与 SERPIN 家族的神经元特异性成员 neuroserpin 的聚合物相关[69]。此外，一个家族中 neuroserpin 的突变与 α_1-AT Siiyama 等位基因突变同源，该突变与肝细胞 ER 中的聚合和包涵体相关。

在一项关于 ATZ 在 ER 积聚的发病机制的最有趣的研究中，Nyfeler 等推断凝集素 ER 高尔基体中间腔隙 53kDa 蛋白（ERGIC-53）是 α_1-AT 的外运受体，并为此提供了证据[70]。最重要的是，ERGIC-53 不能识别突变的 α_1-ATZ。但这项研究没有解决的问题是，聚合是否能阻止 α_1-AT 呈递给 ERGIC-53，或改变 α_1-ATZ 的折叠途径是否能阻止其必需配体结构域与 ERGIC-53 的结合。

五、肝脏损害的发病机制

尽管对理解 α_1-AT 缺乏症如何导致一些纯合子个体发生肝病仍然存在许多差距，但我们知道 α_1-ATZ 在细胞内异常积聚是所谓 "获得毒性功能" 机制的统一特征。转基因小鼠实验提供了最有力的证据。携带人 α_1-ATZ 等位基因突变的转基因小鼠，可产生抵抗淀粉酶消化、PAS 阳性肝内小体和肝损伤[6, 7]。由于这些动物的抗弹性蛋白酶水平正常，正如内源性基因所指示的那样，肝损伤不能归因于功能丧失机制。经过最广泛验证的转基因小鼠模型 PiZ 小鼠包含了人类 ATZ 基因的所有外显子和内含子[6]，概括了人类疾病的肝

脏病理学，如反映 ER 中错误折叠 ATZ 积累的肝细胞内小体、缓慢进展的纤维化、低度炎症、异型增生，而且肝细胞癌的发生率增加[71,72]。多年来，在这种小鼠模型的过程中，我们发现肝脏的主要病理特征是显著的进行性结节性再生，与人类疾病的肝脏病理学非常相似。

关于蛋白病/细胞内 α₁-ATZ 积累如何导致肝损伤的信息仍然相对有限。尽管在 PiZ 小鼠模型和 α₁-AT 缺乏症患者的肝脏组织中观察到线粒体结构和功能改变，以及 caspase-3 激活[73,74]，但线粒体功能障碍可能主要起细胞抑制作用，因为细胞凋亡、坏死和炎症不是 α₁-AT 缺乏症中肝脏的主要病理特征。

蛋白质病引起的肝纤维化反应的机制也不太清楚。具有肝细胞特异性诱导表达突变体 α₁-ATZ 的小鼠模型非常适合阐明由蛋白病激活的信号转导途径，采用该模型进行的基因分析已经鉴定出一个相对丰富的 TGF-β 通路下游靶标网络，包括结缔组织生长因子的上调[75]，而该通路在肝纤维化的发生中起核心作用[76]。我们还证明，细胞内 ATZ 积累的一个重要且特异的效应是激活 NF-κB 信号通路[77]，旨在通过激活降解胶原的金属蛋白酶来预防肝纤维化形成[78]。

最近许多研究还表明，其他几个组织中的蛋白质病也可引起肝纤维化。肺纤维化已在以呼吸道上皮细胞蛋白病为特征的几种罕见疾病中被描述，包括表面活性剂蛋白 C 缺乏和 Hermansky-Pudlak 综合征[79,80]。同样，心肌纤维化在累及心肌细胞的结蛋白病[81]、骨骼肌纤维化在包涵体肌炎[82]中也已被报道。有趣的是，已证明自噬可以通过促进错误折叠蛋白的降解，减轻结蛋白病引起的心脏纤维化[81]和包涵体肌炎引起的骨骼肌纤维化[83]，就像在 α₁-AT 缺乏症的 PiZ 模型中治疗肝纤维化一样。

PiZ 小鼠的肝脏还显示糖原消耗[84]和尿素生成缺陷[85]。后者可被归因于 HNF4α 的下调[85]。由于这些功能异常在临床上可见于重型肝病，因此该报道为 PiZ 小鼠作为人类疾病模型的有效性提供了额外的证据。

多年来，从概念上很难将获得毒性功能机制

与 Sveger 观察到仅有部分 α₁-AT 缺乏纯合子会发生肝损伤的结果相协调。1994 年，我们发表了一系列实验，研究如下假说：PIZZ 人群中的一个亚组更容易受到肝损伤，是因为一个或多个额外的遗传性状或环境因素，加重了突变体 α₁-ATZ 的细胞内积聚或突变体 α₁-ATZ 积聚的细胞病理生理学结局[86]。此外，我们推测这些假定的遗传/环境修饰因子将影响细胞内 α₁-ATZ 的降解或由 α₁-ATZ 的细胞内积聚激活的适应性信号通路。α₁-ATZ 在来自患有严重肝病的 PIZZ 纯合子（"易感宿主"）的皮肤成纤维细胞中降解，滞后于来自没有肝脏疾病的纯合子的成纤维细胞（"受保护宿主"），验证了这一假说模型。成纤维细胞已被设计成能利用双嗜性逆转录病毒颗粒进行基因转移来表达 α₁-ATZ 的模型。最近，我们在 iHep 中发现了类似的结果[50]。α₁-ATZ 在易感宿主 iHep 中的降解速率比在受保护宿主 iHep 中慢。自 1994 年开始皮肤成纤维细胞实验以来，我们已经描述了细胞内 α₁-ATZ 降解的假设通路，以及由细胞内 α₁-ATZ 积聚激活的假设适应性信号通路的特征（图 50-1）。

六、突变体 α₁-ATZ 细胞内降解通路

使用酵母和哺乳动物细胞系的早期研究显示，蛋白酶小体途径通过现在称为 ER 相关降解（ER-associated degradation，ERAD）的过程参与 α₁-ATZ 的细胞内处置，在该过程中底物从 ER 被逆行提取到细胞质[37,88]。事实上，α₁-ATZ 是 ERAD 通路中首先被鉴定出的底物之一[88]。

随后，自噬被确定为处理错误折叠 α₁-ATZ 的第二大途径[21]。自噬是一种细胞内分解代谢途径，细胞消化亚细胞结构和细胞质以产生氨基酸作为一种生存机制（图 50-2）。它的特点是被称为自噬体的双膜液泡与溶酶体融合，以降解内部成分。在表达突变 α₁-ATZ 的人成纤维细胞系、PiZ 转基因小鼠的肝脏、α₁-抗胰蛋白酶缺乏症（ATD）患者的肝活检标本中，可以观察到自噬体数量的增加。遗传学研究提供了有关自噬在 ATZ 处理中作用的明确证据，即在有自噬缺陷（Atg5-null）的小鼠胚胎成纤维细胞系[89]和

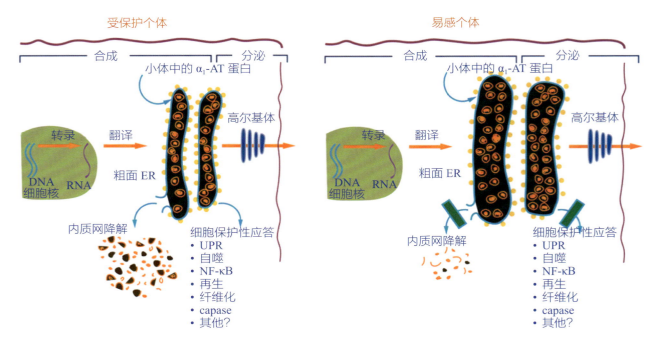

▲ 图 50-1　α₁-AT 缺乏症肝病中蛋白质毒性机制的概念模型

决定抗胰蛋白酶（AT）缺乏个体是否受保护或易患肝病的细胞因子。在易感宿主中，由于推定的蛋白质稳态网络调节机制的细微改变，内质网（ER）中错误折叠的 ATZ 积聚更多。这些蛋白质稳态调节机制被设想为 ER 降解或代表细胞保护反应的信号通路。UPR. 未折叠蛋白反应（经 Cold Spring Harbor Laboratory Press 许可转载，引自参考文献 [122]）

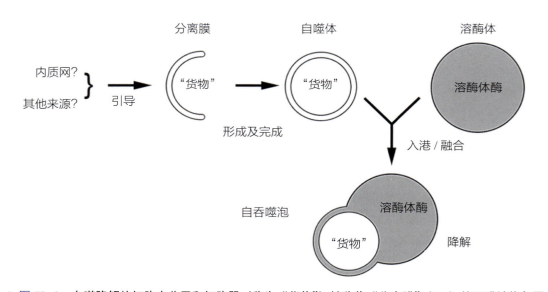

▲ 图 50-2　自噬降解的细胞内分子和细胞器（称为"货物"）被称作"分离膜"（IM）的双膜结构包围

调节 IM 的形成及其靶向"货物"的机制仍未明确。IM 成熟为自噬体液泡，将"货物"与其他细胞腔隙分离，然后与溶酶体融合，使"货物"暴露于降解酶（改编自参考文献 [123]，available under the terms of the Creative Commons Attribution License, CCBY 4.0.）

Atg6-null 酵母菌株中，α₁-ATZ 的处置延迟 [90, 91]。

自噬途径在细胞内 ATZ 降解中的重要性已在近期的研究中得到进一步验证，在 PiZ 小鼠 ATD

模型中，自噬增强剂可促进细胞内 ATZ 处理并减轻肝纤维化 [71]。在自噬缺乏酵母菌株中进行的有关 ATZ 处置的研究，得出了自噬作用在 ATZ

高表达时尤其重要这一概念（见参考文献 [92]）。基于这些结果及蛋白酶小体的结构性限制，提出假说：蛋白酶小体途径能够降解可溶性 ATZ 单体，而可溶性和不溶性 ATZ 聚合物则需要通过自噬才能被处理。然而，在可溶性单体 ATZ 过度表达、超过了蛋白酶小体处理能力时，自噬也可能参与其处置。Kruse 等有关自噬缺乏酵母研究的另一个重要结果表明，在一种罕见的遗传性低纤维蛋白原血症中，与肝病相关的错误折叠纤维蛋白原变异体以与错误折叠的 ATZ 几乎相同的方式通过自噬被降解 [91]。

除蛋白酶小体系统和通常的巨型自噬系统外，很可能还存在细胞内处置 ATZ 的其他途径。例如，在酵母和哺乳动物细胞系模型中，发现了从高尔基体到溶酶体的分拣蛋白介导途径也参与 ATZ 的降解 [90, 93]。最近在一个强大的秀丽隐杆线虫 ATD 模型中，发现了另一种与公认的自噬系统不同的 ATZ 处置途径，并发现它也存在于哺乳动物细胞系模型中 [94]。这个途径特别有趣，因为它可被胰岛素信号转导抑制，而敲低胰岛素信号通路的成分时，这一途径可被上调，从而完全阻断 ATZ 的蛋白毒性。

七、内质网 α₁-ATZ 积聚激活信号转导途径

为了确定当 α₁-ATZ 在 ER 中积聚时哪些信号通路被激活，我们开发了具有 α₁-ATZ 诱导表达而不是构成性表达的细胞系和小鼠模型，因为构成性表达可能产生适应性，从而可能掩盖主要信号转导效应。应用这类系统的一系列研究表明，当 α₁-ATZ 在 ER 中积聚时，自噬反应和 NF-κB 信号通路（而不是未折叠蛋白反应）被激活 [75, 77, 89]。

NF-κB 的活化似乎是 α₁-ATZ 积聚的标志 [75, 77]。在最近的研究中，将 PiZ 小鼠与缺乏 NF-κB 信号转导的两种不同的小鼠交配，我们发现了更严重的炎症、纤维化、脂肪变性、异型增生和更多的肝细胞含有小体 [78]，表明 NF-κB 信号转导能够保护肝脏免受 α₁-ATZ 积累的影响。有趣的是，在这些情况下，NF-κB 信号通路的作用是通过少数几种下游靶基因实现的：Egr-1，一种对肝脏再

生至关重要的转录因子 [95]；RGS16，一种 G 蛋白信号转导抑制剂，与自噬的激活有关 [75]；MMP-7 和 MMP-12。这些靶基因似乎都部分介导肝脏对 α₁-ATZ 积累的应答：由于 Egr1- 下调，大量积累 ATZ 的肝细胞增殖性降低，这种肝细胞被称为含小体的肝细胞；由 RGS16 上调引起的自噬增加，并通过 MMP7 和 MMP12 上调抵消肝纤维增生。

Z 小鼠的肝脏转录组学分析也显示，提示与 TGF-β 信号转导相关的基因表达发生了变化，这与代表 α₁-AT 缺乏症中肝脏主要病理特征的纤维化反应一致 [75]。此外，我们最近发现，α₁-ATZ 突变体在呼吸道上皮细胞中的积累可在肺部引起纤维化，而肺纤维化通常发生在并发非常严重 COPD 的 α₁-AT 缺乏症患者中 [96]。然而，对 ER 中错误折叠蛋白积聚引发 TGF-β 信号转导的机制尚未进行研究。

最近在 PiZ 小鼠模型的肝脏及 α₁-AT 缺乏症患者的肝脏标本中，证实了 JNK 的活化 [97]。有趣的是，这种信号转导效应导致 α₁-ATZ 的表达增加，因此可能会放大错误折叠蛋白积聚的病理生物学效应。

八、α₁-AT 缺乏症中肝癌的发生

虽然几年前发现 α₁-AT 缺乏症更易发生肝癌 [4]，但只有少数关于致癌潜在机制的研究。Rudnick 等研究了 PiZ 小鼠模型中 BrdU 标记的肝细胞增殖，认为肝细胞增殖可能参与其中 [98]。在这些研究中，与野生型对照相比，PiZ 小鼠的肝细胞增殖增加了约 7 倍，并且这种程度的增殖似乎反映了 α₁-AT 缺乏症肝病的缓慢进展的特性。最重要的是，通过使用双重免疫组化染色，表明分裂的肝细胞几乎完全是缺乏细胞内 α₁-ATZ 包涵体的细胞，称为无小体肝细胞。此外，研究表明，无小体肝细胞的增殖是由邻近的含小体肝细胞数量驱动的。最后的结论是基于观察到雄性 PiZ 小鼠或经睾酮处理的雌性 PiZ 小鼠中含小体肝细胞的数量显著增加，而且与无小体肝细胞的增殖程度直接相关。

综上所述，从这些观察结果可以得出了一种理论，即肝细胞增殖是含小体肝细胞和无小体肝

细胞之间交互作用的结果 [99]（图 50-3）。无小体肝细胞被视为能够对来自含小体肝细胞的反式作用再生信号产生应答的较年轻的肝细胞。含小体肝细胞被认为具有更严重的蛋白毒性 α_1-ATZ 积累，并且由于蛋白毒性作用对细胞增殖的作用而

无法对现有的再生信号做出反应。因此，含小体的肝细胞处于病态，但并未死亡，它可以刺激具有选择性增殖优势的无小体肝细胞的再生。有趣的是，含小体的肝细胞复制缺陷被证明是相对的，因为当再生刺激特别强时，这些细胞也可以

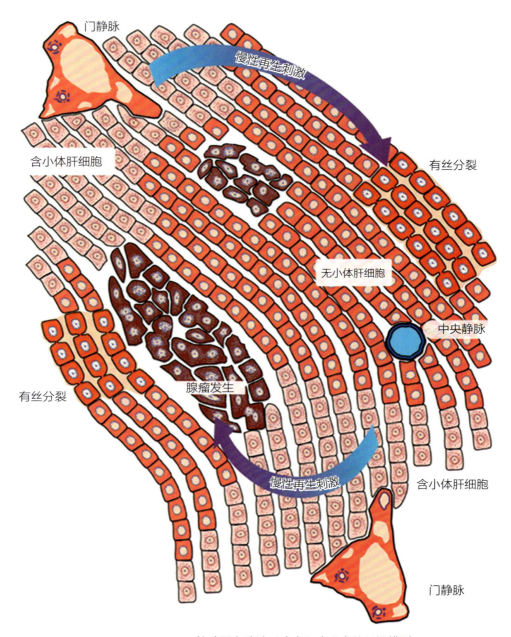

门静脉

慢性再生刺激

含小体肝细胞

有丝分裂

无小体肝细胞

中央静脉

有丝分裂

腺瘤发生

慢性再生刺激

含小体肝细胞

门静脉

▲ 图 50-3　α_1- 抗胰蛋白酶缺乏症中肝癌发生的假设模型

含小体肝细胞（淡粉红色）往往位于门管区周围。它们是"病态但并未死亡"的，能产生慢性再生信号，这些信号只能被无小体肝细胞（深粉红色）"反式"有效接收。无小体肝细胞往往位于小叶中心区域。当再生信号被无小体肝细胞通过交互作用接收到，它会驱动有丝分裂，并最终导致无小体肝细胞区域发生癌变（深红色）（经 John Wiley & Sons 许可转载，引自参考文献 [99]）

与无小体的肝细胞一样增殖良好，如在实验性部分肝切除术中幸存下来的 PiZ 小鼠[98]。含小体肝细胞和无小体肝细胞之间的特征差异尚未完全阐明。Linblad 等的一项研究表明，无小体肝细胞的 ATZ 积聚较少[74]，这与年轻细胞的 α₁-ATZ 积聚时间较短一致。无小体肝细胞也可能来自含小体肝细胞，只是它们对 α₁-ATZ 的降解能力增加了。另有一些观察不支持后一种可能性。含小体肝细胞的数量随着年龄的增长而减少[98]，Ding 等[100]表明，移植的肝细胞具有选择性增殖优势，这种优势取决于邻近含小体肝细胞的数量，这在雄性 PiZ 小鼠中的证据更多，因其含小体肝细胞明显多于雌性 PiZ 小鼠。这与宿主肝细胞凋亡增强、供体肝细胞的增殖重建及未经治疗的 PiZ 小鼠中发生肝纤维化的消退有关[100]。

有趣的是，雄性 PiZ 小鼠随增龄而发生肝细胞癌[72]，在 Eriksson 等的尸检研究中也发现 α₁-AT 缺乏症男性患者不成比例地更易受到肝癌的影响[4]。此外，在与 α₁-AT 缺乏症相关的肝细胞癌病例中，观察到一种染色模式，即包涵体阴性的癌细胞被邻近的包涵体阳性的肝细胞所包围，这与 Rudnick 和 Perlmutter 提出的癌症发生理论完全一致[99]。

九、α₁-AT 缺乏症肝脏表型的修饰因素

近年来的文献中开始出现旨在确定人群中肝脏疾病表现的遗传性、环境修饰因素的研究。一项有趣的研究发现，*MAN1B1* 基因的一个单核苷酸多态性位点在终末期肝病婴儿中显著过表达[101]。该变异被证明可降低细胞内甘露糖苷酶水平[102]。最近的实验表明，Man1B1 实际上定位于高尔基体，但它作为蛋白质质量控制网络的一部分（该网络最近被认识到定位于高尔基体中）在调节蛋白质分泌方面起着重要作用[103]。此外，这些实验为 Man1B1 水平降低在理论上如何导致更多的细胞内 α₁-ATZ 积累提供了基础[103]。Man1B1 变异的这些结果似乎验证了我们的假设，即细胞内降解途径是肝病修饰因素的靶标，但仍需进一步对该变异开展人群研究[104, 105]。

α₁-AT 基因上游侧翼区域的一个 SNP 也与肝病易感性有关[106]。然而，该变异的性质与它如何影响肝病易感性不一致，而且该变异与肝病表型变异的统计学关联来自一个分类有疑问的人群亚组。

我们对肝病易感性变异的假说，有助于寻找能够增加或减少 α₁-ATZ 蛋白毒性的信号通路，并将其作为疾病修饰因素的潜在靶点。尽管到目前为止还没有遇到这种潜在情况的例子，但我们预测，对来源于不同形式的 α₁-AT 缺乏症肝病患者（不同发病年龄和不同肝脏病理学类型）的 iHep 进一步研究，在不久的将来就可能能够明确这种机制。

十、治疗

治疗 α₁-AT 缺乏症的最重要原则是避免吸烟。吸烟会显著加速与 α₁-AT 缺乏相关的毁损性肺病，降低生活质量，并显著缩短患者的寿命[107]。

对于 α₁-AT 缺乏症相关肝病，尚无特异性治疗方法。因此，临床治疗主要涉及针对肝功能不全症状的支持性治疗，以及并发症的预防。对进行性肝功能不全 α₁-AT 缺乏症患者可通过原位肝移植治疗，儿童的 5 年生存率接近 90%，成人的 1 年、5 年生存率均可达 80%[108]。

α₁-AT 缺乏症肝病的几种新疗法，可以减少器官移植和慢性免疫抑制的需要，目前正在研究中并处于不同的开发阶段。相对较新的策略之一是使用针对细胞内降解途径的自噬增强剂药物。

自噬被认为是一个极好的靶标，因为它被细胞内 α₁-ATZ 积聚特异性激活，并且在 ATZ 的细胞内处理中也起着关键作用。在最初探索这一策略的研究中，报道了几种可以增强其他错误折叠蛋白的自噬降解药物，如引起亨廷顿病的突变 polyQ 蛋白[109]。同样明显的是，α₁-AT 缺乏症肝病更频繁地在 50—65 岁时发病[16]，这与自噬功能的下降趋势相一致，而自噬功能下降被认为会触发其他与错误折叠蛋白相关的年龄依赖性退行性疾病。Hidvegi 等首先研究发现，作为抗惊厥药和情绪稳定剂而被广泛使用的药物卡马西平，可增强哺乳动物细胞系模型中 α₁-ATZ 的自噬降解[71]。此外，将该药向 PiZ 小鼠模型灌胃

3 周，可显著降低肝脏 α_1-ATZ 负荷及肝纤维化。CBZ 是已经获得 FDA 批准上市的药物，即将开展治疗由 ATD 引起的严重肝病的 2/3 期临床试验。此外，已通过药物库的高通量筛选鉴定出其他几种具有自噬增强剂特性的药物，目前正在研究中[92]。

一些相对较新的基因治疗策略正在研究中。其中之一是采用能够沉默突变基因表达、同时能够编码野生型 α_1-AT 的新载体，以分别解决 α_1-AT 缺乏症的功能获得和功能丧失的后果[110, 111]。一种方法是 Li 等利用含有短发夹 RNA 的腺相关病毒敲除内源性 α_1-ATZ 的表达，以及密码子优化的野生型 α_1-AT 转基因盒[110]。另一种方法是 Mueller 等利用一种携带 microRNA 的腺相关病毒，沉默内源性 α_1-ATZ 基因表达，同时带有可抵抗 microRNA 的野生型 α_1-AT 基因[111]。上述研究观察到转基因小鼠模型的肝脏 α_1-ATZ 负荷降低、血清 α_1-AT 水平升高。然而，这种策略对肝纤维化的影响并不那么令人信服，因此需要进一步的研究来测试更强力、更广泛的沉默是否更有效。另一项研究使用反义寡核苷酸进行全身给药以沉默 α_1-ATZ 的基因表达，在 PiZ 小鼠模型中显示出了更令人印象深刻的减轻肝纤维化的效果[112]。

正在研究的另一种潜在的基因治疗方法是转移激活自噬的基因，从而减少 α_1-ATZ 积聚和蛋白毒性。Pastore 等在这一策略中处于领先地位，他们采用的是 TFEB[113]。使用辅助因子依赖性腺病毒进行 TFEB 的全身递送并定向表达于肝脏，这种方法显著降低了 PiZ 小鼠模型中的肝脏 α_1-ATZ 负荷和肝纤维化。体外研究也证实，TFEB 以自噬依赖性方式降低细胞 α_1-ATZ 水平[113]。虽然它不能解决与 α_1-AT 缺乏症肺病相关的功能丧失机制，但 TFEB 基因治疗或靶向 TFEB 激活的药物是治疗 α_1-AT 缺乏症相关肝病的令人兴奋的潜在治疗策略。

最终，基因组编辑将被视为可精确纠正导致 ATD 遗传缺陷的手段。该领域的最新进展是，CRISPR/Cas-9 介导的基因编辑已被用于 PiZ 小鼠模型，能降低肝脏中 α_1-ATZ 水平，而且使肝脏[114]

和血清中[115]出现低水平的野生型 α_1-AT。

一些研究小组正在探索一种"基于结构"的筛选策略，旨在产生出可以防止突变型 α_1-ATZ 聚合的多肽，其假设是这将促进其分泌。针对 α_1-ATZ 中的侧向疏水腔设计的小分子化合物可阻止其聚合；然而，在细胞系模型中的进一步实验表明，该化合物仅增强了细胞内降解，对分泌的影响很小[67]。这些结果进一步证明，α_1-ATZ 错误折叠是导致分泌受损的主要原因，而其聚合倾向无关。已设计出另一种基于靶向 α_1-AT 反应性中心环的小分子肽，并引入细胞系模型系统，并有证据表明可改善 α_1-ATZ 的分泌[116]。然而，该小分子肽在动物模型系统中增加分泌或减少肝损伤的效果仍有待验证。另一种可能是，这种类型的肽结合能通过改变突变蛋白的构象，使得错误折叠和聚合都独立地减少。

能够非选择性地促进各种错误折叠蛋白进行正确折叠的化学伴侣，已被研究用于 α_1-AT 缺乏症肝病的潜在治疗。在哺乳动物细胞系模型中发现，甘油和 4- 苯基丁酸（PBA）可显著促进 α_1-ATZ 分泌，给 PiZ 小鼠口服给药可使其血中 α_1-AT 水平升高，达到 PiM 小鼠和正常人水平的 20%～50%[117]。然而，一项纳入 10 例 α_1-AT 缺乏症相关肝病患者的初步临床试验显示，在 PBA 治疗 14 天后，血清 α_1-AT 水平无任何显著升高[118]。目前尚不清楚为什么该药物缺乏效果，但巨大的挑战是患者可能难以耐受所需的大剂量，因此如果能开发出新的、耐受更好的制剂，可能值得进行进一步验证。最近，已发现另一种具有与 PBA 有许多相似药理学特性的药物，即异戊酰苯胺异恶胺（suberoylanilide hydroxamic acid，SAHA），在 α_1-AT 缺乏症的细胞系模型中能增强 α_1-ATZ 的分泌[119]。然而，SAHA 尚未在动物模型中进行实验。此外，需要进行详细的研究以明确这种效应是由于 α_1-ATZ 的合成增加还是由于 α_1-ATZ 在细胞中积累减少，抑或两者均有。如果 α_1-ATZ 分泌增加是由于合成增加，或者与合成增加有关，则用其治疗反而可能产生更多（而不是更少）的细胞蛋白毒性。

肝细胞移植疗法也被研究作为 α_1-AT 缺乏症

的潜在治疗方法。过去曾测试过该疗法用于多种代谢性肝病[120]。与原位肝移植相比，它具有微创性及并发症少的优点，并且比蛋白质替代疗法或肝移植花费更低。重要的是，最近的研究表明，野生型供体肝细胞几乎可以重新填充到 PiZ 小鼠模型的整个肝脏[100]。在 PIZ 小鼠模型中，供体细胞取代了含小体的肝细胞和无小体的肝细胞，表明与野生型肝细胞相比，这两种类型的受累肝细胞的增殖能力均受损。由于移植的肝细胞比内源性含 α₁-ATZ 的肝细胞具有选择性增殖优势，并且可以在病肝中替代后者，因此可以考虑应用这种方案治疗 α₁-AT 缺乏症相关的肺、肝脏疾病。

另一种令人兴奋的治疗策略是基因组编辑技术与肝细胞移植相结合，已经在 α₁-AT 缺乏症转基因小鼠模型中进行了实验。Yusa 等的研究表明，联合使用锌指核酸酶和转座子技术，可纠正来源于 α₁-AT 缺乏症患者的诱导性多能干细胞（iPSC）中的 α₁-AT 基因突变[121]。重要的是，校正的 iPSC 系随后可以移植到转基因小鼠模型系统的肝脏中；根据 Ding 等的观察[100]，校正的细胞显著扩增，因为它们具有选择性增殖优势。如果这种策略在进一步的临床前模型中被证明是成功的，那么它有可能针对本病所致器官损伤的功能丧失和功能获得机制，并且具有个性化治疗的优势，也无须任何免疫抑制治疗。

第51章 门静脉高压症的病理生理学
Pathophysiology of Portal Hypertension

Yasuko Iwakiri Roberto J. Groszmann 著

阿卜杜萨拉木 . 艾尼 陈昱安 项灿宏 译

门静脉高压症是指由于门静脉血流受阻而导致的门静脉系统内血压的病理性升高。门静脉高压症最常见的原因是肝硬化，肝硬化的许多致命并发症，如腹水和食管 – 胃底静脉曲张破裂出血与门静脉高压有关。门静脉高压症也较少发生在非肝硬化的情况下，如门静脉血栓形成、慢性血吸虫病、心力衰竭、巴德 – 基亚里综合征和特发性门静脉高压。作为门静脉血管压力异常的疾病，门静脉高压症可以使用欧姆定律中的水压公式（压力 = 流量 × 阻力）来解释说明[1]，公式中的变量均为基于血管的基本生物学数据。

在肝硬化中，门静脉高压症由肝窦内循环的多种病理事件引起肝内血管阻力增加所致，包括纤维化所致组织结构扭曲、微血管血栓形成、肝窦内皮细胞功能失调和肝星状细胞活化[2-5]。在这些病理事件中，肝窦内皮细胞和周细胞样肝星状细胞通过旁分泌和自分泌方式构成密切的相互关系。

门静脉高压症将引起内脏和全身动脉血管的扩张，进而增加回流至门静脉系统的内脏血流量。尽管存在门 – 体侧支循环血管，门静脉压力可进一步升高[3-7]。这种情况将加剧门静脉高压，促进以平均动脉压降低、全身血管阻力降低、心指数增加和外周阻力降低为特征的高动力型血液循环。高动力型循环及门 – 体侧支循环血流量的增加可导致严重的临床并发症，如食管 – 胃底静脉曲张破裂出血或其他曲张静脉破裂出血、肝性脑病、腹水和肝肾综合征引起的肾衰竭[8-10]（图51-1）。

本章将提供门静脉高压症的最新生物学知识，重点介绍在门静脉高压症发展和持续、高动力型循环综合征发展过程中血管系统的不同部位（肝内循环和肝外循环）的细胞和分子事件。

一、肝内循环

（一）概述

肝窦是构成肝脏微循环的特殊血管床。肝窦阻塞及由此引起的血管对门静脉血流的阻力增加是门静脉高压症的主要病因。在肝硬化中，肝窦阻塞主要是与纤维化 / 肝硬化和肝内血管收缩相关的肝组织结构巨大改变的结果[5, 11, 12]。肝脏细胞（如肝星状细胞和肝窦内皮细胞）的表型变化在肝内血管阻力的增加中起着关键作用，并已被广泛研究。本部分将讨论肝内血管阻力增加的细胞和分子机制，重点关注肝星状细胞、肝窦内皮细胞和血栓形成。

（二）肝星状细胞生物学
1. 肝纤维化与肝组织结构变化

肝纤维化被认为是引起肝硬化肝内血管阻力增加的主要因素。在一项单独灌注肝硬化大鼠肝脏的血管扩张剂试验的经典研究中，Bhathal 和 Grossman 证明了 80% 的肝内门静脉阻力增加归因于肝组织结构变化，而剩余 20% 则归因于可逆性或过度收缩的肝脏微循环表型[13]。肝纤

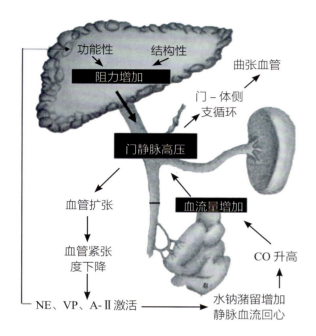

▲ 图 51-1　门静脉高压症的病理生理学要点

肝脏阻力的增加会引起门静脉压力的升高，并导致一系列的内脏和体循环的紊乱，其特征是血管扩张、钠和水潴留及血浆容积增加，这些正是腹水和肝肾综合征发病机制中的主要因素。此外，这些改变将引起门静脉血流量增加、门静脉高压的维持和加重。另一个特征是门 – 体侧支循环的发展，这是导致曲张静脉破裂出血和肝性脑病等并发症的主要原因。CO. 心输出量；NE. 去甲肾上腺素；VP. 血管加压素；A- Ⅱ . 血管紧张素 Ⅱ

维化的关键信号通路是引起肝星状细胞活化并导致细胞外基质沉积的促炎信号通路。掌握这一途径将有助于理解如何逆转和消退肝纤维化，这对慢性肝病和门静脉高压症的治疗带来巨大潜力 [14, 15]。

2. 肝星状细胞的周细胞样作用（收缩功能）

　　肝星状细胞被认为在纤维化之外的门静脉高压症中也起着额外的作用。肝星状细胞位于肝脏 Disse 间隙中，紧邻肝窦内皮细胞下方。肝星状细胞作为肝周细胞、血管周非内皮细胞发挥作用，其中包括通过平滑肌样收缩来调节血管张力和调节内皮细胞增殖等 [16-19]。这些概念来源于有关研究结论：激活的肝星状细胞在肝损伤后获得肌成纤维细胞样表型 [20] 并表现出收缩表型 [21]。因此，肝星状细胞由于其肝窦微循环血管周围的收缩作用，被认为是肝硬化所致门静脉高压症的动态和可逆部分的关键因素。

3. 肝星状细胞收缩作用的调节机制

　　内皮素（ET）信号转导是调节肝星状细胞收缩表型的关键途径。ET 通常分别存在于血管平滑肌细胞和内皮细胞上的 G 蛋白偶联受体 ETA 和 ETB 结合。ET-1 是肝病中发现的主要亚型，与其他两种亚型（ET-2 和 ET-3）相比，ET-1 优先与 ETA 结合 [22]。肝损伤中 ET-1 蛋白水平与 ET-1mRNA 一起升高 [23]。虽然内皮细胞在正常肝脏中产生大部分 ET-1，但肝损伤产生的细胞病变以肝星状细胞为主 [24]，这也显著上调 ETA 和 ETB 受体 [25, 26]，表明对这种信号的敏感性增加。在实验模型中，ET-1 可诱导正弦脉管系统收缩 [27]，在肝硬化动物模型中，ETA 的拮抗作用可降低门静脉压力 [28]。平滑肌纤维细胞或肝星状细胞收缩是肌球蛋白轻链（myosin light chain，MLC）的结果。对 ET-1 介导的肝星状细胞收缩机制的研究表明，ET-2 通过多种途径导致 MLC 磷酸化 [29]。一种是 Ca²⁺ 依赖性途径，其中 ET-1 导致细胞内 Ca²⁺ 的短暂增加，导致 MLC 激酶激活和 MLC 磷酸化。其他包括 PKC 和 Rho 激酶途径的激活，两者都导致 MLC 磷酸化。

（三）肝窦内皮细胞生物学

1. 开窗和毛细血管化

　　LSEC 具有与其他内皮细胞不同的表型：在肝脏和身体其他部位。它们最显著的特点是开窗，开窗尺寸约为 0.1μm，并组织成筛板组。据认为，开窗有助于大分子从肝窦运输到 Disse 间隙，在那里它们可以与肝星状细胞和肝细胞相互作用。LSEC 与其他器官中内皮细胞不同的另一个特征是缺乏基底膜，这允许窦腔和窦腔之间的最大通透性 [30]。

　　由于肝纤维化，LSEC 失去了窗，形成了基底膜，并"毛细血管化" [31, 32]。VEGF 是维持内皮窗的关键因素 [33]。在转基因动物模型中抑制 VEGF 信号转导，其中可溶性 VEGF 诱饵受体的肝脏特异性分泌阻断内源性 VEGF，导致 LSEC 窗孔缺失，导致门静脉高压和肝星状细胞活化，与肝实质损伤无关，逅过恢复 VEGF 逆转门静脉高压 [34]。VEGF 对 LSEC 表型的作用是 NO 依赖性的。相应的，NO 合成酶抑制剂 N ω – 硝基 –L–

精氨酸甲酯盐酸盐（L-NAME）可导致 LSEC 表型的缺失[35]。

除 VEGF 外，各种因素已被证明可改变 LSEC 开窗。Disse 间隙中的胶原蛋白可能在 LSEC 开窗的维持或丧失中发挥作用[36]。脂质筏在开窗调节中的作用也已被研究。使用超分辨率荧光显微镜，研究人员发现了 LSEC 中脂质筏面积和具有开窗的膜面积之间的反比关系。他们还证明，通过 7- 酮胆固醇或肌动蛋白破坏抑制脂筏形成增加了开窗，相反，低浓度 Triton X-100 增加脂筏形成减少了开窗[37]。

2. 肝窦内皮细胞与肝星状细胞之间的相互作用

尽管如上文所示，LSEC 的表型变化是肝纤维化 / 肝硬化的结果[31, 32]，但也认为 LSEC 表型的丧失可以允许肝星状细胞活化[38]，并且 LSEC 和肝星形细胞之间的通信在门静脉高压的发病机制中起着关键作用（图 51-2）[39]。对 LSEC 和肝星状细胞通信的研究表明，在肝损伤的胆管结扎模型中，LSEC 产生的纤维连接蛋白亚型能够激活肝星状细胞[40]，尽管随后的研究表明它是肝星状内皮细胞运动的重要因素，但不是分化成肌成纤维细胞表型的重要因素[41]。另一项研究表明，LSEC 通过含有 SK1 及其产物鞘氨醇 -1 磷酸的外泌体与肝星状细胞通信，为肝星状上皮细胞迁移提供信号[42]，这与其激活的表型密切相关。

LSEC 产生的 NO 不仅调节肝脏中的血管张力，而且在 LSEC 和肝星状细胞之间的交互作用中起着关键作用。LSEC 能够通过 NO 依赖机制诱导肝星状细胞从激活到静止的逆转[43]，可能是通过 LSEC 中的 KLF2-NO- 鸟苷酸环化酶途径的旁分泌信号[44]。另一项研究表明，NO 供体能够通过以前列腺素 E_2 介导的方式破坏其细胞内信号通路，抑制活化的肝星状细胞对血小板源性生长因子的增殖和趋化性[45]。此外，NO 通过 cGMP 依赖性蛋白激酶（PKG）介导的 Rac1 途径抑制肝星状细胞迁移[46, 47]。NO 信号也被证明通过与线粒体氧化应激增加和线粒体膜通透性增加及可能的溶酶体应激成分有关的半胱天冬氨酸蛋白酶非依赖性机制诱导肝星状细胞凋亡[48]。这些观察

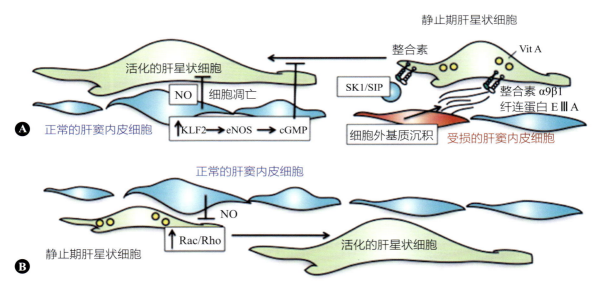

▲ 图 51-2　LSEC/HSC 交互作用

A. 受损的肝窦内皮细胞（LESC）导致肝星状细胞（HSC）活化。肝损伤导致 LSEC 产生纤连蛋白 EⅢA，该亚型通过整合素 α9β1 向 HSC 发出信号，以促进其运动，这对其活化表型至关重要。LSEC 还通过含 SK1-S1P 的外泌体发出信号，促进 HSC 运动，外泌体通过纤连蛋白与整合素受体结合黏附于 HSC。LESC 产生的一氧化氮（NO）在维持 HSC 静止中很重要，KLF2 通路增强 NO 和鸟苷酸环化酶的产生。B. LSEC 产生的 NO 也抑制 HSC 中的 Rac/Rho 途径。NO 也会导致 HSC 凋亡，从而限制肝脏中激活的 HSC 的数量。HSC 为绿色；正常的 LSEC 为蓝色；受损的 LSEC 为红色（经 Springer Nature 许可转载，改编自 McConnell and Iwakiri[39].）

结果可能与酒精性肝损伤和非酒精性脂肪性肝病等疾病有关，在这些疾病中，正常 LSEC 表型的丧失已被证明发生在纤维化之前[38]。

3. 内皮细胞功能障碍

NO 是正常肝血管张力和门静脉压力的关键调节器[49]。肝血管中 NO 的来源是 LSEC 和血管内皮细胞。这些细胞组成性地表达 eNOS 并产生低水平的 NO。NO 的产生随着剪切应力引起的血流增加而增加[50]，并且还可以通过 VEGF 增加[51]。肝硬化肝脏中的 LSEC 表达 eNOS 与正常肝脏中的 LS 相似。然而，病理条件下 eNOS 活性较低，疾病中 NO 释放减少[52]。此外，与健康状态相比，肝硬化中的 LSEC 对血流增加的反应能力降低[53]。LSEC 的这些负面改变导致肝硬化患者肝微循环中 NO 生成减少和血管扩张受损，是门静脉高压症患者肝内血管阻力增加的重要原因。eNOS 功能的调节涉及与刺激信号协同作用的多种调节因子，包括 Akt 磷酸化[54]，其由 GIT1 促进[55, 56]。eNOS 的功能也可能通过与 caveolin-1 结合而受到抑制，caveolin-1 可以被钙调素破坏[57]。

由于内皮功能障碍导致窦微循环中的血管阻力增加，并促进肝星状细胞的活化，因此逆转功能失调的 LSEC 表型的药理学方法可能是一种有效的治疗策略。一个例子是他汀类药物的使用。研究表明，他汀类药物可以改善肝硬化患者的门静脉高压[58]及门静脉高压的实验模型[59, 60]。这些研究表明，他汀类药物改善了内皮功能障碍，增加了窦微循环中 NO 的生物利用度。已经提出了几种提高 NO 生物利用度的潜在机制。一个是他汀类药物抑制异戊二烯类化合物合成的能力，异戊二烯是膜锚定和激活小 GTP 酶（如 RhoA）的关键。鉴于 RhoA/Rho 激酶信号可以降低 eNOS 活性[61]和表达[62]，他汀类药物通过降低 RhoA 活性可以改善 eNOS 功能，从而提高 NO 的生物利用度并降低肝内血管阻力[60]。另一个潜在的机制是，他汀类药物增加了 Akt/PKB 的活性，后者磷酸化并激活 eNOS，从而提高了 NO 的生物利用度[59]。除了改善内皮细胞功能障碍外，他汀类药物还可以靶向周细胞（如激活的肝星状细胞）中的 RhoA/Rho 激酶通路并降低其收缩力，从而降低肝内血管阻力并改善门静脉高压[60]。

（四）病理性血管生成

血管生成，或从现有血管床形成新血管的过程，也与门静脉高压有关。肝血管生成被认为会产生不规则的肝内循环途径，从而增加肝内血管阻力。已知 Notch1 信号通路对胚胎血管发育和出生后血管重塑很重要。在出生后肝脏中，Notch1 通路的抑制导致结节性再生增生，这是非肝硬化门静脉高压的常见病因。小鼠的 Notch1 缺失导致了异常的窦状微循环，如 LSEC 的去分化、肝窦状微血管的病理重塑、套叠性血管生成（也称为分裂血管生成），以及 ephrinB2/EphB4 和内皮酪氨酸激酶的失调（即动脉与静脉特异性损伤）。有趣的是，缺乏 Notch1 基因的动物甚至在结节性再生性增生发生之前就出现了门静脉高压，这被认为是由肝内血管病变导致的，可能是由肝脏微循环中的套叠性血管生成[63]。血管生成也被证明与肝脏纤维化进展相关[64, 65]。然而，这种关系是复杂的，由于缺氧（一种强烈的血管生成诱导物）的参与，可能是致病或相关的。血管生成的调节通常也不会对肝纤维化产生可预测的影响[66]。

（五）微血管血栓形成及血小板激活

肝内门静脉高压症的研究正在发展，将血小板活化和血栓形成作为其病理生理学的关键因素。Ian Wanless 和其他人是这一领域的重要贡献者，他们观察到肝内血管血栓形成导致肝纤维化的"实质消失"[67]。此外，尽管肝硬化以前被认为有出血趋势，但更先进的生理学测试评估凝血状态[68]和出血并发症的系统研究[69]已经导致了一个重要共识，即肝硬化的止血状态是再平衡的，甚至可能是血栓前状态。

血小板是血管血栓形成的典型生理学的关键因素。最初，肝硬化血小板被认为是功能失调的，容易使患者出现出血趋势[70, 71]。然而，最近发现，肝硬化血小板在止血和血栓形成中的活性有可能保持[72]甚至增加[73]，尽管也存在相互矛盾的数据[74]。通常，血小板在各种类型的肝损伤中的功能非常复杂，有多个阶段特异性因素影响血小板的促纤维化或抗纤维化作用[75]。进一步的实验和临床试验将继续扩大我们对血栓和血小板在门静脉窦高压中作用的认识。

二、肝外循环

（一）概述

除了肝血管系统外，肠系膜血管系统在门静脉高压症中也起着关键作用。该血管床病理生理学的基础知识来自 Groszmann 等的开创性研究 [76-96]。这些研究表明，在门静脉高压症中，即使肝血管阻力增加，内脏循环也是高动力的。内脏动脉血管扩张是高动力循环的一个关键特征，因为它可以持续增加门静脉系统的血流量，从而加剧门静脉高压 [4, 5]。动脉血管扩张可归因于血管系统不同层的异常细胞功能，如内皮细胞、平滑肌细胞和包含血管祖细胞和神经末梢的外膜层。本部分讨论肝硬化门静脉高压症内脏和体循环中动脉血管扩张和侧支血管形成的机制。

（二）内脏和体循环动脉血管扩张

1. 动脉扩张

NO 可能是最重要的血管扩张分子，导致门静脉高压内脏和体循环动脉中观察到的过度血管扩张。有或无肝硬化的门静脉高压症的实验模型也表明，还诱导了其他血管扩张分子，如 CO、PGI2、内源性大麻素和 EDHF [5, 7, 97]。尽管 NO、CO 和 PGI2 受到抑制，但动脉血管扩张的诱导表明存在其他内皮衍生的血管扩张分子，即 EDHF[98]。顾名思义，EDHF 的作用是使血管平滑肌细胞超极化，引起血管松弛。EDHF 的候选物包括花生四烯酸代谢物、EET、K^+、间隙连接成分和过氧化氢 [5]。已知参与肝硬化血管张力调节的血管活性分子见图 51-3。

门静脉压力的增加触发 eNOS 激活，随后在肝外循环中产生过量 NO。根据门静脉高压的严重程度，在不同的血管床上检测到门静脉压力的变化 [51]。肠内微循环首先感觉到门静脉压力的增加，并随着肠微循环中 eNOS 水平的增加而增加 VEGF 的产生。当门静脉压力进一步升高并达到一定水平时，内脏循环（即肠系膜动脉）中出现动脉血管扩张。与 VEGF 介导 eNOS 上调的肠道微循环中的动脉血管扩张相反，人们认

为包括循环应变和剪切应力在内的机械力会诱导 eNOS 激活，并导致内脏循环中的 NO 过度产生 [51, 92, 93, 99, 100]。内脏循环中的动脉血管扩张有助于体循环也呈高动力状态。

2. 血管床高收缩性

门静脉高压症内脏和体循环动脉的收缩力降低也是典型的。这种低收缩主要是由于内皮中存在过多的血管扩张分子（如 NO），但在一定程度上是由于平滑肌细胞和神经元中产生的几种血管收缩分子的减少。这些分子包括神经肽 Y[101]、尾升压素 Ⅱ [102, 103]、血管紧张素 [104] 和缓激肽 [105, 106]。在内脏循环的动脉中，血管扩张剂增加，血管收缩剂减少。

3. 神经源性因子

神经因素也被认为与门静脉高压症的血管张力功能障碍有关，尤其是通过交感神经系统 [101, 107, 108]。据报道，在门静脉高压大鼠肠系膜动脉床中观察到的交感神经萎缩 / 消退导致这些动脉床的血管扩张和（或）收缩不足 [109, 110]。神经因子在收缩反应减少中的作用仍有待完全阐明。

4. 动脉结构性变化

肝硬化大鼠的内脏和体循环中观察到动脉壁变薄 [1, 111, 112]。虽然这种动脉壁变薄可能是高动力循环的结果，但它也可能维持动脉血管扩张并加剧门静脉高压 [5, 6]。尽管 NO 至少部分起作用，但动脉壁变薄的分子机制仍有待了解。

（三）侧支循环血管的形成

门体侧支血管随着门静脉压力的增加而发展。这些侧支血管的形成是为了给高血压门静脉系统减压，并通过打开预先存在的血管或血管生成形成 [113, 114]。然而，这些侧支血管也会导致严重并发症，包括静脉曲张出血和肝性脑病 [5, 115, 116]。门静脉压力的变化被认为首先由肠道微循环床检测到，其次是内脏循环的动脉 [51]。这些血管床随后产生各种血管生成因子，如 VEGF[96, 117, 118] 和 PlGF[119]，它们促进门体侧支的形成。

门静脉高压症和肝硬化的实验研究表明，抗 VEGFR2[100]、抗 VEGF（雷帕霉素）/ 抗 PDGF（格列卫）[120]、抗 PlGF[119]、Apelin 拮抗药 [121]、索拉非尼 [122, 123] 和 can-nabinoid 受体 2 激动药 [124] 的

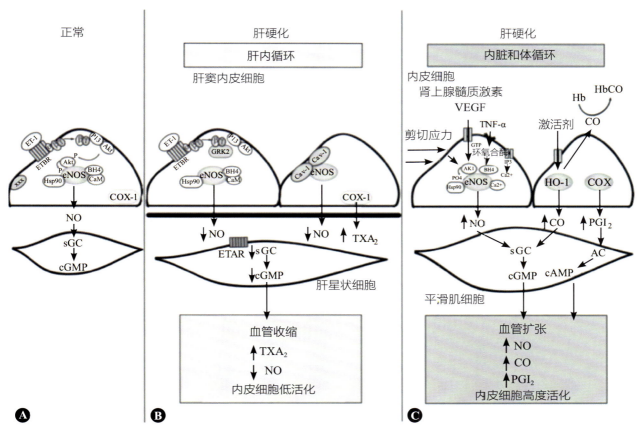

▲ 图 51-3　已知参与肝硬化血管张力调节的血管活性分子

在内脏和体循环（C）中，激动剂（如肾上腺髓质素、VEGF 和 TNF-α）或物理刺激（如剪切应力）刺激 Akt，Akt 直接磷酸化并激活 eNOS。eNOS 的活性需要辅因子，如 BH4。Hsp90 是 eNOS 的阳性调节因子之一。与 NO 一样，HO-1 产生的 CO 通过激活可溶性鸟苷酸环化酶（sGC）在血管平滑肌细胞中生成 cGMP 引起血管扩张。PGI$_2$ 由环氧合酶（COX）合成，并通过刺激腺苷酸环化酶（AC）和生成 cAMP 引起平滑肌松弛。在肝硬化患者的肝内循环中（A），SEC 中 NO 的减少和血栓素 A$_2$（TXA$_2$）的增加导致肝内循环血管舒张的净减少。ET-1 具有双重血管活性作用，通过与位于肝星状细胞（HSC）上的 ETA 受体结合介导血管收缩，并引起 HSC 收缩。ET-1 与 ETBR 的结合通过正常肝脏中的 Akt 磷酸化和 eNOS 磷酸化介导血管扩张。在肝硬化中，GRK2（一种 G 蛋白偶联的受体信号转导抑制剂）在 SEC 中上调，导致 Akt 磷酸化受损和 NO 生成减少。COX1 衍生血管收缩剂前列腺素 TXA$_2$ 的生成增加也是肝硬化内皮功能障碍的一个例子。VEGF. 血管内皮生长因子；TNF-α. 肿瘤坏死因子 -α；eNOS. 内皮型一氧化氮合酶；BH4. 四氢生物蝶呤；Hsp90. 热休克蛋白 90；HO-1. 血红素氧合酶 -1；cGMP. 环鸟苷酸；cAMP. 环腺苷酸；ET-1. 内皮素 -1；ETA. 内皮素 A；ETBR. 内皮素 B 受体；SEC. 肝窦内皮细胞（经 Elsevier 许可转载，改编自 Iwakiri and Groszmann[7].）

组合治疗可使门体侧支减少 18%～78%。然而，这些侧支的减少并不一定会降低门静脉压力，因为它不会实质性地改变门静脉的血流。因此，需要同时缓解动脉血管扩张以降低门静脉压力。

三、高动力循环综合征

（一）概述

门静脉高压症内脏和体循环中动脉血管过度扩张导致高动力循环综合征的发展。该综合征的特征是心脏指数增加，全身血管阻力降低，平均动脉压降低，最终导致慢性肝病中常见的多器官衰竭。本部分讨论了在高动力循环状态下观察到的多器官衰竭（图 51-4）。

（二）体循环及心脏

尽管内脏循环中的动脉血管扩张是一个重要的起始因素，高动力循环的发生离不开血浆容积增加和门体侧支发展[25, 126]。在肝硬化患者中，血液和血浆容积增加，但在血管区域中分布不均

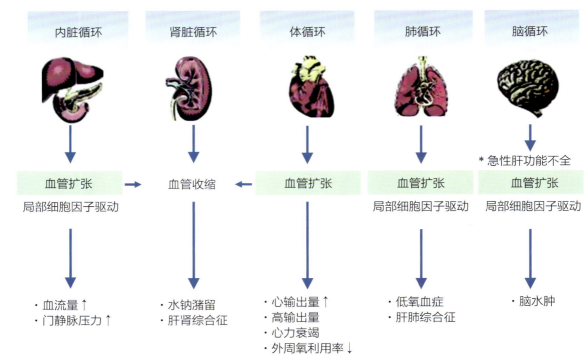

▲ 图 51-4　血管扩张：慢性脑病与脑血流减少有关
该机制可能与在肾循环中观察到的相似（经 John Wiley & Sons 许可转载，改编自 Iwakiri and Groszmann[5].）

匀[127]。例如，与内脏循环相比，心脏、肺和中央动脉树中的动脉血容量减少，导致中央低血容量。血量减少和动脉低血压导致强大的血管收缩系统（如交感神经系统和肾素－血管紧张素－醛固酮系统）的压力感受器激活[128]，导致水分滞留和血浆容积增加。血浆容积的增加和外周血管阻力的降低会导致心输出量的增加。

当门静脉高压持续时，心脏会导致高心输出量综合征：根据个体心输出量的程度进行初始补偿，然后出现一定程度的心功能不全。心脏指数通常高于正常值 [>4L/(min·m²)]，但不足以在进行性动脉血管扩张时维持动脉压[5]。重要的是，一旦导致高心输出量的最初原因得到治疗，高心输出力衰竭是可逆的。在肝移植后肝硬化患者中也观察到这种逆转[129, 130]。

（三）高动力型内脏循环

高动力内脏循环是综合征发展的核心。虽然它通常被认为是肝硬化的并发症，但它应该被更好地理解为门静脉高压的并发症。术语"门静脉流入"通常用于进入门静脉系统的内脏血流，以

将其与进入肝脏的门静脉血流区分开来[77]。门静脉高压是唯一已知的门静脉血流进入门静脉系统（门静脉流入）与进入肝脏的门静脉血流不同的病理生理情况。进入门静脉系统的门静脉流入量显著增加，而进入肝脏的门静脉血流量减少，因为门静脉血逃逸到门静脉高压形成的门体侧支[5]。内脏血管床中的动脉血管扩张被认为有助于增加进入门静脉系统的门静脉流入，也有助于补偿应逃逸到门体侧支的血液。因此，最被接受的概念是动脉血管扩张从内脏血管床（即肠道微循环）开始，然后进入整个内脏循环，是导致高动力循环综合征发展的关键因素。门静脉压力的增加本身触发内脏血管床的动脉血管扩张[51, 93]。

（四）高动力型肺循环

高动力循环也会影响肺部。肺血管扩张与肝肺综合征有关，是慢性肝病最严重的并发症之一（图 51-4）。尽管触发该综合征充分表达的内在机制尚不完全清楚，但由几种内皮血管扩张剂（包括 NO 和 CO）介导的局部血管扩张起着重要作用[131]。肺循环中的局部因素可能决定了为什么

只有一些患者会出现肝肺综合征。高心脏输出也可能通过增加肺血管内皮中的剪切应力及缩短红细胞的肺和组织转运时间而导致肝肺综合征的严重程度[132, 133]。

（五）肾脏循环

高动力循环状态间接影响肾循环床（图 51-4）。据认为，门静脉高压症患者的内脏动脉血管扩张导致血容量的重新分布，导致中心血容量的减少（即相对低血容量状态）。肾对这种低血容量状态的反应是肾动脉血管收缩，肾小球滤过减少，钠和水滞留。中枢低血容量状态激活信号，诱导血管收缩和体积保持性神经体液状态，从而使钠和水保持状态[134-136]。在代偿性肝硬化患者中，进行性全身动脉血管扩张导致血管内容量和心输出量增加，从而可以维持动脉灌注压力。随着病情的进展，随着动脉血管扩张的进行，心输出量持续增加。最终，心脏反应开始无法维持灌注压力，肾血流量下降，肾衰竭发展[137, 138]。这种现象被称为肝肾综合征。动脉血管扩张治疗可改善肾功能[139, 140]。

（六）脑部循环

高动力循环综合征对脑循环的影响可能是最难确定的（图 51-4）。急性和慢性肝病患者的脑血流量分别增加和减少[141]。脑血流量增加主要与急性肝衰竭有关，这可能导致脑水肿的发展[142]。相比之下，慢性肝病患者的脑血流量减少，这种减少与上述肾血流量减少并行，这表明慢性肝病的血流量减少机制可能与上述相似。

四、结论

门静脉高压的发病机制是复杂的，因为门静脉高压不仅涉及肝脏循环，还涉及高动力循环状态的内脏和体循环。由于肝内循环和肝外循环中血管张力的不同条件（即肝内循环中的血管收缩与肝外循环的血管扩张），血管扩张剂或血管收缩剂分子的器官/组织或细胞特异性调节对于治疗至关重要。

第 52 章　非酒精性脂肪肝：机制与治疗
Non-alcoholic Fatty Liver Disease: Mechanisms and Treatment

Yaron Rotman　Devika Kapuria　著

王伽伯　徐　广　陈昱安　译

非酒精性脂肪性肝病（non-alcoholic fatty liver disease, NAFLD）已成为一种全球流行病，其重要的组织学特征是脂肪以甘油三酯（triglyceride, TG）形式在肝脏过量积聚。NAFLD 包括从单纯的肝脏脂肪变性，到非酒精性脂肪性肝炎（non-alcoholic steatohe patitis, NASH），再到肝硬化和肝细胞癌等不同的病理改变。其中 NASH 是 NAFLD 的重要临床表现形式和疾病阶段，表现为肝脏脂肪堆积伴随着炎症和损伤。NAFLD 与多种代谢性疾病相关，如 2 型糖尿病和冠状动脉疾病等。另外，越来越多的证据表明 NAFLD 与癌症之间存在密切联系。本章回顾了 NAFLD 的流行病学，并对疾病自然史、肝脏损伤和进展的机制、治疗选择进行了讨论。

一、非酒精性脂肪性肝病的定义

NAFLD[❶] 是指，在没有引起肝脏脂肪堆积的继发性病因的情况下，通过影像学或组织学发现肝脏 TG 过多累积[1]。基于大量人群的影像学研究，目前通常认为肝脏 TG 水平高于 5.5% 的含量阈值则被认为异常[2]。该阈值与尸检样本获得的生化分析数据一致[3]。非酒精性脂肪肝（non-alcoholic fatly liver, NAFL）和 NASH 这两种形式的 NAFLD，它们仅仅能从组织学上进行区分。NAFL 被定义为存在脂肪变性但没有肝细胞损伤（空泡样结构），而肝细胞损伤（空泡样结构）的存在是诊断 NASH 的必要条件。这两种形式的 NAFLD 均可伴有或不伴有纤维化。

二、非酒精性脂肪性肝病的流行病学

（一）NAFLD 的患病率

NAFLD 是西方国家最常见的肝脏疾病，其逐年升高的患病率[4]与西方国家代谢综合征、肥胖和 2 型糖尿病的发病率增加相一致。值得注意的是，检测方法可以影响发病率的估算值。在一项涵盖 1988—1994 年的 NHANES III 调查中，研究人员认为出现不明原因转氨酶升高则可认为发生 NAFLD，NAFLD 的患病率为 5.4%[5]，而涵盖在 1999—2002 年的 NHANES 调查中，转氨酶升高的发生率则为 9.8%[6]。最近，Takyar 等[7]通过对 3160 名"健康"志愿者进行分析，根据转氨酶和体重指数（body mass index，BMI）升高，

---

❶ 注：由于 NAFLD 主要与超重、肥胖、糖尿病、代谢功能障碍等相关，2020 年由 22 个国家 30 位专家组成的国际专家小组还提出了代谢相关脂肪性肝病新定义的国际专家共识，提出全面又简便的 MAFLD 诊断标准，该标准与饮酒量无关，而是基于肝脏脂肪积聚（肝细胞脂肪变性）的组织学（肝活检）、影像学及血液生物标志物证据，同时合并以下 3 项条件之一：超重 / 肥胖、2 型糖尿病、代谢功能障碍。

推测 NAFLD 的患病率为 27.9%。然而，众所周知，转氨酶正常并不能排除 NAFLD 的存在[8]。这在上述 1988—1994 年的 NHANES Ⅲ 队列研究中得到证实，人们通过超声方法进行评估，发现脂肪变性的患病率为 21.4%[9]。在随后一项基于超声检查的、涵盖 2007—2010 年的研究中发现，328 名受试者中有 46% 的人患有脂肪变性[10]。此外，在基于 ^{1}H-MRS 的多民族 Dallas 心脏研究中发现，队列中 1/3 的人发生了脂肪变性[11]。

全球范围内，NAFLD 的患病率报道存在很大差异。最近一项包括 57 项全球研究的 Meta 分析报道称[4]，全球 NAFLD 的综合患病率为 25.24%。其中南美洲（30.45%）和中东（31.79%）报道的患病率最高，患病率最低的是非洲（13.48%），亚洲、欧洲和北美的 NAFLD 合并患病率分别为 27.37%、23.71% 和 24.13%[12]。

除了成人中，儿童中也存在类似的 NAFLD 患病率上升的趋势，患病率从 1988—1994 年的 3.9% 上升到 2007—2010 年的 10.7%[13]。一项跨越 1993—2003 年的尸检系列报道发现儿童 NAFLD 的患病率为 9.6%，其中肥胖儿童 NAFLD 的患病率为 38%[14]。

（二）NASH 的患病率

与可通过可靠成像方式识别的 NAFLD 不同，NASH 的诊断仍然只能通过组织学进行诊断。尽管有几种非侵入性检测方法被建议作为区分 NAFL 和 NASH 的方法，但仍然没有一种方法足够可靠、精确。由于在大多数患者中进行肝活检通常不可行或临床上不需要，因此很难估计 NASH 的真实发病率。在最近的一项 Meta 分析中[4]，接受肝活检的 NAFLD 患者中，NASH 总体患病率为 59.1%。然而，这可能是由组织活检选择偏差导致的。在一项对所有 NAFLD 患者进行了肝脏活检的前瞻性研究中，无论患者的临床指征如何，NAFLD 患者中有 29.9% 被发现患 NASH[10]。从以上这些数据推断，NASH 的总体患病率估计为 1.5%～6.5%[4]。与此相一致的是，在一项接受了减肥手术的肥胖者队列中（预计有大量 NAFLD 患者），活检结果表明有 7.5% 的人患有 NASH[15]。

（三）非酒精性脂肪性肝病和代谢综合征

非酒精性脂肪性肝病常与肥胖、糖尿病和代谢综合征同时发生。体重指数（BMI）与肝脏甘油三酯含量具有明显的相关性。据报道，非酒精性脂肪性肝病受试者的肥胖发病率为 37%～71%。而在接受减肥手术的严重肥胖患者中，有超过 90% 的人被发现患有 NAFLD。同样，研究表明，高达 33% 的 NAFLD 患者患有 2 型糖尿病，而 70% 的糖尿病患者患有 NAFLD。糖尿病和非酒精性脂肪性肝病患者出现非酒精性脂肪性肝炎、肝纤维化和肝细胞癌的风险增加。近一半的 NAFLD 和高达 71% 的 NASH 患者存在代谢综合征。

考虑到非酒精性脂肪性肝病和代谢异常并存，横向研究很难确定 NAFLD 是肥胖、糖尿病和代谢综合征的原因还是结果。在一项基于不含 NAFLD 的受试者的纵向研究中，如果受试者本底有较高的 BMI、胰岛素抵抗或代谢综合征，那么在 7 年随访后则更有可能发生 NAFLD。同样，本底患有 NAFLD，则 6 年随访后，其糖尿病发病率也相应升高。因此，NAFLD 与糖尿病和代谢综合征之间存在着双向关联。

（四）其他风险因素

纵向研究表明，与女性相比，男性 NAFLD 的发病率显著增加。而在女性中，绝经和绝经后女性相比绝经前女性，其更容易发生 NAFLD[20, 22]。

种族和民族也是 NAFLD 的主要风险因素。与非西班牙裔白种人相比，西班牙裔人 NAFLD 的患病率更高，非裔美国人中则相对较低。在亚洲人中，当前 NAFLD 发生越来越多，甚至在 BMI 正常的人群中也常有发生。

三、遗传流行病学

从基于双胞胎[23]和家族[24]的研究中可以看出，NAFLD 的患病率和严重程度具有很强的遗传性和强烈的种族差异。通过全基因组关联研究及其他近年来的测序方法，发现了多个与 NAFLD 相关的单核苷酸多态性（single nucleotide polymorphism, SNP）。其中最受关注的是独立于肥胖或糖尿病等已知 NAFLD 相关危险因素的 SNP，因为这些 SNP 反映了肝脏的真实风险。

（一）PNPLA3

PNPLA3 编码的脂联素蛋白，存在于肝细胞和脂肪细胞的内质网和脂滴膜中，具有 TG 水解酶和酰基转移酶活性。*PNPLA3* 中的非同义 SNP rs738409（c.444C＞G, p.I148M）与 NAFLD 密切相关。*PNPLA3-I148M* 最初在人群中被发现与肝脏 TG[25] 和酶[26] 相关。随后通过组织学研究发现，其与 NAFLD 和 NASH 的严重程度相关。除了影响肝脏脂肪含量外，*PNPLA3-I148M* 还可促进肝脏炎症、损伤和纤维化[27, 28]。该高风险等位基因还与肝细胞癌风险[29]、酒精性肝病[30]、儿童 NAFLD 患者的早期表现[27] 及其他肝脏疾病密切相关。这些研究暗示着，*PNPLA3-I148M* 可能是通过一个共同的损伤途径而影响这些疾病进展。

PNPLA3-I148M 突变影响肝脏脂质代谢的机制尚不清楚。但有研究报道，脂联素 I148M 突变损害了其泛素化，导致其在肝脂滴[31] 上的累积，从而调节脂滴 TG 和磷脂成分的含量[32]。除了在肝细胞中的功能外，脂联素在肝星状细胞中还具有视黄醇棕榈酸脂肪酶活性，这可能有助于解释其与肝纤维化[33] 的关系。

（二）TM6SF2

TM6SF2 基因上的一个 SNP rs58542926（c.499A＞G, p.E167K）也与 NAFLD 相关[34]。其不但与增加的 NAFLD 患病风险相关，与血清中 LDL- 胆固醇和 TG 降低相关，也与降低的心肌梗死风险相关[35]。抑制 TM6SF2 功能，会损害肝脏中新生 VLDL 的脂化，从而导致 TG 分泌减少和胞内 TG 蓄积增加[36, 37]。

（三）HSD17B13

HSD17B13 基因产物是一种在体外和体内均具有视黄醇脱氢酶活性的肝脂滴蛋白[39]。*HSD17B13* 基因上的若干 SNP 也与 NAFLD 相关肝损伤密切相关。例如，剪接位点 SNP rs72613567，可产生一种功能丧失型异构体。该异构体与肝细胞损伤、炎症和纤维化的保护有关，但是反过来，其却增加了 NAFLD 患者的脂肪变性[38, 39]。除了该位点以外，研究发现，*HSD17B13* 基因的其他功能缺失变异体同样对肝损伤具有类似的保护作用[39, 40]。

除了以上基因以外，若干其他基因也被报道与 NAFLD 组织学特征相关，如 *MBOAT7* 和 *GCKR*[41]。此外，表观遗传变化似乎也在 NAFLD 发病机制中发挥作用，有数据表明线粒体 DNA 甲基化与其组织学严重程度相关[42]。

四、NAFLD 的发病机制

脂肪堆积的机制

NAFLD 的标志是 TG 在肝细胞内蓄积。脂肪酸是构成甘油三酯的基本成分，其可以从脂肪组织脂解中作为非酯化脂肪酸（non-esterified fatty acid, NEFA）输送到肝细胞，也可以来源于膳食，作为乳糜微粒甘油三酯的一部分，还可以在肝细胞内通过脂肪从头合成形成。肝脏 TG 和 FA 可以从 VLDL 中分泌出来，也可通过 β 氧化被氧化或代谢成其他衍生物。脂肪肝反映了脂肪酸输入和输出之间的不平衡（图 52-1）。

1. 脂肪组织 NEFA

在 NAFLD 中，肝脏 TG 中的 FA 大部分来自循环 NEFA（59%），而新形成的 FA 贡献了 26%，膳食来源贡献了 15%[43]。绝大部分循环 NEFA 来源于脂肪细胞的脂解（空腹状态下 82%，饮食状态下 62%），提示脂肪细胞是肝脏 FA 的主要来源。脂肪组织胰岛素抵抗（insulin resistance, IR）广泛存在于 NAFLD 中，表现为不能抑制餐后脂解作用，从而导致 NEFA 向肝脏的递送增多[44]。有趣的是，NAFLD 肝内 TG 浓度与脂肪组织 IR 密切相关，而与肝脏 IR 无关[45]。与 NAFLD 相比，NASH 患者的脂肪 IR 更差，并且其脂肪 IR 与肝纤维化程度相关[46]。总之，这证明了脂肪细胞功能障碍及脂肪细胞来源的、过量输送到肝脏的 NEFA 在肝脏 TG 蓄积中起着重要作用。

2. 脂肪从头合成

脂肪从头合成（de novo lipogenesis, DNL）即由乙酰 CoA 合成脂肪酸，该途径中的关键酶在 NAFLD 中将表达上调。在健康的个体中，DNL 贡献了不到 5% 的 TG 合成[47]。而在 NAFLD 患者中，DNL 明显升高，约占肝脏 TG 中 FA 的 1/4[48]。尽管出现肝脏胰岛素抵抗，但是肝脏胰岛

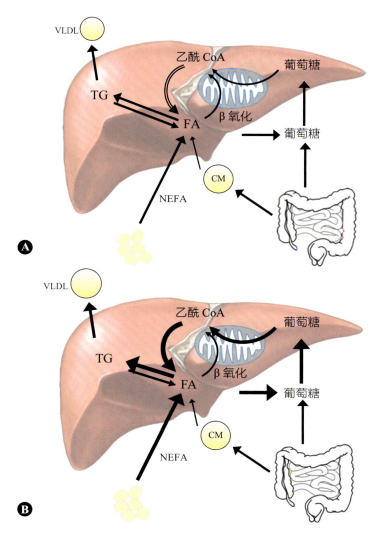

▲ 图 52-1　肝脏脂肪堆积的机制

A. 肝脏中的脂肪酸的输入与清除平衡。输入途径包括从脂肪组织输送非酯化脂肪酸，从乳糜微粒输送甘油三酯，以及从乙酰 CoA 通过脂肪从头合成产生脂肪酸（双头箭）。清除途径包括氧化或甘油三酯的生成。甘油三酯通过 VLDL 分泌出去或水解为脂肪酸。B. 在非酒精性脂肪肝中，脂肪组织胰岛素抵抗导致向肝脏输送的非酯化脂肪酸增加，肝脏和肌肉组织的胰岛素抵抗则导致高血糖和乙酰 CoA 可用性增加。高胰岛素血症驱动脂肪从头合成产生脂肪酸的净增加，以及甘油三酯生成的分流增加。此外，VLDL 颗粒的分泌也将增加，但作用有限。CM. 乳糜微粒；FA. 脂肪酸；NEFA. 非酯化脂肪酸；TG. 甘油三酯；VLDL. 极低密度脂蛋白

素驱动的 DNL 会增加，提示选择性胰岛素抵抗的存在可能是通过损害特定信号通路发生的[49]，也可能是对营养流改变的一种反应[50]。因此，NAFLD 中，肝脏是暴露在脂肪组织脂解和肝脏脂肪生成的失调环境中，从而导致其 NEFA 水平增加。

3. VLDL 排泄

过量 NEFA 进入肝脏，导致肝脏 TG 的过量形成，并伴随着 VLDL 和 VLDL-TG 分泌的增加。然而，这种增加受到 apoB100 分泌能力的限制，从而难以匹配肝内 TG 生成的速率[51]。

4. β 氧化

关于肝脏线粒体 β 氧化在肝脏 TG 积累中的作用，当前并没有形成共识。一些研究表明 NAFLD 患者的肝脏 FA 氧化增加[52]，也有研究则表明该过程减少[53]。产生这种矛盾的部分原因

可能是由不同研究方法导致的。

五、肝脏损伤和脂肪性肝炎发展的机制

（一）二次打击与多重打击假说

脂肪变性很常见，但 NASH 却只见于一部分患者。同样，脂肪变性在小鼠模型中相对容易产生，但再现 NASH 却要困难得多。因此，需要阐明从脂肪变性到脂肪性肝炎转变的机制。最初，人们提出了二次打击假说[54]。肝脏 TG 的累积被认为是第一次打击，使肝脏对进一步的损伤敏感；第二次打击则驱动损伤过程，主要是通过诱导脂质过氧化。其他潜在的第二打击因素还包括药物、肠道内毒素、铁超载和各种氧化应激的诱导剂。然而近年来，人们已经清楚地认识到，二次打击模型无法解释 NAFLD 的复杂性，因此形成了一种更复杂的"多重打击"或"连续打击"假说。肝细胞损伤的主要驱动过程被认为是来自 FA 或其衍生物的脂肪毒性[55]，以及随后激活的炎症反应和纤维化。除此之外，遗传和营养因素也参与了该过程。

（二）脂质毒性

在 NAFLD 中，净 FA 流是增加的。将过量的 FA 转化为 TG 是一种重要的防御机制，以抵御脂肪毒性，这可能解释了 NAFL 相对良性的表型。事实上，动物研究表明，TG 很可能是惰性的，本身不会造成损害。在这些研究中，抑制甘油三酯的形成尽管不会产生脂肪变性，但是可导致肝脏损伤增加[56]。当这一机制不堪重负时，过量的 FA，尤其是饱和脂肪酸及其下游代谢物，如神经酰胺、DAG 和溶血磷脂酰胆碱会积累，并引发细胞损伤和死亡、炎症及由此产生的纤维化这一级联过程[55]。

（三）氧化应激和内质网应激

氧化应激与 NASH 的发病机制密切相关[57]。肝脏代谢负荷增加，即肝脏线粒体的氧化磷酸化能力增加[58]驱动了一个适应性过程。然而，在 NASH 中，该适应性过程受损可能是由于脂毒性损伤了线粒体，导致 ROS 的增加和氧化应激的产生[59]。FA 微粒体和过氧化物酶体氧化增加，也将导致过量 ROS 的产生[60]。不受控制的 ROS 会对膜和 DNA 造成损伤，从而导致高毒性的脂质过氧化产物的形成，尤其是丙二醛和 4– 羟基壬烯醛[61]。

内质网应激也在 NAFLD 中发挥作用[62]。内质网应激可能是由于饱和 FA 的脂毒性损伤从而导致未折叠蛋白反应而激活。与线粒体一样，似乎 NASH 中也涉及这一无法抗拒的适应性反应，而慢性 ER 应激本身又会诱导 DNL 增加和 ROS 形成，从而形成恶性循环[63]。而当其过度激活后，内质网应激会激活 IkB 和 JNK，从而启动一系列促炎和促凋亡级联反应。

（四）肝细胞外损伤

肝细胞的脂毒性损伤激活了 NASH 中程序性死亡（内在途径和外在途径），主要是细胞凋亡[64]。此外，NASH 中似乎还有一群受到亚致死性损伤的应激细胞，它们与肝脏中气球样肝细胞呈组织学相关性。凋亡和气球样肝细胞可释放包括音猬因子[65]在内的无数信号，以及含有各种信号分子的胞外囊泡[66]，如神经酰胺、CXCL10、TRAIL、miRNA 和线粒体 DNA[67]。它们作为趋化因子和损伤相关分子模式（damage-associated molecular pattern, DAMP），与源自肠道细菌的病原体相关分子模式（pathogen-associated molecular pattern, PAMP）一起被包括 TLR 和 NLR 在内的模式识别受体（pathogen recognition receptor, PRR）识别。DAMP/PAMP-PRR 级联反应导致先天免疫系统细胞的活化[68]。在各种 TLR 和 NLR 中，与 NASH 发病机制最相关的是 TLR4 和 NLRP3 炎症小体。

（五）免疫细胞活化

肝巨噬细胞（Kupffer cells，KC）是驻留在肝脏中的巨噬细胞，它参与了 NASH 炎症过程的启动。PRR 识别 PAMP/DAMP 后或者游离脂肪酸直接导致 KC 激活可分泌细胞因子，如 TNF 和 IL-1β，以及趋化因子，如 CCL2 和 CCL5。这些因子反过来又将导致机体循环中的巨噬细胞向肝脏募集并激活，从而放大整个炎症过程[69]。除此之外，KC 本身作为 ROS 的主要生产者，还进一步传递了级联损害反应。中性粒细胞也可被细胞因子和 DAMP/PAMP 招募至肝脏，通过其髓过氧化物酶活性进一步促进炎症过程[70]。在小鼠模型中，选择性地耗尽 KC 或敲除 TLR4、CCL2-CCR2 轴或中性粒细胞酶，均可改善 NASH 疾病表型，表明这些先天免疫细胞在 NASH 中的重要

作用[69]。此外，研究也报道，其他免疫细胞，包括 NK 细胞和 NKT 细胞、调节性 T 细胞和黏膜相关不变 T 细胞也与该过程密切相关[71]。

（六）微生物群

尽管各研究结果并不一致，但近年来多项研究表明，NAFLD 受试者与对照组之间及 NASH 受试者与 NAFL 受试者之间的肠道菌群组成存在差异[72]。来自动物研究更有力的证据支持了菌群失调在 NAFLD 中的作用。在一项关键的实验中，脂肪饮食诱导的无菌小鼠脂肪肝可通过移植微生物菌群来调节[73]，脂肪变性也可在共同饲养的、具有不同微生物群的小鼠中进行传播[74]。

肠道菌群可以通过多种机制影响 NAFLD。肠道屏障的破坏或渗漏可导致肝细胞暴露于 LPS 及其他微生物产物之下，它们作为 PAMP 激活肝脏先天免疫反应[75]。来自肠道微生物群与肠道内容物相互作用的代谢物，如胆碱代谢物三甲胺（trimethylamine，TMA）、短链脂肪酸、氨基酸代谢物和内源性乙醇，均可以激活肝脏中的信号通路，影响 NAFLD 和 NASH。肠道菌群代谢物和胆汁酸池成分的改变反过来又将影响肠道和肝脏法尼酯 X 受体（farnesoid X receptor, FXR）的激活，从而影响脂肪变性和脂肪性肝炎的发展[76]。此外，胆汁酸的微生物代谢还可影响肝 NKT 细胞的活化及其抗肿瘤活性。从该角度而言，这暗示着肠道菌群与肝癌患病风险之间的联系[77]。然而，这些机制间的相关性需在人体研究中得到进一步证实。

六、NAFLD 的自然史

NAFLD 是一种进展缓慢的疾病，它可影响患者几十年，甚至是一生。尽管 NAFLD 通常无症状，但其却与人类总体死亡率及肝相关死亡率增加相关。

（一）NAFLD 的肝脏结局

NAFLD 患者的症状是微妙和非特异性的，可能包括肝脏不适和疲劳，也可能出现一些更严重的症状和并发症，如肝失代偿、需要肝移植和肝脏相关死亡，它们通常与肝硬化紧密相关[78]。肝纤维化被认为是主要的 NAFLD 最终肝脏结局[79-81]。不同患者中，纤维化进展各不相同，甚至有些患者纤维化过程可以自发消退[82, 83]，这可能反映了该疾病高度动态性和波动性的特点。在配对活检系列中，存在 NASH 或炎症是纤维化进展的最重要预测指标[85, 84]。因此，人们把损伤和炎症作为纤维化驱动因素的病理生理学范式，这也与临床数据一致的。

除了进展为肝脏失代偿外，NAFLD 患者还可以发展为肝细胞癌[85]。与其他肝脏疾病一样，大多数肝细胞癌病例发生在肝硬化的背景下。然而，有明确的证据表明，在没有肝硬化的情况下，NAFLD 也可导致肝细胞癌。并且与病毒性肝炎相比，NAFLD 的非肝硬化性肝细胞癌的风险似乎更高[86]。

（二）肝外表现

虽然 NAFLD（尤其是 NASH）的出现常常伴随着肝脏相关死亡率的增加，但心血管疾病和癌症仍然是这些患者死亡的第一和第二大原因。因此，NAFLD 与肝外表现有明显的关联。

1. 心血管疾病

脂肪肝与心血管风险增加有关。这种增加的风险横跨了从无症状的动脉粥样硬化[87]到增加的心血管事件[88]及心血管疾病死亡率[81, 89]。鉴于 NAFLD 和心血管疾病具有共同的危险因素，如肥胖和胰岛素抵抗，目前尚不清楚除了这些危险因素外，单独 NAFLD 风险增加占多大原因，也不清楚 NAFLD 与心血管疾病间是否存在直接机制性作用。

2. 肝外癌

除了肝癌的风险，NAFLD 患者也具有更高的肝外恶性肿瘤发生率。一些研究显示，NAFLD 也可导致结直肠腺瘤和癌症的风险增加[90]，其越严重可能预示着患癌的风险更高[91]。据报道，乳腺癌[92]及其他癌症[93]也与 NAFLD 相关。与心血管疾病风险一样，目前尚不清楚与 NAFLD 相关的患癌风险增加是否反映了与肥胖和糖尿病的关联，因为已知这两者都会增加癌症风险，或者与 NAFLD 相关的患癌风险是否独立于它们。

3. 慢性肾脏病

慢性肾脏病在 NAFLD 中更常见，而 NASH 患者患慢性肾脏病的风险更高[94]，即使在控制了代谢危险因素后也是如此。

七、评估 NAFLD 患者

（一）临床特征与诊断

当影像学或组织学上有肝脂肪变性，但没有脂肪变性的继发性病因时，则可诊断为 NAFLD[1]。NAFLD 患者通常无症状，诊断通常是偶然的。患者可能偶尔出现疲乏或者右上腹位置模糊、不明显的疼痛或不适，也有可能由于肝脏脂肪浸润而出现肝大。慢性肝病的体征或症状通常不存在，除非患者进展为晚期肝病或肝硬化。

（二）肝活检的作用

肝活检是诊断 NAFLD 的重要手段，也是区分 NASH 和 NAFL 的金标准和唯一可靠的方法。它还可用于评估疾病的进展程度，并准确地划分纤维化的程度。当前，有几种评分方案可用于 NAFLD 组织学的半定量评估，最常见的是 NASH-CRN 评分系统[95]。这些评分适合用于临床试验，但仍然不能代替适当的组织学诊断[96]。尽管肝活检有用，但其使用也受到其固有风险[97]、成本和采样误差的限制。目前，指南建议对晚期纤维化风险增加的患者及怀疑具有肝脂肪变性病因的患者，或者在多种肝病的情况下，要确定肝脏损害的主要原因的患者进行肝活检[1]。这在一定程度上，主要是由于对非侵入性的、识别和分级 NAFLD 的方法的需求尚未得到满足。

（三）非侵入性评估

1. 肝脂肪变性的评估

超声或 CT 等成像方法对于检测中重度脂肪变性是非常敏感和特异的[98]。例如，对于大于 20% 的脂肪变性检测，超声具有 91% 的敏感性和 99% 的特异性[99]。但对于轻度脂肪变性，其敏感性显著降低。超声上的高回声程度或 CT 上的相对或绝对肝脏密度可用于半定量评估脂肪变性的程度，但准确性有限。尽管如此，超声仍然是诊断肝脂肪变性的主要方式，因为它具有广泛的可用性、无辐射暴露和低成本。最近，用于量化肝脏超声衰减度的控制衰减参数（controlled attenuation parameter，CAP）被发现是检测和定量脂肪变性的敏感指标[100]。

相比于超声和 CT，基于 MRI 的成像方式为检测脂肪变性提供了更加卓越的灵敏度和特异性。MRI 的另一个优点是能够使用 MR 光谱或 MRI 质子密度脂肪分数（MRI proton density fat fraction，MRI-PDFF）准确量化肝脏脂肪[101]。虽然基于 MRI 的检测方法具有高灵敏度和特异性，但目前成本和有限的可用性并不能使它们成为临床研究之外的可行选择。

当前，有几个综合评分可以用来计算脂肪变性的程度，这些评分基于血清生物标志物，以及有或没有人体测量参数，如脂肪肝指数、肝脂肪变性指数和专有的脂肪测试。尽管这些评分具有合理的准确性，但尚不清楚它们是否能取代临床治疗中对影像学检查的需求[102]。

2. NASH 的鉴定

NAFLD 患者管理和临床试验招募的一个关键因素是 NAFL 与 NASH 的鉴别。肝活检是诊断的金标准，但在可接受性、风险和成本方面存在显著限制。根据 NASH 的发病机制，当前已经在着手研究几种用于诊断的血液标志物。例如，作为肝细胞凋亡标志物的细胞角蛋白片段 18[103, 104]、氧化脂质产物[104] 及一些专有样本库（见参考文献 [102]）。然而，这些方法都存在准确性有限、验证不完全或成本低的问题，尚未应用于临床。

3. 肝纤维化的评估

由于肝纤维化是 NAFLD 死亡率和肝脏相关并发症的主要决定因素，那么一种非侵入性的纤维化标志物应该要能提供风险分层，并能对特定患者进行精准治疗。与评价脂肪变性一样，当前研究中的肝纤维化生物标志物包括成像方式和血液标志物[105]。

因为肝纤维化与肝僵硬程度增加相关。几种成像方式可通过在肝脏中产生横波并测量其速度，从而检测与肝僵硬度直接相关的肝脏弹性，如基于超声波的振动控制的瞬时弹性成像技术（transient elastography，TE）（Fibroscan®）、剪切波弹性成像和声辐射力成像（acoustic radial force imaging，ARFI），基于 MRI 用于磁共振弹性成像。一般来说，基于弹性成像的检测在检测肝硬化和晚期纤维化方面具有很高的准确性，但对于早期纤维化（2 期之前）的诊断还不够准确[102, 106]。

研究人员开发了几种基于血液生物标志物的复合评分来检测纤维化。其中一些是使用已有数据的、非特异性的特征，如肝酶、血小板计数及临床和人体测量特征，它们包括最初应用于病毒性肝炎的评分，如 AST/ALT 比值、AST/ 血小板比率指数（AST/platelet ratio index，APRI）或 FIB-4，也包括专为 NAFLD 开发的一些评分系统，如 NAFLD 纤维化评分（NAFLD fibrosis score，NFS）或 BARD 评分。尽管在流行病学研究中很有用，但这些简单易行的评分系统很有局限，不足以应用于常规临床[105]。

基于血液的生物标志物更具有特异性，它们是基于肝纤维化和细胞外基质沉积过程的可测量标志物。如血液中透明质酸、TIMP1 和 P Ⅲ NP（pro-C3）是其中非常有前景的标志物。一般

来说，基于这些标志物复合的、特定的评分系统，包括增强肝纤维化（enhanced liver fibrosis，ELF）、FibroSure/FibroTest 和 FibroMeter NAFLD，比非特异性评分系统提供了更高的准确性。但它们目前也同样受可用性和成本的限制。

八、NAFLD 的治疗选项

尽管 NAFLD 和 NASH 的患病率和影响面都在上升，但目前还没有被批准的治疗方法。然而，除了一些被批准用于其他适应证的药物已经显示出治疗 NASH 的作用外，也有大量正在研究的新药。随着对 NAFLD 发病进程了解的增加，人们针对这些进程开发了大量药物（图 52-2）[107]。本文综述了目前已证实有效的治疗方法，以及撰写本文时处于临床试验阶段的治疗方法（表 52-1）。

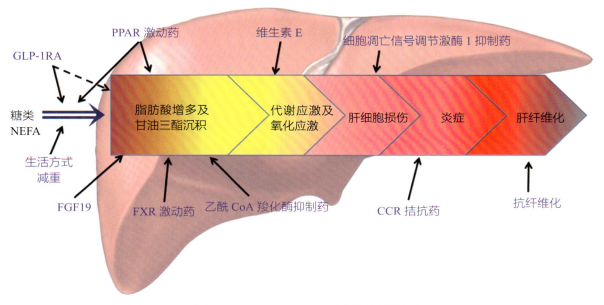

▲ 图 52-2 NAFLD/NASH 治疗的机制性靶点

糖类和非酯化脂肪酸的增加及胰岛素抵抗一同促使甘油三酯和脂肪酸在肝脏积累，从而导致代谢和氧化应激、肝细胞损伤、炎症，最终导致纤维化。生活方式的改变及减重手术可以减少肝脏过多的热量负荷。GLP-1 受体激动药（如利拉鲁肽）可能直接作用于肝脏，减少热量负荷（通过减少食欲和减肥）并改善胰岛素敏感性。PPAR 激动药（如吡格列酮或艾拉菲诺）改善脂肪和（或）肌肉组织的胰岛素抵抗，减少葡萄糖和脂肪酸对肝脏的过量负荷，同时也减少肝脏脂肪生成。FXR 激动药（如奥贝胆酸）或 FGF19 类似物（NGM-282）则可减少胆汁酸合成和肝脏脂肪生成，NGM-282 可能也可作为胰岛素增敏药。抑制肝脏脂质生成的第一步的乙酰 CoA 羧化酶抑制药，可阻断肝脏脂肪酸的合成和积累。维生素 E 是一种脂溶性抗氧化药，可作用于肝脏脂质代谢的下游，改善脂毒性导致的氧化应激。而 ASK1 抑制药（如司隆色替）可阻断氧化应激经 ASK1-JNK 通路导致的肝细胞损伤和凋亡。Cenicriviroc 是 CCR2 和 CCR5 拮抗药的双重抑制药，可阻断炎症细胞的招募和减少炎症损伤。最后，抗纤维化药物针对的是肝纤维化过程。NAFLD. 非酒精性脂肪性肝病；NASH. 非酒精性脂肪性肝炎；CCR.C-C 趋化因子受体；FGF. 成纤维细胞生长因子；FXR. 法尼醇 X 受体；GLP-1RA. 胰高血糖素样肽 1 受体激动药；NEFA. 非酯化脂肪酸；PPAR. 过氧化物酶体增殖物激活因子受体

表 52–1　在非酒精性脂肪性肝炎（NASH）的临床试验中选择反应率

治疗方式	持续时间	组织学反应[a]（%）	NASH 缓解率（%）	纤维化改善率（%）	参考文献
生活方式（全部受试者）	12 个月	47	25	19[b]	[109]
生活方式（减重超过 5% 的受试者）	12 个月	82	58	26[b]（减重＞10% 的受试者有 45% 纤维化情况改善）	[109]
吡格列酮	18 个月至 96 周	34[b]～58	47～51	44[b]	[112, 113]
维生素 E	96 周	43	36	41[b]	[112]
奥贝胆酸	72 周	45	20[b]	35	[115]
艾拉菲诺（120mg）	52 周	48	19	未见报道	[114]
利拉鲁肽	48 周	43	35	26[b]	[124]

a. 组织学反应标准在不同的试验中有所不同，但通常包括 NAS 至少减少 2 分。按意向治疗计算反应百分比
b. 与安慰剂相比无显著性差异

（一）减少热量摄入

干预生活方式，包括饮食和体育活动，不仅能降低肝脏甘油三酯的含量，还能改善 NAFLD 组织学特征，它们与体重减轻程度直接相关[108]。最近 Vilar-Gomez 等报道了 293 例 NASH 患者 52 周干预生活方式治疗的结果[109]。研究表明，在减重超过 5% 的参与者中，NASH 改善的可达 58%。除此之外，在少数体重减轻超过 10% 的受试者中 NASH 改善的为 90%，纤维化进展减少率为 81%。然而，仅有 30% 的参与者体重减轻超过 5%，这凸显了实现持续效果的困难，也是干预生活方式的主要局限性。另一个间接的证据是，治疗试验中显著的组织学特征改善也反映了减肥的益处，这些特征通常也与减肥有关[110]。鉴于生活方式的改变已被证实可改善 NASH，以及生活方式的改变对糖尿病和代谢综合征等相关并发症的已知益处，应在任何 NAFLD 患者中推广，而不是考虑药物治疗方案。

由于仅靠干预生活方式难以维持减肥，但是减肥手术对肥胖患者是有用的，并且也有益于糖尿病的治疗。在一个迄今为止规模最大的队列中[15]，在减肥术后 1 年内，85% 的受试者的 NASH 组织学特征得到了改善，33% 的受试者在脂肪变性方面有所改善。在上述同一队列中的 5 年随访数据表明[111]，在 1～5 年期间，85% 的 NASH 改善持续存在且纤维化持续好转。因此，减肥手术可能是 NASH 患者一个有吸引力的治疗方法。

（二）药物治疗

1. 激活 PPAR

PPAR 是一组转录调节一系列代谢和炎症过程的核受体。它们通常可通过结合作为配体的各种 FA 和 FA 衍生物而激活。PPARγ 主要在脂肪组织中表达，控制脂肪形成、脂质生成和葡萄糖代谢。噻唑烷二酮（Thiazolidinediones, TZD）是已被批准用于治疗糖尿病的、人工合成的 PPARγ 激动药。吡格列酮是最常用的 TZD，曾在多个试验中用于治疗 NASH。在 PIVENS 研究中，163 名非糖尿病 NASH 患者分别接受 96 周的吡格列酮或安慰剂治疗。吡格列酮治疗后，组织学改善的受试者比例为 34%，而安慰剂组为 19%，但是这个差异没有达到预先规定的显著性统计学水平[112]。相比之下，在一项包括 101 名糖尿病患者或糖尿病早期 NASH 患者的研究中，18 个月

的吡格列酮治疗后，51% 的受试者 NASH 症状得到缓解，这一比例显著高于安慰剂治疗组[113]。总的来说，吡格列酮治疗似乎对 NASH 有效，特别是对糖尿病或糖尿病早期患者，但由于存在心血管风险和常见不良反应（体重增加）的影响，其可接受性有限。

Elafibrinor 是一种靶向 PPARα 和 PPARδ 的双重 PPAR 激动药。在临床 Ⅱ b 期试验 GOLDEN-505 中，将两种剂量的 Elafibrinor（80mg 和 120mg）与安慰剂进行了比较。52 周后，尽管 Elafibrinor 治疗改善了 NASH 的组织学特征，但是该改善仅仅是受试者有显著疾病差异下的事后分析结果[114]。目前，该药的 Ⅲ 期临床试验正在进行中。

2. 胆汁酸信号转导

FXR 充当细胞内胆汁酸传感器，当其激活时，可抑制胆汁酸的合成和分泌，并减少脂肪生成。奥贝胆酸（OCA）是一种可用作 FXR 激动药的人工合成胆汁酸。在临床 Ⅱ b 期 FLINT 试验中，服用 OCA 的 NASH 患者在组织学改善（46%）和 NASH 消退（22%）方面优于安慰剂组[115]，但同时也伴随有明显的瘙痒和 LDL– 胆固醇的轻度增加。为确定疗效和安全性，一项关于 OCA Ⅲ 期临床试验正在进行中。当前，也有其他处于早期开发阶段中 FXR 激动药。FGF19 是一种肽激素，响应于回肠末端 FXR 的激活而释放，可通过其肝细胞上受体 FGFR4 控制胆汁酸的合成。此外，FGF19 也有胰岛素样作用，可作用于肝糖异生和糖原合成。使用 NGM282（一种 FGF19 类似物）对 NAFLD 患者进行的 Ⅱ 期研究显示，其可有效降低肝脂肪含量[116]和改善 NASH 组织学特征[117]。

3. 维生素 E

鉴于氧化应激在 NASH 发病机制中的作用，抗氧化剂可能有助于 NASH 的治疗。维生素 E（α生育酚）是一种脂溶性抗氧化剂，已经多项关于 NASH 治疗的临床试验中对其进行了相关研究。在之前提到的 PIVENS 试验中，非糖尿病 NASH 患者接受 800U/d 天然维生素 E 治疗后，43% 的患者组织学改善，36% 的患者 NASH 特征消退[112]。TONIC 儿科试验也发现了类似的结果[118]。此外，尽管是在一项回顾性分析中，但是维生素 E 是在所有药物治疗中唯一被证明可降低失代偿或肝移植需求等有临床意义发生率的药物[119]。然而有报道称，在接受高剂量维生素 E 的受试者中，出血性脑卒中[120]和前列腺癌[121]的风险增加。最近一项来自一项小型试验的报道显示，维生素 E 可导致 NAFLD 患者，尤其是糖尿病患者的消化道出血增加[122]。因此，在考虑使用维生素 E 治疗 NASH 的同时，需要监测和评估其潜在风险。

4. GLP-1 受体激动药

GLP-1 是肠内分泌性 L 细胞分泌的、用以响应摄入营养物质的一种肠促胰岛素激素。它主要在进食状态下起作用，调节和增强胰岛素反应。GLP-1 通过 GPCR 的激活，增强葡萄糖诱导的 B 细胞胰岛素分泌。GLP-1 受体激动药（GLP-1 receptor agonists，GLP-1RA）在临床上用于治疗糖尿病和肥胖，被认为是通过促胰岛素作用、体重减轻、能量消耗增加、胃排空延迟等联合发挥作用。

在人类和动物研究中，GLP-1RA 可降低糖尿病相关 NAFLD 的肝酶和肝脂肪含量[123]。在 Ⅱ期随机对照 LEAN 试验中[124]，52 例 NASH 非糖尿病患者接受 GLP-1RA 利拉鲁肽或安慰剂治疗 48 周。利拉鲁肽显示出组织学益处，包括 39% 的患者 NASH 消退。目前正在对其他 GLP-1RA 进行更大规模的试验。鉴于对糖尿病患者胰岛素抵抗、体重、肝脏组织学和良好的心血管功能，GLP-1RA 是进一步探索 NAFLD 治疗的有吸引力的选项。

5. 抑制脂肪从头合成

NAFLD 受试者肝脏中的 DNL 增加，DNL 衍生脂肪酸可能是肝脏脂毒性的驱动因素。GS-0976 是靶向肝脏 DNL 限速酶乙酰 CoA 羧化酶的抑制药。一项前瞻性随机 Ⅱ 期研究中[125]，100 例可能 NASH 的受试者接受 GS-0976（5mg/d 或 20mg/d）治疗 12 周后，与 26 例接受安慰剂治疗的受试者相比，GS-0976 可呈现剂量依赖性地降低肝脏脂肪含量。尽管在 16% 的治疗患者中观察到明显的高甘油三酯血症，但通常耐受性良好。

目前尚不清楚 GS-0976 治疗是否也能改善 NASH 的组织学特征。

6. 其他治疗

目前有大量的药物作为 NASH 潜在治疗方法被研究，它们针对该疾病过程的各个方面。其中包括针对甲状腺激素受体 β 激动药，肝细胞应激反应的关键蛋白 ASK-1 抑制药，肠道微生物组的调节剂，受体激动药与肠道激素 FGF21 类似物的联合，以及抗纤维化剂。此外，还有一些处于早期开发阶段、靶向与疾病相关的基因的药物。最后，可能需要联合使用靶向不同途径的药物进行治疗，从而使得大部分受试者中获得有益的治疗效果。

九、结论

NAFLD 已经上升为流行病，直接或间接影响着人们的健康。随着人们对其遗传和致病机制了解的增加，有望带来安全有效的治疗方式。

第53章　酒精性肝病
Alcoholic Liver Disease

Bin Gao　Xiaogang Xiang　Lorenzo Leggio　George F. Koob　著

王伽伯　马志涛　陈昱安　译

过量饮酒能够引起单纯性脂肪变性（脂肪肝）到严重的肝损伤等一系列的肝脏病理变化，导致脂肪性肝炎、肝硬化和肝细胞癌[1, 2]。研究发现，酒精性肝病（alcoholic liver disease, ALD）的发展和进展，与炎性介质、代谢通路异常、转录因子和表观遗传改变等密切相关。这部分内容在上一版中已做过详细讨论。本章中，我们将简要地讨论乙醇代谢、ALD 影响因素、ALD 临床诊断和治疗，并重点讨论 ALD 发病机制和治疗的最新进展。此外，我们还将讨论酒精使用障碍（alcohol use disorder，AUD）的神经生物学，以及这类 ALD 患者的治疗。

一、酒精代谢

肝脏是酒精代谢的重要器官，通过三种酶促反应途径将乙醇转化为乙醛[3]。首先，肝脏高表达乙醇脱氢酶（alcohol dehydrogenase，ADH），ADH 是将乙醇转化为乙醛的最重要的酶。人类 ADH 基因至少编码 7 种同工酶（ADH1～7），其中，在人类肝脏中，ADH1、ADH2 和 ADH3 是主要存在形式。ADH 存在于细胞质中，将乙醇氧化为乙醛，并同时将 NAD^+ 还原为 NADH，在细胞中产生高度还原的胞质环境。其次，肝脏表达高水平的 CYP 同工酶 CYP2E1。CYP2E1 位于内质网，慢性饮酒能够进一步诱导 CYP2E1。CYP2E1 将乙醇氧化为乙醛，同时将 $NADPH+H^++O_2$ 转变为 $NADP^++2H_2O$，进而产生

ROS 和自由基，诱导脂质过氧化，促进多种大分子加合物的形成。第三种可以氧化乙醇的酶是过氧化氢酶。它位于过氧化物酶体。过氧化氢酶介导的乙醇代谢一般被认为是肝脏乙醇氧化的次要途径。

乙醇代谢的第二步是通过乙醛脱氢酶（aldehyde dehydrogenase，ALDH）将乙醛转化为乙酸[3]。ALDH 蛋白有多种亚型。其中 ALDH2 是代谢乙醛的关键亚型。ALDH2 在肝脏中表达水平最高，定位于线粒体。肝细胞中乙醛代谢产生的乙酸被迅速分泌到循环中，并被乙酰 CoA 合成酶进一步转化为乙酰 CoA。乙酰 CoA 随后进入柠檬酸循环，最终转化为 CO_2 和水。

人类 ADH 和 ALDH2 基因具有多态性，其中最相关的 ALDH2 变异包括等位基因 ALDH2*1 和 ALDH2*2。ALDH2*1 等位基因编码有活性的乙醛代谢酶，其 42421 位核苷酸为 G，编码 487 位谷氨酸。ALDH2*2 等位基因编码无活性的酶，其 42421 位核苷酸为 A，编码 487 位赖氨酸。携带纯合 ALDH2*1/1 的人，其肝脏乙醛代谢酶活性较高；反之，携带 ALDH2*2/2 纯合子的个体乙醛代谢酶活性很低，甚至没有。携带 ALDH2*2/1 杂合子的个体乙醛代谢酶活性降低了 80%～90%。由于 ALDH2 酶是异四聚体，ALDH2 的四个亚基都需要保持正常，才能保持高效的酶活性。携带 ALDH2 不活跃基因变异的个体喝酒后表现为乙醛积累，并呈现乙醛介导面红综合征，表现为面

红、心悸、困倦和其他不愉快的症状。

二、酒精性肝病范畴

ALD 范围很广，包括单纯性脂肪肝（脂肪变性）到严重的脂肪性肝炎、肝硬化和肝细胞癌[1, 2]。几乎所有慢性重度饮酒者都出现脂肪肝，其早期表现为肝小叶 3 区（近中央静脉区）脂肪积累，并逐渐延伸至肝小叶 2 区。当肝损伤严重时，脂肪积累甚至延伸到肝小叶 1 区（门静脉区）肝细胞。慢性重度饮酒者中，20%～40% 患者检测出脂肪性肝炎（脂肪变性和炎症），8%～20%的患者检测出肝硬化。长期过量饮酒会引起肝癌，有 3%～10% 的重度饮酒者在肝硬化后会发展为肝癌。此外，很多慢性 ALD 患者无明显症状，肝功能完全代偿和保留，但其中部分患者可发展为合并性酒精性肝炎（superimposed alcoholic hepatitis, AH），伴有明显的黄疸、发热、腹痛、厌食、体重下降[4]。AH 具有较高的短期死亡率，在肝硬化患者中尤其显著[4]。

三、遗传因素、并发症与 ALD

虽然绝大多数酗酒者会出现脂肪肝，但只有约 35% 患者会发展为晚期 ALD，原因可能是存在其他的风险性因素促进其发病。一般而言，性别、肥胖、饮食因素、饮酒模式、与性别无关的遗传因素及吸烟都会影响 ALD 的易感性。

（一）性别

啮齿动物模型充分证实，雌性性别是 ALD 的易感性因素。一般认为，女性 ALD 患病风险增加的可能原因是胃 ADH 表达量较低、体脂率较高及分泌雌激素。

（二）肥胖与饮食因素

肥胖是加速 AUD 发展及进展为 ALD 的另一个重要因素。实验研究表明，急性或慢性乙醇喂养和肥胖能够通过激活内质网应激反应、肝巨噬细胞和中性粒细胞浸润、脂肪毒性协同诱导肝损伤和炎症反应。例如，急性乙醇灌胃可诱导高脂饮食的肥胖小鼠发生急性脂肪性肝炎，而对照饲料喂养的小鼠不会出现这种情况[5]。给肥胖小鼠急性乙醇灌胃，可上调肝脏（而非

其他器官）趋化因子 CXCL1 mRNA 30 倍。肝脏 CXCL1 表达升高引起肝脏中性粒细胞积聚，导致肝损伤[5]。此外，高脂饲料灌胃和乙醇同时给药可协同诱导小鼠血清 ALT 升高、肝脏脂肪变性、肝脏炎症和纤维化。这些作用通过诱导亚硝基化、内质网和线粒体应激压力，上调肝脏 TLR4[6]。

脂肪类型（饱和与不饱和）也是影响 ALD 发生发展的潜在因素。在动物模型中，饱和脂肪对 ALD 呈现预防保护作用，而不饱和脂肪则促进 ALD 发生发展[7]。然而，饮食因素影响人类 ALD 的机制是复杂的，目前仍没有定论。

（三）饮酒习惯

过去的 5 年中，ALD 研究主要进展之一是发现慢性乙醇喂养小鼠[8-11] 和高脂饮食喂养小鼠[5] 在给予急性乙醇灌胃的情况下，可导致明显的中性粒细胞增多、肝损伤和炎症。临床研究也发现同样的现象。与近期未饮酒的 AUD 患者相比，近期过量饮酒的 AUD 患者的血液中性粒细胞、血清 ALT 和 AST 水平更高[12]，并且中性粒细胞数量与血清 ALT、AST 呈正相关。这提示近期过度饮酒引起血液中性粒细胞升高，进而导致肝损伤[12]。此外，早期研究报道，与偶然饮酒或狂饮相比，从小开始的频繁酗酒是发展成严重 ALD 的风险性因素[13]。然而，最近的一项前瞻性队列研究表明，近期饮酒而不是早年饮酒，与酒精性肝硬化的风险有关[14]。

（四）非性别相关的遗传因素

许多与性别无关的遗传因素与晚期 ALD 的易感性有关，其中包括编码抗氧化酶、细胞因子和其他炎症介质及乙醇代谢酶的基因变异。然而，大部分遗传因素与 ALD 相关性的证据薄弱，只有小部分遗传因素被证实与 ALD 密切相关。例如，人类 PNPLA3 基因有一个被命名为 I148M 变体的单核苷酸变异，是最典型的变异之一。I148M 变体与包括 ALD 在内的各种肝脏疾病相关的脂肪变性、纤维化和肝硬化的风险增加有关[15]。

（五）病毒性肝炎

病毒性肝炎是全世界慢性肝病的主要病因。

大量数据表明，过量饮酒和乙型或丙型病毒性肝炎感染对肝脏疾病具有协同促进作用。过量饮酒显著加速了丙型病毒性肝炎患者的肝纤维化和HCC的演化。

（六）非酒精性脂肪性肝病

过度饮酒可能会导致 NAFLD 恶化，而适量饮酒对 NAFLD 影响一直存在争议[16]。目前的临床数据不足以支持或反对 NAFLD 患者适度饮酒的建议[16]。

（七）其他并发症

长期饮酒可能会加速 HIV 感染、血色素沉着症等患者的肝脏疾病进展。更深入地了解乙醇和这些共病因素之间的相互作用，能够帮助我们更好地设计治疗慢性肝病的疗法。

四、酒精性脂肪肝

肝脏脂肪堆积，即脂肪肝，是肝脏对急性和慢性饮酒的最早期反应[17]。脂肪肝诊断依据是肝脂肪重量大于肝脏重量的 5%～10%，特点是肝细胞中堆积大量甘油三酯、磷脂、胆固醇酯及其他类型的脂类。虽然饮酒会导致肝脏脂肪堆积，但没有证据表明乙醇及其代谢物乙醛直接参与脂肪酸的生物合成。乙酰 CoA 合成酶与乙酰 CoA 合成酶 2 可将乙酸转化为乙酰 CoA。乙酰 CoA 一旦形成，就会进入三羧酸循环，参与 FA 的生物合成。然而，由于肝细胞中乙醇代谢产生的乙酸会迅速分泌到血液中，而不能在肝细胞中维持乙酸高浓度，乙酸 – 乙酰 CoA 途径在多大程度上直接促进了酒精性脂肪肝的形成尚不清楚。此外，线粒体乙酰 CoA 合成酶 2 是乙酸转化为乙酰 CoA 的主要途径，而肝脏不表达这种酶。

最新研究发现，饮酒促进肝脏脂肪转移和 FA 从头合成，同时抑制了肝脏脂肪分解和 FAβ 氧化，导致肝脏脂肪堆积[1, 17]。早期研究表明，急性酒精摄入可通过增加肠道淋巴流量，膳食和非膳食性脂质的输出，从而增加从小肠向肝脏的膳食脂质供应，但这种效应在慢性给酒中不太明显。近年来的研究主要集中在饮酒如何促进从

脂肪组织到肝脏的脂质供应[18]。研究表明，饮酒可诱导脂肪分解[19] 和脂肪细胞死亡[20]，并随后提高血液中的 FA 及其在肝脏中的积累。除了增加 FA 供应外，酒精还可以通过上调 FSP27 和 SREBP1c 促进脂质形成和刺激肝细胞中脂肪酸从头生物合成来增加脂肪积累[1, 9, 17]。FSP27 在脂肪组织高表达，在脂滴形成中发挥重要作用。正常肝脏中 FSP27 的表达水平很低，但饮酒（尤其是急性饮酒[9]）能显著上调 FSP27 的表达水平。急性饮酒引起的肝脏 FSP27 上调归功于肝内质网应激的激活，进一步激活了 CREBH 和随后的 nCREBH 的核转位[9]。FSP27 基因抑制可以阻止酒精性脂肪肝的发展，这提示 FSP27 在诱导酒精性脂肪肝中发挥重要作用[9]。转录因子 SREBP1c 控制许多诱导 FA 合成的蛋白质和酶在肝脏的表达。SREBP1c 基因敲除显著抑制小鼠酒精性脂肪肝，提示 SREBP1c 在诱导酒精性脂肪肝中起关键作用[21]。乙醇可通过其代谢物乙醛直接上调肝脏 SREBP1c 的表达[22]，或通过调节多种控制肝脏 SREBP1 表达的因素和信号通路间接刺激其表达[1, 17]。此外，乙醇也会减弱 FAβ 氧化，这是酒精性脂肪肝形成的另一个关键机制。早期研究表明，乙醇增加了肝脏中 NADH/NAD$^+$ 的比例，从而破坏了 FA 的线粒体 β 氧化，导致肝细胞脂肪堆积[23]。最近的研究揭示了乙醇抑制 FAβ 氧化的另一种机制，即 PPARα 的失活。PPARα 是一种核激素受体，可上调与 FA 运输和氧化相关的一系列基因的表达[24]。

饮酒还可以通过抑制 AMPK 和解除自噬来促进肝脏脂肪堆积。AMPK 控制调节脂肪代谢的酶和转录因子的活性[25]。例如，AMPK 抑制乙酰 CoA 羧化酶和 SREBP 活性，从而减弱 FA 的生物合成，增强 FA 氧化作用[25]。乙醇能够抑制 AMPK 活性，进而增强 FA 合成，减少 FA 氧化，导致酒精性脂肪肝[26]。自噬在清除肝细胞脂滴中发挥重要作用。长期饮酒能抑制自噬，从而降低脂质清除，引起肝脂肪变性[27]。然而，急性酒精摄入可能激活了自噬。酒精性肝损伤早期阶段，自噬在阻止脂肪肝发展中发挥潜在代偿作用[28]。

五、酒精性脂肪性肝炎和酒精性肝炎

脂肪在肝细胞中积累是肝脏摄入酒精后的第一反应[17]；此外，饮酒也可引起肝细胞损伤和炎症，即酒精性脂肪性肝炎（alcoholic steatohepatitis, ASH）[4]。酒精性肝炎（alcoholic hepatitis, AH）是一个组织学概念，以脂肪变性、肝细胞死亡、球囊变性、中性粒细胞浸润、Mallory-Denk 小体和鸡丝状纤维化为特征[4]。大多数 ASH 患者长期无症状，称为行走型 ASH 或亚临床型 ASH。但有些 ASH 患者会出现显著的临床综合征，即 AH。过去 40 年研究已经证明多种机制参与 ASH（图 53-1）。首先，乙醇及其代谢物乙醛可通过产生 ROS、诱导内质网应激和线粒体功能障碍直接引起肝毒性[29]。其次，乙醇引起的肝细胞损伤并释放损伤相关模式分子，诱导肝脏炎症，如中性粒细胞浸润[30]。第三，长期饮酒会导致肠道细菌过度生长和生态失调，增加肠道通透性，导致肝脏和循环中细菌及其相关产物升高，进而引发炎症[31]。

AH 是一种严重的 ALD，可表现为慢加急性肝衰竭，伴有 AUD 或 ASH 及肝硬化。AH 的特征是黄疸（血清胆红素水平）突然升高和肝脏相关并发症，通常伴有发热、腹痛、厌食和体重下降[33]。此外，门静脉高压、腹水、脑病和静脉曲张出血与严重的 AH 病例相关。大多数 AH 患者先期都有酒精性肝硬化，而一部分有轻度基础肝病或无症状性 ALD 的患者也可能发展成 AH。AH 诊断是基于临床综合征发作的黄疸，血清胆红素水平大于 3mg/dl，AST 水平大于 50U/ml，重度饮酒超过 5 年的慢性 AUD 患者[33]。黄疸是诊断 AH 的重要症状，但并非所有 AUD 伴有慢性 ALD 患者发生黄疸都能归因于 AH[4]。例如，严重败血症、胆道梗阻、弥漫性肝癌、药物性肝损伤和缺血性肝炎（如大出血或使用可卡因）能引起 AUD 患者发生黄疸和肝功能失代偿发作，这些患者不应诊断为 AH[4]。严重的 AH 患者，尤其是肝硬化患者的短期死亡率很高，3 个月的死亡率为 20%～50%[32]。

AH 肝脏组织学分析显示肝内有大量以中性粒细胞和巨噬细胞为主炎性细胞浸润[30]。微阵列分析发现，AH 患者肝内大量炎症介质上调[34]。除了大量的肝脏炎症外，系统性炎症反应也是 AH 的一个关键特征，并与疾病的严重程度相关[35]。大多数 AH 患者的炎症可能是由近期过度饮酒、细菌感染或两者同时存在而引起的[4]。大部分 AH 患者近期出现过度狂欢式饮酒，可引起 AUD 患者血清 ALT、AST 水平升高，血液中性粒细胞升高[12]。过度狂欢式饮酒可能导致肝细胞大量损伤，从而释放大量的 DAMP，引发 AUD 患者系统性炎症。例如，受损的肝细胞可以释放线粒体 DNA，线粒体 DNA 可以通过 Toll 样受体激活各类炎症细胞[11]。高达 50% 的 AH 患者检测到细菌感染，与这些患者的高死亡率相关[36]。细菌感染过程中产生的 PAMP，如内毒素可以激活 AH 患者肝巨噬细胞产生多种炎性介质[35]。

正常肝脏在损伤或切除后具有很强的再生能力。然而，AH 患者受损肝脏中的肝细胞难以有效再生。相反，AH 患者肝祖细胞数量明显扩增和积累，这些细胞的数量与疾病严重程度呈正相关。这些肝祖细胞很可能无法完全分化为功能性肝细胞，而不能促进肝功能重建。因此，肝再生受损可能是导致严重 AH 患者肝衰竭的重要机制之一（图 53-1）。

六、酒精性肝纤维化

肝纤维化是由包括过度饮酒在内的多种病因引起的肝脏病理现象，是肝脏对慢性肝损伤的一种瘢痕反应。虽然慢性肝损伤都引起肝纤维化，但是酒精性肝纤维化呈现一种细胞周、窦状结构的鸡丝状纤维化特征。随着这种特征模式扩散时，可发展为小叶性纤维化[37]。肝纤维化的特征是胶原蛋白和其他细胞外基质蛋白过度堆积。这些 ECM 蛋白大多由活化的肝星状细胞合成。此外，门静脉成纤维细胞和骨髓源性肌成纤维细胞也能够合成 ECM 蛋白，但合成程度小得多。HSC 的激活是肝纤维化的关键步骤，受到多种炎症介质和生长因子调控。这些介质和生长因子在 ALD 和其他类型的肝脏疾病中普遍升高[37]。例如，TGF-β 是诱导 HSC 转化的最重要的介质之一，而 PDGF 是刺激 HSC 增殖的关键生长因子。在

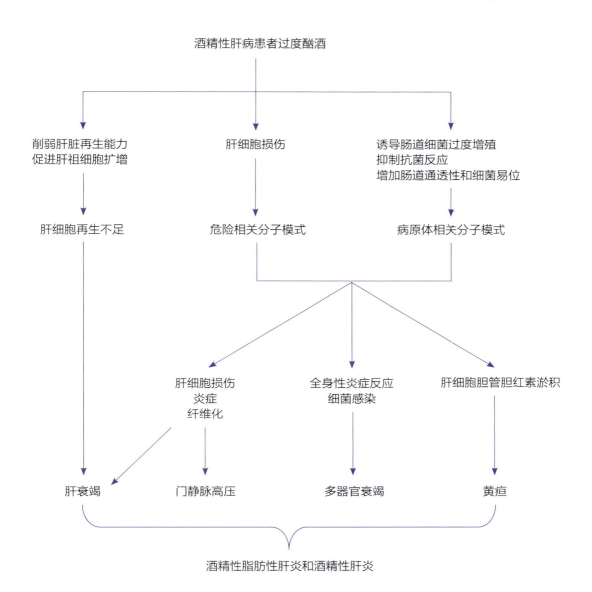

▲ 图 53-1　酒精性肝炎中引发肝衰竭、全身炎症反应和多器官衰竭的发病机制和分子机制

伴有酒精使用障碍的酒精性肝病患者过度酗酒，可引起肝细胞损伤，引起全身性炎症反应，抑制肝再生，导致酒精性肝炎患者发生肝衰竭等并发症（经 Elsevier 许可转载，改编自参考文献 [4]）

ALD 患者和酒精性肝纤维化动物模型中，均发现 TGF-β 和 PDGF 水平升高[37]。此外，也有一些特殊机制参与酒精性肝纤维化[37]。首先，乙醛作为乙醇第一代谢产物，可以通过刺激多种信号通路和转录因子直接激活并维持 HSC 活化。其次，由于 ALD 患者肠道菌数量增长和肠道通透性增加而出现 LPS 升高。LPS 是公认的可直接诱导 HSC 活化的介质，在促进酒精性肝纤维化中发挥重要作用。第三，虽然先天免疫的激活能够

促进 HSC 活化和肝纤维化，但先天性免疫的某些成分可负调节 HSC 的活化，从而抑制肝纤维化。例如，激活自然杀伤细胞可以直接杀死活化的 HSC，并诱导 HSC 产生 IFNγ 阻断 HSC 增殖和诱导 HSC 死亡。但长期饮酒能够抑制 NK 细胞的这种抗纤维化作用，从而加速肝纤维化[38]。

七、酒精性肝癌

包括饮酒在内的所有致病因素引起的肝硬化

是肝癌发生（主要是 HCC）的主要风险因素。肝硬化促进 HCC 的机制尚不完全清楚。人们提出了几种假说。第一，肝硬化与端粒缩短有关。端粒缩短可导致染色体不稳定，肿瘤抑制因子和致癌基因突变。第二，肝硬化与慢性炎症、许多刺激 HCC 生长的生长因子和细胞因子的升高有关。除了这些常规机制外，酒精性肝癌发展还有一些特殊机制。乙醇代谢物乙醛是具有诱变特性的致癌物。大量文献证明，缺乏 ALDH2 的个体在饮酒后乙醛水平较高，与食管癌风险增加相关。HCC 与缺乏 ALDH2 的 AUD 个体之间的相关性则不太清楚。乙醛是亲电的，可与 DNA 形成加合物或形成 DNA 链间交联，导致 DNA 损伤。此外，乙醛会抑制 DNA 修复酶的活性，进而阻断 DNA 损伤后修复。因此，乙醛不仅引起 DNA 损伤，同时阻止 DNA 修复，促进 HCC 发生。此外，大量饮酒可引起 DNA 甲基化异常，全基因组的低甲基化，导致染色体结构不稳定，促进 HCC 的发展。

过量饮酒导致广泛的免疫抑制，包括抗肿瘤免疫的减弱，这可能是加速 HCC 发展与进展的另一个重要机制。

八、新发现的机制

（一）肠道菌群

早在 20 多年前就有报道指出，在 ALD 动物模型的形成过程中，肠道细菌衍生的 LPS 发挥了重要作用。最近的研究表明，肠道微生物组在 ALD 的发病机制中具有复杂的作用[31]。长期饮酒会导致人和动物的大肠和小肠细菌过度生长和生物失调。一般来说，长期饮酒后肠道微生物组的变化是复杂的，但往往与"好"细菌（如乳酸杆菌）的减少、"坏"细菌（如肠杆菌科）的增加有关。这些变化可能引起致病性细菌易位、肠道代谢物和胆汁酸代谢改变，导致系统内肠源性微生物水平升高，进而促进肝细胞损伤和肝脏炎症[31]。此外，肠道真菌也可能在促进 ALD 方面发挥作用[39]。长期饮酒增加小鼠肠道菌群数量，抗真菌药物治疗可减轻小鼠肠道真菌过度增殖并改善 ALD。ALD 患者肠道真菌丰度减少，假丝

酵母过度增殖，增加了真菌菌群的系统性暴露和促进机体免疫反应。这些反应的水平与死亡率相关。这表明肠道菌群改变促进 ALD 发病[39]。分别将来源于严重 AH 患者、无 AH 的 AUD 患者的肠道菌群移植给小鼠，前者引起的肝脏炎症反应和肝损伤比后者更大[40]。因此，控制肠道微生物群（包括细菌和真菌）可能是预防和治疗 ALD 的有效策略，粪便微生物群移植可能是 ALD 的潜在治疗选择。

（二）表观遗传学

表观遗传学是研究由 DNA 编码序列改变以外的机制引起的可遗传的表型（外观）或基因表达的改变。表观遗传修饰包括 DNA 甲基化、组蛋白修饰和基于 RNA 的相关机制。众所周知，饮酒会影响蛋氨酸代谢，进而影响 DNA 甲基化[41]。在肝脏中，同型半胱氨酸被甲基化为蛋氨酸，然后在蛋氨酸腺苷转移酶催化的转甲基反应形成 S– 腺苷蛋氨酸（S-adenosylmethionine，SAMe）。SAMe 是主要的甲基化供体，在诱导 DNA 和组蛋白甲基化过程中发挥关键作用。过量饮酒降低肝脏中 SAMe 含量、DNA 和组蛋白甲基化水平，进而上调控制内质网应激反应和 ALD 的基因表达[41]。

（三）miRNA

miRNA 是由 19～25 个核苷酸组成的小的非编码 RNA 分子，可通过诱导 RNA 沉默、改变基因转录后调控，发挥调控基因表达的重要作用。已有研究证明，许多 miRNA 在 ALD 中发挥重要作用。例如，肝细胞特异性的 miR-122 通过降低 HIF1α mRNA 水平预防 ALD。肝脏 miR-122 水平在 ALD 患者和乙醇喂养小鼠的肝脏样本中下调，加剧肝损伤和炎症[42]。与之相反，相比于对照组，乙醇喂养的小鼠、AUD 患者的肝脏和血清中，中性粒细胞特异性 miR-223 表达上调[12]。miR-223 表达上调可能通过抑制 IL-6-p47phox 通路，在限制中性粒细胞活化方面发挥代偿作用[12]。

（四）胞外囊泡

EV 是来源于细胞、纳米级大小的膜结合型胞外囊泡。EV 不仅维持细胞与细胞之间的

通信，而且在包括肝病疾病在内的多种疾病中发挥促进炎症反应的重要作用。根据 EV 细胞来源和大小，EV 可分为三种类型：外泌体（直径大小 40～150nm），微囊泡/微粒（直径 50～1000nm），凋亡小体（直径大于 500nm）。EV 通过将其内容物从一个细胞转移到另一个细胞来发挥作用。例如，应激的肝细胞通过释放含有脂质、蛋白质、趋化因子和核酸（如线粒体 DNA）的 EV 激活巨噬细胞和中性粒细胞，在 ALD 的发病过程中发挥作用[43]。AUD 或 ALD 患者血液中 EV 含量升高并富含线粒体 DNA，与血液中性粒细胞、血清 ALT 水平升高有关[11]。与对照饲料饲养组小鼠相比，慢性或慢加急乙醇饲养小鼠的血液 EV 含量升高，这些 EV 富含 mRNA、蛋白质和线粒体 DNA，并可能促进 ALD 的肝脏炎症和损伤[11, 44]。由于 ALD 患者的 EV 包含了特定的特征性蛋白、RNA 和 DNA，EV 还可以作为诊断的潜在生物标志物[43]。

（五）适应性免疫

先天性免疫在 ALD 发病过程的作用已得到充分证明；然而，适应性免疫在 ALD 中的作用仍不清楚。一般认为，过量饮酒会诱导氧化应激，进而产生脂质过氧化物，如丙二醛和 4- 羟基壬烯醛。这些产物可以修饰多种蛋白质形成蛋白加合物。这些加合物可作为新抗原激活适应性免疫[45]。虽然尚未在 ALD 动物模型中检测到适应性免疫的激活，但在 ALD 患者中已有相关报道[45]。例如，ALD 患者血液抗脂质过氧化加合物抗体水平增加，肝内 T 细胞数量增加[45]。最近一项高通量 TCR 测序研究证实，ALD 患者肝内 T 细胞的浸润不仅仅与呈递细胞的激活相关，这些 T 细胞呈现出明显的低克隆特性，以及与 ALD 的相关性[46]。如果适应性免疫的激活是某些 ALD 患者疾病进展主要的驱动性因素，那么可能需要免疫抑制治疗有效地治疗这些患者。

（六）先天类 T 细胞

过去的 20 年里，肝巨噬细胞在 ALD 发病中的作用得到了广泛的研究。最近的研究表明，自然杀伤 T 细胞和黏膜相关恒定 T 细胞（mucosa-associated invariant T cell，MAIT）也在 ALD 的发病中发挥作用。NKT 细胞是一组异质性的 T 细胞，既有 T 细胞属性，也有 NK 细胞的特性，能够迅速产生大量的细胞因子，如 IFNγ、IL-4 等。小鼠肝脏 NKT 细胞占肝脏淋巴细胞 30%～40%。最近几项研究报道显示，在慢加急性饮酒情况下，肝脏 NKT 细胞被激活，并且数量增加。这些激活的 NKT 细胞促进肝巨噬细胞活化和酒精性肝损伤[47, 48]。值得注意的是，人类肝淋巴细胞中 NKT 细胞数量非常少，但却富含 MAIT 细胞，占正常肝内 T 细胞数目的 20%～50%。实验室常用的小鼠品系中 MAIT 细胞水平较低，占比不到小鼠肝内 T 细胞数目的 1%。通过 MAIT 受体识别主要组织相容性复合体 I 类相关蛋白 1 呈递的微生物核黄素/维生素 B2 代谢物，MAIT 细胞在宿主防御细菌感染过程中发挥重要作用。严重 ALD 患者与 MAIT 细胞显著减少具有相关性，导致这些患者细菌感染风险增加[49]。

（七）慢加急性饮酒

过去的 5 年里，ALD 研究领域的一个重要进展是在长期乙醇喂养的小鼠和高脂肪饮食喂养的小鼠模型中引入乙醇狂饮模式[50]。这种慢性 + 狂欢式的乙醇饲养模型最初称为 NAAA 模型[50]，后来也称为 Gao-binge 模型[51]。与单次暴饮暴食、慢性乙醇饲养或高脂饲养相比，这种乙醇刺激可导致更严重的酒精性脂肪性肝炎，ALT 和 AST 显著升高，肝脏中性粒细胞显著浸润[5, 8, 52]。慢性乙醇灌胃模型给予急性乙醇灌胃，引起显著的肝中性粒细胞浸润[53]。通过使用新的动物研究模型，研究人员发现了许多导致 ALD 慢加急肝损伤的新机制，包括激活内质网应激反应、炎症细胞（如中性粒细胞、肝巨噬细胞和 NKT 细胞），上调促进脂肪变性的因子（如 FSP27），引起细胞存活/死亡信号通路的失调（如焦亡、凋亡等）[10, 53]。慢性酒精饲养或高脂饮食饲养模型给予过量乙醇，导致 ALD 早期肝细胞损伤和肝脏损伤，中性粒细胞参与其中[5, 8]。然而，中性粒细胞也可以促进肝脏修复，并在控制细菌感染中至关重要。因此，中性粒细胞在 ALD 发病过程中可能有利有弊。

九、临床诊断与治疗

ALD 的诊断是基于临床和实验室检查结果，包括大量饮酒史、肝脏疾病的体征、支撑性的肝脏疾病实验室检测、无创肝影像和有创肝活检[2, 54]。过量饮酒的记录和肝脏疾病的证据是 ALD 诊断的关键因素。

（一）病史

在 AUD 患者的病史中，否认过度饮酒或少报饮酒的情况屡见不鲜，这部分患者的 ALD 诊断富有挑战性。因此，往往考虑过量饮酒的间接性证据以佐证或确认 AUD，如问卷调查、从家庭成员问询的信息、实验室检测等。临床医生使用各种问卷来筛查过度饮酒，如 CAGE、MAST 和 AUDIT 测试。CAGE 和 MAST 调查表最为常用。

（二）临床症状和表现

厌食、恶心、呕吐、上腹部疼痛、萎靡、乏力、尿色变深、发热、意识混乱和体重减轻是 ALD 患者最常见的非特异性症状。AH 最常见的表现是迅速发展为黄疸，其他症状包括发热、腹水、近端肌肉萎缩、肝大和肝杂音，严重者可出现肝性脑病和胃肠道出血。轻、中度 ALD 患者通常无症状。有些患者会出现双侧腮腺肥大、肌肉萎缩、营养不良、Dupuytren 挛缩征象和对称周围神经病变。这些是有害性饮酒的表征。ALD 合并肝硬化患者常出现脾大、男子女性型乳房、蜘蛛痣、扑翼样震颤、手掌红斑、杵状指等[2]。在失代偿性肝硬化中，除了肝硬化的生理性表现外，还常出现黄疸、腹水、外周水肿和肝性脑病[2]。

（三）实验室检测

ALD 没有特定的实验室生物标志物。AST、ALT、ALP 升高，GGT 等血清酶只能提供诊断 ALD 的线索。NIAAA 酒精性肝炎协会提出了急性 AH 的判定标准，包括 AST/ALT 比值大于 1.5，并且 AST 和 ALT 低于 400U/L[33]。GGT 是临床检测饮酒史最常用的生物标志物，不过其他致病因素也会引起 GGT 变化。常规血液检查和生化检测，如平均红细胞体积升高、白细胞计数、GGT、AST、IgA 提示 ALD 早期阶段。白蛋白降低、凝血酶原时间延长、总胆红素升高、血小板计数降低提示 ALD 晚期阶段[56]。最近的研究表明，CK18 的 M30/M65 片段是一种新的凋亡和坏死的生物标志物，对 ALD 患者肝损伤敏感[57]。部分 ALD 患者出现甘油三酯和尿酸水平升高、低钾血症、低钠血症等代谢异常。

（四）肝影像

超声、CT 和 MRI 用来检测是否存在潜在的肝脏疾病，但不能为诊断 ALD 提供特定的信息。超声常用于肝细胞癌、胆管梗阻、腹水、脾大、门静脉高压、门静脉血栓形成等检查。脂肪肝检测中，非对比 CT 更容易检测肉眼可见的肝脏脂肪[58]。MRI 是检测脂肪变性最敏感和特异的成像方式（95% 的敏感性，98% 的特异性），但铁超载患者不适用[59]。近年来，瞬态弹性成像和磁共振弹性成像等新的成像技术临床应用日益广泛，提高了定量诊断脂肪变性和纤维化的准确性[60]。所有的成像方式中，超声因其成本低而使用广泛。TE 成像检测 CAP 和肝脏刚度值，在定量脂肪变性和纤维化方面显示出良好的准确性，是一种更实惠的替代选择[54]。

（五）肝活检

在美国，大多数 ALD 患者常规诊断不推荐采用肝活检。然而，它被认为是诊断和评估脂肪变性严重程度和纤维化分期的金标准，也是唯一区分单纯性脂肪变性和脂肪性肝炎的方法[2]。肝活检是有创的，大多需要经皮穿刺。有凝血障碍或腹水的患者需要经颈静脉活检。ALD 肝活检的组织学特征因肝损伤的程度和阶段不同而不同。ALD 典型的组织学病变是大脂肪液滴和肝细胞膨大，包括 Mallory-Denk 小体和巨型线粒体，以及中性粒细胞浸润和窦内鸡丝样纤维化[60]。大泡性脂肪变性是最早出现、也是最常见的酒精性肝损伤。酒精性脂肪性肝炎的定义是脂肪变性、肝细胞膨胀和中性粒细胞浸润共存[54]。

（六）ALD 并发症

胆汁淤积、脂肪栓塞和门静脉高压偶见于乙醇引起的严重脂肪肝患者。酒精性酮症酸中毒常见于长期饮酒并营养不良的患者。酒精性肝硬化或严重 AH 患者常伴有腹水、自发性细菌性腹膜炎（spontaneous bacterial peritonitis，SBP）、静脉曲张出血、电解质紊乱、肝肾综合征、肝性脑病和肝癌等并发症[2]。

（七）ALD 评估

目前评估 ALD 疾病严重程度和短期死亡率的预后评分模型有 Maddrey 判别函数、终末期肝病 Mayo 模型（Mayo model for end-stage liver disease，MELD）、格拉斯哥酒精性肝炎评分（Glasgow alcoholic hepatitis score，GAHS）、年龄、胆红素、INR、肌酐（Age, bilirubin, INR, creatinine, ABIC）评分、里尔模型（Lille model）和 Child-Turcotte-Pugh（CTP）评分[2]。MDF 分数 [4.6×（患者凝血酶原时间 – 对照凝血酶原时间)+血清总胆红素] 应用最广泛[2]。MDF≥32 的 ALD 患者短期死亡率较高（1 个月 30%～50%），皮质类固醇治疗能改善短期临床疗效[60]。

十、ALD 治疗

（一）戒酒

ALD 患者的主要治疗手段是戒酒。戒酒后复饮是这些患者的主要风险。诊断为 ALD 后继续饮酒可促进疾病进展[2, 54]。

（二）营养支持

营养不良在严重 ALD 患者中很常见，如缺乏维生素 A、维生素 D、维生素 E、硫胺素、叶酸、烟酸、吡哆醇、锌、镁和硒。对于这些患者，推荐膳食摄入 1.2～1.5g/kg 蛋白质和 35～40kcal/kg 能量[60]。

（三）皮质激素

推荐没有脓毒症和感染的严重 AH 患者使用皮质类固醇进行治疗，这可以提高短期生存率[2]。然而，长期随访结果显示，皮质类固醇治疗组和对照组的生存率没有显著差异[2]。

（四）己酮可可碱

己酮可可碱（pentoxifylline，PTX）是一种竞争性、非选择性 PDE 抑制药，可抑制 TNF 和白三烯合成、炎症和先天免疫。PTX 还可以减少 ASH 患者 HRS 的发生，从而改善短期生存[61]。

（五）乙酰基半胱氨酸

乙酰基半胱氨酸（N-acetyl cysteine，NAC）具有抗氧化活性，单独用于 ALD 患者无效。然而，NAC 联合泼尼松龙可降低 1 个月的死亡率和 HRS/ 感染发生率[62]。

（六）人造肝支持系统

人造肝支持系统是治疗严重 ALD 导致的肝衰竭的一种选择，几十年来一直存在争议。最近有研究表明，ALD 继发严重肝功能障碍患者应用人造肝支持系统对部分患者有一定疗效[63]。

（七）肝移植

继发于酒精性肝硬化的终末期肝病患者应考虑进行肝移植。可在急性重症 AH 应用早期肝移植。

十一、酒精性肝炎治疗新靶点

虽然目前还没有成功研制出治疗 ALD 的新药，但最近从人类 ALD 样本和动物模型的研究中发现了许多治疗靶点，其中一些靶点目前正在进行治疗 AH 的临床试验。

炎症被认为是导致 AH 肝损伤的关键因素，并作为 AH 治疗的治疗靶点被积极研究[64]。例如，免疫抑制药物类固醇（如泼尼松龙）已用于治疗 AH 超过 50 年，但越来越多的数据表明，泼尼松龙有利于改善短期生存率，但对 AH 患者长期生存率没有好处[65]。类固醇药物具有广泛的免疫抑制作用，但对中性粒细胞介导的多种疾病（如哮喘、感染性休克）无效，而至少一小部分这类疾病是通过促进中性粒细胞存活来完成的。AH 与肝细胞坏死、中性粒细胞浸润有关，这可能是某些 AH 患者使用泼尼松龙治疗无效的原因。此外，由于激素具有广泛的免疫抑制作用，激素治疗与 AH 患者细菌感染风险增加有关。AH 患者迫切需要更特异的炎症靶点。最近已经发现了大量的炎症治疗靶点，包括炎症细胞因子和介质、趋化因子及其受体、肠道菌群和细菌产物等[66]。其中一些靶点正在进行治疗 AH 的临床试验，包括 IL-1 抑制药、ASK1 抑制药、LPS 阻滞药和益生菌[66]。临床前动物实验研究表明，IL-1 在 ALD 发生过程中起到重要的促进作用。由于 IL-1 抑制药具有良好的安全性和较低的不良反应，已被批准用于治疗几种炎症性疾病，目前正在进行治疗 AH 的临床试验。ASK1 是一种丝氨酸 / 苏氨酸激酶，可被氧化应激激活，进一步引起 p38 MAPK 和 JNK 活化，促进肝脏炎症、凋亡和纤维化。ASK1 抑制药目前正在做几种肝脏疾病治疗（包括非酒精性脂肪性肝炎和 AH 在内等）的临床试验。此外，过量饮酒可导致肠道细菌过度生长、生态失调、血液 LPS 升高，促进 AH 的肝脏炎症和损伤。针对这些因素，一些正在进行的临床试验使用益生菌、抗生素、粪便菌群移植、富含抗 LPS 抗体的高免疫牛初乳等治疗 AH。总之，许多炎症介质与严重 AH 患者的肝损伤和炎症有关。这些介质中的许多分子可能协同促进 AH 的肝脏炎症。临床试验需要确认哪些炎症介质在 ALD 患者的发病机制中发挥关键作用，并可以作为 ALD 的治疗靶点。这需要数年的时间来完成。免疫抑制药物泼尼松龙或其他类固醇可能会继续用于严重 AH 的治疗，直到找到更特异的免疫抑制类药物。

除了与肝细胞损伤有关外，AH 还与肝再生障碍相关。应用肝保护药可能通过预防肝细胞损伤并促进肝再生，对 ALD 起到一定治疗效果。目前，肝脏保护性细胞因子 IL-22 正在进行治疗 AH 的临床试验。IL-22 在肝细胞中能够诱导 STAT3 激活，对肝脏产生保护性作用 [67]。同时，由于 IL-22 受体主要在上皮细胞中表达，而在免疫细胞中不表达，IL-22 产生不良反应的可能性很小。通过靶向肝细胞，IL-22 在改善肝细胞损伤、促进肝再生和减轻肝纤维化方面发挥重要作用 [67]。此外，IL-22 治疗能有效地阻止细菌感染和改善肾脏损伤，从而降低 AH 患者死亡率。目前，IL-22 疗法正在用于治疗严重 AH 患者临床试验 [68]。

严重的 ALD 和 AH 患者存在炎症、肝细胞损伤、肝再生不良及多种并发症等问题，因此需要采用联合疗法治疗这类严重的疾病 [68]。常见的联合疗法包括抑制炎症、保肝和刺激肝再生，以及对危重患者多器官衰竭的器官特异性支持。对于许多终末期 ALD 和多器官衰竭患者来说，药物治疗鲜有效果，肝移植是唯一可能挽救生命的方法。事实上，ALD 现在已经取代丙型肝炎（HCV 感染）成为美国肝移植的主要病症，并且目前的治疗指南要求 6 个月的戒酒期。然而，大多数严重 AH 患者很难存活 6 个月。因此，部分美国和欧洲的医疗中心已经开始在严格筛选的患者戒酒不到 6 个月的情况下进行早期肝移植，并取得不错的疗效，生存率高，酒精复饮率低 [69]。基于这些数据，美国胃肠病学临床实践协会更新委员会给出了最佳肝移植实践建议，"由于 90 天死亡率非常高，重度 AH 患者，尤其是 MELD 评分 > 26，并对其 AUD 有很好的了解，有良好的社会支持的患者，应进行肝移植评估" [70]。然而，大多数移植中心还没有采纳这一建议，并且仍面临一些实际问题的挑战，如缺少肝脏供体、其他肝脏疾病对肝脏供体的竞争、移植后酒精复饮，以及 AH 患者戒酒后有自行恢复的可能性。

十二、酒精使用障碍的神经生物学

（一）AUD 神经回路的定义和概念框架

AUD 是一种慢性复发性疾病，其特征是对服用药物（酒精）的强烈渴求，在药物（酒精）摄入失控，以及当药物（酒精）摄入受阻时出现负面情绪 [如烦躁、焦虑、易怒（亢奋）等]，反映动机性戒断综合征 [71]。这些关键因素包含了《精神障碍诊断和统计手册》第 5 版（DSM-5）（美国精神病学协会，2013 年）描述的中、重度 AUD 的大部分症状。AUD 和成瘾通常被定义为三个阶段的循环：狂欢 / 醉酒、戒断 / 负面效应和着迷 / 期待（"渴望"）。这三个阶段分别代表了三个功能域（动机敏化 / 病理习惯形成、负性情绪状态和执行功能）的失调，并主要由三个神经回路元件介导（分别为基底节区、泛杏仁核和前额叶皮质）（图 53-2）。这三个阶段概念上互相作用、互相促进，最终导致成瘾的病理状态 [71]。

AUD 演变通常以酗酒为特征，可以是每天一次或持续数天的大量饮酒，并伴有严重的情绪和身体戒断综合征。许多 AUD 患者会在很长一段时间内持续这种狂欢 / 戒断模式，有部分患者会演变成类似阿片类成瘾的状况。这种情况下，AUD 患者必须随时有酒精可用，以避免戒断相关不良反应。这里，对饮酒的强烈渴望不仅与获得药物相关的刺激有关，而且与戒断的厌恶情绪

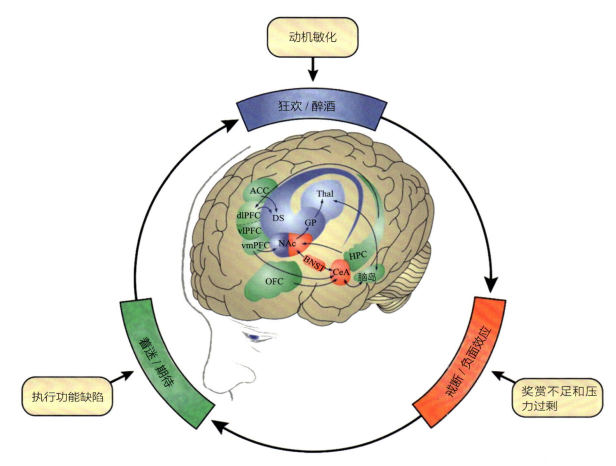

▲ 图 53-2　成瘾相关神经生物学基础的概念架构

在狂欢 / 醉酒阶段，药物的强化作用涉及奖励性神经递质及伏隔核壳和核的关联机制，然后涉及背侧纹状体的刺激 – 反应习惯。在戒断 / 负面效应阶段，戒断的负面情绪状态会激活泛杏仁核。泛杏仁核由基底前脑结构终纹床核、杏仁核中央区，以及伏隔核内侧（或壳）结构的一个过渡区组成。泛杏仁核到下丘脑和脑干有主要的投射。着迷 / 期待（"渴望"）阶段涉及基底外侧杏仁核对条件强化的处理和海马体对背景信息的处理。执行控制依赖于前额叶皮质，包括与药物相关的偶发性表征、结果性表征、它们的价值和主观状态（如渴望、可能的感觉）。人类"药物渴求"的主观效应涉及眶额和前扣带回皮质，以及包括杏仁核在内的颞叶的激活。ACC. 前扣带皮质；BNST. 终纹床核；CeA. 杏仁核中央核；DS. 背侧纹状体；dlPFC. 背外侧前额叶皮质；GP. 苍白球；HPC. 海马状突起；NAc. 伏隔核；OFC. 眼窝前额皮质；Thal. 丘脑；vlPFC. 腹外侧前额叶皮质；vmPFC. 腹内侧前额叶皮质（经 Springer Nature 许可转载，改编自参考文献 [125]）

状态相关的刺激有关。中到重度 AUD 最终发展为避免戒断后的严重焦虑和不适而不断服用药物的模式。

　　本部分的论点主要来源于神经生物学的基础工作，即 AUD 是一种脑神经回路障碍，特定动机回路的神经适应在定义和维持混乱方面发挥着重要作用。我们认为，奖励回路的过度参与会使线索和情境具有高度的激励显著性，习惯于渴求药物（狂欢 / 醉酒阶段），并导致较低的奖励功能和大脑应激系统的更大激活的核心缺陷（戒

断 / 负面效应阶段），以及执行功能的显著损伤，所有这些都促进了 AUD 相关的强迫性饮酒。

　　通常认为，药物成瘾是一种紊乱，涉及冲动性和强迫性的元素。冲动性和强迫性的循环被打破后，产生了一个综合的成瘾循环，由三个阶段组成：着迷 / 期待、狂欢 / 醉酒和戒断 / 负面效应。在这三个阶段中，冲动性通常在早期阶段占主导地位，而强迫性在晚期阶段占主导地位（图53-2）。随着冲动转向强迫，驱动动机行为从正强化转向负强化 [72]。负强化是为消除一种反感刺

激（如药物戒断的负面情绪状态）增加反应概率的过程。重要的是，尽管这两者都包含厌恶性的刺激，但负强化并不是惩罚。在惩罚中，厌恶的刺激会抑制行为，如吃药 [如双硫仑（戒酒硫）]。负强化可以通俗地理解为通过缓解获得的奖励（即缓解性奖励），如消除疼痛，或者在 AUD 的情况下消除急性戒断或稽延性戒断方面的负面情绪状态。启动负强化是 AUD 患者在急性戒断和稽延性戒断过程中常见的一种负性情绪状态。本部分将使用上述启发式框架，对构成渴求饮酒动机的神经生物学基础进行综述。

（二）与 AUD 相关的狂欢 / 醉酒阶段的神经基质

基于有急性强化效应的饮酒动物模型、特定神经化学系统使用选择性受体拮抗药的动物研究、人类正电子发射断层成像研究发现，醉酒剂量的酒精对大脑奖赏系统中的神经递质系统有广泛性、选择性的作用。酒精的急性强化作用涉及多个神经化学系统，包括 γ- 氨基丁酸、阿片肽、多巴胺、血清素和谷氨酸（图 53-3）。

已经有重要的工作表明，GABA 至少在药理学水平上在醉酒中发挥了作用[73]。注射 GABA$_A$ 受体拮抗药或反向激动药可逆转乙醇的运动抑制作用、乙醇的焦虑类作用和饮酒作用[73]。一直以来，人们认为内源性阿片肽系统在乙醇的强化作用中发挥作用。在多种动物模型中，纳曲酮可减少饮酒和自我给药[73]，这些结果促进了纳曲酮应用于临床，减少饮酒和防止复饮。

多巴胺系统在乙醇强化中具有重要作用。自主饮酒可增加非依赖性大鼠伏隔核区胞外多巴胺水平[74]。这不仅发生在自主饮酒过程中，也发生在自主饮酒过程之前，这反映了与酒精相关的线索的激励动机特性[74]。激励性动机（即激励性的凸显性）被锚定在条件强化结构中，是指原本中性的刺激通过与滥用的药物连接而获得激励的现象[75]。注射多巴胺受体拮抗药会降低对乙醇的反应。然而，由于多巴胺系统损伤并不能有效阻止自我饮酒，多巴胺系统对乙醇的急性强化作用似乎并不重要[73]，这提示乙醇的多个冗余的作用汇聚在伏隔核和杏仁核上。

一个著名的假设是，当药物成瘾从偶尔的娱乐性使用发展到强迫性使用时，觅药行为从奖励驱动性行为转变为习惯驱动性行为，再转变为强迫性反应，形成了皮质 - 纹状体 - 苍白球 - 丘脑回路的皮质 - 基底神经节回路，处理联想、感觉运动和情绪信息[76]。在向习惯驱动性行为发展的过程中，药物寻求性行为的控制从伏隔核转移到背侧纹状体。此外，背侧纹状体内部也存在功能上的转变[77]。

（三）与 AUD 相关的戒断 / 负面效应阶段的神经基质

成瘾周期戒断 / 负面效应阶段的神经回路和神经药理学支持基于对立过程理论的概念框架[78]，并扩展到大脑动机系统的适应模型。该模型用于解释与成瘾依赖性相关的动机的持续变化[79, 80]。在这个框架中，成瘾被定义为大脑奖励 / 反奖励机制失调的恶性循环，导致情绪消极状态，促进药物滥用。作为奖励功能的正常内稳态限制的一部分，抗适应过程不能回到正常内稳态范围内。有假说认为，这些抗适应过程由两种机制介导：系统内神经适应和系统间神经适应[80]。

（四）导致与 AUD 黑暗面相关的强迫性的系统内神经适应

一个著名的假说提出，多巴胺和阿片肽的奖励 / 激励动机系统在成瘾周期的关键阶段受损，如戒断和稽延性戒断。多巴胺和阿片肽功能降低可能导致对非药物相关刺激的动机降低，以及对与药物滥用相关的线索的敏感度提高（即激励显著性提高）[81]。相关的动物实验数据显示，戒酒过程中，中脑边缘多巴胺系统活性降低，伏隔核内血清素能神经传递减少[73]。同样，急性戒酒过程中腹侧被盖区多巴胺神经元的放电显著减少[82]。

临床成像数据表明，与对照组相比，酒精成瘾者的多巴胺 D$_2$ 受体数量较长时间的持续下降[83]。给予刺激性药物哌甲酯后，酒精成瘾者纹状体中的多巴胺释放显著降低[83]。综上表明，成瘾个体的奖励回路中多巴胺成分对自然强化物和其他药物的敏感性下降。

此概念框架下的其他系统内神经适应还包括更为敏感的伏隔核受体转导机制。药物滥用具有

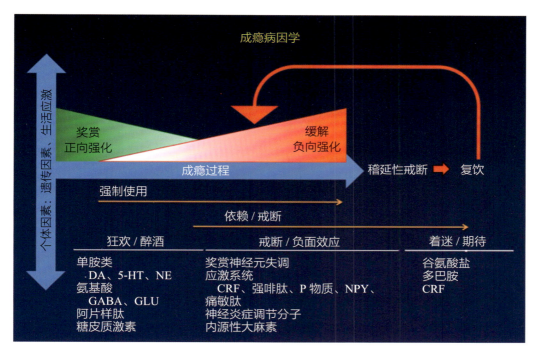

▲ 图 53-3　根据 Loren Parsons 博士的早期绘画，描述成瘾病因的示意图

注意当正向强化作为一种激励因素逐渐消失时，负向强化成为驱使强迫性觅药行为的驱动力。据推测，酒精复饮会使患者在循环的任何一点重新回到上瘾的过程中，而反复的狂欢－戒断－复饮通常会加速回到强迫性使用的轨迹，这可能是通过神经回路的残留变化实现的。DA. 多巴胺；5-HT. 5-羟色胺；NE. 去甲肾上腺素；GABA. γ-氨基丁酸；GLU. 葡萄糖；CRF. 促肾上腺皮质激素释放因子；NPY. 神经肽 Y

急性受体作用，启动细胞内信号通路。这些细胞内信号通路可能与长期药物摄入适应性相关。慢性饮酒的情况下，多个分子机制可以抵消酒精的急性影响，这即是系统神经适应。例如，慢性饮酒可通过下调 α_1 亚基，降低 GABA 受体的功能，同时缓解腺苷再摄取的急性抑制[73]。尽管急性饮酒会激活腺苷酸环化酶，而慢性饮酒者戒酒会降低杏仁核中 cAMP 反应元件结合蛋白磷酸化，并且急性酒精戒断期间会引起神经肽 Y（neuropeptide Y，NPY）下降，增加焦虑类反应[84]。

（五）促进 AUD 不良反应强迫性的系统间神经适应

另一种在戒断／负面效应阶段启动负强化，导致负面情绪状态的主要神经适应是与唤起－压力调节相关的大脑神经回路和神经化学系统，以期克服长期服用的恼人的药物（酒精），并在药物存在的情况下恢复正常功能。延伸的杏仁核的神经解剖学实体[85]代表了共同的解剖学基础，它将脑觉醒－应激系统与享乐处理系统结合起来，产生上述系统之间的竞争过程。泛杏仁核在基底前脑内形成一个独立的实体[86]，由基底前脑结构终纹床核、杏仁核中央核、小核下质、伏隔核内侧的过渡区（如壳）组成[85]。泛杏仁核接收来自边缘结构（如基底外侧杏仁核和海马体）的大量传入，并将传出信号发送到腹侧苍白球的内侧和下丘脑外侧的一个大投射，从而连接经典边缘（情绪）结构与锥体外运动系统的特定大脑区域。长期以来，人们认为延展的杏仁核不仅在恐惧条件反射中发挥关键作用[87]，而且在疼痛情绪处理中发挥关键作用[88]。

大脑应激系统由杏仁核及下丘脑－垂体－肾上腺轴（hypothalamic-pituitary-adrenal axis, HPA）释放的促肾上腺皮质激素释放因子（corticotropin-releasing factor, CRF）介导。长期服用有依赖或滥用性可能的药物，大脑应激系统会失调。紧急停用药物时，常伴有促肾上腺皮质激素、皮质酮和杏仁核 CRF 升高[80]（图 53-3）。在酒精依赖动物模型中，戒酒期间下丘脑外 CRF 系统变得

异常活跃，大鼠杏仁核中央核和终纹床核中胞外 CRF 增加 [80]。动物模型中 CRF 受体拮抗药能够逆转酒精戒断产生的焦虑样反应 [80]。反复酒精暴露和戒断的模型数据显示，间歇性酒精暴露促进了戒断相关的焦虑反应，而 CRF1 受体拮抗药阻止了戒断引起的焦虑的敏感化 [89]。这些结果与长期饮酒引起 CRF 和 CRF1 受体在大脑中持续上调的情况是一致的 [89]。

更有说服力的是，CRF1/CRF2 肽拮抗药直接注射到杏仁核中央可以阻止酒精依赖大鼠的自主摄入酒精。细胞研究证明，CRF 作用于杏仁核中央核 GABAergic 中间神经元 [90]。静脉注射小分子 CRF1 受体拮抗药可阻断与急性戒断和稽延性戒断相关的酒精摄入增加。在依赖性形成发展过程中，长期服用 CRF 受体拮抗药可阻断对酒精的强迫反应的发展（见参考文献 [89]）。

酒精成瘾与 HPA 轴的调节失调有关 [91]。临床研究已经报道 AUD 患者的 HPA 轴反应性受损 [91]，在酒精成瘾个体中表现为高水平的皮质醇，达到假库欣综合征的程度 [92]。然而，更常见的观察结果是酒精依赖个体的皮质醇反应迟钝，这可能再次反映了对最初过度活跃的皮质醇反应的适应 [91]。一种假设认为，HPA 的激活可以驱动泛杏仁核结构的神经适应性改变。高皮质酮增加了杏仁核中央核和终纹外侧床核的 CRF mRNA，降低了下丘脑室旁核的 CRF mRNA。因此，在中度到重度饮酒的刺激下，初始暴露于高皮质酮可能会刺激杏仁核中央核和终纹外侧床核的 CRF 表达，最终导致神经适应性改变，表现在泛杏仁核结构和功能受损的 HPA 的 CRF 激活致敏 [93]。与这一假说一致的是，在酒精蒸汽暴露过程中，米非司酮对 GR 的慢性阻断可阻止乙醇摄入的增加，并阻断依赖动物对乙醇反应的进行性比例的增加 [94]。慢性 GR 拮抗药也可阻断有酒精依赖的大鼠在稽延性戒酒过程中逐步升级和强迫性饮酒。这些结果表明，GR 在酒精依赖的发展和维持中起着关键作用。

其他具有促应激作用的脑神经递质或神经调节系统也集中在泛杏仁核上，这些都可能导致与药物戒断或稽延性戒断相关的负面情绪状态 [80]。长期以来，人们推测长期给予精神兴奋剂和阿片类药物可激活 cAMP 反应元件结合蛋白，而 cAMP 反应元件结合蛋白又可以激活中型多棘神经元中的强啡肽，后者反馈并降低腹侧被盖多巴胺神经元的活性 [95]。尽管 κ 阿片受体激动药可能通过厌恶刺激作用抑制非依赖性饮酒，但 κ 阿片受体拮抗药可以阻断与酒精戒断和依赖相关的过度饮酒，这种作用可能是由伏隔核壳介导的 [73]。泛杏仁核内构成大脑应激系统的其他神经递质包括垂体后叶素、下丘脑泌素（食欲素）、P 物质和神经免疫因子。有证据表明，除了 CRF 和正啡肽，去甲肾上腺素、抗利尿激素、P 物质和下丘脑泌素（食欲素）都可能导致药物戒断，特别是酒精戒断带来的负面情绪状态（图 53-3）。综上所述，这种促应激、促负情绪状态系统的激活是由多因素决定的，并包括享乐性竞争过程的神经化学基础 [96]。

参与抗应激作用的神经递质系统包括 NPY、痛敏肽和内源性大麻素。NPY 具有强大的促食和抗焦虑作用，一般认为在成瘾中与 CRF 的作用相反 [84]。与 NPY 类似，痛敏肽和合成的痛敏肽受体激动药可以影响杏仁核中央核的 GABA 突触活动，并阻止对应激源敏感的基因选择的大鼠的乙醇摄入 [97]。内源性大麻素参与情绪状态的调节，其中大麻素 CB1 受体信号转导的减少产生类似焦虑的行为效应 [98]。因此，AUD 的易感性可能不仅包括敏感的应激系统，还包括低活性的应激缓冲系统。通过行为和药物干预来阻断促应激系统和刺激抗应激反应系统，是 AUD 治疗的潜在的有趣靶点。

总而言之，有两个过程构成了戒断 / 负面效应阶段的神经生物学基础：奖赏系统功能的丧失（系统内神经适应）和大脑压力系统的补充（系统间神经适应）[71]。随着依赖和戒断的发展，大脑应激系统（如 CRF、去甲肾上腺素和强啡肽）被激活，产生反感或类似压力的状态 [99]。奖赏神经递质功能的下降和大脑压力系统的恢复结合在一起，为重新摄入药物和觅药提供了强大的动机。

（六）与 AUD 相关的着迷 / 期待阶段的神经基质

长期以来，成瘾循环的着迷 / 期待或"渴望"

阶段一直被认为是调节复发的神经回路的关键部分。额叶皮质调节失调不仅影响冲动和强迫的因素，也调节稽延性戒酒和渴望。

影像学研究显示 AUD 患者在着迷/期待阶段的神经回路失调，包括额叶皮质执行功能的损害，以及调节渴望的基质的失调。在伴有和不伴有 Wernicke-Korsakoff 综合征的 AUD 个体中，较低额叶皮质活动常伴有神经心理挑战任务执行功能缺陷（见参考文献 [100, 101]）。AUD 患者存在空间信息维持障碍、决策障碍和行为抑制障碍。AUD 患者这种额叶皮质衍生的执行功能障碍与 AUD 脱毒后恢复的行为治疗能力不足有关 [100]。因此，前额皮质对激励显著性的控制缺陷是解释 AUD 易感性个体差异的潜在重要机制，而将激励显著性过度归因到与药物相关的线索和大脑应激系统的残留超敏可能会导致过度药物摄入、强迫行为和复发。

人类影像研究发现，对线索的渴望激活了大脑总体认知控制网络，其中包括背外侧前额叶、前扣带和顶叶皮质。所有这些都支持广泛的执行功能 [102]。这类研究引出一个假设：在一系列传统的执行功能任务中，前额-扣带回-顶叶-皮质下的认知控制网络持续被招募。然而，其中许多任务在 AUD 患者中显示出缺陷。与乙醇相关的线索最显著的激活涉及背外侧前额叶皮质、扣带皮质和眼窝前额叶皮质 [103]。这种药物线索激发的反应体现了奖赏和激励凸显结构的神经表征 [104]。人类成像数据与动物模型数据是一致的，可总结为，在背侧前额叶/扣带回皮质中有一个"运行"系统驱动冲动和渴望，而在腹内侧前额叶皮质中有一个"停止"系统抑制冲动和渴望 [105]。长期以来，人类压力和压力源一直与复发和易复发性相关联 [106]。成瘾个体在戒断过程中对疼痛极度敏感，尤其面对不良反应时 [107]。事实上，复发的主要诱因是负面情绪/影响，包括愤怒、沮丧、悲伤、焦虑和内疚等元素 [108]。

在动物模型中研究"渴望"可以分为三个领域：由药物本身诱导的、饮酒启动诱导恢复的酒精寻求，与药物摄入、线索诱发和环境诱发的恢复相关的刺激诱导的酒精寻求，以及由急性应激源或应激状态（即应激诱导的恢复）诱导的酒精寻求 [109]。大量动物研究数据表明，药物诱导的恢复位于内侧前额叶皮质/腹侧纹状体回路，并由神经递质谷氨酸介导 [110]。参与药物诱导恢复的神经递质系统由额叶皮质的多巴胺活动调节，涉及额叶皮质到伏隔核的谷氨酸传递（图 53-3）。相比之下，神经药理学和神经生物学研究使用线索诱导恢复的动物模型，将基底外侧杏仁核作为一个关键底物，可能通过与药物诱导恢复相同的前额叶皮质系统实现前馈机制 [109, 111]。线索诱导的恢复涉及基底外侧杏仁核的多巴胺调节，以及基底外侧杏仁核和海马腹侧下托向伏隔核的谷氨酸传递 [111]。这种饮酒恢复可通过注射纳曲酮和选择性 μ 和 δ 阿片受体拮抗药来阻断 [109]。这些结果与人类研究一致。在 AUD 患者中，阿片受体拮抗药能够减弱由乙醇相关线索引起的饮酒冲动 [112]。相反，在动物模型中，应激诱导的药物相关反应的恢复可能依赖于泛杏仁核结构（杏仁核中央核和终纹床核）中 CRF 和去甲肾上腺素的激活 [113]。

（七）AUD 的强迫性：负强化视角

AUD 患者的强迫性行为可能源于成瘾周期三个阶段的神经回路变化（图 53-3）。在狂欢/醉酒阶段，这种变化可能涉及包括增强的激励显著性 [75] 和病理习惯功能参与的神经回路 [114]。在戒断/负面效应阶段，这种变化涉及与负面情绪状态相关的神经回路的恢复。在着迷/期待阶段，这种变化涉及执行功能损害和调节冲动的抑制性控制失调 [115]。许多与线索和压力相关的神经适应持续到长时间戒断，多被描述为在急性戒断后持续的失调 [73]。

然而，临床领域很大程度上忽视了慢性高剂量饮酒诱导的急性和稽延性戒断的负面情绪状态。消极情绪状态不仅可以直接驱动负强化，还可以通过增强激励凸显价值、增强习惯的价值或加重执行功能损害来强烈影响强迫行为。因此，本文讨论的整体概念是，中至重度 AUD 代表与调节个体情绪状态的稳态大脑调节机制的损伤。其中一种假设是，情绪失调始于狂欢和随后的急性戒断，但留下了残余的神经适应痕迹，允许即使在戒毒和戒断后数月或数年也会出现"重新成瘾"[79]。因此，酒精成瘾的情绪调节失调不仅仅代表享乐功能的简单稳态调节失调，也代表了应变稳态的内稳态的动态被打破[79]。还有一种观点认为，这种被称为"亢奋"的超负性情绪状态会随着时间的推移而变得敏感，延伸到稽延性戒断，并为延长和维持成瘾的另一种动机来源负强化提供了驱动力（图 53-3）。

十三、进展到 ALD 的 AUD 患者的治疗

虽然将饮酒水平降低到有害水平以下是有益的，但由于戒酒可以改善肝脏疾病各阶段的预后，ALD 患者治疗的根本仍然是完全戒酒[116]。然而，研究具有 ALD 的 AUD 患者行为、药物治疗的随机研究很少。

（一）行为治疗

简单的干预旨在给患者输出有关有害饮酒的知识，增加改变行为的动机，并加强解决问题饮酒的技能。在初级保健环境中，研究支持使用简要的干预措施来减少饮酒[117]。此外，这些干预措施可能与其他方面的治疗具有协同作用，如药物依从性和转诊治疗方案，这种方法被称为筛查、简短干预和转诊治疗（screening,brief intervention and referral to treatment，SBIRT）。针对 AUD 的特殊心理和行为治疗包括 12 步增强法、认知行为疗法（cognitive behavioral therapy，CBT）和动机增强疗法（motivational enhancement therapy，MET）[116]。12 步增强法以戒酒为重点，并包括匿名戒酒会。CBT 的目标是在乙醇被无乙醇环境取代的情况下建立应对机制。MET 通过"克服阻力"而改变来帮助患者克服困境[116]。关于 ALD 患者 AUD 行为治疗的具体研究非常有限。Lieber 等[118]对肝纤维化进行了临床药理学研究，结果表明，对成瘾的短期干预可显著降低饮酒量。其他研究还涉及 CBT 和 MET 类的行为平台作为促进 ALD 患者戒酒的方式。Khan 等对这些研究进行了系统回顾[119]。整个样本共选取 13 篇论文 1945 名患者。该综述表明，结合医疗护理和行为方法，如 CBT 和 MET，有助于戒酒，这一结论支持了多学科方法治疗具有 ALD 的 AUD 患者的重要性[119]。

（二）药物治疗

治疗 AUD 患者的药理学方法包括治疗酒精戒断综合征（alcohol withdrawal syndrome，AWS）的药物，以及那些用于帮助患者减少渴望、减少饮酒、促进戒断和防止复饮酒的药物。关于 AWS 治疗值得注意的是，虽然高达 50% 的 AUD 患者在戒酒后出现 AWS，但只有一小部分患者需要药物治疗。对于这些患者，苯二氮䓬类药物是金标准，它是唯一可以降低停药发作和（或）震颤性谵妄风险的药物[120]。具有 ALD 的 AUD 患者出现 AWS，首选针对症状的治疗方案，即劳拉西泮或奥沙西泮。这些苯二氮䓬类药物并不经历 I 相生物转化反应；相反，它们只发生葡萄糖醛酸化，即使肝功能受损也能保存下来[116]。

更好地理解成瘾的神经生物学对 AUD 药物的开发起到了重要作用（表 53-1）。在美国，阿坎酸、双硫仑和纳曲酮（口服和肌内注射）已被美国 FDA 批准用于治疗 AUD。最近的一项 Meta 分析支持纳曲酮和阿坎酸对 AUD 的疗效，但不支持双硫仑[121]。此外，欧洲最近批准纳勒美芬用于治疗 AUD，但在美国纳勒美芬还未被批准。治疗 AUD 的批准药物不仅数量非常有限，而且在 ALD 患者的使用范围更窄。事实上，双硫仑可能引起肝毒性，不推荐用于 ALD 患者。此外，虽然纳曲酮引起肝毒性的情况很罕见，但并不能排除这种可能性。虽然阿坎酸不进行肝代谢，也没有肝毒性的报道[116]。阿坎酸尚未在携带有肝病的 AUD 患者中进行正式的试验。

在过去的几十年里，临床前和临床研究为一些药物作为 AUD 的潜在新疗法提供了支持。虽然这些药物都没有得到 FDA 的批准，但其中一些药物已经在 2/3 期临床试验显示出对 AUD 的良好疗效。其中最有希望的是巴氯芬、加巴喷丁、昂丹司琼、托吡酯和伐伦克林（表 53-1）。然而，除了巴氯芬外，目前这些药物还缺乏在具有 ALD 的 AUD 患者中测试的正式临床试验。巴氯芬的一般临床试验产生了相互矛盾的结果[122]，但其中两个独立的临床试验都支持巴氯芬对具有 ALD 的 AUD 患者的疗效[123, 124]。然而，巴氯芬

	剂　量	药理靶点	是否用于患有酒精性肝病的 AUD 患者
表 53-1　FDA 批准的药物和其他在 AUD 患者中测试的药物 [a]			
已被 FDA 批准用于治疗 AUD 的药物			
阿坎酸	666mg，TID	可能是 NMDA 受体激动药	是（无肝代谢）
双硫仑	250~500mg，QD	抑制乙醛脱氢酶	否（肝代谢，报道有肝毒性）
纳曲酮 [b]	PO：50mg，QD IM：380mg，每月 1 次	μ 阿片受体拮抗药	慎用（对肝毒性的认识限制了晚期酒精性肝病的应用）
未被 FDA 批准的、处于测试阶段的 AUD 治疗药物			
巴氯芬	10mg，TID；80mg，QD，最大剂量	GABA_B 受体激动药	是（微量肝代谢）巴氯芬已在肝硬化酒精使用障碍患者的临床研究中进行正式测试
加巴喷丁	900~1800mg，QD	不清楚，最有可能的机制是阻断电压依赖性的 Ca^{2+} 通道	是（无肝代谢）
昂丹司琼	1~16mg/kg，BID	$5HT_3$ 拮抗药	是，但要慎用。尽管昂丹司琼与肝毒性的关系尚未确定，但已有肝毒性的报道
托吡酯	300mg，QD	抗惊厥的多个靶点：– 谷氨酸 /+GABA	是（部分肝脏代谢，主要通过葡萄糖醛酸化）。肝性脑病患者慎用：托吡酯相关的认知不良反应可能混淆肝性脑病的临床过程和治疗
伐伦克林	2mg，QD	烟碱乙酰胆碱受体部分激动药	是（微弱的肝代谢）

a. 经 Elsevier 许可转载，引自参考文献 [116]
b. 纳美芬未获 FDA 批准，但最近在欧洲被批准用于治疗酒精使用障碍。与纳曲酮相比，纳美芬的半衰期更长，并且没有肝毒性的证据
FDA. 美国食品药品管理局；AUD. 酒精使用障碍；TID. 每天 3 次；QD. 每天 1 次；PO. 口服；IM. 肌内；BID. 每天 2 次；GABA. γ– 氨基丁酸；5HT.5– 羟色胺

的可能机制，特别是在具有 ALD 的 AUD 患者中治疗疗效的机制尚不清楚。此外，上述其他药物（尤其是加巴喷丁和伐伦克林）由于没有肝毒性的证据，虽然没有正式在 ALD 患者中测试，但可能对具有 ALD 的 AUD 患者有效（表 53-1）。

综上所述，治疗具有 ALD 的 AUD 患者的关键目标是帮助他们实现并保持戒酒。行为疗法和药物疗法均可有效帮助 AUD 患者戒酒。这些治疗方法仍未得到充分应用，因此在临床护理中扩大其应用非常重要，包括许多患者被转诊为 ALD 的肝病领域。因此，将成瘾药物纳入治疗，并由多学科团队为具有 ALD 的 AUD 患者提供处方至关重要。

第 54 章　药物诱导肝损伤

Drug-Induced Liver Injury

Lily Dara　Neil Kaplowitz　**著**

赵　扬　曹景和　党　昕　陈昱安　**译**

在美国，药物性肝损伤（drug-induced liver injury，DILI）越来越被认为是一个重要的临床问题。其中超过 50% 的病例为急性肝衰竭[1]。20 世纪 50 年代，Hyman Zimmerman 首次将 DILI 描述为一种独立的临床实体，它被定义为 ALT 超过正常上限（upper limit of normal，ULN）3～5 倍，或 ALP 超过 ULN 2 倍的肝损伤，伴随或不伴随胆红素升高。由于缺乏特异性指征、客观的生物标志物，并且具有多样化的疾病表现，DILI 仍很难被明确诊断。DILI 具有广泛的临床表现，包括急性黄疸型肝炎、胆汁淤积性 DILI，以及一些罕见形式的 DILI，如肝结节状再生性增生（如硫唑嘌呤）、窦状隙阻塞症候群（如环磷酰胺）、脂肪性肝炎（如他莫昔芬）等（表 54–1）。DILI 可表现为急性或亚急性肝酶升高，有时慢性起病，并且在极少数情况下表现为更慢性的进行性疾病[2]。因此，DILI 的诊断为排除性诊断，并且当服用药物与肝损伤发作之间存在时间相关性时才会怀疑为 DILI。尽管药物肝毒性有多种潜在表现，但最常见的 DILI 表现为药物诱导的肝炎、胆汁淤积性损伤或两者的组合。对于大多数药物，可以通过计算 R 值赋予它一个独有特征。R 值定义为 ALT/ULN 除以 ALP/ULN 的比值，它通常用作确定肝损伤表型的指标。按照惯例，R≥5 表明是药物性肝炎，R≤2 表示胆汁淤积性 DILI，介于两者之间的值（2＜R＜5）表示两者兼有[3]。肝损伤的表型也具有预后价值。药物性肝炎伴有黄

疸时，在不接受移植的情况下死亡率为 10%。这种现象由 Hyman Zimmerman 首次观察和报道，通常被称为"Hy 定律"。药物引起的胆汁淤积是一种症状更加不显著的疾病，通常与胆管细胞损伤引起的 ALP 升高有关，并可能伴有瘙痒。胆汁淤积性 DILI 是某些药物的特征，在老年人中更常见，并且通常康复得更慢[4]。

在过去的几十年中，有数百种不同的药物和复方草药被报道可以引起 DILI，并具有差异的潜伏期、损伤模式和疾病表型。在体内和体外，已经使用不同的药剂对肝损伤和细胞死亡的潜在机制进行了广泛的研究，尤其是使用最广泛的肝毒素 APAP。在本章中，我们将重点介绍 DILI 激活的分子机制和信号通路。我们讲述的内容不包括复方草药和膳食补充剂引起的肝损伤，尽管这些化合物没有得到系统的研究，但可能具有相同的原理和机制。

一、直接作用 vs. 特异质性毒性

肝脏是药物的重要靶向器官，因为亲脂性药物在肝脏中代谢，转化为更为水溶性形式以便排泄。药物代谢涉及 I 相 CYP450 系统、II 相结合和 III 相转运蛋白的参与，这些蛋白可调节转化和排泄。尽管母体药物积累可能参与介导毒性，但主要由有毒中间体进行。某些药物，如 APAP、阿司匹林、烟酸和化疗药物可直接对肝脏造成可预测的剂量依赖性损伤。这种直接代谢性的毒性

临床表型	药 物
表 54-1 药物诱导肝损伤的表型和组织病理学表现	
活检示肝细胞损伤伴非特异性急性肝炎、带状坏死或斑点坏死（轻度至重度损伤）	对乙酰氨基酚、溴芬酸、安非他酮、CCl_4，可卡因、双氯芬酸、氟烷、肝素、异烟肼、伊匹单抗、酮康唑、甲氨蝶呤、甲基多巴、派姆单抗、苯妥英、丙硫氧嘧啶、纳武单抗、利福平、他汀类药物、曲格列酮
活检示肝细胞损伤表现为自身免疫性肝炎	甲基多巴、米诺环素、呋喃妥因、他汀类药物
活检示肝细胞损伤伴脂肪性肝炎伴或不伴纤维化	胺碘酮、甲氨蝶呤、他莫昔芬
肝细胞损伤伴大泡性脂肪变性	抗精神病药、微粒体甘油三酯转运蛋白抑制药、蛋白酶抑制药
肝细胞损伤伴小泡性脂肪变性	阿司匹林（Reye 综合征）、NRTI、四环素、丙戊酸
胆汁淤积和炎症	别嘌呤醇、阿莫西林 / 克拉维酸、卡马西平、氯丙嗪、肼屈嗪、甲基多巴、青霉胺、苯基丁酮、苯妥英钠、普鲁卡因胺、奎尼丁、柳氮磺吡啶、磺酰胺、舒林酸
单纯性胆汁淤积	口服避孕药（OCP）、环孢素、合成代谢类固醇
慢性胆汁淤积伴胆管减少症	氯丙嗪、氯丙胺、氯噻嗪，很少有其他
血管病变	合成代谢类固醇、硫唑嘌呤、OCP（Buddi-Chiari 综合征）、HIV 药物、
门静脉高压症和紫癜肝炎，NRH 或 SOS	白消安、环磷酰胺、吡咯里西啶生物碱、6- 巯基嘌呤
血管病变	白消安、环磷酰胺、吡咯里西啶生物碱
活检示门静脉高压及肝窦阻塞综合征	
腺瘤	合成代谢类固醇、口服避孕药
血管肉瘤	合成代谢类固醇、砷、铜、聚氯乙烯、索罗司特
肝细胞癌	黄曲霉毒素、合成代谢类固醇、达那唑

NRH. 肝结节状再生性增生；SOS. 肝窦阻塞综合征

是某些药物的特征，因为大多数药物会引起特异质性、不可预测性和非剂量依赖性的肝毒性，通常缩写为 IDILI（idiosyncratic DILI）。在直接肝毒素中，APAP 是研究最广泛的药物。APAP 由 von Mering 于 1893 年首次发现，至 20 世纪 60 年代被推广使用[5]。Davidson 和 Eastham 在同一时期报道了首例肝毒性病例，两名患有暴发性肝衰竭和小叶中心肝坏死的患者在 3 天内死于 APAP 毒性[6]。APAP 的毒性显示出剂量依赖性，起初不超过每天 4g 的使用剂量被认为是安全的。然而，最近一项对每天服用 4g APAP 的健康志愿者的研究，已经引起了对这一广泛认可的安全阈值的质疑[7]。除剂量因素外，禁食、急性疾病、联合用药和代谢应激均可通过消耗谷胱甘肽（glutathione，GSH）储备或调节毒性中间体的生物转化，导致较低剂量 APAP 的肝损伤。

与直接毒素相反，引起 IDILI 的药物通过激活免疫系统来实现。药物的代谢可导致产生半抗原 - 肽抗原的中间体的形成。现在许多研究表明，患有 IDILI 的患者在编码人类白细胞抗原（human leukocyte antigen，HLA）区域的基因中具有特定的单核苷酸多态性。这种关联强烈暗示某些个体具有遗传决定的免疫易感性，导致针对药物半抗原或修饰的自身抗原的适应性免疫应答。然而，大多数被识别的 HLA 多态性普遍存在于一般人群，而发展为 IDILI 的风险比很小。因此，IDILI 的易感性一定受到其他因素影响[8]。

二、对乙酰氨基酚

在美国，APAP 是造成 ALF 最常见的单一病因[9]。啮齿动物的大剂量给药表明，APAP 引起的肝毒性是剂量依赖性并且可预测的，这与其对人类的损伤十分相似。大鼠对 APAP 有更强的抗性；然而，小鼠更为易感并有特征性的组织学表现：中央静脉周围瘀血，随后空泡化，并在 6h 内坏死[5]。APAP 毒性的小鼠模型通常用于研究 APAP DILI 和肝细胞死亡，其中 C57BL6 小鼠最为常用。然而，现有小鼠对 APAP 易感性被报道具有显著差异[10]。APAP 是有毒代谢物 N- 乙酰基 -P- 苯醌亚胺（NAPQI）的前体，由 CYP 直接对母体药物进行双电子氧化形成[11]。多种 CYP 可以产生 NAPQI，但最常见的是 Cyp2E1。但是，Cyp1A2、Cyp3A4 和 Cyp2D6 也参与该过程。NAPQI 具有高度反应性，与细胞内蛋白质共价结合，导致细胞器应激。在非毒性剂量下，GSH 能够高效地解除 NAPQI 的毒性，形成 APAP-GSH 结合物[12]。GSH 合成主要受半胱氨酸可用剂量的限制，因为组成 GSH 的其他两个氨基酸（谷氨酸、甘氨酸）含量丰富。当 GSH 耗尽且半胱氨酸供应受限时，NAPQI 可任意攻击整个细胞中的蛋白质巯基（-SH）基团，其中线粒体是主要受攻击的靶点[13]。因此，基于这些原理开发了解毒剂 N- 乙酰半胱氨酸（N-acetyl cysteine，NAC）（Mucomyst®），该解毒剂可向肝脏供应半胱氨酸，在人服药过量的 10h 内和小鼠服药过量的 1.5～2h 内给药非常有效[14]。在没有 GSH 的情况下，NAPQI 共价结合细胞内蛋白质，并且可以在肝脏和血清中检测到 APAP- 蛋白质的加合物。血清中 APAP- 蛋白质加合物的出现与肝毒性和血清 AST、ALT 水平相关。免疫印迹分析显示这些加合物来源于肝脏[15]。基于这些发现，人们开发了一种高灵敏度和特异性 HPLC-EC 检测方法，用于检测血清中的对乙酰氨基酚 – 蛋白质加合物（蛋白质中的 3- 半胱酪酸 – 对乙酰氨基酚），作为 APAP DILI 中肝细胞裂解的特异性生物标志物[16, 17]。

虽然 NAPQI- 蛋白质加合物形成与毒性之间存在显著的相关性，但是加合物形成与肝细胞坏死之间没有直接的因果关系。APAP- 蛋白质加合物通过选择性自噬在 24h 内被清除[18]。NAPQI- 蛋白质加合物在 GSH 储备耗尽的情况下导致线粒体损伤和细胞内过氧化物和 ROS 积累，并且通过铁介导的机制产生羟基自由基（芬顿反应），以及由于超氧化物与线粒体 NO 相互作用生成过氧亚硝酸盐[19]。Hinson 及其同事已经证明，在小鼠 APAP 模型中，小叶中央区检测到的 3- 硝基酪氨酸（氮应激的标志物）主要定位在线粒体[20]。此外，肝细胞中硝化蛋白的产生与坏死性细胞死亡相关[20]。20 世纪 80 年代，使用电子显微镜在对乙酰氨基酚处理小鼠肝脏中发现了线粒体损伤，这已经表明线粒体损伤在 APAP 诱导的坏死机制中是非常重要的一环[21]。在功能上，体外实验及对经药物处理的动物体内分离出的肝细胞实验证明，APAP 可以改变线粒体呼吸并影响电子传递链[22, 23]。ROS 的产生随后加剧线粒体应激，并可能诱导内质网应激，导致细胞内信号通路的激活，其中最重要的是 MAPK 通路[24]。对多种 MAPK 蛋白进行干扰，包括 MLK3、ASK1、MKK4、JNK 及 JNK 结合伴侣 SH3BP（Sab），能够显著对抗 APAP 诱导的肝细胞死亡[23, 25-29]。异生胁迫、营养不足或细胞器应激导致 MAPK 通路上游的激活，通过级联的磷酸化反应最终导致 JNK 磷酸化（p-JNK）。正常情况下 JNK 激活是瞬时的，而持续的 p-JNK 刺激导致细胞死亡。当应激信号超过某个阈值（如 APAP 的毒性剂量）时，p-JNK 通过结合到线粒体外膜蛋白 Sab 的激酶相互作用基序，从而和线粒体相互作用[30]。JNK 与 Sab 的相互作用引起 ROS 的产生和 JNK 的持续激活，形成一种前馈机制。JNK 不进入线粒体。然而，已经表明线粒体内存在一种涉及酪氨酸磷酸酶 SHP1 的信号转导途径，导致活化的 Src（原癌基因 c-Src）去磷酸化，并且这个过程需要且发生于 DOK4（一种内膜蛋白）上[31]。Src 的失活被认为会通过抑制电子传递链来增加线粒体 ROS 的产生，导致还原当量积累。之后，JNK 依赖性的线粒体 ROS 增加会级联放大线粒体应激，并导致 ROS 敏感的线粒体通透性转换（mitochondrial permeability transition,MPT）（图 54-1）。MPT 抑制药（如环孢素）在小鼠体外和体内抑制 APAP 毒性[32, 33]。据报道，亲环蛋白 D 缺陷型小鼠可抵抗 APAP 毒性和其造成的细胞死亡，进一步说明线粒体在这种 DILI 形式中的重要性[34]。线粒体通透性转换后会发生线粒体 ATP 合成的破坏与线粒体 DNA 损伤蛋白释放，两者组合导致细胞死亡。除 MAPK 外，

其他激酶和信号分子也与 APAP 造成的肝细胞死亡有关。GSK3β、RIPK1 和 DRP1 的敲除、敲低或抑制均已显示可避免或妨碍 APAP 引起的肝细胞死亡[35-37]。虽然 RIPK1 被认为参与 JNK 上游的 APAP 毒性，但 RIPK3 的作用更受争议[38]。尽管 APAP-DILI 明显通过信号转导机制调节导致坏死性细胞死亡，但它不是程序性坏死的一种形式，因为 MLKL 敲除不能使细胞免受 APAP 毒性[36]。

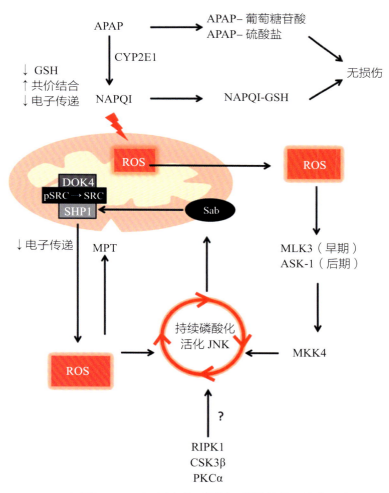

▲ 图 54-1 对乙酰氨基酚诱导肝损伤的信号转导通路

对乙酰氨基酚（APAP）被细胞色素 P450 2E1（CYP2E1）代谢为 N- 乙酰基 -P- 苯醌亚胺（NAPQI）活性代谢物，在 NAPQI 耗尽谷胱甘肽（GSH）后与细胞内蛋白质共价结合，诱导细胞和细胞器应激。NAPQI 靶向线粒体，导致活性氧（ROS）产生。ROS 随后激活丝裂原活化蛋白激酶（MAPK）级联反应。MAP3k 混合谱系酶 3（MLK3）在早期被激活，细胞凋亡信号调节激酶 1（ASK1）在损伤后期被激活。MLK3 和 ASK1 磷酸化丝裂原活化蛋白激酶激酶 4（MKK4），其持续磷酸化会活化 c-Jun 氨基末端激酶（JNK）。其他激酶，如受体相互作用蛋白激酶 1（RIPK1）、糖原合酶激酶 3β（GSK3β）和蛋白激酶 Cα（PKCα）也被报道可激活 JNK。磷酸化活化的 JNK 与线粒体外膜上的 SH3 域结合蛋白（SH3BP）（Sab）结合。这导致线粒体内部信号通路的激活，涉及 SH2 磷酸酶 1（SHP1）和对接蛋白 4（DOK4）（位于线粒体内膜上），最终导致线粒体内 Src 蛋白的去磷酸化。Src 蛋白的失活会阻碍线粒体电子传递，导致线粒体 ROS 增加。JNK 依赖性线粒体 ROS 增加会随后放大线粒体应激并维持活性形式的 p-JNK。这最终导致线粒体通透性转换（MPT）和切割核 DNA 的线粒体间蛋白的释放

三、特异质性药物诱导肝损伤

针对特异质性药物诱导肝损伤（IDILI）的诊断仍然面临很大的挑战。作为排除性的诊断，IDILI 的确诊必须排除常见的肝脏疾病，如病毒性肝炎、自身免疫性肝炎（autoimmune hepatitis，AIH）、胆道疾病、缺血性肝炎、心力衰竭、循环功能障碍败血症和酒精性肝病。如果高度怀疑药物毒性的可能，并且排除较为常见的肝脏疾病的原因，药物在合适的时间范围内（潜伏期）被摄取，损伤表型与该药物的特点相似（如果已知），那么确诊为 IDILI 可能性很高。如果观察到嗜酸性粒细胞浸润，肉芽肿或小叶中心坏死，那么肝脏活检可能会有所帮助。由于没有特定的检查来确定因果关系，甚至肝脏活检通常也是非特异性的，因此 IDILI 的诊断仍然具有挑战性 [8]。

IDILI 的确切病理生理学及其发生的原因可能是多因素的，涉及药物和药理学因素，如剂量和亲脂性，以及患者和个体因素，如遗传、免疫应答、适应性免疫缺陷等。很多证据已经证实免疫系统参与 IDILI，如某些药物（如氟烷、肼屈嗪、抗痉挛药物）与 I 型超敏反应有关，并伴有皮疹和嗜酸性粒细胞增多。据报道，其他药物也能够引发皮疹和嗜酸性粒细胞增多，包括甲氧苄啶/磺胺甲噁唑、头孢唑林和环丙沙星 [39]。已发现卡马西平和苯妥英钠的 IDILI 反应会造成严重的过敏性皮肤反应，如中毒性表皮坏死（toxic epidermal necrosis，TEN）和 Stevens-Johnson 综合征（Stevens-Johnson syndrome，SJS），并且预后较差 [39]。一些药物，如呋喃妥因和米诺环素引起的 DILI 反应表现出自身免疫性肝炎的症状，包括抗核抗体阳性和浆细胞浸润，在肝活检中通常与 AIH 无法区分 [39]。因此人们设想，这些药物可能在具有遗传易感性的患者中诱发了 AIH [40]。然而，与对照组相比，AIH 型 DILI 患者的 AIH 相关 HLA 等位基因 DRB1*0301 和 DRB1*0401 的频率没有增加 [41]。

IDILI 患者的大型数据库已经找到了 IDILI 遗传易感性的证据，有趣的是，许多全基因组关联研究已经鉴定了由各种因素导致的患有 IDILI 的患者中存在 HLA 区域多态性。由于 HLA 复合物编码人类中的 MHC 蛋白，因此 HLA 分子变异可导致异常的抗原呈递和免疫应答的不正常激活。HLA-A、HLA-B 和 HLA-C 基因决定了 MHC Ⅰ 分子的结构，而 HLA-DP、HLA-DQ 和 HLA-DR 决定了 MHC Ⅱ 的结构。大多数已知的 SNP 位于 MHC Ⅱ 分子区域。这会影响抗原呈递给 T 辅助细胞（CD4+），从而部分解释为什么某些人会患上 IDILI。

淋巴细胞刺激试验证明药物或药物-蛋白质加合物可以激活受影响个体的外周血淋巴细胞，进一步支持免疫反应参与了 DILI [42, 43]。早期研究中使用淋巴细胞转化试验（一种基于评估药物处理和对照培养条件下淋巴细胞增殖反应的简单体外试验），在约 50% 的 DILI 患者中检测到药物特异性淋巴细胞反应 [44]。

来自 IDILI 患者的药物特异性 T 细胞已显示以 HLA 限制性方式被激活，也表明适应性免疫发病机制 [42]。对于某些药物引发的 IDILI，在具有相关的 HLA 风险等位基因（HLA-B*15:02、HLA-B*57:01 和 HLA-B*58:01）的健康供体和没有风险突变的供体之中，那些表达已在全基因组关联研究中发现的特定 HLA 等位基因的供体更倾向于激活初始性 T 细胞 [45]。将 T 细胞与成熟树突状细胞共培养，并先用低剂量的药物亚硝基-磺胺甲噁唑、卡马西平、氟氯西林、氧嘌呤醇和哌拉西林处理 8 天。随后，用自体树突状细胞在较高剂量的药物条件下重新刺激 T 细胞，测量 IFNγ 表达，并进行增殖测定。大多数药物首先激活了具有风险等位基因的 T 细胞 [45]。然而在少数情况下，在不表达 HLA 风险等位基因的供体中检测到反应，表明某些药物与多种 MHC 分子结合以激活 T 细胞。这群来自不同供体的具有多种 HLA 的外周血单个核细胞（peripheral blood mononuclear cells，PBMC）可能在预测新药的免疫原性方面非常有效 [45]。除适应性免疫细胞外，来自 IDILI 患者的单核细胞也被用于研究药物的免疫原性。经过 10 天的培养后，这些单核细胞与患者曾接触的药物共孵育，即可根据乳酸脱氢酶的释放测量毒性。使用这种检测方法，确定了

10 种药物为 IDILI 毒性药物，包括阿莫西林 – 克拉维酸和双氯芬酸等[46]。重要的是，有 13 名患者在无意中再次接触某一种药物后复发 DILI，而单核细胞检测确定了这 13 种药物中的 12 种能够导致 DILI[46]。尽管 HLA 多态性与药物导致免疫激活之间存在明确的联系，但大多数具有风险等位基因的人不会发展 IDILI。事实上，这些 HLA 多态性中的一部分在一般人群中普遍存在[8]。因此，根据 IDILI 的多因素发病机制，认识到一定存在其他因素促成 IDILI 的发生是很重要的。由于肝脏免疫耐受性丧失导致的临床适应的失效 / 障碍，也被认为是这些因素之一。

尽管免疫系统在 IDILI 中的作用显著，但是各种临床前实验已经表明一些已知的 IDILI 药物能引起细胞和细胞器应激。根据定义，IDILI 是不可预测的，并且对于大多数药物来说，其肝毒性风险难以预测。因此，令人感兴趣的是，许多报道引起 IDILI 的药物在体外细胞毒性测定中表现出危险信号。对 IDILI 药物进行的多项研究表明，微图像化式共培养的原代肝细胞、肝癌细胞系、分离的原代小鼠线粒体、人膜囊泡、iPSC 衍生的肝细胞、冷冻保存的人肝细胞及最近的肝类器官等体系下，检测到了多种应激信号，如 GSH 耗竭、氧化应激、共价结合、BSEP 抑制、ATP 耗竭、线粒体功能障碍、ER 应激和细胞死亡[47-52]。Porceddu 及其同事通过测量细胞色素 C 释放、肿胀和膜电位破坏，报道了体外诱导线粒体应激与 IDILI 发展之间的关联[48]。在筛选了 124 种化合物（其中 87 种是 IDILI 的已知原因）后，发现已知的高危药物与线粒体毒性之间存在显著相关性，其肝毒性结果中敏感性为 92%～94%，高阳性预测值为 82%～89%[48]。这证明了其对细胞系统有直接压力和毒性，但并不能解释这些化合物的特异质性，但也许可以解释为 IDILI 的替代标志物。此外，这些直接毒性读数是否与特异质的毒性的临床情况有关系，如易感性或对免疫原性的 IDILI 敏感性，仍有待确定。

四、IDILI 的假说

易感单倍型患者的免疫激活机制有多种假说："半抗原 / 前半抗原假说""药物相互作用假说"或"p-i 假说""肽库改变假说""多决定因素假说"和"炎症应激假说"。APC 结合沟和蛋白质之间的共价与非共价的相互结合，在适应性免疫系统的激活中是很重要的。半抗原假说是五种假说中最早提出和最常被引用的假说，假设主张 I 相酶（CYP450 系统）首先将药物处理为活性代谢物，这些药物随后与细胞内蛋白质的结合，导致形成了"新抗原"，从而引起细胞器应激。呈现给免疫细胞的新抗原在某些具有易感性的个体中可被认为是"外来"的，并不能够引起足够的代偿性免疫耐受。HLA 变体对新抗原亲和力的增强，导致新抗原向 T 细胞呈递的增强，T 细胞活化，并因此导致肝损伤[53]。除了这种适应性免疫反应外，在体外半抗原化也可以导致先天免疫的激活[54]。半抗原假说不能完全解释为何在任何给定的药物中观察到 HLA 关联数量十分有限。由于蛋白质中存在多个药物结合位点，在加工后可能会形成几个潜在的半抗原多肽，并与多个 HLA 等位基因相互作用。因此，人们提出了半抗原假说的替代机制。

"p-i 假说"假设某些药物通过非共价相互作用直接与 TCR 或 MHC 分子结合，无须抗原肽就可以使 T 细胞活化[55]。该假设的提出是为了解释观察到的药物反应性 T 细胞克隆的特征，这些克隆在代谢上并不活跃，因此无法把药物处理为活性代谢物。基于 p-i 假设，药物还可以与已经与 MHC 分子结合的多肽相互作用，以激活 T 细胞。有人提出，由于许多现代药物是为了与细胞受体或直接与 MHC 结合沟本身相互作用而设计的，鉴于 MHC 分子的多样性，发现有 TCR 或 MHC 分子能够以足够的亲和力结合某些药物，并产生免疫应答就不足为奇了[53]。希美拉群 IDILI 是 p-i 假说的一个例子，希美加群是一种有效的竞争性凝血酶抑制药，通过阻断纤维蛋白原聚合来防止凝血。由于 8% 的患者在药物治疗 5 周后出现了 IDILI，该药物于 2006 年退出市场。希美加群不被代谢，也不与蛋白质共价结合形成新抗原，因此半抗原假说可能与其毒性机制并不相关[56]。然而，体外研究表明其直接抑制多肽与

HLA DRB1*0701 结合，这表明 p-i 假说可能是其免疫激活和 DILI 的机制 [53, 56]。希美加群的结构类似于一种短肽，其肽键可以插入到凝血酶的精氨酸口袋中，可能对免疫介导反应的发生很重要。

一些药物，如在欧洲使用的青霉素家族中 β- 内酰胺类抗生素氟氯西林，可以通过多种机制激活免疫系统，Wuillemin 及其同事已经证实了这一点，他们利用具有 HLA-B*57：01 阳性和阴性单体型的未经处理的个体生成氟氯西林反应 T 细胞，以研究 T 细胞激活的机制 [57]。氟氯西林的代谢物可以共价结合 HLA 分子，表明其通过半抗原化进行免疫激活 [57]。然而，在 HL-B*57：01 阳性的个体中，氟氯西林直接引起 T 细胞克隆激活，表明基于 p-i 的 T 细胞刺激仅限于该 HLA 单体型 [57]。

与 Stevens-Johnson 综合征相关的抗癫痫药物卡马西平和核苷类似物阿巴卡韦也被报道直接作用于 HLA[58, 59]。肽库改变假说表明，小分子可以非共价占据 MHC 蛋白的肽结合沟的位点，导致 MHC- 肽结合特异性的改变，并导致该 MHC 错误递呈一些通常不被识别的自身 / 自体肽 [60]。这被认为是阿巴卡韦超敏反应的机制。大约 5% 接受阿巴卡韦治疗的高加索族裔患者在初次暴露后 6 周内出现超敏反应。

阿巴卡韦过敏反应已被证明局限于 HLA-B* 5701，与氟氯西林相同（OR＞900）[61-63]。事实上，HLA-B*5701、HLA-DR7 和 HLA-DQ3 的存在对阿巴卡韦超敏反应的阳性预测值为 100%，阴性预测值为 97%[62]。该等位基因的 HLA 检测显著减少了该药物造成 IDILI 事件的发生 [64]。与 p-i 模型不同，阿巴卡韦向 T 细胞的呈递取决于抗原加工，也就是仅在半抗原模型中发生。阿巴卡韦可以结合易感 HLA 的 F 口袋，从而改变结合和呈递的肽库和配体库，从而产生无害的、来自自身抗原的免疫原性 [59]。HLA-B*5701 的器官敏感性使氟氯西林造成肝损伤，阿巴卡韦造成皮肤损伤，其中的机制尚不清楚。

另一种假设称为 IDILI 的多重决定因素假说，认为多种风险因素（HLA 多态性、性别、年龄、潜在疾病）同时存在可能导致 IDILI[65]。氟烷诱导的 IDILI 经常被当作一个例子，它常常发生在先前接触过氟烷的老年女性中 [65, 66]。

一些人认为药物治疗期间的炎性应激反应会促进 IDILI 的发展。炎性应激反应被认为会改变组织稳态，细胞信号通路，并影响药物代谢酶，从而诱发肝损伤 [67]。另外，某些药物引起的轻微肝损伤和细胞应激，可能随着破坏性炎症介质的释放而发展为更严重的损伤。并发炎症可能会改变肝细胞中包括 ABC 转运体在内的药物转运体的表达，并导致药物积累 [67]。一些受到轻微药物干扰的用药者在非压力条件本应产生耐受性，然而炎性应激反应可能阻碍用药者产生适应性而导致 IDILI。这些情况造成的潜在压力可能影响肝脏稳态、药物代谢与清除，因此提出了炎症应激的假说。这一假说认为，药物治疗期间的炎症发作可能会降低药物毒性的阈值，使易感个体易患 IDILI，无论是否有适应性免疫系统的参与 [67]。

五、HLA 多态性

自 20 世纪 90 年代以来，HLA 多态性与药物反应之间的联系被阐述 [68]。长期以来，某些 HLA 等位基因与特异质性反应的关联一直被视为 IDILI 事件由适应性免疫系统介导的有力证据。通过全基因组关联研究比较接受氟氯西林治疗后发生 DILI 的患者与未发生 DILI 的患者，最早发现并充分阐述了 HLA 多态性与药物反应关联（表 54-2）。氟氯西林是一种半合成青霉素，在欧洲通常用于治疗葡萄球菌感染，其导致 IDILI 的机制已经被充分研究。Daly 及其同事在一项开创性研究中发现氟氯西林导致的胆汁淤积性肝炎与 HLA-B*57：01 表达之间的强关联（OR=80.6），后经其他人证实 [69]。从这些患者中分离出的 PBMC 在再次使用药物处理时显示出免疫激活，并且氟氯西林可以激活具有该等位基因的未经药物治疗的个体中的 CD8+T 细胞 [42, 57]。噻氯匹定很少造成胆汁淤积型 IDILI，但在日本人中更常发生。另一种 MHC Ⅰ类分子 HLA-A*33：03 经研究发现是噻氯匹定 IDILI 的重要危险因素（OR=13）[70]。有趣的是，在特比纳芬和非诺贝特 DILI 患者中也发现了 HLA-A*33：03 突变[71]。据报道，阿莫西林 – 克拉维酸是美国和欧洲常见的处方抗生素，是造成大多数有记录的 IDILI 的主要原因，也能够证明遗传易感性会导致 IDILI。在具有多种多态性的患者中，阿莫西林 – 克拉维酸与 IDILI 相关，据报道与 Ⅱ 类 HLA DRB1*15：01-DRB5*0101、DQB1*06：02 的关联性最强（表 54–2）[72]。阿莫西林 – 克拉维酸可以导致严重的肝细胞损伤或症状更不显著胆汁淤积 IDILI（后者在老年人和男性中更常见）。西班牙的 DILI 记录表明，与对照组相比，肝细胞损伤患者 Ⅰ 类 HLA（A*3002 和 B*1801）的比例增加，而 DRB1*1501-DQB1*0602 等位基因的存在显著增加了胆汁淤积 / 混合肝毒性[72-76]。据报道，HLA DRB1*07 在患 IDILI 的患者中不太常见，这表明某些多态性可能对 IDILI 有保护作用[77]。高达 5% 的 IDILI 患者患有 Stevens-Johnson 综合征[78]。在某些人群中，如中国汉族、泰国和马来族裔患者（非高加索族裔），卡马西平引起的 Stevens-Johnson 综合征和皮肤反应与 HLA-B*15：02 有关[79]。在日本族裔患者中，单体型 HLA-B*15：11 与卡马西平诱导的中毒性表皮坏死 /Stevens-Johnson 综合征之间存在显著关联（OR=16.3）[80]。已经报道了 IDILI 药物的许多其他 HLA 关联（表 54–2）。

六、药物和患者因素

IDILI 的发病机制是多因素的，由患者和药物因素共同决定。据报道，患者因素（如年龄、性别、药物代谢及转运蛋白和 HLA 分子的突变）会导致毒性[8]。药物性质（如剂量和物理化学性质）可能是预测药物是否会导致 IDILI 的良好依据。经过预测，需要高剂量服用的药物（每天摄入量大于 100mg）及辛醇 – 水分配系数（octanol-water partition coefficient，logP）大于 3 的亲脂性药物更有可能诱发毒性[81, 82]。尽管存在这些有趣的关联，但鉴于接触该药物的个体中仅有一小部分会发生 IDILI，患者因素似乎在 IDILI 的发展中更为重要。

年龄和性别被普遍认为是 IDILI 的风险因素。在许多研究中，女性患 DILI 的风险较高，尽管并非所有研究都符合这一特点。已经被明确证明的是，女性性别与肝细胞损伤、ALF 和 IDILI 的恶化结局相关[83, 84]。据报道，女性摄入呋喃妥因和米诺环素等引发 AIH 类似症状的药物后出现中度反应的发生率更高[59, 85]。女性性别也与氟烷、氟氯西林、异烟肼、氯丙嗪、大环内酯类和双氯芬酸的药物毒性有关[8]。年龄是毒性的另一个决定因素。丙戊酸和阿司匹林是儿童中 IDILI 的常见原因（Reye 综合征），而异烟肼（Isoniazid，INH）和阿莫西林 – 克拉维酸盐的毒性已知随年龄增加而增加[86]。50 岁以上患者异烟肼 DILI 的发病率比 35 岁以下的患者高出 5 倍[87]。有趣的是，阿莫西林 – 克拉维酸造成肝损伤的表型因年龄而异，年龄较小表现为肝细胞损伤，年龄较大表现为胆汁淤积或混合表型[83]。

药物经历由 CYP 系统（Ⅰ 相）介导的氧化、羟基化和其他反应，接着进行缀合 / 酯化反应（Ⅱ 相），如硫酸盐化，葡糖醛酸化等，从而增强水溶性[8]。CYP 系统产生的母体药物或代谢活性物质可抑制胆汁分泌、胆汁酸摄取转运及经小管外排。这三个药物解毒步骤均与 IDILI 相关。例如，双氯芬酸 DILI 与 CYP2C9 多态性有关，异烟肼毒性与 CYP2E1 有关[88, 89]。N– 乙酰化的变化也与药物毒性倾向有关。N– 乙酰转移酶（N-acetyl transferase，NAT）活性变化可调控对于异烟肼肝毒性的易感性，慢乙酰化者具有更高的异烟肼 IDILI 发生率[90, 91]。慢乙酰化也是磺胺类药物毒性的危险因素[92]。NAT2 突变对 IDILI 的影响在某些种族中还不确定[93]。最近的一项 Meta 分析显示，对于东亚、印度和中东地区族裔，NAT2 的慢乙酰化基因型与抗结核药物 IDILI 相关（HR=3.18，95%CI 2.49～4.07），而在高加索族裔中无关[93]。在另一份报道中，通过全基因组关联研究分析发现，与种族匹配的对照组相比，在一组印变患者中未发现 NAT2 的突变与 IDILI 存在关联[94]。代谢酶 GST 和锰超氧化物歧化酶（MnSOD）突变也被证明是 IDILI 的诱发因素[95, 96]。至少有一个 UGT2B7 突变的患者发生双氯芬酸 IDILI 的风险明显更高（OR=8.5）[97]。此外，携带 UGT2B7、CYP2C8 及转运蛋白

药 物	表现型	HLA	族 群	注 释
		DQA*0102	英国人	
		DRB1*07	英国人	
		A*0201	西班牙人	
阿莫西林 – 克拉维酸 （Amoxicillin-Clavulanate）	多表型 胆汁淤积，肝 细胞损伤	A*3002	西班牙人	DRB1*07 为保护性的多态性， HLADRB1*1501 与原发性硬化 性胆管炎（PSC）关联 HR=0.18～9.3
		B*18：01	西班牙人	
		DQB1*0602	西班牙人	
		DRB1*1501	比利时 – 苏格兰人	
		DRB5*0101	比利时人	
		DQB1*0402	比利时人	
		DQB1*0201	印度人	
抗结核（TB）药物	肝细胞损伤与 混合型损伤	DQA1*0102	高加索人	HLA-DQA1*0102 具有保护作 用
		DQB1*0502		
别嘌醇（Allopurinol）	肝细胞损伤与 混合型损伤	B*5801	韩国人、汉族人、泰 国人、日本人、葡萄 牙人	药物诱导肝损伤（IDILI）合并 皮疹和嗜酸性粒细胞增多症。 SNP 也与 SJS/DRESS 相关
卡马西平（Carbamazepine）	多表型 胆汁淤积，肝 细胞损伤	HLA-B*1502	东南亚人	SJS/DRESS 中常见胆汁淤积
		HLA-A*3101	日本 – 韩国 – 欧洲人	
氯美辛（Clometacin）	肝细胞损伤	B*08	法国人	90% 为女性，80% 为 IgG 升高， 60% 为 ANA 阳性
双氯芬酸（Diclofenac）	肝细胞损伤	DRB1*13	高加索人	
非诺贝特（Fenofibrate）	胆汁淤积	A*3301	高加索人（西班牙裔 和非西班牙裔）	
氟吡汀（Flupirtine）	肝细胞损伤	DRB1*1601– DQB1*0502	德国人	HR=18.7
		B*5701	高加索人（欧洲）	
氟氯西林（Flucloxacillin）	胆汁淤积	DRB1*0701	高加索人（欧洲）	B*5701 与阿巴卡韦皮疹相关， DRB1*15 与降低风险相关
		DQB1*0303	高加索人（欧洲）	
		DRB1*15		
拉帕替尼（Lapatinib）	肝细胞损伤与 混合型损伤	DQA1*0201	高加索人	希美加群与 DRB1*0701 相关 HR=6.9～14.1
		DQB1*0202	高加索人	
		DRB1*0701	高加索人	

表 54–2　已知引起药物诱导肝损伤的药物与 HLA 的相关性

（续表）

药 物	表现型	HLA	族 群	注 释
罗美昔布（Lumiracoxib）	肝细胞损伤	DRB1*1501	高加索人	与阿莫西林 – 克拉维酸有关 多发性硬化症 HR=5
		DQB1*0602		
		DRB5*0101		
		DQA1*0102		
米诺环素（Minocycline）	肝细胞损伤	B*3502	高加索人	80% 女性，90%ANA+
		DRB*01	高加索人	
奈韦拉平（Nevirapine）	肝细胞损伤	DRB*0102	南非人	低 CD4 保护 HR=3
		B*5801	南非人	
帕唑帕尼（Pazopanib）	肝细胞损伤	B*5701	多种族群	肾癌临床试验中存在弱关联
噻氯匹定（Ticlopidine）	胆汁淤积	A*3303	日本人	日本患者严重胆汁淤积性 DILI 比白种人更常见 HR=6.7～10.1
		A*3301	日本人	
		B*4403	日本人	
		DRB1*1302	日本人	
		DQB1*0604	日本人	
		Cw*1403	日本人	
		A*33	日本人	
硫普罗宁（Tiopronin）	胆汁淤积	B*44	日本人	胆汁酶升高持续 2 个月至 10 年
		DR6	日本人	
特比萘芬（Terbinafine）	胆汁淤积与混合型损伤	A*3301	高加索人（欧洲）	与非诺贝特和噻氯匹定相同的单体型
			中国人	
希美加群（Ximelagatran）	肝细胞损伤	DRB1*0701	高加索人（欧洲）	DQA1*0102 与 TB 药物相关 DRB1*0701 与 AIH2 相关 HR=4.4
		DQA1*0102		

MRP2 中的突变，易于形成和积累反应性双氯芬酸代谢物，并与毒性相关[97]。但是，值得注意的是，这些研究的规模都相对小，而且几乎没有得到证实。DILIN 基因研究，包括外显子组测序，发现所有药物的代谢和转运与 DILI 都没有关联，因此这些规模较小的研究得出的结论并不值得大书特书。

清除亲脂性药物的限速步骤是将它们排泄到胆汁中[4]。在人类中，MRP2、BSEP 和 MDR1 基因多态性导致转运蛋白表达或活性降低[4, 98]。这些突变可能会降低药物清除率，影响蛋白质结构，转运蛋白表达与导致药物引起的胆汁淤积。例如，MDR1 多态性与血药浓度增加有关[99]。某些药物是有机阴离子（organic anion-transporting polypetide，OATP）的底物，因此可以结合并抑制其功能。此类药物包括非索非那定、阿片类药物、地高辛、普伐他汀、利福平、依那普利和甲氨蝶呤[8]。有趣的是，Oatp1b2 敲除小鼠对鬼笔环肽和微囊藻毒素的毒性具有抗性[100, 101]。已知 OATP 可摄取这些毒素，以及一种蘑菇毒素，即鹅膏蕈毒素。一些药物的 IDILI 与多药耐药蛋白（multidrug resistance-associated protein, MRP）（或 ABCC）的突变有关。这些基底膜外流泵的功能是排除核苷类似药物（齐多夫定、拉米夫定、司他夫定）、甲氨蝶呤和 6-metacaptopurine 的共轭代谢物[98, 102]。波生坦、环孢素、利福霉素、舒林酸、格列本脲和曲格列酮轭物可抑制 BSEP，抑制胆汁酸排泄，并导致胆汁淤积性 DILI[103-107]。除环孢素和雌激素外，BSEP 抑制药在很大程度上与肝炎有关，而与胆汁淤积无关，这可能表明胆汁酸的潴留可能加重（或使其更敏感于）IDILI 中免疫介导的肝细胞死亡。除 BSEP 外，环孢素还抑制其他转运蛋白。在大鼠中，环孢素通过抑制 Mrp2 和谷胱甘肽分泌来抑制胆盐非依赖性的胆汁流动[108]。环孢素也是 MDR1 的底物，可以竞争性抑制 ABC 转运蛋白。曲格列酮共轭物通过 Mrp2 排泄到胆汁中。在大鼠模型中发现，上述过程可能是曲格列酮诱导的胆汁淤积发病机制中的重要一环[104]。然而，曲格列酮诱导的胆汁淤积性 DILI 极为罕见。不过，使用这种药物抑制 BSEP 仍有可能使细胞对先天和适应性免疫系统介导死亡受体的杀伤变得敏感。虽然转运蛋白抑制有时是药物诱导的单纯性胆汁淤积（如环孢素和雌激素）的主要原因，但是许多与胆汁淤积表型相关的药物也常表现出免疫过敏特征，包括门静脉炎性浸润，表明胆管细胞是免疫反应的重要靶点。胆汁淤积性肝中毒的长久病程及偶有进展为胆管减少症，进一步证明了免疫系统靶向胆管细胞。

七、适应性

虽然基因组学研究的进展和 HLA 风险等位基因的鉴定的相关发现令人振奋，但目前还不清楚为什么只有一部分具有风险相关 HLA 等位基因的患者会发生 IDILI。IDILI 药物的轻度肝毒性发生的频率远高于伴有黄疸和 ALF 的严重肝毒性损伤。尽管继续使用药物，在大多数情况下临床适应仍然发生，轻度肝损伤会消退[109]。因此，临床适应障碍被假定为发生 IDILI 事件所必需的第二个缺陷条件。这指的是"临床适应缺陷"，或由于适应性应答减弱而未能抑制损伤的起始机制[109]（图 54-2）。

肝脏是一个免疫豁免的器官，在皮肤穿刺前使用门静脉来源的免疫原性抗原能够减少过敏皮肤反应，证明了它在引入免疫耐受方面的作用[110]。这种效应是由于肝脏具有免疫耐受部位的独特性质：门静脉血流从肝脏分流会消除这种保护作用[111, 112]。免疫耐受的机制包括对抗原呈递的控制、特异性 T 细胞的克隆性凋亡、在淋巴细胞从 Th2 转换为 Th1 导致的免疫偏离。已有针对肝脏中这种现象详细机制的广泛研究[113]。最常被引用和描述的适应性实例是一项 1975 年的研究，一家精神病医院中结核病患者接受异烟肼治疗，并且前瞻性地每 4 周进行一次血清肝脏检查，为期 1 年[114]。虽然 38% 的患者在异烟肼治疗过程中出现肝脏检查指标的升高，但是继续治疗后大多数患者的异常症状也会消退（即使是高胆红素血症患者）[114]。在这种情况下，临床适应可能与针对药物或其免疫原性代谢产物的免疫耐受的发展和诱导有关，在某些易感人群中，显著的 DILI 可能代表"适应性缺陷"。

对 IDILI 机制途径的研究，受到 IDILI 不可预测性、剂量不相关性、不可再现性的阻碍。两个独立的实验室通过操纵免疫耐受途径成功开发 IDILI 的动物模型，发现了一些证据表明异常检查点信号转导会导致临床适应失效，可能使 IDILI 更易发生[115, 116]。Metushi 等研究了敲除免疫耐受基因，Casitas B 细胞淋巴瘤蛋白（Cbl-b1）和 PD-1 对阿莫地喹 IDILI 的影响。与野生型小鼠相比，敲除 Cbl-b1 或 PD-1 导致阿莫地喹的肝损伤增加。然而，尽管继续用阿莫地喹治疗发生适应，损伤仍然会消退（临床适应）[115]。额外阻断 PD-1 缺陷型小鼠的免疫耐受的关键诱导因子 CTLA4，再使用阿莫地喹处理，会导致更严重的损伤且不会随着继续用药消退。上述模型中 CD8+T 细胞的消耗可防止阿莫地喹药物造

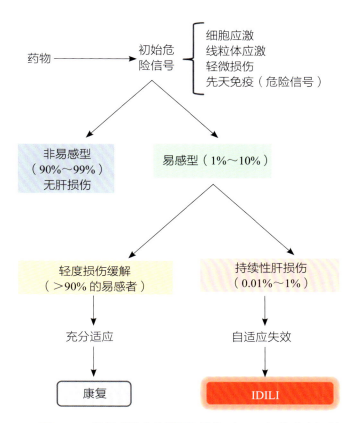

▲ 图 54-2 特异质性药物诱导肝损伤（IDILI）的发病机制

药物或其代谢产物可导致轻微损伤和细胞应激，这可被视为初始风险或危险信号。许多激活适应性免疫系统的药物是以人类白细胞抗原（HLA）限制性的方式进行的。大多数个体没有易感的 HLA，也不会发展成 IDILI。1%～10% 的患者具有高危或易感 HLA 单体型。一旦免疫系统激活，由于强大的免疫耐受性和充分的适应性，大多数具有易感 HLA 的患者将不会表现出任何损伤或轻微损伤，这些损伤会随着药物持续暴露而恢复。少数易感个体（0.01%～1%）将出现临床上显著的显性 IDILI。值得注意的是，某些药物可能依赖于多种混杂的 HLA 激活适应性免疫系统

成的损伤，表明阿莫地喹造成的 IDILI 是由细胞毒性 CD8+T 淋巴细胞介导的[117]。Chakaborty 等使用氟烷 – 肝炎模型来说明类似的观点[116]。在野生型小鼠中，氟烷处理导致轻度和自限性损伤，随后消退（临床适应）。1 周后再次用氟烷处理小鼠后，又造成了轻度且自限性的肝炎。作者通过清除髓系来源的抑制细胞（myeloid derived suppressor cell, MDSC）来将研究指向免疫耐受。小鼠在 MDSC 耗竭 1 天后使用氟烷处理，然后在 2 周后再次处理。MDSC 耗竭的小鼠在第 3 周氟烷再次处理 10 天时显示出显著的肝损伤特征，如肝细胞坏死、ALT 升高、嗜酸性粒细胞增多和 T 细胞对氟烷代谢物的响应[116]。野生型小鼠损伤抑制的机制是由于 MDSC 对 CD4+ 和 CD8+T 细胞的显著免疫抑制作用，这被证明是剂量依赖性

的[116]。在该模型中，损伤由抗体依赖性细胞毒 性（antibody-dependent cellular cytotoxicity, ADCC）介导，因为用抗 CD4 抗体（非抗 CD8）预处理消除了对氟烷的反应。这些研究清楚地说明了免疫检查点和适应性反应在控制 IDILI 反应中的作用。这些研究还表明，由于体内控制 IDILI 途径的冗余机制，通常需要抑制或突变该途径的多个因素才能使 IDILI 发生[109]。

近期，使用 HLA-B*57：01 转基因（Tg）人源化小鼠开发了阿巴卡韦 IDILI 模型[118]。当单独使用阿巴卡韦时，这些小鼠不会发生肝损伤。然而，阿巴卡韦与一种病原相关分子模式（pathogen associated molecular pattern, PAMP）和先天免疫的免疫激活剂 CpG– 寡核苷酸（CpG-oligonucleotide, CpG-ODN）同时处理，则会

导致 IDILI 和 ALT 增加[118]。这种效应只见于 HLA-B*57：01 小鼠，而未见于 HLA-B*57：03 小鼠。IDILI 导致 CD3+ 和 CD8+ 细胞的单核细胞浸润，表明先天性和适应性免疫细胞之间存在协同免疫反应[118]。有趣的是，在 ALT 开始升高并在第 7 天达到峰值后，肝损伤在持续药物处理的第 14 天消退并恢复正常。HLA-B*57：01 小鼠中的 CD8+T 细胞高度表达免疫耐受标志物 PD-1。PD-1 又名 CD279，是一种细胞表面受体，通过促进自体耐受来抑制 T 细胞反应。据我们所知，这项研究首次证明了 PD-1 上调与临床适应免疫耐受形成伴 ALT 值正常化之间的相关性。另外，使用该模型，Cardone 及其同事证明在无肝损伤情况下，HLA-B*57：01Tg 小鼠不会对阿巴卡韦产生皮肤反应，除非 CD4+T 细胞和调节性 T 细胞（Treg）被清除[119]。他们表明，Treg 抑制树突状细胞的共同激活，并且 CD4+T 细胞耗竭促进树突状细胞成熟，导致 CD8+T 细胞浸润皮肤，因此清除 CD4+T 细胞会损害免疫耐受。这项最近的研究建立起了特异质性适应性免疫介导的药物反应模型，带来许多关于药物反应的新见解，而药物反应会影响遗传易感个体中 IDILI 的发展。

八、结论

在美国，药物和复方草药的肝毒性是 ALF 最常见的原因。药物损伤分为两大类，由 APAP、化疗药物、烟酸或药物相关损伤（阿司匹林、肝素、考来烯胺）引起的直接毒性，以及由抗生素、抗惊厥药和非甾体抗炎药引起的特异质性肝毒性。APAP 引起的 DILI 已被广泛研究，本质是由于线粒体损伤导致肝细胞坏死性细胞死亡的一种形式。APAP 坏死涉及多种信号转导通路的激活，包括 GSK3β、RIPK1 和 MAPK 通路（ASK1、MLK3、MKK4），最终作用于 JNK 通路并影响线粒体。如果在早期服用 N– 乙酰半胱氨酸补充 GSH，可以在急性药物过量的情况下挽救肝衰竭。

IDILI 是药物退出市场的最常见原因之一。尽管药物已确定剂量阈值为 50～100mg，但 IDILI 与剂量无关，并且根据定义是不可预测的。这是一种多因素疾病。其发病机制受到潜在免疫原性药物和代谢物与患者免疫反应之间复杂相互作用的影响。一旦药物超过由药物剂量和亲脂性决定的"阈值水平"，可能会引发免疫原性。年龄、性别、CYP 活性、药物转运蛋白和解毒酶等患者因素可引起有毒代谢物的产生或免疫原性药物化合物潴留，从而导致足量药物暴露以诱导免疫反应。IDILI 的主要损伤机制被认为与免疫系统密切相关。IDILI 免疫介导性质的证据是多方面的，包括鉴定某些药物的高危 HLA 多态性，从高危 HLA 患者中分离的 T 细胞免疫激活的体外证据，以及某些药物明显的过敏特征，如皮疹和嗜酸性粒细胞增多。尽管某些 HLA 和 IDILI 之间存在明显的关联，但大多数具有这些变异的人不会出现明显的临床损伤。大多数 IDILI 高风险的个体用药后不会出现肝损伤。在出现损伤的人中，伤害通常是轻微的，并在持续给药过程中就能够缓解。这可能是由于肝脏自然倾向于维持免疫耐受状态，导致对外来抗原的适应，即使在具有高危 HLA 单体型的个体中也是如此。这就解释了为什么尽管许多人携带高危 HLA 多态性，但只有少数接触免疫原性药物的患者患有 IDILI。将发生损伤但随后适应的患者与发生明显损伤的患者（非适应者）的基因表达谱进行比较，可能有助于揭示 IDILI 中新的相关途径。

致谢　该研究由 NIH K08DK109141（LD）、R01DK067215（NK）、P30DK048522（NK）资助。

第55章 氧化应激和肝脏炎症
Oxidative Stress and Inflammation in the Liver

John J. Lemasters　Hartmut Jaeschke　著

刘　峰　魏　来　陈昱安　译

肝脏是氧化应激和炎症的主要靶器官，常见原因有缺血/再灌注、药物诱导的肝脏毒性，以及酒精性和非酒精性脂肪性肝炎[1-6]。氧化应激和炎症在各种条件下相互促进，所以本质上两者是相互关联的。氧化应激确切的定义为"促氧化-抗氧化作用的失衡，倾向于促氧化"[7]。因此，在促氧化剂生成增加或抗氧化物的防御能力受到损害时，氧化应激发生[7, 8]。

一、ROS 和活性氮

（一）ROS

氧分子的 1 和 2 电子还原产物分别是超氧阴离子（superoxide，$O_2^-\bullet$）和过氧化氢（hydrogen peroxide，H_2O_2）。活性氧（reactive oxygen species，ROS）主要产生于肝巨噬细胞和炎症细胞的 NADPH 氧化酶、线粒体的呼吸链、催化 ATP 降解产物黄嘌呤和次黄嘌呤的黄嘌呤氧化酶、脂氧酶、CYP 和黄素单加氧酶等。仅在线粒体中，Brand 及其同事就鉴定了 11 个产生 $O_2^-\bullet$ 和 H_2O_2 的不同区域[9]。在过渡金属离子（如铁和铜）存在的情况下，通过铁催化 Haber-Weiss 或 Fenton 反应（图 55-1）[8]，$O_2^-\bullet$ 和 H_2O_2 反应形成高活性的氧分子的 3 电子还原产物，即羟自由基（hydroxyl radical，$\bullet OH$）。此外，过渡金属催化脂质过氧基、烷基和烷氧基维持的脂质过氧化反应[10]。烷氧基的 β 断裂反过来产生有毒的醛，如丙二醛和 4- 羟壬烯醛。

单线态氧（singlet oxygen，$^1O_2$）是一种具有氧化性和高反应性的 ROS，是激发态的分子氧。其他激发态分子的能量转移可产生 $^1O_2$。通常，激发源是光活化的光敏剂，包括用于光动力治疗的光敏剂和在卟啉症中过度产生的卟啉类化合物[11]。

（二）活性氮

活性氮包括一氧化氮（nitric oxide，$\bullet NO$）和过氧亚硝基（peroxynitrite，$OONO^-$）[12]。$\bullet NO$ 是 NOS 产生的信号分子，与乌头酸酶等酶中的铁硫簇形成亚硝酰基化合物。另外，在控制扩散速率下，$\bullet NO$ 与 $O_2^-\bullet$ 反应形成 $OONO^-$。$OONO^-$ 是一种强氧化剂和硝化剂（图 55-1）。在铁催化的部分反应中，$OONO^-$ 分解成 $\bullet OH$ 类似物，并将蛋白质中的酪氨酸残基硝酸化[12]。在炎症细胞中，H_2O_2 在髓过氧化物酶（myeloperoxidase，MPO）催化下形成次氯酸（hypochlorous acid，HOCl）[13]。HOCl 与蛋白质中的硫醇、氨基和蛋氨酸有高反应性。所有这些高反应性物质对肝脏和其他组织有致毒性[8]。

二、抗氧化防御

（一）超氧化物歧化酶

细胞有多种抗氧化防御方式，可以直接清除有害的自由基或修复氧化应激造成的损伤。超氧化物歧化酶（superoxide dismutase，SOD）加速 $2O_2^-\bullet$ 向 O_2 和 H_2O_2 的歧化反应（图 55-1）。在人类和其他哺乳动物中，SOD 亚型有细胞质中

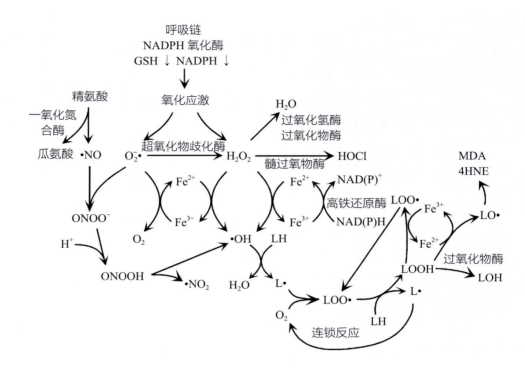

▲ 图 55-1　活性氧和活性氮的产生及后续脂质过氧化反应示意图

线粒体呼吸链紊乱、NADPH 氧化酶和其他过程促进促氧化剂形成增加，以及（或）GSH、NADPH 或抗氧化酶耗竭，损害抗氧化防御系统，导致氧化应激、$O_2^-\cdot$ 和 H_2O_2 的交互形成增加。超氧化物歧化酶将 $2O_2^-\cdot$ 转化为 H_2O_2 和 O_2 并消耗 2 个 H^+。过氧化物酶和过氧化氢酶把 H_2O_2 还原为 H_2O。另外，髓过氧化物酶催化 H_2O_2 与 Cl^- 反应生成 HOCl，即一种强效的细胞毒性氧化剂。在螯合铁存在的情况下，$O_2^-\cdot$ 将 Fe^{3+} 还原为 Fe^{2+}，亚铁与 H_2O_2 反应生成有毒的活性 $\cdot OH$。铁还原酶也可以将 Fe^{3+} 还原为 Fe^{2+}，同时 NAD（P）H（或抗坏血酸）氧化。$\cdot OH$ 与不饱和脂类反应形成 L·，引发氧依赖性链式反应，生成 LOOH 和 LOO·。铁还催化连锁反应，断开 LO· 的 β 键，产生 LO· 和大量 LOO·，从而生成活性醛，如 MDA 和 4HNE。过氧化物酶将 LOOH 还原为 LOH。NOS 催化精氨酸分解为 NO 和瓜氨酸。$\cdot NO$ 与 $O_2^-\cdot$ 迅速反应，形成过 $ONOO^-$，后者分解为 $\cdot NO_2$ 和 $\cdot OH$。这些活性氧、氮和脂类也会攻击蛋白质和核酸

的 SOD1、线粒体基质中的 SOD2 和细胞外的 SOD3。SOD1 和 SOD3 的活性中心含有 Cu 和 Zn，而 SOD2 的活性中心含有 Mn。线粒体呼吸链上氧化型细胞色素 C 也直接清除 $O_2^-\cdot$ 形成 O_2，并还原为细胞色素 C，后者随后被细胞色素氧化酶再氧化[14]。

（二）过氧化氢酶和过氧化物酶

过氧化物酶体中的过氧化氢酶将 $2H_2O_2$ 转化为 $2H_2O$ 和 O_2，它是所有酶中催化效率最高的酶之一（$>10^6/s$）。AQP3 和 AQP8 促进 H_2O_2 通过线粒体和细胞膜的跨膜运动，但在过氧化物酶体中尚未报道它们的存在[15]。也许正因如此，过氧化物酶在过氧化物酶体外清除 H_2O_2 的作用更为重要。

（三）谷胱甘肽

GSH 在肝脏细胞内浓度约为 10mmol/L，通过维持蛋白质的巯基状态和处理亲电体和氧化剂，在氧化应激过程中起着主要的保护作用[16]。GSH 在细胞质中分两步合成。首先是由谷氨酸和半胱氨酸形成 γ- 谷氨酰半胱氨酸的限速过程，然后在谷胱甘肽合成酶的催化下，通过 γ- 谷氨酰半胱氨酸与甘氨酸的肽连接合成 GSH。NADPH（$E_0'=-320mV$）通过谷胱甘肽还原酶（glutathione reductase，GR）使 GSH（$E_0'=-230mV$）处于高度还原状态。因此，正常肝脏谷胱甘肽二硫化物（glutathione disulfide，GSSG）的浓度很低，GSH/GSSG 的比例为 200：1[17]。GSH 也可以被膜相关蛋白 GGT 利用[16]。

GSH 在氧化和相关应激中具有多重保护作用。利用 GST，GSH 与多种化合物的亲电中心形成解毒加合物，包括对乙酰氨基酚代谢的有毒副产品过氧化脂质和 NAPQI。GST 由三个来源的超家族组成，即细胞质、线粒体和微粒体，占细胞质蛋白的 10%[18]。过氧化物酶、谷胱甘肽过氧化物酶（GPX）和过氧化物歧化酶（peroxiredoxin，PRX）可将过氧化氢和脂质过氧化氢还原为水或相应的醇类，每个家族的不同成员对底物的倾向性不同[19]。GPX4 在消除脂质氢过氧化物方面尤为重要[20]。GPX 催化反应产生 GSSG，由 GR 还原为 GSH。PRX 反应在活性部位产生一个氧化的亚磺酸（sulfenic acid，S-OH）分子，S-OH 通常由硫氧还蛋白（thioredoxin，TRX）将其还原为硫醇。TRX 还能还原其他氧化性蛋白质中的氧化性半胱氨酸和二硫键。氧化性 TRX 通过硫氧还蛋白还原酶（thioredoxin reductase，TrxR）与 NADPH 的氧化作用，恢复到还原状态。谷氧还蛋白（glutaredoxin，GRX）的功能与 TRX 相似，可以恢复被氧化的蛋白质的还原硫醇状态，但要依赖 GSH。在 ATP 水解和 GSH 氧化为 GSSG 的驱动下，硫氧还蛋白（sulfiredoxin，SRX）重新激活 TRX（和其他蛋白质）的更多氧化亚硫酸（sulfinic acid，SO_2H）修饰形式。SRX 还参与一些蛋白质的脱谷胱甘肽化，促进 S- 谷胱甘肽化循环[21]。重要的是，通过各种酶异构体的表达和不同的定位，这些硫醇修饰系统在线粒体基质和细胞溶质中都有体现[22]。

三、螯合铁和氧化应激

（一）螯合铁与非螯合铁

在细胞和组织中，铁以两种形式存在。"不可螯合"的铁储存在铁蛋白、含铁血黄素和含铁的蛋白质辅基（如血红素、铁硫复合物）中，传统的铁螯合剂（如 Desferal）无法接触到。"螯合"铁包括游离铁和疏松地结合在膜表面和聚阴离子代谢物（如柠檬酸盐和 ATP）的铁。由于这种松散地结合，游离铁仅占所有可螯合铁的一小部分。总的来说，肝细胞中可螯合铁约为 5μmol/L[6]。

（二）铁和氧化应激

虽然铁是一种必需的营养物质，但偶然过量摄入造成铁过载会导致急性肝细胞坏死，同时铁过载也可引起遗传性血色素沉积症的慢性肝损伤[23]。高血清铁也与糖尿病、心血管疾病、癌症、ASH 和 NASH 的不良预后相关[24-26]。细胞内螯合铁的增加促进肝细胞死亡，而铁螯合剂（如 Desferal）在各种氧化应激和缺氧 / 缺血模型中具有细胞保护作用。铁螯合的保护作用表明，铁在损伤致病过程中发挥着重要作用，最有可能的机制是催化 •OH 形成及后续的脂质过氧化反应[10-14]（图 55-1）。最近，"铁死亡"一词被引入来描述与铁依赖的脂质过氧化相关的非凋亡性（坏死性）细胞氧化性死亡[20]。

（三）细胞对铁的吸收

血浆中几乎所有非血红素铁都以 Fe^{3+} 的形式与转铁蛋白结合。每个 TF 分子有两个铁结合位点，血浆 TF 浓度为 5～10μmol/L，铁占有率为 30%，血浆铁在 3～6μmol/L。铁摄入细胞主要通过网格蛋白介导的内吞作用，使与 TFR 结合的 TF 进入内吞体 / 溶酶体[27]。当内吞体内 pH 下降时，TF 释放其结合的铁。随后的 TF 和 TFR 分别再循环到胞外和细胞质膜，而 Fe^{3+} 浓缩在内吞体 / 溶酶体。铁释放到细胞质以满足细胞的需要，如合成含铁蛋白质，一般至少需要两个步骤。首先是通过一种内吞体内铁还原酶将 Fe^{3+} 还原为 Fe^{2+}，该酶被鉴定为 Steap3 基因的产物[28]。第二步是通过 DMT1，即 H^+/Fe^{2+} 交换体，将 Fe^{2+} 转运出溶酶体 / 内吞体[29]。然而，一种名为 TRPML1 的 Fe^{2+} 和其他二价阳离子（如 Ca^{2+}、Mn^{2+} 和 Zn^{2+}）通道也可以介导晚期内吞体和溶酶体释放 Fe^{2+}[30]。自噬和蛋白酶体系统降解也可回收铁以满足生物合成的需要。同样，血红素加氧酶降解血红素使游离铁再循环，而血红素加氧酶 –2 至少部分定位于内吞体[31]。在铁超载状态下，铁蛋白和含铁血黄素积累以惰性不可螯合的形式来储存铁[29]。

四、线粒体通透性转换

（一）线粒体内膜通透性

在氧化磷酸化过程中，呼吸作用驱动质子

跨内膜转运，从而产生由膜内负电位（ΔΨ）和膜内碱性 pH 梯度（ΔpH）组成的质子电化学梯度[32]。由此形成的质子动力（$\Delta p = \Delta \Psi - 59\Delta pH$）通过线粒体 F_1F_0-ATP 合酶复合体驱动 ATP 合成并使质子再进入。这种化学渗透耦合要求内膜对质子、其他离子和带电的代谢物具有高度的不可渗透性，若其渗透会破坏 Δp。因此，几乎所有跨内膜的代谢物交换都是通过特定的转运体进行的，如可将 ATP 交换为 ADP 的腺嘌呤核苷酸转运体（adenine nucleotide translocator，ANT）、磷酸盐转运体，以及其他各种呼吸底物和额外的代谢物的转运系统。相比之下，外膜对这些离子和代谢物是非特异性渗透，它们通过电压依赖性阴离子通道（voltage dependent anion channels，VDAC）。VDAC 是一个有点误导性的术语，因为 VDAC 对阴离子的选择性弱于阳离子，在假定的外膜膜电位范围内（±50mV）保持开放，并传导高达 5kDa 的不带电溶质[32]。尽管如此，VDAC 的开放和关闭正逐渐成为线粒体功能的动态调节器[32]。

（二）通透性转换孔

在线粒体通透性转换（MPT）过程中，PT 孔的打开使内膜对分子量高达 1500Da 的溶质无选择性通透[33]。Ca^{2+}、ROS、$OONO^-$ 和许多活性化学物质可促进孔隙开放，而 CsA、高 Mg^{2+} 和 pH<7 可抑制孔隙传导。当 PT 孔打开时，线粒体在胶体渗透力的作用下发生去极化和明显肿胀，这是 MPT 的特征。此外，线粒体基质释放各种溶质，包括积累的钙和吡啶核苷酸。最重要的是，氧化磷酸化立即停止，线粒体开始大量水解 ATP。肿胀还导致外膜破裂，随之细胞色素 C 和其他促凋亡因子从膜间隙释放。膜片钳显示 PT 孔具有非常大的单通道电导，即使是单个 PT 孔的打开也足以引起线粒体去极化和解偶联[33]。MPT 的启动是缺血／再灌注、氧化应激和很多肝毒性后诱发细胞坏死和凋亡的关键事件[6]。

（三）通透性转换孔的组成

尽管进行了广泛的研究，但对 PT 孔的组成仍有争议。在一个模型中，PT 孔是由外膜的 VDAC、内膜的 ANT、基质的亲环素 D（cyclophilin D，CypD）及可能其他蛋白一起组成（图 55-2）[34]。

然而，基因敲除研究对这一模型的有效性提出了挑战，研究发现 MPT 在 VDAC 和 ANT 缺陷的线粒体中仍可启动[35, 36]。此外，在 CypD 缺陷的小鼠线粒体中，CsA 不敏感的 MPT 仍可启动，但需要更多的 Ca^{2+} 诱导[37]。

在新的模型中，其他蛋白也被认为是 PT 孔的组成／调节因子，这些蛋白包括磷酸盐转运体（内膜）和 F_1F_0-ATP 合酶亚基（内膜），但该模型尚未形成共识（图 55-2）[38-40]。另一种模型是 PT 孔是由几种不同的蛋白质在氧化应激和其他因素下损伤和错误折叠产生。这种错误折叠蛋白暴露在双层膜的亲水性表面，导致蛋白质在这些表面聚集，形成由 CypD 和其他分子伴侣调控的水通道（图 55-2）[41]。通过这种方式，多种不同的蛋白质可以形成 PT 孔的传导核心。

五、缺血／再灌注

（一）缺血／再灌注时线粒体通透性转换

缺血时酸性 pH 抑制 PT 孔，但随着再灌注时细胞内 pH 增加，PT 孔打开，诱发 MPT，随后发生 ATP 依赖性细胞坏死。缺血时，因缺氧导致呼吸抑制，线粒体去极化。再灌注后，随着呼吸的恢复，线粒体开始重新极化。然而，MPT 随后发生，导致生物能量衰竭（去极化），最终细胞死亡[42]。共聚焦显微镜可以看到 PT 孔的开放是由通常不渗透的荧光剂（如钙黄绿素）从细胞质进入线粒体基质空间的移动引起的（图 55-3）。在再灌注前添加 CsA（一种 MPT 抑制剂）可以防止膜通透性、生物能量衰竭和细胞死亡，正如酸性 pH 下的再氧合作用的效果（图 55-3）。再灌注时使用细胞保护性氨基酸 - 甘氨酸，也能防止细胞死亡，但甘氨酸并不能防止线粒体内膜透化。相反，甘氨酸显然通过阻止 ATP 耗尽后质膜通透性屏障破坏来避免 MPT 的下游效应（图 55-3）[42, 43]。

总之，MPT 发生是缺血／再灌注后细胞死亡的次末端事件。虽然前景广阔，但 CsA 作为一种阻断 MPT 的治疗药物仍有不足之处，包括免疫抑制、肾毒性和生物利用度不稳定。此外，较高浓度（≥5μmol/L）的 CsA 会失去保护作用[44]。非免疫抑制类似物，如 NIM811 和 Alisporivir，

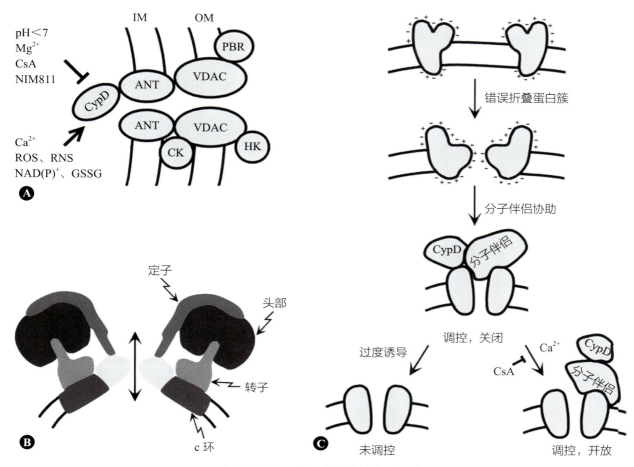

▲ 图 55-2　线粒体通透性转换孔模型

A. 在模型中，通透性转换（PT）孔的组成包括来自外膜（OM）的电压依赖性阴离子通道（VDAC）、内膜（IM）的腺嘌呤核苷酸转运蛋白（ANT）和基质的亲环素 D（CypD）。其他蛋白，如 CK、HK 和外周 PBR，也可能与 PT 孔有关。PT 孔开启器包括 Ca²⁺、NAD（P）⁺、谷胱甘肽（GSSG）、活性氧（ROS）和活性氮（RNS），而环孢素（CsA）、NIM811 和 pH＜7 会阻止孔的传导。B. 在最近的模型中，在 F₁F₀-ATP 合酶二聚体中的单体表面，或在 c 环上形成 PT 孔。C. 第三个模型表明，整个线粒体内膜蛋白的氧化和其他损害导致蛋白错误折叠，从而使亲水表面暴露在疏水双分子层中。这些错误折叠蛋白簇集在这些表面，形成新生的 PT 孔。CypD 和其他伴侣蛋白联合起来阻止它们的传导，但高 Ca²⁺ 通过作用于 CypD 导致孔的打开，这种作用被 CsA 和非免疫抑制类似物（如 NIM811）阻断。由于错误折叠蛋白簇超过了可用的分子伴侣的浓度，非 Ca²⁺ 依赖性结构性开放通道形成，并且不被 CsA 抑制

在高剂量时不会失去疗效，并显示出更好的治疗前景[45, 46]。

（二）米诺环素和多西环素

其他阻断 MPT 的药物包括米诺环素和多西环素。两者都是半合成四环素衍生物，据报道可以预防神经退行性疾病、创伤和缺氧 / 缺血[46, 47]。这些药物通过抑制生电性线粒体钙单向转运体（MCU）对线粒体钙的摄取来阻断 MPT[46, 48]。米诺环素和多西环素也可能通过阻断线粒体对促氧

化剂 Fe²⁺ 的摄取而起到保护作用，该 Fe²⁺ 也可被 MCU 转运到线粒体。

六、细胞应激时铁从溶酶体转到线粒体

（一）肝细胞中可螯合铁的可视化

Fe²⁺ 会按比例淬灭钙黄绿素的荧光[49]。通过 Fe²⁺ 依赖钙黄绿素的猝灭来评估，在质子泵空泡 ATP 酶（vacuolar ATPase，V-ATPase）抑制剂 Bafilomycin 作用下，酸性溶酶体 pH 梯度消失后，

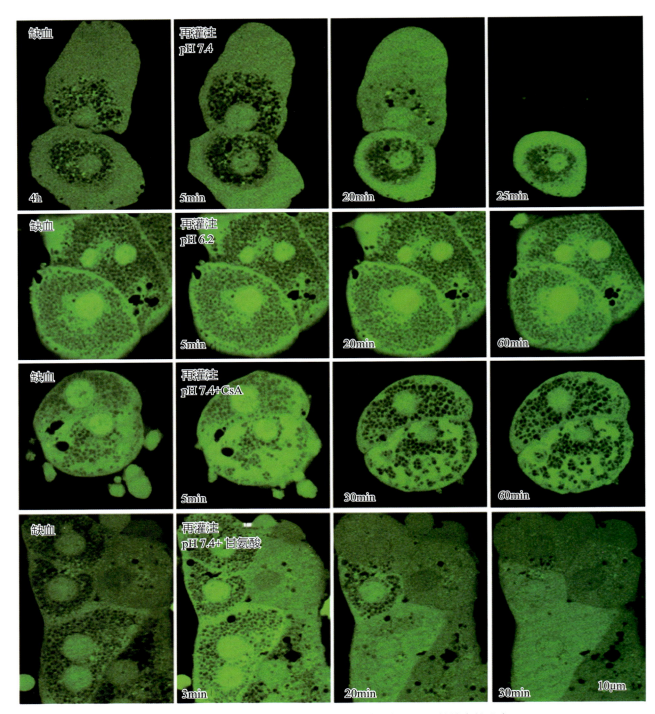

▲ 图 55-3　缺血 / 再灌注后培养的肝细胞线粒体通透性转变的发生

负载钙黄绿素的培养的大鼠肝细胞缺血 4h（在 pH=7.4 条件下缺氧），然后在 pH 为 7.4，pH 为 6.2、pH 为 7.4 时环孢素（CsA，1μmol/L）处理条件下，或 pH 为 7.4 时甘氨酸（5mmol/L）处理条件下进行再灌注。缺血 4h 后，发现线粒体除钙黄绿素荧光外，出现了黑暗空隙。在 pH 为 7.4 条件下再灌注后，钙黄绿素进入线粒体，然后细胞死亡，所有钙黄绿素释放。在 pH 为 6.2 或 pH 为 7.4 时 CsA 处理条件下再灌注，可以防止线粒体通透性增加和细胞死亡。甘氨酸能防止细胞死亡（细胞钙黄绿素的释放），但不能防止线粒体通透性增加

胞质螯合 Fe^{2+} 增加了 $100\sim200\mu mol/L$（图 55-4 ）[50]。Desferal 和 Starch-Desferal（S-desferal）可阻止胞质螯合 Fe^{2+} 增加（图 55-4 ）。肝细胞通过内吞作用摄入诸如葡聚糖之类的多糖和 S-Desferal，并在溶酶体中富积。因此，通过 S-Desferal 可抑制 Bafilomycin 引起的胞质中 Fe^{2+} 的增加，表明 Fe^{2+} 来源于溶酶体 / 内吞体。

（二）线粒体内的铁

通过改变负载条件，钙黄绿素可选择性地载入肝细胞的线粒体和溶酶体中。Bafilomycin 处理后，线粒体钙黄绿素淬灭，而溶酶体钙黄绿素荧光增强，表明线粒体螯合 Fe^{2+} 增加，溶酶体螯合 Fe^{2+} 减少（图 55-4 ）。特异性 MCU 抑制剂 Ru360 可以阻断 Bafilomycin 处理后的线粒体钙黄绿素淬灭，但不能阻断胞质钙黄绿素的淬灭，表明 Fe^{2+} 通过 MCU 进入线粒体（图 55-4 ）。S-Desferal 也可阻止线粒体对 Fe^{2+} 的摄入，这意味着线粒体吸收的 Fe^{2+} 来源于溶酶体。然后，氧化应激后，线粒体的铁负荷使肝细胞 MPT 的发生和细胞死

亡敏感，而 Desferal、S-Desferal 和 Ru360 均可抑制这种情况的发生[50]。

（三）缺血时铁从溶酶体转移到线粒体

缺血时，由于 ATP 耗竭导致 V-ATP 酶抑制，胞质和线粒体螯合 Fe^{2+} 也增加[51]。产生 ATP 的糖酵解底物果糖可以防止淬灭，正如 Desferal 和 S-Desferal 的作用。应用 MCU 抑制剂 Ru360 可抑制缺血诱导的线粒体 Fe^{2+} 增加，但不能抑制胞质 Fe^{2+} 的增加。缺血前应用 Desferal、S-Desferal 和 Ru360 也可减少再灌注后 ROS 形成、MPT 发生和细胞死亡。ROS 生成先于 MPT 发生。Desferal 和抗氧化剂可阻断再灌注后 MPT 的发生，而 CsA 可阻止 MPT 的发生，但不能阻断 ROS 的形成[51, 52]。因此，Fe^{2+} 依赖性 ROS 形成驱动再灌注后 MPT 的发生。总之，缺血时铁从溶酶体转移到线粒体是一个"第一次打击"，当再灌注后线粒体 $O_2\cdot$ 和 H_2O_2 形成的"第二次打击"导致了铁依赖性 $OH\cdot$ 生成、MPT 发生和细胞死亡。因此，螯合铁是一个动态变量，它在线粒体内的

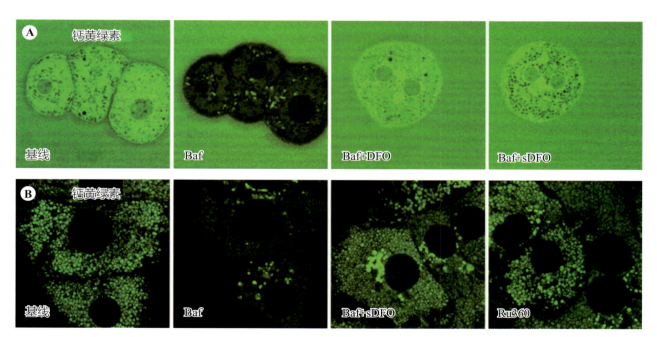

▲ 图 55-4　**Bafilomycin 作用 2h 后胞质和线粒体钙黄绿素荧光淬灭**

在培养的小鼠肝细胞中，用 Bafilomycin（Baf）（50nmol/L）抑制质子泵空泡 ATP 酶，破坏溶酶体的 pH 梯度，导致胞质（A）和线粒体（B）钙黄绿素荧光淬灭，表明两个腔室中可螯合 Fe^{2+} 增加，而铁螯合剂、DFO（1mmol/L）和 sDFO（1mmol/L DFO 等效）阻止了这一现象。Ru360 是线粒体钙单向转运体抑制剂，可防止 Baf 诱导的线粒体钙黄绿素淬灭（右下图）。用 Baf 后的图中亮点是溶酶体。A 培养基中有 300μmol/L 的游离钙黄绿素

增加促进了 ROS 形成和肝细胞损伤。

（四）出血性休克 / 复苏

小鼠失血性休克 / 复苏（hemorrhagic shock/resuscitation，HS/R）是一种临床相关的肝脏氧化应激和缺氧/再氧合损伤模型。在出血 3h 后复苏，米诺环素、多西环素和 S-Desferal 均可使 ALT 释放和肝脏坏死减少约 60%，保留线粒体 $\Delta\Psi$，并将生存率从 40% 提高到 70%[53, 54]。值得注意的是，即使在复苏后使用米诺环素也有保护作用。

（五）醛和氧化应激

铁依赖的 ROS 形成和脂质过氧化过程中，通过脂质氢过氧化物的 β- 裂解导致醛类（如丙二醛和 4- 羟基壬烯醛）的生成（图 55-1）。如果没有被线粒体中的 ALDH2 代谢解毒，这种醛会产生蛋白质加合物和细胞毒性。Alda-1 是 ALDH2 的激活剂，在缺血 / 再灌注和氧化应激的模型中起保护作用[55]。Alda-1 也可预防小鼠的酒精性脂肪性肝炎，该模型中由乙醇代谢形成的乙醛（acetaldehyde，AcAld）也必须由 ALDH2 解毒[56]。肝细胞受到醛应激后，线粒体外膜的 VDAC 关闭，肝脏线粒体去极化[57]。这些线粒体的适应性变化促进了膜渗透性的 AcAld 和其他中性醛可以快速选择性的解毒氧化。然而，VDAC 关闭也抑制了线粒体的脂肪酸氧化，导致脂肪变性。去极化也刺激了线粒体自噬。慢性乙醇暴露后，过量的线粒体自噬导致释放线粒体损伤相关分子模式（mitochondrial damage-associated molecular pattern，mtDAMP）分子，促进炎症和纤维化反应，引起 ASH 的肝炎和纤维化[5]。通过类似的机制，NASH 中脂质过氧化过程中形成的醛和氯乙烯代谢过程中形成的氯乙醛均可能导致与 ASH、NASH 和毒物相关脂肪性肝炎（toxi-cant-associated steatohepatitis，TASH）类似的肝脏病变。

七、铁和氧化应激在对乙酰氨基酚肝毒性中的作用

（一）对乙酰氨基酚代谢

对乙酰氨基酚（APAP）过量可引起暴发性肝坏死，是西方国家急性肝衰竭的主要原因[58]。由 CYP 依赖性氧化的 APAP 产生的 NAPQI 是 APAP 肝脏毒性的基础。在治疗剂量下，NAPQI 与 GSH 结合可防止 APAP 毒性，但过量 APAP 可导致 GSH 耗竭，随后 NAPQI 与线粒体和其他细胞蛋白共价结合，导致肝细胞损伤和死亡[59]。

（二）溶酶体的作用

APAP 处理培养的小鼠肝细胞可导致溶酶体破裂，溶酶体释放 Fe^{2+} 到胞质中，线粒体通过 MCU 摄入 Fe^{2+} 后促进了 ROS 生成、MPT 发生、线粒体去极化和细胞死亡。通过 S-desfera 螯合溶酶体内铁，MCU 抑制剂（如 Ru360 和米诺环素）阻断线粒体对铁摄取可以避免体内和体外伤害，MCU 缺陷小鼠可免受 APAP 肝毒性的伤害[50, 60, 61]。铁螯合也能防止 APAP 后溶酶体的破裂，表明铁依赖性的机制促成了溶酶体的损伤。MPT 阻滞药（如 CsA 和 NIM811）也有保护作用，但 MPT 的抑制并不能防止溶酶体破裂。在体内，亲环素 D（一种促进 MPT 发生的调节器）缺陷也能防止 APAP 引起的氧化应激和肝脏损伤[62]。MPT 诱导后的肿胀导致外膜破裂并向胞质释放膜间蛋白，如凋亡诱导因子（apoptosis inducing factor，AIF）和内切酶 G，导致核 DNA 断裂和调节坏死的信号激活[59, 63]。

（三）活性氮

在 APAP 肝毒性过程中，线粒体产生 $OONO^-$，线粒体如硝基酪氨酸加合物所示，也表示 $O_2^-\bullet$ 和 $\bullet NO$ 的形成[63]。$O_2^-\bullet$ 是线粒体氧化应激的结果，但 $\bullet NO$ 的来源尚不清楚，因为 NOS 的每一种亚型 [诱导型 NOS（inducible NOS，iNOS）、内皮型 NOS（endothelial NOS，eNOS）和神经元型 NOS（neuronal NOS，nNOS）] 都可促进 $OONO^-$ 的形成。线粒体呼吸链在一定条件下可直接将亚硝酸盐还原为 $\bullet NO$。虽然 APAP 诱导肝 iNOS 基因表达，但 iNOS 缺乏不能免除 APAP 毒性[64]。相反，nNOS 可能是 APAP 后 $OONO^-$ 形成的 $\bullet NO$ 来源，因为药物抑制和 nNOS 的遗传缺陷延缓了 APAP 过量后的肝毒性[65]。在线粒体 SOD2 杂合的动物中，APAP 通过增加 $OONO^-$ 的生成和蛋白质羰基的形成可导致更大的肝毒性，而后者是氧化应激的生物标志物[66]。因此，线粒体 SOD2 在去除 $O_2^-\bullet$ 和限制 $OONO^-$ 生成方面具

有重要作用。

（四）JNK 与氧化应激

在对各种物理和化学应激反应中，MAPK 信号转导发生 JNK 通过磷酸化 c-Jun（AP-1 转录因子的一个组成部分）及一些细胞质靶蛋白来调控基因表达。肝脏表达 JNK 两种亚型，即 JNK1 和 JNK2，它们是肝脏内 MAPK 的主要效应因子。在 APAP 和许多其他的肝脏应激后，JNK 磷酸化后被激活。各种遗传和药理方案均可以抑制 JNK 防止 APAP 毒性，也可以防止肝缺血 / 再灌注和其他应激损伤[64, 67-69]。在 APAP 肝毒性过程中，最初的线粒体蛋白加合物形成触发了适度的氧化应激，这导致对氧化还原敏感的 MAPK 的激活，如 ASK1 和 MLK3[68, 69]。这些上游的 MAP3K 诱导 MAPK 信号级联，最终导致 JNK 磷酸化。磷酸化的 JNK 转位到线粒体，与 Sab 结合并使其磷酸化，导致内膜上的 p-Src 失活，从而抑制了呼吸链，引起 ROS 生成增加。扩大的氧化应激和过氧亚硝酸盐的形成导致 JNK 的持续激活，并最终触发 MPT[64, 68, 69]。

八、肝损伤后炎症

（一）NADPH 氧化酶

在急性炎症反应中，中性粒细胞和单核巨噬细胞激活，并在肝脏募集。这些细胞与驻留的肝巨噬细胞一起，可以引起大量的氧化应激[70]。其中 NADPH 氧化酶（NADPH oxidase，NOX2）产生 $O_2^-\bullet$。NOX2 是一种跨膜蛋白，可利用细胞内 NADPH 将 O_2 还原为膜对面的有毒 $O_2^-\bullet$。因此，$O_2^-\bullet$ 被释放到细胞外或吞噬泡和吞噬溶酶体内。

（二）髓过氧化物酶

中性粒细胞内嗜天青颗粒中含有大量的 MPO，在 $O_2^-\bullet$ 形成的同时，MPO 被激活释放[71]。MPO 利用 $O_2^-\bullet$ 歧化作用形成的 H_2O_2，生成强氧化剂 HOCl[13, 72]。由于 MPO 几乎只存在于中性粒细胞中，所以 HOCl 反应产物，如氯酪氨酸和次氯酸修饰蛋白，可作为中性粒细胞细胞毒性的印迹[72]。

（三）过氧亚硝基

相比之下，巨噬细胞产生的 $O_2^-\bullet$ 主要歧化为 H_2O_2，即一种温和的氧化剂。然而，当炎症过程中诱导 iNOS 时，会产生 •NO，导致与 $O_2^-\bullet$ 发生近扩散受限反应，形成 $OONO^-$[73]。这种 RNS 是一种强效氧化剂，有很高的细胞毒性。硝基酪氨酸蛋白加合物是 $OONO^-$ 形成的生物标志物。

（四）白细胞活化

重要的是要认识到，激活和招募炎症细胞进入肝脏并不意味着这些细胞会自动产生 ROS 和其他氧化剂来引起毒性反应[72]。大多数促炎介质，如细胞因子和趋化因子会增加细胞表面黏附分子（如 CD11b）的表达，以及引起炎症细胞 ROS 形成增强，但不会直接触发氧化应激[74]。为了引起细胞毒性，位于肝窦中的被活化的中性粒细胞需要接收信号，外渗并通过 β_2 整合素 CD11b/CD18 黏附到特定的靶点上，进而触发持续的黏附依赖性氧化应激。对于常驻的肝巨噬细胞来说，ROS 的形成是在吞噬被调理的碎片时或与系统生成的活化补体因子（如 C5a）结合后，通过补体受体所触发的[74]。

中性粒细胞黏附靶细胞可形成 ROS，并在接近靶细胞的地方释放蛋白水解和细胞毒性蛋白[72]。这意味着 H_2O_2 和 HOCl 等氧化剂可以扩散到靶细胞，导致细胞内氧化应激增加，并形成次氯酸盐修饰蛋白。这种由中性粒细胞产生的氧化应激通常不足以通过脂质过氧化直接导致细胞死亡。相反，氧化应激导致细胞和线粒体功能紊乱，最终导致细胞坏死[74]。一般来说，中性粒细胞不会攻击健康细胞。靶细胞大多是应激和受损的细胞，它们比健康细胞更容易受到损伤[72]。

九、坏死和无菌性炎症的启动

（一）DAMP

虽然在一段时间内，人们认为先天免疫反应可增强急性肝损伤，但无菌性炎症的概念直到最近才引起关注[75, 76]。无菌性炎症是指不涉及病原体及其产物（如内毒素）所参与的发病机制。事实上，最初的事件是细胞坏死，释放细胞内容物进入循环。在所有被释放的分子中，有一部分被称为 DAMP，可被 PRR 识别，特别是位于巨噬细胞等免疫细胞上的 TLR[77]。DAMP 的例子包括可与 TLR4 和晚期糖基化终末产物受体（receptor for advanced glycation end products，RAGE）结合的核蛋白 HMGB1，以及可激活 TLR9 的核 DNA 片段和线粒体 DNA。

配体与 TLR 结合可诱导促炎细胞因子基因的转录激活，包括 TNF-α、IL-1α 等。然而，对于 IL-1β 和 IL-18 这样的白介素，首先会形成一种非活性的前体形式，随后需要由 NALP3 炎症小体的成分之一活性 caspase-1 进行蛋白水解激活 [4, 75, 76]。NALP3 炎症小体由 NALP3 和 ASC 组成，ASC 通过 CARD 与 pro-caspase-1 结合，然后自动激活它 [4, 75, 76]。当坏死细胞释放 ATP（另一种 DAMP）时，P2X7 结合导致 NALP3 炎性小体复合物的激活。一旦 caspase-1 切割 pro-IL-1β 或 pro-IL-18，巨噬细胞就会释放成熟的细胞因子，这些细胞因子与炎症细胞上相应的受体结合，如 IL-1β 和 IL-1α 的 IL-1 受体（interleukin-1 receptor，IL-1R）。其结果是炎症细胞被激活并招募到肝脏中。一般认为，大多数细胞因子和趋化因子通过中性粒细胞和单核巨噬细胞发挥作用（图 55-5）。

（二）缺血再灌注时的无菌性炎症

加重肝损伤的无菌炎症反应的原型是肝缺血 / 再灌注损伤，临床上在使用肝蒂阻断（温热缺血）手术、肝移植（冷、温热缺血）和失血性休克期间发生 [78]。缺血性应激和损伤导致最初的坏死细胞死亡，从而引起 DAMP 释放，包括 HMGB1 和 DNA 片段。补体级联的广泛激活也会发生。在早期再灌注期间，补体因子诱导肝巨噬细胞介导的氧化应激，进一步加剧了缺血细胞损伤 [79]。DAMP 诱导的细胞因子和趋化因子的形成及激活的补体因子也招募中性粒细胞进入肝脏。这些中性粒细胞可以广泛地加重初始损伤。多个直接证据支持氧化剂应激在中性粒细胞细胞毒性机制中的关键作用 [79]。在中性粒细胞介导的损伤阶段，肝脏中性粒细胞被充分激活并产生增强的 ROS。此外，肝细胞的氯酪氨酸染色显示，中性粒细胞产生 HOCl。通过 CD18 抗体或药物抑制 NADPH 氧化酶来阻断中性粒细胞的细胞毒性，可以消除氧化剂应激，并明显减少损伤。然而，尽管有强

有力的实验证据表明活性物质对肝脏缺血 / 再灌注的病理生理学发挥重要作用，但炎症细胞产生的氧化应激似乎不太可能由于脂质过氧化导致质膜失效而杀死细胞 [79]。相反，细胞外生成的氧化剂的扩散会扰乱肝细胞内稳态，导致线粒体氧化应激和功能障碍，最终导致 MPT 和细胞坏死（图 55-5）。

（三）氧化应激刺激的其他途径

尽管许多抗氧化剂干预的保护作用支持氧化应激参与了整个病理生理过程，但从机制上讲，这些研究可能很难解释，因为多种不同来源的 ROS 和其他氧化剂（如细胞内来源、肝巨噬细胞、中性粒细胞等）在不同时间对氧化应激起作用。此外，这些自我放大的事件有很强的相互依赖性，因此很难得出可靠的结论。此外，氧化应激通过核转录因子 NF-κB 来影响细胞因子和趋化因子的生成 [2]。氧化应激还可以通过 KEAP1–Nrf2 通路诱导适应性机制，该通路调节重要的抗氧化防御系统，包括谷胱甘肽合成和线粒体中 MnSOD 水平 [80]。有限的氧化剂应激诱导的适应性保护机制也是广泛研究的缺血预处理干预的基础。

尽管对肝脏缺血 / 再灌注损伤过程中无菌炎症反应和氧化应激机制的了解不断深入，但目前还没有开发出可用于临床的治疗干预措施。现在肝脏缺血 / 再灌注损伤不像以前那么严重，原因之一是由于手术和器官获取技术的改善。但这一趋势的也有例外，脂肪肝对缺血 / 再灌注损伤的易感性增加，其中炎症反应和氧化应激对损伤的重要性可能低于微循环障碍和线粒体功能障碍的易感性 [81]。

十、对乙酰氨基酚诱导的肝损伤

（一）中性粒细胞

APAP 过量可引起线粒体功能障碍和广泛坏死 [82]。在动物和人类中，坏死促进 DAMP 的释放，包括 HMGB1、mtDNA 和核 DNA 片段。它们通过与 TLR9（mtDNA、nDNA）、TLR4（HMGB1）和 RAGE（HMGB1）的结合，激活巨噬细胞和中性粒细胞中，并促进细胞因子和趋化因子的

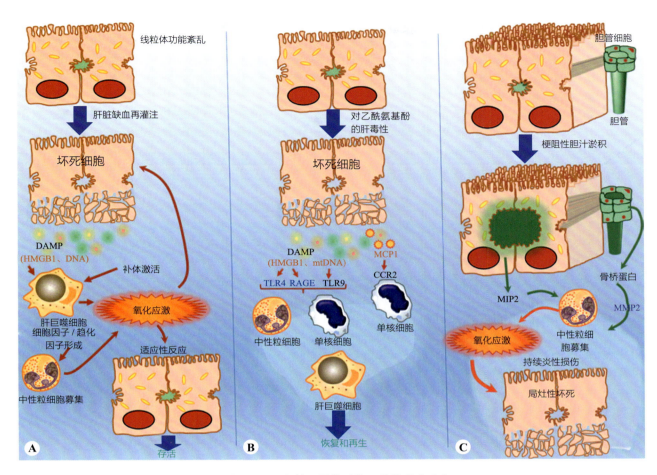

▲ 图 55-5　急性肝损伤后的无菌性炎症反应

显示肝脏缺血再灌注损伤（A）、对乙酰氨基酚肝毒性（B）、梗阻性胆汁淤积症（C）引起的无菌炎症反应的不同机制。A. 坏死的肝细胞释放出损伤相关分子模式（DAMP），激活肝巨噬细胞和中性粒细胞。这些炎症细胞产生的氧化应激加重了肝脏损伤。B. 对乙酰氨基酚过量后，反应性代谢物的形成和细胞内的氧化应激引起坏死，进而触发了 DAMP 的释放。然而，激活的白细胞开始清除坏死的细胞碎片并促进恢复。C. 在梗阻性胆汁淤积症期间，胆管细胞释放骨桥蛋白，进而被 MMP2 剪切。剪切的骨桥蛋白与胆汁酸诱导的趋化因子一起促进中性粒细胞的趋化，接着中性粒细胞介导了损伤。CCR2. 趋化因子受体 2 型；HMGB1. 高迁移率组盒 1；MCP1. 单核细胞趋化蛋白 1；MIP2. 巨噬细胞炎症蛋白 2；mtDNA. 线粒体 DNA；TLR.Toll 样受体；RAGE. 晚期糖基化终末产物受体

生成 [4, 75, 76]。由于这种促炎反应，中性粒细胞和单核细胞迅速募集到肝脏。关于这些浸润的白细胞是否导致氧化应激并加重肝损伤仍存在争议 [4, 83]。大多数支持中性粒细胞和单核源巨噬细胞这一作用的研究分析了各种炎症介质，并推断中性粒细胞或单核细胞可引起损伤。但在小鼠和人的 APAP 引起的肝毒性过程中，血浆中促炎介质的水平较低。因此，在这些条件下，TNF-α、IL-1β 或 IL-1α 等细胞因子可能不足以激活中性粒细胞 [4, 84]。事实上，与内源性产生的 IL-1β 相

比，IL-1β 需要放大多个数量级才能促进肝脏中性粒细胞的聚积 [84]。此外，用抗体阻断 β₂ 整合素（CD18）和使用 CD18 缺陷小鼠（CD18 是中性粒细胞黏附依赖性氧化应激的关键黏附分子）并不能减少 APAP 过量后的损伤 [4, 83]。此外，在 APAP 诱导的肝损伤中，当评估 CD11b 表达、ROS 形成和吞噬能力时，发现肝脏内浸润中性粒细胞未被激活，因此，缺乏中性粒细胞依赖性氧化应激的直接证据。进而，药物性的 NOX2 抑制和 NOX2 基因缺失可以阻止炎症细胞的氧化应

激，但不能阻止 APAP 诱导的氧化应激，也对损伤没有影响。这些数据表明，中性粒细胞没有参与到 APAP 过量后的损伤阶段 [4, 83]。

中性粒细胞作用的唯一直接证据来自中性粒细胞减少实验，该实验显示，在动物经过中性粒细胞减少性诱导抗体预处理24h 或更长时间后才有一定的保护作用 [85]。而在损伤前数小时将中性粒细胞从血循环中清除时，没有观察到保护作用 [86]。中性粒细胞减少引起不同的效应的原因是，在长期中性粒细胞减少后，抗体标记的非活性中性粒细胞沿肝窦分布，并引发肝巨噬细胞广泛吞噬。细胞碎片的大量清除激活了肝巨噬细胞，在此过程中产生的介质会引起肝细胞的预调节效应，使金属硫蛋白和其他保护基因上调。因此，长期中性粒细胞减少症的有益作用是由预处理效应引起的，而不是中性粒细胞的缺失 [4, 83]。综上所述，中性粒细胞在损伤阶段不会延长 APAP 的肝脏毒性。对 APAP 过量患者循环中性粒细胞的激活状态的测定显示，在损伤阶段中性粒细胞无激活，这证实了动物的结果，然而，再生过程中发生了广泛的激活，这表明中性粒细胞在恢复阶段具有一定的功能（图 55-5B）[87]。

（二）巨噬细胞

在 APAP 毒性过程中单核细胞被招募到肝脏。这些细胞的极早期浸润可能导致损伤的一过性增加，但大多数单核细胞在损伤阶段结束时（＞12h，小鼠）募集到坏死区域 [88, 89]。由濒死的肝细胞和已经在坏死区域的单核源巨噬细胞产生的 MCP1 负责招募 [88]。CCR2（单核细胞上 MCP1 的受体）缺陷动物延缓了坏死区域的再生，这表明这些巨噬细胞对恢复阶段很重要 [88]。

近来有报道发现肝巨噬细胞也参与再生。肝巨噬细胞和募集的单核细胞缺陷会阻止 APAP 毒性后的恢复 [89]。巨噬细胞除了清除细胞碎片外，还产生血管生成因子，这对健康组织的恢复至关重要 [89]。APAP 诱导的急性肝衰竭患者肝脏的研究显示，在小叶中心坏死区域，主要是促再生的巨噬细胞和少量的中性粒细胞。与小鼠一样，人类产生大量的 MCP-1 来招募这些单核细胞进入肝脏 [90]。

这些数据表明，在 APAP 诱导的小鼠和人类严重肝损伤后，肝巨噬细胞、单核源巨噬细胞和中性粒细胞通过清除细胞碎片来促进肝脏恢复，并可能产生血管生成介质（图 55-5B）[4, 83]。所有吞噬细胞中功能性 NADPH 氧化酶的缺陷小鼠在 APAP 过量后不表现出延迟恢复。因此，APAP 过量后的肝再生似乎与 NADPH 氧化酶衍生的氧化应激无关 [87]。总之，中性粒细胞、单核细胞或肝巨噬细胞加重 APAP 诱导的肝损伤的直接证据非常有限。

十一、梗阻性胆汁淤积

（一）啮齿类动物模型

梗阻性胆汁淤积中关于肝损伤的早期机制研究主要集中在使用甘氨酸偶联胆汁酸诱导大鼠肝细胞凋亡的体外实验，但有人关注到使用的胆汁酸种类（主要是甘氨酸偶联胆汁酸）和高浓度胆汁酸与啮齿类动物的病理生理无关 [91, 92]。在中性粒细胞细胞毒性关键黏附分子（CD18、ICAM-1）缺陷小鼠中，观察到胆管结扎术后的胆道梗死（局灶性坏死）几乎完全消失，这产生了胆汁淤积性损伤是一个炎症过程的假说 [93]。支持这一观点的是，大量的中性粒细胞聚集在胆汁梗死处，并且这些中性粒细胞氯酪氨酸染色阳性，而氯酪氨酸是 HOCl 的生物标志物 [93]。由于内毒素受体 TLR4 缺陷小鼠并不能抵御 BDL 诱导的肝损伤，该损伤机制似乎涉及无菌性炎症反应（图 55-5C）[94]。

在没有严重坏死和 DAMP 释放的情况下，出现了关于触发促炎症介质形成的启动机制的问题。后续研究发现，小鼠体内的主要胆汁酸是牛胆酸、牛熊胆酸和鼠胆酸。虽然这些胆汁酸在高达 5mmol/L 的浓度下都不会引起小鼠肝细胞的死亡，但它们都会触发中性粒细胞趋化因子 MIP-2 的形成和细胞表面依赖于转录因子 Egr-1 的 ICAM-1 表达 [94, 95]。其他实验表明，胆管细胞来源的骨桥蛋白可被 MMP 裂解为有效的中性粒细胞趋化因子，负责中性粒细胞的早期招募和损伤 [96]。胆汁酸刺激的 MIP-2 形成延长了这一炎症损伤过程 [94, 95]。因此，当胆管受阻和胆汁压力增加时，胆管破裂使胆汁漏入实质内。胆管骨桥蛋白引起中性粒细胞早期激活，并招募到胆汁泄漏区域，该区域胆汁酸刺激肝细胞产生 MIP-2 进一步招募中性粒细胞。其结果是炎症损伤延长和 BDL 的典型局灶性坏死区域（胆汁梗死）形成（图 55-5C）[97]。

（二）人类胆汁淤积

一个重要的问题是，小鼠的这种机制是否也适用于人类的胆汁淤积。人类胆汁酸通常具有更多的甘氨酸共轭，因此更疏水，具有潜在的细胞毒性。胆汁淤积症患者血清胆汁酸，特别是甘氨鹅脱氧胆酸，从对照组的 $2.8\mu mol/L$ 增加到 $22\mu mol/L$，但胆汁中的胆汁酸在胆汁淤积的情况下保持不变（范围为 $2\sim4mmol/L$）[98]。重要的是，原代培养的人肝细胞单独或同时暴露于这些水平的胆汁酸时，只有高浓度的胆汁酸会导致肝细胞坏死[98]。此外，人相关胆汁酸在肝细胞中引起适量的趋化因子形成，这可能是中性粒细胞募集到坏死区域的原因[95]。虽然胆汁淤积症患者会出现坏死的胆汁梗死，但根据 caspase 剪切的 CK18 等生物标志物的评估，发现凋亡的细胞很少[98]。因此，炎症细胞是否加重了患者的损伤仍有待研究。

总之，最新研究表明，梗阻性胆汁淤积症引起的肝脏损伤与胆汁酸和无菌性炎症反应有关，但小鼠模型和患者之间的机制存在差异[99, 100]。小鼠的损伤单纯是由胆汁酸诱导的局部趋化因子形成加速了中性粒细胞介导的损伤，而人类胆汁淤积症坏死细胞直接由胆汁中更疏水和更有细胞毒性的胆汁酸引起。随后发生的无菌性炎症反应与损伤的相关性尚不清楚。总之，这些发现强调了转化研究的重要性。

十二、治疗意义

鉴于对无菌性炎症机制的理解，可以推测参与炎症反应的不同介质和细胞是保护机体免受损伤的潜在治疗靶点。然而，在选择任何靶点之前，必须考虑几个基本问题。首先，在动物模型中鉴定的靶点需要在人类疾病中进行验证。因为动物模型可能无法准确地再现人类的病理生理过程，并且人类和动物在免疫反应方面可能存在差异。其次，无菌性炎症反应的一个有益作用是清除坏死组织，参与这一炎症过程的白细胞仍然具有重要的宿主防御功能。因此，通过阻断白细胞募集以防止早期损伤的加重可能会对损伤恢复产生负面影响，并抵消宿主的防御功能。因为主要集中在损伤阶段，这种负面影响可能无法在短期的动物实验中检测到。对人类而言，衡量药物疗效的最重要指标是恢复和长期生存。因此，急性损伤后抗炎治疗方法的疗效和不良反应必须仔细评估。尽管如此，鉴于无菌炎症反应的自我放大特性，针对其信号通路的靶向治疗仍然是一种有希望的治疗策略，以期达到不损害损伤恢复和宿主防御的情况下将额外损伤降到最低的目的。

致谢　这项工作得到了美国 NIH AA012916、AA021191、AA025379、DK070195、DK073336 和 DK102142 资助。成像设备部分由 P30CA138313、GM103542 和 1S10OD018113 支持。

第56章 胆汁酸介导的炎症在胆汁淤积性肝损伤中的作用

The Role of Bile Acid-Mediated Inflammation in Cholestatic Liver Injury

Shi-Ying Cai　Man Li　James L. Boyer　著
王晨华　崔　磊　惠利健　译

胆汁酸是胆固醇的代谢产物。它是两亲分子，包含一个疏水的核甾环和一个亲水的羧基侧链。哺乳动物体内有许多不同形式的胆汁酸，它们的不同在于侧链的长度、侧链 C 端上的共轭物、核类固醇环上羟基的位置和构型[1]。由于这些差异，不同形式的胆汁酸具有不同的物理化学性质，如有的更疏水。初级胆汁酸在肝细胞中合成，在人类和啮齿动物中主要与甘氨酸或牛磺酸结合，而次级胆汁酸由肠道微生物产生，它们会被脱去羟基或者其核心固醇环的构型发生改变。总的来说，次级胆汁酸比初级胆汁酸更加疏水，并且对细胞的毒性更强。胆汁酸最初被认为是促进消化系统中脂类和脂溶性维生素吸收的一种去垢剂。最近，胆汁酸也被发现是一种能够通过细胞膜和细胞核上的特定受体来调节基因表达的信号分子，参与许多生理过程。因此，胆汁酸在健康和疾病状态中都起着非常重要的作用，其分泌和代谢的稳态受到严格的调控。正常情况下，胆汁酸经过肠肝循环，每天约有 5% 流失到粪便中。胆汁酸转运蛋白通过细胞膜介导结合型胆汁酸的摄取和排泄，在肝和回肠中都起着关键作用[2]。当原发性肝细胞损伤或胆管梗阻导致胆汁形成过程受损时，胆汁酸会在肝脏和体循环过程中积累，造成胆汁淤积综合征。

胆汁淤积的原因有很多，包括遗传和发育缺陷，以及药物、病毒性肝炎、酒精性肝病、原发性胆汁性胆管炎、原发性硬化性胆管炎、妊娠、代谢综合征和胆管结石或肿瘤阻塞等[3-5]。其中有许多慢性疾病，最终会导致胆汁性肝硬化，需要肝移植进行治疗。无论其形成原因是什么，胆汁酸在肝脏的积累是这些疾病共同的特点。然而，胆汁酸损伤肝脏的机制仍然不清楚并且存在争议。胆汁酸是一种有效的去垢剂，早期的研究表明，胆汁酸是通过其直接的细胞毒性作用引起肝损伤的。但是这些研究在细胞培养时使用了毫摩尔浓度的胆汁酸处理肝细胞[6-8]，如此高水平的毒性胆汁酸并不具有病理生理相关性，因为在胆汁淤积症患者或者动物血清和肝脏中没有检测到如此高剂量的胆汁酸[9]。后来有人提出胆汁酸是通过诱导肝细胞凋亡而损伤肝脏[10-16]，凋亡小体引发炎症进一步加剧肝损伤[17, 18]。这一假设是基于将大鼠肝细胞暴露于毒性胆汁酸 GCDCA 的体外实验。然而，GCDCA 并不是大鼠的主要内源性胆汁酸[19]。关键的是，在人类和啮齿动物的胆汁淤积肝脏中，以及用特定物种在病理生理学浓度下的主要内源性胆汁酸处理小鼠和人类肝细胞培养物，均未发现凋亡的证据[20-24]。此外，细胞凋亡通常不会触发炎症反应。与此相反，最近的研究表明，胆汁淤积性肝损伤是由炎症反应引起的，病理生理水平的胆汁酸诱导肝细胞产生了能够吸引免疫细胞并启动肝脏炎症的促炎介质[20, 24]。在本章中，我们回顾了这一研究的最新进展。

一、淤胆型肝细胞释放促炎介质

肝细胞是胆汁形成的主要来源。肝细胞从血液中吸收胆汁酸，并通过特定的膜运输系统将其排泄到胆管中（见第31章）。这一过程主要依赖于基底膜 NTCP（SLC10A1）和胆小管膜上的 BSEP（ABCB11）。在 NTCP/Ntcp 缺陷的患者和 $Slc10a1^{-/-}$ 小鼠中会出现高胆烷血症，但没有明显的肝损伤[25, 26]。这表明如果胆汁酸仅在血清中升高，而在肝脏中没有升高，是由于 NTCP/Ntcp 缺失，肝损伤不应发生。相反，BSEP（ABCB11）的突变或多态性会导致胆汁酸在肝细胞中积累，并出现胆汁淤积，如进展性家族性肝内胆汁淤积 2 型患者、良性复发性肝内胆汁淤积患者及部分妊娠肝内胆汁淤积症患者[27]都是如此。总之，这些观察结果表明，胆汁酸必须进入肝细胞才能引起胆汁淤积性肝损伤，而这种损伤不是通过肝细胞上的质膜受体介导的。

最近，Allen 等首次提出胆汁淤积性肝损伤是通过炎症反应介导的，因为小鼠的主要内源性胆汁酸是牛磺胆酸（taurocholic acid，TCA），刺激小鼠肝细胞培养中促炎基因的表达，包括趋化因子和黏附分子，如 Ccl2、Ccl5、Cxcl1、Cxcl2、Cxcl10、Icam-1 和 Vcam1[20]。这些化学引诱剂的释放帮助招募肝脏的免疫细胞，从而引发炎症及组织损伤。我们最近的研究支持这一假设，研究证实在病理生理学相关浓度的 TCA（25～200μmol/L）处理下，一组趋化因子在离体小鼠肝细胞培养物中以剂量和时间呈现依赖性的方式表达[24]。我们发现，当处理 48h 时，TCA 继续诱导这些细胞产生趋化因子。这些发现有助于解释为什么胆汁淤积症患者的胆汁酸水平持续升高并且会维持持续的肝脏炎症。相反，TCA 在培养的小鼠胆管细胞或肝内非实质细胞（包括肝巨噬细胞、肝星状细胞和肝窦内皮细胞）中并没有显著刺激这些趋化因子的表达。此外，敲低 Ntcp 或使用生物素的化胆汁酸类似物阻断胆汁酸的摄

取显著降低了胆汁酸诱导的趋化因子在小鼠肝细胞中的表达，这解释了为什么是肝细胞而不是其他不表达 Ntcp 的细胞对胆汁酸如此敏感。这也与前面提到的在 NTCP/Ntcp 缺失的患者或小鼠中的观察的结果一致。此外，在 Transwell 实验中，胆汁酸在培养液中释放的趋化剂刺激了中性粒细胞的迁移，进一步支持了胆汁酸诱导肝细胞表达促炎基因，这在胆汁积滞性肝损伤中具有重要病理意义的概念。同样，在 Ccl2 缺乏的小鼠中，胆管结扎或喂食胆酸后，肝损伤也大大减轻[24]。重要的是，人类主要的内源性胆汁酸 GCDCA 在原代人肝细胞培养中显著刺激趋化因子 CCL2、CCL15、CCL20、CXCL1 和 IL-8 的表达，这表明人类和小鼠对胆汁酸有相同的机制反应[24]。

为了更好地理解胆汁酸如何刺激胆汁淤积性肝脏中促炎基因的表达，Allen 等研究了 FXR/NR1H4、转录因子 EGR-1 和 TLR4 信号通路的功能作用。FXR 通过调节胆汁酸合成和运输相关基因的表达在维持胆汁酸稳态中发挥关键作用，但是 FXR 缺乏并不会降低肝脏中 Cxcl2 和 Icam-1 的表达，也不会减轻小鼠胆管结扎术后胆汁淤积性肝损伤。与野生型实验对照相比，缺乏 Tlr4 的小鼠胆管结扎后胆汁淤积性肝损伤也不受影响，肝脏中性粒细胞浸润程度也没有改变[20]。这些观察结果不仅表明 Tlr4 在胆汁淤积症中没有直接刺激肝炎症的作用，而且也表明 LPS 在这些小鼠模型中不是肝损伤的贡献者。相反，他们发现敲除 Egr-1 可以显著减轻胆管结扎后小鼠的胆汁淤积性肝损伤[28]。Egr-1 的缺陷也减少了 TCA 在小鼠肝细胞培养中诱导的一些促炎基因的表达，表明 Egr-1 至少部分调节了胆汁酸刺激的促炎基因的表达。在探究胆汁酸如何导致 Egr-1 激活的过程中，他们发现胆汁酸诱导 Egr-1 表达与小鼠肝细胞 ERK 激活相关，因此推测 MAPK 可能被胆汁酸激活[20, 29]。然而，具体激活细节仍有待确定。

其他研究发现，TLR9 在肝细胞的促炎基因诱导中发挥重要作用[24]。TLR9 是一种膜结合受体，主要用于感知线粒体、细菌和病毒的 DNA。当被激活时，TLR9 通过信号级联触发先天性免疫反应，导致促炎性的细胞因子反应。在胆汁淤

积的肝细胞中，线粒体膜电位的变化、线粒体和内质网蛋白泄漏进入细胞质证明了胆汁酸引起线粒体损伤和内质网应激。这些异常也在其他胆汁酸过量的细胞培养中被观察到[30, 31]。胆汁酸诱导受损线粒体的 DNA 泄漏，进而激活 TLR9，从而刺激促炎基因的表达。事实上，缺乏 Tlr9 减弱 TCA 诱导的小鼠肝细胞趋化因子 Cxcl2 的产生[24]。在胆管结扎后，Tlr9 缺陷小鼠的肝损伤也减少[24, 32]。然而，细胞内线粒体 DNA 如何激活 Tlr9 仍有待研究。此外，Tlr9 缺乏也不能完全消除胆汁酸诱导的小鼠肝细胞趋化因子的产生，这表明也有独立于 Tlr9 的信号通路参与这一调控。其中一种途径可能涉及 Ca^{2+} 信号转导，因为环孢素作为这一途径的已知抑制药，极大地抑制了小鼠肝细胞中胆汁酸对趋化因子的诱导[24]。未来的研究可能会解决这些问题。

二、胆管细胞对胆汁淤积的反应

胆管细胞是排列在肝内和肝外胆管腔内的上皮细胞。肝内胆管细胞在形态和功能上都是异质性的。在啮齿类动物中，直径大于或小于 15μm 的胆管细胞分别称为大胆管细胞和小胆管细胞。大的柱状胆管细胞表达多种转运蛋白，如分泌素受体、AQP、CFTR（ABCC7）和 Cl-/HCO₃⁻ AE2（SLC4A2），而正常情况下这些蛋白在小胆管细胞中不表达。从功能上讲，大胆管（而非小胆管）细胞负责分泌富含碳酸氢盐的水溶液，以响应餐后胃肠道激素分泌素、血管活性肠肽和铃蟾素的排出，这些物质在人类每天的胆汁生产中占 25%。胆管结扎后，大的胆管细胞更容易受到肝损伤，并广泛增殖。相比而言，小胆管细胞对肝损伤的抵抗力更强，具有胆管损伤再生过程中可分化为大胆管细胞的干细胞 / 祖细胞特征[33]。

生理条件下，胆管细胞一直暴露于浓度在毫摩尔范围的高浓度胆汁酸中。然而，与肝细胞不同，这些细胞通常不会表现出损伤的迹象，而且几乎没有证据支持胆汁酸直接启动正常胆管细胞的炎症反应的观点。最近的研究证明了这一点，用病理生理浓度的血清中主要内源性胆汁酸（25～200μmol/L）处理分离的小鼠胆管细胞不会

刺激促炎细胞因子的产生[24]。胆汁酸在胆管细胞内的浓度很可能没有达到肝细胞中所见的引发炎症反应的水平，因为胆汁酸外排基底膜转运蛋白 OSTα-OSTβ 在胆管细胞中大量表达，可以有效地使胆汁酸扩散进入血液。此外，胆管细胞还分泌一层富含碳酸氢盐的黏液。这种"胆道 HCO3⁻ 伞"维持胆管细胞顶端表面附近的 pH 呈碱性，也作为一种屏障，阻止甘氨酸结合胆盐的质子化，并最大限度地减少从胆汁中摄取胆汁酸。甘氨酸胆汁酸复合物的 pKa 约为 4，因此碱性胆汁酸将保持这些胆汁酸处于带电的非质子化状态，从而防止它们不受控制地通过顶端膜扩散到胆管细胞[34]。与这一假说一致的是，在人类和小鼠的弹道上皮细胞质膜顶端上发现了一层 20～40nm 厚的胞外糖萼层。胆汁酸的摄取和毒性依赖于 pH 和永生化人胆管细胞中关键的 HCO₃⁻ 输出物 AE2 也支持了这一观点[35, 36]。胆道 HCO₃⁻ 伞的潜在作用也涉及 AE2 表达缺陷和 HCO₃⁻ 分泌受损的 PBC 的发病机制。在小鼠中敲除 Ae2a,b 基因也会导致 PBC 样表型，包括在受损胆管周围浸润 CD8(+) 和 CD4(+)T 淋巴细胞的门静脉炎症，并且会改变离体胆管细胞的基因表达谱[37–39]。

除了胆汁酸转运体，胆汁酸受体还包括核受体 FXR 和 VDR，以及质膜结合的 GPCR，如 TGR5（Gpbr-1、M-BAR）和 S1PR2[40]。虽然未结合的胆汁酸和结合的胆汁酸都是 TGR5 的配体，但是实验证明，只有结合受体的胆汁酸可以激活 S1PR2[41]。在肝脏中，大小胆管细胞、肝巨噬细胞和肝窦内皮细胞均检测到 TGR5，但不包括肝细胞[42]。TGR5 与 PSC 有关，因为 PSC 患者中发现了 TGR5 的突变[43]。有趣的是，胆管细胞中 TGR5 激活的作用依赖于其亚细胞定位。在人类纤毛胆管细胞 H69 细胞系中，TGR5 的激活导致与抑制型 Gα（i）蛋白共定位，导致细胞内 cAMP 水平降低和细胞增殖减弱[44]。然而，在非纤毛的 H69 细胞中观察到相反的效应，TGR5 定位于顶端的质膜，在激活时与共刺激分子 Gα（s）蛋白共定位。使用 Tgr5⁻/⁻ 小鼠的研究表明，Tgr5 缺乏导致胆管增殖减少，对 BDL 或胆酸的喂食做出反应。在小鼠初级胆管细胞中，Tgr5 通

过 ROS 的产生诱导细胞增殖，并且随后激活 Src 激酶、EGF 受体和 ERK1/2 磷酸化[45]。此外，部分肝切的小鼠和 Mdr2[-/-]（Abcb4[-/-]）小鼠硬化性胆管样损伤的研究表明，Tgr5 的激活通过增加细胞内 cAMP 水平，进而增加分别由 CFTR 和 AE2 介导的 Cl^- 和 HCO_3^- 的分泌，从而促进胆汁生成[46, 47]。

最近，Wang 等证明了 BDL 作用 2 周后小鼠肝脏 S1PR2 mRNA 表达上调，表明 TCA 通过诱导离体小鼠胆管细胞中的 S1PR2 和 ERK1/2-AKT 信号通路活化促进细胞增殖。S1PR2 基因敲除小鼠在 2 周 BDL 处理后，血清胆酸和 ALP、肝纤维化水平显著降低，并且其肝脏和胆管细胞中 COX2 的 mRNA 表达水平也降低了。然而，尚不清楚这些小鼠肝细胞中炎症反应的减弱而不是缺乏 COX2 的 mRNA 诱导能否解释这种改善[48]。

为了响应 TNF-α、IL-6 或 LPS 刺激带来的炎性损伤，胆管细胞转变为激活态，并开始释放大量的促炎介质，包括中性粒细胞趋化剂 IL-8 和上皮细胞衍生的中性粒细胞激活蛋白（ENA-78）。激活肝星状细胞纤维化的介质（如 TGF-β$_2$ 和 Ccl2）也会被刺激，并进一步加剧胆道炎症和纤维化。此外，胆管细胞表达和分泌的骨桥蛋白，这是一种多功能糖蛋白，通过与炎症细胞上表达的整合素受体结合，招募中性粒细胞、巨噬细胞和自然杀伤 T 细胞[50]。在 BDL 小鼠中，骨桥蛋白在胆管细胞中的表达及其在胆汁中的剪切态均被显著诱导，这可能是由胆管梗阻后胆道系统压力导致的胆管细胞应激所致。此外，Opn[-/-] 小鼠在 BDL 后表现出延迟的炎症反应，因为中性粒细胞浸润显著减少，并且在 BDL 后 1 天（而不是 3 天）几乎没有胆梗死出现，这表明骨桥蛋白仅在肝损伤模型的早期阶段发挥吸引中性粒细胞的作用[51]。在人类中，与其他非 PSC 患者相比，PSC 患者的胆汁和胆管细胞中检测到高水平的 IL-8。随着疾病进展，肝内胆管上皮 IL-8 蛋白表达增加。在原代培养的人胆管细胞中使用 IL-8 也能诱导细胞增殖和纤维化基因的产生，这表明 IL-8 可能参与了 PSC 的发病机制[52]。

三、胆汁淤积肝损伤下免疫细胞的作用

肝脏血窦的特点是毛细血管系统，内部由高度窗口化的肝脏血窦内皮细胞构成，这使得肝脏细胞可以直接接受来自系统循环（通过肝动脉）和胃肠道（通过门静脉）的血液供应，使得肝脏不断暴露于来自营养物质或微生物群的大量抗原。因此，虽然它必须对无害的抗原保持耐受性，但肝脏的免疫系统也需要快速反应，以对抗感染、限制组织损伤，并促进组织再生。肝窦富含几种类型的免疫细胞，如肝巨噬细胞、中性粒细胞、T 细胞、自然杀伤细胞和树突状细胞，这些细胞具有能够感知病原体、吞噬、细胞杀伤毒性、细胞因子释放和抗原呈递的功能[53]。

中性粒细胞是先天免疫系统的一个关键组成部分。它们是哺乳动物中最丰富的白细胞类型，在正常情况下在外周血中循环。在应对微生物感染及组织损伤时，中性粒细胞作为炎症细胞的第一反应者之一，通过血管迁移，然后通过间质组织，按照化学信号向炎症部位迁移，这个过程被称为趋化作用。在无菌性炎症的过程中，被称为 DAMP 的分子，如 HMGB1 蛋白、HSP、ATP、细胞核和线粒体 DNA，从受压或受损细胞中释放出来。这些 DAMP 结合并激活它们各自的受体，并因而启动了促炎症介质的表达，从而将具有细胞杀伤毒性的免疫细胞招募到受伤的部位[54]。

中性粒细胞通过产生大量的细胞毒性 ROS，如次氯酸（一种通过骨髓过氧化物酶产生的强效氧化剂）及促炎症细胞因子，直接杀死肝细胞。中性粒细胞过度激活和浸润肝实质导致肝脏损伤，这在许多肝脏疾病中都可以观察到，如病毒性肝炎、非酒精性脂肪肝、酒精性肝病、肝纤维化 / 肝硬化及其他原因引起的肝衰竭[55, 56]。研究支持这样的假设：在胆汁淤积性肝损伤的早期阶段，中性粒细胞是肝细胞毒性的主要原因。小鼠胆管结扎后，中性粒细胞是在肝脏损伤的急性期观察到的主要浸润性免疫细胞。它们可以在 BDL 后 8h 内被检测到，并在 2～3 天达到最高水平，主要在受伤的肝细胞区域和周围的肝窦中[57, 58]。在胆管结扎大鼠的肝脏中也发现了骨

髓过氧化物酶活性的升高，这表明中性粒细胞的数量增加[59, 60]。中性粒细胞敲除的小鼠在遭受 ANIT 诱导的肝内胆汁淤积时显示出更少的肝细胞损伤[61]。在 Mdr2$^{-/-}$ 小鼠中，这是一个建立非常成熟的胆汁淤积模型，观察到明显的肝脏中性粒细胞浸润，并有明显的促炎症细胞因子升高，这些现象都发生在可检测到的肝细胞损伤的组织学和生物化学证据之前[62]。这些证据强烈表明，中性粒细胞被高浓度胆汁酸诱导的促炎症介质激活，并被招募到肝脏实质，在那里它们针对并杀死受压或受伤的肝细胞。

ICAM-1 是一种细胞黏附分子，通过与中性粒细胞表面表达的 β_2 整合素相互作用而介导中性粒细胞外渗[63]。越来越多的证据表明，在人类和动物模型中，ICAM-1 的表达水平与胆汁淤积的程度有很大关系。在健康人中，ICAM-1 只在一些门静脉血管的内皮和肝窦内皮细胞中低水平表达，在肝细胞中检测不到。然而，在梗阻性胆汁淤积症患者中，ICAM-1 不仅在窦道内皮细胞和肝巨噬细胞中上调，而且在肝实质细胞损伤区域，肝细胞贴近肝窦部位的细胞膜上也被诱导[64]。在完全性胆管梗阻的慢性胆管炎患者的微血管内皮上也检测到 ICAM-1 表达增加[64]。与野生型对照组小鼠相比，缺失 Icam-1 或 β_2 整合素 CD18 的小鼠在 BDL 后，肝脏坏死及肝脏中性粒细胞聚集的情况大大减弱[57, 65]。

在趋化过程中观察到中性粒细胞的高速运动，提示这一过程需要快速的细胞骨架重组。我们的研究发现，细胞骨架蛋白 ERM 和 NHERF1（也被称为 EBP50）参与了胆汁淤积性肝损伤中的中性粒细胞外渗[66]。在肝脏中，ERM 蛋白和 NHERF1 的表达在肝细胞和胆管细胞的质膜下被检测到[67-69]。它们拥有多个蛋白结合位点，能够将膜蛋白拴在微绒毛状膜突起的 F– 肌动蛋白网络下。这些蛋白"对接"结构锚定并部分兼容于白细胞，包括中性粒细胞，以加强白细胞的牢固黏附，并启动白细胞跨内皮细胞和上皮细胞（如肝细胞）的迁移[70, 71]。我们的结果显示，在野生型小鼠中，NHERF1 将 ERM 蛋白、ICAM-1 和 F-actin 招募到一个大分子复合物中，该复合物在

BDL 后在肝脏的质膜上增加，并参与 BDL 诱导的中性粒细胞跨内皮细胞和肝细胞迁移。相反，缺乏 NHERF1 的小鼠在肝脏和肝细胞中显示出活化的 ERM 和 ICAM-1 蛋白水平降低。与野生型对照组相比，Nherf1 缺失的小鼠表现出明显减少的中性粒细胞在肝脏中的浸润，伴随着 BDL 后肝脏坏死的减轻和血清 ALT 水平的降低。这些发现表明，NHERF1 在 ICAM-1/ERM/NHERF1 大分子复合物的形成中起着关键作用，这些复合物参与了胆汁淤积症中中性粒细胞介导的肝损伤。

肝脏含有约 80% 的人体巨噬细胞，可分为肝窦的组织驻留并自我更新的肝巨噬细胞，以及源于循环外周血液中单核细胞或骨髓前体的巨噬细胞，在损伤时或肝巨噬细胞损失后单核细胞或骨髓前体来源的巨噬细胞被招募到肝脏[72]。过去的研究中，巨噬细胞被分为 M_1 或 M_2 亚群。M_1 巨噬细胞可以响应 IFNγ 或毒素（如 LPS）发生分化。被激活的 M_1 巨噬细胞产生促炎症介质，如 TNF-α、IL-1β 和 ROS，随着疾病的发展促进肝脏炎症和损伤。另一个亚群，即 M_2 巨噬细胞，被 IL-4 和 IL-13 交替激活，释放 IL-4、IL-10 和 IL-13，具有抗炎作用。然而，最近的研究表明，在肝脏损伤期间，肝脏巨噬细胞具有高度的可塑性，同时表达促炎和抗炎介质的"混合"巨噬细胞表型也已被发现。这些"混合型"巨噬细胞可以根据肝脏微环境的变化，迅速从促炎症表型适应到抗炎症表型[72, 73]。肝脏巨噬细胞的广泛亚型在肝脏免疫中发挥着多种功能，包括吞噬垂死的细胞和细胞碎片、启动其他肝脏细胞（如肝细胞）的免疫反应、抗原呈递和免疫细胞招募[74]。

巨噬细胞和单核细胞的亚群和功能改变在胆汁淤积性肝病和动物模型中被阐释。与正常肝脏相比，在四期 PSC 患者及 Mdr2$^{-/-}$ 小鼠的肝脏中发现，胆管周围的 M_1 类和 M_2 类单核细胞衍生的巨噬细胞增加[75]。从 BDL 小鼠中分离出的肝巨噬细胞表现出对细菌的清除减弱，对 LPS 刺激响应的 IL-10 水平较高，而 IL-12 的产生水平则降低[76]。在胆汁淤积症患者中，与对照组相比，从黄疸患者中获得的单核细胞对内毒素的反应显示出 IL-1β 和 IL-6 的释放减少[77]。单核

细胞和巨噬细胞大量表达 TGR5，可被共轭和非共轭胆汁酸激活，其排名顺序效力（EC$_{50}$）为 TLCA（0.33μmol/L）＞LCA（0.53μmol/L）＞DCA（1.01μmol/L）＞CDCA（4.43μmol/L）＞CA（7.72μmol/L）[78, 79]。使用原代人类巨噬细胞的研究表明，TLCA 抑制了 LPS 诱导的促炎症细胞因子 TNF-α、IL-6、IL-12 和 IFN-β 的表达，但不影响抗炎症细胞因子 IL-10 的表达，导致巨噬细胞表型中 IL-10/IL-12 比率增加，以及基础吞噬活性受到抑制[80]。Wammers 等最近的一项分析发现，在有 LPS 的情况下，TLCA 处理能调节原代人类巨噬细胞中广泛的基因表达，其中参与吞噬、病原体相互作用和免疫细胞招募的促炎基因被下调，而参与伤口愈合、细胞分化和抗炎信号的基因被上调。TLCA 处理也阻断了体外 LPS 诱导的、依赖巨噬细胞的自然杀伤细胞迁移[81]。在肝脏中，TGR5 已经在肝巨噬细胞中被发现在 BDL 后大鼠中上调[82]。在小鼠中敲除 TGR5 会导致胆汁酸喂养后 AST 水平升高，BDL 后 2 天或 3 天肝脏坏死和血清 CCL2（MCP-1）水平增加，进一步证明了 TGR5 在保护胆汁酸肝中的作用[45, 46]。TGR5 在巨噬细胞中的抗炎作用是通过抑制 NF-κB 和 JNK 信号通路[78]，以及通过抑制 NLRP3 炎症小体激活来实现的。

然而，从胆汁淤积性肝损伤的动物模型中获得的关于肝巨噬细胞作用的研究结果仍有争议。一项研究显示，使用氯化钆（一种肝巨噬细胞抑制药）可以减轻 BDL 大鼠的肝损伤和纤维化，表明肝巨噬细胞促进了 BDL 引起的肝损伤[83]。相反，用脂质体包裹的二氯亚甲基二磷酸盐或阿仑膦酸钠处理肝巨噬细胞敲除的小鼠，在 BDL 后 7 天或 10 天，肝损伤加重，肝细胞再生和肝纤维化也比对照组小鼠减少，表明肝巨噬细胞对肝细胞损伤有保护作用，促进胆汁淤积症的细胞生存、再生和纤维化[84, 85]。此外，这些研究表明，小鼠的肝巨噬细胞在 BDL 后 6h 而不是 24h 释放更多的 IL-6，可以抑制肝脏损伤，尽管与术后 24h 相比，肝脏组织学和 ALT 水平没有明显差异。这些相反的观察可能与肝巨噬细胞在胆汁淤积性肝损伤中的异质性和功能复杂性有关。需

要进一步研究阐释肝巨噬细胞在不同阶段是否具有不同的功能，以促进或保护胆汁淤积症的肝脏损伤。

越来越多的证据表明，其他免疫细胞也会导致胆汁淤积性肝损伤。在接受 BDL 的小鼠和大鼠、胆汁淤积的 Mdr2$^{-/-}$ 小鼠中都检测到肝脏中的 T 细胞浸润[58, 60]。IL-17 是一种主要由 TH17 细胞分泌的促炎症和致纤维化的细胞因子，已被证明参与了胆汁淤积。在 PBC 患者的肝脏和 BDL 后的小鼠中发现 IL-17 阳性细胞或 TH17 细胞的扩增[86-88]。据报道，妊娠期肝内胆汁淤积症的孕妇和 BDL 后的小鼠血清 IL-17 水平也明显升高[89]。IL-17 通过增强胆汁酸诱导的促炎症细胞因子在肝细胞中的表达，在胆汁淤积期间促进肝脏炎症。用抗 IL-17 抗体中和 IL-17，可明显减少 BDL 诱导的肝脏坏死、促炎细胞因子的产生和 BDL 后 9 天或 14 天的中性粒细胞浸润[86, 90]。相反，肝脏自然杀伤细胞和经典的自然杀伤 T 细胞（iNKT）已被证明可以通过刺激肝巨噬细胞的抗炎或抑制促炎细胞因子的产生来抑制胆汁淤积性肝损伤[91, 92]。最近，另一种先天性免疫细胞 – 肥大细胞也与胆汁淤积症有关。PSC 患者和 Mdr2$^{-/-}$ 小鼠的胆汁中组胺受体的表达都有所增加。与野生型或未经治疗的小鼠相比，肥大细胞缺陷的小鼠接受 BDL 治疗或用组胺释放抑制剂或组胺受体抑制剂治疗的 Mdr2$^{-/-}$ 小鼠中，观察到肝脏损伤、胆管增生和纤维化都有所减轻，这表明肥大细胞和组胺可以成为胆汁淤积性肝病的新治疗目标疾病的新治疗靶标[93-95]。

四、胆汁淤积肝损伤下炎症小体的作用

炎症小体是胞质多蛋白复合物，可检测来自受损细胞和病原体（称为 DAMP 和 PAMP）的信号，从而导致 IL-1 家族成员的分泌。这些复合物由 NLRP3 蛋白、含有 caspase 激活募集结构域（caspase-activating recruitment domain，ASC）和 caspase-1 的凋亡相关斑点样蛋白组成。受刺激后，它们组装激活 caspase-1，然后蛋白水解激活细胞因子 IL-1β 和 IL-18。然后，IL-1β 通过进一步刺激炎性细胞因子的产生来放大炎症反应。炎

症小体的激活主要见于酒精性肝炎、NASH、慢性 HCV、缺血再灌注损伤和对乙酰氨基酚毒性[96]。然而，炎症小体在胆汁淤积性肝损伤发病机制中的作用尚不清楚。构成炎性体的蛋白质在肝巨噬细胞和肝窦内皮细胞中显著表达，但在正常肝实质细胞中基本不存在。当用泛 caspase 抑制剂 z-VAD-FMK 处理小鼠肝细胞时，促炎细胞因子的胆汁酸诱导没有受到抑制[24]。然而，在 BDL7 天后，caspase-1 敲除小鼠的胆汁淤积性肝损伤发生了改变，这可以通过减少的血浆肝酶及增加的肝纤维化（准备投稿的论文）来证明，这表明炎症小体在胆汁淤积性肝损伤的发病机制中起作用。胆汁淤积通常与败血症有关，LPS 是肝巨噬细胞中炎性小体的主要激活因子。最近的研究表明，胆汁酸的病理生理水平可以通过 TGR5-cAMP-PKA 轴和 NLRP3 在 Ser291 上的磷酸化抑制分离的巨噬细胞中 NLRP3 炎症小体的活化。当小鼠遭受 LPS 诱导的败血症或明矾诱导的腹膜炎症，并用 TLCA 或胆汁酸受体 TGR5 激动药 INT-777 处理之后，IL-1β 和 IL-18 在 Nlrp3 野生型小鼠中显著降低，但在 Nlrp3$^{-/-}$ 小鼠中没有。这些发现表明，胆汁酸显著抑制 NLRP3 炎症小体相关炎症[97]，正如几项早期研究[82, 98]所发现的那样。然而，鹅脱氧胆酸的作用完全相反，据报道，它可以激活 LPS 致敏的分离的巨噬细胞和肝巨噬细胞中的 NLRP3 炎性小体[99]。需要强调的是，在这些体外研究中使用了这种高浓度的非耦合的胆汁酸并非病理生理浓度。在胆汁淤积动物模型或患有胆汁淤积的人类中，从未在血清或肝脏中看到如此高浓度的胆汁酸[9]。最近的一项研究还表明，脱氧胆酸和鹅脱氧胆酸在 LPS 诱导的败血症小鼠模型中激活了 NLRP3 炎性小体的信号 1 和 2，但也使用了高于病理生理水平的胆汁酸浓度[100]。正如我们最近在小鼠肝脏的非实质细胞部分中证实的那样，内源性胆汁酸（如牛磺胆酸）的生理相关水平不会在小鼠巨噬细胞中产生这些影响[24]。

关于炎症小体在人类胆汁淤积性肝病中的作用知之甚少。Tian 及其同事表明，原发性胆汁性胆管炎患者的肝组织中半乳糖凝集素 3、NLRP3

和衔接蛋白 ASC，以及下游激活的 caspasae-1 和 IL-1β 均上调。Galectin-3（Gal3）是一种由单核细胞和巨噬细胞产生的多效凝集素，被认为是炎症小体的关键激活剂，并导致 PBC 炎症反应的 IL-17 免疫反应特征[101]。然而，在动物模型和胆汁淤积患者中，炎症小体在胆汁淤积性肝损伤中的作用还需要进一步研究。

五、结论

在过去的几年里，胆汁酸诱导肝损伤的潜在机制已经从直接的肝细胞毒性发展到肝细胞凋亡，再到炎症介导的损伤。正如在几乎所有疾病中所见，免疫反应在其发展和进展中起着非常重要的作用。这种反应是试图缓解对组织的最初的损害因素，如病原体入侵、体内平衡变化等。然而，如果未实现缓解，免疫反应将持续存在，并对组织造成渐进性伤害。在本章中，我们回顾了炎症在胆汁淤积性肝损伤中的作用。如图 56-1 所示，无论诱导肝损伤的最初原因是什么，一旦胆汁流动受损，胆汁酸就会在肝细胞中积聚。在肝细胞中，高水平的胆汁酸诱导促炎介质的释放（表 56-1），如引发炎症反应的趋化因子，包括中性粒细胞活化和肝浸润。招募的中性粒细胞会杀死承压的肝细胞，并进一步刺激其他肝细胞和免疫细胞（如胆管细胞、肝巨噬细胞、T 细胞和肥大细胞）的炎症反应。此外，坏死的肝细胞也可

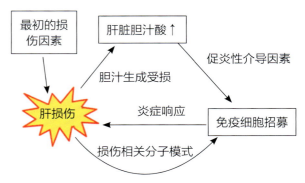

▲ 图 56-1　胆汁酸加重胆汁性肝损伤的示意图

无论肝脏最初受到何种损伤，一旦胆汁生成受损，胆汁酸就会在肝脏中积累。这会引发炎症反应，并导致进一步的肝脏损伤。最初的损伤包括遗传和发育缺陷，以及药物、病毒性肝炎、酒精性肝病、代谢综合征、妊娠、原发性胆汁性胆管炎、原发性硬化性胆管炎和胆结石或肿瘤引起的胆管梗阻

能释放 DAMP，进一步使肝脏发炎[102, 103]。当最初的损伤没有得到缓解或胆汁酸稳态没有重新建立时，胆汁淤积性肝损伤将持续存在并进一步发展。这个部分为病理生理条件下胆汁淤积性肝损伤提供了近期的机制解释，尽管进一步的细节仍有待阐明。

表 56-1　胆汁酸刺激不同类型的肝脏细胞的各种响应

细胞类型	刺激 / 处理	响应	介导因素 / 通路	参考文献
鼠肝细胞	TCA（200μmol/L）、DCA（200μmol/L）、CDCA（200μmol/L）、胆汁	诱导促炎细胞因子	MAPK/Egr1	[20, 21]
鼠和人肝细胞	初级内源胆汁酸（25～200μmol/L）	促炎细胞因子释放，中性粒细胞趋化	内质网应激、线粒体损伤、Tlr9 激活	[24]
鼠胆管细胞	BDL 模型，TCLA（25μmol/L），TCA（100μmol/L）	分泌骨桥蛋白帮助免疫细胞招募，细胞增殖，COX2 活化	胆道系统 /MMP 压力过大，TGR5-ROS/cSrc-EGFR-MEK-ERK1/2S1PR2/ERK1/2/NF-κB	[45, 48, 51]
鼠和人中性粒细胞	BDL 模型	激活、趋化和细胞杀伤毒性	DAMP、CXC/CCL 趋化因子、黏附分子、细胞骨架蛋白	[24, 57, 58, 62, 64–66]
鼠、兔和人单核 / 巨噬细胞	BDL 模型、TCA、TCDCA、GCDCA、TLCA、CDCA（10～50μmol/L）	产生促炎和抗炎细胞因子	TGR5/NF-κB/JNK/ 炎症小体	[46, 76, 78, 80–82, 98, 104]
鼠辅助性 T 细胞	BDL 模型	产生促炎、促纤维化因子 IL-17		[86, 87]
鼠 NK 细胞和 NKT 细胞	BDL 模型	刺激或抑制肝巨噬细胞中的炎症因子释放		[91, 92]
鼠肥大细胞	BDL 模型，Mdr2⁻/⁻ 模型	产生导致局灶性坏死、胆管增生和纤维化的组胺		[93–95]

TCA. 三羧酸；DCA. 脱氧胆酸；CDCA. 鹅脱氧胆酸；BDL. 胆管结扎；TCDCA. 牛磺鹅脱氧胆酸；GCDCA. 甘氨酸鹅脱氧胆酸；TLCA. 牛磺石胆酸

第57章 肝脏疾病中的 Toll 样受体
Toll-like Receptors in Liver Disease

So Yeon Kim　Ekihiro Seki　著
沈彧　向宽辉　陈昱安　李彤　译

TLR 是一类进化保守的 PRR，能够识别微生物来源的 PAMP（如脂多糖）和来自受损宿主组织中的 DAMP。Toll 最早在果蝇中发现，并被鉴定为胚胎发育过程中背腹分化的调节基因[1]，随后确定了该分子在介导果蝇的抗真菌先天免疫中发挥着关键作用。之后，Toll 在人类中也被发现，即现在的 TLR4[1]。LPS 是革兰阴性细菌细胞壁的组分之一。通过对 LPS 无应答的 C3H/HeJ 小鼠品系中 TLR4 胞质区的 P712H 突变进行鉴定，发现 TLR4 是 LPS 的受体[1]。迄今为止，已经在哺乳动物中发现了超过 10 个 TLR 家族成员（包括 10 个人类 TLR 和 12 个实验室小鼠 TLR 家族成员）[1]。所有 TLR 在胞外域中均含有富含亮氨酸的重复序列，这对于感知特定的分子模式至关重要。当 TLR 与相应的配体发生结合时，其下游信号会被激活并诱导先天免疫反应，包括产生炎性细胞因子和 ROS 等。TLR 也是连接先天免疫和适应性免疫的桥梁。由于 TLR 识别感知微生物产物的特性，许多研究对传染病中的 TLR 进行了探究。肝和肠在解剖学上由门静脉连接。当肠道屏障被破坏时，肠道通透性会增加，这一连接会导致肠道来源的 LPS 被转运到肝脏，使得 TLR4 在肝脏被激活。因此，TLR 在肝病进展中起到重要作用。此外，受损的肝细胞来源的 DAMP 也可以通过激活 TLR 参与非感染性炎性疾病的进展。本章将讨论 TLR 的功能及下游信号转导通路，探究其在各种肝脏疾病中的作用，以及肝肠轴对肝脏疾病的影响。

一、TLR 配体、受体和下游信号

在所有 TLR 中，TLR1、TLR2、TLR4、TLR5 和 TLR6 在细胞表面表达，在胞外与细菌产物结合；而 TLR3、TLR7/8 和 TLR9 则存在于内体中，是细胞内的核苷酸传感器（图 57-1）[1]。TLR4 可以与共受体 CD14 和 MD2 共同识别革兰阴性细菌细胞壁组分 LPS（表 57-1）[1]。TLR2 主要由革兰阳性细菌成分激活，如细菌肽聚糖和脂蛋白等。TLR2 和 TLR1 异二聚体可以识别三酰基脂蛋白[1]。TLR2 和 TLR6 异二聚体可以与二酰基脂蛋白结合[1]。TLR5 受细菌鞭毛蛋白激活[1]。胞内的 TLR3 负责识别病毒产生的双链 RNA 和多肌胞苷酸（poly I∶C）[1]。TLR7 最初被发现是咪喹莫特和 R-848 两种合成化合物的受体[1]。随后，病毒（如甲型流感病毒、HIV 和丙型肝炎病毒等）来源的单链 RNA 也被发现是 TLR7/8 的天然配体。TLR9 是未甲基化的 CpG-DNA 模体的受体[1]。CpG 模体甲基化在细菌中很常见，而在脊椎动物中少见，这正是 TLR9 能区分病原体和宿主的原因所在。宿主来源的受损组织释放的内源性分子也会激活这些受体。TLR2 和 TLR4 可以被核蛋白 HMGB1、透明质酸和 Hsp60 激活[2]。S100A8/A9 也是 TLR4 的潜在配体。饱和脂肪酸和棕榈酸酯都可以激活 TLR4。此前有研究报道，肝源性蛋白 fetuin-A 架起了棕榈酸酯和 TLR4 之

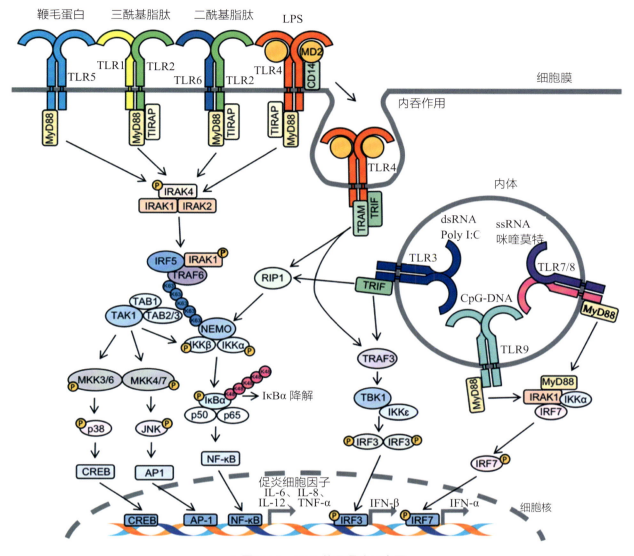

▲ 图 57-1　TLR 信号通路示意图

TLR1/2、TLR2/6、TLR4 和 TLR5 在细胞表面表达，分别识别三酰基脂肽、二酰基脂肽、脂多糖（LPS）和鞭毛蛋白。TLR3、TLR7/8 和 TLR9 位于内体，分别识别 dsRNA、ssRNA 和 CpG-DNA。除 TLR3 外，所有 TLR 都依赖 MyD88 以激活 NF-κB 和 p38/JNK。TIRAP 是 TLR2 和 TLR4-MyD88 信号转导所必需的。TLR3 利用 TRIF 来激活 TBK1/IKKε。TLR4 需要 TRAM 和 TLR4 内化以激活 TRIF 依赖性通路。活化的 TRIF 依赖性通路通过激活 IRF3 来诱导 IFN-β 产生。TLR7/8 和 TLR9 需要 MyD88/IRAK1/IRF7/IKKα 复合物以诱导 IFN-α 产生

间的桥梁，并参与 TLR4 的激活[3]。最近的研究表明，棕榈酸酯可以结合 TLR4，但不能形成 TLR4 同源二聚体，而后者是激活经典 TLR4 介导的 MyD88 和 TRIF（Toll/IL-1 受体结构域，包含诱导 IFN-β 的衔接子）依赖通路所必需的[4, 5]。相反，棕榈酸酯可以通过单体 TLR4 来诱导 NOX-2 依赖性 ROS 的产生[5]。TLR7 可以与 microRNA（如 miR-21、miR-29a、Let-7b）等富

含 GU 的单链 RNA 相互作用[6]。除细菌 DNA 外，胞内的 TLR9 还能识别宿主来源的线粒体 DNA。其原因在于，内共生假说认为，线粒体起源于细菌，而线粒体 DNA 中未甲基化的 CpG DNA 与细菌 DNA 类似[7]。

TLR 的活化主要激活 MyD88 和 TRIF 依赖性通路两种胞内信号转导通路。MyD88 是除 TLR3 外所有 TLR 的通用衔接分子。一旦 TLR 被激

表 57–1　Toll 样受体（TLR）、配体、内源性配体和定位

受　体	配体（PAMP）	配体（DAMP、合成分子）	定　位
TLR1	三酰基脂肽	• β– 防御素 –3	细胞表面
TLR2	细菌肽聚糖、脂肽、脂蛋白	• HSP60、HSP70、Gp96 • HMGB1、血清淀粉样蛋白 A（SAA） • 透明质酸 • 抗磷脂抗体	细胞表面
TLR3	病毒来源的 dsRNA	• 宿主来源的 mRNA • 多肌胞苷酸	内体
TLR4	脂多糖	• HMGB1、纤连蛋白 EDA • 纤维蛋白原、HSP60、HSP70、HSP72 • Gp96、S100A8、S100A9 • SAA • 氧化的低密度脂蛋白 • 饱和脂肪酸 • 透明质酸片段 • 硫酸肝素片段 • 抗磷脂抗体 • 紫杉醇	细胞表面 内体
TLR5	细菌鞭毛蛋白		细胞表面
TLR6	二酰基脂肽		细胞表面
TLR7/8（人类）	ssRNA（HCV、HIV、流感）	• 富含 GU 的 microRNA • 咪喹莫特、雷西莫特（R848）	内体
TLR9	未甲基化的 CpG-DNA（细菌、病毒、原生动物）	• 线粒体 DNA • 自变性核 DNA • IgG– 染色质复合物	内体

活，TLR 胞内结构域会招募 MyD88，与 IRAK1、IRAK4、TRAF6 和 TAK1 共同形成复合物（图 57–1）[1, 2]。在 TAB2 的介导下，TRAF6 连接的 K63 多泛素化链与 TAK1 相结合。随后 TAK1 被磷酸化修饰。磷酸化后的 TAK1 进一步导致 IKK 复合物（包括 IKKα/IKKβ 和 NEMO）中的 IKKα/IKKβ 被磷酸化。与细胞内 NF-κB 结合的 IκBα 被磷酸化并发生 K48– 泛素化，最终被降解。释放的 NF-κB 会迁移到细胞核中并诱导炎性基因的转录。在 TLR2 和 TLR4 的激活过程中，TIRAP 衔接子（Toll/IL-1 受体结构域包含衔接蛋白，又

名 Mal）连通着 TLR 胞质区和 MyD88[1]。IRF5 参与了 MyD88 依赖性通路的激活[2]。树突状细胞中通过 TLR7 和 TLR9 信号转导形成 IRAK1、TRAF6、IKKα 和 MyD88 复合物，并在 IRF7 的作用下诱导 IFN-α 的产生 [1, 2]。

　　TLR3 和 TLR4 可以激活 TRIF 依赖性通路。TLR4 和 TRIF 由 TRAM 衔接子（TRIF 相关的衔接分子）连接[1]。TRIF 依赖性通路通过激活 IRF3 来诱导 IFN-β 产生，该过程对病毒免疫至关重要[2]。在 TLR4 信号转导过程中，激活 TRIF 依赖通路需要 TLR4 的内化作用[1]。TRIF 依赖性

通路对 TLR4 介导的 IRF1 转录和激活也相当关键，这对炎症体和 IL-1β 的产生很重要[8]。

二、酒精性肝病中的 TLR 和肠 - 肝轴

在肝脏疾病中，TLR4 和肠 - 肝轴的联系最初在酒精性肝病中得到揭示。摄入的酒精和（或）血循环中的酒精会被肠道吸收并破坏肠道上皮屏障，从而增加肠道的通透性[9]。这一现象被称作"肠漏症"。肠道渗漏会促使肠道细菌来源的 LPS 通过门静脉易位到肝脏（图 57-2）。酗酒还会导致肠道细菌总丰度增加，并通过减少益生菌（如乳酸杆菌或拟杆菌等）改变菌群组成[10-12]。易位的细菌 LPS 会激活肝巨噬细胞中的 TLR4，进一步刺激 TNF-α、IL-1β 和 ROS 产生。这些炎症介质会加速肝脏脂肪变性、肝细胞死亡、炎症和肝星状细胞活化等，最终导致酒精诱导的脂肪肝、脂肪性肝炎和纤维化（图 57-2）。事实上，当人类或小鼠过量摄入酒精后，其全身的内毒素水平会显著上升。此外，当小鼠体内的 TLR4、CD14 和 LPS 结合蛋白缺失或口服非吸收性抗生素引起肠道细菌减少后，乙醇诱导的肝损伤和脂肪变性程度减轻，这表明肠源性 LPS 和肝脏 TLR4 信号通路在 ALD 的发生过程中发挥了关键作用。缺乏 TLR2 和 TLR9 的小鼠对 ALD 有抵抗力，这提示 TLR2 和 TLR9 也在 ALD 中起一定的作用[14]。TLR9 可能被易位的细菌 DNA 激活，因为在过量摄入酒精的人体血液中发现了细菌 DNA[13]。

真菌及其产物也在 ALD 的进展中发挥作用。饮酒会引起血液中的肠道真菌及其产物 β-D- 葡聚糖增加[15]。在接受抗真菌治疗或缺失 β-D- 葡聚糖的模式识别受体 dectin-1 的小鼠模型中，酒精引起的脂肪变性和损伤程度减轻，这表明肠道真菌会对推动 ALD 的不良发展[15]。

三、TLR4 信号介导 HSC 活化和肝纤维化

对 HCV 肝硬化患者的单核苷酸多态性分析表明，TLR4 SNP（TLR4 D299G 和 T399I）与 HCV 患者肝硬化程度降低相关[16]，提示 TLR4 信号通路在纤维化进展中的发挥作用。在肝脏中，TLR4 信号转导会诱导肝巨噬细胞产生促炎细胞因子，推动炎症发生。产生胶原蛋白的肝肌成纤维细胞表达 TLR4，而该细胞的前体是肝星状细胞。与肝巨噬细胞相比，HSC 的 TLR4 信号转导对 HSC 活化和纤维化进展更为关键[17]。然而，肝巨噬细胞作为强效纤维化细胞因子 TGF-β 的主要来源，在肝纤维化进程中仍发挥着作用。TLR4 信号可以降低 BMP 和激活素膜结合抑制剂（Bambi）和 miR-29 的表达，从而促进 HSC 中 TGF-β 信号激活及 I 型胶原蛋白的产生[17, 18]。Bambi 是一种 TGF-β 受体的内源性抑制剂。在 HSC 中，Bambi 的表达受 NF-κB p50 同源二聚体和组蛋白去乙酰化酶 1（HDAC1）的转录调控[19]。miR-29 是多种胶原基因的负调控因子。在肝纤维化进程中或肝硬化患者中，血浆中内毒素和细菌 DNA 水平升高，这提示细菌易位在人肝纤维化进展中起作用[20, 21]。实验表明，经口服非吸收性抗生素进行肠道消毒的小鼠肝纤维化进程减缓[17]。由此看来，在肝纤维化的发展过程中，TLR2 产生的 TNF-α 可能在调节肠上皮紧密连接完整性和肠道通透性方面发挥重要作用[22]。

虽然易位的 LPS 会促进肝纤维化进程，但总体而言，与携带正常共生菌的小鼠相比，没有共生菌的无菌小鼠普遍表现为纤维化进展加剧[23]。这表明共生菌中含有益于预防纤维化进展的细菌，而在病理条件下纤维化相关细菌增加。

四、TLR 与 NASH 发展

非酒精性脂肪性肝病是代谢综合征的一种肝脏表现形式。NAFLD 的范畴包括单纯的脂肪变性（NAFL）到脂肪变性伴有肝细胞气球样变、炎症和纤维化 [称为非酒精性脂肪性肝炎（NASH）]。高热量高脂肪饮食与 NAFLD 的发展有关，这些饮食会引起肠道微生物组组成和肠上皮屏障功能改变，进一步增加肠道道透性，从而导致所谓的"代谢性内毒素血症"[24]。全身性 LPS 水平长期慢性升高会激活肝脏 TLR4 信号转导。由于游离脂肪酸是 TLR4 信号的激活剂[5]，因此，高脂血症应该与 TLR4 激活密切相关。在 NAFLD 进展过程中，肝巨噬细胞和肝细胞中的 TLR4 对炎性

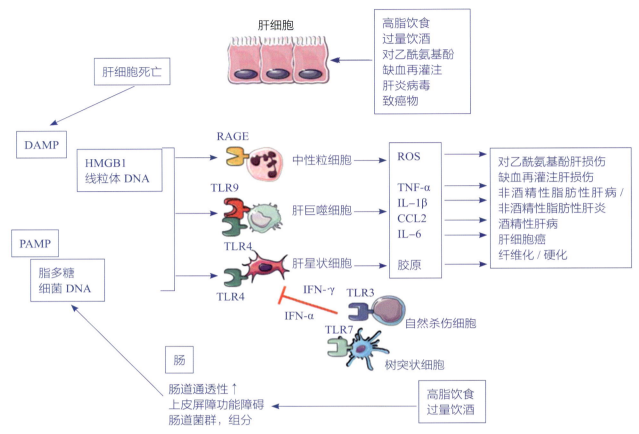

▲ 图 57-2　由 DAMP 和 PAMP 引起的 TLR 介导的肝病

高脂饮食、过量饮酒、对乙酰氨基酚、缺血再灌注、肝炎病毒和致癌物可诱导肝细胞损伤。受损的肝细胞释放 DAMP，如 HMGB1，以及含有线粒体 DNA 的胞外囊泡。高脂饮食和过量饮酒会改变肠道微生物群的组成并破坏肠道上皮屏障功能，从而使肠道通透性增加。肠源性 PAMP（如脂多糖）通过门静脉易位到肝脏。在肝脏中，易位的肠源性 PAMP 和（或）肝细胞源性 DAMP 通过 TLR2、TLR4、TLR9 和 RAGE 激活中性粒细胞、肝巨噬细胞和肝星状细胞（HSC）。这些细胞产生活性氧（ROS）和促炎细胞因子，如 TNF-α、IL-1 和趋化因子，导致肝细胞损伤和肝脏炎症。活化的 HSC 产生细胞外基质胶原。以上介质可加剧多种肝损伤。相反，TLR3 和 TLR7 负向调控肝脏疾病的进展。DAMP. 损伤相关分子模式；PAMP. 病原体相关分子模式；HMGB1. 高迁；TLR. Toll 样受体

细胞因子的产生和脂肪变性很重要[25]，而 HSC 中的 TLR4 则推动 HSC 的激活和纤维化过程[25]。MyD88 和 TRIF 依赖性通路均会促进肝脂肪变性，在该过程中，肝细胞和肝巨噬细胞扮演着重要角色[25, 26]。有趣的是，在 NASH 期间，这些衔接蛋白在 HSC 的炎症和纤维化中表现出不同的功能[25]。HSC 中的 MyD88 有助于炎性细胞因子的产生和纤维化反应，而 TRIF 则倾向于抑制 HSC 激活[25, 26]。因此，TRIF⁻/⁻ 小鼠在缺乏胆碱的氨基酸限定饮食下表现出肝脏脂肪变性程度较轻，更多的是纤维化进展[25]。TLR2 也在 NASH 的发展中发挥作用，与 TLR4 相比，TLR2 在肝巨噬

细胞中显得更为重要[27]。在 NASH 发展过程中，肝巨噬细胞中的炎症小体会被 TLR2 和棕榈酸激活，而 HSC 则不被激活。

五、HMGB1 与肝脏疾病

非感染性的无菌炎症也可以激活肝脏中的 TLR 信号。TLR4 不仅可以被 LPS 激活，也可以被内源性宿主分子激活。HMGB1 是一种核蛋白，当肝细胞受损时，它会从细胞核转移到细胞质，并进一步释放到细胞外。在肝脏相关研究中，HMGB1 最初被描述为 TLR4 在缺血再灌注（ischemia reperfusion，I/R）肝损伤中的激

活剂[28]。在小鼠中，TLR4 缺失和中和抗体抑制 HMGB1 表现出对 I/R 肝损伤相似的保护作用，这提示 HMGB1 可能通过 TLR4 介导肝损伤[28]。作为 TLR4 的衔接分子，TRIF 在 I/R 肝损伤中承担了比 MyD88 更重要的作用[29]。TRIF 依赖性通路通过 IRF3 产生 I 型 IFN 来促进 I/R 肝损伤[29, 30]。肝细胞和肝巨噬细胞都参与了 TLR4 介导的 I/R 肝损伤[31]。HMGB1 的释放需要肝细胞 TLR4。然而不仅仅是 TLR4，HMGB1 的另一个受体 RAGE 和 TLR9 也参与了 HMGB1 介导的 I/R 肝损伤进展[32, 33]。

对乙酰氨基酚可导致急性肝衰竭，表现为大量肝细胞坏死和中性粒细胞募集。这是另一种急性无菌肝损伤类型。APAP 中毒后，在 ALT 升高前就可在血液中检测到 HMGB1[34]。坏死的肝细胞是 HMGB1 的主要来源。肝细胞来源的 HMGB1 通过募集中性粒细胞促进 APAP 诱导的肝损伤（图 57-2）。中性粒细胞中 RAGE 而非 TLR4 的表达，对于 HMGB1 介导的 APAP 肝损伤至关重要[35]。HMGB1 和甘草甜素（一种从中草药中提取的天然甜味剂，可抑制 HMGB1 活性）的中和抗体可以抑制 APAP 诱导的肝损伤[36, 37]。

慢性肝病研究表明，在肝纤维化或患 ALD 的小鼠和人中，HMGB1 会从肝细胞核转移到细胞质中[38-40]。使用肝细胞中 HMGB1 缺失的小鼠进行试验证实，肝细胞中的 HMGB1 对肝纤维化和 ALD 均有不利影响。总体而言，在大多数无菌性肝损伤和炎症的情况下，释放的 HMGB1 会诱导肝细胞毒性。可想而知，阻断 HMGB1 激活信号的传导可以减轻无菌性损伤引起的肝损伤和炎症。

六、线粒体 DNA 通过 TLR9 介导肝脏疾病

除了细菌 DNA，线粒体 DNA 也可以作为 TLR9 的配体。在各种肝病中，包括 NASH、ALD 和 APAP 诱导的急性肝损伤，都观察到血清线粒体 DNA 含量升高，这表明 TLR9 对线粒体 DNA 的识别在这些肝病中起作用[41-43]。进一步的研究证实了 NASH 患者和酗酒者的血清胞外囊泡（包括外泌体）中线粒体 DNA 含量增加[41, 42]。这些外泌体线粒体 DNA 来源于肝细胞。在 NASH 的进展过程中，TLR9 对线粒体 DNA 的内体识别会激活肝巨噬细胞，从而诱发促炎症细胞因子的产生并加重肝损伤[41]。在人类酒精性肝炎中，中性粒细胞的作用至关重要。小鼠急性 – 慢性酒精饲养模型显示，中性粒细胞在肝脏实质中显著累积，这印证了中性粒细胞在疾病进展中的关键作用。在 APAP 诱导的无菌性肝损伤中，中性粒细胞及其衍生的氧化应激也起着举足轻重的作用。该过程中，肝脏募集中性粒细胞依赖于线粒体 DNA 和 TLR9[14, 42, 44]。

七、TLR3 和 TLR7 在肝脏疾病中的作用

与大多数推动肝病的 TLR 相反，TLR3 和 TLR7 的激活可以阻止肝脏疾病的进展。TLR3 是双链 RNA 或多肌胞苷酸的受体，激活后使 NK 细胞分泌 IFNγ，并通过 STAT1 诱导 HSC 细胞周期阻滞和凋亡[45]。TLR3 信号介导 NK 细胞聚集和激活，并通过使活化的 HSC 失能来减轻肝纤维化。然而，在晚期肝纤维化和 ALD 中，HSC 不能被 NK 细胞激活的 TLR3 消除[46, 47]。有趣的是，TLR3$^{-/-}$ 小鼠不易肝纤维化。TLR3 不仅在 NK 细胞杀伤 HSC 中起重要作用，还能诱导肝纤维化中肝 γδT 细胞的促炎因子 IL-17α 激活 HSC[48]，其介导的纤维生成可能发生在晚期纤维化和 ALD 中，这可能解释了 TLR3 在早期和晚期纤维化之间的作用差异。

相较而言，研究表明 TLR7 对小鼠肝纤维化和 NAFLD 有保护作用。TLR7 信号通路诱导 I 型 IFN（以及 NF-κB 介导的促炎细胞因子）产生，主要来源于高表达 TLR7 的肝浆细胞样树突状细胞。TLR7 介导的 I 型 IFN 在肝巨噬细胞中诱导抗纤维化 IL-1 受体拮抗药，抑制 HSC 活化和纤维化[49]。在 NAFLD 中，肝细胞分泌的 TLR7 促进肝细胞自噬，降低 IGF1 水平，从而抑制 NAFLD 的进展[50]。

八、TLR 和肝癌进展

IL-6 在肝细胞癌的发生和细胞增殖中起着核

心作用。在化学诱导的 HCC 小鼠模型中，MyD88 负责介导 IL-6 的产生[51]。在 HCC 患者中，TLR4 和 TLR9 表达升高与不良预后相关[52]，这提示 TLR 在 HCC 的发生发展中起着关键作用。在小鼠 HCC 模型中，缺乏 TLR4、TLR9 和 MyD88 的小鼠对化学和遗传诱导的 HCC 具有抵抗性[53-55]。肠源性 LPS 被认为是 HCC 发展过程中 TLR4 的配体。实际上，通过口服非吸收性抗生素构建的肠道灭菌小鼠和无菌小鼠表现出 HCC 发生率降低，而长期低剂量 LPS 治疗的小鼠的 HCC 发生率则明显增加。这些发现表明，肠道微生物群、TLR4 和 TLR9 会加速 HCC 的发展[54]。大多数 HCC 是在人类的肝纤维化环境中形成的。在纤维化条件下，HSC 以 TLR4 介导的 NF-κB 依赖性方式产生表皮调节素，并驱动 HCC 的发展[54]。

TLR4 是 HMGB1 的内源性配体，在人 HCC 癌中过表达。缺氧会诱导 HCC 细胞中的 HMGB1 从细胞核向细胞质转移。在这一状态下，HMGB1 可以通过 TLR4 和 RAGE 两种受体促进肝癌的侵袭和转移[56]。缺氧会诱导 TLR9 过表达，该受体可以通过与线粒体 DNA 结合而被 HMGB1 激活[57]。在晚期 NAFLD 和老年人中经常观察到肝细胞自噬功能减弱，这也会促使 HMGB1 发生易位，从而推动肝脏肿瘤的发展[58]。HMGB1 这一易位过程的实现需要激活 NRF2 和 caspase-11/caspase-1/gasdermin D 等分子。同时，HMGB1 可能也是自噬抑制的 NAFLD 相关 HCC 中的重要分子[58]。常见的胆管反应和祖细胞增殖也可能在 HCC 的发展过程中起一定作用，两者的活动可以被肝细胞中 HMGB1 的转录后修饰作用促进[59]。二硫化 HMGB1 具有促炎作用，并以 RAGE 依赖及 ERK、CREB 磷酸化依赖的方式促进胆管 / 肝祖细胞的增殖[59]。因此，缺氧、HMGB1 易位、TLR4、RAGE、TLR9 和胆管反应等均参与了 HMGB1 介导的 HCC 进展。

高脂饮食（high-fat diet，HFD）可以改变肠道微生物群的组成，增加肠道中革兰阳性梭菌的数量，梭菌能通过 TLR2 介导 HCC 发展[60]。梭菌可以将初级胆汁酸转化为次级胆汁酸，即脱氧胆酸，从而提高循环中脱氧胆酸的水平。在化学物 [7,12– 二甲基苯并蒽（DMBA）] 诱导的 Ras 突变小鼠和 HFD 的小鼠中，毒性次级胆汁酸转移到肝脏会导致 HSC 衰老、SASP[60]，以及 SASP 介导的 HCC 发展。这些毒性的次级胆酸会转移到肝脏病导致 HSC 衰老，从而诱导 SASP[60]，以及 SASP 介导的小鼠肝细胞癌发展，并伴有 Ras 突变诱导化学物质（DMBA）和 HFD。综上所述，这些研究表明肠源性因子和 DAMP 都通过 TLR 或其他相关信号受体促进 HCC，因此，抑制 TLR 信号或 HMGB1 功能可能成为治疗 HCC 的方式。然而，TLR 激活可作为抗癌策略来增强肿瘤免疫。

九、TLR 在病毒性肝炎中的作用

尽管适应性免疫在 HBV 和 HCV 的发展中发挥重要作用，但先天性免疫信号同样可被 HBV 和 HCV 来源的 PAMP 刺激激活。有趣的是，HBV 和 HCV 有多种逃避宿主免疫反应的机制，这正是这些病毒导致慢性感染的根源所在。HBV 和 HCV 都能感染肝细胞，并在肝细胞中复制。在慢性 HBV 感染中，免疫细胞中 TLR2、TLR7 和 TLR9 的表达降低。此外，HBV 抗原和 HBV 聚合酶可以抑制 TLR3 和 TLR9 介导 IFN 产生（图 57–3）[61]。尽管 HBV 是一种 DNA 病毒，但与其他 RNA 病毒一样，也能产生单链 RNA 来翻译其编码蛋白，此单链 RNA 可以激活 TLR7。然而，在慢性 HBV 感染中，TLR7 的表达和 TLR7 信号激活受损，针对 HBV 的免疫反应(如 IFN-α 产生) 存在缺陷[62]。这些机制让 HBV 具有慢性感染的潜力。

在 HCV 感染期间，免疫细胞中的 TLR2 可以识别 HCV 核心蛋白和 NS3 蛋白。TLR7 识别浆细胞样树突状细胞中 HCV 单链 RNA 以进行抗原呈递。对于 HCV 抗原呈递，需要浆细胞样树突状细胞和肝细胞之间的细胞 – 细胞相互作用。肝细胞中 HCV 的主要模式识别受体是 RIG- Ⅰ 和 MDA5。RIG- Ⅰ 识别 HCV 基因组的 5′ 三磷酸（5′ppp）和富含尿苷 / 腺苷的序列（poly A/U）[63]。MDA5 可以识别长双链 RNA （>1kb）[63]。尽管 TLR3 的表达很低，但它可以被 HCV 复制过程中产生的双链 RNA 激活。这些 TLR 激活 NF-κB 和 IRF3/7，从而诱导 ISG 和 I 型、Ⅲ 型 IFN 以根除 HCV（图 57-3）。然而，这种诱导 IFN 的信号会很快被 HCV 相关分子抑制[63]。HCV NS3/4A 丝氨酸蛋白酶破坏 IPS-1 和 TRIF 以抑制 IFN 诱导信号（图 57-3）。NS4B 则通过与 STING 结合来干扰 STING-TBK1-IRF3 信号通路。因此，HCV 虽可以激活先天免疫信号，诱导抗病毒 IFN 产生，但同时也能破坏重要的信号分子来阻断信号转导，从而导致肝细胞中的慢性 HCV 感染。

TLR4 在 HCV 介导的 HCC 发展中起重要作用。HCV-NS5A 蛋白通过上调肝细胞 TLR4 表达来增强 NANOG 和 YAP 介导 HCC 的起始[64, 65]。酒精或 HFD 饮食可增强这种 TLR4 依赖的 HCV 相关肝癌的发生[64, 65]。

十、自身免疫性肝病

自身免疫性肝炎、原发性胆汁性胆管炎和原发性硬化性胆管炎是三种主要的自身免疫性肝病。这些自身免疫性肝病的特点是存在血清自身

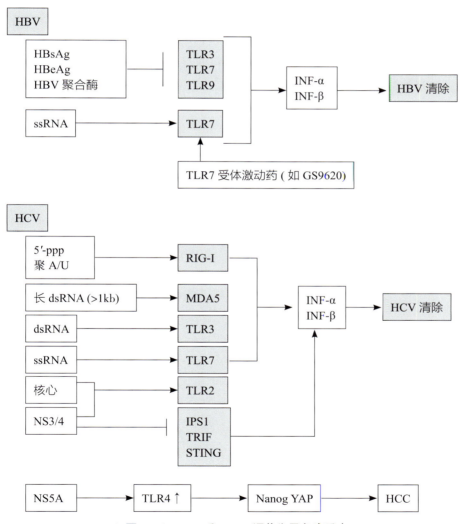

▲ 图 57-3　HBV 和 HCV 调节先天免疫反应

乙型肝炎病毒（HBV）感染过程中产生的 ssRNA 可以激活 TLR7 诱导 I 型 IFN 产生，从而清除 HBV。然而，HBV 成分可以抑制 TLR3、TLR7 和 TLR9 信号通路，从而阻止病毒根除。丙型肝炎病毒（HCV）可以激活 TLR2、TLR3、TLR7，以及胞质中的 RIG- I 和 MDA5。HCV NS3/4A 和 NS3 通过抑制 TRIF 和 STING 来抑制 I 型 IFN-β 的产生。HCV NS3/4A 在 C508 位点断开 IPS-1，从而阻止了 IRF3 介导的 I 型 IFN 的产生。HCV NS5A 通过上调 TLR4 与肝细胞癌（HCC）进展相关

抗体（如 ANA）和高血清 IgG 水平。此外，B 细胞的自身免疫也参与疾病过程。在 PBC 中，受 CpG-B 刺激的 B 细胞产生更多的 IgM 和 AMA，这表明 TLR9 和肠源性细菌 DNA 在 PBC 进展中的作用 [66]。在动物模型中，反复给药多肌胞苷酸会产生 PBC 样表型，其特征是血清中 AMA 和 ANA 升高 [66]。PBC 肝中 TLR3 和 Ⅰ型 IFN 表达上调，提示了两者的作用。此外，TLR4 表达与纤维化程度相关 [66]。同时，利用过表达 IFNγ 的小鼠模型再现了人类 PBC，这进一步验证了 TLR7 和 Ⅰ型 IFN 的重要作用 [67]。这些研究强有力地支持了 TLR 信号通路在 PBC 中不可或缺的作用。PSC 常与炎症性肠病有关，特别是溃疡性结肠炎。考虑到 IBD 和肠道微生物组之间的密切联系，肠道微生物组可能对 PSC 中造成一定影响，但还有待进一步研究。

十一、治疗前景

一些 TLR4 拮抗药已在临床试验中被用于治疗败血症，TLR3、TLR7 和 TLR9 激动药也被应用于治疗细菌和病毒感染。TLR 相关药物的靶标疾病不仅限于炎性和感染性疾病，还包括恶性肿瘤。由于过强的 TLR 激活会导致组织和器官损伤，因此对 TLR 配体的安全剂量进行优化是至关重要的。适合剂量的 TLR 配体可能具有诱导抗菌和抗病毒介质的潜力，如 IFN 及其他协助清除病原体的细胞因子等，而不会产生不良反应。在慢性肝病中（如病毒性肝炎和肝恶性肿瘤），患者的免疫系统往往受到抑制。使用足量的 TLR 激动药可以增强免疫系统，或可作为佐剂加强免疫治疗药物的疗效。TLR 配体通过树突状细胞 / 巨噬细胞的成熟和激活作用于肿瘤特异性 T 细胞，从而提高肿瘤消融治疗和免疫检查点抑制药的效果。

Eritoran 是一种 TLR4 的药理学拮抗药，已被证明可显著改善 I/R 肝损伤 [68]。通过干扰 HMGB1 和 TLR4 的相互作用，Eritoran 能抑制 HMGB1 介导的炎症信号通路，同时也抑制肝脏中 HMGB1 的释放，从而阻止 I/R 肝损伤 [68]。另一种 TLR4 拮抗药 TAK-242，最初用来治疗败血症，后发现

有潜力治疗 TLR4 介导的肝损伤。据报道，该药物可在心源性死亡动物模型中保护其免受 I/R 肝损伤 [69]。该药物可以抑制 TLR4 的胞内结构域，在心源性死亡前给药能够有效减轻肝组织损伤。使用动物模型的临床前研究表明，TLR9 拮抗药可以抑制 I/R 肝损伤和 NAFLD 的发展 [41, 70]。

TLR7 和 TLR9 激动药通过上调肝内 Ⅰ型 IFN 水平抑制肝炎病毒复制，被认为是治疗 HBV 和 HCV 感染的药物。GS-9620 是一种已在 HBV 患者中测试过的 TLR7 激动药，该药物虽未能显著降低 HBsAg 水平，但可以通过刺激树突状细胞和 B 细胞产生 Ⅰ型 IFN 改善 T 细胞和 NK 细胞的反应，具有治疗 HBV 感染的潜能 [71]。经典 TLR7 激动药咪喹莫特和雷西莫特对肝纤维化和 NAFLD 模型小鼠的治疗效果已得到证实 [49, 50]。这些激动药除了抗炎作用外，还可诱导促炎细胞因子的产生。因此，为了应用于临床，还需要对这些药物进行适当改造。

除了此前讨论过的 TLR 的致瘤作用外，TLR7（咪喹莫特和雷西莫特）和 TLR9（CpG-寡核苷酸）激动药可增强树突状细胞对肿瘤抗原呈递的活性，发挥抗肿瘤作用 [72, 73]。此外，TLR3 激动药多肌胞苷酸可增强 NK 细胞的肿瘤杀伤活性 [74, 75]。同时，卡介苗（Bacillus Calmette-Guerin，BCG）（结核疫苗，成分为结核杆菌减毒毒株和单磷酸酯 A）也可以通过 TLR2/4 增强肿瘤免疫 [76-78]。

十二、结论

肝脏门静脉持续暴露于多种外源性和内源肠源性物质，但却很少引起肝脏炎症。原因在于肝脏免疫系统受到严格调节，避免了有害的炎症反应。然而，一旦发生严重感染，激活的 TLR 信号通路有助于宿主防御。如果 TLR 信号被过度激活，将对器官和组织造成不利的损伤。免疫平衡的严格调节对于维持肝脏组织内稳态至关重要。

TLR 的表达和激活不仅影响肝脏疾病的进展，同时也与各类肝脏疾病的预后相关。虽然由 TLR 介导的潜在疾病分子机制仍需进一步研究，但 TLR 及其相关的下游分子已成为肝脏疾病治疗

的潜在靶点。目前，TLR 拮抗药的临床试验仅限于败血症，TLR 激动药则应用于治疗病毒性肝炎和癌症相关试验中。大量临床前研究表明，TLR 信号通路在各种肝脏疾病中发挥关键作用，如I/R 肝损伤、ALD、NAFLD/NASH 和肝纤维化等。尽管目前许多 TLR 激动药和拮抗药还未进入临床试验阶段，但它们具有进一步探索测试的潜力。现有的药物仍可能产生不良反应，如 TLR 拮抗药可能引起免疫抑制，从而导致严重的继发感染。TLR 激动药的过度使用可能引起显著的免疫激活造成组织损伤。因此，我们仍需要进一步改进 TLR 靶向药物，以减少不良反应。其中一些正在开发中的新型药物仍需要进一步研究，以明确其在肝脏疾病中的作用 [79, 80]。

致谢　利益冲突

作者间无利益冲突。

资金支持　这项研究得到了 NIH 批准的 R01DK085252 和 R21AA025841 基 金、Cedars-Sinai 医学中心的 Winnick 研究奖的支持。

第五篇 肝 癌

LIVER CANCER

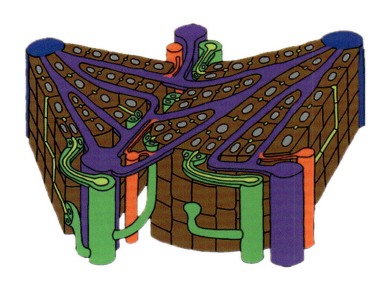

第58章 肝癌实验模型：实验模型的基因组评估

Experimental Models of Liver Cancer: Genomic Assessment of Experimental Models

Sun Young Yim　Jae-Jun Shim　Bo Hwa Sohn　Ju-Seog Lee　著

姬峻芳　谭雅琪　姬付博　陈昱安　译

肝细胞癌占原发性肝癌病例的 75%[1]，是全球第七大最常见癌症[2]。尽管针对 HCC 高危人群已实施监测计划，但仍有 30%～60% 的 HCC 在晚期才被检测出来[3]，致使 HCC 患者预后不佳（5 年生存率为 0%～10%）[1]。目前，索拉非尼和瑞格非尼是仅被批准的 HCC 分子靶向治疗药物[4, 5]。因此，HCC 治疗方法仍有待进一步提高，临床和实验研究中的许多问题也有待进一步被解析。

肝癌发生是一个复杂的、多步骤的过程，涉及遗传变化的累积，并导致癌基因和抑癌基因等癌症相关基因的表达及其相关分子信号通路发生改变。为了理解这一复杂的过程，重要环节之一是要有能够准确再现人类肝癌发生步骤的理想实验模型。在本章中，我们将简要概述目前可用于研究 HCC 的实验模型。

目前，人类 HCC 基因组研究正在稳步进展中，基因组数据的系统分析也正逐步为 HCC 生物学和发病机制的研究提供多个不同的视角。许多 HCC 基因组研究已经整理出一系列的 HCC 潜在驱动基因。TERT 编码端粒酶的一个催化亚单位，该亚单位为端粒酶的限速酶，对维持端粒长度至关重要，在干细胞、衰老和癌症中起着关键作用[6, 7]。除了干细胞等自我更新细胞

外[8]，TERT 的表达在体细胞中受到抑制；然而 70%～90% 的癌细胞仍稳定表达这种酶，其在肿瘤发生过程中被重新激活，为癌细胞无限增殖所必需[9-11]。全基因组测序研究表明，TERT 是 HCC 中最常见的突变基因之一。研究发现，50% 以上的 HCC 组织样本中存在 TERT 启动子突变，为 HCC 中最常见的单核苷酸突变[12, 13]。其他关键癌基因（如 TP53、CTNNB1、ARID1A、ARID2、NFE2L2、KEAP1）和细胞周期相关基因（如 CCND1 和 CDKN2A）也在 HCC 中频繁发生基因组水平的改变[14-17]。由于 HCC 的基因组特征可严密反映其肿瘤生物学和临床预后[18-20]，本章还将描述实验模型在基因组水平上如何准确地再现人类 HCC。

一、肝癌实验模型

HCC 是由正常肝细胞或肝祖细胞通过基因改变的逐步累积而产生的，因此有必要建立能够准确再现癌变过程中每个步骤的实验模型。建立模拟人类 HCC 的肿瘤模型是理解肿瘤生物学和临床前治疗研究的根本。选择最合适的模型对于解决肝癌发生过程中的特定问题非常重要（图 58-1）。啮齿类动物因与人类相似而被广泛接受作为 HCC 模型。啮齿动物模型的优点包括：快速、可

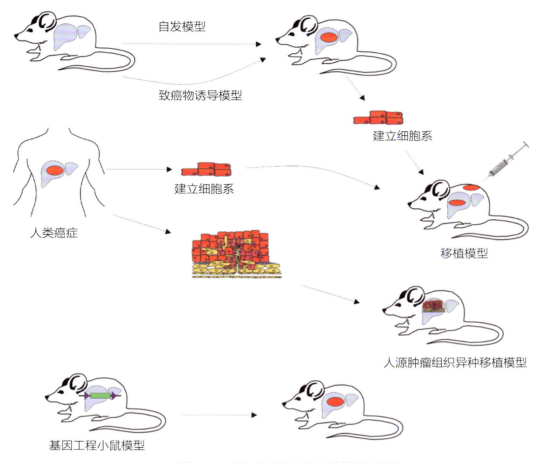

▲ 图 58-1　肝细胞癌研究的各种模型示意图

重复性肿瘤诱导，以及可用于研究肿瘤从早期到晚期的进展。细胞系是同样重要的模型，我们对 HCC 分子基础的理解大多来自于已建立的体外培养的人和小鼠 HCC 细胞。

（一）细胞系模型

HCC 细胞系携带了原发肿瘤中产生的大多数遗传和表观遗传学改变，被广泛用于模拟 HCC 以研究各种分子机制。重要的是，细胞系的运用使 HCC 细胞可无限供应、材料均一，而且实验操作非常简易。它不但用于研究许多基因组测序中发现的已知癌基因的新突变，而且可作为测试平台用于研究新的候选癌基因和抑癌基因的功能[14, 21-31]。尽管许多研究表明端粒酶在 HCC 中频繁地被重新激活[32-34]，然而端粒酶重新激活的遗传和分子基础直到最近才被发现。在 60% 的 HCC 患者中，端粒酶启动子中两个体细胞热点突变被发现。在细胞系模型中，这些突变的功能已得到验证[35-37]。该热点突变为 ETS/TCF 转录因子创造了高亲和力结合位点，增加了端粒酶启动子活性，并诱导了端粒酶的转录。对基于研究者科学猜想的研究，细胞系模型也是必不可少的。

在各种实验中，已广泛使用 HCC 细胞系模型进行功能验证，然而尚不清楚这些细胞系在多大程度上可再现原发性 HCC 的生物学特征和对治疗的响应。近年来获得的细胞系和原发性 HCC 的基因组数据，或可较好地评估这些细胞系与原发性 HCC 在分子水平上的相似性。一些研究阐述了肿瘤的基因组图谱、分子亚型和异质性与细胞系之间的比较，其结果可用于确定哪些细胞系能理想模拟特定 HCC 亚型。对 HCC 细胞系的基因表达谱数据进行系统比较，发现癌细胞系和原发性 HCC 之间的基因表达模式在整体上具有相似性[38, 39]。通过对人类 HCC 组织基因组水平表达数据的无监管分析，首次发现 HCC 美国国家癌症研究所增殖（National Cancer Institute proliferation，NCIP）亚型中的 A 亚型代表预后差的肿瘤[18]。当 HCC 细胞系根据 NCIP 基因表达特征进行分层时，18 个 HCC 细胞中有 6 个被归类为 A 亚型（图 58-2A）。Hoshida 等将 HCC 肿瘤分为三个分子亚型（S1、S2 和 S3）[40]。S1 和 S2 亚型的特点是预后差、细胞增殖强和具有干细胞样特征，而 S3 亚型与更好的预后相关、肿瘤通常分化良好。进而对肿瘤组织和细胞系的基因表达数据进行直接比较分析，发现原发性 HCC 各亚型的许多特有基因表达模式在细胞系中都很保守（图 58-2B）。在最近的研究中，Qiu 等在基因组水平上对新建立的 HCC 细胞系及其匹配的原发肿瘤进行了更全面的分析[41]。他们的研究显示，HCC 细胞系保留了原发性肝癌的绝大多数基因组图谱。在建立细胞系的过程中，仅检测

到少量非沉默突变。更重要的是，在建立细胞系的过程中，细胞系中没有额外累积驱动突变或拷贝数改变。综上这些研究表明，许多 HCC 细胞系如果得到适当维护，可很好地再现其原位肿瘤的生物学和分子特征。

细胞系也作为模型来研究基因组改变与疗效反应的相关性，由此许多研究人员已建立相关数据集，将基因组图谱与细胞系对不同药物处理的反应联系起来。这种方法由 NCI60 细胞系集合的数据集起始，该细胞系集合包含 60 个癌细胞系；不幸的是，其中不包含 HCC 细胞系。癌症细胞系百科全书（Cancer Cell Line Encyclopedia，CCLE）项目包括 947 个癌症细胞系，代表 36 种不同的癌症，其中 27 个是肝癌细胞系[43]。该数据集描述了细胞系的基因表达、拷贝数改变和部分基因的体细胞突变与 24 种抗癌药物的药物处理效果的关系。整合数据分析揭示了许多与抗癌药物敏感性相关的有趣的遗传、细胞谱系和基

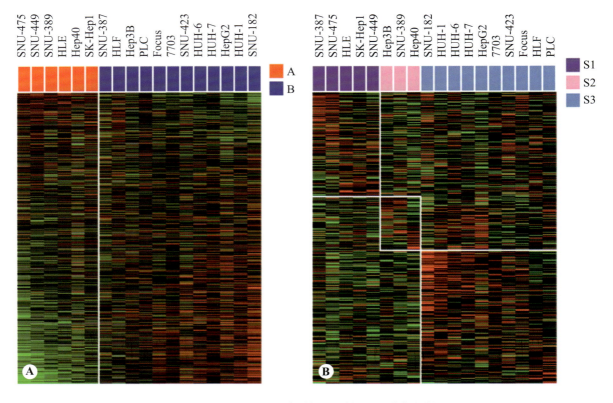

▲ 图 58-2　HCC 细胞系与原发性 HCC 的相似性
人类肝细胞癌（HCC）细胞系分型，基于 NCIP 基因集分型（A）和基于 Hoshida 基因集分型（B）

因表达模式。另外，癌症药物敏感性基因组学（Genomics of Drug Sensitivity in Cancer，GDSC）数据库（www.cancerRxgene.org）也提供了药物基因组学数据[44, 45]。这些数据免费开放，没有任何使用限制。GDSC 数据库目前包含 1074 个癌细胞系对 265 种抗癌药物反应的药物敏感性数据。为揭示与抗癌药物反应相关的分子特征，该数据库已将细胞系的药物敏感性数据与基因组数据集整合，包括癌症基因的体细胞突变、拷贝数改变和基因表达数据。目前，19 个肝癌细胞系的数据可通过其门户网站获得。

（二）非小鼠模型

可体现人 HCC 生理学和临床特征的动物模型，对于理解肝癌发生和改善 HCC 治疗至关重要。然而，对于大多数试图揭示人类肝癌发生机制的研究人员来说，找到与人类情况完全相似的 HCC 动物模型是一个巨大的挑战。完美的动物模型将再现人类 HCC 的自然发展史、病因学和病理学，不仅可以随着时间的推移揭示 HCC 发展的分子机制，还可以检查和评估潜在的新的临床前治疗方法。不幸的是，目前可用的动物模型还远远不能满足所有目的。由于每个模型仅提供人类 HCC 发展的有限特征，建议在使用时慎重考虑这些模型的局限性。

1. 斑马鱼

斑马鱼因其清晰的光学特性和胚胎的易操作性，一直是发育生物学家的理想动物模型[46]。斑马鱼的肝脏在生理和遗传水平上与人类肝脏相关。其肝细胞组成、功能、信号和损伤反应均与人类肝脏相似。人类和斑马鱼之间的基因也很保守。这些相似之处使斑马鱼成为研究肝病（包括肝癌）基本机制的模型之一。早期研究表明，斑马鱼接触各种致癌物，如 7,12– 二甲基苯并蒽、N–甲基 –N′– 硝基 –N– 亚硝基胍（MNNG）、N– 乙基 –N– 亚硝基脲（ENU）和 N– 亚硝基二乙胺，可诱发各种癌症的形成，包括肝癌[47]。

斑马鱼转基因技术的最新发展使其更适合研究肝癌。与小鼠模型相似[48]，斑马鱼肝脏中 HBX 的过度表达会导致肝脏脂肪性变，进而导致肝脏变性[49]。转基因斑马鱼的组织学表现为脂肪变性、小叶炎症和气球变性，与人类非酒精性脂肪性肝炎相似。然而，与小鼠模型[50]不同，斑马鱼中单纯 HBX 不能诱导 HCC 的发生。斑马鱼肝癌的发生需要 tp53 抑癌基因的进一步失活[51]。

MYC 是人类 HCC 中最常见的扩增基因之一，斑马鱼有两个 MYC 同源基因，即 myca 和 mycb。在诱导条件下，myca 或 mycb 的过度表达足以使斑马鱼发生 HCC[52]。在 myca 转基因鱼类中引入 tp53– 缺失突变（tp53-null）可显著加速肿瘤进展。肝细胞的恶性状态依赖于 myca 的持续表达，因为即使在 tp53-null 背景下，阻断 myca 过度表达也会导致肝脏肿瘤的快速消退。

由于人类 HCC 在男性中比在女性中更为高发，解析 HCC 性别差异对正确理解肝癌发生非常重要[53]。一些转基因斑马鱼模型显示出类似的性别差异，如在肝脏中表达 kras^V12 的斑马鱼在 HCC 的发展中显示出性别差异[54]。在 xmrk（人类 EGFR 的鱼类直系同源物）转基因模型中也观察到了类似的性别差异模式[55]，这表明斑马鱼可能反映了人类激素相关的肝癌发生。

肿瘤的全基因组分析支持斑马鱼 HCC 与人类 HCC 的相似性。通过使用含有少量编码基因（1861 个斑马鱼特有基因）的微阵列，对斑马鱼 HCC 与 4 种人类肿瘤类型进行比较分析，发现斑马鱼 HCC 与人类的 HCC 肿瘤最为相似[56]。此外，斑马鱼 HCC 中的差异表达基因在人类 HCC 中亦存在显著表达差异。在转基因斑马鱼模型中也观察到人类 HCC 和斑马鱼 HCC 之间的相似性。对 krasV12、xmrk 和 Myc 转基因模型的 HCC 基因表达数据的分析表明，其基因表达特征与人类 HCC 显著相关。总的来说，大约 50% 的人类 HCC 与三个斑马鱼转基因模型中至少一个的 HCC 表达特征相似[55]。

2. 土拨鼠

乙型肝炎病毒和丙型肝炎病毒感染在肝癌发生中的病因学作用，已通过许多流行病学和临床研究得到充分证实[57]，因此建立良好的动物模型以模拟病毒介导的人类 HCC 发展非常重要。20 世纪初，动物园首次报道了土拨鼠肝细胞腺瘤。患有肝细胞腺瘤的土拨鼠感染了土拨鼠肝炎病毒

（woodchuck hepatitis virus，WHV），该病毒在结构和生命周期上与人类 HBV 相似[59]。与 HBV 一样，WHV 感染引起慢性肝炎，导致感染后 2~4 年内发生 HCC。由于 WHV 的生命周期与 HBV 相似，该模型已用于抗病毒药物治疗 HBV 感染的临床前评估[60]。然而，由于肝硬化通常不会在该模型中发展，因此它不被认为是可以准确反映人类 HCC 的动物模型。

WHV 感染肝脏的基因组图谱显示，Ⅰ型 IFN 的反应降低、T 细胞衰竭、细胞因子信号抑制、中性粒细胞聚集，这些通常在 HBV 感染的人类肝脏中观察到[61]。在 HCC 阶段，其基因表达模式与预后不良的 NCIP 亚型 A 非常相似[18]。它们的肿瘤也类似于 Hoshida 分型的 S2 亚型，其中 MYC 和 AKT 信号的激活与肝祖细胞标志物 AFP 和 EPCAM 水平的升高、IFN 靶基因的相对抑制有关[40]。

3. 兔

虽然目前还没有用于研究 HCC 的实用兔模型，但 VX2 肿瘤已被广泛用于介入肿瘤学领域的成像和治疗方法的研究。VX2 肿瘤是一种间变性鳞状细胞癌，起源于病毒诱导的兔乳头状瘤[62]。这种肿瘤模型被广泛用于研究肝癌，因为它的肝动脉血供与人肝脏肿瘤和兔体内移植瘤的血供相似，大到可以成像[63, 64]。此外，兔子体型大，可以进行有效的导管操作。然而，VX2 肿瘤的特征化较差，不能在体外培养基中生长。为了使用，肿瘤必须在动物之间生长。它生长迅速，迅速形成坏死核心，并在数周内杀死宿主。由于其在基因组或分子水平上与人类 HCC 的相似性尚未评估，其与人类 HCC 的相关性有待商榷。

（三）小鼠模型

与大型动物相比，小鼠在生理、分子和遗传方面与人类相似，小鼠体积小、后代多、寿命短、成本低，因此小鼠已成为研究肝癌的首选动物模型。小鼠是揭示肝癌发生的分子机制的宝贵工具，通过引入癌症基因组测序发现的人类 HCC 的基因改变，以揭示肝癌发生的分子机制[14, 21-31]。

1. 化学诱导模型

基因毒性药物 DEN 已被广泛用于诱导小鼠 HCC。DEN 是一种 DNA 烷基化剂，可导致突变 DNA 加合物的形成。DEN 首先代谢为 α- 羟基硝胺，并进一步生成亲电乙基重氮离子，通过与 DNA 碱基反应导致 DNA 损伤[65]。该过程依赖氧与 NADPH，由肝细胞中的 CYP 家族介导。DEN 注射到具有活跃增殖肝细胞的年轻小鼠体内时，它可以通过产生体细胞突变激活某些癌基因。此外，在 DEN 代谢过程中，由 ROS 诱导的氧化应激有助于肝癌的发生，它们会导致 DNA、蛋白质和脂质损伤[66]。运用 CCl_4 或苯巴比妥处理小鼠，可促进其 HCC 的发展[67]。这些化学模型产生的 HCC 在遗传上有所不同。在 DEN 诱导的 HCC 中，H-Ras 激活突变最常见；而在 DEN 诱导和苯巴比妥促进的 HCC 中，Ctnnb1 突变更常见[68]。

过氧化物酶体增殖物是一种外源性物质，当喂食给小鼠时可诱发肝脏肿大，若长期暴露于这些化合物，长期肿大的肝脏往往发生 HCC[69]。典型的过氧化物酶体增殖物包括氯芬酸甲酯、环丙贝特、非诺贝特、氯贝丁酯和 Wy-16 643[70]。过氧化物酶体增殖物激活 PPARα，即一种调节细胞增殖和凋亡相关基因表达的受体[71]。目前尚不清楚长期接触过氧化物酶体增殖物是否对人类具有同样的致癌作用。当过氧化物酶体增殖物长期喂食人源化 PPARα 小鼠时，未观察到肝癌效应[72]，这表明过氧化物酶体增殖物介导的肝癌发生可能是一个具有较高物种特异性的过程。

2. 基因工程小鼠模型

基因工程小鼠（genetically engineered mouse，GEM）模型再现了肝癌发生的复杂多步骤过程，因此研究人员可以用其更好地了解 HCC 并设计治疗相关的研究。该模型对于评估单个驱动癌基因、组合癌基因和（或）抑癌基因在 HCC 发生发展中的影响非常有价值。对人类 HCC 基因组中观察到的改变的基因，GEM 模型极大地促进了对它们的功能验证。目前已有大量的有关 HCC 的 GEM 模型报道，因此，这里我们将仅讨论少量有代表性的 GEM 模型及其在基因组水平上与人类 HCC 的相似性。

在超过 50% 的人类癌症中，MYC 癌基因通过多种机制均被激活，其激活通常与不良预后相关[73]。*MYC* 通过调节细胞增殖、凋亡和代谢在多种致癌过程中发挥核心作用，已成为包括 HCC 在内的许多癌症的关键治疗靶点。然而，几十年的研究证明，因为 Myc 分子活性的不可成药性，尝试直接靶向 *MYC* 作为一种治疗方法是一个巨大的挑战[74]。*MYC* 在 HCC 中频繁扩增（根据 TCGA 研究，约占 20% 的 HCC）[30]。血清白蛋白 Albumin 启动子驱动表达 *MYC* 的 GEM 小鼠在长时间进展后可发生 HCC[75, 76]。E2F1 与 MYC 的共同激活显著加速了 HCC 的发展[76, 77]。有趣的是，在 MYC 和 E2F1/MYC GEM 模型的大量 HCC 肿瘤中，存在 *CTNNB1* 的激活[77]，表明在 HCC 发生发展中 *CTNNB1* 很可能是 MYC 的关键相互作用因子。

TGFA 是 EGFR 的配体之一，TGFA-EGFR-RAS-MAPK 信号通路在 HCC 中通常上调[78]。诱导型 MT-1 启动子驱动 TGFA 表达的 GEM 小鼠可发生 HCC[79]。与之前一致，MYC 与 TGFA 的共同激活可显著加速 HCC 的发展。所有小鼠均在 40 周龄内发生 HCC（100%）[75]。

FGF19 在 HCC 发展中的作用，最初是通过基因组学筛查小鼠 HCC 的潜在驱动癌基因而发现[80]。后来的研究表明，*FGF19* 在 HCC 基因组中频繁扩增，其激活与 HCC 患者的生存状况较差相关[30, 81]。GEM 小鼠骨骼肌中 *FGF19* 的表达，在长时间后也可导致 50% 的小鼠发生 HCC[82]。有趣的是，FGF19 GEM 小鼠的肝癌发生率在雌性小鼠中高于雄性小鼠。更有趣的是，*Ctnnb1* 在雌性小鼠的 HCC 肿瘤中频繁激活，而在雄性小鼠的 HCC 肿瘤中未观察到其激活。

CTNNB1 编码 β- 连环蛋白，它是细胞表面钙黏蛋白复合物的一个亚单位，在 Wnt 通路中充当信号分子[83]。当 Wnt 信号缺失时，由于 AXIN 复合物（由 AXIN、APC、CK1 和 GSK3 组成）介导 β- 连环蛋白磷酸化依赖性泛素化降解，细胞质中 β- 连环蛋白水平低下。当 Wnt 配体与卷曲受体及其共受体 LRP5/6 结合时，Wnt 诱导受体复合物的形成，该复合物将 AXIN 重新定位到细胞质膜上，从而稳定 β- 连环蛋白。稳定的 β-

连环蛋白入核与 TCF/LEF 形成复合物，诱导调节细胞生长的基因的转录。*CTNNB1* 是 HCC 中最常见的突变基因之一。在 20%～30% 的 HCC 患者中观察到 β- 连环蛋白异常激活[24, 29, 30]。大多数突变残基位于磷酸化位点或靠近磷酸化位点，阻止 β- 连环蛋白的磷酸化。因此，β- 连环蛋白持续性稳定活化。有趣的是，之前的研究表明，β- 连环蛋白的突变几乎与 TP53 的突变相互排斥[21]。这些强有力的结果表明，具有 β- 连环蛋白突变的 HCC 可能代表临床上一类独特的 HCC 亚型。有趣的是，在 GEM 小鼠中，引入 β- 连环蛋白的激活突变体或过表达野生型 β- 连环蛋白只会诱发肝脏肿大，不足以发展为 HCC[84, 85]，提示 β- 连环蛋白本身不足以启动肝脏肿瘤的发生。对这些 GEM 小鼠的后续研究表明，β- 连环蛋白与其他信号通路协同作用，可促进肝癌的发生。β- 连环蛋白与活化的 Hras 协同作用可诱导肝癌发生。β- 连环蛋白和 Hras 的突变导致肝癌的发生率为 100%[86]，支持 β- 连环蛋白激活可能是肝癌发生的关键因素之一，但额外的基因改变对于 *CTNNB1* 启动和促进肿瘤发生是必要的。

SV40 T 抗原通过使肿瘤抑制基因 *p53* 和 *Rb* 失活并与许多信号蛋白（如 HSC70、CBP/p300、CUL7、IRS1、FBXW7 和 BUB1）相互作用，诱导正常细胞（包括肝细胞）的致癌转化[87]。在肝脏特异启动子驱动 SV40 T 抗原表达的 GEM 小鼠中，HCC 在短暂的潜伏期（4～12 周）后即可发生，并常常发生肺转移[88, 89]。由于肿瘤进展非常迅速，该模型被认为与进展较慢的人类 HCC 肿瘤有所不同。

Hippo 信号通路最早发现于果蝇，在进化上很保守。迄今为止确定的 Hippo 通路所有核心组成部分都有一个或多个哺乳动物的直系同源物，包括 *MST1/2*（Hippo）、*SAV1*（Salvador，也称为 WW45）、*LATS1/2*（Warts）、*MOB1*（Mats）、*YAP1* 及其旁系同源物 *TAZ*（Yorkie）和 *TEAD1/2/3/4*（Scalloped）[90]。当 Hippo 信号激活时，YAP1/TAZ 被 LATS1/2 磷酸化（人类 YAP1 中的丝氨酸 127 残基），进而被 14-3-3 蛋白滞留在细胞质中。当 Hippo 信号减少或缺失时，未磷酸化的 YAP1/TAZ 进入细胞核并调节增殖存活相关基因的转录。Hippo 通路的正常功能是抑制生长，当 Hippo 信号减弱时，组织发生过度生长。由于 Hippo 通路是限制细胞生长和增殖及诱导程序性细胞死亡所必需的，因此已有研究报道该通路的许多成员参与肿瘤的发生发展。Hippo 通路参与 HCC 的第一条明确线索，来自于 *YAP1* 被鉴定为小鼠 HCC 的潜在癌基因[91]。这一发现得到了实验支持，即 *YAP1* 在小鼠肝脏中的异位过度表达导致了 HCC 的发生[92]。*YAP1* 的这种致癌功能进一步得到证实，结果来自于其上游调节因子的抑癌功能，其通过磷酸化来抑制 YAP1 的活性，肝脏中 *Mst1/2* 和 *Sav1* 基因敲除导致 HCC 的发生[93, 94]。两种转基因小鼠模型的结果清楚地表明，Hippo 途径是肝脏中的关键肿瘤抑制因子。与小鼠模型的数据一致，最近的研究表明，人类肝癌中 YAP1 和 TAZ 癌基因的激活与较低的生存率、较高的复发率和化疗耐药显著相关[93, 95-97]，进一步表明 YAP1/TAZ 在 HCC 发展中的重要性。

ARID1A 和 *ARID2* 在 HCC 中也经常发生突变（高达 20%）[27, 29, 30, 98]。它们属于富含 AT 相互作用域（ARID）家族，包含 7 个亚家族和 15 个成员。*ARID* 基因的特征之一，为一个含 100 个氨基酸的 DNA 结合 ARID 结构域。ARID1A 与其他几种蛋白质结合形成 BAF 复合物，这是一种 SWI/SNF 染色质重塑复合物的亚家族[99]。该复合物利用 ATP 的能量通过滑动、喷射和插入组蛋白八聚体来动员核小体，从而调节 DNA 与其他涉及转录、DNA 复制和修复的细胞装置的接触。大多数癌症中的 *ARID1A* 相关突变为功能缺失突变；*ARID1A* 的无义或移码突变而非错义突变是许多癌症的主要形式，包括 HCC，这表明 *ARID1A* 是一种肿瘤抑制基因。*ARID2* 是 PBAF 复合物的成员，该复合物是另一种参与核受体配体依赖性转录激活的 SWI/SNF 复合物。尽管 *ARID2* 中的突变不如 *ARID1A* 中的突变常见，但大多数的 *ARID2* 突变也与 *ARID1A* 一致，为功能丧失突变[30]。然而，近期建立的 *ARID1A* 相关 HCC 小鼠模型呈现出一些意料之外的复杂表型。与结肠癌模型[100]中所证实的 ARID1A 作为肿瘤

抑制因子的这一概念相反，小鼠肝脏中 *Arid1a* 的缺失可防止 HCC 的发生[101]，这表明 Arid1a 对于起始肝细胞肿瘤发生的必要性。Arid1a 在肿瘤发生中的关键活性似乎与其对 CYP450 家族的转录调节有关，CYP450 家族在肝细胞中氧化代谢产物并生成 ROS。肝细胞中 Arid1a 的高表达通过增加 CYP450 介导的 ROS 生成促进肿瘤的发生。与肿瘤发生起始中的促瘤活性相反，Arid1a 的缺失加速了 HCC 发展后期的肿瘤进展和转移，进一步表明 Arid1a 在 HCC 发展中的复杂作用。Arid1a 转移抑制活性，与其广谱的降低染色质可及性并减少转移抑制基因的表达有关。Arid1a 在 HCC 不同发展阶段的这些相反作用很有趣但并不奇怪，因为表观遗传调节因子的功能高度依赖其相互作用元件和场景，它们在重塑染色质中起着关键作用，可以同时支持致癌和肿瘤抑制网络的形成。

二、小鼠模型与人肝癌的基因组相似性

虽然小鼠模型在癌症研究中被广泛使用，但没有一种小鼠模型适合所有研究目的，而且每种模型只能再现人类肝癌发生过程的一部分。此外，人类 HCC 基因组研究已经鉴定了不同的 HCC 分子亚型，其具有不同的临床结果[18-20, 102-105]。因此，建立与人类 HCC 特定分子亚型和临床特征相关联的小鼠 HCC 模型，将有助于运用合适的小鼠模型研究新的癌基因的功能和验证潜在的治疗靶点。已经有几项研究对小鼠模型与人类 HCC 进行了系统比较[18, 103, 106]。

最近的一项研究中，研究者将 9 个小鼠 HCC 模型的基因组数据与人类 HCC 的基因组数据进行整合和分析[107]，以确定最适合人类不同 HCC 亚型的小鼠模型，并确定每个模型的临床相关性（图 58-3）。*Mst1/2* 基因敲除、*Sav1* 基因敲除和 SV40 T 抗原小鼠模型最能再现人类 HCC 的不良预后亚型，而 *Myc* 转基因模型最为接近人类 HCC，预后更为良好。*Myc* 模型也与 β- 连环蛋白的激活显著相关。*E2f1*、*E2f1/Myc*、*E2f1/Tgfa* 和 DEN 诱导的 HCC 模型存在较大的异质性，并被不均等地分为预后不良和预后良好两类。

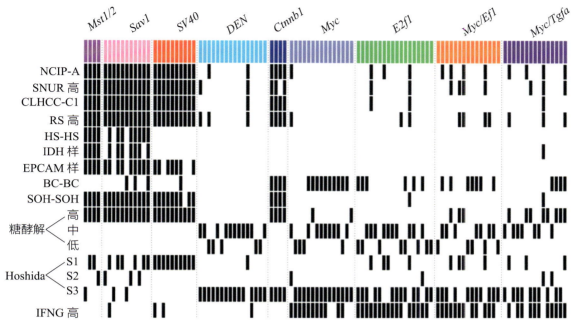

▲ 图 58-3 运用临床定义的人类基因组特征，对多种不同小鼠肿瘤进行分类

肝干细胞 HCC 已经被一些研究所证实。基因组特征分析表明，两种 Hippo 通路阻断的小鼠 HCC 模型（*Mst1/2* 基因敲除和 *Sav1* 基因敲除）与 HS 亚型最为相似。先前建立的 EPCAM 阳性人类 HCC[108] 和新发现的 IDH 样人类 HCC 的肿瘤 [30] 具有相似性，也支持这两种小鼠模型与 HS 亚型的显著关联性，其生物学原因是通过产生 2- 羟基戊二酸来抑制肝干细胞的分化，从而密切反映干细胞特征 [109]。这一观察结果与之前的一项研究一致，该研究中，Yap1 将成年小鼠的成熟分化的肝细胞重编程为祖细胞样细胞，这些祖细胞样细胞可转分化为胆管上皮细胞 [110]。之前的研究表明，具有干细胞特征的 HCC 在所有

HCC 中的临床结果最差；而在受检小鼠模型的高复发风险评分中，如上两种小鼠模型治疗后复发率也很高，这进一步支持它们与 HS 亚型的相似性 [30, 103, 108]。将小鼠模型与人类 HCC 进行全基因组比较，目的是为人类 HCC 的各种亚型的研究确定最合适的小鼠模型。这种关联将极大地促进新癌症基因功能验证的临床前研究，并可用于测试新药的治疗效果。

资助支持 这项研究得到了 MD 安德森癌症中心邓肯癌症预防研究种子基金项目（2016 年）、MD 安德森癌症中心姊妹医院合作基金（2012 年和 2016 年）、美国 NIH 通过癌症中心拨款 P30CA016672 项目的部分支持。

第59章 肝细胞癌的流行病学
Epidemiology of Hepatocellular Carcinoma

Hashem B. El-Serag 著

纪 元 范小寒 韩 晶 陈昱安 译

一、肝细胞癌的发展趋势

（一）全球流行病学

肝癌为全球内第四大癌症致死原因，其中肝细胞肝癌是最主要的类型。它在全球范围内的癌症发病率中排行第六，而且在死亡率排行第二。肝癌发病率及死亡率在不同地区当中有些许差异。在亚太平洋，东亚及非洲撒哈拉沙漠以南地区肝癌的年龄标准化发病率是最高的，而在南拉丁美洲和热带拉丁美洲地区是最低的。肝癌在埃及和泰国的癌症致死率排第一，而在乌克兰和波兰地区排第 14 名[1]。

与 HCC 发病率和致死率有关的地理因素随着时间的推移已经发生改变。那些以前 HCC 发病率低的地区（如北美和欧洲的某些地区）的发病率已经呈现增长的趋势，而那些以前为高风险地区（如日本和中国）的发病率已经呈现出下降的趋势。这个发现可能是由于 HCC 暴露风险因素发生了改变，包括慢性丙型肝炎病毒或乙型肝炎病毒的感染、酗酒、糖尿病及非酒精性脂肪性肝病[2,3]。在低风险地区，超重率、糖尿病及 NAFLD 的增加对降低 HCC 发病率的成效造成了威胁，而在高风险国家，HBV 疫苗的积极接种、降低黄曲霉毒素的措施、用于治疗 HBV 和 HCV 感染的抗病毒药物之类的应用已经降低了 HCC 的发病率[2,4]。

环境同样在 HCC 发病率中的地区性和阶段性差异起到一定的作用。这个假说部分是建立在 HCC 移民人群中发病率基础上的。从低风险地区（如非洲、亚洲或南美国家）移民到西欧的人群相较于他们所来源的国家，患 HCC 的风险增加[5]。而在中国地区的外国人中，相较于中国人群，他们患 HCC 风险减少。然而，这种风险仍然比他们原来的国家更高。即使在具有相似地理因素的地区之间 HCC 发病风险也有很大的差异，例如，来自印度博帕尔和丁迪古尔与中国启东市的人群年龄标准化发病率差异为 75.5%[2]。而导致这些 HCC 风险差异的环境因素还不清楚。

（二）HCC 患病率的性别差异

一般来说，HCC 在男性中较为流行（图 59-1）。对于男性而言，肝癌是在 11 个国家中最常见的癌症诊断结果，以及在 40 个国家中是最常见的癌症致死原因。相反，蒙古国是唯一的女性当中肝癌是最常见的癌症诊断的国家，并且只在 5 个国家中的女性当中肝癌是最常见的癌症致死原因[1]。通常，男性中的肝癌发病率是女性的 2～3 倍[6]。不过也有一些例外；一些国家当中女性肝癌患病率接近男性发病率，但是与女性患病率增长相关的风险仍未可知[4]。值得注意的是，性别差异与该地理区域的 HCC 风险水平之间没有相关性。

关于这种差异的来源有几种假设，包括行为、饮酒、免疫应答及表观遗传学方面的差异[7-9]。一个特别有力的学说囊括了内源性性激素的差异。一项容纳超 9000 例的中国台湾男性的前瞻

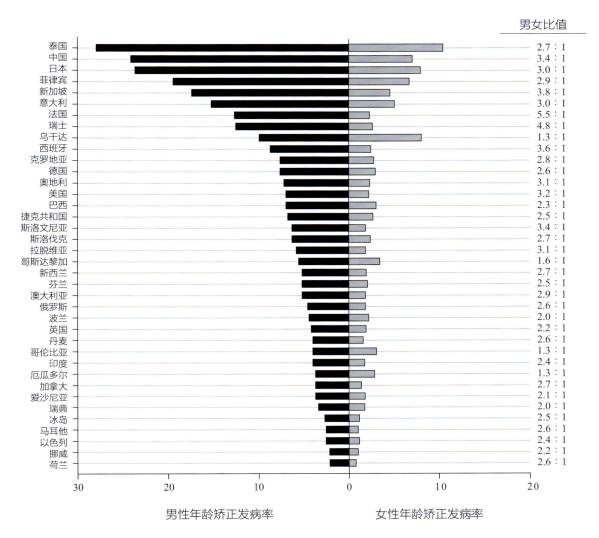

男女比值

国家	男女比值
泰国	2.7 : 1
中国	3.4 : 1
日本	3.0 : 1
菲律宾	2.9 : 1
新加坡	3.8 : 1
意大利	3.0 : 1
法国	5.5 : 1
瑞士	4.8 : 1
乌干达	1.3 : 1
西班牙	3.6 : 1
克罗地亚	2.8 : 1
德国	2.6 : 1
奥地利	3.1 : 1
美国	3.2 : 1
巴西	2.3 : 1
捷克共和国	2.5 : 1
斯洛文尼亚	3.4 : 1
斯洛伐克	2.7 : 1
拉脱维亚	3.1 : 1
哥斯达黎加	1.6 : 1
新西兰	2.7 : 1
芬兰	2.5 : 1
澳大利亚	2.9 : 1
俄罗斯	2.6 : 1
波兰	2.0 : 1
英国	2.2 : 1
丹麦	2.6 : 1
哥伦比亚	1.3 : 1
印度	2.4 : 1
厄瓜多尔	1.3 : 1
加拿大	2.7 : 1
爱沙尼亚	2.1 : 1
瑞典	2.0 : 1
冰岛	2.5 : 1
马耳他	2.6 : 1
以色列	2.4 : 1
挪威	2.2 : 1
荷兰	2.6 : 1

男性年龄矫正发病率　　女性年龄矫正发病率

▲ 图59-1　男性和女性肝细胞癌中的年龄相关发病率，也显示了男女的发病率比值（引自参考文献 [1]）

性队列研究发现，睾酮水平较高的男性与睾酮水平较低的男性相比，发生 HCC 的相对风险增加了 50%～400%[10, 11]。目前已经进行了一些关于雄激素受体的 exon1 上重复序列 CAG 及其在 HCC 中所起作用的研究。在一项研究中，与重复次数较多的男性相比，慢性 HBV 感染者的 CAG 重复次数较少（≤20）且睾酮水平增加，其 HCC 风险增加 4 倍[12]。在感染了慢性 HBV 的女性患者和未感染女性患者之间同样进行了一项相似的研究。与拥有两个短等位基因或一短一长等位基因的女性相比，拥有两个超过 23 个重复序列雄激素受体等位基因的女性患 HCC 的风险更高，而

且当女性是 HBV 携带者时，风险进一步增加[9]。调查雄激素受体在 HBV 感染中的作用的转基因小鼠研究表明，增加雄激素通路信号转导可以增加 HBV 基因转录[13]，这说明慢性 HBV 感染（HCC 患病的重要危险因素）加上性激素水平可能会导致 HCC 发病率上明显的性别差异。

（三）美国的发病率变化趋势

在美国，因 HCC 而寻致的癌症相关死亡人数正在迅速上升。美国癌症统计登记处的一项研究报道称，在 2000—2012 年，年龄标化发病率增加了 2.3/10 万人。如果按年计算，这些发病率的变化在 2000—2009 年增加了约 4.5%，并在

2010 年开始趋于稳定[14]。美国 CDC 报告称，截至 2015 年，死亡率也有类似的增长。登记处的进一步调查显示，发病率增长最显著的人群是 55—64 岁的男性，以及西班牙裔、非裔美国人和白人群体[15]。

值得注意的是，总体 HCC 的年龄矫正发病率在西班牙裔中飙升，甚至超过了亚裔人群（图 59-2）。这一趋势在美国出生的西班牙裔人群中被放大了。该人群中较高 HCC 的发病率被归因于较高的 HCV 发病率[16]，以及酒精性肝病、NAFLD、代谢综合征和糖尿病的发病率增加[17, 18]，这些都是发生 HCC 的危险因素。在慢性 HCV 感染或 NAFLD 的西班牙裔患者中，进展为肝硬化和 HCC 的风险更高。这一观察结果部分是由于肝硬化的遗传易感性，如与 PNPLA3 的多态性相关[19]。

二、HCC 的危险因素

（一）乙型肝炎病毒

HBV 是一种优先感染肝细胞的双链 DNA 病毒。感染可以是急性的或慢性的，后者是 HCC 的一个风险因素。感染变成慢性的风险随着感染年龄越早而增加。在通过性接触，针刺或输血感染的成年人中，只有不到 10% 的人发展为慢性感染，而在由 HBV 感染的母亲垂直传播感染的婴儿中，80%～90% 的人发展为慢性感染[20]。

随着慢性感染的发生，HBV 整合到宿主基因组中。这种整合是肝癌变的前兆。HBV 诱导慢性坏死性炎症性疾病的发生，这是一个肝细胞坏死和再生的持续循环，它促进肝细胞突变并导致 HCC 的发生[20, 21]。当评估伴有慢性 HBV 感染患者的 HCC 组织时，几乎所有病例都有 HBV 的 DNA 整合到基因组中[2]。在世界范围内，慢性 HBV 感染占 HCC 病例中的 50%[20]。然而，这一比例因国家而异。在 HBV 感染流行的地区，如亚洲和撒哈拉以南的非洲，HBV 感染占 HCC 病例中的 70% 以上[22]。相比之下，HBV 感染仅占美国 HCC 病例中的 10%～15%[23]。

据估计，有 3.5 亿～4 亿人患有慢性 HBV 感染，约占全球人口的 5%[24]。在美国，根据 1988—1994 年的全国健康和营养检查调查的数据显示，约有 0.33% 的人口被认为患有慢性 HBV 感染。这些分析表明与女性相比，男性中慢性 HBV 携带者的患病率更高，并且与非西班牙裔白人和墨西哥裔美国人相比，非西班牙裔黑人中慢性 HBV 携带者的患病率更高[25]。

大多数慢性 HBV 患者都有非活动性感染。然而，10%～30% 的人会发展为活动性感染。

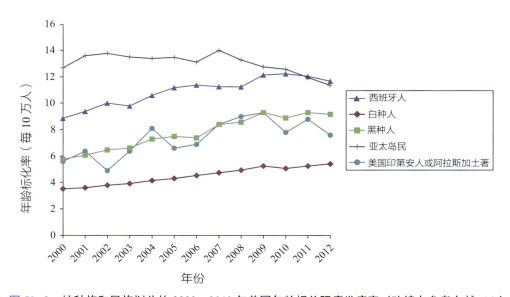

▲ 图 59-2　按种族和民族划分的 2000—2012 年美国年龄相关肝癌发病率（改编自参考文献 [14]）

1%～2% 的慢性活动性感染患者会发生肝硬化。在肝硬化患者中，每年 1%～6% 的患者将进展为 HCC。从感染到发展为 HCC 的时间估计在 30～50 年的范围内[20]。

1. 由 HBV 引起的 HCC 的相对风险

由 HBV 引起的 HCC 的相对风险一向相当高。一项 Meta 分析考察了评估 HBsAg（一种 HBV 感染的标志物）阳性者的病例对照和前瞻性研究。当将 HBsAg 阳性的个体与 HBsAg 阴性的个体进行比较时，作者发现 HCC 的终身相对风险为 15～20[26]。在评估来自全球的病例对照研究时，在慢性 HBV 感染患者中发生 HCC 的估计易感比范围为 5～65。这一观察结果得到了对 HBV 携带者的前瞻性研究的支持，其研究表明与非携带者相比，HBV 携带者患 HCC 的相对风险为 5～103[2]。

2. HCC 的绝对风险

世界卫生组织估计，HBV 携带者终生患 HCC 的风险在 10%～25%[2]。根据队列研究，HBV 患者的 HCC 发病率似乎因肝硬化水平而不同。处于非活动期疾病患者的 HCC 年发病率为 0.02～0.2/100 人，处于活动期慢性感染但无肝硬化患者的年发病率为 0.3～0.6/100 人，代偿性肝硬化患者的年发病率为 2.2～3.7/100 人[27, 28]。我们关于 HBV 患者的 HCC 风险的信息大部分来自 HBV 流行地区，以及所评估的个体在婴儿期或儿童早期就已感染[29]。在一项来自美国的多中心研究中，大多数人在生命后期被感染，其年发病率估计为 0.42%。然而，超过 50% 的评估队列是亚太裔岛民[30]。最近的另一项研究评估了 2001—2013 年从美国退伍军人健康管理局（Veterans Health Administration，VHA）数据库中确定的 8000 多名主要为男性慢性 HBV 感染患者的队列。在该队列中，美国太平洋岛民的 HCC 年发病率为 0.65%，白人为 0.57%，非裔美人为 0.40%[31]。

3. HBV 相关风险的决定性因素

(1) 风险增加因素：对于慢性 HBV 感染者来说，已经确定了 HCC 的许多危险因素。人口统计学（如男性、老龄、亚洲或非洲血统、HCC 家族史）、临床特征（如肝硬化）、病毒因素（如高 HBV 复制水平、HBV 基因型、感染持续时间、合并感染）和环境暴露（如黄曲霉毒素暴露、酒精和烟草使用）都促进 HCC 的发展[27]。

在人口统计学方面，一项 9 万名参与者的前瞻性队列研究显示，男性慢性 HBV 感染患者比女性患者有更高的肝硬化和 HCC 的风险[32]。无论是一般情况还是基于种族的研究中，已证明年龄在 HCC 风险中起着重要作用。在东亚进行的研究显示，40 岁以上的患者发展为 HCC 的风险显著增加[31]。20 世纪 70 年代和 80 年代在南非进行的研究表明，慢性 HBV 感染的非洲黑人患者在 40 岁以下时可发展为 HCC[33, 34]，并且这些数据在最近一项评估多个非洲国家中的 HCC 研究中得到了证实[35]。来自上述 VHA 队列的数据显示，HCC 的风险随着年龄的增长而增加。在该队列中，与 40 岁以下的个体相比，40—49 岁的个体 HCC 校正风险比为 1.97、50—59 岁的个体 HCC 校正风险比为 3.00，60 岁以上的个体 HCC 校正风险比为 4.02。值得注意的是，在年龄小于 40 岁的个体中 HCC 的风险极低，包括那些非裔美国人[31]，这表明在美国，如果没有其他风险因素，非裔美国人的种族可能不是早期 HCC 的高风险因素。

肝硬化是 HCC 的主要临床危险因素。在慢性 HBV 感染患者中，70%～90% 的 HCC 病例来自于肝硬化[23]。HBV 感染患者中 HCC 的发病率随着肝硬化的进展而显著增加。这一观察结果得到了 VHA 队列研究结果的支持，该研究发现与无肝硬化患者相比，肝硬化患者的校正风险比为 3.69[31]。

已证明一些病毒因素会增加患 HCC 的风险。在中国台湾的一项 HBsAg 阳性参与者的前瞻性队列研究中，已对病毒载量的影响进行了调查。作者发现，肝硬化和 HCC 的发病率随着血清中 HBV DNA 水平的增加而成比例地增加[36]。HBV 基因型也是 HCC 风险的影响因素。在亚洲人群的研究中，基因型与严重肝病、肝硬化和 HCC 之间的联系是基因型 C 大于基因型 B。在北美和西欧的研究中，基因型 D 在严重肝病和 HCC 的发病率大于基因型 A[37]。基于人群的研究表明，与基因型 C 相关的 HCC 的风险高于基因型 A2、Ba、Bj 和 D[38]。通过深入研究病毒遗传学，研究表明，基底核心启动子和前核心区域的特定突变会影响 HCC 的发病率。就前者而言，已证明 T1762 和 A1764 处的突变会增加发病率[39]。就后者而言，感染伴随 G1896A 突变与发病率的降低相关[40]。除了病毒本身外，同时感染其他病毒，如 HCV 和 HIV，也可能对风险产生重大影响。这种影响的程度多少有些争议。关于 HCV 合并感染方面，较早的 Meta 分析支持一项对 HCC 风险的附加效应[41, 42]。最近进行的研究，包括那些在合并感染不常见的国家进行的研究，已经报道了对 HCV 的亚附加效应[26]。既往研究发现，血清中 HBsAg 水平与抗 HCV 抗体水平呈负相关，这提示存在病毒干扰[42, 43]。这一观察结果可以解释所观察到的亚附加效应。

增加风险的环境因素包括行为因素（酒精和烟草）和外源性暴露。酒精具有肝毒性，但其本身没有诱变作用。大量饮酒可加重慢性 HBV 感染已经引起的损害，并认为它对 HCC 的发展不止有附加影响[44]。例如，韩国的一项人群队列研究指出，HCC 的相对风险随着每天酒精摄入量的增加而显著增加[45]。吸烟的影响较小，但在 HBV 患者中，吸烟和 HCC 风险之间存在明显的正向互动[46, 47]。HCC 已知的一个外源性环境危险因素是黄曲霉毒素 B1，一种由曲霉产生的霉菌毒素。它是在储存于温暖、潮湿条件下的食物中发现的。已知黄曲霉毒素是会使 p53 肿瘤抑制因子发生突变，这种突变经常在黄曲霉毒素流行地区的 HBV 感染个体的 HCC 肿瘤中发现[8]。当基于黄曲霉毒素暴露和 HBV 感染评估 HCC 的风险时，对于单独黄曲霉毒素暴露的 HCC 风险就增加了 4 倍，对于慢性 HBV 携带者 HCC 的风险增加了 7 倍，而相较于未暴露的个体，黄曲霉毒素暴露联合 HBV 携带的 HCC 风险增加了 60 倍，这表明了两者之间的协同关联[2]。

所有这些危险因素都被转化为评分系统，以识别慢性 HBV 患者来进行 HCC 监测。美国肝病研究协会（American Association for the Study of Liver Disease，AASLD）设计了一种基于肝硬化、HCC 家族史、年龄和种族的监测系统。具体来说，该指南建议对所有肝硬化患者、40 岁以上的亚洲男性和 50 岁以上无肝硬化的亚洲女性，以及年龄较小的非洲人和非洲裔美国人进行监测[48, 49]。其他一些为亚洲 HBV 感染患者开发的评分系统已经得到验证，并对 HCC 的发展产生了很高的 3～10 年的阴性预测值。这些评分系统是基于年龄、性别、肝硬化、病毒载量、HBsAg 状态和 ALT 水平[50-53]。REACH-B 评分在识别非肝硬化的风险期患者时非常有效。GAG-HC 和 CU-HCC 评分系统将肝硬化和 HBV 核心启动子突变纳入计算，并可能适用于非亚洲人群[3]。然而，这些评分系统不足以预测成功接受抗病毒治疗的 HBV 患者中 HCC 风险[54, 55]。在接受核苷类似物治疗的 HBV 患者中，年龄、性别、肝硬化、肝硬度、血小板计数和糖尿病是已知的 HCC 风险因素[56-58]。值得注意的是，预处理病毒载量、HBsAg 状态和数量、转氨酶水平并不能预测使用核苷类似物治疗的患者的 HCC 风险[36, 59, 60]。为了解决 HCC 风险评分系统在这类人群中未满足的需求，相关人员开发了肝硬化、年龄、男性、糖尿病（Cirrhosis，Age，Male sex，Diabetes，CAMD）评分。该模型是基于中国台湾医疗数据库中接受恩替卡韦或替诺福韦治疗的慢性 HBV 患者数据，并使用从中国香港医疗数据库中提取的数据进行了外部验证[61]。该系统具有高水平的准确性，并已在白种人和亚洲人群中得到验证[62]。

(2) 风险降低因素：降低与 HBV 感染相关的 HCC 风险的最有效的方法是首先不获得感染。HBV 疫苗的开发在降低流行地区的 HBV 感染率方面取得了巨大的进展，它还可以降低 HCC 的长期发病率[63]。中国的一项大型随机对照试验发现，接种 HBV 疫苗后，25 年内患原发性肝癌的风险降低了 84%[3]。在其他实施疫苗接种项目的地区也开始出现这种效果[63]。在中国台湾实施普遍 HBV 疫苗接种计划后的 30 年报告发现，与接种开始前出生队列相比，接种开始后出生队列的 HCC 性别标化发病率下降了 80%，性别标化死亡率下降了 92%[64]。大多数亚洲和东欧国家、西班牙和许多撒哈拉以南国家已经实施了疫苗接种计划。许多国家在 20 世纪 80 年代实施了他们的项目，如中国、新加坡和西班牙，HBsAg 的流行率下降，与中国台湾的情况相似，这些国家的 HCC 发病率预计将以类似的速度下降 [2, 63]。许多已经实施了疫苗接种计划的国家也是黄曲霉毒素暴露流行的地方。黄曲霉毒素减少方案有进一步降低 HCC 风险的潜力。在中国肝癌发病率最高的启东地区实施了一个这样的项目。该项目大约是与政府开始缓慢推出 HBV 疫苗接种项目同时启动。在减少黄曲霉毒素暴露和最低疫苗接种普及率的队列中，肝癌死亡率降低了 45%，年龄特异性肝癌发病率降低了 1.2～4 倍。在减少黄曲霉毒素暴露合并高疫苗接种普及率的队列中，年龄特异性肝癌发病率降低了 14 倍，这表明减少黄曲霉毒素和 HBV 疫苗接种具有显著降低这些地区的 HCC 发病率的潜力 [65, 66]。

虽然 HBV 疫苗接种可以预防晚期 HCC 病例，但 HBV 患者的主要干预措施仍是抗病毒治疗。随机对照试验提供的证据表明抗病毒治疗可以持续降低 HBV DNA 水平，改善肝功能和肝组织结构，但这些药剂显著影响长期临床结果或 HCC 风险的证据是有限的 [3]。用于治疗慢性 HBV 感染的主要药物是核苷类似物（nucleoside analogs，NA）。获得监管机构批准的五种 NA（拉米夫定、替比夫定、阿德福韦、恩替卡韦和替诺福韦二丙醇）可以抑制几乎所有患者的 HBV DNA 水平 [67]。拉米夫定治疗与减缓肝硬化进展、降低 Child-Pugh 评分和 HCC 发病率 50% 的减少相关 [68]。然而，由于拉米夫定与耐药性相关，目前的一线治疗方法是恩替卡韦和替诺福韦酯 [67]。越来越多的证据表明，NA 治疗可以降低但不能消除 HCC 的中期风险 [56, 69-71]。一项评估调查 NA（主要是拉米夫定）和 HCC 风险的队列研究和临床试验的 Meta 分析发现，与未治疗的对照组相比，接受 NA 治疗的患者的 HCC 发病率显著降低。此外，拉米夫定耐药 HBV 患者发生 HCC 的风险明显高于 NA 未使用患者，而在抢救治疗后获得病毒学应答的拉米夫定耐药 HBV 患者发生 HCC 的风险没有显著降低。总的来说，这些数据表明，长期

病毒抑制对 HCC 风险降低至关重要 [71]。在一项随机对照试验中，研究了拉米夫定与安慰剂在慢性 HBV 和肝硬化或晚期纤维化的中国台湾患者，其中拉米夫定组的 HCC 发病率显著降低。然而，由于反应显著（中位生存时间，32.4 个月），该试验提前终止 [68]。

评估关于新一代 NA 的风险降低的研究较少。中国台湾的一项回顾性研究分析了 21 595 名匹配的慢性 HBV 患者，他们要么接受了 NA 治疗（拉米夫定或恩替卡韦），要么未接受治疗。在接受恩替卡韦治疗的患者中，HCC 的 7 年发病率显著低于未接受治疗的患者（分别为 7.3% 和 22.7%）[72]。日本一项研究比较了恩替卡韦治疗患者与匹配的未治疗患者的历史对照，该研究发现恩替卡韦治疗组相较于未治疗患者，HCC 的 5 年发病率显著降低（分别为 3.7% 和 13.7%）[73]。一项调查恩替卡韦或替诺福韦用于治疗慢性 HBV 白种人患者的研究发现，治疗后出现肝硬化的患者的 HCC 5 年风险降低，但总体风险仍高于无肝硬化患者。他们还发现，他们队列中的所有 HCC 病例都发生在 50 岁后才开始接受 NA 治疗的患者中 [7]。在一项欧洲多国参与的关于用恩替卡尔治疗慢性 HBV 患者的临床预后的研究中，获得病毒学反应的患者相较于未获得反应的患者，发展为肝失代偿或 HCC 或死亡的可能性减少了 71%，但这种影响只有在肝硬化患者中表现显著。然而，由于本研究样本量小，随访时间短，因此不能从这些数据中得出强有力的结论 [74]。

除了 NA 外，IFN 也可用于治疗 HBV，尽管由于不良反应和相关的患者依从性，它们较少被应用。一些 Meta 分析已经评估了 IFN 治疗对慢性 HBV 患者 HCC 风险的影响，这些分析表明，IFN 治疗降低了那些能够维持病毒学应答患者的 HCC 发病率 [75-77]。总的来说，数据支持接受治疗的慢性 HBV 患者的 HCC 发病率较低。然而，这些治疗方法并不能消除病毒，因此可能需要持续的治疗来维持效果，直到开发出能够根除病毒的新治疗方法 [3]。

（二）丙型肝炎病毒

HCV 是一种主要感染肝组织的正链 RNA 病

毒[20]。HCV 具有几种不同的种族和地理分布的基因型和亚型[27, 78]。根据血清中持续存在的 HCV RNA（一种 HCV 生物标志物），估计 75%～85% 的 HCV 感染成为慢性病[16]。

已确定慢性 HCV 感染与 HCC 有关[20]。与 HBV 整合到基因组中以激活肿瘤发生的方式不同，HCV 不整合到基因组中，也不太可能本身激活肿瘤发生。因为多达 90% 的 HCV 相关 HCC 病例出现在肝硬化之后，HCV 很可能通过 HCV 重复杀死肝细胞及随后细胞再生而导致肝硬化的方式来促进肿瘤的发生。HCV 感染也可改变脂质代谢，从而导致肝脂肪变性[79]。当考虑到 HCC 发病率中 HCV 负荷时，它的估计值因地理位置不同而不同，大部分是由于 HCV 流行率的地理性差异[22]。据估计，HCV 约占全球 HCC 病例中的 20%[8]，占美国新发 HCC 病例中的 40%～50%[23]。一个基于美国 HCV 感染者人口的模型估计的结果显示，用 2000—2009 年的病例与 1990—1999 年的病例相比，HCV 相关的 HCC 病例数量增加了 130%。该模型预计，这些病例在 2010—2019 年发病率将额外增加 50%[80]。在诊断为 HCV 感染的退伍军人队列中也发现了类似的趋势。在该研究中，HCC 的患病率在 1996—2006 年增加了 19 倍[81]。这一观察结果可能是由于在 1945—1965 年出生的人群中 HCV 感染的高患病率[4]。因此，HCV 相关 HCC 的数量预计将继续上升，并在 2020 年达到峰值[63]。

1. 由 HCV 引起的 HCC 相对和绝对风险

HCV 患者与未感染患者的 HCC 相对风险估计值在队列研究中有所不同，表现为 10～20[23, 41, 63, 82-84]。HCV 相关的 HCC 病例通常发生于晚期纤维化或肝硬化的患者[82, 83]。HCC 诱发的肝硬化患者 HCC 年发病率的范围为 0.5%～10%[85, 86]。而在感染后的 25～30 年，肝硬化发病率的范围为 15%～35%[87, 88]。

2. HCV 相关风险的决定性因素

（1）风险增加因素：HCV 感染的 HCC 患者已知有几个危险因素，包括性别、种族、HCV 基因型、HBV 或 HIV 的合并感染、胰岛素抵抗、肥胖、糖尿病和饮酒[27, 85, 86, 89]。与非西班牙裔白人患者

相比，西班牙裔患者发生肝硬化和 HCC 的风险更高，而非裔美国人患者的风险更低。血清中检测到 HCV RNA，这提示患者患有病毒血症，它是 HCC 的一个强危险因素。一些研究报道了病毒载量与 HCC 之间的相关性；然而，其他研究并不能重现这种相关性[3]。

HCV 基因型是 HCV 患者发生 HCC 的一个重要危险因素。一项将基因 1b 型作为 HCC 危险因素的 Meta 分析研究发现，感染 1b 型患者患 HCC 的风险比感染其他基因型的患者高 78%，同时比肝硬化患者患 HCC 的风险高 60%[90]。然而，在基于美国的研究中，基因 3 型一直与肝硬化和 HCC 的高风险密切相关[86]。感染基因 3 型的患者同样有发展为肝硬化和 HCC 的高风险，年发病率分别为 30/1000 人和 7.9/1000 人[86, 91]。感染基因 1 型的患者相较于感染其他类型的患者，对于抗病毒治疗的反应良好[8]，而感染基因 3 型的患者更难以治疗，因此认为基因 3 型是更高的危险因素[86, 91]。

事实证明，HCV/HIV 合并感染的患者比 HCV 单一感染的患者进展为肝硬化和失代偿性肝病的速度更快。此外，进展的风险随着免疫抑制的增加而增加，这表明不受控的 HIV 感染会加剧 HCV 引起的病理性损伤[92, 93]。

胰岛素抵抗的 HCV 患者发生肝脂肪变性、晚期纤维化和 HCC 的风险更高。值得注意的是，一些回顾性和前瞻性研究表明，与未感染患者相比，HCV 患者的糖尿病发病率增加了约 68%[94]；然而，几乎没有证据表明 HCV 和糖尿病在 HCC 风险方面存在协同效应[94, 95]。

环境因素也会影响 HCC 的风险。研究已经表明大量饮酒与 HCV 感染之间存在协同效应[44, 96]。与只酗酒的人相比，酗酒的 HCV 患者患 HCC 的风险增加了 2 倍[44]。吸烟与 HCC 风险也在 HCV 患者亚组中发现了类似的关系[46]。有一些证据表明，HCV 和黄曲霉毒素在 HCC 风险方面存在一种协同效应，但由于 HCV 感染在黄曲霉毒素流行地区较不常见，故该方向的研究范围有限[2, 97]。

（2）风险降低因素：1945—1965 年出生的人群队列有较高的 HCV 感染率，这已经促进了

HCV 相关 HCC 发病率的上升[4, 63]。可能降低此队列中 HCC 发病率的主要因素是通过直接抗病毒药物治疗而获得的持续病毒学应答[98]。SVR 是 HCV 患者中 HCC 风险的主要调节因素。已证明 SVR 可以减缓肝脏疾病的进展，降低肝硬化和 HCC 风险[95]。一项对基于 IFN 的疗法（DAA 疗法的前身）的综合研究发现，与无应答者相比，治疗后产生 SVR 的患者在肝病所有阶段的 HCC 风险降低了 76%。当只分析那些肝硬化患者时，也发现了类似的减少。虽然 SVR 患者的风险降低了，但发病率并没有恢复到基线水平，特别是对于肝硬化患者。这些数据表明，通过抗病毒治疗根除病毒对于管理 HCC 风险来说是一个重要的组成部分[99]。基于 IFN 的治疗最终被淘汰，因为它们平庸的 SVR 率和禁用的不良反应。相比之下，DAA 的 SVR 率超过 90%，而且不良反应相对较少[100]。已证明 DAA 至少在 HCC 风险因素方面作用与 IFN 相当。一项比较两种治疗方案准则的系统性综述发现，两者对于治疗后的 HCC 发生及复发风险之间没有差异[101]。

绝大多数研究表明，在 DAA 治疗后获得 SVR 的患者中，新发 HCC 的风险降低了 50%～80%[102-104]。然而，对于这些患者群体和其他包括糖尿病患者和获得 SVR 的老龄患者、α胎蛋白水平高的患者、低血小板计数的患者来说，HCC 的风险仍然相对较高[95, 105-107]（图 59-3）。因此，这些患者群体可能需要长期持续的 HCC 监测[108]。Kanwal 等所做的研究[108]发现，在 DAA 治疗后获得 SVR 反应的患者中 HCC 的风险降低了 76%。在获得 SVR 的患者中，HCC 的年发病率为 0.9%，肝硬化患者的年发病率最高，为 1.0%～2.2%[108]。这些发病率达到或低于具有效的 HCC 监测的阈值[48, 49, 108]。另一个需要考虑的问题是，该效能是否可以转化为临床实例的应用。DAA 方案的高效能及不良反应的减少可能在临床上产生很好的效果[3]。DAA 治疗的一个显著特征是，已证明它可以促进晚期肝硬化患者、酗酒者、HIV 合并感染的患者获得 SVR，而以上所有因素都可以单独增加 HCC 风险[102-104]。

然而，DAA 的作用很大程度上将取决于对慢性 HCV 感染个体的识别，这当中许多人无症状，没有意识到自己被感染，以及 DAA 治疗在确诊患者中的可行性和普及性[109]。在美国，估计有 45%～70% 的 HCV 感染者并不知道自己的感染状况[110]。此外，在美国和欧洲，只有不到 20% 的 HCV 患者获得了治疗，要么是因为他们没有接受 HCV 筛查，要么是因为治疗费用[111]。一项建模研究调查了在目前的治疗率下，如果一半或所有的 HCV 患者都接受了治疗，那么在 10 年内可能发生的 HCC 病例数量将会减少。该研究估计，在目前的治疗率下，如果 30% 的人接受治疗，那么 HCC 病例数将减少 5%，而如果全部的人接受治疗，HCC 病例数将减少 60%[80]。为了实现这些收益，需要对更多的人群进行筛查，而那些 HCV 患者需要进行诊断和治疗[63]。为了减少美国 HCV 相关肝病和 HCC 的发病率，美国 CDC 实施了一项筛查计划，它建议对 1945—1965 年出生的所有人进行 HCV 检测[112]。然而，该倡议的成功取决于患者的同意、医生的支持，以及患者负担得起昂贵治疗的能力[113]。总的来说，如果能够解决识别 HCV 患者及随后获得治疗的障碍，DAA 有可能大幅降低 HCV 相关的 HCC 风险。

（三）酒精性肝病

研究一致表明，大量饮酒与 HCC 风险之间存在关联[114-116]。在不同的研究中，对大量饮酒和使个人面临风险的酗酒持续时间的定义差异很大，数值范围为每周 240～560g，以及 1～5 年或以上。一些研究甚至没有包括酗酒持续时间的定义[96]。目前还不清楚酒精是否致癌或致癌作用是否继发于肝硬化的发展。不管这些悬而未决的问题如何，饮酒都会导致肝病，从而导致 HCC[23]。一般来说，在 HCC 低发病率的一些地区和在 HCC 高发病率的一些地区之间进行的研究存在一些差异。在前者中，研究倾向于显示饮酒和 HCC 之间的相关性；在后者中，研究往往缺乏结论性。这一观察结果可能是由于平均饮酒量和与其他危险因素之间的相互作用所造成的[2]。

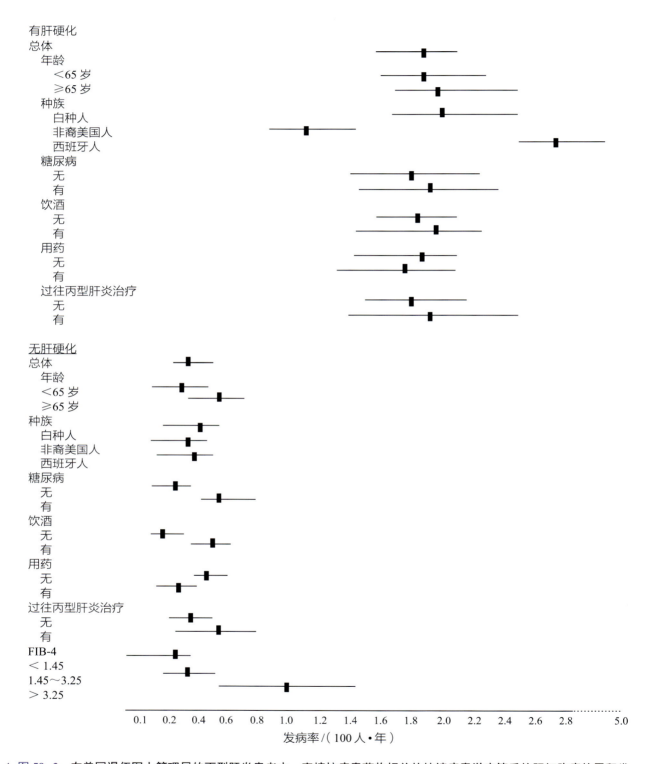

有肝硬化
总体
　　年龄
　　　　<65 岁
　　　　≥65 岁
　　种族
　　　　白种人
　　　　非裔美国人
　　　　西班牙人
　　糖尿病
　　　　无
　　　　有
　　饮酒
　　　　无
　　　　有
　　用药
　　　　无
　　　　有
　　过往丙型肝炎治疗
　　　　无
　　　　有

无肝硬化
总体
　　年龄
　　　　<65 岁
　　　　≥65 岁
　　种族
　　　　白种人
　　　　非裔美国人
　　　　西班牙人
　　糖尿病
　　　　无
　　　　有
　　饮酒
　　　　无
　　　　有
　　用药
　　　　无
　　　　有
　　过往丙型肝炎治疗
　　　　无
　　　　有
FIB-4
　< 1.45
　1.45～3.25
　> 3.25

0.1　0.2　0.3　0.4　0.6　0.8　1.0　1.2　1.4　1.6　1.8　2.0　2.2　2.4　2.6　2.8　5.0

发病率/（100 人·年）

▲ 图 59-3　在美国退伍军人管理局的丙型肝炎患者中，直接抗病毒药物相关的持续病毒学应答后的肝细胞癌的累积发病率及决定性因素

这些发病率是基于一些有和无肝硬化的患者的人口统计学和临床特征而显示的（经 Elsevier 许可转载，改编自参考文献 [108]）

1. 酗酒所导致的 HCC 相对和绝对风险

据估计，酗酒导致 HCC 的相对风险增加了 1.5～3 倍[114]。一项调查酒精摄入量与肝癌之间关系的 Meta 分析研究发现，酗酒（即每天喝 3 杯以上的酒）患肝癌的相对风险为 1.16。HCC 风险与饮酒量之间存在线性关系，每天摄入 50g 乙醇时风险将增加 46%，而每天摄入 100g 时风险将增加 66%[117]。

2. 风险的决定性因素

13%～23% 的 HCC 病例可与酗酒有关[118, 119]。在一项对美国退伍军人管理局（Veterans Administration，VA）医院的 HCC 患者的队列研究中，2005—2010 年，与酗酒相关的 HCC 病例从 21.9% 下降到 15.7%[18]。酗酒所致的 HCC 风险因种族和性别不同而有差异。白人的人群归因分数为 25.6%，西班牙裔为 30.1%，而黑人为 18.5%[118]。同样，西班牙裔 HCC 的优势比为 9.5，而黑人为 3.6[119]。在性别方面，男性的优势比估计为 4.41～7.5[118, 119]，而女性为 3.34～6.4[118, 119]。其他并存疾病，如 HBV 或 HCV 合并感染和肥胖也有可能是危险因素[120]。

唯一的已知降低与酗酒相关的 HCC 风险的方法是停止饮酒。一项调查戒酒对 HCC 风险的影响的 Meta 分析估计，HCC 的风险每年下降 6%～7%，尽管作者指出，由于研究之间的异质性，因此这类估计值是不确定的。根据他们的估计，他们计算出戒酒的人需要 23 年的禁欲（95%CI 14～70 年）才能达到与从未饮酒的人一样的 HCC 风险[121]。

（四）代谢综合征、糖尿病和肥胖

代谢综合征是一组与胰岛素抵抗、肥胖、心血管疾病、血压和葡萄糖代谢相关的危险因素。代谢综合征本身与几种癌症有关[122]，而一些与代谢综合征相关的危险因素独立地增加了 HCC 的风险[123]。越来越多的证据表明，无肝硬化的情况下，与代谢综合征有关的代谢紊乱可能是 HCC 的病因[124]。代谢综合征的作用机制尚不清楚。然而，与该综合征相关的脂质代谢变化可能导致脂肪变性、NAFLD 和非酒精性脂肪性肝炎，所有这些都是 HCC 的先兆[2, 23]。随着代谢综合征及肥胖和糖尿病的流行，这些主要导致代谢综合征的疾病，在美国发病率急剧上升，因此包括 HCC 在内的以上疾病的相关癌症患病率正在增加[5, 125, 126]。

1. 与糖尿病相关的 HCC 风险

在一项病例对照和队列研究的 Meta 分析中，2 型糖尿病估计可使 HCC 的风险增加 2～3 倍。该分析包括了来自多个地理人群的各种研究设计，所纳入研究的结果一致显示呈正相关[94]。这些数字在其他系统综述中得到了证实[127, 128]。然而，有几个悬而未决的问题混淆了数据解释。首先，目前尚不清楚是糖尿病引起的肝损伤是 HCC 风险的来源，还是糖尿病独立地增加了除肝损伤相关之外的风险。其次，在一些病例中的糖尿病是由发展为 HCC 之前的慢性肝病所引起的（反向因果关系）；这些病例对 HCC 风险的影响尚不清楚[23]。最近的一项 Meta 分析调查了仅评估慢性肝病患者的队列研究，以减少反向因果关系病例的列入。该分析发现，糖尿病患者患 HCC 的风险增加了 1.5～2 倍[129]。总的来说，这些数据支持 2 型糖尿病独立增加 HCC 风险的结论[94, 129]。

已证明用二甲双胍治疗 2 型糖尿病可以降低 HCC 的风险，而用胰岛素或磺酰脲类药物治疗可增加 HCC 的风险[130]。此外，糖尿病的持续时间可能与 HCC 风险的增加有关[131]。Flemming 等基于国家肝移植候补名单数据库，为肝硬化患者设计了一个可预测的 HCC 风险模型。该模型评估了除了年龄、种族、肝硬化病因、性别，以及肝功能障碍严重程度外的糖尿病状态，以预测 1 年的 HCC 风险[132]。

2. 与肥胖相关的 HCC 风险

大多数（但不是所有）研究都报道了肥胖患者在 HCC 相对风险方面有适度的增加。一项系统性综述研究调查了 BMI 和 HCC 之间关系，它发现在七个队列研究中发现呈正相关，其相对风险范围为 1.4～4.1，在两个队列研究中没有发现相关性，而在一个队列研究的一个亚组中发现呈负相关[133]。一项评估超重和肝癌风险的观察性研究的 Meta 分析发现，超重（25～30kg/m²）和肥胖（>30kg/m²）的人的肝癌风险分别增加了

17% 和 89%[134]。一项病例对照研究调查了成年早期（即 25—45 岁）的肥胖人群与健康的对照组相比，对 HCC 患者的 HCC 风险的影响。这项研究发现，成年早期肥胖人群对所有参与者的 HCC 优势比估计为 2.6。男性和女性的优势比估计分别为 2.3 和 3.6[135]。一项评估腹部肥胖和体重增加对 HCC 风险影响的队列研究发现，腰臀比和腰高比最高的参与者与最低的参与者相比，HCC 的风险高出 3 倍。同样，体重增加最高三分位数的参与者与最低三分位数的参与者相比，患 HCC 的风险要高 2.48 倍[136]。与 2 型糖尿病类似，肥胖增加肝病风险的机制尚不清楚。肥胖可能会引起生理变化或分子水平上的变化，从而导致 HCC，或慢性肝病可引起代谢变化，从而导致肥胖[23]。我们需要进一步的研究来阐明这些机制。

3. 与代谢综合征相关的 HCC 风险

一项 Meta 分析评估了调查代谢综合征和 HCC 风险之间关系的队列研究和病例对照研究，并包括 4 项共有 829 651 名参与者的研究。与健康参与者相比，代谢综合征患者发生 HCC 的相对风险估计为 1.81[137]。

4. 风险的决定性因素

(1) 风险增加因素：与病毒感染性肝炎相关的相对风险相比，与 2 型糖尿病、肥胖和代谢综合征相关的风险相当低。然而，在更发达的国家，这些疾病的患病率远远高于病毒性肝炎。2008 年，据估计，全球约有 6.4% 的人口患有糖尿病。此外，在发展中国家，糖尿病患病率的增加速度远远超过了发达国家。根据预测模型，发展中国家的糖尿病患病率估计增长 69%，发达国家增长 20%[138]。基于 BMI 的增长，肥胖的患病率也观察到有类似的趋势[139]。鉴于这些趋势，与代谢综合征、2 型糖尿病和肥胖相关的 HCC 病例数量未来可能会增加[2]。

已经确定了几种因素能影响肥胖患者的 HCC 风险。腰臀比是一种衡量腹部肥胖的指标，可增加 HCC 的风险[136]。与肥胖相关的内脏脂肪组织改变了体内细胞因子的水平，使肥胖成为一种低级别的炎症性疾病。这些细胞因子水平的改变被认为有助于 HCC 肿瘤的发生和进展，并可

能代表了 HCC 的一个风险因素[140]。肥胖可导致 NAFLD，并随后发展为 NASH，它可以增加 HCC 的风险[141]。另一个潜在的危险因素是病毒感染性肝炎。在前面描述的关于成年早期肥胖的研究中，观察到肥胖和病毒感染性肝炎对 HCC 风险具有独立协同作用[135]。

(2) 风险降低因素：与代谢综合征相关的特征之一是胆固醇和甘油三酯水平异常[142]。他汀类药物是一类主要用于降低胆固醇以预防心血管疾病的药物[2, 143]。越来越多的证据表明，基于他汀类药物能够抑制血管生成和转移，并增强细胞凋亡，它们可能是潜在的抗癌药物[144, 145]。来自中国台湾的人群研究报道，他汀类药物治疗可使 HCC 风险降低 47%～56%[146, 147]。在对中国台湾 HBV 和 HCV 患者进行的类似研究中，与未服用他汀类药物的患者相比，接受他汀类药物治疗的患者的 HCC 风险降低了 66%～67%，并观察到一种剂量 – 反应关系[148, 149]。一项调查单个他汀类药物治疗效果的类似的中国台湾研究发现，辛伐他汀、洛伐他汀和阿托伐他汀可降低 30%～48% 的 HCC 风险[150]。在丹麦和美国这些 HCC 发病率较低的地区进行的早期研究中没有观察到这些关联[151, 152]。然而，美国和瑞典更多最近的研究发现，在普通人群[153–155] 和亚组，如糖尿病男性患者[156] 和 HCV 感染的男性患者[157] 中，他汀类药物使用和 HCC 风险之间存在显著的负相关。同时进行的两项 Meta 分析也发现了类似的结果，与非他汀类药物使用者相比，他汀类药物使用者的相对风险为 0.58[158]，校正优势比为 0.63[159]。值得注意的是，包括三个随机临床试验的 Meta 分析发现，当只对这些试验进行分析时，他汀类药物使用没有显著的优势（aOR=0.95）[159]；然而，没有一项试验有足够的能力来检测 HCC 发展中的变化，因此这一发现可能有些误导性[63, 106]。

对于 2 型糖尿病，使用抗糖尿病药物二甲双胍可以用来降低 HCC 风险。二甲双胍是 2 型糖尿病的一线治疗方法，用于降低血糖和胰岛素水平[2]。同时进行了三项 Meta 分析来调查二甲双胍对癌症风险中所起的作用。一项 Meta 分析评估了着眼于二甲双胍和其他降糖药物对癌症的作用

的观察性研究和随机试验。对 9 项调查肝癌的研究所进行的 Meta 分析发现，二甲双胍治疗与无二甲双胍治疗的优势比为 0.34，二甲双胍治疗与其他药物治疗的优势比为 0.09，二甲双胍治疗与磺脲类药物治疗的优势比为 0.56[160]。另一项 Meta 分析评估了 7 项着眼于二甲双胍的使用对 HCC 的影响的研究。该分析发现，二甲双胍使用者相较于非使用者，相对风险为 0.24[161]。第三项 Meta 分析评估了调查二甲双胍和其他糖尿病治疗对 HCC 风险的影响的研究。该分析揭示使用二甲双胍的优势比为 0.50，使用磺脲类药物为 1.62，使用胰岛素为 2.61。使用对噻唑烷二酮无影响[130]。然而，应该谨慎解释这些 Meta 分析的结果，很大程度上是因为二甲双胍是在疾病进展早期使用的，而其他药物是在二甲双胍治疗失败后使用的。这种差异可能导致对二甲双胍降低风险作用的高估[2]。对该数据的另一种解释是，长期缺乏血糖控制和更严重的疾病可能会增加患 HCC 的风险[23]。

（五）非酒精性脂肪肝疾病

NAFLD 是由肝脏中过多甘油三酯的积累所致。这种积累在没有大量饮酒的情况下发生，并导致脂肪变性。几乎所有 NAFLD 病例的一个一致特征是胰岛素抵抗，这是与代谢综合征相关的一个危险因素。因此，NAFLD 被认为是代谢综合征的一种肝脏表现[162]。在世界范围内，NAFLD 正成为慢性肝脏疾病的首要原因[163]。在过去 20 年里，美国 NAFLD 的患病率增加了 1 倍，在某些成年人中 NAFLD 患病率高达 30%[164-166]。在 NAFLD 患者中，20%～30% 估计会发展为 NASH，并伴有坏死性炎症和纤维化，同时 10%～20% 的病例会进展为肝硬化[162, 167]。NAFLD 现在是肝硬化的首要原因，30%～40% 的新发 HCC 病例与代谢紊乱相关[118, 119, 164-166]。NASH 是美国与 HCC 相关的肝移植的第二大病因[168]。由 NASH 相关肝硬化所导致的 HCC 病例数量的增加可以抵消预计在 2020 年后 HCV 相关 HCC 的减少[63]。对于降低 HCC 发病率的一个紧迫威胁是，因为肝硬化在很多年内可以得到很好的代偿，因此患者经常不知道自己有 NASH 相关

的肝硬化。这些无症状的患者未被诊断出来，同时，发展为 HCC 的风险仍然存在[23]。此外，一小部分 NAFLD 和（或）NASH 患者在没有肝硬化的情况下可发展为 HCC[169]。

1. 由 NAFLD 引起的 HCC 相对和绝对风险

肝硬化的病因和存在都会影响 HCC 风险。一项调查 NAFLD 或 NASH 和 HCC 风险之间关联的系统性分析研究发现，通过 5～10 年的随访，纳入研究的 HCC 风险为 0%～38%，其中大多数研究都有来自三级医疗机构的中小型队列。作者发现，缺乏肝硬化的 NAFLD 或 NASH 患者患 HCC 的风险很小。相比之下，NASH 相关肝硬化患者的发病率范围在 2.4%～12.8%。然而，由于所包含研究的本质，进行亚组分析及将这些数据外推到一般人群的适宜性是有限的。值得注意的是，与 HCV 相关肝硬化患者相比，NASH 相关肝硬化患者的 HCC 风险显著降低[170]。一项包括 29 6707 名 NAFLD 患者和来自 130 家 VHA 机构中相同数量的未患 NAFLD 的对照的大型队列研究发现，NAFLD 患者的年 HCC 风险高于对照组（HR=7.62）[171]。这些数据支持了 HCC 风险和 NAFLD 之间的关联。

2. NAFLD 方面 HCC 风险的决定性因素

(1) 风险增加因素：大多数现有的 NAFLD 和 HCC 风险的流行病学研究缺乏进行充分的亚组分析和确定高危组的样本量，也缺乏精准估计的能力[170]。一个例外是 VHA 队列研究，其中 NAFLD 患者的 HCC 风险范围为每年 1.6～23.7/1000 人，在西班牙裔老年肝硬化患者中风险最高。然而，作者也发现，大约 20% 的 NAFLD 和 HCC 患者没有肝硬化的证据[171]。一些病例对照研究发现，与其他慢性肝病患者相比，NAFLD 相关 HCC 患者的糖尿病和肥胖患病率较高[170]。一项来自调查 PNPLA3 多态性与肝纤维化、HCC 风险、HCC 预后之间关联的 Meta 分析的亚组分析发现，有 NASH 相关肝硬化和 PNPLA3 多态性的患者比那些缺乏多态性的患者有更高的风险发展为 HCC（OR=1.67），这表明 NASH 相关的 HCC 发病可能存在遗传因素[172]。

(2) 风险降低因素：减肥可以降低 NASH 的

严重程度[173]；然而，到目前为止，还没有研究直接说明 NAFLD 或 NASH 的治疗是否可以降低 HCC 的风险。一项研究发现，减肥手术降低了肥胖和 PNPLA3 多态性的人发生 HCC 的风险[174]，但需要更多的研究来阐明在 NAFLD 和 NASH 背景下的影响。

（六）无肝硬化的 HCC

虽然大多数 HCC 发生在有肝硬化的情况下，但也有一部分病例可以发生在没有肝硬化的情况下。在 HBV 相关 HCC 的病例中，10%～30% 的病例在无肝硬化的情况下出现[175, 176]。在 HCV 患者中，没有肝硬化的 HCC 甚至更少发生，一项研究发现，仅有 3% 的 HCC 病例没有肝硬化[175]。一项关于接受聚乙二醇 IFN 维持治疗的 HCV 患者的 HCC 风险的研究发现，少数无肝硬化的 HCC 病例是在存在晚期纤维化的情况下发生的[177]。一般来说，在无肝硬化的情况下发生的 HCV 相关 HCC 往往影响桥接性肝纤维化患者[3]。相比之下，NAFLD 和 NASH 相关的 HCC 可以很少甚至没有发展为纤维化[178, 179]。NAFLD 相关 HCC 在发生于无晚期纤维化或肝硬化的 HCC 病例中占最大比例[169]。由于 HCC 监测以肝硬化为中心，这些病例往往后面才被发现。酒精或 HCV 相关的 HCC 患者相较 NAFLD 相关 HCC 患者而言，在他们诊断为 HCC 前 3 年内接受 HCC 监测的可能性更大。同样，NAFLD 患者相较 HCV 相关的 HCC 患者而言，接受 HCC 特异性治疗的可能性更小[169]。根据现有数据，对 NAFLD 相关的晚期纤维化和肝硬化患者进行 HCC 筛查可能是必要的，特别是在西班牙裔患者和有代谢综合征的患者中。

（七）自身免疫性肝炎

自身免疫性肝炎是一种自身免疫性疾病，其中 T 细胞介导的对肝脏自身抗原的免疫反应侵蚀肝组织，这会导致纤维化和肝硬化[180, 181]。患者可有从无症状到严重急性肝炎的一系列表现，在某些情况下可进展为暴发性肝衰竭[182, 183]。在自身免疫性肝炎患者中，约 30% 的患者在诊断时就已出现肝硬化[184, 185]。一些研究已经将自身免疫性肝炎与 HCC 风险联系起来，但风险的程度高

低不一[186-189]。一项 Meta 分析评估了关于调查在自身免疫性肝炎患者中的 HCC 风险和危险因素的 25 项队列研究。所有自身免疫性肝炎患者的 HCC 合并年发病率为 3.06/1000 例，以及在这些患者中诊断为肝硬化的年发病率为 10.07/1000 例。此外，98.9% 的发展为 HCC 的自身免疫性肝炎患者在诊断前或诊断时就患有肝硬化。然而，自身免疫性肝炎患者相较病毒性肝炎患者而言，发展为 HCC 的风险仍然较低。考虑到自身免疫性肝炎和肝硬化患者中 HCC 的高发病率，对那些进展为肝硬化的患者进行 HCC 监测可能是必要的[190]。

三、危险因素对 HCC 负荷方面的作用

肝硬化在大多数 HCC 病例中是最重要的危险因素，也是大多数 HCC 监测项目的基础项目。由于代偿性肝硬化患者的病情可能数年内都未被发现，故 HCC 监测经常未被充分利用[3]。当着眼于风险因素对 HCC 负荷的作用时，我们必须考虑到人群归因分数，即一种关于疾病患病率和风险估计的组合测量。这一测量方法提供了可通过解决危险因素而消除疾病病例的估计比例。例如，在美国，病毒感染性肝炎比 NAFLD 要罕见得多。尽管 HBV 和 HCV 的 HCC 风险估计值较高，但它们的人群归因分数均低于 NAFLD[118]。截至 2013 年，在美国肥胖和糖尿病的人群归因分数为 36.6%，HCV 为 22.4%，以及 HBV 为 6.3%[118]。由于肥胖和糖尿病在发达国家和发展中国家的患病率正在上升[138, 139]，我们预计，在未来几年中肥胖、糖尿病、代谢综合征和 NAFLD 的人群归因分数将会增加。值得注意的是，尽管 HCV 人群归因分数较低，但它仍然是 HCC 的首要原因，也是接受肝移植的 HCC 患者的首要病因。然而，NAFLD 是增长最快的 HCC 原因，在 2002—2016 年 NASH 相关肝移植的数量增加了 11.8 倍[191]。在调查 NAFLD 相关 HCC 的时间趋势的 VHA 队列中，2005—2010 年，NAFLD 相关 HCC 病例的比例保持相对不变，而 HCV 相关 HCC 病例的比例显著增加[18]。人群归因分数和流行病学报告之间的差异可能是由于人口风险

因素的变化与 HCC 发展时间之间的滞后性，这可能需要几十年的时间来显示[192, 193]。一般来说，人群归因分数用于确定预防方案的目标[3]。时间滞后性与 HCC 人群归因分数可以给予临床医生和公共卫生工作者机会来确定 HCC 监测的候选人，包括那些不符合传统风险评估模型的患者，并干预预计会导致更高比例 HCC 病例的风险因素，本质上改变疾病随着时间发展的轨迹。

致谢　资助支持：该材料是基于得克萨斯州癌症预防与研究所支持的工作（RP150587）。这项工作也得到了胃肠道发育、感染和损伤中心的部分支持（NIDDK P30DK56338）。

第 60 章　肝癌中的突变和遗传改变
Mutations and Genomic Alterations in Liver Cancer

Jessica Zucman-Rossi　Jean-Charles Nault　著

赵　斌　韩世勋　汪辰靓　钟国轩　张予超　方渝珊　陈昱安　译

肝癌包含了一组异质性的实体瘤，其中主要是上皮性肿瘤。肝癌的发生和其他实体瘤一样，是遗传和表观遗传改变积累的结果。肝癌的自然史和癌细胞的起源与这些遗传改变在肝细胞中积累并参与癌症发生过程的机制密切相关。

成年人的肝癌是一组异质性的肿瘤。肝细胞癌（hepato cellular carcinoma. HCC）和胆管癌（cholangiocarcinoma，CCA）是最主要的两种类型，它们分别起源于肝细胞和胆管细胞的恶性转化[1, 2]。病理学家已经基于表型鉴定了这两类肿瘤不同的亚型。例如，肝纤维板层癌是一种特异的 HCC 亚型，而混合型肝癌胆管癌同时表现出肝细胞和胆管细胞分化特征[3]。儿童中肝癌发生率比较低，其中最常见的是一种在正常肝脏中发生的胚胎源性肿瘤，即肝母细胞瘤。儿童中 HCC 很少见，它通常是在由严重代谢疾病或病毒感染导致的肝硬化基础上发展而来。

理解引发不同肝癌亚型的遗传改变是解析肝癌发生机制的主要目标，而后才能将这些知识转化到患者的临床治疗中[4]。事实上，如果肝癌细胞具有癌基因依赖性，那么这些缺陷可能成为不错的候选治疗靶点。遗传改变也可以被转化为用于诊断和预后评估的生物标志物。随着近期高通量测序技术的发展，我们现在能够对肿瘤的整个编码序列进行测序，也能对包含非编码序列的全基因组进行测序，还能对肿瘤内表达的所有 mRNA 转录本进行测序。使用这些技术，我们可以将肿瘤中的突变和染色体畸变进行分类，从而鉴定仅出现在肿瘤中的体细胞突变。

肿瘤细胞中发生的基因组缺陷主要是体细胞突变和染色体畸变。我们需要将其中驱动肿瘤发生的突变和其他乘客突变进行区分[5]。癌症驱动突变可以促进细胞存活或增殖，对肿瘤发展具有功能性作用，因此带有这类突变的细胞通常在癌细胞进化过程中被克隆选择。癌症驱动基因通常被定义为在特定肿瘤类型中（或更广义地说，在多种肿瘤中）反复突变的基因。从功能上来说，这些癌症驱动突变可能导致细胞信号通路、代谢、增殖或侵袭性等方面的改变。有一些"驱动基因"是癌基因，它们的激活对肿瘤起促进作用。而另一类是抑癌基因，它们限制细胞增殖和存活，因此其失活促进肿瘤发生。与之对应，"乘客突变"虽然也是肿瘤细胞获得的突变，但是它们对肿瘤发生的机制没有明确的影响。肿瘤细胞的发育也受到微环境中其他细胞的密切控制，但目前尚未在肝脏中的免疫细胞和基质细胞中发现反复出现的遗传改变。最后，全身性的肿瘤易感基因生殖系突变可以发生在所有体细胞中。通常情况下，生殖系突变导致这类抑癌基因一个等位基因的失活，而体细胞突变导致肿瘤中另一个等位基因的失活。

我们将在本章中综述主要肝癌类型的突变和遗传改变谱。

一、肝细胞癌的遗传图谱

肝细胞癌是肝脏最常见的恶性肿瘤。在世界范围内它造成的死亡在癌症中排第三位[6]。与其他实体瘤一样，肝细胞转化成为恶性细胞和肿瘤的过程涉及多个步骤。大多数 HCC 发展的路径是：①暴露于各种风险因素，主要包括 HBV 或 HCV 感染、过量饮酒、代谢综合征、血色素沉着病和其他遗传性代谢疾病；②发展成为慢性肝病（80%～90% 的 HCC 患者在确诊时伴随肝硬化）；③肝硬化，其中异型增生结节是恶性转化为肝癌风险最高的病变。小肝癌经历转化后通常发展为更晚期的肿瘤，并可能获得血管侵犯和肝内转移等侵袭性表型，甚至小概率地发生肝外转移。在以上过程中，遗传和表观遗传改变在肝细胞中逐渐积累，并且正选择出在肿瘤克隆进化过程中那些赋予细胞存活或增殖优势的癌症驱动事件（图60-1）。

（一）肝细胞癌的早期遗传改变

1. HCC 的遗传易感性

虽然家族遗传性 HCC 的记录寥寥无几，但在亚洲发现的与 HBV 或 HCV 感染相关的家族聚集性 HCC 病例提示遗传因素可能影响罹患 HCC 的风险[7, 8]。只有少数罕见的孟德尔遗传性疾病容易诱发 HCC。其中主要是一些可以诱发肝硬化和继发性 HCC 的遗传性代谢疾病，如（括号中为对应致病基因）1a 型糖原积累病（G6PC）、血色素沉着病（HFE）、肝豆状核变性（ATP7B）、1 型酪氨酸血症（FAH）、急性间歇性卟啉症（HMBS）、迟发性皮肤卟啉症（UROD）和 α₁–AT 缺乏症（SERPINA1）[9]。

多个全基因组关联研究通过在亚洲人群中比

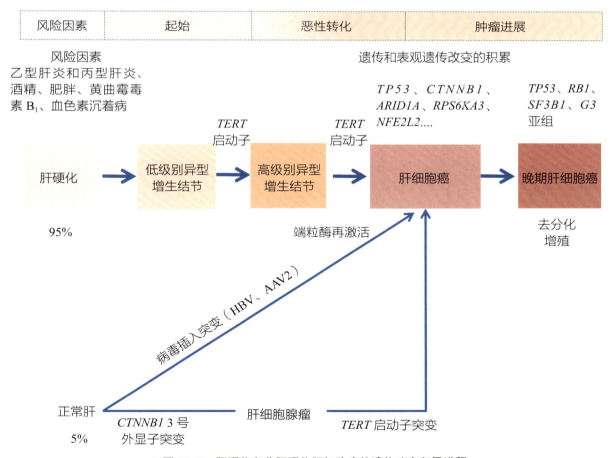

| 风险因素 | 起始 | 恶性转化 | 肿瘤进展 |

风险因素
乙型肝炎和丙型肝炎、酒精、肥胖、黄曲霉毒素 B₁、血色素沉着病

遗传和表观遗传改变的积累

TP53、*CTNNB1*、*ARID1A*、*RPS6KA3*、*NFE2L2*....

TP53、*RB1*、*SF3B1*、*G3* 亚组

TERT 启动子

TERT 启动子

肝硬化 → 低级别异型增生结节 → 高级别异型增生结节 → 肝细胞癌 → 晚期肝细胞癌

95%

端粒酶再激活

去分化增殖

病毒插入突变（HBV、AAV2）

正常肝 ——— 肝细胞腺瘤

5%　*CTNNB1* 3 号外显子突变　*TERT* 启动子突变

▲ 图 60-1　肝硬化和非肝硬化肝细胞癌的遗传改变积累进程

较感染 HBV 或 HCV 的 HCC 患者（患者组）与未患癌的普通人群或未患癌的感染人群（对照组）来鉴定 HCC 易感基因 [10-15]。与罹患 HCC 的风险上升相关的单核苷酸多态性分布在不同的基因中，如 DDX18、KIF1B、DEPDC5、MICA、GRIK1 和 STAT4。然而，到目前为止，只有 STAT4 在西方国家开展的病例对照研究中得到了验证。另外，针对伴随非酒精性脂肪肝的患者开展的 GWAS 分析在脂代谢基因 PNPLA3 和 TM6SF2 中发现了两个 SNP。这两个 SNP 被进一步证实与酒精性或非酒精性肝病患者罹患 HCC 的风险相关 [16-19]。

2. 病毒插入突变

HBV 是全世界慢性肝病和 HCC 最主要的病因之一。它在亚洲和非洲国家发病率和流行程度尤其高。HBV 既可以通过诱发肝硬化间接促进 HCC 发展，也可以通过像 HBx 这样的病毒癌蛋白或病毒插入突变机制直接发挥致癌作用 [20, 21]。直接致癌机制可以解释非硬化肝脏中发生的 HBV 相关 HCC。HBV 是一种位于细胞核内的通过共价连接闭环的环状 DNA 病毒，但它也可以插入到人的 DNA 中，并能因此导致插入突变 [21-24]。当 HBV 插入癌基因附近时，它可以通过顺式激活机制改变其表达或功能，并通过促进转化后的肝细胞克隆增殖导致 HCC 进展。病毒插入导致癌基因过表达的现象在 TERT、CCNA2、CCNE1 和 MLL4 等基因中反复出现。有趣的是，只有一段包含 HBx 区域的序列被反复发现插入到 HCC 基因组中，提示这段包含几个启动子和增强子的病毒插入突变序列具有重要功能。

最近有研究表明还有其他病毒与人 HCC 有关，如反复出现的 AAV2 在人肿瘤基因组中的克隆性插入 [25]。AAV2 是一种需要借助辅助病毒才能产生新的感染性病毒颗粒的缺陷型 DNA 病毒 [26-28]。AAV2 被认为是一种非致病性病毒，并且在成人体内 AAV2 抗体很常见，表明其感染在人群中流行程度很高。在人 HCC 中发现 TERT、CCNA2、CCNE1 和 TNFSF10 等癌基因中有复现性的病毒 3' 端反向串联区（inverse tandem region，ITR）插入 [25, 29-32]。这些病毒插入导致被插入基因的过表达，进而促进恶性转化。有趣的是，这些 HCC 大多是从不含已知风险因素的正常肝脏发展而来。以上数据表明 AAV2 感染是正常肝脏发展为 HCC 的新病因。

3. TERT 启动子突变是 HCC 中最早发生和最常见的体细胞事件

端粒酶是一个维持细胞存活的关键酶，它防止细胞分裂后端粒缩短及随后的细胞衰老（见第 74 章）。虽然端粒酶在人的成熟肝细胞中不表达，但是在肝癌发生过程中端粒酶激活对于恶性肝细胞的持续增殖和端粒长度维持是必需的。90%～95% 的 HCC 中表达端粒酶。端粒酶激活主要是由编码端粒酶的 TERT 基因启动子突变造成的。在 40%～60% 的 HCC 中都发现了这类突变。这类突变发生在体细胞，并且主要集中在两个热点区域，分别位于端粒酶 5' 端距离 ATG 翻译起始位点 124 和 146 个碱基对处 [1, 29, 33, 34]。TERT 启动子突变产生了一个 ETS/TCF 转录因子家族（如 GBP）的结合位点（TTCCGA）。虽然最近在 1 例 HCC 患者中发现了 TERT 启动子的生殖系突变，但是 TERT 作为 HCC 遗传易感基因的作用仍有待探索 [29]。

在 HCC 中也发现了其他激活端粒酶的机制，包括 HBV 或 AAV2 在启动子区的病毒插入、基因扩增、染色体易位导致 TERT 基因表达受到肝细胞内强启动子控制，包括肝细胞转运蛋白（SLC12A7 和 SLC7A2）、ALB、ADH 和 HSD17B 等基因的启动子 [29, 31]。只有 5%～10% 的 HCC 不表达端粒酶。这些肿瘤可以使用基于 DNA 重组的替代性机制来维持端粒长度 [35]。

从开始暴露于风险因素，进而发生慢性肝病和肝硬化，并最终发展为肝癌的进程中，TERT 启动子突变频率在肝硬化的低级别异型增生结节中为 6%，而高级别异型增生结节中为 19% [36]。这一突变频率在早期和更晚期的 HCC 中上升到了 60%。然而 HCC 中其他经常突变的癌症驱动基因在肝硬化异型增生结节中并没有突变。因此，TERT 启动子突变是在癌前肝硬化病变中最早发生的常见突变。

4. 环境暴露导致的突变特征

肿瘤细胞中体细胞突变的积累是由各种恶性的遗传毒性因子或 DNA 损伤修复机制的缺陷造成。Sanger 研究所开发了一种强有力的方法来鉴定肿瘤细胞中各种特异突变过程导致的 "突变特征"[37]。该方法基于对 DNA 中六种可能的核苷酸突变进行分析，同时也考虑了这些突变发生处的 DNA 背景。96 种可能的组合被记录下来，并且根据肿瘤全外显子测序或全基因组测序数据统计了每种类型突变的数量。根据 COSMIC 命名法，在 HCC 中鉴定出了 5 种普遍性突变特征[34, 33, 38]，包括肝脏特异的特征 16 和特征 12、与烟草或其他加合物事件相关的特征 4、与衰老相关的特征 1 和特征 5。另外还鉴定出 5 种偶发性特征：黄曲霉毒素 B1 暴露特异的特征 24、马兜铃酸暴露特异的特征 22、在伴随着微卫星不稳定的特殊病例中发生的特征 6、原因不明的特征 17 和特征 23（图 60-2）。

（二）HCC 中遗传改变引起的信号通路和细胞过程的常见变化

已经证实基因突变和染色体改变会导致多种信号通路和细胞维持机制的变化[29, 33, 34, 39-45]。最重要的功能性变化有以下几个方面。

• 通过端粒酶再激活维持端粒是避免不受控制的细胞增殖导致端粒缩短的关键机制。引起端粒酶再激活的各种机制已经在 TERT 启动子突变是 HCC 中最早发生和最常见的体细胞事件部分进行了阐述。

• Wnt/β-catenin 通路是 HCC 中异常激活的主要信号通路之一。在失活状态下，AXIN1/APC 和 GSK3B 组成的抑制性复合物会磷酸化 β-catenin，进而由蛋白酶体介导其降解。在 20%～40% 的 HCC 中观察到了 CTNNB1（编码 β-catenin）的激活突变。这些突变破坏了 β-catenin 的磷酸化，从而保护其免受蛋白酶体的降解。携带 CTNNB1 突变的 HCC 有一个特定的转录程序，表现为 GLUL、LGR5 和 REG3A 等该通路靶基因的过表达。在组织学水平上，CTNNB1 突变的 HCC 具有肿瘤内胆汁淤积和分化良好的特征。在 15% 的 HCC 病例中观察到了 AXIN1 的失活突变，并与 CTNNB1 突变互斥，而且这类肿瘤的转录组谱与携带 CTNNB1 突变的 HCC 具有明显差异。

• 细胞周期调控可以因 TP53 和 CDKN2A/RB1 途径抑癌机制被破坏而改变。这导致细胞周期不受控制的运转和 DNA 修复机制的崩溃。TP53 突变出现在 20%～50% 的 HCC 中，并且在 HBV 相关的 HCC 中更为常见。5%～20% 的 HCC 中含有 CDKN2A 和 RB1 的失活突变或缺失。最近发现了一个约占所有肿瘤 7% 的新 HCC 亚群。该亚群预后不良，并且以病毒插入和染色体重排诱发的细胞周期蛋白基因 CCNA2 和 CCNE1 过表达为特征。这类肿瘤存在一种特有的结构重排，包括一些串联重复和模板化的插入序列，常导致 TERT 启动子激活。

• 表观遗传修饰基因：塑造表观基因组的基因存在常见的遗传改变，其中包括染色质重塑机器成员基因的突变，如 ARID1A（8%～20%）或 ARID2（5%～15%），以及组蛋白甲基转移酶家族的突变，如 MLL、MLL2、MLL3 和 MLL4。

• 氧化应激通路在 HCC 亚群中的激活是源于转录因子 NRF2（由 NFE2L2 编码，5%～10% 突变）的激活突变或其上游抑制因子 KEAP1 的失活突变（2%～10%）。NRF2/KEAP1 通路的激活调控了细胞的解毒程序，使肿瘤细胞免受 ROS 的毒性。

• 高表达的基因也经常发生突变。在肝癌，如 HCC 中特异出现白蛋白、纤维蛋白原、CYP 酶和乙醇脱氢酶编码基因的体细胞突变。这些基因在成熟肝细胞中高表达，是肝细胞分化的经典标志物。这些肝细胞特异性基因由于复制和转录机器的碰撞导致了较高的插入或缺失频率。突变可能是细胞机器故障的结果。然而，这些突变在癌变过程中潜在的功能性后果还有待证明。

• RAS/RAF/MAPK 和 AKT/mTOR 信号通路被 HCC 中一些罕见的遗传改变（<10%）激活，包括 RPS6KA3、PTEN、TSC1 和 TSC2 的失活突变，以及 PI3KCA 的激活突变。也有研究表明一些配体基因的扩增导致下游信号通路的异常激活，如 FGF19（5%～10%）和 VEGFA（2%～5%）。

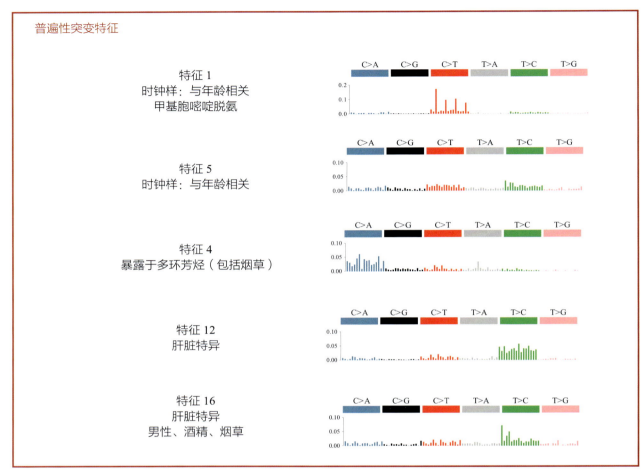

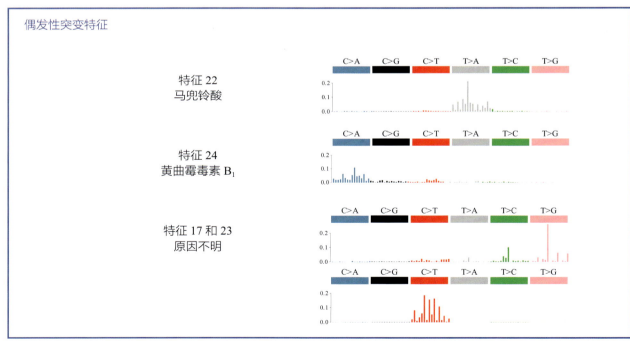

▲ 图 60-2　从肝细胞癌中鉴定的多种突变特征

二、肝内胆管细胞癌的遗传图谱

按照肿瘤的位置，胆管癌可分为胆囊癌、肝外胆管癌（胆总管、肝门区肿瘤）和肝内胆管细胞癌（iCCA）。大多数胆管癌是偶发性的，但有一些是源于肝吸虫、原发性硬化性胆管炎、肝硬化、病毒性肝炎、糖尿病或胆总管囊肿等风险因素。iCCA 有独特的突变图谱，如经常性的 TP53、KRAS、ARID1A、BAP1、IDH1、IDH2 基因突变，或 FGFR 基因融合[46-51]。有趣的是，HCC 中高频的 TERT 启动子突变（60%）在 iCCA 中却很少出现（0%～2%），提示了肝癌发生中细胞起源的主要作用。10%～20% 的 iCCA 含有 IDH1 和 IDH2 的功能获得性突变。这些突变会导致致癌代谢物 2-羟基戊二酸的累积，以及 CpG 岛上甲基化水平异常。FGFR2 和不同伴侣（如 BICC1、AHCYL1、PPHN1 等）的融合可以导致不依赖于配体的二聚化和自磷酸化，并激活 RAS/RAF/MAPK 通路。FGFR2 基因融合和 IDH1/IDH2 突变构成了 iCCA 的遗传特征。FGFR 抑制药目前正在 FGFR2 突变患者中进行 3 期随机对照临床试验。

三、少见肝癌类型的遗传图谱

肝脏原发恶性肿瘤包括几种少见的类型。其中一些是由特定的基因突变或染色体畸变组合引发的。

（一）肝母细胞瘤

肝母细胞瘤（hepatoblastoma，HB）是一种非常罕见的肿瘤，而它却是最常见的儿童肝脏恶性肿瘤，大多发生在 5 岁之前。通常 HB 发生在正常的肝脏中。它起源于类似胚胎肝细胞的不成熟肝细胞的异常增殖。携带 APC 生殖系突变是 HB 的遗传易感因素，占 HB 患者的 2%～5%。只有不到 1% 的 HB 是在其他罕见遗传综合征患者中被发现的，如与染色体 11p15 的 IGF2 基因座突变相关的贝-维综合征、glypican 3（GPC3）失活导致的过度生长综合征（Simpson Golabi Behmel）、18 号染色体三体导致的爱德华综合征[52-54]。与其他儿童实体瘤相似，肝母细胞瘤

中体细胞突变和染色体改变非常少，平均每个肿瘤只有三个功能性突变[55, 56]。Wnt/β-catenin 通路在 70%～80% 的肝母细胞瘤中被激活，其中绝大多数是 CTNNB1 3 号外显子的突变或缺失，5%～10% 具有 APC 突变，还有少数病例具有 AXIN1 突变。NFE2L2 或 KEAP1 也具有少见的复现性突变，它们通过激活 NRF2 导致氧化应激通路激活（约 10%）。在染色体水平上，IGF2 基因座所在的 11p 位点发现了常见缺失。另外，3 号和 4q 号染色体上反复出现的缺失，以及 1q、2、8、6、12、17 和 20 号染色体扩增还有待更精确的分析。

几乎所有的肝母细胞瘤都过表达端粒酶，但与 HCC 不同的是，并没有发现 TERT 启动子突变或重排。这提示 HB 起源的肝母细胞中端粒酶基线水平已经足以维持端粒的长度。

（二）肝细胞腺瘤恶性转化导致的 HCC

一种罕见的情况是非硬化肝脏中的肝细胞腺瘤（hepato cellular adenoma, HCA）经恶性转化发展为肝癌[57]（图 60-1）。HCA 是一种罕见的肝细胞良性克隆增殖，常见于 20—50 岁使用口服避孕药的女性（80%）。其他引发 HCA 的风险因素包括糖原积累病、酒精摄入、雄激素治疗、代谢综合征和肥胖。3 型青年人中的成年发病型糖尿病（MODY3）也是 HCA 的家族易感因素，该病与 HNF1A 的生殖系突变有关[58]。在基因组水平上，HCA 是一种异质性疾病，它可以根据特定的分子改变划分为四个主要亚型[59, 60]：① HNF1A 失活型腺瘤（H-HCA，34%），其特征是 HNF1A 失活突变或缺失[61, 62]；②炎症型腺瘤（IHCA，50%），其特征是 IL-6ST、IL-6、FRK、JAK1、GNAS 或 STAT3 基因的激活突变引起的 IL-6/STAT3 信号通路激活[63-67]；③ β-catenin 激活型腺瘤（bHCA，14%），其特征是由 CTNNB1 的 3、7 或 8 号外显子突变或 APC 突变导致的 Wnt/β-catenin 激活[68, 69]；④ shHCA（4%），其特征是 INHBE-GLI1 基因融合引起的 GLI1 过表达和 sonic hedgehog 通路激活[59]。值得注意的是，半数 bHCA 同时具有 STAT3 激活，形成混合型 bIHCA 亚群（7%）。

大约 4% 的 HCA 可经恶性转化发展为 HCC。恶性转化在以 CTNNB1 的 3 号外显子突变为特征的 bHCA 中更为常见，而无论是否合并 STAT3 激活。TERT 启动子突变通常对于 HCA 转化为 HCC 是必要的[67]。与经典 HCC 相同，在癌变过程中 CTNNB1 和 TERT 启动子突变是相关的。但是，与异型增生结节的恶性转化不同，HCA 恶性转化过程中首先发生 CTNNB1 突变，其次是 TERT 启动子突变。在分化良好的肿瘤细胞中，端粒酶激活是保证细胞增殖的必要条件。H-HCA 的恶性转化比较特殊，但也在第二步涉及 TERT 启动子的突变。

（三）肝纤维板层癌

肝纤维板层癌（fibrolamellar carcinoma, FLC）是一种罕见的原发性肝癌（＜1%），通常发生在 10—35 岁的年轻患者中，无明显性别差异，不伴随肝硬化，也没有已知的风险因素[70, 71]。FLC 具有特殊的组织学特征：大的多边形细胞和嗜酸性细胞质，细胞在纤维板层的限制下排列成索状和小梁状[3, 72, 73]。电镜超微结构显示肿瘤细胞质具有线粒体异常丰富的特征。多个标志物被用于诊断 FLC，特别是 HepPar-1 和 CK7 过表达，以及肿瘤细胞 CD68 阳性。FLC 具有独特的遗传改变。在大部分肿瘤中 19 号染色体发生断裂和基因融合，产生了一种这类肿瘤独有的新的嵌合转录本 DNAJB1-PRKACA[74, 75]。这种基因重排导致 PKA 的激活，并产生与 HCC 和 CCA 均不相同的独特的转录谱[76]。除此以外，FLC 就没有其他反复发生的染色体重排或基因突变，包括在经典 HCC 中经常突变的 TERT 启动子、TP53、CTNNB1、AXIN1、ARID1A 或 ARID2。

（四）混合型肝细胞癌 – 胆管癌

混合型肝细胞癌 – 胆管癌（combined hepatocellular-cholangiocarcinomas，cHCC-CCA）是一组兼具肝细胞和胆管细胞分化特征的异质性的肿瘤。这类肿瘤在原发性肝癌中少于 5%，在有无肝硬化或经典 HCC 风险因素下都能发生，也没有性别差异[77, 78]。这类肿瘤与不良预后相关[79]。在肿瘤内部，一些区域表现出肝细胞和 HCC 分化特征，而其他区域表现出类似胆管癌的胆管细胞分化特征[79, 80]。cHCC-CCA 中经常出现干细胞或祖细胞[1]，这些细胞体积小、核质比高且细胞核深染。cHCC-CCA 也可能出现具有介于肝细胞和胆管细胞之间特征的中间型细胞[78]。在分子水平上，这些肿瘤表现出干祖细胞的基因表达谱，呈现肝分化基因低表达并伴随胆管基因表达的状态，表达 SALL4，具有 MYC、TGF-β、Wnt/β-catenin 及 IGF 通路的激活[81-83]。cHCC-CCA 的染色体畸变谱与 HCC 相似，尤其是当肿瘤在慢性肝病基础上发展而来时[79, 84]。在大多数病例中，cHCC-CCA 的肝细胞分化区和胆管分化区具有相同的基因突变，这意味着它们具有共同的克隆起源[81, 85]。在数量有限的病例中进行的 cHCC-CCA 基因突变分析发现了 TP53、ARID2、MTOR 和其他基因的突变，情况与 HCC 类似。然而，并没有发现 CTNNB1 突变，而且肿瘤内部存在显著的异质性[79, 81, 85]。总之，HCC、cHCC-CCA 和 iCCA 这几类肿瘤具有基因表达水平的相似性和共同的遗传改变。

四、结论

根据细胞起源及肝细胞或胆管细胞分化情况可以将肝癌分为几种类型。组织病理学也将肝肿瘤分成多个亚型。这种多样性与特定的基因突变和基因表达谱高度相关（图 60–3）。导致慢性肝病的诱因不仅会影响肝癌发生的机制，还会影响肝癌细胞中积累的突变或染色体畸变类型。理解癌症发生发展的基础将有助于我们更好地理解各种癌症的表型，并在未来改进对患者的治疗。

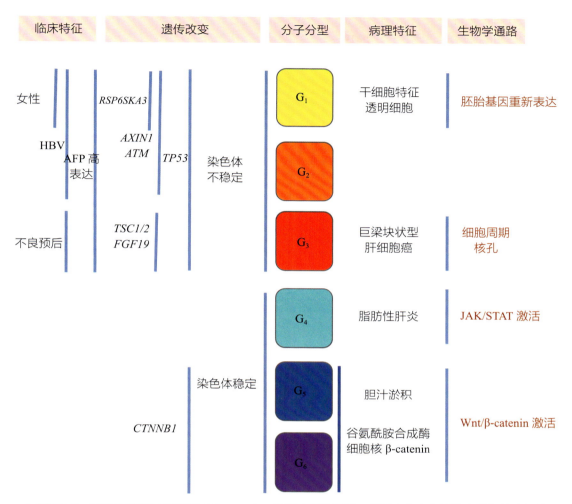

▲ 图 60-3 肝细胞癌转录组亚型（G₁～G₆）、组织病理学亚型、基因突变和主要临床特征整合概览

第 61 章　肝癌的治疗
Treatment of Liver Cancer

Tim F. Greten　著

冯晓彬　黎成权　王小娟　陈昱安　译

一、诊断

对于无肝硬化的患者，肝细胞癌的诊断需要病理活检，并且由具备肝脏病理学专业知识的病理医生来常规进行。HCC 的病理组织诊断是基于 WHO 分类系统和肝肿瘤国际共识小组[1]。在特定病例中，可能需要免疫组化检查来将肝细胞癌和胆管癌或者其他转移性癌症区分开。肝脏活体检查具有出血和针道播散的潜在风险，根据近期的一项 Meta 分析，估计该风险概率低于 3%[2]。

对于有肝硬化的患者，HCC 的诊断可以基于无创影像学标准和（或）病理学。基于影像学的 HCC 诊断依赖于肝癌发生中的独特血管紊乱，以及肝硬化患者发生 HCC 的可能性较高。对于 HCC 的诊断，有必要采用对比增强的成像方法，如多期 CT、超声造影或 MRI，并基于这些方法不同的血管时相（动脉后期、门静脉期和延迟期的病变表现）。

典型的特征是动脉后期富血供，以及门静脉期和延迟期的洗脱（图 61-1）。图 61-2 描述了欧洲肝脏研究协会（European Association for the Study of the Liver, EASL）建议用于诊断 HCC 的诊断流程。

二、分期

根据美国癌症联合协会，TNM 分期系统被常规用于医学肿瘤学。该分期系统描述了肿瘤大小

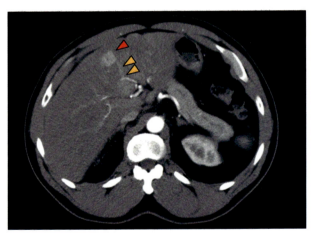

▲ 图 61-1　CT 显示肝细胞癌的动脉灌注（红箭头指向肿瘤，橙箭头指向滋养血管）

（T）、淋巴结状态（N）、远处转移是否发生（M）。然而，TNM 分期在 HCC 中很少使用，因为该系统并未纳入肝功能障碍，这是决定治疗选择及预后的重要因素。体能状态也是一些分期系统中一个重要内容。全球已经开发了多种不同的分期系统，如 CLIP、GRETCH、BCLC、HKLC、CUPI 和 JIS。这些系统或者评分大部分已得到广泛验证。BCLC 标准（表 61-1）是西方国家最广泛使用的分期系统，而亚洲专家制订了自己的系统。

三、多学科肿瘤委员会负责管理 HCC 患者治疗

为 HCC 患者在复杂的诊疗逻辑提供指导，

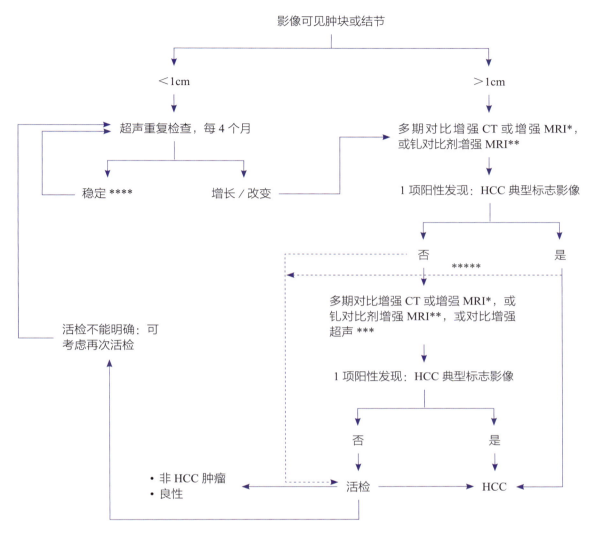

▲ 图 61-2　肝细胞癌（HCC）诊断流程图

*. 使用细胞外 MRI 对比剂或钆盐二葡胺；**. 采用以下诊断标准：动脉期增强和门静脉期减低；***. 采用以下诊断标准：动脉期高增强和 60s 后轻度洗脱；****. 病变＜1cm，稳定 12 个月（4 个月后有 3 个对照组）. 可以恢复到 6 个月的常规监测；*****. 对于基于中心的流程是可选的（引自 Clinical Practice Guidelines：Management of hepatocellular carcinoma.J Hepatol,2018；69：182–236, Fig. 2. ）

分　　期	PST 评分	肿瘤状态	肝功能
		表 61-1　BCLC 分期	
0（极早期）	0	单发，＜2cm	Child-Pugh A 级，无腹水
A（早期）	0	单发，或 2～3 个结节，＜3cm	Child-Pugh A 级，无腹水
B（中期）	0	多发结节，不可切除	Child-Pugh A 级，无腹水
C（晚期）	1～2	门静脉侵犯 / 肝外转移	Child-Pugh A 级，无腹水
D（终末期）	3～4	不可移植	终末期肝功能

需要在跨学科的肿瘤委员会上汇报和讨论患者情况。HCC 的治疗通常包含多学科综合治疗策略，如移植桥接治疗、TACE 和全身性治疗、TACE 和 TARE、手术和消融等。还应考虑肿瘤和患者的特征，如年龄、共存疾病、体能状态和肝功能障碍的程度。为确定患者的最佳治疗方案，这个委员会应有多种不同的学科参与，包括外科医生、肝病医生、介入放射科医生、病理科医生、放射诊断医生、放射肿瘤科医生和内科肿瘤科医生（图 61-3）。图 61-4 显示了 EASL 制订的一般治疗流程。

四、治愈性治疗选择

（一）手术切除和原位肝移植

对于无肝硬化且肝功能未受损的患者，HCC 切除术是首选的治疗方法。其并发症发生率较低，远期生存的结果非常好[4]。肝脏再生的潜能使得能够切除甚至切除较大的肿瘤。不幸的是，大多数诊断为 HCC 的患者也存在基础肝脏疾病和肝硬化。肝功能障碍会增加发生严重术后并发症的风险，如出现腹腔积液和肝性脑病。根据 2012 年 EASL/EORTC 临床实践指南[5]，一般情况下，对于孤立性肿瘤且肝功能保存良好的患者，肝静脉与门静脉系统的梯度≤10mmHg 或血小板计数≥100 000/ml 的患者，很适合手术切除。肿瘤切除没有明确的大小限制，但是研究表明，随着肿瘤大小的增加，切除后的效果会下降，一些西方中心建议将肿瘤的大小限制在 5cm。然而应该注意的是，在亚洲更大肿瘤的切除手术仍然可由经验丰富的医疗中心安全且常规地完成。

HCC 是癌症中唯一被接受实体器官移植的指征。由于肝移植的复杂性和供体器官的短缺。患者选择和器官分配的准则被严格遵循。在世界的一些地区，肝脏不能从尸体上采集，活体供者是部分器官的唯一来源。肝移植是 HCC 和晚期肝硬化患者的首选治疗，因为肝移植是能改善患者肝功能障碍和在某些情况下治愈患者基础肝病的唯一治疗方法。这也可能降低将来发生新发 HCC 的风险。

1996 年，来自意大利米兰州的 Mazzaferro 医

▲ 图 61-3　肿瘤委员会组成

生发表了他的肝移植和 HCC 的里程碑性的研究。他描述了 48 例患者的结果，所有患者均在他的医疗中心接受肝移植来治疗 HCC 和肝硬化，并使用以下资格标准来确定适合肝移植的患者：对于单病灶患者存在一个直径为 5cm 或更小的肿瘤，对于多个肿瘤的患者不超过三个肿瘤结节，并且每个直径为 3cm 或更小。他描述的 4 年生存率为 75%。这些资格标准，通常被称为米兰标准，被世界上许多中心采用。一些医疗中心已对其进行了修订，纳入了肿瘤数量更多或更大的患者，这可导致远期结局受损[7]。此外，许多患者在等待器官时接受局部区域治疗。数项研究表明，在等待移植名单时，对 HCC 的局部治疗的反应（"新辅助"或"桥接"治疗）与移植后的癌症复发和远期结局相关。在结局预测中其可用作肿瘤生物学的替代指标[8]。

（二）经皮消融

经皮消融包含了过去 20 年间改变的多种技术，使得越来越多的患者得到治疗，并提高了局部控制的疗效。射频消融（radiofrequency ablation，RFA）是治疗 HCC 最常见的消融技术。经典的经皮单极射频消融 RFA 是基于在穿刺针的尖端产生电流，然后将针头插入肿瘤中。局部热效应可导致凝固性坏死，从而导致细胞死亡[9]。对于肿瘤负荷局限于肝脏且因切除标准或肝功能障碍而不适合手术切除的患者，RFA 为首选治疗。尤其是对于单发肿瘤较小的患者，其结果极好并且与手术切除相当。一项纳入 162 例 HCC 合并

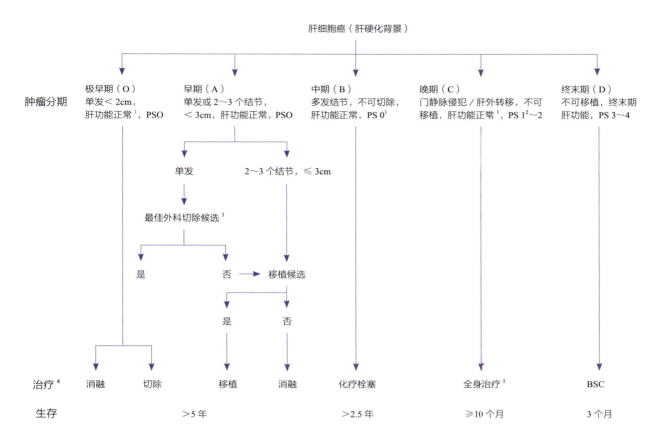

肝细胞癌（肝硬化背景）

肿瘤分期

极早期（O）
单发 < 2cm，
肝功能正常[1]，PSO

早期（A）
单发或 2～3 个结节，
< 3cm，肝功能正常，PSO

中期（B）
多发结节，不可切除，
肝功能正常，PS 0[1]

晚期（C）
门静脉侵犯 / 肝外转移，不可
移植，肝功能正常[1]，PS 1[2]～2

终末期（D）
不可移植，终末期
肝功能，PS 3～4

单发　　　　2～3 个结节，≤ 3cm

最佳外科切除候选[3]

是　　　　否 ⟶ 移植候选

是　　　　否

治疗[4]　消融　切除　　　　　移植　消融　　化疗栓塞　　　　全身治疗[5]　　　　BSC

生存　　　　　　　　> 5 年　　　　　　　　> 2.5 年　　　　≥ 10 个月　　　　3 个月

▲ 图 61-4　欧洲肝脏研究协会（EASL）提出的诊疗路径

改良 BCLC 分期系统和治疗策略。1. "肝功能正常"是指 Child-Pugh A 级无任何腹水，被认为是获得最佳疗效的条件。这一先决条件适用于除移植外的所有治疗方案，主要针对失代偿或终末期肝功能患者。2. PS 1 是指肿瘤引起的（根据医生意见）体能的改变。3. 最佳外科切除候选基于多参数评估，包括代偿性 Child-Pugh A 级肝功能，MELD 评分 < 10，与门静脉高压分级、可接受的剩余实质量、采用腹腔镜 / 微创方法的可能性相匹配。上述因素的组合对应预期围术期死亡率 < 3%，并发症率 < 20%，包括术后严重肝衰竭发生率 < 5%。4. 分期迁移策略是一种治疗选择，通过该策略，理论上推荐用于不同分期的治疗可被选择为本分期最佳一线治疗方案。通常，它在方案中以从左到右的方向应用（即为后续更晚的肿瘤分期提供推荐的有效治疗方案，而不是为该特定分期预测的方案）。当患者不适合一线治疗时，会出现这种情况。然而，在高度选择的患者中，参数接近定义前一阶段阈值时，在多学科决策之前，从右向左迁移策略（即早期阶段推荐的治疗）无论如何可能是最佳机会。5. 截至 2017 年，索拉非尼已被证明在一线有效，而瑞戈非尼在索拉非尼治疗出现放射影像学进展的情况下二线治疗有效。已证明，乐伐替尼在一线治疗中不劣于索拉非尼，但在使用乐伐替尼后，没有有效的二线治疗方案。卡波扎尼在二线或三线治疗中优于安慰剂，OS 从 8 个月（安慰剂）改善到 10.2 个月（ASCO GI 2018）。根据 II 期临床数据，Nivolumab 已作为二线治疗获得 FDA 批准，但未获得 EMA 批准。ASCO. 美国临床肿瘤学会；BCLC. 巴塞罗那临床肝癌分期；EMA. 欧洲药品管理局；FDA. 美国食品药品管理局；MELD. 终末期肝病模型；PS. 表现状态；OS. 总体生存率（引自 J EASL Clinical Practice Guidelines：Management of hepatocellular carcinoma.J Hepatol, 2018; 69: 182–236, Fig.3.）

肝硬化患者的病例系列研究中，总生存率和无复发生存率分别为 67.9% 和 25.9%[10]。已有多项研究比较了手术切除与经皮肿瘤消融的效果，包括 Meta 分析[11]。然而没有观察到明显的差异，并推荐根据共存疾病、肿瘤部位和肝功能来进行个体化决策。此外据报道，与手术切除相比，RFA 的并发症发生率更低，成本更低[12]。因此，对于

肿瘤直径小于 3cm 的患者，RFA 被认为是标准治疗选择。

其他一些消融技术已经在 HCC 中显示出积极的效果。这些技术包括微波消融，其显示可能对 HCC 较大的患者有优势[13]、激光消融、冷冻消融、不可逆电穿孔和高强度聚焦超声（high-intensity focused ultrasound，HIFU）[9, 14]。此外，局部消融

技术可联合经动脉化疗栓塞术。这对中期 HCC（＞3 个结节和＞3cm）的患者尤其有益。近期的一项 Meta 分析显示，总体生存率和无复发生存率显著增加，而并发症发生率没有显著增加[15]。

（三）辅助治疗

手术切除或局部消融治疗后进行辅助治疗，目的是提高早期 HCC 患者的无复发生存率。对于有基础肝病和肝硬化的患者，新发 HCC 仍然是一个长期风险。治愈性治疗后 3 年内复发通常被视为复发，而 3 年后复发则更符合新发（第二原发性）HCC[16]。虽然一项比较 RFA 和索拉非尼辅助治疗与单用 RFA 的回顾性研究数据显示，联合治疗组的 RFA 复发率更低，总生存率更高[17]，但一项更大型的全球 Ⅲ 期试验的结果是否定的，该试验评估了索拉非尼辅助治疗最长达 4 年后的效果。在接受索拉非尼辅助治疗或未接受索拉非尼辅助治疗的患者中，中位无复发生存期并没有差异[18]。相比之下，一项试验表明，采用细胞因子诱导的杀伤细胞（cytokine-induced killer cells, CIK）进行过继免疫治疗是有益的[19]（表 61-2）。

辅助 IFN-α 治疗已被广泛研究，但在未经选择的患者群中也未能改善患者的预后[20]。来自美国 NIH 的 Xin W.Wang 的研究组报道，HCC 患者肝组织中的 miR-26 表达状态与生存率和对 IFN-α 辅助治疗的反应有关。一项前瞻性随机临床试验正在进行中，以证实这些值得注意的初始观察结果[21]。抗 PD-1 抗体治疗目前也在辅助治疗中进行研究（NCT03383458）。

五、中期 HCC 患者的局部治疗

（一）经动脉化疗栓塞术

经动脉化疗栓塞术（transarterial chemoembolization, TACE）是不可切除 HCC 患者应用最广泛的初始治疗选择[22]，也是对于肿瘤负荷局限于肝脏但因肿瘤位置或肿瘤病灶数量而不适合 RFA 患者的治疗选择。HCC 是一种高度血供丰富的肿瘤，TACE 的基本原理是在动脉内输注细胞毒性药物后，栓塞肿瘤的供血血管，从而产生导致针对肿瘤强烈的细胞毒性和缺血效应，因为这往往完全由动脉血供，与周围的实质部分不同，周围的肝实质可通过门静脉获得约 80% 的血流供应。

TACE 有不同类型。传统 TACE（cTACE）包括输送与 Lipiodol® 混合的化疗乳剂、添加了细胞毒剂的平坦经导管栓塞（TAE）和无栓塞的动脉内化疗（HAI）。载药微球（drug-eluting beads, DEB）-TACE 利用栓塞微球，其有能力封存化疗药物，并在 1 周的时间内以受控的方式释放。TACE 的适应证应考虑肿瘤负荷（常规情况下小于肝脏的 50%）、基础的肝脏疾病和肝功能及表现状态。最后，大血管侵犯是 TACE 的相对禁忌证。

如今，关于治疗方案或应使用哪种细胞毒性药物尚未达成共识。多柔比星很可能是 TACE 最

表 61-2 肝细胞癌辅助治疗的 Ⅲ 期临床试验（阴影研究）

联合研究	患者例数	无复发生存率	RFS	P 值	参考文献
手术／射频消融					
STORM					18
瑞戈非尼	556	8.5	0.891（HR）	0.12	
安慰剂	558	8.4（RF）	（0.735～1.081）（CI）		
联合 CIK					19
CIK 治疗	115	44.0		0.010	
无治疗	114	30.0			

RF. 射频；RFS. 无复发生存；CIK. 细胞因子诱导的杀伤细胞

常用的药物。最近发表的一项系统综述包括 101 篇文章和 1 万多名患者，描述了 52.5% 的客观反应率，中位总生存期为 19.4 个月 [23]。最常见的不良反应是肝酶异常（18.1%）、发热（17.2%）、血液系统毒性（13.5%）、疼痛（11%）和呕吐（6%），这些不良反应均可总结为 TACE 后综合征。与 RFA 相同，该 Ⅱ 期试验未发现 TACE 术后给予索拉非尼有益 [24]。

LTLD 由热敏脂质体中的多柔比星组成。当拉莫三嗪加热至 ≥40℃ 时，局部释放高浓度的多柔比星。在执行 Ⅲ 期 HEAT 研究中，检测了加用 LTLD 是否能改善最多 4 个 3~7cm 肿瘤患者的 RFA 疗效。在 RFA 的基础上增加 LTLD 是安全的，但遗憾的是，在整个研究人群中没有增加无进展生存期或总生存期 [25]。

（二）经动脉放疗栓塞术

选择性体内放射疗法（selective internal radiation therapy，SIRT）或经动脉放疗栓塞（transarterial radiation embolization，TARE）是通过肝动脉向肿瘤选择性注入载有 ^{90}Y 的树脂或玻璃微球 [26]。由于 ^{90}Y 微球的栓塞作用极小，门静脉血栓形成患者可安全使用 [27]。治疗选择标准与 TACE 相似。队列研究显示，中位生存期约为 17 个月，客观缓解率为 35%~50% [28, 29]。两项比较 SIRT 与索拉非尼全身性治疗的随机对照试验最近发表 [30, 31]。虽然 SIRT 治疗在肿瘤缓解率方面明显更好，但两组的总生存率并无显著差异。迄今为止，所有比较 SIRT 与 TACE 的研究均为回顾性研究，只纳入了少量患者，因此无法得出关于哪种治疗可能更有效的任何结论。

（三）体部立体定向放射治疗

直到最近，由于安全问题放疗被认为不是一个可行的 HCC 治疗方案，因为肿瘤组织和非肿瘤肝脏组织均对辐射敏感。然而，随着技术的创新和体部立体定向放射治疗（stereotactic body radiation therapy，SBRT）的引入，通过向小范围的治疗区域提供高剂量的辐射，有可能对肿瘤组织进行高精度和高强度的治疗，同时保护周围组织。2004—2010 年，对不适合标准局部治疗的活性 HCC 患者进行了两项 SBRT 试验 [32]。所有

患者均为 Child-Turcotte-Pugh A 级疾病，至少有 700ml 的非 HCC 肝脏。SBRT 剂量为 24~54Gy，分为 6 次。共有 102 例患者可评估。30% 的患者出现 3 级毒性反应。1 年局部控制率为 87%，中位总生存期为 17.0 个月。该研究表明，SBRT 可以导致持续的局部控制，但靶向 HCC 以外的疾病进展仍然是一个问题。一项 Ⅲ 期随机试验正在进行中，该试验比较了索拉非尼与 SBRT 后使用索拉非尼治疗局部晚期 HCC（NCT01910909）。

六、全身性治疗

多年来，一种单一药物索拉非尼在全身性治疗中占主导地位，直到最近，新药物才显示出对 HCC 有效，从而获得了美国 FDA 的批准。

（一）酪氨酸激酶抑制药

证明 HCC 患者生存期延长的首个全身性内科治疗是索拉非尼，索拉非尼是一种口服的 VEGF 受体、PDGF 受体和 RAF 的多激酶抑制药 [33]。一项具有里程碑意义的 Ⅲ 期随机安慰剂对照研究证实，在第二次预先指定的中期分析研究结束后，索拉非尼组的中位总生存期获益（10.7 个月 vs. 7.9 个月）。这使得索拉非尼单药治疗被用于不适合或在手术或局部区域治疗后出现疾病的 HCC 患者的标准治疗 [34]。值得注意的是，95%~98% 接受治疗的患者为 Child-Pugh A 级肝硬化。另一项主要研究证实了索拉非尼的作用，虽然其结果看似不太令人惊讶，该研究是在亚洲主要针对乙型肝炎患者进行的 [35]。在该研究中，索拉非尼组的总生存期为 6.5 个月而非 4.2 个月（P=0.014）。索拉非尼的批准为各种分子疗法的测试铺平了道路。然而，许多在一线和二线环境下测试的药物在 Ⅲ 期试验中失败了（表 61-3），可能是由于缺乏抗肿瘤效力、肝脏毒性和试验设计不当 [36]。这种情况直到最近才随着 RESORCE 研究的结果而改变，在该研究中，瑞戈非尼在二线环境中被测试。

瑞戈非尼是一种口服多激酶抑制药，可阻断参与血管生成、肿瘤发生、转移和肿瘤免疫的蛋白激酶的活性 [52, 53]。该药与索拉非尼非常相似，有时被称为"氟化索拉非尼"，因为其化学结构

表 61-3　肝细胞癌的 Ⅲ 期临床试验（阴影研究阳性结果）					
研究 / 药	*n*	中位总生存期（个月）	HR（95%CI）	*P* 值	参考文献
一线					
SHARP					[34]
索拉非尼	299	10.7	0.69（0.55～0.87）	＜0.001	
安慰剂	303	7.9			
亚太地区					[35]
索拉非尼	150	6.5	0.68（0.5～0.93）	0.01	
安慰剂	76	4.2			
SUN1170					[37]
舒尼替尼	530	7.9	1.3（1.13～1.5）	0.001	
索拉非尼	544	10.2			
BRISK-FL					[38]
布立尼布	577	9.5	1.07（0.94～1.23）	0.31	
索拉非尼	578	9.9			
SEARCH					[39]
索拉非尼 + 依维莫司	362	9.5	0.92（0.781～1.106）	0.2	
索拉非尼	358	8.5			
REFLECT/Study304					[40]
乐伐替尼	478	13.6	0.92（0.79～1.06）	＜0.05	
索拉非尼	476	12.3			
CALGB 80802					[41]
索拉非尼 +Doxo	173	9.3	1.06（0.8～1.4）	n.s	
索拉非尼	173	10.5			
SILIUS					[42]
索拉非尼 +HIAC	88	16.9	1.2（0.8～1.6）	n.s.	
索拉非尼	102	16.1			
SARAH					[30]
SIRT（Y-90）	237	8	1.15（0.94～1.41）	n.s.	
索拉非尼	222	9.9			
NCT01287585					[43]
ADI-PEG20	424	7.8	1.17		
安慰剂	211	7.4			

（续表）

研究 / 药	*n*	中位总生存期（个月）	HR（95%CI）	*P* 值	参考文献
SIRveNIB					[31]
SIRT（Y-90）	182	8.8	1.12（0.88~1.42）	n.s.	
索拉非尼	178	10			
二线					
BRISK-PS					[44]
布立尼布	263	9.4	0.89（0.69~1.15）	0.33	
安慰剂	132	8.2			
EvOLvE-1					[45]
依维莫司	362	7.6	1.05（0.86~1.27）	0.68	
安慰剂	184	7.3			
REACH					[46]
雷莫芦单抗	283	9.2	0.86（0.72~1.05）	0.13	
安慰剂	282	7.6			
RESORCE					[47]
瑞戈非尼	379	10.6	0.63（0.50~0.79）	<0.001	
安慰剂	194	7.8			
METIv-HCC					[48]
替万替尼	226	8.4	0.97（0.75~1.25）	n.s.	
安慰剂	114	9.1			
CELESTIAL					[49]
卡博替尼	467	10.2	0.76（0.63~0.92）	0.0049	
安慰剂	237	8.0			
REACH Ⅱ					[50]
雷莫芦单抗	197	8.5	0.71（0.531~0.949）	0.0199	
安慰剂	95	7.3			
经动脉化疗栓塞术					
TACE SPACE					[24]
索拉非尼	154	TTP：169 天 *	0.797（0.588~1.08）	0.072	
安慰剂	153	TTP：166 天 *			
BRISK-TA[a]					[51]
布立尼布	249	26.4*	0.9（0.66~1.23）	n.s	
安慰剂	253	26.1*			

a. 提前终止

*. 无复发生存期

在中心苯环中仅有一个氟化碳原子。2013—2015 年共 573 例患者在索拉非尼治疗期间耐受并出现疾病进展。瑞戈非尼使中位总生存期从安慰剂组的 7.8 个月延长至 10.6 个月。不良反应包括高血压、手足皮肤反应和腹泻，这些与索拉非尼组相似。2017 年，美国 FDA 批准瑞戈非尼用于治疗有病情发展并耐受索拉非尼治疗的患者[47]。

乐伐替尼是另一种口服酪氨酸激酶抑制药（tyrosine kinase inhibitor，TKI），靶向 VEGF 受体 1～3、FGF 受体 1～4、PDGF 受体 α、RET 和 KIT.1[54]。一项非盲Ⅲ期多中心非劣效性试验评估了乐伐替尼，该试验招募了 HCC 不可切除的患者作为一线治疗。该研究纳入了 954 例符合条件的患者，这些患者被随机分配至接受乐伐替尼或索拉非尼治疗。乐伐替尼的中位总生存期为 13.6 个月，而索拉非尼的中位总生存期为 12.3 个月，符合非劣效性标准。乐伐替尼最常见的不良反应是高血压、腹泻、食欲下降和体重减轻[40]。乐伐替尼在 2018 年 8 月获得 FDA 批准。

卡博替尼是一种 MET、VEGFR2 和 RET 抑制药。比较卡博替尼与安慰剂在晚期 HCC（Child-Pugh A，ECOG PS 0/1）二线治疗中作用的Ⅲ期 CELESTIAL 试验在第二次中期分析中被停止。近期发表了安慰组的总体生存期从 8.0 个月延长至 10.2 个月[49]。

（二）血管靶向药物

HCC 被认为是血管丰富的肿瘤。血管生成主要发生在肿瘤发生期间[55]。血管生成信号分子包括 VEGF、PDGF、BRGF 等，在血管生成过程中发挥重要作用，是理想的治疗靶点。雷莫芦单抗（Cyramza®）是一种全人源化的单克隆抗（IgG1），通过与 VEGFR-2 结合以阻断 VEGF 的激动来抑制血管生成。其有效性和耐受性最初在二线方案（索拉非尼后给药）中进行了检验[46]。然而，在未经选择的 HCC 患者中，雷莫芦单抗并未比安慰剂显著改善生存率。一项预设的亚组分析纳入了基线甲胎蛋白浓度 ≥400ng/ml 的患者，雷莫芦单抗组的中位总生存期为 7.8 个月，而安慰剂组为 4.2 个月。这一发现是Ⅲ期 REACH-2 研究的原理，该研究仅在甲胎蛋白 >400ng/ml 的患者中

进行。这项研究的结果最近在美国临床肿瘤学会的年度会议上发表。该研究显示总生存期从 7.3 个月延长至 8.5 个月[50]。

其他许多 TKI 和小分子 TKI 已在较小型的临床试验中在 HCC 中进行了检测。近期发表了这些研究的总结[56]。

（三）免疫检查点抑制药

免疫检查点是膜结合分子的特定亚型，可微调免疫应答。参与免疫应答的不同类型细胞表达免疫检测点，包括 B 细胞和 T 细胞、NK 细胞、树突状细胞（dendritic cells，DC）、TAM、单核细胞和髓源性抑制细胞（myeloid derived suppressor cells，MDSC）。这些复合物的生理功能是在抗原特异性 T 细胞的最初刺激和参与后，防止 T 细胞的持续效应功能。因此，这些分子中的大多数显示出了免疫抑制活性，阻止了未控制的 T 细胞对感染的反应，从而限制了附带的组织损伤。在人类癌症中研究最多的免疫检查点是 CTLA-4、PD-1、LAG-3、BTLA、TIM-3。

在 HCC 领域，临床发展集中于 CTLA-4 和 PD-1/PD-L1 通路。在 CTLA-4 靶向疗法中，一种全人源化 IgG2 单克隆抗体曲美木单抗是第一个在 HCC 中进行临床评估的分子[57]。一项Ⅱ期、非对照、多中心试验纳入了不适合手术或局部区域治疗的 HCC 合并慢性 HCV 感染患者人群。在 17 名可评估的患者中，观察到 3 例部分反应，总生存期为 8.2 个月。

另一项试验检验了一种极具吸引力的假说，即 RFA 或 TACE 不完全消融肿瘤引起的抗原刺激能否安全地增强曲美木单抗的效果[58]。这种联合治疗的基本原理是基于 RFA 或 TACE 可诱导免疫性肿瘤细胞死亡，而免疫性肿瘤细胞死亡又可刺激外周全身性免疫应答，可能通过免疫检测点阻滞来放大。本初步研究显示局部区域治疗联合曲美木单抗治疗是安全的，5/19（26%）的部分反应见于可评估患者。根据这两项积极研究，对其他靶向 PD-1/PD-L1 的检查点抑制药进行了检测。纳武单抗（抗 PD-1）首先在中期或晚期肝癌患者中，对保有肝功能（Child-Pugh A）并适合全身性治疗和已进展或不耐受索拉非尼或拒绝

索拉非尼进行了研究。标准 3mg/kg 剂量组的客观有效率为 20%，安全状况可控。这项 Ⅰ / Ⅱ 期研究的结果是在 2017 年报道的[59]，使得第一个免疫检测点抑制药被有条件地批准用于 HCC。预计最终的生存数据及比较索拉非尼与纳武单抗的大型随机试验的生存数据将很快被报道[60]。

帕博利珠单抗是另一种抗 PD-1 抗体，一项开放性 Ⅱ 期临床试验纳入了接受索拉非尼治疗的 HCC 患者，这些患者要么不耐受索拉非尼治疗，要么在治疗后出现疾病的放射影像进展。帕博利珠单抗有效且耐受性良好，104 例患者中有 1 例完全缓解，16 例部分缓解。疾病进展和无进展生存期的中位时间均为 4.9 个月，中位总生存期为 12.9 个月[61]。目前，一些针对 PD-1、PD-L1 和 CTLA4 的不同抗体正被单独或作为组合疗法进行评估（表 61-4）。

虽然单药治疗反应相对较低（15%～20%），但引起该领域专家重视的是免疫检测点抑制药在 HCC 中的作用持续时间长且耐受性极好，并且可以预见这些研究的结果将会改变我们治疗 HCC 患者的方法。目前正在评估不同的检查点抑制药组合、检查点抑制药 /TKI 组合或检查点抑制剂联合其他免疫调节活性组合的联合研究，以及检查点抑制药在辅助治疗中或与局部区域治疗的联合[60]。

（四）其他基于免疫的方法

不同类型基于细胞的疗法正在被检测用于 HCC 患者的治疗。研究最多的是 CIK。CIK 是通过 IFNγ、抗 CD3 和 IL-2 的刺激从自体人外周血单个核细胞中产生的。一项关于辅助治疗的随机对照试验显示，接受 CIK 细胞治疗的患者无进展生存期从 30 个月增加至 44 个月[19]。

1. Galunisertib

Galunisertib 也称 LY2109761，是 Eli Lilly 研发的一种小分子 TGF-β 抑制药，可增加 HCC 的 E- 钙黏蛋白，并减少体外肿瘤迁移和侵袭[62]。在一项评估 Galunisertib 单药作为索拉非尼不合格或进展的晚期 HCC 患者的二线治疗的 Ⅱ 期试验（NCT01246986）中，Galunisertib 改善了生物标志物（AFP、TGF-β₁、CDH1）减少超过 20% 的患者的总生存率[62]。

表 61-4　正在进行Ⅲ期临床试验，有关肝细胞癌免疫检查点抑制治疗	
治　疗	几线治疗
尼沃单抗 vs. 索拉非尼	一线
替西木单抗 + 德瓦鲁单抗 vs. 德瓦鲁单抗 vs. 索拉非尼	一线
Pexa-Vec（溶瘤病毒）+ 索拉非尼 vs. 索拉非尼	一线
阿替佐利珠单抗 + 贝伐珠单抗 vs. 索拉非尼	一线
派姆单抗 vs. 安慰剂	二线

2. 溶瘤病毒

使用杀死肿瘤的病毒作为癌症治疗的观念很有吸引力，一些实体肿瘤包括 HCC 临床试验的候选者也参与其中[63]。其中一种溶瘤病毒为 Pexa-Vec，是一种具有溶瘤潜力的痘苗病毒工程菌株。胸苷激酶（thymidine kinase,TK）的缺失为癌细胞提供了病毒亲嗜性，癌细胞通常表达高水平的 TK，常见于 RAS 或 p53 突变体。人工添加 GM-CSF 可允许局部募集抗肿瘤淋巴细胞。一项非对照开放性 Ⅰ 期试验纳入了 22 例原发性或转移性肝癌患者，显示出良好的安全性[64]。一项 Ⅱ 期试验观察到了治疗效力，在该试验中，20 例索拉非尼难治性 HCC 患者中有 81% 对为期 3 周的 Pexa-Vec 疗程有反应[65]。目前，一项随机开放性Ⅲ期试验（NCT02562755）正在比较索拉非尼单药与 Pexa-Vec 联合索拉非尼治疗晚期 HCC 的效果。

七、展望

最近的临床试验结果已经带来了在多年有限和失败的治疗选择后，全身性 HCC 治疗领域的显著变化。免疫治疗进入 HCC 领域不仅为晚期疾病患者，也可能为早期和中期疾病患者提供了新的治疗选择，而且也开启了以免疫为基础并联合靶向治疗可能性的大门。这些研究的早期结果显示出良好的结果，但在我们确定最佳组合之前，还需要很长的路要走。

第六篇　肝　炎

HEPATITIS

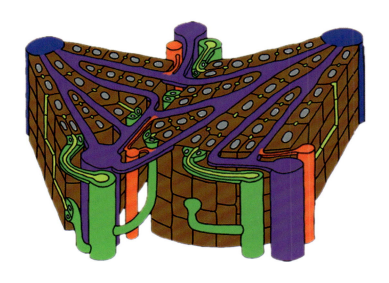

第62章 肝炎病毒的分子生物学

Molecular Biology of Hepatitis Viruses

Christoph Seeger　William S. Mason　Michael M. C. Lai　著

魏霞飞　许　刚　陈昱安　张　政　译

感染人类的 5 种肝炎病毒，即 A 型、B 型、C 型、D 型和 E 型，分别属于 5 个不同的家族，具有不同的基因组结构和复制策略（表 62-1），患者的临床特征和临床结局也不同。HAV 多引起急性感染，主要通过粪口途径传播。HEV 除通过粪口途径感染传播外，也可通过人畜共患途径传播，主要传染源是 HEV 感染的猪，通常是急性感染。与 HAV 不同的是，HEV 可引起免疫抑制人群的慢性感染。HBV、HCV 和 HDV 既可引起急性感染，也可引起慢性感染，并能通过肠外途径传播。虽然存在差异，但五种肝炎病毒具有几个共同特征。第一，肝细胞是其主要感染的靶细胞；5 种肝炎病毒均感染肝细胞中并在其中复制。第二，均能感染静息细胞并在其中复制，健康肝脏感染病毒后肝细胞极少进入细胞周期并分裂（S 期指数约 0.05%）。第三，能在感染的肝细胞内大量复制但不引起肝细胞的裂解。

然而，尽管存在上述相似点，不同肝炎病毒在感染和发病机制方面存在实质性差异。首先，入侵肝细胞的受体不同；其次，建立持续感染的机制不同；最后，感染后相关的发病机制存在较大差异。

在急性感染阶段，大量肝细胞通常在 2~6 周内被感染并不断排毒。在这一阶段，适应性免疫反应激活不明显；随着免疫系统通过细胞杀伤和细胞治愈方式有效清除病毒，病毒滴度不断下降。肝脏疾病则主要由适应性免疫介导的肝细胞杀伤所致。如果免疫系统无法清除病毒，则病毒会持续复制，从而导致慢性肝病。不同的肝炎病毒逃避宿主防御的能力和机制有所不同。此外，慢性感染引起的肝病也可能反映了病毒蛋白对感染肝细胞的影响。因此，病毒性肝炎是一个病毒 – 宿主相互作用的动态过程。

一、甲型肝炎病毒

甲型肝炎病毒是一种肠道小核糖核酸病毒，很容易在人口聚集、卫生条件差的情况下传播。作为一种传染病，甲型肝炎已经为人所知数千年了。尽管其病因早在 20 世纪初就确定了，但病毒本身直到 20 世纪 70 年代才被鉴定出来[1-3]。甲型肝炎病毒主要通过粪口传播，潜伏期可能就含有大量病毒（每克可含高达 10^9 数量级的病毒）。被动免疫可为风险人群提供短期保护，初次暴露后 2 周内可有效预防临床症状发生。与被动免疫类似，在暴露 2 周内接种灭活疫苗也可提供有效的保护[4]。活疫苗也与灭活疫苗一样，可长期保护人体免受 HAV 感染，但却不能用于暴露后预防。

在 HAV 流行的发展中国家，通常被感染的是儿童，不会造成严重后果。在卫生水平较高的发达国家，HAV 感染通常发生在成人和老年人，可产生严重的后果。大约 1/3 的美国人口有 HAV 感染史[5]。由于大部分感染是无症状或未确诊，因此报道的病例数较低。根据美国 CDC 报道，

表 62-1　肝炎病毒的特性

病毒	分类（属，家族）	病毒体结构	大小（nm）	基因组	病毒抗原	传播途径	疾病	实验室诊断
HAV	• 肝病毒 • 小核糖核酸病毒	• 非包膜（二十面体）和包膜	• 27	• 7.5kb RNA，线性，ss（+）	• VP1-4	• 类口传播	• 急性	• IgM 抗 HAV
HBV	• 正肝 DNA 病毒（嗜肝 DNA 病毒科）	• 包膜，球形 • 包膜，空球形或管状	• 42 • 22 • 20～200	• 3.2kb DNA，环状，ds/ss —	• HBsAg • HBcAg • HBeAg • 聚合酶 • HBsAg	• 肠外传播	• 急性和慢性	• 抗 HBs • 抗 HBc • 抗 HBe • HBsAg • HBeAg • 聚合酶测定 • 病毒 DNA（PCR）
HCV	• 肝炎病毒（黄病毒科）	• 包膜，球形	• 30～80	• 9.5kb RNA，线性，ss（+）	• 核心蛋白 • E1 • E2	• 肠外传播	• 急性和慢性	• 抗 HCV • 病毒 RNA（RT-PCR）
HDV	• 三角洲病毒（卫星）	• 包膜，球形	• 36	• 1.7kb RNA，环状，ss（-）	• HDAg • HBsAg	• 肠外传播	• 急性和慢性	• IgM/IgG • 抗 HDAg
HEV	• 肝炎病毒 • 肝炎病毒科	• 非包膜（二十面体）和包膜	• 32～34	• 7.6kb RNA，线性，ss（+）	• 核衣壳	• 类口传播	• 急性和慢性	• IgM 和 IgG 抗 HEV（核衣壳）

HAV. 甲型肝炎病毒；HBV. 乙型肝炎病毒；HCV. 丙型肝炎病毒；HDV. 丁型肝炎病毒；HEV. 戊型肝炎病毒；Ig. 免疫球蛋白；RT-PCR. 逆转录聚合酶链式反应；ds. 双链；（+）. 阳性；（-）. 阴性；HBsAg. 乙型肝炎表面抗原；HBcAg. 乙型肝炎核心抗原；ss. 单链；HBeAg. 乙型肝炎 e 抗原；HBsAg. 乙型肝炎表面抗原

由于儿童接种 HAV 疫苗逐年增加[6]，美国每年 HAV 新发病例数仅为 1000～2000 例，近 20 年已经显著下降。儿童感染通常无症状，因此很可能会传播给以前未感染或未接种疫苗的成年人，从而诱发更严重的疾病。

（一）病毒形态

HAV 属于小核糖核酸病毒科（该科以脊髓灰质炎病毒为代表），肝炎病毒属。最初认为 HAV 在感染细胞中是以直径约为 30nm 的无包膜二十面体出现。但最近研究表明，病毒实际上是通过 ESCRT 途径以包膜颗粒的形式出现[7]。这些被包裹的粒子被称为 eHAV。eHAV 的包膜缺乏病毒蛋白[8]，在通过胆道系统时被去除。相反，释放到血液中的 eHAV 保留了包膜。无包膜病毒和 eHAV 都能够感染肝细胞[7]。

HAV 由 12 个五聚体组装而成，包含病毒蛋白 VP1-2A（30kDa/8kDa）、VP2（22kDa）、VP3（2.5kDa）和 VP4（2.2kDa）等 5 个组分（图 62-1）。病毒蛋白 2A 以前被认为是非结构蛋白，在 VP1-2A 五聚体形成中发挥至关重要作用[9-11]，能被宿主蛋白酶从 VP1 上切割下来[12]。这种切割发生在 eHAV 去除包膜形成典型的无包膜 HAV 之后，因为无包膜的 HAV 中不含有病毒蛋白

2A。因此，VP1-2A 在 eHAV 颗粒中不被切割，但在 eHAV 感染期间被切割[7]。

无包膜 HAV 在低 pH 和低热量时具有高度稳定性。在酸性环境中保持稳定性可使病毒到达肠道，并在此被吸收，导致在感染肝脏之前已在肠道内复制[13]。然而，这种方式仍然存在争议。有研究表明 HAV 可能在唾液腺中首先复制，然后以 eHAV 的形式转运至肝脏[14]。

HAV 有 6 种基因型，其中 3 种可感染人类，但只有一种血清型[15]，这是被动免疫有效的主要原因。HuHAVcr-1（TIM-1）是一种广泛表达的膜蛋白，IgA 是其可能的配体之一[16]，已被鉴定为 HAV 入侵细胞的表面受体[17]；但由于 IgA 不是肝脏特异性表达，所以病毒的强嗜肝性还需依赖其他宿主因子。HuHAVcr-1 是 HAV 和 eHAV 的受体，但是 eHAV 如何结合受体感染肝细胞尚不清楚。虽然观察到 eHAV 不与 HAV 中和抗体发生反应，但在体外培养的细胞中，病毒内化后最初几小时 eHAV 又对中和抗体敏感，这使得这一问题变得复杂[7]。

（二）基因组结构

HAV 的基因组与其他小核糖核酸病毒相似，含有一条长约 7.5kb 的正单链 RNA，带有一

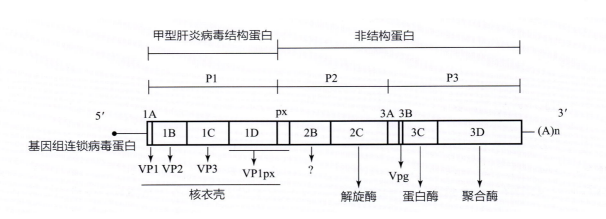

▲ 图 62-1 甲型肝炎病毒基因组

7.5kb 的甲型肝炎病毒（HAV）基因组是一个正（编码）单链 RNA，包含一个 735 个碱基的 5′非编码区和一个 63 个碱基的 3′非编码区，然后是一个短的 poly-A 尾。病毒感染细胞后，以基因组 RNA 作为模板合成病毒多聚蛋白，后被切割为病毒结构蛋白和非结构蛋白，完成基因组复制。除 VP4、VP2 及 VP2 和 px（正式名称为 2A）之间的连接外，多聚蛋白的加工由病毒 3C 蛋白酶进行。VP1/px 位点的切割发生在去除 HAV 包膜期间或之后，因此成熟的、无包膜的病毒[29] 中不存在 px。随后，进入细胞的基因组作为负链 RNA 转录模板，合成额外的正链模板。2B 和 3A 主要参与病毒复制中间体的膜锚定。5′ 和 3′ 非编码区被认为在翻译和 RNA 合成中发挥重要的顺式调节作用。Vpg 作为基因组 RNA 合成的启动者，与 RNA 结合，但在负链合成中的作用尚不清楚。VP. 病毒粒子蛋白（经 Wolters Kluwer 许可转载，引自参考文献 [1]）

个 5′非编码区（约 735 个核苷酸），包含一个内部核糖体进入位点（internal ribosome entry site，IRES）；然后是一个 2225 个氨基酸组成的病毒多聚蛋白编码区，后接一个 3′非编码区（图 62-1）和一个短的 poly-A 尾巴。病毒编码的 Vpg 蛋白（病毒基因连接蛋白）负责引导正链和负链 RNA 的合成[18]。尽管如此，体外转录缺乏 Vpg 的正链 RNA 也可与病毒的 cDNA 一样，在导入可被感染的细胞时依然具有传染性。HAV RNA 序列似乎比其他病毒 RNA 更加稳定，在传代培养过程中突变频率较低。

（三）病毒复制

人体肝细胞是 HAV 感染的主要靶细胞。然而，在体外培养中，HAV 在培养中进行适应性突变后，就能感染非肝细胞并在其中增殖。与多种其他小核糖核酸病毒相比，HAV 在排毒期间不会裂解宿主细胞。因此，HAV 在体外培养可建立慢性感染，但在人群中并未发现慢性感染。在感染的潜伏期，肝脏通常会大量排毒，但不会出现明显的肝脏疾病。肝脏疾病是宿主在恢复期对病毒感染的免疫反应结果。临床上，ALT 升高和黄疸出现通常是在甲型肝炎病毒产生之后出现。在潜伏期，病毒被释放到胆小管中，最终从胆小管转运到肠道。病毒也会释放到血液中，尽管 eHAV 血液浓度通常比粪便 HAV 浓度低 5 个 log 左右。

HAV 的复制周期在很大程度上类似于脊髓灰质炎病毒等其他小核糖核酸病毒。病毒结合到受体分子 HuHAVcr-1，广泛表达在各种细胞表面。病毒入侵宿主细胞的分子机制尚不清楚，可能是通过内吞作用[19, 20]。随着病毒 RNA 进入和转运至细胞质，这一过程可能是通过 VP4 介导[21]，病毒 RNA 被翻译成多聚蛋白。HAV 蛋白翻译的调控机制与大多数细胞 mRNA 不同，是由依赖 IRES 且不依赖 5′-cap 的机制介导，该机制允许核糖体跳过 RNA 的 5′末端。而后，病毒多聚蛋白被病毒半胱氨酸蛋白酶 3C 切割（VP1-p2A 除外，它被宿主蛋白酶切割），最终产生成熟的病毒蛋白。该多聚蛋白 N 端部分（P1）编码 eHAV 中已发现的结构蛋白（VP4、VP2、VP3、VP1-2A），

而 P2（不包括 p2A）和 P3 区域编码非结构蛋白，它们与其他小核糖核酸病毒的相应蛋白具有类似的功能，除了 3AB 可以作为 Vpg 无须被切割[22]。未被切割的 3ABC 多聚蛋白也可靶向 IRF3 来抑制 IFN 的产生[23]。Vpg 和其他非结构蛋白的合成以感染基因组为模板启动 RNA 合成。新合成的负链 RNA 可作为合成和扩增正链 RNA 的模板。这两条链的合成启动可能需要病毒聚合酶（3D 蛋白）和 Vpg（3A 或 3AB）参与。

产生足够数量的病毒基因组 RNA 和病毒结构蛋白后就可以开始组装，将正链 RNA 包装到衣壳中，然后衣壳出芽形成多泡体，产生 eHAV[24]。与其他小核糖核酸病毒一样，病毒复制发生在平滑内质网[25]。

通常，HAV 感染不会引起明显的细胞病变，这可能是因为相较于其他小核糖核酸病毒，HAV 复制缓慢且病毒产生水平低。此外，HAV 不会阻断宿主细胞内的蛋白质合成。然而，在体外培养连续传代扩毒中，可能会产生具有细胞毒性且复制滴度更高的 HAV 突变株。这些突变株在灵长类动物中毒性减弱。自然发生的引起细胞病变的突变株可能可以解释罕见的、至今尚未定义的 HAV 感染相关的急性重型肝炎（约 0.1%）；在某种程度上，急性重型肝炎可能反映了宿主对感染的应答类型[26]。

（四）感染和发病机制

目前尚不确定 HAV 摄入后是如何到达肝脏。病毒可能通过感染胃肠道细胞后扩散到肝脏[13]。实验中感染数天的 HAV 动物模型中，在小肠隐窝细胞和固有层细胞中检测到病毒抗原表达证实了这种可能性[13]。然而，动物模型研究也表明唾液腺是病毒摄取和传播的靶点，而这两种途径是否被用于病毒传播到肝脏尚不明确[14]。另外，广泛表达的细胞表面受体 HuHAVcr-1 可能通过被动结合循环细胞促进病毒转运到肝脏。

暴露于 HAV 病毒 2～4 周或更长时间的潜伏期后，病毒有机会扩散到整个肝细胞群体。这引出了一个有趣的问题，并适用于所有肝炎病毒：如何在不破坏肝脏的情况下清除病毒感染？除了暴发性型肝炎，细胞死亡似乎并不是病毒消除的

唯一机制[26]。在感染潜伏期和随后临床阶段收集的肝脏样本检查显示病毒清除过程中发生了明显的肝细胞破坏，这与抗 HAV 的 CD8⁺T 细胞的存在相一致[27]。然而，有研究认为，CD4⁺T 细胞应答是 HAV 感染诱导的主要免疫反应，与更温和的 CTL 反应相比，CD4⁺T 细胞应答更能解释病毒的清除机制（如通过产生抗病毒细胞因子）[24, 28, 29]。对淋巴细胞性脉络丛脑膜炎病毒（另一种 RNA 病毒）感染的研究也可以推断感染肝细胞清除 HAV 的细胞非溶解机制[30]。在多达 20% 的患者中，在感染的初始阶段症状明显消退后可能会复发。尽管如此，感染的持续时间一般不超过 6 个月。

二、乙型肝炎病毒

乙型肝炎病毒主要通过血液或血液制品传播。自 20 世纪 40 年代以来，它导致的病毒性肝炎（最初被称为"血清型肝炎"）的病因已经为人所知，尽管病毒本身到 20 世纪 70 年代初才被鉴定。因是第二个被鉴定可引起病毒性肝炎的病毒而得名。HBV 在三种已被证明可导致慢性肝病的病毒中流行率最高（其他两种是 HCV 和 HDV），全世界约有 2.6 亿 HBV 携带者（http://www.who.int/mediacentre/factsheets/fs204/en/）。在发达国家，有效的筛查已几乎消除了输血这一传播途径。然而，母婴垂直传播和幼儿之间的横向传播仍是慢性乙型肝炎病毒感染的主要途径。在东南亚和撒哈拉以南非洲等地区，HBV 的感染率高达 5%～10%（http://www. who. int/mediacentre/factsheets/fs204/en/）。乙型肝炎疫苗问世近 40 年，目前世界大部分地区正在推广接种。最早的疫苗是从慢性感染献血者血清中提纯的灭活病毒颗粒制备的。后来，利用重组 DNA 技术，从酵母或哺乳动物细胞中合成亚病毒颗粒（HBsAg）[31]。被动免疫、接种疫苗或两者结合，预防母婴垂直传播有效率约 90%。

（一）分类

HBV 属于嗜肝病毒科，根据宿主种类、DNA 序列和基因组差异，分为正嗜肝病毒属和禽嗜肝炎病毒属。前者的代表是人乙型肝炎病毒，而后者的代表是鸭乙型肝炎病毒（duck hepatitis B virus，DHBV）。在人类、蝙蝠、毛猴（一种新世界的灵长类动物）、旱獭和地松鼠中发现了不同种类的正嗜肝病毒，也从类人猿中分离出了嗜肝病毒，但尚不清楚它们是否与 HBV 不同[33, 34]。禽嗜肝炎病毒属包括 DHBV，在家鸭及相关的野生绿头鸭中发现，在其他种类的野鸭及鹅、鹳、鹤和苍鹭中发现多种相关病毒。苍鹭病毒已被指定为禽嗜肝炎病毒属的一个独特种类。最近的核苷酸测序研究发现了肝病毒可感染鱼类和两栖动物[36]。总而言之，嗜肝 DNA 病毒似乎能够感染多种动物。

正嗜肝 DNA 病毒和禽嗜肝 DNA 病毒除了缺乏同源序列之外，正嗜肝 DNA 病毒还含有一个调节基因 X（图 62-2），这不是在所有禽嗜肝 DNA 病毒基因组中都含有的。一项对具有 X ORF 的禽嗜肝病毒的研究表明，X 基因对于体内感染不是必需的[37]。而对土拨鼠肝炎病毒的研究表明，X 基因对正嗜肝炎病毒的复制具有重要的调控作用[38-40]。

（二）病毒形态

HBV 等正嗜肝 DNA 病毒具有包膜的双壳形态，直径为 42nm。外壳是病毒的包膜蛋白，由 HBsAg 组成。内壳是直径为 37nm 的二十面体核衣壳，由包裹病毒基因组的乙型肝炎核心蛋白（HBcAg）组成。在急性感染和慢性感染的某些阶段，病毒颗粒在血液中含量丰富，滴度高达 10^{10}/ml。然而，血液中含量最丰富的病毒颗粒是由 HBsAg 组成的非传染性的亚病毒颗粒。这些通常比病毒颗粒多出至少 100 倍，并且是原始疫苗中的主要抗原来源。研究发现其为 22nm 球形颗粒和 20nm×20～200nm 的丝状结构。此外，在 HBV 感染者的血清中也发现了少量不含 DNA 的空病毒颗粒，这些颗粒不具有传染性[48]。

HBsAg 包膜蛋白包含由大（L）、中（M）和小（S）三种形式，它们共享 S 序列，但 M 和 L 蛋白在 N 端具有不同长度的延伸（各自包括 pre-S2 和 pre-S1 区域）。病毒颗粒中 3 种蛋白质的比例约为 1：1：3（L：M：S）[49]。这 3 种蛋白都是完整的膜蛋白，具有内部疏水环、5 个跨

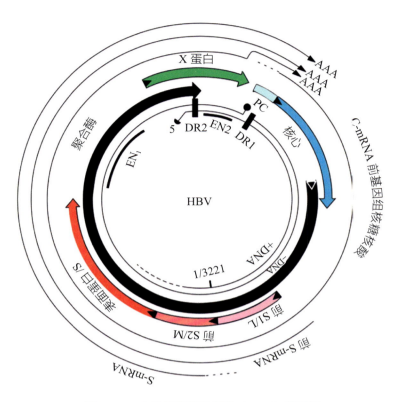

▲ 图 62-2　人类乙型肝炎病毒（HBV）基因组

正嗜肝病毒 HBV 基因组结构展示。对于不同的肝炎病毒分离株，病毒粒子 DNA 的长度在 3000～3300 个碱基，并且具有松弛的环状构象，由两条 DNA 链的 5′ 端之间的短黏性重叠（HBV 约 220 个碱基对）维持。一个带有 17 个碱基的 RNA 共价连接在正链的 5′ 端[41, 42] 和病毒 DNA 聚合酶[43, 44] 连接到负链的 5′ 端。病毒粒子中的正链总是不完整的。然而，病毒粒子中的聚合酶能够在体外反应中部分填补空白，在体外反应中，将脱氧核苷添加到被非离子洗涤剂部分破坏的病毒粒子中。由于正链合成启动错误，一小部分病毒粒子（约 5%）具有线性基因组（图 62-3）[45]；这些病毒粒子也具有传染性，尽管它们可能会产生异常的复制中间体[46]。基因组中存在 4 个开放阅读框（ORF），编码 7 种蛋白质。X 基因和聚合酶 ORF 产生单个蛋白产物。相比之下，核心 / 前核心（pc）ORF 产生两种蛋白质 [病毒核衣壳（核心蛋白）和病毒 e 抗原]，而包膜基因 ORF 产生三种蛋白质。三种包膜蛋白分别是 S、M（S+pre-S2）和 L（S+pre-S2+pre-S1）。S 和 M 是由一个共同启动子产生的不同 mRNA 翻译得到的，该启动子在 pre-S2 的 5′ 端的 AUG 周围具有异质起始位点。类似的情况有助于从单个启动子或 2 个重叠启动子（图中未描绘较短的 X mRNA）产生核心和前核心蛋白[47]

膜结构域和 S 外部区域（称为 A 决定簇）；A 决定簇具有高度抗原性。外部结构域易被抗体识别，通常是抗体逃逸突变的位点，使病毒能够抵抗疫苗产生的抗体的中和作用[50]。仅存在于 L-HBsAg 中的 pre-S1 区域包含病毒受体 NTCP 的结合结构域[51-53]。

HBcAg 是病毒核衣壳蛋白，可与 RNA 非特异性相互作用并能被磷酸化修饰。它组装成核心颗粒，可在前基因组 RNA 和聚合酶包装后进行病毒 DNA 合成。核衣壳结构呈二十面体，由 120 个二聚体组成，直径约为 22nm，三角剖分数 T=4[54-57]。

（三）基因组结构

嗜肝 DNA 病毒科中的所有病毒都包含一个不完整双链环状 DNA 基因组，长约 3.2kb（图 62-3），两条链都不是共价闭合的。负链是完整的，末端有 9 个核苷酸的冗余序列。在正嗜肝病毒中，正链总是不完整的；它有一个恒定的 5′ 端，但有一个可变的 3′ 端。在这两条链的 5′ 端有一个短的内聚重叠结构（HBV 约 220 个碱基对）；因此，病毒基因组 DNA 保持一种松弛的环状结构，部分为双链，部分为单链。带有 5′ 帽结构的 17 个碱基 RNA 共价连接在正链的 5′ 端[41, 42]，而病毒的 RNA 聚合酶，带有逆转录酶功能，共价

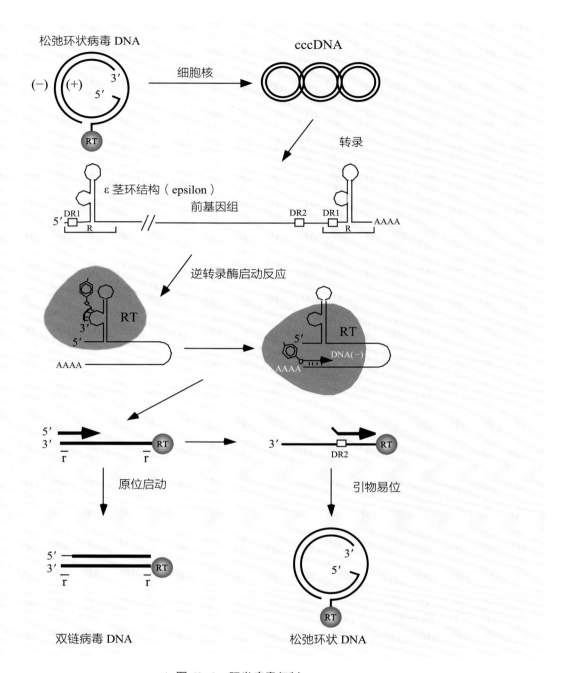

▲ 图 62-3 肝炎病毒复制

在感染后，病毒 DNA 被转运到细胞核，并在去除共价连接的聚合酶和 RNA 及负链上的 9 个碱基末端冗余后转化为双链共价闭合环状 DNA（cccDNA）。cccDNA 可作为所有病毒 RNA 转录的模板，包括前基因组。前基因组一般作为近端核心基因的 mRNA，但也用作下游 pol 基因的 mRNA。当这种情况发生时，逆转录酶在其自身 mRNA 的 5' 端与发夹序列（epsilon）结合并启动 DNA 合成。引物是位于逆转录酶 N 末端附近的酪氨酸残基 [69, 70]，因此聚合酶仍然与它合成的负链 DNA 共价连接。开始合成时会在发夹状 epsilon 的凸起位置合成长约 4 个碱基的 DNA 序列。聚合酶携带这 4 个碱基序列转位到长度为 11~12 个碱基的 DR1 序列区进行序列互补退火，而 DR1 位于前基因组 3' 末端冗余的 6 个碱基处。逆转录（RT）延伸到前基因组的 5' 端，同时聚合酶 C 端的 RNase H 对模板进行降解。因为逆转录起始于下游末端冗余序列，所以负链本身获得短末端冗余序列。前基因组剩下的 17~18 个碱基保守并作为第二链合成的引物，它包含帽子结构并在 DR1 的 5' 延伸。通常，在 RNA 引物转位到互补序列 DR2 后开始合成第二链，DR2 定位在 pgRNA 3' 端但位于冗余序列的上游（DR2 的位置决定了病毒 DNA 整体重叠的长度）（图 62-2）。负链的末端冗余有助于完成正链的环化。有时（大约 5% 的时间）在引物没有转位的情况下，正链开始延伸合成线性双链病毒 DNA

连接到负链的 5' 端 [43, 44]。病毒颗粒中的聚合酶能够在体外反应中部分填补正链的缺口，在体外反应中，脱氧核苷酸与被非离子去污剂部分破坏的病毒粒子混合。由于正链合成启动错误，一小部分病毒粒子（约 5%）具有线性基因组 [45]；这些病毒粒子也具有传染性，尽管它们可能产生异常的复制中间体 [46]。线性 DNA 似乎也是病毒 DNA 的主要前体，感染期间可在宿主基因组上随机整合 [58-61]。整合的 DNA 在病毒复制中没有作用（在一过性感染期间，只有约 0.1% 的肝细胞被感染），但在罕见的人类慢性感染病例中 [62-64]，以及在大多数慢性土拨鼠感染中，整合 DNA 可能激活细胞癌基因，导致原发性肝细胞癌 [65-68]。

HBV 基因组结构紧凑，有四个互相重叠的 ORF，编码七种蛋白质。所有的 ORF 都位于负链上（因此 mRNA 是正链）。X 和 POL 的 ORF 分别合成单个蛋白质。相比之下，核心 / 前核心 ORF 可合成两种蛋白质（病毒核衣壳也称核心蛋白和病毒 e 抗原），包膜基因的 ORF 可合成三种蛋白质。三种包膜蛋白 S、M（S+pre-S2）和 L（S+pre-S2+pre-S1）。S 和 M 是由一个共同启动子产生的不同 mRNA 合成的，该启动子在 pre-S2 的 5' 端 AUG 周围具有不同的起始位点。L 蛋白由 L 的 ORF 上游端的 AUG 产生。类似的情况有利于利用单个启动子或两个重叠启动子产生核心蛋白和前核心蛋白 [47]。

（四）病毒复制

对肝炎病毒复制的大部分认知首先是从 DHBV 的研究中了解到的，然后在（人类）HBV 中得到证实。病毒复制途径见图 62-3。HBV 感染是通过肝细胞特异性受体 NTCP 和其他一些目前未知的因子介导的 [53]。脱壳后，核心粒子被运送到核膜，并在此处进入核孔 [71]。病毒 DNA 被释放到核腔内，松弛环状（rc）基因组通过一些未知机制进行修复，从而形成 cccDNA。基因组 rcDNA 上的 DNA 修复步骤包括去除共价连接的聚合酶和负链末端的 9 个碱基冗余末端，以及正链 5' 端的短加帽 RNA。得到的 cccDNA 可作为所有病毒 mRNA 转录的模板 [72]，包括比病毒基因组 DNA 略长 120nt 的前基因组 [73]。所有的

RNA 都有一个共同的多聚腺苷酸化信号，该信号映射到病毒核心基因 ORF。除了聚合酶，每个病毒蛋白都有一个启动子和 mRNA，它是从与病毒核心蛋白相同的 mRNA（前基因组）翻译而来的（图 62-2）。HBV mRNA 的转录分别由核心启动子和 X 基因启动子上游的两个增强子调控，并受肝脏特异性转录因子的调节。这可以解释为什么 HBV 主要在肝细胞中复制。此外，cccDNA 与组蛋白组装形成微染色体 [72, 74]。cccDNA 上的核小体间距比肝染色质中的短，但原因未知。组蛋白的翻译后修饰与主动转录的人类染色质中观察到的模式一致 [75]。

长期以来，人们认为剪接的 RNA 不参与病毒复制。然而，一项研究表明 DHBV 的大包膜蛋白 L 实际上是从两种不同的 mRNA 翻译而来的 [76]。除了从 Pre-S 启动子转录的 L 蛋白 mRNA（图 62-2），另一个剪接的 L 蛋白的 mRNA 可从核心启动子转录。推测这种剪接的转录本可能在感染肝细胞中额外拷贝的 cccDNA 的合成中具有一定的调控作用。有研究发现，一个剪接的病毒转录本在 HBV 感染期间编码一种新的蛋白质，但这一发现的意义尚不清楚，该蛋白会诱导细胞凋亡 [77]，但抗病毒免疫反应本身而不是感染似乎才是宿主感染后肝细胞转归的原因。

感染早期的特点是核心蛋白和来自前基因组 RNA 聚合酶的翻译 [78]。核心蛋白组装成含 240 个亚基（120 个二聚体）的二十面体壳，即核衣壳 [54-56]。核衣壳是前基因组 RNA 和聚合酶复合物包装后病毒 DNA 复制的位点。RNA 包装由聚合酶顺式结合到前基因组 5' 端附近的茎环结构 epsilon 触发，该事件可能在该蛋白质仍在翻译时就发生 [79-82]（图 62-3）。逆转录本身利用逆转录酶的 N 端酪氨酸残基的 OH 作为引物，在茎环一侧的凸起处启动转录 [69, 70]。在合成四个碱基的 DNA 之后，新生的 DNA 被转移到位于 pgRNA 3' 末端附近的互补序列（DR1）中，在末端冗余区域中逆转录合成延伸到 RNA 的 5' 末端。pgRNA 在逆转录过程被逆转录酶的 C 端区域的 RNase H 降解 [83, 84]。pgRNA 的 5' 端从帽子结构到 DR1 区的这段核苷酸，被用作第二链（正链）合成的

引物 [42, 78, 85]。通常在引物转位至负链 5′ 端附近的互补序列 DR2 之后开始合成。因此，在少量的正链合成后将发生环化，这样才能继续通过负链的 5′ 端合成正链。这可能是由负链冗余末端的 9 个核苷酸所促使的，因为逆转录从 pgRNA 的 3′ 端的 9 个核苷酸的冗余序列延伸到负链 5′ 端的冗余序列。对于正嗜肝 DNA 病毒，正链 DNA 的合成持续进行，直到大约 2/3 的负链被复制。在感染后 cccDNA 形成过程中，正链 DNA 将出现继续延伸合成 [78, 85, 86]。相反，对于禽嗜肝病毒，正链 DNA 合成一直持续到与负链 DNA 退火的 RNA 引物的 5′ 端。除了 DR1 和 DR2 之外，还鉴定了多个合成环状病毒基因组所需的顺式作用元件 [87-89]。这些顺式作用元件有助于核衣壳中 pgRNA 和负链 DNA 的结构形成，这很可能是促进病毒 DNA 合成过程中发生的 DNA 和 RNA 链转移所必需的。

病毒 DNA 合成后，核心颗粒可以进入两条途径。在感染早期，当包膜蛋白水平相对较低时，核心颗粒反向入核。这一步骤可使病毒基因组进入细胞核并扩增 cccDNA。感染的肝细胞中 cccDNA 的含量差异很大，从几个到几十个拷贝。造成这种变异的原因尚不清楚。在感染晚期，核心颗粒在内质网处与包膜蛋白组装，进入分泌途径，最后从肝细胞释放到血流中。

总之，cccDNA 的形成是一个在非分裂的肝细胞中被迅速结束的早期事件，因此每个细胞核的 cccDNA 拷贝数通常不会达到细胞毒性水平 [90, 91]。值得注意的是，突变实验发现一个不表达 L 包膜蛋白而不能关闭 cccDNA 合成的 DHBV 突变体，会在肝脏中快速地被野生型或可以表达 L 包膜蛋白的 DHBV 突变体所取代 [92]。但是在 HBV 感染中，不表达 L 包膜蛋白的 cccDNA 的扩增比不上 DHBV 中 cccDNA 的扩增，这表明可能有其他机制参与控制 HBV cccDNA 的拷贝数 [93]。

（五）肝炎病毒蛋白的辅助功能

正嗜肝病毒编码的两种蛋白，即前核心蛋白和 X 蛋白，具有辅助功能。前核心蛋白从一个 5′ 端比 pgRNA 长几个核苷酸的 mRNA 翻译而来 [94]。这些多出的核苷酸在核心蛋白 ORF 前编码一个 AUG，这导致从该 mRNA 开始翻译成核心蛋白，这样核心蛋白就具有一个编码 29 个氨基酸的信号肽，也就是所谓的前核心区。这段序列指导蛋白进入分泌途径。在切割前核心信号序列（19 个氨基酸）和 C 端的 34 个氨基酸后，形成 e 抗原，从细胞中释放出来 [95, 96]。e 抗原在血清中的存在是病毒持续复制的标志。相反，检测到 e 抗原的抗体是一个好转的指示，表明病毒复制已经停止或至少有一定程度的减弱。这种关联性并不是一成不变的，因为在慢性感染期间病毒株的流行会造成前核心区突变，使得突变株不再具备产生 e 抗原的能力。有证据表明，HBV e 抗原可能会抑制细胞对病毒核衣壳亚基的免疫反应，从而促进垂直传播和发展为慢性感染 [97, 98]。转基因小鼠研究表明，这可能涉及 e 抗原诱导肝巨噬细胞表达 PD-L1，从而损害新生儿的 CTL 反应 [99]。

第二种辅助蛋白 X 蛋白（hepatitis B X，HBx）是正嗜肝 DNA 病毒所独有的（图 62-2）。它在体外培养细胞中最初被鉴定为是病毒基因的转录激活剂 [100, 101]，随后被发现对土拨鼠肝炎病毒感染肝脏至关重要 [39, 40]。早期细胞培养研究显示 HBx 存在多种活性，包括与 Cullin4A-DDB1 E3 连接酶复合物结合（CUL4A-DDB1 [102, 103]）、影响细胞周期 [104]、Ca^{2+} 从 ER 或线粒体释放到胞质溶胶 [105]、信号转导 [106-108]、细胞 DNA 修复 [109] 和抑制蛋白酶体功能 [110, 111]。在某些但不是所有的 X 转基因小鼠中可进展到肝细胞癌 [112, 113]，但是其他 X 转基因小鼠对化学性肝癌发生的敏感性会增强 [114]。也有反面证据表明，无论病毒是否编码完整的 X 基因，HBV 转基因小鼠也可增加致癌物诱发 HCC 的风险 [115]。

HBx 在 HBV 生命周期中最明确的作用是激活 cccDNA 转录。感染细胞后，从 cccDNA 转录成 pgRNA 和包膜 RNA 的过程中需要功能性 HBx [116]。结构研究证实了早期关于 HBx 与 DDB1-CUL4A 复合物结合的发现 [117]，并最终通过证明 CUL4A-DDB1-HBx 与 Smc5/6 复合物的一个或几个组分结合，从而导致其泛素化降解 [118]。

因为 cccDNA 转录可被 Smc5/6 复合物抑制，这也说明了 HBx 对 HBV 的生命周期是必需的。尽管对该途径的确切机制仍在研究中，但已发表的文献有力地支持了游离 DNA 被 Smc5/6 复合物沉默及 HBx 可以逆转这种抑制的结论。有趣的是，Smc5/6 也参与了 DNA 的维持和修复，这或许可以解释为什么 X 蛋白在一些小鼠研究中是具有致癌性的。

（六）感染和发病机制

病毒复制周期的最重要特征是能够在不杀死宿主细胞的情况下维持单个肝细胞的慢性感染。可以推断整个肝细胞群被感染后总是会诱发慢性感染，因为治愈似乎需要整个肝脏免疫系统去清除细胞核内的 cccDNA。然而，情况似乎并非如此。感染可以持续数周或数月，然后在很短的时间内（可能不到 2 周）就会消失[119-123]，即使在每个肝细胞显著感染之后也是如此。此外，这似乎不需要从祖细胞再生肝细胞群。根据一组对黑猩猩被乙型肝炎病毒急性感染的研究得出，病毒可以在不杀死感染细胞的情况下被清除。这项研究推断，抗病毒免疫应答过程中产生的细胞因子能够诱导细胞破坏所有病毒复制中间体，包括 cccDNA[124]。有相当多的直接证据表明，细胞因子可以诱导病毒 RNA、蛋白质和复制 DNA 从受感染的肝细胞中被清除，但目前还没有令人信服的证据表明细胞因子可以清除感染细胞内的 cccDNA。因此，有必要采用其他模型来解释 cccDNA 的清除，肝细胞死亡和再生可能起重要作用。基于某些整合 DNA 拷贝数增加和其他 DNA 丢失的检测，对急性感染期间细胞更新的间接评估表明，至少一个肝脏当量的肝细胞可能被破坏和替换[125]。因此，cccDNA 可能不仅会因细胞死亡而丢失，而且还会在存活细胞的有丝分裂过程中丢失[126]。

即使在整个肝细胞群感染后，感染也会在 3～6 个月后消失，通常会产生中和抗体防止再次感染。通过灵敏的聚合酶链式反应检测技术，可以在多年后的血液和组织中检测到病毒残留 DNA，但迄今没有证据表明这种残留具有致病性。另外，有急性感染史的个体应被视为潜在的感染源，并且在免疫抑制时有复发的风险[127-129]。

因此，假定慢性感染的发展是由在接触病毒后的最初几周或几个月内宿主免疫反应不足所致。在 1 岁前被感染的人中，多达 90% 的人会成为慢性携带者，在成人中这一数字下降到约 5%。慢性感染通常定义为在血清中检测到 HBsAg 超过 1 年。PCR 分析也常被用于检测血清中的病毒 DNA。这两种方法的比较结果中并未发现慢性携带者中 HBsAg 滴度与病毒滴度之间存在强相关性，但原因尚不清楚。可能是病毒 DNA 在感染过程中整合到宿主 DNA 中作为 HBsAg 产生的模板[130]，而不是产生 pgRNA 的模板，因此 HBsAg 的产生不需要严格依赖于病毒的复制。事实上，通过原位引发正链合成产生的线性病毒 DNA 的整合将使核心/前核心启动子与 pgRNA 编码序列分离（图 62-3）[59, 131]。因此，免疫系统最终抑制病毒复制，残留的病毒 DNA 只能通过 PCR 检测，可能不会对 HBsAg 产生重大影响，特别是如果 HBsAg 能够对产生它的细胞的再感染产生抗性。这种转变发生的程度可能取决于感染的自然史。例如，对中国和塞内加尔 HBV 携带者的比较揭示了 HBsAg 长期携带者发生病毒血症（病毒滴度 $>5 \times 10^5$/ml）的概率存在巨大差异。在塞内加尔几乎没有发现 30 岁以上的人存在病毒血症，而在中国携带者中，大约 25% 的人至少在 50 多岁时仍然存在病毒血症[132]。因此，慢性感染实际上至少涉及两个不同的阶段，一个是早期病毒由肝脏以高滴度产生，血清病毒水平高达 10^{10}/ml，另一个可能是来自整合的病毒 DNA，后者中大多数肝细胞的 cccDNA 可能已经丢失，病毒滴度低，但 HBsAg 的产生水平相对较高，可能还有 X 蛋白的合成。多年高滴度病毒血症后病毒产生减少仍然是一个值得推测问题（如肝细胞对 HBV 感染具有抗生[133]）。

此外，有证据表明，外周血单个核细胞存在潜在感染，在特殊情况下可能具有产生病毒的能力。这是通过对从当前或过去感染者中分离的血细胞进行细胞培养研究，以及对病毒传播途径的临床研究得出的结论[128, 134-138]。因此，在有急性感染史的个体和 HBsAg 携带者（其病毒复制已基本停止）体内可能至少存在两个不同的来源，即白细胞和肝细胞。此外，其他组织也可能被感染并产生一些病毒。早期研究表明，胰腺的外分泌和内分泌细胞都可能被 HBV 感染[139, 140]，在 DHBV 感染的鸭子中也发现这些组织被感染[141-143]，在 WHV 感染的土拨鼠中也有一些证据证实这些组织被感染[144-146]。前一种也有肾脏感染的证据[141, 144, 145]。

鉴于有证据表明病毒启动子 / 增强子包含多个通常被认为是肝脏特异性的元件，因此关于多种组织被感染的发现令人惊讶[147]。这一研究的意义尚不清楚，也许应该考虑到只有肝细胞，或者还有鸭肾脏和胰腺中的细胞才能有效地支持病毒基因的表达。

最后，关于肝硬化和肝细胞癌等在内的肝脏疾病是病毒表达的蛋白直接导致，还是诱导的免疫反应介导的仍然存在争议。一些研究者认为，X 蛋白可能具有致癌性[148]。也有人提出，HBV 包膜蛋白 M 的 C 端截短形式，在细胞培养中可作为通用的转录激活因子，也可能具有致癌作用[148]。至于 X 蛋白的致癌作用还没有在慢性感染者身上得到证实。另外，病毒基因表达可为宿主免疫反应提供靶点，间接地促进了疾病进展。也有研究认为，在慢性感染过程中出现的 HBV 突变株，尤其是无法产生 e 抗原的突变株，可能会增强致病性和疾病进展[149]。到目前为止，这一概念还没有得到直接的证实，一些研究表明突变体的出现是为了逃逸，而不是引起免疫介导肝损伤的原因[92, 150, 151]。

（七）病毒进化

可以预期的是，由于肝炎病毒是逆转录复制，它们将在携带者体内和携带者之间经历快速的序列进化。然而，至少有两个因素可以减缓病毒的快速进化。首先，病毒基因组中读码框的相互重叠限制了可存活突变的数量。第二，在完全感染的肝脏中，似乎只有细胞死亡和再生才能创造新的复制空间。因此，许多潜在的突变株可能会消失，因为肝脏中没有可供感染的细胞，而细胞内 cccDNA 扩增的阻断限制了它们转化为 cccDNA 的稳定性。虽然目前疫苗所产生的抗体

似乎无法识别某些 HBV 突变株，但迄今为止没有证据表明对疫苗产生完整系列的抗体反应的个体容易受到这些所谓的逃逸突变株的感染。在早期使用抗病毒药物核苷 / 核苷酸治疗的宿主体内，病毒的变异 / 进化导致的病毒耐药是一个问题，但是这不再是新一代核苷 / 核苷酸抗病毒药物的主要问题了。

准种（序列变异）在长期携带者中很常见，但是它们对疾病进程的意义或反映仍不清楚[149]。

三、丙型肝炎病毒

在 1974 年发现 HAV 和 HBV 并有了早期诊断工具后，仍存在不是由这两种病毒感染导致的大量与输血相关的急性和慢性肝炎病例。他们被称为非 A 非 B 型肝炎（non-A，non-B hepatitis，NANBH）。随后发现的 HDV 不符合非 A 非 B 型肝炎病毒的定义，因为它依赖于 HBV 合并感染。

NANBH 与肝硬化和肝细胞癌有关，感染黑猩猩可导致轻型肝炎[152]；但一直无法分离到病原体。通过克隆 NANBH 患者血清的 cDNA，并使用患者血清进行免疫筛选，才最终确定了病原体[153]。它被命名为丙型肝炎病毒，尽管它是在 HDV 被发现很久之后才被发现。与成人 HBV 的一过性感染不同，大多数成人 HCV 感染是慢性的。据估计，全世界有 7000 多万 HCV 慢性感染者(http://www.who.int/mediacentre/factsheets/fs164/en/)。然而，由于最近抗病毒治疗的发展，HCV 慢性感染者的数量预计将在未来几十年内会显著下降。

（一）分类

HCV 属于黄病毒科肝炎病毒属，黄病毒科还包括猪瘟病毒属（如牛病毒性腹泻病毒、BVDV）和黄病毒属（如黄热病病毒、登革病毒、西尼罗病毒和日本脑炎病毒）。虽然 HCV 与黄病毒科其他成员之间的核苷酸序列同源性不高，但它们在基因组结构和复制策略上有显著的相似性。

基于核苷酸序列的系统进化分析，HCV 至少可分为 7 种主要基因型和 67 种亚型[154]。基因型之间的序列差异约为 30%。基因 1a 型和 1b 型是北美、欧洲和亚洲的主要流行型，占 HCV 分

离株的 70% 以上。在获得可作用于泛基因型的 DAA 之前，临床上对病毒基因型的鉴别很重要，因为基因 1 型和 4 型比基因 2 型和 3 型对基于 IFN 的抗病毒治疗表现出更高的耐药性。此外，HCV 以准种形式存在于患者中[155]，这一术语用于描述病毒 RNA 种类，它们有非常小的核苷酸差异。所有的 HCV 分离株都包含一个病毒颗粒群，其中包含一个主（主要）RNA 物种和其他具有一些核苷酸变异的次要变体[156]。准种的复杂性和进化可能反映了通过免疫逃逸机制下病毒感染的临床过程[157, 158]。

（二）病毒形态

HCV 病毒是一种直径 30～80nm 的有包膜的球形颗粒，通过受体介导的内吞作用进入细胞。病毒颗粒大小的多样性及大多数来源的病毒滴度较低，因此难以分离到纯病毒制剂。在人血浆[159]、黑猩猩肝脏[160]和产生感染性 HCV 的肝癌细胞培养基[161]中可观察到病毒颗粒。感染性 HCV 颗粒的密度相对较低，由于与 β- 脂蛋白[162]和 apoE[163, 164]连接，在蔗糖中的浮力密度为 1.09～1.10g/cm³。除了具有传染性的低密度病毒粒子外，还产生了具有传染性较低且浮力密度大于 1.1 的含有 RNA 的病毒颗粒，并且可能以含有 IgG 的免疫复合物形式存在[165, 166]。原代肝细胞和细胞系中产生的 HCV 颗粒进行冷冻电子断层扫描，证实了先前观察到的病毒粒子大小差异，并发现除了 apoE 之外，apoB 和 apoA-I 也存在于 HCV 颗粒的表面[167]。HCV 包膜包含两个病毒包膜蛋白 E1 和 E2，它们可能在病毒粒子表面形成刺突[167]。在包膜内部是一个核衣壳，其结构可能是二十面体。核衣壳由核心（C）蛋白和 9.5kb RNA 基因组组成。病毒包膜（脂质双分子层）的存在解释了早期观察到的主要非 A 非 B 型肝炎病毒的传染性可以通过氯仿或去污剂灭活[168]。

（三）基因组结构

病毒基因组 RNA 长 9.6kb，包含一个 ORF，编码一个长约 3010 个氨基酸的多聚蛋白。在 RNA 的 5' 末端是一个包含 341 个核苷酸的非翻译区，在不同分离株中，它比大多数编码序列更

保守（90% 序列同源性），由四个高度保守的茎环结构和一个假结组成，共同构成 IRES[169, 170]。与原核 mRNA 类似，它可以在缺乏经典翻译因子的情况下与 40S 核糖体结合[171]。二元 IRES：40S 结构与 eIF3 和三元 eIF2：Met-tRNA 结合。GTP 复合物使 IRES：80S 复合物形成[172, 173]。HCV 翻译不依赖于 5' 端帽子结构。IRES（Ⅲ 型）含有 microRNA122（mir-122）的结合位点，可提高病毒的复制效率（见参考文献 [174]）。由于 5'-UTR 序列的保守性，它是最常用于设计 RT-PCR 的引物序列，用于在临床环境中检测 HCV RNA。

RNA 的 3' 末端包含另一段约 200 个核苷酸的非翻译区（3'-UTR）。在 3' 最末端是一个长约 98 个核苷酸的区域，被称为 X[175, 176]。该区域在最初发现的 HCV 序列中是不存在的[153]。它形成一个三茎环结构，这在所有已知的病毒株中都是保守的。X 区的上游是一段可变长度的 poly U 段，其后是另一段完全由嘧啶残基（U 和 C）组成的序列；这些区域加起来有 30～90 个核苷酸。更上游的另一段序列（30～40 个核苷酸）在同一基因型中是保守的，但在不同基因型中差异显著[177]。利用缺失突变的病毒在黑猩猩体内感染性的分析发现 X 区域，以及 poly-U 和 UC 富集序列，而不是 3' UTR 中的可变序列，对病毒的传染性至关重要[178]。通过对肝癌细胞中自主复制的 HCV 亚基因组进行更详细的分析证实和完善这一结论[179-181]。重要的是，他们揭示了位于 3' UTR 的 SL2 与位于 ORF 区域 3' 端附近的茎环结构之间的“接吻环”相互作用[182]。5' UTR 和 3' UTR 被认为与细胞蛋白相互作用，在翻译、负链和正链 RNA 合成、RNA 包装中发挥作用[183]。

（四）蛋白质结构和功能

HCV 基因组编码一个 3010 个氨基酸组成的多聚蛋白，被细胞和病毒蛋白酶加工成 3 种结构蛋白（S）和 6 种非结构蛋白（NS），结构蛋白和非结构蛋白被一个小蛋白 p7 隔开（图 62-4）。

N 端的第一个蛋白是 191 个氨基酸组成的核心蛋白，这是一种高度碱性的 RNA 结合蛋白，组装成病毒的核衣壳。E1 连接处的信号序列将核心蛋白靶向内质网膜。其 C 端具有 E1 信号序列，

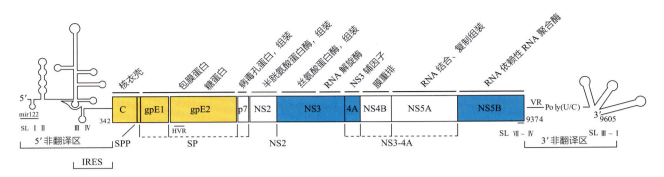

▲ 图 62-4　丙型肝炎病毒结构和功能图谱

该图显示了病毒基因组编码多个蛋白的开放阅读框（ORF），其两侧分别为 5′ 和 3′ 非翻译区（NTR）。5′ NTR 包含多蛋白翻译的内部核糖体入口位点和 mir-122 的结合位点。图片还描述了由主茎环结构形成的 NTR 二级结构。SL Ⅶ～Ⅳ位于聚合酶（NS5B）的编码区。3′ 端的 2 个 SL 簇被可变区（VR）和多聚（U/C）区分开。ORF 编码由 p7 分隔的 3 种结构蛋白（核心、E1 和 E2）和 6 种非结构蛋白（NS2-5B）。结构蛋白的加工由细胞蛋白酶进行。其编号对应于 HCV1b 病毒株 Con1（AJ238799）。SL. 茎环；HVR. 高变区；SPP. 信号肽肽酶；SP. 信号肽酶

在宿主信号肽酶切割下释放未成熟的蛋白质。宿主肽酶随后将该多肽加工成成熟的核心蛋白 [184]。作为一种二聚体 α- 螺旋蛋白，能与细胞膜和脂滴结合 [185, 186]。

E1（192 个氨基酸）和 E2（363 个氨基酸）属于包膜糖蛋白，在病毒颗粒表面形成异二聚体。E1 和 E2 都是 Ⅰ 型跨膜蛋白，停留在病毒组装场所 - 内质网膜中。E2 N 端的 28 个氨基酸是高度可变的，这是抗体驱动的免疫逃逸的结果 [187]。E2 包含与两种已知 HCV 受体，即四分子交联体超家族成员 CD81 和 SR-B Ⅰ 结合的主要决定序列。E2 与 CD81 的结合已通过结构研究得到证实 [188-192]。虽然 E2 被预测为 Ⅱ 类融合膜蛋白，但 E1 和 E2 促进膜融合的确切机制尚不清楚。事实上，最近的研究提示 E1 和 E2 可能使用不同于 Ⅱ 型融合蛋白的融合机制 [193]。

病毒孔蛋白 p7 是一种定位于内质网的 63 个氨基酸的膜蛋白，与 E1 和 E2 形成复合物，这是病毒组装和复制所必需的 [194, 195]。此外，p7 可以寡聚化并表现出类似于病毒孔蛋白的离子通道特性，如同流感病毒的 M2 或 HIV 的 vpu [196-198]。C-E1-E2-p7 的切割是通过蛋白质翻译过程中的细胞信号肽酶实现的。剩余的非结构蛋白不能被组装进病毒颗粒，都是病毒 RNA 复制所必需的（除了 NS2）。

NS2 蛋白酶对 NS2/NS3 连接处的切割及病毒颗粒组装的早期步骤都是必需的，其机制目前还不完全清楚 [199]。NS2 与 E1/E2/p7 复合物及 NS3/4A 相互作用 [200, 201]。NS2 的 C 端结构域（217 个氨基酸）与 NS3 的前 180 个氨基酸一起形成二聚体，Zn²⁺ 依赖的半胱氨酸蛋白酶可自动切割 NS2/NS3 的连接处 [202-204]。

NS3（631 个氨基酸）是一种丝氨酸蛋白酶，负责切割病毒的多聚蛋白，从而释放单个蛋白（见参考文献 [205]）。此外，NS3 的 C 端 2/3 具有病毒 RNA 复制所需的核苷酸三磷酸酶 / 解旋酶活性 [206, 207]。解旋酶在病毒 RNA 复制中的确切作用尚不清楚 [208]。NS3 蛋白酶和解旋酶结构域的晶体结构已被鉴定 [209-211]，这将有助于设计蛋白酶抑制药 [212]。

NS4A（54 个氨基酸）与 NS3 形成复合物，是蛋白酶活性的辅助因子 [213]。NS4B 是一种含 261 个氨基酸的疏水蛋白，可诱导复制复合物组装所需的膜状结构的形成 [214]。尽管它在病毒复制中起重要作用，但其作用机制仍未被解释清楚。

NS5A（447 个氨基酸）是一种与细胞膜相关的 RNA 结合磷酸化蛋白。它由三个独立的结构域组成 [215]。N 端结构域是模块化的，包含膜结合所需的一个两亲性 α- 螺旋和一个锌结合结构域 [216]。连接前两个结构域的铰链区带有丝氨酸残基，通过磷酸化修饰调节病毒复制和组装 [217, 218]。C 端

结构域在不同 HCV 突变株中表现出显著序列差异，并且与第二个结构域一样，是展开的。NS5A 可以与多种细胞蛋白相互作用，包括定位于内质网 – 高尔基体系统中的 hVAP-A[219, 220]。此外，NS5A 与 CypA 相互作用，CypA 是一种脯氨酰 – 肽基异构酶，可能通过正确折叠 NS5A 的中心和 C 末端结构域而在 HCV 复制中发挥作用[221, 222]。

HCV 最后一个非结构蛋白 NS5B 是一种 591 个氨基酸的 RNA 依赖性 RNA 聚合酶[223]。虽然 NS5B 表现出其他 RNA 聚合酶 / 逆转录酶共有的结构特征，但 NS5B 的不同之处在于，由于手指和拇指域之间的相互作用，其活性位点被完全包围[224]。

（五）病毒复制

HCV 感染肝细胞是一个多步骤的复杂过程，难以被精确分析，部分原因是 HCV 包膜的复杂性，包括脂蛋白、载脂蛋白和病毒结构糖蛋白 E1 和 E2 之间的互作。基于对细胞培养产生的感染性 HCV（HCVcc）[161, 179] 和 HCV 假病毒颗粒（HCVpp）[225] 的生化和遗传研究，发现了以下感染模型：SR-B1[226, 227] 或硫酸乙酰肝素蛋白聚糖多聚体 4[228] 介导病毒颗粒的捕获和附着，随后 E2 与 CD81 结合[190, 229]。这一步以某种方式触发了 EGFR 信号转导通路的激活，导致紧密连接蛋白 claudin-1 和 occludin-1 聚集[192]。通过网格蛋白介导的内吞作用将病毒颗粒内化，随后将病毒基因组释放到细胞质中进行翻译[230]。CD81 和 occludin-1 是导致 HCV 感染宿主范围狭窄的两个主要因素，将感染限制在人类和黑猩猩这两个宿主中[231-234]。

HCV 相关的广泛肝外疾病表现（如 Ⅱ 型混合冷球蛋白血症、Sjögren 综合征、紫癜、假膜性肾小球肾炎和 B 细胞非霍奇金淋巴瘤）被一些研究者解释为 HCV 可在肝外组织复制，此外也有一些证据支持 HCV 在肝外组织和永生化淋巴细胞中的复制，这也引发关于 HCV 的组织嗜性的争论（见参考文献 [235]）。由于病毒 RNA 水平非常低，平均每个肝细胞只有几个拷贝，因此证明病毒复制需要选择性检测负链，即病毒复制的

中间体；与正链相比，负链的含量低 10 倍。应用特异性 PCR 检测发现，负链仅在受感染的肝组织中检测到，而在受感染黑猩猩的淋巴细胞或其他组织中未检测到[236]。此外，在相同条件下，感染患者的外周血单个核细胞中无法检测到负链[236, 237]。由于 HCV RNA 复制可发生在非肝源细胞甚至小鼠细胞中，因此组织嗜性（如宿主特异性）可能主要在病毒入侵时被决定[238]。最近有报道称，淋巴细胞特异性共刺激受体 B7.2（CD86）可能在 HCV 变异体进入记忆 B 细胞中发挥关键作用[239]。

HCV 通过受体介导的内吞作用和脱壳进入细胞后，基因组作为翻译病毒多聚蛋白的模板。多聚蛋白的翻译由 IRES 指导，并发生在膜相关核糖体（粗面内质网）上。结构域中存在信号序列，这些信号序列由 ER 腔中的信号肽酶处理。核心蛋白合成之后是两个包膜糖蛋白 E1 和 E2 及小的 p7 蛋白。与 S 基因相比，除了 NS2-NS3 位点被 NS2-NS3 半胱氨酸蛋白酶切割外，其余六种 NS 蛋白均由病毒 NS3 蛋白酶加工。病毒蛋白的翻译激活复制复合物在内质网膜上形成。mRNA 作为合成负链 RNA 的模板，而负链 RNA 反过来又催化正链的扩增。因此，检测到负链 RNA 是病毒在感染细胞和组织中复制的最确切证据。

对病毒 RNA 合成调控认识仍不足够。反向遗传学实验鉴定了位于病毒 RNA 5′ 端和 3′ 端附近的病毒 RNA 信号。然而，位于 ORF 的其他信号更难识别，因为除了部分 NS5A 外，所有的 NS 蛋白都需要顺式病毒复制，从而排除了干扰 NS 蛋白合成的遗传分析。上述结构元件（IRES、茎环）的存在是病毒复制的必要条件。尽管多项研究描述了这些元件与细胞和病毒蛋白之间的相互作用，但生理条件下相互作用的特性仍不清楚。例外的是病毒 RNA 3′ 端附近的茎环结构与病毒 RNA 5′ 端附近的 mir-122 结合区域形成的接吻环相互作用[174, 182]。mir-122 在 HCV 复制过程中具有多种调控功能，包括增加病毒 RNA 的翻译速率、增强 RNA 复制以及保护病毒 RNA 不被降解[240]。RNA 复制发生在双膜囊泡（double-membrane vesicles，DMV）上，由 NS4B 蛋白与

NS3–5B 的其他成分协同调控 [214, 241, 242]。除了病毒 NS 蛋白外，一些宿主蛋白也参与病毒 RNA 复制，包括 CypA（见参考文献 [243]）。更复杂的是，HCV 可激活脂质代谢途径，导致受感染细胞中脂质组发生改变。这种改变可能不仅对 RNA 复制至关重要，而且对感染性病毒颗粒的组装和分泌也至关重要。例如，核心蛋白和 NS5A 积聚在细胞质内的脂滴上，在那里协调核衣壳形成的早期步骤 [244]。RNA 复制和组装之间的转换也受 NS2 控制，NS2 通过与 E1-E2-p7 复合物和 NS3-4A 结合在非结构蛋白和结构蛋白之间形成 "桥梁" [245]。核衣壳如何与 E1 和 E2 及载脂蛋白组装仍然不清楚。最终，病毒粒子进入分泌途径，通过高尔基体迁移，并通过内吞再循环小泡离开感染的肝细胞 [246]。

HCV 复制可抑制 IFN-β 等先天免疫反应信号通路 [247]，主要是由 NS3-4A 蛋白酶切割导致接头蛋白 IPS-1（也称为 VISA、MAVS、Cardif）从线粒体解离引起的 [248]。此外，IPS-1 为病毒 RNA 结构诱导的信号复合物提供了支架，导致潜在转录因子 NF-κB 和 IRF3 的激活，进而触发 IFN-β 和其他先天免疫反应 "第一波" 几个代表基因的转录 [249, 250]。这些结果已在 HCV 感染肝癌细胞中的模型中进行了验证。然而，来自患者和感染黑猩猩的肝组织分析表明 HCV 复制与 ISG 的诱导有关，这表明在体内，NS3-4A 对先天免疫反应的抑制并不完全和体外培养细胞中观察到的现象一致 [251-253]。

（六）慢性 HCV 治愈的抗病毒治疗

在 1989 年 HCV 被发现之前，就已经获得了治愈慢性 NANBH 感染的可能性证据 [254]。随着 HCV 诊断检测方法的发展，包括 PCR 分析以确定病毒的基因型 IFN 治疗慢性 HCV 感染的影响，包括从世界各地的患者队列报道的利巴韦林的联合治疗结果。最终，发现了 HCV 生物学中一个有趣的方面：IFN 对 HCV 的治疗效果与 HCV 的基因型有关。HCV1b 是世界上最流行的基因型，聚乙二醇 IFN 和利巴韦林的联合治疗对于大约一半的 HCV1b 感染患者是失败的，但可治愈约 90% 的基因 2 型或 3 型的 HCV 患者 [255]。鉴定

IFN 耐药的病毒决定因素的工作在很大程度上仍未成功，主要是因为 IFN 通过多种直接和间接机制表现出其抗病毒活性。此外，利巴韦林的确切作用机制仍不清楚。然而，20 多年来，IFN 治疗仍然是治疗慢性 HCV 感染的标准治疗（standard of care，SOC）。

基于 IFN 治疗仅能治愈一小部分 HCV 感染患者，这促使研究者争相开发 DAA，靶向病毒具有酶功能的蛋白，即蛋白酶 NS34A 和聚合酶 NS5B。对 HIV 的研究经验和 HCV 基因组在 RNA 复制过程中快速进化的研究表明，由 IFN 和一个 DAA 或多个 DAA 组成的联合治疗对于防止病毒耐药株的出现是必要的。从细胞培养实验中也进一步获得了成功治疗 HCV 的潜力。他们证明了 HCV 正链和负链 RNA 的半衰期较短，这表明持续抑制新生 RNA 扩增最终能成功清除病毒 [256, 257]。此外，IFN 也可以清除表达 HCV 亚基因组的肝癌细胞中的病毒 [258]。

HCV 基础研究极大地促进了 DAA 药物的成功研发。首先，解析 NS3-4A 蛋白酶的原子结构发现其活性位点异常平坦，缺乏其他已知蛋白酶（包括 HIV 蛋白酶）所观察到的空洞或皮瓣等特征 [209, 210]。这些信息可被用于设计肽类抑制药 [212, 259]。临床试验证明，与 SOC IFN 治疗相比，NS3-4A 蛋白酶抑制药与 IFN 和利巴韦林联合治疗显示出更高的持续病毒学应答率 [260]。其次，HCV 复制子系统的开发使得针对蛋白酶和 NS5B 聚合酶的候选药物的有效性和耐药标志物的测定成为可能 [261]。因此，复制子系统对于验证候选药物对其预期靶标的活性、鉴定和表征对新鉴定的化合物表现出抗性的突变体至关重要。复制子系统有助于鉴定非常有效的 NS5B 抑制剂 2'- 脱氧 -2'- 氟 -2'-C- 甲基胞苷的表型，该抑制药被进一步开发为前药索非布韦 [262]。值得注意的是，用于高通量分析的复制子系统的进一步发展也鉴定了一些靶向 NS5A 的最有效的 HCV 抑制药 [263, 264]。迄今为止，NS5A 抑制药已被包括在所有 FDA 批准的抗 HCV 联合疗法中。

总之，在过去 20 年里，在研究 HCV 分子生物学方面的努力为开发 DAA 抗病毒疗法铺平了

道路，该疗法可在不到 3 个月的时间内治愈几乎所有慢性 HCV 感染患者。最重要的是，特别是与必须忍受近 1 年的 IFN 疗法相比，基于 DAA 的抗病毒疗法表现出最小的不良反应。考虑到近 1 亿例慢性 HCV 感染患者所造成的公共卫生负担，DAA 药物被誉为这个时代临床护理中最重要的进展。

四、丁型肝炎病毒

HDV 最初被检测为一种新抗原，称为丁型肝炎抗原（HDAg），存在于意大利一些经历急性肝炎发作的 HBV 携带者的肝细胞核中。它最初被认为代表了一种以前未鉴定的 HBV 抗原。后来，将这种病毒接种到黑猩猩体内后分离出一种 36nm 的新型病毒颗粒，才证实 HDV 是一种新型病毒[265]。丁型肝炎病毒属于卫星病毒科的一个漂浮属，即丁型病毒（无病毒科名称）。它的传播依赖于 HBV，因为 HDV 不编码自己的包膜蛋白，但即使在没有 HBV 的情况下也可以自主复制。然而，HDV 的细胞间传播需要 HBV 的帮助才能形成病毒颗粒。出于这个原因，在临床上从未检测到没有 HBV 合并感染的 HDV。

HDV 可分为 8 个支系（基因型），具有相对不同的地理分布和致病性[266]。基因 1 型分布于世界各地，特别是欧洲和北美，基因 2 型主要分布在亚洲，特别是中国台湾和日本，引起的肝炎症状较轻[267]。基因 3 型仅在南美洲发现，通常与急性重型肝炎有关[268]。基因 4 型在中国台湾和日本冲绳发现，基因 5～8 型在西非和中非占主导地位[266]。

（一）病毒结构

HDV 病毒是一个大小为 36nm 的包膜球形颗粒，略小于 HBV（42nm）。包膜由 HBV 提供的 HBsAg 组成，包膜内部是由 HDAg 核衣壳包裹的病毒 RNA。HDAg 是由 HDV 编码的唯一蛋白质。病毒基因组是一条长约 1.7kb 的环状单链 RNA，是人类病毒中唯一的环状 RNA，也是最小的 RNA 基因组[269, 270]。HDV RNA 中 74% 的核苷酸是自我互补的，从而形成双链（"棒状"）结构[271]。病毒 RNA 的一个大约 85 个核苷酸组成的小区域具有核酶活性；RNA 可以在没有任何

蛋白质因子的情况下自行分裂[272, 273]。核酶具有独特的构象（称为"HDV 核酶"）[273]。最初，人们认为 HDV 核酶只存在于 HDV RNA 中；然而，后来的研究发现，HDV 样核酶几乎存在于所有动物中[274]，因此提出了一个关于 HDV 起源的有趣问题。HDV 病毒 RNA 不编码任何蛋白质，但其直接合成的反式基因组 RNA 可编码 HDAg（图 62–5）。

HDAg 形成病毒颗粒的核衣壳，通常由两种蛋白质组成：214 个氨基酸组成的大蛋白（L-HDAg）和 195 个氨基酸的小蛋白（S-HDAg）。这两种蛋白具有相同的序列，前者在 C 端包含 19 个额外的氨基酸。HDAg 主要存在于感染细胞的细胞核中，正是这种蛋白质导致了 HDV 的发现。它可以被磷酸化、乙酰化、甲基化[27, 276] 和苏木素化修饰[277]，L-HDAg 通常被异戊烯化修饰[278]。这些修饰在 HDAg 的各种生物学功能中发挥着重要作用。除了在核衣壳形成中发挥作用外，HDAg 蛋白对病毒复制也至关重要：S-HDAg 是病毒 RNA 复制所必需的[279]，而 L-HDAg 虽然抑制 RNA 复制[280]，但它也是病毒颗粒组装所必需的[281]。包膜 HBsAg 是由共感染的 HBV 产生的，由 L、M 和 S 组成，与 HBV 颗粒的比例略有不同。

（二）病毒复制

HDV 仅感染人类和黑猩猩的肝细胞。HDV 与 HBV 共享包膜蛋白，可能使用与 HBV 相同的特异性表面受体。这些病毒所需的受体和其他入侵细胞的因子最近才被发现。NTCP 是肝细胞上的胆盐转运蛋白，被鉴定为 HBsAg 的细胞结合蛋白，表达人类 NTCP 的细胞系被发现可感染 HBV 和 HDV，并支持病毒复制[282]，因此将 NTCP 鉴定为 HDV 和 HBV 的功能性细胞受体。研究发现，HDV 通过其包膜蛋白 L-HBsAg 的 N 端前 S1 区与 NTCP 相互作用，该区域被肉豆蔻酰化修饰。肉豆蔻酰化修饰对于这种相互作用至关重要。除了 HDV 包膜蛋白（HBsAg，由 HBV 共感染提供）和 NTCP 之间的特异性相互作用外，HDV 和 HSPG 之间也存在低亲和力相互作用，特别是甘聚糖 5[283]。因此，HSPG 和 NTCP

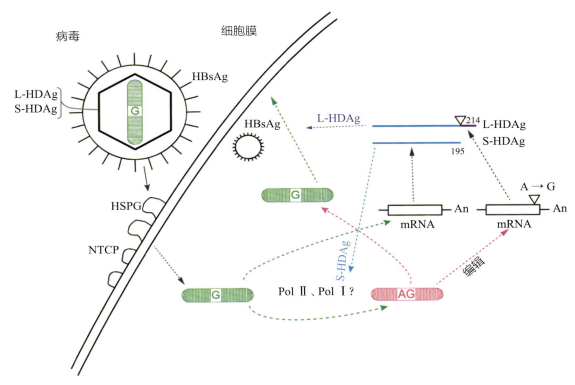

▲ 图 62-5　丁型肝炎病毒（HDV）的结构和复制周期

病毒颗粒的包膜包含 HBsAg（源自 HBV）L、M 和 S，丁型肝炎抗原（HDAg）（大蛋白和小蛋白），与 1.7kb 的环状单链 RNA（棒状）组成内部核衣壳。病毒通过结合 HSPG 和 NTCP 分子进入细胞。细胞 RNA 聚合酶（Pol Ⅱ 和 Pol Ⅰ）通过滚环机制将 RNA 基因组复制成 1.7kb 的反式基因组 RNA 和编码 S-HDAg 的 0.8kb 的 mRNA。在复制晚期，RNA 通过延伸 S-HDAg 的开放阅读框（ORF），编码出 L-HDAg。反基因组 RNA 进一步复制，产生基因组 RNA。L-HDAg 和 HBsAg 与基因组 RNA 及 S-HDAg 一起被包装并组装到病毒颗粒中。RNA 复制发生在细胞核中，而病毒组装发生在细胞质中。HSPG. 硫酸乙酰肝素糖蛋白；NTCP. 牛磺胆酸钠共转运多肽

是 HDV 表面受体的组成部分。据推测，HSPG-HDV 相互作用改变了 HDV 包膜构象，从而促进了随后的 HDV-NTCP 相互作用。

　　HDV 通过病毒 - 受体相互作用介导的内吞作用进入细胞。HDV 基因组的复制通过 RNA 依赖性 RNA 的合成。HDV RNA 首先复制成反式基因组 RNA，然后再复制成基因组 RNA。目前在 HDV 复制过程中还未发现任何 DNA 中间物。由 RNA 到 RNA 的复制是通过滚环扩增方式发生[284]（图 62-5）：首先，RNA 复制始于病毒基因组模板上松弛的复制起点。一旦启动，聚合酶可能会持续以环状病毒基因组 RNA 为模板合成 RNA，产生多种基因组长度的反式基因组 RNA。目前还不知道这一过程将持续多久。这种 RNA 多聚体被 HDV RNA 的固有核酶加工成单体长度的 RNA

（自催化自切割），然后连接形成反式基因组环状 RNA。后者又用于合成多聚体基因组 RNA，再加工成单体基因组 RNA，从而完成复制。在感染细胞中可检测到这种复制模型中的每种中间产物 RNA，无论是在基因组 RNA 链或反式基因组 RNA 链中，抑制核酶活性都抑制了 HDV RNA 的复制，这支持了双滚环复制模型[285]。虽然已确定基因组和反式基因组 RNA 均由 HDV 核酶切割成各自的单体 RNA，但单体 RNA 的环化（RNA 连接）机制目前仍不清楚。核酶的自连接活性(反之核酶的自我切割)[285]和细胞 RNA 连接酶都与该过程有关[286]。因此，HDV 的持续性细胞感染取决于 HDV RNA 的持续复制。

　　除了 1.7kb 的基因组和反式基因组 RNA 外，HDV 还合成一个小的（0.8kb）反式基因组多聚

腺苷酸 RNA，它包含一个可编码 HDAg 的 ORF。早期研究提出，该 mRNA 表示 HDV RNA 复制的初始切割产物[287]。然而，后来研究表明，这种 mRNA 的转录独立于 HDV 反式基因组 RNA 的复制，并且它在整个 HDV 复制周期中都持续存在[288]。因此，这种小的 HDAg 编码 RNA 的转录是卫星病毒科 RNA 所特有的。

HDV 复制周期中的一个重要特征是病毒 mRNA 的模板序列在复制过程中发生延伸编辑事件，在复制早期，mRNA 编码产生 S-HDAg，而在复制晚期，mRNA 编码产生 L-HDAg。该编辑事件发生在 HDAg ORF 的终止密码子（在反式基因组链上）的下游位点，它将 S-HDAg 的终止密码子更改为色氨酸密码子，从而将 ORF 延长了 19 个氨基酸[289]，最终编码产生 L-HDAg。19 个氨基酸序列中包含一个异戊二烯化位点和核输出信号及 HBsAg 结合基序。这种编辑事件由细胞双链 RNA 腺苷脱氨酶（ADAR-1）进行，该酶在编辑位点将 UAG（琥珀色）转化为 UIG，随后转化为 UGG（trp）[290]。这种编辑的结果是，编码 L-HDAg 的反式基因组 RNA 逐渐积累，导致 L-HDAg 合成增加，进而抑制了病毒 RNA 合成。另外，L-HDAg 启动病毒粒子组装。因此，RNA 编辑可以使病毒从 RNA 复制阶段切换到组装阶段，从而产生病毒颗粒。HDV 基因组 RNA 与 L-HDAg、S-HDAg 和 HBsAg 一起包装到病毒颗粒中。目前还不清楚这种编辑事件是如何随时间推移而被调控，但编辑过的基因组不再编码 S-HDAg 从而导致病毒不具有传染性，这也可能是该编辑事件发生的原因。在临床感染中，两种形式的 HDAg 在不同的临床阶段以不同的比例存在。

HDV RNA 复制需要 S-HDAg。给 S-HDAg 表达缺陷的 HDV 突变体反式提供一个野生型的 S-HDAg 后，可恢复 HDV RNA 的复制功能。但 S-HDAg 不是聚合酶，HDV 也不编码任何其他蛋白质；因此，HDV RNA 复制可能是依赖于宿主细胞内的酶。多项研究间接证明，宿主细胞内 DNA 依赖性 Pol Ⅱ 参与 HDV RNA 复制。首先，HDV RNA 的复制可被低浓度 Pol Ⅱ 抑制药 α- 鹅膏蕈碱所抑制[291-293]。其次，生化和晶体学研究表明，宿主细胞内 Pol Ⅱ 在某些条件下具有 RNA 依赖性 RNA 聚合酶活性[294]。第三，Pol Ⅱ 可以与 HDV RNA 和 HDAg 结合，并利用 HDV RNA 作为模板进行体外切割和延伸反应[295]。进一步研究表明，基因组 HDV RNA 的合成对 α- 鹅膏蕈碱的敏感性显著降低[288, 292]。RNA 定位研究显示，反式基因组 RNA 主要定位于核仁，而基因组 RNA 定位于核质[296]。HDAg 的翻译后修饰，包括磷酸化、乙酰化、苏木素化和甲基化，是基因组 RNA 所必需的，但不是反式基因组 RNA 合成所必需的[275, 296]。这些研究表明，基因组和反式基因组 RNA 的合成可能由不同的转录机制介导。Pol Ⅱ 肯定参与其中，但其他聚合酶（如 Pol Ⅰ）的可能作用尚未排除。

（三）病毒粒子的组装和传播

HDV 利用 HBsAg 作为包膜蛋白。因此，在没有 HBV 合并感染的情况下，HDV 不能组装成病毒颗粒。HDV 可以在没有 HBV 存在的动物体内复制，但不会产生子代病毒[297]。HBsAg 蛋白、HDV L-HDAg 和 HDV RNA 是组装病毒颗粒所必需的[281]。L-HDAg 最后延伸的 19 个氨基酸，包含异戊二烯化信号[278]，与共感染 HBV 产生的 HBsAg L 蛋白的前 S 区相互作用以触发病毒组装。HDV RNA 和 S-HDAg 通过与 L-HDAg 相互作用被整合到病毒颗粒中。病毒样颗粒的形成可只需要 S-HBsAg，但这些病毒样颗粒不具感染性。感染性 HDV 的产生需要 L-HBsAg，这表明 L-HBsAg 的前 S1 区域在病毒颗粒形成中的重要性。只有基因组 RNA 而非反式基因组 RNA 可以被包装进病毒颗粒，这可能是因为基因组 RNA 而不是反式基因组 RNA 可以被转运到细胞质[298]，从而使病毒颗粒的组装具有特异性。虽然 S-HDAg 对病毒颗粒的形成不是必需的，但由于它与 L-HDAg 相互作用，所以 S-HDAg 几乎存在于所有病毒颗粒中。它可能参与 HDV RNA 复制的起始阶段。病毒粒子在 HBsAg 所在的 ER 中组装，并最终通过一种未知机制释放到细胞外。

（四）分子致病机制

HDV 感染通常与重症肝炎有关。研究发现，

3 型 HDV 的感染与重症肝炎相关，而 2 型 HDV 感染则与轻型肝炎相关，说明病毒遗传因素在肝炎的严重程度中起着一定的作用。一种可能的机制是 HDAg 具有细胞毒性。的确，在肝细胞系中过表达 HDAg 会导致细胞毒性 [299]，但 S-HDAg 转基因小鼠通常是健康的 [300]。HDAg 已发现可与多种宿主细胞蛋白相互作用，包括 RNA 聚合酶和转录因子。HDAg 也可通过 HDV 表观遗传信号调控途径与其他因子相互作用，如激活簇蛋白的组蛋白乙酰化 [301]。L-HDAg 可增强 TGF-β 和 c-Jun 等信号通路，导致 PAI-1 的产量增加 [302]。这可以解释与 HDV 感染相关的肝纤维化。此外，L-HDAg 已被证明会影响 TNF 诱导的 NF-κB 信号转导 [303]。HDV 的发病机制也可能与 HBV 发病机制相结合，因为肝移植后 HDV 的再感染通常是无症状的，除非移植后 HBV 被重新激活或 HBV 再次感染 [304]。另一个潜在的致病机制是免疫介导的发病机制 [305]，因为在慢性 HDV 患者中可以检测到 CD4 和 CD8 阳性 T 细胞，它们有助于病毒的清除 [306, 307]。NK 细胞可能是另一个影响 HDV 患者对 IFN 治疗反应的因素 [308]。先天免疫可能在 HDV 的发病机制中发挥非常重要的作用，因为 HDV 在临床病例和实验动物模型中均会改变 IFN 信号通路的细胞因子表达谱。然而，在不同的实验体系中，不同的先天免疫分子的反应并不一致 [305, 309–311]。因此，丁型肝炎的激活可能涉及多种致病机制。

（五）诊断

在所有急性重型肝炎和 HBV 携带者急性肝炎复发时，应考虑是否有丁型肝炎急性感染。由于 HDV/HBV 同时感染和 HBV 携带者的 HDV 双重感染具有不同的结果（后者更常导致慢性丁型肝炎），因此区分两种感染模式很重要。在急性 HDV/HBV 合并感染的情况下，可以检测到抗 HBc IgM 抗体，而在慢性 HBV 携带者的 HDV 双重感染中则检测不到。急性 HDV 感染的诊断可通过 EIA 或 RIA 检测血清中的 HDAg，或者通过 RT-PCR 方法检测 HDV RNA 水平。抗 HDAg IgM 和 IgG 的存在也可以在大多数病例中得到证实。肝脏中 HDAg 的检测被认为是诊断 HDV 感

染的金标准。在慢性丁型肝炎中，HDAg 很难被检测，因为它常与抗 HDAg 抗体形成复合体。在这种情况下，丁型肝炎需通过检测血清和肝活检中 HDV 的 RNA 水平进行诊断。

（六）治疗和控制

HBV 疫苗接种仍然是控制 HDV 的最有效方法。在过去的 20 年里，世界范围内 HDV 感染的流行率急剧下降，这可能是因为 HBV 疫苗的普遍接种。然而，这种下降趋势近年来已经停止，仍存在 HDV 高流行率的地区。IFN-α 是首选治疗药物，但是它需要用比治疗 HBV 感染更高的剂量，并且不能防止停药后复发。

由于 HDV 的基因组很小，病毒特异性特征少，抗 HDV 成物的靶点很少。目前有三种治疗 HDV 的新药正在接受测试 [312]：第一种是法尼酰基转移酶的抑制药，该抑制药可对 L-HDAg 进行法尼酰基化（异戊二烯化）修饰。这类药物可抑制传染性 HDV 病毒颗粒的产生。第二种是核酸聚合物作为病毒进入的一般抑制药，抑制 HDV 与 HSPG 的结合。第三种是人类 NTCP 受体的特异性抑制药，如模拟 L-HBsAg 前 S1 区域的多肽。这类药物抑制 HDV 与细胞受体的结合，从而干扰病毒的传播。myrcludex B 可作为第三类的代表药物。这些药物正处于临床试验的不同阶段。

五、戊型肝炎病毒

戊型肝炎病毒（hepatitis E virus，HEV）是资源匮乏的热带国家（特别是亚洲、非洲和中美洲）暴发急性食源性肝炎的主要病因。它最初被称为肠内非 A 非 B 型肝炎，它与 HAV 一样通过粪口途径传播。HEV 感染的一个独有特征是妊娠晚期孕妇中的高死亡率（10%～20% 的死亡率），这主要是由于它进展为急性肝衰竭的风险较高 [313]。该病毒最初通过两种方法分离得到：一种是对从感染的食蟹猴胆汁中获得的核酸进行差减克隆和差异扩增，另一种方法是用恢复期血清对患者粪便中的 cDNA 表达文库进行免疫筛选 [314]。HEV 属于肝炎病毒科 [315]。

感染人类 HEV 病毒株可分为四种基因型 [315, 316]，1～4 型均属于单一血清型。通过粪口途径传播造

成的流行性主要与基因 1 型和 2 型有关，而基因 3 型和 4 型与人畜共患感染有关。HEV 可能是人畜共患病的观点的支持证据如下：HEV 不仅感染人类，还感染其他哺乳动物，包括灵长类动物、猪和大鼠，这些哺乳动物可能是人类感染的中间宿主 [317-325]。HEV 人畜共患病被认为是通过食用或处理生的或未煮熟的肉而感染的。在鸡 [328, 329] 体内发现了一种 HEV 相关病毒，暂时将其归类为一个独特的属种 [326, 327]。最近，有研究表明，猪可能是许多西方国家人畜共患感染的主要传染源。有趣的是，虽然人畜共患病的累积发病率非常高，如美国 70 岁人群的累计发病率可高达 40% [330]，但美国和其他西方国家报道的戊型肝炎整体发病率却较低 [331]。这可能与导致人畜共患传播的毒株的致病性低于粪 - 口途径传播的毒株有关 [315, 332]。然而，缺乏针对 HEV 感染的临床标准化检测也可能是美国报道病例数低的因素之一 [333]。

HEV 在大多数细胞培养系统中的复制能力较差。因此，关于病毒复制的大部分结论都是从基因实验中推导得出，而不是病毒真实复制的直接表征。

（一）病毒结构

在粪便中发现的 HEV 是一种大小为 32～34nm 的无包膜球形病毒颗粒。病毒核衣壳由排列规则的核衣壳蛋白组成，可能以二聚体形式组装形成二十面体结构 [334]。据报道，核衣壳蛋白的 N 端和 C 端氨基酸在翻译后会被去除并发生糖基化修饰，但糖基化似乎与病毒的组装和感染无关 [335]。病毒没有包膜结构解释了病毒颗粒能抵抗乙醚、氯仿或温和去污剂处理的原因。HEV 核衣壳内含有长约 7.5kb 的单股正链 RNA，具有 5′ 端帽结构（图 62-6）。HEV RNA 包含三个重叠的 ORF。ORF1 位于 RNA 5′ 端约 5kb 处，编码病毒 RNA 合成所需的多聚蛋白 [336]。据预测，该多聚蛋白包含多个功能基序，可能在蛋白质加工和 RNA 复制中具有潜在作用 [315, 336]（图 62-6）。这些基序包括甲基转移酶、木瓜蛋白酶样半胱氨酸蛋白酶、解旋酶和 RNA 依赖的 RNA 聚合酶。ORF2 位于病毒 RNA 的 3′ 端，编码核衣壳蛋白，该蛋白可用于 HEV 感染的免疫检测。ORF3

最初被认为与其他两个 ORF 重叠。但是，研究发现 ORF3 的第一个 AUG 与 ORF1 的终止密码子重叠这一结论具有误导性，因为 ORF3 的翻译不是从第一个 AUG 开始，而是从第三个 AUG 开始 [337, 338]。ORF3 编码含有 114 个氨基酸的免疫原性蛋白，在体内感染是必需的 [338-340]，但在体外感染中不需要 [339]。ORF3 对感染性病毒的复制不是必需的，但对病毒从受感染细胞释放是必需的。

与 HAV 一样，HEV 通过外泌体途径形成包膜病毒后从感染细胞中释放 [341, 342]。因此，HEV 患者的病毒血症反映了包膜病毒的存在，而不是粪便样本中的非包膜病毒。这些包膜病毒颗粒包含 ORF3 蛋白 [343]。包膜和 ORF3 蛋白在通过胆道时可被去除，而此时病毒可被 ORF2 抗体所中和。包膜和非包膜病毒颗粒都具有传染性 [343]。至于 HAV，包膜可保护 HEV 免受中和抗体的影响，这可能会促进病毒在体内的传播，从而解释了为什么 ORF3 对于体内增殖性感染的可检测水平是必要的，以及 ORF3 在病毒释放过程中的作用。在没有 ORF3 的情况下，细胞培养中产生的感染性病毒颗粒在很大程度上仍与细胞相关。

（二）病毒复制

HEV 可感染黑猩猩 [344, 345]、猕猴 [346, 347]、非洲绿猴 [348]、猫头鹰猴 [348]、松鼠猴 [348] 和食蟹猴 [348] 等多种灵长类动物。HEV 还可感染猪和大鼠 [324] 等非灵长类动物。不同组织来源的细胞株均可被 HEV 感染，但均不能有效表达 HEV 蛋白。在感染细胞中，病毒 RNA 被病毒编码的 RNA 依赖 RNA 聚合酶复制合成负链 RNA，然后再从负链合成全长正链 RNA。在感染细胞中，除了可检测到 7.5kb 基因组 RNA 外，还检测到一种与 RNA 基因组 3′ 端相同末端的 2.0kb 亚基因组正链 RNA [337]。2.0kb mRNA 的表达是 HEV 感染的晚期事件，因为它的合成取决于病毒 RNA 聚合酶的表达和 ORF1 编码的其他功能。该双顺反子亚基因组 mRNA 分别用于 ORF2 和 ORF3 的翻译 [337, 338]。在 ORF1 的 3′ 端和 ORF2 的第一个 AUG 之间有一个长约 50 个核苷酸的短保守区间，折叠成相邻的茎环，可编码一个 ORF2 和 ORF3

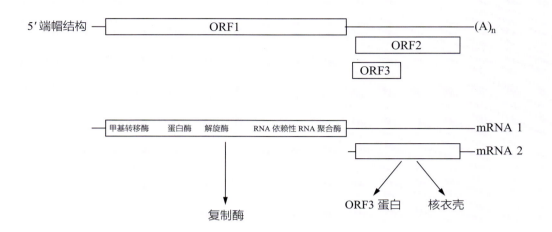

▲ 图 62-6　戊型肝炎病毒（HEV）的基因组结构

HEV 基因组是一条长约 7.2kb 的正单链 RNA，具有 5′ 帽结构和 3′poly-A 尾。包含 3 个开放阅读框（ORF），编码复制酶（ORF1）、核衣壳蛋白（ORF2）和 ORF3。ORF1 的结构域从左到右编码甲基转移酶、木瓜蛋白酶样半胱氨酸蛋白酶、解旋酶和 RNA 依赖性 RNA 聚合酶（RDRP）。ORF1 从基因组 mRNA 翻译，ORF2 和 ORF3 通过单个亚基因组 mRNA 的 5′ 端的框外的 AUG 开始翻译

蛋白产生所必需的顺式作用元件[338, 340]，它也可能作为 2.0kb RNA 的启动子（图 62-6），这是 ORF2 和 ORF3 的翻译所必需的启动子。全长基因组 RNA 用于 ORF1 多聚蛋白的翻译，ORF1 多聚蛋白可能被自身蛋白酶加工成多种蛋白；但这一过程尚未被直接证实[349]。值得注意的是，HEV 需要 ORF3 才能感染肝脏[339]，这说明病毒需要 ORF3 才能扩散到最初感染的肝细胞之外。ORF3 也可能在细胞对抗感染的先天免疫反应中发挥作用[350]。在病毒基因组 RNA 的 5′ 端和 3′ 端分别有 27 个和 65 个核苷酸的短 UTR 序列[336]，它们可能分别参与了负链和正链合成的起始过程。

（三）感染和发病机制

戊型肝炎社区暴发的感染和发病机制可能与 HAV 的描述相似。一个主要区别是，HEV 可以在免疫功能低下的患者中建立慢性感染，并可发展为肝硬化和肝衰竭。然而，应该注意的是，迄今为止，此类慢性感染仅在 HEV 通过人畜共患病传播的地区被发现，因此可能是针对 HEV 基因 3 型和 4 型[332]。中国已开发出针对核衣壳表位的 HEV 疫苗，可以预防 HEV；然而，该疫苗迄今尚未广泛使用[351]。

第63章 病毒性肝炎的免疫清除及发病机制

Immune Mechanisms of Viral Clearance and Disease Pathogenesis During Viral Hepatitis

Carlo Ferrari Valeria Barili Stefania Varchetta Mario U. Mondelli 著

王　鑫　章树业　陈昱安　张　政　译

一、背景

　　肝细胞损伤可由多种不同病因所诱发，包括病毒感染。已知在病毒感染过程中，免疫应答在病毒清除和疾病发病过程中发挥核心作用。近年来，依赖于病毒感染和肝病动物模型的发展及新型分子研究工具的应用，精准解析免疫应答诱导组织损伤和病毒清除的过程成为可能，进一步加深了对其背后免疫学机制的理解。

　　病毒是专性的细胞内病原体，其复制和生长依赖于宿主细胞。在病毒和宿主接触早期，病毒利用靶细胞表面分子结合到靶细胞。防御病毒感染的一个重要方面是中和体内循环的病毒，以及干扰其进入宿主细胞。这些功能主要是由特异性靶向病毒的抗体所介导的，这些抗体可以通过调理素作用增强对病毒颗粒的吞噬清除，还可通过阻断病毒附着和侵入细胞，从而抑制病毒的感染。抗病毒保护性免疫的第二个步骤是通过细胞免疫应答进行胞内病毒的清除，该过程依赖于细胞毒性T淋巴细胞（cytotoxic T lymphocyte, CTL）对被感染细胞进行免疫杀伤，还需要抗病毒细胞因子介导的非细胞毒性病毒清除。这些细胞因子可以抑制病毒的基因表达和复制，从而在不破坏被感染器官及宿主细胞的条件下清除病毒。

　　病毒感染免疫研究表明，CD8[+] CTL 是病毒诱导的免疫病理发生的初始效应细胞。然而，一旦病毒特异性T细胞启动了应答，就可通过招募病毒非特异性细胞和效应因子到受感染的靶器官中，如CD4[+] T细胞、巨噬细胞、粒细胞、自然杀伤细胞、自然杀伤T细胞，以及细胞因子、趋化因子和补体等，从而继发性诱导病毒感染相关的组织损伤。此外，所有这些细胞，以及产生抗体的 B 淋巴细胞都可以通过触发破坏性和非致细胞病变抗病毒机制参与病毒清除。因此，病毒清除和组织损伤是一把双刃剑，损伤是清除感染所必须付出的代价。因此，如果一个重要器官的大多数细胞被非致细胞病变的病毒感染，如肝细胞被乙型肝炎病毒或丙型肝炎病毒感染，那么清除病毒的唯一途径就是杀死所有被感染的细胞，这会导致两种可能的结果：如果免疫应答不够充分，难以找到及消灭所有被感染的细胞，那么病毒就会持续存在，导致不同程度的慢性疾病；如果免疫应答足够强大，就会导致器官损坏，甚至宿主死亡。此外，分泌型的抗病毒细胞因子可扩散至多数被感染的细胞中，如果细胞免疫系统也可以在抗病毒细胞因子识别抗原之后进行非致细胞病变型的病毒清除，那么就可以在避免大量损伤组织的情况下清除病毒。

　　本章将根据最近的一些重要研究，讨论乙型肝炎和丙型肝炎病毒感染中起关键作用的免疫机制。这些研究阐明了迄今为止尚不清楚的免疫应答方面的问题，这些免疫应答参与到患者成功清除病毒的治愈过程，但也可能是慢性肝炎患者体内病毒持续存在的原因。

二、HBV 感染

（一）早期的先天免疫和适应性免疫应答

在低剂量 HBV（$10^2 \sim 10^4$ 基因拷贝数 /ml）感染后的几周内，病毒一般保持静止状态，然后就开始高效快速复制，导致血浆中的病毒滴度达到每毫升 $10^9 \sim 10^{10}$ 拷贝数 [1-5]，大多数肝脏细胞会被感染 [6-8]。有趣的是，自限性感染中，在病毒复制到达峰值 2~3 周之后，而抗原特异性 CD8 T 细胞应答及肝脏损伤达到峰值（即 ALT 升高）之前，HBV 的 DNA 浓度却下降超过 90%（图 63-1），即在不伴随肝脏细胞损伤的情况下，大部分病毒 DNA 已被清除。在大多数病毒感染的初始阶段，Ⅰ型干扰素（interferon，IFN）通常会抑制病毒复制 [9]。各种嗜肝病毒会诱导不同程度的先天免疫反应，包括甲型肝炎病毒 [10]、丙型肝炎病毒 [11]、丁型肝炎病毒 [12]、戊型肝炎病毒 [13]，它们都与肝内Ⅰ型干扰素刺激基因（interferon stimulated gene, ISG）的应答有关。但是，在感染 HBV 一周后的黑猩猩肝脏中没有检测到Ⅰ型 IFN 基因的变化 [14]，并且在感染 HBV 的人肝细胞嵌合小鼠肝脏中，尽管病毒有很强的复制能力，但Ⅰ型 IFN 基因的变化也微乎其微 [15]。这些结果表明，HBV 是一种具有强免疫逃避能力的病毒，可在不引起天然免疫的情况下在整个肝脏有效传播，几乎不受控制。然而，尽管 HBV 不能触发细胞内固有免疫，报道显示 HBV 对其他病毒引起的固有免疫反应是敏感的。例如，伴随着黑猩猩的 HCV 感染，HBV 复制显著减弱 [16]；而直接作用抗病毒药物（direct-acting antiviral agent, DAA）快速清除 HCV 后可能导致 HBV 再激活 [17, 18]。HDV 对 HBV 复制也有类似的抑制作用 [19]，由于 HDV/HBV 的相互作用，患者自然双重感染期间，通常会观察到低 HBV 病毒血症。

据报道，虽然 HBV 是细胞内天然免疫的不良诱导物，用 Toll 样受体 3（Toll-like receptor 3, TLR3）和 TLR4 的激动药刺激小鼠肝巨噬细胞和肝窦内皮细胞可引起 MyD88 非依赖性的 HBV 复制抑制，这表明 TLR 可在控制 HBV 复制中发挥作用 [20]。在转基因小鼠中也有类似的发现 [21]。最近，在黑猩猩 [22] 和土拨鼠 [23] 感染模型及人类的Ⅱ期临床试验 [24, 25] 中，探索了通过刺激先天免疫反应控制慢性 HBV 感染的可能性。虽然通过使用 TLR7 激动药治疗黑猩猩和土拨鼠，能使肝脏和血清 HBV DNA 持续下降，但患者的 HBsAg 滴度并未降低 [26, 27]。

尽管被感染的黑猩猩固有免疫应答处于静默状态，但 NK 和（或）NKT 细胞在早期病毒复制和传播中的控制作用不能忽视，因为 HBV 感染者的 NK 细胞峰值发生于 HBV 复制下降之前；此后几周才出现 HBV 特异性 CD8 T 细胞峰值，而此时 HBV 复制通常已停止 [28]。此外，在 HBV 感染的转基因小鼠模型中，NKT 细胞可被激活并通过 IFN-γ 抑制病毒复制 [29]。当在小鼠肝脏中表达 HBV 抗原时，NKT 细胞也可以直接被激活 [30]。因此，HBV 自然感染期间，通过在感染的肝细胞或肝树突状细胞上表达应激信号 [31]，或通过直接识别病毒成分 [30]，可激活 NK 和 NKT 细胞。最近的一项研究表明，恒定 NKT（iNKT）是一种可通过表面受体 CD1d [32] 识别 α-GalCer 的细胞亚群，其在激活后可直接识别并杀伤病毒。虽然临床试验未能证明 iNKT 细胞特异性激动药 α-GalCer 治疗降低 HBV DNA，但与 HBsAg 阴性的肝组织相比，HBsAg 阳性肝组织的 CD1d 表达水平更高。慢性 HBV 感染患者的 iNKT 细胞对 α-GalCer 表现出低反应性，这种情况可通过添加外源性 IL-2 和 IL-15 来解决，这有助于恢复 CD1d 依赖性 IFN-γ 的产生。这些发现提示，iNKT 细胞缺陷与慢性 HBV 感染疾病进展密切相关，添加特定的细胞因子恢复 iNKT 细胞功能可成为一个潜在的治疗方法 [32]。

急性 HBV 感染期间，NK 细胞也可通过 CD56^{dim} NK 细胞介导的抗体依赖的细胞介导的细胞毒性作用（antibody-dependent cell-mediated cytotoxicity，ADCC）作用清除 HBsAg [33]。在急性 HBV 感染早期和晚期清除过程中，NK 细胞脱颗粒标志（CD107a）和 IFN-γ 生成增加，进一步提示 ADCC 参与 HBV 致病机制。尽管 ADCC 有

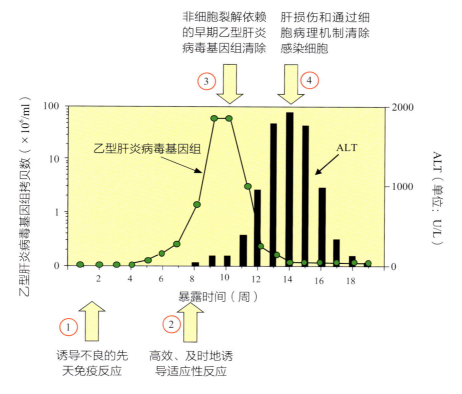

▲ 图 63-1 暴露于乙型肝炎病毒（HBV）后的免疫反应顺序

感染后早期的先天反应一直存在广泛的争议，尽管通过微阵列技术对黑猩猩的研究清楚地表明，在这种感染的动物模型中，先天免疫系统"感知"HBV 的能力很弱。在病毒快速复制开始后，适应性反应被及时有效地诱导，并通常导致高病毒血症，引起几乎所有肝细胞感染。感染是自限性的，病毒血症迅速下降，大多数 HBV DNA 分子通过非细胞溶解及细胞因子介导的机制从肝脏中消除。最后需要对剩余的感染细胞进行细胞溶解消除，以实现对感染的完全、持续控制

助于 HBV 感染早期控制，但上述功能仅限于效应细胞；目前尚无证据说明 HBV 蛋白在肝细胞上以一种抗体可识别的构象表达，此外，NK 细胞上免疫球蛋白 Fc 受体的亲和力也未知。

由 IFN-γ 分泌维持的非细胞裂解性作用也是 CTL 的主要抗病毒机制。虽然 HBV 特异性 CD8 T 细胞到达肝脏后可分泌 IFN-γ 清除感染肝细胞中的 HBV[20, 34, 35]（图 63-1），但要想实现对 HBV 感染的完全和永久控制则必须通过直接杀死感染的肝细胞（图 63-1）。这些过程与高迁移率族蛋白 B1（high-mobility group box 1，HMGB1）的释放有关，该蛋白负责将外周单个核免疫细胞吸引到肝脏中[36-39]，肝细胞反过来又可以产生基质金属蛋白酶（matrix-metallo proteinase，MMP）[40, 41]，这有利于通过重塑细胞外基质将更多非特异性免疫细胞（包括 NK 细胞、T 细胞和 B 细胞、

单核细胞）招募到肝脏中。趋化因子 CXCL9 和 CXCL10 由肝脏的实质细胞和非实质细胞在 IFN-γ 刺激后产生，可募集免疫细胞进入肝脏[41]。这一系列免疫应答的最终结果是肝细胞损伤呈指数级增加，这一过程最初由 HBV 特异性 CTL 触发，但随后却以抗原非特异性方式放大。

（二）急性自限性 HBV 感染中的 T 细胞应答

HBV 特异性 CD4 和 CD8 T 细胞应答通常在 HBV 复制指数增加后不久就会出现，一般发生在感染后 4～7 周，此时 HBV DNA 含量已降至很低水平或者呈阴性[4, 42]。这些 T 细胞应答通常是多特异性的，以 Th1 为主要反应类型，并且显著强于慢性感染阶段中的应答水平[43-51]（图 63-2）。通过 HLA/ 肽四聚体可以量化病毒特异性 CD8 T 细胞，并能在体外研究其功能。应用该技术检测发现，外周循环的 HBV 特异性 CD8

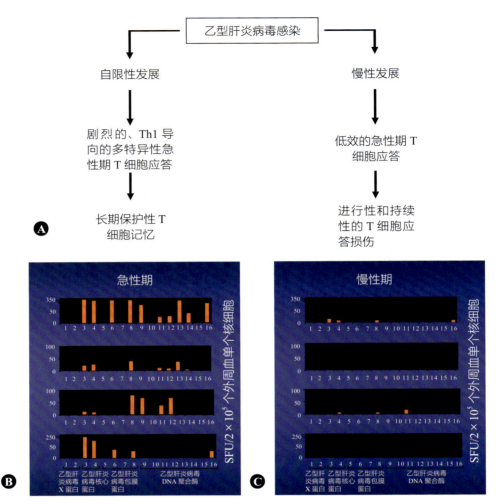

▲ 图 63-2　乙型肝炎病毒特异性 T 细胞反应与感染结果的关系

在自限性感染的急性期，T 细胞应答通常是强烈的、多特异性的 Th1 细胞因子导向的反应；而在慢性感染的急性期，T 细胞应答功能效率低下（A）。长期慢性感染患者 T 细胞应答非常弱，并且伴随着功能失调，正如 4 例慢性活动性乙型肝炎的代表性病例（C）与 4 例自限性感染的代表性患者（B）所示。该图通过体外 IFN-γ 的 ELISPOT 分析，在 ALT 升到最高时，用重叠的合成肽库覆盖所有 HBV 蛋白的序列（X 蛋白、核心蛋白、包膜蛋白和 DNA 聚合酶）

T 细胞的比例通常很高（超过 CD8 T 细胞总数的 1%～2%）[52, 53]。与急性 HCV 感染患者的 HCV 特异性 CD8 T 细胞相比，HBV 特异性 CD8 T 细胞在体外表达更高水平的穿孔素，并且在体外接受肽刺激后能有效产生穿孔素；同时细胞增殖、IFN-γ 产生和裂解活性能有效发生[53]。

用抗 CD4 或抗 CD8 抗体删除 HBV 感染黑猩猩体内 T 细胞，发现 CD8 T 细胞对病毒清除和疾病发生至关重要[42]。在自限性感染中，CD4 T 细胞缺失不会对 HBV DNA 和 ALT 表达产生巨大影响。而 CD8 T 细胞的缺失则显著改变了急性 HBV 感染的持续时间和预后。虽然 CD8 T 细胞删除不影响 HBV 早期动力学，但 HBV DNA 达到峰值的持续时间明显延长，HBV DNA 下降和 ALT 升高的起始时间明显延迟，最终清除感染所需的时间也明显延迟[42]。因此，虽然 NK 和 NKT 细胞可遏制感染早期病毒复制，但 CD8 T 细胞似乎对最终和持续控制感染至关重要。

炎症反应引起的肝脏血管壁的变化还可激活血小板，并在 CD8 T 细胞募集入肝过程中发挥关键作用[41, 54]。血小板通过 CD44 黏附到血窦透明质酸上，循环 CD8 T 细胞可通过与血小板对接被捕获，随后活化的 CD8 T 细胞沿着肝窦爬行。由于内皮细胞存在空口[55]，CD8 T 细胞无须外渗到肝实质，就可以延伸其细胞质突起直接与肝细胞相互作用[56]，从而识别抗原，导致细胞因子产生以及肝细胞凋亡。

与 T 细胞分化模型一样[57, 58]，急性 HBV 感染治愈后 T 细胞表面 CD127 分子表达明显增加，而同时 HBV 特异性 CD8 T 细胞上 PD-1 表达下降；由此可见，HBV 感染成功控制后，T 细胞会发生记忆成熟[51, 59]（图 63-2）。CD4 和 CD8 T 细胞介导的应答甚至在急性感染后的几十年都可检测到[46, 48]，并且它们对持续控制残留的痕量病毒至关重要。即使在急性肝病完全治愈后，残留的 HBV 病毒可能会持续终生[60]（图 63-2）。这种微量病毒的持续存在，即使在没有 HBsAg 的情况下还能在肝组织内检测到，类似于"潜伏期"状态，被定义为隐匿性 HBV 感染[61, 62]。

（三）慢性化 HBV 感染过程中急性期的 T 细胞应答

虽然我们都知道慢性肝炎一旦发生，T 细胞应答就会受到抑制，但关于慢性感染急性发作期 T 细胞应答特征的研究却非常有限。目前尚不明确慢性乙型肝炎典型的 T 细胞应答损伤是病毒持续存在的原因，还是慢性感染的结果。在免疫功能正常的成年人感染中，慢性感染较少发生；其发生慢性感染一般是由 HBV 急性感染阶段某些辅助因子所导致[63]。与自限性感染中高水平 CD4 T 细胞应答相比，发生慢性感染者的急性感染阶段 HBV 特异性 CD4 T 细胞应答水平更为低下（图 63-2）。虽然 CD8 T 细胞应答与自限性感染一样具有多特异性；但在 HBV 持续感染过程中，与病毒清除相关的优势表位特异性 CD8 T 细胞常发生缺失。因此，CD4 T 细胞的辅助功能不足和 HBV 特异性 CD8 T 细胞缺陷可能在感染的早期阶段决定了 HBV 的持续存在。这与土拨鼠肝炎病毒感染研究得出的结论一致。WHV 是与 HBV 密切相关的病毒家族（嗜肝 DNA 病毒科）中的一员[64]。与人类一样，成年土拨鼠的感染通常是自限性的，新生鼠感染后则主要导致慢性进展（65%～75%）[65]。与自限性感染相比，土拨鼠模型中的慢性感染呈现出病毒载量更高、肝脏炎症程度更低，CD4 T 细胞介导的反应较弱，肝脏内 1 型细胞因子表达较低等特征[65-69]。

（四）慢性乙型肝炎 T 细胞应答

病毒持续感染和慢性化的建立通常伴随着抗 HBV 适应性免疫应答逐渐下降、循环和肝内病毒特异性 CD8 T 细胞和 CD4 T 细胞数量减少[70]，以及病毒特异性抗体产生量低且受到限制等现象。这与急性感染诱导的多特异性和以 Th1/Tc1 为导向的 CD4 T 细胞和 CD8 记忆性 T 细胞反应截然不同，急性感染诱导的这些 T 细胞反应在 HBV 感染消除后的数年内仍能检测到[46, 48]（图 63-2）。

慢性 HBV 感染表现出持续的 CD4 T 细胞和 CD8 T 细胞功能缺陷，以及 CD8 T 细胞偏向识别亚显性表位等特征[71]。在 HBV 复制水平较高的患者中，HBV 特异性 T 细胞不仅在外周循环中难于检测，而且在体外扩增后也几乎检测不到[70, 71]。HBV 特异性 T 细胞存在于肝脏[70, 72]，但被肝脏中大量的非特异性 T 细胞稀释；这些旁观 T 细胞可能在肝细胞损伤中发挥重要作用。HBV 特异性 CD8 T 细胞还会高表达 PD-1，这主要是由这些细胞持续暴露于高抗原浓度所导致，并伴随 T 细胞功能障碍[51]。根据这一解释，T 细胞应答的强度与病毒血症水平呈负相关。在病毒载量较低的患者中可检测到较高水平的 HBV 特异性 T 细胞应答[51, 70, 71]；而在高病毒血症患者中，T 细胞应答水平更弱[51, 70, 71]，尤其是在肝脏腔室中，浸润性 T 细胞表达的共抑制分子水平高于循环中的 T 细胞[73]。在感染的再激活阶段，T 细胞功能障碍部分被解除，这是抗 HBe[+] 慢性乙型肝炎自然史的典型特征[74]。有研究发现，一些慢性乙型肝炎患者在肝炎发作之前，CD4 T 细胞对 HBV 核衣壳抗原的反应性恢复[75, 76]，随后 IL-12 和 Th1 细胞因子的产生显著增加，这可能先于 HBeAg 血清转换或与 HBeAg 血清转换同时发生[75]。然而，另一些研究未检测到上述现象，这[51, 71] 可能是由于免疫学评估频率不够漏检了相关事件，或者是由于缺乏肝内上述事件的研究。核苷（酸）类似物抗病毒治疗也可改善 HBV 特异性 CD4 和 CD8 T 细胞应答，表明 T 细胞对慢性 HBV 感染的 HBV 抗原的低应答并非不可逆转[76-80]。抗病毒治疗后，针对 HBV 包膜抗原的 T 细胞功能耗竭也可恢复。此外，功能恢复的 T 细胞识别的显性表位通常与自限性感染中识别的表位一致，这表明慢性感染患者的 T 细胞低应答不仅体现在 HBV 特异性 T 细胞的缺失，还可体现在其可逆性的功能抑制。肝炎发作还与天然免疫应答的 NK 细胞增加和功能增强有关，表明 NK 细胞在 HBe$^+$ 慢性乙型肝炎再激活中起着关键作用[81]。

由于肝脏炎症主要与非抗原特异性免疫细胞浸润的程度成正比，因此活动性肝炎阶段 HBV 特异性 T 细胞应答未必少于免疫耐受阶段[70]。有研究对比了年轻免疫耐受患者和成年活动性肝炎患者 T 细胞应答，发现年轻免疫耐受患者 HBV 特异性 T 细胞受损程度较低[82]。

非活动性乙型肝炎携带者一般肝功能正常，但 HBV 感染却被有效控制，其肝内大多数浸润 CD8 T 细胞是 HBV 特异性的[70]。此外，这些患者循环 CD8 T 细胞能够增殖，并在再次遇到抗原时能高效产生抗病毒细胞因子。这些细胞功能活性显著高于高病毒血症患者的 CD8 T 细胞，这表明非活动性乙型肝炎携带是一种通过 HBV 特异性 T 细胞的抗病毒作用部分控制 HBV 复制的状态，而不是最初认为的对 HBV 抗原高度耐受的状态。

（五）体液免疫应答

体液免疫在控制 HBV 感染方面也发挥关键作用。HBV 包膜区特异性抗体，抗 pre-S1、抗 pre-S2，尤其是抗 S 的抗体，对于中和游离的 HBV 颗粒和阻止病毒进入宿主细胞至关重要。在病毒入侵宿主细胞之前，抗体的保护是最重要的；之后，抗体有助于限制病毒颗粒的细胞间传播，而 HLA Ⅰ类分子限制性 CTL 和其他招募到感染部位的非特异性效应细胞则主要清除细胞内病毒。HBV 慢性感染过程中，抗 HBs 抗体含量很少，这可能是由于血清中存在大量 HBV 包膜蛋白，导致抗体主要以抗原抗体复合物形式存在；而病毒核心蛋白抗体，抗 HBc 和抗 HBe 抗体则持续存在。其中，抗 HBe 抗体阳性与 e-minus 变体的出现有关。在 HBsAg 阴性时，低水平 HBV DNA 和抗 HBc 抗体阳性则提示隐性 HBV 感染[83]。

目前证据认为，适应性免疫应答，即细胞和体液免疫的协同激活最终实现 HBV 控制。适应性免疫系统的不同组分是相互关联的，其中一些组分故障会影响其他组分的保护效果。缺乏 CD4 T 细胞的帮助可能会损害 CD8 T 细胞的活性和抗体的产生[84]；而病毒特异性 CD8 T 细胞应答缺乏则会导致抗体无法独立清除高水平循环病毒[85]。HBV 清除与抗 HBsAg 抗体的产生有关[86]，而具有高水平抗 HBsAg 抗体的血清可以控制 HBV[87]。NTCP 作为 HBV 结合和感染肝细胞的受体，使我们认识到 HBV 以其 pre-S1 序列结合肝细胞，并确定了抗 pre-S1 抗体可抑制 HBV 进入和感染肝细胞[88, 89]。抗 HBsAg 抗体在 HBV 控制中的作用也得到证实，含有 HBsAg 多肽的疫苗可有效预防 HBV 原发性感染[90]，并且使用高滴度抗 HBs 免疫球蛋白可以防止肝移植后的再感染[91]。有证据表明，在抗野生型 HBs 抗体保护力存在的情况下，HBV 包膜逃逸突变体可以感染宿主，这也支持了抗 HBsAg 抗体的重要性[92]。然而，逃逸突变体很少出现；野生型包膜蛋白疫苗可在全球范围内提供极好的保护效果[93]。

体液免疫在 HBV 感染控制中起着重要作用，但是相关研究仍不足。研究发现，自身免疫性疾病或非霍奇金淋巴瘤患者，即使其 HBsAg 已经被清除并实现血清学转换，在接受 B 细胞删除疗法（如抗 CD20 利妥昔单抗治疗）后也有 HBV 再激活的巨大风险。利妥昔单抗治疗后的 HBV 再激活率高于使用 T 细胞免疫抑制药治疗的患者[94, 95]，这表明 B 细胞免疫应答在控制 HBV 方面的重要性。ADCC 是否在这种情况下发挥作用尚不清楚。此外，ADCC 效应还取决于 NK 细胞和其他先天性淋巴细胞的参与，以及 FcγR Ⅲ（CD16）的亲和力。

慢性 HBV 感染中 B 细胞表型和功能特征尚不清楚。值得注意的是，与 T 细胞耗竭不同，慢性 HBV 感染患者外周 B 细胞高表达多种激活标志物，并产生大量免疫球蛋白，显示出[96]多克隆激活状态；而 B 细胞耗竭标志物（如 FcRL4）并未明显上调，进一步说明慢性 HBV 感染中 B 细胞功能并未缺陷。这就解释了为什么慢性 HBV 感染患者在抗病毒治疗过程中仍然保持着产生抗体、清除抗原的能力，并能够对可溶性蛋白疫苗产生应答。然而最近的证据表明，HBsAg 特异性 B 细胞表现出非典型记忆或组织样记忆 B 细胞的表型，是因为慢性病原的持续暴露而下调 CD21 和 CD27 等分子的表达。这种功能缺陷性亚群在 HIV 感染中也会产生 [97]。这种功能缺陷性 B 细胞通常表现出多种细胞信号改变，包括归巢、分化为抗体分泌细胞的能力、存活、抗病毒 / 促炎细胞因子产生等，该缺陷可以通过 PD-1 阻断部分挽救 [98]。这些发现表明，持续的 HBV 感染导致非典型抗原特异性 B 细胞聚集，抗病毒能力受损。类似的发现还见于同时发表的另一项研究 [99]，显示 B 细胞的改变可能不仅限于 HBsAg 特异性 B 细胞，而是全部 B 细胞。然而，这一发现与之前关于慢性 HBV 感染中全部 B 细胞的功能正常的结果相矛盾（图 63–3）。

最近研究还发现一个调节性细胞成员，即调节性 B 细胞（Breg），它可在先天和适应性水平上控制免疫应答，目前只有少数研究希冀阐明 Breg 在慢性乙型肝炎中的作用。Breg 通常通过分泌抑制性细胞因子 IL-10 来发挥其免疫抑制功能，抑制促炎细胞因子的产生并支持调节性 T 细胞分化。有研究显示，慢性 HBV 感染者在急性发作期间外周血单个核细胞中的 Breg 细胞增加，并在体外通过产生 IL-10 抑制 HBV 特异性 CD8 T

细胞功能 [100]。慢性乙型肝炎患者的血清 IL-10 水平显著升高，特别是在免疫激活阶段 [101]。这种与急性发作时相关联的现象表明 Breg 可能会抑制 HBV 特异性 CD8 T 细胞应答，从而降低病毒控制，或者是病毒特异性 CD8 T 细胞应答诱导的继发性 Breg 能控制过度的免疫激活。这两种情况可能在许多慢性感染中均普遍发生，目前需要更多数据来理解 Breg 细胞的临床意义。

（六）HBV 持续存在的机制

虽然已经明确 HBV 感染不同阶段，先天性和适应性免疫应答特征不同，但 HBV 感染成年人持续存在的主要原因仍不清楚。目前认为可能与宿主的免疫应答类型密切相关，但决定宿主抗病毒免疫应答能力的主要机制仍不清楚。在影响早期抗病毒免疫应答功能的因素中，感染病毒的类型、数量及宿主的遗传背景可能对保护性免疫应答的启动和成熟产生关键影响。HBV 基因型与乙型肝炎临床结局之间的关系已有报道，但由于其地理分布，大多数研究比较了基因型 B 和 C 或基因型 D 和 A，结果表明，基因型 A 和 B 通常与良性的感染过程相关 [102]。此外，特定 HLA 等位基因与感染结局之间也有关联 [103-105]，但需要更大规模的遗传学研究才能更好地确定遗传易感性在 HBV 感染发病机制中的作用。因此，从理论上讲，感染途径、接种病毒的数量和类型、宿

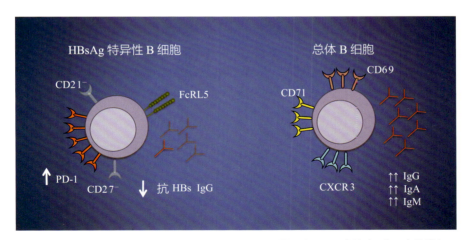

▲ 图 63–3　慢性 HBV 感染中总 B 细胞和 HBV 特异性 B 细胞的表型和功能特征

在慢性乙型肝炎病毒（HBV）感染期间，B 细胞表现出激活标志物表达增加和总免疫球蛋白分泌增强。然而，HBsAg 特异性 B 细胞的特征是表达抑制受体 PD-1 的 CD21⁻CD27⁻ 非典型记忆 B 细胞增加。这是一种与过度刺激和耗竭相容的表型，可通过减少抗 HBs IgG 的产生和分泌来证明

主的遗传背景是影响最初抗病毒适应性免疫应答的关键因素。然而，慢性乙型肝炎 T 细胞应答减弱是 HBV 持续存在的原因，还是 HBV 持续存在的结果，仍然是一个悬而未决的问题。但是可以明确的是，一旦 HBV 逃避了免疫系统的初始监测，则可能导致病毒持续性感染。

1. 高抗原载量、抑制检查点和 T 细胞功能

T 细胞功能缺陷可能主要是由 T 细胞长期暴露于大量病毒抗原所致。HBV 通常能够产生大量亚病毒非感染性颗粒，其中含有包膜抗原和核衣壳蛋白的可溶性分泌形式 HBeAg。慢性暴露于大量此类抗原的 HBV 特异性 T 细胞可能会因此缺失或功能耗竭[104]，但也有其他机制导致慢性乙型肝炎 T 细胞功能障碍，包括肝脏微环境中的营养缺乏、抑制性细胞因子的作用（如 IL-10 和 TGF-β），以及特定 T 细胞亚群、NK 细胞和 MDSC 调控等[105-107]（图 63-4）。

病毒特异性 CD8 T 细胞耗竭特征主要是高表达共抑制受体 PD-1 和其他抑制性检查点分子，包括 2B4、CTLA-4（通过拮抗 CD28 与 CD80 和 CD86 的结合）、TIM-3、LAG-3、TIGIT、BTLA、CD160，以及最近的 PSGL1[108, 109]。PD-1 在活化的 T 细胞、B 细胞和 NK 细胞上高度表达，并与 PD-L1 或 PD-L2 结合；PD-L1 或 PD-L2 由多种免疫和非免疫细胞表达，包括抗原提呈细胞，它们可以传递抑制信号以负调控 T 细胞活化，并维持其外周耐受[110, 111]。在抗原慢性刺激条件下，PD-1 和其他几种抑制性受体上调，导致 T 细胞功能耗竭[112]。与其配体结合后，PD-1 通过招募 Lck 激酶进行磷酸化，并招募胞质酪氨酸磷酸酶 SHP2。PD-1/SHP2 复合物可使共刺激受体 CD28 去磷酸化，并较小程度使 TCR 或其相关成分去磷酸化。除了负调 TCR/CD28 信号外，PD-1 还可抑制细胞周期、诱导 T 细胞迁移障碍、上调抑制基因（如转录因子 BATF）等[113-119]。

通常，耗竭的 T 细胞表达的共抑制受体数量越多，T 细胞耗竭的程度就越严重[119]。在慢性 HBV 感染中，肝脏内最高表达的共抑制分子是 PD-1 和 2B4，在 90% 以上的肝脏浸润性 HBV 特异性 CD8 T 细胞中均可检测到；其次是 LAG3

和 CD160[73, 120]。耗竭的 HBV 特异性 T 细胞还上调死亡受体 TRAIL-2 和促凋亡介质 BIM，这可能导致 HBV 特异性 CD8 T 细胞的缺失[26, 27, 121]。有趣的是，PD-1 阻断在一定程度上可以恢复慢性 HBV 患者病毒特异性 CD8 T 细胞的功能。据报道，肝内 T 细胞对 PD-L1 抗体应答比外周血 T 细胞更敏感[51, 120, 122]。通过同时调控其他调节通路，如刺激共刺激分子 CD137，可以增加某些患者的这种效应[73]。已证明，阻断 CTLA-4 可降低促凋亡分子 Bim 的表达，并导致产生 IFN-γ 的 HBV 特异性 CD8 T 细胞的扩增；通过调控 2B4 和 Tim3 通路也可获得类似的 T 细胞功能改善[26, 123-125]。

2. T 细胞耗竭和 T 细胞代谢

HBV 特异性 T 细胞耗竭的一个重要特征是细胞代谢的许多方面发生改变，已知这些改变与控制 T 细胞分化和功能有关。据报道，细胞代谢失调与慢性感染和癌症患者的免疫力受损有关[126]。在这种情况下，抑制性受体信号可在调控耗竭 T 细胞的代谢中发挥作用，如 PD-1 上调可抑制糖酵解，而 CTLA-4 也有此作用[127]。在淋巴细胞性脉络膜脑膜炎病毒（lymphocytic choriomeningitis virus，LCMV）感染模型中，与线粒体去极化相关的糖酵解和氧化磷酸化功能下调是 T 细胞早期功能耗竭的典型特征；这些代谢改变在耗竭的 PD-1hiCD8 T 细胞亚群中比 PD-1int 亚群中更明显，并且在慢性感染晚期的耗竭 T 细胞中一直存在上述改变[128]。

最近也有报道称，在慢性 HBV 感染期间，耗竭的 HBV 特异性 CD8 T 细胞中存在线粒体代谢缺陷，使得细胞通过氧化磷酸化来支持其能量需求的能力受限，这些细胞更依赖于葡萄糖摄取和糖酵解途径[129]。线粒体功能障碍也在病毒特异性 CD8 T 细胞全基因组转录组数据中得到证实。分析显示，编码电子传递链不同线粒体成分、脂肪酸和氨基酸代谢、血红素生物合成的基因广泛下调，这与高比例的去极化线粒体和高ROS 产生有关[130]。转录组分析还表明，CD8 T 细胞功能缺陷还包括蛋白酶体功能障碍和过量聚集蛋白的积累，DNA 修复功能障碍，以及表观遗传改变等，这些因素共同导致了严重的 CD8 T

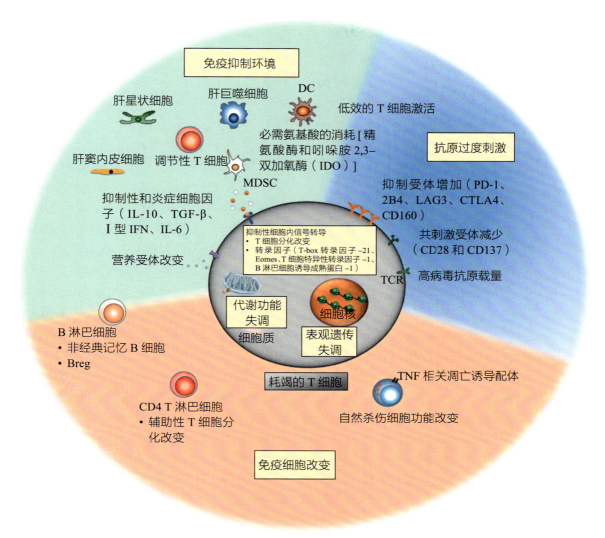

▲ 图 63-4　慢性病毒感染中 T 细胞耗竭的多因素特征

慢性乙型肝炎病毒（HBV）感染期间，三种主要因素可以驱动 T 细胞耗竭：①抗原过度刺激和其他细胞间信号延长了 T 细胞受体（TCR）参与时间，包括共抑制 / 刺激分子失调的影响；②肝脏微环境的耐受性特征与抑制细胞因子（如 IL-10 和 TGF-β）的过度表达，以及受损肝细胞、髓源性抑制细胞、单核细胞、肝巨噬细胞和树突状细胞过度释放精氨酸酶和 IDO，导致 T 细胞增殖和功能所必需的氨基酸耗竭；③几种肝内细胞类型的负性影响，这些细胞可以作为低效的 APC/ 辅助细胞（即肝细胞、肝巨噬细胞、肝星状细胞、肝窦内皮细胞等）、病毒特异性 T 细胞（包括髓源性抑制细胞、B 细胞和调节性 T 细胞）的抑制因子。所有这些信号的整合最终导致 T 细胞代谢改变，线粒体功能失调，糖酵解改变，并激活负性表观遗传程序，导致慢性 HBV 和丙型肝炎病毒感染中与 T 细胞衰竭相关的转录普遍下降。PD-1. 程序性细胞死亡蛋白 1；2B4. 信号转导淋巴细胞活化分子 4；LAG3. 淋巴细胞活化基因 3 蛋白；CTLA4. 细胞毒性 T 淋巴细胞抗原 4；DC. 树突细胞；TNF. 肿瘤坏死因子

细胞代谢和能量紊乱[130]（图 63-4）。

　　从慢性 HBV 感染的免疫调节治疗角度来看，靶向细胞内代谢功能障碍的免疫调控有望改善 T 细胞功能，通过靶向线粒体的抗氧化剂和天然多酚可纠正过量的线粒体 ROS，有效改善慢性乙型肝炎患者耗竭 T 细胞的体外功能和生存能力[130, 131]。

3. 慢性 HBV 感染中功能失调的 T 细胞异质性

　　耗竭的病毒特异性 CD8 T 细胞并不是单一的功能失调群体。基于转录因子 Tbet、Eomesodermin（Eomes）和 TCF1、趋化因子受体 CXCR5 及分化 / 激活分子 CD127 和 PD-1 的差异表达，研究者在 LCMV 和慢性 HCV 感染中

已鉴定出不同的病毒特异性 CD8 细胞亚群，它们表现出不同的增殖能力、细胞因子产生能力、对 PD-1 通路阻断的应答能力[132-137]。目前，研究者对 HBV 感染中不同病毒特异性 T 细胞亚群与不同程度耗竭 / 记忆分化关联性了解有限。肝内部分 HBV 特异性 CD8 T 细胞具有肝驻留记忆 T 细胞（T_{RM}）表型，被定性为肝脏定植 HBV 特异性 CD8 T 细胞池[138, 139]，通常表达 CD69（负调节 T 细胞从组织中迁出）和 CD103 整合素，这些分子在皮肤、肺和肠等其他组织的 TRM 上也表达[140, 141]。$CD69^+CD103^+T_{RM}$ 细胞表达独特的转录信号（T-bet^{lo}Eomes^{lo}Blimp-1^{lo}Hobit^{lo}）和特定的趋化因子受体，如 CXCR6 和 CXCR3，并定位于肝窦的血管空间，在那里它们可以通过肝窦的内皮孔与肝细胞接触[139]。据报道，这群细胞约占慢性 HBV 感染患者肝脏中记忆性 CD8 T 细胞的 20%，在 HBV DNA 滴度低于 2000U/ml 的患者中的比例更高。在 HBV 部分或完全控制的患者中，T_{RM} 细胞也显著扩增，表明这些 T_{RM} 细胞长期存活可能是因为它们具有很强的 IL-2 产生能力。尽管 PD-1 和 CD39 高表达，T_{RM} 细胞仍能有效产生关键的促炎细胞因子，如 IFN-γ 和 TNF-α，并表达高水平的穿孔素，这表明 T_{RM} 细胞在抗病毒保护中发挥重要作用[139]。

4. 其他的 T 细胞调控机制

调节性 T 细胞和 NK 细胞也可能在 T 细胞功能障碍和 HBV 持续感染过程中发挥关键作用（图 63-4）。NK 细胞不仅可以通过产生细胞因子和通过细胞毒活性直接清除感染细胞发挥抗病毒效应，还可以通过调节 CD4 和 CD8 T 细胞功能显示复杂的生物活性。NK 细胞可以通过释放或消耗细胞因子或杀死 T 细胞直接影响 T 细胞应答，也可以通过间接机制，如调节 APC 活性或调节抗原可用性[142-144]。例如，NK 细胞产生的 IFN-γ 可以直接促进 T 细胞的扩增和效应功能，也可通过分泌 IL-10 和 TGF-β，或通过竞争有限的存活依赖性的细胞因子，而对 T 细胞产生负面影响[142-144]。此外，T 细胞可能被 NK 细胞的直接裂解作用所破坏。这一作用是由 NKG2D 和 TRAIL 介导的，未成熟的 T 细胞通常不会被杀伤，而激活的 T 细胞则因

为上调 NKG2D 和 TRAIL 配体而变得敏感[145-147]。通过该机制，NK 细胞能够很大程度上限制 T 细胞应答，以避免更多的免疫病理损伤；但也会降低效应 T 细胞的抗病毒活性，从而导致慢性感染中的 T 细胞功能耗竭，导致病毒失控。NK 细胞对 T 细胞的作用也可以通过 NK 细胞和树突状细胞之间的相互作用来介导[141, 142, 146]。事实上，NK 细胞可以通过诱导 DC 的成熟和细胞因子的产生，增强 DC 在体外和体内刺激 T 细胞的能力。另外，NK 细胞可以识别 DC 相关配体，裂解未成熟 DC，减少 DC 数量，进而影响 T 细胞的激活、扩增和功能[142, 144, 148]。在慢性 HBV 感染者中，外周 NK 细胞表现出活化表型，CD38、Ki-67 和 TRAIL 高表达；但与健康人相比，NK 细胞的活化和抑制性受体的表达并未显著改变[27]。功能分析表明，NK 细胞产生细胞因子的能力似乎有所下降，但细胞毒活性与健康对照相当。体外去除 PBMC 中的 NK 细胞可改善 HBV 特异性 CD4 和 CD8 T 细胞应答[26, 27]，证明了 NK 细胞对 HBV 特异性 T 细胞的抑制作用。在 T 细胞和 NK 细胞相互作用时，细胞的激活状态和表型特征也表明 NK 细胞可能会对 CD8 细胞耗竭表型产生影响[144, 147]。

调节性 T 细胞可分为自然 $CD4^+CD25^+$Treg 和诱导产生的适应性调节性 T 细胞[149]。由于肝脏中的调节性 T 细胞能够抑制病毒特异性免疫应答[150, 151]，它们的过度活跃可能是 T 细胞对 HBV 抗原反应性低下的潜在原因之一，从而有利于病毒感染持续。然而，在慢性 HBV 感染中，$CD4^+CD25^+$T 细胞的数量和抑制能力的结果并不一致。重症慢性 HBV 感染者的外周血和肝脏中 Treg 细胞的数量似乎特别多[152]。外周血中 HBV DNA 水平与循环 $CD4^+CD25^+$Treg 细胞数之间的正相关也表明，Treg 细胞可能在慢性 HBV 持续存在中发挥作用[153-156]；而也有其他报道显示，慢性乙型肝炎患者 Treg 的数量和抑制活性与治愈组并无差异。这些结果说明，关于 Treg 在慢性乙型肝炎中的作用还存在不一致认识[157]。

DC 细胞作为先天免疫和适应性免疫之间桥梁纽带，与 HBV 持续复制密切相关[158, 159]，但一直存在争议，因为研究提示 DC 功能缺陷有

限，当前还不能明确 DC 在 HBV 持续感染中的作用[160-168]。

5.一种耐受性器官：肝脏

众所周知，在肝脏发生慢性炎症时，无论病因如何，一系列抑制机制均可同时发挥作用，使肝脏耐受 T 细胞产生的强烈应答。其中一些在 HBV 感染中表现出来，而另一些则由于其在慢性肝脏炎症中的普遍重要性被认为是与 HBV 感染相关（图 63-4）。首先，T 细胞增殖和功能所必需的氨基酸（如精氨酸和色氨酸）由于受损肝细胞释放的能将其降解的酶（包括精氨酸酶、色氨酸 2,3- 双加氧酶和吲哚胺 2,3- 双加氧酶）而导致其分解过快[169, 170]。精氨酸酶和 IDO 还来源于不同的肝脏浸润细胞群，包括可产生精氨酸酶的髓源抑制细胞[107]，以及可在 IFN-γ 刺激下产生 IDO 的单核细胞、巨噬细胞和 DC 细胞[170]。据报道，精氨酸缺乏的 T 细胞可以下调 CD3 ζ，并损害 IL-2 的生成和 T 细胞增殖[171]。其次，肝脏中富含免疫抑制性细胞因子，如 IL-10 和 TGF-β[172, 173]，进一步放大了肝脏的耐受性，它们可以由肝脏的多种细胞类型产生。IL-10 由 DC 细胞和肝巨噬细胞产生，TGF-β 由肝星状细胞产生[102]。抑制性细胞因子也可由肝脏浸润性 Treg 细胞释放，这些细胞大量存在于慢性感染的肝脏中，并可通过与靶标 T 细胞直接接触或通过细胞因子分泌抑制等互补机制协同抑制 T 细胞应答[115, 174, 175]。肝脏的免疫抑制细胞因子环境也会损害抗病毒 NK 细胞功能[176, 177]。HBV 感染者的肝脏 NK 细胞，不产生 IFN-γ，而是上调死亡配体 TRAIL，它可以与肝细胞上调的 TRAIL 受体结合，介导乙型肝炎肝损伤。然而，NK 细胞也可以识别 HBV 特异性 T 细胞上的 TRAIL 受体并将其删除，从而削弱了它们的抗病毒效率[26, 27]；BIM 的上调增强了 T 细胞对这些死亡机制的敏感性。BIM 在病毒特异性 CTL 应答消退中起生理调控作用，但也可介导肝内抗原呈递后 CD8 T 细胞的过早死亡[178]。第三，髓系细胞也可以在肝脏慢性炎症中发挥关键的调节作用。由于髓系细胞功能可塑性，它们可以从单核细胞分化为巨噬细胞、单核

细胞衍生的 DC 或髓样抑制细胞。由于肝窦内皮细胞上 ICAM-1（CD54）的表达，炎性单核细胞可被招募到肝脏中[102]。然后，它们可以通过肝星状细胞激活驱动的 CD44 依赖机制分化为髓源性抑制细胞[102]。最后，肝脏中几种类型的肝实质细胞，包括 LSEC、肝星状细胞和肝巨噬细胞，可以作为 APC 激活未成熟的 T 细胞[179]。然而，在耐受环境中，肝为 T 细胞并不能充分活化，因为大多数这些肝脏 APC 在稳定状态下低表达共刺激分子，而在 IFN 刺激下则会上调共抑制分子 PD-L1 和 PD-L2 的表达，并且产生更多的免疫调节细胞因子，包括 IL-10 和 TGF-β[179]。

三、HCV 感染

（一）先天免疫应答

1.天然免疫受体和信号

病毒具有很强的环境适应能力，特别是那些造成持续感染的病毒。对于 RNA 病毒，如 HCV，部分由于其高突变率来快速演化出适应环境的生物学性状，如机体在感染后立即触发的早期先天防御机制，具有限制微生物传播的功能。病原体的识别是通过一系列受体进行的，这些受体能够感知许多微生物，具有一定的共同识别模式。这些模式和参与其识别的受体分别称为病原相关分子模式（pathogen-associated molecular pattern, PAMP）和模式识别受体（pathogen recognition receptor, PRR）。先天免疫信号受体由与病毒相关的四种 PRR 组或：① TLR，可感知所有微生物；②维 A 酸诱导基因 I 类 RNA 解旋酶（retinoic acid-inducible gene-like RNA helicase, RLH）；③黑色素瘤分化相关蛋白（melanoma differentiation-associated 5, MDA-5），与 RLH 主要感知病毒；④核苷酸结合寡聚化结构域样受体（nucleotide-binding oligemerization domain-like receptor, NLR），主要感知细菌和病毒[180]。

在 HBV 感染的黑猩猩肝脏中，在感染后几周内未检测到明显的先天免疫应答基因变化。与 HBV 感染不同的是，HCV 的感染可激活多种 PRR 并触发其下游信号通路，包括有效诱导 IFN α/β 应答基因[181]。例如，TLR 和 RLH 均可

对 HCV 进行迅速的识别应答（图 63-5）。事实上，当 HCV 核心蛋白与辅受体（TLR-1 和 TLR-6）结合时，可放大 TLR-2–MyD88 信号级联，有证据表明，核心蛋白和 NS3/4A 均使用异二聚体 TLR-2/TLR-6 复合物[182] 诱导炎症细胞因子的产生[183]。在其他 TLR 信号识别中，感应 TLR-3 的 dsRNA 已被证明可诱导髓样树突状细胞亚型 mDC2 激活产生 IFN-λ，提示 Ⅲ 型 IFN 在 HCV 感染中发挥重要作用[184]。此外，HCV 体外感染原代人肝细胞可强烈诱导 Ⅲ 型 IFN 产生，特别是 IFN-λ1 会介导比 Ⅰ 型 IFN 更强的抗病毒活性[185]。总的来说，这些发现支持 IFN-λ 在丙型肝炎病毒感染发病机制中起主要作用，尤其以先天免疫控制 HCV 为主。此外，宿主 IFN-λ3 遗传多态性还与 HCV 自发感染清除[186] 和治疗诱导[187] 的病毒清除密切相关。有趣的是，尽管 IFN-α 和 IFN-λ 的细胞受体不同[188]，但它们共享细胞内 JAK-STAT 信号通路。然而，IFN-λ3 单核苷酸多态性似乎与先天免疫特别是 NK 细胞应答没有明确的关联[189]。有研究报道，IFN-λ3 基因的 rs12979860 位点的 TT 纯合与 NK 细胞 NKG2A 抑制性受体的表达增加及 CD56^{dim} NK 细胞上 TRAIL 表达减少有关[190]，提示 IFN-λ3 可能在抑制 NK 细胞对 HCV 的应答中发挥作用。

基因表达研究表明，HCV 感染通常会在肝脏中诱导的强 ISG 应答[191, 192]，也会诱导肝内趋化因子的表达，如 CCR5 的配体 RANTES 或 CCL5、MIP-1α（或 CCL4）和 MIP-1β，以及 CXCR3 配体 IP-10（CXCL10）、I-Tac（或 CXCL11），以及由 IFN-γ 诱导的单核因子（MIG 或 CXCL9）在丙型肝炎中均会升高，并可能与 HCV 感染结局或肝脏炎症的严重程度密切相关[193, 194]。

丙型肝炎病毒的先天免疫应答机制是近年来颇受关注的研究主题，目前在 HCV 免疫发病机制方面取得的大部分进展均来自于这一研究领域。关于丙型肝炎病毒的免疫识别和先天免疫逃逸机制研究主要依托体外细胞培养系统和黑猩猩体内感染实验完成的。黑猩猩模型的优势是从病毒开始感染到疾病的整个过程均可分析，但需要注意的是，灵长类动物模型并不完全代表人类疾病过程。当然，人们都希望先天免疫能够有效抑制丙型肝炎病毒的复制，然而病毒的清除却依赖于后续强大的细胞免疫。丙型肝炎病毒似乎能有效躲避早期的先天免疫防御，从而进入靶细胞后立即复制，这表明先天免疫对控制病毒感染效果不佳。事实上，已发现多种 HCV 蛋白均能抑制导致 ISG 表达和 Ⅰ 型 IFN 产生通路（图 63-5）。如 NS3/4A 切割 RIF 和 MAVS，导致不能激活 IRF3，从而导致下游靶基因（包括 IFN-β）的产生受损[195]。此外，HCV 核心蛋白可介导 SOCS-3 上调，从而降低 ISG 的表达[196]。核心蛋白还可直接与 STAT1 结合，阻断 STAT1/STAT2 形成异二聚体，抑制 IFN 信号转导。HCV-NS4B 蛋白则通过结合 STING，从而阻断 STING-MAVS 相互作用，抑制 RIG-Ⅰ 介导的 IFN-β 信号通路。研究表明，HCV 的这些免疫逃逸策略在黄病毒科大多数病毒成员均具备。有研究筛选了 300 多个 ISG 的抗多种病毒（包括 HCV）的活性，发现多个因子能广泛调控抗病毒信号，如 RIG-Ⅰ、MDA-5、IRF1、IRF2 和 IRF7，它们在过表达后会触发许多靶基因转录，说明 IFN 介导的抗病毒通路具有广谱性，而非某一类病毒的特异性抑制[197]。

病毒逃避固有免疫的另一个重要机制是自噬。自噬是一种分解代谢过程，对维持细胞内环境稳定至关重要。HCV 可刺激和控制肝细胞自噬途径并促进其自身复制。HCV 通过诱导内质网和氧化应激间接诱导自噬。值得注意的是，用抗氧化剂治疗 HCV 感染的细胞以减轻氧化应激会抑制 HCV 诱导的自噬，这表明 HCV 诱导的氧化应激在自噬诱导中起着重要作用[198]。HCV 也可通过使用其蛋白招募自噬蛋白或与自噬蛋白相互作用直接诱导自噬。例如，HCV p7 离子通道蛋白可与 Beclin-1 结合，Beclin-1 是 PI3KC3 复合物的核心成分，对启动自噬非常重要[199]。此外，NS3/4A 蛋白酶可以与线粒体相关的 IRGM 结合[200]，该家族是 IFN 诱导的 GTP 酶家族的成员，可以与多种自噬相关蛋白相互作用以调节自噬。HCV 感染在细胞培养和慢性感染患者的肝细胞中都可诱导自噬[201]。自噬在 HCV 复制中发挥积极作用，尽管所涉及的机制尚不完全清楚，但却影响着 HCV 生命周期的

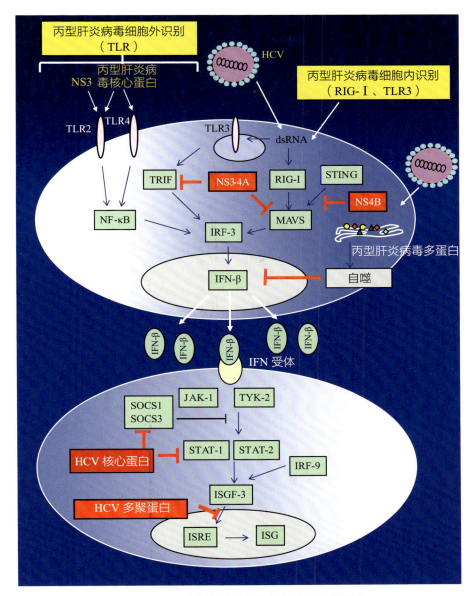

▲ 图 63-5 参与抗病毒保护的细胞内信号通路

病毒因子作为病原体相关分子模式，负责触发特定的细胞识别受体（黄色）；能够抑制抗病毒级联反应特定步骤的病毒因子用红色矩形表示。自噬能够降低 I 型干扰素（IFN）表达，可由丙型肝炎病毒（HCV）诱导的氧化和内质网应激或由病毒蛋白直接触发。两种不同的细胞显示 TLR 和 RIG-I 是介导 I 型 IFN 信号表达的主要因子，其中 I 型 IFN 与其受体结合引发的细胞内信号级联，导致许多干扰素刺激基因（ISG）最终表达。ISG 是负责 IFN 抗病毒、抗增殖和免疫调节作用的效应分子

多个阶段。HCV 感染时蛋白翻译需要自噬，然而一旦 HCV 复制建立[202]，自噬就不再必须了。自噬对 HCV RNA 复制复合物的组装也发挥重要作用[203]。有证据表明，自噬使病毒能够最大限度地复制，并减弱由此产生的先天免疫应答。HCV 诱导的自噬对宿主固有免疫应答有深刻影响。抑制自噬则能增强 RIG- I 介导的 I 型 IFN 表达，并激

活下游 IFN 信号通路[204]。此外，HCV 能控制自噬流，从而隔离和消耗肝脏中 TRAF6 来增强病毒 RNA 复制、限制宿主固有免疫应答[205]。然而，自噬并不总是单向作用，因为在 HCV 感染的细胞中已经显示出自噬和 IFN 之间存在相互作用。事实上，虽然自噬可以负调节 IFN 应答以增强 HCV 复制，但 IFN 也可以调控自噬以干扰 HCV 复制。

2. 先天免疫的细胞成分：NK 细胞

自然杀伤细胞是天然免疫的重要抗病毒效应细胞，因为它们通过直接杀死感染细胞和产生细胞因子（IFN-γ 和 TNF-α）来清除病毒。最近的研究提示 NK 细胞、树突状细胞和 T 细胞之间存在相互作用，需要重新评估 NK 细胞在 HCV 感染过程中发挥的重要作用[206]。此外，肝脏中独特富集着 NK 和 NKT 细胞，其百分比分别比外周血高出 3 倍和 6 倍[207]。有趣的是，肝脏疾病发生时肝内淋巴细胞中 NK 细胞百分比可能会增加到 90%[208]。NK 细胞功能取决于抑制性受体和激活性受体之间的平衡[209]。一项大型免疫遗传学研究揭示，低剂量暴露急性 HCV 感染患者 NK 细胞上抑制性受体 KIR2DL3 表达水平更高[210]。由于 KIR2DL3 对其 HLA-C 配体的亲和力低于其他 KIR，因此 KIR2DL3 介导 NK 细胞抑制信号较弱，导致感染者 NK 细胞更容易被病毒激活，从而更有效地控制感染。然而，这些机制对体内 NK 细胞功能的影响尚不清楚，与这些观察结果相关的功能改变尚未确定。

急性 HCV 感染容易诱导 NK 细胞应答。研究表明，在自发缓解的急性丙型肝炎中 NKG2A 表达降低，NKG2A 是一种比 KIR 多态性程度小的抑制受体[211]；另一项研究提示，与健康供体相比，急性丙型肝炎患者 NK 细胞毒性和 IFN-γ 产生显著增加，但与临床结果无关[212]。然而，大多数丙型肝炎的研究是在慢性感染患者中进行的。一些研究表明，NK 细胞比例的降低并不影响自发或细胞因子诱导的细胞溶解效应功能[213-215]。另一些研究表明 NK 细胞溶解活性不足[216, 217]，其原因可能是 NK 与病毒蛋白结合[218]，但尚需进一步证实。后续慢性 HCV 感染患者的大样本研究发现[215]，表达活化受体 NKG2D 和 NKG2C 的 NK 细胞比例增加，而表达 KIR3DL1 的 NK 细胞比例降低，两者负相关，提示 HCV 慢性感染 NK 细胞激活表型增多。与表型一致，HCV 阳性患者的 NK 细胞对细胞因子刺激反应良好，显示出正常或增加的细胞溶解活性，但其 IFN-γ 和 TNF-α 产生不足，表明 HCV 感染者的 NK 细胞功能有两个鲜明特征，即细胞溶解活性增强或正常而细胞因子产生减少（图 63-6）。值得注意的是，NK 细胞功能缺陷通常伴随而生，细胞毒性功能受损总与细胞因子产生不足有关；然而，特异的调节通路可改变单一方面功能。事实上，关于 HCV 感染者 NK 细胞 IFN-γ 产生减少的机制，可能是因为 IFN-α 刺激 STAT1 磷酸化增加，这使 NK 细胞向细胞毒性方向极化；同时减少 IFN-α 诱导的 STAT4 磷酸化，从而降低 NK 细胞 IFN-γ mRNA 水平[219, 220]。值得注意的是，清除 HCV 能让 NK 细胞表型和功能完全重建，如 NK 细胞向细胞毒性的极化可通过 DAA 治疗完全逆转[221]。在 HCV 治愈后，NK 细胞上 TRAIL 的表达显著下降，IFN-γ 的分泌也恢复到正常水平。有研究分析了 DAA 治疗过程中 ISG 表达的变化特征，发现与病毒学突破患者相比，治疗停止 12 周后持续病毒学应答患者的肝脏基线活检中 ISG 表达水平更高；而基线血液样本中 pSTAT1 和 TRAIL 表达、脱颗粒 NK 细胞的比例更高。这些发现提示，先天免疫在 DAA 治疗期间可通过 DAA 治疗期间突破耐药来清除 HCV[222]。更重要的是，在外周血和肝脏样本配对研究中，外周血 ISG 应答水平能代表肝内固有免疫应答。但关于新型 DAA 对先天免疫，特别是 NK 细胞的作用机制仍存在一些争议。例如，最近的一项研究未能观察到 NK 细胞免疫稳态重建。在治疗的早期阶段，未成熟的 CD56^{bright} 亚群增加，在第 2～4 周变化明显，与快速病毒清除一致；T 细胞免疫球蛋白 Tim-3 和 CD161 增加，并在治疗结束时恢复到治疗前的水平。然而，表型变化并伴随功能变化[223]，这表明 DAA 诱导的 NK 细胞免疫重建仍有争议。

几项 HCV 感染的研究表明，肝内和外周血 NK 细胞存在明显差异[214, 215, 224, 225]。然而，绝大多数研究缺乏肝内 NK 细胞的功能评估；因此，外周血 NK 细胞表型是否反映肝内 NK 细胞溶解或细胞因子产生潜力尚不明确。本文所描述的 NK 细胞大多数表型和功能改变可能不是 HCV 感染特异性的。胆结石手术的 HCV 患者肝内 NK 细胞较外周血 NK 细胞数量更少、脱颗粒能力降低[225]。肝内 NK 细胞杀伤功能受损有多种原因。例如，HCV 能够通过 E2 蛋白和 CD81 之间

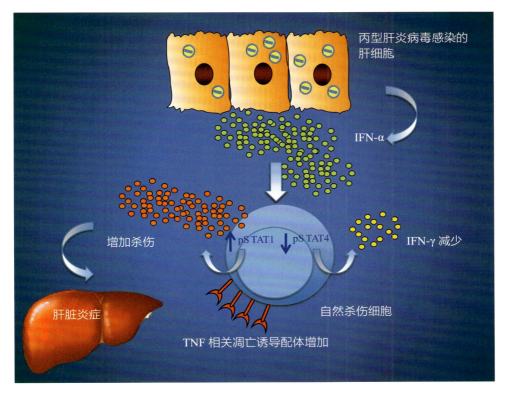

▲ 图 63-6 慢性丙型肝炎病毒感染功能性自然杀伤细胞

慢性丙型肝炎病毒（HCV）感染诱导 IFN-α 的产生，优先刺激 STAT-1 而不是 STAT-4 磷酸化，导致 IFN-γ 分泌减少，TRAIL 上调，自然杀伤细胞向细胞溶解活性极化，导致持续的肝脏炎症，以及无法清除 HCV

的相互作用抑制 NK 细胞[226, 227]，并且 HCV 核心蛋白第 35～44 位多肽可稳定肝细胞 HLA-E 的表达，抑制 NKG2A 介导的细胞溶解[228]。此外，肝内 IL-10 塑造的免疫抑制微环境[229]，以及持续的受体激活引起的细胞功能耗竭[230, 231]，最终将导致 NK 细胞杀伤功能缺陷。单核细胞在 NK 细胞激活的负调控中也起着关键作用，主要通过分泌 IL-18 和 IL-36 等抑制因子降低 NK 细胞 TRAIL 表达，削弱了 NK 细胞杀死病毒感染细胞的能力[232]。

NK 细胞具有抑制肝纤维化的能力[233]。有研究认为，NK 细胞在控制 HCV 感染诱导的肝纤维化主要是通过杀伤促进纤维化的肝星状细胞发挥作用。体外研究表明，NKp46hi NK 细胞亚群具有较强的 HSC 细胞杀伤活性和 IFN-γ 分泌能力；也可杀死感染的肝细胞，以控制 HCV 感染、减轻肝纤维化[234, 235]。此外，NKp46hi NK 细胞通常共表达激活性受体，包括 2B4、CD16、NKp30 和

Siglec-7 等，这些激活性受体表达缺乏或减少与慢性病毒感染（包括 HCV）NK 细胞功能障碍密切相关[236]。因此，提升 NKp46hi NK 细胞功能可用于控制肝纤维化和 HCV 感染。

NK 细胞的另一个独特功能就是 ADCC 作用。ADCC 的限速开关是以免疫球蛋白受体 FcγR Ⅲ 为代表的 Fc 受体家族与病毒感染细胞上的抗病毒抗体结合的效率。HCV 诱导 NK 细胞激活后降低 FcγR Ⅲ 表达，从而降低 ADCC 效率[237]。重要的是，阻断锌依赖性金属蛋白酶（metzincin）活性，包括选择性抑制 ADAM17 能恢复 NK 细胞 FcγR Ⅲ 表达。在其他病毒感染和流感疫苗接种后，虽然 FcγR Ⅲ 重建延迟，但 DAA 治疗能部分改善 NK 细胞的 ADCC 功能[238]。因此，HCV 感染诱导 NK 细胞活化，并进一步诱导 ADAM17 依赖的 FcγR Ⅲ 脱落，进而损害 ADCC 功能，这可能会抑制免疫系统的病毒清除能力。

3. HCV 感染黏膜相关恒定 T 细胞：新的细胞亚群

有研究探讨了其他天然淋巴细胞（如 NKT 和 γδT 细胞）在 HCV 感染中的作用，但结论并不明确。这些新研究多集中于最近发现的天然 T 细胞亚群，即黏膜相关恒定 T 细胞（MAIT）。MAIT 细胞是识别人类细菌的最大天然 T 细胞亚群，特别是识别具有核黄素合成途径的微生物抗原，该途径由非多态性的 MHC Ⅰ 类相关分子 MR1 递呈给恒定 TCR（Vα7.2-Jα33）。MAIT 细胞最常富集在肠黏膜中[239]，可通过直接识别微生物配体而激活，或者通过炎症细胞因子（如 IL-12 和 IL-18）以不依赖 MR1 的方式激活（主要发生在病毒感染期间），分泌 IFN-γ、IL-17 和其他细胞因子[240]。重要的是，MAIT 细胞是肝脏中最主要的天然 T 细胞亚群（最多可占所有 T 细胞的 50%）；与其归巢受体表达谱一致，MAIT 细胞通常呈激活状态[241]。在慢性 HCV 感染患者中，MAIT 细胞呈激活状态[242, 243]。最近研究发现，HCV 慢性感染[244]患者外周血和肝内 MAIT 细胞在治疗前均显著减少，DAA 治疗仅能部分恢复其频率，但仍不能恢复正常。HCV 和其他病毒感染中 MAIT 细胞耗竭机制有待进一步揭示；DAA 治疗未能完全恢复 MAIT 细胞数量，这与接受 HAART 治疗的 HIV 感染患者的研究一致[245]。单核细胞激活后通过释放 IL-18 活化 MAIT 细胞。如果单核细胞功能决定了 MAIT 细胞活化和分泌 IFN-γ 的能力，那么 HCV 感染后单核细胞分泌 IL-18[246]不足或分泌 IL-18 结合蛋白[232]增加将限制 MAIT 细胞抗病毒功能。这些有争议的发现需要更多证据来阐明 MAIT 细胞在 HCV 感染中的作用。

（二）HCV 特异性 T 细胞应答的早期动力学：从病毒暴露到感染急性期

与其他病毒感染一样，快速有效地激活先天免疫系统不同组分不仅可早期遏制病毒复制和传播，而且能有效促进下游适应性应答。虽然天然免疫应答的激活需要较长时间，但其对于完全和持续控制 HCV 感染至关重要[247]。HCV 逃避先天免疫防御的机制[248]对于认知后续特异性免疫应答的启动和成熟具有重要意义。不幸的是，

HCV 感染中 CD8 T 细胞和 CD4 T 细胞应答并不一致，因为大多数研究是在 HCV 感染后的不同时间点进行，而很少是从感染时开始的；这使得不同研究结果难以比较，难以得出一致性结论。

1. CD8 应答

关于 HCV 自然感染中 T 细胞应答的早期动力学的研究非常有限。有研究表明，HCV 感染初期迅速复制；但与其他病毒急性感染相比，HCV 特异性 T 细胞应答要在感染后相当长时间才会被显著诱导[247, 249-252]（图 63-7）。感染的初始阶段 HCV 滴度快速上升，不伴随肝损伤，也没有 HCV 特异性 T 细胞和 B 细胞应答。通过四聚体染色，HCV 特异性表位的 CD8 T 细胞通常在感染后几周才能在血液中检测[249, 251-255]。黑猩猩感染 HCV 后肝脏中 HCV 特异性 T 细胞应答也需要 2~3 个月才能检测到。这些证据表明，HCV 特异性的 T 细胞延迟诱导而非延迟招募进入肝脏[256, 257]。在初始检测时，HCV 特异性 CD8 T 细胞应答表现不一，或者呈现功能失调或者表现功能正常和多特异性，这可能是因为表征 CD8 T 细胞应答的技术或样品采集时间差异所造成的[251-255, 258-260]。然而，众多研究表明具有不同感染结局的患者在感染早期 CD8 T 细胞应答的广度和幅度却无显著差异；直到感染后期，CD8 T 细胞应答差异才逐渐显现。当感染转变为慢性时，CD8 T 细胞应答持续被抑制或逐渐下降；疾病自愈时，CD8 T 细胞应答恢复正常。在 HCV 自限性感染中，CD4 T 细胞辅助功能至关重要，它能保证 CD8 T 细胞完成分化过程并获得控制 HCV 感染的功能[254, 260, 261]。相反，发展为慢性患者的 CD4 T 细胞应答受损，因而不能为 HCV 特异性 CD8 细胞完全成熟提供足够的支持，最终导致机体免疫系统不能长久控制病毒复制[251, 260-264]（图 63-7）。此外，逃逸突变和抑制性 TCR 上调也可介导 CD8 T 细胞功能损伤[262]。CD8 T 细胞是保护性免疫的主要效应器。黑猩猩的感染研究显示[250]，CD8 T 细胞应答耗竭可能会降低宿主清除病毒的可能性，而提高病毒持续存在的可能性。HCV 特异性 CD8 T 细胞在感染的急性阶段为 PD-1 阳性，CD127 阴性，与后续的病毒控制

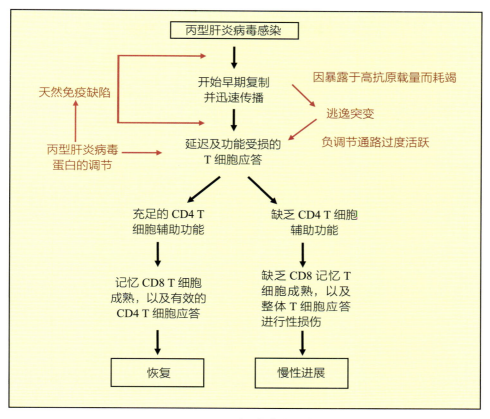

▲ 图 63-7　丙型肝炎病毒感染的进程

丙型肝炎病毒（HCV）感染后迅速开始复制和传播，并迅速诱导先天免疫应答；但 HCV 基因产物能够干扰先天免疫系统不同组分的抗病毒作用。不同 HCV 蛋白可直接抑制先天和适应性免疫反应。病毒在感染宿主内快速传播，T 细胞早期暴露于高病毒和抗原载量的环境，导致 T 细胞衰竭。逃逸突变及负调控通路（PD-1/PD-L1、CD4⁺CD25⁺FoxP3⁺ 细胞、调节性细胞因子）均延迟或损害 HCV 特异性 T 细胞应答的启动和成熟。如果在感染的急性期 CD4 T 细胞介导足够的辅助功能，HCV 特异性 CD8 细胞可成功分化为功能成熟的抗病毒效应细胞和记忆细胞，可完全、持久地控制感染。相反，如果 CD4 T 细胞辅助功能不足，则会阻止 CD8 T 细胞抗病毒效应和记忆功能的形成，有利于病毒的持续存在，从而导致抗病毒 T 细胞功能逐渐损伤

或持续存在无明显关联[264]。这一阶段 PD-1 高表达可能反映了 CD8 T 细胞的活化，而不是 T 细胞耗竭。虽然感染的自发控制与 CD8 T 细胞记忆成熟（通常呈现 CD127⁺/CCR7⁺ 表型）相关，但当感染变为慢性时，HCV 特异性 CD8 T 细胞呈现 PD-1⁺/CD127⁻ 表型[254, 264–266]。有趣的是，HCV 特异性 PD-1⁺CD127⁻CD8 T 细胞亚群在慢性感染肝脏内中富集，而大部分外周血 HCV 特异性 CD8 T 细胞呈现记忆性 PD-1⁺CD127⁺ 表型[73, 122, 267, 268]，其特征是 T 细胞记忆（CD127、TCF1 和 BCL2）和耗竭（PD-1）标志物共表达[136]，具有细胞增殖和细胞因子产生能力。在 DAA 治疗根除 HCV 后（缺乏慢性抗原刺激），这种表型特征可维持很长时间[136]。

最近，有研究系列分析了 HCV 特异性 CD8 T 细胞转录特征，发现了与病毒控制相关的 T 细胞分子决定簇，该亚群长期存在[269]。在慢性感染早期，HCV 特异性 CD8 T 细胞表现出代谢失调，这与核小体转录调控相关基因表达异常、T 细胞分化和炎症反应有关。这种代谢特征常出现于 T 细胞耗竭之前，能在感染早期区别病毒控制或持续性感染[269]。

2. CD4 应答

HCV 自限性感染患者，其特异性 CD4 T 细胞应答广度和强度较好；而慢性感染患者通常产生较弱和范围更窄的 CD4 T 细胞应答[253, 254, 260, 270–273]。表现为对重组蛋白刺激的体外增殖较弱，即体外用重组蛋白长期刺激时 T 细胞扩增能力不强。最

近研究通过对 T 细胞应答体外分析[271, 272]，也发现了类似的结果[252-254, 274]。通过在体外进行胞内细胞因子染色，HCV 特异性 CD4 T 细胞介导的应答在 ALT 峰值时主要是 Th1 反应，在自发清除病毒的患者中能有效产生 IFN-γ 和 IL-2，但在慢性感染者中 Th1 功能严重受损[253]（图 63-7），其主要原因在于 HCV 慢性感染主要是 Th2 型细胞因子环境，更有利于持续感染。CD4 T 细胞应答受损可能会影响机体的抗病毒保护，但不一定是 CD4 T 细胞反应失效，因为某些慢性感染患者转归中 HCV 特异性 CD4 T 细胞应答损伤是在感染后期才出现[273, 275, 276]。综上所述，CD4 T 细胞应答是影响 HCV 控制或持久、决定感染结局的关键角色。阐明早期 CD4 T 细胞应答与不同感染结局的关系，对于理解控制或 HCV 持续感染至关重要。

（三）慢性丙型肝炎病毒感染 T 细胞应答

虽然在急性感染阶段容易检测到 HCV 特异性 T 细胞应答，但在慢性感染阶段外周血 HCV 特异性 T 细胞非常稀少，难以分析[261, 277]。此外，HCV 感染者肝内 T 细胞比例增高，但肝内 HCV 特异性 T 细胞的比例并不增加，因为肝内浸润的主要是 HCV 非特异性 T 细胞[278-281]。据报道，在慢性丙型肝炎感染中，HCV 特异性 CD4 和 CD8 T 细胞功能受损[247, 270, 282-286]（图 63-7）。体外分析表明，外周血和肝脏 HCV 特异性 CD8 T 细胞杀伤和生成细胞因子能力均显著下降。这种功能损伤可以从四聚体阳性的特异性 T 细胞分析中观察到，添加细胞因子可部分恢复[268, 271-274, 278, 282]。针对 HCV 特异表位的 CD8 T 细胞功能损伤是特异性的，因为来自同一 HCV 感染者的非 HCV 特异性（EBV、CMV 和流感特异性）T 细胞的功能是正常的[270]。此外研究发现，HCV 疾病进展中产生 IFN-γ 的炎症性 Tc1 细胞和产生 IL-4 和 IL-10 的调节性 Tc2 细胞呈现一定波动[287]，Tc1/Tc2 应答的失衡也被认为参与了慢性丙型肝炎典型的低水平、持久性炎症。

慢性 HCV 感染者外周和肝内均可检测到 HCV 特异性 CD4 T 细胞，但其功能严重受损[269]，尤其是 IL-2 产生能力明显降低[284]；因为多数持续感染者可检测到 HCV 特异性 CD4 细胞分泌 IFN-γ，但 IL-2 产生仅在极少数感染者中检测到。

（四）B 细胞应答

B 淋巴细胞通过编辑其 BCR 以应对多种不同病原体。B 细胞可以分化成浆细胞后产生大量抗体，其中中和抗体能与 T 细胞合作清除病原体并控制微生物突变体的出现。尽管抗体在控制病毒方面的作用尚不明确，但体液免疫在 HCV 感染中的意义已得到广泛研究。靶向结构蛋白和非结构蛋白的抗体应答在急性感染后 1～2 个月出现，它们的存在似乎与感染相关，因为抗体应答的强度和广度在感染自愈后随着时间的推移而逐渐降低[288]。抗体血清转换被认为是急性感染诊断的最重要标志物[289]；然而，至今未能证明抗体应答模式与急性感染临床结局之间的相关性，提示 HCV 感染不会诱导中和抗体产生。黑猩猩感染模型也支持这一科学假说，因为用同源或异源病毒感染黑猩猩时并不诱导产生保护性体液免疫[290, 291]；这一现象类似于多次暴露的静脉注射药物使用者中的观察[291]。患有低丙种球蛋白血症的患者也可在 IFN-α 治疗后清除 HCV 感染。这些研究提示，HCV 特异性 T 细胞可以弥补中和抗体的缺失，从而实现 HCV 清除[292]。然而，也存在一些不同研究。例如，同源血浆具有 HCV 的中和作用[284]，表明血浆中特异性中和抗体是存在的。

长期以来，由于缺乏简单的检测 HCV 中和抗体的体外评价体系，HCV 中和抗体应答研究进展缓慢。然而，最近两项重大突破克服了这一困难。一是发现可在细胞培养中复制并释放感染性颗粒的 HCV JFH 株[293-295]和通过在逆转录病毒核心上组装 HCV 包膜糖蛋白产生的感染性逆转录病毒–HCV 假颗粒[178, 179]。使用 HCV 假颗粒模型的研究表明，慢性丙型肝炎感染者的抗体可以中和此类假颗粒的感染性；尽管在体外能表现出对不同基因型病毒的广泛中和，但在绝大多数自然感染中，这些抗体无法控制体内的病毒感染[296, 297]。HCV 假颗粒模型也已用于比较自限型和慢性丙型肝炎感染者的中和抗体应答[298-300]。总而言之，产生跨基因型广泛交叉反应的中和抗体应答与病毒清除无关。然而，当追踪单一感染源的抗体演变规律时，自限性感染早期抗 HCV

中和抗体就会被迅速诱导产生，并在恢复后消失；而在演变为慢性肝炎的患者感染早期，HCV中和抗体低水平甚至检测不到，而在后期却产生高滴度的交叉中和抗体[301]。因此，HCV感染肯定会产生中和抗体，但它们似乎并不是控制HCV的主要因子。这对于研发有效的预防性疫苗提出了严峻挑战，并对体液免疫在感染恢复中发挥的作用提出了质疑。虽然现有数据表明，中和抗体反应滞后于病毒准种群中存在快速进化的HCV序列，但目前对中和抗体缺乏明显抗病毒效果的机制还不清楚[302]。由于上述原因，能避免病毒感染的保护性免疫替代终点还不清楚。黑猩猩动物实验研究表明，含有E1-E2异二聚体的疫苗至少能够防止病毒持久性感染[303]，一些动物甚至对同源病毒形成了免疫。此外，在某些情况下，如肝移植后复发的丙型肝炎，中和抗体的产生可能是有害的，因为在抗体的选择压力下可导致循环病毒准种的复杂性，促进病毒更复杂的变异[304]。值得注意的是，丙型肝炎病毒本身也具备许多逃避体液免疫控制的策略[305]。例如，为了防止暴露于中和抗体，以及掩盖其有效性，糖蛋白gpE1和gpE2被高度糖基化[306, 307]，HCV病毒粒子也与宿主载脂蛋白结合在一起[308-311]。此外，HCV能够通过在其准种群体中选择逃避中和抗体的突变体。

除了考虑中和抗体在预防HCV感染中的争议性作用外，还有证据表明针对病毒，如claudin-1（CLDN-1）[312]和SR-BⅠ的特异性抗体可以在体外[313]和体内[314]有效预防HCV感染，包括抑制那些能够逃逸中和抗体作用的突变体的感染[315]。有趣的是，CLDN-1和SR-BⅠ单克隆抗体联合可在体外协同抑制HCV感染[316]。另一种重要的HCV受体，即紧密连接蛋白封闭素（OCLN），已被证明在体外细胞培养系统中对丙型肝炎病毒感染至关重要。OCLN特异性单克隆抗体对完整OCLN具有很高的亲和力和选择性，最近证明在体外和体内都能强烈抑制HCV感染[317]。这表明，尽管高效DAA可以在有限的使用时间内实现95%以上的治愈率，但OCLN抗体仍可能成功用于预防HCV感染。因此，部分

学者仍相信丙型肝炎疫苗的研发，可以帮助实现消除HCV的最终目标。事实上，正如众多人类和黑猩猩研究所示[250, 301, 318]，尽管细胞免疫对控制HCV感染很重要，但交叉中和抗体已被证实可预防感染或改善被动免疫动物的病毒血症[319-321]。此外，在HCV自然感染者也能分离到针对病毒表面蛋白的广谱[222]中和抗体。研究表明，重组gpE1/gpE2丙型肝炎疫苗对人类具有免疫原性[323, 324]。而疫苗可在接种者血清中诱导出针对多种已知交叉中和表位的抗体，并抑制世界各地七种主要的HCV基因型的体外感染[323, 325]。这些结果表明，尽管该疫苗来自单一毒株，但诱导出的中和抗体具有广泛的交叉中和活性。然而，这些抗体对所有基因型中和效率有一定差异。将表达包膜蛋白的重组腺病毒载体与包膜蛋白抗原相结合可显著提高免疫应答水平，该策略已被证明能诱导更强的抗体和T细胞应答，超过单独使用任一种疫苗所实现的免疫反应[326]。

虽然HCV感染抗体已经有了广泛的研究，但越来越多的证据表明，在持续HCV感染中，B细胞呈慢性激活状态，这种现象是由于抗原慢性刺激的结果，对肝外特别是淋巴细胞增生性疾病具有重要的意义。最近的研究结果表明，HCV E2包膜蛋白和CD81相互作用可能会降低B细胞的激活阈值，从而导致B淋巴细胞的多克隆扩增。多克隆B细胞活化是慢性HCV感染的典型特征，与B细胞活化分子上调有关。然而，对活化的B细胞亚群仍存在争议，有研究发现活化的B细胞是未成熟的亚群（CD27⁻）[327]；而其他表明，活化的B细胞主要是记忆性亚群（CD27⁺）[328, 329]，并且还呈现出分化为抗体分泌细胞的倾向[328, 330]，从而为慢性HCV感染患者B细胞淋巴增生性疾病和自身免疫病的发生提供了可能的机制解释。最近数据表明，即使在没有临床检测到病理性B细胞淋巴增生的患者中，慢性丙型肝炎病毒感染也会严重干扰B细胞亚群，尤其是在非型别转换的记忆性B细胞中产生许多大的B细胞克隆。此外，有研究发现混合性冷球蛋白血症综合征和淋巴瘤中的B细胞克隆源于该B细胞亚群，因此确立了IgM⁺记忆B细胞是丙型肝炎患者淋巴增殖

的靶点，甚至在淋巴增生性疾病发生之前就明显影响了患者[331]。对慢性 HCV 感染患者的 B 细胞亚群的深入分析显示，未成熟过渡性（IT）、激活记忆（AM）和组织样记忆（TLM）B 细胞的比例增加，因此导致 B 细胞亚群偏移发育[332]。记忆 B 细胞、TLM、AM 和静息记忆 B 细胞上调表达耗竭标志物，与持续的抗原刺激结果一致。然而，令人惊讶的是，记忆 B 细胞暴露于 HCV 感染后在体外仍保持被激活的能力，并对先天性和适应性免疫刺激做出有效应答[329, 333]，这表明慢性 HCV 感染并不普遍影响 B 细胞功能。

（五）适应性应答的失效机制

HCV 通过多种机制逃逸初始感染后 T 细胞监视，导致 T 细胞功能逐渐损伤，包括病毒蛋白对 T 细胞应答的直接抑制作用，以及产生能躲避 T 细胞监测中逃逸突变等。此外，病毒蛋白可以影响固有免疫系统的抗病毒功能，干扰病毒识别，从而导致固有免疫应答在促进 T 细胞启动和成熟方面效率低下。HCV 也会通过病毒载量的快速增加持续诱导 T 细胞功能耗竭等适应性应答（图 63-7）。

1. B 和 T 细胞突变逃逸

丙型肝炎病毒是一种 RNA 病毒，由于其聚合酶缺乏校对能力[334]、病毒半衰期短（约 2.7h）[335]、病毒复制率高（每天产生 10^{12} 个病毒），导致病毒亚群每天更新率高，高频突变易产生，从而使得 HCV 易产生 T 细胞和 B 细胞优势表位突变，来逃避免疫监视能力。而在免疫压力下持续产生的逃逸变体有助于形成优势病毒准种。研究表明，虽然抗体能中和较早的病毒株，但无法中和现存的或之后出现的病毒准种[336]，说明 HCV 能有效地逃避 B 细胞免疫监测。连续出现的病毒突变能够逃逸 B 细胞对病毒包膜糖蛋白序列的识别，然后不断地选择已有的抗体无法识别的新逃逸变体，这就解释了为什么慢性 HCV 患者中虽然存在高滴度的中和抗体，但依旧无法控制共存的或新出现的病毒株。因此，丙型肝炎病毒序列变异很可能是由宿主免疫应答的选择压力所驱动的，而体液免疫似乎在这一过程中起主导作用[337, 338]。

针对 CD8 T 细胞应答的逃逸突变，必须发生

在能够耐受突变的病毒序列可变区中，但不影响病毒重要的功能；CD8 T 细胞功能必须足够强大，才能形成诱导逃逸突变选择所需的免疫压力[339]。如果 CD8 T 细胞应答仅局限于单个或少数强显性表位，预计产生 CD8 T 细胞表位突变逃逸的可能性会更大。然而，丙型肝炎病毒感染急性期的 CD8 T 细胞应答通常是多特异性的。在这种情况下，单个 CD8 T 细胞表位上出现的突变预计不会使变异病毒对识别其他表位的 CD8 T 细胞抗病毒应答产生逃逸。从理论上讲，这将排除突变病毒的选择及其在病毒准种中的出现。然而，即使在多特异性 CD8 T 细胞应答的情况下，单个表位也可能具有强烈的免疫优势，允许选择携带突变表位的病毒株，尤其是在 CD8 T 细胞应答的总体效率较差的情况下。据报道，感染者个体间的 HCV 特异性 CD8 T 细胞应答表现出不同程度的功能损伤[277]，在慢性感染演变的患者中缺乏足够的 CD4 T 细胞帮助[253, 261]，这显示尽管 HCV 特异性 CD8 T 细胞应答具有一定的广度，但在 HCV 感染中针对 T 细胞免疫的逃逸突变确实可能出现。黑猩猩的研究也表明了这一点，即缺乏足够的 CD4 T 细胞帮助可能会导致 HLA I 类限制性表位中逃逸突变的累积[340]。

黑猩猩 HCV 感染模型的研究，证明病毒逃逸 CD8 T 细胞免疫监视，可以准确评估病毒的进化。通过对 CD8 T 细胞应答和病毒准种序列进化的平行动态分析，发现 HCV 持续感染引发的病毒突变可导致免疫优势的 CD8 T 细胞应答消失[341]。

由于 HCV 感染常呈现无症状，因此难以对急性感染病毒进化和宿主免疫应答进行纵向分析。此外，由于缺乏 HCV 急性感染源及病毒演化的有关信息，更难获得 HCV 准种突变逃逸 CD8 T 细胞免疫应答的直接证据。但是，还是在急性感染者中鉴定到了多个 CTL 表位内的突变，显示发生了 HCV 免疫逃逸[73, 74, 254, 277]。尽管 CD8 T 细胞应答具有多特异性，但病毒仍会出现突变，尤其在慢性感染演变患者中多个表位均可发现序列变异。相比之下，在感染后自愈的患者中未检测到明显的序列改变。对比两名同一病毒感染源患者，发现[254] 仅在无法控制感染的患者中的一

个 CD8 T 细胞表位内检测到一个逃逸突变。在其他研究中，可识别的突变表位减少或缺失，也说明了病毒逃逸。

针对单一感染源的慢性丙型肝炎患者群体研究，也为 CTL 驱动的免疫逃逸提供了证据[342]。通过对比感染后 18～22 年病毒序列与原始序列，发现受试者中 HLA Ⅰ 类限制性表位的替换，但在 HLA Ⅰ 类分子等位基因不匹配的受试者中则未检测到相同的替换。妊娠诱导免疫耐受对 HCV 序列进化的影响也支持 CTL 应答在逃逸突变中的作用。典型的妊娠期适应性免疫应答能力短暂下降可导致 HCV 逃逸突变暂时降低和 HCV 滴度增加；直到分娩后 T 细胞选择压力重新出现，HCV 突变和病毒载量才增加[343]。当 HCV 传播给 HLA 等位基因不匹配的个体时，T 细胞逃逸突变体也会出现逆转[344]。突变可以通过不同的机制逃逸 CTL 反应，如通过改变与 HLA 结合所需的锚定残基或作为 TCR 接触位点的残基，从而影响抗原肽与 HLA 分子的结合或肽 /HLA 复合物的 TCR 识别来逃逸 CD8 T 细胞表位识别[345]。此外，TCR 结合残基替代也可下调野生型特异性 T 细胞应答。最后，Ⅰ 类 HLA 限制性表位侧翼区域的氨基酸替换可以改变蛋白酶体的加工过程，损害表位的生成[346, 347]。

在 HLA Ⅱ 类分子限制性表位中也发现了逃逸突变，可以减弱 CD4 T 细胞识别、拮抗 CD4 T 细胞活性或改变细胞因子产生[348-351]，但 CD4 T 细胞免疫压力如何选择突变表位的机制还不清楚。虽然在 HCV 持续性感染的急性阶段，已经证实 CD8 T 细胞应答将发生突变逃逸，从而介导 HCV 慢性感染，但其是否是导致 HCV 持续感染的主要决定因素仍然是悬而未决的问题。感染后 CD8 T 细胞应答的延迟激活和免疫抑制机制可能会减弱其选择压力（图 63-7）。CD8 T 细胞应答早期抑制机制包括：①负调节分子高表达，包括共抑制分子、高浓度抗原诱导的 T 细胞耗竭、抑制性细胞因子，如 IL-10 和 TGF-β，调节性 T 细胞，如 CD4⁺CD25⁺FoxP3⁺ T 细胞；② HCV 基因产物直接抑制 T 细胞功能或干扰 NK 细胞和 DC 细胞活性来调节抗病毒 T 细胞应答，使其无法支

持、启动和激活抗病毒适应性应答；③ DC 抗原递呈和辅助功能缺陷，将会影响 HCV 特异性 T 细胞应答的启动和分化。

2. 负调节通路在 T 细胞功能失调中的作用

持续暴露于高抗原载量引起病毒特异性 T 细胞功能耗竭是所有慢性病毒感染中 T 细胞功能失调的重要机制。过度表达的共抑制分子将抑制信号传递到病毒特异性 T 细胞，通过阻断 PD-1/PD-L1 通路可控制 LCMV 感染[352]。在该病毒感染动物模型中，持续暴露于抗原的病毒特异性 CD8 T 细胞表达低水平的 CD127 和 CD122 分子（IL-7 和 IL-15 的受体），并且在体外对细胞因子 IL-7 和 IL-15 无应答[353]。这与在慢性 HCV 感染中肝内情况类似，即 HCV 特异性 CD8 T 细胞表达典型的耗竭表型，如 PD-1 高表达、CD127 低表达[265, 267, 354]。

虽然 PD-1 高表达通常与病毒高水平复制相关，但在高病毒血症的慢性患者中也仍可检测到 PD-1 低表达的 HCV 特异性 CD8 T 细胞。通过分析四聚体阳性的 HCV 特异性 CD8 T 细胞 PD-1 表达水平与其相应表位的病毒变异序列，发现发生免疫逃逸的原表位特异性 T 细胞上 PD-1 表达明显降低。相反，对于未发生逃逸的表位，特异性 T 细胞上的 PD-1 表达水平持续升高[354]。因此，突变逃逸和通过 TCR 与特定抗原肽持续结合所导致的耗竭似乎是相互排斥的，但也是使 HCV 能够在感染宿主后得以持续存在的互补机制。

在所描述的不同共刺激通路中，PD-1/PD-L1 复合物被报道参与了因持续暴露于高水平病毒抗原引起的 T 细胞耗竭[352, 355]。PD-1 在胸腺细胞上表达，在活化的 T 和 B 细胞中上调[355, 356]。其配体为 PD-L1 和 PD-L2 分子；PD-L2 表达仅限于 APC，而 PD-L1 具有更广泛的组织分布，可通过病毒感染和 IFN-α 和 IFN-γ 在肝细胞中诱导产生[352, 356, 357]。PD-1 参与阻止细胞进入细胞周期和产生效应细胞因子[352, 357]。许多最近的研究表明，最初在病毒感染的动物模型中发现的这一通路，也在 HBV、HIV 和 HCV 引起的人类感染的发病机制中发挥作用[51, 264, 265, 353, 358, 359]。在 HCV 感染的急性期，PD-1 在 HCV 特异性 CD8 T 细

胞上高表达；如果感染得到自发控制，其表达通常会随着时间的推移而下降，但如果感染演变为慢性，PD-1 表达则得以维持，并持续损害 T 细胞功能[264]。来自不同实验室的数据表明，通过阻断 PD-1/PD-L1 的作用可以改善抗病毒 CD4 和 CD8 功能[264, 353, 360, 361]。因此，PD-1 高表达似乎也是 HCV 感染中 T 细胞功能耗竭的标志。

最初在 LCMV 感染模型中进行的研究也强调了 IL-10/IL-10R 通路的关键调节作用，因为用特异性抗体阻断 IL-10 受体能够恢复保护性抗病毒应答，防止感染的慢性演变[362, 363]。在人类 HCV 感染中，也从慢性感染者的肝脏[285, 286]和外周血[364]中分离出了能够通过产生 IL-10 或 TGF-β 抑制 T 细胞应答的 HCV 特异性调节样 CD8 T 细胞。由于 IL-10/IL-10R 阻断对 LCMV 感染的影响在感染的早期阶段更为显著[362, 363]，因此需要研究这种策略是否也可以用于治疗已暴露于病毒抗原多年后的人类慢性感染。

新的数据表明，另一个重要的负调控功能由 CD4+FoxP3+ T 细胞所介导，可以抑制病毒特异性 T 细胞应答，从而影响抗病毒应答的质量和强度[149]。该通路的上调可导致 HCV 感染慢性演变者的病毒特异性应答的功能损伤[270, 365-369]。如外周血 CD4+CD25+ 调节性 T 细胞的比例和功能增加所示，调节性 T 细胞不仅对 HCV 特异性 T 细胞应答有抑制作用，而且对 CMV 和 EBV 特异性 T 细胞也有抑制作用。据报道，急性 HCV 感染者的 CD4+CD25+ 调节性 T 细胞的比例和功能高于健康对照，但在自愈患者和慢性感染患者之间并没有发现差异[368]。然而，出现持续性症状的患者在感染急性期 6 个月后仍保持较强的抑制功能，而疾病缓解者中则出现抑制活性的部分降低。这些观察结果支持调节性 T 细胞在 HCV 持续感染的发病机制中不起主要作用，但一旦病毒持续存在，CD4+CD25+FoxP3+ T 细胞的抑制功能则可能会导致 HCV 特异性 T 细胞功能障碍。此外，对黑猩猩感染模型的研究表明，在自发恢复和持续感染的动物中，调节性 T 细胞表现出相似的频率和抑制功能，表明调节性 T 细胞发挥的主要作用是避免出现非特异性免疫激活和意外

的组织损伤[367]。因此，效应性和调节性 T 细胞之间的良好平衡将对病原体和宿主都有利，一方面允许病原体感染得以持续，另一方面也防止宿主肝脏发生坏死性炎症，最终导致重症肝炎或肝硬化。

3. HCV 基因产物对 T 细胞的直接抑制作用

体外研究表明，HCV 核心蛋白和包膜蛋白可调节多种适应性免疫应答。据报道，HCV 核心蛋白通过下调胞质内 IL-2 产生及阻止 ERK1/2 MAPK 激活抑制 HCV 特异性 T 细胞向效应表型分化[370]。此外，病毒核心蛋白上的一段特定序列可以结合在巨噬细胞和 T 细胞表面的补体 C1q 受体的球状结构域，进而抑制 T 细胞的增殖、IL-2 和 IFN-γ 的分泌[371, 372]，以及抑制巨噬细胞产生 IL-12[373]。此外，体外研究表明，HCV 核心蛋白还可通过影响钙调动来调节 T 细胞应答[374]，并通过与 TNF 受体家族成员相互作用来调节细胞凋亡[375-379]。最后，HCV-E2 蛋白可以通过结合 CD81 分子对 T 细胞产生共刺激作用[380, 381]。

4. 树突状细胞对抗原呈递和辅助功能的损害

树突状细胞是先天免疫和适应性免疫之间的桥梁。先天免疫系统传递的信号（Ⅰ型 IFN 产生、与 NK 细胞的相互作用）导致树突状细胞的适当成熟，这对触发抗原特异性免疫应答至关重要[159]。鉴于树突状细胞在 T 细胞启动中发挥的关键作用，原发性 HCV 感染期间树突状细胞功能和（或）成熟异常就可能导致感染后 HCV 特异性 CD8 和 CD4 T 细胞的延迟产生和功能障碍。关于 DC 在急性和慢性 HCV 感染中的功能，结果仍存在争议。体外研究表明，HCV 的 E2 蛋白可直接抑制 NK 细胞功能[382, 383]。由于 NK 细胞活化有助于 DC 成熟，这种抑制作用可能间接影响 DC 触发适应性应答的能力。此外，用单核细胞衍生的树突状细胞进行的实验表明，这些细胞在慢性 HCV 感染中表现出成熟和功能缺陷[384, 385]，这可能与树突状细胞感染[386-388]或 HCV 蛋白，如核心蛋白和 NS3 的直接作用有关[387, 388]。此外，据报道，在急性 HCV 感染中，血浆树突状细胞产生 IFN-α 的频率和能力显著降低[271]。然而，DC 功能受损很难与 HCV 特异性的 T 细胞功能

障碍、慢性 HCV 感染患者没有整体免疫损害的证据相协调。事实上，最近的研究未能证实 DC 功能障碍[389-392]，因为循环髓系细胞和 DC 被发现表型正常且功能完整，并且 HCV 可在没有 DC 功能损伤的黑猩猩中建立和维持慢性感染[393]。因此，在 HCV 感染早期 DC 功能受损可能会导致 T 细胞应答延迟启动和低效活化，但这方面仍然缺乏坚实的实验证据支持。

四、结论

HBV 和 HCV 都能诱发慢性肝病，尽管概率不同。这两种病毒在进化过程中都采用了与宿主共生的策略，但在适应宿主的方式上存在着很大的差异。在有免疫力的成年人中，HBV 几乎总是可被有效的适应性免疫应答所控制，因此在急性感染后，协调良好的细胞和体液免疫应答促进 HBV 清除和临床恢复，尽管可能有少量 HBV 还能以隐匿形式存在终身。当使用免疫抑制或细胞毒性药物造成免疫力低下时，这会诱导 HBV 感染的重新激活，并产生严重的临床结局，这些发现提示宿主适应性免疫应答在 HBV 感染控制中持续发挥重要作用。然而，先天免疫应答对乙型肝炎病毒控制的重要性仍然有争议。现有研究表明，疾病恢复是在适应性免疫应答发挥作用之后才实现的，预测上游有效的先天免疫促进了下游适应性免疫应答的全面启动。HBV 感染具有相当长的潜伏期，这有利于 CD4 和 CD8 T 细胞应答启动，有助于后续疾病恢复。关于 HBV 为什么会引起慢性肝病，目前机制仍不是十分清楚。感染途径、感染病毒的数量和类型、病毒复制率、

细胞因子环境及其他辅助因子（如年龄）都可能影响适应性应答的启动和成熟，从而促进诱导免疫耐受。

急性 HCV 感染的疾病演变似乎对宿主状态的依赖性相对较低，尽管肝移植后 HCV 复发偶尔会产生相当严重的炎症反应，但免疫抑制似乎对疾病进展的影响较小。HCV 感染结局与年龄相关性不大，而年龄是决定 HBV 感染命运的关键因素。HCV 是在有效激活先天免疫应答的情况下进而变成持续感染。适应性免疫应答虽然也能被有效启动，但能被快速复制的 RNA 病毒所超越，HCV 基因组复制过程中容易发生错误，并形成一大群高度同源但抗原性不同的病毒准种。这种情况并不利于宿主形成有效的中和抗体应答。研究表明，中和抗体应答水平在急性和慢性感染中强度相似，与临床结局无明显相关性。与 HBV 类似，HCV 特异性 T 细胞应答在自限性感染中更为强烈和广泛，并且微环境中 IL-2 的缺乏（可能由 Treg 消耗）也可导致 T 细胞功能障碍。持续暴露高水平病毒抗原会导致 T 细胞功能耗竭、中枢记忆 T 细胞发育缺陷及某些病毒蛋白（尤其是核心蛋白）介导的 T 细胞功能抑制均被认为是导致无法根除 HCV 的重要原因。

因此，这两种病毒虽然具有不同的感染机制，但已进化出使其能够以共生关系在宿主中长期存在。破坏这种平衡的遗传和（或）环境因素可能会加速疾病进展，最终导致肝衰竭。了解 HBV 和 HCV 基本的免疫致病机制将有助于开发干预措施，以根除或控制这些病原体。

第 64 章　乙型肝炎病毒分子生物学的临床意义

Clinical Implications of the Molecular Biology of Hepatitis B Virus

Timothy M. Block　Ju-Tao Guo　W. Thomas London　著

向宽辉　沈　弢　陈昱安　李　彤　译

现在有越来越多的选择用于预防、早期发现和治疗干预由乙型肝炎病毒（hepatitis B virus, HBV）感染引起的疾病。美国普遍接种重组疫苗已接近 30 年。HBV 慢性感染患者需要多年后才会发展为明显临床肝脏疾病，包括肝硬化和原发性肝细胞癌，而且多被认为是机体免疫介导对 HBV 抗原反应导致慢性坏死性炎症的结果。研究发现，这些有关的肝脏疾病情况与各种病毒和宿主生物标志物的关系越来越明显。这些信息为早期疾病检测和治疗干预提供指导。目前，美国 FDA 已批准了 8 种用于治疗慢性乙型肝炎（chronic hepatitis B, CHB）的药物 [1, 2]。HBV 生物学和 CHB 的免疫病理学的研究进展使我们能够确定新的抗病毒策略，以及开发新的抗病毒药物，以提高治疗效果或者提高功能性治愈患者的数量 [3, 4]。本章的重点主要利用病毒的分子生物学一定程度上解释这些疾病的研究进展。HBV 复制和其所致的肝脏疾病的细节在其他章节讨论。

一、HBV 感染

HBV 感染可能是一过性的，可在 6 个月内消退，否则可能导致慢性感染 [5, 6]。一过性感染多为无症状感染，但也可表现为急性肝炎，甚至在少数情况下表现为急性重型肝炎 [5]。慢性感染是指病毒通常在不引起任何明显的临床症状的情况下持续存在宿主体内，直至个体生命终结。但是，有将近 1/3 的慢性感染患者最终可能发展为肝硬化甚至 HCC [3, 4]。尽管有效疫苗的接种已进行 30 多年，以及存在多种药物可供选择治疗，但是 HBV 慢性感染仍然是一个重大的公共卫生问题 [7, 8]。事实上，全世界 HBV 慢性感染的人数超过 2.7 亿，如果没有干预可能会有多达 9000 万人死于肝病。美国 CDC 估计，美国有约 140 万人长期感染 HBV [9]。然而，根据美国人口普查及高危族群的 HBV 表面抗原阳性率的最新信息，截至 2000 年，美国慢性携带者的实际数量可能超过 200 万 [10]。

二、HBV 生命周期和抗病毒药物靶点

HBV 属于嗜肝 DNA 病毒科。它含有不完全双链松弛环状 DNA（relaxed circular DNA, rcDNA）基因组，长度大约 3.2kb（图 64-1）[11, 12]。与其他哺乳动物 DNA 病毒不同，HBV 复制通过其前基因组 RNA（pregenomic RNA, pgRNA）的逆转录得到 HBV 基因组 DNA 的过程 [10, 11]。因此，HBV 实际上是一种带有 DNA 基因组的逆转录病毒。然而，与经典逆转录病毒相比，HBV 基因组 DNA 整合到宿主细胞染色体不是其生命周期中所必需的步骤。相反，HBV 进入肝细胞后，病毒基因组 rcDNA 被转运到细胞核中，并转化为作为病毒 RNA 转录模板的游离型 cccDNA。

如图 64-2A 所示，HBV 感染肝细胞开始于病毒胞膜蛋白的 S 结构域与亲和力低的硫酸乙酰

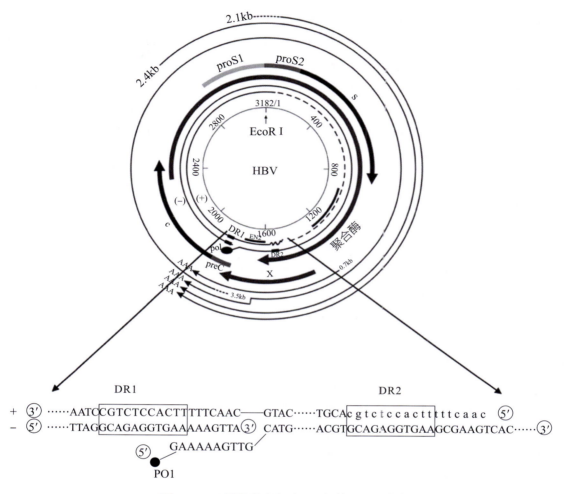

▲ 图 64-1　乙型肝炎病毒（HBV）基因组的结构

图上方显示了部分双链松弛环状 DNA 基因组。核苷酸序列从 EcoR I 的酶切位点开始编号。病毒 RNA 转录物及其翻译的多肽
已显示出来。图下方正链 DNA 5′端的 RNA 寡聚体以小写字母显示，与负链 5′端共价连接的病毒 DNA 聚合酶以实心圆圈显示。
DR1 和 DR 2 也显示出来

肝素蛋白聚糖受体结合，其次通过病毒更高特异性和亲和力的大胞膜蛋白的前 S1 结构域中的 N 末端肉豆蔻酰化肽段与表达在肝细胞膜上的 HBV 真正受体 NTCP 结合 [14, 15]。然后，HBV 病毒粒子通过内吞作用内化进入肝细胞，核衣壳随后释放到细胞质中，并在动力蛋白复合物的帮助下转运到核孔复合物中，病毒基因组 rcDNA 被释放到细胞中并合成 cccDNA[16]。

HBV 病毒粒子衍生的基因组 rcDNA 转化为核 cccDNA 的具体分子机制的研究发现才刚开始。如图 64-1 所示，考虑到病毒 rcDNA 的结构特征，

cccDNA 的合成前提是需要删除病毒 DNA 聚合酶（共价连接负链 DNA 的 5′端）和与正链 DNA 的 5′端相连的 RNA 寡聚体。最近研究表明，rcDNA 末端的删减可能由宿主细胞 TDP2 和（或）FEN1 加工而成 [18, 19]，同时还需要填充补齐 rcDNA 的不完整链。在 HBV 感染表达有 NTCP 的 HepG2 细胞进行基因筛选发现细胞 DNA 聚合酶 K 及发挥较小作用的 DNA 聚合酶 λ 是 cccDNA 从头合成所必需的酶 [20]。DNA 聚合酶 K 和 λ 分别在 DNA 损伤修复和非同源末端连接（nonhomologous end joining，NHEJ）DNA 的损伤修复通路发挥

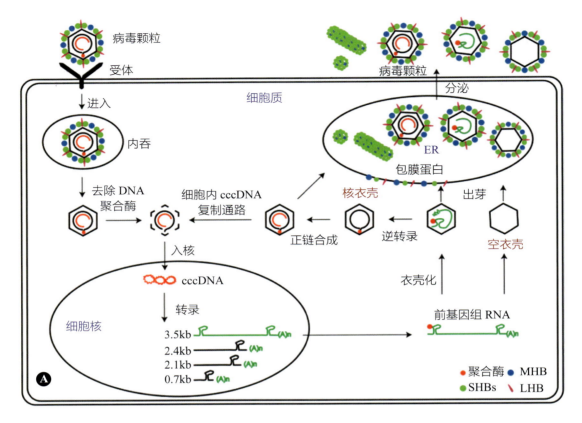

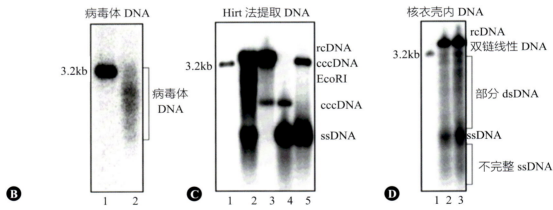

▲ 图 64-2　HBV 病毒颗粒的 DNA 形式和受感染的肝细胞与病毒复制周期的关系

A. 乙型肝炎病毒（HBV）的复制周期。HBV 病毒颗粒结合 NTCP 受体并通过内吞作用进入肝细胞。病毒核衣壳被递送到细胞质中，病毒基因组 DNA 在去除与病毒 DNA 负链共价结合的 DNA 聚合酶后被转运到细胞核中。脱蛋白后的 rcDNA 经过修复形成共价闭合环状 DNA（cccDNA），cccDNA 作为病毒 RNA 的转录模板。在细胞质中，病毒前基因组 RNA 和 DNA 聚合酶被包裹形成 HBV DNA 合成环境的核衣壳。含有成熟松弛环状 DNA（rcDNA）的核衣壳被组装成病毒颗粒并分泌出肝细胞。值得注意的是，细胞质核衣壳中的子代 rcDNA 可以穿梭回细胞核中形成更多的 cccDNA。同时，空衣壳和含有 RNA 的衣壳也可以被包裹并作为无基因组病毒颗粒或者含 RNA 的病毒体从细胞分泌出来。虽然亚病毒颗粒通过内质网（ER）/高尔基体复合体途径分泌，但是病毒颗粒和类病毒颗粒是通过多泡体分泌的。B 至 D. Southern 印迹杂交方法揭示病毒颗粒和细胞内 HBV DNA 复制中间体中的 HBV DNA 形式。病毒颗粒中的 HBV rcDNA 在长度上是不同的（B，泳道 2）。细胞内核衣壳中的 HBV DNA 代表所有形式的 HBV DNA 复制中间体（C，泳道 2 和 3），包括不完整的单链 DNA（ssDNA）、全长单链 DNA、部分双链 DNA（dsDNA）、成熟 rcDNA 和完全双链线性 DNA。D. 细胞内无蛋白质的 HBV DNA 种类，包括脱蛋白的 rcDNA 和 cccDNA，通过 Hirt 方法提取通过琼脂糖凝胶电泳分离得到。不同 DNA 条带表示不同处理方法，包括未经事先处理（泳道 3），在 85℃热变性 10min（泳道 4）或在 85℃热变性 10min 后进行 EcoR Ⅰ消化 10min（泳道 5），并通过 Southern 印迹杂交显示。泳道 2 含有细胞质核心 DNA 作为对照。对于 B 至 D，泳道 1 是 DNA 的大小标记重要作用。最近的一项研究表明，细胞 DNA 连接酶 I 和 DNA 连接酶Ⅲ 可能通过连接病毒 DNA 而参与 cccDNA 合成[21]。

在细胞核中，cccDNA 组装成微型染色体，并作为病毒转录 mRNA 的模板[22]。pgRNA 比全长基因组 DNA 长且包含末端冗余序列，可翻译产生核心蛋白和病毒 DNA 聚合酶[23]。病毒 DNA 聚合酶与颈环结构 ε 结合，启动病毒 DNA 合成和核衣壳装配[24, 25]。在核衣壳内，病毒 DNA 聚合酶首先将 pgRNA 逆转录为单链 DNA，然后形成双链 rcDNA。含有 rcDNA 的成熟核衣壳可以获得包膜形成可感染性病毒粒子并分泌出细胞，也可直接将 rcDNA 递送到细胞核中形成 cccDNA，补充 cccDNA 库[12, 26, 27]（图 64-2A）。

原则上，选择性地阻止 HBV 生命周期的任何一步最终都会终止其复制。然而，目前可用于治疗乙型肝炎的抗病毒药物主要包含两类药物：具有免疫调节活性而抑制肝细胞 HBV 复制多个步骤的 IFN-α[28-30]，以及抑制病毒 DNA 聚合酶功能的核苷（酸）类似物[31]。后文将要继续介绍处于临床前或者临床开发阶段的抑制 HBV 生命周期其他步骤的抑制剂，以及通过激活宿主抗病毒免疫反应的药物。

三、病毒蛋白的生物功能及临床意义

HBV 基因组包含四个 ORF。由于 HBV 编码区域的重叠特性，病毒实际上可从这些 ORF 中表达出 7 种蛋白质，包括 DNA 聚合酶、HBcAg、HBeAg、三种包膜蛋白（表面抗原）和 HBx。过去几十年已充分研究了这些蛋白影响病毒复制及发病机制的生物学功能，表 64-1 中总结和讨论了这些蛋白在 HBV 感染控制的相关临床意义。

（一）DNA 聚合酶

HBV DNA 聚合酶是一种 90kDa 的多功能蛋白，由从 N 端到 C 端依次为末端蛋白（terminal protein，TP）、间隔区、逆转录酶（reverse transcriptase，RT）和 RNase H 的四个结构域组成[4]（图 64-3）。虽然 HBV DNA 聚合酶含有大约 550 个氨基酸的两个 C 末端近端结构域在谱系上与逆转录病毒的逆转录酶的结构域同源，但是其两个 N 末端近端结构域（约 330 个氨基酸）与任何已知蛋白质均无同源性。研究表明，虽然 HBV DNA 聚合酶的间隔区对病毒复制影响不大，但是其 TP 结构域是病毒复制必不可少的。TP 结构域中含有一个酪氨酸残基，在 DNA 合成起始过程中可与负链

表 64-1 乙型肝炎病毒蛋白和它们的临床意义

蛋白	大小（kDa）	病毒复制的潜在 / 非潜在功能	临床意义
Pol	90	病毒基因组复制	抗病毒药物靶点
Core	21	核衣壳成分	存在抗 HBc 抗体说明感染过；核衣壳组装，CpAM 的靶点[31, 32]
E	17	分泌；潜在免疫抑制功能	反映病毒复制能力；抗 HBe 出现说明病毒学转换，但是如果病毒载量高，提示预后差[33, 34]
LHB	36、39	病毒包膜蛋白，结合受体 NTCP	胞内聚集提示致病状态[35]
MHB	30、33、36	病毒包膜蛋白及亚病毒颗粒成分	钙联蛋白介导的折叠所必需，并作为抗病毒药物靶点[36]
SHB 或 HBsAg	23、26	病毒包膜蛋白和亚病毒颗粒主要成分，介导病毒吸附细胞表面	参与免疫调节功能；诱导产生的抗 HBs 抗体具有保护性[66]
HBx	17	通过介导 SMC5/6 降解调控 cccDNA 转录	在肿瘤转化中可能起作用[37]

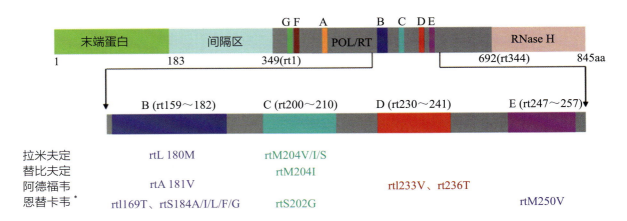

▲ 图 64-3　HBV DNA 聚合酶的结构域和聚合酶抑制药相关的耐药突变位点

上方示 HBV DNA 聚合酶的 4 个功能结构域和逆转录酶结构域的 7 个催化亚单位 A～G。下方示美国 FDA 批准的 4 种 HBV DNA 聚合酶抑制药有关的主要耐药突变的特性和位置

*. 代表这些突变必须与拉米夫定的原发耐药突变同时出现才对恩替卡韦耐药

DNA 的第一个核苷酸残基进行共价连接，参与 DNA 合成[32]。因此，HBV DNA 聚合酶除了催化逆转录合成病毒 DNA 和降解 pgRNA 模板，还参与结合 pgRNA 5′ 端的 ε 结构启动核衣壳组装和负链 DNA 的合成。

HBV DNA 聚合酶与其他病毒的聚合酶一样都是一种理想的抗病毒治疗靶点。目前 FDA 已批准 6 个核苷（酸）类似物药物用于治疗 CHB 患者，此外还有一些正处于临床试验阶段。DNA 聚合酶抑制剂能够快速或者成对数降低病毒血症[1, 2]。然而，由于 DNA 聚合酶抑制剂不能直接抑制 cccDNA，因而导致很难治愈慢性 HBV 感染。由此，需要长期治疗达到持续抑制病毒复制，也因此更容易导致耐药突变的出现，以及抗病毒治疗失败。不过，由于 DNA 聚合酶抑制剂之间的结构和抗病毒机制差异，HBV 的耐药突变被不同抑制剂特异地筛选出来（图 64-3），而被一类 DNA 聚合酶抑制剂筛选出来的变异通常对其他类的聚合酶抑制剂敏感[38]。例如，尽管耐拉米夫定的 HBV 病毒容易导致恩替卡韦耐药，但是耐拉米夫定的 HBV 病毒对阿德福韦及恩替卡韦敏感[39, 40]。

HBV DNA 聚合酶除了具有逆转录酶活性，其 RNase H 结构域可降解负链 DNA 合成过程中的 pgRNA 模板，并生成用于正链 DNA 合成的 RNA 引物。一个小的 HBV RNase H 的分子抑制药已被证实可在小鼠模型中抑制体内 HBV 复制[41]。此外，最近有报道称铁原卟啉（血红素）和几种相关的类似物可通过结合 DNA 聚合酶的 TP 结构域干扰 RT-ε RNA 复合物形成而抑制病毒逆转录[42]。由 Hsp90 和其辅因子（Hsp70、Hsp40、Hop 和 p23）组成的细胞分子伴侣复合物是 HBV DNA 聚合酶与 εRNA 正确折叠及相互作用所必需的，这一过程对核衣壳组装和启动负链 DNA 合成至关重要[43, 44]。有趣的是，Hsp90 抑制剂已被证实可以抑制 HBV 在细胞中复制，并值得进一步在动物模型中进行评估其效果[45]。

综上所述，虽然这些新发现可能代表了抗 HBV 药物开发的新途径，但是缺乏 HBV DNA 聚合酶的详细结构信息阻碍了抗 HBV 药物发挥作用的详细结构 - 功能分析，以及药物的合理设计。

（二）核心蛋白

核心蛋白或核心抗原为一个由 183 或者 185 个氨基酸组成的小多肽[10]，包含两个由 9 个氨基酸残基连接起来的结构域。其 N 端 140 个氨基酸组成了核衣壳组装结构域，这部分可以足够组装成空衣壳，而 C 端部分中由 34 个氨基酸组成的特定 C 端结构域（C-terminal domain，CTD）包含多个在病毒生命周期中磷酸化和去磷酸化的富含精氨酸的基序和 7 个保守的丝氨酸或苏氨酸的结构域[46-48]。鸭乙型肝炎病毒的研究表明，通过核衣壳蛋白的磷酸化和去磷酸化修饰对pgRNA衣壳化、病毒DNA复制和病毒粒子形态发生中具有不可或缺的重要作用[49-51]。最近基于HBV复制的细胞模型研究证明，核心蛋白在游离二聚体和空衣壳中过度磷酸化，但是在含有pgRNA或者DNA的核衣壳中磷酸化程度较低[52]。核心蛋白的CTD结构域与细胞内核衣壳的磷酸化谱表现一致，即在空病毒粒子中过度磷酸化，但在完整病毒粒子中未被磷酸化[53]。此外，核心蛋白磷酸化调节核衣壳的稳定性和脱衣壳，并将rcDNA递送到细胞核中合成cccDNA[54-57]。

核衣壳组装主要是由核心蛋白二聚体的内部疏水性界面的相互作用组装而成。小分子核心蛋白变构调节剂（core protein allosteric modulators，CpAM）结合到疏水口袋（又称HAP口袋）的二聚体间的界面可加速形成非核衣壳的多聚体，或者形成形态上看似正常的空衣壳，从而抑制病毒DNA复制[58-60]。目前，多种CpAM已在动物模型和人体临床试验中证明有效[61, 62]。

衣壳蛋白抗体（hepatitis B core antibody, anti-HBc）阳性反应了曾经或者正在感染HBV，不具有保护性。然而，高水平的抗HBc IgM抗体与急性感染有关。抗HBc的IgG抗体持续存在于HBV慢性感染的整个过程，而IgM抗体可能会在CHB的恶化期间再次检测到。由于抗HBc抗体存在于急性、短暂性或者慢性感染的患者中，因此他们常被血液采集机构用于评价献血者是否暴露于HBV感染。在美国，抗HBc阳性献血者会被告知其阳性检测结果，其血清不被用于输血或者制备血制品。

（三）e抗原

HBeAg由前核心mRNA翻译而来。最初，刚翻译形成一个25kDa的前核心蛋白，然后在内质网中通过蛋白水解酶裂解N端信号肽和C端结构域加工形成17kDa大小的p22和p17可溶性蛋白。循环系统中检测到HBeAg是病毒高水平复制的标志[4, 5]。HBeAg消失和HBeAg抗体（抗HBe）的出现过程被称为HBeAg血清学转换，通常伴随持续性病毒血症水平降低，与急性感染

中的病毒清除有关。HBeAg血清学转换被认为是抗病毒治疗的一个重要里程碑。然而，许多CHB患者携带有前核心区域突变的HBV病毒也会导致HBeAg检测不到。这些突变病毒比野生型更具致病性[63]。因此，在具有中高水平循环病毒DNA的个体中检测到HBeAg丧失是出现前核心或基本核心启动子区域变异的病毒有力证据。

对土拨鼠肝炎病毒和鸭乙型肝炎病毒的研究表明，HBeAg不是HBV感染细胞或者动物所必需的。然而，由于所有已知肝炎病毒都有特定的HBeAg蛋白，因此可以合理推测HBeAg在病毒生命周期中具有重要作用[33]。人们在很长一段时间内猜测HBeAg可能在免疫抑制和免疫耐受中发挥重要作用[64]。一项经典研究支持了上面的假设，他们发现HBeAg在HBV携带的母亲传播并在后代建立持续感染的过程中具有重要作用，母体HBeAg通过上调抑制性PD-L1诱导肝巨噬细胞，以及通过HBeAg再刺激后改变肝巨噬细胞极性，进而削弱CD8+T细胞对婴儿体内HBV的反应，并促进HBV持续存在[65]。

（四）包膜蛋白

HBV编码三种包膜蛋白，分别为大包膜蛋白（large hepatitis B surface protein，LHB）、中包膜蛋白（middle hepatitis B surface protein，MHB）和小包膜蛋白（small hepatitis B surface protein，SHB），常被称为HBsAg。根据糖基化水平的不同，HBV的感染性病毒颗粒及亚病毒颗粒都呈现出不同的分子重量的包膜蛋白，分别为23kDa和26kDa（SHB）、33kDa和36kDa（MHB）、36kDa和39kDa（LHB）[45]。LHB主要从2.4kb mRNA翻译而来，而MHB和SHB主要从2.1kb mRNA不同起始密码子翻译而来[12]。

病毒颗粒的大、中、小包膜蛋白组成比例主要为1:5:100。病毒包膜蛋白对于HBV病毒粒子的组装、分泌和感染性具有重要作用[66]。LHB前S1结构域的N端部分介导HBV与受体NTCP结合并引发病毒感染[47]。感染细胞除了分泌成熟病毒颗粒以外，还可分泌100～1000倍于成熟病毒颗粒的小球型或者管型亚病毒颗粒[6]。早期Blumberg及其同事最初发现的HBV颗粒形式被

称为"澳大利亚抗原"。那些亚病毒颗粒的生物学意义还不清楚，认为可能在宿主抗病毒适应性免疫反应的衰竭中具有重要作用[68, 69]。

近 30 年前的一篇报道称，在转基因小鼠模型中发现肝细胞中单纯的 LHB 积累（没有其他 HBV 相关蛋白）与肝细胞癌变有关[35]。近日，有报道称，在不含有其他病毒蛋白存在的 HCC 切片内检测到 LHB 和突变的 LHB 多肽，为 LHB 与肝癌发生提供了间接证据[70]。内质网中 LHB 蛋白（包括前 S2 突变的 LHB）的存在可能导致内质网应激通路，进而使细胞易于诱导氧化应激、DNA 损失和基因组不稳定，以及最终细胞死亡[71]。LHB 驱动的肝细胞死亡、肝脏炎症和再生将使大量肝细胞处于获得转化突变，甚至发展为 HCC[72]。

（五）X 蛋白

HB X 是一种 17kDa 大小、由 155 个氨基酸组成的蛋白质。由于早期发现它的时候不清楚它的功能，因此它被称为 X 蛋白或 HBx。早期研究发现，WHV X 蛋白对于 WHV DNA 在培养细胞中的复制不是必需的，但其对于病毒在体内感染是必需的[74]。最近研究证明，HBx 对从头感染中的 cccDNA 的合成不是必需的，但是对病毒 RNA 转录至关重要[75]。机制研究发现，cccDNA 微型染色体通过宿主多肽结合而导致转录沉默，如 SMC5/6，包括 Smc5、Smc6、Nse1、Nse2、Nse3 和 Nse4 蛋白[76-78]。有报道称，HBx 通过招募 DDB1 和 cullin4 E3 泛素化酶复合物去降解 SMC5/6 复合物，进而抑制其对 cccDNA 的转录抑制作用[76-78]。HBx 作为病毒感染的关键调节因子，稳定性受到多泛素化介导的蛋白酶降解和 E3 连接酶 HDM2 介导的维持 HBx 稳定的接合作用的调控[79, 80]。很多研究提出，HBx 在 HCC 发生和细胞死亡和增殖的调控中发挥重要作用，但是具体分子机制仍存在争议[81]。

四、HBV 基因组 DNA 及其复制中间体：生物学功能和临床意义

HBV 病毒颗粒的 DNA 结构图见图 64-1。HBV DNA 的细胞内复制形式见图 64-2B 至 D。

HBV DNA 整合到细胞染色体中虽然不是病毒复制中间体，但是在 HCC 发生发展中发挥重要作用。最近，HBV 整合被用作研究 HBV 感染过程中病毒感染肝细胞命运的遗传标记[76, 77]。

（一）病毒 DNA 和病毒载量

病毒颗粒 DNA 主要是通过血清分析检测得到，在实验室中检测慢性感染患者血清报告的指标，称为"病毒载量"。有 15%～30% 的 CHB 患者最终发展成为 HCC。血清 HBV DNA 水平上升（≥10 000 拷贝 / 毫升），独立于 HBeAg、血清 ALT 水平及肝硬化的新指标与 HCC 的风险显著相关[82, 83]。持续抗病毒药物抑制 HBV 复制已被证实可大大降低肝硬化和 HCC 的风险[84]。

（二）cccDNA

cccDNA 是 HBV 感染肝细胞后第一个病毒 DNA 复制中间体。CccDNA 除了从病毒感染释放的 rcDNA 转化而来，还可以从细胞内病毒逆转录后的核心 rcDNA 进入细胞核途径直接转化而来[27]。这种细胞内途径在病毒感染早期非常有效地扩增 cccDNA 数量建立一个 cccDNA 池，一般为每个细胞有 5～10 拷贝的 cccDNA[85-87]。感染细胞核中的 cccDNA 池的大小受病毒和细胞的机制调节[88]。一系列研究表明，DHBV 的大胞膜蛋白可调节细胞内核衣壳转运及 cccDNA 形成[89, 90]。在感染初期，当 LHB 处于低水平时，衣壳更容易递送入核，并促进 cccDNA 积累，从而确保 HBV 在受感染细胞稳定复制。在感染后期，大量表达的 LHB 促进衣壳被包裹为成熟病毒颗粒并分泌出细胞。

可利用 Southern 印记杂交或者设计一堆引物结合 rcDNA 缺口处正链位置的聚合酶链式反应的方法检测 cccDNA[91, 92]。尽管细胞核内 cccDNA 稳定程度一直存在争议，但是普遍认同 cccDNA 是 HBV 复制中间体中的最稳定形式，对基于 DNA 聚合酶的抗病毒药物及宿主免疫反应都具有很强的耐受性。它是抗病毒治疗停药后复发的根源[93, 94]，也是通常在免疫抑制或化疗过程中发现患者看似已治愈 HBV 感染，但病毒 cccDNA 可再激活，是病毒感染复发根源。因此，消除 cccDNA 是一个重要的治疗目标。

（三）HBV RNA

细胞核中的 cccDNA 是所有 HBV RNA 的模板，包括 3.5kb 前核心 mRNA（precore RNA，preC RNA）和前基因组 RNA，2.4kb mRNA（翻译为 LHB），2.1kb mRNA（翻译 MHB 和 SHB），以及翻译 HBx 的 0.7kb mRNA。病毒 mRNA 的转录依赖于宿主细胞 RNA 聚合酶 II 和富含于肝细胞的特异转录因子[10]。最近一项研究证明，异黄素类似物可以选择性阻断病毒 pgRNA 转录发挥抑制 HBV 复制[95]。此外，在 HBeAg 阴性的患者中 pgRNA 的转录效率降低，提示宿主主要基于 cccDNA 转录调控发挥抗病毒免疫反应[86, 91]。

（四）HBV DNA 细胞质中的存在形式

HBV 复制主要以胞质内 Pol 蛋白结合 pgRNA 及招募 HBcAg 的方式形成核衣壳。HBV DNA 在核衣壳内通过从 pgRNA 合成负链 DNA，然后以新的负链 DNA 为模板合成正链 DNA。核衣壳随着 rcDNA 成熟而成熟，并在内质网中与包膜蛋白组装形成成熟的病毒体，从而分泌出肝细胞[12]。因此，HBV DNA 复制中间体，包括不完整和全长负链 DNA，部分双链和成熟形式的 rcDNA，以及双链线性 DNA（double strand linear DNA，dslDNA）都可存在于核衣壳内。因此，DNA 聚合酶抑制剂可抑制双链 DNA 的合成，进而导致细胞内核衣壳内的 DNA 的各种形式都减少甚至消除。

（五）HBV DNA 整合进入宿主细胞染色体

尽管病毒复制不需要 HBV DNA 整合到宿主细胞染色体中，但 HBV DNA 整合确实随机发生在受感染的肝细胞中。病毒感染后几天内就能够检测到 HBV DNA 整合，并且随着感染时间的持续，整合的频率会增加[96, 97]。HBV DNA 整合的频率大概在病毒感染鸭子 6 天后，每 $10^3 \sim 10^4$ 个细胞中至少整合一个病毒基因[98]。有趣的是，慢性感染的土拨鼠体内整合病毒 DNA 的频率比瞬时感染的整合频率高出 1～2 个数量级，提示病毒 DNA 整合，以及其他基因组损伤随着感染时间延长而积累[96]。根据整合病毒 DNA 序列分析和遗传学研究表明，整合的病毒 DNA 的前体最可能是 dslDNA[99]。由于整合的 DNA 是病毒环状

DNA 打断后的产物，因此其只能转录成有功能的 mRNA 而表达包膜蛋白，但是不能形成 3.5kb 的 preC RNA 和 pgRNA，从而不支持产生感染性病毒颗粒。然而，有报道称，慢性乙型肝炎病毒感染患者中的大量 SHB，特别是 HBeAg 阴性患者，主要是由整合 HBV DNA 转录而来[100]。

据报道，HBV DNA 整合主要在慢性乙型肝炎患者的 HCC 癌组织中出现，因此提出假设：可能是因为 HBV DNA 整合可以通过插入激活机制激活细胞，从而促进 HCC 发展。然而，尽管这假设在发现 WHV DNA 可整合在土拨鼠身上 myc 癌基因家族成员周围而得到部分证实，但是这一机制在人类疾病中不太常见[101]。人类 HCC 中，HBV DNA 整合很大程度上是随机的，只有少数情况下发生在重要细胞生长调节基因周围[102, 103]。尽管有这种随机整合现象，但是病毒 DNA 整合导致 HCC 发生可能主要通过增加感染细胞中的染色体不稳定性，影响细胞基因的表达水平，或者通过表达病毒基因产物（如 HBx 或者包膜蛋白多肽）而导致的。

有趣的是，整合的病毒 DNA 已被用作单个肝细胞谱系的基因标记来确定瞬时或者慢性感染的细胞命运。例如，通过跟踪年轻慢性乙型肝炎患者不同感染时期的肝细胞病毒 DNA 整合谱系，发现高水平的 HBV DNA 整合和克隆肝细胞扩增与免疫耐受有关。这一发现表明，尽管炎症反应较低，早期慢性 HBV 感染患者的受感染肝细胞扩增可能导致发生 HCC[97]。因此，尽管 HBV 感染发展到 HCC 可能需要几十年的时间，但是有讨论认为应该早期治疗干预以尽量减少肝细胞基因损伤而导致 HCC。

（六）空病毒颗粒和含 RNA 的病毒颗粒

长期以来，人们认为只有含部分双链 rcDNA 的核衣壳或成熟的核衣壳两种形式才能被包裹，并以病毒颗粒或者 Dane 颗粒的形式分泌出细胞外。然而，如图 64-2A 所示，近年来研究发现，空衣壳和含有 RNA 的衣壳形式也可以被包裹，并以病毒样颗粒形式分泌出去。这些颗粒分别被称为无基因组病毒体和含有 RNA 的病毒体[104]。在 HBV 感染患者的血清中，无基因组

病毒体通常比含有 rcDNA 的病毒颗粒或者完整病毒颗粒更多，但含有 RNA 的病毒体比完整病毒颗粒少[105]。含有 RNA 病毒体中的 RNA 种类可以是 pgRNA 或者剪接的病毒 RNA[106, 107]。最近的突变研究发现，完整病毒体和无基因组病毒体的形态依赖于病毒包膜蛋白和核衣壳的相互作用[108]。尽管病毒 DNA 聚合酶抑制剂可以抑制完整的病毒体产生，但不能抑制无基因组病毒体和含有 RNA 的病毒体的产生。因此，原则上认为，血浆中无基因组病毒体或者病毒 RNA 的定量检测可以反映核苷（酸）类似物治疗下的 cccDNA 载量和转录活性。检测不到无基因组病毒体或者病毒 RNA 可能表明病毒低载量及活性，提示可以停止核苷（酸）类似物治疗[105, 109]。

五、分子层面理解慢性乙型肝炎抗病毒治疗

（一）治疗慢性乙型肝炎的可用药物

美国 FDA 批准的 8 种治疗 CHB 药物，包括 2 种常规注射用的聚乙二醇化 IFN-α 和 6 种口服核苷（酸）类似物药物。尽管我们清楚核苷（酸）类似物 [如拉米夫定（lamivudine，LMV）、阿德福韦酯（adefovir diplopoxil，ADV）、恩替卡韦（entecavir，ETV）、替比夫定、富马酸替诺福韦酯和富马酸丙酚替诺福韦] 主要是通过抑制病毒 DNA 聚合酶活性[25]，进而抑制病毒 DNA 合成，但是 IFN-α 的抗病毒机制尚不明确。人们普遍认为，IFN-α 可能是通过调节宿主抗病毒免疫反应发挥抗病毒作用[110]。然而，在体外细胞实验及动物肝炎病毒感染肝细胞中的研究发现，IFN-α 可降低病毒 RNA 转录和 pgRNA 包裹，并促进病毒核衣壳衰变[28-30]。

最近一项研究表明，IFN-α 治疗可通过诱导表达 APOBEC3A 和 APOBEC3B 而导致原代人肝细胞中 HBV cccDNA 水平非细胞裂解性的降低。这些 APOBEC3 蛋白可被招募到 cccDNA，使负链中的胞嘧啶脱氨基而降解 cccDNA[111]。但是，这种现象在正常感染过程中的发生程度尚不清楚，而且 IFN-α 导致的 HBV cccDNA 降低没有在 HepaRG 或者原代肝细胞中发现[112, 113]。

（二）谁将被治疗，什么时候接受治疗，以及治疗多久

由于不能消除 HBV 感染而担忧潜在的耐药和不良反应发生，目前的治疗干预措施主要针对那些称为"活动性肝炎"的患者，表现为高水平的血清 HBV DNA，以及活动性肝病，如组织学或血清中肝细胞来源的酶水平升高[2, 114]。有证据表明，多达 1/3 的 CHB 和 ALT 正常的患者仍可能发展为纤维化甚至肝硬化[115]，可能需要对所有慢性感染患者进行抗病毒治疗。此外，无论血清 ALT 水平如何，HBeAg 阳性 17 年的 CHB 患者发展为肝硬化的概率超过 12%[116]。此外，尽管 HBV DNA 水平很低或者稍微上升，ALT 水平可能与明显的肝病及最终的不良结果有关[82, 117]。而这些患者群体却不在当前的治疗指南内[114, 118]。

HBV 有关的严重肝病和肝癌通常（并不总是）与长时间感染 HBV 有关[119]。因此，很有必要使用更加灵敏有效的替代标志物用于反应疾病的发展[120]。正如 AASLD 指南描述的那样，病毒学及生物化学方面的指标可用于定义治疗的疗效[121]。病毒学应答是指 HBeAg 转换（HBeAg 消失），而血清 HBV DNA 水平降低至检测不到（通过 PCR 检测，意味着 HBV DNA 水平低于 100～1000 拷贝 /ml）。生化和组织学应答分别指血清 ALT 水平正常，以及肝病评分提高[1]。因此，治疗目标主要是通过达到所谓持续性的病毒学和生化应答来衡量[2]。

虽然这目标可能过于简单化，但总体而言，IFN-α 和 DNA 聚合酶抑制剂治疗似乎均可在 30%～60% 的 HBeAg 阳性患者中达到病毒学应答（取决于治疗时间）[1]。如果没有治疗干预，HBeAg 阴性患者很少能出现病毒学应答[122]。因此，对于 HBeAg 阳性患者，DNA 聚合酶抑制剂可能在病毒学应答 6 个月之后停药。但是，对于 HBeAg 阴性患者，一般需要终身治疗。

一个有趣的问题是，是否相同或者相似的人群受益于 DNA 聚合酶抑制剂和 IFN-α 两种抗病毒的药物呢？这可能违背常理，因为这两种药物作用机制明显不同。这个问题的答案对合理指导使用这两类药物十分重要，无论是单独使用还是

组合使用。

（三）耐药病毒的出现

目前，口服抑制 HBV 的两大支柱药物可有效并长时间抑制病毒，还可降低病毒耐药，达到病毒学应答[123]。然而，目前用于治疗 HBV 的聚合酶抑制剂诱导耐药基因突变仍然是影响其有效使用的最大威胁之一[124, 125]。Perelson 和 Ribeiro 推测，假设逆转录酶的错配率为每 3×10^{-5} 之一，那么每个基因组复制一次大约出现 0.1 个碱基错配[127]。循环血液中病毒浓度通常在 $10^8 \sim 10^{10}$/ml，假设循环血液中的病毒颗粒半衰期为 1 天，那么每天大约有 10^{12} 病毒颗粒产生和清除。在这种情况下，HBV 感染患者每天都会产生成千上万的单突变和双突变的耐药病毒颗粒，甚至在治疗前就开始出现这些耐药突变病毒。

然而，哪一种耐药变异病毒出现的概率尽管在相似的病毒载量和相同的药物治疗下都会随时间而改变[38]。治疗前的病毒载量对是否及何时使用药物治疗可能很重要，但不是决定因素[128]。例如，含有高病毒载量 HBeAg 阳性患者和低病毒载量的 HBeAg 阴性患者出现对聚合酶抑制剂耐药的变异的概率大致相同[122]。临床研究表明，许多其他表现（如血清高 ALT 水平和高肝脏炎症评分指数）可能反映了肝脏的生理和免疫功能，可能影响具体变异病毒出现的概率[129, 130]。

（四）新的抗病毒药物即将问世

近期，由于受到成功治愈慢性丙型肝炎病毒的启发，大家努力开发针对其他病毒或者宿主的新型抗病毒药物，以达到 CHB 的功能性治愈。最近很多化合物已在动物模型中验证可抑制病毒进入、核衣壳组装或者诱导病毒 RNA 降解等达到抗病毒的效果[131, 132]。可抑制 HBV 感染肝细胞的 Myrcludex B（一种合成的 N- 豆蔻酰化的前 S1 酯肽）[133]，以及多种可抑制 HBV 衣壳组装和降解的 HBV CpAM[134, 135] 等治疗 CHB 的药物正在处于临床试验中[132, 136]。此外，靶向 HBV mRNA 的干扰小 RNA 在黑猩猩模型中可有效降低病毒载量和 HBsAg 水平[100]。

但是，人们普遍认为，除了通过联合抗病毒治疗达到完全抑制病毒复制之外，恢复 CHB 患者的抗病毒免疫功能对于实现 CHB 的功能性治愈至关重要[4, 17, 137]。目前，临床前或者临床研究中有两项策略可诱导有效免疫抑制慢性乙型肝炎感染，包括 PPR 激动药（特别是 TLR7 和 TLR8），以及通过输注 HBV 特异的工程化 T 细胞重构抗病毒免疫反应。例如，表达针对 HBV 的嵌合抗原受体的 T 细胞（chimeric antigen receptor expressed T cells，CAR-T）通过 T 细胞检查点阻断激活耗竭的 T 细胞[138, 139]。在土拨鼠和黑猩猩模型中，TLR7 激动药 GS-9620 在抑制 WHV 和 HBV 方面取得了良好效果。具体来说，GS-9620 治疗激活了肝内 CD8[+]T 细胞、NK 细胞、B 细胞和 IFN 反应转录信号，导致持续抑制 WHV 复制和促进 HBsAg 消失，更引人注目的是，在一些动物体内可出现持续的抗 WHBsAg 中和抗体反应[140]。但是，在临床试验中仅仅观察到有限的治疗效果，可能原因是机体对药物的耐受性较低[141]。

希望这些化合物中的某些药物能够用于临床，以及针对病毒复制生命周期的多个步骤的联合治疗可能有效控制 CHB，甚至达到理想的功能性治愈[142]。

六、HBV 变异株及其临床意义

（一）基因型

HBV 基因型是指 HBV 基因序列差异占全基因组的 8% 以上被认为是新的基因型。目前有 10 种不同的基因型，称为 A-J，并在世界各地分布不一[143, 144]。基因型之间的致病性关系还不清楚。有研究发现基因 C 型主要出现在亚洲，围产期发生的感染为 C 型的主要感染途径；基因 A 型更常见于北美，那里的 HBV 传播方式主要是性传播[9]。话虽如此，越来越多的证据表明，基因 A 型与 HBV 感染自发消退有关，而基因 C 型对 IFN 治疗的反应较弱且相比基因 B 型更容易使感染恶化为 HCC[145]。然而，我们应该认识到这些仅仅是统计结果，对于任何一个个体，不能仅仅依靠基因型来进行临床预测。

（二）S 基因突变

"a" 抗原决定簇由 SHB 蛋白序列内的

120～163 位置形成的两个环组成的结构[96-98]。它是中和抗体识别靶标的主要血清学抗原决定簇。然而，它不是宿主免疫系统识别的唯一表位[98]。至少有两个其他的亚表位，其中一个为"d"或者"y"，另一个为"w"或者"r"。因此，HBV 的血清型由三个表位确定并表示为血清型"adw""adr""ayw""ayr"等。HBV 血清型之间的差异不会导致致病性的不同。然而，"a"抗原决定簇发生氨基酸点突变可能与逃逸中和抗体有关[146]。

如图 64-4 所示，S 基因的 pre-S 区域与病毒 Pol 蛋白的间隔区相互重叠。由于间隔区对于 HBV DNA 聚合酶功能可有可无，尽管一些这样的突变体复制可能受到影响，该区域种的大多数

突变不影响新病毒的产生。

据报道，pre-S 变异株出现的频率随血清中病毒滴度的下降而增加[148]。此外，pre-S 变异株常见于携带有 HBV 的 HCC 患者中。然而，由于 HCC 患者中 HBV 是以准种形式存在，因此很难建立 pre-S 变异株与 HCC 的因果关系。转基因小鼠模型的研究发现，包膜蛋白的 pre-S2 区域变异的增加与致病潜力有关，其中还发现纯合雄性小鼠到 2 岁时更容易发展为肝细胞瘤，甚至 HCC[149]。

（三）核苷类药物耐药病毒的 HBsAg 突变

鉴于 HBsAg 编码区与 DNA 聚合酶 RT 结构域 N 端的 2/3 重叠（图 64-4）[150]，因此发生在此序列的耐药突变通常也会导致 HBsAg 序列的

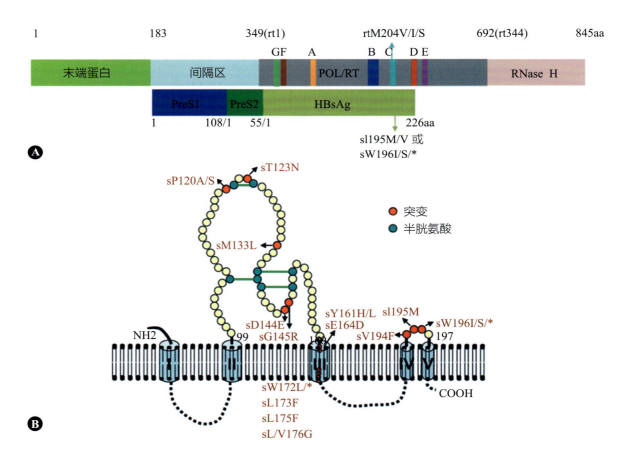

▲ 图 64-4　HBV DNA 聚合酶抑制药相关的突变可导致 HBsAg 的多肽序列发生镜像改变

A. 编码 3 种 HBV 包膜蛋白的开放阅读编码框与病毒 DNA 聚合酶的间隔区和 RT 结构域的编码区完全重叠。因此，DNA 聚合酶抑制药相关的耐药突变经常导致 HBsAg 多肽序列发生变化。例如，在拉米夫定治疗期间筛选出的突变 rtM204V/I/S 会导致 HBsAg 中 195/196 位置的氨基酸发生改变。B.HBV DNA 聚合酶抑制药原发性和继发性耐药突变的位置。HBsAg 的拓扑结构及分子内的二硫酸键根据 Torresi 等绘制（经 Elsevier 许可转载，引自参考文献 [147]）

改变[151, 152]。

HBV DNA 聚合酶抑制药筛选出的主要 RT 区域突变及导致的 HBsAg 突变总结见表 64-2。重要的是，有一些重叠突变中可以改变 HBsAg 的功能。值得注意的是，最初在 RT 发生的 LMV 耐药突变，如 rtM2004V 或 rtM200I 会导致重叠 HBsAg 发生 sI195M 或 sw196L/S/stop 突变。含有 sW196L/S 突变的 HBsAg 会严重影响丁型肝炎病毒颗粒的组装和分泌[153]，提示此突变影响了 HBsAg 的功能。此外，突变型 HBsAg 含有 LMV 耐药突变 rtV173L 镜像改变的 sE164D 突变被证明可以降低抗 HBs 抗体的中和能力[147]。有研究发现，基于商业的免疫试剂盒检测，一些 LMV 治疗的患者显示明显检测不到 HBsAg，但仍可检测到循环的 HBV DNA。在这些患者中不能检测到 HBsAg 的原因主要是 LMV 治疗筛选出 sP120A 突变，该突变降低了抗 HBs 抗体的中和能力[154]。

（四）核心和前核心基因的突变

HBeAg 消失通常被认为是有疗效的血清学标志。然而，仍然存在尽管 HBeAg 水平消失，但是 HBV DNA 水平很高的情况，这通常与 HBV preC 或基础核心启动子（basal core promoter，BCP）发生突变有关[109]。最常见的 preC 突变之一是 G1896A，它会导致色氨酸密码子（UGG）变为终止密码子（UAG）[155]。HBeAg 阴性的 HBV 急性感染与严重的慢性肝炎及急性重型肝炎有关[156, 157]。

此外，也报道有影响核心蛋白序列的突变[111]，如研究比较清楚的 HBcAg 突变 I97L。这个突变似乎更有利于病毒复制，在细胞体系中，可检测到更高的 HBV DNA 复制中间体和含有未成熟形式病毒 DNA 的分泌病毒颗粒[158]。

（五）核心启动子突变

BCP 及其相关的增强子主要控制 preC mRNA 和 pgRNA 的转录。据报道，一对该区域的突变（如 A1762T 和 G1764A）可能与 HBeAg 阴性病毒血症及更严重的肝脏疾病（特别是肝硬化，甚至 HCC）有关[159-161]。因为病毒的重叠阅读框的特点，这两个突变可导致 X 蛋白发生相应的突变（L130M 和 V131I），以及在 BCP 形成一

表 64-2　聚合酶与 HBsAg 多肽在聚合酶抑制药抗病毒治疗中氨基酸序列变化的相关性

聚合酶中的突变	HBsAg 突变	抗病毒药物
rtI169T	sY161H/L	恩替卡韦、拉米夫定
rtV173L	sE164D	拉米夫定
rtL180M	NC	拉米夫定、替诺福韦
rtL180I	NC	拉米夫定
rtA181V	sL173F	阿德福韦、拉米夫定
rtA181T	sW172L/*	阿德福韦、拉米夫定
rtT184L	sL175F	恩替卡韦、拉米夫定
rtS184G	sL/V176G	恩替卡韦、拉米夫定
rtA194T	NC	替诺福韦
rtS202I	sV194F	恩替卡韦
rtM204V	sI195M	拉米夫定、替比夫定
rtM204I	sW196L/S/*	拉米夫定
rtM204S	sW195V	拉米夫定
rtQ215S	sS207R	阿德福韦

*. 表示终止密码子。NC. 无变化

个新的转录因子 HNF1 的结合位点。在转染细胞研究发现，这些突变减少了 preC mRNA 的转录，但是 pgRNA 的转录不受影响[162]。总体而言，可能高达 50% 发展为 HCC 的 HBV 慢性携带者都可能检测到 BCP 突变。然而，BCP 突变可能像发展为 HCC 一样，仅仅出现在持续感染的过程中。患者感染时间越长，就越容易出现 BCP 突变，这些突变更容易发展为 HCC[163, 164]。因此，虽然 BCP 突变与持续感染的有关，但是它们之间尚无因果关系的证据。

七、HBV 疫苗

对人和动物注射 HBsAg 亚病毒颗粒可诱导特异针对"a"和"b"亢原表位的抗体。如果"a"相关抗体的含量足够高，那么仅仅"a"相关抗体就可以足够阻断 CH3 的建立[165, 166]。早期的乙

型肝炎疫苗主要是从 HBV 感染的患者血液中分离得到的 HBV 亚病毒颗粒的制备的灭活疫苗[167]。然而，由于对人源性疫苗的安全及来源的担忧促使人们开发了基于重组 HBsAg 作为疫苗来源。从酵母中表达的重组 HBsAg 疫苗被证明是一种有效的免疫原，并成为 HBV 疫苗接种的主要来源[166, 168]。

因此，作为世界上 HCC 最主要病因之一的慢性 HBV 感染，90% 可以通过正确接种乙型肝炎疫苗预防[169]。由于该重组疫苗不良反应小，1982 年美国就批准了其临床应用。1984 年，中国台湾引用了该重组疫苗给新生儿接种，发现在出生时接种疫苗的青少年 HCC 的发病率减少了至少 50%[170, 171]。随着疫苗接种的人群进入到青少年晚期及 20 岁出头，疫苗的保护作用是否保持不变将变得很重要。目前的挑战主要是 HBV 疫苗接种覆盖到具有 HBV 感染和 HCC 风险的人群。1992 年，WHO 为所有国家制定了疫苗接种目标，即到 1997 年将 HBV 疫苗接种纳入到普遍儿童疫苗接种计划的目标。虽然该目标还没有实现，但是正在取得重大进展。到 2001 年，191 个 WHO 组织成员国中的 126 个国家普遍实施了婴儿或儿童 HBV 疫苗接种计划。通过全球疫苗和免疫联盟（global alliance for vaccine and immunization，GAVI）的努力，HBV 疫苗的成本已降低了 100 倍。发达国家已经可以负担所有新生儿 HBV 疫苗的普遍接种，现在正将疫苗接种计划引入到全球最贫困的国家[169]。来自几个高危国家的研究发现，我们可以预测疫苗接种计划的实施将使慢性 HBV 感染的患病率从 8%～12% 降至低于 2%[172]，这将大大降低未来几十年的 HCC 发病率。

（一）S 基因突变与疫苗

目前使用的重组疫苗主要针对 HBsAg 的 "a" 抗原决定簇位置。在 "a" 抗原决定簇发生的氨基酸序列替换可能导致出现疫苗逃逸变异株，可随着时间成为严重问题[165, 173]。疫苗逃逸变异株已经在接受疫苗和 HBV 特异免疫球蛋白治疗慢性乙型肝炎母亲的婴儿体内检测到[174]。美国免疫实践委员会（American Committee on Immunization Practices，ACIP）建议和呼吁慢性乙型肝炎母亲所生新生儿需要接种 HBV 疫苗和被动免疫球蛋白[166, 175, 176]。值得注意的是，这种暴露后干预措施在预防新生儿慢性感染 HBV 风险方面非常有效。然而，由于在发展中国家可能医疗不规范，或者资源有限，又或病毒滴度较高而未能共同使用足够量的免疫球蛋白，很容易出现免疫逃逸突变，可能甚至成为一种更大的公共卫生问题。类似情况包括接受肝移植的 HBV 慢性携带者需要免疫球蛋白治疗支持。现在确实有许多报道发现 "a" 抗原决定簇突变的流行，提示这将预计会出现针对当前疫苗产生耐药[177]。在一份报道中，HBV 携带的母亲所生的婴儿在接受疫苗和免疫球蛋白治疗后发生 HBsAg 突变的概率大概为 4%[178]。因此，很有必要开发新型的针对其他潜在抗原表位的疫苗，如针对 pre-S1 和 pre-S2 表位的疫苗。

（二）疫苗免疫力消退

有证据表明，在婴幼儿时期接种过疫苗的人可能在他们成年时期没有产生具有保护性的 HBV 抗体[179]。在这之前，人们普遍认为，只要给予适当的重组疫苗并引发抗 HBs 的保护性效价反应，就会引发终身免疫。不过，重组疫苗本身就很了不起，或者说是史无前例的。亚单位疫苗可引发终身免疫，通常还需要感染细胞的 MHC Ⅰ 呈递抗原引发的 T 细胞反应的参与。因此，HBV 疫苗接种所致的免疫反应随着时间延长而衰减并不是那么奇怪。最近，Hammitt 等报道称，阿拉斯加有 50% 的儿童在幼儿期接种了 HBV 疫苗 15 年后失去了免疫保护作用[179]。虽然免疫力似乎减弱了，但是应该值得注意的是，这些孩子都没有实际上发生 HBV 感染。这些免疫消失的未受保护的个体如果暴露于 HBV 或者产生抗 HBc 抗体的亚临床感染是否会发展为临床感染是未知的。然而，综合起来，乙型肝炎预防的健康管理部门可能需要重新考虑免疫减弱的问题，因为那一代接受 HBV 免疫的人正处于风险极大的年龄段（青少年），被认为比以前估计的更具感染风险。

2017 年，一种名为 Heplisav 用于 HBV 疫苗

接种的新型两剂疫苗已获得批准[180]。Heplisav 是由酵母表达的 SHB 多肽和刺激 TLR9 免疫反应的寡核苷酸佐剂组成。TLR9 在浆细胞样树突状细胞上表达，主要参与抗原呈递。这个疫苗可能对个体具有特殊价值，如那些对目前使用的疫苗没有作用的肾透析患者、糖尿病患者等。

八、肝细胞癌的检测

HBV 的抑制与多克隆 T 细胞发挥对病毒的免疫反应有关[181, 182]。另外，肝纤维化和肝硬化的机制似乎是由于 HBV 基因产物在肝细胞复制和表达，导致受感染肝细胞被一些淋巴细胞杀死，但有其他非感染细胞存活并继续受到 HBV 感染、复制和导致细胞杀伤的循环。对于有的细胞，免疫反应足够清除病毒并防止慢性化，但是在其他细胞就无法实现的原因是未知的，并需要深入研究，可能涉及病毒对宿主免疫系统进行主动抑制和被动回避的能力不同。通常在病毒复制和受到免疫攻击的几十年后，可能会发展为 HCC（可能不总是经过肝硬化过程而导致 HCC）。尽管病毒的致癌基因尚未确定，但是不可否认，HBV 是 HCC 的主要病因。

HCC 是一种侵袭性的癌症，如果没有及早发现和管理，HCC 预后将很差。目前，一般有两种可使用的生物标志物进行非侵入性检测 HCC 的策略。第一种对除已知风险因素外，事先不存在已知癌症的患者在接受定期筛查的时候进行检测。筛查的目的主要是尽早发现容易治疗的小肿瘤。为了达到有效的治疗效果，通常在肿瘤直径小于 3cm 时检测出来。第二种策略是通过放射技术鉴定肝脏中的 HCC。

由于肝硬化患者（包括存在和不存在 HBV 和 HCV 感染）发展为 HCC 的风险在显著增加（10～100 倍），因此在临床上对人群的风险监测是有必要及符合逻辑的[136]。因此，HCC 筛查通常侧重于那些被诊断为肝硬化的患者[183, 184]。

肝活检被认为是评估慢性肝炎患者肝损伤程度的金标准[137]。而评估肝损伤的无创方法主要是物理层面评估、肝脏超声成像和分析血清系列标志物，包括肝功能监测和血小板计数[185, 186]。

由于 AFP 水平与 HCC 存在相关性，因此 AFP 水平通常作为诊断 HCC 的血清标志物[185-189]。AFP 是一种 72 000Da 大小的肝细胞衍生糖蛋白，功能类似于肝细胞中的白蛋白，自 1968 年以来一直用于监测 HCC[190]。

然而，许多像 ALT 水平用于评估疾病进展的生物标志物水平（如肝损伤程度）在 CHB 的整个过程中会改变，并且对早期 HCC 的诊断效果有限[191]。AFP 作为 HCC 的唯一有限价值的标志物，通常在没有严重疾病的情况下升高，也会在癌症存在或者处于早期阶段时不升高[188]。由于早期手术干预是当前提高 HCC 患者生存最有希望的方法，因此早期准确的诊断和 HCC 分期对于是否有必要手术干预是很有必要的。因此，人们对检测肝纤维化和肝硬化的非活检方法产生了极大的兴趣[185, 186, 193, 194]。这是因为大多数 HCC 患者都经历过肝硬化的发展过程[185]。也应该考虑将成像方面的技术与其他非侵入性方法相结合用于肝病检测[183]。最近有报道发现，在 HCC 中发现具有调节功能的小型非编码 RNA（microRNA）的表达[195]。由于一些 microRNA 可以在血液及尿液中检测到，因此它们也被提议用于作为诊断癌症的非侵入性生物标志物[196]。

此外，由于 HCC 的基因及生化方面的通路被进一步认识，因此这为早期癌症检测提供了新的机会，例如，端粒酶和 wnt/β- 连环蛋白的表达在 HCC 中异常表达。大规模的 DNA 测序表观遗传学分析 380 多例 HCC 肿瘤发现了其他经常被修饰的基因，如 LZTR-1、EEF1A1 和 SF3B1。白蛋白和 apoB 基因也经常被修饰。因此，从血液和尿液中检测到的癌细胞基因正在被开发用于非侵入性筛查和检测 HCC[197, 198]。

这些替代检测方法具有潜在应用价值，但尚未获得广泛的认可，主要原因是缺乏敏感性和特异性。此外，HCC 和肝纤维化的检测可能需要不同的标志物。肝活检和病理学评估及放射性检测方法仍然是诊断纤维化和 HCC 的金标准。

九、结论

近几十年的实验室和临床研究极大地拓展了

我们对 HBV 感染的病理生物学的了解，为预防和治疗干预 HBV 感染提供了切实可行的手段。希望了解对有关病毒如何复制的分子机制，以及它如何建立和保存长期感染的机制，这将有助于研发新的早期发现疾病和干预方法。HBV 疫苗的研发和广泛应用是 20 世纪医疗和公共卫生领域的伟大胜利之一。但是，婴儿期接种疫苗的人在成年期免疫力下降，可能会影响到免疫保护的能力。最后，希望大家趁着热情去寻找 CHB 的治愈方法。此外，原发性肝癌完全缺乏有效的治疗方法是医学界面临的另一个重大挑战。

第65章 丙型肝炎病毒免疫逃逸机制和持续感染的临床影响

Viral Escape Mechanisms in Hepatitis C and the Clinical Consequences of Persistent Infection

Marc G.Ghany　Christopher M. Walker　Patrizia Farci　著

李　颜　程春雨　余　倩　段　翔　陈昱安　译

即使在免疫功能正常的人体内，丙型肝炎病毒也能持续存在。随着感染的进行，大约70%的急性病毒感染会转为慢性感染，这增加了人们罹患肝硬化和肝细胞癌等进行性肝病的风险。HCV是一种小RNA病毒，由于其持续复制不需要宿主存在非常严重的免疫缺陷，因而能有效地破坏宿主的先天性和适应性免疫反应，同时又不会损害宿主对其他病毒的抵抗能力。

HCV易受宿主免疫系统的影响，不到三成的急性感染会发生自发清除。然而，高达八成的急性感染者则由于不能有效地清除病毒，发展为慢性感染，因此HCV也具有一定的免疫逃逸能力。通常在病毒暴露后2~14天可观察到剧烈的HCV的复制，这种复制在没有明显免疫控制的情况下将持续8~12周[1]（图65-1）。感染的自发消退表现为病毒血症症状显著减轻，并维持低病毒滴度达数周或数月，直到HCV复制终止（图65-1A）。通过感染获得适应性免疫的个体依然会被再次感染，但病毒血症的持续时间和程度都会降低，持续感染的风险也会降低[2-6]（图65-1A）。我们认为持续感染的病毒血症可分为两种模式（图65-1B）。第一种模式的病毒血症在8~12周达到高峰，随后是长期受控的病毒复制，这与许多病毒感染被根除的过程中观察到的模式相似[1]

（图65-1B）；病毒血症随着慢性感染的建立而增强，并且通常会维持在稳定水平[1]。第二种模式的特点是在急性感染期期间和之后没有明显的免疫控制，并表现为持续性的严重型病毒血症（图65-1B）。

在本章中，我们将描述HCV感染的自然史、影响病毒复制模式的先天性和适应性免疫反应、促进持续感染的逃逸机制。此外，我们还将讨论DAA出现的重要意义，包括慢性感染治愈后免疫力的恢复和进行性肝病停止或逆转的可能性。

一、先天免疫和HCV的免疫逃逸策略

目前HCV感染中先天免疫和免疫逃逸的研究主要关注的是自然杀伤（NK）细胞[7, 8]和干扰素（IFN）[9, 10]的反应。尽管我们对肝脏感染过程中发生的这些反应的理解尚不全面，但越来越多的证据表明，HCV从IFN和NK细胞的免疫防线中逃逸是通过以下过程介导的：①由HCV及其编码的蛋白质介导的隐蔽或拮抗机制；②肝脏失调导致的炎症环境抑制了先天免疫信号的传导。

IFN反应和免疫逃逸

尽管HCV感染会诱导强烈的ISG应答，并有可能将病毒的生命周期阻断在任一阶段，但HCV仍会在肝脏中复制[9, 10]。肝脏内的ISG应答

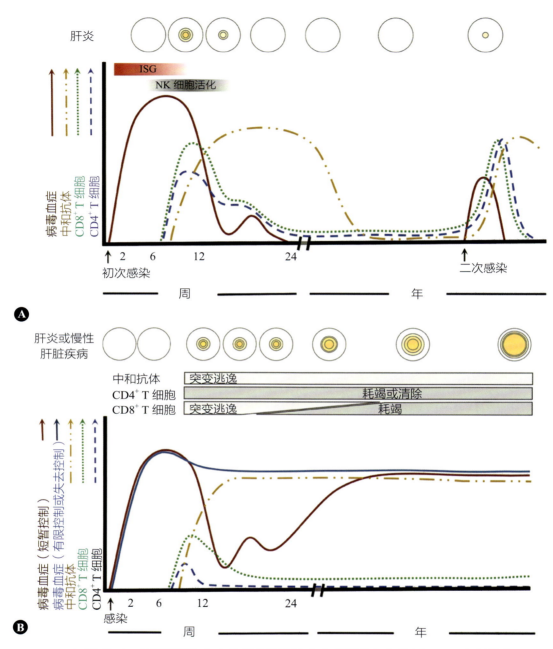

▲ 图 65-1　急性消退型（A）和急性进展型（B）肝炎的免疫反应和 HCV 复制模式

A. 尽管在感染早期的肝脏中已经存在强烈的干扰素刺激基因（ISG）应答，但在感染后的 8～12 周内仍可观察到明显的乙型肝炎病毒（HCV）复制。先天免疫应答出现 8～12 周后，发生血清学转换和功能性 HCV 特异性 CD4+ 和 CD8+ T 细胞扩增，这些适应性免疫反应的开始与病毒血症的急剧减轻同时发生。此时也可能出现肝脏炎症的生化和（或）物理体征；急性丙型肝炎的临床症状通常不明显（白色大圆圈），但有时可以观察到轻度至重度的肝炎发生（黄色阴影同心圆）。感染的终止通常发生在数周的低波动性病毒血症之后，此时 T 细胞免疫反应减弱，肝脏 ISG 反应趋于正常。在感染消退数年后可观察到血清学结果转阴，但记忆性 HCV 特异性 T 细胞仍有可能被检测到。再次暴露于 HCV 会导致记忆性适应性免疫反应的快速响应，并且通常会加速感染的清除。B. 一般有两种病毒血症模式在急性进展的 HCV 感染中比较明显。在大部分病例中，HCV 的初始稳定复制在数周或数月内得到部分和暂时的控制，直到慢性感染出现。在其他病例中，病毒血症达到一个平台，在感染的急性期显著降低。而 HCV 特异性 CD4+ 和 CD8+ T 细胞已被激活，CD4+ 细胞的比例和 Ⅱ 类抗原表位广度的下降与其辅助功能的丧失相关，该变化可以用于预测 HCV 是否持续存在。急性感染中 CD8+ T 会筛选出病毒的免疫逃逸突变，然后这些 T 细胞逐渐丧失功能，并在慢性感染中表现为持续的耗竭表型。整个慢性感染期间持续发生的血清学转换筛选了病毒的抗体逃逸变体。急性期肝病的发生、持续时间和严重程度与急性消退期中的感染没有本质区别，然而，随着感染持续时间的延长，更严重的进行性肝病风险将会增加可在 HCV 感染后的初期被检测到，无论感染是否消退，ISG 应答都将持续数周[9, 10]（图 65-1）。由于适应性免疫应答在感染后数周才开始，病毒血症才会下降，因此早期的 ISG 应答并不能有效控制急性期 HCV 的复制（图 65-1）。HCV 慢性感染中肝脏 ISG 反应的强度差异很大，但 HCV 仍能在那些 ISG 表达异常强烈的个体中持续性复制[9, 10]。总之，这些观察结果表明，病毒和（或）宿主因素建立了对 ISG 应答的耐受或抵抗状态，促进了 HCV 在肝脏中的复制。

Ⅰ型和Ⅲ型 IFN 应答的启动需要细胞 PRR 识别 PAMP[11, 12]。在 HCV 感染肝细胞的过程中，主要的 PAMP 是双链结构形式的病毒 RNA 和复制中间体[11, 12]，它们可以被胞质 RIG-Ⅰ、MDA5、RLR 和内体 TLR3 识别[9-11]。随后通过信号级联反应，激活胞质中的转录因子（如 NF-κB、IRF3 和 IRF7），然后进入细胞核以激活Ⅰ型（IFN-α 和 IFN-β）和Ⅲ型（IFN-λ1、λ2、λ3 和 λ4）IFN 基因启动子[9, 10, 12]。其中，在急性期和慢性期占主导地位的是Ⅲ型 IFN 基因[13, 14]。以浆细胞样树突状细胞为代表的先天免疫细胞，通过 TLR 或 RLR 感知感染细胞外泌体中释放的 HCV PAMPS 后，可以产生有助于病毒清除的Ⅰ型和Ⅲ型 IFN[15-17]。Ⅰ型和Ⅲ型 IFN 结合不同的细胞受体，这些受体有些普遍分布（Ⅰ型），有些主要分布在包括肝细胞在内的上皮细胞上（Ⅲ型 IFN）[12]。来自Ⅰ型和Ⅲ型 IFN 受体的信号通过 JAK（Janus 激酶）-STAT 信号通路诱导大量的抗病毒 ISG[12, 18]。目前已有文献报道了几种干扰 HCV 复制的 ISG[19-23]。

与其他 RNA 病毒一样[24]，HCV 采用了多种方式来阻断宿主的这种先天性免疫反应。已有文献报道了几种 HCV 逃逸细胞传感器检测 PAMP 的机制[10]。例如，胞质 RLR 受体可能会被排除在复制过程中生成 HCV PAMPS 的胞质囊泡膜质网之外[25]，而封闭在由自噬产生的双膜囊泡中的 HCV RNA 分子也有可能无法被 RLR 检测到[26]。HCV 复制中间体似乎也能通过被感染细胞的外分泌囊泡有效释放，从而逃逸 TLR3 的检测来削弱 IFN 反应[27]。除此之外，已有几种

HCV 蛋白被证明可阻断 TLR 和 RLR 受体下游的信号传递[10, 28]，例如，对 RLR 和 TLR3 信号至关重要的接头蛋白 MAVS[29, 30]和 TRIF[31]，其可被 HCV NS3-NS4A 蛋白酶靶向切割，TRIF 也可能通过 caspase-8 的依赖性机制被 HCV NS4B 降解[32]。HCV 蛋白还可能通过 JAK-STAT 通路抑制Ⅰ型和Ⅲ型 IFN 诱导产生的信号，并使某种 ISG 的抗病毒功能失活[10, 28]。然而，除了在感染的肝细胞中观察到了 NS3-NS4A 可介导 MAVS 裂解[29, 30]，在细胞培养模型中观察到的 HCV 抑制 RLR 和 IFN 信号转导或 ISG 效应器功能的机制与在 HCV 感染肝脏中观察到的是否一致仍尚未得到证实。HCV 慢性感染肝脏中的肝细胞同时表达 HCV RNA 基因组和 ISG mRNA[33]，这表明病毒阻断肝脏 RLR、TLR 或 IFN 信号通路的逃逸机制是相对低效的。HCV 可通过 PKR 介导的对 eIFα2 的抑制来阻断 ISG mRNA 的翻译，而 eIFα2 并不是 HCV 多聚蛋白从 5′ 核糖体内部进入翻译位点所必需的[34]。HCV 诱导的多个 ISG 反应有可能会干扰 HCV 复制，因此 HCV 阻断核糖体 ISG mRNA 翻译是一种可能存在的逃逸机制。最后，虽然这些逃逸机制可能会限制 HCV 在肝细胞中的复制，但它们对促进病毒持续存在的重要性尚不清楚。因为包括甲型肝炎病毒在内的许多病毒，尽管存在病毒蛋白酶介导的 MAVS 和 TRIF 裂解，却不会持续存在[24]和造成慢性感染[35]。

尽管存在强烈的 ISG 反应，宿主因子也可能会促进 HCV 在肝脏中的复制。支持这种可能性的一个证据是，急性 HCV 感染的结果和聚乙二醇化 IFN/ 利巴韦林的治疗效果受 IFN-λ 基因多态性的影响[9, 36-39]，而 IFNL3 基因附近的一个二核苷酸多态性（命名为 rs368234815）对聚乙二醇化 IFN/ 利巴韦林的治疗是否成功及急性 HCV 感染的结果具有很高的预测性[9, 36]。但矛盾的是，rs368234815 变体（ΔG）会导致 IFNL3 基因移码，从而导致 IFN-λ4 突变的表达[9, 36]。在慢性感染的肝脏中，rs368234815（ΔG）IFNL4 基因变异体产生的 IFNλ4 被认为可刺激 ISG 和 IFN-α 信号负调控因子（如 USP18）的强烈表达[40-43]，进而导

致患者对聚乙二醇化 IFN/ 利巴韦林治疗的反应较差 [44, 45]。但是 IFN-λ3 和 IFN-λ4 基因型是如何影响急性 HCV 感染的结果尚不明确，有许多可能的解释，如在急性感染早期或晚期建立更适合 HCV 持续复制的肝脏环境，或是调节适应性免疫应答的时期和强弱。精确定义 Ⅲ 型 IFN 使急性 HCV 感染偏向持久或清除的机制，将对理解先天免疫如何抵抗病毒具有非常重要的意义。

二、NK 细胞和 HCV 的免疫逃逸

自然杀伤（NK）细胞是在肝脏中占主导地位的固有免疫细胞亚群，可通过直接抗病毒和间接调节其他先天和适应性抗病毒应答来控制 HCV 感染 [46]。已有研究通过将 NK 细胞与 HCV 感染的肝癌细胞共培养，证明了其具有直接抗病毒活性 [47-49]。在该系统中，NK 细胞通过产生溶解感染细胞和限制病毒复制的 IFNγ 和 TNF-α 来抑制 HCV 的复制 [47-49]。在急性 HCV 感染期间，活化的 NK 细胞在血液中循环，其分泌 IFNγ 的能力和细胞毒性增强 [49-51]，这可能在病毒特异性 T 细胞之前或同时出现 [51]（图 65-1A）。然而，它们是否有助于急性丙型肝炎的消退仍不清楚。但无论感染消退或持续，均可在急性期的血液中检测到功能性 NK 细胞应答 [49-51]。KIR 的免疫遗传学研究显示，NK 细胞对感染结果具有一定重要意义。KIR 可以通过与靶细胞上的 HLA Ⅰ 类配体相互作用调节 NK 细胞的活化和抑制 [52]，例如，编码抑制性 KIR2DL3 受体及其配体 HLA-C1 基因纯合的个体更使急性 HCV 感染消退的可能性增加 [53]。与其他抑制性 KIR 受体 / 配体 HLA 对相比，这种组合被认为可降低 NK 细胞活化的阈值，从而增强抗病毒效应，其保护作用在反复暴露于低剂量 HCV 的注射吸毒者中最为明显 [53, 54]。因此，NK 细胞可能在接触极少量病毒或被迅速控制的病毒暴露引起的感染中发挥独特的保护作用。与这种猜想一致的是，NK 细胞在一些感染中显示出了效应功能增强的表型，例如注射吸毒 [55, 56] 和职业暴露 [57] 于 HCV 环境可能会导致亚临床感染，却不会产生病毒血症或血清学转换。在慢性感染中，活化的 NK 细胞会发生循环 [7, 9]，细胞毒性脱粒和 TRAIL 介导的杀伤功能增强，但 IFNγ 和 TNF-α 的产生减少 [7, 9]。由限制性表达的抑制和活化受体组成的 NK 细胞受体库也会因慢性感染发生改变 [58]。然而，NK 细胞效应功能或受体库的偏移是否对慢性感染过程产生影响尚不清楚。

与 HCV 病毒粒子、蛋白或感染细胞共培养后，NK 细胞出现功能异常，这提示病毒调控并逃逸了 NK 的免疫应答 [7, 8]。例如，NK 细胞的 CD81 受体与被固定在细胞培养板上的 HCV 病毒粒子或 E2 包膜糖蛋白有效交联，导致 NK 细胞细胞因子生成减少和细胞毒性减低 [59, 60]。NK 细胞与感染的肝癌细胞共培养，也能通过一种可能涉及 NS3-NS4A 蛋白酶的机制抑制其抗病毒功能 [61]。来源于 HCV 结构和非结构蛋白的肽段也可能通过结合和稳定靶细胞表面的同源 HLA-C 或 HLA-E Ⅰ 类配体，增强抑制性 NK 细胞受体下游信号 [62-64]。需要强调的是，这些逃逸机制在真实肝脏感染中的意义目前仍是猜测，因为细胞培养中 NK 细胞被抑制所需的条件（如 CD81 的 E2 交联）可能在病毒复制部位难以复现。在急性和慢性丙型肝炎发生期间，肝脏中的炎症环境可能是塑造 NK 细胞反应的主导力量。激活抗病毒 NK 细胞需要单核细胞感应 HCV 感染细胞，并产生下游炎症小体 /IL-18 应答，然而这一过程在慢性感染者中是缺陷的 [65]。HCV 感染所引起的 Ⅰ 型 IFN 也可介导 NK 细胞的长期、直接刺激，Ⅰ 型 IFN 刺激可以调节 NK 细胞效应功能和增殖关键信号中间体的水平和激活状态，如 STAT1 和 STAT4 [66, 67]。Ⅲ 型 IFN 也可能影响 NK 细胞功能，在急性和慢性感染期间，IFN-λ3 基因型有利于急性感染自发消退，这种表型与抑制性 NKG2A 受体的表达降低和 NK 细胞产生 IFN-γ 的能力增强相关 [68, 69]。由于 NK 细胞在体外对 IFN-λ 刺激没有反应，这一机制很有可能是通过激活辅助细胞间接发挥作用 [68, 70]。

三、适应性免疫和 HCV 的免疫逃逸机制

（一）T 细胞免疫反应

在急性感染清除期，响应 HCV 感染的适应

性免疫应答十分强烈[71, 72]。尽管与其他病毒感染相比，HCV 导致的适应性免疫应答开始发挥作用的时间有些延迟，但靶向多个 HCV 表位的活化 CD4+ 和 CD8+T 细胞的扩增伴随着病毒血症的急剧减轻，并且在某些病例中伴随着肝炎相关的生化和（或）生理体征（图 65-1A）[71, 72]。重要的是，这种多功能 T 细胞应答可持续至感染明显消退后[71, 72]，然后应答衰退后产生持久性记忆 T 细胞。当再次暴露于 HCV 时，这些记忆 T 细胞的快速激活（图 65-1A）[71, 72]，这种反应在原发感染自然清除数年后可能发生的继发感染时，对病毒的加速清除至关重要（图 65-1A）。

不管是在急性持续感染或清除感染的患者中，CD8+ 和 CD4+T 细胞反应都被启动，但急性持续感染者通常有更低的血液 T 细胞峰值比例[71, 72]。这些早期反应是不可持续的。在感染的最初 6～12 个月内，循环中的 HCV 特异性 T 细胞比例下降，且通常低于检测阈值[71, 72]。随着 HCV 特异性 T 细胞从循环中消失，靶向病毒Ⅰ类和Ⅱ类表位的 TCR 库也随之变小[73-76]，而两种 T 细胞亚群都表现出功能和分化缺陷。在急性感染期，CD8+T 细胞的抗病毒功能，包括增殖、细胞毒性及 IFNγ 和 TNF-α 的产生减少或丧失[71, 72]，这与调节效应功能的转录因子 T-bet（T 细胞中表达的 T-box）的表达减少一致[77]。一些 HCV 特异性 CD8+T 细胞亚群确实持续存在于血液和肝脏中[71, 72]，但大多数表现为功能衰竭的表型特征，具体表现为抑制性受体 PD-1 持续高水平表达，CD127（IL-7 受体）低表达或者不表达[78-82]。Eomesodermin（Eomes）是一种与 T 细胞耗竭相关的转录因子，其表达也上调[83]。另外，CD8+T 细胞基因组耗竭区的染色质结构也比记忆区更开放[84]。总体而言，CD8+T 细胞在慢性感染的肝脏中终末分化并走向程序性死亡[85]。一般认为，耗竭的细胞群可以从一小群自我更新的 CD8+T 细胞中不断补充。这群 CD8+T 细胞同时表达对免疫记忆形成和维持很重要的 CD127 和 TCF1[86]。

根据循环系统中 HCV 特异性 CD4+ T 细胞是否可以增殖和产生辅助性细胞因子，可以较为精准地预测在 HCV 抗原刺激后慢性感染的结果[71, 72]。Th1 CD4-T 细胞产生 IL-2[87-89] 和 Th17 CD4+T 细胞产生 IL-21 的能力受损[90] 则伴随着急性期较弱的 CD8+T 细胞免疫反应[89, 91-95]。可产生 IL-21 的 HCV 特异性滤泡辅助性 CD4+T 细胞在急性丙型肝炎期间产生，其对于生发中心的形成和 B 细胞发育非常关键[96]。滤泡辅助性 CD4+T 细胞持续存在于感染的慢性期[96]，但关于它们是否存在缺陷从而导致延迟或受限的中和抗体反应尚无研究报道。

HCV 免疫逃逸或抑制 T 细胞反应的机制尚未完全明确。在急性和慢性感染期间，循环的 T 细胞不会被 HCV 感染，并且由病毒直接造成的细胞病变效应不明显。但 HCV 的蛋白和 RNA 基因组可在细胞培养中干扰 T 细胞活化和信号转导。例如，当 HCV 核心蛋白与细胞 C1qR 补体受体[97]，或 HCV RNA 基因组与 TLR-7[98] 相结合时，CD4+T 细胞增殖和（或）细胞因子生成能力受损。然而，所有 CD4+T 细胞均表达 C1qR 和 TLR-7，这使得这些逃逸机制难以与 HCV 特异性免疫缺陷相直接联系。因此，目前的研究集中在两种病毒特异性逃逸机制上：① T 细胞靶向 HCV 表位的突变逃逸；②组成性表达抑制性受体导致的功能性 T 细胞耗竭。

（二）HCV 表位的突变逃逸

HCV 的 RNA 基因组在复制过程中没有对错误复制校对的机制，是一种高度可变的病毒。因此，该病毒特别容易通过突变来逃逸免疫压力[99]。在发生慢性感染的人和黑猩猩中，包含Ⅰ类表位逃逸突变的 HCV 变体的出现已被普遍证实[99]。在人类中，获得逃逸突变Ⅰ类表位占全部Ⅰ类表位的比例在各研究报道中有所不同，在非结构蛋白中的突变率为 25%～50%[99]。这些突变会或阻碍表位与Ⅰ类分子的结合及 CD8+TCR 识别，或改变 HCV 多聚蛋白的蛋白酶体加工[99]。

在人类和黑猩猩中，Ⅰ类限制性表位的非同义突变率显著高于 HCV 基因组的其余部分[100-102]，这为 CD8+T 细胞的三向选择提供了直接证据。在感染的急性期可观察到较高的非同义突变率和Ⅰ类表位逃逸率[103, 104]，但随着持久性感染的建立和 CD8+T 细胞失去其效应功能而减少[73, 100, 105, 106]。

不发生突变的表位可能处于较弱的 CD8+T 细胞选择压力下，或位于 HCV 复制所必需的多聚蛋白结构域中[105]。虽然已经报道了一些削弱 HCV 复制的免疫逃逸突变[107]，但有时它们会被更能有效平衡病毒复制和逃逸 CD8+T 细胞识别的其他突变所取代[108]，而这些代偿性突变可能位于表位的两侧[109-111]。有间接证据表明，一些耗竭的 CD8+T 细胞保留了足够的效应功能，以防止表位逆转为更适合复制的序列[112-114]。然而，通常当慢性 HCV 感染建立之后，已经突变的 I 类表位不会继续进化[107,108,115]，并且完整表位上的逃逸突变很少见[116]。这反映了在缺乏有效的 T 细胞辅助和高抗原负荷的环境中，针对变异或完整表位的功能性 CD8+T 细胞的生成可能存在缺陷。

有文献已经描述了 HCV 基因组中一些多态性与慢性感染患者携带特定 HLA II 类等位基因之间的相关性，然而由 CD4+T 细胞选择压力驱动的 HCV II 类表位的免疫逃逸突变似乎并不常见[117]。虽然这些 HCV 多态性与 CD4+T 细胞选择压力一致，但是与被 CD8+T 细胞靶向的 I 类表位的进化证据相比，已知主要的 II 类表位中出现的免疫逃逸突变很难在人类[118]和黑猩猩[119]中被鉴别。CD4+T 细胞是否及可能通过何种机制对 HCV 施加直接选择压力，如通过溶解病毒感染的肝细胞，也尚不明确。

（三）抑制性信号通路和 T 细胞耗竭

靶向完整 I 类抗原表位的 CD8+T 细胞功能耗竭是促进 HCV 持续存在的关键免疫逃逸机制。血液和肝脏中耗竭的 CD8+T 细胞持续性表达多种抑制性受体，包括 PD-1、CTLA-4、TIM-3、NK 受体 2B4 等[71,72]。在细胞培养模型中，通过 PD-1 单独[79,81,82,120]或与 CTLA-4[121]/TIM-3[122]等阻断抗体联合使用，可恢复 HCV 特异性 CD8+T 细胞的增殖、细胞因子生成和（或）细胞毒性。值得注意的是，靶向完整 I 类抗原表位的 CD8+T 细胞比那些靶向获得免疫逃逸突变表位的 CD8+T 细胞更加耗竭[123-125]，这表明这种逃逸机制是通过同源抗原的持续刺激而加强的。包括 PD-1、CTLA-4、CD305 和 CD200R 在内的多种抑制性受体，也在持续性感染患者的 HCV 特异性 CD4+T 细胞上

表达[126]。在细胞培养模型中，阻断 PD-1 信号可恢复 HCV 特异性 CD4+T 细胞的功能[126,127]。目前尚不清楚抑制性受体信号是否能完全解释 CD4+T 细胞的耗竭，以及是否存在其他独特的机制介导了辅助性 T 细胞亚群的应答失败。其他抑制途径可能也是存在的，因为抗体介导的对抑制性细胞因子 IL-10 和 TGF-β 的中和，在恢复 Th1 细胞因子（如 IL-2、IFNγ 和 TNF-α）的生成方面比阻断 PD-1 更有效[126]。在 HCV 感染中，调节性 CD4+T 细胞确实会产生抑制性细胞因子[128]，但目前尚无直接证据表明其是否与 HCV 发展为慢性相关。

给予慢性感染患者抗 PD-1 抗体，目的是通过恢复 HCV 特异性 T 细胞功能来控制 HCV 的持续复制[129]。在一项研究中，共有 54 例人类受试者接受递增剂量的全人源化 IgG4 抗 PD-1 单克隆抗体治疗的案例，所有受试者都没有出现严重的不良反应[129]。在一部分受试者中观察到了一定程度但短暂的病毒血症降低（>0.5log10），5 名接受最高抗体剂量（10mg/kg 体重）的患者的病毒血症出现显著降低（>4log10），而这通常不会发生在未经治疗的慢性 HCV 感染中。一名受试者的 HCV 暂时无法检测到，另一名受试者在 1 年的随访中仍然无法检测到[129]，但该研究未评估这些患者的 HCV 特异性 T 细胞功能恢复情况。在使用单克隆抗 PD-1 抗体治疗的 3 只 HCV 慢性感染黑猩猩中，有 1 只出现了短暂的病毒学反应，并与功能性 HCV 特异性 CD4+ 和 CD8+T 细胞的扩增相关[130]。PD-1 信号阻断为什么仅在一部分接受治疗的人类和黑猩猩中获得成功尚不清楚，但在细胞培养模型中的研究表明，T 细胞功能如要恢复到最佳可能需要阻断不止一种抑制性受体[121,122,131]。在体外模型中，使用几种针对抑制性受体的抗体组合虽然可以恢复 CD8+T 细胞功能，但这样的组合也是高度个体化的，抑制性受体的使用没有明确的指导方针[131]。尽管这种治疗慢性 HCV 感染的方法并不实用，并且在使用安全和高效的 DAA 治疗的情况下可能也是不必要的，但抑制性受体阻断的相关研究为 T 细胞耗竭在建立和维持慢性病毒感染中的重要性提供了关键的直接证据。

（四）慢性感染治愈后 T 细胞免疫功能的恢复

一个尚未回答的关键问题是，慢性丙型肝炎的治愈是否会导致 T 细胞耗竭的逆转和记忆亚群的产生，这些细胞群与急性感染自发清除过程中产生的细胞亚群是否一样具有保护性。这一问题具有实际意义，因为慢性丙型肝炎成功治愈后仍有发生 HCV 再感染的可能性[71, 72]。用聚乙二醇化 IFN 和利巴韦林治疗慢性丙型肝炎后，HCV 特异性 T 细胞免疫不能恢复，并且对治疗个体免疫针对主要的 NS3 和 NS4 蛋白的强效疫苗也不能改善[132, 133]。随着 DAA 疗法的广泛应用，以及观察到有持续暴露于病毒风险的个体确实会发生再次感染，人们对这一问题产生了新的兴趣。已经证明通过 DAA 疗法治疗人类慢性丙型肝炎可以一定程度恢复 HCV 特异性 CD8⁺T 细胞的增殖，包括那些被认为是最耗竭的靶向完整表位的细胞[134]。一项值得注意的后续研究结果显示，在慢性感染期间给予 DAA 治疗后，用于补充耗竭细胞的记忆样 TCF1⁺CD8⁺T 细胞可以存活，并在体外显示出增殖能力的恢复[86]。重要的是，与 HCV 感染自然清除过程中产生的记忆 CD8⁺T 细胞相比，关键效应细胞因子（如 IFNγ 和 TNF-α）的产生减少了[86]。这些观察结果与一项在黑猩猩模型中的研究结果一致，靶向完整 I 类抗原表位的 CD8⁺T 细胞在 DAA 治愈后能够持续存在 2 年，但在实验性 HCV 再次暴露后未能预防第二次慢性感染[135]。总之，这些早期研究表明，HCV 病毒诱导 T 细胞耗竭是一种普遍且持久的免疫逃逸机制，在 DAA 治疗后可以部分恢复但不会完全逆转 T 细胞耗竭状态。

四、适应性体液免疫反应

体液免疫应答在病毒感染的预防和清除中发挥着重要作用，疫苗接种后产生的中和抗体（neutralizing antibodies，NAb）为个体抗病毒感染提供了非常大的保护作用[136]。经典的小鼠 LCMV 模型[137]表明，如果免疫系统的细胞免疫和体液免疫不协同作用，则无法实现病毒清除[138]。然而，HCV 免疫应答的关键问题之一是，尽管机体免疫系统功能正常，但大多数感染者仍无法清除感染，

这引发了人们对开发保护性疫苗可行性的严重担忧[139-141]。只有少数患者（不到 30%）能够自发清除病毒，这一小部分个体可能产生更早和（或）更有效的免疫应答，但这种体液免疫在急性丙型肝炎清除中的作用仍存在争议。同样，在建立慢性感染后，NAb 对于控制 HCV 复制和疾病进展中的作用尚不确定。多次输血个体[142]和黑猩猩[143]的反复感染事实表明缺乏保护性免疫，这让人进一步质疑体液免疫应答控制 HCV 感染的能力。HCV 最重要的特征之一是其不同寻常的遗传异质性，这使得病毒能够持续逃逸宿主抗体反应[144]。尽管存在这种可变性，但中和 HCV 的保守抗原位点已被确定，目前的工作主要集中在理解其表征上，如最近对 E2 胞外域晶体结构进行了解析研究[141, 145]，以及研究能够清除 HCV 感染或自发维持长期病毒控制个体的 NAb 应答[140]。

早在发现 HCV 之前，就已经有提示 HCV NAb 存在的证据。20 世纪 60—70 年代进行的几项研究表明，在接受免疫球蛋白治疗的受试者中，输血后非甲、非乙型肝炎的发病率和严重程度出现了降低[146-149]。这一结果在发现 HCV 后得到证实，尤其是在 Gammagard 事件中，当时由血浆来源的商业化免疫球蛋白产品尽管已排除抗 HCV 阳性，但仍将 HCV 传播给了接受者[150, 151]。流行病学和实验室研究表明，这种排除方法虽然去除了 NAb 的影响，但是免疫球蛋白产品中含有的 HCV-RNA 仍然存在威胁。后续的研究中，Yu 等用黑猩猩模型和体外中和试验证实了这一点[150]。

有关宿主对 HCV 免疫应答的研究一直受限于以 NAb 的鉴定和表征为代表的，可重现 HCV 感染和高效扩增 HCV 的体外系统的缺乏。利用黑猩猩模型的在体研究，首次获得了 HCV 感染可诱导宿主产生 NAb 的直接证据，其证明初次 HCV 感染后 2 年，感染者的血浆可中和 HCV[152]。然而，该研究也显示 NAb 反应范围有限，因为 11 年后从同一感染者获得的血浆并未能中和病毒。与这一结果相一致的是，针对 HVR1（E2 包膜糖蛋白 N 末端 27 个氨基酸的可变结构域）的高免兔血清可在体外和黑猩猩模型体内中和 HCV，但这些抗体是毒株特异性的，

因而对接种病毒后产生的准种中次要病毒变体无效[144, 153]。

基于 HCV 假病毒颗粒（HCVpp）[154, 155]、病毒样颗粒（VLP）[156] 和细胞培养衍生的感染性 HCV 颗粒（HCVcc）[157] 的体外检测方法的开发，为检测抗 HCV NAb 提供了重要手段。尽管存在一些局限性，但通过这些试验手段，研究者能在不同患者和动物模型中研究 NAb 应答的滴度、广度和持续时间，以确定 HCV 的主要中和表位，并研究 NAb 在决定 HCV 感染结果中的作用。使用基于 HCVpp 的中和系统可以获得体外和体内的原始数据，包括将 E2 的 HVR1 区域确定为分离特异性 NAb 的主要指标[154, 155]。此外，这些方法还有助于表征 HCV 的两种包膜糖蛋白 E1 和 E2 的线性和构象表位（见参考文献 [158]）。

E1 和 E2 糖蛋白能在 HCV 病毒粒子表面形成异源二聚体，与介导病毒进入的两种细胞受体（四跨膜蛋白 CD81 和 HDL 受体 SR-B I）直接相互作用[159]。因此，E1 和 E2 是 NAb 的特异靶标。最近，E2 胞外域结构的解析结果提示了 HCV 包膜构型和 NAb 靶向抗原位点等信息[141, 145]。与其他黄病毒包膜糖蛋白的延伸排列不同，HCV E2 呈致密的球状结构，其主要由 β 链和两侧带有两个小 α– 螺旋的无规则卷曲组成，目前已有综述描述了 NAb 靶向 E2 的几个抗原区域[159]。一些具有高度变异性（如 HVR1、HVR2 和基因型间可变区）的抗原区域主要由识别某种临床分离株的 NAb 靶向，尽管 HVR1 的 C 末端片段与 SR-B I 受体存在相互作用，其也可被交叉反应性 NAb 靶向[160]。同时，3 个保守的 E2 区域可被交叉中和不同基因型的毒株的 NAb 靶向[160-164]。这些保守区包括 CD81 结合环（氨基酸 519～535）[141, 165, 166]，第二个不相邻的 CD81 结合区（氨基酸 421～453）[141]，以及在这两个位点之间，但不直接参与 CD81 相互作用的片段[167]。此外，已有研究发现了针对 HVR1 下游片段的 NAb，如单克隆抗体 AP33 和 HCV1，其变异性较小但该区域在体内的免疫原性似乎很差[168, 169]。关于 E1 糖蛋白的结构仍然未知，目前针对该糖蛋白仅鉴定出有限数量的 NAb，其中一些具有交叉中和能力，这意

味着它们有可能识别包括融合肽在内的对病毒进入至关重要的保守区域[167, 170]。

人源化小鼠模型的研究表明，NAb 对实验动物具有保护作用[165] 并能够清除[171] 已建立的 HCV 的感染。在黑猩猩模型中，针对 HVR1 下游区域的 NAb 被证明可以在抗性突变株出现之前预防 HCV 感染并抑制受感染动物体内 HCV 复制[172]。然而，在人类中，相关结果不尽人意，例如，从 HCV 血清学阳性的混合血浆中提取的免疫球蛋白制剂未能抑制 HCV 复制和防止肝移植后 HCV 复发[173]。这种失败与假设一致[174]，但具体是由于给药剂量不足，还是由于这些免疫球蛋白的中和能力有限，仍有待阐明。随后对肝移植后患者使用单克隆抗体的研究得出了相互矛盾的结果，一种名为 HCV AbXTL68 的抗体表现为中和能力有限，无法预防或控制再感染[175]，而另一种抗体 MBL-HCV1 能够延迟但不能防止移植后的病毒反弹[176]。尽管迄今为止人类或人源化单克隆抗体在肝移植受者中取得的成功有限，这与 HIV 领域的状况相似[177]，但其可用性及用于临床的重组抗体开发的最新进展，为在不同的临床环境中治疗和预防 HCV 感染开辟了有前景的新途径。

急性自限性肝炎发生后 NAb 反应与病毒清除之间相关性的研究存在相互矛盾的结果。在人类和黑猩猩中获得的初步证据显示，在大多数受试者中，NAb 不能解决 HCV 感染问题[79, 156, 178-181]。然而，这些研究主要使用表达实验室原型株所衍生包膜糖蛋白的假病毒，因此其可能遗漏了针对临床分离株特异性抗体的检测。随后对来源明确且单一的 HCV 进行的表达该病毒包膜糖蛋白的假病毒研究，为证明自体 NAb 的存在提供了证据，并表明这种抗体在 HCV 感染急性期的病毒控制和（或）清除中发挥作用[182-186]。Pestka 等[183] 在一组接受单一 HCV 毒株污染的抗 D 免疫球蛋白的孕妇实验中发现，病毒清除与感染早期快速诱导产生的抗感染病毒的 NAb 相关。急性进展性肝炎的特征是在感染的早期阶段缺乏 NAb 或 NAb 滴度低，而在慢性期可诱导高滴度、广泛反应性的 NAb[155, 156, 179, 180, 183]，但不能清除感

染。尽管有证据表明可能是由于持续出现的病毒变体发生了适应性免疫逃逸，但不能清除感染的原因尚不清楚[187-189]。von Hahn 等证实了这一假设[190]，他们的一项为期 25 年的研究纵向研究了整个慢性感染过程中丙型肝炎急性期状况良好的患者，并从获得的系列血清样本中克隆表达 HCV 糖蛋白的假病毒，证明了随着时间的推移，病毒会发生持续的 NAb 逃逸，其与选定表位的突变有关。因此，在一段时间获得的血清能够中和在此之前时间点的所有毒株，但不能中和当前或后续的毒株。近年的一些研究已经证实，在急性 HCV 感染清除的受试者中存在广泛的交叉反应性 NAb[160, 191]。Osburn 等使用人原代分离株表达的多种基因 1 型包膜糖蛋白的 HCVpp 库，观察到感染早期出现广泛 NAb 应答与急性 HCV 感染清除之间的相关性，发生持续性感染的个体 NAb 应答延迟且更加受限[191]。Bailey 及其同事发现了两个自发清除 HCV 感染并在血浆内存在广泛 NAb 活性的个体，从这两个个体中，他们分离出一组具有广泛、交叉中和能力的单克隆抗体，这些抗体主要能够特异性的结合于 CD81 位点。值得注意的是，这些 NAb 具有较少的对于中和至关重要的突变，但这些突变对于识别患者感染早期的自体病毒并不重要[160]。总之，最近的这些研究结果表明，交叉反应性 NAb 可能对初次感染的 HCV 具有清除作用。然而，目前的证据仍然有限，需要更多的研究来确定 NAb 与细胞介导的免疫应答在急性 HCV 感染清除中的相对作用。

保护性体液免疫反应难以控制 HCV 的原因之一是，这种病毒与 HIV-1 相似，已经具有非常丰富的免疫逃逸策略，几项研究表明，HCV 的准种性质是病毒逃逸的主要基础，而首个实验证据是在黑猩猩模型中使用中和抗 HVR1 抗体获得的[144]。在人类中，感染早期 HVR1 进化的研究表明，急性肝炎是否进展为慢性与感染前 4 个月内 HCV 的显著遗传进化有关[192, 193]。病毒进化和血清抗体转换之间的时间关联证实了体液免疫反应对病毒群体施加选择性压力的假设，这种选择压力将导致越来越复杂的准种可以逃逸适

应性免疫系统的控制，丙种球蛋白缺乏症患者缺乏 HVR1 基因进化也支持这一假设[194]。除了抗原变异外，HCV 还可以通过包括细胞间直接传播等其他机制抵抗 NAb[195]。例如，保守中和表位可被可变区域（如 HVR1[196, 197]）或聚糖阻断[198]，病毒可以与保护性脂蛋白相互作用甚至合并[199, 200] 以干扰抗体的产生[201]。感染患者有多种不同的免疫逃逸机制，可能有一定程度上解释了为什么在 NAb 敏感性与疾病结果相关性的研究中往往得到相互矛盾的结果。全面阐明 HCV 逃逸免疫控制的机制，可能为开发保护性疫苗提供关键认识。

总之，尽管在过去 30 年中进行了深入研究，但体液免疫应答在预防、清除和控制长期 HCV 感染中的作用仍存在争议。因此，能否开发诱导保护性抗体产生的疫苗仍存在不确定性。然而，在过去几年已取得了显著进展，包括从感染患者中克隆广泛反应性的 NAb 和解析首个高分辨率 E2 包膜核心结构，这些研究至少为提供部分保护性疫苗的开发带来了希望，有望在初次感染过程中减少 HCV 复制和传播，从而达到快速清除病毒的目的。

五、持续性 HCV 感染的结果

HCV 感染是导致全世界慢性肝病发生的重要原因。全世界约有 7100 万慢性 HCV 感染者，仅在美国就高达 520 万[202, 203]。许多慢性 HCV 感染者表现为无症状，因此他们往往不知道自己已经感染。大多数患有慢性 HCV 感染的人状况良好，但有 20%～25% 的人将面临肝硬化、终末期肝病和 HCC 长期后遗症的风险。慢性 HCV 感染占全球肝硬化死亡的 26% 和 HCC 死亡的 19%[204]，是美国主要的致死性传染疾病[205]。宿主、病毒和环境等许多因素均能影响慢性丙型肝炎的发展并决定其最终结果。由于感染者的最终状况各不相同，因此在告知患者其预后和风险时，对慢性丙型肝炎的自然史及其影响因素的了解就显得非常重要。同样，关于疾病分级和分期的信息对于医生制定合适的治疗策略和确定是否需要治疗后监测也非常重要。

六、与 HCV 持续存在和病毒清除相关的因素

HCV 暴露后，病毒持续存在的比率很高。慢性感染是指血清中检测到 HCV RNA 的周期超过 6 个月。取决于取样的人群，慢性感染的发病率为 54%～86%[206]。成人输血接受者、献血者和注射吸毒者的研究报道显示，慢性 HCV 感染率为 76%～86%[207]。相比之下，在心脏手术期间接触血液制品的儿童、接触 HCV 污染的抗 D 免疫球蛋白的年轻女性或获得性 HCV 感染人群的发生率较低（54%～55%）[208-211]。

已确定影响病毒清除的重要因素包括种族 / 族群、性别、暴露年龄、免疫状态和宿主遗传特征，尤其是 IFN-λ4（IFNL4）基因的多态性[37-39, 206, 212, 213]。一项基于群体抽样的前瞻性研究评估了这些相关因素，研究者在 1667 例 17 岁或以上、有注射药物史且抗 HCV 检测呈阳性的患者中抽取了 919 例患者进行了此次试验[214]。研究发现，非黑人（OR=5.15）和未同时感染 HIV 感染的人（OR=2.19）更容易清除病毒[214]。一项基于 5 家大型血液中心献血者样本的研究，分析了 HCV RNA 阴性相关性，并报道了相似的结果[215]。1999—2001 年采集的 2 579 290 份献血样本中，35 例中有 19 例确认为 HCV 感染新发病例，首次献血者中重组免疫印迹试验（RIBA）为阳性而 HCV–RNA 阴性的有 2105 例。唯一与病毒清除相关的因素是捐赠者的种族 / 族群。亚洲（8.2%，OR=0.34）和黑人非西班牙裔（14.4%，OR=0.64）供体的病毒血症消退可能性低于白人、非西班牙裔（20.7%）、西班牙裔（22.1%）和其他人种和（或）种族（22.1%）供体（P=0.02）[215]。目前尚未发现病毒清除与年龄、性别、原籍国、教育水平、血型和供体中心位置存在显著相关性。

急性丙型肝炎患者的研究报道显示，女性和出现症状性黄疸型肝炎患者的病毒清除率较高[216-218]。尚未明确传播途径、病毒载量和基因型与病毒持续存在是否相关。

遗传学研究已确定 IFNL4 基因（rs368234815 和 rs117648444）的多态性与自发的 HCV 清除密切相关。IFN-λ4 有两个变体，仅在 70 位的一个氨基酸上存在差异。在这个位置带有脯氨酸的变体（IFN-λ4 70P）具有完全的抗病毒活性，而在第 70 位带有丝氨酸的 IFN-λ4 70S 的活性降低。不产生 IFN-λ4 的患者肝脏中 ISG 表达低，但能有效地自发清除 HCV。相反，产生完全活性形式的 IFNL4 并在肝脏中具有高 ISG 表达的患者却无法有效清除 HCV。IFN-λ4 S70 变异与 IFNL4 活性降低相关的患者，HCV 自发清除率介于两者之间[37-39]。

有趣的是，对前东德单一来源暴发的慢性肝炎的康复患者的免疫学分析显示，许多患者康复后 18～20 年后无法在外周循环中检测到 HCV 特异性抗体，而 HCV 特异性 T 细胞反应则持续存在[219]。这一有趣的发现表明，人群中自限性 HCV 感染和康复的发生率可能被低估了。

七、慢性丙型肝炎的临床特征

大多数慢性丙型肝炎患者表现为无症状，并不表现慢性肝病的特征。其中，疲劳是最常见的症状，但不具有特异性。慢性丙型肝炎患者的疲劳通常是轻度的，仅在晚上加重。此外，还会出现右上腹疼痛、恶心、食欲不振、瘙痒、肌肉和关节痛等症状，但发生频率较低。当发展为肝硬化后，这些症状更易出现，但相关性较差。血清内 ALT 水平通常升高至正常上限的 2～3 倍，但约 20% 的慢性丙型肝炎患者 ALT 水平保持正常。在免疫功能正常的患者中，血清 HCV RNA 水平很少波动，通常高于或低于基线值 1 个 log 以上。

八、慢性丙型肝炎的自然史

由于多种原因，很难确定慢性丙型肝炎的自然史。例如，急性 HCV 感染通常表现为无症状，这使得鉴定该疾病变得困难，而该疾病似乎需要很长时间才能发展为肝硬化，在人群中可能存在多种不同程度加速肝病进展的因素。因此，慢性 HCV 感染结果的评估在一定程度上取决于研究人群（是基于转诊人群还是社区）、用于评估结果的方法（是前瞻性还是回顾性研究、横断面或

纵向随访及是否基于临床或组织学结果），是否存在影响疾病的因素（如酒精或 HIV 复合感染）。一般而言，对于大多数慢性 HCV 感染者来说，该疾病进展缓慢，不会导致肝硬化、HCC 或死亡等严重并发症。因此，大多数感染者都不会死于肝病，并且预计会有正常的寿命。然而，一小部分人却会走向不良结局，估计 20%～25% 的患者会在 14～30 年去世[206, 220]。

九、肝硬化的患病率和进展率

因研究人群的不同，肝硬化患病率的估计结果差异很大。在因输血而导致获得性慢性 HCV 感染者或来自三级转诊肝脏科室进行的平均 13～16 年的队列研究中，肝硬化发病率为 11%～37%[206, 220, 221]，而在献血者和相应群体进行的 18～20 年的队列研究中发现，其发病率为 0.4%～7%[206, 220, 221]。对包括 33 121 名慢性 HCV 感染患者在内的 111 项研究做出的系统性评价表明，HCV 慢性感染 20 年后肝硬化的发病率为 16%（14%～19%），以横断面 / 回顾性研究方法估计的发病率为 18%（15%～21%），以回顾性 / 前瞻性研究则为 7%（4%～14%），临床环境下为 18%（16%～21%），非临床环境下为 7%（4%～12%）。这些数据表明，年轻人和健康人，特别是不饮酒的儿童和女性，肝硬化的进展速度较慢，但在饮酒和患有基础病的老年男性中肝硬化的发展速度会加快。基于群体的研究最有可能反映人群水平的疾病进展水平，相关研究表明，感染 HCV 的青年患者在 20 年内会发展为肝硬化的概率不到 10%[206, 220, 221]。

由于慢性丙型肝炎的主要并发症是肝硬化，因此肝纤维化进展率是研究肝病进展的有效替代指标，也是长期预后的良好指标。一项取自法国三个医疗中心的 2235 名患者的肝活检的大型多中心试验，评估了纤维化进展的速度[222]。纤维化进展定义为纤维化等级（METAVIR 单位）与感染持续时间之间的比值。METAVIR 评分系统使用 0～4 个等级对纤维化进行分期，0 为无纤维化，4 为肝硬化。每年纤维化进展的中位率为 0.133 个纤维化单位（95%CI 0.125～0.143）。因

此，假设纤维化进展是线性的，估计进展为肝硬化的中位时间为 30 年。然而，由于感染持续的时间是近似的，所以横断面研究可能会高估或低估纤维化进展的速度。配对肝活检研究与已知肝活检之间间隔时间的研究，可能更准确地反映纤维化进展的真实速率。这些研究表明，在平均间隔 3.8 年的两次活检期间，21%～41% 的人发生了纤维化进展（纤维化等级上升一个单位）[223-226]。假设纤维化进展是线性的，估计进展为肝硬化的时间为 13.5～50 年。这是一个相当广泛的估计，因为纤维化进展不太可能是线性的。观察到的纤维化进展率的差异可能是由于研究的人群的不同、初始活检时肝病严重程度的差异、肝活检的质量、影响疾病进展的辅助因素等普遍性原因。此外，配对肝活检的研究对象主要是轻度纤维化和肝活检间隔较短（平均 3.8 年）的患者，并且存在抽样误差，研究中 10%～24% 的患者发生自发改善就证明了这一点。

十、肝硬化的结果

一旦发展为肝硬化，进展为终末期肝病的可能性更高，并且发生 HCC 的风险增加，然而大约 80% 的患者在肝硬化发生 10 年后仍存活[227]。肝硬化结果的不可预测性是由几个因素造成的，如随访前通常未知肝硬化持续时间从而造成的时间偏差，研究人群不同造成的选择偏差，监测计划和结果定义不同造成的结果偏差，不同人群之间存在改变疾病结局的影响因素造成的基线偏差。

一项回顾性研究评估了肝硬化的最终发展结果。该研究纳入了 384 名经活检证实为 HCV 相关肝硬化且入组时无并发症的患者，平均随访时间为 5 年[228]，主要评估指标为患者的肝硬化水平（腹水、静脉曲张出血、肝性脑病、黄疸）和 HCC 临床并发症。结果显示，51 名患者（13%）死亡，其中有 70% 死于肝病（33% 死于 HCC，31% 死于肝衰竭，6% 死于出血）。5 年内发展为终末期肝病的风险为 18%，发展为 HCC 的风险为 7%。Kaplan-Meier 分析显示，5 年生存率为 91%，10 年生存率为 79%，其他研究也报道了类似的结果[229-232]。对代偿期 HCV 相关肝硬化患者

随访 5～10 年的结果显示，5 年死亡率为 16%，10 年死亡率为 35%；70%～75% 的死亡与肝脏有关，预估 1 年和 5 年生存率分别为 97%～98% 和 83%～91%。HCV 肝硬化发展最常见的结果是腹水和 HCC，估计年发病率分别为 2.2%～2.9% 和 1.4%～3.1%[229-232]。在多变量分析中确定的与代偿失调相关的因素包括感染时年龄较大、体检时发现慢性肝病、血清胆红素升高、血清白蛋白降低、血小板计数偏低和凝血酶原时间延长等。

总之，代偿期 HCV 相关肝硬化的最终结果是良好的，感染 10 年生存率可达 65%～79%。然而，肝失代偿功能丧失与预期寿命缩短相关，5 年生存率仅为 50%[228, 229, 233]。在这种情况下，由于肝脏失代偿或 HCC，大多数死因与肝脏相关（约 70%）。目前已批准使用安全有效的口服抗病毒药物 DAA 治疗代偿缺陷的肝病患者，因为清除病毒可以改善肝病，并使多达 1/3 的患者不再需要等待肝移植[234-236]。

十一、丙型肝炎病毒相关死亡率

丙型肝炎的死亡率很难估计，因为在没有并发症的情况下肝病进展普遍缓慢，前瞻性对照研究很难进行。因此，大多数数据来自回顾性或回顾性 / 前瞻性研究。在一项研究中，5 项前瞻性输血相关肝炎研究中发现的输血相关非甲非乙型肝炎病例被合并，并与无肝炎的输血者进行了 2∶1 的匹配[237]。该试验群体随访开始的平均年龄为 49 岁，试验组和对照组的全因死亡率在随访至第 18 年 (44.6% vs. 46.1%) 和第 23 年 (67.1% vs. 65%) 时没有差异[237, 238]。然而，肝脏相关死亡率仍存在较小但具有显著性的统计学差异。随访至第 18 年时，实验组的肝脏相关死亡率为 2.3%，对照组为 1.3%。实验组的死亡率在随访至第 23 年时增加至 4.1%，对照组保持在 1.3%。输血获得性慢性丙型肝炎的其他研究报道了相似的结果，显示全因死亡率无差异，但肝脏相关死亡率存在微小但显著的差异[239]。一项对暴露于 HCV 污染的抗 D 免疫球蛋白后 17～25 年的年轻女性的研究，也报道了较低的死亡率，随访至第 17～20 年时，死亡率为 0%～0.2%[209, 210]。继续

随访 5 年后，死亡率为 0.8%，并且 2/3 患者具有 HCV 相关并发症[240]。

基于群体的研究再次呈现出截然不同的结果。一项对 2285 名慢性丙型肝炎患者的大型队列进行的前瞻性随访使用标准死亡率评估了风险因素与全因死亡率及肝脏相关死亡率的关联[241]。在英格兰，慢性丙型肝炎的标准化死亡率比普通人群的预期死亡率高出 3 倍。有 180 人在平均时长为 6.7 年的随访中死亡。最常见的死因是与肝脏相关，包括肝病（29%）和 HCC（12%），其次是与肝脏不相关的医疗原因（28%）和药物原因（18%）。预测影响肝脏相关死亡率的因素是年龄较大（HR=1.04/ 年）、存在肝硬化（HR=61.7）和平均饮酒量较高（HR=1.01/ 周）。这些数据表明，如果通过输血或注射吸毒感染 HCV，则更有可能死于输血或吸毒导致的疾病而不是肝脏相关疾病。相反，如果在年轻时感染了 HCV，如果没有发展为肝硬化或有并发症，那么在 20～25 年内的结果会非常好。因此，应尽一切努力预防肝硬化的发生，并减少并发症产生的影响。

十二、与发展为慢性丙型肝炎结果相关的因素

已确定影响慢性丙型肝炎结果的相关因素，包括宿主、病毒和环境因素（表 65-1）。

（一）宿主相关

1. 感染时的年龄

感染发生时的年龄与慢性丙型肝炎的进展密切相关[214, 222]，25 岁以下感染人群疾病进展的速度明显低于 40 岁以上的感染人群。一定感染持续时间内，老年人的纤维化进展似乎比年轻人快。产生该结果的原因尚不清楚，但可能与肝星状细胞活化、胶原沉积和再吸收途径随年龄变化有关。

2. 性别

纤维化在男性中进展更快[222]。这与饮酒、年龄、BMI 和铁负荷超标无关，性激素可能是导致这种结果的原因。研究显示，较高的血清睾酮水平与更严重的纤维化相关，而实验和临床数据表明，雌激素可能通过抑制肝星状细胞而具有抗

表 65-1　影响慢性丙型肝炎纤维化进展的因素		
宿主相关	**病毒相关**	**环境相关**
• 感染发生时年龄 • 感染持续时间 • 性别 • 种族 • 血清 ALT 水平 • 纤维化水平 • 坏死性炎症水平 • 肝脏脂肪变性 • 遗传因素 • 糖尿病 / 胰岛素抵抗 • 肥胖	• HIV 感染 • HBV 感染 • HCV 病毒载量 • HCV 准种多样性	• 大量酒精摄入 • 吸烟 • 使用大麻 • 咖啡因

纤维化作用[242, 243]。横断面研究证实了雌激素的保护作用，绝经后女性（推测雌激素水平降低）的纤维化进展速度快于绝经前女性，未生育女性的纤维化进展速度快于经产妇。此外，据报道，与未接受治疗的女性相比，接受雌激素替代治疗的绝经后女性纤维化进展率较慢[244, 245]。

3. 种族

种族在慢性丙型肝炎中的影响作用是存在争议的。比较非洲裔美国人和高加索人肝病严重程度的多项组织学研究报道显示，两者没有差异或非洲裔美国人的病症更轻[246-248]。然而，其他报道表明，非洲裔美国人的 HCC 发病率高于白种人[249]。种族的问题一直难以评估，部分原因是在许多关于 HCV 感染自然史的研究中，非洲裔美国人的代表性不足。

4. 脂肪变性 / 非酒精性脂肪性肝病和胰岛素抵抗

脂肪变性在美国人群中很常见，比例为 10%～24%。然而，脂肪变性在慢性丙型肝炎患者中的发生率是普通人群的 2～3 倍，这表明 HCV 感染可能与脂肪变性的发生有关。肝活检研究报道显示，30%～70% 的 HCV 感染患者会发生脂肪变性，其中在 HCV 基因 3 型感染患者中更常见[250-252]。脂肪变性是否与纤维化进展相关仍存在争议[250, 253-256]。一项针对来自欧洲、美

国和澳大利亚 10 个中心的 3074 例经组织学验证的慢性丙型肝炎患者进行数据分析，评估了脂肪变性和纤维化之间的相关性[251]，结果显示，51% 的患者存在脂肪变性，88% 的人存在纤维化，并且纤维化与炎症发生、脂肪变性、性别和年龄独立相关。然而，脂肪变性和纤维化之间的相关性似乎依赖于肝脏是否存在坏死性炎症。该研究结果表明，脂肪变性本身可能与纤维化进展无关，而是肝脏损伤的最终结果和坏死性炎症的标志。

研究显示，更严重的肝纤维化可能导致更严重的非酒精性脂肪性肝炎组织学病变[257]。HCV 感染可能以基因型依赖的方式诱导胰岛素抵抗，并可能促进纤维化的发生，与脂肪变性无关[258, 259]。而在慢性丙型肝炎患者中，胰岛素抵抗和糖尿病已被证实与纤维化进展加快、肝硬化和 HCC 风险增加有关[260]。

5. 遗传因素

宿主遗传因素可能会影响慢性丙型肝炎的最终结果。有证据表明，IFN-λ3 基因型与更严重的肝脏炎症反应、更快的纤维化进展和肝脏失代偿有关[261-263]。HLA 多态性与慢性丙型肝炎患者的肝损伤进展相关，一项基于日本人群的研究表明，包括 IB54 类在内的扩展单倍型与肝损伤进展密切相关，而包括 II 类 DRB1*1302-DQB1*0604 在内的扩展单倍型与较弱的肝脏炎症活动相关[264]。全基因组关联研究已经发现，在欧洲慢性丙型肝炎人群中分别位于凋亡相关基因 *MERTK*、*TULP1* 和 *RNF7* 内部或附近的 rs4374383、rs9380516 和 rs16851720 多态性[265]，以及在日本慢性丙型肝炎人群中位于主要组织相容性复合体内的两个单核苷酸多态性（rs910049 和 rs3135363）与进展为肝硬化风险相关[266]。与慢性丙型肝炎进展相关的其他宿主遗传因素还包括 TGF-β、血管紧张素 – II、细胞因子和趋化因子基因的多态性。

6. 血清 ALT 水平

多项研究表明，血清 ALT 是纤维化进展的独立预测指标[223, 225, 267]。在一项配对肝活检研究中，血清 ALT 高于正常上限 5 倍的患者的纤维化进展

速度明显快于正常上限 5 倍以内的患者[223]。相比之下，ALT 水平持续正常的患者在 5 年内发展为纤维化的概率较低[268]。

（二）病毒相关

目前，已被认为影响慢性丙型肝炎纤维化进展的病毒因素包括病毒载量、病毒基因型和病毒准种。然而，尚无充足的证据表明病毒载量或病毒基因型是否会影响纤维化的进展。此外，肝硬化的快速进展与 HIV 和 HBV 的复合感染相关。

1. HIV/HCV 复合感染

在 ART 时代，HCV 相关肝病是导致 HIV 患者死亡的主要原因之一[269, 270]，同时感染 HIV 会对感染 HCV 的自然史产生不利影响[271]。这些复合感染的患者更容易发生持续性 HCV 感染，HCV RNA 水平更高，并且进展为肝硬化、失代偿肝病的风险也增加，同时因肝病导致的死亡率增加。八项试验的分析结果显示，HIV 复合感染导致组织学肝硬化和临床失代偿的相对风险显著增加 2.92（95%CI 1.70～5.01）。ART 对 HIV/HCV 复合感染自然史的影响尚不清楚，但大多数研究表明其可减缓肝病的进展[272-275]。清除 HCV 与降低死亡率、减缓 HIV 疾病进展、减少肝脏和非肝脏疾病发生相关[276, 277]。

2. HBV/HCV 复合感染

与仅感染 HBV 或 HCV 的患者相比，HBV/HCV 复合感染患者的纤维化进展速度更快，肝脏疾病更严重，发生 HCC 的风险显著增加[278]。除感染活动性 HBV 外，既往感染 HBV（HBsAg 阴性、抗乙型肝炎核心阳性）也可能对慢性丙型肝炎患者发生 HCC 产生显著影响[279]。

（三）环境相关

1. 酒精

在基于整群抽样的慢性丙型肝炎患者的研究中，过量饮酒（定义为男性每天饮酒大于 50ml，女性每天饮酒大于 40ml）与肝硬化进展和 HCC 风险增加密切相关[222, 280, 281]。

最近的一项 Meta 分析取样了 15 000 名患者进行了 20 项研究，结果表明，大量酒精摄入（定义为每周 210～560g）导致的肝硬化的合并 RR 为 2.33（95%CI 1.67～3.26）[282]。充分的证据表明，

饮酒的人感染慢性 HCV 的临床结果更差。这些研究对大量酒精摄入的定义存在很大差异，因此酒精加速 HCV 疾病进展的真正阈值仍然不明确，而摄入较少量的酒精是否也会加快纤维化进展也尚未得到充分研究。

2. 大麻 / 吸烟

已有研究证明，每天使用大麻与慢性丙型肝炎患者的严重纤维化独立相关[283]。这种作用可以通过激活大麻受体 CB1 受体来介导，实验已经证实肝纤维化与 CB1 受体的上调有关[284]。几项流行病学研究表明，吸烟与慢性丙型肝炎患者的肝病严重程度之间存在联系[285, 286]。

3. 中草药制剂

没有证据表明中草药制剂与较差的 HCV 感染结果相关，也没有证据表明中草药制剂具有一定的保护作用，但咖啡因被证明可以降低疾病进展速率[287]。

十三、丙型肝炎和肝细胞癌

在全球范围内，约 20% 的 HCC 与慢性丙型肝炎有关[204]。在 HCC 患者中，日本、西班牙和意大利的抗 HCV 阳性率最高，美国居中（约 50%），但 HBV 流行国家的抗 HCV 阳性率最低[288]。这种地理差异反映了两个影响 HCC 患病率的主要因素：HBV 和 HCV 感染。预计未来 20 年 HCV 相关 HCC 的发病率将增加 1 倍[289, 290]。

大量的流行病学和实验数据表明，HCV 感染与 HCC 的发生有关[249, 291, 292]。在 HCC 患者的血清和肝组织中可检测到 HCV 感染标志物，即抗 HCV 抗体或 HCV RNA。美国的一项系列性研究发现，多达 42% 的 HCC 组织中含有 HCV RNA[293]。在 21 项病例对照研究的 Meta 分析中发现，与抗 HCV 抗体阴性对照组相比，抗 HCV 抗体阳性实验组的 HCC 风险增加 17.3 倍[294]。几种 HCV 蛋白可能具有直接致癌性，至少 4 种 HCV 蛋白（即核心、NS3、NS4B 和 NS5A）已在体外实验中显示出转化潜力。HBV 转录元件启动表达 HCV 核心蛋白或鼠白蛋白启动子表达整个病毒多聚蛋白的转基因小鼠模型会发生 HCV 脂肪变性，雄性小鼠会发生 HCC[295, 296]。这些 HCC 是

在没有炎症的情况下发生的，表明 HCV 转基因具有直接致癌作用。一些 HCV 蛋白与重要的肿瘤抑制蛋白（如 p53 或视网膜母细胞瘤蛋白）可以相互作用，并可能使其功能失效[297]。HCV 还可能通过诱导 ROS 和氧化应激促进 HCC 的发展[298]。据报道，激活端粒逆转录酶（telomerase reverse transcriptase，TERT）启动子的体细胞突变常见于包括 HCV 感染所引起 HCC 进展的早期[299]。影响慢性丙型肝炎患者进展 HCC 相关的基因变异也有报道，一项取样了日本慢性丙型肝炎患者并进行了两项独立的全基因组关联研究发现，位于 MICA 5′ 区的一个新的单核苷酸多态性（SNP）rs2596542，即 MHC Ⅰ 类多肽相关序列 A 基因[300] 及 22 号染色体上 DEPDC5 位点的非编码 SNP（rs1012068）[301] 与 HCC 风险增加相关。另外两个 SNP，即 HCP5 rs2244546 和 PNPLA3 rs738409，已被确定为欧洲患者 HCV 相关 HCC 的易感位点[302, 303]。

HCC 通常是慢性丙型肝炎自然进展的最后阶段，影响 HCV 阳性个体发生 HCC 的因素包括性别、年龄、同时感染 HBV 或 HIV、基因 3 型 HCV、大量饮酒、肥胖和糖尿病[249]。在与输血相关的慢性丙型肝炎自然史的研究中，输血与确诊 HCC 之间的时间间隔为 33~45 年[239]。肝硬化患者的 HCC 发生率也显著高于非肝硬化患者。事实上，慢性丙型肝炎患者在没有肝硬化的情况下很少发生 HCC。然而，一旦进展为肝硬化，每年发生 HCC 的风险增加 1%~4%[228, 291]。据推测，慢性肝损伤会导致肝细胞反复再生和增殖及积累突变，并最终导致肿瘤发生。

研究显示，以 IFN 为基础的治疗成功清除 HCV 后能够降低 HCC 风险。在 30 项回顾性和观察性研究（包括来自 17 个国家的 31 528 例分期纤维化受试者，治疗后平均随访时间范围为 2.5~14.4 年）的 Meta 分析中发现，持续病毒学应答与 HCC 风险降低具有 76% 的相关性（HR=0.24，95%CI 0.18~0.31，P<0.001）[304]。大约 1.5%（145/9185）达到 SVR 的患者发展为 HCC，而对治疗无反应的患者为 6.2%（990/16312），其中绝对风险降低 4.6%（95%CI 4.2%~5%）。

6 项具有晚期患者样本的研究的分析结果表明，SVR 与 HCC 风险降低相关（HR=0.23，95%CI 0.16~0.35，P<0.001）。59 项研究（包括 4 项随机对照试验、15 项前瞻性研究和 40 项回顾性队列研究）的第二项 Meta 分析也显示，SVR 与较低的 HCC 风险相关（OR=0.203，95%CI 0.164~0.251，P<0.001）[305]。一项来自法国的前瞻性、多中心的队列研究（整群抽样）检查了 1323 名代偿期肝硬化患者的 IFN 治疗效果，也表明 IFN 治疗后的 SVR 与 HCC 发病率降低有关[306]。随访期中位数 58.2 个月的研究发现 668 名患者（50.5%）实现了 SVR。与没有 SVR 的患者相比，SVR 与较低的 HCC 发病率相关（HR=0.29，95%CI 0.19~0.43，P<0.001）。SVR 后与 HCC 发展相关的因素包括肝硬化、年龄、糖尿病和基因 3 型 HCV[306-308]。这些研究表明，与 IFN 相关的 SVR 可以降低但不能消除 HCC 的风险。

DAA 治疗清除 HCV 病毒后是否观察到类似的 HCC 发病率降低的现象是存在争议的。短期随访肝硬化为主的人群（范围为 6~18 个月），进行初步非对照研究报道显示，DAA 相关 SVR 后 HCC 的发生率仍较高，范围为 2.6%~9.1%，这表明 DAA 治疗后的 SVR 与 HCC 发生率降低无关[309-314]。这可能与以下事实有关：DAA 治疗具有更好耐受性和更高疗效，能有效治疗更严重的、风险性更高的 HCC。最近，两项大型队列研究表明，DAA 治疗后的 SVR 与 HCC 发生率降低具有 71%~76% 相关性。一项回顾性研究分析了在美国退伍军人事务国家医疗系统中接受抗病毒治疗的 62 354 例患者，其中包括 35 871 例（58%）只接受 IFN 治疗的患者，4535 例（7.2%）接受 DAA 和 IFN 治疗的患者，以及 21 948 例（35%）只接受 DAA 治疗的患者。在 6.1 年的平均随访期间，有 3271 例进展为 HCC，并在开始抗病毒治疗后至少 180 天才被诊断出[315]。肝硬化和治疗失败患者的 HCC 年发生率最高（3.25/100），其次是肝硬化和 SVR（1.97）、无肝硬化和治疗失败（0.87）、无肝硬化和 SVR（0.24）。无论是仅 DAA（AHR=0.29，95%CI 0.23~0.37）、DAA

加 IFN（AHR=0.48，95%CI 0.32～0.73）还是仅 IFN（AHR=0.32，95%CI 0.28～0.37）的抗病毒治疗，SVR 均与 HCC 风险显著降低相关。值得注意的是，与仅用 IFN 的方案治疗相比，仅用 DAA 或 DAA 加 IFN 方案治疗与 HCC 风险增加无关。第二项美国退伍军人事务国家医疗系统的研究确定了 22 500 例仅接受 DAA 方案治疗的患者（19 518 例 SVR 患者，2982 例非 SVR 患者），其中 39% 患有肝硬化[316]。在 1 年随访期间，完成治疗后的 22 963 人中有 271 例发展为 HCC，年发生率为 1.18（95%CI 1.04～1.32）。与未发生 SVR 的患者相比，发生 SVR 的患者的 HCC 年发生率几乎降低了 4 倍（0.90vs.HCC 患者 3.45/100；AHR=0.28，95%CI 0.22～0.36）。校正基线差异后，在 20 个月的随访中发现，76% 的 HCC 发生率降低与 SVR 相关。肝硬化患者 SVR 后 HCC 的年发生率最高（1.82vs. 无肝硬化患者 0.34/100；AHR=4.73，95%CI 3.34～6.68）。这些结果表明，DAA 方案治疗后有 SVR 可以降低 HCC 风险。此外，暂时没有证据表明 DAA 治疗会促进 HCC 的发展。重要的是，SVR 发生后，已确诊肝硬化的患者发生 HCC 的绝对风险仍然很高（每年约 1%）。这些结果支持应当在肝硬化发生前对患者进行治疗的观点，并强调了 SVR 发生后监测肝硬化患者是否发展为 HCC 的重要性。

致谢 本工作得到了 NIH、美国国家过敏和传染病研究所，以及美国国家糖尿病、消化和肾脏疾病研究所的院内研究计划的支持。Christopher M. Walker 是 NIH NIAID 基金 R01AI096882、R01AI126890 和 U01AI131313 的获得者。

第66章 追踪丙型肝炎病毒与肝脏脂质代谢的相互作用

Tracking Hepatitis C Virus Interactions with the Hepatic Lipid Metabolism : A Hitchhiker's Guide to Solve Remaining Translational Research Challenges in Hepatitis C

Gabrielle Vieyres Thomas Pietschmann 著

饶慧瑛 王资隆 陈昱安 译

丙型肝炎病毒是一种 RNA 病毒，属于黄病毒科。全球范围内约有 7100 万慢性感染者。通过学术界与工业界专家的合作与跨学科研究，成功研制了多种 DAA，这些药物联合治疗的治愈率超过 95%[1]。随着对 HCV 复制原理与致病机制的分子理解不断深入,HCV 治疗有了进一步突破。研究者已经描述和刻画了病毒进入肝细胞以及复制和组装后代病毒的多种宿主因子。同样，细胞途径、代谢过程和信号级联也与 HCV 复制和发病机制有关。这些对 HCV 认识的不断深入以及活跃的研究团体，结合大量的慢性感染患者的原始标本，为我们进一步理解肝脏中 HCV 感染的分子病理生理学提供了基础。

这在几个方面至关重要：持续病毒学应答通常导致肝脏疾病消退，并降低整体和肝脏相关死亡率。然而，一些患者的肝脏损伤仍在继续[2]。了解病毒治疗后控制肝脏疾病不同病程的原理将有助于对接受治疗的患者进行分层，并对 SVR 无法阻止或逆转肝病患者的预后提供指导。

DAA 药物是治疗慢性 HCV 感染的有效方法。然而，仅通过药物治疗很难控制全球 HCV 相关疾病的负担。预防性疫苗能补充现有疗法，并促进病毒根除。然而，HCV 已经发展出了独特的免疫逃逸机制。一旦我们详细了解了其机制，就可以开发出克服其弊端的疫苗接种概念。通过这些方式，全面了解 HCV 和肝细胞之间的密切关系应作为解决该领域转化研究遗留挑战的指南。

慢性 HCV 感染和 HCV 复制的一个特征是调控肝细胞中脂质稳态。HCV 不仅是调控代谢和分解代谢脂质稳态及脂肪酸合成的关键调节因子，以促进其膜结合 RNA 复制工厂的建立。它还依靠肝细胞脂蛋白生物合成机制来组装和释放传染性病毒子代，由此产生了病毒因子和人类脂蛋白构建的病毒颗粒，这些病毒颗粒可通过肝细胞脂蛋白受体定位于肝细胞。事实上，病毒颗粒的脂蛋白组分有助于抗体逃逸，从而促进病毒的持久性和免疫逃逸。因此，HCV 与脂质稳态之间的相互作用是 HCV 对其高度持化的宿主细胞独特环境的精细而全面操纵的典型案例（图 66-1）。这

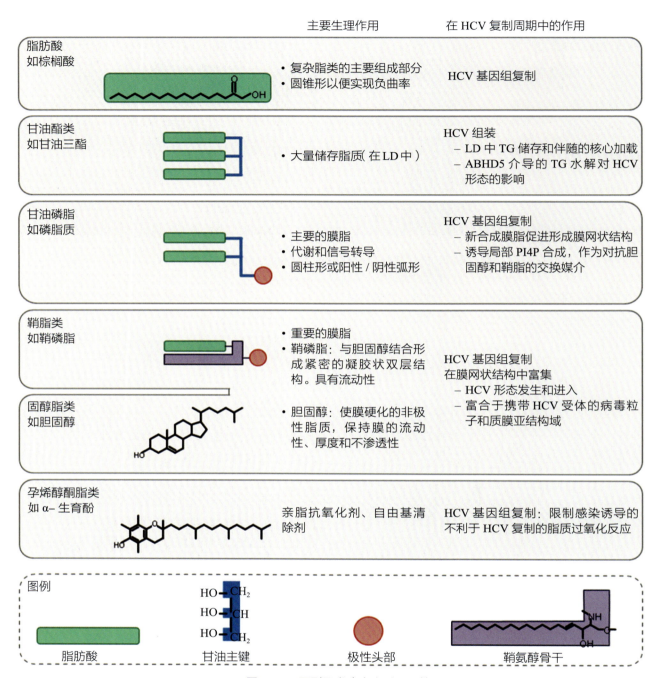

主要生理作用　　　　　在 HCV 复制周期中的作用

脂肪酸
如棕榈酸
- 复杂脂类的主要组成部分
- 圆锥形以便实现负曲率

HCV 基因组复制

甘油酯类
如甘油三酯
- 大量储存脂质（在 LD 中）

HCV 组装
- LD 中 TG 储存和伴随的核心加载
- ABHD5 介导的 TG 水解对 HCV 形态的影响

甘油磷脂
如磷脂质
- 主要的膜脂
- 代谢和信号转导
- 圆柱形或阳性 / 阴性弧形

HCV 基因组复制
- 新合成膜脂促进形成膜网状结构
- 诱导局部 PI4P 合成，作为对抗胆固醇和鞘脂的交换媒介

鞘脂类
如鞘磷脂
- 重要的膜脂
- 鞘磷脂：与胆固醇结合形成紧密的凝胶状双层结构。具有流动性

固醇脂类
如胆固醇
- 胆固醇：使膜硬化的非极性脂质，保持膜的流动性、厚度和不渗透性

HCV 基因组复制
在膜网状结构中富集
- HCV 形态发生和进入
- 富合于携带 HCV 受体的病毒粒子和质膜亚结构域

孕烯醇酮脂类
如 α- 生育酚
- 亲脂抗氧化剂、自由基清除剂

HCV 基因组复制：限制感染诱导的不利于 HCV 复制的脂质过氧化反应

图例

HO—CH₂
HO—CH
HO—CH₂

脂肪酸　　　　甘油主键　　　　极性头部　　　　鞘氨醇骨干

▲ 图 66-1　丙型肝炎病毒脂质工具箱

所有类别的脂质都支持丙型肝炎病毒（HCV）复制周期。描述了每种脂类的例子及其在细胞和丙型肝炎病毒复制周期中的作用。请注意，在所描述的 8 种脂类中，由于糖脂和聚酮类在人类类脂体中不存在或罕见，已被排除在该图之外[171]。LD. 脂滴；TG. 甘油三酯；PC. 卵磷脂；PE. 磷脂酰乙醇胺；PI. 磷脂酰肌醇；PS. 磷脂酰丝氨酸

同时也展示了新的发现如何帮助我们解决发病机制的一个示例。与此同时，研究开始揭示病毒免疫逃逸的核心要素。

一、HCV 干扰宿主脂质，将内质网重塑成其复制细胞器

（一）HCV 蛋白紧紧咬合内质网膜

HCV 在肝脏中复制，当病毒进入肝细胞后，

第66章 追踪丙型肝炎病毒与肝脏脂质代谢的相互作用

Tracking Hepatitis C Virus Interactions with the Hepatic Lipid Metabolism : A Hitchhiker's Guide to Solve Remaining Translational Research Challenges in Hepatitis C

9.6kb 正链 RNA 基因组在粗面内质网膜上被翻译成单一的多蛋白[3]。几种信号肽和跨膜结构域赋予其跨越 ER 膜约 16 次的前体复杂拓扑结构。宿主和病毒蛋白酶确保多蛋白裂解成 10 种成熟产物。其中，衣壳蛋白核心和包膜糖蛋白 E1 和 E2 是仅有的结构蛋白。蛋白酶 / 解旋酶 NS3、辅因子 NS4A、膜蛋白 NS4B、磷蛋白 NS5A，以及最后的 RDRP NS5B 形成复制单元。p7 病毒孔蛋白和蛋白酶 NS2 对于病毒 RNA 复制不是必要的，但它们通过与结构和非结构蛋白相互作用来组织病毒装配，表明它们居于病毒多蛋白中的中间位置。值得注意的是，所有病毒蛋白都协同进行病毒组装[4]，此外还发挥其他作用，如确保基因组复制、提供病毒颗粒合成原料、劫持细胞途径或破坏宿主防御[3]。

（二）HCV 诱导的、内质网衍生的"膜网"是病毒复制的场所

病毒多蛋白与内质网膜的早期结合影响了 HCV 的复制策略。事实上，由于广泛的膜锚，所有的病毒蛋白都与宿主细胞膜保持关联，从跨膜结构域到两亲性 α- 螺旋，或间接通过膜结合蛋白的结合（如 NS3 与其膜锚定的 NS4A 辅因子的关联）[3]。正链 RNA 病毒的一个共同特征是将宿主细胞内膜重塑为复制细胞器[5]。HCV 也不例外，它会诱导内质网重排成所谓的膜网[6, 7]。膜网由时间依赖性的单层、双层和多层膜小泡堆积而成[8]。双膜囊泡是平均直径为 150nm 的内质网膜的突起，是病毒复制的关键细胞器。膜网的形成与几种 HCV 复制酶蛋白的协同作用有关，其中 NS5A 和 NS4b 的作用尤为突出。当单独表达时，两种蛋白质都会引起显著的膜改变。此外，NS5A 的表达对于双层囊泡的形成是必要且充分的[8]。

（三）构建复制细胞器的功能相关性

对于病毒复制而言，专用复制细胞器有如下优势[5]。首先，它们提供了膜系链和支架，从而促进了对基因组复制重要的病毒和宿主因子的局部集中。事实上，HCV 复制酶因子在内质网膜上并不是均匀分布的，而是与双层囊泡共定位形成斑点[8, 9]。其次，复制细胞器保护复制基因组免受细胞 RNA 酶降解[10]，并保护双链 RNA 复制中间体不被宿主先天免疫防御识别[5]。一直以来，HCV 复制酶与细胞 PRR 物理分离，与胞质溶胶的交换可能涉及募集的核孔复合蛋白的严格控制[11]。

（四）HCV 诱导的膜网的脂质分布与内质网膜不同

ER 是细胞中脂质合成的主要场所[12]。它负责合成大部分膜脂质（磷脂、甾醇和鞘脂的神经酰胺前体），也对大多数中性储存脂质（甘油三酯和甾酯）有很大贡献。脂质主要储存于内质网来源的脂滴中。内质网的脂质成分不同于与其他细胞室，由一组胞质转移蛋白调节，这些蛋白在内质网与其他细胞器的膜接触部位起作用。内质网缺乏固醇，几乎没有鞘磷脂，而且其饱和磷脂少于质膜，这导致了膜结构薄且松散。尽管源自内质网，但 HCV 复制细胞器表现出截然不同的脂质分布，从而导致不同的膜物理化学特性。事实上，HCV 复制酶与洗涤剂膜相结合，这种膜类似脂筏富含胆固醇和鞘脂[10, 13]。因此，HCV 将内质网膜改造为卷曲的膜网，意味着宿主细胞脂质代谢的质和量变化。

（五）HCV 改变宿主脂质平衡以促进膜生物合成

膜网的形成依赖于宿主脂代谢的主要变化，这些变化调节膜的增殖（脂肪生成）和重塑（膜曲率）。宿主脂质代谢紊乱进而促进了 HCV 感染，并导致肝脏脂肪变性。HCV 感染中脂肪肝的病因学一直是一些优秀综述的话题[14, 15]，在此不再详细讨论。

随着芯片谱和组学时代的兴起，一些已发表的数据集描绘了细胞培养模型[21, 23, 24]及人类[17, 20, 22, 24]或黑猩猩肝脏中[16, 19]HCV 感染宿主转录组[16-21]、蛋白质组[18, 22-24]和脂质组[23]的动态图景。从整体来看，参与脂质稳态的一部分基因在转录和（或）转录后水平上一直受到 HCV 的调节，其中包括与脂肪酸代谢、胆固醇合成和转运[18, 19]，以及神经鞘糖脂的生物合成[19]的酶。另外，脂质组学研究证明了不同磷脂类的调节作用[23]。值得注意的是，通过免疫荧光观察到 HCV 感染细胞中磷脂酰胆碱和 PI4P 水平总体

增加 [25, 26]。此外，Woodhouse 等指出 HCV 感染的 Huh7.5 细胞中游离脂肪酸和胆固醇水平的增加 [18]。最后，一项蛋白质组学研究发现 HCV 感染后脂滴相关蛋白质组的发生了显著变化。由于脂滴相关蛋白控制着这些细胞器的脂质储存和动员，这表明 HCV 可以发挥微调脂质稳态中央室的功能 [27]。

（六）HCV 干扰脂质代谢的主要调节因子

肝脏脂质稳态涉及代谢和分解代谢途径的组合，受到少数转录因子和核受体的严格调控 [14]。为了实现上述宿主脂代谢的大量失衡，HCV 直接作用于其中一些途径和调节因子。一直以来，上述研究中发现的一些受调控的基因属于血清反应元件结合蛋白 [19]、PPARα、PXR 和 RXR 靶基因 [18, 19]。

SREBP 是脂肪生成的主要调节因子，其控制脂肪酸（SREBP1c）和胆固醇合成（SREBP2）[12]。在基础条件下，SREBP 作为非活性前体锚定在内质网细胞膜上。在低脂肪酸或固醇的条件下，这些前体被裂解，导致活性的 SREBP 转移到细胞核，病毒颗粒的脂蛋白组分有助于抗体逃逸，从而促进病毒的持久性和免疫逃逸。HCV 可以经几种病毒蛋白 [15] 直接或间接通过激活炎症小体 [28] 来激活 SREBP1c 和 SREBP2 的裂解和活化。此外，HCV 通过 DDX3X 和 IKKα 激活 SREBP 转录，从而促进脂滴合成和病毒产生 [29]。SREBP 的激活触发了一系列产脂基因的表达 [12, 14, 15]。这些基因参与了胆固醇和脂肪酸的生物合成，包括 SREBP1c 的脂肪酸合成酶和 SREBP2 的 LDL 受体或胆固醇合成酶 HMG-CoAR。抑制激活 SREBP 的丝氨酸蛋白酶可降低细胞的脂滴含量，并阻碍 HCV 的传播 [进入和（或）组装][30]。需要注意的是，HCV 还通过调节 RARα 和 SREBP 的上游调节因子，即 LXR，一类核激素受体和 PI3K-AKT 途径来调节脂肪生成，显示出了非常复杂的宿主 – 病原体相互作用 [15]。

PPARα 是一种核受体，调控线粒体脂肪酸 β 氧化有关的一系列基因的表达。在体外和体内，HCV 感染可抑制核受体及其靶基因的表达 [15]。预期的结果是减少脂肪酸氧化，以及在 HCV 感染时脂蛋白分泌的减少，这表明阻碍从脂滴储存

库募集脂质可能是 HCV 创造有利于其增殖和诱导脂肪变性的富脂环境的另一种机制 [15]。

（七）脂肪酸合成支持 HCV RNA 复制

一些出版物已经证实 HCV 上调了脂肪酸合成中的关键酶的表达（如 ACC、FASN）[31, 32]。特别是 FASN，其表达和活性随着 HCV 复制或单个 HCV 蛋白（如核心蛋白和 NS4B）的表达而增加，同时细胞中甘油三酯含量也相应增加 [32]。FASN 抑制剂或 siRNA 抑制 HCV RNA 复制，而在培养基中补充脂肪酸有利于复制 [19, 33, 34]。从机制上讲，FASN 与 NS5B 相互作用并增加其 RdRp 活性 [34]。此外，FASN 活性对于 claudin-1 的表达和 HCV 的进入非常重要 [33]。脂肪酸是细胞膜的关键成分：它们是多种磷脂的组成部分，其圆锥形影响细胞膜的曲率 [12]。它们还通过共价修饰将蛋白质锚定在脂质双层中 [35]。因此，内质网膜的脂肪酸富集也可能决定病毒形成膜网的效率和（或）宿主或病毒复制辅因子的正确锚定。一直以来，FASN 和脂肪酸对黄病毒科其他成员的复制至关重要，如登革病毒，其激活酶将其重新定位到其复制细胞器 [36]。

（八）HCV 创造富含 PI(4)P 的环境以促进其复制

几种小干扰 RNA 筛选已经产生了 PI4KⅢα，作为最佳的 HCV 复制辅因子之一（见参考文献 [26]）。PI4KⅢα 是一种内质网驻留的脂蛋白激酶，负责将磷脂酰肌醇转化为 PI4P[5]。实际上，NS5A 将 PI4KⅢα 招募到病毒复制复合体中，激活其脂激酶活性，并诱导局部 PI4P 积累 [26]。HCV 与 PI4KⅢα 的相互作用对膜网的形态和功能至关重要 [26]。它也是驱动 HCV 适应细胞培养的主要因素之一：与原代人类肝细胞相比，肝癌细胞中 PI4KⅢα 的内源性水平较高，因此 PI4KⅢα 活化在细胞培养适应性突变中部分丧失 [37]。事实上，PI4K-PI4P 轴已经成为正链 RNA 病毒构建复制平台的常见途径 [5]。在生理学上，它有助于确定膜的特性维持细胞器的动力学和功能。PI4P 确实可以募集一组效应蛋白，包括用于囊泡运输的网格蛋白衔接子和外壳蛋白，以及脂质转移蛋白 [5, 12]。

第66章　追踪丙型肝炎病毒与肝脏脂质代谢的相互作用

Tracking Hepatitis C Virus Interactions with the Hepatic Lipid Metabolism : A Hitchhiker's Guide to Solve Remaining Translational Research Challenges in Hepatitis C

（九）HCV 复制细胞器富含胆固醇和鞘脂

胆固醇富集是许多正链 RNA 病毒复制细胞器的标志[5]，这也在纯化的 HCV 诱导的 DMV 中得到证实[38]，这意味着感染时胆固醇合成和（或）运输在内质网膜上受到调节。胆固醇耗竭导致 DMV 收缩[38]，并减少 HCV RNA 复制[10, 38]。他汀类药物抑制胆固醇合成酶 HMG-CoAR 和 HCV RNA 复制[39, 40]，但这种现象更多地归因于蛋白质香叶基香叶酰化缺陷[31, 41]。胆固醇转移蛋白 OSBP 通过将内质网膜上 HCV 感染积累的 PI4P 与高尔基体中富含的胆固醇交换，参与膜网的形成和 HCV 的复制[42]。25- 羟基胆固醇是慢性丙型肝炎患者肝活检中诱导的 ISG 的抗病毒产物，可能与这一过程竞争[43]。最近，Stoeck 等提出了胆固醇在复制细胞器中的逐步结合的完整模型[44]。它涉及复制细胞器和富含胆固醇的细胞室之间的膜接触位点，PI4P 作为交换货币，和几种脂运输蛋白（LTPS），如 NPC1，从内体途径上游利用胆固醇和 OSBP 与高尔基体交换。

鞘脂与胆固醇结合，赋予其特殊的脂筏物理特性[12]。神经酰胺前体是在内质网中合成的，但鞘磷脂组装却在高尔基体中完成[12]。在 HCV 感染的细胞和人肝嵌合体小鼠中，特别是在复制相关或抗洗涤剂的膜中，鞘糖脂、鞘磷脂及其神经酰胺前体增加[13, 45]。丙型肝炎病毒的复制依赖于鞘磷脂的合成[13, 40, 45]和转运[13]。因此，糖鞘糖脂结合蛋白 FAPP2 通过其 PI4P 结合域被招募到 HCV 复制复合体中，并可能将糖鞘糖脂转移到复制细胞器中来维持膜重组和病毒基因组复制[13]。鞘糖脂的增加可能会促进膜的弯曲[13]。此外，鞘磷脂结合 NS5B，有助于将其锚定在膜上[40]，并在某些基因类型中促进其 RdRp 活性[46]。

其他研究描述了胆固醇和鞘磷脂参与 HCV 的组装和释放[47, 48]。一项动力学研究表明，HCV 复制细胞器的晚期胆固醇积累，有助于其与脂滴的结合和向病毒组装转换[47]。

（十）脂类修饰 HCV 蛋白或宿主辅助因子

脂质基团（如脂肪酸、糖基磷脂酰肌醇或甾醇）也可以共价连接到蛋白质上，赋予其新的功能或膜锚定[35]。因此，核心棕榈酰化对病毒的产生是重要的[49]，而香叶酰化在 HCV RNA 复制中同样十分重要[31, 41, 50]。尽管丙型肝炎病毒蛋白本身缺乏香叶基序，但 FBL2 被鉴定为与 NS5A 相互作用的香叶基序宿主蛋白，并参与 HCV RNA 的复制[50]。在病毒侵入期间，脂化的 HCV 受体 CD81 和 SR-B I 也说明了脂质修饰对 HCV 的重要性[51, 52]。

（十一）HCV 在宿主脂质过氧化的控制下保持其复制

感染诱导的氧化应激导致 ROS 的产生，与蛋白质、脂质或核酸启动级联反应，产生有毒的活性物质[53]。膜内的 PUFA 链可被 ROS 转化为脂质过氧化物，从而改变膜的流动性和通透性，或其降解产物影响蛋白质并改变其功能。维生素 E 等抗氧化剂可清除自由基并防止其有害影响。几项研究观察到在肝癌细胞和原代肝脏培养物中，维生素 E 和其他亲脂性抗氧化剂对 HCV 复制的刺激，以及 PUFA 对 HCV 复制的抑制[54, 55]。脂质过氧化影响膜网的形态发生[55]。抗性图谱和与特定 DAA 的结合表明，NS4A 和 NS5B 的跨膜或膜近端结构域决定脂质过氧化敏感性，表明活性脂类可能直接改变这些蛋白的构象和功能[55]。大多数野生型 HCV 分离株对脂质过氧化的敏感性可以通过过表达 Sec14L2 脂质转运体来克服，该转运体可增强了肝癌细胞对维生素 E 的摄取[56]，或者补充维生素 E 来克服[55, 56]。总而言之，脂质过氧化可能作为一个负反馈循环来控制病毒复制和限制相关的肝损伤。在慢性病毒中，到目前为止，HCV 是唯一使用这一精心设计的策略的例子。

简而言之，HCV 劫持了宿主细胞脂质代谢的几个分支，为其基因组复制建立了一个最佳的环境。它促进细胞的脂质生物合成，以维持宿主内质网在复杂的膜网中的剧烈重组，保护复制工厂免受宿主先天免疫防御的影响。它利用信号脂质重组胆固醇和鞘脂向膜网转移。它通过脂质过氧化控制病毒的复制速度，从而避免对宿主产生过度毒性。在病毒组装过程中继续劫持宿主的脂质代谢，并占用脂滴和脂蛋白代谢。

二、HCV 搭乘脂蛋白分泌的顺风车

子代病毒粒子的产生涉及所有病毒蛋白和多种细胞因子的合作[49]。至于病毒复制周期的其他步骤，宿主辅助因子中参与脂质和脂蛋白代谢的宿主蛋白被过度表达。HCV 的组装涉及病毒和宿主因子之间的相互作用，这些因子驻留在细胞脂滴[57]的表面和内质网膜上。在组装和分泌过程中及释放后，HCV 被脂蛋白和脂类装饰，产生由病毒蛋白和宿主衍生的脂蛋白组成的所谓的"脂病毒颗粒"，并富含细胞脂[58, 59]。通过这种方式，HCV 组件采用独特的病毒粒子特性支配着侵入和中和逃逸。

（一）HCV 使用宿主脂蛋白生产机制来构建脂病毒颗粒

距离 HCV 的发现到第一张 HCV 颗粒的高分辨率电子显微镜照片，已经过去了几十年[60, 61]。病毒粒子确实类似于循环中的脂蛋白，多形性且缺乏明显的对称性或可识别的特征。血清来源的 HCV 颗粒的大小范围在 30～80nm。此外，它们在密度梯度中沉淀为三个不同的群体：①高密度组分（＞1.21g/ml），其传染性较差，与抗体有关；②中等密度组分（1.06～1.21g/ml），使人联想到 HDL；③低密度组分（＜1.06g/ml），与 LDL 或 VLDL 有关。后者主要在感染的急性期检测到，并且传染性最强。整体来看，这种浮力密度明显低于其他包膜病毒，这是 HCV 一个有趣的特性[4]。这一特性主要是在组装后期获得的。事实上，至少在细胞培养中，大部分细胞内病毒颗粒具有感染性，但密度高于分泌型病毒颗粒[62]。

在生物化学上，病毒颗粒也可能被误认为脂蛋白。它们的脂质含量与宿主细胞和迄今所检查的任何包膜病毒非常不同，但与 VLDL 非常相似[59]。除了丰富的胆固醇、磷脂酰胆碱和鞘磷脂外，无法结合到膜中的胆固醇酯的积累表明，病毒粒子不仅含有包膜，而且还包含中性脂质核心[59]。最后，HCV 在其表面结合了几种载脂蛋白，包括 apoE、apoB 和 apoC-Ⅰ[59, 61]。这些特殊的生物物理性质和混合病毒颗粒来源导致这些 HCV 体被命名为"脂质病毒颗粒"[58]。

（二）HCV 核心蛋白劫持内质网中的脂滴以启动病毒粒子组装

HCV 核心蛋白在脂滴表面聚集的环状模式首先被认为是一种假象。自从 Miyanari 等证明了这个细胞器在 HCV 组装中的作用，它现在被认为是 HCV 组装的第一步，也是关键的一步[57]。事实上，信号肽酶的核心成熟触发了它从内质网膜到脂滴表面的侵入[63]。然后，与脂滴相关的核心蛋白通过直接交互来招募 NS5A[64]，NS5A 拖动嵌入内质网的活性复制复合物[57]，故阻止脂滴关联的核心突变也可以阻止病毒组装[57, 65]。此外，还可通过阻止 SREBP 激活[30]或中性脂质合成[66]来阻断脂滴的生物发生进而影响 HCV 的装配，对核心蛋白稳定性、组装效率和病毒颗粒特异性感染性具有多效性影响[66]。相反，HCV 感染下调了 10 号染色体缺失的磷酸酶和张力蛋白同源物（PTEN）的表达，从而增加了胆固醇酯的合成，以及磷脂酰胆碱合成酶 LPCAT1 的表达。这两个过程都会导致脂滴体积增大，感染性病毒产生，并且可能参与了 HCV 诱导的肝脏脂肪变性[67, 68]。LPCAT1 的下调还会增加了甘油三酯的储存、VLDL 的产生和 HCV 特异性的传染性，并伴有较低的浮力密度[68]。

脂滴的核心劫持需要一系列宿主因素，特别是 DGAT1[69]和胞质型 PLA2G4[70]。DGAT1 是一种内质网蛋白，是催化甘油三酯合成的最后也是唯一一个促进脂滴生物发生的两种酶之一。DGAT1 结合了未成熟的内质网锚定的核心前体，并催化内质网膜双层的两个小叶之间的局部甘油三酯合成，因此成熟的核心蛋白可以通过其两个 C 末端两亲性 α- 螺旋与新生脂滴的单层结合[69]。PLA2G4 通过产生花生四烯酸对核心蛋白在脂滴上的募集也很重要[70]。PLA2G4 在脂滴合成中的作用可能解释了 PLA2G4 抑制脂滴表膜的缺陷。事实上，抑制 PLA2G4 磷脂酶活性也会影响衣壳被膜、颗粒释放，最终影响病毒粒子的特异性感染性，从而减少感染性病毒的产生。特异性感染力的急剧下降主要由于 apoE 在病毒粒子中的低效掺入[70]。

第66章　追踪丙型肝炎病毒与肝脏脂质代谢的相互作用

Tracking Hepatitis C Virus Interactions with the Hepatic Lipid Metabolism : A Hitchhiker's Guide to Solve Remaining Translational Research Challenges in Hepatitis C

核心移位到脂滴表面可能有助于 HCV 劫持脂蛋白合成途径来进行自身组装。然而，它也转移了内质网驻留的包膜糖蛋白和膜网中新转录的 RNA 中的衣壳蛋白。脂滴起源于内质网，并与其相互作用，特别是将脂类输送到新生脂蛋白。因此，HCV 利用这些细胞器间的相互关联来建立其组装平台。

（三）HCV 的复制和组装可能发生在脂滴 – 内质网膜接触部位

在核心装载后，一些新生的脂滴可能会扩张，但仍附着在内质网膜上，靠近病毒复制工厂。或者，通过 ADRP 的核心移位和随后的微管介导的脂滴向微管组织中心的聚集，可以确保萌发的和核心装载的脂滴靠近核周病毒复制位点 [72]；后者通过 HCV 上调 Septin9 和诱导 Septin 细丝的诱导来促进这个过程 [73]。

虽然与脂滴的核心关联是病毒组装的先决条件，但令人惊讶的是，脂滴装载的程度与病毒组装效率相反 [65, 74, 75]。脂滴装载是核心蛋白固有的与菌株无关的特性，但在全长病毒中受 p7 和 NS2 的调节 [74]。对于高滴度的病毒，可以通过阻止针对核心或 p7 的突变的病毒组装的后期阶段或通过敲除载脂蛋白来人为增加核心积累 [65, 75, 76]。因此，很可能在有效组装后，p7 和 NS2 的协同作用将核心从脂滴平台重新分配回病毒糖蛋白驻留的内质网装配位点。在活体感染细胞中，同样观察到脂滴表面核心的装载和卸载 [77]。

核心的回程意味着内质网和脂滴表面的紧密对接。除了核心外，Rab18 和 TIP47（47kDa 的尾部相互作用蛋白）都与脂滴结合并与 NS5A 相互作用 [78-80]。它们促进了 HCV 复制酶组分与核心装载的脂滴的共存，并被认为有助于病毒 RNA 转移到衣壳蛋白 [79, 80]。然而，这些宿主蛋白是否真的参与病毒组装而不是基因组复制还存在争议，内质网 – 脂滴的对位可能不仅对病毒包装重要，而且对复制病毒基因组也很重要。HCV 感染细胞中内质网和脂滴表面的紧密结合使人想起在生理条件下描述的这些细胞器之间的膜接触位置 [81]。对细胞器接触部位锚定机制和因素的研究是一个引人入胜的新兴研究领域，病毒学家和细

胞生物学家之间的合作将有助于破译 HCV 如何在几个细胞器之间建立其复制和组装机制。

总之，核心、NS5A 和宿主因素诱导脂滴和膜网的紧密附着，形成一个病毒组装的工厂，病毒的各个部分（新复制的病毒 RNA、衣壳蛋白和内质网锚定的包膜蛋白）在 ER 膜上由 E1E2 驱动出芽。显微镜技术的进步可能很快就会使病毒出芽进行成像，并证实图 66-2 所示的模型。胞质脂滴上的这个组装平台是脂蛋白合成机制的核心，并且可能是病毒利用该途径的一部分进行成熟和分泌的必要条件。

（四）apoE 是产生 HCV 的脂蛋白机制中最小的因子

apoE 是脂病毒颗粒的组成部分，也是 HCV 组装和侵袭新细胞的一个重要宿主因子。一方面，apoE 基因敲除严重阻碍了 HCV 的组装 [82]。然而重要的是，完全敲除 apoE 的表达会减少但不会消除 HCV 的产生 [76, 83-85]，这可能由于肝源性细胞中存在的 apoB 或可交换脂蛋白的替代 [76, 86]。另一方面，apoE 是 HCV 组织趋向性的关键决定因素。事实上，异位表达 apoE 是恢复非肝癌细胞系 [87, 88] 和小鼠肝癌细胞系中 HCV 组装的必要条件和充分条件，在这些细胞系中，内源性小鼠 apoE 水平受到限制 [89]。奇怪的是，尽管在 Huh-7.5 细胞中，HCV 的产生对于 apoE 的缺失十分敏感，但 apoE 的异位表达不平等地挽救了 293T 细胞中不同 HCV 病毒株的表达。这表明一些毒株可能需要其他宿主因素来有效利用 apoE [83]。

非肝细胞系是分析 apoE 在 HCV 形态发生中作用的理想工具，因为它们不表达可检测水平的其他载脂蛋白，这些载脂蛋白可能会干扰分析 [88]。他们发现在没有 apoE 的情况下，早期组装步骤继续进行，但在被包膜后和病毒颗粒获得感染性和分泌之前，形态发生受阻。因此没有检测到细胞内或细胞外的感染性，而且衣壳释放减少 [88]。这在 apoE 和 apoB [76] 被敲除的 Huh-7 细胞或 apoE [90] 被敲除的 Huh-7 衍生细胞中得到证实。此外，在没有 apoE 的情况下，HCV 的细胞间传播被取消 [88]。总之，apoE 似乎在细胞内与未成熟的包膜颗粒结合，使其具有感染性并允许

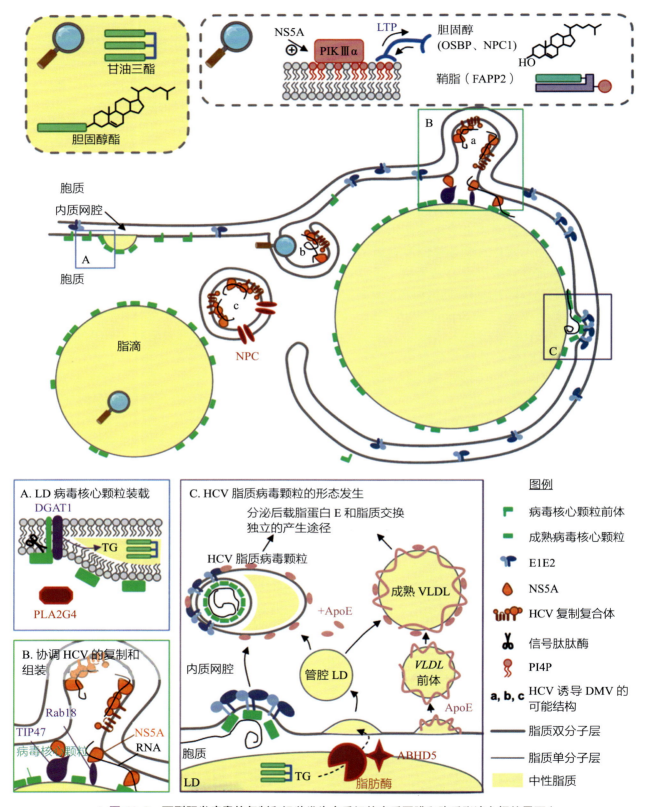

甘油三酯

胆固醇酯

NS5A

PIKⅢα

LTP

胆固醇
(OSBP、NPC1)

鞘脂（FAPP2）

胞质

内质网腔

胞质

A

B

b

c

NPC

脂滴

C

A. LD 病毒核心颗粒装载

DGAT1

TG

PLA2G4

B. 协调 HCV 的复制和组装

Rab18

TIP47

NS5A

病毒核心颗粒

RNA

C. HCV 脂质病毒颗粒的形态发生

分泌后载脂蛋白 E 和脂质交换
独立的产生途径

HCV 脂质病毒颗粒

成熟 VLDL

+ApoE

内质网腔

管腔 LD

VLDL
前体

ApoE

胞质

LD

TG

脂肪酶

ABHD5

图例

病毒核心颗粒前体

成熟病毒核心颗粒

E1E2

NS5A

HCV 复制复合体

信号肽肽酶

PI4P

a, b, c HCV 诱导 DMV 的
可能结构

脂质双分子层

脂质单分子层

中性脂质

▲ 图 66-2　丙型肝炎病毒的复制和组装发生在重组的内质网膜和胞质脂滴之间的界面上

顶部的虚线轮廓突出了宿主脂滴中存在的主要中性脂类，以及丙型肝炎病毒（HCV）诱导的脂质交换，以形成其膜网。底部（A、B、C）对应于上方图片中的插图。DMV. 双层囊泡；TG. 甘油三酯；LD. 脂滴；VLDL. 极低密度脂蛋白

第66章　追踪丙型肝炎病毒与肝脏脂质代谢的相互作用

Tracking Hepatitis C Virus Interactions with the Hepatic Lipid Metabolism：A Hitchhiker's Guide to Solve Remaining Translational Research Challenges in Hepatitis C

释放。

　　有趣的是，apoB 和 apoA、apoC、apoE 家族的可交换载脂蛋白在 HCV 产生中具有其余的作用[76, 86]。尽管存在相当大的氨基酸序列变异，但所有这些载脂蛋白都携带两亲性 α– 螺旋，这对载脂蛋白结合脂蛋白表面至关重要。而不相关的载脂蛋白，如 apoD 或 H 不包含两亲螺旋，不能支持 HCV 的产生[76, 86]。事实上，apoC-Ⅰ仅包含两个 α– 螺旋，即使是具有单螺旋的截短版本也支持 HCV 组装[76]，而具有螺旋断裂突变的 apoC-Ⅰ变体则不支持[86]。此外，apoE 的分泌是促进病毒产生的一个重要特性，因为 apoE 与内质网滞留信号的融合阻止了病毒粒子的排出[91]。

　　因为 apoE 与 NS5A 两种蛋白质拓扑结构不相容，致使相互作用较弱，仅能在细胞裂解物中相互作用[90]。更相关的当然是 apoE-E2 的相互作用，它可以将 apoE 招募到富含 E2 的膜上，并解释 apoE 与病毒粒子的细胞内联系[90, 92]。在未来，确定这种相互作用的 apoE 决定因素，并测试参与 HCV 组装的其他载脂蛋白是否也与 E2 结合将是有趣的。值得注意的是，膜联蛋白 A3 对于 apoE 的招募和与 E2 的相互作用及它在病毒颗粒中的整合十分重要[27]。有趣的是，E2 的 N 末端 HVR1 的缺失会影响来自细胞培养的感染性 HCV 的密度分布和低密度病毒粒子的传染性[93-95]。HVR1 的缺失并不能阻止脂蛋白成分在病毒颗粒的结合，而是改变了病毒颗粒表面的 apoE 的功能，从而改变了抗 apoE 抗体对病毒粒子的中和作用[96]。

　　apoE 不仅对细胞内组装很重要，它还能介导分泌的病毒颗粒的成熟[84, 85, 97]。apoE 在细胞培养上清液中的浓度比人血浆中的浓度低约 100 倍[97]。在传统的肝癌细胞培养或原代人肝细胞中分泌的 HCVcc 可以结合额外的 apoE，从而获得高达 8 倍的传染性[84, 85, 97]。这种外源性 apoE 可以由高表达 apoE 的肝癌[84, 97]或 293T[85]细胞上清液提供，但在一定程度上也可以由商业重组非脂质 apoE 提供[84]。在富含甘油三酯的脂蛋白和血浆来源的 HCV 之间也观察到了 apoE 交换，尽管这些颗粒几乎已经饱和了 apoE[97]。细胞外 apoE 的结合

促进病毒对细胞表面的硫酸乙酰肝素的附着，从而增加 HCV 的进入[84, 97]，并使病毒对 E1E2 抗体介导的中和作用全面脱敏[97]。至少在实验中，apoC-Ⅰ也可以在 HCV 颗粒分泌后装载[98-100]。然而，apoC-Ⅰ的装载并不会像 apoE 那样增加 HCV 的传染性；它在高浓度时变得具有病毒杀伤力[98]，并且与 apoE[97]不同，它依赖于 SR-BⅠ和 HVR1[98-100]。apoC-Ⅰ装载是否也影响 HCV 抗体介导的中和作用尚未见报道。高脂饮食后，患者血清中的病毒颗粒浮力密度降低，表明发生了脂蛋白和病毒颗粒之间的血管内脂质转移，这也强调了脂质 – 病毒颗粒的可塑性[101]。

　　最后，在人类群体中存在三种主要的 apoE 亚型（apoE-ε2、ε3 和 ε4）。apoE-ε3 是主要的野生型等位基因，而 apoE-ε2 和 apoE-ε4 分别是Ⅲ型高脂蛋白血症和阿尔茨海默病的主要危险因素。流行病学数据支持与 apoE-ε4 相关的丙型肝炎发病率降低[103]，但治疗结果也较差[104]，而 apoE-ε2 似乎降低了感染和慢性化的风险[105]。在细胞培养中，三种 apoE 亚型在相同的程度上支持 HCV 的组装[83, 87, 89, 106]，尽管一份报道发现 apoE2 的效率较低，这一现象被归因于 LDL 受体用于进入的次优使用[91]。与上一项研究一致的是，Li 等观察到，apoE 增加 HCV 的感染力依赖于 apoE 基因，并与 apoE 表面电荷和与 LDL 受体的结合大致相关[85]。

（五）脂蛋白分泌途径的其他成员参与 HCV 产生

　　当前，VLDL 在肝细胞中产生的模型揭示了一个两步过程[49]：①apoB 共翻译易位到内质网腔，同时被 MTTP 脂化，形成具有一个 apoB 拷贝的 HDL 前体；②通过与腔内脂滴的融合和掺入可交换的载脂蛋白，如 apoE，使该前体成熟。

　　有几篇研究指出了脂蛋白分泌途径中的单个因子的作用，包括 apoB、apoC-Ⅰ和 MTTP 在 HCV 组装中的作用[4]。CIDEB 通过与 apoB 相互作用介导 VLDL 的脂化和成熟，最近还发现参与了 HCV 的组装和 apoE 在病毒粒子中的掺入[107]。尽管 MTTP 对脂蛋白的产生至关重要，但它作为 HCV 组装因子的说法并不成立[76, 108]。此外，在

这些因子的缺失情况下，HCV 可在补充 apoE 的非肝癌细胞中进行组装 [87, 88, 109]。因此，这些蛋白可能不是绝对必需的，尽管它们可能改变病毒组装和病毒颗粒的性质，而且它们可能与体内 HCV 的产生有关。在肝癌细胞系中，脂蛋白分泌途径并不完全完整，这可能解释了为什么在细胞培养中生长的 HCV 仍然比从感染动物模型或患者中回收的 HCV 有更高的密度和更低的传染性 [110]，以及为什么病毒粒子与 apoB 的相关性更难得到证据 [59-61, 101, 111, 112]。此外，仅仅是 apoB（550kDa）的大小就阻碍了对该蛋白的许多研究。值得注意的是，人类的 apoB 基因多态性与较低的 LDL 胆固醇和较高的 HCV 感染风险相关，可能是 apoB 有助于病毒侵入 [113]。

其他与脂蛋白分泌相关但对肝细胞无特异性的因子也参与 HCV 的产生。ROS 清除剂 Gpx4 就是这种情况，Gpx4 在体外和体内都是由 HCV 感染诱导的，可以阻止脂质过氧化物进入病毒粒子、细胞和 VLDL 膜 [114]。我们还利用聚焦于脂滴动态平衡和脂蛋白产生的小干扰 RNA 筛选确定了一些新的 HCV 组装因子候选分子 [115]，尤其是脂肪酶辅因子 AbHD5（CGI-58），可调节 HCV 的组装和释放效率。AbHD5 是一种普遍存在的脂滴相关脂肪酶辅助因子，可触发脂滴脂解并参与肝细胞脂蛋白的分泌 [116]。在人类中，AbHD5 突变导致 Chanarin-Dorfman 综合征（Chanarin-Dorfman syndrome，CDS），这是一种与鱼鳞病相关的罕见的中性脂质储存障碍。CDS 突变体失去了其脂滴关联性，以及前病毒和促脂肪分解功能 [115]。人类中这种突变的稀缺性使 HCV 感染的流行病学研究无法进行。然而，我们也可以确定一个三基脂滴消耗基序，它对于脂滴结合来说是可有可无的，但对于促脂肪分解和前病毒活动是必需的。总之，这项研究揭示了脂滴对 HCV 子代病毒产生的贡献一个新方面，以及它们作为组装平台的结构作用。通过篡夺 AbHD5 和一个有待确定的脂肪酶伙伴，HCV 吸引了脂滴储存并促进了脂质病毒颗粒的生产。apoE 在 HCV 产生中的包膜后作用 [88]，MTTP 和 apoB 的可分配性 [108]，以及 AbHD5 诱导的从脂滴到内质网的重要性 [115]，

表明 HCV 可能使用脂蛋白分泌途径的成熟过程，而不是依赖于 apoB 和 MTTP 的启动。

最后，HCV 和脂蛋白似乎在离开时采取了不同的途径 [117-119]。Rab1b GTP 酶调节内质网和高尔基体之间的囊泡运输，参与 HCV、白蛋白和 apoB100，但不参与 apoE 的释放 [118]。同样，HCV 的排出既不依赖于 apoE，也不依赖于 apoB 的分泌，而是依赖于网状蛋白及其接头 AP-1 [119]。在更大范围内，一系列分泌型 Rab-GTP 酶和跨高尔基网络适配器参与 HCV，但不参与 VLDL 的释放 [117]。相反，莫能菌素治疗可抑制 VLDL，但不能抑制 HCV 的分泌 [117]。优化更真实的细胞或小动物模型以更好地复制脂蛋白产生，可能是整合这些结果并解决 HCV 与脂蛋白相互作用之谜的关键。

三、HCV 特有的脂质 – 脂蛋白外壳：进入肝细胞的门票

"锁和钥匙"的比喻似乎过于简单，无法描述 HCV 进入过程。事实上，HCV 在其表面编码并携带两个"钥匙"，即病毒糖蛋白 E1 和 E2。它们与参与暴露在肝细胞表现的四个主要的"锁"：CD81、SR-B I、紧密连接蛋白和闭锁蛋白受体 [49]。但这六个因素仍然没有反映出病毒侵入过程的复杂性。事实上，整合在病毒粒子外壳中的脂蛋白成分与病毒糖蛋白合作来介导病毒侵入，并且参与病毒附着和内化的细胞表面蛋白的种类不断增长。在这些蛋白中，有许多脂质和脂蛋白受体。此外，HCV 的进入强烈依赖于宿主细胞质膜的脂质组成，并受宿主血清脂蛋白的调节。许多文献 [49] 已对 HCV 的进入过程进行了综述，本部分将重点介绍宿主脂质和脂代谢所起的作用。

（一）HCV 相关脂蛋白成分介导肝细胞附着

不仅 E1 和 E2 靶向抗体，并且 apoE 和 apoC-I 特异性抗体均能抑制感染 [82, 99]，这一观察结果强调了脂蛋白在 HCV 侵入中的作用。抗 apoE 抗体在与病毒颗粒孵育时阻止侵入，并在病毒附着后失去中和能力 [120-122]，表明 apoE 在病毒与肝细胞表面结合方面发挥重要作用。apoE

第66章　追踪丙型肝炎病毒与肝脏脂质代谢的相互作用

Tracking Hepatitis C Virus Interactions with the Hepatic Lipid Metabolism：A Hitchhiker's Guide to Solve Remaining Translational Research Challenges in Hepatitis C

介导的 HCV 细胞表面附着可能涉及 SR-BⅠ[94, 123] 或 LDL 受体[121, 124]，还涉及细胞表面硫酸肝素[97, 122]。事实上，尽管 HCV 糖蛋白具有结合 SR-BⅠ和硫酸乙酰肝素的能力[94, 123]，但脂蛋白负责大部分病毒粒子最初与细胞表面的附着，这要归功于更好的暴露和可能的化学计量支持的配体，如 apoE[94, 121-123, 125]。apoB 也很容易与血清衍生病毒联系在一起[101, 111, 112]。然而，在 HCVcc 系统中，可能会发生 apoB 的掺入，但效率较低[59-61]，这可能是因为在 HCVcc 生产过程中，其他载脂蛋白可以有效地替代它[76]。这可能解释了为什么抗 apoB 抗体中和 HCVcc 的实验室结果不一致[59, 92, 108, 124]。

（二）SR-BⅠ受体在 HCV 侵入中的多效性作用

一旦病毒粒子附着在细胞表面，HCV 糖蛋白就与 CD81、SR-BⅠ及紧密连接蛋白 claudin 和 occludin 结合[49]。SR-BⅠ是一种多配体受体，在肝脏中高度表达。它结合不同类别的脂蛋白和载脂蛋白，包括 HDL 和 apoE，其双向脂质转移功能调节细胞内的胆固醇供应[126]。它在 HCV 进入过程中扮演多种角色。交联性研究证实其与 E2 结合，因此 SR-BⅠ被认为是一种 HCV 受体[127]。靶向 SR-BⅠ的抗体[128, 129]、脂质转移活性的小分子抑制剂[94]，或其表达的阻断[94]，可减少 HCV 逆转录病毒假颗粒（HCVpp）[94, 129] 和 HCVcc 侵入[94, 128]。然而，重要的是，SR-BⅠ基因敲除仅降低约 10 倍的传染性[130, 131]，因为其他脂蛋白受体具有其余的功能[131]。此外，HVR1 缺失的 HCV 颗粒保留了大部分传染性[93]，但较少依赖 SR-BⅠ侵入[96, 129, 132]。HVR1 缺失使 HCVcc 对抗 SR-BⅠ抗体[93, 96, 132] 和 SR-BⅠ脂质转移抑制剂具有抗性[96]，但对 SR-BⅠ下调没有抗性，这表明该受体在进入中具有另一个独立于其脂质转移活性的作用，并且不能被抗体中和[96]。

首先，SR-BⅠ介导 HCV 在细胞表面的附着[94, 96, 133, 134]。尽管 SR-BⅠ可以结合可溶性 E2[127, 129]，但与 SR-BⅠ结合的病毒颗粒对阻断 SR-BⅠ与重组可溶性 E2（sE2）[94] 相互作用的抗 E2 抗体不敏感。此外，抗 E2 抗体[94]、HVR1

缺失[96, 127, 129] 或单点 E2 突变[94] 可以消除 sE2 与 SR-BⅠ的结合而不损害病毒颗粒的附着[94, 96]。因此，病毒粒子的结合可能主要依赖于脂病毒颗粒脂蛋白部分[94, 123]，而不是过多依赖于 E2 与 SR-BⅠ的直接结合。根据这一概念，病毒颗粒的结合与 VLDL 或 apoE 竞争[94]。此外，Dao Thi 等发现，尽管所有密度的病毒都依赖于 SR-BⅠ的表达来感染，但 SR-BⅠ专门附着在中等密度的颗粒上[94]。这与 Yamamoto 等观察到的不同脂蛋白受体的密度依赖性使用是一致的[131]。

除了其在病毒颗粒附着中的作用外，SR-BⅠ还参与进入的结合后步骤[135-137]。与此一致，一些抗 SR-BⅠ抗体能够进行结合后中和[135, 137]。即使是未检测到与 SR-BⅠ附着的低密度病毒组分，也会使用 SR-BⅠ的表达和功能来进入[94]。SR-BⅠ的脂转移活性介导了 HCVpp 的侵入，而 HCVpp 不与脂蛋白结合[94, 129]，但对于小鼠 SR-BⅠ进入功能是重要的，尽管该同系物不能结合 E2[94, 134, 138]。因此，SR-BⅠ的脂质转移活性独立于 SR-BⅠ与病毒颗粒或与 E2 的相互作用，从而参与了 HCV 的侵入。这种脂质转移功能可能有助于 HCV 受体复合体的形成，可能是通过调节膜上的胆固醇含量，从而影响关键的 HCV 进入因子 CD81 锚定的四环蛋白网的组织[49]。这可以解释 SR-BⅠ和 CD81 同时参与侵入过程[135, 139]，并与胆固醇在这一过程中的重要性有关[139]。

最后，SR-BⅠ通过依赖于人类血清 HDL 的第三种机制，调节高达 10 倍增强的 HCV 进入（HCVpp 和 HCVcc）[140-143]。这种效应发生在结合后[140, 143]，并需要 HVR1[140, 143]、E2 与 SR-BⅠ[94] 的相互作用，以及 SR-BⅠ的脂质转移活性[140, 143]。由 SR-BⅠ介导的 HDL 胆固醇内流可能改变病毒感染部位的膜流动性，促进 HCV 受体的募集，形成功能性受体复合体。事实上，HDL 加速并增加了 HCVpp 的内化[141]。在缺乏 HDL 的情况下，HCVpp 结合到细胞表面和可检测到的内化之间有 1h 的时间间隔[141]。这一间隔可能是形成 HCV 受体复合体所必需的[144]，并且在 HDL 存在的情况下会缩短[141]。HDL 感染的增强与 CD81 使用的改变是一致的，因为 CD81-

LEL 和靶向 CD81 或 E2 CD81 结合位点的抗体在中和感染方面的效力较弱 [141]。这表明在 HDL 存在的情况下，病毒会迅速转移到 CD81。

总之，SR-B I 首先通过其相关的脂蛋白成分与 HCV 结合，但与其他对接因子不同的是，它也可能通过促进 E2 与 CD81 的相互作用和局部富含胆固醇的质膜来准备后续的进入步骤。首先，HVR1 天然隐藏了 E2 CD81 结合位点 [93, 145]，但介导了 E2 与 SR-B I 的相互作用 [127]。这种相互作用可能会暴露 CD81 结合位点，但 HVR1 缺失病毒的 CD81 结合位点是天然暴露的，放这种构象的变化不是十分必要的 [93, 145]，这可能有助于它们减少对 SR-B I 进入的依赖 [96, 129, 132]。关于第二点，来自 HDL 的 SR-B I 脂质转移可能会局部富集胆固醇中的质膜，增加膜流动性，促进受体复合体的形成，并允许 SR-B I 促进的病毒在中和抗体到达暴露的 CD81 结合部位之前快速转移到 CD81 结合位点 [52, 140]。图 66-3 中描绘了该模型的一个图解。

（三）广泛的脂质和脂蛋白受体参与了 HCV 的进入

除 SR-B I 外，LDL 受体还可以结合病毒相关的脂蛋白，已被描述为 HCV 受体 [121, 125]。LDL 受体表达的敲除可以减少 HCVcc（但不是 HCVpp）感染 [121, 124]。接种前添加的抗 LDL 受体抗体和可溶性 LDL 受体也能中和 HCVcc 进入 [132]。有趣的是，HVR1 缺失的病毒大多对这种抑制具有抵抗力，这表明它们可能使用其他侵入途径 [132]。这种差异让人联想到它们对 SR-B I 受体的使用发生了改变 [96, 132]。另一项研究提出，LDL 受体通过调节宿主的脂质稳态在 HCV RNA 复制中发挥作用，并报道 LDL 受体介导的病毒颗粒内化是一条死胡同 [121]。重要的是，LDL 受体基因多态性与 HCV 感染者纤维化的严重程度和病毒载量有关 [146, 147]。在 HIV/ 丙型肝炎合并感染的患者中，LDL 受体基因分型甚至可以提高 IL-28b 基因值，以预测 IFN 治疗的 SVR 预测 [146, 148]。

VLDLR 最近完成了参与 HCV 感染的脂蛋白受体的研究。VLDLR 可以替代单个和双基因敲除细胞中 SR-B I 和（或）LDLR 的缺失 [131]，并

且三种脂蛋白受体在 HCV 感染中具有多余的作用。由于 VLDLR 在肝脏中的表达很低，这种新的 HCV 侵入因子可能与 HCV 肝外储备库更加相关，但这项研究揭示了脂蛋白受体在 HCV 进入中的整合作用。Ujino 等获得了更令人惊讶的结果，因为他们能够通过过度表达 VLDLR 或通过低氧诱导其表达来感染缺乏 CD81 的细胞 [149]。

最近，更多的细胞表面脂质结合受体被加入到 HCV 进入因子的列表中。磷脂酰丝氨酸受体人类 T 细胞免疫球蛋白和 TIM1 [150] 和 NPC1L1 [151] 就是这种情况。值得注意的是，NPC1L1 是一种通过美国 FDA 批准的降低胆固醇的依泽替米贝化合物抑制，可以减少 HCV 在细胞培养中的感染，并延缓其在人肝嵌合小鼠中的感染。阐明 NPC1L1 是否真的参与了侵入过程本身，或者它的胆固醇转移活性是否影响复制的启动，值得进一步研究。

总之，尽管机制细节不同，但脂质和脂蛋白受体在 HCV 感染中起着至关重要的作用。HCV 脂蛋白外壳的变异性取决于细胞培养系统和介质组成，以及脂蛋白受体功能的多样性可能解释部分不一致的原因。此外，在不使用无脂蛋白的 HCVpp 系统的情况下，很难通过实验分离 HCV 的进入和复制，这是确定这些受体真正介导的 HCV 感染步骤的主要障碍。使用互补和优化的实验系统，包括多个敲除细胞系、改进的 HCV 脂病毒颗粒模型和 HCV 进入读数，对不同脂蛋白受体在 HCV 感染中的作用进行交叉和平行研究，将有助于解决它们参与 HCV 进入的谜团。

（四）脂膜成分对 HCV 受体功能及融合的影响

一些 HCV 受体定位于胆固醇丰富的微域（如小窝中的 SR-B I [152] 和四肽网中的 CD81 [49]）。此外，HCV 粒子本身富含胆固醇和鞘磷脂 [48, 59]。尽管有一些相互矛盾的研究 [48, 139, 153, 154]，至少对于 HCVcc，似乎依赖于宿主和病毒膜中的胆固醇水平 [48, 139, 154, 155]，而鞘磷脂酶治疗在应用于病毒颗粒时最有效地影响 HCVpp/HCVcc 进入 [48, 154, 156]。

首先，宿主细胞胆固醇和鞘磷脂 / 神经酰胺水

第66章　追踪丙型肝炎病毒与肝脏脂质代谢的相互作用

Tracking Hepatitis C Virus Interactions with the Hepatic Lipid Metabolism : A Hitchhiker's Guide to Solve Remaining Translational Research Challenges in Hepatitis C

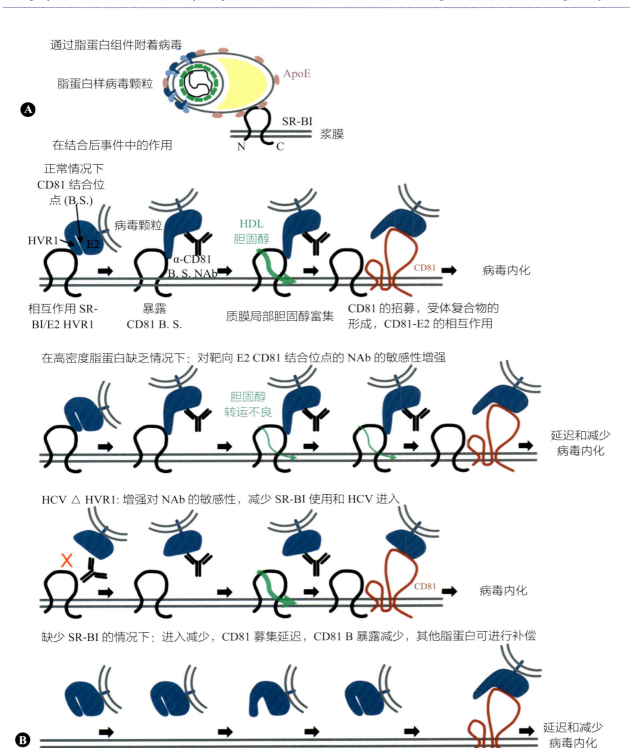

▲ 图 66-3　SR-BⅠ 在丙型肝炎病毒进入中的多方面作用

该模型说明了 SR-BⅠ 在结合（A）和结合后事件（B）中的作用。一旦病毒颗粒通过其脂蛋白部分（A）与 SR-BⅠ 结合，SR-BⅠ 就可以通过 HVR1 与丙型肝炎病毒（HCV）E2 糖蛋白接触。这种相互作用可能会导致 E2 的构象变化，从而暴露出原本隐藏的 CD81 结合位点。同时，SR-BⅠ 介导脂质转移，特别是来自血清高密度脂蛋白（HDL）的胆固醇转移，可能局部改变质膜脂质含量，增加双分子层流动性，并有利于其他丙型肝炎病毒受体的募集。这可能导致随后的病毒颗粒与关键的 CD81 受体相互作用，最终导致病毒颗粒内化。下面的小组说明了在次优条件下的其他假定进入方案，如缺乏 HDL、缺失 HVR1 或缺乏 SR-BⅠ，以及它们对进入效率和抗体介导的中和的影响平的变化影响细胞表面 HCV 受体 CD81[48, 139, 154, 156] 和紧密连接蛋白 –1[144] 的水平。其次，与脂质体的融合试验表明，HCV 的融合依赖于病毒和（或）细胞膜的胆固醇和鞘磷脂含量[157]。更全面地说，HCV 的融合似乎受到宿主细胞膜的物理性质的微调。氟桂利嗪和相关的吩噻嗪通过靶向 HCV 融合发挥其强大的抗病毒活性，这些亲脂性抑制物的抗病毒谱与 HCV 株对胆固醇耗尽的依赖性相关，这表明这两种干扰以类似的方式影响宿主细胞膜双层的性质[155]。最后，CIDEB 表达调节 HCVcc 进入和 DiD 标记的病毒粒子与内体的融合[107, 109]。CIDEB 的拓扑结构和亚细胞定位使其不太可能成为 HCV 的直接侵入因子，它可能通过改变血浆或内膜的脂质含量，从而改变病毒融合而发挥作用。

（五）血清脂蛋白对 HCV 侵入的调节作用

由于 HCV 与脂蛋白或载脂蛋白有共同的侵入因子，因此这些受体的内源性配体可能调节 HCV 进入并不令人惊讶。然而，整体来看，人血清有助于 HCV 侵入[142]，这一过程涉及 HDL 及可能的 apoE 和 apoC-I 转移到病毒颗粒[97, 140, 143, 158]。HDL 不是与病毒颗粒竞争，而是进一步减弱 SAA 的抗病毒作用[159]。SAA 是一种在急性期炎症反应中诱导的蛋白质，类似于载脂蛋白并与 SR-BI 结合。它与 HCVpp 的结合可将其传染性降低 5～10 倍[159]。

除了这些前病毒脂质因子外，其他血脂成分还能抑制 HCV 的感染。首先，VLDL 减少了 HCVpp 和 HCVcc 进入[94, 100, 140]，并与 HCVcc 竞争 SR-BI 结合[94]。其次，氧化 LDL 在生理水平和 HCV 各型之间将 HCVpp 和 HCVcc 的传染性降低约 100 倍[160, 161]。体内氧化 LDL 是天然 LDL 氧化的结果，在心血管疾病中增加。在体外，氧化 LDL 对 HCVpp 的沉降谱有细微的影响[160]。它还与靶细胞相互作用，其抑制动力学与 SR-BI 介导的进入步骤一致[160, 161]。在慢性 HCV 感染患者中，内源性血清氧化 LDL 水平与病毒载量之间没有相关性，但健康人血清中高氧化 LDL 水平可能与体外温和的抗病毒活性相关[161]。

（六）脂蛋白样病毒颗粒使病毒在与抗体介导的中和竞争中获胜

HCV 的免疫电镜研究[59, 60] 表明，载脂蛋白在 HCV 糖蛋白上具有良好的暴露或化学计量比，并且对病毒抗原具有全局屏蔽作用，这可能影响抗体介导的中和作用。Grove 等报道称，HCVcc 密度与患者 IgG 对中和敏感性的增加有关；换句话说，低密度的病毒粒子比高密度的病毒粒子更难中和[162]。HCVcc 与 HCVpp[163, 164] 的中和作用差，也表明脂蛋白外壳可能影响抗体暴露，尽管 HCVpp 产生中缺乏 HDL 也可能解释这种差异[141]。最后，在 HVR1 缺失的情况下，HCV 包膜糖蛋白的突变可以调节病毒颗粒 – 脂蛋白结合和 HCV 中和[93, 95]。尽管在这种情况下，CD81 表位的更好暴露可能解释了中和作用增加的主要原因[93, 145]。此外，E2 中的细胞培养适应性突变减少了 HCVcc 与脂蛋白的联系，并增加了病毒颗粒对抗 E2 中和抗体的敏感性，而对 HCVpp 系统中的中和没有影响，其组装独立于脂蛋白合成[165]。

apoE 和 HDL 在抗体中和病毒逃避中的具体作用已被破译。事实上，在 HDL 或 apoE 存在的情况下，即使在抗体浓度较高的情况下，也很难用受影响的抗体阻止 HCV 的进入[97, 140, 141, 158]。关于 HDL，中和逃逸和加强 HCV 感染对于病毒和细胞决定因素（HVR1 和 SR-BI）具有相同的时间和剂量反应[140, 141]。与全面降低中和的 apoE 不同，HDL 只介导针对 CD81 结合位点的中和抗体的逃逸，使抗 E1 或抗 HVR1 抗体不受影响[140, 141]。促进病毒附着和加速病毒进入似乎解释了 apoE 和 HDL 共同介导的中和逃逸[97, 141]。这可能会增加肝细胞对病毒颗粒的暴露，并缩短病毒易受抗体中和的时间（图 66-3）。

四、结论

HCV 脂质 – 脂蛋白相互作用的不同机制发生在整个复制周期。目前有证据表明，这些相互作用影响了 HCV 依赖性肝病，并促进病毒持续存在和免疫逃逸。HCV 本身和感染者之间的 HCV 感染过程都是高度可变的。有趣的是，HCV 的遗

第66章　追踪丙型肝炎病毒与肝脏脂质代谢的相互作用

Tracking Hepatitis C Virus Interactions with the Hepatic Lipid Metabolism : A Hitchhiker's Guide to Solve Remaining Translational Research Challenges in Hepatitis C

传变异与宿主因子依赖的功能差异有关，如在受体使用[166, 167]和apoE依赖的水平[83]。基因1～6型衍生病毒感染性组织培养模型开发的最新突破，应该有助于更深入地了解病毒决定因素和控制HCV依赖性肝病病程的病毒决定簇和分子原理。关于HCV和脂质动态平衡之间的相互作用，特别有趣的是病毒基因3型与脂肪变性的特殊联系[168]。新的基因3型细胞培养系统为在分子水平更好地理解这种联系打开了大门[169]。

随着开发出更真实的HCV细胞模型，创建用于组织培养研究的HCV分子克隆已取得新进展伴[170]。像Huh-7及其衍生物这样的肝癌细胞系分化低，而且没有极化。需要更接近反映原代肝细胞生理学的替代模型，以助于更深入地了解控制复制和发病的复杂途径。从人类干细胞生产肝细胞样细胞的最新进展已经成为建立更真实的HCV细胞培养系统的一种有前景的方法。尽管获得一个强健的成人肝细胞表型仍然具有挑战性，并且HCV耐受性适中，但这些系统在今天已经是极具吸引力的选择，它们可能在阐明宿主遗传因素在未来HCV复制和致病中的作用方面具有宝贵的价值。理想情况下，更接近和反映肝脏中肝细胞的3D类器官培养，将允许深入了解无法在二维培养中建模的细胞相互作用。这些新的细胞模型涉及主要病毒株的新的感染系统[56]、新的病毒克隆和更多的比较分析，将揭示病毒与宿主相互作用及其对肝细胞生理影响的新细节。最后，允许对单个细胞进行高分辨率分析的新兴技术，如单细胞RNAseq，可能会揭示不同的细胞表型和对慢性感染HCV的反应。这种复杂的组织系统可能为研究单个细胞在感染期间的行为及清除HCV时的行为提供新的见解，可能有助于预测清除后肝细胞功能的进程。了解HCV感染可能导致不可逆转肝病发展的长期影响，显然是该领域一个重要的转化研究挑战。使用前面提到的方法来理解这些途径可能会指导我们逆转这些过程。除了HCV之外，深入研究HCV扰乱脂类平衡和导致脂肪变性的原理也可能对我们理解其他肝病很有价值。

近几十年来出现的HCV的一个吸引人的特征是病毒颗粒与宿主脂蛋白的紧密相互作用。众所周知，这种相互作用对于帮助抗体逃逸是必不可少的。但尚清楚的是，这种紧密的相互作用是否在整个HCV变异基因型谱中完全保守，是否存在不能牢牢咬合脂蛋白的病毒，以及对这些病毒和被它们感染的宿主的功能有何影响。同样，尚不清楚是否有病毒中和表位没有或仅部分受到脂蛋白增强感染的影响。此外，脂蛋白在HCV免疫原性中的作用还没有被探索。病毒颗粒上的脂蛋白会阻碍抗体反应的诱导吗？或者，使用结合病毒因子和脂蛋白的疫苗鸡尾酒会以更自然的方式呈现新的表位或与纯重组病毒蛋白一样的表位吗？关于HCV的这一特殊特征，仍有许多悬而未决的问题。回答这些问题不仅将产生对介导脂蛋白相互作用、组装和侵入细胞过程、病毒免疫逃逸的原理的有趣见解，还可能最终转化为新的疫苗接种概念，从而为控制丙型肝炎提供一份实践指南。

致谢　我们向因手稿大小和参考列表限制而无法引用其作品的作者道歉，并感谢Twincore实验病毒学研究所所有成员的宝贵讨论。T.P.实验室的工作由Deutsche Forschungsgemeinschaft SFB 900项目A6、Helmholtz-Alberta传染病研究倡议(HAI-IDR)和德国传染病研究中心（DZIF）的HCV疫苗项目资助。

第67章　丙型肝炎病毒核苷类抗病毒药物的其他作用

Nucleoside Antiviral Agents for HCV: What's Left to Do

Franck Amblard　Seema Mengshetti　Junxing Shi　Sijia Tao　Leda Bassit　Raymond F. Schinazi　著

杨　明　苏日嘎　陈昱安　译

据估计，全球有 1.8 亿人感染了丙型肝炎病毒，约有 7100 万人患有慢性 HCV 感染，其中仅美国就有 350 万人[1, 2]。HCV 是一种包膜 RNA 病毒，属于黄病毒科肝炎病毒属，约有 10 000 个核苷酸，表现出显著的异质性，有 7 个主要基因型和 50 多个亚型[3–5]。HCV 在大多数感染个体中无症状持续存在，与慢性肝炎、肝脂肪变性、肝硬化和肝细胞癌密切相关[6–8]。在 HCV 感染个体中，HCV 变异的高流行率是阻止病毒完全消除的一个重要问题，并且 RNA 聚合酶易出错的校对能力导致了高突变率[9, 10]。由于患者体内病毒准种的显著异质性，适应性免疫反应并不总是能够完全消除全身病毒[11, 12]。为了绕开这个问题，用细胞因子特别是 PEG-IFN-α 来调节先天免疫反应，联合利巴韦林作为治疗 HCV 感染的主要治疗方法已被应用了数年。然而，基于 IFN 的治疗可能会导致潜在的严重不良反应，包括：①骨髓抑制，主要发生在肝硬化患者；②有抑郁史的患者出现无法控制的精神病 / 抑郁症；③自身免疫性疾病患者自身免疫性疾病症状加重；④肝功能失代偿患者的败血症；⑤伴有室性心律失常的一过性心肌病。它还可能加剧癫痫患者的不良反应。此外，利巴韦林治疗在几种情况下也被禁止使用，包括：①妊娠期由于其潜在的致畸作用，并且考虑到其延长的半衰期为 4 个月，即使停止

治疗，这种作用也可能延长；②缺血性血管疾病（心脏或脑）患者突发溶血的风险；③肾衰竭患者发生严重和长期溶血，因为在这些肾损伤的患者中，它的不良反应增强[13]。

由于这些缺点，也由于亚基因组 HCV 复制子细胞系统的发展，以及实时聚合酶链式反应的出现，人们对安全、有效、耐受性良好的直接抗病毒药物（direct-acting antiviral drug, DAA）进行了评估，并最终彻底改变了 HCV 治疗方案。与 IFN 或利巴韦林不同，DAA 特异性靶向非结构蛋白，如 NS3/NS4A 丝氨酸蛋白酶、NS5A 或 HCV 聚合酶（NS5B），从而抑制 HCV RNA 复制和感染[14]。

一、蛋白酶抑制药

HCV NS3/NS4A 丝氨酸蛋白酶负责翻译和多蛋白加工，这对感染性病毒粒子的产生至关重要，因此为抑制病毒复制提供了一个有吸引力的靶点[15, 16]。第一代蛋白酶抑制药（Boceprevir 和 Telaprevir）与 PEG-IFN-α 和利巴韦林联合使用时，持续病毒学应答率分别增加到 67% 和 75%，但同时也表现出严重的不良反应、单独使用时的病毒耐药性、与用于 HIV-1 感染药物的药物相互作用[17, 18]。第二代蛋白酶抑制药（Asunaprevir、Simeprevir、Faldaprevir 和格拉瑞韦）对基因 1 型和耐药突变的抗 HCV 活性增加，但对其他基

因型的活性有限[19]。第三代 NS3/4A 蛋白酶抑制药（Glecaprevir 和伏西瑞韦）是泛基因型抑制药，当与 NS5A 抑制药联合使用时，即使在存在耐药相关变异或难治患者，包括 HIV 感染患者、慢性肾病患者和 Child-Pugh A 级代偿期肝硬化患者，其治愈率均＞95%[20-22]。

二、NS5A 抑制药

NS5A 被认为是关键病毒功能的调节剂，包括促进病毒 RNA 复制、病毒组装、运输和释放，以及抗病毒 IFN 反应的调节剂。NS5A 抑制药，包括达拉他韦、来迪派韦、奥比他韦、维帕他韦、艾尔巴韦和哌仑他韦，已与 NS5B 抑制药（索磷布韦）和（或）NS3/4A 抑制药联合使用（双联、三联或四联）方案[20, 23]。

三、NS5B 抑制药

NS5B 的 RNA 依赖性 RNA 聚合酶负责 HCV RNA 的复制，在所有基因型中都是保守的，因此被认为是 HCV 治疗的首选靶点。临床上，NS5B 抑制药分为非核苷类抑制药（non-nucleoside inhibitor，NNI）和核苷类抑制药（nucleotide inhibitor，NI），它们在 RNA 合成的不同阶段起作用。

（一）NNI

化学上不同种类的 NNI 与聚合酶四个不太保守的变构结合位点（Thumb Ⅰ、Ⅱ 和 Palm Ⅰ、Ⅱ 抑制药或 NNI1-4）中的一个结合，导致多蛋白复制复合体的构象变化，这是酶活性位点催化效率所必需的[24]。NNI 通常对耐药性表现出较低的遗传屏障和有限的效力，被认为是与其他泛基因型药物联合治疗的第三种实体。尽管 Deleobuvir、Filibuvir、Setrobuvir 和 TMC647055 的开发已被终止，但 Beclabuvir[25]、Radalbuvir[26, 27]、GSK-2878175[28] 和 CC-31244[29] 仍在临床中进行评估。到目前为止，Dasabuvir 是美国 FDA 批准的唯一一种非核苷类聚合酶抑制药[30, 31]，但其效力不是很强（1log 降低或更少）。

（二）NI

HCV 聚合酶的核苷抑制药（NS5B）必须在感染细胞的细胞质中转化为相应的活性三磷酸形式，然后被 HCV 聚合酶并入生长中的 RNA 中。这种融合的终点是延长过程的提前终止，否则，这种结合会导致后期几轮复制中的碱基不匹配，从而导致基因组发生突变。已经在复制子系统中研究了包括 3′- 脱氧胞苷（3′-dC）、3′- 脱氧尿苷（3′-dU）、3′- 脱氧腺苷（3′-dA）、3′- 脱氧鸟苷（3′-dG）和 3′- 脱氧 5- 甲基尿苷在内的几种 3′- 脱氧核苷（单独或与 IFN 结合）潜在的抗 HCV 活性。在这些化合物中，只有 3′-dC 显示出轻微的抗病毒活性，EC_{50} 为 45μmol/L，而在含 NS5B 酶的无细胞实验中，3′-dU、3′-dG 和 3′-dC 的三磷酸盐形式显示出酶抑制活性[14]。第一个在 HCV（或牛腹泻病毒）复制子系统中证明真正抗 HCV 活性的核苷是 β-d-N4- 羟基胞苷（NHC）[32]。NHC 有抗 HCV 活性，EC90 值为 5.4μmol/L。在其三磷酸形态（NHC-TP）中，它作为病毒聚合酶的替代底物，在其单磷酸盐形式（NHC-MP）中，它通过改变调控二级结构（即 IRES,3′-UTR）的热力学来抑制翻译和（或）转录。然而，这类特殊的化合物具有潜在的诱变效应[33]。

研究人员也对 2′- 修饰的核苷进行了研究，其中 2′-C- 甲基腺苷和 2′-C- 甲基鸟苷证实了抗 HCV 活性，EC_{50} 值分别为 0.3μmol/L 和 3.5μmol/L，并且无明显毒性。两种化合物处理复制子细胞后，其 S282T 位点产生抗性证实它们直接通过 NS5B 聚合酶起作用[14]。其他 2′-C- 甲基类似物（如 Valopicitabine）已在临床试验中进行评估，与 PEG-IFN-α 共给药已成功抑制了大量 HCV 感染者的病毒 RNA[34]。然而，该药物目前被停用，主要原因是效价低、胃肠道毒性和胰腺炎[35]。随后，Pharmasset 的化学家设计和合成的 2′- 甲基 - 胞苷和 2′-F- 脱氧胞苷嵌合体 PSI-6130 在体外抗 HCV 活性中表现出了强效和特异性，并且没有明显的细胞毒性。PSI-6130 被证明可以与 IFN-α2b 和利巴韦林协同作用，抑制复制子系统中的 HCV RNA 复制[36-39]。此外，在 HCV 复制子和 HCV 核心蛋白 7 系统中，PSI-6130 对 S282T 突变体和 2′-C- 甲基核苷类似物表现出更强的抑制作用[38, 40]。在一项为期 14 天的 Ⅰ 期单药治疗研究中，PSI-6130 的三异丁基酯前体药物 R-7128（Mericitabine/RG7128/R05024048）（图 67-1）显示了较高的口服生物利用度和显著的效价，并使 HCV RNA 水平大幅下降，在之前 IFN 治疗失败的基因 1 型感染个体中，病毒载量减少了 2.7log[41]。此外，将 R-7128 与 PEG-IFN-α2b 和利巴韦林联合给药，可使基因 2 型和基因 3 型患者（之前被归类为无反应型[42]）的病毒载量降低 5.0log。R-7128 随后进入扩大的 Ⅱ b 期研究，研究 R-7128 与 IFN-α2b 和利巴韦林在基因 1 型或基因 4 型未接受治疗的感染个体中的共给药。有趣的是，PSI-6130 的体外代谢研究显示形成了两种活性代谢物 2′- 氟 -2′- 甲基 - 三磷酸胞苷和 2′- 氟 -2′- 甲基 - 三磷酸尿苷。对原代人肝细胞的进一步稳定性研究表明，2′- 氟 -2′- 甲基 - 三磷酸尿苷（半衰期 $t_{1/2}$=38h）比 2′- 氟 -2′- 甲基 - 三磷酸尿苷（$t_{1/2}$=6h）更长。然而，2′- 氟 -2′- 甲基 - 尿苷由于其磷酸化较差而导致在 HCV 复制

子中不活跃。因此，Pharmasset 的化学家决定制备 2′- 氟 -2′- 甲基 - 尿苷的 McGuigan 型单磷酸前药，首先作为磷酸非对映异构体的混合物（PSI-7851），然后作为单异构体（PSI-7976 和 PSI-7977）。所有的前药都被证明是 HCV 复制的有效和选择性抑制药，并且基于阳性的临床前数据，PSI-7851 被选择用于未来的开发，并进入 Ⅰ 期人类临床试验。最终，单异构体 PSI-7977 更有利的安全性和效力数据进入进一步的临床评估，并最终在 2013 年获得 FDA 批准，商标为 Sovaldi[16]。迄今为止，索磷布韦仍然是 FDA 批准的唯一用于治疗 HCV 感染的核苷 / 核苷酸类 RNA 依赖的 RNA 聚合酶抑制药[43, 44]。总的来说，索磷布韦已经证明了泛基因型的潜力，比蛋白酶和非核苷抑制药具有更高的耐药遗传屏障[45]，目前 FDA 批准的三个方案包括 Harvoni（来迪派韦 / 索磷布韦）[46]、Epclusa（索磷布韦 / 维帕他韦）[47] 和 Vosevi（索磷布韦 / 维帕他韦 / 伏西瑞韦）的核

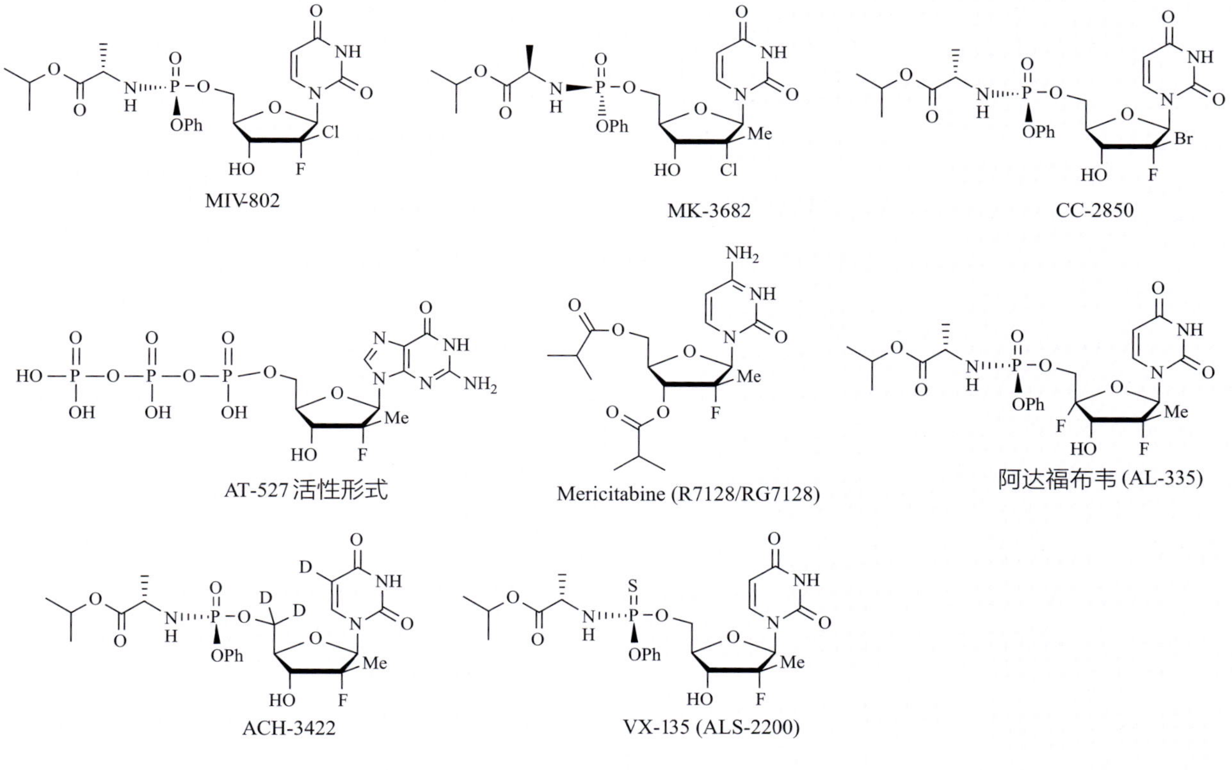

▲ 图 67-1　丙型肝炎病毒核苷 / 核苷酸类聚合酶抑制药的结构

心[48]。除了这三种方案，索磷布韦的其他组合也被 FDA 或 AASLD 批准为推荐或替代方案，用于不同的 HCV 基因型感染或情况（即达拉他韦与索磷布韦，Simeprevir 与索磷布韦）[49]。

索磷布韦表现出比 NS3、NS5A 抑制药[50] 更高的耐药基因屏障，但在基线或病毒学失效时已检测到几种耐药相关替代（resistance-associated substitutions，RAS）：S282T、L159F、C316N、V321A、L320F/I/V、E237G、A218S[51-56]。在其中，只有 S282T 在复制子系统对索磷布韦的易感性下降高于 5 倍[57, 58]。然而，在以索磷布韦为基础的治疗方案失败的患者中，RAS 的出现是罕见的，RAS 的存在并不一定妨碍成功的治疗。

由于索磷布韦已广泛用于联合用药，其耐受性良好，最常见的不良事件为疲劳和头痛[43, 59]。然而，在 2015 年 3 月 24 日，FDA 发布了一份安全公告，称胺碘酮与含有索磷布韦的方案联合使用时，可发生严重的心率减慢[60]。这一声明是基于 9 例心动过缓的上市后报告，其中包括 1 例致命病例[61]。使用人诱导多能干细胞衍生的心肌细胞的机制研究表明，索磷布韦和胺碘酮联合使用在药理相关浓度下破坏了细胞内 Ca^{2+} 处理的关键部分[62, 63]。因此，不建议将胺碘酮与含有索磷布韦的方案联合使用。同样值得注意的是，索磷布韦主要通过肾脏消除，因此严重肾功能损害的患者 [eGFR＜30ml/(min·1.73m²)] 或有终末期肾脏疾病的患者可能有更高的索磷布韦及其主要代谢物的暴露（可达 20 倍）[43]。尽管有报道显示，低剂量索磷布韦对伴有严重肾脏损害的 HCV 感染者是安全有效的[64, 65]，但最近有报道称，一例急性间质性肾炎与索磷布韦和达拉他韦治疗有关[66]。与来迪派韦 / 索磷布韦[67] 和索磷布韦 / 达拉他韦[68] 治疗后的另外 2 例 AIN 病例一起，提示索磷布韦与急性肾损伤的发生有关，应监测索磷布韦治疗患者的肾功能[69]。

自 2013 年索磷布韦获批以来，已经对几种核苷类似物进行了评估。

1. MIV-802

MIV-802 是一种针对肝脏的尿苷核苷酸前药，是一种有效的泛基因型选择性终止 NS5B 聚合酶链的抑制药，由我们的团队和 Medivir 共同发现和研究（图 67-1）[70, 71]。MIV-802 对 HCV 亚基因组复制子（基因 1～6 型）和临床相关的突变分离株显示出高效性[72]。有趣的是，MIV-802 对编码基因 3a 型 NS5B 的复制子的效力是索磷布韦的 3 倍，并且对编码耐药突变 S282T 的复制子保持活性[73, 74]。体外研究表明，MIV-802 不显著影响线粒体 DNA 和 RNA 水平，与索磷布韦类似，仅对心肌细胞功能有轻微影响。在小鼠身上进行的 7 天毒理学研究显示，没有治疗相关的不良反应。MIV-802 提供药理学上相关的三磷酸尿苷量在人肝细胞和狗肝中 $t_{1/2}$ 分别为 14 和 12h。总的来说，MIV-802 具有良好的临床前研究概况，并可能最终进入临床开发，与其他 DAA 联合用于 HCV 治疗。

2. AT-527

AT-527 是一种全新的泛基因型 2'- 氟 -2' 甲基嘌呤磷酰胺酯前药，实际上已在 I 期临床试验中进行研究（图 67-1）。与索磷布韦相比，嘌呤碱基上的结构修饰使 AT-527 具有良好的、高度分化的抗病毒特性。磷酰胺酯前药代谢为 5- 单磷酸盐形式，随后合成 N6- 取代的 2,6- 二腺嘌呤碱基，进一步磷酸化形成活性形式 β-d-2'- 脱氧 -2'-α- 氟 -2'-β- 甲基鸟嘌呤核苷三磷酸。AT-527 的游离基（AT-511）在体外对临床分离的野生型基因 1～4 型显示出泛基因型活性，同时对 S282T 单突变体和 S282T/L159F 双突变体也保持抗病毒活性[75]。活性三磷酸代谢物对基因 1b 型 NS5B 聚合酶的 IC50 为 0.15μmol/L，对人 DNA 聚合酶 α、β 和 γ 无抑制作用。体外研究表明，AT-527 具有良好的选择性，并且在所有宿主细胞系（包括人骨髓、干细胞和诱导多能干细胞来源的心肌细胞）中浓度高达 100μmol/L 时无细胞毒性[75]。在一项针对基因 1b 型 HCV 感染受试者的 I 期临床研究中，单剂量 AT-527 在 100mg、300mg 和 400mg 剂量分别使血浆病毒载量平均最大降低 0.8lcg$_{10}$U/ml、1.7log$_{10}$U/ml 和 2.2log$_{10}$U/ml[76]。AT-527 耐受性良好，未见严重不良事件报道。7 天剂量队列持续研究结果尚未报道。

3. Uprifosbuvir

Uprifosbuvir（UPR）也被称为 MK-3682 或 IDX21437，是 2′-α-氯-2′-β-C-甲基尿苷的磷酸化前药（图 67-1）。它是一种强效的泛基因型 HCV NS5B 抑制因子[77]，由于前药基团上存在非自然氨基酸，在复制子细胞中表现出弱活性（EC_{50}=56.8μmol/L）。该药物耐受性良好，而且没有出现严重的不良反应。由于其抗病毒活性、药代动力学和安全性，MK-3682 也被研究与其他 DAA 联合使用，如格拉瑞韦（GZR 或 MK-5172，一种 NS3/4A 抑制药）和 NS5A 抑制药艾尔巴韦和 Ruzasvir（MK-8408）[80]。在 8 周的每天 1 次治疗方案中，MK-3682B[GZR/MK-8408/UPR（100mg/60mg/450mg）] 在无肝硬化的基因 1、2 或 3 型的初治患者（包括基线时具有 NS5A 耐药相关变异的患者）中具有高效和良好的耐受性，SVR12 大于 90%。同样的 GZR/MK-8408/UPR 固定药物组合，不使用利巴韦林，用药 8 周，对于伴或不伴肝硬化的基因 1 型患者和不伴肝硬化的基因 3 型患者的 SVR12 为 94%~95%[81]。在基因 2 型感染者中，12 周治疗也是有效的。在这种固定药物组合中加入利巴韦林并没有改善 SVR12。这种三联药物联合利巴韦林 16 周证实了其对相同药物组合 8 周治疗失败的基因 1、2、3 型患者及含 NS5A 方案（来迪派韦 / 索磷布韦或艾尔巴韦 / 格拉瑞韦）治疗失败的基因 1 型伴或不伴肝硬化患者再治疗的有效性[82, 83]。简单的两药方案 MK-3682C（UPR/RZR450mg+180mg）12 周对感染基因 1、2、3 和 4 型伴或不伴代偿性肝硬化的患者也具有良好的耐受性和高疗效[84]。尽管有这些结果，基于 Ⅱ 期研究获得的数据表明，这些组合可能不如目前市场上的 HCV 药物有效，MK-3682B 和 MK-3682C 的开发已经暂停[85]。

4. ALS-2200 和 VX-135

ALS-2200 是一种尿苷核苷磷酸酰胺前体药物，由磷酸非对映体混合而成。VX-135 是 ALS-2200 的光学异构体（图 67-1）[86]。在体外实验中，ALS-2200 对 GT 1b 的 EC_{50} 为 150nmol/L，对 HCV 基因 1~6 型的 EC_{50} 为 12~390nmol/L，对与 S282T 突变相关的基因 1b 型的效价降低（降低＞38 倍）[86, 88]。ALS-2200 未表现出线粒体 DNA 毒性[87]。在基于基因 1b 型的复制子实验中，VX-135 的抗病毒活性（EC_{50} 为 117nmol/L）与 ALS-2200 相似[86]。在一项 Ⅰ 期研究中，在 48 名健康对照和 30 名基因 1 型 HCV 感染患者中评估了 ALS-2200 的药代动力学、安全性和抗病毒活性[89]。ALS-2200 剂量为 15mg、50mg 和 100mg 时，HCV RNA 的最大降幅分别为 0.97$\log_{10}$U/ml、3.02$\log_{10}$U/ml 和 4.03$\log_{10}$U/ml。在给药期间未发生病毒学突破[89]。随后的一项研究在 9 例基因 1 型的肝硬化患者和 9 例非基因 1 型患者（6 例基因 3 型患者和 3 例基因 4 型患者）中证实了这些结果，这些患者每天一次接受 ALS-2200 200mg 或安慰剂治疗，持续 7 天[90]。3 例肝硬化患者的 HCV RNA 中位降低 4.19$\log_{10}$U/ml（其中一人的 HCV RNA 低于检测下限），5 例非基因 1 型患者中位降低 4.2$\log_{10}$U/ml（其中 3 人 HCV RNA 低于检测下限）[90]。一项 Ⅱa 期临床研究评估了 VX-135 联合利巴韦林对 20 例基因 1b 型 HCV 患者 12 周疗程的安全性和抗病毒活性[86]。患者随机（1:1 比例）接受标准剂量的 100mg 或 200mg VX-135 联合利巴韦林治疗。中期分析显示，治疗 4 周后，VX-135 100mg 组患者的 HCV RNA 未检出率（检出限度）为 70%（7/10），VX-135 200mg 组为 80%（8/10）。未记录到严重不良事件，也未发生停药[91]。然而，接受 400mg VX-135 联合 RBV 的患者观察到肝酶的可逆性升高，FDA 在临床限制了 200mg 及以上剂量的 VX-135 联合利巴韦林[92]。在一项开放标签的 Ⅱa 期临床试验中，VX-135 和达拉他韦（DCV，一种 NS5A 抑制药）联合应用于基因 1 型不伴肝硬化的初治 HCV 患者。这些患者分别使用剂量为 100mg（n=11）或 200mg（n=12）的 VX-135 与 DCV（60mg）联合治疗 12 周。100 和 200mg VX-135 组患者的 SVR4 发生率分别为 73% 和 83%[93]。2014 年 5 月 1 日，Vertex 宣布修订其与 Alios BioPharma 关于 VX-135 的开发和商业化的协议条款。基于修订后的协议及新的口服疗法引入后丙型肝炎治疗前景的迅速变化，Vertex 决定终止对丙型肝炎研发工作的进一步投资[94]，并停止 VX-135 的开发。

5. Adafosbuvir（AL-335,JNJ-135）

AL-335 是一个基于尿苷的核苷酸，显示泛基因型抗基因 1～6 型 HCV 活性（EC_{50} 在 40～80nm）和较低（109 倍）的抗 S282T 突变活性（图 67-1）[95]。AL-335 在酯酶作用下迅速转化为单磷酸形式（ALS-022399），随后在细胞内被磷酸化。AL-335 的活性部分 ALS-022235（5′- 三磷酸）通过作为 RNA 合成的链终止子抑制 HCV NS5B RNA 依赖的 RNA 聚合酶，但不与宿主聚合物酶（包括线粒体 RNA 聚合酶）相互作用[96]。一项Ⅰ期开放标签研究评估了 AL-335（800mg/d）、Odalasvir（oDV，一种 NS5A 抑制药，150mg/d 或 50mg/d）和 Simeprevir（SMV，一种 NS3/4A 蛋白酶抑制药，150mg/d）在健康受试者中的药代动力学和安全性，以指导制订 2 种或 3 种 DAA 组合方案的单个成分的剂量选择[97]。该研究表明，AL-335、oDV 和 SMV 的组合在健康受试者中具有良好的耐受性，该数据支持对 3 种 DAA 组合治疗慢性 HCV 感染的进一步评估[97]。在一项Ⅱ期临床试验中，AL-335 也被评估与 oDV 和 SMV 联合治疗基因 1 型或 3 型 HCV 感染伴或不伴肝硬化的初治患者[98]。经 AL-335/oDV/SMV 治疗 6 周或 8 周不伴肝硬化的基因 1 型 HCV 患者中，SVR24 率为 100%；接受 AL-335/oDV 治疗的患者，SVR24 率为 84%。相比之下，基因 3 型患者 AL-335/oDV/SMV 治疗 8 周，没有人达到 SVR24。所有药物组合耐受性良好[93]。在一项Ⅱb 期研究中，基因 1 型、2 型、4 型或 5 型初治或 IFN ± RBV 经治的患者使用 AL-335/oDV/SMV 治疗 6 周组 SVR12 率为 98.9%，8 周组为 97.8%[99, 100]。2017 年 9 月 11 日，由于满足 HCV 医疗需求的高效治疗方法越来越多，Janssen 终止了 AL-335 的研究项目[101]。

6. ACH-3422

ACH-3422 是一种尿苷核苷酸前药，对不同基因型复制子具有较高的抗病毒活性[102]，并且不抑制人类 RNA 或 DNA 聚合酶（图 67-1）。此外，ACH-3422 与 NS3/4A 蛋白酶抑制药 Sovaprevir 和 NS5A 抑制药 ACH-3102 联合使用时，不表现出拮亢作用，并阻止耐药变异的出现[102]。在大鼠中，连续 14 天口服剂量高达 250mg/kg 可导致肝脏中高水平的活性三磷酸形式，并具有良好的耐受性[102]。在一项Ⅰ期临床试验中，我们评估了 ACH-3422 在健康成人和基因 1 型 HCV 感染患者中的安全性、耐受性、药代动力学特征和抗病毒活性，单次递增剂量或多次递增剂量（50～700mg，持续 7 天或 14 天）[103]。在所有每天接受高达 700mg 积极治疗的健康志愿者和 HCV 感染者中，ACH-3422 的耐受性良好，未出现治疗相关的严重不良事件、不良事件相关的停药，或临床显著的实验室或心电图异常。在 ACH-3422 700mg 组中，在给药 7 天、10 天和 14 天后平均病毒载量负荷较基线降低 3.4 $\log_{10}$U/ml、4.2 $\log_{10}$U/ml 和 4.6$\log_{10}$U/ml。ACH-3422 700mg 每天一次治疗 14 天后，6 名患者中 3 名患者（50%）达到病毒清除（HCV RNA 通过 PCR 未检测到）。在所有 HCV 感染患者中，没有因严重不良反应导致停药或被认为与治疗相关的 3/4 级不良反应。尽管有这些结果，2017 年 9 月 11 日，Janssen 宣布停止其 HCV 项目[101]，并终止了与 Achillion 的合作[104]。此后，ACH-3422 的研发工作也被停止。

7. CC-2850/RS-2850

CC-2850/RS-2850 是我们团队发现和开发的一种新型泛基因型核苷前药（图 67-1）[105]。这种 2′- 二卤素原核苷前药显示的抗 HCV 效力和细胞毒性与索磷布韦相似。其核苷 5′- 三磷酸是基因 1～6 型 HCV NS5B 聚合酶的特异性抑制药，对人 α、β、γDNA 聚合酶无抑制作用，并且人线粒体 RNA 聚合酶掺入量较低。高达 10μmol/L 情况下，没有观察到线粒体 DNA 包括乳酸和骨髓毒性。在一组细胞系中未观察到毒性，微量波动 Ames 试验中对 5 个菌株为阴性，并且不存在体外 hERG 依赖性。CC-2850 在人血液中高度稳定达 2h，在人肝细胞中快速代谢，在人肠道微粒体中表现为低代谢。这种新型核苷酸类似物具有良好的临床前表现，提示我们需要进一步开发，以确立其作为临床抗 HCV 核苷酸类似物的潜在价值。

四、结论

几种安全有效的泛基因型 HCV 药物的批准过程可以被认为是现代药物发现史上最伟大的成就之一。事实上，从 1989 年发现这种病毒开始，科学界用了不到 30 年的时间就开发出了治疗方法，现在可以治愈 95% 以上的感染者（图 67-2）。在所有发现和评估的化合物中，索磷布韦是一种核苷前药 NS5B RNA 依赖的 RNA 聚合酶抑制药，是处方最多的组合治疗方法 Vozevi 和 Epclusa 的基石。索磷布韦是一种独特的化合物，事实上，至今仍是唯一被批准用于治疗 HCV 的核苷类药物。我们小组进行的初步研究已经表明，将治疗时间从目前推荐的 12 周缩短到 3 周是可行的[106]，我们相信，结合 3~4 种有效的 DAA 可能会导致更短的治疗时间。目前，我们已经有了用于抗菌药物的口服 Z-Pac，我们相信，

在不久的将来，类似的 C-Pac 是可能的，它可以提高依从性并在全球范围内消除 HCV。

值得注意的是，其他新型高效核苷类似物的开发也有助于实现这一目标。最后，索磷布韦和其他 HCV 核苷聚合酶抑制药也被证明可以抑制各种病毒的复制，如寨卡病毒[107]、登革热[108] 和诺如病毒[109]。由于这些化合物的效力仍然不是最理想的（与索磷布韦的抗 HCV 活性相比，效力要低 10~100 倍），人们可以清楚地想象发现一个更有效的索磷布韦类似物不仅可以用于治疗 HCV，还可以用于治疗其他相关的 RNA 病毒，如寨卡病毒、登革热、诺如病毒、日本脑炎、戊型肝炎和黄热病病毒。

致谢 这项研究得到了 NIH 基金 1R21AI-129607 和 AIDS 研究中心 NIH 基金 2P30AI-050409 的部分支持。

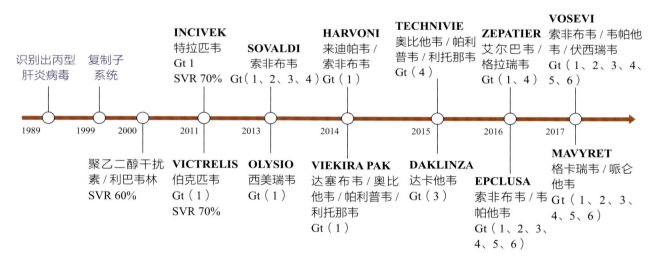

▲ 图 67-2 治愈之路

SVR. 持续病毒学应答；Gt. 基因型

第68章 戊型肝炎病毒引起人畜共患急慢性肝病

Hepatitis E Virus: An Emerging Zoonotic Virus Causing Acute and Chronic Liver Disease

Xiang-Jin Meng 著

鲁凤民 王 麟 吴 昱 杨心悦 何启瑜 陈昱安 译

戊型肝炎病毒（hepatitis E virus, HEV）是一种能引发人类戊型肝炎的重要但研究十分有限的病原体[1, 2]。HEV属于戊型肝炎病毒科，是一种无包膜的单正链RNA病毒[3]。据世界卫生组织报道，全世界每年有近2000万新发HEV感染，引起约330万例戊型肝炎发病和4.4万例死亡[4]。孕妇感染HEV后的感染相关病死率可高达30%，远高于其他已知的肝炎病毒[5]。HEV在发展中国家可引起急性病毒性肝炎的暴发和流行，在发达国家则通常呈现散发性或聚集性感染[1, 6]。目前已知在正戊型肝炎病毒A种中至少有5种基因型的HEV能感染人类，其中1型和2型只感染人类，而3型和4型可以感染人类及多种动物[3, 7]。

自从美国学者在猪身上发现第一种动物HEV（猪HEV）以来，近年学界又在超过十几种不同的动物中检测到该病毒，极大地扩大了HEV的宿主范围和多样性[7, 9]。目前，戊肝是一种公认的人畜共患疾病[10, 11]。已有充分研究证实人类会因直接接触患病动物而被感染[12, 13]，而且散发性和聚集性的戊肝病例与食用受HEV污染的动物肉制品明确相关[14-16]。免疫缺陷个体感染后出现的慢性戊肝通常由3型HEV引起，少数由4型HEV引起[17-19]。近来各种3型HEV感染导致的神经系统症状愈发强调了人畜共患的3型和4型HEV的临床重要性。

1型和2型HEV的流行病学、传播模式及其引起的相关疾病已经有了深入的介绍，因此本章重点阐述3型和4型HEV的流行病学、传播方式、动物宿主、跨种感染和引起的相关疾病的情况。

一、基因组构成与分型

通过胆汁与粪便排出的HEV呈无包膜的球形颗粒，直径为27～34nm，不过近来的研究表明，戊肝患者循环血中或是体外培养的感染细胞上清中的病毒颗粒携有类似由囊内小泡组装成的外泌体那样的膜相关的准包膜结构[22-24]。患者循环血中的这种准包膜外泌体HEV颗粒具有感染性，并且能够抵抗抗体中和[23]。HEV基因组为单正链RNA，长约7.2kb（禽HEV基因组长约6.6kb），含有三个ORF[25, 26]（图68-1）。ORF1编码非结构多聚蛋白，含有数个功能性结构域，包括甲基转移酶（methyltransferase，Met）、Y区、木瓜蛋白酶样半胱氨酸蛋白酶（papain-like cysteine protease，PCP）、高变区（hypervariable region，HVR）、X区、解旋酶（helicase，Hel）和RNA依赖性RNA聚合酶（RNA-dependent RNA polymerase, RDRP）等[25, 27, 28]（图68-1）。目前对ORF1多聚蛋白是否需要加工才能实现各自功能尚存争议，相关研究结果不尽相同[25]。ORF2编码衣壳蛋白，该蛋白具有与肝细胞表面

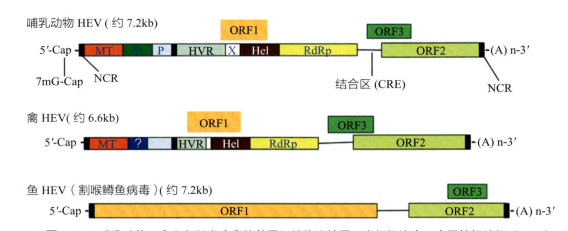

▲ 图 68-1 哺乳动物、禽和鱼肝炎病毒的基因组结构比较图，方框标注为 3 个开放阅读框（ORF）
ORF2 与 ORF3 有重叠但 ORF1 完全独立。ORF1 编码非结构性蛋白，方框中注明了该蛋白的假定功能域。ORF2 编码衣壳蛋白，ORF3 编码一种参与病毒复制的小蛋白。基因组在 5′ 端加帽（m7G Cap），3′ 端加尾（polyA），并且 5′ 端和 3′ 端均存在非编码序列。在哺乳动物和禽戊型肝炎病毒（HEV）基因组中 ORF1 和 ORF3 之间存在着包含 1 个茎环结构和顺式反应元件的连接区。禽 HEV 基因组比另两者约短 600bp（引自 Meng, 2016[7], https://journals.plos.org/plospathogens/article?id=10.1371/journal.ppat.1005695.Licensed under CCBY 4.0.）

硫酸乙酰肝素蛋白多糖结合和诱导中和抗体的作用[29]。ORF3 编码一种参与病毒复制的小型多功能磷酸蛋白[30]。ORF2 与 ORF3 存在重叠，两者都不与 ORF1 有重叠[31, 32]。另外，有研究在 1 型 HEV 中发现了 ORF4，它与 X 区和解旋酶结构域有重叠和移码，其中还有一个 IRES 样结构，在内质网应激时可以诱导 ORF4 翻译[33]。

因基因组结构和形态上与杯状病毒科病毒的相似性，HEV 曾被归类入杯状病毒科。然而，由于 HEV 与杯状病毒基因序列缺少显著的同源性，因此后来被重新归类为戊型肝炎病毒科[3]。该科又可分为正戊型肝炎病毒属（包括所有哺乳动物和禽 HEV 分离株）和鱼戊型肝炎病毒属（割喉鳟鱼 HEV）（图 68-2）。正戊型肝炎病毒属至少包含四个种，包括 A 种（从人、猪、野猪、鹿、猫鼬、兔子和骆驼中分离）、B 种（从鸡中分离）、C 种（从老鼠、袋狸、亚洲麝鼩、雪貂和水貂中分离）、D 种 HEV（从蝙蝠中分离）。近些年从红隼、小白鹭、树鼩和驼鹿中又鉴定出了基因更多样的 HEV，提示随着从不断扩大的动物宿主中鉴定出更多新的 HEV 病毒株，戊型肝炎病毒科的分类学将继续发展[3, 7]。

A 种 HEV 的基因分型具有重要意义，因为该种的 8 个基因型中至少有 5 个确认能感染人类[3, 7]（表 68-1）。源于亚洲的 1 型和源于墨西哥与非洲的 2 型 HEV 只感染人类并能引起大规模暴发感染。3 型和 4 型 HEV 则可以感染人及包括猪在内的多种哺乳动物，这两个具有人畜共患性的基因型通常在发达和发展中国家引起散发或聚集性戊型肝炎[7, 11]。5 型和 6 型 HEV 感染野猪，是否能感染人类则有待明确。7 型 HEV 感染单峰骆驼，有 1 例肝移植受者感染的病例报道[34]，提示该型 HEV 也可以感染人类。近来学界在双峰骆驼中分离出了新发现的 8 型 HEV[35]，其是否具有人畜共患性尚不明确。另外，在其他三种已知的戊肝病毒种中（B、C、D 种 HEV）唯独大鼠 HEV 被报道能感染人类。

二、动物宿主与宿主范围

自从美国在猪中分离出第一种动物 HEV（猪 HEV）以来[8]，学者们在越来越多的其他物种动物身上发现了诸多不同基因型的 HEV 毒株，这些动物宿主包括鸡、鹿、猫鼬、兔、大鼠、雪貂、驼鹿、鼩、隼、白鹭、蝙蝠、山羊、骆驼和鱼[3, 7]（表 68-1）。大多数动物 HEV 的生物学特点、生态学特征、自然史和致病性尚不清楚，相比之下对猪 HEV、禽 HEV 和兔 HEV 的研究则更多。

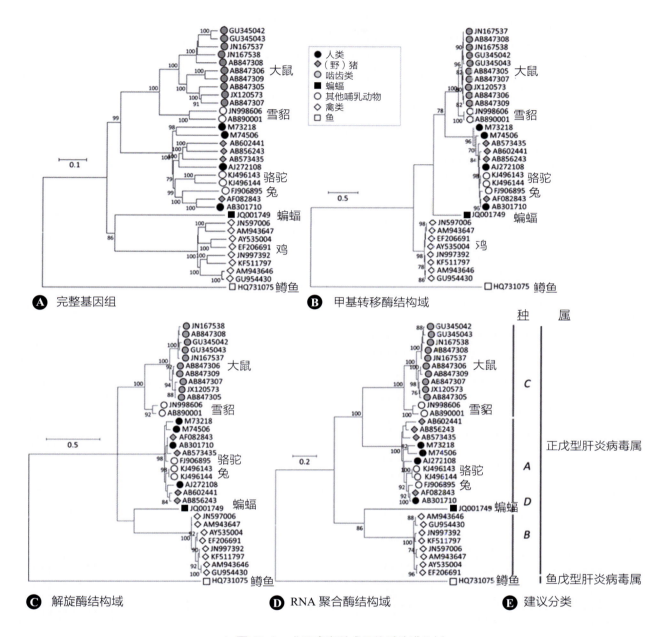

▲ 图 68-2　戊肝病毒科成员的系统进化树

A. 比对完整基因组序列后采用 p 距离计算和邻接法构建的进化树，单个分支的靴带值已在图中标出；B. 对甲基转移酶结构域（ORF1-28 至 ORF1-389）氨基酸序列采用最大似然法构建的进化树；C. 解旋酶结构域（ORF1-971 至 ORF1-1185）；D.RNA 依赖的 RNA 聚合酶结构域（ORF1249-1671）；E. 建议分类：最大似然法构建的进化树使用 LG 模型，不同位点与固定位点之间进化速率服从 γ 分布，靴带值大于 70% 的分支已在图中标示（引自 Smith, 2014[129], https://jgv.microbiologyresearch.org/content/journal/jgv/10.1099/vir.0.068429-0.）

　　不论当地人群是否有 HEV 流行，家猪感染猪 HEV 在发展中国家和发达国家的养殖场中广泛存在 [36, 37]。猪 HEV 通常感染 2—4 月龄的猪，在部分农场内感染率能高达 80%[8]，此外，许多

国家内的野猪群体中也检测到了 HEV RNA[38, 39]。感染 HEV 的猪一般表现有持续 1～2 周的一过性病毒血症和 3～7 周的粪便排毒。HEV 在猪间传播通过粪 - 口途径，并以病猪粪便为主要传

动物宿主	病毒基因型	人畜共患性	人类传染模式
	表 68–1　戊型肝炎病毒（HEV）的动物宿主与人畜共患性		
人	A 种 HEV，1 型		亚洲水源暴发性传播
	A 种 HEV，2 型		墨西哥与部分非洲国家水源暴发性传播
	A 种 HEV，3 型和 4 型		散发
家猪	A 种 HEV，3 型	是	散发或聚集性急性肝炎；慢性；神经症状
	A 种 HEV，4 型	是	散发或聚集性急性肝炎；罕见慢性
野猪	A 种 HEV，3 型	是	散发或聚集性急性肝炎
	A 种 HEV，4 型	是	散发或聚集性急性肝炎
	A 种 HEV，5 型和 6 型	未知	
鹿	A 种 HEV，3 型	是	散发或聚集性急性肝炎（日本）
	A 种 HEV，4 型	是	散发（韩国）
兔	A 种 HEV，3 型	是	散发（法国）
猫鼬	A 种 HEV，3 型	可能	
羊	A 种 HEV，4 型	可能	
骆驼	A 种 HEV，7 型	是	罕见慢性肝炎（中东地区）
	A 种 HEV，8 型	未知	
麋鹿	A 种 HEV，未分型	未知	
狐	A 种 HEV，未分型	未知	
鸡	B 种 HEV，禽 HEV 1~4 型	否	
野鸟	B 种 HEV，禽 HEV 1 型和 3 型	不可能	
小白鹭	B 种 HEV，未分型	不可能	
隼	B 种 HEV，未分型	不可能	
鹰	B 种 HEV，未分型	不可能	
大鼠	C 种 HEV	是	
雪貂	C 种 HEV	不可能	
袋狸	C 种 HEV	不可能	
鼩	C 种 HEV	不可能	
水貂	C 种 HEV	不可能	
蝙蝠	D 种 HEV	否	
割喉鳟鱼 *	鱼戊型肝炎病毒属	否	

*. 割喉鳟鱼以外的动物宿主的 HEV 属正戊型肝炎病毒属

染媒介。未感染猪常因直接接触病猪或者摄入被粪便污染的水或食物而感染 HEV。尽管可以观察到肝脏和肠系膜淋巴结增大等大体上的损伤，以及多灶性淋巴浆细胞性肝炎和局灶性肝细胞坏死等肝炎微观病变，猪感染 HEV 一般表现为亚临床感染[8, 40]。3 型和 4 型 HEV 已经被明确证明具有感染猪的能力，这在全世界都有相关报道。从野猪体内分离出的 HEV 毒株亦大多数属于 3 型 HEV[39]，其余新发现的野猪来源毒株则属于 5 型和 6 型[39, 41]（表 68–1）。3 型和 4 型 HEV 都是人畜共患病毒，而野猪来源的 5 型和 6 型 HEV 是否具有潜在的人兽共患性尚不清楚。

禽 HEV 是 导 致 鸡 肝 炎 – 脾 大（hepatitis-splenomegaly，HS）综合征的主要病原体[42, 43]，至少可以细分为 4 种不同的基因型[44]。HS 综合征可引起养殖场中蛋鸡产蛋量下降和肉鸡死亡率上升，已经在澳大利亚和美国等多国出现过[45-47]。全球禽 HEV 在鸡中的传播普遍，大多数表现为亚临床感染[48, 49]。禽 HEV 除了感染养殖鸡以外[44]也能感染野生鸟类、普通红隼和红脚隼[50]，但似乎不能感染人类[51]。

加拿大、中国、德国及美国等多个国家的野兔和人工养殖兔身上都曾分离出兔 HEV[52, 53]。中国甘肃省人工养殖兔约 57% 抗 HEV 抗体阳性，约 8% 能检测出 HEV RNA[52]。美国弗吉尼亚州农场养殖兔则有约 16% 的血清样本和 15% 的粪便样本为 HEV RNA 阳性[53]。目前兔 HEV 被归类为人畜共患的 3 型 HEV，兔 HEV 能跨物种感染猪[54]和食蟹猴[55]，这些动物实验也表明其可能感染人类。实际上，已经有相关报道证实兔 HEV 可感染人类[56, 57]。

可从体内分离和基因鉴定 HEV 分离株的动物宿主种类不断增多，同时 HEV 能感染其他物种（如狗、山羊、绵羊和非人类灵长类动物）的血清学证据也越来越多，但这些动物血清阳性的病原体来源尚有待确定[10, 58]。可以预见，随着更多动物 HEV 被基因鉴定出来，HEV 宿主范围很有可能会持续扩大。

三、跨种感染与人畜共患性

3 型和 4 型猪 HEV 成功感染恒河猴与黑猩猩的动物实验证明了这两型 HEV 具有跨物种传播的能力[59, 60]。接种 3 型或 4 型猪 HEV 的恒河猴和接种 3 型猪 HEV 的黑猩猩均出现了病毒血症，以及血清抗 HEV 抗体阳性，并伴有粪便排病和血清肝酶升高。相反，通过实验接种基因 3 型和基因 4 型人类 HEV 的猪也出现了病毒血症和血清抗 HEV 抗体转换[40, 61, 62]，这表明基因 3 型和基因 4 型人类 HEV 已经适应在猪体内的复制，并有可能起源于猪。有研究还观察到猪可以感染基因 3 型兔 HEV，但不能感染大鼠 HEV[54]，食蟹猴也可通过实验感染基因 3 型兔 HEV[55]。基因 1 型和基因 2 型人类 HEV 的宿主范围则更为有限，它们可在实验条件下感染非人灵长类动物，但是无法感染猪[63]。此外，曾有报道 Wistar 大鼠感染了从人类中分离出的、可能是基因 1 型的 HEV[64]。但是，用几株明确分型的 HEV 毒株（包括基因 1 型人类 HEV、基因 3 型和基因 4 型猪 HEV、禽 HEV）对大鼠进行感染，却未能重现成功感染的结果[65]。据报道，Balb/c 裸鼠在实验中也表现出对基因 4 型 HEV 的易感性[66]，尽管在其他研究中未能用基因 1 型、基因 3 型和基因 4 型 HEV 成功感染 C57BL/6 小鼠[67]。另外，已有兔感染基因 1 型和基因 4 型 HEV 的报道[68]，但目前仍缺乏兔对基因 1 型和基因 4 型易感性的其他独立报道确认。来自鸡的禽 HEV 可跨种感染火鸡[69]，但未能感染恒河猴[51]，表明禽 HEV 可能并非人畜共患。动物 HEV 跨越物种屏障感染的能力引起了人们对人畜共患 HEV 感染的关注。

在自然条件下，基因 3 型和基因 4 型 HEV 在人类中引起人畜共患感染的证据已得到充分证明。工业化国家人群中戊型肝炎的散发和聚集性病例主要由猪和鹿源的人畜共患基因 3 型和基因 4 型 HEV 引起[9, 15, 16, 70, 71]。据报道，免疫低下个体中的慢性戊型肝炎病例可能几乎完全由来源于猪的人畜共患基因 3 型 HEV 引起[72, 73]。猪作为 HEV 的主要宿主，与受感染猪的职业接触也就成了人感染 HEV 的一种风险，以致这些养殖人员有较高的人畜共患 HEV 感染风险 [36]。

在其他家养和野生动物中存在动物疫原性戊型肝炎病毒，这表明猪不是 HEV 的唯一人畜共患动物宿主。除猪外，还从兔子、鹿和猫鼬中鉴定出了人畜共患基因 3 型 HEV，表明这些动物也是潜在的 HEV 宿主 [38, 52, 53, 74]。事实上，已经报道过 HEV 从鹿到人类的人畜共患传播 [70, 71, 75]。另据报道，在法国，兔 HEV 感染了人类 [56, 57]。此外，还有基因 7 型骆驼 HEV 造成人类肝移植受者慢性感染的报道 [34]。与正常献血者相比，职业性接触野生动物的个体 HEV 抗体流行率更高 [76]。因此，来自大量动物物种的多种动物戊型肝炎病毒的存在，以及已经证明的 HEV 跨物种感染能力，更加强调了了解这些动物戊型肝炎病毒的自然史、生态学史及人畜共患潜力的重要性。

四、流行病学

只感染人类的基因 1 型和 2 型 HEV 感染的流行病学模式，特别是发病率、流行率和感染源，与人畜共患类型的基因 3、4 型 HEV 感染的流行病学模式有所不同。

（一）与基因 1 型和 2 型 HEV 相关的戊型肝炎大暴发

急性戊型肝炎的大规模暴发通常与基因 1 型和 2 型 HEV 有关，主要发生在亚洲、非洲和拉丁美洲等发展中国家 [2, 18, 77]。这些大规模的疫情大多是几十年前记录的，近年来已经罕见关于基因 1 型和 2 型 HEV 戊型肝炎的发病率的研究报道 [77]。发展中国家基因 1 型 HEV 感染与孕妇高死亡率相关，最高可达 30% [5]，但不同研究关于妊娠高死亡率的报道结果之间存在矛盾 [78]。在印度和尼泊尔发生的历史性大规模疫情期间，该疾病的发病率估计为每 10 万人口 1400～1650 人 [77]。近期的一次戊型肝炎大暴发发生在 2004 年苏丹达尔富尔的难民营中，共报道了 2621 例病例，发病率为 3.3%，病死率为 1.7% [79]。达尔富尔疫情的相关风险因素为 15—45 岁（OR=2.13）和饮用氯化地表水（OR=2.49）。2005 年，印度海得拉巴报道了另一起近期发生的大规模疫情，共引起 1611 例病例，发病率为每 10 万人口 40 人 [77, 80]。

年龄、社会经济状况和饮用受污染的井水是 HEV 感染的重要独立变量 [77, 81]。除了处于暴发环境外，15 岁以下幼儿的戊型肝炎流行率和临床发病率较低，20—29 岁的年轻人临床发病率最高 [82]。抗 HEV 抗体的流行率与年龄相关，并随年龄增长而增加，15—40 岁人群最高 [83]。尽管埃及等一些戊肝地方流行的国家报道了较高的血清抗 HEV 流行率 [1, 77, 84]，抗 HEV 流行率在戊肝地方流行的国家远低于预期，为 3%～27% [36]。尽管有症状的 HEV 感染患者男女性别比在 1∶1～3∶1，但 HEV 抗体的流行率无明显性别差异 [77, 85]。

基因 1 型和 2 型 HEV 相关流行病的感染源与基因 3 型和 4 型 HEV 相关的散发病例的感染源并不相同 [77]。人类粪便中携带大量 HEV，因此，基因 1 型和 2 型 HEV 疫情在卫生条件较差的发展中国家通过粪口传播，主要来源是被 HEV 污染的水或水源。大规模疫情往往与不当的水处理方法、井水污染及未经处理的污水泄漏到城市水处理厂有关 [77]。据报道，尽管瑞士的污水处理工人与 HEV 高风险感染无关 [87]，印度的污水处理工人 HEV 抗体检出率显著高于对照组 [86]。疫情发生率较高的季节为季风降雨和洪水季节，东南亚独特的河流生态也与 HEV 传播有关 [77, 88]。用河水作为饮用、烹饪和处理人类粪便的用水都与 HEV 感染的高发病率相关 [77]。戊型肝炎的人际传播并不常见，但在疫情暴发期间确实也会发生 [77]。

（二）基因 3 型和 4 型 HEV 相关的散发和聚集性病例

人畜共患的基因 3 型和 4 型 HEV 通常与戊型肝炎的散发或聚集性病例相关，主要发生在工业化国家，但在发展中国家也有出现 [9, 11]。与人畜共患的基因 3 型和 4 型 HEV 相关的散发或聚集性戊型肝炎的真实发病率很难估计，但近年来呈显著上升趋势。基因 3 型和 4 型戊型肝炎的散发和聚集性病例的感染的主要来源是食用了被污染的动物肉类或直接接触受感染的动物 [7]。在美国，食用未煮熟的动物肉与 HEV 血清阳性率的增加显著相关 [77, 89]。

一些工业化国家的 HEV 抗体检出率出乎意

料的高，工业化国家有 4%～36% 的献血者抗 HEV IgG 检测呈阳性[12, 89]。发展中国家和工业化国家的生猪饲养者、猪兽医和其他与生猪养殖相关的人员感染 HEV 的风险增加[7]。例如，与年龄和地理匹配的献血者对照组相比，美国的猪兽医 HEV 抗体呈阳性的可能性高出 1.51 倍。在对猪进行手术时，声称意外被针头扎伤过的兽医的血清阳性率大约是未被扎过的兽医的 1.9 倍。与亚拉巴马州等传统不饲养猪的州相比，明尼苏达州等有养猪传统州的兽医和献血者较对照组的 HEV 抗体血清阳性率更高[12]。北卡罗来纳州的养猪工人的戊型肝炎病毒抗体流行率（10.9%）是对照组（2.4%）的 4.5 倍[13]。目前尚不清楚近期工业化国家戊型肝炎的血清流行率和散发性及聚集性病例的发病率的升高，究竟是由于疾病传播和发病率出现了实际增加，还是仅仅因为对该疾病的认识提高，以及对戊型肝炎诊断试验的实用性进行了改进所致。

五、传播方式

HEV 主要通过被污染的水源及食物经粪口途径传播，但在实验条件下，通过口服接种的方式对非人灵长类动物及猪等动物进行感染则相当困难[90]。因此，在 HEV 的动物传播的研究中，常用的是静脉接种途径[40, 61, 91]，虽然已通过口服接种的途径成功感染了禽 HEV[43]。人畜共患的基因 3 型和 4 型 HEV 与暴发性疫情相关的基因 1 型和 2 型 HEV，它们的传播模式并不相同[77]。

对于与大规模疫情相关的基因 1 型和 2 型 HEV 感染，粪口经水传播是主要途径，感染的主要来源是未经处理的、被污水污染的用于清洗和饮用的井水或者河水[16, 77]。疫情暴发期间也有母婴垂直传播的报道，通常与新生儿死亡率相关。在一项研究中，约 33% 感染 HEV 的妊娠晚期孕妇报道出现了垂直传播，在另一项研究中，约 50% 的脐血样本检出 HEV RNA 阳性[92, 93]。据报道，尽管母乳喂养对于婴儿来说似乎是安全的，但在 HEV 感染的母亲的初乳中也可检测到 HEV RNA[77]。实验条件下，在动物模型中对 HEV 的垂直传播进行复制的尝试并不成功。例如，在实验中给妊娠母猪和恒河猴接种 HEV 可建立感染，但并不出现将病毒传播给下一代的现象[94, 95]。实验中感染禽 HEV 的鸡的蛋清中含有感染性 HEV，但依旧缺乏完整的垂直传播模式[96]。

对于与基因 3 型和 4 型 HEV 感染相关的散发性和聚集性戊型肝炎病例，人畜共患和食源性传播为主要途径[9, 16]。直接接触被感染的动物，尤其是猪，是公认的基因 3 型和 4 型 HEV 感染及与 HEV 散发病例相关的风险因素，有充分证据表明，发展中国家及工业化国家从事家猪养殖的人群面临着逐渐增加的 HEV 感染风险[12]。受到感染的动物（如猪）会排出携带有大量 HEV 的粪便，导致灌溉地区或沿海水域受到污染，同时也会污染农产品或贝类[97]。在污水[98]和灌溉水为疑似污染源的田间种植的草莓中，检测出了人畜共患基因 3 型猪戊型肝炎病毒株[99]。在贝类中同样检测到基因 3 型和 4 型戊型肝炎病毒株，戊型肝炎病例也与食用受污染的贝类有关[16]。食源性传播在基因 3 型和 4 型 HEV 相关的散发性和聚集性病例中占很大比例，这些病例都与食用生的或未烹制熟的猪肉、野猪肉和鹿肉存在明确联系[57, 75, 100, 101]。在美国农业部推荐的一种新鲜猪肉的烹饪方法中，最低烹饪温度为 71℃[102]。不幸的是，许多食谱中没有规定最低烹饪温度，所以有时就会导致猪肉和其他动物肉未烹制熟的现象出现。在日本当地杂货店[14]出售的猪肝中，约有 2% 检出基因 3 型 HEV RNA，而在美国则为 11%[103]。重要的是，作为商品出售的猪肝中污染的 HEV 已经被证明仍然具有传染性[103]。商品化的猪肉制品，如猪肝香肠和食用猪肠也受到基因 3 型 HEV 污染[15, 104-106]，戊型肝炎集群病例与食用猪肝香肠有关[15]。显然，食源性传播是由人畜共患的基因 3 型和 4 型 HEV 所引起的散发性和聚集性戊型肝炎的重要传播途径。

在发展中国家和工业化国家，也有 HEV 经血传播的报道。日本的一小部分献血者存在 HEV 病毒血症，因此产生了输血相关戊型肝炎的潜在风险[107]。在 41 名 ALT 升高的日本献血者的血样中，在 8 份血清样本中（20%）检测到 HEV RNA[108]。在美国，有一项研究在献血者或受血者中未检测到 HEV RNA[109]，在另一项研究中，代表 27 个州的 128 020 名献血者中，有 3 位被检测出基因 3 型 HEV RNA 阳性[110]。在德国，三级护理中心中约有 0.12% 的献血者中可检测到 HEV 病毒血症[111]。献血者中 HEV 病毒血症的发生率、献血者的病毒载量和受者接受的总血浆量是决定输血相关 HEV 感染风险的几个因素。尽管几个欧洲国家已经对献血者实施了 HEV RNA 筛查，但对于是否应筛查献血者急性 HEV 感染的血液标志物依然存在争议[112]。

六、慢型戊型肝炎及其人畜共患来源

大多数 HEV 感染为亚临床型，部分（约16.5%）感染者会进展为急性自限性病毒性肝炎，但急性病毒性肝炎通常不会发展为慢性。然而近年来，慢性戊型肝炎已成为免疫抑制人群中一个新出现的重要临床问题[72, 73]。事实上，在大多数免疫抑制人群中，如实体器官移植受者、HIV/AIDS 患者、淋巴瘤或白血病患者，HEV 感染会进展为慢性感染，引起严重的肝损伤并最终导致肝硬化，死亡率相当高[17, 73, 113-115]。患有慢性戊型肝炎的器官移植受者通常会有出现持续的转氨酶升高、病毒血症和慢性肝炎病变，患者也会出现较长时间的粪便排毒，并能将病毒传播给免疫健全个体[114, 116, 117]。在肝脏、肾脏、心脏和肾 - 胰腺移植受者中，均报道过慢型戊型肝炎的发生[73, 114, 117, 118]。虽然广谱抗病毒药物（如利巴韦林和聚乙二醇 IFN）的治疗有一定效果，但是目前仍没有针对慢性戊型肝炎的特异性疗法[72, 119]。

慢性戊型肝炎的来源被认为是人畜共患的，可能是通过食用未煮熟的戊型肝炎病毒污染的动物肉类造成。事实上，到目前为止报道的慢性戊型肝炎病例几乎全部由人畜共患的基因 3 型 HEV[72, 120] 引起，该基因型通常可感染猪、兔、鹿和猫鼬。对于免疫功能正常的健康个体，HEV 感染可能会在食用受污染的动物肉类后发生，但由于宿主免疫系统可以快速清除病毒感染，因此可能会导致亚临床感染。然而，对于免疫功能低下的个体，如接受免疫抑制药物治疗以防止移植排斥反应的器官移植受者，食用受 HEV 污染的

动物肉类可能会导致 HEV 感染，而宿主免疫系统无法有效清除 HEV 感染，因此会发展为慢性感染。在一项研究中，通过对猪使用免疫抑制药（包括环孢素、硫唑嘌呤和泼尼松龙）模拟免疫低下患者的状况，然后实验感染基因 3 型 HEV，免疫抑制猪在接种病毒后产生慢性感染，出现了持续至少 22 周的粪便排毒[62]。研究表明，在免疫功能低下的情况下，主动抑制细胞介导的免疫反应有助于 HEV 感染的建立。随着 HEV 感染在猪模型中进入慢性期，当 Th2 型免疫反应从 T 细胞群转换到 T 细胞群时，可观察到 Th2 型免疫的持续激活[62]。抗 HEV 的 T 细胞免疫失衡（Th1与 Th2）是否在 HEV 感染进展为慢性过程中发挥作用仍值得进一步研究。在另一项研究中，用食蟹猴服用免疫抑制药物他克莫司后，用基因 3 型猪 HEV 进行感染，食蟹猴在随后的 160 天出现持续的 HEV 感染，并伴有明显的肝脏病变，与慢性戊型肝炎的表现相一致[121]。随着慢性戊型肝炎动物模型的开发使用，未来的研究有必要阐明导致慢性化的确切潜在机制，并探究有效的 HEV 特异性抗病毒药物。

七、HEV 相关神经后遗症及其潜在人畜共患来源

除肝脏表现外，HEV 感染的肝外表现也被报道[122]。有充分的证据表明，包括格林巴利综合征、神经性肌萎缩、脑炎和脊髓炎等的许多神经系统疾病与人畜共患的基因 3 型 HEV 感染有关，在较小程度上与基因 1 型和 4 型 HEV 感染相关[20, 21, 123-125]。根据世界卫生组织的统计数据，大多数 HEV 感染为亚临床感染，只有约 16.5%的感染导致了实质性的临床疾病。但非常重要的一点是，大约 5.5% 的 HEV 感染患者会出现神经系统疾病[123]。例如，大约 5% 和 10% 的病例会分别出现与 HEV 感染相关的格林巴利综合征和神经性肌萎缩[115]。在一些出现了 HEV 相关神经性疾病的患者中，不仅能在其血清中检测到 HEV RNA，在脑脊液中也能检测到，这表明患者的中枢神经系统受到感染[123]。因此，与 HEV 感染相关的神经系统疾病是一个新出现的值得关注的临

床问题。

引起 HEV 相关神经系统疾病的基因型[20, 123, 126]主要是感染猪、鹿、兔子和猫鼬的人畜共患型基因 3 型 HEV。不论是急性还是慢性 HEV 感染期间，都会发生神经系统疾病。目前已经证明，许多神经源性细胞系，如神经上皮瘤（SK-N-MC）细胞、促结缔组织增生性小脑髓母细胞瘤（DAOY）细胞、多形性胶质母细胞瘤（DBTRG）细胞、胶质母细胞瘤星形细胞瘤（U-373 MG）细胞和少突胶质细胞（M03.13）都支持 HEV 复制，少突胶质细胞系（M03.13）还允许 HEV 进入细胞[127, 128]。此外，据报道，多能干细胞衍生的人类神经元也对 HEV 易感[128]。在外周接种 HEV 的动物体内，可在脑组织中检测到病毒 RNA 和抗原[128]。综上所述，尽管 HEV 侵染神经系统的机制目前尚不清楚，但已有数据表明，HEV 可感染中枢神经系统细胞，并会导致各种神经系统疾病表现。HEV 是如何穿过血脑屏障、感染神经细胞并导致神经系统疾病亟待未来的研究阐明。

八、展望

HEV 在 30 多年前就已经被发现，但该病毒依然是一种尚未得到充分研究的病原体，仍有许多尚未解决的问题。由于缺乏有效的细胞培养系统来进行病毒增殖，HEV 生命周期的大部分仍是未知的。最近发现，许多细胞系可以支持有限水平的 HEV 复制，这将有助于进一步研究 HEV 复制，以及识别鉴定 HEV 的特异性细胞受体。随着宿主范围的不断扩大，以及新型戊型肝炎病毒在各种动物中的检出，潜在的人畜共患 HEV 感染愈加需要得到关注。然而，许多动物来源的戊型肝炎病毒的生态学特征和自然史仍然未知，导致 HEV 跨物种感染的病毒遗传学因素和宿主因

素也尚不清楚。

人畜共患的基因 3 型 HEV 感染与免疫低下个体慢性戊型肝炎之间的联系，进一步强调了人畜共患型戊型肝炎病毒感染的重要性。最近开发的猪和食蟹猴 HEV 慢性感染模型有助于在未来阐明 HEV 慢性感染的潜在机制。在肝外表现方面，与人畜共患的基因 3 型 HEV 感染相关，在一定程度上与基因 1 型和 4 型 HEV 感染相关的神经系统疾病是新出现的重要临床问题，但是 HEV 在神经系统侵袭的潜在机制仍需在未来进行深入探究。特别是在工业化国家，经由食用生的或未烹饪熟的动物肉类或肉制品所引起的食源性戊型肝炎病例也已成为值得关注的临床问题。由于美国 FDA 尚无批准的 HEV 标准化诊断方法，可能会导致报道病例（病例数）被低估。最近，一款重组戊型肝炎疫苗已经成功上市，但目前仅在中国被批准使用，这款基于基因 1 型 HEV 设计的疫苗对多种不同动物的人畜共患 HEV 株的效力仍需要测试。这种已被证明有效的商品化疫苗尚未在其他国家获得使用许可，可能是由于需要进一步的监管审批流程，并且疫苗对中国以外人群中传播的其他 HEV 基因型的效力未知。因为目前慢性戊型肝炎和 HEV 感染相关神经疾病几乎完全由基因 3 型 HEV 引起，并且戊型肝炎的散发和聚集性病例与食用被基因 3 和 4 型 HEV 污染的生的或未煮熟的动物肉制品有关，因此，开发针对猪和其他动物物种中高度流行的人畜共患型基因 3 和 4 型 HEV 的疫苗是有益的。由于 HEV 不会引起重要经济动物的疾病，针对猪和其他动物物种的疫苗在动物产业中并不被优先考虑。但是，动物疫苗接种可以预防动物源性的 HEV 感染，最大限度地减少食源性人畜共患传播。

第69章 肝移植治疗病毒诱导终末期肝病的生物学原则与临床问题

Biological Principles and Clinical Issues Underlying Liver Transplantation for Viral-Induced End-Stage Liver Disease in the Era of Highly Effective Direct-Acting Antiviral Agents

Michael S. Kriss   James R. Burton   Jr.,Hugo R. Rosen   著

卢 倩 李 昂 陈昱安 译

在过去10年中，高效直接抗病毒药物（divect-acting antiviral agent, DAA）的发展彻底改变了接受原位肝移植的病毒诱导终末期肝病（end-stage liver disease，ESLD）患者的诊疗管理。丙型肝炎病毒相关终末期肝病直接抗病毒药物疗法的出现，使得以前难以治疗的人群在肝移植手术前后都能得到治疗，从而挽救了接受肝移植的患者，并且从实质上降低了由于肝移植后丙型肝炎复发而导致的进展性疾病的发生率。同样，用新一代核苷酸类药物针对乙型肝炎病毒相关肝病的治疗，减少了最终需要肝移植的乙型肝炎肝硬化失代偿期的患者人数，并极大降低了肝移植术后乙型肝炎复发率。这些巨大的治疗进展使得肝炎患者围肝移植期诊疗管理模式发生了转变，并带来了新的临床机会，如将肝炎阳性的移植物移植于肝炎阴性的受体。

一、肝移植治疗丙型肝炎感染

（一）直接抗病毒药物时代丙型肝炎围肝移植期治疗的新模式

引入安全和高效的直接抗病毒药物疗法，提高了我们治疗既往用基于IFN治疗困难的慢性丙型肝炎患者的能力，包括肝硬化失代偿期患者和肝移植受者。在这些人群中使用直接抗病毒药物使得我们对肝移植前后患者的治疗模式发生了巨大的转变（图69-1）。例如，对于丙型肝炎基因1型的肝硬化失代偿期患者，使用基于IFN治疗的持续病毒学应答率为16%～24%，但使用直接抗病毒药物治疗的持续病毒学应答率为72%～90%[1-4]。同样，肝移植术后复发性丙型肝炎基因1型的患者，在接受基于IFN治疗的平均持续病毒学应答率为28.7%，而接受直接抗病毒药物治疗的患者中，这一比例显著提高至95%～98%[5-7]。

这个治疗方面革命性的改变，使得因慢性丙型肝炎等待和接受肝移植的患者数量急剧下降，并提出了慢性丙型肝炎围肝移植期诊疗管理相关的新临床思考[8, 9]。在接受肝移植之前，确定其临床改善持续病毒学应答率并可以避免肝移植对患者至关重要。另外，对于一些等待的患者，把治疗推迟到肝移植之后，可以允许将供者标准扩大至丙型肝炎阳性的捐献者。在肝移植之后，早期应用直接抗病毒药物治疗降低了复发性丙型肝炎的发病率，并且直接抗病毒药物的疗效也创造

第69章　肝移植治疗病毒诱导终末期肝病的生物学原则与临床问题

Biological Principles and Clinical Issues Underlying Liver Transplantation for Viral-Induced End-Stage Liver Disease in the Era of Highly Effective Direct-Acting Antiviral Agents

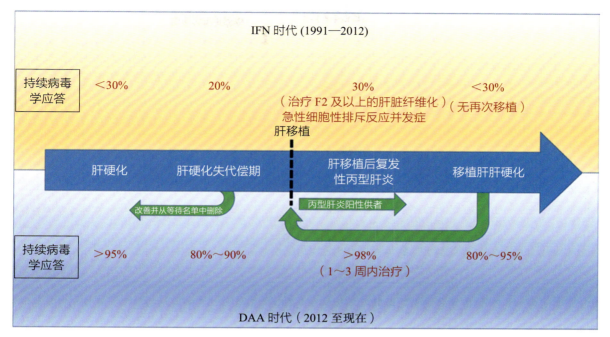

▲ 图 69-1　直接抗病毒药物时代丙型肝炎围肝移植期治疗模式的转变

在直接抗病毒药物（DAA）治疗出现之前，对于等待名单中肝移植前患者和肝移植后复发性丙型肝炎患者，基于干扰素（IFN）治疗的耐受性和疗效差（SVR 率为 20%～30%）。对于等待名单中的患者，考虑到治疗期间进展为肝硬化失代偿期的风险，很少应用 IFN 治疗。对于肝移植后的患者，常规进行肝活检评估纤维化程度。只有在出现明显的肝纤维化（F2 及以上）时才使用基于 IFN 的治疗，但会增加急性细胞排斥及包括贫血等其他并发症的风险。对于肝移植后发生移植肝肝硬化的患者，缺乏有效的治疗方法，再次移植不被认为是可行的。随着无 IFN 的直接抗病毒药物治疗方案的出现，丙型肝炎围肝移植期治疗模式发生转变。直接抗病毒药物对肝硬化代偿期和失代偿期的患者都非常有效，并已被证明可使患者得到临床改善，部分肝硬化失代偿期的患者从等待名单中删除（反映在因丙型肝炎而需要做肝移植的患者数量减少）。随着扩大应用丙型肝炎阳性供者器官，等到名单中患者的治疗往往被推迟，以获得更多供器官的机会并缩短等待时间。肝移植后复发性丙型肝炎的治疗现在非常有效（即使在严重的胆汁淤积性丙型肝炎的患者群体中），耐受性良好，并且常规在肝移植后早期（1～3 个月内）进行，以预防任何临床上明显的肝脏纤维化进展。对于在 IFN 时代接受肝移植但发生移植肝肝硬化的患者，直接抗病毒药物非常有效，并且如果有指征可考虑再次移植。由于直接抗病毒药物良好的疗效，目前正在进行对扩大应用丙型肝炎阳性供者器官于丙型肝炎阴性受者的研究

了新的临床机会，如将丙型肝炎阳性的供体器官移植给丙型肝炎阴性的受体。虽然直接抗病毒药物时代只经过了第一个 5 年，但已经改变了慢性丙型肝炎患者围肝移植期的管理。

（二）丙型肝炎复发的自然病程

由于基于 IFN 的治疗不能应用于临床上肝硬化失代偿的患者，直到近期，大多数接受肝移植的丙型肝炎患者在移植时仍可检测到血清病毒学阳性。因为肝移植后 3 个月内的病毒水平通常是移植前的 10～20 倍，肝移植后丙型肝炎复发具有立即性和普遍性[10, 11]。与非移植患者丙型肝炎感染相比，肝移植后复发性丙型肝炎的自然病程更快。如果不治疗，10%～30% 的患者将

在 5 年内发展为移植肝肝硬化，其中 2/3 随后将进展为临床上肝硬化失代偿[12-14]。大约 5% 因丙型肝炎接受肝移植的患者在术后 3 个月内会发生纤维化胆汁淤积性肝炎，一种进展快速的肝炎，并且在术后 3～9 个月发生移植物功能衰竭[15]。其特点是丙型肝炎 RNA 水平非常高，血清胆红素水平＞6mg/dl，并且 ALP 水平超过正常上限的 5 倍。在直接抗病毒药物时代之前，抢先治疗是禁止的，肝移植术后的基于 IFN 治疗相对无效（持续病毒学应答率为 27%～37%），并且耐受性差[16, 17]。然而，因为直接抗病毒药物的疗效和耐受性，应用直接抗病毒药物的早期治疗肝移植术后复发性丙型肝炎已经成为诊疗标准，并且改

变了这一曾经具有挑战性临床问题的发病率和患病率。

（三）移植前慢性丙型肝炎治疗的思考

确定肝移植等候名单上患者接受直接抗病毒药物的治疗时机和益处需要综合考虑，医患双方共同决策，同时要考虑到可能影响到移植方式和时间的治疗中心特定因素（表 69–1）。对于等待名单上丙型肝炎肝硬化失代偿期患者，必须考虑肝硬化失代偿的严重程度、肝移植等待资格、持续病毒学应答后具有临床意义改善和从等待名单上删除的可能性。同样，确定丙型肝炎相关肝细胞癌患者接受直接抗病毒药物治疗的时机和益处，需要额外考虑耐受局部治疗的能力和疾病进展的风险。鉴于如此的复杂性，所有丙型肝炎肝硬化失代偿期或丙型肝炎相关肝细胞癌患者都应转诊至肝移植中心的专家[18]。

1. 等待名单中丙型肝炎肝硬化失代偿期患者的治疗

对等待名单中丙型肝炎肝硬化失代偿期患者进行治疗有一些潜在的好处。治愈丙型肝炎可改善肝合成功能，以及缓解门静脉高压[19]。这可能会造成等待名单中患者死亡率下降，甚至在某些情况下，改善到不再需要肝移植的程度。根据 CTP 分级或 MELD 评分，丙型肝炎肝硬化失代偿期的患者在持续病毒学应答后，有高达 40% 的临床改善率，然而，是否能从等待名单上删除取决于治疗前 MELD 评分，只有 16%～20% 的患者最终因临床改善而从等待名单上删除[4, 20, 21]。在一项研究中，治疗前 MELD 评分＞20 分的患者中只有 5% 从等待名单上删除，而在初始 MELD 评分＜16 分的患者中这一比例为 35%[20]。因此，明确患者是否已经不太可能获得有意义的临床改善至关重要。如果这些患者在持续病毒学应答后 MELD 评分的降低在临床上没有明显意义，那么实际上，他们可能会在器官分配排序上处于不利的位置。

与阿片类药物流行相一致的供者丙型肝炎阳性发生率的增加是肝移植前丙型肝炎治疗中需要考虑的另一个因素。由于肝移植后持续病毒学应答率为 95%～98%，对于丙型肝炎阳性的受者，

表 69–1	决定等待名单中患者接受直接抗病毒药物治疗时机的因素
患者因素	**治疗中心因素**
• 治疗前 MELD 评分 • 肝移植临床指征 • 预期 SVR12 • 进展至肝细胞肝癌的风险 • 直接抗病毒药物治疗的机会	• 预期等待时间 • 等待名单中患者的死亡率 • 活体肝移植的机会 • 丙型肝炎阳性供者的可获得性 • 直接抗病毒药物治疗的机会

MELD. 终末期肝病模型；SVR12.12 周后持续病毒学应答

移植中心通常选择将治疗推迟到移植后，以使得丙型肝炎阳性的捐献者进入扩大标准的供者库，期望缩短等待时间。

对于需要肝移植前治疗的患者，多项临床试验评估了直接抗病毒药物治疗丙型肝炎肝硬化失代偿期的疗效。两项互补的多中心随机临床试验 SOLAR-1 和 SOLAR-2 评估了来迪派韦 / 索磷布韦 + 利巴韦林在 268 名丙型肝炎肝硬化失代偿期（基因 1 型和 4 型）患者中治疗 12 周或 24 周的疗效。治疗结束后 12 周的持续病毒学应答（SVR12）率介于 85%～90%，但与 CTP B 级患者（87%～98%）相比，CTP C 级患者（75%～87%）较低。重要的是，据报道有 5%～8% 的患者出现病毒学复发[3, 4]。ALLY-1 评估了达拉他韦和索磷布韦 + 利巴韦林治疗 12 周的疗效，SVR12 率为 82%，在 CTP C 级患者中疗效同样下降（CTP C 为 56%，CTP A/B 为 93%）[21]。随后对 409 名肝硬化失代偿期的患者（基因 1 型和基因 3 型）的研究表明，在 12 周的来迪派韦 / 索磷布韦或达拉他韦 + 索磷布韦疗程中联合利巴韦林可改善 SVR12（联合利巴韦林为 82%，未联合为 73%），确定利巴韦林在这些特定方案中的重要性[22]。ASTRAL-4 在 267 名肝硬化失代偿期的患者中评估了索磷布韦 / 维帕他韦联合或不联合利巴韦林治疗 12 周或 24 周的疗效。在治疗 12 周的患者中，联合利巴韦林提高了 SVR12 率（联合利巴韦林的患者为 94%，未

第69章　肝移植治疗病毒诱导终末期肝病的生物学原则与临床问题

Biological Principles and Clinical Issues Underlying Liver Transplantation for Viral-Induced End-Stage Liver Disease in the Era of Highly Effective Direct-Acting Antiviral Agents

联合为 83%）。基于这些数据，对丙型肝炎肝硬化失代偿期的患者，有多种推荐的治疗方案（表69-2）。

尽管应用直接抗病毒药物治疗丙型肝炎肝硬化失代偿期是安全且有效的，但仍存在一些问题值得进一步思考。在 CTP B 级或 C 级肝硬化患者中，蛋白酶抑制药类药物的曲线下面积增加了10 倍，并且导致了临床上肝硬化失代偿现象[23]。基于这一观察结果，以及关于其他含蛋白酶抑制药方案的有限数据，含蛋白酶抑制药的方案目前不推荐应用于肝硬化失代偿期患者的治疗[18]。当肝硬化失代偿合并肾功能不全（GFR＜30ml/min）时，索磷布韦的无效代谢物 SOF-007 会在患者体内积累，所以对于此类患者应当避免使用含有索磷布韦的治疗方案[23]。由于对于丙型肝炎肝硬化失代偿期合并肾功能不全的患者，没有不含索磷布韦或蛋白酶抑制药的治疗方案，所以丙型肝炎的治疗应当被推迟到肝移植之后。

有证据支持持续病毒学应答后肝脏纤维化发生可逆性改变，但是对经过挽救性治疗且可能从移植等待名单上删除的丙型肝炎肝硬化失代偿期患者，持续病毒学应答的长期效果仍不明确[24, 25]。在一项大型、多中心、前瞻性研究中，入组了226 名丙型肝炎肝硬化失代偿期的患者，在应用直接抗病毒药物治疗前及治疗后 24 周，对其进行肝静脉压力梯度（hepatic venous pressure gradient，HVPG）测定。虽然 62% 的患者门静脉

高压确实得到改善，但大多数（78%）患者在持续病毒学应答后仍存在临床上显著的门静脉压力升高。引人关注的是，肝脏弹性成像评估肝脏纤维化从 F_4 缓解到 F_3 的患者中，有 1/3 仍存在临床上显著的门静脉高压。这表明在这类患者中，应用非侵入性检查评估肝脏纤维化程度，可能并不能如实反映其临床上的改善情况[26]。此外，直接抗病毒药物治疗已经被观察到具有迅速逆转固有免疫失调的作用，从而减轻炎症反应并恢复固有免疫感知[27]。对免疫学反应、肝脏纤维化的进展或缓解、门静脉高压和肝细胞癌风险相关的肿瘤监测作用，直接抗病毒药物治疗带来的长期影响尚不明确。

2. 等待名单中丙型肝炎合并肝细胞癌患者的治疗

等待名单中丙型肝炎合并肝细胞癌患者的治疗取决于肝移植前肿瘤进展的风险和预期的等待时间。最初报道表明，对丙型肝炎合并肝细胞癌患者应用直接抗病毒药物治疗，可能会增加复发和进展的风险。在两项欧洲的大型研究中，接受切除或局部治疗的患者，中位 6 个月的复发率为 28%，高于历史观察数据的预期[28-30]。然而，之后对三个独立的法国 ANRS 队列（包括匹配对照）研究进行的前瞻性分析显示，在接受过肝细胞癌根治性治疗之后接受与不接受直接抗病毒药物治疗的患者的复发率差异没有统计学意义[31]。由于现有数据结具相互矛盾，需要进一步

表 69-2　丙型肝炎肝硬化失代偿期治疗建议			
治疗方案	基因型	治疗时间	SVR12
来迪派韦 / 索磷布韦联合利巴韦林	1、4、5、6	12 周 [a] 24 周，如果不适用利巴韦林	85%～90%
索磷布韦 / 维帕他韦联合利巴韦林	1～6	12 周 [a] 24 周，如果不适用利巴韦林	86%～95%
达拉他韦＋索磷布韦联合利巴韦林	1～6	12 周 [a] 24 周，如果不适用利巴韦林	82%～88%

a. 如果前期 NS5A 治疗失败，则为 24 周

SVR12. 12 周后持续病毒学应答

精心设计的前瞻性研究来更好地评估持续病毒学应答后肝细胞癌复发的风险，目前的证据建议，根据肝移植前治疗预测疾病进展的风险和预期等待肝移植的时间对肝细胞癌复发的风险进行谨慎的评估 [23, 32]。一般来说，丙型肝炎合并肝细胞癌的患者在肝移植前不常规接受治疗，以便允许应用丙型肝炎阳性供肝，并缩短等待时间。除了在丙型肝炎阳性供体少的地区，这种方法是行之有效的 [33]。

3. 预防肝移植后丙型肝炎复发的治疗

因为直到最近，并没有对丙型肝炎肝硬化失代偿期的患者进行常规治疗，肝移植前丙型肝炎的治疗对肝移植后丙型肝炎复发影响的数据有限。在一项 Ⅱ 期单臂开放标记研究中，61 名等待名单中丙型肝炎肝硬化 CTP A 级合并肝细胞癌的患者，接受索磷布韦联合利巴韦林的治疗直到接受肝移植手术或到 48 周。其中 43 名患者接受了肝移植，肝移植术后 SVR12 为 70%；然而，在肝移植前 HCV-RNA 水平低于检测下限大于 30 天的患者中，肝移植术后 SVR12 为 96%[34]。一项较小的单中心研究证明了来迪派韦 / 索磷布韦联合利巴韦林具有类似的疗效（肝移植术后 SVR12 为 94%），仅 1 名肝移植术前仅治疗了 21 天的患者在肝移植术后发生了丙型肝炎的复发 [35]。尽管这些数据支持直接抗病毒药物在肝移植术前作为预防肝移植术后复发性丙型肝炎的桥接治疗，但是由于肝移植术后直接抗病毒药物的良好有效性，术前治疗方案很少应用。

（四）肝移植后复发性丙型肝炎治疗的思考

肝移植术后复发性丙型肝炎的治疗显著改善了移植物存活率。然而，之前基于 IFN 治疗是受限的，因为其耐受性和疗效较差，并增加了术后排斥的风险 [16, 17, 36]。因此，基于 IFN 治疗仅推荐用于 2 期及以上肝脏纤维化的患者 [15]。由于基于 IFN 治疗的耐受性和疗效较差，因此排除了对肝移植受者复发性丙型肝炎的抢先治疗，使得严重复发（如纤维化胆汁淤积性肝炎）或移植肝硬化患者的治疗成为一项重大挑战。随着直接抗病毒药物的出现，上述临床困境得到了良好的解决。

1. 复发性丙型肝炎的早期治疗

肝移植术后复发性丙型肝炎的早期治疗可以带来很多好处，不仅可以预防肝脏纤维化进展和移植肝硬化，还可以简化有关免疫抑制方案和治疗移植物功能障碍的决策。一些研究已经证实了早期直接抗病毒药物对肝移植术后复发性丙型肝炎但还没有进展到晚期纤维化患者的疗效。CORAL-1 评估了帕利瑞韦 / 利托那韦 / 奥比他韦 +Dasubvir（PrOD）联合或不联合利巴韦林治疗肝移植术后至少 12 个月内对复发性丙型肝炎基因 1 型患者的疗效。在未进展到晚期肝脏纤维化的患者中，SVR12 率为 97%[37]。随后的一些研究评估了以索磷布韦为基础治疗方案的疗效。尽管最初的报道表明，在没有发展到肝硬化的肝移植术后复发性丙型肝炎的患者中，索磷布韦联合利巴韦林治疗的 SVR12 率可达到 75%，但随后对直接抗病毒药物联合治疗方案的研究表明，SVR12 率等同甚至优于肝移植前接受治疗的 SVR12 率 [3]。SOLAR-1 和 SOLAR-2 评价了来迪派韦 / 索磷布韦联合利巴韦林治疗肝移植术后复发性丙型肝炎但无移植肝硬化患者的疗效。SVR12 率为 94%～100%，12 周方案与 24 周方案疗效相同 [4, 38]。另两项研究评估了达拉他韦和索磷布韦联合或不联合利巴韦林的疗效，其 SVR12 率相当（91%～94%），尽管这是一种治疗选择，但在临床上很少使用 [21, 39]。

对 80 例肝移植术后复发性丙型肝炎但无肝硬化的患者进行了泛基因型治疗方案格卡瑞韦 / 哌仑他韦的研究。受试者接受了 12 周格卡瑞韦 / 哌仑他韦不联合利巴韦林的治疗，SVR12 达到 97.5%[6]。格卡瑞韦 / 哌仑他韦是目前肝移植术后唯一可行的不联合利巴韦林的治疗方案，然而考虑到其含有蛋白酶抑制药（哌仑他韦），被禁止用于移植肝硬化失代偿期的患者。基于这一数据，目前的指南建议在肝移植手术恢复后立即进行复发性丙型肝炎的早期治疗，最好是在 3 个月内（表 69-3）[23, 40]。

2. 移植肝硬化患者的治疗

因为对于肝移植后复发性丙型肝炎肝硬化的患者来说，其会更快进展至失代偿期，并且 1 年

表 69-3 肝移植后复发性丙型肝炎的治疗推荐

治疗方案	基因型	治疗时间	SVR12
格卡瑞韦 / 哌仑他韦 [ab]	1～6	12 周	98%
来迪派韦 / 索磷布韦联合利巴韦林	1、4、5、6	12 周	94%～100%
索磷布韦 / 维帕他韦联合利巴韦林 [a]	2、3	12 周	94%～98%[c]
达拉他韦 + 索磷布韦联合利巴韦林	1～6	12 周	91%～94%

a. 在肝硬化失代偿期患者中可作为替代方案使用
b. 应当避免在肝硬化失代偿期患者中使用
c. 非移植队列研究，这个方案还没有在肝移植术后的队列中进行研究

死亡率为 60%，因此治疗最关键 [13, 41]。建议肝移植后因复发性丙型肝炎而导致的肝硬化代偿期患者接受治疗，因为这将防止其进展至失代偿期，以及需要再次移植的可能。应用来迪派韦 / 索磷布韦联合利巴韦林治疗肝移植后复发性丙型肝炎 CTP A 级肝硬化（基因 1 型、4 型、5 型和 6 型）治疗 12 周结果显示 SVR12 率为 96%，与达拉他韦 + 索磷布韦联合利巴韦林治疗基因 2 型和 3 型的疗效相似 [21, 38, 39]。

对于肝移植后丙型肝炎复发并进展至肝硬化失代偿期的患者，再次移植前适当治疗方案的选择和时机的考虑原则应当与肝硬化失代偿期患者初次移植前一致。如果患者未加入等待名单，并且考虑治疗仍然有效，除了肝硬化代偿期的治疗方案之外，索非布韦 / 维帕他韦联合利巴韦林可以用于没有明显肾功能异常的基因 2 型或 3 型患者。这是从对初次肝移植前患者的治疗数据中推断出来的，该方案在肝移植后的安全性和有效性并未有相关研究进行评估 [42]。

3. 纤维化胆汁淤积性肝炎患者的治疗

大约 5% 的肝移植患者会发生纤维化胆汁淤积性肝炎（fibrosing cholestatic hepatitis，FCH），其特点是快速导致移植物丢失的非常严重的丙型肝炎复发。迄今为止最大的两项研究显示，达拉他韦 + 索磷布韦联合利巴韦林的治疗 SVR12 率为 96%～100%，另一项单中心研究显示，使用含索非布韦的方案的 SVR12 率为 80%～100%[43, 44]。基于这一有限的数据，使用

直接抗病毒药物治疗纤维化胆汁淤积性肝炎的治疗方案推荐与治疗肝移植后复发性丙型肝炎肝硬化失代偿期 HCV 和失代偿期肝硬化的方案相同 [40]。

4. 复发性丙型肝炎的抢先治疗

在进行肝移植时为预防丙型肝炎复发进行抢先治疗已经被研究证明是有效的。一项研究表明，16 名患者在肝移植前即刻使用来迪派韦 / 索磷布韦治疗，并在移植后持续治疗 4 周，肝移植后 SVR12 率为 88%[45]。在肝移植前后常规应用短周期抢先治疗的有效性有待进一步研究。由于 SVR12 率不太可能超过肝移植后早期治疗，抢先治疗潜在获益为缩短治疗周期，从而降低成本，并可能对丙型肝炎阳性的供肝移植到丙型肝炎阴性的受者的治疗具有一定的作用。

5. 直接抗病毒药物与免疫抑制药之间的药物相互作用

在治疗肝移植后复发性丙型肝炎中，直接抗病毒药物和免疫抑制药之间的药物相互作用是不可忽视的。含有蛋白酶抑制药的治疗方案更有可能引起明显的药物相互作用，可能需要对免疫抑制药进行额外的监测和剂量调整。在应用环孢素的患者中，不推荐使用格拉瑞韦、哌仑他韦或伏西瑞韦，因为可导致蛋白酶抑制药的暴露增加（AUC 升高 5～10 倍）。然而，在使用他克莫司的患者中使用上述三种药物相对安全，但仍需密切监测药物浓度 [18]。帕利瑞韦通过 CYP3A4 通路与钙调磷酸酶抑制药产生强烈的相互作用，治疗时

需明显减少药物剂量。通过相同的机制，帕利瑞韦可提高 mTOR 抑制药药物浓度，但程度较小，因此不需要事先调整药物剂量。索磷布韦＋达拉他韦、来迪派韦/索磷布韦和索磷布韦/维帕他韦与免疫抑制药之间药物相互作用不明显，常规监测药物浓度下即可安全使用。

因为丙型肝炎的治疗可改善肝脏功能，免疫抑制药药代动力学改变与病毒根除相一致[46]。这种现象可导致免疫抑制药肝脏代谢的增加、血药浓度的下降、排斥反应的发生[47]。因此，不管没有药物相互作用的发生，在进行直接抗病毒药物治疗时，以及在确认 SVR12 之前，密切监测免疫抑制药药物浓度非常重要，并且在肝功能改善时酌情调整药物剂量。

（五）丙型肝炎阳性供器官的扩大应用

长期以来，已有证据支持将丙型肝炎阳性的供肝移植于丙型肝炎阳性的受体与使用丙型肝炎阴性的供肝长期生存结果类似[48, 49]。由于肝移植后泛基因型直接抗病毒药物治疗的疗效，目前关注点已经转移到利用丙型肝炎阳性的供肝来治疗丙型肝炎阴性的受者。尽管存在一些伦理和经济因素，但这种方法对扩大供器官池来说有明显的益处[50]。研究模型表明，应用丙型肝炎阳性的供肝于丙型肝炎阴性的受体，将缩短等待时间，并具有成本效益[51, 52]。在器官获取时，进行基础丙型肝炎抗体检测，如果阳性，进行核酸检测（nucleic acid test，NAT）。目前为止，已有两项研究评估了丙型肝炎核酸检测阳性供体器官的使用。在一项单中心研究中，10 名丙型肝炎阴性肾移植患者接受了丙型肝炎核酸检测阳性供肾。所有患者在移植后 3 天均检测到病毒学阳性，并接受艾尔巴韦/格拉瑞韦治疗，SVR12 率为 100%[53]。在另一项单中心研究中，10 名丙型肝炎阴性心脏移植患者接受了丙型肝炎核酸检测阳性供心。所有患者均检测到病毒学阳性，其中 9 名患者完成了直接抗病毒药物治疗，SVR12 率为 100%[54]。目前有多项试验正在进行，以评估丙型肝炎阳性供肝用于丙型肝炎阴性受体的安全性和有效性。

二、肝移植治疗乙型肝炎感染

（一）原位肝移植治疗乙型肝炎的初始经验

自 20 世纪 80 年代肝移植手术广泛开展以来，人们发现乙型肝炎复发速度很快。80% 以上的乙型肝炎患者在肝移植术后都发生了复发，而且往往很严重，导致移植物衰竭和患者死亡[55]。在肝移植后最初的几周，即使没有接受预防性免疫治疗，乙型肝炎受者也没有出现任何复发的表现。肝移植 8～12 周之后，移植肝功能异常反映肝细胞被来自肝外部位的病毒感染，类似于急性病毒性肝炎造成的肝细胞损伤。乙型肝炎感染的血清标志物（HBsAg）和病毒复制（HBeAg 和 HBV DNA）阳性。血清转氨酶显著升高，并可能伴有症状的黄疸和凝血功能障碍。移植肝再次感染乙型肝炎的进展是不同的。类似于丙型肝炎复发，最严重的复发形式为纤维化胆汁淤积性肝炎，其特点是在移植后几个月内进展为有症状的移植物衰竭[56]。血清中乙型肝炎 DNA 含量升高，免疫荧光染色显示肝细胞中有大量的 HBcAg 和 HBsAg。然而，大多数患者复发的进展较慢，在没有抗病毒治疗的情况下，与免疫功能正常的患者相比，移植肝进行性损伤的自然病史略短。在采用预防性免疫治疗及抗病毒药物治疗已发再感染之前，通常在肝移植术后 1～2 年内发生移植肝衰竭。乙型肝炎再感染常因导致移植肝衰竭需要再次移植。

（二）乙型肝炎复发相关预测因素的确定

明确肝移植后乙型肝炎复发相关预测因素是控制乙型肝炎复发的重要步骤。1993 年，Samuel 等发表了一篇具有奠基意义的论文，介绍了一些可以减少乙型肝炎复发的因素（表 69-4）[57]。移植肝乙型肝炎复发率低与肝移植后长期应用乙型肝炎免疫球蛋白（hepatitis B immunoglobulin，HBIg）、急性而非慢性乙型肝炎肝移植、合并丁型肝炎感染等因素相关。在暴发性乙型肝炎感染的患者中观察到的乙型肝炎复发率低反映出过度活跃的免疫反应，这反而导致严重的肝脏损伤。事实上，急性暴发性乙型肝炎感染的患者中，发

第69章　肝移植治疗病毒诱导终末期肝病的生物学原则与临床问题

Biological Principles and Clinical Issues Underlying Liver Transplantation for Viral-Induced End-Stage Liver Disease in the Era cf Highly Effective Direct-Acting Antiviral Agents

> **表 69–4　肝移植术后乙型肝炎复发相关预测因素**
>
> - 临床预测因素
> - 高复制水平
> - 无丁型肝炎感染
> - 肝细胞癌
> - 抗病毒药物耐药
> - HBeAg 阳性

展到有症状的肝衰竭时，HBsAg 可能已经被清除。丁型肝炎对乙型肝炎复发的保护作用反映出双重肝炎感染时乙型肝炎病毒复制下降。乙型肝炎病毒复制量高，如 HBeAg 阳性及乙型肝炎 DNA 升高，毫无疑问是乙型肝炎复发的相关预测因素。Samuel 团队认为，肝细胞肝癌与乙型肝炎复发相关，这可能因为乙型肝炎病毒在肿瘤细胞中的复制[58]。

（三）乙型肝炎免疫球蛋白的应用

乙型肝炎免疫球蛋白作为一种预防药物的使用，对接受肝移植的慢性乙型肝炎患者具有重大的里程碑意义。其作为单药方案长期、大剂量的使用，防止了 65%～80% 患者乙型肝炎的复发[59]。乙型肝炎免疫球蛋白提供的保护并不完全，因为尽管使用了乙型肝炎免疫球蛋白，在病毒复制活跃的患者中仍有很高的复发率。目前，大多数中心采用在无肝期使用 10 000U 乙型肝炎免疫球蛋白，术后 1 周每天静脉注射乙型肝炎免疫球蛋白，再往后定期静脉注射的治疗方案。

尽管乙型肝炎免疫球蛋白的使用是首个治疗进展，但这种方法仍存在许多重要的局限性，包括每月定期输液的不便捷性，过高的治疗费用，尤其是静脉用药，以及缺乏指导最佳剂量和持续时间的数据。在没有前瞻性对照试验证据的情况下，给药剂量是经验性的，具有保护作用的乙型肝炎表面抗体水平也不清楚。在早期的报道中，多家中心维持乙型肝炎表面抗体水平大于 200U/ml。通过连续检测乙型肝炎表面抗体水平来指导静脉给药频率，以防止乙型肝炎表面抗体水平低于 100U/ml。然而，另一些中心选择每月注射固定剂量而非根据检测水平调整剂量的方案来防止

复发[55]。

为了减少静脉输液的费用和不便，一些团队进行了肌内注射给药的探索。存在的问题是，因为肌内注射乙型肝炎免疫球蛋白抗体峰水平较低，所以有可能维持乙型肝炎表面抗体的保护性水平[60]。美国弗吉尼亚州里士满的一个研究团队报道了每月固定肌内注射给药方案的成功使用。该研究显示，即使乙型肝炎表面抗体水平在 100U/ml 以下，只要能被检测到就具有保护意义[61]。进一步研究数据表明，尤其是在联合口服抗病毒药物的情况下，两种途径给药产生的乙型肝炎表面抗体水平相当[62]。

尽管乙型肝炎免疫球蛋白没有直接的抗病毒作用，但它对乙型肝炎肝移植患者的保护作用可能包括增强乙型肝炎特异性免疫反应，以及清除来自肝外部位进入循环的病毒，阻止肝细胞受体的摄取[63]。乙型肝炎免疫球蛋白单药方案的预防性免疫治疗失败反映出产生保护性抗体水平不足，或者 S 抗原 "a" 决定簇的构象改变，导致乙型肝炎免疫球蛋白结合力的减弱[64]。

（四）口服核苷类药物时代

肝移植前后乙型肝炎管理的第二个重要里程碑是 1998 年批准拉米夫定用于治疗乙型肝炎。最初的设想是拉米夫定单药治疗足以预防肝移植后乙型肝炎复发。然而，很快人们发现这种治疗方案下频繁出现乙型肝炎复发，原因为治疗诱导的乙型肝炎病毒基因中病毒聚合酶部分发生突变。拉米夫定单药治疗的肝移植后乙型肝炎复发率高达 40%[65]。

在乙型肝炎免疫球蛋白和拉米夫定单药治疗方案效果不理想后，人们迅速提出拉米夫定和乙型肝炎免疫球蛋白的联合方案[66]。这种组合极大地降低了肝移植后乙型肝炎复发，使其成为一个非常重要事件。当时，一些团队报道了多种方案，基本是初期应用静脉注射乙型肝炎免疫球蛋白联合拉米夫定，然后过渡到肌内注射乙型肝炎免疫球蛋白[67, 68]。越来越多的乙型肝炎肝移植受者在移植前接受口服抗病毒治疗，移植后联合乙型肝炎免疫球蛋白治疗。

在过去 10 年中，几种具有耐药率低的强效

核苷酸类药物（如 2005 年的恩替卡韦、2008 年的替诺福韦和 2016 年的替诺福韦艾拉酚胺）获批，为研究无乙型肝炎免疫球蛋白方案提供了机会。一项对 80 名慢性乙型肝炎肝移植患者的研究表明，恩替卡韦单药治疗可以有效地预防乙型肝炎复发[69]。相对较短的 26 个月中位随访结果显示，HBsAg 血清学清除率高，病毒抑制性好，没有病毒学反弹。最近的一份报道描述了 265 例慢性乙型肝炎肝移植患者术后 8 年使用恩替卡韦单药治疗而不使用乙型肝炎免疫球蛋白的情况[70]。HBsAg 清除率高（1 年和 5 年分别为 90% 和 95%），乙型肝炎病毒 DNA 未检出率为 100%。除了这些令人振奋的结果，肝移植后 9 年生存率高达 85%，没有再次移植或与乙型肝炎复发相关的死亡。这项研究还表明，尽管超过 60% 的人在移植时可检测到乙型肝炎病毒 DNA，但 HBsAg 血清清除率和病毒抑制率高。

口服核苷酸类药物在治疗乙型肝炎肝硬化患者中发挥了重要作用。抗病毒治疗已被证明能改善肝硬化失代偿期患者的预后，尤其是早期治疗[71]。恩替卡韦和替诺福韦被推荐为治疗肝硬化失代偿期患者首选的一线药物[72]。

目前，AASLD 指南推荐个体化使用乙型肝炎免疫球蛋白的治疗方案[73]。低危患者在无肝期和术后 5～7 天内使用乙型肝炎免疫球蛋白或不使用乙型肝炎免疫球蛋白都是合理的。对复发风险高的患者，核苷酸类药物和乙型肝炎免疫球蛋白联合治疗方案可作为首选。这包括耐药性的产生、移植时病毒 DNA 含量高、合并感染丁型肝炎和人获得性免疫缺陷病毒的患者、服药依从性差的患者。

（五）移植物来源乙型肝炎的传染

75% HBsAg 阴性的受者，由于接受既往感染过乙型肝炎（乙型肝炎核心抗体阳性，HBsAg 阴性）的供者捐献的肝脏，而发生新发获得性乙型肝炎感染，但也随受体对乙型肝炎的免疫状态而异。一项系统回顾表明，乙型肝炎五项抗原、抗体全阴的受者，与乙型肝炎核心抗体和（或）乙型肝炎表面抗体阳性受者相比，新发乙型肝炎感染的风险更高（48% vs. 15%）[74]。核苷酸类药物（首选恩替卡韦或替诺福韦）预防性抗病毒治疗，已被证明在预防新发感染方面有效，并应在移植后立即开始使用。乙型肝炎免疫球蛋白的使用不是必需的。没有数据表明 HBsAg 阴性、乙型肝炎核心抗体阳性供者的乙型肝炎表面抗体水平影响乙型肝炎传染给受者的风险。

三、结论

高效直接抗病毒药物的出现彻底改变了慢性乙型肝炎和丙型肝炎患者围肝移植期的管理。随着直接抗病毒药物应用的扩大，等待移植的乙型肝炎和丙型肝炎患者数量将继续下降。此外，肝移植后直接抗病毒药物的使用，将降低乙型肝炎和丙型肝炎阳性受者的移植物丢失率，并且因为扩大使用乙型肝炎和丙型肝炎阳性的供者器官，使得非肝炎病毒诱导的终末期肝病患者获益。

第70章 消除作为全球健康威胁的丙型肝炎病毒的时机

Time for the Elimination of Hepatitis C Virus as a Global Health Threat

John W. Ward　Alan R. Hinman　Harvey J. Alter　著

杨　明　王昭月　陈昱安　译

　　疾病控制的最终目标是消除和根除疾病，从而实现巨大的健康效益，确保全球卫生公平。丙型肝炎病毒符合重大公共卫生问题的标准，其消除是可行的[1-3]。2016年，世界卫生组织（World Health Organization, WHO）发布了《全球卫生部门战略——病毒性肝炎（2016—2021年）》，其中设定了到2030年实现的目标，表明在消除HCV作为公共卫生威胁的方面取得了进展。目标是到2030年将全球新发感染人数降低90%，将全球死亡率降低65%[4]。如果实现了这些目标，那么预计全球HCV发病率将从2015年的每年175万降至2030年的每年17.5万；以HCV为根本病因的全球死亡率将从2015年约40万人下降到2030年的14万人[5]。2015年，WHO估计全球有7100万人感染了HCV。2016年，世界卫生大会（World Health Assembly，WHA）通过了一项支持WHO目标的决议，并将HCV列入全球消灭的选定疾病组中[6]。

　　在生物学上，HCV是一种很容易通过肠外接触受污染血液传播的病毒，通过其他途径传染性较低。全球行动已大大减少了在医疗机构中的传播，增加了归因于注射毒品使用的病例比例。从HCV感染到严重疾病发作的潜伏期为几十年，这为早期诊断和治疗提供了充足的时间，以防止过早死亡。抗HCV抗体和HCV RNA的检测可以可靠地发现HCV感染。新的全口服HCV疗法是医学上一项重大进展，超过90%的人在完成治疗后痊愈。消除HCV的目标为各国提供了动力，它们努力实施自己的全面HCV预防计划。此类项目的开发才刚刚开始，从过去的消除工作（如天花和脊髓灰质炎）中获得的知识和经验可以用于成功消除HCV。在本章中，我们将回顾HCV感染的健康负担、HCV消除目标的制定过程、为实现这些目标而实施的干预措施的成功和挑战、说明有效消除规划的基本组成部分的实地研究及将加速消除HCV感染的关键研究。

一、HCV 感染的公共卫生问题

　　疾病的严重程度必须足以保证优先为专门的消灭方案提供资源。HCV是一个重大的全球公共卫生问题：2015年，估计有7100万人（全球人口的1%）感染了HCV[5]。HCV几乎存在于所有国家。然而，HCV在国家层面的差异很大，这反映了风险暴露的差异，以及可靠数据对揭示当地传播模式和疾病负担的重要性。首先，根据遗传差异，将HCV分为七种基因型，不同国家的频率不同[7]。某些国家的HCV感染率较高，包括蒙古国（6.7%）、埃及（6.4%）、巴基斯坦（3.8%）、俄罗斯（2.9%），罗马尼亚（2.5%）[8]。流行率在国家以下各级也可能有所不同。例如，在流行率较高的埃及，下埃及的流行率（8.2%）高于上埃及的流行率（2.2%）[9-11]。在美国，2010 年估计 1.67% 的抗 HCV 抗体流行率因州而异，从最高的 3.34%（俄克拉荷马州）到最低的 0.71%（伊利诺伊州）[12]。

在全球范围内，HCV 感染率最高的人群是注射吸毒者（persons who inject drugs，PWID）。2017 年，在约 1560 万有注射毒品史的人中，810 万人（52%）感染了 HCV[13, 14]；感染 HCV 的 PWID 中有 58% 有监禁史。因此，在 2012 年，估计有 220 万被监禁者（26%）感染了 HCV[15]。在美国，估计目前或曾经注射毒品的 150 万人感染了 HCV[14]。

2010 年，美国估计有 350 万人感染了 HCV。在美国，HCV 是传染病导致死亡的主要原因。2007 年，HCV 死亡人数超过了 HIV 死亡人数，2014 年，HCV 死亡人数超过了美国其他 60 种报告传染病的死亡人数[17, 18]。2016 年，共有 18 153 例死亡（4.5 例死亡 /10 万人）与 HCV 感染有关[19]。

2015 年，全球共发生 170 万例 HCV 新感染病例，其中 40% 归因于医疗机构的不安全注射，约 1/3 归因于目前的注射药物使用[5]。卫生保健环境中的接触包括从感染 HCV 的献血者那里接受未经筛选的血液和血液制品，以及使用未经消毒的注射设备进行操作[5, 7]。在全球范围内，由医疗保健和注射药物使用引起的 HCV 比例各不相同。在低收入和中等收入国家，接受未经筛查的血液和感染控制不良是主要的传播方式。在高收入国家和一些中等收入国家，大多数新感染病例都是 PWID 引起的。

丙型肝炎病毒的其他传播途径不太常见。感染 HCV 的母亲所生的孩子感染 HCV 的风险为 6%～14%[20, 21]。其他偶然的与血液的非肠道接触、鼻内吸入药物、不受管制的文身和仪式性划痕都与 HCV 的传播有关[7]。除了在某些与男性发生性关系的 HIV 感染男性人群（men who have sex with men，MSM）外，HCV 的性传播很少见。预防在这些人群中很重要。然而，实现消除 HCV 的目标取决于在卫生保健和社区环境中预防未经筛查的血液和血液制品及未经消毒注射的最常见传播途径。

二、制定消除 HCV 的过程

WHO 消除丙型肝炎病毒战略的制定是在一系列全球政策和行动之后进行的。随着新的数据显示 HCV 感染导致的死亡率不断上升，人们日益迫切地呼吁改善 HCV 的预防、护理和治疗。获批和验证的抗病毒药物治疗 HCV 感染的有效性促使国际社会呼吁采取行动，应用这一新的预防工具，更有效地预防 HCV 传播和疾病。2000—2010 年，全球范围内与 HCV 相关的死亡率增加了 10%，而包括 HIV、疟疾和结核病在内的其他传染病的死亡率在此期间有所下降。2010 年、2014 年和 2016 年，WHA 通过了三项决议，承认 HCV 和其他形式的病毒性肝炎为全球公共卫生问题[2, 24, 25]。2010 年，WHA 呼吁 WHO 和会员国采取更大行动改进病毒性肝炎的预防诊断和治疗。2011 年，美国 FDA 在美国批准了第一代口服抗病毒疗法，该疗法需要继续使用以 IFN 为基础的方案治疗 HCV 感染。2012 年，WHO 发布了第一个预防病毒性肝炎的行动计划，并开始协助各国制定当地预防计划[26]。当时，126 个成员国中只有 37% 的国家制定了预防病毒性肝炎的国家计划[27]。

2014 年，WHA 呼吁继续改进 HCV 预防工作，并强调预防措施对保护 PWID 的重要性[24]。重要的是，WHA 要求 WHO 审查为消除 HBV 和 HCV 感染设定目标的可行性。2014 年，FDA 批准了首批用于治疗 HCV 感染的全口服疗法。

为响应世界卫生大会的要求，WHO 与会员国、联合国系统各组织、其他多边机构、捐助和发展机构、民间社会、非政府组织、科学技术机构和网络及私营部门举行了多次利益攸关方磋商。WHO 还委托建立模型，以估计各种预防战略对疾病传播和负担的影响。虽然这一进程在 2015 年进行，但联合国在可持续发展目标中呼吁全球采取应对措施，抗击病毒性肝炎[28]。

2016 年，WHO 发布了《全球卫生部门战略——病毒性肝炎（2016—2021 年）》[4]。在全球战略中，WHO 为消除作为公共卫生威胁的 HCV 设定了全球目标，其定义是到 2030 年将 HCV 新发感染人数降低 90%，并将 HCV 相关死亡率降低 65%。关于制定和传达消除丙型肝炎目标的讨论如下：鼓励各国根据当地对疾病负担、受影响人口、临床护理和公共卫生系统的能力及可用的动员资源的评估，制定更雄心勃勃的国家目标。2016 年 WHA 决议批准了该战略和消除目标。

WHO 为关键预防工作制定了 2020 年和 2030 年的行动目标，包括 HCV 诊断和治疗（图 70-1）。

在全球行动的同时，美国采取了一些步骤加强了预防 HCV 的政策基础。2010 年，美国 IOM 报告了一个专家小组的研究结果，认为国家对 HCV 和其他形式病毒性肝炎的预防能力不相称，并建议改进病毒性肝炎监测和预防服务[29]。IOM 呼吁美国政府起草一份国家行动计划。2011 年 5 月，美国卫生部长助理 Howard Koh 博士发布了

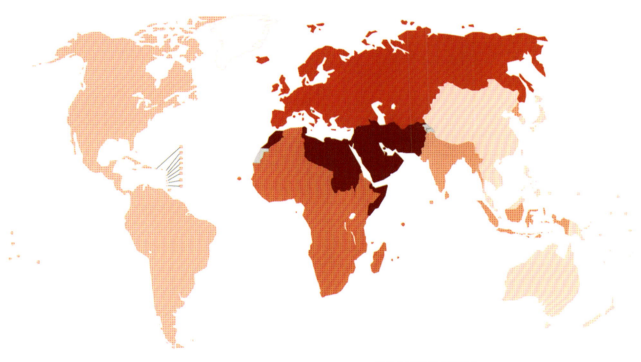

HCV 感染发病情况

WHO 地区	地图标志	发病率（每 10 万人）		总数（000）	
		最佳估计	不确定性区间	最佳估计	不确定性区间
非洲地区	●	31.0	22.5～54.4	309	222～544
美洲地区	●	6.4	5.9～7.0	63	59～69
东地中海地区	●	62.5	55.6～65.2	409	363～426
欧洲地区	●	61.8	50.3～66.0	565	460～603
东南亚地区	●	14.8	12.5～26.9	287	243～524
西太平洋地区	●	6.0	5.6～6.6	111	104～124
全球		23.7	21.3～28.7	1751	1572～2120

▲ 图 70-1　2015 年 WHO 各地区一般人群丙型肝炎病毒（HCV）感染发生率
（经 World Health Organization 许可转载，引自参考文献 [5]）

病毒性肝炎预防国家行动计划[30]。国家行动计划于 2014 年和 2017 年更新（https：//www.hhs.gov/hepatitis/index.html）。2017 年，美国国家科学院（前身为 IOM）发布了两份报告，建议将全球消除 HCV 目标作为美国的国家目标。美国国家科学院提出了一系列行动来建设预防和临床能力，以实现这些目标[31]。

三、设定消灭 HCV 这一公共卫生威胁目标

"根除"和"消除"这两个术语有时可以互换使用，因为它们都传达了有关疾病控制范围的信息。疾病根除的概念源于 Edward Jenner，他发明了天花疫苗。Jenner 在 1801 年写道，"现在它显而易见，以至不得不承认，人类最可怕的祸害天花的灭绝必然是这种做法的最终结果"[32]。然而，有组织的根除人类疾病的努力直到 20 世纪早期和中期才开始。黄热病（1915—1977 年）、雅司病（1954—1967 年）、疟疾（1955—1969 年）和天花（1955—1980 年）是根除的首批目标疾病[32]。在这些疾病中，只有天花已被 WHA 于 1981 年认证根除[33-35]。成功根除天花的运动引发了人们对消灭其他疾病的兴趣，包括 1986 年的麦地那龙线虫病和 1988 年的脊髓灰质炎，这两种努力都在进行中[1, 36]。

"根除"和"消除"这两个术语都传达了关于疾病控制的预期范围的信息。几十年的学术讨论，包括在柏林（1997 年）、亚特兰大（1998 年）和法兰克福（2010 年）的会议[4, 36]，产生了对疾病根除和消除的普遍接受的定义。根除是指通过努力，将一种特定病原体在世界范围内引起的感染发生率永久降低到零。消除传播（也称为阻断传播）是指通过努力，将特定病原体在确定的地理区域内造成的感染发生率平均降低到零，并将重新引入病原体的风险降至最低。可能需要继续采取行动，防止传播再次发生。De Serres 等指出，因为传入的持续风险和有限的后续传播，在没有根除的情况下，零发病率基本上是不可能实现的[38]。

在实践中，"消除"被用来描述不同的目标具体的控制水平（例如，将所有地区新生儿破伤风死亡率降低到 1/10 万活产，或将结核病发病率降低到 1/100 万人口），或中断麻疹传播，表现为持续大于 1 年的传播链消失[39-43]。

在使用"疾病消除"这一词语的角度上仍然存在很大的差异。例如，根除麻疹的国际合作更喜欢在国家和区域成就中使用"消除"，而在全球目标中保留"根除"[2, 43, 44]。同样，消除疟疾全球战略框架为停止传播制定了国家和区域目标，以实现到 2030 年将疟疾发病率降低 90% 的全球目标[45]。关于消除结核病运动，消除目标是到 2035 年将发病率降低到每百万人 1 例以下[40-42]。

1997 年，WHO 提出了"消除作为一个公共卫生问题"的概念，其定义是实现 WHO 就某一特定疾病制定的可衡量的全球目标。一旦达到目标，就需要继续采取行动来维持目标和（或）推进阻断传播。这种消除疾病的概念是有争议的，不像零目标那样被广泛接受[36, 46]。首先，没有一个标准的定义来将一种疾病界定为"公共卫生问题"。其次，将一种疾病确定为不再是"公共卫生威胁"所需的有针对性地改善传播或发病率/死亡率的做法可以被认为是武断的。这一定义可能因环境、资源等而异。对于某些疾病（如淋巴丝虫病），没有代表消灭水平的详细说明；因此，可能无法知道何时达到了消除[44]。

2016 年 WHA69.22 号决议通过了"2016—2021 年全球卫生 HIV、病毒性肝炎和性传播感染战略"[4]。这些战略包括呼吁到 2030 年消除乙型和丙型肝炎这一重大公共卫生威胁。制定的具体目标是新发感染病例减少 90%（与 2015 年水平相比），死亡病例减少 65%。2020 年的中期目标是感染人数减少 30%，死亡人数减少 10%。尽管 WHO 将消除丙 HCV 定义为一种公共卫生威胁的一般定义不精确，但如上所述的肝炎目标有几个目的。首先，消除目标传达了一种紧迫感，增强了对通过改进 HCV 预防和治疗来改善健康的机会的认识，并帮助促进合作伙伴和建立提供预防和临床服务的能力。第二，数字目标可用于推动项目规划，优先利用资源，并监测项目执行。最

后，与消除在感染时发病率最高的其他传染病病原体的规划相比，WHO 的定义适当地包括了 HCV 传播和后期疾病作为消除目标。预防 HCV 传播的干预措施（如清洁注射、安全供血）与消除慢性 HCV 感染者死亡风险所必需的干预措施（如检测和治疗）在很大程度上存在差异。

总而言之，WHO 已在消除 HCV 作为公共卫生威胁的框架内制定了减少 HCV 传播和疾病的可行目标。WHA 和国际根除疾病特别工作组这两个权威机构已批准将 HCV 纳入全球根除的选定目标疾病组。然而，全球消除目标不一定是最终目标。HBV 和 HCV 的消除目标可以随着项目经验的积累和运筹学的开展而修改。WHO 鼓励国家和地方规划制定适合其流行病学情况和卫生系统能力的数字目标。这种灵活性促进了消除 HCV 宏伟目标规划的广泛经验积累，为修改全球目标提供了必要的证据。随着取得的进展，可能会确定更严格的目标，最终可能导致根除 HCV 的目标。

四、确定消除 HCV 可行目标的决定因素

从其他疾病根除和消除项目中收集到的知识，揭示了针对某一疾病进行消除的基本标准 [1, 2, 5, 33-36]（表 70-1）。

HCV 感染符合消除疾病的三个生物学特征。第一，人在病原的生命周期中是必不可少的：HCV 不在环境中繁殖，中间宿主不参与 HCV 的复制周期。

第二，高灵敏度和特异性的检测手段广泛用于检测和诊断 HCV 感染。实用的诊断测试可用于可靠地检测过去或现在的 HCV 感染。实验室检测可以在感染 HCV 的 2 周内检测出 HCV 细胞蛋白抗体，灵敏度和特异性分别为 97% 和 99%[47-49]。抗 HCV 抗体检测也可作为即时检测，其性能与基于实验室的检测相当。在 HCV 感染者中，25%～30% 的人会自发清除感染；感染治愈的患者在血清学检测中仍可检测到抗 HCV 抗体 [7, 50]。在抗 HCV 抗体检测呈阳性后，需要进行第二次病毒学检测，通常是 HCV RNA 检测，以诊断当前的感染 [51]。HCV RNA 检测先于抗体

表 70-1　制定可行的 HCV 消除目标的标准

全球公共卫生重要性
- 7100 万人感染丙型肝炎病毒（HCV）
- 399 000 人死亡
- 1/5 的人死于肝癌

生物学可行性
- HCV 需要人类进行复制，没有中间宿主，也不会在环境中繁殖
- HCV 感染可通过实用的诊断工具检测，具有较高的敏感性和特异性
- HCV 的传播方式仅限于肠外接触
- HCV 相关疾病在感染后几十年才进展

技术可行性
- 预防传播
  - 检测 HCV，并从血液供应中移除被 HCV 污染的供体
  - 医疗机构感染控制的普遍预防措施
  - 为注射吸毒者提供充分的成瘾治疗、消毒设备和相关服务
  - 检测和治愈 HCV，以减少感染力

- 预防发病率和死亡率
  - 检测和治疗 HCV 以阻止疾病进展
  - 干预措施具有成本效益或节省成本

全球认可
- 世界卫生大会
- 国际消灭疾病工作队

检测发现感染的证据，两种检测的使用提高了献血中 HCV 的检测和血液供应的安全性 [52-54]。需要进行 HCV RNA 检测来监测治疗反应，并记录治疗完成后的病毒学治愈情况。即时检测可以在实验室检测不方便的环境中检测 HCV[55, 56]。检测 HCV 核心抗原的检测方法是 HCV RNA 检测的替代方法 [57-59]。

第三，有有效的干预措施，可以阻止传播，防止发病和死亡。HCV 是一种血源性病毒，传播方式有限。HCV 不能穿透完整的皮肤，也没有病媒或空气传播的证据。因此，据估计，一个 HCV 感染者在其感染过程中只会传播两次新的感染。

HCV 的这一繁殖数（R0）为 1.2～2.9，远低于成功根除的天花的繁殖数（4.5）或在世界多个地区成功根除的脊髓灰质炎（6.0）和麻疹（14.5）。

最后一个使消除 HCV 目标得以实现的生物学特征是，从 HCV 感染到发展为严重疾病的潜伏期较长，这为诊断和治疗提供了充足的时间，以防止过早死亡[7, 63-73]。急性 HCV 感染很少引起临床显著性疾病[65]。大多数 HCV 相关的发病率和死亡率是由慢性 HCV 感染引起的，在导致肝硬化、肝细胞癌和其他肝外表现（如非霍奇金淋巴瘤、冷球蛋白血症和肾脏疾病）之前，临床可能沉寂数十年。

技术可行性

在缺乏 HCV 疫苗的情况下，多种干预措施可有效阻断血库环境和与卫生保健和社区环境中的不安全注射有关的 HCV 肠外传播。世界卫生组织制定了执行指标，以监测消除 HCV 的关键干预措施的实施情况（图 70-2）。

1. 通过高质量检测对捐赠进行筛选

血液传播曾经是一种常见的传播模式，对献血者进行 HCV 相关危险因素的常规筛查、对捐献血液进行 HCV 检测及将受 HCV 污染的捐献血液从血液供应中移除实际上可以消除输血相关的 HCV。1992 年，美国和其他国家开始实施这些干预措施[52-54, 74-83]；新一代的检测方法提高了敏感性和特异性。随着时间的推移，接受血液制品的

人感染 HCV 的风险从 20 世纪 80 年代的 7%～10% 下降到 2010 年的 1/100 万献血[67-71, 74-83]。对捐献的血液进行抗 HCV 抗体检测具有很高的成本效益或节约成本[84]。加入 HCV RNA 检测的成本效益因供血人群中 HCV 的流行程度和发病率而异[84, 85]。

由于资金问题和实验室基础设施的缺乏，血库中的 HCV 检测并没有立即被所有国家采用。通过 WHO 输血安全规划（http://www.who.int/bloodsafety/en/），PEPFAR 对血液安全的支持（https://www.pepfar.gov/documents/organization/83108.pdff）及区域努力（如非洲加强实验室管理以获得认证计划）（https：//slmta.org/），越来越多的国家对献血的血液进行了 HCV 常规检测。到 2016 年，在回应 WHO 调查的 175 个国家中，有 174 个国家报告说已制定了捐献血液的 HCV 筛查政策[86]。总的来说，89% 的献血者按照程序进行了筛查，以确保检测质量。然而，扩大抗 HCV 抗体和 HCV RNA 检测可以将传播降低到每百万输血 0.5 次传播的低水平[83]。目前只有 1/4 的国家报告了对血液供应进行 HCV 常规检测的情况。努力优化血库筛查对低收入国家尤为重要，因为在这些国家，每 100 名献血者中就有 1 人感染 HCV[86]。

2. 减少不安全注射的比例

HCV 传播的主要风险包括注射器的重复使用

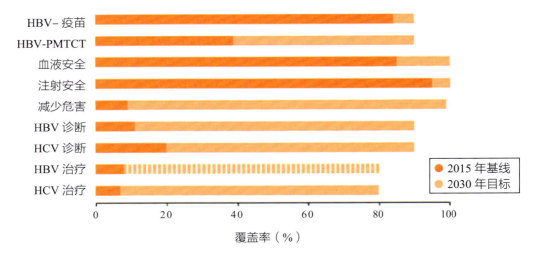

▲ 图 70-2　消除 HCV 的服务覆盖率指标：核心干预措施
HBV. 乙型肝炎病毒；HCV. 丙型肝炎病毒；PMTCT. 预防母婴传播

和多剂量小瓶的污染[6, 87-92]。实施普遍的感染控制预防措施导致患者和医护人员中 HCV 流行率大幅下降[90, 91]。实现普遍预防的步骤包括与工作人员建立感染控制程序、监测和应对感染控制失误、教育临床医生感染控制、确保安全注射设备的可靠供应、使用注射设备使重复注射变得不可能或极为困难[90-92]。预防 HCV 的普遍预防措施节省了成本[91]。

2000 年，全球约有 200 万（40%）的 HCV 新发感染病例归因于接触不安全注射[93]。自那时以来，WHO 的安全感染全球网络等倡议指导各国卫生部和其他利益攸关方改善感染控制。由于这些行动，2000—2010 年，接触不安全注射的人数下降了 88%，由不安全注射导致的 HCV 感染人数下降了 83%[94]。在世界一些地区，5% 或更少的注射涉及重复使用注射器和针头[5, 94]。

总之，使用不安全设备进行注射的比例已经显著下降。进一步减少这一数字需要加强社区努力，教育患者口服药物的有效性与通过注射给药的有效性相同。在世界上的一些地区，尽管有口服等效药物，但仍有相当数量的患者强烈偏好并接受注射药物治疗，不必要地增加了 HCV 的风险暴露[9, 95]。这在埃及尤为严重，在那里，患者中 HCV 感染的流行率很高，而卫生设施缺乏足够的感染控制程序[9]。

3. 改善注射吸毒者获得无菌注射器和针头的机会

通过实施综合干预措施，如阿片类药物替代治疗（opioid substitution therapy，OST）、注射器服务计划（syringe service programs，SSP）和与治疗挂钩的 HCV 检测，PWID 之间的 HCV 传播是可以预防的[96-101]。根据一项已发表的研究综述，充分获得 OST 和 SSP 可分别降低传播风险 50% 和 23%，共同降低传播风险 71%[97, 98]。注射器服务具有很高的成本效益[98, 102, 103]。

虽然 SSP 和 OST 可以降低 PWID 患者的 HCV 发病率，但只有抗病毒治疗才能降低 HCV 患病率和 HCV 相关发病率的风险。健康模型显示，增加 PWID 检测、诊断的数量和治愈其 HCV 感染可以降低感染率和感染力，导致发病率下降

90%[100, 101]。由于减少了 HCV 的传播和疾病，治疗 PWID 的 HCV 具有很高的成本效益[102, 103]。

在全球范围内，2010 年，估计每名用户每年更换 27 套注射器和针筒，这一比率远远低于 WHO 2020 年和 2030 年分别更换 200 套和 300 套的目标[13, 104, 105]。一项对 1985—2011 年北美、澳大利亚和荷兰 PWID 的研究发现，总发病率为 22.6PYO，在此期间观察到的 PWID 发病率从 24.6/100 PYO 下降到 18.8/100 PYO[97, 106]。HCV 发病率下降幅度最大的是澳大利亚和荷兰，这两个国家于 20 世纪 80 年代开始扩大 SSP 和 OST 的获取。相比之下，在北美获得 SSP 和 OST 的途径有限，那里 PWID 中 HCV 的风险行为和发病率较高。2010—2016 年，美国 HCV 发病率增加了 3 倍，时间上与注射处方类阿片类药物和海洛因的增加有关[19]。在无 SSP 或 SSP 较少的州，HCV 发病率的上升幅度最大[107]。

最近美国 HCV 传播的上升可能会让一些人质疑在 2015—2030 年将 HCV 发病率降低 90% 的可行性。这种质疑是疾病消除过程的一个想得到的结果[1, 2, 33-35]。通过设定有限的消除目标而产生的紧迫感，导致了对预防能力的考察。的确，最近美国 HCV 传播的增长加大了实现消除目标的难度。然而，新的感染并不是病毒变化的结果，也不是 HCV 传播的新模式增加了 HCV 的传播。美国的新感染病例来自于 PWID[19]。来自其他国家的证据表明，随着时间的推移，强有力的预防项目导致这一风险人群中 HCV 发病率较低[106]；治愈性 HCV 疗法的可用性是可以进一步减少传播的新的干预措施。美国的发病率趋势是针对这一人群的 HCV 预防基础设施薄弱的结果。随着预防能力的充分提高（这对于美国这样的高收入国家是完全可行的），PWID 中 HCV 发病率将会下降，消除 HCV 的目标就可以实现。

4. 提高被诊断为 HCV 感染者的比例

HCV 检测是降低丙型肝炎流行率和随后死亡率计划中必不可少的一步。然而，很少有隐匿的 HCV 携带者被诊断为 HCV，接受治疗的就更少了。世界卫生组织估计，2015 年，全球共有 7100 万人感染了 HCV[6, 8, 104]，其中只有 1400 万

人（20%）被确诊[104]。要实现消除丙型肝炎病毒的目标，就需要诊断出 90% 的 HCV 感染者[1]。

必须扩大整合服务体系的第一步，即 HCV 检测，以加强治疗的可及性。国家以当地流行病学数据为指导的计划必须包括优先检测高危人群的政策（如接受未经筛查的献血和 PWID 的人)[5,6]。美国 CDC、美国预防服务工作组（United State Preventive Services Task Force，USPSTF）、专业协会和 WHO 建议根据风险暴露、环境和表明 HCV 感染流行率增加的人口特征，对某些人群进行常规 HCV 检测[108-111]。在低收入、中等收入和高收入国家，HCV 检测和 PWID 治疗具有很高的成本效益或节约成本[99, 112-117]。对特定人口亚群（包括年龄和出生队列、PWID 和监禁人群）进行 HCV 检测和治疗的投资回报也类似。

在大多数国家，需要针对多个人群进行 HCV 检测，以全面掌握 HCV 感染风险人群。根据危险行为（如接受未经筛选的血液、注射毒品的人）对个人进行 HCV 检测是一项核心战略，监禁人群的 HCV 检测扩大了基于风险的检测。然而，许多在遥远的过去有过感染史的人不记得药物使用的风险行为，或者不知道医疗环境中的风险或围产期传播[115, 118, 119]。

前几十年 HCV 的高发导致了一组慢性感染者，随着感染的进展，他们的病情越来越严重，表现为慢性肝病。感染了几十年的老年人群体是严重肝病的最高风险人群。在美国，2010 年 350 万丙型肝炎患者中，81% 出生在 1945—1965 年；其中，1/4 的人有严重纤维化或肝硬化的临床证据[118-120]。在其他国家，根据不同的流行病学特征和不同的风险控制政策（如开始在血库筛查 HCV），不同的出生队列受到 HCV 的影响不成比例[116, 121, 122]。在美国，CDC 和 USPSTF 建议对 1945—1965 年出生的人进行一次 HCV 检测[109, 110]。因此，出生队列策略是一种基于人群的方法，既具有成本效益，又使 HCV 检测广泛可用[123]。其他策略包括在特定环境中对所有人进行检测，如矫正机构、急诊部门和所有接受住院服务的人。对所有成年人进行 HCV 检测也具有成本效益，并且易于实施[124, 125]。2018 年，

世界卫生组织建议在一般人群中抗 HCV 抗体血清阳性率≥2% 或≥5% 的环境中进行常规 HCV 检测[126]。

HCV 检测指导政策的出台，增加了 HCV 检测的规模[123]。有证据支持使用某些策略来实施政策，增加目标人群接受 HCV 检测的机会。反射检测，即立即对 HCV 抗体阳性的标本进行 HCV RNA 检测，可提高对当前 HCV 感染的诊断[127]。通过专业教育和电子提示检测，临床医生对 HCV 检测得到改善。评估数据的返回也可以促进临床医生检测实践的改进[128-131]。国家对临床医生进行 HCV 检测的规定也可以作为增加检测的一种手段进行评估[132]。

五、增加诊断后的 HCV 治疗和治愈

在完成 8～12 周 FDA 批准的抗病毒治疗的 HCV 感染者中，超过＞90% 的人将获得持续病毒学应答，即在治疗后 12～24 周的检测中没有 HCV 的证据[7, 133-137]。截至 2018 年 5 月，FDA 和欧洲药品管理局（European Medicines Agency，EMA）共批准了 13 种抗病毒药物和几种固定剂量组合药物[126]。HCV 疗法是安全的，对所有基因型的 HCV 都有效，可以有效治疗肝硬化、HIV 和其他以前难以治疗的患者。HCV 治疗对降低 HCV 死亡风险有重大影响。对于晚期肝病患者，病毒学治疗可使死亡率和 HCC 风险分别降低 78% 和 84%[138-140]。在一项大型 Meta 分析中，与未实现 SVR 的患者相比，实现 SVR 可使 HCC 风险和全因死亡率分别降低 80% 和 75%；病毒学治疗也可使肝外表现死亡率降低 56%[140]。

对许多人群来说，HCV 检测和治疗具有很高的成本效益[141-147]。然而，HCV 治疗的经济效益对 HCV 疗法的成本敏感。HCV 药物的原始市场价格（每疗程 8.4 万～9.6 万美元）导致支付款人根据肝纤维化的阶段、处方提供者的专业、酒精和其他药物的节制程度，对患者的治疗批准制定限制性标准[141]。自 2014 年以来，HCV 药物的价格有所下降，在美国一些州已经取消或放宽了限制。下降的原因包括患者的诉讼、与额外抗病毒治疗许可的竞争、数据支持将治疗疗程从 12

周缩短到 8 周[142-144]。2015 年，HCV 治疗每疗程的价格不到 6 万美元，在美国是节省成本的[145]。

HCV 药物的初始市场价格也在全球范围内构成挑战，导致许多国家对治疗进行限制。然而，在全球范围内，丙型肝炎病毒治疗的成本已经下降。100 多个国家现在可以以每次治疗 200 美元（或更低）的价格获得仿制药[104]；在一些国家，获得非专利 HCV 药物的价格降低了治疗 HCV 的成本[146, 147]。2017 年，62% 的 HCV 感染者生活在可获得仿制药的国家[104]。

在全球范围内，新的治愈性抗病毒疗法的可及性尚未导致 HCV 的大幅下降。要实现世界卫生组织 2030 年的目标，治愈的数量必须足够大，每年将全球 HCV 流行率降低 7%[148]。2016 年，只有 10 个国家（美国、埃及、日本、澳大利亚、荷兰、法国、西班牙、德国、冰岛和卡塔尔）治疗了 ≥7% 的丙型肝炎病毒感染者；其他国家没有取得类似的进展，44 个国家在同一年治疗了不到 1% 的 HCV 感染者。事实上，鉴于 HCV 发病率的持续上升和治愈人数的低水平，在俄罗斯、东欧其他国家、中亚和撒哈拉以南非洲地区，HCV 感染人群的估计规模正在增长。到 2017 年，全球 HCV 感染人群的患病率下降了约 30 万人，约为 6955 万人，仅下降 0.4%[148]。该分析中估计每年 210 万例 HCV 新感染病例也是 HCV 患病率下降幅度小的一个因素。

在美国，在 2007—2014 年进行的全国健康调查中，有 22%～30% 的 HCV 感染者报告称接受了 HCV 药物治疗[149]。这样的 HCV 治疗数量无疑将有助于降低全国 HCV 感染的患病率。2016 年观察到的 HCV 相关死亡率下降了 7%，这反映了 HCV 感染治愈的患者避免了死亡[19]。这一治疗水平表明，美国有望实现消除丙型肝炎感染的目标。美国要实现消除丙型肝炎病毒的国家目标，每年大约需要 25 万人接受治疗。然而，要成功地完全治愈这一数量的感染者，必须实施大规模的 HCV 检测和治疗方案，并持续一段时间。

随着 HCV 药物价格的下降，HCV 检测的价格在消除丙型肝炎所需的总资源中所占的比例越来越大。在一些国家（如巴基斯坦和埃及），检测费用现在等于或略高于治疗费用[10, 126, 150]。为了改善这一基本和必要的预防工具的获取，并朝着消除丙型肝炎病毒检测和治疗的目标取得进展，患者个人和当地项目必须负担得起 HCV 的检测和治疗。

六、消除 HCV 计划的基本组成部分

HCV 消除计划在国家、次国家、设施和风险人群层面处于规划和实施的不同阶段。从以往的疾病根除和消除行动中获得的经验提供了关于消除 HCV 计划的基本组成部分的经验教训（表 70-2）。第一，需要监测数据来编制 HCV 传播、疾病负担和死亡率的流行病学概况。现有的以社区为基础的 HCV 活动、临床和公共卫生服务项目的信息为项目规划和合作伙伴的参与提供了信息。作为消除 HCV 计划基础的公共卫生基础设施的缺乏值得关注。各国往往缺乏公共卫生监测和其他足够质量的指导健康结果目标的选择、为规划提供信息并监测规划实施的战略信息。2016 年，只有一半制定了国家预防计划的国家拥有估计 HCV 流行率所需的数据[5]。

第二，行动计划确定有时间限制的数字目标，并指导规划的实施。该计划确定活动的优先次序，帮助合作伙伴理解其角色，并为财务规划提供基础[10, 11, 151]。数字目标增加了项目人员实现项目目标的问责性。然而，大多数国家还没有制定消除计划。2017 年，132 个国家中有 82 个国家报告称已制定了病毒性肝炎计划，而 2012 年只有 17 个，但这些国家中只有 35% 报告有专门

表 70-2　消除 HCV 规划的基本组成部分

- 评估丙型肝炎病毒（HCV）疾病负担和卫生系统能力的战略数据
- 限时数字目标的行动计划
- 代表执行伙伴和目标人群的民众 / 政策支持
- 向目标人群提供适当干预措施的能力
- 在现有卫生系统中整合服务
- 监测项目运行和消除目标进展的战略数据
- 参与运筹学研究

的资金用于此类计划[104]。很少有计划包括消除 HCV 的目标和实现这些目标的计划。

在提供 HCV 预防、护理和治疗服务方面，公众和政策上的支持与技术水平一样重要[2, 32, 36, 46]。政策支持提高了国家、州或社区层面的公民群体对项目的接受程度，增加了目标人群参与该项目的可能性。政策支持还可以帮助为消除方案活动提供资金，帮助确保活动的可持续性，直到实现消除目标。在社区一级，目标人群的代表可以通过协助教育和外联活动建立信任。

实施消除项目活动的能力可以来自政府和非政府渠道。一些国家已经开始支持消除项目。国家层面的疾病根治和消除项目也可以借助外部组织和联盟的资源来支持。吉利德科学公司为 HCV 项目的发展提供了大量资源[152-155]。抗击 AIDS、结核病和疟疾全球基金支持消除这些疾病的活动[156]。国际扶轮社对根除脊髓灰质炎的支持对该计划的成功至关重要[157]。需要建立类似的全球联盟，使全球消灭 HCV 建立在良好的财政基础上。

还可以通过卫生系统内的整合来建立提供适当干预措施的能力。HCV 检测和治疗可以在人们习惯接受护理的环境中共定位，从而改善护理级联。在现有护理系统中整合 HCV 消除活动的另一个好处包括社区和社区服务提供者的所有权和权能；发展"地方冠军"有助于在新的环境中采用 HCV 干预措施，并在一段时间内维持这些干预措施。WHO 战略框架提出，通过将 HCV 预防活动与 HIV/AIDS、性传播疾病、安全注射和血液安全的相关战略相结合，实现 HCV 消除。

在现有卫生系统内实施与消除 HCV 相关的干预措施时，可有利于其他预防行动。例如，改进献血者对 HCV 的筛查为筛查其他输血相关感染提供了平台，改进感染控制可以减少其他医院感染，并且可以利用专家和初级保健专业人员之间培养的转诊和培训关系来提高其他疾病的护理质量。消除 HCV 的次要好处可以为这一努力提供支持，包括与其他疾病项目分担费用。

需要战略信息来评估项目活动。WHO 行动指标和类似数据有助于保持对规划重点的关注，并确定服务提供方面的成功和差距。重要的是，

需要有关 HCV 发病率、流行率和死亡率的可靠数据，以监测消除目标的进展情况。基于可靠数据的健康建模可以估计到目前为止方案活动的获益（如到目前为止治愈的 HCV 感染人数中避免了未来死亡），并估计实现消除目标所需的服务和相关成本。

第三，消除项目参与运筹学研究是很重要的。目标人群的预防、护理和治疗需求随着时间的推移而变化。随着 HCV 传播和流行趋势的变化，新的问题也随之出现。技术的进步可以提高消除 HCV 的可行性。程序必须保持动态、适应性和开放的改变。

作为运筹学的一个组成部分，模型方案在实地测试方案操作中发挥作用，并在确定的地理区域或环境中评估针对目标人群的干预措施。对于 HCV，各种模式计划在国家和次国家级别尚处于开发的早期阶段；针对特定环境和人群（如微消除）也制定了一些方案。这些示范项目有助于证明消除 HCV 的可行性，并在实施消除 HCV 方案的基本组成部分方面提供操作经验。

（一）冰岛

冰岛的示范项目为在高收入、低流行率国家消除 HCV 提供了一个样板方案[158, 159]。冰岛项目的重点是在 PWID 人群中治疗和治愈 HCV，并降低这一人群的 HCV 传播和再感染风险。冰岛项目的基本特点包括：收集战略数据，指导制定计划，以实现国家消除 HCV 的目标；提供合理的融资；让地方政治领导人、医疗保健提供者和受影响人群成员组成联盟，为目标人群实施适当的干预措施。

2015 年 12 月，冰岛制定了消灭丙型肝炎病毒的目标。当时居住在冰岛的 34 万人中，估计有 1100 人（0.3%）感染了 HCV（几乎所有人都是 PWID）。照顾这些患者的医生与药物制造商吉利德科学公司合作，确定在该国消除 HCV 的方法。这些讨论导致制造商承诺以无偿向冰岛卫生系统捐赠 HCV 药物的形式提供财政支持。消除 HCV 的公私伙伴关系和示范项目计划得到了冰岛卫生部和参与的卫生机构负责人的批准。冰岛政府对该项目的支持包括购买诊断检测试剂和与全

国消灭 HCV 运动有关的其他服务。

在冰岛，HCV 是一种需向公共卫生监测报告的疾病。HCV 新（突发）感染数量被选择作为绩效指标和健康结果目标。根据来自健康模型的数据，该方案设定的目标为到 2025 年将发病率降低 80%。要实现这一目标，每年需要治疗和治愈 1000 例感染 HCV 的 PWID 中的 75 例；如果每年治疗的患者人数增加到 188 人，到 2020 年也将达到类似的发病率下降。冰岛的行动目标是在项目的前 2 年治疗大多数 HCV 阳性患者，第 3 年专门定位和治疗那些难以找到的感染者。

该项目由两个委员会（一个综合委员会和一个以研究为重点的委员会）监督实施，采用包括医生、护士和其他医疗保健专业人员的多学科团队，并参与提供心理社会支持服务（包括无家可归者庇护所）和惩教设施的机构。关键的干预策略是建立病例登记，以确定 HCV 感染者和有感染 HCV 风险的人，为社区服务提供者提供培训，以及为患者提供包括旅行报销在内的外援。在无家可归者收容所和其他可能存在 PWID 的环境中提供了即时检测。护理和治疗方案由成瘾医学、血液学和传染病方面的专家管理。

在项目实施的前 15 个月，557 名 HCV 患者被确定，其中 526 人开始接受治疗[159]。该项目有望实现全国消除 HCV 的目标。地方联盟表达了疾病消除项目经常有的担忧，即在外部资金来源结束后如何维持政策支持。

（二）格鲁吉亚

格鲁吉亚是一个中低收入国家，HCV 流行率高。与冰岛相比，风险人群包括 PWID、接受输血者及在医疗和牙科护理机构接受不安全注射的患者[152, 156]。2015 年 4 月，格鲁吉亚卫生部与美国 CDC 和吉利德科学合作启动了一项 HCV 检测和治疗项目，以消除 HCV（定义为到 2020 年将 HCV 流行率降低 90%）。在美国 CDC 的技术援助下，开展了一项全国 HCV 血清学调查，结果显示 5.4% 的成年人感染了 HCV；男性、30—59 岁人群、PWID 和之前的接受输血者的 HCV 感染率最高。2015 年，全国开始在不同环境下开展 HCV 检测项目；470 890 人接受了 HCV 检测，

超过 10% 的人抗 HCV 抗体呈阳性。PWID 患者中 HCV 患病率最高（45%）。2015 年 4 月，在吉利德科学公司承诺提供资金支持后，HCV 治疗项目启动，该公司同意无偿捐赠 HCV 药物。开始在该国扩大提供 HCV 治疗的站点。2015 年 4 月—2016 年 12 月，在 58 223 名 HCV 抗体检测阳性的患者中，共有 38 113 人（65%）接受了治疗评估，30 046 人（79%）被确诊为慢性 HCV 感染，在完成评估的患者中，27 595 人（91.8%）开始治疗。在接受所有口服、无 IFN 治疗的患者中，有 98% 的人治愈了 HCV 感染。在此期间的最后几个月，HCV 检测呈阳性并接受治疗的人数有所下降，这表明需要扩大检测范围并与护理服务挂钩。2016 年确定了一项国家 HCV 消除计划，以指导将临床护理扩大到额外的初级保健环境和为 PWID 提供安全注射服务，并改进医疗机构内的感染控制和献血者筛查和检测。2017 年，HCV 研究团队成立了一个科学委员会，以开发一项运筹学研究，为将 HCV 检测、护理和治疗扩大到初级保健提供数据。

格鲁吉亚 HCV 项目的好处超出了实现消除 HCV 的主要目标。卫生系统已经取得了长期的改善，这将带来更安全的卫生系统、更强大的连接初级和专科护理提供者的转诊网络及改善 PWID 服务的额外好处，所有这些都可以用来解决其他公共卫生问题。

（三）埃及

埃及是世界上 HCV 感染人数最多的国家之一。埃及有 600 多万人感染了 HCV，这主要是由于 1950—1980 年开展的以社区为基础的需要注射药物的全国性防治血吸虫病运动导致感染控制不力[19, 11, 114, 151]。因此，HCV 在老年人中的流行率最高，而且随着时间的推移，这一人群的 HCV 相关疾病呈进行性发展。这一庞大的感染人群和糟糕的感染控制每年导致 15 万例 HCV 新发感染。在 WHA 和 WHO 采取行动制定全球消除 HCV 目标之前，埃及就制定了消除 HCV 的目标。2006 年，埃及卫生部成立了全国病毒性肝炎控制委员会（National Committee for Control of Viral Hepatitis，NCCVH），由埃及和其他国家

的肝炎专家领导，负责领导全国应对 HCV 疫情。埃及 HCV 管理项目的国家目标和愿景是在 10 年内将 HCV 患病率降低到 2% 以下，并在 2030 年之前接近消除疾病（患病率低于 1%）。2011 年，制定了一项涵盖 HCV 预防的所有方面的国家行动计划，包括改进感染控制、血库筛查程序，以及 HCV 检测、护理和治疗的政策。埃及将感染控制、与世界卫生组织安全注射运动开展合作并在医疗机构建立感染控制规划列为优先事项。

为了鼓励人们寻求检测，埃及发起了一场全国媒体宣传运动，以消除 HCV 感染者的耻辱感。2006—2017 年，全国共开设了 60 个 HCV 治疗中心，建立了全国患者登记处，并以低成本向患者提供检测和治疗服务 [9-11]。通过这一 HCV 治疗网络，约有 100 万患者接受了治疗。然而，要实现埃及的 2030 年目标，每年需要有 35 万人接受诊断和治疗。

这些数据表明，有必要扩大针对更广泛人群的检测政策，并解决检测的财务成本问题，因为与国家规划相关的诊断检测成本目前超过了治疗成本。埃及项目揭示的其他消除障碍是随访率低，而这是记录治愈结果所必需的。尽管存在挑战，埃及的项目还是受益于持续致力于消除的政治和社会承诺、提供评估数据、开展运筹学研究以推动规划变革。埃及的消除项目可能会随着时间的推移而发展，以应对当前的挑战。

（四）澳大利亚

澳大利亚是另一个在制定全球消除 HCV 目标之前就对 HCV 做出全国性反应的国家。澳大利亚的 HCV 消除国家阐明了 HCV 消除示范计划的许多重要组成部分 [160, 161]。该国于 2000 年首次制定了 HCV 预防计划，并随着时间的推移进行了更新。澳大利亚吸引了代表公共卫生、临床医生和民间社会的不同利益攸关方的参与。消除 HCV 的政治承诺在澳大利亚是强有力的：长期的政治支持和政府资金增加了 SSP 的可获得性和 HCV 检测的可获得性。因此，该国甚至在获得治愈 HCV 疗法之前就有条件设定消除目标。HCV 治疗的资金筹措最初是有问题的，限制了这种干预措施的可及性。然而，与成本相关的障碍通过

国家政府、民间社会和制药行业的谈判得到。国家政府承诺在 2016—2020 年投入 10 亿澳元用于购买 HCV 药物，并取消了基于肝脏疾病阶段或用药史的 HCV 治疗限制。政府设置了每年用于购买 HCV 药物的国家资金额度，以便随着更多患者接受治疗，每个患者的治疗成本下降。每名患者的自付费用为 3～7 澳元。

2016—2017 年，澳大利亚约有 6.9 万人接受了 HCV 治疗，目前已有 26% 的 HCV 感染者接受了治疗。然而，即使有了坚实的国家规划、预防基础设施和国家承诺资助 HCV 预防和护理计划及 HCV 治疗，在澳大利亚成功消除 HCV 仍不能保证。随着前几年确诊的患者得到治疗和治愈，接受治疗的人数正在下降，这增加了继续进行 HCV 检测和与护理挂钩的重要性。需要开展社区教育，为尚未确诊的高危人群提供服务。需要建立惩教机构、土著居民和其他特定环境的护理模式，以共同本地化治疗。必须继续为 PWID 提供 HCV 预防服务。

幸运的是，澳大利亚是为数不多的能够广泛获得安全注射设备（每年每个 PWID 分发 400 个针式注射器）和 OST（每 100 个 PWID 中 40 个）的国家之一。随着澳大利亚 HCV 患者人数的下降，要实现消除 HCV 的目标，需要持续的公众关注和政策承诺。消除 HCV 的具体目标将重点放在能够实现的最终目标上，而不是对最初的成功沾沾自喜，从而有助于维持国家承诺。

（五）切罗基族部落

美国俄克拉荷马州东部的切罗基部落的消除努力说明了一个成功的次国家项目，代表了消除行动如何以迭代的方式最终形成一个全面的计划 [153]。在美国的种族和民族人口中，HCV 死亡率和发病率最高的是美国印第安人和阿拉斯加土著人。切罗基部落是美国最大的印第安部落，拥有自己的医疗体系；该部落的所有成员及其他美洲印第安人或阿拉斯加土著人都可以免费接受临床护理服务。由于认识到 HCV 是一种健康缺陷，为了响应 CDC 对所有 1945—1965 年出生的人进行 HCV 检测的建议，切罗基部落卫生系统对这一人群实施了常规检测。卫生信息系统增加了电

子提示，临床护理人员接受了提供 HCV 检测和护理服务的培训。建立了病例登记系统，以监测 HCV 检测、HCV 感染患者的诊断以及他们接受推荐服务的情况。首席执行官 Bill John Baker 表达了公众对该项目的支持：“我们希望在切罗基人中完全消除这种疾病[162]。”在 2012—2015 年 33 个月的时间里，HCV 检测增加了 6 倍，导致 1945—1965 年出生队列中超过 36% 的患者接受了 HCV 检测。在接受 HCV 抗体检测的 16 772 名患者中，715 人（4.3%）抗体呈阳性。在这些抗体阳性的患者中，488 例（68.3%）进行了验证性 HCV RNA 试验，其中 388 例（79.5%）被发现为慢性感染（HCV RNA 阳性）。超过一半（57.5%）的慢性 HCV 感染患者开始治疗，其中 89.6% 达到 SVR（衡量 HCV 治愈的指标）。

对初级和中级医疗服务提供者（包括药剂师）进行培训，以提供 HCV 检测护理和治疗服务，这极大地促进了在方便患者的环境中扩大服务规模。在初步成功的基础上，切罗基部落将常规 HCV 检测范围扩大到所有成年人，由部落卫生系统管理 HCV 检测护理和治疗的费用。2015 年 10 月，部落领导层启动了“消除 HCV 之路”项目，目标是在 3 年时间内治疗卫生系统中 85% 的 HCV 感染患者。卫生系统扩大了在牙科、急诊和其他服务，以及在初级保健环境中的共同本地化治疗中获得 HCV 检测的机会。为了减少新的感染病例并确定无法获得临床护理服务的人群，消除项目正在为社区开发外扩检测和减少危害服务。

（六）旧金山

在美国，某些社区正在响应消灭 HCV 的呼吁。一个是 End Hep CSF，这是加州大学旧金山分校（University of California San Francisco，UCSF）旧金山公共卫生系与社区合作伙伴的联盟[163]。在没有全国性或州级项目的情况下，该联盟旨在建立提高社区意识的能力，并在临床和非临床环境中开发检测和治疗场所。为了指导地方规划，该联盟在当地数据的基础上建立了一个模型，该模型显示，大约有 21 758 名生活在旧金山的人（占成年人口的 2.5%）感染了 HCV。

这超过了全国 1.4% 的 HCV 患病率。目前共有 16 408 人感染了 HCV，并且需要进行检测和治疗，包括 11 000 名 PWID[164]。这些估算提供了基准数据，以指导提供预防服务，并评估消除目标的进展情况。

七、特定人群和环境：微消除

在特定人群和环境中消除 HCV 的现场研究称为“微消除”，可提供直接的卫生服务和经验，以扩大该项目，惠及更大的社区。对于 HCV 微消除项目，针对人群的目标是基于他们 HCV 的高患病率和将 HCV 检测和治疗纳入现有卫生服务的机会。

（一）被监禁人群

在全球范围内，估计有 26% 的被监禁者感染了 HCV[15]。为了研究 HCV 消除计划在这种情况下的实施情况，2016 年 3 月，位于澳大利亚昆士兰州的 Lotus Glen 惩教中心（Lotus Glen Correctional Centre，LGCC）启动了 HCV 消除计划[165]，该中心是一所高度安全的惩教设施，关押着 800 名囚犯。所有在押囚犯及所有有 HCV 风险或临床表现提示有 HCV 相关疾病的囚犯都接受了 HCV 检测。所有有 HCV 感染实验室证据的囚犯都被转诊治疗。2016 年 3 月—2017 年 12 月，约 90% 的新监狱进入者接受了 HCV 检测。总共有 125 名患者被发现患有 HCV，并接受了 HCV 治疗评估。在完成治疗和评估的 66 名囚犯中，有 64 人（97%）实现病毒学治愈。根据完成治疗的人的治愈记录和仍在接受治疗的人预期治愈的数量，该设施中的 HCV 患病率将下降到 1.1%。该监狱与一个名为“凯恩斯 2020 年消除丙型肝炎”的区域项目合作，以促进在普通社区和 LGCC 内部相互治疗作为预防。较低的社区患病率意味着未来进入监狱者的患病率也较低。

（二）HIV 感染者

携带 HIV 的人，尤其是有注射毒品史的人，HCV 的患病率可能高于其他人群。与其他单纯感染 HIV 的患者相比，HIV/HCV 合并感染的患者发生肝病的风险更高[7]。关爱 HIV 感染者的临床系统网络为整合 HCV 检测和治疗服务提供了可行的机会[166, 167]。对接受全口服治疗的 HIV/HCV 感染者的早期研究结果显示了与临床试验数据相当的很高的病毒学治愈率（＞95%）。然而，仍有很大一部分人需要接受治疗，并且需要规划性和战略性数据来跟踪 HCV 的成功检测和治愈情况[168]。研究表明，将 HIV 和 HCV 检测结合起来可以提高对这两种干预措施的接受程度。此外，消除 HCV 的项目可以从最佳实践中获得信息，包括通过 HIV 业务研究议程确定的创新检测方法。

（三）其他人群

HCV 消除计划可用于其他 HCV 高发人群，包括血友病和其他凝血障碍患者。在接受未筛查 HCV 的血源性凝血因子浓缩液的个体中，50%～80% 感染 HCV[7, 168]。这些患者使用常规卫生服务为检测和治愈这一 HCV 感染高发人群创造了机会[110]。

八、缩小现有的知识差距，促进成功消除

（一）运筹学

运筹学是疾病消灭计划的重要组成部分。运筹学议程建立在一个良好的监测和评估平台上，该平台可以识别项目的弱点，并在实践和技术创新的变化可以改善绩效和结果。在这方面，实地试验、示范项目和方案评估都是运筹学的形式。研究可以带来改善预防、诊断和治疗的新技术。表 70-3 列出了消除 HCV 的运筹学研究的例子。

（二）战略数据的收集

收集战略信息以指导和评估项目绩效和消除目标的进展是一项挑战。基于国家或社区的血清学调查是评估 HCV 疾病负担的黄金标准[11, 153, 169]。然而，对于许多辖区而言，单独对 HCV 进行调查的费用高得令人望而却步。需要进行研究，以评估采用不那么复杂的方法和对少量受试者的测试是否能够提供具有可比性的代表性数据。另一种方法是将 HCV 检测整合到大型血清学调查中，旨在评估其他传染病和健康状况。例如，美国 CDC 最近评估了大型健康调查中常用的干血点 HCV 检测的可靠性[170]。该研究发现，在储存的干血点中检测 HCV 抗体的灵敏度很高，但检

表 70-3　消除 HCV 的操作研究议程

战略信息

- 血清学调查以估计疾病负担
- 病例登记以监测丙型肝炎病毒（HCV）检测、护理和治疗结果
- 监测消除目标进展的公共卫生数据：发病率和死亡率
- 用于检测传播网络和出现抗病毒药物耐药性的实验室数据
- 干预措施的成本效益健康模型

护理模式

- 促进 HCV 检测、与护理和治疗联系的工具
- 简化 HCV 检测、护理和治疗程序，以便在初级保健环境中整合
- 针对新人群（如结核病、孕妇、儿童）的 HCV 检测、护理和治疗程序
- 将治愈丙型肝炎病毒作为注射毒品者（PWID）的预防策略
- 为 PWID 提供全面预防服务

新技术

- 检测 HCV 现症感染的单次检测方法
- 用于诊断现症感染和监测治疗应答的即时检测
- HCV 疫苗

公民参与

- 社区参与项目的规划和实施
- 在文化上适合社区的社会营销策略
- 教育以消除耻辱感和创造项目服务需求

测 HCV RNA 的灵敏度较低。这提示在调查中最好使用新鲜制备的标本来可靠地检测 HCV RNA。

评估可以为 WHO 全球战略中绩效指标的标准定义的制定和从电子卫生记录中收集这一信息的工具的开发提供信息，还可以考虑其他指标。例如，随着人群中越来越多的人被治愈，抗 HCV 抗体阳性的人携带 HCV RNA 的比例将下降[171]。这一标记可以作为一项性能指标进行评估。评估还可为信息技术工具的开发提供信息，将诊断为 HCV 患者的病例登记纳入其中，以便监测与护理和治疗的联系，以及此类治疗的结果[172]。通过

病例登记获得的信息可用于确定对治疗没有反应的人。这些信息是至关重要的，因为治疗失败可能意味着抗病毒药物耐药性的出现。

基于现有监测数据的健康模型可以帮助估计 HCV 疾病的负担、各种干预措施的影响及消除目标的进展情况 [113, 114, 124, 146]。虽然需要对这些模型进行更完整和准确的输入，但《全球疾病负担》（Global Burden of Disease）提供了 190 多个国家 HCV 死亡负担的估计数据（http://www.healthdata.org/gbd）。模型还可以指导制定 HCV 检测和治疗的融资战略。

（三）不同环境下的 HCV 检测、护理和治疗模式

需要开展通过提高 HCV 感染者接受检测并了解其感染状况、转诊治疗、治愈 HCV 并接受预防再次感染服务的比例的研究，从而改善 HCV 检测和治愈级联反应。HCV 检测是治疗和治愈 HCV 感染者必不可少的第一步。目前的检测率很低，这些障碍可以通过运筹行研究来减少或消除。可以通过在为高危人群服务的环境中实施干预措施来提高 HCV 检测的有效性。以前的评估已经确定，在急诊部门可以发现大量以前未诊断的 HCV 感染的人。然而，还需要进行研究，以确定如何将这种环境中的人与护理联系起来 [173]。惩教设施中有大量 HCV 感染者。检测、护理和治疗融资和提供的模式、优先提供这些服务的政府领导是必要的 [174]。

基于 IFN 的治疗的复杂性需要肝病学家和其他专家的管理。然而，全口服治疗方案的发展持续时间短，严重不良事件相对较少，并且治愈率高，为将 HCV 治疗共定位于初级保健环境创造了机会。需要进行研究来指导这一过程。简化 HCV 检测和治疗的护理模式增加了初级保健临床医生和中层提供者提供 HCV 治疗服务的可行性 [144, 171]。例如，切罗基部落的 HCV 消除项目证明 HCV 治疗可以由药剂师管理 [153]。

还需要研究来支持将 HCV 治疗纳入其他临床项目。例如，在一些国家，接受 HIV 或活动性结核病治疗的患者中，HCV 的流行率很高；需要有证据来指导临床实践的修改，包括提供 HCV 检测和治疗。短疗程治疗可以增加一些患者对治疗的接受性 [175]。对有助于在初级保健环境中同时本地化检测和治疗的策略的更好理解，可以极大地惠及农村和其他无法常规获得专科护理的地区的患者，以及服务于边缘人群（如监禁和移民人口）的环境。

研究还可以改进针对 PWID 的检测策略 [176]。需要进行研究，以确定快速检测新发感染或重复感染的策略，以防止传播。最后，还需要数据来制定在孕妇和感染了 HCV 妈妈所生的婴儿中改进 HCV 检测的策略。

数据可以指导在提供药物治疗服务的项目中整合 HCV 治疗。以患者为中心的结果研究所正在支持一项美国 HCV 药物治疗 PWID 的八个中心的研究 [177]。现有数据表明，目前注射毒品和感染 HIV 的 MSM 患者再次感染的风险最高。新的研究可以指导这些人群的病例管理和提供服务（如获得药物治疗和社会支持服务），以最大限度地减少再次感染风险并维持治愈。

（四）检测和治疗的新技术

检测技术的创新也可以减少诊断 HCV 的障碍。目前 HCV 检测所需的两步流程非常复杂，这可能导致大量患者只完成检测过程的一部分而仍未确诊。作为一线检测手段的精确和可负担的病毒学检测方法的开发将大大简化检测过程，并扩大可提供检测的设置范围 [156]。例如，对 HCV 核心抗原检测（一种比 HCV RNA 检测成本更低的血清学检测）的评估发现，该检测结果与 HCV 聚合酶链式反应检测结果相当 [59-61]。即时检测结合了病毒学检测方法的优势。至少有一种 HCV 即时检测方法已在欧洲获得使用许可 [57, 58]。区分急性和慢性 HCV 感染的检测技术的改进将有助于识别近期感染或再次感染的患者。

二代测序可以检测 HCV 准种在患者群体中的亲缘关系，确定具有相似基因序列的病例，表明有共同的传播模式 [178]。需要进行研究来确定如何部署这项新技术。目前的经验表明，HCV 基因测序可以绘制社区中 HCV 传播的社会网络图谱 [179]。新的干预试验可以评估二代测序如何指导在社会网络中向人们提供 HCV 治疗服务，记

录 HCV 传播的消除，并检测消除后 HCV 的再次引入。

治疗 HCV 感染是非常有效的。治疗失败相对较少，抗病毒药物耐药性的出现并不是消除 HCV 疾病的主要障碍[111]。然而，消除计划需要保持警惕，并收集数据来监测抗病毒药物耐药性的出现，因为这种现象在经历过治疗失败的人中已经有记录。

（五）为注射吸毒者提供新的预防工具

随着血液安全和感染控制的改善，消除 HCV 传播的成功与否将取决于在 PWID 中预防 HCV 的有效性。对多项研究数据的回顾表明，获得提供阿片类药物成瘾治疗的项目和提供安全药物制备和注射设备的项目可以降低 HCV 传播风险，充分获得这两种服务可以干预最佳策略。然而，作为综合计划的一部分，需要进行研究以确定如何最好地提供这些服务。吸毒行为、吸毒者的社会环境、获得临床服务的途径各不相同。需要对甲基苯丙胺和其他非法药物进行成瘾治疗。

需要进行研究，以确保在以消除 HCV 为目标的地区，为 PWID 提供适当和有效的预防干预策略。理论模型表明，将 HCV 治疗与这些降低风险的措施相结合，将优化 PWID 的 HCV 预防[97, 98, 180, 181]。治疗即预防是一种被广泛接受的阻断 HIV 传播的方法。可用于治愈 HCV 的治疗方法通过降低 HCV 在危险人群中的流行率和降低感染力，从而降低 HCV 发病率，可能会增加这一策略的影响。为了确定如何最有效地降低 PWID 人群中 HCV 感染的患病率和影响，仍有几个研究问题有待回答。

• 在给定的时间内，有多少感染 HCV 的 PWID 必须接受治疗，其百分比是多少？

• 通过常规 HCV 检测确定的 PWID 患者进行治疗是否有利？

• 鼓励护理中的 PWID 将他们的注射伴侣转诊治疗的策略的有效性有多大？

• 是否可以开展广泛的 HCV 检测，包括二代测序，首先绘制 PWID 的社会网络，然后大规模实施协调的 HCV 检测和治疗计划，以尽快降低患病率？

• 需要什么样的服务组合来保护治愈 HCV 感染的个体，使其不再回到导致 HCV 再次感染的注射行为？

预防研究还可以指导使用 HCV 治疗作为抗病毒预防，以阻断母婴传播和性传播，特别是在感染 HIV 的 MSM 之间。

（六）丙型肝炎疫苗的开发

一种安全有效的疫苗可以帮助预防新的 HCV 感染，而且在预防 PWID（新感染风险最大的人群）之间的传播方面可能特别重要[181-184]。如果在人们出现高危行为之前常规提供有效的疫苗，可以降低 HCV 传播的风险。健康模型表明，即使有效性较低的 HCV 疫苗也可能是预防 PWID 中 HCV 传播的一种经济有效的方法[181]。人们往往在年轻时开始药物注射行为，对于新的注射者，HCV 发病率最高（26/100PYO）[14]。因此，为了优化这种干预的影响，需要在青少年早期注射行为开始之前就注射 HCV 疫苗。到目前为止的研究还没有找到一个有前途的候选疫苗。唯一正在进行的临床试验是一项使用黑猩猩腺病毒（启动）和修饰的痘苗病毒安卡拉（促进）载体来诱导 HCV 特异性 T 细胞应答的启动 / 促进策略的研究。该研究评估了候选疫苗在降低 PWID 中 HCV 发病率方面的安全性和有效性[183]。该研究发现，候选疫苗在预防成人慢性 HCV 感染方面并没有效果[184]。虽然尚未成功，但需要公共和私营部门协调一致的研究努力，以确保未来对其他候选疫苗的研究。

（七）全球消除肝炎联盟

许多疾病消除工作都得到了一个提供现有信息和专家援助的技术中心的支持。例子包括 HIV（http://www.differentiatedservicedelivery.org/home）、被忽视的热带病（http://www.ntdsupport.org/）和疟疾（http://allianceformalariaprevention.com/）。由于 HIV 消除项目处于早期开发阶段，个人的努力往往是相对孤立的，其成功取决于这种资源的可用性。项目负责人在分析流行病信息和准备科学报告方面具有不同水平的经验和培训。如果可以得到运筹学研究的结果，往往会随着时间的推移在多个地点呈现或发表，使这些信息的获取变得复杂和延迟。HBV 和 HCV 消除项目获得促进他们的工作并帮助克服实施的障碍的技术专家的途径有限。以其他疾病消除项目的经验为指导，全球卫生工作队于 2019 年 7 月启动了全球消除肝炎联盟，作为一个实践社区，以就消除目标达成共识，汇集实施项目，分享知识和经验，提供技术援助以克服障碍，通过研究产生新知识，并倡导消除病毒性肝炎和为实现这一目标提供资源（ www.globalhepatitiselimination.org ）。

九、结论

HCV 是一个重大的公共卫生问题。尽管有治愈性疗法，但全球 HCV 死亡率仍在上升，这促使全球呼吁消灭这种威胁生命安全的疾病。临床研究表明，超过 90% 的 HCV 感染可以治愈，如果在疾病早期就开始治疗，几乎可以消除 HCV 相关的死亡率。可以通过持续改善公共卫生和临床干预措施来限制新发感染。剩下的最大挑战是为 PWID 提供预防服务，并实施大规模的 HCV 检测项目，以识别这种隐性感染患者并将其与护理联系起来。随着消除挑战的到来和吸取的教训，HCV 消除项目将加强现有的卫生系统，并帮助为其他疾病控制和消除工作提供信息。消除 HCV 的征程才刚刚开始，项目开发和运筹学研究才刚刚起步。需要与全球和地方组织建立伙伴关系，以建设提供可用于消除 HCV 的高效干预措施的能力。项目必须在实践中学习，并开展必要的可操作研究，以利用技术创新和现有的护理模式。通过建设预防能力和共同努力，可以消除 HCV 的传播和疾病。

第七篇　新进展

HORIZONS

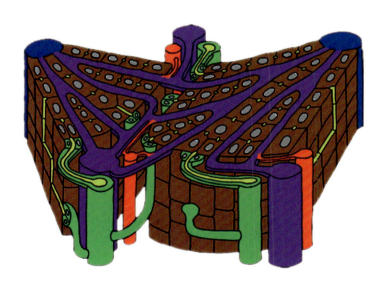

第71章 可靶向的核酸酶介导的基因编辑与 CRISPR/Cas 技术革命

Genome Editing by Targeted Nucleases and the CRISPR/ Cas Revolution

Shawn M. Burgess 著

谢 震 许志锰 陈昱安 译

几千年来，人类仅凭直觉就知晓生物性状可以从父母传给后代。饲养员和农民发现可以利用对遗传的理解来筛选"好"性状，从而培育出了更好的牧羊犬和更甜的苹果。同时人们也发现"坏"性状也可以代际传递，现在也称为遗传病。可能最有名的不良性状案例就是血友病通过维多利亚女王的子嗣在欧洲王室中传播[1]。最终当孟德尔通过研究豌豆，为性状从父代到子代的传递搭建了正式的科学框架时，科学的发展才算是追及了人们普遍、直观的理解。从最初孟德尔的观察，到 DNA 的发现，再到三联密码子揭示，最后在整个人类基因组的端到端测序过程中，科学发展是一脉相承的。

人类基因组序列在 21 世纪初被首次测得，并引发了我们对遗传疾病理解的爆炸性增长。然而，从新发现遗传病致病原因到我们能采取治疗措施，这之间还有很长的距离。例如，我们从1959 年就知道镰刀状红细胞贫血症的确切氨基酸变异位点[4]，而 1977 年 β 球蛋白的 DNA 序列被鉴定出来之后，致病的基因组突变也因此得到预测[5]。尽管我们已经知晓这些知识几十年了，但骨髓移植仍是该疾病的唯一永久性治疗方法。而消灭这种遗传病所需的，其实是纠正基因组上已知突变的 DNA 的能力。人类基因组有 30 亿个碱基，只需要修正一个碱基就可以治疗镰刀状红细胞贫血症，但几十年来没有医生或科学家能实现这种修正。

一、使用同源重组的早期基因编辑手段

尽管准确编辑人类或任何其他基因组都极其困难，但科学家们仍然不畏挑战，近几十年来取得了显著进展，尤其是在过去 15 年间。第一种成功编辑染色体的真核生物是酿酒酵母，起初是意外发现[6]，而后可以人为设计[7]。酵母基因组中原本的正常序列，会被研究人员导入的 DNA 片段所取代，从而永久性地改变了酵母基因组。酵母中存在一种天然的倾向性，被称为"同源重组"（homologous recombination，HR）过程（图71-1），可以将游离的 DNA 整合到基因组中。当游离 DNA 与基因组中的某些片段恰好吻合时，就会诱发一种游离 DNA 与基因组 DNA 交叉的现象，这种交叉现象由一些蛋白质介导完成，而这些蛋白质主要功能是修复外界环境导致的 DNA 损伤，或者在减数分裂期间起始重组。为实现同源重组，研究人员需要提供一条供体模板 DNA，其两端要包含与基因组插入目的区域吻合的同源臂，每个同源臂会与对应的基因组 DNA 交换位置，从而使供体 DNA 同源臂之间的任意序列替

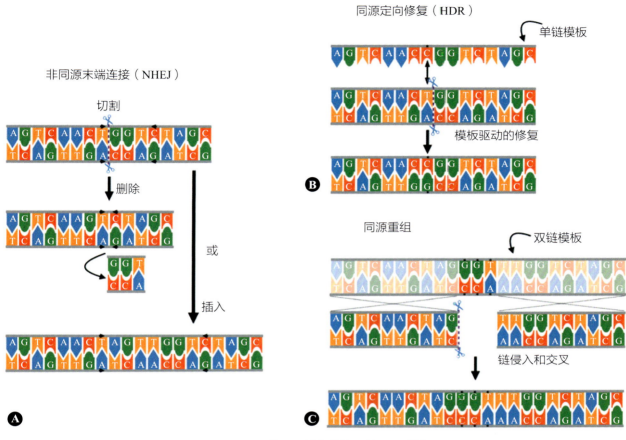

▲ 图 71-1 基于双链断裂的 3 种 DNA 编辑

A. 非同源末端连接是最简单的 DNA 编辑形式，可以在双链断裂后发生。当 DNA 损伤时，细胞 DNA 修复分子机器直接将 DNA 重新连接起来，不使用任何其他 DNA 作为模板指导。大多数修复的结果是再次形成正确的序列，但在有靶向核酸酶存在的情况下，这将再次导致 DNA 被切开。偶尔 NHEJ 会发生一些小错误，这些错误要么是删除一小段序列，要么是随机增加一些额外的碱基。一旦发生这种情况，核酸酶就不再能识别目标序列，序列的改变是永久性的。B. 在同源定向修复中，在提供靶向核酸酶的同时，也提供了一个单链 DNA 模板。当 DNA 链被切割时，DNA 修复分子机器可以结合模板并利用它在切割部位进行填充，从而使最终序列改变为所需的那样。同样，序列变化会阻止了在目标部位再次切割。C. 同源重组是一种不太常用的修复途径，它使用了与减数分裂过程中相同的一些机制，在精子和卵细胞形成过程中，染色体交叉互换将 DNA 内容混合成不同的组合。该过程使用长段匹配的 DNA，然后在两条染色体之间进行大规模的信息交叉互换。研究人员发现，当靶向核酸酶产生一个双链 DNA 断裂时，这种交换过程被明显刺激，而且可以提供一个具有同源臂的模板，该模板将被有效地整合到有切割的区域。当需要进行的基因组变化比单碱基变化或小的删除 / 插入更复杂时，这种编辑方法是最佳选择

换基因组上原有序列（图 71-1）。

9 年后，研究人员在小鼠胚胎干细胞中成功地进行了有针对性的同源重组，同源重组成了定向改变哺乳动物基因组的一种关键策略[8]。小鼠是第一种实现位点特异性编辑的脊椎动物，在很长一段时间里，也是唯一一种。虽然在小鼠中通过同源重组进行的基因打靶实现了小鼠遗传学的革命性进展，但与同源重组非常高效的酵母相比，小鼠中的同源重组事件非常罕见，根据基因组位置的不同，频率为 1/10 亿～1/100。由于同源重组稀有性，该过程需要在胚胎干细胞中进行，也需要一个选择标签（即添加一个抗药性基因）以在成千上万个正常细胞中找到稀有事件。当时，因为科学家可以培养小鼠胚胎干细胞并产生同源重组，所以小鼠在脊椎动物模型中是独一无二的。因此在大约 20 年的时间里，同源重组

作为一种基因编辑方法仍然很奢侈，只有在酵母或小鼠中才能实现。

二、通过双链断裂的基因编辑

虽然利用同源重组进行有针对性的基因组编辑已经陷入了某种僵局，但对关于转录因子如何识别特定 DNA 序列的研究最终为基因编辑带来了新策略。这些新方法都仅依赖于一种核心策略，即对一种蛋白质进行编程以识别特定的 DNA 序列，然后该蛋白质可以在该目标部位切割 DNA，在基因组 DNA 中创造一个独特的双链断裂。这种蛋白质就是靶向核酸酶。DNA 双链剪切之后，有三种途径会在基因组中引入改变：①让 DNA 自然修复，依靠偶发的修复错误引起原序列的变化；②提供一个单链 DNA 编辑模板，诱使 DNA 修复分子机器用一个新的目的序列替换自然产生的序列；③使用双链断裂刺激而发生的同源重组或同源定向修复，对基因组进行重大改变（图 71-1）。

（一）非同源末端连接

第一种策略最简单和最高效，但是在纠正遗传病方面的作用最小。当 DNA 螺旋的两条链在同一位置或附近断裂时，就被称为"双链断裂"（double-stranded break，DSB）。根据不同的情况，DSB 会触发两种不同的修复机制之一，这两种机制在基因编辑中都得以利用[9]。第一种，也是最常用的修复途径，被称为"非同源末端连接"（non-homologous and joining，NHEJ）。 在 NHEJ 中，有几种蛋白质对双链断裂做出快速反应，关键蛋白是 Ku70 和 Ku80，它们共同形成一个复合物，专门与 DNA 末端结合，还有 DNA 连接酶Ⅳ，它将把 DNA 重新黏在一起。这一途径在细胞周期的 $G_0/G_{1\sim2}$ 阶段或在非分裂细胞中特别占优势。在正常情况下，DNA 通常会被完美地修复，错误率非常低。然而，在序列特异性靶向核酸酶持续存在的情况下，如果该位点的修复没有错误，核酸酶就会再次切割该位点，并将继续切割，直到出现错误，使序列发生改变，从而靶向核酸酶无法识别。通常，这些修复错误是缺失 1～10 个碱基对，少数情况下是随机插入短序列。插入的序列

的来源往往不清楚，因为它们往往与该区域的任何其他序列不匹配。由于将 DNA 序列转换成蛋白质的翻译代码（以 mRNA 为中介）是三联密码子（即三个碱基对翻译成一个氨基酸），任何不是三的倍数的小的删除或插入都会导致读码框移位，将蛋白质代码的翻译变成乱码，很大程度上会在读码框移位的位置截断蛋白质。对于许多有兴趣了解小鼠[10]或斑马鱼[11]等模式生物体中基因功能的研究人员来说，这是一种有效的策略，但在大多数情况下，如果目标是治疗人类疾病，使基因失活并不是首选方法。但也有例外，当基因的一个拷贝发生突变，形成一种"有毒"的蛋白质时，消除有害蛋白实际上对患者有利。例如，在亨廷顿病中，当亨廷顿病致病基因中自然发生的重复序列（CAG）因为偶发的 DNA 复制错位而倍增超过一定的阈值并成为致病状态时，就是前述的这种情况[12]。亨廷顿病是一种显性疾病，意味着只要有一个拷贝因 CAG 扩增而发生突变，就能导致该疾病。如果通过 NHEJ 进行的基因编辑能够靶向并失活突变的拷贝，而不是正常的等位基因，这就足以阻止疾病的发生。然而，这些情况相对罕见，对于大多数人类遗传病的基因治疗来说，NHEJ 不是理想的选择。

（二）同源定向修复

NHEJ 的另一种修复途径被称为单链退火（single-strand annealing，SSA），可发生在含有短的重复序列的 DNA 区域，在 S 或 G_2 期更为常见。断裂处两侧的一条单链被切除，留下一段单链 DNA，即每一侧都有一个 3' 单链悬垂。然后，单链 DNA 与另一条链上的匹配序列重新结合，任何不匹配的 DNA 会被修剪掉，然后空隙会被补全。这一途径的结果是两个重复序列之间的 DNA 被删除。然而，这种修复途径可以由研究人员通过提供过量的单链修复模板而加以利用（图 71-1）。这个模板序列与切割点周围的区域完全匹配，但可能包含研究人员希望整合到基因组序列的一个或多个小变化，如将镰刀状红细胞贫血症突变转化为野生型序列的单碱基变化。DNA 修复分子机器利用提供的 DNA 模板，将其杂交到单链悬空处，然后根据模板提供的序列进行

填充。提供 DNA 模板来驱动修复已证明是有效的；然而，与 NHEJ 结果相比，成功率很低。这种编辑技术被称为"同源定向修复"（homology-directed recombination，HDR）。科学家们已经提出了几种提高 HDR 效率的策略，如使用不对称模板[13]、抑制竞争性 NHEJ 途径的药物[14, 15]，以及优化 DSB 的位置和编辑的性质以趋向于正确的结果[16]。这些方法都极大地提高了 HDR 的效率，但还没有任何一种方法能将修复过程提高到可实现常规化或简化编辑特定基因组的程度。

（三）同源重组新方式

DNA 双链断裂是可以显著刺激经典的 HR 的，这首先在酵母中发现[17]。不久之后，在植物[18]和哺乳动物细胞培养[19]中也证明了这一点。虽然这是一个重要的发现，但当时它的作用有限，因为当时没有办法在基因组的任意处产生双链断裂。唯一可用于产生 DNA 断裂的工具被称为"限制性内切酶"，它们可以识别特定的 DNA 序列，通常是回文序列。这些酶大多能识别 4～6 个碱基序列，这对于一个大的基因组来说是不够具体的，因为识别位点大约要 256 个碱基对或4096 个碱基对才出现 1 个，在人类基因组中差不多出现数百万次。限制酶 I-SceI 是一个罕见的例外，它能识别一个 18 个碱基对的序列，因此，它常用来进行刺激 HR 的实验。当双链断裂确实发生在所需的重组部位时，它对 HR 的刺激率要比没有双链断裂时观察到的高 1000 倍以上。要想利用这一观察结果，必须等到科学家们有办法在基因组的任意处造成特定的双链断裂。

三、工程化核酸内切酶

（一）锌指核酸酶

转录因子是以特定序列方式结合 DNA 并指示基因开启或关闭的蛋白质。人类基因组中有1600 多个转录因子[20]。其中最大的一组包含一种特定的蛋白质模体，称为"锌指"（zinc finger, ZC）。之所以叫这个名字，是因为其结构涉及蛋白质序列中的特定氨基酸，通常是半胱氨酸和组氨酸，它们围绕一个锌离子发生配位。这些氨基酸沿着肽序列的间隔方式，使它在蛋白中形

成了一个类似于手指的凸起。这种结构有几种变化，但研究得最好和最常见的锌指是 Cys_2His_2 类[21]。1991 年，第一个直接结合 DNA 的锌指蛋白的高分辨率结构被 X 线衍射法解析出来[22]。该结构显示，DNA 被锌指结构直接结合，当时学者们推测，通过揭示锌指如何识别 DNA 序列的原理，将有可能设计出能够识别基因组中任何序列的蛋白质。在 10 年的时间里，构造特定 DNA 结合蛋白的规则被描绘出来，但还不太全面，试错对于优化设计仍然是必要的[23]。每个锌指可以识别三个碱基对的序列，准确度有所不同，所以可以通过串联几个具有不同序列偏好的锌指来构建一个靶向特定 DNA 位点的蛋白质。靶向位点要是 3 的倍数，其中 9 或 12 碱基对的位点似乎效果最好。1996 年，科学家首次实现锌指蛋白的 DNA 结合特异性与切割 DNA 的能力相结合[24]，方法是将具有已知序列亲和力的锌指"三联体"与一种叫作 Fok1 的细菌内切酶相融合，该酶可以有效地切割双链 DNA，但没有序列偏好。于是在锌指识别的 DNA 序列附近，产生了大量的DNA 断裂。这些蛋白融合体最终被称为"锌指核酸酶"（zinc finger nucleases，ZFN）。然而，当时也有人观察到，在其他 DNA 位点也会有明显的断裂，尤其体外实验的化学条件不理想时，这种意外断裂变得更加明显。这种"脱靶"切割将成为评估基因组编辑方法安全性的一个老生常谈的问题。

研究表明，Fok1 核酸酶分子需要形成二聚体才能正确裂解 DNA[25]。在空间上将两个 Fok1 分子聚集在一起，以一段反向互补的 DNA 为目标，明显提高了位点特异性切割的效率，这就成了一个巧妙解决脱靶问题的方法（图 71-2）。进一步利用这种强制性的二聚作用，科学家们创造了两个突变版本的 Fok1 蛋白，它们相互补充，只能作为异质二聚体进行切割[26]。于是切割一个特定的靶点需要一个 18～24 个碱基对的序列，由两个不同的锌指组合结合，每个锌指组合都与互补的 Fok1 突变体之一融合。这些严格的要求通常足以针对人类基因组中的单一或极少数的目标。这一策略已被证明是有效的，一些人工设计的

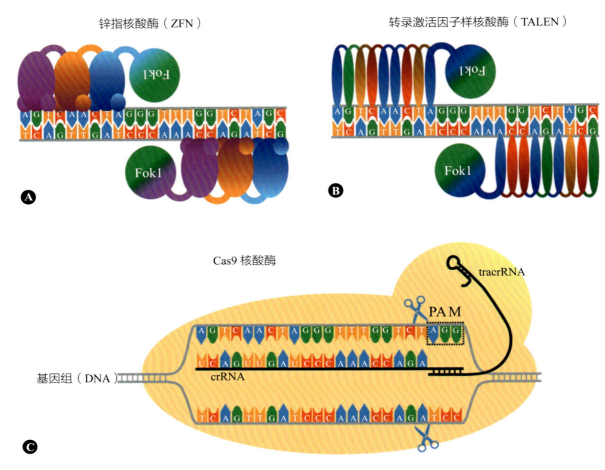

▲ 图 71-2　靶向核酸酶的 3 种主要策略

A. 锌指核酸酶由 3～4 个单独的锌指组装而成，并与 Fok1 核酸酶融合。每个锌指可识别 3 个核苷酸。一个锌指可以改变相邻锌指的 DNA 偏好，因此每一个靶点都需要从数百到数千个锌指的可能组合中进行测试和优化。ZFN 要 2 个一同发挥作用，切割一个具有 18～24 个碱基对长度的识别位点的靶点。锌指的方向要反向放置，使 2 个 Fok1 核酸酶形成二聚体，从而在 2 个 ZFN 之间的位置引发 DNA 裂解。B. TALEN 的用法与 ZFN 相同，但 DNA 结合域的设计要大为简化。每个碱基都有一种特定的重复序列与之对应，一经明确便可以一直使用，并且与 ZFN 不同的是，TALEN 的 DNA 识别单元可以任意组装，无须考虑序列上下的干扰。C. Cas9 的 DNA 结合和裂解与 ZFN 或 TALEN 非常不同。该蛋白在序列为 NGG（用方框标记）的 PAM 位点与 DNA 弱结合。tracrRNA 与 Cas9 结合，crRNA 与已经被 Cas9 解旋的基因组 DNA 杂交。如果 crRNA 与基因组 DNA 相匹配，双链裂解就发生在 PAM 位点的上游。改变基因组靶向是通过简单地改变 crRNA 的序列来实现的

ZFN 已进入临床试验，用于创造抗 HIV 的免疫细胞[27] 和治疗血友病 B[28]。

　　虽然 ZFN 已被证明是一种直接靶向基因组的有效方法，但该技术也存在一些挑战，限制了其使用。最重要的是，ZFN 设计的规则比较"仅供参考"，并且严重依赖序列上下文，这意味着不同的相邻序列组合会改变特定锌指与目标序列结合的有效性。因此，大多数纯粹根据这些准则设计的 ZFN 并不是非常有效。第二个问题是，并非所有的序列组合都能被锌指结合，这意味着相当一部分基因组将无法被这种技术所利用。解决前一个问题的方法是让 ZFN 通过一个半随机的选择过程，测试数以千计的排列组合，以找到一个能有效结合和切割特定目标序列的锌指组合[29, 30]。以这种方式进行的预选是有效的，可以确定具有高活性的 ZFN。缺点是每个想使用 ZFN 技术的实验室要么必须发展这种筛选方法的专业知识，要么需要外包 ZFN 设计，通常开销很大，而且有

些基因组区域根本就不能用来做靶标。这大大阻碍了 ZFN 作为一种工具的广泛利用，为其他更具竞争力的基因编辑技术留下了可发挥的空间。

（二）TALE 核酸酶

在工程化锌指 DNA 结合蛋白取得进展的同时，其他学者正在独立研究黄单胞菌属的一类有趣的植物致病菌。作为其生命周期的一部分，这些细菌通常会将如同特洛伊木马般的转录因子注入植物细胞，这些转录因子会启动植物的基因表达，使入侵的细菌受益，随后在植物中引起其他疾病症状。这些转录因子是一组被称为转录激活因子样效应物（transcription activator-like effector, TALE）的蛋白质 [31]。当研究小组开始分析这些 TALE 的几十个蛋白质序列时，他们意识到所有的 TALE 都有一个类似的结构，包含一个 283～290 个氨基酸的先头序列，以及一系列重复序列，重复次数为 1.5～33.5 次，然后是一个 274～297 个氨基酸的结构域，包含所谓的"核定位序列"，它将蛋白质拖到细胞核中，还有一个转录激活结构域，通过诱导 mRNA 的合成来诱导基因表达。这些蛋白质如何与 DNA 结合的秘密在于这些重复序列。2009 年，两个小组独立地发现，在重复域的 34 个氨基酸中，只有两个相邻的氨基酸是高度可变的。不同的 TALE 显示出特定的 DNA 序列结合偏好，通过各种重复交换实验，表明有明确的规则将 DNA 结合偏好与高变异区域的两个氨基酸联系起来 [32, 33]。换句话说，一个与感兴趣的 DNA 序列结合的 TALE，是有很明确的规则的，而且与序列上下文无关，即无论相邻的 DNA 序列如何，DNA 结合规则总是相同的。具体来说，蛋白质重复序列中 12～13 位的天冬酰胺 – 异亮氨酸（NI）、组氨酸 – 天冬氨酸（HD）、天冬酰胺 – 天冬氨酸（NN）和天冬酰胺 – 甘氨酸（NG）分别编码为腺嘌呤（A）、胞嘧啶（C）、鸟嘌呤（G）、胸腺嘧啶（T）。

在确定了 TALE 结合的规则后不久，TALE 与 Fok1 核酸酶相融合就诞生了转录激活因子样效应物核酸酶（TALE nuclease, TALEN）[34-36]（图 71-2）。TALEN 和 ZFN 之间的比较表明，TALEN 在靶向基因方面甚至更有效，并且明显

更容易设计 [37, 38]，也能够靶向基因组中基本上所有可能的序列组合。对重复序列进行分子组装仍然相当具有挑战性，但也有方法使 TALEN 的组装更易操作 [39, 40]，实验室更青睐 TALEN 作为基因编辑工具，而且直至现在仍然是一种流行的基因靶向方法。但无论是 ZFN 还是 TALEN，都无法与即将发生的基因编辑革命竞争。

（三）基于 CRISPR/Cas9 的核酸酶

1987 年，一个日本小组在克隆一种被称为"iap"的细菌蛋白水解酶时，注意到在该基因的下游有一个不寻常的序列，其中包含 5 个重复的 29 个碱基对的序列，中间有 32 个碱基对的间隔 [41]。当时，由于 DNA 测序技术仍然相对不成熟，而且数据库中可用的基因组序列非常有限，所以人们对这一现象没有什么深入发现。转眼 18 年之后，三个独立的研究小组意识到，32 个碱基对的间隔内的序列实际上与被称为噬菌体的各种细菌病毒的序列或其他来源的外来 DNA 是吻合的 [42-44]。此后不久，那些带有外来 DNA 间隔物的重复序列被证明是细菌的一种免疫系统，可以防止任何具有与间隔物序列相匹配的噬菌体重新感染 [45]。这些序列最终将被标注为规律成簇间隔短回文重复序列（clustered regularly interspaced short palindromic repeat, CRISPR）[46]。一直与重复序列相邻的是一簇基因，被称为 CRISPR 相关基因或 Cas 基因。

CRISPR 阵列与 Cas 蛋白一起发挥作用，攻击入侵的细菌病毒的 DNA。CRISPR 阵列转录出 RNA，被切割成碎片，每块有一个重复，并与一些 Cas 蛋白结合。嵌入 RNA 片段中的外来序列被用作 Cas 蛋白的导向器，然后 Cas 蛋白扫描双链 DNA 以寻找与 RNA 中的序列相匹配的序列。当找到一个匹配的序列时，Cas 蛋白会切割 DNA，将其作为目标进行降解。其他 Cas 蛋白抓住被破坏的 DNA 片段，将新的间隔物插入 CRISPR 阵列，从而在宿主的细菌基因组中形成入侵物种的"记忆"，从而提高其抵御未来来自相同或密切相关病毒感染的能力 [47]。

CRISPR-Cas 系统已经在大约 50% 的细菌和 90% 的古生物中发现，其结构极其多样化 [48]。大体上，它们可以分为六个基本类别，即 I ～ Ⅵ

型，但大多数人的兴趣都在 II 型家族上，它使用 Cas9 蛋白为效应蛋白。Cas9 将是本章余下部分的主要焦点，尽管其他 Cas 家族也在科学界获得了关注[49]。Cas9 是第一个被证明能作为 RNA 引导的核酸酶工作的蛋白质，即一种根据核酸酶结合的引导 RNA（guide RNA, gRNA）中存在的序列，以序列特异性方式切割 DNA 的酶[50]。在 II 类 CRISPR 系统中，Cas9 单独工作以进行 DNA 裂解，大大简化了在体外证明核酸酶活性所需的生物化学过程。其他类型 CRISPR 系统通常需要几个蛋白质一起工作来激活核酸酶，使这些系统的实验证明变得复杂。从 Jinek 等的最初实验中可以立即看出，只需改变 gRNA 中的序列就可以改变 DNA 切割位点，这种核酸酶要比使用 ZFN 或 TALEN 要好用得多，因为 ZFN 或 TALEN 本身需要为每个新的 DNA 目标重新设计。通过更换 gRNA，可以在一天之内就完成 Cas9 的重新定向设计，而改变 ZFN 或 TALEN 的靶点可能需要几天或几周的时间来重新设计。

在将 CRISPR-Cas9 应用于基因编辑问题的过程中，发现其能在试管中切割 DNA 是重要一步，但更重要的问题是，它是否能在动物细胞中起效，尤其是人类细胞。真核细胞的基因组环境与细菌的基因组环境非常不同，彼时还不清楚 CRISPR-Cas9 是否能像 ZFN 或 TALEN 那样工作，毕竟 ZFN 或 TALEN 本来就是在真核细胞中起效。大量的重要细节还需要解决，但很快就有证据表明，来自细菌化脓性链球菌的 CRISPR-Cas9（SpCas9）可以有针对性地、高效地切割人类细胞的 DNA[51]。来自化脓链球菌的 Cas9 蛋白特别强大，并迅速被证明可在多种动物[52-54]、植物[55] 和真菌[56] 中工作。似乎很少有 SpCas9 不能在体内工作的生物体的例子。现在科学家们有了一种强有力的靶向基因组的策略，其具有高效，易于设计，几乎在任何测试的生物体中都能发挥作用的特点。无怪乎短短几年内，使用 CRISPR-Cas9 技术发表的科学文章多达数千篇，涉及各种科学学科。

（四）Cas9 是如何发挥作用的

在自然的工作状态下，一个活跃的 Cas9 核酸酶有两个组成部分：Cas9 蛋白本身，以及

gRNA。从不同物种中分离出来的 Cas9 的细节有所不同，所以为了简单起见，我们将集中讨论最常用的一种，即化脓性链球菌 Cas9（SpCas9）。利用基于进化保守序列的计算分析，SpCas9 与所有其他细菌蛋白的序列比较显示，有两个区域与已知功能的蛋白有同源性，即相似的氨基酸序列。该蛋白的一个区域与基因 RuvC 相似，RuvC 是一种参与 DNA 重组的蛋白质，可以切割 DNA[57]，另一个区域与一个称为 HNH 的蛋白质模体相似，该模体也经常出现在为各种目的切割 DNA 的酶中[58]。Cas9 中的这两个结构域各负责切割一条 DNA 单链，共同造成 DNA 双链断裂。用于寻找基因组序列的 gRNA 通常含有两部分，第一部分是反式激活 RNA（trans-activating RNA, tracrRNA），它被 Cas9 蛋白结合，但不具备靶向信息。第二部分 RNA 是 CRISPR RNA（crRNA），它包含一个与 tracrRNA 互补的短段，以及一个 20 个碱基对的序列，用于为核酸酶指明靶向序列。此外还有一个额外的成分，但它是目标 DNA 内的一个特征，它被称为原间隔序列临近模体（protospacer adjacent motif, PAM）。对于 SpCas9 来说，PAM 序列是 NGG，N 可以是任何核苷酸；这意味着为了在基因组中进行靶向和切割，基因组序列必须与 crRNA 中的 20 个碱基对序列相匹配，接下来的三个碱基对必须是 NGG（图 71-2）。SpCas9 识别序列的方式是，该蛋白先以低亲和力与基因组中任何 NGG 序列结合，然后解开附近的 DNA 双螺旋。crRNA 链侵入并试图匹配 DNA 序列。如果 crRNA 目标序列的全长都产生了良好的匹配，SpCas9 就会在此驻足并切割 PAM 序列上游的 DNA[59]。一旦可以靶向序列，就可以使用之前讨论的技术之一，即 NHEJ、HDR 或 HR 来改变基因组位点。

（五）为什么能有特异性

如果使用 CRISPR-Cas9 的最终目标是修改人类基因组，通过基因编辑来纠正遗传疾病，那么一个重要的安全问题是，我们只可以针对我们所关心的基因组区域，同时不对任何非目标位点造成损害，否则这些位点有可能给患者带来其他问题。对于 ZFN 和 TALEN，科学家们提高准

确性的方法是将核酸酶分成两部分，然后要求它们同时结合到同一处来切割 DNA。ZFN 结合位点通常有 18（9+9）个碱基对长。考虑到一个 18 个碱基对的目标位点的所有可能的序列组合（4^{18}=68 719 476 736），理论上这是足够的序列信息，可以具体确定 30 亿个碱基对基因组中的一个位置。对于 Cas9 来说，拆分策略是行不通的，因为核酸酶活性是 Cas9 蛋白的固有属性，而不是核酸酶与另一种通常只结合 DNA 的蛋白融合才得到的。Cas9 的目标位点是 23 个碱基对长（20+NGG），所以它应该比 ZFN 位点更有特异性。然而，有证据表明，gRNA 序列有一个与 PAM 相邻的 5 个核苷酸的"种子"序列，是不容忍错配的，但其余 15 个碱基对可以包含错配 [60]。然而，目前还不清楚究竟可以容忍多大的差异，或者错配会在多大程度上降低整个基因组的切割活性。

因此，为了了解 Cas9 在其自然的细菌环境之外的特异性，科学家们需要测量 Cas9 在基因组中错误部位的切割频率。这个问题很简明直接，但要回答起来却很难。当有 30 亿个位置需要检查时，如何确定一个切割是否发生在错误的地方？目前有一些解决方案，要么很复杂 [61]，要么很昂贵 [62]。

所有的结果似乎都指向类似的结论，脱靶可能发生，脱靶事件的发生率因所选择的目标而有很大的不同，而且可以做出一些预测，通过选择一个优化的序列作为目标，可以改善最糟糕的脱靶风险。如果小心谨慎一些，并且目标部位也可调整，通过对整个基因组测序验证，脱靶切割可以减少到很少甚至是零 [62]。有时，科学家在靶点问题上几乎没有什么选择的空间，一个例子是镰刀形红细胞贫血症，在需要纠正的序列附近只有 2～3 个靶点可供选择。如果所有可用的靶点都不是好选择，风险可能太大，不值得尝试。这促使研究人员寻找更多的方法来提高 Cas9 结合的保真度，或以其他可能有用的方式来改变 Cas9。

（六）修改 Cas9

科学家们确定了 SpCas9 蛋白与 DNA 靶点结合时的三维结构 [63]。该蛋白有两个主要叶片，一个参与目标识别，另一个发挥核酸酶活性。在目标识别叶中，有一个 DNA 停留的凹槽，而在核酸酶叶中，两个核酸酶模体 HNH 和 RuvC1 分别处于不同的位置。基于这种结构，生物化学家可以对如何改变 SpCas9 蛋白以优化或改变其功能做出一些有根据的推测。描述 SpCas9 功能的原始论文 [50] 还显示，对 RuvC1 结构域（D10A）和 HNH 结构域（H841A）进行突变后，该蛋白中的所有核酸酶活性都会消失。这种突变被称为"dead Cas9"或 dCas9（图 71-3），这创造了一个可以非常有效地与 DNA 结合但不切割的蛋白质。如果只突变了两个核酸酶结构域中的一个，那么就创造了一个能结合并切断 DNA 单链而不是双链的蛋白。这两种蛋白质都被用来提高 SpCas9 的切割特异性。在第一种情况下，科学家们回到了对 ZFN 和 TALEN 都有效的相同策略，即把 DNA 结合域与 Fok1 核酸酶融合 [64]。现在，目标位点的选择要严格得多，将种子区域扩大到 10 个碱基对（5+5），总碱基对超过 20 个，而且 Fok1 结构域的强制二聚化切割要求序列既要彼此相邻，又要方向正确，才能进行切割。

SpCas9 的单一突变体或称缺口酶版本可以与 Fok1 融合，采取几乎相同的策略部署 [65]。被切割的 DNA 几乎总是无误地被修复，因此被 SpCas9 缺口酶切割的非靶点很容易被修复。只有当两个缺口酶分子以相反的方向聚集在一起时，此时两条链被切断的位置非常近，才会出现成功的双链断裂。

第三种策略是通过略微削弱 SpCas9 对 DNA 的自然亲和力来增加 DNA 匹配的严格性。如果 DNA、RNA 和蛋白质的相互作用被削弱，那么只有完美的匹配才有可能稳定到可以正常切割。有几种策略被用来弱化吸引力。有一种方法是将引导序列的长度从 20 个碱基对缩短到 18 个碱基对 [66]，这似乎可以提高特异性 5000 倍或更多。对 gRNA 进行化学修饰也有类似的效果 [67]。另一种方法是修改蛋白质序列，使其沟槽对 DNA 的适应性稍差 [68, 69]，这可以通过使用合理的蛋白质设计实现，或者研究人员让 Cas9 蛋白质利用定向进化迭代找出更有特异性的变体，在这种情况下，数十万个随机变化被测试，寻找更高的特异性切

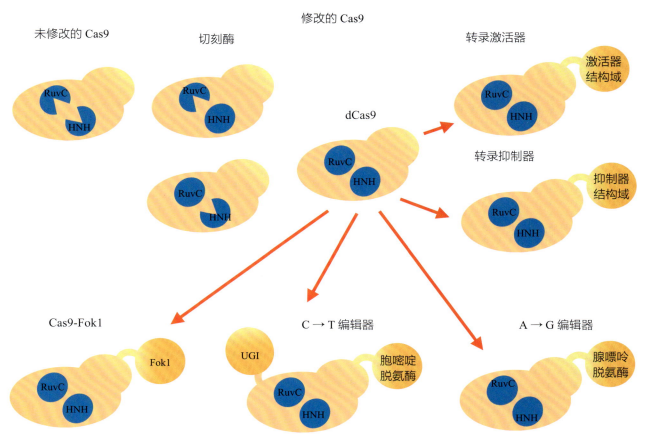

未修改的 Cas9

切刻酶

修改的 Cas9

转录激活器

dCas9

激活器结构域

转录抑制器

抑制器结构域

Cas9-Fok1

C → T 编辑器

A → G 编辑器

Fok1

UGI

胞嘧啶脱氨酶

腺嘌呤脱氨酶

▲ 图 71-3　依赖 Cas9 修改版的策略

未修改的 Cas9 蛋白有 2 个负责切割 DNA 的模体，即 RuvC 和 HNH。通过使 HNH 或 RuvC 失活，可以创建核酸酶的切刻酶版本。由此产生的 Cas9 变体可以结合 DNA，但只能切割两条链中的一条。若将 2 个切刻酶定位于相同的基因组位置但位于相反的链上，这就需要一个较长的目标序列，于是减少在错误的基因组位置切割的机会，这也可以进一步被修改为各种不同的编辑策略。像锌指核酸酶（ZFN）或转录激活因子样核酸酶（TALEN）一样，dCas9 可以与 Fok1 融合，通过将目标序列长度增加 1 倍的方式提高特异性，这与切刻酶的做法相同。人工转录因子可以通过将 Cas9 与已知的激活转录的蛋白质结构域（激活器）相融合，从而启动所需的基因，或与已知的抑制基因表达的结构域（抑制器）相融合，以关闭有害的基因。对于直接序列编辑方法，dCas9 可与胞嘧啶脱氨酶融合，将附近的 C 转化为 T；将尿嘧啶糖基化酶抑制剂（UGI）添加到融合蛋白中，可以增加这种碱基编辑功能的效率。同样，将 dCas9 与一个工程化的腺苷脱氨酶相融合，可以将附近的 A 转化为 G

割 [70]。这种方法的主要缺点是，随着严格程度的增加，酶的活性通常会降低，这意味着在更高的严格条件下，即使是正确的切割也不会那么有效。

（七）利用 dCas9 的非切割策略

虽然大多数基于 CRISPR 编辑的研究集中于利用其核酸酶的活性，但也有一个热门的研究领域，使用 dCas9 作为载体，将其他载荷递送到基因组的特定位置。本部分将讨论两种这样的策略：碱基编辑和人工转录因子（图 71-3）。

碱基编辑的背后逻辑是想要直接改变目标 DNA 的序列，但又不涉及 DSB 引发的 DNA 修复通路。直接碱基编辑的首次尝试是将以前发现和研究过的酶（胞嘧啶脱氨酶）与 dCas9 蛋白融合 [71, 72]。胞嘧啶脱氨酶将胞嘧啶转化为尿嘧啶，因此靶向基因组中特定位置的 dCas9- 胞嘧啶脱氨酶融合蛋白理论上可以将附近的胞嘧啶（C）转化为尿嘧啶（U）。U 通常不是基因组 DNA 中使用的碱基，这似乎是一种奇怪的策略。然而，DNA 修复分子机器将鸟嘌呤（G）到 U 的配对视为一种错配，并试图纠正它。DNA 修复分子机器随机挑选一条链进行修复，如果它挑选的链上有不匹配的 G，它就会换上一个腺嘌呤（A）碱基，它与尿嘧啶碱基配对得更好。最终，U 也被识别并被替换，成功实现 C 到 T 的转变。进一步的碱基编辑修饰，是将一种细菌酶 UGI 融合到 dCas9 中来提高这一反应的效率；这种酶可以抑制 DNA 修复机制将 DNA 纠正为 C∶G 对，促使 G 被 A 替换。

第二种碱基编辑方法，是将 dCas9 与腺嘌呤脱氨酶相融合，将 A 转换成 G[73]。这一蛋白质工程成就特别引人注目的是，在这一努力进行之前，DNA 腺嘌呤脱氨酶实际上并不存在！研究人员从大肠埃希菌中提取了一种酶，该酶可以修改 tRNA 腺嘌呤。研究人员从大肠埃希菌中提取了一种修改 tRNA 腺嘌呤的酶（TadA），并设计了一个能在 DNA 上发挥作用的版本。腺嘌呤脱氨酶将腺嘌呤转化为肌苷（I），肌苷与 C 配对，并像前面的例子一样最终被 DNA 修复和复制分子机器修正为 G。这些直接编辑策略的缺陷是它们还不能精确地控制哪一个 A 或 C 被转化，在一个大约 8 个碱基对的窗口中的任何候选碱基都可能被修改。从理论上讲，有些转换可能比完全没有变化更糟糕。缩小碱基转换的窗口以更精确地编辑基因组仍然任重道远。

由于 dCas9 可以很容易地被设计为靶向不同的基因组序列，许多科学家意识到该蛋白可以被转换成一个可编程的转录因子，在附加核酸酶之前，其行为很像锌指或 TALE 蛋白[74]。这可以通过将已知转录因子的片段与 dCas9 蛋白融合来实现，转录因子片段是可根据它们激活基因表达或抑制基因表达的能力来选择。然后，dCas9 融合蛋白被定位在感兴趣的基因的上游，并增加该基因的表达或将其关闭。这种方法在研究中具有广泛的效用，但在治疗人类疾病时却有一定的局限性。例如，突变完全破坏了基因的遗传病将永远不能用这种策略修复。但在一定情况下，如一种酶的突变降低了但不是完全消除了其活性，人们就可以想到提高酶的总量可以缓解病情。这种情况的好处是，它不需要精确的基因组修正，只需要表达 dCas9 融合体就可以发挥作用。

（八）仍存的挑战

如果基因编辑技术的主要目标是消除人类遗传疾病，那么仍需克服一些非常重要的障碍。首先是精确编辑的效率。本章描述的所有技术的效率都比较客观，有时堪称高效，但没有任何一种技术可以在任何情况都实现 100% 的效率。当在细胞培养或者模式生物中使用时，这不是大问题，因为可以在大量待测目标中把成功编辑的细胞挑选出来。但如果是治疗严重遗传病患者时，精度和编辑效率都至关重要。另一个更大的问题是递送。大多数患有严重遗传病的人在他们身体的每个细胞中都有致病的突变。目前，我们根本不具备能够将基因编辑送入每个细胞的技术。一些基因只在一个器官或组织，如骨髓中表达的遗传病，有可能用我们目前拥有的技术进行治疗，但绝大多数疾病仍将难以解决，直到我们开发出全新的工具，在全身提供所需治疗。第三个考虑因素是时机。许多遗传性疾病干扰了早期发育，或随着时间的推移导致组织的退行性丧失。在发育过程中，如有基因缺失，即使在事后里将其补充回来，也没有办法纠正已被破坏的发育过程。例如，在孩子出生后再修复导致脊柱裂的基因突变，是不能修复神经管缺陷并使患者恢复正常的。同样，由导致脊髓性肌肉萎缩症（spinal muscular atrophy, SMN1）的基因突变引起的神经退化，也不会在基因被纠正后使神经重新生长，任何神经损伤仍然是永久性的。能确保通过基因编辑治愈遗传病的唯一方法是在卵细胞受精后，在发育程序启动前立即进行编辑。

由此还有一个无关科学但非常重要的关于基因编辑的伦理问题：要何时、以何方式，在子宫内对人类的基因组进行改变？谁来决定哪些疾病严重到可以进行干预？就这一点而言，到底谁来决定什么是遗传病？与此相关的是，一旦技术足够可靠，该如何阻止非必要的基因组编辑？我们正处于一个勇敢新世界的前沿，有许多伦理问题，我们才刚刚开始着手处理。因此，尽管围绕着基因组编辑和 CRISPR-Cas9 的潜力有很多合理的兴奋点，但仍有许多重大的挑战，我们可能仍需要几十年的时间才能将其常规化应用于各种遗传疾病的治疗。

第72章 细胞蛋白质和结构成像：更小、更亮、更快
Imaging Cellular Proteins and Structures: Smaller, Brighter, and Faster

Aubrey V. Weigel　Erik Lee Snapp　著

岳蜀华　贾　浩　房霆赫　李雪莹　孙鼎程　陈昱安　译

长期以来，肝细胞一直被用来探索细胞生物学的基础问题，包括细胞极化、囊泡运输、蛋白质运输和细胞器生物合成[1-5]。生物化学和固定细胞的成像方法，如组织化学和电子显微镜[6]，提供了许多重要的见解。与此同时，活细胞显微成像方法使研究者能够实时跟踪特定囊泡的运输[7]，观察特定蛋白质在细胞极化过程中如何改变其分布[8]，以及细胞器移动的动态过程[7]。最近，光学显微镜在解析细胞精细结构和动态过程方面推动了一系列重要进展。目前的技术已经能够分辨细胞器结构，甚至在单分子水平上解析其中的蛋白质。此外，新型荧光蛋白和高速显微成像技术的发展也为研究者提供了表征蛋白质定位、动态和命运的有力工具。本章将讨论这些进展及其对肝细胞生物学的意义。

一、荧光染料和荧光蛋白的研究进展

荧光蛋白工具箱是研究细胞器和蛋白质结构和动态的强有力方法[9]。细胞和蛋白质通常太小，无法用肉眼观察，光学显微镜下又相对透明，而且具有高度动态性。为了克服这些限制，显微镜专家开发了大量的方法来提高细胞结构的对比度，并更好地分辨单个细胞器和蛋白质。当今在细胞生物学中使用的主要对比衬度是荧光。蛋白质或其他分子被一种可以用光源激发的染料标记。染料吸收激发光的能量之后，可以发射出比激发光波长更长的光子。常用的荧光团包括异硫氰酸荧光素（fluorescein isothiocyanate，FITC）、罗丹明、Alexa染料和绿色荧光蛋白。GFP和其他荧光蛋白已经革命性地改变了细胞生物学[10-13]。这些基因编码的荧光团可以用标准的分子生物学方法连接到任何蛋白质上，并且荧光蛋白可以在除了氧气之外没有任何特殊辅因子的情况下，折叠并形成荧光团[13]。GFP的克隆和优化使细胞生物学家能够在组织培养和整个动物中标记细胞表面和细胞器腔内的蛋白质，并跟踪动物体内的细胞和细胞中蛋白质的动态变化[7,11]。

自从GFP克隆合成以来[14]，新的荧光蛋白的数量以指数级的速度增加。更加明亮和具有光谱多样性的蓝、绿、红和远红蛋白被合成并提供给研究者[11,12]。荧光蛋白在颜色多样性上的发展只是荧光蛋白革命的开始。光激活荧光蛋白和定时荧光蛋白的发展使得光学标记并区分同一细胞或细胞区室内同一蛋白的不同种群成为可能。研究者现在可以在单个细胞中以亚秒级的时间分辨率进行生物化学式的光学脉冲追踪实验。

Patterson和Lippincott-Schwartz报道了第一个可实际使用的光激活荧光蛋白，当时George

Patterson 将野生型 GFP（wild-type GFP，wtGFP）突变为光激活 GFP（photoactivatable GFP，PA-GFP）[15]。GFP 可以在 488nm 处被激发，并在 488～550nm 发出荧光信号。在 wtGFP 被强蓝光（400～413nm）短暂激发后，光激活荧光蛋白 PA-GFP 的荧光发射强度在 488nm 光激发下约比增幅微弱的背景强 3 倍。Patterson 修饰的 PA-GFP 在 488nm 激发时与转染细胞的背景荧光没有区别，而光激活后诱发的荧光强度增加达 70 倍（图 72-1）。这种相比自发荧光背景的信号显著提升使得 PA-GFP 可以对细胞中的蛋白质进行光学标记。不同类型的光激活蛋白的数量急剧增加[11, 16]，其中许多蛋白适合于肝细胞的研究。尽管大多数光激活蛋白的激活过程是不可逆的，但也有例外，如 kindling 蛋白[17] 和 Dronpa[18] 可以可逆地或重复地被激活。光激活是非常强大的技术。整个细胞可以被光激活，该细胞或来自该细胞的子细胞的移动都可以被可视化地跟踪。同样重要的是，对一群蛋白质的光学标记能够观测该群蛋白分布随时间的变化，甚至是单细胞内一个蛋白质的周转率。如图 72-1B 所示，单个细胞中的一个病毒膜蛋白从高尔基复合体向外运输的速率可以通过跟踪 PA-GFP 标记蛋白从高尔基复合体中耗尽的速率来定量。

遗憾的是，GFP 和其他荧光蛋白并非没有问题。首先，GFP 并不小。5nm 的直径就足以使它有可能阻断蛋白质的相互作用[19]，一些较小的蛋白质在荧光蛋白旁边显得过小。在某些情况下，如当目标是标记一个特别大的蛋白质或囊泡时，Sun 探针应运而生[20]。具体来说，为了标记感兴趣的蛋白质或结构，单个探针可以被多达 24 份的荧光蛋白融合的纳米体来修饰，从而产生异常明亮的信号[20]。另一种间接标记技术使活细胞中的 microRNA 可视化[21]。

许多荧光蛋白存在的第二个问题是对于细胞中低表达的蛋白质的成像，它们并不总是足够明亮[22, 23]。在细胞中检测荧光信号所需的过度表达可能会对细胞或蛋白质的功能产生不利影响，导致人为干预的结具。第三个需注意的问题是，荧光蛋白的环境适用范围各不相同。例如，一些荧光蛋白，如 mCherry，对酸性环境不敏感，而 mVenus 或 EGFP 在酸性细胞区，如溶酶体中被淬灭并变暗[24]。许多荧光蛋白含有半胱氨酸，在氧化的细胞区室，包括内质网和高尔基复合体中，形成反常的二硫键[25-27]。这种错误折叠是随机的，这导致在氧化区室中既有正确折叠的荧光蛋白，也有错误折叠的暗蛋白。为了克服这些问题，不能形成二硫键的惰性单体荧光蛋白被

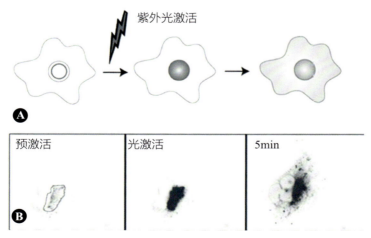

▲ 图 72-1　光激活

A. 光激活过程示意图。表达光活化蛋白的细胞受到激光或弧光灯的强烈紫外线照射，使光活化蛋白从暗状态转化为可见或不同颜色的状态。激活的蛋白质的行为和结局可以在细胞中被长期跟踪。B. 病毒膜蛋白，即水泡性口炎病毒 G 蛋白，与 PA-GFP 融合，转染到 COS-7 细胞并进行成像。高尔基复合体中的蛋白池被 413nm 的激光光激活，并用 488nm 的激光进行成像。光活化显示了高尔基复合体中的蛋白质池和随着时间推移向质膜运输的囊泡

合成出来（moxGFP、moxVenus、moxCerulean、moxBFP 和 moxDendra2），这 些 可 从 Addgene（www.addgene.org）获得 [25, 28, 29]。最后，GFP 并不会瞬间折叠并形成其荧光团。荧光团形成的时间延迟可以从 15min 到几小时，具体的时间取决于荧光团本身特性 [30]。因此，研究者在大多数情况下应避免选择折叠缓慢的荧光蛋白。关于现有荧光蛋白的最新概述，请见 Cranfill 等的综述 [31]。

目前已有几种替代荧光蛋白的方法用于标记蛋白的活细胞成像。这些替代性的"自我标记"探针是经过设计的小型蛋白，从而可以结合内源性或外源性的荧光染料 [32]，包括 HaloTag™（https://www.promega.com/-/media/files/resources/cell-notes/cn011/halotag-interchangeable-labeling-technology-for-cellimaging-and-protein-capture.pdf?la=en）、SNAP-tag[33]、细菌光敏色素（BphP）[34]、单链片段变量（Fv）蛋白 [35, 36] 和二氢叶酸还原酶（dihydrofolate reductase，DHFR）[37]。与荧光蛋白一样，这些探针可以通过基因编码标记到感兴趣的蛋白质上。这些自我标记的探针缺乏基因编码的荧光团，但能够以高亲和力结合膜渗透性染料来标记感兴趣的蛋白质。BphP 结合了一种内源性的代谢物，即血红素衍生的四吡咯胆绿素，它在结合后会在红外波段发出荧光。虽然添加外源性染料的动物成像已经成功实现 [38]，组织细胞成像也很容易 [39]，但是确实面临一些挑战。对于组织培养实验，染料添加展现出一些明显的优势。最重要的是，研究者可以开发在宽光谱范围内亮度和光稳定性更高的染料，这些染料优于大多数荧光蛋白中的荧光团 [40, 41]。此外，自标记的荧光探针允许研究者进行另一种类似于光激活的光脉冲标记。具体来说，所有的蛋白质在零点时被荧光标记，然后可以随着时间的推移跟踪蛋白质的稳定性，或者在随后的某个时间加入第二个荧光标记，以揭示自零点以来合成了多少新的蛋白质，或者比较新旧蛋白质的组成分布 [42]。此外，mEos4、psCFP2 可用于光电关联显微镜（correlative electron microscopy，EM）[43]。首先荧光成像获得被标记蛋白质的分布，接着细胞被固定，然后通过 DAB 化学反应在该蛋白定位的地方产生电子致密的沉淀物，最后可通过透射 EM 观察该蛋白的精细结构 [42]。当然，并非所有的自标记荧光蛋白都适用于所有的细胞区室。例如，FlAsH/ReAsH 染料与游离半胱氨酸结合，在内质网或高尔基复合体内的氧化环境中不起作用 [44]。总的来说，与荧光蛋白一样，自标记荧光探针也有潜在的缺陷，也有最佳的应用场景。当使用任何融合探针时，强烈鼓励研究者使用多种方法确认融合蛋白的功能与未标记的蛋白相似。最后，Allen 细胞科学研究所开发了一种新型的无荧光标记的方法来跟踪细胞器，该方法采用了预测模型来预测细胞中细胞器的体积和位置，不受任何标记或染料的影响（https://www.biorxiv.org/content/early/2018/05/23/289504）。这 种 方 法是否可以很容易地推广到多种细胞类型，如同一组织中的肝细胞、肝星状细胞和胆管细胞，值得期待。

二、分辨率

分辨率是衡量显微镜分离光学特征（空间）或时间事件的能力。提高分辨率可以使细胞中的两个结构、点或事件在视觉上和数量上得到区分。在实践中，提高光学分辨率使研究者能够划分出细胞区室、细胞器、甚至蛋白质，而时间分辨率使研究者能够观察到更精细的细胞动态过程，如一个囊泡的移动或一群蛋白质在细胞中的扩散。关于光学显微镜基本原理的深入讨论，读者可以参考 Michael Davidson 和 Mortimer Abramowitz 的精彩综述（http://micro.magnet.fsu.edu/primer/opticalmicroscopy.html）、Howard Petty 的综述 [45]、Douglas B.Murphy 的光学显微镜专著 [46]，以及 Vibor Laketa 最近发表的综述 [47]。

光学分辨率与放大率不同，放大率只是意味着增加图像的大小。高分辨率图像的放大将显示更多的细节，而低分辨率图像的放大将出现像素化问题（图 72-2）。光学分辨率与放大率无关，而是取决于物镜的数值孔径（numerical aperture，NA）和用于成像的光的波长。100 多年前，Ernst Abbe 计算了光学显微镜分辨率的"极限"，公式

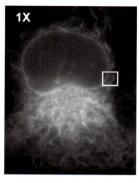 

▲ 图 72-2 放大率

用 63×NA1.4 的油镜对表达 ER-GFP 的 COS-7 细胞进行成像。将白色方块圈出的区域放大 20 倍后出现了像素化现象。与图 72-9 进行比较，虽然使用了相同的放大率物镜，但共聚焦和 PALM 可以得到两个非常不同的分辨率

如下。

$$分辨率 =0.61 \lambda / NA$$

该公式表明，在现有的最佳物镜（NA≈1.4）和可见光（λ 400～600nm）激发的条件下，在横向平面（x-y）上分辨两个相同颜色的荧光点的最近距离大约 200nm。在轴向（z）平面，分辨率要差得多，为 500～800nm。无法完美分辨小于这些距离的颗粒是由于光的衍射。请注意，以上的论述都是在理想的条件下。

三、衍射

光学显微镜的分辨率主要取决于衍射。衍射是指光波在障碍物或物体周围会产生弯曲，并以既不平行也不垂直的角度扩散的现象（图 72-3A）。作为衍射的结果，一束光不会像反射那样从一个点状物体上反弹。相反，光波在点状物体周围弯曲，形成一个比点本身大得多的观察点。此外，衍射的光不是简单的一个较大的光斑。光的波动性产生了一系列的波峰和波谷，形成了一个类似牛眼的图案，在二维中被称为"Airy 斑"（图 72-3B）。对波峰和波谷的探测取决于光的波长和探测器前面任何狭缝或光阑的大小。光阑与探测器的使用是共聚焦显微镜的基础。

显微镜下的物体不是二维的，Airy 斑图案也不是简单的圆形。相反，衍射斑点在横向（x-y）平面上往往是圆形的，而在显微镜的光轴上发生

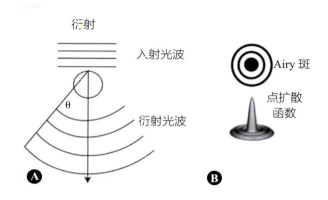

▲ 图 72-3 衍射

A. 平面光波在遇到大小类似或小于光波长的物体时，会受到衍射的干扰。光波弯曲或散射的角度 θ 与物体的大小成反比。B. 荧光标记的粒子被照亮后产生的二维 Airy 斑和三维点扩散函数的图示

的轴向（z）方向上则是拉长的（分辨率较差）。一个非常小的圆珠在被显微镜成像时，将显示为一个峰，周围有连续的辐射状小波纹（图 72-3B）。在不同焦平面的一叠 Airy 斑组合在一起，就形成一个三维图案，其在横截面上显示为带有辐射波的峰。圆珠周围的三维图案被称为点扩散函数（point spread function，PSF）。PSF 取决于光的波长（λ）和显微镜物镜的 NA。物镜的 NA 越高，PSF 越小，物镜的分辨能力越强。衍射导致荧光图像的像素不一定代表该像素空间内的单个荧光团或荧光标记分子。例如，人们可以通过荧光显微镜轻易地看到细胞中的微管，但微管的直径只有 25nm，远远低于 200nm 的横向衍射极限。荧光允许细胞结构和分子的可视化，但荧光不应取代电子显微镜来准确测量 200nm 以下精细结构的横向尺寸。结构测量的其他干扰因素包括样品的荧光团标记效率和检测器的曝光时间，这将进一步影响荧光物体的成像尺寸。

四、信噪比

通过提高信噪比，可以提升图像质量（图 72-4A）。处于暗背景下的明亮细胞相较于自身荧光程度高、标记模糊的样品具有更高的信噪比（图 72-4B）。任何能够提高荧光标记信号，或减

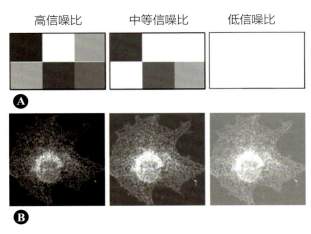

高信噪比　　　中等信噪比　　　低信噪比

▲ 图 72-4　信噪比

A. 高信噪比和低信噪比结果的展示说明。请注意高信噪比样本是如何揭示更多方格的强度细节，并比中等信噪比和低信噪比样本呈现更大的动态范围。B. 在 COS-7 细胞表达内质网（ER）定位的 GFP 的不同信噪比的图像。低信噪比图像的质量明显较差。相对于高信噪比图像，中等信噪比的图像更容易看到整个 ER 结构。然而，在中等信噪比图像中，可检测细节的范围较小。对于定量成像，能够检测出荧光强度的差异的最大范围是非常重要的

少背景信号，或消除其他噪声源的方法都可以改善信噪比。尽管提高信噪比可以大大提升图像质量（图 72-4B，比较高信噪比和低信噪比图像），但是信噪比的提高不应与分辨率的提高混为一谈。去卷积、共聚焦和全内反射荧光（total internal reflection fluorescence，TIRF）显微镜，以及 CCD 像素合并，均是相较于标准宽场荧光显微镜提高信噪比的典型例子。

在标准荧光显微镜上采集的宽场荧光图像由来自荧光标记细胞的信号组成，该信号由与显微镜相连的摄像机采集。大多数光学显微镜相机是冷却 CCD 器件，可以一次性采集整张图像（图72-5A）。来自样本的信号通过 CCD 转换成像素阵列，每个图像像素的分辨率与相机探测器上每个像素的大小、光的波长和物镜的 NA 有关。相机架构将在时间分辨率部分进行更多讨论。由于同时照亮整个样本视场，并一次性采集整个图像，因此荧光样本具有相当程度的噪声。两个主要的噪声源是：①来自样本平面上方和下方的离焦光；②来自同平面内相邻荧光团的 PSF 信号的

重叠（分辨率较低的信号）。这两种噪声源都可以通过产生接近衍射极限的图像的方法来降低：去卷积和共聚焦显微镜。

（一）去卷积

去卷积是一种基于软件的解决方案，用于分离 x-y 平面内的 PSF 信号和来自离焦光的 PSF 信号[48]。首先，使用者必须测量特定显微镜/相机/照明装置的 PSF。接着，使用者采集荧光标记细胞的 z 序列 [即沿显微镜物镜的光轴通过连续焦平面的 2D（x-y 平面）系列图像]。然后，将实验确定的 PSF 迭代应用于 z 系列数据，以去除每个焦平面之上和之下的离焦光。由此产生的去卷积图像噪声显著减少，从而接近衍射极限的分辨率。虽然去卷积比共焦显微镜更耗时，但它有两个重要的优点。通常，使用去卷积方法比购买一个共聚焦显微镜便宜得多，而且因为使用者不会丢弃光子，所以信号微弱的样品可以通过较少的光漂白得到图像。正如我们将在超分辨率（super-resolution，SR）部分看到的，其他显微镜（甚至共聚焦显微镜）都可能受益于去卷积。

（二）共聚焦和多光子显微镜

对于厚样品，如有多层细胞的组织样品，需要共聚焦显微镜来降低聚焦平面的噪声，使其更清晰地观察细胞层。理论上，在理想条件下，共聚焦可以使图像的横向和轴向分辨率提高 30%。通过比较，超分辨率显微镜可以获得比共聚焦高一个数量级的分辨率。与宽场系统不同，共聚焦显微镜利用一对小孔来获得图像。第一个小孔有助于将激光光源聚焦为一个沙漏样的体积形状，其最窄点与样品的焦平面重合。尽管显微镜的整个光轴都发出光，但样品只在横向平面上的一个点被照亮。点状光源大大降低了来自样品相邻横向区域的噪声。然而，大多数样本都包含不止一个点需要成像。为了获得整个图像，点光源需要在样本上前后移动进行扫描（图 72-5C）。样品被照亮的空间和时间精度已被用于其他应用，如光漂白（photobleaching，FRAP）、光激活和荧光相关光谱（spectroscopy，FCS）[10]。

第二个小孔位于探测器前方，用于去除来自焦平面上方和下方的光。小孔是可调的，必须关

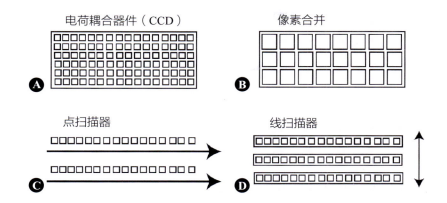

▲ 图 72-5　图像采集模式，比较了如何使用不同的获取模式获取图像中每个像素的光子

A. CCD 通常同时收集图像每个像素的光子。B. 为了增强 CCD 的信号，一个像素块（这里是一个来自 A 的 2×2 像素块）可以在一个称为像素合并的过程中求和。图像会因此失去分辨率，但信噪比得到了显著提高。C. 在点扫描器系统（即带 PMT 探测器的激光扫描共聚焦显微镜）中，光子按线性方向每次收集一个像素，然后返回图像的下一行的第一个像素点。D. 线扫描器结合了点扫描器和 CCD。它也使用 CCD，但 CCD 由单行像素组成。一个振镜在样本上移动一个像直线一样的照明激光，同时收集一行像素的所有光子。线扫描器提高了采集速度，并可以与狭缝结合，以实现显著程度的共聚焦

闭以分辨一个 Airy 斑。通过将一个机动平台与显微镜系统结合，研究者可以采集每个焦平面的图像，然后对整个样本进行三维重建，而无须对样本进行物理切片。该方法可以连续捕获荧光标记活细胞的 3D 图像，以实现 5D（三维、荧光和时间动态）成像。对于非常明亮的样品，可以将小孔闭合到小于一个 Airy 斑的大小，以获得略优于衍射极限的分辨率。分辨率的小幅提高和信噪比的大幅提高是以样品中 90% 或更多光子的损失为代价的。实际上，这意味着只有中等亮度到非常明亮的活样本适合通过共聚焦成像。同时，覆盖整个样品的照明会导致焦平面外区域的光漂白。然而，共聚焦显微镜的多功能特性（5D 成像、共定位、光漂白和良好的图像质量）使它成为核心科研平台的首选显微镜。

虽然共聚焦对 50μm 厚的样品成像效果非常好，但在某些情况下，研究人员希望能对更厚的样品进行成像，如组织甚至活体动物。光在组织中的散射严重地降低了共聚焦（主要利用可见光波长）的效用。相比之下，红外光在组织中更透明，可以穿透到组织深处。多光子成像是将红外光传输到 400μm 深的组织的主要方法[49]。多光子显微镜的物理基础超出了本章的范围。多光子成像的

特征是只有焦平面和焦体积内的荧光团才能被激发。与共聚焦类似，多光子成像使用点扫描的方式采集图像。多光子成像的一个主要优点是由于排除焦体积外的照明而带来的高信噪比。它得到的图像与共聚焦图像类似。多光子成像需要多光子激光器和高灵敏探测器，这可能是相对昂贵的。但无论成本如何，多光子成像仍然是活体细胞成像的主要方法。此外，多光子显微术与超分辨率显微术相关，因为有几种方法都利用多光子激光实现足够高的信噪比，同时不损失荧光信号。

（三）多色成像

许多商业系统允许在一个样品中成像一种以上的颜色，从而能够同时成像多种感兴趣的蛋白质。这可以通过使用多个标记（如绿色和红色荧光蛋白，如 mGFP 和 mCherry）来实现。根据显微镜的设置，可以同时或以一定的顺序对不同颜色或通道进行成像。顺序成像中可以按时间将不同荧光团的发射荧光分开。另外，发射滤光片也可用于分离多个荧光团的荧光波长。使用这两种技术或它们的组合，可以在同一样品中同时成像三种甚至四种颜色（如蓝色、绿色、红色、远红色）。然而，有时可能需要成像比这更多的通道。光谱成像是一种应用于具有重叠发射光谱的多个

荧光团的技术。通过结合基于线性分解的光谱后处理方法，荧光信号可以在数学上"分解"或分离，从而清楚地分辨每个荧光团的发射光谱[50-53]。光谱成像和线性分解已应用于多个商业化共聚焦系统，包括 Nikon A1 和 Zeiss 880。

（四）共定位

研究人员研究细胞内蛋白质分布的主要原因之一是比较蛋白质相对于其他分子或细胞器的定位，特别是当研究人员想知道两种蛋白质是否位于同一细胞位置，也就是说，它们是否"共定位"。在荧光显微镜中，共定位只是指两个抗体或荧光标记蛋白的荧光信号重叠，从而产生合并的颜色（例如，当红色和绿色荧光信号重叠时，合并的颜色为黄色）。最终，共定位是对分子接近程度的粗略衡量。由荧光团衍射引起的畸变产生了明显大于实际荧光团的点扩散函数。将这一信息与标记的大小（一抗 15nm，荧光染料标记的二抗 15nm，或带有连接子的荧光蛋白 5nm）结合，可以明显看出，共定位对于分子邻近性表现较差。然而，它是一种用于测试蛋白质是否与细胞器或细胞结构有关的合理工具。超分辨率显微镜对共定位进行了改进和重新定义。结构光照明显微术（structured illumination microscopy，SIM）、Airy 扫描和受激发射损耗荧光显微术（stimulated emission depletion，STED）提高了分辨率，减小了 PSF 大小，这意味着样品荧光信号更精确地报告分子位置，从而获得更准确的共定位信息。光敏定位显微镜（photoactivated localization microscopy，PALM）和随机光学重建显微镜（stochastic optical reconstruction microscopy，STORM）极大地提高了分子位置检测精度（5～50nm）。因此，在共聚焦显微图中表现为共定位的分子现在可以被分别区分出来（图 72-5）[54]。这样的图像突出了细胞结构中标记分子的相对稀疏性。因此，随着超分辨率显微镜变得越来越普遍，共定位的概念很可能会成为历史。同时，PALM 和 STORM 技术使图像更难以直观地解释。共聚焦显微照片的分辨率可以很容易地定义细胞器、细胞骨架和其他细胞结构，而 PALM 和 STORM 技术可以在极近距离观察时生成类似 Seurat 的点彩图。其结果是一种强大的新形式的图像信息，可能会激发细胞生物学的新研究。

（五）Airy 扫描

Airy 扫描是一种基于激光扫描共聚焦显微镜的成像技术（https://www.nature.com/articles/nmeth.f.388#f1; https://www.embl.de/services/core_facilities/almf/events_ext/2017/EN_wp_LSM-880_Basic-Principle-Airyscan.pdf）。它利用了被共聚焦小孔去除的光，从而大大提高了信噪比。增加信噪比可以实现更好的反卷积，从而得到更高质量的图像。

在经典的共聚焦显微镜中，关闭检测端小孔将使 PSF 变窄，从而提高分辨率。虽然越来越小的小孔增加了分辨率，但它也挡住了很大一部分光，导致图像信噪比低。通过将小孔从光轴移开，可以压缩点扩散函数的宽度（和振幅）。通过建立探测器元素的阵列，1AU 区域外的光现在可以被使用，而不是被排除。对于蔡司 Airy 扫描探测器，32 个轴上和离轴探测器的几何形状给出了 0.2AU 的小孔设置，但能够获得相当于 1.25AU 小孔的收集效率（https://www.nature.com/articles/nmeth.f.388#f1）。这种方法提高了分辨率，在 488nm 激发下，横向分辨率 140nm，轴向分辨率 400nm（图 72-6）。此外，它保留了更高频率的数据，结合增加的信噪比，可以得到更好的去卷积最终图像。

（六）全内反射荧光

虽然全内反射荧光显微镜对横向分辨率没有影响，但对于研究接近细胞膜的问题的研究者来说，它是一种非常强大的成像技术[55, 56]。TIRF 显著提高了图像的信噪比。与共聚焦或宽场不同，TIRF 显微镜的光不直接正面照射样本，而是以一定入射角照入。在一定条件下，盖玻片上会产生消逝波。消逝波只会激发距离盖玻片 100nm 以内的荧光团，包括细胞膜、细胞骨架和细胞膜附近的囊泡。它的成像结果令人印象深刻，其信噪比甚至优于共聚焦（图 72-7）。TIRF 不会丢弃光子，照亮的平面比实际焦平面更薄。由于 TIRF 不产生焦点之外的光，这降低了检测单个荧光团的阈值，因此 TIRF 显微镜可以检测单个 GFP 分子。因为荧光团的 PSF 与宽场的相同，所以尽管

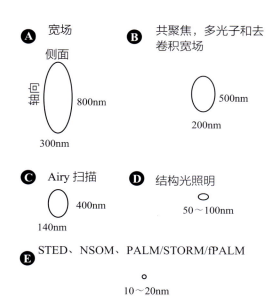

▲ 图 72-6　点扩散函数（PSF）

同一荧光小球使用不同显微方法得到的 PSF 对比图，包括宽场（A）、共聚焦和去卷积宽场（B）、Airy 扫描（C）、SIM（D）及 STED 和 PALM/STORM/FPALM（E）。图中展示了荧光小球的轴向（z）和横向（x-y）尺寸。请注意，宽场成像的去卷积结果可与共聚焦相媲美

TIRF 能够检测单个 GFP 的信号，但并不能比宽场显微镜更好地分辨两个 GFP 分子。TIRF 在研究细胞表面膜运输和细胞骨架问题方面特别受欢迎。此外，TIRF 可以与光激活蛋白和计算方法结合来实现超分辨率显微成像，如 PALM 技术。

五、提高显微镜分辨率

达到更高的时间或空间分辨率经常要以损失彼此为代价。例如，空间分辨率最高的显微术，即电子显微术（electron microscopy，EM）和原子力显微术（atomic force microscopy，AFM）通常不适用于活细胞成像。EM 在真空下进行，这不适用于活的肝细胞或组织。AFM 速度慢，跟踪细胞过程时只能扫描到极小的面积。有些团队通过结合多种技术来克服这些限制。为了高度分辨荧光细胞结构的细节，可以先对细胞使用荧光显微成像，然后快速固定，并利用光电关联显微镜进行成像[6]。这种方法并不能提供关于荧光所标记分子的更高分辨率的信息。目前，PALM 等

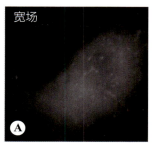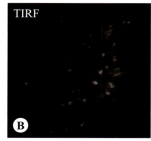

▲ 图 72-7　全内反射荧光（TIRF）显微镜

MTLn3 大鼠腺癌细胞瞬时转染 EB1-GFP（微管正端结合）。A. 宽场荧光图像；B. 同一细胞的 TIRF 图像；注意在 TIRF 图像中没有细胞质 GFP "薄雾" 且背景噪声低。GFP. 绿色荧光蛋白（图片由 Dr. Vera DesMarais, Albert Einstein College of Medicine 提供）

方法通过同时提供细胞结构及荧光所标记分子的高分辨率细节信息，开创了关联显微术的新纪元。现在可以使用新的高分辨率显微技术来解决的问题既激动人心，又至关重要。此外，高分辨率荧光显微技术已经成功应用到活细胞中，意味着绝大部分的问题都能利用该技术进行探索。

六、超分辨率显微术

自 20 世纪 90 年代末起，细胞结构已经能在阿贝衍射极限以下清晰地分辨，似乎不再有衍射极限。然而，超分辨率显微术并未违背阿贝的公式，而是通过新的显微镜设计，如新的荧光探针和（或）计算机算法，克服了这一限制。超分辨率显微术大体上有两种：①成像时非常接近样本表面的"近场"方法；②可以像常规共聚焦显微镜一样以至少一层细胞的厚度深入样本成像的"远场"方法，如 STED 和 SIM。以下部分将阐述不同类型超分辨率显微术的基本原理和成像能力。

（一）结构光照明显微术

Mats Gustafsson 和 John Sedat 开创了图案化或结构光照明显微镜[57]，即一种能将宽场图像由 200nm × 200nm × 500nm 提升到 100nm × 100nm × 280nm 乃至 100nm × 100nm × 100nm（图 72-6D）的超分辨率方法[58]。SIM 有几种变体[57-60]，但基本方法包括用图案化的光对样本照明，类似于偏振光光栅滤波。样本的图案与滤波图案干涉并相

乘，从而产生摩尔纹。恢复算法能对该图案解码并测量摩尔纹中的条纹。SIM 图案仍然受衍射约束，不能聚焦到任何小于激发光波长的一半的物体上，这将分辨率的提升限制到 2 倍。使用多种方法可以将分辨率进一步提高，包括样本的饱和照明和在样本两侧放置显微镜物镜[58]。然而，饱和照明会导致样本光漂白，因而对活细胞成像并不实用。SIM 是一种宽场技术，这使其成为更快的超分辨率显微术之一，但要得到一张最终图像常常必须要采集多张图像。因此，对于固定样本或相对慢的过程，这种方法仍然是最好的。用于共定位实验时，SIM 是共聚焦的一种出色的替代和改进方法。市场上已有一种商用的能提升 S/N 但不能提升分辨率的类 SIM 显微镜（蔡司公司的 Apotome 和 Apotome.2），比许多激光扫描共聚焦系统都便宜。超分辨率 SIM 商用系统目前在许多研究机构的核心设施中都可开放使用。

（二）三维 SIM

尽管经典的二维 SIM 显著提升了横向分辨率，却缺乏在轴向上的提升。2008 年，通过引入能从本质上使轴向分辨率加倍的 SIM 的三光束变体，这一问题得到解决[61]。额外的光束使三维图案得以被创建，并且通过改变这一体积图案的相位和方向，分辨率可以同时在横向和轴向提升 2 倍。轴向分辨率目前达到了约 300nm。

（三）PALM 和 STORM

限制分辨样本中单个荧光分子的因素之一是，场内所有荧光分子都同时被点亮和成像。不同超分辨率显微方法使用不同的策略来分辨荧光团。共聚焦、SIM 和 STED 不同程度地减小了 PSF 的大小。在光敏定位显微术[62]、荧光光激活定位显微术（fluorescence photoactivation localization microscopy，fPALM）[63]和随机光学重建显微术[64, 65]（同一基本方法的不同首字母缩略词，本章中统称其为 PALM）中，PSF 大小并未被机械地调整，图像是在宽场中采集的，然而，每次仅使整个场中几个单独的荧光团可见。通过使用光激活荧光团（起初处于关闭状态，然后每次有几个被随机地开启），使得单个荧光团可被探测。激活后的荧光团被成像直至其光漂白。随后，另外几个荧

光团被依次激活，直至场内全部荧光团最终都被光激活和光漂白，最后汇集成图像。宽场和共聚焦成像受到相当程度的自荧光和散焦光的阻碍，它们妨碍了对细胞中单个荧光团的检测。但是，TIRF 可以为检测细胞中的单个荧光团提供足够的信噪比。PALM 的最后一步是为每个单独的荧光团定位，这可以通过使用高斯拟合精确地对每个荧光团 PSF 的中心定位来实现（图 72-8A）。一些团队利用高斯拟合来确定荧光团位置，已达到纳米尺寸的精度[66]。该技术的鲁棒性取决于对每个荧光团检测的光子数，这减慢了图像采集率，并且需要使用较亮的荧光团。从技术上说，高斯拟合方法无关乎光学分辨率，而是使得荧光团的间距得以测量。通过在 PALM 中辨识每个荧光团的位置，即可以 10～40nm 的精度定位荧光团（图 72-6E），并获得令人惊叹的图像（图 72-9）[62]。

将 PALM 成像从二维推广到三维有两种主要方法：空间聚焦和干涉测量。当一个点光源散焦时，其 PSF 变宽且能产生围绕中心峰的同心环。空间聚焦利用这一信息对粒子轴向定位。双平面方

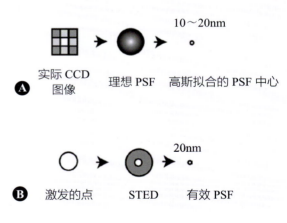

▲ 图 72-8　超分辨率显微成像方法

A. 光敏定位显微镜（PALM）利用全内反射荧光（TIRF）减少背景噪声并每次选择性地激活和点亮几个单独的光激活荧光蛋白。光子像在常规 TIRF 成像中一样通过电荷偶合器件（CCD）采集，在每个强度光斑处相加，并确定每个光斑处发射荧光的中心。这是通过用理想点扩散函数（PSF）统计的拟合测得的光子分布实现的，足以实现 10nm 分辨率。B. 在受激发射损耗荧光显微术（STED）中，一束聚焦的激发光被另一束甜甜圈形状的激光叠加，后者使甜甜圈孔以外的被激发的荧光团猝灭，分辨率可达 20nm

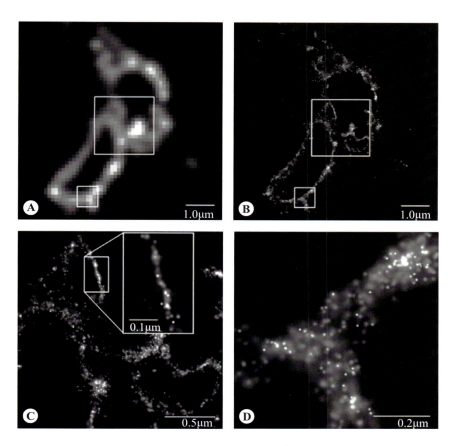

▲ 图 72-9 **PALM 图像**

通过全内反射荧光（TIRF）（A）和光敏定位显微镜（PALM）（B）得到的分子汇总图像的比较。图像来源于表达 PA-FP Kaede 标记的溶酶体跨膜蛋白 CD63 的 COS-7 细胞的低温制备薄切片的相同区域。两类图像使用相同的物镜。TIRF 图像可以分辨溶酶体结构的粗略分布，注意单个囊泡过小，约 50nm，无法通过常规方法很好地分辨，TIRF 图像中的每个像素可能包含多个溶酶体，B 中较大的框选区域以更高的放大倍数观察（C）时揭示了更小的膜结构，它们可能代表相互作用中的溶酶体，或无法被 TIRF 分辨的晚期胞内体。在切片与溶酶体膜近乎垂直的一片区域中，最为高度局部化的分子分布于一条宽 10nm 的线上（插图）。在一片斜切的区域（D）中，来自 B 中更小的框选区域，CD63 在膜平面的分布可以被识别（经 AAAS 许可转载，引自参考文献 [62]）

法将发射路径一分为二，将两个检测器放在不同的焦平面[64]，其中一个平面欠聚焦，另一个过聚焦，使用它们 PSF 的比率计算出粒子的轴向位置。同样，可以将柱镜片放在一个分出来的发射光路中，使得 x 轴聚焦于与 y 轴不同的轴向位置上，从而产生散光[67]。这使得点光源产生了椭圆形图像，其 x 和 y 直径的比率可推算出粒子轴向位置。干涉测量则建立在光在经过两条光路后互相干涉这一基础上，能以纳米级准确度测量位置。干涉 –PALM（interference-PALM，iPALM）在光子经过两个不同的光路长度时，于两者重新结合前测量其自干涉，进而确定光子的轴向位置[68]。iPALM 提供了最佳

的三维分辨率，横向 20nm，轴向 10nm。

图像采集耗时是 PALM 技术发展的一大障碍。PALM 技术初次发表时，采集一张图像（图 72-9）需要 12h，还不包括 PSF 中心定位的计算处理时间和样本处理时间[62]。通过提高激活和激发光的强度，荧光团光激活、成像和光漂白的周转可以得到加快。Hess 等最近采集到了活细胞表面上流感血凝素（influenza hemagglutinin，HA）的图像，能够将单个 HA 分子定位到 40nm 大小的光斑中。PALM 方法为脂筏蛋白的组织形式和对脂筏模型的挑战提供了新的见解[69]。正如文中作者指出，对活样本的成像需要扩散系数极低的

活细胞蛋白质（如 HA 为 0.09μm²/s，而大多数膜蛋白为 0.4μm²/s，细胞质蛋白为 25μm²/s），从而能在分子扩散开之前收集到足够数量的光子。

单粒子跟踪 PALM（single particle tracking PALM，sptPALM）利用了 PALM 的定位能力和蛋白质的移动。此处，单个荧光标记的蛋白质可以被同时跟踪[70]，其轨迹总体上很短，但数量很多。该技术可以在空间上解析蛋白质扩散系数的分布图[71]。

目前，PALM 最适用于大分子组装体的成像，如核孔或染色质，以及显著改进后的光电关联显微术。通过结合透射 EM，单个分子的位置可以被确定，而且分子在囊泡或细胞器中是均匀分布还是非均匀分布也可以确定。光电关联显微术在研究囊泡中的货物分选及大分子组装体的组织中尤其适用。截至本文撰写时，PALM 已有商用系统，包括蔡司 Elyra 和尼康 N-STORM。

（四）STED

Stefan Hell 及其同事们研发了受激发射损耗，即一种不同于 PALM/STORM 或 SIM 的超分辨率显微成像方法。两束激光脉冲被用于对每个像素成像。第一束纳秒脉冲被聚焦到受衍射限制的光斑，并且位于感兴趣荧光团的吸收波长。第二束甜甜圈形状的多光子强激光脉冲立即跟随第一束脉冲，并且位于发射波长。第二束脉冲刺激被激活的荧光团，使其落回到基态且在损耗脉冲中不发射任何光子（图 72-8B）。只有衍射限制光斑外部的荧光团受到损耗，而中央区域的分子仍发出荧光。甜甜圈的大小直接调节分辨率，能在 x、y 和 z 方向上产生 10～20nm 的分辨率（图 72-6E）。解卷积方法也可以被用于进一步提高分辨率[72]。

不同于 PALM 和 STORM，STED 是一种远场方法。因此，细胞的任何部分都可以被研究。STED 目前通过多光子激光实现了，表明该方法能有效地共聚焦，可以用于三维重建。但是，由于初始激发是单个光子，衍射的复杂性可能将 STED 限制为共聚焦显微镜的深度范围（0～50μm）。虽然 STED 图像是通过扫描获得，但 Hell 及其同事已经报道了神经突触中囊泡快速

移动的视频，达到 28 帧 / 秒（28fps）或约 35ms/帧的成像速度。由于每个像素非常小，达到视频速率需要将扫描区域限制为 1.8μm×2.5μm 的大小。若结合 z 方向电机，便可原位观测这一立体区域的荧光分子动态。也就是说，以 1μm/s 速率跨过一个细胞的囊泡会因速度过快而无法跟踪。相比之下，局部的过程或组装体，如核孔的组织、高尔基复合体的动力学或胆小管会更适合 STED 来研究。二维和三维 STED 商业系统均可从徕卡购买。STED 作为远场超分辨率的解决方案，已成为获取细胞超分辨荧光图像的最强大的通用解决方案。

（五）超越超分辨率

不幸的是，超分辨率显微术不能检测蛋白质间的相互作用，以及这些相互作用的动力学。目前，没有光学显微术技术可以分辨蛋白质直接的相互作用，因为大多数蛋白质直径在 5～10nm，而单个氨基酸则在 0.5nm 以下。但是，生物物理学的荧光方法，如荧光共振能量转移，使得研究者们能检测活细胞中 10nm 以下的分子间邻近度。FRET 已经成为众多综述的主题[10, 74, 75]，并且仍是检测细胞中分子间亚纳米级邻近度的首选方法。将 FRET 探针与超分辨率成像结合应该是可能的，已经通过一种叫作 NSOM 的表面扫描技术实现[76]。因此，可能随着更多的研究人员能够使用超分辨率仪器，新的组合成像模式将被发展起来，并用于研究细胞中蛋白质的组织和相互作用。

七、快速成像

许多细胞过程发生在快速（毫秒）的时间尺度上，如钙波、细胞质蛋白的扩散和囊泡运动。对这些过程进行成像需要将快速的图像采集与灵敏的探测器相结合。虽然所有的成像通常都受益于探测器的高灵敏度，然而更短的采集时间意味着更少的光子收集，使得快速成像尤为苛刻。一种解决方案是使用更亮的荧光团，如量子点[77]、Janelia 染料[40, 41, 78]或具有明亮的荧光染料的自标记蛋白质[40]。

另一种辅助的方法是提高探测器的灵敏度。

在过去的几年里，探测器得灵敏度显著提升。显微镜中两种主要的探测器类型分别是 CCD 和光电倍增管（photomultiplier tubes，PMT）。PMT 虽然能够检测和计数单个光子，但通常一次只能检测单个像素，使得其在高速成像中无法发挥太大作用（图 72-5C）。如果不需要一个完整的 512×512 像素的图像，那么减少要获取的像素的数量则可以节约扫描时间。尽管有这样的限制，将 PMT 与共振扫描相结合也能够达到 25 帧 / 秒的成像速度，接近视频流的帧率（30 帧 / 秒）。共振扫描通常使用一对反射镜和一个检流计在样品上逐像素点扫描。然而，共振扫描以单一的最大速度移动反射镜来保持共聚焦样本采集的空间分辨率。目前，尼康和徕卡都已将共振扫描集成到商用共聚焦显微系统中。

由于 CCD 一次性拍摄整幅图像，使得其成为较快的图像探测器（图 72-5A）。光学显微镜中有两种类型的 CCD，即普通 CCD 和电子增益 CCD（electron multiplying CCD，EMCCD）。第二种更灵敏，并且由于像素尺寸更小而空间分辨率更高[45]。像素合并的方法能够通过提高图像上每个像素的光子数，从而进一步增强 CCD 的信噪比（图 72-5B）。同时，像素合并会降低空间分辨率（降低的倍数与像素合并大小相关），但该技术的优点是能够显著提高信噪比 [图像上单个像素点整合了 4、9 或 x^2 个（其中 x 是合并的正方形区域的探测器像素个数）探测器像素上的光子数]。

由于每次只成像一个像素点，常规激光扫描共聚焦显微镜的图像采集速率仍然有限。然而，共聚焦显微成像可以与 CCD 的探测方式相结合。首次实现这种组合的是转盘共聚焦显微镜[46]。该显微镜摒弃单点扫描方式（也称为激光扫描共聚焦显微镜或 CLSM），而是利用一个包含大量微透镜的转盘照亮整个样品。样品的荧光发射通过第二个转盘，其中包含多个不可调节的小孔，然后投射到 CCD 或 EMCCD 上。这两个转盘快速旋转，并产生视频流速率的共聚焦图像（30 帧 / 秒）。其中，EMCCD 的高灵敏度对于更快的转盘图像采集速度至关重要。

最近，研究人员开发出了一种混合方式，它将部分共聚焦与 CCD 的单行像素耦合。蔡司（Zeiss Live）通过捕获一整行像素，并对样本进行上下扫描（图 72-5D），以实现高达 180 帧 / 秒的扫描速度。通过使用狭缝，以一种类似于共聚焦小孔的方式，PSF 的 y 轴尺寸与共聚焦接近，x 轴尺寸比共聚焦大约 10%，而 z 轴尺寸比共聚焦大约 20%[79]。而这些 PSF 分辨率的微弱改变并不会显著降低图像质量（图 72-10A）。与上一代 5 帧 / 秒扫描速度的 PMT 共聚焦成像相比，高灵敏度的 CCD 和高量子效率的显微镜显著提高了图像质量（图 72-10）。具备 180 帧 / 秒成像速度的显微镜几乎可以跟踪任何细胞过程。另一种相机技术 CMOS，尽管灵敏度没有 EMCCD 高，不适合单光子计数相关应用，但它速度更快，更便宜，并且适用于多种情况。EMCCD 成像、转盘共聚焦、共振扫描共聚焦和线扫描共聚焦等技术能够以出色的时间分辨率，观测囊泡运输、钙波、细胞过程的 5D 成像，以及蛋白质在细胞质中的扩散等。

（一）快速光操控

蛋白质位置和运动的时空调控使其能够控制活细胞中几乎所有的动态过程。蛋白质的功能依赖于蛋白质在细胞中与底物或伴侣蛋白相互作用。通过用 GFP 标记蛋白质，并用 CLSM 进行光操控（荧光团破坏、光漂白、光激活）[80]，已经有可能定量研究活细胞中蛋白质的可用性。选择性光漂白（如 FRAP 和 FLIP[81]）或 GFP 标记蛋白的光激活使研究人员能够测量蛋白质的迁移率（扩散系数）、分子大小、移动蛋白的百分比（移动分数），并跟踪光激活蛋白的命运。虽然光操控已经为蛋白质动力学提供了许多见解[10]，但这种方法的一个严重缺陷是数据采集的速度相对较慢（每秒 2～5 张图像），并且第一次操作后图像的收集与光操控结束之间存在大量延迟。这两个因素对于可以在几毫秒内移动几微米的细胞质或腔内蛋白质来说是最大的阻碍。宽场荧光成像能够解决这一问题，但通常需要高功率激光器对感兴趣区域快速进行光漂白或光激活。相比之下，共聚焦显微镜将激光有选择性地聚焦

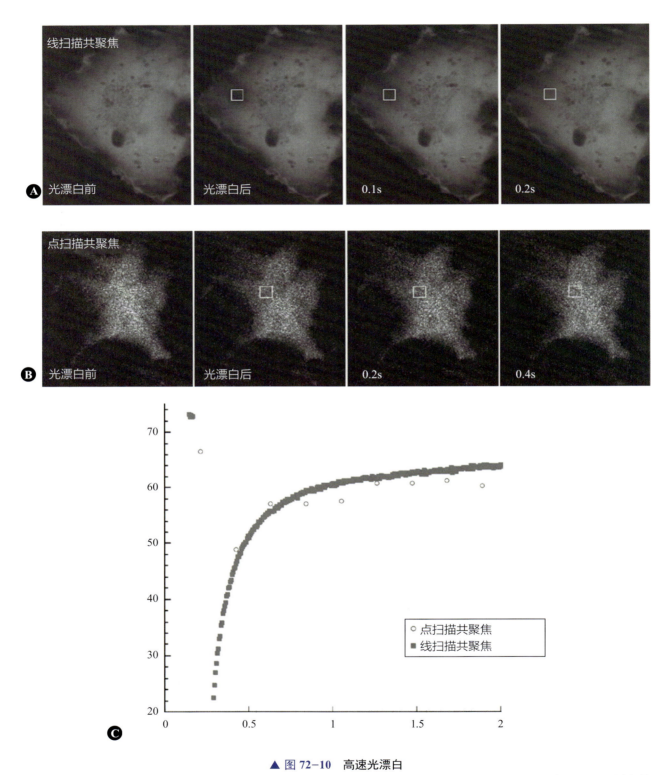

▲ 图 72-10 高速光漂白

180 帧 / 秒高速 CLSM（Zeiss Duo）成像（A）和 5 帧 / 秒标准点扫描共聚焦激光扫描显微镜（CLSM）成像（B）的光漂白数据对比。对细胞质表达绿色荧光蛋白（GFP）的 COS-7 细胞进行短时间光漂白，然后监测和定量其荧光恢复率。光漂白区域用白框表示。相比标准点扫描 CLSM 成像，高速 CLSM 成像能够观察到明显的光漂白区域。此外，高速 CLSM 系统（C）收集了 140 个恢复数据（实心方块），而标准 CLSM 仅收集到 2 个恢复数据（空心圆圈）。同时，高速 CLSM 系统能够监测光漂白速度最快的荧光蛋白（细胞质 GFP）（25μm²/s）的迁移率。即使在 180 帧 / 秒的高速成像下，使用更高灵敏度的探测器仍能够显著提高高速 CLSM 的图像质量于细胞的特定区域，从而导致快速的光漂白或光激活。虽然 CLSM 比宽场显微镜提供了更高的分辨率，但其探测器的灵敏度通常较低，并且只能使用同一扫描装置进行光操控和成像（图 72-10B）。光操控与高速显微镜的结合能够显著提升图像质量、空间分辨率、量子效率和成像速度（图 72-10A）。细胞质 GFP 的高速 FRAP 表明现在能够以很高的时间分辨率跟踪几乎任何荧光标记的蛋白的动态。此外，高速光操控实验可以是五维的，这就允许观测整个细胞的生命活动，以及判断有多少细胞部分受到了光漂白或光激活的影响。

（二）光片显微术

许多生物过程发生在毫秒时间尺度和三维空间尺度。为了快速观察这些过程，则需要进行体积成像。共聚焦显微术能够提供体积成像；然而，由于系统的小孔装置和扫描特点，需要几秒到几分钟的时间才能采集单个体积的信息。此外，由于共聚焦系统的激发光照亮了焦点上方和下方的锥体面，因此存在显著的光漂白和光毒性。

对高对比度、高分辨率体积成像的需求推动了光片显微镜的发展。光片显微镜有许多变体，有时更普遍地称为 SPIM[82]。光片显微镜大致的原理是，首先利用柱透镜在物镜前产生激发平面，即所谓"光片"，然后利用第二个物镜垂直于激发光片，并一次性采集整个光片平面上的信号。通过转动样品可获得四维视频[83]。

不同光片显微镜变体之间的差异主要在于光片的大小和模式，以提高整个样品的光学切片能力和照明均匀性。例如，多光束单平面照明显微镜（multiple beam single plane illumination microscopy，mSPIM）使用两个反向光束最大程度消除图像中的阴影[84]。另一种方法 dSPIM，也被称为数字激光扫描光片显微镜（digital scanned laser light-sheet microscopy，DSLM），则使用共振扫描在样本上快速移动光场。这样，在单个图像采集中，光平面看起来是用于照明的方法[85]。HiLo 照明能够获得两张图像[86]，其中第一张图像就像 DSLM 一样，是通过扫描光束获得的均匀照明图像，第二张图像是以交替方式打开和关闭激发光束以创建照明光"网格"的结构化照明图像。紧接着利用两张图像中存在的高（Hi）和低（Lo）空间频率进行后处理，进而合并图像。得益于结构化照明，这种方法通过去除焦外散射光，增强了光学切片效果。更不同的光片成像方法不使用高斯光束，而是 Airy 光束[87]或贝塞尔光束[88]。通过使用空间光调制器，照明光可形成多束贝塞尔光束晶格[89]。这种超薄晶格光片激发，大大提升了光学切片能力和整个样品的照明均匀性，结构化照明的特性使得图像空间分辨率进一步提高。随着信噪比的提升，各向同性成像、体积成像及高速晶格光片使得三维超分辨率显微术成为可能[90]。

（三）光电关联显微术

光镜和电子显微镜在对生物样品进行成像方面都具有各自优势。电子显微镜提供了纳米尺度的分辨率和全局对比度，而光学显微镜可以很容易地定位特定的蛋白质。光电关联显微术（correlative light and electron microscopy，CLEM）结合了两种成像方式的优点，首先通过光学显微镜精准识别目标分子，再通过高分辨率的电子显微镜对分子超微结构进行可视化展示[91]。

CLEM 一般有两种方式。一种是先对样品进行光学显微成像，然后固定样品并进行电子显微成像。另一种先制备电子显微镜样品，并对该样品进行光学和电学显微成像。不过，样品的制备要根据实际情况而定。一般来说，电子显微镜制备剂会影响荧光信号，而固定可能会损坏样品的超微结构。因此，需要确保样品制备的准确性，以维持样品的荧光信号和超微结构。

CLEM 是一个统称，其所指代的是一系列相关的光电关联成像方法。例如，光电关联显微图像可以通过结合扫描 / 透射电子显微技术与宽场、共聚焦或超分辨显微技术来获得。电子扫描显微镜还能够通过连续薄切片或聚焦离子束实现体积成像。样品成像时的温度各不相同，可能是室温，也可能是低温。每次实验都需要根据生物样本、科学问题和可用的硬件情况来确定具体的操作细节。

八、光学显微镜的未来

光学显微镜已经成为细胞生物学家研究中十分有力的工具。10 年前的实验技术现已走向商业化。本章中描述的许多技术已经或即将在未来几年内实现商业化应用。如何提高分辨率已经被一定程度上解决。下一个需要突破的技术是要研发更小、更亮的荧光蛋白和更亮的荧光染料。这类试剂将助力细胞成像，以更短的图像采集时间收集足够数量的光子，从而实现更快的成像和更高的信噪比。超分辨和高速成像技术都将受益于此类更亮的荧光物质。

本章中描述的许多技术都有可能为肝脏生物学的基础研究提供新的见解。例如，STED 或 PALM 方法可用于研究胆管细胞初级纤毛中感知蛋白的运输和高分辨率分布[92]。将多光子显微成像与光激活或其他荧光蛋白结合，对动物活体肝组织进行成像，可实现肝脏中单个移植干细胞或发育相关转基因细胞谱系和命运的追踪[93]。当然在体实验并非都需要多光子显微镜对细胞进行成像。最近，Thiberge 等应用高速转盘共聚焦显微镜实时跟踪了疟疾孢子虫在肝窦上的滑动，并穿过肝窦屏障在肝细胞内侵袭和发育的过程[94]。类似的方法可用于可视化其他肝脏病原体，包括病毒和细菌的入侵过程。超分辨率显微技术对肝细胞囊泡运输的研究也有很大的前景。Wakabayashi 等使用共聚焦显微镜和 FRAP 观察了原代肝细胞中 BSEP 的转运[95]。Murray 等通过宽场荧光显微技术对肝细胞来源的囊泡中内吞物质的分离提供了新的见解[4]。STED 或 PALM 可以提供单个运送蛋白如何在囊泡中分类的精确空间细节。同样，超分辨率显微技术在细胞间通信蛋白（即连接蛋白）动态和分布变化的研究[96, 97]，能够帮助定义细胞微环境，并为肝细胞的分化和生命周期提供新的见解[98]。超空间分辨和高时间分辨显微技术在活细胞应用中的转化，使得这些技术对未来的肝细胞成像和人们对肝生物学的理解至关重要。

第 73 章　靶向肝脏的基因治疗
Liver-Directed Gene Therapy

Patrik Asp　Chandan Guha　Namita Roy Chowdhury　Jayanta Roy Chowdhury　著

赖良学　戴　祯　栗　楠　陈晃耀　陈梦琪　陈昱安　译

近年来，伴随着基因递送载体、基因表达调控技术和新型基因编辑技术的飞速进展，基因治疗再次引起了人们的极大关注，其中包括生物过程机制的探究和疾病的治疗。靶向肝脏的基因治疗可应用于多种治疗策略，其中最常见的方案是借助基因递送载体，恢复肝脏内或肝脏外组织的蛋白缺失（如凝血因子或激素），进而达到治疗肝脏遗传疾病的目的。其次，也可以借助基因治疗策略在肝脏中异位表达其他组织特异蛋白，例如，在一项针对高脂血症的研究中，研究人员通过靶向肝脏的转基因手段，在肝脏中异位表达apoB microRNA 编辑酶（APOBEC-1）的催化亚基（通常情况下该蛋白仅在肠道中表达），从而降低了血液 LDL 的水平[1]。通过类似策略也可以在肝脏组织中表达疫苗、单链抗体、显性负性蛋白、免疫调节物质及诱导或抑制细胞凋亡剂等药理基因产物，从而对相应的疾病进行治疗。此外，基因治疗策略也适用于某些致病性突变（如α_1-AT 突变）导致的肝脏疾病，针对此类疾病的基因治疗方案是利用 microRNA 或基因编辑技术对含有致病性突变的基因进行抑制或清除，从而抑制致病性蛋白的表达。最近，多项基于同源重组原理的基因修饰技术得到了开发并被证实可用于纠正基因中的致病性突变，尤其是在基因组的特定位置插入感兴趣的基因或破坏有害基因[2]。肝脏靶向基因治疗的靶点包括遗传性代谢紊乱及获得性疾病，如感染性和肿瘤性疾病、肝硬化和移植的免疫排斥反应。另外，由于肝脏负责合成机体内的大量蛋白质。因此借助基因治疗在肝脏细胞内生产治疗性蛋白，胰岛素或生长激素，也能够实现针对一些非肝脏原发位点的疾病的有效治疗。最后，靶向肝脏的基因治疗同样适用于体外培养的肝细胞，通过基因递送载体对其基因修饰后，进而进行细胞移植，能够提高这些细胞的增殖能力，降低并抑制移植细胞引起的免疫排斥反应。表 73-1 中列出的是一些适用于基因治疗的肝脏遗传性疾病。

一、靶向肝脏的核酸递送技术

外源基因可以体外递送入分离培养的肝细胞，或经体内全身、局部注射核酸（DNA 或 RNA）递送入肝脏。针对肝脏的离体基因治疗，首先需要从携带遗传病变患者或模型动物肝脏中分离肝细胞，并对这些含有致病突变的细胞进行治疗性基因转染后，移植回供体或不同受体的肝脏中。当细胞被移植回体内后，机体有可能诱发轻微的免疫反应，但并不需要免疫抑制治疗。在首个靶向肝脏的基因治疗研究中，研究人员证实，体外基因治疗方案可以对 LDL 受体缺陷的高脂血症兔模型进行有效的治疗[3]。但在随后的临床试验中，由于递送载体转导效率低下和转染细胞移植数量有限等因素的影响，这一治疗策略在患者中并未展现出理想的治疗效果[4]。随后，研究人员利用可感染非分裂细胞的慢病毒载体，

表 73-1 适用于肝脏定向基因治疗的部分疾病

Ⅰ. 遗传性肝病
- Crigler-Naijar 综合征 Ⅰ 型
- 家族性高胆固醇血症和其他脂质代谢紊乱
- 槭糖尿病
- 进行性家族性肝内胆汁淤积
- 苯丙酮酸尿症
- 酪氨酸血症
- 黏多糖贮积症Ⅶ型
- α_1- 抗胰蛋白酶缺乏症
- 鸟氨酸氨甲酰基转移酶缺陷症
- 肝豆状核变性
- 糖原贮积症，如糖原贮积症 Ⅰ 型和 Ⅱ 型

Ⅱ. 遗传性系统性疾病
- A 型及 B 型血友病
- 原发性高草酸盐尿症

Ⅲ. 获得性疾病
- 传染病，如乙型肝炎和丙型肝炎
- 恶性肿瘤：肝癌、胆管瘤、转移性肿瘤
- 肝硬化
- 同种移植或异种移植的排斥反应

在一定程度上克服了效率低下这一障碍。此外，也有研究人员通过抑制宿主肝细胞的有丝分裂[5]，在供体肝细胞中转入促进有丝分裂相关基因或者通过药物促进有丝分裂[6]，使移植的肝细胞能够通过竞争性增殖，逐渐替换宿主肝细胞（见第 44 章）。但无论是体内基因治疗，还是体外基因治疗，均需要借助病毒或非病毒载体实现有效的基因递送。

重组病毒

病毒载体可以借助细胞的生物机制进入细胞、增殖、并表达其携带的基因。关于重组病毒介导的基因导入策略，部分或全部的病毒基因组被替换为目的基因，同时保留衣壳蛋白合成及病毒颗粒包装所需的基因序列。构建病毒颗粒时，包装细胞可以提供病毒组装所需的蛋白质。由于缺乏一些复制所需的关键基因，构建的重组病毒不能自我复制，但可以感染其他细胞。目前，可在体

外或体内感染肝细胞的重组病毒载体通常包括逆转录病毒载体（包括肿瘤逆转录病毒和慢病毒）、腺病毒载体（AdV）和腺相关病毒载体，这些载体也均已经应用于靶向肝脏的基因治疗研究。表 73-2 中列出的是这些重组病毒的部分特征。

1. 逆转录病毒载体

逆转录病毒是一种双链 RNA 病毒，其产生的双链 cDNA（病毒前体基因组）能够进入细胞核并随机整合到宿主的基因组 DNA 中。此外，慢病毒也属于逆转录病毒，它产生双链 DNA 能够有效地与宿主蛋白结合，并组成核蛋白复合体（pre-integration complex，PIC）。而这类复合体将借助核膜上的核孔复合体进入细胞核。因此，基于慢病毒构建的重组载体可以应用于感染肝细胞等不分裂增殖的细胞类型，这一特征也使其相较于其他类型的逆转录病毒载体（如莫洛尼鼠白血病逆转录病毒等），具有更好的肝脏转染效率。另一类型逆转录病毒泡沫病毒具有更大的运载能力，在非人灵长类动物中具有更低的免疫原性，因此，其相对于逆转录病毒和慢病毒载体具有潜在优势。总之，借助上述逆转录病毒载体，外源DNA 可以被随机的整合到宿主基因组中，并可以伴随细胞分裂过程被复制传递给子细胞。图 73-1 展示的就是构建逆转录病毒载体的主要方法。

在体外基因治疗的过程中，离体培养的细胞会不断分裂，因此借助病毒载体实现治疗性外源基因与宿主基因组的整合是十分必要的[6]。然而，由于这种外源基因的整合位点具有随机性，转入外源基因表达量的高低难以控制。若转入的外源 DNA 含有启动子序列，这种随机插入整合就有可能增强细胞中某些原癌基因的表达，这就将造成转染细胞存在潜在的癌变风险。此外，整合入基因组的外源 DNA 不仅有可能随着培养时间的延长而沉默，也可能在细胞重编程及分化过程中，随着启动子甲基化或染色质构象改变而沉默。逆转录病毒 LTR 区含有一个强增强子，当其随机整合入某些原癌基因附近时，就有可能诱导这些基因的转录，进而导致细胞癌变[8]。为了避免潜在的致癌风险，通常需要在构建的病毒载体中删除这段区域，在逆转录过程中，3'LTR 的 U3

表 73–2　重组溶瘤逆转录病毒、慢病毒、腺病毒和腺相关病毒的比较

类　　别	溶瘤逆转录病毒	慢病毒	腺病毒	腺相关病毒
病毒基因组	单链 RNA	单链 RNA	双链 DNA	单链 DNA
是否整合	是	是	极低概率整合	极低概率整合
感染不分裂细胞效率	低	中等	高	高
包装容量	5kb	5.5kb	8.5kb 基因敲除腺病毒可包装 30kb	5.2kb
表达速度	72h	72h	48～72h	细胞水平：7 天 体内：14 天
肝内维持表达时间	2 周至稳定表达	2 周至稳定表达	3 周（基因敲除腺病毒可表达更长时间）	6 个月至数年
滴度	10^7TU/（ml·s）	10^8TU/ml	10^{11}TU/ml	10^{12}vg/ml
体内基因感染效率	低	低	高	高
免疫原性	中免疫原性	中免疫原性	中 / 高免疫原性	低 / 中免疫原性

区域的启动子和增强子也将被复制到 5′LTR 的双链 DNA 中。因此，该区域的缺失会导致 5′ 和 3′LTR 的功能性 U3 区域的丢失。借助这种启动子"自我失活"载体递送的外源基因的表达将由内部启动子驱动，因而不会因外源性启动子引起有害基因的插入激活。此外，在载体中加入绝缘子序列可为插入位点附近的基因启动子激活提供屏障，进而预防由外源基因序列中增强子引起的有害基因插入激活[9]。

除了上述整合型病毒载体外，研究人员也开发了多种非整合型病毒载体。以附加载体形式表达目的基因的重组病毒载体，能够在不整合入靶细胞基因组的情况下，在靶细胞内独立表达外源治疗性基因。其中，腺病毒和腺相关病毒载体在靶向肝脏的基因治疗中发挥了重要作用。

2. 腺病毒载体

腺病毒是一类相对较大的线性双链 DNA 病毒。目前，可用于构建腺病毒载体的病毒类型主要为人源腺病毒 5 型和 2 型，基于这两种亚型构建的病毒载体不仅能够获得较高的病毒滴度，并且针对分裂或不分裂的细胞均具有较高的感染效率[10]。基于啮齿动物的研究表明，腺病毒载体在

注入体内后倾向于肝脏富集，并可以感染多数肝细胞[11]。啮齿动物肝脏中含有多种柯萨奇腺病毒受体，腺病毒载体在感染肝脏后，会借助该受体通过内吞作用进入肝细胞内。随后，从内吞囊泡释放的病毒会进入细胞核，入核后的病毒载体则独立于宿主基因组单独存在。然而，由于人肝细胞中的 CAR 较少，应用腺病毒载体转染人类肝细胞的效率往往降低。

重组腺病毒载体的常规构建方法是将目的基因插入至病毒的 E1 区，该区域编码驱动腺病毒基因表达的转录因子。而后，可通过删除腺病毒基因组中的 E3 和 E4 区域来增加重组载体的负载能力并降低载体的免疫原性。在完成病毒载体的基因组重组后，既可利用能够提供病毒包装蛋白的辅助细胞系进行重组病毒载体的生产[12]。由于腺病毒载体会引起剧烈的先天性和适应性宿主免疫反应，其在基因治疗中的应用受到了极大的限制。在早期临床试验中，腺病毒载体引起的严重先天免疫反应导致一名患者死亡。这也造成基因治疗的临床应用遭受了重大挫折。基于啮齿动物和非人灵长类动物的研究也发现，这种免疫反应所产生的中和抗体会造成腺病毒载体的二次转染

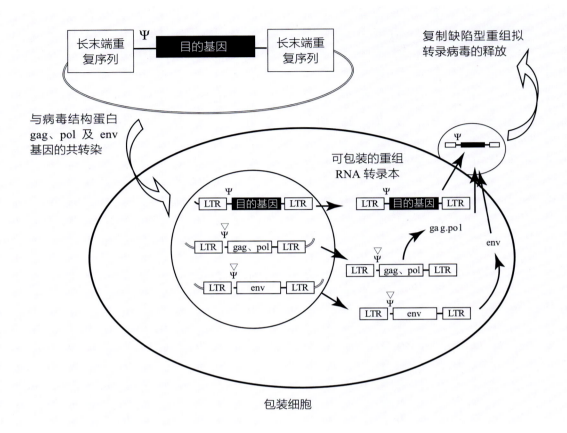

▲ 图 73-1　逆转录病毒载体的构建：逆转录病毒基因组的 cDNA 被克隆入载体中

除长末端重复序列（LTR）和 Ψ 片段被保留外，其他的病毒基因均被替换为目的基因，然后将重组载体与其他携带病毒元件基因（gag、pol 和 env）的载体共转染入包装细胞。逆转录病毒的 env 基因可以被 HSV 病毒的 gag 基因代替，并增强其稳定性及靶向的细胞类型。基因缺陷病毒的 RNA 由辅助载体瞬时表达的病毒蛋白组装完成，随后复制缺陷型病毒被释放出包装细胞，进而感染靶向细胞并插入其基因组中

失效。此外，机体内的淋巴细胞也将攻击转染了腺病毒感染的宿主细胞，这样会导致炎症，并致使病毒载体携带目的基因大量丢失 [13]。虽然通过完全删除腺病毒载体的基因组可以有效地降低免疫反应，并延长目的基因的表达时间 [14]。然而，重组病毒载体中依旧存在一些病毒包装辅助细胞提供的外源蛋白。这些外源蛋白在初次感染时也将导致机体产生免疫应答及免疫记忆，并致使病毒载体在第二次给药后效率显著下降。基于这些问题，诸多研究团队也在寻找避免重组腺病毒载体免疫原性的有效策略。有研究指出，在构建重组腺病毒载体时，保留病毒的免疫调节区域的 E3 基因可改善宿主对腺病毒载体的免疫应答 [15]。也有团队在基于啮齿类动物的研究中尝试通过注

射 CTLA4-Ig 和 CD-40 抗体来抑制重组腺病毒载体引起的抗原提呈细胞和细胞毒性淋巴细胞的共刺激，借此抑制重组腺病毒载体的免疫原性，但这一方法收效甚微 [16]。另一类策略是通过增强宿主对腺病毒抗原特异性的耐受能力，从而降低机体针对重组腺病毒载体的免疫反应。在基于大鼠的数项研究中，研究人员发现新生的大鼠在接受重组腺病毒载体注射后，并未出现明显的免疫反应 [11]。另外，在向成年大鼠体内注射重组腺病毒载体时，若同时给予微量的野生型腺病毒或腺病毒蛋白，则可有效避免机体针对腺病毒产生的体液和细胞免疫反应，并能够保证二次注射的重组腺病毒载体仍能够感染靶向器官并发挥作用 [17, 18]。

尽管上述方法在基于动物模型的实验中，已被证明能够有效地避免腺病毒载体的免疫原性及腺病毒载体 2 次注射后失效的问题。但由于腺病毒本身对人类而言仍属于一类病原体，针对重组腺病毒载体的免疫耐受性等安全问题仍不容忽视。因此，我们需要寻找更为理想的在体基因治疗载体。在众多的病毒中，一种大小仅有 20nm 的小型单链无包膜细小病毒（腺相关病毒）走进了我们视野。

3. 重组腺相关病毒载体

腺相关病毒属细小病毒科，是一类依赖性细小病毒。它的复制需要依赖于腺病毒或单纯疱疹病毒等"辅助病毒"的参与。AAV 基因组为约 4.7kb 的单链 DNA，其两端为倒置的末端重复序列（inverted terminal repeats，ITR），中间则由编码 Rep 和 Cap 两个 ORF 的序列组成。其中 Rep 基因编码 Rep78、Rep68、Rep52 和 Rep40 四种蛋白质，主要作用于病毒基因组复制，以及与宿主基因组整合；而 Cap 基因编码 VP1、VP2 和 VP3 三种病毒衣壳蛋白和组装激活蛋白 AAP，主要作用于病毒基因组的包装以及从宿主细胞中的分泌。在分裂的细胞中，AAV 的基因组将在 Rep 蛋白的介导下定点整合到人类第 19 号染色体 q13.4—3 臂的 AAVS1 位点上。然而，在细胞不发生分裂的情况下，绝大多数 AAV 则将借助两端的 ITR 间的简单同源重组形成的环状头尾串联体[19]。伴随着细胞不断的分裂，整合型的野生型 AAV 基因组持续存在，而游离型 AAV 基因组则将逐渐消失。AAV 可根据衣壳蛋白的特征分为不同的血清型。在人类和非人类组织中，已经成功分离出了 11 种血清型的 AAV（AAV-1~11），以及超过 100 种的 AAV 变异株[20]。其中可用于基因治疗载体的血清型为 AAV1~9。AAV2 是最早被人类发现的血清型，针对 AAV2 的研究也更为全面。虽然它对组织和细胞的感染效率不高。但通过对其进行改造，将其他血清型的 cap 基因和 AAV2 的 rep 基因及 ITR 序列结合于一个质粒载体中进行交叉包装，即可获得不同血清型的重组 AAV（rAAV）。例如，将 AAV2 与属于进化支 E 家族的 AAV8 的衣壳蛋白编码基因组合即可获得

具有更强器官靶向性的杂交体 rAAV8，其不仅具有对肝细胞极好的靶向性，同时，针对胰腺、心脏、骨骼肌及大脑等器官，也具有不同程度的靶向能力。除了发掘新型 AAV 衣壳外，针对现有血清型进行衣壳蛋白的优化也是提高 AAV 转染效率、增强细胞及组织特异性、降低其免疫原性的重要手段。通过改变衣壳蛋白的表面残基，可以有减少蛋白的磷酸化，并改善 AAV 的转运效率。另一种优化 AAV 的方案被称为"定向进化"，即通过不同手段使编码 AAV 衣壳蛋白氨基酸序列发生随机突变，再通过评估获得更为理想的新型 AAV[21]。例如，通过定向进化的方式发掘的新型工程血清型 LK03，对免疫球蛋白中的 AAV 中和抗体具有良好的耐药性，这使其可被用于更多患者[22]。

AAV2 受体为硫酸乙酰肝素蛋白多糖，存在于许多细胞类型的表面。在受体介导的内吞作用下，无包膜的病毒基因组在自噬空泡中被运输到溶酶体。AAV 的基因组中含有三个启动子（p5、p19 和 p40）、一个多聚腺苷化信号，以及编码非结构蛋白的 Rep 基因和结构性蛋白 Cap 的基因。基因组两端各有一个 145bp 的反向末端重复序列形成 t 型发夹结构。其在病毒的宿主基因组整合中发挥重要作用[23]。ITR 的 3′–OH 末端促进了单链 AAV 互补链的合成，以其作为起始位点，AAV 的基因组将形成其一端带有共价封闭发夹结构的双链 DNA。之后，Rep 蛋白将在 ITR 序列中的末端解离位点（terminal resolution site，TRS）形成一个切口，从而产生线性的双链 DNA。对于 AAV 基因组的表达和整合而言，AAV 基因组的互补链合成及双链化是十分必要的。这种双链化的基因组也将成为 AAV 进行新一轮复制的底物。除了参与 AAV 互补双链的合成，病毒中的 Rep 蛋白也介导了 AAV 在不表达的状态，会以首尾链接的方式，定点整合于 19 号染色体中[24]。当整合有 AAV 的细胞被腺病毒或单纯疱疹病毒等"辅助病毒"感染，AAV 就会从整合部位被"释放"出来，从而形成有效的细胞感染。另外，如热休克、羟基脲、紫外光及 X 线照射等基因毒性刺激也可以诱导 AAV 的复制[25, 26]。

重组 AAV 载体的生产是通过将基因组两侧为 ITR 序列，中间为目的基因 DNA 序列（野生型 AAV 基因组中约 96% 的病毒编码基因均被 rAAV 载体所需携带的目的基因 DNA 所替换）的病毒质粒和表达 Rep、Cap 及腺病毒蛋白的辅助包装质粒共转染到 293 细胞中来实现的。其中用于转染的 293 细胞将提供生成重组腺病毒所需的 E1 蛋白（图 73-2）。由于不含有 Rep 基因，rAAV 的定点整合概率会极大程度的降低，因此理论上其在细胞核中主要以独立于细胞基因组的首尾相接环状基因序列存在。但当 rAAV 转染 SCID 小鼠体内或转染细胞时，DNA 由于 X 线照射等因素出现 DNA 损伤时，也可能会出现 rAAV 随即整合的情况。rAAV 中的 ITR 部分仅有微弱的增强子 / 启动子活性，因此 rAAV 中基因的表达主要依赖于其自身携带的外源性启动子。这就使我们可以利用组织特异性增强子或启动子及剪接位点来实现对 rAAV 表达的精准调控。例如，借助甲胎蛋白 / 白蛋白启动子，可以实现利用 rAAV 感染肝细胞癌细胞系时在肿瘤细胞内特异性表达 HSVTK 基因[27]。此外，在不添加启动子时，也可以利用 rAAV 基因组序列作为外源供体修复模板进行特异性序列的定点靶向敲入。

由于需要溶酶体脱壳步骤等多方面原因。rAAV 携带的基因往往需要一定时间才能达到表达峰值。这可能会限制其在治疗如肝豆状核变性中的急性重型肝炎等急性肝脏疾病中的应用。基于小鼠的研究表明，利用 Torin-1 或雷帕霉素来抑制雷帕霉素机制性靶标（mTOR）能够通过刺激细胞自噬来缩短 rAAV 表达达到峰值的时间，并

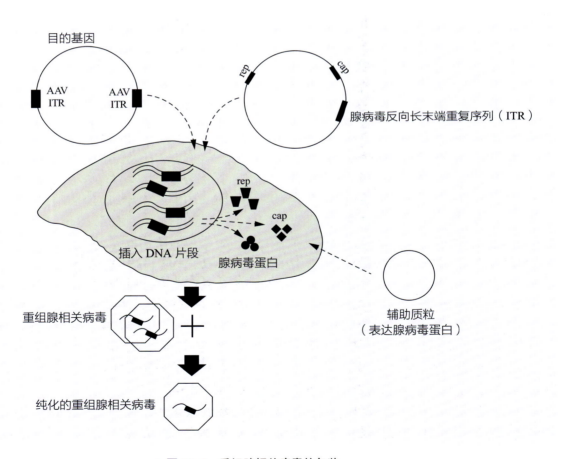

▲ 图 73-2　重组腺相关病毒的包装

将 2 个载体同时转染入 293 包装细胞中，其中一个载体携带夹在 ITR 中间的目的基因，另一个载体携带辅助蛋白（rep 和 cap）。腺相关病毒由辅助载体表达的关键腺病毒蛋白组装完成

增强 rAAV 的表达量[28]。在基于啮齿类动物模型和犬类模型的研究中证明，通过这一策略 rAAV 在转染肝脏后，其基因表达时间得到了延长[29]。

rAAV 的生物学特性及其生产工艺的不断进步使该载体成为近年来众多临床前研究的焦点。通过腹腔注射表达 UGT1A1 的 rAAV 载体，能够有效降低由于 *Ugt1a1* 基因缺失造成的高胆红素血症小鼠模型血清中胆红素水平，并且终身有效[30]。该项研究也指出，即使是相较于骨骼肌中高表达的 UGT1A1，利用 rAAV 在肝实质细胞内表达外源的 *Ugt1a1* 基因在降低血清胆红素方面具有更为理想的效果。另外，基于 B 型血友病小鼠模型（因Ⅸ因子缺乏引起）[31] 及法布里病小鼠模型（因 α-半乳糖苷酶 A 缺乏引起）[32] 的研究也表明，外源基因的肝脏特异性表达可能通过诱导调节性 CD4 阳性 T 细胞，增强了机体对 rAAV 表达的外源性蛋白的耐受能力。鉴于患有这些疾病的患者体内更易产生针对外源治疗性蛋白质的抗体。因此，这无疑将有利于针对此类患者的后续长期治疗。除此之外，基于 rAAV 的外源基因转染策略在针对肝豆状核变性、精氨琥珀酸尿症、α₁-AT 缺乏症、中度高半胱氨酸血症、糖原贮积病 1a 型等肝脏疾病的临床前研究中也取得了理想的效果[33-36]。虽然 rAAV 有限的包装能力仍然是一个问题（一般不超过 4.7kb），但如需要递送凝血因子Ⅷ等编码序列较大的基因时，也可通过生物工程的优化调整其序列大小，在不影响功能的同时将其包装于 rAAV 载体中。而这种方案的可行性也已经在基于小鼠、狗和非人类灵长类的研究中得到了验证[29, 37]。大多数基于 rAAV 的基因治疗研究针对的是单基因遗传性肝脏疾病，当然也有例外，在一项基于小鼠的研究中证明，通过 rAAV 递送 *FGF21* 基因可实现对由遗传或饮食引起的肥胖和胰岛素抵抗的有效治疗[38]。rAAV 介导的基因治疗在多项临床前研究中获得成功，促使了这一治疗方案进一步走向临床试验，这其中重要的一块就是靶向肝脏的基因治疗临床研究。

基于 rAAV 的首次临床试验是针对 α₁-AT 缺乏症的治疗。该项实验的思路是以肌内注射的方式，将携带野生型 α₁-AT（ATM）编码序列的 rAAV2 载体递送至肺部，从而恢复 α₁-AT 的表达，进而达到治疗由中性粒细胞弹性蛋白酶失调引起的肺气肿。在针对这一疾病的治疗中，降低肺气肿风险的基本要求是血浆 ATM 的水平需大于 11μmol/L。但在接受治疗的 12 名患者中，血浆 ATM 水平最低的一名患者为 83nmol/L[39]。在随后的 Ⅰ 期及 Ⅱ 期临床试验中，使用了血清型 rAAV1 以期改善病毒载体在肌肉的转染效率[40]。但受试患者的血浆 ATM 水平仍然较低。

在后续的检测中，研究人员在受试者体内检测到了针对 AAV1 血清型的抗体。在针对患者肌内注射部位的活检中也发现了反应性 T 淋巴细胞的中度浸润[40]。而在首次基于 rAAV 的肝脏靶向基因治疗临床试验中，研究人员希望通过 rAAV2 将凝血因子Ⅸ的编码基因转入肝脏内，从而对因凝血因子Ⅸ缺乏所导致的 B 型血友病进行治疗。但在接受治疗后，患者血液内凝血因子Ⅸ的恢复情况仅仅维持了几周[41]。这些临床试验的结果不理想和所应用的 rAAV 血清型无法长期高效的转染人类器官有着直接的关系。在接下的研究中，基于 rAAV 的在体基因疗法迎来了一项具有里程碑意义的临床试验。在该项实验中，研究人员对注射方式和病毒载体都进行了优化，病毒通过门静脉注射入患者体内，用于治疗的重组病毒载体换用了具有更强肝脏靶向性的 rAAV8。在此情况下，在接受治疗后的 3.2 年中，患者血液中凝血因子Ⅸ的表达水平中位数维持在正常人体表达水平的 1%～6%[42]。另外，由于肝脏细胞本身的更新速度缓慢，并且该遗传性疾病一般不会造成肝脏细胞损伤。因此，针对病毒载体的检测发现患者肝脏中独立于基因组的病毒载体能够长期存在。然而，大部分患者在注射 rAAV 后的 7～10 周中，血清 ALT 水平出现升高，但在泼尼松龙给药后得到改善，表明 rAAV 介导的免疫反应造成了一定程度的肝细胞损伤。

在历经长达 35 年的研究后，临床医生和研究人员已经对针对 rAAV 载体的临床应用充满信心。事实上，自 2004 年至今，针对肝脏进行的多项在体基因治疗临床试验中，rAAV 仍是首选的递送载体（http://clinicaltrial.gov/）。基于 rAAV

载体的临床试验涉及的肝脏疾病包括 A 型及 B 型血友病、α₁-AT 缺乏症、急性间歇性卟啉症、纯合子家族性高胆固醇血症、鸟氨酸转氨酶缺乏症、黏多糖贮积症 Ⅵ（溶酶体酶芳基硫酸酯酶 B 缺乏症）及 Crigler-Najjar 综合征 1 型等。这些临床试验项目有已完成的、有正在进行的，也有的即将开展。伴随着这些临床试验的推进和针对 rAAV 的研究热度不断上升。一些涉及 rAAV 的问题也在不断引起研究人员的关注。

首先，大多数引入体内细胞的环状 DNA 的表达持续时间有限，但基因组同样是游离型环状 DNA 的 rAAV，在不分裂的细胞中却可持续表达数年，并不会经历表观遗传沉默。鉴于 ITR 是各类型 rAAV 的基因组中唯一的共同元素，其可能是 rAAV 能够长期表达的主要原因。但其中的机制仍有待进一步探索。rAAV 的持续性表达是针对 rAAV 研究的重要问题之一。在利用 rAAV 治疗凝血因子 Ⅸ 缺乏症的临床试验中，外源凝血因子 Ⅸ 表达达到中位数水平的时间可达 3.2 年之久[42]。鉴于 rAAV 载体的免疫原性问题仍未得到彻底解决，因此这种长时间的表达对基于接受治疗而言存在一定的风险。事实上，许多患者因其自身对野生型 AAV 的免疫反应而被排除在临床试验之外，无法应用这一疗法进行治疗。另外，该项临床试验也表明，rAAV 载体的转导效率在基于动物模型体内和人类之间似乎也存在显著差异。在试验中，接受治疗的患者血液凝血因子 Ⅸ 的表达水平能够达到治疗疾病表型的水平[42]。然而，同样的病毒转染效率却不足以治疗肝豆状核变性等其他类型的遗传代谢类疾病[43]。另外，如肝豆状核变性等部分遗传性肝病发病较快，并且具有急性肝衰竭等严重的表型[43]。而 rAAV 表达达到峰值却往往需要相对较长的时间。这就致使其无法对此类患者进行快速且有效的治疗。另一项问题是，虽然野生型 AAV 感染通常被认为是无细胞毒性的，但据报道在高输入剂量的 rAAV 载体后会发生细胞凋亡[44]。

更为严重的是，有部分研究指出，rAAV 具有潜在的致癌性。虽然现有的研究数量不足以得出这一结论，但已有数项基于小鼠的研究表

明 rAAV 能够将其携带的外源基因插入到宿主基因组中，从而造成基因突变。有些甚至在接受 rAAV 治疗后出现了肝细胞癌[45]。在这些报道中，有三项来自不同团队的研究表明在应用 rAAV 对小鼠模型进行注射后，病毒载体携带的基因组会被插入于小鼠 12 号染色体上的 Rian 区域内。其中，整合于 Rian 区域内含子微 RNA（Mir341）占比为 57%，而整合于 Rian 其他区域的占比则为 43%。而已有研究表明，通过将含有外源启动子及增强子的 rAAV 基因组同源重组靶向插入 Rian 基因座，导致 HCC 的外显率接近 100%[46]。Rian 在人类基因组中的同源序列称为 MEG8 基因。其位于 14q32.3 染色体的 Dlk1–Dio3 结构域（一串印迹基因）中。该结构域中包含 Dlk1、Rtl1 和 Dio3 三个蛋白质编码基因，从父系遗传的染色体中表达，以及从母系遗传的同源基因中表达多个印记大小的非编码 RNA 基因。而在 Dlk1–Dio3 结构域中的部分非编码 RNA 和蛋白质编码基因已在数项基于人类和小鼠模型研究中被证明与 HCC 相关[47]。因此，尽管人类组织中存在的野生型 AAV 基因组与癌症风险增加无关，但仍有必要对重组 rAAV 的致癌潜力进行进一步研究。

4. SV40 载体

SV40 是一类属于乳多空病毒家族的无包膜的 DNA 病毒，其基因组为 5.2kb 的环状双链基因组。虽然 SV40 仅有一套转录本，但其 RNA 剪接及表达模式相对复杂。早期转录本会被加工成 2 种不同的早期 mRNA，分别编码大 T 抗原（Tag）和小 t 抗原（tag）。而晚期的转录本 SV40 则会转录加工成 16S、18S 及 19S 三种 3 种不同的 mRNA，分别编码 VP1、VP2 和 VP3 病毒蛋白质。构建重组 SV40 病毒载体，需要将重组基因组转染到提供反式标记的 COS-7 细胞中，从而产生病毒颗粒。Tag 蛋白是 SV40 免疫原性的主要来源，并且具有赋予细胞永生化的能力，SV40 重组载体中的 Tag 基因会被替换为需要递送的目的基因。在去除 Tag 基因的重组 SV40 病毒载体无法复制，免疫原性也会显著降低[48, 49]。受限于病毒本身较小，重组 SV40 载体载量为 4.7kb。但通过浓缩，可以获得高滴度的 SV40 载体。另外，

SV40 载体也具有宿主基因组整合能力。这些特性使得重组 SV40 载体同样适用于针对不分裂细胞进行的基因递送，因此其也可以作为肝脏靶向基因治疗的备选载体之一[50]。

二、非病毒载体

病毒载体可以将目的基因递送至细胞中，并且被广泛地应用于基因治疗研究，但其存在的安全性问题不容忽视。相较于病毒载体而言，非病毒类递送载体具有更低的细胞毒性，并可以被有效调控。目前，外源基因全身性递送的非病毒递送载体主要包括以下三类[51]：①首类被证明可应用于全身性基因递送的非病毒载体系统，如脂质体（脂质包裹的核酸或阳离子脂质 – 核酸复合物）等基于脂质的递送系统，针对其进行的相关研究也为非病毒载体全身性基因递送提供了初步的理论基础；②多聚物系统，此类递送系统是一类由核酸与聚阳离子（如聚赖氨酸、聚乙烯亚胺、聚葡萄糖胺、脂多糖和阳离子肽）结合形成的复合物，其具有高效的水溶性；③脂多糖传递系统，该系统中脂质包裹混合被聚阳离子压缩的 DNA，可以降低载体大小并保护核酸免受核酸酶降解[52]。阳离子脂质转染剂，如 Lipofectamine、DOTAP 和阳离子聚合物，包括多聚赖氨酸和 PEI，均可有效地将核酸递送穿过细胞质膜转移进入细胞内[52]。然而，其颗粒尺寸较大，具有明显的细胞毒性[53]，并且其摄取所需的正 ζ 电位较高[51]，易被血浆蛋白中和[54]。与之相比，聚乙二醇（PEG）可降低基于阳离子递送系统的细胞毒性、防止载体聚集、减少与血清蛋白的结合，并且不会增大载体的尺寸，适于细胞内吞[55]，然而 PEG 对阳离子电荷的屏蔽会降低转染效率。

为了使非病毒类递送系统具有细胞类型靶向性，递送载体需要借助配体来促进受体介导的递送。例如，去唾液酸糖蛋白（asialoorosomucoid，ASOR）[56]和半乳糖[57, 58]可应用于多聚赖氨酸、脂多胺或 PEI 等递送系统，通过与肝细胞表面的 ASGPR 结合以加强肝脏靶向性。此外，基于脂质的递送系统也可以应用半乳糖脑苷脂作为

ASGPR 的靶向部分[59]。基于靶向细胞受体，科学家也开发了转铁蛋白、叶酸和与聚阳离子或脂质体偶联的细胞特异性抗体等增强靶向性的配体[60]。借助这些配体，非病毒类递送系统在体外[59, 60]和体内[56, 61]靶向肝细胞的能力均得到了增强。另外，非病毒类载体的大小对于实现肝细胞特异性递送中也很重要，因为较大的颗粒会被肝巨噬细胞清除[62]，而将核酸完全封装在含有透明质酸或 ASOR 纳米胶囊[63]中，其可以靶向递送至肝窦细胞[64]或肝细胞[65]，避免其被其他细胞大量摄取。

非病毒载体在通过受体介导的内吞作用进入细胞后将被转运至溶酶体，而后会快速降解。虽然通过微管的瞬时解聚可破坏内体向溶酶体的运输，延长了转基因表达时间，但这也会造成细胞质囊泡中的 DNA 无法释放，导致转基因表达水平低[66]。而借助质子海绵（如 PEI）或整合到递送载体中的干扰肽能够破坏内体囊泡的稳定，从而促进核酸的内体释放到细胞质中[67]。绕过内吞途径的另一种方法是使用含有仙台病毒包膜的天然半乳糖末端 F– 糖蛋白的蛋白脂质体[68]，该蛋白脂质体能够与肝细胞表面 ASGPR 特异性结合。这种融合活性导致蛋白脂质体的内容物能够直接沉积到胞质中，从而增强转基因表达。基因传递载体被肝细胞从血浆中快速清除，减少了其他组织对基因传递载体的暴露，显著降低了其免疫原性[69]，通过在质粒构建体上掺入核定位信号肽，也可以促进转基因从胞质向细胞核的转运[70]。

非病毒递送系统的另一个重要限制是游离 DNA 的表达本质上是瞬时的。为了实现转基因整合来长期表达，特别是用于治疗遗传性疾病，研究人员也开发了一种名为"睡美人"的转座子系统[71]。睡美人通过剪切 – 粘贴机制促进 TA 二核苷酸位点的转基因整合[72]。通常，该系统由含有两个转录单位的质粒组成，一个表达睡美人转座酶，另一个表达目的基因。表达目的基因的转录单元的两侧是被表达的转座酶切割的反向 / 直接重复序列，随后将转基因插入宿主基因组。在基于 UGT1A1– 缺陷型黄疸 Gunn 大鼠模型的研究中，睡美人转座子系统被证明可长期改善高胆

红素血症的表型 [69]。另外，可以通过流体动力学将睡美人系统输送引入肝脏 [73]，也可以实现持续表达凝血因子Ⅸ [74]、因子Ⅷ [75]、β– 葡萄糖醛酸苷酶或 α-l– 艾杜糖苷酸酶 [76]，以及 FAH [77]。虽然应用这一手段可实现针对上述疾病表型的显著恢复，但在针对凝血因子Ⅷ [75] 和 α-l– 艾杜糖苷酸酶 [76] 的研究中显示，这一系统也会将携带的外源 DNA 非特异性地递送至肝细胞、肝窦内皮细胞和肝巨噬细胞 [78]，从而导致免疫反应造成表型校正丧失。相比之下，通过将睡美人转座子系统与靶向细胞类型特异性递送相结合，实现了凝血因子Ⅷ的长期持续的水平和出血素质的表型校正 [79]。在这些研究中，发现睡美人介导的整合优先发生在基因组的非转录和内含子区域 [80]。在治疗晚期 B 细胞恶性肿瘤的临床试验中，识别肿瘤相关抗原的嵌合抗原受体（chimeric antigen receptors，CAR）（即所谓的 "CAR-T" 细胞）也可以通过非病毒方式将睡美人系统离体转入 T 细胞来表达 [81]。

治疗性 RNA 的全身非病毒递送：非病毒载体，特别是脂质纳米颗粒，已被成功应用于单基因肝源性疾病（如原发性高草酸尿症 1、2 和 3 型）小鼠模型的治疗。PH 是由肝细胞过量产生草酸盐引起的常染色体隐性遗传疾病，肾脏排泄过量的草酸会导致草酸钙在肾脏中沉淀，最终导致终末期肾病。PH1、PH2 和 PH3 分别由转移代谢途径而不产生草酸盐的酶的突变引起，这些酶分别是 AGXT、GRHPR 和 HOGA1 基因。因此，治疗三种类型 PH 的一种潜在策略是下调乙醇酸氧化酶（GO）或 LDH 的表达，GO 控制乙醇酸转化为乙醛酸，LDH 负责乙醛酸转化为草酸。在PH1 和 PH2 小鼠模型中，脂质纳米颗粒介导的dicer 底物 RNA 递送至肝脏，进而被细胞 dicer 酶转化为 siRNA，抑制 GO 或 LDH 的表达，导致尿草酸排泄显著减少 [82, 83]。

（一）基因编辑

基因组 DNA 的精准复制是一个物种生存的关键。为了减少诱变剂或外来遗传物质的影响，机体细胞内已经进化出复杂多样的修复机制，其中就包括重要的同源定向重组修复机制。在生殖细胞的发育过程中，其姐妹染色单体之间的DNA 序列也是借助该机制进行重组。在 DNA 发生损伤细胞中，基因组也借此修复受损 DNA 序列，并进行同源重组。这一机制对于维持遗传多样性和基因组完整性至关重要，其最初在低等真核生物中被发现 [84]，现已广泛应用于高等生物的基因修饰研究。目前，同源配对和 DNA 链交换机制可以应用于修复突变、产生突变、基因组特定位点插入基因。

1. 同源定向修复和非同源末端连接

将外源 DNA 插入基因组，需要一条完整的DNA 模板链，通过激活内源性同源定向修复机制，以 "无缝" 的方式恢复至原始 DNA 序列或插入特定的 DNA 序列（图 73-3）。首先，断裂的 DNA 末端会被剪切，随后完整的 DNA 模板链通过与受损链末端的序列同源配对，形成横跨受损位点的 "桥梁"，这座具有正确序列的 "桥梁"作为模板可以修正受损链的序列信息 [85]。借助同源重组修复，将具有同源臂的外源性 "供体" DNA序列置于特定基因组位点两侧，可以精准地编辑基因组 DNA（图 73-3）。尽管这种修复机制效率较低，但自 20 世纪 80 年代以来，科学家已经成功地采用体外打靶技术和 ESC 筛选来获得重组胚胎，并移植受孕体产生基因敲除、敲入的小鼠或其他动物品系。

体内发生同源重组的概率虽然较低，但科学家已经通过这种方法成功进行基因编辑。此外，DNA 与 RNA 的结合强于 DNA 之间的结合，研究人员尝试使用混合了乳糖基聚乙烯亚胺的 RNA-DNA 复合体来提高同源定向修复的效率，这一方案在治疗凝血因子Ⅸ缺陷小鼠 [86] 和UGT1A1 缺乏的黄疸病 Gunn 大鼠模型中 [87] 获得成功但效率较低。由于泛基因组可以作为同源定向重组的供体模板，研究人员尝试将多个特定基因的 ORF 组合形成无启动子的 DNA 序列，并在序列两侧添加目的位点两端的同源互补序列，进而成功地构建了可用于同源定向修复的重组 AAV载体（rAAV 载体）。为了利用白蛋白内源性强启动子，研究人员将同源定向重组供体序列的插入位点设计在小鼠白蛋白终止密码子后（即基因

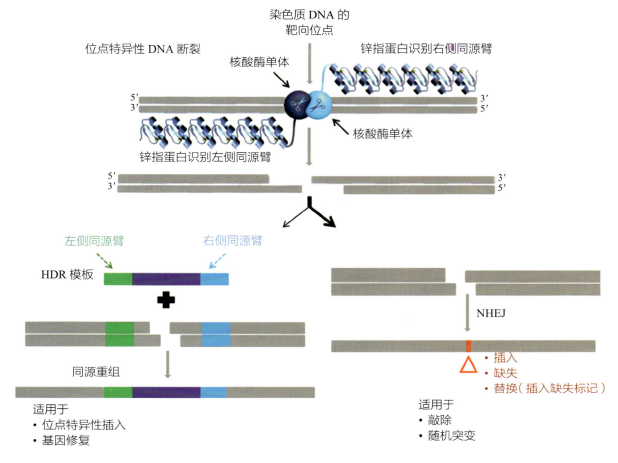

▲ 图 73-3　靶向 DNA 的断裂增强同源基因的编辑

特定位点的 DNA 断裂是由核酸酶与能够识别特定 DNA 序列的蛋白（如 ZFN 或 TALEN）所形成的复合物剪切产生。或者通过 Cas9 核酸酶与引导 RNA 靶向特定基因组 DNA 位点，激活核酸酶（CRISPR-Cas9）产生 DNA 断裂。如上图所示，融合了核酸酶（如 Fok1）的锌指蛋白识别并结合基因组 DNA，2 个核酸酶二聚化后被激活，在目的位点产生双链断裂。随后，外源 DNA 片段作为同源重组模板与断裂处两侧序列同源配对，并产生以下两种修复：①通过同源定向重组（HDR）机制修复损伤或插入特定的 DNA 序列；②通过非同源末端连接（NHEJ）在断裂处产生插入、缺失或替换（插入缺失标记）。HDR 常被用于特定位点的基因插入或突变修复，而 NHEJ 常用于在目的位点进行敲除或产生随机突变

的 3' 端）[88]。结果表明，这一方案的基因编辑效率仍然较低，但使用这类被称为 "GeneRide" 的 rAAV8 载体可以在 B 型血友病小鼠模型及 *Ugt1a1* 敲除的 Crigler-Najjar 综合征 1 型黄疸病小鼠模型体内中产生有效因子Ⅸ[88, 89]。该 GeneRide 载体还被用于突变人源 *SERPINA1* 基因插入小鼠的构建中，使其体内表达错误折叠的 α₁-AT（PiZ），模拟与人类 α₁-AT 缺乏症相关的表型[90]。随后，研究人员利用包含野生型 α₁-AT（PiM）ORF 供体 DNA 介导的同源定向重组结合 shRNA

干扰 PiZ 表达的治疗方案，对上述小鼠疾病模型进行治疗。结果表明，虽然编辑效率有限，但其可使少量基因编辑肝细胞解除蛋白质毒性负荷，并不断增殖替换掉基因突变宿主肝细胞[90]。

2. 基因组打靶平台：ZNF、TALEN 和 CRISPR

锌指蛋白和转录激活子样效应蛋白等 DNA 序列识别蛋白，或规律成簇间隔短回文重复序列（clustered, regularly interspaced, short, palindromic repeats, CRISPR）等向导 RNA，能够将核酸酶引导至特定基因组位点，从而介导诱发 DNA

断裂。锌指核酸酶 [91]、转录激活子样效应核酸酶（transcription activator-like effector nuclease，TALEN）[92]、自然进化的 CRISPR-Cas9 系统 [93, 94] 均是 DNA 核酸酶与特定序列识别蛋白融合形成的复合体，并且极大地推动了基因组精确编辑的发展。随着研究深入，人们发现这些工具不仅可以靶向 DNA，产生双链断裂，还可以在特定基因组位点进行其他生物学操作。目前，这些工具已经广泛地应用于基因敲除，产生插入缺失标志，或通过同源定向重组机制进行基因修复、恢复及插入，或进行转录调控、表观遗传修饰和单碱基编辑，是基因组精确编辑领域的里程碑式发现。

ZFN 和 TALEN 均是复合体，由核酸酶与特定 DNA 序列结合结构域嵌合而成。针对这两个工具，首先要通过对特定的基因组序列进行分析并预测其 DNA 结合基序，然后将这些基序克隆并组合，最终形成特定序列的结合蛋白。虽然 ZFN 和 TALEN 系统的设计、构建及测试等耗时耗力，但其均具有很高的序列特异性，脱靶效应较低。与之相比，CRISPR/Cas 蛋白则易于结合潜在的脱靶位点。CRISPR 系统来源于细菌抵抗噬菌体的防御系统，包括双链核酸酶 Cas9 蛋白和两段短的 RNA 序列，即一段 20～21bp 的靶向序列和一段能够激活核酸酶的结构序列。这两条 RNA 可以组合形成一条小引导 RNA（sgRNA）。通过表达多条不同的 sgRNA，可同时靶向不同目的位点。通过在 Cas9 蛋白编码序列中插入点突变可以失活其核酸酶结构域，并且不影响 sgRNA 介导的靶向作用，然后将各种功能蛋白融合到 Cas9 的 C 端，可有效地在特定靶向位点产生不同的生物学功能。因此，CRISPR 具有设计简单、效率高的优势，其已经成为基因组编辑和基因组改造领域的"宠儿"，我们将概述这一系统的一些常见应用。

3. 精准基因敲除

ZFN、TALEN 和 CRISPR 这些核酸酶系统均可以切割特定位点 DNA 产生双链断裂，并诱发两种不同的修复机制：非同源末端连接或同源定向修复。在修复过程中，细胞大都倾向于 NHEJ 修复，双链断裂可以高效地靶向破坏基因，尤其

外显子 / 内含子连接处易于引发移位和（或）不正确的剪接，进而产生无功能和不稳定的 RNA。目前，靶向插入、删除或替换（产生插入缺失标志）已成为构建敲除基因动物品系的首选工具。

此外，NHEJ 也可以产生功能缺失突变基因，用于治疗肝脏相关遗传疾病。在家族性高胆固醇血症（familial hypercholesteremia，FH）小鼠模型中，使用 CRISPR 敲除 LDLR 拮抗药 PCSK9 的基因，永久性地降低了血浆胆固醇水平 [95]。利用 CRISPR 系统在体内靶向并破坏 *HPD* 基因可以将致死性遗传性酪氨酸血症 I 型小鼠模型转化为非致死性遗传性酪氨酸血症 III 型。值得注意的是，在肝脏遗传疾病在体基因编辑治疗中，经过基因矫正或修复的细胞具有更强的增殖竞争，可以逐渐增殖替换掉基因突变的肝细胞，进而放大治疗效果 [96]。

4. 同源定向重组介导的基因修复及特定位点的基因插入

靶向位点的 DNA 断裂可以显著提高 HDR 效率及其特异性，使目标位点能够被进行更为复杂的遗传操作。为了进行精确的基因组修饰，跨越断裂位点的侧翼同源供体 DNA 序列可以显著提高 HDR 效率（图 73-3）。目前研究也正在逐步阐明 NHEJ 修复与 HDR 的机制，如细胞周期同步、化学干预和 RNA 干扰对 NHEJ 的瞬时抑制 [85]。在早期研究中，科学家试图利用核酸酶介导的基因修复来治疗遗传性肝代谢疾病：针对 B 型血友病小鼠模型，研究人员将包装有锌指核酸酶（靶向小鼠内源性凝血因子 IX 基因）的 AAV8 载体及用于 HDR 的野生型人凝血因子 IX 序列注入新生小鼠体内，结果表明，约 3% 的小鼠肝脏基因组成功得到了修复，恢复了由内源性启动子启动的功能凝血因子 IX 的表达，进而改善了血友病表征 [97]。此外，基于成年小鼠的实验中也同样验证了这一结论，证实了成体肝脏基因修复的可行性 [98]。

5. 核酸酶脱靶活性的处理

由于靶向非特异性序列导致的脱靶位点 DNA 断裂，是 ZNF、TALEN 和 CRISPR 的致命弱点。研究发现，转录活跃的染色质具有开放构

象，因此在表达量较高的基因位点更易发生脱靶。基因组 DNA 意外切割造成的潜在不良反应包括肿瘤抑制因子失活、转录因子或表观遗传修饰因子等调控因子的失活、某些代谢酶失活或凋亡信号通路激活等。目前，人们对 DNA 结合基序和 sgRNA 靶向识别机制的理解尚不完全明确。此外，单碱基差异也可以引起 DNA 结合序列的非特异性，因此 ZFN、TALEN 和 CRISPR 的设计选择必须非常谨慎。随着聚合酶链式反应技术和全基因组测序技术的快速发展，核酸酶的脱靶风险在未来有望得到有效控制。

（二）肿瘤相关疾病的基因治疗

目前，癌症的基因疗法仍面临着艰巨挑战，采用基因治疗手段消除肿瘤细胞的同时，也要最大限度地减少对正常细胞的损伤。目前针对癌症的基因治疗策略包括：①杀死或抑制肿瘤细胞的生长；②诱导机体对肿瘤细胞的免疫反应；③减少肿瘤的血管形成；④增强化疗和放疗等常规手段的疗效。研究表明，插入"自杀基因"可以有效消除肿瘤细胞，例如，HSV-TK 可以将更昔洛韦转化为活性的磷酸衍生物，进而杀伤细胞[99]。此外，胞嘧啶脱氨酶[100]、嘌呤核苷磷酸化酶（将氟达拉滨转化为一种可扩散的毒性代谢物）[101]、p53 等均被证实可以应用于肿瘤细胞的诱导凋亡[102]。

针对边界明确的实体肿瘤，将目的基因插入到所有的肿瘤细胞仍是难以实现的，因此有效杀伤肿瘤细胞必然依赖于同时杀伤邻近细胞的旁观者效应，以及有效杀伤转移到附近或远端癌细胞的宿主免疫反应。旁观者效应通常取决于相邻细胞之间毒性物质的交换，例如，细胞中由 HSV-TK 作用产生的更昔洛韦磷酸盐可以扩散至靶细胞外，进而杀伤 HSV-TK 转导细胞的相邻细胞。表达野生型 p53 后诱发凋亡的肿瘤细胞同样可以向相邻细胞传递"死亡之吻"[103]。此外，通过调控癌细胞中治疗基因的表达，可以进一步提高治疗率。有科学家尝试将治疗性 DNA 与肝癌细胞中 180kDa 的肿瘤特异性细胞表面糖蛋白 AF-20 单克隆抗体结合[104]，或使用肿瘤特异性启动子（如 α- 胎蛋白或癌胚抗原）来驱动相关基因的表达。另一种方法是利用 E1B 突变腺病毒，这种病

毒能够在包括许多肿瘤细胞在内的缺乏 p53 活性细胞中复制[105]。然而，突变腺病毒虽然可以有效地杀死肿瘤细胞，但它们的复制并非总是依赖于 p53 的缺失。此外，原发性和转移性肿瘤生长均伴随着血管再生，在肿瘤细胞中表达抑制血管生成的血管抑制素或内皮抑制素，也是治疗肿瘤的重要手段[106, 107]。

针对癌症的基因治疗不仅仅局限于针对癌症细胞的感染，许多肿瘤细胞会表达一类"新型抗原"，即正常细胞不表达的天然或变性蛋白质。癌症免疫疗法正是借助机体这些"新型抗原"诱发的免疫反应，对原位和转移的癌细胞进行靶向性治疗[108]。通过表达毒性蛋白或诱发物理损伤（如照射或超声）释放这些新抗原，并结合表达各种细胞因子（如 Flt3L），可以有效引发宿主对肿瘤细胞的免疫反应。基于此类策略开发的肿瘤疫苗（结合放疗、放射诱导自杀基因治疗和腺病毒载体表达 Flt3L）已在异位和弥漫性原位肝细胞癌小鼠模型的研究中得到验证。针对黑色素瘤细胞表面抗原等肿瘤相关抗原分子的鉴定，推动了基因疗法在肿瘤疫苗开发中的应用。经基因修饰的抗原提呈细胞可以有效诱导针对肿瘤细胞的免疫反应，然而多数肿瘤会分泌 TGF-β 或 IL-10 等细胞因子，进而可能会抑制免疫反应或 Treg 细胞的激活[111]。手术、放疗、化疗或基因治疗等则可以通过降低免疫抑制的激活，进一步缩小肿瘤体积，增强治疗效果。

溶瘤病毒易于在肿瘤细胞内复制，这也进一步扩大了靶向肿瘤基因治疗在肿瘤杀伤和免疫辅助治疗中的应用。在低表达 PKR 和功能失调性 I 型 IFN 的肿瘤细胞中，溶瘤病毒在肿瘤细胞中表现出选择性复制，导致肿瘤细胞直接裂解，进而释放可溶性肿瘤抗原及 DAMP 配体，诱导强烈的抗肿瘤免疫反应，并将"冷"免疫抑制的肿瘤微环境转化为"热"免疫激活的肿瘤微环境[112]。FDA 已批准利用一种基因改造的 I 型单纯疱疹病毒 Talmogene Laherparepvec（T-VEC）来治疗黑色素瘤。在临床试验中，T-VEC 病毒疗法增加了 T- 细胞对肿瘤的浸润，并提高了抗 PD-1 免疫疗法的疗效[113]。随着抗 PD-1 治疗 HCC 的批

准，一些临床前和临床研究已经开始使用溶瘤病毒治疗肝细胞癌[114, 115]，包括呼肠病毒[116] 和 M_1 甲型病毒[115] 等。靶向药物 MEK 抑制药[117] 和溶瘤病毒结合免疫检查点抑制已显现出治疗肝癌的希望。

综上所述，将基因治疗与化疗或放疗联合使用会取得更好的治疗效果[118]。研究证实，辐射不仅可以增加重组病毒载体感染肿瘤细胞的效率，并且可以增强辐射敏感启动子驱动的自杀基因的表达[119]。此外，在肿瘤细胞内转入 ATM 等促进辐射敏感性的基因，也会进一步加强辐射对肿瘤细胞的杀伤作用。

用于预防或治疗感染性肝病的基因治疗的方法主要有两类：①通过递送病毒 DNA 进行疫苗接种[120]；②通过传递反义 RNA、核糖酶或 DNA 核糖核酸来干扰病毒生命周期。核酶、反义 RNA 或显性负性蛋白也可以通过基因转染在靶细胞内表达，正义 RNA 和反义 RNA 均可以抑制 HBV 的复制[121, 122]。与传统疫苗相比，DNA 疫苗[123] 具有的潜在优势是在体内产生纯抗原，因此排除了微生物或其他有机物质的污染。DNA 本身也可作为一种佐剂，增强免疫反应，因此其相对于在抗原提呈细胞中呈现较差免疫原性的抗原，具有明显优势。借助于这一特性，抗原蛋白可以通过基因递送直接在抗原提呈细胞中表达。此外，另一种基于基因治疗的疫苗接种方法是在易受病毒感染的细胞中直接表达单链抗体或抗体片段[124]，这种方法被称为"细胞内疫苗接种"，可以使细胞抵抗特定病毒的感染。

三、结论

经过 40 年深入研究及经历的挫折，基因治疗引起了人们广泛的关注，其临床应用也"指日可待"。目前，基因治疗相关研究已经不仅仅局限于学术研究，其未来的商业前景也不可估量，再生医学联盟中的公司数量从 2014 年的 69 家急剧增加到 2018 年的 255 家（www.risingtidebio.com）。虽然，基因治疗的未来发展仍有诸多问题亟待解决（成本较高等），但我们相信，基因治疗在不同肝脏疾病中的治疗应用必将日益深入。

致谢 由 NIDDK 拨款 1RO1 DK092469-010、1R01 DK100490-01A1 支持。作者承认许多研究人员在肝脏定向基因治疗领域的重要贡献，但由于篇幅有限，无法在此引用。

第74章　肝脏生长及肝硬化过程中的端粒与端粒酶

Telomeres and Telomerase in Liver Generation and Cirrhosis

Sonja C. Schätzlein　K. Lenhard Rudolph　著

张雨露　林盛达　陈昱安　译

肝脏具有从损伤中再生的巨大潜能。在慢性肝病中，伴随着肝硬化和肝衰竭的进程，肝细胞可维持20～40年的再生能力，直至其扩增能力出现下降。肝细胞的再生障碍与分子水平上的端粒缩短密切相关。对端粒酶缺陷小鼠的研究表明，端粒缩短可诱发DNA损伤检查点和肝细胞的衰老，从而抑制肝脏再生。在肝病早期，肝细胞可以高效地进入细胞周期并参与肝再生。但在肝病晚期，肝细胞的衰老激活了肝星状细胞，导致肝脏纤维化与肝硬化的出现。研究表明，某些肝细胞具有干细胞的特点，如具有高水平的Wnt及端粒酶活性，表明这些细胞可以合成新的端粒。在小鼠模型中，这类具有某些干细胞功能特点的肝细胞亚群能够自我更新，是维持肝脏器官稳态平衡的细胞来源。在人类肝硬化组织中，肝细胞中出现干细胞标志物往往意味着肝病晚期、器官衰竭和肝癌风险。上述发现表明肝硬化的发展遵循的模式为，端粒缩短与干细胞样肝细胞的损耗促进了慢性肝病向肝硬化及其并发症的发展。

一、端粒缩短限制了细胞的扩增能力

Leonard Hayflick首先发现人类细胞的扩增能力是有限的，即细胞的分裂次数有上限[1]。体外培养的人类成纤维细胞分裂50～70次后不再进入细胞周期，这一现象称为复制衰老。衰老的成纤维细胞出现细胞质增大、衰老相关β-半乳糖苷酶活性增加等一系列典型变化。通过细胞核移植实验，Hayflick发现是细胞核记载了人源细胞的"衰老"并限制了其扩增的潜能。但直到30多年后，科学家们才解码了这一现象背后的分子机制。

我们现在知道，端粒缩短是导致包括人类肝细胞在内的原代细胞失去扩增能力的本质原因[2,3]。端粒位于染色体的末端[4]，由DNA短重复序列组成（人类细胞的端粒序列为TTAGGGn）。端粒不编码蛋白质，其主要功能是对染色体末端进行加帽。端粒帽对区分正常染色体末端和断裂的染色体DNA至关重要。人类端粒长度为5～15kb[5]。端粒帽所需的最小长度是84个碱基（即14组TTAGGG）[6]。端粒帽的形成过程包括组建端粒环或G四链体等三级结构[7]。能够特异结合端粒DNA的蛋白复合物起到维持端粒三级结构稳定性的作用[8]。有证据表明，端粒结合蛋白的失调可能导致器官维持机制的丧失和癌症风险的增加[9,10]。

端粒会在每次细胞分裂后缩短是因为：①DNA聚合酶的末端复制问题；②细胞周期中端粒的修剪[11,12]。人类细胞中，端粒以每次细胞分裂减少50～100个碱基的速度缩短[13]。重表达端粒酶的实验表明，端粒缩短是细胞衰老过程中失去分裂能力的根本原因[14]。新生端粒由端粒酶合成[15]。端粒酶的两个必要组件是：①端粒逆转录酶，这是端粒酶的催化亚基[16-18]；②端粒酶RNA 组分（telomerase RNA component，TERC），这是合成端粒序列所需的模板[19-21]。除 TERT 和 TERC 外，具备端粒酶完整功能的全酶还包含其他蛋白质组件[22-23]。TERC 广泛表达在所有人源细胞和组织中。而 TERT 在大多数的成体组织中的表达受到抑制，仅在胚胎组织中高表达[24]。成年机体中，仅生殖干细胞有高水平的端粒酶活性。相对低水平的端粒酶活性见于成体组织干细胞和激活的淋巴细胞[25]。成年人体组织中端粒酶活性普遍较低是因为（作为端粒酶催化亚基的）TERT 基因仅在生殖细胞和少数成体组织干细胞中表达[26]。通过在小鼠模型中研究人源 TERT（hTERT）启动子驱动的报告基因发现，再生过程中的肝实质细胞可重启 hTERT 表达[27]。这些发现表明在慢性肝病中，hTERT 可能在肝细胞中被临时激活以维系所在细胞的再生功能。同样，鼠源端粒酶 mTert 在特定的肝细胞亚群中表达；这些高表达端粒酶的肝细胞具有干细胞特性，是维持肝脏稳态平衡的细胞起源，维护正常肝脏组织的损伤再生功能[28]。

二、人类衰老、肝病和肝硬化中的端粒缩短

端粒缩短现象广泛出现在所有组织器官的衰老过程[5, 25]。有证据表明，慢性肝病进程中细胞更替的加速促进了端粒缩短速率。而在健康的肝组织中，细胞分裂次数和端粒缩短的程度都很有限[29-31]。通过比较慢性肝病患者和同龄对照，发现慢性病变的确加速了肝细胞的更替速度并导致端粒缩短[29, 32-34]（图 74-1）。尽管干细胞样肝细胞亚群和被激活的肝实质细胞都表达端粒酶，但其端粒酶水平并不足以完全避免：①端粒缩短；②肝细胞衰老现象和慢性肝病末期的再生能力衰竭。肝硬化多在慢性肝病的晚期出现，伴随严重端粒缩短现象[29, 31-33]，出现细胞扩增能力的下降[34, 35]和衰老标志物（衰老相关 β- 半乳糖苷酶

和 p21）上调[29, 36-41]。这些实验证据支持端粒缩短和细胞衰老抑制肝细胞增殖，从而促进慢性肝病终末期肝硬化进展的概念（图 74-1）。

与此科研假说相符的是，遗传证据表明人类的端粒缩短与衰老及器官维系失调相关。端粒酶突变能够导致端粒过早缩短、器官维持障碍和生存率降低。最早发现的临床病例是先天性角化不良症（dyskeratosis congenita，DKC）。这种疾病的一种常染色体显性遗传类型可追溯到端粒酶 RNA 组分的突变[42]。其他类型的 DKC 可由调控小核 RNA 成熟的 dyskerin 基因突变造成。Dyskerin 介导端粒酶 RNA 组分的生成，因而具有 dyskerin 基因突变的 DKC 患者的 TERC 表达水平较低[43]。由于骨髓衰竭和其他疾病病理（如肠衰竭、肝硬化和癌症）的发展，DKC 患者的端粒异常短，预期寿命缩短[44]。值得注意的是，端粒酶突变与慢性肝病患者的自发性肝硬化相关[45, 46]。上述研究表明，人类组织端粒储备有限，杂合性的端粒酶突变也可对器官的稳态平衡与幼年生存率造成致命影响，并且是导致慢性肝病末期出现肝硬化的危险因素。有趣的是，在先天遗传性端粒酶相关基因失活突变的患者中，利用后天性的体细胞 hTERT 启动子激活突变可在一定程度上缓解端粒酶功能缺陷[47]。上述发现支持短端粒介导的生长抑制驱动 hTERT 启动子突变的正向选择的概念，也与端粒酶启动子突变高频出现于肝硬化相关的肝细胞癌中的现象相符（见第60 章）。

三、短端粒引起的 DNA 损伤反应导致生长停滞、凋亡和基因组失稳

端粒通过两套不同的机制使染色体末端不被错误识别为 DNA 损伤：①端粒环状结构和 G四链体可防止端粒末端被识别为断裂的染色体；②端粒结合蛋白复合物 shelterin 可抑制端粒区的 DNA 损伤反应。设想端粒加帽功能丧失，染色体末端将被当成断裂的 DNA，这会导致一系列 DNA 损伤应答，包括 ATM/ATR 依赖的 p53激活及 DDR 诱发的断裂 DNA 重连接反应，如非同源末端连接或替代末端连接（alternative end

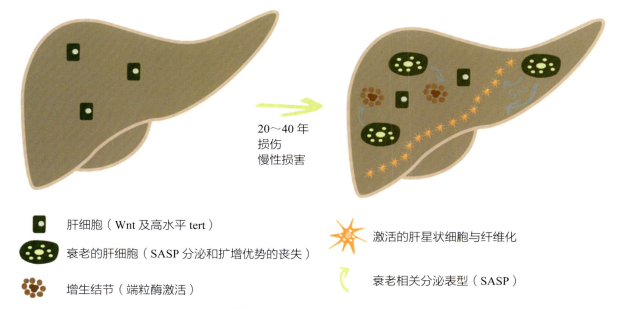

20～40 年
损伤
慢性损害

肝细胞（Wnt 及高水平 tert）

衰老的肝细胞（SASP 分泌和扩增优势的丧失）

增生结节（端粒酶激活）

激活的肝星状细胞与纤维化

衰老相关分泌表型（SASP）

▲ 图 74-1　肝硬化形成的端粒原因

慢性肝病激活肝细胞增殖和肝再生。虽然原则上所有肝细胞都可能再生，但有证据表明干细胞样肝细胞表达较高水平的 Wnt 或端粒酶。这些干细胞样肝细胞可能是重要的储备细胞群落，作为干祖细胞被肝硬化激活。不过在慢性肝病的末期，这些细胞不足以阻止整体肝组织中的端粒缩短和细胞衰老。肝脏再生能力的下降导致了肝星状细胞激活、纤维化增加和肝硬化的进展。肝细胞的衰老不仅激活了肝星状细胞，还可通过增加炎症因子（SASP）的分泌和限制正常肝细胞的扩增导致增生结节出现

joining，AltEJ）。末端连接机制的激活会诱发染色体融合，这时若细胞分裂仍在进行，将引发染色体臂断裂、染色体失稳和非整倍体，这些现象可见于短端粒衰老组织发生癌变的场景（见参考文献 [48]）。

应对端粒缩短的脱帽过程分为两个步骤：首先，过短的端粒导致环状和四链体等三级结构无法成型。接着，未能以正常方式折叠的端粒被识别成断裂的 DNA 致使 ATM/p53 通路被激活。在端粒失活的这个阶段，shelterin 蛋白仍断断续续地结合在染色体末端错误折叠的端粒上。因为同一时期 DNA 损伤反应和染色体融合尚未出现，这个阶段也被称为端粒失活的过渡期 [49]。然而，后续的细胞分裂可进一步导致端粒丢失，引起损伤应答和染色体融合。如此，第二个阶段的端粒失活通过在每一轮细胞分裂中诱导融合染色体的断裂和重连从而加剧了 DNA 损伤 [50, 51]。这个过程可诱发肿瘤，尤其在 DNA 损伤检查点出现 p53 突变等问题的情况下（见参考文献 [48]）。染色体融合 - 桥接 - 拉断现象的循环往复可导致

DNA 损伤及其反应，从而加剧组织萎缩。从机制上研判，端粒失活引起的染色体融合可被失活端粒的末端切除激活，所以抑制相关通路可以缓解染色体融合、组织萎缩、延长端粒缺陷小鼠的寿命 [52]。

四、应对端粒缩短的衰老和危机检查点

衰老危机是细胞应对端粒失活、限制细胞生存和扩增的主要检查点 [53]。研究表明，部分端粒失活足以导致细胞的复制衰老 [54]。衰老的主要特点是细胞扩增能力的永久性丧失。衰老的诱发取决于 p53- 和 Rb- 检查点的激活 [55]。当这些检查点缺失时，具有严重端粒缩短的细胞可以规避衰老检查点并持续分裂。其结果是另一类称为危机的检查点被激活，限制了这些端粒失活细胞的生存能力。端粒缩短的加剧可导致完全的端粒脱帽和染色体融合，进而引起染色体失稳、p53非依赖性的 DNA 损伤应答及细胞死亡（见参考文献 [55]）。较之衰老，诱发危机的分子信号通路尚不明晰。但有研究报道危机中的染色体融合

与有丝分裂的长期阻滞诱发了端粒去保护和细胞死亡[56]。

极少数逃逸危机检查点的细胞（每 10^7 个人源成纤维细胞可出现 1 个）必须激活稳定端粒的机制。针对人源成纤维细胞的研究发现，2/3 的细胞可自发激活端粒酶，即催化新端粒合成的蛋白[55, 57]。其余 1/3 的细胞通过激活替代机制延长端粒（ALT）。ALT 的分子基础还不完全明了，但已知 DNA 修复途径和表观遗传参与其中，引起染色体间的端粒序列交换使产生的端粒长度杂乱不一[58]。肝细胞癌中高频出现的 hTERT 启动子激活突变表明端粒酶的稳定重激活是肝癌细胞永生化的主要途径。正常肝脏中，导致与衰老相关的 DNA 突变线性增加的分子机制尚不明确[59]。但细胞复制相关的 DNA 突变的增加可在慢性肝病组织中加速肝细胞的更替[60]。这两种类型的 DNA 突变均可造成肝癌产生过程中端粒酶启动子的激活（见第 60 章）。

衰老和危机检查点属于抑癌检查点，起到限制具有失活端粒与失稳基因组的细胞扩增的作用。但这些检查点也局限了本身端粒较短的衰老或慢性疾病组织的再生能力。端粒失活相关的检查点除可直接导致肝硬化外，还可通过多个不同机制增加癌症风险：①衰老的细胞可以通过分泌炎症相关趋化和生长因子，即"衰老相关分泌表型"，以细胞非自主性的方式促进肿瘤细胞生长[61, 62]；②应对端粒失活的危机检查点与染色体的高度失调相关，而染色体失调可诱发导致癌变的基因水平损伤[48]；③衰老和危机检查点都会限制普通肝细胞在扩增中的竞争优势，从而导致具有遗传突变的癌前细胞得到选择优势（见参考文献[63]）。

五、肝再生中的干细胞样肝细胞

肝硬化的端粒假说认为，由端粒缩短引发的肝细胞衰老和再生潜能阻抑等系列事件最终导致肝硬化的发生（图 74-1）。尽管所有的肝细胞都具备重新进入细胞周期以应对肝损伤的潜能，但考虑到端粒缩短的实际场景，最终对肝组织再生有实质贡献的肝细胞数量会有所降低[64]。组织水平上，端粒缩短降低了肝脏整体的再生能力；但

细胞水平上，每个肝细胞的再生能力并不均一，肝实质细胞中的一些干细胞样亚群是维持肝细胞稳态平衡的主要来源。激活 Wnt 通路的肝细胞群落（利用 Axin2 报告基因）主要为分布在中央静脉周围的高表达 Axin2 和 Tbx3（肝祖细胞的标记之一）的二倍体细胞，这些细胞在器官稳态平衡的维系过程中，可逐渐生成分布在整个肝小叶的多倍体肝细胞[65]。而在肝损伤场景下，胆管上皮周围的 Wnt 通路激活细胞（Lgr5 报告基因）可分裂产生肝实质细胞和胆管细胞[66]。此外，Sox9 阳性的椭圆祖细胞在类器官系统中也具有分化为肝细胞和胆管细胞的潜能，而在体内则有限的贡献了新生肝细胞[67]。

有研究表明，正常肝组织中除了干细胞样肝细胞外，也有具备可塑性的已分化的细胞转分化为其他分化类型的细胞，如肝细胞和胆管细胞可互相转分化[68, 69]。干细胞样肝细胞群落的扩增与已分化细胞的转分化，都对再生肝组织有贡献。但这些不同的再生路径及这些再生路径的损耗，与人类慢性肝病中肝硬化进程的相关性仍不完全明了。有证据显示，干祖细胞的激活在慢性肝病末期及肝硬化的发展过程中得到加强[70, 71]，提示干祖细胞可能是其他肝再生路径损耗后的备用机制。

在已知端粒缩短可抑制慢性肝病中组织再生的情况下，深入解析肝硬化背景下肝再生的过程中，端粒失活如何影响不同干祖细胞亚群及其病理后果显得尤为重要。研究表明，高表达 mTert 的小鼠肝细胞亚群具有高端粒酶活性[28]。这些高表达 mTert 的肝细胞分散在肝小叶的不同区域，具有显著增强的再生能力，是稳态平衡中形成新生肝索的细胞来源。值得注意的是，高表达 mTert 的肝细胞的耗竭，会加速损伤后小鼠肝组织的纤维化程度[28]。其他的小鼠模型也显示肝再生过程中 hTERT 启动子在肝细胞中被激活[27]。总之，这些研究揭示了在慢性肝病中，端粒酶活性可以缓解再生肝细胞中端粒消减带来的影响。但考虑到端粒缩短和肝细胞衰老主要发生在慢性肝病末期的肝硬化过程，这些机制可能更多的作用于人类慢性肝病组织。

六、靶向端粒的抗肝硬化治疗

端粒缩短和肝细胞衰老是导致慢性肝病末期再生能力枯竭和肝硬化的根本原因（图 74-1）。通过分析部分肝切除的短端粒 *mTerc*[-/-] 小鼠和正常长端粒的 *mTerc*[+/+] 小鼠可知，端粒缩短会减少再生肝细胞的数量[64]。短端粒的肝细胞表达衰老标志物，无法进入细胞周期，因此不能有效参与肝再生[64]。这些数据证实了端粒缩短通过减少再生细胞数量影响肝再生的概念。在慢性肝损伤中，端粒功能缺失加速了肝星状细胞激活，瘢痕纤维组织积累，并引起脂肪变性[72]。生长受限的组织环境可在多类组织中加强对癌细胞克隆的正向选择（见参考文献 [63]）。肝硬化组织中增加的衰老肝细胞[29] 可能通过促进炎症和促生长信号正向选择恶性的细胞克隆（见参考文献 [73]）。由于晚期肝硬化不可逆，而肝移植仅能针对少数患者，开发增强再生及阻抑肝硬化的治疗手段是亟待解决的重要医疗需求。多条证据链揭示，稳定端粒或抑制导致组织降解的 DNA 损伤应答机制可能成为有效的治疗靶标。

瞬时端粒酶激活

在人源成纤维细胞或胚肝细胞中过表达 hTERT 可以激活端粒酶，使端粒稳定并永生化细胞[2, 3]（图 74-2）。学界已广泛接受抑制 hTERT 的表达能缩短端粒长度和细胞寿命的观点。值得注意的是，hTERT 表达的重激活并不导致人源细胞的癌化[74]。也有研究发现，长期培养的经 TERT 转导的人源细胞可发生染色体失稳、基因突变和转化现象[75, 76]。这些研究表明暂时性激活端粒酶作为可能的治疗手段，可能增进肝细胞的再生能力，防止末期慢性肝病中肝硬化的趋势（图 74-2）。在端粒酶缺陷的短端粒小鼠模型中，端粒酶的暂时性激活的确足以促进肝再生并防止肝纤维化[72]。但经药理分子分析证实无毒的、暂时性的端粒酶激活手段尚未被开发出来；另外暂时激活端粒酶在肝癌环境中的作用也需要进一步探究。

肝细胞癌中 hTERT 启动子突变的高频出现（见第 60 章）表明在肝硬化 - 肝癌的转变过程中，

端粒缩短造成的肝组胞扩增障碍加强了对表达端粒酶细胞的正向进化选择。理论上，端粒酶的暂时性激活可以减轻肝再生障碍，从而在肝硬化时期减少对有癌症突变和癌化倾向的肝细胞的正向选择。与此假说一致的研究发现，在小鼠模型中抑制血液干祖细胞的扩增会导致白血病相关的癌前克隆和癌细胞克隆的生长[77]。暂时性激活端粒酶也可能通过降低衰老肝细胞的累积减少 SASP 的促癌作用（见参考文献 [73]）。但在产生上述潜在抗癌作用的同时，端粒酶的暂时性激活也可能加强肝硬化组织中本已增加的癌前病变细胞的生长。总之，在端粒缩短的人源化小鼠模型中，仔细评估暂时性端粒酶激活对肝再生、肝癌和机体生存率的影响至关重要。

在开发端粒酶促再生治疗过程中需要考虑的一个问题是细胞衰老是否可逆。若肝硬化组织已有大量衰老细胞，那么激活端粒酶未必可以重启这些细胞的扩增能力，从而影响这一方案在整体组织中的疗效。所幸在端粒酶缺陷造成的短端粒小鼠中提供了相关的概念验证，证实重激活端粒酶足以逆转因端粒失活形成的大范围肝组织萎缩[78]。这些数据提示端粒酶介导的细胞扩增可能有效地逆转晚期肝硬化。

肝细胞的衰老可能造成再生能力的枯竭和肝硬化，但肝星状细胞的衰老却对组织具有一定的保护作用：小鼠组织的反复损伤实验表明，肝星状细胞的衰老可减少瘢痕纤维组织[79]。因此，无选择的降低细胞衰老反而有导致纤维化增加的风险。由于相关的小鼠模型研究有一定局限性，即通常采用慢性、低程度的损伤方式而非化学物质诱导的高水平的细胞分裂，因此在人源组织中进一步研究肝硬化是否伴随肝星状细胞的衰老是开发相关治疗手段的必要前提条件。

抑制导致组织降解的 DDR

DDR 通过诱导细胞衰老或危机检查点限制了端粒失活细胞的扩增。这些检查点可以抑制来自于基因组失稳、端粒失活的细胞起源的肿瘤。然而，DDR 诱导的 DNA 修复通路同样可能导致染色体融合，进而加剧 DNA 损伤及染色体失稳（图 74-2）。这些修复反应可能会加剧肝硬化过程

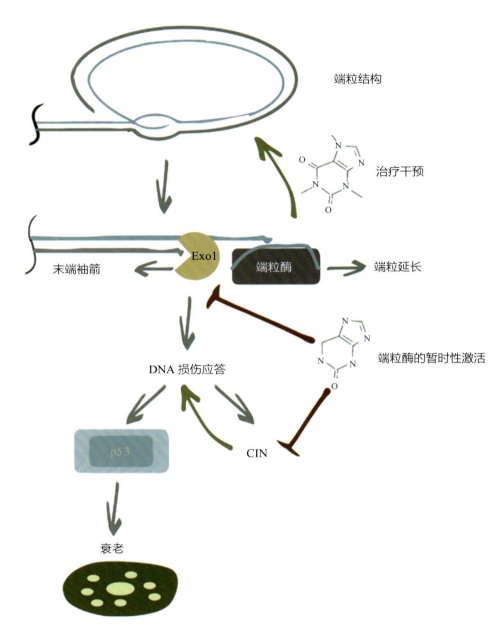

端粒结构

治疗干预

端粒延长

Exo1

末端袖箭

端粒酶

端粒酶的暂时性激活

DNA 损伤应答

p53

CIN

衰老

▲ 图 74-2　靶向端粒的抗肝硬化治疗

端粒缩短使端粒加帽功能受损。此时，端粒已无法形成 t-loop 等（作为应对严重端粒缩短的机制）三维结构。脱帽的染色体末端引起一系列 DNA 损伤应答机制，包括 p53 依赖的细胞衰老和 DNA 修复通路等。端粒部位的 DNA 修复导致染色体融合，造成进一步的 DNA 损伤、染色体不稳定（CIN）和组织降解。为抑制肝硬化的发展，未来的治疗可考虑两个分子靶标：①暂时性激活端粒酶以恢复端粒长度并重塑肝细胞的再生功能；②抑制修复通路防止染色体融合及 DNA 损伤和组织降解的加剧

中组织萎缩的进程和癌症发生的风险。采用小鼠模型的相关研究提供了一个概念验证，发现选择性抑制 p21- 依赖性的衰老或 Puma 依赖性的凋亡检查点可以维护端粒失活的组织，并且不增加染色体失稳与癌症发生的风险 [80, 81]。抑制 Exo1 依赖性的 DNA 末端修剪也可防止染色体融合，有利于维护端粒缺陷小鼠的组织完整和基因组稳定性 [52]（图 74-2）。这些靶向组织降解检查点及修复反应的抑制剂尚未被开发或应用于临床前研究。相关的课题可以考虑在相对长寿的动物模型

中考察此类手段的致癌风险。若为低风险，这类治疗手段可为不适用肝移植的晚期肝硬化患者带来希望。

七、结论

综上所述，端粒的缩短抑制了肝细胞的再生，导致慢性肝病末期及肝硬化过程中干祖细胞的损耗。端粒失活对器官再生及相关疾病的负面作用由 DNA 损伤检查点和修复反应介导。靶向导致组织降解的 DDR 可以改善不适用肝移植的晚期肝硬化患者的肝再生和器官功能，指明未来肝病治疗的方向。

Michael Pack　Rebecca G. Wells　著

徐光勋　陈昱安　译

胆道闭锁是一种快速进展的胆管疾病，见于新生儿中，临床特点是患者胆道发生明显的纤维化梗阻，尤其是肝外胆管，大多数患者最终会发展为晚期肝脏疾病。有证据表明，胆道闭锁在新生儿尚在母体子宫内就已发生，尽管胆道闭锁患者出生时明显呈现健康状态，但在出生的几天时间内就可检测到结合胆红素的升高[1]，这也表明新生儿的胆管特别容易受到损伤及发生纤维化反应，但是胆道闭锁的具体发病原因目前仍不明确。

尽管有多项大规模的遗传学研究已经初步探索了其潜在的分子机制，但是没有明确的证据表明胆道闭锁是一种原发性遗传疾病[2]，与之相反的是，越来越多的证据表明，环境可能是胆道闭锁发病的主要原因[3]。在妊娠期间，食用含有胆甾酮的植物的牲畜所生的小牛或小羊，其发生胆道闭锁被认为与胆甾酮密切相关；对该异黄酮类胆甾酮的鉴定结果也表明，短期接触该毒素可能会导致斑马鱼幼体发生选择性肝外胆管损伤（图75-1 和图 75-2）[4]。牲畜和斑马鱼的相关研究表明，某些毒素可以对新生儿的胆管造成损伤，但同时也会通过这种方式对母亲进行保护。

孕妇妊娠期间不太可能食用胆甾酮，同时也没有发现具有类似作用的毒素。但是胆甾酮的案例还是增加了某些毒素真实存在，并且增加人类疾病风险的可能性。

本章回顾了与胆道闭锁相关的环境因素的研究，其中特别强调了相关毒素可导致人类其他胆道疾病和其他形式的人体器官纤维化的证据。毒素介导胆道闭锁样疾病可能存在几种不同的机制，胆甾酮可能会为我们分析探索这些机制提供重要的线索。

一、胆道损伤的毒性原因

胆管细胞是一种代谢活跃的细胞，在维持肝脏正常生理功能，如胆汁形成、抗原呈递、免疫信号转导等多方面发挥着重要的作用[5, 6]。环境的风险引起的胆管细胞损伤可能会破坏或异常激活这些生理机制，在某些情况下可能会导致胆管纤维化。虽然胆甾酮是唯一已知的与自然发生的胆管纤维化模型相关的环境因子[4, 7, 8]，但其他以胆管细胞为靶点的毒物和药物同样得到了很好的分析探索[9, 10]。这些药物不会引起胆道闭锁类似的症状，但了解与环境暴露有关的胆道损伤机制有助于我们深入了解胆道闭锁及其他胆道疾病的发病机制。

二、胆甾酮

从 1964 年开始，澳大利亚牲畜中发生了 4 次大规模的胆道闭锁疫情，这些疫情均与严重的干旱灾害有关，导致牲畜无法正常放牧并以大量的腺毛藜属植物为食物来源，表明该类植物可能含有毒性致病因素[11]。胆甾酮是一种从球藻 Dysphania glomulifera 和 D. littoralis 中分离出来的天然毒素，

肝外胆管树　　　　　　　　　肝脏组织学　　　　　　　　　肝脏大体观

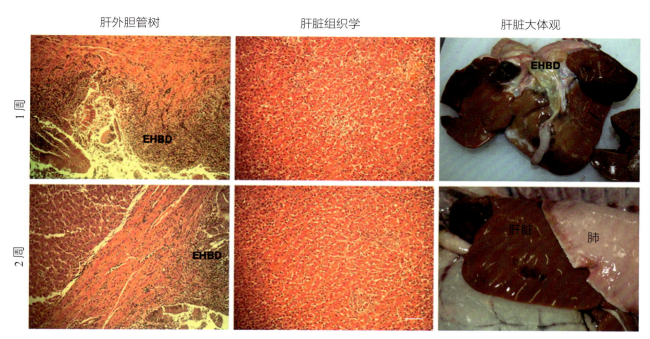

▲ 图 75-1　**2013 年，一个胆道闭锁样疾病发病率为 50% 的羊群中两只症状轻微的小羊的肝脏及胆管组织学图片**
肝外胆管（EHBD）发生纤维化并阻塞，而肝脏表现为极小的损伤。比例尺：100μm（经 Creative Commons Attribution Non-Commercial License CC BY-NC 许可转载，引自参考文献 [7]）

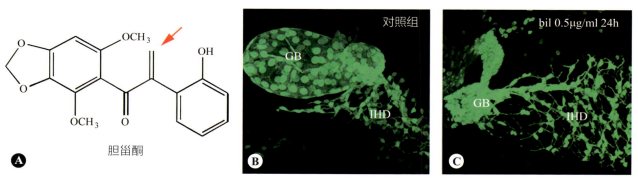

▲ 图 75-2　**斑马鱼幼鱼中的胆甾酮结构和活性**
A. 通过质谱测定的胆甾酮结构，红箭为亲电的 α– 亚甲基酮。B 和 C. 受精 5 天后斑马鱼幼鱼肝外胆道系统和肝段的共聚焦成像。B. 对照组斑马鱼幼鱼成像结果显示胆囊和肝内胆管结构正常。胆囊中的圆形结构是上皮细胞核。C. 用胆甾酮治疗 24h 的斑马鱼幼鱼成像结果显示胆囊组织破坏，肝内胆管结构相对完整。GB. 胆囊；IHD. 肝内胆管；bil. 胆甾酮

在斑马鱼模型中会产生肝外胆道闭锁，被认为是与胆道闭锁疫情密切相关的因素 [4]。此外，在哺乳动物胆管细胞的 3D 模型和新生小鼠体外培养的胆管组织中，都证实了胆甾酮的毒性作用，同时也证实了体外合成的胆甾酮与体内形成的胆甾酮具有类似的生物学效应 [4, 12]。一些初步的生化研究表明，胆甾酮是一种强亲电性物质，可共价结合还原型谷胱甘肽、氨基酸和核酸等，这些理论探索也为我们深入了解胆甾酮的毒性机制奠定了基础 [13]。

还有一些在斑马鱼模型和哺乳动物胆管细胞培养组织中的研究，重点强调了胆管细胞中抗氧化防御系统在应对胆甾酮毒性方面的重要性 [7, 8]。胆甾酮降低了斑马鱼幼体和哺乳动物胆管细胞中肝脏谷胱甘肽的水平，其水平的降低使得斑马鱼

幼体的肝外胆管细胞对通常无毒的低剂量胆甾酮更加敏感。一项研究使用表达体内谷胱甘肽氧化还原感受器的转基因鱼作为研究对象，研究结果显示，对胆甾酮的易感性与胆管细胞的基本氧化还原状态相关，具体来说，在使用胆甾酮治疗之前，肝外胆管细胞比肝内胆管细胞和肝细胞更容易被氧化，当首次检测到损伤时，肝外胆管细胞会被进一步氧化，而肝内胆管细胞和肝细胞则没有，该研究还重点强调了抗氧化防御系统在胆管细胞应对胆甾酮反应中的重要性，同时，谷胱甘肽缺失与抗氧化防御系统有类似的影响，都会增加哺乳动物胆管细胞对该毒素的敏感性。此外，用 N- 乙酰半胱氨酸（一种谷氨酸前体）治疗可有效阻断斑马鱼和胆管细胞模型的胆甾酮毒性反应，在两个模型中，使用 Nrf2 激活剂萝卜硫素进行治疗后都可以观察到不太显著的效果。

该研究以斑马鱼和哺乳动物胆管细胞为研究对象进行转录谱分析实验，其研究结果有效识别出了由胆甾酮激活的其他细胞应激反应和信号转导通路[7, 8]。在斑马鱼模型中，热休克信号转导通路、自噬和内质网应激反应的激活在胆管损伤的早期阶段非常显著；在哺乳动物胆管细胞中，研究发现转录因子 Sox17 的缺失或下调在胆管损伤方面起着重要作用，值得注意的是，也有研究表明 Sox17 的杂合突变与小鼠的胆管损伤有关[14]。

正在进行的关于斑马鱼和胆管细胞模型的研究应该可以为胆甾酮毒性机制的研究提供新的证据，特别要指出的是，了解胆甾酮代谢路径及其如何穿过胎盘并进入胎儿胆道系统对于我们深入了解胆甾酮的致病性非常重要。斑马鱼模型的研究表明，只有将胆甾酮或其代谢产物之一分泌到胆汁中才可以体现出毒性[4]，确定胆甾酮是如何影响母体代谢和胎盘转移，对于深入了解胆甾酮和其他外源性物质对胆道系统的影响至关重要。

三、4,4′- 亚甲基二苯胺

与人类胆道损伤相关性最强的特征性毒物是 4,4′- 亚甲基二苯胺（MdA），意外或职业性接触 MdA（如环氧树脂、聚氨酯和其他工业产品的制造）会导致可逆性胆管炎和胆汁淤积性肝病[15, 16]。在啮齿动物中，急性暴露于 MdA 会导致严重的肝内胆管炎，同时与胆管和门静脉周围坏死密切相关，与胆汁流量减少也有一定的相关性[17, 18]，尤其倾向于发生在较大的小叶间导管中。在长时间暴露于高剂量 MdA 的动物中，胆管炎可能会进展为门静脉周围胆管纤维化，在动物模型中，长时间暴露于 MdA 也会发生肝外导管和肝细胞的损伤和纤维化[19]，但是，人类暴露于 MdA 的研究未见报道。

代谢组学研究已经深入探讨了 MdA 介导胆道毒性的机制，在啮齿类动物中的研究表明，胆管损伤是由胆管细胞暴露于存在于胆汁中的 MdA 或其代谢产物引起的[19]。有相关证据表明，MdA 的谷胱甘肽化及其随后的胆汁分泌是解除毒性的重要机制，首先，在 MdA 处理过的啮齿类动物的胆汁中，谷胱甘肽化的 MdA 是 MdA 的初级代谢产物；其次，毒性作用在雌性大鼠中更为明显，与雄性大鼠相比，雌性大鼠分泌到胆汁中的谷胱甘肽化 MdA 更少[20]；最后，也是最重要的一点，谷胱甘肽的药理学消耗会增强 MdA 毒性，也可能是因为它会促进其他毒性更强的代谢产物分泌到胆汁中[21]。不过，谷胱甘肽的药理学消耗引起的 MdA 毒性增强是否如胆甾酮一样，也是因为胆管细胞应激反应的变化而引起的[7, 8]，目前还尚未有研究证实。

MdA 介导的胆管细胞损伤的细胞生物学机制尚不完全清楚，但是有研究表明，线粒体毒性与 ATP 耗竭有关[20]，也有相关研究表明，研究对象的 eCM 及凝血通路发生了改变。基于线粒体毒性的研究表明，MdA 可诱导氧化应激反应，但不会像胆甾酮一样降低肝脏总谷胱甘肽，可能是因为 MdA 不是强氧化剂。因此，尽管谷胱甘肽药理学消耗会增加 MdA 和胆甾酮的毒性[7, 8]，但胆甾酮和 MdA 发挥毒性作用的机制不完全相同，这也可能是导致他们对肝内胆管和肝外胆管产生不同毒性偏好的原因。

四、ANIT

ANIT 是第二种特征明确的可以引起胆道闭

锁发生的有毒物质[22-24]。ANIT 和丙二醛一样，啮齿动物急性暴露后的几小时内会在小叶间导管内的胆管细胞造成损伤。慢性暴露于 ANIT（数周的持续）会导致胆道纤维化。肝细胞急性暴露后的损伤很小，并且发生得比胆管损伤晚得多，很可能继发于最初的胆管损伤。

超微结构和组织学分析表明，ANIT 和丙二醛一样，改变了胆管细胞的微绒毛和紧密连接，两者的损伤机制相仿[24]。这两种化合物的代谢相似之处是都会被谷胱甘肽化。与丙二醛不同的是，因为很容易解离，并且游离 ANI 会 T 进入胆管细胞，所以分泌到胆汁中的 ANIT- 谷胱甘肽结合物都是有毒的[25-27]。与这种模型一致的是，谷胱甘肽的药理耗竭将会降低 ANIT 的毒性，而谷胱甘肽的枯竭则会增强丙二醛和 Biliatresone 的毒性[7, 8, 28]。

大鼠胆管细胞的转录图谱实验表明，ANIT 暴露导致参与内质网应激 / 未折叠蛋白反应、谷胱甘肽代谢和抗氧化反应的基因表达增加，这与 Biliatresone 处理的斑马鱼幼鱼相似；然而，ANIT 处理后以上基因的反应幅度要小于 Biliatresone 治疗处理后的反应幅度[7, 29]。ANIT 和丙二醛一样，没法降低肝脏谷胱甘肽总量，很有可能因为它并不是像 Biliatresone 那么强的氧化剂。尽管如此，Nrf2 激活剂的治疗可以钝化 ANIT 毒性[30]，与其对 Biliatresone 毒性的影响相似，尽管这可能涉及 ANIT 代谢相关基因的上调，而不是谷胱甘肽介导的抗氧化反应，因为 GSH 耗竭减低了 ANIT 毒性，而不是增强 ANIT 的毒性。

五、DDC

DDC 是第三种具有明确胆汁毒性的异物[9, 31]。慢性摄入 DDC 会导致大中型小叶间胆管的进行性损伤，导致胆管反应，最终导致类似硬化性胆管炎的洋葱皮样门静脉纤维化的病理变化。DDC 处理的动物肝内胆管的塑料塑型显示节段性胆管狭窄和胆管扩张。尽管组织学分析可以检测到胆管管壁增厚和中性粒细胞增多，DDC 并不会导致肝外胆管梗阻。与其对胆道系统的早期影响相比，DDC 介导的肝细胞损伤最初是有限的，尽管

DDC 介导的胆道损伤可能源于其对肝细胞和胆管细胞的早期影响[31-33]。

DDC 治疗与降低胆汁中谷胱甘肽水平有关。这最初归因于 mrp2 小管转运蛋白表达的减少，尽管 mrp2 突变小鼠的肝脏总谷胱甘肽水平增加[33]。卟啉代谢变化引起的氧化应激导致肝脏谷胱甘肽降低是更可能的一个解释。与这一想法一致，肝脏裂解产物的 Western 印迹分析显示 DDC 诱导 Nrf2 的肝脏核转位，而 Nrf2 是抗氧化反应的重要转录调节因子[34]。可以想象的是，胆汁中的卟啉和低谷胱甘肽的共同作用触发了胆管细胞中 Nrf2 的激活，这也反映了 Nrf2 的激活可能改变了肝细胞对卟啉代谢。

药物性胆管细胞损伤

胆管毒性是接触大量药物的一种罕见的不良反应。损伤通常表现为胆汁淤积综合征，组织学证据显示门静脉周围混合性浸润物（中性粒细胞、嗜酸性粒细胞和淋巴细胞）、胆管细胞损伤（无细胞凋亡）和胆汁淤积[31, 35]。长时间暴露会引起胆管反应和胆管破坏。根据定义，胆管与门静脉的比率 <0.5 被认为是病理性胆管破坏的标志，被称为消失性胆管综合征。一般来说，药物所致胆管消失的患者与其他类型的药物诱导的肝损伤相比，预后更差，包括更高的死亡率和更大的慢性肝损伤[36]。

药物胆道损伤的发病机制被认为涉及 T 细胞介导的超敏反应和遗传易感性。从机制上讲，当患者特定的药物代谢物与正常细胞蛋白结合并作为免疫原半抗分子原发挥作用时，就会触发损伤。另外，药物也可能通过与特定 HLA 亚型的低亲和力相互作用而直接激活免疫。与 ANIT 一样，将有毒药物代谢物输送到胆管细胞可能涉及谷胱甘肽基化和分泌到胆汁中，尽管在某些情况下谷胱甘肽基化可以阻止特定代谢物的毒性。许多药物所致胆管消失的病例在肝活检中与淤胆性肝炎有关，提示这类药物对肝细胞和胆管细胞的共同作用。接触药物也可能引发胆管缺血性损伤。最具特征性的是用于治疗肝转移瘤的肝动脉灌注化疗所用的氟尿嘧啶和氟代脱氧尿苷，它们会产生类似硬化性胆管炎的肝外胆管狭窄。其他

可能导致类似硬化性胆管炎损伤模式的胆道损伤的相关药物包括氯胺酮和用于治疗包虫病的药物。阿莫西林/克拉维酸据报道也会在女性中导致类似的硬化性胆管炎损伤模式的胆道损伤。

六、外源性药物与原发性胆汁性胆管炎

原发性胆汁性胆管炎是一种由中小型小叶间胆管破坏引起的自身免疫性胆汁淤积性疾病。几乎所有的 PBC 患者都有针对线粒体酶复合体的高滴度血清自身抗体，线粒体酶复合体是氧化脱羧基所必需的。这些抗线粒体抗体识别的最常见的表位是针对线粒体 2- 氧代酸脱氢酶的 E2 亚基，最常见的是丙酮酸脱氢酶，但也有针对氧代戊二酸脱氢酶的 E2 亚基和支链 2- 氧代酸脱氢酶[37, 38]。少数情况下，它们针对的是 E3 亚单位二氢硫胺脱氢酶的结合蛋白。据报道，在少数 AMA 阴性的 PBC 患者中，T 细胞对 E2 亚基和其他自身抗体具有反应性。

目前的证据支持这样一种模型，即针对这些表位的反应会触发或促进胆管细胞损伤。大量数据支持一种机制，即暴露于环境中的外源生物会引发对 E2 亚单位的耐受性丧失[39, 40, 41]。可疑化合物在结构上都与硫辛酸部分有关，硫辛酸部分与 E2 亚单位酶的赖氨酸残基共价连接。这些硫辛酸模拟物最初是通过它们与 PBC 患者血清中 AMA 的反应活性鉴定出来的，之后它们与来自 E2 表位的多肽发生了共价连接，随后的体内研究表明，用其中一种反应化合物 2-OA（通常存在于化妆品和其他家用产品中）的半抗原形式免疫的动物，会发生肝内胆管炎并形成 AMA。更多的体外研究表明，2-OA 和其他硫辛酸模拟物可以通过内源性细胞酶结合到 E2 亚基中，从而改变亚基的结构特征[42]。这表明，外源生物可以通过直接触发 AMA 的形成或通过硫辛酸置换修饰 E2 亚基来打破对 E2 亚基的自身耐受性。E2 修饰的第二种机制可以触发 AMA 的产生，涉及亲电异物诱导的硫辛酸二硫键的氧化还原修饰。支持这一观点的是，在服用了有毒剂量的对乙酰氨基酚的患者血清中频繁检测到 AMA，这被认为是有毒的对乙酰氨基酚代谢物 N- 乙酰 -

对苯二酚亚胺和 PDA-E2 之间亲电相互作用的结果[43]。

七、毒素与器官纤维化

环境毒素是器官纤维化的公认原因。了解这些纤维化疾病的来源、在靶器官的蓄积机制和损伤机制可能帮助我们理解 BA 和其他胆道疾病的潜在毒素诱导的病因。

多器官纤维化疾病的几次暴发与环境毒素的急性暴露有关。现已有效消除的肾源性全身性纤维化（皮肤、内脏、肌肉和肌腱纤维化），由 MRI 研究中使用的含 Gd 对比剂引起；它几乎只影响肾功能不全患者，他们无法排泄从载体配体中分离出来的 Gd 离子[44]。中毒油综合征（toxic oil syndrome，TOS）是一系列病理疾病，包括硬皮病、肺动脉高压和肌肉骨骼纤维化，1981 年在西班牙发生一次离散的暴发，患者食用了大量被 3-（N- 苯氨基）-1,2- 丙二醇脂肪酸酯污染的苯胺变性菜籽油[45]。NSF 和 TOS 的机制都不是很清楚，但两者都值得注意的是，毒素暴露的大小、潜在的宿主易感性、炎症和自身免疫反应的组合决定了疾病的发展和程度[46]。在 NSF 中，肾功能不全是损伤易感性的获得性原因。虽然并不是所有人都出现纤维化，但在组织中直接发现了 Gd，这凸显了局部炎症 / 免疫反应的重要性。在 TOS 中，存在与 II 相代谢酶芳香胺 N- 乙酰基转移酶 -2 的变异（慢乙酰化）等位基因和疾病严重程度的关联，这表明遗传易感性导致毒素代谢缓慢和组织暴露时间增加。

化疗药物博来霉素和广泛使用的除草剂百草枯引起的肺纤维化突出了全身暴露环境中潜在的组织特异性机制。这两种毒素都在全身循环，但有选择地在肺部积聚。博来霉素通常由博来霉素水解酶代谢，这是一种在肺部处于低水平的酶；此外，由博来霉素引起的氧化应激诱导的破坏性炎症反应在肺中尤其常见[47]。百草枯是肺多胺摄取系统的底物，导致肺上皮细胞中的百草枯显著增加，即使体循环中的水平降低[48]。

马兜铃酸肾病和巴尔干地方性肾病是中毒性纤维化的另一个例子。这些疾病由间质纤维化导

致终末期肾脏疾病，是由摄入草药补充剂和含有高水平马兜铃酸的受污染食品造成的。毒素被口服并在系统中分布，但通过 OAT 家族成员的输入在近端肾小管上皮细胞中高水平积累。像其他有毒纤维一样，并不是所有接触马兜铃酸的人都会生病。这在一定程度上与代谢酶的差异（遗传的和后天的）有关，特别是参与硝化还原的酶[49]。

与 BA 相关的几个主题是毒素诱导的其他器官纤维化的特征。所有讨论的毒素都是系统循环的，但通过各种机制在某些组织中积累到特别高的水平，其中许多（尽管不是全部）会发展成纤维化。确定某些毒素（包括胆红素）是否及如何选择性地在胆汁中积聚，对于理解 BA 为什么对新生儿和胆管，特别是肝外胆管具有特异性可能是重要的。宿主易感性既有获得性的，也有遗传性的，决定了特定患者在中毒后是否及在多大程度上发展为损伤和纤维化。从机制上讲，氧化还原应激及激活的炎症和免疫反应是几乎所有毒素诱导的纤维化综合征中组织损伤的常见介质。最后，在所描述的所有毒性纤维中，毒素的组织特异性发生在损伤阶段，而不是纤维化阶段，这在很大程度上是一种机械上相似的反应，无论具体损伤或病因如何。这对思考 BA 有重要的意义，这表明了解损伤的早期阶段而不是后期的纤维化反应将是关键。

八、Biliatresone 能告诉我们关于人类胆道闭锁的什么相关知识

导致胆道损伤和其他形式的器官纤维化的许多毒素为了解胆道损伤的机制、全身暴露后组织特异性损伤的原因、环境和遗传因素之间的相互作用提供了重要的见解。然而，Biliatresone 为了解人类 BA 的机制提供了一个独特的机会，因为它不会引起母亲的胆道损伤，但会对胎儿胆管造成选择性损害。目前并没有证据表明 Biliatresone 会导致人类的胆汁淤积症，与事实上鉴于这种毒素只在澳大利亚内陆特定的非人类食用的植物中发现，这种可能性极小；然而，研究 Biliatresone 介导的胆管损伤可使研究人员能够确定为什么新生儿胆管容易损伤和纤维化。新生儿胆管的通透性、胆管细胞上有无保护性糖基化反应、胆管黏膜下层的结构都是潜在的相关发育易感因素，可以用 Biliatresone[2] 进行测试。此外，Biliatresone 的结构和药代动力学可能暗示了与 BA 相关的一系列毒素的典型化学结构。

Biliatresone 和其他导致肝纤维化的毒素一样，会被摄取并吸收到体循环中。其余能显示这种毒素胆管损伤易感因素的例子是研究中发现了肝外胆管中低水平的还原型谷胱甘肽对胆管有选择性毒性[8]。有大量文献表明，BA 的炎症和免疫反应及 BA 的恒河猴轮状病毒感染模型的重要性[2]。Biliatresone 提供了在更有时间限制的损伤后和在没有感染的情况下研究这些反应的机会。

虽然 Biliatresone 不是导致人类 BA 的原因，但它是一种异黄酮类化合物，结构上与其他穿过胎盘的异黄酮类化合物有相似之处[50-52]。在母亲体内，类似的异黄酮会进行肝脏代谢。总而言之，这些药代动力学表明了一种机制，即毒素可以通过母体肠道吸收，通过脐静脉快速传播到胎儿肝脏，但在母亲体内的半衰期很短。了解 Biliatresone 的特定药代动力学对于了解新生儿胆管损伤的节点和不引发母体损伤的原因可能很重要。同样，Biliatresone 具有高活性的 α- 亚甲基酮部分[13]，这可能是在搜索化学数据库时要寻找的一个重要官能团。

九、结论

虽然有明确的证据表明环境因素是 BA 的致病因素，但数十年研究的结果中，只有巨细胞病毒感染被确定为人类的病因，而在大多数患者中导致 BA 的具体致病因素仍不清楚[53]。Biliatresone 的鉴定首次提供了一种毒素可能导致类 BA 疾病的证据，并提出了化学和药代动力学特征，以及将增强其影响的发育和遗传易感因素，以寻找可能导致人类 BA 的毒素。然而，BA 并不是以离散暴发的形式出现在人类身上；它是罕见的，在世界各地都能发现。这表明可能有一大群病原体，可能包括毒素和感染性病原体，确

定常见的损伤模式而不是共同的伤害剂是治疗这种疾病的最佳方法。

虽然 Biliatresone 的损伤机制及本章中描述的毒物和药物还不完全清楚，但共同的主题是显而易见的，这表明 BA 与其他胆道疾病之间存在致病联系。也许最重要的是氧化应激的作用，氧化应激对 Biliatresone、丙二醛、ANIT 和 DDC 介导的损伤非常重要。胆管细胞对异物诱导的氧化应激可能是唯一敏感的，因为这些化合物通常集中在胆汁中，从而增加了它们接触胆管细胞的途径。此外，外源化合物或其代谢物通常具有亲电性，这很可能在胆管细胞对有毒疏水性胆汁酸存在的情况下产生附加的有害影响。亲电性外源物质的氧化修饰和损伤也可能是 PBC 的激发事件，因为这些事件似乎导致新抗原的形成，这些新抗原滞留在凋亡的胆管细胞内，导致 AMA。

在考虑与毒素相关的胆道损伤时。外源物质的肝脏代谢也必须考虑在内。第一阶段修饰产生的代谢物本身可能是有毒的，第二阶段修饰的结合并不总是确保有效的解毒。这一点从谷胱甘肽结合物对丙二醛毒性（有益）和 ANIT 的不同影响中可以清楚地看出（有害）。Biliatresone 在斑马鱼幼体中是谷胱甘肽基化的；然而，与 ANIT 毒性相反，Biliatresone 毒性似乎不需要谷胱甘肽基化，因为管状谷胱甘肽转运体 abcc2/mrp2 的突变增强而不是挽救斑马鱼的 EHC 损伤（未发表）。如果确定了 BA 的新遗传易感性，或者如果 BA 的早期（甚至产前）诊断成为可能，并考虑针对早期损伤的治疗，这可能是重要的。

免疫因素对大多数类型的毒素相关器官纤维化的进展是重要的，尽管不一定是起始的。虽然免疫和炎症反应可能是药物引起的胆管损伤的主要事件，但在其他中毒性胆管损伤中，它们可能是次要事件而不是主要事件。在动物模型中的研究表明，在丙二醛、ANIT 或 [7, 54-57] 引起的初始损伤中，通常在受损导管附近检测到的免疫细胞不是必需的。然而，免疫靶向被认为有助于进行性胆管细胞损伤和门静脉纤维化的发展。免疫系统激活的触发因素可能是细胞因子和相关的信号分子，它们是由胆管细胞分泌的，以应对最初的异物介导的损伤。从这一点可以推测，抑制免疫反应的药物和（或）生物制剂在治疗与慢性、隐蔽环境暴露相关的胆道疾病方面可能无效，除非有害的触发因素也会得到治疗。重要的是，胆汁激素模型的研究表明，受损的胆管细胞可以直接激活纤维化通路，而不需要免疫激活，从而提供了另一个原因，为什么免疫治疗在 BA 的早期阶段及可能的其他胆道疾病中不起作用 [8]。

为什么 Biliatresone 和 DDC 在 EHC 中的作用比主要影响 IHC 的丙二醛或 ANIT 更显著，这一点尚不清楚。一个可能的因素是 IHC 和 EHC 具有不同的胚胎起源，IHC 起源于与肝细胞相同的谱系，而 EHC 起源于胰腺谱系。可以想象，细胞谱系可能会影响环境因素与细胞内靶标的可接触性和相互作用，如细胞器或大分子，或影响有效的抗氧化剂防御系统。微环境因素也可能是重要因素，因为培养的 IHC 和其他上皮细胞类型对 Biliatresone 敏感，而在斑马鱼模型中，IHC 损伤需要内在氧化还原防御的遗传破坏 [7, 8]。未来的研究旨在确定胆管细胞对损伤敏感性的区域差异的机制基础，可能有助于识别危险因素和新的治疗方法。

第76章 ABC 转运体在药物代谢和化疗耐药中的双重作用

The Dual Role of ABC Transporters in Drug Metabolism and Resistance to Chemotherapy

Jean-Pierre Gillet　Marielle Boonen　Michel Jadot　Michael M. Gottesman　著

苏日嘎　王昭月　周　军　译

一、背景

对于许多药物来说，肝脏是代谢的主要部位。来自溶质载体（solute carrier，SLC）超家族的摄取转运体、CYP 酶及来自 ABC 转运体的外排转运体在系统药代动力学和药物－药物相互作用中起着重要作用。溶质载体可以通过代谢酶和外排转运体促进药物从血液到肝脏而进行进一步处理。然而，一些药物没有被代谢，而是被运输回血液循环或排入胆汁（图 76-1）。

溶质载体可分为 65 个基因家族，包括 450 多个膜结合蛋白 [1]。SLC 超家族的分类在 http://slc.bioparadigms.org/ 有概述。SLC 超家族的基因编码被动转运体、离子偶联转运体和交换体（Rives 等 [2]）。在肝脏中，由 SLCO 基因家族编码的 OATP、由 SLC22 基因家族编码的 OAT、同样由 SLC22 基因家族编码的 OCT 和由 SLC10A1 编码的 NTCP 参与了多种内源性化合物和药物的转运。Na$^+$ 依赖性的胆汁酸摄取是由 NTCP 介导的，而 Na$^+$ 非依赖的胆汁酸摄取是由 OATP[3] 介导的。

一旦进入细胞，化合物会被 CYP 酶转化为代谢物，这在解毒机制中起着关键作用。CYP450 酶的最新数据库和命名法可以在 http://drnelson.uthsc.edu/CytochromeP450.html 找到 [4]。I 相代谢酶包括一个氧化酶超家族，负责氧化许多内源性物质和数千种外源性物质。虽然人类基因组中有 57 个 P450 基因，但其中只有 10 个对药物代谢有贡献，其中主要贡献来自三种亚型，即 CYP3A4、CYP2D6 和 CYP2C9[5]。CYP 酶将内源性和外源性物质代谢为活性反应组分，作为 II 相酶的底物，进而转化为可溶性无毒代谢物偶联物，然后排入胆汁和肝窦血液中。II 相酶参与结合反应，包括谷胱甘肽化、葡萄糖醛酸化和硫酸盐化 [6]。

已有研究强调了 CYP 酶和 ABC 转运体之间的协同作用，可以被认为是解毒系统的 III 相反应 [7]。许多结合型代谢物是 ABC 转运体中 ABCC/MRP 亚家族成员的底物 [8]。当 CYP 酶（尤其是 CYP3A4）产生的代谢物比母体化合物更适合作为 ABCB1/Pgp 的底物时，或者当 ABCB1 通过迫使化合物 / 药物随后进入细胞而延长吸收时间时，也可能发生这种协同作用 [9]。这一过程增加了对 CYP 酶的暴露，并可以防止这些蛋白质的动力学饱和 [10, 11]。已经证明，I 相和 II 相代谢酶可被配体激活的转录因子共同调节，如 AhR、CAR、PXR 和 Nrf2[7, 12]。Jigorel 及其同事报道了在人肝细胞中外源性物质调节转运体的复杂模式，即在给药后通过激活配体激活的转录因子，协同上调或下调外排和摄取转运体 [13]。Nies 等回顾了 ABCC

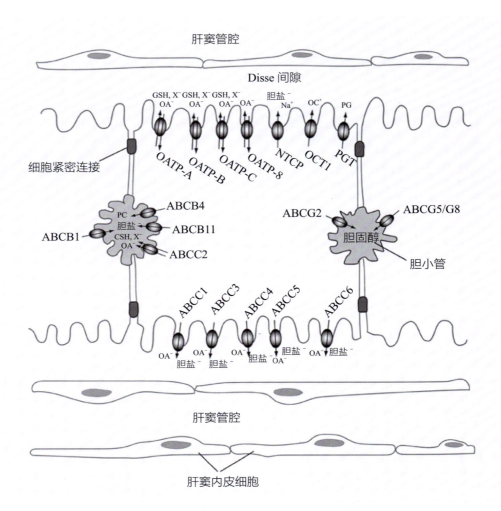

▲ 图 76-1　肝细胞转运体

胆盐、药物、代谢产物经基底侧溶质载体 OATP1A2/SLCO1A2、OATP1B1/SLCO1B1、OATP1B3/SLCO1B3、OATP2B1/SLCO2B1、PGT/SLCO2A1、NTCP/SLC10A1、OCT1/SLC22A1、OCT3/SLC22A3、OAT2/SLC22A7 和 OAT7/SLC22A9 摄入肝细胞内。肝细胞向胆小管排出通过顶端细胞膜的 ABC 转运体 ABCB1、ABCB4、ABCB11、ABCC2、ABCG2 及异二聚体 G5/G8 和溶质载体 MATE1/SLC47A1 进行。肝细胞向血液排出通过 ABCC1、ABCC3、ABCC4、ABCC5 和 ABCC6 进行，而异二聚体 OSTα-OSTβ 与固醇的重吸收相关。GSH、X⁻. 谷胱甘肽耦合物；MATE1. 多药和毒素挤压转运蛋白；NTCP. 牛磺胆酸钠共转运多肽；OA⁻. 阴离子或共轭物；OAT. 有机阴离子转运蛋白；OATP. 有机阴离子转运多肽；OC⁺. 有机阳离子；OCT. 有机阳离子转运蛋白；OST. 有机溶质转运蛋白；PC. 磷脂酰胆碱；PG. 前列腺素；PGT. 前列腺素转运蛋白

和 OATP 转运体与 CYP 酶之间的相互作用[14]。

在本章中，我们回顾了 ABC 转运体在药物代谢和癌症多药耐药中的双重作用，也强调了多态性在治疗成功中的关键作用。

二、肝外排转运体：ABC 转运体

（一）这只是冰山一角

ABC 转运体编码基因广泛分布于基因组中，在真核生物中具有高度的序列同源性。它们利用 ATP 水解产生的能量在细胞或细胞器膜上转移广泛的底物。共有 48 个人类 ABC 转运体，从 A 到 G 分为 7 个家族（Robey 等[15]）。人类 ABC 转运体基因的命名法见 https://www.genenames.org/data/genegroup/#!/group/417。

肝 ABC 转运体主动将底物从肝细胞通过胆管/顶端膜外排至毛细胆管，并通过基底侧膜外排至窦血。顶端膜转运体包括 ABCB1/Pgp、ABCB4/MDR3、ABCB11/BSEP、ABCC2/MRP2、ABCG2/

BCRP 及两个半转运体 ABCG5 和 G8。在生理条件下，ABCB11 转运单价胆汁酸[16, 17]，ABCB4 输出磷脂酰胆碱[18]，ABCC2 通过与还原性 GSH、葡萄糖醛酸或硫酸盐的共转运机制介导二价胆汁酸的转运[19]，ABCG5/G8 异源二聚体输出胆固醇[20, 21]。ABCB1 和 ABCG2 通过限制外源生物[22]的吸收参与对机体的保护。ABCC2 也被认为会外排异源性物质，导致对化疗药物的耐药性[23, 24]。

ABC（MRP）转运体 C 亚家族的 5 个成员定位于肝细胞的基底侧膜：ABCC1/MRP1、ABCC3/MRP3、ABCC4/MRP4、ABCC5/MRP5 和 ABCC6/MRP6。这些转运体介导有机阴离子排泄到窦血。ABCC1 在成人肝细胞中低水平表达[25]。它主要存在于细胞内的囊泡中[26]。该转运体可以运输多种有机偶联物，包括类固醇和胆盐偶联物[8]。ABCC11/MRP8 与 ABCC3 一样具有运输单价胆盐（如胆酸、牛磺胆酸和甘氨胆酸盐及结合胆盐）的能力[27]。虽然 ABCC11 在肝脏中的功能尚未得到最终证实，但其在肝脏中的转录产物的存在及对其底物的最新测定，已经导致了对其在胆汁酸稳态中的潜在作用的推测[28, 29]。Zelcer 及其同事证实了 ABCC4 对硫酸盐胆盐和类固醇的亲和力[30]，而 ABCC5 和 C6 介导了多种共轭有机阴离子的转运。这些转运体在多药耐药中也起着关键作用[31]。

（二）建立 ABC 转运体的全面肝细胞图谱

从通过使用显微镜和（或）亚细胞分离方法来确定 ABC 转运体主要定位位点的研究中，可以收集到大量的定位数据。然而，这些方法也有一些局限性，其中之一是通常很难评估一个定位于多个隔间的蛋白质在整个细胞中的相对分布。在荧光显微镜下，人们倾向于聚焦于较亮的信号，而亚细胞分离分析的解读由于多个因素而变得复杂。值得注意的是，一些细胞器的分布在一定程度上存在重叠。因此，在所谓的"纯化细胞器组分"中找到一种蛋白质往往会导致错误的结论，即它是该蛋白质的主要定位位点。我们必须考虑该蛋白质的整体细胞内分布，使用蛋白质免疫印迹来量化其在亚细胞组分中的相对丰度的任务并不容易。

最近开发的方法被称为"亚细胞细胞器的蛋白质组学分析"，已经在亚细胞定位分析领域取得了很大的进展[32-35]。该方法依赖于几种亚细胞分馏方法与高分辨率质谱法的结合。质谱的定量能力可以精确测量亚细胞组分中的蛋白质水平，在此基础上可以确定它们的分布谱（即在各组分之间的相对富集）。最近使用该方法建立了大鼠肝脏蛋白质的亚细胞定位图（Prolocate，在 prolocate.cabm.rutgers.edu）[36]，从中可以找到 ABC 转运体在肝脏中的总体分布概况。在这项分析中，仔细测量了蛋白质水平，以确定它们在所有亚细胞组分中的分布。然后，通过将每个蛋白的分布剖面与细胞器标记蛋白的分布剖面进行数学拟合，估计每个蛋白在 8 个主要亚细胞室的相对分布：细胞核、细胞质、线粒体、过氧化物酶体、溶酶体、内质网、高尔基体和质膜。需要注意的是，由于使用的分馏方案，ER、高尔基体、PM 和其他未在分类方案中列出的内部膜是很难区分的。在该数据库中发现的 34 个 ABC 转运体的主要定位位点见图 76-2，它们在不同隔间中的相对分布见表 76-1。

正如预期的那样，Prolocate 将大多数转运体及 ABCA 家族的一些转运体定位于细胞膜，尽管其中一些也在其他细胞器中发现（表 76-1）。ABCG5 的主要位于细胞内，很可能是内质网上，那里也有大量的 ABCA2、ABCF2、ABCG3L1 和 ABCG3L2。5 个转运体主要与溶酶体（ABCA3、ABCA17、ABCB6、ABCC10 和 ABCD4）相关，2 个与过氧化物酶体（ABCD1 和 ABCD3）相关，4 个与线粒体（ABCA12、ABCB7、ABCB8 和 ABCB10）相关，1 个与高尔基体（ABCA6）相关。后来很少有相关信息发表，但这一分配与已发表的报道中提出的高尔基体定位相一致[37]。

据报道，ABCA2 在几种细胞类型中与晚期内吞体 / 溶酶体标志物（late endosomal/lysosomal marker，LAMP）共定位，这可能与它在内溶酶体中胆固醇隔离中的作用相一致[38-40]。也有研究表明，ABCA2 和 ABCA3 的表达之间存在相互作用，ABCA3 是一种溶酶体输出体，特别参与淋巴细胞白血病的耐药性[41-43]。然而，在大鼠肝蛋白的 Prolocate 图谱中，ABCA2 在一定程度上与

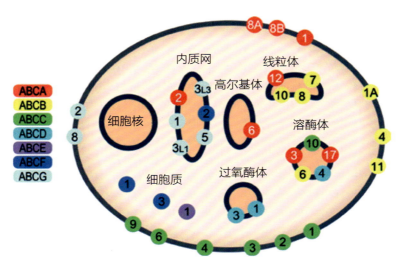

▲ 图 76-2　小鼠肝细胞 ABC 转运体最富集的细胞器

以上模型是根据 Jadot 等于 2017 年提供的数据建造的。提供了 ABC 转运体的主要位置，与表 76-1 提供的分布比例一致。细胞极化情况不明，因该分析不允许区分顶端膜和基底膜

溶酶体水解酶一起分布，并且大多与内质网标志物对齐。triton WR-1339 通过聚集晚期内吞体 / 溶酶体中脂质含量，调节酸性水解酶和 LAMP 蛋白浓度分布。然而，给大鼠注射 triton WR-1339 不会改变含有 ABCA2 的溶酶体的积累程度。这表明大鼠肝细胞中的溶酶体少有 ABCA2。随着最近的研究开始关注核内体和内质网之间的接触位点对胆固醇转运的重要性，我们还需要做更多的工作来测试 ABCA2 在这些接触位点上的假定定位和功能 [44, 45]。

最后，值得注意的是，有一些 ABC 转运体可在多个位置出现，其中包括 ABCA12，即一种在被叫作丑角鱼鳞病的皮肤病中突变的脂质转运体 [46]。ABCA12 已在角质形成细胞的高尔基体、层颗粒和细胞膜上等多个位置被检测到 [47]。根据这些观察结果，在 Prolocate 数据库中发现了高尔基体和细胞膜上的定位（表 76-1）。然而，ABCA12 在肝脏细胞中的主要定位似乎是在线粒体中。结合鱼鳞病胎儿角质形成细胞中含有泡状脊的巨大线粒体的报道，表明 ABCA12 在线粒体上的定位可能与功能相关 [48]。

三、ABC 转运体介导的多药耐药性

全身化学治疗对肝癌患者的生存获益有限。对药物治疗如此高耐药性的原因在 1987 年简单地被认为与 ABCB1 的过表达相关 [49]。从那时起，大量的数据支持了我们对 ABC 转运体在肿瘤耐药性中的功能，以及这些机制的复杂性 [50]。关于肝脏，一项以 MDR 为中心的研究（在严格意义上）尚未进行。相反，摄取和外排转运体通过参与药物发现过程的候选药物的 ADMET 在肝胆消除中发挥了关键作用。

（一）ABC 转运体在临床中的相关性

多药耐药细胞系中 ABC 转运体基因表达谱的测定为临床诊断 MDR 和监测临床活检中的表达谱及其与临床治疗的相关性开辟了新的途径 [31, 51]。然而，ABC 转运基因在临床治疗和肿瘤复发中的作用是一个有争议的话题。事实上，尽管在急性髓系白血病中，ABCB1 反复被证明与完全应答呈负相关，但大多数评估 ABCB1 抑制药的临床试验都未能达到阳性终点（Shaffer 等 [52]）。这可能有几个原因。首先，在没有靶标的情况下，不能正确地开发靶向药物。数据表明，对于 AML，以及其他癌症，如非小细胞肺癌和卵巢癌，一部分肿瘤可能表达的水平足以解释多药耐药 [15]。此外，已有研究表明，许多其他的 ABC 转运体在表达 ABCB1 的白血病细胞中表达，它们在多药耐药中的作用已被明确证明 [53]。我们不知道所有

表 76-1 通过 Prolocate 分析 ABC 转运体的亚细胞定位[36]

基因名称	蛋白登录 ID	线粒体	溶酶体	过氧酶体	内质网	高尔基体	细胞膜	细胞质	细胞核	TRITON 调节	Prolocate 的第二组数据 (Expt B) 中同样被检测到
ABCA1	[ENSRNOP00000024564]	0	0.088	0	0.13	0	0.782	0	0	否	是
ABCA2	[ENSRNOP00000020339]	0	0.275	0	0.685	0	0.04	0	0	否	N.D.
ABCA3	[ENSRNOP00000064755]	0	1	0	0	0	0	0	0	是	N.D.
ABCA6	[ENSRNOP00000065682]	0	0	0.019	0.181	0.749	0.039	0.012	0	否	是
ABCA8A	[ENSRNOP00000059943]	0	0	0	0.191	0	0.809	0	0	否	是
ABCA8B	[ENSRNOP00000005489]	0	0.038	0	0.162	0.088	0.712	0	0	否	否
ABCA12	[ENSRNOP00000054481]	0.435	0	0.056	0.023	0.166	0.134	0.147	0.039	否	是
ABCA17	[ENSRNOP00000057544]	0	0.806	0.074	0.077	0	0	0.044	0	是	N.D.
ABCB1A	[ENSRNOP00000011166]	0	0	0	0	0.095	0.677	0.033	0.195	否	是
ABCB4	[ENSRNOP00000042556]	0	0	0	0	0.031	0.767	0	0.202	否	是
ABCB6	[ENSRNOP00000025627]	0	0.976	0.012	0.011	0	0	0	0	是	是
ABCB7	[ENSRNOP00000003739]	0.791	0.07	0	0.079	0	0.06	0	0	否	是
ABCB8	[ENSRNOP00000012222]	0.433	0.131	0.082	0.103	0	0.251	0	0	否	是
ABCB10	[ENSRNOP00000024232]	0.71	0.095	0	0	0	0.195	0	0	否	是
ABCB11	[ENSRNOP00000064279]	0	0	0	0.045	0	0.674	0	0.281	否	是
ABCC1	[ENSRNOP00000041695]	0	0.075	0	0	0	0.742	0.184	0		N.D.
ABCC2	[ENSRNOP00000064799]	0	0	0	0	0	0.749	0	0.251	否	是
ABCC3	[ENSRNOP00000041502]	0	0.03	0.004	0	0	0.839	0.127	0	否	N.D.
ABCC4	[ENSRNOP00000033826]	0.142	0	0	0	0.051	0.775	0	0.032	否	是
ABCC6	[ENSRNOP00000051412]	0	0	0	0	0	0.905	0	0.095	否	是

（续表）

基因名称	蛋白登录 ID	线粒体	溶酶体	过氧酶体	内质网	高尔基体	细胞膜	细胞质	细胞核	TRITON 调节	Prolocate 的第二组数据（Expt B）中同样被检测到
ABCC9	[ENSRNOP00000052402]	0	0	0.085	0.304	0	0.521	0.048	0.04	否	N.D.
ABCC10	[ENSRNOP00000025598]	0	1	0	0	0	0	0	0	是	是
ABCD1	[ENSRNOP00000025863]	0	0.173	0.656	0.171	0	0	0	0	否	是
ABCD3	[ENSRNOP00000016739]	0	0.138	0.716	0.147	0	0	0	0	否	是
ABCD4	[ENSRNOP00000016040]	0	0.764	0	0	0.147	0.089	0	0	是	N.D.
ABCE1	[ENSRNOP00000024753]	0	0	0	0.382	0	0	0.618	0	否	是
ABCF1	[ENSRNOP00000001049]	0	0	0	0.046	0.241	0	0.636	0.077	否	是
ABCF2	[ENSRNOP00000014718]	0	0	0	0.715	0	0	0.276	0.009	否	是
ABCF3	[ENSRNOP00000002327]	0	0	0	0.326	0.155	0	0.519	0	否	否
ABCG2	[ENSRNOP00000009546]	0	0	0	0	0.144	0.578	0	0.278	否	N.D.
ABCG3L1	[ENSRNOP00000046549]	0.024	0	0.058	0.607	0.261	0.05	0	0	否	N.D.
ABCG3L3	[ENSRNOP00000057979]	0	0	0	0.85	0.122	0	0	0.028	否	是
ABCG5	[ENSRNOP00000007174]	0	0	0	0.672	0.077	0.206	0	0.045	否	N.D.
ABCG8	[ENSRNOP00000058587]	0	0	0	0.134	0.313	0.453	0	0.099	否	N.D.

在 Experiment A of the Prolocate tool 上被认定为 ABC 转运体的分布总汇。只有最少为双肽和三质谱的蛋白被列出。8 个系数（范围 0~1，求和到 1）是指每种蛋白在不同 8 个细胞器上的分布比例。8 个细胞器分别是线粒体、溶酶体、过氧酶体、内质网、高尔基体、细胞膜、细胞质和细胞核。"TRITON 调节"是指蛋白在细胞内的分布是否会被 TRITON WR1339 调节。最后一列是指该蛋白的主要锚钉位置是否在 Prolocate 的第二组数据（Expt B）中同样被检测到，N.D. 指未被检测到

这些转运体是否都是有功能的，或者它们是否携带影响药物药代动力学的多态性。然而，我们可以假设，这些 ABC 转运体可能补偿了 ABCB1 的抑制性。如果是这样，为了增加药物的积累，就需要抑制多种转运体。一些摄取转运体可能会发生失调，从而限制了药物的积累。多药耐药的机制是复杂的，而 ABC 转运体只是谜题的一部分[50]。

一些在肿瘤中表达的尚未与耐药性相关的 ABC 转运体可能与预后相关[54]。它们可能不仅仅是药物外排转运体。这一观点得到了 Vitale 等发表的数据的支持，他们研究了与抗原加工相关的 ABC 转运体、TAP1（ABCB2）和 TAP2（ABCB3）[55]的表达。在 5 例正常乳腺组织和 53 例原发性乳腺癌病变的标本中，TAP1 和 TAP2 的表达与肿瘤分级显著相关。与正常乳腺组织一样，低级别（G_1）乳腺癌病变显示 TAP1 和 TAP2 染色较强。相比之下，只有少数高级别（G_2 和 G_3）乳腺癌病变显示出正常的表达模式。这些数据表明，HLA Ⅰ类抗原和 TAP 下调与乳腺癌肿瘤进展相关，并表明 TAP 的丢失可能是癌症逃避宿主免疫压力的一种机制，或可能反映与肿瘤进展相关的异常积累。抗原加工和呈递缺陷的积累可能是导致假定的临床相关肿瘤特异性 T 细胞对恶性细胞的识别减少的原因。

（二）肝细胞癌作为一种多药耐药的模型

尽管人们已经做出了相当大的努力来了解临床样本的 ABC 转运体的作用，但试图将这些转运体转化为临床靶点的努力并没有成功[52]。在 Gottesman 实验室的两篇综述中讨论了迄今为止应用的治疗策略的不足[15, 52]。另一个需要解决的问题是临床前模型的临床相关性。这场争论始于20 世纪 70 年代，当时 Nelson-Rees 及其同事质疑已建立的细胞系的特异性[56]。从那时起，随着技术的发展，讨论不断进行，Gillet 等进行了回顾[57]。目前，关于癌细胞系在基因组水平上保留的驱动突变似乎已被广泛接受。然而，关于这些模型在转录组水平上的相关性的争论仍然存在。一些研究揭示了在癌细胞系和临床样本之间，基因表达漂移[58, 59]，而另一些研究得出了相反的

结论[60, 61]。

据我们所知，肝细胞癌细胞系并没有上述问题。HCC 中许多 ABC 转运体的表达水平足以产生耐药性。这种癌症类型的临床前模型可以作为研究内在多药耐药性和评估逆转它的策略的蓝图。在最近的一项研究中，我们发现了一个 45 个基因签名，该签名可以预测 HCC 患者的总生存期[62]。利用连接图工具，我们发现了将总生存率差的 HCC 细胞系的基因表达谱转化为与总生存率好相关的基因表达谱的药物[63]。我们进一步证明了这些药物与常规药物的协同作用，导致多药耐药 HCC 癌组细胞系的致敏[62]。这种策略可以应用于任何对标准化疗有内在耐药性的癌症。

四、ABC 转运体的遗传变异

药物基因组学引入临床现在提出个体化治疗[64]。的确，药物反应的个体间差异是导致药物不良反应和药物治疗失败的主要原因。药物的生物利用度依赖于个体对药物转运体的表达，如 ABC 转运体或摄取转运体。药物血浆水平的个体差异也可以部分通过可揭示药物代谢酶的不同表型的单核苷酸多态性来解释。

许多报道已经讨论了药物转运体的基因多态性[65]。在 48 个 ABC 转运体中，ABCB1 是研究和定义的最好的转运体之一，报道的有超过 50 个 SNP[66-68]。Hoffmeyer 及其同事们首次发现，与拥有 C 等位基因（野生型）患者相比，T 等位基因（变异型）患者第 26 外显子中的同义 SNP 3435C＞T 与十二指肠 ABCB1 表达降低相关[69]。然而，随后的一项研究报道，这种效应可能是由于非同义 SNP2677G＞T/A，它经常与 C3435T 相关[70]。与这些早期的报道不同，Gerloff 及其同事报道了携带该变异与野生型等位基因的白种人患者之间的地高辛清除率没有变化[71]。据报道，在携带该变异等位基因（3435T）的日本和白种人患者中，ABCB1 的表达升高[72, 73]。非同义 SNP2677G＞T/A 也是数据冲突的主角[74]。

Kimchi-Sarfaty 及其同事分析了同义突变在蛋白质折叠和功能中的作用[75]。ABCB1 基因序列中同义 SNP 3435C＞T、1236C＞T 和非同

义 SNP 2677G＞T 导致蛋白质改变药物和抑制药相互作用，并不是通过改变表达水平，而是通过改变表达节奏来改变蛋白折叠[75]。根据我们目前的知识，与药物代谢酶（CYP 家族）的变异相比，总体药物生物利用度仅受到 ABCB1 多态性的适度影响。虽然 ABCC1 显示高多态性率的研究结果与 ABCB1 相似，但对 ABCG2 的研究报道了多态性对 ABCG2 的表达和功能的显著影响[76, 77]。

ABC 转运体基因变异与治疗结果的相关性正在逐渐得到澄清，但总体情况仍然令人困惑，因为许多已发表的数据是相互矛盾的。然而，许多研究报道 SNP 与临床结果之间的相关性表明有必要进行进一步的研究。药物基因组学研究网络在这一复杂领域的发展中起着至关重要的作用[78]。他们的其中之一的目标就是了解膜转运体的遗传变异是如何导致药物转运变化的。

五、结论

ABC 转运体是一种活跃的外排转运体，在内源性化合物和药物的代谢中起着重要作用。目前在肝细胞顶端膜上已发现 6 个 ABC 转运体，包括 ABCB1、B4、B11、C2 和异源二聚体 ABCG5/G8。另外 5 个转运体已经定位于基底膜，包括 ABCC1、C3、C4、C5 和 C6。除了这 11 个 ABC 转运体外，我们还使用了一个最近基于亚细胞细胞器定量蛋白质组学分析建立的数据库，生成了一个关于大鼠肝脏 ABC 转运体最丰富的亚细胞室的图谱。虽然这张图谱是由人类 ABC 蛋白的大鼠同源物构建的，但这是进一步研究人类肝细胞中的相关蛋白的一个有价值的工具。

正常肝细胞和多药耐药细胞的基因表达谱的相似性是惊人的。一旦肿瘤发生，特定的基因表达模式使其能够很好地抵抗化疗治疗。ABC 转运体在这些机制中再次发挥了关键作用。其中许多癌症，特别是 ABCB1，与 AML、NSCLC 和卵巢癌等癌症的不良预后相关。然而，大多数评估 ABCB1 抑制药的临床试验都未能达到阳性终点。已经提出了几个问题，应该进一步调查，以了解这一失败的原因。同样，临床前模型的临床相关性也受到了质疑。这是一场正在进行的辩论。虽然大多数研究表明，癌细胞系在基因组水平上与原发肿瘤相似，但在转录组水平上，许多癌种的细胞系与原肿瘤并不相似。然而，据我们所知，在肝细胞癌的细胞系中，这个争论并没有那么激烈。一些研究已经表明了 HCC 细胞系在基因组和转录组水平上的临床的一致性。我们认为，这种癌症类型可以作为研究固有多药耐药性的模型。HCC 细胞系在适应的培养环境中生长，接近体内参数，可能构成药物开发管道中的一个有价值的工具，以评估增加癌症药物反应的策略。

现在很清楚，转运体和药物代谢酶内的基因多态性与临床相关。目前，SLC 和 ABC 等转运体及 I 期和 II 期代谢酶之间的动力学相互作用方面的研究已经取得了进展。药物基因组学研究网络在这一领域发挥着重要的作用，并正在引领个性化医疗的道路（见第 5 章、第 23 章和第 49 章）。

第77章 干细胞来源的肝脏细胞：从模型系统到细胞治疗

Stem Cell-Derived Liver Cells: From Model System to Therapy

Helmuth Gehart　Hans Clevers　著

胡慧丽　安亚春　陈昱安　译

　　器官移植是治疗部分肝脏疾病的唯一有效手段，肝病发病率的提高加剧了肝移植供体的短缺。患者在等待供体的漫长过程中病情加重，对有限的肝移植供体来源解决提出了更迫切的要求。除移植外科医生外，制药行业与科学界同样需要原代肝脏组织。由于缺乏合适的替代模型，原代肝实质细胞在药理学测试与疾病建模中被广泛应用。然而，体外培养的快速功能丧失、无法增殖和显著的批次效应使基于原代肝细胞的分析平台不甚理想。近年来，干细胞技术的发展逐步缩小了肝脏细胞的供需缺口。包括诱导多能干细胞与成体组织干细胞在内的两种干细胞展现出从体外最终到体内替代原代肝细胞的巨大应用潜力。在本章中我们主要总结已经建立的模型及应用，讨论这两种技术的优缺点，并探讨它们在药物开发、疾病模拟和再生医学中完全替代原代肝脏组织所面临的亟待解决的挑战。

一、肝脏干细胞的来源

（一）ESC/iPSC

　　多能干细胞 [包括胚胎干细胞（ESC）和诱导多能干细胞（iPSC）] 具有分化成为全身各种细胞类型的潜能。人类胚胎干细胞扩增能力极强，可在体外被诱导分化成为多种不同的组织类型，模拟胚胎发育过程。然而，人类胚胎干细胞

的应用容易引发伦理争议。诱导多能干细胞的发展克服了这一局限性。通过在成体细胞（如成纤维细胞）中过表达"Yamanaka 因子"（Oct4、Sox2、Klf4、c-Myc）使细胞重新获得多能性[1]（图 77-1A）。尽管多能干细胞增殖效率高，具有分化成任何细胞类型的潜能，但也存在一些技术限制，包括分化步骤复杂、分化不完全、细胞有胚胎特征、基因组稳定性不高等[2]。

　　细胞起源与重编程方法都是细胞重编程为肝细胞的重要因素。诱导多能干细胞分化为肝细胞的能力依赖于发生重编程的细胞类型，并且在供体间差异较大。例如，外周血来源的 iPSC 比真皮成纤维细胞来源的 iPSC 具有更高的肝细胞分化效率[3]。这可以由"表观遗传记忆"来解释，即某些来源的细胞类型在分化过程中特征没有完全抹除。最初的重编程过程是由逆转录病毒引入 Yamanaka 因子稳定表达实现的[1]，尽管这种重编程方法效率很高，却由于病毒安全性无法应用于再生医学。因此，非病毒载体[4]、RNA 或蛋白质直接转染[5]，或使用非整合病毒[6]成为近年来发展的替代方案。

　　iPSC 建系后逐步被诱导向肝细胞命运分化，模拟了肝脏胚胎发育过程（图 77-1B），首先，激活素、BMP4 及 FGF 联合诱导 iPSC 形成终末内胚层和前肠内胚层[7, 8]。随后，维 A 酸

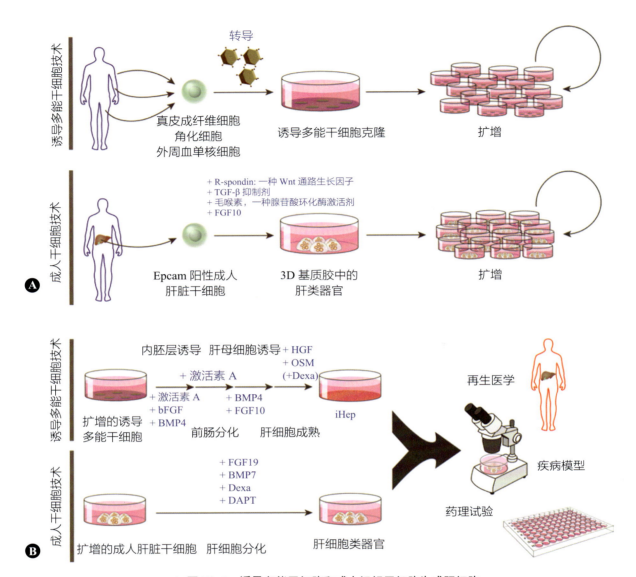

▲ 图 77-1　诱导多能干细胞和成人组织干细胞生成肝细胞

A. 诱导多能干细胞和成人肝脏干细胞诱导生成肝类器官的程序示意图。B. 两种技术的肝细胞分化过程示意图。Dexa. 地塞米松；DAPT. N-[N-（3,5- 二氟苯乙酰基）–L– 丙烯酰]–S– 苯甘氨酸 –t– 丁酸酯，为 Notch 抑制剂；iHep. 肝细胞样细胞

（或 BMP4）和 FGF10 进一步诱导分化为肝脏细胞命运[7]。最后，在 HGF、OSM 和糖皮质激素的作用下，细胞最终被诱导成为肝母细胞 – 肝细胞[7, 8]。

　　除了以上完全去分化和再分化的诱导方法，还有另一种方法可将细胞（如成纤维细胞）部分去分化为多潜能祖细胞状态再诱导为肝细胞命运[9]。这种方法避免了完全多能性的安全隐患，诱导速度更快。由此产生的肝细胞样细胞（iHep）

与"经典"诱导方法产生的肝细胞特征类似。

　　肝细胞样细胞实现了部分成体肝细胞的功能，如细胞产生白蛋白的水平与成体细胞相当，但仍然保留着胎肝标志物（如 AFP）的表达[10]。肝细胞的部分功能，如 CYP3A4 活性或胆红素葡萄糖醛酸化，在出生时是最低的，成年后在对营养、氧化作用或细菌定植刺激做出应答后逐步建立[11]。由于一些肝细胞的关键功能（如细胞色素 CYP 450 活性）在 iHep 中缺乏[11]，因此 iHep 被

认为更倾向于胚胎或新生肝细胞。提供模拟出生后的刺激可以提高 iHep 的成熟度，维生素 K、细菌产生的石胆酸和氧化作用已被证明可促进 iHep 的代谢成熟[8, 11]。这些发现是促进 iHep 成熟的重要成果，但将 iHep 转化为真正的成体肝细胞的主要或联合驱动因素仍需要进一步阐明。

iPSC 既可以诱导分化为肝细胞，也可以分化为胆管细胞。由于胆管上皮和肝细胞来自共同的祖细胞，即肝母细胞，因此两者诱导分化的步骤只在最后一步有差异。iPSC 诱导成肝母细胞后，使用维 A 酸、激活素 A 和 FGF10 处理[12]，再将细胞转移到 3D 基质胶（Matrigel）中，并用 EGF 刺激，会促使细胞表达胆管细胞标志物，行使胆汁酸转移、ALP 活性和 GGT 活性等细胞功能[12]。

在过去 10 年中，衍生自多能干细胞的肝组织构建不断完善。尽管仍然存在细胞成熟度低、诱导分化效率可变性大、生成肝细胞时间和资源投入高等一些不足，iPSC 技术在个性化医疗、药物开发和疾病建模方面毋庸置疑存在着巨大的应用前景。

（二）成体干细胞

成体干细胞具有有限的多种分化潜能。由于分化细胞命运的局限性，成体干细胞经历较短的"分化过程"即可转化为成熟的功能性细胞。成体干细胞的分化并非模拟胎儿发育，而是模拟成熟组织的再生。因此，由成体干细胞分化成成体细胞的流程时间显著缩短，并生成具有成体特征而非胚胎特征的细胞。最后，与 ESC 和 iPSC 相比，成体干细胞在体外培养中遗传稳定性高，因其缺乏多能性也消除了畸胎瘤形成的风险[13]。但由于组织来源的成体干细胞必须直接从肝脏中分离出来。因此，相比于从皮肤、外周血上建立的 iPSC，它们的获得更具侵入性。部分方法指出穿刺活检即可为成体干细胞培养提供足够的材料，但也有方法指出需要小块组织切除才能获得足够的细胞。

与二维培养的 ESC/iPSC 不同，上皮成体组织干细胞绝大多数在三维基质（基质凝胶或其类似物）中生长，并形成由干细胞及其分化的子代细胞组成的微小结构，即类器官。类器官模仿来源组织的细胞结构，可以重复传代与扩增（有些可以无限传代）[13, 14]。类器官在复杂但成分限定的培养基中的生长模拟了来源组织的再生。这些培养条件通常激活 Wnt 信号转导，阻断 TGF-β 信号抑制分化，并通过激活 EGF 驱动细胞增殖[13, 14]。iPSC 可诱导分化产生上皮细胞和间充质细胞，但成体干细胞来源的类器官仅保留了上皮属性。类器官生长培养基中的许多成分用于模拟间充质细胞提供的信号微环境。在扩增过程中，类器官维持了较高的干细胞比例，并且这些干细胞处于类似组织损伤再生反应的快速增殖过程。进一步的细胞分化刺激可使其获得静息功能状态器官的组织特征。通过撤掉 Wnt 信号、激活 TGF-β 通路、提供组织特异的促分化信号（如阻断或刺激 Notch 信号），增殖状态的类器官可以转变为成体细胞富集的功能性结构，在结构和功能上高度模拟成体组织。

人类肝脏类器官来源于楔形活检或穿刺活检（图 77-1A）。类器官起源于 Epcam+（胆管）细胞，形成效率很高，大约 1/3 的 Epcam+ 细胞能够形成类器官[13]。高形成率表明肝类器官形成并不完全来自稀有的干细胞群体，而是几乎所有肝内胆管细胞恢复了固有潜能，在培养过程中重新处于双向潜能祖细胞或干细胞状态。Epcam+ 不同亚群可能产生具有不同寿命和分化潜力的类器官。类器官形成是由 Wnt 激活、TGF-β 抑制、FGF 信号和强 cAMP 信号诱导的[13]；除了可溶性激活物质，合适的 3D 基质（如 Matrigel）对干细胞培养扩增也是至关重要的。在扩增培养条件下，类器官快速生长但几乎没有肝细胞或胆管细胞功能，需要进一步诱导分化。去掉培养体系中的 Wnt 激活因子、阻断 Notch 的同时添加糖皮质激素和激活 BMP，并将 FGF10 更换为 FGF19，使肝脏类器官在 11 天内向肝细胞命运分化[13]。分化的细胞停止增殖并获得白蛋白分泌、细胞色素活性和胆汁酸合成等肝细胞功能[13]。由此产生的肝细胞是功能成熟的（如 Cyp3A4 活性），没有胎肝标志物（如 AFP）或胚胎细胞色素基因表达。这种方法形成的肝细胞成熟度较高，但类器官形成的肝细胞分布并不均匀。除了肝细胞数目显著富集，胆管细胞和一些剩余的祖细胞也分散在肝细胞之间。对分化均匀性的进一步改进将提高本方法在对特定肝脏细胞类型分析中的适用性。与 ESC/iPSC 细胞甚至原代肝细胞类似，分化类器官的代谢活性因供体而异，这种可变性是否反映了个体之间的代谢差异仍需要进一步阐明。

成体肝脏干 / 祖细胞具有双向分化潜能，类器官也可以分化为胆管细胞。这一过程的培养条件比向肝细胞命运分化的培养基简单得多，这可能是由于类器官来源于胆管细胞因此更倾向于形成胆管细胞。减弱 Wnt 和 cAMP 信号，类器官中胆管标志物的表达（如 CK7 和 CK19）显著增加。该方法已成功用于体外模拟 Alagille 综合征 [13]。

成体干细胞来源的肝脏类器官扩增能力强、遗传稳定性高且能生成功能成熟的细胞，具有广泛的应用潜力。该方法在成功建系的活检组织要求、肝细胞分化方案有效性上有待提高。继首个技术被建立以来，使用该方法的应用研究才刚刚报道 [13, 15]。成体干细胞来源的肝脏类器官令人期待，也需要更广泛的文献来验证这一方法的潜力并拓宽其应用范围。

二、干细胞来源的肝细胞在体外的应用

一方面，尽管人原代肝实质细胞是目前肝脏体外实验的金标准，但获取原代肝细胞的质量差异很大。肝细胞无法体外增殖、长期检测中代谢稳定性的快速降低进一步加剧了原代肝细胞应用的难题。另一方面，细胞系能够替代原代细胞在增殖和稳定性上的局限性，然而大多数来源于肿瘤的细胞系代谢水平与来源组织的代谢能力相差甚远 [16]。同样，尽管实验动物可提供稳定的组织来源，但数据表明由于物种差异，通过动物测试的药物中有近半数会在人体引起药物性肝损伤 [17]。因此，具有高稳定性、可重复性、与原代肝细胞相匹配的代谢特征的人源肝细胞扩增体系充分结合了目前应用技术的优势，同时避免其缺陷。ESC/iPSC 和成体干细胞来源的肝细胞都满足这些要求，一些原理证明性研究也陈列了上述技术在疾病建模和药物安全测试中的应用 [13, 15, 18-26]。

（一）药理学安全测试

药物化合物及其代谢产物可直接损害肝组织。药物性肝损伤（DILI）是肝损伤的最常见原因之一，导致大量药物上市后被撤回。因此，排除 DILI 是药物开发中一个重要阶段。过去的研究表明，未成熟的 ESC/iPSC 衍生的肝细胞药物毒性检测结果与原代肝细胞的相关性较差 [23]。近几年对 iHep 诱导成熟度的改进显著提高了灵敏度和分类精确度。通过添加维生素 K 和石胆酸，Avior 等对 12 种药理化合物进行了更正确分类，iHep 和原代肝细胞的 TC50 值（0.94）显著高于 HepG2 细胞系和原代肝细胞（0.62）[11]。Berger 等通过共培养和微模式培养 iHep 和 3T3-J2 细胞，显著提高了 iHep 的功能成熟度和培养寿命，从而提高了 DILI 的鉴定能力 [25]。尽管原代肝细胞（24h）是短期培养药物检测的首选，但它们的功能迅速丧失，干细胞来源的肝细胞可以允许更长的体外培养时间，这不仅提高了药物检测的灵敏度，还方便评估慢性药物的毒性 [21, 23]。之前讨论的检测侧重于药理化合物的固有毒性，但干细胞介导的肝细胞也可用于研究患者特异性 DILI 反应。特异性 DILI 发生在少数携带代谢酶突变或患有特定基因疾病的患者中。由于无法获得足够的特定遗传病（如 CYP2D6 代谢异常）患者的肝组织，因此无法在原代肝细胞中检测特异性药物反应。而通过建立代表人类群体遗传变异谱的干细胞活体生物库可以解决这一问题。最近的几项研究证明了干细胞衍生的肝细胞保持了患者个体的代谢特征。Takayama 等研究表明，代谢能力和药物反应性在 iHep 与 iPSC 培养伊始的原代肝细胞之间的相关性 [24]。Alpers-Huttenlocher 综合征是一种线粒体疾病，患者对丙戊酸引起的 DILI 特别敏感。这种效应可以在体外 iPSC 衍生的肝细胞中成功再现 [22]。同样，来自 α_1-AT 缺陷患者的 iHep 表现出对对乙酰氨基酚的敏感性增强，准确反映了患者的临床表象 [26]。

上述的研究清楚地显示出干细胞来源的肝细胞在 DILI 研究中的广泛应用。尽管这些结果是令人鼓舞的，但某些具体代谢过程仍和肝细胞存在差异（如 ESC/iPSC 衍生的肝细胞中缺乏乙酰

氨基酚的葡萄糖醛酸化[27]），这需要进一步改进诱导分化方法。在这种情况下，成人干细胞来源的肝细胞由于更加成熟，为诱导肝细胞应用迈出重要一步。由于这项技术较新，利用成人干细胞衍生的肝细胞进行 DILI 预测的研究尚需要进一步开发。

（二）疾病建模

干细胞来源的肝细胞和胆管细胞不仅可以应用在药物安全性测试中，而且可很快在药物研发的早期阶段发挥关键作用。由于缺乏合适的模型，长期以来我们筛选治疗遗传性肝病的药物化合物的进程一直受到阻碍。许多单基因缺陷病，如 α_1-AT 缺乏症、肝豆状核变性、Crigler-Najjar 综合征或 Alagille 综合征，会引起严重的症状，但在一般人群中发病率较低。几乎不可能从单基因缺陷病患者身上获取原代肝细胞用于药物开发或研究。此前制药行业和科学领域多数依赖细胞系或动物模型，但它们模拟患者真实疾病情况的能力非常有限。随着干细胞技术的出现，从各个年龄段的患者中以较高成功率建立 iPSC 或成人干细胞，构建疾病特异性的活体生物库，从患者群体中获得干细胞衍生的肝细胞，表明干细胞技术突破了组织难以获得的固有限制，大大促进了罕见疾病的研究和药物开发。既然干细胞来源的肝细胞反映了患者的表型和细胞来源组织的完整基因组成，该技术可以帮助研究同一种遗传病在个体间的不同表型。

α_1-AT 缺乏症（α_1-AT-deficiency，ATD）是由 SERPINA1 基因突变引起的，突变导致蛋白质错误折叠无法正确分泌。循环系统中 α_1-AT 缺乏会导致患者体内中性粒细胞弹性蛋白酶的活性过度，引起严重的组织损伤。突变型 α_1-AT 可以在肝细胞内聚集成颗粒，最终引起细胞死亡。事实上，ATD 患者的 iHep 分化后显示出突变型 α_1-AT 的特征性累积[18]，因此被成功应用于药物研发。在概念型研究中 Choi 等运用 ATD 患者 iPSC 衍生的肝细胞检验了 3000 多个获批的药物，并确定了五种化合物可以明显降低来自四名患者细胞内 α_1-AT 水平[18]。同样，ATD 疾病成体干细胞来源的肝脏类器官也已经建模。来自 ATD 患者

的分化的肝细胞类器官积累 α_1-AT，分泌的 α_1-AT 显著减少，并失去抑制中性粒细胞弹性蛋白酶的能力[13]。

除 ATD 外，干细胞来源细胞成功模拟了其他几种单基因肝细胞疾病：来自肝豆状核变性患者的 iHep 出现铜运出缺陷[28]，葡萄糖 -6- 磷酸缺乏的患者细胞出现糖原和脂质积累[29]，家族性高胆固醇血症患者细胞的 LDL-C 摄取不足[30]。除了肝细胞相关疾病，胆管缺陷也可以在体外重现。两项研究成功运用 iPSC 衍生的胆管细胞建立多囊性肝病和囊性纤维化模型，并分别用 verapamil 或 VX809 进行治疗[12, 31]。Alagille 综合征也已在成体干细胞衍生的胆管细胞中建模。Alagille 综合征（Notch 信号缺陷导致胆管缺乏）患者的肝脏类器官表现出细胞接触缺陷、分化为胆管细胞后存活率降低[13]。

干细胞来源的肝细胞不仅可用于模拟遗传缺陷，还可用于感染性疾病研究。多项研究表明，iHep 支持乙型肝炎和丙型肝炎病毒颗粒的进入和繁殖[20, 32]。感染后 iHep 会产生固有的干扰素反应，对抗病毒药物产生反应。iPSC 来源的肝细胞成功被疟疾寄生虫感染。伯氏疟原虫、约氏疟原虫和间日疟原虫能感染处于肝母细胞阶段的细胞，恶性疟原虫可以感染更加成熟的 iHep[19]。此外，运用 iHep 证实一种前药伯氨喹可被肝脏 CYP2D6 激活治疗疟原虫感染。干细胞来源的肝细胞相关的嗜肝性肝感染为我们研究不同遗传宿主背景下的宿主 - 病原体相互作用提供了可能。该技术可以满足未来的病原体 - 宿主的个性化药物定制。

（三）癌症研究

干细胞技术的第三个主要应用领域是肝癌研究。过去的研究表明，细胞系不足以代表肝脏恶性肿瘤，因此需要能够模拟体内肿瘤状态的体外系统。支持正常成体干细胞来源的肝类器官的生长条件同样也适用于恶性活检组织产生肝肿瘤建模[15]。类似的系统已经在结肠癌、胰腺癌、乳腺癌、前列腺癌和膀胱癌建立[33]。Broutier 等已经建立了来自肝细胞癌（hepatocellular carcinoma，HCC）、胆管癌（cholangiocarcinoma，CC）和肝

细胞癌 / 胆管癌联合肿瘤（combined HCC/CC，CHC）组织的体外模型。培养中的类肿瘤保持了原发肿瘤的特征，包括突变谱、标志物表达和转录谱。因此，类肿瘤与正常肝类器官一样适用于药物筛选，可以根据患者的需要量身定制治疗方案。原理论证筛选研究将 ERK 确定为一个肝癌亚型的新治疗靶点 [15]，创新性地为肝肿瘤生物库建设打开了大门，这些将显著提高我们对肝脏恶性肿瘤常见事件的理解。

三、再生医学中的干细胞衍生肝细胞

再生医学是干细胞来源的肝组织发展的一个关键方面。一方面解决同种异体器官移植的长时间等待，另一方面大大推动了实现患者生成自体体外培养组织的可能。与类器官体外应用的最重要的成熟度和功能性相比，安全性、遗传稳定性和移植重建受损肝的能力是再生医学应用的主要标准。这意味着传统 iPSC（Yamanaka 因子的病毒性整合）的方法不太适用。尽管已经开发出了替代方法，但其效率相对较低 [3-5]。同时，重编程导致的遗传不稳定性决定其应用时需要彻底筛选 iPSC 系的染色体畸变和潜在致癌突变 [2, 34]。成体干细胞来源的细胞培养不需要改变遗传因素，显示出较高的遗传稳定性 [13]，因此在再生应用中有天然优势，其能否充分再生肝脏仍需进一步探索。

基于干细胞的肝脏治疗的最终目标是健康肝组织的自体移植。用自身细胞治疗可以避免移植后的免疫抑制，显著降低了移植物排斥反应的可能。对于某些由环境引起的肝脏疾病，将肝细胞的分离、扩增和再移植可以作为治疗方案。对于其他疾病，尤其是遗传性疾病，则需要在体外恢复细胞的正常功能。由于 iPSC 和成体干细胞技术与 CRISPR/Cas9、TALEN 等基因组工程技术完全兼容 [18, 35]，因此这两种方法都能充分将基因编辑与自体移植结合，是治疗的有效选择。

移植模型、培养方法和定植评估方案各异，使得不同干细胞系统的移植成功率比较非常困难。可以肯定的是，到目前为止没有任何干细胞系统在植入和重建能力方面优于原代成熟肝细胞，令人鼓舞的是，一些系统已经比较接近了。

Zhu 等证明，将部分去分化的人成纤维细胞移植到免疫抑制的 FAH 缺陷小鼠体内后，iHep 可广泛增殖 [9]。当不使用 NTBC 处理时，这些小鼠会积累有毒的代谢物并导致严重的肝损伤。停止 NTBC 引发的肝脏损伤将有利于移植细胞的生长。有报道称，移植 9 个月后 2% 的肝脏被移植细胞取代，尽管这与以前的研究比有了显著改善，但与相同条件下成体肝细胞 90% 以上的植入水平相差甚远 [36]。另一种免疫缺陷移植小鼠 Mup-uPA 模型是在主要尿蛋白（Mup）启动子驱动下表达 uPA，会导致宿主肝细胞缓慢持续坏死，使移植细胞具有选择性优势。Carpentier 等报道了在移植人 iHep100 天后，受体 Mup-uPA 小鼠的植入率为 15%[37]。有趣的是，虽然 iHep 在移植时显示出明显的不成熟迹象，但移植后在原位显著成熟分化 [37]。最近，Yang 等报道在移植 21 天后，来自家族性高胆固醇血症患者的 iHep 重建了 5% 的 γ 辐照免疫抑制小鼠肝脏 [38]。这种植入率足以完成体内检测辛伐他汀和 PCSK9 抗体对肝细胞内 LDL-C 清除的影响。除了 iPSC 来源的 iHep，成体干细胞生成的肝细胞也已成功移植到动物体内。Huch 等使用基于 CCl$_4$ 诱导的化学性肝损伤模型，稳定植入肝细胞超过 100 天 [13]，然而，由于急性损伤模型无法预估移植物的增殖能力，更需要建立标准化的损伤模型，以直接将成体干细胞来源的肝细胞性能与已建立的更长时间的 iHep 进行比较。

干细胞来源的胆管细胞也具有移植潜力。Sampaziotis 等已经证明，肝外胆管成体干细胞衍生的胆管细胞类器官能够植入和修复受损的胆囊 [39]。这为胆总管疾病（如胆道闭锁）的外科治疗开辟了一个非常有前景的新细胞来源。

四、未来的挑战

干细胞来源的肝细胞从胚胎干细胞分化的最初尝试到现在 iPSC 和成体干细胞的高度精细的增殖和分化方案构建，已经走过了漫长的道路。

这些改进已经使干细胞来源的肝细胞成为药物安全性测试、疾病建模和药物开发的一个绝佳的选择。通过进一步提高 iPSC 制备 iHep 的成熟度和成体干细胞分化和扩增效率，未来干细胞来源的肝细胞替代原代肝细胞在体外的应用令人期待。临床应用方面，这两种技术都必须克服几个难点：iPSC-iHep 移植的安全问题，植入效率仍需优化，成体干细胞技术的安全性需进一步研究。从初始类器官移植物扩增到最终达到治疗水平。这两种技术都必须在短期和长期临床试验中证明其有效性，以最终取代或减少整个器官移植的需要，解决移植供需不平衡的难题。

第78章　胞外囊泡和外泌体：生物学和病理生物学

Extracellular Vesicles and Exosomes: Biology and Pathobiology

Gyongyi Szabo　Fatemeh Momen-Heravi　著
尹　航　陈昱安　译

一、胞外囊泡与外泌体的定义和生物发生过程

胞外囊泡是一种具有异质性特征的囊泡类群。几乎所有类型的细胞都能释放产生胞外囊泡。胞外囊泡可在循环系统和细胞微环境中被检测到[1]。根据胞外囊泡的生物发生模式和大小分为外泌体、微囊泡和凋亡小体。其中，外泌体是粒径最小（30～100nm）且最具特征的亚群。外泌体通过内体途径产生，内体成熟为晚期内体，产生包含细胞内囊泡的多泡体[2]。外泌体来源于晚期内体通路的激活，它的释放受 RAB 鸟苷三磷酸酶控制。RAB 被认为与内体循环、囊泡运输和外泌体的质膜融合相关[3, 4]。晚期内体通路是非泛素依赖的，其命运依赖于多泡体。成熟后的多泡体或被导向至溶酶体进行降解或被转运至质膜上与质膜融合进行外泌体的分选和释放[5]。在这些途径中，ALIX 与外泌体所载物结合，可用于区分溶酶体循环途径和外泌体分选途径。Rab5 蛋白则调控内吞运输和装载物隔离，RAB27a、RAB27b 和 RAB35 在晚期内体对接和融合到质膜上有重要作用[4, 6]。外泌体和胞外囊泡的内容物有所不同，其种类包括致癌基因、磷蛋白、细胞因子、生长因子、肿瘤抑制因子、microRNA、mRNA 和可调节受体细胞反应的 DNA 序列（图78-1）。

微囊泡，又称脱落小泡、脱落微泡或微粒，直径在 100～1000nm，是质膜向外出芽形成的。Rho 信号通路、肌动蛋白马达蛋白质、GTP 结合蛋白 ARF6 和细胞骨架区都在微囊形成过程中发挥作用[7, 8]。肝细胞在受到应激反应、细胞内的 Ca^{2+} 上升、脂毒性产生时会诱导微囊泡释放。然而，目前的研究对微囊泡的发生过程的认知仍有限[9]。

凋亡小泡是 EV 的一种亚群，其直径在 100～2000nm，由细胞凋亡时质膜起泡产生。较大的凋亡小泡（1000～5000nm）被称为凋亡小体，含有破碎的细胞核及其他破碎的细胞器[10]。

二、胞外囊泡及外泌体是肝脏疾病的一种新生物标志物

EV 作为临床诊断的一种生物标志物具有巨大的应用潜力。作为许多疾病特异性生物分子稳定存在的"仓库"，EV 可以减少诊断过程中的生物噪声，还有潜力用于液体活检，完全是非侵入式的。EV 还可以反映疾病的不同阶段。随着 EV 分离和表征方法的优化，其在不同疾病模型中的功能和生理作用被越来越重视和深入研究。然而，如何将 EV 在疾病诊断和分子靶向方面的潜力转化成应用仍存在方法学和分析上的诸多挑战。从实验室到临床的过渡需要制定标准化的分离和表征方案，并在特征明确的患者群体中进行

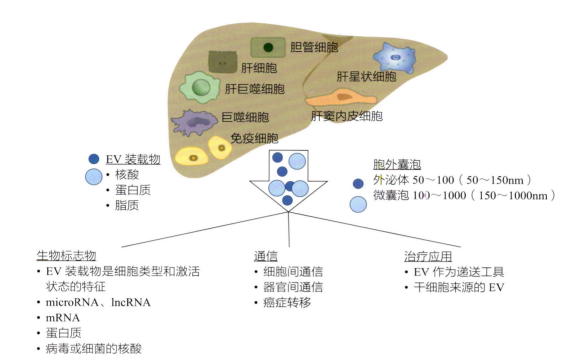

▲ 图 78-1　外泌体和胞外囊泡（EV）内容物可能包括不同的分子，包括致癌基因、磷蛋白、细胞因子、生长因子、肿瘤抑制因子、microRNA、mRNA 和 DNA 序列，这些可以调节受体细胞的反应

验证。一些研究显示，EV 的生产速度及其装载物的变化也能成为一类新的具有希望的生物标志物用于疾病的诊断，在个性化医疗方面具有巨大潜力[11, 12]。

EV 所携带的不同分子，包括核酸、蛋白质和脂质，能够快速地反映出其母细胞的状态[13]。由于 EV 具有脂双层的膜结构，其装载物受到外膜的保护，避免受到核酸酶、蛋白酶等降解酶的影响。为了寻找合适的生物标志物，研究发现，在各种体液中均存在胞外囊泡和外泌体，包括血浆、血清、唾液、尿液和胆汁[13]（表 78-1）。胞外囊泡和外泌体作为生物标志物的潜力是基于其装载物会随着细胞的激活、应激或疾病状态的变化而变化。因此，研究者往往专注于 EV 装载物的表征，其目的是能够确定肝脏病变、预后情况和患者对治疗响应的特异性指征。

三、肝脏细胞之间及肝脏与其他器官之间通信的 EV

EV 作为一种生物载体，是不同类型肝脏细胞之间交流的重要媒介之一[13]。这一过程涉及母细胞分泌 EV 和靶细胞吸收 EV 两个阶段，后者很可能是通过受体介导的内吞作用或独立于膜受体的机制实现的[13, 14]。越来越多的证据表明，EV 可以影响受体细胞的功能。有研究表明，从野生型小鼠分离的 EV，用静脉注射的方法注入 miR-155 缺陷型小鼠后，观察到 miR-155 存在于缺陷型小鼠的各个器官中[15]。来自野生型外泌体的 miR-155 在受体小鼠的肝脏中累积，并且在肝细胞和肝脏单核组胞中均检测到了 EV 所装载的 miR-155，表明不同类型的细胞对循环 EV 具有广泛地吸收[15]。另一项研究表明，从患有酒精性肝病的小鼠中分离出的 EV，转入健康鼠中后，能够导致健康鼠的肝功能发生改变[16]。具体来说，来自 ALD 小鼠的 EV 诱导肝脏招募浸润性 M_1 型巨噬细胞，导致受体肝脏中 MCP-1 的表达增加。从机制上看，ALD 小鼠的 EV 中富含的 Hsp90 可以通过诱导肝细胞中的 MCP-1 来介导生物效应[16]。

胞外囊泡和外泌体能够被不同类型的细胞所

肝病类型	物种	体液	胞外囊泡内容物	对照组	参考文献
表 78-1　胞外囊泡作为多种不同肝脏疾病的生物标志物					
基于核酸检测的生物标志物					
早期酒精性脂肪肝	小鼠	血浆	*let7f*、*miR-29a*、*miR-340* 增加	慢性肝损伤，包括胆管结扎、非酒精性脂肪性肝炎、肥胖小鼠	[49]
酒精性肝炎	小鼠	血清、血浆	*miR-155*、*miR-122* 增加	配对喂养的小鼠	[50]
酒精性肝炎	人	血清	*miR-122* 增加	健康个体、患者自身在酗酒前的基线	[17]
肝细胞癌	人	血清	*miR-718* 减少	健康个体	[35]
肝细胞癌	人	血清	*miR-21* 增加	健康个体、乙型肝炎患者	[51]
肝纤维化	小鼠	血清	*Ccn2* 增加，*Twist1*、*miR-214* 减少	对照组小鼠	[52]
肝纤维化	人	血清	*miR-125a* 增加	肝细胞癌	[40]
酒精性肝炎	小鼠	血清	*miR-122*、*miR-192*、*miR-30a* 增加	对照组小鼠	[22]
急性肝损伤（对乙酰氨基酚或硫代乙酰胺引起的肝损伤）	大鼠	血清	*miRNA-122a*、*miRNA192*、*miRNA193a* 增加	对照组大鼠	[53]
丙型肝炎	人	血清	*miR-122*、*miR-134*、*miR-424*、*miR-629* 增加	健康个体	[54]
基于蛋白质的生物标志物					
肝损伤	人	血浆、血清	sPTPRG 增加	无肝损伤的受试者	[55]
丙型肝炎	人	血清	可溶性 CD81 增加	健康个体	[56]
肝细胞癌和丙型肝炎肝硬化	人	血浆	Hep par 1 增加	非肝细胞癌的丙型肝炎肝硬化患者	[57]
肝细胞癌	人	血清	AnnexinV+EpCAM+CD147+t 增加	肝癌、肝硬化、健康人群	[58]
肝细胞癌	人	血清	SMAD3	健康个体	[59]
急性肝损伤（D- 半乳糖胺）	大鼠	尿液	CD26、SLC3A1、CD81、CD10 增加	对照组大鼠	[60]

吸收。在体外试验中，肝细胞来源的 EV 被证明可以被巨噬细胞摄取，并对靶细胞有生物学效应。肝细胞来源的外泌体富含 miR-122，这是一种肝细胞特异性的 microRNA。这种外泌体能够有效地将 miR-122 转移到通常不表达该 miRNA 的巨噬细胞中 [17]。重要的是，我们发现巨噬细胞

摄入酒精性肝细胞的外泌体后，其在 LPS 刺激下所产生的 TNF-α 增加，这是肝细胞来源外泌体中的 miR-122 所介导的[17]。

另一项研究表明，酒精也会促进单核细胞或巨噬细胞外泌体的产生。用酒精处理单核细胞后，单核细胞产生的外泌体中富含 miR-27a，并在将其转至无酒精处理的单核细胞时发现具有功能效应。具体来说，酒精处理的单核细胞来源的外泌体可以调节原单核细胞的表型，促使其分化为 M₂ 型巨噬细胞，导致 CD206、CD163 和 IL-10 的表达增加。这一作用主要由外泌体转移的 miR-27a 所介导[18]。

体内研究表明，来自 ALD 小鼠血液循环的 EV 在健康小鼠中发挥了功能性作用。向健康小鼠静脉注射 ALD-EV 导致肝脏细胞中单核细胞招募因子、MCP-1 的表达增加。此外，接受 ALD-EV 的小鼠的肝脏巨噬细胞增多，这些巨噬细胞表达促炎和 M₁ 表型的标记，而 M₂ 型巨噬细胞则减少[16]。这些结果表明，ALD 中循环的 EV 在维持炎症和招募巨噬细胞到肝脏方面有功能性作用。

四、肝脏疾病中的 EV

（一）病毒性肝炎中的 EV

在丙型肝炎病毒感染的研究中发现，从慢性丙型肝炎病毒感染患者中分离出的外泌体含有 HCV 的 RNA，受感染的肝细胞会释放含有病毒 RNA 的外泌体[19]。已有研究表明，外泌体中含有的这种 HCV RNA 具有复制能力，可通过外泌体可将 HCV 传给未感染的新生肝细胞。HCV RNA 与 miR-122 能形成复制预复合物，其中 miR-122 是 HCV 复制的宿主因子，由外泌体所装载的 Hsp90 蛋白进行稳定[19]。有趣的是，研究发现，外泌体还能够介导 IFN-α 诱导的病毒免疫在细胞之间的传递[20]。在乙型肝炎病毒感染中，从 HBV 感染的患者中分离的外泌体含有病毒组分，并且能够诱导新生肝细胞感染 HBV[21]。该项研究还发现，HBV 外泌体能够调节自然杀伤细胞的功能，从而破坏宿主的抗病毒反应[21]。

（二）酒精性和非酒精性脂肪肝疾病中的 EV

来源于酒精性肝病动物模型和患者的血清

的相关研究数据均显示，相比于对照组，实验组中检测到了更多的循环胞外囊泡[22]。EV 的增加主要表现为血清外泌体（本研究直径定义为 40～150mm）水平的增加，以及微囊泡组分的微量增加。在循环系统中发现的这些 EV 可能来源于不同类型的肝脏细胞，也可能来源于其他器官。在体外，原代肝细胞、肝巨噬细胞、肝巨噬细胞和肝单核细胞的暴露可导致培养上清中外泌体和微囊泡的增加[18, 22]。最重要的是，研究表明与正常健康的对照组相比，酒精性肝炎患者的循环外泌体数量也有所增加[17]。ALD 患者的外泌体还含有特殊的 miRNA 标记，在酒精性肝炎的小鼠模型和患者中均检测到 miR-199、miR-30a 和 miR-122 在外泌体中的富集[18, 22]。

患有酒精性肝病的小鼠的外泌体或 EV 中含有的蛋白质组分与对照组也有区别。对 ALD 小鼠的 EV 进行蛋白质组学分析发现，与对照组相比，ALD 的 EV 中涉及细胞运动和炎症的蛋白表达水平有所不同。此外，有一簇蛋白在对照组 EV 中丰度低而在 ALD EV 中特异性表达，这表明 EV 装载物可以作为一种潜在的疾病生物标志物[16]。另一项研究发现，过量饮酒的患者和急性 - 慢性给酒后的小鼠的循环微粒子中的线粒体 DNA 含量增加[23]。这项研究还表明，乙醇诱导的线粒体 DNA 富集微粒子的升高源于肝细胞，并与诱导肝脏中性白细胞浸润有关。

在小鼠非酒精性脂肪肝疾病的研究中发现，其血液和肝脏中以微囊泡和外泌体为代表的 EV 数量显著增加[24]。他们发现血液中的 miR-122 和 miR-192 被富集。非酒精性脂肪性肝炎中肝细胞来源的 EV 通过传递 miR-128-3p 促进内皮细胞的活化[25]。NASH 中的 EV 也含有线粒体 DNA，与巨噬细胞的激活有关[26]。在 ANSHJ 和代谢综合征中，EV 也可以参与器官间的交流。已有研究表明，脂肪细胞来源的 EV 可以调节代谢失调[27]。

（三）肝胆管病和药物性肝损伤中的 EV

LaRusso 小组的开创性工作证明了胆汁中存在外泌体，并描述了这些外泌体影响胆管细胞功能的调节机制[28]。其他研究表明，胆管细胞衍生的外泌体富含 lncRNA H19，它能促进小鼠和人类的胆汁淤积性肝损伤[29]。最近一项研究也表明，EV 和外泌体能够促进药物性肝损伤。小鼠体内亚毒性对乙酰氨基酚的暴露会导致循环外泌体中白蛋白 mRNA 的升高[30]。在原代肝细胞中，APAP 导致外泌体中 miR-122 含量的增加而不引起肝细胞毒性[30]。另一项研究表明，来自 APAP 诱导的肝损伤小鼠的外泌体促进了受体小鼠和所分离的肝细胞的毒性[31]。这些结果表明，在药物诱导的肝损伤中，肝细胞衍生的外泌体促进了疾病的发展和肝损伤。

（四）肝纤维化中的 EV

动物模型的研究表明，外泌体和 EV 也来源于肝脏的内皮细胞。此外，肝脏内皮细胞产生的外泌体会被肝星状细胞内化并诱导其转移[32]。研究表明，这与 1- 磷酸鞘氨醇且纤维化小鼠的血清外泌体中 SK1 水平增加有关。在另一项研究中，乙醇处理诱导 EC 衍生的 EV 产生，这些 EV 富含 miRNA-106b 和长链非编码 RNA（long non-coding RNA，lncRNA）HOTAIR 和 MALAT1。EC 衍生的外泌体通过这些 lncRNA 诱导增强血管化的生物活性[33]。还有研究表明，在 CCl_4 诱导的肝纤维化模型中，来源于正常小鼠而非肝纤维化小鼠血清的 EV，能够改善肝纤维化[34]。正常小鼠来源的 EV 降低了肝星状细胞的活性，并且含有一簇特殊的 microRNA。

（五）肝癌中的 EV

不同研究已经证明了 EV 在肝细胞癌发病和转移中的作用[35, 36]。EV 介导的 miRNA 的转移被认为是肿瘤扩散的一种机制[37]。来自 HCC 的 EV 能够调节 TGF-β 活化激酶 -1 的表达，促进受体细胞的锚定非依赖性生长[38]。HCC 衍生的 EV 含有 HSP，能够增加 NK 细胞的抗肿瘤作用，并增加肿瘤免疫原性[39]。来源于转移性 HCC 的 EV 携带大量的促癌 RNA 和蛋白质，包括 MET 原癌基因、小窝蛋白和 S100 蛋白[40]。有趣的是，源自能动型 HCC 细胞系的 EV 可以大大促进非运动型 MIHA 细胞的迁移和侵袭能力，MIHA 细胞是一种非肿瘤性的永生人类肝细胞系。从 HCC 中分离得到的 EV 调节了 MIHA 的 PI3K/AKT 和 MAPK 信号摄取途径，并促进了活性金属蛋白酶

的分泌[40]。

五、EV 生物标志物发现及转化挑战和希望

早期检测、监测疾病进程和治疗效果评估的生物标志物的发现是包括肝脏疾病在内的许多研究的方向。尽管肝脏活检被认为是诊断、分期和监测肝脏疾病的金标准，但由于其侵入性的特点，肝脏酶谱，如 ALT、AST、ALP 和 GTT 也已被用于监测肝损伤程度[13, 41]。由于这些酶的变化是非特异性的，缺乏诊断的准确性，因此仍需寻找新的非侵入式的生物标志物。由于多种原因，EV 作为“液体活检”用于生物标志物的发现具有广阔的应用前景。首先，在疾病状态下，EV 的数量通常会增加，并且 EV 能够快速反应疾病效应细胞的转录组和蛋白组情况[42]。这一特点使它们成为一个理想的平台，提供在因果疾病途径的背景下的细胞快照，而不是随机类型的生物标志物。其次，由于脂双层膜的存在，EV 中的核酸和蛋白质受到保护，免于被核酸酶和蛋白酶等酶降解。EV 还能够耐受有害的环境和化学条件，如极端的 pH[43]。最后，EV 在降低生物基质复杂性和检测背景噪声方面具有显著的统计学优势，这可以使低丰度的小分子检测具有更高的灵敏度和特异性[22, 44]。如表 78-1 所示，一些蛋白质和核酸标志物已经被提议作为临床前模型和临床研究中肝脏疾病的诊断和预后标志物。EV 的应用潜力时期成为未来个性化医疗中的重要生物标志物之一。然而，在不同人群和不同疾病阶段的分离、可重复性和规范性对照的建立方面仍然存在重大挑战。

六、转化性 EV 生物标志物发现挑战和希望：亚群、分离技术和多种功能

目前已经成功地从不同的生物液体中分离得到了 EV，包括唾液、脑脊液、血清、血浆、尿液、唾液、羊水、胰腺导管液和母乳、培养基[45]。然而，越来越多的证据表明，目前确定的 EV 群体不是同质的，进一步研究不同类型和大小的 EV 的异质性和功能是一个挑战[46]。不同的富集

方法已被用于 EV 的分离，包括超速离心、抗体包被的磁珠分离、体积排阻和过滤、微流体装置、聚合物沉淀技术和多孔纳米结构。EV 的分离和处理方法是关键步骤，会影响所分离的 EV 的下游特征。分离方法的选择应根据生物标志物的类型、诊断目的、生物液体的类型、EV 亚类和临床环境来决定。在许多情况下，需要将这些方法结合起来，并根据生物流体的类型进行优化。在大多数情况下，产量和纯度之间有一个权衡，取决于感兴趣的具体问题、临床应用、成本效益与复杂性的重要性。随着精准医疗概念的出现和对 EV 亚型认识的加深，需要一种能够区分不同亚型 EV 的分离方法。除此之外，还需要发展获得没有蛋白质聚集、脂蛋白和其他碎片 EV 样品的分离方法。

七、展望：EV 和外泌体应用于肝病治疗中

目前正在积极研究将外泌体作为治疗载体的应用[47]。肝脏是一个理想的靶标，因为肝脏中几乎所有的细胞类型都会吸收 EV。在小鼠模型中，静脉注射 EV 被证明可使 EV 快速传递到肝脏并被肝细胞和肝脏单核细胞（liver mononuclear cells,LMNC）吸收[15]。EV 可以有效地装载 miRNA 或小分子药物进行治疗性传递。此外，来自间质干细胞（mesenchymal stem cell,MSC）的 EV 有望在肝脏损伤中进行组织修复。来自人类肝脏干细胞的 EV 被证明可以回补小鼠精氨酸合成酶的缺乏[48]。最后，EV 作为 HCC 的未来治疗工具成为研究的热点。

八、结论

总之，越来越多的证据表明，循环的外泌体和胞外囊泡可以作为各种肝脏疾病的生物标志物。外泌体和 EV 特载的 miRNA、lncRNA、mRNA 和蛋白质为疾病特定的生物标志物提供了可能。此外，除了作为生物标志物外，外泌体和 EV 在肝脏的细胞间交流及器官间的信号传递中具有重要的功能作用。EV 的吸收可以调节靶细胞的功能和表型，特别是肝细胞、巨噬细胞和肝星状细胞，表明了 EV 在各种类型的肝病中具有重要作用。在未来，该领域的研究将使人们更好地了解外泌体和 EV 在肝脏疾病中的生物学原理、疾病关联和治疗作用。

第79章 肝脏组织工程嵌合技术
Integrated Technologies for Liver Tissue Engineering

Tiffany N. Vo   Amanda X. Chen   Quinton B. Smith   Arnav Chhabra   Sangeeta N. Bhatia 著
李 颜 程春雨 余 倩 段 翔 译

肝脏组织工程是将细胞、生物材料支架和生物活性因子相结合，以增强或替代肝功能并有望替代全器官移植的一门技术。融合多学科的生物医学技术，使得开发新平台和新工具来研究肝脏生物学成为可能。本章回顾了肝脏组织工程在认识和治疗肝脏疾病方面的最新进展，包括细胞疗法、体外培养模型、器官芯片平台、生物打印和3D 植入结构等内容。

一、目前的治疗策略及挑战

肝衰竭严重威胁人类生命健康，每年因肝衰竭死亡的人数约占美国死亡总人数的2%，并造成数十亿美元的经济负担，是全球医疗健康的主要威胁之一[1]。急性和慢性肝病可由多种病因引起，包括药物毒性、肝脏感染、肝内脂质过量累积和代谢遗传紊乱等[2]。唯一能降低死亡率的疗法是部分或全部的原位肝移植，然而，可用于移植的供体组织供应不足，并且日益严重的流行性肥胖和阿片类药物滥用加剧了人们对供体器官的需求。令人振奋的是，直接作用于病灶的抗病毒疗法的出现使携带有丙型肝炎病毒的肝脏组织也有可能成为供体器官，但是该病毒疗法对具有复合型感染和不同治疗方案患者的影响仍有待研究[3]。

由于需要在肝移植之前来暂时替代肝功能或者完全代替肝移植，各种脱离肝细胞的肝脏支持装置应运而生[4]。遗憾的是，这些非生物系统无法再现完整的肝功能，包括代谢糖类、蛋白质和脂质，合成血液和胆汁成分和分泌及解毒等。近年来，生物医学工程的出现，使生物人工肝、肝细胞移植和组织工程构造等细胞疗法成为可能（图 79-1）。

（一）细胞疗法

体外生物人工肝装置（BAL）是一种处理肝衰竭患者血液的临时支持装置，其灵感来源于血液透析设备，因此中空纤维设备是最常见的 BAL 配置。除此之外，BAL 设备还包括平板设备、灌注床或支架系统及悬浮生物反应器。已有文献针对 BAL 设备的设计进行了详细汇总[5]，这部分内容在本章后面也会讨论。然而，BAL 设备在质量传递、扩展性和肝细胞形态的稳定性上的挑战限制了其向临床转化。除了体外肝脏支持，一些技术还试图在体内替代受损的或发生疾病的肝脏。例如，在啮齿动物模型中成功移植成年肝细胞显示了该技术的应用潜力。然而，临床试验结果表明，该技术具有较低的移植效率和存活率[2]。

（二）细胞来源

对 BAL 和肝细胞移植等细胞疗法来说，最大的挑战是细胞来源问题。新鲜或者冻存肝细胞的获取途径是有限的，并且这些细胞难以在体外扩增和维持。虽然肝脏干细胞和祖细胞很难实现完全分化和维持表型稳定，但因其具有强大的增殖能力，因此被视为有潜力的可替代细胞来源[2, 6]。而永生化的原代肝细胞系或者肝癌细胞系因功能异常和具有成瘤性，也并非理想的选择。获

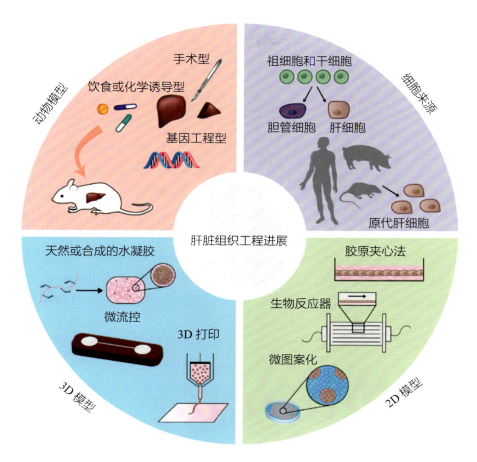

▲ 图 79-1　肝脏疾病治疗和研究技术

新鲜分离或冻存的肝细胞可从肝脏组织中获取，也可从祖细胞或干细胞群的培养中获得。肝细胞可以通过 2D 或 3D 的方式进行培养，以促进肝脏特异性功能。生物打印、生物材料和微流控平台等技术使植入式 3D 模型的开发成为可能，此外，还可以使用多种临床前动物模型评估植入物的治疗潜力

得具有一定功能的肝细胞是开发任何基于细胞肝脏疗法的必要条件，然而无论细胞来源如何，离体肝细胞在保持表型稳定性方面都相对困难。

（三）体外模型

开发体外培养平台是提高肝脏组织工程水平的一个研究较为活跃的领域。诸如细胞 – 细胞相互作用、细胞 – 基质相互作用的原生基质信号和调控肝细胞表型的可溶性因子则可能用于优化人工培养体系。然而体外培养肝细胞具有一定的挑战，因为肝脏由夹在肝动脉、门静脉、肝窦和胆道网络之间的肝索组成，是高度组织化的结构。此外，在细胞水平，细胞 – 细胞和细胞 – 基质的动态相互作用涉及肝细胞、非实质细胞和细胞外基质。因此，这些复杂的生理构成使得在长期体外培养下肝细胞的表型难以维持。

1. 2D 培养模型

肝细胞表型在体外培养时会持续减弱，这表明肝细胞对其生存的微环境非常敏感。研究发现，通过控制 ECM、可溶性因子及与非实质细胞共培养来调控微环境可影响肝细胞表型的稳定性[7]。

大量研究证明，ECM 可影响肝细胞体外培养。值得注意的是，肝细胞可以在胶原包被的培养板上培养或者以传统的胶原夹心的形式培养。这些培养形式可在数周之内维持肝细胞的形态和一定功能，但是与药物代谢相关的功能仍然不能长期维持。

肝细胞功能也可以通过与非实质细胞的共

培养来提升 [8]。一项由原代肝细胞、肝巨噬细胞、肝窦内皮细胞和肝星状细胞共培养的研究显示，单一细胞培养无法再现器官水平的反应 [9]。另外，肝细胞也可以由肝脏微环境外的细胞类型来支持。例如成纤维细胞，虽然尚未明确是否存在于肝脏，但研究发现成纤维细胞可以支持肝细胞的离体培养，Khetani 和 Bhatia 就通过软光刻技术控制了原代肝细胞和成纤维细胞共培养中不同类型和同种类型细胞间的相互作用，而肝脏特异性功能，包括难以稳定表达的药物代谢相关酶，可在这种共培养条件下维持数周 [10]。这种 2D 肝细胞培养具有可扩展性且成本相对较低，因此通常用于药物吸收、分布、代谢、排泄和毒性（absorption，distribution，metabolism，and excretion/toxicity，ADME/ToX）筛选。然而，在包括胶原夹心法等大多数 2D 培养条件下，肝细胞均呈扁平形态。因此许多人认为，脱离正常 3D 结构会导致肝细胞在功能和稳定性方面出现差异 [11]。我们将重点介绍培养过程中维持肝功能的策略和一些最新进展。

2. 3D 培养模型

多项研究表明，2D 培养在形态和功能上都不如模拟原生组织微环境 [11] 的 3D 培养。正如文献 [12] 中所示，产生这种差异部分是因为在 3D 培养中，化学和机械信号能以独特的方式传递给肝细胞。而承载这些 3D 细胞结构的骨架材料可以由天然和（或）合成生物材料组成，其中一些可以与新兴的生物打印技术相兼容 [13]。

3D 球体培养逐渐发展成为一种控制细胞组成和相互作用的方法 [14]。球体通常包裹在高分子生物材料中或进行悬浮培养。球形支架的设计仍具有无穷无尽的可能空间，目前已经有了许多成功的尝试，这些研究大致可以分为干细胞或祖细胞衍生的类器官或原代细胞衍生的球体。干细胞和祖细胞可以从许多组织中获得，并且通常具有强大的增殖能力。Hunch 等利用干细胞从单一的 Lgr5+ 细胞建立了肝类器官，该细胞可移植到疾病小鼠模型中，并分化为肝脏样细胞 [15]。干细胞也可与其他基质细胞和内皮细胞结合以模拟早期器官发生，Takebe 等报道了血管化的、自组

织肝"芽"的异位移植，其能够阻止致命的肝衰竭 [16]。这些研究表明，细胞移植后几天内就会发生组织自化。为了对 3D 微环境进行更高程度的控制，研究人员对光刻方法进行了调整，以产生更快速、可重现的模式。例如，Stevens 等证明了微球体的快速结构化，并展示了水凝胶生物材料支架与各种细胞组合的相容性，通过控制这些组织工程支架结构可以影响植入后肝细胞的功能 [17]。

二、动态 3D 模型

尽管研究人员付出了大量努力对模型系统进行优化。但是体外构建肝细胞培养体系仍然缺乏体内组织的多种结构和功能特征，如空间分布的可溶性分子，以及由血液循环提供的非稳态力和系统性因子。即便是在能增强组织特异性信号和功能的多种肝脏细胞共培养条件下，也不能反映多器官相互作用、环境氧张力梯度和细胞在组织之间的运输。众所周知，氧气和激素梯度、营养物质、基质组成和非实质细胞的分布等因素可沿肝窦调节肝细胞的功能。而来自胃肠道的富含抗原的血液进入肝脏后，会在肝脏内不断接受抗原提呈细胞和淋巴细胞的巡检。因此，为全面模拟肝脏生理学，微流体和 3D 技术的进步推动了各种平台的发展。

（一）微流体平台

以微电子为目标的半导体制造业的改革创新，使生物培养和分析体系的小型化成为可能。有研究报道，通过光刻和复制模塑等技术可以控制微结构，并创建具有中空通道的 3D 微流控结构进行液体灌注 [18, 19]。这些微工程技术的进步使得体外平台的发展成为可能，而这些平台可以再现复杂的 3D 机械结构，如流动和剪切应力，以及静态 2D 培养中不存在的器官水平功能。

（二）独立生物反应器

生物反应器可用于肝细胞培养，目前已经有一系列包括可再现复杂 3D 微环境的反应器被开发出来（见参考文献 [20, 21]）。这些生物反应器可以通过微流体向肝细胞输送营养和氧气，但其难以区分自分泌与旁分泌。中空纤维体系是由固

定在模块中的纤维组成的培养系统，细胞接种在纤维外部，培养基通过管腔输送，这种培养体系已被证明可以保护肝细胞免受灌注产生的剪切应力的影响。这些生物反应器在物质传输方面具有优越性，其中搅拌式生物反应器的优势在于可生成大小一致的球体。此外，它们具有几乎均匀的溶解氧浓度，并且可维持肝细胞培养数周。而且，微型的3D反应器能精确控制模拟体内毛细血管床大小的组织结构的灌注。这些反应器对流速的精确控制对于研究剪切力依赖性系统，如肝脏再生期间肝细胞和肝窦内皮细胞之间的相互作用十分必要。

（三）集成式即插即用系统

虽然独立的生物反应器能够提供一个装置型模型系统来单独研究肝脏，但肝脏、免疫系统和其他器官之间的相互作用介导了大量疾病的发生发展。由于肝脏的肝门系统和胆道系统与许多其他器官相连接，另一个器官的紊乱也会使得肝功能经常受到干扰。通过预先形成的脉管系统周围嵌入不同的组织模型，并通过模拟血管的微流控通道将不同组织模型连接而建立的多器官系统在一定程度上可以模拟这种现象[22]。在多器官系统中，来自肝脏的代谢物、可溶性因子和蛋白质可以向心脏等其他器官系统传递信号，而各项指标则通过反映生理水平的相关生物标志物进行实时动态监测。微流控设备还可以整合循环免疫细胞，以监测免疫系统和肝细胞在流动条件下的相互作用，已有研究证明，循环单核细胞的黏附和迁移会触发肝脏芯片装置中组织驻留巨噬细胞的复极化[23]。

（四）药物开发应用

尽管利用肝脏芯片建立疾病模型还处于早期阶段，但药物代谢相关研究已经在该领域取得了重大进展。通过了临床前阶段（体外试验和动物试验），但是大量制药行业的流水线上的药物仍会在人体试验阶段失败。大约90%进入人体试验的药物都属于这一类，并且造成制药公司数亿美元的花费。这主要是因为动物模型往往不能预测人类临床试验的最终结果，尤其是和物种特异性相关，如CYP酶调控的药物代谢。此外，肝脏芯片具有整合多器官系统的能力，其已被证明可以用于更准确地模拟人类ADME/ToX，并预测肝脏形成有毒代谢物后对其他器官系统产生的影响。例如，Viravaidya等利用肝-肺-脂肪组织芯片研究了萘转化为有毒代谢物的过程，在该芯片中，他们观察到脂肪室中积累的化合物将导致下游肺室中谷胱甘肽水平的耗尽[24]。多器官系统提供了ADME/ToX和癌症药物代谢的临床前分析[25, 26]，而在该系统开发之前，这通常只能在动物模型上进行研究。

三、3D可植入结构

虽然2D技术已经被证明具有广泛的发展前景，但3D打印的出现为开发大规模可移植组织创造了新的可能，这些可以增强肝脏功能的可移植组织有望向临床转化[27]。然而，这些应用的实现需要一个功能性的脉管系统以满足工程组织的代谢需求。据估计，细胞只能生存在$150\sim200\mu m$范围内的毛细结构内，否则会有由于缺乏氧气和营养物质及不能及时运输代谢废物而具有死亡的风险。因此，肝脏组织工程的进展取决于脉管系统及其他复杂网络结构的发展。在这里，我们将讨论生物材料设计的最新进展，以及在植入式结构中构建多尺度架构的策略。

（一）生物材料设计

ECM作为结构支撑骨架，具有支持肝细胞功能和促进新生血管生成的重要意义。生物材料的主要作用在于组装和稳定工程组织中的细胞微结构和脉管系统，其需要发挥支持细胞与周围ECM之间的双向整合素介导的信号转导功能。该领域的早期工作重点是使用多孔生物可降解支架，如利用聚乳酸-羟基乙酸共聚物或聚乳酸作为肝细胞附着的平面基质[28]。鉴于3D构象对细胞功能的重要性，水凝胶作为一种保湿聚合型的生物材料支架，可作为以生理学相关方式重现组织特异性ECM工具的代表[29]。

天然生物材料方法利用天然存在于血管和肝脏微环境中的成分在3D基质中研究血管组装和肝功能，如纤连蛋白、胶原、明胶、壳聚糖、纤维素和透明质酸之类的糖胺聚糖。在这其中，I

型胶原水凝胶已广泛用于血管生成机制研究，其揭示了整合素介导的液泡和随后管腔形成的作用。与 I 型胶原类似，纤维蛋白也可以支持体外血管结构的自组装，并已被广泛用于植入前直接血管化研究。

然而，天然支架的异源性和批次间的差异性限制了其临床应用。另外，由于这些系统的可调性有限，很难规避基质本身的特性对细胞刚度、细胞黏附和降解动力学的影响。而乙二醇（PEG）和葡聚糖等合成水凝胶是生物相容性聚合物，可以通过偶联生物活性基团实现功能化，从而解决再现性的限制，并且具有改变基质特性的能力。此外，研究人员通过优化设计，还逐渐开发了具有可诱导、刺激响应和动态特性的生物材料[2, 30]。

（二）网络结构：植入式肝移植物的结构控制

1. 全器官脱细胞

基于灌注的肝脏脱细胞方法可以获得维持肝脏 ECM 组成（即 IV 型胶原、纤维连接蛋白和层粘连蛋白）和具有生长因子（HGF 和 bFGF）及血管 / 胆道结构的支架[31, 32]。这些脱细胞支架不仅因为可促进胆管和肝细胞谱系成熟而适合胎肝细胞移植[31]，而且也适合已经具有关键基因表达和蛋白质合成功能的成熟血管细胞和肝细胞的移植[33]。研究显示，将成人和幼儿的实质细胞引入胆道和门静脉的再细胞化策略可带来高达 95% 的细胞再生[34]。此外，已有研究证明脱细胞肝脏可植入具有免疫活性的模型中，并具有种属间生物相容性，因此发生排斥反应和炎症的概率较低[35]。然而，这种策略受限于可利用的肝脏组织。

2. 3D 打印血管技术

机体内的血管为满足周围组织代谢需求，在密度、排列方式和迂回程度上都有所不同，所以设计血管的层次结构将有助于更好地在体外模拟血管系统。为此，微制造技术可以精确控制细胞 - 细胞和细胞 -ECM 相互作用，帮助血管构筑[36]。3D 打印技术的出现促进了体外模拟血管结构的发展，其基于分层立体光刻原理，可以将细胞、生长因子和聚合物材料等在横向和轴向精确排列[37]。此外，利用 CT 或 MRI 等成像方式，还可以通过 2D 连续切片实现血管网络的组织特异性重建。

生物打印有希望可以代替传统的喷墨打印。其具有重大意义，尤其是可以在引入细胞之前预先打印非细胞导管，从而避免由加热或声波频率所造成的细胞毒性问题。以这种方式制造的糖类可以嵌入到一系列富含细胞的天然和合成生物材料中，包括基质胶、纤维蛋白和基于 PEG 的水凝胶[38, 39]。重要的是，通过介质引入和去除糖分对各种材料的交联（即离子、酶、光聚合）或本体性质均无影响。为此，与批量封装相比，3D 打印的可灌注导管能够更好地支持琼脂糖凝胶中的肝细胞白蛋白分泌和尿素合成，证明了血管结构对实质组织的必要性。

以类似的方式，生物材料可以通过微挤压形成鞘层以排出富含细胞或无细胞结构，该过程涉及机械力或气动力。其对嵌入在天然或合成 ECM 中的细胞的空间组装是有利的，因为它所需的温度没有超出生理允许范围。目前已经利用可逆热凝胶的温度差异成功进行了一系列 3D 打印应用[38]，例如，有研究利用 Pluronic F127 合成聚合物和负载细胞的明胶甲基丙烯酸酯（gelatin methacrylate，GelMA）水凝胶，同时打印了细胞和血管元件[40]。基于这一强大的技术基础，将超过 1cm 厚的大型血管化结构与由填充细胞的明胶 - 纤维蛋白复合材料一起打印，为新型生物材料的开发[41] 开辟了新道路。

上述技术还显示出生成其他网络结构的巨大潜力。肝脏还包含由胆管上皮细胞构成的复杂导管网络系统，其可以帮助修饰和吸收肝细胞分泌的胆汁。一些疾病模型认为肝脏再生需要完整的胆道网络[42, 43]，但目前尚未在植入式肝脏结构中对该问题进行探索。

四、评估治疗效果的动物模型

实验动物模型是影响肝脏组织工程疗法开发的重要因素。尽管研究人员对肝再生进行了大量的研究，但仍然对其涉及的多细胞相互作用和复杂信号级联机制尚不完全清楚，因而不能在体外再现肝再生过程。为了评估治疗的有效性和安全性，研究人员已经开发了许多动物模型，相关研究也在其他文献中已有详细介绍[44-46]。如图79-1所示，研究人员通常通过手术、化学、饮食和遗传的方式构建肝损伤动物模型。手术模型包括肝部分切除和胆管结扎，虽然它们的临床相关性较低，但手术操作能提供一个明确的损伤刺激信号，其可用于评估肝移植中肝细胞对再生刺激信号的增殖响应。然而，再生刺激信号的持续时间通常较短，因此难以评估移植物功能随时间的动态变化。另外，化学损伤模型依赖于CCl_4、对乙酰氨基酚或硫代乙酰胺等肝毒素，其可诱导肝脏小叶中心或门静脉周围产生坏死性病变。尽管化学损伤更接近人类肝脏病理生理学，但模型的种属和年龄、毒素的剂量和给药方式等具有高度可变性，这使得实验结果难以重复。虽然已利用这些现有模型对组织工程肝脏的结构进行了研究，但尚未全面再现人类肝脏生物学的特征。因此近年来，研究人员一直致力于开发能够更加准确反映人类代谢性疾病、理解人类特异性肝脏生物学、评估人类条件下的疗效和安全性的动物模型。

（一）人源化小鼠模型

一直以来，在小鼠体内利用人肝细胞进行药物测试和细胞治疗的研究都受到低移植率的限制。基因工程技术的进步改进了免疫缺陷小鼠模型，这也促进了人肝细胞在鼠肝内的选择性生长优势及重建[47]。首个肝损伤小鼠模型是 uPA/SCID 模型，其原理是在小鼠肝细胞特异性启动子（白蛋白启动子）的作用下，组成性表达 uPA，从而造成小鼠肝细胞毒性[48]。另一个肝损伤小鼠模型的原理是通过敲除小鼠 FAH 基因，造成酪氨酸在体内代谢障碍和延胡索乙酰乙酸积累，从而造成肝细胞损伤[49]。uPA 小鼠存在持续的肝损伤因而移植窗口期较短，而 FAH 基因敲除小鼠的肝损伤可通过给予药物 4- 羟基苯丙酮酸双加氧酶的抑制剂 NTBC 来阻止，其移植窗口较为灵活。两种模型均可达到 70% 以上的移植效率，在某些情况下，当 FAH 敲除与重度免疫缺陷相结合时，人肝细胞的移植效率可大于 90%。此外，研究人员还陆续开发了另外两种通过小分子药物诱导肝脏损伤的小鼠模型[50, 51]。TK-NOG 模型

是通过给予更昔洛韦，激活白蛋白启动子以驱动 HSVtk 基因表达后造成肝细胞死亡。同样，AFC8 模型中的肝细胞死亡是由 AP20187 在白蛋白启动子作用下诱导 FK506 结合蛋白和 caspase-8 形成融合蛋白造成的。目前，这两种模型都已成功实现高水平的人肝嵌合。

（二）肝外 / 体内人源化模型

上述的转基因动物模型具有高度人源化、正常肝功能和正常肝脏形态特征等优势，可用于研究人肝特异性生物学，如人源嗜肝病毒和人特异性药物代谢。有趣的是，小鼠肝损伤产生的再生信号不仅可以促进肝细胞增殖，还可作用于肝外移植[52]中人类肝细胞的选择性扩增。与转基因动物模型相比，异位（如皮下间隙或肠系膜脂肪垫）移植工程肝组织有几个好处，如易于生产、可用于手术操作和无创成像。此外，异位移植也避开了肝内移植存在的问题，如高门静脉压和肝脏微环境可能会使人肝细胞的移植成功率降低。最后，尽管脱离了肝脏环境，在异位植入物中研究人类肝脏再生机制并不会受到动物宿主的影响。最近的一些工作表明，具有确定细胞组成和微结构的肝外人肝移植可与宿主血管系统整合[53]，发挥人肝特异性代谢和分泌功能[54]，甚至可提高肝损伤后的存活率[16]。

（三）嵌合异种移植

基因工程技术的进步，促进了用于移植的功能性人体器官的生产。异种移植，即利用动物的高繁殖效率，以及它们与人类相似的形态和生理特征，将非人类器官移植到人类体中，其具有解决目前严重的器官短缺问题的巨大潜力。虽然这些研究目前还处于初步阶段，但已有团队为减少跨物种免疫排斥反应，成功克隆出内源性逆转录病毒活性灭活猪[55]。在另一项研究中，研究人员利用人类干细胞[56]成功生产人猪和人羊嵌合体胚胎，迈出了在动物体内生产人类器官的第一步。

总的来说，实验动物模型仍然是评估肝脏组织工程的关键。新技术的融合，以及当前人类肝损伤和再生研究的新发现，将使开发更有效和更有潜力的治疗方法成为可能。

五、肝脏功能的新型检测技术

随着用于肝脏治疗和临床前模型的新技术变得更加复杂和广泛，发展实时、纵向、无创和更可扩展的检测手段成了新的需求。利用和整合不同领域的进步，研究人员构建了具有长期监测功能、能够评估治疗效果和阐明生物学的新型传感器。如能提供无创评估肝脏状态和代谢功能方法的磁共振波谱、生物发光成像和放射性标记等成像技术，其可以进行纵向及实时监测。除了检测一些传统血清标志物外，纳米技术使开发新型肝脏疾病诊断手段成为可能。例如，纳米大小的合成蛋白酶敏感活性标志物已成功应用于高信噪比的无创肝纤维化尿检[57]。柔性表皮电子或电子集成组织可以通过分析组织特征，为评价和阐明生物学提供了新的更有效的方法。电化学传感器、力敏感悬臂梁和电敏感材料已被整合到组织培养平台和台式器官芯片系统或工程人造组织中，以跟踪细胞信号[58]。尽管这些新的检测技术在许多方面处于初步阶段，但它们可以促进疗法的转化，完善非人类实验模型，并最终缩小体外数据和临床转化之间的差距。

六、结论

组织工程在为临床开发有效的肝脏疗法上极具潜能。生物材料科学、微结构制造、再生医学、生物工程、基因工程和发育生物学等领域的发展，使再现肝脏的复杂结构和功能、构建新型体外平台及肝组织移植成为可能。同时，物理科学的进步，也改进了用于功能评估、纵向监测的工具。虽然肝脏组织工程的整合技术在整体转化上仍存在挑战，但其在肝脏疾病的治疗和研究方面具有十分广阔的前景。

第 80 章　多能干细胞和重编程：治疗的希望

Pluripotent Stem Cells and Reprogramming: Promise for Therapy

James A. Heslop　Stephen A. Duncan　著

王　振　张　坤　惠利健　译

肝脏是一个复杂的具有多种重要功能的器官[1]。因此，开发一种能模拟健康和疾病状态下肝脏表型的细胞模型系统一直是基础科学家、制药公司和临床医生的首要目标。

人原代肝细胞能够在培养的最初几小时内保持肝细胞的功能。然而，人原代肝细胞很难长时间维持肝细胞的特征，并且会在正常培养条件下因细胞分化而失去肝细胞的特征[2]。虽然现在已经有一些方法可以延长肝细胞分化状态，但如何对该状态下的肝细胞进行基因操作仍然是一个挑战[3-7]。此外，获得某一特定肝病患者的肝细胞十分困难，而且能够获得的肝细胞数量往往非常有限。由于人原代肝细胞因的可利用时间窗口小、供体个体差异大，以及难以获得罕见基因型等特点，研究人员不得不选择其他培养系统来模拟肝细胞功能。

已建立的肝癌细胞系可以无限扩增，并易于基因操作，潜在适用于材料密集型实验。然而，肝癌细胞通常具有遗传基因组上的变异，并且缺乏肝细胞的许多关键特征。因此，由这些细胞获取的实验信息存在一定的不准确性，并且这些癌细胞无法用于细胞治疗。

因此，有必要建立一个生理相关的、可扩增且易于基因操作，具有肝功能的细胞模型。多能干细胞来源的类肝细胞恰好符合这些标准。人体的所有细胞均来自于三胚层，即外胚层、内胚层和中胚层，而多能干细胞是具有形成三胚层发育能力的细胞。人类胚胎干细胞来自于囊胚的内细胞团，于 1998 年采用先前建立的小鼠 ESC 的分离方法首次分离获得[9-12]。2007 年，通过表达人 ESC 中已知作用的转录因子，可以将成熟体细胞重编程到多能干细胞的状态[13, 14]。这些诱导多能干细胞能够表现出人 ESC 的所有主要特征，并且更重要的是能够如实反映供体的基因型。

作为多能干细胞，人源 ESC 和 iPSC 均可以扩增，并且可以分化为肝系细胞表型。此外，通过获得带有特定基因突变患者来源的诱导多能干细胞，可以实现在体外环境下利用患者 iPSC 细胞模拟患者的疾病表型。利用基因编辑技术将致病突变引入到正常遗传背景的多能干细胞中也是可行的[15-17]。当研究罕见疾病或比较在同一遗传背景中一系列突变的影响时，基因编辑技术是一个非常有用的工具。此外，基因编辑技术已被用于纠正致病突变；因此，基因纠正的 iPSC 可以作为重要的对照细胞，也是自体细胞治疗中的潜在细胞选择[18, 19]。

在本章中，我们将讨论多能干细胞如何被用于研究肝脏疾病，以及多能干细胞模型在未来工作中的潜在应用。

一、由多能干细胞产生肝脏细胞

为了研究肝脏功能，首先必须将多能细胞分化为肝脏特定细胞类型（图 80-1）。基于从小鼠研究中获得的知识，最常见的分化方案是模拟了

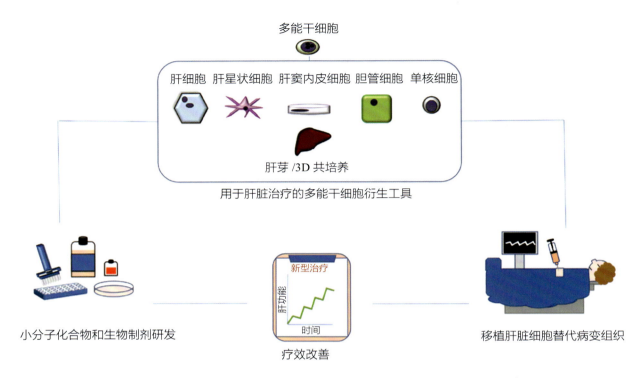

▲ 图 80-1　多能干细胞衍生工具及其用于开发肝脏疾病新型治疗手段的示意图

胚胎发生过程中已知的肝脏发育阶段驱动肝脏发育的信号通路。

　　肝细胞承担着肝脏的许多主要功能。因此，大多数已发表的肝系分化方案都集中在获得肝细胞样细胞上 [20-24]。一般来说，这些分化方案伴随着三个分化阶段：终末内胚层形成、肝脏谱系分化和肝细胞诱导成熟。分化产生的细胞能够表现出原代肝细胞的许多特征，包括白蛋白分泌和 apoB 产生。尽管诱导分化类肝细胞获得了一些肝细胞功能，但它们并不具有完全成熟肝细胞功能。例如，它们通常表现出微弱的外源物质代谢能力，在这方面这些分化的类肝细胞更类似于胚胎期的胚胎肝细胞而不是成年人成熟的肝细胞 [25, 26]。因此，如何提高肝细胞样细胞的成熟度一直都是该领域的一个重要研究焦点，特别是在药物研发的毒理学筛选过程中成熟的肝细胞更为重要 [27]。

　　近年来，已有多篇文献报道了胆管细胞分化的方案 [28-31]。一般来说，具有双向分化潜能的肝祖细胞是在肝细胞早期分化阶段获得的，然后通过谱系特异性的分化方式诱导这些细胞产生胆管

分化的命运。由此产生的细胞能够表现出胆管细胞几种特有的功能，包括胆汁酸转运和 ALP 活性 [28, 31]。

　　肝脏星形细胞和肝内皮细胞也可由多能干细胞诱导产生。首先，将多能干细胞分化为中胚层细胞，然后通过细胞特异性标志物和成熟诱导条件的优化来获得有功能的星形细胞和肝内皮样细胞 [32-34]。此外，多能干细胞来源的单核细胞样细胞是一个潜在的具有肝巨噬细胞功能的模型 [35]。上述描述的分化细胞类型是肝脏相关的主要细胞类型，因此，目前研究人员拥有一系列多能干细胞衍生细胞的研究工具，从而用于寻找肝脏疾病的新疗法。

　　获得特定肝脏细胞类型的另一种选择是类器官培养系统。该培养系统最初是由多能干细胞来源的肝细胞、间质细胞系和内皮细胞系组成 [36, 37]。值得注意的是，将这些细胞共培养可形成血管化的结构，该血管化的结构类似于胚胎发育过程中包含多种细胞类型，并且最终发育成肝脏的肝芽。作者随后也表明，该多细胞系统中使用的细胞系

也可以使用由多能干细胞来源的间质祖细胞和内皮祖细胞进行替代[38]。当将这些细胞共培养时，祖细胞进一步成熟并形成一个血管化的肝芽结构。完全来源于多能干细胞的类器官模型增强了其大规模培养的能力，潜在性促进疾病模型高通量的筛选，并从长远来看，能够提高自体细胞移植治疗的潜力[39]。

除肝细胞样细胞外，多能干细胞来源的肝脏非实质细胞仍处于发展的初级阶段。其分化方案的进一步使用和发展，正如肝细胞样细胞分化方案的发展过程一样，毫无疑问将逐步提高分化细胞的功能成熟，并且能够在单一培养系统和共培养系统中进行更深入的研究分析。在这里，我们描述了如何利用多能干细胞来源的细胞来探索新的发现，并讨论了该领域内为了充分发挥多能干细胞潜能所必须克服的障碍。

二、多能干细胞用于模拟肝脏疾病

首次使用 iPSC 来源肝细胞模拟的肝脏疾病是肝脏单基因遗传缺陷的疾病[40]。在这些研究中，来自患者的体细胞被重编程为 iPSC 并进行扩增。在向肝细胞样细胞分化之后，进行疾病特异性试验检测，从而判断是否可以在体外重现患者肝脏相关的病理生理表型。

适合在体外模拟的疾病种类受到以下因素的限制：是否有已知的疾病病因，是否能用多能干细胞重现疾病表型，以及是否可以开展适合的试验来证实疾病表型。由于分化方案的不断改进，许多疾病都符合这些标准。到目前为止，已有报道成功使用多能干细胞来源的肝细胞模拟了 Alper 病、Tangier 病、肝豆状核变性、α_1- 抗胰蛋白酶缺乏症、家族性高胆固醇血症、糖原储积病和 C 型 Niemann-Pick 病[19, 41-47]。此外，肝脏疾病模型并不局限于肝细胞，也有报道使用多能干细胞来源的胆管细胞成功模拟了 Alagille 综合征、多囊性肝病和囊性纤维化的一些特征[28, 31]。

总之，这些疾病模型证明了多能干细胞具有独特的功能，即可以用于研究罕见的遗传性疾病，并能够在一个无限使用且高度可重复的培养系统中再现疾病表型。

多能干细胞来源的肝细胞也可以用来预测疾病的严重程度。确定未知突变患者的治疗方案在临床中是一个重大的挑战，通过比较已知的不同严重程度的 α_1-AT 突变患者的 iPSC 来源肝细胞，已有研究能够在体外重现这些突变产生的影响[48]。这一概念可应用于临床，从而确保对严重程度不明的突变患者提供最符合疾病进展的治疗。这一应用适用于很多肝脏疾病，并且从长远来看，还可能会指导对个体易患肝脏疾病的特定突变的研究。

利用多能干细胞来源的肝细胞研究慢性疾病的系统尚未较好建立。研究慢性疾病进展所需的长期培养方案和多细胞模型仍在研发中。尽管存在这些挑战，一些研究已经成功地利用多能干细胞来源肝细胞模拟了慢性肝病的部分特征。通过使用脂肪酸处理多能干细胞来源的肝细胞，研究人员成功模拟了非酒精性脂肪性肝病[49, 50]。这些处理导致脂滴形成，并且诱导了 NAFLD 相关基因的表达，使相关研究团队获得了有关疾病进展的新发现[49, 50]。通过将多能干细胞来源的星形细胞与肝细胞系共培养，一项研究报道了在促纤维化的刺激下纤维化基因的诱导表达升高和 I 型前胶原蛋白的分泌增加[34]。由于这些疾病和其他慢性肝病的临床负担日益增加，更好地了解这些疾病的发展过程将是制定预防和缓解疾病进展措施的关键。

多能干细胞来源的肝细胞也被用于全基因组关联研究[51, 52]。GWAS 使用大量具有复杂遗传特征的患者来定义功能性等位突变。最近的两项使用 GWAS 的研究揭示了关于脂质代谢的新发现，证实了多能干细胞系统在未来研究中的应用[51, 52]。

三、多能干细胞用于制订新的治疗措施

多能干细胞不仅使研究人员能够研究疾病发生机制，而且还能确定治疗干预的新靶点。

Alpers 和 Tangier 疾病研究的两个例子说明了疾病模型的机制研究可以产生有治疗价值的信息[42, 44]。Alpers 病患者通常使用丙戊酸治疗神经系统症状，但丙戊酸的使用会增加肝毒性。利用携带疾病突变的 iPSC 来源的肝细胞，作者鉴定

出线粒体中的超氧化物是肝毒性增加的原因[44]。此外，作者在体外使用小分子缓解了这种肝毒性表型。Tangier 病是一种以脂蛋白和甘油三酯血浆浓度异常为表现的疾病。Tangier 病 iPSC 来源肝细胞的转录谱分析表明，编码 ANGPTL3 的 mRNA 表达显著升高[42]。ANGPTL3 影响血浆甘油三酯浓度，因此可能导致在 Tangier 病患者身上观察到的异常水平。综上所述，对这些疾病机制的研究能够鉴定出新的治疗靶点，从而改善这些疾病的临床治疗方案。

另一种获取临床相关信息的方法是使用高通量筛选的方法。对疾病机制的研究侧重于系统地确定新的靶标，并依赖于当前的知识；相反，药物库的表型筛选可以鉴别到靶向未知或以前无法涉及的疾病过程的化合物。

该方法已成功用于鉴定家族性高胆固醇血症和 α₁-AT 缺乏症的新型治疗方法[45, 53]。随着家族性高胆固醇血症模型的建立和鉴定，研究人员利用多能干细胞来源的肝细胞筛选可降低 APOB 水平的药物，其中 APOB 是胆固醇生成必需的核心蛋白。该筛选系统鉴定出了心脏糖苷类药物，能够可重复地在体外降低胆固醇，作者也在人源化小鼠模型和临床样本中证实了该发现。在 α₁-AT 缺乏症药物的鉴定过程中使用了高通量成像技术来识别细胞内积聚的错误折叠的 α₁-AT[45]。通过对 iPSC 来源肝细胞的高通量筛选，作者鉴定出了能显著减少错误折叠蛋白积累的 5 种药物。

当疾病状态有易于高通量筛选的表型时，高通量筛选手段才是可行的。确保更多种类的疾病适用于这种高通量筛选，无疑会大大增加 iPSC 来源肝细胞的转化应用。更重要的是，对已鉴定出化合物作用机制的后续研究可能具有挑战性，特别是当药物靶点不明显时。阐明其作用机制的困难性可能会延迟其临床应用。

四、多能干细胞用于细胞替代治疗

多能干细胞来源的肝脏细胞的另一个潜在用途是作为移植治疗的细胞来源。原代肝细胞移植已被证明可以改善许多肝脏疾病预后[54, 55]；然而，由于原代人肝细胞难以获取且在体外培养中不能有效增殖，因此无法获得达到疗效所需的大量细胞。多能干细胞的无限扩增能力和有效的分化能力，理论上可以提供进行细胞治疗所需的细胞数量。此外，可以从带遗传疾病的患者身上分离产生 iPSC，通过基因编辑技术纠正致病突变，然后扩增细胞进行分化和移植[18, 19, 45]。这种治疗方案能够避免移植排斥问题，因为基因纠正的细胞来自受者本身。

尽管多能干细胞来源的细胞具有很大的治疗潜力，但在临床应用之前仍存在许多困难[56]。与原代细胞相比，使用多能干细胞来源的肝细胞进行细胞替代治疗的最大障碍是移植、存活和扩增效率低下[57-62]。目前多种模型系统已被用于移植研究，包括不同动物品系、不同疾病及不同损伤类型。移植定植率最高的模型是急性化学损伤模型[23, 24, 57, 60, 63, 64]，这表明在相关的炎症和增生性微环境下细胞更容易成功定植。替代方案包括使用可降解水凝胶包裹肝脏类器官进行肝外移植[65]，这种方法更加适用于慢性疾病相关的肝组织结构损伤，并且可以使用前面提到的多能干细胞来源的肝芽进行移植[38, 39]。

此外，多能干细胞来源细胞的致瘤性一直备受关注。多能干细胞在移植后能够形成畸胎瘤。因此，任何未完全分化的细胞都可能导致不必要和潜在有害细胞的生长[66-69]。更加值得关注的是，在培养过程中，特别是在重编程和基因编辑过程中，细胞可能会产生染色体变异和基因突变[56, 70-75]。因此，需要仔细监测细胞核型和已知的致癌基因突变（如 p53），从而最小化其致瘤可能性。

五、多能干细胞的替代方案

通过转入肝脏功能特异的转录因子，研究人员已经能够将成纤维细胞直接转分化为肝细胞样细胞[76-78]。这些细胞似乎具有与多能干细胞来源的肝细胞相似的成熟度。然而，与重编程、维持和分化 iPSC 相比，转分化的主要优点是大大减少了时间和成本。因此，与多能干细胞相比，可以从患者来源细胞快速获得相似的肝脏疾病模型，大大减少了资源、时间和财政耗费。

重要的是，转分化可以采用一种理论上更安全的方法获得肝细胞样细胞，从而用于细胞替代治疗。直接重编程方法避免了多能干细胞扩增阶段，因此降低了形成畸胎瘤和其他癌症的可能。将患者或供体的细胞直接向肝细胞转分化也减少了体外培养所需的时间，降低了与培养条件相关的突变选择压力[72, 73]。有趣的是，一个研究团队报道了转分化的肝细胞能够以相对较高的效率（30%）重建小鼠肝脏[76]；然而，最近一项研究比较了同一供体来源的多能干细胞来源肝细胞和转分化肝细胞，发现两者重建肝脏的能力是相似的（0%～5%）[79]。因此，尽管转分化具有潜在的优势，但移植后定植问题仍然是所有类肝细胞目前无法克服的障碍。

此外，一般来说，原代肝细胞特别难以培养，因为它们目前无法扩增到移植所需的水平。转分化肝细胞的扩增培养依赖于对其进行基因操作，这可能会增加移植后的致瘤可能[76, 77]。因此，利用现有的培养系统生产移植治疗所需的细胞数量可能是非常困难的。

六、结论和展望

基于多能干细胞的研究使得研究人员能够研究健康和疾病状态下的肝脏功能。其可操作性和无限的细胞供应使得研究人员能够用以研究相关机制和疾病，这是其他细胞模型无法实现的。

尽管多能干细胞对于肝脏相关研究做出了一定的贡献，但解决该模型的局限性也是必要的。多能干细胞经过分化能够获得许多与原代肝细胞相关的功能；然而，其基因表达和功能往往是原代肝细胞非常低的水平。例如，蛋白质组学和转录组学研究表明，多能干细胞来源肝细胞与胎儿肝细胞最为相似，只有有限的外源物质代谢功能[25, 26]。因此，多能干细胞来源肝细胞对于毒理学筛选和其他需要充分代谢功能的实验来说仍然是不合适的。事实上，缺乏成熟度可能是导致移植后定植和扩增不良的最重要因素。此外，不同供体来源的肝细胞样细胞存在显著的成熟度差异[52, 80-82]，这一点限制了其用于不同人群间差异表型的研究。

正因如此，研究人员一直在努力提高多能干细胞来源肝细胞的成熟度，以及减少供体间差异性。其方法包括筛选新的促进成熟的化合物、生长因子、底物和聚合物，以及开发多细胞和3D培养系统[3, 7, 32, 36, 83-90]，所有这些方法都证明能够提高成熟度和稳定性；然而，体内的功能水平仍有待验证，而且复杂度和成本的增加往往会降低其用于大规模实验的潜力。

与所有现有的培养模型一样，多能干细胞模型并不完美；然而，虽然有着很多重要因素需要考虑，但缺乏成熟表型并不妨碍使用多能干细胞模型来探索新的发现。事实上，多能细胞对于研究人员来说是一个非常有用的工具，可以用来研究和解析肝脏功能和疾病。但是，在可能的情况下，由此得到的新的发现应该使用原代细胞和动物模型进行验证。尽管如此，由多能干细胞向肝脏细胞分化仍然是一个很有价值的研究系统，并可能在不久的将来产生直接的治疗效益。

第81章 肝细胞中的染色质调控与转录因子协同调控

Chromatin Regulation and Transcription Factor Cooperation in Liver Cells

Ido Goldstein 著

王梦遥 马小龙 惠利健 译

肝细胞不断接收激素、细胞因子、代谢物等形式的大量信号。整合和转化这些信号并对信号做出连贯高效的响应，对于正常的肝功能和体内稳态至关重要。这些信号通过改变转录速率以调节基因表达。近年来，我们对肝脏基因表达调控及其如何影响肝功能的理解取得了巨大进展。本章将总结肝脏基因组学新兴领域（专注于转录和染色质基因组学）的最新进展，以及染色质环境中转录因子协同调控的机制。

一、基因转录的调控

转录调控是一个多步骤过程，涉及转录因子、共激活因子、组蛋白修饰酶、染色质重塑复合物、染色质结构蛋白、非编码 RNA、一般转录因子（general transcription factor, GTF）和 RNA 聚合酶 II（RNA polymerase II，RNAP II）。这些因素之间的相互作用发生在染色质纤维上，并受 DNA 序列和染色质结构的影响（图 81-1）。

DNA 上介导转录调控的区域被称为顺式调控元件。启动子和增强子是两类主要的顺式调控元件。文献中通常模糊地使用启动子这一概念描述两种不同类型的顺式作用元件，即核心启动子区域和启动子近端区域。核心启动子是一类约 35bp 长的区域，主要位于转录起始位点（transcription start site，TSS）的上游。它含有促进基础转录机器 [RNAP II 和通用转录因子（general transcription factor, GTF）] 结合的 DNA 序列。虽然核心启动子的序列可能因基因而异，但该区域都承担了共同的功能，即启动由 RNAP II 介导的基因转录过程[1]。相反，启动子近端区域是指紧邻核心启动子的上游序列。对于启动子的"近端"，没有明确的定义，现有的研究常常采用 TSS 上游 200～5000bp 的位置指示该区域。本质上，近端启动子区域满足增强子的大部分特征（除了部分组蛋白修饰谱），因此可以被视为增强子。

与用于启动转录的核心启动子不同，增强子是决定某个基因是否被转录及转录速率的区域。增强子上富集环境特异的转录因子（即在特定组织中选择性表达的转录因子或仅在特定信号下激活的转录因子）结合的 DNA 序列。因此，启动子参与将基础转录机器引导到 TSS 并启动转录，而增强子则调控基因表达的组织特异性和信号响应模式，是转录调控的主要效应器[2]。从功能上讲，增强子被定义为在激活后会增加对应的基因的转录水平的 DNA 元件。它们甚至可以在距离

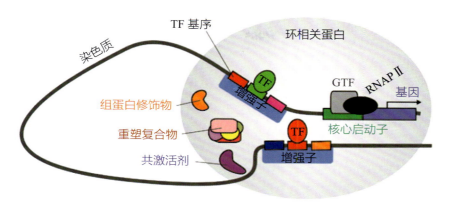

▲ 图 81-1　转录调控

基因转录通过 RNN 聚合酶 Ⅱ（RNAP Ⅱ）和通用转录因子（GTF）与核心启动子结合而启动。RNAP Ⅱ招募到核心启动子的调节过程由转录因子（TF）介导，TF 的表达具有组织特异性，并对细胞外和细胞内的信号做出反应。TF 结合增强子区域的特定 DNA 序列，这些序列称为基序。活化的 TF（通常与共激活剂一起）与染色质结合和 TF 之间的协作（图 81-2）诱导基因转录增强相关的分子事件发生：染色质重塑复合物导致染色质可及性增加，组蛋白修饰酶引起某些组蛋白修饰的增加，染色质环相关因子介导增强子 – 启动子接触并增加 eRNA 转录

核心启动子较远的地方发挥作用，并且它们的功能不依赖于相对于核心启动子的方向，即它们可以位于 TSS 的上游或下游[2]。

启动子和增强子具有不同的 DNA 序列和染色质决定簇。核心启动子是募集基础转录机器的 DNA 元件[1]。核心启动子及其近端区域的染色质环境的特点是具有 RNAP Ⅱ 的结合、染色质处于开放状态且具有独特的组蛋白修饰，如 H3K4 位点具有三甲基化修饰（H3K4me3）。

增强子元件包含众多的转录因子结合序列，即基序。不同增强子之间的基序组成差异巨大，这一特征是基因表达具有环境特异性的基础。大多数肝脏增强子包含肝脏谱系相关的决定因子 FoxA 和 HNF4 及 CEBP 的基序[3]。不直接位于核心启动子的上游的远端增强子处于开放的染色质区域，并由活化型组蛋白修饰 H3K4me1、H3K4me2、H3K27ac 标记。此外，p300 和 CBP 这些组蛋白修饰酶的结合也可作为一种有效的增强子标志物[2]。RNAP Ⅱ 将增强子 DNA 转录为称为增强子 RNA（eRNA），eRNA 可以准确地标记活跃的增强子[2]。

改变环境特异的转录因子的活性是细胞外和细胞内调节基因转录的主要方式。在被上游信号激活后，活化的转录因子结合到 DNA 上对应的基序，并募集促进染色质活化和增加转录的蛋白质机器，如与基因激活相关的使组蛋白乙酰化的组蛋白乙酰转移酶（histone acetyl transferase, HAT）可以使染色质解压缩的染色质重塑复合物，以及通过形成染色质环介导启动子 – 增强子接触的结构蛋白（图 81-1）。细胞信号也可以调控发挥抑制子作用的转录因子，介导相反的过程（即染色质压缩、组蛋白去乙酰化和组蛋白甲基化），从而导致转录水平降低。

二、基因组学革命如何重塑肝脏研究

高通量测序技术在分析转录调控不同方面的应用极大地改变了该领域。全基因组转录因子结合谱分析的一个主要方式是染色质免疫沉淀测序（ChIP-seq）。在 ChIP-seq 实验中，染色质结合蛋白与交联的 DNA 一起被抗体沉淀，然后可以对染色质序列进行深度测序。从而可以在测序结果中高度富集基因组中与蛋白质结合的区域（通常称为"结合位点"）。ChIP-seq 通常用于分析转录因子的全基因组结合谱或组蛋白修饰的水平。由于转录调控中染色质可及性是转录因子结合的一个重要因素，因此全基因组层面的染色质可及性已经非常流行。原理上，染色质被核酸酶（DNase、转座酶等）部分消化，染色质开放区域

从压缩的染色质中释放出来，从而在后续的高通量测序步骤中有更高的概率被测得。显然，高通量稳定状态的 RNA 水平测序（RNA-seq）或高通量活跃转录 RNA 测序（GRO-seq）有助于转录组学分析。此处讨论的相关测序技术已总结在表 81–1 中。

肝脏从一开始就是基因组研究的焦点，因此产生了许多与肝脏生物学有关的认知。在基因组时代，肝脏特征和肝脏相关通路正在被现代工具重新处理和评估，并带来了令人兴奋的发现。甲状腺激素的全基因组效应是基因组层面分析重塑我们对肝脏转录网络理解的一个例子[4]。甲状腺激素是调节胆固醇、甘油三酯和糖类的全身代谢的中心，肝脏参与其中许多调节过程[5]。在被 T₃（激素的活性形式）激活后，甲状腺激素受体 β（TRβ）调节肝细胞中的基因，这些基因发挥了多种激素的作用[5]。TRβ 依赖基因调控的一般模型是，在激素激活之前，TRβ 与辅助抑制因子一起以抑制复合物的形式与 DNA 结合。在与 T₃ 结合后，该受体被认为构象发生变化，这一改变有利于其与共激活因子结合和置换辅助抑制因子，从而诱导基因表达[5]。然而，一项甲状腺激素对全基因组影响的研究揭示了更复杂的模式[4]。使用模拟甲状腺功能减退和甲状腺功能亢进的小鼠模型，作者发现了许多 T₃ 诱导的基因，伴随着附近染色质可及性的增加（通过 DNase-seq 测量）（表

81–1）。分析 TRβ 在基因组上的结合情况（通过 ChIP-seq）（表 81–1），发现了预先存在的 TRβ 结合位点（即 TRβ 在 T₃ 处理之前结合）和大量 T₃ 依赖性 TRβ 结合位点。这些结果表明，从基因组的角度来看，至少有两种作用模式是合理的。一个是与一般的模型一致，其中 TRβ 与染色质结合，而不管激素作用如何。第二种模型是，一部分增强子上甲状腺激素促进 TRβ 结合并增加染色质可及性。这两种模型并不相互排斥，每种作用模式可能对一组不同的 TRβ 调节基因，以及一种不同的响应甲状腺激素的代谢结果。

另一个从基因组角度引发对肝脏生物学的重新评估的例子是检测肝脏生物钟和转录调控关系的研究。作者绘制了小鼠肝脏 eRNA 的全基因组景观及其在 24h 昼夜周期内的变化水平[6]。通过捕获正在转录的 RNA（通过 GRO-seq）（表 81–1），作者发现数千个肝脏 eRNA 在整个昼夜周期中显示表达出水平的变化。这些"昼夜节律 eRNA"标记了参与昼夜节律基因表达的增强子，并且与附近的昼夜节律调控相关的基因处于同一阶段。也就是说，eRNA 和关联的基因的 RNA 水平是相关的。检查由昼夜节律 eRNA 标记的增强子中的转录因子基序，揭示了昼夜节律每个阶段的主要转录因子，它在特定的阶段指导基因表达[6]。总的来说，这些发现表明动态增强子活性可以通过 eRNA 水平有效地测量，并指示昼夜节

技 术	全 称	原 理
RNA-seq	RNA 测序	分离 RNA，合成 cDNA 并对其测序
GRO-seq	全面运行分析测序	对正在转录的 RNA 进行标记、免疫沉淀并测序
ChIP-seq	染色质免疫沉淀测序	染色质免疫共沉淀染色质及其结合蛋白（通常是转录因子或修饰组蛋白）；对共沉淀的 DNA 进行测序
DNase-seq	DNA 酶测序	染色质被 DNA 酶部分消化，开放的染色质被分离并测序
ATAC-seq	转座酶可及染色质测序分析	转座酶将测序接头插入开放的染色质区域，这些染色质区域可以被分离、扩增和测序
BaGFoot	双变量基因组足迹	分析 DNase-seq 或 ATAC-seq 数据在两种实验条件下的足迹深度和基序侧翼可及性的差异

表 81–1　用于分析染色质和转录调控的常用基因组技术

律基因表达。

虽然 ChIP-seq 是基因组学中研究转录因子功能的宝贵工具，但它是一种有偏差的方法，实验集中在一个或几个转录因子上。而一种更通用的称为基因组足迹的工具，已被用于无偏差的预测转录因子在 DNA 上的结合位点。转录因子与 DNA 结合后，它们结合的基序不被核酸酶（如 DNase）消化，而周围的序列则更容易被消化[7]。因为所有转录因子都能结合 DNA，假设所有的转录因子都会留下足迹，因此所有的转录因子结合事件都可通过基因组染色质可及性实验中基序足迹来测定（DNase-seq 和 ATAC-seq）（表 81-1）。然而，在小鼠肝脏和其他细胞类型中分析转录因子足迹表明，80% 的基序没有显示出可检测的足迹[8]。虽然这种观察的原因尚不清楚，但很明显，仅凭足迹不足以检测大多数转录因子的活动。为了更好地从染色质可及性分析中预测转录因子活动，研究者设计了一种计算工具，称为"双变量基因组足迹"（BaGFoot）（表 81-1）。该方法不依赖于难以确定的染色质可及性的绝对值。相反，它测量两个实验条件之间的变化。BaGFoot 测量两个变量的变化，第一个是足迹深度，第二个是围绕基序的染色质可及性。除了测量两个变量之外，测量变化而不是绝对值可以更好地预测转录因子活动。为了说明该方法的优点，相关研究测量了在小鼠肝脏禁食后这两个指标的变化。在已知的 20 个调节肝脏禁食反应的转录因子中[9]，BaGFoot 能够将列表缩小到三个在全基因组水平上调节它的主要转录因子。因此，一种检测肝脏染色质变化的无偏的方法可以更好地了解调节禁食反应的主要转录因子，这一发现被进一步用于研究禁食后肝脏中的能量产生[10]。总之，这三个例子展示了从全基因组视角与利用先进的计算工具如何研究转录调控不同方面，从而推进肝脏研究。

三、肝脏增强子：动态转录因子相互影响的节点

基因组研究得出的一个主要结论是转录因子结合偏向于增强子区域，并且通常在特定的生物学状态下，多个转录因子结合在特定的增强子上。事实上，对肝细胞增强子的大量分析揭示了通常不同类型增强子富含的特定的基序。对肝脏增强子的全面考察，显示了 FoxA、HNF 和 CEBP 基序的高频发生率[3]，而在特定的信号的环境中，一组增强子的亚型被激活，它们表现出更具有环境特异性的基序（见参考文献 [6, 10-12]）。在比较不同转录因子的 ChIP-seq 数据时，也能观察到这些基序同时出现。例如，LXR、PPARα、RXR、CEBPα 和 HNF4α[13] 及 FXR、RARα、CEBPβ 和 HNF4α[14] 之间存在广泛的重叠。

转录因子在空间和时间上的结合重叠表明转录因子在调节肝功能中的互作。支持这一概念的证据来自一项研究，该研究通过在小鼠肝脏中使用大规模平行报告基因检测来检查转录因子共同作用。在这种情况下，含有各种转录因子基序组合的合成 DNA 调控元件导致比含有一种或两种转录因子基序的基序更强的基因表达（每个增强子的基序总数在各组之间保持相同）[15]。

肝脏不断受到内分泌、细胞因子、代谢物和神经元信号的影响，其中许多会影响基因表达。然而，健康的肝脏能够对这些信号产生一致的反应并维持体内稳态。上述研究结果表明，染色质模板上转录因子之间的合作是整合和融合不同信号并产生环境特异性相关的结果的有效方法。下面将详细介绍 TF 合作的各种机制和新兴概念，作为整合肝细胞中细胞内外信号的普遍机制。尽管机制是普遍的，并且许多机制最初是在其他细胞类型中描述的，但本章将专注于回顾在肝细胞中对它们的研究。

四、转录因子合作机制

（一）异二聚化

转录因子最直接的合作的方式可能是直接的蛋白质 - 蛋白质相互作用。异二聚化是指两种不同的转录因子，它们在物理上相互作用，并以二聚体的形式与 DNA 结合在一起，每个转录因子都有自己的基序（图 81-2A）。在转录因子的核受体超家族中，有几个与肝脏生物学相关的异二聚化事件的典型案例。RXR 是几种核受体的异

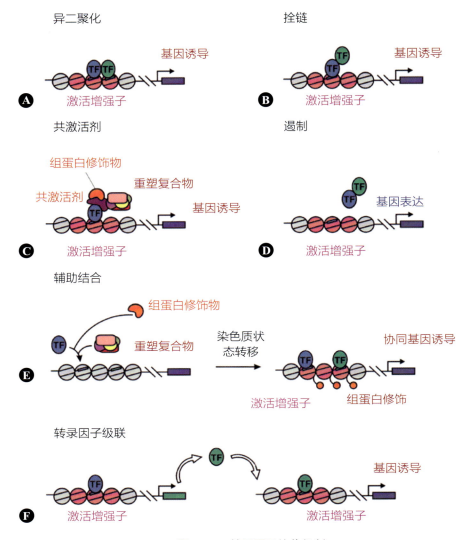

▲ 图 81-2　转录因子协作机制

转录因子（TF）在增强子中相互协作以通过多种机制促进基因表达。A. 异二聚化，即两个 TF 在物理上相互作用并一起结合 DNA，每个 TF 都与自己的基序结合。B. 拴链，即两个 TF 物理互作，一个结合其基序，而另一个通过与其协同工作的 TF 相互作用被带到增强子区域。C. 共激活剂，即 TF 结合没有特定 DNA 结合能力的支架蛋白，来介导调节成分的募集。D. 遏制，即 TF 相互作用并将其伙伴与增强子隔离，导致基因抑制。E. 辅助结合，即在一个信号之后，一个 TF 结合增强子并招募使增强子激活的调节成分（增加可及性和一些蛋白质标志的富集）。在存在激活不同 TF 的第二个信号时，第二个 TF 将更高效地与增强子结合，导致协同基因表达。F.TF 级联，即第一个 TF 诱导编码第二个 TF 的基因；在基因翻译之后，第二个 TF 变得活跃并启动特定的基因程序

二聚化元件：FXR、LXR、PPAR、RAR、PXR、VDR 和 CAR。这些相互作用对肝脏生理学至关重要，并且是几个肝脏基因表达程序的基础[16]。RXR 与不同亚基在同一增强子的异二聚化导致不同的结果，具体取决于另一个亚基。事实上，肝脏中的证据表明，RXR 在不同情况下结合相同区域，有时对基因表达具有相反的下游影响[13, 17]。

异二聚化的另一个典型例子是 bZIP 超家族转录因子。bZIP 很容易异二聚化，诱导特定的基因程序。过去的研究记录了 bZIP 内的各种异二聚化案例[18]，其中许多与肝脏生物学相关[19, 20]。AP-1 是典型的 bZIP 异二聚体。它可以由各种异二聚化亚基组成，一个来自 Jun 家族，另一个来自 Fos 家族。二聚化搭档的选择对 AP-1 下游基

因程序有影响。一个典型的 AP-1 蛋白影响肝脏生物学的例子是观察到喂食高脂肪饮食的小鼠肝脏中 Fra-1（一种 Fos 蛋白）的水平降低[20]。将 Fra-1 重新引入肝脏可逆转饮食诱导的非酒精性脂肪肝。Fra-1 对肝脏脂质代谢的影响是通过抑制脂质调节剂 PPARγ。相反，当 AP-1 包含 c-Fos 时，会诱导 PPARγ，导致 NAFLD。因此，不同的异二聚体可能会导致相反的效果，对健康产生不利影响。

异二聚化的两个分子的选择和可用性是影响基因程序的潜在调控步骤。例如，如果在某些条件下，RXR 倾向于与某个亚基形成二聚体，那么其他 RXR 亚基就会被有效地失活，因为没有 RXR 就不能结合 DNA。与固定的二聚体相比，不同亚基形成异二聚体（如 bZIP）可能是信号整合的一种机制。也就是说，每个配体都被不同的信号激活，只有在两个信号存在的情况下，才能二聚化并促进反映两个上游信号的转录程序。最后，如果一个亚基只在某些组织中表达，而另一个亚基被某个信号激活，那么异二聚化才可能形成，并提供组织特异性和基因表达的信号响应性。

（二）拴链、共激活剂和遏制

拴链的概念与转录因子之间的蛋白质 - 蛋白质相互作用相关。然而，在拴链中，只有一个转录因子与 DNA 结合，而另一个通过与基序结合的转录因子的相互作用被带到增强子区域（图 81-2B）。这种机制被认为有利于基因调控程序的复杂性，因为转录因子可以在增强子中不存在其基序的情况下发挥作用。尽管拴链不是一种新的调控模式，但其生物学相关性仍存在争议。尽管如此，一些证据表明在某些情况下存在拴链调控模式[21]。

类似的作用机制还有共辅激活剂，即不直接结合 DNA，但与转录因子形成复合物并增强其活性的蛋白质（图 81-2C）。共激活剂这一概念最常被用于描述因缺乏酶活性并通过募集调节蛋白和结构蛋白（如组蛋白修饰酶和介导启动子 - 增强子接触的环状蛋白）来促进转录因子活性的非转录因子蛋白。与肝脏相关的主要共激活因子是 PGC1、CRTC2 和 SRC。这些蛋白质在响应营养状况的转录调节中起着至关重要的作用，并已在其他地方进行了广泛的综述[22-24]。

有趣的是，拴链可能通过破坏转录因子 - 共激活剂相互作用导致转录因子失活。一个肝脏自噬的研究发现，CREB 在禁食期间有促进自噬的作用。在进食条件下，发现 FXR 通过与 CREB 的相互作用抑制肝脏自噬过程。FXR 通过直接结合 CREB 中断 CRΞB 依赖性的自噬基因程序，导致其共激活因子 CRTC2 解离[25]。另一个抑制型拴链案例是 HNF6 束缚了 Rev-erbα 的阻遏物，导致基因抑制[26]。基因抑制也可以通过"遏制"来介导，即相互作用的转录因子通过将其从 DNA 中去除而使其共同作用元件失活（图 81-2D）[27]。

（三）辅助结合和促进抑制

前面描述的转录因子相互影响的机制都依赖于直接的蛋白质 - 蛋白质相互作用。一种称为"动态辅助结合"的模型被提出，认为转录因子协同性是通过一个转录因子招募染色质重塑复合物和修饰元件间接实现的，从而使增强子更容易被其他转录因子结合（图 81-2E）[28]。辅助结合已经在一些生物系统中被证明（见参考文献 [7]），后续我们将用三项研究结果理解辅助结合在肝转录调节中的主要机制。

第一个研究涉及高度组织特异性结合的 GR 的工作模式。尽管 GR 几乎在每个组织中都有表达，但其全基因组 DNA 结合谱在不同细胞类型之间依然差异很大。比较 5 种不同的细胞类型，作者发现 83% 的肝脏 GR 结合位点是肝脏特异性的，而在 5 种细胞类型中只有 0.5% 的位点是共有的[12]。作者由此提出，GR 结合的组织特异性模式是由组织特异性表达的转录因子决定的。这些转录因子介导潜在 GR 结合位点发生染色质重塑，从而使 GR 结合成为可能。事实上，使用 ChIP-seq 和 DNase-seq 提示富集在肝脏细胞的 CEBPβ 通过辅助结合到肝脏细胞中的一部分位点来促进 GR 的募集，同时它不影响其他 GR 结合模式[12]。该研究的例子说明了普遍表达的转录因子（如 GR）的活性受到组织特异性的转录因子的调节，从而提供了组织特异性转录程序。

最近两项关于肝脏对禁食和炎症反应的研究揭示了辅助结合的另一个功能：将细胞外信号整合到特定的、环境相关的转录反应中。在禁食期间，肝脏动态响应激素 / 代谢信号，并为肝外组织提供燃料。禁食期间升高的主要激素是胰高血糖素和皮质醇（啮齿动物中的皮质酮）。尽管已知许多转录因子参与了这些反应[9]，但我们仍对转录因子网络如何系统的被控制及如何相互作用缺乏认识。为了在不依赖特定转录因子的情况下在全基因组层面理解这一过程，一项研究分析了小鼠肝脏禁食后染色质可及性的变化[10]。禁食导致肝细胞染色质的大规模重塑，揭示了数千个对禁食产生动态反应的肝脏增强子。CREB 和 GR 是两个在这些增强子上结合的转录因子，协同诱导基因表达，促进在胰高血糖素和皮质酮刺激后葡萄糖的产生。ChIP-seq 和成像技术共同显示，GR 有助于促进 CREB 结合到增强子上，从而协同促进基因表达。这种转录因子协作导致葡萄糖产生增加，是小鼠禁食期间必不可少的肝脏特征[10]。因此，在禁食期间，辅助结合可以整合两种激素信号以促进葡萄糖的产生。

另一个整合细胞外信号并引发转录发生的过程是炎症。促炎细胞因子（IL-1β 和 IL-6）快速诱导抑制感染和组织损伤的肝脏"急性期"基因的表达[29]。尽管已经对炎症反应进行了大量研究，并且明确其对先天免疫和慢性炎症性疾病有明确的影响，但产生这些肝脏免疫反应的调节事件仍然难以捉摸。为了了解这些问题，相关研究在基因组水平上检查了原代肝细胞对组合细胞因子治疗的反应，包括转录因子结合、组蛋白修饰和基因表达[11]。这些结果共同表明，在 IL-1β 刺激后，肝脏 NF-κB 被激活并"预备"一系列增强子；也就是说，这一个过程会导致染色质状态的转变，从而使得增强子处于更"活跃"的状态。由 IL-6 激活的 STAT3 可以结合其大部分结合位点，而无须 NF-κB 的诱导。然而，20% 的 STAT3结合位点仅在 NF-κB 诱导后显示出有效的 STAT3结合，导致附近急性期基因的高度协同表达。相反，STAT3 与其他增强子的结合则被 NF-κB 抑制。因此，这些转录因子以特定于增强子的方式相互

影响，从而造成不同的输出结果；一些基因由两种细胞因子协同诱导，而另一些则通过拮抗作用调控。这是转录因子通过辅助结合进行信号整合的另一个案例是，两个信号激活的转录因子合作产生一个特定于环境的基因程序。

上述三项研究从全基因组的角度研究了辅助结合这一模型。最近的一项研究探究了对全身代谢具有过度影响的肝因子 FGF21 相关的转录调控过程[30]。尽管该研究没有提到辅助结合这一概念，但同样为辅助结合模型提供了证据。与过去的研究一致，FGF21 在禁食期间和葡萄糖刺激后均被诱导表达。这种调节是由与禁食相关的转录因子 PPARα 和 ChREBP 的协同作用介导的。如敲除小鼠模型所示，两种转录因子都是诱导 FGF21 表达所必需的。重要的是，PPARα 促进了 ChREBP与 FGF21 的启动子近端区域的结合。PPARα 的结合促进了染色质可及性和组蛋白乙酰化水平的升高，这可能是一种介导 ChREBP 结合并最终增加RNAP Ⅱ 结合效率和基因转录的机制[30]。

上述工作提示辅助结合模型的主要作用是诱导基因表达，然而最近的一个研究报道了一种类似的机制可抑制基因表达，从而调控肝脏昼夜节律[31]。生物钟及其节律由转录激活因子（RARα和 BMAL1）和 Rev-erbα 阻遏物介导。一个普遍接受的模型认为，RORα 和 Rev-erbα 存在竞争性结合关系，从而调节节律性。然而，最近的一项研究描绘了一种不同的模式，称为"促进抑制"。RORα 及其共激活因子 SRC2 结合昼夜节律增强子并募集染色质重塑复合物，进而导致染色质可及性增加。然后，Rev-erbα 更容易结合这些区域并启动染色质压缩，从而实现基因抑制。这些转录因子结合周期性介导有节律性的染色质压缩和解压，导致基因表达的昼夜节律[31]。

一项涉及肝脏自噬过程的转录控制研究发现，该过程的抑制机制与促进抑制作用模式是一致的。PPARα 在禁食期间的自噬促进作用与FXR 在进食期间的自噬抑制作用之间存在拮抗关系[17]。PPAR 与自噬相关基因结合，导致基因表达，而 FXR 抑制这些基因的表达。重要的是，两种转录因子之间的这种拮抗作用在自噬相关增

强子的染色质区域。一个有趣的证据表明，虽然 PPARα 促进了有利于转录的染色质环境（增加 p300 和 H4 乙酰化），但 FXR 通过募集辅助阻遏物和增加 H3K27me3 抑制标记来"关闭"增强子。因此，FXR 可能通过未知的阻遏物抑制自噬基因的表达。

辅助结合和促进抑制的调控模式比异二聚化或拴链具有显著优势。它不需要专门的蛋白质相互作用域，因为合作的转录因子之间不需要物理上相互作用。因此，在两个转录因子之间建立合作行动模式的进化约束显著降低。因此，笔者相信辅助结合和辅助抑制会是转录因子合作的主要机制。

（四）转录因子级联

转录因子级联是转录因子之间的一种间接合作模式。在转录因子级联中，一个转录因子通过结合和诱导第二个转录因子的基因转录过程来诱导其表达。因此，在激活第一个转录因子的初始信号几小时后，第二个转录因子的数量增加，进而影响二级基因调控程序（图 81-2F）。这种级联反应在肝脏生理学中很普遍。前面提到了一些对肝脏生物学具有深远影响的转录因子级联反

应，如 AP-1 可以诱导 PPARγ 的激活或抑制，而 PPARγ 作为促进脂肪生成的转录因子进一步影响其下游基因表达[20]。除此以外，GR 同样被证明可以诱导 PPARα 的表达[32, 33]。这种级联反应似乎在禁食期间表现明显，有证据表明在小鼠禁食 10h 后皮质酮会激活 GR 表达，这进而导致 PPARα 被诱导表达，并在长时间的禁食期间活性的增加[10]。然而，鉴于有证据表明 PAPRα 的激活促进了基因组中某些位点的 GR 结合[34]，GR 和 PPARα 之间也可能存在辅助结合的工作模式。对于更多的肝脏转录因子级联调控的案例，读者可以参考更相关综述[9, 35]。

五、结论

肝脏不断接收各种细胞外信号。代谢物、免疫、内分泌、异生物质、细菌和神经信号都会影响肝脏基因表达。基因表达模式的改变使肝脏能够对这些信号做出动态响应并维持体内稳态。事实上，许多肝脏相关的疾病，如肥胖、糖尿病、NAFLD、肝癌和慢性炎症都被证明与基因表达的失调相关。因此，了解肝脏中转录因子合作和信号整合的机制有望为我们带来新的治疗方式。

Guruprasad P. Aithal　　Gerd A. Kullak-Ublick　**著**

王韫芳　安　妮　陈昱安　**译**

肝脏在药物代谢和消除中起着关键作用。肝脏独特的微结构可使血浆通过有孔的肝窦内皮进入窦周间隙。肝细胞的吸收区域因微绒毛的延伸而扩大。肝脏中的药物转运体包括介导药物流入或双向转运的溶质载体家族成员，以及介导药物及其代谢物流入到胆汁或肝窦血液中，便于后续肾脏排泄的 ABC 家族成员[1]。

一、肝细胞的药物吸收

长期以来，人们一直认为药物是通过肝细胞基底膜的被动扩散进入肝细胞的。然而，当肝细胞摄取胆盐被证明是一种载体介导的钠依赖性过程时，这一概念首次受到了质疑[2]。1991 年人们对相关转运体进行分子克隆，鉴定出 NTCP（基因符号 *SLC10A1*）[3]。NTCP 运输胆盐和他汀类药物[4-7]，也是乙型和丁型肝炎病毒的肝细胞摄取机制[8, 9]。它与大包膜糖蛋白的酰胺化 N 端前 S1 结构域相互作用[10]，从而抑制 NTCP 的转运功能[11]。胆盐也可通过钠非依赖性的方式摄取进入肝细胞，由 OATP 超家族成员所介导[12, 13]。OATP 是肝脏摄取胆盐和多种药物的转运体[12]。OATP1A2 是首个从人肝脏中克隆而来的 OATP，主要表达于额叶皮质和海马神经元，在脑毛细血管内皮细胞中表达水平较低[14, 15]。人类肝细胞中表现出三种 OATP 的强表达，即 OATP1B1（*SLCO1B1*）、OATP1B3（*SLCO1B3*）和 OATP2B1（*SLCO2B1*）[16]。研究表明，当存在

环孢素或吉非罗齐等 OATP1B1 抑制药时，血浆他汀水平会升高，这说明 OATP1B1 在肝脏药物摄取中的关键作用是显而易见的[17-19]。*SLCO1B1* 基因中的 rs4149056 单核苷酸多态性引起第 6 外显子中的 Val174Ala 氨基酸取代，是辛伐他汀引起的肌病发作的最强遗传风险因素，与 TT 纯合子（73% 群体频率）相比，CC 纯合子的优势比为 16.9（2.1% 群体频率）[20]。抑制 OATP 引起的临床相关药物 – 药物相互作用也是由酪氨酸激酶抑制药引起的。OATP1B1 可被帕唑帕尼和尼洛替尼抑制，IC50 值分别为（3.89 ± 1.21）μmol/L 和（2.78 ± 1.13）μmol/L[21]。在美国 FDA 的标签中，帕唑帕尼有肝毒性警告，但肝毒性的机制与抑制转运体 OATP1B1 的摄取无关。TKI 必须进入肝细胞才能诱导肝毒性，而帕唑帕尼的摄取是由 OCT1（*SLC22A1*）所介导的，如体外稳定转染人源 OCT1 蛋白的人胚胎肾细胞系 HEK293 所示[22]。TKI 厄洛替尼是一种有效的 OATP2B1 竞争性抑制药（Ki=41nmol/L）[23]，并且厄洛替尼的摄取是由 OATP2B1 选择性介导的[24]。

OATP1B1 和 OATP1B3 的联合遗传缺陷是引起人类 Rotor 综合征的原因，这是一种常染色体隐性遗传病，以结合性高胆红素血症、粪卟啉尿，并且几乎没有阴离子诊断剂的肝脏摄取为特征[25]。在正常的人类肝脏中，肝细胞中结合的大部分胆红素通过 MRP3（*ABCC3*）排泄回血液中，随后通过 OATP1B1 和 OATP1B3（"肝细胞跳跃"

模型）在下游肝细胞中重新吸收[25]（图82-1）。缺乏肝细胞 Oatp1a 和 Oatp1b 转运体的敲除小鼠表现为结合性高胆红素血症，并显著降低了对模型底物甲氨蝶呤和非索非那定的肝脏摄取[26]。鉴于人源 OATP1B1/1B3 作为胆红素摄取转运体的作用，肝细胞基底侧进入部位的药物 – 药物相互作用可能导致此类内源性底物的清除减少。例如，静脉注射大剂量水飞蓟宾治疗丙型肝炎患者可增加血清胆红素[27, 28]。在体外对 OATP1B1、OATP1B3 和 OATP2B1 异源表达系统的研究表明，水飞蓟宾对这些转运体具有抑制作用[29]。

除了 OATP 的作用，肝细胞对药物的摄取也是由 OAT 家族成员所介导的[30]。OAT2（SLC22A7）介导恩替卡韦[31] 和甲苯磺丁脲（CYP 酶 CYP2C9 的临床探针底物）[32] 的摄取，以及谷氨酸从肝细胞流出[33]。在核苷转运体家族 SLC28 和 SLC29 中，浓缩型核苷转运体 CNT1 和平衡型核苷转运体 ENT1 介导利巴韦林进入肝细胞[34]。FDA 对体

外实验方法提供了进一步的指导，以评估研究药物、转运体和代谢酶间的相互作用潜力[35]。

二、药物的生物转化

药物在肝细胞内的生物转化通过 I 期和 II 期代谢发生。第一阶段主要包括氧化反应（有时是还原或水解），特别是芳香族或脂肪族的羟基化，碳原子、氮原子或硫原子的氧化，以及 N– 和 O– 脱烷基反应。第一阶段反应由位于内质网的 CYP 酶催化。I 期代谢物通常与母体药物只有微小的结构差异，但却能表现出显著差异的药理作用。II 期代谢涉及药物或其 I 期代谢物与内源性分子（如葡萄糖醛酸或硫酸盐）的结合，从而使产物更具极性，通常会消除其药理活性。

由 CYP 酶代谢的药物种类繁多，不可避免地会在代谢酶水平上带来药物 – 药物相互作用的风险。药物可以在活性部位直接竞争结合，如中枢作用的肌肉松弛药替扎尼定和选择性血清素再

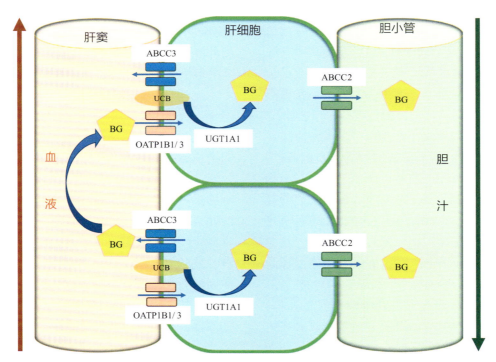

▲ 图 82-1　肝细胞跳跃周期

未结合胆红素通过被动扩散进入肝细胞（OATP1B1/3 也可能起作用）。UGT1A1 与葡萄糖醛酸结合形成胆红素葡萄糖醛酸（BG）在内质网中发生。BG 通过 ABCC2 流入胆小管。相当一部分细胞内 BG 被 ABCC3 重定向到血液中，它可以通过 OATP1B1/3 转运体被下游肝细胞吸收。"肝细胞跳跃"将胆红素葡萄糖醛酸的胆汁排泄负荷分布在整个肝小叶上。这可以防止上游肝细胞中胆汁排泄能力的饱和

摄取抑制药氟伏沙明之间的相互作用。替扎尼定主要由 CYP1A2 代谢，CYP1A2 在肝脏中表达较高。氟伏沙明是一种有效的 CYP1A2 和其他 CYP 酶抑制药，可使替扎尼定的平均暴露量（AUC）增加 32.6 倍，最大血浆浓度（C_{max}）增加 12.1 倍。替扎尼定的消除半衰期为 1.5～4.3h，延长了近 3 倍[36]。基于这种药物 – 药物相互作用，这两种药物的联合使用是禁忌的，严重时可能会危及生命。另一种通过抑制 CYP1A2 增加替扎尼定暴露量的药物是抗生素环丙沙星。环丙沙星可大大提高替扎尼定的血浆浓度，并增加其降压和镇静作用。尽管已知这种药物组合存在风险，但一项对瑞士索赔数据的分析显示，2014—2015 年总共 524 797 名患者中有 199 人使用了替扎尼定和环丙沙星的联合处方，导致门诊医生就诊的频率显著增加[37]。这是一个可预防的药物错误的案例，它通过药物 – 药物相互作用给患者造成了重大成本损失和健康危害。另一个案例是西立伐他汀和吉非罗齐之间的相互作用，美国 31 例死亡病例中有 12 例是由西立伐他汀诱导的横纹肌溶解引起的[38]。吉非罗齐同时抑制摄取转运体 OATP1B1 和代谢酶 CYP2C8，这是从循环中清除西立伐他汀所必需的[39]。联合用药导致西立伐他汀清除率降低，血浆 C_{max} 水平升高，从而导致严重的肌肉损伤。西立伐他汀随后被撤出市场。

药物的相互作用除了在酶水平上发挥直接空间干扰作用外，也可以通过诱导基因表达和随后的酶活性获得而发生。有效的酶诱导剂包括卡马西平、苯妥英和利福平。草药圣约翰草（贯叶连翘）是 CYP3A4、CYP2C19、CYP2C9 及 P 糖蛋白转运体 MDR1（ABCB1）的诱导剂。药物诱导酶的机制通常涉及核受体 PXR 的激活，该受体与其靶基因的启动子中的调节元件结合，与 RXR 形成异源二聚体[40]。异生素可以作为 PXR 的配体，从而激活由 PXR 调节的基因转录。在一项临床研究中，8 名健康男性志愿者在 14 天内服用圣约翰草提取物后，在单次剂量的地高辛给药（0.5mg）后，MDR1 底物地高辛的暴露减少 18%，十二指肠 P 糖蛋白 /MDR1 和 CYP3A4 的表达分别增加了 1.4 和 1.5 倍，肝脏 CYP3A4[14C] 红霉素呼气试验功能活性增加了 1.4 倍[41]。该案例说明酶和转运体表达水平相对较小的变化如何对药物药代动力学产生重大影响，从而影响底物药物的安全性。

对乙酰氨基酚（扑热息痛）诱导的肝损伤可通过诱导产生肝毒性代谢物 NAPQI 的 CYP2E1 来增强。CYP2E1 是由长期饮酒和非酒精性脂肪肝引起的，这解释了为什么这些疾病与对乙酰氨基酚肝毒性风险增加相关[42, 43]。抗结核药物异烟肼和利福平也可诱导 CYP2E1 表达，这可能是这些药物联合治疗结核病时肝毒性增强的机制之一。INH 被 N– 乙酰基转移酶 2 代谢为乙酰肼和肼，两者可被 CYP2E1 进一步氧化为活性代谢物（图 82-2）。CYP2E1 的诱导在多大程度上增加 INH 毒性仍然存在争议。利福平是 PXR 的配体和 CYP3A4 表达的强诱导剂。如在人类肝细胞中所示，它还增加了 CYP2E1 的酶活性和 mRNA 表达[44]，从而为与利福平治疗相关的 INH 肝毒性增加提供了可能的额外机制。另一种基于 PXR– 人源化小鼠模型的假说提出，INH 和利福平的结合通过 PXR 介导的氨基酮戊酸合成酶（卟啉生物合成中的限速酶）的上调，导致内源性肝毒素原卟啉IX 在肝脏中积累[45]。

肝脏 CYP2E1 通过产生自由基在 INH 诱导的肝毒性中所起的作用是 CYP 酶代谢激活的一个例子。药物在 I 期和 II 期反应中的代谢可导致反应性代谢物的形成，这是发生肝毒性的已知风险因素[46]。活性代谢物的形成可以在体外通过加合物形成和共价蛋白结合进行评估。活性代谢物与细胞蛋白的共价结合可导致靶蛋白功能或位置的改变，或形成免疫原性半抗原，从而引发下游免疫反应[47]。为了评估肝毒性的临床风险，通过谷胱甘肽捕获试验、基于机制的 CYP 失活筛选或使用放射性标记化合物进行共价结合评估来确定生物激活电位[48]。在代谢模式中检测到稳定的解毒产物，如谷胱甘肽加合物或二氢二醇，可以表明代谢激活，也可以表明酶的时间依赖性抑制，这可以预测超过 90% 的情况下会形成活性代谢物。然而，形成活性代谢物的化合物并不一定会导致时间依赖性抑制。由 CYP2C9、CYP1A2 和其他酶形成的反应性代谢物与临床观察相关的可

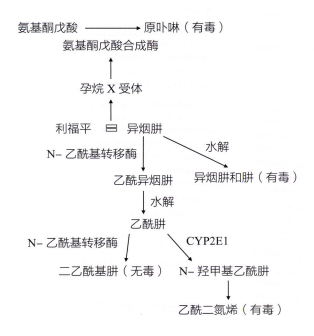

▲ 图 82-2 抗结核药物诱导肝损伤的机制

抗结核药物引起的肝损伤归因于异烟肼代谢途径中的关键步骤。N- 乙酰基转移酶 2 负责将异烟肼代谢为乙酰异烟肼，乙酰异烟肼进而水解为乙酰肼。后者可被 CYP2E1 氧化形成 N- 羟甲基乙酰肼，进一步脱水生成毒性代谢物乙酰二氮烯

能性更高[49]。

由于 CYP2C9 和 CYP3A4 形成活性醌亚胺并通过 UGT2B7 激活酰基葡萄糖苷酸，非甾体抗炎药双氯芬酸可引起严重的肝毒性[50]。布洛芬和萘普生也可以通过羧酸部分的葡萄糖醛酸化形成酰基葡萄糖苷酸，尽管从肝脏角度看两者都属于更安全的非甾体抗炎药[50]。双氯芬酸酰基葡萄糖苷酸的排泄是由 MRP2（ABCC2）介导的。与转运体反应降低相关的 SNP 可能会增加反应性代谢物在肝细胞内的积累，从而增加肝毒性[50]（图 82-3）。卢美昔布和曲格列酮由于致命的肝毒性而退出市场，这两种药物都会形成奎宁代谢物[51-53]。其他形成反应代谢物的肝毒性药物包括氯氮平（亚胺离子）、胺碘酮、氟他胺、扎鲁司特、卡马西平、磺胺甲噁唑、他莫昔芬、托卡朋、特比萘芬、奈法唑酮、非尔氨酯和氟烷等。

三、药物与肝细胞外排转运体的相互作用

胆盐利用 BSEP 从肝细胞流出至胆小管中，以克服巨大的浓度梯度差异[54]。胆盐的小管输出没有备用转运体，这种转运体的遗传失活会导致进行性家族性肝内胆汁淤积症 2 型[55]。药物或药物代谢物对 BSEP 的抑制可能导致药物诱导的胆汁淤积[56-58]。ET 受体拮抗药波生坦是一种特征良好的 BSEP 抑制药，被批准用于治疗肺动脉高压，但具有肝毒性警告[59]。环孢素是一种有效的 BSEP 抑制药，在临床常规治疗中可导致药物性胆汁淤积[56, 60-62]。抑制 BSEP 会导致细胞内胆盐升高，这可能会转化为血清胆盐水平升高[59]。由于胆盐具有去污剂特性[63]，它们会损伤线粒体[64, 65]，从而导致细胞毒性和肝损伤[66, 67]。就抗糖尿病药物曲格列酮而言，其主要代谢物硫酸曲格列酮具有很高的竞争性抑制 BSEP 并在肝细胞中积累的潜力[68]。由于目前没有确凿的证据表明体外试验中新化学实体的相互作用能够可靠地预测药物诱导的胆汁淤积风险增加，因此 FDA 不建议在药物研发过程中对 BSEP 相互作用进行常规检测[69]。EMA 建议在研发过程中进行药物与 BSEP 的相互作用试验[70]。在临床试验期间出现

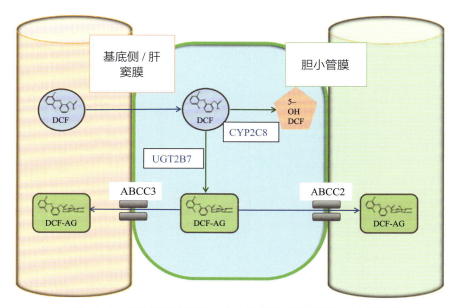

▲ 图 82-3　药物代谢和清除率的个体差异对药物不良反应的影响

双氯芬酸（DCF）在人体中经历广泛的首过代谢。主要代谢产物为 4'– 羟基双氯芬酸（OH-DCF）。此外，已证实 CYP2C8 在双氯芬酸代谢为 5– 羟基双氯芬酸（5-OH-DCF）中的作用。双氯芬酸也被 UGT2B7 代谢。双氯芬酸酰基葡萄糖醛酸（DCF-AG）通过 ABCC2（MRP2）经胆汁排泄。双氯芬酸酰基葡萄糖醛酸和 5– 羟基双氯芬酸衍生的苯醌亚胺共价修饰蛋白质，这可能导致易感个体的肝毒性。UGT2B7、CYP2C8 和 ABCC2 的等位基因变体可能易于形成和积累活性双氯芬酸代谢物，与双氯芬酸的肝毒性有关。双氯芬酸酰基葡糖醛酸的肝窦流出依赖于 ABCC3（MRP3）[91]。DCF 治疗后 ABCC3 功能受损可加重胃肠道损伤[92]

肝酶（ALT 或 ALP）升高的情况下，测试该化合物对 BSEP 的抑制对于了解药物性肝损伤的机制至关重要[71]。国际转运体联盟已经确定了这类病例的首选检测方法[72]。必须强调的是，母体药物与 BSEP 无相互作用并不排除与一种或多种代谢物相互作用。

由于药物代谢物是 MRP2（ABCC2）的底物[73]，这种小管输出系统也是构成药物诱导的胆汁淤积性肝病的危险因素。该转运体的变体与药物诱导的肝损伤有关[74, 75]。此外，曲格列酮可降低 PXB 嵌合小鼠肝脏中人 MRP2 和 BSEP 的表达[76]。当 BSEP 功能受损时，基底侧外排系统（MRP3 和 MRP4）是降低肝细胞胆盐和药物代谢物负担的潜在救助系统。因此，这两种转运体是药物诱导的胆汁淤积的额外潜在易感因素[77]。BCRP（ABCG2）是另一种在肝细胞管状结构域中表达的 ABC 转运体。几项体内研究表明，BCRP 和 MDR1 都在确定底物药物（如 TKI 舒尼替尼）的药代动力学中发挥作用。用 MDR1 抑制药 PSC833（伐司朴达）或 BCRP 抑制药泮托拉唑治疗的大鼠显示 AUC 显著增加，舒尼替尼的胆汁排泄显著减少[78]。临床发现舒尼替尼在一名 73 岁的日本女性中引起严重的肝毒性，该女性血浆中舒尼替尼及其主要活性代谢物 N– 去乙基舒尼替尼的暴露量极高。对可能与舒尼替尼药代动力学相关的 7 个 SNP 进行基因分型，结果显示 ABCG2 基因中存在 421C＞A 代替突变，导致 421C＞A 基因突变纯合子的形成[79]。这种多态性与 BCRP 的低表达和活性相关[80]。

MDR3（ABCB4）是一种磷脂酰胆碱转运体，在肝细胞的小管膜上表达。它将磷脂酰胆碱从磷脂双分子层的内叶转移到外叶。磷脂是胆汁的重要脂质成分，可在磷脂 – 胆固醇囊泡中溶解胆固醇。ABCB4 基因的遗传缺陷可导致一系列胆汁淤积性肝病，从儿童的短暂性新生儿胆汁淤积、进行性家族性 3 型肝内胆汁淤积症，到成人胆汁性肝硬化、低磷脂相关胆石综合征、妊娠期肝内胆汁淤积症和药物诱发的胆汁淤积症[81, 82]。

MDR3 可被某些药物抑制（如抗真菌药物伊曲康唑），导致胆汁淤积性肝损伤。在伊曲康唑处理的大鼠中，由于抑制了 MDR3 介导的胆磷脂排泄，导致胆磷脂浓度大幅降低 [83]。磷脂是胆汁形成所谓的混合胶束所必需的，混合胶束由磷脂、胆固醇和胆盐组成。抑制胆汁磷脂排泄会破坏混合胶束的形成，从而增加胆盐对胆管上皮的毒性作用。在表达 MDR3 的 LLC-PK1 细胞中，伊曲康唑降低了 MDR3 介导的 [^{14}C] 磷脂酰胆碱的流出，进一步证实了伊曲康唑抑制了 MDR3 转运功能。这些数据在稳定转染 NTCP、BSEP、MDR3 和 ABCG5/ABCG8 的 LLC-PK1 细胞中重现，ABCG5/ABCG8 是一种极化的细胞系统，可作为小管脂质分泌的模型。抗真菌药物泊沙康唑、伊曲康唑和酮康唑能抑制 MDR3 介导的磷脂酰胆碱分泌，而阿莫西林 – 克拉维酸酯和曲格列酮则不能 [84]。抗真菌唑类还可抑制 BSEP 介导的牛磺胆酸盐排泄。MDR3 和 BSEP 的联合抑制代表了唑类引起易感患者药物性肝损伤的双重机制。

四、临床意义

药物在吸收、分布、代谢和（或）消除阶段药代动力学方面的相互作用会影响治疗方案的疗效和不良反应。诱导或抑制膜转运体 P 糖蛋白的药物会改变其在肠内的生物利用度 [85]。当将一种新药物加入正在进行的药物干预或开始联合治疗时，特别是当涉及的药物治疗指数较低时，这些都是必要的考虑因素。免疫抑制药和抗生素之间的药物相互作用导致疗效降低和不良反应增加便是一个常见的例子。这些是选择药物时的重要考虑因素，因此也是器官移植患者临床管理监测计划的重要内容（表 82-1）[86, 87]。

虽然目前基于对药物相互作用机制更好的认知的应用主要聚焦在预防临床实践中药物组合的不良后果，但也有一些被用于优化治疗效果的例子。在早期试验中，硫唑嘌呤（一种 6- 巯基嘌呤的硫嘌呤前体药物）与别嘌醇（黄嘌呤氧化酶抑制药）的联合用药被证明毒性大于其有效性 [88]。然而，在炎症性肠病患者的治疗中，低剂量硫唑嘌呤 + 别嘌醇方案已成为一种可接受的策略 [89]（图 82-4），以避免硫嘌呤甲基转移酶优先甲基化至 6- 甲基巯基嘌呤而导致的"高甲基化"现象，从而有效缓解药物疗效降低和不良反应出现 [90]。

表 82-1　免疫抑制药和抗真菌药之间潜在的药代动力学相互作用				
	底物（CYP）	抑制药（CYP）	3A4 抑制类型	P 糖蛋白底物
免疫抑制药				
环孢素	3A4	3A4	竞争性	是
他克莫司	3A4	3A4	竞争性	是
西罗莫司	3A4/3A5	不显著	不适用	是
依维莫司	3A4/3A5/2C8	没有数据	没有数据	是
抗真菌药				
酮康唑	3A4	3A4、2C19	竞争性和非竞争性	是
氟康唑	3A4	2C9、2C19	非竞争性，混合性	是
依曲康唑	3A4	3A4	竞争性	是
伏立康唑	3A4	3A4、2C9、2C19	非竞争性，混合性	没有数据
泊沙康唑	<2% I 期代谢	3A4	弱抑制性	是

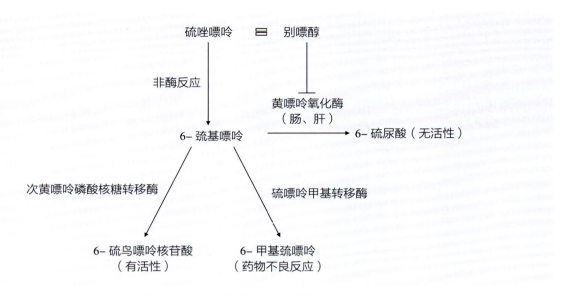

▲ 图 82-4　硫唑嘌呤与别嘌醇的相互作用

硫唑嘌呤被非酶反应裂解为 6- 巯基嘌呤，它由硫嘌呤甲基转移酶（TPMT）和次黄嘌呤 - 鸟嘌呤磷酸核糖转移酶代谢。6- 巯基嘌呤通过代谢生成硫黄嘌呤而失活，然后通过黄嘌呤氧化酶生成硫尿酸，而别嘌醇则抑制硫嘌呤的生成。硫黄嘌呤可抑制 TPMT

第 83 章　肝脏生长的代谢调节

Metabolic Regulation of Hepatic Growth

Wolfram Goessling　著

马鸿倩　鄢和新　陈昱安　译

目前，对胚胎发育期间和损伤后再生过程中控制肝脏生长的信号通路和分子开关已进行了许多研究。胚胎发育和肝脏再生都以营养成分和细胞代谢的显著变化为特征，其中代谢变化为 DNA 合成和细胞分裂提供了原料和能量，以促进细胞增殖，增加细胞数量和器官体积。在器官发育和修复过程中，新陈代谢的变化、经典生长途径的激活与细胞分化和增殖调控之间的联系在很大程度上仍未被探索。本章将重点介绍几个典型的信号通路，包括 LKB1、mTOR、Hippo/Yap 信号，以及它们在器官发育和再生过程中的作用。

一、发育

发育中的胚胎具有高度动态变化的营养状态，以保证快速生长的生物体的能量需求 [1-4]。在这个过程中，首先需要确保发育中生物体的存活，并与细胞体积、分化和功能所需的时间和位置精度相匹配。最近的研究表明，葡萄糖的代谢变化对生长因子的浓度梯度、形态和器官发育有直接的影响 [5, 6]，强调了代谢物、代谢感知和调节途径在器官发育过程中的重要性。

目前对老鼠和斑马鱼的肝脏发育过程都已有了深入的了解 [7-10]。肝脏在代谢平衡和胚胎营养供应的动态变化中起着核心作用，但只有少数研究关注代谢信号对肝脏器官发育的重要性。此外，在胚胎干细胞或体外诱导的多能干细胞中探究促进肝细胞形成的信号，可以为发育过程中的

代谢信号研究提供重要的思路 [11, 12]。

LKB1（STK11）是 Peutz-Jeghers 综合征的致病突变基因，Peutz-Jeghers 综合征是一种以良性胃肠道错构瘤的发展和癌症的早期发病为特征的罕见常染色体显性癌症综合征 [13]。LKB1 在调节葡萄糖和能量平衡方面起着至关重要的作用，同时也会对 mTOR 信号转导和 Hippo/YAP 通路的活性产生影响。携带 LKB1 功能缺失突变的斑马鱼，其肝脏发育正常，但在幼体发育期间表现出糖原储备耗尽的饥饿特征，表明其不能感知和适应胚胎发育中不断变化的营养供应 [14]。LKB1 对细胞极化和胆管发育也很重要，Arias 及其同事使用胶原蛋白夹心培养系统使未分裂的大鼠肝细胞形成多细胞小管网络，证明在肝细胞极化和胆小管网络的发育和维持中需要完整的 LKB1 信号转导及其下游效应因子 AMPK [15]。进一步的研究发现，牛磺胆酸盐和其他胆汁酸可以激活 LKB1 和 AMPK 以诱导肝细胞的极化过程 [16]，表明能量感知和稳态与肝细胞极性之间存在联系。在小鼠肝脏中特异性敲除 LKB1 会导致微管和胆管形成缺陷 [17]。在另一项研究中，这些小鼠的胆汁酸清除功能受损，胆汁酸在血清和肝脏中出现明显累积 [18]。胆管的形态发生受到 LKB1 和 Notch 信号相互作用的影响，其中 Notch 的活性依赖于完整的 LKB1 [18, 19]。最近的研究进一步强调了 LKB1 在肝脏发育和成熟中的核心作用，其中 LKB1 和 PTEN 对肝脏的小叶分区至关重要 [20]。LKB1/

AMPK 和 PTEN 的一个共同效应因子是 mTOR 信号。尽管 mTOR 在生长方面的其他一些作用已被阐明，但它在肝脏发育中的具体作用仍难以解释。目前的研究仅限于观察到胚胎大鼠在妊娠晚期暴露于 mTOR 抑制剂雷帕霉素时，对肝细胞增殖未产生明显影响[21, 22]。

Hippo/Yap 信号通路是另一个可以感知环境能量状态并将其与细胞生长反应相联系的中心途径。Wolfram 实验室的工作进一步阐明了肝脏发育对完整 YAP 活性的需求：YAP 突变的斑马鱼胚胎肝脏发育不良，其增殖指数降低。转录组学和代谢组学分析发现，YAP 的缺失会引起葡萄糖运输和氮合成代谢的变化，从而导致 DNA 合成和细胞复制所需的核苷酸生物合成减少[23, 24]；其他研究也证实了 YAP 及其姊妹蛋白 Taz 在肝脏发育中的重要性[25]。外源性核苷酸可以部分挽救肝脏发育，阐明了依赖于 YAP 的核苷酸产生在正常肝脏发育过程中的核心作用[23]。进一步的研究确定了 Hippo/Yap 信号转导系统在细胞增殖以外的重要性：YAP 负性调控因子 NF2 的缺失会促进小鼠肝脏发育过程中的胆管分化[26]，在发育小鼠的肝脏中，YAP 基因的缺失会损害胆管发育，引起胆管发育不良，最终导致进行性纤维化[27]。有趣的是，同时敲除肝脏中的 Yap 和 Taz，会导致 2 个月大的肝脏体积和细胞增殖能力都有所增加，但是肝脏长期的再生能力受损，表现为肝切除后肝脏体积无法恢复，以及不能在恰当的时间进入细胞周期[28]。

综上所述，LKB1/AMPK、mTOR 和 Hippo/Yap 信号可以作为生物体能量状态的经典传感器影响肝胆分化和肝细胞增殖。尚未确定的是，在发育中的胚胎中经历了哪些（如葡萄糖和谷氨酰胺的浓度和 ROS 浓度）代谢变化，从而导致这些途径的调控及其对肝胆发育的下游影响。

二、再生

肝脏不仅具有显著的再生能力[29, 30]，在维持代谢平衡中也起着核心作用，肝脏损伤会引起葡萄糖、氮、脂和胆盐代谢发生显著变化[31-33]。接受部分肝切除术的小鼠由于失去了参与葡萄糖生成的肝脏组织[34]，以及发生了肝脂肪变性[33, 35, 36]，会出现明显的低血糖症。此外，在肝脏损伤前限制糖类的摄入，会对肝脏修复能力造成明显损害[37]；然而，在肝脏损伤后输注葡萄糖缓解低血糖反应会延迟肝脏的再生[38]。此外，LDL 受体基因 LDLR 突变的小鼠表现出肝脏再生延迟[39]，而肝脏甘油三酯含量的变化或脂肪变性并不会影响再生能力[33, 40]。最近的一项研究将转录组学和代谢组学方法与 NADH 和 FAD（决定细胞氧化还原状态的基本因素）的静脉内代谢物成像相结合，阐明了线粒体氧化过程的代谢重塑，并将其与细胞肥大及随后的细胞增殖联系起来[41]。先前的一项研究利用磷同位素成像，发现在接受肝脏切除手术的患者体内 ATP 能量储存耗尽[42]。由于肝切除后胆汁酸水平迅速升高，可将其作为描述影响肝脏再生过程的代谢物[43, 44]。胆汁酸下游 FXR 的激活是肝脏修复的必要条件[44-46]，肝脏特异性缺失 FXR 会导致部分肝切除术后肝脏再生延迟[47]。同样，在小鼠胆汁酸膜转运体 Mrp3（Abcc3）缺失模型中，由于门静脉血中的胆汁酸浓度降低，部分肝切除术后的肝脏再生能力也存在一定程度的损伤[48]。这些研究表明，肝脏损伤后，新陈代谢发生变化，并且可以直接影响肝脏再生。然而，除胆盐外，肝脏如何感知并应对肝脏损伤后发生的代谢改变在很大程度上仍不清楚，但肝脏对营养感知和调节途径的参与表明，肝脏损伤后发生的代谢变化会部分调节肝脏的再生过程。

Maillet 及其同事使用肝脏特异性敲除小鼠进行部分肝切除，发现 Lkb1 的缺失会以 ERK 依赖的方式增强肝细胞的增殖[49]，这些变化似乎独立于部分肝切除后葡萄糖和脂质代谢的变化。此外，Lkb1 还会在有丝分裂过程中调节纺锤体的完整性，从而影响倍性状态，并有助于保持再生肝的基因组完整性。在另外一项研究中，Lkb1 效应器 AMPKα1 的缺失削弱了部分肝切除术后小鼠肝细胞的增殖，表明这些信号和下游效应之间存在着更复杂的相互作用，而不是直接的线性关系[50]。还有研究发现，AMPKα1 的作用与肝脏损伤后能量平衡的改变无关，而是在部分肝切除后通过改变 S- 腺苷蛋氨酸的浓度来调节 AMPK 的活性[51, 52]。

mTOR 信号在器官生长和癌症形成中具有核心作用[53-55]。然而，它在肝脏再生中的作用却不太明确，肝脏部分切除后，用雷帕霉素治疗会减弱小鼠和大鼠的细胞增殖能力[21, 56]。此外，肝切除后 mTORC1 的靶蛋白 S6K 会被迅速磷酸化[57, 58]。用雷帕霉素、其类似物或 S6K 的基因缺失治疗会导致 S 期进入延迟，肝细胞增殖减少[21, 58]。相反，在肝脏再生过程中，mTOR 的另一个靶蛋白 4E- 结合蛋白 1 的磷酸化似乎不受雷帕霉素的影响[59]。

Hippo/Yap 信号在肝脏稳态中的作用也受到了广泛的研究。激活 Yap 表达会促进肝脏肥大，最终导致肝癌[60, 61]。同样，负性调控 Yap 活性的因子 Lats1/2[62-64]、NF2[27, 65] 和 WW34[64, 66] 的丧失会导致 Yap 活性增加和肝脏过度生长。部分肝切除后，Hippo 途径的靶基因上调[67-69]。然而，很少有研究阐明 Hippo/Yap 通路对肝脏再生功能的调控作用。用新开发的化学抑制剂 XMu-MP-1（Yap、Mst1 和 Mst2 上游的负调控因子）处理部分肝切除后的小鼠，可以增强 BrdU 的掺入、细胞增殖和再生动力学过程[70]。当小鼠接受 XMu-MP-1 处理时，移植到 FAH 小鼠体内的人类肝细胞表现出显著的增殖能力增强。此外，使用 siRNA 沉默 Mst1 和 Mst2 基因可以增强老年小鼠肝脏部分切除后的再生反应[71]。

三、结论

综上所述，LKB1、mTOR 和 Hippo/Yap 信号作为感知和调节代谢的核心途径，在肝脏发育、器官生长及肝脏再生方面都具有重要的作用。虽然已经阐述了胚胎发育和肝脏损伤过程中的代谢动力学，但在器官形成和修复过程中激活和调节这些代谢相关信号通路的确切过程还不完全清楚，需要进一步的研究来确定机体在维持代谢稳态的同时使细胞增殖和器官再生的机制。

第84章 肠道微生物群与肝病
The Gut Microbiome and Liver Disease

Lexing Yu　Jasmohan S. Bajaj　Robert F. Schwabe　著
李佳琪　李　朋　石东燕　陈昱安　李　君　译

一、肠道微生物群在健康和疾病中的作用

微生物群是一个多样化且适应性强的生态系统，其组成受到营养、生活方式、性别、年龄和昼夜节律变化的影响。肠道微生物群和宿主之间大多处于共生关系，这种共生关系有利于调节宿主体内的新陈代谢过程和免疫功能[1, 2]。尽管微生物群在健康状态下有诸多益处，但人们逐渐发现其在疾病的发生发展过程中也起到重要作用。人体中质量占 99% 的微生物存在于肠道内，而肠道微生物群对人体的健康和疾病发生具有最深远的影响。在肠道微生物群中，细菌微生物群的影响多局限于肠道内，但它也可产生显著的远端影响。已有研究显示，肠道细菌微生物群可影响肝脏、心脏、大脑和造血系统等疾病的发生与发展[1, 3]。有趣的是，通过 16S 分析（一种通过对细菌的 16S rRNA 基因测序并与数据库进行比较来对细菌进行分类的分析技术）检测肠道微生物群，结合机器学习分析肠道微生物群与多种疾病的关系，发现在肝硬化中，根据肠道微生物群变化来预测肝硬化的发生是最准确的[4]。这说明肠道微生物群在慢性肝病中具有重要作用。在本章中，我们将重点讨论肝脏疾病中调控宿主和肠道微生物群相互作用的关键通路，综述肠道微生物群在各种肝脏疾病中的作用情况，以及靶向微生物群－肝轴的治疗方法在预防和治疗肝脏疾病中的可行性。

二、微生态失调与肠－肝轴

由于肝脏通过门静脉与肠道紧密相连，因此它是微生物成分和代谢物（即微生物相关分子模式）（microbe-associated molecular patterns，MAMP）的首个靶点[5, 6]。在健康状态下，多层肠道屏障和肝脏的高水平免疫耐受确保了肝脏免受 MAMP 暴露及其诱导的炎症带来的影响，而 CLD 与肠道屏障受损及肠道微生物群改变密切相关。过去 20 年的研究表明，这不仅仅是 CLD 导致的结果，同时也会引起 CLD 诸多病理生理改变。质（微生态失调）和量（上消化道细菌过度生长）的变化及肠漏是 CLD 发生发展的主要驱动因素（图 84-1），其在慢性肝病患者中的发生率高达 20%～75%[7]。微生态失调是微生物失衡的一种状态，包括有益类群的丧失和潜在有害菌种的增加。虽然特定微生物变化的因果关系仍有待确定，但在晚期非酒精性脂肪性肝炎、酒精性肝病和肝硬化中普遍出现微生物多样性降低，革兰阳性杆菌和阿克曼杆菌减少，以及革兰阴性变形杆菌（特别是肠杆菌科细菌）的增加[8-12]。此外，肝硬化患者的肠道微生物群中口腔来源的微生物种类丰富，表明微生物从口腔入侵至肠道[13]。但当停用目前肝硬化治疗过程中常用的质子泵抑制药时，上述现象消失，说明这可能是一种伴随现象[14, 15]。此外，肝硬化患者唾液、肠

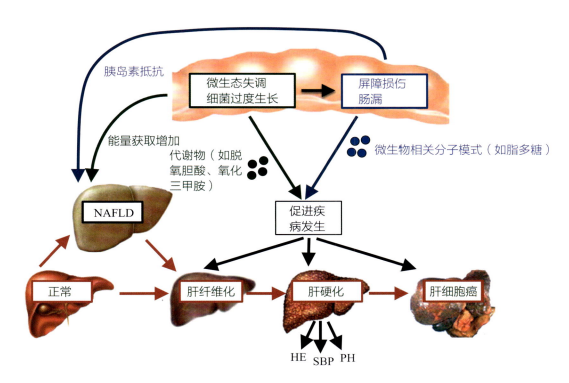

▲ 图 84-1 肠道微生物群 – 肝轴促进肝脏疾病发生

肠道微生物群质（生态失调）和量（细菌过度生长）的变化在肝病发生发展中起重要作用，可促进慢性肝病进展为肝纤维化、肝硬化 [包括门静脉高压症（PH）、肝性脑病（HE）和自发性细菌性腹膜炎（SBP）等并发症发生]，以及使酒精性肝病、慢性病毒性肝炎、非酒精性肝病等发展为肝细胞癌。这些影响大多由细菌代谢物或 MAMP 介导。此外，肠道微生物群还可能通过增加肠道能量获取和降低胰岛素敏感性来促进非酒精性脂肪肝的发展。NAFLD. 非酒精性脂肪性肝病

黏膜和血清微生物群也出现失调，表明肝硬化患者肠道微生态失调反映了全局性的黏膜免疫变化 [16, 17]。致病的微生态失调不仅限于细菌菌群的失调，还包括肠道真菌菌群的变化，如酒精性肝病患者发生肝硬化前已出现肠道内真菌多样性降低和念珠菌过度生长 [18]，这在门诊和住院的肝硬化患者中也均如此 [19]。此外，肠道病毒的改变也可能引起微生态失调。

目前，引起 CLD 患者肠道微生态失调和黏膜屏障损伤的原因尚未阐明。肝脏疾病可能通过改变胆汁酸的分泌（通过肠道 FXR 直接和间接地调节细菌生长和黏附）和门静脉高压（导致肠道黏膜改变和细菌移位增加），直接导致微生态失调和黏膜屏障功能损伤。高脂饮食或酒精摄入也会直接改变细菌微生物群，导致微生态失调和细菌过度生长。失调的微生态及其引起的炎症变化，以及肠道免疫功能的改变，均会对肠黏膜产

生重大影响，被认为是肠屏障功能障碍的主要原因。

三、肠道微生物群促进肝脏疾病发生发展的分子机制

（一）MAMP-TLR 轴

肠道渗漏的主要后果之一是将肝脏暴露于肠道来源的 MAMP，从而导致 TLR 的激活和炎症的发生。在健康的啮齿动物和人体中几乎无法检测到门静脉和全身 LPS 水平，但 CLD 与 LPS 的增加密切相关。LPS 水平随着肝硬化的进展而升高，但在无肝硬化的酒精性肝病和非酒精性脂肪性肝病患者中也可升高 [5]。除了 LPS 水平升高外，暴饮暴食等急性打击也可促进 LPS 的移位。此外，酗酒也会增加鼠和人体内的 LPS 水平 [5, 20]。

已有研究证实，TLR4 在酒精性脂肪性肝病、NAFLD、纤维化和肝癌的发生中发挥作用 [5, 21-24]。

TLR4 是 LPS 受体，表达于多种类型的肝脏细胞，包括肝巨噬细胞、肝星状细胞、内皮细胞和肝细胞。目前尚不清楚是哪一种表达 TLR4 的细胞促进了疾病的进展，但通过对骨髓嵌合小鼠的研究发现，肝脏驻留的 HSC、肝细胞、肝巨噬细胞等表达 TLR4 的细胞是促进肝纤维化和肝癌发生的罪魁祸首 [22, 23]。TLR2 是脂磷壁酸（lipoteichoic acid，LTA）的受体，LTA 是一种革兰阳性菌组成成分。在构建肥胖诱导的肝细胞癌模型中，TLR2/LTA 信号通路促进了肿瘤微环境的形成 [25, 26]。此外，TLR2 信号还参与了 NASH 和 ALD 的发展 [27]。TLR9 可识别来自病毒和细菌 DNA 的 CpG 岛。CLD 患者外周血中细菌 DNA 水平升高 [28]。在小鼠模型中，TLR9 信号可通过诱导 IL-1β、CXCL1 等细胞因子的产生来促进 NASH 和 ALD 的进展 [29, 30]。

（二）细菌代谢及代谢产物

相比宿主，细菌微生物群拥有更大的基因库和更丰富的代谢途径，因此可为宿主提供本身无法完成的合成和消化代谢过程。肠道微生物群的新陈代谢可直接影响宿主从摄入的食物中获取能量的能力 [31]。在营养不良期间，细菌能量获取减少，而肥胖时细菌能量获取增加，从而导致或加剧疾病进展 [32]。因此，肥胖时肠道微生物群的变化可能促进 NAFLD 的发生发展。肠道微生物群在胆汁酸代谢中也起着重要作用，可通过脱羟基作用将初级胆汁酸转化为次级胆汁酸，两者在激活其受体 FXR 等生物学效应上存在很大不同。由于 FXR 在肝脏脂质和葡萄糖代谢中具有重要作用，并且会影响肠道微生物群的组成和肠道屏障功能，因此 FXR 活性的改变可能对肝脏疾病的发生发展产生重大影响。此外，在 NASH 患者中，微生物群诱导的脱氧胆酸增加可能有助于 HSC 的激活和肝细胞癌的发展 [26]。随着肝硬化的进展，参与胆汁酸转化的肠道菌群丰度改变，导致粪便总胆汁酸减少，初级胆汁酸向次级胆汁酸的转化减少，血清总胆汁酸增加 [33]。肠道菌群将胆碱转化为三甲胺（在肝脏中进一步转化为三甲胺 N– 氧化物）会导致胆碱水平降低，并可能导致脂肪肝的发展 [34]。此外，特定的细菌代谢物，

如短链脂肪酸（short-chain fatty acids，SCFA），被认为对结肠健康很重要，有助于维持完整的肠道屏障。因此，营养变化或肠道微生态失调可能会影响屏障功能。肝硬化患者在接受抗生素治疗后，SCFA 会显著减少，可通过粪便移植进行补充 [35]。

（三）免疫

肠道微生物群和免疫系统之间的相互作用是双向的。虽然免疫系统控制着肠道微生物群的组成并限制了致病性肠道细菌，但细菌微生物群在塑造免疫反应和确定免疫系统的基调方面发挥着重要作用。因此，无菌小鼠在 T 细胞免疫方面表现出重大缺陷，并且更易患上自身免疫性疾病。微生物对免疫的影响不仅是局部的，还会影响全身的免疫反应。因此，使用抗生素治疗可以阻止小鼠乙肝病毒的清除，这也部分解释了免疫反应和乙肝病毒清除率随年龄变化的差异（如围产期和成人之间的乙肝病毒感染差异）[36]。细菌在控制化疗和免疫治疗过程中的免疫反应及预后方面也发挥着重要作用 [37, 38]。因此，菌群失调可能与 CLD 患者体内免疫监视失败及肝癌的发生有关。

四、肠道微生物群在肝脏疾病中的作用

（一）非酒精性脂肪性肝病

无菌小鼠及无菌条件下出生的小鼠在研究肠道微生物群对代谢和能量获取的影响方面具有重大贡献。研究显示，肥胖者的肠道微生物群在能量获取方面更高效，从而导致肥胖发生（见参考文献 [32]）。此外，肠道微生物群和 LPS 可以促进胰岛素抵抗 [39]，这进一步导致了 NAFLD 的发展。而治疗性的微生态调节可以改善患者的胰岛素抵抗 [40]。NAFLD 患者表现出微生态失调，但不同研究之间的模式并不一致，一些研究中显示类杆菌增加，而在另一些研究中则呈现下降，并且与健康人群存在较多重叠（见参考文献 [41]）。此外，NAFLD 患者的肠道通透性增加 [42]。关于肠道微生物群在 NAFLD 中作用情况主要基于小鼠模型，研究结果显示，高脂饮食增加了小鼠的肠道通透性，全身 LPS 水平上升 2～3 倍 [43]。在

apoE 缺陷型小鼠中，TLR4 促进了高脂肪和高胆固醇饮食诱导的 NASH[44]。利用微生物群移植或抗生素治疗的相关研究表明，NASH 来源的微生物群会加剧 NASH 进展，而抗生素或来自健康小鼠的微生物群可改善 NASH[45, 46]。此外，肠道微生物群在促进 NASH 相关的肝细胞癌的发展中也起着重要作用[22, 26, 47]。

（二）酒精性肝病

ALD 是指从肝脏脂肪变性到酒精性肝炎和肝硬化的一系列疾病。在喂养含酒精饮食的动物中，肠道微生物群组成和肠道通透性的变化与细菌移位的增加密切相关[48, 49]。这些变化是由酒精摄入引起的，但可被伴随的脂肪摄入所改变[50, 51]。在动物模型中，有证据表明肠道微生物群在 ALD 发展中起到了致病作用[48]。对抗生素治疗和 TLR4 缺陷小鼠的研究表明，肠道渗漏和细菌 MAMP（如 LPS 等）对 ALD 发生发展具有重要作用[21, 52]。ALD 患者和酗酒者的 LPS 水平显著升高[5, 20]。将经常饮酒的肝硬化患者和重度酒精性肝炎患者的粪便移植到小鼠体内，可加重酒精性肝病的恶化，促进肝脏炎症和细菌移位，加剧肝脏损伤[51, 53]。此外，将酒精耐受小鼠的肠道微生物群移植到酒精敏感的小鼠中，这组小鼠也成功获得了酒精耐受能力[54]。在人体研究中，有、无酒精性肝病的无肝硬化患者具有相似的微生物群[55]。然而，一旦出现肝硬化，即使戒酒，酒精性肝硬化患者也表现出比非酒精性肝病患者更严重的微生态失调，并且不同于与酒精性肝病患者未发生肝硬化之前所观察到的微生态失调[12, 56]。酒精性肝炎是 ALD 最严重的表现，与严重的肠道微生物失调和肠 – 肝轴改变伴随胆汁酸代谢异常有关[57]。近期的一项研究表明，肝硬化治疗中常用的质子泵抑制药抑制胃酸后可导致肠球菌过度生长，增加了 ALD 的发生风险[58]，可见 ALD 和肠道微生物群之间的关系需在相应的疾病状态下研究。如果持续饮酒，患者的血清、十二指肠和粪便中的胆汁酸，以及与肠道炎症和内毒素血症有关的次级胆汁酸浓度会显著升高[59, 60]，而及时戒酒可通过调节肠道屏障功能和微生物群阻止疾病进展为肝硬化[61]。

（三）纤维化

纤维化是 NASH 和其他类型 CLD 患者病死率的主要决定因素[62]。肠道微生物群在促进肝纤维化中作用的来自于大量的小鼠研究，其中关于肠道微生物群及感知 MAMP 的受体系统已研究的较为透彻。过去 60 年的大量研究表明，抗生素治疗可减少各种实验动物模型中纤维化的发展，内毒素可增强胆碱缺乏饮食诱导的肝纤维化（见参考文献 [5]）。另外，在无菌小鼠中完全缺乏微生物群抑制了纤维化的发展[63, 64]。内源性共生微生物群可以保护肝脏免受损伤和纤维化，这很可能是因为缺乏 TLR4 介导的抗凋亡 NF-κB 信号的激活[22, 63, 64]。与抗生素治疗小鼠的研究一致，抑制 TLR4 和 TLR4 信号通路的其他分子，如 CD14 和 LPS 结合蛋白，可以减少毒性和淤胆性肝纤维化模型中纤维化形成[23, 65]。但在人体中，肠道微生物群在纤维化发展中的具体作用尚不清楚。到目前为止，还没有关于利福昔明和诺氟沙星等常用抗生素对纤维化发展影响的数据，但有几项试验正在进行中（如 NCT02884037、NCT02439307、NCT02555293、NCT01037959、NCT02120196、NCT00359853）。在慢性丙型肝炎患者中，TLR4 的点突变可降低 TLR4 活性，从而降低肝纤维化发生[5]。

（四）肝硬化及其并发症

临床研究已证实，肠道微生物群组成和功能的变化是从代偿阶段逐步发展到失代偿阶段[12, 66]。特定细菌的增多或减少与肝硬化患者肝功能障碍的严重程度相关[13]。大部分肝硬化患者可见小肠内细菌过度生长，并且与多种并发症有关，如肝功能障碍恶化、自发性细菌性腹膜炎和肝性脑病（见参考文献 [67]）。此外，微生态失调和细菌移位增加也与肝硬化的并发症有关，包括高动力循环、门静脉高压，以及自发性细菌性腹膜炎（见参考文献 [67]）。肝硬化引起的认知改变，通常表现为肝性脑病，与粪便和结肠黏膜微生物群组成的变化有关，常导致高氨血症和神经炎症[68, 69]。因此，肝硬化患者的微生物群会富集到氨生成相关生物学途径[13]。在实验模型中，门静脉高压的发生与 LPS/TLR4 途径相关[70, 71]。由此可见，细菌 MAMP 和代谢产物可能会对肝硬化并发症产生不同的影响。值得注意的是，使用抗生素（如利福昔明）治疗已被证明可以逆转肝性脑病 [72]，当与乳果糖联合使用时，可降低病死率，降低肝性脑病和静脉曲张出血的复发风险 [73]，表明肠道微生物 – 肝轴在肝硬化并发症防治中具有重要作用。

（五）肝细胞癌

慢性肝病长期进展最终会形成肝细胞癌，尤其是在肝硬化状态下。由此可见，HCC 是在肝硬化典型的微生态失调和肠 – 肝轴破坏的环境中发展而来 [13, 41]，而当 HCC 发生或进展时，这种失调会进一步加剧。因此，NASH 诱导的肝硬化和 HCC 患者均出现拟杆菌属和瘤胃球菌科增加，双歧杆菌减少，但肠道屏障功能障碍的程度相似 [10]。啮齿动物研究已经证实了肠道微生物群在肝癌发生中的作用，在基因毒性和高脂饮食诱导等多种 HCC 模型中，抗生素治疗小鼠和无菌小鼠的 HCC 发展显著降低 [22, 26, 47]。MAMP 是促进 HCC 的主要因素，在基因毒性模型中，低剂量的 LPS 处理增加了 HCC 的发展，在基因毒性和损伤诱导的 HCC 及 NASH 诱导的 HCC 中，TLR4 和 TLR2 缺陷小鼠的 HCC 形成均减少 [22, 26]。此外，肥胖诱导的革兰阳性肠道微生物代谢产物脱氧胆酸水平的增加促进了 NASH 诱导的 HCC 发展 [25, 26]。除了通过细菌 MAMP 或代谢产物促进 HCC 发展外，肠道微生物群也可能通过免疫调节作用影响 HCC 的发展。例如，肝螺杆菌在肠道内定植后，可通过调节先天性 T 细胞和 Th1 介导的适应性免疫来促进黄曲霉毒素和丙型肝炎病毒转基因诱导的 HCC [74]。虽然目前还没有数据表明微生态失调如何影响免疫监测及其对 PD-1 抑制药的反应，但最近批准的一种 HCC 疗法（在 HCC 患者中的应答率为 20%）和在其他肿瘤中的研究表明，肠道微生物群在肿瘤免疫监视和对免疫检查点抑制的响应中起重要作用 [37, 38]。

五、肠道微生物群作为一种诊断和预后工具

微生态失调与 CLD 及其并发症的相关性为研究肠道微生物群作为诊断和预后工具提供了理论基础。一组 15 种肠道微生物标志物已被证明可以识别肝硬化患者 [13]。一组包括 37 种细菌在内的 40 项特征能够区分轻中度 NAFLD 和晚期 NASH 纤维化 [8]。此外，疾病从门诊阶段到住院阶段的进展和慢加急性肝衰竭（acute-on-chronic liver failure, ACLF）的发展与肠道微生物群的变化均有关 [12, 66]。通过肠道微生物群中是否包含真菌，可用于预测肝硬化患者的入院和再入院情况 [16, 19, 75]。

六、肠道微生物群 – 肝轴作为治疗靶点：悬而未决的问题和未来研究

鉴于肠道微生物群促进了肝脏疾病的进展和许多并发症的发展，包括肝纤维化、肝硬化、门静脉高压、自发性细菌性腹膜炎、肝性脑病和 HCC，其似乎是治疗 CLD 的一个有吸引力且在很大程度上未被探索的靶点。针对肠道微生物群的治疗可能会改善 CLD 的多种并发症。目前，所有关于肠道微生物群在 CLD 进展中的作用情况，除了肝性脑病，都是基于对啮齿动物的研究，其在人类中的具体作用仍有待证实。此外，何时靶向肠道微生物 – 肝轴治疗尚不明确，因为在疾病晚期（如肝硬化）时会伴有更严重的肠道微生态失调和肠漏，而早期时可能阻止疾病的进展。同时，考虑到根除丙型肝炎病毒、抑制乙肝病毒或戒酒等针对肝脏疾病的治疗并不能消除发生并发症的风险，特别是在丙型肝炎肝硬化患者中，因此还需根据病情采取其他相关救治手段。

肠道微生物群 – 肝轴可以通过多种方法实现靶向治疗，如针对微生物群本身、针对肠道屏障，或者是针对细菌 MAMP 或代谢物作用的受体，如 TLR 或 FXR。抗生素、益生菌或粪菌移植（fecal microbiota transplant, FMT）将直接影响肠道微生物群。有趣的是，几项小规模临床研究表明，诺氟沙星和利福昔明等抗生素可提高肝硬化患者的生存率（见参考文献 [41]）。关于抗生素的研究相对较多，因为可使用美国 FDA 批准的高安全性药物治疗 CLD 患者，如非吸收性抗生素利福昔明。FMT 是一种广泛用于艰难梭菌感染患者的治疗方式，其可以逆转 CLD 患者的

微生态失调及相关并发症。由于 FMT 可以改善患者的胰岛素抵抗，其在 NAFLD 和代谢综合征患者治疗中尤具前景 [40]。此外，FMT 还可改善胆汁酸代谢和 CLD 中病理性肠 – 肝轴的其他方面。益生菌已被广泛使用于 CLD 患者治疗，并且被认为是安全的。靶向 TLR 治疗在小鼠实验中体现出较好的前景，其在 CLD 的几种并发症中均起关键作用，但鉴于 TLR 在免疫中的重要作用，以及 CLD 患者的免疫抑制状态，长期抑制 TLR 可能会导致感染的高风险。FXR 激动药也是一种潜在的治疗方法，它可改善肠道屏障，改善肝纤维化和 NASH。总之，靶向肠道微生物群 – 肝轴在预防或治疗 CLD 中具有良好的前景，是一个非常值得深入探索的治疗方法。

第 85 章　谱系示踪：研究生理和病理状态中肝细胞命运的有效工具

Lineage Tracing: Efficient Tools to Determine the Fate of Hepatic Cells in Health and Disease

Frédéric Lemaigre　著

蒲文娟　周　斌　陈昱安　译

一、背景

在发育、损伤、再生和肿瘤发生过程中，肝细胞的形态和功能经历了广泛的变化。在正常发育过程中，肝脏祖细胞分化为子代细胞，之后逐渐形成成熟、功能齐全的成体肝细胞。在急性和慢性损伤或肿瘤形成过程中，成体细胞可以发生去分化（即失去成熟表型并恢复到祖细胞样状态）。成体细胞也可以发生转分化，将其表型转换为另一种类型细胞的表型，并且这个过程可能产生瞬时的去分化状态[1]。因此，当研究特定发育阶段或疾病状态下的某一类型细胞时，就会对该类型细胞的起源和命运提出疑问。许多谱系示踪方法被用于解决这类问题，但是每种方法都有优点和局限性，以及产生错误解释的风险[2, 3]。在这里，我们从技术及概念上讨论了在肝脏发育、稳态和疾病状态下谱系示踪细胞的方法。本章的目的是为读者提供一些背景知识以便读者能够在未来研究中选择最佳策略，并能够批判性地评估其他案例中总结的数据。

二、化学标记研究肝细胞命运决定

在保留标记实验中（图 85-1A），通过放射性或化学示踪剂对细胞进行短暂地标记，如氚-胸腺嘧啶核苷或 5- 溴 -2′- 脱氧尿苷（BrdU），在细胞分裂过程中可以结合到 DNA 中，以便示踪分裂细胞的命运。这种方法通常用于定位公认的干细胞。不对称干细胞分裂产生两个子细胞：一个新的干细胞和一个瞬时扩增细胞。当扩增细胞增殖时，这种保留标记会被稀释，但位于这个微环境的干细胞中仍保留着可检测到的保留标记。这种技术存在许多限制。它严重缺乏细胞特异性，并且由于增殖产生的标记稀释导致 BrdU 的免疫可检测性降低，这使得干细胞的后代细胞无法在第三次分裂后被真实地识别出来。此外，BrdU 和氚 - 胸腺嘧啶核苷可能影响细胞代谢，促进或抑制增殖，或者引发细胞凋亡。BrdU 甚至可以影响细胞分化[4]。因为这些因素，保留标记实验通常被潜在毒性较小且细胞特异性更高的方法所取代。

在不同的实验条件下，活体染料被用来标记胚胎中的细胞斑块，以确定被标记的细胞斑块在肝脏发育过程中的位置命运。活细胞染色剂 CM-Dil 滴在细胞上，与细胞膜结合就会荧光标记细胞。在胚胎第 8 天，用 CM-Dil 准确标记小鼠胚胎的狭窄区域，揭示三个不同的内胚层区域在胚胎第 9～10 天合并构成的肝芽[5]（图 85-1B）。

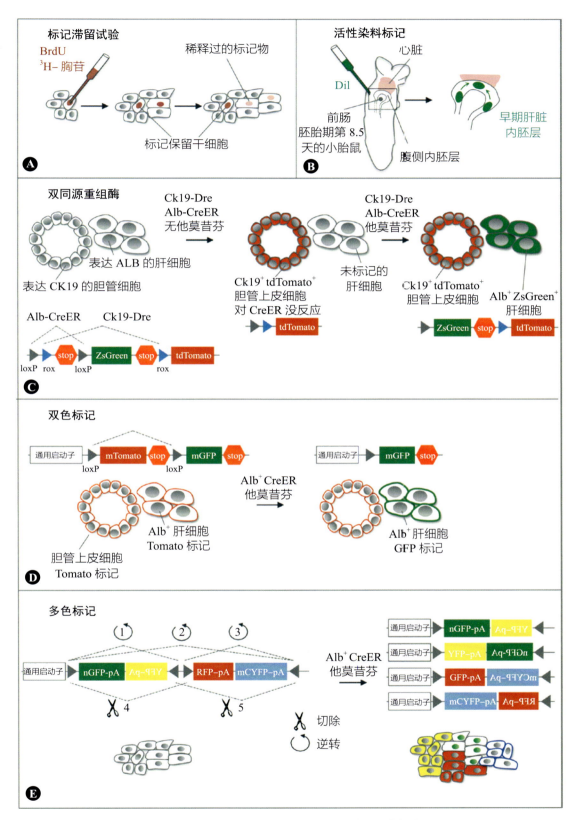

▲ 图 85-1 肝脏生物学领域使用的谱系追踪方法

A. 标记滞留试验；B. 活性染料标记；C. 双同源重组酶；D. 双色标记；E. 多色标记

这种在肝脏发育过程中直接观察的方法实现了命运图谱的概念，有助于提供有关肝脏发育过程中细胞定位及迁移的动态信息。然而，细胞分裂后细胞膜结合的染料会被稀释，导致获得的信息在时间上是十分有限的，并且这种方法没有考虑标记细胞的分化状态。

三、基因标记研究细胞命运决定

由于化学或放射性标记会被稀释，细胞携带的突变可以传播给后代细胞并永久被检测到，因此追踪携带突变的细胞似乎更有效。追踪镶嵌表达转基因或突变基因或者 X 连锁基因随机失活的细胞，使研究人员能够识别组织发育或肝脏再生结节中被非突变细胞包围的突变细胞斑块[6-8]。尽管结果高度提示了突变细胞的克隆性，但这些细胞的起源无法确定，而且组织内运动能力强且不聚集的细胞不能可靠地被划分为分单个克隆或谱系。

肝脏嵌合体是遗传标记的一种形式。在一项经典研究中，将二肽基肽酶Ⅳ（DPP-Ⅳ）阳性肝细胞转移到实施了部分肝脏切除手术，并且利用逆转录酶诱导的肝细胞增殖抑制的 DPP-Ⅳ阴性大鼠。DPP-Ⅳ阳性肝细胞整合到肝脏中，从而产生嵌合肝脏，随后对大鼠进行胆管结扎手术以刺激胆管上皮细胞增殖。最终在受体肝脏的胆管上皮细胞中检测到表达 DPP-Ⅳ的细胞[9]。同样，从 Fah 阳性肝脏中纯化的卵圆细胞能够转变为肝细胞重构 Fah 阴性肝脏[10]。这两项研究对肝细胞和卵圆细胞转分化能力提供了深刻的见解，但他们的结论存在争议，因为存在纯化和再植入的条件改变了细胞的正常分化潜能的可能性。另一个需要注意的是，植入细胞和受体细胞之间的融合可能会使数据的解释出错。总之，这部分提到的遗传示踪技术的局限性促使研究人员进一步求助于细胞的原位遗传标记。

四、基因重组标记细胞

基于噬菌体环化重组酶（Cre）对细胞及其后代进行遗传标记已经成为谱系示踪实验的金标准。在这种情况下，细胞群的遗传标记包含两个转基因元件，第一个是编码 Cre 酶或 Cre 酶变体的元件，第二个是编码发生 Cre 介导的 DNA 片段切除之后才表达的报告蛋白元件，这个被切除的 DNA 片段两侧含有 Cre 酶识别并切割的 34bp 长的 loxP 位点。因此，诱导报告基因在靶细胞中表达后，报告基因可以持续在靶细胞及其后代细胞中表达，无论它们是否表达 Cre 酶；因为 Cre 酶介导的基因组上终止序列的切除是不可逆和可遗传的。因此，报告基因的表达可作为靶细胞及其后代细胞的标记，并且可以永久标记这个靶细胞谱系。然而，必须记住的是，肿瘤的形成过程可能发生染色体重排，而染色体重排会影响标记基因表达，从而打破了谱系示踪的这种永久标记。基于这种精密的示踪方法的研究揭示了肝脏细胞在发育和疾病过程中的细胞来源与表型转变。但是，这些谱系示踪研究的结果比预期的要复杂，实现 Cre 酶和报告蛋白在预期的前体细胞中精确表达的困难导致一系列错误结论。

理想的策略是 Cre 酶仅在目标前体细胞中表达和活跃。目标前体细胞分化为子代细胞后，必须严格控制 Cre 酶的表达或活性的持续时间，避免发生在前体细胞阶段逃脱基因重组的等位基因在子代细胞阶段报告基因的终止序列被切除的情况。换句话说，Cre 酶的活性必须在空间和时间上受到严格控制。

限制 Cre 酶在空间上的表达通常是利用前体细胞群中特异性表达的转录调节元件驱动 Cre 酶转录活性来实现的。已经报道了一些用于肝脏谱系追踪研究的 Cre 品系[2]。这些品系携带的驱动 Cre 酶的转录调节元件特异性地表达在不同细胞种类：肝细胞（Albumin、Cyp1A1、Mx1、transthyretin、α-fetoprotein）、胆管上皮细胞（Ck19、Hnf1β、osteopontin、Sox9、prominin1）、肝星状细胞（Gfap、Colα2、Lrat、Pdgfrβ、α-SMA）、巨噬细胞（Fsp1）、间皮细胞（Wt1、MesP1）或未分化的祖细胞（Lgr5、FoxL1）。重要的是，大多数列出的转录调节元件并不像最初预期的那样具有细胞类型特异性，并且具有泄漏性。例如，如果按照预期，albumin-Cre 和 Ah-Cre 转基因品系只驱动 Cre 酶在肝细胞中的表达，但是实际上也有一部分 Cre 酶表达在胆管细胞中；mGFAP-Cre 品系不仅在肝星状细胞中表达 Cre 酶，也在胆管上皮细胞中产生 Cre 酶。此外，驱动 Cre 酶的转录调节元件的组织特异性可能随时间而变化。例如，Sox9-CreER 转基因品系特异性地在发育中的胚胎肝脏胆管上皮细胞中驱动 Cre 酶表达，但在出生后肝脏中胆管上皮细胞和部分门静脉周围肝细胞中都能驱动表达 Cre 酶[11]。因此，当选择在特定细胞群中表达的 Cre 酶的转基因品系时，通常会面临细胞特异性不足的问题，从而发生标记非预期细胞类型且错误解读谱系示踪数据的情况。

双重组酶系统可以更加准确地标记肝脏中的目标细胞群，同时抑制非目标细胞群的标记[12, 13]。在这个系统中，小鼠携带三种转基因元件：一个报告基因构建载体携带有两个荧光报告基因（tdTomato 和 ZsGreen），两个编码 Dre 重组酶或 Cre 重组酶的转基因元件（图 85-1C）。与 Cre 重组酶类似，Dre 重组酶识别切割两侧为 rox 序列的 DNA 片段。如果 Dre 重组酶先在非目标细胞群中切除了报告基因载体，并且 Dre 重组酶介导的切除使报告基因载体在结构上对 CreER 没有反应，这样可以阻止 CreER（Cre 重组酶的另一种版本，活性受他莫昔芬调控）标记非目标细胞群。例如，这种方法已经被用于证明肝细胞可以在损伤后转化为胆管样细胞，并且示踪的细胞群没有受到胆管上皮细胞标记的污染，不适当的胆管上皮细胞的标记也可能是损伤中新生胆管样细胞的来源[12, 13]。这种精密的方法的成功需要高效率的 Dre 和 Cre 重组酶，并且需要在示踪目标细胞群之前明确出非目标细胞群。

Cre 重组酶活性在时间上的控制有以下四个方法。第一个也是最经典的方法是使用他莫昔芬诱导 CreER，CreER 由 Cre 与雌激素受体（estrogen receptor，ER）的激素结合结构域的变体融合而成。ER 对雌二醇不敏感，但是对他莫昔芬具有很高亲和力，他莫昔芬可以促进 CreER 进入细胞核从而功能上激活 CreER。CreER 的变体 CreER^T2 包含三重突变的人类 ER 激素结合结构域，是使用最广和对他莫昔芬最敏感的形式[14]。CrePR 是一个较少选择的替代体；它是通过将 Cre 重组酶与突变的孕激素受体（progesterone receptor，PR）的配体结合域融合而成，对合成类固醇 RU486 有反应[15]。第二种方法是诱导驱动 Cre 重组酶转录的启动子的活性，在肝脏中分别通过使用 β- 萘黄酮或多肌胞苷酸来诱导驱动 Cre 重组酶的 Ah 或 Mx1 启动子的表达。第三种方法是通过多西环素调节系统在时间上严格地控制 Cre 重组酶的表达。Cre 重组酶的表达由 tTA 或者 rtTA 激活的启动子驱动，由转基因方式产生，分别在不存在或者存在多西环素的情况下激活 Cre 重组酶的转录[16]。第四种方法是，Cre 重组酶表达的时间调控可以通过在成体动物中注射载体介导的转基因来实现。在这种情况下，细胞类型特异性由两种机制控制：带有驱动 Cre 重组酶表达的细胞类型特异性启动子的转基因元件，以及确保该元件被插入靶向特定类型肝细胞的载体中。例如，使用腺病毒或腺相关病毒 2/8 型 –TTR-Cre 载体，实现特异性感染肝细胞，并且在 TTR 启动子的控制下诱导 Cre 重组酶的表达[17]。或者，利用流体动力学方法将编码 Cre 重组酶的质粒从尾静脉注射，将优先靶向肝细胞，而不靶向其他类型肝脏细胞[18, 19]。

他莫昔芬对 CreER 活性的时间调控是非常吸引人的，但它的使用需要非常小心。低剂量的他莫昔芬会导致 CreER 的活性不足，并且仅标记表达 CreER 细胞中的一小群。尽管如此，人们仍然可以利用低剂量他莫昔芬诱导的低效率来进行单细胞标记和克隆分析。例如，Kamimoto 及其同事对 Prom1-CreERT2; R26R-tdTomato 小鼠给予低剂量的他莫昔芬，标记 0.2% 的胆管上皮细胞。对小鼠给予肝毒素诱导胆管反应，并研究单细胞衍生的克隆的三维结构[20]。高剂量的他莫昔芬用来高效地激活 CreER 并均匀标记特定细胞群，但他莫昔芬是雌激素受体的混合激动药 / 拮抗药，在发育过程中具有毒性，并且在妊娠 14 天及之后的小鼠中给药通常会导致流产。此外，他莫昔芬给药对成体动物也可能有害，因为它会增加血清转氨酶水平[21]，并诱导 Sox9 在肝细胞中异位表达[11]。令人惊讶的是，他莫昔芬似乎在生物体内的存留时间很长，并且能够在注射后 4 周内诱导可检测到的 CreER 活性，尽管效率很低[22]。这是导致谱系示踪数据错误解读的潜在原因，特别是在研究实验诱导的疾病条件下的细胞命运，这些实验条件会影响 CreER 表达的细胞特异性。如果 CreER 按照预期在特定细胞中表达，但随后由于损伤条件诱导了 CreER 在非目标谱系中表达，如果他莫昔芬在生物体中的长时间滞留将导致 CreER 不仅在特定细胞中被激活，也会在非目标谱系中被激活。因此，在特定细胞群中他莫昔芬激活 CreER 的功能和诱导疾病模型之间需要 1 个月的清除期。未应用清除期原则的研究应该被谨慎评估。携带 Cre 重组酶的转基因载体也可能导致误导性结果。尽管在大多数肝脏研究中，表达 Cre 或 CreER 的构建体按照传统的转基因或细菌人工染色体（bacterial artificial chromosomes，BAC）方式引入动物模型，但也有许多研究选择了敲入策略。

从敲入 Sox9 基因座（Sox9-IRES-CreER）的 3' 非翻译区（untranslated region，UTR）的 IRES-CreER 编码序列表达 CreER 的小鼠产生的结果与从转基因 BAC 构建体产生 CreER 的小鼠不同。在后者中，小鼠中 BAC 载体含有外源性 Sox9-CreER 序列，使体内基因组中两个内源性 Sox9 等位基因保持不变。几个研究小组使用转基因的 BAC 方式构建的 Sox9-CreER 小鼠进行的谱系示踪实验发现，在稳态肝脏中胆管细胞不参与肝细胞的更新。相反，使用 Sox9-IRES-CreER 小鼠作为示踪胆管上皮细胞的工具发现，在稳态肝脏中胆管上皮细胞会持续性转变为肝细胞。这种差异可能是因为将 IRES-CreER 插入 Sox9 基因位点会降低内源性 Sox9 的表达，从而可能导致胆管上皮细胞的异常行为[11, 23, 24]。在这种情况下，再次与胆管上皮细胞转变为肝细胞维持肝稳态的观点相反，最近使用 Axin2-CreERT2 或 Tert-CreERT2 工具鼠的谱系示踪实验结果表明，稳态新生肝细胞起源于表达 Axin2 的中央静脉区肝细胞和来自广泛分布的具有高水平端粒酶活性肝细胞[25, 26]。

最后，值得一提的是，通过病毒载体将 Cre重组酶传递到肝脏会引起不良反应。腺病毒载体可以刺激肝脏的炎症反应，从而改变细胞的命运决定。此外，当病毒载体整合到基因启动子或转录单位中可能会引起其他并发症，从而增加正常细胞命运决定失调的风险。

五、用于基因重组的报告基因

谱系示踪中的最常见的报告基因是由广泛性转录的 ROSA 基因位点控制的荧光蛋白，并且这个荧光蛋白前面是含有 loxP 侧翼的终止元件。loxP 序列的变体不能与经典 loxP 位点重组，但可以与具有相同突变的 lox 位点变体重组[27, 28]。rox 和 frt 位点分别由 Dre 和 FLP 重组酶重组；它们的可用性可以用来设计双同源重组实验以实现准确的细胞特异性的标记（图 85–1C）[12]，或者用以实现 Schaub 及其同事的工作中的顺序重组 loxP 和 frt 侧翼的基因[29]。该研究组使用 Alb-Cre、RbpjloxP/loxP、Hnf6loxP/loxP、R26ZG 小鼠，在发育中的肝脏中敲除 Rbpj 和 Hnf6 基因。这会损害胆管发育，导致类似 Alagille 综合征所示的新生儿胆管缺乏。随后，在给成年小鼠注射 AAV8–Ttr-FLP 病毒特异性地在肝细胞中诱导 R26ZG 等位基因中 frt 侧翼的绿色荧光蛋白表达。新形成的胆管上皮细胞是绿色荧光蛋白标记的，证明肝细胞向胆管上皮细胞的转分化引起了成体肝脏中胆管的代偿性发育。

有几种荧光蛋白变体可供使用[30, 31]。荧光报告基因优于 β– 半乳糖苷酶报告基因，因为后者无法通过流式细胞术检测。然而，并非所有荧光蛋白都适用于流式细胞术：tdTomato 是最亮且最易于观察的，但它的落射荧光会渗入其他检测通道，从而干扰与其他标志物的共同检测。许多谱系追踪实验都采用了荧光报告基因的巧妙组合。前面提到的双重重组系统是一个很好的例子[12]。同样，Iverson 及其同事使用双色荧光报告基因测量肝细胞出生率，该双色荧光报告基因在 Cre 介导的切除 loxP 侧翼的 tdTomato 序列后，从表达膜定位的红色荧光蛋白 tdTomato 转换为表达膜定位的绿色荧光蛋白[32]（图 85–1D）。也许最复杂的荧光标记组合是通过生成多色报告基因来实现的，其中 Cre 重组酶切除一个终止元件且随机地将四个荧光报告基因中的一个置于启动子的控制下 [33, 34]（图 85-1E）。使用这种策略，可以在肝脏中观察到克隆后代。Tarlow 及其同事使用 *Sox9-CreERT2*、*ROSA26-confetti* 来示踪肝损伤模型中卵圆形细胞的克隆性 [22]。同样，Schaub 及其同事进行了克隆分析来证明 Alagille 综合征模型中的胆管重建是由大量肝细胞向胆管上皮细胞转分化引起的，而不是由一小部分肝细胞向胆管上皮细胞转分化并增殖引起的 [29]。

六、单细胞分析

单细胞方法极大地扩展了我们研究细胞命运转变期间基因表达的潜力 [35]。单细胞 RNA 测序（single-cell RNA sequencing，scRNAseq）根据其转录组图谱对异质性细胞群进行亚细胞群分类。由于细胞分化是一个持续的过程，因此对正在分化的细胞群体中单个细胞的转录组分析有望揭示代表细胞命运进程中连续步骤的持续图谱。被称为伪时间方法的算法旨在根据细胞的转录相似性对细胞进行排序，这反映了它们正在进行的分化状态，并概括了它们的发育轨迹 [36]。在发育轨迹中，对起始状态和终点、瞬态和分支决策的检测使研究人员能够提出基于单个细胞表达谱的谱系树 [37, 38]。此外，研究谱系发育过程中的基因表达波动可以确定调控分化的候选调节因子，以及驱动细胞命运决定的基因调节网络 [39]。

严格来说，伪时间算法不能提供确定的证据证明后代来自所提出的前体。它们基于对整个群体的统计分析，缺乏特定细胞类型标记相关的功能动力学，以及后代的可视化检测和空间定位。然而，在目前的状态下，肝脏发育研究中实施的伪时间分析证实并扩展了利用标准细胞标记程序进行的谱系示踪实验的结论。事实上，肝祖细胞的遗传学标记证明肝细胞和胆管上皮细胞来源于共同祖细胞 [40]，并且几个团队已经表明，当成肝细胞暴露于诱导胆管上皮细胞分化信号时，会产生胆管上皮细胞 [41]。对小鼠胎肝细胞中进行单细胞转录组分析，根据细胞表达 DlK1 和 EpCAM 进行分选，Dlk1 是整个妊娠期成肝细胞的标志，EpCAM 是早期成肝细胞的标志物，以及发育中的胆管上皮细胞的标志 [42, 43]。结果证实了成肝细胞向肝细胞的线性和连续分化，以及在小鼠胚胎第 14.5 天左右从成肝细胞群中出现分支分化途径产生胆管上皮细胞。

将空间转录组数据与 scRNAseq 数据结合，或将条形码引入基因组对前体细胞基因组进行修饰并分析这种细胞的 scRNAseq 数据，可能会克服伪时序分析的局限性。条形码基因组可以通过基因组测序检测，如果条形码被转录，也可以通过 scRNAseq 检测。后者的一个例子是利用 CRISPR-Cas9 诱导斑马鱼发育早期细胞突变的条形码，随后进行单细胞转录组分析。这确定了包括肝细胞在内的表达条形码的细胞谱系 [44, 45]。使用条形码技术追踪肝细胞仍处于起步阶段，但这项技术已在其他器官中成功实施，这种方法的优势和局限性也正在显现 [45, 46]。

最后，迄今为止所描述的谱系追踪方法设计将标记引入前体细胞群，然后检测子代细胞中的标记。在分析病理组织时，回顾性谱系追踪（即根据子代分析推断过去的发育关系）尤为重要。谱系标记的单细胞检测，如体细胞突变、拷贝数变异、单核苷酸变异和微卫星，现在可用于重建细胞群的谱系 [46]。在不久的将来，了解肝脏疾病可能在很大程度上依赖于这些方法的实施。

致谢　作者得到了 D.G.Higher Education and Scientific Research of the French Community of Belgium (ARC 15/20-065), the F.R.S.-FNRS (Belgium;grants T.007214 and J.0037.17), the Belgian Foundation Against Cancer (grant 2014-125), the Fonds Spéciaux de Recherche (Université catholique de Louvain), the Fonds pour la Formation à la Recherche dans l'Industrie et l'Agriculture (Belgium; grant 1.E071.18), the Fondation Maisin (Belgium), and Innovation for Liver Tissue Engineering (iLITE; Recherche Hospitalo-Universitaire-Assistance Publique-Hopitaux de Paris, France) 支持。

Vanessa Zuzarte-Luis　Maria M. Mota　**著**

程　功　冯雪春　刘建英　陈昱安　**译**

一、疟原虫的肝细胞期

肝脏在动物生理活动的诸多方面发挥关键作用，包括对药物、毒素等有害物质的解毒功能；对蛋白质、脂质、糖类和维生素的代谢，以及在类固醇生成和胆汁分泌中的作用。肝脏也是一些病原体感染的重要靶标器官，如能引发疟疾的某些特定疟原虫等。疟原虫属于顶复门，是一类单细胞、寄生性的原生动物类群，在细胞顶端具有一种独特的分泌细胞器[1]。疟原虫属包括200多种不同的疟原虫，它们在全球广泛分布。所有疟原虫都是寄生的，并且必须在昆虫和脊椎动物宿主间循环来完成它们的生命周期。昆虫宿主最常见的是库蚊属和按蚊属的蚊虫，而脊椎动物宿主包括哺乳动物纲（哺乳动物）、鸟纲（鸟）和爬行动物纲（爬行动物）等。有少量疟原虫仅感染单一宿主，绝大多数疟原虫可以感染同一类物种中的多种宿主。

疟疾症状的出现通常是由于疟原虫在宿主红细胞内繁殖，持续释放到宿主血液循环系统中，侵入感染大量的红细胞产生。在蚊虫宿主叮咬后，疟原虫必须先感染有核细胞后才能感染红细胞（图86-1）。有趣的是，只有哺乳动物感染性寄生虫才会靶向肝脏，并在肝细胞内复制。少数按蚊传播的疟原虫可以感染哺乳动物宿主被叮咬部位附近的皮肤细胞[2, 3]，但在此处感染的疟原虫无法完成其生命周期，此类疟原虫必须到达肝脏并感染肝细胞后才可存活[4]。在每个被感染的肝细胞中，侵入的疟原虫会在短短2～3天内生成数以万计红细胞感染噬性的子代疟原虫（以啮齿类疟原虫为例），并释放到宿主血液循环系统中，启动血液阶段的感染并引发疟疾[4]。另外，在鸟类和爬行动物中，红细胞前感染发生在叮咬部位的巨噬细胞内，每个感染细胞仅能产生数十个红细胞感染噬性的子代疟原虫。由于疟原虫在鸟类和爬行类中，其红细胞前感染的效率太低，因此进化出一种多轮红细胞外复制的手段来成功建立稳定的感染[5]。这些现象引发了两大有意思的科学问题：哺乳动物传染性疟原虫为何选择肝脏作为靶向器官？哺乳动物肝脏的哪些特定特征允许疟原虫高效复制？这些问题在50年前就被提出，至今仍未得到解答。

二、中间阶段的宿主

肝细胞侵入形态的疟原虫子孢子，通过蚊子叮咬传播给脊椎动物宿主。在哺乳动物中，子孢子蚊虫叮咬释放后，即可在皮肤中迁移，通过真皮毛细血管逐渐进入血液循环系统。最终在肝窦中进行定殖[6]。窦周隙肝星状细胞产生的HSPG与子孢子表面的环子孢子蛋白（circumsporozoite protein，CSP）相互作用是介导其肝窦定位的重要因素[7]。子孢子穿过内膜屏障进入肝实质后，会跨越多个肝细胞，直到一个最终的肝细胞并存留下来[4, 8]。尽管入侵的分子机制仍不明确，但

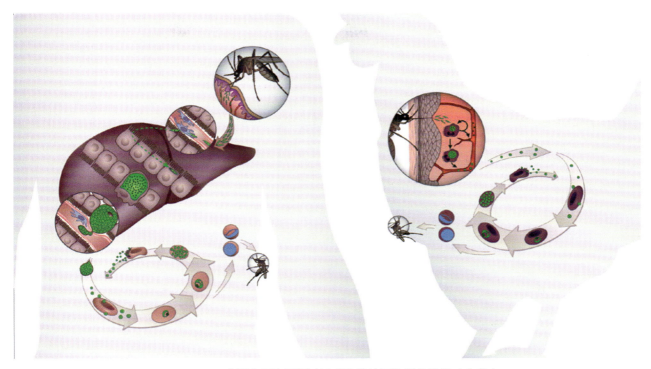

▲ 图86-1 疟原虫子孢子通过被感染的蚊子传播给脊椎动物宿主

在吸血取食过程中，子孢子在脊椎动物宿主的真皮中沉积。在哺乳动物中，子孢子通过真皮迁移，它们穿透内皮细胞层，到达血管。通过血液循环，子孢子到达肝脏，它们穿越肝窦进入肝细胞，通过破膜的方式穿透几个肝细胞后，侵入最终的肝细胞，并形成一个旁吞泡。在这一肝细胞内，子孢子会发育并复制成数以千计的红细胞感染性裂殖子，这些裂殖子释放到血液中，引发疾病的症状。在禽类中，疟原虫子孢子在咬伤部位的有核细胞，通常是巨噬细胞中建立，并分化为隐孢子，隐孢子可感染新的真皮巨噬细胞或者迁移到一些组织中，如肝巨噬细胞，在这些组织中，隐孢子可感染网状内皮系统的巨噬细胞。经过最初的红细胞（RBC）外周期，寄生虫可分化为裂殖子，并感染 RBC 或分化为显隐子，继续在组织中复制，组成次级红细胞外期。前红细胞外期的复制可持续多轮直到足够的 RBC-感染性裂殖子释放引发血液感染。一旦进入 RBC，寄生虫可完成复制周期（通常为 2 天），随后释放去感染新的 RBC。一些寄生虫可逃脱复制周期，产生配子细胞，随后被蚊子通过吸血而摄取，进而中断传播链

至少有两种肝细胞表面分子：四跨膜蛋白 CD81 和 SR-BⅠ参与子孢子入侵过程。值得注意的是，最新的数据显示，不同种的疟原虫，包括可引发人类疟疾的两个主要种群，会通过不同的途径来感染肝细胞。CD81 对约氏疟原虫 P.yoelii（啮齿动物寄生型）和恶性疟原虫 P.falciparum（人类寄生型）子孢子的入侵是必需的；而 SR-BⅠ在伯氏疟原虫 P.berghei（啮齿动物寄生型）和间日疟原虫 P.vivax（人类寄生型）感染中发挥重要作用[9]。这些受体是否直接与疟原虫配体结合尚不清楚，这种分子的特性（如果存在）也没有被阐明。最近，有报道称宿主细胞对约氏疟原虫 P.yoelii 感染的敏感性与宿主细胞表面分子肝脏跨膜受体 EphA2 的表达水平相关[10]，尽管该蛋白是否参与

子孢子的侵入依然存疑[11]。

子孢子对宿主肝细胞的入侵伴随着寄生虫空泡的形成。在空泡内，子孢子经历了从入侵型疟原虫到复制型疟原虫的转变，称为红细胞外形态（exoerythrocytic form，EEF）。在 PV 内，每个 EEF 通过裂殖生殖进行扩增，在 2～6 天内产生 30 000～90 000 个子代细胞（取决于疟原虫的种类）。这种生长和复制方式会导致宿主细胞理化性质的改变，如形态、硬度和细胞膜渗透性的改变，以及高动态肌动蛋白在发育疟原虫周边的重新排列[12-14]。这些现象发生的原因和影响尚未被充分阐明。肝细胞是肝脏大部分生理功能的执行者，包括对糖类、蛋白质、脂质、核酸、卟啉、金属、维生素、谷胱甘肽、激素和外源物质的代

谢，以及免疫调控。因此，疟原虫的大规模增殖必然会伴随着其对肝细胞功能的主动操控和破坏。这不仅是为了获取自身增殖所需的资源，也是对宿主免疫系统的防御（图 86-2）。通过对体内和体外疟原虫感染后肝细胞转录和翻译变化的分析，表明子孢子感染会通过增加脂质、氨基酸和核酸的生物合成，参与宿主的代谢过程[15, 16]。功能学实验进一步表明，寄生虫的生长和分化也严重依赖于宿主的资源[17]。例如，已知肝脏期的疟原虫利用宿主的精氨酸来合成多胺，而多胺

对复制至关重要[18]。疟原虫无法自主合成大多数氨基酸，这种依赖性很可能扩展到其他宿主氨基酸。宿主的金属离子的状态也会影响肝脏疟原虫的生长。事实上，在疟原虫感染的细胞中，宿主铁蛋白的表达明显减少，而铁输入蛋白 DMT1 的表达明显增加，这意味着铁的获取和保留可能对疟原虫的完整发育过程至关重要。更重要的是，通过使用铁螯合剂降低铁的含量会显著抑制疟原虫 EEF 的发育[19]。此外，疟原虫金属转运体 ZIPCO 的缺失会导致其在肝脏阶段的发育受损。

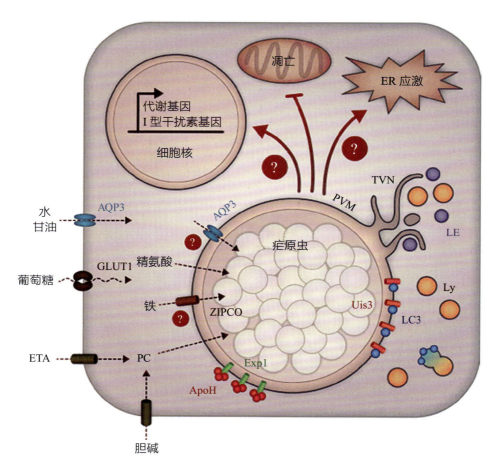

▲ 图 86-2　肝细胞内疟原虫 EEF 的成功发育包括与宿主细胞紧密的相互作用，以保证资源的获取和保护作用

感染后，肝细胞代谢和免疫转录程序发生改变，凋亡机制被破坏，内质网（ER）应激反应被诱导，但这些改变是由寄生虫诱导产生，还是宿主细胞对感染的一种反应，仍有待确证。此外，有研究表明红细胞外形态（EEF）在肝细胞中的大规模扩增可调节肝细胞的功能，这种调节主要通过 GLUT1 转运蛋白参与的葡萄糖摄入的增加，以及 AQP3 过表达而调控的水和甘油的转运进行。这种宿主功能的破坏满足了寄生虫摄食的目的，它们从宿主细胞中摄取营养物质和微营养物质，如精氨酸、铁，以及由宿主细胞产生的磷脂酰胆碱（PC）和乙醇胺（ETA）。作为寄生虫与宿主细胞的主要连接，寄生空泡膜（PVM）为宿主营养物质向寄生虫的传导架起了桥梁。管状囊泡网（TVN）是 PVM 的延伸组织，可与宿主晚期内体（LE）和溶酶体（Ly）相互作用。寄生虫来源的 PVM 驻留蛋白也可介导寄生虫与宿主细胞的接触。EXP1 与载脂蛋白 H（apoH）相互作用可能介导脂质摄取，U1S3 与 LC3 相互作用，阻断由自噬作用导致的寄生虫灭绝

通过在寄生虫周围进行 ZIPCO 定位，结合铁和锌的补充实验表明，ZIPCO 可跨疟原虫质膜摄取铁和锌[20]。尽管关于疟原虫如何摄取宿主铁元素的细节还未完全阐明，但铁的解毒机制似乎是由疟原虫空泡铁转运体（vacuolar iron transporter，VIT）介导，它对寄生虫的生长发育至关重要[21]。

疟原虫在宿主细胞中高速复制需要大量能量。事实上，作为宿主细胞能量内稳态调节的关键因子，宿主 AMPK 在疟原虫感染的肝细胞中被抑制。这种转变会将宿主的生物合成能力用来满足大量疟原虫的繁殖需要[22]。疟原虫感染会让细胞内的 ATP 处于耗尽的状态，细胞会通过增多葡萄糖转运体 GLUT1 向受感染的肝细胞表面的转移来促进更多葡萄糖的摄取[23]。宿主的 D- 葡萄糖是疟原虫在哺乳动物宿主体内发育的主要能量来源，对其摄取的特异性抑制会导致肝脏阶段的寄生虫发育停滞[24]。

疟原虫的生长和繁殖也会缺乏某些脂类和代谢营养物，如胆固醇[25]、硫辛酸[26]和磷脂酰胆碱[27]。寄生虫脂类 ABC 转运膜蛋白的缺失会导致疟原虫肝阶段发育停滞[28]。重要的是，肝细胞本身是脂质代谢的关键细胞。对胆固醇、脂肪酸或 PC 合成的干扰会对寄生虫的生长产生负面影响。值得注意的是，除了在入侵中发挥作用，肝细胞受体 SR-BⅠ介导胆固醇酯选择性摄取，对寄生虫的发育也具有重要作用[29]。

寄生空泡膜（parasitophorous vacuole membrane，PVM）包围着寄生虫，构成了与宿主细胞的主要连接[30]。最初来源于宿主的 PVM 在疟原虫的肝脏生长阶段，会被发育中的 EEF 大规模编辑，来保证虫体和细胞有效的交流、营养获取和自身保护。事实上，寄生虫的 PVM 驻留蛋白 –EXP1 已被证明与脂蛋白 H 相互作用，以从肝细胞中获取脂质[31]。有报道感染性子孢子中上调的蛋白（UIS3）也驻留在 PVM 中，与 L-FABP 相互作用[32]，尽管这种作用受到了质疑[33, 34]。有趣的是，在肝脏阶段的发育过程中，PVM 形成了一个朝向肝细胞胞体的膜状延伸。这个所谓的管状囊泡网（tubulovesicular network，TVN）是由一些从 PVM 延伸和收缩的动态囊泡和长管组成

的，可能参与了宿主营养的获取。事实上，肝细胞内的囊泡（晚期内体和溶酶体）同样与寄生虫 TVN 相关（见参考文献 [35]）；尽管宿主囊泡与 PVM 的融合还未被证实，但寄生虫的发育依赖于 PIKfyve[36]，即一种对晚期内体膜融合至关重要的宿主酶。尽管如此，重塑的 PVM 也可以作为一个保护屏障，保护疟原虫免受宿主细胞的抗寄生反应。事实上，阻断疟原虫蛋白向 PVM 的动态转运，会使肝细胞有效地消除寄生虫[37]。值得注意的是，寄生虫来源的 PVM 驻留蛋白之一 UIS3 被证明与宿主 LC3（存在于 PVM 中 [34, 38, 39]）相互作用，来避免肝细胞自噬对疟原虫的清除[34]。同时，肝脏阶段的疟原虫也会通过消减宿主肝细胞的各种防御机制抵抗细胞凋亡带来的不利影响[40-42]。对感染的宿主细胞的转录组分析的结果表明，只要疟原虫在细胞中的扩增，就会对宿主细胞的生存产生影响[15]。直到现在，疟原虫如何调控破坏肝细胞的凋亡信号分子机制仍然未知。有趣的是，在肝内的疟原虫似乎受益于宿主内质网应激反应通路，该通路通常会关闭细胞活动。有证据表明，导致 ER 应激的未折叠蛋白的效应因子在肝细胞中会因感染而升高[43]。ER 应激有可能通过调节对疟原虫生长至关重要的脂质代谢，或通过减少抗原递呈，从而减少免疫识别来帮助疟原虫生长，但具体的原因仍不清楚。尽管如此，也有一些宿主的先天防御机制实际上能有效地杀死肝脏 EEF，如 ROS 的产生[44]和Ⅰ型 IFN 的激活[45, 46]。在肝细胞中诱导这些机制中的任何一种，都会导致肝脏阶段的疟原虫被有效消灭，影响随后的血液感染和病理发展。值得注意的是，在刺激炎症的同时，疟原虫的肝阶段也会诱导 HO-1 的表达，调节宿主的炎症反应，保护受感染的肝细胞，来促进其肝阶段的感染[47]。

总的来说，疟原从肝脏阶段需要克服由子孢子低接种量造成的疟疾传播瓶颈，对于疟原虫感染的建立至关重要[48]。在肝脏中，疟原虫可以达到其生命周期中的最高复制效率，也是在所有真核细胞中观察到的最高复制率之一。肝细胞是唯一能够有效支撑这种大规模复制的细胞类型。深入理解疟原虫如何成功建立肝脏感染，将为开发

新型抗疟疾策略奠定基础。以宿主蛋白为靶点，可以大大扩增抗疟疾预防药物种类库，也可以避免抗药性的出现[49]。某个寄生虫基因的突变会使针对该蛋白的药物失去作用，但如果疟原虫要补偿缺失的宿主因素，则需要大幅调整其整个感染策略，这是一个更难通过自然选择变异来克服的障碍。因此，针对宿主因子的新型药物制剂，无论是单独使用还是作为组合疗法的一部分，都可能为解决抗药性问题提供强有力的新武器，因为它们不在疟原虫自身基因的可控制范围内。

三、肝脏阶段感染作为抗疟疾靶点的重要性

自 19 世纪 80 年代以来，疟原虫的血液感染阶段就被发现，但疟原虫的肝脏阶段直到 1948 年才首次被发现[50]。尽管疟原虫肝脏感染阶段重要性越来越被认可，但我们对其详细生物学的理解是依然很有限，尤其是对疟原虫 – 肝细胞间的相互作用的认识存在关键性缺失。除了这些基本生物学问题外，以疟原虫肝脏阶段为靶标的新型的抗疟策略也未被充分开发。事实上，由于肝细胞感染阶段的疟原虫的数量相对较少，加上这一感染阶段无明显症状，使得针对肝脏阶段制定疟疾预防策略（包括疫苗接种）具有相当的吸引力[4, 51]。此外，疟原虫（包括人类传染性卵形疟原虫和间日疟原虫）存在一种神秘的休眠状态会导致疟疾的复发[52]，也需求有效的方法来尽可能清除肝脏阶段的疟原虫。休眠体是肝脏疟原虫的储存库，能够随时恢复其发育进程，形成有传染性的裂殖子，这是疟疾在世界各地造成大量发病的重要诱因[52]。因此，有效的抗疟原虫肝脏感染的药物，特别是能够杀伤疟原虫休眠体的药物，将是实现疟疾根治的一种必要的干预手段。目前，伯氨喹（primaquine，PQ）是唯一获准用于临床上治疗肝阶段疟原虫的药物，它也可以针对休眠子虫；但伯氨喹具有较大不良反应，其在 G6PD 缺乏症患者中会引起溶血性贫血，这是疟疾流行地区人群的一种常见特征，因此该药的使用被严重限制。

事实上，肝脏感染阶段会激活免疫反应[45, 46]，并且在这个阶段的免疫激活可以产生消除性免疫，针对肝疟原虫阶段的疫苗也会有很理想的效果[53]。到目前为止，有效疟疾疫苗的生产都集中在红细胞阶段和红细胞前阶段（孢子体和肝脏阶段）。而且重要的是，迄今为止取得的初步成功的疫苗也是以孢子体和肝脏阶段的疟原虫作为靶标。RTS，S 是一种基于孢子体主要表面蛋白的亚单位疫苗，在 III 期临床试验中发现其可以提供 50% 的疟疾保护和 48% 的重症保护，但在 1 年后保护作用明显减弱。亚单位疫苗临床试验的这些令人失望的结果凸显了亚单位疫苗的内在局限性[54]。其他红细胞前期的候选疫苗侧重于全寄生虫策略，使用辐射衰减孢子体（radiation attenuated sporozoites，RAS）[55]或遗传衰减孢子体（genetically attenuated sporozoites，GAS）。这些方法在啮齿动物模型和初步临床试验中表现良好[53, 56]，但它们的使用依然存在技术障碍和潜在的安全问题，如可能发生突破性感染。尽管如此，来自 RTS，S 和减毒的孢子体这两种疫苗的令人振奋的数据，证实了肝脏阶段可以作为疫苗靶标。未来需要更好地理解肝脏中的宿主 – 寄生虫间相互作用，从而开发生产完全有效的疫苗。

由于难以建立研究人类恶性疟原虫和间日疟原虫的研究系统，我们对疟原虫在人上生命周期的进一步理解受到了阻碍。在这个阶段疟原虫的数目低，然而不幸的是，这种孢子体不能在体外生长，而只能在蚊子体内培养。此外，处理人类疟疾的孢子体是困难的，因为它们不会在肝癌细胞中生长，并且只会感染人类和一些非人类灵长类动物的肝细胞，很难在实验室中建立感染[57]。因此，肝疟原虫感染的大部分数据都是使用啮齿动物疟疾原虫（*P.yoelii* 和 *P.berghei*）获取的[58]。最近开发的人肝嵌合小鼠模型[59, 60]和用于人肝细胞培养的体外平台，如微尺度人肝平台和诱导多能干细胞衍生的肝细胞样细胞[61, 62]，可以成为有价值的感染模型。这将重新定义对人类疟原虫初始感染阶段的研究，包括对持久性间日疟原虫休眠形态的研究[59, 63]。这些研究对于揭示人类疟原虫生存和复制，以及潜在的抗疟疾靶向途径至关重要。

疟疾依然是世界大部分地区的重大公共卫生问题。世界上每2分钟就有一名儿童死于疟疾，而且世界上几乎一半的人口（约32亿人）面临被疟疾感染的风险。20世纪，全球疟疾病例数量大幅下降，以至于在20世纪70年代，根除疟疾几乎成为现实。不幸的是，当时认为根除疟疾是理所当然的，因此停止采取保护措施导致了疟疾病例的再次增加，并且在非洲大陆达到前所未有的水平[64]。在千年之交，许多新的手段被推广来尝试彻底消除这一疾病。2000—2015年，基于之前数十年基础研究，新的抗疟策略使死亡率降低60%，疟疾病例数量减少了37%。自2000年以来，新的干预措施的研发取得了重要的进展，包括杀虫剂处理蚊帐、更好的诊断方法和青蒿琥酯联合疗法等。但是，尽管不断有新的抗疟策略继续推出，整体抗疟的进展缺出现停滞不前的迹象，疟疾病例也似乎重新开始增加。一个没有疟疾的世界非常令人向往，但要确保这一点，就需要更好地了解宿主与疟原虫之间的相互作用，从而制定出更加新颖合理的策略来对抗这种致命的疾病。

相 关 图 书 推 荐

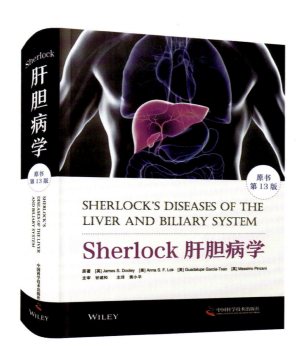

原著 [英] James S. Dooley

[美] Anna S. F. Lok

[美] Guadalupe Garcia-Tsao

[英] Massimo Pinzani

主审 甘建和

主译 黄小平

定价 428.00元

　　本书引进自 WILEY 出版社，由国际知名肝胆病学专家 James S. Dooley、Anna S. F. Lok、Guadalupe Garcia-Tsao、Massimo Pinzani 联合全球众多专家共同编写，是一部全面阐述肝胆疾病相关基础与实践的权威参考书。本书初版于 1955 年面世，在 60 余年间不断更新再版，目前为全新第 13 版，共 38 章，几乎涵盖了肝胆系统所有的原发疾病和继发疾病，不仅对疾病历史、流行特点、分子机制及相关代谢途径等基础知识进行了概述性介绍，还对各种肝胆疾病的诊疗要点及其临床研究进展进行了详细阐述。本书层次简洁，重点突出，同时配有丰富的图片及表格，可视化地展示了相关细节及操作步骤，可作为从事肝胆疾病及消化系统疾病的临床医师及研究人员的重要参考资料。